2018 全国勘察设计注册工程师执业资格考试用书

Quanguo Zhuce Yantu Gongchengshi Zhuanye Kaoshi Peixun Jiaocai

全国注册岩土工程师专业考试培训教材

基本理论大全

于海峰　孙　超　主编

上册

人民交通出版社股份有限公司
China Communications Press Co.,Ltd.

内 容 提 要

本书是为配合全国注册土木工程师(岩土)执业资格考试编写的。本书的编写以考试大纲为依据，以现行规范为基础，结合编者多年来举办注册岩土工程师执业资格考试考前培训班的经验，采用了“从基础出发，内容全面，重点突出，侧重规范理解，兼顾工程实践，照顾相关专业考生，主要利于考前复习，注意指导实际工作”的编写原则。全书共分十一篇。

2018年的修订情况为：①修订了2017版中的文字及印刷错误；②重新修订了第一篇第二章岩土工程勘察的部分内容；③修改了第二篇岩土工程设计的基本原则的部分内容；④改写了第六篇土工结构与边坡防护第二章土工结构及第三章边坡与支挡结构的部分内容。

本书包括岩土工程学的基础知识、专业基础知识和专业知识，既可作为参加全国注册土木工程师(岩土)执业资格考试考生的考前复习教材，也可作为土木工程师及大专院校相关专业师生的参考资料。

图书在版编目(CIP)数据

2018全国注册岩土工程师专业考试培训教材 / 于海峰，孙超主编. —北京：人民交通出版社股份有限公司，2018.1

ISBN 978-7-114-14415-8

Ⅰ. ①2… Ⅱ. ①于… ②孙… Ⅲ. ①岩土工程—资格考试—自学参考资料 Ⅳ. ①TU4

中国版本图书馆CIP数据核字(2017)第309457号

书　　名：2018全国注册岩土工程师专业考试培训教材
著 作 者：于海峰　孙　超
责任编辑：刘彩云　李　娜
出版发行：人民交通出版社股份有限公司
地　　址：(100011)北京市朝阳区安定门外外馆斜街3号
网　　址：http://www.ccpress.com.cn
销售电话：(010)59757973
总 经 销：人民交通出版社股份有限公司发行部
经　　销：各地新华书店
印　　刷：北京盈盛恒通印刷有限公司
开　　本：787×1092　1/16
印　　张：103.25
字　　数：2570千
版　　次：2018年1月　第1版
印　　次：2018年1月　第1次印刷
书　　号：ISBN 978-7-114-14415-8
定　　价：188.00元(含上、下两册)

全国注册岩土工程师专业考试培训教材

编委会名单

主　　编：

于海峰　孙　超

副 主 编：

孟凡超　孙法德　刘秀秀　吕兆庆
杜兆成　尹洪峰　吴景华　孙有为
佟德生　周璟宏　李成军　张诏飞

编写委员：

邱道文　高　涛　吴　奭　邵艳红
史迪菲　郭浩天　孟祥博　姜洪峰
许成杰　史日磊　单喜垒　杨云鸿
段邦鹏　贾彦奇

Preface 前言

全国注册土木(岩土)工程师执业资格考试,自 2002 年首次举办以来已经进行了十五次,历次考试均以“注册岩土工程师专业考试大纲”为基础,考试题的类型、题量经小幅调整后均已比较成熟。为了使广大参考的技术人员全面掌握大纲要求的知识点,并能够在较短时间内抓住重要知识点及考点,特编写本书。

本书共分十一篇,内容包括岩土工程勘察、岩土工程设计的基本原则、浅基础、深基础、地基处理、土工结构与边坡防护、基坑工程与地下工程、特殊条件下的岩土工程、地震工程、岩土工程检测与监测、工程经济与管理。根据先达注册岩土工程师培训教研组十余年的培训经验,本书在以往同类辅导教材的基础上重点增加了地质基础知识、专业基础知识及专业知识,如地质学基础知识、土工试验技术、原位测试技术、水文地质学基础知识、土力学与地基基础中的重要知识点、复合地基计算、土压力理论及计算、工程地震基础知识等。同时,此次本书再版也按新修订的 2018 年考试用各类规程、规范进行了修改,吸收了新版规范及相关的理论知识,是广大工程师们参加“专业考试”的理论宝库。

本书以最新修订的“注册岩土工程师专业考试大纲”为基础编写,内容全面,重点突出,覆盖了考试大纲中的绝大部分知识点及历年考试中经常出现的考点,能使广大考生达到“一书在手,别无他求”的效果。本书与《全国注册岩土工程师专业考试模拟训练题集及历年真题新解》配合使用,可取得较好的学习效果。

本次修订具体分工为:第一篇、第二篇由孙法德、杜兆成、佟德生修编;第三篇、第四篇由孙超、周璟宏、刘秀秀修编,第五篇由孟凡超、尹洪峰、杨云鸿、段邦鹏、贾彦奇(中国水利水电第十四工程局有限公司)修编,第六篇、第七篇由吕兆庆、孙有为修编,第八篇、第九篇由孙超、吴爽、邱道文、李成军(哈尔滨市勘察测绘院)修编,第十篇、第十一篇由于海峰编写。全书由于海峰、孙超统稿。

本书是注册岩土工程师专业考试考前复习的工具书,可作为全国注册岩土工程师专业考试考前辅导班的培训教材,也可作为考生的自学教材,还可供大专院校相关专业的师生及工程技术人员参考。

本书编写过程中得到了许多专家学者的支持和帮助,在此表示衷心的感谢。

因作者水平有限及编写时间仓促,书中难免存在诸多不足,恳请读者批评指正。

于海峰

2018 年于长春

前言

目 录

第一篇 岩土工程勘察

第二篇　岩土工程设计的基本原则

第三篇 浅 基 础

第四篇　深　基　础

第一篇
岩土工程勘察

考试大纲

(一)勘察工作的布置

熟悉场地条件、工程特点和设计要求,合理布置勘察工作。

(二)岩土的分类和鉴定

掌握岩土的工程分类和鉴别,熟悉岩土工程性质指标的物理意义及其工程应用。

(三)工程地质测绘和调查

掌握工程地质测绘和调查的要求和方法;掌握各类工程地质图件的编制。

(四)勘探与取样

了解工程地质钻探的工艺和操作技术;熟悉岩土工程勘察对钻探、井探、槽探和洞探的要求,熟悉岩石钻进中的 RQD 方法;熟悉各级土样的用途和取样技术;熟悉取土器的规格、性能和适用范围;熟悉取岩石试样和水试样的技术要求;了解主要物探方法的适用范围和工程应用。

(五)室内试验

了解岩土试验的方法;熟悉岩土试验指标间的关系;熟悉根据岩土特点和工程特点提出对岩土试验和水分析的要求;熟悉岩土试验和水分析成果的应用;熟悉水和土对工程材料腐蚀性的评价方法。

(六)原位测试

了解原位测试的方法和技术要求,熟悉其适用范围和成果的应用。

(七)地下水

熟悉地下水的类型和运动规律;熟悉地下水对工程的影响;了解抽水试验、注水试验和压水试验的方法,掌握以上试验成果的应用。

(八)岩土工程评价

掌握岩土力学基本概念在岩土工程评价中的应用;掌握岩土工程特性指标的数据处理和选用;熟悉场地稳定性的分析评价方法;熟悉地基承载力、变形和稳定性的分析评价方法;掌握勘察资料的分析整理和勘察报告的编写方法。

第一章　地质学基础知识

第一节　地质作用

一、地球的一般特征

(一)地球的形状

19 世纪后,人们认识到地球是一个两极扁平、赤道突出的椭球体。20 世纪 60 年代,英国两名大地测量学者根据 27 颗人造地球卫星速度变化资料,精确计算出地球的形状,表明地球实际上是一个梨状体(图 1.1.1),其北极外凸 18.9 m,南极内凹 25.8 m,赤道也不是圆形,长半径较短半径长 215 m。

按 1975 年第 16 届国际大地测量和地球物理协会的修订,有关地球的主要数据为:

赤道半径(a)　6 378.160 km

扁平率$(a-c)/a$　1/298.257

两极半径(c)　6 356.755 km

表面积　$5.100\ 7\times10^{8}\ km^{2}$

平均半径$(a^{2}c)^{1/3}$　6 371.017 km

体积　$1.083\ 2\times10^{12}\ km^{3}$

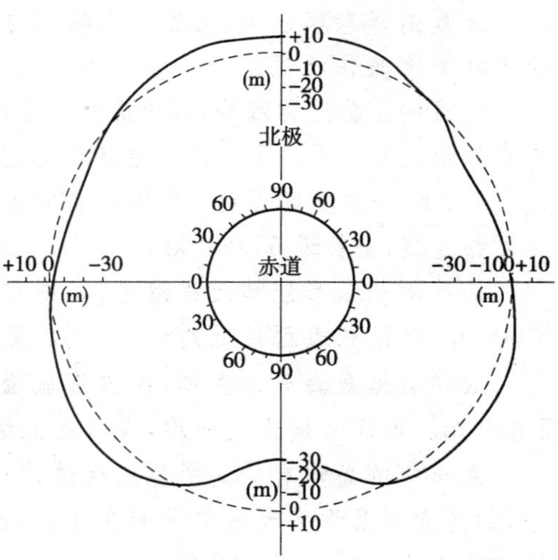

图 1.1.1　地球梨状体剖面(实线)与旋转椭球体剖面(虚线)的关系示意

地球的外形是内部状况的反映。地球为旋转椭球体(扁球体),显然是在地球的自转离心力作用下,物质从两极向赤道缓慢移动的结果。这一事实的存在,表明组成地球的物质具有一定的塑性。地球又与理想的旋转椭球体不符,质量增亏产生的应力,必须由内部某种不均匀性所平衡,或者表明地球内部存在大范围的物质对流。因此,目前还没有证据说明地球将保持梨形不变。

(二)地球表面的形态特征

地球表面明显地分为海洋和大陆两部分,其中海洋占地球表面的 70.8%。大陆平均高出海平面0.86 km,海底平均低于海平面 3.9 km。地壳表面起伏不平,有高山、丘陵、平原、湖盆地和海盆地等。世界上最高的山峰为珠穆朗玛峰,高 8 848 m;最深的海沟为马里亚纳海沟(Mariana Trench),深11 022 m。它们两者高差在 19 km 以上。

1. 大陆的地势特征

大陆上典型的地形单元为线状延伸的山脉和面状展布的平原、高原等。

海拔高于 500 m、地形起伏大于 200 m 的地区称为山地。一般海拔在 500～1 000 m 之间者为低山,1 000～3 500 m 者为中山,大于 3 500 m 者为高山。除个别孤立的火山外,绝大多数山地呈线状延展，称为山脉。山脉的成因主要是地壳运动使地表隆起的结果，是地壳活动性较大的地带。现代活动性较强，具有全球意义的山脉有两条：一是安第斯山脉—科迪勒拉山系；二是阿尔卑斯山脉—喜马拉雅山脉—横断山脉。

平原是较大的平坦地区，一般海拔小于600 m，地形起伏小于50 m。大面积平坦地形的出现表示这一地区内部是比较稳定的。

高原是海拔高于600 m，表面较平坦或有一定起伏的广阔地区。它是近期地壳大面积整体上升的结果。

大陆上有一些宏伟的线状低地，这些地带是地球表面的巨型裂隙，地壳在这些地方被拉张而裂开，称为裂谷或大陆裂谷系。最著名的东非大裂谷由一系列的湖泊和峡谷组成，全长约6 500 km。

丘陵为有一定起伏的低矮地区，一般海拔在500 m以下，相对高差在50～200 m之间。丘陵的特点介于山地和平原之间。

四周是高原或山地，中央低平的地区称为盆地。大陆上有些盆地很低，高程在海平面以下，这样的盆地称为洼地，如我国吐鲁番盆地中的艾丁湖湖水面在海平面以下150 m，称为克鲁沁洼地。

2.海底的地势特征

大量海洋考察证实，海底与大陆一样具有广阔的平原、高峻的山脉和深陡的裂谷，而且比大陆更为雄伟壮观。

海底的山脉泛称海岭，其中那些现在经常有地震，正在活动的海岭称为洋脊或洋中脊。洋脊在地形上为一系列平行的鱼鳍状山脉，两侧较低，中间较高，而且在中心部位常有一条巨大的裂谷。洋脊总宽度可达1 000～2 000 km，高出深海底2 000～4 000 m，各大洋都有分布，而且互相连接，全长近65 000 km。

海底的长条形洼地泛称海槽，其中较深且边坡较陡者称海沟。海沟的深度一般都超过6 000 m，是地球表面最低的地段，也是规模仅次于洋脊的地形和地质单元。

大洋盆地是海底的主体，约占海底面积的45%，由洋脊两侧向外展布，一般深4 000～5 000 m。大洋盆地比较平坦，有一些低缓起伏，分深海丘陵和深海平原两种单元。

海洋中的岛屿有的是微型的大陆，如日本列岛；有的是被海水淹没的大陆露出水面的部分，如海南岛及许多大陆架上的岛屿；然而为数众多的还是大洋盆地中的火山岛，它们是大洋中的火山露出水面的部分。

大洋中还有许多比较孤立的水下山丘，称为海山。海山一般高度大于1 000 m，多呈圆锥状，边坡较陡，峰顶区较小。有的海山顶部为较宽的平台，称平顶海山或盖约特，一般认为是被海水冲刷夷平的岛屿，因区域性海底下沉，没入水下而成的。

海洋边部的浅海是被海水覆盖的大陆，这一部分海底称为大陆边缘。大陆边缘占海洋总面积的15.3%，包括大陆架、大陆坡和大陆基。大陆架是围绕大陆分布的浅水台地，是大陆在水下自然延伸的部分，平均坡度仅为0°07′，平均宽度为50～70 km。大陆架以外较陡的斜坡称大陆坡，平均坡度为4°3′，平均宽度为28 km。大陆坡与大洋盆地的过渡地带称大陆基或大陆麓。

(三)地球的圈层构造

1.地球的内圈层

了解地球的内部构造是一个非常困难的问题，因为人们对地球内部无法进行直接观察。世界上采掘最深的矿山——南非兰德矿山，深度为3 600 m；世界上最深的钻井——前苏联科拉半岛超深钻井钻至 13 000 m 以下。即使这样，与地球的半径相比，这也是微不足道的。因此，关于地球内部物质与构造的判断只有依靠间接信息。最重要的间接信息是地震波在地球内部的传播速度。它不仅是划分地球内部圈层的基础，也是判断地球内部物质的密度、温度、熔点、压力等物理性质的重要依据。此外，还可依靠陨石、地幔岩石学以及高温高压实验等提供的间接信息，这些信息对于推断地球内部的物质成分也是至关重要的。

图 1.1.2 显示了地震波在地球内部不同深度处的传播速度。波速的突变面称为波速不连续面或界面。从图上可以看出，在 33 km 和 2 900 km 处存在两个一级界面。第一个界面叫莫霍洛维奇面，简称莫霍面或 M 面，它是南斯拉夫学者莫霍洛维奇于 1909 年首先发现的。在此界面附近，地震纵波速 V_P 由7.6 km/s突然增至 8.1 km/s。第二个界面是美国学者古登堡(B. Gutenberg)于 1914 年发现的，称为古登堡面。在此界面处，S 波(横波)消失，P 波(纵波)速度突然由 13.64 km/s 下降至 8.1 km/s。这两个界面把地球内部分为三个主要圈层，即地壳、地幔和地核。

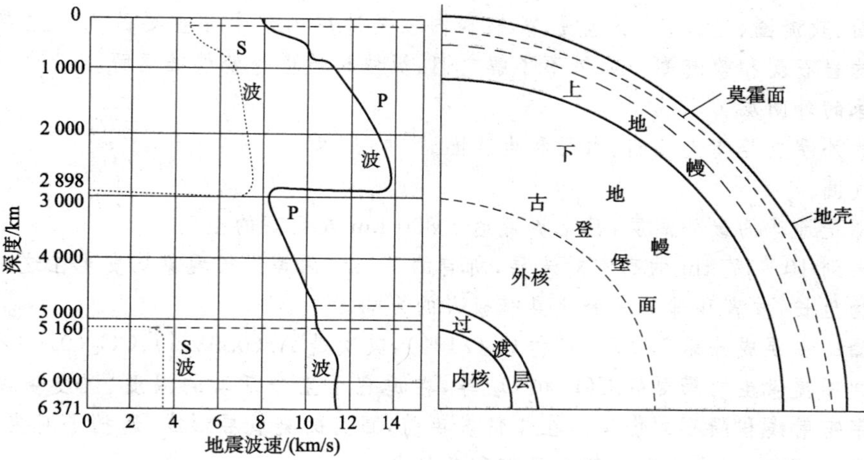

图 1.1.2 地球内部结构及地震波速分布

1)地壳

地壳是莫霍面以上部分，由固体岩石组成，厚度变化很大。大洋地壳较薄，仅有 5～10 km；大陆地壳的平均厚度是 35 km，在造山带和西藏高原处，其厚度达 50～70 km；整个地壳平均厚度为 6 km。地壳分上、下两层，上层为花岗岩层，又称硅铝层，是富含硅的岩浆岩。下层为玄武岩层，又称硅镁层，是富含铁、镁的岩浆岩。地壳与地球半径厚度比仅为 1/400，它是地球表层极薄的一层硬壳，只占地球体积的 0.8%。

2)地幔

地幔是介于莫霍面与古登堡面之间的部分，厚度约 2 800 km。根据地震波的变化情况，以地下1 000 km 激增带为界面，又可把地幔分为上、下两层。上地幔从莫霍面至地下1 000 km，厚度 900 多 km，主要由超基性岩组成，平均密度为 3.5 g/cm^3，温度达 1 200～2 000 ℃，压力达 0.4 GPa(即 4 000 个大气压)。下地幔从地下 1 000 km 至古登堡面，厚度1 900 km，主要成分为硅酸盐、金属氧化物和硫化物，铁、镍量增加，平均密度为 5.1 g/cm^3，温度达 2 000～2 700 ℃，压力达 150 GPa(150 万个大气压)。

3)地核

自古登堡面至地心部分称为地核。地核又分内核、过渡层和外核，厚度为 3 471 km。地核主要是由含铁、镍量很高且成分很复杂的液体和固体物质组成，密度约为 13.0 g/cm^3，温度达 3 500～4 000 ℃,中心压力达 360 GPa(360 万个大气压)。

根据次一级界面,还可以把上地幔再分为几个圈层。

在上地幔中 60～400 km 处,地震波波速不仅未随深度而增加,反而迅速降低,尤其在 100～150 km 处最为明显。这个波速降低的地带称为低速带。波速为什么会降低?按地热增温率估计,在 60～400 km 深度区间,温度可达 700～1 300 ℃,已接近岩石的熔点,因而发生物质的部分熔融,使波速下降,并导致岩石塑性增大、变软。这个与低速带一致的软弱圈层称为软流圈(Asthenosphere)。软流圈是上地幔中一个十分重要而又发现较晚的圈层,它是在 1960 年智利大地震后才被确认普遍存在的一个圈层。由于软流圈的存在,才给其上岩石圈板块的运动创造了条件。软流圈也是玄武岩岩浆重要的源区。

软流圈以上的上地幔,其波速比地壳大,这表明它具有比地壳更大的刚性。软流圈以下的上地幔,称为过渡带或相变带,该深度内有一些因相变而引起波速梯度增大的地带。地壳及软流圈以上的上地幔合称岩石圈。岩石圈才是固体地球真正的外壳。

岩石圈、软流圈、过渡带、下地幔、外核和内核是地球内部十分重要的六个主要圈层,特别是其中的岩石圈和软流圈。如果不了解它们,板块构造理论就很难理解。

2.地球的外圈层

地球的外圈层是指大气圈、水圈和生物圈。

1)大气圈

大气圈是地球的最外圈层,其上界可达 1 800 km 或更高的空间。

自地表到 10～17 km 的高空对流层,所有的风、云、雨等天气现象均发生在这一层,它对地球上生物生长、发育和地貌的变化具有极大的影响。

大气圈的主要成分是 N_2(78%)和 O_2(21%),其次是 Ar(0.93%)、CO_2(0.03%)和水蒸气等。大气圈提供生物需要的 CO_2 和 O_2 等,在适宜于生命活动的温度、湿度条件下,保护生物免受宇宙射线和陨石的伤害。在 4 亿多年前,高空的臭氧层形成,遮挡了对生物有害的大量紫外线,为陆生植物的生长创造了有利条件。

2)水圈

水圈主要由海水构成,其次分别为陆地河流、湖泊及地下水等。地球表面水圈的存在,对生命的起源,生物界的演化、发展曾起过十分重要的作用。水与大气及地表岩石中的各种物质相互作用,产生各种沉积物、矿物及可溶性盐。水还作为最活跃的营力之一促进各种地质地貌的发育,并对土和岩石的工程性质产生极为重要的影响。

3)生物圈

地球生物存在于水圈、大气圈下层和地壳表层之中。生物圈的质量很小,有人估计相当于大气圈的 1/300、水圈的 1/7 000,或上部岩石圈的 1/1 000 000。但是,生物圈对于改变地球的地理环境却起着重要的作用。生物所生产的物质是人类的重要财富。生物富集的化学元素主要是 H、O、C、N、Ca、K、Si、Mg、P、S、Al 等。有机界在地表的相互作用下还形成一个独特的土壤层。

(四)地质作用的概念

地球自形成以来,一直处于不断的运动和变化之中。今日的地球,只是它运动和发展过程中的一个阶段。就地壳而言,虽然它只能代表地球演变的一部分,但它的表面形态、内部结构和物质组成也时刻在变化着。"沧海变桑田"已成为古人之见。坚硬的岩石破裂粉碎成为松软泥土,而松软泥土又可不断沉积形成新的岩石。由自然动力引起地球和地壳物质组成、内部结构和地壳形态不断变化和发展的过程,称为地质作用。

有些地质作用进行得十分迅速，在短时间内就发生急剧的变化，如地震和火山爆发；有些地质作用却进行得非常缓慢，往往不易被察觉，如华北大平原，据钻探资料证实从第四纪（距今200万年）以来，已下沉达1 000多米。许多自然现象证明，各种地质作用既有破坏性，又有建设性。在破坏中进行新的建设，在建设中又同时遭到破坏。地质作用是靠自然动力引起的，这种动力可来自地球外部，也可来自地球本身。按照自然动力的来源不同，地质作用可分为内力地质作用和外力地质作用。内力地质作用的能源，主要是地球的公转及自转产生的旋转能、重力作用形成的重力能及放射性元素蜕变产生的辐射热能。此外，也有各种岩石生成时的结晶能和化学能等。外力地质作用是来自地球以外的能源所造成的，其中主要是太阳的辐射能。因为有了太阳的辐射能，才产生大气环流，才有水的循环，才有动植物的生长和演变，冰川才能运动，海洋才能产生波涛。大气圈、水圈和生物圈的运动，必然引起岩石圈，特别是引起地壳矿物和岩石的破坏、搬运和堆积作用，使高山夷为平原，并不断向海洋发展。此外，日月引力也能产生外力地质作用，如由于月球对地球的吸引而产生的潮汐作用等。

二、内力地质作用

由地球内部能源所引起的岩石圈物质成分、内部构造、地表形态发生变化的作用称为内力地质作用。它包括地壳运动、岩浆作用、变质作用和地震作用。

（一）地壳运动

地壳运动是指地壳的隆起和凹陷，海、陆轮廓的变化，山脉、海沟的形成，以及褶皱、断裂等各种地质构造的形成和发展，即在自然力作用下地壳产生的变形和相互移动。地壳运动按其运动方向可以分为水平运动和升降运动。

1. 水平运动

水平运动是地壳大致沿地球表面切线方向的运动。水平运动表现为岩石圈的水平挤压或引张，以及由此形成巨大的褶皱山系和地堑、裂谷等。现代化水平运动的典型例子是美国西部的圣安德列斯断层。地质学家经过多年研究，一致认为它在大约1 000万年时间里，断层西盘向西北方向移动了400～500 km，现仍在继续变形和位移。我国的郑—庐大断裂也有过巨大的水平错动。

2. 升降运动

升降运动是指地壳运动垂直于地表，即沿地球半径方向的运动。表现为大面积的上升运动和下降运动，形成大型的隆起和凹陷，产生海退和海侵现象。一般来说，升降运动比水平运动更为缓慢。在同一个地区不同时期内，上升运动和下降运动常交替进行。最明显的例子是意大利那不勒斯湾的地狱神庙废墟。在其残留的三根大理石柱（高12 m）上记录了自公元前105年至公元1955年的地质遗迹，反映了2 000多年的沧桑变更（火山活动、海陆变迁），见图1.1.3。

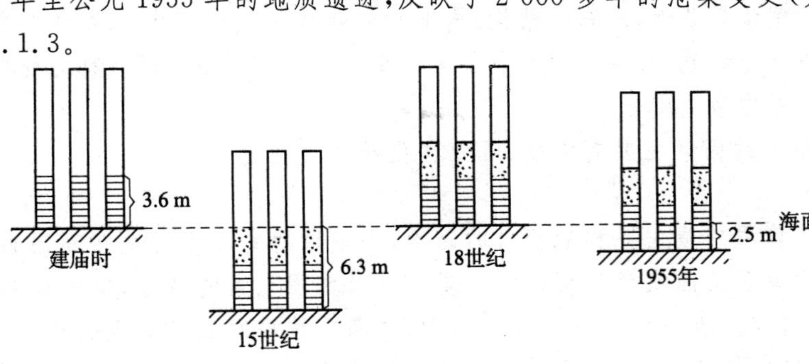

图1.1.3　三根大理石柱的升降变化示意

石柱上横线代表被火山灰覆盖部分，小点代表被海生动物钻孔部分。升降或水平运动在各地质时期是不同的，板块运动理论认为地壳以水平运动为主导，升降运动是伴生现象。

（二）岩浆作用

岩浆是地下形成的、含有大量挥发组分的、高温黏稠的硅酸盐熔融体。

岩浆的成分主要是硅酸盐。若以氧化物的形式来表示，则主要由 SiO_2、Al_2O_3、MgO、FeO、Fe_2O_3、CaO、Na_2O、K_2O 等组成，其中含量最多的是 SiO_2。由于岩浆中 SiO_2 含量多，同时它的多少也使其他氧化物发生有规律的变化，因此它对岩浆及其冷凝的火成岩性质影响极大。一般根据 SiO_2 的相对含量将岩浆分为酸性岩浆（SiO_2 含量＞65%）、中性岩浆（52%＜SiO_2 含量＜65%）、基性岩浆（45%＜SiO_2 含量＜52%）和超基性岩浆（SiO_2 含量＜45%）四类。此外，岩浆中还含有挥发组分，其含量一般不超过6%。根据对现代火山的观测，挥发组分中主要为水蒸气，占挥发组分总量的75%～90%，其次是 CO_2、CO、N_2、SO_2、H_2S、HCl、HF、Cl_2、NH_3 等。

根据现代熔岩流的直接观测以及火成岩的重熔和再结晶实验，岩浆的温度范围一般为900～1 200 ℃。酸性岩浆的温度较低，为700～900 ℃；基性岩浆的温度较高，为1 000～1 300 ℃。

黏稠性也是岩浆重要特性之一。黏度的大小主要取决于岩浆中 SiO_2 的含量。SiO_2 含量高，黏度较大，且不易流动。所以，基性岩浆的黏度较小，而酸性岩浆的黏度较大。此外，黏度也与岩浆的温度、压力、挥发组分含量等有关。

岩浆在地下的某个地方形成后，由于是液态，温度高又富含挥发组分，所以具有很高的内压力，在上覆地壳质量的挤压下，很容易沿构造软弱带上升。在上升过程中，由于温度、压力的下降，岩浆便会发生一系列物理化学性质的变化，并与围岩发生反应，最后冷凝成火成岩。这种岩浆从形成、运动、演化直至冷凝成岩的全过程，称为岩浆作用。

岩浆上升一段距离后，若无力继续上升而停留在地壳中，就冷凝成岩。岩浆由地下深处侵入地壳中冷凝成岩的全过程，称为侵入作用。由此形成的岩石称为侵入岩。侵入岩又可根据岩浆凝结时所处部位距地表的深浅分成深成岩和浅成岩。深成岩侵入深度大于3 km，浅成岩侵入深度小于3 km。

有时岩浆可以一直上升穿透上覆岩石，喷出地表形成火山。岩浆喷出地表的全过程称为火山作用或喷出作用。由此凝结而成的岩石称为喷出岩。喷出岩有两种类型：一种是溢出的熔浆在地面直接凝结成的岩石，称为喷出岩；另一种是岩浆和其他碎屑物质被猛烈的火山喷发抛到空中，然后降落到地面形成的岩石，称为火山碎屑岩。

（三）变质作用

组成地壳的岩石，在地壳演化过程中，其所处的物质环境也在不断地改变着。为了适应新的地质环境和物理化学条件，岩石的结构、构造和矿物成分也将产生一系列的改变，这种由地球内力引起岩石产生结构、构造以及矿物成分改变而形成新岩石的过程称为变质作用，在变质作用下形成的岩石称为变质岩。

影响变质作用的因素主要有温度、压力和化学活动性流体。

1.温度

高温是变质作用中最主要和最积极的因素，大多数的变质作用是在高温条件下进行的。高温可以使矿物重新结晶或产生新矿物。高温可以增强元素的活力，促进矿物间的反应，加大结晶程度，从而改变岩石原来的结构。例如，隐晶质结构的石灰岩经高温变质后可以转变成显晶质结构的大理岩。高温也可以改造矿物的结晶格架构造形成新矿物。例如黏土矿物高岭石，经高温脱水后变质成红柱石和石英。

$$\underset{\text{高岭石}}{Al_4[Si_4O_{10}](OH)_8} \underset{\text{放热}}{\overset{\text{吸热}}{\rightleftharpoons}} \underset{\text{红柱石}}{2Al_2[SiO_4]O} + \underset{\text{石英}}{2SiO_2} + \underset{\text{水}}{4H_2O} \quad (1.1.1)$$

2.压力

压力作用往往伴随温度同时进行，根据作用在岩体上的压力性质，可以分为静压力和动压力两种形式。

1)静压力

静压力即均向压力。均压是各个方向相等的围压，是由上面覆盖岩体的重量引起的，所以均压随深度的增加而增大。地壳深处的巨大压力能压缩岩体，使之变得密实坚硬，也可以使矿物中的原子、离子、分子间的距离缩小，改变矿物的结晶格架，形成体积小、密度大的新矿物。例如，钠长石在高压下能形成硬玉和石英。

$$\underset{\text{钠长石}}{NaAlSi_3O_8} \xrightarrow{\text{压力}} \underset{\text{硬玉}}{NaAlSi_2O_6} + \underset{\text{石英}}{SiO_2} \quad (1.1.2)$$

	钠长石	硬玉	石英
密　度	2.61	3.24～3.43	2.65
分子体积	100	61.7	22.7

2)动压力

动压力即作用于岩体的定向压力。动压力的大小与区域性构造作用和岩浆活动强度有关，所以动压力的性质和强度是有区域性的，并且在地壳垂直方向上对岩石变质的影响随深度也有不同。靠近地壳表层，由于温度低、均压小，岩石基本上呈脆性状态，所以矿物在动压力作用下常产生晶格、晶体歪曲变形或机械破碎现象；地壳较深部位，由于均压大、温度高，岩石处于塑性状态，所以破碎现象不明显，变质作用主要表现在岩石的结构和构造变化上。

矿物在动压力作用下，在与压力平行的方向上，晶体停止生长或出现溶解现象；在与压力垂直的方向上，晶体继续生长。结果在岩体中就出现了鳞片状绿泥石、云母、长柱状角闪石、阳起石等矿物的定向生长、排列现象。就是刚性较大的石英、长石等粒状矿物，有时也出现晶体歪曲、拉裂、移动及或多或少的定向拉长等变形现象。

3.化学活动性流体

化学活动性流体在岩石变质过程中起着溶剂的作用，它们能促进岩石中某些成分的溶解和迁移。流体的主要成分是 H_2O、O_2、CO_2 等，有时还含有一定数量的B、S等更活泼的组成成分。这些物质很多是岩浆分化的后期产物，它们与围岩或同期岩浆已经凝结的矿物接触后，由于交替分解，使得全部或一部分原来的矿物被新形成的矿物所代替，这个变化过程称为交代作用。如方解石受含有硫酸的水作用后被石膏所交代。

$$\underset{\text{方解石}}{CaCO_3} + H_2O + H_2SO_4 \longrightarrow \underset{\text{石膏}}{CaSO_4 \cdot 2H_2O} + CO_2 \quad (1.1.3)$$

根据不同的变质因素，可将变质作用划分为接触变质作用、热液变质作用和动力变质作用三种类型。

1)接触变质作用

围岩受岩浆侵入体高温影响产生的变质作用称为接触变质作用。由于接触变质的主要变质因素是高温，所以又称为热力变质作用。接触变质的主要作用是促使矿物重结晶，从而改变岩石的结构和性质。例如隐晶结构的纯石灰岩，经接触变质后形成显晶结构的大理岩，大理岩就是典型的接触变质岩石。接触变质作用根据条件也可以产生新的矿物。例如：当石灰岩中含有 MgO、FeO、Al_2O_3 等杂质时，变质后将变成含有石榴石、硅灰石、橄榄石等接触变质矿物的深色大理岩。

2)热液变质作用

化学性质活泼并含有挥发组分的高热流体与围岩发生交代作用而产生的变质，称为接触热液变质或接触交代变质。热液变质的特征是新产生的矿物取代原来的矿物。例如花岗岩浆与石灰岩接触交代后能产生含 Ca、Fe、Al 等硅酸盐的硅卡岩。如果汽化热液物质来自地壳深处，并广泛与各种岩石进行交代作用，则称为交代蚀变作用。交代蚀变不但能产生新矿物，而且也能改变岩石的结构、构造及化学成分。例如花岗岩被交代蚀变后，石英和白云母取代长石，成为细粒云英岩。

3)动力变质作用

动力变质作用是指在地壳构造运动中定向压力作用下产生的变质作用。动力变质过程中，不同性质的岩石会产生不同的效应。刚性岩石往往产生晶格变形、歪曲或滑动以致破碎等现象。柔性岩石或在高温下的刚性岩石易发生流塑性变形或产生流劈理、片理以及复杂的小型褶曲。动力变质的分布往往与地区的断裂破碎带有一定关系。它们可能是大断裂带的局部，这些地区往往是工程地质条件恶劣地段。

接触变质、热液变质和动力变质都是在某一种变质因素起主导作用的情况下发生的地质作用。它们的平面分布和涉及的深度都局限在一定范围内。岩体在强大压力和高温并伴有化学成分加入的情况下发生的变质称为区域变质。区域变质不但涉及范围广，而且是在地下较深的部位产生的，所以也叫深成变质。深成变质的岩石结晶度高，片理发育，岩石类型复杂。深部变质带中往往有混合岩化现象。

(四)地震作用

大地的快速颤动或振动称为地震。地震是一种极为常见的地质现象。据统计，全世界平均每年发生地震约 500 万次。其中，绝大多数的地震小于 3 级，不易为人们察觉；6 级以上地震就会对地面建筑物造成相当大的破坏，大约每年有 100 次；8 级以上的特大地震每5～10年才有一次。

世界上 90%以上的大地震都是构造地震。为了解释这类地震的成因，1911 年美国学者李德(H. F. Reid)提出了弹性回跳理论。该理论认为，由于构造应力的影响，在岩石圈的一定地区内，岩石发生弹性弯曲，并因此产生了弹性应变能的积累。当应变能超过弹性极限时，岩石发生错断并弹回原来的正常位置，同时使积累的能量得到突然释放。这种过程有如折断一个钢片，钢片在外力作用下变弯，在弯曲处产生应变能的积累；钢片折断时，钢片变直并释放出积累的能量。岩石错断时，能量主要以地震波的形式释放。地震波从断裂处向四周传播，当其到达地表时便引起地表的振动。简言之，地震是断层错动引起的，即由板块活动特别是板块边缘带的活动引起的。它既可能是新断层引起的，也可能是沿着老断层重新活动的结果。

除构造地震外，还有岩浆活动引起的火山地震和溶洞塌陷引起的陷落地震。

地震波最初产生的地方称震源。震源在地面上的垂直投影称震中。震中到震源的距离称震源深度。震源深度从几千米到 700 km 不等。通常将震源深度小于 70 km 的地震称浅源地震，70～300 km 的称中源地震，大于 300 km 的称深源地震。

断裂活动仅限于具脆性的岩石圈内，岩石圈的厚度一般不超过 100 km，所以世界上约 95%的地震属浅源地震。软流圈的塑性流动性较大，很难发生脆性断裂。但在板块碰撞带，俯冲板块可以下插到 700 km，因此仍然可以产生中、深源地震。目前已知的最大震源深度为 720 km。

地震主要是由断层引起的，而板块边界皆为深大断裂，所以地震比较集中地分布在板块边缘地带。世界上的地震集中分布在环太平洋地震带、阿尔卑斯—喜马拉雅地震带、洋脊和裂谷地震带及转换断层地震带上。我国的地震分布主要与前两个地震带有关。

三、外力地质作用

由地球外部能源所引起的地质作用称为外力地质作用。包括风化作用、地面流水的地质作用、地下水的地质作用、湖泊和沼泽的地质作用、海洋的地质作用、风的地质作用、冰川的地质作用及负荷地质作用。

(一)风化作用

地壳表层的岩石，在太阳辐射，大气、水和生物等风化营力的作用下，发生物理和化学变化，使岩石崩解破碎以至逐渐分解而在原地形成松散堆积物的过程，称为风化作用。

风化作用是最普遍的一种外力地质作用，在地表最显著，随着深度的增加，其影响逐渐减弱以至消失。风化作用改变了岩石原有的矿物组成和化学成分，使岩石的强度和稳定性大为降低。滑坡、崩塌、岩堆及泥石流等不良地质现象，大部分都与风化作用有关。

1. 风化作用的类型

风化作用按占优势的营力及岩石变化的性质分为物理风化、化学风化及生物风化三种。

1)物理风化作用

在地表或接近地表条件下，岩石、矿物在原地发生机械破碎的过程叫物理风化作用。引起物理风化作用的主要因素是岩石释重和温度的变化。此外，岩石裂隙中水的冻结与融化、盐类的结晶与潮解等，也能促使岩石发生物理风化作用。

(1)岩石释重

无论是岩浆岩、变质岩还是沉积岩，在其形成以后，都可能因为上覆巨厚的岩层而承受巨大的静压力。一旦上覆岩层遭受剥蚀而卸荷，岩石释重，随之产生向上或向外的膨胀作用，形成一系列与地表平行的节理。处于地下深处，承受巨大静压力的岩石，其潜在的膨胀力是十分惊人的。在一些矿山，当岩石初次露在掌子面时，膨胀是非常迅速的，以致碎片炸裂飞出。岩石释重所形成的节理，为水和空气的活动提供了通路，使它们的风化作用更有效。

(2)温度变化

白天岩石在阳光照射下，表层首先升温，由于岩石是热的不良导体，热向岩石内部传递很慢，遂使岩石内外之间出现温差，各部分膨胀不同，形成与表面平行的风化裂隙。到了夜晚，白天吸收的太阳辐射热继续以缓慢速度向岩石内部传递，内部仍在缓慢地升温膨胀，而岩石表面却迅速散热降温、体积收缩，于是形成与表面垂直的径向裂隙。久而久之，这些风化裂隙日益扩大、增多，导致岩石层层剥落，最后崩解成碎块。

不同矿物有不同的体胀系数，在常温常压下，石英体胀系数的平均值为 31×10^{-6}，普通角闪石为 28.4×10^{-6}，长石为 17×10^{-6}。当温度反复变化时，复矿岩中不同的矿物有不同的膨胀与收缩，本来联结在一起的矿物颗粒就会彼此分离，使完整的岩石破裂松散。即使是单矿岩，由于晶体的非均匀性，晶体在各个方向上的线膨胀系数也不相同，受冷受热时也会造成收缩与膨胀的不一致，从而导致晶体的破裂。

温度变化的速度和幅度，特别是变化速度，对物理风化作用的强度有很大的影响。温度变化速度越快，收缩与膨胀交替越快，岩石破裂越迅速，因而温度日变化对物理风化的影响最大，年变化影响较小。在昼夜温度变化剧烈的干旱沙漠地区，昼夜温差可达 50～60 ℃。由于岩石热容量远小于水，因此在缺少植被和水的沙漠地区，地表岩石温度日变化就远大于气温的日变化。所以在这些地区，物理风化作用最为强烈。

(3)水的冻结与融化

在一些高寒地带，如雨水或融雪水侵入岩石裂隙，当岩石温度低到 0 ℃以下时，液态的水就变为固态的冰，体积膨胀约 9%。这对裂隙将产生很大的膨胀压力，使原有裂隙进一步扩大，同时产生更多的新裂隙。当温度升高至冰点以上时，冰又融化成水，体积减小，扩大的空隙中又有水渗入。年复一年，就会使岩体逐渐崩解成碎块。这种物理风化作用又称为冰劈作用或冰冻风化作用。冰冻风化作用主要发生在严寒的高纬度地区和低纬度的高寒山岳地区。

(4)可溶盐的结晶与潮解

在干旱及半干旱地区，广泛地分布着各种可溶盐类。有些盐类具有很大的吸湿性，能从空气中吸收大量的水分而潮解，最后成为溶液。温度升高，水分蒸发，盐分又结晶析出，体积显著增大。由于可溶盐溶液在岩石的空隙和裂隙中结晶时的撑裂作用，使得裂隙逐渐扩大，导致岩石松散破坏。可溶盐的结晶撑裂作用，在干旱的内陆盆地是十分引人注目的。盐类结晶对岩石所起的物理破坏作用，主要决定于可溶盐的性质，同时与岩石空隙度的大小和构造特征也有很大关系。

可以看出，物理风化的结果，依次是岩石的整体性遭到破坏，随着风化程度的增加，逐渐成为岩石碎屑和松散的矿物颗粒；碎屑逐渐变细，使热力方面的矛盾逐渐缓和，因而物理风化随之相对削弱，但同时随着碎屑与大气、水、生物等营力接触的自由表面不断增大，使得风化作用的性质向化学风化转化。在一定的条件下，化学作用将在风化过程中起主要作用。

2)化学风化作用

在地表或接近地表条件下，岩石、矿物在原地发生化学变化并产生新矿物的过程叫化学风化作用。引起化学风化作用的主要因素是水和氧。自然界的水，不论是雨水、地面水或地下水，都溶解有多种气体(如 O_2、CO_2 等)和化合物(如酸、碱、盐等)，因此自然界的水都是水溶液。水溶液可通过溶解、水化、水解、碳酸化等方式促使岩石产生化学风化。氧的作用方式是氧化作用。

(1)溶解作用

水能直接溶解组成岩石的矿物，使岩石遭到破坏。最容易溶解的是卤化盐类(岩盐、钾盐)，其次是硫酸盐(石膏、硬石膏)，再次是碳酸盐类(石灰岩、白云岩等)。其他岩石虽然也溶解于水，但溶解度低得多。岩石与水长期接触，其中的可溶性矿物就逐渐地被水溶解。水对岩石的溶解作用一般进行得十分缓慢，但是在有利条件下，比如当水的温度增高以及压力增大时，水的溶解作用就比较活跃。特别当水中含有侵蚀性的 CO_2 而发生碳酸化合作用时，水的溶解作用就会显著增强。在可溶岩分布地区，由于水对岩石的溶解作用，常形成溶洞、溶穴等溶蚀地貌。

(2)水化作用

有些矿物与水接触后发生化学反应，吸收一定量的水到矿物中形成含水矿物，这种作用称为水化作用。如硬石膏经过水化作用变为石膏就是很好的例子。

$$\underset{\text{硬石膏}}{CaSO_4} + 2H_2O \longrightarrow \underset{\text{石膏}}{CaSO_4 \cdot 2H_2O} \tag{1.1.4}$$

水化作用的结果产生了含水矿物。含水矿物的硬度一般低于无水矿物，同时由于在水化过程中结合了一定数量的水分子进入物质的成分之中，改变了原有矿物的成分，引起体积膨胀，对岩石也具有一定的破坏作用。

若岩层中含有硬石膏层，当石膏发生水化作用而使体积膨胀后，对围岩会产生很大的压力，促使岩层破碎。在隧道施工中，这种压力甚至能引起支撑倾斜，衬砌开裂，应引起足够注意。

(3)水解作用

有些矿物遇水后离解，与水中的 H^+ 和 OH^- 离子起化学作用形成新的化合物，这种作用称为水解作用。无论是强酸弱碱盐或弱酸强碱盐，遇水后都要起离解作用，并与水的两种离子之一结合形成新的化合物。造岩矿物大部分是硅酸盐类，都是弱酸强碱盐，所以经水解作用而分解的现象是很普遍的。例如正长石经过水解作用变成高岭石就是一种水解现象。

$$\underset{\text{正长石}}{4K(AlSi_3O_8)}+6H_2O \longrightarrow 4KOH+\underset{\text{高岭石}}{Al_4(Si_4O_{10})(OH)_8}+8SiO_2 \tag{1.1.5}$$

其中易溶的 KOH 成为真正的溶液被带走。分解出来的 SiO_2 在有强碱钾盐的碱性溶液中不能凝聚下来，而成胶体溶液被带走，结果只有高岭石被残留下来。如果在炎热、潮湿的气候下，高岭石将进一步分解，形成铝土矿($Al_2O_3 \cdot nH_2O$)。

(4)碳酸化作用

当水中溶有 CO_2 时，水溶液中除 H^+ 和 OH^- 离子外，还有 CO_3^{2-} 和 HCO_3^- 离子，碱金属及碱土金属与之相遇会形成碳酸盐，这种作用称为碳酸化作用。硅酸盐矿物经碳酸化作用，其中碱金属变成碳酸盐随水流失。如花岗岩中的正长石受到长期碳酸化作用时，则会发生如下反应

$$\underset{\text{正长石}}{4K(AlSi_3O_8)}+2CO_2+4H_2O \longrightarrow \underset{\text{高岭石}}{Al_4(Si_4O_{10})(OH)_8}+8SiO_2+2K_2CO_3 \tag{1.1.6}$$

此外，碳酸盐类的岩石，如石灰岩、白云岩等，经碳酸化作用后能够将比较难溶于水的碳酸盐转变为易溶解的重碳酸盐，因而加强了水对岩石的溶解作用。例如

$$\underset{\text{碳酸钙}}{CaCO_3}+H_2O+CO_2 \longrightarrow \underset{\text{重碳酸钙}}{Ca(HCO_3)_2} \tag{1.1.7}$$

(5)氧化作用

氧化是地表的一种普遍自然现象；氧化作用是化学风化作用的主要方式之一。干燥空气中的氧化作用不强，潮湿空气中的氧化作用显著增强。水可大大加快氧化的速度。

自然界的有机化合物、低价氧化物和硫化物是最易遭受氧化的物质，尤其是低价铁最易氧化成高价铁。如自然界中常见的黄铁矿(FeS_2)在水的参与下，经氧化作用形成褐铁矿($Fe_2O_3 \cdot nH_2O$)，其化学反应方程式如下

$$2FeS_2+7O_2+2H_2O \longrightarrow 2FeSO_4+2H_2SO_4 \tag{1.1.8}$$

$$12FeSO_4+3O_2+6H_2O \longrightarrow 4Fe_2(SO_4)_3+4Fe(OH)_3 \tag{1.1.9}$$

$$2Fe_2(SO_4)_3+9H_2O \longrightarrow 2Fe_2O_3 \cdot 3H_2O+6H_2SO_4 \tag{1.1.10}$$

黄铁矿经氧化形成褐铁矿。颜色由铜黄色变为褐黄色，硬度、比重都变小。同时产生的硫酸对岩石腐蚀性极强，可使岩石中某些矿物分解形成洞穴和斑点，并产生一些新矿物。因此，岩石中含有较多黄铁矿时，用作建筑材料是不适宜的。

从以上化学风化作用的主要方式可以清楚地看出，化学风化作用在温暖、潮湿的地区最为活跃，进行得也比较彻底。

3)生物风化作用

岩石在动植物及微生物影响下发生的破坏作用,称为生物风化作用。生物风化作用主要发生在岩石的表层和土中。生物风化作用既有机械的,也有化学的。

(1)生物机械风化作用

生物的机械风化作用主要是通过生物的生命活动来进行的。如植物根系在岩石裂隙中生长,不断楔裂岩石,使裂隙扩大,从而引起岩石崩解。又如穴居动物田鼠、蚂蚁和蚯蚓等不停地挖掘洞穴,使岩石破碎、土粒变细。

(2)生物化学风化作用

生物的化学风化作用是通过生物的新陈代谢和生物死亡后的遗体腐烂分解来进行的。植物和细菌在新陈代谢过程中能析出有机酸、硝酸、亚硝酸、碳酸和氢氧化铵等溶液而腐蚀岩石。生物死亡后遗体聚集,逐渐形成腐殖质,它一方面可供给植物生长所必需的钾盐、磷盐、氮化合物和各种碳水化合物;另一方面因含有有机酸,对岩石、矿物也有腐蚀作用。生物,特别是微生物的化学风化作用是很强烈的。

岩石、矿物经过物理、化学风化作用以后,再经过生物的化学风化作用,就不再是单纯的由无机物组成的松散物质了,因为它还具有植物生长必不可少的腐殖质。这种具有腐殖质、矿物质、水和空气的松散物质称为土壤。不同地区的土壤具有不同的结构及物理、化学性质。据此全世界可以划分出许多土壤类型,而每一种土壤类别都是在其特有的气候条件下形成的。例如,在热带气候下,强烈的化学风化和生物风化作用,使易溶性物质淋湿殆尽,形成富含铁、铝的红壤。

2.岩石的风化程度

1)岩石风化程度的判断

岩石受到风化以后,不论其外观特征或物理力学性质,都会发生一系列的变化,根据这些变化,我们可以概略地判断岩石的风化程度。

(1)岩石的颜色

岩石受到风化后即引起岩石的颜色和光泽发生变化。未经风化的岩石,其造岩矿物保持着固有的颜色和光泽。受到风化后,具有玻璃光泽的正长石变成土状光泽的白色粉末;而黑云母的色泽也变得深暗,因而使整个岩石失去原有色泽。观察时,一方面要注意岩石整体的颜色,同时,也要注意岩石的干湿情况以及颜色由表及里的变化情况。

(2)岩石的矿物成分

岩石受到风化后,首先会引起其中某些易风化的矿物发生次生变化,例如花岗岩中的正长石,当发生风化后就逐渐变为高岭石,黑云母最后将变为蛭石。至于沉积岩,特别是黏土岩,受到风化后成分的改变并不显著,但风化部分常有可溶盐类结晶析出及含水氧化铁的产生。

(3)岩石的破碎程度

岩石风化后产生风化裂隙。风化程度越深,风化裂隙越发育,则岩体被裂隙切割得越破碎。所以,岩石的风化破碎程度,也是岩石风化程度的一个具体反映。

(4)岩石强度的变化

岩石遭受风化后,整体性破坏,矿物颗粒间的联结力减弱,矿物成分发生次生变化,力学强度降低。某些岩石受到严重风化后,用手即可折断,有的用手可捏碎。

2)岩石风化程度分级

为了对岩石的风化程度进行评价,表1.1.1给出了岩石风化程度级别划分以供参考。

岩石风化程度分级　　　　表 1.1.1

风化程度分级	主要特征				
	颜色与光泽	结构与构造	矿物成分	破碎程度	强度
未经风化	所有矿物及其胶结物的颜色都是新鲜的	保持原有结构、构造	矿物成分未变	除构造裂隙外，肉眼见不到其他裂隙	岩石原有的强度
风化轻微	岩石颜色稍比新鲜岩石暗淡，仅裂隙面附近部分矿物变色	结构、构造未变	沿裂隙面稍有风化现象或有水锈	发生少数风化裂隙，但不易与新鲜岩石区别	比新鲜岩石略低，但不易区别
风化中等	表面和裂隙面大部分变色，但断口仍保持新鲜岩石特点	结构、构造大部分完好	沿裂隙面出现次生矿物	风化裂隙发育，完整性较差	抗压强度仅为新鲜岩石的 1/3～2/3
风化严重	岩石颜色改变，仅岩块断口中心仍保持原有颜色	结构、构造大部分破坏	易风化矿物均已风化变质，形成次生矿物	岩体呈干砌块石状，岩块上裂纹密布，疏松易碎，完整性很差	抗压强度仅为新鲜岩石的 1/3 左右
风化极严重	岩石完全变色，光泽消失，黑云母变为蛭石	结构、构造完全破坏。仅外观保持原岩的状态，矿物晶粒失去了胶结联系，石英松散成砂粒	除石英晶粒外，其余矿物大部分风化变质，形成次生矿物	用手可折断、捏碎	很低

3）岩石风化程度分带

岩石的风化由表及里，地表部分受风化作用的影响最显著，由地表往下风化作用的影响逐渐减弱以至消失，因此在风化剖面的不同深度上，岩石的物理力学性质也会有明显的差异。从工程地质的角度分析，一般把风化岩层自下而上相应于风化程度分级划分为五个带：未经风化带、轻微风化带、中等风化带、严重风化带、极严重风化带。

岩石风化带的界线，在工程实践中是一项重要的工程地质资料。在许多地方都需要运用风化带的概念来划分地表岩体不同风化带的分界线，作为拟定挖方边坡坡度、基坑开挖深度以及采取相应的加固与补强措施的参考。但是，到目前为止，我国还没有一个比较确切的定量指标作为分界的依据，通常只是根据当地的地质条件并结合实践经验予以确定。另一方面，虽然岩石的风化是由表及里的，但往往由于各地的岩性、地质构造、地形和水文地质条件不同，岩体风化带的分布情况变化很大，不一定都能清楚地划分出上述五个风化带；或者由于受到其他外力作用，部分风化层已被剥蚀，因而看不到完整的风化带的情况也是相当普遍的。据有关资料记载，以物理风化为主的地区风化深度一般不超过 10～30 m，最厚 60 m；以化学风化为主的地区风化深度一般为 30～50 m，最厚可达 100 m。

4）残积物

风化作用形成的残留于原地的松散堆积物称为残积物，它包括物理风化形成的碎屑物、化学风化形成的难溶物和生物风化形成的土壤。由于风化作用的复杂性，各地残积物的特点有所不同，但其共同的特点是：原地堆积形成；残积物中的碎屑物质大小不均、棱角明显；堆积物无分选、无层理；由表往里与基岩是逐渐过渡关系，上部风化程度深，下部风化程度浅;残积物在成分上与基岩有密切联系。

残积物不连续地覆盖在地壳基岩上形成的一层薄的外壳,称为风化壳。风化壳由上往下由于风化程度的不同,往往具有分层现象,但层与层之间是逐渐过渡的。一个发育完全的风化壳从上往下依次为土壤、黏土矿物、角砾状碎屑残积物(半风化岩石)和基岩,见图1.1.4。风化壳被上覆沉积层掩埋后形成古风化壳,通过研究古风化壳可以推断古地理、古气候及确定沉积间断等。

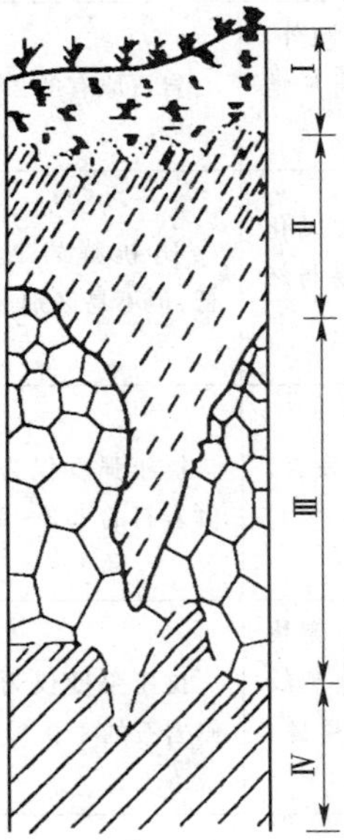

图1.1.4 风化壳剖面示意

Ⅰ-土壤;Ⅱ-黏土矿物;Ⅲ-半风化岩石;Ⅳ-基岩

由于残积物孔隙多,成分和厚度很不均匀,用作建筑物地基时,应考虑其承载力和可能产生的不均匀沉降。由于残积物结构松散,用作路堑边坡时,应考虑可能出现的坍塌和冲刷等问题。

3.风化作用的影响因素

风化作用虽然是地表普遍存在的地质现象,但是各处风化作用的类型和速度却有很大的差异。在影响风化作用的类型和速度的因素中,岩性是内在的依据,气候是最重要的外因。此外,地质构造、地形和时间等也有一定的影响。

1)岩石性质

岩石性质包括岩石的成分、结构和构造,其中岩石的矿物成分对风化作用的影响尤其重要,岩石在风化带中的稳定性主要是由其中所含矿物的抗风化能力决定的。超基性岩和基性岩一般最容易风化,而酸性岩则比较稳定。所以,红色花岗岩常被选做装饰材料,当然,含角闪石、黑云母多的花岗岩例外。此外,粗粒的岩石比细粒的岩石易于风化;层理和片理发育的岩石较易风化;疏松多孔的岩石比致密坚硬的岩石较易风化。

在一个地区如果有不同岩性的岩石出露,例如砂岩与页岩互层,往往因风化速度不同,造成其表面凹凸不平形成差异风化。所以,在野外常见到坚硬的砂岩形成山脊,而柔软的页岩成为低地。因而,人们常在野外利用差异风化现象认识地层、判断岩层产状、了解地质构造。

2)气候

控制气候的主要因素是降雨量和气温。水是风化作用中最积极、最活跃的因素,大多数风化作用都离不开水的参与。而气温则对化学反应的速度影响最大,在地表条件下,温度每增加10 ℃,则化学反应速度增加一倍。因此,气候是影响岩石风化最重要的因素;不同的气候带,风化作用的类型和速度也不同。

在极地和高山地区,气候寒冷,冰雪终年不化,风化作用进行得缓慢而微弱,主要表现为冰冻风化,岩石破碎后形成的碎屑很少;在温带,气候有季节变化,夏暖冬寒,降雨量较少,蒸发量较大,物理风化和化学风化作用都有,但风化深度较浅;在气候干燥的沙漠地区,雨量稀少而集中,蒸发量大,植被缺乏,物理风化作用强烈,一些易溶的矿物也难溶解,岩石风化后多为棱角状的碎屑和砂粒;在湿热气候区,雨量充沛,气温高、植被繁茂,化学风化作用强烈,岩石常被彻底破坏,风化深度可达100 m以上。

3)地质构造

地质构造对风化作用的影响主要是节理对风化作用的影响。几乎所有的岩石都为节理所切割,节理不仅为化学溶液的渗入提供了通道,而且增大了产生化学反应的表面积。所以，在节理发育的断层带以及背斜构造轴部，风化作用速度很快，在地表常形成低洼的沟谷。自然界中的厚层或块状岩石在节理切割影响下形成的球状风化是一种较常出现的现象。所谓球状风化，就是经风化作用后，岩石表面形成球形或椭球形的现象。

球状风化的形成过程如图1.1.5所示，岩石被几组节理切割，从而使风化作用得以从几个方向同时进行。水溶液沿裂缝渗入并对岩石进行分解，由于棱角处最易破坏，久而久之，岩石表面便被圆化了。最典型的是出现像卷心菜一样的层状剥离现象。据研究，单纯的释重等引起的张应力尚不足以使岩石裂开，而是在化学风化作用下，岩石降低了抗张强度，物理风化才得以进行。显然，球状风化是在地质构造影响下化学风化和物理风化联合作用的结果。

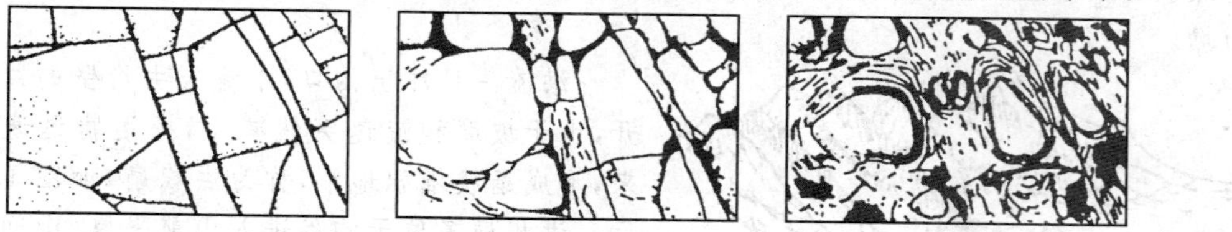

a)岩石被几组节理所切割　　b)球状风化　　c)球状风化晚期

图1.1.5　球状风化的演变

（W.K.汉布林，1975）

4）地形

地形对风化作用也有一定的影响，在陡坡上物理风化进行得较强烈，有时能在春暖化冻的季节或雨后，在地下水的帮助下，造成大规模的山崩。20世纪60年代，川藏公路沿线就曾多次发生山崩，严重堵塞了交通。

（二）地面流水的地质作用

地面流水系指沿陆地表面流动的水体。根据流动的特点，地面流水可分为片流、洪流和河流三种类型。沿地面斜坡呈无数股、无固定流路的网状细流称为片流，片流汇集于沟谷中形成有固定流路的急速流动的水流称为洪流。

片流与洪流仅出现在雨后或冰雪融化时短暂的一段时间，时有时无，称为暂时性流水。河流是指沿沟谷流动的经常性流水。河流可以是洪流下切谷底至地下水面以下并得到地下水补给形成的，也可以是冰川消融或湖水补给形成的。地面流水的运动有层流、紊流、环流和涡流几种方式。

1.暂时性流水的地质作用

1）洗刷作用及坡积层

片流比较均匀地冲洗破坏斜坡表层的过程称为洗刷作用。由于片流水流分散、水量小、流动慢、动能小，一般只能冲走细小的碎屑物质，但它作用面积大，对地表的剥蚀作用显著。洗刷作用的强度与气候、地面坡度、岩性和植被有关。一般在降水量比较集中、坡度较陡、松散物多、植被稀少的山坡，洗刷作用强烈；对荒芜的秃山坡或坡耕地，可造成大量的水土流失。但如果植被发育好，能有效地吸收片流的能量，洗刷作用就大为降低。

洗刷作用冲走的碎屑物质，一部分经沟谷进入河流，成为河流中搬运的泥沙的主要来源，其余部分随片流向山下搬运。当片流达到缓坡或坡脚处，因流速变慢、水流挟沙能力减弱所形成的沉积物叫坡积物。坡积物由于搬运距离短，分选性差，层理不明显，碎屑颗粒呈棱角状；坡积物厚度变化较大，一般是坡脚处最厚，向山坡上及远离坡脚方向逐渐变薄尖灭；坡积物多由碎石和黏土组成，其成分与山坡上的基岩有关；坡积物松散、富水，作为建筑物地基强度较差；坡积物与下伏基岩接触带有水渗入而变得软弱湿润时，坡积物与基岩间的摩阻力显著降低，容易发生滑动。

2）冲刷作用及洪积层

在雨季或冰雪融化时，特别是在暴雨之后，片流汇聚到沟谷中，常常形成汹涌的洪流。因水量和流速大增，剥蚀力量增强，洪流以本身的水体动力连同携带的泥沙和石块不断冲击沟底和沟壁，使沟谷加深变宽的过程，称为冲刷作用。由冲刷作用形成的沟底深窄、沟壁陡峭的沟谷，叫冲沟。在干旱和半干旱地区，雨量比较集中，缺少植被保护，由松散覆盖层组成的地面，冲沟发展迅速，造成大量水土流失，危害农业与交通。有的冲沟发展到一定程度后，沟底被碎屑填塞，沟壁变缓，沟里长满了植物，冲沟也就可能停止发展而成为死冲沟，或称山坳。

图 1.1.6 洪积扇

洪流一旦冲出沟口，水流失去沟壁的约束而散开，由于坡度和流速突然减小，搬运物迅速沉积下来，形成扇状堆积地形，称为洪积扇，如图 1.1.6 所示。洪积扇多位于沟谷进入山前平原、山间盆地及河流入口处。洪积扇堆积物的成分复杂，由沟谷上游汇水区内岩石种类决定。洪积扇的堆积物呈一定的规律性分布，从平面上看，扇顶洪积物粗大，多为砾石、卵石，向扇缘方向越来越细，由砂到黏砂土、砂黏土直至黏土。从剖面上看，地表洪积物颗粒较细，向下越来越粗；由于洪积物未经长途搬运而且是突然沉积下来的，故磨圆度和分选性较差，层理不很发育。

在洪积扇上进行工程建设，要注意洪积扇的活动性。正在活动的洪积扇，每当暴雨季节，仍将发生新的洪积物沉积。在干旱地区，洪积扇具有一定的供水意义。由于洪积扇中砂、砾层从扇顶向扇缘倾斜，具水头压力，在洪积扇的扇缘打井，往往可获自流井。洪积扇也是油、气储存场所，如克拉玛依油田的储油层就与扇顶部分的砾石有关。

2. 河流的地质作用

河谷的横断面形态可分为谷底和谷坡。河谷底部较平坦的部分称谷底，高出谷底的两侧斜坡称谷坡。谷底中经常有水流动的部分称河床，谷底中洪水期被淹没、枯水期露出水面的部分称河漫滩。

1）河流的侵蚀作用

河流在运动过程中对岩石的破坏作用称为侵蚀作用。河水沿河谷流动时，不仅以自身的冲力破坏岩石，更主要的是河水中还携带着大量的泥沙和砾石等碎屑物，河流以它们为工具对河床进行磨蚀。此外，河水对岩石还有一定的溶解能力。河流就是通过冲蚀、磨蚀和溶蚀三种方式对河底及两岸进行侵蚀的。

河流侵蚀作用的能力由流量和流速决定。以 Q 表示河水流量（m^3/s），v 为流速（m/s），则河水动能 E 由下式表示

$$E=\frac{1}{2}Qv^2 \tag{1.1.11}$$

由上式可知，河水动能与流量一次方成正比，与流速二次方成正比。显然，流速对动能的影响比流量更大。

按侵蚀作用的方向，河流的侵蚀作用可分为两种类型，沿垂直方向进行的下蚀作用和沿水平方向进行的侧蚀作用。这两种作用在任一河段中都是同时进行的，只不过对不同的河段有主、次之分而已。

(1)下蚀作用

河流下蚀切割河底,使河床变深。下蚀的强弱取决于流速、流量的大小,也与组成河床的物质有关。流速、流量越大,下蚀作用越强;组成河床的物质越坚硬,裂隙越少,下蚀作用越弱。

下蚀作用在加深河谷的同时,又使河流向源头方向伸长。这是因为在沟头以上,流水顺地面斜坡呈片流流动,当其在沟头汇聚于沟谷里时,流速和流量骤然增大,在这里下蚀作用特别强烈,结果使河谷向着源头方向的斜坡上方延伸。一条河流下蚀作用最强地段由河口开始逐渐向河源方向发展的现象称为向源侵蚀。由于每条河流的水量、河床纵向比降、岩石性质及地质构造等因素的不同,它们的向源侵蚀速度亦不同。当某一向源侵蚀较快的河流向上伸长并中途切断另一条河流时,就把另一条河流上游的河水夺过来,这种现象称为河流袭夺。

河流下蚀作用不是无止境的。当下蚀作用达到一定深度,即当河面标高趋近于河口水面标高时,河水不再具有势能差,流动趋于停止,河流的下蚀作用也就趋近于零了。因此,从理论上讲,河口的水面标高就是河流下蚀作用的极限,这个极限称为河流的侵蚀基准面。海平面为所有入海河流的侵蚀基准面。湖面或干流河面因其自身是变化的,对注入的河流只能起到暂时性的控制作用,故称地区性或暂时性的侵蚀基准面,而海平面为最终侵蚀基准面。

河流下蚀作用的结果,使河床高度降低,坡度变缓,阶梯状高差逐渐消失,整个河谷纵剖面成为一条光滑的曲线,这时河床坡度与流速、流量与搬运物完全达到平衡。河流的动能与所携带的物质和克服摩擦阻力的能耗相平衡时,整条河流达到既无侵蚀又无大量沉积状态,这种达到平衡状态的河谷纵剖面称为平衡剖面。平衡剖面虽然是一个永远也达不到的理想剖面,但它对于了解河流改造地表的演化过程及研究工程建设所引起的河流变化具有十分重要的意义。

(2)侧蚀作用

河流侧蚀冲刷河岸,使河床变弯、变宽。河流产生侧蚀的原因,一是因为原始河床不可能完全笔直,一处微小的弯曲都将使河水主流线不再平行河岸而引起冲刷,致使弯曲程度越来越大;二是河流中的各种障碍物,如浅滩,也能使主流线改变方向冲刷河岸(图 1.1.7)。

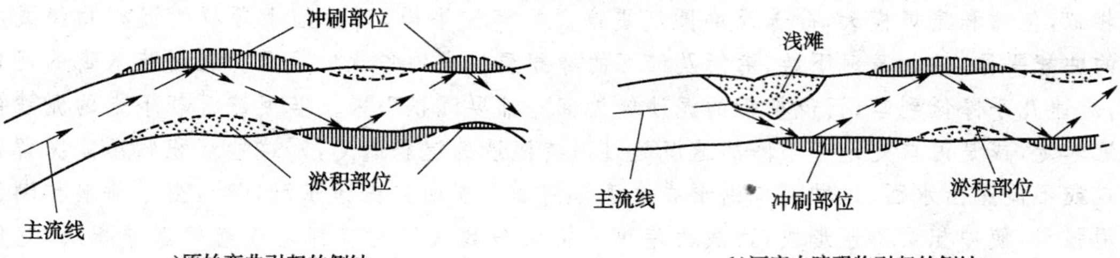

a)原始弯曲引起的侧蚀　　b)河床中障碍物引起的侧蚀

图 1.1.7　河流侧蚀示意

侧蚀不断进行,受冲刷的河岸逐渐变陡、坍塌,使河岸向外凸出,相对一岸向内凹进,使河流形成连续的左右交替的弯曲,称河曲。由于河水主流线不是垂直而是斜向冲刷河岸,故这种弯曲向河流前进方向凸出,随着侧蚀不断发展,这些弯曲逐渐向下游方向推进。河曲进一步发展,河流弯曲程度越来越大,河流也越来越长,导致河床底坡变缓,流速降低。当流速减小到一定程度,河流只能携带泥沙克服阻力流动,而无力进行侧蚀的时候,河曲不再发展,此时的河曲可称为蛇曲。河流的蛇曲地段,弯曲程度很大,某些河湾之间非常接近,只隔一条狭窄地段,到了洪水季节,洪水可能冲决这一狭窄地段,河水经由新冲出的距离短、流速大的河道流动，残余的河曲两端逐渐淤塞，脱离河床而形成特殊形状的牛轭湖。湖中水分逐渐蒸发，可进一步发展成为沼泽。长江中下游沙市、汉口等地段，被遗弃的古河道所形成的湖泊、洼地和沼泽星罗密布。

2)河流的搬运作用

河流具有一定的搬运能力，它能把侵蚀作用生成的各种物质以不同方式向下游搬运，直至搬运到湖海盆地中。河流搬运能力与流速关系最大，当流速增加1倍时，被搬运物质的直径可增大到原来的4倍，被搬运物质的重量可增大到原来的64倍。当流速减小时，就有大量泥沙石块沉积下来。

流水搬运的方式可分为物理搬运和化学搬运两大类。物理搬运的物质主要是泥沙石块，化学搬运的物质则是可溶解的盐类和胶体物质。根据流速、流量和泥沙石块的大小不同，物理搬运又可分为悬浮式、跳跃式和滚动式三种方式。悬浮式搬运的主要是颗粒细小的砂和黏性土，这些物质悬浮于水中或水面，顺流而下。例如黄河中大量黄土颗粒主要是悬浮式搬运。悬浮式搬运是河流搬运的重要方式之一，它搬运的物质数量最大，例如黄河每年的悬浮搬运量可达 6.72×10^{8} t，长江每年的悬浮搬运量达 2.58×10^{8} t。跳跃式搬运的物质一般为块石、卵石和粗砂，它们有时被急流、涡流卷入水中向前搬运，有时则被缓流推着沿河底滚动。滚动式搬运的主要是巨大的块石、砾石，它们只能在水流强烈冲击下，沿河底缓慢向下游滚动。

化学搬运的距离最远，水中各种离子和胶体颗粒多被搬运到湖、海盆地中，当条件适合时，在湖、海盆地中产生沉积。

3)河流的沉积作用

当流速和流量降低，特别是流速降低时，河流的搬运能力亦随之降低，多余的碎屑物质就会发生沉积。河流搬运物从水中沉积下来的过程称为沉积作用。由河流沉积作用形成的堆积物称冲积物。

由于河流在不同地段流速降低的情况不同，各处形成的沉积层就有不同特点。在山区，河底陡、流速大，沉积作用较弱，河床中冲积层多为巨砾、卵石和粗砂。当河流由山区进入平原时，流速有很大降低，大量物质沉积下来，形成冲积扇。冲积扇的形状和特征与前述洪积扇相似，但冲积扇规模大，分选及磨圆度更高。在河流下游，则由细小颗粒的沉积物组成广大的冲积平原，例如黄河下游、海河及淮河的冲积层构成的华北大平原。在河流入海的河口处，流速几乎降低到零，河流携带的泥沙绝大部分都要沉积下来。若河流沉积下来的泥沙被海流卷走，或是河口处地壳下降的速度超过河流泥沙的沉积速度，则这些沉积物不能保留在河口或不能露出水面，这种河口则形成港湾。例如我国南方钱塘江河口处，由于海浪和潮汐作用强烈，使冲积层不能形成，而成为港湾。但大多数大河河口都能逐渐积累冲积层，它们在水面以下呈扇形分布，扇顶位于河口，扇缘则伸入海中。冲积层露出水面的部分形如一个其顶角指向河口的倒三角形，故称河口冲积层为三角洲。三角洲的内部构造与洪积扇、冲积扇相似：下粗上细，近河口处较粗，距河口越远越细。

冲积物具有以下特征：

①分选性好。碎屑物质经过搬运，在流速减小的地方，便按颗粒的大小、重度依次从水中沉积下来，就像经过筛子筛选一样，大小和重度相似的沉积物便聚集在一起。这种作用叫分选作用。分选性越好，粒度越均一。

②磨圆度高。磨圆度是指颗粒棱角被磨蚀的程度。按韦德尔(Wadell,1932)的定义，磨圆度等于角的平均曲率半径与最大内接圆半径之比。比值越接近于1，磨圆度越好。显然，

磨圆度与搬运方式和搬运距离有关。冲积物通常经过长距离和多次搬运，故磨圆度较高。但粒径小于0.05 mm的颗粒，因呈悬浮搬运，其磨圆度差。

③层理清晰。层理就是由于矿物成分、粒度、颜色等的不同而在纵向上显示出来的层状沉积界面。这是由于水动力条件发生改变而造成上、下层的沉积物质不同所致。

④冲积层分布在河谷、冲积扇、冲积平原或三角洲中，冲积层的成分非常复杂，河流汇水面积内的所有岩石和土都能成为该河流冲积层的物质来源。

⑤作为工程建筑物的地基，砂、卵石的承载力较高，黏性土较低。特别应当注意冲积层中的两种不良沉积物：一种是软弱土层，例如牛轭湖、沼泽地中的淤泥、泥炭等；另一种是容易发生液化现象的粉砂层。

⑥冲积层中的砂、卵石、砾石层常被选用为建筑材料的重要源地。厚度稳定、延续性好的砂、卵石层是丰富的含水层，可以作为良好的供水水源。

4)河流阶地

河谷内河流侵蚀或沉积作用形成的阶梯状地形称阶地或台地。若阶地延伸方向与河流方向垂直则称横向阶地；若阶地延伸方向与河流方向平行则称纵向阶地。

横向阶地是由于河流经过各种悬崖、陡坎，或经过各种软硬不同的岩石下切程度不同而造成的。河流在经过横向阶地时常呈现为跌水或瀑布，故横向阶地上较难保存冲积物，并且随着强烈下蚀作用的继续进行，这些横向阶地将向河源方向不断后退。

纵向阶地是地壳升降运动与河流地质作用的结果。地壳每一次剧烈上升，都使河流侵蚀基准面相对下降，大大增加了下蚀的强度，河床底被迅速向下切割，河水面随之下降，以致再到洪水期时也淹没不到原来的河漫滩了。这样，原来的老河漫滩就变成了最新的Ⅰ级阶地，原来的Ⅰ级阶地变为Ⅱ级……依此类推，在最下面则形成新的河漫滩。

一条河流有多少级阶地是由该地区地壳上升次数决定的，每剧烈上升一次就应当有相应的一级阶地，例如兰州地区的黄河就有六级阶地。但是，由于河流地质作用的复杂性，使河流两岸生成的阶地级数及同级阶地的大小范围并不完全对称相同，例如左岸有Ⅰ、Ⅱ、Ⅲ共三级阶地，右岸可能只有Ⅱ、Ⅲ两级阶地；左岸的Ⅲ级阶地可能比较宽广、完整，右岸的Ⅲ级阶地则可能支离破碎，残余面积很小。阶地编号越大，生成年代越久，则可能被侵蚀破坏得越严重，而且不易完整保存下来。

根据河流阶地组成物质的不同，可把阶地分为三种基本类型(图1.1.8)。

(1)侵蚀阶地

侵蚀阶地也称基岩阶地，阶地表面由河流侵蚀而成，表面只有很少的冲积物，主要由被侵蚀的岩石构成。侵蚀阶地多位于山区，是地壳上升快、河流强烈下切造成的。

(2)基座阶地

基座阶地表面有较厚的冲积层，因地壳上升，河流下切较深，以致切穿了冲积层，切入了下部基岩一定深度，从阶地斜坡上可明显地看出，阶地由上部冲积层和下部基岩两部分构成。

(3)冲积阶地

冲积阶地也称堆积阶地或沉积阶地，整个阶地在阶地斜坡上出露的部分均由冲积层构成，表明该地区

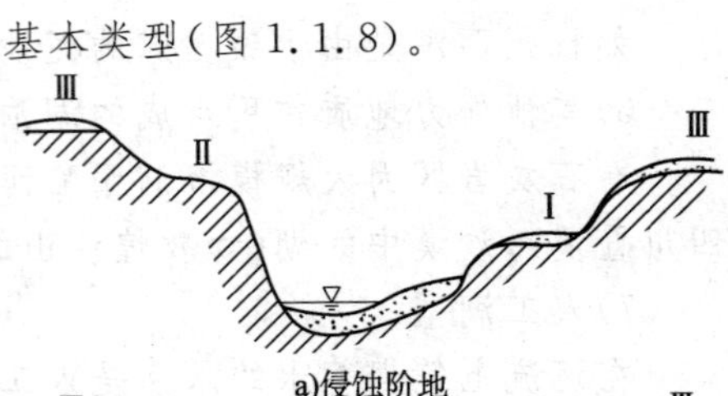

a)侵蚀阶地

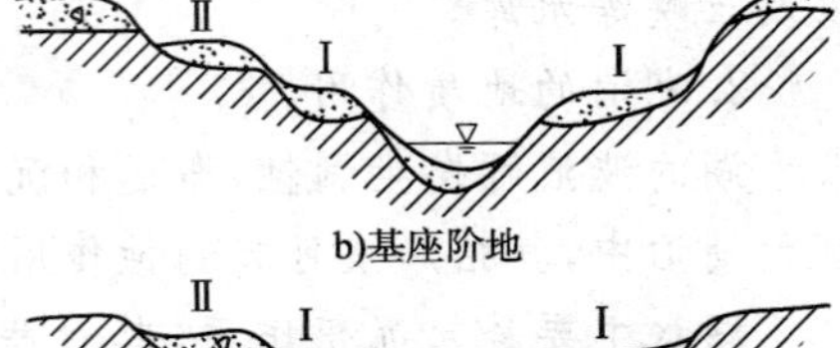

b)基座阶地

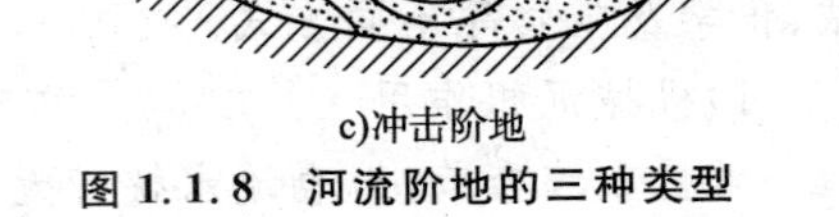

c)冲击阶地

图1.1.8 河流阶地的三种类型

冲积层很厚,地壳上升引起的河流下切未能把冲积层切透。

根据阶地的形成过程,在野外辨认河流阶地时应注意下述两方面特征:形态特征和物质组成特征。从形态上看,阶地表面一般均较平缓,纵向微向下游倾斜,倾斜度与本段河床底坡接近,横向微向河中心倾斜。河床两侧同一级阶地,其阶地表面距河水面高差应相近。某些较老的阶地,由于长时间受到地表水的侵蚀作用,平整的阶地表面被破坏,形成高度大致相等的小山包。应当指出,不能只从形态上辨认阶地,以免与人工梯田、台坎混淆,还必须从物质组成上去研究。因为阶地是由老的河漫滩形成的,它应当由黏性土、砂、卵石等冲积层组成。就侵蚀阶地而言,在基岩表面上也应或多或少地保留有冲积物。因此,冲积物是阶地物质组成中最重要的物质特征。

(三)湖泊和沼泽的地质作用

陆上洼地蓄水就会形成湖泊,湖泊由大气降水、地面水和地下水补给,当水源枯竭时,就成为干湖泊,如新疆的罗布泊。

地球上湖泊面积占陆地面积的1.8%。芬兰有55 000多个湖泊,占该国总面积的12%。我国的湖泊也很多,总计有40 000 km^2,以青藏高原(如青海湖)和长江中下游(如洞庭湖、鄱阳湖、巢湖、太湖),淮河下游(如洪泽湖)最为集中。

1.湖泊的成因类型

1)构造湖

构造湖是由于地壳运动产生的凹陷或断裂造成的湖盆形成的。其形状长而深,如我国的兴凯湖、滇池、洱海、艾丁湖等;俄罗斯的贝加尔湖深达1 620 m。

2)火山湖

火山口成为湖盆,如长白山的天池、云南腾冲的大龙潭湖。火山喷出物堵塞的湖有东北的镜泊湖及五大连池。

3)河成湖

如河流蛇曲取直而形成的牛轭湖及三角洲上因泥沙淤塞而成的三角洲湖。

4)冰川湖

冰川刨蚀形成洼地,冰川后退后积水可成湖,如青藏高原上的湖泊。

5)海成湖

如杭州西湖是由于钱塘江的泥沙将海湾淤塞而形成的泻湖。

6)其他外力地质作用形成的湖泊

有石灰岩区因大规模溶洞塌陷而形成的溶蚀湖,山崩堆积物阻塞河谷形成的堰塞湖(如四川叠溪),沙漠中的湖(如敦煌沙山的月牙湖,四周由风成沙丘围成)。

7)人工湖

在河流上筑坝蓄水的水库是人工形成的湖泊,如三门峡、葛洲坝、松花湖、密云、新安江以及三峡等水库。

2.湖泊的地质作用

湖的波浪可发生剥蚀、搬运和沉积作用。但其水流缓慢,剥蚀、搬运能力均较弱,只有在巨大湖泊中,其拍岸浪可起剥蚀作用,剥蚀的物质向湖心搬运。

湖水主要是起沉积作用,其过程与湖泊的发展、消亡过程密切相关。沉积作用包括机械、化学及生物等不同方式。

1)机械沉积作用

雨量充沛季节,地表流水挟带大量泥沙汇集到湖泊中,当其注入湖泊时,流速骤减,泥沙就逐渐沉积，粗的颗粒靠近湖岸沉积，细的颗粒向湖心沉积，日积月累，湖泊将逐渐淤浅。在潮湿气候区，入湖河流多，水量大，如水流挟沙量高，在湖滨可形成三角洲。三角洲逐年扩大后，湖泊淤浅变小以至消亡，出现湖积三角洲平原或沼泽。洞庭湖每年接受湘、资、沅、澧四水所挟带的泥沙达 $2.4\times10^8\ m^3$，使湖泊缩小、淤浅。据统计，1941 年前洞庭湖面积为 5 000 km^2，是全国第一大淡水湖，至 1980 年面积减为 2 820 km^2。洪泽湖接受淮河水系泥沙，逐年抬高湖床，以致加高堤防，成为地上湖，湖水高出附近地面，对城镇、农田构成威胁。

2)化学沉积作用

在温湿地区，水量充足，不仅由较易溶解的 K、Na、Ca、Mg 等组成的盐类，甚至连较难溶解的 Fe、Mn、Al、Si、P 等组成的盐类，也可呈离子态或胶体溶液被搬运入湖，在一定条件下沉积下来。在干旱气候区，当湖水的蒸发量大于补给量时，湖水的含盐度就增大；当浓度超过饱和溶解度时，多余的盐分就从水中结晶析出。因盐类的溶解度不同，其结晶作用按顺序进行。其中，方解石、白云石结晶在先，其后为石膏、芒硝，最后是氯化钠、氯化钾。

3)生物沉积作用

潮湿气候区的湖泊，湖中繁殖了大量的生物，其遗体与泥沙一起形成腐泥。其后堆积物增厚，压力加大，在还原条件下，腐泥经细菌发酵分解作用后形成含油岩石，油经运移，聚集于多孔岩石中，构成油田。松辽平原、江汉平原等地的石油就是古代湖泊生物作用的结果。

3. 沼泽的地质作用

在陆地上的过湿洼地，常生长菖蒲类等沼泽植物，形成湿地、草地。

沼泽可由湖泊的淤塞形成，或是滨海浅滩、洪积扇缘、河漫滩以及泄水不畅的低地因水的储积而成，还可由某些水生植物、喜水植物吸水抬高潜水面使地表过湿而形成。

沼泽中的水体小，几乎处于静止状态，在沼泽地主要是生物沉积作用。植物不断生长、死亡，其遗体被泥沙掩埋，在缺氧条件下，细菌作用发生分解、霉烂等复杂过程，可形成多孔的泥炭、褐煤、肥料和其他化复原料。

(四)海洋的地质作用

海洋接受陆地上泄出的水和物质，由于海水的蒸发、降雨，形成地球上水的大循环。在海洋中除沉积有大陆泄出的泥沙以外，还有很多化学物质，在海洋中沉积形成矿藏。

海水的运动(洋流、波浪)可产生剥蚀、搬运、沉积作用。

1. 海水的剥蚀作用

巨大的拍岸浪可冲击海岸(压力有时达 70 kPa)，大风暴时其冲击压力可达 3 000 kPa，使岸边岩石破坏；潮汐产生的作用有时也很强烈。因海浪侵蚀，可形成各种海蚀地形(海蚀阶地、海蚀崖、海蚀洞等)。地震引起的海啸涌浪破坏力更大。

2. 海水的搬运作用

波浪可以推动几百甚至千余吨重的巨石；波浪可对岸边物质淘洗，在洋流的作用下不断将细小颗粒和溶解的物质自浅海带至深海。钱塘江口由于潮流的作用，退潮时将泥沙搬往海洋，没有形成河口三角洲。

3. 海洋的沉积作用

海洋不但接受大陆来的物质，也接受海底火山喷发的物质，以及海洋生物遗体。其沉积物因沉积地貌、环境而异。

海洋沉积物可分为 4 个带：滨海带沉积是高潮线和低潮线之间的水域；浅海带沉积是大陆架(低潮线至 200 m 深水域)沉积；半深海带沉积是大陆坡(深 200～2 500 m 水域)沉积；深海带沉积是深海盆地(水深大于 2 500 m 水域)的沉积。

远离大陆的沉积物颗粒越来越细小，至远洋底沉积为生物软泥或化学物质的沉积。但现代沉积学表明，碳酸盐多沉积在滨海和浅海。

(五)风的地质作用

在沙漠地区，雨水少，植物稀，岩石裸露，物理风化剧烈，使地表岩石分崩离析；沙漠上气温、气压变化剧烈，有时风暴强烈，由于风的作用，产生对岩屑的剥蚀、搬运和沉积。

1. 风的剥蚀作用

大风可飞沙走石，将地面的尘土吹扬飞到远处，细小的沙粒也可吹扬。飞行中的沙粒碰撞岩石又发生磨蚀，形成风蚀地貌，如石蘑菇、蜂窝石、石檐地形等。

2. 风的搬运作用

风的搬运能力取决于风的强弱和物质的大小、密度。在风的作用下粗的砂粒可离开地面跳跃式前进，细颗粒可飞扬至很远。

3. 风的沉积作用

风沙停积后可形成沙堆，在开阔地形处可形成新月形沙丘，其高度可从几米至几十米，甚至 200 m 以上。更细小的粉砂和尘土可由大风带到远方，降落均匀，日积月累可形成很厚的黄土沉积(主要颗粒是 0.05～0.005 mm)。黄土沉积在我国西北地区分布甚广(河南郑州以西)，在东海的岛屿上也发现有黄土的堆积物。在昆仑山—祁连山—秦岭一线以北，阿尔泰山—阴山—大兴安岭一线以南的广大地区黄土分布于440 000 km^2 的土地上，约占我国陆地面积的4.4%，厚度一般为 30～80 m，较厚地区有200～400 m。据观测，目前黄土平均年沉积约 1 mm，其形成的时间在 20 万年至 40 万年之间，是第四纪更新世以来的沉积。世界各地黄土沉积也很广泛，如东欧和美国。除了风成黄土以外，还有残坡积黄土和水成黄土。

(六)冰川的地质作用

陆地上的冰川是在重力作用下由雪源向外终年缓慢移动的巨大冰体，是水圈的重要组成部分，也是丰富干净的淡水资源。现代冰川覆盖面积占陆地面积的 10%；我国冰川面积达 44 000 km^2，在天山、祁连山、昆仑山、喜马拉雅山均有分布；欧洲的阿尔卑斯山也有冰川分布。冰川活动时的巨大能量，能改变一些地区的地貌(高纬度地区及中、低纬度的高山区)。

1. 冰川类型

由于所处的地形、气候不同，冰川的规模、形态也各异。

1)大陆冰川

大陆冰川在两极和严寒的高纬度地区，地面均被冰雪覆盖，这种冰川占现代冰川的99%。大陆冰川不受地形的影响，起伏的地形均埋于冰层之下。

2)山岳冰川

山岳冰川也称阿尔卑斯式冰川，常见于高山地区，多分布于中低纬度的高山，我国的冰川多是这种类型。按其发育情况和形态又分为冰斗冰川、悬冰川、山谷冰川、山麓冰川等，如瑞士的冰川，最大冰层厚度为 700 m。

2. 冰川的地质作用

1)冰川的刨蚀作用

厚的冰层在移动过程中将床底和两侧岩石刨掘、摩擦，形成各种冰川地形，如冰蚀谷、冰斗、角峰、羊背石等地形，在岩壁上常有冰川擦痕、冰溜面等。

2)冰川的搬运作用

冰川携带着岩石碎屑、巨石移动，克服前进的阻力向前推进，被破坏的岩块、碎屑不能像水流搬运那样转移、位移。冰川的搬运能力十分巨大，可将巨大的漂砾推移到很远的地方。

3)冰川的沉积作用

冰载物在搬运过程中,由于冰体融化而从冰体内卸下,称为冰川的沉积作用。冰体直接融化沉积的堆积物称冰碛。冰川可形成侧碛堤、终碛堤和鼓丘等冰碛地貌,其中的巨大石块称冰川漂砾,冰川形成的堆积物一般分选性差,磨圆度稍差。冰川融化后形成的水流使原有的冰碛受到水流的分选和重新沉积,称冰水沉积,其碎屑物的分选性和磨圆度均较好,并有层理,其中细颗粒沉积形成纹泥。冰水沉积地形有冰积扇、冰河丘、蛇形丘、冰川湖等。第四纪冰川遗迹(地形及堆积物)在我国东部地区(浙江天目山)可以见到,但对庐山的冰川遗迹在国内还有争议。

(七)负荷地质作用

组成斜坡的岩土由于自重以及各种外营力(振动、地下水、地震、爆破等)激发而引起的变形、破坏、移动的过程称负荷地质作用。这是一种固体或半固体物质的运动,可以是快速的,如意大利 Vajont 滑坡的 2.5×10^8 m^3 岩石于 20 s 内滑下,其最大滑速达到 25 m/s;而很多边坡处于蠕动状态,要用精密测量才能觉察到。

根据物质运动的特点可分为 4 种类型。

1.崩落

在陡峻的斜坡上,岩土失去平衡突然坍落、滚动、碰击,一般发生在大于 45°的斜坡上。在高山地区及峡谷地段都易发生这种现象。

2.蠕动

岩土体在山坡上发生缓慢的移动,上部岩层甚至发生褶曲(点头哈腰),但这是在长时间内形成的,特别是在一些岩石的风化带,这种现象比较普遍。在一些不利的条件下也会发生急剧的移动或滑动。

3.滑动

岩土体在山坡上顺着某些软弱面或某一曲面开始缓慢而后快速地整体下滑,如1967 年四川雅砻江某地发生崩塌性滑坡,6 800$\times10^4$ m^3 的土石顷刻间滑入河谷,形成高达175~355 m 的天然坝,河流被堵,断流 9 d,随后溢流溃坝,造成一定的损失。

4.泥石流

在一定条件下,水流挟带泥、石等固体物质在重力作用下形成的特殊洪流称泥石流。泥石流有时来势凶猛,几十万甚至几百万立方米泥石顺着山势猛泄,造成地质灾害。

第二节 矿物和岩石

组成地壳的化学元素最主要的有 10 种,它们占地壳总质量的 99.96%。这 10 种元素及其质量百分比如表 1.2.1 所示。其余是磷(P)、锰(Mn)、氮(N)、硫(S)、钡(Ba)、氯(Cl)等近百种元素,仅占 0.04%。

地壳中主要元素及含量(单位:%)　　表 1.2.1

元素名称	百分含量	元素名称	百分含量	元素名称	百分含量	元素名称	百分含量
氧(O)	46.95	硅(Si)	27.88	铝(Al)	8.13	镁(Mg)	2.06
钙(Ca)	3.65	钠(Na)	2.78	钾(K)	2.58		
钛(Ti)	0.62	氢(H)	0.14	铁(Fe)	5.17		

地壳中的化学元素少数是以自然单质的形式存在,如金刚石(C)、硫黄(S)、石墨(C)等,绝大多数是以化合物的形式存在,如石英(SiO_2)、石膏($CaSO_4\cdot2H_2O$)及黄铁矿(FeS_2)等。

这些由地质作用形成的具有一定物理性质与化学成分的自然单质或化合物，称为矿物。由一种矿物、多种矿物或岩屑组成的自然集合体称为岩石，它是各种地质作用的产物，是构成地壳的物质基础。

岩石按成因可分为岩浆岩（火成岩）、沉积岩和变质岩三大类。从三大类岩石在地表出露的状况来看，沉积岩分布最广，约占陆地表面积的75%，岩浆岩和变质岩约占25%。从地表往下，沉积岩所占比例逐渐缩小，到地表以下16～20 km，沉积岩仅占5%，岩浆岩和变质岩占95%。由于岩石的形成条件、矿物成分、结构和构造等因素的差异，不同岩石具有不同的物理力学性质，它直接关系到地基、边坡及围岩稳定和石料质量的好坏。因此，在工程建设中，有必要对组成地壳的主要矿物和常见岩石以及它们的工程地质性质等进行研究。

一、主要造岩矿物

目前，人们已发现的矿物有3 000多种，而组成岩石的主要矿物30多种。这些组成岩石的主要矿物称为造岩矿物，如石英、长石、云母等。

（一）矿物的特征

固体矿物按其组成元素（原子或离子）的质点排列有无规则，可分为结晶质矿物和非晶质矿物。如石盐（NaCl）中钠离子和氯离子呈立方形交替排列，形成结晶格子构造，其外形如图1.2.1所示。这种结晶质矿物，因为内部质点有规律地排列，所以在适宜的生长条件下，外表呈现出由一些天然平面（晶面）所包围而成的几何形态，叫做晶体。但是，岩石中大多数矿物在结晶时，因受到许多条件和因素的控制，形成不规则的形态，只要其内部质点是有规律的排列，就仍不失其结晶的实质。因此，在结晶质矿物中，习惯上还根据肉眼能否分辨而分为显晶质和隐晶质两类。

非晶质矿物内部质点排列没有一定的规律性，所以外表就不具有固定的几何形态，例如蛋白石（$SiO_2 \cdot nH_2O$）、褐铁矿（$Fe_2O_3 \cdot nH_2O$）等。非晶质可分玻璃质和胶质两类。

1. 矿物的形态

矿物的成分、构造和生成环境决定了矿物的晶体有一定的规则几何外形。这种晶体外表形态是鉴定矿物的重要特征之一。

1）矿物晶体的形态

矿物的晶形众多，但就其发育的规律，可按晶体在三度空间生长的程度，分为下列几种晶体形态。

①一向延长形。晶体沿一个方向发育，成柱状、针状、纤维状、放射状，如石英、角闪石和辉石（图1.2.2）、绿帘石等。

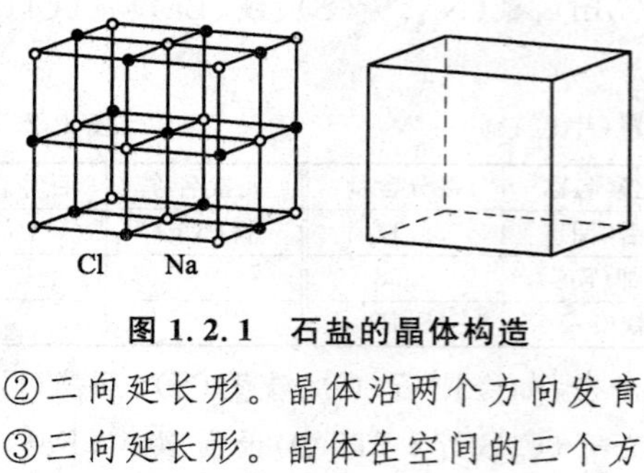

图1.2.1 石盐的晶体构造

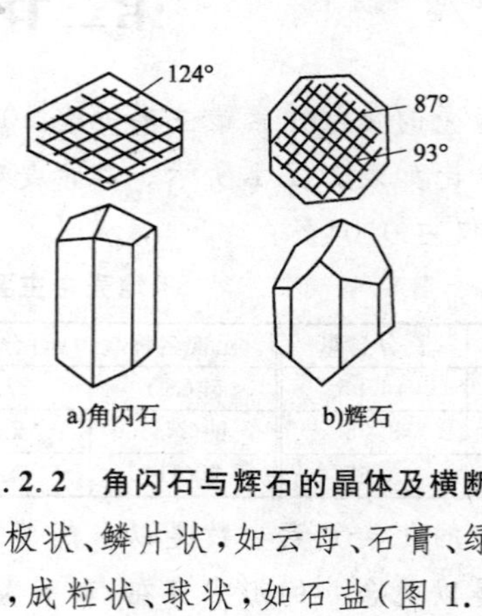

图1.2.2 角闪石与辉石的晶体及横断面

②二向延长形。晶体沿两个方向发育，成片状、板状、鳞片状，如云母、石膏、绿泥石等。

③三向延长形。晶体在空间的三个方向上发育，成粒状、球状，如石盐（图1.2.1）、黄铁

矿、石榴石等。

2)矿物集合体的形态

在自然界中生长较好的单晶是很少见的,常见到的多是同类矿物集聚在一起而呈集合体状态产出的。矿物的集合体形态有。

①晶簇。在一个共同的基底面上,许多相同的晶体丛生在一起,这个晶体群称为晶簇,如石英晶簇(图 1.2.3)、方解石晶簇等。

②纤维状。由很多针状矿物或柱状矿物平行排列而成,如石棉、纤维状石膏等。

③钟乳状。由溶液或胶体在空穴表面失去水分而凝固成各种形状的集合体,常见的有葡萄状、肾状等。

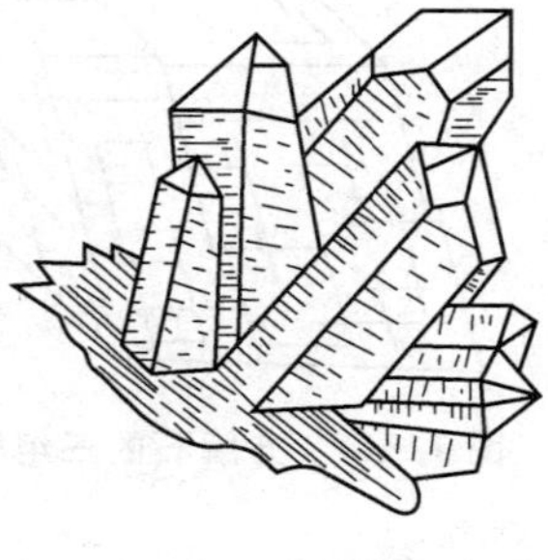

图 1.2.3 石英晶簇

④土状。集合体疏松如土,由岩石或矿物风化而成,如高岭石、蒙脱石等。

2. 矿物的物理性质

1)颜色

矿物的颜色是矿物对光波吸收后的补色,它取决于矿物的化学成分和内部结晶构造,是矿物最明显的标志之一。颜色可分自色和它色两种:自色是矿物本身的固有颜色,如黄铜矿呈金黄色;它色是矿物中含有杂质而呈现的颜色,如石英是无色透明晶体,但因混入不同的杂质就可能使石英呈现出紫色、烟色等。也有些矿物由于氧化或风化而引起颜色的变化,因此在观察矿物时,应以新鲜面为标准确定它的颜色。矿物可分为浅色矿物和深色矿物,浅色矿物如石英、长石、白云母、方解石、蛋白石、石膏等;深色矿物如角闪石、辉石、绿泥石等。

2)条痕

矿物粉末的颜色称为条痕。通常指矿物在无釉瓷板(条痕板)上刻划后留下的色痕。矿物粉末颜色是比较固定的,也是鉴定矿物的一种重要标志。

3)光泽

矿物表面反光的性质称为光泽。根据矿物表面反光程度的强弱,用类比的方法可分为金属光泽、半金属光泽、非金属光泽(如金刚光泽、玻璃光泽、珍珠光泽、丝绢光泽、油脂光泽等)。

4)透明度

矿物透光的能力不同,表现出不同的明暗程度,这种性质称为透明度。根据矿物的透明度,可将矿物分为透明的(如无色不含杂质的水晶、冰洲石)、半透明的(如石膏)、不透明的(如石墨、磁铁矿)等。

3. 矿物的力学性质

1)硬度

硬度是指矿物抵抗机械刻划及摩擦的能力,是矿物软硬程度的标志。

通常选用十种矿物的硬度作为标准(硬度等级分为十级),用来对其他矿物进行刻划比较,以确定矿物的相对硬度。十种矿物硬度等级见表 1.2.2。

矿物硬度等级 表 1.2.2

硬度	1	2	3	4	5	6	7	8	9	10
矿物	滑石	石膏	方解石	萤石	磷灰石	长石	石英	黄玉	刚玉	金刚石

在野外工作时,常用一些随身携带的小工具鉴定矿物的硬度,如指甲为 2.5,小刀为5～5.5,瓷器碎片为 6～6.5。

2)解理和断口

矿物受敲击后,常沿一定结晶方向裂开成光滑平面,这种特性称为解理,裂开的光滑平

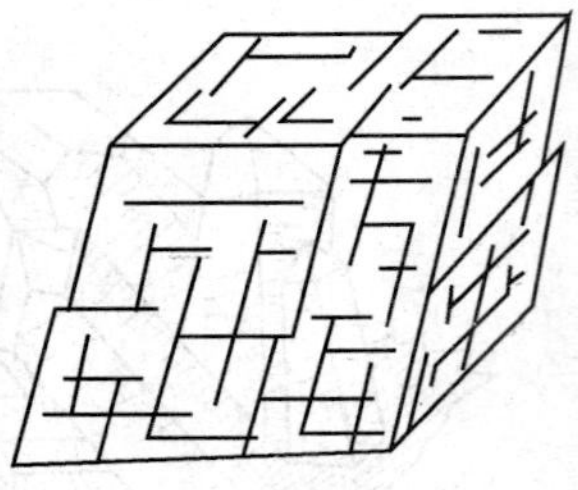

图 1.2.4 方解石的三组解理

面称为解理面。根据解理面方向的数目，分为一组解理（如云母）、二组解理（如长石）、三组解理（如方解石，图 1.2.4）及多组解理。根据解理面发育的完善程度，解理又可分为：极完全解理、完全解理、中等解理、不完全解理。矿物受敲击后，若裂开面无一定方向，呈各种凹凸不平的形状，如锯齿状、贝壳状等，则称为断口。

4. 其他性质

除上述的矿物性质外，还有一些矿物具有独特的性质，这些性质同样是鉴定矿物的可靠依据，如密度、磁性、弹性、脆性等。

矿物的一些简单化学性质，对于鉴定某些矿物也是十分重要的。如方解石被滴上稀盐酸能剧烈起泡，白云石被滴上浓盐酸或热盐酸可以起泡，其他矿物不具备这种性质，所以常以此作为鉴定方解石、白云石的依据。

（二）常见矿物的鉴别

正确地识别和鉴定矿物，对于岩石命名和研究其性质，是一项不可缺少而且非常重要的工作。鉴定矿物的方法很多，而且随着现代科学技术的发展，还在不断地完善和创新。总的来说是借助于各种仪器，采用物理和化学的方法，通过对矿物的化学成分、晶体形态、构造及物理特性的测定，以达到鉴定矿物的目的。这些方法有：差热分析法，光谱分析法和偏、反光显微镜鉴定法等。

但是，一般在野外无条件采用高度精密仪器和良好的实验室设备鉴定矿物，多数采用肉眼鉴定法。肉眼鉴定法主要是凭借肉眼和一些简单工具（如小刀、钢针、放大镜、条痕板等）来区别矿物的物理性质特征，从而对矿物进行粗略的鉴定。为了便于系统地鉴定常见矿物，根据矿物的鉴定特征，列出常见矿物的简易鉴定表（表 1.2.3）以供参考。

主要造岩矿物鉴定 表 1.2.3

序号	矿物名称	形状	颜色	光泽、透明度	解理、断口	硬度	相对密度	物理、化学及工程特性	分布
1	石英 SiO_2	完整晶形为六棱柱或双锥体，但呈粒状的居多	纯者无色，乳白色，含杂质时呈紫红、烟色	玻璃光泽，断口呈油脂光泽，透明	贝壳状断口	7	2.6	化学性质稳定，不溶于水，抗风化能力和抗腐蚀性强，性质坚硬。含石英颗粒越多的岩石，岩性越坚硬	呈单晶、晶簇及脉状产出或产于岩浆岩、沉积岩和变质岩中，特别是酸性岩浆岩中最多
2	正长石 $KAlSi_3O_8$	柱状或板状，粒状	肉红、浅玫瑰或近于白色	玻璃光泽，半透明或不透明	两组完全解理正交	6	2.5～2.7	较易风化，风化后光泽变暗，硬度降低，完全风化后形成高岭石、方解石等次生矿物。长石含量较多的岩石，性质软弱，易风化	分布于花岗岩、正长岩、伟晶岩等岩浆岩和片麻岩中最多
3	斜长石 $(Na,Ca)AlSi_3O_8$	外形为板状	白色或灰白色	玻璃光泽，半透明或不透明	两组完全解理斜交，断口平坦	6	2.5～2.7	特性同正长石	含 Na 多者只产于酸性或中性岩浆岩中；含 Ca 多者只产于中性或基性岩浆岩中

续上表

序号	矿物名称	形状	颜色	光泽、透明度	解理、断口	硬度	相对密度	物理、化学及工程特性	分布
4	角闪石 $Ca_2Na(Mg,Fe)_4(Al,Fe)[(Si,Al)_4O_{11}]_2[OH]_2$	长柱或纤维状，断面呈六边形	深绿、暗黑色	玻璃光泽，不透明	两组解理交角56°	5.5～6	3.2	受水热作用后，可变成绿泥石或蛇纹石。含角闪石多的岩石，易于风化，岩石强度降低	多产于中性岩浆岩中，如闪长岩、安山岩，也可单独组成超基性的角闪岩
5	辉石 $(Na,Ca)(Mg,Fe,Al)[(Si,Al)_2O_6]$	短柱状，断面呈八边形，在岩石中常呈粒状	深黑、褐黑、紫黑及棕黑色	玻璃光泽，半透明或不透明	具有两组完全或中等解理，两组解理交角呈87°和93°	5～6	3.4～3.6	受水热作用后，可变成绿泥石或蛇纹石，性脆，易风化	多产于基性岩浆岩和变质岩中，如辉长岩、玄武岩，也能单独组成超基性辉岩
6	黑云母 $K(Mg,Fe)_3(OH)\cdot AlSi_3O_{10}$	薄片状	黑色	珍珠光泽，透明	一组极完全解理	2.5～3	2.3	具有弹性，但含铁质较多时易风化。风化后失去弹性，呈疏松状态，岩石力学强度降低。当岩石含云母较多且成定向排列时，沿层状方向易产生滑动，影响岩体稳定	广泛分布在岩浆岩和变质岩中
7	白云母 $KAl_2(OH)_2\cdot AlSi_3O_{10}$	片状	无色，有时呈灰白、淡黄、淡红等色	玻璃或珍珠光泽，透明	一组极完全解理	2.5～3	2.3	具有弹性，其他性质同黑云母	广泛分布在岩浆岩和变质岩中
8	橄榄石 $(Mg,Fe)_2[SiO_4]$	常呈粒状集合体	橄榄绿、淡黄绿色	油脂光泽或玻璃光泽，透明或不透明	通常无解理，贝壳状断口	6.5～7	3.21～4.14	溶于硫酸时急剧分解，析出 SiO_2 胶体	只产于基性岩浆岩中，也可单独组成橄榄岩
9	方解石 $CaCO_3$	菱面体或粒状	白色，灰白色，含铁时呈褐红色，含锰时呈棕黑色	玻璃光泽，透明或半透明	三组完全解理	3	2.0～2.8	与稀盐酸作用后，剧烈起泡，是石灰岩、大理岩中的主要矿物成分。这类岩石在水流的作用下易产生岩溶现象	广泛存在于石灰岩中，大理岩中也有，某些岩浆岩中也有少量出现，也可呈方解石脉出现
10	白云石 $(Mg,Ca)CO_3$	常为菱面体块状，晶面常弯曲成鞍状	灰白、淡黄或淡红色	玻璃光泽，透明或不透明	三组完全解理	3.5～4	2.8～2.9	遇稀盐酸起泡少，以此区别于方解石。白云石组成的岩石，长期在水的作用下，易产生岩溶现象	主要存在于白云岩中，有时在大理岩、石灰岩中也可出现

续上表

序号	矿物名称	形状	颜色	光泽、透明度	解理、断口	硬度	相对密度	物理、化学及工程特性	分布
11	石膏 $CaSO_4 \cdot 2H_2O$	板状、条状或呈纤维状集合体	无色、白色或呈灰白色	玻璃光泽，纤维状者呈丝绢光泽，透明或半透明	一组解理发育	1.5～2	2.2	溶于盐酸，具有滑感，挠性，硬度小，与水作用后，强度降低，体积膨胀，特别是夹于坚硬岩层之间，形成软弱夹层，在水的作用下会丧失稳定，产生沉陷、渗漏、滑动	为泻湖相及海湾相沉积物，分石膏和硬石膏两种矿物
12	高岭石 $Al_4[Si_4O_{10}](OH)_8$	鳞片状或致密细粒状集合体	鳞片无色，致密块体呈白色	无光泽或呈土状光泽，不透明	一组完全解理	1	2.58～2.6	高岭石、蒙脱石(胶岭石)、水云母等通称为黏土矿物，其性软弱，硬度小，吸水性强，遇水后易膨胀，易软化，具有可塑性。黏土质岩石强度低，压缩性大，易产生沉陷，作为边坡或地基时，应特别注意稳定问题	为长石、辉石等风化后形成的黏土类矿物，分布广泛
13	滑石 $Mg_3[Si_4O_{10}](OH)_2$	片状、块状	白色、淡红或浅灰等色	脂肪或珍珠光泽，半透明或不透明	一组完全解理	1	2.7～2.8	具有高度滑感，性质软弱，由于摩擦系数很小，故抗滑力很低。此类矿物组成的岩石地基，应注意滑动问题	为橄榄石、辉石、角闪石等变质后形成的主要变质矿物
14	绿泥石 $(Mg,Al,Fe)_6[(Si,Al)_4O_{10}](OH)_8$	片状或板状集合体	深绿色	珍珠光泽，半透明或不透明	一组完全解理	2～2.5	2.6～2.85	是长石、辉石、角闪石、橄榄石等矿物的次生矿物，其性质具有挠性，无弹性，是变质岩中常见矿物，岩性软弱	在变质岩中分布最多，往往构成绿泥石片岩
15	蛇纹石 $Mg_6[Si_4O_{10}](OH)_8$	致密块状或呈片状、纤维状	浅黄绿或深暗绿色	块状为蜡状光泽，纤维状为绢丝光泽，半透明或不透明	无	3～3.5	2.6～2.9	由橄榄石、辉石交代反应变化而成，并能溶于盐酸	常与石棉相伴产出，多为超基性岩的变质矿物
16	红柱石 $Al_2[SiO_4]O$	柱状、放射状	粉红色或灰白色	玻璃或油脂光泽，半透明或不透明	一组解理，不平坦断口	7～7.5	3.1～3.2	表面风化后具有滑感	常分布于变质岩中，为接触变质矿物
17	石榴石 $Fe_3Al_2(SiO_4)_3$	菱形十二面体、二十四或八面体	深褐或紫红、黑等色	玻璃光泽，不透明	不平坦断口	6.5～7	3.5～4.2	较稳定，如风化则变为褐铁矿等	产于变质岩中，为标准变质矿物

续上表

序号	矿物名称	形状	颜色	光泽、透明度	解理、断口	硬度	相对密度	物理、化学及工程特性	分布
18	黄铁矿 FeS_2	立方体块状	浅黄铜色	金属光泽，不透明	贝壳断口或不规则断口	6～6.5	5	氧化或水的作用下会生成硫酸及褐铁矿，晶面有条纹	常见于岩浆岩或沉积岩的砂岩和石灰岩中
19	黄铜矿 $CuFeS_2$	致密块状	铜黄色	金属光泽，不透明	无	3～4	4.1～4.3	经风化作用，易溶于水，性脆	常见于基性岩浆岩中，有时在变质岩和沉积岩中也出现
20	褐铁矿 $Fe_2O_3 \cdot nH_2O$	块状、土状或结核状	黄褐或棕褐色	半金属光泽，不透明	粒状断口	4～5.5	4	胶体状块体，在盐酸内缓慢溶解，易风化，土状者硬度低	为含 Fe 矿物风化后的产物，也可由沉积形成
21	磁铁矿 Fe_3O_4	呈八面体，但常以块状出现	金属黑色	金属或半金属光泽，不透明	无	5.5～6	4.9～5.2	较难风化，风化后可变为褐铁矿，性脆，具有强磁性	分布在岩浆岩和部分变质岩中

二、岩浆岩

(一)岩浆岩的产状

岩浆岩的产状是指岩浆岩体产出的形态、规模，与围岩的接触关系，分布特点及其产出的地质构造环境等。

按照岩浆活动和冷凝成岩的情况，岩浆岩体的产状一般分为侵入岩体产状和喷出岩体产状两大类(图 1.2.5)。

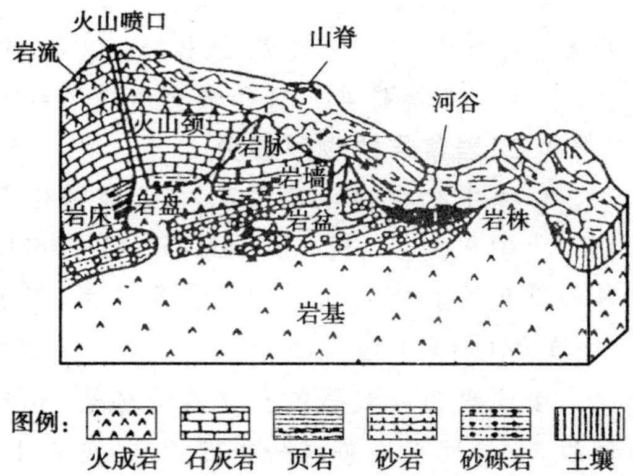

图 1.2.5 岩浆岩体的产状

1.侵入岩体产状

1)岩基

岩基是大规模的深成侵入岩体，其露出地表面积一般大于 100 km^2。由于岩体范围大，同围岩的接触面不规则，如我国秦岭、祁连山及南岭等地，主要为花岗岩的岩基。岩基在形成过程中埋藏较深，岩浆冷凝的速度慢，结晶程度好，性质均一，强度较高，因而常被选为适宜的建筑物地基。

2)岩株

岩株规模较岩基小，一般平面上常呈圆形或不规则形状，面积小于 100 km^2，和围岩接触较陡直，有时是岩基的一部分，其特点与岩基相近。北京周口店花岗闪长岩体就是一个小岩株，其面积约为 50 km^2，平面上近圆形，与围岩接触陡直。

3)岩盘

当岩浆侵入上部岩层后，使上覆岩层隆起。岩浆冷凝形成的面包状岩体，称为岩盘(岩盖)。岩盘分布范围可达数千米，如花岗斑岩、闪长岩等。

4)岩床

岩床是岩浆沿岩层层面侵入而形成的板状岩体。产状和围岩的层面一致，厚度较小，但延伸很广，多为基性岩，如辉绿岩。

5)岩脉

岩浆沿着围岩的裂隙侵入而成的厚度较小的脉状岩体称为岩脉。其产状近于直立的脉状岩称为岩墙。岩脉、岩墙与围岩的接触带，常有较多的裂隙，易于风化破碎，会使岩石强度降低，透水性增大，给工程建筑和施工带来困难。

2.喷出岩体产状

1)熔岩流

岩浆喷出地表后，沿着地表面流动经冷凝固结而成熔岩流。

2)火山锥

岩浆沿着火山颈喷出地表，形成圆锥状的岩体称为火山锥，其物质由火山喷发的碎屑及熔岩组成。

在我国，火山喷出岩体出露面积较大，如山西省大同地区的第四纪火山锥。河北省张家口北部的汉诺坝，在第三纪时有大量的玄武岩岩浆溢出，分布面积约 1 000 km^2，厚度约 300 m，从而构成了蒙古高原的一部分。

喷出地表或侵入围岩的岩浆冷凝时，由于体积收缩，会产生一些裂缝，这种裂缝称为岩浆岩的原生节理。有的节理形状呈多边形的柱状体，如玄武岩的原生柱状节理；也有沿三组相互近垂直方向的节理，形成块状的六面体，如花岗岩的原生枕状节理。

在岩浆岩地区开采石料时，节理的存在会大大地减轻工作量，对开采石料有利。但是，作为建筑物地基时，由于岩石原生节理发育，会加速岩石的风化，降低岩体的物理力学性质，增大透水性。尤其要注意喷出岩体与下伏岩层和围岩接触带处，岩层软硬相间，沿裂隙风化，往往形成软弱带。这些都会造成不利的工程地质条件，影响建筑物的稳定。

(二)岩浆岩的物质成分

地壳中存在的化学元素，在岩浆岩中几乎都能见到，但它们之间含量却相差很大。岩浆岩的化学成分以 SiO_2、Al_2O_3、Fe_2O_3、FeO、MgO、CaO、K_2O 和 Na_2O 等氧化物的形式存在。各种氧化物具有明显的相关变化规律，即当 SiO_2 含量增多时，Na_2O 和 K_2O 的含量也高，而 MgO 和 CaO 则相对减少。相反，当 MgO 和 CaO 的含量增高时，SiO_2 和 Na_2O、K_2O 就减少。由此看出岩浆岩的化学成分随着 SiO_2 含量增加而有规律地变化。因此，根据 SiO_2 含量的多少，可将岩浆岩分为四大类，见表 1.2.4。

岩浆岩分类 表 1.2.4

岩浆岩类别	SiO_2 含量	岩浆岩类别	SiO_2 含量
超基性岩	<45%	中性岩	52%～65%
基性岩	45%～52%	酸性岩	>65%

矿物是岩石构成的基础。岩浆岩的矿物成分既可以反映岩石的化学成分，又可以反映岩石的生成条件和成因，而且矿物成分还是岩浆岩分类的基础之一，所以在研究岩石时，要重视对矿物成分的鉴定。组成岩浆岩的矿物有 30 多种，其中主要矿物如表 1.2.5 所示。

岩浆岩的平均矿物成分 表 1.2.5

矿物	含量	矿物	含量
石英	12.4%	白云母	1.4%
正长石	31.0%	橄榄石	2.6%
斜长石	29.2%	霞石	0.3%
辉石	12.0%	不透明矿物	4.1%
角闪石	1.7%	磷灰石及其他	1.5%
黑云母	3.8%	总计	100.0%

组成岩浆岩的主要造岩矿物,按其颜色可分为浅色矿物和暗色矿物两类。从化学特征上看,浅色矿物富含硅、铝成分,如正长石、斜长石、石英、白云母等;暗色矿物富含铁、镁物质,如黑云母、辉石、角闪石、橄榄石等。但是,对具体岩石来讲,并不是这些矿物都同时存在,而通常是仅由两三种主要矿物组成,例如辉长石主要是由斜长石和辉石组成;花岗岩主要是由石英、正长石和黑云母组成。

岩石中矿物的种类及其相对含量,是岩石分类和定名的主要依据,也是直接影响岩石强度和稳定性质的重要因素之一。

(三)岩浆岩的结构和构造

在研究岩浆岩时,除了要鉴定其矿物成分外,还必须了解这些矿物是以什么样的方式组合构成岩石的。成分相同的岩浆,在不同的冷凝条件下,可以形成结构、构造不同的岩浆岩。例如,在同一花岗岩体的不同部位,虽然它们的矿物成分相似,但它们的外表特征是有区别的,因而形成的岩石也就不同。在岩体中心部位颗粒较粗大,形成中、粗粒花岗岩,而岩体边部矿物颗粒细小,形成细粒花岗岩。

岩浆岩的结构和构造,反映了岩石形成环境和物质成分变化的规律性,是区分和鉴定岩浆岩的重要标志,也是岩石分类和定名的重要依据之一,还是直接影响岩石强度高低的主要因素。

1. 岩浆岩的结构

岩浆岩的结构是指岩石中矿物的结晶程度、晶粒大小(相对大小和绝对大小)、晶体形状以及它们彼此间相互组合的关系。结构决定了岩石内部连接的情况,直接影响着岩石的工程地质性质。

图 1.2.6 岩浆岩结构

a-全晶质结构;b-半晶质结构;c-玻璃质结构

1)按岩石中矿物的结晶程度划分

①全晶质结构岩石全部由结晶矿物组成(图 1.2.6 中的 a),多见于深成岩和浅成岩中,如花岗岩、花岗斑岩等。

②半晶质结构岩石中部分为矿物结晶,部分为玻璃质(图 1.2.6 中的 b),多见于喷出岩中,如流纹岩。

③玻璃质结构岩石全部为非晶质所组成,均匀致密似玻璃,是由于岩浆急剧喷出地表,骤然冷凝,所有矿物来不及结晶,即行凝固而成的(图 1.2.6 中的 c),为喷出岩所特有的结构,如黑曜岩。

2)按晶粒大小划分

①等粒结构:指岩石中的矿物全部是显晶质(肉眼或放大镜可辨别的)颗粒,主要矿物颗粒大小大致相等的结构。按矿物颗粒大小又可进一步划分为粗粒结构(>5 mm)、中粒结构(5~1 mm)、细粒结构(<1 mm)。等粒结构还可以结合矿物颗粒的形状细分为自形等粒状结构、半自形等粒状结构和它形等粒状结构,这些结构多见于侵入岩中。

②不等粒结构:指岩石中同种主要矿物颗粒大小不等,这种结构多见于深成侵入岩边部或浅成侵入岩中。

③隐晶质结构:即颗粒非常细小,用肉眼或放大镜都不能分辨,需在较高倍显微镜下才能辨认出结晶颗粒的结构。这种结构多见于浅成侵入岩和一些熔岩中,结构致密,抗风化能力较强。

④斑状结构:指岩石中较大的矿物晶体被细小晶粒或隐晶质、玻璃质矿物所包围的一种结构。较大的晶体矿物称为斑晶,细小的晶粒或隐晶质、玻璃质称为基质。基质为显晶质时则称似斑状结构,基质为隐晶质或玻璃质时则称斑状结构。斑状结构为浅成岩及部分喷出岩所特有的结构。典型的岩石如花岗斑岩,是岩浆侵入地壳浅部,冷凝很快,在不利于结晶的条件下形成的。具有斑状结构的岩石,结构不均一,一般抗风化的能力较差,易于剥落。

2. 岩浆岩的构造

岩浆岩的构造是指岩石中不同矿物与其他组成部分之间的排列与充填方式，常可表示岩石的外貌形态及成岩过程的变化。一般常见的构造有下列几种。

1）块状构造

块状构造指岩石中矿物分布比较均匀，无定向排列的现象。这种构造在深成岩中分布最广，如花岗岩。

2）流纹构造

流纹构造指岩石中不同颜色的条纹、拉长的气孔和长条形矿物，按一定方向排列形成的构造。它反映岩浆喷出地表后流动的痕迹，如流纹岩即因具有流纹构造而得名。

3）气孔构造

岩浆喷出地表后，由于压力急剧降低，岩浆中的挥发性成分呈气体状态析出，并聚集成气泡分散在岩浆中；当温度降低、岩浆凝固、气体逸出时，则形成孔洞，构成气孔构造，如浮岩。

4）杏仁构造

具有气孔构造的岩石，气孔被次生矿物，如方解石、蛋白石等所充填，形似杏仁，故称为杏仁构造。杏仁构造多见于喷出岩中，如北京三家店一带的辉绿岩就具有典型的杏仁状构造。

（四）岩浆岩的分类及鉴定

1. 岩浆岩的分类

自然界中的岩浆岩种类繁多，它们之间存在着矿物成分、结构、构造、产状及成因等方面的差异。但同时各种岩石之间又有一系列的过渡种属关系，显示彼此间十分密切的内在联系，且有规律地共生在一起。为了掌握各种岩石的共性、特性及彼此之间的共生关系，有必要对岩浆岩进行分类。分类时，首先要符合客观实际，减少人为因素；其次要有统一的依据，并力求简明扼要，使用方便。

对岩浆岩分类的基本根据是岩石的化学成分、矿物组成、结构构造、形成条件和产状等。按岩浆岩的化学成分（主要是 SiO_2 的含量）和矿物组成，划分为酸性岩、中性岩、基性岩及超基性岩四大类。进一步综合考虑岩石的结构、构造及其成因产状等因素，对每一大类又分为深成、浅成和喷出三种不同的岩石（表 1.2.6）。

岩浆岩分类 表 1.2.6

岩石类型			酸性	中性		基性	超基性
化学成分 SiO_2 含量			富含 Si、Al			富含 Fe、Mg	
			>65%	52%～65%		45%～52%	<45%
颜色			浅色→深色				
成因结构构造			含正长石为主		含斜长石为主		不含长石
			石英	黑云母	角闪石	辉石	橄榄石
			黑云母	角闪石	辉石	角闪石	辉石
			角闪石	辉石	黑云母	橄榄石	
喷出岩	玻璃质 火山碎屑 斑状 隐晶质	气孔 流纹 杏仁 块状	黑曜岩、浮岩、火山凝灰岩、火山角砾岩、火山集块岩				
			流纹岩	粗面岩	安山岩	玄武岩	
浅成岩	半晶质 全晶质 粒状	块状	伟晶岩、细晶岩		煌斑岩		
			花岗斑岩	正长斑岩	闪长玢岩	辉绿岩	
深成岩	全晶质 粒状	块状	花岗岩	正长岩	闪长岩	辉长岩	橄榄岩 辉岩

2. 岩浆岩的鉴定

野外鉴定岩浆岩时首先应根据岩体的产状等，判定是不是岩浆岩，以区别于沉积岩和变质岩。然后可根据颜色来初步判断岩石的类型，识别主要的矿物组成并估计其含量，可初步确定岩石的名称，进一步结合岩石的结构和构造特征，综合分析查表，最后定出岩石的具体名称。鉴定步骤通常有以下几个方面。

1）观察岩石的颜色

决定岩石颜色的主要因素是其中所含暗色矿物的含量。含暗色矿物多，颜色较深，一般为超基性或基性岩。含暗色矿物少，颜色较浅，一般为酸性或中性岩。此外，岩石的颜色还与岩石结晶程度有关，一般隐晶质结构的岩石要比具有相同成分的粒度较粗的结晶岩石颜色要深一些。

在观察岩石的颜色时，不但要注意标本总的颜色，还应尽量观察新鲜岩石的本色或标本新鲜面的颜色。

2）观察岩石的矿物成分

按鉴定矿物的方法，确定岩石中矿物的成分、组合及特征，并估计每种矿物的含量，确定哪些是主要矿物，哪些是次要矿物。例如，花岗岩的主要矿物石英含量约占25%、长石约占70%，次要矿物黑云母和角闪石约占5%。

3）观察岩石的结构和构造

根据岩石的结构和构造特点，区别是喷出岩还是侵入岩。一般侵入岩为全晶质的粒状结构，块状构造；而喷出岩大多数是隐晶质或玻璃质结构，具有气孔构造。但也应当特别注意结构相似而成因不同的岩石的区别。例如具有细粒结构的岩石，它们可以产在喷出岩中，也可以产在侵入岩体的边缘部位。因此在鉴定岩石时，应考虑岩石的野外产状、分布规律等特征。

4）查表确定岩石的名称

根据岩石的颜色、结构、构造和矿物的主要成分，通过查表确定岩石的名称(表 1.2.6)。如岩石是肉红色、全晶质的中粒结构、块状构造，主要由石英、正长石组成，并含有少量的黑云母和角闪石矿物。根据这些特征在表中就可以确定该岩石应属于酸性岩类中的花岗岩。

应该指出，野外对岩石的鉴定只是初步的鉴定，要准确地定出岩石的名称，必须结合实验室的物理化学分析，借助精密仪器进行鉴定。只有经室内外综合研究，才能最后作出正确的分类和定名。

(五)常见岩浆岩的特征

1. 花岗岩

花岗岩属酸性深成侵入岩体，分布非常广泛，多呈肉红色，风化面呈黄色。主要矿物成分为石英、正长石，含有少量的黑云母、角闪石和其他矿物。块状构造，全晶质等粒结构，产状多为岩基、岩株和岩盘等，岩性比较均一，多具有三组原生节理，将岩石切割成块状或枕状。

由于花岗岩具有质地坚硬、性质均一的特点，所以岩块的抗压强度可达 120～200 MPa，可作良好的建筑物地基和天然建筑石料。但是，在花岗岩地区进行工程建设时，要特别注意其风化程度和节理发育情况。尤其是粗粒结构的花岗岩，更易风化，有时沿断裂破碎带风化，风化深度可达 50～100 m，风化后物理力学性质降低，含水率、透水性都会增大。因此，以花岗岩为地基修建工程建筑物时，须查明风化层厚度和断裂破碎带发育等情况。

2. 花岗斑岩

花岗斑岩成分与花岗岩相同，为酸性浅成岩。斑状结构，斑晶由长石、石英组成，基质多由细小的长石、石英及其他矿物构成，块状构造。若斑晶以石英为主时则称为石英斑岩。

3. 流纹岩

流纹岩属酸性喷出岩，呈岩流状产出。颜色一般较浅，大多是灰、灰白、浅红、浅黄褐色，常具有流纹构造，斑状结构，细小的斑晶由长石和石英等矿物组成，基质多由隐晶质和玻璃质矿物组成。流纹岩性质坚硬，强度较高，可作为良好的建筑材料，但若作为建筑物地基时需要注意下伏岩层和接触带的性质。

4. 正长岩

正长岩多呈微红色、浅黄或灰白色。中粒、等粒结构，块状构造。主要矿物成分为正长石，其次为黑云母和角闪石等；有时含少量的斜长石和辉石，一般石英含量极少。其物理力学性质与花岗岩类似，但不如花岗岩坚硬，且易风化，常呈岩株产出。

5. 粗面岩

粗面岩颜色呈淡红、浅褐黄或浅灰等色。斑状结构，斑晶为正长石，一般石英含量极少，基质很细，多为隐晶质，具有细小孔隙，表面粗糙。若岩石中有石英斑晶时，可称为石英粗面岩。

6. 闪长岩

闪长岩属中性深成岩体。浅灰至深灰色，也有黑灰色。主要矿物成分为斜长石、角闪石，其次有辉石、云母等，暗色矿物在岩石中占35%。含石英时称为石英闪长岩，常呈细粒的等粒状结构。分布广泛，多为小型侵入体产出。岩石坚硬，不易风化，岩块抗压强度可达130～200 MPa，可作为各种建筑物的地基和建筑材料。

7. 安山岩

安山岩是岩浆岩中分布较广的中性喷出岩。岩石呈灰、浅黄或浅褐红色。多呈斑状结构，斑晶主要为斜长石，有时为角闪石或辉石。基质为隐晶质或玻璃质，可具有气孔状或杏仁状构造，有不规则的板状或柱状原生节理，常呈岩流产状。

斑晶以中性斜长石为主的中性浅成岩，称为闪长玢岩，呈灰色、深灰或绿色。岩石中常含有绿泥石、高岭石和方解石等次生矿物。

8. 辉长岩

辉长岩属基性深成岩体。岩石多呈黑色或灰黑色。矿物成分以斜长石、辉石为主，也含有少量的黑云母及角闪石矿物。具有中粒或粗粒结构，块状构造，常呈岩盘或岩基产出。岩石坚硬，抗风化能力强，具有很高的强度，岩块抗压强度可达200～250 MPa。

9. 辉绿岩

辉绿岩石多为暗绿色、黑绿色或暗紫色。其矿物成分与辉长岩相当，常含有一些次生矿物，如方解石、绿泥石、绿帘石及蛇纹石等。隐晶质致密结构，常具有杏仁状构造，多呈岩床或岩脉产出。辉绿岩具有良好的物理力学性质，抗压强度也很高，但节理往往较发育，易风化破碎，因而强度大为降低。

10. 玄武岩

玄武岩是岩浆岩中广泛分布的基性喷出岩。岩石呈黑色、褐色或深灰色。主要矿物成分与辉长岩相同，但常含有橄榄石颗粒，呈隐晶质细粒或斑状结构，具有气孔构造；当气孔被方解石、绿泥石等充填时，即构成杏仁构造。岩石致密坚硬、性脆，岩块抗压强度为200～290 MPa，具有抗磨损、耐酸性强的特点。

11. 火山碎屑岩

在火山活动时，除溢出熔岩流，形成前述各类喷出岩外，还喷出大量的火山弹、火山砾、火山砂及火山灰等碎屑物质。这些物质堆积在火山口周围，形成成分复杂的火山碎屑岩。如火山凝灰岩、火山角砾岩、火山集块岩等，其中火山凝灰岩最常见，分布最广泛。

火山凝灰岩一般由小于2 mm的火山灰和碎屑堆积而成。碎屑物质由岩屑、晶屑、玻璃质碎屑等组成，胶结物由火山灰等物质组成，具有火山碎屑结构，块状构造。这种岩石孔隙率大，容重小，易风化，风化后形成斑脱土，抗压强度为8～75 MPa。由于火山凝灰岩含玻璃质矿物较多，常用来作为水泥原料。

三、沉积岩

沉积岩是在地表或接近地表的常温常压环境下，各种既有岩石遭受外力地质作用，经过风化剥蚀、搬运、沉积和硬结成岩过程而形成的岩石。沉积岩广泛分布于地表，覆盖面积约占陆地面积的75%。因此，研究沉积岩的形成条件及其性质特征，对工程建设具有重要意义。

(一)沉积岩的形成及物质组成

1. 沉积岩的形成

沉积岩的形成是一个长期而复杂的地质作用过程，一般可分为4个阶段。

1)风化、剥蚀阶段

地壳表面原来的各种岩石，由于长期遭受自然界的风化、剥蚀作用，例如风吹、雨淋、冰冻、日晒、水流或波浪的冲刷、淋蚀作用以及生物机械作用和化学作用，使得原来坚硬的岩石逐渐破碎，形成大小不同的松散物质，甚至改变原来的物质成分和化学成分，形成一种新风化产物。

2)搬运阶段

岩石经风化、剥蚀后的产物，除一部分残积在原地外，大多数破碎物质在流水、风、冰川、海水和重力等作用下，被搬运到其他地方。流水的机械搬运作用，使具有棱角的碎屑物不断磨蚀，颗粒逐渐变细、磨圆。溶解物则随水溶液带到河口和湖海中。

3)沉积阶段

当搬运能力减弱或物理化学环境改变时，携带的物质逐渐沉积下来。一般可分为机械沉积、化学沉积和生物化学沉积。沉积物具有明显的分选性，因此在同一地区便沉积着直径大小相近似的颗粒。河流由山区流向平原时，随着河床坡度的减小，水流速度不断减慢，因而上游沉积颗粒粗，下游沉积颗粒细，海洋中沉积的颗粒更细。碎屑物是碎屑岩的物质来源，黏土矿物是泥质岩的主要物质来源，溶解物则是化学岩的物质来源，这些呈松散状态的物质，称为松散沉积物。

4)硬结成岩阶段

最初沉积的松散物质被后继沉积物覆盖，在上覆沉积物压力和胶结物质(如胶体颗粒、硅质、钙质、铁质等)的作用下，逐渐把原物质压密，孔隙减小，经脱水固结或重结晶作用而形成较坚硬的岩层。这种作用称为硬结成岩作用或石化作用。

2. 沉积岩的物质组成

沉积岩的矿物组成主要来自各种地表岩石。由于风化作用，使得原岩在新的地质环境下形成新的矿物和胶结物质。这些矿物与原岩物质组成既有相同之处，也有不同之处。目前发现的矿物种类很多，而组成沉积岩的90%以上的矿物仅有20余种，按成因类型可分为以下4类。

1)碎屑矿物

碎屑矿物主要来自原岩的原生矿物碎屑,如石英、长石、白云母等一些耐磨且抗风化性较强的、稳定的矿物。

2)黏土矿物

黏土矿物是原岩经风化分解后生成的次生矿物,如高岭石、蒙脱石、水云母等。

3)化学沉积矿物

化学沉积矿物是经化学沉积或生物化学沉积作用而形成的矿物,如方解石、白云石、石膏、石盐、铁和锰氧化物或氢氧化物等。

4)有机质及生物残骸

有机质及生物残骸是由生物残骸或经有机化学变化而形成的矿物,如贝壳、硅藻土、泥炭、石油等。

在沉积岩矿物颗粒之间还有胶结物质,如硅质、钙质、铁质、泥质和石膏质等。胶结物对沉积岩的颜色、坚硬程度有很大影响,一般有以下几种胶结物质。

①硅质胶结。胶结成分为 SiO_2,岩石呈灰、灰白、黄色等,岩性坚固,抗压强度高,抗水性及抗风化性强。

②铁质胶结。胶结成分为 Fe_2O_3 或 FeO,多呈红色或棕色,岩石强度高。当含 FeO 时,岩石呈黄色或黄褐色,岩石软弱,易于风化。

③钙质胶结。胶结成分是 Ca、Mg 的碳酸盐,呈白灰、青灰等色,岩石较坚固,强度较大。但性脆,具有可溶性,遇盐酸作用起泡。

④泥质胶结。胶结成分为黏土,多呈黄褐色,性质松软易破碎,遇水后易软化松散。

⑤石膏质胶结。胶结成分为 $CaSO_4$,硬度小,强度低,具有很大的可溶性。

同一种胶结物胶结的岩石,若胶结方式不同,岩石强度差异也很大。所谓胶结方式是指胶结物与碎屑颗粒之间的联结形式。常见的胶结方式有基底式胶结、孔隙式胶结和接触式胶结三种(图 1.2.7)。碎屑颗粒互不接触,散布于胶结物中,称基底式胶结。它胶结紧密,岩石强度高。颗粒之间互相接触,胶结物充满颗粒间孔隙,称孔隙式胶结。它是最常见的胶结方式,其工程性质与碎屑颗粒成分、形状及胶结物成分有关,变化较大。颗粒之间相互接触,胶结物只在颗粒接触处才有,其余颗粒间孔隙未被胶结物充满,称接触式胶结。这种方式胶结程度最差,孔隙度大,透水性强,强度低。

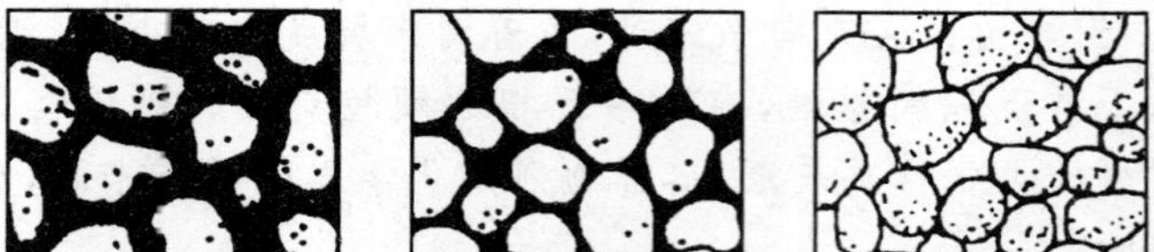

a)基底式胶结　b)孔隙式胶结　c)接触式胶结

图 1.2.7　沉积岩的胶结类型

(二)沉积岩的结构和构造

1.沉积岩的结构

沉积岩的结构是指沉积岩的组成物质的颗粒大小、形状及结晶程度。它不仅决定了沉积岩的岩性特征,也反映了沉积岩的形成条件。沉积岩的结构类型可分为以下几种。

1)碎屑结构

碎屑结构指碎屑物质被胶结物黏结而形成的一种结构。按碎屑粒度大小不同可分砾状结构(>2.0 mm)、砂状结构(2.0~0.05 mm)和粉砂状结构(0.05~0.005 mm)。

2)泥状结构

泥状结构一般是由颗粒粒径小于0.005 mm的黏土等胶结物质组成的矿物颗粒显示定向排列的结构。

3)化学结构

化学结构指由化学沉淀或胶体重结晶所形成的结构，其中又可分为鲕状、结核状、纤维状、致密块状和粒状结构等。

4)生物结构

生物结构指岩石中几乎全部由生物遗体所组成的结构，如生物碎屑结构、贝壳结构等。

2.沉积岩的构造

沉积岩的构造是指沉积岩各个组成部分的空间分布和排列方式。层理构造和层面构造是沉积岩最重要的特征，是区别于岩浆岩和某些变质岩的主要标志，对了解沉积岩的生成及古地理环境有着重要的意义。

1)层理构造

层理是沉积岩在形成过程中，由于沉积环境的改变所引起沉积物质的成分、颗粒大小、形状或颜色沿垂直方向发生变化而显示出的成层现象。

沉积物在一个基本稳定的地质环境条件下，连续不断地沉积所形成的单元岩层简称为层。相邻两个层之间的界面叫做层面，层面是由于上下层之间产生较短的沉积间断而造成的。一个单元岩层上下层面之间的垂直距离称为岩层厚度。根据单元岩层的厚度可分为巨厚层(＞1 m)、厚层(1～0.5 m)、中厚层(0.5～0.1 m)和薄层(＜0.1 m)。

层理和层面的方向有时不一致，根据两者的关系，可对层理形态进行分类。当层理与层面延长方向相互平行时，称为平行层理，其中当层理面平直时称水平层理，当层理面波状起伏时称波状层理。当层理与层面斜交时，称为斜层理。若是多组不同方向的斜交层理相互交错时，则称为交错层理。有些岩层一端较厚，而另一端逐渐变薄以至消失，这种现象称为尖灭层。若在不大的距离内两端都尖灭，而中间较厚则称为透镜体(图1.2.8)。

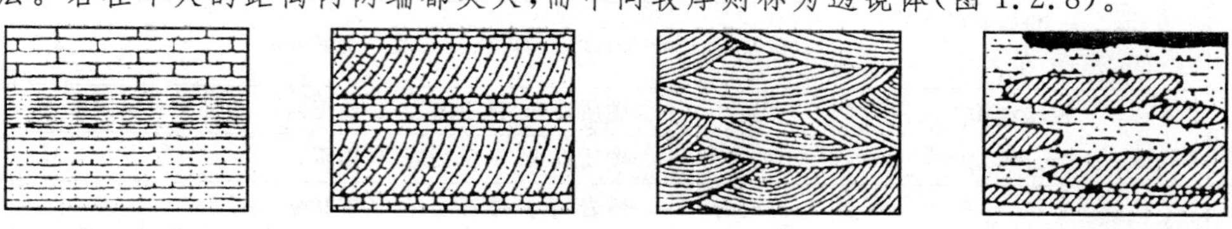

a)平行层理　b)斜层理　c)交错层理　d)透镜体及尖灭层

图1.2.8　沉积岩的层理类型

2)层面构造

层面构造指岩层层面上的构造特征，常见的有波痕、泥裂、雨痕等。

①波痕。沉积过程中，沉积物由于受风力或水流的波浪作用，在沉积岩层面上遗留下来的波浪的痕迹。

②泥裂。黏土沉积物表面由于失水收缩而形成不规则的多边形裂缝，称为泥裂(见图1.2.9)，裂缝内常被泥沙、石膏等物质充填。

③雨痕。沉积物表面经受雨点、冰雹打击后遗留下来的痕迹。

3)化石

在沉积岩中常可见到古代动植物的遗骸和痕迹，它们经过石化交替作用保存下化石，如三叶虫(图1.2.10)、鳞木等。化石是沉积岩的重要特征。根据化石的种类可以确定岩石形成的环境和地质时代。

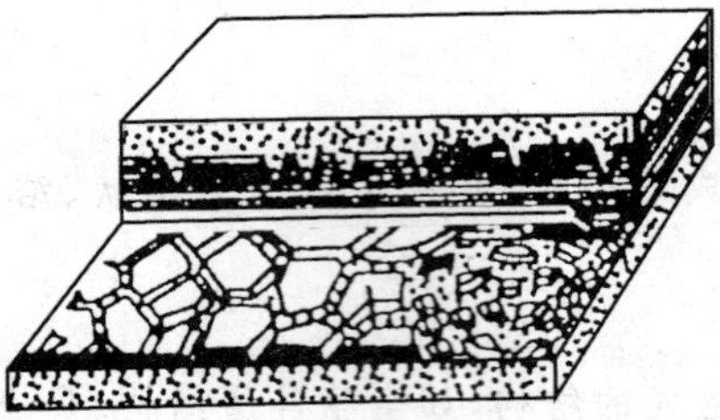

图 1.2.9 泥裂的生成、掩埋示意

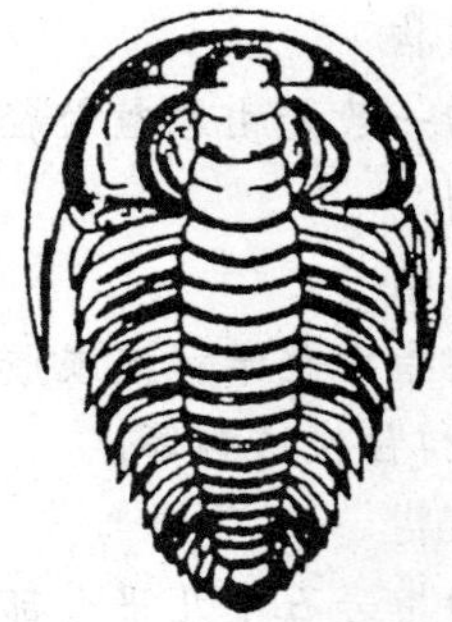

图 1.2.10 三叶虫化石

4)结核

沉积岩中常有圆形或不规则的,与周围岩石成分、颜色、结构不同,大小不一的无机物包裹体,这个包裹体称为结核。结核是由于胶体物质聚集而呈凝块状析出的,也可以是胶体物质围绕某些质点中心聚集,形成具有同心圆结构的团块。如石灰岩中的燧石结核,黏土岩中的石膏结核、磷质结核及黄土中的钙质结核等。

(三)沉积岩的分类及鉴定

1. 沉积岩的分类

根据沉积岩的组成成分、结构、构造和形成条件,可将沉积岩分为碎屑岩、黏土岩、化学及生物化学岩等,如表 1.2.7 所示。

沉积岩分类 表 1.2.7

<table>
<tr><th>分类</th><th colspan="2">结构特征</th><th>岩石名称</th><th>岩石亚类</th></tr>
<tr><td rowspan="6">碎屑岩类</td><td rowspan="6">碎屑结构</td><td>砾状结构 $d>2.0$ mm</td><td>砾岩</td><td>砾岩(磨圆度高,浑圆状);角砾岩(磨圆度低,棱角状)</td></tr>
<tr><td rowspan="3">砂状结构
$d=2.0\sim0.05$ mm</td><td rowspan="3">砂岩</td><td>石英砂岩(颗粒成分中石英>90%)</td></tr>
<tr><td>长石砂岩(颗粒成分中长石>25%)</td></tr>
<tr><td>杂砂岩(石英 25%~50%),长石(15%~25%)及暗色碎屑</td></tr>
<tr><td rowspan="2">粉砂状结构
$d=0.05\sim0.005$ mm</td><td rowspan="2">粉砂岩</td><td rowspan="2">粉砂岩(石英、长石及黏土矿物)</td></tr>
<tr></tr>
<tr><td rowspan="2">黏土岩类</td><td colspan="2" rowspan="2">泥状结构
$d=0.005$ mm</td><td>泥岩</td><td>碳质泥岩,钙质泥岩,硅质泥岩</td></tr>
<tr><td>页岩</td><td>碳质页岩,钙质页岩,硅质页岩</td></tr>
<tr><td rowspan="4">化学及生物化学岩类</td><td colspan="2" rowspan="4">化学结构或生物结构</td><td>硅质岩</td><td>燧岩(岩),燧石结核,条带状燧石层</td></tr>
<tr><td rowspan="3">碳酸盐岩</td><td>石灰岩(方解石 90%~100%)</td></tr>
<tr><td>白云岩(白云石 90%~100%)</td></tr>
<tr><td>泥灰岩(黏土 25%~50%),泥质白云岩(黏土 25%~50%)</td></tr>
</table>

2. 沉积岩的鉴定

各类沉积岩由于形成条件不同,其颜色、结构、构造和矿物成分亦不同,因此反映出的特征也不相同,这些特征是鉴定沉积岩的主要标志。

1)碎屑岩类

碎屑岩类具有碎屑结构,即岩石由粗粒的碎屑和细粒的胶结物两部分组成。鉴定时要求对碎屑的大小、形状、成分、数量、胶结物的性质及胶结方式进行研究。

碎屑按其大小可区分为砾状结构、砂状结构等。砂状结构又可进一步分为粗砂结构、中砂结构和细砂结构。

碎屑形状一般是指颗粒的圆滑程度,可分为磨圆度良好、磨圆度中等及磨圆度差(带棱角)。肉眼鉴定时,只要求对砾岩中砾石的形状进行观察。砂岩、粉砂岩中的砂粒、粉砂粒形状则要在显微镜下进行观察。

碎屑的成分在砂岩、粉砂岩中多为单一矿物组成，如石英、长石等。而在砾岩中的砾石成分比较复杂，除矿物组成外，还常由岩石碎屑组成，如石灰岩碎屑、石英岩碎屑等。

碎屑岩类的岩石物理力学性质好坏，一般与胶结物的性质及胶结形式有密切关系。

肉眼鉴定岩石时，胶结方式只对砾岩才具有意义，而对砂岩、粉砂岩不易区别，须在显微镜下鉴定。

2)黏土岩类

黏土岩类为黏土质结构(泥状结构)，质地均匀细腻，主要由黏土矿物组成。黏土岩是由松软的黏土经过脱水、固结作用而形成的。由于颗粒细小，其成分用肉眼难以辨别，须利用精密仪器如电子显微镜、X射线仪或通过化学分析来鉴定。一般黏土岩吸水性强，遇水后易于软化，具有可塑性和膨胀性。根据其层理清晰与否又可分为页岩和泥岩。页岩层理清晰，能沿层理分成薄片，结构较泥岩紧密，风化后多呈碎片状；泥岩则层理不清晰，结构较疏松，风化后多呈碎块状。

3)化学及生物化学岩类

化学及生物化学岩类颜色单一，往往反映所含杂质的颜色。如杂质为碳质时呈黑色，泥质时呈褐黄色，铁质时呈褐红色。常见有致密结构、结晶结构、鲕状结构及竹叶状结构等。致密结构用肉眼难以辨认矿物颗粒的粗细；结晶结构多在岩石表面有闪闪发亮的矿物颗粒；竹叶状结构是在岩石表面上有竹叶的形状；鲕状结构是在岩石表面上有直径小于2 mm的圆形粒状物，大者称豆状结构。

化学及生物化学岩主要由碳酸盐类组成，用肉眼鉴定矿物成分时主要是借助它的某些化学性质，如方解石遇酸起泡剧烈，白云石则较微弱，而硅质矿物遇酸则不起作用。

(四)常见沉积岩的特征

1.砾岩和角砾岩

砾岩和角砾岩由50%以上直径大于2 mm的碎屑颗粒组成，其中由磨圆度较好的砾石、卵石胶结而成的称为砾岩，由带棱角的角砾石、碎石胶结而成的称为角砾岩。角砾岩大多数都是由带棱角的岩块和碎石，搬运距离不远即沉积胶结而成。砾岩则多是经过较长距离搬运后再沉积胶结而成的。两者的颗粒可由矿物或岩石碎块组成，胶结物多为泥质、钙质、硅质和铁质。硅质砾岩抗压强度高，泥质砾岩胶结不牢固，铁质砾岩易风化。胶结物的成分与胶结类型对砾岩的物理力学性质有很大影响，如基底胶结，胶结物为硅质或铁质的砾岩，其抗压强度在200 MPa以上，是良好的建筑物地基。

2.砂岩

砂岩指由50%以上的砂粒胶结而成的岩石。根据颗粒大小、含量不同可分为粗粒、中粒、细粒及粉粒砂岩。按颗粒主要矿物成分可分为石英砂岩、长石砂岩、杂砂岩和粉砂岩等。石英砂岩中石英的含量大于95%，一般为硅质胶结，呈白色，颗粒分选性好、磨圆度高，质地坚硬。长石砂岩中长石的含量大于25%，故岩石呈浅红色或浅灰色，颗粒分选、磨圆度中等，中粗粒居多，透镜体、斜层理或交错层理较发育。杂砂岩成分复杂，色暗，表面粗糙，颗粒的磨圆度及分选性较差。粉砂岩中颗粒粒径在0.05～0.005 mm之间的含量大于50%，成分以石英为主，常含有云母，颗粒磨圆度差，泥质含量高，常有水平层理。

砂岩中胶结物成分和胶结类型不同，抗压强度也不同。硅质砂岩抗压强度为80～200 MPa，泥质砂岩抗压强度较低，为40～50 MPa或更小。由于多数砂岩岩性坚硬、性脆，在地质构造作用下张性裂隙发育。

3. 泥岩

一般具有泥状结构，成分以高岭石、蒙脱石和水云母等次生黏土矿物为主。高岭石黏土岩呈灰白或黄白色，干燥时吸水性大，吸水后可塑性增大。蒙脱石黏土岩呈白色、玫瑰红色或浅绿色，表面有滑感，可塑性小，干燥时表面有裂缝，能被酸溶解，有强吸水能力，吸水后体积急剧膨胀。水云母黏土岩是介于上述两种岩石之间的过渡类型。在自然界中单一矿物成分的黏土岩很少，一般是由几种矿物组成，常为薄层至厚层状，多为水平层理，层面上留有泥裂、雨痕、虫迹等构造。应特别指出，黏土岩夹于坚硬岩层之间时，即形成软弱夹层，浸水后极易泥化。

4. 页岩

页岩由黏土脱水胶结而成，以黏土矿物为主，大部分有明显的薄层理，呈页片状。可分硅质页岩、黏土质页岩、砂质页岩、钙质页岩及碳质页岩，只有硅质页岩强度稍高，其余的易风化成碎片，性质软弱，抗压强度一般为 20～70 MPa 或更低。浸水后强度显著降低，但透水性一般很小，常作为不透水层(隔水层)。分布广泛，由于强度低，变形模量小，抗滑稳定性差。

5. 石灰岩

简称灰岩，主要化学成分为碳酸钙，矿物成分以结晶的细粒方解石为主，其次含少量白云石等矿物。颜色多为深灰、浅灰，纯灰岩呈白色。有致密状、鲕状、竹叶状等结构。石灰岩一般遇酸起泡剧烈，但硅质、泥质灰岩遇酸起泡较差。含硅质、白云质和纯石灰的灰岩强度高，含泥质、碳质和贝壳的灰岩强度低。抗压强度一般为 40～80 MPa。石灰岩具有可溶性，易被地下水溶蚀，形成宽大的裂隙和溶洞，是地下水的良好通道，对工程建筑地基渗漏和稳定影响较大。因此，在石灰岩地区进行工程建设时，必须进行详细的地质勘探。

6. 白云岩

矿物成分中主要是白云石，其次含有少量方解石，常混有石膏和硬石膏，有时夹有石英和蛋白石等矿物。含有石膏时，强度明显降低。白云岩特征与石灰岩相似，在野外难于区别，可用盐酸点滴看起泡程度辨认。纯白云岩可作耐火材料。

7. 泥灰岩

石灰岩中均含有一定数量的黏土矿物，当含量达 30%～50%时，则称为泥灰岩。颜色有灰色、黄色、褐色、红色等。与石灰岩的区别是，滴盐酸起泡后留有泥质斑点。致密结构，易风化，抗压强度低，为 6～30 MPa。较好的泥灰岩可作水泥原料。

四、变质岩

地壳中的岩浆岩、沉积岩或既有变质岩，由于地壳运动和岩浆活动等造成物理化学环境的改变，在高温、高压条件及其他化学因素作用下，原来岩石的成分、结构和构造发生一系列变化而形成的新岩石，统称为变质岩。这种改变岩石的作用称为变质作用。

(一)变质岩的矿物成分

组成变质岩的矿物，一部分是与岩浆岩或沉积岩所共有的，如石英、长石、云母、角闪石、方解石、白云石等，另一部分是变质作用后产生的新的特有变质矿物，以此将变质岩与其他岩石区别开来。常见的变质矿物有红柱石、硅线石、蓝晶石、黄玉、石榴石、硅灰石、绿泥石、绿帘石、绢云母、滑石、蛇纹石、石墨等。这些矿物具有变质分带指示作用，如绿泥石、绢云母多出现在浅变质带，故代表浅变质带，蓝晶石代表中变质带，而硅线石则代表深变质带。这类矿物称为标准变质矿物。

(二)变质岩的结构和构造

1. 变质岩的结构

岩石在变质过程中，由于矿物的重结晶和新矿物的生成，相应的也要出现一些新的结构。变质岩的结构是指变质岩的变质程度、颗粒大小和连接方式，按变质作用的成因及变质程度不同，可分为下列主要结构。

1）变余结构（残余结构）

有些岩石经过变质以后，重结晶作用不完全，原岩的矿物成分和结构特征一部分被保留下来，形成所谓的变余结构。如泥质砂岩变质以后，泥质胶结物变质成绢云母和绿泥石，而其中碎屑矿物如石英不发生变化，被保留下来，形成变余砂状结构。

2）变晶结构

变晶结构指岩石在变质作用过程中重结晶所形成的结构，它是变质岩中最主要的结构。变晶结构和岩浆岩中的结晶结构有些相似，但因重结晶是在固态条件下进行的，因此变晶结构与岩浆岩结晶结构相比，有些不同之处。如变晶结构的岩石均为全晶质，没有玻璃质和非晶质成分；矿物结晶没有先后顺序，矿物颗粒紧密排列；变质成因的斑晶中，常有大量基质矿物包裹体，表明其结晶生长时间与基质同时或更晚，这与岩浆岩中的斑晶形成较早的情况相反。

根据变质矿物的形态又可分为3种。

①粒状变晶结构（分等粒、不等粒、斑状），如大理岩、石英岩常具有这种结构。

②鳞片状变晶结构，常见于结晶片岩、片麻岩。

③纤维状变晶结构，多见于角闪片岩中。

3）碎裂结构

碎裂结构指由于岩石受挤压应力作用，矿物发生弯曲、破裂，甚至成碎块或粉末状后，又被黏结在一起形成的结构。碎裂结构具有明显的条带和片理，是动力变质中常见的结构，如糜棱结构、碎斑结构等。

2.变质岩的构造

变质岩的构造是鉴定变质岩的主要特征，也是区别于其他岩石的特有标志。变质岩的构造是指变晶矿物集合体之间的分布与充填方式。一般变质岩的构造可分为下列几种。

1）板状构造

岩石结构致密，沿一定方向极易分裂成厚度近于均一的薄板状，如各种板岩。

2）千枚状构造

岩石中重结晶的矿物颗粒细小，多为隐晶质片状或柱状矿物，呈定向排列。片理为薄层状，呈绢丝光泽，这是千枚岩特有的构造。

3）片状构造

在定向挤压应力的长期作用下，岩石中含有大量片状、板状、纤维状矿物互相平行排列形成的构造，如各种片岩。有此种构造的岩石，具有各向异性特征，沿片理面易于裂开，其强度、透水性、抗风化能力等也因方向不同而异。

4）片麻状构造

岩石中晶粒较粗的浅色矿物（石英、长石等）和片柱状深色矿物（黑云母、角闪石等）大致相间平行排列，呈条带状分布的构造。这是片麻岩所特有的构造。

5）块状构造

岩石呈坚硬块体，颗粒分布较均匀，是粒状矿物重结晶的岩石所特有的构造，如大理岩、石英岩等。

6）条带状和眼球状构造

条带状构造是指岩石中的矿物成分、颜色、颗粒或其他特征不同的组分，形成彼此相间、近于平行排列成条带的现象。眼球状构造是指在定向排列的片柱状矿物中，局部夹杂有刚性较大的凸镜状或扁豆状的矿物团块的现象。

(三)变质岩的分类及鉴定

1.变质岩的分类

变质岩与其他种类岩石最明显的区别是具有特殊的构造、结构和变质矿物。变质岩的分类命名较复杂,一般可采用以下原则:区域变质岩主要根据岩石的构造命名分类,块状构造的变质岩主要根据矿物成分命名分类,动力变质岩主要根据反映破碎程度的结构来命名分类,如表1.2.8所示。

变质岩分类 表1.2.8

变质作用	结构构造		定名	主要矿物成分
区域变质	板状构造		板岩	黏土矿物、云母、绿泥石、石英、长石等
	千枚状构造		千枚岩	绢云母、石英、长石、绿泥石、方解石等
	片状构造		片岩	云母、绿泥石、滑石、角闪石、石榴石等
	片麻状构造		片麻岩	石英、长石、云母、角闪石、辉石等
区域变质 接触变质	变晶结构 块状构造	石英为主	石英岩	石英
		方解石为主	大理岩	方解石、白云石
动力变质	碎裂结构 糜棱结构	块状构造	碎裂岩 糜棱岩	岩石碎屑、矿物碎屑 长石、石英、绢云母、绿泥石

2.变质岩的鉴定

变质岩的成因类型多种多样,鉴定时必须重视野外地质产状和分布范围,以及产出的地质环境,确定成因类型。根据岩石本身的特点,仔细观察它的矿物成分、结构和构造,应尽可能地描述用肉眼或放大镜可见到的矿物成分,应特别注意具有变质特征矿物的含量、粒度、晶形及相互排列关系。然后,依据构造特点确定类别的名称,例如具有片麻状构造的岩石称为片麻岩,具有片状构造的岩石称为片岩。再根据矿物成分可进一步命名,如片麻岩中有花岗片麻岩(矿物成分以长石、石英、云母为主)、角闪石片麻岩(矿物成分以角闪石为主);板岩中有泥质板岩、硅质板岩等。单一矿物组成的变质岩可考虑根据结构特征命名,如大理岩可分粗晶大理岩、细晶大理岩等。

(四)常见变质岩的特征

对于常见变质岩的特征,分别进行如下描述。

1.板岩

板岩是页岩经浅变质而成的,多为深灰至黑灰色,也有绿色及紫色的。其主要成分为硅质和泥质矿物,肉眼不易辨别,结构致密均匀,具有板状构造,沿板状构造易于裂开成薄板状;击打时发出的清脆声可作为与页岩的区别,能加工成各种尺寸的石板;板岩透水性弱,可作隔水层加以利用,但在水的长期作用下易软化、泥化,形成软弱夹层。

2.千枚岩

千枚岩是变质程度介于板岩与片岩之间的一种岩石,多由黏土质岩石变质而成。其矿物成分主要为石英、绢云母、绿泥石等,但结晶程度差,晶粒极细小、致密,肉眼不能直接辨别;外表呈黄绿、褐红、灰黑等色。由于含有较多的绢云母矿物,片理面上常具有微弱的丝绢光泽,这是千枚岩的特有特征,可作为鉴定千枚岩的标志。千枚岩性质软弱,易风化破碎,在荷载作用下容易产生蠕动变形和滑动破坏。

3.片岩

片岩具有典型的片状构造,主要由云母和石英矿物组成,其次为角闪石、绿泥石、滑石、石榴石等，以不含长石区别于片麻岩。片岩按所含矿物成分不同可分为云母片岩、绿泥石片岩、角闪石片岩、滑石片岩等。片岩强度较低，且易风化，由于片理发育，易沿片理裂开。

4. 片麻岩

原岩是岩浆岩变质而成的称正片麻岩，原岩是沉积岩变质而成的称副片麻岩。正片麻岩的矿物成分与其相应的岩浆岩相似，最常见的是与花岗岩成分一致的片麻岩，主要含有正长石、石英、云母等矿物。与闪长岩、辉长岩及其喷出岩相应的片麻岩，其主要成分为斜长石、石英、角闪石、黑云母、辉石等。在正片麻岩中副矿物成分有磁铁矿、石榴石、绢云母等。副片麻岩除含有石英、长石、云母外，常与沉积岩不同，富含有硅铝的变质矿物，如硅线石、蓝晶石、石墨等。

片麻岩可按成分进一步分类和命名，例如花岗片麻岩、角闪石片麻岩、黑云母片麻岩等。

片麻岩具有典型的变晶结构、片麻状构造。岩石的物理力学性质视含有矿物成分不同而异，一般抗压强度达 120～200 MPa，若云母含量增多，而且富集在一起，则岩石强度大为降低。由于片理发育，故较易风化。片麻岩在我国华北、东北、内蒙古等地广泛分布，为古老的太古界地层。

5. 石英岩

石英岩由石英砂岩和硅质岩变质而成，矿物成分以石英为主，其次为云母、磁铁矿和角闪石，一般呈白色，含铁质氧化物时呈红褐色或紫褐色。它具有油脂光泽、变余粒状结构、块状构造，是一种非常坚硬、抗风化能力很强的岩石，岩块抗压强度在 300 MPa 以上，可作为良好的建筑物地基，但因性脆，较易产生密集性裂隙，形成渗漏通道，应采取必要的防渗措施。

6. 大理岩

大理岩为石灰岩重结晶而成，具有细粒、中粒和粗粒结构。其主要矿物为方解石和白云石，纯大理岩是白色，含有杂质时带有灰色、黄色、蔷薇色，具有美丽花纹，是贵重的雕刻和建筑石料。

大理岩硬度较小，与盐酸作用起泡，所以很容易鉴别。它具有可溶性，强度因其颗粒胶结性质及颗粒大小而异，抗压强度一般为 50～120 MPa。

第三节 地质构造

一、地壳运动

由于上地幔顶部附近(70～250 km 深度)软流圈的存在，固体地球最外层的岩石圈是活动的。岩石圈的活动在地壳中造成挤压拉伸或水平错动。这种使地壳内岩体发生位移变形的作用，称为地壳运动。

我们生活在一个活动的大地上。人们可以从一些自然现象中认识到，大地不是固定不变的。地壳运动按运动方向可分为升降(垂直)运动和水平运动。

(一)地壳升降运动

世界各地有好多现象能直接说明地壳发生过升降运动。其中最有名的一个例子是意大利那不勒斯海岸的地狱神庙废墟上留下的遗迹。这座神庙建于公元 105 年的古罗马帝国时代，如今只存留 3 根 12m 高的大理石柱(图 1.3.1)。

石柱上遗留的特征表明，2 000 多年来这些石柱曾因地壳下沉而没入海水中至少 6 m。

18 世纪中期(1742 年)，这处古遗址刚挖出来时，全柱都在海面以上。柱子下部 3.6 m 被火山灰(1979 年维苏威火山、1533 年努渥火山)掩埋。火山灰清理掉后，柱面光滑；其上 2.7 m 因地壳下沉曾淹没在海水中，上面长满了各种海生附着动物的贝壳，被海生瓣腮类动物

图 1.3.1　意大利那不勒斯海岸的地狱神庙废墟
(Charles Lyell, Principles of Geology, 1867)

(石蛃和石蛭)凿了许多小孔;再向上 5.7 m 一直未被水淹没,但在空气中遭受风化,不甚光滑。

现今地壳的垂直运动可以通过大地测量来识别。地质历史中的垂直运动则依靠地质学家对岩石中的地质记录的分析来完成,如研究地层剖面、鉴别不整合面、确定沉积相与古水深的关系等,不过这种分析基本上是定性的。

珊瑚的生活环境是温暖的浅海(<70 m),但现在发现有的珊瑚礁沉没于数百米深的海底,而有的高出海面(西沙群岛的珊瑚礁高出海面15 m),这是地壳升降造成的。现在海拔数千米的高山上,经常可以找到含有海洋生物化石的沉积地层。这说明,在地质历史上这里曾经位于海平面之下,是地壳运动使之被抬升到了现在的高度,如青藏高原上就有2 500 万年前的海相沉积地层。

(二)地壳水平运动

水平运动现象不像升降运动那样可以直观简明地看到。

现代化水平运动同样可以通过大地测量来识别。当今全球卫星定位系统的技术对水平分量的观测已经达到 0.5 cm 的精度,可以满足大部分研究工作的需要。对地质历史中大规模水平运动的研究,通常采用古地层对比、生物群落与古地理之间的关系或古地磁研究等方法。

现代化水平运动最典型的例子就是美国加利福尼亚的圣安德烈斯断裂带。它形成于1.5亿年前的侏罗纪。19 世纪末有人对它做了长时间的大地位移监测,在 1906 年旧金山大地震前的 16 年中,测量到的断层两侧最大相对位移达 7 m 之多。

古地层和古地磁研究表明,2 亿年之前全球曾有一个统一的大陆,后来这个大陆分裂成为几块。其中印度板块自从泛大陆中分裂出来后,从南半球漂移数千千米到北半球。大西洋也是大陆分裂后形成的,两侧的北美和欧洲之间及南美和非洲之间,有很多古地层、古生物和古构造可以吻合。

水平挤压或拉伸,会造成一个地区隆起或沉陷。因此有些地壳升降现象是水平运动派生的结果。

(三)构造运动的速率和幅度

地壳无时不在运动,但在大部分情况下地壳运动速度缓慢,不易为人感觉。在特殊情况下,地壳运动可表现得快速而激烈,人们可以感觉到,如地震。

地壳运动的速率一般都在每年几厘米幅度以下,但这种人类难以察觉的构造运动却是岩石圈运动的主流,正是这种缓慢的构造运动,在数百万年乃至上亿年的累积作用中,使地球表面发生了翻天覆地的变化。如喜马拉雅山,在距今 4 000 万年之前还是一片汪洋大海,到 2 500 万年前才开始升出海面,如今已成为世界最高山脉。大地测量表明,珠穆朗玛峰地区的平均上升速度为 3.6 mm/年(1966—1992 年),水平运动速度为 51 mm/年(1975—1992年);珠穆朗玛峰本身的上升和水平运动速度比这还要大得多(陈俊勇论点,1996)。洋底古地磁研究及现代GPS测量都表明，洋脊两侧的海底扩张运动速度可达10～15 cm/年。

构造运动的幅度也有大有小，如果一个地区的构造运动方向保持长时间不变，则构造运动的幅度就会相当大。如珠穆朗玛峰的上升幅度已经超过万米，如今依然在上升；我国东部的郯庐断裂错动距离在150～200 km；对比圣安德烈斯断裂两侧的古地层可以发现，1.5亿年来，其断层总的水平错距达480 km。规模最大的水平运动是大陆漂移，大西洋两侧的大陆漂移距离在数千千米以上。

(四)地壳运动的空间分布

由于地壳运动主要与板块间的相对运动(挤压、拉伸和相对错动)有关，因此全球地壳运动的分布是很不均匀的，主要集中在以下几个板块边界带上。

1.环太平洋带

从西太平洋的新西兰向北新喀里多尼亚、伊里安、菲律宾、中国台湾、日本、千岛群岛，到阿留申群岛，再沿北美西侧的海岸山脉到南美的安第斯山脉。

2.地中海—印度尼西亚带

从地中海诸山脉(阿尔卑斯山脉、喀尔巴阡山脉、阿特拉斯山脉)往东经高加索山脉、兴都库什山脉、喜马拉雅山脉、横断山脉，在马来群岛和巽他群岛与环太平洋带相连。

3.大洋洋脊及大陆裂谷带

太平洋、印度洋和大西洋洋中脊，以及大陆裂谷，如东非裂谷和红海裂谷。

中国的西部在地中海—印度尼西亚带上，中国东部沿海、中国台湾位于环太平洋带上。这些地区地壳运动剧烈，表现为地震活动比较发育。

(五)地壳运动的周期性

古生代(6亿年前)以来，地球出现过3次全球性的剧烈地壳运动(以水平运动为主的造山运动，形成巨大的褶皱山系)，以2亿年为周期。这正巧和太阳绕银河一周的时间一致。

二、板块构造学说

(一)活动论和固定论的争论

20世纪前，人们对地壳活动的认识仅限于地壳的升降运动，没有认识到地壳会发生大规模长距离的水平运动。但到了20世纪初，活动观点逐渐萌发。1912年德国科学家魏格纳根据大西洋两岸弯曲形状的相似性，提出了大陆漂移的假说。活动论与固定论展开了20多年的激烈论战。大陆漂移学说的主要证据不只是大西洋两岸的海岸线相互对应，大西洋两岸的美洲和非洲、欧洲在古生物地层、岩石、构造上，也有非常好的对应关系，表明地质历史上大西洋两侧的大陆曾相连接。固定论反对大陆漂移的主要论据，是对地壳发生漂移的地球物理学机制的质疑：长距离漂移的大陆，其轮廓保持不变，表明大陆是在近于刚性的条件下发生漂移的，而刚性岩石之间的摩擦力之大是难于克服的。到1936年魏格纳在地质考察中以身殉职后，活动论沉寂了20多年。

但这期间及其后地球物理和地质学的一些重大发现，逐渐给人们重新认识地壳运动提供了事实。

(二)活动论的再兴起——板块构造学说的提出

软流圈的确认使地质学家对地球的圈层结构有了一些新的认识。在70～250 km深度的位置上有一个横波S波的低速层，科学家们因此推测该层物质的塑性程度较高，在动力的作用下可以发生缓慢流动，并称之为软流圈。软流圈之上的上地幔的坚硬部分和地壳则合称为岩石圈。软流圈的存在使得大陆以岩石圈板块的形式在软流圈上的漂移成为可能，原来的难以克服的摩阻力问题得到了解决。

洋底地形测量发现了分布于世界各大洋洋中脊体系，这里火山和地震活动频繁。通过对洋底玄武岩年代的鉴定和古地磁研究发现，洋脊在不停地向两侧扩张。在太平洋四周远离洋脊的大陆边缘，同样发现一些剧烈的火山地震活动带。地震研究表明，在这里，大洋地壳俯冲到大陆地壳之下，从而形成一个倾向大陆、深入地幔的发震带。岩石圈的大规模水平运动是客观存在的，这一事实在20世纪60年代已经得到了地质学家的普遍认同。

如果把环太平洋构造带、特提斯构造带、大洋中脊带这些全球规模的，也是地球上最活跃的火山、地震带表示到地图上，再辅以合适的转换断层，地球表面便被自然地划分为若干块体，即板块。岩石圈板块是刚性的，板块内部是相对稳定的。板块之间的相互作用主要集中在板块边界上，这里经常发生火山喷发、地震、岩层的挤压褶皱和断裂，是地壳运动剧烈的地带。

(三)板块的边界类型

板块的边界有三种类型，即离散型边界、汇聚型边界和转换型边界(图1.3.2)。

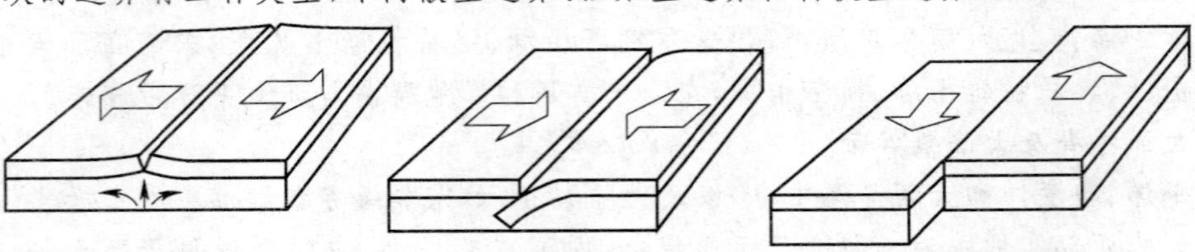

图1.3.2 板块边界的三种不同类型

1.离散型边界

在洋中脊和大陆裂谷地区，板块在这里向两侧分离，以拉张作用为特征，地幔的玄武质岩浆从这里上升，沿着拉张裂隙侵入或喷出。这些岩浆冷却之后成为岩石圈板块的一部分，所以这里也是岩石圈新生(增生)的地方。

东非裂谷被认为是沿初期离散型板块边界形成的，以裂谷和火山活动为特点，进一步发展就会成为红海裂谷那样，红海裂谷几乎使沙特阿拉伯完全从非洲分离出去。

2.汇聚型边界

汇聚型边界两侧的板块相向运动，形成强烈的挤压，它以岩浆作用和构造变形变质作用为特征，相向运动的结果表现为两种形式：俯冲型边界和碰撞型边界。

当大洋板块和大陆板块相遇时，通常密度较大的大洋板块会俯冲到密度较小的大陆板块之下，消减融入软流圈。俯冲作用通常会形成海沟、岛弧、弧后盆地的地貌组合。环太平洋构造带是俯冲型边界的典型代表。

当两块大陆板块相遇时，二者相互挤压，以变形缩短和岩浆作用为主，并最终"焊接"在一起，在板块的结合处形成一系列的山脉。这里是原来分离的两块大陆缝合起来的地方，所以也叫地缝合线。以喜马拉雅山为代表的特提斯构造带是碰撞型边界的代表。

3.转换型边界

转换型边界位于相邻板块相互错动的地方，表现为转换断层。转换型边界两侧板块相对运动的方向与边界平行，这里没有物质的增生和消减。

(四)板块划分方案

根据全球规模的构造带分布所构成的自然边界，岩石圈主要由六大板块(图1.3.3)构成：亚欧板块、非洲板块、印度洋板块、美洲板块、南极板块、太平洋板块。这六大板块中，太平洋板块完全由大洋岩石圈组成。其他板块都是由大洋岩石圈和大陆岩石圈组成，包含了海洋与大陆：大西洋由洋中央海底山脉分开，一半属于亚欧板块和非洲板块，一半属于美洲板块。印度洋也由"人"字形的海底山脉分开，使印度洋洋底分别属于非洲板块、印度洋板块和南极板块。

图 1.3.3　全球板块划分方案

(五)板块的驱动机制

大多数学者认为板块运动的基本能量来自于地球内部，地幔对流是引起板块运动的根本原因。地幔内的高温物质上升到岩石圈底部，然后开始水平运动，而后冷却下沉到地幔深处再加热上升，形成一个物质循环，这一循环周而复始。有学者认为，地幔对流主要发生在地幔上部；也有学者持全地幔对流的观点，认为地幔对流涉及整个地幔，其热源来自地球外核。

地幔对流引起岩石圈裂解，地幔热物质在洋中脊处上升。由于地幔的对流运动，使得漂浮在它上面的板块也被带动向洋中脊两侧各自做分离的运动。岩石圈板块被一直传送到地幔对流环下沉的海沟岛弧处，进而沿海沟带俯冲下沉，又回到高温的地幔层中消失。

(六)威尔逊旋回

板块活动的动力来自地幔，表露于洋底。加拿大人威尔逊按照大洋盆的生命周期顺序，把大洋从张开到闭合的演化过程分成六个阶段，称为威尔逊旋回。

1. 东非裂谷阶段

大陆地壳发生破裂，两侧的大陆板块相背运动。以东非大裂谷系统为代表。大陆板块在下部地幔对流的作用下发生解体，形成一个长轴状的线性裂谷，其中央部分多发育河流，两侧部分通常是由拉张应力产生的巨大下降断块。

2. 红海阶段

由大陆裂谷发展为陆间裂谷，出现了新生洋壳和扩张增生的洋中脊，中脊发育有中央裂谷和转换断层，以红海、亚丁湾为代表。现在的阿拉伯半岛已经完全与非洲分离，并且正在产生一个新的线性洋盆。

3. 大西洋阶段

此时大洋已经发育成熟，形成包括中脊和洋盆的完整大洋，以大西洋为代表。此时仍以洋壳增生为主，未出现俯冲消减作用。

4. 太平洋阶段

大洋发育成熟之后就逐渐地进入衰退期。这一阶段最典型的特点是大洋的增生和消减并存，但俯冲消减的速度要大于增生的速度。太平洋就是处于衰退期的典型大洋。虽然太平洋目前仍然是世界上最大的大洋，但比起中生代它所具有的规模已经小很多了。

5. 地中海阶段

这一阶段大洋已不再增生，在俯冲作用下，大洋的规模缩小，不久将要完全闭合。地中海是大洋演化终了期的典型。今天的地中海只有很少的古特提斯大洋壳的残余。

6.喜马拉雅阶段

大洋演化的最后阶段就是完全闭合，两侧的大陆发生碰撞，留下一条古大洋的遗迹，结束了大洋的演化。喜马拉雅北侧的雅鲁藏布江蛇绿岩带，代表印度次大陆块与亚洲大陆块之间的碰撞缝合带，它也是古特提斯大洋的遗迹。

大洋底的运动，带动板块之间相互离开、汇合和错动，形成洋中脊、大洋边缘岛弧海沟复杂的地貌，也造成大陆上巨大的山系。板块构造控制了整个地球的地壳运动格局和地表形态。

三、地层年代的确定方法

(一)岩层相对年龄的确定方法

岩层相对年龄是指岩层生成的先后次序，即哪些岩层是先生成的，是老的；哪些岩层是后生成的，是新的；而不包含以年代表示的时间概念。确定岩层相对年龄的方法见表1.3.1。

岩层相对年龄确定方法 表1.3.1

<table>
<tr><th colspan="2">岩相类型</th><th colspan="2">方法内容摘要</th></tr>
<tr><td colspan="2" rowspan="3">沉积岩相</td><td>地层学方法</td><td>根据地层上新下老的顺序确定</td></tr>
<tr><td>构造学方法</td><td>根据地层之间接触关系确定。例如，不整合接触面以下的岩层是年代老的岩层</td></tr>
<tr><td>古生物学方法</td><td>利用地层中所含的标准化石和生物群对比确定岩层相对年代</td></tr>
<tr><td rowspan="5">岩浆岩相</td><td rowspan="2">喷出岩岩层</td><td colspan="2">根据其中所夹的沉积岩年代，以及其上、下所接触的沉积岩层的年代确定</td></tr>
<tr><td>侵入接触</td><td>沉积岩形成后，岩浆岩侵入到沉积岩中，则沉积岩年代为老</td></tr>
<tr><td rowspan="3">侵入岩岩层</td><td>沉积接触</td><td>岩浆岩形成后，又经沉积而形成的沉积岩年代为新</td></tr>
<tr><td>岩浆岩的穿插关系</td><td>被岩脉穿插的岩浆岩年代比岩脉年代老</td></tr>
<tr><td>岩浆岩中的捕虏体</td><td>岩浆岩侵入围岩中，将碎块卷入其中成捕虏体，捕虏体年代早于岩浆岩年代</td></tr>
<tr><td rowspan="2">变质岩相</td><td>接触变质岩层</td><td colspan="2">对比和追索未变质的岩层，或根据邻近沉积岩和岩浆岩年代确定</td></tr>
<tr><td>区域变质岩层</td><td colspan="2">根据变质程度确定。变质深则年代老，变质浅则年代新；根据区域性不整合关系来确定。一般不整合面以下的变质岩层年代要老</td></tr>
</table>

(二)岩层绝对年龄的确定方法

岩层的绝对年龄一般是利用岩石中所含放射性元素的蜕变规律来测定的。例如，岩石中有某种放射性元素，开始有 N_0 个原子，经 t 时间后衰变为 N 个原子，产生了 D 个新原子（$D=N_0-N$），在测定了岩石中所含有的放射性元素含量 N、D 后，根据放射性元素恒定的蜕变速度，即可计算出岩层的绝对年龄。

四、地层与地质年代

(一)各级地层单位对比

各级地层单位对比见表1.3.2。

地层单位和地质年代单位对照表 表1.3.2

使用范围	地层划分单位	地质年代划分单位	使用范围	地层划分单位	地质年代划分单位	使用范围	地层划分单位	地质年代划分单位
国际性的	宇界 系统	宙代 世纪	全国性的或大区域性的	（统） 阶带	（世）期	地方性的	群组 段层	时（时代、时期）

(二)地层与地质年代

地层与地质年代见表1.3.3。

地层与地质年代 表 1.3.3

界(代)	系(纪)		统(世)	
新生界(代)K_z	第四系(纪)Q		全新统(世)Q_4 或 Q_h	
			更新统(世)Q_p	上(晚)更新统(世)Q_3
				中更新统(世)Q_2
				下(早)更新统(世)Q_1
	第三系(纪)R	上(晚)第三系(纪)N	上新统(世)N_2	
			中新统(世)N_1	
		下(早)第三系(纪)E	渐新统(世)E_3	
			始新统(世)E_2	
			古新统(世)E_1	
中生界(代)M_z	白垩系(纪)K		上(晚)白垩统(世)K_2	
			下(早)白垩统(世)K_1	
	侏罗系(纪)J		上(晚)侏罗统(世)J_3	
			中侏罗统(世)J_2	
			下(早)侏罗统(世)J_1	
	三叠系(纪)T		上(晚)三叠统(世)T_3	
			中三叠统(世)T_2	
			下(早)三叠统(世)T_1	

界(代)		系(纪)	统(世)
古生界(代)P_z	上古生界(晚古生代)P_{z2}	二叠系(纪)P	上(晚)二叠统(世)P_2
			下(早)二叠统(世)P_1
		石炭系(纪)C	上(晚)石炭统(世)C_3
			中石炭统(世)C_2
			下(早)石炭统(世)C_1
		泥盆系(纪)D	上(晚)泥盆统(世)D_3
			中泥盆统(世)D_2
			下(早)泥盆统(世)D_1
	下古生界(早古生代)P_{z1}	志留系(纪)S	上(晚)志留统(世)S_3
			中志留统(世)S_2
			下(早)志留统(世)S_1
		奥陶系(纪)O	上(晚)奥陶统(世)O_3
			中奥陶统(世)O_2
			下(早)奥陶统(世)O_1
		寒武系(纪)t	上(晚)寒武统(世)t_3
			中寒武统(世)t_2
			下(早)寒武统(世)t_1
元古界(代)P_t	上元古界(晚元古代)P_{t2}	震旦系(纪)Z	上(晚)震旦统(世)Z_3 或 Z_b
			中震旦统(世)Z_2
			下(早)震旦统(世)Z_1 或 Z_a
	下元古界(早元古代)P_{t1}		
	太古界(代)A_r		
	远太古界(代)		

(三)地质年代的划分

地质年代的划分见表 1.3.4。

地 质 年 代 划 分 表 1.3.4

地 质 时 代				距今年数/百万年 中国	距今年数/百万年 世界	我国地史特征	生 物
新生代(K_z)	第四纪		Q	3	2	地球发展成现代形势,冰川广泛、岩层多为疏松砂、砾、黄土	人类
	第三纪R	新第三纪	N	70	67	地球表面具现代轮廓,喜马拉雅山系形成,岩层多为陆相沉积和火山岩,常见砂砾、红土、砂页岩、褐煤、玄武岩、流纹岩等	高等哺乳动物,如马、象、类人猿等,显花植物繁盛
		老第三纪	E				

续上表

地质时代				距今年数/百万年 中国	距今年数/百万年 世界	我国地史特征	生物
中生代(M_z)		白垩纪	K	140	137	岩浆活动强烈，岩层为火山喷出岩及砂砾岩	恐龙，植物茂盛
		侏罗纪	J	195	195	除西藏等地外，其他地区上升为陆地，以砂页岩、煤层为主	
		三叠纪	T	250	230	华北为陆地、沉积砂页岩，华南为浅海、沉积石灰岩	
古生代(P_z)	晚古生代	二叠纪	P	285	285	地壳运动强烈，海陆变迁频繁。华北为海陆交互相沉积，夹煤层；华南以灰岩为主，有煤层	植物，两栖动物
		石炭纪	C	330	350		
		泥盆纪	D	400	405	华北为陆地，受风化剥蚀、极少沉积；华南为浅海，有砂页岩、灰岩	鱼类
	早古生代	志留纪	S	440	440	地壳运动强烈，华北上升为陆地，华南为浅海，沉积砂页岩	无脊椎动物
		奥陶纪	O	520	500	地势低平，海水入侵广泛，以海相沉积灰岩为主，有页岩，华北在中奥陶纪后上升为陆地	
		寒武纪	t	615	570		
元古代 P_t	晚元古代	震旦纪	Z	1 700±		开始有沉积岩覆盖，下部为砂砾岩、中部有冰碛层，上部为海相石灰岩；后期地壳运动强烈，岩石轻微变质	低等植物
	早元古代		P_{t1}	2 050±			
太古代			A_r	>2 500		地壳运动普遍强烈，变质作用显著	无生物
远太古代							

(四)我国主要构造运动时期的划分

我国主要构造运动时期的划分见表 1.3.5。

我国主要构造运动时期划分 表 1.3.5

时代		沿用构造运动名称(绝对年龄/百万年)	构造运动阶段	遗迹分布	运动特点
新生代	第四纪	喜马拉雅	第四阶段	喜马拉雅、中国台湾最明显	海水退出中国陆地，奠定现代地貌
	第三纪	燕山 (80~130)晚期		全国东部最强	奠定中国现代构造轮廓。岩浆广泛活动、构造的东西差异明显
中生代	白垩纪	燕山 (150~190)早期			
	侏罗纪	印支(190~230)		华南	华南隆起，中国南北再次连成一体
	三叠纪	华力西—(230~260)晚期			
晚古生代	二叠纪	华力西 (300)中期 主幕	第三阶段	秦岭—昆仑 阴山—天山	北部、东南部褶皱隆起，岩浆岩广泛活动
	石炭纪	华力西 (350)早期			
	泥盆纪	加里东 (380~410)晚期		祁连山、南岭(造陆运动遍及中国东部)	华北、四川盆地——地壳整体隆起或沉降； 祁连山、天山、大兴安岭——地层强烈褶皱、岩浆岩侵入喷发； 东南地区——早古生代地层强烈褶皱变质，混合岩化岩浆侵入
早古生代	志留纪	加里东 (430~460)中期 主幕			
	奥陶纪	加里东 (490~520)早期			
	寒武纪				

续上表

时代			沿用构造运动名称 （绝对年龄/百万年）	构造运动阶段	遗迹分布	运动特点
晚元古代	震旦纪	上统	兴凯 少林 — 澄江 — 杨子	第二阶段	华南	中朝古陆再次上升，华南昆阳群、板溪群及西北几个主要山系褶皱隆起，中国南北连成一体
		下统	晋宁 — 雪峰 —			
	青白口纪		芹峪 — 晋宁 —			
	蓟县纪		东川—武陵— 东安 — 四堡			
	长城纪		吕梁 — 中岳 — 中条	第一阶段	阳山、天山及秦岭昆仑两构造带间	运动频繁、强烈，形成三套变质岩群，吕梁运动形成中朝古陆
早元古代	上部		五台 — 麻山—嵩阳			
	下部		阜平 — 鞍山 — 泰山			
太古代						

（五）我国侵入岩的分期

我国侵入岩的分期见表1.3.6。

我国侵入岩分期 表1.3.6

时代			年龄/百万年	主要分布地区	侵入岩类别
中新生代	喜马拉雅期		<80	喜马拉雅、台湾、帕米尔、秦岭、东南沿海	伟晶岩、花岗岩、浅成岩类、超基性岩
	燕山	晚期	80～130	东部地区、滇西、西藏、喀喇昆仑山	黑云母花岗岩、花岗闪长岩、碱性岩类、浅成岩类
		早期	150～190	东部地区（滇西、西藏）	黑云母花岗岩、花岗闪长岩、基性岩、超基性岩
	印支期		190～230	青藏高原东部、南岭、海南岛、秦岭	黑云母花岗岩、石英闪长岩、辉长岩、部分地区有超基性碱性岩
古生代	华力西	晚	230～260	东北部、内蒙古、祁连山、滇西、台湾	花岗岩、白岗质花岗岩、基性岩、超基性岩
		中	300±	天山、阿尔泰山、北山、大小兴安岭、川滇地区	黑云母花岗岩、花岗闪长岩、基性岩、超基性岩
		早	350±	天山、滇西、川滇地区	基性岩、超基性岩、花岗岩、花岗闪长岩
	加里东	晚	380～410	东南地区、祁连山、天山、内蒙古北部、秦岭	黑云母花岗岩、花岗闪长岩、混合花岗岩
		中 早	430～460 490～520	祁连山、北山、贺兰山、大兴安岭、秦岭	花岗岩、基性岩、超基性岩、伟晶岩
晚元古代	第三期 （澄江期）		700±	鄂西、雪峰山、九岭山、怀玉山、大巴山、龙门山	花岗岩、花岗闪长岩
	第二期 （晋宁期）		800～1 000	川滇地区、滇西、东北东部	花岗岩、闪长岩、伟晶岩、辉绿岩、超基性岩
	第一期 （四堡期）		1 400±50	北京密云、五台山、吕梁山、辽吉地区、桂北	奥长环斑花岗岩、斑状花岗岩、伟晶岩、闪长岩、基性岩、超基性岩
早元古代	第三期 （吕梁）		1 700～1 900	五台山、太行山、大青山、燕山、辽吉地区、祁连山	伟晶岩、花岗岩、混合花岗岩
	第二期 （五台）		2 000～2 100	阴山、五台山、吕梁山、辽东、鲁中	花岗岩、花岗闪长岩、闪长岩、伟晶岩、基性岩
	第一期 （阜平）		2 500±	鲁中、燕山、辽东、嵩山、太行山	花岗岩、伟晶岩、混合花岗岩、基性岩、超基性岩

五、地层接触关系

上、下地层接触关系反映了不同地质时代地层在空间上的接触形式和时间上的发展状况，是地壳构造运动的证据。它反映了岩石生成和构造变动的特征。

1.沉积岩层间的接触关系

1)整合接触

整合接触指同一地区上下两套沉积地层在沉积层序上是连续的，产状一致，在时间和空间上无间断。它反映岩层形成时期地壳相对稳定，无显著的构造运动，是在地壳均匀下沉、连续沉积条件下形成的。在地质图上地层分界线平行重合一致，如图 1.3.4a)所示。

2)假整合接触

假整合接触也称平行不整合接触，指两套地层产状基本一致，但有明显的沉积间断，缺失某些地质时代的地层；这是地壳交替升降的结果，接触面起伏不平，有古风化壳和底砾岩，如图 1.3.4b)所示。如我国北方地区奥陶系与中石炭系地层相接触，中间缺失志留系、泥盆系和下石炭系地层。

3)不整合接触

不整合接触也称角度不整合接触，是指上下地层间有明显的沉积间断，且上、下地层产状不同，以一定角度相交。表明是不连续接触，并有古风化壳和底砾岩。角度不整合表明地壳发生过强烈运动，先形成的地层隆起褶皱，然后下沉接受新的沉积，如图 1.3.4c)所示。

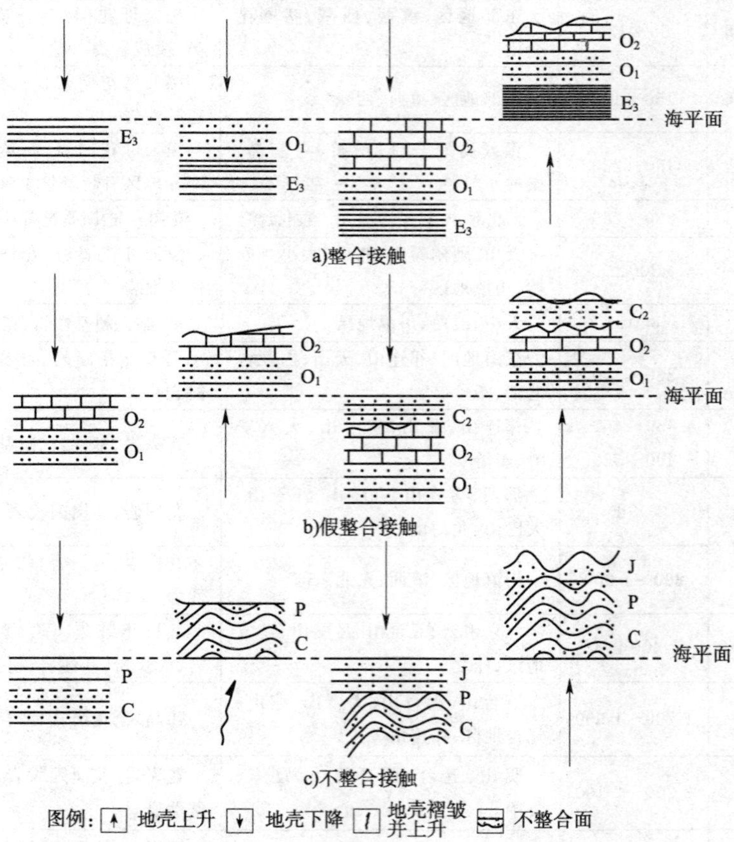

图 1.3.4 沉积岩层间的接触关系及其形成过程

2. 岩浆岩与沉积岩层间的接触关系

1)侵入接触

侵入接触指沉积层形成在先,后来火成岩侵入其中,如图 1.3.5a)所示。

2)沉积接触

沉积接触指侵入岩先形成,之后地壳上升受风化剥蚀,然后地壳又下降接受新的沉积,如图 1.3.5b)所示。

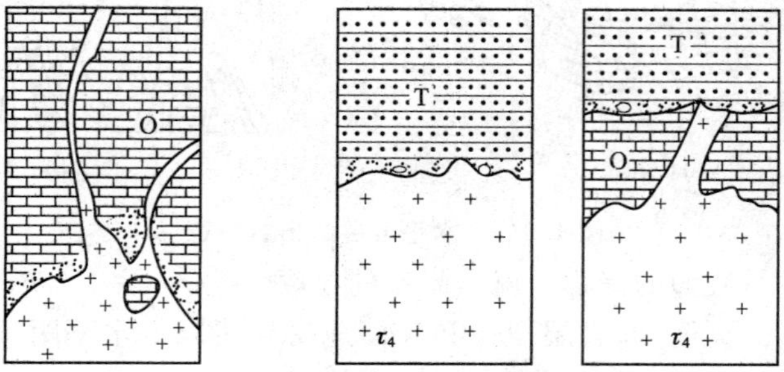

a)侵入接触　　b)沉积接触

图 1.3.5　岩浆岩与沉积岩层间的接触关系

总之,地层的接触关系综合反映了地壳运动、剥蚀和沉积的历史。

六、倾斜构造

岩层是指被两个平行或近于平行的界面所限制的,同一岩性组成的层状岩石。岩层的上、下界面叫层面,上层面又称顶面,下层面为底面。

岩层顶、底面之间的垂直距离是岩层的厚度。有的岩层厚度比较稳定,在较大范围内变化不大,有的岩层受形成环境和形成方式的影响,岩层原始厚度变化较大,向一个方向变薄以致尖灭,形成楔形体,如向两个方向尖灭,则成为透镜体,如图 1.3.6 所示。

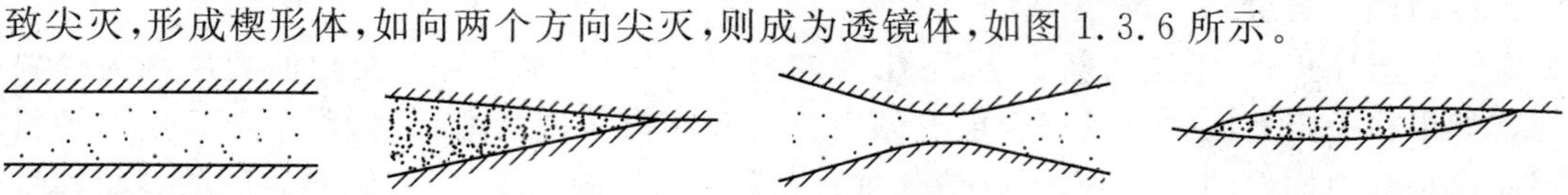

a)厚度稳定岩层　　b)尖灭岩层　　c)厚度变化岩层　　d)透镜状岩层

图 1.3.6　岩层的厚度及其形态

沉积岩是在比较广阔而平坦的沉积盆地(如海洋、湖泊)中一层一层堆积起来的,它们原始产状大都是水平的,在盆地边缘才稍有倾斜,仅是局部现象。

岩层形成后,受到构造运动的影响,原始水平产状会发生变化,基本保持不变的仍呈水平产状,有的与水平面呈不同角度的交角,形成倾斜岩层,或者形成直立甚至倒转岩层。

(一)水平岩层

岩层形成后,受构造运动影响轻微,仍保持原始水平产状的岩层称为水平岩层。一般倾斜角度不超过 5°的岩层,均可视为水平岩层。

水平岩层具有以下特征。

①新岩层盖在老岩层之上。地形平坦地区,地表只见到同一岩层。地形起伏很大的地区,新岩层分布在山顶或分水岭上,低洼的河谷、沟底才见到老岩层,即岩层时代越老出露位置越低,越新则出露位置越高。

②水平岩层的地层界线(即岩层面与地面的交线)与地形等高线平行或重合,呈不规则的同心圈状或条带状,在沟、谷中呈锯齿状条带延伸,地层界线的转折尖端指向上游。水平

岩层的分布形态完全受地形控制，如图1.3.7所示。

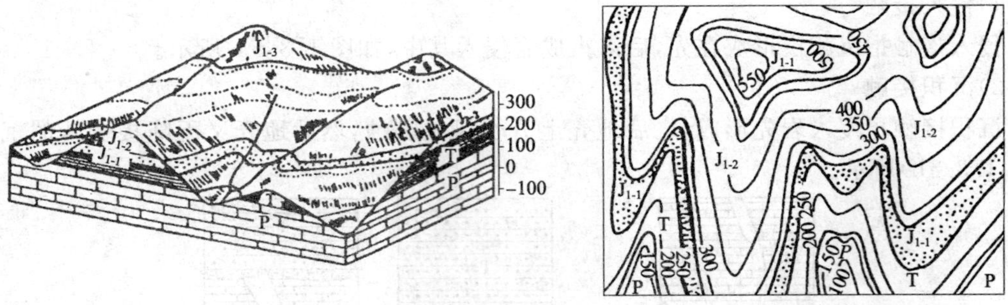

a)立体图　　b)平面图

图 1.3.7　水平岩层的出露特征

③水平岩层顶面与底面的高程差就是岩层的厚度。

④水平岩层的露头宽度（即岩层顶层和底面地层界线间的水平距离）与地面坡度、岩层厚度有关。地面坡度相同时，岩层厚度越大，露头宽度也越大；反之，露头宽度就越小。而当岩层厚度一样时，地面坡度越缓，露头宽度越大；反之，露头宽度就越小（图1.3.8）。

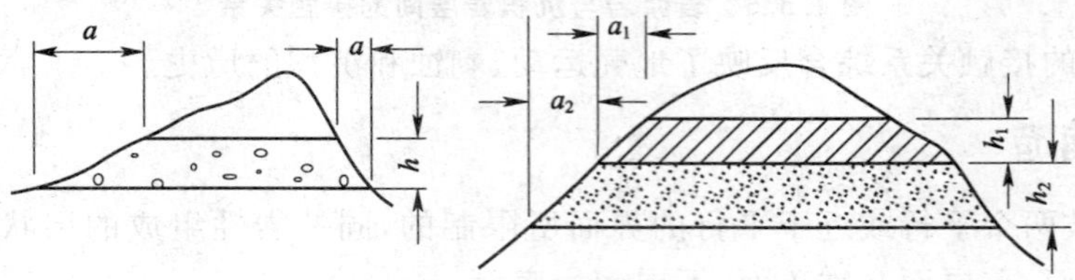

图 1.3.8　水平岩层的露头宽度

a、a_1 a_2 - 露头宽度；h、h_1、h_2 - 岩层厚度

(二)倾斜岩层

岩层层序正常，上层为新岩层，下层为老岩层，层面与水平有一交角的岩层称为倾斜岩层。如果在一定地区内一系列岩层的倾斜方向和倾斜角度基本一致，称单斜岩层。倾斜岩层往往是其他构造的一部分，可以是褶曲的一翼或断层的一盘，研究倾斜岩层的产状和特征是研究地质构造的基础。

1. *岩层的产状要素*

岩层的产状是指岩层面在三维空间的延伸方位及其倾斜程度。岩层的产状可以用走向、倾向、倾角三个数据定量地表示。走向、倾向、倾角称为岩层的产状要素，如图1.3.9所示。

1)走向

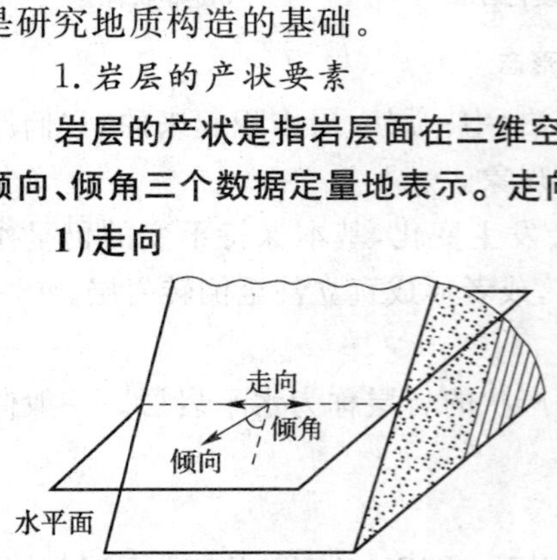

图 1.3.9　岩层的产状要素

岩层面与水平面的交线叫走向线，走向线两端延伸的方向就是岩层的走向。它表示岩层在空间的水平延伸方向。岩层走向可以由走向线的任意一端的方向来表示，彼此相差180°。因此，一个岩层的走向可有两个数值。

2)倾向

垂直走向线、沿岩层面向下倾斜的直线叫倾斜线（又称真倾斜线），它在水平面上的投影线称为倾向线，倾向线所指的方向为倾向（又称真倾向）。沿着岩层面但不垂直走向线的向下倾斜的直线为视倾斜线，其在水平面上的投影线称为视倾向线，视倾向线所指的方向为视倾向。

3)倾角

真倾斜线与其在水平面上的投影线(倾向线)的夹角叫倾角,又称真倾角。视倾斜线与其在水平面上的投影线(视倾向线)的夹角叫视倾角。

岩层真倾角与视倾角之间的关系,由图1.3.10可以说明。图中直角三角形 oab 中 $\angle\alpha$ 为真倾角,直角三角形 ocb 中 $\angle\beta$ 为视倾角,$\angle\theta$ 是视倾向与真倾向的夹角。由几何关系可知

$$\tan\beta = \tan\alpha\cos\theta \tag{1.3.1}$$

从岩层面上任一点都可以引出许多条视倾斜线,因而也就有许多视倾角,这些视倾角都比该点的真倾角值小。

上述关系式表明,视倾向越接近真倾向,视倾角值越大,最后趋近于真倾角值;视倾向偏离真倾向越远,即越靠近岩层走向,则视倾角越小,以至趋近于零。

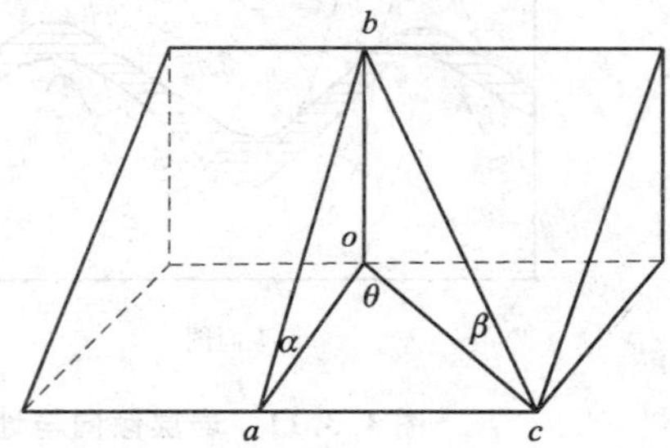

图1.3.10 真倾角与视倾角间的关系

野外测定岩层产状,通常是测量其真倾向和真倾角,但有时要用视倾角。例如,绘制地质剖面或做槽探、坑道编录时,如剖面方向或槽、坑的方向与岩层或矿层的走向不直交,这时剖面图或素描图上的岩层、矿层的倾角就要用作图方向的视倾角来表示。

2. 岩层产状要素的测定与表示方法

岩层的产状要素通常是用地质罗盘直接在岩层面上测量的。在有些情况下,用地质罗盘不容易找准确时,可根据钻孔资料、地形地质图上的表现和视倾角值,再用几何作图法或赤平投影等方法,求出岩层的产状要素。

岩层的产状要素可用文字和符号两种方法表示。由于地质罗盘上方位标记有的用象限角表示,有的用360°的方位角表示。因此,文字表示方法也有方位角和象限角两种。方位角是以北为0°,顺时针转动测量角度,角度范围从0°到360°。象限角是以北或南为0°,向东或向西测量角度,角度范围可为N0°~90°E、N0°~90°W、S0°~90°E或S0°~90°W。

1)方位角表示法

方位角表示法一般用倾向和倾角表示。如205°∠25°,前面是倾向方位角,后面是倾角,即倾向205°,倾角25°。

2)象限角表示法

象限角表示法一般用走向、倾角和倾向象限表示。如N65°W∠25°SW,即走向为北偏西65°,倾角为25°,向南西倾斜;又如N30°E∠27°SE,即走向北偏东30°,倾角27°,倾向南东。

在地质图上,岩层产状要素是用符号来表示的,常用符号有以下几种。

┬——30°长线表示走向,短线表示倾向,数字表示倾角;长、短线必须按实际方位标绘在图上。

┼——表示岩层产状是水平的。

┼——表示岩层直立,箭头指向新岩层。

┼——70°表示岩层倒转,箭头指向倒转后的倾向,即指向老岩层,数字是倾角度数。

岩层产状要素的符号和书写方式,在国内外的地质书刊和地质图上并不完全相同,参阅文献资料时应予以注意。

3. 倾斜岩层地层界线的分布特征

倾斜岩层的地质层线一般是弯曲的,穿越不同的高程,在地质图上表现为与地形等高线相交。产状不同,地形迥异,其形态也不一样。倾斜岩层的倾角越小,地层界线受地形影响

越大，越弯曲；倾角越大，受地形影响越小，地质界线越趋于直线。但是，地层界线的弯曲方向有一定规律可循，这个规律又称“V”字形法则。

①当岩层倾向与地面坡向相反时，岩层界线与地形等高线弯曲方向相同，但岩层界线弯曲程度较小，等高线弯曲程度较大，如图 1.3.11 所示。岩层界线的“V”字形尖端在沟谷中指向上游，在山脊上指向山脊下坡。

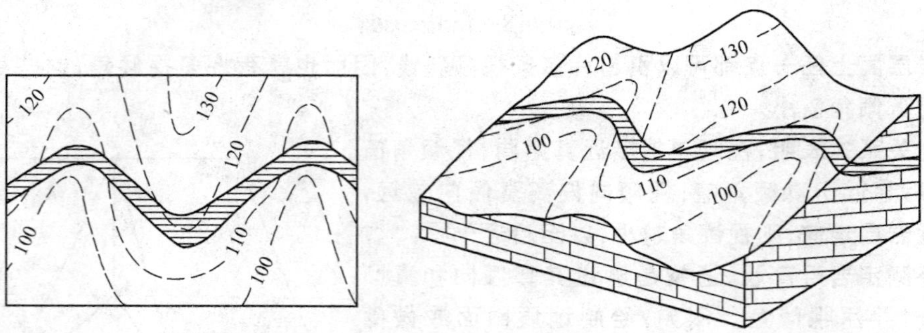

a)平面图　　b)立体图

图 1.3.11　岩层倾向与地面坡向相反时，岩层界线“V”字形与地形的关系

②当岩层倾向与地面坡向相同，且岩层倾角大于地面坡角时，岩层界线与地形等高线弯曲方向相反，岩层界线的“V”字形尖端在沟谷中指向下游，在山脊上指向山脊上坡，如图 1.3.12 所示。

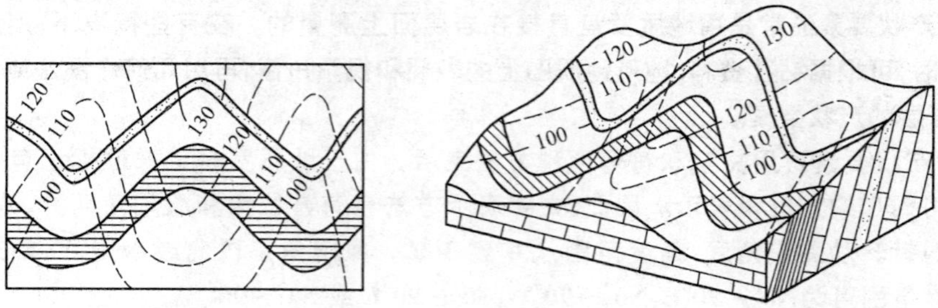

a)平面图　　b)立体图

图 1.3.12　岩层倾向与地面坡向相同，岩层倾角大于地面坡角时，岩层界线“V”字形与地形的关系

③当岩层倾向与地面坡向相同，但岩层倾角小于地面坡角时，岩层界线与地形等高线弯曲方向相同，但弯曲程度较等高线大，如图 1.3.13 所示。

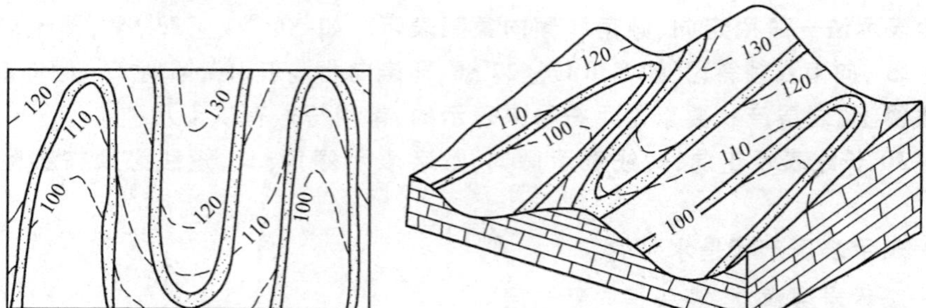

a)平面图　　b)立体图

图 1.3.13　岩层倾向与地面坡向相同，岩层倾角小于地面坡角时，岩层界线“V”字形与地形的关系

(三)直立岩层

直立岩层地质界线在空间是一条沿走向延伸的直线，不受地形影响。直立岩层地质界线间的水平距离就是岩层的厚度。直立岩层的露头宽度只与岩层厚度有关，岩层厚度越大，露头宽度也越大;反之,露头宽度就越小,如图1.3.14 所示。

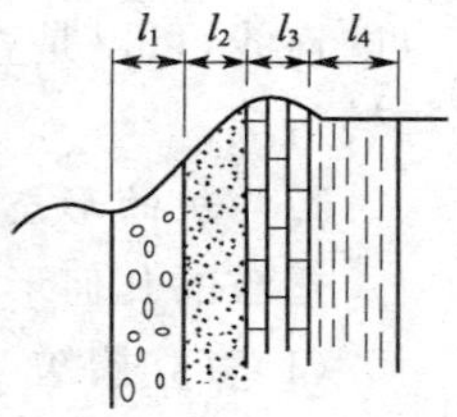

图 1.3.14　直立岩层

七、褶皱构造

岩层受到构造运动作用后,在保持连续性的情况下产生的弯曲变形称为褶皱构造。褶皱构造规模可大可小,大型褶皱可延伸几十甚至几百千米,小型褶皱可出现在一块手标本上。通常把褶皱构造中的一个单独的弯曲称为褶曲。

如图 1.3.15 所示,绝大多数褶皱是在水平挤压力作用下形成的;有的褶皱是在垂向力作用下形成的;还有一些褶皱是在力偶的作用下形成的,此种褶皱多发育在夹于两个坚硬岩层间的较弱岩层中或断层带附近。褶皱是地壳上广泛分布、最常见的地质构造形态,它在沉积岩层中最为明显,在块状岩体中则很难见到。研究褶皱的产状、形态、类型、成因和分布特点,对于查明区域地质构造和工程地质条件具有重要意义。

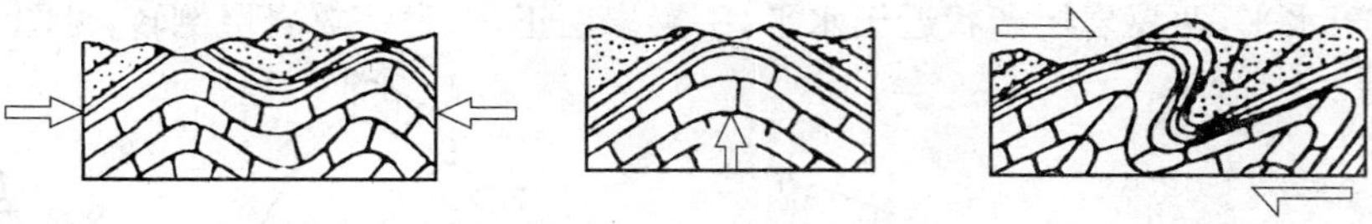
a)水平挤压　b)垂向力作用　c)力偶作用

图 1.3.15　褶皱力学成因

(一)褶皱的基本形态

褶皱构造有背斜和向斜两种基本形态(图 1.3.16)。

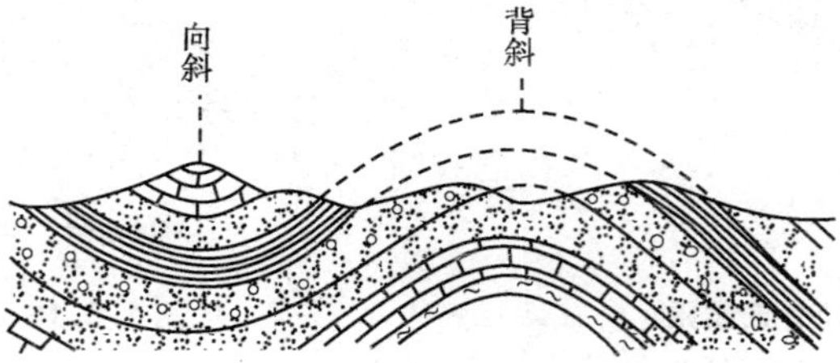

图 1.3.16　褶皱构造的背斜和向斜

1. 背斜

中部岩层向上拱起的弯曲,正常情况下,两侧岩层向外倾斜。在同一水平面上,中心部分岩层时代较老,两侧岩层依次变新,并且两边对称出现。

2. 向斜

中部岩层向下凹陷的弯曲,正常情况下,两侧岩层向内倾斜。在同一水平面上,中心部分岩层时代较新,两侧岩层依次变老,两边也对称分布。

如岩层形成褶皱后未经风化剥蚀,则背斜成山,向斜为谷;但野外背斜常遭受强烈风化剥蚀而夷为谷地,向斜反而成为山脊的现象也是普遍的。

(二)褶皱要素和形态分类

1. 褶皱要素

褶皱构造的各个组成部分称为褶皱要素(图 1.3.17)。褶皱的中心称核;褶皱核部两侧的岩层称翼;大致平分两翼的假想面称轴面,轴面可以是直立的、倾斜的甚至是水平的平面,也可以是曲面;轴面与水平面的交线称轴线(轴),可以是直线,也可以是曲线;褶皱轴线的方向就是褶皱的延伸方向;轴面与岩层面的交线称枢纽,是指褶皱的同一岩层面上各最大弯曲点的连线，可以是直线，也可以是曲线；连接两翼的部分或从一翼向另一翼过渡的弯曲部分称转折端。

2. 褶皱的形态分类

褶皱的几何形态分类方法很多，通常根据褶皱轴面的产状划分。

(1)直立褶皱

轴面直立，两翼岩层倾向相反，倾角大致相等，见图 1.3.18a)。

(2)倾斜褶皱

轴面倾斜，两翼岩层倾向相反，倾角不相等，见图 1.3.18b)。

(3)倒转褶皱

轴面倾斜，两翼岩层倾向相同，一翼岩层正常，另一翼岩层倒转，即新岩层位于老岩层之下，见图 1.3.18c)。

(4)平卧褶皱

轴面近于水平，两翼岩层产状近于水平，一翼岩层正常，另一翼岩层倒转，见图 1.3.18d)。

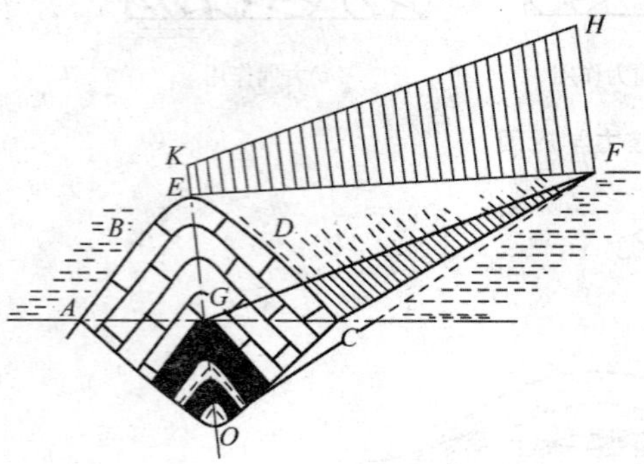

图 1.3.17　褶皱要素

O-核；AB、CD-翼；KGFH-轴面；
GF-轴线；EF-枢纽；BED-转折端

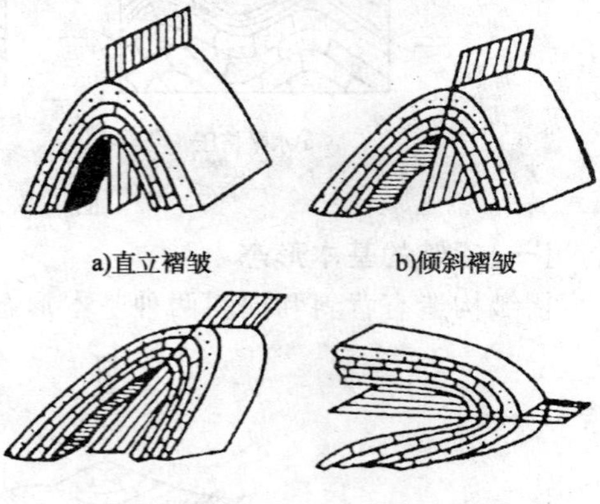

a)直立褶皱　b)倾斜褶皱

c)倒转褶皱　d)平卧褶皱

图 1.3.18　褶皱的形态分类

(5)水平褶皱

枢纽水平，两翼岩层的走向基本平行，见图 1.3.19a)。

(6)倾伏褶皱

枢纽倾斜，两翼岩层的走向不平行，见图 1.3.19b)。

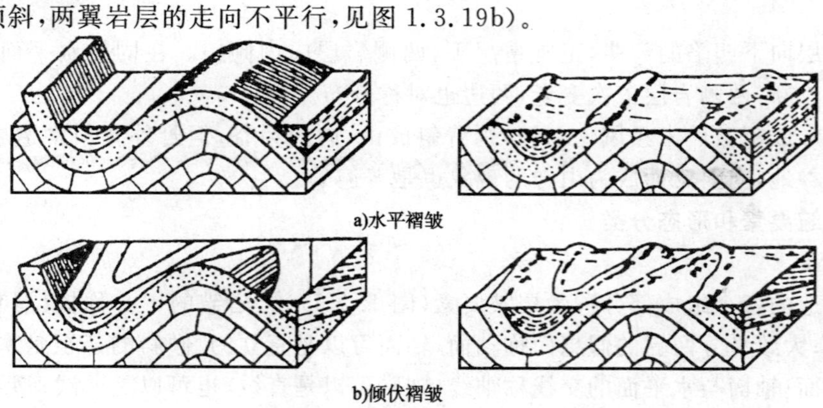

a)水平褶皱

b)倾伏褶皱

图 1.3.19　水平褶皱和倾伏褶皱

当褶皱枢纽向两端倾伏或扬起，形成长宽之比小于 3∶1 的背斜时称穹隆，若为向斜则称构造盆地(图 1.3.20)。当在褶皱的翼部有许多一级褶皱时，则分别称复背斜或复向斜(图 1.3.21)。

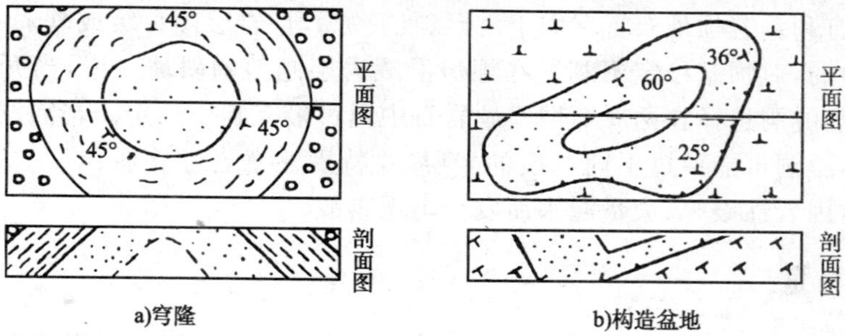

a)穹隆　　b)构造盆地

图 1.3.20　穹隆和构造盆地

(三)褶皱构造的识别

褶皱形成以后，一般遭受风化剥蚀作用，背斜核部由于节理发育，易于风化破坏。因此，这里可能形成河谷低地，而向斜核部则可能形成高山(图 1.3.22)。因此，不能把现代地形与褶皱形态混同起来。在野外，除一些岩层出露良好的小型背斜和向斜，可以直接观察到褶皱的完整形态外，大部分褶皱均遭剥蚀、破坏或露头情况不好，不能直接观察到它的形态，这时应按下述方法进行观察分析。

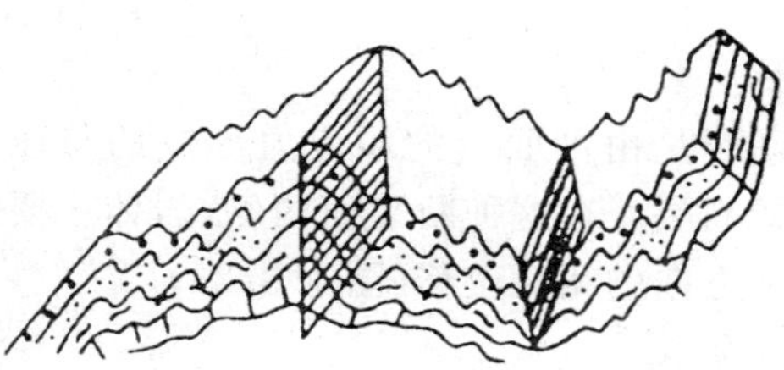

图 1.3.21　复背斜和复向斜

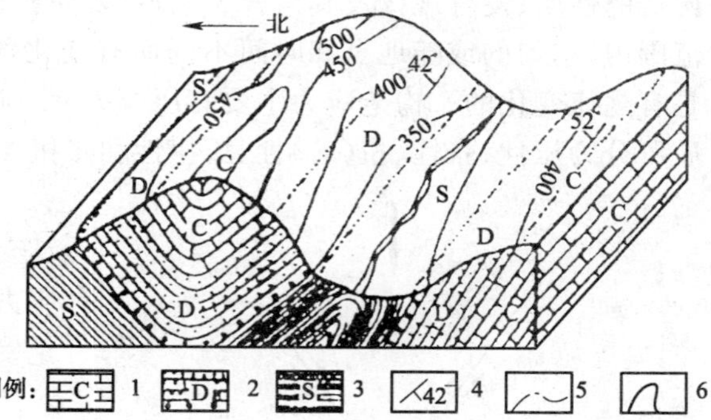

图 1.3.22　褶皱构造立体图

1-石炭系；2-泥盆系；3-志留系；4-岩层产状；5-岩层界线；6-地形等高线

首先，应垂直岩层走向进行观察，当岩层重复出现对称分布时，便可肯定有褶皱构造，否则就没有褶皱构造。图 1.3.22 是一个地区的地质构造立体示意图，区内岩层走向近东西，如果从南北方向观察，就会发现志留系和石炭系地层两个对称中线，其两侧地层分布重复出现。所以，这一地区有两个褶皱构造。其次，分析岩层新老组合关系，如果老岩层在中间，新岩层在两边，那是背斜。如果新岩层在中间，老岩层在两边，则是向斜。上述地区中南部的褶皱构造，中间是老岩层(S)，两边是新岩层(C、D)，因此是背斜；北部的褶皱构造，中间是新岩层(C)，两边对称分布的是老岩层(D、S)，所以是向斜。然后分析岩层产状，如果两翼岩层均向外倾斜或向内倾斜，倾角大体相等者，为直立背斜或向斜；倾角不等者，则为倾斜背斜或向斜。上述地区中的向斜，两翼岩层向内倾斜，倾角相近，所以是一个直立向斜；背斜中两翼岩层产状均向北倾斜，因此是一个倒转背斜。最后还要分析枢纽产状，若岩层界线沿褶皱轴平行延伸，且与枢纽平行，则为水平褶皱；若两翼岩层走向不平行，在某一方向或两个方向上由一翼产状变为另一翼产状，背斜沿此方向倾伏，向斜沿此方向仰起，称为倾伏褶皱。上述地区中的向斜和背斜两翼岩层界线均大致延伸，在图区没有交汇，均为水平褶皱。

在褶皱地区选择坝址或隧洞位置时，应尽量避开褶皱的核部，因核部岩层节理发育、岩石破碎，易风化剥蚀，强度低，渗透性大，对坝基或洞室稳定不利。坝址布置在倾向上游的一翼对坝基稳定有利。若坝址布置在向下游倾斜的一翼，且岩层倾角缓或软弱夹层，顺层节理发育时，抗滑力弱，对坝基稳定不利。在坝肩沿顺岩层倾斜的斜坡一岸，当开挖时就易产生顺层滑坡。一般隧洞选择在两翼厚层坚硬岩石中通过最有利于稳定。当隧洞轴线与岩层走向近于垂直时，隧洞可能穿过不同性质的岩层，要特别注意岩性软弱、节理发育及含水层地段，这些地段常因岩性破碎、大量漏水而发生坍塌事故。

八、断裂构造

岩体受构造应力作用超过其强度时就会发生裂缝或错断，破坏了岩体的完整性而形成断裂构造。断裂构造主要分为节理和断层两大类。凡岩体沿破裂面没有明显位移或仅有微量位移的称为节理；岩体沿破裂面两侧发生了明显位移或较大错动的称为断层。

断裂构造是主要的地质构造类型，在地壳中广泛分布，对岩体的稳定和渗漏影响很大，常对建筑物地基的工程地质评价和规划选址、设计施工方案的选择起控制作用。

(一)断裂构造的力学性质

断裂构造是在构造应力作用下生成的破裂面，主要有断层面、节理面和劈理面等。断裂构造的性质、发育规律及其组合关系，主要受构造应力场控制。构造应力场是指地壳中一定范围内，均匀的或随地点和时间不同而有变化的构造应力状态场。构造应力的方向与大小是有规律变化的。构造应力主要有压应力、张应力和扭(剪)应力。因此，断裂构造按力学性质可分为压性、张性、扭(剪)性、压扭性和张扭性五类。

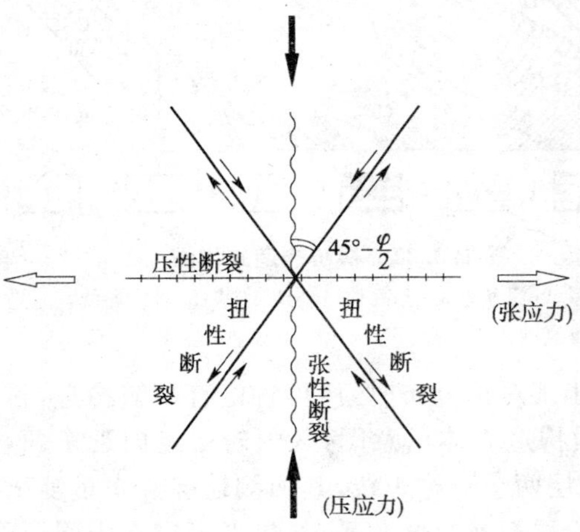

图 1.3.23 断裂面与构造应力场间的关系

1. 压性断裂

压性断裂是由剖面上的压应力形成的与压应力垂直的断裂。在这种断裂面两侧，岩体主要是发生上下方向的相对位移(图 1.3.23)。

2. 张性断裂

张性断裂的走向与张应力作用方向垂直，是由剖面上的张剪应力形成的断裂。

3. 扭性断裂

扭性断裂是由平面上的剪应力形成的断裂。扭性断裂的走向与压应力或与张应力作用方向斜交。扭性断裂一般是两组断裂共生，在平面上呈 X 形交叉分布，扭性断裂的走向和压应力方向的夹角一般呈 45°−φ/2 的交角，φ 是岩石的内摩擦角，即两组扭性断裂夹角的锐角等分线和压应力方向一致。一般塑性岩石中的 φ 值比脆性岩石的 φ 值小，因此两组扭性断裂和压应力的夹角，在塑性岩石中的要比脆性岩石中的大，但都小于 45°。扭性断裂可以两组都为节理或断层，也可以一组为断层，另一组为节理。

断裂构造的形成过程，如图 1.3.24 所示。水平岩层受到水平挤压力作用之后，当岩层内部所产生的剪应力超过岩石的抗剪强度时，首先在岩层面上产生 X 形剪节理(SJ)[图 1.3.24a)]，两组剪节理间所夹锐角等分线指向受压的方向，这种现象在近水平岩层地区较为常见。当挤压继续增大时，由于岩层内部所产生的张应力超过岩石的抗拉强度，则在岩层面上产生张节理(TJ)[图 1.3.24b)]，这种张节理常沿着已有的剪节理(SJ)发育，呈锯齿状。随着岩层继续受压弯曲形成褶皱，在褶皱顶部产生次一级张应力。当这种张应力超过岩层抗拉强度时，产生同褶皱轴向一致的张节理(TJ′)；由于上、下岩层面间的错动而产生剪应力，当这种剪应力超过岩层抗剪强度时，在岩层弯曲剖面上产生X形剪节理(SJ′)，其走向同褶皱轴向一致。当挤压继续增大，被节理切割的岩块发生错动位移，从而产生各种断层[图1.3.24c)]。沿着剖面X节理(SJ′)，在挤力作用下形成压性的逆断层(CF)；沿着岩层面上X节理(SJ)，在剪切力作用下形成扭性的平移断层(SF)；沿着岩层面上张节理(TJ)，在重力作用下形成张性的正断层(TF)。

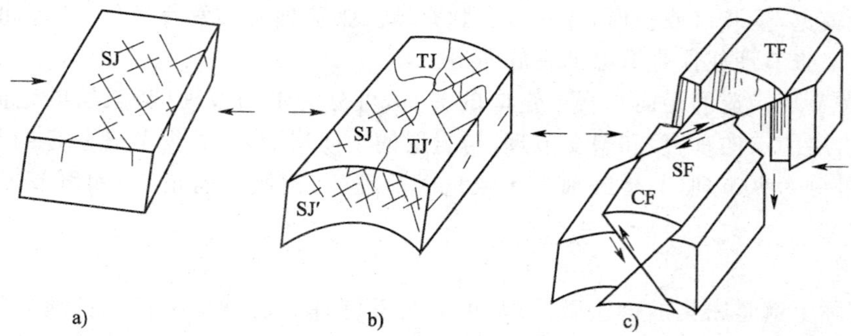

图1.3.24 断裂构造的形成过程

SJ-剪节理；TJ-张节理；TF-正断层；CF-逆断层；SF-平移断层

(二)节理

1.节理的分类

节理又称为裂隙，它普遍存在于岩体或岩层中。节理可按成因、力学性质和几何形态等进行分类。

1)节理的成因分类

按成因可将节理分为以下几种。

(1)风化节理

风化节理由风化作用造成，多分布在近地表处，向下延伸不深，无一定方向性。

(2)原生节理

原生节理是在成岩过程中形成的，如岩浆冷凝过程中形成的收缩节理、玄武岩中的柱状节理等。

(3)构造节理

构造节理是构造应力作用形成的，其特点是分布广，具有明显的方向性和规律性，常常成组出现。

2)节理的力学性质分类

按力学性质可将节理分为以下几种。

(1)剪节理

剪节理是岩石受剪(扭)应力作用形成的破裂面，其两组剪切面一般形成X形的节理(图1.3.24)，故又称文节理。剪节理常与褶皱、断层伴生。当岩层受到水平挤压时，初期在岩层面产生两组平面X节理；然后水平压力继续作用，岩层弯曲形成褶皱时，在其核部附近的剖面上产生一对剖面节理。

剪节理的主要特征是节理产状稳定，沿走向和倾向延伸较远。节理面平直光滑，常有剪切滑动留下的擦痕，可用来判断节理两侧岩石相对移动方向。剪节理面两壁间的裂缝小，一般呈闭合状态。剪节理常成对呈X形出现，一般发育较密，节理之间距离较小，特别是在软弱薄层岩石中，常密集成带。由于剪节理交叉互相切割岩层成碎块体，破坏了岩体的完整性，所以剪节理面常是易于滑动的软弱面。

(2)张节理

张节理是岩层受张力作用而形成的破裂面。当岩层受挤压时，初期是在岩层面上沿先发生的剪节理追踪发育形成锯齿状的张节理。在褶皱岩层中，多在弯曲顶部产生与褶皱轴走向一致的张节理(图 1.3.24)。

张节理的主要特征是节理产状不稳定，延伸不远即消失。节理面弯曲且粗糙，张节理两壁间的裂缝较宽，呈开口或楔形，并常被岩脉充填。张节理一般发育较稀，节理间距较大，很少密集成带。张节理往往是渗漏的良好通道。

此外，按节理构造的走向与岩层走向的关系，可分为走向节理(与岩层的走向平行)、倾向节理(与岩层的走向垂直)和斜交节理(与岩层的走向斜交)。根据节理的走向与褶皱轴向的关系，还可分为纵节理(与褶皱轴向一致)、横节理(与褶皱轴向正交)和斜节理(与褶皱轴向斜交)。

(3)劈理

劈理实际上就是密集的构造微节理，可分为破劈理和流劈理两种。劈理面的间距一般为几毫米至几厘米，常将岩石切割成薄片或薄板状，它容易和岩石中的层状或片状结构相混淆，但多数劈理面和岩层层面是不一致的。破劈理只是在构造运动强烈、应力集中的地段才出现，如褶皱翼部、大断层两侧等。在褶皱形成过程中，由于层间滑动或断层两侧岩体位移引起的扭应力产生的破裂面也可形成破劈理。流劈理是由于压应力的作用，岩石中的矿物发生塑性流动、拉长、压扁和重结晶，使矿物平行排列形成密集裂面。破劈理多发育在脆性较大的岩层，如石灰岩、石英岩等岩层中；流劈理多发育在塑性较大的岩层，如泥质岩、板岩等岩层中。劈理发育使岩石强度降低，透水性增大，易风化成碎片脱落，野外调查时，还可以利用劈理分析褶皱类型和断层性质等。

2.节理的调查

1)观察点的选择

观察点的选定决定于任务，一般不要求均匀布点，而是根据地质情况和节理发育情况布点，做到疏密适度。选择观察点时还要考虑以下几点。

①露头要好，最好能在三度空间观测，其露头面积一般不小于 10 m^2，便于大量测量。

②构造特征清楚，岩层产状稳定。

③节理比较发育，组系及其相互关系比较明确。

④观测点应选在构造的重要部位，并且在不同构造层、不同岩系和不同岩性岩层中都应布点。

2)节理调查的内容

节理调查主要包括以下几个方面。

①测量节理产状。测量方法与测岩层产状相同。

②观察节理面张开程度和充填情况。节理面两壁宽度大于 5 mm 为宽张节理，宽度 3～5 mm 为张开节理，1～3 mm 为微张节理，小于 1 mm 为密闭节理。张开节理其中有充填物的，应观察描述充填物的成分、特征、数量、胶结情况和性质等。对后期重新胶结的节理，应描述胶结物成分、胶结程度等。

③描述节理壁的粗糙程度。节理壁粗糙程度影响节理面两侧岩块的滑移，与岩石稳定性评价有很大的关系。粗糙程度包含起伏度和粗糙度两层意义。起伏度指节理面较大范围内的凹凸程度，可分为平面形、波浪形、台阶形等数种类型，如图 1.3.25 所示。粗糙度是指

节理表面的光滑程度，分光滑、平坦和粗糙几种不同情况。

④观察节理充水情况。如干燥的、滴水的、流水的、饱水的等，水在节理面中犹如润滑剂，使岩块更易滑动。

⑤根据节理发育特征，确定节理成因。

⑥统计节理的密度、间距、数量，确定节理发育程度和节理的主导方向。最简单统计节理密度的方法是在垂直节理走向方向上取单位长度计算节理条数，以"条/m"表示。间距等于密度的倒数。根据岩层中节理发育特征，按表 1.3.7 确定节理的发育程度。

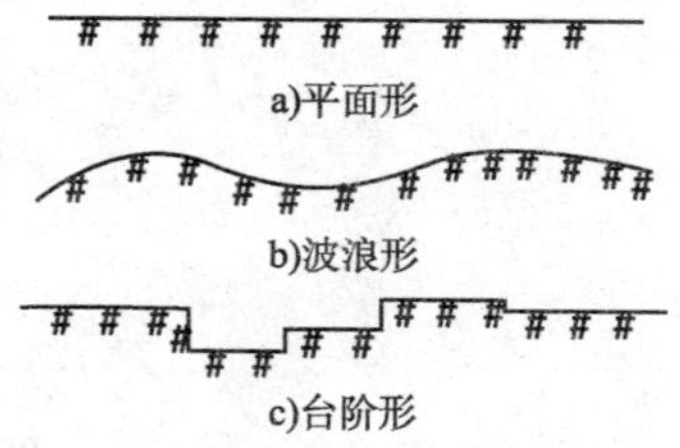

图 1.3.25　节理面起伏形态

节理发育程度分级　　表 1.3.7

发育程度等级	基本特征
节理不发育	节理 1、2 组，规则，为构造型。间距大于 1 m，多为密闭节理。切割岩体呈巨块状
节理较发育	节理 2、3 组，呈 X 形，较规则，以构造型为主，多数间距大于 0.4 m，多为密闭节理，部分为微张节理，少有充填物。切割岩体呈大块状
节理发育	节理 3 组以上，呈 X 形或"米"字形，不规则，以构造或风化型为主，多数间距小于0.4 m，大部分为张开节理，部分有充填物。切割岩体呈块石、碎石状
节理很发育	节理 3 组以上，杂乱，以风化和构造型为主，多数间距小于 0.2 m，以张开节理为主，一般均有充填物。切割岩体呈碎石状

3. 节理调查资料的整理

为了查明节理的发育规律，确定节理的密集程度和主导方向，需对节理调查资料进行统计分析，节理统计采用的图表形式主要有节理玫瑰花图、节理极点图和节理等密图。

1)节理玫瑰花图及其编制方法

玫瑰花图有走向玫瑰花图和倾向玫瑰花图两种，前者表示走向变化，后者反映倾向变化，两者编制方法不尽相同。下面以常用的走向玫瑰花图为例说明编制方法。

①整理野外实测的节理产状、条数，见表 1.3.8。

节理走向数据分组　　表 1.3.8

走向区间	平均走向	条数	走向区间	平均走向	条数
1°～10°	7°	2	271°～280°	—	0
11°～20°	15°	1	281°～290°	284°	1
21°～30°	—	0	291°～300°	297°	2
31°～40°	33°	4	301°～310°	307°	2
41°～50°	45°	2	311°～320°	—	0
51°～60°	52°	4	321°～330°	325°	3
61°～70°	68°	1	331°～340°	335°	5
71°～80°	73°	1	341°～350°	344°	4
81°～90°	86°	2	351°～360°	353°	2

②取一定比例的直线为半径作半圆，沿圆周标出北、东、西三个方向，并按方位角划分出刻度。为什么只画半圆，不画整圆，稍加思考即可明白。

③以一定线段长度代表节理条数，根据整理所得资料，由平均走向方位自半圆中心向圆周引径向线。

④连接各径向线端点即得节理走向玫瑰花图，如图 1.3.26 所示。连线时若某区间节理条数为 0，线段就折回圆心。此外，花瓣的起点和终点均向圆心连线。

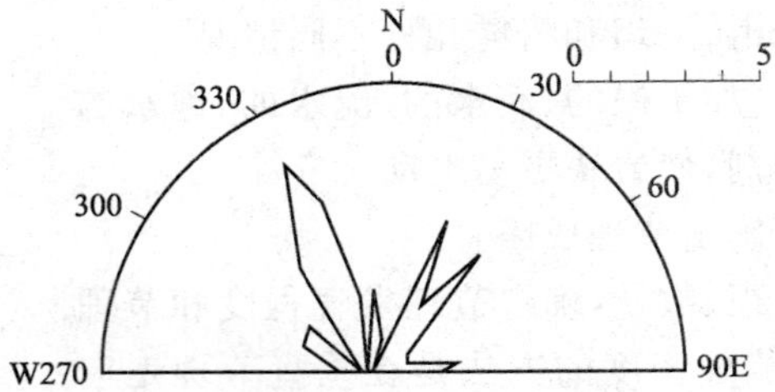

图 1.3.26 节理走向

由图上可看出，花瓣越宽表明该方向上节理走向范围越大，花瓣越长表示该方向上的节理数量越多。

2)绘制节理极点图

设想一个球体，把节理按产状平移至球体中心，过球心作节理面法线，交球面于两点。将上半球的交点(或下半球交点)投影到球体的赤道平面上得一点，此点即为节理的极点。图 1.3.27 表示一个倾向东的节理面的极点。用预先制好的投影网绘制极点十分方便。如图 1.3.28 所示，网中放射线的方向表示倾向(0°～360°)，同心圆的半径长度表示倾角(圆心到圆周 0°～90°)。例如节理产状 50°∠30°，则以北为 0°，顺时针找到 50°，再自圆心向外找到 30°倾角，这一点就是该节理的极点。将一个露头上所有节理绘在一起即构成节理极点图，如图 1.3.29 所示。

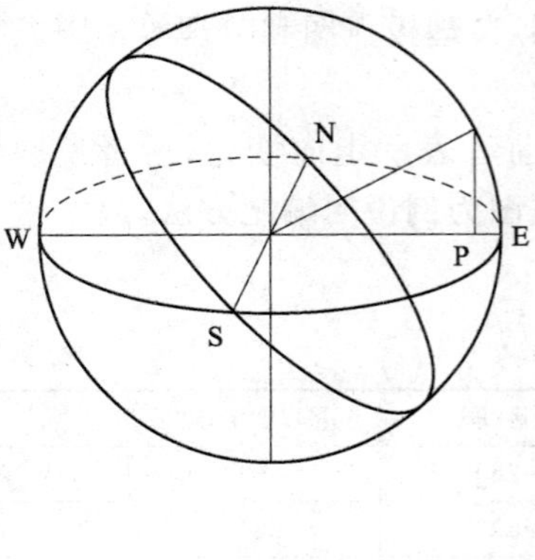

图 1.3.27 极点投影原理

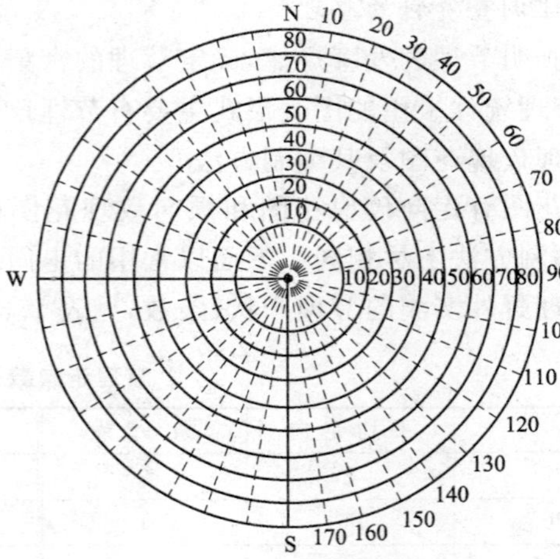

图 1.3.28 施密特投影网

3)绘制节理等密图

等密图是在极点图的基础上编制而成的。把画有投影圆周(又称大圆)、方位和边长为大圆半径1/10的正方形网格透明纸蒙在制好的极点图上(图 1.3.30)，然后用中心密度计和边缘密度计统计节理极点数。密度计的小圆直径为大圆直径的 1/10。中心密度计统计大圆内极点，自左至右每次移动一个小圆半径的距离，在十字中心记下小圆中的极点数。统计完一行后，向上或向下移动一个半径距离，再依次统计。边缘密度计统计位于大圆周边的极点，每次统计时把两个小圆内的极点数加在一起记在这两个圆心上，同样每次移动一个半径距离，直到绕一圆周为止。统计完后，根据极点多少决定等密度线距，将极点数相同的点用等密线连起来，即得极点等密图。

有时等密图用百分数表示，这时需要计算出每次统计的节理极点数占总极点数的百分比，然后选定等密线的百分数据，做出用百分数表示的等密度图，如图 1.3.31 所示。

等密度图能反映节理的倾向、倾角、发育程度和极点密集区的位置和特点，便于分析，但作图麻烦。

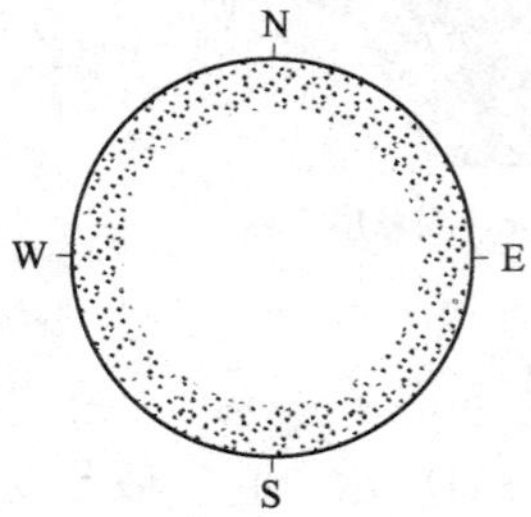

图 1.3.29 节理极点

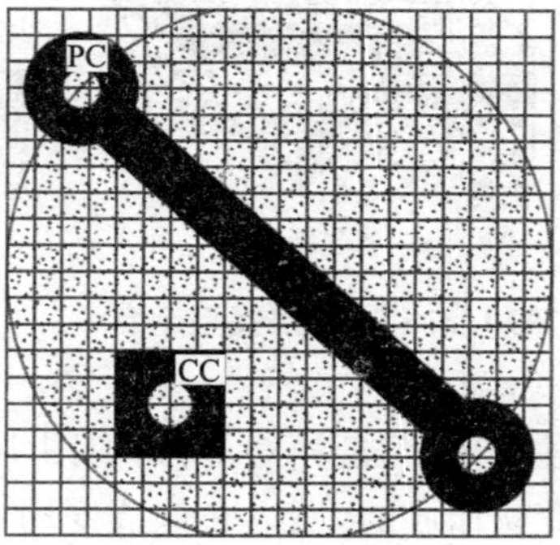

图 1.3.30 节理密度计

PC- 边缘密度计；CC- 中心密度计

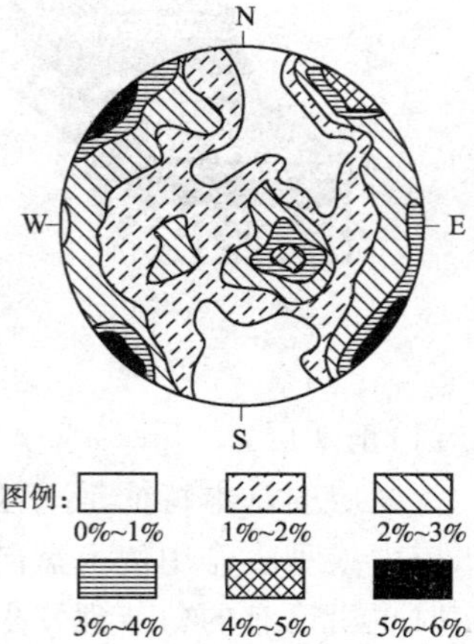

图 1.3.31 节理等密度图

(三)断层

断层是构造应力作用形成的主要地质构造类型，在地壳中广泛分布。断层种类很多，形态各异，规模大小不一，小断层在岩石标本上就可见到，大断层延伸很远，可达数百千米以上，影响范围很广。

1. 断层要素

断层的基本组成部分叫断层要素，主要有断层面、断层线、断层带、断盘和断距等（图 1.3.32）。

1)断层面

断层面指岩层发生位移的错动面。它可以是平面或曲面，断层面的产状可用走向、倾向和倾角来表示。

2)断层线

断层线指断层面与地面的交线。它反映断层在地表的延伸方向，可以是直线或曲线。

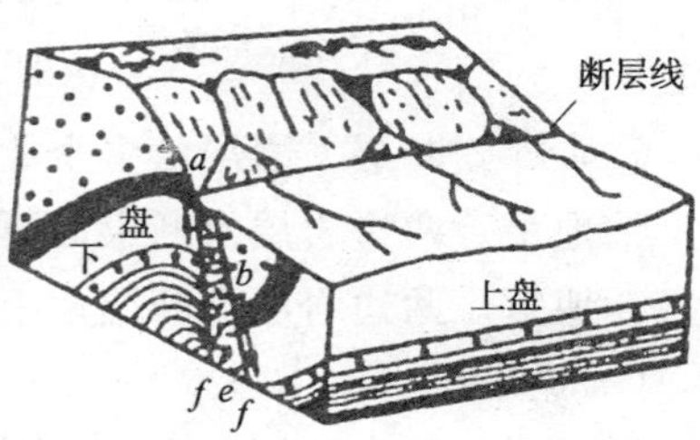

图 1.3.32 断层要素

ab- 断距；*e*- 断层破碎带；*f*- 断层影响带

3)断层带

较大的断层错动常形成一个带，包括断层破碎带与影响带。破碎带是指因断层错动而破裂搓碎的岩石碎块、碎屑部分；影响带指受断层影响、节理发育或岩层产生牵引弯曲的部分。

4)断盘

断层面两侧相对位移的岩块称为断盘。在断层面上部的岩块称为上盘，下部的岩块称为下盘。若断层面直立则无上下盘之分。

5)断距

断距指断层两盘相对错开的距离。岩层原来相连的两点，沿断层面错开的距离称为总断距，总断距的水平分量称为水平断距，铅直分量称为铅直断距。

2. 断层的基本类型及其特征

最常用的断层分类方法有两种，一种是按形态划分，一种是按力学性质划分。

1)按断层的形态分类

断层的形态分类主要是按断层的两盘相对位移情况，将断层分为正断层、逆断层和平移断层(图 1.3.33)。

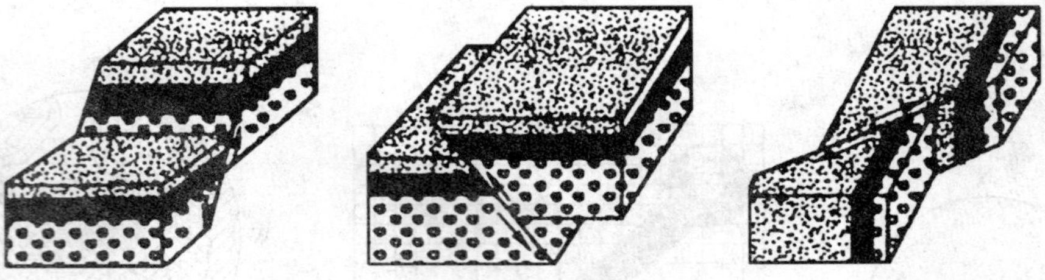

a)正断层　　b)逆断层　　c)平移断层

图 1.3.33　断层类型示意

(1)正断层

正断层的基本特征是上盘相对下移,下盘相对上移,如图 1.3.33a)所示。它一般是受水平张应力或垂直作用使上盘向下滑动形成的,所以在构造变动中多垂直于张力的方向发生,但有时也沿已有的剪节理发生。其断距可以从几厘米到数百米,延伸范围一般自几米到数千米。正断层的倾角一般均较陡,多在 50°～60°。在野外有时见到由数条正断层排列组合在一起,形成阶梯式断层、地垒和地堑等(图 1.3.34)。

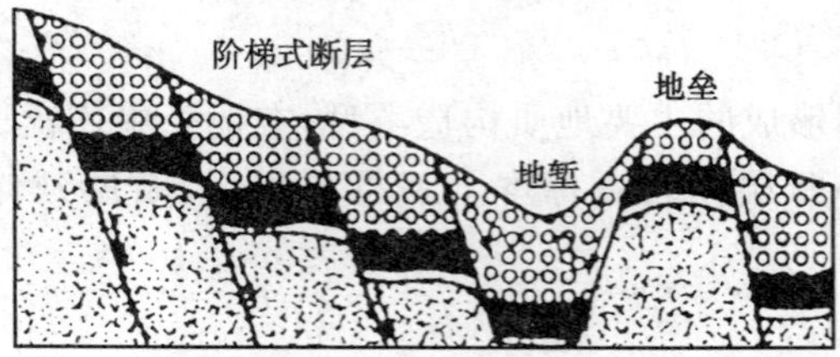

图 1.3.34　阶梯式断层、地垒和地堑

①阶梯式断层。岩层沿多个相互平行的断层面向同一方向依次下降形成。

②地垒。两边岩层沿断层面下降,中间岩层相对上升形成。

③地堑。两边岩层沿断层面上升,中间岩层相对下降形成。

(2)逆断层

逆断层的基本特征是上盘相对上移,下盘相对下移,如图 1.3.33b)所示。

逆断层一般是受水平压力沿剪切破裂面形成的,所以常与褶皱同时伴生,并多在一个翼上平行于褶皱轴发育。断层带中往往夹有大量的角砾和岩粉。根据断层面的倾角大小,又可将逆断层分为以下几种。

①冲断层。断层面倾角大于 45°的高度角逆断层。

②逆掩断层。断层面的倾角在 45°～25°之间,往往是由倒转褶皱发展而成的,它的走向与褶皱轴大致平行,逆掩断层的规模一般都较大。

③辗掩断层。倾角小于 25°的逆断层,常为区域性的巨型断层。断层一盘地层较老,沿着平缓的断层面推覆在另一盘较新岩层之上,断距可达数千米,破碎带的宽度亦可达几十米。

④叠瓦式断层。一系列冲断层或逆掩断层,使岩层依次向上冲掩,形成叠瓦式断层(图 1.3.35)。

(3)平移断层

平移断层是断层两盘产生相对水平位移的断层[图 1.3.33c)]。一般受扭应力作用形成,因此大多数与褶皱轴斜交,与 X 节理平行或沿该节理发育,断层的倾角常常近于直立。这种断层的破碎带一般较窄,沿断层面常有近水平的擦痕。

对于兼具正、逆和平移的过渡性质的断层，一般采用组合命名，称之为平移—逆断层、逆—平移断层、平移—正断层和正—平移断层。根据习惯，组合命名的后者表示主要运动分量。

图 1.3.36 是一断层下盘，两条虚线分别表示断层的走向线和倾斜线，M、N 分别代表与断层走向线和倾斜线呈 45°交角的斜线，箭头指示上盘滑动方向。凡断层滑动线的侧伏角大于 80°的断层，属正(逆)断层，如图中 OA 至 OB 范围内的断层。凡侧伏角小于 10°的断层，属平移断层，如图中 OE 至 OF 范围内的断层。凡侧伏角在 45°～80°之间的断层，属平移—正(逆)断层，如图中 OB 至 OM 或 OA 至 ON 范围内的断层。凡侧伏角在10°～45°之间的断层，属正(逆)—平移断层，如图中 OE 至 OM 或 OF 至 ON 范围内的断层。

图 1.3.35 叠瓦式断层

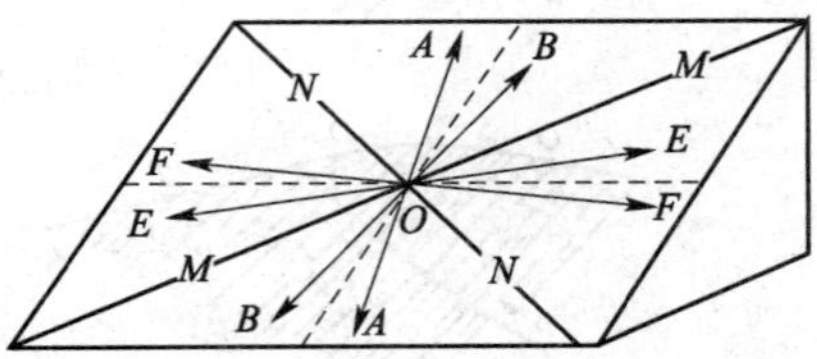

图 1.3.36 按滑动线侧伏角的断层命名

根据断层走向与岩层走向的关系，可分为走向断层(与岩层的走向平行)、倾向断层(与岩层的走向垂直)和斜交断层(与岩层的走向斜交)。又根据断层走向与褶皱轴向的关系，还可分纵断层(与褶皱轴向一致)、横断层(与褶皱轴向正交)和斜断层(与褶皱轴向斜交)。

2)按断层力学成因性质分类

断层是在地壳运动中受构造应力作用，由岩体内部产生的压应力、张应力或扭应力(剪应力)作用形成的。因此，按力学性质划分，断层有以下几种类型。

(1)压性断层

压性断裂由压应力作用形成。压性断层的走向与压应力方向垂直，在断层面两侧，主要是上盘岩体受挤压相对向上位移，如逆断层等。压性断层常成群出现构成挤压构造带。断层带往往有断层角砾岩、糜棱岩和断层泥，形成软弱破碎带。在较硬脆的岩石中，断层面上常有反映错动方向的擦痕。

(2)张性断层

张性断裂由张(拉)应力作用形成。张性断层的走向垂直于张应力方向，断层上盘岩体因拉张相对向下位移，如正断层等。张性断层面较粗糙，形状不规则，有时呈锯齿状。断层破碎带宽度变化大，断层带中常有较疏松的断层角砾岩和破碎岩块。

(3)扭性断层

扭性断裂由扭(剪)应力作用产生。扭性断层一般是两组共生，呈 X 形交叉分布，往往一组发育，另一组不发育，如平移断层等。扭性断层面平直光滑，产状稳定，延伸很远，断层面上有时见到近水平的擦痕，断层带内伴有角砾岩或糜棱岩。

(4)压扭性断层

压扭性断层具有压性断层兼扭性断层的力学特性，如平移逆断层。

(5)张扭性断层

张扭性断层具有张性断层兼扭性断层的力学特性，如平移正断层。

3. 断层的野外识别标志

当岩层发生破裂错动形成断层后，改变了原地层的分布规律，断层带产生各种构造现象，形成各种不同的地貌和水文地质特征。

1)地层的重复或缺失

在倾斜岩层中地层出现重复或缺失现象,是断层存在的重要识别标志(图 1.3.37)。重复或缺失一般出现在走向断层(断层走向与岩层走向一致)的断层面两侧。断层造成的地层重复是不对称的,称为顺序重复;而褶皱两翼地层重复是对称的,称为对称重复。断层造成的地层缺失局限于断层面两侧,与区域性的不整合接触所造成的地层缺失也不相同。

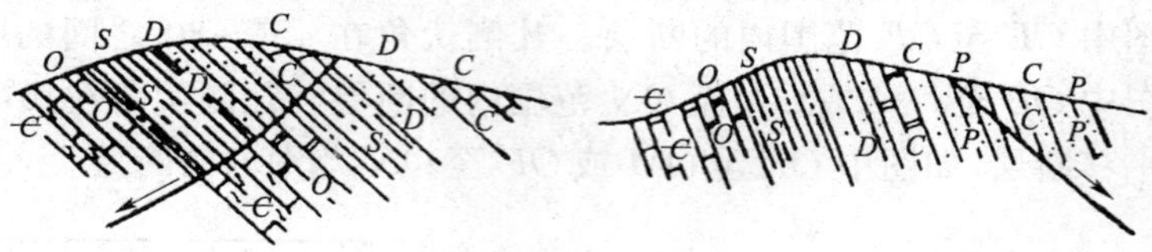

a)正断层(重复)

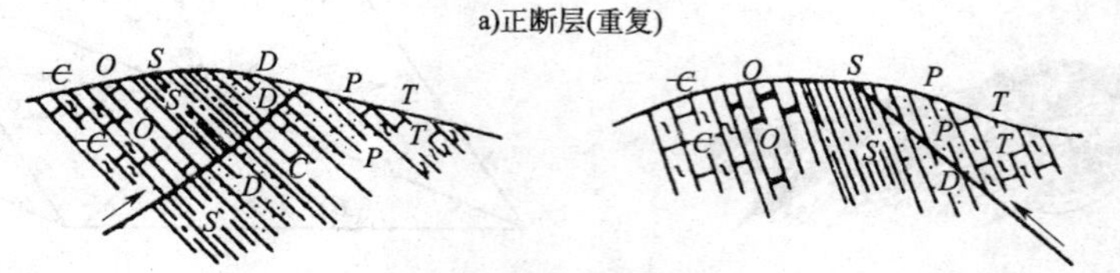

b)逆断层(缺失)

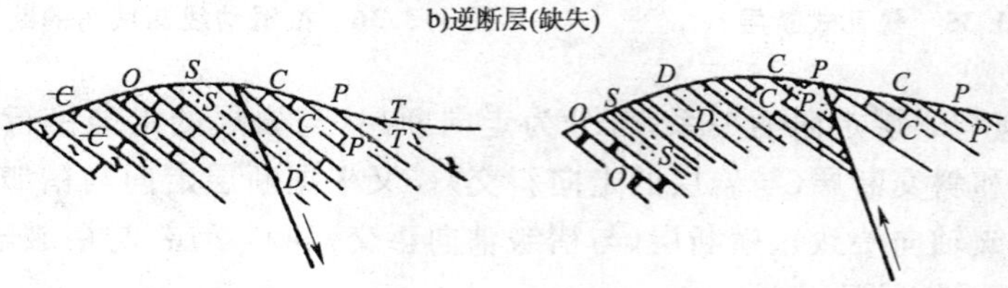

c)正断层(缺失)　　d)逆断层(重复)

图 1.3.37　断层造成的地层重复或缺失

2)构造不连续现象

当断层横切岩层走向时,岩层沿走向延伸方向突然错断,岩脉被错断,早期形成的断层被后期断层切断(图 1.3.38)。断层横切褶皱轴时,表现为断层两侧褶皱核部宽度突然变化,背斜核部相对变宽一侧为上升盘,而向斜核部相对变宽一侧为下降盘(图1.3.39)。

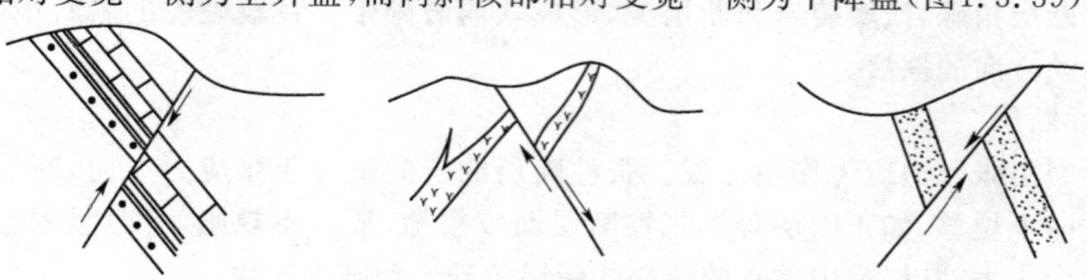

a)岩层错断　　b)岩脉错断　　c)早期断层错断

图 1.3.38　断层造成的不连续现象

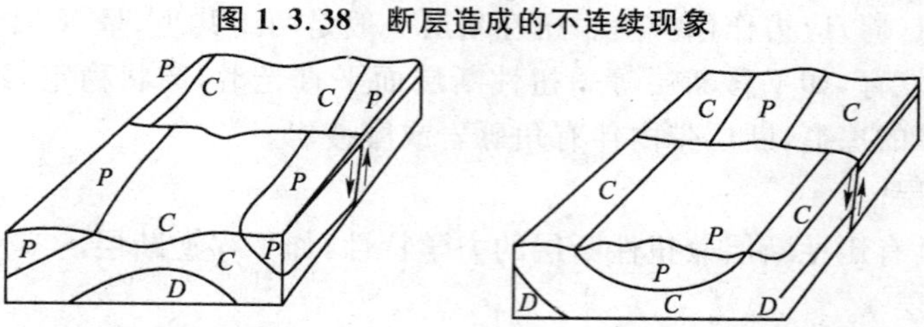

a)背斜核部上升盘变宽　　b)向斜核部下降盘变宽

图 1.3.39　断层造成的褶皱核部宽度变化

3)断层破碎带和构造岩

规模较大的断层常形成断层破碎带,其宽窄可自几厘米至数十米,与岩性、断距和断层性质有关。断层两盘岩石相互错动、摩擦、搓碎,使断层带或夹在两盘间的岩石碎成角砾、细粉或泥,这种由断层错动所形成的岩石称为构造岩(图 1.3.40)。

破碎带内常见的构造岩有断层角砾岩、糜棱岩和断层泥。凡由较坚硬的岩石碎块和岩屑经岩粉胶结而成的岩石叫断层角砾岩,而岩石搓碎成很细的带棱角的小颗粒,只在显微镜下才能识别其成分的岩石叫糜棱岩;被磨成极细的岩粉或黏土颗粒未经胶结的破碎物质叫断层泥。

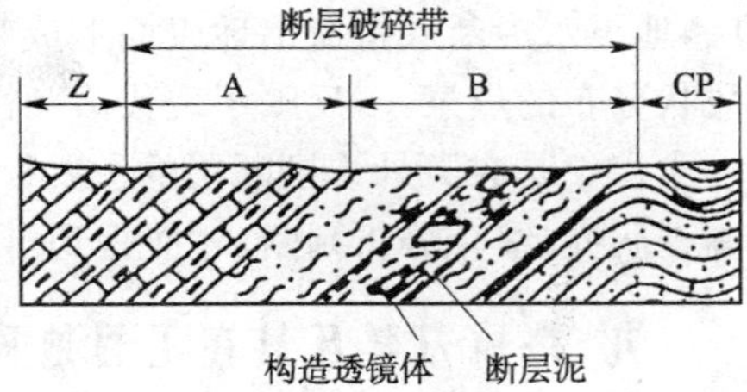

图 1.3.40 构造岩

A-碎裂硅质白云岩;B-断层角砾岩和构造岩;Z-震旦系白云岩;CP-石炭、二叠系地层

4)断层擦痕和阶步

在断层面上,由于岩块相互滑动和摩擦,常留下具有一定方向的密集的微细刻槽,称为擦痕。顺擦痕方向用手摸,感觉光滑的方向即表示另一盘滑动方向。在擦痕的滑面上有许多小陡坎,称为阶步,其陡的一侧常指示另一盘滑动的方向。根据擦痕和阶步可判别断层两盘相对位移方向和断层性质(图 1.3.41)。

5)牵引现象和伴生节理

当断层两盘相对错动时,断层两侧岩层受到拖拉而形成弧形弯曲现象,称为牵引现象,弧形突出的方向指示本盘相对错动的方向,据此可判别断层的性质(图 1.3.42)。断层两侧的岩层由于断层剪切滑动而诱导的局部应力所产生的节理,称为伴生节理(图 1.3.43)。伴生张节理与断层面相交的锐角指示本盘的错动方向。伴生剪节理常为两组,多与断层斜交,一组剪节理与断层呈大角度斜交,其方位不稳定;另一组剪节理与断层呈小角度斜交,方位比较稳定,其与断层面相交的锐角指示对盘的错动方向。这些伴生节理分布在断层两侧多呈雁行排列,形似羽毛,故又称羽状节理。

图 1.3.41 断层擦痕和阶步

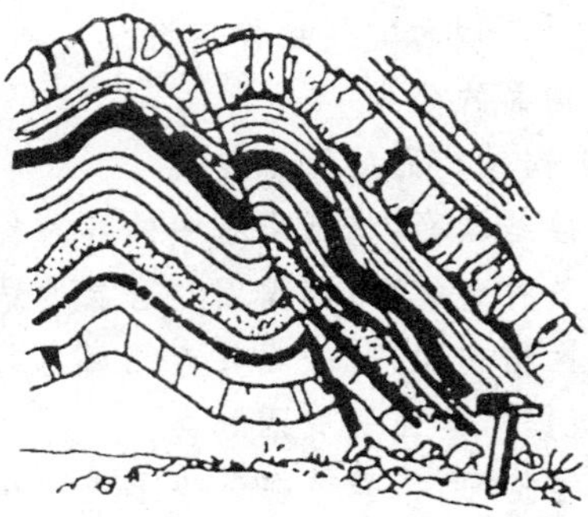

图 1.3.42 断层的牵引现象

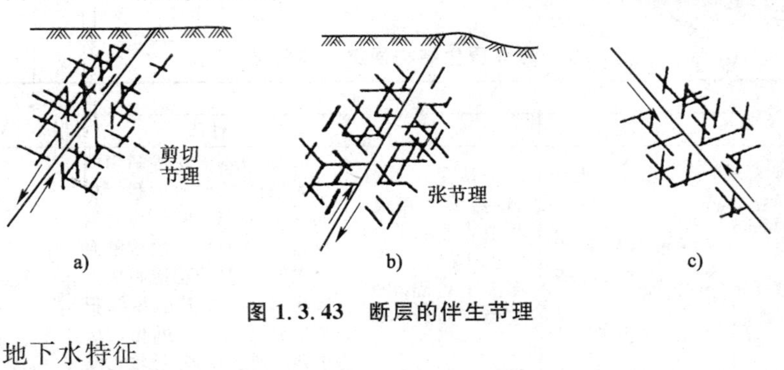

图 1.3.43 断层的伴生节理

6)地貌和地下水特征

巨大断层反映在地貌上的突然变化,如山区与平原的分界处形成三角形山的坡面,称断层

三角面，所成陡崖称断层崖。在山区因断层带岩石破碎，容易被风化冲刷成为深沟峡谷，河谷常沿断层带发育，有些河流沿断层冲刷侵蚀而突然急剧转弯改变流向。断层切断地下含水岩层，地下水沿断层带流出地表面形成泉水；在野外常可见到一系列泉沿断层带露出，尤其是呈线状分布的热泉，多反映了现代活动性断层的存在。

以上是在野外识别断层的主要标志，但不能孤立地根据一种标志进行分析，应详细地进行调查研究，综合分析判断，才能得到可靠的结论。

九、地质力学及其在工程地质方面的应用

(一)地质力学基础知识

1.基本概念

地质力学是运用力学的观点研究地壳构造与地壳运动规律的一门科学。

地质力学野外工作的基本步骤是：首先对各种结构面进行野外勘察，然后鉴别结构面和构造形迹的力学性质，辨别结构面和构造形迹的生成序次和等级，确定构造体系及其类型，分析构造体系的复合体系。

地质力学的基本工作方法是：根据对不同类型的结构面、构造形迹和构造体系的研究，分析地壳各部分地应力的活动方式，从而推断地壳运动的方式和方向，更普遍性地掌握各种结构面的力学性质，进而掌握地层的受力特点和对工程的影响。

2.结构面的力学特征及其序次和等级

1)结构面的概念

各种岩石在地壳运动的影响和地应力长期作用下，形成的各式各样永久形变和踪迹，称为地质构造形迹。如褶皱、断层、节理和劈理等。为了描述和制图的方便，将各种构造形迹用平面或曲面表示在三度空间方位内，称为结构面。

结构面与地面的交线称构造线。

2)结构面的分类

(1)根据结构面的形态分类

分划性结构面：包括岩石中的各种构造破裂面；在岩石组成上或多或少不相连续的接触面等。如各种断裂面、劈理面和岩层的结合面等。

标志性结构面：是一类具有几何意义的结构面，如褶皱轴面等。

(2)根据结构面的成因分类

原生结构面：指岩体在逐步形成过程中所遗留下来的各种结构面。如地层层面、不整合面、间断面和侵入岩的各种原生构造面等，又称组合面。岩体原生结构面的类型和特征如表 1.3.9 所示。

岩体原生结构面类型和特征　　表 1.3.9

成因类型	地质类型	主要特征			工程地质评价
		产状	分布	性质	
沉积结构面	①层理层面；②软弱夹层；③不整合面，假整合面；④沉积间断面	一般与岩层产状一致，为层间结构面	一般呈层状分布，延续性较强。其中古生代海相沉积分布稳定，而在中生代陆相地层中分布较不稳定，呈交错状，易尖灭	层面、软弱夹层等结构面较为平整；不整合面和沉积间断面多由碎屑、泥质物构成，且不平整。一般接触面物质软弱，易受构造和次生影响恶化。尤其陆相沉积中软弱夹层和古风化夹层中含泥质物较多，易软化或泥化，强度较低	容易造成滑动

续上表

成因类型	地质类型	主要特征			工程地质评价
		产状	分布	性质	
岩浆岩结构面	①侵入体与围岩接触面；②岩脉、岩墙接触面；③原生冷凝节理	岩脉受构造结构面控制，而原生节理受岩体接触面控制。岩流接触面和部分原生节理，常具平缓产状	接触面延伸较远，比较稳定，而原生节理往往短小密集	接触面可具熔合和破裂两种不同的特征；原生节理一般为张裂面，较粗糙。岩浆岩流间古风化夹层充填物松散，原生节理可受泥质充填，不利于稳定	一般不造成大规模的岩体破坏；但有时与构造断裂配合，也可形成岩体滑移
变质结构面	①片理；②片岩软弱夹层	产状与岩层一致，或受其控制，非沉积变质岩片理只反映区域构造应力场特点	片理短小，分布极密，片岩软弱夹层延展较远，具固定层次	结构面光滑平直，片理在岩体深部往往闭合成隐闭结构面；片岩软弱夹层含片状矿物，呈鳞片状	在变质较浅的沉积变质岩中，常见坍塌。片岩中的软弱夹层，对稳定性影响大

次生结构面：指岩层或岩体形成以后，受构造运动影响，发生永久形变和相对位移的一切有形迹的或几何的平面、曲面。如断层面、节理、卸荷裂隙等，又称变形面。它可分以下两个亚类。

①岩体次生构造结构面类型和特征，如表1.3.10所示。

岩体次生构造结构面类型和特征 表1.3.10

地质类型	力学成因	主要特征	工程地质评价
劈理	扭性	一般短小密集	对岩体稳定性影响很大，在许多岩体破坏过程中，大都有构造结构面的配合作用
节理	张节理、扭节理（平面X形）、扭节理（侧面X形）	①张节理一般具陡立或陡倾产状，其走向垂直岩层走向。扭节理斜交岩层走向。当岩层越陡，则与岩层夹角越大。扭节理倾角随岩层倾角变陡而变小，当岩层陡立时，其倾角为40°～60°，走向近于垂直岩层。 ②张节理一般短小，延续性不强，而扭节理延伸较长。 ③张节理不平整、粗糙、宽窄不一，而扭节理平直光滑	
断层	张断层、扭断层、压性断层、压扭性断层	①张性断层倾角甚陡，垂直岩层走向，它有时追踪X形扭断裂。扭性断层产状同扭节理。压性断层走向平行岩层，可切层亦可反岩层倾向，在陡立岩层内，其倾角仅为20°～30°。 ②为延续性较强的结构面，但有时被错断而失去连续性。 ③结构及充填情况视岩体物质组成而异，一般为：压性断层以断层泥、糜棱岩、片岩为主，呈带状分布。扭性断层宽度较为稳定，以糜棱岩、角砾岩为主，两侧羽状节理发育。张性断层以破碎岩、角砾岩为主，破碎程度参差不齐，常见次生充填	
层间破碎夹层	压扭性	①在层状岩体中沿软弱夹层发育，产状与岩层一致。 ②一般呈层状分布，延续性较强，但由于切层构造错动结束时，呈透镜状分布，夹层自身尖灭，仅呈破碎面出现。 ③结构面物质破碎，呈鳞片状，往往含泥质物，呈条带分布	

②岩体次生其他结构面类型和特征，如表1.3.11所示。

岩体次生其他结构面类型和特征 表1.3.11

主要地质作用	地质类型	主要特征	工程地质评价
卸荷作用	卸荷裂隙	①产状平行于岸坡； ②延续性一般不强，常在地表20～40 m内发育； ③结构面属张裂面，粗糙不平，常张开，为黏土和风化碎屑物质充填	在天然和人工边坡上易造成危害

续上表

主要地质作用	地质类型		主要特征	工程地质评价
风化作用	风化裂隙		无一定产状，短小密集，结构面参差不齐	在天然和人工边坡上易造成危害
	风化夹层	夹层风化	①产状与岩层一致； ②至岩体深部风化减弱，在风化带内延续性强； ③充填物质松散、破碎，含泥质物	
		断裂风化	①可沿原生节理、构造断裂、岩脉接触面发育，产状受其控制； ②延续性一般不强，仅限于地表部分； ③充填物松散、破碎，含泥质物	
充填作用	泥质夹层		①产状与岩层一致，沿软弱岩层表部发育； ②延续性较强，但各段泥化程度可能不一，视地下水作用条件而异； ③结构面泥化，呈塑性状态，颗粒较均匀，面完整	在天然和人工边坡上易造成危害
	次生夹层	层面夹泥	①产状受岩层控制； ②延续性较差，近地表和河槽两侧较为发育，常呈透镜体； ③结构面物质细腻，呈塑性状，甚至流态，强度甚低	
		裂隙夹泥	①产状受原结构面控制，常见较陡倾角； ②延续性差； ③结构面物质细腻，结构单一，物理状态不良	

3)对次生构造结构面的力学性质分类

①压性结构面(简称挤压面)：反映岩层、岩体压缩形变的面，其走向垂直于挤压方向。如褶皱面、逆断层面、片理面等，如图1.3.44所示。

②张性结构面(简称张裂面)：为各种规模的张性破裂面，如正断层、张节理、追踪裂隙等，如图1.3.45所示。

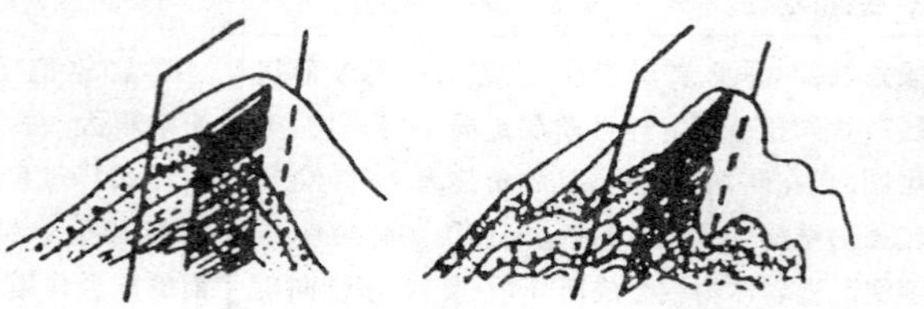

图1.3.44 压性结构面示意

图1.3.45 张性结构面示意

③扭性结构面(简称扭裂面)：为各种规模的剪切破裂面，包括平移断层、X节理、一部分劈理等，如图1.3.46所示。

④压性兼扭性结构面：既具有压性特征，又具有扭性特征的破裂面，如上盘斜冲的逆平移断层等，如图1.3.47所示。

⑤张性兼扭性结构面：既具有张性特征，又具有扭性特征的破裂面，如平推断层等(图1.3.47)。

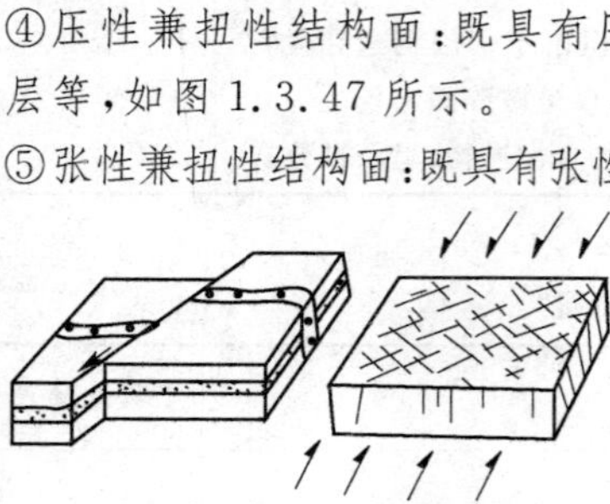

图1.3.46 扭性结构面示意

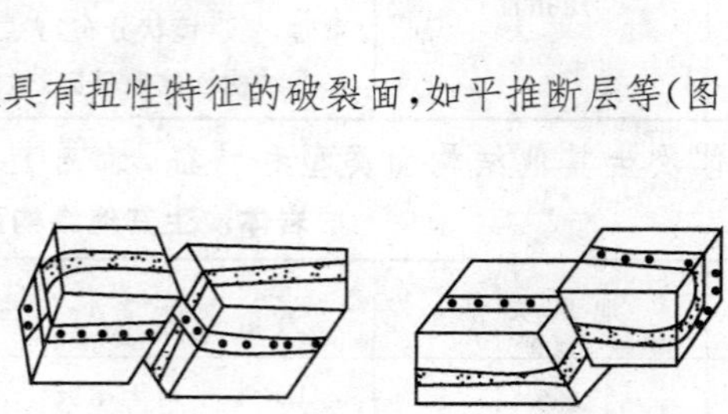

图1.3.47 压性兼扭性和张性兼扭性结构面示意

不同次生构造结构面的特征和鉴别如表1.3.12所示。

不同结构面性质特征 表1.3.12

鉴定特征	压性	张性	扭性	压扭性	张扭性
断盘位移	上盘仰冲,下盘俯冲或两盘压紧	上盘滑落,下盘抬升或两盘拉开	两盘相对平移	上盘相对斜冲,或两盘压紧平移	上盘相对斜向滑落或两盘拉开平移
断裂面形态	呈舒缓波状	断面粗糙或呈锯齿状,上宽下窄	平直或呈曲度均匀的弧形	断面一般较平滑,呈舒缓波状	断面平整光滑,有时呈锯齿状
断裂带形态	断裂成群出现,走向一致,形成挤压断裂或冲断带,剖面形态为叠瓦状对冲、反冲	成群出现,走向大体一致,形成张裂带。张裂面常呈交错排列,剖面形态有阶梯式、地垒、地堑等	成群出现,走向一致,形成扭裂带或共轭成网格状,有时呈雁行状	同压性、常呈雁行分布	同张性,常呈雁行分布
构造岩	压扁角砾岩、碎裂岩和糜棱岩等,一般呈定向排列,片理化	角砾岩、碎裂岩,无定向排列	网化角砾岩,碎裂岩和糜棱岩	片状岩与糜棱岩同时出现,定向排列,多与断裂走向斜交	角砾岩,有时定向排列,常见小型扭裂面
擦痕和阶步	擦痕垂直走向,阶步平行走向,手摸可以感觉出。上盘是逆冲盘。不同级别和方向的滑动面发育	单纯拉开的张裂,没有擦痕和阶步。正断层可以有垂直擦痕和水平阶步,手摸可以感觉出上盘是滑落盘	大量擦痕水平,阶步与之垂直,有镜面	斜冲擦痕发育,有阶步	斜落擦痕,表面较光滑
拖曳和揉皱	逆冲式拖曳,断裂带内揉皱显著,地层直立倒转	滑落式拖曳,无揉皱倒转等现象	水平拖曳,一般揉皱倒转现象不显著	斜冲式拖曳,地层常褶皱、直立或倒转	局部斜滑式拖曳
派生羽裂及小型旋扭构造	羽裂与主断面交线,大致水平,锐角指上盘逆冲,有时可见旋轴近水平,指示主断层逆冲的旋扭(帚状)构造	羽裂与主断面交线近水平。锐角指上盘滑落,小型旋扭构造旋轴水平,指上盘滑落。单纯拉开的张裂很少派生	羽裂与主断裂面的交线平行于主断裂面的倾斜线,锐角指本盘扭动方向,小型旋扭构造旋轴近直立,指水平扭动方向	羽裂与主断裂面交线同主断裂面走向斜交,指示上盘斜冲,小型旋扭构造的旋轴倾斜	羽裂与主断裂面交线同主断裂面走向斜交,指示上盘斜滑,小型旋扭构造旋轴倾斜
派生劈理和片理	劈理和片理走向与主面走向平行,剖面上可以有不大的交角	一般不派生劈理、片理	劈理、片理走向与主断面走向斜交	劈理、片理与主断面斜交	很少产生劈理、片理
变质和重结晶矿物	常见片状、柱状动力变质矿物,有时见石英、方解石的不规则晶片或团块矿物压扁拉长	一般无动力变质矿物产生,仅在部分正断层面上可以有方解石、石英、绢云母、滑石等重结晶矿物	常有石英、方解石等重结晶矿物,其他片状、柱状、动力变质矿物也有时见到	同压性	同张性
脉体充填	脉体的厚度变化较大,常呈扁豆状,时而尖灭,时又再现,缓处变厚,陡处变窄,脉壁呈舒缓波状	脉状体交错分布,常急剧增厚或尖灭,呈树枝状或追踪状,脉壁参差不齐	脉体斜列,呈雁行状排布或成网格状。脉壁一般平直	同压性或扭性	同张性或扭性

3.构造形迹的序次和等级

1)构造形迹的序次

在同一岩块和地块,同一方式的动力作用期间所产生的各种构造形迹的依次控制关系称为构造形迹的序次。序次也叫世序,是对构造形迹成生顺序的描述。

2)构造形迹的等级

构造形迹的等级,是指在同一个地区出现的各种构造形迹,按其规模大小进行的分级。

在一个地区占有主导地位的构造形迹，在所属的构造体系中通常列为第一级构造，规模次之的列为第二级构造，规模更次之的列为第三级构造，依此类推。

序次和等级是两个不同的概念，前者是指具有生成联系的构造形迹在同一次运动中生成的顺序，后者是指构造形迹的相对规模和大小。

4.构造形迹的配套

1）同一序次构造形迹的配套方法

地层或岩体在单向挤压作用下产生的压性、张性和扭性三组结构面虽然力学性质不同，空间分布方位也不一致，但反映的都是同一次水平挤压力作用的结果。即压性结构面与张性结构面互相垂直，一对共轭扭性结构面的两个夹角分别为张性与压性二结构面所平分，且一般是锐角的平分线与压性结构面的方位一致，钝角的平分线与张性结构面的方位一致。因此，配套时根据主压性结构面的方向，即可确定构造应力场的主压应力方向。当压性结构面不明显时，也可根据共轭扭裂面的错动方向进行同序次的构造配套。

2）不同序次构造形迹的配套方法

不同序次的构造形迹存在着控制成生关系，第一序次控制着第二序次，第二序次控制第三序次，依此类推。配套时，即可对初序次结构面的力学性质及其产生的局部应力场加以分析，确定再次结构面的位置、力学性质。如果符合这种局部应力作用时，即可进行再次构造的配套。也可以从低序次构造的应力关系依次进行前一序次构造的配套，直接找出初次构造的应力场及其不同力学性质的构造形迹，进行初次构造的配套。

（二）构造体系

1.构造体系的概念

构造体系就是在同一地区、同一动力作用方式下形成的许多不同形态、不同性质、不同等级和不同序次的，但却都有成生联系的结构要素组成的构造带，以及它们之间所夹的岩块或地块组合的总体。简言之，构造体系就是有成生联系的各种结构面的总体。

成生联系就是各构造形迹间的内在联系。它包括成生的原因、过程和形式。

2.构造体系的类型

主要构造形式如图1.3.48和表1.3.13所示。

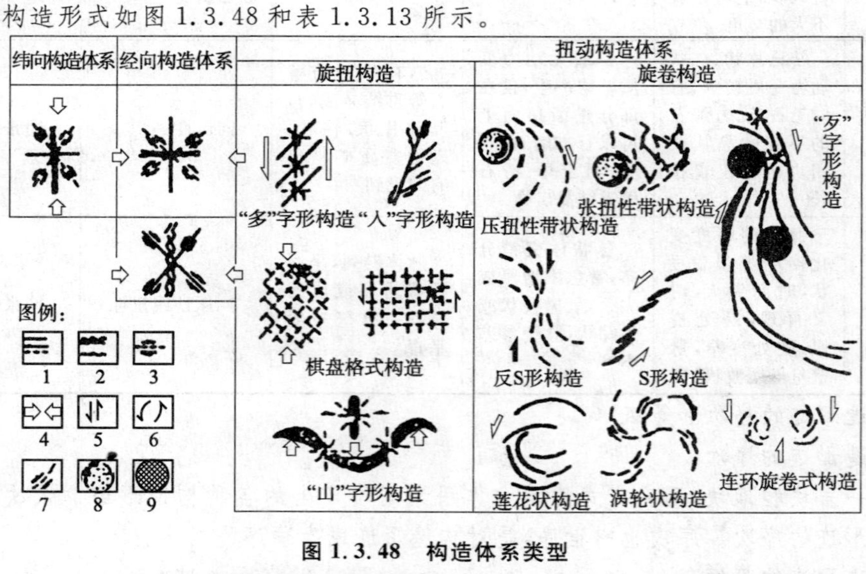

图1.3.48 构造体系类型

1-压性结构面；2-张性结构面；3-扭性结构面及扭动方向；4-外力方向；5-直线扭动外力矩；6-曲线扭动外力矩；7-含扭动结构面的扭动方向；8-漩涡或砥柱；9-相对稳定的地块

主要构造形式类型及特点 表 1.3.13

构造形式			规模	基本特征	实例
纬向(东西向)构造			全球性	主体走向呈东西,为强烈褶皱的挤压带和压性断裂构造带,伴随有走向东西的岩浆岩分布。展布有一定规律,出现在一定的纬度上,它们的发生、发展与地球自转的关系十分密切	阴山-天山构造带 秦岭-昆仑山构造带 南岭构造带
经向(南北向)构造			全球性,也有区域性	由若干走向南北的强烈挤压构造和张性构造组成。展布的经度规律性不很明显。形成时间有的长,有的短。它们的发生、发展与地球自转的关系较为密切	川滇南北构造带;滇缅构造带;南太行山构造带
扭动构造	直线扭动构造	“多”字形构造	区域性	由一些走向大致平行的压性构造带和其近于直交的张性断裂带所组成。其分布和组合形态像一个“多”字	华夏系构造,新华夏系构造,河西系构造
		“山”字形构造	区域性	由前弧、反射弧、脊柱、马蹄形盾地组成。前弧又分为弧顶和弧翼,由褶皱、仰冲断层、平行的片理组成。弧顶横张断裂发育。反射弧弯度较小,分散在较宽广地区。脊柱为直线状的隆起挤压带。马蹄形盾地在脊柱与前弧之间,呈马蹄形的平缓褶皱地带,形成辽阔平坦的盾地	祁吕贺“山”字形构造,淮阳“山”字形构造
		棋盘格式构造	区域性	由一对共轭剪切裂隙、一扭性结构面组成网状构造。两组结构面所夹锐角等分线方向与压应力作用的方向一致。两组结构面产状大多为高角度,说明主要受水平作用力形成,一组发育,另一组不甚发育,一般扭错距离不大,构成网状方块和菱形地块。分布在平坦古老和脆性地块地区	辽东半岛,山西河北交界处,山东半岛东部、江浙东部、金门岛等地区
		“入”字形构造	区域性	由主干断裂,分支构造组成。主干断裂呈直线状或弧状,具扭性。分支构造为断裂或褶皱,是主干断裂所派生的低序次构造形迹,分布于主干断裂一侧或两侧,与主干断裂呈锐角相交,但不切穿主干断裂。“入”字形构造多发育于平移断层两侧	—
		帚状构造	区域性	高序次的是区域应力场直接形成的,低序次的是由局部应力场形成的。分压扭性及张扭性两种	—
	曲线扭动构造	莲花状或环状构造	区域性	在莲花状或环状构造靠近某一半径的方向上,往往有一条宽窄不一,从外向内,直达旋扭中心的岩石埂子存在。砥柱常不在正中心,而偏歪一些,整体呈圆形或椭圆形。岩性较软的沉积岩区,环状构造亦可由弧形褶皱群组成	大连白云山的莲花状构造;四川巴中莲花状构造
		辐射状或涡轮状构造	区域性	由若干褶皱或压扭性、张扭性断裂,以砥柱为核心向四周呈放射状排列。如果是一系列向同一侧凸出的弧形构造,称涡轮状构造。如果是放射状向外展开的直线形构造称辐射状构造,这是一种发育最好的旋扭构造	内蒙古大青山地区的那林沟在侏罗纪煤系与太古界片麻岩接触出现了一个较完整的涡轮构造
		S形或反S形构造	区域性	各项构造形迹,大都呈现雁行排列或,其中间一段褶皱或压性断裂群错开,步调往往和两头雁行褶皱或压性断裂群错开,步调相反,而且两头的褶皱或断裂的生成也往往晚于中间一段,规模较小	青海冷湖地区水鸭子墩反S形旋扭构造
		“歹”字形构造	区域性	分头、中、尾三部分。头部:呈强烈的旋扭现象,由许多弯度较大的弧形褶皱带和断裂带组成,在它凹侧有一构造形迹微弱的隆起或沉降地块是砥柱或旋涡。中部:由一系列走向大致南北的近于平行的褶皱断裂带组成;弯度小,略向西凸出,这一部分与经向构造带复合。尾部:由一系列弧形褶皱和断裂带组成,形状与头部相似,曲度较头部稍缓,呈反向,并撒开	藏滇“歹”字形构造
		连环式构造	区域性	相邻两个莲花状构造运动方向相反,则构成连环状旋扭构造	地球上规模最大的一个是位于澳洲的西南太平洋地区

3. 构造体系的复合与联合

1)构造体系的复合

构造体系的复合指两个或几个构造体系在同一地区同时存在时，它们都基本上保持了自己的组成部分和固有的特征，按照它们在自己所属的构造体系中应有的方位和方式排列，仅在它们相遇的局部地段发生干扰，表现为重合或是切割的形式，如图 1.3.49 所示。

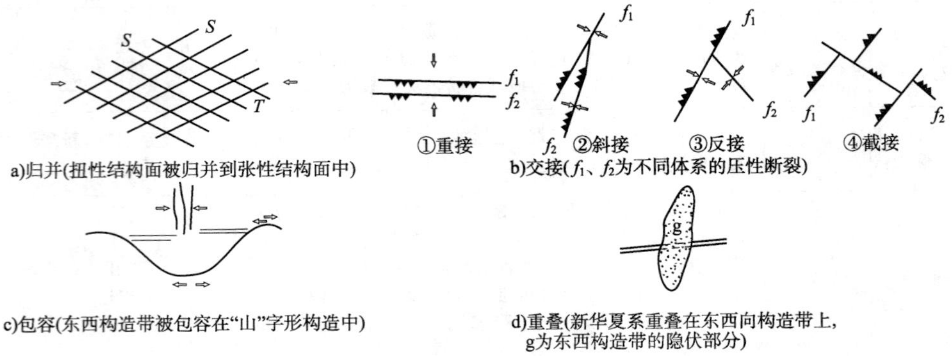

图 1.3.49　构造体系的简单复合关系

构造体系的复合主要有四种形式。

(1)归并

归并指较新的构造形迹迁就、利用已有构造形迹，使较老的构造体系的组成成分略受改造，归入新的体系中的复合现象，如图 1.3.49a)所示。

(2)交接

两个构造体系的构造成分出现于同一地区，互相穿插，而又很少改变各自的面貌，彼此既不加强也不削弱的现象叫交接，如图 1.3.49b)所示。它又可分为四种类型。

①重接。两组构造带或压性构造形迹的走向完全一致且互相重合，称重接。

②斜接。两组构造带或压性构造形迹的形成有先后，老的构造形迹被新的构造形迹所切割，但其形迹的走向相近，成小角度的斜交，往往只有经过长距离的追索，才能发现它们各自的构造成分。

③反接。两组构造带或压性构造形迹相互显著的交叉，交角较大，一般在 45°以上，甚至相互垂直，是一种比较明显的交接现象。若一组形成较晚，一组形成较早，则可见到较新的一组明显切错老构造成分的现象。

④截接。两组构造带或压性构造形迹切错，以致二者都或多或少地改变自己应有的正常形态和排列展布方位的现象。

(3)包容

在一个一定类型的构造体系内，如果包含着和它没有成生联系的其他构造体系或它们的一部分，这种复合形式叫包容，如图 1.3.49c)所示。一般情况被包容的是一些片段较老的构造体系。

(4)重叠

已经形成的一个完整的构造体系的一部分或全部，可以由于大面积隆起而部分或全部得到“加强”，也可由于沉降而“减弱”。这种“加强”和“减弱”并不意味着原有构造的强弱，只是一种重叠作用所反映出来的现象，如图 1.3.49d)所示。

2)构造体系的联合

构造体系的联合指两个或两个以上的构造体系在同一地区同时出现，其中每一构造体系的组成部分都或多或少显示它们固有的特征，但同时由于它们互相干扰，互相迁就，又互相结合，从而形成一个统一体系的现象。也就是说，当两个构造体系发生联合时，它们各自的组成部分都具有两个体系的某些特点，但又不能明确地划归其中的任何一个体系。因此，构造联合现象产生的必要前提是：

①有两个或两个以上不同方式的构造运动；

②这些构造运动要同时发生；

③这种同时发生的不同方式的构造运动，要主要地或部分地作用于同一地区。

以上三点缺一不可，如图 1.3.50 所示。

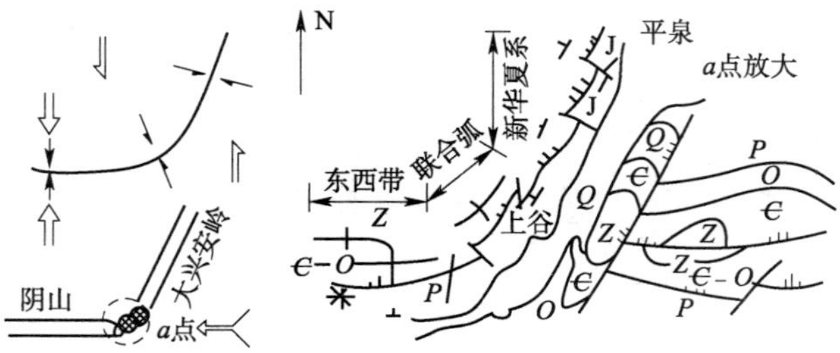

图 1.3.50 构造体系的联合

(三)地质力学在工程地质方面的应用

1. 区域稳定性的评价

区域稳定性问题是指活动和非活动的构造对与工程有关的区域稳定性的影响。通过调查研究分析，对区域的稳定程度可进行区划(划分为最危险区、次危险区、稳定区等)，为工程的规划、部署和设计提供依据。

为了进行区域稳定性的评价，必须弄清区域地质结构及其发育过程，这就需要了解构造体系的分布、性质、活动历史和不同构造体系的复合关系，特别要查清新近构造体系的活动趋势，了解现今构造应力场的活动状态。在调查新近构造体系的活动趋势时，除了了解近期内发生的地形变化之外，还要重点了解活动构造体系，特别是活动断裂及其与地震活动的关系，这是进行区域稳定性评价的基础。例如该区处于活动的“山”字形构造体系，就可将其划作最危险区。活动构造体系的复合部位，往往是地震经常活动的地区，也应划作危险区。活动断裂的端点、转折点，也常常是应密切加以注意的最危险区。应当指出的是，在任何最危险地区、地带、地段中，都可能存在相对稳定的地带、地段。

2. 岩体稳定性分析

岩体稳定性分析是指考虑岩体在工程荷载和工程作用力及仍在活动着的地应力共同作用下是否稳定。岩体稳定性分析的内容主要包括研究确定岩体的结构形式、分析研究不同性质的结构面或断裂、不同构造体系对岩体稳定性的影响。

1)岩体结构形式的确定

在确定岩体结构形式时，首先要找出地区的压性结构面，而与其斜交的就是扭性结构面，与其正交的是张性结构面。再与岩体中存在的其他界面(如沉积岩中的软弱岩层，岩浆岩中原生裂隙)相配合，即可以确定岩体的结构形式。若遇到构造体系的复合，便形成了复杂的岩体结构形式。不同结构形式的岩体，在外力作用下其稳定性也不同。

2)不同性质的结构面或断裂对岩体稳定性的影响

(1)不同性质的结构面对岩体抗剪强度的影响

扭性结构面形成时，产生块状构造岩、角砾岩等，岩体内部形成极为发育的隐蔽剪切裂隙,故承受压力时,很容易沿微剪切裂隙破坏,因此强度和抗滑能力较小;而张性结构面形成时,一般微裂隙很少,故强度较高,抗滑能力中等;压性结构面的糜棱岩要比扭性结构面的强度更低,且具片状结构,各向异性,因此结构面本身或其伴生的构造岩的抗剪强度是张性大于扭性、扭性大于压性。

(2)不同性质的断裂对岩体水理性质和岩体压力的影响

张性断裂富水,扭性断裂次之,压性断裂更次之。一般张、压性断裂的上盘是主动盘(滑动盘),低序次裂隙发育,所以张裂面本身富水,上盘比下盘更富水,压性断裂阻水。由于张性、张扭性断裂富水的现象,形成洞室的充水,加大了岩体压力。

张性、压性断裂的上盘裂隙发育,产生的岩体压力大,下盘比较完整,产生的岩体压力小,所以选择洞室(或地基)时,如其他条件相同,应选下盘。

(3)断裂复合部位的影响

断裂复合部位是岩体比较破碎的地方,也是后期应力易于集中、地下水易于汇集的地方,若此复合部位在洞室顶部,则是山体压力加大易于塌落的部位。

(4)其他断裂影响

斜接—反接—截接的断裂,如位于洞室顶部、洞壁、边坡或地基上时,对岩体稳定不利,特别是与洞轴线近平行的断裂最不利于岩体稳定。

3)不同的构造体系对岩体稳定性的影响

①“入”字形构造或棋盘格式构造在边坡上或洞顶形成不稳定岩体;

②“山”字形构造或棋盘格式构造与平缓倾斜的层面配合组成了边坡上的不稳定岩体。

3. 应用示例

1)层状岩体的断裂发育特征

其具体内容如表 1.3.14 所示。

层状岩体的断裂发育特征 表 1.3.14

岩层	断层发育特征	扭性断裂产状		
		走向夹角	倾角	与岩层走向夹角
缓倾岩层($\alpha<30°$)	X形扭性断裂最发育,并互相切错,压性和张性断裂很少	60°~90°	70°~90°	$\alpha<20°$时关系不明显;$20°<\alpha<30°$时,夹角45°~75°
陡倾岩层($\alpha=30°\sim60°$)	X形扭性断裂发育,张性断裂次之,压性断层为层间错动和切岩层断层	30°~60°	60°~70°	60°<75°
陡立岩层($\alpha=60°\sim90°$)	压性、张性、扭性断裂基本上均等发育,扭性断裂与张性断裂走向接近平行,层间错动和反岩层倾向断层甚发育	0°~30°	40°~60°	75°<90°
倒转岩层($\alpha>90°$)	压性断层最发育,常作迭瓦式构造和交叉构造,张性和扭性断裂也多	与相应倾角的正常层序岩层相似		

2)纵谷(河谷走向与主要构造线平行)地质结构和岩体滑动条件

其具体内容如表 1.3.15 所示。

纵谷(河谷走向与主要构造线平行)地质结构和岩体滑移条件 表 1.3.15

岩层类型	断裂分布	岩体滑移条件		
		边坡	基础	隧洞
缓倾岩层	两组扭性断裂均与河谷斜交,与河谷夹角为40°~50°,一般不存在顺河断层	顺岩层倾向的边坡稳定性较差,层面为滑移面,反岩层倾向的边坡稳定性较好	坝基岩体不具有软弱夹层时,稳定性良好,若其存在层面为滑移面,稳定性较差	顶板稳定条件较好,顺岩层倾向的侧壁沿层面有滑动可能

续上表

岩层类型	断裂分布	岩体滑移条件		
		边坡	基础	隧洞
陡倾岩层	垂直河谷方向为张性断裂，斜交方向为扭性断裂，顺河方向为压性断裂	顺岩层走向的边坡，稳定性甚差，滑移面为层面，平行边坡的切割面为反岩层倾向的压性断裂，横向切割面为张性或扭性断裂	坝基稳定条件较好，扭性断裂与层面组合起来构成滑动岩体	隧洞顶板及顺岩层倾向的洞壁稳定性差
陡立岩层	垂直河谷为张性断裂和扭性断裂，顺河向可能存在压性断层	稳定条件良好，顺坡若有缓倾角断裂时，可能为滑移面，张性及扭性断裂为横向切割面	层面不控制坝基滑动，滑移面可能为缓倾斜的扭性断裂	顶板可能产生由层面及缓倾角断裂切割的块体坍塌
倒转岩层	垂直河谷方向为张性断裂，斜交方向为扭性断裂，顺河向为压性断裂	层面及顺坡倾向的缓倾角压性断裂均可能成为滑移面	岩层倾角为0°～30°时，层面为滑移面，断裂为切割面；岩层倾角大于30°时，情况同上	顶板可能产生由层面及缓倾角断裂切割的块体坍塌

3)横谷(河谷走向与主要构造线垂直)地质结构和岩体滑移条件

其具体内容如表1.3.16所示。

横谷(河谷走向与主要构造线垂直)**地质结构和岩体滑移条件** 表1.3.16

岩层类型	断裂分布	岩体滑移条件		
		边坡	基础	隧洞
缓倾岩层	两组扭性断裂均与河谷斜交，其中一组与河谷夹角较小，断裂发育时，顺河向可能存在张性断裂	两岸稳定性均较好，可能存在沿扭性断裂的崩塌	当岩体存在软弱夹层时，岩体稳定条件最差，层面为滑移面	当扭性断裂发育时，易形成顶板坍塌，洞壁稳定条件良好
陡倾岩层	垂直河谷方向的断层为压性的，扭性断层与河谷斜交，河床内可能存在顺河向的张性断层	边坡滑移面为倾向河谷的扭性断裂面，层面对河谷边坡稳定性影响甚小	岩层倾角为30°～40°时，条件同上，所区别者压性断层可能成为滑移面	顶板坍塌体为两组扭性断裂所切割的楔形体
陡立岩层	顺河向常存在张性及扭性断层，前者陡倾角，后者倾角较缓，压性断裂垂直河谷	边坡滑移面为40°～60°倾角的扭性断裂，层面不起控制作用	稳定条件良好，缓倾角压性断裂发育时，可能为滑移面	顶板坍塌体为三角柱体，沿张性断裂可能产生岩体破坏
倒转岩层	顺河向常存在张性断层，岩层倾角大于60°时，扭性、张性断层均顺河向，压性断裂垂直河谷	与以上三种类型的相似，但其断裂面发育，稳定性较差	缓倾的倒转岩层稳定条件极差，层面层间错动，压性断裂均为滑移面，岩层倾角较大时，条件稍好	与以上三类型相似

4)斜谷(河谷走向与主要构造线斜交)地质结构和岩体滑移条件

其具体内容如表1.3.17所示。

斜谷(河谷走向与主要构造线斜交)**地质结构和岩体滑移条件** 表1.3.17

岩层类型	断裂分布	岩体滑移条件		
		边坡	基础	隧洞
缓倾岩层	顺河方向存在一组扭性断裂，另一组与河谷近正交	顺岩层倾向边坡稳定性较差，层面为滑动面	与横谷相似	与横谷相似

续上表

岩层类型	断裂分布	岩体滑移条件		
		边坡	基础	隧洞
陡倾岩层	顺河向可能存在扭性断层，张性及压性断层均与河谷斜交	与纵谷相似	与纵谷相似	与纵谷相似
陡立岩层	压、张、扭性断裂均与河谷斜交，顺河断层存在性较少	稳定条件较好，若存在缓倾角顺坡压性断层时，可能为滑移面	缓倾角的压性断层为可能的滑移面	同纵谷
倒转岩层	顺河向常存在扭性断裂	与纵谷相似	与纵谷相似	与纵谷相似

十、中国区域地质构造

(一)地块形态

1. 地块形态特点

地块形态即地壳上部的结构形态。其特点：第一，不是均匀发展的，而是有区域性的；第二，互相毗连的、不同结构形态的地区之间，有比较明显的界线；第三，常由于地块结构形态的差异而导致地貌的差别。

2. 大地构造名词对照

目前，对大地构造名词的建立还很不统一。但无论哪种方案都是用稳定程度（或活动程度）作为划分构造单元的标准。现将常见的名词列于表1.3.18，供对照参考。

大地构造名词对照　　表1.3.18

项目	稳定程度	Ⅰ级	Ⅱ级		Ⅲ级
经常采用的	稳定	地台	地盾(地轴)、台背斜、台向斜、沉降带		隆起、凹陷
	活动	地槽区	地槽	正地槽	地背斜、地向斜
				准地槽	准地背斜、准地向斜
			中间地块	中间地块	隆起
				活动地块	凹陷
李四光	稳定	地垒地(地块)	盾地、台地		地垒、地堑、盆地、槽地、复向斜、复背斜
	活动	褶皱地带(褶带)	陆梁、陆槽(地槽)		
张文佑	稳定	稳定地台	稳定台块		台背斜、台向斜
		活动地台	活化台块		活化台背斜、活化台向斜
	活动	准地槽区	准地槽系		准槽背斜、准槽向斜
		正地槽区	正地槽系		槽背斜、槽向斜
黄汲清	稳定	正地台	隆起区、凹陷区		隆起、凹陷
		准地台	隆起区(带)、凹陷区(带)		
	活动	准地槽	隆起带、凹陷带		隆起、凹陷
		正地槽	隆起带、凹陷带		

3. 稳定地块特点

构成这一类地块的岩石大都包括相当厚的岩层，起伏平缓，断层较少，褶皱极小，侵入岩体不常见。如中朝地台、华南地台等。

4. 活动地带的特点

构成这一类型地块的岩石全部或较老的一部分普遍呈现高度被搅乱的状态，特别是遭受了挤压的迹象，例如极紧密甚至倒转的褶皱、重叠反复的冲折、复杂岩体的侵入或喷出。一般延伸很远，宽度不大，形成一狭长隆起地带或狭长沉降地带。如祁连山地槽区，天山地槽区，康藏中生代、新生代地槽区等。

(二)中国区域地质的主要特点

1. 中国地槽的特点

中国地槽除与一般地槽具有共同性外，还有如下特点：

①褶皱作用不如一般地槽强烈，没有明显的逆掩断层带，更没有推覆带；

②没有或几乎没有山前凹陷带；

③岩浆活动的范围程度不及一般地槽，超基性侵入岩一般少见；

④地壳硬化程度低，旋回现象明显；

⑤中国地槽间存在着大面积的相对稳定的块体。

我国地槽区以古生代的最为发育，分布于西部、北部和东南部。中、新生代地槽发育于西藏南部、台湾和乌苏里江中游。这些不同时代的地槽褶皱带一方面包围着古老地台区，另一方面彼此交织，并穿插于地台和地块之间。从地槽发展的时间来看，大致有自北向南(如大兴安岭北段到南段)、自东北向西南(如西藏南部到喜马拉雅山)、自西北向东南(如东南沿海到台湾)逐渐变新的特点。

2. 中国地台的特点

我国主要地台区分布于东部，如华北地台、华南地台，在西部也有范围较小的具有地台性质的地块，如塔里木地块、藏北地块。总的特点是：面积小，后期，特别在中、新生代以来，构造活动较强(或称有明显的活化)，表现为基底的块状断裂显著，在凹陷区常出现褶皱，在隆起区常出现断裂和大量岩浆活动。

3. 中国区域地质的其他特点

中国区域地区的地槽区和地台区常以断裂为界，典型的过渡带或边缘凹陷多不发育；而在华北地台和华南地台的边缘却有凹陷很深的地带，长期下降，沉积盖层很厚，褶皱明显。

中国区域地区的主要构造断裂线可分为四组：东西向；北北东和北北西向；南北向；北东东和北西西向。东部以北东和北北东向为主；西部以北东东和北西西向为主。两者之间有一迁就北北东和北北西而成的近南北的构造带。它们控制着地槽分布、岩浆活动，以及地台、地块、凹陷盆地的外形。从力学观点和模拟试验结果推测，东西向和南北向断裂具有张力破裂性质。前者迁就北东东和北西西X形扭力破裂而成；后者迁就北北东和北北西X形扭力破裂而成。它们主要是长期在地球自转及由内部物质分异所产生的收缩和膨胀作用的应力场内产生的。

十一、地质图

(一)地质图的内容

地质图是反映各种地质现象和地质条件的图件。它是由野外地质勘探的实际资料编制而成的，是地质勘测工作的主要成果之一。地质图的基本内容一般用规定的图例符号来表示。

工程建设的规划、设计、施工阶段，都需要以地质勘测资料作为依据，而地质图件是可直接利用和使用方便的主要图表资料。因此，初步学会编制、分析、阅读地质图件的基本方法是很重要的。

1. 地质图的类型

地质图的种类很多，因经济建设的目的不同而有所侧重。一般常用的基本图件有以下几种。

1)普通地质图

普通地质图主要是表示某地区地层岩性和地质构造条件的基本图件,它是把出露在地表的不同地质时代的地层分界线和主要构造线,测绘在地形图上编制而成的,并附以典型地质剖面图和地层柱状图。

2)地貌和第四纪地质图

地貌和第四纪地质图主要是根据第四系沉积物的成因类型、岩性和形成时代,以及地貌成因类型和形态特征综合编制而成的图件。

3)水文地质图

水文地质图是表示地下水赋存条件、循环特征和有关参数的平面图件。有综合水文地质图或为某项工程建设需要而编制的专门水文地质图,如岩溶区水文地质图等。

4)工程地质图

工程地质图是根据工程地质条件,在相应比例尺的地形图上表示各种工程地质勘察工作成果的图件。为某项工程建筑的需要而编制的工程地质图称为专门问题工程地质图。

5)剖面图及柱状图

剖面图及柱状图包括地质剖面图、水文地质剖面图、工程地质剖面图、综合地层柱状图、钻孔柱状图等。

2. 地质图的规格

①地质图应有图名、图例、比例尺、编制单位和编制日期等。

②地质图图例中,地层图例严格地要求自上而下或自左而右,从新地层到老地层排列。

③比例尺的大小反映了图的精度,比例尺越大,图的精度越高,对地质条件的反映也越详细、越准确。一般地质图比例尺的大小,是由工程的类型、规模、设计阶段和地质条件的复杂程度决定的。

(二)地质图的表示方法

地质图上一般反映地层岩性和地质构造等地质条件。这些条件需要采用不同的符号和方法才能综合在一幅图中表现出来。

1. 地层岩性

地层岩性是通过地层分界线、年代符号或岩性代号,再配合图例说明来反映的。地层分界线表示在地质图上有以下几种情况。

1)层状岩层

层状岩层在地质图上出现最多,其分界线规律性强,它的形状是由岩层产状和地形之间的关系决定的,具体情况可参见本章第二节。

2)第四系沉积物

第四系松散沉积物和基岩分界线较不规则,但也有一定规律性,其分界线常在河谷斜坡、盆地边缘、平原和山区交界处分布,大体沿山脚等高线延伸。在冲沟发育、厚度大的松散沉积物分布区,基岩常在冲沟底部出露。

3)岩浆岩体

岩浆岩类岩体的形状不规则,在地质图上表现为不规则的分界线。

2. 地质构造

岩层产状、褶皱、断层和岩层接触关系,在地质图上的表示方法如下。

1)岩层产状

岩层产状如前所述,在地质平面图上岩层的产状主要是用符号表示的。由平面图中的产状符号确定岩层走向和倾向时，可用量角器在图上直接测量产状符号得到。

2）褶皱

褶皱在地质平面图上主要通过对地层分布、年代新老和岩层产状来分析，具体符号为背斜用、向斜用来表示。

3）断层

断层在地质平面图上是通过地层分布特征用规定的符号来表示的。在地质平面图中用地层特征来分析断层和野外识别断层相同。一般断层符号是：正断层为50°，逆断层为30°，平移断层为80°，符号中的长线表示断层的出露位置和断层面走向；垂直于长线且带箭头的短线表示断层面的倾向；数值表示断层面的倾角。正断层和逆断层中两条短线表示上盘的运动方向。平移断层中平行于长线且带箭头的短线表示断层两盘的相对运动方向。

3. 岩层接触关系

1）整合接触

整合接触在地质图上岩层分界线平行分布。

2）假整合接触

假整合接触是指剖面图上岩层分界线起伏不平，平面图上地层不连续，有缺失。

3）不整合接触

不整合接触是指平面图上沉积间断前后的地层界线斜交。剖面图中上覆新地层与下伏不同时代的老地层以一定的角度直接接触。

4）沉积接触

沉积接触是在沉积接触面附近，围岩中常有岩浆风化碎块，但没有蚀变变质现象。在平面图上可见到岩浆岩的边界线被沉积岩界线截断。

5）侵入接触

侵入接触是在接触带，围岩常因浆岩影响而产生蚀变变质现象，并因围岩常被岩浆岩侵入穿插而分布零乱，并使岩石破碎。在平面图上为沉积岩被穿插，沉积岩界线被岩浆岩界线突然截断。

（三）地质剖面图和综合地层柱状图的编制

1. 地质剖面图

根据地质平面图绘制剖面图时，首先要在平面图中确定剖面线的位置。剖面线方向的选取应当尽量垂直岩层走向、褶皱轴向或断层线方向，这样才能更清楚、全面地反映地质构造形态。但为满足工程需要，剖面图常沿建筑物轴线方向绘制，如沿坝轴线、隧洞和渠道中心线等。

其次，应根据剖面线的长度和通过的地形，按比例画地形剖面线。一般剖面图的水平比例尺和垂直比例尺应与平面图的比例尺一致。有时，因平面图比例尺过小，或地形平缓时，也可将剖面图的垂直比例尺适当放大，但此时剖面图中所采用的岩层倾角需进行换算，而且此时的剖面图对构造形态的反映有一定程度的失真。换算公式为

$$\tan\beta' = n\tan\beta \tag{1.3.2}$$

式中，β 为垂直、水平比例尺相同时的视倾角；β' 为垂直、水平比例尺不同时的视倾角；n 为垂直比例尺放大的倍数。

画完地形剖面线后，就可将岩层界线、断层线等投影到地形剖面线上，然后再根据岩层倾向、倾角、断层面产状等画出岩性和断层符号，并加注代号。最后再标出剖面线方向，写上图名、图例、比例尺等，这样就全部完成了地质剖面图的绘制工作。

下面以图 1.3.51 为例，具体说明剖面图中地形剖面和地质界线的绘制方法。

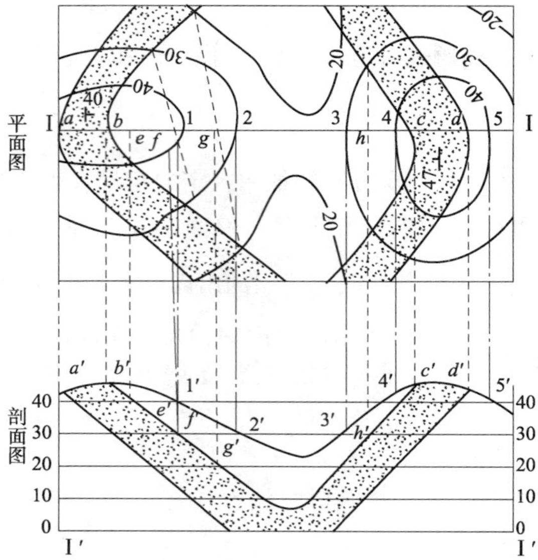

图 1.3.51 地质剖面图的绘制

图 1.3.51 上部是一幅简略的地质平面图。Ⅰ-Ⅰ是剖面线的位置。作地形剖面时，首先作平行于Ⅰ-Ⅰ的直线Ⅰ′-Ⅰ′，并使两者长度相等，Ⅰ′-Ⅰ′，称为基线。其次，在基线两端点向上引垂线，并按一定间距作平行于基线的直线，以代表剖面的不同高程。剖面线Ⅰ-Ⅰ和平面中的地形等高线的交点分别为 1、2、3、4、5，可自基线左端点起量取和剖面线上Ⅰ-Ⅰ线段相等的距离，并投影到相应高程线上，或通过点 1 作剖面线Ⅰ-Ⅰ的垂线到剖面的相应高程线上，都可得到点 1 的投影点 1′。同理，可得到点 2、3、4、5 的投影点 2′、3′、4′、5′。最后，将 1′、2′、3′、4′、5′各点连接为圆滑的曲线，即代表地形剖面线。

地质界线在地形剖面线上的投影方法与等高线相似。该平面中，仅表示了一个弯曲的岩层出露在图的左半部和右半部，这个岩层的界线和剖面线Ⅰ-Ⅰ的交点为 a、b、c、d，投影到地形线上则分别为 a'、b'、c'、d'，根据平面图中岩层界线画剖面图中岩层分界时，有两种情况。

当图中已标出岩层产状，若剖面线与岩层走向垂直时，可直接根据岩层产状在剖面图上绘出岩层界线和岩性符号，如图的右半部岩层走向与剖面线垂直，岩层倾向西，倾角为 47°，剖面图中的岩层界线应朝左下方画线，斜线与水平线夹角为 47°；若剖面线与岩层走向不垂直时，需根据岩层倾角及剖面线和岩层走向间的夹角，把岩层倾角换算成视倾角。

当图上未标出岩层产状时，可根据地形等高线与岩层界线的交点，求出岩层不同高度的走向线，如图 1.3.51 中岩层顶面的走向线与剖面线的交点为 e、f、g、h，它们分别投影到剖面图中相应高程线上，可得 e'、f'、g'、h'，分别连接各部分投影点，就得剖面图中的岩层界线。

2. 综合地层柱状图

综合地层柱状图是把一个地区从老到新出露的地层岩性、最大厚度、接触关系等，自下而上按原始形成次序用柱状图的形式表示出来，但不反映褶皱和断裂条件（图 1.3.52）。有时，按比例尺无法表示出对工程具有重要意义的软弱夹层时，可用扩大比例尺或用特定符号的方法把它表示出来。在为满足工程用的综合地层柱状图中，除一般性描述外，还应该描述岩层的工程地质性质。

综合地层柱状图，对了解一个地区的地层特征和地质发展史等很有帮助。因此，常将它和地质平面图、剖面图放在一起，相互对照，相互补充，共同说明一个地区的地质条件。

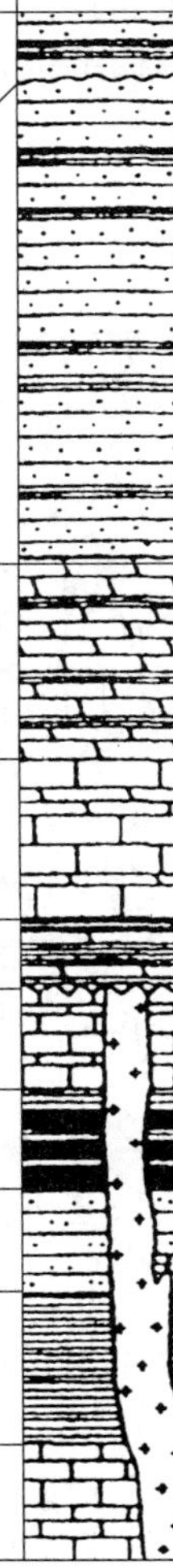

地层单位			代号	柱状图	厚度/m	地层岩性描述
界	系	统				
新生界	第三系		R		30	砂岩为主，局部为砂页岩互层
						角度不整合
中生界	白垩系		K		250	燕山运动，褶皱上升，缺失老第三系 为钙质砂岩夹页岩
						平行不整合
中生界	三叠系	上	T_3		222	缺失侏罗系地层 上部为泥灰岩夹薄层钙质页岩 中部为厚层灰岩夹薄层泥灰岩 下部为页岩夹泥面岩
		中	T_2			
		下	T_1			
						角度不整合
古生界	石炭系	中	C_2		103	海西运动，缺失上石岩系及二叠系地层 C_2为中、厚层灰岩夹薄层灰岩 C_1为页岩夹煤层，岩性软弱
		下	C_1			
						平行不整合
古生界	泥盆系	上	D_3		205	上部厚层石英砂岩，坚硬，抗压强度高 中部为页岩，层理发育，岩性软弱 下部中厚层灰岩，性脆，有溶洞
		中	D_2			
		下	D_1			

图 1.3.52 黑山寨地区综合地层柱状图

(四)地质图的阅读和分析

在学习地质图基本知识的基础上进行阅读和分析，了解工程建筑地区的区域地层岩性分布和地质构造特征，对分析有利与不利地质条件对建筑物的影响有重要意义。

1. 阅读地质图的方法

阅读地质图一般按下列步骤进行。

①查看图名和比例尺，以了解地质图所表示的内容、图幅的位置、地点范围及其精度。如图的比例尺是 1∶5 000，即图上 1 cm 相当于实地距离 50 m。

②阅读图例，了解图中有哪些地质时代的岩层及其新老关系，熟悉图例的颜色和符号。在附有地层柱状图时，可与图例配合阅读。综合地层柱状图可以较完整、清楚地表示地层的新老次序、分布程度、岩性特征和接触关系。

③分析地形地貌，了解本区的地形起伏、相对高差、山川形势和地貌特征等。

④阅读地层的分布、产状及其和地形的关系，分析不同地质时代的分布规律、岩性特征和新老接触关系，了解区域地层的基本特点。

⑤阅读图上有无褶皱、褶皱类型、轴部、翼部的位置；有无断层、断层性质、分布情况，以及断层两侧地层的特征，分析本地区地质构造形态的基本特征。

⑥综合分析各种地质现象之间的关系、规律性及其地质发展简史。

⑦在上述阅读分析的基础上，对图幅范围内的区域地层岩性条件和地质构造特征，结合工程建设的要求，进行初步分析评价。

2. 黑山寨地区地质图的阅读与分析

根据黑山寨地区地质图（图 1.3.53、图 1.3.54）对该区地质条件进行阅读分析。

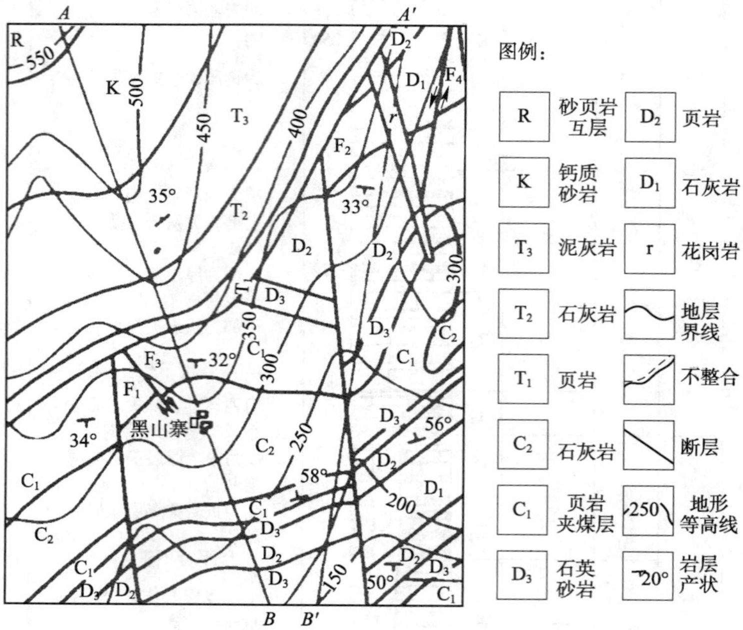

图 1.3.53 黑山寨地区地质图（1：10 000）

1）比例尺

地质图比例尺为 1：10 000，即 1 cm 代表实地距离为 100 m。

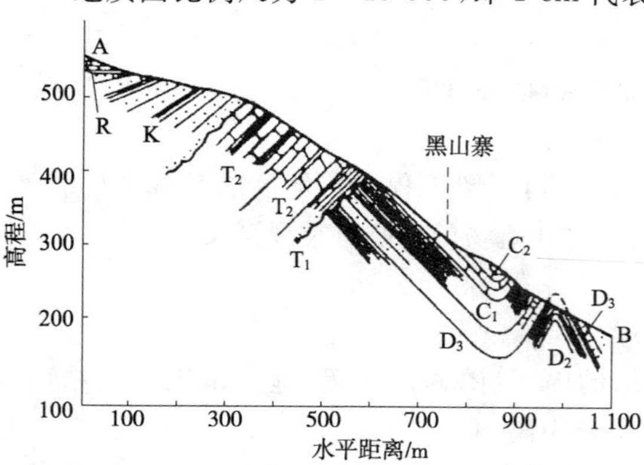

图 1.3.54 黑山寨地区地质剖面图（1：10 000）

2）地形地貌

本区西北部最高，高程约为 570 m；东南较低，约 100 m；相对高差约达 470 m。地势为西北高、东南低，东部有一山冈，高程约为 300 m。顺地形坡向有两条较大沟谷，是由于 F_1、F_2 断层错动使得岩石破碎，经风化侵蚀所形成的。

3）地层岩性

本区出露地层从老到新有古生界—下泥盆统（D_1）石灰岩、中泥盆统（D_2）页岩、上泥盆统（D_3）石英砂岩，下石炭统（C_1）页岩夹煤层、中石炭统（C_2）石灰岩；中生界—下三叠统（T_1）页岩、中三叠统（T_2）石灰岩、上三叠统（T_3）泥灰岩，白垩系（K）钙质砂岩；新生界—第三系（R）砂页岩互层。古生界地层分布面积较大，中生界、新生界地层出露在北、西北部。

除沉积岩层外，还有细晶花岗岩脉（F）侵入，出露在东北部。

4)地质构造

(1)岩层产状

R 为水平岩层;T、K 为单斜岩层,其产状为 330°∠35°(即岩层倾向 330°,倾角 35°,以下同),D、C 地层大致近东西至北东东向延伸。

(2)褶皱

古生界地层从 D_1 到 D_2 由北部到南部形成三个褶皱,依次为背斜、向斜、背斜。褶皱轴向为 75°~80°。

东北部背斜核部较老地层为 D_1,北翼为 D_2,产状 345°∠33°;南翼由老到新为 D_2、D_3、C_1、C_2,岩层产状 165°∠33°,两翼岩层产状对称,为直立褶皱。

中部向斜核部较新地层为 C_2,北翼地层由新到老为 C_1、D_3、D_2、D_1,产状 165°∠33°;南翼出露地层也为 C_1、D_3、D_2、D_1,产状 345°∠56°;由于两翼岩层倾角不同,北翼倾角小、南翼倾角大,故为倾斜褶皱。中部背斜近东西向延伸远,出露面积较大,为本区主要褶皱。

南部背斜核部较老地层为 D_1,北翼地层为 D_2、D_3、C_1、C_2,产状 345°∠56°;南翼地层为 D_2、D_3、C_1,产状 165°∠50°;为倾斜褶皱。

褶皱发生在中石炭世(C_2)之后下三叠世(T_1)以前,因为 T_1 以前从 D_1 至 C_2 的地层全部发生褶皱变形。

(3)断层

本区有 F_1、F_2 两条较大断层,因岩层沿走向延伸方向不连续,断层走向 345°,断层面倾角较陡,微向中间倾斜(F_1,75°∠65°;F_2,255°∠65°),两断层都为横切向斜轴和背斜轴的正断层。根据断层两侧向斜核部 C_2 地层出露宽度分析,说明 F_1 与 F_2 间岩体相对下移为下降盘,所以 F_1 与 F_2 断层的组合关系为地堑。

此外还有 F_3、F_4 两条断层,F_3 走向 300°,F_4 走向 20°,为规模较小的平移断层。

断层也形成于中石炭世(C_2)之后,下三叠世(T_1)以前,因为断层没有截断 T_1 以后的岩层。

从该区褶皱和断层分布的时间和空间来分析,它们是形成于中石炭世(C_2)之后,下三叠世(T_1)以前,处于同一构造应力场,是经同一次构造运动所形成的。压应力主要来自近南北向(NNW—SSE 方向),故褶皱轴向近东西向(NEE—SWW 方向)。F_1、F_2 两断层为主要受张应力作用形成的正断层,故断层走向与张应力垂直,大致与压应力方向平行;而 F_3、F_4 则为剪应力所形成的扭性断层。

5)接触关系

第三系(R)与其下伏白垩系(K)为角度不整合接触。

白垩系(K)与下伏上三叠统(T_3)之间,缺失侏罗系(J),但 T_3 与 K 岩层产状基本一致,故为平行不整合接触。

下三叠统(T_1)与下伏石炭统(C_1、C_2)和泥盆系(D_1、D_2、D_3)地层直接接触,中间缺失二叠统(P)和上石炭统(C_3),且产状呈角度相交,故为角度不整合接触。

细晶花岗岩脉(r)切穿泥盆系(D_1、D_2、D_3)和下石炭统(C_1)地层并侵入其中,故为侵入接触;因未切穿上覆下三叠世(T_1)地层,故 r 与 T_1 为沉积接触。说明细晶花岗岩脉(r)形成于中石炭世(C_2)以后;下三叠世(T_1)以前,但规模较小,其岩脉产状大致为 NNW—SSE 向的条状分布的直立岩墙。

6)地质发展简史

在地质发展历史过程中,整个泥盆纪直至中石炭世期间,地壳缓慢下降,且幅度甚小,本地区一直接受沉积。中石炭世以后,受海西运动的影响,地壳发生剧烈变动,岩层褶皱，产生断裂，并伴随有岩浆侵入，本地区上升为陆地，遭受风化剥蚀。直到早三叠世时，又沉降至海平面以下，重新接受海相沉积。到晚三叠世后期，地壳大面积平缓持续上升成为陆地，侏罗纪期间，地壳遭受风化剥蚀。直到白垩纪，又缓慢下降，处于浅海沉积环境。到白垩纪后期，再次受到燕山运动的影响，本区东南部大幅度上升，西北部上升幅度较小，三叠系及白垩系地层受构造作用产生倾斜。中生代后期至今，地壳无剧烈构造变动，所以新生界第三系地层产状平缓。

第四节　第四纪地质

一、第四纪地层

(一)第四纪地层的划分标准

第四纪地层的划分，如表 1.4.1 所示。

第四纪地层的划分标准　　表 1.4.1

<table>
<tr><th rowspan="3">年　代</th><th colspan="5" rowspan="2">考古与古人类</th><th colspan="2">构造与地貌</th><th rowspan="3">古气候
（南方冰期）</th><th rowspan="3">距今年代/
万年</th></tr>
<tr><th colspan="2">华北地文期</th></tr>
<tr><th colspan="3">文化期</th><th colspan="2">古人类</th><th>侵蚀期</th><th>堆积期</th></tr>
<tr><td>全新世</td><td colspan="3">新石器时代
中石器时代</td><td></td><td rowspan="2">新人</td><td rowspan="10">板桥期
清水期
湟水期
汾河期</td><td>皋兰期</td><td></td><td>1.2</td></tr>
<tr><td rowspan="3">晚更新世</td><td rowspan="9">旧石器时代</td><td>晚期</td><td>山顶洞文化期</td><td>山顶洞人
资阳人</td><td rowspan="3">马兰期</td><td>大理冰期</td><td>10</td></tr>
<tr><td rowspan="2">中期</td><td>河套文化期</td><td>河套人
长阳人</td><td rowspan="2">古人</td><td>庐山—大理间冰期</td><td>20</td></tr>
<tr><td>丁村文化期</td><td>丁村人
马坝人</td><td>庐山冰期</td><td>30</td></tr>
<tr><td rowspan="4">中更新世</td><td rowspan="6">早期</td><td>中国猿人文化期</td><td>中国猿人</td><td rowspan="4">猿人</td><td rowspan="4">周口店期</td><td>大姑—庐山间冰期</td><td>40～60</td></tr>
<tr><td></td><td></td><td>大姑冰期</td><td>70</td></tr>
<tr><td>蓝田猿人文化期</td><td>蓝田猿人</td><td>鄱阳—大姑间冰期</td><td>80～90</td></tr>
<tr><td></td><td></td><td>鄱阳冰期</td><td>100～110</td></tr>
<tr><td rowspan="2">早更新世</td><td>元谋猿人文化期</td><td>元谋猿人
柳城巨猿</td><td rowspan="2">古猿</td><td rowspan="2">泥河湾期</td><td>红崖—鄱阳间冰期</td><td>120～130</td></tr>
<tr><td></td><td></td><td>红崖冰期</td><td>140～190</td></tr>
</table>

(二)第四纪地层的特征

在地球表面内外营力相互作用过程中，岩石圈发生破坏—搬运—堆积，便形成了第四纪沉积地层。第四纪沉积物就是指这些处于搬运、堆积和厚度加大过程中的沉积盖层。

1. 陆相沉积物的成因类型和特征

1)陆相沉积物的基本特点

(1)松散性

第四纪沉积层时代较新，一般都是呈松散状态，胶结成岩作用较低，仅在个别情况下才有比较坚硬的。如第四纪当中所形成的喷出岩流、温泉堆积、洞穴堆积等。

(2)岩相的多变性

第四纪沉积物的沉积环境极为复杂，因此沉积物的性质、结构和厚度在水平方向或垂直方向都具有很大的差异性，甚至属于同一时代的沉积物，在较短距离内可以变为另一岩性，厚度可由几米变为几十米或突变缺失。

(3)沉积物的移动性

第四纪沉积物的沉积时间较短也较晚，来不及胶结成岩，又受到各种内外营力的作用，使沉积物经常处于再搬运堆积过程，物质成分上也不断发生变化，大多数难以找到其原始产状。

(4)地貌形态的多样性

第四纪沉积物常构成各种堆积地貌形态，并在各地貌单元中呈现规律性的分布。第四纪沉积物的成因类型、分布、产状、厚度等与地貌是紧密联系的。如山地地区的残积物经常分布在起伏平缓的山顶面、剥蚀面或较平坦的地段；坡积物多形成于山坡至坡麓地段；洪积物多以洪积扇形态分布于山麓、沟口地段，甚至可由几个洪积扇联结而成洪积裙或洪积平原；冲积物分布在河谷地带和山前冲积平原；湖积物多分布在现代湖泊和古代湖盆中。

2)陆相沉积物成因类型和特征

陆相沉积物成因类型和特征如表 1.4.2 所示。

第四纪主要陆相沉积物成因类型 表 1.4.2

成因组	成因亚组	成因类型	沉积物的特征
残积组	风化壳亚组	残积物	陆地地面的基岩受到物理、生物风化作用而残留在原地的风化堆积物。 ①岩性与下伏的基岩有直接关系，上部物质较细，下部物质为粗粒岩屑，再下为具有裂隙的基岩，最后为基岩，整个剖面具有分带结构。 ②碎屑物具有明显棱角，无分选和磨圆。 ③厚度无一定规律，由几米到几十米。易风化岩石较厚，反之较薄。分布于构造裂隙带中的残积物，向下延伸较深。 ④残积物的表面经常是凸形坡面，底部却常常是起伏不平的，这主要取决于岩性和基底的原始地形。一般情况下是中央部分厚而边缘部分薄，经常为层状、透镜状、鸡窝状、柱状、帽状和漏斗状
斜坡组	重力亚组	崩塌堆积物	由粗大碎屑和块石组成。发生于片状岩和层状沉积岩组成的山坡，则夹有细粒黏土物质，无分选
		撒落堆积物	山坡斜坡地带岩体在重力作用下发生崩塌，在作用缓慢而又均匀的过程中形成的堆积。 ①较大岩块沿山坡滚动较远，堆积于坡脚地带；较小物质以滑动形式进行，多分布于山坡上部；结构上呈现某种程度的分选。 ②物质组成与山坡上部的基岩岩性相同，一般由较坚硬的岩石组成。 ③厚度由几米到几十米、几百米不等，一般在陡坡和缓坡相接的转折地区厚度最大。 ④常与崩塌堆积物、坡积物相伴生
		滑坡堆积物	除滑动带发生了扰动外，堆积物一般保存原有的结构和构造
		土溜堆积物	斜坡物质由于融水和雨水、温度等因素的影响，在重力作用下，沿斜坡发生移动所形成的堆积物。 ①整个堆积物中岩屑和风化细粒物质占 50%～60%，机械组成相差悬殊，主要取决于山坡的岩性和风化程度。 ②堆积物无分选和层理，但局部有带状构造或在流动中形成叠瓦状构造。 ③厚度随地形起伏而变化，一般在较低洼处厚度大
	坡积亚组	坡积物	风化产物在片状流水的冲蚀作用下，沿山坡形成的堆积物。 ①坡积物与下伏的岩层没有任何联系，两者关系是突变的，但它的成分、颜色与上方基岩性质有密切关系。 ②粒度由山坡向坡脚逐渐变细，由坡积物的底部至表面粒度也逐渐变小。 ③颗粒成分混杂，由圆棱状岩块到砂黏土都存在。 ④构造上具有与斜坡相平行的不明显层理，粗粒沉积往往以透镜体和夹层的形式出现 ⑤堆积物常有风化作用和成土作用的改造痕迹，有时表现有大的管状裂隙

续上表

成因组	成因亚组	成因类型	沉积物的特征
水成组	河床水流亚组	冲积物	水流所塑造的沟谷范围内形成的水流沉积物，包括永久性水流或暂时性水流的形成物。 ①山地河流只发育单层砾石结构的沟床相堆积，山间盆地和宽谷中有河漫滩相堆积，冲积物分选较差，具透镜状或不规则的带状构造。有斜层理出现。冲积物厚度不大，一般不超过10～15 m，多与崩塌堆积物相混合交错。 ②平原河流具河床相、河漫滩相和牛轭湖相堆积。正常的河床相沉积的结构是：底部河槽冲刷，上面是由厚度不大的石块、粗砾组成的蚀余堆积，再上面是由粗砂、卵石土组成的透镜体(为近流线堆积)；再上为分选较好的具斜层理与交错层理的滨河床浅滩堆积。河漫滩堆积的主要成分是细砂和黏土，与下伏河床相堆积，呈二元结构，具斜层理与交错层理构造。牛轭湖堆积是由淤泥质和少量黏砂土组成的，含有机质，呈暗灰色、黑色、灰蓝色并带有铁锈斑，具水平层理和斜层理结构
		洪积物	山地受到暂时性水流冲蚀，把岩石碎屑物质带到沟口或出山口的堆积。 ①物质大小混杂，分选差，颗粒多且带有棱角，洪积扇顶以粗大砾石为多。中部地带与扇缘地带颗粒变小，以粉砂和黏土为主。 ②具极粗糙的斜交层理，有时夹有透镜体和条带状的细粒碎屑和黏土混合体。扇缘地带物质变细，磨圆较好，具微倾斜层理。 ③厚度相差悬殊，在上升强烈的山前地带，厚度可达几百米，面积可达数万平方米。洪积平原最大的达数百平方千米
	湖泊沉积亚组	湖积物	由各种类型湖泊所形成的沉积物，包括淡水湖和咸水湖沉积。 ①淡水湖包括三种沉积：以黏土为主并含有粗的砂砾的堆积；碳酸盐、铁锰、硅酸、铝土质和磷质的化学沉积；泥灰岩、硅藻土、腐泥、泥炭、褐煤、油页岩等有机物质。上述三种堆积物由湖岸至湖心呈规律性分布，边缘为粗碎屑组成的湖岸堆积；再向湖心为小砾石、砂粒组成的湖滨堆积；最中心为0.01 mm以下的粉砂、黏土，以及各种有机物组成的湖心堆积。 ②咸水湖堆积包括碳酸盐、硫酸盐和氯化物三种化学成分的沉积物
地下水组		洞穴堆积物	充填于可溶性岩类所形成的洞穴内的沉积物。 ①洞穴堆积物主要是块状石块、碎屑石块、砾石、砂类土、黏土、角砾土等相互混杂的机械堆积物和钟乳石、石笋等化学堆积物。 ②黏土成分往往受风化作用而多呈红色或砖红色。 ③厚度可由几米、几十米到几百米
冰川组	冰川沉积亚组	冰川沉积物	由黏土、粉砂并夹有砂、角砾、漂石组成的沉积。没有分选和层理，漂石具“丁”字形擦痕。沉积层常被挤压，呈现褶皱和断裂
	冰水沉积亚组	冰水沉积物	以砂粒物质为主并夹有少量分选差的砾石，具斜层理构造
		冰湖沉积物	由粗大漂石、砾石组成，湖中心为细粒黏土组成，具平缓斜层理结构
风成组		风成砂	①厚度由几米到几十米，最大厚度不超过百米。 ②以砂粒为主并含有不等量的粉粒。磨圆度较高，表面为毛玻璃状并形成小麻坑。 ③分选较好的砂中，一般不具层理，只有沉积条件发生变化时才发生层理和斜层理；斜层理的倾角在0°～40°之间，极少情况下达到30°，斜层理表现为波状曲线
		风成黄土	以粉粒为主，一般不具有层次，具有大孔隙和垂直节理
火山组		火山堆积物	①包括玄武岩、火山集块岩、火山弹、火山灰等堆积物。 ②基性玄武岩，多沿裂隙带流出，每次流出呈成层构造，并具气孔状结构和多边形柱状节理。 ③火山弹多堆积于喷发中心的附近，与火山砂或熔岩流多呈互层。 ④火山灰离喷发点较远，有分选，偶尔有层状结构

2.海相沉积物的成因类型和特征

第四纪海相沉积可分为近岸沉积、大陆架沉积和深海沉积。

1)近岸沉积

近岸沉积分布于从海岸到海底受波浪作用显著的水下岸坡部分。岩岸沉积带宽数十米,泥岸可达几十千米。由于形成此带的动力具多样性,因而所形成的沉积物也具复杂性。有砾石、砂、淤泥和生物贝壳堆积等。碎屑物主要来自陆源。砂质沉积是近岸沉积中分布最广泛的一种。泥炭是海侵沿岸地区沼泽和泻湖地段常有的堆积。由于第四纪气候波动的影响,常见泥炭与海岸砂层、泥炭与河流冲积物交互成层的情况。

2)大陆架沉积

大陆架沉积有粗粒沉积、砂质沉积、淤泥质沉积等。

①粗粒碎屑沉积主要来源于水下岸坡破坏和河流或冰川搬运物质,通常分布于远离海岸几十千米,水深几十米处。

②砂质沉积主要是河流挟入物,部分为海岸带砂质延伸部分。

③淤泥质沉积分布极广,通常在离岸200～300 km内都有陆源碎屑淤泥分布,而在江河入海口则可分布到400～600 km远。

3)深海沉积

海水深、温度低、压力大,大型软体生物很少,河流挟入物到达不了,故以浮游性动植物钙质或硅质沉积为主,其次为火山灰沉积、化学沉积(锰结核等)和局部的浮冰碎屑沉积。深海第四纪沉积厚度不大,一般为几米或十几米。

3.第四系地层对比

第四系地层对比如表1.4.3所示。

二、新构造运动和活动断裂

(一)新构造运动

1.新构造运动和现代构造的概念

新构造运动是指发生在新地质时期的构造运动。一般认为新构造运动就是从晚第三纪到现代所出现的构造运动。由新构造运动所控制的、在地层和地貌上明显或隐蔽地表现出来的地质构造叫新构造。

所谓现代构造运动,是指发生在有人类历史记载以来的构造运动。对于现代构造运动,除大地测量所获得的地面升降速度资料可作为依据外,历史上记载的和仪器记录的地震资料等亦可作为证据。

2.新构造运动的特点

①新构造运动的第一个特点是,在运动的方向上既有垂直升降运动又有水平运动,而且水平运动的幅度和速度甚至比垂直升降运动的速度和幅度还大得多。新构造运动的垂直升降运动和老构造运动一样,具有明显的振荡和节奏性。新构造运动在垂直升降的方向、性质和强度等方面,不同地区有明显差异。

②新构造运动既有断裂变动也有褶皱变形。断裂变动的活跃性及其分布的普遍性,是新构造运动的又一特点。

③具有继承性和新生性是新构造运动的第三个特点。新构造运动一般是在老构造运动的背景下发生的。新构造运动一方面继承了老构造运动的特点,具有继承性,同时又对老构造进行改造,或形成新的构造,使之具有新的特点,即新生性。

表 1.4.3

第四系地层地比

时代	吉林	松辽平原	华北	黄河中游	河西走廊	滇东北	川西	粤西	江西	长江三角洲
全新统	冲积	近代冲积物湖积 温泉河组	冲积层	次生黄土和砂砾层，北部有风成砂	①河床冲积层风成砂丘。 ②山前坡积沉积层	冲积层：厚 28～45m	冲积层：含砂金，厚数米至十余米	冲积层	河流沉积黏性土，砂砾	残积、坡积、洪积及冲积物等
晚更新统	顾乡屯组：新黄土 吉舒冰碛层	诺敏河组 哈尔滨组五大连池玄武岩组	马兰组	马兰黄土：厚 20～40 m	①黄土状土：厚度小于 10 m，具垂直节理和大孔隙。 ②湖沼相和化学沉积；厚 80m。 ③戈壁砾石层	①龙街粉砂层：底部具砂砾，厚 35 m。 ②棕黄色土、黏砂土、砂黏土互层，厚 5～10m。 ③湖积层。 ④黑龙江胶结砾石层：胶结物为泥灰质或黏土质，下部具厚 1.5 m 的泥炭层	①成都黏土：具胶结性、含钙质结核。 ②江北砾石层：卵石与砂粒组成，无层次，胶结坚固	田洋组 / 石壁组	庐山冰期堆积：松散的泥砾	下蜀黄土：黏性土中部富含钙质结核，下部有铁质胶膜与锈斑，有石灰结核，呈棱柱状，块状结核，底部常夹砾石，厚 13～18 m
中更新统	上老黄土 小丰满玄武岩 东富冰碛层 下老黄土 朝阳冰碛层	荒山组	周口店洞穴堆积 / 陕县组：土和砂砾，厚 17～50 m	①离石黄土：红色土厚 90～100 m。 ②陕县组：砂和砾石互层厚 10～20 m	酒泉砾石层，钙质胶结、松散，有时夹条带状黏土和砂层，厚 5～105 m	①石灰华：河上有洞组，钙华盖层，角砾岩、棕色黏土，黄色砂类土，厚 2 m。 ②红土和砾石层：质松散，底部常有砂砾层	①石灰华：厚 2～20 m。 ②雅安砾石层：松散砂黏土与胶结的砾岩，厚 20～50 m	湖光岩组：砾石层夹砾及黏土 / 火山岩	大姑冰期堆积	网纹红土：上部铁锰结核富集，无网纹，厚度小于 3 m。 中部白条网纹红土，厚 30 m。 下部泥砾，厚 1～2 m
早更新统	青杨木沟组 白土山组	罗家窝棚组	泥河湾：砂、泥灰岩、玄武岩、砾石，厚 125 m / 三门组：砾、砂夹土，厚 30 m	①午城黄土：厚 15～20 m。 ②三门组：黏砂土、砂层，泥土夹透镜状砂砾，厚 60～80 m	玉门砾石层：夹有透镜状砂层，厚 100～650 m	元谋组：黏土、砂岩和砾石层，厚 57～156 m		北海组	鄱阳水期堆积：泥砾、网纹状黏土	雨花台组：砾石磨圆度好，成分为石英砂岩、斑岩、玉髓、玛瑙、碧石，厚 20～40 m

3.我国新构造运动的特点和发展历史

我国新构造运动在运动方向上的特点是在大陆部分以垂直升降运动为主，上升地区的面积约占我国陆地领域的80%，而且越到后期隆起范围越扩大。

我国新构造运动在运动幅度上是西部大于东部。西部最大上升幅度可达7 000 m，深凹陷相应的也可达4 000～5 000 m；中部上升一般为1 000～2 000 m，下降一般不超过1 000 m；东部上升幅度一般在500 m以内，局部达1 000 m以上，下降幅度可大于1 000 m。

我国新构造运动发展历史大致可划分为以下几个阶段。

①中新世至上新世，是新构造运动开始发生时期。广泛的夷平的地面开始抬高，遭受侵蚀切割。开始出现断裂垂直运动，凹陷或断陷逐渐形成或加深。东部地区还有第一期火山活动。

②上新世末至更新世初，是新构造运动普遍出现的强烈时期，地壳上差异运动达到最剧烈阶段，火山活动强烈。这个时期隆起地区的范围开始扩大，我国西部内陆盆地的边缘大部分由下降转变为隆起，东部也有少数下降地区转变为隆起。

③更新世至全新世时期，振荡性、间歇性的运动非常普遍，大陆部分总的趋势是隆起地区不断扩大。下更新世末和中更新世的后期在我国西部和中部的若干盆地，又出现了一次由下降到隆起的转变。到近期，上升的范围更加扩大，影响到我国东部盆地和平原的边缘部分。

4.我国新构造的基本类型和主要特征

我国新构造的基本类型和主要特征如表1.4.4所示。

我国新构造的基本类型和主要特征　　表1.4.4

基本类型	主要特征
大面积的拱形构造	是一种在广大范围内由升降运动所形成的构造，面积可达数百平方千米或更大，构造内差异很小，但核部运动幅度最大。各部分运动幅度不同，可通过年轻地层或夷平面及其他地形有规律地逐渐倾斜变形表现出来。这类构造常伴有断裂构造，或在核部或在翼部形成补偿性地堑。有的则形成单斜隆起。大面积的拱形构造，既可以是上升运动形成的正向构造，也可以表现为下降运动造成的负向构造，这类构造广泛分布于我国中部
断块构造	有两种不同表现形式：第一种是大幅度具有强烈分异运动的差异性断块构造，相邻两断块的断距很大，在地形上表现为高耸的断块山与断陷盆地相间，我国西部大部分地区属于这种构造类型；第二种是分异很小的“破裂构造”，这种构造断块间差异性不大，运动幅度较小，但仍然具有强烈的活动性，表现为沿断裂带有强烈的地震、火山活动及温泉等，我国东部沿海地区很多构造具有这种特点
挤压褶皱构造	规模一般较小，在地形上表现不明显，是由断裂错动派生的次一级构造，常与大幅度差异性断块构造伴生。由于断块的升降使年轻沉积物遭受挤压形成一系列平行排列的长垣，短轴背斜构造或凹曲。这些表层褶曲在深部往往转变为断层。这类构造常见于我国西部内陆盆地边缘的年轻沉积物中
断褶构造	是“封闭”阶段的新生代地槽及其边缘凹陷中特有的构造形态。地槽活动历史结束，并过渡为地台。整个构造可划分为三带：①新生代地槽回返后的褶皱带，到新构造期发展成为强烈的断块隆起；②边缘凹陷回返形成一系列强烈的褶皱及逆断层；③最外缘为新的近期凹陷，伴之有平缓轻微的褶皱。这类构造见于我国的喜马拉雅山和台湾地区

5.新构造运动的研究方法

新构造运动不仅决定了现代地形的基本特征，而且也对地壳发育给予了全面影响。因此，研究新构造运动就显得十分迫切和必要。研究的方法可以概括为两大类型，即定量的仪器法、定性的地质法和地貌法。

1)仪器法(定量法)

①天文法。重复测量经度和纬度的坐标,确切提供各点在地表的水平位移数值。

②大地测量法。重复进行精确的三角测量和水准测量。三角测量研究水平运动,水准测量研究垂直升降运动。

③地球物理法。通过地震测量、重力测量、倾斜仪测量、地应力测量、热流测量和地磁测量等手段获得现代构造运动的资料。其中地震观测最为宝贵的是它能直接获得构造运动资料。

④水文学方法。通过观测海面、湖面的升降来研究现代构造运动。

2)地质法

地质法是通过分析地质构造、第四纪沉积物剖面和沉积物的厚度来研究新构造的方法。

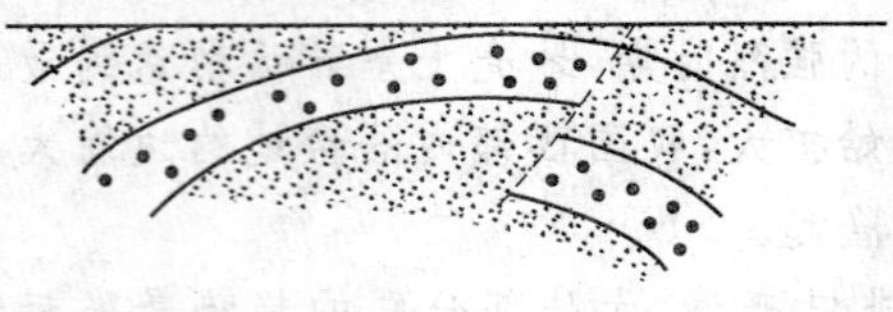

图 1.4.1　酒泉地区碎石砂子岩层内带逆掩断层的年轻褶曲

①构造形态与构造关系的研究。第四纪沉积物构造的研究是新构造运动的最好见证。在某些地区山麓和山间盆地及平原的第三纪、第四纪地层中,褶皱和逆掩断层构造发育得非常广泛,例如在三门峡、甘肃河西和我国其他地区都可见到出露很好的新构造,如图 1.4.1 所示。但在研究沉积物构造时,必须与一些非构造作用(如冰川、滑坡、泥石流等)所引起的假构造变动加以区别。

②第四纪沉积物剖面的研究。沉积物是沉积环境的标志,研究第四纪沉积物的剖面可以确定它们形成时期的地壳运动性质。在山区洪积扇的垂直剖面中沉积物成分(自下而上)从粗粒向细粒和微粒更换,则说明山岭的下降或隆起带的收缩;而垂直剖面中沉积物向相反顺序更换,则表明隆起区的扩大。但必须与物质搬运时的季节变化、气候条件的改变所引起的更换加以区别。

③第四纪沉积物厚度的研究。研究沉积厚度能够确定物质的搬运区和堆积区。巨厚的物质堆积一般表示地壳的下降和供给这些物质地带的上升。因此厚度很小的沉积物或沉积物的缺失,就表示地壳上升。巨大厚度的激烈变化及其向小厚度的过渡,同样表示新构造运动的存在。第四纪断层活动也可能使沉积物厚度发生变化。

3)地貌法

新构造运动是决定现代地貌基本形态的主要动力之一,通过分析地貌的特点、形态及其组合关系,也可以研究新构造运动。这里仅介绍几种常用的方法。

①河谷阶地的研究。它是确定新构造运动的一个基本方法。在一条长大河流中,由于沿河地壳活动性的差异,出现的阶地类型也不一样。侵蚀阶地、基座阶地等说明地壳上升;而掩埋阶地等说明地壳下降;无阶地的地段说明地壳相对稳定。

②河道纵横断面的研究。河道上、下游纵横断面经常由于新构造运动而发生变化。河面河谷宽阔处,相应的第四纪沉积层变厚,即代表沉降区;相反河面河谷狭窄处第四纪沉积变薄,即代表隆起区。

③研究水文网的变化。一条河流袭夺另一条河流支流的各种现象或者袭夺整条河流,则是上升区和下降区重新分布的特有标志。在河流的上升地区,侵蚀作用重新活跃起来,产生急速地向源侵蚀,重新活动的河流袭夺较为发育的河流的支流和主流。

地壳的上升或下降也引起河床侧向的迁移(即河流改道),有时迁移的距离很大。如果上升规模小于河流长度,河流中游水流则移向一旁而绕过上升地区,在平面上形成河流弯曲。但必须注意将新构造引起的河流袭夺和改造与岩性成分的改变和其他因素引起的变化严加区别。

④洪积扇和洪积阶地的研究。在山区常常见到老洪积扇前有发育较完整的新洪积扇，洪积扇的叠置或洪积阶地的形成，说明山区上升。新洪积扇总是向上升地区的另一旁移动。

⑤海岸地形的研究。在海浪的进流、退流长期作用下，海岸地带能形成一系列如海蚀穴、海蚀台、海积台等海岸地形。这些地形都代表了当时的海面高度。如果陆地地壳上升，这些海岸地形就会被抬高。如果古海岸地形沉于水下，则代表了陆地地壳的下降。

(二)活动断裂(活断层)

1. 活动断裂的概念

近几十年来，由于工程建设的需要，活动断裂被各方面关注起来。活动断裂一般是指现今仍在活动着的断裂；但中外学者在对"现今"的上限时间的理解上有所差别。综合各方面的意见，活动断裂一般是指晚第三纪以来，特别是第四纪以来有过一次或多次活动，有过小震活动或多次历史地震记载，有过地面破裂证据或发生过蠕动的断裂。

2. 活动断裂的一些标志

活动断裂的标志很多，常见的有以下几种。

①横穿断裂带布设的精密测量系统和水文网，常发现有升降变动或错动迹象。

②沿断裂带有历史地震的震中分布。地震台站可记录到小震活动。常见有古地震活动造成的地面倾斜或错开的痕迹。

③断裂带的断层泥和断层破碎物质多未胶结。沿断层带崩塌、滑坡发育，地下水线状出露，常见温泉。

④沿断层带的地电、地磁、地温或各种气体数值一般偏高，且不同地段差异显著。

⑤沿断裂带上有植物突然枯死，或生长特殊罕见植物的现象。

⑥常见有"山从平地起"的陡坎山，断层三角面显著，山前的第四纪堆积物厚度大，常见有小褶曲和小断层，高或特别低与山体不相称。

3. 内陆活动断裂的活动方式

因地震作用发生突然滑动和缓慢蠕动是内陆活断层活动的两种基本方式。

4. 中国活断层的基本特征

中国是构造活动强烈的地区之一。新生代以来曾发生过多次中强震活动，在地形、地貌上留下了大量活断层痕迹。

中国各活动断裂在特征上有很多不同之处，其主要差别是主要活动断裂在方向上各有所不同。西部地区以北西西和近东西为主；东部以北北东和北东向和断陷盆地为主；在东西之间的中部地区，由于不同地段的结构和应力状态不同，发育了一条复杂的构造带。与之相对应的区域应力场也不同。

5. 活断层的滑动速率分类和工程地质评价

1)活断层的滑动速率分类

活断层滑动速率分类如表 1.4.5 所示。

活断层滑动速率分类表 表 1.4.5

分　类	第四纪(或其中一段)平均滑移速率/(mm/年)
Ⅰ(高速的)	$S \geqslant 10$
Ⅱ(中速的)	$10 > S \geqslant 1$
Ⅲ(低速的)	$1 > S \geqslant 0.1$
Ⅳ(微速的)	$S < 0.1$

2)工程地质评价

铁路选线时,应尽量绕避活断层(特别是Ⅰ、Ⅱ类),必须通过时,也应修建一般低路基,避免采用隧道、桥梁。越岭地段的线路,应避免沿活断层及其影响带展线,应以最短的距离垂直通过为宜。各种建筑场地的选择,宜尽量避开活断层及其影响带。

三、中国第四纪地层

(一)中国第四纪地层的类型与分布

1.岩相——沉积类型的复杂性

第四纪岩相的基本类型可分为海相和陆相(有时又分出海陆交互相)。中国第四纪海相沉积的分布地区,在我国东部,在大多数情况下是继承了第三纪的沉积地区,如台湾、海南岛。

中国第四纪的陆相沉积,在岩相类型及其分布地区上,与第三纪沉积也有极密切的关系。但与海相层相比,在类型划分上是比较复杂而又详尽的。

中国第四纪的陆相沉积类型除受构造性质和古地理条件影响外,古气候因素对它们的影响也显得特别重要。我国第四纪陆相沉积可分为下列几种类型。

①湖相沉积分布范围相当广泛。在更新世,湖泊比现在的大,在山西、河北、内蒙古、云南,皆有早更新世湖相地层。有许多是新第三纪湖泊堆积的继续。

②洞穴—裂隙堆积在华南、华北皆有分布。在华南,更新世各时期皆有这种堆积,而在华北则主要分布在太行山和北京西山地区,且其时代主要是中更新世的,也有少数是早、晚更新世的。它们在分布地区上也常与第三纪的有一定联系。

③河流及洪流堆积主要分布在南方及西北各省区。在南方,长江流域一带,早、中更新世的河流相砾石堆积分布很广,从四川向东直到江浙皆有存在。在西北,各大山如祁连山和天山山麓地带,洪积相砾石堆积也很广,且厚度很大,一般在数百米甚至达千余米。

④“土状堆积”指黄土和红色土堆积,分布在黄河流域的广大地区内。其成因十分复杂,就现在所知,有洪积的、坡—洪积的、坡积的、冲积的、风积的、残积的、残—坡积的等。在山麓地带,土状堆积的底部常有冲积砂砾层。

⑤冰川及冰水堆积是更新世的冰川冰水堆积,在长江中下游(如庐山等)和中国其他各地的高山地区皆有分布;近代的冰川堆积主要分布在西部的高山高原地区。

⑥火山喷发堆积分布在华北和东北,为更新世初期和晚期火山喷出的玄武岩;在台湾和云南更新世较新火山喷出的玄武岩和安山岩,都属于这一类型。

2.堆积作用的继承性

第四纪陆相沉积类型常与新第三纪的类型是一致的,这说明它们之间堆积作用的继承性;而这种继承性在第四纪各时期之间也是明显的,因而同类型的沉积物,在不同时期常重复出现。

我国北部自新第三纪以来,“土状堆积”作用的继承性最为明显,因而形成了早上新世的保德红土(蓬蒂期),晚上新世—中更新世的红色土(静乐期—周口店期)和晚更新世的马兰黄土(马兰期)。

我国北部的第二个例子是河湖相堆积作用,如山西榆社盆地,自早上新世至早更新世分别沉积了下榆社组、中榆社组和上榆社组。

在我国南部,不同风化壳形成时期出现了几次网纹红土堆积。

我国南部另一堆积作用继承性的例子是河流相砾石堆积,如早更新世的雨花台砾石、之江砾石和白砂井砾石，中更新世的雅安砾石和重庆砾石，晚更新世或全新世的江北砾石。

南部灰岩地区不同时期不同高度的洞穴堆积作用也表现出明显的继承性，如广西早更新世的巨猿堆积，中更新世的黄色和红色土堆积，晚更新世的浅灰色和浅红色土堆积，以及近代的灰色土堆积。

在我国西北部干旱地区，山麓洪流及其他作用的砾石堆积表现的继承性更为明显，如河西走廊的早更新世的玉门砾石，中更新世的酒泉砾石和晚更新世的戈壁砾石，天山山麓的早更新世的下西域砾石和上西域砾石，中更新世的高阶地砾石，晚更新世的新疆砾石，皆是很好的例子。

3.冰川冰水堆积的旋回性(波动性)

第四纪时期，由于地球两极冰盖的形成和扩大，气候分带现象比以前各地质时期更加明显。同时这种冰盖的扩大和缩小，引起了全球性的气候的强烈波动，而产生了冰期和间冰期的更迭和其冰川冰水堆积的旋回性。

4.人类发展的阶段性

人类化石的存在，无疑是我国第四纪地层的一大特征。生物的不断演化，终于导致了人类的出现。这是第四纪生物发展历史上的一个重大飞跃。在我国，基本上已发现各阶段的人类化石。如我国广西柳城、大新黑洞和湖北建始(巨猿牙齿)等地发现的巨猿(巨人)化石，可能就是南方古猿的一个旁支。猿人的代表有北京周口店中国猿人，稍早的陕西蓝田猿人和在云南元谋发现的更早的元谋猿人牙齿。古人化石，有广东韶关的马坝人，湖北长阳的长阳人，山西襄汾的丁村人。新人化石发现于我国周口店山顶洞、广西柳江、四川资阳、内蒙古乌审旗等地。

以上人类发展的四个阶段表明，每一阶段都具有一定的地质时代。因此，人类化石在确定地质年代上也具有意义。

5.堆积物分布的分带性

这里包括双重意义，即空间上的(横向的、水平方向的)带状分布与时间上的(纵向的，垂直方向的)带状分布。这种堆积物的带状分布又因受到气候条件和地貌条件影响的不同而有所差别。

在我国西北部，第四纪堆积物在空间上的分布，表现出很严格的地带性。在山地主要为冰碛物和冰缘沉积，在山麓则长期分布着冰水沉积和洪积，并向内陆盆地方向逐渐过渡为洪积—冲积物、黄土状沉积物。在内陆盆地中心则以风成分布最为广泛，并有局部的盐湖、盐沼化学沉积。比如塔里木盆地及其周围的山地，自山地到盆地中心大致可分为四个带：山地冰碛及冰缘沉积带，山麓坡积和洪积带，洪积冲积带，盆地内风砂、湖泊和盐类化学沉积带。

在我国南部，如广西，洞穴—裂隙堆积物在时间上的分带性十分明显。如早更新世的巨猿洞穴堆积高出地面约 90 m，中晚更新世的洞穴堆积高 35～40 m (广西兴安的仅高 7 m)，近代洞穴堆积在地面以下。在广东高要、罗定、开封等地，自老至新也有高出河水面 80～100 m、40～60 m 和右河水面下20 m的不同时代的洞穴堆积。

随着气候带的不同，我国自北向南堆积物成纬向的带状分布：寒温带的冻土，温带的黑土，暖温带的黄土和红色土、亚热带热带的红土。

随着距海的远近和气候自西向东由干变湿，堆积物成经向(或西北东南向)的带状分布，这在我国北方地区表现明显。如干旱区的戈壁和风沙，半干旱区的黄土，潮湿区的冲积物和沿海的海相堆积。

(二)早更新世地层

在我国绝大多数地区,更新统与第三系或其他地层之间有一个剥蚀面,它也常是不整合面。特别在我国北部和西部,这个面很清楚。它代表了一次地壳运动,在滇西北称为喜马拉雅运动第四幕。这个运动对第四纪沉积产生了积极的影响。

在我国北部,这时造成了许多小型断陷盆地和断陷谷地,如河北北部桑干河谷中的泥河湾盆地、怀来盆地、阳原盆地,山陕的汾渭地堑谷地及其以东的三门峡盆地等。在这些盆地和谷地中发育了早更新世(或称泥河湾期)地层,它以泥河湾组和三门组河湖相沉积为代表。在北部西缘的青海东部的斜列构造盆地中,如贵德、民和、天峻,也发育早更新世地层。其中,三门峡地区和汾渭谷地有较大面积的分布。三门峡盆地自新第三纪就开始形成,因此三门峡直覆于上第三系之上。在太行山大断裂以东,华北平原从上新世即整体下降,第四纪时继续下降,沉积了数百米厚的松散沉积。

在北部,与河湖相堆积相应的地层,即红色土 A 带,在山西西南部称午城黄土。红色土 B 带分布于谷地两侧或盆地四周,如在三门湖盆南缘秦岭北麓分布着由红色土 B 带组成的洪积扇。不过它形成时间较晚,位置较高,破坏强烈,其原始面已远不如由红色土 C 带组成的沉积面那样完整。从红色土 B 带堆积顺山坡向上就是剥蚀带(二者之间常为晚期坡积所隔开);从红色土 A 带向盆地中心就是三门组。它们不仅是同时形成的,而且都是剥蚀地形的相关沉积,从山顶到盆地中心具有明显的分带性。

红色土 B 带是继上新世三趾马红土(保德组)和红色土 A 带(静乐组)之后的第三代"土状堆积",这说明更新世与上新世在沉积环境和沉积性质上的一致性。

在我国西北部,则是另一种情况。天山南北麓和祁连山北麓皆分布着巨厚的山麓砾石,如西域砾石、玉门砾石。这是由于在早更新世时山前大断裂复活,山脉上升,盆地下降而造成的。不过西域砾石在准噶尔南缘厚 2 000 m 处,而在北部则缺失,这就说明准噶尔盆地是一个向南倾斜的盆地,不是一个中心下降、四周上升的一般盆地。

在我国南部,早更新世继承了上新世的剥蚀作用,广大地区遭受剥蚀而堆积很少,这是由于喜马拉雅运动的影响,大面积上升的结果。除了长江流域的雨花台砾石和白砂井砾石从层序关系上可能属于早更新世外,在广大地区内发育着红土,它是红土化(湿热化)作用的产物。

在我国南方,这种红土自上新世时已开始形成,在长时期内由于受红土化作用的程度不同,可将红土分为深红土和浅红土两种。地质时代较肯定的有云南元谋盆地的元谋组和广西富贺钟区的锡砂矿组,前者有云南马(Eguns Yunnanensis),后者有前东方剑齿象(Stegodon—Praseorientalis)化石。在广西,还有早更新世的巨猿洞穴堆积,它含有柳城动物群。这是与北部泥河湾动物群相对应的南部动物群。

随着构造运动的发生也引起了火山活动,在华北平原和太行山东麓有玄武岩和火山碎屑堆积;在东北长白山继第三纪末形成了高位玄武岩;在西北塔里木、天山、昆仑山有玄武岩流的溢出;在我国南部、海南岛北部、雷州半岛和台湾地区,这时继上新世都有火山岩的形成。但它们的分布都是受构造带控制的。

在早更新世中间发生了一次强烈的地壳运动,致使我国北部和西部的泥河湾组下部、下三门组、西域组下部和玉门组下部发生了倾斜、褶曲和断裂;在南部则表现为大面积上升,使得剥蚀作用加强,而很少沉积。由上新世至早更新世,地壳上升和气候变冷,可在古生物和沉积地层中观察到。从全球气候曲线来看,到了上新世末温度已开始下降,这预示着进入第四纪时气候将有大幅度的波动。

在北部，蓬蒂期的地中海区系三趾马动物群为古北区系的动物群所代替。

我国西部高山区发生了冰川，东部的若干山地里也有山谷冰川的发生，形成我国冰川历史的第一阶段。这次冰川在庐山称为鄱阳冰期，它以绛色(深红色)泥砾为代表。

在冰川外围地区，由于大气环流的增强，气候转为湿润多雨，湖泊大量发育，形成泥河湾期的河湖相沉积，在山前地带普遍堆积了冰川、洪积成因的砾石层。在南部河谷和盆地中，也造成了大量的河湖及砾石堆积。这说明这是一个气候上升的寒冷湿润期。

在沿海地带发生了海退，海岸线向海移动，陆地面积扩大，黄海、东海、南海面积缩小，台湾海峡可能不存在，台湾岛、海南岛等岛屿可能与大陆相连。

冰川过后，气候转为温暖而干旱，高山地区发生冰退，进入间冰期。

在北部，湖泊缩小而逐渐为河流所代替。山前地带坡积—洪积成因的红色土逐渐扩大，其中所含数层红色埋藏土壤是气候暂时转暖的一个标志。

在南部，在热带亚热带气候条件下，普遍发育了红土。鄱阳冰期的泥砾遭受深度的湿热化，构成了网纹状结构。这时在北部太行山以东发育了红土砾石层，在北京周口店第12点洞穴堆积和军庄灰峪洼地堆积中含有红土，东北辽东半岛也沉积了带赤色黏土层。

沿海地带由于海面上升发生海侵，并在若干地区发育海相地层。台湾和琉球群岛的厚层琉球灰岩，含有丰富的珊瑚和有孔虫化石，说明当时的海水也较现在温暖。

矿产的形成是这个时期沉积的一个重要方面。比如广西富贺钟地区的砂锡矿就是突出的例子。在西北部早更新世山前巨厚砾石层中含有丰富的地下水资源，为生活、生产提供了极为重要的条件。

(三)中更新世地层

在早更新世沉积之后又发生了一次构造运动，它在我国西北部和西南部表现得最为剧烈。在天山南麓，西域砾石层上部发生倾斜；该区发生的逆掩断层，使得第三纪疏勒河组逆掩在玉门砾石层之上。在西北，中更新统角度不整合，覆盖在下更新统之上，如高阶地砾石层与西域砾石层之间的不整合，酒泉砾石层与玉门砾石层之间的不整合，它代表了这次运动的存在。这时在塔里木、天山、昆仑山一带，伴随地壳运动，火山继续活动，仍有玄武岩流的溢出和喷发。

在西南，这次运动称为元谋运动，由于元谋—红格大断裂再次活动，元谋盆地东山逆掩大断层使侏罗—白垩系向西覆盖于元谋组之上，同时，在元谋组本身也发生了相反方向的次一级的高角度逆断层。在西南(云、贵、川)与元谋组相当的地层，皆受到类似的构造变动。元谋运动使云贵高原面抬高，喜马拉雅山和青藏高原大幅度上升。

这次构造运动使得我国广大地区地壳上升，地面遭受侵蚀，在北部各大山前造成巨厚的洪积扇和红色土带状堆积(在山西西南部称离石黄土)。它们的分布是北起鄂尔多斯，南达秦岭，西至青海东部湟水流域，向东到太行山东麓和山东北部和西部，甚至直到东北南部。在这广大的地区发育着的红色土表明，这是一个造“土状堆积”的时期，它在地质发展史和地层发育上占有极其重要的位置。

与此同时，在北京周口店形成猿人洞穴等洞穴堆积。

这时华北平原及松辽平原仍在继续下降接受沉积，同时在太行山东麓发生了第四纪的第二次火山活动，在长白山地区造成了低位玄武岩。

在南部，地壳仍在继续上升，早更新世的洞穴被抬高，而同时又造成了许许多多的中更新世洞穴—裂隙堆积，西起川、滇，东到江、浙，北自湖北，南达两广，比比皆是。这时在南部普遍发育浅红土化的网纹红土。另外，在四川分布有雅安砾石层和重庆砾石层。在滇西北发育含有哺乳类化石的同期地层。

上述表明，在中更新世时代，我国南、北部发育着不同的沉积，北部以红色土为主，而南部则是洞穴堆积和网纹红土占重要位置。此外，在西部和南部四川境内砾石分布较多。中更新世和早更新世的沉积也有很大不同。如果说早更新世我国是一个发育河湖相（北部、南部）、山麓相（西部）和砾石相（南部）时期的话，那么中更新世则是一个造红色土（北部）和洞穴堆积、网纹红土（南部）的时期。

中更新世动物群在我国北部为周口店动物群，具有明显的古北区系特征；在南部则为万县动物群（狭义的剑齿象—大熊猫动物群），具有中国—马来亚动物群的特征。早更新世时，我国南、北两个动物群的关系还很密切，而到了中更新世就有明显的不同了。

中更新世时，我国气候上也有不同的变化。中更新世早期，地壳上升和气温变冷，形成我国已知的最大一个冰期。在西部山地和高原发育了广大的冰川，而在东部的局部山地也有山谷冰川。在庐山的冰积物为赭色（棕红色）泥砾，称为大姑冰期。在冰川外围地区这时还发育了融冰岩屑、融冻泥流等冰缘堆积物。

在我国冰期时发生了第四纪以来的第二个湿润期。在盆地和谷地中形成了河湖相或河流相沉积物，如山西的丁村组和四川的雅安砾石和重庆砾石，在山麓地带由于冰水参与而形成了酒泉砾石层、奇台砾石层和高阶地砾石层。不过，除西部砾石层外，在北部和南部这个时期的河湖相沉积发现的并不多。

中更新世晚期，转为间冰期时期。西部地区的冰川向后退缩，东部的山谷冰川融化而消失。在南部，广泛发育了经过湿热化作用的网纹红土，大姑冰期的泥砾也遭受强烈风化而呈红色，且具网纹结构。红土分布范围广大向北延伸，从周口店、牛心山、昌图、盘石等地的灰岩上的红土和洞穴—裂隙堆积推测，比早更新世的红土北界还向北。

在北部，广大地区内继续堆积了厚几十至百余米的红色土带，它含有十几层红色的埋藏土壤和埋藏风化层。根据其中的动植物化石和埋藏土壤的发育，说明当时的气候是比较温暖而干旱的。分析胶体矿物的结果，也证明气候比较干热。

冰期时发生海退，间冰期时发生海进并形成沉积，我国东部沿海地带有这个时期的海相地层分布。

中更新世的矿产是该期地层的一个重要组成部分。在西部柴达木盆地中形成了岩盐、石膏和芒硝；在雅安砾石层底部产砂金。我国湖南、山东的金刚石砂矿有一部分也是在这个时期形成的。

（四）晚更新世地层

在我国，中、晚更新世之间又有一次构造运动发生。在滇西称为喜马拉雅构造阶段的第五幕。这次运动使得我国广大面积地壳上升，遭受剥蚀，断裂再度活动，我国东部近岸大平原继续沉降，许多大小构造盆地和谷地沿断层下降，接受沉积，以致造成地层间的整合、假整合或不整合关系。由于地壳振荡升降，在河谷中形成二、三级阶地。在大同盆地和东北地区引起火山喷发，形成玄武岩流和火山碎屑堆积。

晚更新世时，我国北部广大地区内发育了马兰黄土，南部发育了长江中下游的下蜀亚黏土和四川成都亚黏土。

我国晚更新世的堆积物在颜色上有其一致性。北部的马兰黄土是黄色，南部的下蜀亚黏土也是红黄色和灰黄色。这可能是由于气候比较干冷的缘故。

除土状堆积外，在北部和南部又广泛形成了河湖组的堆积，如萨拉乌苏组、迁安组、戚嘴组、资阳组，以及东北地区的一些含猛犸象—披毛犀动物群的地层。

晚更新世的地壳可能是很不稳定的，特别是常有周期性的垂直振荡运动，以致在河谷内形成了多级阶地。这表明这一时期的地壳活动与早、中更新世的有所不同。

在南部，红土化作用逐渐减弱，并向南移动。下蜀亚黏土并不具网纹结构。

无论在北部和南部，以黄色为主的洞穴堆积继续形成，但也有逐渐减弱的趋势。这时在东北这种堆积却发展了。

晚更新世的动物群，在北部以萨拉乌苏动物群、东北动物群和稍晚的山顶洞动物群为代表。在南部则有长阳、资阳等地含真人化石的剑齿象—大熊猫动物群(广义的)。

晚更新世的气候也是有变化的。此时，我国东部有庐山冰期、庐山—大理间冰期和大理冰期。西部天山也划分为冰期、间冰期若干阶段。这说明气候的波动性是很大的，也可能与地壳的振荡运动有关。

气候转为寒冷，在动物化石上也得到反映。如代表寒冷气候条件的猛犸象和披毛犀在东北被大量发现。这说明西伯利亚的冷空气向南侵入很远。但是，就庐山地区的庐山冰期堆积只分布在山上而未达山麓来看，此次冰期较小。在冰川外围广大地区，由于气候寒冷，也发育了冰缘堆积，这在长江中、下游，东北和华北皆有分布。

气候转为湿润时期，在北部堆积了以萨拉乌苏组为代表的河湖相堆积，在西部山麓地带继续堆积了洪积砾石层；在沿海平原和南部河谷中发育了冲积物。

沿海地区发生海退，外围岛屿与大陆相连。

间冰期时气候转暖，西部高山地区冰川后退，东部地区冰川融化而消失。南部红土化作用比起早、中更新世来要微弱得多，红土很少发育。其北界大致在长江沿岸，这比早、中更新世的要向南得多。

在北部，普遍发育了代表干旱气候的马兰黄土。它分布在秦岭—淮河一线以北的华北、东北南部广大地区，以及西北的山前一些地带。

间冰期时发生海侵，我国东部沿海一带特别是华北和苏北地区继续沉积了海相地层。

那时海水也温暖些，珊瑚礁分布在北纬35°左右，而现在只分布在琉球群岛北端，纬度约向北推移了5°。

晚更新世形成的矿产仍是一个重要方面，如我国西部的盐湖堆积和南部的砂矿堆积，都占主要地位。

(五)全新世地层

我国大冰期时，海水面下降，日本、印尼和加里曼丹等地都曾与大陆部分相连，海峡也不存在，黄海大部为陆地。冰后期(全新世)，海面相对上升100～140 m。广泛的海侵，使全新世继晚更新世再次沉积了海相地层。

同时，由于地壳上升，地面遭受剥蚀，黄河、海河、长江等大量泥沙堆积在我国东部沿岸一带，海水退去，海岸线逐渐外移，形成与现在相近的海陆轮廓。全新世地层覆盖在老地层之上，其接触关系有整合、假整合等。

全新世堆积物以冲积砂砾和亚砂土为主，并在河谷中造成10 m左右一级阶地和宽广的河漫滩；松辽平原、华北平原、苏北平原、江汉平原等继续发展，并生成大量泥炭沼泽。在西北干旱地区发育了风沙堆积和盐湖堆积。在南部，洞穴堆积继续发育，并含文化层，其中有石器、骨器、陶器和灰烬等。在东北和新疆于田，有火山活动和火山堆积。

全新世的气候与现在相近，但也有不同。根据辽宁和北京资料，可将全新世划分早、中、晚三期，每期也发育有相应的植物。我国北部和南部，在不同的气候带发育各种类型的土壤。西部高山地区仍存在有冰川。纬度较高的东北北部和海拔较高的西藏高原有冻土发育。

在人类历史时期特别是科学发展的现在,人类的活动影响并改变了自然面貌,引起一系列地质作用的加强和削弱。由各种因素促成的各种地质作用及其结果,应当特别予以重视和研究。

当前,地质作用十分活跃,对人类的生活和生产带来极大的危害。第四纪地壳运动的性质如何,构造变动与地震的具体关系怎样,对于我们不能不说是一个具有极大吸引力的研究领域。

第五节 地 貌

一、地貌的成因及分类

(一)地貌的概念及分级

地貌是指地球表面在内、外地质营力的相互作用下产生的大小不等、千姿百态、成因复杂的地表形态。

地貌的规模极为悬殊,通常按其相对大小,并结合地质构造基础及塑造地貌的营力进行分级,称为地貌相对分级,见表 1.5.1。

地貌相对分级 表 1.5.1

相对等级	形态举例	塑造地貌的营力
巨型地貌	大陆和洋盆	由内力作用形成
大型地貌	陆地上的山岳、平原、大型盆地;洋盆中的海底山脉、洋脊、海底平原	基本上由内力作用形成,是地壳长期发展的结果
中型地貌	山岳地形中的分水岭、山地、山间盆地;平原中的分水区、河谷区等	是内力地质作用与外力塑造作用综合作用的结果
小型地貌	山脊、谷坡、阶地、残丘等	主要取决于外力地质作用

(二)内、外地质营力对地貌的影响

内、外地质营力对地貌的影响,如表 1.5.2 所示。

内、外地质营力对地貌的影响 表 1.5.2

地质作用	对地貌形成的影响	地质作用的种类	特征或亚类
内力地质作用	形成地貌基本起伏形态的动力	地壳运动	是由于地球自转等因素,引起地壳产生水平挤压、垂直升降,使岩层变形,形成不同类型、序次、级别的地质构造和不同方位的构造体系,从而形成不同形态的山脉、高原、平原、盆地等地貌
		变质作用	对地貌形成有一定影响
		岩浆作用	由于岩浆活动,可以造成地表隆起,引起地形改变。喷发物也能构成特殊地貌
		地震作用	对地貌的影响表现为对地形的破坏和改造

续上表

地质作用	对地貌形成的影响	地质作用的种类	特征或亚类	
外力地质作用	对地壳外表进行加工、雕塑，从而改变原来的地貌形态	风化作用	物理的风化作用	因膨胀、收缩不平衡而产生的分裂剥离作用
				裂隙中结冰而产生的扩大作用
				盐分潮解再结晶而产生的撑胀作用
			化学的风化作用	氧化作用、碳酸化作用、水化作用、溶解作用、水解作用
			生物的风化作用	植物根系生长而产生的劈裂作用
				穴居动物的钻凿作用
				动植物新陈代谢的产物与岩石的化学作用
				动植物遗体腐败产物与岩石的化学作用
		剥蚀作用	风蚀作用	
			磨蚀作用：砂和小石块在风力搬运途中所产生的磨、刷、擦、刮等作用	
			侵蚀作用	地面水冲刷作用
				地下水潜蚀作用
			冲蚀作用	风浪对海岸的冲击磨刷作用
				潮汐对海岸和海底的摧毁作用
				海流对海岸和海底的冲蚀作用
			刨刮作用：冰川运动时与接触的岩石相互挤压摩擦、接触的作用	
		搬运作用	风力搬运作用	
			河流的搬运作用	
			海洋的搬运作用	
			冰川的搬运作用	
		堆积作用	机械的堆积作用	大陆的堆积作用和海洋的堆积作用
			化学的堆积作用	
			生物的堆积作用	

(三)地貌的成因类型

地貌的成因类型划分，如表 1.5.3 所示。

地貌成因类型划分 表 1.5.3

项目	成因	地貌单元		主导地质作用
内营力为主	构造、剥蚀	山地	高山	构造作用为主，强烈的冰川刨蚀作用
			中山	构造作用为主，强烈的剥蚀切割作用和部分的冰川刨蚀作用
			低山	构造作用为主，长期强烈的剥蚀切割作用
		丘陵		中等强度的构造作用，长期剥蚀切割
		剥蚀残山		构造作用微弱，长期剥蚀切割作用
		剥蚀准平原		构造作用微弱，长期剥蚀和堆积作用
	构造、堆积	火山锥		构造作用为主
		岩熔流		构造作用为主

续上表

项目	成　因	地貌单元		主导地质作用
外营力为主	山麓斜坡堆积	洪积扇		山谷洪流洪积作用
		坡积裙		山坡面流坡积作用
		山前平原		山谷洪流洪积作用为主,夹有山坡面流坡积作用
		山间凹地		周围的山谷洪流洪积作用和山坡面流坡积作用
	河流侵蚀堆积	河谷	河床	河流的侵蚀切割作用或冲积作用
			河漫滩	河流的冲积作用
			牛轭湖	河流的冲积作用或转变为沼泽堆积作用
			阶地	河流的侵蚀切割作用或冲积作用
		河间地块		河流的侵蚀作用
	河流堆积	冲积平原		河流的冲积作用
		河口三角洲		河流的冲积作用,间有滨海堆积或湖泊堆积
	大陆停滞水堆积	湖泊平原		湖泊堆积作用
		沼泽地		沼泽堆积作用
	大陆构造—侵蚀	构造平原		中等构造作用,长期堆积和侵蚀作用
		黄大塬、梁、峁		中等构造作用,长期黄土堆积和侵蚀作用
	海成	海岸		海水冲蚀或堆积作用
		海岸阶地		海水冲蚀或堆积作用
		海岸平原		海水堆积作用
	岩溶	岸溶盆地		地表水、地下水强烈的溶蚀作用
		峰林地形		地表水强烈的溶蚀作用
		石芽残丘		地表水的溶蚀作用
		溶蚀准平原		地表水的长期溶蚀作用和河流的堆积作用
	冰川作用	冰斗		冰川刨蚀作用
		幽谷		冰川刨蚀作用
		冰蚀凹地		冰川刨蚀作用
		冰碛丘陵、冰碛平原		冰川堆积作用
		终碛堤		冰川堆积作用
		冰前扇地		冰川堆积作用
		冰水阶地		冰川侵蚀作用
		蛇堤		冰川接触堆积作用
		冰碛阜		冰川接触堆积作用
	风成	沙漠	石漠	风的吹蚀作用
			沙漠	风的吹蚀和堆积作用
			泥漠	风的堆积作用和水的再次堆积作用
		风蚀盆地		风的吹蚀作用
		沙丘		风的堆积作用

二、山岳与平原地貌

(一)山岳地貌

1. 山岳的测高分类

山岳的测高分类如表 1.5.4 所示。

山岳测高分类 表 1.5.4

名称			绝对高度/m	相对高度/m	坡度角	备注
山地	极高山		>5 000	>1 000	>25°	其界线大致与现代化冰川和雪线相等
	高山	高山 中高山 低高山	3 500～5 000	>1 000 500～1 500 200～500	>25°	高山与中山的界线(3 500 m),主要考虑到剥蚀作用的性质差别。在此线以上寒冻风化作用强烈,因此形成陡峭的山坡和粗大的堆积物。此外,在我国西北地区,此线也为森林的上限
	中山	高中山 中山 低中山	1 000～3 500	>1000 500～1 000 200～500	10°～25°	—
	低山	中低山 低山	500～1 000	500～1 000 200～500	5°～10°	低山与中山的界线(1 000 m),主要考虑到我国东部的山地多在 1 000 m 上下,受强烈的流水侵蚀切割,地表零乱破碎
丘陵			<500	50～200	—	丘陵与低山的差别不在于绝对高度的大小,而在于相对高度和形态上的不同

2. 山岳的形态要素及其类型

山岳的形态要素包括山顶,类型如图 1.5.1 所示;山脊山顶呈长条状延伸时,称为山脊;各种形态的山坡、山麓如图 1.5.2 所示。山岳形态和特征如表 1.5.5 所示。

a)尖顶山　b)圆顶山　c)平顶山

图 1.5.1 山顶的类型

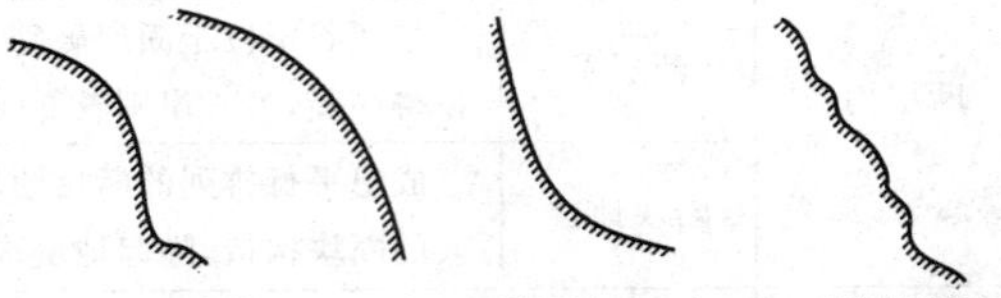

a)凸形坡　b)凹形坡　c)阶梯形坡

图 1.5.2 各种形态的山坡

山岳形态和特征 表 1.5.5

形态要素	类型	基本特征
山顶	尖顶山	山坡面呈锐角相交所构成的山顶形态。若为单一岩性,则为角锥形、圆锥形;若为多种岩性,则山脊似锯齿状,如图 1.5.1a)所示
	圆顶山	在湿热地区及侵蚀剥蚀地区较常见,有时也与花岗岩密切相关。这种山顶多半是由于长期风化的结果,如图 1.5.1b)所示
	平顶山	多因构造上升,将古代风化面抬高而形成,或系水平岩层在地貌上的反映,如图 1.5.1c)所示
山坡	直形坡	表明山坡经过强烈冲刷,岩性单一。依坡度大小可分为微坡(0°～15°)、缓坡(16°～30°)、陡坡(31°～70°)、垂直坡(大于 70°)
	凸形坡	上缓,至下部坡度渐增,往往可达垂直状态。坡脚暴露明显,表明岩层的风化产物堆积很少,受到强烈搬运和冲刷的结果,如图 1.5.2a)所示
	凹形坡	上陡,至下部坡度急剧降低,坡脚不明显。表明岩性很软,或山坡上部的风化产物大量都在山坡下堆积,如图 1.5.2b)所示
	阶梯形坡	在横断面上有一个或数个变坡点,表明山坡由软硬相间的水平层或微倾斜的岩层,经强烈剥蚀而形成,如图 1.5.2c)所示
山麓	山麓地带	山坡与周围地面的分界线。由于山岳是逐渐平缓转为平原,故此线较难明确划分。一般将转变地带称为山麓地带

3. 山岳的地质构造类型

山岳地质构造类型和特征如表 1.5.6 所示。

山岳的地质构造类型和特征　　表 1.5.6

类型		基本特征
水平岩层构造		在水平岩层地区，若岩层是软硬相间交互出现，顶部是硬岩，经侵蚀剥露后，水平岩层构造地貌表现为不同形态：山坡可形成似塔状地形；河谷形成构造阶梯（假阶地）；分水岭形成桌状台地和方山。岩层皆为硬质岩，经侵蚀、溶蚀和重力崩塌综合作用形成陡崖和深谷，峡谷与峡谷间则是平坦的分水高地，形成峰林地形，在广东北部特名丹霞地貌
单斜构造		单斜构造由软硬岩层交互组成时，经侵蚀、剥蚀后就会出现外形对称或不对称的山岳地形，如猪背脊和单面山
褶曲构造		褶皱山的分布往往和褶皱构造一致，背斜山和向斜谷是顺构造的通常称顺地形；向斜山和背斜谷是逆构造的通常称逆地形
穹隆构造		规模巨大的穹隆构造通常由岩浆侵入或由于方向直交的褶皱运动互相干扰而造成的。当穹隆外部沉积岩被剥开后，周围则形成各种单斜地形，穹隆中心的变质结晶岩，则形成复杂的结晶岩山丛
底辟构造		底辟构造是由于塑性岩层穿刺到上方刚性强的岩层中，将后者拱曲抬升在近地表表现为穹隆状的隆起。规模较小的底辟构造以岩盐、石膏或黏土等塑性沉积岩为核心。盐丘构造是由于水和天然气向盐丘顶部流动向上喷出，把软化了的岩石碎块带到地面，堆积而形成泥火山
断层构造	断层崖	断层活动造成的陡崖称为断层崖。断层崖常被河谷切割成不连续的断层三角面
	断层谷	如河谷正位于断层破碎带，则发育成断层谷。断层谷两侧地层不能对应，在地形上一岸显得高陡，另一岸则较低缓，河谷在平面上也较顺直
	断块地貌	成组平行排列的断层使地壳断裂成块，产生梯级构造，或形成地垒和地堑。对于规模较大的断块构造，隆起地块成为断块山地，沉降地块成为断陷盆地
岩浆岩构造	侵入岩体地貌	较大的侵入体有岩盘、岩株和岩基。被剥露以前，表现为正地形，被剥露以后可仍突起为高地或变成剥蚀低地。岩浆侵入裂隙或层间较小侵入体有岩脉和岩床，在山坡或山岭突出成高脊或高坎或形成壕堑
	火山地貌与熔岩流地貌	熔岩为中性或酸性的火山喷发形成火山凝灰岩和熔岩层交替成层结构的锥状外形。玄武岩岩流含有少量的气体，流动性大，造成基部较大的盾形，称为盾状火山。火山锥的顶部，被破坏造成锅盆底状凹地，为破火山口。原先的火山口周壁被后期的喷发冲破一个缺口，造成一种马蹄形的火山。松散火山物质组成的火山斜坡上，发育辐射状密集的冲沟，被称为火山濑

(二)平原地貌

面积广阔，地面起伏不大，在构造变动（上升或下降）幅度不大的情况下，通过外力的夷平和充填作用形成的地貌形态，称为平原。

1. 平原按测高及构造特征分类

平原测高分类和特征如表 1.5.7 所示。

平原测高分类和特征　　表 1.5.7

分类	高程/m	地质构造	外力作用	地貌特征	代表性平原名称
洼地	海平面以下	新生代凹陷带	干燥剥蚀作用	地面切割微弱的内陆盆地或面积较小的山间盆地	吐鲁番盆地

续上表

分类		高程/m	地质构造	外力作用	地貌特征	代表性平原名称
低平原	沉积平原	0～200	较稳定的陆台区，第四纪以来轻微下沉	河流堆积作用	冲积平原和三角洲	华北平原
	剥蚀平原		较稳定的陆台区，第四纪以来轻微上升	剥蚀作用	剥蚀平原	—
高平原		200～600	陆台地区，第四纪以来缓慢隆起	剥蚀作用	残丘、准平原及高度不大的蚀余山	关中平原 宁夏平原
高原		＞600	古生代褶皱带，新生代以来剧烈隆起	冰川及寒冻风化作用及强烈的干燥剥蚀作用	冰川和寒冻风化作用的丘陵和低山	青藏高原 云贵高原

2. 平原按其地质构造和形成动力关系分类

平原地质构造类型和特征如表 1.5.8 所示。

平原地质构造类型和特征 表 1.5.8

平原类型			基本特征
构造平原			其表面与组成平原的岩层层面是一致的。一般是指海成平原，是由于地壳上升，海水以下的原始倾斜面出露水面形成的。可以是倾角较大的，甚至是凹状或凸状平原，主要取决于原始构造特征
非构造形成的平原	剥蚀平原		在地壳上升比较缓慢的情况下形成的。因为处于这种条件下，外力剥蚀作用可以充分地进行，形成准平原、山麓剥蚀平原等。还分布着起伏不平的残丘和颗粒较粗的薄层堆积
	侵蚀堆积平原		是剥蚀平原和堆积平原之间的过渡类型。当剥蚀平原形成之后，地壳发生轻微、不均匀的下降，使地面堆积一定厚度的细粒松散堆积层。在局部较高的地方，仍然继续其剥蚀作用，但就整个地面而言，仍近于平坦
	侵蚀平原		是由各种类型的外力侵蚀作用形成的平原。例如由冰川侵蚀、风力吹蚀等所形成的平原
	堆积平原	河流冲积平原	是由河流堆积形成的。大多分布于河流的中、下游地带，其面积大小主要取决于构造活动的性质，以及挟带物质的多少
		海积平原	在近海地区，当海平面上升时，海蚀作用不断向大陆方向推移，海面以下形成平原。随后，当地壳发生上升，该平原露出海面，就形成由海相堆积组成的堆积平原，其表面有时呈波状起伏。某种意义上，它又属于构造平原类型
		湖积平原	当河流注入湖泊且挟带大量疏松物质时，使湖底逐渐积高，湖水溢出，逐渐干涸，形成了面积不大的平原，称为湖积平原。平原的表面常分布着沼泽和积水洼地
		冰积平原	在较平坦的地区，由冰川或者冰水挟带的疏松碎屑物质堆积而成的平原，称为冰积平原。上面分布着各种冰碛和冰水沉积地貌

三、流水地貌

凡由地表水的侵蚀、搬运和堆积作用而形成的地貌，统称为流水地貌。

地表水包括面状水流和线状水流两大类。线状水流又有暂时性水流和经常性水流之分。

(一)暂时性流水地貌

暂时性流水地貌如表 1.5.9 所示。

暂时性流水地貌类型 表 1.5.9

分类		基本特征
侵蚀地貌	纹沟	由斜坡上片状水流汇聚成的细流对坡面侵蚀而成，纹沟相互穿插，呈网状
	细沟	规模不大，宽度小于 0.5 m。深度 0.1～0.4 m，长度数米至数十米，坡度平缓，在平面上呈大致平行的线状，纵剖面与所在坡地表面的坡度一致
	切沟	宽度、深度可达 1～2 m，有明显的谷缘，横剖面在上游呈 V 字形，下游呈 U 字形，纵剖面多呈阶梯状，有明显的跌水陡坎、纵坡已与所在坡面不一致
	冲沟	沟谷加深，向源侵蚀作用明显。沟头出现陡坎，同时，旁蚀作用加强，使沟谷两侧发生崩塌，沟谷加宽、沟坡较陡
	坳沟	纵剖面上陡坎被展平，呈上凹形曲线，向源侵蚀和下蚀作用逐渐减弱，仅侧向侵蚀使沟谷继续加宽，沟底平坦，甚至生长植物，又称干沟
堆积地貌	坡积裙	位于山坡坡麓的堆积物，组成物质决定于山坡上岩石的成分，以砂土夹碎石为主，分选性较差，磨圆度极差，略具层理，倾向谷地
	洪积扇	体积较大，表面弯曲不显著，曲率半径大，组成圆锥体的角度小，沉积物扇顶较粗，至扇缘变细，磨圆度和分选性大部分较好，孔隙大，透水强
	冲积锥	体积不太大，表面弯曲相当大、曲率半径小，组成圆锥体的角度大；沉积物顶部由角砾、砾石、砂等粗碎屑组成，分选性差，下部和边缘由砂壤土和壤土等组成。小冲积锥有时大小混杂无分选性。一般透水性较弱，地下水面高，有泉水出露
	山前洪积平原	山麓地带由于山区地壳不断上升，许多洪积扇、冲积锥逐渐发展扩大，彼此相连汇合而成

(二)河流地貌

1. 基本概念

1)河段地貌特征

不同河段的地貌特征如表 1.5.10 所示。

河段地貌特征 表 1.5.10

河段名称	区域地貌特征	河床坡度	河道形态	断面形态	阶地特征	主要地质作用
上游	多在山区	大	较直	V 字形	只断续有	下切作用
中游	地形较宽广	中等	—	梯形	阶地和河漫滩阶地发育	侧蚀作用和搬运作用
下游	地形更加宽广	小	形成曲流	河口形成三角洲	有不同级数的阶地	沉积作用

2)侵蚀基准面

水流的下切作用并不是无止境的，当河流下切到某一个面后，河流的垂直侵蚀作用便停止了，这个面称为该河流的侵蚀基准面。例如：注入海洋的河流，海水面即为该河流的侵蚀基准面；注入湖泊的河流，湖水面即为该河流的侵蚀基准面。

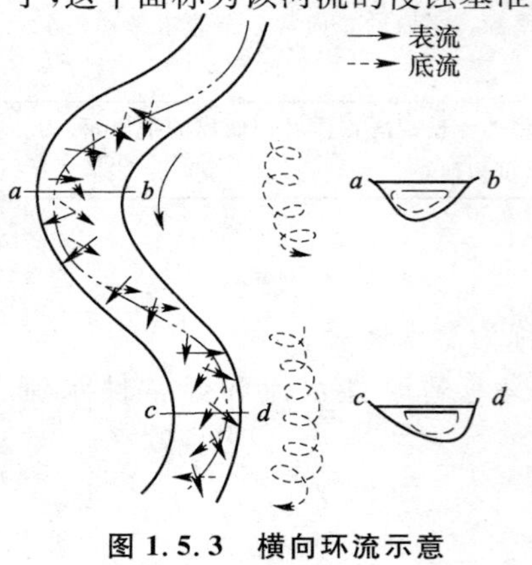

图 1.5.3 横向环流示意

3)侧向侵蚀作用和横向环流

水流对两岸的侵蚀作用，称为侧向侵蚀作用(旁蚀)。在河曲处，河水呈紊流状态，并同时出现环流。在河曲河道中表现为两种水流：①由河底从凹岸流向凸岸的水流，称为底流；②由水面从凸岸流向凹岸的水流，称为表流。表流和底流构成一个个连续的螺旋形水流向前移动，称为横向环流，如图 1.5.3 所示。横向环流对凹岸进行侵蚀，并将破坏产物带到凸岸沉积下来。所以，凹岸成为深水区，凸岸成为浅水区。

2. 河谷地貌

1)河谷地貌类型

河谷的地貌类型划分见表 1.5.11。

河谷地貌类型 表 1.5.11

分类原则	河谷类型		基本特征
按发育阶段	未成形河谷	隘谷	具垂直或陡峭的崖壁,河谷上部宽度和谷底大致相同,谷底极窄,且全被水所淹没
		嶂谷	两侧谷坡较隘谷分得开,但仍为陡壁,谷底较隘谷为宽,坡麓具有陡壁或缓坡,谷底部分被水淹没
		峡谷	横剖面呈 V 字形,两壁较陡峭,常有阶梯状陡坎,谷底有洪积冲积物,大多数峡谷的谷底被水淹没
	河漫滩河谷		横剖面成浅 U 字形或槽形,河床只占谷底一小部分,河曲显著
	成形河谷		河谷宽阔,结构复杂,有阶地、蛇曲、牛轭湖,两岸谷坡常不对称,堆积作用特别显著
按地质构造	横向谷(横谷)		河谷延伸方向与岩层走向正交(60°~90°)
	斜向谷(斜谷)		河谷延伸方向与岩层走向斜交(30°~60°)
	纵向谷(河谷与岩层走向一致)	背斜谷	沿着背斜褶皱轴的方向延伸的河谷
		向斜谷	沿着向斜褶皱轴的方向延伸的河谷
		单斜谷	沿着单斜构造的地层走向发育的河谷
	断层谷		沿断层发育的河谷
	地堑谷		沿地堑构造发育的河谷
按基准面变化	复活谷(河)		由于地壳上升,侵蚀基面下降等原因,使得河流侵蚀作用加强,呈现谷中谷,深切河曲
	沉溺谷(河)		大陆下降或海面上升,河流下游被海水淹没,成为漏斗形的三角港

2)河谷横断面特征

河谷横断面各部位的名称和特征,见表 1.5.12。

河谷横断面特征 表 1.5.12

名 称	基本特征
河床	河谷中为河流平水期流水所占据的最低部分,称为河床
河漫滩	河谷中为洪水期流水所淹没的河床以外的谷底平坦地带,称为河漫滩。每年洪水都能淹没的河漫滩,叫低河漫滩;周期性多年一遇最高洪水能淹没的河漫滩,叫高河漫滩
阶地	过去不同时期的河谷底部,由于河流下切侵蚀而被抬升超出一般洪水面以上,呈阶梯状分布在河谷谷坡上的地貌形态,称为河流阶地

3)河流阶地形态要素和特征

河流阶地形态要素,见图 1.5.4、表 1.5.13。

图 1.5.4 河流阶地形态要素示意图

①-阶地面;②-阶坡(陡坎);③-前缘;④-后缘;⑤-坡脚;

h_1-前缘高度;h_2-后缘高度;h-阶地平均高度;d-坡积裙

河流阶地形态要素和特征 表 1.5.13

要素名称	基本特征
阶地面	即原来的河漫滩面。在正常情况下,微向河床和下游倾斜
阶地陡坎	又称阶坡,是河流下切形成的侵蚀坡
阶地前缘	又称眉峰,是阶地陡坎和阶地面的交线
阶地后缘	是阶地面与谷城或高一级阶地坡的交线,常被坡积物所覆盖
阶地坡脚	又称阶地外缘,是高阶地陡坎与低阶地面(或河漫滩面)的交线

4)河流阶地的高度、宽度和级数的含义

①阶地高度是指阶地面与河床平水期水面的垂直距离,也可用前缘的平均高度代表阶地高度。通常还要测定前缘和后缘的相对高度。

②阶地宽度是指横断面上前缘至后缘的水平距离。

③阶地级数一般是由新到老进行计数。即高出河漫滩的阶地,称为一级阶地,然后依次向上推算。在正常情况下,阶地越高,则时间越老。

5)河流阶地类型和分类依据

河流阶地的类型和分类依据,见表 1.5.14。

河流阶地类型和分类依据 表 1.5.14

类型		分类依据			
		图示	成因	物质结构	形态特征
侵蚀阶地		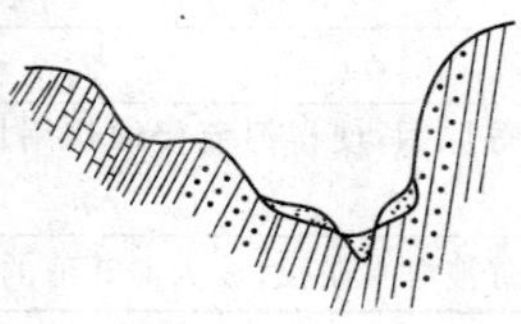	由于山区河流湍急,易侵蚀削平,破坏的岩石被带走,以后地壳上升河流下切而形成	阶地陡坎全部由基岩(三大岩类的任何一种岩石)组成	阶地面上没有或很少有冲积层,常呈不宽的小平台。阶地面常切割岩层的构造面。这种类型阶地常断续分布于河流两侧,沿河相对高度较稳定
基座阶地		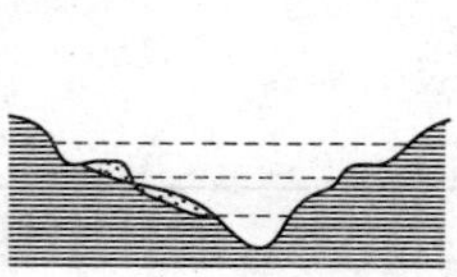	当河流侵蚀具有堆积冲积物后,地壳上升河流下切深度大大超过原有冲积层厚度而形成,它是一种显著新构造运动上升的证据	阶地斜坡由两层物质组成,上部为冲积物,下部为基岩	这是从侵蚀阶地到堆积阶地的过渡类型。阶地面上冲积物可以很厚,但在陡坎底部仍然出露基岩。这种阶地在河流中比较常见
堆积阶地	上叠阶地	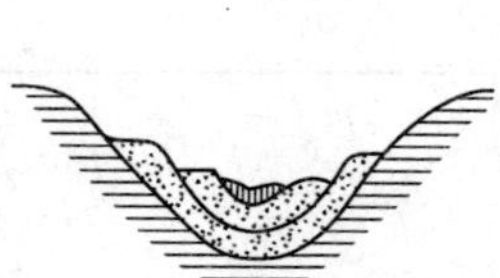	河流的几次下切都不能达到基岩,堆积作用的规模也一次一次地减小,升降运动幅度在逐渐减小而形成	由厚度很大的冲积物组成,以细粒沉积为主,并夹有牛轭湖或其他湖泊相沉积	新的阶地坐在老的阶地之上
	内叠阶地	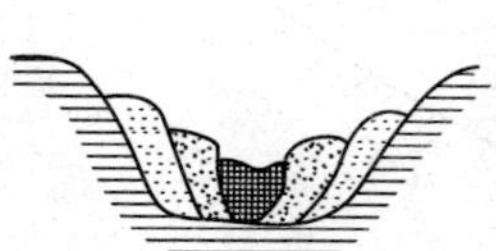	新的一次侵蚀作用都只切到第一次基岩所形成的谷底,而地壳每次上升幅度基本一致	由厚度很大的冲积物组成,而且以细粒沉积为主,并夹有牛轭湖或其他湖泊相沉积	新的阶地套在老的阶地之内。新堆积的阶地范围和厚度一次比一次小

续上表

类型		分类依据			
		图示	成因	物质结构	形态特征
堆积阶地	嵌入阶地	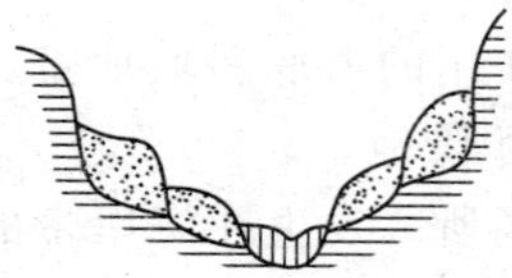	后期河床比前一期下切要深，而使后期的冲积物嵌入到前期的冲积物中，说明地壳上升幅度仍然是一次比一次剧烈	结构复杂，有时由冲积物和坡积物及重力堆积物交互沉积组成	新的阶地分布在老阶地之内，但各级阶地具有不同高度的底座，其基座也未在陡坎上出露
	掩埋阶地	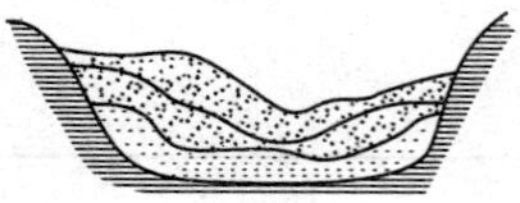	早期形成的阶地，由于河流近期沉积，而被新冲积物或新阶地掩盖	此阶地结构有时很复杂。主要由冲积物和坡积物交互组成	老阶地被新阶地所掩埋

3. 冲积平原

在大河的中下游发生大量堆积，即可形成广阔的冲积平原。如我国的华北平原、长江中下游的江汉平原、江淮平原、东北的松辽平原等。这些平原都处在长期新构造沉降的条件下，因而堆积了巨厚的第四纪沉积物。

冲积平原可分为山前平原、中部平原和滨海平原，见表 1.5.15。

冲积平原类型和地貌特征 表 1.5.15

类型	分布部位	成因	沉积物和地貌特征
山前平原	山区到平原的过渡带	冲积—洪积型	河流流出山口到平原，河床坡降急剧减小，水流呈扇形散开，形成冲、洪积扇形平原。沉积物以粗砂、圆砾为主
中部平原	冲积平原的主要部分	冲积为主，但也夹有湖积和风成堆积	位于中部平原的河流，以汊道式的游荡型河流为主，众多的河流甚至几个水系组成一个冲积平原。河床相以砂为主，泛滥相近河床为粉砂，远河床为砂黏土、黏土，河间洼地相为湖泊沉积、沼泽沉积和湖积—冲积
滨海平原	沿海地带	冲积—海积	有典型的海岸带的沉积和残留地貌。如海岸砂堤及泻湖海湾，沉积物颗粒更细，滨海浅海沉积与冲积层交替出现

四、海成地貌

(一)海岸地貌

1. 一般概念

广义的海岸是指海洋与陆地交界处，受海洋与陆上各种地质作用交互影响所形成的带状地带。一般最大宽度可达数十千米，垂直方向上的高差十余米。

现代海岸带由海岸、潮间带和水下岸坡三部分组成(图 1.5.5)，其含义如下。

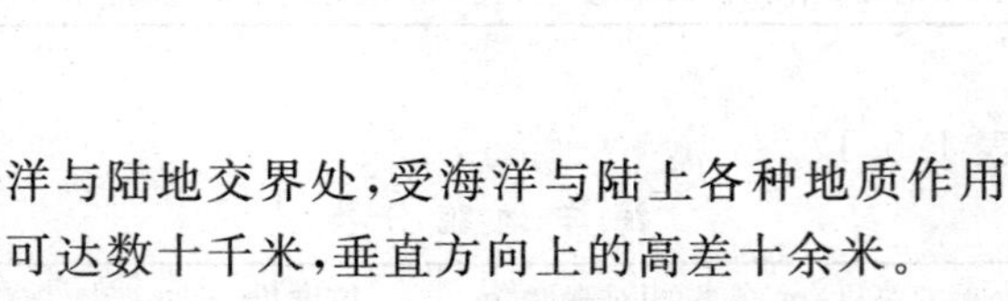

图 1.5.5 海岸带地形结构

①海岸系指高潮线以上到海蚀崖上缘之间的狭窄的陆上地带。这里激浪极其活跃，是波浪作用的上限。它塑造了现代海岸地形：海蚀阶地、海蚀穴、海蚀崖等。

②潮间带即为高低潮海面之间的地带。高潮时为海水所淹没；低潮时则露为陆地，为现代海滩区。

③水下岸坡即为低潮线以下，至波浪对海底仍能起作用的海底斜坡地带。其下界约相当于1/2波长的水深处。这里可发育现代海蚀阶地和海积阶地。

海岸带是地球表面现代地质作用最积极、最活跃的场所。发生在海岸带的海洋水体的动力作用，主要有波浪、潮汐和海流三种形式，其中波浪的作用最为明显。

2.海岸地貌的类型

海岸地貌类型和基本特征见表1.5.16。

海岸地貌类型和基本特征 表1.5.16

名称		基本特征
海蚀地貌	海蚀崖	海浪冲蚀坚硬岩石而形成的高而险峻的陡壁
	海蚀穴（海蚀壁龛）	海蚀崖底部，由于击浪和巨砾冲蚀磨蚀而形成的凹槽或洞穴
	海蚀窗	海蚀洞（穴）后端上部的岩石裂隙崩塌，形成与海崖上部沟通的窗
	海蚀拱桥	两个方向相反的海蚀穴，被蚀穿相连，成为拱桥状地形
	海蚀柱	海蚀拱桥继续受冲蚀，其拱顶受重力而崩坍，残留下的柱状地形，海蚀崖后退过程中遗留下来的蚀余岩石，再受侵蚀亦可形成
	海蚀平台	海蚀崖后退，其底面受磨蚀的平台；平台面微向海面倾斜，其上可以覆盖部分砂砾石，当海岸上升，平台高出于海面时，蚀成为海蚀阶地
海积地貌	海滩	平行于海岸线伸展的平缓堆积地形，微微倾向大海，可分为砾质海滩、砂质海滩、淤泥质海滩
	沿岸堤	海滩上条带状垄岗地形，与海岸线平行。砾石的岸堤高度大、宽度小、坡度大；砂质岸堤高度小、坡度小、宽度大
	水下砂堤	砂在水下堆积而成方向不规则的长条形砂堤
	离岸坝	水下砂堤向岸移动，堆积体加大，逐渐露出水面而成。当远离海岸成岛状者，则称为岛状坝（堆积砂岛）
	泻湖	部分海面因海岸堆积地形发展而与大海相隔离，封闭而成。当泻湖被水草填满时，就成为海滨沼泽
	砂嘴	在海岸拐角处，岸流流速降低，携带的泥沙堆积成一端连接陆地，另一端伸入海中的堆积地形
	拦湾砂坝	在海湾地段，砂嘴继续发展，最后可伸展到对岸而形成的封闭地形
	连岛砂坝	岛屿靠海岸一方，泥沙堆积而成的，可使海岛同海岸连接起来的堆积地形
	海积阶地	由海水的堆积作用和海岸的上升而形成的海边平坦宽阔台阶状堆积地形

(二)海洋地貌

海洋地貌分类见表1.5.17。

海洋地貌分类 表1.5.17

类型	名称	绝对高度/m	相对高度/m	坡度角	备注
海洋边缘	大陆架	0～−200	—	<0.1°	分布在大陆边缘浅海区海底平原
	大陆坡	−1 400～−3 200	—	±4.3°	分布在大陆架外缘，宽20～90 km不等，最大坡度角有达20°以上者
	大陆基	−2 000～−5 000	—	1/(700～100)	分布在大陆坡与大洋盆地之间，为大陆坡麓堆积物所覆盖
	岛弧	海面以上	—	—	如太平洋西部边缘所见的呈弧形分布的岛屿群
	海沟	<−6 000	—	—	一般分布在岛弧靠大洋一侧，为长条状的巨型洋底洼地

续上表

类型	名称		绝对高度/m	相对高度/m	坡度角	备注
海底地貌	大洋盆地	深海盆地	−4 000 ～−5 000	—	—	山形开宽，其中最平坦部分称深海平原
		海山、海峰、平顶山和海底高地	海面以下	—	—	分布于深海盆地或深海平原中的高地，其中孤立的锥形海山称海峰，部分海山顶部被波浪削平，称海底平顶山（盖约特），比较开阔隆起区称海底高地
	洋中脊	洋中脊	—	高出海底 2 000～4 000	—	大洋底部巨大线状的隆起，连绵数万千米，宽 1 000 km 以上
		中央裂谷	—	—	—	洋中脊中间的裂谷深 1 000～2 000 m

五、常见特殊环境下的地貌

(一)黄土地貌

黄土地区经堆积、侵蚀、潜蚀、重力等地质作用所形成的地貌，统称黄土地貌。黄土地貌的类型和基本特征见表 1.5.18。

黄土地貌类型和基本特征　　表 1.5.18

地貌形态		亚类	基本特征
堆积地貌	黄土高原	黄土塬	是黄土高原受现代沟谷切割后保存下来的大型平坦地面，周边为沟谷环绕
		黄土梁	梁是长条状的黄土丘陵，长可达几百米、几千米到十几千米，宽仅几十米到几百米
		黄土峁	是孤立的黄土丘，顶面平坦，或微石起伏，呈圆弯状。大多数是由黄土梁进一步被切割而成的
	黄土平原		分布于新构造下降区，由黄土堆积形成的低平原，局部发育沟谷，无梁峁，如渭河平原
侵蚀地貌		大型河谷	形成发展与一般侵蚀河谷发展相似，但其形成发展过程伴之以风积黄土堆积
		冲沟	因黄土土质疏松，常伴以重力、潜蚀作用，因此发展快
潜蚀地貌		黄土碟	是流水聚结，黄土在重力影响下，沉陷形成的一种直径数米到数十米的碟形凹地
		黄土陷穴	是地表水集中，沿黄土裂隙下渗潜蚀作用形成的。若成串分布，称串珠状陷穴
		黄土井	黄土陷穴向下发展，形成深度大于宽度若干倍的陷阱，称为黄土井
		黄土桩和黄土桥	黄土陷穴崩塌之后，形成桥状洞穴，被称为黄土桥。沿垂直节理崩塌形成柱状土柱，称黄土柱
重力地貌		崩塌倒土堆	由于黄土冲沟深切，岸坡高陡，突然迅速地向坡下崩落，坡脚形成黄土倒土堆，是高陡黄土岸坡出现的地貌形态
		黄土滑坡	黄土岩坡由于坡脚临空，土体在重力和地下水作用下产生的岸坡滑移变形，形成黄土滑塌堆积地貌

(二)冰川地貌

由冰川活动的侵蚀作用和堆积作用所形成的地貌，称为冰川地貌。

1.冰川的类型和特征

冰川类型和特征如表 1.5.19 所示。

冰川类型和特征 表 1.5.19

冰川类型		基本特征
山岳冰川	冰斗冰川	是规模较小而数量最多的一种冰川。冰雪只是大量堆积在山岳高处的一些凹地中，积雪区与流动区无明显界限，三面围以陡峭的岩壁，朝山坡一面有开口，并有一冰坎阻止冰雪下流，冰舌短
	悬冰川	当冰雪增加或雪线下降时，冰斗冰川中的雪冰盛满了积雪凹地，冰舌从出口处慢慢向下流动，便形成悬冰川
	山谷冰川	山谷冰川有明显的积雪区和消融区。雪线低，冰舌长，沿山谷有一定流路，似冰冻之河流。有主冰川和支冰川，按支冰川的有无和支冰川汇入主冰川的形态分为单式山谷冰川、复式山谷冰川和树枝状山谷冰川
	平顶冰川	一般发育在一些平缓的分水岭上，在我国珠峰地区则发育在海拔 6 000～7 000 m 的高夷平面上，所以也称高原冰川或冰帽
山麓冰川		山谷冰川流出山口漫流于山前平原上，称山麓冰川，又称冰汛
大陆冰川	冰盾	大陆冰川中，表面呈凸形盾状，其中央为积雪区，边缘为消融区，自中心向四周运动的冰川，叫冰盾
	大陆冰盖	大陆冰川中，规模更大，表面有起伏较大的冰川，称为大陆冰盖，面积可达几百万平方千米，厚度可达千米

2. 冰川侵蚀地貌

冰川侵蚀地貌和特征见表 1.5.20。

冰川侵蚀地貌和特征 表 1.5.20

地貌形态	基本特征
冰斗	是冰斗冰川塑造的地形，由冰川壁、盆底和冰坎三部分组成。冰斗的存在和分布是识别雪线转移的标志
刃脊、角峰	相邻两冰斗或冰川谷间的岭脊，形似鱼鳍一样的尖背山脊称刃脊。由三个以上冰斗发展形成的尖锐山峰称为角峰
冰川槽谷	又称冰川谷、U 谷、幽谷，是最明显的山地冰川冰蚀地形。横断面呈抛物线形或 U 字形，谷底平缓开阔，两壁边坡陡峭
悬谷	支冰川汇入主冰川入口处有一明显的陡坎称谷口台阶，支冰川谷悬挂在主冰川之上，称悬谷
冰川三角面羊背石	冰川运动过程中，由于冰川所携带的岩石碎块不断地对槽谷两侧的岩壁进行锉磨、剥蚀，使两壁小山脊成一系列的冰川三角面或冰溜面，面上有冰川擦痕。在槽谷的底部，由于冰川的磨蚀和挖掘，使一些比较坚硬均一的岩石形成微微突起的一系列基岩小丘，称为羊背石

3. 冰川、冰水堆积地貌

冰川堆积地貌和特征见表 1.5.21。

冰川堆积地貌和特征 表 1.5.21

地貌形态		基本特征
冰碛地貌	基碛	当冰川融化以后，原来的表碛和内碛坠落到早已形成的底碛上，合称基碛。由基碛组成的地貌称基碛地貌。常见的基碛地貌有冰碛丘陵、鼓丘等
	终碛	当冰川末端的补给与消融处于平衡时，冰碛物就会在冰舌前端堆积成弧形长堤，称终碛堤
	侧碛	冰川对谷壁的侵蚀和崩塌等作用使冰川两侧及表面边缘聚集了大量碎屑物质，当冰川融化时这些物质以融坠的方式堆积在冰川谷两侧，形成与冰川平行的长堤，称侧碛堆

续上表

地貌形态		基本特征
冰前堆积地貌	冰水扇、冰水冲积平原	冰川外围是平坦开阔的地形，冰水流出冰川末端后，立即分散，冰水携带的碎屑物质就在冰前堆积起来形成平缓的扇状地形，称冰水扇。一系列冰水扇连接起来即构成冰水冲积平原
	冰水阶地	冰期时，大量碎屑物质在河谷中堆积；间冰期，水量增加，产生强烈的侵蚀作用，切割冰期时形成的堆积物，形成冰水阶地
	冰湖沉积	冰湖沉积包括三角洲沉积、湖底沉积、湖滨沉积等类型，其中前两者较重要。冰湖三角洲沉积是冰水河流流入冰湖，在冰湖岸边产生的沉积，与普通三角洲沉积差别不大；湖底沉积是夏季冰川融化强烈，冰水充沛，把大量泥沙搬到湖底沉积，冬季浮在水中的黏土慢慢沉积，这样年复一年便形成粗细相间、层理极薄的纹泥，又称季候泥
冰川接触沉积地貌	冰阜阶地	冰川后退时，冰融水在冰川谷两侧形成溪流，水流在谷壁与冰川间流动，冰川全部融化，堆积物前缘失去支撑而坍塌，形成陡坎，形态与河流阶地相似。一般分布于终碛堤内的冰川谷两侧
	冰砾阜	是一种平顶圆形或长形的丘陵地形，其直径 100～200 m，高 5～70 m，边坡较陡。常杂乱地成群分布于山岳冰川或大陆冰川的边缘靠终碛的地方
	锅穴	冰川退缩时在冰水沉积物中常遗留下大小不等的冰块，当这些冰块完全融化以后，沉积物陷落，形成凹坑，称锅穴
	蛇形丘	发育在大陆冰川区，是像铁路路基那样狭窄的长条状高地

(三)冻土地貌

冻土地区以融冻作用为主所形成的一系列地形景观，总称为冻土地貌，见表 1.5.22。

冰土地貌及特征 表 1.5.22

地貌形态	基本特征
石海	在平坦且排水较好的山顶或山坡上，经冰冻风化形成的大小石块，直接覆盖在基岩面上，这种平坦山顶上布满石块的地形称石海
石川	在不太陡的山坡和凹地中，大量的风化产物——巨砾块在重力下沿着下伏的湿润细粒土层表面，整体地或部分地向下滑动，这种移动着的石块群体称石川或石河
冰冻结构土	在冻土层表面，常出现碎石按几何图案作规则排列的现象，具这种现象的冻土称为冰冻结构土。按碎石排列形态冰冻结构土可分为石环、石圈、石多边形、石条等类型。一般来说，水平面上发育石多边形或石环；在平缓的凸坡上发育石圈；在较陡的斜坡上发育石条
融冻泥流	地形上是一个平缓—中等坡度(17°～27°)的斜坡，在斜坡上覆盖着含水率很高的细粒土或含砾石的细粒土。当每年夏季冻土层上部融化时，在重力作用下，上部过饱和的软泥沿着下伏的冰冻层表面或基岩面向坡下缓慢地滑动，称为融冻泥流作用，缓慢地滑动着的土体称为融冻泥流。当融冻泥流向下滑动的过程遇到阻挡时，就会停滞不前，积累成为台阶状小高地(称为泥流阶地)，形成很多高度各不相同的台阶称泥流阶地群。各种自然因素或人为作用，使山坡下部形成陡坎，山坡上部解冻的土体就会失去平衡，沿永久冻土层表面向坡下迅速地顺层滑动，称为融冻滑塌
热力岩溶地形	由于自然因素或人为的作用，破坏了地面上原有的保温层，使土中温度升高，从而导致冰冻层上部局部融化。随冰冻层的融化，冰冻层以上的土层也随之产生沉陷，这种沉陷作用形成的负地形，称热力岩溶地形。如沉陷漏斗、浅洼地、沉陷盆地、热力岩溶湖等
冻胀丘、冰丘	在冻土地区，由于冻结膨胀作用使土层产生局部隆起，常形成丘状地形，称为冻胀丘。如果冻胀丘内形成冰透镜体，它对地表也起着巨大的冻胀作用，这种冻胀丘称冰核丘。溢出到河湖冰面、雪面、地面的地表水或地下水经冻结而成的丘状体为冰丘

第二章 岩土工程勘察知识

第一节 勘察工作的布置

一、岩土工程勘察分级

岩土工程勘察分级的目的是突出重点、区别对待。工程重要性等级、场地和地基的复杂程度是分级的3个主要因素。

1. 工程重要性等级

根据工程的规模和特征，以及由于岩土工程问题造成工程破坏或影响正常使用的后果，可将工程分为3个工程重要性等级。

①一级工程：重要工程，后果很严重。

②二级工程：一般工程，后果严重。

③三级工程：次要工程，后果不严重。

2. 场地等级

根据场地复杂程度，可按下列规定分为3个场地等级。

1)一级场地

符合下列条件之一者为一级场地(复杂场地)：

①对建筑抗震危险的地段；

②不良地质作用强烈发育；

③地质环境已经或可能受到强烈破坏；

④地形地貌复杂；

⑤有影响工程的多层地下水、岩溶裂隙水或其他水文地质条件复杂，需专门研究。

2)二级场地

符合下列条件之一者为二级场地(中等复杂场地)：

①对建筑抗震不利的地段；

②不良地质作用一般发育；

③地质环境已经或可能受到一般破坏；

④地形地貌较复杂；

⑤基础位于地下水位以下。

3)三级场地

符合下列条件者为三级场地(简单场地)：

①抗震设防烈度等于或小于6度，或对建筑抗震有利的地段；

②不良地质作用不发育；

③地质环境基本未受破坏；

④地形地貌简单；

⑤地下水对工程无影响。

3. 地基等级

地基可分为3个等级。

1)一级地基

符合下列条件之一者为一级地基(复杂地基):

①岩土种类多,性质变化大,很不均匀,需特殊处理;

②严重湿陷、膨胀、盐渍、污染的特殊性岩土,以及其他情况复杂,需作专门处理的岩土。

2)二级地基

符合下列条件之一者为二级地基(中等复杂地基):

①岩土种类较多,不均匀,性质变化较大;

②除本条第1款规定以外的特殊性岩土。

3)三级地基

符合下列条件者为三级地基(简单地基):

①岩土种类单一,均匀,性质变化不大;

②无特殊性岩土。

4. 岩土工程勘察等级划分

岩土工程勘察等级可划分为三级。

①甲级:在工程重要性等级、场地复杂程度等级和地基复杂程度等级中,有一项或多项为一级。

②乙级:除勘察等级为甲级和丙级以外的勘察项目。

③丙级:工程重要性、场地复杂程度和地基复杂程度等级均为三级。

需要指出的是,建筑在岩质地基上的一级工程,当场地复杂程度等级和地基复杂程度等级均为三级时,岩土工程勘察等级可定为乙级。

二、岩土工程勘察工作的布置

岩土工程勘察为工程设计和施工服务,不同类型的工程由于其设计阶段划分不同,其岩土工程勘察阶段的划分和勘察要求也随之不同。

1. 房屋建筑和构筑物

(1)房屋建筑和构筑(以下简称"建筑物")的岩土工程勘察,应在搜集建筑物上部荷载、功能特点、结构类型、基础形式、埋置深度和变形限制等方面资料的基础上进行。其主要工作内容应符合下列规定:

①查明场地和地基的稳定性、地层结构、持力层和下卧层的工程特性、土的应力历史和地下水条件以及不良地质作用等;

②提供满足设计、施工所需的岩土参数,确定地基承载力,预测地基变形性状;

③提出地基基础、基坑支护、工程降水和地基处理设计与施工方案的建议;

④提出对建筑物有影响的不良地质作用的防治方案建议;

⑤对于抗震设防烈度等于或大于6度的场地,进行场地与地基的地震效应评价。

(2)建筑物的岩土工程勘察宜分阶段进行,可行性研究勘察应符合选择场址方案的要求;初步勘察应符合初步设计的要求;详细勘察应符合施工图设计的要求;场地条件复杂或有特殊要求的工程,宜进行施工勘察。

场地较小且无特殊要求的工程可合并勘察阶段。当建筑物平面布置已经确定,且场地或其附近已有岩土工程资料时，可根据实际情况，直接进行详细勘察。

(3)可行性研究勘察，应对拟建场地的稳定性和适宜性做出评价，并应符合下列要求：

①搜集区域地质、地形地貌、地震、矿产、当地的工程地质、岩土工程和建筑经验等资料；

②在充分搜集和分析已有资料的基础上，通过踏勘了解场地的地层、构造、岩性、不良地质作用和地下水等工程地质条件；

③当拟建场地工程地质复杂，已有资料不能满足要求时，应根据具体情况进行工程地质测绘和必要的勘探工作；

④当有两个或两个以上拟选场地时，应进行比选分析。

(4)初步勘察应对场地内拟建建筑地段的稳定性做出评价，并进行下列主要工作：

①搜集拟建工程的有关文件、工程地质和岩土工程资料以及工程场地范围的地形图；

②初步查明地质构造、地层结构、岩土工程特性、地下水埋藏条件；

③查明场地不良地质作用的成因、分布、规模、发展趋势，并对场地的稳定性做出评价；

④对抗震设防烈度等于或大于6度的场地，应对场地和地基的地震效应做出初步评价；

⑤季节性冻土地区，应调查场地土的标准冻结深度；

⑥初步判定水和土对建筑材料的腐蚀性；

⑦高层建筑初步勘察时，应对可能采取的地基基础类型、基坑开挖与支护、工程降水方案进行初步分析评价。

(5)初步勘察的勘探工作应符合下列要求：

①勘探线应垂直地貌单元、地质构造和地层界线布置；

②每个地貌单元均应布置勘探点，在地貌单元交接部位和地层变化较大的地段，勘探点应予加密；

③在地形平坦地区，可按网格布置勘探点；

④对岩质地基，勘探线和勘探点的布置、勘探孔的深度，应根据地质构造、岩体特性、风化情况等，按地方标准或当地经验确定；对土质地基，应符合本节中的相关的规定。

(6)初步勘察勘探线、勘探点间距可按表2.1.1确定，局部异常地段应予加密。

初步勘察勘探线、勘探点间距(单位:m) 表2.1.1

地基复杂程度等级	勘探线间距	勘探点间距
一级(复杂)	50～100	30～50
二级(中等复杂)	75～150	40～100
三级(简单)	150～300	75～200

注:1.表中间距不适用于地球物理勘探。

2.控制性勘探点宜占勘探点总数的1/5～1/3，且每个地貌单元均应有控制性勘探点。

(7)初步勘察勘探孔的深度可按表2.1.2确定。

初步勘察勘探孔深度(单位:m) 表2.1.2

工程重要性等级	一般性勘探孔	控制性勘探孔
一级(重要工程)	≥15	≥30
二级(一般工程)	10～15	15～30
三级(次要工程)	6～10	10～20

注:1.勘探孔包括钻孔、探井和原位测试孔等。

2.特殊用途的钻孔除外。

(8)当遇下列情形之一时，应适当增减勘探孔深度：

①当勘探孔的地面标高与预计整平地面标高相差较大时，应按其差值调整勘探孔深度；

②在预定深度内遇基岩时，除控制性勘探孔仍应钻入基岩适当深度外，其他勘探孔达到确认的基岩后即可终止钻进；

③在预定深度内有厚度较大，且分布均匀的坚实土层(如碎石土、密实砂、老沉积土等)时，除控制性勘探孔应达到规定深度外，一般性勘探孔的深度可适当减小；

④当预定深度内有软弱土层时，勘探孔深度应适当增加，部分控制性勘探孔应穿透软弱土层或达到预计控制深度；

⑤对重型工业建筑应根据结构特点和荷载条件适当增加勘探孔深度。

(9)初步勘察采取土试样和进行原位测试应符合下列要求：

①采取土试样和进行原位测试的勘探点应结合地貌单元、地层结构和土的工程性质布置，其数量可占勘探点总数的1/4～1/2；

②采取土试样的数量和孔内原位测试的竖向间距，应按地层特点和土的均匀程度确定；每层土均应采取土试样或进行原位测试，其数量不宜少于6个。

(10)初步勘察应进行下列水文地质工作：

①调查含水层的埋藏条件，地下水类型、补给排泄条件，各层地下水位，调查其变化幅度，必要时应设置长期观测孔，监测水位变化；

②当需绘制地下水等水位线图时，应根据地下水的埋藏条件和层位，统一量测地下水位；

③当地下水可能浸湿基础时，应采取水样进行腐蚀性评价。

(11)详细勘察应按单体建筑物或建筑群提出详细的岩土工程资料和设计、施工所需的岩土参数；对建筑地基做出岩土工程评价，并对地基类型、基础形式、地基处理、基坑支护、工程降水和不良地质作用的防治等提出建议。主要应进行下列工作：

①搜集附有坐标和地形的建筑总平面图，场区的地面整平标高，建筑物的性质、规模、荷载、结构特点，基础形式、埋置深度，地基允许变形等资料；

②查明不良地质作用的类型、成因、分布范围、发展趋势和危害程序，提出整治方案的建议；

③查明建筑范围内岩土层的类型、深度、分布、工程特性，分析和评价地基的稳定性、均匀性和承载力；

④对需进行沉降计算的建筑物，提供地基变形计算参数，预测建筑物的变形特征；

⑤查明埋藏的河道、沟浜、墓穴、防空洞、孤石等对工程不利的埋藏物；

⑥查明地下水的埋藏条件，提供地下水位及变化幅度；

⑦在季节性冻土地区，提供场地土的标准冻结深度；

⑧判定水和土对建筑材料的腐蚀性。

(12)对抗震设防烈度等于或大于6度的场地，勘察工作应按《岩土工程勘察规范》(GB 50021—2001)(2009年版)第5.7节执行；当建筑物采用桩基础时，应按《岩土工程勘察规范》(GB 50021—2001)(2009年版)第4.9节执行；当需进行基坑开挖、支护和降水设计时，应按《岩土工程勘察规范》(GB 50021—2001)(2009年版)第4.8节执行。

(13)详细勘察应论证地下水在施工期间对工程和环境的影响。对情况复杂的重要工程，需论证使用期间水位变化和需提出抗浮设防水位时，应进行专门研究。

(14)详细勘察勘探点布置和勘探孔深度，应根据建筑物特性和岩土工程条件确定。对岩质地基，应根据地质构造、岩体特性、风化情况等，结合建筑物对地基的要求，按地方标准或当地经验确定；对土质地基，应符合本节相关条款的规定。

(15)详细勘察勘探点的间距可按表2.1.3确定。

详细勘察勘探点的间距(单位:m) 表2.1.3

地基复杂程度等级	勘探点间距	地基复杂程度等级	勘探点间距
一级(复杂)	10～15	三级(简单)	30～50
二级(中等复杂)	15～30		

(16)详细勘察的勘探点布置,应符合下列规定:

①勘探点宜按建筑物周边线和角点布置,对无特殊要求的其他建筑物可按建筑物或建筑群的范围布置;

②同一建筑范围内的主要受力层或有影响的下卧层起伏较大时,应加密勘探点,查明其变化;

③重大设备基础应单独布置勘探点;重大的动力机器基础和高耸构筑物,勘探点不宜少于3个;

④勘探手段宜采用钻探与触探相配合,在复杂地质条件、湿陷性土、膨胀岩土、风化岩和残积土地区,宜布置适量探井。

(17)详细勘察的单栋高层建筑勘探点的布置,应满足对地基均匀性评价的要求,且不应少于4个;对密集的高层建筑群,勘探点可适当减少,但每栋建筑物至少应有1个控制性勘探点。

(18)详细勘察的勘探深度自基础底面算起,应符合下列规定:

①勘探孔深度应能控制地基主要受力层,当基础底面宽度不大于5 m时,勘探孔的深度对条形基础不应小于基础底面宽度的3倍,对单独柱基不应小于1.5倍,且不应小于5 m;

②对高层建筑和需作变形验算的地基,控制性勘探孔的深度应超过地基变形计算深度;高层建筑的一般性勘探孔应达到基底下0.5～1.0倍的基础宽度,并深入稳定分布的地层;

③对仅有地下室的建筑或高层建筑的裙房,当不能满足抗浮设计要求,需设置抗浮桩或锚杆时,勘探孔深度应满足抗拔承载力评价的要求;

④当有大面积地面堆载或软弱下卧层时,应适当加深控制性勘探孔的深度;

⑤在上述规定深度内遇基岩或厚层碎石土等稳定地层时,勘探孔深度可适当调整。

(19)详细勘察的勘探孔深度,除应符合第(18)条的要求外,尚应符合下列规定:

①地基变形计算深度,对中、低压缩性土可取附加压力等于上覆土层有效自重压力20%的深度;对于高压缩性土层可取附加压力等于上覆土层有效自重压力10%的深度;

②建筑总平面内的裙房或仅有地下室部分(或当基底附加压力 $p_0 \leqslant 0$ 时)的控制性勘探孔的深度可适当减小,但应深入稳定分布地层,且根据荷载和土质条件不宜少于基底下0.5～1.0倍基础宽度;

③当需进行地基整体稳定性验算时,控制性勘探孔深度应根据具体条件满足验算要求;

④当需确定场地抗震类别而邻近无可靠的覆盖层厚度资料时,应布置波速测试孔,其深度应满足确定覆盖层厚度的要求;

⑤大型设备基础勘探孔深度不宜小于基础底面宽度的2倍;

⑥当需进行地基处理时,勘探孔的深度应满足地基处理设计与施工要求,当采用桩基时,勘探孔的深度应满足本有关规范的要求。

(20)详细勘察采取土试样和进行原位测试应满足岩土工程评价要求,并符合下列要求:

①采取土试样和进行原位测试的勘探孔的数量,应根据地层结构、地基土的均匀性和工

程特点确定，且不应少于勘探孔总数的 1/2，钻探取土试样的数量不应少于勘探孔总数的 1/3；

②每个场地每一主要土层的原状土试样或原位测试数据不应少于 6 件(组)，当采用连续记录的静力触探或动力触探为主要勘察手段时，每个场地不应少于 3 个孔；

③在地基主要受力层内，对厚度大于 0.5 m 的夹层或透镜体，应采取土试样或进行原位测试；

④当土层性质不均匀时，应增加取土试样或原位测试数量。

(21)基坑或基槽开挖后，岩土条件与勘察资料不符或发现必须查明的异常情况时，应进行施工勘察；在工程施工或使用期间，当地基土、边坡体、地下水等发生未曾估计到的变化时，应进行监测，并对工程和环境的影响进行分析评价。

(22)室内土工试验应符合规范的规定，为基坑工程设计进行的土的抗剪强度试验，应满足相关规范的规定。

(23)地基变形计算应按现行国家标准《建筑地基基础设计规范》(GB 50007—2011)或其他有关标准的规定执行。

(24)地基承载力应结合地区经验按有关标准综合确定。有不良地质作用的场地，建在坡上或坡顶的建筑物，以及基础侧旁开挖的建筑物，应评价其稳定性。

2. 地下洞室

(1)本内容适用于人工开挖的无压地下洞室的岩土工程勘察。

(2)地下洞室勘察的围岩分级方法应与地下洞室设计采用的标准一致。

(3)可行性研究勘察应通过搜集区域地质资料，现场踏勘和调查，了解拟选方案的地形地貌、地层岩性、地质构造、工程地质、水文地质和环境条件，做出可行性评价，选择合适的洞址和洞口。

(4)初步勘察应采用工程地质测绘、勘探和测试等方法，初步查明选定方案的地质条件和环境条件，初步确定岩体质量等级(围岩类别)，对洞址和洞口的稳定性做出评价，为初步设计提供依据。

(5)初步勘察时，工程地质测绘和调查应初步查明下列问题：

①地貌形态和成因类型；

②地层岩性、产状、厚度、风化程度；

③断裂和主要裂隙的性质、产状、充填、胶结、贯通及组合关系；

④不良地质作用的类型、规模和分布；

⑤地震地质背景；

⑥地应力的最大主应力作用方向；

⑦地下水类型、埋藏条件、补给、排泄和动态变化；

⑧地表水体的分布及其与地下水的关系，淤积物的特征；

⑨洞室穿越地面建筑物、地下构筑物、管道等既有工程时的相互影响。

(6)初步勘察时，勘探与测试应符合下列要求：

①采用浅层地震剖面法或其他有效方法圈定隐伏断裂、构造破碎带，查明基岩埋深、划分风化带。

②勘探点宜沿洞室外侧交叉布置，勘探点间距为 100～200 m，采取试样和原位测试勘探孔不宜少于勘探孔总数 2/3；控制性勘探孔深度，对岩体基本质量等级为Ⅰ级和Ⅱ级的岩体宜钻入洞底设计标高下 1～3 m；对Ⅲ级岩体宜钻入 3～5 m；对Ⅳ级、Ⅴ级的岩体和土层，

勘探孔深度应根据实际情况确定。

③每一主要岩层和土层均应采取试样，当有地下水时应采取水试样；当洞区存在有害气体或地温异常时，应进行有害气体成分、含量或地温测定；对高地应力地区，应进行地应力量测。

④必要时，可进行钻孔弹性波或声波测试，钻孔地震CT或钻孔电磁波CT测试。

⑤室内岩石试验和土工试验项目，应按《岩土工程勘察规范》(GB 50021—2001)(2009年版)第11章的规定执行。

(7)详细勘察应采用钻探、钻孔物探和测试为主的勘察方法，必要时可结合施工导洞布置洞探，详细查明洞址、洞口、洞室穿越线路的工程地质和水文地质条件，分段划分岩体质量等级(围岩类别)，评价洞体和围岩的稳定性，为设计支护结构和确定施工方案提供资料。

(8)详细勘察应进行下列工作：

①查明地层岩性及其分布，划分岩组和风化程度，进行岩石物理力学性质试验；

②查明断裂构造和破碎带的位置、规模、产状和力学属性，划分岩体结构类型；

③查明不良地质作用的类型、性质、分布，并提出防治措施的建议；

④查明主要含水层的分布、厚度、埋深，地下水的类型、水位、补给排泄条件，预测开挖期间出水状态、涌水量和水质的腐蚀性；

⑤城市地下洞室降水施工时，应分段提出工程降水方案和有关参数；

⑥查明洞室所在位置及邻近地段的地面建筑和地下构筑物、管线状况，预测洞室开挖可能产生的影响，提出防护措施。

(9)详细勘察可采用浅层地震勘探和孔间地震CT或孔间电磁波CT测试等方法，详细查明基岩埋深、岩石风化程度，隐伏体(如溶洞、破碎带等)的位置，在钻孔中进行弹性波波速测试，为确定岩体质量等级(围岩类别)、评价岩体完整性、计算动力参数提供资料。

(10)详细勘察时，勘探点宜在洞室中线外侧6～8 m交叉布置，山区地下洞室按地质构造布置，且勘探点间距不应大于50 m；城市地下洞室的勘探点间距，岩土变化复杂的场地宜小于25 m，中等复杂的宜为25～40 m，简单的宜为40～80 m。

采集试样和原位测试勘探孔数量不应少于勘探孔总数的1/2。

(11)详细勘察时，第四系中的控制性勘探孔深度应根据工程地质条件、水文地质条件、洞室埋深、防护设计等需要确定；一般性勘探孔可钻至基底设计标高下6～10 m。控制性勘探孔深度，可按相关规定执行。

(12)详细勘察的室内试验和原位测试，除应满足初步勘察的要求外，对城市地下洞室尚应根据设计要求进行下列试验：

①采用承压板边长为30 cm的载荷试验测求地基基床系数；

②采用面热源法或热线比较法进行热物理指标试验，计算热物理参数—导温系数、导热系数和比热容；

③当需提供动力参数时，可用压缩波波速 v_p 和剪切波波速 v_s 计算求得，必要时，可采用室内动力性质试验，提供动力参数。

(13)施工勘察应配合导洞或毛洞开挖进行，当发现与勘察资料有较大出入时，应提出修改设计和施工方案的建议。

(14)地下洞室围岩的稳定性评价可采用工程地质分析与理论计算相结合的方法，可采用数值法或弹性有限元图谱法计算。

(15)当洞室可能产生偏压、膨胀压力、岩爆和其他特殊情况时，应进行专门研究。

(16)详细勘察阶段地下洞室岩土工程勘察报告，除按有关规范的要求执行外，尚应包括下列内容：

①划分围岩类别；

②提出洞址、洞口、洞轴线位置的建议；

③对洞口、洞体的稳定性进行评价；

④提出支护方案和施工方法的建议；

⑤对地面变形和既有建筑的影响进行评价。

3.岸边工程

(1)本节适用于港口工程、造船和修船水工建筑物，以及取水构筑物的岩土工程勘察。

(2)岸边工程勘察应着重查明下列内容：

①地貌特征和地貌单元交界处的复杂地层；

②高灵敏软土、层状构造土、混合土等特殊土和基本质量等级为Ⅴ级岩体的分布和工程特性；

③岸边滑坡、崩塌、冲刷、淤积、潜蚀、沙丘等不良地质作用。

(3)可行性研究勘察时，应进行工程地质测绘或踏勘调查，内容包括地层分布、构造特点、地貌特征、岸坡形态、冲刷淤积、水位升降、岸滩变迁、淹没范围等情况和发展趋势。必要时应布置一定数量的勘探工作，并应对岸坡的稳定性和场址的适宜性做出评价，提出最优场址方案的建议。

(4)初步设计阶段勘察应符合下列规定：

①工程地质测绘，应调查岸线变迁和动力地质作用对岸线变迁的影响；埋藏河、湖、沟谷的分布及其对工程的影响；潜蚀、沙丘等不良地质作用的成因、分布、发展趋势及其对场地稳定性的影响。

②勘探线宜垂直岸向布置；勘探线和勘探点的间距，应根据工程要求、地貌特征、岩土分布、不良地质作用等确定；岸坡地段和岩石与土层组合地段宜适当加密。

③勘探孔的深度应根据工程规模、设计要求和岩土条件确定。

④水域地段可采用浅层地震剖面或其他物探方法。

⑤对场地的稳定性应做出进一步评价，并对总平面布置、结构和基础形式、施工方法和不良地质作用的防治提出建议。

(5)施工图设计阶段勘察时，勘探线和勘探点应结合地貌特征和地质条件，根据工程总平面布置确定，复杂地基地段应予加密。勘探孔深度应根据工程规模、设计要求和岩土条件确定，除建筑物和结构的特点与荷载外，应考虑岸坡稳定性、坡体开挖、支护结构、桩基等的分析计算需要。

根据勘察结果，应对地基基础的设计和施工及不良地质作用的防治提出建议。

(6)原位测试除应符合《岩土工程勘察规范》(GB 50021—2001)(2009 年版)第 10 章的要求外，软土中可用静力触探或静力触探与旁压试验相结合，进行分层，测定土的模量、强度和地基承载力等；用十字板剪切试验，测定土的不排水抗剪强度。

(7)测定土的抗剪强度选用剪切试验方法时，应考虑下列因素：

①非饱和土在施工期间和竣工以后受水浸成为饱和土的可能性；

②土的固结状态在施工和竣工后的变化；

③挖方卸荷或填方增荷对土性的影响。

(8)各勘察阶段勘探线和勘探点的间距、勘探孔的深度、原位测试和室内试验的数量等的具体要求，应符合现行有关标准的规定。

(9)评价岸坡和地基稳定性时,应考虑下列因素:

①正确选用设计水位;

②出现较大水头差和水位骤降的可能性;

③施工时的临时超载;

④较陡的挖方边坡;

⑤波浪作用;

⑥打桩影响;

⑦不良地质作用的影响。

(10)岸边工程岩土工程勘察报告除应遵守《岩土工程勘察规范》(GB 50021—2001)(2009 年版)第 14 章的规定外,尚应满足相应勘察阶段的要求,包括下列内容:

①分析评价岸坡稳定性和地基稳定性;

②提出地基基础与支护设计方案的建议;

③提出防治不良地质作用的建议;

④提出岸边工程监测的建议。

4.管道和架空线路工程

1)管道工程

(1)本部分适用于长输油、气管道线路及其他大型穿、跨越工程的岩土工程勘察。

(2)长输油、气管道工程可分选线勘察、初步勘察和详细勘察三个阶段。对岩土工程条件简单或有工程经验的地区,可适当简化勘察阶段。

(3)选线勘察应通过搜集资料、测绘与调查,掌握各方案的主要岩土工程问题,对拟选穿、跨越河段的稳定性和适宜性做出评价,并应符合下列要求:

①调查沿线地形地貌、地质构造、地层岩性、水文地质等条件,推荐线路越岭方案;

②调查各方案通过地区的特殊性岩土和不良地质作用,评价其对修建管道的危害程度;

③调查控制线路方案河流的河床和岸坡的稳定程度,提出穿、跨越方案比选的建议;

④调查沿线水库的分布情况,近期和远期规划,水库水位、回水浸没和坍岸的范围及其对线路方案的影响;

⑤调查沿线矿产、文物的分布概况;

⑥调查沿线地震动参数或抗震设防烈度。

(4)穿越和跨越河流的位置应选择河段顺直,河床与岸坡稳定,水流平缓,河床断面大致对称,河床岩土构成比较单一,两岸有足够施工场地等有利河段。宜避开下列河段:

①河道异常弯曲,主流不固定,经常改道;

②河床为粉细砂组成,冲淤变幅大;

③岸坡岩土松软,不良地质作用发育,对工程稳定性有直接影响或潜在威胁;

④断层河谷或发震断裂。

(5)初步勘察应包括下列内容:

①划分沿线的地貌单元;

②初步查明管道埋设深度内岩土的成因、类型、厚度和工程特性;

③调查对管道有影响的断裂的性质和分布;

④调查沿线各种不良地质作用的分布、性质、发展趋势及其对管道的影响;

⑤调查沿线井、泉的分布和地下水位情况;

⑥调查沿线矿藏分布及开采和采空情况;

⑦初步查明拟穿、跨越河流的洪水淹没范围，评价岸坡稳定性。

(6)初步勘察应以搜集资料和调查为主。管道通过河流、冲沟等地段宜进行物探。地质条件复杂的大中型河流，应进行钻探。每个穿、跨越方案宜布置勘探点1～3个；勘探孔深度应按有关规定执行。

(7)详细勘察应查明沿线的岩土工程条件和水、土对金属管道的腐蚀性，提出工程设计所需要的岩土特性参数。穿、跨越地段的勘察应符合下列规定：

①穿越地段应查明地层结构、土的颗粒组成和特性，查明河床冲刷和稳定程度，评价岸坡稳定性并提出护坡建议；

②跨越地段的勘探工作应按本节相关规定执行。

(8)详细勘察勘探点的布置，应满足下列要求：

①对管道线路工程，勘探点间距视地质条件复杂程度而定，宜为200～1 000 m，包括地质点及原位测试点，并应根据地形、地质条件复杂程度适当增减；勘探孔深度宜为管道埋设深度以下1～3 m；

②对管道穿越工程，勘探点应布置在穿越管道的中线上，偏离中线不应大于3 m，勘探点间距宜为30～100 m，并不应少于3个；当采用沟埋敷设方式穿越时，勘探孔深度宜钻至河床最大冲刷深度以下3～5 m；当采用顶管或定向钻方式穿越时，勘探孔深度应根据设计要求确定。

(9)抗震设防烈度等于或大于6度地区的管道工程，勘察工作应满足相关规范的要求。

(10)岩土工程勘察报告应包括下列内容：

①选线勘察阶段，应简要说明线路各方案的岩土工程条件，提出各方案的比选推荐建议。

②初步勘察阶段，应论述各方案的岩土工程条件，并推荐最优线路方案；对穿、跨越工程尚应评价河床及岸坡的稳定性，提出穿、跨越方案的建议。

③详细勘察阶段，应分段评价岩土工程条件，提出岩土工程设计参数和设计、施工方案的建议；对穿越工程尚应论述河床和岸坡的稳定性，提出护岸措施的建议。

2)架空线路工程

(1)本部分内容适用于大型架空线路工程，包括220 kV及其以上的高压架空送电线路、大型架空索道等的岩土工程勘察。

(2)大型架空线路工程可分初步设计勘察和施工图设计勘察两阶段；小型架空线路可合并勘察阶段。

(3)初步设计勘察应符合下列要求：

①调查沿线地形地貌、地质构造、地层岩性和特殊性岩土的分布、地下水及不良地质作用，并分段进行分析评价；

②调查沿线矿藏分布、开发计划与开采情况；线路宜避开可采矿层；对已开采区，应对采空区的稳定性进行评价；

③对大跨地段，应查明工程地质条件，进行岩土工程评价，推荐最优跨越方案。

(4)初步设计勘察应以搜集和利用航测资料为主。大跨越地段应作详细的调查或工程地质测绘，必要时，辅以少量的勘探、测试工程。

(5)施工图设计勘察应符合下列要求：

①平原地区应查明塔基土层的分布、埋藏条件、物理力学性质、水文地质条件及环境水对混凝土和金属材料的腐蚀性。

②丘陵和山区除查明本条第1款的内容外，尚应查明塔基近处的各种不良地质作用，提出防治措施建议。

③大跨越地段尚应查明跨越河段的地形地貌，塔基范围内地层岩性、风化破碎程度、软弱夹层及其物理力学性质；查明对塔基有影响的不良地质作用，并提出防治措施建议。

④对特殊设计的塔基和大跨越塔基，当抗震设防烈度等于或大于6度时，勘察工作应满足相关规范的要求。

(6)施工图设计勘察阶段，对架空线路工程的转角塔、耐张塔、终端塔、大跨越塔等重要塔基和地质条件复杂地段，应逐个进行塔基勘探。直线塔基地段宜每3～4个塔布置一个勘探点；深度应根据杆塔受力性质和地质条件确定。

(7)架空线路岩土工程勘察报告应包括下列内容：

①初步设计勘察阶段，应论述沿线岩土工程条件和跨越主要河流地段的岸坡稳定性，选择最优线路方案；

②施工图设计勘察阶段，应提出塔位明细表，论述塔位的岩土条件和稳定性，并提出设计参数和基础方案，以及工程措施等建议。

5. 废弃物处理工程

1)一般规定

(1)本部分内容适用于工业废渣场、垃圾填埋场等固体废弃物处理工程的岩土工程勘察。核废料处理场地的勘察尚应满足有关规范要求。

(2)废弃物处理工程的岩土工程勘察，应着重查明下列内容：

①地形地貌特征和气象水文条件；

②地质构造、岩土分布和不良地质作用；

③岩土的物理力学性质；

④水文地质条件、岩土和废弃物的渗透性；

⑤场地、地基和边坡的稳定性；

⑥污染物的运移，对水源和岩土的污染，对环境的影响；

⑦筑坝材料和防渗覆盖用黏土的调查；

⑧全新活动断裂、场地地基和堆积体的地震效应。

(3)废弃物处理工程勘察的范围，应包括堆填场(库区)、初期坝、相关的管线、隧洞等构筑物和建筑物，以及邻近相关地段，并应进行地方建筑材料的勘察。

(4)废弃物处理工程的勘察应配合工程建设分阶段进行。可分为可行性研究勘察、初步勘察和详细勘察，并应符合有关标准的规定。

可行性研究勘察应主要采用踏勘调查，必要时辅以少量勘探工作，对拟选场地的稳定性和适宜性做出评价。

初步勘察应以工程地质测绘为主，辅以勘探、原位测试、室内试验，对拟建工程的总平面布置、场地的稳定性、废弃物对环境的影响等进行初步评价，并提出建议。

详细勘察应采用勘探、原位测试和室内试验等手段进行，地质条件复杂地段应进行工程地质测绘，获取工程设计所需的参数，提出设计施工和监测工作的建议，并对不稳定地段和环境影响进行评价，提出治理建议。

(5)废弃物处理工程勘察前，应搜集下列技术资料：

①废弃物的成分、粒度、物理和化学性质，废弃物的日处理量、输送和排放方式；

②堆场或填埋场的总容量、有效容量和使用年限；

③山谷型堆填场的流域面积、降水量、径流量、多年一遇洪峰流量；

④初期坝的坝长和坝顶标高，加高坝的最终坝顶标高；

⑤活动断裂和抗震设防烈度；

⑥邻近的水源地保护带、水源开采情况和环境保护要求。

(6)废弃物处理工程的工程地质测绘应包括场地的全部范围及其邻近有关地段；其比例尺，初步勘察宜为1：2 000～1：5 000，详细勘察的复杂地段不应小于1：1 000，除应按有关规范的要求执行外，尚应着重调查下列内容：

①地貌形态、地形条件和居民的分布；

②洪水、滑坡、泥石流、岩溶、断裂等与场地稳定性有关的不良地质作用；

③有价值的自然景观、文物和矿产的分布，矿产的开采和采空情况；

④与渗漏有关的水文地质问题；

⑤生态环境。

(7)废弃物处理工程应按相关规范的要求，进行专门的水文地质勘察。

(8)在可溶岩分布区，应着重查明岩溶发育条件，溶洞、土洞、塌陷的分布，岩溶水的通道和流向，岩溶造成地下水和渗出液的渗漏，岩溶对工程稳定性的影响。

(9)初期坝的筑坝材料勘察及防渗和覆盖用黏土材料的勘察，应包括材料的产地、储量、性能指标、开采和运输条件。可行性勘察时应确定产地，初步勘察时应基本完成。

2)工业废渣堆场

(1)工业废渣堆场详细勘察时，勘探工作应符合下列规定：

①勘探线宜平行于堆填场、坝、隧洞、管线等构筑物的轴线布置，勘探点间距应根据地质条件复杂程度确定；

②对初期坝，勘探孔的深度应能满足分析稳定、变形和渗漏的要求；

③与稳定、渗漏有关的关键性地段，应加密加深勘探孔或专门布置勘探工作；

④可采用有效的物探方法辅助钻探和井探；

⑤隧洞勘察应符合《岩土工程勘察规范》(GB 50021—2001)(2009年版)第4.2节有关的规定。

(2)废渣材料加高坝的勘察，应采用勘探、原位测试和室内试验的方法进行，并应着重查明下列内容：

①已有堆积体的成分、颗粒组成、密实程度、堆积规律；

②堆积材料的工程特性和化学性质；

③堆积体内浸润线位置及其变化规律；

④已运行坝体的稳定性，继续堆积至设计高度的适宜性和稳定性；

⑤废渣堆积坝在地震作用下的稳定性和废渣材料的地震液化可能性；

⑥加高坝运行可能产生的环境影响。

(3)废渣材料加高坝的勘察，可按堆积规模垂直坝轴线布设且不少于3条勘探线，勘探点间距在堆场内可适当增大；一般勘探孔深度应进入自然地面以下一定深度，控制性勘探孔深度应能查明可能存在的软弱层。

(4)工业废渣堆场的岩土工程评价应包括下列内容：

①洪水、滑坡、泥石流、岩溶、断裂等不良地质作用对工程的影响；

②坝基、坝肩和库岸的稳定性，地震对稳定性的影响；

③坝址和库区的渗漏及建库对环境的影响；

④对地方建筑材料的质量、储量、开采和运输条件，进行技术经济分析。

(5)工业废渣堆场的勘察报告，除应符合《岩土工程勘察规范》(GB 50021—2001)(2009年版)第14章的规定外，尚应满足下列要求；

①按第(4)条的要求，进行岩土工程分析评价，并提出防治措施的建议；

②对废渣加高坝的勘察，应分析评价现状和达到最终高度时的稳定性，提出堆积方式和应采取措施的建议；

③提出边坡稳定、地下水位、库区渗漏等方面监测工作的建议。

3)垃圾填埋场

(1)垃圾填埋场勘察前搜集资料时，除应遵守第2)(1)条的规定外，尚应包括下列内容：

①垃圾的种类、成分和主要特性以及填埋的卫生要求；

②填埋方式和填埋程序，以及防渗衬层和封盖层的结构，渗出液集排系统的布置；

③防渗衬层、封盖层和渗出液集排系统对地基和废弃物的容许变形要求；

④截污坝、污水池、排水井、输液输气管道和其他相关构筑情况。

(2)垃圾填埋场的勘探测试，除应遵守第1)(5)条的规定外，尚应符合下列要求：

①需进行变形分析的地段，其勘探深度应满足变形分析的要求；

②岩土和似土废弃物的测试，可按《岩土工程勘察规范》(GB 50021—2001)(2009年版)第10章和第11章的规定执行，非土废弃物的测试，应根据其种类和特性采用合适的方法，并可根据现场监测资料，用反分析方法获取设计参数；

③测定垃圾渗出液的化学成分，必要时进行专门试验，研究污染物的运移规律。

(3)垃圾填埋场勘察的岩土工程评价除应按有关的规定执行外，尚宜包括下列内容：

①工程场地的整体稳定性及废弃物堆积体的变形和稳定性；

②地基和废弃物变形，导致防渗衬层、封盖层及其他设施失效的可能性；

③坝基、坝肩、库区和其他有关部位的渗漏；

④预测水位变化及其影响；

⑤污染物的运移及其对水源、农业、岩土和生态环境的影响。

(4)垃圾填埋场的岩土工程勘察报告，除应符合相关规范的规定外，尚应符合下列规定：

①按第(3)条的要求进行岩土工程分析评价；

②提出保证稳定、减少变形、防止渗漏和保护环境措施的建议；

③提出筑坝材料、防渗和覆盖用黏土等地方材料的产地及相关事项的建议；

④提出有关稳定、变形、水位、渗漏、水土和渗出液化学性质监测工作的建议。

6.核电厂

(1)本部分内容适用于各种核反应堆型的陆地固定式商用核电厂的岩土工程勘察。核电厂勘察除按本节执行外，尚应符合有关核安全法规、导则和有关国家标准、行业标准的规定。

(2)核电厂岩土工程勘察的安全分类，可分为与核安全有关建筑和常规建筑两类。

(3)核电厂岩土工程勘察可划分为初步可行性研究、可行性研究、初步设计、施工图设计和工程建造5个阶段。

(4)初步可行性研究勘察应以搜集资料为主，对各拟选厂址的区域地质、厂址工程地质和水文地质、地震动参数区划、历史地震及历史地震的影响烈度，以及近期地震活动等方面资料加以研究分析，对厂址的场地稳定性、地基条件、环境水文地质和环境地质作出初步评价，提出建厂的适宜性意见。

(5)初步可行性研究勘察，厂址工程地质测绘的比例尺应选用 1∶10 000～1∶25 000；范围应包括厂址及其周边地区，面积不宜小于 4 km^2。

(6)初步可行性研究勘察，应通过必要的勘探和测试，提出厂址的主要工程地质分层，提供岩土初步的物理力学性质指标，了解预选核岛区附近的岩土分布特征，并应符合下列要求：

①每个厂址勘探孔不宜少于 2 个，深度应为预计设计地坪标高以下 30～60 m。

②应全断面连续取芯，回次岩芯采取率对一般岩石应大于 85%，对破碎岩石应大于 70%。

③每一主要岩土层应采取 3 组以上试样；勘探孔内间隔 2～3 m 应做标准贯入试验一次，直至连续的中等风化以上岩体为止；当钻进至岩石全风化层时，应增加标准贯入试验频次，试验间隔不应大于 0.5 m。

④岩石试验项目应包括密度、弹性模量、泊松比、抗压强度、软化系数、抗剪强度和压缩波速度等；土的试验项目应包括颗粒分析、天然含水量、密度、比重、塑限、液限、压缩系数、压缩模量和抗剪强度等。

(7)初步可行性研究勘察，对岩土工程条件复杂的厂址，可选用物探辅助勘察，了解覆盖层的组成、厚度和基岩面的埋藏特征，了解隐伏岩体的构造特征，了解是否存在洞穴和隐伏的软弱带。

在河海岸坡和山丘边坡地区，应对岸坡和边坡的稳定性进行调查，并做出初步分析评价。

(8)评价厂址适宜性应考虑下列因素：

①有无能动断层，是否对厂址稳定性构成影响；

②是否存在影响厂址稳定的全新世火山活动；

③是否处于地震设防烈度大于 8 度的地区，是否存在与地震有关的潜在地质灾害；

④厂址区及其附近有无可开采矿藏，有无影响地基稳定的人类历史活动、地下工程、采空区、洞穴等；

⑤是否存在可造成地面塌陷、沉降、隆起和开裂等永久变形的地下洞穴、特殊地质体、不稳定边坡和岸坡、泥石流及其他不良地质作用；

⑥有无可供核岛布置的场地和地基，并具有足够的承载力；

⑦是否危及供水水源或对环境地质构成严重影响。

(9)可行性研究勘察内容应符合下列规定：

①查明厂址地区的地形地貌、地质构造、断裂的展布及其特征；

②查明厂址范围内地层成因、时代、分布和各岩层的风化特征，提供初步的动静物理力学参数，对地基类型、地基处理方案进行论证、提出建议；

③查明危害厂址的不良地质作用及其对场地稳定性的影响，对河岸、海岸、边坡稳定性做出初步评价，并提出初步的治理方案；

④判断抗震设计场地类别，划分对建筑物有利、不利和危险地段，判断地震液化的可能性；

⑤查明水文地质基本条件和环境水文地质的基本特征。

(10)可行性研究勘察应进行工程地质测绘，测绘范围包括厂址及其周边地区，测绘地形图比例尺为 1∶1 000～1∶2 000，测绘要求按有关规定执行。

本阶段厂址区的岩土工程勘察应以钻探和工程物探相结合的方式，查明基岩和覆盖层的组成、厚度和工程特性，基岩埋深、风化特征、风化层厚度等；并应查明工程区存在的隐伏软弱带、洞穴和重要的地质构造；对水域应结合水工建筑物布置方案，查明海(湖)积地层分布、特征和基岩面起伏状况。

(11)可行性研究阶段的勘探和测试应符合下列规定：

①厂区的勘探应结合地形、地质条件采用网格状布置，勘探点间距宜为 150 m。控制性勘探点应结合建筑物和地质条件布置，数量不宜少于勘探点总数的 1/3，沿核岛和常规岛中轴线应布置勘探线，勘探点间距宜适当加密，并应满足主体工程布置要求，保证每个核岛和常规岛不少于 1 个。

②勘探孔深度，对基岩场地宜进入基础底面以下基本质量等级为Ⅰ级、Ⅱ级的岩体不少于 10 m；对第四纪地层场地宜达到设计地坪标高以下 40 m，或进入Ⅰ级、Ⅱ级岩体不少于 3 m；核岛区控制性勘探孔深度，宜达到基础底面以下反应堆厂房直径的 2 倍；常规岛区控制性勘探孔深度，不宜小于地基变形计算深度，或进入基础底面以下Ⅰ级、Ⅱ级、Ⅲ级岩体 3 m；对水工建筑物应结合水下地形布置，并考虑河岸、海岸的类型和最大冲刷深度。

③岩石钻孔应全断面取芯，每回次岩芯采取率对一般岩石应大于 85%，对破碎岩石应大于 70%，并统计 RQD、节理条数和倾角；每一主要岩层应采取 3 组以上的岩样。

④根据岩土条件，选用适当的原位测试方法，测定岩土的特性指标，并可用声波测试方法，评价岩体的完整程度和划分风化等级。

⑤在核岛位置，宜选 1～2 个勘探孔，采用单孔法或跨孔法，测定岩土的压缩波速和剪切波速，计算岩土的动力参数。

⑥岩土室内试验项目除应符合相关要求外，增加每个岩体(层)代表试样的动弹性模量、动泊松比和动阻尼比等动态参数测试。

(12)可行性研究阶段的地下水调查和评价应符合下列规定：

①结合区域水文地质条件，查明厂区地下水类型，含水层特征，含水层数量、埋深、动态变化规律及其与周围水体的水力联系和地下水化学成分；

②结合工程地质钻探对主要地层分别进行注水、抽水或压水试验，测求地层的渗透系数和单位吸水率，初步评价岩体的完整性和水文地质条件；

③必要时，布置适当的长期观测孔，定期观测和记录水位，每季度定时取水样一次作水质分析，观测周期不应少于一个水文年。

(13)可行性研究阶段应根据岩土工程条件和工程需要，进行边坡勘察、土石方工程和建筑材料的调查和勘察。具体要求按有关标准执行。

(14)初步设计勘察应分核岛、常规岛、附属建筑和水工建筑 4 个地段进行，并应符合下列要求：

①查明各建筑地段的岩土成因、类别、物理性质和力学参数，并提出地基处理方案；

②进一步查明勘察区内断层分布、性质及其对场地稳定性的影响，提出治理方案的建议；

③对工程建设有影响的边坡进行勘察，并进行稳定性分析和评价，提出边坡设计参数和治理方案的建议；

④查明建筑地段的水文地质条件；

⑤查明对建筑物有影响的不良地质作用，并提出治理方案的建议。

(15)初步设计核岛地段勘察应满足设计和施工的需要，勘探孔的布置、数量和深度应符合下列规定：

①应布置在反应堆厂房周边和中部，当场地岩土工程条件较复杂时，可沿十字交叉线加

密或扩大范围，勘探点间距宜为 10～30 m。

②勘探点数量应能控制核岛地段地层岩性分布，并能满足原位测试的要求。每个核岛勘探点总数不应少于 10 个，其中反应堆厂房不应少于 5 个，控制性勘探点不应少于勘探点总数的 1/2。

③控制性勘探孔深度宜达到基础底面以下反应堆厂房直径的 2 倍，一般性勘探孔深度宜进入基础底面以下Ⅰ级、Ⅱ级岩体不少于 10 m。波速测试孔深度不应小于控制性勘探孔深度。

(16)初步设计常规岛地段勘察，除应符合相关规范的规定外，尚应符合下列要求：

①勘探点应沿建筑物轮廓线、轴线或主要柱列线布置，每个常规岛勘探点总数不应少于 10 个，其中控制性勘探点不宜少于勘探点总数的 1/4；

②控制性勘探孔深度对岩质地基应进入基础底面下Ⅰ级、Ⅱ级岩体不少于 3 m，对土质地基应钻至压缩层以下 10～20 m；一般性勘探孔深度，岩质地基应进入中等风化层 3～5 m，土质地基应达到压缩层底部。

(17)初步设计阶段水工建筑的勘察应符合下列规定：

①泵房地段钻探工作应结合地层岩性特点和基础埋置深度，每个泵房勘探点数量不应少于 2 个，一般性勘探孔应达到基础底面以下 1～2 m，控制性勘探孔应进入中等风化岩石 1.5～3.0 m；土质地基中控制性勘探孔深度达到压缩层以下 5～10 m；

②位于土质场地的进水管线，勘探点间距不宜大于 30 m，一般性勘探孔深度应达到管线底标高以下 5 m，控制性勘探孔应进入中等风化岩石 1.5～3.0 m；

③与核安全有关的海堤、防波堤，钻探工作应针对该地段所处的特殊地质环境布置，查明岩土物理力学性质和不良地质作用，勘探点宜沿堤轴线布置，一般性勘探孔深度应达到堤底设计标高以下 10 m，控制性勘探孔穿透压缩层或进入中等风化岩石 1.5～3.0 m。

(18)初步设计阶段勘察的测试，除应满足相关规范外，尚应符合下列规定：

①根据岩土性质和工程需要，选择合适的原位测试方法，包括波速测试、动力触探试验、抽水试验、注水试验、压水试验和岩体静载荷试验等，并对核反应堆厂房地基进行跨孔法波速测试和钻孔弹性横量测试，测求核反应堆厂房地基波速和岩石的应力应变特性；

②室内试验除进行常规试验外，尚应测定岩土的动静弹性模量、动静泊松比、动阻尼比、动静剪切模量、动抗剪强度、波速等指标。

(19)施工图设计阶段应完成附属建筑的勘察和主要水工建筑以外其他水工建筑的勘察，并根据需要进行核岛、常规岛和主要水工建筑的补充勘察。勘察内容和要求可按初步设计阶段有关规定执行，每个与核安全有关的附属建筑物不应少于一个控制性勘探孔。

(20)工程建造阶段勘察主要是现场检验和监测，其内容和要求按有关规定执行。

(21)核电厂的液化判别应按现行国家标准《核电厂抗震设计规范》(GB 50267—1997)执行。

7.边坡工程

(1)边坡工程勘察应查明下列内容：

①地貌形态，当存在滑坡、危岩和崩塌、泥石流等不良地质作用时，应符合《岩土工程勘察规范》(GB 50021—2001)(2009 年版)第 5 章的要求；

②岩土的类型、成因、工程特性，覆盖层厚度，基岩面的形态和坡度；

③岩体主要结构面的类型、产状、延展情况、闭合程度、充填状况、充水状况、力学属性和组合关系，主要结构面与临空面关系，是否存在外倾结构面；

④地下水的类型、水位、水压、水量、补给和动态变化，岩土的透水性和地下水的出露情况；

⑤地区气象条件（特别是雨期、暴雨强度），汇水面积，坡面植被，地表水对坡面、坡脚的冲刷情况；

⑥岩土的物理力学性质和软弱结构面的抗剪强度。

(2)大型边坡勘察宜分阶段进行，各阶段应符合下列要求：

①初步勘察应搜集地质资料，进行工程地质测绘和少量的勘探和室内试验，初步评价边坡的稳定性；

②详细勘察应对可能失稳的边坡及相邻地段进行工程地质测绘、勘探、试验、观测和分析计算，做出稳定性评价，对人工边坡提出最优开挖坡角，对可能失稳的边坡提出防护处理措施的建议；

③施工勘察应配合施工开挖进行地质编录，核对、补充前阶段的勘察资料，必要时进行施工安全预报，提出修改设计的建议。

(3)边坡工程地质测绘除应符合《岩土工程勘察规范》(GB 50021—2001)(2009年版)第8章的要求外，尚应着重查明天然边坡的形态和坡角，软弱结构面的产状和性质。测绘范围应包括可能对边坡稳定有影响的地段。

(4)勘探线应垂直边坡走向布置，勘探点间距应根据地质条件确定。当遇有软弱夹层或不利结构面时，应适当加密。勘探孔深度应穿过潜在滑动面并深入稳定层2～5 m。除常规钻探外，可根据需要，采用探洞、探槽、探井和斜孔。

(5)主要岩土层和软弱层应采取试样；每层的试样对土层不应少于6件，对岩层不应少于9件，软弱层宜连续取样。

(6)三轴剪切试验的最高围压和直剪试验的最大法向压力的选择，应与试样在坡体中的实际受力情况相近。对控制边坡稳定的软弱结构面，宜进行原位剪切试验。对大型边坡，必要时可进行岩体应力测试、波速测试、动力测试、孔隙水压力测试和模型试验。

抗剪强度指标，应根据实测结果结合当地经验确定，并宜采用反分析方法验证。对永久性边坡，尚应考虑强度可能随时间降低的效应。

(7)边坡的稳定性评价，应在确定边坡破坏模式的基础上进行，可采用工程地质类比法、图解分析法、极限平衡法、有限单元法进行综合评价。各区段条件不一致时，应分区段分析。

边坡稳定系数F_s的取值，对新设计的边坡、重要工程宜取1.3～1.5，一般工程宜取1.15～1.30，次要工程宜取1.05～1.15；采用峰值强度时取大值，采取残余强度时取小值；验算已有边坡稳定时，F_s取1.10～1.25。

(8)大型边坡应进行监测，监测内容根据具体情况可包括边坡变形、地下水动态和易风化岩体的风化速度等。

(9)边坡岩土工程勘察报告除应符合相关规范的规定外，尚应论述下列内容：

①边坡的工程地质条件和岩土工程计算参数；

②分析边坡和建在坡顶、坡上建筑物的稳定性以下对坡下建筑物的影响；

③提出最优坡形和坡角的建议；

④提出不稳定边坡整治措施和监测方案的建议。

8.基坑工程

(1)本部分内容主要适用于土质基坑的勘察。对岩质基坑，应根据场地的地质构造、岩体特征、风化情况、基坑开挖深度等，按当地标准或当地经验进行勘察。

(2)需进行基坑设计的工程，勘察时应包括基坑工程勘察的内容。在初步勘察阶段，应根据岩土工程条件，初步判定开挖可能发生的问题和需要采取的支护措施；在详细勘察阶段，应针对基坑工程设计的要求进行勘察；在施工阶段，必要时还应进行补充勘察。

(3)基坑工程勘察的范围和深度应根据场地条件和设计要求确定。勘察深度宜为开挖深度的2～3倍，在此深度内遇到坚硬的黏性土、碎石土和岩层，可根据岩土类别和支护设计要求减少深度。勘察的平面范围宜超出开挖边界外开挖深度的2～3倍。在深厚软土区，勘察深度和范围还应当扩大。在开挖边界外，勘察手段以调查研究、搜集已有资料为主，复杂场地和斜坡场地应布置适量的勘探点。

(4)在受基坑开挖影响和可能设置支护结构的范围内，应查明岩土分布，分层提供支护设计所需的抗剪强度指标。土的抗剪强度试验方法，应与基坑工程设计要求一致，符合设计采用的标准，并应在勘察报告中说明。

(5)当场地水文地质条件复杂，在基坑开挖过程中需要对地下水进行控制(降水或隔渗)，且已有资料不能满足要求时，应进行专门的水文地质勘察。

(6)当基坑开挖可能产生流沙、流土、管涌等渗透性破坏时，应有针对性地进行勘察，分析评价其产生的可能性及对工程的影响。当基坑开挖进程中有渗流时，地下水的渗流作用宜通过渗流计算确定。

(7)基坑工程勘察，应进行环境状况的调查，查明邻近建筑物和地下设施的现状、结构特点及对开挖变形的承受能力。在城市地下管网密集分布区，可通过地理信息系统或其他档案资料了解管线的类别、平面位置、埋深和规模，必要时应采用有效方法进行地下管线探测。

(8)在特殊性岩土分布区进行基坑工程勘察时，可根据相关规范规定进行勘察，分析评价软土的蠕变和长期强度，软岩和极软岩的失水崩解，膨胀土的膨胀性和裂隙性以及非饱和土增湿软化等对基坑的影响。

(9)基坑工程勘察，应根据开挖深度、岩土和地下水条件及环境要求，对基坑边坡的处理方式提出建议。

(10)基坑工程勘察应针对以下内容进行分析，提供有关计算参数和建议：

①边坡的局部稳定性、整体稳定性和坑底抗隆起稳定性；

②坑底和侧壁的渗透稳定性；

③挡土结构和边坡可能发生的变形；

④降水效果和降水对环境的影响；

⑤开挖和降水对邻近建筑物和地下设施的影响。

(11)岩土工程勘察报告中与基坑工程有关的部分应包括下列内容：

①与基坑开挖有关的场地条件、土质条件和工程条件；

②提出处理方式、计算参数和支护结构选型的建议；

③提出地下水控制方法、计算参数和施工控制的建议；

④提出施工方法和施工中可能遇到的问题的防治措施建议；

⑤对施工阶段的环境保护和监测工作的建议。

9.桩基础

(1)桩基岩土工程勘察应包括下列内容：

①查明场地各层岩土的类型、深度、分布、工程特性和变化规律；

②当采用基岩作为桩的持力层时，应查明基岩的岩性、构造、岩面变化、风化程度，确定其坚硬程度、完整程度和基本质量等级，判定有无洞穴、临空面、破碎岩体或软弱岩层；

③查明水文地质条件，评价地下水对桩基设计和施工的影响，判定水质对建筑材料的腐蚀性；

④查明不良地质作用，可液化土层和特殊性岩土的分布及其对桩基的危害程度，并提出防治措施的建议；

⑤评价成桩可能性，论证桩的施工条件及其对环境的影响。

(2)土质地基勘探点间距应符合下列规定：

①对端承桩宜为 12～24 m，相邻勘探孔揭露的持力层层面高差控制为 1～2 m；

②对摩擦桩宜为 20～35 m，当地层条件复杂，影响成桩或设计有特殊要求时，勘探点应适当加密；

③复杂地基的一柱一桩工程，宜每柱设置勘探点。

(3)桩基岩土工程勘察宜采用钻探和触探及其他原位测试相结合的方式进行，对软土、黏性土、粉土和砂土的测试手段，宜采用静力触探和标准贯入试验；对碎石土宜采用重型或超重型圆锥动力触探。

(4)勘探孔的深度应符合下列规定：

①一般性勘探孔的深度应达到预计桩长以下 $3d$～$5d$(d 为桩径)，且不得小于 3 m；对大直径桩，不得小于 5 m；

②控制性勘探孔深度应满足下卧层验算要求，对需验算沉降的桩基，应超过地基变形计算深度；

③钻至预计深度遇软弱层时，应予加深，在预计勘探孔深度内遇稳定坚实岩土时，可适当减小；

④对嵌岩桩，应钻入预计岩面以下 $3d$～$5d$，并穿过溶洞、破碎带，到达稳定地层；

⑤可能有多种桩长方案时，应根据最长桩方案确定。

(5)岩土室内试验应满足下列要求：

①当需估算桩的侧阻力、端阻力和验算下卧层强度时，宜进行三轴剪切试验或无侧限抗压强度试验，三轴剪切试验的受力条件应模拟工程的实际情况。

②对需估算沉降的桩基工程，应进行压缩试验，试验最大压力应大于上覆自重压力与附加压力之和。

③当桩端持力层为基岩时，应采取岩样进行饱和单轴抗压强度试验，必要时尚应进行软化实验；对软岩和极软岩，可进行天然湿度的单轴抗压强度试验；对无法取样的破碎和极破碎的岩石，宜进行原位测试。

(6)单桩竖向和水平承载力，应根据工程等级、岩土性质和原位测试成果并结合当地经验确定。对地基基础设计等级为甲级的建筑物和缺乏经验的地区，应建议做静载荷试验。试验数量不宜少于工程桩数的 1%，且每个场地不少于 3 个。对承受较大水平荷载的桩，应建议进行桩的水平载荷试验；对承受上拔力的桩，应建议进行抗拔力试验。勘察报告应提出估算的有关岩土的基桩侧阻力和端阻力。必要时提出估算的竖向和水平承载力以及抗拔承载力。

(7)对需要进行沉降计算的桩基工程，应提供计算所需的各层岩土的变形参数，并宜根据任务要求，进行沉降估算。

(8)桩基工程的岩土工程勘察报告除应符合相关规范的要求，并提供承载力和变形参数外，尚应包括下列内容：

①提供可选的桩基类型和桩端持力层，提出桩长、桩径方案的建议；

②当有软弱下卧层时，验算软弱下卧层强度；

③对欠固结土和有大面积堆载的工程，应分析桩侧产生负摩阻力的可能性及其对桩基承载力的影响，并提供负摩阻力系数和减少负摩阻力措施的建议；

④分析成桩的可能性，成桩和挤土效应的影响，并提出保护措施的建议；

⑤持力层为倾斜地层、基岩面凹凸不平或岩土中有洞穴时应评价桩的稳定性，并提出处理措施的建议。

10. 地基处理

(1)地基处理的岩土工程勘察应满足下列要求：

①针对可能采用的地基处理方案，提供地基处理设计和施工所需的岩土特性参数；

②预测所选地基处理方法对环境和邻近建筑物的影响；

③提出地基处理方案的建议；

④当场地条件复杂且缺乏成功经验时，应在施工现场对拟选方案进行试验或对比试验，检验方案的设计参数和处理效果；

⑤在地基处理施工期间，应进行施工质量以及施工对周围环境和邻近工程设施影响的监测。

(2)换填垫层法的岩土工程勘察宜包括下列内容：

①查明待换填的不良土层的分布范围和埋深；

②测定换填材料的最佳含水量、最大干密度；

③评定垫层以下软弱下卧层的承载力和抗滑稳定性，估算建筑物的沉降；

④评定换填材料对地下水的环境影响；

⑤对换填施工过程应注意的事项提出建议；

⑥对换填垫层的质量进行检验或现场试验。

(3)预压法的岩土工程勘察宜包括下列内容：

①查明土的成层条件，水平和垂直方向的分布，排水层和夹砂层的埋深和厚度，地下水的补给和排泄条件等；

②提供待处理软土的先期固结压力、压缩性参数、固结特性参数和抗剪强度指标、软土在预压过程中强度的增长规律；

③预估预压荷载的分级和大小、加荷速率、预压时间、强度的可能增长和可能的沉降；

④对重要工程，建议选择代表性试验区进行预压试验，采用室内试验、原位测试、变形和孔压的现场监测等手段，推算软土的固结系数、固结度与时间的关系和最终沉降量，为预压处理的设计施工提供可靠依据；

⑤检验预压处理效果，必要时进行现场载荷试验。

(4)强夯法的岩土工程勘察宜包括下列内容：

①查明强夯影响深范围内土层的组成、分布、强度、压缩性、透水性和地下水条件；

②查明施工场地和周围受影响范围内的地下管线和构筑物的位置、标高，查明有无对振动敏感的设施，是否需在强夯施工期间进行监测；

③根据强夯设计，选择代表性试验区进行试夯，采用室内试验、原位测试、现场监测等手段，查明强夯有效加固深度，夯击能量、夯击遍数与夯沉量的关系，夯坑周围地面的振动和地面隆起，土中孔隙水压力的增长和消散规律。

(5)桩土复合地基的岩土工程勘察宜包括下列内容：

①查明暗塘、暗浜、暗沟、洞穴等的分布和埋沉；

②查明土的组成、分布和物理力学性质，软弱土的厚度和埋深，可作为桩基持力层的相对硬层的埋深；

③预估成桩施工可能性(有无地下障碍、地下洞穴、地下管线、电缆等)和成桩工艺对周围土体、邻近建筑、工程设施和环境的影响(噪声、振动、侧向挤土、地面沉陷或隆起等)，桩体与水土间的相互作用(地下水对桩材的腐蚀性，桩材对周围水土环境的污染等)；

④评定桩间土承载力，预估单桩承载力和复合地基承载力；

⑤评定桩间土、桩身、复合地基、桩端以下变形计算深度范围内土层的压缩性，任务需要时估算复合地基的沉降量；

⑥对需验算复合地基稳定性的工程，提供桩间土、桩身的抗剪强度；

⑦任务需要时应根据桩土复合地基的设计，进行桩间土、单桩和复合地基载荷试验，检验复合地基承载力。

(6)注浆法的岩土工程勘察宜包括下列内容：

①查明土的级配、孔隙性或岩石的裂隙宽度和分布规律，岩土渗透性，地下水埋深、流向和流速，岩土的化学成分和有机质含量，岩土的渗透性宜通过现场试验测定；

②根据岩土性质和工程要求选择浆液和注浆方法(渗透注浆、劈裂注浆、压密注浆等)，根据地区经验或通过现场试验确定浆液浓度、黏度、压力、凝结时间、有效加固半径或范围，评定加固后地基的承载力、压缩性、稳定性或抗渗性；

③在加固施工过程中对地面、既有建筑物和地下管线等进行跟踪变形观测，以控制灌注顺序、注浆压力、注浆速率等；

④通过开挖、室内试验、动力触探或其他原位测试，对注浆加固效果进行检验；

⑤注浆加固后，应对建筑物或构筑物进行沉降观测，直至沉降稳定为止，观测时间不宜少于半年。

11.既有建筑物的增载和保护

(1)既有建筑物的增载和保护的岩土工程勘察应符合下列要求：

①搜集建筑物的荷载、结构特点、功能特点和完好程度资料，基础类型、埋深、平面位置，基底压力和变形观测资料；场地及其所在地区的地下水开采历史，水位降深、降速，地面沉降、形变，地裂缝的发生、发展等资料。

②评价建筑物的增层、增载和邻近场地大面积堆载对建筑物的影响时，应查明地基土的承载力，增载后可能产生的附加沉降和沉降差；对建造在斜坡上的建筑物尚应进行稳定性验算。

③对建筑物接建或在其紧邻新建建筑物，应分析新建建筑物在既有建筑物地基土中引起的应力状态改变及其影响。

④评价地下水抽降对建筑物的影响时，应分析地下水抽降引起地基土的固结作用和地面下沉、倾斜、挠曲或破裂对既有建筑物的影响，并预测其发展趋势。

⑤评价基坑开挖对邻近既有建筑物的影响时，应分析基坑开挖卸载导致的基坑底部剪切隆起，因坑内外水头差引发管涌，坑壁土体的变形与位移、失稳等危险；同时还应分析基坑降水引起的地面不均匀沉降的不良环境效应。

⑥评价地下工程施工对既有建筑物的影响时，应分析伴随岩土体内的应力重分布出现的地面下沉、挠曲等变形或破裂，施工降水的环境效应，过大的围岩变形或坍塌等对既有建筑物的影响。

(2)建筑物的增层、增载和邻近场地大面积堆载的岩土工程勘察应包括下列内容：

①分析地基土的实际受荷程度和既有建筑物结构、材料状况及其适应新增荷载和附加

沉降的能力。

②勘探点应紧靠基础外侧布置，有条件时宜在基础中心线布置，每栋单独建筑物的勘探点不宜少于 3 个；在基础外侧适当距离处，宜布置一定数量勘探点。

③勘探方法除钻探外，宜包括探井和静力触探或旁压试验；取土和旁压试验的间距，在基底以下 1 倍基宽的深度范围内宜为 0.5 m，超过该深度时可为 1 m；必要时，应专门布置探井查明基础类型、尺寸、材料和地基处理等情况。

④压缩试验成果中应有 e-lg$p$ 曲线，并提供先期固结压力、压缩指数、回弹指数和与增荷后土中垂直有效压力相应的固结系数，以及三轴不固结不排水剪切试验成果；当拟增层数较多或增载量较大时，应做载荷试验，提供主要受力层的比例界限荷载、极限荷载、变形模量和回弹模量。

⑤岩土工程勘察报告应着重对增载后的地基土承载力进行分析评价，预测可能的附加沉降和差异沉降，提出关于设计方案、施工措施和变形监测的建议。

(3)建筑物接建、邻建的岩土工程勘察应符合下列要求：

①除应符合相关规范的要求外，尚应评价建筑物的结构和材料适应局部挠曲的能力；

②除按有关要求对新建建筑物布置勘探点外，尚应为研究接建、邻建部位的地基土、基础结构和材料现状布置勘探点，其中应有探井或静力触探孔，其数量不宜少于 3 个，取土间距宜为 1 m；

③压缩试验成果中应有 e-lg$p$ 曲线，并提供先期固结压力压缩指数、回弹指数和与增荷后土中垂直有效压力相应的固结系数，以及三轴不固结不排水剪切试验成果；

④岩土工程勘察报告应评价由新建部分的荷载在既有建筑物地基土中引起的新的压缩和相应的沉降差；评价新基坑的开挖、降水、设桩等对既有建筑物的影响，提出设计方案、施工措施和变形监测的建议。

(4)评价地下水抽降影响的岩土工程勘察应符合下列要求：

①研究地下水抽降与含水层埋藏条件、可压缩土层厚度、土的压缩性和应力历史等的关系，作出评价和预测；

②勘探孔深度应超过可压缩地层的下限，并应取土试验或进行原位测试；

③压缩试验成果中应有 e-lg$p$ 曲线，并提供先期固结压力、压缩指数、回弹指数和与增荷后土中垂直有效压力相应的固结系数，以及三轴不固结不排水剪切试验成果；

④岩土工程勘察报告应分析预测场地可能产生的地面沉降、形变、破裂及其影响，提出保护既有建筑物的措施。

(5)评价基坑开挖对邻近建筑物影响的岩土工程勘察应符合下列要求：

①搜集分析既有建筑物适应附加沉降和差异沉降的能力，与拟挖基坑在平面与深度上的位置关系和可能采用的降水、开挖与支护措施等资料；

②查明降水、开挖等影响所及范围内的地层结构，含水层的性质、水位和渗透系数，土的抗剪强度、变形参数等工程特性；

③岩土工程勘察报告除应符合相关要求外，尚应着重分析预测坑底和坑外地面的外出卸荷回弹，坑周土体的变形位移和坑底发生剪切隆起或管涌的危险，分析施工降水导致的地面沉降的幅度、范围和对邻近建筑物的影响，并就安全合理的开挖、支护、降水方案和监测工作提出建议。

(6)评价地下开挖对建筑物影响的岩土工程勘察应符合下列要求：

①分析已有勘察资料，必要时应做补充勘探测试工作；

②分析沿地下工程主轴线出现槽形地面沉降和在其两侧或四周的出现地面倾斜、挠曲的可能性及其对两侧既有建筑物的影响，并就安全合理的施工方案和保护既有建筑物的措施提出建议；

③提出对施工过程中地面变形、围岩应力状态、围岩或建筑物地基失稳的前兆现象等进行监测的建议。

第二节 岩土的分类及其鉴别特征

Ⅰ 岩石的分类

一、岩石按成因分类

岩石按成因可分为岩浆岩（火成岩）、沉积岩（水成岩）和变质岩三大类。

（一）岩浆岩

岩浆在向地表上升过程中，由于热量散失逐渐经过分异等作用冷凝而成岩浆岩。在地表下冷凝的称侵入岩；喷出地表冷凝的称喷出岩。侵入岩按距地表的深浅程度又分为深成岩和浅成岩。

岩浆岩的产状如图 2.2.1 所示。

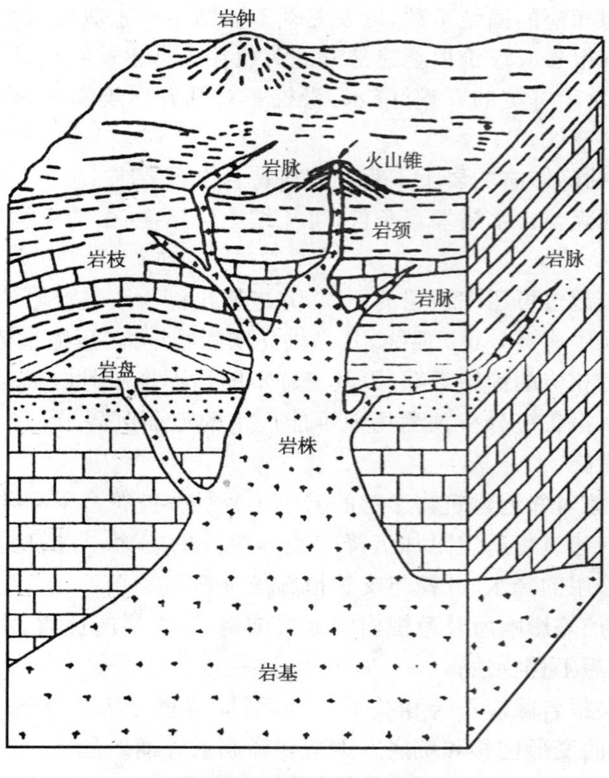

图 2.2.1 岩浆岩的产状

岩基和岩株为深成岩产状，岩脉、岩盘和岩枝等为浅成岩产状，火山锥和岩钟为喷出岩产状。岩浆岩的分类如表 2.2.1 所示。

岩浆岩的分类 表 2.2.1

化学成分		含 Si、Al 为主			含 Fe、Mg 为主			产状
酸基性		酸性	中性		基性	超基性		
颜色		浅色的(浅灰、浅红、红色、黄色)			深色的 (深灰、绿色、黑色)			
矿物成分		含正长石		含斜长石		不含长石		
		成因及结构						
		石英、云母、角闪石	黑云母、角闪石、辉石	角闪石、辉石、黑云母	辉石、角闪石、橄榄石	辉石、橄榄石、角闪石		
深成的	等粒状,有时为斑状,所有矿物皆能用肉眼鉴别	花岗岩	正长岩	闪长岩	辉长岩	橄榄岩 辉岩	岩基 岩株	
浅成的	斑状(斑晶较大且可分辨出矿物名称)	花岗斑岩	正长斑岩	玢　岩	辉绿岩	苦橄玢岩 (少见)	岩脉 岩枝 岩盘	
喷出的	玻璃状,有时为细粒斑状,矿物难于用肉眼鉴别	流纹岩	粗面岩	安山岩	玄武岩	苦橄岩 (少见) 金伯利岩	熔岩流	
	玻璃状或碎屑状	黑曜岩、浮石、火山凝灰岩、火山碎屑岩、火山玻璃						火山喷出的堆积物

(二)沉积岩

沉积岩是由岩石、矿物在内外力作用下破碎成碎屑物质后,再经水流、风吹和冰川等的搬运,堆积在大陆低洼地带或海洋,再经胶结、压密等成岩作用而成的岩石。沉积岩的主要特征是具有层理。沉积岩的分类如表 2.2.2 所示。

沉积岩的分类 表 2.2.2

成　因	硅　质　的	泥　质　的	灰　质　的	其 他 成 分
碎屑沉积	石英砾岩、石英角砾岩、燧石角砾岩、砂岩、石英岩	泥岩、页岩、黏土岩	石灰砾岩、石灰角砾岩、多种石灰岩	集块岩
化学沉积	硅华、燧石、石髓岩	泥铁石	石笋、石钟乳、石灰华、白云岩、石灰岩、泥灰岩	岩盐、石膏、硬石膏、硝石
生物沉积	硅藻土	油页岩	白垩、白云岩、珊瑚石灰岩	煤炭、油砂、某种磷酸盐岩石

(三)变质岩

变质岩是岩浆岩或沉积岩在高温、高压或其他因素作用下,经变质所形成的岩石。变质岩的分类如表 2.2.3 所示。

变质岩的分类 表 2.2.3

岩石类别	岩 石 名 称	主要矿物成分	鉴 定 特 征
片状的岩石类	片麻岩	石英、长石、云母	片麻状构造,浅色长石带和深色云母带互相交错,结晶粒状或斑状结构
	云母片岩	云母、石英	具有薄片理,片理面上有强的丝绢光泽,石英凭肉眼常看不到
	绿泥石片岩	绿泥石	绿色,常为鳞片状或叶片状的绿泥石块

续上表

岩石类别	岩石名称	主要矿物成分	鉴定特征
片状的岩石类	滑石片岩	滑石	鳞片状或叶片状的滑石块，用指甲可刻划，有滑感
	角闪石片岩	普通角闪石、石英	片理常常表现不明显，坚硬
	千枚岩、板岩	云母、石英等	具有片理，肉眼不易识别矿物，锤击有清脆声，并具有丝绢光泽，千枚岩表现得很明显
块状的岩石类	大理岩	方解石、少量白云石	结晶粒状结构，遇盐酸起泡
	石英岩	石英	致密的、细粒的块体，坚硬，硬度近 7 度，具有玻璃光泽、断口贝壳状或次贝壳状

二、岩石按坚硬程度分类

1. 按饱和单轴抗压强度分类

岩石坚硬程度按饱和单轴抗压强度分类，如表 2.2.4 所示。

岩石坚硬程度按饱和单轴抗压强度分类　　表 2.2.4

坚硬程度	坚硬岩	较硬岩	较软岩	软岩	极软岩
饱和单轴抗压强度/MPa	$f_r>60$	$60\geqslant f_r>30$	$30\geqslant f_r>15$	$15\geqslant f_r>5$	$f_r\leqslant5$

注：1. 当无法取得饱和单轴抗压强度数据时，可用点荷载试验强度换算，换算方法按现行国家标准《工程岩体分级标准》(GB 50218—2014)执行。

2. 当岩体完整程度为极破碎时，可不进行坚硬程度分类。

2. 按坚硬程度定性分类

岩石坚硬程度定性划分，如表 2.2.5 所示。

岩石坚硬程度定性划分　　表 2.2.5

坚硬程度		定性鉴定	代表性岩石
硬质岩	坚硬岩	锤击声清脆，有回弹，震手，难击碎，基本无吸水反应	未风化、微风化的花岗岩、闪长岩、辉绿岩、玄武岩、安山岩、片麻岩、石英岩、石英砂岩、硅质砾岩、硅质石灰岩等
	较硬岩	锤击声较清脆，有轻微回弹，稍震手，较难击碎，有轻微吸水反应	①微风化的坚硬岩； ②未风化、微风化的大理岩、板岩、石灰岩、白云岩、钙质砂岩等
软质岩	较软岩	锤击声不清脆，无回弹，较易击碎，浸水后指甲可刻出印痕	①中等风化、强风化的坚硬岩或较硬岩； ②未风化、微风化的凝灰岩、千枚岩、泥灰岩、砂质泥岩等
	软岩	锤击声哑，无回弹，有凹痕，易击碎，浸水后手可掰开	①强风化的坚硬岩或较硬岩； ②中等风化、强风化的较软岩； ③未风化、微风化的页岩、泥岩、泥质砂岩等
极软岩		锤击声哑，无回弹，有较深凹痕，手可捏碎，浸水后可捏成团	①全风化的各种岩石； ②各种半成岩

三、岩体按完整程度分类

1. 岩体完整程度分定量分类

岩体完整程度的定量划分，如表 2.2.6 所示。

岩体完整程度定量分类　　表 2.2.6

岩体完整性指数 K_v	>0.75	$0.75\sim0.55$	$0.55\sim0.35$	$0.35\sim0.15$	<0.15
完整程度	完整	较完整	较破碎	破碎	极破碎

注：岩体完整性指数 K_v 按式 $K_v=(v_{p岩体}/v_{p岩石})^2$ 计算，式中，$v_{p岩体}$、$v_{p岩石}$ 分别为岩体和岩石的压缩波速度(m/s)。

2. 岩体完整程度定性分类

岩体完整程度的定性划分，如表 2.2.7 所示。

岩体完整程度的定性分类 表 2.2.7

完整程度	结构面发育程度		主要结构面的结合程度	主要结构面类型	相应结构类型
	组数	平均间距/m			
完整	1～2	>1.0	结合好或结合一般	裂隙、层面	整体状或巨厚层状结构
较完整	1～2	>1.0	结合差	裂隙、层面	块状或厚层状结构
	2～3	1.0～0.4	结合好或结合一般		块状结构
较破碎	2～3	1.0～0.4	结合差	裂隙、层面、小断层	裂隙块状或中厚层状结构
	≥3	0.4～0.2	结合好		镶嵌碎裂结构
			结合一般		中、薄层状结构
破碎	≥3	0.4～0.2	结合差	各种类型结构面	裂隙块状结构
		≤0.2	结合一般或结合差		碎裂状结构
极破碎	无序	—	结合很差	—	散体状结构

注：平均间距指主要结构面(1～2 组)间距的平均值。

四、岩体按基本质量等级分类

岩体基本质量等级划分，如表 2.2.8 所示。

岩体基本质量等级分类 表 2.2.8

坚硬程度	完整程度				
	完整	较完整	较破碎	破碎	极破碎
坚硬岩	Ⅰ	Ⅱ	Ⅲ	Ⅳ	Ⅴ
较硬岩	Ⅱ	Ⅲ	Ⅳ	Ⅳ	Ⅴ
较软岩	Ⅲ	Ⅳ	Ⅳ	Ⅴ	Ⅴ
软岩	Ⅳ	Ⅳ	Ⅴ	Ⅴ	Ⅴ
极软岩	Ⅴ	Ⅴ	Ⅴ	Ⅴ	Ⅴ

五、岩石按风化程度分类

岩石按风化程度划分，如表 2.2.9 所示。

岩石按风化程度分类 表 2.2.9

风化程度	野外特征	风化程度参数指标	
		波速比 K_v	风化系数 K_f
未风化	岩质新鲜，偶见风化痕迹	0.9～1.0	0.9～1.0
微风化	结构基本未变，仅节理面有渲染或略有变色，有少量风化裂隙	0.8～0.9	0.8～0.9
中等风化	结构部分破坏，沿节理面有次生矿物、风化裂隙发育，岩体被切割成岩块。用镐难挖，岩芯钻方可钻进	0.6～0.8	0.4～0.8
强风化	结构大部分破坏，矿物成分显著变化，风化裂隙很发育，岩体破碎，用镐可挖，干钻不易钻进	0.4～0.6	<0.4
全风化	结构基本破坏，但尚可辨认，有残余结构强度，可用镐挖，干钻可钻进	0.2～0.4	—
残积土	组织结构全部破坏，已风化成土状，锹镐易挖掘，干钻易钻进，具可塑性	<0.2	—

注：1. 波速比 K_v 为风化岩石与新鲜岩石压缩波速度之比。

2. 风化系数 K_f 为风化岩石与新鲜岩石饱和单轴抗压强度之比。

3. 岩石风化程度，除按表列野外特征和定量指标划分外，也可根据当地经验划分。

4. 花岗岩类岩石，可采用标准贯入试验划分，$N \geq 50$ 为强风化，$30 \leq N < 50$ 为全风化，$N < 30$ 为残积土。

5. 泥岩和半成岩，可不进行风化程度划分。

六、岩石按软化程度分类

岩石按软化系数 K_R 可分为软化岩石和不软化岩石。当软化系数 K_R 值不大于 0.75 时，为软化岩石；当软化系数 K_R 大于 0.75 时，为不软化岩石。

当岩石具有特殊成分、特殊结构或特殊性质时，应定为特殊性岩石，如易溶性岩石、膨胀性岩石、崩解性岩石、盐渍化岩石等。

软化系数 K_R 为岩石饱水状态的抗压强度 R_w 与岩石干燥状态的抗压强度 R_d 之比，即：$K_R=R_w/R_d$。

七、岩体按岩石的质量指标(RQD)分类

岩体按岩石质量指标分类，如表 2.2.10 所示。

岩体按岩石的质量指标(RQD)分类　　表 2.2.10

岩体分类	RQD/(%)	岩体分类	RQD/(%)
好	>90	差	25～50
较好	75～90	极差	<25
较差	50～75		

注：1. RQD 指钻孔中用 N 型(75 mm)二重管金刚石钻头获取的大于 10 cm 的岩芯段长度之和与该回次钻进深度之比。

2. 本表摘自《岩土工程勘察规范》(GB 50021—2001)(2009 年版)。

八、岩体按结构类型分类

岩体按结构类型分类参见表 2.2.4。

Ⅱ　土的分类

一、国家标准《岩土工程勘察规范》(GB 50021—2001)(2009 年版)的分类

(一)按地质成因分类

土按地质成因可分为残积土、坡积土、洪积土、冲积土、淤积土、冰积土、风积土等类型。

(二)按沉积时代分类

1. 老沉积土

第四纪晚更新世(Q_3)及其以前沉积的土，一般具有较高的强度和较低的压缩性。

2. 新近沉积土

第四纪全新世中近期沉积的土，应定为新近沉积土。

(三)按颗粒级配和塑性指数分类

土按颗粒级配和塑性指数可分为碎石土、砂土、粉土和黏性土。

1. 碎石土

碎石土为粒径大于 2 mm 的颗粒质量超过总质量 50% 的土。碎石土的分类见表 2.2.11。

碎石土分类 表 2.2.11

土的名称	颗粒形状	颗粒级配
漂石	圆形及亚圆形为主	粒径大于 200 mm 的颗粒质量超过总质量 50%
块石	棱角形为主	
卵石	圆形及亚圆形为主	粒径大于 20 mm 的颗粒质量超过总质量 50%
碎石	棱角形为主	
圆砾	圆形及亚圆形为主	粒径大于 2 mm 的颗粒质量超过总质量 50%
角砾	棱角形为主	

注：定名时应根据颗粒级配由大到小以最先符合者确定。

2. 砂土

砂土为粒径大于 2 mm 的颗粒质量不超过总质量 50%，粒径大于 0.075 mm 的颗粒质量超过总质量 50%的土。砂土的分类见表 2.2.12。

砂土分类 表 2.2.12

土的名称	颗粒级配
砾砂	粒径大于 2 mm 的颗粒质量占总质量 25%～50%
粗砂	粒径大于 0.5 mm 的颗粒质量超过总质量 50%
中砂	粒径大于 0.25 mm 的颗粒质量超过总质量 50%
细砂	粒径大于 0.075 mm 的颗粒质量超过总质量 85%
粉砂	粒径大于 0.075 mm 的颗粒质量超过总质量 50%

注：定名时，应根据颗粒级配由大到小以最先符合者确定。

3. 粉土

粉土为粒径大于 0.075 mm 的颗粒质量不超过总质量的 50%，且塑性指数不大于 10 的土。

4. 黏性土

黏性土为塑性指数大于 10 的土。黏性土的分类见表 2.2.13。

黏性土分类 表 2.2.13

土的名称	塑性指数	土的名称	塑性指数
粉质黏土	$10<I_p\leqslant17$	黏土	$I_p>17$

注：确定塑性指数 I_p 时，液限以 76 g 瓦氏圆锥仪入土深度 10 mm 为准，塑限以搓条法为准。

(四)按工程特性分类

具有一定分布区域或工程意义上具有特殊成分、状态和结构特征的土称特殊性土，根据工程特性分为湿陷性土、红黏土、软土(包括淤泥和淤泥质土)、冻土、膨胀土、盐渍土、混合土、填土和污染土。

(五)按有机质含量分类

根据有机质含量分类见表 2.2.14。

土按有机质含量分类 表 2.2.14

分类名称	有机质含量 W_u	现场鉴别特征	说明
无机土	$W_u<5\%$	—	—
有机质土	$5\%\leqslant W_u\leqslant10\%$	深灰色，有光泽，味臭，除腐殖质外尚含少量未完全分解的动植物体，浸水后水面出现气泡，干燥后体积有收缩	①如现场能鉴别有机质土或有地区经验时，可不做有机质含量测定；②当 $w>w_L$，$1.0\leqslant e<1.5$ 时称淤泥质土；当 $w>w_L$，$e\geqslant1.5$ 时称淤泥

续上表

分类名称	有机质含量 W_u	现场鉴别特征	说明
泥炭质土	$10\%<W_u\leqslant60\%$	深灰或黑色，有腥臭味，能看到未完全分解的植物结构，浸水体胀，易崩解，有植物残渣浮于水中，干缩现象明显	根据地区特点和需要，也可按 W_u 细分为： 弱泥炭质土($10\%<W_u\leqslant25\%$) 中泥炭质土($25\%<W_u\leqslant40\%$) 强泥炭质土($40\%<W_u\leqslant60\%$)
泥炭	$W_u>60\%$	除有泥炭质土特征外，结构松散，土质很轻，暗无光泽，干缩现象极为明显	—

注：有机质含量 W_u 按灼失量试验确定。

(六)土的综合定名

除按颗粒级配或塑性指数定名外，土的综合定名应符合下列规定：

(1)对特殊成因和年代的土类应结合其成因和年代特征定名。

(2)对特殊性土，应结合颗粒级配或塑性指数定名。

(3)对混合土，应冠以主要含有的土类定名。

(4)对同一土层中相同呈韵律沉积，当薄层与厚层的厚度比大于 1/3 时，宜定为“互层”；厚度比为 1/10～1/3 时，宜定为“夹层”；厚度比小于 1/10 的土层，且多次出现时，宜定为“夹薄层”。

(5)当土层厚度大于 0.5 m 时，宜单独分层。

(七)土的鉴定及描述的要求

土的鉴定应在现场描述的基础上，结合室内试验的开土记录和试验结果综合确定。土的描述应符合下列规定：

(1)碎石土宜描述颗粒级配、颗粒形状、颗粒排列、母岩成分、风化程度、充填物的性质和充填程度、密实度等。

(2)砂土宜描述颜色、矿物组成、颗粒级配、颗粒形状、细粒含量、湿度、密实度等。

(3)粉土宜描述颜色、包含物、湿度、密实度等。

(4)黏性土宜描述颜色、状态、包含物、土的结构等。

(5)特殊性土除应描述上述相应土类规定的内容外，尚应描述其特殊成分和特殊性质，如对淤泥尚应描述嗅味，对填土尚应描述物质成分、堆积年代、密实度和均匀性等。

(6)对具有互层、夹层、夹薄层特征的土，尚应描述各层的厚度和层理特征。

(7)需要时，可用目力鉴别描述土的光泽反应、摇振反应、干强度和韧性，按表 2.2.15 区分粉土和黏性土。

目力鉴别粉土和黏性土 表 2.2.15

鉴别项目	摇振反应	光泽反应	干强度	韧性
粉土	迅速、中等	无光泽反应	低	低
黏性土	无	有光泽、稍有光泽	高、中等	高、中等

(八)土的密度及状态

碎石土的密实可根据圆锥动力触探锤击数按表 2.2.16 或表 2.2.17 确定。

碎石土密实度按 $N_{63.5}$ 分类　　表 2.2.16

重型动力触探锤击数 $N_{63.5}$	密实度	重型动力触探锤击数 $N_{63.5}$	密实度
$N_{63.5} \leqslant 5$	松散	$10 < N_{63.5} \leqslant 20$	中密
$5 < N_{63.5} \leqslant 10$	稍密	$N_{63.5} > 20$	密实

注：本表适用于平均粒径等于或小于 50 mm，且最大粒径小于 100 mm 的碎石土；对于平均粒径大于 50 mm，或最大粒径大于 100 mm 的碎石土，可用超重型动力触探或用野外观察鉴别。

碎石土密实度按 N_{120} 分类　　表 2.2.17

超重型动力触探锤击数 N_{120}	密实度	超重型动力触探锤击数 N_{120}	密实度
$N_{120} \leqslant 3$	松散	$11 < N_{120} \leqslant 14$	密实
$3 < N_{120} \leqslant 6$	稍密	$N_{120} > 14$	很密
$6 < N_{120} \leqslant 11$	中密		

砂土的密实度应根据标准贯入试验锤击数实测值 N 划分为密实、中密、稍密和松散，并应符合表 2.2.18 的规定。当用静力触探探头阻力划分砂土密实度时，可根据当地经验确定。

砂土密实度分类　　表 2.2.18

标准贯入锤击数 N	密实度	标准贯入锤击数 N	密实度
$N \leqslant 10$	松散	$15 < N \leqslant 30$	中密
$10 < N \leqslant 15$	稍密	$N > 30$	密实

粉土的密实度应根据孔隙比 e 划分为密实、中密和稍密；其湿度应根据含水率 w(%)划分为稍湿、湿、很湿。密实度和湿度的划分应分别符合表 2.2.19 和表 2.2.20 的规定。

粉土密实度分类　　表 2.2.19

孔 隙 比 e	密实度	孔 隙 比 e	密实度
$e < 0.75$	密实	$e > 0.9$	稍密
$0.75 \leqslant e \leqslant 0.90$	中密		

注：当有经验时，也可用原位测试或其他方法划分粉土的密实度。

粉 土 湿 度 分 类　　表 2.2.20

含 水 率 w/(%)	湿度	含 水 率 w/(%)	湿度
$w < 20$	稍湿	$w > 30$	很湿
$20 \leqslant w \leqslant 30$	湿		

黏性土的状态应根据液性指数 I_L 划分为坚硬、硬塑、可塑、软塑和流塑，并应符合表 2.2.21 的规定。

黏性土状态分类　　表 2.2.21

液 性 指 数	状　　态	液 性 指 数	状　　态
$I_L \leqslant 0$	坚硬	$0.75 < I_L \leqslant 1$	软塑
$0 < I_L \leqslant 0.25$	硬塑	$I_L > 1$	流塑
$0.25 < I_L \leqslant 0.75$	可塑		

二、行业标准《水运工程岩土勘察规范》(JTS 133—2013)的分类

(一)岩的分类

1)岩石应按下列因素分类：

(1)按成因分为岩浆岩、沉积岩和变质岩。

(2)根据强度按表 2.2.22 进行岩石坚硬程度分类。

岩石坚硬程度分类

表 2.2.22

岩石坚硬程度	极软岩	软岩	较软岩	较硬岩	坚硬岩
岩石饱和单轴抗压强度 f_r/ MPa	$f_r \leqslant 5$	$5 < f_r \leqslant 15$	$15 < f_r \leqslant 30$	$30 < f_r \leqslant 60$	$f_r > 60$

(3)根据其软化系数按表 2.2.23 分为软化岩石和不软化岩石。

岩石软化类别分类

表 2.2.23

岩石软化类别	软化岩石	不软化岩石
软化系数 K_R	$K_R \leqslant 0.75$	$K_R > 0.75$

注：软化系数 K_R 为饱和与干燥状态的岩石单轴抗压强度之比。

2)岩体应按下列因素分类：

(1)岩体风化程度按《水运工程岩土勘察规范》(JTS 133—2013)附录 A 分为未风化、微风化、中风化、强风化、全风化。

(2)岩体按岩石质量指标分类见表 2.2.24。

岩体按岩石质量指标 RQD 分类

表 2.2.24

岩体 RQD 分类	极差	差	较差	较好	好
RQD/(%)	RQD≤25	25<RQD≤50	50<RQD≤75	75<RQD≤90	RQD>90

(3)岩体结构类型按《水运工程岩土勘察规范》(JTS 133—2013)附录 B 分类。

(4)岩层的单层厚度按表 2.2.25 分类。

岩层按单层厚度分类

表 2.2.25

岩层厚度分类	薄层	中厚层	厚层	巨厚层
单层厚度 h/m	$h \leqslant 0.1$	$0.1 < h \leqslant 0.5$	$0.5 < h \leqslant 1.0$	$h > 1.0$

(5)岩体完整程度按表 2.2.26 确定。

岩体完整程度分类

表 2.2.26

岩体完整程度	极破碎	破碎	较破碎	较完整	完整
完整性指数 K_v	$K_v \leqslant 0.15$	$0.15 < K_v \leqslant 0.35$	$0.35 < K_v \leqslant 0.55$	$0.55 < K_v \leqslant 0.75$	$K_v > 0.75$

注：完整性指数 K_v 为岩体压缩波波速与岩块压缩波波速之比的平方，选定岩体和岩块测定波速时要具有代表性。

3)岩体基本质量等级分类可按表 2.2.27 确定。当地下工程的岩体存在地下水、软弱结构面和高初始应力时，应按表 2.2.27 及表 2.2.28 综合确定岩体基本质量等级，岩体基本质量指标的计算及修正方法应按现行国家标准《工程岩体分级标准》(GB 50218—2014)的有关规定执行。

岩体基本质量等级分类

表 2.2.27

坚硬程度 \ 完整程度	完整	较完整	较破碎	破碎	极破碎
坚硬岩	Ⅰ	Ⅱ	Ⅲ	Ⅳ	Ⅴ
较硬岩	Ⅱ	Ⅲ	Ⅳ	Ⅳ	Ⅴ
较软岩	Ⅲ	Ⅳ	Ⅳ	Ⅴ	Ⅴ
软岩	Ⅳ	Ⅳ	Ⅴ	Ⅴ	Ⅴ
极软岩	Ⅴ	Ⅴ	Ⅴ	Ⅴ	Ⅴ

岩体基本质量等级分类

表 2.2.28

岩体基本质量等级分类	Ⅰ	Ⅱ	Ⅲ	Ⅳ	Ⅴ
岩体基本质量指标 BQ	BQ>550	550≥BQ>450	450≥BQ>350	350≥BQ>250	BQ≤250

(二)土的分类

1)土的分类根据地质成因可划分为残积土、坡积土、洪积土、冲积土、湖积土、海积土、风积土、人工填土和复合成因的土等。水运工程常见的几种成因类型的土及其工程地质特征可参见《水运工程岩土勘察规范》(JTS 133—2013)附录C。

2)土的分类根据沉积时代可进行下列分类:

(1)老沉积土,即第四纪晚更新世(Q_3)及其以前沉积的土,一般具有较高的强度和较低的压缩性。

(2)一般沉积土,即第四纪全新世(Q_4)文化期以前沉积的土,一般为正常固结的土。

(3)新近沉积土,即第四纪全新世(Q_4)文化期以后沉积的土,其中黏性土一般为欠固结的土,且具有强度较低和压缩性较高的特征。

3)土的分类根据颗粒级配和塑性指数可划分为碎石土、砂土、粉土和黏性土,并应符合下列规定。

(1)粒径大于2 mm的颗粒质量超过总质量的50%的土应定名为碎石土。碎石土可根据颗粒级配及形状按表2.2.29作进一步分类。

碎石土分类 表2.2.29

名称	颗粒形状	颗粒级配
漂石	圆形、亚圆形为主	粒径大于200 mm的颗粒质量超过总质量50%
块石	棱角形为主	
卵石	圆形、亚圆形为主	粒径大于20 mm的颗粒质量超过总质量50%
碎石	棱角形为主	
圆砾	圆形、亚圆形为主	粒径大于2 mm的颗粒质量超过总质量50%
角砾	棱角形为主	

注:定名时应根据颗粒级配由大到小以最先符合者确定。

(2)粒径大于2 mm的颗粒质量不超过总质量的50%,且粒径大于0.075 mm的粒径质量超过总质量的50%的土应定名为砂土。砂土可根据颗粒级配按表2.2.30作进一步分类。

砂土分类 表2.2.30

名称	颗粒级配	名称	颗粒级配
砾砂	粒径大于2 mm的颗粒质量占总质量25%~50%	细砂	粒径大于0.075 mm的颗粒质量超过总质量85%
粗砂	粒径大于0.5 mm的颗粒质量超过总质量50%	粉砂	粒径大于0.075mm的颗粒质量超过总质量50%
中砂	粒径大于0.25 mm的颗粒质量超过总质量50%		

注:定名时根据颗粒级配由大到小以最先符合者确定。

(3)粒径大于0.075 mm的颗粒质量不超过总质量的50%,且塑性指数不大于10的土应定名为粉土。

(4)塑性指数大于10的土应定名为黏性土,并按表2.2.31分为黏土和粉质黏土。

黏性土分类 表2.2.31

名称	黏土	粉质黏土
塑性指数 I_P	$I_P>17$	$10<I_P\leqslant17$

注:塑性指数的液限值由76 g圆锥仪沉入土中10 mm测定。

4)在静水或缓慢的流水环境中沉积、天然含水率不小于36%且大于液限、天然孔隙比不小于1.0的黏性土应定名为淤泥性土。淤泥性土可按表2.2.32进一步划分为淤泥质土、淤泥和流泥。

淤泥性土分类 表2.2.32

指标 \ 名称	淤泥质土	淤泥	流泥
孔隙比 e	$1.0 \leqslant e < 1.5$	$1.5 \leqslant e < 2.4$	$e \geqslant 2.4$
含水率 w/(%)	$36 \leqslant w < 55$	$55 \leqslant w < 85$	$w \geqslant 85$

注:淤泥质土可根据塑性指数按表2.2.39再划分为淤泥质黏土、淤泥质粉质黏土。

5)土中有机质含量不小于5%时,可按现行国家标准《岩土工程勘察规范》(GB 50021—2001)(2009年版)划分为有机质土、泥炭质土和泥炭。

6)由粗细两类土呈混合状态存在,具有颗粒级配不连续、中间粒组颗粒含量极少、级配曲线中间段极为平缓等特征的土应定名为混合土。定名时应将主要土类列在名称前部,次要土类列在名称后部,中间以"混"字联结。混合土按不同土类的含量可分为淤泥和砂的混合土、黏性土和砂或碎石的混合土,其分类方法应符合下列规定。

(1)淤泥和砂的混合土可分为淤泥混砂或砂混淤泥,并应满足下列要求:

①淤泥质量超过总质量的30%时为淤泥混砂;

②淤泥质量超过总质量10%且不大于总质量的30%时为砂混淤泥。

(2)黏性土和砂或碎石的混合土可分为黏性土混砂或碎石、砂或碎石混黏性土,并应满足下列要求:

①黏性土质量超过总质量的40%时定名为黏性土混砂或碎石;

②黏性土的质量大于10%且不大于总质量的40%时定名为砂或碎石混黏性土。

7)层状构造土定名时应将厚层土列在名称前部,薄层土列在名称后部,根据两类土层的厚度比可分为下列三类:

(1)互层土,具互层构造,两类土层厚度相差不大,厚度比一般大于1∶3。

(2)夹层土,具夹层构造,两类土层厚度相差较大,厚度比为1∶3～1∶10。

(3)间层土,常呈黏性土间极薄层粉砂的特点,厚度比小于1∶10。

8)花岗岩残积土应为花岗岩风化的最终产物,并残留在原地未经搬运,除石英外其他矿物均已变为土状的土,根据大于2 mm的颗粒含量可按表2.2.33分为黏性土、砂质黏性土和砾质黏性土。

花岗岩残积土分类 表2.2.33

名称	黏性土	砂质黏性土	砾质黏性土
大于2 mm颗粒百分含量 X/(%)	$X < 5$	$5 \leqslant X \leqslant 20$	$X > 20$

9)填土应为由人类活动堆积的土,根据其物质组成和堆填方式可分为下列三类:

(1)冲填土,由水力冲填的淤泥性土、砂土或粉土。

(2)素填土,由碎石类土、砂土、粉土、黏性土等堆积的填土。

(3)杂填土,含有建筑垃圾、工业废料或生活垃圾的填土。

10)碎石土的密实度可用重型或超重型动力触探试验锤击数按表2.2.34或表2.2.35确定,$N_{63.5}$、N_{120}的实测值应按现行国家标准《岩土工程勘察规范》(GB 50021—2001)(2009年版)的有关规定修正。

碎石土密实度按 $N_{63.5}$ 分类　　表 2.2.34

碎石土密实度	松散	稍密	中密	密实
重型动力触探试验锤击数 $N_{63.5}$	$N_{63.5} \leqslant 5$	$5 < N_{63.5} \leqslant 10$	$10 < N_{63.5} \leqslant 20$	$N_{63.5} > 20$

注：本表适用于平均粒径不大于 50 mm，且最大粒径小于 100 mm 的碎石土。

碎石土密实度按 N_{120} 分类　　表 2.2.35

碎石土密实度	松散	稍密	中密	密实	很密
超重型动力触探试验锤击数 N_{120}	$N_{120} \leqslant 3$	$3 < N_{120} \leqslant 6$	$6 < N_{120} \leqslant 11$	$11 < N_{120} \leqslant 14$	$N_{120} > 14$

注：本表适用于平均粒径大于 50 mm 或最大粒径大于 100 mm 的碎石土。

11）砂土的密实度可根据标准贯入试验锤击数按表 2.2.36 判定。

砂土密实度分类　　表 2.2.36

砂土密实度	松散	稍密	中密	密实	极密实
标准贯入试验锤击数 N	$N \leqslant 10$	$10 < N \leqslant 15$	$15 < N \leqslant 30$	$30 < N \leqslant 50$	$N > 50$

注：对地下水位以下的中、粗砂，其 N 值宜按实测锤击数增加 5 击计。

12）粉土的密实度和湿度可根据表 2.2.37 及表 2.2.38 进行判定。

粉土密实度按孔隙比分类　　表 2.2.37

粉土密实度	密实	中密	稍密
孔隙比 e	$e < 0.75$	$0.75 \leqslant e \leqslant 0.90$	$e > 0.90$

注：当有经验时，也可用原位测试或其他方法划分粉土的密实度。

粉土湿度按含水率分类　　表 2.2.38

粉土湿度	稍湿	湿	很湿
含水率 w/(%)	$w < 20$	$20 \leqslant w \leqslant 30$	$w > 30$

13）黏性土状态应根据液性指数按表 2.2.39 确定；黏性土的天然状态可根据标准贯入试验锤击数或锥沉量分别按表 2.2.40 和表 2.2.41 确定。

根据液性指数确定黏性土的状态　　表 2.2.39

黏性土状态	流塑	软塑	可塑	硬塑	坚硬
液性指数 I_L	$I_L > 1$	$0.75 < I_L \leqslant 1$	$0.25 < I_L \leqslant 0.75$	$0 < I_L \leqslant 0.25$	$I_L \leqslant 0$

根据标准贯入试验锤击数确定黏性土的天然状态　　表 2.2.40

黏性土天然状态	很软	软	中等	硬	坚硬
标准贯入试验锤击数 N	$N < 2$	$2 \leqslant N < 4$	$4 \leqslant N < 8$	$8 \leqslant N < 15$	$N \geqslant 15$

根据锥沉量确定黏性土的天然状态　　表 2.2.41

黏性土天然状态	很软	软	中等	硬	坚硬
锥沉量 h/mm	$h \geqslant 7$	$5 \leqslant h < 7$	$3 \leqslant h < 53$	$2 \leqslant h < 3$	$h < 2$

注：锥沉量为 76 g 圆锥仪沉入土中的毫米数。

14）砂土颗粒组成特征应根据土的不均匀系数和曲率系数确定，并应满足下列要求：

（1）不均匀系数按式（2.2.1）计算。

$$C_u = \frac{d_{60}}{d_{10}} \tag{2.2.1}$$

式中，C_u 为不均匀系数，表示级配曲线分布范围的宽窄；d_{60} 为限制粒径，在土的粒径分布曲线上的某粒径，小于该粒径的土粒质量为总土粒质量的 60%；d_{10} 为有效粒径，在土的粒径分布曲线上的某粒径，小于该粒径的土粒质量为总土粒质量的 10%。

(2)曲率系数按式(2.2.2)计算。

$$C_c = \frac{d_{30}^2}{d_{10} d_{60}} \tag{2.2.2}$$

式中，C_c 为曲率系数，表示级配曲线分布形态；d_{30} 为在土的粒径分布曲线上的某粒径，小于该粒径的土粒质量为总土粒质量的30%；d_{10} 为有效粒径，在土的粒径分布曲线上的某粒径，小于该粒径的土粒质量为总土粒质量的10%；d_{60} 为限制粒径，在土的粒径分布曲线上的某粒径，小于该粒径的土粒质量为总土粒质量的60%。

(3)当不均匀系数不小于5，曲率系数为1～3时，为级配良好的砂土。

(三)岩土描述

1)岩的描述应满足下列要求。

(1)岩石：名称、颜色、矿物组成、结构及构造特征等，对沉积岩应描述其胶结成分、胶结结构及胶结类型，对岩浆岩和变质岩应描述其矿物的结晶大小和结晶程度。

(2)岩体：岩性、岩层厚度、结构类型、构造特征、风化分带、风化性状、软弱夹层的分布和性状、地质时代、成因类型等。

(3)对由第四纪钙、铁质局部胶结砂砾层和海滩生物胶结层，不描述为岩石。

(4)在沉积岩中描述硬层与软层交互形成的层状构造特征。

2)土的描述应满足下列要求。

(1)碎石土：名称、成分、均匀程度、颗粒形状、磨圆度、排列、风化程度、密实程度、胶结程度、含量百分比、充填物及充填程度。

(2)砂土：名称、颜色、湿度、密实度、包含物颗粒形状、粒径均匀程度、成因类型等。

(3)粉土：名称、颜色、湿度、密实度、包含物等。

(4)黏性土：名称、颜色、状态、均匀程度、湿度、塑性、嗅味、斑纹、虫孔、结构性、包含物等。

(5)填土：类型、厚度、均匀程度、物质成分、填龄、压实程度和分布范围。

(6)混合土：名称、颜色、颗粒组成、类别、均匀程度、状态、成因类型、主要土类量的估判。

(7)层状土：名称、颜色、土层的厚度、韵律沉积特征、成因类型、状态、构造特征。

(8)残积土：名称、颜色、颗粒组成、状态、母岩的岩性等。

三、水利部行业标准《水电水利工程土工试验规程》(DL/ T 5355—2006)中的土分类

1)本分类方法适用于水电水利工程用土的分类和命名。

2)构成土的粒组颗粒粒径范围划分与名称应符合表2.2.42的规定。

粒组划分与名称　　表2.2.42

粒组划分与名称			粒径 d 的范围/mm
巨粒	漂石(块石)		$d>200$
	卵石(碎石)		$20<d\leqslant 200$
粗粒	砾(圆砾、角砾)	粗砾	$5<d\leqslant 60$
		中砾	$2<d\leqslant 20$
		细砾	$2<d\leqslant 5$
	砂	粗砂	$0.5<d\leqslant 2$
		中砂	$0.25<d\leqslant 0.5$
		细砂	$0.075<d\leqslant 0.25$
细粒	粉粒		$0.005<d\leqslant 0.075$
	黏粒		$d\leqslant 0.005$

3)土类的基本名称和代号应符合下列规定。

漂石(块石)	$B(B_a)$
卵石(碎石)	$Cb(Cb_a)$
砾(圆砾、角砾)	G
含砾	g
砂	S
含砂	s
粉土	M
黏土	C
细粒土(粉土、黏土合称)	F
混合土(粗、细粒土合称)	SI
级配良好	W
级配不良	P
高液限	H
低液限	L

4)表示土类的代号构成应符合下列规定。

(1)仅有1个基本代号即表示土的名称。

(2)由2个基本代号构成时:第1个基本代号表示土的主成分;第2个基本代号表示土的副成分或土的级配特征或土的液限。

(3)由3个基本代号构成时:第1个基本代号表示土的主成分;第2个基本代号表示土的混合成分或土的级配特征或土的液限;第3个基本代号表示土的副成分或次要成分。

5)土的分类应根据下列土的特性指标确定。

(1)土的颗粒组成及级配特征。土的颗粒组成试验应符合颗粒分析试验的规定。

(2)土的塑性指标,包括液限、塑限、塑性指数。土的塑性指标试验应符合界限含水率试验的规定。

6)土的级配特征根据土的级配指标确定,应符合下列规定。

(1)按式(2.2.3)和式(2.2.4)计算不均匀系数和曲率系数。

$$C_u=\frac{d_{60}}{d_{10}} \tag{2.2.3}$$

$$C_c=\frac{(d_{30})^2}{d_{10}d_{60}} \tag{2.2.4}$$

式中,C_u为不均匀系数;C_c为曲率系数;d_{10}为有效粒径,颗粒大小分布曲线上小于该粒径的土颗粒含量为10%的粒径(mm);d_{30}为颗粒大小分布曲线上小于该粒径的土颗粒含量为30%的粒径(mm);d_{60}为限制粒径,颗粒大小分布曲线上小于该粒径的土颗粒含量为60%的粒径(mm)。

(2)土的级配特征划分应符合下列规定。

级配良好:$C_u\geqslant5$,$C_c=1\sim3$。

级配不良:不能同时满足上述要求。

7)细粒土的基本分类应符合下列规定。

(1)细粒土的基本分类应依据塑性分类图,见图2.2.2。塑性分类图的横坐标为液限,纵坐标为塑性指数。

A 线方程式为：　　$I_p=0.73(w_L-20)$

B 线方程式为：　　$w_L=50\%$

C 线方程式为：　　$I_p=10$

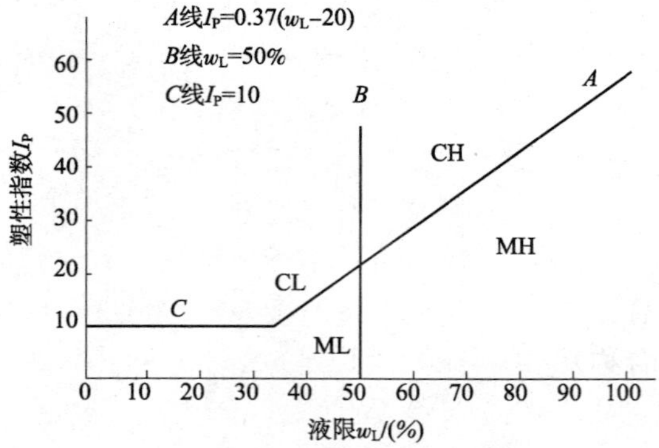

图 2.2.2　塑性分类图

(2)细粒土的基本分类和定名按土的塑性指标在塑性分类图中的位置确定，应符合表 2.2.43 的规定。

细粒土的基本分类和定名　　表 2.2.43

土的塑性指标在塑性图中的位置		土 名 称	土 代 号
塑性指数 I_p	液限 w_L		
$I_p\geqslant0.73(w_L-20)$ 和 $I_p\geqslant10$	$w_L\geqslant50\%$	高液限黏土	CH
	$w_L<50\%$	低液限黏土	CL
$I_p<0.73(w_L-20)$ 和 $I_p<10$	$w_L\geqslant50\%$	高液限粉土	MH
	$w_L<50\%$	低液限粉土	ML

8)巨粒类土的分类和定名应符合下列规定。

(1)试样中巨粒组含量大于 75%的土为巨粒土。

(2)试样中巨粒组含量大于 50%，不大于 75%的土为混合巨粒土。

(3)试样中巨粒组含量大于 15%，不大于 50%的土为巨粒混合土。

(4)巨粒组中，漂石(块石)含量大于卵石(碎石)含量的土为漂石(块石)，卵石(碎石)含量大于或等于漂石(块石)含量的土为卵石(碎石)。

(5)试样中巨粒组含量不大于 15%时，可剔除巨粒组后，按粗粒类土或细粒类土的规定进行分类和定名。

(6)巨粒类土的分类和定名应符合表 2.2.44 的规定。

巨粒类土的分类和定名　　表 2.2.44

土　类	粒组含量		土 名 称	土 代 号
巨粒土	巨粒含量>75%	漂石(块石)>卵石(碎石)	漂石(块石)	$B(B_a)$
		漂石(块石)≤卵石(碎石)	卵石(碎石)	$Cb(Cb_a)$
混合巨粒土	75%≥巨粒含量>50%	漂石(块石)>卵石(碎石)	混合土漂石(块石)	$B(B_a)SI$
		漂石(块石)≤卵石(碎石)	混合土卵石(碎石)	$Cb(Cb_a)SI$
巨粒混合土	50%≥巨粒含量>15%	漂石(块石)>卵石(碎石)	漂石(块石)混合土	$SIB(B_a)$
		漂石(块石)≤卵石(碎石)	孵石(碎石)混合土	$SICb(Cb_a)$

(7)当细粒土含量对巨粒类土的性质产生影响时,巨粒类土应作进一步细分。细粒组含量不小于5%、小于15%时称为含细粒巨粒类土,在其代号后加F;细粒组含量不小于15%、小于50%时称为细粒质巨粒类土,在其代号后加细粒组的基本代号C或M。

9)粗粒类土的分类应符合下列规定。

(1)试样中粗粒组含量大于50%的土为粗粒类土。

(2)粗粒类土中,砾粒组含量大于砂粒组含量的土为砾类土,砂粒组含量不小于砾粒组含量的土为砂类土。

10)砾类土的分类和定名应符合下列规定。

(1)砾类土应根据试样中的细粒组含量及类别、试样的级配等特征进行分类和定名。

(2)砾类土的分类和定名应符合表2.2.45的规定。

砾类土的分类和定名 表2.2.45

土类	细粒组含量及类别		级配特征	土名称	土代号
砾	≤5%		$C_u>5, C_c=1\sim3$	级配良好砾	GW
			不同时满足上述要求	级配不良砾	GP
含细粒土砾	>5%,≤15%		—	含细粒土砾	GF
细粒土质砾	>15%,<50%	黏土	—	黏土质砾	GC
		粉土	—	粉土质砾	GM

11)砂类土的分类和定名应符合下列规定。

(1)砂类土应根据试样中的细粒组含量及类别、试样的级配特征进行分类和定名。

(2)砂类土的分类和定名应符合表2.2.46的规定。

砂类土的分类和定名 表2.2.46

土类	细粒组含量及类别		级配特征	土名称	土代号
砂	5%		$C_u>5, C_c=1\sim3$	级配良好砂	SW
			不同时满足上述要求	级配不良砂	SP
含细粒土砂	>5%,≤15%		—	含细粒土砂	SF
细粒土质砂	>15%,<50%	黏土	—	黏土质砂	SC
		粉土	—	粉土质砂	SM

12)细粒类土的分类和定名应符合下列规定。

(1)试样中细粒组含量不小于50%的土为细粒类土。

(2)试样中粗粒组含量不大于15%时为细粒土,其分类和定名应符合表2.2.43的规定。

(3)试样中粗粒组含量大于15%、不大于30%时称含粗粒细粒类土。粗粒组中砾粒组含量大于砂粒组含量时称含砾细粒土,在细粒类土代号后加g;粗粒级中砂粒组含量大于或等于砾粒组含量时称含砂细粒类土,在细粒类土代号后加s。

(4)试样中粗粒组含量大于30%、不大于50%时称粗粒质细粒类土。粗粒组中砾粒组含量大于砂粒组含量时称砾质细粒类土,在细粒类土代号后加G;粗粒组中砂粒组含量大于或等于砾粒组含量时称砂质细粒类土,在细粒类土代号后加S。

四、行业标准《铁路桥涵地基和基础设计规范》(TB 10002.5—2005)中的土分类

1.土的颗粒分类

土的颗粒分类见表2.2.47。

土的颗粒分类　　表 2.2.47

颗粒分类		粒径 d/mm
漂石(浑圆、圆棱)或块石(尖棱)	大	$d>800$
	中	$400<d\leqslant800$
	小	$200<d\leqslant400$
卵石(浑圆、圆棱)或碎石(尖棱)	大	$100<d\leqslant200$
	小	$60<d\leqslant100$
粗圆砾(浑圆、圆棱)或角砾(尖棱)	大	$40<d\leqslant60$
	小	$20<d\leqslant40$
细圆砾(浑圆、圆棱)或粗角砾	大	$10<d\leqslant20$
	中	$5<d\leqslant10$
	小	$2<d\leqslant5$
砂粒	粗	$0.5<d\leqslant2$
	中	$0.25<d\leqslant0.5$
	细	$0.075<d\leqslant0.25$
粉粒		$0.005<d\leqslant0.75$
黏粒		$d<0.005$

2.碎石类土分类

碎石类土分类见表 2.2.48。

碎石类土的分类　　表 2.2.48

土的名称	颗粒形状	土的颗粒级配
漂石土	浑圆或圆棱状为主	粒径大于 200 mm 的颗粒超过全重的 50%
块石土	尖棱状为主	
卵石土	浑圆或圆棱状为主	粒径大于 60 mm 的颗粒超过全重的 50%
碎石土	尖棱状为主	
粗圆砾土	浑圆或圆棱状为主	粒径大于 20 mm 的颗粒超过全重的 50%
粗角砾土	尖棱状为主	
细圆砾土	浑圆或圆棱状为主	粒径大于 2 mm 的颗粒超过全重的 50%
细角砾土	尖棱状为主	

3.砂类土的分类

砂类土的分类见表 2.2.49。

砂类土分类　　表 2.2.49

土的名称	土的颗粒级配
砾砂	粒径大于 2 mm 颗粒的质量占总质量的 25%～50%
粗砂	粒径大于 0.5 mm 颗粒的质量超过总质量的 50%
中砂	粒径大于 0.25 mm 颗粒的质量超过总质量的 50%
细砂	粒径大于 0.075 mm 颗粒的质量超过总质量的 85%

注:碎石土定名时应根据粒径分组,由大到小以最先符合者确定;砂类土定名时应根据颗粒级配,由大到小,以最先符合者确定。

4.粉土、黏性土分类

粉土、黏性土分类见表2.2.50。

粉土、黏性土分类 表2.2.50

土的名称	塑性指数 I_p	土的名称	塑性指数 I_p
粉土	$I_p \leqslant 10$	黏土	$I_p > 17$
粉质黏土	$10 < I_p \leqslant 17$		

注:1.塑性指数等于土的液限与塑限之差。

2.液限试验采用圆锥仪法,圆锥仪总质量为76 g,入土深度10 mm。

3.塑限试验采用搓条法。

4.粉土为 $I_p \leqslant 10$,且粒径大于0.075 mm的颗粒少于全重50%的土。

5.冻土的分类

冻土的分类见表2.2.51、表2.2.52和表2.2.53。

季节性冻土分类 表2.2.51

土的类别	冻前天然含水率 w/(%)	冻结期间地下水位低于冻结线的最小距离 h_w/m	平均冻胀率 η/(%)	冻胀等级及类别
粉黏粒质量不大于15%的粗颗粒土(包括碎石类土、砾、粗、中砂,以下同),粉黏粒质量不大于10%的细砂	不考虑	不考虑	$\eta \leqslant 1$	Ⅰ级不冻胀
粉黏粒质量大于15%的粗颗粒土,粉黏粒质量大于10%的细砂	$w \leqslant 12$	$h_w > 1.0$		
粉砂	$12 < w \leqslant 14$	$h_w > 1.0$		
粉土	$w \leqslant 19$	$h_w > 1.5$		
黏性土	$w \leqslant w_p + 2$	$h_w > 2.0$		
粉黏粒质量大于15%的粗颗粒土,粉黏粒质量大于10%的细砂	$w \leqslant 12$	$h_w \leqslant 1.0$	$1 < \eta \leqslant 3.5$	Ⅱ级弱冻胀
	$12 < w \leqslant 19$	$h_w > 1.0$		
粉砂	$w \leqslant 14$	$h_w \leqslant 1.0$		
	$14 < w \leqslant 19$	$h_w > 1.0$		
粉土	$w \leqslant 19$	$h_w \leqslant 1.5$		
	$12 < w \leqslant 22$	$h_w > 1.5$		
黏性土	$w \leqslant w_p + 2$	$h_w \leqslant 2.0$		
	$w_p + 2 < w \leqslant w_p + 5$	$h_w > 2.0$		
粉黏粒质量大于15%的粗颗粒土,粉黏粒质量大于10%的细砂	$12 < w \leqslant 18$	$h_w \leqslant 1.0$	$3.5 < \eta \leqslant 6$	Ⅲ级冻胀
	$w > 18$	$h_w > 0.5$		
粉砂	$14 < w \leqslant 19$	$h_w \leqslant 1.0$		
	$19 < w \leqslant 23$	$h_w > 1.0$		
粉土	$19 < w \leqslant 22$	$h_w \leqslant 1.5$		
	$22 < w \leqslant 26$	$h_w > 1.5$		
黏性土	$w_p + 2 < w \leqslant w_p + 5$	$h_w \leqslant 2.0$		
	$w_p + 5 < w \leqslant w_p + 9$	$h_w > 2.0$		

续上表

土的类别	冻前天然含水率 w/(%)	冻结期间地下水位低于冻结线的最小距离 h_w/m	平均冻胀率 η/(%)	冻胀等级及类别
粉黏粒质量大于15%的粗颗粒土，粉黏粒质量大于10%的细砂	$w>18$	$h_w\leqslant 0.5$	$6<\eta\leqslant 12$	Ⅳ级强冻胀
粉砂	$19<w\leqslant 23$	$h_w\leqslant 1.0$		
粉土	$22<w\leqslant 26$	$h_w\leqslant 1.5$		
	$26<w\leqslant 30$	$h_w>1.5$		
黏性土	$w_p+5<w\leqslant w_p+9$	$h_w\leqslant 2.0$		
	$w_p+9<w\leqslant w_p+15$	$h_w>2.0$		
粉砂	$w>23$	不考虑	$\eta>12$	Ⅴ级特强冻胀
粉土	$26<w\leqslant 30$	$h_w\leqslant 1.5$		
	$w>30$	不考虑		
黏性土	$w_p+9<w\leqslant w_p+15$	$h_w\leqslant 2.0$		
	$w>w_p+15$	不考虑		

注：1. 平均冻胀率为地表冻胀量与冻层厚度减地表冻胀量之比。
2. w_p 为塑限。
3. 盐渍化冻土不在表列。
4. 塑性指数大于 22，冻胀性降一级。
5. 碎石类土当充填物大于全部质量的 40%时，其冻胀性按填充物土的类别判定。

多年冻土分类 表 2.2.52

多年冻土类型	土的名称	总含水率 w_A/(%)	融化后的潮湿程度	融沉等级	融沉类型
少冰冻土	碎石类土、砾砂、粗砂、中砂(粉黏粒质量不大于15%)	$w_A<10$	潮湿	Ⅰ	不融沉
	碎石类土、砾砂、粗砂、中砂(粉黏粒质量大于15%)	$w_A<12$	稍湿		
	细砂、粉砂	$w_A<14$			
	粉土	$w_A<17$			
	黏性土	$w_A<w_p$	坚硬		
多冰冻土	碎石类土、砾砂、粗砂、中砂(粉黏粒质量不大于15%)	$10\leqslant w_A<15$	饱和	Ⅱ	弱融沉
	碎石类土、砾砂、粗砂、中砂(粉黏粒质量大于15%)	$12\leqslant w_A<15$	潮湿		
	细砂、粉砂	$14\leqslant w_A<18$			
	粉土	$17\leqslant w_A<21$			
	黏性土	$w_p\leqslant w_A<w_p+4$	硬塑		
富冰冻土	碎石类土、砾砂、粗砂、中砂(粉黏粒质量不大于15%)	$15\leqslant w_A<25$	饱和出水(出水量为10%)	Ⅲ	融沉
	碎石类土、砾砂、粗砂、中砂(粉黏粒质量大于15%)	$15\leqslant w_A<25$	饱和		
	细砂、粉砂	$18\leqslant w_A<28$			
	粉土	$21\leqslant w_A<32$			
	黏性土	$w_p+4\leqslant w_A<w_p+15$	软塑		

续上表

多年冻土类型	土的名称	总含水率 w_A/(%)	融化后的潮湿程度	融沉等级	融沉类型
饱冰冻土	碎石类土、砾砂、粗砂、中砂(粉黏粒质量不大于15%)	$25 \leqslant w_A < 44$	饱和大量出水(出水量为10%~20%)	Ⅳ	强融沉
	碎石类土、砾砂、粗砂、中砂(粉黏粒质量大于15%)	$25 \leqslant w_A < 44$	饱和出水(出水量为10%)		
	细砂、粉砂	$28 \leqslant w_A < 44$			
	粉土	$32 \leqslant w_A < 44$			
	黏性土	$w_p + 15 \leqslant w_A < w_p + 35$	流塑		
含土冰层	碎石类土、砂类土、粉土	$w_A \geqslant 44$	饱和大量出水(出水量为10%~20%)	Ⅴ	融陷
	黏性土	$w_A \geqslant w_p + 35$	流塑		

注:1.总含水率包括冰和未冻水。

2.盐渍化冻土、泥炭化冻土、腐殖土、高塑性黏土不在表列。

多年冻土的融沉性分级　　表 2.2.53

融化下沉系数 δ_0/%	$\delta_0 \leqslant 1$	$1 < \delta_0 \leqslant 3$	$3 < \delta_0 \leqslant 10$	$10 < \delta_0 \leqslant 25$	$\delta_0 > 25$
融化性分级	不融沉	弱融沉	融沉	强融沉	融陷

注:融化下沉系数 $\delta_0 = \frac{h_1 - h_2}{h_1} \times 100\%$;式中,$h_1$ 为冻土试件融化前的高度(mm);h_2 为冻土试件融化后的高度(mm)。

五、行业标准《公路工程地质勘察规范》(JTG C20—2011)中的土分类

(一)岩石的分类

1)岩石坚硬程度应按表 2.2.54 划分。

岩石坚硬程度划分　　表 2.2.54

岩石单轴饱和抗压强度 R_c/MPa	$R_c > 60$	$30 < R_c \leqslant 60$	$15 < R_c \leqslant 30$	$5 < R_c \leqslant 15$	$R_c \leqslant 5$
坚硬程度	坚硬岩	较坚硬岩	较软岩	软岩	极软岩

2)岩体完整程度应按表 2.2.55 划分。

岩体完整程度划分　　表 2.2.55

名称	结构面发育程度		主要结构面结合程度	主要结构面类型	相应结构类型
	组数	平均间距/m			
完整	1~2	>1.0	好或一般	节理、裂隙、层面	整体状或巨厚层状结构
较完整	1~2	>1.0	差	节理、裂隙、层面	块状或厚层状结构
	2~3	1.0~0.4	好或一般		块状结构
较破碎	2~3	1.0~0.4	差	节理、裂隙、层面、小断层	裂隙块状或中厚层状结构
	>3	0.4~0.2	好		镶嵌破碎结构
			一般		中、薄层状结构
破碎	>3	0.4~0.2	差	各种类型结构面	裂隙块状结构
		<0.2	一般或差		碎裂状结构
极破碎	无序	—	很差	—	散体状结构

注:平均间距指主要结构面(1~2组)间距的平均值;主要结构面是指岩体内相对发育,即张开度较大、充填物较差、成组性较好的结构面。

3)岩体完整程度的定量指标，应采用岩体完整性系数 K_v。K_v 应采用实测值，无条件取得实测值时，可用岩体体积节理数 J_v 按表 2.2.56 确定对应的 K_v 值。

J_v 与 K_v 对照表　　表 2.2.56

J_v/(条/m^2)	<3	3～10	10～20	20～35	>35
K_v	>0.75	0.75～0.55	0.55～0.35	0.35～0.15	<0.15

注：岩体体积节理数 J_v 按《公路工程地质勘察规范》(JTG C20—2011)附录 A 确定。

4)岩体完整性系数 K_v 与岩体完整程度的对应关系，可按表 2.2.57 确定。

K_v 与按表 2.2.55 确定的岩体完整程度的对应关系　　表 2.2.57

K_v	>0.75	0.75～0.55	0.55～0.35	0.35～0.15	<0.15
岩体完整程度	完整	较完整	较破碎	破碎	极破碎

注：岩体完整性系数 K_v 按《公路工程地质勘察规范》(JTG C20—2011)附录 A 确定。

5)结构面结合程度宜按表 2.2.58 划分。

结构面结合程度划分　　表 2.2.58

结合程度	好	一般	差	很差
结构面特征	张开度小于1 mm，无充填物； 张开度 1～3 mm，为硅质或铁质胶结； 张开度大于3 mm，结构面粗糙，为硅质胶结	张开度 1～3 mm，为钙质或泥质胶结； 张开度大于 3 mm，结构面粗糙，为铁质或钙质胶结	张开度 1～3 mm，结构面平直，为泥质或泥质和钙质胶结； 张开度大于 3 mm，多为泥质或岩屑充填	泥质充填或泥夹岩屑充填，充填物厚度大于起伏差

6)岩石风化程度可按表 2.2.59 划分。当波速比 k_v、风化系数 k_f 及野外特征与表列不对应时，岩石风化程度宜综合判定。

岩石风化程度划分　　表 2.2.59

风化程度	野外特征	风化程度参数指标	
		波速比 k_v	风化系数 k_f
未风化	岩质新鲜，偶见风化痕迹	0.9～1.0	0.9～1.0
微风化	结构基本未变，仅节理面有渲染或略有变色，有少量风化裂隙	0.8～0.9	0.8～0.9
中风化	结构部分破坏，沿节理面有次生矿物，风化裂隙发育，岩体被切割成岩块。用镐难挖，岩芯钻方可钻进	0.6～0.8	0.4～0.8
强风化	结构大部分破坏，矿物成分已显著变化，风化裂隙很发育，岩体破碎，用镐可挖，干钻不易钻进	0.4～0.6	<0.4
全风化	结构基本破坏，但尚可辨认，有残余结构强度，可用镐挖，干钻可钻进	0.2～0.4	—

注：1. 波速比 k_v 为风化岩石弹性纵波速度与新鲜岩石弹性纵波速度之比。

2. 风化系数 k_f 为风化岩石与新鲜岩石的单轴饱和抗压强度之比。

7)岩体节理发育程度应按表 2.2.60 划分。

岩体节理发育程度划分　　表 2.2.60

节理间距 d/mm	$d>400$	$200<d\leqslant400$	$20<d\leqslant200$	$d\leqslant20$
节理发育程度	不发育	发育	很发育	极发育

8)岩层厚度分类应按表 2.2.61 划分。

岩层厚度分类　　表 2.2.61

单层厚度 h/m	$h>1.0$	$0.5<h\leqslant1.0$	$0.1<h\leqslant0.5$	$h\leqslant0.1$
岩层厚度分类	巨厚层	厚层	中厚层	薄层

9)岩石的描述应包括地质年代、名称、颜色、主要矿物、结构、构造和风化程度等。

10)岩体的描述应包括结构面、结构体和岩层厚度,并应符合下列规定。

(1)结构面应描述其类型、性质、产状、间距、密度、结合程度和含水状况等。

(2)结构体应描述其形状和规模等。

(二)土的分类

1)土可根据其地质成因分为残积土、坡积土、崩积土、冲积土、洪积土、风积土、湖积土、海积土和冰积土等。

2)土可根据其所具有的工程地质特性分为黄土、冻土、膨胀土、盐渍土、软土、红黏土和填土等。

3)土可根据颗粒成分分为碎石土、砂土、粉土和黏性土,其划分应符合以下规定:

(1)粒径大于 2 mm 的颗粒质量超过总质量 50%的土,应定名为碎石土,并按表 2.2.62 进一步分类。

碎石土分类　　表 2.2.62

土的名称	颗粒形状	颗粒级配
漂石	圆形及亚圆形为主	粒径大于 200 mm 的颗粒质量超过总质量的 50%
块石	棱角形为主	
卵石	圆形及亚圆形为主	粒径大于 20 mm 的颗粒质量超过总质量的 50%
碎石	棱角形为主	
圆砾	圆形及亚圆形为主	粒径大于 2 mm 的颗粒质量超过总质量的 50%
角砾	棱角形为主	

注:定名时,应根据颗粒级配由大到小以最先符合者确定。

(2)粒径大于 2 mm 的颗粒质量不超过总质量的 50%,且粒径大于 0.075 mm 的颗粒质量超过总质量 50%的土,应定名为砂土,并按表 2.2.63 进一步分类。

砂土分类　　表 2.2.63

土的名称	颗粒级配
砾砂	粒径大于 2 mm 的颗粒质量占总质量的 25%～50%
粗砂	粒径大于 0.5 mm 的颗粒质量超过总质量的 50%
中砂	粒径大于 0.25 mm 的颗粒质量超过总质量的 50%
细砂	粒径大于 0.075 mm 的颗粒质量超过总质量的 85%
粉砂	粒径大于 0.075 mm 的颗粒质量超过总质量的 50%

注:定名时,应根据颗粒级配由大到小以最先符合者确定。

(3)塑性指数 $I_p\leqslant10$,且粒径大于 0.075 mm 的颗粒质量不超过总质量的 50%的土,应定名为粉土。

(4)塑性指数 $I_p>10$,且粒径大于 0.075 mm 的颗粒质量不超过总质量的 50%的土,应定名为黏性土,并按表 2.2.64 进一步分类。

黏性土分类　　表 2.2.64

土的名称	粉质黏土	黏土
塑性指数 I_p	$10<I_p\leqslant17$	$I_p>17$

注:液限、塑限分别采用 76 g 锥试验确定。

4)碎石土的密实度，宜根据圆锥动力触探锤击数按表 2.2.65 和表 2.2.66 确定。表中 $N_{63.5}$ 和 N_{120} 应按《公路工程地质勘察规范》(JTG C20—2011)附录 C 修正。

碎石土密实度划分(一) 表 2.2.65

重型圆锥动力触探锤击数 $N_{63.5}$	$N_{63.5}>20$	$10<N_{63.5}\leqslant 20$	$5<N_{63.5}\leqslant 10$	$N_{63.5}\leqslant 5$
密实度	密实	中密	稍密	松散

注：本表适用于平均粒径小于或等于 50 mm，且最大粒径不超过 100 mm 的碎石土。

碎石土密实度划分(二) 表 2.2.66

超重型圆锥动力触探锤击数 N_{120}	$N_{120}>11$	$6<N_{120}\leqslant 11$	$3<N_{120}\leqslant 6$	$N_{120}\leqslant 3$
密实度	密实	中密	稍密	松散

注：本表适用于平均粒径大于 50 mm，或最大粒径大于 100 mm 的碎石土。

5)碎石土的密实度，也可根据其野外特征按表 2.2.67 鉴别。

碎石土密实度野外鉴别 表 2.2.67

密实度	骨架颗粒含量和排列	可 挖 性	可 钻 性
密实	骨架颗粒质量大于总质量的 70%，呈交错排列，连接接触	锹镐挖掘困难，用撬棍方能松动，井壁较稳定	钻进极困难，冲井钻探时，钻杆、吊锤跳动剧烈，孔壁较稳定
中密	骨架颗粒质量为总质量的 60%～70%，呈交错排列，大部分接触	锹镐可挖掘，井壁有掉块现象，从井壁取出大颗粒处，能保持颗粒凹面形状	钻进较困难，冲击钻探时，钻杆、吊锤跳动不剧烈，孔壁有坍塌现象
稍密	骨架颗粒质量为总质量的 55%～60%，排列混乱，大部分不接触	锹镐可挖掘，井壁易坍塌，从井壁取出大颗粒后，立即塌落	钻进较容易，冲击钻探时，钻杆稍有跳动，孔壁易坍塌
松散	骨架颗粒质量小于总质量的 55%，排列十分混乱，绝大部分不接触	锹镐可挖掘，井壁极易坍塌	钻进很容易，冲击钻探时，钻杆无跳动，孔壁极易坍塌

注：密实度应按表中所列各项特征综合确定。

6)砂土的密实度应按表 2.2.68 划分。

砂土的密实度划分 表 2.2.68

标准贯入试验锤击数实测值 N	$N>30$	$15<N\leqslant 30$	$10<N\leqslant 15$	$N\leqslant 10$
密实度	密实	中密	稍密	松散

7)粉土的密实度应按表 2.2.69 划分。

粉土密实度划分 表 2.2.69

密 实 度	孔 隙 比 e	密 实 度	孔 隙 比 e
密实	$e<0.75$	稍密	$e>0.90$
中密	$0.75\leqslant e\leqslant 0.90$		

8)黏性土的压缩性应按表 2.2.70 划分。

黏性土压缩性划分 表 2.2.70

压 缩 性	压缩系数 $a_{0.1-0.2}$/MPa^{-1}	压 缩 性	压缩系数 $a_{0.1-0.2}$/MPa^{-1}
低压缩性	$a_{0.1-0.2}<0.1$	高压缩性	$a_{0.1-0.2}\geqslant 0.5$
中压缩性	$0.1\leqslant a_{0.1-0.2}<0.5$		

注：表中 $a_{0.1-0.2}$ 为 0.1～0.2 MPa 压力范围内的压缩系数。

9)砂土的湿度应按表 2.2.71 划分。

砂土的湿度划分 表 2.2.71

湿 度	饱和度 S_r/(%)	湿 度	饱和度 S_r/(%)
稍湿	$S_r\leqslant 50$	饱和	$S_r>80$
潮湿	$50<S_r\leqslant 80$		

10)粉土的湿度应按表 2.2.72 划分。

粉土的湿度划分 表 2.2.72

湿 度	天然含水率 w/(%)	湿 度	天然含水率 w/(%)
稍湿	$w<20$	很湿	$w>30$
湿	$20\leq w\leq 30$		

11)黏性土的状态应按表 2.2.73 划分。

黏性土的状态划分 表 2.2.73

状 态	液性指数 I_L	状 态	液性指数 I_L
坚硬	$I_L\leq 0$	软塑	$0.75<I_L\leq 1.0$
硬塑	$0<I_L\leq 0.25$	流塑	$I_L>1.0$
可塑	$0.25<I_L\leq 0.75$		

12)黏性土可按表 2.2.74 划分。

黏性土划分 表 2.2.74

黏性土分类	地质年代	黏性土分类	地质年代
老黏性土	第四纪晚更新世(Q_3)及以前	新近沉积黏性土	第四纪全新世(Q_4)文化期以来
一般黏性土	第四纪全新世(Q_4)文化期以前		

13)土的描述应包括名称、地质年代和成因类型,并应符合下列规定。

(1)碎石土应描述颜色、颗粒级配、颗粒形状、碎石成分、风化程度、充填物的类型、充填程度和密实度等。

(2)砂土应描述颜色、颗粒级配、颗粒形状、矿物成分、黏粒含量、湿度和密实度等。

(3)粉土应描述颜色、湿度、密实度、含有物等。

(4)黏性土应描述颜色、状态、含有物等。

(5)特殊性土除应描述上述相应土类规定的内容外,尚应描述其特殊成分和特殊性质。

Ⅲ 土的野外鉴别

一、碎石土密实程度的野外鉴别

碎石土密实程度的野外鉴别方法见表 2.2.75。

碎石土密实度野外鉴别方法 表 2.2.75

密实度	骨架颗粒含量和排列	可挖性	可钻性
密实	骨架颗粒质量大于总质量的70%,呈交错排列,连续接触	锹镐挖掘困难。用撬棍方能松动,井壁较稳定	钻进困难,钻杆、吊锤跳动剧烈,孔壁较稳定
中密	骨架颗粒质量等于总质量的60%~70%,呈交错排列,大部分接触	锹镐可挖掘,井壁有掉块现象,从井壁取出大颗粒处,能保持颗粒凹面形状	钻进较困难,钻杆、吊锤跳动不剧烈,孔壁有坍塌现象
松散	骨架颗粒质量小于总质量的60%,排列混乱,大部分不接触	锹可以挖掘,井壁易坍塌,从井壁取出大颗粒后,立即塌落	钻进较容易,钻杆稍有跳动,孔壁易坍塌

注:密实度应按表列各项特征综合确定。

二、砂土的野外鉴别

砂土的野外鉴别方法见表 2.2.76。

砂土的野外鉴别方法

表 2.2.76

鉴别特征	砾　砂	粗　砂	中　砂	细　砂	粉　砂
观察颗粒粗细	约有 1/4 以上颗粒比荞麦或高粱粒(2 mm)大	约有一半以上颗粒比小米粒(0.5 mm)大	约有一半以上颗粒与砂糖或白菜籽近似(>0.25 mm)	大部分颗粒与粗玉米粉近似(>0.1 mm)	大部分颗粒与小米粉近似(<0.1 mm)
干燥时状态	颗粒完全分散	颗粒完全分散，个别胶结	颗粒基本分散，部分胶结，胶结部分一碰即散	颗粒大部分分散，少量胶结，胶结部分稍加碰撞即散	颗粒少部分分散，大部分胶结(稍加压即能分散)
湿润时用手拍后的状态	表面无变化	表面无变化	表面偶有水印	表面有水印(翻浆)	表面有显著翻浆现象
黏着程度	无黏着感	无黏着感	无黏着感	偶有轻微黏着感	有轻微黏着感

三、黏性土、粉土的野外鉴别

黏性土、粉土的野外鉴别方法见表 2.2.77。

黏性土、粉土的野外鉴别方法

表 2.2.77

鉴别方法	分类		
	黏土	粉质黏土	粉土
	塑性指数		
	$I_P>17$	$10<I_P\leqslant17$	$I_P\leqslant10$
湿润时用刀切	切面非常光滑，刀刃有黏腻的阻力	稍有光滑面，切面规则	无光滑面，切面比较粗糙
用手捻摸时的感觉	湿土用手捻摸有滑腻感，当水分较大时极易黏手，感觉不到有颗粒的存在	仔细捻摸感觉到有少量细颗粒，稍有滑腻感，有黏滞感	感觉有细颗粒存在或感觉粗糙，有轻微黏滞感或无黏滞感
黏着程度	湿土极易黏着物体(包括金属与玻璃)，干燥后不易剥去，用水反复洗才能去掉	能黏着物体，干燥后较易剥掉	一般不黏着物体，干燥后一碰就掉
湿土搓条情况	能搓成小于 0.5 mm 的土条(长度不短于手掌)，手持一端不易断裂	能搓成 0.5～2 mm 的土条	能搓成 2～3 mm 的土条
干土的性质	坚硬，类似陶器碎片，用锤击方可打碎，不易击成粉末	用锤易击碎，用手难捏碎	用手很易捏碎

四、新近沉积土的野外鉴别

新近沉积土的野外鉴别方法见表 2.2.78。

新近沉积土野外鉴别方法

表 2.2.78

沉积环境	颜　色	结构性	含有物
河漫滩、山前洪、冲积扇(锥)的表层、古河道，已填塞的湖、塘、沟、谷和河道泛滥区	较深而暗，呈褐、暗黄或灰色，含有机质较多时带灰黑色	结构性差，用手扰动原状土时极易变软，塑性较低的土还有振动水析现象	在完整的剖面中无粒状结核体，但可能含有圆形及亚圆形钙质结核体(如礓结石)或贝壳等，在城镇附近可能含有少量碎砖、瓦片、陶瓷、铜币或朽木等人类活动遗物

五、细粒土的简易鉴别

细粒土的简易鉴别方法见表 2.2.79。

细粒土的简易鉴别方法　　表 2.2.79

半固态时的干强度	硬塑—可塑态时的手捻感和光滑度	土在可塑态时		软塑—流动态时的摇震反应	土类代号
		土条可搓成的最小直径/mm	韧性		
低至中	粉粒为主，有砂感，稍有黏性，捻面较粗糙，无光泽	>3 或 2～3	低至中	快至中	ML
中至高	含砂粒，有黏性，稍有滑腻感，捻面较光滑，稍有光泽	1～2	中	慢至无	CL
中至高	粉粒较多，有黏性，稍有滑腻感，捻面较光滑，稍有光泽	1～2	中至高	慢至无	MH
高至很高	无砂感，黏性大，滑腻感强，捻面光滑，有光泽	<1	高	无	CH

注：1. 摘自《土的工程分类标准》(GB/T 50145—2007)。

2. 凡呈黑灰色有臭味的土，应在相应土类代号后加代号“O”，如 ML(O)、CL(O)、MH(O)、CH(O)。

3. 干强度可根据用力的大小区分：很难或用力才能捏碎或掰断者为干强度高；稍用力即可捏碎或掰断者为干强度中等；易于捏碎和捻成粉末者为干强度低。

4. 韧性可根据再次搓条的可能性，分为能揉成土团，再搓成条，捏而不碎者为韧性高；可再揉成团，捏而不易碎者为韧性中等；勉强或不能再揉成团，稍捏或不捏即碎者为韧性低。

5. 摇振反应根据上述渗水和吸水反应快慢，可区分为立即渗水及吸水者为反应快；渗水及吸水中等者为反应中等；渗水、吸水慢及不渗不吸者为反应慢或无反应。

第三节　工程地质测绘与调查

一、基本要求

岩土工程勘察中工程地质测绘与调查宜在可行性研究勘察阶段或初步勘察阶段进行，并符合下列要求。

(1)对岩石出露或地貌、地质条件较复杂的场地应进行工程地质测绘；对地质条件简单的场地，可采用调查代替工程地质测绘。

(2)在可行性研究勘察阶段搜集资料，宜包括航空相片、卫星相片的解译结果。

(3)在详细勘察阶段可对某些专门地质问题作补充调查。

(4)工程地质测绘与调查的范围以能解决实际问题为前提，一般包括场地及附近地段。

(5)测绘的比例尺和精度应符合要求包括：

测绘所用地形图的比例尺，可行性研究勘察阶段可选用 1:5 000 ～ 1:50 000，初步勘察阶段可选用 1:2 000 ～ 1:10 000，详细勘察阶段可选用 1:500 ～ 1:2 000，工程地质条件复杂时比例尺可适当放大；对工程有重要影响的地质单元体(滑坡、断层、软弱夹层、洞穴等)，必要时可采用扩大比例尺表示；建筑地段的地质界线、地质点测绘精度在图上不应低于 3 mm。

(6)地质观测点的布置、密度和定位应满足的要求包括：

①在地质构造线、地层接触线、岩性分界线、标准层位和每个地质单元体应有地质观测点。

②地质观测点的密度应根据场地的地貌、地质条件、成图比例尺及工程特点等确定，并应具代表性。

③地质观测点应充分利用天然和人工露头，当露头少时应根据具体情况布置一定数量的勘探工作。

④地质观测点的定位应根据精度要求和地质条件的复杂程度选用目测法、半仪器法和仪器法，地质构造线、地层接触线、岩性分界线、软弱夹层、地下水露头、有重要影响的不良地质作用和地质灾害等特殊地质观测点，宜用仪器法定位；目测法适用于小比例尺的工程地质测绘，一般在可行性研究阶段使用；半仪器法适用于中等比例尺的工程地质测绘，一般在初步勘察阶段使用；仪器法适用于大比例尺的工程地质测绘，一般在详勘阶段使用。

二、工作方法

1.测绘前的准备工作

1)资料搜集和研究

测绘前一般要收集资料，包括：区域地质资料、遥感资料、气象资料、地震资料、水文资料、地球物理勘探及矿藏资料及水文地质资料、工程地质资料、建筑经验等。

2)踏勘

现场踏勘是在搜集研究资料的基础上进行的，其目的在于了解测区地质情况和问题，以便合理布置观察点和观察路线，正确选择实测地质剖面位置，拟定野外工作方法。包括踏勘的方法及内容，如下所列。

①根据地形图，在测区范围内按固定路线踏勘，一般采用“之”字形、曲折迂回而不重复的路线，穿越地形、地貌、地层、构造、不良地质作用和地质灾害等有代表性的地段。初步掌握地质条件的复杂程度。

②为了了解全区的岩层情况，在踏勘时应选择露头良好、岩层完整有代表性的地段作出野外地质剖面图，以便熟悉地质情况和掌握地区岩层的分布特征。

③寻找地形控制点的位置，并抄录坐标、标高资料。

④访问和搜集洪水及其淹没范围等情况。

⑤了解测区的供应、经济、气候、住宿及交通运输条件。

3)编制测绘纲要

测绘纲要是进行测绘的依据，其内容应尽量符合实际情况。测绘纲要一般包括在勘察纲要内，在特殊情况下也可单独编制。

2.测绘方法

1)相片成图法

相片成图法是利用地面摄影或航空(卫星)摄影的相片，先在室内进行解释，划分地层岩性、地质构造、地貌、水系及不良地质作用与地质灾害等，并在相片上选择若干点和路线，然后去实地进行校对修正，绘成底图，最后再转绘成图。

2)实地测绘法

实地测绘法的常用方法有3种。

(1)路线法

沿着一定的路线，穿越测绘场地，把走过的路线正确地填绘在地形图上，并沿途详细观察地质情况，把各种地质界线、地貌界线、构造线、岩层产状及各种不良地质作用和地质灾害等标绘在地形图上；路线形式有S形或直线形。路线法一般用于中、小比例尺。在路线法测绘中应注意以下几个问题。

①路线起点的位置，应选择有明显的地物，如村庄、桥梁或特殊地形，作为每条路线的起点。

②观察路线的方向，应大致与岩层走向、构造线方向及地貌单元相垂直，这样可以用较少的工作量获得较多的成果。

③观察路线应选择在露头及覆盖层较薄的地方。

(2)布点法

布点法是工程地质测绘的基本方法，也就是根据不同的比例尺预先在地形图上布置一定数量的观察点及观察路线。观察路线长度必须满足要求，路线力求避免重复，使一定的观察路线达到最广泛地观察地质现象的目的。布点法适用于大、中比例尺的工程地质测绘。

(3)追索法

追索法这是一种辅助方法，系沿地层走向或某一构造线方向布点追索，以便查明某些局部的复杂构造。

三、资料整理及成果

1. 检查外业资料

①检查各种野外记录所描述的内容是否齐全；

②详细核对各种原始图件所划分的地层、岩性、构造、地形地貌、地质成因界线是否符合野外实际情况，在不同图件中相互间的界线是否吻合；

③野外所填的各种地质现象是否正确；

④核对搜集的资料与本次测绘资料是否一致，如出现矛盾，应分析其原因；

⑤整理核对野外采集的各种标本。

2. 成果资料

工程地质测绘与调查的成果资料一般包括工程地质测绘实际材料图、综合工程地质图或工程地质分区图、综合地质柱状图、工程地质剖面图及各种素描图、照片和文字说明。

第四节　勘探、取样及水、土腐蚀性评价

一、工程地质钻探的基本方法及适用范围

1. 工程地质钻探的基本方法

1)回转钻进

回转钻进是利用钻具回转使钻头的切削刃或研磨材料削磨岩土使之破碎进行钻进。它包括岩芯钻探，无岩芯钻探和螺旋钻探。岩芯钻探根据所使用的研磨材料不同又可分为硬质合金钻进、钻粒钻进及金刚石钻进。岩芯钻进为孔底环状钻进，螺旋钻进为孔底全面钻进。

2)冲击钻进

冲击钻进是利用钻具的重力和下冲击力使钻头冲击孔底以破碎岩土进行钻进。它包括冲击钻进和锤击钻进。根据使用的工具不同可分为钻杆冲击钻进和钢绳冲击钻进。对于硬层(基岩、碎石土)一般采用孔底全面冲击钻进；对于土层一般采用圆筒形钻头的刃口借钻具冲击力切削土层钻进。

3)振动钻进

振动钻进系将机械动力所产生的振动力，通过连接杆及钻具传到圆筒形钻头周围土中。由于振动器高速振动的结果，使土的抗剪力急剧降低，这时圆筒钻头依靠钻具和振动器的重量切削土层进行钻进。对粉土、黏性土及较小粒径的碎石(卵石)层比较适用，钻进速度较快。

4)冲洗钻进

冲洗钻进是利用水的压力冲击孔底土层，使之结构破坏，颗粒悬浮并最终随水流出孔外的钻进方法。由于它主要靠水压直接冲洗，因此无法采样进行观察和鉴别。

2. 工程钻探方法的适用范围

各种钻探方法的适用范围见表2.4.1。

钻探方法的适用范围　　表2.4.1

钻探方法		钻进地层					勘察要求	
		黏性土	粉土	砂土	碎石土	岩石	直观鉴别、采取不扰动试样	直观鉴别、采取扰动试样
回转	螺旋钻探	++	+	+	−	−	++	++
	无岩芯钻探	++	++	++	+	++	−	−
	岩芯钻探	++	++	++	+	++	++	++
冲击	冲击钻探	−	+	++	++	−	−	−
	锤击钻探	++	++	++	+	−	++	++
振动钻探		++	++	++	+	−	+	++
冲洗钻探		+	++	++	−	−	−	−

注:1."++"为适用，"+"为部分适用，"−"为不适用。
2.浅部土层可采用下列钻探方法:小口径麻花钻(或提土钻)钻进，小口径勺形钻钻进，洛阳铲钻进。

二、工程地质钻探的技术要求

1. 钻孔规格

1)钻孔口径和钻具规格

钻孔口径和钻具规格应符合表2.4.2的规定。

工程地质钻孔及钻具口径系列　　表2.4.2

钻具口径/mm	钻具规格/mm										相应于DCDMA标准的级别
	岩芯外管		岩芯内管		套管		钻杆		绳索钻杆		
	D	d	D	d	D	d	D	d	D	d	
36	35	29	26.5	23	45	38	33	23	—	—	E
46	45	38	35	31	58	49	43	31	43.5	34	A
59	58	51	47.5	43.5	73	63	54	42	55.5	46	B
75	73	65.5	62	56.5	89	81	67	55	71	61	N
91	89	81	77	70	108	99.5	67	55	—	—	—
110	108	99.5	—	—	127	118	—	—	—	—	—
130	127	118	—	—	146	137	—	—	—	—	—
150	146	137	—	—	168	156	—	—	—	—	S

注:DCDMA标准为美国金刚石钻机制造者协会标准。

2)钻孔口径的确定

钻孔口径应根据钻探目的和钻进工艺确定,应满足取样、测试及钻进工艺的要求。采取原状土样的钻孔,口径不得小于 91 mm;仅需鉴别地层的钻孔,口径不宜小于 36 mm;在湿陷性黄土中,钻孔口径不宜小于 150 mm。

2. 钻探与护壁

1)钻进要求

①钻进精度和岩土分层深度的量测精度,不应低于±5 cm;

②应严格控制非连续取芯钻进的回次进尺,使分层精度符合要求;

③对鉴别地层天然湿度的钻孔,在地下水位以上应进行干钻,当必须使用循环液时,应采用双层岩芯管钻进;

④岩芯钻探的岩芯采取率,对完整和较完整岩体不应低于 80%,较破碎和破碎岩体不宜低于 65%,对需重点查明的部位(滑动带、软弱夹层等)应采用双层岩芯管连续取芯;

⑤当需确定岩石质量指标 RQD 时,应采用 75 mm 口径(N 型)双层岩芯管和金刚石钻头;

⑥定向钻进的钻孔应分段进行孔斜测量,倾角及方位的量测精度分别为±0.1°和±3.0°。

深度超过 100 m 的钻孔及有特殊要求的钻孔,应测斜、防斜,保持钻孔的垂直度或预计的倾斜角度与倾斜方向。对垂直孔,每 50 m 测量一次垂直度,每 100 m 允许偏差为±2°;对斜孔,每 25 m 测量一次倾斜角和方位角,允许偏差应根据勘探设计要求确定。钻孔斜度及方位偏差超过规定时,应及时采取纠斜措施。

在湿陷性黄土中必须采用螺旋钻头钻进。

2)钻进方法

①对可能坍塌的地层应采取钻孔护壁措施。在浅部填土及其他松散土层中可采用套管护壁。在地下水位以下的饱和软黏性土层、粉土层和砂层中宜采用泥浆护壁,在破碎岩层中可视需要采用优质泥浆、水泥浆或化学浆液护壁。冲洗液漏失严重时,应采取充填封闭等堵漏措施。

②钻进中应保持孔内水头压力等于或稍大于孔周地下水压,提钻时应能通过钻头向孔底通气通水,防止孔底土层由于负压、管涌而受到扰动破坏。

③预计采取不扰动土试样或进行原位测试的钻孔,应按《建筑工程地质勘探与取样技术规程》(JGJ/T 87—2012)及其他相应的测试标准的规定钻进。

④在踏勘调查、基坑检验等工作中可采用小口径螺旋钻、小口径勺钻、洛阳铲等简易钻探工具进行浅层土的勘探。

3. 钻孔的记录和编录

野外记录由经过专业训练的人员承担,记录应真实及时,按钻进回次逐段填写。现场记录不得誊录转抄,误写之处可以划去,严禁事后追记。

钻探现场描述以肉眼鉴别、手触方法为主,有条件或勘察工作有明显要求时,可采用标准化、定量化的方法。

钻探成果可用钻孔野外柱状图表示,岩土芯样可根据工程要求一定期限或长期保存,亦可拍摄岩土彩照纳入勘察成果资料。

三、井探、槽探、洞探

1. 适用条件

①当钻探方法难以查明地下情况时,可采用探井、探槽进行勘探;

②在湿陷性黄土地区，应按《湿陷性黄土地区建筑规范》(GB 50025—2004)的有关规定开挖一定数量的探井，以便采取Ⅰ级土样供室内试验；

③在坝址、地下工程、大型边坡工程等勘察中，当需详细调查深部岩层性质及其构造特征时，可采用竖井或平洞；

④探井的深度不宜超过地下水位。

2.基本要求

①竖井和平洞的深度、长度、断面位置等按工程要求确定；

②对探井、探槽、探洞除文字描述记录外，还应以剖面图、展开图等反映井、槽、洞壁及底部的岩性、地层分界、构造特征、取样及原位试验位置，并辅以代表性部位的照片；

③在探井、探槽、探洞开挖过程中，应采取有效措施，确保人身安全。

四、土样的分级及取样技术要求

1.土样的分级

土试样质量根据试验目的分为四个级别，土试样质量等级可按表 2.4.3 确定。

土试样质量等级划分 表 2.4.3

级　别	扰动程度	试验内容
Ⅰ	不扰动	土类定名、含水率、密度、强度试验、固结试验
Ⅱ	轻微扰动	土类定名、含水率、密度
Ⅲ	显著扰动	土类定名、含水率
Ⅳ	完全扰动	土类定名

注：1.不扰动是指原位应力状态虽已改变，但土的结构、密度、含水率变化很小，能满足室内试验各项要求。

2.除地基基础设计等级为甲级的工程外，在工程技术要求允许的情况下可用Ⅱ级土试样进行强度试验和固结试验，但宜先对土试样受扰动程度作抽样鉴定，判定用于试验的适宜性，并结合地区经验使用试验成果。

2.取样要求

①在钻孔中采取Ⅰ、Ⅱ级砂样时，可采用原状取砂器；

②在软土、砂土中宜采用泥浆护壁，采用套管时应始终保持套管内的水头高度等于或稍高于地下水位，取样位置应低于套管底 3 倍孔径距离；

③采用冲洗、冲击、振动等方式钻进时，应在预计取样位置 1 m 以上改用回转钻进；

④采取土试样宜使用快速静力压入法；

⑤下放取土器前应仔细清孔，清除扰动土，孔底残留浮土厚度不应大于取土器废土段长度。

3.土样的现场检验、封装、贮存、运输

(1)土样的检验

对钻孔中采取的Ⅰ、Ⅱ级土试样，应在现场进行检验，应检查尺寸量测是否有误，土样是否受压、开裂、扰动等，并根据检验情况决定土样废弃或降低级别使用。

(2)土样的密封方法

将上、下两端各去掉约 20 mm，加上一块与土样截面面积相当的不透水圆片，再浇灌蜡液，至与容器端齐平，待蜡液凝固后扣上胶皮或塑料保护帽。

用配合适当的盒盖将两端盖严后，将所有接缝用纱布条蜡封或用胶带封口。

(3)土样的贮存

Ⅰ、Ⅱ、Ⅲ级土试样应密封，防止湿度变化，并严防暴晒或冰冻。

Ⅰ、Ⅱ、Ⅲ级土样的贮存时间不宜超过 3 周。

(4)土样的运输

土样运输时，应采用专用土样箱包装，土样之间用柔软缓冲材料填实。一箱土样总重不宜超过 40 kg，在运输中应避免振动。对易于振动液化、水分离析的土样，不宜长途运输，应在现场或就近进行室内试验。

五、取土器的规格、性能及适用范围

1. 取土器的规格

贯入式取土器的技术参数应符合表 2.4.4 的规定。

不同壁厚取土器的技术参数　　表 2.4.4

取土器参数	厚壁取土器	薄壁取土器			黄土取土器
		敞口自由活塞	水压固定活塞	固定活塞	
面积比 $\frac{D_w^2-D_e^2}{D_e^2}\times100\%$	13%～20%	≤10%	10%～13%		15%
内间隙比 $\frac{D_s-D_e}{D_e}\times100\%$	0.5%～1.5%	0	0.5%～1.0%		1.5%
外间隙比 $\frac{D_w-D_t}{D_t}\times100\%$	0～2.0%	0			1.0%
刃口角度 α	<10°	5°～10°			10°
长度 L/mm	400,550	对砂土：(5～10)D_e 对黏性土：(10～15)D_e			—
外径 D_t/mm	75～89,108	75,100			127,150
衬管	整圆或半合管，塑料、酚醛层压纸或镀锌铁皮制成	无衬管，束节式取土器衬管同左			无衬管

注：1. 取土器取样及衬管内壁必须光滑圆整。

2. 在特殊情况下取土器直径可增大至 150～250 mm。

3. 表中符号：

D_e——取土器刃口内径；

D_s——取样管内径，加衬管时为衬管内径；

D_t——取样管外径；

D_w——取土器管靴外径，对薄壁管 $D_w=D_t$。

回转型取土器技术参数见表 2.4.5。

回转型取土器技术参数　　表 2.4.5

取土器类型		外径/mm	土样直径/mm	长度/mm	内管超前	说　明
双重管(加内衬管即为三重管)	单动	102	71	1 500	固定可调	直径尺寸可视材料规格稍作变动，但土样直径不得小于 71 mm
		140	104			
	双动	102	71	1 500	固定可调	
		140	104			

2. 取土器的性能

1)贯入式取土器的性能

(1)薄壁取土器的性能

薄壁取土器厚仅 1.25～2.0 mm，取样扰动小、质量高，但因壁薄，不能在硬和密的土层中使用。

①敞口式:国外称为谢尔贝管,是最简单的一种薄壁取土器,取样操作简便,但易逃土。

②固定活塞式:在敞口薄壁取土器内增加一个活塞及一套与之相连接的活塞杆。活塞的作用在于下放取土器时可排开孔底浮土,上提时可隔绝土样顶端的水压、气压防止逃土,同时又不会像上提活阀那样产生过度的负压引起土样扰动。固定活塞还可以限制土样进入取样管后顶端的膨胀上凸趋势。因此,取样质量高,成功率也高,但因需要两套杆,操作比较费事。

③水压固定活塞式:特点是去掉活塞杆,将活塞连接在钻杆底端,取样管则与另一套在活塞缸内的可动活塞连接,取样时通过钻杆施加水压,驱动活塞缸内的可动活塞,将取样管压入土中,取样效果与固定活塞相同,操作较为简便,但结构仍较复杂。

④自由活塞式:与固定活塞不同之处在于活塞杆不延伸至地面,只在取土器的上接头内与一弹簧卡连接,使活塞杆只能向上不能向下。取样时依靠土试样将活塞顶起,操作较为简便,但土样上顶活塞时易受扰动,取样质量不如固定式及水压固定式。

⑤黄土取土器及束节式取土器:黄土取土器为敞口式薄壁取土器的一种,具有敞口式薄壁取土器的特点。束节式取土器介于厚壁和薄壁取土器之间,考虑到我国目前薄壁管材供应的困难,薄壁取土器只能逐步普及,所以允许在采用薄壁取土器困难时用束节取土器代替薄壁取土器。

(2)厚壁取土器的性能

厚壁取土器为敞口式取土器,指我国目前大多数单位使用的内装镀锌薄钢板衬管的对分式取土器,与目前国际上惯用的取土器相比,性能相差甚远,最理想的情况下,也只能取得Ⅱ级土样。

2)回转型取土器的性能

单动三重(二重)管取土器,取样时外管旋转,内管不动,可用于中等以至较硬的土层。

双动三重(二重)管取土器,与单动不同之处在于取样内管也旋转,因此可切削进入坚硬的地层,一般适用于在坚硬黏性土、密实砂砾以及软岩中作业。

3.取土器的适用范围

不同取样器的适用范围及取样质量见表2.4.6。

不同等级土试样要求的取样工具或方法 表2.4.6

土试样质量等级	取样工具或方法		适用土类										
			黏性土					粉土	砂土				砾砂、碎石土、软岩
			流塑	软塑	可塑	硬塑	坚硬		粉砂	细砂	中砂	粗砂	
Ⅰ	薄壁取土器	固定活塞	++	++	+	−	−	+	+	−	−	−	−
		水压固定活塞	++	++	+	−	−	+	+	−	−	−	−
	薄壁取土器	自由活塞	−	+	++	−	−	+	+	−	−	−	−
		敞口	+	+	+	−	−	+	+	−	−	−	−
	回转取土器	单动三重管	−	+	++	++	+	++	++	++	−	−	−
		双动三重管	−	−	−	+	++	−	−	−	++	++	+
	探井(槽)中刻取块状土样		++	++	++	++	++	++	++	++	++	++	++

续上表

土试样质量等级	取样工具或方法		适用土类										
			黏性土					粉土	砂土				砾砂、碎石土、软岩
			流塑	软塑	可塑	硬塑	坚硬		粉砂	细砂	中砂	粗砂	
Ⅱ	薄壁取土器	水压固定活塞	++	++	+	−	−	+	+	−	−	−	−
		自由活塞	+	++	++	−	−	+	+	−	−	−	−
		敞口	++	++	++	−	−	+	+	−	−	−	−
	回转取土器	单动三重管	−	+	++	++	+	++	++	++	−	−	−
		双动三重管	−	−	−	+	++	−	−	−	++	++	++
	厚壁敞口取土器		+	++	++	++	++	+	+	+	+	+	−
Ⅲ	厚壁敞口取土器		++	++	++	++	++	++	++	++	++	++	−
	标准贯入器		++	++	++	++	++	++	++	++	++	++	−
	螺纹钻头		++	++	++	++	++	+	−	−	−	−	−
	岩芯钻头		++	++	++	++	++	++	+	+	+	+	+
Ⅳ	标准贯入器		++	++	++	++	++	++	++	++	++	++	−
	螺纹钻头		++	++	++	++	++	+	−	−	−	−	−
	岩芯钻头		++	++	++	++	++	++	++	++	++	++	++

注：1.“++”代表适用，“+”代表部分适用，“−”代表不适用。

2.采取砂土试样应有防止试样失落的补充措施。

3.有经验时，可用束节式取土器代替薄壁取土器。

六、工程物探的基本原理及成果应用

1.工程物探的基本原理

1)电阻率法

不同岩(土)层或同一岩(土)层由于成分和结构等不同，因而具有不同的电阻率。将直流电通过接地电极供入地下，建立稳定的人工电场，在地表观测某点垂直方向或某剖面的水平方向的电阻率变化，从而了解岩(土)层的分布或地质构造特点的方法，称为电阻率法。

电阻率测深法是在地表以某一点为中心(测探点)，用不同供电极距测量不同深度岩(土)层的电阻率 ρ_s 值，以获得该点处的地质断面的方法。

电阻率剖面法是测量电极和供电电极的装置不变，而测点沿某方向移动，探测某深度内岩(土)电阻率 ρ_s 的水平变化的方法。

2)电位法

岩(土)层具有电阻，当电流通过时，两点之间就会产生电位。由于不同岩层或同一岩层的成分和结构等不同，因而具有不同的电阻率，固定点和不同测量点之间的电位也就不同。因此，使用一个固定电极和一个流动电极，将固定电极布于测区某一固定点上，用流动电极沿线逐渐移动，观测各移动点相对于固定点电位的变化，从而了解岩土层的分布和地质构造、地下水等的方法。

①充电法是将一供电极接于良导性的地质体上，另一极置于足够远处接地，以使该电极产生的电场实际上对观测电场不产生影响。根据地面观测的电场分布性质(等位线的形状)，即可得到良导体的形状、大小。

②自然电场法不用人工供电，是通过仪器测定一定地质条件下的自然电场，用以解释地质问题的方法。

3)频率测深法

由于岩石的感应作用,交变电磁场在地下的分布情况随频率而变化。频率低,向地下穿透深,反映深部地层情况;频率高,穿透浅,反映浅部地层情况。因此,只要改变电磁场的频率就可以反映出不同深度的地质情况。频率测深法是用改变交变电磁场的频率来控制探测深度,找出岩土层电阻率随深度的变化情况,借以判释地层分布及地质构造。

4)电磁感应法

地面电磁法是在地面上用人工方法产生一个交变电磁场,向下传播,称一次场。当地下有导体时,受到感应,感应电流又产生一交变电磁场传达回地面,称二次场,它与一次场的频率相同。根据需探测的地质体和围岩之间导电性、导磁性的差异,应用上述电感应原理,观测二次场或一次场与二次场叠加后形成的总场强度、方向、空间分布规律和随时间变化的特性来解释地质问题。

5)无线电波透视法

由于岩(土)电性的不同,对电磁波的吸收具有差异。当地质体的电性与围岩差异较大时,通过它们的电磁能的衰减明显不同。良导体对电磁能强烈地吸收,对无线电波起屏蔽作用。因此,如果在电磁波发射与接收之间出现良导体,则接收信号大大减弱,甚至接收不到,形成所谓的阴影区。从不同角度和方向发射和接收无线电波,可以得到不同的阴影区,从而判断出该地质体存在的位置和形状。

6)地震勘探

由于岩(土)的弹性性质不同,弹性波在其中的传播速度也不同,利用这种差异,通过人工激发的弹性波在地下传播的特点即可判定地层岩性、地质构造等。

①直达波法:由震源直接传播到接收点的波称为直达波,利用直达波的时距曲线可求得直达波速,从而计算土层参数。

②反射波法:弹性波从震源向地层中传播,遇到性质不同的地层界面时,产生反射;根据测得的反射时间,就可推求出所需探测界面的深度。

③折射波法:弹性波从震源向地层中传播,遇到性质不同的地层界面时,发生折射,根据测得的折射时距曲线推求岩土层界面等地质特征。

7)声波探测

声波探测是弹性波探测技术中的一种,它是利用频率为几千赫兹到 20 kHz 的声频弹性波通过岩(土)体,测定岩(土)体中波速和振幅的变化,从而解决某些工程地质问题。

8)重力勘探

组成地壳的各种岩石之间具有密度差异,使地球的重力场发生局部变化,而引起重力异常。重力勘探是通过测定地球表面重力的变化来解决地质问题。

9)磁法勘探

地下岩(土)体或地质构造受地磁场磁化后,在其周围空间形成并叠加在地磁场上的次生磁场。通过测定地壳中的需测定体在地磁场的磁化作用下引起的磁性差异来确定断层的存在或探测地下金属目标物。

10)电视测井

电视测井产生电视图形的能源有多种,一般分为普通光源测井和超声波电视测井。以普通光源为能源的电视测井,是利用日光灯光源为能源,投射到孔壁,再经平面镜反射到照相镜头来完成对孔壁的探测。利用超声波为能源,在孔中不断向孔壁发射超声波束,接收从井壁反射回来的超声波,来完成对孔壁的探测,为超声波能源测井。

11)放射性测井

放射性测井又称核测井。它是利用元素的核性质一般不受温度、压力、化学性质等外界因素的影响,γ 射线及中子流具有较强穿透能力的特性,采用 γ 探测器不断地接收来自相应深度地层的 γ 射线,并使之转变成电脉冲输出,经电子线路放大,整形后通过电缆传到地面,得到 γ 测井曲线,用来探测地层。

12)电测井

不同的地层具有不同的电阻率和自然电场。电测井就是在井孔中利用电法勘探方法测量井、孔壁剖面的电阻率或自然电位,从而确定井孔的地质剖面。主要方法有电阻率法测井和自然电位测井。

13)井径测量

井径测量是将测量井径的量杆张开,井径不同时,量杆张开的角度就不同,电路中的电阻值就会发生变化,从而测出井径的大小。

2. 工程物探的成果应用

各种工程物探方法的应用及应用条件见表 2.4.7。

地球物理勘探方法的适用范围 表 2.4.7

方法名称		适用范围
电法	自然电场法	探测隐伏断层、破碎带; 测定地下水流速、流向
	流电法	探测地下洞穴; 测定地下水流速、流向; 探测地下或水下隐埋物体; 探测地下管线
	电阻率测深	测定基岩埋深,划分松散沉积层序和基岩风化带; 探测隐伏断层、破碎带; 探测地下洞穴; 测定潜水面深度和含水层分布; 探测地下或水下隐埋物体
	电阻率剖面法	测定基岩埋深; 探测隐伏断层、破碎带; 探测地下洞穴; 探测地下或水下隐埋物体
	高密度电阻率法	测定潜水面深度和含水层分布; 探测地下或水下隐埋物体
	激发极化法	探测隐伏断层、破碎带; 探测地下洞穴; 划分松散沉积层序; 测定潜水面深度和含水层分布; 探测地下或水下隐埋物体
电磁法	甚低频	探测隐伏断层、破碎带; 探测地下或水下隐埋物体; 探测地下管线
	频率测深	测定基岩埋深,划分松散沉积层序和风化带; 探测隐伏断层、破碎带; 探测地下洞穴; 探测河床水深及沉积泥沙厚度; 探测地下或水下隐埋物体; 探测地下管线

续上表

<table>
<tr><th colspan="2">方法名称</th><th>适用范围</th></tr>
<tr><td rowspan="3">电磁法</td><td>电磁感应法</td><td>测定基岩埋深；
探测隐伏断层、破碎带；
探测地下洞穴；
探测地下或水下隐埋物体；
探测地下管线</td></tr>
<tr><td>地质雷达</td><td>测定基岩埋深，划分松散沉积层序和基岩风化带；
探测隐伏断层、破碎带；
探测地下洞穴；
测定潜水面深度和含水层分布；
探测河床水深及沉积泥沙厚度；
探测地下或水下隐埋物体；
探测地下管线</td></tr>
<tr><td>地下电磁波法
（无线电波透视法）</td><td>探测隐伏断层、破碎带；
探测地下洞穴；
探测地下或水下隐埋物体；
探测地下管线</td></tr>
<tr><td rowspan="6">地震波法和声波法</td><td>折射波法</td><td>测定基岩埋深，划分松散沉积层序和基岩风化带；
测定潜水面深度和含水层分布；
探测河床水深及沉积泥沙厚度</td></tr>
<tr><td>反射波法</td><td>测定基岩埋深，划分松散沉积层序和基岩风化带；
探测隐伏断层，破碎带；
探测地下洞穴；
测定潜水面深度和含水层分布；
探测河床水深及沉积泥沙厚度；
探测地下或水下隐埋物体；
探测地下管线</td></tr>
<tr><td>直达波法（单孔法和跨孔法）</td><td>划分松散沉积层序和基岩风化带</td></tr>
<tr><td>瑞雷波法</td><td>测定基岩埋深，划分松散沉积层序和基岩风化带；
探测隐伏断层、破碎带；
探测地下洞穴；
探测地下隐埋物体；
探测地下管线</td></tr>
<tr><td>声波法</td><td>测定基岩埋深，划分松散沉积层序和基岩风化带；
探测隐伏断层、破碎带；
探测含水层；
探测洞穴和地下或水下隐埋物体；
探测地下管线；
探测滑坡体的滑动面</td></tr>
<tr><td>声呐浅层剖面法</td><td>探测河床水深及沉积泥沙厚度；
探测地下或水下隐埋物体</td></tr>
<tr><td colspan="2">地球物理测井
（放射性测井、电测井、电视测井）</td><td>探测地下洞穴；
划分松散沉积层及基岩风化带；
测定潜水面深度和含水层分布；
探测地下或水下隐埋物体</td></tr>
</table>

七、水和土腐蚀性的评价

(一)取样和测试

当有足够经验或充分资料，认定工程场地及其附近的土或水(地下水或地表水)对建筑材料为微腐蚀时，可不取样试验进行腐蚀性评价。否则，应取水试样或土试样进行试验，并按本章评价其对建筑材料的腐蚀性。土对钢结构腐蚀性的评价可根据任务要求进行。

1.采取水试样和土试样时的要求

①混凝土结构处于地下水位以上时，应取土试样作土的腐蚀性测试。

②混凝土结构处于地下水或地表水中时，应取水试样作水的腐蚀性测试。

③混凝土结构部分处于地下水位以上、部分处于地下水位以下时，应分别取土试样和水试样作腐蚀性测试。

④水试样和土试样应在混凝土结构所在的深度采取，每个场地不应少于2件。当土中盐类成分和含量分布不均匀时，应分区、分层取样，每区、每层不应少于2件。

2.水和土腐蚀性的测试项目和试验方法

①水对混凝土结构腐蚀性的测试项目包括：pH值、Ca^{2+}、Mg^{2+}、Cl^-、SO_4^{2-}、HCO_3^-、CO_3^{2-}、侵蚀性CO_2、游离CO_2、NH_4^+、OH^-、总矿化度。

②土对混凝土结构腐蚀性的测试项目包括：pH值、Ca^{2+}、Mg^{2+}、Cl^-、SO_4^{2-}、HCO_3^-、CO_3^{2-}的易溶盐(土水比1∶5)分析。

③土对钢结构腐蚀性的测试项目包括：pH值、氧化还原电位、极化电流密度、电阻率、质量损失。

④腐蚀性测试项目的试验方法应符合表2.4.8的规定。

腐蚀性试验方法　　表2.4.8

序号	试验项目	试验方法
1	pH值	电位法或锥形玻璃电极法
2	Ca^{2+}	EDTA容量法
3	Mg^{2+}	EDTA容量法
4	Cl^-	摩尔法
5	SO_4^{2-}	EDTA容量法或质量法
6	HCO_3^-	酸滴定法
7	CO_3^{2-}	酸滴定法
8	侵蚀性CO_2	盖耶尔法
9	游离CO_2	碱滴定法
10	NH_4^+	钠氏试剂比色法
11	OH^-	酸滴定法
12	总矿化度	计算法
13	氧化还原电位	铂电极法
14	极化电流密度	原位极化法
15	电阻率	四极法
16	质量损失	管罐法

水和土对建筑材料的腐蚀性，可分为微、弱、中、强4个等级，并可按下述方法进行评价。

(二)腐蚀性评价

(1)受环境类型影响，环境类型的划分按表2.4.9、表2.4.10执行；水和土对混凝土结构的腐蚀性，应符合表 2.4.11 的规定。

环境类型分类 表 2.4.9

环境类别	场地环境地质条件
Ⅰ	高寒区、干旱区直接临水；高寒区、干旱区含水率 $w\geqslant 10\%$ 的强透水土层或含水率 $w\geqslant 20\%$ 的弱透水土层
Ⅱ	湿润区直接临水；湿润区含水率 $w\geqslant 20\%$ 的强透水土层或含水率 $w\geqslant 30\%$ 的弱透水土层
Ⅲ	高寒区、干旱区含水率 $w<20\%$ 的弱透水土层或含水率 $w<10\%$ 的强透水土层；湿润区含水率 $w\leqslant 30\%$ 的弱透水土层或含水率 $w<20\%$ 的强透水土层

注：1. 高寒区是指海拔高度等于或大于 3 000 m 的地区；干旱区是指海拔高度小于 3 000 m，干燥度指数 K 值等于或大于 1.5 m 的地区；湿润区是指干燥度指数 K 值小于 1.5 的地区。

2. 强透水层是指碎石土、砾砂、粗砂、中砂和细砂，弱透水层是指粉砂、粉土和黏性土。

3. 含水率 $w<3\%$ 的土层，可视为干燥土层，不具有腐蚀环境条件。

4. 当有地区经验时，环境类型可根据地区经验划分；当同一场地出现两种环境类型时，应根据具体情况选定。

冰冻区分类 表 2.4.10

一月份月平均温度/℃	>0	−4～0	<−4
冰冻区分类	不冻区	微冻区	冰冻区

按环境类型水和土对混凝土结构的腐蚀性评价 表 2.4.11

腐蚀等级	腐蚀介质	环境类型		
		Ⅰ	Ⅱ	Ⅲ
微 弱 中 强	硫酸盐含量 SO_4^{2-}/ (mg/L)	<200 200～500 500～1 500 >1 500	<300 300～1 500 1 500～3 000 >3 000	<500 500～3 000 3 000～6 000 >6 000
微 弱 中 强	镁盐含量 Mg^{2+}/ (mg/L)	<1 000 1 000～2 000 2 000～3 000 >3 000	<2 000 2 000～3 000 3 000～4 000 >4 000	<3 000 3 000～4 000 4 000～5 000 >5 000
微 弱 中 强	铵盐含量 NH_4^+/ (mg/L)	<100 100～500 500～800 >800	<500 500～800 800～1 000 >1 000	<800 800～1 000 1 000～1 500 >1 500
微 弱 中 强	苛性碱含量 OH^-/ (mg/L)	<35 000 35 000～43 000 43 000～57 000 >57 000	<43 000 43 000～57 000 57 000～70 000 >70 000	<57 000 57 000～70 000 70 000～100 000 >100 000
微 弱 中 强	总矿化度/ (mg/L)	<10 000 10 000～20 000 20 000～50 000 >50 000	<20 000 20 000～50 000 50 000～60 000 >60 000	<50 000 50 000～60 000 60 000～70 000 >70 000

注：1. 表中的数值适用于有干湿交替作用的情况，Ⅰ、Ⅱ类腐蚀环境无干湿交替作用时，表中硫酸盐含量数值应乘以 1.3 的系数。

2. 表中数值适用于水的腐蚀性评价，对土的腐蚀性评价，应乘以 1.5 的系数，单位以 mg/kg 表示。

3. 表中苛性碱（OH^-）含量(mg/L)应为 NaOH 和 KOH 中的 OH^- 含量(mg/L)。

(2)受地层渗透性影响，水和土对混凝土结构的腐蚀性评价，应符合表 2.4.12 的规定。

(3)当按表 2.4.11 和表 2.4.12 评价的腐蚀等级不同时，应按下列规定综合评定。

①腐蚀等级中，只出现弱腐蚀，无中等腐蚀或强腐蚀时，应综合评价为弱腐蚀。

②腐蚀等级中，无强腐蚀；最高为中等腐蚀时，应综合评价为中等腐蚀。

③腐蚀等级中，有 1 个或 1 个以上为强腐蚀时，应综合评价为强腐蚀。

按地层渗透性水和土对混凝土结构的腐蚀性评价　　表 2.4.12

腐蚀等级	pH 值		侵蚀性 CO_2/(mg/L)		HCO_3^-/(mmol/L)
	A	B	A	B	A
微	>6.5	>5.0	<15	<30	>1.0
弱	6.5～5.0	5.0～4.0	15～30	30～60	1.0～0.5
中	5.0～4.0	4.0～3.5	30～60	60～100	<0.5
强	<4.0	<3.5	>60	—	—

注:1. 表中 A 是指直接临水或强透水层中的地下水,B 是指弱透水层中的地下水;强透水层是指碎石土和砂土,弱透水层是指粉土和黏性土。

2. HCO_3^- 含量是指水的矿化度低于 0.1 g/L 的软水时,该类水质 HCO_3^- 的腐蚀性。

3. 土的腐蚀性评价只考虑 pH 值指标;评价其腐蚀性时,A 是指强透水土层,B 是指弱透水土层。

(4)水和土对钢筋混凝土结构中钢筋的腐蚀性评价,应符合表 2.4.13 的规定。

对钢筋混凝土结构中钢筋的腐蚀性评价　　表 2.4.13

腐蚀等级	水中的 Cl^- 含量/(mg/L)		土中的 Cl^- 含量/(mg/kg)	
	长期浸水	干湿交替	A	B
微	<10 000	<100	<400	<250
弱	10 000～20 000	100～500	400～750	250～500
中	—	500～5 000	750～7 500	500～5 000
强	—	>5 000	>7 500	>5 000

注:A 是指地下水位以上的碎石土、砂土,稍湿的粉土,坚硬、硬塑的黏性土;B 是湿、很湿的粉土,可塑、软塑、流塑的黏性土。

(5)土对钢结构的腐蚀性评价,应符合表 2.4.14 的规定。

土对钢结构腐蚀性评价　　表 2.4.14

腐蚀等级	pH 值	氧化还原电位/mV	视电阻率/(Ω·m)	极化电流密度/(mA/cm^2)	质量损失/g
微	>5.5	>400	>100	<0.02	<1
弱	5.5～4.5	400～200	100～50	$\frac{0.02\sim0.05}{0.05\sim0.20}$	1～2
中	4.5～3.5	200～100	50～20	—	2～3
强	<3.5	<100	<20	>0.20	>3

注:土对钢结构的腐蚀性评价,取各指标中腐蚀等级最高者。

(6)水、土对建筑材料腐蚀的防护,应符合现行国家标准《工业建筑防腐蚀设计规范》(GB 50046—2008)的规定。

第五节　岩土工程评价

一、岩土工程指标的统计与选用

1. 统计的内容

①指标的最小值 φ_{min} 和最大值 φ_{max}。

②指标的平均值 ϕ_m。

③指标的标准差 σ_f。

④指标的变异系数 δ。

⑤样本数 n。

2.统计方法

①岩土指标的统计,应按岩土单元、区段及层位分别统计。

②指标的平均值 ϕ_m 应按式(2.5.1)计算。

$$\phi_m=\frac{\sum_{i=1}^{n}\phi_i}{n} \tag{2.5.1}$$

式中,ϕ_i 为岩土指标的实测值;n 为统计样本数。

③指标的标准差 σ_f 应按式(2.5.2)计算。

$$\sigma_f=\sqrt{\frac{1}{n-1}\left[\sum_{i=1}^{n}\phi_i^{\ 2}-\frac{(\sum_{i=1}^{n}\phi_i)^2}{n}\right]} \tag{2.5.2}$$

σ_f 是表示数据离散性的特征值,其量纲和指标的量纲相同。它与均方差的关系是

$$\sigma=\sigma_f\sqrt{\frac{n-1}{n}} \tag{2.5.3}$$

④指标的变异系数 δ 应按式(2.5.4)计算。

$$\delta=\frac{\sigma_f}{\phi_m} \tag{2.5.4}$$

变异系数是表示数据变异性的特征值,是无量纲系数。

⑤主要参数宜绘制沿深度变化的图件,并按变化特点划分为相关类型和非相关类型,需要时应分析参数在水平方向上的变异规律。

相关型参数宜结合岩土参数与深度的经验关系,按式(2.5.5)确定剩余标准差 σ_r,并用剩余标准差计算变异系数。其计算式为

$$\sigma_r=\sigma_f\sqrt{1-r^2} \tag{2.5.5}$$

$$\delta=\frac{\sigma_r}{\phi_m} \tag{2.5.6}$$

式中,r 为相关系数,对非相关型,$r=0$。

3.岩土指标的选用

①评价岩土性状的指标,例如天然密度 ρ、天然含水率 w、液限 w_L、塑限 w_P、塑性指数 I_P、液性指数 I_L、饱和度 S_r、相对密实度 D_r、吸水率 w_t 等,应选用指标的平均值。

②正常使用极限状态计算需要的岩土参数指标,例如压缩系数 a、压缩模量 E_s、渗透系数 k 等,宜选用平均值;当变异性较大时,可根据经验作适当调整。

③承载能力极限状态计算需要的岩土参数,例如岩土的抗剪强度指标,应选用指标的标准值。

④荷载试验承载力应取特征值。

⑤容许应力法计算需要的岩土指标,应根据计算和评价的方法选定,可选用平均值,并作适当经验调整。

⑥岩土参数选用应按内容评价其可靠性和适用性。

取样方法和其他因素对试验结果的影响、采用的试验方法和取值标准、不同测试方法所得结果的分析比较、测试结果的离散程度、测试方法与此计算模型的配套性等。

4.岩土参数标准值的计算

岩土参数标准值 ϕ_k 的计算式为

$$\phi_k = r_s \phi_m \tag{2.5.7}$$

$$r_s = 1 \pm \left(\frac{1.704}{\sqrt{n}} + \frac{4.678}{n^2}\right)\delta \tag{2.5.8}$$

式中，r_s 为统计修正系数；正负号按不利组合考虑，如抗剪强度指标的修正系数应取负值。

5.岩土参数标准值计算公式的来源

1)可靠性估值的理论基础

岩土参数的可靠性估值是在统计学区间估计理论基础上得到的关于参数母体平均值置信区间的单侧置信界限值。如果母体平均值以 u 表示，并服从 t 分布规律，可靠性估值以 ϕ_k 表示。取单侧置信下限时，如图 2.5.1a)所示，其概率公式为

$$P(u < \phi_k) = \alpha = 1 - p \tag{2.5.9}$$

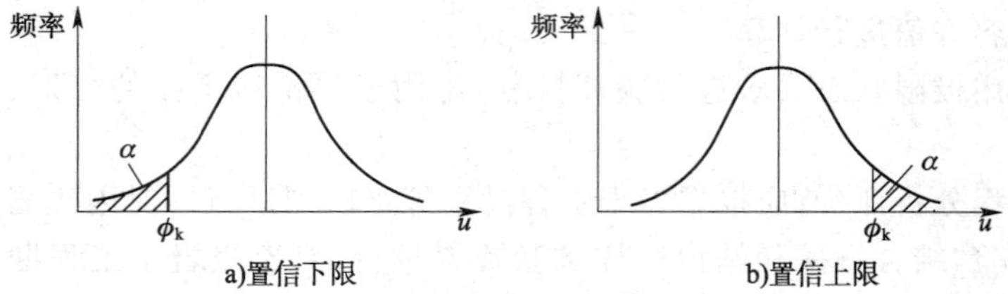

图 2.5.1　参数的可靠性估值

取单侧置信上限时，如图 2.5.1b)所示，其概率以式(2.5.10)表示。

$$P(u > \phi_k) = \alpha = 1 - p \tag{2.5.10}$$

式中，α 为风险率，是一个可以接受的小概率，在图 2.5.1 的阴影部分；p 为置信概率，或称置信水平，表示可以预期的安全概率。

2)《岩土工程勘察规范》(GB 50021—2001)(2009 年版)岩土参数标准值公式的来源

①理论公式。按区间估计理论，单侧置信界限值由式(2.5.11)求得

$$\phi_k = \phi_m\left(1 \pm \frac{t_a}{\sqrt{n}}\delta\right) \tag{2.5.11}$$

也即

$$\gamma_s = 1 \pm \frac{t_a}{\sqrt{n}}\delta \tag{2.5.12}$$

式中，t_a 为分布单侧置信区间的系数值，可根据风险概率 α(或置信概率 p)和自由度 $(n-1)$ 确定；δ 为变异系数；n 为试验数据频数。

②式(2.5.11)中的 t_a 为统计学中学生氏函数的界限值，在岩土工程勘察中，一般取置信概率 p 为 95%。为了便于应用，为避免工程上误用统计学上的过小样本容量(如 $n=2,3,4$ 等)在规范中不宜出现学生氏函数的界限值。因此，通过拟合求得下面的近似公式

$$\frac{t_a}{\sqrt{n}} = \left\{\frac{1.704}{\sqrt{n}} + \frac{4.678}{n^2}\right\} \tag{2.5.13}$$

二、岩土工程分析评价

1.基本要求

岩土工程分析评价应在工程地质测绘、勘探、测试和搜集已有资料的基础上，结合工程特点和要求进行。各类工程、不良地质作用和地质灾害及各种特殊性岩土的分析评价，应分

别符合《岩土工程勘察规范》(GB 50021—2001)(2009 年版)第 4 章、第 5 章和第 6 章的规定。岩土工程分析评价应符合 4 个方面的要求。即充分了解工程结构的类型、特点、荷载情况和变形控制要求；掌握场地的地质背景，考虑岩土材料的非均质性、各向异性和随时间的变化，评估岩土参数的不确定性，确定其最佳估值；充分考虑当地经验和类似工程的经验；对于理论依据不足、实践经验不多的岩土工程问题，可通过现场模型试验或足尺试验取得实测数据进行分析评价；必要时可建议通过施工监测，调整设计和施工方案。

岩土工程分析评价应在定性分析的基础上进行定量分析。岩土体的变形、强度和稳定应定量分析；场地的适宜性、场地地质条件的稳定性，可仅做定性分析。

岩土工程计算应符合下列要求：

①按承载能力极限状态计算，可用于评价岩土地基承载力和边坡、挡墙、地基稳定性等问题，可根据有关设计规范规定，用分项系数或总安全系数方法计算，有经验时也可用隐含安全系数的抗力容许值进行计算。

②按正常使用极限状态要求进行验算控制，可用于评价岩土体的变形、动力反应、透水性和涌水量。

③岩土的工程分析评价，应根据岩土工程勘察等级区别进行。对丙级岩土工程勘察，可根据邻近工程经验，结合触探和钻探取样试验资料进行；对乙级岩土工程勘察，应在详细勘探、测试的基础上，结合邻近工程经验进行，并提供岩土的强度和变形指标；对甲级岩土工程勘察，除按乙级要求进行外，还应提供荷载试验资料，必要时应对其中的复杂问题进行专门研究，并结合监测对评价结论进行检验。

④任务需要时，可根据工程原型或足尺试验岩土体性状的量测结果，用反分析的方法反求岩土参数，验证设计计算，查验工程效果或事故原因。

2. 天然地基评价

对于地基承载力与变形能够满足要求，有可能采用天然地基的工程，应优先考虑天然地基。对于天然地基的分析评价应主要包括 6 个方面的内容。即场地和地基的整体稳定性；提出地基承载力特征值；估计建筑物的沉降、倾斜、差异沉降；根据岩土埋藏条件、地下水位、冻结深度等，对设计单位初定的基础埋置深度提出调整建议；根据场地和地基条件，提出基础设计、上部结构设计、施工措施等方面的建议，必要时，提出对监测工作的建议；当场地有不良地质作用或特殊性岩土时，应进行相应的分析与评价，并提出工程措施建议。

地基承载力的特征值，应根据有关国家标准进行分析评价。可由荷载试验或其他原位测试、公式计算，并结合工程实践经验等方法综合确定。

对一级建筑物和需进行沉降计算的二级建筑物，宜进行沉降分析；对高层建筑，在进行沉降分析时，应预估建筑物的倾斜；对荷载差别很大的相邻建筑物及对不均匀沉降敏感的建筑物，宜对不均匀沉降及其产生的内力进行分析。沉降分析中的经验修正系数宜采用地方经验。宜考虑地基与基础、上部结构的协同作用。

当有沉降分析任务时，宜专门编写沉降分析报告。

当场地土和地下水可能对建筑材料产生腐蚀影响时，应评价土、水对建筑材料的腐蚀性。

3. 桩基工程和地基处理

桩基工程的分析评价的内容是：采用桩基的适宜性；对桩类型、桩的布置、桩的直径和长度提出建议；提出单桩侧阻力与端阻力的特征值；对桩端持力层的选择进行分析论证，提出建议；对预制桩或沉管式灌注桩的可能性，沉桩顺序和方法，对挖孔桩、钻孔桩、冲孔桩成孔可行性进行论证，提出建议；对桩基工程设计、施工、监测的其他建议。

当需用静力荷载试验或其他方法验证或确定单桩承载力时，可提出有关这方面的建议。承担桩的静力荷载或其他方法试验时，可提交专门的试验报告。

任务需要时，可对群桩效应、群桩承载力和沉降进行专门的试验研究，并提交相应的试验研究报告。

需进行地基处理时，岩土工程分析评价应包括下列内容：

①论证地基处理的必要性；

②提出地基处理的方法，并对其适宜性进行论证；

③对地基处理的设计、施工、监测方案提出初步意见，并对地基处理可能产生的环境影响进行初步评价；

④任务需要时，可对地基处理进行专门的试验研究，并提交相应的试验研究报告；

⑤当场地土和地下水可能对建筑材料产生腐蚀影响时，应评价土、水对建筑材料的腐蚀性。

4.基坑工程

对基坑工程的分析评价应包括下列内容：

①提出岩土的重度和抗剪强度指标标准值，并说明抗剪强度的试验方法；

②对软土的蠕变和长期强度、软岩失水崩解、膨胀土的胀缩性和裂隙性、非饱和土的增湿软化等岩土的特殊性质及其对基坑工程的影响进行评价；

③分析评价各层地下水对基坑工程的影响，包括静水压力、动水压力、流沙、管涌等；

④分析基坑环境条件与基坑工程的相互影响；

⑤提出基坑开挖与支护方案的初步建议；

⑥提出降水、截水及其他地下水控制方案的初步建议。

当任务需要对基坑工程进行专门的分析研究，或承担基坑工程的设计、施工、监测时，应提交相应的分析研究报告、设计文件或监测报告。

5.强震区

在强震区进行勘察时，勘察报告分析的内容除遵守相关的规定外，尚应包括下列内容：

①场地地震的基本烈度；

②建筑场地类别；

③场地所处位置属于对抗震有利、不利还是危险地段；

④场地断裂的地震工程类型，是否属于发震断裂或全新活动断裂，对工程稳定性的影响；

⑤对场地土地震液化进行判别，并计算液化指数、划分液化等级；

⑥对场地与地基的抗震措施提出建议。

当承担地震危险性分析、地基反应谱分析或其他有关场地地基抗震的专门性研究任务时，应提交相应的分析研究报告；在有可能发生震陷的软土地区勘察时，应进行软土震陷的分析评价；在岸边和斜坡地带勘察时，应对地震时场地的稳定性进行分析评价。

三、成果报告的基本要求

1.基本要求

岩土工程勘察报告所依据的原始资料，应进行整理、检查、分析，确认无误后方可使用。

岩土工程勘察报告应资料完整、真实准确、数据无误、图表清晰、结论有据、建议合理、便于使用和适宜长期保存，并应因地制宜、重点突出、有明确的工程针对性。

岩土工程勘察报告应根据任务要求，勘察阶段、工程特点和地质条件等具体情况编写，并应包括下列内容：

①勘察目的、任务要求和依据的技术标准；

②拟建工程概况；

③勘察方法和勘察工作布置；

④场地地形、地貌、地层、地质构造、岩土性质及其均匀性；

⑤各项岩土性质指标，岩土的强度参数、变形参数、地基承载力的建议值；

⑥地下水埋藏情况、类型、水位及其变化；

⑦土和水对建筑材料的腐蚀性；

⑧可能影响工程稳定的不良地质作用的描述和对工程危害程度的评价；

⑨场地稳定性和适宜性的评价。

岩土工程勘察报告应对岩土利用、整治和改造的方案进行分析论证，提出建议；对工程施工和使用期间可能发生的岩土工程问题进行预测，提出监控和预防措施的建议。

成果报告应附5个方面的图件，即勘探点平面布置图、工程地质柱状图、工程地质剖面图、原位测试成果图表、室内试验成果图表。这里需要特别提出的是，当需要时，还可附综合工程地质图、综合地质柱状图、地下水等水位线图、素描、照片、综合分析的图表，以及岩土利用、整治和改造方案的有关图表，岩土工程计算简图及计算成果图表等。

对岩土的利用、整治和改造的建议，宜进行不同方案的技术经济论证，并提出对设计、施工和现场监测要求的建议。

任务需要时，可提交专题报告，包括岩土工程测试报告，岩土工程检验或监测报告，岩土工程事故调查与分析报告，岩土利用、整治或改造方案报告，专门岩土工程问题的技术咨询报告等。

勘察报告的文字、术语、代号、符号、数字、计量单位、标点，均应符合国家有关标准的规定。

对丙级岩土工程勘察的成果报告内容可适当简化，采用以图表为主，辅以必要的文字说明；对甲级岩土工程勘察的成果报告除应符合本节规定外，尚可对专门性的岩土工程问题提交专门的试验报告、研究报告或监测报告。

2.可行性研究阶段的文字报告

可行性研究阶段勘察报告的文字部分，一般情况下应包括7个方面的内容：

①勘察任务、目的和要求；

②拟建工程概况；

③勘察方法和勘察工作量；

④区域地质、地震概况；

⑤场区地质、岩土和水文地质条件；

⑥不良地质作用与地质灾害；

⑦场地稳定性和适宜性的评价。

在叙述勘察任务、目的和要求时，应以勘察任务书或勘察合同为依据，并应写明委托单位名称和勘察阶段。在叙述区域地质、地震概况时，应简要阐明场地的区域地貌、地层、构造和地震背景，明确是否有发震断裂或全新活动断裂，明确场地地震的基本烈度；在阐述场区地质、岩土和水文地质条件时，应详细描述场地的地层、构造、岩土性质、地下水类型、水位等。当场地内有特殊性岩土和不良的水文地质条件时，应有针对性地深入论证；当场区或场区附近有不良地质作用时，应详细阐述和论证不良地质作用的种类、分布、发展阶段、发展趋势和对工程的影响，提出避让或防治建议；可行性研究阶段的勘察报告，应对场地的稳定性和适宜性做出明确评价，当场地有几个比选方案时，应对各方案的优缺点进行比较，提出最佳方案的建议；当分为初步可行性研究阶段和可行性研究阶段时，该两段勘察报告的内容应按任务书或合同的规定执行。

3.初步勘察阶段的文字报告

初步勘察阶段的勘察报告，应在可行性研究阶段勘察报告的基础上进一步阐述、论证和评价。如未做过可行性研究勘察，则初步勘察报告应首先符合可行性研究勘察的要求。初步勘察阶段的文字报告，一般情况下应包括下列内容：

①勘察任务、目的和要求；

②工程概况；

③勘察方法及勘察工作量；

④场区地形、地貌、地质构造和环境地质条件；

⑤场地各层岩土的性质；

⑥场区地下水情况；

⑦岩土参数的分析和选用；

⑧场地稳定性和适宜性的评价；

⑨岩土工程的分析和评价。

在叙述勘察方法及勘察工作量时，应包括 5 个方面的内容。即工程地质测绘或调查的范围、面积、比例尺，测绘或调查的方法；钻探、井探、槽探的数量、深度、方法及总延长米数，控制孔、取样孔的布置，干钻或泥浆钻探；原位测试的种类、数量、方法和技术要求；取土样的间距、所用的取土器和取土方法、土样等级、取水样位置、土样和水样的数量；岩土室内试验和水质分析的项目和技术要求。

在叙述场区地形、地貌和地质构造时还应包括 4 个方面的内容，其中包括场地地面标高、坡度、倾斜方向；场区地貌单元、微地貌形态、切割及自然边坡稳定情况；不良地质作用的种类、分布、发展阶段、发展趋势及对工程的影响；基岩的产状，基岩面的起伏，断层的性质、证据、活动性，是否为发震断裂或全新活动断裂，地震基本烈度。

在描述各层岩土的性质时，其内容应符合《岩土工程勘察规范》(GB 50021—2001)(2009年版)的有关规定。

在叙述场地地下水情况时，应阐明地下水的类型、水位、季节变化和年变化、补给、径流和排泄条件；当有多层地下水且可能对工程产生影响时，应阐明各层水位或水头，是否存在越流补给，并评价其对工程的影响。

初步勘察阶段的勘察报告应划分岩土单元，按岩土单元统计分析岩土的主要参数，给出平均值、标准差和变异系数，给出承载力和强度指标的标准值。

岩土指标的统计、分析和选用应按相关的规定执行。

岩土工程的分析评价应按《岩土工程勘察规范》(GB 50021—2001)(2009 年版)及其他有关规范的规定执行。当面积较大且岩土条件不同时，应分区分析评价。

4.详细勘察阶段的文字报告

详细勘察阶段的勘察报告应有明确的工程针对性。对地质和岩土条件相似的一般建筑物和构筑物，可按建筑群编写报告；对于地质和岩土条件各异或重要的建筑物和构筑物，宜按单体建筑物或构筑物分别编写。不分阶段的一次性勘察，应按详细勘察阶段的要求执行。详细勘察阶段的文字报告，一般情况下应包括下列内容：勘察任务、目的和要求；拟建工程概况；勘察方法和勘察工作布置；场地地形、地貌；场地各层岩土的性质；场地地下水情况；岩土参数的统计、分析和选用；岩土工程的分析和评价；工程施工和使用期间可能发生的岩土工程问题的预测、监控及预防措施的建议。

在叙述工程概况时，应写明建筑物名称、地上层数、地下层数、总高度、基础底面深度、结构类型、荷载情况、沉降缝设置、对沉降及差异沉降的限制、大面积地面荷载、振动荷载及振幅的限制、拟采用的地基和基础方案等。

详细勘察报告书应满足施工图设计要求，为建筑物或构筑物的环境治理、基础设计、地基处理、地下水防治、基础施工等提供岩土工程资料。报告书论述深度较初勘报告详细和深化，应注意加强5个方面内容：

①应在全面分析场地的地形、地貌与环境地质条件的基础上，阐明影响建（构）筑物建设的各种稳定性及不良地质作用和地质灾害的分布及发育情况，评价其对工程的影响；场地地震效应的分析与评价应符合相关的抗震设计规范的有关规定。

②应对地基岩土层的空间分布规律、均匀性、强度和变形性状与工程有关的主要地层特性进行定性和定量评价。

③阐明地下水的类型、埋藏条件、水位、渗流状态及有关水文地质参数，评价地下水对工程的不良影响及腐蚀性。

④应对地基基础方案进行分析论证，对可能采用的方案进行比选和优化。

⑤针对地基基础施工中可能出现的各类岩土工程问题进行预测和评价，提出注意事项和对监测工作的建议。

详细勘察报告中所附图件应体现勘察工作的主要内容，全面反映地层结构与性质的变化，紧密结合工程特点及岩土工程性质。主要图件应包括建（构）筑物平面位置及勘探点平面布置图、工程地质钻孔柱状图、工程地质剖面图、关键地层层面等高线和等厚线图、各种原位测试及室内试验成果图表等。

第三章 室内试验

第一节 室内岩石试验

一、试件制备与量测

试件形态包括形状、大小和高径比(或长细比),三者对测试成果的影响称为比尺效应或体积效应。采用标准试件,消除不同试件形态的影响,有助于测试成果之间的对比。

标准试件的选择原则是:圆形试件具有轴对称的特点,应力分布均匀,应优先选用圆柱体或圆盘;试件尺寸应满足理论上大于矿物颗粒或斑晶10倍的要求,充分利用钻孔岩芯;试件高径比除试验要求外,要充分考虑减少端部效应,而且在受载时不发生弯曲。

试件制备对于圆柱体试件的要求包括:试件高度、直径误差不超过±0.30 mm;两端面的不平行度,不超过±0.50 mm;端面不平整度,不超过±0.005 mm;端面应垂直于试件轴线,最大偏差不超过±0.25°。对于方形体或矩形板试件的要求包括:两相对面彼此平行,不平行度不超过±0.05 mm;两相邻面成直角相交,角度偏差不超过±0.25°;边长最大偏差不超过±0.3 mm。

表3.1.1汇总了国内外关于圆柱体试件制备精度的规定,供参考。

圆柱体试件制备精度的规定　　表3.1.1

资料来源		试件精度标准		
		直径误差/mm	端面不平行度/mm	轴向偏差
国际岩石力学局		<0.300	<0.020	0.001 rad
国际岩石力学局		<0.050	<0.030	<0.05 mm
美国材料试验学会		<0.500	<0.025	<0.25
加拿大采矿规程		<0.025	<0.025	0.25°
法国地下工程协会		<0.100	<0.020	垂直
德国土方和地基工程协会	较小变形岩石	±0.300	±0.020	±10′
	中等变形岩石	±0.400	±0.050	±20′
	较大变形岩石	±0.500	±0.100	±30′
日本矿业规程		<0.100	<0.500	
中国水利水电工程岩石试验规程		<0.300	<0.050	<0.25°

二、岩石空隙性质试验

岩石空隙,包括闭合孔隙和开型空隙,两者的和称为岩石总空隙,岩石空隙的力学效应,是降低强度和增加变形性,特别是开型空隙与外界连通,能被水或空气所充填,对岩石性质的改变比较敏感,可以用以判断岩石的风化情况。

岩石空隙率,通常用实测颗粒密度和干密度计算,公式为

$$n=\left(1-\frac{\rho_d}{G_s\rho_w}\right)\times 100 \tag{3.1.1}$$

式中，n 为空隙率（%）；ρ_d 为岩石块体干密度（g/cm^3）；ρ_w 为试验条件下水的密度（g/cm^3）；G_s 为岩石颗粒密度。

（一）含水率试验

岩石含水率，是指试件在 105～110 ℃温度下烘至恒量时，失去的水分质量与达到恒量时试件干质量的比值，以百分数表示。

在含水率试验中，"水"的含义是指"空隙"水或"自由"水，而不包括矿物结晶水，因此，对于含有结晶水矿物组成的岩石，应降低烘干温度进行测定，《水利水电工程岩石试验规程》（SL 264—2001）建议这类岩石的烘干温度控制在（40±5）℃。含水率试验一般是测定黏土质岩石在地质环境中的自然含水状态，因此，试件必须保持天然含水率，取样不得采用爆破或湿钻，在取样、运输、储存和试件制备过程中，试件含水率的损失不宜超过1%。岩石含水率试验的仪器设备、试件制备、试件描述、试验步骤及资料整理见表 3.1.2。

岩石含水率试验 表 3.1.2

仪器设备	试件制备	试件描述	试验步骤	资料整理
天平（称量 500 g，感量 0.01 g） 烘箱 称量盒 干燥器	取保持原含水状态岩石试件 6 块以上，且每块质量不小于 40 kg；每块体积 60～100 cm^3（大于最大矿物颗粒的 10 倍）	岩石名称、颜色、矿物成分、结构、构造、风化程度、胶结物性质等； 为保持试件含水状态所采取的措施	在室温条件下称清洁、干燥的称量盒质量 m_0； 将保持含水状态的岩石试件置于称量盒中，并称盒加样之质量 m_1； 将盛有试件的称量盒放入烘箱，在 105～110 ℃恒温下宜烘 24 h； 从烘箱中取出称量盒，待冷却至室温称量 m_2	用下式计算岩石天然含水率 $w=\frac{m_1-m_2}{m_2-m_0}\times 100$ 式中，w 为含水率（%）；m_0 为称量盒质量（g）；m_1 为盒加原含水状态试件的质量（g）；m_2 为盒加干试件的质量（g）

（二）颗粒相对密度试验

岩石颗粒密度是试件干质量与同体积 4 ℃时蒸馏水质量的比值，用比重瓶法和水中称量法测定。

1. 比重瓶法

适用于各类岩石。除含有水溶性矿物岩石用煤油外，其余岩石均采用蒸馏水作为测试液，岩石颗粒相对密度试验仪器设备，试件制备、试件描述、试验步骤及资料整理见表 3.1.3。

2. 水中称量法

水中称量法试件可采规则或不规则形状，试件尺寸应大于组成岩石最大颗粒粒径的 10 倍，每个试件质量不宜小于 150 g。

将试件在 105～110 ℃温度下连续烘干 24 h，冷却至室温，称干岩样质量。饱和试件用真空抽气法对试件强制饱和后，在常温常压下静止 4 h，称试件的饱和质量。将试件放在水中称试件质量，并测水温。

水中称量法试验岩石颗粒密度按下式计算

$$\rho_p=\frac{m_d}{m_d-m_w}\rho_w \tag{3.1.2}$$

式中，ρ_p 为颗粒密度（g/cm^3）；ρ_w 为试验温度下试液密度（g/cm^3）；m_d 为试件烘干后的质量（g）；m_w 为强制饱和试件在水中的质量（g）。

（三）块体密度试验

岩石块体密度是试件质量与试件体积的比值，按试件含水状态，岩石密度可分为天然密度、烘干密度和饱和密度。

岩石颗粒相对密度试验 表 3.1.3

仪器设备	试件制备	试件描述	试验步骤	资料整理
粉碎机、瓷研钵、玛瑙研钵、孔径为 0.25 mm 的分析筛 比重瓶（容量为 100 mL，短颈）、天平（称量 200 g，感量 0.001 g）	用粉碎机将岩块碎成粉，用磁铁吸去铁屑，过孔径为 0.25 mm 的分析筛，取 150～200 g 试件	描述粉碎前的岩石名称、颜色、矿物成分、结构、构造、风化程度、胶结物性质等	将制好的试件，于105～110 ℃烘不少于6 h，然后放干燥器内冷却至室温 四分法取两个样，每个试件质量为 15 g，装入 100 mL 的短颈比重瓶，称质量 注蒸馏水（或煤油）至比重瓶容积的一半，摇动比重瓶，使颗粒分散 用煮沸法或真空抽气法排气，宜不少于 1 h。用煤油时，应采用真空排气法。真空表读数宜为 100 kPa	用下式计算岩石颗粒相对密度： $G_s=\frac{m_s}{m_1+m_s-m_2}G_0$（或 G'_0） 式中，G_s 为岩石颗粒密度；m_s 为试件干质量(g)；m_2 为瓶、试液、试件的总质量(g)；m_1 为瓶加试液的质量(g)；G_0 为试验温度下蒸馏水的相对密度（比重），可查表
恒温烘箱和干燥管 真空抽气机和煮沸设备 恒温水槽 温度计	对含磁铁性矿物的岩石，经粗碎筛分后，取 150～200 g 试件，根据耐磨程度，分别选用玛瑙研钵或瓷研钵细碎，全部通过 0.25 mm 筛	岩石的粉碎方法	试件排气后，排经煮沸真空排气后，把经煮沸或真空排气的蒸馏水（或煤油）注入比重瓶内至近满，置于恒温水槽内使悬液澄清称总质量 倒去试件水，洗净比重瓶，注入煮沸或真空抽气的煤油或蒸馏水，称质量 本试验必须进行 2 个平等测定，结果取算术平均值，平等误差不得大于 0.02	$G'_0=\frac{m_4-m_0}{m_3-m_0}G_0$ 式中，m_3 为瓶和煤油的质量(g)；m_4 为瓶和水的质量(g)；m_0 为比重瓶质量(g)

测定岩石块体密度的方法，可根据岩石类型和试件形态选择，一般能制备成规则试件的岩石，宜采用量积法；除遇水崩解、溶解和干缩湿胀性岩石外，均可采用水中称量法；只有不能用量积法或水中称量法测定块体密度的岩石，才采用蜡封法或高分子树脂胶涂抹法。上述块密度试验方法见表 3.1.4。

岩石块体密度试验 表 3.1.4

方法	量积法	水中称量法	蜡封法
仪器设备	切石、钻石和磨石机等制样设备	天平（称量 500 g 感量0.01 g）	烘箱、干燥管、电炉
	烘箱、干燥器	烘箱	天平（称量 500 g 感量 0.10 g）
	天平（称量 500 g 感量 0.10 g）	真空抽气装置	石蜡、熔蜡器皿
	精度为 0.01 mm 的测量平台或其他仪表	水中称量装置	水中称量装置

续上表

<table>
<tr><th>方法</th><th colspan="2">量积法</th><th>水中称量法</th><th>蜡封法</th></tr>
<tr><td rowspan="6">试样制备</td><td colspan="2">试件形状可为圆柱体,方柱体或立方体,直径或边长为 48～54 mm,高度与直径或边长之比为 2.0～2.5</td><td rowspan="3">取不规则试件 3 块以上(试件边长为 40～60 mm),块体湿密度试验不少于 5 块</td><td rowspan="3">取不规则试件 3～5 块以上(试件边长为 40～60 mm)</td></tr>
<tr><td rowspan="4">试件加工精度</td><td>沿试件高度方向的直径相差小于 0.3 mm</td></tr>
<tr><td>端面不平整度最大不超过 0.05 mm</td></tr>
<tr><td>两端面应垂直度件轴,偏差小于 0.25°</td><td rowspan="3">规则试件,可用力学性质测试的试件</td><td rowspan="3">如需测定天然密度,在拆除密封后立即称试件质量</td></tr>
<tr><td>立方体试件,两相邻面应垂直,偏差小于0.25°</td></tr>
<tr><td colspan="2">每组试件制备三件,不允许缺棱掉角</td></tr>
<tr><td rowspan="5">试验步骤</td><td colspan="2" rowspan="2">试件描述:岩石名称、颜色、成分、结构、构造、风化、胶结、节理等</td><td>试件描述同前</td><td>试件描述同前</td></tr>
<tr><td rowspan="2">将试件在 105～110 ℃温度下连续烘干 24 h,冷却至室温,称干岩样质量</td><td rowspan="2">将试件在 105～110 ℃温度下连续烘干 24 h,冷却至室温,称干岩样质量</td></tr>
<tr><td colspan="2">试件尺寸测量,并计算其体积 V(量测精确至 0.01 mm)</td></tr>
<tr><td colspan="2" rowspan="2">将试件于 105～110 ℃温度下连续烘干 24 h;然后放入干燥器,冷却至室温,称取试件干质量</td><td>饱和试件(用真空抽气法对试件强制饱和后,在常温常压下静止 4 h),称试件的饱和质量</td><td>试件蜡封(用细线缚平试件,置于约 60 ℃的蜡液 1～2 min,试件表面均匀涂蜡 1 mm 厚,不得有气泡)称质量</td></tr>
<tr><td>将试件放在水中称量网上,称水中试件质量</td><td>称取蜡封试件在水中的质量(同水中称量法)</td></tr>
<tr><td>资料整理</td><td colspan="2">按下式计算岩石干密度
$$\rho_d=\frac{m_s}{V}$$
式中,ρ_d 为岩石块体干密度(g/cm³);m_s 为试件干质量(g);V 为试件的体积(cm³)</td><td>按下式计算岩石块体饱和密度
$$\rho_s=[m_p/(m_p-m_w)]\rho_w$$
式中,m_p 为饱和试件质量(g);m_w 为水中试件质量(g)。
按下式计算岩石块体干密度
$$\rho_d=[m_s/(m_p-m_w)]\rho_w$$
式中,m_s 为试件干质量(g)。
按下式计算开型孔隙率:
$$n_0=\frac{m_p-m_s}{m_p-m_w}\times100\%$$</td><td>按下式计算岩石块体干密度
$$\rho_d=\frac{m_s}{\frac{m_1-m_2}{\rho_w}-\frac{m_1-m_s}{\rho_p}}$$
式中,m_1 为蜡封试件的空气中的质量(g);m_2 为蜡封试件在水中的质量(g);ρ_w 为水的密度(g/cm³);ρ_p 为石蜡的密度(g/cm³)。
按下式计算岩石天然密度
$$\rho=\rho_d(1+0.001w)$$
式中,w 为岩石天然含水率(%);ρ 为岩石天然块体密度(g/cm³)</td></tr>
</table>

量积法是将量测的试件断面积和高度之积,除试件天然或烘干质量,得到岩石天然块体密度或烘干块体密度。

水中称量法,是以饱和试件的空气中称量与水下称量之差求试件体积,以其除试件干质量或饱和质量,得到岩石烘干块体密度或饱和块体密度。

蜡封法的测试原理与水中称量法相同,仅试件表面增加蜡封外壳,防止水渗入。

用蜡封法测定岩石块体密度是一种传统的方法,但蜡封时要将试件置于温度较高的熔蜡中,必然影响试件含水率的变化,新变化的高分子树脂胶涂抹法,是在常温下封闭试件,能确保试验过程中试件含水率和体积恒定不变,今后代替蜡封法是必然的趋势。

高分子树脂胶的配制，按质量比称取工业用氯乙烯树脂两份和环己酮八份，将两者倒入玻璃瓶内搅拌均匀，盖好瓶口，待粉末完全溶解呈透明状态即可使用，储存时要密封，防止环己酮挥发，使用时，用毛笔将高分子树脂胶均匀涂在试件表面，一般涂刷两遍，待溶剂挥发后，在试件表面形成一层薄膜。

高分子树脂胶涂抹法的试验方法与蜡封法相同，仅计算式中的石蜡密度改为高分子树脂胶的密度。

三、岩石水理性质试验

(一)吸水性试验

岩石吸水性试验，适用于遇水不崩解、不溶解和不干缩湿胀的岩石。

岩石自然吸水率，是试件在大气压力和室温条件下所吸收水的质量与试件固体质量的比值，采用自由浸水法测定。岩石饱和吸水率，是试件在强制条件下最大吸水量与试件固体质量的比值。两者均以百分数表示，岩石吸水率和饱和吸水率的比值，称为饱水系数，实践中往往采用水中称量法，同时测定岩石吸水率、饱和吸水率、岩石块体密度和开型空隙率。

试件可用规则的或不规则的，试验时，首先将试件置于105～110 ℃温度下烘24 h，取出放入干燥器内，冷却至室温后称量，然后采用自由吸水方式将试件逐步先注水至试件高度的1/4处，以后每隔2 h分别注水至试验高度的1/2和3/4处，6 h后全部浸没试件，使之在水下自由吸水48 h，取出拭干水分后称量，再用煮沸法或真空抽气法对试件进行强制饱和，在原容器内冷却至室温，或在正常气压下静置4 h，最后将试件置于水中称量的网架上称试件水中质量，拭去水分称试件的空气中质量。

用表3.1.5中公式计算岩石自然吸水率、饱和吸水率、岩石块体密度和开型空隙率。

岩石各种吸水率计算公式　　表3.1.5

名　称	计算公式	备　注
岩石自然吸水率/(%)	$w_a=\dfrac{m_0-m_s}{m_s}\times 100$　(3.1.3)	式中，m_s为试件烘干质量(g)；m_0为试件全部浸入48 h后，在空气中称得的质量(g)；m_p为试件煮沸或真空抽气饱和后，在空气中称得的质量(g)；m_w为饱和试件在水中称得的质量(g)(计算精确至0.01)
岩石饱和吸水率/(%)	$w_{sa}=\dfrac{m_p-m_s}{m_s}\times 100$　(3.1.4)	
岩石开型空隙率/(%)	$n_0=\dfrac{m_0-m_s}{m_p-m_w}\times 100$　(3.1.5)	
岩石块体密度/(g/cm³)	$\rho_d=\dfrac{m_s}{m_p-m_w}\times \rho_w$　(3.1.6)	

(二)渗透试验

室内岩石渗透试验方法有：纵向渗透试验，使渗透水流自上而下或自下而上的渗透试验，即单向渗透试验；径向辐合渗透试验，将试件置于有压力水的容器中，使其受径向压缩，渗透水流从试件中心孔内流出；径向辐射渗透试验，将有压水从导管压入试件中心孔内，使之承受环向拉力，渗透水流从试件外围流出。

高压渗透仪一般由高压水泵、蒸汽管路、储水器、氮气稳压装置，压力室和渗透水量测系统组成，不同渗透试验采用不同压力室。

稳压装置是装有氮气减压器的氮气瓶，用于调整储水器内有压水的压力，使之保持稳定。

纵向渗透试件采用直径与高均为50 mm的圆柱体。将制备好的试件置于压力室外的钢环内，用环氧树脂灌满钢环与试件之间的空隙，再用真空抽气法饱和后放进压力室，拧紧压力室盖板螺丝，用快速接头与储水器连接，安装测流管，从侧孔注水排气，试验时用高压水泵通过高压管和供水器向储水器加压，当压力表指针接近指定试验压力时，停止用水泵加压，打开氮气瓶并用减压器把压力精确调到指定压力使之稳定，观测水流的渗透并将渗透水收集到有刻度的量筒内。当三次测流基本稳定，提高至下一级压力，继续进行渗透试验，按此逐级提高压力直至达到要求试验压力为止。

用下式计算各级压力下的渗透系数

$$k=\frac{QL}{AH} \tag{3.1.7}$$

式中，k 为岩石渗透系数(cm/s)；Q 为渗透流量(cm^3/s)；L 为试件高度(cm)；A 为试件截面积(cm^2)；H 为渗透水头(cm)(根据压力表换算，下游水位忽略不计)。

径向辐合和径向辐射试件均为中心有孔的圆柱体。圆柱体试件的直径为 60 mm，长 150 mm，在圆柱体中心钻一个直径为 12 mm 的同心轴向孔，长 125 mm，最后把上端25 mm用环氧树脂胶封闭，中间留一导管与外界联系。

用真空抽气法将试件饱和后，安装在径向辐合或径向辐射压力室内。径向辐合试验是将压力室上端有压水进口与储水器连接，而径向辐射试验则将试件中心导管与储水器连接，安装测流装置后，向压力室容器和试件中心孔内注入无压水排除气体，然后按纵向渗透试验方法进行径向渗透试验，在试件中心导管(径向辐合试验)或压力室出水口(径向辐射试验)收集渗透水量。

在径向辐合和径向辐射试验中，水在岩石内进行渗流，两者的流网图相似，同时假定试件的渗透率是均匀和各向同性的，端部效应忽略不计，则渗透半径为 r 的同心圆柱体的流量 q 为 $k2\pi L(\mathrm{d}P/\mathrm{d}r)$。由于岩石内没有积聚液体，$q$ 为常数，并等于试件内部(径向辐合)或外部(径向辐射)所接受的供水量 Q。沿水流的整个长度上积分，得到求渗透系数的关系式如表 3.1.6 所示。

岩石渗透系数计算公式 表 3.1.6

计算公式	备注
$k=\frac{Q}{2\pi LH}\ln\frac{r_2}{r_1}=1.15\frac{Q}{\pi LH}\lg\frac{r_2}{r_1}$ (3.1.8)	式中，k 为径向辐合或径向辐射的渗透系数(cm/s)；Q 为渗透水量(cm^3/s)；L 为试件有效渗透长度(cm)；r_2 为试件半径(cm)；r_1 为试样中心孔半径(cm)；H 为渗透水头(cm)(根据压力表换算)

根据计算结果，绘制渗透压力与渗透系数的关系曲线。

(三)膨胀性试验

试件应在现场采取，并保持天然含水状态，严禁用爆破法或湿钻法取试样。

试件形态，随试验方法而异。自由膨胀试验，一般采用直径或边长 50～60 mm 的圆柱体或立方体；侧向约束试验，要求试件厚度不少于 15 mm，或大于岩石最大颗粒的 10 倍，直径应大于厚度的 4 倍。膨胀压力试验的试件厚度与径向约束试验相同，而直径只要满足厚度的 2.5 倍即可，两种试验如采用相同的试件形态，就可用膨胀压力试验仪的容器进行侧向约束的膨胀试验。

试样制备与试件描述要求同前，但试验过程中及试验结束后，应详细描述试件的崩解、掉块、表面泥化或软化现象。

1. 自由膨胀率试验

轴向千分表安装在顶部金属板中心，4 支横向千分表安装在试件四周的中部，垂直于试件，试验时慢慢地向容器内注入蒸馏水，使之高出上部透水石，观测千分表读数的变化，第 1

个小时内，每隔 10 min 测读一次，以后每隔 1 h 测读一次，直到 3 次读数差不大于0.001 mm为止，浸水后试验时间不得少于48 h。试验过程中，应保持水位不变，用表 3.1.7 中公式计算岩石自由膨胀率。

岩石膨胀率计算公式 表 3.1.7

岩石膨胀率	计算公式	备注
轴向自由膨胀率/(%)	$V_H=\frac{\Delta H}{H}\times 100$ (3.1.9)	式中，ΔH 为试件轴向膨胀变形(mm)；ΔD 为试件径向平均变形(mm)；H 为试件原高度(mm)；D 为试件原平均直径或边长(mm)
径向自由膨胀率/(%)	$V_D=\frac{\Delta D}{D}\times 100$ (3.1.10)	

2.侧向约束膨胀性试验

采用膨胀压力仪器的容器。试件放在涂有凡士林的金属环内使之与环壁紧密贴合，然后将金属环置于容器内，试件上部透水石上压一固定质量的金属板，并在金属板的中点安装垂直千分表，固定金属板的质量应能对试件施加 5 kPa 的持续压力，向容器内注水使之高于透水石顶面，测记千分表读数，直到稳定(标准同上)为止。

用下式计算侧向约束膨胀率

$$V_{HP}=\frac{\Delta H_1}{H}\times 100 \tag{3.1.11}$$

式中，V_{HP}为侧向约束膨胀率(%)；ΔH_1 为有侧向约束试件的轴向变形(mm)；H 为试件原高度(mm)。

3.体积不变条件下膨胀压力试验

用膨胀压力仪进行试验，膨胀压力仪上的传感器，试验前在压力机上进行率定。安装试件时，首先将试件放入内壁涂有凡士林的金属环内，然后安装在膨胀压力仪容器内并对准中心，最后将组装好的上压板和传感器安装上，调整测膨胀变形的杠杆千分表，操纵仪器顶部的螺栓杆向试件施加 0.01 MPa 的轴向力，试验时慢慢向容器内注入蒸馏水，直到淹没上部透水石，观测中心杠杆千分表变形和应变仪读数，在千分表最大变形不超过0.001 mm 范围内随时调整螺栓杆施加的压力，使试件膨胀变形始终接近于零，直到应变仪读数稳定为止，根据应变仪读数，按事先率定的关系曲线，换算成轴向力。

用下式计算岩石膨胀压力

$$P_s=\frac{F}{A} \tag{3.1.12}$$

式中，P_s 为岩石膨胀压力(MPa)；F 为轴向膨胀力(N)；A 为试件截面积(mm^2)。

本试验压力精确至 0.001 MPa，计算值取三位有效数字。

(四)耐崩解性试验

耐崩解试验仪由圆柱形筛筒、水槽和动力(转动)装置组成，筛筒用 2 mm 标准筛孔铜丝布制成直径 140 mm、净长 100 mm 的圆柱形筛筒共 2 个，动力装置两端各 1 个。筛筒两端用带有盖子的刚性基盘固定，在使用期间能保持原有形状。水槽用有机玻璃制成，2 个水槽尺寸为 230 mm×170 mm×150 mm，水槽装有水平轴支撑并能自由旋转的筛筒，水槽内的水面到筛筒轴为20 mm，筛筒基盘与水槽底之间有 40 mm 的自由间距，动力装置由电动机、变速装置和齿轮组成，电动机的传动能使筛筒按 20 r/min 的速度旋转，10 min 期间速度保持稳定，误差在 5%以内。

试件采用天然含水率岩石，制成无棱角的浑圆形试件，数量不少于 20 块，每块质量为

40～60 g。将制备好的试件装在试验圆柱筛筒内，每端装1个，置于105～110 ℃的温度下烘24 h，在干燥器内冷却至室温后称筛圆筒和残留试件的合质量，水槽内注入蒸馏水，水位在筛筒轴以下20 mm，水温保持(20±2)℃，把装试件的圆筒放到水槽上，启动电动机使圆筒转动10 min，取下圆筒置于烘箱内烘24 h，冷却后称圆筒和残留试件的质量。按上述步骤做第二个循环试验，对于耐崩解性高的岩石，可连续做3～5个循环试验，收集水槽内全部已崩解试件，用土工试验方法测定液限、塑限和颗粒级配，必要时可进行黏土矿物分析。

用下式计算岩石耐崩解性指数

$$I_{d2}=\frac{m_r}{m_s}\times 100 \tag{3.1.13}$$

式中，I_{d2}为岩石（二次循环）耐崩解性指数（%）；m_s为原试件烘干质量(g)；m_r为第二个循环后残留试件烘干质量(g)。

岩石耐崩解性用第二个循环的I_{d2}表示，根据需要可绘制各耐崩解指数与循环次数关系图和耐崩解指数I_{d2}与塑性指数I_p分类图。

K. Kikuchi等人用耐崩解性指数研究日本一些地区的滑坡时，认为准确测定低塑性岩石的塑性有一定难度，建议改用高速离心力作用下的当量含水率或甲基蓝测定的离子吸收量与耐崩解指标建立关系。其中，当量含水率和离子吸收指标是将试件粉碎到小于0.5 mm的颗粒，分别用土工试验和矿物分析方法测定。

（五）冻融试验

当岩石吸水率小于0.05%时，不必进行冻融试验，否则需进行冻融试验。

试件为标准试件，直径为48～54 mm，高径比为2.0～2.5。对于遇水崩解、溶解和干缩湿胀的岩石，应采用干法制备。

试件的干燥、吸水、饱和处理及称量同吸水率试验。之后取3块饱和试件进行冻融前的单轴抗压强度试验，将另3块饱和试件放置入镀锌薄钢板盒内(210 mm×210 mm×210 mm)的钢丝架(9格)，一起放入低温冰箱内，在(−20±2)℃温度下冻4 h，然后取出镀锌薄钢板盒，往盒内注水浸没试件，水温应保持在(20±2)℃，溶解4 h，即为一个循环。根据工程需要确定冻融循环次数，以20次为宜，严寒地区不应少于25次。冻融循环结束后，从水中取出试件拭干表面水分并称量，进行单轴抗压强度试验。冻融指标包括冻融质量损失率和冻融系数，如表3.1.8所示。

岩石冻融指标计算公式 表3.1.8

冻融指标	计算公式	备注
冻融质量损失率/(%)	$L_f=\frac{m_s-m_f}{m_s}\times 100$ (3.1.14)	$R_s=\frac{P_s}{A}$；$R_f=\frac{P_f}{A}$ 式中，R_s为冻融前的饱和单轴抗压强度(MPa)；R_f为冻融后的饱和单轴抗压强度(MPa)；m_s为冻融试验前试件饱和质量(g)；m_f为冻融试验后试件饱和质量(g)；P_s为冻融前的饱和试件破坏载荷(N)；P_f为冻融后的饱和试件破坏载荷(N)；A为垂直加载方向的试件横截面积(mm^2)
冻融系数	$K_f=\frac{\overline{R}_f}{\overline{R}_s}$ (3.1.15)	式中，$\overline{R}_f$为冻融试验后的饱和单轴抗压强度平均值(MPa)；R_s为冻融试验前的饱和单轴抗压强度平均值(MPa)。 饱和单轴强度取三位有效数字，冻融损失率和冻融系数精确至0.01

四、岩石声波测试

在室内条件下，一般用带示波器的岩石声波参数测试仪，测定声波的纵、横波在岩石试件中的传播时间，据此计算岩块中声波传播速度。根据弹性波的传播速度和岩石块体密度计算岩石动力弹性常数，见表 3.1.9。

岩石动力弹性常数计算公式　　表 3.1.9

动力弹性	计算公式	备　注
动力弹性模量/MPa	$E_d=\rho V_p^2\dfrac{(1+\mu)(1-2\mu)}{1-\mu}\times10^{-3}$　(3.1.16) $E_d=\rho V_s^2(1+\mu)\times10^{-3}$　(3.1.17)	式中，ρ 为岩石块体密度(g/cm³)；V_p 为纵波速度(m/s)；V_s 为横波速度(m/s)
泊松比	$\mu=\dfrac{\left(\dfrac{V_p}{V_s}\right)^2-2}{2\left[\left(\dfrac{V_p}{V_s}\right)^2-1\right]}$　(3.1.18)	
动刚性模量或动剪切模量/MPa	$G_d=\rho V_s^2\times10^{-3}$　(3.1.19)	
动拉梅系数/MPa	$\lambda_d=\rho(V_p^2-2V_s^2)\times10^{-3}$　(3.1.20)	
动体积模量/MPa	$K_d=\rho[(3V_p^2-4V_s^2)/3]\times10^{-3}$　(3.1.21)	

试件采用圆柱体，选用直径为 50 mm、高径比为 2～2.5 的圆柱体作为标准试件。同时用密度试验方法测定岩石密度，精确量测试件两端中点之间的长度，精度不低于 1%。

岩石声波参数测试仪应满足下列要求：具有波形显示装置，显示波形应稳定、清晰，可调；发射脉冲电压不得低于 250 V；接受放大器的频带宽为 50 kHz～1 MHz，总增益应大于 80 dB，并分档连续可调；计时器的最小读数为 0.1 μs，量程不应小于 10 000 μs；环境温度为 －10～＋40 ℃，相对湿度不大于 90%，交流电电压为(220±20)V[直流电压为(18±1)V]的条件下正常工作。

换能器的选择应符合下列规定：频带范围宜为实际工作频率的 2～3 倍；阻抗低，内损耗小，电声转换效率高；具有较大的功率和较高的灵敏度，测试所用换能器的频率，应根据试件直径与试件材料性质在 50 kHz～1 MHz 选用，并满足下列公式要求

$$f_p\geqslant\frac{2V_p}{D}\tag{3.1.22}$$

式中，f_p 为换能器频率(Hz)；V_p 为岩块纵波速度(m/s)；D 为试件直径(m)。

测试应符合下列规定：测试前应测定声波在一套有机玻璃标准试验棒中的传播时间，绘制时距曲线，确定仪器系统的零延时；每次更换换能器时，应将发射、接收换能器对接，直接测读零延时；测定试件的纵波速度时，宜用凡士林或黄油作耦合剂，测横波时，宜用铝箔或铜箔作耦合材料；采用直达波法(直透法)时，应将换能器布置在试件两端面，采用折射波法(平透法)时，应将换能器布置在试件的同侧面，并用游标尺测量发射换能器与试件接触面中心点到接收换能器与试件接触面中心点的距离；非受力状态下测试时，应将试件置于测试架上，对发射和接收换能器施加接触压力，测定纵波或横波在试件中的传播时间；根据需要可进行受力状态下的声波测试，宜与单轴压缩变形试验同时进行。试验时应采用特制的承压式声波换能器，测定试件受力方向纵波或横波在试件中的传播时间。岩石波速计算公式见表 3.1.10。

岩石波速计算公式 表 3.1.10

波速	计算公式	备注
纵波速度/(m/s)	$V_p=\frac{L}{t_p-t_0}$ (3.1.23)	式中,L 为试件长度(m);t_p 为纵波在试件中的传播时间(s),精确至 0.1 μs;t_s 为横波在试件中的传播时间(s),精确至 0.1 μs;t_0 为仪器系统的零延时(s)
横波速度/(m/s)	$V_s=\frac{L}{t_s-t_0}$ (3.1.24)	

五、岩石强度和变形试验

(一)单轴抗压强度和压缩变形试验

1.单轴抗压强度试验

岩石单轴抗压强度是试件在无侧限条件下受轴向力作用破坏时单位面积所承受的荷载。试件含水状态可根据需要选择天然、烘干或饱和状态,同一状态下每组试件数量不应少于3个。加载试验的压力试验机系定型产品,但应满足四个要求:压力机应能连续加载且没有冲击,具有足够的加载能力,能在总荷载的10%～90%之间进行试验压力机的承压板;必须具有足够的刚度,其中之一具有球形座,板面须平整光滑;承压板直径应大于试件直径;压力机的校正与检验,应符合国家计量标准的规定。

为了消除受载时的端部效应,试件两端安放钢质垫块。垫块直径等于或略大于试件直径。其高度约等于试件直径,垫块的刚度和平整度应符合承压板的要求。

标准试件采用圆柱体,直径为 50 mm,高径比为 2～2.5。对于非均质的粗粒结构岩石或取样尺寸小于标准尺寸者,允许采用非标准试件,但高径比必须保持为 2～2.5。对于层(片)状岩石,一般按垂直和平行于层(片)理两个方向制样。

不同含水状态试件按下述方法进行处理:黏土质岩石的天然含水状态试件,按含水率试验方法测定天然含水率;烘干试件在 105～110 ℃温度下烘 24 h,饱和试件用真空抽气法饱和。

试验时,将试件(包括上下垫块)置于压力试验机承压板中心,调整球形座,使之均匀受荷,以每秒 0.5～1.0 MPa 的速度加荷,直到试件破坏。岩石抗压强度和软化系数见表 3.1.11。

岩石抗压强度和软化系数 表 3.1.11

强度指标	计算公式	备注
单轴抗压强度/MPa	$R=\frac{P}{A}$ (3.1.25)	式中,P 为破坏荷载(N);A 为垂直于加荷方向的试件面积(mm²);$\overline{R}_s$ 为饱和状态下单轴抗压强度平均值(MPa);$\overline{R}_d$ 为干燥状态下单轴抗压强平均值(MPa)
软化系数	$\eta=\frac{\overline{R}_s}{\overline{R}_d}$ (3.1.26)	

2.单轴压缩变形试验

岩石单轴压缩变形试验,是测定试件在单轴压缩条件下的纵向和横向应变值,据此计算岩石弹性模量和泊松比。

试件形态和含水状态,与抗压强度试件相同。变形量测,本试验可采用电阻应变片法和千分表法,同一状态下每组试件数量不应少于 3 个。

加载方法宜采用逐级一次连续加载法,根据需要可采用逐级一次循环法或逐级多次循环法,每次循环退载至 0.2～0.5 kN 的接触荷载;最大循环荷载为极限预估荷载的 50%,宜等分 5 级施加,至最大循环荷载后再逐级加载直至破坏;加载采用时间控制,施加一级荷载后立即读数,即可施加下一级荷载。

(1)电阻应变片法

电阻应变片法一般采用静态电阻应变仪量测，该仪器系定型产品，使用时要遵守仪器的工作条件、使用方法及维修养护中的注意事项。选择的电阻片，质量应符合产品要求，电阻丝的长度应大于组成试件矿物最大粒径或斑晶的10倍以上，同一个试件使用的工作片和补偿片的规格、灵敏系数等应相同，电阻值相差应不超过±0.1 Ω。

用电阻应变片法，可以测烘干或饱和试件的应变，每个试件高度的中部贴轴向和圆周向电阻片各不少于2片，沿圆周向等距离相同布置，贴片处应避开显著的或特大的矿物颗粒，对于烘干试件，采用一般胶合剂贴片；饱和试件，采用环氧树脂55%加聚酰胺45%配制成防潮贴片。

试件防潮处理方法，先将烘干称量的试件表面涂厚约0.1 mm的防潮剂底层，贴片焊接导线后，再用防潮剂在电阻片上涂厚约2 mm的外层，称量后用真空抽气法进行饱和，在防潮处理饱和过程中，每一步骤应检查电阻片的绝缘电阻，一般要求大于200 MΩ。

当试件要求用水中称量法测吸水率和密度等指标时，试件应扣去贴片部分的质量。方法是用标准钢质圆柱体按上述防潮处理方法涂胶，贴片和焊接导线，用水中称量法求出这部分质量。

试验时将试件(包括上、下垫块)置于压力试验机上对准中心，对试件施加少量荷载，不断调整承压板位置，使之均匀受载，直到轴向应变片的应变值接近为止。试验以每秒0.5～1 MPa的加载速度对试件施加荷载直至破坏，测值不宜少于10组。

试验结束后，检查各电阻片读数，发现异常现象，应查明其原因，将正常电阻片读数平均，求轴向和横向应变值，计算弹性模量、变形模量和泊松比。岩石变形指标计算公式见表3.1.12。

岩石变形指标计算公式 表3.1.12

<table>
<tr><th>变形指标</th><th>计算公式</th><th>备注</th></tr>
<tr><td>弹性模量/MPa</td><td>$E_e=\frac{\delta_b-\delta_a}{\varepsilon_{hb}-\varepsilon_{ha}}$ (3.1.27)</td><td rowspan="4">式中，δ_a为应力与纵向应变关系曲线上直线段始点的应力值(MPa)；δ_b为应力与纵向应变关系曲线直线终点的应力值(MPa)；ε_{ha}为应力为δ_a时的纵向应变值；ε_{hb}为应力为δ_b时的纵向应变值；ε_{da}为应力为δ_a时的横向应变值；ε_{db}为应力为δ_b时的横向应变值；δ_{50}为抗压强度50%时的应力值(MPa)；ε_{h50}为应力为δ_{50}时的纵向应变值；ε_{d50}为应力为δ_{50}时的横向应变值。
岩石应力、弹性模量和变形模量取三位有效数字，泊松比计算值精确至0.01</td></tr>
<tr><td>弹性泊松比</td><td>$\mu_e=\frac{\varepsilon_{db}-\varepsilon_{da}}{\varepsilon_{hb}-\varepsilon_{ha}}$ (3.1.28)</td></tr>
<tr><td>变形模量(即割线模量)/MPa</td><td>$E_{50}=\frac{\delta_{50}}{\varepsilon_{h50}}$ (3.1.29)</td></tr>
<tr><td>与ε_{h50}和ε_{d50}相应的泊松比</td><td>$\mu_{50}=\frac{\varepsilon_{d50}}{\varepsilon_{h50}}$ (3.1.30)</td></tr>
</table>

(2)弹性常数测定仪法

弹性常数测定仪支架是仪器的主体，具有底座、立柱、升降螺母、架板和上、下垫块等构件。垫块为钢质圆柱体，直径等于或略大于试件直径，高度不小于试件直径，试验时置于试件的上、下两端，用于消除端部效应。

径向变形测试装置由测环和测表保护装置构成。测环由支架的立柱支承，并用升降螺母调整测环高度，4支径向位移传感器互相垂直地安装在测环的铜套内，测头处安装有测表保护装置，当试件破坏时，测头缩进保持装置内，由保护装置承受横向冲击力。

轴向变形测试装置，为一个蝶式引伸仪，分为两半固定在试件上，刀口对试件的夹持力为0.4 MPa，刀口标距可任意调节，最大标距达80 mm，在刀口杠杆上安装位移传感器测轴向变形。

压力传感器安装在压力试验机的输油管路上，直接进入自动记录系统。

用弹性常数测定仪可测各种含水状态的试件，不需采取任何防潮措施，试验时将试件置于仪器支架底座的垫块上，再将上部垫块放上，使三者成为一直线，然后将仪器置于压力试验机的承压板上并对准中心，试验以每秒0.5～0.8 MPa的加载速度施加荷载，直至试件破坏。

根据变形记录，换算成应变，然后按电阻应变片的计算方法，求有关弹性常数。

该仪器也可以用千分表量测径向位移和轴向位移，人工读数并记录。

(二)三轴压缩强度试验

1.常规试验方法

三轴压缩试验，一般用同一含水状态下，每组不少于5个试件分别施加不同的侧压，在轴向荷载的连续加载下，使这些试件破坏。由于每个试件均处于破坏状态，也称为单个破坏状态试验。

三轴试验仪，包括轴压加载装置、三轴压力室、侧压加载装置以及变形量测和记录系统。

侧压加压装置是保持侧压力 σ_3 充分恒定的独立加载系统，包括液压泵和增压器等，这种侧压装置应具有高压放低压两套控制，能进行微调，使之保持精度在±1%以内。

变形量测基本上采用两种装置：一种是用电阻应变片测试件轴向应变；另一种是测量压力机承压板之间距离变化，此外，还可采用位移传感器测量试件径向或环向变化。

试件为圆柱体，直径等于或略小于三轴压力室内承压块的直径，试件高度为直径的2～2.5倍。

三轴压缩强度试验可测定不同含水状态的试件，天然含水率试件，由于没有进行防潮处理，不宜用电阻应变片测试件变形，烘干和饱和试件，用单轴压缩试验所述电阻应变片方法贴片并进行防潮处理。

选择侧压的一般原则，要求获得的包线能明显地反映所需的压力区间及最小侧压的精度，根据工程需要和岩石特性确定。侧向压力宜按等差基数进行分级，也可按等比基数分级，分级数不得少于5级。

试验时，将制备好的试件套上防油胶套置于三轴压力室内，使试件、承压块和球座彼此对中，然后将三轴压力室置于压力试验机上，使压力室与承压板对中，首先以每秒0.05 MPa的加载速率同步施加侧向压力和轴向压力至预定的侧压力值，并保持侧压力在试验过程中始终不变。以每秒0.5～1.0 MPa的加载速率加轴向荷载直至试件破坏，记录试验全过程的轴向荷载和变形值。

用计算的应力和轴向变形值，绘制($\sigma_1-\sigma_3$)与轴向应变 ε_1 的关系曲线。多数岩石的应力应变曲线，在屈服以前接近直线，基本上符合虎克定律。其中，脆性岩石(如砂岩、花岗岩等)的破坏，几乎在屈服之后瞬时发生，而少脆性的岩石(如大理石、石灰岩等)在侧压较小时仍具有上述脆性破坏特征，但随着侧压增加要在应变大量增加之后才破坏，而且没有明显的破坏点，这是由于岩石转变为塑性破坏，发生连续屈服或滑动。

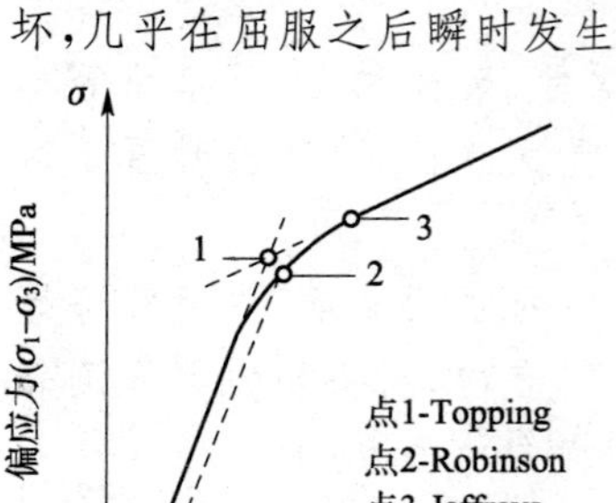

图3.1.1 确定屈服点的曲线图

(1)确定屈服点的方法

当岩石转变为塑性破坏时，用Jeffreys法确定：延长末尾段直线与应变曲线相切，其切点作为屈服点，即图3.1.1中的点3。

(2)求岩石抗剪强度参数的方法

①根据轴向应力 σ_1 及相应的侧向应力 σ_3 在 σ_1-σ_3 坐标内用最小二乘法绘出最佳关系曲线，在最佳关系曲线上选定若

干组对应值，在剪应力 τ 与正应力 σ 坐标图上，以 $(\sigma_1+\sigma_3)/2$ 为圆心，$(\sigma_1-\sigma_3)/2$ 为半径，在 $\tau\sigma$ 坐标图上绘制莫尔应力圆，根据莫尔—库仑强度理论确定三轴应力状态下的抗剪强度参数。

②以 σ_1 为纵坐标，σ_3 为横坐标，将各测点绘在直角坐标图上，然后用图解法或最小二乘法绘出最佳关系曲线，用表 3.1.13 中公式求 c、φ 值。

岩石抗剪强度计算公式　　表 3.1.13

抗剪强度参数	计算公式	备注
岩石黏聚力/MPa	$c=\frac{\sigma_0(1-\sin\varphi)}{2\cos\varphi}$ (3.1.31)	式中，σ_0 为图上最佳曲线的截距(MPa)；m 为图上最佳曲线的斜率
岩石内摩擦角/(°)	$\varphi=\sin^{-1}\frac{m-1}{m+1}$ (3.1.32)	

③求弹性模量和泊松比的步骤。绘制轴向与侧向应力差 $(\sigma_1-\sigma_3)$ 与轴向应变关系曲线、轴向与侧向应力差 $(\sigma_1-\sigma_3)$ 与横向应变关系曲线。根据需要，可分别计算弹性模量、泊松比等三轴压缩变形参数。

此外，还可用应力应变量测资料计算体积模量和剪切模量，据此求弹性模量和泊松比。其步骤：在求体积模量时，以平均应力 $\sigma_m=(\sigma_1+2\sigma_3)/3$ 为纵坐标，体积应变 $\varepsilon_v=\varepsilon_1+2\varepsilon_3$ 为横坐标，绘制平均应力与体积应变关系曲线，这类曲线基本上符合 $\sigma_m\text{-}A\varepsilon_v^n$ 曲线形式，通过双对数关系求得 A 和 n 的值，然后用表 3.1.14 中的公式求岩石体积模量；在三轴压缩下，剪变模量(公式见表 3.1.15)是偏应力与相应的剪应变之比；计算弹性模量和泊松比(公式见表 3.1.16)。

岩石体积模量计算公式　　表 3.1.14

模量指标	计算公式	备注
岩石切线体积模量/MPa	$K_t=\frac{d\sigma_m}{d\varepsilon_v}=\overline{n}\,\overline{A}^{\frac{1}{n}}\sigma_m^{\frac{n-1}{n}}$ (3.1.33)	式中，σ_m 为平均应力(MPa)；$\overline{A}$、$\overline{n}$ 为各级侧压下的平均系数

岩石剪变模量计算公式　　表 3.1.15

计算指标	计算公式	备注
偏应力/MPa	$\sigma'_{\text{II}}=\sigma_1-\frac{1}{3}(\sigma_1+2\sigma_3)$ (3.1.34)	式中，G_t 为剪切模量(MPa)。 用 G_t 与相应平均应力(σ_m)建立关系，据此求出不同侧压下平均剪变模量 G_t
剪应力/MPa	$\varepsilon'_{\text{II}}=\varepsilon_1-\frac{1}{3}(\varepsilon_1+2\varepsilon_3)$ (3.1.35)	
剪切模量/MPa	$G_t=\frac{\sigma'_{\text{II}}}{2\varepsilon'_{\text{II}}}=\frac{\sigma_1-\sigma_3}{2(\varepsilon_1-\varepsilon_3)}$ (3.1.36)	
非线性剪切模量/MPa	$G_t=\frac{1}{2}\times\frac{d(\sigma_1-\sigma_3)}{d(\varepsilon_1-\varepsilon_3)}$ (3.1.37)	

岩石弹性模量计算公式　　表 3.1.16

弹性常数	计算公式	备注
切线弹性模量/MPa	$E_t=\frac{9K_tG_t}{3K_t+G_t}$ (3.1.38)	式中，符号意义同前
切线泊松比	$\nu_t=\frac{3K_t-2G_t}{2(3K_t+G_t)}$ (3.1.39)	

2. 多级破坏状态的三轴试验

多级破坏三轴试验，是用一个试件逐级加载使试件在不同侧压下多次达到接近破坏点，即峰值强度。多级破坏三轴试验所用的三轴试验仪，必须是应变控制式的刚性试验机。三轴压力室与常规三轴试验相同，轴压、侧压和轴向应变(变形)的量测分别采用压力和位移传感器，配备自动记录设备(图 3.1.2)。

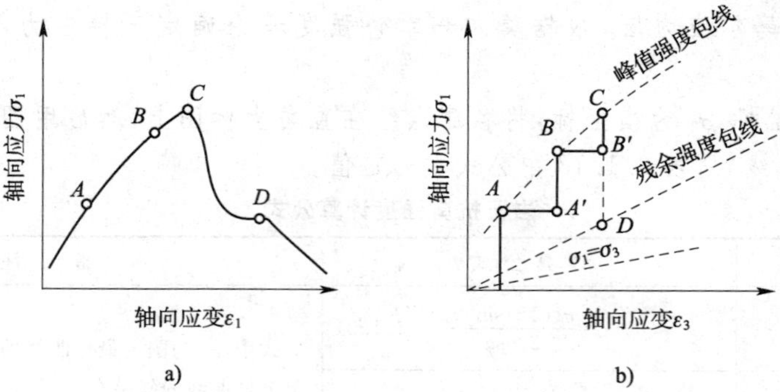

图 3.1.2　多级破坏状态三轴试验

试件形态和含水率状态处理。与常规试验相同，但必须强调要严格控制试件直径，使之等于或略小于三轴压力室内承压块直径，不允许侧压对承压块产生顶托影响。

按常规试验方法将试件装进三轴压力室，置于压力机上对中，施加侧压，在静水压力达到指定侧压之前，轴压与侧压应同时施加，当达到指定的初始侧压 σ_3^b 后保持侧压稳定，以每秒 10^{-5}～10^{-2} 的常应变速率连续施加轴压，直到轴向应力 σ_1 与轴向应变 ε_1 曲线上出现峰值强度，即图 3.1.2a)的 A 点，接着增加侧压使之等于 A 点的轴压，即图 3.1.2b)的 A'点，再按上述方法增加轴压确定 B 点，直到达到选定的 C 点为止，此时保持侧压力恒定，继续增加轴压，导致试件发生破坏，试件破坏后轴向应力则下降到残余值，即图 3.1.2 中 D 点，连续降低侧压，直到试件完全卸载，通过 D 的轴向应力和侧压的关系曲线则绘出残余强度包线。

用图解法或最小二乘法求图 3.1.2b)中 A、B、C 峰值点的最佳直线，然后按式(3.1.31)和式(3.1.32)计算峰值强度。当残余强度包线通过坐标零点，则黏聚力为零。

在多级破坏状态三轴试验中，如何更可靠地找到每级侧压下试件破坏前的最大强度值(峰值)，目前尚缺乏明确的标准。岩石破坏应变与侧压的关系说明岩石的破坏应变是很小的，对于脆性岩石，破坏几乎是屈服之后瞬时发生的，即使是少脆性岩石，在低压下仍具有这种脆性破坏的特征，因此，在多级破坏状态的三轴试验中，往往未接近峰值时就改变侧压，不能获得最大强度值，或者加载超过峰值，使试件处于破坏状态，强度降到残余值，为了探索寻找最大强度点的新方法。日本赤井浩一等人进行过这方面的研究，通过试件轴向和横向应变的观测，看到轴向应变在达到峰值时随即下降，而横向应变在峰值附近变化缓慢，因此认为横向应变的观测可以更好地找到破坏前的最大强度点。

3. 连续破坏状态的三轴试验

连续破坏三轴试验，是用一个试件连续增加轴压并不断改变侧压，使试件在加载过程中接近破坏状态，直接获得峰值强度曲线(图 3.1.3)。

试验仪器设备、试件制备要求、含水状态处理及试验前的一切准备工作，均与多级破坏三轴试验相同。

试验时，按多级破坏三轴试验方法所述原则施加初始侧压 σ_3^b[图 3.1.3b)]。保持侧压稳定之后，以每秒 10^{-5}～10^{-2} 的常应变速率连续施加轴压，使之在 5～15 min 的加载时间内达到图 3.1.3a)中的 A 点，从峰值点 A 作一条与初始曲线直线部分相平行的直线 AB，于是该直线 AB 的斜率 K 与初始曲线直线段斜率 E 相等。

图 3.1.3b)中 AB 所经过的应力状态，相等于试件破坏前的情况，为了获得破坏时的峰值强度包线，可根据 B 点到 C 点的轴压增量 $\Delta\sigma_1^n$，用下述关系式求出校正曲线。

$$\Delta\sigma_1^p=\frac{\Delta\sigma_1^n(\sigma_3^p-\sigma_3^b)}{\sigma_3^n-\sigma_3^b} \tag{3.1.40}$$

式中，$\Delta\sigma_1^p$ 为计算的 $\sigma_3=\sigma_3^p$ 时的轴压增量(MPa)；σ_1^n 为实测的 B 到 C 点(σ_3 为 σ_3^n)时的轴压增量(MPa)；σ_3^b 为选定的初始侧压(MPa)；σ_3^n 为应力应变曲线达到 B 点时，保持的恒定侧压(MPa)；σ_3^p 为图 3.1.3b)中 σ_3^b 与 σ_3^n 之间任一点的侧压(MPa)。

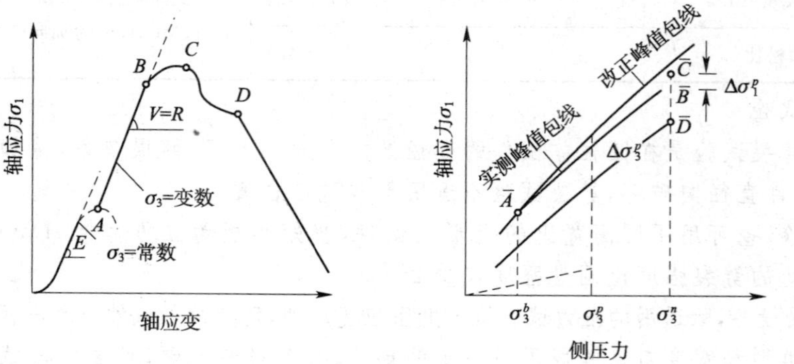

a)　　b)

图 3.1.3　连续破坏状态三轴试验

在连续破坏三轴试验中，关键问题是怎样掌握侧压力的改变，才能保持应力途径沿直线 AB 描述，一旦应力途径偏离 AB 线时，对强度包线产生的影响如何。瑞士 K. kovari 等人对此做过不同斜率比(V/E)的研究：石灰岩和砂岩在斜率比 0.5～1.0 的范围内，对峰值强度包线没有产生显著的影响；而花岗岩在较大的侧压下，随着斜率比的减小，则出现较大的差别。据此看来，应力途径稍微偏离 AB，或者说斜率比大于 0.7，不论岩石的脆性程度如何，均不会产生较大误差。

(三)拉伸强度和变形试验

1. 直接拉伸试验

直接拉伸试验设备主要是材料试验机、电阻应变仪和拉伸夹具，材料试验机和电阻应变仪是通用设备。

拉伸夹具用圆形金属帽，胶结于试件末端，通过连接装置与材料试验机的上、下夹头连接，金属帽直径约大于试件直径 2 mm，厚度一般为 30～40 mm。连接装置采用滚轴或链条，这种滚链只能在一个平面上挠曲，上部链节与下部链节互为直角，能使荷载通过试件轴向传递而不产生弯曲扭转应力，两端连接装置长度，至少是端部金属帽直径的 2 倍。

试件为圆柱体，直径 50 mm，允许误差±1 mm。试件长度为直径的 2～2.5 倍，试验可采用天然含水状态、烘干或饱和样，为了测拉伸过程中的变形，在试件中部断面贴轴向和圆周向电阻片各不少于 2 片，试件含水状态处理，贴片和防潮处理，均按单轴压缩试验用电阻片测变形的方法进行。

试件与金属帽胶结的胶黏剂，用 634 型酚基丙烷环氧树脂(100 份)、乙二胺(8 份)和邻苯二甲酸二丁酯(5 份)配制。这种胶黏剂与岩石胶结，一般可承受 9 MPa 的拉断强度；能用于大多数岩石的拉伸试验，试件与金属帽胶结时，应严格对准中心，为了保证金属帽与试件纵轴重合为一，最好将试件与金属帽置于专门制的金属箱内用轴压使两者紧密结合。

试验时，用材料试验机的夹头夹住试件的连接装置，必须确保试验轴线与荷载作用相一致，允许偏心不得超过 0.01 mm，然后以每秒 0.3～0.5 MPa 的速度施加拉力，直到试件拉断，或以常应变速率使试件在 5～15 min 内破坏。

用表 3.1.17 所示公式计算岩石拉伸强度和弹性常数。

岩石拉伸强度和弹性常数计算公式　　表 3.1.17

直接拉伸常数	计算公式	备注
拉伸强度/MPa	$\sigma_{dt}=\frac{P}{A}$　(3.1.41)	式中，P 为试件拉断时的最大拉力(N)；A 为试件断面积(mm^2)；σ 为试件拉伸时的应力(MPa)；ε_2 为轴向应变；ε_d 为横向应变
拉伸弹性模量/MPa	$E_{dt}=\frac{\sigma}{\varepsilon_2}$　(3.1.42)	
拉伸泊松比	$\nu_{dt}=\frac{\varepsilon_d}{\varepsilon_1}$　(3.1.43)	

2.劈裂试验

典型的劈裂试验是在圆柱体试件的直径方向上放入上、下两根垫条，施加相对的线性荷载，使之沿试件直径向破坏，劈裂试验不适用于非脆性岩石。

劈裂试验，也可用不同高宽比的矩形板试件，当矩形板为立方体时，Davies 和 Stagg 分析试件中心处的劈裂强度比圆盘强度仅少 2%。

劈裂试验设备，除通用的压力试验机和电阻应变仪外，还有放入试件与承压板之间的垫条。

垫条的类型和宽度对试验成果有一定的影响，垫条材料太硬，可能因与试件接触不良而引起应力集中，太软则容易从荷载下挤出，产生切向拉应力。一般认为，对于坚硬和较坚硬岩石，应用直径为 1 mm 钢丝为垫条，对于软弱和较软弱的岩石，应选用胶木板或硬纸板。垫条宽度与试件直径之比，多数研究者建议采用 0.08～0.10，此时可用为线荷载处理。

标准试件为圆柱体，直径 48～54 mm，高为直径的 0.5～1.0 倍，试件高度应大于岩石最大颗粒粒径的 10 倍。非标准试件可用不同尺寸的圆柱体、立方体或矩形板，试件用烘干或饱和两种含水状态。测变形的电阻片贴在试件两端的中心轴上，一般采用十字应变丛，使之与试件两端标记的两条互相垂直径向标准线吻合，试件的贴片和防潮处理与单轴压缩试验的电阻片法所用方法相同。

试验时，将试件置于压力试验机承压板中心，在试件与承压板之间放上垫条，与试件两端标有两条标准线的径向平面对齐，误差不超过 0.01 mm，调整球形座使之均匀受载，以每秒 0.1～0.3 MPa 的速度加载，直至试件破坏，破坏应通过两垫条决定的平面，否则，应视为无效试验。用表 3.1.18 所示公式计算劈裂强度和弹性常数。

岩石拉伸强度和弹性常数计算公式　　表 3.1.18

劈裂弹性常数	计算公式	备注
劈裂强度/MPa	$\sigma_{st}=K\frac{P}{DL}$　(3.1.44)	式中，P 为试件破坏时的最大荷载(N)；D 为受载试件的直径(mm)；L 为受载试件的高(长)度(mm)；K 为取决于试件形态和垫条宽度的系数；圆柱体试件和立方体试件 $K=\frac{2}{\pi}$；矩形试件，按图 3.1.4 曲线确定
劈裂时的弹性模量/MPa	$E=E_{st}=\frac{\sigma_v(3+\gamma)}{2\varepsilon_v}$　(3.1.45) $E=E_{st}=\frac{\sigma_H(1+3\gamma)}{\varepsilon_H}$　(3.1.46)	其中：$\varepsilon_v=\frac{\sigma_v-\gamma\sigma_H}{E}$，$\varepsilon_H=\frac{\sigma_H-\gamma\sigma_v}{E}$ 令　$\alpha=\frac{\sigma_v}{\sigma_H}=3$ $\beta=-\frac{\varepsilon_v}{\varepsilon_H}$. 式中，$\sigma_v$ 为与加载直径平行的应力分量(MPa)；σ_H 为与加载直径垂直的应力分量(MPa)；ε_v 为与加载直径平行的应变；ε_H 为与加载直径垂直的应变
劈裂时的泊松比	$\gamma=\gamma_{st}=\frac{\beta-3}{3\beta-1}$　(3.1.47)	

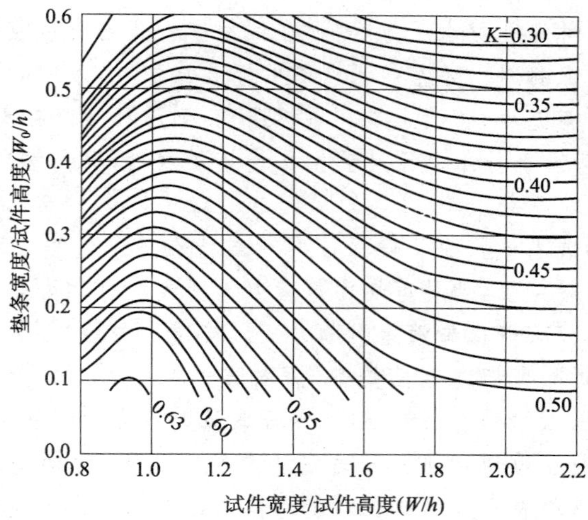

图 3.1.4 矩形板 K 值

六、岩石结构面抗剪强度试验

(一)软弱结构面的剪切试验

试件一般采用边长为不小于150 mm的立方体或直径不小于150 mm的圆柱体,每组试验取5个以上试件。

现场不扰动结构试件的采取方法包括以下几个方面:

(1)在基坑或孔洞岩壁上,用人工凿一块约两倍试件尺寸的平面,起伏差不超过1 cm。

(2)在凿平的岩石上标出试件尺寸,软弱夹层上、下围岩厚度应相等,四周留有约2 cm,为胶结构材料灌注的空隙。

(3)在出露夹层面上涂蜡或高分子树脂胶保护夹层含水率,嵌上与夹层厚度相等的木条,夹层上、下各铺一块与试件尺寸相同的钢丝网,夹层部位用钢丝连接,然后在岩石上涂高强度等级砂浆约2 cm。

(4)在砂浆层表面按固孔位钻孔切割试件,对于6级以下岩石采用电锤,7级以上岩石采用小口径金刚石钻头钻进,任何岩石均可采用风钻。

(5)切割试件,一般从两侧开始,其次是上下面,最后是内侧。首先任选一侧,从上到下两排钻孔,深度应大于试件尺寸,清除两排孔之间的岩石,按表面要求将试件侧面凿平,铺涂抹砂浆,然后将空隙部分用拌有石渣的低强度等级砂浆填实,使开挖面重新受到约束。

(6)按上述方法处理另一侧和上下面。

(7)最后切割内侧(后面)时,首先开挖工作场地,然后用导向杆打水平孔,内侧切割完后,开挖两侧和上、下槽孔内填料,取下试件,将内侧按表面方法进行处理。

按上述方法取的试件,结构面基本不会受到扰动。

试验采用应变控制直剪仪,进行固结慢剪试验。

将试件置于剪切盒内,保持夹层在上、下剪切盒之间,剪切缝宽度略大于夹层厚度。用砂或环氧树脂灌注试件与剪切盒之间的空隙,使之成为一个刚性整体。清除夹层位的砂浆、木条、钢丝等杂质。在剪切隙间嵌入钢性垫条,用螺栓将上、下剪切盒固定,在试件中心钻直径约3 cm的孔,深度达夹层面,用于饱和试件和安装孔隙水测压计。

试件采用天然含水状态或饱和状态,饱和试件是将带有剪切盒的试件置于饱和器内用真空抽气法饱和。将试件安装在直剪仪上,下部剪切盒必须牢固地固定在直剪仪的承压台板上。

如果需要而且有条件测孔隙水压力时，则在试件中心孔内安装测压计。安装时，将浸水饱和的测压计端部用夹泥材料和无空气水调制的泥浆涂抹，插入中心孔内用木棒捣实，中心孔的剩余部分用不透水料充填(膨润土或环氧树脂)。测压计管路在剪切盒顶面与承压钢板之间的孔内引出，进水管与孔隙水测压装置接头连接供水箱，出水管通过分流箱的液压传感器将孔隙水压力数据采集系统。

安装法向和剪切加载系统。为了确保法向荷载能在剪切过程中沿剪切方向移动，应在法向油缸的顶部安装滚轴装置，满足剪切面剪应力作用线的力和力矩静力平衡条件，一般采用悬臂式剪切盒；否则，应采取措施消除附加力矩。接通法向油缸、剪切油缸、加压油泵和控制系统的电路和油管，拆除剪切缝钢性垫条，插入防止夹层挤出的挡板及固定装置，挡板用透水的塑料板制成，其压缩性相当于夹层，以保证受载时不会影响夹层的固结。

安装测量系统，一般在剪切盒顶面四角安法向位移测表、剪切盒位移测表，必要时在剪切盒两侧安侧向位移表，测表用电感式位移传感器与数据采集系统连接。

仪器安装工作结束后，用无空气水冲洗孔隙水测压计管路，排除夹层及监测系统内的空气。

向试件施加法向荷载，对于采用了防止夹层挤出措施的试件，最大荷载可达 0.8 MPa，其余试件分别在近于等值的荷载下试验，试件固结以确保孔隙水压消散，稳定标准是每小时压缩量小于 0.05 mm，或者孔隙水压力接近于大气压力。

试件固结后，拆除剪切缝的塑料挡板，以每小时 0.025 mm(高塑性夹层)或 0.075 mm(一般黏土夹层)的初始剪切速率剪切，为了节省剪切时间，待剪切达到峰值后改用每小时 1～4 mm 的速率剪切，直到能够确定残余强度为止。所谓残余强度，是连续 4 次读数中剪切位移为 10 mm 而剪应力变化不大于 5%，在剪切过程中，法向荷载应保持为常数，允许变化幅度不应超过指定荷载的 1%。试验结束后，对剪切面进行描述，计算剪切面积，取夹层样做成分及物理性试验。

用表 3.1.19 所示公式计算各级法向荷载下的法向应力和剪应力。

法向应力和剪应力计算公式 表 3.1.19

应　　力	计算公式	备　　注
作用于剪切面上的法向应力/MPa	$\sigma=\frac{P}{A}$ (3.1.48)	式中，P 为法向荷载(N)；Q 为剪切荷载(N)；A 为剪切面积(mm^2)
作用于剪切面上的剪应力/MPa	$\tau=\frac{Q}{A}$ (3.1.49)	

绘制剪应力与剪切位移的关系曲线，据此确定剪应力的峰值强度和残余强度。峰值强度是剪切破坏的最大强度值，概念明确，没有人为误差。残余强度是剪应力不随剪切位移变化的强度。在正常情况下，峰值之后继续剪切，剪应力逐渐降到残余强度，若试件受到扰动，结构强度破坏，峰值消失，则剪应力剪位移曲线跨过屈服段直接反映出残余强度。

在确定峰值和残余强度之后，以剪应力为纵坐标，法向应力为横坐标，将测点绘在直角坐标图上，用图解法或最小二乘法确定摩擦系数 f 和黏聚力 c。

在慢剪试验中，监测孔隙水压力的目的，主要用于分析试件固结时孔隙水压力的消散情况和剪切过程中残余孔隙水压力的大小。

(二)硬结构面的剪切试验

在硬结构中，胶结与未胶结的剪切强度相差很大，确定试件尺寸时，要考虑仪器的加工能力，对于半胶结和未胶结的裂隙和层面等，试件尺寸和取试件方法，基本上与软弱结构面试验相同，但剪切缝应考虑结构面的起伏差，避免剪切时受到约束。对于胶结的特别是岩脉胶结的结构面，一般用边长为 15～20 cm 的立方体块，这类结构面的现场取样，先用小炮松动周围岩石，再用人工撬开，运到室内切割成要求尺寸的试件。胶结面上下岩块应相等，剪切缝宽度略大于胶结带宽度，一般采用天然状态试件，如有特殊要求时，也可用饱和试件或者水下进行剪切。

试验采用应变控制或应力控制式直剪仪，进行固结快剪试验。试件与剪切盒之间的空隙用环氧树脂灌注，以满足剪切盒和灌注材料的弹性模量比岩石剪切面大100倍的要求，安装法向、剪切向加载和测量系统，具体要求与软弱结构面试验相同，这类结构面试验一般不测孔隙水压力，拆除剪切缝刚性垫条后，即可向试件施加法向荷载，最大荷载取决于工程要求和试件尺寸，宜大于工程压力的1.2倍，其余试件在近于等值的荷载下试验。固结试件使结构面紧密接触，以利于法向应力的重分布，稳定标准是每小时法向位移不超过0.05 mm。

施加剪切荷载，用应力控制时，按预估最大剪切荷载的8%～10%分级均匀等量施加，一般不少于10级，当所加荷载引起的水平剪切位移为前一级位移的1.5倍以上时，减半施加荷载，直至达到峰值。用应变控制时，采用0.2～0.5 mm/min的速率剪切，剪切位移一般要求达到残余强度为止。

试验结束后，按上述软弱结构面的分析方法，计算各级法向和剪应力，绘制剪应力—剪位移曲线，确定剪应力的峰值和残余强度值，然后通过剪应力—法向应力关系曲线，确定抗剪强度参数 c、f 值。

(三)混凝土与岩石胶结面的剪切试验

混凝土与岩石胶结面剪切试验，除了用不少于5个胶结面试件在不同法向荷载下剪切外，另外用3～6个混凝土立方体试件，检查混凝土强度等级。

剪切试件，一般为边长不小于150 mm的立方体，集料最大粒径不得大于试件边长的1/6。岩石试件边长与混凝土相同，高度为边长的一半，与混凝土胶结的岩面起伏差，为试件边长的1%～2%。

制件时，先将岩石试件置于木模底部，将设计级配的混凝土倒在岩石面上，用混凝土成型方法制备，然后在养护室养护28 d。

试验采用应变控制或应力控制直剪仪，进行固结快剪的抗剪断和摩擦试验，试件置于剪切盒中用环氧树脂灌注空隙，上、下剪切盒之间保留1～2 cm宽的剪切缝，安装法向、剪切向加载和测量系统，具体要求与软弱结构面试验相同。

按硬结构面的试验方法施加剪切荷载，直到剪切达到峰值处停止剪切，并分级退剪切荷载至零，使之充分回弹，然后调整好仪表，用上述施加剪切荷载方法进行摩擦试验，在抗剪和摩擦试验的剪切过程中，法向荷载应保持常数，变化幅度不应超过指定荷载的1%。

按软弱结构面分析方法，计算各级法向荷载下的法向应力的剪应力，绘制剪应力剪位移曲线，分别确定抗剪断和摩擦试验的峰值强度，然后通过剪应力和法向应力关系曲线，分别确定两者的抗剪强度参数 c、f 值和 c'、f' 值。

七、岩体软弱夹层剪切蠕变试验

(一)试验目的与要求

用室内试验研究岩体软弱夹层的蠕变特性，其目的是通过试验得出不同应力作用下岩体软弱夹层随时间的变形特性，了解软弱夹层蠕变阶段发展的特点，求取软弱夹层的长期强度指标及流动特性指标等，为岩土工程的设计与施工方案提供科学的依据。

(二)试验原理

对于同一岩性的一组试样(4～6块试样)在相同的法向应力作用下，分别施以不同量级的剪应力,可以得到一簇蠕变曲线,如图 3.1.5 所示。该图表明在上述条件下,不同量级剪切应力对应不同形态的蠕变曲线,当剪应力量级小于或等于某一值时,例如,当 $\tau \leqslant \tau_2$ 时,蠕变变形随时间的增长趋于某一稳定值,即应变速率随时间逐渐减小,最后趋向于零,试件不破坏,这种现象称为阻尼蠕变,如图 3.1.5 中的曲线①所示;随着剪应力量级的增加,蠕变变形增加,但曲线形式不变,直到剪应力超出某一定值,例如,当 $\tau \geqslant \tau_\infty$ 时,蠕变随时间不断增长,直到破坏,称为非阻尼蠕变,如图 3.1.5 中的曲线③、④所示;根据非阻尼蠕变,可以将蠕变变形分为以下几个阶段:

OA 瞬时弹性阶段;*AB* 初始蠕变阶段;*BC* 等速蠕变阶段;*CD* 加速蠕变阶段。

非阻尼蠕变现象的出现与施加的剪应力量级密切相关,施加的剪应力量级越大,则出现非阻尼蠕变的现象越早,这一点在试验过程中应当十分注意。

根据图 3.1.5 曲线簇,可以求得不同剪应力 τ 作用下,相同时刻 t 对应的剪应变 γ,并以 τ-γ 为坐标,绘得 $t_1, t_2, t_3 \cdots t_n$ 一系列的剪应力—剪应变等时曲线,如图 3.1.6 所示。

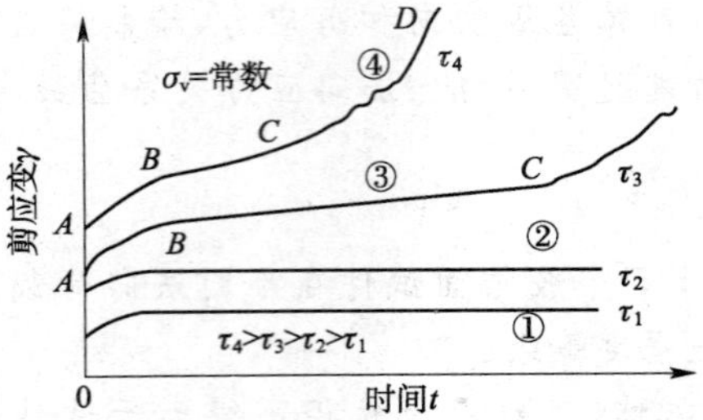

图 3.1.5 剪应变 γ—时间 t 关系

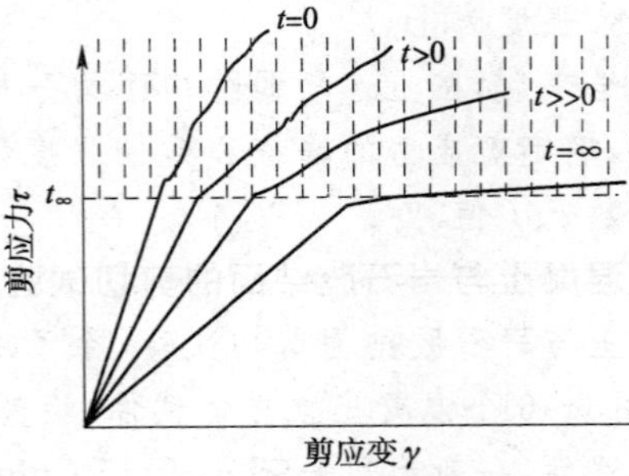

图 3.1.6 剪应力 τ—剪应变 γ 关系

从图 3.1.6 的应力—应变等时曲线可见,曲线簇的前段为线性的,线性段的斜率为材料的剪变模量(G),G 值随时间(t)的增加而减小,例如 $G_{t\to 0}$ 最大,$G_{t\to\infty}$ 最小,但是曲线簇的后段弯曲,而且其曲率随着时间(t)的增大趋于平缓。根据这一变化趋势,可以绘制一条 $t=\infty$ 平行于横坐标(γ)的直线,该线与纵坐标相交的应力值 τ_∞,即为长期强度。

于是,可以根据 t_∞ 值来判断。若施加的剪应力小于 t_∞ 时,岩石只产生阻尼蠕变;若施加的剪应力大于 t_∞ 时,如图 3.1.6 所示的阴影区,则将产生非阻尼蠕变。

以上曲线是在同一法向应力 σ_v 的作用下获得的,如果欲求软弱夹层长期强度指标 C_∞、φ_∞,则要求对同一岩性 4 组以上的岩样分别施加不同的 σ_v,分别得出在不同 σ_v 作用下的 t_∞ 值,做出 t_∞-σ_v 曲线,即可求得 C_∞、φ_∞ 值。由此可见,用上述方法求取长期强度指标,至少需要原状试样 16 块,但软弱夹层原状试样采制十分困难,难以满足要求。为此,陈宗基教授根据包尔茨曼叠加原理,推荐了一种简便的方法,即在 1 个试样上施加恒定的法向应力。当试样固结稳定后,逐级施加剪切应力,直至试样剪坏,这样就可以利用 1 个试样,获得图 3.1.5 和图3.1.6的结果,而且只用 1 组试样(4~6 块)进行试验,就可以求得岩体软弱夹层的长期强度指标 C_∞、φ_∞ 值。本章将介绍此法。

(三)试验仪器

岩体软弱夹层的厚度一般大于 0.1 cm,最常见的为 0.5~2.0 cm,考虑到结构面的起伏对软弱夹层强度的影响,对不同情况应区别对待。已有的研究资料表明,当充填度(软弱夹层厚度与结构面起伏之比)大于 2 时,充填度效应基本消失,则可以采用结构面中夹泥的强度代表该结构面的强度,而对于充填度小于 2 的情况,就必须同时考虑软弱夹层上、下结构面的起伏度在试验中的效应。

考虑到岩体软弱夹层上述的特殊性，做试验时应予以区别对待，所以选用的仪器也不相同，对于岩体软弱夹层厚度大于2 cm的情况，一般采用应力式剪切仪，而对于厚度小于2 cm者，通常采用应力式中型剪切仪进行试验。

(四)试验要求

1.试验前准备工作

(1)原状试样现场采制

岩体中软弱夹层原状试样的现场采制十分困难，目前尚无完善的办法，采取试样时，除了使试样具有代表性之外，对不同的情况应采取不同的方法。

当软弱夹层的充填度大于2且软弱夹层厚度大于2 cm时，在现场先用钢钎等工具将软弱夹层一侧的硬层剥离之后，直接用环刀小心切取原状试样，以备室内在应力式直剪仪上进行试验，称情况A。

当软弱夹层充填度小于2，或软弱夹层厚度小于2 cm时，建议采用原水电部大口径风钻式取试样机和吉林大学(原长春地质学院)的软弱夹层中型剪切原状试件取样机，切取包括软弱夹层上、下部分的坚硬岩层为整体试件。一般要求软弱夹层的面积不小于15 cm×15 cm，其形状为圆形或矩形。试样切取后用细钢丝箍紧，立即用纱布包裹，以使软弱夹层上、下部分的坚硬岩层不致分离，以备在应力式中型剪切仪上进行室内试验，称情况B。

上述两种方法在现场采制原状试样时，都要求在试样不受振动的前提下进行，并将取出的试样用蜡封法保持试样的天然含水率。在运输过程中要采取各种减振措施，以保证试样的原始结构不受振动。

(2)原状试样室内加工

对于上述情况A，采制的原状试样，因所用的环刀是直剪仪的规格，可以不必另行加工，参照土工直剪试验的方法安装试样即可。

对于上述情况B，采制的原状试样，因其形状不规则，不能直接安置在应力式中型剪切仪上进行试验。因此，必须进行专门加工，使软弱夹层上、下坚硬部分的岩石固定在剪切盒的上、下盒内，构成一个不受振动的整体。

固定试样时建议采用水泥砂浆为原料，通常先用水泥砂浆使试样固定在上剪切盒中，待晾干后再用水泥砂浆固定下剪切盒。在固定时应使上、下剪切盒之间有一定的剪切空间，其高度一般要求为1～2 mm，同时，应使上、下剪切盒之间的预留空间正好与软弱夹层中最薄弱的层位对准，以使试验能正确反映软弱夹层的力学性质。

(3)试验应力量级预测

考虑到两种试验仪器的特点，在施加法向应力时应区别对待，对于情况A，采用的应力式直剪仪，试样被安装在剪切盒中，属于受侧限状态，在法向应力作用下，不会产生侧向变形，夹泥不会被挤出；而对于情况B，是应用应力式中型剪切仪，由于在加法向应力时，上、下盒之间空隙的大部软弱夹层处于无侧限状态，在过大的法向应力作用下，会导致软弱夹层向侧边挤出，造成试样报废。

另外，当试样在法向应力作用下固结稳定之后，要对试样施以不同级别的剪切应力，如果各级剪应力增加过快，会使试件迅速剪坏，而得不到蠕变曲线，从而使试验完全失败。为此，须进行试验剪切应力量级的预测。

①法向应力量级预测：进行中型剪切试验需要此项预测，通常是依据软弱夹层的厚度和软硬程度及与试样面积的比例，经验地判断可施加的最大法向应力，一般情况下最大法向应力不超过0.3 MPa。

②剪切应力量级的预测：软弱夹层因成分、厚度等因素不同而具有不同的强度，进行剪切蠕变试验，施加的最终剪切应力量级不宜超过软弱夹层的长期强度。为此，在进行试验前要用多余的原状试样在直剪仪上作快剪试验，以求得软弱夹层的快剪峰值强度 τ_p，(0.7～0.8)τ_p 作为试验时最终剪切应力量级预测的参考值。

(4)试验环境

岩体软弱夹层剪切蠕变试验要求在恒温、恒湿的环境中进行。

为了保证恒温，通常在地下室或具备空调的试验室中进行该项试验。为了保证恒湿，要求进行饱水试验，对于应力式直剪仪，可以将剪切盒置于水浴中，以保证饱水试验；对于软弱夹层厚度大于 2 cm 的中型剪切试验，因侧向不受限制的软弱夹层浸水后易产生侧向膨胀和崩解，影响试验正常进行，不能采用上述方法，而是采用湿棉条缠绕于剪切盒侧向的预留剪切空间使之饱水，并不断补充棉条水分，以保证试样的恒湿条件。

2.试验方法

采用陈宗基教授建议的方法，该法是采用逐级加荷的办法，通常以 4～6 个试样为一组，首先对各个试样施加不同量级的法向应力，在饱水条件下使之固结。待固结稳定后，分级对各试样施加不同量级的法向应力，在饱水条件下使之固结。待固结稳定后，分级对各试样施加不同量级的剪切应力，每一级剪切应力施加后，观察并记录其剪应变值，一般历时 10 d，待变形稳定后，施加下一级别的剪应力。如此，逐级增加剪切应力量级，直到试件剪坏。具体操作如下(以中型剪切试验为例)：

由于中型剪切试验过程中软弱夹层部分处于无侧限状态，在法向应力作用下软弱夹层将有可能沿着剪切空间挤出，所以施加的法向应力以不使软弱夹层被挤出为宜。法向应力量级的最大值一般不超过 0.3 MPa，采用的级序一般为 0.05 MPa、0.1 MPa、0.2 MPa、0.3 MPa。下面以最大法向应力 0.3 MPa 试验过程为例进行说明。

(1)将室内处理加工后的试样安装在中型剪切仪上，施加法向应力(如 0.3 MPa)，加压后使其在恒湿条件下固结，直到试样固结稳定，固结稳定的标准为每小时变形量小于0.005 mm。

(2)确定施加剪应力的量级，根据快剪法求得的 τ_p，取其 0.8τ_p，作为分级施压最后一级剪应力的参考值，注意每块试样施加的剪应力一般不要少于四级。

(3)第一级剪切应力施加后，记录试样的剪切位移和对应的时间，作相应的 γ-t 曲线，记录对应的法向变形值，为了准确地反映剪切盒各部位不同的位移，可以采用多个测微表同时测量其变形。由于蠕变曲线的规律是开始时变化明显，以后斜率变化很小，因此，开始时要求记录的时间间隔短，通常按如下时间序列进行记录：5 min，10 min，30 min，1 h，5 h，10 h，1 d，2 d，…直到试样变形稳定，稳定以 γ-t 曲线上斜率为零作为标准。

(4)在同一试样上施加第二级、第三级……剪切应力，每一级历时一般为 7～10 d，重复上述操作。

(5)当发现 γ-t 曲线的等速蠕变段呈斜线时，应注意减少下一级剪切应力的量级，例如仅增加 τ_p 的1/20～1/30，作为下一级剪切应力的增值，要注意增加记录的密度，直到试件破坏，以保证曲线形态能反映等速蠕变及加速蠕变的各个阶段。

(6)试样剪坏后，卸载，打开试样对剪切面进行仔细观察并描述。

(五)资料整理

1.长期强度指标的确定

首先根据试验记录绘制岩体软弱夹层在不同法向应力作用下蠕变过程的剪切应变(γ)

与时间(t)的关系曲线(图 3.1.7),其剪应变值等于剪切位移 u 和试样预留剪切高度 h 之比,即 $\gamma=u/h$,由于每一级剪切应力历时 7~10 d 应变就能基本稳定。因此,可以直线延长,如图3.1.7中的虚线所示,获得每一级剪切应力作用下的 γ-t 过程线,并应用包尔茨曼叠加原理进行叠加,叠加后的应变时间过程曲线如图 3.1.8 所示。

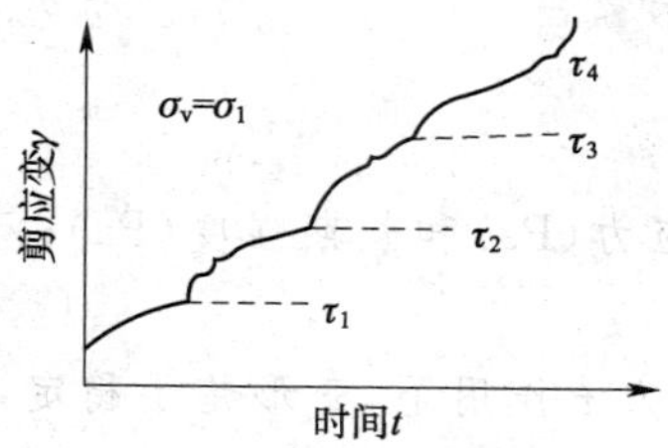

图 3.1.7　γ-t 关系曲线

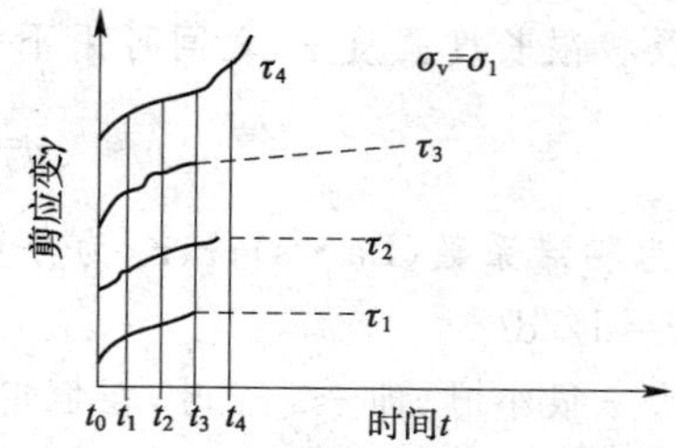

图 3.1.8　叠加后 γ-t 关系曲线

根据图 3.1.8,以不同 t 为参数,可得到一簇 τ-t 关系等时曲线,如图 3.1.9 所示。根据 $t\geqslant 0$ 曲线变化趋势,可求得 τ_∞,即长期强度。

将各试样的法向应力 σ_v 和长期强度 τ_∞ 对应地绘制在直角坐标系上,发现它们基本上呈现线性关系,如图 3.1.10 所示,由此可求得岩体软弱夹层的蠕变长期强度参数 C_∞、φ_∞ 值。

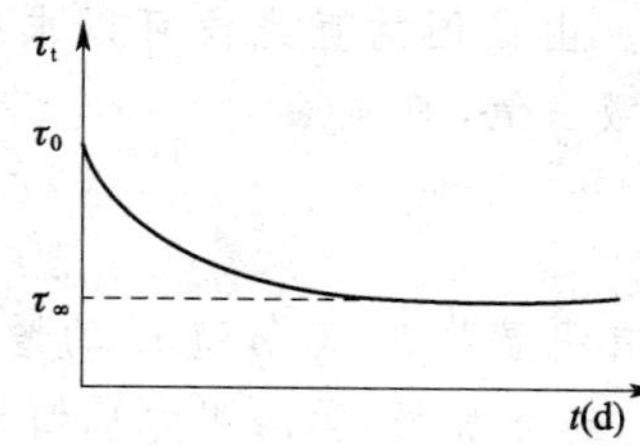

图 3.1.9　τ_t-t 关系曲线

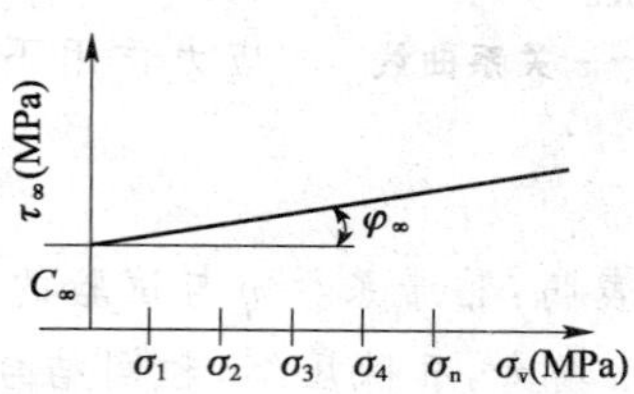

图 3.1.10　σ_v-τ_∞ 关系曲线

此外,根据图 3.1.8 可看出,随着不同时刻岩体软弱夹层对应着相应的长期强度值,强度值具有随时间的增加而减少的趋势,即瞬时强度最高,随着时间的延长最终降低到长期强度 τ_∞,如图 3.1.9 所示,可以从图 3.1.9 上求得不同时刻 $t_1,t_2,t_3,\cdots$对应的长期抗剪强度。

研究结果表明,岩体软弱夹层的长期强度具有以下特点:

(1)泥化夹层长期强度小于快剪峰值强度,且长期强度 τ_∞ 与快剪峰值强度 τ_p 之比(τ_∞/τ_p)一般在0.6~0.9之间,最常见的在 0.7~0.8 之间;

(2)将岩体软弱夹层按照泥质含量分类,试验结果表明,随着含泥量的降低和粗粒含量的升高,(τ_∞/τ_p)值逐渐增高,且强度的时间效应主要表现在 C 值的降低。

2.剪切模量的时间效应

根据剪应力 τ 与剪应变 γ 曲线中直线段斜率,可以确定剪切模量 G,即 $G=\tau/\gamma$,根据 τ-γ 关系曲线图 3.1.6,当剪切历时很短(相当于快剪)时,曲线直线段斜率即为瞬时剪切模量 G_0,随着剪切历时的增长,剪切模量 G 值逐渐下降为蠕变剪切模量。根据统计,泥化夹层的剪切模量 G 随时间呈负指数增长,由瞬时剪切模量 G_0 逐渐减少,最后趋于一稳定值 G_∞,如图 3.1.11 所示。其方程可以表述为

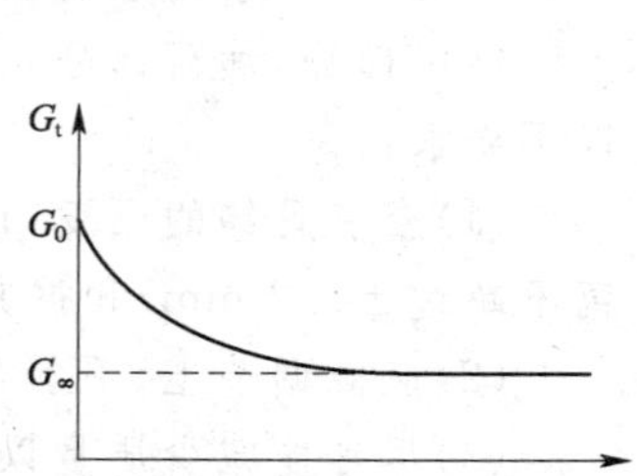

图 3.1.11　G_t-t 关系曲线

$$G_t=ab^{-t}+G_\infty \tag{3.1.50}$$

式中,G_∞ 为长期剪切模量;a、b 为待定参数。

研究结果表明，软弱夹层由于成分、结构不同 G_0 变化较大，在 $10^{-2}\sim10^{2}$ MPa 之间，G_∞/G_0 多为0.5～0.8，但有些岩类的软弱夹层 G_∞/G_0 值较低，有的只有0.21。

3. 黏滞系数的确定

岩土的流动特性采用黏滞系数来表征，因为岩石不是理想的纯黏性液体，所以其黏滞系数和剪应力及极限长度强度 τ_∞ 之间可用下式来表示

$$\eta=\frac{\tau-\tau_\infty}{\gamma} \tag{3.1.51}$$

式中，η 为黏滞系数(Pa·s)；τ、τ_∞ 为分别为剪应力(Pa)和长期强度(Pa)；γ 为剪切应变速率(s^{-1})，$\gamma=d\gamma/dt$。

当剪应力 τ 很小时，即 $\tau\leqslant\tau_\infty$ 时，在恒定的剪应力 τ 作用下，变形趋于稳定，这时应变速率 $y=0$，而当剪应力小于长期强度又大于某初始剪切应力时，即 $\tau_0<\tau<\tau_\infty$，软弱夹层在恒定的 τ 作用下，发生剪切流动，进入等速蠕变阶段，其应变速率 $y=dy/dt=$ 常数，如图3.1.5曲线的 BC 段所示，如继续增大 τ 值，试样仍处于等速蠕变阶段，但曲线斜率变陡，γ 增大，如图3.1.5中的曲线③、④所示，根据在同一 σ_v 值下不同 τ 值与等速蠕变曲线 BC 段的斜率 γ 值，可得出 γ-σ_v 值下不同 τ 关系曲线，如图3.1.12所示。由该图的直线段可以求得在某一法向应力作用下的黏滞系数 η 值，即

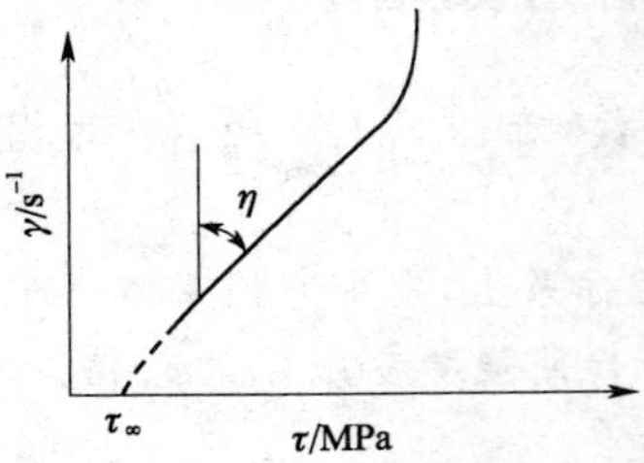

图3.1.12 γ-τ 关系曲线

$$\eta=\frac{\tau-\tau_\infty}{\gamma}$$

试验结果表明：黏滞系数 η 与试验的法向应力有明显关系，即 η 随 σ_v 的增加而增大。这是因为，随着 σ_v 增大，孔隙压缩，粒间结合水膜变薄，连接加强，黏滞阻力也增大。

当 $\tau\geqslant\tau_\infty$ 时，试样在 τ 作用下在很短的时间内进入蠕变第三阶段，试件很快剪坏，属于正常剪切试验。

八、岩石点荷载强度试验

将岩石试件置于上、下一对球端锥形加荷器之间，通过加荷器对其施加集中荷载直到破坏以测得岩石的点荷载强度指数和强度各向异性指数，称为岩石点荷载强度试验。本试验适用于各类脆性岩石。

(一)仪器结构

国内、外一般均采用便携式点荷载试验仪，由三个部分组成。

第一部分，加荷部分包括承载框架、油泵、加荷活塞及圆锥形加荷器。承载框架应满足以下要求：

(1)应有足够的刚度，以避免在加荷过程中框架变形，上、下加荷器中心线偏离(允许偏离不超过±0.2 mm)和被夹持的不规则形状试件滑动；

(2)应能调节上、下加荷器的间距，以适应试件尺寸的可能范围(一般15～100 mm)；

(3)尽可能减少质量以便于携带。

油泵容量应与试件强度和试件直径的可能范围相适应，一般采用容量为1～0.5 MN的油泵。

加荷器的形状和尺寸已由国际岩石力学学会试验方法委员会规定，如图3.1.13所示。

第二部分，荷载测量部分一般用装有最大压力指针的液压表，其精度应保证读数达到破坏荷载±5%或更高，分别用测力范围不同的2个液压表，以适应不同强度的岩石，或者对低强度岩石采用测力钢环。

第三部分，距离测量部分，测量加荷点间距一般利用固定在承载框架的刻尺，也可利用位移传感器。

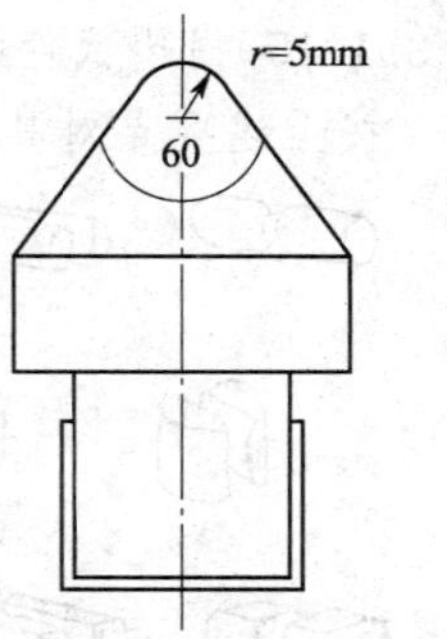

图 3.1.13 标准的加荷器

(二)试验要点

1.试件的形状和尺寸

对试件尺寸的要求，随试件形状和试验方法的不同而异。用于点荷载试验的试件形状有圆柱体(岩芯)、方块体和不规则块体，对圆柱体试件又分为径向加荷和轴向加荷两种方法。

(1)圆柱体的径向试验：试件直径 d(与加荷点间距 D 相等)最好为 50 mm 左右，否则试验结果必须进行修正；大量试验数据表明，长度 $2L$ 与直径 d 之比大于 1.0 时，破坏荷载即与长度无关，故 $2L \geqslant 1.0d$，见图 3.1.14a)。

(2)圆柱体的轴向试验：长度 $2L$(与加荷点间距 D 一致)与宽度 W(即直径 d)之比应为 0.3～1.0，见图 3.1.14b)。

(3)方块体和不规则块体：加荷点间距 D 为 30～50 mm；D 与垂直于加荷轴的最小宽度 W 之比应为 0.3～1.0；长度 $2L$ 与 D 之比不小于 1.0，见图 3.1.14c)、d)。同一组不规则块体试件的形状和大小，应力求相近。

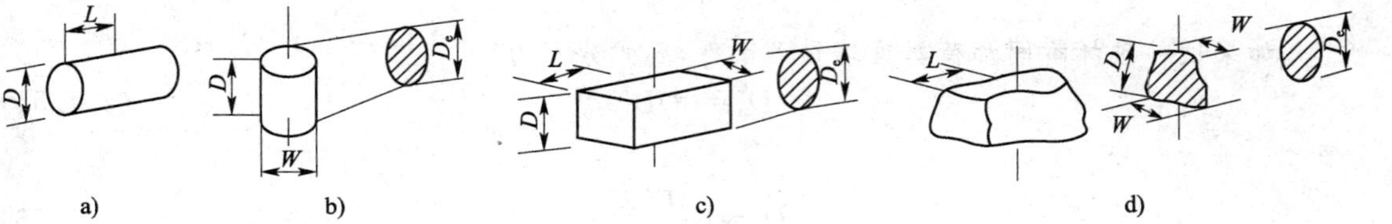

图 3.1.14 试件的形状要求

2.试件描述

试验之前应描述已选定的各个试件，包括岩石名称、颜色、矿物成分、结构、构造、风化程度、胶结性质等；试件形状和制备方法；加荷方向与层理、裂隙等结构面的关系；含水状态和所使用的方法。

3.试验程序

每批试验之前或大批试验过程中均应对仪器进行检查校正。检查的主要内容有：液压表的指针是否正对0点；当上、下加荷器轻轻接触时，刻尺是否正对0点和两加荷器锥尖是否铅直对准。如果采用位移传感器或测力钢环，应对其定期标定。

将试件放在上、下加荷器之间，开动油泵使加荷器与试件紧密接触。测量加荷点间距 D(误差不超过±2%)、轴向试验的试件宽度 W(即直径 d)以及方块体积和不规则块体试件垂直于加荷轴的最小宽度 W(后三者的测量误差不超过±5%)。上、下加荷器锥尖对试件的夹持位置，对圆柱状试件的径向试验应为直径的两端，且接触点距试件自由端的距离不应小于 $d/2$；对圆柱状试件的轴向试验应为对准断面的圆心；方块体和不规则块体试件应沿试件最小尺寸方向，且接触点距试件自由端的距离不应小于 $D/2$。

稳定地施加荷载，使试件在 10～60 s 内破坏，记录破坏时的荷载，试验结束后应检查试件破坏情况，当破坏面贯穿整个试件并通过上、下加荷点时，试验有效，否则无效，见

图 3.1.15。描述试件的破坏形态。

按上述要点对其他试件进行试验。

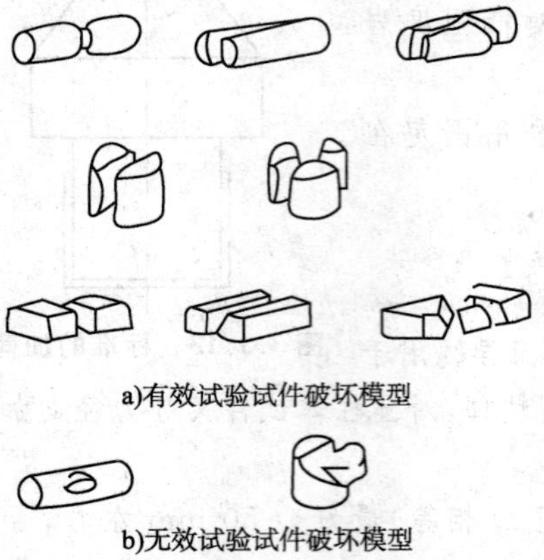

a)有效试验试件破坏模型

b)无效试验试件破坏模型

图 3.1.15　有效和无效试验试件的破坏模型

由于试件的不规整性，一组试件中得到的结果往往比较分散，因而一组试验应有较多的试件，求得其平均值。为此，每组试件数量，对岩芯试件应有 5～10 个，方块体和不规则块体试件则应有 15～20 个。

4. 计算

点荷载试验得到的基本指标为点荷载强度指数 $I_{s(50)}$(MPa)，其定义为加荷点距离为 50 mm 时破坏荷载 P_{50}(N)与等价岩芯直径 D_e(mm)平方之比

$$I_{s(50)}=\frac{P_{50}}{D_e^2} \tag{3.1.52}$$

所谓等价岩芯直径 D_e，圆柱状试件的径向试验中为圆柱体的圆断面直径；轴向试验或其他形状试件试验中为包含加荷轴的最小断面的等面积圆的直径，因此，对于圆柱体试件径向试验

$$D_e=D=d_e \tag{3.1.53}$$

对于圆柱体试件轴向试验及方块体和不规则块体试件试验

$$D_e=\left(\frac{4DW}{\pi}\right)^{1/2} \tag{3.1.54}$$

如果试件破坏瞬间加荷器锥端贯入试件，则式分别为

$$D_e=(DD')^{1/2} \tag{3.1.55}$$

和

$$D_e=\left(\frac{4D'W}{\pi}\right)^{1/2} \tag{3.1.56}$$

式中，D'为试件破坏时加荷点的实际间距(mm)；W 为轴向试验的试件宽度(mm)，见图 3.1.14。

岩石强度的测试值随试件尺寸的增加而减小。为了消除尺寸效应以便于对比，将加荷点间距标准规定 50 mm，因此，对加荷点间距不符合这一标准的试验所得到的破坏荷载 P 必须修正为相应于加荷点间距为 50 mm 的 P_{50}，然后按式(3.1.52)求得标准的点荷载强度指数 $I_{s(50)}$。关于试验的尺寸修正，以前多采用布罗奇和富兰克林(1972)根据试验数据提出的图表(图3.1.16)。此方法的特点是按实际实限数据计算 I_s，然后修正为 $I_{s(50)}$。根据试验中实际试件直径 d 和按其计算出的 I_s，先在图中定出一点，然后从此点向左(当 $d>50$ mm 时)或向右(当 $d<50$ mm 时)作与其上、下邻近二曲线的平行线与 $d=50$ mm 的竖线相交，交点的纵坐标数值即相应于 $d=50$ mm 试件的 $I_{s(50)}$。

国际岩石力学学会试验方法委员会(1985)在对点荷载试验的建议方法中提出按照等效直径对破坏荷载 P 进行尺寸修正。他们从大量试验资料中发现，对于同一岩性的试件，其 P 与 D_e^2 的关系在双对数坐标系中是线性的，如图 3.1.17 所示。如果在同一组试验中试件较多，做出此种关系线，从线上定出 P_{50}，即算出 $I_{s(50)}$ 为

$$I_{s(50)}=\frac{P_{50}}{2\,500} \tag{3.1.57}$$

当试件较少难以保证足够的精度时，则建议对由试验直接计算出的 I_s 进行修正

$$I_{s(50)} = FI_s \tag{3.1.58}$$

式中，F 为修正系数，其值主要与加荷点间距(或有效直径)和试件的岩性有关。

关于 F 值的确定，在"建议方法"中推荐格赖明格(Greminger M，1982)提出的 F-D_e 关系曲线，见图 3.1.18，按 D_e 在此曲线上确定 F 值，或用公式近似计算。

$$F = \sqrt{\frac{D_e}{50}} \tag{3.1.59}$$

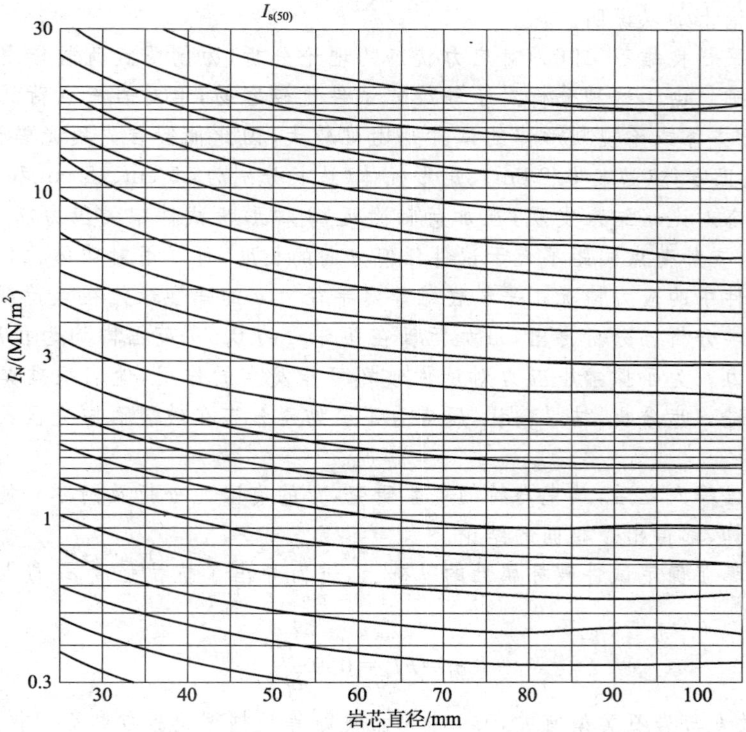

图 3.1.16　布罗奇和富兰克林的尺寸修正曲线

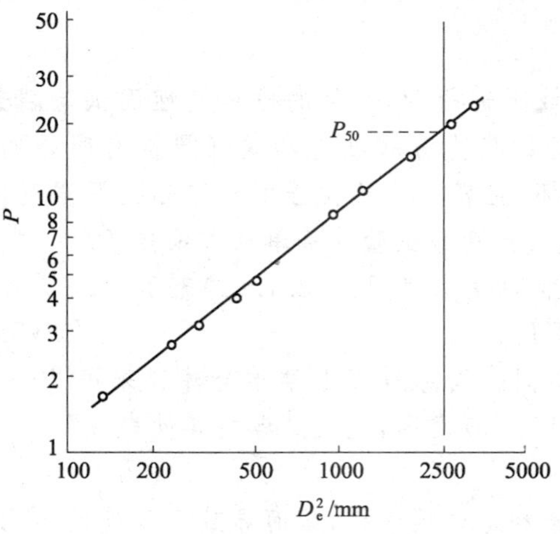

图 3.1.17　同一岩性试件 P 与 D_e^2 的关系

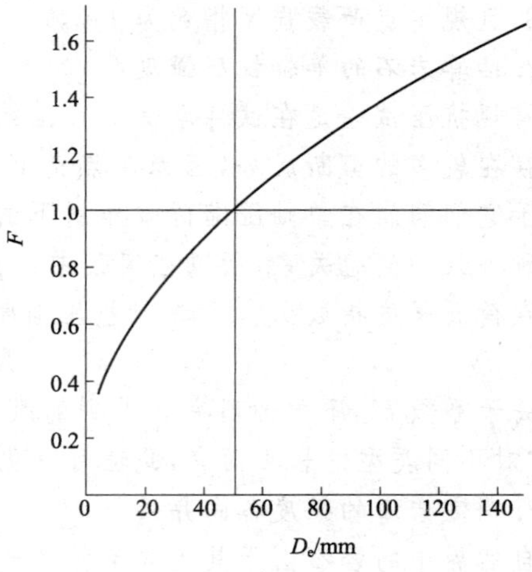

图 3.1.18　F-D_e 曲线

(三)成果应用

1. 估算岩石的抗拉强度

通过岩石点荷载试验估算岩石的抗拉强度和单轴抗压强度，是点荷载试验发展中早期的主要目的，但由于计算系数的不确定性（不同研究者对于不同岩石得出了不同的计算系数），因此，近年来常将 $I_{s(50)}$ 作为一个独立的强度指标应用于实践（如岩石强度分类、岩体风化带划分等）中。

无论是对试件在点荷载作用下破坏性状的观察，或者是荷载对试件作用的形式与劈裂法试验的相似性，这种破坏的属性均给人们已拉断的印象。因此，点荷载试验问世后的早期就是试图将其作为确定材料抗拉强度的一种间接方法而研究的，但若将其用于实践，还需对破坏机制从理论上加以说明。

日本学者平松良雄等(1965)对应力状态的理论分析，为阐明点荷载作用下试件破坏的机制奠定了基础。由于这种分析对于等维体试件比较容易，但对岩石点荷载试验较广泛采用的圆柱体、正方体或不规则形体的试件则困难较大，因此他们首先用光弹试验对球体（直径为 9.4 cm）、正方体（边长 9.2 cm）、矩形柱体（边长分别为 15 cm、15 cm 和 8.8 cm）3 种模型进行应力状态对比。结果发现，在加荷轴附近，3 种形状试件中的应力状态基本相同，因而应当认为，只要加荷点间距不大于试件任何方向的长度，可以用对球体试件的应力分析说明其他形状试件中的应力情况。平松良雄等对半径为 a 的弹性球体在点荷载作用下的应力状态进行了数学分析。分析得出，沿加荷轴在距球心约 $0.7a$ 范围内均为拉应力，在此范围以外则为压应力。为了探索压应力对试件破坏可能发生的作用，他们根据莫尔强度理论和弹性理论作了进一步分析，结果确认，压应力不会妨碍分布在破裂面中央区的拉应力导致试件的拉断。

继平松良雄等人之后，赖克马特的观察研究，彭的有限元分析及阿尔—德比等按布辛奈斯克公式的计算，都得出了相同的结论。

平松良雄等在确定试件破坏属性的基础上，进而导出了抗拉强度 σ_t 与点荷载强度指数 I_s 的关系式

$$\sigma_t = kI_s = 0.9\frac{P}{D^2} \tag{3.1.60}$$

式中，系数 k 与岩石类型有关，0.9 是平松良雄等根据理论推导和近似得出的；赖克马特提出为 0.96；阿尔—德比的计算为 0.8；国际岩石力学学会根据大量岩石点荷载试验资料推荐0.8，且规定点荷载强度指数为 $I_{s(50)}$。

2. 估算岩石的单轴抗压强度

常规抗压试验是在试件承受均布压缩荷载下进行的，试件的破坏属性因试验端部效应而常存在较多的剪断成分，因而与点荷载试验的应力分布状态和破坏属性有明显的不同。但由于它们同属在单轴压缩荷载作用下的破坏，且岩石的抗拉强度与单轴抗压强度间存在着某种公认的经验关系，所以在实践中也常通过点荷载试验估算单轴抗压强度。

点荷载强度指数 $I_{s(50)}$ 与单轴抗压强度 R 间的关系可用式(3.1.61)表示

$$R = k'I_{s(50)} \tag{3.1.61}$$

关于系数 k'，不同的研究者得到的数值不同。国际岩石力学学会建议采用 20～25，并指出“对不同类型的岩石而言，此值可变化于 15～50 之间，尤其是各向异性岩石”。

3. 确定岩石的强度各向异性

自然界中的岩石由于其生成条件常产生某种定向性结构，从而导致了强度的各向异性，点荷载试验是评定岩石强度各向异性的方便方法。

表征岩石各向异性的指标是点荷载强度各向异性指数 $I_{a(50)}$

$$I_{a(50)} = \frac{I_{s(50)\perp}}{I_{s(50)/\!/}} \tag{3.1.62}$$

式中，$I_{s(50)\perp}$为垂直于弱面的岩石点荷载强度指数(MPa)；$I_{s(50)/\!/}$为平行于弱面的岩石点荷载强度指数(MPa)。

4.在岩石分类和风化带研究中的应用

利用点荷载试验对岩石进行强度分类，主要是分类指标以点荷载强度指数$I_{s(50)}$取代单轴抗压强度。在国外文献中大致可以分为两类：一类以布罗奇等的分类为代表，他们将$I_{s(50)}$作为一个独立的强度指标划分岩石的强度类型，以0.3和1.0的倍数(10^{-1}、10^{0}、10^{1})为界限值，将岩石分为7类，并将其与英国伦敦地质学会分类进行了对比。两者在分级数量和分级名称上虽然相同，但界限值都有较大的差异。另一类以比尼亚伍斯基的分类为代表，他是以迪尔和米勒(1966)的分类为基础，将原采用的单轴抗压强度的界限值换算为点荷载强度指数，比值k采用25。显然后者只是分类指标的取代，界限值实质上并未改变，这只是点荷载试验在岩石强度分类中的应用，还不能看作一种新的分类。

岩体风化带的划分是对某一岩体各个部分的相对风化程度的鉴别，其与岩石强度分类相似之处在于，同样是区别岩石强度的差异，但由于岩性不同的岩体母体(未风化的新鲜岩体)的基本强度不同，所以对岩体风化带的划分不可能采用统一的强度界限值。

从工程地质观点研究岩体风化带，所划分的各带均应含有明确的强度概念，换言之，亦应将强度特征作为划分风化带的主要依据之一。在以往的实践中多采用单轴抗压强度，但其制试样和试验都比较复杂，很不方便，尤其对强风化岩石，由于无法制成规整形体的试件，也就难以测得这部分岩石的强度，而点荷载试验因不要求规整形体的试件，在对风化岩体研究中具有独特的优势。

20世纪70年代和80年代中，许多研究者，如富克斯、木宫一邦、向桂馥等，都对点荷载试验用于划分岩体风化带的可能性和适用性进行了探索。研究结果表明，点荷载强度指数和由其导出的抗拉强度σ_t的数值随岩石风化程度加深而降低的规律是明显的，而且这种规律与文献中其他常见的用以鉴定岩石风化程度的指标(如风化指标WI、孔隙度n、岩石密度ρ、弹性波速度v及某些定性指标的肉眼综合判别等)的变化有较好的对应性，从而认为点荷载试验可以作为划分岩体风化带的一种重要的有效手段。

利用点荷载试验划分岩体风化带的指标，可以直接采用点荷强度指数$I_{s(50)}$，也可采用由$I_{s(50)}$导出的其他指标。关于后者，木宫一邦在对日本三河高原早白垩世花岗岩的风化研究中，提出了风化抗拉强度指数作为划分岩体风化带的指标，并推荐采用其标准差评价各风化带岩体强度的均一程度，取得了很好的效果。他将风化抗拉强度指数I_t定义为

$$I_t = \lg\sigma_t \tag{3.1.63}$$

向桂馥在对四川大渡河大岗山水电站坝址区花岗岩风化带划分的研究中，也采用风化抗拉强度指数I_t做出风化分带的指标之一，探索了此指标的适用性，发现岩石的天然含水率w、干密度ρ_d和孔隙度n与探硐深度有良好的对应性，而且I_t与w、ρ_d和n间有明显的线性关系，因而再次证明I_t可作为岩体风化分带指标的适宜性。

总之，点荷载试验应用于岩体风化分带，有其独有的优越性。目前所采用的分带指标有$I_{s(50)}$、σ_t和I_t三种，从日益将$I_{s(50)}$作为一个独立的强度指标的发展趋势来看，应用于岩体风化分带，可不必将其转化为抗拉强度，以避免有一个不确定的比例系数(0.8～0.96)介入。如果考虑到木宫一邦取常用对数的意见，也可进一步探索采用$\lg I_{s(50)}$的可能性。

此外，木宫一邦还探索了三河高原河谷阶地砾石层中花岗岩砾石的风化速度。向桂馥(1986)在上述研究思路和方法的基础上，对四川沱江资阳地区、白龙江都家坝地区、青衣江雅安和名山地区以及属岷江流域的邛崃地区阶地，应用点荷载试验进行了时代对比的尝试，

也取得了比较满意的结果。

5.其他方面的应用

由于点荷载试验本身的独特优点,因而具有可能应用于许多方面的潜在能力。近年来,许多研究者已在某些方向进行了一些探索。例如,基于试样在这种受力状态中内部应力分布的特征,研究岩石的抗爆破性和抗冲击钻进性能;利用这种试验方法的简便性,研究了在高温或低温条件下进行点荷载试验以及进行动力点荷载试验的可能性等。

第二节 室内土工试验

一、土的物理性质试验

(一)试样的制备和饱和

1.目的和适用条件

土样在试验前必须经过制备程序,包括土的风干、碾散、过筛、匀土、分试样和储存等预备程序以及制备试样程序,试样的制备程序是土工试验工作的第一个质量要素,为保证试验成果的可靠性和试验数据的可比性,必须统一土样、一致的试样的制备方法和程序。

本试验方法适用于粒径小于 60 mm 的原状土和扰动土,对于粒径大于等于 60 mm 的土,应按有关粗粒料的试验方法进行。

2.试样制备

(1)原状土试样的制备

①将土样筒按标明的上下方向放置,剥去蜡封和胶带,开启土样筒取出土试样。检查土样结构,当确定土试样已受扰动或取土质量不符合规定时,不应制备力学性质试验的试样。

②据试验要求用环刀切取试样时,应在环刀内壁涂一薄层凡士林,刃口向下,将环刀垂直下压,并用切土刀沿环刀外侧切削土样,边压边剥至土样高出环刀,根据试样的软硬程度,采用钢丝锯或切土刀平整环刀两端土样,擦净环刀外壁。称环刀和土的总质量,同一组试样间密度的允许差值为 0.03 g/cm^3。

③从余土中取代表性试样测定含水率。相对密度、颗粒分析、界限含水率等项试验的取样,应按表3.1.2、表 3.1.3 中的规定进行。

④削试样时,应对土试样的层次、气味、颜色、夹杂物、裂缝和均匀性进行描述,对低塑性和高灵敏度的软土,制试样时不得扰动。

(2)扰动试样的制备

①试样的数量视试验项目而定,应备用试样 1~2 个。

②将碾散的风干土样通过孔径 2 mm 或 5 mm 的筛,取筛下足够试验用的土试样,充分拌匀,测定风干含水率,装入保温缸或塑料袋内备用。

③根据试验所需的土量与含水率,制备试样所需的加水量应按下式计算

$$m_w=\frac{m_0}{1+0.01w_0}\times0.01(w'-w_0) \tag{3.2.1}$$

式中,m_w 为制备试样所需的加水量(g);m_0 为湿土(或风干土)质量(g);w_0 为湿土(或风干土)含水率(%);w'为制样要求的含水率(%)。

④称取过筛的风干土试样平铺于盘内,将水均匀洒于土试样上,充分拌匀后装入容器内盖紧,润湿一昼夜,砂土的润湿时间可以酌减。

⑤测定润湿土试样不同位置处的含水率，不应少于两点，含水率差值应不大于±1%。

⑥根据环刀容积及所需的干密度，制试样所需的湿土量应按下式计算

$$m_0=(1+0.01w_0)\rho_d V \tag{3.2.2}$$

式中，ρ_d 为试样干密度（g/cm^3）；V 为试样体积（环刀容积）（cm^3）。

⑦扰动土制样可采用击样法和压样法，同一组试样的密度与要求密度之差不得大于±0.01 g/cm^3。

3. 试样的饱和

土的孔隙被水填满的过程称为饱和，当孔隙被水充满后的土称为饱和土。试样饱和的方法及适用性见表 3.2.1。

试样饱和的方法及适用性　　表 3.2.1

饱和方法	方法简述	适用条件
浸水饱和法	直接在仪器上饱和	粗粒土
毛细管饱和法	选用框式饱和器，试样上下放滤纸及透水板，装入饱和器并拧紧螺丝，放入水箱，注入清水，水面不宜淹没试样表面。浸水时间不少于 2 昼夜。取出饱和器，松开螺母，取出环刀，擦干外壁称环刀和试样的总质量，按式(3.2.3)计算饱和度，当饱和度低于 95%时，应继续饱和	渗透系数大于 10^{-4} cm/s 的细粒土
抽气饱和法	选用框式或叠式饱和器和真空饱和装置，将装有试样的饱和器放入真空缸内，启动抽气机，当压力表读数近 1 个大气压力时，保持压力表读数不变，同时打开管夹，使水徐徐注满缸后，停止抽气，缸内放入气后，浸泡 10 h 以上，使试样饱和。取出试样擦干称重，并按式(3.2.3)、式(3.2.4)计算饱和度，如饱和度低于 95%，应继续抽气饱和	渗透系数小于、等于 10^{-4} cm/s 的细粒土
二氧化碳饱和法	从试样底部注入二氧化碳，将试样孔隙中空气逐渐从顶端排出，将试样孔隙充满二氧化碳，而后用水头饱和法饱和，试样孔隙中二氧化碳很快溶于水成碳酸，继续饱和时，水将驱赶稀碳酸充满孔隙	需要测定孔隙水压力的试验。适用于饱和度要求较高（$S_r \geqslant 99\%$）的试验。如三轴压缩试验、应变控制加荷固结试验等
反压力饱和法	对试样施加反压力，使试样内孔隙气体在压力作用下完全溶解水中，同时增大围压保持试样体积不变，实际上相当于把无空气水在压力作用下挤入试样，代替孔隙气体	

试样的饱和度应按下式计算

$$S_r=\frac{(\rho_{sr}-\rho_d)G_s}{\rho_d e} \tag{3.2.3}$$

或

$$S_r=\frac{w_{sr}G_s}{e} \tag{3.2.4}$$

式中，S_r 为试样的饱和度（%）；w_{sr} 为试样的饱和含水率（%）；ρ_{sr} 为试样的饱和密度（g/cm^3）；G_s 为土的相对密度；e 为试样的孔隙比。

(二)含水率试验

1. 定义及意义

土的含水率是指土试样在温度为 105～110℃下烘干至恒重时所失去的水质量与恒重后

干土质量的百分比。计算公式为

$$w=\left(\frac{m_0}{m_d}-1\right)\times 100 \tag{3.2.5}$$

式中,w 为试样含水率(%);m_0 为试样湿质量(g);m_d 为试样干质量(g)。

土的含水率是土的三相物质中最活跃最不确定的一个因素,含水率的变化影响到整个土样的稠度状态,饱和程度和结构强度等一系列物理力学性质。因此,含水率是研究土物理力学性质必不可少的一项指标。

2. 测定方法

含水率测定方法很多,如烘干法、酒精燃烧法、比重法、微波加热法及核子射线法等。

(1)烘干法:烘干法是将试样放入温度保持在105～110 ℃的烘箱中烘烤至恒重,该方法试验简便,结果稳定,精度高,是测定含水率通用的标准方法,本方法适用于粗粒土、细粒土、有机质土和冻土。

(2)酒精燃烧法:酒精燃烧法是在试样中加入酒精,利用酒精燃烧使试样中水分蒸发,将试样烤干。这是快速测定法中较准确的一种,适用于没有烘箱及电源设备的情况,一般用于现场或测定试样风干含水率供制样参考。酒精燃烧法测得的含水率略低于烘干法所测得的含水率。

(3)炒干法:炒干法是利用火炉或电炉将试样翻炒至表面干燥的方法。主要在工地使用,适用于砂类土及含砾较多的土,所测含水率略大于烘干法。

(4)相对密度法:根据相对密度试验测定试样体积,利用估算土粒相对密度间接计算试样含水率。该法所测结果的准确度较差,只适用于砂土。

(5)碳化钙减量法:在反应器中通过加入的碳化钙粉末与土样中的水分发生化学反应,产生挥发的乙炔气体,通过测定产生乙炔气体的质量或压力,换算出土的含水率。适用于路基土和稳定土含水率的快速简易测定,常用于公路与铁路路基工程中。

(6)微波加热法:微波加热法是利用微波发生器产生的微波能使加热器中的试样发热,水分蒸发。由于微波具有一定穿透深度,使加热时试样里外同时加热,具有快速、均匀的特点,美国于1998年将其列入ASTM标准。但微波加热温度如何控制、烘干时间如何确定,还有待与烘干法对比做进一步研究,但作为快速干燥工艺,在土工试验中具有重要意义。

(7)核子射线法:通过预先建立适合仪器进行密度或水分测量的标定曲线,根据核子水分—密度仪现场测量所记录的γ射线或热中子计数率,按相对应的标定曲线确定材料的密度或含水率。

3. 几点说明

(1)取试样数量与烘干时间

各试验方法取试样数量及烘干时间见表3.2.2。

不同含水率测定方法取试样数量及烘干时间 表3.2.2

测定方法	土试样类型	取试样质量	烘干温度及时间
烘干法	黏性土、粉土	15～30 g	105～110 ℃不少于8 h
	砂性土	50 g	105～110 ℃不少于6 h
	含有机质超过干土质量5%的有机质土	50 g	65～70 ℃下烘干至恒温
酒精燃烧法	细粒土	黏性土 5～10 g 砂性土 20～30 g	反复燃烧3次

续上表

测定方法	土试样类型	取试样质量	烘干温度及时间
炒干法	粒径<5 mm 粒径<10 mm 粒径<20 mm 粒径<40 mm 粒径>40 mm	500 g 1 000 g 1 500 g 3 000 g 3 000 g以上	100～150 ℃下炒干
相对密度法	砂类土	200～300 g	—
微波法	各类土	30×2 cm^3	—

(2)平行试验和平行差值

含水率测定应做平行试验,烘干法测定的允许平行差值见表3.2.3。对于其他的快速测定方法,由于准确度较差,只能参照烘干法的规定,酌情采用。

烘干法测定含水率允许平行差值 表3.2.3

含 水 率	允许平行差值	说 明
<40%	1%	《土工试验方法标准》(GB/T 50123—1999)规定,10%时允许平行差值为0.5
≥40%	2%	—

(三)密度试验

1.定义及试验目的

土的密度是指单位体积的土质量,即土的总质量与其体积之比,以符号 ρ 表示,单位为 g/cm^3。需要指出的是,土的总量重力与其体积的比称为重度,以符号 γ 表示,$\gamma=g\rho$。

土试样密度的测定可以了解土结构的密实程度,同时也是计算挡土墙土压力,人工和天然斜坡稳定的设计与核算,基础承载力和沉降量的计算以及路基路面施工时压实程度控制必不可少的指标。

2.测定方法

密度试验测定方法的核心是测定试样的体积,对于不同试样,由于形状结构不同,体积测定的方法就不同,密度测定方法也就不同。常用的方法有环刀法,蜡封法,灌砂法、灌水法等。不同测定方法及适用条件见表3.2.4。

除上述方法外,还有用放射性法测定浅层土及土集料密度的方法。在土料中埋放 γ 射线的发射源及探测器,测定土样密度,γ 射线在经过土体时发生散射,并被土体吸收,密度越大,吸收越多,通过测得并率定 γ 射线变化,求出土的密度。

灌水法、灌砂法及放射性法多用于测定现场回填集料密度,以确定回填集料压实系数并计算承载力。

不同密度测定方法 表3.2.4

测定方法	适用条件	试验要点	计算公式	注意事项
环刀法	原状土的细粒土	利用已知质量及内径和高度的环刀,按原状样制样方法制取试样,称取试样质量	$\rho_0=\frac{m_0}{V}$ (3.2.6) 式中,ρ_0 为试样湿密度(g/cm^3);V 为环刀体积(cm^3);m_0 为试样湿质量(g)	按土质均匀程度及土样尺寸选择不同容积的环刀,室内密度试验一般选用内径61.8 mm和79.8 mm,高20 mm,壁厚2 mm,刃口厚0.3 mm的环刀

续上表

测定方法	适用条件	试验要点	计算公式	注意事项
环刀法	原状土的细粒土	利用已知质量及内径和高度的环刀,按原状样制样方法制取试样,称取试样质量	$$\rho_d=\frac{\rho_0}{1+0.01w_0} \quad (3.2.7)$$ 式中,ρ_d 为试样干密度(g/cm³);w_0 为试样含水率(%)	用环刀切土时,为避免土样扰动,应边压边削,直至土样伸出环刀,将两端修平。现场可采用直接压入法。 进行平行试验,平行差不大于 0.03 g/cm³,取平均值
蜡封法	易破裂土和形状不规则的坚硬土	将不规则土样(体积不小于 30 cm³)称试样湿质量 m_0 后缓慢放入刚过熔点的蜡液中,使土样被完全包裹,取出称其在空气中及水中的质量,从而计算试样体积	$$\rho_0=\frac{m_0}{\frac{m_n-m_{nw}}{\rho_{wT}}-\frac{m_n-m_0}{\rho_n}} \quad (3.2.8)$$ 式中,m_n 为蜡封试样质量(g);m_{nw} 为蜡封试样在纯水中的质量(g);ρ_{wT} 为纯水温度为 T 时的密度(g/cm³);ρ_n 为蜡的密度(g/cm³)	蜡的温度规定刚过熔点,以蜡液达到熔点后不出现气泡为准。 试样浸没蜡液提出后,如发现试样周围蜡膜有气泡时,应用针刺破并用蜡液补平。 由于水的密度随温度变化,试验中应测定水温,并测定蜡的密度。 进行平行试验,平行差不大于 0.03 g/cm³,取平均值
灌砂法	现场测定粗粒土密度	现场根据试样最大粒径确定试坑,将试坑内试样称取质量并测定含水率,使用密度测定仪,用已知密度的标准砂注满试坑,测定试坑体积	$$\rho_0=\frac{m_p}{m_s/\rho_s} \quad (3.2.9)$$ 式中,ρ_s 为标准砂密度(g/cm³);m_s 为注满试坑所用标准砂的质量(g);m_p 为取自试坑内的试样质量(g)	试验前应用密度测定器测定标准砂的密度。试验用标准砂粒径在 0.25~0.50 mm 之间,密度在 1.47~1.61 g/cm³之间。 试坑尺寸必须与试样粒径相配合,见表 3.2.5
灌水法	现场测定粗粒土密度	现场根据试样最大粒径确定试坑,将试坑内试样称取质量并测定含水率,用塑料薄膜放入试坑并注水,测定薄膜内的容水量,求得试坑体积	$$V_p=(H_1-H_2)A_w-V_0 \quad (3.2.10)$$ 式中,V_p 为试坑体积(cm³);H_1 为储水筒内初始水位高度(cm);H_2 为储水筒内注水终了时水位高度(cm²);A_w 为储水筒断面积(cm²);V_0 为套环体积(cm³)	薄膜袋的尺寸应与试坑大小相合适

试坑尺寸 表 3.2.5

试样最大粒径/mm	试坑尺寸/mm	
	直径	深度
5(20)	150	200
40	200	250
60	250	300

(四)相对密度试验

1. 定义及试验目的

土的颗粒相对密度是土粒在 105~110 ℃下烘干至恒重时的质量与同体积 4 ℃时纯水

质量的比值，用 d_s 表示，为无量纲指标。土粒相对密度是计算孔隙比、孔隙率、饱和度的主要指标，也是土的基本物理指标之一。

土的相对密度试验根据土粒的粗细不同可分为比重瓶法、浮称法、虹吸筒法等。根据土粒粒径的不同应选用不同的方法进行测定。

(1)比重瓶法：适用于粒径小于 5 mm 的各类土。

(2)浮称法：适用于粒径大于等于 5 mm 的土，且其中含粒径大于 20 mm 的颗粒少于 10%。

(3)虹吸筒法：适用于粒径大于等于 5 mm 的土，且其中含粒径大于 20 mm 的颗粒大于或等于 10%。

2. 试验方法

(1)比重瓶法

比重瓶的校正：比重瓶容积为 100 mL 和 50 mL，分为长颈和短颈两种。在试验前应进行比重瓶的校正。将煮沸冷却后的纯水注满比重瓶(长颈比重瓶注至刻度处，短颈比重瓶注至瓶口)，塞紧瓶塞，放入恒温槽，调节恒温水槽温度，测定不同温度下比重瓶加水质量，绘制温度与瓶、水总质量的关系曲线，如图 3.2.1 所示。

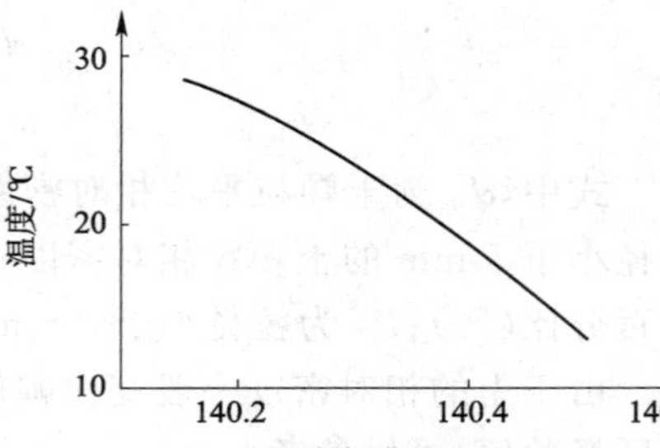

图 3.2.1 瓶水总重与温度关系曲线

试验过程：称取烘干的代表性试样 15 g(50 mL 容量瓶为 10 g)装入容量瓶，加入半瓶纯水放在砂浴内煮沸。砂及砂质粉土不少于 30 min，黏土及粉质黏土不少于 1 h，并防止瓶内悬液溢出。将煮沸冷却后的纯水注入装有试样的比重瓶(液面高度与比重瓶校正时相同)，塞紧瓶塞，置于恒温水槽至恒温。擦干瓶外壁，称瓶、水、土总质量，并测定瓶内水温。

对含有可溶盐、亲水性胶体和有机质的土，可用中性液体代替纯水，用真空抽气法代替煮沸法进行试验。

由试验结果按下式计算土粒的相对密度

$$d_s = \frac{m_d}{m_{bw} + m_d - m_{bws}} G_{iT} \tag{3.2.11}$$

式中，m_{bw} 为瓶、水总质量(g)；m_{bws} 为瓶、水、土总质量(g)；G_{iT} 为 T ℃时纯水的相对密度(或实测的中性液体的相对密度)。

(2)浮称法

试验要点：取代表性试样 500～1 000 g，清洗洁净表面，水中浸泡一昼夜取出，放入铁丝筐，并缓慢地将铁丝筐浸没水中，在水中摇动至无气泡逸出。用浮称天平称钢丝筐和试样在水中的质量，取出试样烘干，称试样干质量，称钢丝筐在水中质量，测定水温。

试验成果计算：按下式计算土粒的相对密度

$$d_s = \frac{m_d}{m_d - (m_{1s} - m'_1)} G_{wT} \tag{3.2.12}$$

式中，m_{1s} 为钢丝筐和试样在水中的质量(g)；m'_1 为钢丝筐在水中的质量(g)；G_{wT} 为 T ℃时纯水的相对密度。

(3)虹吸筒法

试验要点包括取代表性试样 700～1 000 g，清洗洁净，水中浸泡一昼夜取出晾干，称晾干试样质量，将清水注入虹吸筒至虹吸管口有水溢出时关管夹，试样缓慢放入虹吸筒中，边放边搅拌至试样中无气泡逸出。当虹吸筒内水面平稳时开管夹，让试样排开的水通过虹吸管流入量筒，称量筒与水总质量，测定水温。

试验成果计算：按下式计算土粒的相对密度

$$d_s=\frac{m_d}{(m_{cw}-m_c)-(m_{ad}-m_d)}G_{wT} \quad (3.2.13)$$

式中，m_c为量筒质量(g)；m_{cw}为量筒与水总质量(g)；m_{ad}为晾干试样的质量(g)。

3. 其他说明

比重试验时，对于粗、细颗粒混合的土，当大于 5 mm 的颗粒含量较少时，可直接用比重瓶法测定，并允许将大于 5 mm 的颗粒敲碎拌和均匀后取样；当大于 5 mm 的粗粒含量较多时，根据实际情况分别用浮称法(或虹吸筒法)和比重瓶法测定，再求其加权平均值。其公式为

$$d_{sm}=\frac{1}{\frac{0.01P_1}{d_{s_1}}+\frac{0.01P_2}{d_{s_2}}} \quad (3.2.14)$$

式中，d_{sm}为土颗粒平均相对密度；d_{s_1}为粒径大于、等于 5 mm 的土颗粒相对密度；d_{s_2}为粒径小于 5 mm 的土颗粒相对密度；P_1 为粒径大于、等于 5 mm 的土颗粒质量占试样总质量的百分比(%)；P_2 为粒径小于 5 mm 的土颗粒质量占试样总质量的百分比(%)。

由于土的相对密度一般变化幅度不大，因此可根据地区经验判定。表 3.2.6 为北京市地区经验值，可供参考。

土粒相对密度参考 表 3.2.6

塑性指数	粉细砂	$3<I_p\leq7$	$7<I_p\leq10$	$10<I_p\leq14$	$14<I_p\leq17$	$17<I_p\leq30$	$I_p>30$
土粒相对密度	2.68	2.69	2.70	2.71	2.73	2.73	2.74

注：资料来源于北京市勘察设计研究院。

(五)土的基本物理性质指标的换算及应用

土的含水率、相对密度、密度称为土的直接指标，干密度、孔隙比、孔隙率及饱和度称为土的间接指标，可由直接指标计算得到，见表 3.2.7、表 3.2.8。

由计算求得的基本物理指标 表 3.2.7

指标名称	计算公式	物理意义
干密度 ρ_d/(g/cm³)	$\rho_d=\frac{m_s}{V}$ (3.2.15)	土颗粒质量与土的天然状态总体积之比
孔隙比 e	$e=\frac{V_v}{V_s}$ (3.2.16)	土中孔隙体积与土粒体积比
孔隙率 n/(%)	$n=\frac{V_v}{V}\times100$ (3.2.17)	土中孔隙体积与土总体积之比
饱和度 S_r/(%)	$S_r=\frac{V_w}{V_v}\times100$ (3.2.18)	土中水的体积与孔隙体积之比

(六)颗粒分析试验

1. 试验目的和意义

颗粒分析试验也称粒度分析，是将土试样按粒径不同，分成不同粒组并测定其相对含量的试验方法。

土都是由各种不同粒径的颗粒组成的，不同大小土粒的相对百分含量称为颗粒级配或土的粒度成分，确定土的颗粒级配可以用于土的分类及判断土的结构特征和工程性质，同时也可作为建筑材料选料的依据。

土的基本物理性质指标换算公式 表 3.2.8

已知指标	所求指标						
	含水率 $w/(\%)$	相对密度 d_s	密度 ρ	干密度 ρ_d	孔隙比 e	孔隙率 $n/(\%)$	饱和度 $S_r/(\%)$
w d_s ρ				$\frac{\rho}{1+0.01w}$	$\frac{d_s\rho_w(1+0.01w)}{\rho}-1$	$100-\frac{100\rho}{d_s\rho_w(1+0.01w)}$	$\frac{wd_s\rho}{d_s\rho_w(1+0.01w)-\rho}$
w d_s ρ_d			$(1+0.01w)\rho_d$		$\frac{d_s\rho_w}{\rho_d}-1$	$100-\frac{100\rho_d}{d_s\rho_w}$	$\frac{wd_s\rho_d}{d_s\rho_w-\rho_d}$
w d_s e			$\frac{d_s\rho_w(1+0.01w)}{1+e}$	$\frac{d_s\rho_w}{1+e}$		$\frac{100e}{1+e}$	$\frac{wd_s}{e}$
w d_s n			$(1+0.01w)(1-0.01n)d_s\rho_w$	$(1-0.01n)d_s\rho_w$	$\frac{n}{100-n}$		$\frac{(100-n)wd_s}{n}$
w d_s S_r			$\frac{S_rd_s\rho_w(1+0.01w)}{wd_s+S_r}$	$\frac{S_rd_s\rho_w}{wd_s+S_r}$	$\frac{wd_s}{S_r}$	$\frac{100wd_s}{wd_s+S_r}$	
w ρ e		$\frac{(1+e)\rho}{(1+0.01w)\rho_w}$		$\frac{\rho}{1+0.01w}$		$\frac{100e}{1+e}$	$\frac{w(1+e)\rho}{(1+0.01w)e\rho_w}$
w ρ n		$\frac{100\rho}{(1+0.01w)(100-n)\rho_w}$		$\frac{\rho}{1+0.01w}$	$\frac{n}{100-n}$		$\frac{100w\rho}{n(1+0.01w)\rho_w}$
w ρ S_r		$\frac{S_r\rho}{S_r\rho_w(1+0.01w)-w\rho}$		$\frac{\rho}{1+0.01w}$	$\frac{w\rho}{S_r\rho_w(1+0.01w)-w\rho}$	$\frac{100w\rho}{S_r\rho_w(1+0.01w)}$	
w ρ_d e		$\frac{(1+e)\rho_d}{\rho_w}$	$(1+0.01w)\rho_d$			$\frac{100e}{1+e}$	$\frac{w(1+e)\rho_d}{e\rho_w}$

续上表

已知指标	所求指标						
	含水率 $w/(\%)$	相对密度 d_s	密度 ρ	干密度 ρ_d	孔隙比 e	孔隙率 $n/(\%)$	饱和度 $S_r/(\%)$
w ρ_d n		$\frac{100\rho_d}{(100-n)\rho_w}$	$(1+0.01w)\rho_d$		$\frac{n}{100-n}$		$\frac{100w\rho_d}{n\rho_w}$
w ρ_d S_r		$\frac{S_r o_d}{S_r o_w - w\rho_d}$	$(1+0.01w)\rho_d$		$\frac{w\rho_d}{S_r\rho_d - w\rho_d}$	$\frac{100w\rho_d}{S_r\rho_d}$	
w e S_r		$\frac{eS_r}{w}$	$\frac{eS_r(1+0.01w)\rho_w}{(1+e)w}$	$\frac{eS_r o_w}{(1+e)w}$		$\frac{100e}{1+e}$	
w n S_r		$\frac{nS_r}{(100-n)w}$	$\frac{nS_r(1+0.01w)\rho_w}{100w}$	$\frac{nS_r\rho_w}{100w}$	$\frac{n}{100-n}$		
d_s ρ ρ_d	$\frac{100\rho}{\rho_d}-100$				$\frac{d_s\rho_w}{\rho_d}-1$	$100-\frac{100\rho_d}{d_s\rho_w}$	$\frac{100(\rho-\rho_d)d_s}{d_s\rho_w-\rho_d}$
d_s ρ e	$\frac{100\rho(1+e)}{d_s\rho_w}-100$			$\frac{d_s\rho_w}{1+e}$	$\frac{100e}{1+e}$		$\frac{(1+e)\rho-d_s o_w}{e}\times 100$
d_s ρ n	$\frac{100\rho}{d_s\rho_w(1-0.01n)}-100$			$(1-0.01n)d_s o_w$	$\frac{n}{100-n}$		$\frac{100\rho-(100-n)d_s o_w}{0.01n}$
d_s ρ S_r	$\frac{S_r(d_s o_w-\rho)}{d_s(\rho-0.01S_r\rho_w)}$			$\frac{d_s(\rho-0.01S_r\rho_w)}{d_s-0.01S_r}$	$\frac{d_s\rho_w-\rho}{\rho-0.01S_r\rho_w}$	$\frac{100(d_s o_w-\rho)}{d_s-0.01S_r}$	
d_s ρ_d S_r	$\frac{S_r(d_s o_w-\rho_d)}{d_s\rho_d}$		$\frac{0.01S_r(d_s o_w-\rho_d)}{d_s}+\rho_d$		$\frac{d_s\rho_w}{\rho_d}-1$	$100-\frac{100\rho_d}{d_s\rho_w}$	

续上表

已知指标	所求指标						
	含水率 w/(%)	相对密度 d_s	密度 ρ	干密度 ρ_d	孔隙比 e	孔隙率 n/(%)	饱和度 S_r/(%)
d_s e S_r	$\frac{eS_r}{d_s}$		$\frac{(d_s+0.01eS_r)\rho_w}{1+e}$	$\frac{d_s e_w}{1+e}$		$\frac{100e}{1+e}$	
d_s n S_r	$\frac{nS_r}{(100-n)d_s}$		$\frac{0.01nS_r+(100-n)d_s\rho_w}{100}$	$(1-0.01n)d_s\rho_w$	$\frac{n}{100-n}$		
ρ ρ_d e	$\frac{100\rho}{\rho_d}-100$	$\frac{(1+e)\rho_d}{\rho_w}$				$\frac{100+e}{1+e}$	$\frac{100(\rho-\rho_d)(1+e)}{e\rho_w}$
ρ ρ_d n	$\frac{100\rho}{\rho_d}-100$	$\frac{100\rho_d}{(100-n)\rho_w}$			$\frac{n}{100-n}$		$\frac{100(\rho-\rho_d)}{001n}$
ρ p_d S_r	$\frac{100\rho}{\rho_d}-100$	$\frac{S_r\rho_d}{S_r\rho_w-100(\rho-\rho_d)}$			$\frac{\rho-\rho_d}{0.01S_r\rho_w-\rho+\rho_d}$	$\frac{100(\rho-\rho_d)}{0.01S_r}$	
ρ e S_r	$\frac{S_r\rho_w}{\rho(1+e)-0.01S_r\rho_w}$	$\frac{(1+e)\rho}{\rho_w}-0.01eS_r$		$\rho-\frac{0.01eS_r\rho_w}{1+e}$		$\frac{100e}{1+e}$	
ρ n S_r	$\frac{S_r\rho_w}{100\rho-0.01nS_r\rho_w}$	$\frac{100\rho-0.01nS_r\rho_w}{(100-n)\rho_w}$		$\rho-\frac{0.01nS_r\rho_w}{100}$	$\frac{n}{100-n}$		
ρ_d e S_r	$\frac{S_r\rho_w}{(1+e)\rho_d}$	$\frac{(1+e)\rho_d}{\rho_w}$	$\frac{0.01eS_r\rho_w}{1+e}+\rho_d$			$\frac{100e}{1+e}$	
ρ_d n S_r	$\frac{0.01nS_r\rho_w}{\rho_d}$	$\frac{100\rho_d}{(100-n)\rho_w}$	$\frac{1.01nS_r\rho_w}{100}+\rho_d$		$\frac{n}{100-n}$		

2. 试验方法

颗粒分析试验根据不同的粒组采用不同的分析方法，目前常用的方法有筛析法、密度计法和移液管法，对于粒径大于 0.075 mm 粒组，一般采用筛析法；对于小于 0.075 mm 的粒组，则采用密度计法和移液管法。

1)筛析法

(1)试验要点

①称取试样质量，取试样数量见表 3.2.9，先过 2 mm 筛，分别称量筛上、筛下土的质量。如 2 mm 筛下的土不超过试样总质量的 10%，可不进行细筛分析；筛上的土不超过试样总质量的 10%，也可不进行粗筛分析。

筛析法取样数量 表 3.2.9

颗粒尺寸/mm	取样数量/g	颗粒尺寸/mm	取样数量/g
<2	100～300	<40	2 000～4 000
<10	300～1 000	<60	>4 000
<20	1 000～2 000		

②筛上、下的试样分别倒入叠好的粗、细筛组上进行筛析，筛后称各筛上留下的试样质量，筛后各级筛上和筛底上试样质量的总和与试验前试样总质量的差，不得大于 1%。

③对含有黏粒的砂性土，应先将试样在容器内加水搅拌，使试样充分浸润，粗细粒分离后过 2 mm 筛。筛上的试样烘干、称量质量后按粒径进行筛析。小于 2 mm 的混合液用研杵(带橡皮头)研磨后过 0.075 mm 筛，将筛上的试样烘干后称量质量，进行细筛分析。

④如粒径小于 0.075 mm 的试样质量大于试样总质量的 10%，则应将这部分的细颗粒的组成用密度计法或移液管法测定其小于 0.075 mm 的颗粒组成。

(2)试验资料整理

①按下式计算小于某粒径的试样质量百分比

$$X=\frac{m_A}{m_B}d_x \tag{3.2.19}$$

式中，X 为小于某粒径的试样质量占试样总质量的百分比(%)；m_A 为小于某粒径的试样质量(g)；m_B 为筛析时的试样总质量，细筛分析时为所取的试样质量(g)；d_x 为粒径小于 2 mm 的试样质量占试样总质量的百分比(%)。

②绘制颗粒大小级配曲线，如图 3.2.2 所示。

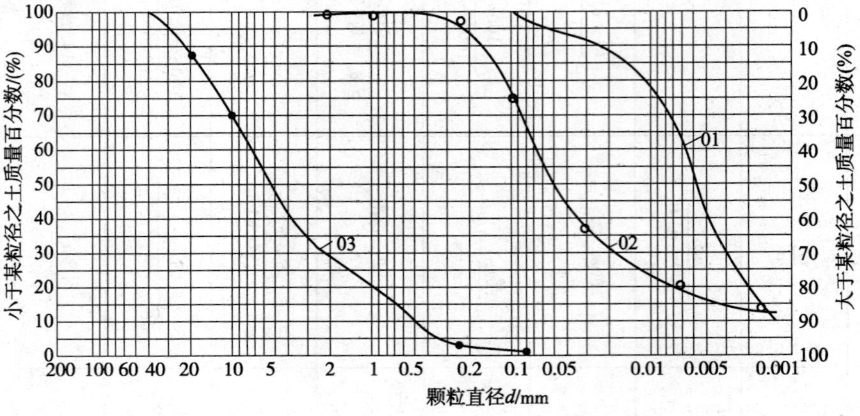

图 3.2.2 颗粒大小分布曲线

2)密度计法

密度计法是根据斯托克斯原理,利用土壤密度计通过测量不同深度处悬液的密度和土粒沉降的距离,计算出不同粒径所占百分比。土壤密度计分甲种密度计与乙种密度计两种。

(1)试验要点

①建议选用风干试样 200～300 g(易溶盐含量大于 0.5%时,应进行洗盐处理),将试样过 2 mm 筛,求出筛上试样占试样总质量的百分比,测定筛下土风干含水率。

②将干质量为 30 g 试样倒入锥形瓶并注入约 200 mL 纯水,浸泡一夜后煮沸约 40 min,过 0.075 mm 筛,筛上试样冲洗、烘干、称量、筛析。将过筛悬液倒入量筒加入 4%浓度的分散剂(六偏磷酸钠)10 mL,再注入纯水至 1 000 mL。

③悬液搅拌 1.0 min 后取出搅拌器,立即放入密度计观测经 0.5 min、1 min、2 min、5 min、15 min、30 min、60 min、120 min 和 1 440 min 时的密度计读数及水温,读数均以弯月面上缘为准。每次读数后应取出密度计。

(2)资料整理

①计算小于某粒径的试样质量占总质量的百分比(X)。

a. 甲种密度计

$$X=\frac{100}{m_d}C_G(R+m_T+n-C_D) \tag{3.2.20}$$

式中,C_G 为土粒相对密度校正值;R 为甲种密度计读数;n 为弯液面校正值;m_T 为温度校正值;C_D 为分散剂校正值。

b. 乙种密度计

$$X=\frac{100V_x}{m_d}C'_G[(R'-1)+m'_T+n'-C'_D]\rho_{w20} \tag{3.2.21}$$

式中,V_x 为悬液体积,1 000mL;C'_G 为土粒密度校正值;R'为乙种密度计读数;n'为弯液面校正值;m'_T 为温度校正系数;ρ_{w20}为温度 20 ℃时纯水的密度(g/cm^3)。

②土颗粒的粒径按下式计算:

$$d=\sqrt{\frac{1\ 800\times10^4\eta}{(G_s-G_{wt})\rho_{w4}g}\frac{L}{t}} \tag{3.2.22}$$

式中,d 为试样颗粒粒径(mm);η 为纯水的动力黏滞系数(10^{-6}kPa·s);G_{wt}为 T ℃时水的相对密度;ρ_{w4}为 4 ℃时纯水的密度(g/cm^3);g 为重力加速度(cm/s^2);t 为沉降时间(s);L 为某一时间内的土粒沉降距离(cm)。

③绘制颗粒大小分布曲线(图 3.2.2)。

3)移液管法

移液管法是根据各种粒径土粒下沉距离与时间的关系来计算确定吸取悬液的时间和距离,标准采用的是固定粒径和吸取深度来计算吸取时间。

(1)试验要点

①取代表性试样(黏性土 10～15 g,砂性土 20 g)按密度计法(1)中①、②步骤制成悬液,倒入量筒内,搅拌均匀放入恒温水槽中,测定悬液温度。

②计算粒径小于 0.05 mm、0.01 mm、0.005 mm、0.002 mm 和其他所需粒径下沉一定深度的时间,也可事先制成土粒在不同温度静水中某一深度沉降的时间表。

③开动秒表,按预定时间从悬液面下 10 cm 处用移液管从量筒中吸取一定体积的悬液注入烧杯,蒸发、烘干、称烧杯内试样质量(精确到 0.001 g)。

(2)资料整理

①计算小于某粒径的试样质量占总质量的百分比(X)。

$$X=\frac{m_x V_x}{V'_x m_d}\times 100 \tag{3.2.23}$$

式中,V'_x 为吸取的悬液体积;m_x 为从悬液内吸取的试样质量(g);V_x 为悬液总体积。

②绘制颗粒大小分配曲线(图 3.2.2)。

3.级配指标的计算

计算求得的级配指标见表 3.2.10。

计算求得的级配指标　　表 3.2.10

指标名称	符号	单位	物理意义	求得方法
限制粒径	d_{60}	mm	小于该粒径的颗粒占总质量的 60%	从颗粒级配制曲线上求得
平均粒径	d_{50}		小于该粒径的颗粒占总质量的 50%	
中间粒径	d_{30}		小于该粒径的颗粒占总质量的 30%	
有效粒径	d_{10}		小于该粒径的颗粒占总质量的 10%	
不均匀系数	C_u	—	土的不均匀系数越大,表明土的粒度成分越不均匀	$C_u=\frac{d_{60}}{d_{10}}$
曲率系数(级配系数)	C_c	—	表示某种粒径的粒组是否缺失的情况	$C_c=\frac{d_{30}^2}{d_{10}d_{60}}$

级配指标的应用。土的均匀性和分选性,不均匀系数反映了土粒的均匀性和分选性,C_u 值大,曲线平缓说明大小土粒含量相近,土粒未经很好分选,称“级配良好”。C_u 值越小,曲线越陡,说明土粒组成集中为某些粒组,分选良好,即“级配不好”,见表 3.2.11。间接计算砂土的渗透系数

$$k=Cd_{10}^2(0.7+0.03t) \tag{3.2.24}$$

式中,k 为渗透系数(m/d);t 为渗透水的温度(℃);C 为常数,黏土质砂为 500～700,纯砂为 700～1 000。

砂土的均匀性按不均匀系数分类　　表 3.2.11

不均匀系数 C_u	均匀性分类	不均匀系数 C_u	均匀性分类
$C_u<5$	均匀的	$C_u>10$	不均匀的
$5<C_u<10$	中等均匀的		

粒组的划分及砂类土的分类。粒径大小级配决定了土的工程地质特性,国家标准中对粒组进行了划分(表 3.2.12);根据筛析可将砂类土按颗粒含量分类,见表 3.2.13。

粒组划分　　表 3.2.12

粒组	巨粒		粗粒			细粒	
	漂石粒(块石)	卵石粒(碎石)	砾粒		砂粒	粉粒	黏粒
			粗砾	细砾			
粒径/mm	200	60	20	2.0	0.075	0.005	

砂类土分类　　表 3.2.13

土的名称	颗粒含量及级配
砾砂	粒径大于 2 mm 的颗粒占全重的 25%～50%
粗砂	粒径大于 0.5 mm 的颗粒超过全重 50%
中砂	粒径大于 0.25 mm 的颗粒超过全重的 50%
细砂	粒径大于 0.75 mm 的颗粒超过全重的 85%
粉砂	粒径大于 0.75 mm 的颗粒不超过全重 50%

(七)界限含水率试验

1.概念及意义

黏性土由于土中水含量的变化明显地表现出不同的性质和不同的物理状态,如含水率的增大使黏性土可由固态、半固态的脆性状态变为可塑状态,最后变为流动状态或液体状态。黏性土这种因含水率变化而表现出的各种不同物理状态,称为黏性土的稠度,界限含水率就是量度黏性土从液态过渡到固态的过程各阶段的数值。1911 年瑞典科学家阿太堡(Aterberg)将其划分为五个阶段,规定了各界限含水率,称为阿太堡度也即界限含水率,见图 3.2.3。

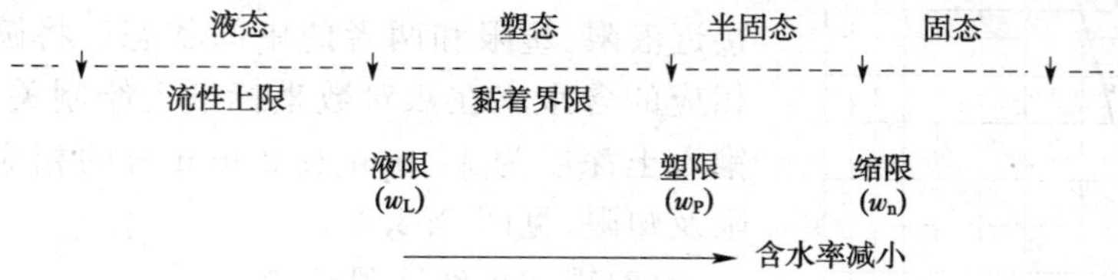

图 3.2.3 界限含水率

在工程实际中,最具实用性的界限含水率为液限(w_L)、塑限(w_p)及缩限(w_n)。

将土具有最小强度时的含水率作为液态和塑态的界限值,称为液限(w_L),随着土中水分继续逐渐减少,土的强度逐渐增大,土体变得具有脆性,呈固态或半固态,区分塑性、固态半固态的界限含水率称为塑限(w_p),当饱和黏性土进一步干燥至体积不再收缩时的含水率称为缩限(w_n)。

2.界限含水率试验方法

(1)液塑限联合测定法

①依据及仪器

液塑限联合测定法的理论依据是圆锥下沉深度与相应含水率在双对数坐标纸上具有直线关系。联合测定法所用仪器有光电式、游标式和百分表式液塑限联合测定仪等。

②联合测定法的试验标准

液限试验标准的确定。液限是试样由黏质液体状态变成黏质塑性状态时的含水率。在该界限时,试样具有出现一定的流动阻力,即最小可量度的抗剪强度,理论上是强度“从无到有”的分界点,这是采用各种测定方法的等效标准。卡萨格兰特(Casagrande)得到土在液限状态时的不排水抗剪强度为 2~3 kPa,为此,采用与碟式仪法测得液限时土的抗剪强度相一致的方法来确定圆锥仪入土深度作为液限标准。经大量试验证明:76 g 圆锥入土深度 17 mm 和 100 g 圆锥入土深度 20 mm 时土的强度与卡式碟式仪测得液限时土的强度(平均值)一致,说明这两种标准与卡式碟式仪标准等效。目前国家标准《土工试验方法标准》(GB/T 50123—1999)中列入了76 g圆锥入土深度 17 mm 时的含水率作为液限标准,而交通部公路系统的标准《公路土工试验规程》(JTG E40—2007)中采用 100 g 圆锥入土深度20 mm作为液限标准。但当使用现行国家标准《建筑地基基础设计规范》(GB 50007—2011)确定黏性土地基承载力标准时,按 76 g 锥 10 mm 液限计算塑性指数和液性指数,是配套的专门规定。

塑限试验标准的确定。使用圆锥仪测定土的塑限是以滚搓法作为比较的,主要问题是确定相应的入土深度。比较试验得到,相对于滚搓法塑限的平均强度值为 143 kPa,而 76 g 圆锥入土深度 2 mm 时的平均强度为 156 kPa。说明入土深度 2 mm 时的含水率作为塑限基本上与滚搓法塑限相当。

③试验要点

此试验方法适用于粒径小于 0.5 mm 以及有机质含量小于试样总质量 5%的细粒土;将

粒径小于0.5 mm的试样调成膏状，填满试样杯后刮平，放于联合测定仪升降座上；电磁铁吸住圆锥，调整零点和升降座，使圆锥尖接触试样表面。电磁铁断电，圆锥靠自重下沉，当沉入试样中5 s后，观测并记录圆锥入土深度，取出试样测定含水率。重复上述步骤再测定另外两种不同含水率试样的圆锥入土深度和含水率。测定点不应少于三点，圆锥入土深度宜为3～4 mm、7～9 mm、15～17 mm，试样的含水率宜分别接近液限、塑限和两者的中间状态。将圆锥入土深度及相应的含水率在双对数坐标纸上绘制关系曲线，求得圆锥入土深度为17 mm及2 mm时的相应含水率即为液限及塑限，见图3.2.4。

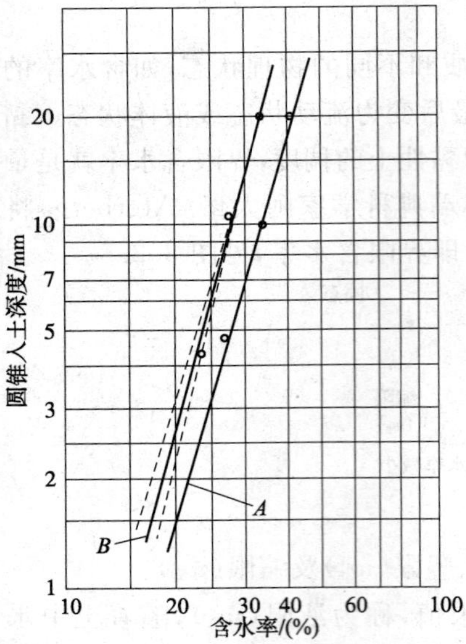

图3.2.4 圆锥下沉深度与含水率关系

(2)碟式仪法液限试验

碟式仪在国内应用极少，但被广泛采用于美国、日本以及欧洲等国家。我国采用的是ASTM标准的液限仪及A形槽口。其试验要点：

①首先调整铜碟底与底座间距准确至10 mm。在铜碟前半部分放入制备好的试样，刮成水平状，使其厚度为10 mm。用开槽器自蜗形轴中心沿铜碟直径将试样划开成V形槽。

②以每秒两转的速率转动手柄，使铜碟反复起落，直至沟槽两边试样在振动下合龙长度约13 mm时为止，记录此时的击数，并测定含水率。

③用4～5个不同含水率的试样重复进行试验，槽底试样合龙至13 mm所需要的击数宜在15～35击之间。

④在半对数坐标纸上绘制击数与含水率的关系曲线。曲线上击次为25时对应的整数含水率为试样的液限，如图3.2.5所示。

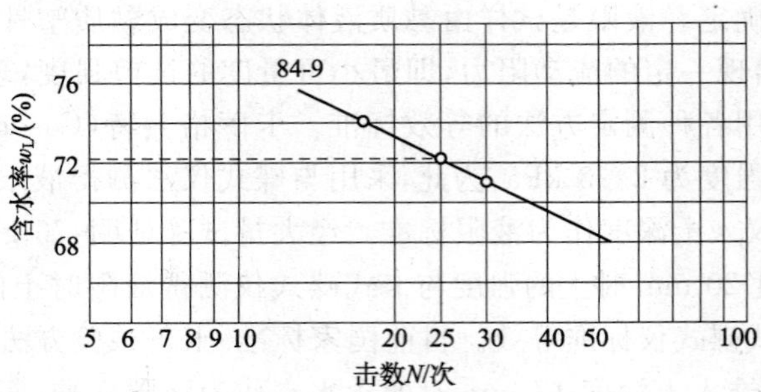

图3.2.5 液限曲线

(3)滚搓法塑限试验

土样在脆性固体也即固态半固态下含水率低于塑限黏性土揉搓时将破碎，因此，可以根据揉搓小土条达一定尺寸，土条开始断裂时的含水率确定塑限。

将试样调至接近塑限状态(揉搓不黏手)，取8～10 g在毛玻璃板上用手掌轻轻搓滚。手掌压力要均匀适宜地施加在试样上。操作时土条不得无压力滚动，不能有空心现象。当土条直径达3 mm时产生裂缝并开始断裂，此时测定土条的含水率即为塑限w_p。由于该法是纯手工操作，其准确程度完全取决于操作者的经验和技巧，所以人为因素较大。尤其是对于低塑性粉土和高塑性黏土尤甚，因此，在试验过程中要严格按试验规程操作。

(4)收缩皿法缩限试验

收缩皿法缩限试验又称土的缩限试验，是利用收缩皿确定重塑土试样的缩限。

试验所需主要仪器设备为高 20～30 mm，直径 45～50 mm 的金属或玻璃的收缩皿。试验时将土试样制备成含水率等于或略大于 10 mm 液限的试样，然后分层填入收缩皿内，必须填实，不可夹有气泡，刮平表面后称重。先在通风处晾干，再放在烘箱中烘至恒量，取出冷却后称重。用蜡封法测定试样的体积，用下式计算缩限，准确至 0.1%。

$$w_n = w - \frac{V_0 - V_d}{m_d} \rho_w \times 100 \tag{3.2.25}$$

式中，w_n 为土的缩限(%)；w 为制备土试样的含水率(%)；V_0 为湿试样体积(cm^3)；V_d 为干试样体积(cm^3)；ρ_w 为水的密度(g/cm^3)。

(5)基本指标的换算和应用

由土的含水率及界限含水指标可进一步求得土的其他可塑性指标(表 3.2.14)，进而应用于土的物理状态的鉴别(表 3.2.15)和分类(表 3.2.16、表 3.2.17)。同时，综合考虑土的塑性指数及液限大小的塑性图更成为细粒土进一步合理分类的标准(图 3.2.6)。

计算求得的可塑性指标 表 3.2.14

指标名称	计算公式	物理意义
塑性指数 I_p	$I_p = w_L - w_p$	塑性状态时土含水率的变化范围，亦表示土的可塑性程度
液性指数 I_L	$I_L = \frac{w - w_p}{w_L - w_p} = \frac{w - w_p}{I_p}$	土抵抗外力的量度，其值越大，抵抗外力的能力越小
含水比 a_w	$a_w = \frac{w}{w_L}$	土的天然含水率与液限含水率之比
活动度 A	$A = I_p / P_{0.002}$	塑性指数与小于 0.002 mm 以下黏土颗粒含量之比

黏性土状态分类 表 3.2.15

状态	坚硬	硬塑	可塑	软塑	流塑
I_L	$I_L \leqslant 0$	$0 < I_L \leqslant 0.25$	$0.25 < I_L \leqslant 0.75$	$0.75 < I_L \leqslant 1.0$	$I_L > 1.0$

土按塑性指数分类 表 3.2.16

塑性指数	土的分类	塑性指数	土的分类
$I_p > 17$	黏土	$I_p \leqslant 10$	粉土
$10 < I_p \leqslant 17$	粉质黏土		

按活动度划分土的类别 表 3.2.17

类型	活动度	类型	活动度
不活动黏土	$A > 0.75$	活动黏土	$A > 1.25$
正常黏土	$0.75 < A < 1.25$		

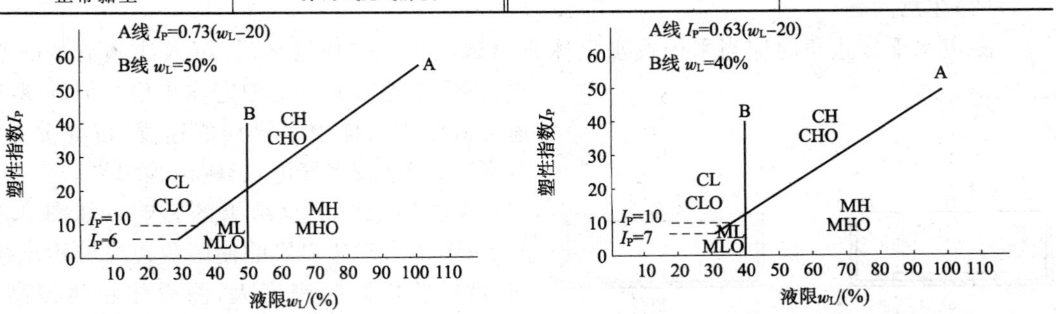

a)按76g锥入土深度为17mm时测定液限分类　　b)按76g锥入土深度为10mm时测定液限分类

图 3.2.6 塑性图

(八)无黏性土休止角试验

1.定义及适用范围

休止角是无黏性土在松散状态堆积时其坡面和水平面所形成的最大倾角。休止角试验的目的是为了测定无黏性土在充分风干或水下状态的休止角。无黏性土的休止角在数值上接近松散土样的内摩擦角。对于粒径较大的砂砾料,可通过休止角试验近似确定其内摩擦角。本试验一般适用于不含黏粒或粉粒的纯砂土。试验表明,对含有较多粉粒或黏粒的细砂或极细砂,水上休止角偏大,而水下休止角则偏小。因此,对于此类土不应要求做此项试验。

2.试验方法及注意问题

(1)试验方法

测定无黏性土休止角的方法有很多,常见的有圆盘法、倾倒法、抽板法和现场堆积法等(表3.2.18),这几种方法中各规范通用的为圆盘法。

测定无黏性土休止角的方法 表3.2.18

试验方法	试验要点	示意图	方法简评
圆盘法	此法是通过提起盛满试样的圆盘,以圆盘上堆积坡面所保持的最大倾角作为休止角	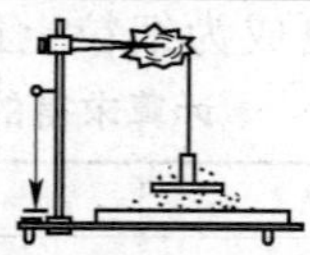	操作简便,结果稳定,接近于天然堆积情况
倾倒法	先将长方形槽翻转45°,装好试样,并拂平其土面后慢慢地放回原位,当土料滑动停止后,其坡面的最大倾角为休止角	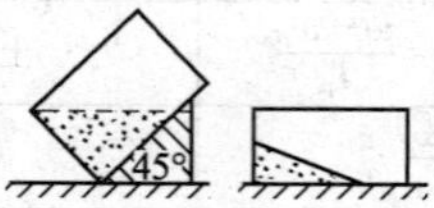 a) b)	方法简单,受操作技术影响结果不易稳定,当进行水下测定时,由于水动力影响结果偏小
抽板法	将砂样分隔于方箱之一侧,提起中间隔板,让砂样塌滑成一自然坡面,以此坡面与水平面所成的夹角作为休止角	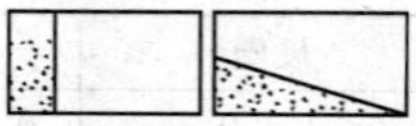 a) b)	在抽取隔板时由于冲力影响,砂样堆积较平,休止角数值偏小,同时由于隔板抽取速度,槽壁摩擦等因素影响,结果不稳定
现场堆积法	此法与圆盘法相似,在现场选取一块直径约3 m的地面,整平后自圆心向外作若干个同心圆,圆心竖立一铅直的带有刻度的标杆,将试样沿标杆分层堆积(落距不大于20 mm)到圆锥底面直径达到一定数值,选择3~4个坡面,计算其倾角,取平均值算出天然坡角	略	适用于颗粒小于50 mm的土样,结果稳定,更接近于天然堆积情况

(2)注意问题

测定水下休止角时应当采用按水上休止角试验步骤堆成锥体后,沉入注满清水的水槽中,再慢慢提起的方法测定休止角。但圆盘下降速度应慢于试样中水浸润的速度,以充分排气;否则,将产生较多气泡,影响试验结果。

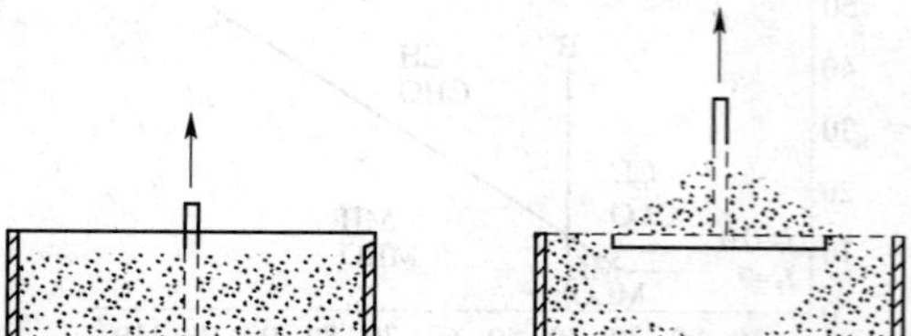

图3.2.7 底盘侧壁对试验影响

圆盘边缘对试验结果的影响。如图3.2.7所示,图中由于边界影响使圆盘边缘堆积土样较多,试样较松散时密度大,测得休止角偏高,因此,在实际试验中,应当选择较大尺寸底盘或无边缘底盘试验,以消除底盘侧壁的影响。

(九)毛细管水上升高度试验

1. 定义与目的

土毛细管水上升高度是水在土孔隙中因受毛细管作用而上升的最大高度，土的毛细管水上升现象是土粒与水分子间相互吸引及表面张力作用而产生的现象。

此试验目的是为了确定土的毛细水上升高度及速度，主要用于估算地下水位升高时基坑降水深度及基础浸润程度，判定对路基的冻害、翻浆及对某些地区的沼泽化或盐碱化的影响等。

2. 试验方法及要点

测定毛细管水上升高度方法的原理是根据毛细管水的弯液面支持的水柱重力而计算出毛细管水的上升高度，因此，可以分为毛管水弯液面所能支持上升的水柱重力，称为正水头作用，对应的方法为直接观测法；土中毛细管水弯液面支持下降的水柱的方法称为负水头作用方法，对应的方法为土样管法，见表 3.2.19。

毛细水上升高度由于土质的不同而不同，不同类型土毛细水上升高度可参阅表 3.2.20。

毛细管水上升高度的测试方法 表 3.2.19

方法	试验装置	试验要点	适用范围
直接观测法	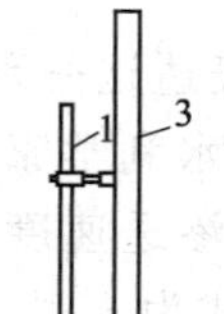 1-支架；2-玻璃杯；3-厚壁玻璃管	在毛细管仪的玻璃管中，用漏斗装入代表性试样，轻轻捣实，使其密度均匀后插入玻璃容器中，用支架固定好玻璃管，在容器中注水，水面高出管底 5～10 mm，试验过程中应使水面保持不变，按一定时间间隔观测毛细水上升高度至上升稳定，整理出试验时间及毛细水上升高度曲线	粗砂、中砂
土样管法	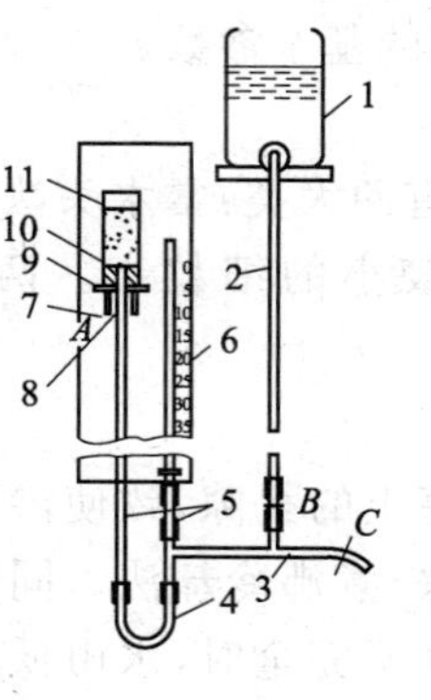 1-供水瓶；2-玻璃管；3-三通接头；4-橡皮管；5-测压管；6-直尺；7-管夹；8-排气管；9-橡皮塞；10-筛布；11-玻璃筒	①代表性试样研散后逐次倒入玻璃筒并捣实，使其密度均匀，达到所需的孔隙比。 ②调压管通水，使水经调压管上升到试样下部，排水管排气至无气泡后水由下至上饱和试样。 ③记录测压管水面逐渐下降的高度，至水面停止下降或开始升高时，此时的水头高度即为毛细管水上升高度，应进行两次测定平均值	细砂、粉土或毛细管水上升高度较小的黏质土

续上表

方法	试验装置	试验要点	适用范围
塑限与含水率曲线交合法	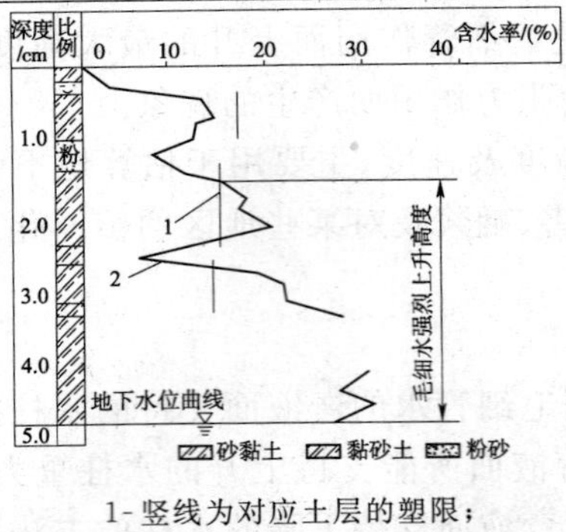 1-竖线为对应土层的塑限； 2-开挖试抗时含水率曲线	于试坑壁一定间距自上而下采取土样并测定含水率，根据土质变化分层并测定各层土的塑限，绘制深度与含水率关系曲线，用竖线段在图上标出相应土层塑限，竖线段与含水率曲线最上面的交点至地下水位的距离，即为毛细管水强烈上升高度	黏性土，测定土的毛细水强烈上升高度

不同类型土毛细管水上升高度 表 3.2.20

土的名称	H_k/cm	土的名称	H_k/cm
中砂	15～35	粉质黏土	150～400
粉、细砂	35～100	黏土	400～500
粉土	100～150		

(十)渗透试验

1. 目的与意义

渗透是液体在多孔介质中运动的现象，渗透系数是表达这一现象的定量指标。水在土内微细孔隙中一般情况下都呈现层流状态。19世纪法国水利学家达西(Darcy)给出了层流状态下渗透的基本理论，即若土中渗流呈现层流状态，则渗透速度 v 与水力坡度 i 成正比，当水力坡度为1时的渗透速度称为土的渗透系数。其公式为

$$v=ki \tag{3.2.26}$$

式中，v 为渗流速度(cm/s)；i 为水力坡度或水力坡降(土中产生渗流时的任意两点水头差和两点间渗流长度之比)；k 为渗透系数(cm/s)。

渗透试验的目的就是测量土的渗透系数。渗透系数是土的一项重要力学指标，是提供分析地基固结沉降时间，估计天然地基、土坝、高填土等渗流量和渗流稳定性，以及给排水设计、施工选料、人工降低水位及地基加固设计等所需的基本参数。

2. 试验方法及要点

渗透试验的室内试验方法很多，以其原理来分有两大类：常水头法和变水头法。前者适用于渗透性较大的粗粒土，后者适用于透水性较小的细粒土。两种试验方法简述如表3.2.21所示。

3. 试验中注意的问题

试验用水。由于水中气体分离会形成气泡堵塞土的孔隙，致使渗透系数降低，因此，试验用水应当为脱气纯水。脱气的方法可以用抽气法、煮沸冷却法。同时按要求试验水温应当高于仪器和土样温度3～4 ℃，这是为了避免脱气不完全时，水由低温进入高温试样时会分解出气体，堵塞孔隙。

试样饱和及试验系统的密闭性。试验时试样饱和度越小，土孔隙中残留的气体越多，土样的有效渗透面积就越小，因而，试样在试验前应以脱气纯水充分饱和，对于砂土，可在仪器中直接饱和，对于黏性土，则可用抽气法加快饱和，同时试验容器的上下透水石及下部的水槽都应充分浸水饱和。

两种试验方法要点及比较　　表 3.2.21

方法	适用条件	装　置	试验要点	原理	资料整理
常水头法	渗透系数大于 10^{-4}cm/s 的土	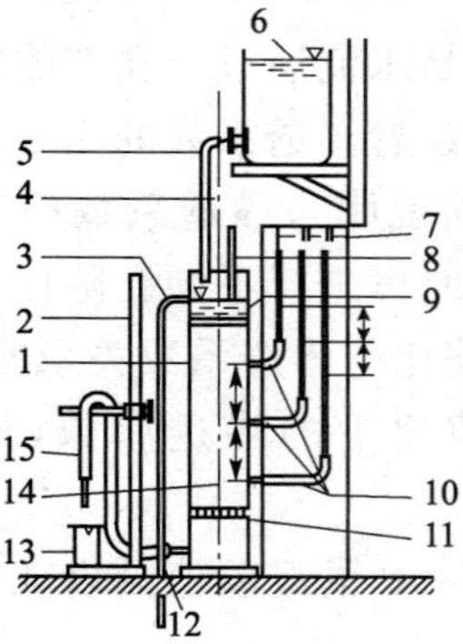 1-金属圆筒；2-滑动架；3-溢水孔；4-止水夹；5-供水管；6-供水瓶；7-测压管；8-温度计；9-砾石层；10-测压孔；11-金属孔板；12-渗水孔；13-量杯；14-试样；15-调节管	①试验所用的纯水在试验前须用煮沸法或抽气法脱气。试验时水温高于室温 3～4℃。 ②选取有代表性风干试样 3～4 kg，测定其风干含水率，分层装入圆筒内。可根据预定的孔隙比，控制试样高度，每层试样装入后由溢水管注水，使试样充分饱和。 ③检查调整测压管水位使其与溢水管齐平后，提起调节管，使其高于溢水管，由供水管向圆筒内注水，并保持水位不变。 ④降低调节管口位于试样上部 1/3 处，造成水位差，水可渗过试样经调节管流出，待测压管水位稳定后，测记水位，计算各测管间水位差。 ⑤按规定时间记录渗出水量、进出水处水温。 ⑥降低调压管，改变水力坡降，在试样的不同高度处重复测定，至各次数值接近	试验时水流在一定的水头差影响下通过土样，测验时，土样长度为固定值，即水力坡度为常数，根据达西定律建立渗透系数与流量和时间的关系，测求渗透系数	①渗透系数按下式计算 $k_T=\frac{QL}{AHt}$ (3.2.27) 式中，k_T 为水温为 T ℃时试样的渗透系数(cm/s)；Q 为时间 t 内的渗出水量(cm^3)；L 为两测压管中心间的距离(cm)；A 为试样的断面积(cm^2)；H 为平均水位差(cm)；t 为时间(s)。 ②换算 k 成标准温度下的渗透系数 $k_{20}=k_T\frac{\eta_T}{\eta_{20}}$ (3.2.28) 式中，k_{20} 为标准温度 20 ℃时试样的渗透系数(cm/s)；η_T 为 T ℃时水的动力黏滞系数(kPa·s)；η_{20} 为 20 ℃时水的动力黏滞系数(kPa·s)。 ③绘制孔隙比与渗透系数的关系曲线
变水头法	渗透系数为 10^{-4}～10^{-7}cm/s 的土的原状土或重塑土	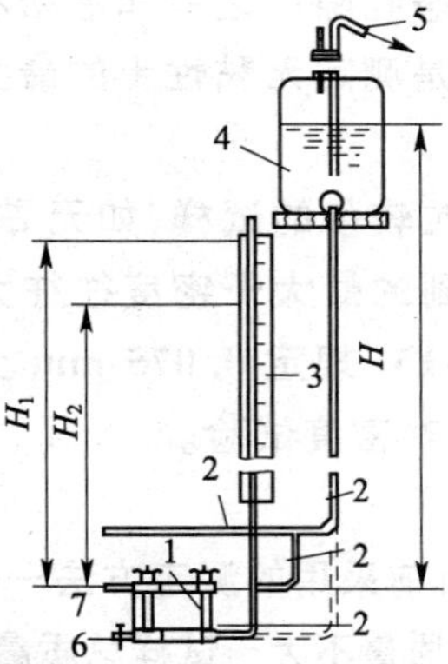 1-渗透容器；2-进水管夹；3-变水头管；4-供水瓶；5-接水源管；6-排气水管；7-出水管	①所用纯水应在试验前用煮沸或抽气法脱气，水温高于室温 3～4 ℃。 ②试验前测定试样的含水率及密度。 ③将装有试样的环刀装入渗透容器密封后进行抽气饱和。 ④通过渗透容器的进水管注水渗透，排除容器底部的空气。 ⑤变水头管注水，使水升至预定高度稳定后，使水通过试样，自出水口有水溢出时开始记录水头高度和时间，并按预定时间间隔记录水头和时间变化，同时测记水温。 ⑥变换水位高度，测记水头和时间变化。 ⑦重复试验 5～6 次	试验时水在变化的水压力下通过土样进行渗透，根据同一时间内经过土样的渗透量与水头量、管流量相等原则推求渗透系数	①渗透系数的计算 $k_T=2.3\times\frac{aL}{A(t_2-t_1)}\lg\frac{H_1}{H_2}$ (3.2.29) 式中，a 为变水头管的断面积(cm^2)；2.3 为 ln 和 lg 的变换关系；L 为渗径，即试样高度(cm)；t_1、t_2 为分别为测读水头的起始和终止时间(s)；H_1、H_2 为起始和终止水头。 ②按式(3.2.28)计算标准温度下的渗透系数。 ③绘制孔隙比与渗透系数的关系曲线

试验中除规定部件需要接大气外，其余管路系统都必须保证完全密封；否则，将会由于水流的中途短路而降低实际作用的水头。此外，试样与容器周围也需要严格密封，否则会额外增加水流通道，影响试验准确性。

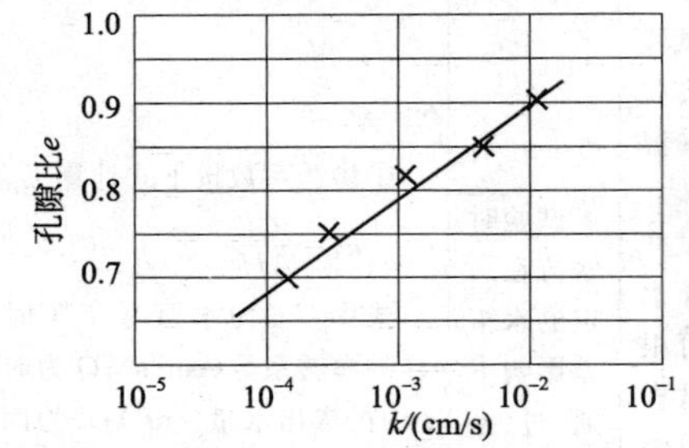

图 3.2.8　孔隙比 e 与渗透系数 k 关系曲线

土的渗透性是水流通过土孔隙的能力，显然，土的孔隙大小决定着渗透系数的大小。因此测定渗透系数时，必须说明与渗透系数相适应的土的密度状态。试验时可进行不同孔隙比下渗透系数的测定，做出孔隙比与渗透系数关系曲线，即可查出任意需要孔隙比下的渗透参数，如图 3.2.8 所示。

各类土渗透系数的经验值见表 3.2.22。

各类土渗透系数的一般范围　　表 3.2.22

土 的 名 称	k/(cm/s)	土 的 名 称	k/(cm/s)
黏土	$<1.2\times10^{-6}$	细砂	$1.2\times10^{-3}\sim6.0\times10^{-3}$
粉质黏土	$1.2\times10^{-6}\sim6.0\times10^{-5}$	中砂	$6.0\times10^{-2}\sim2.4\times10^{-2}$
粉土	$6.0\times10^{-5}\sim6.0\times10^{-4}$	粗砂	$2.4\times10^{-2}\sim6.0\times10^{-2}$
黄土	$3.0\times10^{-4}\sim6.0\times10^{-4}$	砾石	$6.0\times10^{-2}\sim1.8\times10^{-1}$
粉砂	$6.0\times10^{-4}\sim1.2\times10^{-3}$		

二、土的密度试验

(一)相对密度试验

1.定义及适用条件

相对密度是表征无黏性土紧密程度的指标。

相对密度是无黏性土处于最松状态的孔隙比与天然状态孔隙比之差和最松状态孔隙比与最紧状态的孔隙比之差的比值。相对密实度试验的目的是测定无黏性土的最大与最小孔隙比，用于计算相对密度。

相对密度试验适用于透水性良好的无黏性土，对含细粒较多的试样，如无黏性粉砂、极细砂或砂质土。由于土中含有大量粉粒，在高击实功下得到的最大干密度往往大于振动法得到的最大干密度时，不能用相对密实度来衡量。美国 ASTM 规定 0.075 mm 土粒的含量不大于试样总质量的 12%，且能自由排水的土料，宜进行相对密度试验。

2.砂的最小干密度试验

砂的最小干密度试验又称砂的最大孔隙比试验，国际上目前采用的测定方法一般为漏斗法和量筒法，适用于粒径不大于 5 mm 且粒径为 2～5 mm 的试样质量不大于试样总质量的 15%。

试验方法：称取烘干后代表性试样 700 g 倒入漏斗，使试样全部均匀缓慢的漏入量筒中，用砂面拂平器拂平砂面，测记试样体积，用手或橡皮板堵住量筒口，将量筒反复倒转，记录试样在量筒内所占体积的最大值，取上述两种方法中测得的最大体积值计算最小干密度[式(3.2.30)]、最大孔隙比[式(3.2.31)]。

$$\rho_{dmin}=\frac{m_d}{V_d} \tag{3.2.30}$$

式中，ρ_{dmin} 为试样最小干密度(g/cm³)；m_d 为试样质量(g)；V_d 为试样体积(cm³)。

$$e_{max}=\frac{\rho_w d_s}{\rho_{dmin}}-1 \tag{3.2.31}$$

式中，e_{max}为试样的最大孔隙比；ρ_w 为 4 ℃时水的密度（g/cm^3）；d_s 为土颗粒相对密度。

3. 砂的最大干密度试验

砂的最大干密度即最小孔隙比的测定方法，国外常采用振动台法，国内经过试验对比后表明在未施加上部固定荷载条件下振动锤击法比振动台法测得的最大干密度要大，效果更好。因而对于粒径不大于 5 mm 的砂样采用振动锤击法测定最大干密度。

取烘干试样 2 000 g 分三次倒入金属圆筒中，用振动叉敲打振动筒周围，每分钟往返150～200 次，并同时用击锤击试样 30～60 次/min，至试样体积不变时刮平圆筒表面，称量试样质量。

最大干密度按式（3.2.32）计算

$$\rho_{dmax}=\frac{m_d}{V_d} \tag{3.2.32}$$

式中，ρ_{dmax}为试样的最大干密度（g/cm^3）；m_d 为试样质量（g）；V_d 为金属筒体积（cm^3）。

最小孔隙比按式（3.2.33）计算

$$e_{min}=\frac{\rho_w G_s}{\rho_{dmax}}-1 \tag{3.2.33}$$

式中，e_{min}为最小孔隙比。

按下式计算相对密度

$$D_r=\frac{e_{max}-e_0}{e_{max}-e_{min}} \tag{3.2.34}$$

或

$$D_r=\frac{(\rho_d-\rho_{dmin})\rho_{dmax}}{\rho_d(\rho_{dmax}-\rho_{dmin})} \tag{3.2.35}$$

式中，D_r 为砂的相对密度；e_0 为砂的天然孔隙比；ρ_d 为要求的干密度（或天然干密度）（g/cm^3）。

4. 粗颗粒土相对密度试验

水利部《土工试验规程》（SL 237—1999）及《铁路工程土工试验规程》（TB 10102—2010）分别给出了粒径小于 60 mm 粗颗粒碎石土的相对密实度试验方法。

最小干密度的测定采用固定体积法，将试样缓缓地注入已知质量与体积的试样筒内，当充填高度高出筒顶 25 mm 时刮去余土，称取筒加试样质量，并进行平行试验。

最大干密度试验可采用干法或湿法。干法是直接用最小干密度试验时装好的试样放在振动台上，安放上加重物后以 0.64 mm 振幅振动 8 min，测读试样高度计算试样体积。湿法是用天然湿土装样后振动 6 min 后减小振动幅度施加重物，再振动 8 min 结束。测读试样高度并称试筒及试样总质量，测定含水率。应进行平行测定，并取平均值。其公式为

试样最小干密度

$$\rho_{dmin}=\frac{m_d}{V_c} \tag{3.2.36}$$

试样最大干密度

$$\rho_{dmax}=\frac{m_d}{V_s} \tag{3.2.37}$$

式中，m_d 为干土质量（kg）；V_c 为试样筒的体积（cm^3）；V_s 为试样体积［$V_s=V_c-(R_i-R_t)A$］（cm^3），R_i 为起始读数（mm），R_t 为振后加荷盖板上百分表的读数（mm），A 为试样筒断面积（cm^2）。

试样相对密实度按式（3.2.34）、式（3.2.35）计算。

（二）击实试验

1. 试验目的意义及原理

击实试验的目的是用标准的击实方法测定土的干密度与含水率的关系。从而确定土的最大干密度与最优含水率，了解土的压实特性，为工程设计及现场碾压提供土的压实性资料。

土的压实程度与含水率、压实功能和压实方法都有密切关系，当压实功能和压实方法不变时，土的干密度随含水率增加而增加，当干密度达到某一最大值后，含水率的继续增加反而使干密度减少。这一最大值就称为最大干密度，相应的含水率称为最优含水率。土的击实过程实际上是土颗粒和粒组在不排水条件下的重新组构过程，欲将土压实，必须使其水分降低在饱和程度以下。

击实试验常用的标准方法有轻型击实法和重型击实法。轻型击实试验适用于粒径小于 **5 mm** 的黏性土，重型击实试验适用于粒径不大于 **20 mm** 的土，采用三层击实时，最大粒径不大于 **40 mm**。

2. 试验方法

（1）方法选择

根据工程的不同需要可选用不同的击实方法，一般水库、堤防、铁路路基填土均采用轻型击实试验，高等级公路填土和机场道路等多采用重型击实试验，不同击实试验方法技术参数见表 **3.2.23**。

击实试验标准技术参数　　表 3.2.23

试验类型	击实仪规格							单位体积击实功/(kJ/m^3)	试验条件		
	击锤			击实筒			护筒		层次	每层击数	最大粒径/mm
	质量/kg	锤底直径/mm	落距/mm	内径/mm	筒高/mm	容积/cm^3	高度/mm				
轻型	2.3	51	305	102	116	947.4	50	592.2	3	25	5
重型	4.5	51	457	152	116	2 103.9	50	2 684.9	3	94	40
									5	56	20

（2）试样制备

击实试验试样制备分干法和湿法两种。

干法是取代表性试样 **20 kg**，重型法 **50 kg**，风干碾碎，将通过 **5 mm**（重型 **20 mm** 或 **40 mm**）筛孔的土样搅拌均匀后测定风干含水率，按土的塑限估计最优含水率。分成 **5** 份，铺于不吸水的平板上，用喷水设备在土试样上均匀喷洒预定的水量拌匀后，装入塑料袋或密封容器内湿润一昼夜。**5** 份试样含水率中应制备两个大于塑限，两个小于塑限，一个接近塑限。相邻两个含水率的差值宜为 **2%**。

湿法是把天然含水率的试样 **20 kg**（重型 **50 kg**）碾碎，将通过 **5 mm**（重型 **20 mm** 或 **40 mm**）筛孔的土试样拌匀，测定天然含水率。也可按土的塑限预估最优含水率，分成5 份，按两份大于塑限，两份小于塑限，一份接近塑限制备试样。

（3）试验步骤

①装好击实仪，击实筒内壁涂一薄层润滑油，将制备好的试样倒入击实筒内。轻型击实仪分三层击实，每层 **25** 击。重型击实仪分 **5** 层击实，每层 **56** 击，若分 **3** 层每层 **94** 击。各层试样高度宜相等，层面刨毛，击实后超出击实筒的余土高度不得大于 **6 mm**。

②用修土刀修平击实筒顶部的试样，擦净筒外壁后称量总质量（精确到 **1 g**）。

③计算土试样的湿密度并测定两个含水率，含水率差值不大于 **1%**。

④对不同含水率试样依次击实。

⑤计算试样干密度，公式为

$$\rho_d=\frac{\rho_0}{1+0.01w_i} \tag{3.2.38}$$

式中，w_i 为某点试样的含水率（%）。

按下式计算饱和含水率

$$w_{set}=\left(\frac{\rho_w}{\rho_d}-\frac{1}{G_s}\right)\times 100 \tag{3.2.39}$$

式中，w_{set} 为饱和含水率（%）。

⑥绘制饱和曲线及干密度、含水率关系曲线，如图 3.2.9 所示。

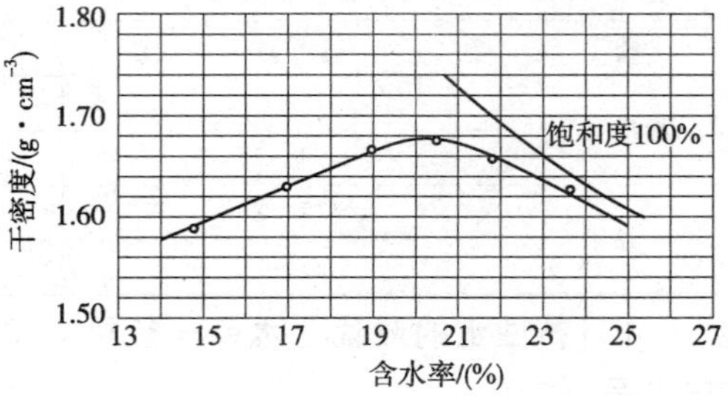

图 3.2.9　干密度与含水率关系曲线

⑦轻型试验中，当直径大于 5 mm 的土含量为 5%～30%时应对土的最大干密度及最优含水率进行校正。

最大干密度应按下式校正

$$\rho'_{dmax}=\frac{1}{\frac{1-0.01P_5}{\rho_{dmax}}+\frac{0.01P_5}{\rho_w d_{s2}}} \tag{3.2.40}$$

式中，ρ'_{dmax} 为校正后试样的最大干密度（g/cm³）；P_5 为粒径大于 5 mm 土的质量百分数（%）；d_{s2} 为粒径大于 5 mm 土粒的饱和面干相对密度（土粒呈饱和面干状态时的土粒总质量与相当于土粒总体积的纯水 4 ℃时质量的比值）。

最优含水率应按下式进行校正

$$w'_{opt}=w_{opt}(1-0.01P_5)+0.01P_5 w_{ab} \tag{3.2.41}$$

式中，w'_{opt} 为校正后试样的最优含水率（%），计算至0.1%；w_{opt} 为击实试样的最优含水率（%）；w_{ab} 为粒径大于 5 mm 土粒的吸着含水率（%）。

3. *影响击实试验的因素*

试样制备。试样的制备方法不同，所得击实试验结果也不同。实践证明：最大干密度以烘干土最大，风干土次之，天然土最小。最优含水率也因制备方法不同而不同，以烘干土最低。由于烘干使土中的某些胶质或有机质被灼烧分解，致使失去胶粒与水作用的活性，影响试验成果，这种影响对于黏土和某些特殊土（如红土）尤为明显。因此，在击实试验中，应用风干土做试验更为合理，也有用低于 60 ℃温度烘干。

试验加水浸润与养护。土试样制备中对计算控制的水量能否准确均匀地施加于土试样上是保证击实成果准确性的关键。通常试验加水方法有体积控制法和称重控制法，其中以称重控制法效果更好。将计算控制水量称量后以边喷洒边拌和方式使水均匀分布于土样内，并置于密闭容器或薄膜袋内，放置阴凉处保湿，一般放置时间不少于 12～24 h。

土试样的重复使用。击实后的土试样，其中的一部分颗粒会遭受破坏，从而改变土的级配情况，击实后难分散更不易被水浸透，击实能量越大，最大干密度差别也越大，差值可达 0.05～0.08 g/cm³。因此，一般情况下不宜重复使用土试样，而宜用新土试验。如果试样较少情况下可参阅《公路土工试验规程》（JTG E40—2007）土重复使用的方法进行试样制备和试验。

击实筒中余土高度的影响。由于击实试验使用的为定体积击实试验，试验时标准击实功是从余土高度为零考虑的，有了余土就造成单位击实功失真，同时余土高度不一，所产生的影响不仅使试验数据分散，随着余土高度的增大，最大干密度也有偏小的趋势。根据大量试验结果表明，余土高度不超过 6 mm 时，干密度才能控制在允许误差内。

4. 击实试验成果应用

(1)击实试验成果首先应检查击实曲线，所有试验点均应在饱和曲线左边，在同一击实标准下，级配良好的砂质土，最大干密度大，击实曲线陡，细粒土最大干密度小，曲线平缓。级配不好的砂，曲线缓，最大干密度较难求出，含水率大的土，最大干密度小，最优含水率高。表3.2.24是一般填料土的最大干密度和最优含水率的经验值。

土的最大干密度、最优含水率经验值　表 3.2.24

类　别	塑性指数 I_p	最大干密度/(g/cm³)	最优含水率 w_{opt}
粉土	<10	1.85	<13%
粉质黏土	10～14	1.75～1.85	13%～15%
	14～17	1.70～1.75	15%～17%
黏土	17～20	1.65～1.70	17%～19%
	20～22	1.60～1.65	19%～21%

(2)黏性土的最优含水率一般接近塑限值，此外最优含水率与液限的关系可参考下列相关关系。

粉质黏土

$$w_{opt}=0.4w_L+6 \tag{3.2.42}$$

黏土

$$w_{opt}=0.6w_L-3 \tag{3.2.43}$$

(3)工程施工中常用压实系数 λ_c 作为压实填土地基质量控制的有关指标，压实系数按下式计算

$$\lambda_c=\frac{\rho_d}{\rho_{dmax}} \tag{3.2.44}$$

式中，ρ_d 为控制干密度(g/cm³)。

不同结构类型填土地基质量控制值见表 3.2.25。

不同结构类型填土地基质量控制值　表 3.2.25

结构类型	不同填土部位压实系数 λ_c		控制含水率
	地基主要受力层范围内	地基主要受力层范围以下	
砌体承重结构框架结构	≥0.97	≥0.95	$w_{opt}\pm2\%$
排架结构	≥0.96	≥0.94	

对于一些中小型工程，因施工紧急没有条件进行击实试验时，可按下列公式计算最大干密度。

$$\rho_{dmax}=\eta\frac{\rho_w d_s}{1+\frac{w_{opt}}{100}d_s} \tag{3.2.45}$$

式中，d_s 为土颗粒相对密度；ρ_w 为水的密度(g/cm³)；η 为经验系数，粉质黏土为 0.96，粉土为 0.97；w_{opt} 为最优含水率。

(三)承载比试验

1. 定义及目的

承载比试验又称加州承载比(California Bearing Ratio)，简称 CBR 试验。本法最早由美国加利福尼亚州公路局提出，由于方法简捷有效，现已成为国际通用法则。国内各规程所列的承载比试验主要也是参考美国 ASTMD 经 188—78 和 AASHTD—74 规程编制的。所谓 CBR 值，是指采用标准尺寸的贯入杆贯入试样 2.5 mm 时，所需的荷载强度与相同贯入量时

标准荷载强度的比值。

承载比(CBR)是路基和路面材料的强度指标,是柔性路面设计的主要参数之一。CBR 试验分室内和现场两种,室内 CBR 法是与击实试验结合起来进行的,而现场 CBR 法则与击实试验无关,因此只介绍室内法。室内法适用的颗粒粒径范围与重型击实试验相同。

2. 试验方法

(1)仪器设备

试验用主要仪器为承载比重型击实仪及套筒和浸水膨胀装置以及贯入仪(图 3.2.10、图 3.2.11、图 3.2.12)。

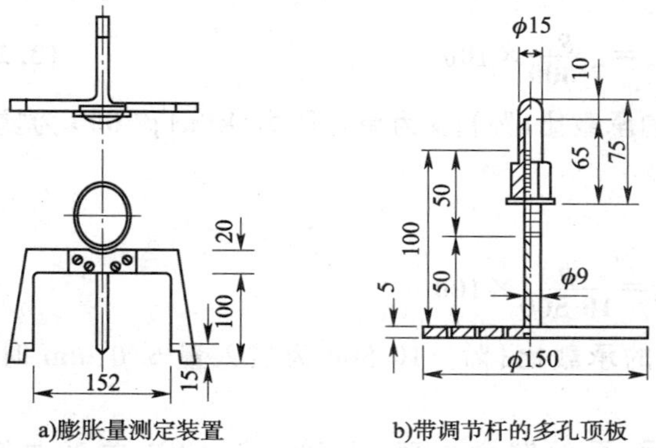

图 3.2.10 膨胀量测定装置(尺寸单位:mm)

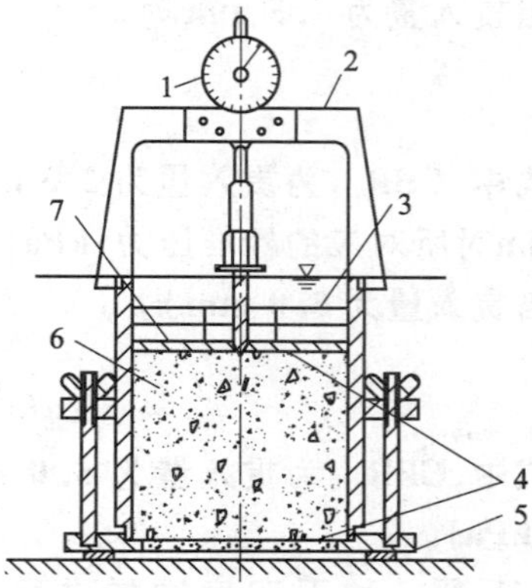

图 3.2.11 浸水膨胀装置

1-位移计;2-膨胀量测定装置;3-荷载板;4-滤纸;5-多孔底板;6-试样;7-多孔顶板

(2)试验要点

①按本书中重型击实试验步骤进行备样,土样过 20 mm 或 40 mm 筛,并记录筛除的大于 20 mm 或 40 mm 颗粒的百分比,每份试样质量约 6 kg。

②按重型击实方法和要求进行重型击实试验,测定试样的最大干密度和最优含水率。

③按最优含水率再次备样进行重型击实试验(击实时放垫块),制备 3 个试样,若需制备 3 种干密度试样(干密度控制在最大干密度 95%~100%,可采用每层不同锤击数实现),则每种制备 3 个共 9 个试件。

④取出垫块称重后,将击实后试样上下放置多孔板,并在试样上装入荷载块,拉紧拉杆,安装及调试好百分表,将试样筒放入水槽内。水槽内充水,水面高度宜高于试样顶面 25 mm(图3.2.11)。浸泡 4 昼夜(按预定时间测记百分表读数)后,取出试样筒,静置15 min,卸去荷载多孔板,称试样及筒总质量,并测定含水率、密度及计算膨胀量。

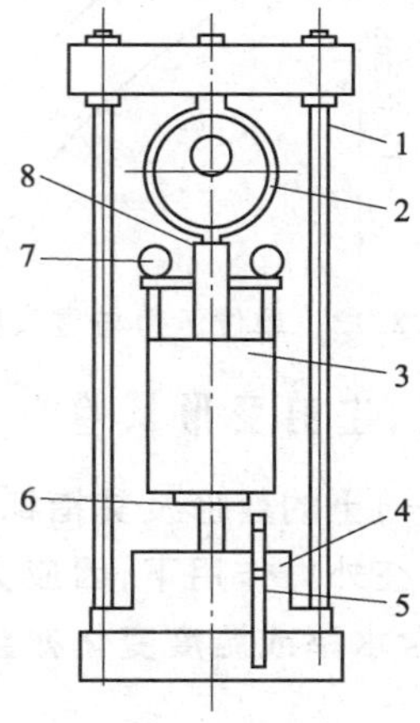

图 3.2.12 贯入仪

1-框架;2-测力计;3-试样;4-蜗轮蜗杆箱;5-摇摆;6-升降台;7-位移计;8-贯入杆

⑤将浸泡饱和后的试样放于承载比试验台上,预加 45 N 荷载,调零测力计及位移计,使贯入杆以 1~1.25 mm/min 的速度压入试样,测定测力计内百分表在指定整读数下相应的贯入量。

(3)资料整理与应用

①按下式计算膨胀量

$$\delta_w=\frac{\Delta h_w}{h_0}\times 100 \tag{3.2.46}$$

式中，δ_w 为浸水后试样的膨胀量(%)；Δh_w 为试样浸水后的高度变化(mm)；h_0 为试样初始高度(116 mm)。

②绘制单位压力与贯入量的关系曲线，见图 3.2.13。

当曲线为凹曲线时，应进行修正，通过变曲率点，引一切线与纵坐标相交点 O′即为修正后的原点(图 3.2.13 曲线 2)。

③按下式计算承载比。

当贯入量为 2.5 mm 时

$$CBR_{2.5}=\frac{p}{7\ 000}\times 100 \tag{3.2.47}$$

式中，$CBR_{2.5}$为贯入量为 2.5 mm 时的承载比(%)；p 为单位压力(kPa)；7 000 为贯入量 2.5 mm时所对应的标准压力(kPa)。

当贯入量为 5.0 mm 时

$$CBR_{5.0}=\frac{p}{10\ 500}\times 100$$

式中，$CBR_{5.0}$为贯入量为 5.0 mm 时的承载比(%)；10 500 为贯入量 5.0 mm 时标准压力(kPa)。

若采用 3 种干密度试样进行试验后，可绘制含水率、干密度与 CBR 关系曲线，见图 3.2.14，从而可以求出对应于已知压实度条件下的 CBR 值。

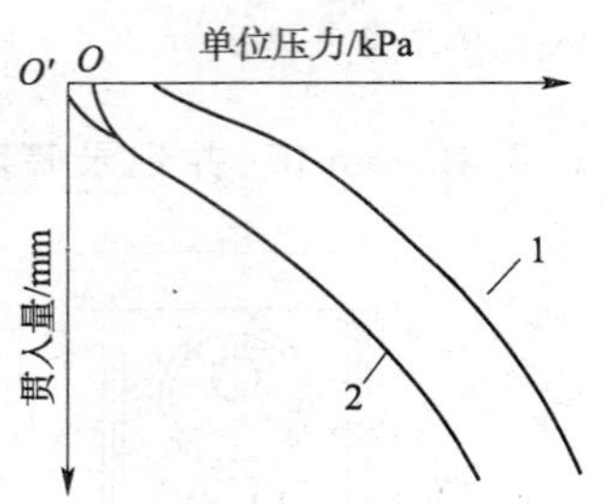

图 3.2.13 单位压力与贯入量关系曲线

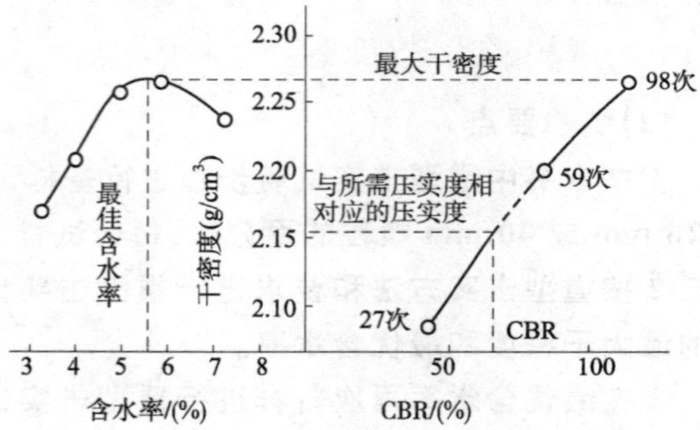

图 3.2.14 对应于所需压实度的 CBR 求取方法

三、土的变形试验

(一)土的变形及其指标

土在外力作用下，因应力状态发生改变会产生变形，一些特殊土如黄土、盐渍土、冻土等，因含水率或温度变化亦会产生变形。土的变形试验类别及其指标，见表 3.2.26。

土的变形试验一览表 表 3.2.26

试验类别		测试的指标
应力状态改变	固结与压缩	压缩系数 a_v、压缩模量 E_s、体积压缩系数 m_v、压缩指数 C_c、回弹指数 C_s、先期固结压力 P_c、固结系数 C_v、次固结系数 C_a
	静止侧压力系数	静止侧压力系数 K_0
	回弹模量	回弹模量 E_e
含水率变化	黄土湿陷	湿陷系数 δ_s、自重湿陷系数 δ_{zs} 溶滤变形系数 δ_{wt}、湿陷起始压力 p_{sh}
	盐渍土溶陷	溶陷系数 σ

续上表

试验类别		测试的指标
含水率变化	膨胀土 膨胀与收缩	有荷载膨胀率 δ_{ep}、无荷载膨胀率 δ_e、膨胀力 p_e、线缩率 δ_{si}、体缩率 δ_v、收缩系数 λ_n
温度变化	冻土 冻胀与融沉	冻胀率 η、融沉系数 a_0、融化压缩系数 a_{tc}

(二)固结试验和压缩试验

1. 试验原理及应力状态

本试验是以太沙基的单向固结理论为基础的。

饱和土体受到外力后,孔隙中的部分水逐渐从土体中排出,土中孔隙水压力逐渐减小,作用在土骨架上的有效应力逐渐增加,土体积随之压缩,直到变形达到稳定为止。土体这一变形的全过程称为固结。固结过程的快慢取决于土中水排出的速率,它是时间的函数。非饱和土体在外力作用下的变形通常是由孔隙中气体排出或压缩所引起,主要取决于有效应力的改变。土体的这种变形称为压缩。

试验过程中试样是在无侧向变形状态下,沿受力方向产生一维变形,试样内部任何一点的法向应力与外加压力相等,即 $\boldsymbol{\sigma}_z = p$,其侧向水平应力取决于土的侧向压力系数 K_0 值,即 $\boldsymbol{\sigma}_x = \boldsymbol{\sigma}_y = K_0\boldsymbol{\sigma}_z$,试样是在 K_0 条件下压缩。其受力状态如图 3.2.15 所示。

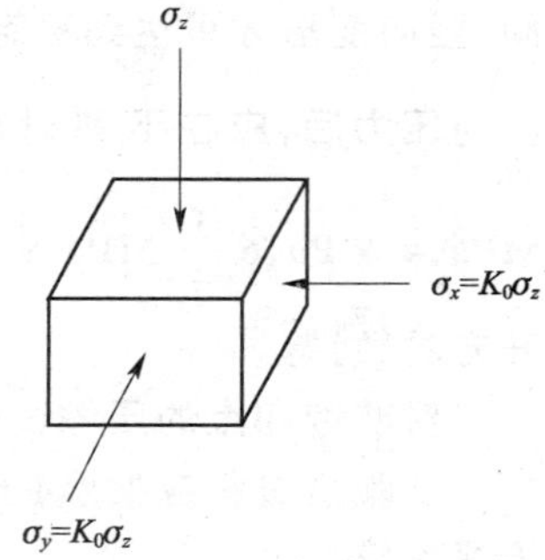

3.2.15 试样单元体应力状态

2. 试验仪器及试样尺寸

标准固结试验分级加荷式固结仪:仪器准确度应符合现行国家标准《土工试验仪器 固结仪》(GB/T 4935.1—2008,GB/T 4935.2—2009)及《岩土工程仪器基本参数及通用条件》(GB/T 15406—2007)的技术条件。垂直变形量测设备,如采用位移传感器,其准确度应小于全量程的0.2%。

试样的径高比,对试验结果有一定影响。在相同的试验条件下,高度不同的试样,对应的各固结阶段的沉降量及时间过程均有差异。试样的径高比,一般应为2~4。表3.2.27为国产分级加荷式固结仪的一些参数。

固结仪器的基本参数　　表 3.2.27

型式	环刀尺寸/mm		竖向最大压力/MPa	竖向位移/mm
	直径	高度		
杠杆式	61.8	20	0.4;1.0	0~10
气压式	79.8		2.0;3.2	
液压式	300	150	1.6;3.2	0~30
	500	250		

试样应根据工程情况制备。如为天然地基,应取原状土试样;如为回填土,则应采用人工击实土试样。

应变控制连续加荷固结试验仪包括固结容器、伺服跟踪连续轴向加荷设备、孔隙水压力量测及变形量测设备。其中:透水板的渗透系数应大于试样的渗透系数;轴向压力测力计(压力传感器),量程为0~10 kN,误差应小于或等于1%;孔隙水压力传感器,量程为0~1 MPa,而准确度应不大于0.5%,其体积因数应小于 $1.5\times10^{-5}\ \mathrm{cm^3/kPa}$;变形量测的位移传感器,量程应为0~10 mm,准确度为全量程的0.2%。

连续加荷固结试验是在试样上连续加荷，随时测定试样的变形量及试样底端的孔隙水压力。按照控制条件可分为：等应变加荷（简称 CRS）、等加荷率（简称 CRL）和等孔隙压力梯度（简称 CGC）试验。

固结仪在使用过程中，各部件要经常装拆，因此要定期校验。特别是传感器在率定时要注意其零漂和温漂及其重要性。

试样直径 61.8 mm，高度 20 mm。

3. 试验方法

(1)标准固结试验方法要点

试样安装好后，在试样顶部分级施加竖向压力。每级竖向压力为前级竖向压力的二倍。通常采用的分级压力为 0.01 MPa、0.025 MPa、0.05 MPa、0.1 MPa、0.2 MPa、0.4 MPa、0.8 MPa、1.6 MPa、3.2 MPa、6.4 MPa。每级压力施加后，待竖向变形达到稳定时，再施加次一级竖向压力，如需测定膨胀变形时，则施加最后一级竖向压力后，再按加荷的分级压力，每隔一级退去竖向压力，例如 1.6MPa、0.4MPa、0.1MPa、0.025 MPa。对于无黏性土，施加每级压力后，只需几分钟，竖向变形即可达到稳定。对于黏土，施加竖向压力后，需要较长时间，竖向变形才可达到稳定。国家标准规定，变形稳定时间为 24 h。在固结试验中施加一级竖向压力后，应在下列时刻分别测记竖向变形（或百分表读数）：如 $\frac{1}{4}$ MPa，1 MPa，2 $\frac{1}{4}$ MPa，4 MPa，6 $\frac{1}{4}$ MPa，9 MPa，16 MPa，…，64 MPa，100 MPa，400 min 和 23 h、24 h（皆为可开方的数）等。

对非饱和土的压缩试验，则仅需测记每级荷载下 24 h 的读数。

试验全过程应按照《土工试验方法标准》(GB/T 50123—1999)中固结试验第 14.1.5 条步骤进行。

(2)连续加荷固结试验方法要点

现行的国家标准 GB/T 50123—1999 中规定，连续加荷固结试验采用应变控制（CRS）法。该种方法的特点是，在整个试验加荷过程中，单位时间内的变形量保持常量。

试验开始前，应检查试样的饱和度，需要饱和时应先行饱和。仪器孔隙水压力测试系统应注入纯水排气。试样装入容器后，对试样施加 1 kPa 的预压力，使仪器各部件充分接触，调整变形传感器及孔隙水压力传感器的零位。

选择应变速率，其标准是在任何时间内孔隙水压力为同时施加的轴向压力的 3%～20%。选择应变速率可参照表 3.2.28 估算。

应变速率估算值 表 3.2.28

液　　限	应变速率 ε/(%·min^{-1})	备　　注
0～40%	0.04	液限为下沉 17 mm 时的含水率或碟式液限
40%～60%	0.01	
60%～80%	0.004	
80%～100%	0.001	

接通电源经过预热，在所选择的应变速率下，对试样施加轴向压力，按设定程序仪器自动加压，定时采集数据。连续加荷至预期压力为止，轴向压力施加完毕后，保持轴向压力不变，使孔隙水压力消散。如要求测定回弹，在同样应变速率下卸荷，按试验相同的时间间隔记录压力和变形值。

试验的全过程应按标准 GB/T 50123—1999 中应变控制连续加荷固结试验第 14.2.4条规定步骤进行。

4.资料整理与应用

1)标准固结与压缩试验资料整理

根据试验所测得的数据可绘制压缩曲线、固结曲线,从而可求得沉降计算所需各种变形指标和先期固结压力。

(1)压缩曲线

图 3.2.16 是典型的压缩曲线。根据该曲线(e-p 曲线或 e-lg$p$ 曲线)可以求出以下压缩性指标。

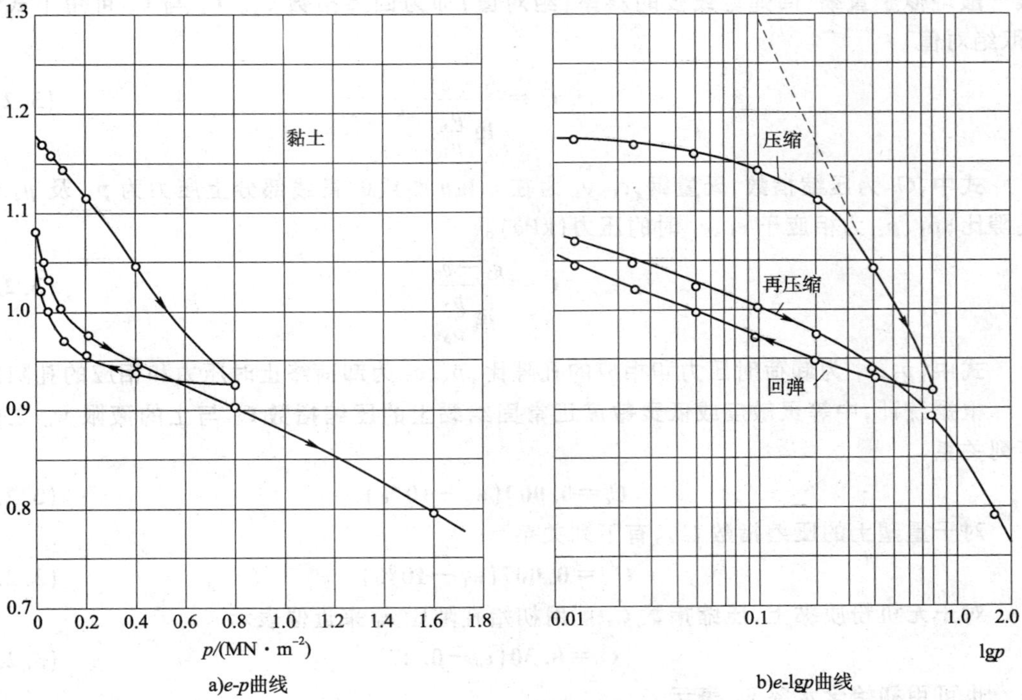

图 3.2.16 黏土的压缩曲线

①压缩系数 a_v 指在 e-p 曲线一定压力范围内,孔隙比差值与相应压力差值之比的绝对值,即

$$a_v=\left|\frac{e_2-e_1}{p_2-p_1}\right|=\frac{\Delta e}{\Delta p} \tag{3.2.48}$$

式中,a_v 为压缩系数(MPa^{-1});p_1 为初始压力(MPa);p_2 为最终压力(MPa);e_1 为对应于 p_1 的孔隙比;e_2 为对应于 p_2 的孔隙比。

②体积压缩系数 m_v 指在 e-p 曲线一定范围内孔隙率差值与相应压力差值之比的绝对值,即

$$m_v=\frac{\Delta n}{\Delta p} \tag{3.2.49a}$$

或

$$m_v=\frac{a_v}{1+e_1} \tag{3.2.49b}$$

式中，m_v 为体积压缩系数（MPa^{-1}）；e_1 为试样初始孔隙比。

③压缩模量 E_s 指在压缩条件下（有侧限压缩），试样竖向应力与相应应变的比值，亦等于式（3.2.49b）体积压缩系数的倒数，即

$$E_s=\frac{1}{m_v}=\frac{1+e_1}{a_v} \tag{3.2.50}$$

式中，E_s 为压缩模量（MPa）。

④压缩指数 C_c 和回弹指数 C_s。

当绘成 e-$\lg p$ 曲线时，在压力超过一定数值后，曲线将渐变为直线，如图 3.2.16b）所示，该直线的斜率（绝对值）称压缩指数。如果加荷到一定压力后再卸荷，它将产生回弹，回弹曲线一般地似于直线，回弹直线段的斜率（绝对值）即为回弹指数 C_s。C_c 与 C_s 可用下式表示（取绝对值）

$$C_c=\frac{e_1-e_2}{\lg\frac{p_2}{p_1}} \tag{3.2.51}$$

式中，C_c 为压缩指数，无量纲；e_1、e_2 为在 e-$\lg p$ 曲线的直线部分上压力为 p_1 及 p_2 时的孔隙比；p_1、p_2 为相应于 e_1、e_2 时的压力（kPa）。

$$C_s=\frac{e_1-e_3}{\lg\frac{p_2}{p_3}} \tag{3.2.52}$$

式中，p_2、e_1 为卸荷时压力和相应的孔隙比；p_3、e_3 为卸荷终止时压力和相应的孔隙比。

根据统计，中等灵敏度或低灵敏度正常固结黏土的压缩指数 C_c 与土的液限 w_L 之间有下列关系

$$C_c=0.009(w_L-10\%) \tag{3.2.53}$$

对于重塑土的压缩指数 C'_c，有下列关系

$$C'_c=0.007(w_L-10\%) \tag{3.2.54}$$

对于无机粉质黏土，压缩指数 C_c 可用初始孔隙比 e_0 来近似表示

$$C_c=0.30(e_0-0.27) \tag{3.2.55}$$

也可用初始含水率 w_0 表示

$$C_c=0.54(2.6w_0-0.35) \tag{3.2.56}$$

以上各式皆是按部分资料统计得到的表达式，与实际的压缩指数的差值可达±30%，但它们提供了由土的简单物理性质指标估算压缩指标的途径。

⑤先期固结压力 p_c

指土体中某点在过去的历史曾受过的竖向最大有效压力 p_c。如果土体中某点目前所受的有效上覆压力为 p_0，则该点的超固结比 OCR 由下式求得

$$\mathrm{OCR}=\frac{p_c}{p_0} \tag{3.2.57}$$

根据 OCR 的数值，土体可区分为以下几类：

OCR ＞1——超固结土；

OCR＝1——正常固结土；

OCR ＜1——欠固结土。

土的先期固结压力是地基沉降计算时考虑土的应力历史所需的重要指标。超固结状态常由于过去地面上有厚土层或冰川覆盖，现在被移去，或由于地下水位大幅度下降等所引

起;而欠固结则因为土层系新近沉积,在自重下尚未达到完全固结所致。

先期固结压力 p_c 确定的方法是:由目测在 e-$\lg p$ 曲线上定出曲率半径最小的一点 a(图 3.2.17);通过点 a,作一水平线 ab 和切线 cad;作$\angle bac$ 的分角线 ae;然后再将 e-$\lg p$ 曲线的直线段向上延伸与 ae 相交于一点 h,则 h 点对应的压力即为先期固结压力 p_c。

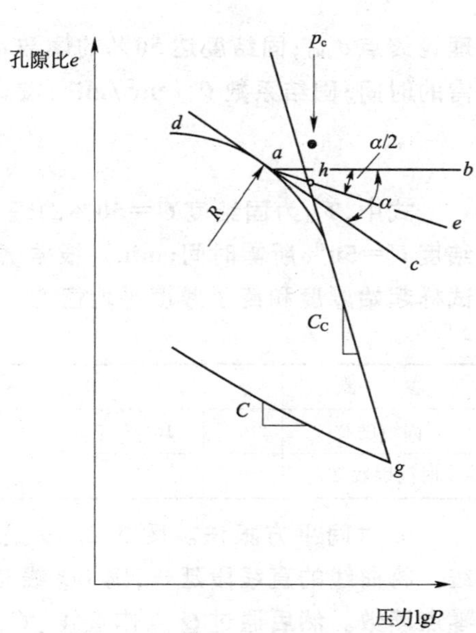

图 3.2.17 先期固结压力的确定

(2)固结曲线

黏土在荷重作用下,其压缩全过程可分为初始压缩、主固结、次压缩三个阶段。

初始压缩是在施加荷重初期,试样因排气或内部气体压缩,或试样和容器贴合以及试样本身的弹性变形而引起的压缩,它随加荷瞬时完成。主固结是施加荷重后,试样排水,伴随超静水压力消散而产生的压缩,它随时间而增长。次固结是当超静水压力消散后,由于土体内颗粒结构的调整和颗粒位移所产生的压缩。根据图 3.2.18 和图 3.2.19 可以求得土的固结系数和次固结系数。

①固结系数 C_v:是用于估算土体固结快慢的一种指标。常用的方法有两种:时间对数法和时间平方根法。

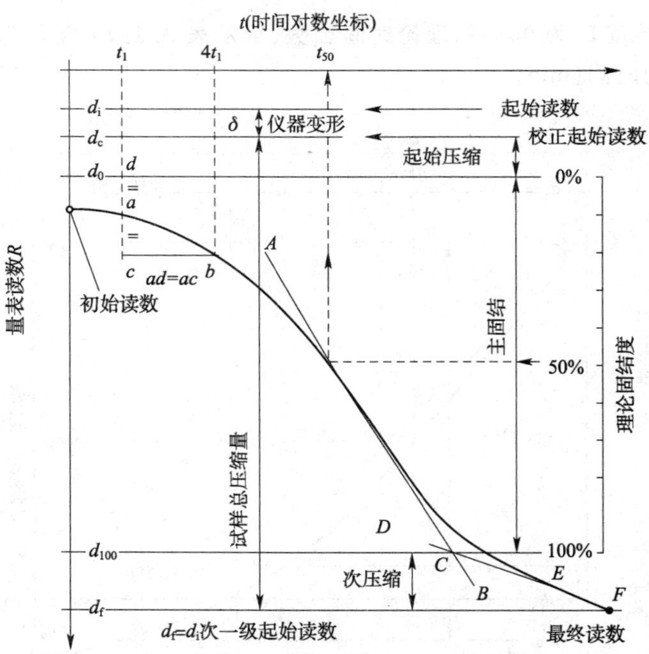

图 3.2.18 按时间对数法求固结系数

a. 时间对数法。对照图 3.2.18,求取 C_v 的具体步骤是:在曲线开始段,任取一点 a,其时间为 t_1;将 $4t_1$ 在曲线上定出一点 b;将 a、b 两点纵坐标之差 ac 加到 a 点的上面,得到 d 点,与 d 点对应的读数即为本级荷载下的初始读数 d_0,或称理论零点;为了减少误差,再取 3~4 个不同 t_1,按此法得到其他的 d_0,取几个 d_0 点的平均读数 d_0,即为计算要用到的理论零点;通过曲线的转折点切线 AB,它与尾部的直线延长线 FD 交于点 C,C 点对应的读数为

理论终点 d_{100}；固结度达50%的读数 $d_{50}=(d_0+d_{100})/2$，它对应的时间 t_{50} 即试样固结50%所需的时间；固结系数 C_v（cm^2/min）按式(3.4.4)可求得，即

$$C_v=\frac{T_{50}}{t_{50}}h^2 \tag{3.2.58}$$

式中，T_{50} 为固结度 $U=50\%$ 的理论时间因数，可从表3.2.29查得，$T_{50}=0.196$；t_{50} 为固结度 $U=50\%$ 所需时间(min)，根据试验求得；h 为本级荷载下试样的平均排水距离，它等于试样起始厚度和终了厚度平均值的一半(cm)。

单向固结的时间因数　　表3.2.29

参　数	数	值										
固结度 U	0	10%	20%	30%	40%	50%	60%	70%	80%	90%	95%	100%
时间因数 T_v	0	0.007 7	0.031	0.071	0.126	0.196	0.286	0.403	0.567	0.848	1.129	∞

b. 时间平方根法。图3.2.19是在某级荷重下，量表读数 R 与时间平方根 $\sqrt{t}$ 的关系曲线。将曲线的直线段延长，则 BQ 线交纵轴于 Q 点，该点读数 d_0 即固结度 U 为0%时的理论零点读数。然后通过 Q 点作直线 QC，交试验曲线于 C 点，直线 QC 上各点的横坐标应为 BQ 上各相应点的横坐标的1.15倍。即 $\overline{P_r}=1.15\ \overline{P_q}$。则 C 点的纵坐标 d_{90} 即为固结度 U 达到90%时的读数，而其横坐标即为固结度 U 达90%所需时间的平方根 $\sqrt{t_{90}}$。根据式(3.2.59)，可求 C_v 值

$$C_v=\frac{T_{90}}{t_{90}}h^2 \tag{3.2.59}$$

式中，T_{90} 为固结度 U 为90%的理论时间因数，可从表3.2.29查得 $T_{90}=0.848$；t_{90} 为固结度 U 为90%时的时间(min)。

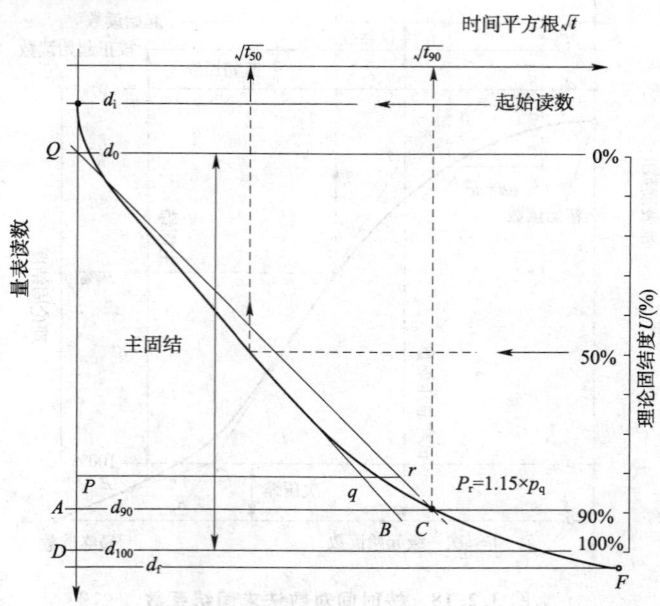

图3.2.19　按时间平方根法求固结系数

②次固结系数 C_α：有机质和高塑性黏土，或泥炭软土有明显的次压缩特性，估算次压缩所需的次固结系数 C_α 按下式求得

$$C_\alpha=\frac{\delta h}{h_0/(\tan t_2-\tan t_1)} \tag{3.2.60}$$

式中，δh 为图 3.2.18 中 DF 段上，每增加一时间对数循环时，试样的高度变化；h_0 为试样初始高度；t_1 为固结度达到 100%的时间；t_2 为计算次固结的时间。

表 3.2.30 是不同类型土的次固结系数 C_α 的参考值，仅供无试验资料时参考。无机质土的固结系数 C_v 和压缩系数 C_c 见表 3.2.31。

各类土的次固结系数 C_α 表 3.2.30

土 类	次固结系数 C_α	土 类	次固结系数 C_α
正常固结黏土	0.005～0.02	有机质黏土	>0.03
高塑性黏土	>0.03	超固结黏土(OCR>2)	<0.001

无机质土的固结系数 C_v 和压缩指数 C_c 表 3.2.31

土 类	塑性指数范围 *	固结系数 C_v/(m^2/年)		压缩指数 C_c
		原状土	重塑土	
黏土—蒙脱土				
高塑性	>25	0.1～1	原状土的25%～50%	最大 2.6
中塑性	25～5	1～10		0.8～0.2
低塑性	<15	10～100		
粉土		>100		

注：* 液限按碟式仪求得。

2)连续加荷固结试验资料整理

根据仪器自动采集的数据，计算以下参数。

(1)计算试样天然孔隙比 e_0。

$$e_0=\frac{(1+0.01w_0)G_s\rho_w}{\rho_0}-1 \tag{3.2.61}$$

(2)按下式计算任意时刻试样的孔隙比 e_i。其公式为

$$e_i=e_0-\frac{1+e_0}{h_0}\Delta h_i \tag{3.2.62}$$

式中，h_0 为试样初始高度(mm)；Δh_i 为某级荷重下稳定后变形量(mm)。

(3)按下式计算任意时刻施加于试样的有效压力

$$\sigma'_i=\sigma_i-\frac{2}{3}u_b \tag{3.2.63}$$

式中，σ'_i 为任意时刻时施加于试样的有效压力(kPa)；σ_i 为任意时刻时施加于试样的总压力(kPa)；u_b 为任意时刻试样底部的孔隙压力(kPa)。

(4)按下式计算某一压力范围内的压缩系数 a_v

$$a_v=\frac{e_i-e_{i+1}}{\sigma'_{i+1}-\sigma'_i} \tag{3.2.64}$$

(5)按下式计算某一压力范围内的压缩指数，回弹指数 C_c、C_s

$$C_c(C_s)=\frac{e_i-e_{i+1}}{\lg\sigma'_{i+1}-\lg\sigma'_i} \tag{3.2.65}$$

(6)按下式计算任意时刻试样的固结系数 C_v

$$C_v=\frac{\Delta\sigma'}{\Delta t}\cdot\frac{H_i^2}{2u_b} \tag{3.2.66}$$

式中，$\Delta\sigma'$为 Δt 时段内施加于试样的有效压力增量(kPa)；Δt 为两次读数之间的历时(s)；H_i 为试样在 t 时刻的高度(mm)；u_b 为两次连续之间底部孔隙水压力的平均值(kPa)。

(7)按下式计算某一压力范围内试样的体积压缩系数 m_v

$$m_v=\frac{\Delta e}{\Delta\sigma'}\cdot\frac{1}{1+e_0} \tag{3.2.67}$$

式中，Δe 为在 $\Delta\sigma'$ 作用下，试样孔隙比的变化。

(8)以孔隙比为纵坐标，有效压力为横坐标，在单对数坐标纸上，绘制孔隙比与有效压力关系曲线，如图 3.2.20 所示。

(9)以固结系数为纵坐标，有效压力为横坐标，绘制固结系数与有效压力关系曲线，如图 3.2.21所示。

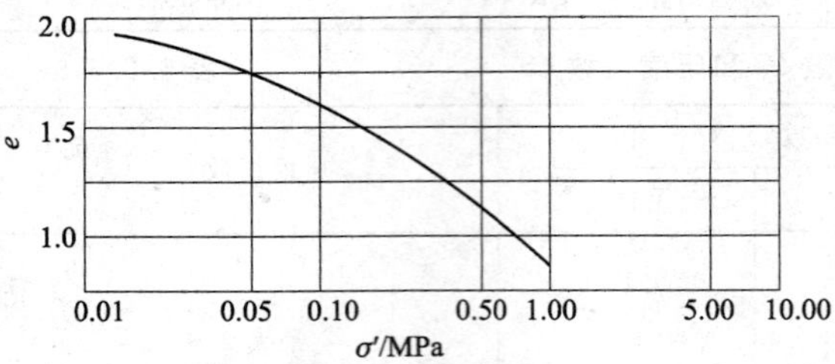

图 3.2.20 e-σ' 关系曲线

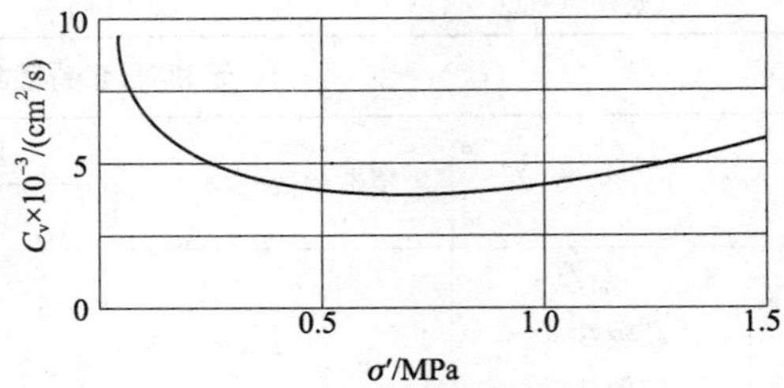

图 3.2.21 C_v-σ' 关系曲线

5. 标准固结试验与连续加荷 CRS 试验参数数据

(1)压缩性指标的部分参数值

初步设计时，若无试验资料，土的压缩性指标可参考表 3.2.32～表 3.2.34 中的数据。

压缩性与 w_L、C_c、C_v 及 a_v 关系　　表 3.2.32

压缩性	液限 w_L	压缩指数 C_c	固结系数 C_v/(cm²/s)	压缩系数 a_v/kPa⁻¹
高	＞50%	≥0.4	＜0.4	＞0.085
中	30%～50%	0.2～0.39	3.5～0.4	0.05～0.085
小	＜30%	0～0.19	＞3.5	＜0.005

注：1. w_L 由碟式液限仪测得。

2. 表内 C_v 和 a_v 值系固结压力为 100～300 kPa 范围内的参考值。

固结压力与稠度(扰动土)　　表 3.2.33

固结压力/kPa	5	10	6 000～10 000
稠度	液限	塑限	缩限

固结试验各参数之间关系　　表 3.2.34

参数	压缩模量	体积压缩系数	压缩系数	压缩指数
压缩模量	$E_s=\frac{\Delta p}{\Delta n}$	$E_s=\frac{1}{m_v}$	$E_s=\frac{1+e_1}{a_v}$	$E_s=\frac{(1+e_1)\overline{p}}{0.435C_c}$
体积压缩系数	$m_v=\frac{1}{E_s}$	$m_v=\frac{\Delta n}{\Delta p}$	$m_v=\frac{a_v}{1+e_1}$	$m_v=\frac{0.435C_c}{(1+e_1)p}$
压缩系数	$a_v=\frac{1+e_1}{E_s}$	$a_v=(1+e_1)m_v$	$a_v=-\frac{\Delta e}{\Delta p}$	$a_v=\frac{0.435C_c}{\overline{p}}$
压缩指数	$C_c=\frac{(1+e_1)\overline{p}}{0.435E_s}$	$C_c=\frac{(1+e_1)\overline{p}m_v}{0.435}$	$C_c=-\frac{a_v\overline{p}}{0.435}$	$C_c=\frac{\Delta e}{\Delta\lg p}$

注：e_1 为初始孔隙比；$\overline{p}$ 为初始应力和最后应力的平均值；Δp 为竖向应力变量；Δn 为体应变变量。

(2)应变控制连续加荷(CRS)固结试验的试验成果参数

表 3.2.35 是用三种黏土按不同应变速率作恒应变速率试验的结果统计。

CRS 试验成果　　表 3.2.35

土　　料	试验编号	应变速率/min	达到最大应力时间/h	最大总应力/(kg/cm²)	最大总应力时的 u_b/σ
高岭土	1.12	0.240 0%	1.2	8.4	8%
	1.22	0.240 0%	1.3	8.4	8%
	1.32	0.240 0%	1.2	8.4	8%
	1.11	0.120 0%	2.6	8.2	4%
	1.21	0.120 0%	2.4	8.3	4%
	1.31	0.120 0%	2.3	8.2	4%
	1.13	0.060 0%	5.0	8.3	2%
	1.23	0.060 0%	4.8	8.2	2%
	1.33	0.060 0%	5.0	8.3	2%
	1.14	0.024 0%	12.0	8.3	1%
	1.24	0.024 0%	12.0	8.3	1%
	1.15	0.009 6%	29.9	8.3	
	1.16	0.024 0%	117.4	8.1	
钙蒙脱土	2.13	0.060 0%	4.8	8.0	85%
	2.23	0.060 0%	4.8	6.8	88%
	2.14	0.024 0%	15.5	8.1	70%
	2.24	0.024 0%	14.9	8.1	70%
	2.15	0.009 6%	47.7	8.1	52%
	2.16	0.024 0%	212.9	8.0	25%
钠黏土	3.13	0.060 0%	7.1	8.2	8%
	3.14	0.024 0%	18.3	8.1	4%

图 3.2.22 是钙蒙脱土的孔隙比变化 Δe 与试样底面孔隙水压力 u_b 的关系。图 3.2.22 表明，在开始时，u_b 迅速增大，然后 Δe-u_b（对数坐标）基本上呈直线关系；不同应变速率的曲线基本上平行。应变速率大的，u_b 显著增高。

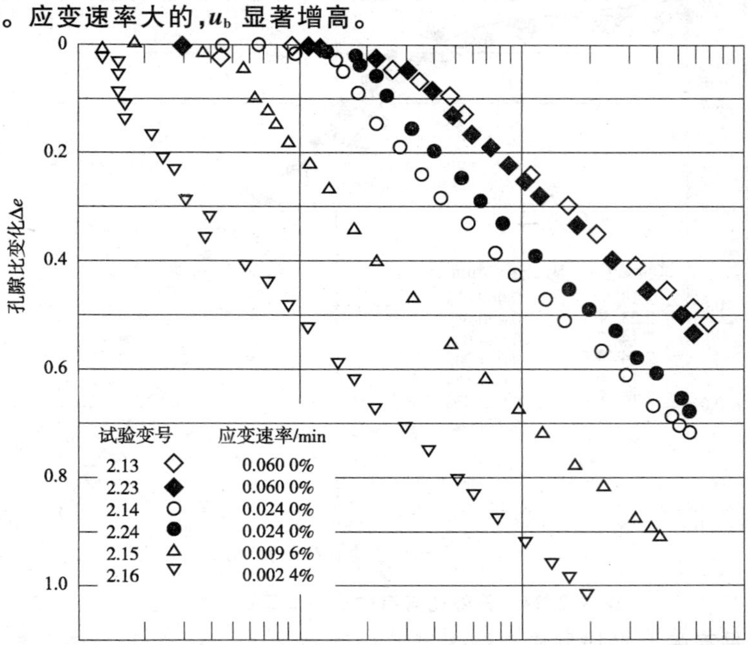

图 3.2.22　应变速率对底部孔隙压力的影响（钙蒙脱土）

图 3.2.23 是高岭土的平均垂直有效应力 σ' 与 Δe 的关系。图中实线是常规压缩试验的结果。可以看出，对于这一类土，Δe-σ' 的规律几乎不受应变速率影响，与常规（标准压缩）试验的结果相当吻合。

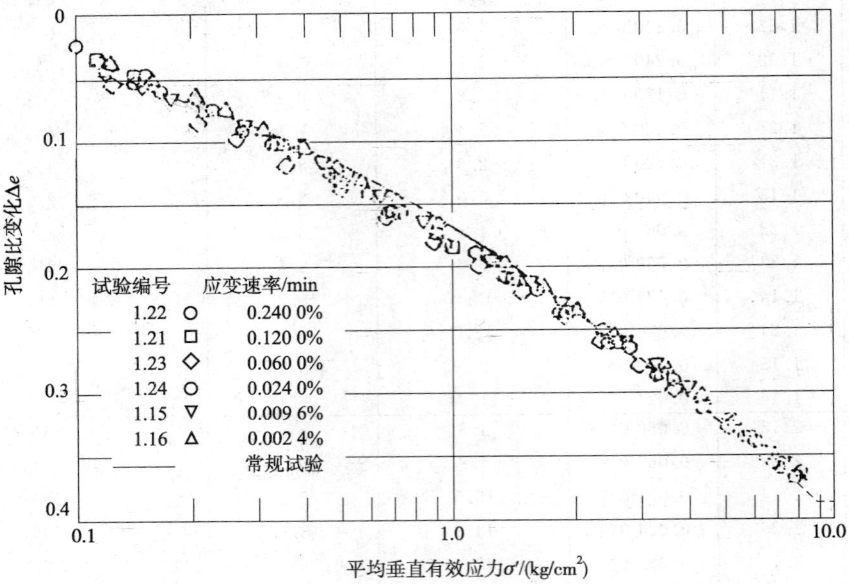

图 3.2.23 孔隙比与有效应力关系（高岭土）

图 3.2.24 是钙蒙脱土的平均垂直有效应力 σ' 与 Δe 的关系。显示应变速率大的试验点偏上，即土的压缩量显然偏小。应变速率小的试验点仍与常规试验的结果接近。与表 3.2.25对照，可以看出点偏上的那些试验中的 u_b/σ 都是十分高。

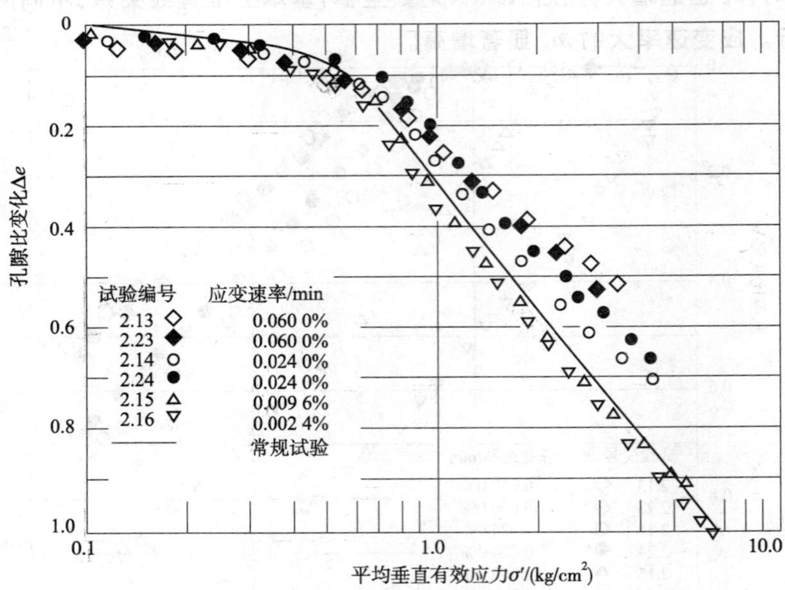

图 3.2.24 孔隙比与有效应力关系（钙蒙脱土）

图 3.2.25 是高岭土在控制应变速率试验中测得的 C_v - Δe 关系。结合其他几种土的同类试验结果，可看出同一 Δe 时，C_v 均高于常规试验的数值。其原因可能是因为侧孔隙水压力管有柔性，实测孔隙水压力偏小所致。由此可见，孔隙水压力测试的管路必须是刚性的，

以保持体积不发生变化。

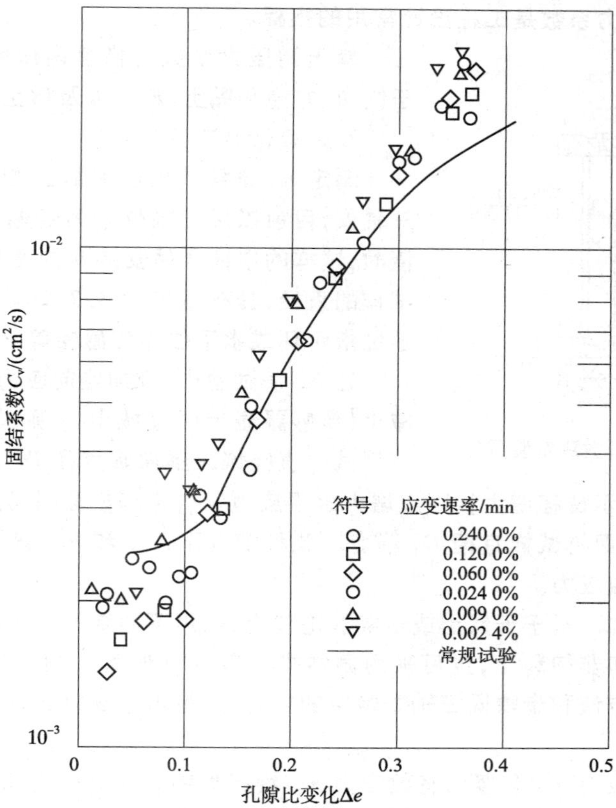

图 3.2.25 固结系数与孔隙比关系(高岭土)

(3)应变控制连续加荷固结试验的特点及应注意问题

①该法(CRS)的突出特点是缩短试验时间。有的试验实测表明，试样为高岭土，最大荷重加至约 0.8 MPa，只需 1.2 h，高塑性的蒙脱土，也只需 47.7 h，而常规试验要不少于1～2 周。

②CRS 法试验可以提供与常规试验十分接近的 e-σ'关系，只要试验过程中 u_b/σ 不超过某一数值。

③CRS 试验得出的 C_v，一般比常规试验的结果偏高，但如果应变速率不大，二者比较接近。

④对仪器的自动化程度要求较高，自动控制系统的变形、压力测量、数据采集以及加、卸荷的可靠性及准确性要好。

⑤应变控制连续加荷固结试验方法，《土工试验方法标准》(GB/T 50123—1999)已列入。

(三)静止侧压力系数试验

1. 静止侧压力系数的意义及适用范围

天然土或人工填土中任何一点的水平有效应力 σ'_h 与竖向有效应力 σ'_v 之比称该土的侧压力系数 K，即

$$K=\frac{\sigma'_h}{\sigma'_v} \tag{3.2.68}$$

如果土体在承受竖向压力时，不允许产生侧向变形，这时的侧压力则称为静止侧压力，相应的系数称静止侧压力系数，以 K_0 表示。实际工作中常遇到上述 K_0 状态的应力，例如房

屋地下室外墙面、重力式挡墙无横向位移时的墙背以及船闸的墙所受土压力皆为静止土压力。可见，静止侧压力系数是工程设计常用的指标。

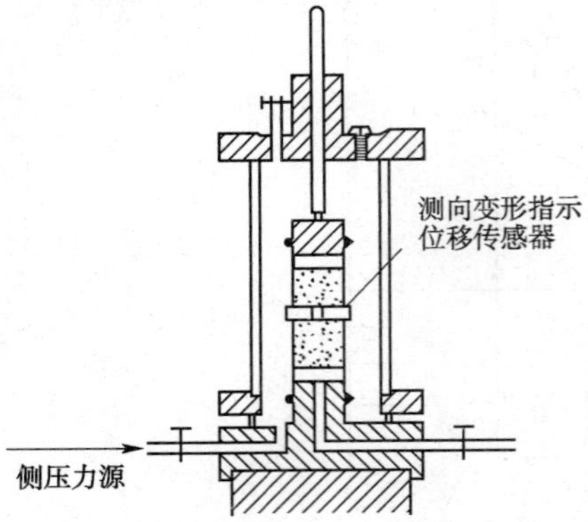

图 3.2.26 K_0 系数测定装置

静止侧压力系数可借室内试验测定，该试验适用于饱和、非饱和黏土，粉土以及砂土等。

2. 试验仪器及操作方法

测定 K_0 系数的仪器有静止侧压力系数测定仪和三轴仪，目前以用三轴仪较为普遍。用三轴仪测定 K_0 值时，试样的中部要另安装侧向变形指示器，用以控制试样的直径，其布置见图 3.2.26。侧向变形指示器有零位指示环或水下位移传感器等。

在 K_0 值试验中，施加竖向应力 σ'_v 时，如试样直径减小（传感器显示位移减小），则减小水平应力 σ'_h 一直到试样直径恢复到初始直径 D_0 为止。反之，如试样直径增大（传感器显示位移增大），则应增大水平应力 σ'_h，直到恢复到初始值 D_0 为止。在整个试验过程中，始终保持试样直径 D_0 不变。此种情况下，σ'_v 和 σ'_h 就是 K_0 状态时的竖向有效应力和水平有效应力。

试验方法有两种。对于天然土或击实非饱和土，采用不固结不排水剪（UU 试验）测孔隙压力。对于饱和土和非饱和土，也可采用固结排水剪（CD 试验），测定排水条件下的 K_0 系数。这两种试验的方法和步骤同三轴试验中的相同，只是水平应力 $\sigma'_h(\sigma'_3)$ 应随时调整。

3. 资料整理

根据水平有效应力 σ'_h 和竖向有效应力 σ'_v 绘出如图 3.2.27a）所示的关系曲线。直线坡度即为 K_0 值。也可绘制应力路径的 q-p 关系曲线（直线）。根据直线的倾角 α 可求出 K_0 值，见图 3.2.27b）。

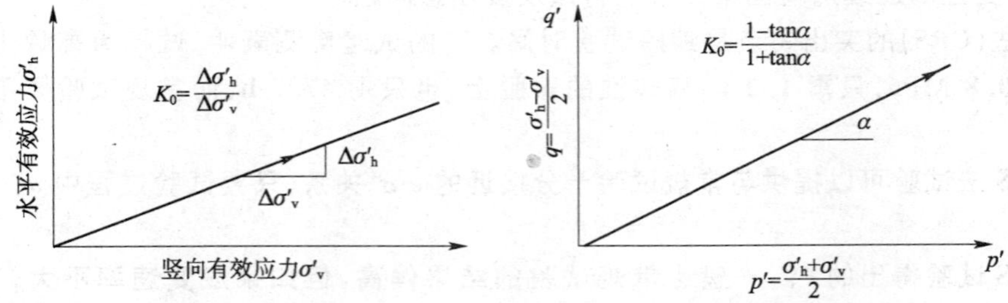

a）σ'_h-σ'_v关系曲线　　b）q'-p'关系曲线

图 3.2.27 静止侧压力系数试验结果

对于正常固结黏土或砂土，按下式估算静止侧压力系数 K_0

$$K_0=1-\sin\varphi' \tag{3.2.69}$$

对于超固结土，按下式估算

$$K_0=(1-\sin\varphi')(\mathrm{OCR})^{\sin\varphi} \tag{3.2.70}$$

式中，φ'为土的有效内摩擦角；OCR 为超固结比。

静止侧压力系数 K_0 与泊松比 ν 及弹性模量 E 的理论关系分别为

$$K_0=\frac{\nu}{1-\nu} \tag{3.2.71}$$

$$E=\frac{(1-2K_0)(1+K_0)}{m_v(1-K_0)} \tag{3.2.72}$$

式中，ν 为泊松比，侧向应变 ε_3 与竖向应变 ε_1 之比 $\varepsilon_3/\varepsilon_1$ 的绝对值；E 为弹性模量(kPa)，等于竖向应力 σ_1 与竖向应变 ε_1 之比 σ_1/ε_1；m_v 为体积压缩系数(kPa^{-1})。

正常固结沉积黏土的 K_0 一般介于 0.4～0.7 之间，砂土约为 0.4，自然沉积超固结土的水平应力可以大于竖向方向应力，故 K_0 常大于 1.0，可以达到 3。

表 3.2.36、表 3.2.37、表 3.2.38 分别为静止侧压力系数 K_0、泊松比 ν、弹性模量 E 的参考值。

静止侧压力系数 K_0 的参考值　　表 3.2.36

土　类	液　限 w_L	塑性指数	静止侧压力系数 K_0
饱和松砂			0.46
饱和紧砂			0.34
干紧砂(e=0.6)			0.49
干松砂(e=0.8)			0.64
压实残积黏土		9	0.42
压实残积黏土	74%	31	0.66
原状有机质淤泥	61%	45	0.57
原状高岭土	37%	23	0.64～0.70
原状海相黏土	34%	16	0.48
灵敏性黏土		10	0.52

泊松比 ν 的参考值　　表 3.2.37

土　类	泊松比 ν	土　类	泊松比 ν
饱和黏土	0.5	黄土	0.44
含砂和粉土的黏土	0.3～0.42	砂质土	0.15～0.25
非饱和黏土	0.35～0.40	砂土	0.30～0.35

弹性模量 E 的参考值　　表 3.2.38

土　类	弹性模量 E/(MN/m^2)	土　类	弹性模量 E/(MN/m^2)
很软的黏土	0.35～3	粉质砂土	7～20
软黏土	2～5	松砂	10～25
中硬黏土	4～8	紧砂	50～80
硬黏土	7～18	紧密砂、卵石	100～200
砂质黏土	30～40		

(四)黄土湿陷性试验

本方法适用于各种黄土类土的湿陷变形试验。测试的指标详见表 3.2.26。

1.湿陷性质及其特征

(1)湿陷变形：在荷重与浸水同时作用下，由于土的原状结构破坏产生变形，湿陷系数大于或等于0.015时，为湿陷性黄土，小于则为非湿陷性黄土。

(2)自重湿陷：黄土浸水，在其自重压力下发生湿陷的称为自重湿陷，不湿陷的称为非自重湿陷。

(3)渗透溶滤变形：在荷重及水长期作用下，土中盐类溶滤及孔隙继续压密产生的垂直变形，是湿陷的继续。

(4)湿陷起始压力：黄土在荷重作用下，受水浸湿后开始发生湿陷的压力。

2. 试验方法及注意事项

(1)黄土的变形包括荷载作用下的压缩变形和浸水作用下的湿陷变形。其试验方法,按《土工试验方法标准》(GB/T 50123—1999,以下简称《方法标准》)中第 15 章“黄土湿陷试验”各条款的规定进行。

(2)注意事项:环刀面积不应小于 50 cm^2;透水石的湿度应接近试样的湿度;浸湿用水应采用蒸馏水,特别是进行渗透溶滤变形测试时,更应注意水质成分。因为溶滤作用决定于水质成分、浓度以及可能的离子交换量。

3. 试验结果计算及整理

按式(3.2.73)、式(3.2.74)、式(3.2.75)分别计算湿陷系数 δ_s、自重湿陷系数 δ_{zs}、溶滤变形系数 δ_{wt}

$$\delta_s=\frac{h_1-h_2}{h_0} \tag{3.2.73}$$

式中,δ_s为湿陷系数;h_0 为试样原始高度(mm);h_1 为某级压力下试样变形稳定后的高度(mm);h_2 为上述加压稳定后的土样在浸水作用下下沉稳定后的高度(mm)。

$$\delta_{zs}=\frac{h_z-h'_z}{h_0} \tag{3.2.74}$$

式中,δ_{zs}为自重湿陷系数;h_z 为在饱和自重压力下试样变形稳定后的高度(mm);h'_z 为在饱和自重压力下试样浸水湿陷变形稳定后的高度(mm)。

$$\delta_{wt}=\frac{h_z-h_s}{h_0} \tag{3.2.75}$$

式中,δ_{wt}为溶滤变形系数;h_s 为在某级压力下,长期渗透而引起的溶滤变形稳定后的试样高度(mm);其余符号意义同前。

黄土的湿陷系数 δ_s、自重湿陷系数 δ_{zs}及溶滤变形系数 δ_{wt}与压力 p 的关系,如图 3.2.28 所示。

湿陷起始压力 p_{sh}如图 3.2.29 所示,其确定方法有单线法和双线法两种。单线法:绘制 δ_s-p 曲线,如图 3.2.30 所示。双线法:利用两个试样的下沉稳定后的变形差,即一个为天然湿度下的压缩变形量,另一个为浸水后的压缩变形量之差,计算各级荷重下的湿陷变形系数 δ_s,绘制 δ_s-p 曲线,如图 3.2.31 所示。

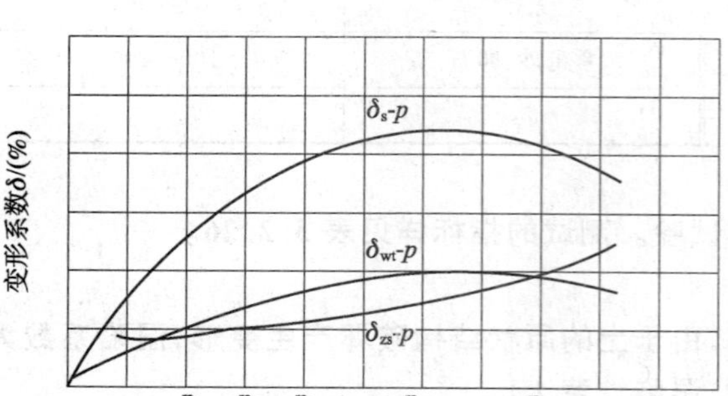

图 3.2.28 黄土湿陷性系数与压力关系曲线

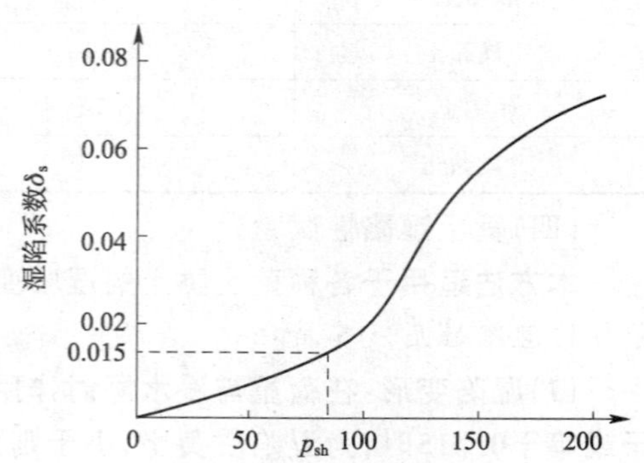

图 3.2.29 湿陷系数与压力关系曲线

在 δ_s-p 曲线上,取 δ_s 等于 0.015 对应的压力即为湿陷起始压力。

根据经验数据,δ_s 值一般都在 0.01~0.02 之间。湿陷起始压力的具体数值也可根据曲线形态和工程实际要求选取。但对湿陷性较强的黄土,从工程安全考虑,宜取 $\delta_s \leqslant 0.015$ 所对应的压力为湿陷起始压力。

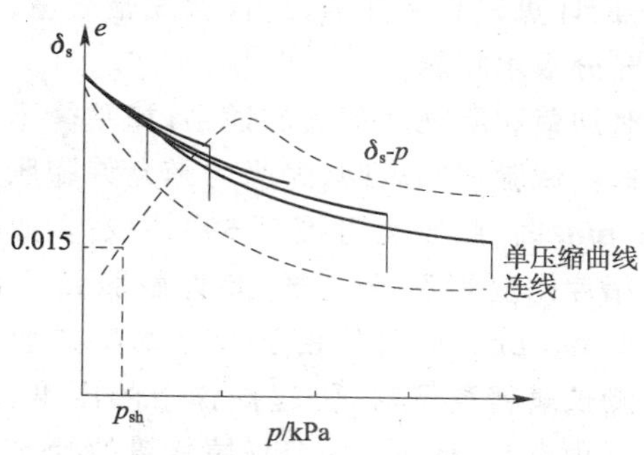

图 3.2.30 单线法压缩及湿陷曲线

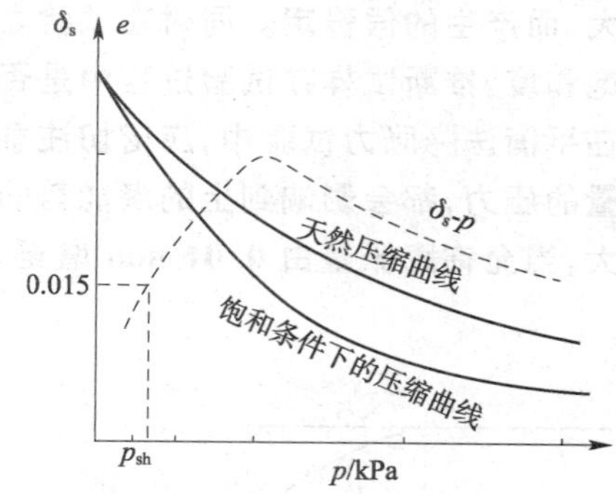

图 3.2.31 双线法压缩及湿陷曲线

(五)膨胀土的膨胀及收缩试验

膨胀土因其含有较多的亲水性黏土矿物成分,具有滑腻感、裂隙较发育、硬塑,特别是随着湿度的变化会产生胀缩变形,具有多发性、反复性和潜在性。

膨胀土的膨胀与收缩试验,一般采用原状土或扰动土两种试样。

(1)自由膨胀率

本试验目的是测定膨胀土在无结构力影响下的膨胀潜势,是一种判别指标。试验方法按《方法标准》第 20 章"自由膨胀试验"的规定进行。本试验的注意事项如下:

①试样制备至关重要,应用四分法取试样,并要求充分分散,过 0.5 mm 筛,注意试样的代表性;

②试样倒入量筒后其紧密或疏松会影响试验结果,因此一定按规定落距一次倒入,量筒内径应选用 20 mm,倒入杯中的试样高度略大于内径,便于在装土或刮平时减轻自重和振动的影响;

③注意凝聚剂氯化钠(NaCl)的加入量(5 mL)和浓度(5%),如加入量过多或浓度过大,对一些含有钠盐的土会降低其膨胀性,而对一些非碱性的膨胀土,则会产生疏松的网状现象,影响测试的准确性,且会增大膨胀量。

(2)膨胀率试验

膨胀率试验目前有三种试验方法。

①无荷载膨胀率试验。无荷载膨胀率是试样在有侧限无荷载条件下浸水饱和后的膨胀量与初始高度之比,用百分比表示。

②有荷载膨胀率试验。有荷载膨胀率是试样在有侧限和特定荷载下浸水膨胀稳定后试样增加的高度(稳定后高度与初始高度之差)与试样初始高度之比,用百分比表示。

③膨胀力试验。膨胀力是膨胀性土由于含水率增加发生膨胀而产生的内应力。

上述三种试验方法及试验结果的整理计算按《方法标准》之第 21 章膨胀率试验及第 22 章之规定进行。

(3)膨胀率和膨胀力试验注意事项

①试验时浸水所用的水的成分、pH 值以及水温对膨胀量都有一定的影响,因为土的膨胀量大小 ,不仅取决于土本身的性质,而且也与土体中孔隙溶液的成分和浓度有关。为了试验方法的统一性和增加其可比性,因此采用纯水。所谓纯水,主要是指蒸馏水或去离子水。

②试验资料表明,对于同一种土样,荷重越大稳定越快,无荷重时稳定最慢;对于土质不

同的土样，其膨胀量越大稳定越慢。在试验中应注意这种现象，以防止因试样含水率较高或荷重过大，而产生的假稳定。同时在试验之后，应计算试验后孔隙比，检验试验质量；或计算试验后饱和度，推断试样在试验过程中是否已充分吸水膨胀。

③在平衡法膨胀力试验中，应密切注意及时加荷和所施加荷重的适中，如平衡不及时或加了过量的压力，都会影响到土的潜能势的发挥。试验资料表明，膨胀力随允许膨胀量的增大而增大，当允许膨胀量由 0.01 mm 增至 0.1 mm 时，膨胀力可提高 50%左右。如果有高精度的变形测量仪表，允许膨胀量可限制在 0.005 mm，但目前由于仪器本身的变形和量测仪表精度不够，引起操作上的困难，所以亦可用 0.01 mm 作为允许膨胀量的标准。

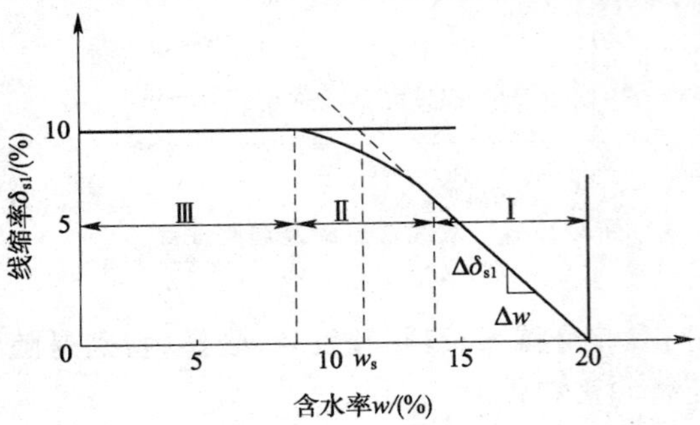

图 3.2.32　线缩率与含水率关系

(4)收缩试验

黏性土随着土体中水分的减少都会发生收缩。而这种收缩特性，在膨胀土中，由于黏土矿物的作用，往往比一般黏土还会强烈。土的收缩大致可分为三个阶段，如图 3.2.32 所示，即直线收缩段(Ⅰ)，其斜率为收缩系数；曲线过渡段(Ⅱ)，随土质不同，曲率亦不同；近水平直线段(Ⅲ)，表明此时土体基本上不再收缩。

收缩试验土的线缩率、体缩率、收缩系数以及近似的求土的缩限含水率(图解法)，为地基评价和计算地基土的收缩变形量提供了参数。

收缩试验的试验方法与试验结果整理计算按《方法标准》第 23 章的规定进行。

(六)盐渍土溶陷性试验

1. 试验目的

盐渍土具有浸水溶陷的特性，一般宜在现场用浸水载荷试验方法测试；但在室内亦可采用密度法进行测定，求得溶陷系数。

2. 试验方法及仪器设备

(1)试验操作要点

①按蜡封法测定试样的天然密度；

②将做完蜡封的试样，剥去蜡皮，在蒸馏水中浸泡、淋洗、洗去土中盐分，将其风干、碾碎；

③在击实器圆筒内进行侧向往复振击和垂直击实，直至试样高度不变，测定其最大干密度。

(2)试验仪器设备

同密度试验、含水率试验及击实试验仪器。

(3)试验结果计算

①按下式计算蜡封试验的干密度

$$\rho_d=\frac{\rho_0}{1+0.01w_B} \tag{3.2.76}$$

式中，ρ_d 为试样干密度(g/cm^3)；ρ_0 为试样天然密度(g/cm^3)；w_B 为试样的含液量(%)。

②按下式计算含液量(%)

$$w_B=\frac{w(1+B)}{1-Bw}\times 100\% \tag{3.2.77}$$

式中,w 为含水率,用常规方法测出值(以小数计);B 为溶于水中的盐量(以小数计),按《方法标准》测定含盐量(一般测易溶盐,必要时加测中溶盐和难溶盐),并作全盐量分析(当 B 值在某温度下大于其溶解度时,取该盐溶解度为其值)。

③按下式计算试样的溶陷系数

$$\delta = K_G \frac{\rho_{dmax} - \rho_d(1-C)}{\rho_{dmax}} \tag{3.2.78}$$

式中,δ 为溶陷系数;K_G 为与土性质有关的经验系数,取值为 0.85～1.00;C 为试样的含盐量实测值(以小数计);ρ_{dmax} 为试样最大干密度(g/cm³)。

(七)回弹模量试验

(1)试验目的

回弹模量试验,主要应用于填方工程如公路和机场跑道等,其目的是在规定的压力下进行加压和卸压,测定试样的回弹变形量,以确定土的回弹模量。

(2)试验方法及适用范围

回弹模量试验有两种方法:承载板法和强度仪法。前者适用于不同湿度、密度的细粒土,尤其适用于含水率较大、硬度较小的细粒土;后者适用于不同湿度、密度的细粒土及其加固土,尤其适用于硬度较大的土。

(3)试验操作及计算制图

试验操作及计算制图按《方法标准》第 12 章的规定进行。

(4)注意事项

①回弹变形一般很小,尤其在加荷开始阶段,如用百分表估读误差较大,故测定变形量应用千分表。

②对于较软的土,p-l 曲线不通过坐标原点,如图 3.2.33 所示,可用初始直线段与纵坐标的交点作原点,修正各级荷载下的回弹变形和回弹模量。

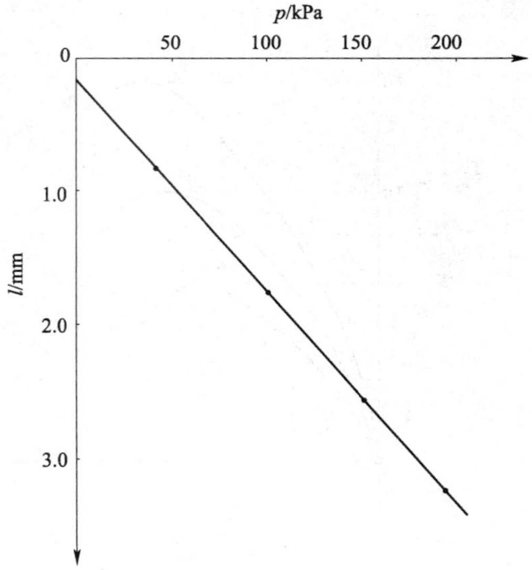

图 3.2.33　单位压力与回弹变形 p-l 的关系曲线

四、土的强度试验①

剪切试验的主要目的在于测定土在不同排水条件和法向应力下,土破坏时的抗剪强度,从而确定土的强度参数:黏聚力 c 和内摩擦角 φ。

(一)直接剪切试验

1. 试验目的

直接剪切试验是利用盒式剪切仪,在试样上施加竖向压力,直接测定的总抗剪强度指标的一种方法,它是最古老却又最简单的试验方法,适用于砂土及渗透系数 $k < 10^{-6}$ cm/s 的黏土,不适于测定软黏土的不排水剪强度。这类指标在工程上用于土体稳定的总应力分析方法。

2. 试验仪器

直接剪切仪是由剪切盒、竖向加荷框架机构和测力计、位移计等构成。其中剪切盒位于

① 本部分编写人:朱思哲(中国水利水电科学研究院教授级高级工程师)。

水槽内，分上盒和下盒。上盒的一端通过推力曲杆支承在测力计上，试样装于剪切盒内。在试样顶面施加竖向压力。由推动轴推动水槽，使试样产生剪切位移，而沿试样中部剪断。施加的剪切力的大小由测力计测定。

为测定粗粒土的强度指标，剪切盒的内径（即试样直径）可以大到 **300～1 000 mm**。试样直径 D、试样高度 H 与试样的最大粒径 d_{max} 应满足以下需求

$$\frac{D}{d_{max}} \geqslant 8 \sim 12, \frac{H}{d_{max}} \geqslant 4 \sim 8$$

3. 试验方法

直接剪切试验方法的选择，一般要按土的性质、施工条件和运用条件确定。同时也应考虑设计将采用的分析方法，如采用有效应力法或总应力法。直剪试验所测得的参数为总应力强度参数，只适用于总应力分析法。

土的抗剪强度与试验排水条件有很大关系。根据排水条件，试验方法可分为三种：即快剪（Q 试验）、固结快剪（R 试验）和慢剪（S 试验）。三种试验的具体试验方法见《方法标准》中的第 18 章。

4. 资料整理

将试验资料先绘制成剪应力 τ 与位移 Δl 的关系曲线，如图 3.2.34a）所示。如若曲线出现峰值，则取峰值作为破坏剪应力 τ_f；如无峰值，则取曲线趋向稳定的剪应力值作为破坏剪应力 τ_f。然后以破坏剪应力 τ_f 为纵轴，竖向压力 p 为横轴，绘制如图 3.2.34b）所示的关系曲线。直线的倾角即为内摩擦角 φ，直线与纵轴的截距为黏聚力 c。该直线可以库仑公式表示。

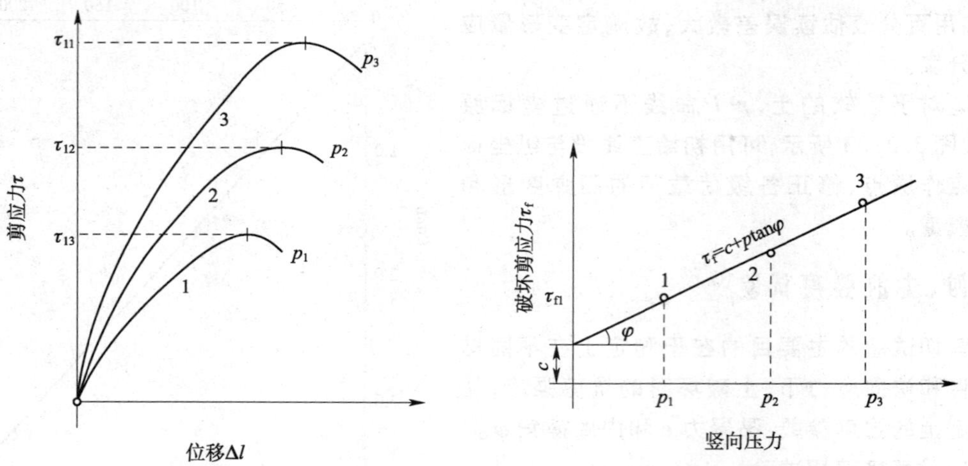

a)剪应力与位移　　b)破坏剪应力与竖向压力

图 3.2.34　直剪试验结果

土的强度与其密度 ρ 和含水率 w 有密切关系。强度参数 c 和 φ 也因土的性质和试验方法不同而异。对于干砂土 c 值为零，φ 值则随密度的增加而增大。它们受试验方法的影响很小。

对于正常固结黏土（指初始含水率 w 接近于液限 w_L），固结快剪和慢剪试验结果可表示为

慢剪试验　　$\tau_f = p\tan\varphi_s$

固结快剪试验　　$\tau_f = p\tan\varphi_{cu}$

φ_s 和 φ_{cu} 的范围一般如下

$$\varphi_s = 28° \sim 30° \quad （例外情况可小至 20°）$$

$$\varphi_{cu} = 14° \sim 20° \quad （例外情况可小至 12°）$$

对于超固结土，快剪试验结果表明 c 值随超固结压力增加而增大，而 φ 值则接近于零。

图 3.2.35 是同一种黏土在超固结、正常固结、重塑等三种不同状态时强度、变形的特性的对比情况。

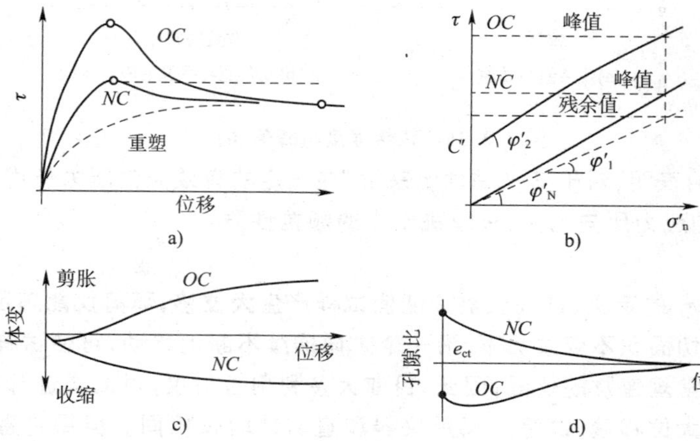

图 3.2.35　土三种状态的强度与变形

OC＝超固结；NC＝正常固结

表 3.2.39 和表 3.2.40 是石英砂和无黏性土的 φ 值参考值。

石英砂的 φ 值　　表 3.2.39

颗粒形状和级配		密实度	
		松	紧
圆粒	级配均匀	28°	35°
角粒	级配良好	34°	46°

干无黏性土的 φ 值　　表 3.2.40

土的类别和级配		密实度			
		松		紧	
		圆粒	角粒	圆粒	角粒
砂	均匀细砂至中砂	30°	35°	37°	43°
	级配良好的砂	34°	39°	40°	45°
砂和砾		36°	42°	40°	48°
砾		35°	40°	45°	50°
粉土		28.32°		30.35°	

（二）残余强度试验

1. 试验目的

残余强度 τ_r 是土在某竖向荷载下强度达到峰值后，当位移继续增大，强度随位移增加而逐渐减小，最终达到稳定值时的强度。它是土在该竖向压力下的最小强度，见图3.2.36a）。在土坝、路堤和超固结土开挖边坡的长期稳定问题的分析中，都要求用残余强度参数 c_r、φ_r 作为计算参数。

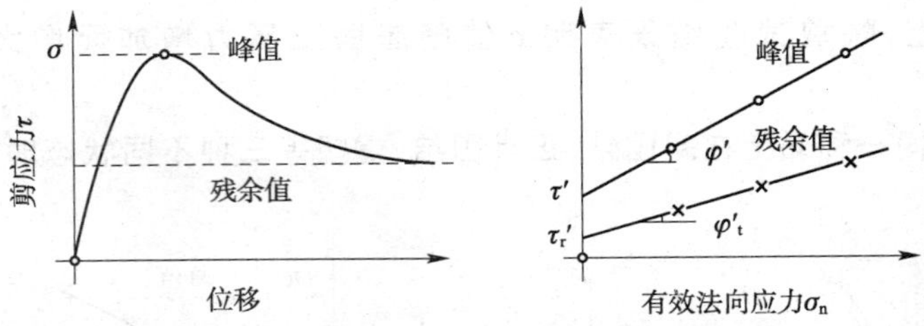

图 3.2.36 残余强度与峰值强度

图 3.2.36a)、b)表明，对于某一黏性土来讲，在一定的有效竖向压力作用下，残余强度 τ_r 为一常数，它与土的应力历史无关，只取决于土的颗粒性质。

2. 仪器

根据残余强度 τ_r 的定义，试验仪器应能使试样产生大位移，环剪仪能满足这一要求。其优点是能在保持剪切面积不变情况下，沿一个方向连续不断地移动，可使试样产生很大的位移。但这种仪器非常规普及的仪器，因此，目前大多利用直剪仪，对试样进行反复剪切，使累积位移达到所需的大位移量，试验所采用仪器和直剪试验仪相同。但需将直剪试验仪的水槽与等速推动轴刚性连接，剪切盒上盒的推力曲杆与测力计连接。这样可使试样剪切达到一定位移后，让下盒返回到剪切前的初始位置。

3. 试验方法

测定残余强度的方法和前述慢剪试验方法相同。所不同者，当试样剪切达到一定位移值 Δl 后，使推动轴等速后退，直到 Δl 减小到零为止，即使上下剪切盒内试样的剪切面完全重合。然后再按同样方法进行剪切。如此反复进行，一直进行到土的剪应力保持稳定为止。该稳定不变值即为残余强度值 τ_r。为求得残余强度参数 c_r、φ_r，应取 3～4 个试样，分别在不同的竖向压力 p 下，进行同样试验。

根据不同竖向压力 p 和相应的剪应力—位移曲线的峰值和残余强度值绘成的强度线如图 3.2.36b)所示。

残余强度线可用下式表示

$$\tau'_r = c'_r + p'\tan\varphi'_r \tag{3.2.79}$$

式中，c'_r 为残余黏聚力；φ'_r 为残余内摩擦角；p' 为有效竖向压力。

4. 残余强度的影响因素

残余强度反映土体滑动后滑动面上的强度。这时滑动面上的黏聚力 c'_r，已基本破坏，只保留摩擦力。因此，c'_r 值常常很小，或接近于零。

图 3.2.37 表明了 φ'_r 与黏粒含量的关系。图中各小圆圈是不同地区的黏土，其中有正常固结黏土，也有超固结黏土。它们的 φ'_r 并没有明显差别。在颗粒任意排列、体积不变情况下进行剪切时，存在下列关系

$$\tan\varphi'_r = \frac{\pi}{2}\tan\varphi_\mu$$

式中，φ_μ 为矿物颗粒摩擦角。

对于正常固结黏土，其峰值强度与残余强度几乎无明显差别；而对于超固结黏土，峰值强度比残余强度大，超固结比 OCR 越大，其差值越大。

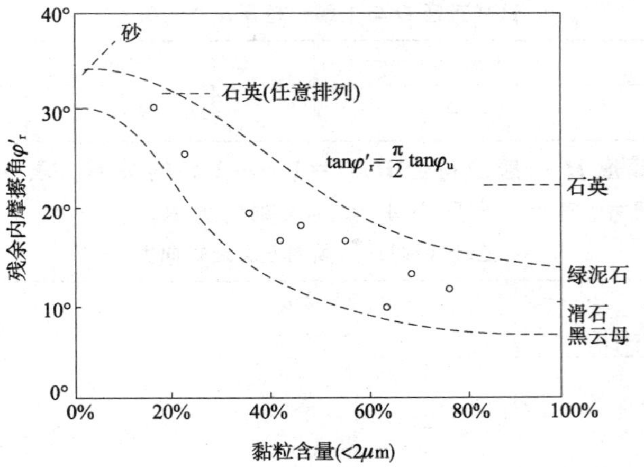

图 3.2.37 φ'_r 随黏粒含量的变化

(三)三轴压缩试验

1. 试验目的和适用范围

三轴压缩试验是目前在室内测定土的抗剪强度指标中最重要的一种方法。可以间接地确定土的强度指标:黏聚力 c 和摩擦角 φ。

三轴试验适用于测定黏性土、砂土等各类土的总强度参数 c、φ;有效强度参数 c'、φ';孔隙压力系数及控制不同排水条件的试验。

2. 试验原理

三轴压缩试验的基本原理是:对图 3.2.38 所示的圆柱体试样,先施加周围侧向应力 σ_3(小主应力),令其在试验过程中保持为常数,然后逐渐增加轴向应力 σ_1(大主应力),直至试样达到破坏。破坏时试样内的剪切面与大主应力作用面的夹角为 α,见图 3.2.38a)。如沿剪切面取一微小块体,其应力状态如图 3.2.38b)、c)所示。

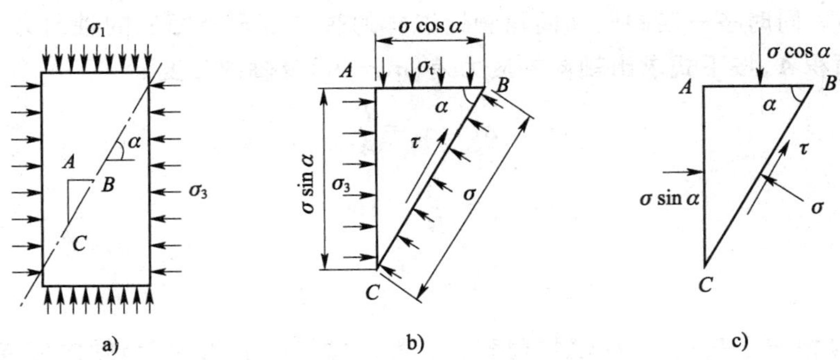

图 3.2.38 三轴试验时应力状态

在试验中,只要确定破坏状态时的 σ_1 和 σ_3,就可得知 φ 和 c。作三轴试验时,一般选定三至四个试样,分别施加不同的小主应力 σ_3,故只需测得相应的破坏时的大主应力 σ_1 即可。

3. 三轴压缩仪

中国通用的应变控制三轴压缩仪构造包括反压力控制系统:周围压力控制系统,孔隙水压力测量系统,三轴压力室、测轴向应力的量力环、体变量测管和变形百分表轴向位移计等。

试样的尺寸根据土的颗粒粒径大小而定。表 3.2.41 是试样直径 D 与土粒径 d 之间的一般规定。

试样直径 D 与土颗粒粒径 d 之间关系　　表 3.2.41

试样直径 D/mm	土颗粒粒径 d/mm	试样直径 D/mm	土颗粒粒径 d/mm
$D<100$	$d<\frac{1}{10}D$	$D>100$	$d<\frac{1}{5}D$

试样直径 D 与高度 H 一般应符合 $H/D=1.5\sim2.5$ 的关系。表 3.2.42 是中国通常采用的几种三轴试样尺寸、最大周围压力 δ_3 和最大轴向力 P。

三轴试样尺寸、周围压力及轴向力　　表 3.2.42

试样尺寸 ($D\times H$)/(mm×mm)	周围压力 δ_3/(MN/m²)	轴向力 P/kN
39.1×80	0～1.0	10
	0～2.0	30
	0～6.0	60
61.8×125	0～1.0	30
	0～2.0	60
	0～6.0	100
101×200	0～1.0	60
	0～2.0	100
	0～6.0	300
300×700	0～1.5	300
	0～7.0	2500

注：D 为试样直径；H 为试样高度。

4. 试验方法

常规三轴试验根据试样排水条件分为：不固结不排水剪（UU 试验）、固结不排水剪（CU 试验）及固结排水剪（CD 试验）。

试验的步骤是：先对试样施加周围压力 σ_3，然后以一定的轴向应变速率 ε 给试样施加轴向力直至破坏。同时按一定的时间间隔测记试样的轴向变形及相应的轴向力 P。根据轴向力 P 及试样面积 A，按下式求出轴向主应力差（$\sigma_1-\sigma_3$）及轴向应变 ε_1

$$\sigma_1-\sigma_3=\frac{P}{A} \tag{3.2.80}$$

$$\varepsilon_1=\frac{\Delta H}{H}\times100 \tag{3.2.81}$$

$$A=\frac{A_0}{1-\varepsilon_1}$$

式中，A 为相应于应变 ε_1 时试样面积；A_0 为试样初始面积；ε_1 为轴向应变（%）；ΔH 为试样轴向变形；H 为试样初始高度；P 为轴向压力。

为求得强度参数，一般应制备三至四个密度与含水率都相同的试样，分别施加不同的周围压力 σ_3，用同样方法进行试验。

三种试验方法及测定的强度参数列于表 3.2.43。

三轴试验的三种试验方法　　表 3.2.43

试验类别	排水阀状态		轴向应变速率 ε/min⁻¹	强度参数
	固结过程	轴向压缩过程		
不固结不排水剪（UU 试验）	关闭	关闭	0.5%～1%	c_u　φ_u

续上表

试验类别	排水阀状态		轴向应变速率 ε/min^{-1}	强度参数
	固结过程	轴向压缩过程		
固结不排水剪(CU 试验)	开	关闭	0.5%～1% 0.05%～0.5%	c_{cu}　φ_{cu} c'　φ'
固结排水剪(CD 试验)	开	开	0.003%～0.012%	c_d　φ_d

在表 3.2.43 中，对于 CU 和 CD 试验，在施加 σ_3 后，应待试样固结度达到 95%，才可施加轴向力。测定有效强度参数 c'、φ' 应采用 CU 试验方法，并测孔隙水压力。轴向应变速率 ε 应缓慢，为 0.05%～0.5%，以便孔隙水压力能均匀分布。有效强度参数 c'、φ' 和排水剪强度参数 c_d、φ_d 很接近，φ_d 值比 φ' 值大 2°～3°。

5. 资料整理及应用

(1)资料整理

三轴试验成果可绘制成图 3.2.39a)、b)、c)及 d)。

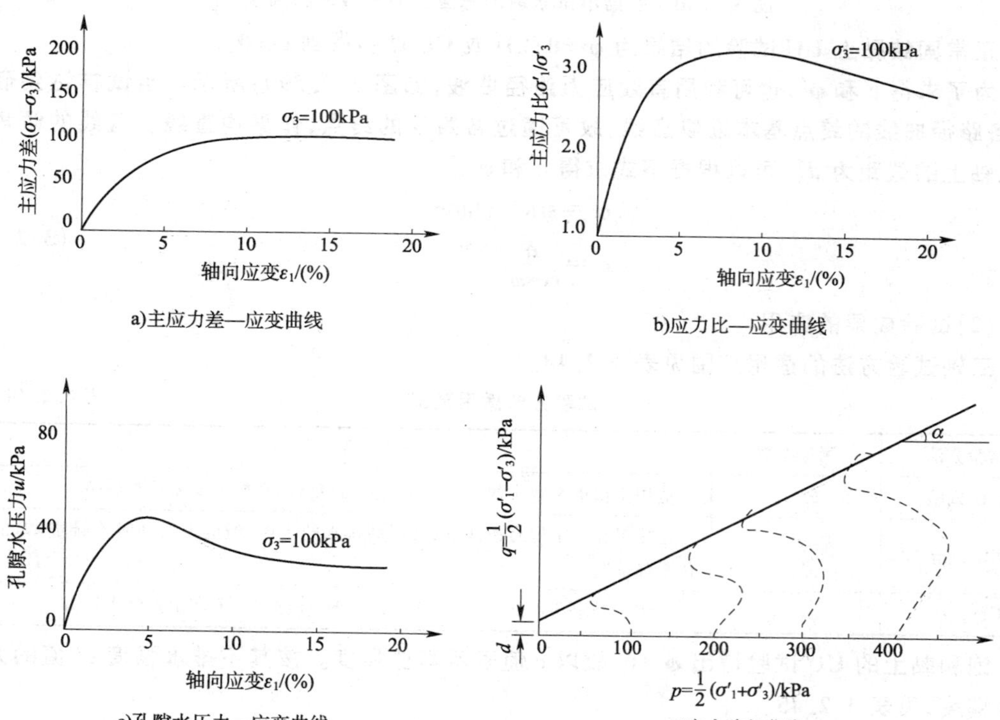

a)主应力差—应变曲线　b)应力比—应变曲线

c)孔隙水压力—应变曲线　d)应力路径曲线

图 3.2.39　三轴试验曲线

从图 3.2.39a)和 b)，取曲线的峰值主应力差$(\sigma_1-\sigma_3)_f$ 或 σ'_1/σ'_3 作为土的破坏强度。如不出现峰值，则可取轴向应变 $\varepsilon_1=15\%$对应的应力差$(\sigma_1-\sigma_3)_f$ 或应力比 σ'_1/σ'_3 作为破坏强度。以抗剪强度 τ 为纵轴，法向应力 σ 为横轴，然后以破坏主应力差$(\sigma_1-\sigma_3)_f$ 为直径，在 σ 轴上取$(\sigma_1+\sigma_3)/2$ 处为圆心，绘摩尔圆，如图 3.2.40 所示的几个实线圆。绘出各摩尔圆的强度包线(直线)，包线的倾角即为内摩擦角 φ，包线在纵轴上的截距即为黏聚力 c。包络线可用下式表示

$$\tau=c+\sigma\tan\varphi \tag{3.2.82}$$

若在试验(CU 试验)过程中,同时测得图 3.2.39c)所示剪切过程中的孔隙水压力 u,则可求得不同轴向应变时的有效应力 $\sigma'_1=\sigma_1-u$;$\sigma'_3=\sigma_3-u$。可按上述方法绘几个有效应力摩尔圆和有效强度包线,如图 3.2.40 所示的虚线摩尔圆及虚线强度包线。从而得到以有效应力 σ' 表示的强度包线式如下

$$\tau=c'+\sigma'\tan\varphi' \tag{3.2.83}$$

式中,φ'、c' 为有效内摩擦角、有效黏聚力。

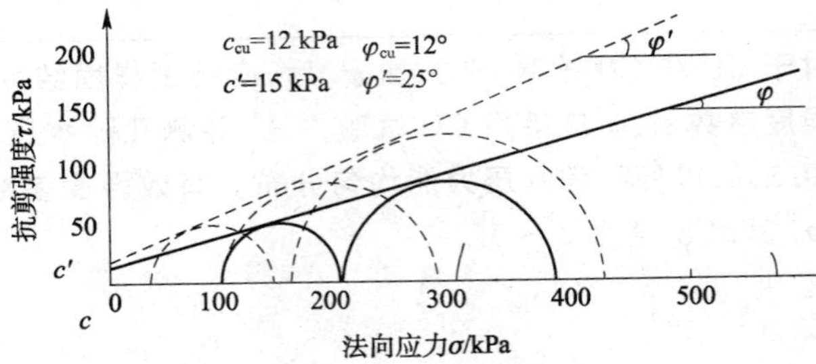

图 3.2.40 固结不排水剪的总应力和有效应力强度

正常固结黏土 UU 试验的结果为 $\varphi\approx0$;CD 或 CU 试验得到 $c\approx0$。

为了求得 c' 和 φ',也可利用有效应力路径曲线,如图 3.2.39d)所示。当试样达到破坏时,各路径曲线的终点基本近似直线,故可通过各路径的终点,作平均直线。直线的倾角为 α,纵轴上的截距为 d。可以根据下式求得 c' 和 φ'。

$$\left.\begin{aligned}\varphi'&=\sin^{-1}(\tan\alpha)\\ c'&=\frac{d}{\cos\varphi'}\end{aligned}\right\} \tag{3.2.84}$$

(2)试验成果的应用

三轴试验方法的适用范围见表 3.2.44。

试验方法适用范围　　表 3.2.44

试验方法	测定参数	适用工程情况
UU 试验	φ_u,c_u	适用于渗透系数小的饱和黏土,施工进度快,在施工期无排水固结
CU 试验	φ_{cu},c_{cu},φ',c'	适用于在一定应力条件下,已固结排水的土体,但应力增加时不排水,如枯水位骤降情况
CD 试验	φ_d,c_d	适用于排水条件好的土体,施工进度慢,在施工期不产生孔隙水压力

饱和黏土的 UU 试验得出 $\varphi=0$,故以 c 值表示其总强度。按其不排水强度 c_u 值的大小划分稠度,见表 3.2.45。

按不排水强度划分的稠度　　表 3.2.45

稠度状态	不排水强度 c_u/(kN/m²)	稠度状态	不排水强度 c_u/(kN/m²)
极软	<20	硬、坚硬	75~100
软	20~40	坚硬	100~150
软、硬	40~50	十分坚硬	>150
硬	50~75		

三轴试验成果的应用,应由有实践经验的工程师,根据工程施工运用条件、稳定分析方法而判断采用。表 3.2.46 所列可供参考。

三轴试验成果应用参考 表 3.2.46

工程性质	运用条件	分析方法	测定参数	试验方法
构筑物基础 在软黏土层上 在膨胀土层上	施工期	总应力	$c_u, \varphi_u=0$ $c_u, \varphi_u=0$	UU 试验或 CU 试验 UU 试验或 CU 试验
挡土构筑物	施工末期 长期运用 长期稳定	总应力 有效应力	c_u c', φ' K_0	UU 试验 CU 试验或 CD 试验 侧向应变为零
路堤填土	施工期 短期或长期稳定 长期稳定	有效应力 总应力 有效应力	c_d, φ_d c_u, φ_u c_d, φ_d	CD 试验(非饱和) UU 试验或 CU 试验 CD 试验
粗粒土	长期	有效应力	c_d, φ_d	
天然土坡 第一次滑坡 已经滑坡	长期	有效应力 残余强度	c_d, φ_d c'_r, φ'_r	CD 试验 残余试验
地基	施工期	有效应力	$\varphi', c'=0$	CU 试验,测 A 值
削坡 第一次滑坡 已经滑动	施工期 长期	总应力 有效应力 残余强度	c_u c', φ' φ'_r	UU 试验 CU 试验 残余试验
土坝 水位骤降 透水土料 不透水土料	施工期 施工期 短期稳定 短期稳定	总应力 孔隙水压力 有效应力 渗透性 有效应力 孔隙水压力消散	c_u, φ_u $\overline{B}$ c', φ' k c', φ' $\overline{B}$	UU 试验或 CU 试验 应力路径试验 CU 试验(饱和) 三轴渗透试验 CU 试验(饱和) 三轴试验
临时开挖 密实黏土 (底板隆起) 膨胀土	施工期 施工期	总应力 有效应力	c_u, φ_u c', φ'	UU 试验或 CU 试验 (拉伸试验,σ_1 减小) CU 试验或 CD 试验
隧洞衬砌	长期稳定	总应力或有效应力	K_0	侧向变形为零

(四)无侧限抗压强度试验

1. 试验目的及适用范围

无侧限抗压强度试验是试样在无侧限压力情况下,对其逐渐增加轴向力直到破坏。试样达到破坏时的轴向应力称无侧限抗压强度 q_u。根据试验测得的应力应变关系,可求得土的切线弹性模量 E_i、割线弹性模量 E_s、回环弹性模量 E_h 及土的灵敏度等。它是不固结不排水剪(UU 试验)周围压力 σ_3 为零时的一种特殊三轴试验,故 q_u 反映黏性土的不排水抗剪强度。

2. 试验仪器和试验方法

本试验可用无侧限压缩仪,也可采用三轴仪进行。

试样为圆柱体,直径 D 与高度 H 的关系宜采用 $H/D \approx 2.0 \sim 2.5$。试验方法和三轴试验不固结不排水剪(UU 试验)相同,只是不施加周围压力 σ_3。试样装好后,沿试样轴向,按一定应变速率,对试样施加轴向力直到破坏,并用测力计测定相应的轴向力 P。

根据不同的试样尺寸采取不同的轴向变形速率。一般采取 2～3%/min,达到破坏的时间应不大于 10 min。表 3.2.47 是不同尺寸的试样应采用的轴向变形速率值。

轴向变形速率参考值

表 3.2.47

试样尺寸 $(D\times H)/(\mathrm{mm}\times\mathrm{mm})$	轴向变形速率/(mm/min)	试样尺寸 $(D\times H)/(\mathrm{mm}\times\mathrm{mm})$	轴向变形速率/(mm/min)
38×80	1.5	75×150	3
39.1×80	—	100×200	4
50×100	2		

选择变形速率时应考虑：如试样为软黏土，达到破坏时的变形较大，则轴向变形速率应快些；对于脆性土，其破坏变形较小，则应采取较慢的变形速率。如欲测定回环弹性模量 E_h，则当轴向力 P 达到试样破坏轴向力的 2/3 时，以同样速率使试样卸荷回弹直到轴向力回到零，然后再按前述方法，使试样产生轴向压缩变形，直到破坏为止。

3. 资料整理及成果应用

轴向力 P 和轴向变形 ΔH，按下式求轴向应力 σ

$$\sigma=\frac{P(1-\varepsilon)}{A_0} \tag{3.2.85}$$

$$\varepsilon=\frac{\Delta H}{H_0} \tag{3.2.86}$$

式中，σ 为轴向应力；H_0 为试样初始高度；A_0 为试样初始面积。

(1)抗压强度和弹性模量的确定

根据轴向压力 σ 和轴向应变 ε 可绘成图 3.2.41。如曲线有峰值，则取峰值应力作为无侧限抗压强度 q_u，如无峰值，则取与轴向应变 20%相应的应力作为无侧限抗压强度 q_u。根据无侧限抗压强度 q_u 值可区分土的稠度，见表 3.2.48。

黏土的稠度与强度

表 3.2.48

稠度	无侧限抗压强度 q_u/kPa	N/[击数/(300 mm)]	稠度	无侧限抗压强度 q_u/kPa	N/[击数/(300 mm)]
很软	<24	<2	硬	96～192	8～15
软	24～48	2～4	很硬	192～388	15～30
中等	48～96	4～8	极硬	>388	>30

由上述曲线可求得土的切线弹性模量 E_i、割线弹性模量 E_s 及回环弹性模量 E_h，见图 3.2.41。图中，E_i 是通过原点 O 的切线的斜率；E_s 是自原点 O 至应力 σ_a 直线的坡度，通常取 $\sigma_a=1/3q_u$；E_h 是回环曲线两交点直线的坡度。

(2)灵敏度及土的分类

灵敏度是原状土试样的无侧限抗压强度 q_u 与其试样重塑后强度 q'_u 之比值。试样重塑后的密度和含水率应保持和原状试样相同。

灵敏度按下式计算

$$S_t=\frac{q_u}{q'_u} \tag{3.2.87}$$

式中，S_t 为灵敏度。

图 3.2.42 是原状试样和重塑试样的应力应变曲线及其无侧限抗压强度值。

Terzaghi 和 Skempton 分别根据灵敏度 S_t 的大小，对土进行分类，见表 3.2.49 和表 3.2.50。

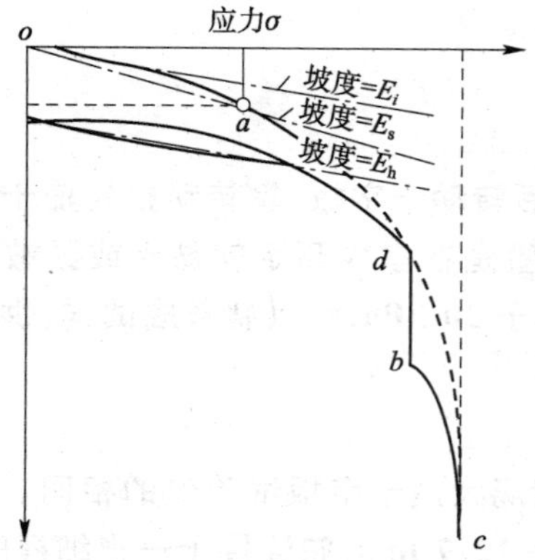

图 3.2.41 无侧限抗压强度试验应力与应变关系曲线

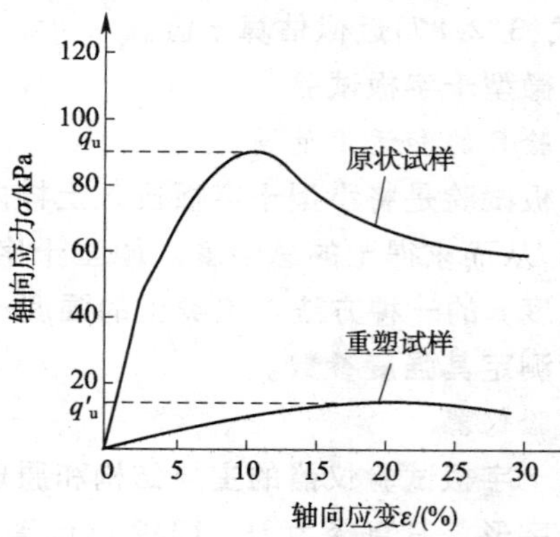

图 3.2.42 应力—应变曲线

按 Terzaghi 分类　　表 3.2.49

土　类	灵敏度 S_t	土　类	灵敏度 S_t
低灵敏性土	2～4	高灵敏性土	4～8
中灵敏性土	7～8		

按 Skempton 分类　　表 3.2.50

土　类	灵敏度 S_t	土　类	灵敏度 S_t	土　类	灵敏度 S_t
不灵敏	＜2	很灵敏	8～16	流动	＞64
中等灵敏	2～4	极易流动	16～32		
灵敏	4～8	中等流动	32～64		

灵敏度 S_t 与液性指数 I_L 的关系，见表 3.2.51。

灵敏度与液性指数　　表 3.2.51

灵敏度 S_t	液性指数 I_L	灵敏度 S_t	液性指数 I_L
＞8	＞1	2.6～1.6	0.50～0.25
8～4.5	1～0.75	1.6～1.0	0.25～0.00
4.5～2.6	0.75～0.50	＜1.0	＜0.00

(3)无侧限抗压强度计算

根据三轴试验，当 $\sigma_3=0$ 时，则

$$\tau=\frac{1}{2}\sigma_1\sin2\alpha \tag{3.2.88}$$

$$\sigma=\frac{1}{2}\sigma_1+\frac{1}{2}\sigma_1\cos2\alpha \tag{3.2.89}$$

$$\alpha=45°+\frac{\varphi}{2} \tag{3.2.90}$$

这时摩尔圆及强度包线如图 3.2.43 所示。$\sigma_3=0$ 只可绘出一个摩尔圆。因为该试验相应于三轴 UU 试验，通常令 $\varphi=0$，则强度包线为水平线，故得

$$\tau=c_u=\frac{1}{2}\sigma_1=\frac{1}{2}q_u \tag{3.2.91}$$

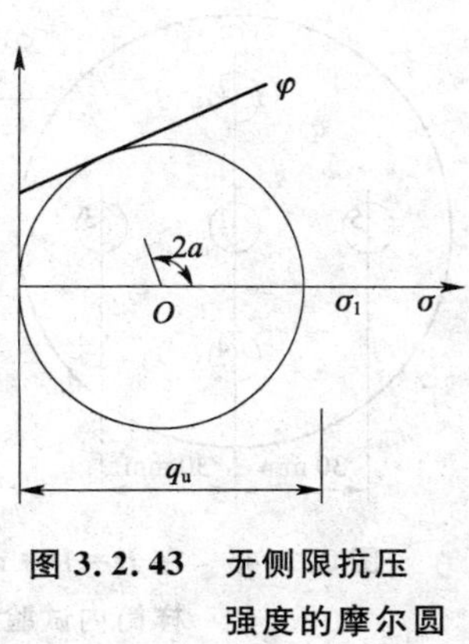

图 3.2.43 无侧限抗压强度的摩尔圆

如若试样达到破坏时，有明显的破坏面，可实测破坏面的倾

角 α，按式(3.2.87)近似估算 τ 值。

(五)微型十字板试验

1.试验目的和适用范围

十字板试验是将小型十字板压入土样内，然后转动十字板，靠转动扭矩使十字板周围土达到破坏，从而求得土的总强度。微型十字板试验是在室内测定软黏土或灵敏性黏土的不排水总强度 c 的一种方法。这类土的强度一般小于 20 kPa，难以制备成试样，供三轴试验或直剪试验测定其强度参数。

2.试验仪器

微型十字板试验仪器的主要结构和原理与现场大型十字板试验仪的相同。它由四个叶片构成十字形。其直径为 $D=12.7$ mm，高为 $H=12.7$ mm，它连接于一根细杆的下端，细杆的上端有一可施加扭力的转臂。扭力的大小通过测力计测定，见图 3.2.44a)。图 3.2.44b)是微型十字板转动时形成的圆柱体表面上的应力分布示意；图 3.2.44c)是圆柱体两端部表面上的应力分布。

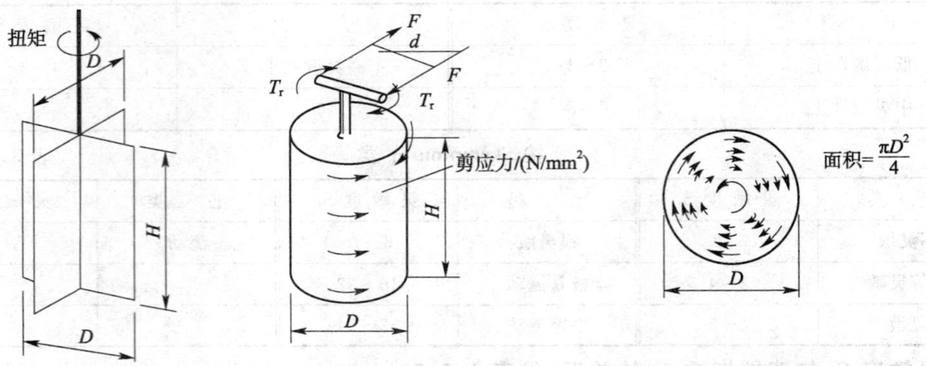

a)十字板示意　b)在圆柱体表面上的应力分布　c)在两端面上的应力分布

图 3.2.44　微型十字板仪

3.试验方法

试验步骤是先取出一筒原状土($D=100$ mm)，用推土器将土样推出筒顶约 10 mm，削平土面。然后将微型十字板置于土样顶面，如图 3.2.45 中 1 所示部位。土面要与转动杆垂直。十字板的顶面应在土面下约 50 mm，即应大于 $4H$。以每分钟约 10°的转速施加扭力 F，直到随转角 θ 的增加，扭转力 F 不再增加而趋于稳定值，即达到周围土被剪破为止。如欲测该土重塑后的强度，可以让十字板在土内迅速转动 360°两次，这样原状土便被充分扰动，然后再按每分钟转动 5°的转速转动，并测记扭力 F 及扭角 θ。

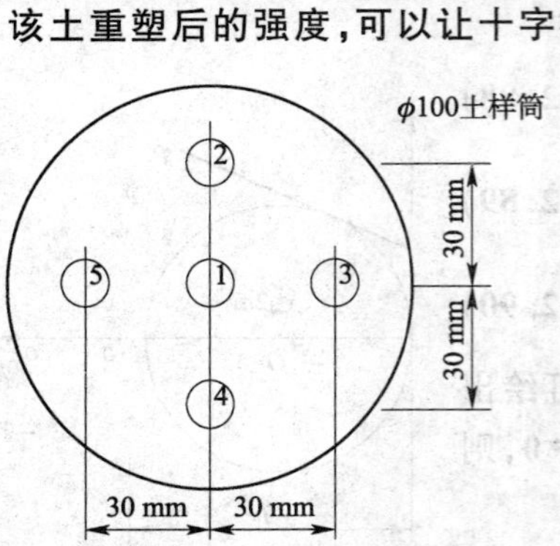

图 3.2.45　在 $D=100$ mm 土样筒内试验部位

取土筒($D=100$ mm)内的土样可供进行 5 次重复试验。当第一次试验完成后，再按上述步骤在图 3.2.45 所示的 2、3、4、5 等部位分别进行试验。

4.强度计算

如图 3.2.44b)所示，对转臂 d 施加扭力 F，则扭力矩 T_r($T_r=F\times d$)应与分布在十字板转动的圆柱体表面(侧面和两端面)抗剪力力矩相等，即

$$T_r=Fd=T_1+2T_2 \tag{3.2.92}$$

$$T_1=\frac{\pi D^2 HS}{2} \tag{3.2.93}$$

$$T_2 = \frac{\pi D^3 S}{12} \tag{3.2.94}$$

式中，F 为施加于转臂 d 端的扭力(N)；d 为转臂长(mm)；S 为剪应力(N/mm^2)；T_r 为总扭力矩(N·mm)；T_1 为作用在土圆柱体侧面的剪刀矩(N·mm)；T_2 为作用在土圆柱体两端面积上的剪力矩(N·mm)。

在达到破坏时，土的不排水抗剪强度以 c_u 表示，其单位以 kN/m^2 表示

$$c_u = \frac{1000T_r}{\pi D^2\left(\frac{H}{2}+\frac{D}{6}\right)} \tag{3.2.95}$$

以土圆柱体表面剪应力 S 及相应的扭角 θ 绘出的 S-θ 关系曲线，见图 3.2.46。从图中可求得土的灵敏度 S_t。

$$S_t = \frac{c_u}{c_r} \tag{3.2.96}$$

式中，c_u 为原状土的强度(峰值)；c_r 为重塑土的强度(稳定值)。

表 3.2.52 为土的稠度与十字板所测强度的关系。

稠度与相应强度的关系

表 3.2.52

稠　　度	十字板测定的强度/(kN/m^2)
很软	20
软	40
软、硬	60
很硬	90

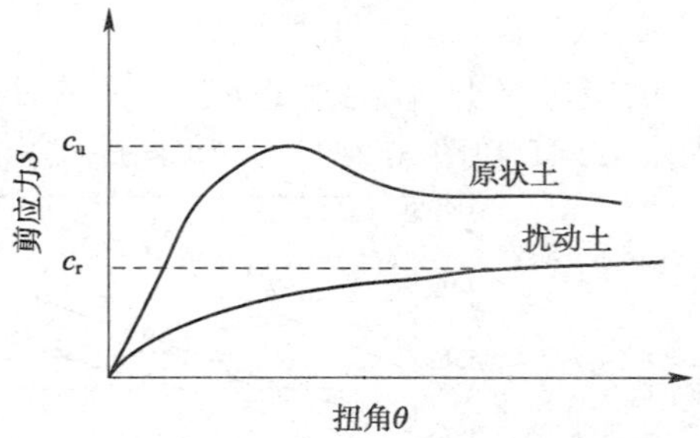

图 3.2.46　剪应力与扭角关系

五、土的流变试验①

土的流变试验包括土的流变特性、流变试验方法要点、影响土流变性质的因素三种。

(一)土的流变特性

土的流变性质是土的力学性质的时间效应，即土的应力、应变、强度与时间变化的关系，包括蠕变、松弛、流动及长期强度四个方面。通过试验研究这些特性和规律，借以评价地基土、土坡、路堤以及土工构筑物的长期稳定和变形。

1. 土的蠕变特性

土的蠕变特性，即土在荷载作用下，应变 ε 随时间 t 而逐渐增加的现象。这种变化表现在土的剪应变和体积应变随时间而变化两个方面。蠕变可在排水与不排水两种条件下发生。

图 3.2.47 是一组剪切蠕变曲线，这些曲线由于剪应力的不同，显示出不同的蠕变过程。即剪应力越大，剪应变的增加就越快，如图 3.2.47a)中 $\tau<\tau_8$ 所示，则蠕变现象逐渐减弱，应变速率也随之减小，最后趋向于零，而永远达不到破坏。这种情况称为阻尼蠕变。若应力大于某一值时，为 $\tau>\tau_8$，则产生非阻尼蠕变。如图 3.2.47b)所示，非阻尼蠕变包括以下阶段：

① 本部分编写人：刘庋(中兵勘察设计研究院高级工程师)、张文权(上海岩土建筑工程技术承包有限公司总工程师)

OA 为瞬时弹性变形阶段，其值很小，*AB* 为非稳定蠕变阶段，此阶段变形速度由大逐渐减小；*BC* 为稳定蠕变阶段，此阶段变形速度为常数，一般称为流动阶段；*CD* 为渐变阶段，此阶段变形速度逐渐增长，最后导致破坏，亦称破坏阶段。

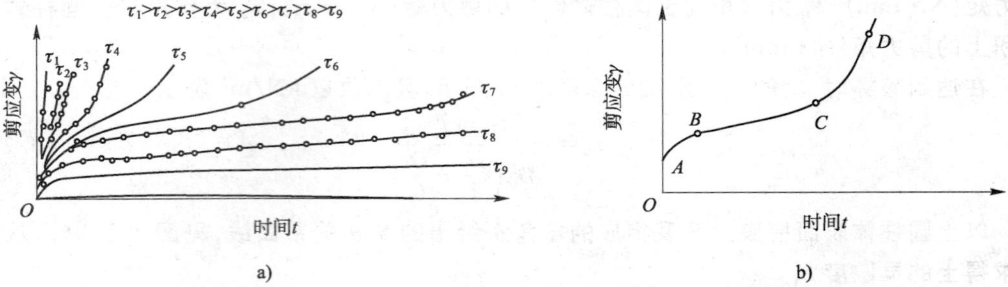

图 3.2.47 剪应变与时间的关系曲线

如果将应变与时间关系绘在半对数坐标上，则能更为直观地表现出应变随着时间而增加的这种蠕变特性。图 3.2.48 为村山朔郎用饱和软黏土在三轴仪上做的无侧限压缩蠕变试验结果。土的物理性指标为：液限 63%～86%，塑限 25%～36%，含水率 95%～98%，孔隙比 1.84～2.52，饱和度 100%。

试验研究土的蠕变，是为揭示土在不同应力作用下，其变形与强度随时间变化的特点，如图 3.2.47 和图 3.2.48 所示，同时求出土的长期强度和流动特性指标。

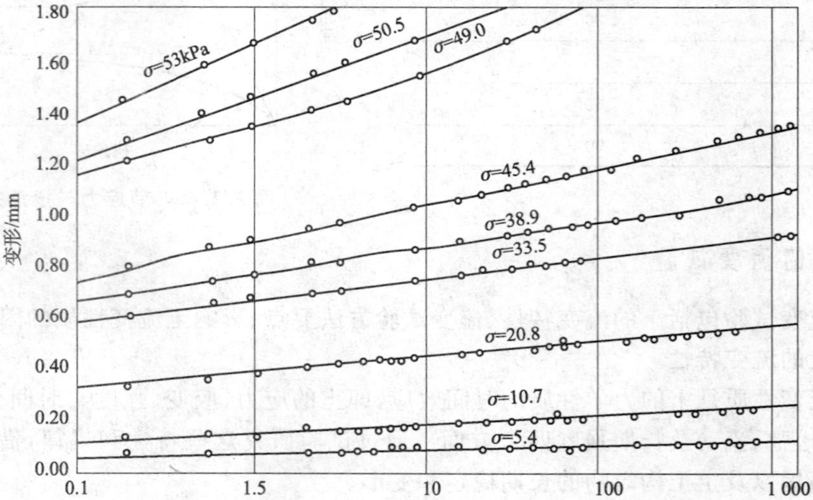

图 3.2.48 应力—应变—时间实测曲线

2. 土的松弛特性

土的松弛特性，即应力松弛特性，是土的应变 ε 保持不变，其应力 σ 随时间 *t* 的增加而逐渐减小的现象。图 3.2.49a) 为理论曲线，图 3.2.49b) 为实测曲线。土的松弛特性，可通过试验结果进行描述。

3. 土的流动特性

土的流动特性，当时间一定时，土的应变速率 ε 与应力的关系，是土体在荷载作用下时间效应的一种表现。土的流动现象可视为土的颗粒在外力作用下发生位移，也即是土的颗粒与孔隙交换位置。土在外力作用下才发生流动，且只有其作用力在一定范围值内，才发生流动，即存在一个屈服值问题。

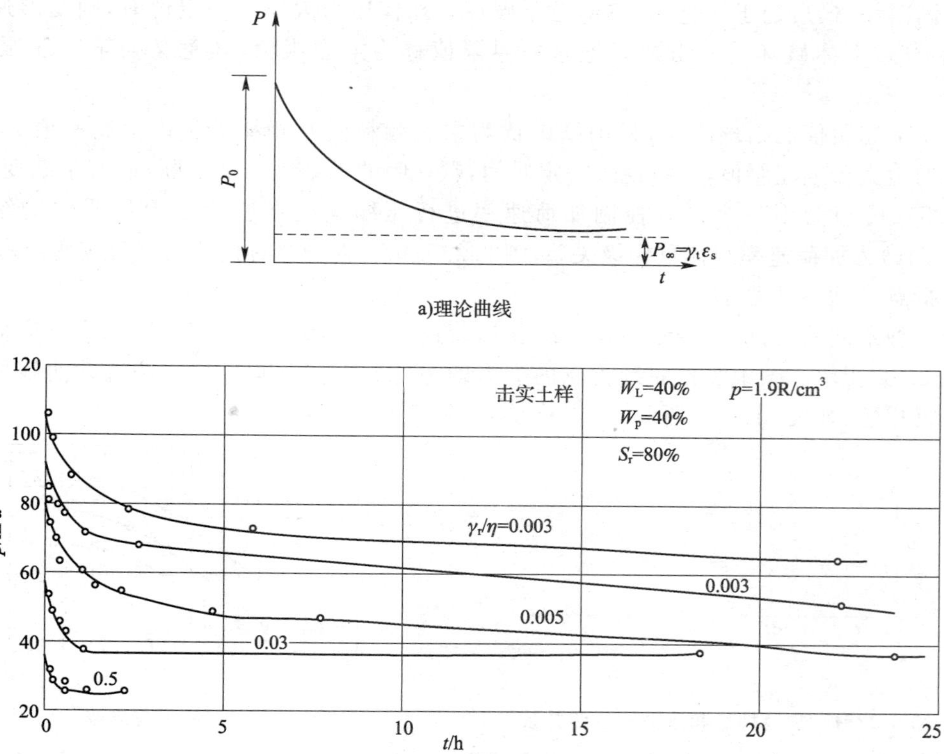

a)理论曲线

b)实测曲线

图 3.2.49 应力松弛曲线

(1)第三屈服值 f_3

1953 年岗兹和中国陈宗基教授，从流变观点研究土的力学性质，认为黏土具有三种屈服值，即第一屈服值 f_1，第二屈服值 f_2，第三屈服值 f_3。当剪应力 τ 小于 f_1 时，变形几乎测不出来，剪应力 τ 大于 f_1，而当 τ 小于 f_2 时，则变形处于弹性状态，能完全回弹；剪应力 τ 大于 f_2，小于 f_3 时，则产生流动；当剪应力 τ 大于 f_3 时，土由黏滞性阶段进入塑性阶段，土的结构开始破坏，并很快达到破坏。图 3.2.50 是天津海相沉积的软土，用应力式三轴仪作蠕变试验的实测曲线。土的物理指标为：天然含水率 35.2%，液限 32.4%，塑限 17.8%，孔隙比 1.00，天然密度1.83 g/cm³。从图中可明显看出第三屈服值 f_3 的力学特征。这种特征是土从连续流动进入加速流动的转折点，标志土的结构开始破坏。

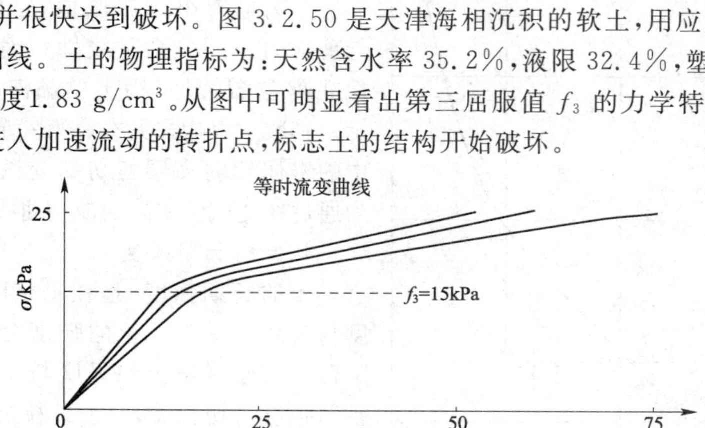

图 3.2.50 天津软土流变试验实验曲线

(2)上屈服值

从图 3.2.47a)可以看出，如果作用于土体上的外力小于某一定值时，则土的蠕变变形随时间逐渐减小,最后趋于停止,土体不至于破坏。如作用力大于某一定值时,则变形速度增加,最后导致土体破坏。村山朔郎把这一界限值称为上屈服值,其意义与第三屈服值 f_3 相同。

关于上屈服值的物理意义,村山朔郎认为黏土颗粒间互相移动是以上屈服值为界限。如作用的力大于上屈服值,土体经过一定时间,颗粒间的黏结完全被切断,而产生蠕变破坏。图 3.2.51a)、b)为用一个试样控制加荷速率进行压缩蠕变试验测定上屈服值的结果。图 3.2.51a)为加荷速率与荷重梯级关系,图 3.2.51b)为对数坐标的应力 σ 与应变 ε 关系,其曲线转折点 A 即为上屈服值。

用三种不同的土试样,控制加荷梯级和加荷速率,作压缩蠕变试验,其应力—应变关系如图 3.2.52 所示。图中三条曲线折点的应力即为上屈服值。其数值与按流动曲线所测得的结果很相近,如表 3.2.53 所示。

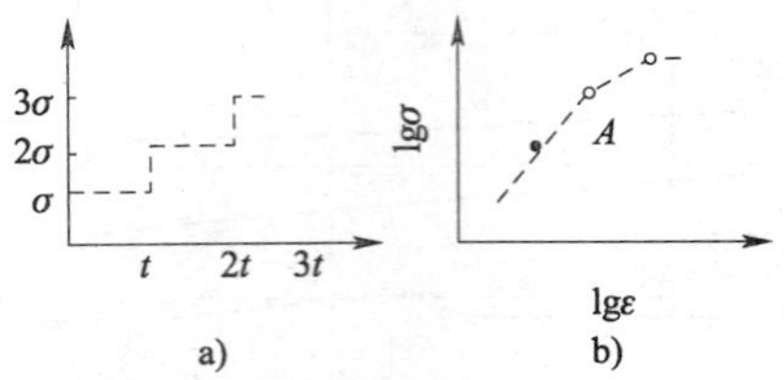

图 3.2.51 加荷梯级和应力—应变关系

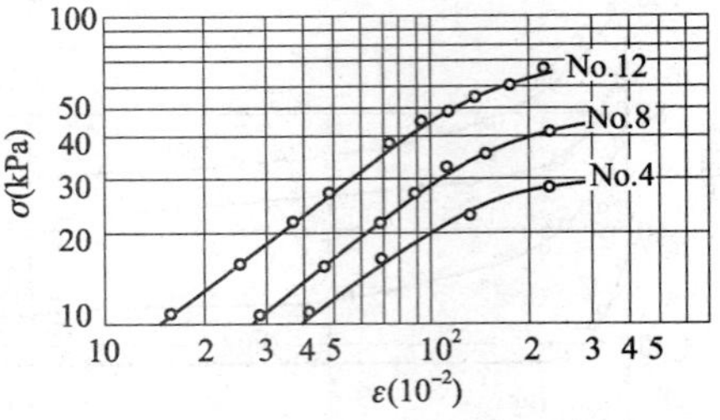

图 3.2.52 应力与应变

上屈服值的比较 表 3.2.53

试样编号	折点应力/kPa	按流动曲线测得的应力/kPa
No. 12	44	45
No. 8	34	33
No. 4	19	19

从以上试验的结果可以看出,上屈服值与第三屈服值 f_3 的意义相同,其力学特征也非常明确。

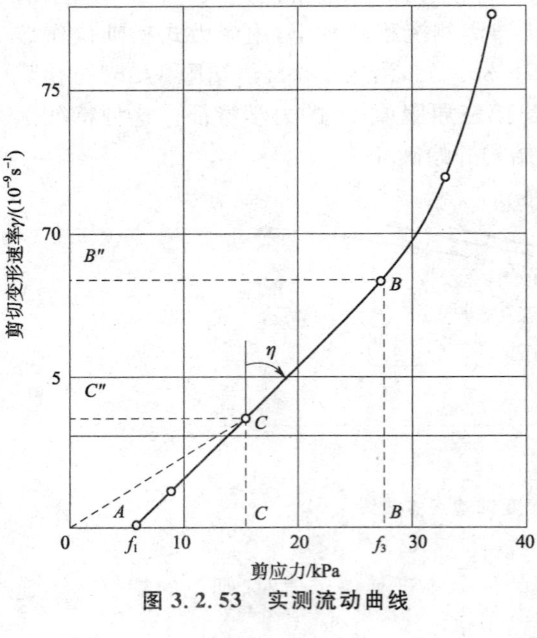

图 3.2.53 实测流动曲线

当剪应力小于屈服值 f_3 时,剪切速率 ε 与剪应力 τ 的关系呈线性。因此土的流动特性亦称黏滞特性,用土的黏滞系数 $\eta=\tau/\varepsilon$ 表示。其数学表达式见本章第一节室内岩石试验中的岩体软弱夹层剪切蠕变试验。图 3.2.53 为通过蠕变试验实测的流动曲线。

4. 土的长期强度

土的长期强度,是在一定时间内,土的强度与时间的关系。土的强度会随时间而逐渐降低。其原因是土的强度与土的颗粒之间的黏结强度密切相关,而土颗粒之间的黏结强度又取决于土颗粒之间的距离和相对位置。当土体在外力作用下产生变形,土颗粒产生相对位移,原来固有的黏结强度一部分受到破坏。荷载作用的时间越长,其强度也降低越多。土的这种强度随时间而逐渐降低的特性，从一般室内常规试验可以得到证明。图 3.2.54 为土的长期强度示意图。按照强度与时间关系曲线，可把强度分为瞬时强度、标准强度和长期强度。在图中时间 t_3 所对应的强度 τ_3 称为标准强度；相当于时间 t 为零时的强度，称为瞬时强度 τ_0（τ_0 用插补法求得）；相当于无限大时间的强度，称为极限强度 τ_L；而在其他任意中间时间的强度，称为长期强度 τ_t。土的长期强度与时间关系见岩体软弱夹层蠕变试验。图 3.2.55 为用单轴压缩蠕变试验实测的黏土长期强度曲线。

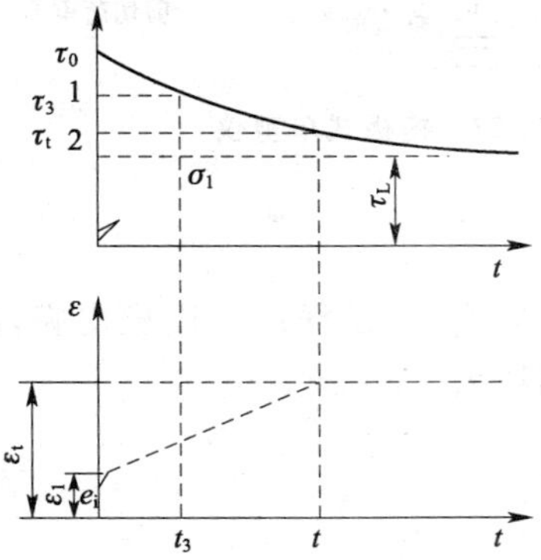

图 3.2.54 土的长期强度示意

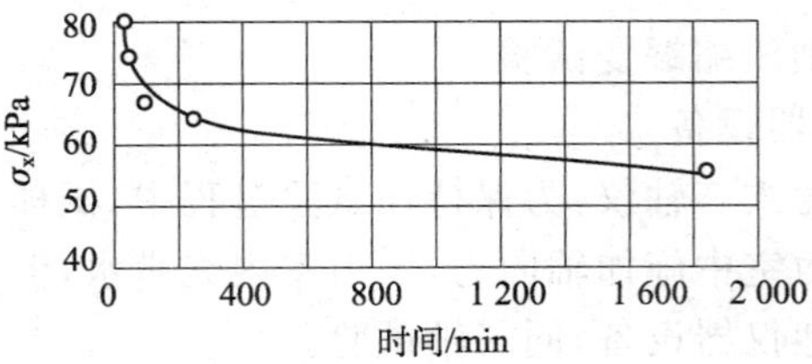

图 3.2.55 塑性黏土的长期强度曲线 ω=65%，单轴压缩（Муроямa 和 щибоя）的试验资料

(二)流变试验方法要点

流变试验包括蠕变试验和松弛试验，前者用于测定土的蠕变、流动和长期强度特性；松弛试验则是揭示土的应力随时间的延续而松弛的特性。

1. 蠕变试验

蠕变试验有剪切蠕变试验和压缩蠕变试验两种方法。在剪切蠕变试验中，一般采用直剪或单剪试验；在压缩蠕变试验中，一般采用单轴压缩或三轴压缩试验。

1)直剪剪切蠕变试验

参见本书的有关内容。f_3 的确定，根据需要，可作同一固结压力下的剪应力与剪应变关系曲线，曲线直线段的转折点对应的剪应力为第三屈服值 f_3。一般土的流变长期强度 f_3 与固结快剪峰值 τ_f 之比 f_3/τ_f=0.60～0.85。

2)单剪剪切蠕变试验

(1)试验原理

单剪试验是对直剪试验的改进，其优点是克服了直剪试验固定剪切面的缺点，作土的剪切蠕变试验采用单剪仪较多。试验过程土试样的应力状态如图 3.2.56 所示。

(2)仪器设备

单剪仪按其剪切容器分类有三种类型：叠环式、加筋橡皮膜式和刚性板式。作剪切蠕变试验，多采用加筋橡皮膜式。

应力式单剪仪的整体结构如图 3.2.57 和图 3.2.58 所示。

(3)试验要点

试验的法向应力和剪切应力的预测以及试验过程的记录时间等均参照本章第一节室内岩石试验中的岩体软弱夹层剪切蠕变试验的有关规定进行。

(4)资料整理(参照同上)

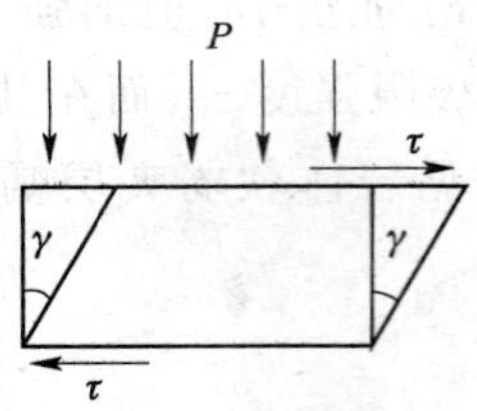

图 3.2.56 单剪试验土样应力应变状态

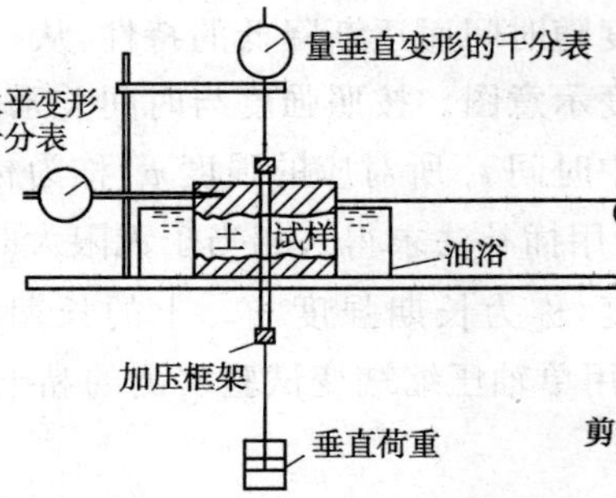

图 3.2.57 拖板式单剪仪

3)单轴压缩蠕变试验

(1)仪器设备

①应力式三轴仪:为保持在试验过程中,试样含水率不发生变化,试样应套以橡皮膜,在三轴仪压力室中施加轴向力,压力室内充满水,但不施加周围压力,令 $\sigma_3=0$。

②其他仪器设备,同三轴试验。

(2)试验要点(参照三轴压缩蠕变试验)

(3)资料整理

参照三轴压缩蠕变试验,所不同之处只是单轴压缩蠕变试验的周围压力 $\sigma_3=0$。

4)三轴压缩蠕变试验

用应力式三轴仪做土的压缩蠕变试验,其应力条件可根据工程需要进行设定,排水条件亦可控制,且在试验过程中可随时观察试样变化。因此,凡具备条件的试验室,如要进行土的蠕变试验时,建议采用此法为好。

(1)仪器设备

①应力式三轴仪(图 3.2.59)。

②其他仪器设备同三轴常规试验。

(2)试验要点

①周围压力 σ_3 的确定:根据工程要求、取试样深度、土的天然密度及静止侧压力系数 K_0 确定。K_0 的取值应根据土质分类而定。

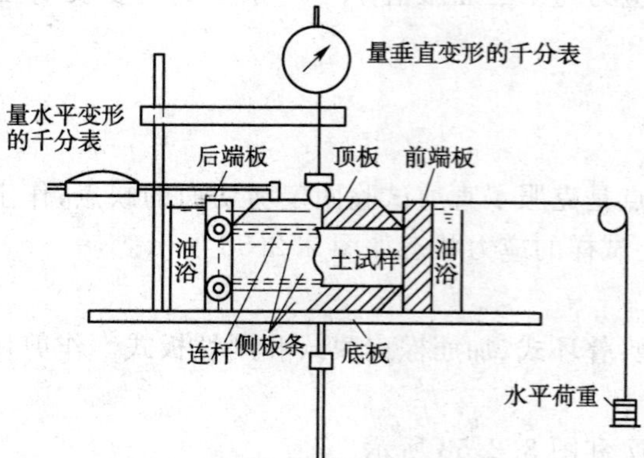

图 3.2.58 盒式单剪仪

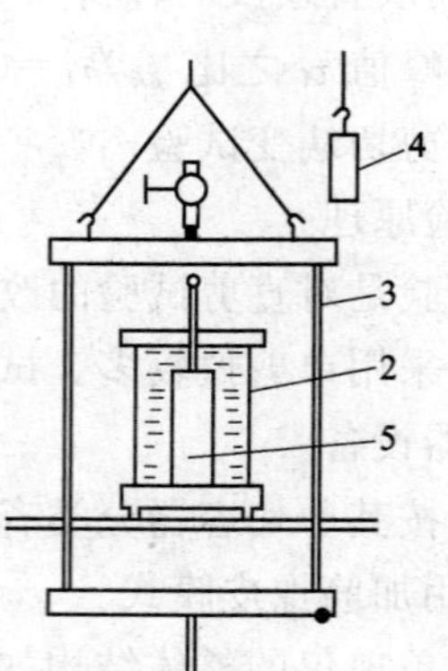

图 3.2.59 应力式三轴仪

1-荷重盘;2-压力室;3-载荷框;4-平衡铊;5-土样

②轴向压力 σ_1 的加荷量级，应根据不排水不固结三轴试验结果确定。一般分为 4～6 级（对于软土其加荷量级一般在 5～15 kPa 之间）。

③试样制备同常规三轴试验。

④记录时间及稳定标准参照本手册的有关规定进行。

(3)资料整理

压缩蠕变试验与剪切蠕变试验的主要区别在于，前者是在法向应力作用下发生形变的时间效应，后者是在剪应力作用下，其强度变化的时间效应。因此，在两者试验结果的整理中，除所施加的作用力不同之外，其余基本相同。资料整理按以下所述方法进行（其方法与剪切蠕变试验略同，但突出了三轴压缩蠕变试验的特点）。

①绘制一定围压（σ_3）下的蠕变压缩试验的变形与时间关系曲线，如图 3.2.60 所示，可求出流变起始应力（σ_1）和流变破坏应力（σ_c）数值。

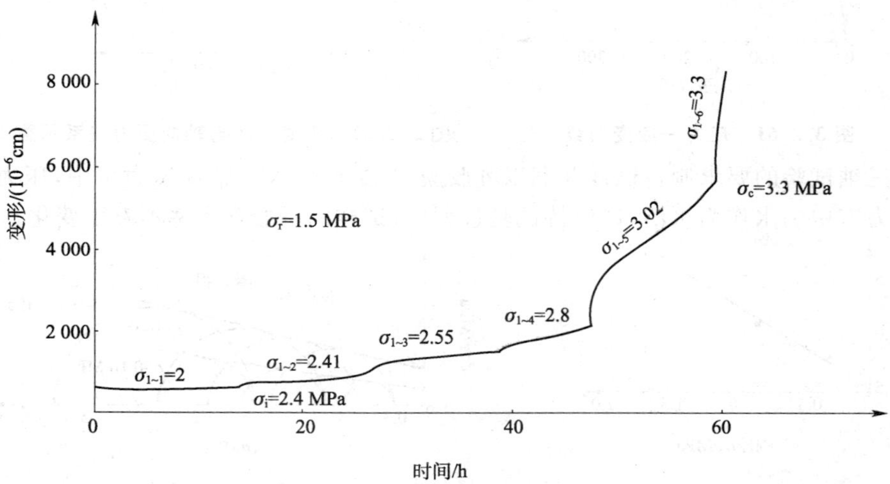

图 3.2.60　压缩变形与时间关系

②绘制一定围压（σ_3）下的瞬时应力应变关系及阻尼应变曲线，如图 3.2.61 所示，可求出瞬时变形模量和阻尼变形模量。

③绘制一定围压（σ_3）下的应变速率 ε 和轴向压力 σ_1 关系曲线，如图 3.2.62 所示。直线的斜率为土的黏滞系数 η。在三轴压缩蠕变试验中，黏滞系数（η）与周围压力（σ_3）有密切关系，周围压力的不同，其黏滞系数亦不同，且随着周围压力 σ_3 的增加而增大，呈直线关系。图 3.2.63 为一组三轴压缩蠕变试验所获得的不同周围压力（σ_3）与黏滞系数（η）的直线关系图。以此图与本书中岩体软弱夹层直剪剪切蠕变试验结果的黏滞系数 η 与法向应力 σ_v 的关系相比较，可见其特点极其相似。

④在一组三轴压缩蠕变试验中，以试验时所采用的不同周围压力为小主应力 σ_3，根据图 3.2.60 所示的流变起始应力 σ_i 和流变破坏应力 σ_c 为大主应为 σ_1，分别绘制两组摩尔圆，连接其包络线，求出土的瞬时强度参数 c 和 φ 及长期强度参数 c 和 φ，如图 3.2.64 所示。

2. 松弛试验

应力松弛的现象，实际上是一种在应变保持不变情况下，其弹性变形和塑性变形重新分布的时间效应。

因此，对土的应力松弛特性的测试，只要对土的试样施加一定方向的外力 p，使其产生应变 ε_0，然后保持其应变 ε_0 恒定不变，测定其初始应力 σ_0 随时间 t 的变化，即可揭示土的应力随时间的延续而松弛的特性。其方法要点如下：

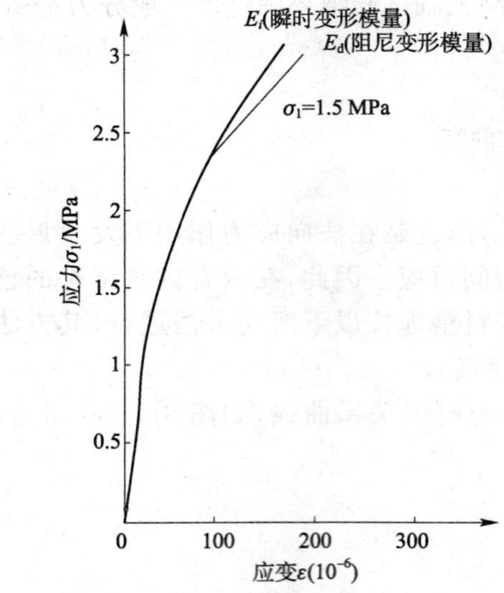

图 3.2.61　应力一应变曲线

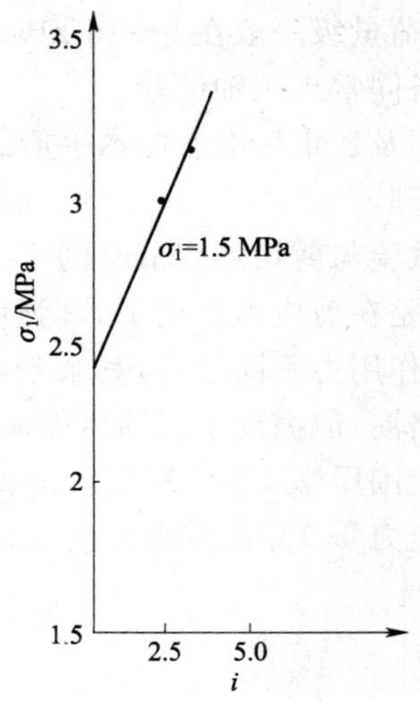

图 3.2.62　应变速率与轴向压力关系示意

①按三轴试验的要求制备试样并套以乳胶膜，将试样装入三轴仪压力室中，压力室内充满水。压力室中的水作为水浴，以保持试验过程中，试样的原始含水率不发生变化。

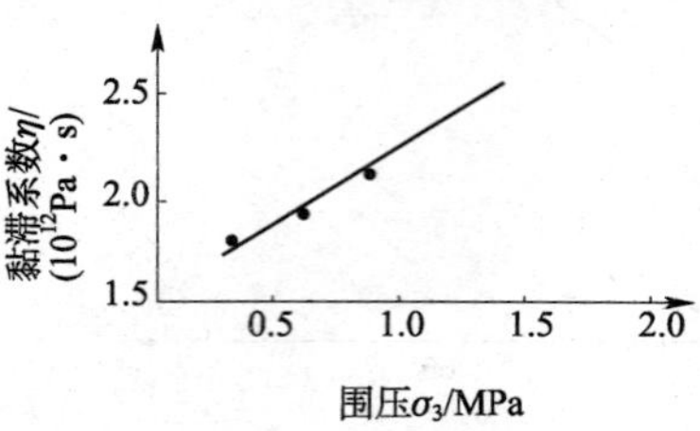

图 3.2.63　σ_3 与 η 关系

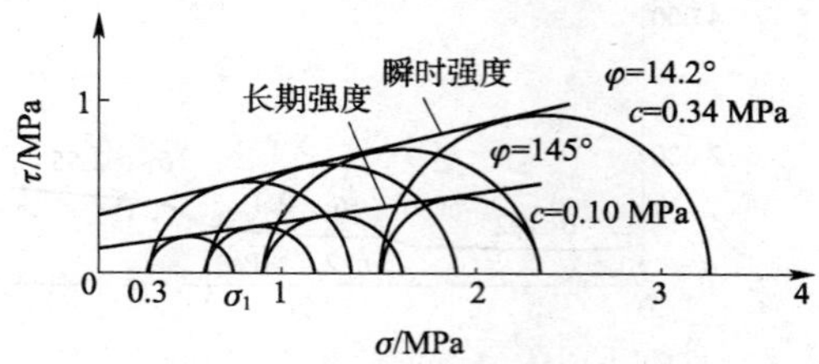

图 3.2.64　瞬时强度和长期强度关系

②将水下荷重传感器置于压力室中试样上端，代替应变式三轴仪的测力钢环，直接测定轴向应力。其装置如图 3.2.65 所示。

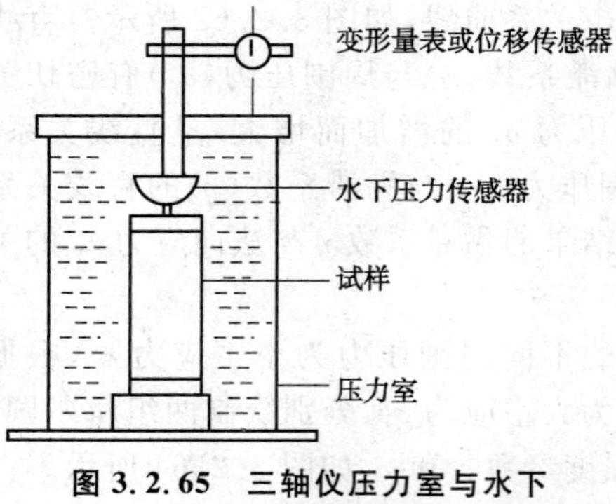

图 3.2.65　三轴仪压力室与水下压力传感器装置示意

③根据工程要求，选定轴向应变值 ε_0，施加轴压力 p，进行单轴压缩试验。通过轴向变形量表或传感器测定其轴变形量，待压缩到选定的轴向应变 ε_0 值时，立即停止轴向加压，并保持轴向应变 ε_0 恒定不变。

④记录试验过程的轴向压力与时间变化，待轴向压力变化稳定为止。

⑤按图 3.2.49b）绘制压力 p 与时间 t 关系曲线。

(三)影响土流变性质的因素

1.土的物质组成的影响

土的物理性质和次生矿物种类，对土的蠕变特性有一定的影响，一般土的含水率越大，黏粒含量越多，塑性指数越大，灵敏度越高，则土的蠕变变形和应力松弛变化也越大；土中的不同次生矿物成分，对土的蠕变性质影响亦不相同，其中以蒙脱土对蠕变速率的影响最大，伊利土次之，高岭土最小，如图 3.2.66 所示。

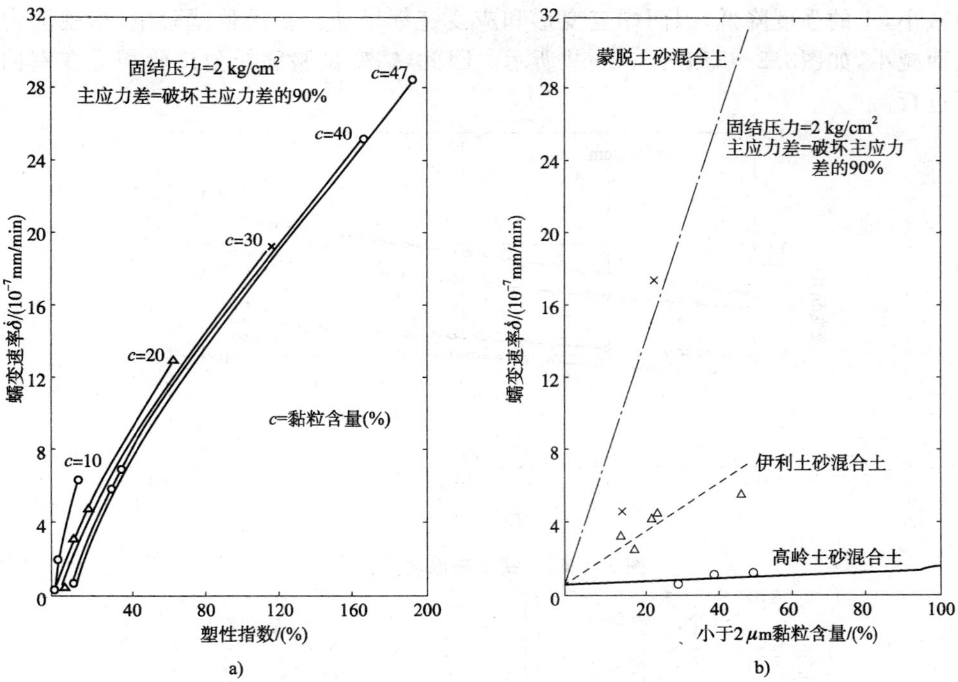

图 3.2.66 蠕变速率与土的物质组成的关系

2.应力条件的影响

在蠕变试验中,由于采用的应力条件不同,试验结果亦有明显的不同。图 3.2.67 是灵敏度 6～10 的原状黏土,试样分别在各向相等压力条件下固结和在垂直压力相同的 K_0 条件下固结。分别进行三轴压缩试验和 K_0 条件下三轴试验及平面应变试验。从图中可看出,应力条件对土的蠕变特性有明显的影响。因此,在进行蠕变试验时,应考虑试验的应力条件尽量接近工程实际情况。

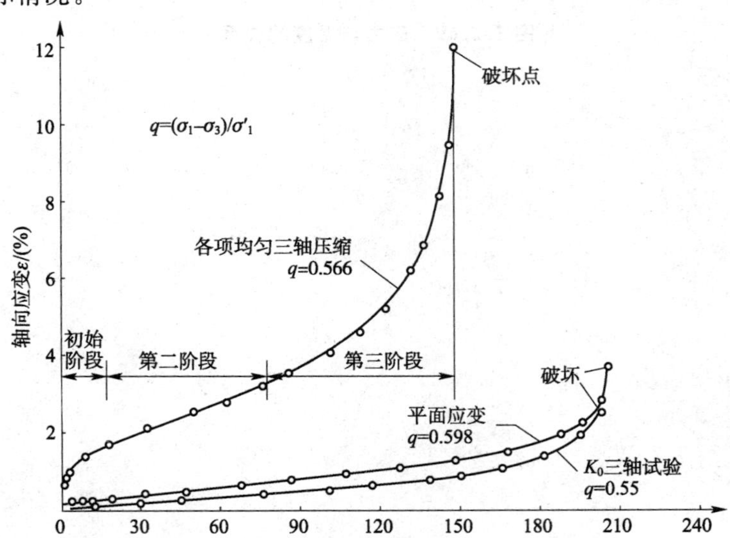

图 3.2.67 不同应力条件下的蠕变曲线

3.温度的影响

试验过程中,温度对土的蠕变特性的影响很明显,因为温度升高,土的孔隙压力增大,有效应力减小，土的强度降低，因而蠕变变形和应变速率增加。在松弛试验中，松弛应力随温度升高而减小，如图3.2.68和图 3.2.69 所示。因此，蠕变试验和松弛试验均应在室内恒温条件下进行。

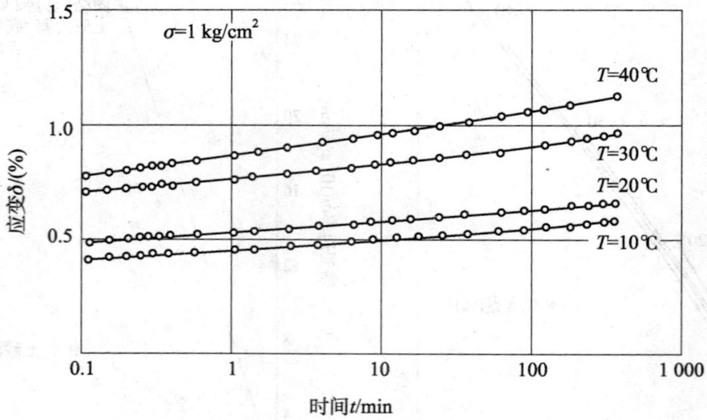

图 3.2.68　蠕变与温度的关系

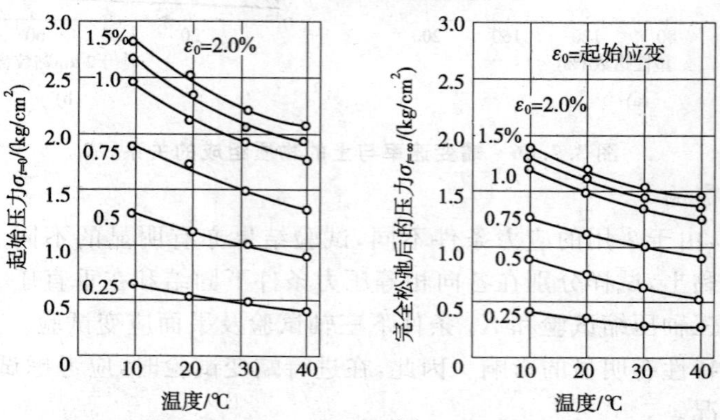

图 3.2.69　应力与温度的关系

第四章 原位测试

第一节 载荷试验

一、平板载荷试验

1. 平板载荷试验适用条件

平板载荷试验可分为浅层平板载荷试验、深层平板载荷试验和岩基载荷试验。

浅层平板载荷试验适用于浅部地基土承压板下应力主要影响范围内承载力的确定。这里所说的板下应力主要影响范围与承压板直径或宽度有关，一般可认为其影响深度在3 m内，且在地下水位上。

深层平板载荷试验适用于深部土层(包括软岩、极软岩)及大直径桩端土层在承压板下应力主要影响范围内承载力的确定。所谓深部一般是指埋深等于或大于5 m，且在地下水位以下。

岩基载荷试验适用于不同深度的完整、较完整、较破碎岩基作为天然地基或桩基持力层时承载力的确定。

2. 基本理论

一般地基土承载力设计的取值接近于比例界限。因此浅层平板载荷试验可按刚性平板作用于均质土(各向同性、半无限弹性介质)表面，由弹性理论可得式(4.1.1)(详见表4.1.19，下同)。

对于深层平板载荷试验，可按刚性圆形压板作用于均质土(各向同性、半无限弹性介质)内部，由弹性理论可得式(4.1.2)，式中涉及的深层载荷试验计算系数 ω 的取值见表4.1.1。

深层载荷试验计算系数 ω 的取值　　表4.1.1

d/z	土类				
	碎石土	砂土	粉土	粉质黏土	黏土
0.30	0.477	0.489	0.494	0.515	0.524
0.25	0.469	0.480	0.482	0.506	0.514
0.20	0.460	0.471	0.474	0.497	0.505
0.15	0.444	0.454	0.457	0.479	0.487
0.10	0.435	0.446	0.448	0.470	0.478
0.05	0.427	0.437	0.439	0.461	0.468
0.01	0.418	0.429	0.431	0.452	0.459

注：d/z 为承压板直径和承压板底面深度之比。

3. 试验仪器设备

1)承压板

①承压板形状为圆形或方形(圆形板应力条件较方形板简单)。

②承压板应具有足够刚度，底面平整，在长期使用中不变形。

③钢质承压板厚度不小于25 mm，或采用加肋措施。在现浇或预制混凝土配筋承压板

设计和加工时除满足抗压强度外，应满足抗冲切、抗剪切和抗弯承载力。

2）反力装置

当采用地锚时，反力装置应注意地锚与试坑边的距离。据刘祖德教授的经验，若视地锚为一埋在土体中的上拔基础，上拔角取45°，则视该部分土体的重力为反力，设地锚入土深度为 h_{cr}，则地锚距试坑边距离 $A=h_{cr}$，h_{cr} 的取值范围：砂土取（3～4）d（d 为地锚叶片直径，下同），软土取（1.5～2.0）d，一般黏性土、粉土取（2～3）d。

3）加载与量测设备

加载设备宜采用油压千斤顶。采用2个以上千斤顶加载时，型号和规格应相同。千斤顶应并联同步工作，其合力中心应与载荷板中心重合。

荷载测量用放在千斤顶上的荷重传感器直接测定，或采用连于千斤顶的压力表或压力传感器测定油压，按率定曲线换算荷载。传感器测量误差不应大于1%，压力表精度应优于或等于0.4级，试验用压力表、油泵、油管等最大加载压力不应超过规定工作压力的80%。

沉降观测采用大量程百分表或位移传感器，测量误差不大于0.1%FS，分辨力优于或等于0.01 mm。

基准梁应有一定刚度，梁一端应固定（另一端应简支）在基准桩上。固定和支撑位移计（百分表）的夹具及基准梁应避免气温、振动及其他外界因素影响。

4. 试验方法

载荷试验的方法分类、要点及适用条件见表4.1.2。

载荷试验的方法分类、要点及适用条件　　表4.1.2

序号	方法名称	要点	适用条件
1	沉降相对稳定法（慢速法）	每施加一级荷载后，待承压板沉降达到稳定标准后再施加下一级荷载，能获得较准确的 p-s 及 t-s 曲线。这是最常用的基本方法	适用于各种情况。当需获得较准确的变形模量时，宜用此法
2	沉降非稳定法（快速法）	每施加一级荷载后，在2 h内按每隔15 min观测一次，共8次，即施加下一级荷载。试验只能得到瞬时的 p-s 及 t-s 曲线，必须经过外推计算，才能得到相对稳定法的 p-s 曲线	不宜用于确定地基变形模量，对软土地层应慎用。当无地区经验时，宜与相对稳定法配合应用
3	等沉降速率法（快速法）	以每级荷载下沉降量为承压板宽的0.5%控制荷载。每级荷载加荷按30 s、1、2、4、8、15 min间隔观测至荷载停止变化，或荷载变化速率在 p-lg$t$ 曲线上呈线性关系时止，然后按上述确定的沉降量，继续加荷、达到恒定，直至出现极限荷载值	适用于排水性能差，以确定承载力为主要目的的试验。能较准确地测定土的极限荷载值

5. 资料整理

1）稳定法资料整理

①试验资料整理成表格，绘制 p-s 曲线及一定压力下的 s-t 曲线，有时还绘制 s-lg$t$ 曲线等。

a. 修正荷载与沉降量误差。平板载荷试验主要成果 p-s 曲线的初始直线不一定能通过坐标原点，因此需按式（4.1.3）采用求解比例关系方程进行修正。

b. s_0、c 值的确定方法。采用最小二乘法按式（4.1.4）或式（4.1.5）确定。

c. 根据计算的 s_0、c 按式（4.1.6）计算各级荷载下经修正的沉降量 s。

d. 绘制修正后的 p-s 和 s-t 曲线，其中 s-t 曲线绘制如图4.1.1所示，按各级荷载历时的 t 和 s，可分级或连续绘制。

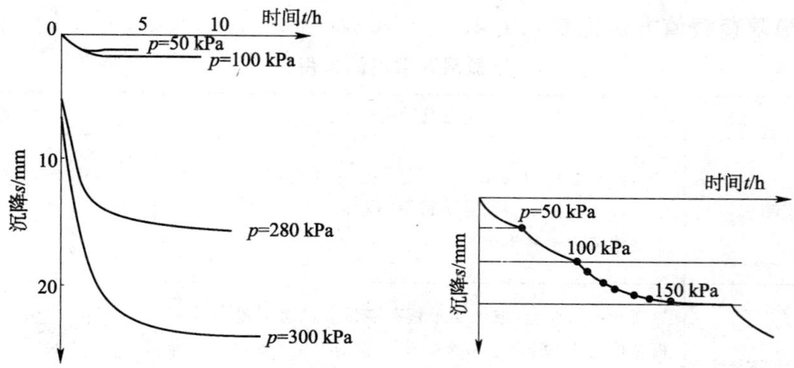

a)　　　　b)

图 4.1.1　s-t 关系曲线

②确定比例界限荷载值方法见表 4.1.3。

确定比例界限荷载值的方法　　　　表 4.1.3

序号	方　法	要点及适用性	示　意　图
1	转折点法	p-s 曲线首段直线转折点所对应的荷载为比例界限荷载值； 该法适用于直线段及转折点明显的 p-s 曲线	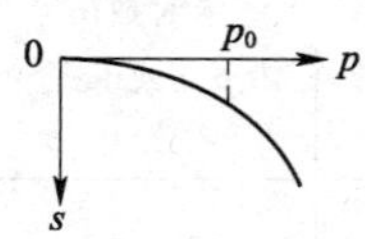
2	二倍沉降增量法	当某级荷载下沉降增加 Δs_n 大于或等于前级荷载下的沉降量 Δs_{n-1} 的 2 倍时，可取前一级荷载为比例界限荷载值； 该法一般适用于软黏土，但试验时荷载级必须合适	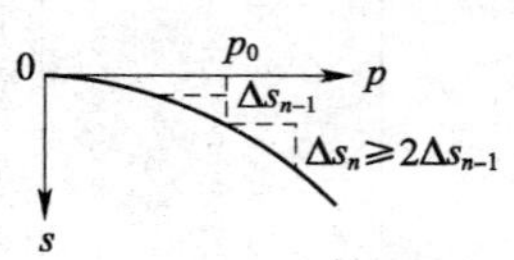
3	切线交会法	取 p-s 曲线首尾段两切线交会点所对应的荷载为比例界限荷载值； 该法适用于 p-s 曲线首尾段有明显弧度的情况，但作切线时任意性较大	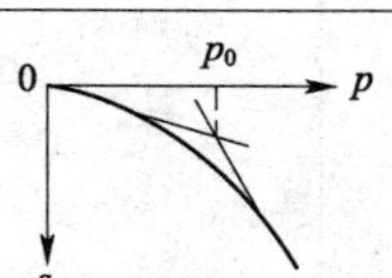
4	全对数法	在 $\lg p$-$\lg s$ 曲线上，取曲线急剧转折点所对应的荷载为比例界限荷载值； 该法适用于各种情况	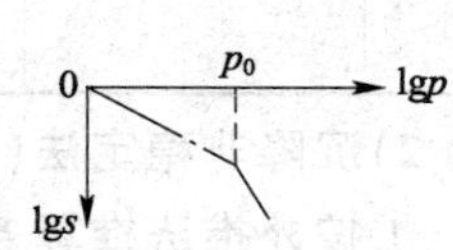
5	斜率法	在 p-$\Delta s/\Delta p$ 曲线上，取第一转折点所对应的荷载为比例界限荷载值，第二转折点所对应的荷载为极限荷载值； 该法适用于各种情况	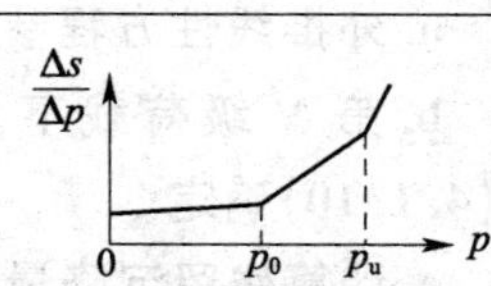
6	沉降速率法	在某级荷载下，沉降增量与时间增量之比趋于常数（即 $\Delta s_i/\Delta t_i \to$ 常数），则可取前一级荷载为比例界限荷载值； 该法适用于各种情况，但荷载级必须合适	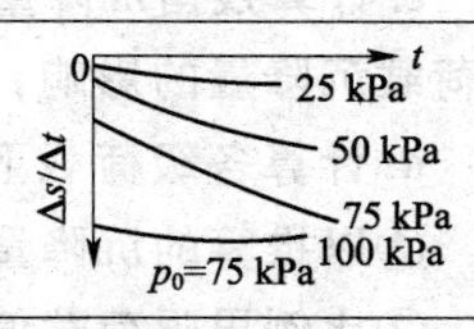
7	半对数法 (s-$\lg t$)	在 s-$\lg t$ 曲线簇中，取曲线向上凹折或急剧转折的曲线所对应的荷载为比例界限荷载值； 该法适用于各种情况	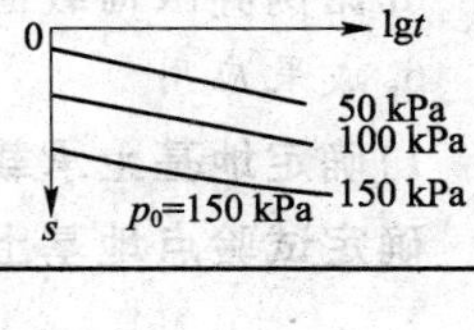

③确定极限荷载值方法见表 4.1.4。

确定极限荷载值的常用方法 表 4.1.4

序号	方法	要点及适用性	示意图
1	实测法	当试验进行到表 4.1.2 所述终止条件时，可在 p-s 曲线上确定其前一级荷载为极限荷载值； 该法适用于各类土层	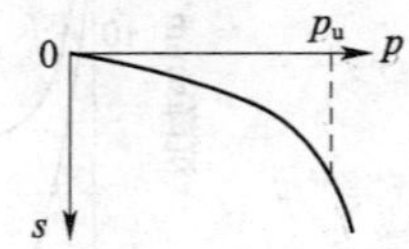
2	相对沉降量法	在 p-s 曲线上，取浅层平板荷载试验的沉降量为承压板宽度的 0.06，深层平板载荷试验则取宽度的 0.04 所对应的荷载为极限荷载值； 该法对砂土不适用	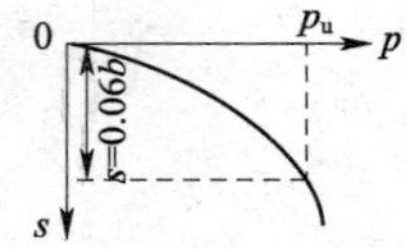
3	斜率法	在 p-$\Delta s/\Delta p$ 曲线上，取第二转折点所对应的荷载为极限荷载值； 该法适用于各种情况	见表 4.1.4 的斜率法
4	半对数法 ($\lg p$-s 或 $\lg s$-p)	在 $\lg p$-s 或 $\lg s$-p 曲线上，取直线上起点所对应的荷载为极限荷载值； 该法适用于一般黏性土和砂土	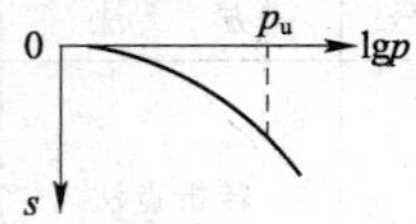
5	外插法	在 p-s 关系曲线上，以曲线大弯段的起点 B_0 到终点 B 间为作图段；分别自 B_0 和 B 点作平行于 p 轴的平行线，交 s 轴于 A_0 和 A 点；然后将 A_0A 线段等分（不少于 5 点，得到 $A_1, A_2, \cdots, A_5$，自这些点分别作平行于 p 轴的平行线，在 p-s 线上得交点 $B_1, B_2, \cdots, B_5$，自 $B_0, B_1, \cdots, B$ 各点分别作平行于 s 轴的平行线，交 p 轴得 $C_0, C_1, \cdots, C$ 点，自这些点分别作与 p 轴正方向呈 45°的斜线，在斜线上得到 $C_1B_1, C_2B_2, \cdots$ 延长线上的交点 $D_1, D_2, \cdots, D$)，最后过 $D_1, D_2, \cdots, D$ 各点连线，交于 p 轴，此交点所指示的荷载即为极限荷载值； 该法适用于三相黏性土，不适用砂土	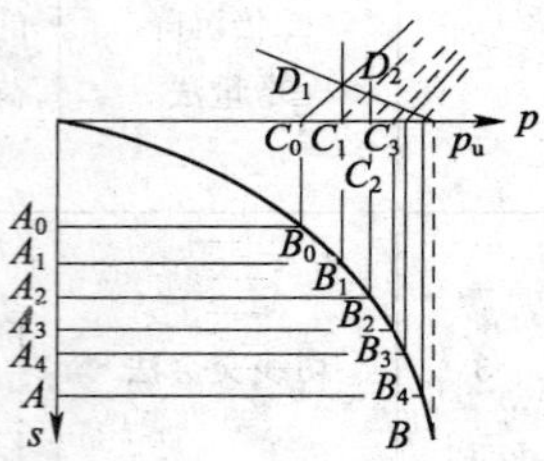

2)沉降非稳定法（快速法）资料整理

①按外推法推算各级荷载下沉降速率达到相对稳定标准所需时间和沉降量。

a. 外推线性方程参数 α_N、β_N 按式(4.1.7)和式(4.1.8)确定。

b. 第 N 级荷载下，沉降达到相对稳定时沉降量 s_N 和所需时间 t_N 按式(4.1.9)和式(4.1.10)确定。

c. 计算残留沉降量。外推法计算沉降量时，应考虑到前一级荷载作用下沉降量对后一级荷载沉降量的影响，每次读数的相应残留沉降量可按式(4.1.11)计算。

d. 计算各级荷载下累计沉降量 s_k 可按式(4.1.12)计算。

②以推算的沉降量绘制 p-s 曲线或其他曲线。

③比例界限荷载值、极限荷载值的确定方法，见表 4.1.3 和表 4.1.4。

6. 成果应用

1)确定地基土承载力特征值 f_{ak}

确定试验点地基土承载力特征值的常用方法见表 4.1.5。

确定地基承载力特征值的常用方法 表 4.1.5

序号	方法	要点	适用条件
1	比例界限荷载值法	当能确定比例界限荷载值时，以比例界限所对应的荷载值，作为地基土承载力特征值(不包括岩基)	特别适用于 p-s 曲线上有明显直线段和转折点的黏性土、粉土地基
2	极限荷载值法	当能确定极限荷载值，且极限荷载值小于比例界限荷载值 2 倍时，取极限荷载值的一半作为特征值； 岩基则取极限荷载值的 1/3 与比例界限荷载值比较，取小值	适用于 p-s 曲线呈圆滑型的情况
3	相对变形控制法	当浅层平板载荷试验承压板面积为 0.25～0.5 m²，深层平板载荷试验承压板直径为0.8 m时，取 s/d=0.01～0.015 所对应的荷载值(且其值不大于加载量一半时)为地基土承载力特征值	不能用本表前两种方法确定地基土特征值时，可采用此法。此法也适用于干旱、半干旱地区的湿陷性碎石土、砂土(黄土除外)

同一土层地基土承载力特征值的确定。同一土层参加统计的试验点不应少于 3 点，当试验实测值极差不超过平均值的 30%时，取此平均值作为该土层地基承载力特征值。对于岩基，试验数量不少于 3 个，取其最小值作为岩石地基承载力特征值(该值使用时不进行深度修正)。

2)计算变形模量 E_0

浅层和深层平板载荷试验的变形模量可分别按式(4.1.1)和式(4.1.2)求出。

3)预估建筑基础的沉降量 s_j

由浅层或深层平板载荷试验的 p-s 曲线求得与基础底面压力相一致的沉降量，则可预估建筑基础沉降量。若地基土为砂土，可按式(4.1.13)计算；若地基土为黏性土，可按式(4.1.14)计算。

4)计算基准基床反力系数 K_v

采用边长 30 cm 承压板试验时，可按式(4.1.15)计算基准基床反力系数。

5)道路路基沉降量 s_d

道路路基沉降量可按式(4.1.16)计算。

6)估算地基土不排水抗剪强度 C_u

估算地基土不排水抗剪强度 C_u 是饱和软黏性土，可用快速法载荷试验所得极限荷载值 p_u，按式(4.1.17)估算土的不排水抗剪强度。

7.特殊土载荷试验

1)黄土载荷试验

(1)试验要求

①承压板面积不宜小于 0.5 m²；试坑边长(直径)为承压板边长(直径)的 3 倍；

②荷载级增量一般取预估湿陷起始压力的 1/5，或采用 15～25 kPa；试验终止压力不小于 200 kPa 或达到设计荷载。

③承压板以外试坑底面铺 5～10 cm 厚的砂砾透水层，浸水水面应高于砂砾层 3～5 cm。

④沉降观测装置固定点应设在浸水影响范围之外。

⑤浸水后土的含水率不小于饱和含水率的 85%～90%。

⑥每级加载后，每隔 15 min、15 min、15 min、15 min 各测读一次沉降量，以后每隔 30 min 测读一次，当连续 2 h 内每小时沉降量不超过 0.10 mm 时，认为沉降已达稳定标准，可加下

一级荷载。

(2)试验方法

确定湿陷起始压力的试验方法见表 4.1.6。

确定湿陷起始压力的试验方法　　表 4.1.6

序号	试验方法	要　点	适用条件
1	单线法	在场内相邻位置同一标高，按相对稳定法进行天然湿度下的试验，达到终止试验条件并相对稳定后浸水，按相对稳定法要求，观测浸水沉降量，直到达到稳定标准，单线法浸水载荷试验在不同压力条件下至少应做 3 个点试验	可测定不同荷载级下湿陷量
2	双线法	同一层同一标高，在相距不大于 6 m 的相邻两坑内进行试验。一处按相对稳定法在天然湿度下试验；另一处按饱水单线法在浸水条件下试验。两试验点采用相同荷载增量	确定重要建筑场地湿陷性指标，要求两试验点土层性质均匀
3	饱水单线法	待安装设备后即浸水，并使 3.5 倍承压板直径(宽度)深度内土达到饱和，然后按相对稳定法要求进行试验	此法只需做一个点，避免了双线法的问题，适用于一般建筑场地

(3)资料整理与应用

绘制 $p\text{-}s$ 曲线和绘制可判定湿陷性起始压力 p_{sh} 与浸水沉降量 s_s 的 $p\text{-}s_s$ 曲线。

(4)湿陷起始压力

湿陷起始压力按表 4.1.7 的方法确定。

确定湿陷起始压力的方法　　表 4.1.7

方法	要　点	示意图
转折点法	当 $p\text{-}s_s$ 曲线上有明显转折点时，取转折点对应压力作为湿陷起始压力； 当 $p\text{-}s_s$ 曲线上出现两个转折点时，湿陷性强的取值应靠近第一转折点；湿陷性弱的取值应靠近第二转折点；也可取两转折点压力平均值作为湿陷起始压力 p_{sh}	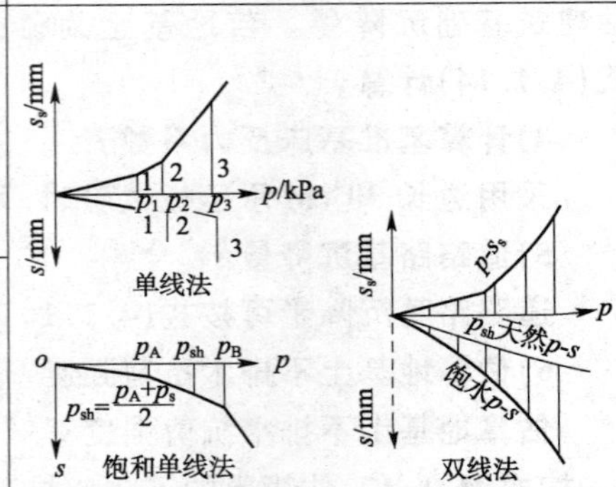
相对沉降量法	取浸水下沉量与承压板宽度之比小于 0.015 所对应的压力作为湿陷起始压力； 干旱或半干旱地区湿陷性碎石土、湿陷性砂土和其他湿陷性土(黄土除外)，在 200 kPa 压力下，浸水载荷试验的上述比值为 0.023	

(5)湿陷性黄土地基承载力特征值的确定

参见《湿陷性黄土地区建筑规范》(GB 50025—2004)附录 J 的 J.0.8 条。

2)膨胀土浸水载荷试验

(1)试验要点

①试验场地应选在有代表性的地段，试坑和试验设备的布置应符合图 4.1.2 的要求。

②承压板面积不应小于 0.5 m^2，采用方形时，其宽度不应小于 0.707 m。

③在承压板附近应设置一组深度为 0、b、$2b$、$3b$(b 为承压板宽度)和等于当地大气影响深度的分层测标，或采用一孔多层测标，以观测各层土的膨胀变形量。

④采用钻孔或砂沟双面浸水时，砂沟或钻孔内应填满中、粗砂，钻孔或砂沟的深度不应小于当地大气影响深度或 $4b$。

⑤采用重物分级加荷和高精度水准仪观测变形量。

⑥应分级加荷至设计荷载。当土的天然含水率大于或等于塑限时，每级荷载可按 25 kPa增加；当土的天然含水率小于塑限时，每级荷载可按 50 kPa 增加。每级荷载施加后，应按 0.5 h、1 h 各观测沉降一次，以后可每隔 1 h 或更长时间观测一次，直至沉降达到相对稳定后再加下一级荷载。

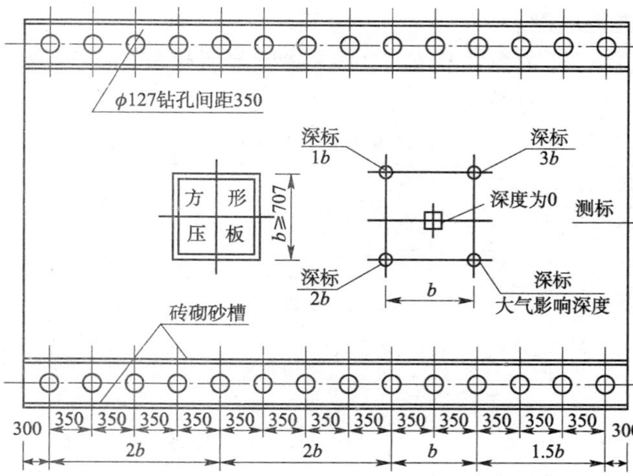

图 4.1.2 现场浸水载荷试验试坑及设备布置示意(尺寸单位：mm)

⑦连续 2 h 的沉降量不大于 0.1 mm/h 时，可认为沉降稳定。

⑧当施加最后一级荷载沉降达到稳定标准后，可在砂沟内浸水，浸水水面不应高于承压板底面。浸水期间应每 3d 或 3d 以上时间观测一次膨胀变形。膨胀变形相对稳定标准为连续两个观测周期内，其变形量不应大于 0.1 mm/3 d，浸水时间不应少于两周。

⑨浸水膨胀变形达到相对稳定后，应停止浸水并按第⑥、⑦点要求继续加荷直至达到破坏。

⑩试验前和试验后，应分层取原状土样进行室内物理力学试验和膨胀试验。

(2)资料整理及成果应用

①绘制各级荷载下变形和压力曲线(图 4.1.3)以及分层测标的变形与时间曲线，以确定土的承载力和可能膨胀量，必要时可用室内试验的 c、φ 值按承载力公式计算其承载力，并与现场载荷试验确定的承载力值进行对比，然后编写试验报告。

②应取破坏荷载的一半作为地基土承载力特征值，在特殊情况下，可按地基设计要求的变形值在 p-s 曲线上选取所对应的荷载作为地基土承载力特征值。

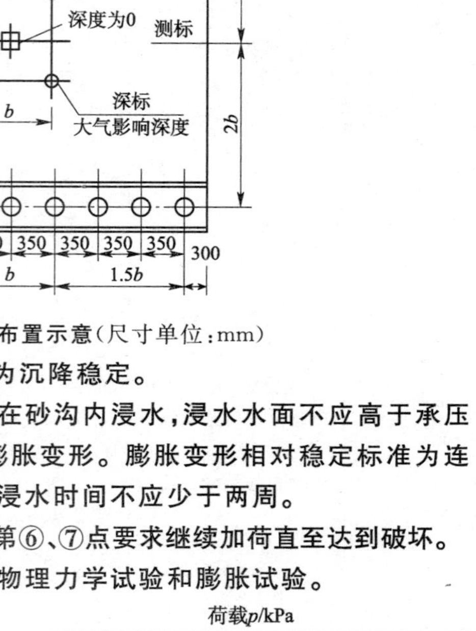

图 4.1.3 现场浸水载荷试验 p-s 关系曲线示意

8. 复合地基载荷试验

复合地基承载力的特征值应通过现场复合地基载荷试验确定，或采用增强体的载荷试验结果和其周边土的承载力特征值结合经验确定。对于强夯法形成的单墩、振冲法、砂石桩法、水泥粉煤灰碎石桩法、夯实水泥土桩法、水泥土搅拌法、高压喷射注浆法、石灰桩法、灰土挤密桩法、土挤密桩法和柱锤冲扩桩法形成的复合地基竣工验收时，承载力检验应采用复合地基静载荷试验。

1)复合地基载荷试验要点

复合地基载荷试验要点见表 4.1.8。

当用载荷试验测定桩土应力比时应注意：

①应在承压板下桩顶及桩间土上与压板接触面处分别安设土压力盒。

②土压力盒平面位置，应考虑桩及桩间土各部位应力分布的变化。当桩径较大时，可在桩中心、边缘、桩间土邻桩侧及远桩侧处同时安设，并布成一直线或垂直交叉或呈45°两个方向。

③在每级荷载下进行观测。

④计算应力比时，将各压力盒测得的应力按桩和土所代表的面积分别加权平均后进行计算，求得各级荷载下复合地基桩土应力比。

复合地基载荷试验要点　　表4.1.8

项　目	桩体与桩间土分别试验		桩体与桩间土复合试验
	桩体试验	桩间土试验	
试验要求	①承压板为圆形，面积不大于0.5 m²，方形压板对角线不应超出桩体轮廓线； ②试验方法同浅层平板载荷试验	①承压板面积为0.25 m²或0.5 m²，板的边缘不应跨在桩体上，荷载合力线应与布桩网格的形心轴相重合； ②试验方法同浅层平板载荷试验	①单桩复合地基试验，承压板面积应为一根桩的分担面积。 ②多桩复合地基试验，承压板尺寸按桩数应承担的处理面积确定。承压板中心应对称，并与荷载作用点相重合。 ③承压板底面标高应与桩顶设计标高相对应，板下设中、粗砂垫层，厚度5～15 cm，桩身强度高时取大值；试坑宽度和长度不少于压板尺寸的3倍，基准梁的支点应设在坑外。 ④试验前应防止试验场地地基土含水率变化或地基土扰动。 ⑤荷载按8～12级施加，最大加载压力不应小于设计要求的2倍。 ⑥每加一级荷载前、后均应读记承压板沉降量一次，以后每0.5 h读记一次，当1 h内沉降增量小于0.1 mm时，即可加下一级荷载。 ⑦卸载级数为加载级数的一半，等量进行；每卸一级间隔0.5 h读记回弹量，待卸完全部荷载后间隔3 h读记总回弹量
终止试验条件	同稳定法浅层平板载荷试验	同稳定法浅层平板载荷试验	①承压板周边的土出现明显侧向挤出，周边岩土出现明显隆起或径向裂缝持续发展； ②本级荷载沉降量大于前级荷载沉降量的5倍，荷载与沉降曲线出现明显陡降； ③在某级荷载下24 h沉降速率不能达到相对稳定标准； ④总沉降量与承压板直径（或宽度）之比超过0.06

2）资料整理及成果应用

资料整理详见有关条款稳定法资料整理。

关于复合地基承载力特征值的确定有两点：

①试验点复合地基承载力特征值的确定方法见表4.1.9。

②单位工程复合地基承载力特征值的确定：试验点数量不应少于3个，当极差不超过平均值的30%时，取平均值作为复合地基承载力特征值。

关于变形模量的确定，当桩体和桩间土分别测试时，应分别计算桩体和桩间土的变形模量，然后按前述确定承载力特征值方法计算变形模量。当桩体和桩间土复合试验时，其变形模量按式（4.1.1）计算，此时泊松比取0.3。

试验点复合地基承载力特征值确定方法　　表 4.1.9

桩体与桩间土分别试验	桩体与桩间土复合试验
桩、土分别试验的复合地基承载力特征值按式(4.1.18)确定。 当桩和桩间土承压板面积相同时，可按本表右侧相对变形标准取值。当两者的承压板面积不相同时，可按相同的绝对变形条件取值。此时，松散材料以桩体不破坏时的变形控制。对有胶结材料的桩，以桩体下沉量控制（如取直线段转折点，或类似于桩基试验取值）并以与桩体相等的沉降量作为桩间土试验取值的标准	当 p-s 曲线上有明显比例界限或在 p-s 曲线上极限荷载值能确定时的复合地基承载力特征值确定方法同表 4.1.6 中相关内容。 当 p-s 曲线呈平缓光滑曲线时，可按相对变形值确定： ①对砂石桩和振冲桩复合地基或强夯置换墩。以黏性土为主的地基，可取 s/b（或 s/d，下同）$=0.015$ 所对应的压力；以粉土或砂土为主的地基，可取 $s/b=0.01$ 所对应的压力。 ②对土挤密桩、石灰桩或柱锤冲扩桩复合地基，可取 $s/b=0.012$ 所对应的压力；对灰土挤密桩复合地基，可取 $s/b=0.008$ 所对应的压力。 ③对水泥粉煤灰碎石桩或夯实水泥土桩复合地基，以卵石、圆砾、密实粗中砂为主的地基，可取 $s/b=0.008$ 所对应的压力；以黏性土、粉土为主的地基，可取 $s/d=0.01$ 所对应的压力。 ④对水泥土搅拌桩或旋喷桩复合地基，可取 $s/d=0.006$ 所对应的压力。 ⑤对有经验地区，可按当地经验确定相对变形值。 ⑥按相对变形值确定的承载力特征值不应大于最大加载压力的一半

注：b 和 d 分别为压板宽度和直径。当压板形状为中心对称图形时，压板宽和直径可分别将压板视为等面积的正方形或圆形。但长方形板宽，应以短边考虑。

二、螺旋板载荷试验

（一）螺旋板载荷试验的适用条件

螺旋板载荷试验适用于深层及地下水位以下地基土试验。试验应在钻孔中进行。钻孔钻进至距试验深度 20～30 cm 处停钻，清除孔底扰动土后进行试验。

（二）仪器设备

仪器设备见表 4.1.10。

仪器设备及要求　　表 4.1.10

序号	名　　称	仪器设备	要　求
1	反力装置	由地锚或重物及构架组合而成	提供反力应大于最大试验荷载的 1.2 倍
2	加载系统	50～100 kN 的液压千斤顶	能匀速加载和提供稳定荷载
3	螺旋形承载板	由钢质或铸铁制成	有足够刚度，面积根据土层确定，一般直径为 60～250 mm
4	传力杆	采用 ϕ36～42 mm 的厚壁合金钢管	有足够强度和刚度
5	量测系统	荷载用压力传感器或测力环量测；沉降量用位移传感器或百分表	同有关条款的要求

（三）试验方法

螺旋板载荷试验方法和要求见表 4.1.11。

试验点距的确定。同一试验孔内点距一般应等于或大于 1.00 m，特殊情况不应小于 0.75 m；当土质均匀、层厚大时，点距可取 2.00～3.00 m。

螺旋板载荷试验方法及要求　　表 4.1.11

序号	方法分类		要　求
1	应力法	沉降相对稳定法（慢速法）	分级施加荷载，每级荷载对砂类土、中低压缩性黏性土、粉土宜采用 50 kPa；对高压缩性土采用 25 kPa。当连续 2 h 内每小时沉降不大于 0.1 mm 时，可认为沉降已达标准
		沉降非稳定法（快速法）	分级施加荷载，每级荷载维持一个相等的时间；每级荷载增量为预估极限荷载的 1/10～1/8；每级荷载维持时间在 5～120 min间选取

续上表

序号	方法分类		要求
2	应变法	等沉降速率法(快速法)	以等沉降速率来控制加载速率,连续加载,直到土体破坏,并按等沉降量间隔测记荷载量 沉降速率可按地基土类别和性质确定,对饱和软黏土,采用0.25～0.5 mm/min 加荷速率,每下降 0.25～0.5 mm 测读压力一次;对砂类土、中低压缩性土宜按 1～2 mm/min 加荷速率,每下沉 1 mm 测读压力一次

试验的终止条件:①本级荷载沉降量大于前级荷载沉降量的 5 倍,荷载与沉降曲线出现明显陡降;②在某级荷载下 24 h 沉降速率不能达到相对稳定标准;③总沉降量与承压板直径(或宽度)之比超过 0.06;④在加荷量已达设计要求值的 2 倍以上或超过第一拐点至少三级荷载,也可终止试验。

(四)资料整理

1)应力法资料整理

螺旋板载荷试验中,沉降相对稳定法和沉降非稳定法资料整理见有关各条款的相应内容。

当需要计算固结系数时,应绘制所需压力级的 $s\text{-}\sqrt{t}$ 曲线。

2)应变法资料整理

一般应绘制 $p\text{-}s$ 曲线,为确定极限荷载值,也可绘制 $\lg p\text{-}s/d\%$ 曲线。

(五)成果应用

1)确定深层地基土承载力特征值

螺旋板载荷试验的基本理论与深层平板载荷试验相同,适用式(4.1.2)。

其试验确定地基土承载力特征值的方法与深层平板载荷试验相同,见有关各条款。

2)确定原位覆盖层的压力 p_0

该值为 $p\text{-}s$ 曲线初始直线段的起始压力,确定方法是将曲线上的初始直线段延长,使其与压力 p 轴相交,取其交点为 p_0 值,如图 4.1.4 所示。但应排除螺旋板在旋入时土层扰动产生的影响。

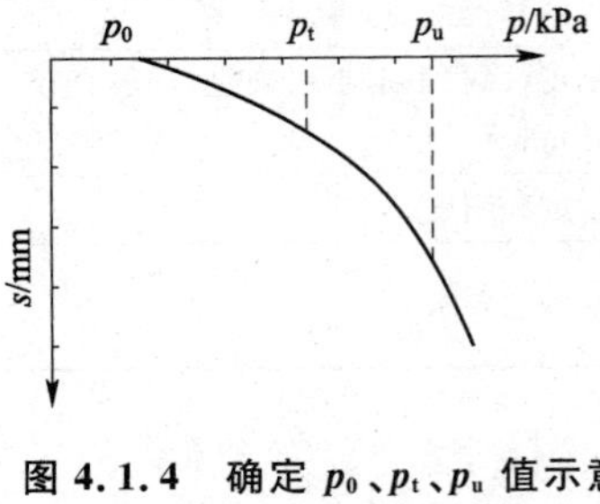

图 4.1.4 确定 p_0、p_t、p_u 值示意

p_t-临塑压力值/kPa;

p_u-极限压力值/kPa

3)变形模量的确定

①排水变形模量 E_0 的确定。

在相对稳定法取得的 $p\text{-}s$ 曲线上求取 p 值和 s 值,然后按式(4.1.2)求深层地基土的排水变形模量。

②不排水变形模量 E_u 的确定。

可采用等沉降速率法螺旋板载荷试验确定。当加载至预估破坏荷载的一半时,进行卸载,再加载循环,采用此循环的长轴线斜率,按式(4.1.19)计算。

③固结系数 C_v 按表 4.1.12 的方法和计算公式确定。

确定固结系数 C_v 的方法和计算公式 表 4.1.12

方法名称	挪威 Janbu 法	澳大利亚 Kay 法	同济大学法
公式导出依据	根据轴向和径向排水理想化模型,从理论上推导出径向固结系数	在硬黏土中通过加在空间上不透水圆形承载板的 Biot 解法和有限差分法,得到 S 形($s\text{-}\sqrt{t}$)曲线,然后按一维固结理论导出	采用能同时观测孔隙水压力变化过程的螺旋板载荷试验成果计算得出

续上表

方法名称	挪威 Janbu 法	澳大利亚 Kay 法	同济大学法
公式	$C_v = 0.335\dfrac{R^2}{t_{90}}$	$C_v = 1.6\dfrac{R^2}{t_{70}}$	$C_v = 5.926\dfrac{R^2}{t_s}$
符号意义	R——螺旋承压板半径(cm); t_{90}——完成 90% 固结度所需时间(min);t_{90} 可根据 s-$\sqrt{t}$ 曲线确定	R——螺旋承压板半径(cm); t_{70}——完成 70% 固结度所需时间(min);t_{70} 可根据 s-$\sqrt{t}$ 曲线确定	R——螺旋承压板半径(cm); t_s——时间特征值(min)。 t_s 的确定方法:过 u-lg$t$ 曲线上超孔隙水压力下降拐点作切线,该切线与对数时间坐标之交点即为 t_s
确定时间特征值 t_{90}、t_{70}、t_s 的 s-$\sqrt{t}$ 和 u-lg$t$ 关系曲线图	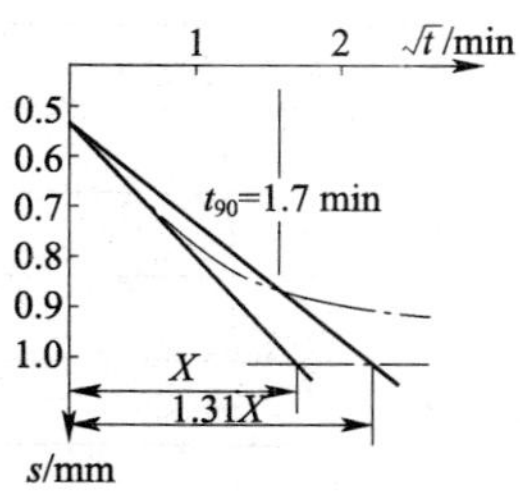	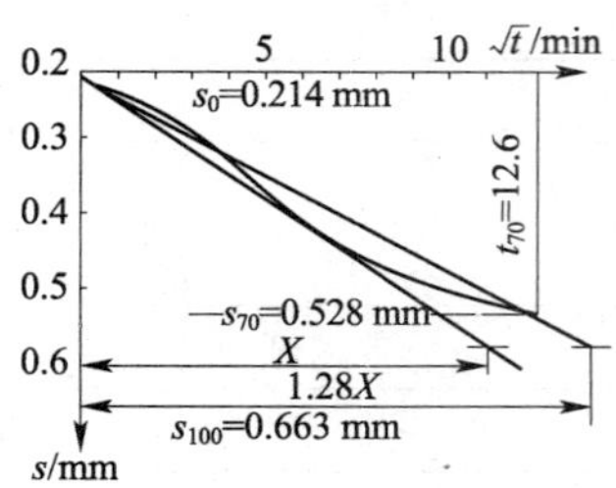	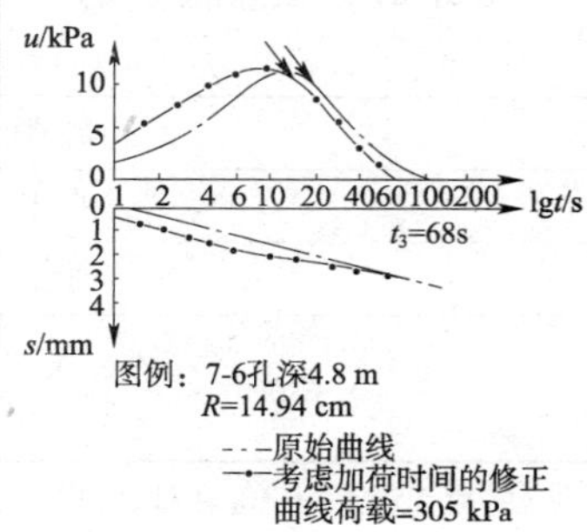

④不排水抗剪强度 C_u 按表 4.1.13 的方法和计算公式确定。

确定不排水抗剪强度 c_u 的方法和计算公式 表 4.1.13

方法名称	加拿大 Selvadurai 法	澳大利亚 Key 法	华东电力设计院法
公式	$c_u = \dfrac{p_u}{N}$	$c_u = \dfrac{p_u - p_0}{9}$	$c_u = 0.1004p_u - 2.864$
符号意义	p_u——极限压力(kPa); N——经验系数,N=9~11.35	p_u——极限压力(kPa); p_0——试验深度处的上覆压力(kPa)	p_u——极限压力(kPa)
极限压力 p_u 的确定办法	试验采用应变法,将试验成果中压力值取对数坐标,沉降量与板直径(或半径)的百分数(即 s/d%)取算术坐标绘制 p-s/d% 曲线,取该曲线的峰值或曲线斜率突变点对应的压力值为极限压力值	试验方法见本节不排水变形模量确定条款的内容,以此所得 p-s 曲线来计算。其中极限承载力 $p_u = 2.54p_y - 1.54p_x$,p_y 为沉降量等于 0.02d(d 为压板直径)所对应的压力值(kPa);p_x 为沉降量等于 0.015d 所对应的压力值(kPa)	采用 YDL 型螺旋板载荷试验仪,在东南沿海饱和软黏土中,用 2 mm/min 沉降量的加载速率(1 mm 读压力一次)连续加载,直至破坏。由试验所得 p-s 曲线定出破坏强度 p_u。然后将所得 c_u 值与十字板试验所得的 c_u 进行对比得出
相关图解或曲线	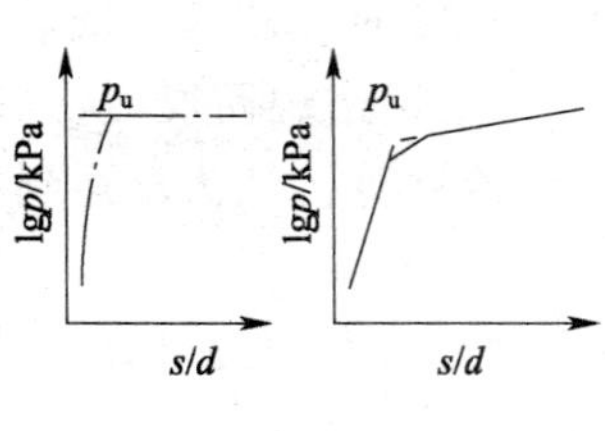	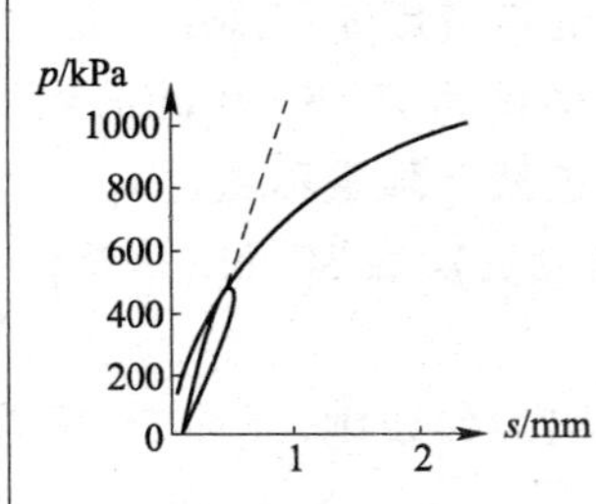	—

三、桩基载荷试验

(一)单桩竖向抗压载荷试验

1)试验要求

为设计提供依据的试桩应加载至破坏,当桩的承载力以桩身强度控制时,可按设计要求加载。对工程桩抽检时,加载量不应小于设计要求的单桩承载力特征值的2.0倍。

2)试验开始时间应具备的条件

①受检桩混凝土强度至少达到设计强度的70%,且不小于15 MPa。

②受检桩的混凝土龄期一般应达到28 d或预留同条件养护试块强度达到设计强度。

③承载力试验前桩的休止时间,当无成熟地区经验时,不应少于表4.1.14规定的时间。

试桩的休止时间　　表4.1.14

土的类别		休止时间/d
砂土		7
粉土		10
黏性土	非饱和	15
	饱　和	25

注:对于泥浆护壁灌注桩,宜适当延长休止时间。

3)试桩桩头处理

①桩顶部位应高出试坑底面,试坑底面应与桩承台底标高一致。

②试桩顶部一般应予以加强。鉴于混凝土双向实际剪裂角小于90°,因此宜在距桩顶1.5倍桩径范围内,用厚度3~5 mm钢板围裹或增设箍筋,箍筋间距不宜大于100 mm,桩顶应设置钢筋网片2~3层,间距60~100 mm。

③桩头混凝土强度等级应比桩身混凝土提高1~2级,且不得低于C30。

④混凝土桩应先凿掉桩顶破碎层和软弱混凝土,桩头顶面应用砂浆抹平,桩头中轴线应与桩身上部中轴线重合。

4)试验方法

分为慢速维持荷载法、快速维持荷载法、等沉降速率法和循环加载卸载试验法。为设计提供依据的竖向抗压静载试验应采用慢速维持荷载法。

(1)慢速维持荷载法

①加载应分级进行,等量加载,分级荷载为最大加载量或预估极限荷载的1/10,第一级可按2倍分级荷载加荷。

②测读间隔时间:每级加载后,按第5、15、30、45、60 min测读桩顶沉降,以后每隔30 min测读一次,当桩顶沉降速率达到相对稳定标准时,再施加下一级荷载。

③卸载应分级进行,每级卸载量为加载时的2倍,等量卸载。卸载时每级荷载维持1 h,按第15、30、60 min测读桩顶沉降量后即可卸下一级荷载。卸载至零后,应测读桩顶残余沉降量,维持时间应为3 h,测读时间为第15、30 min,以后每隔30 min测读一次。

④相对稳定标准:每小时桩顶沉降量不超过0.1 mm,并连续出现两次(从分级荷载施加后第30 min开始,按1.5 h连续三次每30 min的沉降观测值计算),认为已达到相对稳定标准,再施加下一级荷载。

⑤加、卸载时应使荷载传递均匀连续,无冲击,每级荷载在维持过程中的变化幅度不得超过分级荷载的±10%。

⑥终止加载条件：

a. 某级荷载作用下桩的沉降量为前一级荷载作用下沉降量的 5 倍；当桩顶沉降能相对稳定且总沉降量小于 40 mm 时，宜加载至桩顶总沉降量超过 40 mm。

b. 某级荷载作用下，桩顶沉降量大于前一级荷载作用下沉降量的 2 倍，且经 24 h 尚未达到相对稳定标准；

c. 已达到设计要求的最大加载量；

d. 当工程桩作锚桩时，锚桩上拔量已达到允许值；

e. 当荷载一沉降曲线呈缓变型时，可加载至桩顶总沉降量 60～80 mm，在特殊情况下，可根据具体要求加载至桩顶累计沉降量超过 80 mm。

(2)快速维持荷载法

试验加载不要求每级下沉量达到相对稳定，而以等时间间隔连续加载，具体规定见表 4.1.15。

快速维持荷载法试验加载规定一览　　表 4.1.15

加载量分级	每级荷载时间间隔	终止试验条件	卸载规定
12 级以上	每级荷载维持 60 min，测读下沉量时间：第 5、10、15、30、60 min	出现可判定极限荷载的陡降段或桩顶产生不停滞下沉，无法继续加载	每级卸载量为加载量的 2 倍

注：每级荷载维持时间至少为 1 h，是否延长维持荷载时间应根据桩顶沉降收敛情况确定。

由于每级荷载下快速维持荷载法的沉降量要小于慢速维持荷载法的沉降量，因此快速法试验得出的极限承载力有时要高于慢速法的成果。因此快速加载得到的极限荷载值乘一定的修正系数可转换成慢速加载时的极限荷载值。一般在有成熟地区经验时采用快速维持荷载法。

(3)等沉降速率法

试验以保持桩顶等速贯入土中，连续施加荷载，按荷载—下沉量曲线确定极限荷载值。贯入速率一般黏性土为 0.25～1.25 mm/min，砂土为 0.75～2.5 mm/min。试验一般进行到累计贯入量 50～75 mm 或至少等于平均桩径的 15%，也可加到设计荷载的三倍或反力系统的最大能力。

(4)循环加载卸载试验法

在慢速维持荷载法中对部分荷载级进行加、卸载循环，有的在每一级荷载达到稳定后重复加、卸载循环，也有以快速维持荷载法为基础对第一级荷载进行重复加、卸载循环的情况。

5)试验设备

(1)反力装置

根据试桩要求最大试验荷载和现场条件，反力装置可分为锚桩横梁、压重平台、锚桩压重联合和地锚等反力装置。选择反力装置时应符合下列要求：

①反力装置能提供的反力不得小于最大加载量的 1.2 倍；

②反力装置的全部构件应进行强度和变形验算；

③锚桩抗拔力(地基土、抗拔钢筋、桩的接头)应进行验算；采用工程桩作锚桩时，锚桩数量不应少于 4 根，并应监测锚桩上拔量；

④压重宜在检测前一次加足，并均匀稳固地放置于平台上；

⑤压重施加于地基的压应力可允许达到表层地基土极限承载力，当表层地基土承载力高于下伏软卧层时，下卧层应进行验算并需满足式(4.1.20)的要求，式(4.1.20)中的 f_z 按式(4.1.21)确定；

⑥试桩、锚桩(压重平台支墩边)和基准桩之间的中心距离见表 4.1.16。

试桩、锚桩(压重平台支墩边)和基准桩之间的中心距离　　表 4.1.16

反力装置	距离		
	试桩中心与锚桩中心（或压重平台支墩边）	试桩中心与基准桩中心	基准桩中心与锚桩中心（或压重平台支墩边）
锚桩横梁	≥4(3)D 且>2.0 m	≥4(3)D 且>2.0 m	≥4(3)D 且>2.0 m
压重平台	≥4D 且>2.0 m	≥4(3)D 且>2.0 m	≥4D 且>2.0 m
地锚装置	≥4D 且>2.0 m	≥4(3)D 且>2.0 m	≥4D 且>2.0 m

注:1. D 为试桩、锚桩或地锚的设计直径或边宽,取其较大者。

2. 如试桩或锚桩为扩底桩或多支盘桩时,试桩与锚桩中心距离不应小于扩大端直径的 2 倍。

3. 括号内数值可用于工程桩验收检测时多排桩设计桩中心距离小于 4D 的情况。

4. 软土场地堆载重量较大时,宜增加支墩边与基准桩中心和试桩中心之间的距离,并在试验过程中观测基准桩的竖向位移。

(2)加载、量测设备要求

①加载、量测设备及要求见相关条款;

②直径或边宽大于 500 mm 的桩,应在两个方向对称安置 4 个位移测试仪表,直径或边宽小于 500 mm 的桩,可对称安置 2 个位移测试仪表;

③沉降测定平面宜在桩顶 200 mm 以下位置,测点应牢固地固定于桩身。

6)资料整理

①单桩竖向抗压载荷试验资料应整理成表格,并对成桩和试验过程中出现的各种现象作说明。

②应绘制 Q-s、s-lg$t$ 曲线,需要时也可绘制其他辅助分析曲线。

③当进行桩身应力、应变和桩底反力量测时,应整理出有关数据记录表并绘制桩身轴力分布、侧摩阻力分布、桩端阻力—荷载、桩端阻力—沉降等曲线。

7)单桩竖向抗压极限承载力(Q_u)的确定

①对陡降型 Q-s 曲线,取其发生明显陡降的起始点所对应的荷载值;

②取 s-lg$t$ 曲线尾部出现明显向下弯曲的前一级荷载值;

③某级荷载作用下,桩顶沉降量大于前一级荷载作用下沉降量的 2 倍,且 24 h 内尚未达到相对稳定时,取前一级荷载值;

④对于缓变型 Q-s 曲线可根据沉降量确定,宜取 s=40 mm 对应的荷载值;当桩长大于 40 m 时,应考虑桩身弹性压缩量,对直径大于或等于 800 mm 的桩,可取 s=0.05D(D 为桩端直径)对应的荷载值。

特别指出的是,当按上述 4 条判定桩的竖向抗压承载力未达到极限时,桩的竖向抗压极限承载力应取最大试验荷载值。

8)单位工程同一条件下单桩竖向抗压极限承载力统计值的确定

①参加统计试桩结果当满足其极差不超过平均值的 30%,取其平均值为单桩竖向抗压极限承载力;

②当极差超过平均值的 30%时,应分析极差过大的原因,结合工程具体情况综合确定,必要时可增加试桩数量;

③桩数为 3 根或 3 根以下的柱下承台,或工程桩抽检数量少于 3 根时,应取低值。

9)特征值 R_a 取值

单位工程同一条件下的单桩竖向抗压承载力特征值 R_a,应按单桩竖向抗压极限承载力统计值的一半取值。

10)桩端阻力和桩侧摩阻力的划分

当桩的载荷试验中桩身贴有应变片或钢筋应力计时，可根据实测资料划分桩端阻力与桩侧摩阻力。如果没有实测资料，可结合当地 q_p、q_s 经验值或根据 s- lg$Q$ 曲线划分桩端阻力与桩侧摩阻力：将 s- lg$Q$ 曲线末端陡降直线段向上延长与横坐标相交，交点左段为总极限摩阻力，交点至极限荷载值的距离即为总极限端阻力，如图 4.1.5 所示。

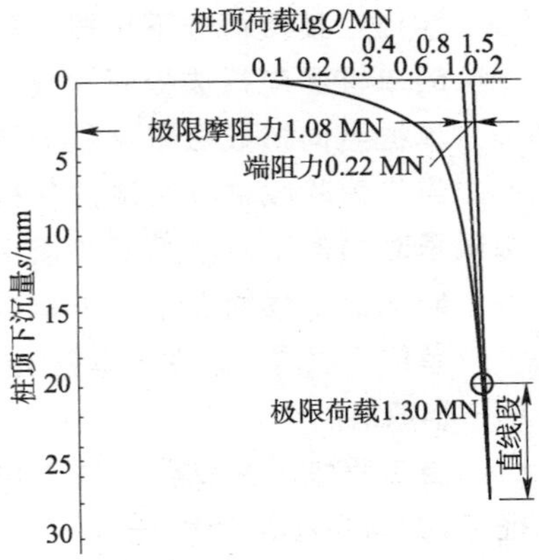

图 4.1.5　s- lg$Q$ 曲线

(二)单桩竖向抗拔载荷试验

1)现场检测

①对混凝土灌注桩，有接头预制桩，在抗拔试验前应采用低应变法检测桩身完整性。为设计提供依据的抗拔灌注桩施工前应进行成孔质量检测，发现桩身中、下部位有明显扩径的桩不宜作为抗拔试验桩；对有接头的预制桩，应验算接头强度。

②试验前应根据场区的勘察报告预估试桩抗拔极限承载力，同时应验算试桩纵向主筋抗拉能力及纵向主筋与混凝土的握裹力。

③单桩竖向抗拔载荷试验宜采用慢速维持荷载法。需要时，可采用多循环加、卸载方法。慢速法的加、卸载分级，试验方法及稳定标准参见三、(一)4)(1)各条款，同时应仔细观察桩身混凝土开裂情况。

④当试桩出现下列情况之一时，可终止加载。

a. 在某级荷载作用下，桩顶上拔量大于前一级上拔荷载作用下上拔量的 5 倍。

b. 按桩顶上拔量控制，累计桩顶上拔量超过100 mm 时。

c. 按钢筋抗拉强度控制，桩顶上拔荷载达到钢筋强度标准值的 0.9 倍。

d. 对于验收抽样检测的工程桩，达到设计要求的最大上拔荷载值。

⑤试验数据应做好记录。

⑥测试桩侧抗拔摩阻力或桩端上拔位移时，数据测读时间与三、(一)各条款中有关内容相同。

2)设备仪器及安装

抗拔桩试验加载装置和加载方式见一、3.3)条款的要求和规定。

试验反力装置可采用反力桩(或工程桩)提供支座反力，也可以天然地基提供支座反力。反力架系统应具有 1.2 倍的安全系数并符合如下要求：

①采用反力桩(或工程桩)提供支座反力时，反力桩顶面应平整并具有一定强度。

②采用天然地基提供反力时，施加于地基的压应力不得超过地基土极限承载力，且当表层地基土有下伏软卧层时应验算并满足要求，详见三、(一)5)(1)⑤条款；反力梁的支点重心应与支座中心重合。

③荷载测量及其仪器的技术要求见一、3.3)条款。

④桩顶上拔量测量及其仪器的技术要求见一、3.3)条款。(桩顶上拔量观测点可固定在桩顶面的桩身混凝土上。)

⑤试桩、支座和基准桩之间的中心距离应符合表 4.1.16 的规定。

⑥当需要测试桩侧抗拔摩阻力分布或桩端上拔位移时，桩身内应埋设传感器或在桩端埋设位移杆。

3)资料整理

试验数据应整理成表格,并绘制上拔荷载—桩顶上拔量(U-δ)曲线和桩顶上拔量—时间对数(δ-lg$t$)曲线。其他要求与单桩竖向抗压载荷试验的资料整理相同,见三、(一)6)条款。

4)单桩竖向抗拔极限承载力的确定

①对陡变型 U-δ 曲线,取陡升起始点对应的荷载值;

②取 δ-lg$t$ 曲线斜率明显变陡或曲线尾部明显弯曲的前一级荷载值;

③当在某级荷载下抗拔钢筋断裂时,取其前一级荷载值。

5)单桩竖向抗拔极限承载力统计值的确定

单桩竖向抗拔极限承载力统计值应按三、(一)8)条款的规定确定。

当作为验收抽样检测的受检桩在最大上拔荷载作用下,未出现三、(一)4)单桩竖向抗拔极限承载力的确定所列三种情况时,可按设计要求判定。

6)单位工程同一条件下单桩竖向抗拔承载力特征值的确定

单位工程同一条件下单桩竖向抗拔承载力特征值的确定按单桩竖向抗拔极限承载力统计值的一半取值。

当工程桩不允许带裂缝工作时,取桩身开裂的前一级荷载作为单桩竖向抗拔承载力特征值,并与按极限荷载一半取值确定的承载力特征值相比取小值。

(三)自平衡试桩法

1)试验目的和要求

①该试桩法可测试单桩竖向抗压(拔)极限承载力、桩周土极限侧摩阻力及桩端土极限端阻力。

②可对在黏性土、粉土、砂土、岩层中成桩的钻孔灌注桩、人工挖孔桩、沉管灌注桩等进行测试。在传统静载试桩相当困难的水上、坡地、基坑底、狭窄场地等进行试桩时,该方法显现了优越性。

③对直径 $D \geqslant 1.5$ m 试桩检测,可采用小直径桩模拟测试以确定单位面积的摩阻力、端阻力极限值,模拟桩的直径不应小于 800 mm,最后根据实际尺寸通过换算确定单桩极限承载力。显然该法仍具有间接性。

④当埋设有桩身应力、应变测量元件时,尚可直接测定桩周各土层的极限侧阻力。

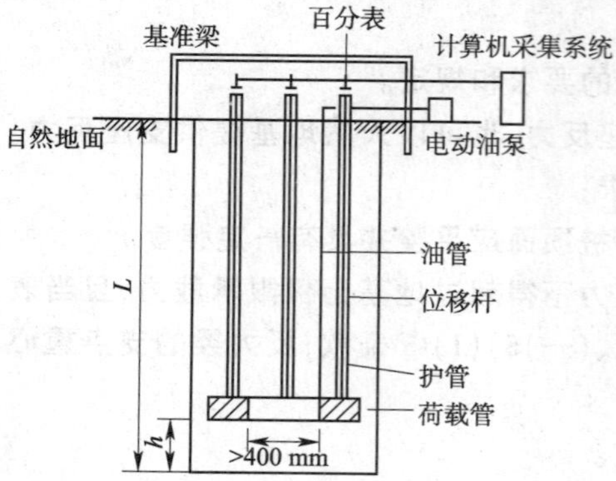

图 4.1.6 桩基自平衡测试系统

⑤用于工程桩承载力评价时,在同一条件下的试桩数量不宜小于总桩数的1%,工程总桩数在50根以内时不应小于2根,其他条件下不应少于3根。试桩的成桩工艺和质量控制标准应与工程桩一致。

试桩休止期,对砂类土不应少于10 d,其他要求同表4.1.14。

2)试验设备

①试验加载采用专用的经计量标定的荷载箱,如图4.1.6所示。荷载箱平放于试桩中心,其位移方向与桩身轴线夹角不大于5°,其极限加载能力应大于预估极限承载力的1.2倍。

②荷载与位移的量测仪表,采用连于荷载箱的压力表测定油压,根据荷载箱率定曲线换算荷载。采用专用装置分别测定向上位移和向下位移,其他要求见一、3.3)条款。

③荷载箱宜在成孔后、混凝土浇捣前设置。护管与钢筋笼焊接成整体，荷载箱与钢筋笼焊接在一起，护管与荷载箱顶盖焊接，焊缝应满足强度要求并确保管不渗漏水泥浆。荷载箱摆放处上、下桩身应有加强措施，可配置加密钢筋网2层。人工挖孔桩用高强度等级的砂浆或混凝土抹平桩底。

④荷载箱摆设位置应根据岩土工程勘察报告进行估算。当端阻力小于侧阻力时，荷载箱放在桩身平衡点处，使上、下段桩的承载力相等以维持加载。当端阻力大于侧阻力时，可根据桩的长径比和地质情况采取适当增加桩长，给桩顶提供一定量的配重，或加载至摩阻力充分发挥等措施。而端部采用本节三、(三)1)③条款的方法测试单位面积极限值，再根据实际尺寸经换算后确定端阻力值。显然，该法的最大缺点就在于桩身平衡点是估算的，具有主观性。

3)试验方法

试验方法同三、(一)4)各条款，但终止加荷条件中应增加“累计上拔量超过 100 mm”条款。

4)资料整理

试验资料整理成表格，并绘制 Q-$s_上$、Q-$s_下$、$s_上$-lg$t$、$s_下$-lg$t$、$s_上$-lg$Q$、$s_下$-lg$Q$ 曲线，其中单桩竖向载荷试验结果汇总表见表 4.1.17。此外对成桩和试验过程出现的异常现象作补充说明，其他资料整理参见三、(一)6)条款相关内容。

单桩竖向载荷试验结果汇总　　表 4.1.17

荷载编号	加载值	加载历时/min		向下位移/mm		向上位移/mm		桩顶位移/mm	
		本级	累计	本级	累计	本级	累计	本级	累计

试验：　　　　资料整理：　　　　校核：

5)单桩竖向极限承载力的确定

①对于陡变型 Q-s 曲线，取该曲线发生明显陡变的起始点。

②对于缓变型 Q-s 曲线，按位移值确定极限荷载值，极限侧阻力取向上位移 $s_上=40\sim60$ mm 所对应的荷载；极限端阻力取 $s_下=40\sim60$ mm 对应的荷载值，或大直径桩的 $s_下=0.03\sim0.06\,D$(D 为桩端直径，大桩径取低值，小桩径取高值)对应的荷载值。

③当根据位移随时间的变化特征确定极限承载力时，下段桩取 s-lg$t$ 曲线尾部出现明显向下弯曲的前一级荷载值，上段桩取 s-lg$t$ 曲线尾部出现明显向上弯曲的前一级荷载值。分别求得上、下段桩的极限承载力 $Q_{U上}$、$Q_{U下}$，然后考虑桩自重影响，按式(4.1.22)计算单桩竖向抗压极限承载力。

④单桩竖向抗拔极限承载力按式(4.1.23)确定。

自平衡试桩法单桩竖向抗压和抗拔极限承载力统计值和单位工程同一条件下的单桩竖向抗压和抗拔承载力特征值的确定参见三、(一)8)及 9)和三、(二)5)及 6)条款。

(四)单桩水平载荷试验

1)试验设备、量测仪器及要求

①用千斤顶作水平推力，其加载能力不得小于最大试验荷载的 1.2 倍。水平推力的反力可由相邻桩提供。当专门设置反力结构时，其承载力和刚度应大于试验桩的 1.2 倍。水平力作用线应与实际工程桩基承台底面标高一致。在千斤顶与试桩接触处应安置一球形铰座，以保证千斤顶作用力能水平通过桩身轴线。千斤顶与试桩接触处应适当补强。

②荷载测量和仪器的技术要求参见一、3.3)条款。

③桩水平位移测量及仪器技术要求参见一、3.3)条款。在水平力作用平面的受检桩两侧要安装两个位移计。当需要测量桩顶转角时,应在水平力作用平面以上 50 cm 的受检桩两侧对称各安装两个位移计。

④位移测量基准点设置不应受试验和其他因素影响,基准点应设置在与作用力方向垂直且与位移方向相反的侧面,基准点与试桩净距不小于 1 倍桩径。测量桩身应力或应变时,各测试断面测量传感器应沿受力方向对称分布在远离中性轴的受拉和受压主筋上。埋设传感器的纵剖面与受力方向之间夹角不得大于 10°。在地面下 10 倍桩径(桩宽)的主要受力部分应加密测试断面,断面间距不应超过 1 倍桩径;超过此深度,测试断面间距可适当加大。

2)试验加载方法

加载方法应根据工程实际受力特性选用单向多循环加卸载法,对于个别受长期水平荷载的桩基可采用慢速维持荷载法,也可按设计要求采用其他加载方法,需要测量桩身应力或应变时,试验宜采用慢速维持荷载法。

试验加载方式和水平位移测量应符合下列规定:

①单向多循环加载法的分级荷载应小于预估水平极限承载力或最大试验荷载的1/10,每级荷载施加后,恒载 4 min 后可测读水平位移,然后卸载至零,停 2 min 测读残余水平位移,至完成一个加、卸载循环,如此循环 5 次,完成一级荷载的位移观测,试验不得中间停顿。

②慢速维持荷载法的加、卸载分级、试验方法及稳定标准参见有关条款。

③当出现下列情况之一时,可终止加载:

a. 桩身折断;

b. 水平位移超过 30～40 mm(软土取 40 mm);

c. 水平位移达到设计要求的水平位移允许值。

④测量桩身应力或应变时,测试数据的测读宜与水平位移测量同步。

3)资料整理

①单桩水平载荷试验数据应整理成表格。

②当采用单向多循环加载法时,应绘制水平力—时间—作用点位移(H-t-Y_0)曲线(图 4.1.7)和水平力—位移梯度(H-$\Delta Y_0/\Delta H$)曲线(图 4.1.8)。

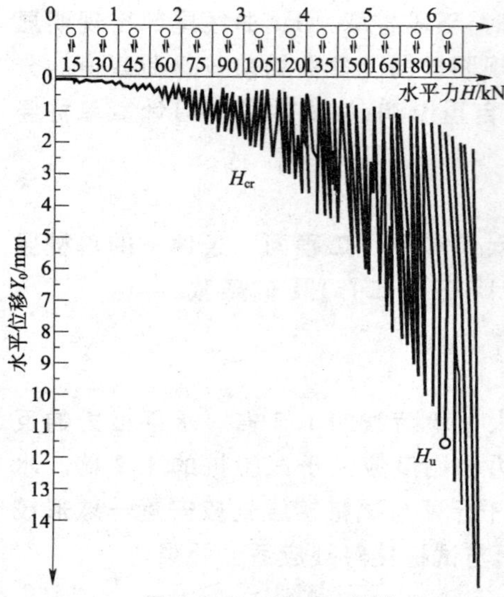

图 4.1.7 H-t-Y_0 曲线

③当采用慢速维持荷载法时,绘制水平力—力作用点位移(H-Y_0)曲线、水平力—位移梯度(H-$\Delta Y_0/\Delta H$)曲线、力作用点位移—时间对数(Y_0-lg$t$)曲线和水平力—力作点位移双对数(lg$H$-lgY_0)曲线。

④绘制水平力、水平力作用点水平位移—地基土水平抗力系数的比例系数曲线(H-m,Y_0-m)。

⑤对埋设有应力或应变测量传感器的试验,应绘制各级水平力作用下的桩身弯矩分布图和水平力—最大弯矩截面钢筋拉应力(H-σ_s)曲线(图 4.1.9),并列表给出相应的数据。

4)单桩水平临界荷载 H_{cr} 确定方法

①取单向多循环加载法时的 H-t-Y_0 曲线或慢速维持荷载法的 H-Y_0 曲线出现拐点的前一级水平荷载值。

②取 H-$\Delta Y_0/\Delta H$ 曲线或 $\lg H$-$\lg Y_0$ 曲线上第一拐点对应的水平荷载值。

③取 H-σ_s 第一拐点对应的水平荷载值。

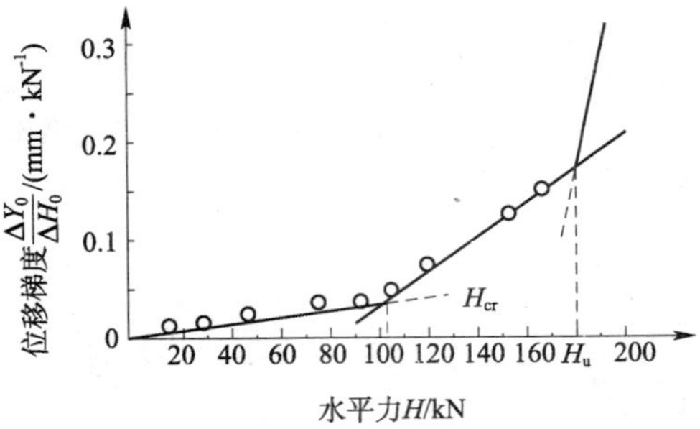

图 4.1.8 H-$\Delta Y_0/\Delta H$ 曲线

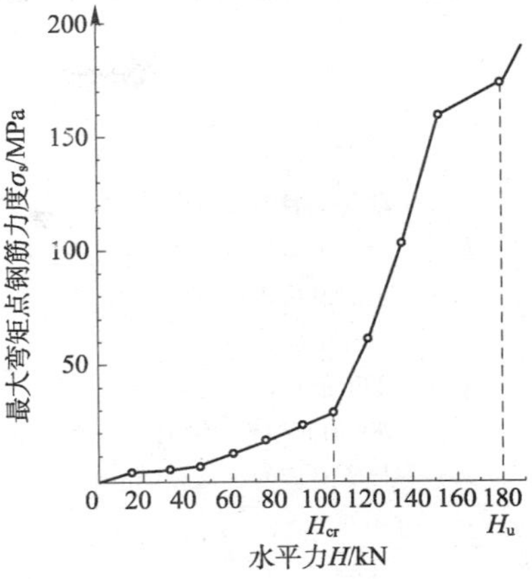

图 4.1.9 H-σ_s 曲线

5)单桩水平极限承载力 H_u 确定方法

①取单向多循环加载法的 H-t-Y_0 曲线明显陡降的前一级荷载值为极限荷载值，或慢速维持荷载法的 H-Y_0 曲线发生明显陡降的起始点对应的水平荷载值为极限荷载值。

②取慢速维持荷载法的 Y_0-$\lg t$ 曲线尾部出现明显弯曲的前一级水平荷载值。

③取 H-$\Delta Y_0/\Delta H$ 曲线或 $\lg H$-$\lg Y_0$ 曲线上第二拐点对应的水平荷载值为极限荷载值。

④取桩身折断或受拉钢筋屈服时前一级水平荷载值为极限荷载值。

6)单桩水平极限承载力和水平临界荷载统计值的确定

单桩水平极限承载力和水平临界荷载统计值参照三、1.(8)各条款的办法确定。

7)单位工程同一条件下单桩水平承载力特征值的确定

①当水平承载力按桩身强度控制时，取水平临界荷载统计值为单桩水平承载力的特征值。

②当桩受长期水平荷载作用且桩不允许开裂时，取水平临界荷载统计值的 0.8 倍作为单桩水平承载力特征值。

③当水平承载力按设计要求的水平允许位移控制时，可取设计要求的水平允许位移对应的水平荷载作为单桩水平承载力特征值，但应满足有关规范抗裂设计的要求。

8)地基土水平抗力系数的比例系数 m 值的确定

当桩顶自由且水平力作用位置位于地面处时，m 值可按式(4.1.24)确定，式中桩顶水平位移系数 ν_y 涉及桩的水平变形系数 α 按式(4.1.25)确定，其他 ν_y 取值及取值条件见表 4.1.18。

桩顶水平位移系数 ν_y　　表 4.1.18

桩顶约束情况	桩的换算长度 $(\alpha \cdot h)$/m	ν_y	桩顶约束情况	桩的换算长度 $(\alpha \cdot h)$/m	ν_y
铰接(自由)	4.0	2.441	固接	4.0	0.940
	3.5	2.502		3.5	0.970
	3.0	2.727		3.0	1.028
	2.8	2.905		2.8	1.055
	2.6	3.163		2.6	1.079
	2.4	3.526		2.4	1.095

本章中正文涉及的公式集中在表 4.1.19 中。

载荷试验公式一览 表 4.1.19

公式编号	公式和符号说明	
4.1.1	$$E_0=I_0(1-\mu^2)\frac{pd}{s}$$ E_0——载荷试验的变形模量(无侧限)(MPa); I_0——刚性承压板形状系数,圆形板取 0.785;方形板取 0.886; μ——土的泊松比:碎石土取 0.27,砂土取 0.30,粉土取 0.35,粉质黏土取 0.38,黏土取 0.42,不排水饱和黏性土取 0.50; d——承压板直径或边长(m); p——p-s 曲线线性段承压板下单位面积的压力(kPa); s——与 p 对应的沉降量(mm)	
4.1.2	$$E_0=\omega\frac{Pd}{s}$$ ω——与试验深度和土类有关的系数,可按表 4.1.1 选用	
4.1.3	$$s'=s_0+cp$$ s'——各级荷载下的实测沉降值(mm); s_0——直线方程在沉降 s 轴上的截距(mm); c——直线方程的斜率	
4.1.4	$$c=\frac{N\sum p_is_i-\sum p_is_i}{N\sum p_i^2-(\sum p_i)^2}$$	p_i——第 i 级荷载下的单位压力(kPa); s_i——对应于 p_i 的沉降观测值(mm); N——荷载级数
4.1.5	$$s_0=\frac{\sum s_i\sum p_i^2-\sum p_i\sum s_i}{N\sum p_i^2-(\sum p_i)^2}$$	
4.1.6	$$s=s'-s_0$$	
4.1.7	$$\alpha_N=\frac{\sum s_i\cdot\sum[\ln(t_i+1)]^2-\sum\ln(t_i+1)\sum s_i\ln(t_i+1)}{8\sum[\ln(t_i+1)]^2-[\sum\ln(t_i+1)]^2}$$ α_N——第 N 级荷载下,s-$\ln t$ 曲线的截距(mm); s_i——第 N 级荷载下,t_i 时的沉降实测值(cm); t_i——第 N 级荷载下第 i 次观测时间($t_i=i\times15$ min,$i=1,2,\cdots,8$)	
4.1.8	$$\beta_N=\frac{8\sum s_i\ln(t_i+1)-\sum s_i\sum\ln(t_i+1)}{8\sum[\ln(t_i+1)]^2-[\sum\ln(t_i+1)]^2}$$ β_N——第 N 级荷载下,s-$\ln t$ 曲线的斜率	
4.1.9	$$s_N=\alpha_N+\beta_N\lg(t_N+1)$$	
4.1.10	$$t_N=\frac{60}{1-\mathrm{e}^{-0.01/\beta_N}}$$ e——自然对数的底	
4.1.11	$$\Delta s_{k,n}^{(i)}=\sum_{k=i}^{n-1}\beta_k\lg\left[1+\frac{15i}{120(n-k)+1}\right]$$ $\Delta s_{k,n}^{(i)}$——第 k 级荷载下对第 n 级荷载第 i 次观测值中应扣除的残留沉降量(cm)($i=1,2,\cdots,8$); k——第 n 级前的荷载级数($k=1,2,\cdots,n-1$)	
4.1.12	$$s_k=s'_k\sum_{j=1}^{i}\Delta s_{kj}$$ s_k——总沉降量; s'_k——本级荷载下的沉降量(cm); Δs_{kj}——第 k 级荷载对 j 级荷载的最终影响,按式(4.1.11)计算	

续上表

公式编号	公式	符号说明
4.1.13	$s_j = s\left(\frac{B}{b}\right)^2\left(\frac{b+30}{B+30}\right)^2$	s_j——建筑基础的预估沉降量(mm)； s——与基础底面压力相一致的板下沉降量(mm)； B——基础短边的宽度(mm)； b——承压板宽度(mm)
4.1.14	$s_j = s\,\frac{B}{b}$	
4.1.15	$k_v = \frac{p}{s}$	k_v——基准基床反力系数； s_d——道路路基的沉降量(m)； q——道路路基所受压力(kN/m²)
4.1.16	$s_d = \frac{q}{k_v}$	
4.1.17	$c_u = \frac{p_u - p_z}{N_c}$	c_u——不排水抗剪强度(kPa)； p_u——快速载荷试验所得极限荷载值(kPa)； p_z——承载板周边外的超载或土的自重压力(kPa)； N_c——承载系数，对圆形承压板，埋深为零时 $N_c = 6.14$，当埋深大于或等于 4 倍承压板直径时，$N_c = 9.40$，当承压板埋深小于 4 倍承压板直径时，可内插确定
4.1.18	$f_{spk} = mf_{pk} + (1-m)f_{sk}$	f_{spk}——复合地基承载力特征值(kPa)； f_{pk}、f_{sk}——桩体和桩间土按载荷试验求得的承载力特征值(kPa)； m——复合地基置换率
4.1.19	$E_u = A\,\frac{pd}{s}$	E_u——不排水变形模量(kPa)； A——取决于泊松比和螺旋板与土之间黏结程度的系数；A 值的计算参见文献[14]P455，对于硬黏土，完全黏结取 0.29，完全不黏结取 0.38，一般取 0.33；对于饱和软黏土，完全黏结取 0.6，完全不黏结取 0.75，部分黏结取 0.66
4.1.20	$P_0 = P_z + P_{cz} \leqslant f_z$	P_0——下卧层顶面处压力值(kPa)； P_z——相应于荷载效应标准组合时下卧层顶面处的附加压力值(kPa)； P_{cz}——下卧层顶面处土的自重压力值(kPa)； f_z——短期高荷载条件下下卧层顶面经深度修正后的地基土承载力特征值(kPa)，按式(4.1.21)确定
4.1.21	$f_z = f_{ak} + \eta_d\gamma_m(z-0.5)$	γ_m——下卧层顶面之上土的加权平均重度，地下水位以下取浮重度(kN/m³)； z——下卧层顶面的埋藏深度(m)； η_d——压重平台基座底面扩散至下卧层的深度修改系数
4.1.22	$Q_U = \frac{Q_{U上} - W}{\gamma} + Q_{U下}$	Q_U——单桩竖向抗压极限承载力(kN)； $Q_{U上}$——荷载箱以上部分桩的极限摩阻力(kN)； $Q_{U下}$——荷载箱以下部分桩的极限承载力(kN)； W——荷载箱上部桩自重(kN)； γ——有效重度(kN/m³)，对于黏性土、粉土取 0.8，对于砂土取 0.7
4.1.23	$Q_U = Q_{U上}$	Q_U——单桩竖向抗拔极限承载力(kN)

续上表

公式编号	公式和符号说明
4.1.24	$$m=\frac{(\nu_y H)^{5/3}}{b_0(Y_0)^{5/3}(EI)^{2/3}}$$ m——地基土水平抗力系数的比例系数(kN/m^4)； ν_y——桩顶水平位移系数，先取参考值 m，由式(4.1.25)试算 α，当桩顶自由且 $\alpha h \geqslant 4.0$ 时(h 为桩的入土深度)，$\nu_y=2.441$；当 $\alpha h<4.0$ 时，ν_y 取值及取值条件见表4.1.20； H——作用于地面的水平力(kN)； Y_0——水平力作用点的水平位移(mm)； b_0——桩身计算宽度(m)，对于圆形桩：当桩径 $D\leqslant 1$ m时，$b_0=0.9(1.5D+0.5)$；当桩径 $D>1$ m时，$b_0=0.9(D+1)$；对于矩形桩：当边宽 $B\leqslant 1$ m时，$b_0=1.5B+0.5$；当边宽 $B>1$ m时，$b_0=B+1$； EI——桩身抗弯刚度(kN/m^2)
4.1.25	$$\alpha=\left(\frac{mb_0}{EI}\right)^{1/5}$$ α——桩的水平变形系数(m^{-1})

第二节 静力触探试验

静力触探试验适用于软土、一般黏性土、粉土、砂土和含少量碎石的土，具有勘探和测试双重功能，它和常规的钻探—取试样—室内试验相比，具有快速、精确、经济和节省人力等特点。特别是对于地层变化较大的复杂场地以及不易取得原状土样的饱和砂土和高灵敏度的软黏土地层的勘察，静力触探更具有其独特的优越性。当然，静力触探试验也有其缺点：一是贯入机理尚未弄清，没有数理模型，目前对静探成果的解释主要是经验性的；二是它不能直接地识别土层，并且对碎石类土和较密实砂土难以贯入，因此有时还需要钻探与其配合才能完成岩土工程勘察任务。

一、静力触探设备

(一)加压装置(有三种类型)

①手摇式轻型静力触探。利用摇柄、链条、齿轮等用人力将探头压入土中，贯入速率可人为控制，提升速度是靠改变手柄位置来加快，贯入能量一般小于 **20～30 kN**。该机还附有电测十字板探头，可分别进行静力触探试验和十字板剪切试验。

②齿轮机械式静力触探。每次贯入行程为 **1 m**，贯入速度一般为 **1.2 m/min**，提升速度可通过变速箱或变速电机来加快，可单独落地组装，也可装在汽车上。

③全液压传动静力触探。分单缸和双缸两种，最大贯入行程一般为 **0.5～1.0 m**，贯入能量大于 **80 kN**，最大贯入力可达 **200 kN**。贯入速度均匀、稳定，加压能力大。目前国内已研制出用微机控制的静力触探车，使微机控制从资料数据的处理扩展到操作领域。

(二)反力装置(有三种形式)

①利用地锚作反力。当地表有一层较硬的黏性土覆盖层时,可使用 2～4 个或更多的地锚作反力。锚的长度一般为 1.5 m,以单叶片为好。叶片的直径可分成多种,如 25 cm、30 cm、35 cm、40 cm,以适应各种情况。地锚通常用液压拧锚机下入土中,也可用机械或人力下入。手摇式轻型静力触探设备采用的地锚,因其所需反力较小,锚的长度也较短,为 1.2 m,叶片直径则为 20 cm。

②用重物作反力。如表层土为砂砾、碎石土等,地锚难以下入,此时只有采用压重物来解决反力问题。软土地基贯入 30 m 以内的深度,一般需压重物 4～5 t。

③利用车辆自重作反力。将整个触探设备装在载重汽车上,利用载重汽车的自重作反力。

二、静力触探探头

将探头压入土中时,由于土层的阻力,探头受到一定的压力,土层的强度越高,探头所受到的压力较大。通过探头内的阻力传感器,将土层的阻力转换为电信号,然后由仪表测量出来。为了实现这个目的,需运用三个方面的原理,即材料弹性变形的虎克定律、电量变化的电阻率定律和电桥原理。

(一)探头的结构

目前国内用的探头有两种,一种是单桥探头,另一种是双桥探头。此外还有能同时测量孔隙水压的两用(p_s-u)或三用(q_c-u-f_s)探头,即在单桥或双桥探头的基础上增加了能量测孔隙水压力的功能。

①单桥探头(图 4.2.1):常用的探头型号及规格见表 4.2.1。单桥探头有效侧壁长度为锥底直径的 1.6 倍。这种探头在结构上的关键是传感器的设计和加工精度。顶柱与传感器的接触必须良好,否则就会使读数不稳定,影响测量精度。接触方式有圆锥面接触和球面接触,后者加工方便,效果也比较好。

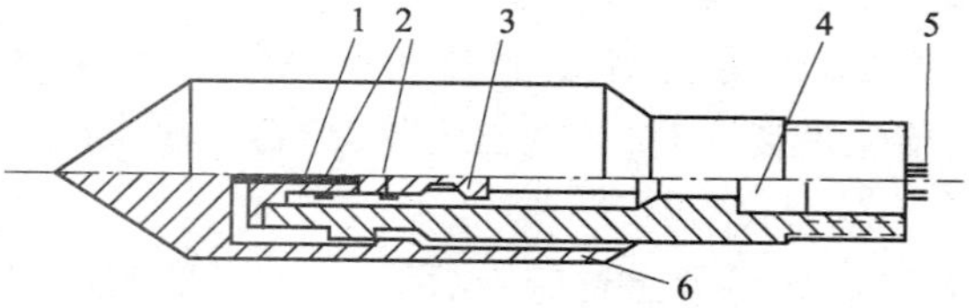

图 4.2.1 单桥探头结构

1-顶柱;2-电阻应变片;3-传感器;4-密封垫圈套;5-四芯电缆;6-外套筒

单桥探头规格 表 4.2.1

型号	锥头直径 d_e/mm	锥头截面积 A/cm^2	有效侧壁长度 L/mm	锥角 α
Ⅰ-1	35.7	10	57	60°
Ⅰ-2	43.7	15	70	60°

②双桥探头(图 4.2.2):其规格见表 4.2.2。圆锥截面积,国际通用标准为 10 cm^2,目前国内广泛使用锥头截面积为 15 cm^2 的探头,两者的贯入阻力相差不大,在同样的土质条件和机具贯入能力的情况下,10 cm^2 比 15 cm^2 的贯入深度更大;为了向国际标准靠拢,最好使用锥头底面积为 10 cm^2 的探头。

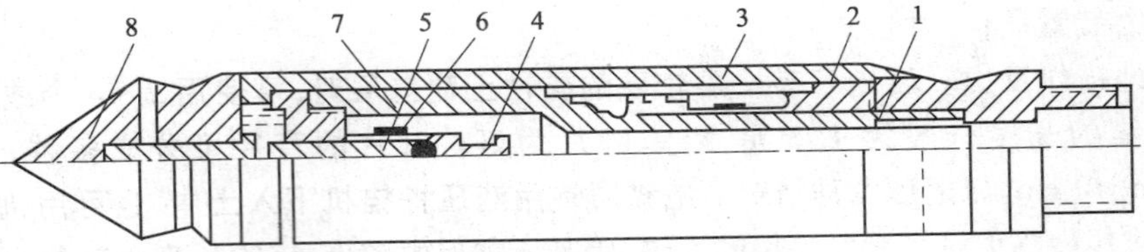

图 4.2.2 双桥探头结构

1-传力杆;2-摩擦传感器;3-摩擦筒;4-锥尖传感器;
5-顶柱;6-电阻应变片;7-钢珠;8-锥尖头

双桥探头规格 表 4.2.2

型号	锥头直径 d_e/mm	锥头截面积 A/cm^2	摩擦筒长度 L/mm	摩擦筒表面积 s/mm	锥角 α
Ⅱ-1	35.7	10	179	200	60°
Ⅱ-2	43.7	15	219	300	60°

③孔压静力触探探头:除了具有双桥探头所需的各种部件外,还增加了由透水陶粒做成的透水滤器和一个孔压传感器。透水陶粒要求其渗透系数为$(1.1\pm0.1)\times10^{-5}$ cm/s,抗渗能力为(110±5) kPa。透水滤器的位置可镶嵌于探头的锥尖、锥面或锥尾,一般以对称3~6孔镶嵌于锥面为佳。孔压静力触探探头具有能同时测定锥头阻力、侧壁摩擦阻力和孔隙水压力的装置,同时还能测定探头周围土中孔隙水压力的消散过程。

(二)温度对传感器的影响及补偿方法

传感器在不受力的情况下,当温度变化时,应变片中电阻丝(亦称线栅)的阻值也会发生变化。与此同时,由于线栅材料与传感器材料的线膨胀系数不一样,线栅受到附加拉伸或压缩,也会使应变片的阻值发生变化,和土层阻力无关,因此必须设法消除才会使测试成果有意义。在静探技术中,常采用下列两种方法来消除热输出。

温度校正法:在现场操作时测初读数的变化,内业资料整理时将其消除。

桥路补偿法:在制作传感器时精选4片同一批次、规格、阻值、灵敏系数的应变片,以相同的胶黏剂和贴片工艺贴在传感器上,组成全桥四壁测量电路(4个工作片互为补偿,或两个工作片、两个补偿片),使温度变化时,热输出为零,起到补偿作用。

(三)探头的标定

探头的标定可在特制的标定装置上进行,也可在材料试验室利用50~100 kN压力机进行,标定用测力计或传感器,精度不应低于3级。探头应垂直稳固放置在标定架上,并不使电缆线受压。对于新的探头,应反复(一般3~5次)预压到额定荷载,以减少传感元件由于加工引起的残余应力。

探头的标定方法随记录仪器的不同而异,目前常用的人工记录静力触探测量仪标定方法为:

①固定探头在标定架上,并连接至测量仪;

②逐级施加荷载,一般每级为最大贯入力的1/10;

③记录每级荷载下相应的应变量;

④每次标定,加卸荷不得少于3遍,同时对顶柱式传感器应转动顶柱至不同角度,观察荷载作用下读数变化,其测定误差应小于额定荷载下应变量的±1%;

⑤计算每一级荷载下应变量的平均值,绘制以荷载为纵坐标、应变量为横坐标的标定直线,其线性误差应不大于探头在额定荷载下应变量的±1%;

⑥按下式计算探头的标定系数

$$K=\frac{P}{A\varepsilon} \tag{4.2.1}$$

式中，K 为探头的标定系数（MPa/με）；P 为标定时所加的总压力（N）；A 为探头截面积（mm^2）；ε 为应变量（με）。

目前也常用固定系数法，即在加各级荷载时，调节探头系数拨号盘，使仪器显示数据与所加压力（P/A，单位：kPa）成 0.10 倍，如 10 cm^2 的探头，加荷 1 kN，压力为 1 000 kPa，仪器显示 100 με，加卸荷不得少于 3 遍，测定误差应小于额定荷载下应变量的±1%，得到的探头系数为 0.01（MPa/με）。

三、我国常用的静力触探量测记录仪器

（一）电阻应变测量仪

直显式静力触探记录仪，所测的应变量以数字显示。该类型的仪器采用浮地测量桥、选通式解调、双积分 A/D 转换等措施，具有仪器精度高、稳定性好、操作简单、携带方便等优点。

（二）静探微机

静探微机主要由主机、交流适配器、接线盒、深度控制器等组成。外接探头后，在现场试验中记录完全由微型计算机控制，仪器本身不会出现超前、滞后现象，分辨率高达 1/20 000，测量精度远远超过应变仪及自动记录仪。现场测量时，液晶屏可同时显示深度值，A、B二通道测量值，时间采样计数值以及提示超量程报警，从显示屏上可方便且准确地监视现场测量情况。

静探微机能采用人机结合的方法整理资料，能自动计算静力触探分层力学参数、单桩承载力，提供 q_c、f_s、E_s 等地基参数，并可送入磁盘永久保存，还可以打印下述材料：

①率定记录表和曲线；

②静力触探记录表；

③h-q_c、h-f_s、h-p_s 曲线图；

④静力触探单孔柱状剖面图及图例表；

⑤时间采样数据记录表；

⑥静力触探指标汇总表。

（三）自动记录仪

自动记录仪是由通用的电子电位差计改装而成，它能随深度自动记录土层贯入阻力的变化情况，并以曲线的方式自动绘在记录纸上。

四、静力触探现场试验要点

（一）试验准备工作

①设置反力装置（或利用车装重量）；

②安装好压入和量测设备，并用水准尺将底板调平；

③检查电源电压是否符合要求；

④检查仪表是否正常；

⑤将探头接上测量仪器（应与探头标定时的测量仪器相同），并对探头进行试压，检查顶柱、锥头、摩擦筒是否能正常工作。

（二）现场试验工作

①确定试验前的初读数。将探头压入地表下 0.5 m 左右，经过一定时间后将探头提升

10～25 cm，使探头在不受压状态下与地温平衡，此时仪器上的读数即为试验开始时的初读数。

②贯入速率要求匀速，其速率控制在(1.2±0.3)m/min。

③一般要求每次贯入 10 cm 读一次微应变，也可根据土层情况增减，但不能超过20 cm；深度记录误差不超过±1%，当贯入深度超过 30 m 或穿过软土层贯入硬土层后，应有测斜数据。当偏斜度明显，应校正土层分层界线。

④由于初读数不是一个固定不变的数值，所以每贯入一定深度(一般为 2 m)，要将探头提升 5～10 cm，测读一次初读数，以校核贯入过程初读数的变化情况。

⑤接卸钻杆时，切勿使入土钻杆转动，以防止接头处电缆被扭断，同时应严防电缆受拉，以免拉断或破坏密封装置。

⑥当贯入到预定深度或出现触探主机达到最大容许贯入能力，探头阻力达到最大容许压力；反力装置失效；发现探杆弯曲已达到不能容许的程度情况之一时，应停止贯入。

⑦试验结束后应及时起拔探杆，并记录仪器的回零情况，探头拔出后应立即清洗上油，妥善保管，防止探头被暴晒或受冻。

(三)注意事项

①静力触探孔一般至少距钻孔 25 倍孔径或 2 m，静探孔应在钻孔前进行。

②试验前应根据试验场地的地层情况，合理选用探头，必要时进行率定。

③试验点必须避开地下设施(管道、电缆等)，以免发生意外。

④由于人为或设备的故障，而使贯入中断 10 min 以上，在故障处理后，重新贯入前应提升探头，测记零读数。对超深触探孔分两次或多次贯入时，或在钻孔底部进行触探时，在深度衔接点以下的扰动段，其测量数据应舍弃。

⑤应注意安全操作和安全用电。

⑥采用拧锚机时，应待准备就绪后才可启动。拧锚过程中如遇障碍，应立即停机处理。

⑦当使用液压式、电动丝杆式触探主机时，活塞杆、丝杆的行程不得超过上、下限位，以免损坏设备。

(四)孔压消散试验

停止贯入探头，并放松卡盘，完全释放探杆中的推力，从探头停止贯入时起，开始计时。

记录 0、1、2、4、8、16、30 s，1、2、4、8、16、30 min 的总孔压 $u_t=u_0+\Delta u_t$，直至达到静止孔隙水压力 u_0 或超孔压 Δu_t，消散去 50%～80%初始超孔压 Δu_t，然后结束试验。

五、静力触探资料整理

(一)单孔资料的整理

1)原始记录的修正

原始记录的修正包括读数(或记录曲线幅值)修正、曲线脱节修正和深度修正、孔压修正、锥尖阻力(q_c)与侧壁摩阻力(f_s)的孔压修正、孔压消散曲线初始段的修正。

(1)读数修正

读数修正是通过对初读数的处理来完成的。初读数指探头在不受土层阻力条件下，传感器初始应变的读数(即零点漂移)。影响初读数的因素主要是温度，为消除其影响，在现场操作时，每隔一定深度将探头提升一次，将仪器的初读数调零(贯入前初读数也应为零)，或者测记一次初读数。前者在自动记录仪上常用，进行资料整理时，就不必再修正；后者则应按下式对读数进行修正

$$\varepsilon=\varepsilon_1-\varepsilon_0 \qquad (4.2.2)$$

式中，ε 为土层阻力所产生的应变量($\mu\varepsilon$)；ε_1 为探头压入时的读数($\mu\varepsilon$)；ε_0 为根据两相邻初读数之差内插确定的读数修正值($\mu\varepsilon$)。

对于自身带有微机的记录仪，由于它能按检测到的初读数(至少 2 个)自动内插，故最后打印的曲线也不需要再修正。

记录曲线的脱节，往往出现在非连续贯入触探仪每一行程结束和新的行程开始时，自动记录曲线出现台阶或喇叭口状，对于这种情况，一般以停机前曲线位置为准，顺应曲线变化趋势，将曲线较圆滑地连接起来。

在静探贯入过程中，由于走纸机构失灵、导轮磨损、导轮与触探杆打滑、走纸与贯入的速比不准以及孔斜、触探杆弯曲等原因，会造成记录曲线上记录深度与实际深度不符。对于走纸失灵、触探杆打滑、速比不准的情况，应在贯入过程中随时注意，做好标记，在整理资料时，按等距离调整或在漏记处予以补全。若由于导轮磨损引起的误差，应及时更换导轮；若因孔斜引起的误差，应根据测斜装置的数据或钻探资料予以修正。

(2)孔压修正

由于量测的孔压随滤水器的位置不同而变化，故在试验报告中必须说明滤水器的位置。

(3)锥尖阻力 q_c 与侧壁摩阻力 f_s 的孔压修正

当探头在地下水以下贯入土中时，使用孔压探头可测得锥头后近锥底处的孔压 u_T，由于锥头及摩擦筒上下端面受水压力面积的不同，量测得的 q_c 或 f_s 并不代表实际的锥尖阻力 q_T 和真实的侧壁摩阻力 f_T。

$$q_T=q_c+K_c(1-a)u_T \qquad (4.2.3)$$

$$f_T=f_c+K_s(1-b)Cu_T \qquad (4.2.4)$$

式中，a 为 A_N 与 A_T 之比($A_N=\pi d^2/4, A_T=\pi D^2/4$)；$b$ 为摩擦筒下端受水压力面积 F_L 与摩擦筒上端受水压力面积 F_U 之比；u_T 为在锥头后近锥底处量测的孔压；C 为侧壁摩擦筒底端面积 F_L 与侧壁摩擦筒侧边面积之比；K_c、K_s 为由于孔压在探头不同部位变化的修正系数。

由于在不同土类中，孔压在探头不同部位的分布不同，故对于正常固结和微固结黏性土，$K_c\approx0.8$；对于超固结黏性土，$K_c\geqslant0$；对于砂土，$K_c\approx1$。

在饱和软黏土中，q_c 很低，而 u_T 却很高，往往 $u_T>q_c$，把 q_c 修正为 q_T 就显得特别重要。对砂土，u_T 接近于 u_0，当砂土 q_c 很高时，孔压修正就显得并不重要。

(4)孔压消散曲线初始段的修正

孔压消散曲线初始段有时会出现陡降或先升后降的现象，可用曲线板拟合后段曲线，然后向前延伸修正初始段曲线。

2)贯入阻力的计算

单桥探头的比贯入阻力、双桥探头的锥头阻力及侧壁摩擦力可按下列公式计算

$$p_s=K_p\varepsilon_p \qquad (4.2.5)$$

$$q_c=K_q\varepsilon_q \qquad (4.2.6)$$

$$f_s=K_f\varepsilon_f \qquad (4.2.7)$$

式中，p_s 为单桥探头的比贯入阻力(MPa)；q_c 为双桥探头的锥头阻力(MPa)；f_s 为双桥探头的侧壁摩擦力(MPa)；K_p、K_q、K_f 分别为单桥探头、双桥探头的标定系数(MPa/$\mu\varepsilon$)；ε_p、ε_q、ε_f 分别为单桥探头、双桥探头贯入的应变量($\mu\varepsilon$)。

自动记录仪绘制出的贯入阻力随深度变化曲线，只需在其纵、横坐标上绘制比例标尺，就可在图上直接量出 p_s 或 q_c、f_s 值的大小。

3)双桥探头摩阻比的计算

$$\alpha=\frac{f_s}{q_c}\times 100\% \tag{4.2.8}$$

4)绘制单孔静探曲线

以深度为纵坐标，比贯入阻力或锥头阻力、侧壁摩擦力为横坐标，绘制单孔静探曲线，其横坐标的比例可按表 4.2.3 选用。通常 p_s-h 曲线或 q_c-h 曲线用实线表示，f_s-h 曲线用虚线表示。侧壁摩擦力和锥头阻力的比例可匹配成 1∶100，同时还应附摩阻比随深度的变化曲线。

横坐标比例选用 表 4.2.3

项 目	比 例	项 目	比 例
深度	1∶100 或 1∶200	侧壁摩擦力	1 cm 表示 5 kPa、20 kPa、20 kPa
比贯入阻力或锥头阻力	1 cm 表示 500 kPa、1 000 kPa、2 000 kPa	摩阻比	1 cm 表示 1%、2%

对于自动记录仪，记录得到的就是静探曲线，绘图时的纵坐标就采用记录纸上的比例(一般为 1∶100)，至于横坐标，则取决于探头的标定方法和标定系数。

(二)划分土层

静力触探的贯入阻力本身就是土的综合力学指标，利用其随深度的变化可对土层进行力学分层，见表 4.2.4。分层时，应首先考虑静探曲线形态的变化趋势，再结合本地区地层情况或钻探资料。

力学分层按贯入阻力变化幅度的并层标准 表 4.2.4

p_s 或 q_c/MPa	最大贯入阻力与最小贯入阻力之比	p_s 或 q_c/MPa	最大贯入阻力与最小贯入阻力之比
≤1.0	1.0～1.5	>3.0	2.0～2.5
1.0～3.0	1.5～2.0		

在划分分层界线时，还应考虑贯入阻力曲线中的超前和滞后现象，这种现象往往出现在密实土层和软土层的交界处，幅度一般为 10～20 cm。其原因既有触探机理上的问题，也有仪器性能反映迟缓和土层本身在两层土交接处带有一些渐变性质的问题，情况比较复杂，在分层时应根据具体情况加以分析。

(三)土层贯入阻力的计算

(1)单孔分层贯入阻力

在土层分界线划定后，便可计算单孔分层平均贯入阻力。计算时，应剔除记录中的异常点以及超前和滞后值。当采用电阻应变测量仪时，可采用算术平均法。在判别砂土液化时，对贯入阻力变化较大且较薄的夹层或互层，应分别计算其各土层贯入阻力，以免误判。

(2)场地各土层贯入阻力

根据单孔各土层贯入阻力及土层厚度，可以计算场地各土层贯入阻力。基本的计算方法为厚度的加权平均法

$$\overline{p_s}=\frac{\sum_{i=1}^{n}h_i p_{si}}{\sum_{i=1}^{n}h_i} \tag{4.2.9}$$

式中，$\overline{p_s}$($\overline{q_c}$、$\overline{f_s}$)为场地各土层贯入阻力(kPa)；h_i 为第 i 孔穿越该层的厚度(m)；p_{si}(或

q_{ci}、f_{si})为第 i 孔中该层的单孔贯入阻力(kPa);n 为参与统计的静探孔数。

(四)贯入阻力的换算

自 20 世纪 70 年代开始,国内不少单位对 q_c 与 p_s 的关系进行了研究(表 4.2.5),这些经验表明,p_s/q_c 值大致在 1.0~1.5 间,每一个换算公式都有其特定的经验性。

q_c-p_s 的经验关系　　表 4.2.5

公式提出单位	$q_c=F(p_s)$	适用条件
建研院勘察技术所、上海勘察院	$q_c=0.89p_s-0.31$	各类土层
南京工学院(现东南大学)	$q_c=0.85p_s$	南京薄板厂黏性土
湖北综合勘察院	$q_c=(0.8\sim0.86)p_s$	黏性土
湖北电力设计院	$q_c=0.8p_s+0.04$	黏性土
上海城建局设计院、华东电力设计院	$q_c=0.815p_s+0.05$	黏性土、砂类土
建工系统	$q_c=(0.8-0.85)p_s$	—
陕西综合勘察院	$q_c=0.814p_s-0.09$	—
北京勘察院	$q_c=0.75p_s$	北京地区

对于非饱和土或地下水位以下的硬一坚硬黏性土和强透水性砂土,国内通常使用式(4.2.10)来对单桥探头的比贯入阻力 p_s 进行分解

$$p_s=q_c+6.41f_s \tag{4.2.10}$$

六、静力触探成果应用

(一)划分土类

根据不同成因、不同年代和地区土的力学指标的差别,按比贯入阻力 p_s 确定的黏性土种类见表 4.2.6。

按比贯入阻力 p_s 确定黏性土种类　　表 4.2.6

土层	软黏性土	一般黏性土	老黏性土
p_s 范围值/MPa	$p_s\leq1$	$1\leq p_s<3$	$p_s\geq3$

由于不同类型的土也有可能具有相同的 p_s、q_c 或 f_s 值,因此,单靠某一个指标要对土层进行正确分类存在着一定的困难。使用双桥探头时,由于不同土的 q_c 和 f_s 不可能都相同,因而可利用 q_c 和 f_s/q_c(摩阻比 p_s)两个指标来划分土类。国内外均对此进行了研究,一些经验数据见表 4.2.7。实践表明,用这种方法进行土层类别的划分,效果较好。

按静力触探指标划分土类　　表 4.2.7

<table>
<tr><td rowspan="6">土　类</td><td colspan="8">国　家</td></tr>
<tr><td colspan="6">中国</td><td colspan="2" rowspan="4">法国</td></tr>
<tr><td colspan="6">部</td></tr>
<tr><td colspan="2">原铁道部</td><td colspan="2">原交通部一航局</td><td colspan="2">原一机部勘测公司</td></tr>
<tr><td colspan="6">指标</td></tr>
<tr><td>q_c/MPa</td><td>$\frac{f_s}{q_c}$/(%)</td><td>q_c/MPa</td><td>$\frac{f_s}{q_c}$/(%)</td><td>q_c/MPa</td><td>$\frac{f_s}{q_c}$/(%)</td><td>q_c/MPa</td><td>$\frac{f_s}{q_c}$/(%)</td></tr>
<tr><td>淤泥质土及软黏性土</td><td>0.2~1.7</td><td>0.5~3.5</td><td><1</td><td>10~13</td><td><1</td><td>>1</td><td>≤0.6</td><td>>6</td></tr>
<tr><td>黏土</td><td rowspan="3">1.7~9
2.5~20</td><td rowspan="3">0.25~5.0
0.6~3.5</td><td>1~1.7</td><td>3.8~5.7</td><td rowspan="3">1~7
>1</td><td rowspan="3">>3
0.5~3</td><td rowspan="3">>3
>3</td><td rowspan="3">4~8
2~4</td></tr>
<tr><td>亚黏土(粉质黏土)</td><td>1.4~3</td><td>2.2~4.8</td></tr>
<tr><td>轻亚黏土(粉土)</td><td>3~6</td><td>1.1~1.8</td></tr>
<tr><td>砂类土</td><td>2~32</td><td>0.3~1.2</td><td>>6</td><td>0.7~1.1</td><td>>4</td><td><1.2</td><td>>3</td><td>0.6~2</td></tr>
</table>

(二)确定地基土的承载力

1)黏性土

黏性土的承载力可按表4.2.8推荐的公式确定。

黏性土静力触探承载力经验公式 表4.2.8

序号	公式	适用范围	公式来源
1	$f_{ak}=104p_s+26.9$	$0.3\leqslant p_s\leqslant 6$	勘察规范(TJ 21—1977)
2	$f_{ak}=183.4\sqrt{p_s}-46$	$0\leqslant p_s\leqslant 5$	铁三院
3	$f_{ak}=17.3p_s+159$	北京地区老黏性土	—
	$f_{ak}=114.8\lg p_s+124.6$	北京地区的新近代土	原北京市勘测处
4	$f_{ak}=83p_s+55$	$0.3\leqslant p_s\leqslant 3.0$	武汉联合小组
5	$f_{ak}=249\lg p_s+157.8$	$0.6\leqslant p_s\leqslant 4$	四川省综合勘察院
6	$f_{ak}=45.3+86p_s$	无锡地区 $p_s=0.3\sim3.5$	无锡市建筑设计院
7	$f_{ak}=116.7p_s^{0.387}$	$0.25<p_s\leqslant 2.53$	天津市建筑设计院
8	$f_{ak}=87.8p_s+24.36$	湿陷性黄土	陕西省综合勘察院
9	$f_{ak}=80p_s+31.8$	—	—
10	$f_{ak}=98q_c+19.24$	黄土地基	原一机部勘测公司
11	$f_{ak}=44.7+44p_s$	平川型新近堆积黄土	原机械委勘察研究院
12	$f_{ak}=90p_s+90$	贵州地区红黏土	贵州省建筑设计院
13	$f_{ak}=112p_s+5$	软土,$0.085<p_s<0.9$	原铁道部(1998)

注:f_{ak}单位是kPa,p_s、q_c单位是MPa。

我国原《工业与民用建筑工程地质勘察规范》(TJ 21—1977)推荐按表4.2.9和表4.2.10确定软黏土、一般黏性土和老黏性土的承载力。

静力触探比贯入阻力与软土和一般性黏性土的主要力学指标的关系 表4.2.9

p_s/MPa	f_{ak}/kPa	E_s/MPa	E_0/MPa
0.3	50~60	2.3	2.3
0.6	80~90	3.5	3.5
0.9	110~120	4.6	6.2
1.2	130~150	5.7	9.2
1.5	160~180	6.8	12.1
1.8	180~210	8.0	15.0
2.1	210~240	9.1	18.0
2.4	240~260	10.2	20.9
2.7	260~290	11.3	23.9
3.0	290~310	12.4	26.8

注:本表适于黏土、粉质黏土和$I_p>7$的粉土。

2)砂土

砂土的承载力可按表4.2.11、表4.2.12、表4.2.13推荐的经验公式确定。

通常认为,由于取砂土的原状试样比较困难,故从p_s(或q_c)值估算砂土承载力是很实用的方法,其中对于中密砂比较可靠,对松砂、密砂不够满意。

3)粉土

对于粉土,则采用下式来确定其承载力

$$f_{ak}=36p_s+44.6 \tag{4.2.11}$$

式中,f_{ak}的单位为kPa;p_s的单位为MPa。

静力触探比贯入阻力与老黏性土的主要力学指标的关系 表 4.2.10

p_s/MPa	f_{ak}/kPa	E_s/MPa	E_0/MPa
3.0	290～310	12.4	30.6
3.3	320～340	13.5	34.1
3.6	350～380	14.7	37.7
3.9	380～410	15.8	41.2
4.2	410～440	16.8	44.7
4.5	440～470	18.0	48.3
4.8	470～500	19.1	51.8
5.1	500～530	20.2	55.3
5.4	530～570	—	58.8
5.7	570～600	—	62.4
6.0	600～630	—	65.9

砂土静力触探承载力经验公式 表 4.2.11

序　　号	公　　式	适用范围	公式来源
1	$f_{ak}=20p_s+59.5$	粉细砂 $1<p_s<15$	用静探测定砂土承载力
2	$f_{ak}=36p_s+76.6$	中粗砂 $1<p_s<10$	联合试验小组报告
3	$f_{ak}=91.7\sqrt{p_s}-23$	水下砂土	铁三院
4	$f_{ak}=(25\sim33)q_c$	砂土	国外

注：f_{ak}单位是 kPa，q_c 单位是 MPa。

静力触探比贯入阻力与粉、细砂承载力的关系 表 4.2.12

p_s/MPa	f_{ak}/kPa	p_s/MPa	f_{ak}/kPa
5.0	150～160	11.0	270～280
6.0	170～180	12.0	290～300
7.0	190～200	13.0	310～320
8.0	210～220	14.0	330～340
9.0	230～240	15.0	350～360
10.0	250～260	16.0	370～380

静力触探比贯入阻力与中、粗砂承载力的关系 表 4.2.13

p_s/MPa	f_{ak}/kPa	p_s/MPa	f_{ak}/kPa
1.0	40～70	7.0	290～310
2.0	100～120	8.0	320～340
3.0	140～160	9.0	350～370
4.0	180～200	10.0	380～400
5.0	220～240	11.0	410～430
6.0	260～280	12.0	440～460

4)确定砂土的密实度(表 4.2.14)

国内评定砂土密实度的界限值 表 4.2.14

单　　位	极松	疏松	稍密	中密	密实	极密
辽宁煤矿设计院	—	$p_s<2.5$	2.5～4.5	>11	—	—
北京市勘察院	$p_s>2$	2～4.5	4～7	7～14	14～22	$p_s>22$
南京地基基础设计规范	$p_s<3.5$		3.5～6.0	6.0～12.0	>12.0	—

注：p_s 单位是 MPa。

(三)确定砂土的内摩擦角

按比贯入阻力 p_s 确定砂土内摩擦角,见表 4.2.15。

按比贯入阻力 p_s 确定砂土内摩擦角 φ 表 4.2.15

p_s/MPa	1	2	3	4	6	11	15	30
φ/(°)	29	31	32	33	34	36	37	39

(四)确定黏性土的状态

国内一些单位通过试验统计,得出了比贯入阻力与液性指数的关系式,制成表 4.2.16,用于划分黏性土的状态。

静力触探比贯入阻力与黏性土液性指数的关系 表 4.2.16

p_s/MPa	$p_s \leqslant 0.4$	$0.4 < p_s \leqslant 0.9$	$0.9 < p_s \leqslant 3.0$	$3.0 < p_s \leqslant 5.0$	$p_s > 5.0$
I_L	$I_L \geqslant 1$	$0.75 \leqslant I_L < 1$	$0.25 \leqslant I_L < 0.75$	$0 \leqslant I_L < 0.25$	$I_L \leqslant 0$
状态	流塑	软塑	可塑	硬塑	坚硬

(五)估算单桩承载力

当根据单桥探头静力触探资料确定混凝土预制桩单桩竖向极限承载力标准值时,如无当地经验可按下式计算

$$Q_{uk} = Q_{sk} + Q_{pk} = u \sum q_{sik} l_i + \alpha p_{sk} A_p \tag{4.2.12}$$

式中,u 为桩身周长;q_{sik} 为用静力触探比贯入阻力值估算的桩周第 i 层土的极限侧阻力标准值;l_i 为桩穿越第 i 层土的厚度;α 为桩端阻力修正系数;p_{sk} 为桩端附近的静力触探比贯入阻力标准值(平均值);A_p 为桩端面积。

①q_{sik} 值应结合土工试验资料,依据土的类别、埋藏深度、排列次序,按图 4.2.4 折线取值。当桩端穿越粉土、粉砂、细砂及中砂层底面时,图 4.2.3 中折线Ⓓ估算的 q_{sik} 值需乘以表 4.2.17 中系数 ξ_s 值。

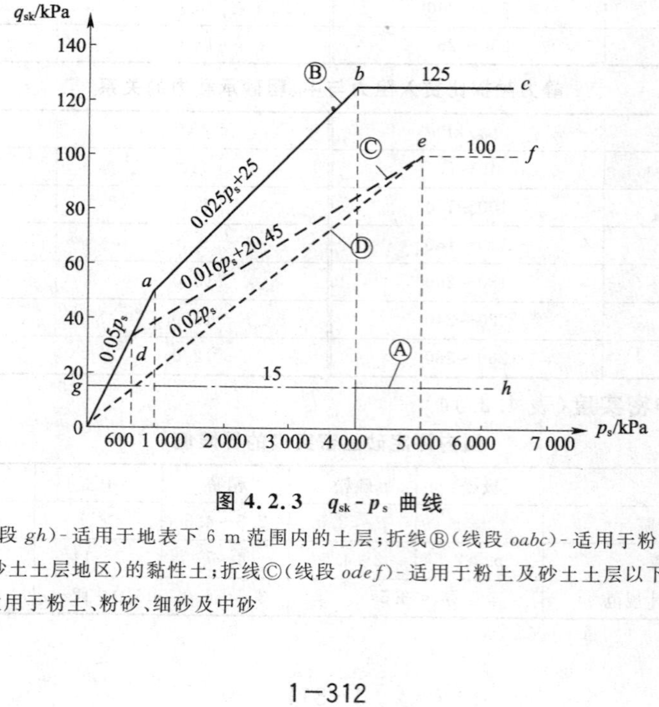

图 4.2.3 q_{sk} - p_s 曲线

注:直线Ⓐ线(线段 gh)-适用于地表下 6 m 范围内的土层;折线Ⓑ(线段 $oabc$)-适用于粉土及砂土土层以上(或无粉土及砂土土层地区)的黏性土;折线Ⓒ(线段 $odef$)-适用于粉土及砂土土层以下的黏性土;折线Ⓓ(线段 oef)-适用于粉土、粉砂、细砂及中砂

系 数 ξ_s 值　　表 4.2.17

p_s/p_{sl}	≤5	7.5	≥10
ξ_s	1.00	0.50	0.33

注：1. p_s 为桩端穿越的中密—密实砂土、粉土的比贯入阻力平均值；p_{sl} 为砂土、粉土的下卧软土层的比贯入阻力平均值。

2. 采用的单桥探头，圆锥底面积为 15 cm^2，底部带 7 cm 高滑套，锥角 60°。

②桩端阻力修正系数 α 值按表 4.2.18 取值。

桩端阻力修正系数 α 值　　表 4.2.18

桩入土深度/m	$h<15$	$15\leq h\leq 30$	$30<h\leq 60$
α	0.75	0.75～0.90	0.90

注：桩入土深度为 $15\leq h\leq 30$ m 时，α 值按 h 值直线内插；h 为基底至桩端全断面的距离（不包括桩尖高度）。

③p_{sk} 可按下式计算：

当 $p_{sk1}\leq p_{sk2}$ 时

$$p_{sk}=\frac{1}{2}(p_{sk1}+\beta p_{sk2}) \tag{4.2.13}$$

当 $p_{sk1}>p_{sk2}$ 时

$$p_{sk}=p_{sk2} \tag{4.2.14}$$

式中，p_{sk1} 为桩端全截面以上 8 倍桩径范围内的比贯入阻力平均值；p_{sk2} 为桩端全截面以下 4 倍桩径范围内的比贯入阻力平均值，如桩端持力层 p_s 超过 20 MPa 时，则需乘以表 4.2.19 中系数 C 予以折减后，再计算 p_{sk2} 及 p_{sk1} 值；β 为折减系数，按 p_{sk2}/p_{sk1} 值从表 4.2.20 选用。

系 数 C　　表 4.2.19

p_s/MPa	20～30	35	>40
系数 C	5/6	2/3	1/2

注：可内插取值。

折减系数 β　　表 4.2.20

p_{sk2}/p_{sk1}	≤5	7.5	12.5	≥15
β	1	5/6	2/3	1/2

注：可内插取值。

当根据双桥探头静力触探资料确定混凝土预制桩单桩竖向极限承载力标准值时，对于黏性土、粉土和砂土，如无当地经验时可按下式计算

$$Q_{uk}=u\sum l_i\beta_i f_{si}+\alpha q_c A_p \tag{4.2.15}$$

式中，f_{si} 为第 i 层土的探头平均侧阻力；q_c 为桩端平面上、下探头阻力，取桩端平面以上 $4d$（d 为桩的直径或边长）范围内按土层厚度的探头阻力加权平均值，然后再和桩端平面以下 d 范围内的探头阻力进行平均；α 为桩端阻力修正系数，对黏性土、粉土取 2/3，饱和砂土取 1/2；β_i 为第 i 层土桩侧阻力综合修正系数，按下式计算

黏性土、粉土

$$\beta_i=10.04(f_{si})^{-0.55} \tag{4.2.16}$$

砂土

$$\beta_i=5.05(f_{si})^{-0.45} \tag{4.2.17}$$

需要注意的是，双桥探头的圆锥底面积为 15 cm^2，锥角 60°，摩擦套筒高 21.85 cm，侧面积 300 cm^2。

(六)孔压静力触探成果的应用

1)孔压静力触探资料的整理

(1)量测指标

孔压静力触探在试验过程中可直接得出三项指标,即探头锥尖阻力 q_c、探头侧壁摩阻力 f_s、贯入时的孔隙水压力 u_d。

(2)计算指标

①总锥尖阻力:孔压静力触探的总锥尖阻力按下式计算

$$q_T = q_c + \beta(1-a)u_d \tag{4.2.18}$$

式中,q_T 为总锥尖阻力(MPa);q_c 为锥尖阻力(MPa);u_d 为贯入时于锥面测得的孔隙水压力(MPa);β 为与土质状态有关的经验系数,按表 4.2.21 取值;a 为锥端有效面积比[$a = F_A/A$,A 为锥头全断面积(cm^2);F_A 为锥头有效面积(cm^2)]。

与土质状态有关的 β　　表 4.2.21

土质状态	中、粗砂	粉、细砂		正常固结和轻度超固结黏性土	重度超固结黏性土
		松散至中密	密实		
β 值	1.0	0.7～0.3	0.1	0.8～0.7	0.1～0

②孔压参数比:孔压静力触探的孔压参数比按下式计算

$$B_q = \frac{\Delta u}{q_T - \sigma_{v0}} \tag{4.2.19}$$

式中,B_q 为孔压参数比;Δu 为贯入时的超孔隙水压力(MPa),$\Delta u = u_d - u_w$,u_w 为静水压力(MPa);σ_{v0} 为土的总自重压力(MPa)。

(3)归一化超孔隙水压消散曲线

①孔压初始值以经过修正的贯入孔压值 u_d 为消散试验时的孔压初始值:$u_{t=0} = u_d$。

②归一化超孔压按下式计算

$$U_{nt} = \frac{u_t - u_w}{u_{t=0} - u_w} \tag{4.2.20}$$

式中,U_{nt} 为归一化超孔压(当 $t=0$ 时,$u_t = u_d$,$U_{nt}=1$;当孔压完全消散时,$u_t = u_w$,$U_{nt}=0$);u_t 为经修正后,在该试验深度任意时刻的孔压值。

③以 U_{nt} 为纵轴,以时间 t 的对数为横轴,绘制 U_{nt} - lg$t$ 曲线,即为归一化超孔压消散曲线。

2)孔压静力触探成果的应用

(1)划分土的类别

使用孔压探头时可按表 4.2.22 或图 4.2.4 划分土类。

用孔压静力触探划分土类　　表 4.2.22

序号	土类	主判别	辅助判别
1	软土	$q_T<0.8, B_q>0.1$	—
2	黏土	$q_T>0.8, B_q>0.207q_T+0.249$	$t_{50}>100$
3	粉质黏土 $I_p>10$	$B_q<0.207q_T+0.249$ $B_q>0.151q_T-0.153$	$10<t_{50}\leqslant 100$
4	黏质粉土 $7<I_p\leqslant 10$	$B_q<0.151q_T-0.153$ $B_q\geqslant 0.1$	$t_{50}<100$
5	砂质黏土	$0.01\leqslant B_q<0.1$	$t_{50}<20$
6	砂土	$B_q<0.01, q_T>1.5$	$t_{50}<20$

注:q_T 单位为 MPa,t_{50} 为超孔压消散达 50%时的历时(s)。

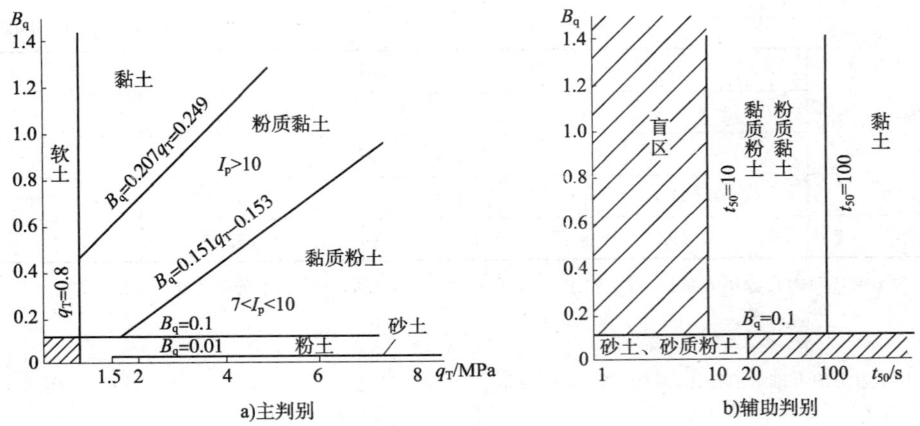

图 4.2.4　孔压静力触探划分土类

(2)划分黏性土的状态

黏性土的状态可根据孔压静力触探按表 4.2.23 划分。

用孔压静力触探划分黏性土的状态　　表 4.2.23

状态		液性指数 I_L	主判别	辅助判别
坚硬		$I_L<0$	$q_T>5$	$B_q<0.2$
可塑	硬塑	$0\leqslant I_L<0.5$	$3.12B_q-2.77q_T<-2.21$	$0<B_q<0.3$
	软塑	$0.5\leqslant I_L<1$	$3.12B_q-2.77q_T>-2.21$ $11.2B_q-21.3q_T<-2.56$	$B_q>0.2$
流塑		$I_L\geqslant1$	$11.2B_q-21.3q_T>-2.56$	$B_q\geqslant0.42$

(3)估算饱和黏性土的固结系数

①理论根据:Terzaghi 轴对称固结微分方程如下式

$$C_h\left(\frac{\partial^2 u}{dR^2}+\frac{1}{r}\cdot\frac{\partial u}{\partial r}\right)=\frac{\partial u}{\partial t}\tag{4.2.21}$$

式中,C_h 为水平固结系数;u 为某一时刻 t 水平径向离对称轴距离为 r 处的超孔隙水压力:解此方程可得

$$u=u(n,T)\tag{4.2.22}$$

式中,n 为与半径有关的因数;T 为时间因数,与时间及水平固结系数有关的系数。

②估算方法:饱和黏性土水平固结系数按下式估算

$$C_h=\beta\frac{T_{50}}{t_{50}}r_0^2\tag{4.2.23}$$

式中,β 为土的再压比($\beta=C_e/C_C$,对于软土,一般可取 $\beta=0.1\sim0.25$;C_e 为土的再压缩指数;C_C 为土的压缩指数);T_{50} 为超孔压消散达 50%时的时间因数,与土破坏时的孔隙水压力系数 A_t 和土的刚度指标 I_r 等有关,一般可用表 4.2.24 查得;t_{50} 为实测超孔压消散曲线上超孔压消散达 50%时的历时;r_0 为孔压探头半径。

时间因数 T_{50}　　表 4.2.24

I_r	A_t			
	1/3	2/3	1	4/3
	T_{50}			
10	1.145	1.593	2.095	2.622
50	2.487	3.346	4.504	5.931

续上表

I_r	A_t			
	1/3	2/3	1	4/3
	T_{50}			
100	3.524	4.761	6.447	8.629
200	5.025	6.838	9.292	12.790

注：A_t 为土破坏时的孔隙压力系数，对于软土，一般在 0.7～1.0 之间；I_r 为土的刚度指标，由下式定义

$$I_r=\frac{E_u}{2(1+\nu)\tau_u} \tag{4.2.24}$$

式中，ν 为土的不排水泊松比，对饱和软黏土，可取 $\nu=0.5$；τ_u 为不排水抗剪强度；E_u 为不排水杨氏模量，可按下式确定

$$E_u=11.4p_s \tag{4.2.25}$$

第三节　圆锥动力触探试验

圆锥动力触探试验(DPT)是利用一定的锤击动能，将一定规格的圆锥探头打入土中，然后依据贯入击数或动贯入阻力判别土层的变化，确定土的工程性质，对地基土做出岩土工程评价。

动力触探试验指标主要用于以下几个目的：

①评定砂土的孔隙比或相对密实度、粉土及黏性土的状态；

②估算土的强度和变形模量；

③评定场地地基的均匀性及承载力；

④探查土洞、滑动面、软硬土层界面等；

⑤估算桩基持力层和承载力；

⑥检验地基加固与改良的质量效果。

动力触探试验的适用范围如图 4.3.1 所示。

目前，对触探杆长度是否修正，各规范规定不一，尚未有一致的看法。

类型	黏性土		粉土	砂土					碎石土（无胶结）		
	黏土	粉质黏土		粉砂	细砂	中砂	粗砂	砾砂	圆砾 角砾	卵石 碎石	漂石 块石
轻型	——	——	——	……	……						
重型	……	……	……	……	……	——	——	——	……	……	
超重型						……	……	……	——	——	……

图 4.3.1　动力触探试验的适用范围

注：——用于确定地基承载力基本值和变形模量；……用于划分土的力学分层，评价土层的均匀程度。

一、试验设备及试验要求

(一)国外动力触探的分类及设备

国外动力触探的分类及设备分类见表 4.3.1，法国动力触探设备种类划分见表 4.3.2。

国外动力触探设备分类 表 4.3.1

分类		锤重/kg	落距/cm	探杆外径/mm	锥部外径/mm	锥部断面积/cm^2	锥部形状	成果的表示方法	备注
欧洲分委员会提案	A 型(DPA)	63.5	75	40～45	62	30	90°圆锥	N_{dA}(击/30 cm)	
	B 型(DPB)	63.5	75	32	51	20	90°圆锥	N_{dB}(击/30 cm)	
德国	LRS 5	10	50	22	25.2	5	60°圆锥	n_{10}(击/10 cm)	DIN 4094
	LRS 10	10	50	22	35.6	10	60°圆锥	n_{10}(击/10 cm)	
	MRSA 10	30	20	22	35.6	10	60°圆锥	n_{10}(击/10 cm)	
	MRSB 10	30	50	32	35.6	10	60°圆锥	n_{10}(击/10 cm)	
	SRS 10	50	50	32	35.6	10	60°圆锥	n_{10}(击/10 cm)	
	SRS 15	50	50	32	43.7	15	60°圆锥	n_{10}(击/10 cm)	
匈牙利		50	50	38～42	55	23.8	60°圆锥	(击/25 cm)	MSZ 2635—1965 BDSB 8994—1971
保加利亚	轻量	20	25	22	25		90°圆锥		
	重量	50	50	32	47.7	5.9	90°圆锥	N(击/10 cm)	
	超重量	60	80	42	74	17.8	60°圆锥	N(击/10 cm)	
	套管	63.2	76.2	42～50	51	43	套管	N(击/10 cm)	
捷克斯洛伐克		63.5	75		51	20.4		击/30 cm	CSN 73/821
印度	Ⅰ	65	75	41	50	19.5	60°圆锥	N_{cd}(击/30 cm)	IS—4968—Ⅰ
	Ⅱ	65	75	41	65	33.2	60°圆锥	N_{cB}(击/30 cm)	IS—4968—Ⅱ
瑞典	A 法	63.5	50	32	45	16	90°圆锥	(击/20 cm)	SGF—1979
	B 法	63.5	60	32	45	16	90°圆锥	(击/20 cm)	
芬兰		65	60	32	45	16	90°圆锥	(击/20 cm)	SGY—1980
		65	60	32	51	20	90°圆锥		
日本	大型	63.5	75	40.5	50.8	20.3	60°圆锥	N_d(击/30 cm)	
	中型	30	35	33.5	50.4	19.5	60°圆锥	N_d35/10(击/10 cm)	
	土研式	5	50	25	30	7.1	60°圆锥	N_d(击/15 cm)	
瑞士	轻型(ARES)	10	50	22	35.6		90°圆锥		
	轻型	20	50	24	36	10	90°圆锥		
	中型(VAWE/IGB)	30	20	23	36	10	90°圆锥		
	重型(ARES)	50	50	32	43.7	10	90°圆锥		
	重型	50	75	38	40/60	12	12°圆锥		
	重型	60	50	38	62	30.2	90°圆锥		
	重型	67	50	32	40	16	45°圆锥		
	重型	50	50	42	2		套管		
	重型	50	32	43	62	30	90°圆锥		
	重型	50	50	33.5	43.7	15	60°圆锥		
波兰	轻型	10	50	22	35.6	10	60°圆锥	(击/10 cm)	
	重型	65	75	42	50.5	20	60°圆锥	(击/20 cm)	
	ITB—ZW	22	25	22	63.6		十字板	(击/10 cm)	
	LINIVERSAL	20	25	33	50.8	20.3	60°圆锥	(击/10 cm)	

续上表

分类		锤重/kg	落距/cm	探杆外径/mm	锥部外径/mm	锥部断面积/cm^2	锥部形状	成果的表示方法	备注
苏联	轻型	30	40	42	74	43	60°圆锥		
	中型	60	80	42	74	43	60°圆锥		
	重型	120	100	42	74	43	60°圆锥		
挪威		63.5	50	32	40	12.6	90°圆锥	Q/(kN·m/n)	
澳大利亚		30.5	61	16	21	3.5	170/180°	(击/30 cm)	
意大利		73	75	33	51	20.4	60°圆锥	(击/30 cm)	
葡萄牙		10	50	25	30	7.1	90°圆锥		
西班牙		65	50	32	40	12.6	90°圆锥	N_{20}(击/20 cm)	
希腊		50	50	32	43.7	15	90°圆锥	N(击/20 cm)	
南非联邦		63.5	75	33.3	50	19.6	60°圆锥	(击/30 cm)	

法国动力触探设备种类划分 表 4.3.2

型式	锤重/kg	落距/cm	探杆外径/mm	锥头外径/mm	锥头断面积/cm^2	附注
E.T.F	150	50	45	65	33	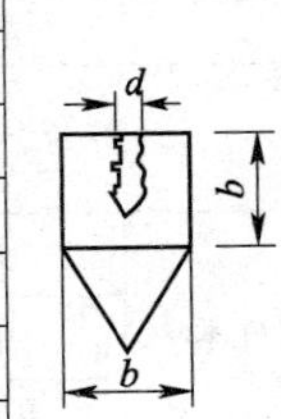
VERITAS	15	100	34	50	19.6	
SOCOTSO	8	80	25	35	9.6	
SOCOTSO	5.2	100	18	35	9.6	
BERG	60	50	32	60	28.3	
SOBESOL	60	50～150	42	55	23.8	
DUREMEYER	130.75	100	31.5	75	44.2	
ANN	5.2	100	18	35	9.6	
STSCO	50	50	32	43.7	15	
PILCON	75	65	42	60	28.3	
NORDMEYER	10	50	22	25.2	5	
BOTTE	50/100	50	32	43.7	15	
GEOT. APP	25/100	40	36	60	28.3	
TECHNOSOL	65	75	41	63	31.2	

(二)中国动力触探的分类及设备

圆锥动力触探类型及设备区分见表 4.3.3。

圆锥动力触探类型及设备区分 表 4.3.3

类型		轻型	重型	超重型
落锤	锤的质量/kg	10	63.5	120
	落距/cm	50	76	100
探头	直径/mm	40	74	74
	锥角	60°	60°	60°
探杆直径/mm		25	42	50～60
指标		贯入 30 cm 的读数 N_{10}	贯入 10 cm 的读数 $N_{63.5}$	贯入 10 cm 的读数 N_{120}
主要适用岩土		浅部的填土、砂土、粉土、黏性土	砂土、中密以下的碎石土、极软岩	密实和很密的碎石土、软岩、极软岩

(三)特种类型动力触探

特种类型动力触探见表 4.3.4。

特种类型动力触探汇总　　表 4.3.4

类　型	特　点
静力—动力触探	能较好地解决当静力触探无法通过地层时,改用动力触探,待穿过硬层时,又用静力触探,扩大了静力触探的使用范围
贯入十字板	既可作为动力触探贯入,又可在需要的深度做十字板试验,一机两用
电测动力触探	用传感器量测动贯入阻力,提高了触探指标的精度
振动式连续贯入动力触探	连续、快速测试砂层液化阻力,克服标准贯入的一些缺点

(四)试验技术要求

①采用自动落锤装置。

②触探杆最大偏斜度不应超过 2%,锤击贯入应连续进行;同时防止锤击偏心、探杆倾斜和侧向晃动,保持探杆垂直度;锤击速率每分钟宜为 15～30 击。

③每贯入 1 m,宜将探杆转动一圈半;当贯入深度超过 10 m,每贯入 20 cm 转动探杆一次。

④对轻型动力触探,当 $N_{10}>100$ 或贯入 15 cm 锤击数超过 50 时,可停止试验;对重型动力触探,当连续三次 $N_{63.5}>50$ 时,可停止试验或改用超重型动力触探。

二、资料整理

圆锥动力触探试验成果分析应包括下列内容:

①单孔连续圆锥动力触探试验应绘制锤击数与贯入深度关系曲线;

②计算单孔分层贯入指标平均值时,应剔除临界深度(不超过 1 m)以内的数值、超前和滞后影响范围内的异常值;

③根据各孔分层的贯入指标平均值,用厚度加权平均法计算场地分层贯入指标平均值和变异系数。

三、轻型动力触探(N_{10})

(一)试验设备

主要由圆锥头、触探杆、穿心锤三部分组成,见图 4.3.2。触探杆系用直径 25 mm 的金属管,每根长 1.0～1.5 m,穿心锤重 10 kg。

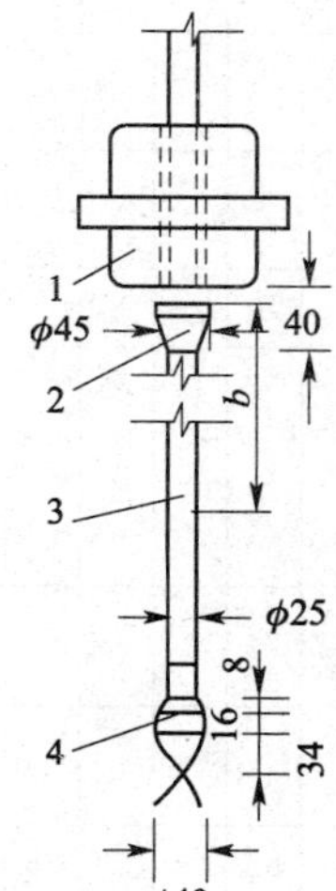

图 4.3.2　轻型动力触探设备(尺寸单位:mm)

1-穿心锤;2-锤垫;3-探杆;4-探头

(二)试验要点

①先用轻便钻具钻至试验土层标高,然后对所需试验土层连续进行触探;

②试验时,穿心锤落距为 50 cm,使其自由下落,将探头竖直打入土层中,每打入土层 30 cm 的锤击数即为 N_{10};

③若需描述土层时,可将触探杆拔出,取下探头,换上轻便钻头,进行取样;

④本试验一般用于贯入深度小于 4 m 的土层;

⑤当 $N_{10}>100$ 时或贯入 0.15 m 超过 50 时,可停止试验;

⑥贯入深度大于 4 m 时,可清孔后继续深入 2 m。

(三)地基土承载力与变形模量的确定

①地基的承载力标准值可以根据表4.3.5及表4.3.6确定。

黏性土承载力标准值 表 4.3.5

N_{10}	15	20	25	30
f_{ak}/kPa	105	145	190	230

素填土承载力标准值 表 4.3.6

N_{10}	10	20	30	40
f_{ak}/kPa	85	115	135	160

②N_{10}与地基土的承载力标准值及压缩模量的关系,见表 4.3.7。

北京地区 N_{10} 与承载力、压缩模量的关系 表 4.3.7

N_{10}		5	6	8	9	10	14	16	17	18	20	22	23	25	26	29	31	32	39	48	50	59	70	75	80	100
一般第四纪黏性土及粉土	f_{ak}/kPa					120			160			190				210			230		250		290		310	350
	$k_{0.08}$/kPa					162			200			237				275			312		350		425		462	536
	E_s/MPa					4			6			8				10			12		14		18		20	24
新近沉积黏性土及粉土	f_{ak}/MPa		50	80		100	120	130		150	160		180	190												
	$k_{0.08}$/kPa		57	71		85	112	125		139	153		166	180												
	E_s/MPa		2	3		4	6	7		8	9		10	11												
新近沉积粉细砂	f_{ak}/kPa											90						110		140		160		180		
	$k_{0.08}$/kPa											128						177		249		259		370		
素填土	f_{ak}/kPa	70		90			105				120				135		150									
		60		75			90				105				120		135									
		80		100			120				135				155		170									
	$k_{0.08}$/kPa	74		94			122				149				177		205									
	E_s/MPa	1.5			3.0		5.0				7.0				9.0		11.0									
变质炉灰	f_{ak}/kPa	60			75		90				100				115		130									
		50			65		80				85				95		105									
		70			85		100				120				135		150									

注:1. 在饱和黏性土中,不宜单一采用轻型动力触探击数 N_{10}确定承载力标准值 f_{ak},应和其他原位测试方法综合确定。

2. 粉土指黏质粉土及 $I_p \geqslant 5$ 的砂质粉土,$I_p < 5$ 的砂质粉土按粉砂考虑。

3. $k_{0.08}$是承压板面积为 50 cm×50 cm 的平板载荷试验当沉降量为 1 cm 时的附加压力。

4. 表中素填土及变质炉灰栏目适于自重固结完成后,饱和度为 0.75 的均匀素填土及变质炉灰当饱和度为 0.60 或 0.90 时,可分别按表中上下限取值采用。

5. 变质炉灰的 $k_{0.08}$和 E_s 与素填土的相同。

③广东省建筑设计研究院资料:根据广州地区一般黏性土和新近沉积黏性土的 51 组资

料进行的数理统计建立的回归方程式为

$$f_{ak}=24+4.5N_{10} \tag{4.3.1}$$

式中，f_{ak}为黏性土承载力标准值(kPa)；N_{10}为轻型动力触探击数。

相关系数 $r=0.99$。

(四)砂土密实度的确定

N_{10}与砂土密实度的关系见表 4.3.8。

N_{10}与砂土密实度的关系 表 4.3.8

N_{10}	<10	10～20	21～30	31～50	51～90	>90
密实度	松	稍密	中下密	中密	中上密	密实

四、重型动力触探($N_{63.5}$)

(一)试验设备

设备规格及探头构造，如图 4.3.3 所示。主要设备由触探头、触探杆及穿心锤三部分组成。触探杆直径一般采用 42 mm，穿心锤重 63.5 kg。

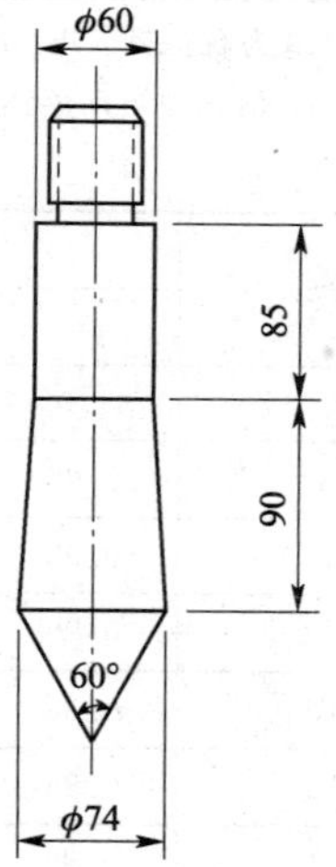

图 4.3.3 重型、超重型动力触探探头

(尺寸单位：mm)

注：当所用触探杆直径大于或小于 60mm 时，尚需加一直径渐变的异径接头与触探杆相接。

(二)试验要点

①试验前，触探架应安装平稳，保持触探孔垂直，垂直度偏差不超过 2%；

②试验时，应使穿心锤自由下落，落距为 76 cm；

③锤击速度宜控制在每分钟 15～30 击，打入过程应尽可能是连续；

④及时记录每贯入 0.10 m 的锤击数，也可记录每一阵击的贯入度，然后再换算为每贯入 0.10 m 所需的锤击数；

⑤对于一般砂、圆砾和卵石，触探深度不宜超过 12～16 m；

⑥当连续三次 $N_{63.5}>50$ 击时，若要继续触探，可考虑使用超重型动力触探；

⑦本试验也可与钻探交替进行，以减少侧壁的摩擦的影响；

⑧每贯入 1 m，宜将钻杆转动一圈半，而当贯入深度超过 10 m，每贯入 20 cm 宜转动钻杆一次。

(三)资料整理

重型动力触探以每贯入 0.10 m 所需的锤击数为指标，以 $N_{63.5}$表示。

①若记录每一阵击的贯入度及相应的一阵击锤击数时，可按下式计算每贯入 0.10 m 所需的锤击数

$$N_{63.5}=\frac{100}{e} \tag{4.3.2}$$

$$e=\frac{\Delta s}{n} \tag{4.3.3}$$

式中，$N_{63.5}$为每贯入 0.1 m 所需的锤击数；e 为每击贯入度(mm)；Δs 为一阵击的贯入度(mm)；n 为一阵击锤击数。

②杆长校正：当触探杆长度大于 2 m 时，锤击数可按下式进行校正。新规范规定，应用试验成果时是否修正或如何修正，应根据建立统计关系时的具体情况确定。

$$N_{63.5}=\alpha N'_{63.5} \tag{4.3.4}$$

式中，$N'_{63.5}$为重型动力触探试验的实测锤击数；$N_{63.5}$为重型动力触探经校正后的击数；α为杆长校正系数，见表4.3.9～表4.3.11。原水利电力部动力触探规程对杆长不作修正。

住建部标准杆长校正系数 α 表4.3.9

$N'_{63.5}$	l/m							
	≤2	4	6	8	10	12	14	16
1	1.00	0.98	0.96	0.93	0.90	0.87	0.84	0.81
5	1.00	0.96	0.93	0.90	0.86	0.83	0.86	0.77
10	1.00	0.95	0.91	0.87	0.83	0.79	0.76	0.73
15	1.00	0.94	0.89	0.84	0.80	0.76	0.72	0.69
20					0.77	0.73	0.69	0.66

注：1. l为触探杆长度(m)。

2. α值是由自动落锤测得。

原铁道部标准杆长修正系数 α 表4.3.10

l/m	$N'_{63.5}$								
	5	10	15	20	25	30	35	40	≥50
<2	1.0	1.0	1.0	1.0	1.0	1.0	1.0	1.0	1.0
4	0.96	0.95	0.93	0.92	0.90	0.89	0.87	0.86	0.84
6	0.93	0.90	0.88	0.85	0.83	0.81	0.79	0.78	0.75
8	0.90	0.86	0.83	0.80	0.77	0.75	0.73	0.71	0.67
10	0.88	0.83	0.79	0.75	0.72	0.69	0.67	0.64	0.61
12	0.85	0.79	0.75	0.70	0.67	0.64	0.61	0.59	0.55
14	0.82	0.76	0.71	0.66	0.62	0.58	0.56	0.53	0.50
16	0.79	0.73	0.67	0.62	0.57	0.54	0.51	0.48	0.45
18	0.77	0.70	0.63	0.57	0.53	0.49	0.46	0.43	0.40
20	0.75	0.67	0.59	0.53	0.48	0.44	0.11	0.39	0.36

注：1. $N'_{63.5}$为重型动力触探实测击数；α为杆长击数校正系数；l为探杆总长度(m)。

2. 本表可以内插取值。

原冶金部、有色总公司标准杆长修正系数 α 表4.3.11

l/m	$N'_{63.5}$								
	5	10	15	20	25	30	35	40	≥50
≤2	1.0	1.0	1.0	1.0	1.0	1.0	1.0	1.0	1.0
4	0.96	0.95	0.93	0.92	0.90	0.89	0.87	0.86	0.84
6	0.93	0.90	0.88	0.85	0.83	0.81	0.79	0.78	0.75
8	0.90	0.86	0.83	0.80	0.77	0.75	0.73	0.71	0.67
10	0.88	0.83	0.79	0.75	0.72	0.69	0.67	0.64	0.61
12	0.85	0.79	0.75	0.70	0.67	0.64	0.61	0.59	0.55

③地下水位影响的校正：对地下水位以下的中、粗、砾砂和圆砾、卵石，锤击数尚可按下式进行校正

$$N''_{63.5}=1.1N_{63.5}+1.0 \tag{4.3.5}$$

式中，$N''_{63.5}$为考虑地下水位校正后的锤击数；$N_{63.5}$为经杆长校正后的锤击数。

原水利电力部动力触探规程对地下水位的影响不作校正。

(四)确定地基土的承载力和变形模量

①地基土承载力标准值 f_k 与重型触探 $N_{63.5}$的关系，见表 4.3.12、表 4.3.13。

在中、粗、砾砂中 f_k 与 $N_{63.5}$的关系 表 4.3.12

$N_{63.5}$	3	4	5	6	8	10
f_k/kPa	120	150	200	240	320	400

注：本表一般适用于冲积和洪积的砂土，但中、粗砂的不均匀系数不大于 6；砾砂的不均匀系数不大于 20。

在碎石土中 f_k 与 $N_{63.5}$的关系 表 4.3.13

$N_{63.5}$	3	4	5	6	8	10	12
f_k/kPa	140	170	200	240	320	400	480

注：本表一般适用于冲积和洪积的碎石土，其 d_{60}不大于 30 mm；不均匀系数不大于 120，密度以稍密至中密为主。

②用 $N_{63.5}$确定砂土、碎石土地基的基本承载力 f_0 及 E_0，见表 4.3.14～表 4.3.17。

中砂—砾砂地基基本承载力 f_0 表 4.3.14

$N_{63.5}$	3	4	5	6	7	8	9	10
f_0/kPa	120	150	180	220	260	300	340	380

注：1. 本表适用于冲积和洪积的中砂、粗砂和砾砂。

2. 本表适用的深度范围为 1～20 m。

碎石土地基基本承载力 f_0 表 4.3.15

$N_{63.5}$	3	4	5	6	8	10	12	14	16	18	20	22	24	26	28	30	35	40
f_0/kPa	140	170	200	240	320	400	480	540	600	660	720	780	830	870	900	930	970	1 000

注：本表适用于冲积、洪积的圆砾、角砾、卵石和碎石土地层；本表适用的深度范围为 1～20 m。

粉、细砂的承载力标准值 f_k 表 4.3.16

$N_{63.5}$	2	3	4	5	6	7	8	9	10	12
f_k/kPa	80	110	142	165	187	210	232	255	277	321

卵砾、圆砾土变形模量值 E_0 表 4.3.17

$N_{63.5}$	3	4	5	6	8	10	12	14	16	18	20	22	24	26	28	30	35	40
E_0/MPa	9.9	11.8	13.7	16.2	21.3	26.4	31.4	35.2	39.0	42.8	46.6	50.4	53.6	56.1	58.0	59.9	62.4	64.3

注：本表适用于冲积、洪积的卵石和圆砾土；本表适用的深度范围为 1～20 m。

③原一机部勘察公司资料：该公司在近代堆积黄土中做了载荷试验与重型动力触探时对比试验，其每击贯入度 e 与黄土承载力的标准值、变形模量 E_0 的关系见表 4.3.18。

黄土的 e 与 f_k 及 E_0 的关系 表 4.3.18

每击贯入度 e/cm	2	3	4	5	6	8	10
f_k/kPa	200	180	160	140	130	90	
E_0/MPa	35	15	10	7.5	5	3	2

(五)确定砂土的密实度和孔隙比

原机械工业部第二勘察研究院根据探井实测孔隙比与重型动力触探击数相对比，得到的关系见表4.3.19和表 4.3.20。

$N'_{63.5}$与孔隙比 e 的关系 表 4.3.19

土的种类	$N'_{63.5}$								
	3	4	5	6	7	8	9	10	12	13
中砂	1.14	0.97	0.88	0.81	0.76	0.73				
粗砂	1.05	0.90	0.80	0.73	0.68	0.64	0.62			
砾砂	0.90	0.75	0.65	0.58	0.53	0.50	0.47	0.45		
圆砾	0.73	0.62	0.55	0.50	0.64	0.43	0.41	0.39	0.36	
卵石	0.66	0.56	0.50	0.45	0.41	0.39	0.36	0.35	0.32	0.29

土的种类	适用范围					
	含水率/(%)	颗粒直径/mm				不均匀系数 $C_u=\frac{d_{60}}{d_{10}}$
		>100	>40	<0.1	<0.05	
中砂	6～11			<5%	<1%	<5
粗砂	5～13			<5%	<1%	<6
砾砂	5～13			<5%	<1%	<15
圆砾	4～10	0	<20%	<10%	<5%	<100
卵石	5～12	0	<35%	<10%	<5%	<120

触探击数和与砂土密实度关系 表 4.3.20

土的分类	$N_{63.5}$	砂土密实度	孔 隙 比
砾砂	<5	松散	>0.65
	5～8	稍密	0.65～0.50
	8～10	中密	0.50～0.45
	>10	密实	<0.45
粗砂	<5	松散	>0.80
	5～6.5	稍密	0.80～0.70
	6.5～9.5	中密	0.70～0.60
	>0.95	密实	<0.60
中砂	<5	松散	>0.90
	5～6	稍密	0.90～0.80
	6～9	中密	0.80～0.70
	>9	密实	<0.70

(六)确定桩的持力层和承载力

1)确定桩基持力层

对有建筑经验的地区是行之有效的办法,如广州地区,上部为淤泥,底部为红砂岩残积土或直接为基岩,动力触探穿过软土层即到桩的持力层。因此利用动力触探,快速、有效,节约了钻探工作量,得到广泛的使用,但必须是有经验的地区,并配少量钻孔验证。对没有经验的地区,要持谨慎的态度,以免产生误判。

2)确定单桩承载力

沈阳市桩基础试验研究小组根据沈阳桩的持力层主要为砂层,利用重型动力触探与单桩静载荷试验所得出的单桩容许承载力建立的相关关系,得到两个用重型动力触探计算单

桩承载力标准值的经验公式

$$R_k=\alpha\sqrt{\frac{10Ll}{Ee}}\quad (r=0.98) \tag{4.3.6}$$

$$R_k=24.3\overline{N}_{63.5}+365.4\quad (r=0.78) \tag{4.3.7}$$

式中，R_k 为单桩承载力标准值(kN)；L 为桩长(cm)；l 为桩进入持力层的长度(cm)；E 为打桩贯入度，采用最后 10 击平均每击贯入度(cm)；e 为动力触探在桩尖以上 10 cm 深度内的修正后平均每击贯入度(cm)；$\overline{N}_{63.5}$ 为由地面至桩尖处，动力触探的平均每 10 cm 的修正后的击数；α 为系数，取值见表4.3.21；r 为相关系数。

α 值一览 表 4.3.21

桩的类型	打桩机型号	持力层情况	α 值
管桩 ϕ320 mm 打入式灌注桩	D_1-1200	中、粗砂	150
	D_1-1800	圆砾、卵石	200
300 mm×300 mm 钢筋 混凝土预制桩	D_2-1800	中、粗砂	100
		圆砾、卵石	200

用动力触探经验式(4.3.6)、式(4.3.7)确定的 R_k 值与桩静载荷试验的 R_k 值列于表 4.3.22。从表中可以看出：用动力触探确定的单桩承载力与桩的载荷试验值都比较接近。

计算值与静载值比较 表 4.3.22

试桩地点	桩载荷试验 R_k/kN	式(4.3.6)R_k/kN	式(4.3.7)R_k/kN
电视机厂 1 号桩	500	503	536
电视机厂 2 号桩	600	567	535
八三工程 1 号桩	300	315	443
八三工程 2 号桩	450	428	445
八三工程 3 号桩	500	514	450
八三工程 4 号桩	500	516	453
八三工程 5 号桩	450	—	462
电缆厂试桩	700	682	—
长信局试桩	500	450	—
宾馆 1 号桩	600	622	550
宾馆 2 号桩	700	676	705
硅酸盐厂试桩	450	—	453
重型机器厂试桩	450	—	533
沈阳日报 1 号桩	448	450	510
沈阳日报 2 号桩	384	360	500
师范学院 1 号桩	550	530	440
师范学院 2 号桩	480	470	430

五、超重型动力触探(N_{120})

(一)试验设备及技术规格

穿心锤：质量 120 kg，落距 100 cm，自由落锤；探头：圆锥角 60°，直径 74 mm，截面积

43 cm^2；探杆：直径 60 mm，长度 1～1.5 m/节，质量 11.4 kg/m；锤垫、导向杆、探头的总质量约 15.0 kg。

(二)适用范围

主要适用于贯入指标 N_{120} 为 6 击以上($N_{63.5}\geqslant 15$ 击)的中密、密实卵石层和含有少量漂石的卵石层，不适用于砂类土和漂石层。触探最大深度不超过 20 m。

N_{120} 动力触探在工程勘察的实践中主要应用于如下方面：

①查明卵石层的密实度和均匀性，并与钻探和工程物探资料相结合进行分层、定名和地基评价。

②圈定卵石层内的软弱夹层，选择桩基持力层和确定需要进行加固处理(如灌浆、振冲等)的范围。

③评估地基的承载力和变形。

④查明基岩的埋深和软质岩石强风化带的厚度。

⑤检验砂卵石人工垫层地基和碎石桩地基的施工质量和加固效果。

(三)试验要点

①触探前应认真检查设备规格，丈量工具、探杆的垂直度，经常维修保养自动脱钩装置，保证自由落锤。不符合规定的部件应及时更新。

②触探时，应下入一定长度的套管作为孔口稳定和探杆导向的装置，柴油机中速运转，锤击速率均匀，每分钟锤击 18 次左右。

③探头、探杆、锤垫的丝扣必须拧紧，每接一根钻杆，就应推转，减少摩擦。

④探杆露出地表部分的长度应控制在 1.5 m 以内，以免晃动，影响质量。

⑤丈量探杆和标示刻度应力求准确，计数应认真负责，记录清晰正确。

(四)N_{120} 和 $N_{63.5}$ 的关系

①计算 $N_{63.5}$ 和 N_{120} 在不同杆长和击数条件下的动阻力，两者的关系可用下式表示

$$N_{63.5}=mN_{120} \tag{4.3.8}$$

式中，m 值在 2.5(根据荷兰公式、沙士柯夫公式)至 3.0(苏联国家标准公式)之间。实践经验表明，该式对正常级配的卵石沉积层是符合实际的。m 值一般可取 2.5。

②根据均匀地层中 N_{120} 和 $N_{63.5}$ 两种规格动探的对比试验成果，确定两者实测击数之间的换算关系用下式表示

$$N'_{63.5}=3N'_{120}-0.5 \tag{4.3.9}$$

(五)勘探工作量的布置和资料整理

1)工作量布置

①每一勘察场地动探点的数量不应小于 6 个。

②当 N_{120} 动力触探既作为测试手段又作为勘探手段应用时，触探点的间距应满足勘察规范的要求并符合场地的岩土工程条件。对于桩基或透镜状软弱夹层较多的场地，触探点的间距一般应达到 12～24 m，必要时可适当加密。

③每一勘察场地，应根据动探曲线的类型、形态特点及场地工程地质特征，选择 1～3 个动探点布置控制性钻探或坑探，通过钻(坑)探、取样、试验、观察等掌握地层的成层特点，作为解释动探曲线和进行分层的地质依据并准确测定地下水位。

④对于 $N_{120}\leqslant 5$ 的软弱夹层，应注意取样和分类试验[颗粒分析、塑(液)限试验]及其他有关项目的室内试验，以便准确分层、定名和评价。必要时，应改用 $N_{63.5}$ 动力触探，以提高测试精度。

⑤对于重要建筑或缺乏 N_{120} 触探经验的地区，应选择典型地段进行挖坑观察、取样试验、原位密度测试、载荷试验、波速测试或其他专门试验，以提高地基评价的可靠性。

2)资料整理

①以每贯入地层 10 cm 所需的锤击数为指标，用 N_{120} 表示。

②若记录每一阵击的贯入度及相应的一阵击锤击数时，可按下式计算

$$N_{120}=\frac{100}{e} \tag{4.3.10}$$

$$e=\frac{\Delta s}{n} \tag{4.3.11}$$

式中，N_{120} 为每贯入 10 cm 所需的锤击数(击)；e 为每击贯入度(mm)；Δs 为阵击的贯入度(mm)；n 为阵击锤击数(击)。

③N_{120} 指标的修正。N_{120} 实测指标在不考虑摩擦校正和地下水位校正时，可按下式进行校正

$$N_{120}=\alpha N'_{120} \tag{4.3.12}$$

式中，α 为修正系数，由表 4.3.23 查得；N'_{120} 为实测的触探击数。

N_{120} 综合校正系数 α 表 　　表 4.3.23

l/m	N'_{120}/击								
	2	4	6	8	10	12	14	16	≥20
≤2	1.0	1.0	1.0	1.0	1.0	1.0	1.0	1.0	1
4	0.96	0.95	0.93	0.92	0.90	0.89	0.87	0.86	0.84
6	0.93	0.90	0.88	0.85	0.83	0.81	0.79	0.78	0.75
8	0.90	0.86	0.83	0.80	0.77	0.75	0.73	0.71	0.67
10	0.88	0.83	0.79	0.75	0.72	0.69	0.67	0.64	0.61
12	0.85	0.79	0.75	0.70	0.67	0.64	0.61	0.59	0.55
14	0.82	0.76	0.71	0.66	0.62	0.58	0.56	0.53	0.50
16	0.79	0.73	0.67	0.62	0.57	0.54	0.51	0.48	0.45
18	0.77	0.70	0.63	0.57	0.53	0.49	0.46	0.43	0.40
20	0.75	0.67	0.59	0.53	0.48	0.44	0.41	0.39	0.36

注：表中 N'_{120} 为超重型动力触探实测锤击数(击/10 cm)；l 为探杆总长度(m)。本表可以内插取值。

N_{120} 实测击数首先按式(4.3.9)换算成 $N_{63.5}$ 实测击数，然后用换算得到的 $N'_{63.5}$ 进行杆长修正(见 $N_{63.5}$ 的相关内容)。

④钻孔柱状图与工程地质剖面图上，应附有 N_{120} 贯入曲线。当按 N_{120} 指标进行分层时，应仔细研究贯入曲线的形态特点及其空间分布和变化规律，结合控制性钻(坑)探、取样试验资料，抓住主要矛盾，综合考虑，确定分层标准和定名。划分分层界线时，应考虑薄夹层 N_{120} 击数的失真现象，即上、下层 N_{120} 击数的“超前”或“滞后”效应。当由 N_{120} 为 2～4 击的“软层”进入“硬层”时，应将分层界线在“软层”的最后一个低击数点下移 0.1～0.2 m；当由“硬层”进入“软层”时，分层界线应上移 0.1～0.2 m。

⑤每一触探点，应根据贯入曲线按照分层逐层确定该层的 N_{120} 代表性值。代表性值 N_{120} 是指贯入曲线上显示异常(如漂石或其间的夹泥)的特大(小)的尖峰(谷)部分被舍去以后的 N_{120} 指标平均值，相当于或略小于该分层各个计数点的 N_{120} 平均值。

⑥每一勘察场地应按分层计算 N_{120} 指标的平均值($\overline{N}_{120}$)、标准差 S、变异系数 δ。当 δ 为

0.20 以上的非均匀场地，应考虑平均值的平均误差，即评价地基的计算指标 $N_{120}=\overline{N}_{120}-S/\sqrt{n}$（$n$ 为动探点数量；S 为标准差）。

⑦地基评价时，除了应确定各分层 N_{120} 的平均指标（对于 δ 为 0.10～0.20 的较均匀场地）或计算指标（对于 δ 为 0.20 以上的非均匀场地）外，还应按照所建议的基础类型、埋深确定基础下主要持力层（对于浅基为 $2B$ 范围，B 为基础宽度；对于桩基为桩尖平面上下 $4D$ 范围，D 为桩径）的平均或计算指标。当 N_{120} 指标的变化较大而且有显著规律时，应考虑分区进行评价。

（六）N_{120} 指标的应用

1）确定卵石土的密实度及均匀性

卵石土的密实度等级可按 N_{120} 指标划分，如表 4.3.24 所示，相应的干重度和孔隙比的一般值供参考。

卵石土的密实度等级划分 表 4.3.24

N_{120}/击	$N_{120}\leqslant 3$	$3<N_{120}\leqslant 6$	$6<N_{120}\leqslant 10$	$10<N_{120}\leqslant 14$	$N_{120}>14$
密实度	松散	稍密	中密	密实	很密
土的分类	卵石或砂夹卵石（圆砾）	卵石或砂夹卵石（圆砾）	卵石	卵石	卵石或含有少量漂石
干重度/(kN·m^{-3})	16.0～20.3		20.3～22.6	>23.0	
孔隙比	0.65～0.30		0.30～0.22	0.22～0.20	

根据场地卵石层 N_{120} 指标的空间分布、各勘探点各分层 N_{120} 指标的平均值和变异系数 δ，可以评价场地的均匀性，如表 4.3.25 所示。

场地均匀性划分 表 4.3.25

场地均匀性	较均匀的	不均匀的	很不均匀的
δ/(%)	10～20	20～30	30～45

2）确定卵石土的地基承载力和变形模量

按 $N_{63.5}=2.5N_{120}$ 的关系确定的卵石土地基承载力特征值 f_{ak} 和变形模量 E_0 见表 4.3.26。

原铁道部 N_{120} 与 f_{ak}、E_0 的关系 表 4.3.26

N_{120}/击	3	4	5	6	7	8	9	10	11	12	14	16
f_{ak}/kPa	300	400	500	570	640	720	790	850	890	930	970	1 000
E_0/MPa	20.0	26.0	32.0	37.0	42.0	46.0	51.0	54.5	57.5	60.0	62.0	64.0

成都地区根据 N_{120} 指标评价卵石土地基承载力特征值 f_{ak} 和变形模量 E_0 的参考值如表 4.3.27 所示。

成都地区 N_{120} 与 f_{ak}、E_0 的关系 表 4.3.27

N_{120}/击	3	4	5	6	7	8	9	10	11	12	14	16
f_{ak}/kPa	240	320	400	480	560	640	720	800	850	900	950	1 000
E_0/MPa	16.0	21.0	26.0	31.0	36.5	42.0	47.5	53.0	56.5	60.0	62.5	65.0

按原水利电力部动力触探试验规程，碎石土 N_{120} 与 f_{ak} 的关系如表 4.3.28 所示。

碎石土 N_{120} 与 f_{ak} 的关系 表 4.3.28

N_{120}/击	3	4	5	6	8	10	12	14	≥16
f_{ak}/kPa	250	300	400	500	640	720	800	850	900

3)确定桩端土的承载力

成都地区按照卵石层的密实度分级预估单桩竖向承载力特征值时，常用的桩端端阻力特征值 q_{pa} 如表 4.3.29 所示。

桩端端阻力特征值 q_{pa}（单位：kPa） 表 4.3.29

N_{120}/击	3～6	6～10	10～20
密实度	稍密	中密	密实
预制桩	2 500～3 500	3 500～5 000	5 000～6 500
沉管灌注桩	2 400～3 200	3 200～4 000	4 000～4 500
钻(冲)孔灌注桩	750～1 000	1 000～1 250	1 250～1 500
人工挖孔(扩底)灌注桩	1 000～1 750	1 750～2 500	2 500～4 000

成都地区根据卵石层 N_{120} 指标确定预制桩桩端阻力特征值 q_{pa} 见表 4.3.30。

预制桩桩端阻力特征值 q_{pa} 表 4.3.30

N_{120}/击	4	5	6	7	8	9	10	11	12	14
q_{pa}/kPa	2 500	3 000	3 400	3 800	4 200	4 600	5 000	5 300	5 800	6 200

成都地区可以参考式(4.3.13)估算卵石地基预制桩的桩端阻力特征值 q_{pa}(kPa)。

$$q_{pa}=550N_{120} \qquad (3\text{击}\leqslant N_{120}\leqslant 11\text{击}) \tag{4.3.13}$$

北京地区大直径桩和扩底墩的端阻力特征值见表 4.3.31。

北京地区大直径桩和扩底墩的端阻力特征值 表 4.3.31

卵石层密实度分级	中密卵石	密实卵石
端阻力特征值 q_{pa}/kPa	1 500～2 500	2 500～3 500

六、其他类型的动力触探

法国 PANDA 电测动力触探仪。所谓 PANDA 即便携式可变能量动力触探仪，它是由法国帕斯卡大学研制，20 世纪 90 年代引进我国，有较多单位进行试用，有待进一步积累经验。

(一)试验原理和适用范围

仪器的主要原理在于用一个有一定质量的标准重锤锤击探杆顶部的活塞，通过钻杆将锥形探头压入土内。对于每次锤击，根据活塞内部传感器测得的冲击速度，电子记录器计算出贯入的能量。同时，卷带盒内另一记录器记录到锥形探头触入的深度。根据这两个数据，运用传统的荷兰公式便可立即计算出锥形探头的动力阻力 q_d。所有这些数据均可被储存在记录器内并可以在完成试验之后，被传输到计算机上，然后使用相应的软件进行编辑处理。对成果进行相关对比试验可建立经验关系，来确定土的有关指标。

$$q_d=\frac{\frac{1}{2}m\frac{l^2}{t^2}}{Ae}\cdot\frac{m}{m+m^l} \tag{4.3.14}$$

式中，q_d 为锥形探头的动力阻力(MPa)；m 为标准重锤质量(kg)；A 为锥形探头的截面积(cm^2)；e 为对应每次锤击的锥形探头贯入量(m)；m^l 为被锤击部分的质量(kg)；l 为活塞内两测速传感器之间距离(m)；t 为通过活塞内两测速传感器的时间(s)。

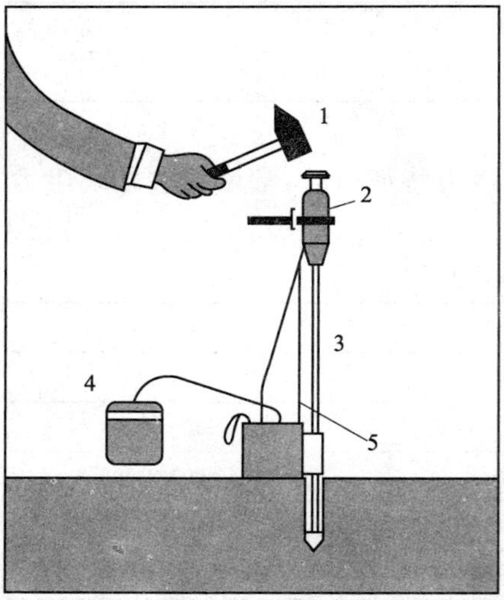

图 4.3.4 PANDA 动力触探仪的原理

1-标准锤；2-贯入头；3-探杆；4-运算记录装置；5-深度测量装置

仪器的适用范围是地表以下 4～8 m 深以内的浅层土体。可以测试的土体的颗粒粒径范围为 0～50 mm，主要适用各类黏性土、砂土、砂土、砂砾土等。仪器的主要原理见图 4.3.4。

该触探仪具有轻便、操作简单、自动化程度高、精度高等特点，它在吸收同类型动力触探仪优点的基础上，采用可变轻巧动能装置取代笨重的势能装置，大大减轻了仪器的重量(总重量仅20 kg)，提高了其灵活和方便程度。

(二)试验方法

1)准备仪器设备

①在探杆上装上锥头，用扳手拧紧。一般使用两根探杆，共 1.0 m 长。

②将贯入头上的连线连接到深度测量装置的接口上，将深度测量装置上的连线连接到运算记录装置的"MES(检测)"接口上。

③按下运算记录装置开关，按菜单设定测点数据"位置"和"测点"，选定 2 cm 探头。

④选定"探测"下的"即时测定"。

2)放置测量装置

在平整的测点表面上，水平放置好深度测量装置，竖直插入锥头和探杆，在探杆顶部装上贯入头。将深度测量链索挂到贯入头的钩环上。

如果要探测的基层或底基层已有覆盖层，当覆盖层为难以穿透的沥青路面或坚硬的结构层时，应刨探或钻孔至基层顶面。

3)贯入探测试验

①一手扶住贯入头手柄，一手握标准锤柄，竖直、匀速、用力锤击贯入头，直至贯入到穿透检测层深度。

在探测过程中增加探杆数量，按"T"键、"▲"键进行调整。

②每锤击贯入的速度应保持均匀。对稳定细粒土和强度较低的稳定土层，以每锤击贯入(5.0±3.00)mm为宜。对强度较高的稳定土层，每锤击贯入不宜超过 5 mm，如连续用力锤击 3 次贯入量为 0 mm，或显示贯入阻力超过 100 MPa 时，可以认为该基层或底基层强度超出本方法检测范围，应停止试验。

③一个测点试验结束后，设定菜单下的"测点"，进行下一个测点试验。

④每一个评定路段至少应做 3 个测点试验，当评定路段超过 2 000 m^2 或每工作班时，应增加测点数量。

4)数据传输

将 RS-232 接口"通信"连线连接到计算机的串行接口，设定连接速率，选择"传输"，可以将检测数据传输到计算机中，使用专用软件进行运算、处理，打印出贯入曲线和计算结果。

在现场，可以通过菜单下的"查看数据"检查探测数据。

(三)资料整理和应用

①测定结果以动力贯入阻力随深度变化的贯入曲线表示，使用专用的计算机程序进行

处理，计算出浸水无侧限抗压强度值。

②分层计算出相应的无侧限抗压强度值。

③取同一路段内所有测点无侧限抗压强度的平均值为该评定路段的代表值，按3倍标准差(±3S)作为标准舍弃数据。

④报告内容应包括：各测点的位置桩号、无侧限抗压强度值，并附贯入曲线图和每一个评定段无侧限抗压强度代表值。

⑤仪器的主要用途：

a. 对4～6 m深的浅层土体进行勘探。具有比常规动力触探仪更高的精度，并用数字反映出土层软硬的变化值。

b. 检测回填土体的施工期间和施工后的密实程度。

七、动贯入阻力的计算和应用

(一)动贯入阻力计算公式

1)荷兰公式

基本假定是：绝对非弹性碰撞，即碰撞后锤与锤完全不分开；完全不考虑弹性变形能量的消耗。其公式为

$$R_d=\frac{Q}{Q+q}\cdot\frac{QgH}{Ae} \tag{4.3.15}$$

式中，R_d为动力触探动贯入阻力(N/m^2)；Q为锤质量(kg)；H为落锤高度(m)；g为重力加速度，$g=9.81\ m/s^2$；A为探头截面积(m^2)；e为每击贯入量(m)；q为触探器(包括探头、触探杆、锤座等)的总质量(kg)。

应用时应考虑下列条件限制：

①每击贯入度在2～50 mm之间；

②触探深度一般不超过12 m；

③触探器质量q与落锤质量Q之比不大于2。

原水利电力部动力触探规程，推荐使用荷兰公式计算动阻力。

2)格尔谢万诺夫式(即沙士柯夫公式)

$$R_d=-\frac{n}{2}+\sqrt{\left(\frac{n}{2}\right)+\frac{nQHg}{Ae}\cdot\frac{Q+\lambda^2q}{Q+q}} \tag{4.3.16}$$

式中，n为与触探器的材料、锤击条件、锤垫等有关的系数，建议采用$n=2.2\times10^6\ N/m^2$；λ为碰撞恢复系数，对于钢，$\lambda^2=0.3$。

3)海利(Hiley)公式

$$R_d=\frac{QHg}{A(e+c)}\cdot\frac{Q+\lambda^2q}{Q+q} \tag{4.3.17}$$

式中，c为触探器和探头入土层的弹性变形。

4)“工程新闻”公式

$$R_d=\frac{QHg}{A(e+c)} \tag{4.3.18}$$

5)苏联标准(TOCT 19912—1974)动贯入阻力公式

$$p_\delta=\frac{k\cdot II_0\cdot\psi}{e} \tag{4.3.19}$$

式中，p_δ为动力触探假定动阻力(N/m^2)；k为锤击时能量损失系数，按表4.3.32确定；

II_0 为动能量指数(N/m),按表 4.3.33 确定;ψ 为土对触探杆的摩擦系数(可根据实际比较试验或工程比拟法确定),在土对触探杆侧壁摩擦力不大时,ψ 值可取为 1;e 为每击贯入量(m)。

计算动贯入阻力的能量损失系数 k 表 4.3.32

触探深度/m	能量损失系数 k		
	轻型触探	中型触探	重型触探
0.5～1.5	0.52	0.65	0.75
1.5～4	0.49	0.62	0.72
4～8	0.47	0.58	0.69
8～12	0.45	0.55	0.66
12～16	0.43	0.52	0.63
16～20	0.41	0.49	0.60

动能量指数 II_0 表 4.3.33

触探类型	轻型触探	中型触探	重型触探
锤质量/kg	30	60	120
落距/cm	40	80	100
动能量指数 II_0/(N·m^{-1})	30 000	110 000	280 000

(二)动贯入阻力的应用

1)按荷兰公式计算的 R_d 确定承载力

浅基础($1<D/B<4$,D、B 分别为基础埋深和宽度)砂土地基承载力(法国)

$$f_k=\frac{R_d}{20} \tag{4.3.20}$$

对密实粗砂,则可提高到

$$f_k=\frac{R_d}{15} \tag{4.3.21}$$

式中,f_k 为地基承载力标准值(kPa);R_d 为按荷兰公式计算的动力触探动贯入阻力(kPa)。

深基础或打入桩的砂土承载力特征值

$$f_k=\left(\frac{1}{12}\sim\frac{1}{6}\right)R_d \tag{4.3.22}$$

2)按沙士柯夫公式计算的 R_d 确定砂土孔隙比

天然状态下动贯入阻力 R_d 与砂土孔隙比 e 之间的关系见表 4.3.34。

R_d 和 e 的关系 表 4.3.34

R_d/MPa	1.5	1.6	1.7	1.8	1.9	2.0	2.2	2.4	2.6	2.8	3.0	3.2	3.4	3.6	3.8	4.0
e	0.70	0.69	0.68	0.67	0.66	0.65	0.64	0.63	0.62	0.61	0.60	0.59	0.58	0.57	0.56	0.55

注:本表适用于稍湿、很湿和饱和的细、中、粗砂,深度范围为 10 m 内。

3)动力触探动贯入阻力和打入桩的动贯入阻力之间的关系

国内外研究认为,打入桩的动阻力与动力触探的动贯入阻力非常接近,通过法国赫里斯圣马丁工地的动力触探(探头直径 60 mm)与打入桩(直径 500 mm)贯入动阻力的比较,得到类似的结果。

用动力触探的动贯入阻力来确定桩基的承载力所涉及的因素很复杂，不能单凭一两次试验就做出结论，必须进行大量的试验，建立地区性的经验。

第四节　标准贯入试验

一、简述

标准贯入试验的目的是用测得的标准贯入击数 N 判断砂土的密实度或黏性土和粉土的稠度、估算土的强度与变形指标，确定地基土的承载力，评定砂土、粉土的振动液化及估计单桩极限承载力及沉桩可能性，并可划分土层类别，确定土层剖面和取扰动土试样进行一般物理性试验和用于岩土工程地基加固处理设计及效果检验。

标准贯入试验适用于砂土、粉土及一般黏性土、风化岩及冰碛土等。国内外常用的规范、设备、成孔要求和试验要求对比见表 4.4.1。

国内外常用标准贯入规范规程比较　　表 4.4.1

项目			规范：中国（GB 50021—2001）（2009 年版）	日本（JISA—1219）	美国（ASTMD—1586）	英国（BS 1377 Test 19）	欧洲（ISSMFE）
测试设备	钻杆	孔深小于 15 m 时	ϕ42 mm	JISM 1409 型钢（ϕ40.5/42 mm）	ϕ41.2、ϕ48.4 或 ϕ60.3 mm	AW 型钢管 ϕ41.3 mm，重 5.7 kg/m	AW 型钢管 ϕ43.7 mm，重 6 kg/m
测试设备	钻杆	孔深大于 15 m 时	—	JISM 1409 型钢（ϕ40.5/42 mm）	孔深时则用刚度较大管	BW 型钢管 ϕ54 mm，重8 kg/m 或每 3 m 设一个补强装置	BW 型钢管 ϕ54 mm，重 8 kg/m 或每 3 m 设一个补强装置
测试设备	钻杆	弯曲程度	（<1/1 000）	—	—	—	1/1 000
测试设备	贯入器	外径/mm	51	51	50.8（+1.3−0）	50	51（±1）
测试设备	贯入器	内径/mm	35	35	34.94（±0.13）	35	35（±1）
测试设备	贯入器	全长/mm	>500	810	684.8	680	660
测试设备	贯入器	管靴 长度/mm	50～76	50	20～50	50	50
测试设备	贯入器	管靴 刃角	18°～20°	19°47′	16°～23°	17°18′	18°36′
测试设备	贯入器	管靴 刃口厚度/mm	2.5	0	0.1 in（±0.01）	1.6	1.6
测试设备	贯入器	排水孔球阀	ϕ>10 mm×4	×4	3/8 in×4 球 ϕ25 mm 孔 ϕ22.2 mm	ϕ13.0 mm×4 球 ϕ25 mm 孔 ϕ22.3 mm	ϕ13.0 mm×4 球 ϕ25 mm 孔 ϕ22 mm
测试设备	大锤	自重	63.5 kg	63.5 kg	140 lb（±2 lb）/63.5 kg（±1.0 kg）	65 kg	63.5 kg（±0.5 kg）
测试设备	大锤	下落高度	76 cm	76 cm	31（±1）in/76 cm（±25 mm）	76 cm	76 cm（±2 cm）
测试设备		锤垫	100～140（钢质，d5 mm，总重<30 kg）	h：60 mm D：75 mm	—	—	顶部里 3/100 凸球面

续上表

<table>
<tr><th colspan="2" rowspan="2">项　目</th><th colspan="5">规　范</th></tr>
<tr><th>中国（GB 50021—2001）（2009 年版）</th><th>日本（JISA—1219）</th><th>美国（ASTMD—1586）</th><th>英国（BS 1377 Test 19）</th><th>欧洲（ISSMFE）</th></tr>
<tr><td rowspan="6">成孔要求</td><td>孔径/mm</td><td></td><td>65～150</td><td>56～165</td><td></td><td>60～200</td></tr>
<tr><td>孔内水位</td><td>略高于地下水位</td><td rowspan="5">必须避免孔底扰动</td><td colspan="3">应使孔内水位略高于地下水位</td></tr>
<tr><td>成孔方法</td><td>回转钻进</td><td colspan="3">不允许使用底部喷水的钻头</td></tr>
<tr><td>贯入器的使用</td><td rowspan="3">当孔壁不稳定时，可以用泥浆或套管护孔</td><td>不允许用贯入器水冲钻进</td><td>—</td><td>可用贯入器以泥浆循环钻进，并控制泥浆压力</td></tr>
<tr><td>套管使用</td><td>不得打入孔底</td><td colspan="2">套管与岩芯间隙应大于套管内径 10%</td></tr>
<tr><td>孔内漏水、涌水</td><td>及时记录孔内涌水、冲洗液漏失等情况</td><td>注意漏水、涌水现象</td><td>控制孔水位稳定，尤其注意涌水现象</td></tr>
<tr><td colspan="2">落锤方式</td><td>用自由落锤</td><td>必须用自由落锤</td><td>推荐用自由落锤，若卷扬牵引应符合相应规定</td><td>推荐用自由落锤，注意铰车卷扬牵引耗能</td><td>推荐用自由落锤，不主张铰车卷扬牵引</td></tr>
<tr><td rowspan="3">贯入深度</td><td>预贯入深度/cm</td><td>15</td><td>15</td><td>15</td><td>15</td><td>15 cm 或 50 击</td></tr>
<tr><td>试验贯入深度/cm</td><td>30</td><td>30</td><td>30</td><td>30</td><td>30</td></tr>
<tr><td>无法达到要求深度的处理</td><td>允许提前结束</td><td>连预打达 50 击时停</td><td>① 连预打 ±15 cm 超 50 击停；② 连预打 100 击停；③10 击无进尺停</td><td>连预打达 50 击时停</td><td>预打 50 击后打 50 击停</td></tr>
<tr><td rowspan="2">贯入击数处理</td><td>正常情况</td><td>记录正式贯入 30 cm 的击数</td><td>记录正式贯入时每 10 cm 击数</td><td colspan="3">连预打每 15 cm 记录一次</td></tr>
<tr><td>无法达到要求深度时的处理</td><td>据实际击数和贯入长度换算得 $N(N/30)$</td><td>记录 50 击入土 cm 数/$(50x^{-1})$</td><td>记录最后贯入 30 cm 击数/$(N/30)$</td><td colspan="2">记录连预打共 50 击进入土层 cm 数/$(50x^{-1})$</td></tr>
<tr><td colspan="2">测试间距/m</td><td>1</td><td>1</td><td>1.5 地层变化时适当加密</td><td>—</td><td>—</td></tr>
<tr><td colspan="2">适用地层</td><td>砂土、粉土和黏性土等</td><td>所有土层</td><td>所有土层</td><td>主要用于砂土，砂砾层中改用顶角 60°锥形探头</td><td>砂砾层中改用顶角 60°锥形探头，最大击数为 100 击</td></tr>
</table>

标准贯入仪主要由标准贯入器、探杆、穿心锤、锤垫及自动落锤装置等组成。规格见表4.4.1。

二、试验方法

(一)试验步骤

①标准贯入试验孔采用回转钻进,并保持孔内水位略高于地下水位。当孔壁不稳定时,可用泥浆护壁,钻至试验标高以上 15 cm 处,清除孔底残土后再进行试验。

②采用自动脱钩的自由落锤法进行锤击,并减小导向杆与锤间的摩阻力,避免锤击时的偏心和侧向晃动,保持贯入器、探杆、导向杆连接后的垂直度,锤击速率应小于30 击/min。

③贯入器打入土中 15 cm 后,开始记录每打入 10 cm 的锤击数,累计打入 30 cm 的锤击数为标准贯入试验锤击数 N。当锤击数已达 50 击,而贯入深度未达 30 cm 时,可记录50 击的实际贯入深度,按下式换算成相当于 30 cm 的标准贯入试验锤击数 N,并终止试验。

$$N=30\times\frac{50}{\Delta S} \tag{4.4.1}$$

式中,ΔS 为 50 击时的贯入度(cm)。

④旋转钻杆,提出贯入器,取其土试样进行鉴别、描述、记录并测量其长度。将需要保存的土样仔细包装或封闭、编号,以备试验用。

⑤重复以上操作步骤,进行下一深度的贯入试验,直至所需深度。

(二)钻孔及试验应注意的问题

影响标准贯入试验成果的因素很复杂,但关键因素是钻进成孔方法是否正确和恰当。除按试验规程操作外,应采用机械回转钻进,必要时以泥浆护孔,它对试验地层扰动较小,孔内水位高于地下水位,这样测试成果比较稳定可靠,因为标准贯入试验成果数据正确与否和孔底土扰动程度有直接关系,据日本大矢晓资料表明其偏差可达两倍以上。美国 ASTM 标准,欧洲规范都规定钻孔土层不应受到扰动,ASTM 标准规定钻孔可下套管或用泥浆,并规定若泥浆护壁有问题时,则应下套管。欧洲规程规定钻孔内水位在所有情况下应不低于地下水位,此外还规定钻孔内有涌砂现象时,应在现场记录中注明。

日本工业标准 JIS 对此作了更具体的规定:

①重视清水质量,对开始贯入 0.15 m 击数也需记录,以判断孔底土扰动程度或是否有残土。

②贯入时钻杆及导向杆必须垂直,切忌在孔内摇晃。

③对于试验段(即贯入 0.15~0.45 m 部分)要测定每锤击一次的累计贯入量。一次贯入量不足0.02 m 时,记录每贯入 0.10 m 锤击数。绘制单孔标准贯入击数 N 与贯入深度 H 的关系曲线,以分析土层是否均匀,最后选取 0.30 m 试验的锤击数作为 N 值。

三、资料整理

(一)指标统计取值方法

①标准贯入试验成果 N 可直接标在工程地质剖面图上,也可绘制单孔标准贯入击数 N 与深度关系曲线或直方图。统计分层标准贯入击数平均值时,应剔除异常值。

②标准贯入试验锤击数 N 值,可对砂土、粉土、黏性土的物理状态,土的强度、变形参数、地基承载力、单桩承载力,砂土和粉土的液化,成桩的可能性等做出评价。应用 N 值时是否修正和如何修正,应根据建立统计关系时的具体情况确定。

③不应根据单孔的击数 N 对土的工程性能作出评价,而应对各层土的标准贯入试验数据进行统计,用代表值进行评价。

采用太沙基及皮克方法计算地基承载力时,首先对 N 值进行校正:饱和粉细砂,当 $N>15$ 击时,先按表 4.4.6 中序号 1 的公式进行校正,再将每孔自基础底至其下 $1B$(基础宽度)深度内的击数平均得 N_i 值,设计选用最小平均值 $\overline{N}$。

(二)触探杆长度校正

目前有杆长校正说和杆长不校正说。杆长校正见表 4.4.2。

杆长校正　　表 4.4.2

序　号	杆长校正公式
1	$N=\alpha_1 N'$,α_1 值见表 4.4.3
2	根据建立统计关系时的具体情况确定
3	$N=\alpha_2 N'$,$\alpha_2=al^2+bl+c$ 当 $3\leqslant l\leqslant 12$ m 时: $a=0.000\,7$,$b=-0.032\,33$,$c=1.085\,87$ 当 $12\leqslant l\leqslant 51$ m 时: $a=0.000\,133\,8$,$b=-0.015\,811$,$c=0.976\,432$
4	$N=\alpha_3 N'$,α_3 值见表 4.4.3
5	$N=\alpha_4 N'$ $\alpha_4=\begin{cases}1.0\ l(l\leqslant 20\text{ mm})\\1.06\sim0.003\ l(l>20\text{ mm})\end{cases}$
6	$N=\alpha_5 N'$,$\alpha_5=1-l/200$

注:N 为校正后标准贯入击数;N' 为实测标准贯入击数;l 为钻杆长度(m);α_1、α_2、α_3、α_4、α_5 为杆长校正系数,取值见表 4.4.3。

杆长校正系数　　表 4.4.3

l/m	≤3	6	9	12	15	18	21	24	27	30	36	42	51	66	81	96	102
α_1	1.00	0.92	0.86	0.81	0.77	0.73	0.70										
α_2	1.00	0.92	0.86	0.81	0.77	0.73	0.70	0.67	0.65	0.62	0.58	0.55	0.52				
α_3	1.00	0.94	0.84	0.79	0.74	0.71	0.68	0.65	0.63	0.61	0.57	0.55	0.52	0.48	0.45	0.44	0.43
α_4	1.00	1.00	1.00	1.00	1.00	1.00	1.00	0.99	0.98	0.97	0.95	0.93	0.91	0.86	0.82	0.77	0.75
α_5	0.99	0.97	0.96	0.94	0.93	0.91	0.90	0.88	0.87	0.85	0.82	0.79	0.75	0.67	0.60	0.52	0.49

注:α_1、α_2、α_3、α_4、α_5 和 l 物理意义见表 4.4.2。

关于杆长校正问题,国外总的趋势是不校正(指 20 m 杆长范围内)。实际上是否校正应依据拟采用的规范或方法来决定。亦可根据应力波积分法所测得的实击冲击能量进行修正。

(三)上覆有效压力影响的校正

20 世纪 50 年代 Gibbs-Holtz 的研究结果指出,同样的击数 N 对不同深度的砂土表示不同的相对密实度之后,一般认为对标准贯入试验的结果应进行深度影响校正。目前中国规范对此没有作出统一的规定,建议按所采用的规范决定是否进行校正和如何校正(表 4.4.4)。

上覆有效压力校正　　表 4.4.4

序　号	校正公式
1	$N=C_N N'$,$C_N=\sqrt{\dfrac{100}{\sigma'_v}}$
2	$N=C_N N'$,C_N 与密度有关,见表 4.4.5
3	$N=C_N N'$,$C_N=0.77\lg\dfrac{1960}{\sigma'_v}$
4	$N=C_N N'$,$C_N=1-1.25\lg\dfrac{\sigma'_v}{100}$
5	$N=C_N N'$,$C_N=\dfrac{350}{\sigma'_v+70}$

注:N 为校正后标准贯入击数;N' 为实测标准贯入击数;C_N 为校正系数(见表 4.4.5);σ'_v 为试验点上覆有效应力(kPa)。

C_N 值 表 4.4.5

密实度	σ'_v/kPa						
	≤25	50	100	200	300	400	500
密实	1.00	0.98	0.83	0.85	0.78	0.72	0.67
中上	1.00	0.97	0.91	0.81	0.73	0.66	0.61
中密	1.00	0.95	0.87	0.74	0.65	0.57	0.52
中下	1.00	0.93	0.81	0.64	0.53	0.46	0.40
松	1.00	0.78	0.54	0.34	0.25	0.19	0.16

(四)地下水影响的校正

地下水影响的校正现规范未作规定,表 4.4.6 仅供参考。

地下水位影响校正 表 4.4.6

序号	校正方法
1	$N>15$ 的饱和粉细砂,$N=15+(N'-15)/2$
2	地下水位下中、粗砂,$N=5.27+1.05N'\pm2.3$
3	地下水位下中、粗砂,$N=N'+5$
4	地下水位下中砂,$N=N'+5$

注:N'为实测标准贯入击数;N 为校正后标准贯入击数。

四、成果应用

(一)地基承载力的确定

①砂土和黏性土承载力标准值,见表 4.4.7 及表 4.4.8。

砂土承载力标准值 表 4.4.7

土类	N/kPa			
	10	15	30	50
中、粗砂	180	250	340	500
粉、细砂	140	180	250	340

黏性土承载力标准值 表 4.4.8

N	3	5	7	9	11	13	15	17	19	21	23
f_k/kPa	105	145	190	235	280	325	370	430	515	600	680

②港口有关标准给出的地基承载力,见表 4.4.9 及表 4.4.10。

砂土地基承载力标准值 表 4.4.9

$\tan\delta$	N/kPa		
	50～30	30～15	15～10
0	500～340	340～180	180～140
0.2	400～280	280～150	150～120
0.4	300～220	220～120	120～100

注:$\tan\delta=\frac{H}{V}$,H、V 分别为作用于基础底面以下的水平与垂直荷载。

老黏土和一般黏性土地基承载力标准值　　表 4.4.10

tanδ	N/kPa										
	3	5	7	9	11	13	15	17	19	21	23
0	120	160	200	240	280	320	360	420	500	580	660
0.2	100	130	160	190	220	250	280	320	380	450	520
0.4	80	100	120	140	170	200	230	260	300	350	400

注：表中 N 已作杆长修正。

对于饱和粉砂、细砂地基，当其密实度大于某临界密实度，由于地基土透水性小，实测击数 N' 偏大，应按下式进行校正

$$N=15+\frac{1}{2}(\alpha_1 N'-15) \tag{4.4.2}$$

式中，α_1 为杆长修正系数，查表 4.4.3；N' 为实测锤击数。

③对于二、三级建筑物的花岗岩残积土地基，当基础持力层为同一土层时，其承载力基本值 f_0 可根据标准贯入试验锤击数 N 的平均值，按表 4.4.11 确定。该值乘以回归修正系数 l 后为承载力标准值。

花岗岩残积土的承载力基本值 f_0（单位：kPa）　　表 4.4.11

N	4～10	10～15	15～20	20～30
砾质黏性土	(100)～250	250～300	300～350	350～(400)
砂质黏性土	(80)～200	200～250	250～300	300～(350)
黏性土	150～200	200～240	240～(270)	

注：1. 括号中的数值供内插用。
2. 标准贯入值系校正后的 N，其值过高或过低时应专门研究。
3. 标准贯入采用自动落锤。
4. 砾质黏性土、砂质黏性土和黏性土，分别指大于 2 mm 的颗粒含量大于 20%、不大于 20%、等于 0 的花岗岩残积土。

④地基土承载力和标准贯入击数 N 的经验关系（图 4.4.1 和表 4.4.12）。

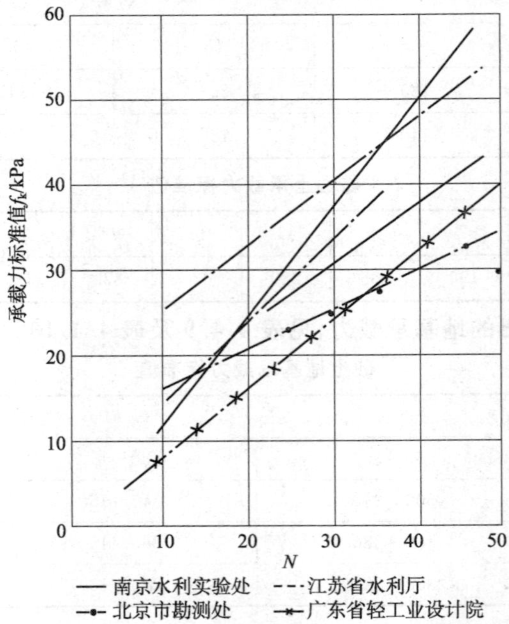

图 4.4.1　砂土的 N 与 f_k 关系曲线

标准贯入试验锤击数与地基承载力的关系　　表 4.4.12

作　　者	经验公式	适用范围	备　　注
江苏省水利工程总队	$p_0=23.3N$	黏性土、粉土	不作杆长修正
原冶金部成都勘察公司	$p_0=56N-558$	老堆积土	
	$p_0=19N-74$	一般黏性土、粉土	
原冶金部武汉勘察公司	$p_0=4.9+35.8N_{机}(3\leqslant N\leqslant 23)$	第四纪冲、洪积黏土、粉质黏土、粉土	
	$p_0=31.6+33N_{手}(23\leqslant N\leqslant 41)$		
武汉市规划设计院湖北勘察院湖北水利水电勘察设计院	$f_k=80+20.2N(3\leqslant N\leqslant 18)$	黏性土、粉土	
	$f_k=152.6+17.48N(18\leqslant N\leqslant 22)$		
原铁道部第三勘测设计院	$f_k=72+9.4N^{1.2}$	粉土	
	$f_k=-212+222N^{0.8}$	粉细砂	
	$f_k=-803+850N^{0.1}$	中、粗砂	
原纺织工业部设计院	$f_k=\dfrac{N}{0.00308n+0.01504}$	粉土	
	$f_k=105+10N$	细、中砂	
原冶金部长沙勘察公司	$P_0=33.4N+360(8\leqslant N\leqslant 37)$	红土	
	$f_k=5.3N+387(8\leqslant N\leqslant 37)$	老堆积土	
Terzaghi	$f_k=12N$	黏性土、粉土	条形基础 $F_s=3$
	$f_k=15N$		独立基础 $F_s=3$
日本住宅公团	$f_k=8.0N$		

注：p_0 为载荷试验比例界限，f_k 为地基承载力标准值(kPa)。

⑤Peck 和 Terzaghi 干砂极限承载力公式。

条形、矩形基础：

$$f_u=\gamma(DN_D+0.5\,BN_B) \tag{4.4.3}$$

方形、圆形基础：

$$f_u=\gamma(DN_D+0.4\,BN_B) \tag{4.4.4}$$

式中，f_u 为极限承载力(kPa)；D 为基础埋置深度(m)；B 为基础宽度(m)；γ 为土的重度(kN/m³)；N_D、N_B 为承载力系数，取决于砂的内摩擦角 φ，查图 4.4.2。

⑥美国 Peck(1953)的图解法。

当安全系数 $K=3$，砂土的重度 $\gamma=16$ kN/m³，地下水位从基础底面算起的深度大于基础宽度时，砂土的承载力系数可以从图 4.4.2 查得。当基础埋置深度 $D=0$ 时可用图 4.4.3a)；当基础埋置深度 $D\neq0$ 时，则将图 4.4.3a)中的值，再加上 4.4.3b)图的值，即为砂土的承载力标准值。

当砂土的重度不同时，则相应地将图 4.4.3 结果分别按比例修正。当地下水位接近或高于基础底面时，则图 4.4.2 得出的砂土承载力标准值应当除以 2；如果地下水位低于基础底面，但从基础底面算起的深度小于基础宽度时，承载力标准值可按地下水深度用插入法确定。

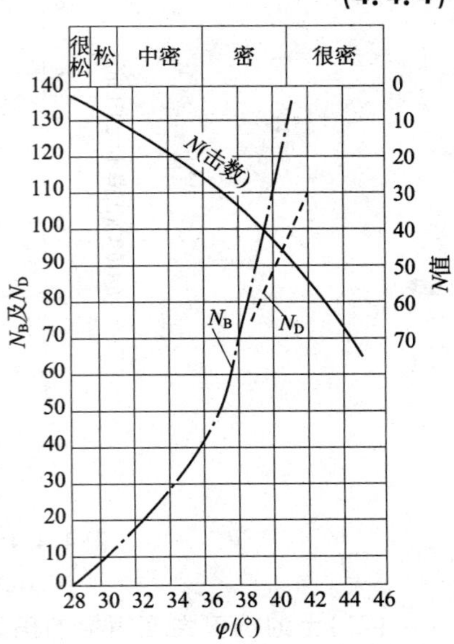

图 4.4.2　N 与 φ、N_B、N_D 的关系

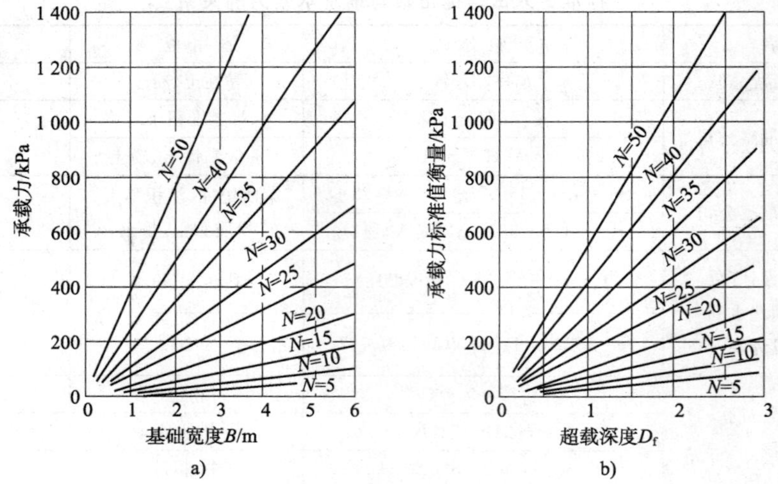

图 4.4.3 承载力标准值经验图

(Peck,1953)

⑦按沉降确定砂土的承载力标准值。

国外通常用沉降为 25 mm(1 in)的容许压力来设计基础,砂土地基基础的沉降取决于基础宽度和砂土密实度(与标准贯入击数有关),如图 4.4.4所示。

使用图 4.4.4 时,地下水位从基础底面算起的深度至少要大于基础宽度,如果地下水位接近或高于基础底面时,则由图 4.4.4 所得的砂土承载力标准值除以 2,地下水位低于基础底平面,且从基础底面算起的深度小于基础宽度时,承载力标准值可按地下水位深度用插入法确定。

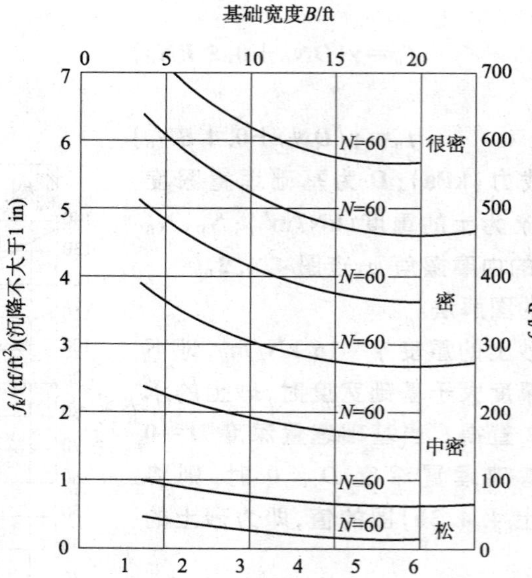

图 4.4.4 沉降等于 1in 时 N 与 f_k 和 B 的关系

注:$1tf/ft^2\approx100$ kPa;1in≈25 mm;1ft≈30 cm。

(二)土的抗剪强度指标的确定

①砂土内摩擦角经验公式见表 4.4.13。

砂土内摩擦角经验公式　　表 4.4.13

作者	土类	经验公式	备注
Dunham	均匀圆粒砂	$\varphi=\sqrt{12N}+15$	
	级配良好圆粒砂	$\varphi=\sqrt{12N}+20$	
	级配良好、均匀棱角砂	$\varphi=\sqrt{12N}+25$	
广东省标准《建筑地基基础设计规范》(GBJ 15—1991)		$\varphi=\sqrt{20N}+15$	
Peck		$\varphi=0.3N+27$	
G. G. Meyerhof	净砂	$\varphi=\frac{5}{6}N+26.7(4\leqslant N\leqslant 10)$	粉砂应减 5°，粗、砾砂加 5°
		$\varphi=\frac{1}{4}N+32.5(N>10)$	
H. J. Gibbs& W. G. Holtz		$N=4.0+0.015\frac{2.4}{\tan\varphi}\times\left[\tan^2\left(\frac{\pi}{4}+\frac{\varphi}{2}\right)\times e^{\pi\tan\varphi}-1\right]+0.1\sigma'_v\times\tan^2\left(\frac{\pi}{4}+\frac{\varphi}{2}\right)\times e^{\pi\tan\varphi}\pm 8.7$	该公式不仅考虑了砂土的种类，还反映了土层有效自重应力 σ'_v 的影响
交通部《港口工程地质勘察规范》		$\varphi=\sqrt{15N}+15$	$N<10$ 时，取 $N=10$；$N>50$ 时，取 $N=50$

注：φ 为内摩擦角(°)；N 为标准贯入击数；σ'_v 为上覆有效应力(kPa)。

②饱和软黏土不排水强度。

根据 Terzaghi 和 Peck(1948)在《工程实用土力学》中给出的经验关系，饱和软黏土($N<4$)不排水强度 c_u(KPa)可按下式计算

$$c_u=6.25N \tag{4.4.5}$$

③江苏省水利工程总队资料见表 4.4.14 和表 4.4.15。

黏性土的 c、φ 经验值　　表 4.4.14

土类	粉质黏土			黏土			粉质黏土夹砂			黏土夹砂		
N	2	4	6	2	4	6	2	4	6	2	4	6
c/kPa	12	14.5	19.5	8	12	16	7	10	12	8	11	13
φ/(°)	10	14	16	6	8	12	12	15	17	10	12	14

注：杆长均不作修正。

砂土内摩擦角 φ 经验值　　表 4.4.15

砂土名称	N										
	4	5	6	7	8	9	16	20	28	30	31
粉土、粉砂	16	18	20	22	24						
细砂、极细砂	20	22	24	26	28			28		32	
中砂								38			
粗砂、砾砂							38		41		

④冶金工业武汉勘察公司资料见表 4.4.16。

黏性土和粉土的 c、φ 经验值 表 4.4.16

N	15	17	19	21	25	29	31
c/kPa	78	82	87	92	98	103	110
φ	24.3°	24.8°	25.3°	25.7°	28.4°	27.0°	27.3°

注:本表系据武汉、南昌、南京等地 49 组对比资料。

(三)地基土变形模量、压缩模量的确定

经验公式见表 4.4.17。

E_0、E_s 经验公式 表 4.4.17

序号	作者或资料来源	经验公式	适用范围
1	希腊	$E_0=4+0.1C(N-6)(N>15)$ $E_0=0.1C(N+6)(N<15)$ C 值见表 4.4.18	砂土
2	日本木村卫	$E_0=2.8V$	—
3	武汉市建筑设计院和湖北省水利水电勘测设计院(1974)	$E_0=1.14135N+2.6156$	湖北黏性土、粉土
4		$E_0=1.0658N+7.4306$	
5	《深圳地区建筑地基基础设计试行规程》(SJG 1—1988)	$E_0=2.2N(4<N<30)$	深圳花岗岩残积土
6	Schultze 和 H. Menzenbach	$E_s=C_1+C_2N$(C_1、C_2) 见表 4.4.19	饱和细砂和粉砂
7	原冶金部武汉勘察公司	$E_s=0.927N+4.2$(统计范围 $E_s=2.3\sim4.0$ MPa,$N=2.5\sim41$)	中南及华东部分地区黏性土、粉土

注:变形模量 E_0 和压缩模量 E_s 均以 MPa 计。C、C_1 和 C_2 值见表 4.4.18 和表 4.4.19。

Schultze 和 K. Melzer(1964—1965)的经验关系见图 4.4.5。

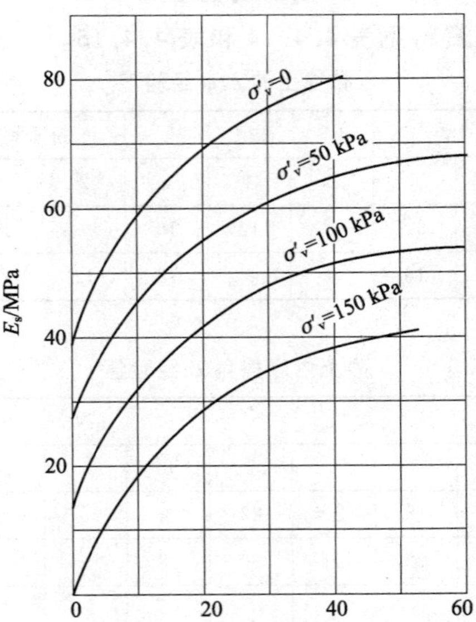

图 4.4.5 砂土的 N 值与 E_s、σ'_v 的关系

σ'_v-上覆有效应力(kPa)

C 值 表 4.4.18

土名	含砂粉土	细砂	中砂	粗砂	含砾砂土	含砂砾石
C	3.0	3.5	4.5	7.0	10.0	12.0

C_1 和 C_2 值 表 4.4.19

土名	细砂		砂土	粉质砂土	砂质黏土	松砂
	地下水位以上	地下水位以下				
试验数量	15	17	14	19	27	18
C_1/MPa	5.2	7.1	3.9	4.3	3.8	2.4
C_2/(MPa/击)	0.33	0.49	0.45	1.18	1.05	0.53
相关系数	0.758	0.900	0.954	0.866	0.764	0.764

(四)黏性土和粉土天然状态判定

Terzaghi 和 Peck(1948)给出的经验关系见表 4.4.20。

N 与 q_u 关系 表 4.4.20

N	<2	2~4	4~8	8~15	15~30	>30
状态	极软	软	中等	硬	很硬	坚硬
q_u/kPa	25	25~50	50~100	100~200	200~400	>400

上海市标准《岩土工程勘察规范》(DGJ 08—37—2012)给出的方法见表 4.4.21。

稠度状态划分表 表 4.4.21

N	<2	2~3	4~7	8~15	16~30	>30
土的状态	流塑	软塑	软可塑	硬可塑	硬塑	坚硬

(五)砂土密实度及密实度的确定(见表 4.4.22~4.4.26)

砂土的密实 表 4.4.22

N	$N\leqslant 10$	$10<N\leqslant 15$	$15<N\leqslant 30$	$N>30$
密实度	松散	稍密	中密	密实

注:N 系指经杆长校正后的值,N 值不必做上覆有效压力校正。

砂土密实度划分 表 4.4.23

N	$0<N\leqslant 3$	$0<N\leqslant 3$	$8<N\leqslant 25$	$N>25$
密实度	松散	稍密	中密	密实
D_r	<0.20	0.20~0.35	0.35~0.65	>0.65

注:1. N 系指经上覆有效压力校正后的值。N 不必做杆长校正。

2. 本表适于正常固结中砂。对细砂取表内 N 乘以 0.92;对粗砂取表内 N 乘以 1.08。

按实测标准贯入击数 N' 确定砂土密实度 表 4.4.24

深度/m	密实度	地下水位/m					
		0~1.25	1.25~5.00	5~10	10~15	15~20	20~25
0.00~1.25	密	28~21					
	中上	21~25					
	中	15~9					
	中下	9~3					
	松	<3					

续上表

深度/m	密实度	地下水位/m					
		0～1.25	1.25～5.00	5～10	10～15	15～20	20～25
1.25～5.00	密	30～22	31～23				
	中上	22～16	23～17				
	中	16～10	17～11				
	中下	10～4	11～5				
	松	＜4	＜5				
5～10	密	31～24	32～25	33～26			
	中上	24～17	25～18	26～19			
	中	17～12	18～13	19～14			
	中下	12～5	13～6	14～7			
	松	＜5	＜6	＜7			
10～15	密	32～25	33～26	34～27	36～23		
	中上	25～19	26～20	27～21	28～22		
	中	19～13	20～14	21～15	22～17		
	中下	13～7	14～8	15～9	17～10		
	松	＜7	＜3	＜9	＜10		
15～20	密	34～26	35～28	37～28	37～30	39～31	
	中上	26～20	28～21	28～22	30～23	31～25	
	中	20～14	21～16	22～17	23～18	25～19	
	中下	14～8	16～9	17～10	18～12	19～13	
	松	＜8	＜9	＜10	＜12	＜13	
20～25	密	35～28	36～29	37～30	38～31	40～32	42～34
	中上	28～21	29～23	30～23	31～25	32～26	34～27
	中	21～16	23～17	23～18	25～19	26～21	27～22
	中下	16～9	17～10	18～11	19～13	21～14	22～16
	松	＜9	＜10	＜11	＜13	＜14	＜16

注：表中 N' 值为实测值，不必做杆长和上覆有效压力校正。

N 与 D_r 的关系

表 4.4.25

N	相对密实度 D_r	状态	静力触探锥尖阻力 q_c/kPa	内摩擦角
4	0.2	疏松	＜200	＜30°
4～10	0.2～0.4	松	200～400	30°～35°
10～30	0.4～0.6	中密	400～1 200	35°～40°
30～50	0.6～0.8	密	1 200～2 000	40°～45°
50	0.8～1.0	极密	＞2 000	＞45°

N 值与砂土性质表

表 4.4.26

N^*	很疏松	疏松	中密	密实	很密实
	＜4	4～10	10～30	30～50	＞50
等值相对密实度/(%)**	＜15	15～35	35～65	65～85	85～100
干重度/(kN·m^{-3})	＜14	14～16	16～18	18～20	＞20
摩擦角/(°)	＜30	30～32	32～35	35～38	＞38
引起液化的往复应力比(τ/σ'_v)***	＜0.04	0.04～0.10	0.10～0.35	＞0.35	

注：*垂直覆盖层有效应力为 100 kPa 的情况下；**最近沉积的正常固结砂层；***依据 seed(1979)。

砂土相对密实度经验公式

E. Schultze(1965)公式 $$\ln D_r = 0.478\ \ln N - 0.262\ \ln \sigma'_v - 0.56 \tag{4.4.6}$$

G. G. Meyerhof 公式 $$D_r=2.10\sqrt{\frac{N}{\sigma'_v+70}} \tag{4.4.7}$$

式中，N 为标准贯入击数；σ'_v 为上覆有效压力(kPa)；D_r 为相对密实度(以小数计)。

(六)桩基承载力的确定

1)计算公式

单桩承载力计算见表 4.4.27。

单桩承载力计算 表 4.4.27

<table>
<tr><th>作者或资料来源</th><th colspan="2">桩 类 型</th><th>序号</th><th>计 算 公 式</th><th>符 号 说 明</th></tr>
<tr><td rowspan="2">日本建筑钢桩基础设计规范</td><td colspan="2">打入桩(地基土全部为砂土)</td><td>1</td><td>$R_u=400\ NA_p+2\ N_sA_s$
$N=(N_1+N_2)/2$</td><td rowspan="7">R_u——桩基础极限承载力(kN)。
A_p——桩端截面积(m^2)。
R_a——长期容许承载力(kN)。
A_s——桩侧表面积(m^2)。
H——孔底虚土厚度(m)。
L_s——砂土层中桩长(m)。
U——桩周长(m)。
q_u——黏性土、粉土无侧限抗压强度(kPa)。
N——桩尖附近土的标准贯入平均值。
$\overline{N}$——桩端上 4D 至桩端下 1D 范围内实测标准贯入平均值，$\overline{N}\leqslant 50$。
N_c——桩端黏性土和粉土层的标准贯入平均值。
N_p——桩端下 4D 深度(D——桩径)范围内标准贯入平均值。
$\overline{N}_s$——桩侧土的标准贯入平均值。
N_s——桩侧砂土层的标准贯入平均值。
N_1——桩端下 2D 范围内标准贯入平均值。
N_2——桩端上 10D 范围内标准贯入平均值。
α——桩端地层系数。东京砾石层为 1.0；砂层为 0.85。
β——桩端直径系数，$\beta=1-0.3(D+1.5)/2.5$，当 $D\leqslant 1.5$m 时取 $\beta=1.0$</td></tr>
<tr><td colspan="2">打入桩[桩穿过砂层、黏性土(含粉土)层]</td><td>2</td><td>$R_u=400\ NA_p+\left(2N_sL_s+\frac{q_u}{2}L_c\right)U$
$N=(N_1+N_2)/2$
$q_u=12.5\ N_c$</td></tr>
<tr><td rowspan="2">G. G. Meyerkof</td><td colspan="2">排土量最多的打入桩</td><td>3</td><td>$R_u=428\ NA_p+2.14\ \overline{N}_sA_s$</td></tr>
<tr><td colspan="2">排土量少的打入桩(H 形桩等)</td><td>4</td><td>$R_u=428\ NA_p+1.07\ \overline{N}_sA_s$</td></tr>
<tr><td rowspan="2">北京市勘察院(1978)</td><td rowspan="2">钻孔灌注桩</td><td>$H<0.5$ m</td><td>5</td><td>$R_u=27.8\ N_pA_p+(3.3\ N_sL_s+3.1\ N_cL_c)U-181\ H+177.3$</td></tr>
<tr><td>$H\geqslant 0.5$ m</td><td>6</td><td>$R_u=(3.3\ N_sL_s+3.1\ N_cL_c)U+86.6$</td></tr>
<tr><td>(财)日本建筑中心</td><td colspan="2">钻孔灌注桩</td><td>7</td><td>$R_a=\frac{1}{3}\left[150\ \alpha\beta\overline{N}_sA_p+\left(2\ N_sL_s+\frac{q_u}{2}L_c\right)U\right]-W$</td></tr>
</table>

注：1. 式 3 和式 4 适用于砂土。对于饱和粉细砂，当实测值 $N'\geqslant 15$ 时，应按 $N=15+(N'-15)/2$ 校正。

2. 式 5 和式 6 是根据原北京市地质勘测得(1978)公式改写后的公式。

3. 式 7 中 W 为桩身自重减去桩身所排开土的重力，$\frac{q_u}{2}\leqslant 50$ kPa，无实测值取 $q_u=12.5N$(kPa)。

2)Schmertmann(1967)方法

利用标准贯入 N 值可分别确定桩端极限阻力及桩周极限摩阻力，以估算钢筋混凝土打入桩单桩极限承载力见表 4.4.28。

用 N 预估桩尖阻力和桩身阻力 表 4.4.28

土 名	q_c/N	摩 阻 比	桩尖阻力/kPa	桩身阻力/kPa
各种密度的净砂	0.374 5	0.60	342.4 N	2.03 N
黏土、粉砂与砂混合；粉砂及泥炭土	0.214 0	2.00	171.2 N	4.28 N
可塑黏土	0.107 0	5.00	74.9 N	5.35 N
含贝壳的砂、软石灰岩	0.428 0	0.25	385.2 N	1.07 N

注：该表用于预制打入混凝土桩，$N=5\sim60$，当 $N<5$ 时，N 取 5；当 $N>60$ 时，N 取 60；q_c 为静力触探锥尖阻力(MPa)。

第五节 十字板剪切试验

十字板剪切试验(VST)是原位测定饱和软黏性土抗剪强度的一种方法。所测得的抗剪强度,相当于天然土层试验深度处,在天然压力下固结的不排水抗剪强度;在理论上它相当于室内三轴不排水抗剪总强度,或无侧限抗压强度的一半($\varphi=0$)。由于这项试验不需采取土样,避免了土的扰动及天然应力状态的改变,是一种有效的原位测试方法。

一、基本原理

将规定形状和尺寸的十字板头压入土中试验深度,施加扭矩使板头等速扭转,在土体中形成圆柱破坏面。测定土体抵抗扭损的最大扭矩,以计算土的不排水抗剪强度。

假定十字板头扭转形成的圆柱破坏面高度和直径与十字板头高度和直径相同,破坏面上各点的抗剪强度相等,且同时发挥作用,同时达到极限状态。由于土体扭剪过程中产生的最大抵抗力矩 M_r 等于圆柱体底面和侧面上土体抵抗力矩之和,即

$$M_r=M_{r1}+M_{r2}=2c_u\frac{\pi D^2}{4}\cdot\frac{2}{3}\cdot\frac{D}{2}+c_u\pi DH\frac{D}{2}=\frac{1}{2}c_u\pi D^2\left(\frac{D}{3}+H\right)$$

故

$$c_u=\frac{2M_r}{\pi D^2\left(\frac{D}{3}+H\right)} \tag{4.5.1}$$

式中,c_u 为土的不排水抗剪强度(kPa);M_r 为土体扭损的最大抵抗力矩(kN·m);D 为十字板头直径(m);H 为十字板头高度(m)。

对于不同的试验设备,测量最大抵抗力矩的方法也不同。

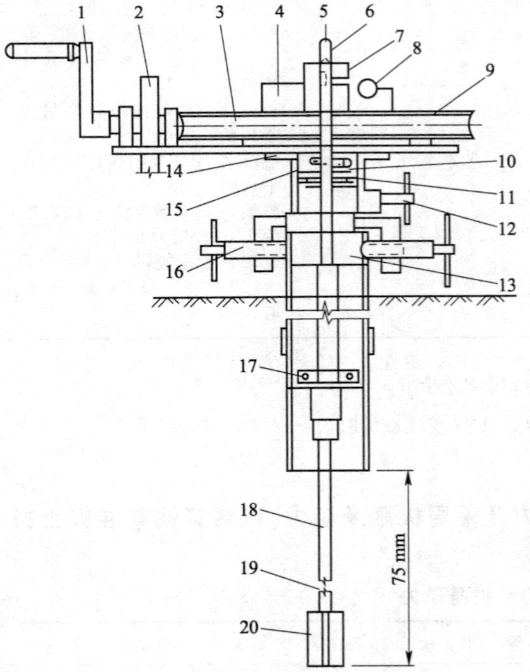

图 4.5.1 开口钢环式十字板剪切仪示意

1-手摇柄;2-齿轮;3-涡轮;4-开口钢环;5-导杆;6-特制键;7-固定夹;8-量表;9-支座;10-压圈;11-平面弹子盘;12-锁紧轴;13-底座;14-固定套;15-横梢;16-制紧轴;17-导轮;18-轴杆;19-离合器;20-十字板头

二、试验仪器设备(三种类型)

(一)开口钢环式十字板剪切仪

这是国内早期最常用的一种剪切仪,如图 4.5.1 所示。该仪器利用涡轮蜗杆扭转插入土层中的十字板头,借助开口钢环测定土体抵抗力矩。与钻机配合,使用较为方便。十字板头规格见表 4.5.1。

(二)轻便式十字板剪切仪

这是一种在开口钢环式十字板剪切仪基础上改造简化的设备。它不需用钻探设备钻孔和下套管,只用人力将十字板压入试验深度,人力施加扭力和反力,通过固定在旋转把手上的拉力钢环测定扭力矩,如图 4.5.2 所示。设备全重只有 20 kg,3~4 人即可随身携带和试验。十字板头常选用 $D\times H=50\text{ mm}\times100\text{ mm}$ 规格的板头,采用离合式接触。施测扭力的装置有铝盘、钢环、旋转手柄、百分表等。其测试结果与开口钢环式基本接近。

十字板规格及十字板常数 K 值　　表 4.5.1

十字板规格 $(D\times H)$/(mm×mm)	十字板头尺寸/mm			钢环率定时的力臂 R/mm	十字板常数 K/(m^{-2})
	直径 D	高度 H	厚度 B		
50×100	50	100	2～3	200 250	436.78 545.97
50×100	50	100	2～3	210	458.62
75×150	75	150	2～3	200 250	129.41 161.77
75×150	75	150	2～3	210	135.88

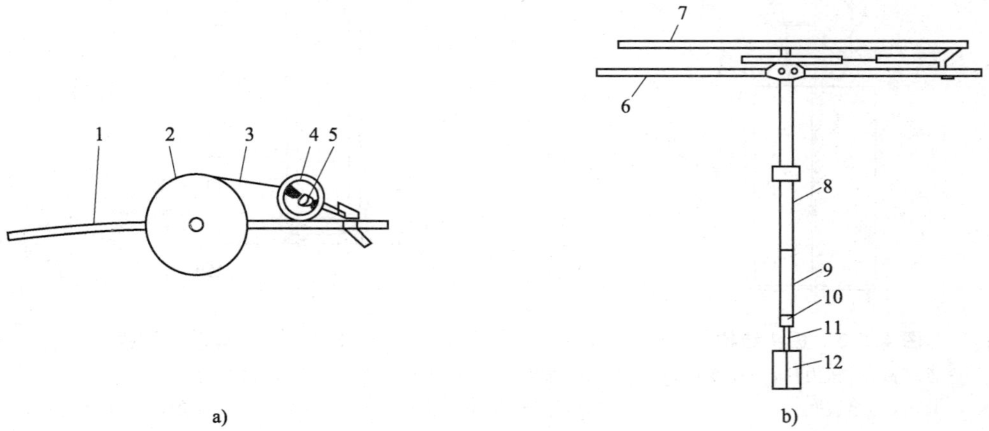

图 4.5.2　轻便式十字板剪切仪示意

1-旋转手柄；2-铝盘；3-钢丝绳；4-钢环；5-量表；6-制动扳手；
7-施力把手；8-钻杆；9-轴杆；10-离合齿；11-丝杆；12-十字板头

(三)电测式十字板剪切仪

这是近年来发展起来的，与上述两种类型仪器的主要区别在于测力装置不用钢环，而是在十字板头上端连接一个贴有电阻应变片的扭力传感器，如图 4.5.3 所示。利用静力触探仪的贯入装置(图 4.5.4)，将十字板头压入到土层不同试验深度，借助回转系统旋转十字板板头，用电子仪器量测土的抵抗力矩。试验过程中不必进行轴杆摩擦力校正，操作容易，试验成果比较稳定。另外，同一场地还可以用一套仪器进行静力触探试验，因此得到了广泛使用。

设备主要有下列几部分组成。

①十字板头部分。由十字板、扭力柱、测量电桥和套筒等组成。所用十字板头的尺寸与开口钢环式十字板剪切仪相同。

②回转系统。由涡轮、蜗杆、卡盘、摇把等组成。摇把转动一圈正好使钻杆转动一度。

③加压系统、量测系统、反力系统与静力触探仪共用。

三、现场试验技术要求

(一)开口钢环式十字板剪切试验

①用回转钻开孔，下 ϕ127 mm 套管至预定试验深度以上 75 cm(不小于钻孔或套管直径

的 3～5 倍),套管上部高出地面 30～50 cm。再用提土器清孔,钻孔内虚土不宜超过15 cm。在软土中钻进时,应在孔内保持足够水位,以防止软土在孔底涌起。

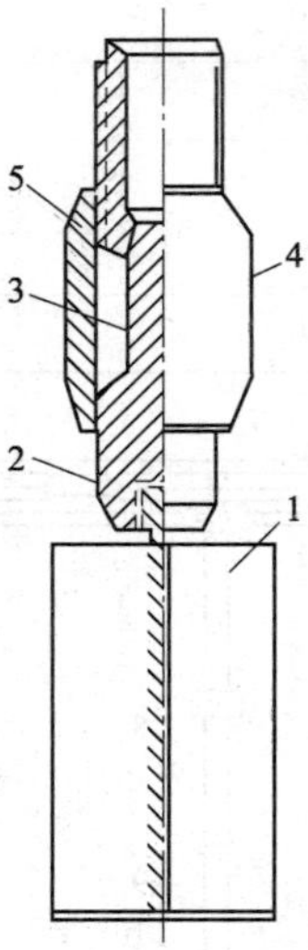

图 4.5.3 板头结构

1-十字板;2-扭力柱;3-应变片;4-套筒;5-出线孔

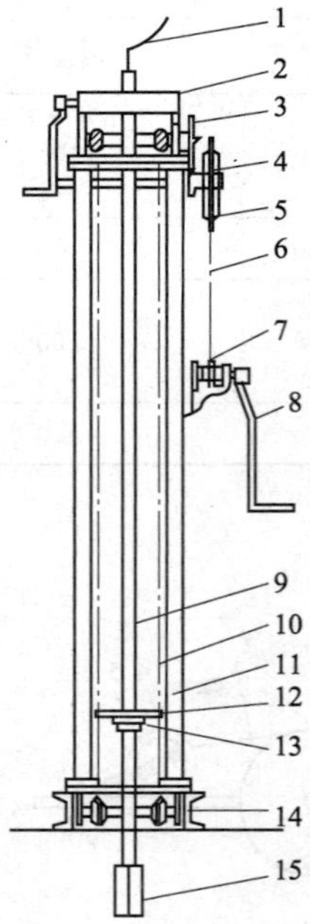

图 4.5.4 电测式十字板剪切仪示意

1-电缆;2-施加扭力装置;3-大齿轮;4-小齿轮;5-大链轮;6-链条;7-小链轮;8-摇把;9-探杆;10-链条;11-支架立杆;12-山形板;13-垫压块;14-槽钢;15-十字板头

②根据土的软硬程度选用十字板头,然后将十字板头、离合器、轴杆与试验钻杆逐节接好拧紧,下入孔内,使十字板头与孔底接触,接上导杆。孔深若超过 10 m,应设置导轮。

③先用摇把套在导杆上顺时针旋转,使十字板头离合器咬合,再将十字板头徐徐压入土层预定试验深度。如压入有困难,可用锤轻轻击入。当试验深度处为较硬夹层时,应穿透夹层再进行试验。

④装上底座和测力装置,并将底座与套管、底座与固定套之间用制紧轴制紧;调节转盘,使导杆和钢环上的键槽对正,插入特制键;装上量测钢环变形的百分表,至少静置 2～3 min(从十字板头插入后算起),调整百分表至零。

⑤试验开始即开动秒表,宜采用(1°～2°)/10 s 的剪切速率进行扭剪,摇把每转一圈,测记钢环变形读数一次。当读数出现峰值或稳定值后,继续测记 1 min。

⑥在完成上述原状土试验后,拔下特制键,在导杆上套上摇把,顺时针连续转动 6 圈,使十字板头周边土充分扰动,然后再插上特制键,按要求⑤以(1°～2°)/10 s 的速率进行试验,即可获得重塑土抵抗扭剪的百分表最大读数。

⑦拔出特制键,将导杆向上提 3～5 cm,使连接轴杆和十字板头的离合器分离,再插上特制键,仍按要求⑤操作,测得轴杆摩擦力与机械阻力的百分表读数。至此一个试验点的试验工作全部结束。

⑧卸下仪器,拔出十字板,继续钻进,进行下一深度的试验。

试验点间距的选择可根据工程要求和土层情况来确定,一般每米一个试验点。在软的土层中,也可以不必拔出十字板,将十字板连续压入 3～4 次于不同试验深度进行试验。

(二)电测式十字板剪切试验

①安装及调平电测式十字板剪切仪机架,用地锚固定,并安装好施加扭力装置。

②选择十字板头,并将其接在传感器上拧紧,连接传感器、电缆和量测仪器。

③按静力触探的方法,将电测式十字板头贯入到预定试验深度处。

④用回转部分的卡盘卡住钻杆,至少静置 2~3 min,再开始剪切试验。

⑤试验开始,用摇把慢慢匀速地回转涡轮、蜗杆,剪切速率为(1°~2°)/10 s。摇把每转一圈,测记仪器读数一次。当读数出现峰值或稳定值后,继续测记 1 min。

⑥松开卡盘,用扳手或管钳将探杆顺时针旋转 6 圈,使十字板头周围的土充分扰动,再用卡盘卡紧探杆,按要求⑤继续进行试验,测记重塑土抵抗扭剪的最大读数。

⑦完成上述一次试验后,再松开卡盘,用静力触探的方法继续下压至下一试验深度,按要求④~⑥重复进行试验,测记原状土和重塑土剪损时的最大读数。

⑧一孔的试验完成后,按静力触探的方法上拔探杆,取出十字板。

四、适用条件

(一)适用条件

主要适用于饱和软黏性土层,但若土层含有砂层、砾石、贝壳、树根及其他未分解有机质时不宜采用。测试深度一般在 30 m 以内,目前陆上最大测试深度已超过 50 m。

(二)影响因素

1)十字板头规格

为了精确测定土层不排水抗剪强度,十字板不能太小。目前国内采用的尺寸为 50 mm×100 mm 和 75 mm×150 mm 两种标准的十字板,但两者的试验结果并非总是相同。

通常在钻孔孔底有一个扰动范围,一般认为不超过 5 倍孔径。而十字板及轴杆压入土中,也会引起土的扰动。根据 La Rochell(1973)的试验,发现十字板厚度越大,土的扰动越大,测得的抗剪强度 c_u 就小。一般十字板的面积比(即叶片的横截面积占叶片旋转的圆面面积的比率)不应超过 15%。另外,使用受损或清洗不净沾有黏土的十字板会使土的扰动大大增大。

2)剪应力的分布

土体扭剪破坏时,破坏面上剪应力的分布并不是均匀的,剪应力近边缘处(水平面及垂直面上)均有应力集中现象。Jackson(1969)提出,对计算抗剪强度 c_u 的式(4.5.1)进行修正,表示为

$$c_u=\frac{2M_r}{\pi D^3\left(\frac{a}{2}+\frac{H}{D}\right)} \tag{4.5.2}$$

式中,a 为与顶面及底面剪应力在土体破坏时分布有关的系数。当剪应力分布均匀时,$a=2/3$;呈抛物线时,$a=3/5$;呈三角形时,$a=1/2$。

3)土的各向异性

天然沉积土层常呈现层理,且土中应力状态不相同,显示出应力应变关系及强度的各向异性。扭剪破坏所形成的圆柱体侧面和顶底面上土的抗剪强度并不相等。有人曾用不同 D/H 的十字板头进行试验,结果表明:对于正常固结的饱和软黏性土,$c_{uv}/c_{uh}=0.5\sim0.67$;对于稍超固结的软黏性土,$c_{uv}/c_{uh}=0.9$。另外,在十字板剪切过程中,顶底面和侧面应力并不能同时达到峰值。

当十字板头叶片为三角形时，则可求出不同方向上土的抗剪强度。其公式为

$$c_{u\beta}=\frac{M_r}{\frac{4}{3}\pi L^3\cos\beta} \tag{4.5.3}$$

式中，$c_{u\beta}$为与水平面成β角斜面上的抗剪强度(kPa)；L为三角形边长(m)；β为三角形板头的三角形边与水平面的夹角(°)。

4)十字板剪切速率

土的所有剪切试验结果都受应力或应变的施加速率的影响。十字板剪切速率对试验结果影响很大。剪切速率越小，抗剪强度越大。国内统一规定了剪切速率为1°/10 s，但实际工程的加荷速率一般较慢，故试验所得的抗剪强度相应偏大一些。

在较深的土中进行试验时，扭矩从地面传递到板头，由于钻杆的柔性，板头的扭剪速率难以与施加的速率保持一致。一般在15 m以下深度剪切速率应适当加快，使土体在3 min内破坏。

5)排水条件

存松井等人(1981)认为，在十字板扭剪时，排水条件可由下式判断

$$T=\frac{C_v t_f}{D^2}\leqslant 0.02\sim 0.04 \tag{4.5.4}$$

式中，T为时间因数；C_v为固结系数(cm^2/s)；t_f为达到破坏的试验时间(s)；D为十字板叶片宽度(cm)。

满足式(4.5.4)为不排水条件。对高岭石黏土，当十字板剪切速率>1°/10 s时为不排水条件，但实际操作以1°/10 s的速率进行试验，一般认为有部分排水，所测得的抗剪强度值偏大。

6)圆柱破坏面的形成

Leblane(1975)通过室内十字板试验发现，抗剪强度峰值发生在扭剪角不大时，随着扭剪角增大，强度降低，直至达到残余强度为止。当扭剪角超过45°时，才发展成完整的圆柱破坏面，而且剪切破坏面实际为带状，其直径比十字板叶片直径大5%，这使计算所得的抗剪强度值偏大。

7)触变效应

Flate(1966)首先提出，试验前十字板头插入土中静置的时间延长时，测得的抗剪强度往往会增加。这与插入十字板头所产生的孔隙压力的消散和黏性土触变强度的恢复有关。为增加资料的可比性，有必要对十字板插入土中和试验之间规定一个统一的延迟时间。

8)试验方法

采用不同的试验设备、钻进方式或操作方法也都会影响所测试土层的抗剪强度。电测式十字板比非电测式的试验结果往往偏小15%~20%(当控制剪切速率等条件相同时)。这是由于电测装置从根本上消除了机械安装、钻杆弯曲、轴杆摩擦等因素的影响。

五、资料整理和应用

(一)资料整理

1)开口钢环式十字板剪切试验

①计算原状土的抗剪强度。其公式为

$$c_u=KC(R_y-R_g) \tag{4.5.5}$$

式中，c_u 为原状土的抗剪强度（kPa）；C 为钢环系数（kN/0.01 mm）；R_y 为原状土剪损时百分表最大读数（0.01 mm）；R_g 为轴杆阻力校正时百分表最大读数（0.01 mm）；K 为十字板常数（m^{-2}）。可按下式计算或在表 4.5.1 查阅。

$$K=\frac{2R}{\pi D^2\left(\frac{D}{3}+H\right)} \tag{4.5.6}$$

式中，R 为率定钢环时的力臂（m）。

②计算重塑土的抗剪力强度。其公式为

$$c'_u=KC(R_c-R_g) \tag{4.5.7}$$

式中，c'_u 为重塑土的抗剪强度（kPa）；R_c 为重塑土剪损时百分表最大读数（0.01 mm）。

③计算土的灵敏度。其公式为

$$S_t=\frac{c_u}{c'_u} \tag{4.5.8}$$

④绘制抗剪强度与试验深度的关系曲线，以了解土的抗剪强度随深度的变化规律，如图 4.5.5 所示。

⑤绘制抗剪强度与回转角的关系曲线，以了解土的结构性和受扭剪时的破坏过程，如图 4.5.6 所示。

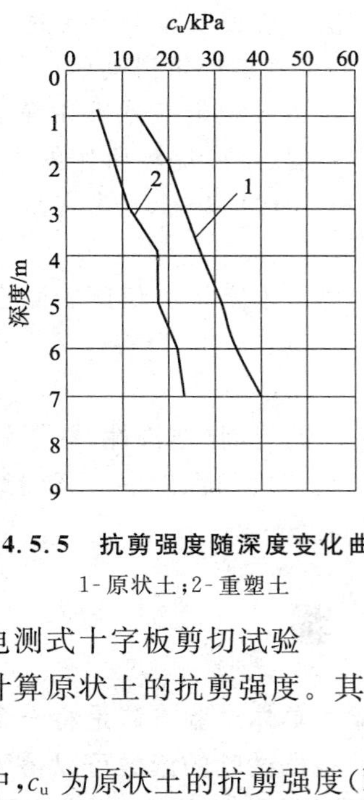

图 4.5.5　抗剪强度随深度变化曲线

1-原状土；2-重塑土

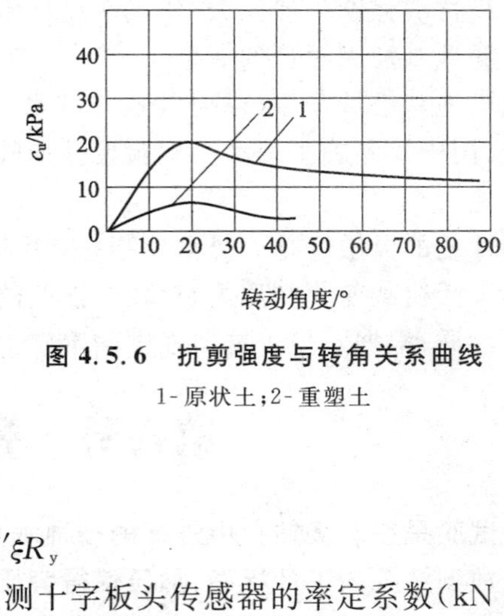

图 4.5.6　抗剪强度与转角关系曲线

1-原状土；2-重塑土

2）电测式十字板剪切试验

①计算原状土的抗剪强度。其公式为

$$c_u=K'\xi R_y \tag{4.5.9}$$

式中，c_u 为原状土的抗剪强度（kPa）；ξ 为电测十字板头传感器的率定系数（kN·m/$\mu\varepsilon$）；R_y 为土剪损时最大微应变值（$\mu\varepsilon$）；K'为电测十字板常数（m^{-3}）。

可由下式计算得到

$$K'=\frac{2}{\pi D^2\left(\frac{D}{3}+H\right)} \tag{4.5.10}$$

②计算重塑土的抗剪强度。其公式为

$$c'_u=K'\xi R_c \tag{4.5.11}$$

式中，c'_u 为重塑土的抗剪强度（kPa）；R_c 为重塑土剪损时最大微应变值（$\mu\varepsilon$）。

第一篇 岩土工程勘察

与开口钢环式十字板剪切试验一样，也可以依据试验资料计算土的灵敏度，绘制抗剪强度与深度的关系曲线和抗剪强度与回转角的关系曲线。

（二）资料应用

国内外研究均表明，十字板剪切试验所测得的抗剪强度值偏高，应用于实际工作时应作修正。Bjerrum（1972）建议的修正式为

$$c_{u(\text{实用值})}=\mu c_{u(\text{实测值})} \tag{4.5.12}$$

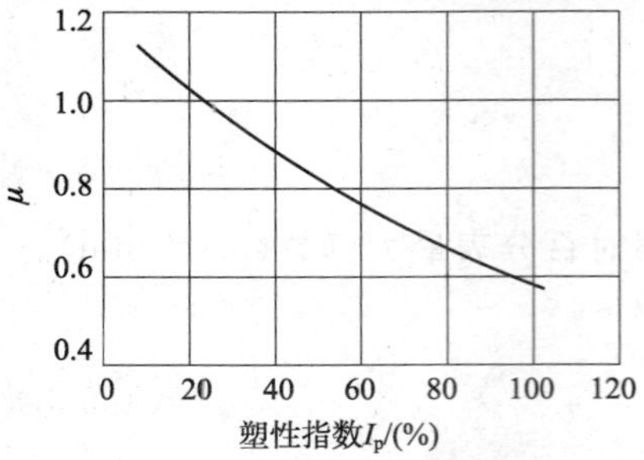

图 4.5.7 μ 与 I_p 的关系曲线

式中，μ 为修正系数，随塑性指数 I_p 的增大而减小，如图 4.5.7 所示。

1）计算地基承载力

对于内摩擦角等于零（$\varphi=0$）的饱和软黏性土，其经验公式为

$$f_{ak}=2c_u+\gamma h \tag{4.5.13}$$

式中，f_{ak}为地基土承载力特征值（kPa）；c_u 为修正后的十字板抗剪强度（kPa）；γ 为土的重度（kN/m^3）；h 为基础埋置深度（m）。

2）分析饱和软黏性土填、挖方边坡的稳定性

十字板抗剪强度较为普遍地用于软土地基及软土填、挖方边坡工程的稳定性分析与核算。根据软土中滑动带强度显著降低的特点，用十字板能较准确地确定滑动面的位置，并根据测得的抗剪强度来反算滑动面上土的强度参数，为地基与边坡稳定性分析和确定合理的安全系数提供依据。据南京水科院、浙江水科院等单位对海堤、水库堤坝所作的大量验算，表明十字板抗剪强度一般偏大，建议在设计中安全系数以不小于 1.3～1.5 为宜。

3）检验地基加固改良的效果

在软土地基堆载预压（或配以砂井排水）处理过程中，可用十字板剪切试验测定地基强度的变化，用于控制施工速率及检验地基加固的效果。

4）其他

软黏性土的灵敏度是一个重要指标，用它可以来判断土的成因、结构性，并了解扰动因素（如打桩、活荷载变化剧烈等）对软土强度的影响；根据抗剪强度与深度的关系曲线来判定土的固结性质；根据不排水抗剪强度确定软土路基的临界高度等。

第六节 旁 压 试 验

旁压试验是在现场钻孔中进行的一种水平向荷载试验。具体试验方法是将一个圆柱形的旁压器放到钻孔内设计标高，加压使得旁压器横向膨胀，根据试验的读数可以得到钻孔横向扩张体积—压力或应力—应变关系曲线，据此可用来估计地基承载力，测定土的强度参数、变形参数、基床系数，估算基础沉降、单桩承载力与沉降。

目前，旁压仪的常见类型有预钻式旁压仪和自钻式旁压仪。预钻式旁压仪的原理是预先用钻具钻出一个符合要求的垂直钻孔，将旁压器放入钻孔内的设计标高，然后进行旁压试验。自钻式旁压仪是将旁压仪设备和钻机一体化，将旁压器安装在钻杆上，在旁压器的端部安装钻头，钻头在钻进时，将切碎的土屑从旁压器（钻杆）的空心部位用泥浆带走，至预定标高后进行旁压试验。自钻式旁压试验的优越性就是最大限度地保证了地基土的原状性。

预钻式旁压试验适用于黏性土、粉土、砂土、碎石土、残积土、极软岩和软岩。自钻式旁

压试验适用于黏性土、粉土、砂土，尤其适用于软土。

一、试验仪器

(一)预钻式旁压仪

预钻式旁压仪由旁压器、控制单元和管路三部分组成。

1)旁压器

旁压器是对孔壁土(岩)体直接施加压力的部分，是旁压仪最重要的部件。它由金属骨架、密封的橡皮膜和膜外护铠组成。旁压器分单腔式和三腔式两种，目前常用的是三腔式。三腔式旁压器由测量腔(中腔)和上下两个护腔构成。测量腔和护腔互不相通，但两个护腔是互通的，并把测量腔夹在中间。试验时有压介质(水或油)从控制单元通过中间管路系统进入测量腔，使橡皮膜沿径向膨胀，孔周土(岩)体受压呈圆柱形扩张，从而可以量测孔壁压力与钻孔体积变化的关系。

2)控制单元

控制单元位于地表，通常是设置在三脚架上的一个箱式结构。其功能是控制试验压力和测读旁压器体积(应变)的变化。一般由压力源(高压氮气瓶)、调压器、测管、水箱、各类阀门、压力表、管路和箱式结构架等组成。

3)管路系统

管路系统是用于连接旁压器和控制单元、输送和传递压力体积信息的系统，通常包括气路、水(油)路和电路。

(二)自钻式旁压仪

自钻式旁压仪通常由三部分组成：包含自钻机构的探头部分；设置在地面的控制单元；连接控制单元和探头的管路部分。

自钻的原理是把装有旁压器的薄壁取样器用某一速率压入土中，同时用几个转动的刀片将进入取样器内的土芯弄碎，形成钻屑，钻屑因刀片标高处射出的液体作用而变成悬浮液，从旁压器的中央通过钻杆空心孔排到地面。取样器刃脚向内倾斜，其外侧圆柱面和其上的旁压器外侧面为同一个圆柱面，这样旁压器便随取样器同步进入土层中，并使得孔周土体免受扰动和保持其原来应力状态及含水率状态。当旁压器进到预定位置后，便可进行旁压试验。

二、操作要点

(一)仪器检定和校准

旁压仪上的压力表、体变管应定期按规定进行检定。试验前，应对仪器进行两项校准：弹性膜(包括铠装护套)的约束力校准、仪器综合变形校准。

1)弹性膜约束力校准

一般规定在每个工程试验前、新装或更新弹性膜、放置时间较长、膨胀次数超过10～20次、或温差超过4 ℃时，需要重新进行弹性膜约束力校准。校准方法是：将旁压器竖直或水平放置地面上，使旁压器处于自由状态，加压使旁压器预膨胀5次，然后开始记录量管读数，按10～25 kPa压力等级进行加压，各级压力下观测时间和正式试验一样(15、30、60、120 s)，根据仪器容许极限膨胀量终止试验。率定试验一般应有8～10个观测点。绘制压力变形曲线，得到相应于不同变形量时的弹性膜约束力。

2)仪器综合变形校准

选一内径比旁压器外径略大的厚壁钢管，钢管长度应比旁压器长出20 cm以上。将旁压器插入钢管内放置于地面上，按照加压等级 100 kPa 逐级加压，各级压力下观测时间和正式试验一样(15、30、60、120 s)，一直加压到仪器容许极限压力的 0.8～0.9 终止试验。绘制压力变形曲线，求出仪器综合变形校正系数。

(二)成孔要求

钻孔应垂直，呈完整圆形，孔壁土不得扰动。对于预钻式旁压试验，一般要求孔径比旁压器外径大 2～6 mm。

(三)常规试验

1)应力控制式试验

目前，预钻式旁压试验一般采用应力控制式试验。加压等级一般以采用 8～12 级为宜，即加压增量按预计极限压力的 1/8～1/12 考虑。缺乏经验时，按表 4.6.1 确定。

预钻式旁压试验压力增量　　表 4.6.1

土的特征	压力增量/kPa
淤泥、淤泥质土、流塑黏性土、松散粉细砂	≤15
软塑黏性土、疏松的黄土、稍密饱和的粉土、稍密很湿的粉细砂、稍密的粗砂	15～25
硬塑黏性土、一般黄土、中密～密实很湿的粉细砂、中密的中粗砂	25～50
硬塑～坚硬的黏性土、老黄土、密实的粉土、密实的中粗砂	50～100
软质岩、风化岩	100～600

注：本表引自《铁路工程地质原位测试规程》(TB 10018—2003)。

每级压力下稳定时间一般采用 1～3 min。国际上一般将稳定时间小于 5 min 的称为快速法，大于 5 min 的称为慢速法。快速法试验对于饱和黏性土来说，属于不排水试验，而对于砂土而言，属于完全排水试验。

当试验加压到接近仪器的容许变形量或容许压力值时，应终止试验。

2)应变控制式试验

自钻式旁压试验一般采用应变控制式试验。环向应变速率一般采用 1%/min(环向应变指孔壁径向位移和孔穴半径的比值)，并当环向应变达到 10%～12%时终止试验。应变率采用 1%/min 基本对应于应力控制式试验中的快速法试验。

当试验加压到接近仪器的容许变形量或容许压力值时，应终止试验。

(四)回弹试验

旁压仪回弹试验的目的是原位测定土的回弹再压缩旁压模量或回弹再压缩剪变模量。其试验方法与常规试验相似，只是当加荷至某一应力水平时，进行卸荷，然后再加荷到原来应力水平，回弹试验结束后，一般一直加压到试验终止。

(五)固结试验

对于可测孔隙水压力的自钻式旁压仪，可进行旁压固结试验。旁压固结试验的方法就是将可测孔隙水压力的旁压器放入地基中某一位置，按照常规旁压试验方法加压横向膨胀，至某一孔径时(一般相应于环向应变 $\varepsilon=10\%$)，做保持试验(欧美国家称为 Holding test)，即保持孔径不变，观测孔壁总压力和超静孔隙水压力的消散过程。根据观测结果计算饱和土的水平向固结系数。

(六)试验成果影响因素

1)仪器构造和规格

旁压器的长径比(l/d)是旁压仪的关键参数，当 $l/d=4～10$ 时，土的变形曲线近似于圆柱形，这时对旁压仪试验成果影响不大。

2)成孔质量

成孔质量的高低是预钻式旁压试验成败的关键。如图 4.6.1 所示,*a*、*c*、*d* 都是反常的试验曲线。*a* 线反映钻孔直径太小或有缩孔现象;*b* 线是正常的旁压曲线;*c* 线说明钻孔太大;*d* 线反映孔壁扰动太严重。孔壁扰动对旁压模量影响最大。

3)试验方法

加压等级和加压速率对旁压试验成果有影响。试验表明,加压等级选择不当会造成在旁压曲线上不易获得初始压力 p_0 和临塑压力 p_f。加压速率快慢则会造成土的排水条件不同,一般认为,加压速率对极限压力 p_L 影响较大,而对 p_f、E_M 影响不大。

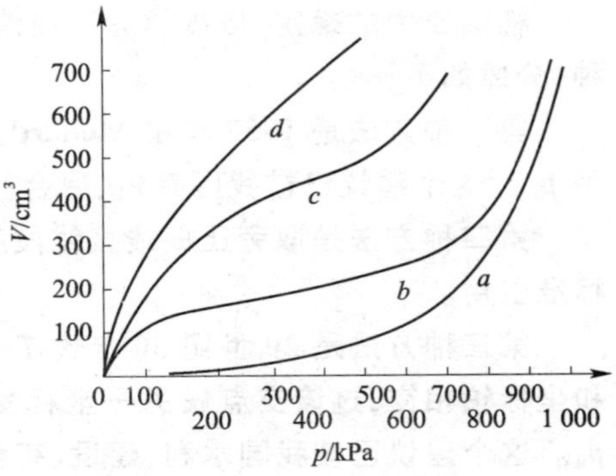

图 4.6.1　成孔质量对旁压曲线的影响

注:本图引自原水利部《土工试验规程》(SL 237—1999)。

三、资料整理

(一)试验读数校正

1)体积校正

对于高压旁压试验,应进行试验体积校正。体积校正值根据仪器综合变形校准结果确定。

2)压力校正

绘制旁压试验曲线前,应进行试验压力校正,校正值根据弹性膜约束力校准结果确定。

(二)旁压曲线绘制

1)预钻式旁压试验

根据校正后的体积和压力绘制旁压曲线 $p\text{-}V$ 和蠕变曲线 $p\text{-}V_{60''\sim30''}$。其中 p 表示孔壁径向压力,V 表示校正后的体积变化量,$V_{60''\sim30''}$ 表示 60 s 和 30 s 的体积差。典型预钻式旁压试验曲线如图4.6.2所示。

2)自钻式旁压试验

自钻式旁压试验由于其一般采用应变控制式试验(如英国剑桥旁压仪 Camkometer),所以,旁压曲线常绘制成 $p\text{-}\varepsilon_c$ 或 $p\text{-}\Delta V/V_0$,这里的 ε_c 表示孔壁环向应变;V_0 表示钻孔初始体积,ΔV 表示钻孔体积变化。典型自钻式旁压试验曲线如图 4.6.3 所示。

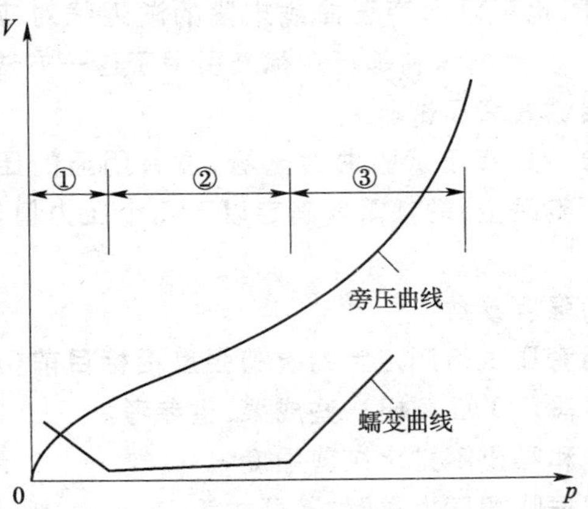

图 4.6.2　预钻式旁压曲线

①-再压缩阶段;②-似弹性阶段;③-塑性阶段;旁压曲线指 $p\text{-}V$ 曲线;蠕变曲线指 $p\text{-}V_{60''\sim30''}$ 曲线 $p\text{-}V_{180''\sim30''}$

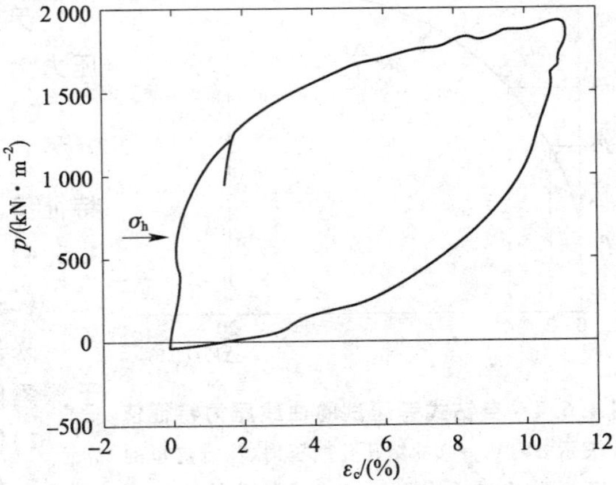

图 4.6.3　自钻式旁压曲线

注:本图引自 Wroth,1982。

（三）试验压力特征值

1）预钻式旁压试验

预钻式旁压试验压力特征值有初始压力 p_0、临塑压力 p_f 和极限压力 p_l。确定方法如下。

①初始压力 p_0。

初始压力的确定，应根据旁压曲线和蠕变曲线综合确定。截至目前已报道的方法有四种，分述如下：

第一种方法是 1957 年由 Menard 提出的，他建议取蠕变曲线的第一拐点对应的压力作为 p_0。这个建议已被我国有色、冶金行业标准引用。

第二种方法是取旁压曲线直线段起点对应的压力作为 p_0。这一方法已被我国铁路行业标准引用。

第三种方法是 20 世纪 80 年代 Tevanes 提出的，他建议在旁压曲线图上，将直线段延长和坐标轴相交，过该交点做另一坐标轴的平行线，旁压曲线和该平行线交点对应的压力为 p_0。这个建议已被我国水利、建设、有色、冶金、兵器等行业标准引用。

第四种方法是 1990 年由王长科提出的，他建议取旁压曲线直线段延长线和再压缩段延长线交点对应的压力为 p_0。

②临塑压力 p_f。

临塑压力的确定，应根据旁压曲线和蠕变曲线综合确定。截至目前已报道的方法有两种，分述如下：

第一种方法是 Menard 建议的，取蠕变曲线第二拐点对应的压力为 p_f。我国建设、有色、冶金等行业标准引用了这一方法。

第二种方法是取旁压曲线直线段终点对应的压力为 p_f。我国水利、建设、有色、冶金、等行业标准引用了这一方法。

③极限压力 p_l。

Menard 建议在旁压曲线上取 $V_l = V_c + 2V_0$ 时的压力为 p_l。式中 V_c 表示旁压器中腔体积，V_0 表示预钻式旁压曲线上对应于 p_0 的体积变化值。我国铁路行业标准引用了这个建议。在国外文献报道中，常将按 Menard 方法确定的极限压力称为 Menard 极限压力，记为 p_{LM}。

另外，也可以取旁压曲线末段的渐近线对应的压力为 p_l。我国水利等行业标准引用了这一方法。

2）自钻式旁压试验

从自钻式旁压试验曲线上看，没有明显的压力特征值。实践上，常常需要确定以下几个压力值（图 4.6.4）。

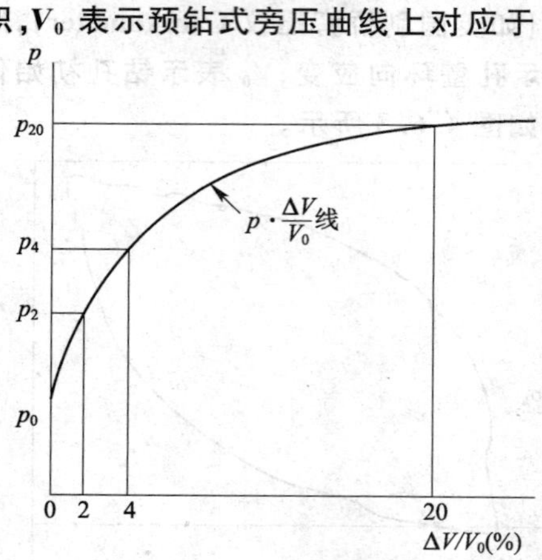

图 4.6.4　自钻式旁压试验曲线压力特征值

p_0 表示 $\Delta V/V_0=0$ 的钻孔孔壁压力（注意这里的 V_0 表示钻孔初始体积，ΔV 表示钻孔体积变化量）；p_2：表示 $\Delta V/V_0=2\%$ 的钻孔孔壁压力；p_4：表示$\Delta V/V_0=4\%$的钻孔孔壁压力；p_{20}：表示$\Delta V/V_0=20\%$的钻孔孔壁压力。

（四）强度参数

采用旁压试验测定土的抗剪强度指标目前仍处于探索阶段。下面列出一些成果，供参考。

1）饱和黏土不排水抗剪强度 c_u

①根据临塑压力求解，其公式为

$$c_u = p_f - p_0 \tag{4.6.1}$$

②根据极限压力求解。1987 年，R. J. Mair 和 D. M. Wood 建议公式如下

$$c_u=\frac{p_1-p_0}{N_p} \tag{4.6.2}$$

式中，$N_p=1+\ln(G/c_u)$，G 表示剪变模量。

③根据旁压曲线求解。1972 年，Palmer、Baguelin、Ladanyi 几乎同时得到了饱和黏土等容剪切方程式。根据这个方程式，可以从旁压曲线（p-ε_c）求出抗剪强度曲线（τ-ε_c），然后取峰值强度作为 c_u。

$$\tau\approx\frac{dp}{d\varepsilon_c}\varepsilon_c \tag{4.6.3}$$

式中，ε_c 为应变。

1987 年，王长科得到了旁压试验孔壁剪应力的通解

$$\tau=\frac{1}{2}\frac{dp}{d\varepsilon_c}(1+\varepsilon_c)\left[\frac{(1+\varepsilon_c)^2}{1+\varepsilon_v}-1\right] \tag{4.6.4}$$

式中，ε_v 为土的体应变。

2）干砂（$c=0$）的内摩擦角 φ

①根据临塑压力求解。2004 年，王长科建议按下述公式估计

$$\varphi=\sin^{-1}\left(\frac{p_f}{p_0}-1\right) \tag{4.6.5}$$

②根据极限压力求解。1970 年，Menard 研究中心建议按下述公式估计

$$\varphi=5.77\ln\left(\frac{p_1-p_0}{250}\right)+24^\circ \tag{4.6.6}$$

（五）变形参数

1）变形模量 E_M

旁压试验变形模量简称旁压模量。和载荷试验一样，旁压试验从其机理上来看，求出的模量本应属于弹性模量，但由于土的弹塑性，故改称为变形模量。为了纪念 Menard 的贡献，通常用 Menard 首字母作为 E 的下标。

1975 年，Menard 建议按下述公式计算旁压模量

$$E_M=2(1+\mu)(V_c+V_m)\frac{\Delta p}{\Delta V} \tag{4.6.7}$$

式中，V_c 为旁压器中腔体积；V_m 为平均体积增量，取旁压曲线 p_0、p_f 对应体积增量的平均值。

我国水利、铁路、建设、兵器、有色、冶金等行业标准均推荐了上述公式。

1992 年，王长科曾提出按下述公式计算更为合理

$$E_M=2(1+\mu)(V_c+V_0)\frac{\Delta p}{\Delta V} \tag{4.6.8}$$

式中，V_0 为对应于 p_0 值的体积增量。

2）剪变模量 G_M

根据弹性理论，计算公式如下

$$G_M=\frac{E_M}{2(1+\mu)} \tag{4.6.9}$$

式中，μ 为泊松比。

3）基床系数 K_M

基床系数是指地基土在外力作用下，产生单位变位所需的应力，也称弹性抗力系数或地基反力系数，并有水平基床系数和垂直基床系数之分。旁压试验测定的基床系数是水平基

床系数。

$$K_M = \frac{\Delta p}{\Delta r} \tag{4.6.10}$$

式中，K_M 为基床系数；Δp 为压力差；Δr 为对应的钻孔半径差。

2002 年，王长科等提出如下计算表达式

$$K_M = \frac{E_M}{1+\mu} \cdot \frac{1}{r_0} \tag{4.6.11}$$

式中，r_0 为钻孔初始半径。

4）固结系数 C_h

在饱和黏土中进行旁压固结试验，可以测定土的径向固结系数。图 4.6.5 是典型饱和软黏土旁压固结试验结果。

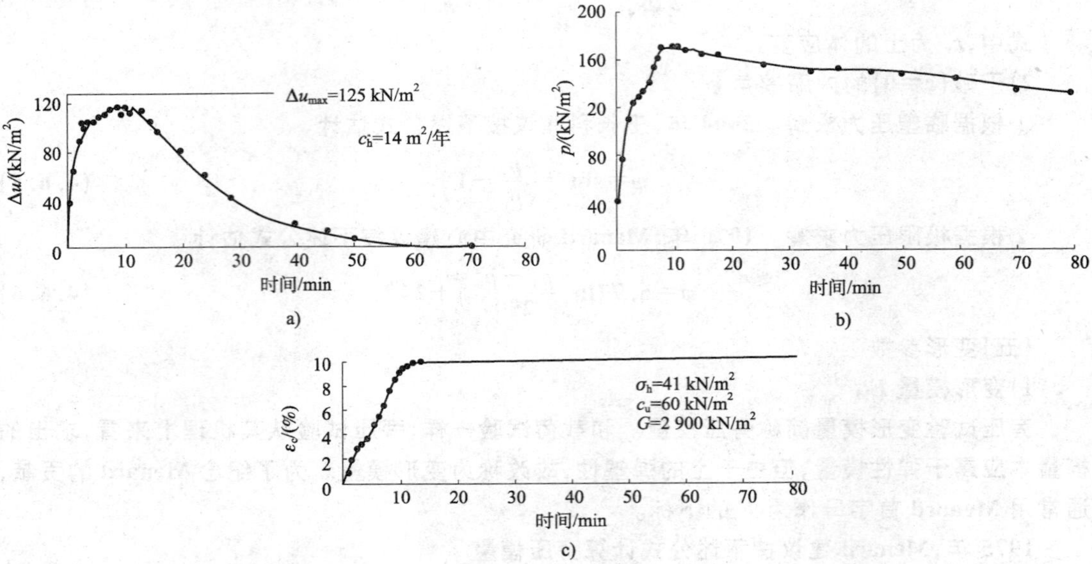

图 4.6.5　饱和软黏土旁压固结试验结果

注：本图引自 Clarke，Carter 和 Wroth，1979。

1979 年，Clarke，Carter 和 Wroth 研究了旁压固结试验原理，提出了计算固结系数的方法。

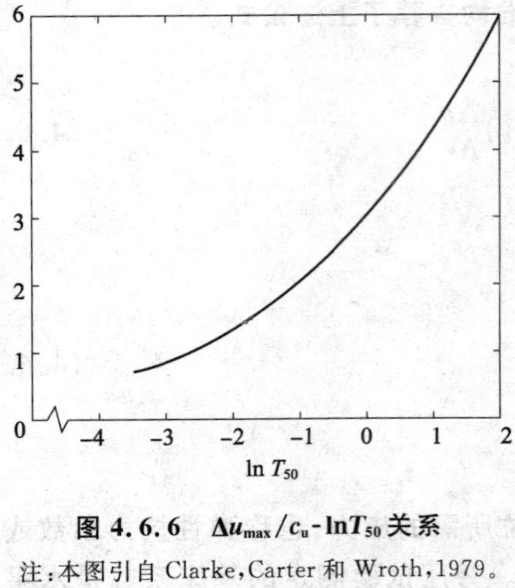

图 4.6.6　$\Delta u_{max}/c_u$-$\ln T_{50}$ 关系

注：本图引自 Clarke，Carter 和 Wroth，1979。

计算要点如下所述：

①根据试验结果按下式计算最大超静孔隙水压力 Δu_{max}

$$\Delta u_{max} = c_u \ln\left(\frac{G}{c_u} \cdot \frac{\Delta V}{V}\right) \tag{4.6.12}$$

式中，ΔV 为保持试验(Holding test)时的钻孔体积增量；V 为保持试验时的钻孔体积。

②根据 $\Delta u_{max}/c_u$ 从图 4.6.6 中查取时间因数 T_{50}。

③从 Δu-t 关系图(图 4.6.5)中确定超静孔隙水压力消散至 $1/2\Delta u_{max}$ 的时间 t_{50}。

④按下式计算固结系数 C_h

$$C_h = \frac{T_{50}}{t_{50}} r^2 \tag{4.6.13}$$

式中，r 为固结试验钻孔半径。

四、工程应用

(一)黏性土稠度状态和砂土密实度划分

参考 Baguelin(1978)的建议，推荐黏性土稠度状态和砂土密实度划分见表 4.6.2 和表 4.6.3。

黏性土稠度状态划分　　表 4.6.2

状态	流塑	软塑	可塑	硬塑	坚硬
$p_1 \sim p_0$/kPa	0～75	75～150	150～800	800～1 600	>1 600

砂土密实度划分　　表 4.6.3

密实度	松散	稍密	中密	密实
$p_1 \sim p_0$/kPa	0～500	500～1 000	1 000～1 500	>1 500

(二)地基承载力计算

1)水利行业标准规定

《土工试验规程》(SL 237—1999)推荐地基承载力基本值 f_0 可按下式计算

$$f_0 = p_f - p_0 \tag{4.6.14}$$

$$f_0 = \frac{p_1 - p_0}{F} \tag{4.6.15}$$

2)铁路行业标准规定

《铁路工程地质原位测试规程》(TB 10018—2003)规定如下：

地基承载力基本值 σ_0 应按下式确定

$$\sigma_0 = p_f - \sigma_{h0} \tag{4.6.16}$$

地基极限承载力 p_u 可按下式确定

$$p_u = 0.89(p_1 - \sigma_{h0}) \tag{4.6.17}$$

式中，σ_{h0} 为原位水平应力。

3)上海市工程建设标准规范

承载力基本值 f_0 计算公式见表 4.6.4。

承载力基本值 f_0 计算公式　　表 4.6.4

土 类 别	经验公式
黏性土	$f_0 = 0.9(p_y - p_0)$
	$f_0 = (p_1 - p_0)/2.2$
粉性土	$f_0 = 0.8(p_y - p_0)/2.4$
	$f_0 = (p_1 - p_0)/2.4$
砂土	$f_0 = 0.6(p_y - p_0)$
	$f_0 = (p_1 - p_0)/2.7$

注：p_y 表示临塑压力，前述用 p_f 表示。

4)建设行业标准规定

《高层建筑岩土工程勘察规程》(JGJ 72—2004)推荐地基承载力特征值 f_{ak} 按下列公式计算

$$f_{ak} = \lambda_1(p_y - p_m) \tag{4.6.18}$$

$$f_{ak} = \lambda_2(p_1 - p_m) \tag{4.6.19}$$

式中，p_m 为原位水平应力；p_y 为临塑压力；λ_1、λ_2 为修正系数，对一般黏性土 λ_2 取 0.42～0.50，粉土 λ_2 取 0.37～0.43，砂土 λ_2 取 0.31～0.36。λ_1、λ_2 可根据经验取值，但 λ_1 不应大于 1.0，λ_2 不应大于 0.5。

（三）桩基础承载力计算

1）打入式预制桩

《高层建筑岩土工程勘察规程》（JGJ 72—2004）建议，打入式预制桩的桩侧阻力特征值可根据旁压试验极限压力查表 4.6.5 确定。桩端阻力特征值可按下式计算

黏性土

$$q_{pa}=p_1 \tag{4.6.20}$$

粉土

$$q_{pa}=1.25p_1 \tag{4.6.21}$$

砂土

$$q_{pa}=1.50p_1 \tag{4.6.22}$$

打入式预制桩的桩侧阻力特征值 q_{sa}（单位：kPa） 表 4.6.5

土性	旁压试验极限压力 p_1/kPa												
	200	400	600	800	1 000	1 200	1 400	1 600	1 800	2 000	2 200	2 400	>2 600
黏性土	5	12	18	25	32	37	40	43	45				
粉土		12	20	26	33	38	42	46	48	49	50		
砂土			20	27	34	42	47	50	53	55	57	59	60

2）钻孔灌注桩

钻孔灌注桩的侧阻力特征值为打入式预制桩的 0.7～0.8 倍，桩端阻力特征值为打入式预制桩的 0.3～0.4 倍。

（四）地基变形计算

国外通常直接采用旁压试验变形模量 E_M 或旁压试验剪变模量 G_M 进行沉降计算，国内几乎都是先根据经验公式将旁压试验变形模量 E_M 换算为载荷试验变形模量 E_0 或固结试验压缩模量 E_s，然后再进行沉降计算。

1）国外基础沉降计算

国外运用旁压模量估算沉降，最早是由 Menard 和 Rousseau（1962）提出的。对于均质土地基，直径为 B 的圆形基础或长宽为 $L\times B$ 的矩形基础，基础埋深 $D\geqslant B$，基础沉降量 s 计算公式如下

$$s = s_d + s_c \tag{4.6.23}$$

$$s_d = \frac{2}{9E_M}p_0B_0\left(\lambda_d\frac{B}{B_0}\right)^{\alpha} \tag{4.6.24}$$

$$s_c = \frac{\alpha}{9E_M}p_0\lambda_cB \tag{4.6.25}$$

式中，s_d、s_c 分别为瞬时沉降和固结沉降；p_0 为基底附加压力；B 为基础宽度；B_0 为参考宽度，取0.6 m（2 ft）；λ_d、λ_c 为基础形状系数，见表 4.6.6；α 为流变系数，按表 4.6.7 取值。

基 础 形 状 系 数 表 4.6.6

L/B	1		2	3	5	20
	圆形	方形				
λ_d	1.00	1.12	1.53	1.78	2.14	2.65
λ_c	1.00	1.10	1.20	1.30	1.40	1.50

对于 $D<B$ 情况,上述公式计算沉降值乘以 β,$\beta=20(1-D/B)$。

各类土的流变系数 表 4.6.7

土类	超固结		正常固结		风化和/或重塑	
	E_M/p_1^*	α	E_M/p_1^*	α	E_M/p_1^*	α
泥炭				1.0		
黏土	>16	1	9~16	0.67	7~9	0.50
粉土	>14	0.67	8~14	0.50		0.50
砂土	>12	0.50	7~12	0.33		0.33
砾石土	>10	0.33	6~10	0.25	—	0.25
岩石	极度破碎,α=0.33;其他,α=0.50;轻微破碎或极度风化,α=0.67					

2)中国变形模量、压缩模量经验公式

《铁路工程地质原位测试规程》(TB 10018—2003)给出的经验关系见表 4.6.8~表 4.6.10。

黏性土的变形模量和压缩模量 表 4.6.8

G_m/MPa	0.5	1.0	1.5	2.0	2.5	3.0	3.5	4.0	5.0	6.0	7.0	8.0
E_0/MPa	2.0~2.4	3.3~4.8	4.3~7.2	5.8~9.6	7.2~12.0	8.7~14.4	10.1~16.8	11.6~19.2	14.5~24.0	17.4~28.8	20.3~33.6	23.2~38.4
E_s/MPa	2.0~2.2	3.0~3.5	3.8~4.5	5.0~7.0	6.3~8.7	7.5~10.5	8.8~12.2	10.0~14.0	12.5~17.5	15.0~21.0	17.5~24.5	

黄土的变形模量和压缩模量 表 4.6.9

G_m/MPa		0.5	1.0	1.5	2.0	2.5	3.0	3.5	4.0
E_0/MPa		4.5	6.2	8.4	10.6	13.3	15.9	18.6	21.2
E_s/MPa	$d\leqslant 3.0$ m	1.7	2.1	2.7	3.6	4.5	5.4	6.3	7.2
	$d>3.0$ m	1.6	2.0	2.4	2.8	3.5	4.2	4.9	5.6
G_m/MPa		5.0	6.0	7.0	8.0	10.0	12.0	14.0	15.0
E_0/MPa		26.5	31.8	37.1					
E_s/MPa	$d\leqslant 3.0$ m	9.0	10.8	12.6	14.4	18.0			
	$d>3.0$ m	7.0	8.4	9.8	11.2	14.0	16.8	19.6	21.0

注:d 为测试深度。

砂土的变形模量 表 4.6.10

砂土分类	粉砂	细砂	中砂	粗砂
E_0/G_m	4.0~5.0	5.0~7.0	7.0~9.0	9.0~11.0

经验公式见表4.6.11。

土的压缩模量经验公式 表 4.6.11

土类	经验公式	适用范围
一般黏性土	$E_s=(0.7\sim1.0)E_M$	>10 m
粉性土	$E_s=(1.2\sim1.5)E_M$	
粉、细砂	$E_s=(2.0\sim2.5)E_M$	
中、粗砂	$E_s=(3.0\sim4.0)E_M$	

注:1. E_s 指附加应力为 200~300 kPa 的压缩模量。

2. 本表引自上海市工程建设规范《岩土工程勘察规范》(DGJ 08/37—2002)。

第七节 扁铲侧胀试验

扁铲侧胀试验(简称 DMT)是意大利学者 Marchettis 于 20 世纪 70 年代发明的一种原位测试技术,可作为一种特殊的旁压试验,是用静力(有时也用锤击动力)把一扁铲形探头贯入到土中某一预定深度,利用气压使扁铲侧面的圆形钢膜向外扩张进行试验,量测不同侧胀位移时的侧向压力,可用于土层划分与定名、不排水剪切强度、应力历史、静止土压力系数、压缩模量、固结系数等的原位测定。其优点是操作简便,快速,重复性好和便宜,近年来发展很快。

扁铲侧胀试验适用于一般黏性土、粉土、中密以下砂土、黄土等,不适用于含碎石的土、风化岩等。

一、试验原理

扁铲侧胀试验时圆形钢膜向外扩张可假设为无限弹性介质中在圆形面积上施加均布荷载 Δp,如弹性介质弹性模量为 E,泊松比为 μ,膜中心的外位移 s,则

$$s = \frac{4R\Delta P(1-\mu^2)}{\pi} \cdot \frac{1-\mu^2}{E} \tag{4.7.1}$$

式中,R 为膜的半径($R=30$ mm)。

如把 $E/(1-\mu^2)$ 定义为扁胀模量 E_D,s 为 1.10 mm,则式(4.7.1)变为

$$E_D = 34.7\Delta p = 34.7(p_1 - p_0) \tag{4.7.2}$$

而作用在扁胀仪上的原位应力即 p_0,水平有效应力(p_0-u_0)与竖向有效应力 σ'_{v0} 之比,定义为水平应力指数 K_D

$$K_D = \frac{p_0 - u_0}{\sigma'_{v0}} \tag{4.7.3}$$

式中,u_0 为静水压力。

而膜中心外移 1.10 mm 所需的压力(p_1-p_0)与土的类型有关,定义为扁胀指数 I_D

$$I_D = \frac{p_1 - p_0}{p_0 - u_0} \tag{4.7.4}$$

把压力 p_2 当成初始孔压加上由于膜扩张所产生的超孔压之和,定义为扁胀孔压指数 U_D

$$U_D = \frac{p_2 - u_0}{p_0 - u_0} \tag{4.7.5}$$

根据 E_D、K_D、I_D、U_D 可确定土的一系列的岩土技术参数,为岩土工程问题提供评价依据。

二、试验设备

扁铲侧胀仪由 1 只扁铲形探头(图 4.7.1)、1 个控制箱(图 4.7.2)、气—电管路、压力源、贯入设备、探杆等组成。

扁铲形探头的尺寸为长 230～240 mm、宽 94～96 mm、厚 14～16 mm,铲前缘刃角为 12°～16°,在扁铲的一个侧面上装有一直径为 60 mm 的薄钢膜片,膜片厚约 0.2 mm,通过穿在杆内的一根柔性气—电管路和地面上的控制箱相连接。探头采用静力触探设备或液压钻机压入土中。

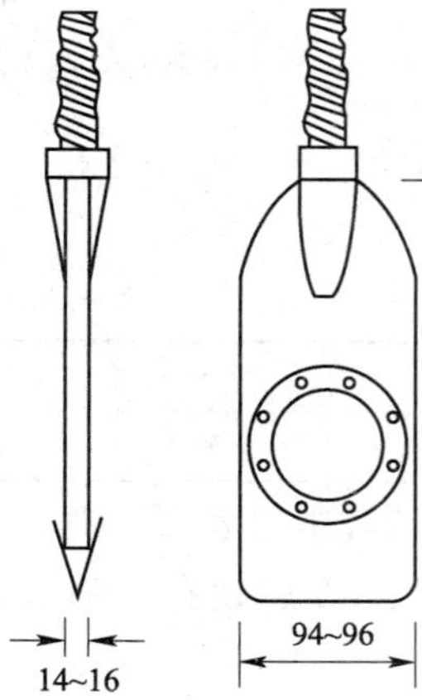

图 4.7.1 扁铲形探头(尺寸单位:mm)

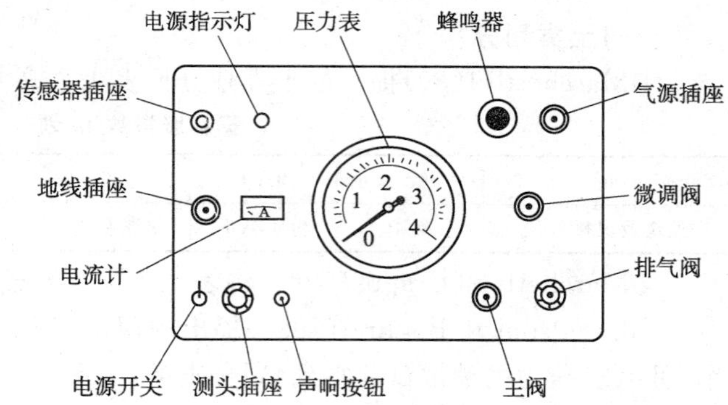

图 4.7.2 侧胀仪控制箱面板图

三、试验要点

(1)试验点布置

扁胀试验点竖向间距一般为 0.15~0.30 m 通常采用 0.2 m。

(2)仪器标定

试验前应对仪器进行标定。测出侧胀器在空气中自由膨胀时的膜片中心外移0.05 mm和1.10 mm所需的压力 A_0 和 B_0。标定前应在空气中反复加荷、卸荷,以消除膜片本身及装配时遗留的残余应力。

(3)试验方法

试验时先将扁铲以 20±5 mm/s 的速率贯入到地层中某一预定深度,然后立即(不超过 15 s)加气压开始试验,膜片在气压作用下压向土体,当膜片刚开始向外扩张时(膜片中心向外侧张位移0.05 mm),发出第一次电信号(蜂鸣器发声或指示灯发光),测读该时气压 A;当膜片中心外移 1.10 mm 时发出第二次电信号,测读此时气压 B;控制降低气压,当膜片内缩到开始扩张的位置,测读该时气压 C。三个压力读数 A、B、C 应在贯入停止后 2 min 内完成。

若要估算原位的水平固结系数,可进行扁胀消散试验,则在正常读取压力 A、B、C 后,于释放贯入力后,经 1、2、4、8、15、30 min、…时读取压力 C 随时间 t 的变化,直至 C 压力的消散超过 50%为止。

四、资料整理

由上述读数计算以下三个参数

$$p_0 = 1.05(A + A_0) - 0.05(B - B_0) \tag{4.7.6}$$

$$p_1 = B - B_0 \tag{4.7.7}$$

$$p_2 = C + A_0 \tag{4.7.8}$$

式中,p_0、p_1、p_2 为初始(零位移时)侧向压力、1.10 mm 位移时侧向压力和终止压力(kPa);A、B、C 为膜片中心外移 0.05 mm、1.10 mm 及回复到初始状态时的试验压力读数(kPa);A_0、B_0 为标定曲线上相应于膜片中心外移 0.05 mm、1.10 mm 时的试验压力读数(kPa)。

根据 p_0、p_1、p_2 计算 E_D、K_D、I_D、U_D,而后绘 p_0、p_1、p_2 以及 E_D、K_D、I_D、U_D 与深度的变化曲线。

五、成果应用

(一)土类划分

①Marchetti(1980)提出的土类划分见表 4.7.1。

据扁胀指数 I_D 划分土类　　表 4.7.1

I_D	0.1	0.35	0.6	0.9	1.2	1.8	3.3
泥炭及灵敏性土	黏土	粉质黏土	黏质粉土	粉土	砂质粉土	粉质砂土	砂土

②Marchetti 和 Crapps(1981)将表 4.7.1 扩展成如图 4.7.3 所示,用于划分土类。

③Davidsom 和 Boghrat(1983)提出的用 I_D 和扁铲贯入土中 1 min 后超孔压消散百分率(可由 C 压力的消散试验得到)划分土类,如图 4.7.4 所示。

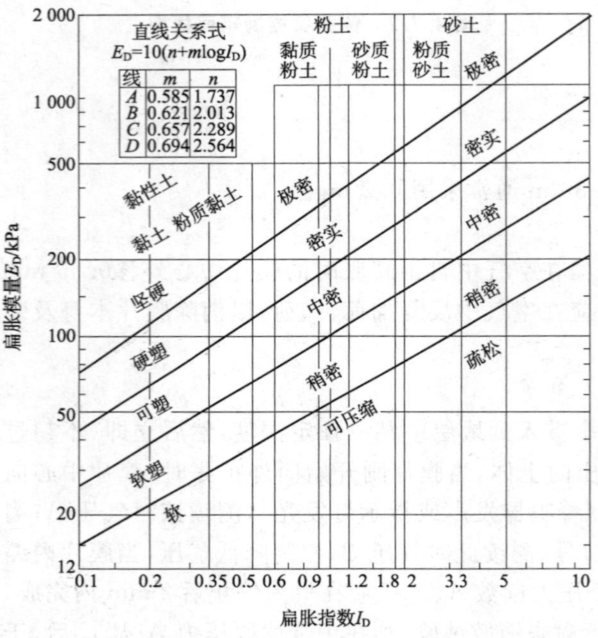

图 4.7.3　土类划分(Marchetti 和 Crapps,1981)

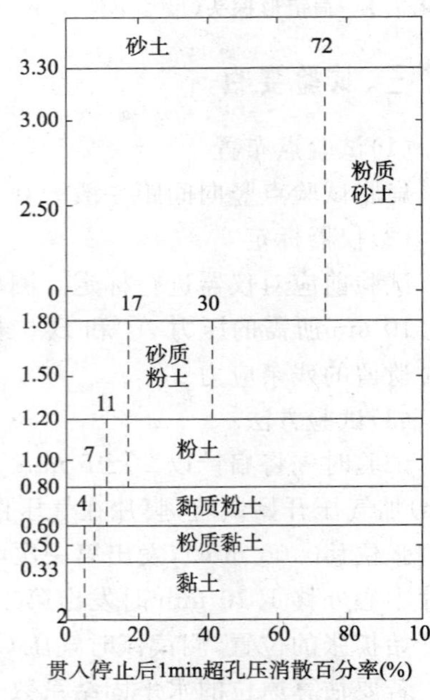

图 4.7.4　土类划分(Davidsom 和 Boghrat,1983)

(二)静止土压力系数 K_0 的计算

Marchetti(1980)建议,对无胶结的黏性土($I_D \leqslant 1.2$),可用 K_D 评定土的超固结比 OCR。

$$K_0 = (K_D/1.5)^{0.47} - 0.6 \qquad (I_D \leqslant 1.2) \tag{4.7.9}$$

Lunne 等(1988)提出

对新近沉积黏土

$$K_0 = 0.34K_D^{0.54} \qquad (c_u/\sigma'_{v0} \leqslant 0.8) \tag{4.7.10}$$

对老黏土

$$K_0 = 0.68K_D^{0.54} \qquad (c_u/\sigma'_{v0} > 0.8) \tag{4.7.11}$$

(三)应力历史的确定

Marchetti(1980)建议,对无胶结的黏性土($I_D \leqslant 1.2$),可用 K_D 评定土的超固结比 OCR。

$$\mathrm{OCR} = 0.5K_D^{1.56} \tag{4.7.12}$$

Lunne 等(1998)提出。

对新近沉积黏土($c_u/\sigma'_{v0} \leqslant 0.8$)

$$\mathrm{OCR}=0.3K_D^{1.17}$$

对老黏土($c_u/\sigma'_{v0}>0.8$)

$$\mathrm{OCR}=2.7K_D^{1.17} \tag{4.7.13}$$

(四)不排水抗剪强度 c_u 的计算

Marchetti(1980)提出

$$\frac{c_u}{\sigma'_{v0}}=0.22(0.5K_D)^{1.25} \tag{4.7.14}$$

Roque 等(1988)提出

$$c_u=\frac{p_1-\sigma_{h0}}{N_c} \tag{4.7.15}$$

式中,σ_{h0} 为原位水平应力,$\sigma_{h0}=K_0\sigma'_{v0}+u_0$;$N_c$ 为经验系数,取 5～9(对硬黏性土,$N_c=5$;对中等黏性土,$N_c=7$;对非灵敏可塑黏性土,$N_c=9$)。

(五)变形参数计算

Marchetti(1980)提出压缩模量 E_s 与 E_D 关系如下

$$E_s=R_ME_D \tag{4.7.16}$$

其中

当 $I_D\leqslant0.6$ 时

$$R_M=0.14+2.36\lg K_D \tag{4.7.17}$$

当 $I_D\geqslant3.0$ 时

$$R_M=0.5+2\lg K_D \tag{4.7.18}$$

当 $0.6<I_D<3.0$ 时

$$R_M=R_{M0}+(2.5-R_{M0})\lg K_D \tag{4.7.19}$$

$$R_{M0}=0.14+0.15(I_D-0.6) \tag{4.7.20}$$

弹性模量 E(初始切线模量 E_i,50%极限应力时的割线模量 E_{50},25%极限应力时的割线模量 E_{25})

$$E=FE_D \tag{4.7.21}$$

式中,F 为经验系数,见表 4.7.2。

经验系数　　表 4.7.2

土　类	E	F	提出者
黏性土	E_i	10	Robertson 等(1988)
砂土	E_i	2	Robertson 等(1988)
砂土	E_{25}	1	Campanella 等(1985)
NC 砂土	E_{25}	0.85	Baldi 等(1986)
OC 砂土	E_{25}	3.5	Baldi 等(1986)
重超固结土	E_i	1.4	Davidson 等(1983)
黏性土	E_i	$F=0.36_D^{-1.6}$	Lutengger 等(1988)

(六)水平固结系数 C_h 估算

(1)根据 C 压力消散试验估算

根据 C-$\sqrt{t}$ 关系曲线,按下式估算水平向固结系数

$$C_h=\frac{600\ T_{50}}{t_{50}}(\mathrm{mm^2/min}) \tag{4.7.22}$$

式中,T_{50} 为相应于固结度 50%时的时间因数(按 E/c_u 取值,见表 4.7.3);t_{50} 为相对于

固结度 50％时的经历时间(min)。

T_{50} 值 表 4.7.3

E/c_u	100	200	300	400
T_{50}	1.1	1.5	2.0	2.7

Sohmertmann(1988)认为扁铲侧胀试验中土属再压缩性状，要估算土的现场初次压缩性状的水平固结系数，还应对式(4.7.22)的 C_h 值乘一个修正系数 α_c，α_c 值见表 4.7.4。

α_c 值 表 4.7.4

土的固结历史	正常固结	正常超固结	低超固结	重超固结
α_c	7	5	3	1

(2)根据 A 压力消散试验估算

根据 A 压力与 $\lg t$ 关系曲线弯点的特征时间 t_f，按下式估算水平固结系数。

对超固结土
$$C_{h,oc}=\frac{5-10}{t_f} \tag{4.7.23}$$

对正常固结土
$$C_{v,N_c}=\frac{1}{35}C_{h,oc} \tag{4.7.24}$$

式中，$C_{h,oc}$ 为超固结土的水平固结系数；C_{v,N_c} 为正常固结土的垂直固结系数；t_f 为特征时间。

根据 t_f 可对固结速率进行评定(表 4.7.5)。

根据 t_f 评定固结速率 表 4.7.5

t_f/min	10	10～30	30～80	80～200	＞200
固结速率	极快	快	中等	慢	极慢

(七)液化判别

由于 K_D 与土的相对密实度 D_r、静止土压力系数 K_0、应力历史、沉积年代、胶结等有关，而这些因素也影响砂土的液化势，故由 K_D 可评定砂土的液化势。

Bellotti 等(1979)提出的 K_D-D_r 关系图(图 4.7.5)，再综合 Christian&Swiger(1975)、Valid、Byrne&Hughes(1981)等资料，可得出产生液化的周期应力比 τ_f/σ'_{v0} 与 K_D 的关系，如图 4.7.6 所示，依此可进行液化判别。

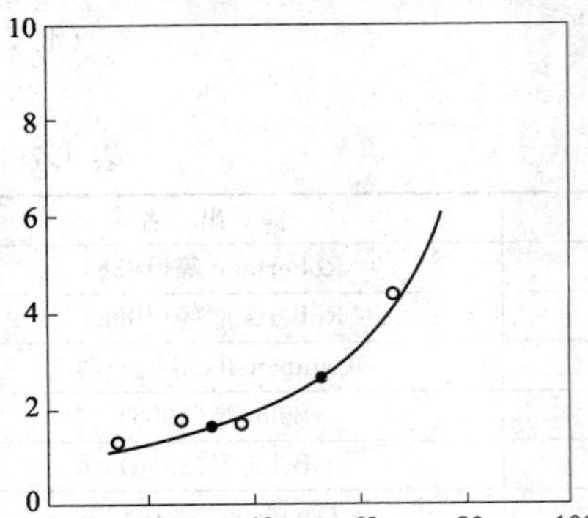

图 4.7.5 正常固结砂土 K_D-D_r 关系图
(Bellotti 1979)

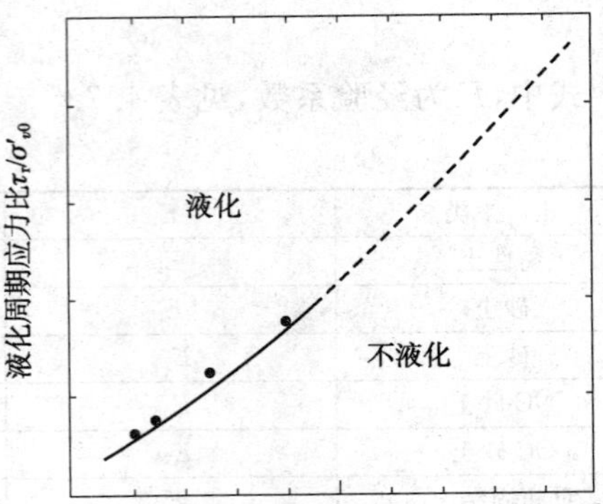

图 4.7.6 τ_f/σ'_{v0}-K_D 的关系
(Robertson—Compannella 1981)

(八)确定水平受荷桩的 p-y 曲线

Matlock(1970)提出用下式来反映桩—土的 p-y 曲线

$$\frac{p}{p_u}=0.5\left(\frac{y}{y_c}\right)^{0.33} \tag{4.7.25}$$

式中，p 为桩每单位长度土的侧向抗力(kPa)；p_u 为桩每单位长度土的极限侧向抗力(kPa)；y 为桩单元体的水平变位；y_c 相应于 $p=0.5p_u$ 桩单元体的极限水平变位。

(1)对黏性土，Robertson 等提出：

$$y_c = \frac{23.67c_u D^{0.5}}{F_c E_D} \tag{4.7.26}$$

$$p_u = N_p c_u D \tag{4.7.27}$$

$$N_p = 3 + \frac{\sigma'_{v0}}{c_u} + \left[J\frac{x}{D}\right] \tag{4.7.28}$$

式中，D 为桩径(cm)；c_u 为土的不排水抗剪强度(由偏试验估算)；F_c 为系数，取 10；x 为深度(m)；σ'_{v0}为深度 x 处有效上覆土压力；J 为经验系数，软黏土取 0.5，硬黏土取 0.25。

(2)对砂性土

$$y_c = \frac{4.17\sin\varphi'\sigma'_{vo}}{E_D F_S(1-\sin\varphi)}D \tag{4.7.29}$$

式中，φ'为内摩擦角，F_S 近似取 2。

Robertson 等建议 p_u 取下两式的低值

$$p_u = \sigma'_{v0}[D(K_p - K_a) + xK_p\tan\varphi'\tan\beta] \tag{4.7.30}$$

$$p_u = \sigma'_{vo}D[K_p^3 + 2K_0K_p^2\tan\varphi' + \tan\varphi' - K_a] \tag{4.7.31}$$

式中，K_a 为朗肯主动土压力，$K_a=(1-\sin\varphi')/(1+\sin\varphi)$；$K_p$ 为朗肯被动土压力，$K_p\approx 1/K_a$；K_0 为静止侧压力系数，$K_0=1-\sin\varphi'$；$\beta=45°+\varphi'/2$。

第八节　现场剪切试验

(一)试验原理和目的

岩体现场直剪试验是：预定的剪切面在垂直(法向)压应力作用下，施加剪切力，直至试体剪切破坏的试验。

岩体现场直剪试验包括混凝土与岩体胶结(接触)面、岩体中软弱结构面(以下简称岩体弱面)和软弱岩体本身三个方面的内容。

混凝土与岩体胶结面的抗剪强度是通过抗剪断试验和剪断后对接触面的抗剪试验测定的。岩体弱面、软弱岩体的抗剪强度是通过抗剪试验测定的。

同一组试验应尽可能处在同一高程或层位上，其地质条件应基本相同，试验过程中的受力状态应与岩体在工程中的受力状态相近似。

岩体现场直剪试验的目的是测定其抵抗剪切破坏的能力，为地(坝)基、地下建筑物和边坡的稳定计算分析提供抗剪强度参数(摩擦系数和黏聚力)。

(二)仪器设备

岩体现场直剪试验仪器设备见表 4.8.1。

岩体现场直剪试验仪器设备　　表 4.8.1

项目	内　容	数量	规　格	说　明
试体制备设备	手风钻(或切石机)、模具、人工开挖工具	各一套		切石机、模具，应符合试体尺寸要求
加载设备	液压千斤顶(或液压钢枕)	≥2	500～3 000 kN (10～20 MPa)	出力容量根据试验要求确定行程≥70 mm
	液压泵(手动或电动)附压力表、高压管路、测力计等			与液压千斤顶(或液压钢枕)配套使用

续上表

项目	内容	数量	规格	说明
传力设备	传力柱(木、钢或混凝土制品)、钢垫块(板)、滚轴排	按图 4.8.4、4.8.5、4.8.6		传力柱宜具有足够的刚度
	岩锚、钢索、螺夹、或钢梁等	一套		在露天或基坑试验时使用
量测设备	百分表 千分表	≥6 ≥6	0.01 mm,量程≥50 mm 0.001 mm,量程≥2~5 mm	
	磁性表座和万能表架,测量标点			数量与百分表(或千分表)配套
	量表支架	≥2		支杆长度,应超过试验影响范围
其他	仪器、仪表安装工具 混凝土浇捣工具 地质描述仪器 照相、照明设备 文具、记录用品	一套		
	水泥、砂、石子			用量根据浇筑混凝土试体和试体处理要求而定

(三)试体制备

1)一般规定

同一组试验的试体不少于5块。试体剪切面积一般为70 cm×70 cm,并不小于50 cm×50 cm。试体高度为其边长之半。

试体间距应便于试体制备和仪器设备安装,但不应小于剪切面边长的1.5倍,以免试验过程中互相影响。

在岩洞内进行试验时,试验部位的洞顶应先开挖成大致平整的岩面,以便浇筑混凝土(或砂浆)反力垫层。在施加剪力的后座部位,应按液压千斤顶(或液压钢枕)的形状和尺寸开挖。

2)混凝土与岩体胶结面直剪试验的试体制备

在试点部位用人工(不准爆破)挖除表层松动岩石,形成平整岩面。岩面起伏差:浇筑混凝土试体部位,为沿剪切方向试体边长的1%~2%;混凝土试体以外部位,为试体边长的10%。浇筑混凝土试体前,清除岩面上的岩屑并用清水洗净,应排除岩面上的积水。

在试点,按剪切方向立模并浇筑混凝土试体。有时在浇混凝土试体之前,按设计要求,在岩面上先浇筑一层厚约5 cm的砂浆垫层。在浇筑砂浆垫层和混凝土试体的同时,浇制一定数量的砂浆(7 cm×7 cm×7 cm)和混凝土(15 cm×15 cm×15 cm)试块,试块与试体在相同条件下养护,以测定其不同龄期的强度。

拆模后,在混凝土试体上按垂直、剪切和侧向位移测量要求,埋设测量标点。

直剪试验的平推法和斜推法试体受力见图4.8.1。剪力作用方向应符合设计要求。

3)岩体弱面、软弱岩体直剪试验的试体制备

按一、3.(2)开挖试点部位后,在岩面上按剪切方向定出剪切面积。用风钻或切石机,也可用人工,沿剪切面积周边将试体与周围岩体切开。对于岩体弱面的试体,应使弱面处在预定的剪切部位,如图4.8.2所示。

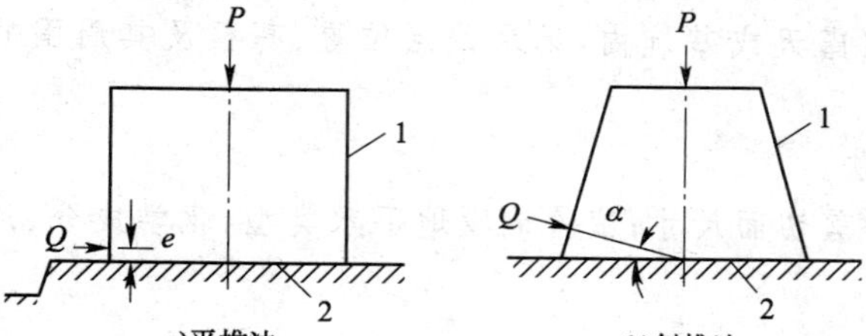

a)平推法　　b)斜推法

图 4.8.1　混凝土与岩体胶结面直剪试验试体受力示意

P-垂直荷载;Q-剪力;e-剪力偏距;α-剪力作用线倾角;1-混凝土试体;2-岩面

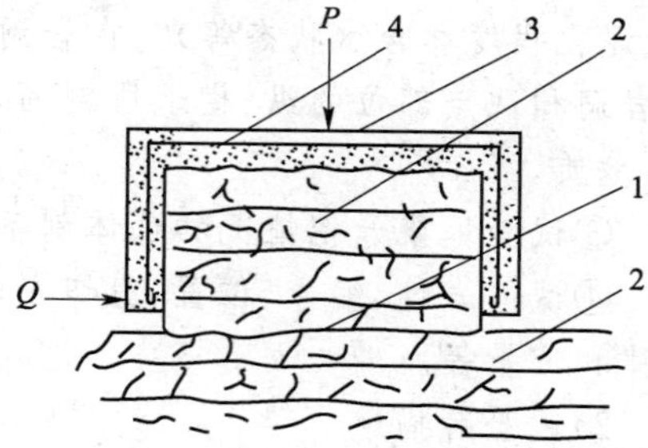

图 4.8.2　岩体弱面直剪试验试体加固和受力示意

1-岩石弱面;2-具有软弱结构面的岩体;3-钢筋混凝土保护罩;4-纵、横布置钢筋;P、Q 同图 4.8.1

为防止制备过程中,因吸(浸)水、应力松弛或扰动而导致试体膨胀,可采用以下方法:

①切断地下水来源;

②用水泥砂浆抹试体顶面,而后在其上施加一定的垂直荷载。

为避免在安装垂直、水平(剪切)加载系统和试验过程中损坏试体,可按图 4.8.2,在试体上浇筑钢筋混凝土保护罩,其底部应处在预定的剪切面以上。

根据设计要求,对试体保持天然含水率或浸水饱和。

在试体上,按垂直、剪切和侧向位移测量要求,埋设测量标点。

4)倾斜岩体弱面直剪试验的试体制备

对倾斜岩体弱面进行直剪试验,可按图 4.8.3 制备楔形试体。在探明倾斜岩体弱面的部位和产状后,按一、3. 步骤制备,制备过程中,应采取措施,防止试体下滑。

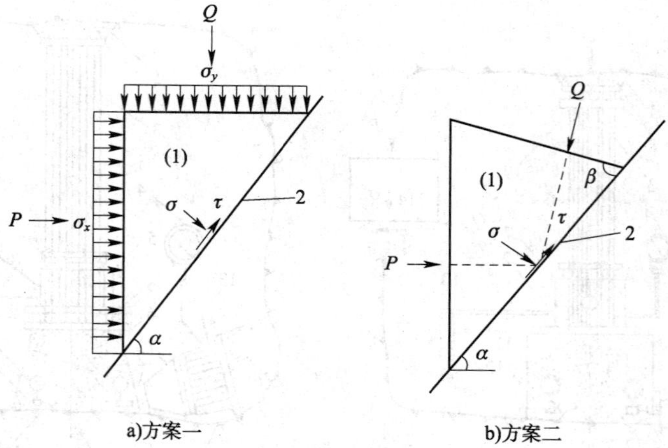

a)方案一　　b)方案二

图 4.8.3　倾斜岩体弱面直剪试验试体及受力示意

1-楔形岩体试体;2-岩体弱面;P、Q-作用在试体上的外力(应力);σ、τ-剪切面上的垂直压应力和剪应力;α-岩体弱面的倾角;β-楔形试体一边与岩体弱面的交角

(四)试体(包括试验地段)描述

1)试验前描述

试验前描述包括以下几项:

①试验地段岩石名称、风化破碎程度。

②岩体弱面的成因、类型、产状、分布状况(连续性)及其间充填物的性状(厚度、颗粒组

成、泥化程度和含水状态等)。在岩洞内,记录岩洞编号、位置、洞线走向、洞底高程。试验地段岩洞和试点部位的纵、横地质剖面。在露天或基坑内,记录试点位置、高程及其周围的地形、地质。

③试验地段开挖情况和试体制备方法。

④试体岩性、编号、位置、剪切方向和剪切面尺寸;试验地段地下水类型、化学成分、活动规律和流量等。

2)试验后描述

试验后描述包括以下几项:

①测量剪切面尺寸;

②记录剪切破坏形式;

③剪切面起伏差;

④擦痕方向和长度;

⑤碎块分布状况。同时描述剪切面上充填物的性状,必要时取样测定其含水率、液限、塑限以及颗粒组成。有条件时,对剪切面照相。

(五)试验程序

1)仪器设备安装

(1)垂直、剪切加载系统设备安装

混凝土与岩体胶结面直剪试验的平推法和斜推法的仪器设备安装,如图 4.8.4 所示;岩体弱面(软弱岩体)直剪试验的斜推法的仪器设备安装,如图 4.8.5 所示;倾斜岩体弱面直剪试验的仪器设备安装,如图 4.8.6 所示;垂直加载系统的合力中心应垂直作用于剪切面中心;平推法剪力作用点与剪切面的偏距越小越好,应严格控制在剪切面边长的 5% 以内。斜推法剪力作用线倾角一般采用 15°,并应通过剪切面中心。

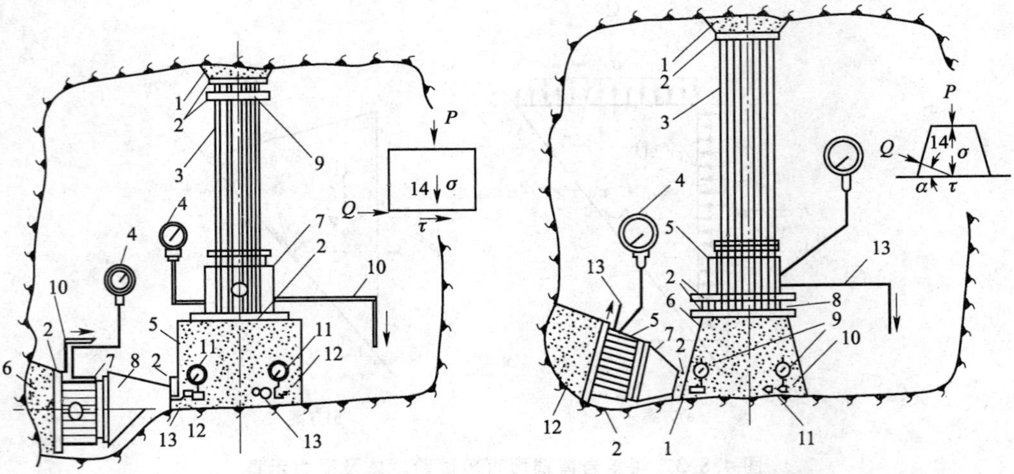

a)平推法　　b)斜推法

图 4.8.4　混凝土与岩体胶结面直剪试验仪器设备安装示意

平推法:1-砂浆(或混凝土)垫层;2-钢板;3-传力柱;4-压力表;5-混凝土试体;6-混凝土垫块;7-液压千斤顶;8-剪力顶头;9-滚轴排;10-接液压泵;11-绝对垂直位移量表;12-测量标点;13-绝对剪切位移量表;14-试体受力简图;P、Q 同图 4.8.1;σ、τ 同图 4.8.3。斜推法:1、2、3、4、14、P、Q、σ、τ 同本图 a)平推法;5-液压千斤顶;6-混凝土试体;7-剪力顶头;8-滚轴排;9-绝对垂直位移量表;10-测量标点;11-绝对剪切位移量表;12-混凝土垫块;13-接液压泵;α 同图 4.8.1

(2)位移量表安装

位移量表安装、布置如图 4.8.4～图 4.8.7 所示。量表的支座应设在试验作用力的影响范围以外,埋设牢固可靠。

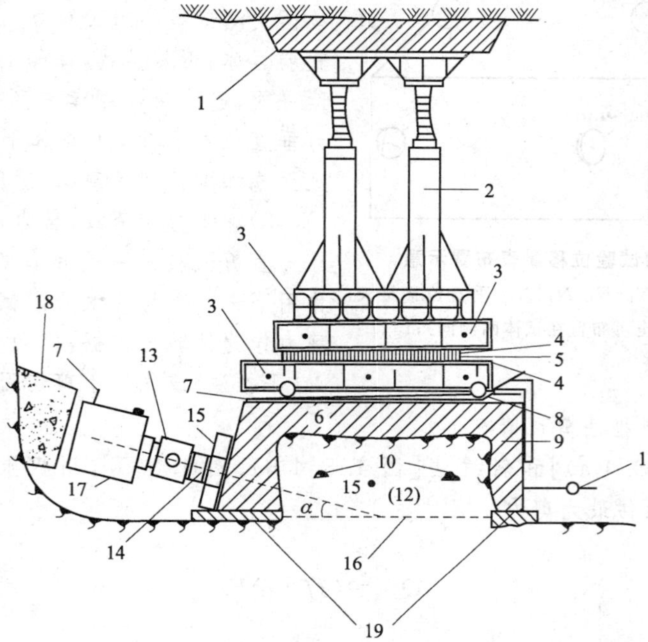

图 4.8.5 岩体弱面(软弱岩体)直剪试验仪器设备安装示意

1-(或混凝土)垫层;2-传力柱;3-传力横梁;4-钢板;5-滚轴排;6-垂直位移量表;7-接液压泵;8-液压钢枕;9-混凝土保护罩;10-侧向位移量表;11-剪切位移量表;12-试体;13-测力计;14-球座;15-钢板;16-剪切面;17-液压千斤顶;18-混凝土垫块;19-膨胀性聚苯乙烯(或其他材料)垫料

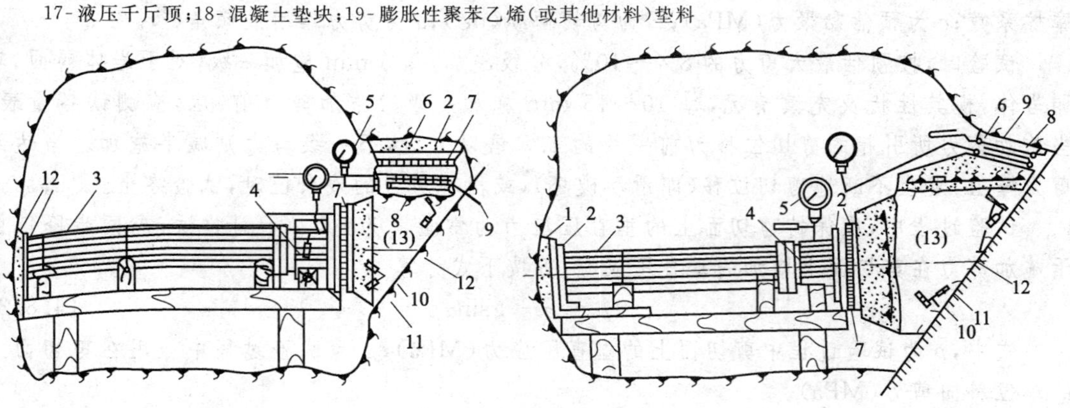

a)方案一　　b)方案二

图 4.8.6 倾斜岩体弱面直剪试验仪器设备安装示意

1-砂浆(或混凝土)垫层;2-钢板;3-传力柱;4-液压千斤顶;5-压力表;6-砂浆垫层;7-滚轴排;8-测压钢枕;9-加力钢枕;10-测量标点;11-量表;12-岩体弱面;13-楔形试体

2)施加垂直荷载

按设计要求,确定作用在剪切面上的最大垂直(法向)压应力。一般按等差(或等比)将最大垂直压应力分成 4～5 个不同等级,作为同一级试验施加在各个试体上的垂直压应力。对岩体弱面、软弱岩体的试体,施加其上的最大垂直压应力,以不挤出弱面上的充填物或破坏试体为限。

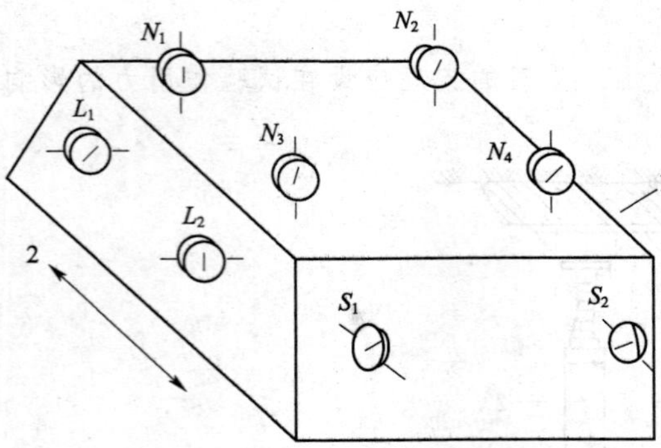

图 4.8.7 直剪试验位移量表布置示意

1-试体；2-剪切方向；N_1、N_2、N_3、N_4-垂直位移量表；S_1、S_2-剪切位移量表(也可布置在试体两侧向)；L_1、L_2、(L_3、L_4)-侧向位移量表

作用在一个试体上的垂直荷载，一般分4～5次施加。每施加一次荷载，随即测读垂直位移量表，此后，每隔5 min测读一次，待连续两次测读差不超过0.01 mm(对岩体弱面或软弱岩体，视其性状，每隔10 min或15 min测读一次，连续两次测读差不超过0.05 mm)认为垂直位移稳定，才施加下一级荷载。依此，直至施加到预定荷载(垂直压应力)为止。

3)施加剪切荷载(剪力)

直剪试验是一组试体在不同垂直压应力作用下进行剪切的试验。试验前，应预估最大剪力作为试验的依据，剪切荷载位于剪切缝中心(平推法)或作用于剪切面中心(斜推法)。

(1)平推法和斜推法剪切情况

平推法[图 4.8.4 a)]和斜推法[图 4.8.4 b)、图 4.8.5]，用极限平衡状态的库仑(Coulomb)公式，预估最大剪力

平推法

$$Q_{max}=(\sigma f+c)F \tag{4.8.1}$$

斜推法

$$Q_{max}=\frac{(\sigma f+c)F}{\cos\alpha} \tag{4.8.2}$$

式中，Q_{max}为预估最大剪力(MN)；σ为作用在剪切面上的垂直压应力(MPa)；f为预估摩擦系数；c为预估黏聚力(MPa)；F为剪切面积(m^2)；α为剪力作用线倾角(°)。

试验时，按预估最大剪力的8%～10%，分级施加，每5 min施加一级(对于岩体弱面、软弱岩体，视其性状及充填情况，每10～15 min施加一级。)施加剪力前、后，应测读各量表。当施加剪力所引起的剪切位移为前一级的1.5倍以上时，下一级剪力则减半施加。当达到剪力峰值，发生不断地剪切位移(即滑动破坏)，或出现剪力的残余值时，试验终止。

试验过程中，应保持剪切面上的垂直压应力为常量。为此，对于斜推法，应同步降低由于施加剪力在剪切面上增加的垂直压应力，可按下式计算

$$p=\sigma-g\sin\alpha \tag{4.8.3}$$

式中，p为试验过程中剪切面上的垂直压应力(MPa)；g为试验过程中作用在剪切面上的单位斜向剪力(MPa)。

式中σ、α值为已知，可按下式确定同步加、减的斜向剪力和垂直荷载及相应的压力表读数

$$Q=gF \tag{4.8.4}$$

$$P=pF \tag{4.8.5}$$

式中，Q为斜向剪力(MN)；P为垂直荷载(MN)。

为避免试验过程中p出现负值，试验前还应按下式预估作用在剪切面上的最小垂直压应力

$$\sigma_{min}=\frac{c}{\cot\alpha-f} \tag{4.8.6}$$

式中，σ_{min}为剪切面上最小垂直压应力(MPa)。

(2)斜面剪切情况——方案一

对于斜面剪切图 4.8.3、图 4.8.6a)，首先在楔形试体的垂直、水平面(F_x、F_y)上，同步施加单位压应力，并使剪切面上保持某一预定垂直压应力 σ 和剪应力 τ 为零。此时

$$\sigma_x = \sigma_y = \sigma \tag{4.8.7}$$

式中，σ_x、σ_y、σ 分别为作用在 F_x、F_y 和剪切面上的垂直压应力(MPa)。

按下式计算同步施加的荷载

$$P = \sigma_x F_x \tag{4.8.8}$$

$$Q = \sigma_y F_y \tag{4.8.9}$$

式中，P、Q 分别为作用在 F_x、F_y 上的荷载(MN)，F_x、F_y 分别为楔形试体的垂直、水平面(m^2)。

试验前，按下式预估最大单位推力 σ_{max}(MPa)

$$\sigma_{max} = \sigma + \sigma f \tan\alpha + c\tan\alpha \tag{4.8.10}$$

由此，得预估最大推力 Q_{max}(MN)

$$Q_{max} = \sigma_{max} F_y \tag{4.8.11}$$

试验过程中，逐级施加 Q 并同步降低 P，以保持剪切面上垂直压应力为常量。按下式计算同步加、减单位力

$$\sigma_x = \frac{\sigma - \sigma_y \cos^2\alpha}{\sin^2\alpha} \tag{4.8.12}$$

式中 σ、α 值为已知，计算相应的 σ_x、σ_y 值后，按式(4.8.8)、式(4.8.9)确定相应的 P、Q 值和压力表读数。

为避免试验过程中 σ_x 出现负值，试验前应按下式估算作用在剪切面上的最小垂直压应力 σ_{min}(MPa)

$$\sigma_{min} = \frac{c}{\tan\alpha - f} \tag{4.8.13}$$

(3)斜面剪切情况——方案二

对于斜面剪切[图 4.8.3、图 4.8.6b)]，这种方法适用于剪切面上垂直压应力较小的情况。试验时，在楔形试体上逐级施加 Q，并同步降低 P，以保持剪切面上的垂直压应力为常量，直至试体滑动破坏为止。

按下式计算剪切面上的单位力

$$p = \frac{\sigma\sin\beta}{\cos(\alpha - \beta)} \tag{4.8.14}$$

$$g = \frac{\sigma\cos\alpha}{\cos(\alpha - \beta)} \tag{4.8.15}$$

式中，α、β 夹角(°)，见图 4.8.3b)。式中 σ、α、β 值为已知，按式(4.8.4)、式(4.8.5)确定相应的 P、Q 值和压力表读数。

试验前，按下式预估最大单位推力 g_{max}(MPa)

$$g_{max} = \frac{(\sigma f + c)\sin\alpha + \sigma\cos\alpha}{\cos(\alpha - \beta)} \tag{4.8.16}$$

由此，得预估最大推力 Q_{max}(MN)

$$Q_{max} = g_{max} F \tag{4.8.17}$$

式中，F 为斜面剪切面积(m^2)。

试验过程中，按下式计算同步加、减单位力 p(MPa)

$$p = \frac{\sigma - g\cos\beta}{\sin\alpha} \tag{4.8.18}$$

式中σ、α、β已知，算出p、g值，按式(4.8.4)、式(4.8.5)确定相应的Q、P值和压力表读数。

为避免试验过程中p出现负值，按下式估算作用在剪切面上的最小垂直压应力σ_{min}(MPa)

$$\sigma_{min} = \frac{c}{\tan\beta - f} \tag{4.8.19}$$

直剪试验过程中，如遇调整或更换量表、液压千斤顶(或液压钢枕)补压、发现混凝土或试体松动掉块、出现裂缝或破裂声等现象，应随时记录，供成果整理时查考。

4)试验结束

直剪试验结束后，依次将剪切和垂直荷载退为零，拆除测量仪表、支架、剪切和垂直加载设备，而后按一、4.相关要求进行试体和剪切面描述。

(六)试验成果整理

1)剪切面应力计算

①平推法[图4.8.1a)、图4.8.4a)]。

$$\sigma = \frac{P}{F} \tag{4.8.20}$$

$$\tau = \frac{Q}{F} \tag{4.8.21}$$

②斜推法[图4.8.1b)、图4.8.4b)、图4.8.5]。

$$\sigma = \frac{P + Q\sin\alpha}{F} \tag{4.8.22}$$

$$\tau = \frac{Q\cos\alpha}{F} \tag{4.8.23}$$

③斜面剪切[图4.8.3a)、图4.8.6a)]。

$$\sigma = \sigma_y \cos^2\alpha + \sigma_x \sin^2\alpha \tag{4.8.24}$$

$$\tau = \frac{1}{2}(\sigma_y - \sigma_x)\sin^2\alpha \tag{4.8.25}$$

④斜面剪切[图4.8.3b)、图4.8.6b)]。

$$\sigma = g\cos\beta + p\sin\alpha \tag{4.8.26}$$

$$\tau = g\sin\beta - p\cos\alpha \tag{4.8.27}$$

上述式中P、Q见式(4.8.4)、式(4.8.5)、式(4.8.8)、式(4.8.9)，α、β见式(4.8.12)、式(4.8.14)、式(4.8.15)，p、q见式(4.8.14)、式(4.8.15)。

2)绘制剪应力与剪切位移关系曲线

根据同一组直剪试验结果，以剪应力为纵轴，剪切位移为横轴，绘制每一试验的剪应力与剪切位移关系曲线，而后从曲线上选取剪应力的峰值和残余值，如图4.8.8所示。也可从曲线的线性比例极限点或屈服点选取剪应力值。

3)绘制剪应力与垂直压应力关系曲线

根据剪应力峰值(或屈服值、残余值等)与相应的垂直压应力，以剪应力为纵轴，垂直压应力为横轴，绘制关系曲线，如图4.8.9所示。

4)确定抗剪强度参数

抗剪强度参数包括摩擦系数($f=\tan\varphi$)和黏聚力c，可按下列方法确定。

(1)图解法

根据同一组试验结果(图4.8.9上剪应力与相应的垂直压应力分布点)作平均直线(或

曲线),使其尽可能接近所有的各点,舍弃偏离直线(或曲线)较远的个别点。由直线(或代表曲线的直线)的斜率及其在纵轴上的截距,确定摩擦角 φ 和黏聚力 c。

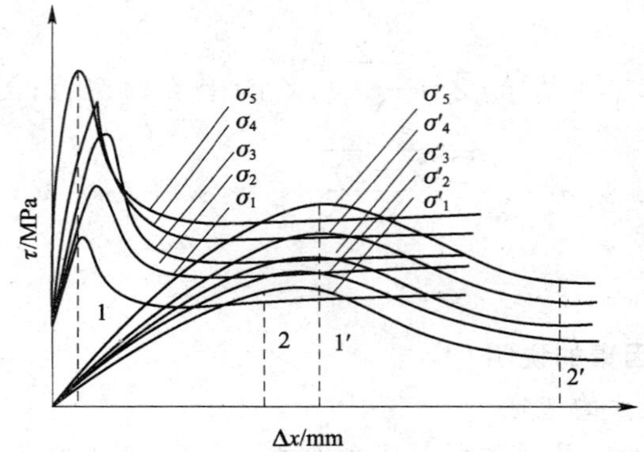

图 4.8.8　直剪试验剪应力与剪切位移关系曲线示意

τ- 剪应力;Δx- 剪切位移;$\sigma_1,\sigma_2,\cdots,\sigma_5$- 混凝土与岩体胶结面上的垂直压应力;$\sigma'_1,\sigma_2',\cdots,\sigma'_5$- 岩体弱面或软弱岩体剪切面上的垂直压应力;1、1′和 2、2′- 相应于混凝土与岩体胶结面、岩体弱面或软弱岩体剪切面上的剪应力峰值和残余值的剪切位移

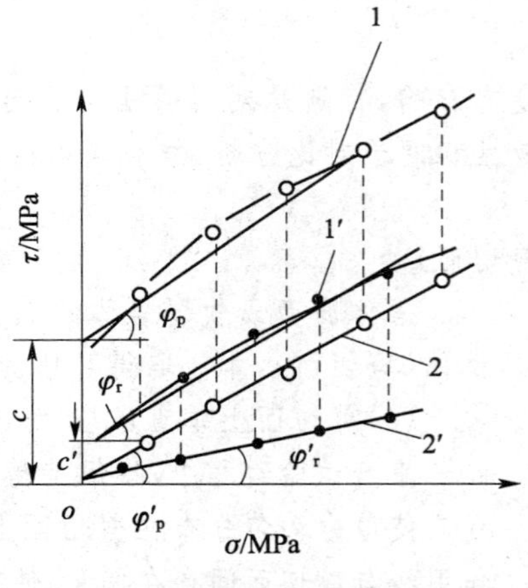

图 4.8.9　直剪试验剪应力与垂直压应力关系分布和关系曲线示意

τ- 剪应力;σ- 垂直压应力;o- 混凝土与岩体胶结面试验结果;•- 岩体弱面或软弱岩体试验结果;曲线 1、2、φ_p、φ_r、c- 混凝土与岩体胶结面和接触面的剪应力峰值、残余值与垂直压应力关系曲线、摩擦角和黏聚力;曲线 1′、2′、φ'_p、φ'_r、c'- 岩体弱面或软弱岩体的剪应力峰值、残余值与垂直压应力关系曲线、摩擦角和黏聚力

(2)最小二乘法

将一组试验成果(选定的剪应力与相应的垂压应力)分别代入下列公式,计算摩擦系数 $\tan\varphi$ 和黏聚力 c

$$\tan\varphi=\frac{N\sum_{i=1}^{N}\sigma_i\tau_i-\sum_{i=1}^{N}\sigma_i\sum_{i=1}^{N}\tau_i}{N\sum_{i=1}^{N}\sigma_i^2-(\sum_{i=1}^{N}\sigma_i)^2} \tag{4.8.28}$$

$$c=\frac{\sum_{i=1}^{N}\sigma_i^2\sum_{i=1}^{N}\tau_i-\sum_{i=1}^{N}\sigma_i\sum_{i=1}^{N}\sigma_i\sum_{i=1}^{N}\sigma_i\tau_i}{N\sum_{i=1}^{N}\sigma_i^2-(\sum_{i=1}^{N}\sigma_i)^2} \tag{4.8.29}$$

式中,φ 为摩擦角(°);c 为黏聚力(MPa);σ_i、τ_i 为相应于 i 次试验的垂直压应力(MPa)和

剪应力(MPa);N 为测定次数。

按式(4.8.28)、式(4.8.29)计算时,采用下式舍弃某些有误差的测值

$$\overline{Z}+3\sigma-3m_\sigma<\overline{Z}<\overline{Z}-3\sigma-3m_\sigma \tag{4.8.30}$$

式中,$\overline{Z}$ 为测值的算术平均值($\overline{Z}=\frac{\sum_{i=1}^{N}Z_i}{N}$);$Z_i$ 为舍弃的测值;$\sum_{i=1}^{N}Z_i$ 为测值总和;σ 为均方差(表示测值分散程度 $\sigma=\sqrt{\frac{\sum(Z-\overline{Z})^2}{N}}$);$N$ 为测定次数;m_σ 为均方差的误差,$m_\sigma=\frac{\sigma}{\sqrt{N}}$。

(七)影响试验成果因素的说明

(1)试体(剪切面)尺寸的选定

岩体是具有节理、裂隙、层面和断层等的地质体。为使现场直剪试验结果能反映其特性,一般认为,试体和剪切面应具有一定数量的裂隙条数(100条到200条),或其边长大于裂隙平均间距的5~10倍。结合国际岩石力学学会建议方法与国内试验经验规定:在一般情况试体为70 cm×70 cm×70 cm(剪切面为70 cm×70 cm);对完整坚硬岩体为50 cm×50 cm×50 cm(剪切面为50 cm×50 cm)。

(2)剪切面起伏差

剪切面起伏差对抗剪强度有影响,特别是对混凝土与完整坚硬岩体胶结面的抗剪强度影响较大。为减小成果的分散性和便于对比分析,结合国内试验经验,统一规定其起伏差不大于剪切方向边长的1%~2%。

(3)严格防止扰动试体(剪切面)

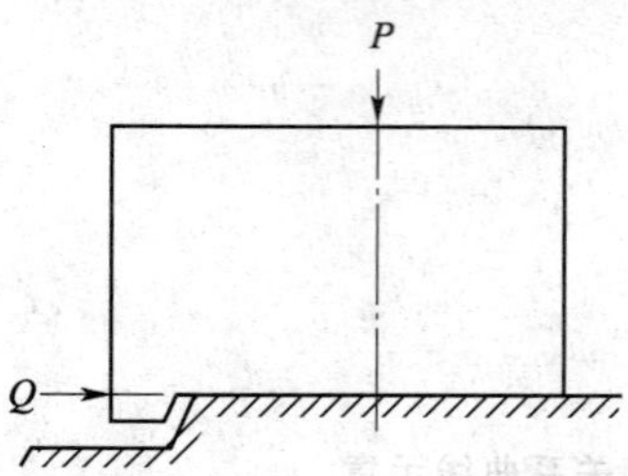

图 4.8.10 混凝土与岩体胶结面直剪试验牛腿式试体受力示意

岩体弱面或软弱岩体的试体制备过程中,严格防止扰动试体(剪切面),才能取得可信的试验成果。

(4)剪切面上垂直压应力分布

直剪试验过程中,除保持剪切面上垂直压应力为常量外,还应使剪力均匀分布在剪切面上。按图4.8.1a)平推法,剪力作用线与剪切面间存在偏距,使剪切面上垂直压应力分布不均匀。这种不均匀性随着剪力的增大而增大,无疑将影响测定成果。为此,规定偏距 e 应严格控制在剪切面边长的5%以内。如欲消除剪力偏距,可采用图4.8.10的受力形式。

(5)剪力施加速率

直剪试验的剪力施加速率有:快速、时间控制和剪切位移控制三种方式。为使试验尽可能符合工程实际,以剪切位移控制法施加剪力最为理想。国内经验表明,在剪应力与剪切位移呈线性变化关系时(或剪应力的屈服点以前),时间控制法和剪切位移控制法得到一致的成果。此后,试体沿剪切面发展持续位移,按剪切位移就很难控制剪力的施加速率。而采用时间控制就便于掌握。时间长短的控制,根据试体情况确定。

第九节 波速测试

当动荷载作用于地基土表面(假设为各向均匀同性的弹性介质)时,质点的振动将以波动的形式由近及远向外传播,由震源传出去的波包括体波和面波。体波包括纵波(又称为压

缩波,简称P波)和横波(又称为剪切波,简称S波),纵波质点振动方向与波传播方向一致,波速用 v_P 表示,横波质点振动方向与波传播方向垂直,波速用 v_S 表示,横波质点振动又可分解为垂直面内极化的 S_V 波和水平面内极化的 S_H 波。体波是由震源沿着半球形波前向四周传播,体波振幅与传播距离 r 成反比。面波包括瑞利波(简称R波)和乐夫波(简称L波),它是由体波在地表附近相互干涉产生的次生波,沿着地表传播,但面波振幅的衰减要比体波慢得多,即振幅与 $1/\sqrt{r}$ 成比例减小。面波成分中主要是瑞利波,波速用 v_R 表示,质点振动轨迹为椭圆,其长轴垂直于地面,旋转方向与波的传播方向相反。图4.9.1表达了各种波在传播过程中的时序关系。

弹性波和面波的传播与传播介质之间存在着密切的关系,通过岩土层的波速测试可以解决工程地质、工程抗震等领域中的诸多问题。岩土工程波速原位测试方法主要有钻孔法(包括单孔法和跨孔法)和瑞利面波法,分别介绍如下。

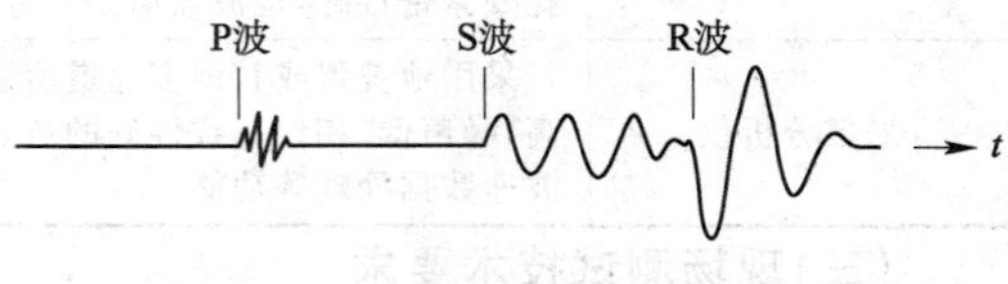

图4.9.1 P、S、R波的时序关系

一、单孔法

(一)方法原理

单孔法通常是指在地面或在信号接收孔中激振时,检波器在一个垂直钻孔中自上而下(或自下而上)逐层检测地层的P波或S波,计算每一层的P波或S波波速,称为单孔法。单孔法测试的是地层的竖向平均值,主要有以下两种测试方法:

(1)地表激发孔中接收

这是最常用的测试方法,可测波形为P波、S_H 波。

(2)孔中激发孔中接收

使用一发多收专门探头(收发距一定)在孔中点测或连续测量,可测波形为P波、S_V 波。

本节单孔法测试以地表激发孔中接收方法为主进行介绍。

图4.9.2是单孔法波速测试示意图。检波器放入待测深度位置,连接准备好设备后,通过敲击木板的两端,使木板与地面之间产生水平剪切力而产生 S_H 波,这样可获得两个起始相位相反的 S_H 波时域波形曲线(图4.9.3),确定 S_H 波初至时间,以计算 S_H 波波速。

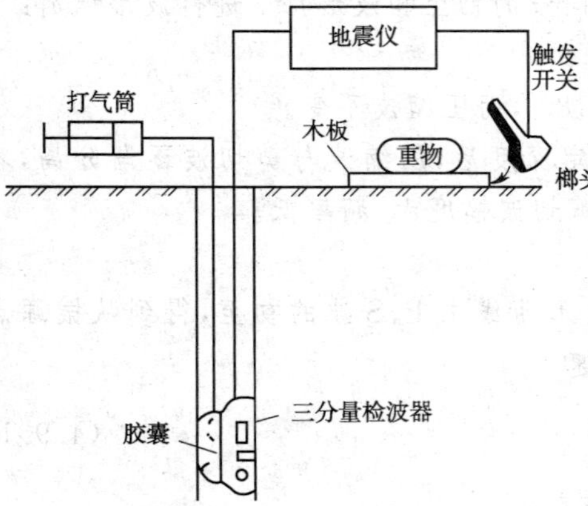

图4.9.2 单孔法波速测试示意图

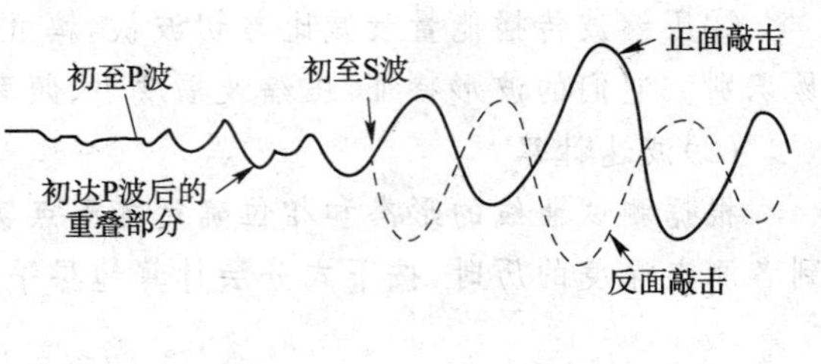

图4.9.3 正、反向的 S_H 波形曲线

(二)仪器设备

单孔法仪器设备结构及要求见表4.9.1。

单孔法仪器设备结构及要求 表 4.9.1

振源	木板：长 2～3 m、宽 300～400 mm、厚 40～60 mm，硬杂木，木板上压约 400 kg 重物。 圆钢板：板厚约 30 mm、直径 250 mm。 重锤（木槌或铁锤）或炸药：采用重锤水平敲击上压重物的木板两端产生 S_H 波；采用重锤竖向敲击圆钢板，或采用炸药爆破产生 P 波
触发器	压电晶体传感器安装在重锤上，或者用地震检波器安装于木板正下方或圆钢板（或爆破点）附近。重锤敲击木板或圆钢板（或炸药爆破）时产生脉冲电压，信号计时开始。触发器的性能应稳定，其灵敏度宜为 0.1 ms
三分量检波器	由置于密封钢质圆筒中的一个竖向（接收 P 波）、两个水平（互相垂直，接收 S_H 波）地震检波器组成。三分量检波器外侧的气囊（通过塑料气管连通至地面气泵）充气后使三分量检波器与孔壁紧密接触，检波器信号通过屏蔽电缆线接至地面信号采集分析仪
采集分析仪	采用地震仪或其他多通道信号采集分析仪（四个通道以上）。这些仪器应具有信号放大倍数高、噪声低、相位一致性好的特点，要求时间分辨精度在 1 μs 以下，同时有滤波、采集记录、地层波速数据处理等功能

(三)现场测试技术要求

①测试孔应与铅直方向一致。

②当剪切波振源锤击上压重物的木板时，木板的长向中垂线应对准测试孔中心，孔口与木板的距离宜为 1.0～3.0 m，木板应与地面紧密接触，板上所压重物宜大于 400 kg 或用测试车的两前轮对称压住压板；木板应与地面紧密接触，对于坚硬地面，可在木板底面加胶皮或砂子，对松软地面，可在木板底面加若干长铁钉，以提高激振效果。

③当压缩波振源采用铁锤敲击钢板时，钢板距孔口的距离宜为 1.0～3.0 m。

④测点布置应根据工程情况和地质分层确定，每隔 1～3 m 布置一个测点。一般情况下测点布置在地层的顶底板位置，对于厚度大的地层，中间可适当增加测点。一般宜自下到上的顺序进行检测。

⑤测试时要保证充气的探头与孔壁紧贴，测试过程中严格控制测点的深度误差。

⑥木槌应分别水平敲击振源板的两端，两次敲击的信号波形清晰、初至基本重合且剪切波信号相反时，记录的结果方能有效。

⑦测试工作结束后，应选择部分测点作重复观测，其数量不应少于测点总数的 10%。

(四)数据处理

(1)波形鉴别

图 4.9.3 为实测正、反向 S_H 波形曲线，根据不同波的初至和波形特征进行波形识别：

①压缩波速度比剪切波快，压缩波为初至波。

②敲击木板正反向两端时，剪切波波形相位差 180°，而压缩波不变。

③压缩波传播能量衰减比剪切波快，离孔口一定深度后，压缩波与剪切波逐渐分离，容易识别。它们的波形特征：压缩波幅度小、频率高；剪切波幅度大、频率低。

(2)波速计算

根据测试曲线的形态和相位确定各测点实测波形曲线中 P、S 波的初至，得到从振源点到各测点深度的历时，按下式分层计算地层平均波速

$$v_i = \frac{k\Delta H_i}{\Delta T_i} \tag{4.9.1}$$

$$k = \frac{\sqrt{h_i^2 + L^2}}{h_i} \tag{4.9.2}$$

式中，v_i 为某层 P 波或 S 波的平均波速；ΔH_i 为某层厚度；ΔT_i 为波通过该层的时间；k 为深度校正系数；L 为孔口距；h_i 为某一层的层底深度。

二、跨孔法

(一)方法原理

跨孔法是在两个以上垂直钻孔内，自上而下(或自下而上)，按地层划分，在同一地层的水平方向上一孔激发，另外钻孔中接收，逐层检测水平地层的P波和S波的波速。图4.9.4是典型的跨孔法波速测试装置示意图，三个孔在一条直线上布置，一个孔为振源激发孔，另两个孔为信号接收孔，这样可以避免激发延时给波速计算带来的误差。

(二)仪器设备

1)振源

(1)剪切锤

跨孔法振源一般使用孔中剪切锤，如图4.9.5所示，它是由一个固定的圆筒体和一个滑动质量块组成。当它放入孔内测试深度后，通过地面的液压装置和液压管相连，当输液加压时，剪切锤的四个活塞推出圆筒体扩张板与孔壁紧贴。工作时突然上拉绳子，使其与下部连接剪切锤滑动质量块冲击固定的圆筒体，筒体扩张板与孔壁地层产生剪切力，在地层的水平方向即产生较强的S_V波，由相邻钻孔的垂直检波器接收；将滑动质量块拉到最高点松开拉绳，滑动质量块自由下落，冲击固定筒体扩张板，则地层中会产生与上拉时波形相位相反的S_V波。与此同时，相邻钻孔中径向水平检波器可接收到由激发孔传来的该地层深度的P波。

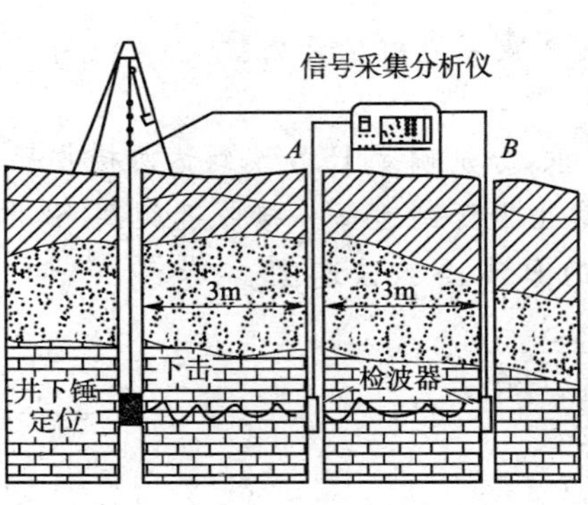

图4.9.4 跨孔波速测试装置示意

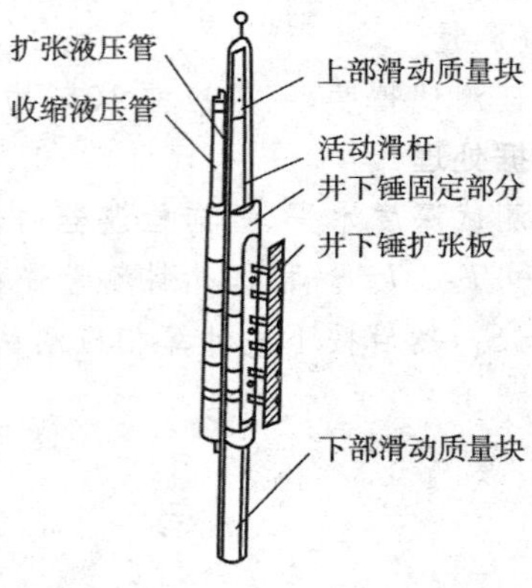

图4.9.5 孔中剪切锤示意

(2)重锤标贯装置

跨孔法振源也可以使用标贯空心锤锤击孔下的取土器，孔底地层受到竖向冲击时，由于振源的偏振性使地层水平方向产生较强的S_V波，沿水平方向传播的S_V波分量能量较强，在与振源同一高度的接收孔内安装的垂直向检波器，能收到由振源经地层水平传播的较清晰的S_V波波形信号。这种振源结构简单，操作方便，能量大，适合于浅孔，但需考虑振源激发延时对测试波速的影响。

2)三分量检波器及信号采集分析仪

跨孔法需要两个接收孔内都安置三分量检波器，信号采集分析仪应在六通道以上，其他性能指标要求与单孔法相同。

(三)现场测试技术要求

(1)钻孔布置

跨孔法波速测试一般需在一条平行地层走向或垂直地层走向的直线上布置同等深度的三个钻孔。有时为了节约经费，避免下套管和灌浆等工序，只用两个钻孔作跨孔法测试。

(2)钻孔直径

钻孔孔径应能保证振源和检波器顺利在孔内上下移动的要求。根据工程实践经验,对于岩石,不下套管时孔径一般为55～80 mm,下套管时孔径一般为110 mm;对于土层,钻孔孔径一般为100～300 mm。

(3)钻孔间距

钻孔间距要综合考虑波的传播路径及测试仪器的计时精度,一般的钻孔间距,在土层中以3～6 m为宜,在岩层中以8～12 m为宜。

(4)套管与孔壁空隙的充填

钻孔宜下塑料套管,套管与孔壁的空隙用干砂充填密实,但最好采用灌浆法,将由膨润土、水泥和水的配比为1∶1∶6.25的浆液自下而上灌入套管与孔壁之间,其固结后的密度接近土介质的密度。这样使孔内振源、检波器与地层介质间能够更好的耦合,以提高测试精度。

(5)孔斜测定

跨孔法的钻孔应尽量垂直,并用高精度孔斜仪测定孔斜及其方位,计算出各测点深度处的实际水平孔距,供计算波速时用。

(6)测点设置

测试一般从离地面2 m深度开始,其下测点间距为每隔1～2 m增加一测点,也可根据实际地层情况适当调整,一般测点宜选在测试地层的中间位置。

(7)检查测量

为了保证测试精度,一般应按10%的比例对测量点进行检查测量。

(四)数据处理

根据某测试深度水平、竖向检波器的波形记录,分别确定P、S波到达两接收孔的初至时间T_{P_1}、T_{P_2}和T_{S_1}、T_{S_2}。根据孔斜测量资料,计算由振源到达每一接收孔距离S_1和S_2及差值$\Delta S=S_2-S_1$,然后按下式计算相应测试深度的P波、S波波速值

$$v_P=\frac{\Delta S}{T_{P_2}-T_{P_1}} \tag{4.9.3}$$

$$v_S=\frac{\Delta S}{T_{S_2}-T_{S_1}} \tag{4.9.4}$$

三、波速在工程中的应用

(一)岩土弹性参数的计算

根据横波波速(或由瑞利波波速转换得到)及纵波波速,按以下公式计算弹性参数

$$E_d=\frac{\rho v_S^2(3v_P^2-4v_S^2)}{v_P^2-v_S^2} \tag{4.9.5}$$

$$G_d=\rho v_S^2 \tag{4.9.6}$$

$$M=\rho\left(v_P^2-\frac{4}{3}v_S^2\right) \tag{4.9.7}$$

$$\nu=\frac{v_P^2-2v_S^2}{2(v_P^2-v_S^2)} \tag{4.9.8}$$

式中,E_d、G_d、M、ρ分别为地基土的动弹性模量、动剪变模量、动体积模量、质量密度。

根据式(4.9.5)～式(4.9.8),得到E_d与G_d的关系为

$$G_d=\frac{E_d}{2(1+\nu)} \tag{4.9.9}$$

(二)地基刚度和阻尼比计算

由弹性半空间振动理论对动力机器基础进行动力反应分析时,要提供地基刚度系数、阻尼比等动力参数。根据横波波速计算地基抗压刚度系数和地基竖向阻尼比公式如下

$$C_Z = \frac{1.1284E_d}{(1-\nu^2)\sqrt{A}} = \frac{4\rho v_S^2}{(1-\nu)\pi R_0} \tag{4.9.10}$$

$$\xi_{20} = \frac{0.425}{\sqrt{B_Z}} \tag{4.9.11}$$

式中,C_Z、ξ_{20}分别为地基抗压刚度系数、地基竖向阻尼比;A、R_0、B_Z 分别为基础底面积、基础半径、基础修正质量比。

(三)划分土的类型和建筑场地类别

工程勘察中,根据波速测试结果划分地基土的类型和建筑场地类别,具体划分标准参见《建筑抗震设计规范》(GB 50011—2010)。

(四)计算建筑场地地基卓越周期

地基卓越周期在抗震设计中,是判断建筑物与地基是否产生共振的依据。卓越周期一般通过地脉动测试获得。日本学者经过剪切波速 v_S 与地脉动测试的对比研究,提出单一土层的地基,由剪切波速 v_S 计算地基卓越周期 T_C 的公式如下

$$T_C = \frac{4h}{v_S} \tag{4.9.12}$$

式中,h 为计算厚度(m),相当于《建筑抗震设计规范》(GB 50011—2010)中的覆盖层厚度 d_o。

多层土组成的地基卓越周期(T'_C),根据日本《结构计算指南和解说》(1986 年版)的规定,按下式计算

$$T'_C = \sqrt{32\sum_{i=1}^{n}\left\{h_i\left(\frac{H_{i-1}+H_i}{2}\right)\bigg/ v_{Si}^2\right\}} \tag{4.9.13}$$

式中,H_i、H_{i-1}为分别为基础底面(或刚筒端承桩支承面)至第 i、$i-1$ 层土底面的深度(m),若计算场地卓越周期,则应从自然地面算起;v_{Si}为实测第 i 层土的剪切波速度(m/s);h_i 为第 i 层的厚度(m)。

(五)判定砂土地基液化

地基在地震力作用下产生的剪应变可根据横波波速由下式求取

$$\nu_e = G\frac{a_{max}Z}{v_S^2}d \tag{4.9.14}$$

式中,ν_e 为地震作用下砂土层的剪应变(%);G 为与相应最大剪应变等有关的常数,通过试验取得;a_{max}为由天然地震烈度表查得的该地区地面最大加速度;Z 为测试点地层深度;d 为砂土地层密度。

当剪应变大于某一值(该值称为临界剪应变或门槛应变量)时,才产生液化。根据各种砂的试验结果,一般临界剪应变的范围为 $10^{-2}\%\sim2\times10^{-2}\%$,当剪应变小于这一范围时可认为地基不液化,当剪应变大于这一范围时则地基可能液化。

(六)地震工程

在对场地进行地震动小区划和地震反应谱分析时,均需进行钻孔剪切波速测试,并提供 v_S 随深度变化的资料,以便根据地层的剪切波速确定土层的最大剪变模量,为土层地震反应分析提供必需参数。

(七)检验地基加固处理的效果

常规的载荷试验、静力触探、标贯试验能提供地基加固处理后的承载力可靠资料。但如能在地基加固处理的前后进行波速测试,则可作出评价地基承载力的辅助资料。因为地层波速与岩土的密实度、结构等物理力学指标密切相关,而波速测试(如瑞雷波法)测试效率高,掌握的数据面广,而成本低。将波速法与载荷试验等结合使用,无疑是地基加固处理后评价的经济的有效手段。

第十节 岩体原位应力测试

岩体应力是泛指存在于岩体内部的应力,它包括岩体初始应力和围岩应力。岩体初始应力是指天然状态下岩体内赋存的应力,它又称原岩应力,在地震地质领域常称地应力,它主要由上覆岩层重力形成的自重应力和由地壳运动所产生的构造应力(包括现今构造应力和残余构造应力)所组成。围岩应力是指岩体被扰动后引起重分布的应力,又称二次应力,它是由于人工开挖等工程活动而形成。

岩体应力在有些地区表现很高,在那里进行地下洞室等岩土工程建设时,常会遇到岩层剥落、弯曲变形、隆起或其他稳定问题。在这些地区了解场地的岩体应力大小和方向,对工程设计与施工是至关重要的。在另一些地区岩体应力虽然不是很高,但它对重大地下工程的最佳形状、布置方向、支护系统和最终费用也可能有重大影响。所以岩体应力已成为岩土工程建设极其重要的基本资料。

岩体应力与场地的地质构造、地形地貌、岩体特性、成岩过程以及人为的工程活动有关,岩体应力测量方法有很多种,见表 4.10.1。

岩体应力测量方法分类表 表 4.10.1

<table>
<tr><th colspan="2">类别</th><th>测量部位</th><th>测量方法</th></tr>
<tr><td rowspan="4">应力解除法</td><td rowspan="2">应力部分解除法</td><td>表面</td><td>Y 形布置法、Δ 形布置法</td></tr>
<tr><td>钻孔</td><td>平行钻孔法(或称为扰动法)</td></tr>
<tr><td rowspan="2">应力完全解除法</td><td>表面</td><td>钢弦应变计法、电阻片法、光弹法、机械式(千分表)法</td></tr>
<tr><td>钻孔</td><td>孔径变形法:钻孔变形计法、压磁应力计法
孔壁应变法:三叉式应变计法、空心包体式应变计法、深孔应变计法
孔底应变法:平底应变法、半圆形孔底应变法</td></tr>
<tr><td colspan="2" rowspan="2">应力恢复法</td><td>表面</td><td>平面扁千斤顶法</td></tr>
<tr><td>钻孔</td><td>曲面扁千斤顶法</td></tr>
<tr><td colspan="2">破裂岩石法</td><td>钻孔</td><td>水压致裂法、千斤顶致裂法</td></tr>
<tr><td colspan="2" rowspan="2">地球物理法</td><td>室内试样</td><td>声发射法、X 射线法</td></tr>
<tr><td>钻孔</td><td>波速法</td></tr>
<tr><td colspan="2">其他方法</td><td>钻孔</td><td>钻孔加深法</td></tr>
</table>

一、岩体表面应力测量

(一)应力恢复法

(1)测试原理

应力恢复法是在岩体表面或地下洞室围岩表面预先布置好测量元件,当其旁边开槽解除岩体中的应力时,测量元件读数便发生变化。再把平面扁千斤顶放入槽内加压,使测量元件恢复到原来状态,此时千斤顶的应力就是垂直槽壁方向的岩体应力。

(2)应用范围

①本法仅适用于岩体表面应力测量,每次只能确定一个方向的应力,如果要测定三向应力至少要在各个独力方向上进行六次测量;

②此法可在相对破碎岩体中进行测量,但必须有可能切割出安装扁千斤顶的槽;

③此法只能恢复正(压)应力,不能恢复剪应力,也不适用于负(拉)应力地区。

(3)仪器设备

①扁千斤顶,面积至少 0.1 m^2;

②电动或手动油泵,最好配有稳压装置;

③压力表,最大压力 30～50 MPa,精度为 1 级;

④钢弦应变仪(或电阻应变仪)及钢弦应变计(或电阻应变片),也可用可拆卸的机械式或电测式位移计,其量程不少于 5 mm,分辨力不低于 0.002 mm;

⑤保护罩(用于保护应变计);

⑥钻机或切割机(用于掏槽)。

(4)测试要点

①把试验面上的松动岩石清除,并使之基本平整,并做好现场描述。

②在已处理好的岩面上安装应变计,应变计的方向应与解除槽长轴垂直,应变计的中心点与解除槽长轴中心的距离应为槽长的 1/3,如图 4.10.1 所示。应变计安装好后应加盖保护罩,然后进行多次读数,以确定应变计的初值。也可在解除槽两侧预埋测点,用可拆卸的位移计量测。

③用钻机或切割机进行分级掏槽,每级掏槽深度为 2 cm,同时记录相应的应变计读数。槽的深度一般要求大于扁千斤顶的尺寸,并使加载的扁千斤顶外缘埋入岩面 25 mm,以防止加载过程中岩石局部破坏。

④用清水将槽内的岩粉等冲洗干净,并把调制好的水泥砂浆灌入槽内,再把扁千斤顶推入并捣实砂浆。必须严防浆体中夹入气泡,否则将损坏扁千斤顶或使试验结果不可靠。

⑤待砂浆凝固后,接通扁千斤顶和油泵(图 4.10.2),即可加压进行应力恢复试验,一般采用分级加压并同时记录应变计读数。最大一级压力应大于解除结束时应变计测读的相应压力。

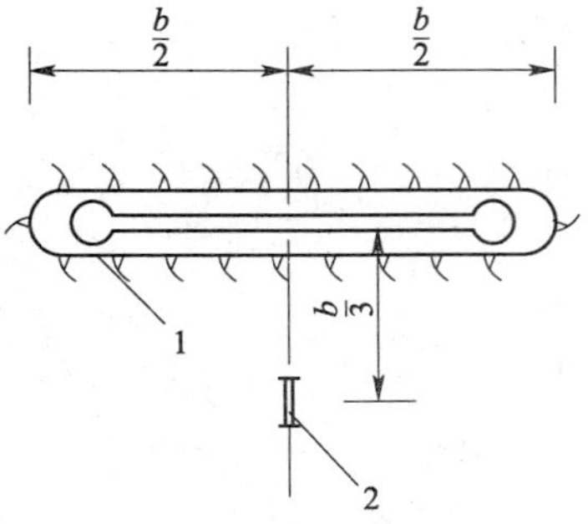

图 4.10.1　应变计埋设位置示意

1-扁千斤顶;2-应变计

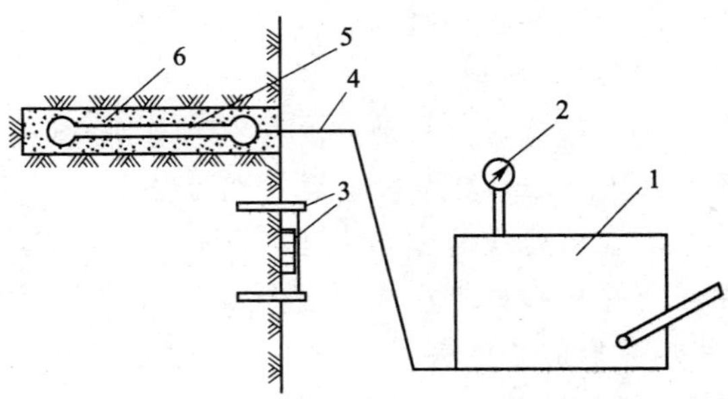

图 4.10.2　应力恢复法试验示意

1-油泵;2-压力表;3-应变计(钢弦或电阻片);4-紫铜管;5-扁千斤顶;6-水泥砂浆

(5)资料整理

①修正记录的扁千斤顶油压,使之成为实际作用在槽上的压力,扁千斤顶修正系数在室内作出率定。

②计算出每级开槽和加压的岩体应变值。计算的方法是每一级开槽和加压时应变计读数减去初始值。

③画出岩体应变值和开挖深度、扁千斤顶的关系曲线(图 4.10.3)。只要该关系曲线中岩体应变值与压力之间不出现显著的滞后现象,扁千斤顶的恢复压力(p_c)大体上等于平均解除压力,亦即该方向的岩体应力。

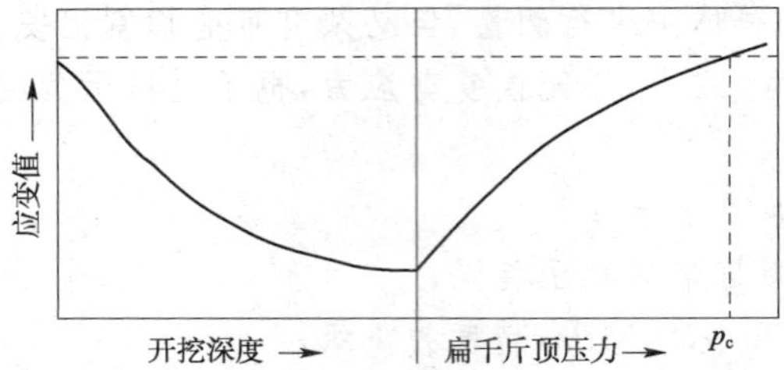

图 4.10.3　岩体应变与开挖深度、扁千斤顶压力关系曲线

(二)应力解除法

(1)测试原理

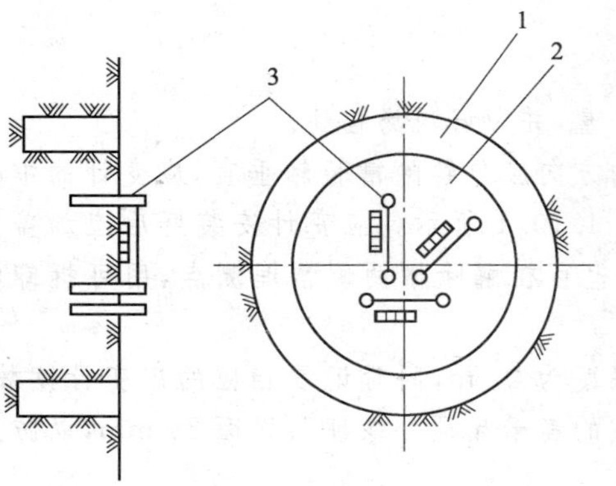

图 4.10.4　应力解除法试验布置示意

1-解除槽;2-岩面;3-应变计(钢弦应变计或电阻片)

应力解除法是在岩体表面和地下洞室壁上预先埋设应变计(或贴电阻片),然后在其周围掏环形槽(图 4.10.4),并同时测量岩体应力解除后的应变值。根据岩体应力解除前后的应变变化和岩体的弹性模量,计算岩体的表面应力。

(2)应用范围

应力解除法常用于岩体表面和地下洞室围岩表面的应力测量。每次试验只能确定平面上两个方向的最大、最小主应力。如果要确定该处的三向应力,至少要在三个不同方向的面上进行三次测量。

(3)主要仪器设备

①钢弦应变计和钢弦应变仪或电阻应变片和电阻应变仪;

②应变计保护罩;

③钻机及相应配套的器材,用于掏槽。

(4)测试要点

①清除试面上松动岩块并把它整平,其范围不小于解除岩芯直径的两倍。岩面起伏差不超过 0.5 cm,要做好试面的现场描述;

②在已处理的试验面上,埋设应变计丛(或贴应变片丛),每组应变丛不得少于 3 只应变计(片),它们的布置参见图 4.10.5,应变计(片)埋好后,应加保护罩,以防损坏;

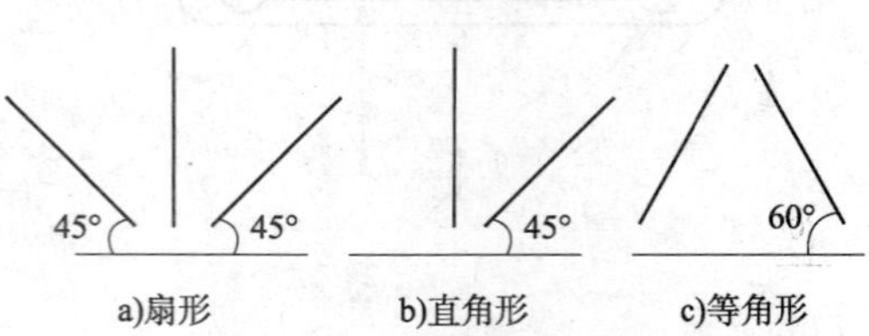

图 4.10.5　应变丛布置示意

③把应变计(片)与应变仪接通,读出并记录各应变计(片)的初始值;

④用钻机分级掏槽,并记录其应变读数。每级掏深一般为 2 cm,掏槽的最终深度一般要求达到应变读数稳定时为止,并不得小于解除岩芯直径的 0.5 倍。

(5)资料整理

①根据测得的物理量换算成应变值后,计算各级解除深度下的应变值。其公式为

$$\varepsilon_{iH} = \varepsilon_{nH^-} - \varepsilon_{oH} \tag{4.10.1}$$

式中，ε_{iH}为某一解除深度的应变值($\mu\varepsilon$)；ε_{nH}为与解除深度对应的仪器应变值($\mu\varepsilon$)；ε_{oH}为解除前的仪器初始应变值($\mu\varepsilon$)。

②绘制应变丛各应变计(片)的应变值(ε_{iH})与解除深度(cm)的关系曲线，并根据曲线选取各应变计(片)的稳定应变值。

③根据稳定应变值，计算主应变及其方向。

直角应变丛：

$$\varepsilon_1 = \frac{\varepsilon_a - \varepsilon_c}{2} + \frac{1}{\sqrt{2}}\sqrt{(\varepsilon_a - \varepsilon_b)^2 + (\varepsilon_b - \varepsilon_c)^2} \tag{4.10.2}$$

$$\varepsilon_2 = \frac{\varepsilon_a - \varepsilon_c}{2} - \frac{1}{\sqrt{2}}\sqrt{(\varepsilon_a - \varepsilon_b)^2 + (\varepsilon_b - \varepsilon_c)^2} \tag{4.10.3}$$

$$\tan 2\alpha = \frac{2\varepsilon_b - \varepsilon_a - \varepsilon_c}{\varepsilon_a - \varepsilon_c} \tag{4.10.4}$$

式中，ε_1为最大主应变($\mu\varepsilon$)；ε_2为最小主应变($\mu\varepsilon$)；ε_a为0°应变计(片)稳定应变值($\mu\varepsilon$)；ε_b为45°应变计(片)稳定应变值($\mu\varepsilon$)；ε_c为90°应变计(片)稳定应变值($\mu\varepsilon$)；α为最大主应变与X轴的夹角(°)。

等三角形应变丛：

$$\varepsilon_1 = \frac{\varepsilon_a + \varepsilon_b + \varepsilon_c}{3} + \frac{\sqrt{2}}{3}\sqrt{(\varepsilon_a - \varepsilon_b)^2 + (\varepsilon_b - \varepsilon_c)^2 + (\varepsilon_c - \varepsilon_a)^2} \tag{4.10.5}$$

$$\varepsilon_2 = \frac{\varepsilon_a + \varepsilon_b + \varepsilon_c}{3} - \frac{\sqrt{2}}{3}\sqrt{(\varepsilon_a - \varepsilon_b)^2 + (\varepsilon_b - \varepsilon_c)^2 + (\varepsilon_c - \varepsilon_a)^2} \tag{4.10.6}$$

$$\tan 2\alpha = \frac{\sqrt{2}(\varepsilon_b - \varepsilon_c)}{2\varepsilon_a - \varepsilon_b - \varepsilon_c} \tag{4.10.7}$$

式中，ε_a、ε_b、ε_c为0°、60°、120°应变计(片)的应变值($\mu\varepsilon$)；其余符号同前。

④计算最大、最小主应力。其公式为

$$\sigma_1 = \frac{E}{1-\nu^2}(\varepsilon_1 + \nu\varepsilon_2) \tag{4.10.8}$$

$$\sigma_2 = \frac{E}{1-\nu^2}(\varepsilon_2 + \nu\varepsilon_1) \tag{4.10.9}$$

式中，E为岩石弹性模量(MPa)；ν为岩石泊松比；ε_1、ε_2为最大、最小主应变($\mu\varepsilon$)。

二、钻孔孔径变形法

(一)测试原理

钻孔孔径变形法是通过套孔钻进测量解除前后孔径变化来确定岩体应力的一种方法。目前主要采用钻孔变形计和压磁应力计两种测试方法，适用于完整和较完整岩体。

钻孔变形计内部安装有四个预先贴好电阻片的弹性钢环(图4.10.6)。每个钢环外有一个触头顶着，触头的作用是传递孔径变形，使变形计内的钢环随着孔径的变化而变化，通过电阻应变仪测量钢环上应变片的应变，并将它换算成钻孔的直径变化，然后根据钻孔孔径的变化与岩体弹性模量，计算垂直孔轴平面上的岩体应力。

压磁应力计(图4.10.7)是根据铁磁物体的压磁效应而设计的。应力感应部件是一个用铁镍合金做铁芯的自感线圈(图4.10.8)。若沿着铁芯轴向施加的压力发生变化，那么铁芯的磁导率就会发生相应的变化，自感线圈的电感量和阻抗也随着发生变化，其变化值可以通过压磁应力仪测量。在使用时，将互成120°的三个应力计送入孔内，通过加力装置拉紧应力计滑楔，使应力计承受一定应力，通过套孔解除，测孔的孔径会发生变化，从而使孔内的应力计承受的压力随之变化，这种变化由应力仪测出并换算成折算位移，最后根据弹性理论计算垂直孔轴面上的岩体应力。

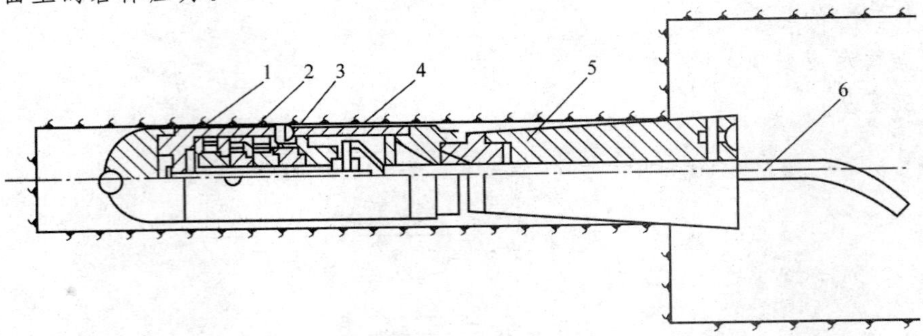

图 4.10.6　四分向环式钻孔变形计示意

1-钢环架；2-钢环；3-触头；4-外壳；5-定位器；6-测量电缆

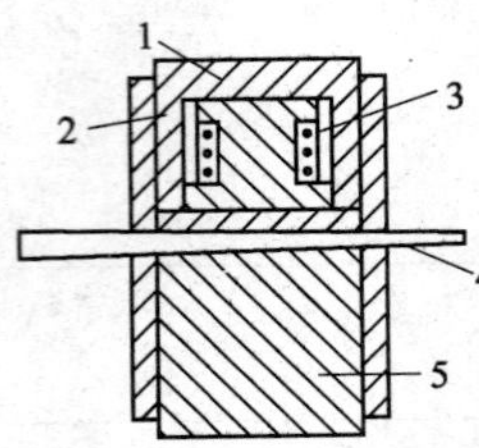

图 4.10.7　压磁应力计示意

1-铁芯盒；2-铁镍合金芯轴；3-线圈；4-滑楔；5-支撑

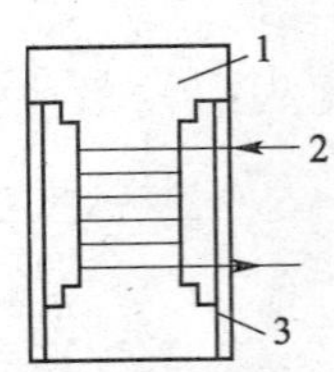

图 4.10.8　铁镍合金轴示意

1-铁镍合金芯轴；2-线圈；3-屏蔽套

(二)应用范围

此方法适用于完整、较完整岩体中测试。在破碎岩体、薄层或出现饼状岩芯处不宜采用。

此法测试深度一般在 50 m 以内，也测到过 70 m 深。

通过一个钻孔的试验，可以确定垂直孔轴平面上的应力。如果要确定三向应力，则必须在三个独立方向上进行试验。三个钻孔的方向可以参照图 4.10.9 的布置方式。

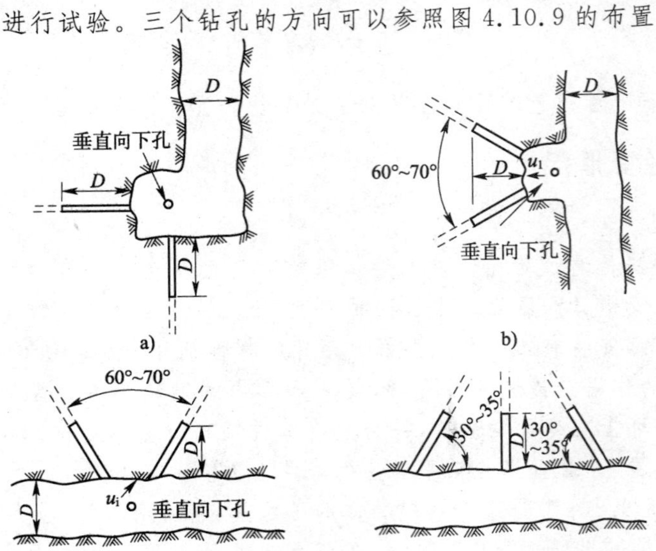

图 4.10.9　岩体应力测试三个方向钻孔布置示意

D-隧洞开挖直径

(三)主要仪器设备

孔径变形法主要仪器设备见表 4.10.2。

孔径变形法主要仪器设备 表 4.10.2

类别	组成	类别	组成
量测仪表及安装设备	四分向环式钻孔变形计、电阻应变仪或压磁应力计(包括加力装置)、压磁应力仪、送进杆、水平及垂直定向装置、围压率定器、稳压电源设备	钻孔设备	钻机及相应配套的岩芯管、钻杆等;ϕ36 mm 钻头,ϕ110 mm 或 ϕ130 mm 钻头;孔底磨平钻头和锥形钻头

(四)测试要点

①在选定试验部位用 ϕ110 mm 或 ϕ130 mm 钻头钻孔至预定深度,并取出岩芯,记录钻孔深度、方位角与倾角。套钻程序如图 4.10.10 所示。

②用 ϕ110 mm 或 ϕ130 mm 磨平钻头磨平孔底,然后再用 ϕ110 mm 或 ϕ130 mm 锥形钻头在孔底钻出深约 5 cm 的喇叭口。

③用 ϕ36 mm 钻头钻一深 300～400 mm 的同心孔,并将钻孔冲洗干净。

④将变形计(或应力计)与送进杆连接,将其送入 ϕ36 mm 钻孔,并使之固定。记录其测量方向,而后取出送进杆。

⑤将 ϕ110 mm 或 ϕ130 mm 钻头下入孔内,同时将变形计(或应力计)导线穿过钻头、钻杆引出并与应变仪(或应力仪)相接。

⑥向钻孔内充水,待仪器读数稳定后,记录初始读数。

⑦套钻解除应力,一般每解除(即套钻钻入深)2～3 cm 读数一次,直到仪器读数稳定或解除深度达到岩芯直径的 1/2,套钻解除结束。

⑧取出带有变形计(或应力计)的岩芯,放到围压率定器内(图 4.10.11)进行率定。至此,现场试验结束。

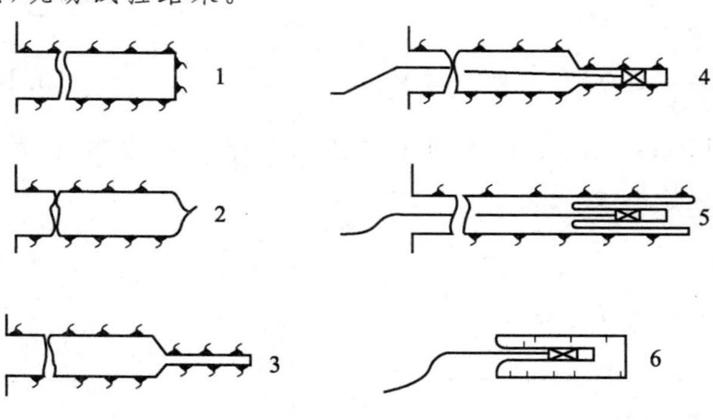

图 4.10.10 钻孔应力解除套钻程序示意

1-孔底磨平;2-钻锥形孔;3-钻测量孔;4-埋设测量元件;5-套钻解除;6-取出岩芯

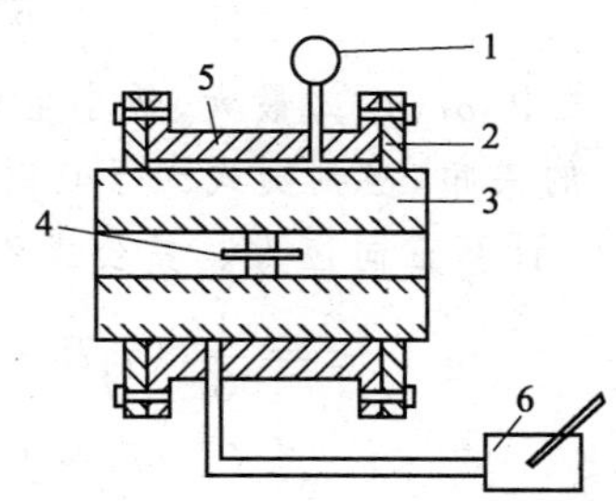

图 4.10.11 围压率定器率定变形计(应力计)示意

1-压力表;2-橡皮套筒;3-解除后取出的岩芯;4-测量元件;5-钢套筒;6-油泵

(五)资料整理

(1)钻孔变形计法

①计算钻孔径向位移

$$u = \frac{\varepsilon_n - \varepsilon_0}{K} \tag{4.10.10}$$

式中,K 为变形计率定系数($\mu\varepsilon/10^{-3}$ mm);ε_n 为解除后仪器最终稳定应变值($\mu\varepsilon$);ε_0 为

解除前仪器初始应变值($\mu\varepsilon$)。

②计算与钻孔轴垂直平面内的最大、最小主应力及其方向：

$$\sigma_1=\frac{E}{4d}\left[(u_{0^\circ}+u_{90^\circ})+\frac{1}{\sqrt{2}}\sqrt{(u_{0^\circ}+u_{45^\circ})^2+(u_{45^\circ}-u_{90^\circ})^2}\right] \tag{4.10.11}$$

$$\sigma_2=\frac{E}{4d}\left[(u_{0^\circ}+u_{90^\circ})-\frac{1}{\sqrt{2}}\sqrt{(u_{0^\circ}+u_{45^\circ})^2+(u_{45^\circ}-u_{90^\circ})^2}\right] \tag{4.10.12}$$

$$\tan 2\alpha=\frac{2u_{45^\circ}-u_{0^\circ}-u_{90^\circ}}{u_{0^\circ}-u_{90^\circ}} \tag{4.10.13}$$

且

$$\frac{\cos 2\alpha}{u_{0^\circ}-u_{90^\circ}}>0 \quad (判别式)$$

式中，σ_1、σ_2为垂直钻孔平面内的最大、最小主应力(MPa)；α为u_0与σ_1之间的夹角。当判别式小于0时，则为u_0与σ_2之间的夹角；d为钻孔直径(cm)；E为岩石弹性模量(MPa)；ν为岩石泊松比；u_{0°、u_{45°、u_{90°分别为0°、45°、90°三个方向的变形(10^{-3}mm)。

如果是四组钢环测试，可进行组合计算，求出σ_1、σ_2的平均值。

(2)压磁应力计法

①确定每一测量方向元件的记录应力。其公式为

$$s=\eta\Delta V \tag{4.10.14}$$

式中，η为测量方向元件的率定系数；ΔV为解除前后仪器读数的变化值。

②计算与钻孔垂直平面内的最大、最小主应力及其方向。其公式为

$$\sigma_1=\frac{1}{3}(s_1+s_2+s_3)+\sqrt{(s_1-s_2)^2+(s_2-s_3)^2+(s_3-s_1)^2} \tag{4.10.15}$$

$$\sigma_2=\frac{1}{3}(s_1+s_2+s_3)-\sqrt{(s_1-s_2)^2+(s_2-s_3)^2+(s_3-s_1)^2} \tag{4.10.16}$$

$$\tan 2\alpha=-\sqrt{3}\,\frac{s_2-s_3}{2s_1-s_2-s_3} \tag{4.10.17}$$

$$\frac{s_2-s_3}{2s_1-s_2-s_3}<0 \quad (判别式) \tag{4.10.18}$$

式中，σ_1、σ_2为最大、最小主应力(MPa)；s_1、s_2、s_3为不同方向的三个记录应力值；α为s_1与σ_1的夹角，当判别式大于0时，则为s_1与σ_2的夹角。

③计算三向应力。其公式为

$$\begin{aligned}s=\frac{1}{3}\{&(f_1l_1^2+f_2l_2^2+f_3l_3^2+f_4l_1l_3)\sigma_x+\\&(f_1m_1^2+f_2m_2^2+f_3m_3^2+f_4m_1m_3)\sigma_y+\\&(f_1n_1^2+f_2n_2^2+f_3n_3^2+f_4n_1n_3)\sigma_z+\\&[2f_1l_1m_1+2f_2l_2m_2+2f_3l_3m_3+f_4(l_1m_3+l_3m_1)]\tau_{xy}+\\&[2f_1m_1n_1+2f_2m_2n_2+2f_3m_3n_3+f_4(m_1n_3+m_3n_1)]\tau_{yz}+\\&[2f_1n_1l_1+2f_2n_2l_2+2f_3n_3l_3+f_4(n_1l_3+n_3l_1)]\tau_{zx}\}\end{aligned} \tag{4.10.19}$$

其中

$$f_1=1+\cos 2\theta$$
$$f_2=-\nu$$
$$f_3=1-2\cos 2\theta$$
$$f_4=4\sin 2\theta$$

式中，θ为钻孔中测量方向与钻孔坐标中h_1的夹角；ν为岩石泊松比；l_1、m_1、n_1、l_2、m_2、

n_2、l_3、m_3、n_3 为钻孔坐标对大地坐标轴的方向余弦。

三、钻孔孔壁应变法

(一)测试原理

孔壁应变法是借助粘贴在钻孔孔壁上的电阻应变片测量套孔应力解除前后孔壁表面应变变化,根据弹性理论计算岩体中一点的三向应力。目前国内广泛使用的有三叉式应变计法、空心包体式应变计法和深孔水下应变计法(表 4.10.3)。

常用应变计组成及安装要求　　表 4.10.3

类　型	组成及安装要求
三叉式应变计	三叉应变计的前部有三个可张开的橡皮叉(图 4.10.12),每个橡皮叉上有一组应变丛。每个应变丛由 3～4 个电阻应变片组成(图 4.10.13)。测试时,将它放入孔内,然后推动楔头,橡皮叉便均匀张开,使带有胶水的应变丛粘贴在孔壁上。当套孔解除时,应变片便随着孔壁岩石变形,应变片的应变可由应变仪测出
空心包体式应变计	空心包体式应变计是由嵌入环氧树脂筒中三组应变丛组成。每个应变丛有四个应变片,其布置见图 4.10.14。应变计有一个环氧树脂浇筑的外层,它使电阻应变片嵌在筒壁内,其外层厚约0.5 mm(图 4.10.15)。环氧树脂圆筒内有一个足够大的内腔,用来装胶黏剂。另有一个环氧树脂塞,使用时将筒内腔装满胶黏剂,然后将栓塞插入内腔约 15 mm 深处,用铅丝将其固定。栓塞的另一端有一木质导向定位棒,以使应变计顺利地安装在所需要的位置上。将应变计送入钻孔中预定位置后,用力推动安装杆,可使铅丝切断,继续推进可使胶黏剂经栓塞小孔流出,进入应变计和钻孔之间的间隙,经过一定的时间,胶黏剂完全固化后,即可进行套钻解除
深孔水下应变计	主要由三向应变计探头及安装器组成(图 4.10.16、图 4.10.17),在钻孔中粘贴应变计由管形安装器来完成,为避免在下井过程中应变计上的胶黏剂与水接触发生不利反应,将应变计浸泡在一特别的胶罐中。当安装器到达预定测点后,其底部的触针将触发一灵巧装置,使中心锥在重力作用下下落,推掉胶罐并同时将应变计牢固地压紧在测孔岩壁上,待胶水固化后(约需 2 h),即可通过电缆连接的应变仪测读解除前的初始读数,随后即可进行套钻解除

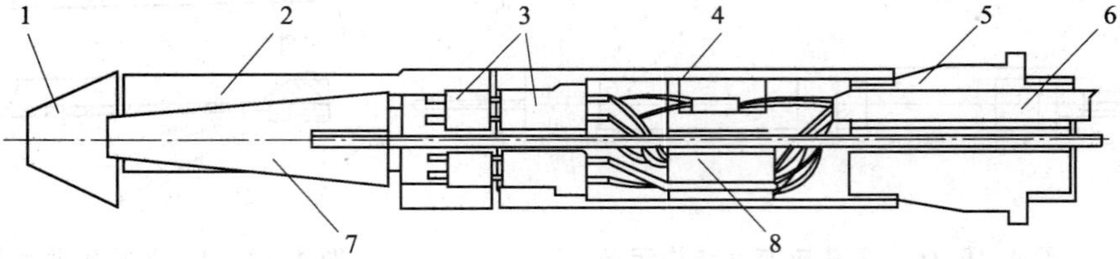

图 4.10.12　三叉式应变计结构示意

1-导向块;2-橡皮叉;3-16 芯插头与插座;4-金属壳;5-橡皮塞;6-电缆;7-楔头;8-补偿室

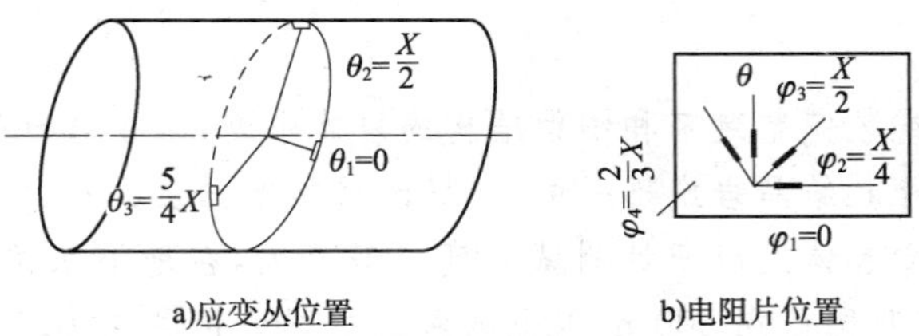

图 4.10.13　三叉式应变计应变丛布置示意

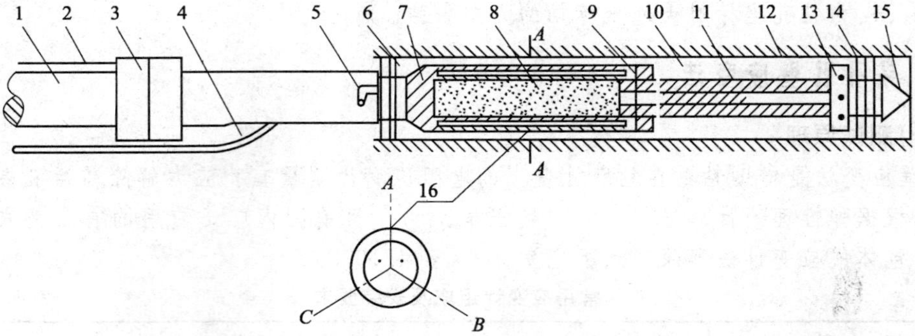

图 4.10.14　空心包体式应变计结构示意

1-安装杆；2-定向器导线；3-定向器；4-读数电缆；5-定身销；6-密封圈；7-环氧树脂筒；8-空腔(内装胶黏剂)；9-固定销；10-应力计与孔壁之间的空隙；11-栓塞；12-岩石钻孔；13-出胶小孔；14-接头；15-导向头；16-应变丛

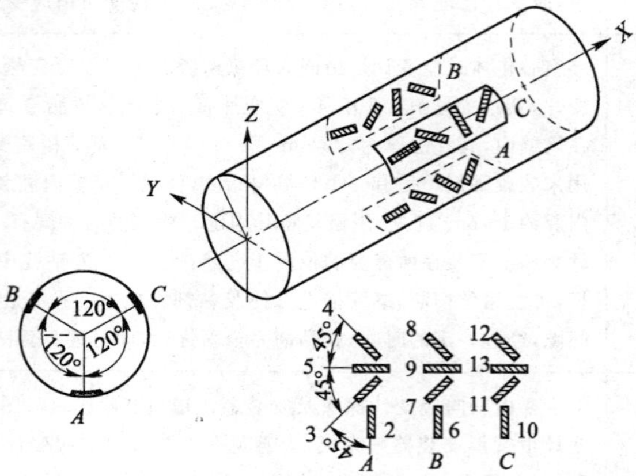

图 4.10.15　空心包体式应变计应变丛分布示意

(A、B、C 为三组应变丛)

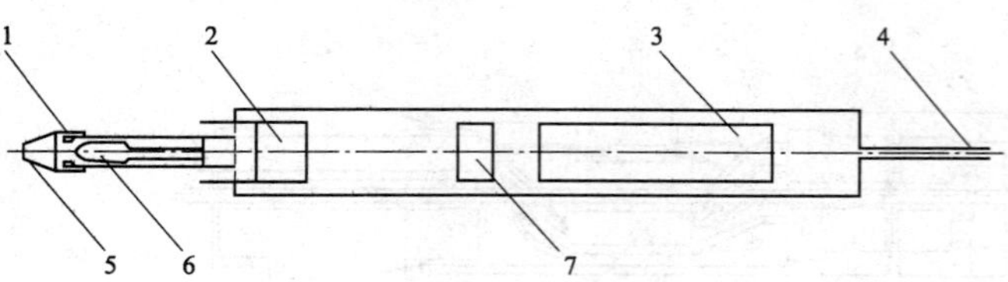

图 4.10.16　深孔应变计结构示意

1-探头；2-触发装置；3-电子部分；4-承重电缆；5-胶罐；6-锥头；7-罗盘

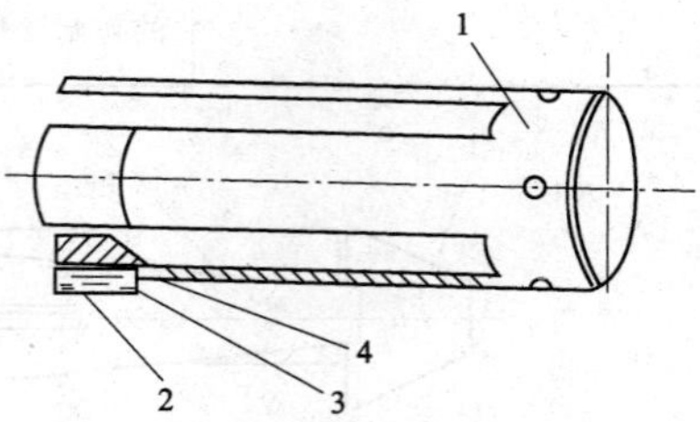

图 4.10.17　深孔应变计探头示意

1-玻璃钢三叉；2-泡沫塑料；3-应变片；4-橡胶片

(二)应用范围

此法适用于完整或较完整致密和细粒结构的岩体中测试，在破碎岩体、薄层或出现饼状岩芯处不宜使用。在粗粒结晶岩或砾岩中，最好改用其他方法。

浅孔三叉式及空心包体式应变计测试深度一般不大，在地下水位以下的岩体一般不宜使用，而深孔应变计在我国已在 300 m 以上的深孔中测试获得成功。

此法只需通过一个钻孔测量，就能得到三向应力。

(三)主要仪器设备

钻孔孔壁应变法主要仪器设备见表 4.10.4。

钻孔孔壁应变法主要仪器设备　　表 4.10.4

类　型	组　成
量测仪表及安装设备	钻孔三叉式应变计或空心包体式应变计或深孔应变计、静态电阻应变仪、送进杆及安装器、孔壁、孔端擦洗器及烘干器、水平及垂直定向装置、围岩率定器、稳压电源设备
钻孔设备	钻孔及配套的岩芯管、钻孔等器材、ϕ36 mm 或 ϕ46 mm 钻头、ϕ110 mm 或 ϕ130 mm 钻头、孔底磨平钻头、锥形钻头

(四)测试要点

①在选定试验部位,用 ϕ110 mm 或 ϕ130 mm 钻头钻至预定深度,并取出岩芯。当钻水平孔时,钻孔一般要求上倾 3°～5°,以便排水排渣。套钻程序见图 4.10.10。

②用磨平钻头磨平孔底。

③用锥形钻头在孔底钻一喇叭口。

④用 ϕ36 mm(或 ϕ46 mm)钻头钻一孔深 300～400 mm 的同心孔,如果取出的岩芯无裂隙,即可作为测试区段。

⑤先用清水将测试段冲洗干净。如果是三叉式和包体式应变计则还需用高压空气吹干或用电热烘烤器烘干(注意温度不要太高),最后用丙酮擦洗干净。

⑥用安装杆将应变计送入测孔。如果是三叉式应变计,则推进安装杆,使楔形块前进,此时橡皮叉张开,使贴有环氧树脂胶的应变丛紧贴在孔壁上;如果是空心包体式应变计,则推动安装杆,使空腔内胶黏剂从栓塞小孔流出,进入应变计和孔壁之间的间隙,从而使应变计固结在测孔里。如果是深孔应变计,应首先在应变计前端的胶罐里注满胶黏剂,并用安装器将应变计送入测试孔,利用安装器自重,将应变计牢固地黏结在孔壁上,最后接通电源加热罗盘,30 min 后切断电源,使罗盘自冷定向。

⑦套钻解除,用 ϕ130 mm 钻头下入孔内,并向孔内充水,同时测读应变计的初始应变值。当数值稳定后,即可开机进行套钻解除,一般要求每解除 2～3 cm 深度测读一次,直到应变计读数稳定为止,解除结束。

⑧取出带有应变计的岩芯,将它放入围压率定器内进行率定,确定岩石的弹性模量。

⑨对取出的岩芯及附近地层情况进行描述。

(五)资料整理

①计算每级各电阻片解除应变测定值。其公式为

$$\varepsilon_k = \varepsilon_{nk} - \varepsilon_{ok} \tag{4.10.20}$$

式中,ε_k 为第 k 电阻片解除应变测定值($\mu\varepsilon$);ε_{nk} 为解除后第 k 电阻片应变仪读数($\mu\varepsilon$);ε_{ok} 为解除前第 k 电阻片应变仪读数($\mu\varepsilon$)。

②绘制解除过程曲线(应变与解除深度关系曲线)。

③根据解除过程曲线,结合地质条件及试验情况,选取各测量片的解除应变测定值。

④根据围压试验,绘制压力与应变关系曲线,计算岩石弹性模量和泊松比。

⑤岩体三维应力的计算见参考文献。

四、钻孔孔底应变法

(一)测试原理

孔底应变法是借助于粘贴在钻孔底面上的电阻应变片测量套钻解除前后孔底岩体的应

变变化，利用弹性理论的经验公式及岩石的弹性模量计算应力。孔底应变计有一个硬塑料外壳，在其端面借助于厚 0.5 mm 的有机玻璃片或赛璐珞片（或薄橡皮）上贴有一组电阻应变丛。外壳另一端用胶黏剂（通常为环氧树脂）粘贴在孔底表面中央三分之一面积内（图 4.10.18）。这样，当孔底岩面由于套钻解除发生变形时，应变计将随之变化。

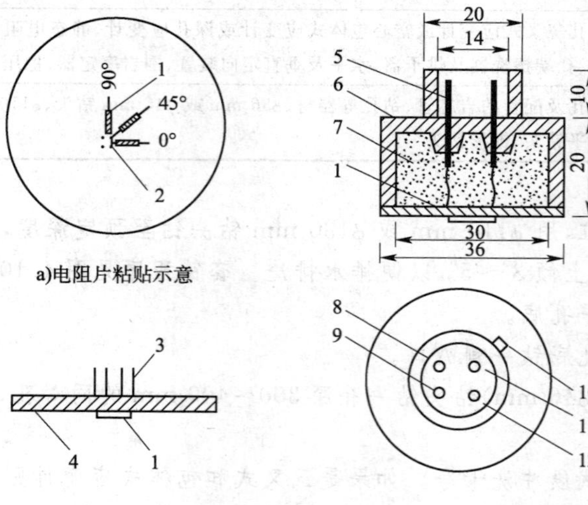

a)电阻片粘贴示意　b)接线头示意　c)孔底应变元件示意

图 4.10.18　孔底应变计示意图（尺寸单位：mm）

1-电阻片；2-穿线孔；3-接线头；4-有机玻璃或赛璐珞片；5-插针；6-塑料外壳；7-硅橡胶；8-0°电阻片插针；9-45°电阻片插针；10-键槽；11-90°电阻片插针；12-公用插针

（二）应用范围

此法适用于地下水位以上完整和较完整的致密与细粒结构的岩体。由于此法要求解除岩芯较短，仅需大于孔径的深度即可，因此在有一定程度破碎的岩体和出现饼状岩芯的地区，有时也可使用。

采用孔底应变计测量岩体三向应力，需要钻三个交会孔，三孔的盘应将两侧斜孔与中间垂直孔形成 45°±5°的夹角。

此法测试深度不大，一般在 20 m 以内。

（三）主要仪器设备

钻孔孔底应变法主要仪器设备见表 4.10.5。

钻孔孔底应变法主要仪器设备　　表 4.10.5

类　型	组　成
量测仪器及安装设备	孔底应变计、静态电阻应变仪和预调平衡接线箱、安装杆、安装器及定位装置、孔底擦洗器及烘干器、围岩率定器、稳压电源设备
钻孔设备	钻机及配套的岩芯管、钻杆等器材、ϕ76 mm 钻头、ϕ76 mm 磨平钻头及细磨钻头

（四）测试要点

①钻孔：用 ϕ76 mm 钻头在试验部位钻至预定深度，取出岩芯并判明孔底是否满足测试要求。否则继续钻进。

②磨平孔底：先下入粗磨平钻头，对孔底进行粗磨，达到要求后再用细磨平钻头进行细磨，使孔底达到平整光滑。

③洗孔：用清水将孔底、孔壁上岩粉冲洗干净。然后用高压风将孔底吹干或用烘干器烘

干。再用丙酮擦洗干净。

④粘贴应变计：用绷带包脱脂棉，蘸上环氧树脂胶，并将其送入孔底涂抹，使孔底涂上一层树胶，然后，将底面涂有树胶的应变计用带有安装器的安装杆送到孔底。应注意，当接近孔底时，必须调整到水平位置，然后用力将应变计压贴在孔底平面三分之一直径范围内。

⑤套钻解除与应变测试：待粘贴应变计的环氧树脂凝固后，即可测记应变计的初始值，随后将安装器取出并下入钻头，开机钻进解除。当钻进10～20 cm时，停止钻进，取出装有应变计的岩芯，测记解除后的应变计读数，并把岩芯编号，进行弹性模量试验。

⑥记录测试段孔深、钻孔方位及其倾角。

(五)资料整理

①计算各电阻片解除应变测定值。其公式为

$$\varepsilon = \varepsilon_n - \varepsilon_o \tag{4.10.21}$$

式中，ε为第某个电阻片解除应变测定值($\mu\varepsilon$)；ε_n为解除后第某个电阻片应变仪读数($\mu\varepsilon$)；ε_o为解除前第某个电阻片应变仪读数($\mu\varepsilon$)。

②岩体应力计算见参考文献。

五、水压致裂法

(一)测试原理

水压致裂法是在钻孔内用两个可膨胀的橡胶封隔器将钻孔的试验段隔离开来，施加水压，通过测量(在试验水平面)岩石的裂隙产生、传播、保持和重新开裂所需水压力来确定垂直于钻孔平面的最大、最小主应力。它们的方向，一般是通过观测和测量由水压力导致钻孔壁破裂(水压致裂)面的方位获得的。

(二)应用范围

①这种方法是在超深孔内唯一能确定岩体应力的一种技术。它的测试深度，在我国已达到1 000 m以上。

②此法的优点是不需要预先知道岩石的弹性模量，而且在水下测试也无困难。

③此法假设钻孔方向是其中一个主应力方向，垂直应力一般是根据上覆岩层重量来计算的。如果钻孔方向偏离主应力方向甚大(大于±15°)，这样得出的成果，误差就会很大。

(三)主要仪器设备

①钻机，要满足孔深的要求；

②钻头，要与堵孔的封隔器相适应；

③可膨胀的橡皮封隔器；

④装有定向装置的印模器；

⑤高压水泵系统，要求在所加压力范围内具有恒定液流的能力；

⑥流量计、压力计等量测设备及记录仪。

图4.10.19为双回路水压致裂应力测量系统示意图。

(四)测试要点

①在选定测试部位打一钻孔，根据工程要求确定测试段大概的深度，再根据取出的岩芯、钻孔电视或声波探测检验孔壁情况，选定测试段的长度与深度。

②将橡皮封隔器组装好并下入孔内至预定深度，随后向封隔器施加压力使其膨胀，形成一个封隔孔段[图4.10.20a)]，记录测段的长度和深度。

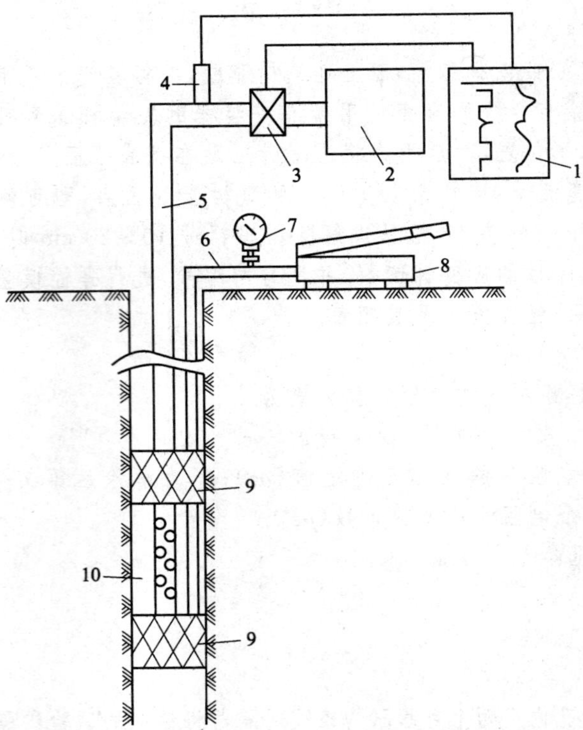

图 4.10.19 双回路水压致裂应力测量系统示意

1-记录仪;2-高压泵;3-流量计;4-压力计;5-高压钢管;6-高压胶管;7-压力表;8-泵;9-封隔器;10-压裂段

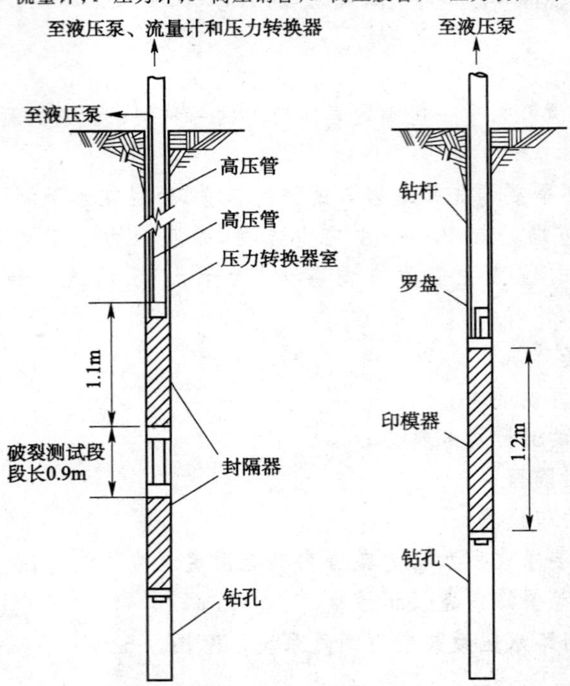

图 4.10.20 水压致裂应力测量钻孔内的设备示意

③由地表向管路泵注入高压水,对试验段加压,同时记录流量、压力随时间的变化。当压力持续增加到钻孔围岩破裂时,压力将突然下降。这时的压力称为破裂压力(p_t),记录下

p_t 值，继续加大泵量，使破裂扩展，然后停止泵压，此时形成瞬间关闭压力（p_s），并记录 p_s 值。

④再次加压，使裂缝重新张开，此时的压力成为裂缝重新张开压力（p_r），然后停止泵压，并记录它的关闭压力（p_s）值。可以根据试验情况，决定做几个循环。典型的水压致裂压力过程见图 4.10.21。

⑤取出封隔器，下入橡胶印模器，确定破裂方向[图 4.10.20b)]。

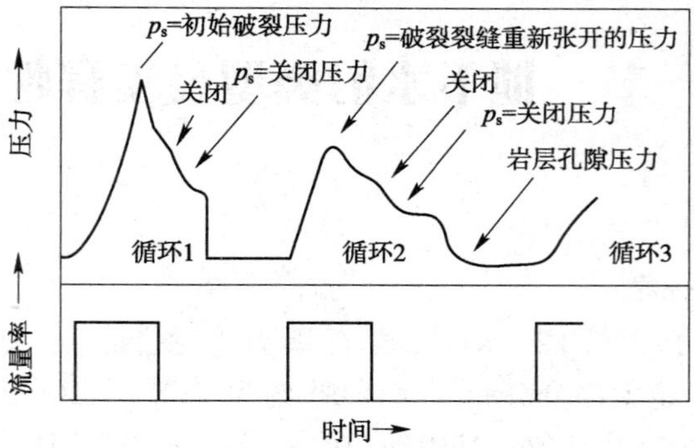

图 4.10.21　典型的水压致裂压力过程曲线

(五)资料整理

画出压力、流量率与时间过程线(图 4.10.21)。从图上过程线确定 p_t，p_s。

当水压致裂的平面接近平行钻孔轴线时，主应力由下式表达

$$\sigma_{min} = p_s \tag{4.10.22}$$

$$\sigma_{max} = 3p_s - p_t - p_0 + T \quad （适于初始循环） \tag{4.10.23}$$

$$\sigma_{max} = 3p_s - p_t - p_0 \quad （适于以后的重新加压循环） \tag{4.10.24}$$

$$\sigma_v = \gamma h \tag{4.10.25}$$

式中，σ_{min} 为最小水平应力(MPa)；σ_{max} 为最大水平应力(MPa)；σ_v 为铅直向应力(MPa)；p_s 为关闭压力(MPa)；p_t 为初始破裂压力(MPa)；p_0 为初始孔隙水压力(MPa)；T 为岩石的破裂强度(MPa)，由室内试验确定；γ 为岩石重度(kN/m^3)；h 为试验段深度(m)。

第五章 水文地质

第一节 地下水的类型及工程性质

一、自然界中的水

(一)水在地球上的分布

地球上的水存在于大气圈、水圈、岩石圈及生物圈中。地球上水的总量约为 138.609 4×10⁸ 亿 m³。绝大部分分布于海洋中,约为 133.8×10⁸ 亿 m³。地面以下 17 km 地下水的总量约为 0.84×10⁸ 亿 m³,其中约 50%以上分布于地面以下 1 km 的范围内。

在太阳能及重力的作用下,地球上的水由水圈进入大气圈,经过岩石圈表层再返回水圈,如此循环不已。自然界中的水循环就反映了大气水、地表水、地下水三者之间的相互联系。

(二)自然界的水循环

在太阳热能作用下,海洋中的水分蒸发成为水汽,进入大气圈;水汽随水流运移至陆地上空,在适宜的条件下,重新凝结下降。降落的水分,一部分沿地面汇集于低处,成为河流、湖泊等地表水;另一部分渗入土壤岩石中,成为地下水。形成地表水的那部分水分有的重新蒸发成为水汽,返回大气圈;有的渗入地下形成地下水,其余部分则流入海洋,如图 5.1.1所示。

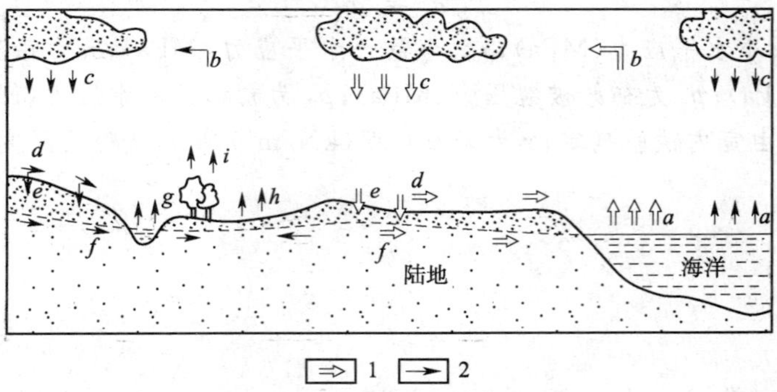

图 5.1.1 自然界水循环示意图

1-大循环各环节;2-小循环各环节;a-海洋蒸发;b-大气中水汽转移;c-降水;d-地表径流;e-入渗;f-地下径流;g-水面蒸发;h-土面蒸发;i-叶面蒸发(蒸腾)

水分从海洋经过陆地最终返回海洋,这种发生在海陆之间的水循环称为大循环。在大陆(或海洋)表面蒸发的水分重新又降落回大陆(或海洋)表面,这种就地蒸发、就地形成降水的循环称为小循环。一个地区小循环增强,总降水随之增加。植树造林,兴修水库,便是增加小循环,改造干旱、半干旱地区的重要措施之一。

(三)地下水的来源

①海成的。地下水是由海水渗到地下而成的。但海水直接渗入地下而形成地下水是很少存在的。仅在靠近海岸附近的狭小范围内有海水流入到地下面与淡水混合的情况存在。

而在自然界却广泛地分布着另一种“海相残留水”。它是在海相沉积物形成时，在粗粒沉积物的孔隙间充满着大量的海水残留而成的。

②渗透的。大气降水、地表水和融雪水的渗透是地下水的主要来源。大气降水补给地下水的多少与降水强度、植被覆盖程度、地表坡度以及岩石透水性等密切相关。强烈的暴雨大多形成地表径流而流失，短时小雨渗不深，基本上被蒸发掉。而长期的绵绵细雨补给地下水最多。有些地区来自河、湖、水库和渠道的侧渗也相当重要。

③凝结的。地下水是来源于大气中水汽或土壤孔隙中水汽分子受昼夜温差影响而凝结生成的。在大陆性干旱沙漠地区，由于当地蒸发量大，降水量小，没有渗透形成地下水的条件，因而凝结作用就突出了。

④初生的。地下水是由地球深处的高温水汽上升冷却而形成的，水中含有特殊的化学成分和气体。如有些温泉就是这种成因。

自然界大多数地下水来源于渗透和凝结。各种不同地下水的来源是与该地区的地质、地貌、自然地理条件密切相关的。在干旱炎热的沙漠地区，蒸发量大，降水量少，地下水主要由凝结而成；而在东部沿海多雨地区地下水则主要由渗透而成，如广大的冲积平原与山前平原的地下水。

（四）岩石中的空隙

组成地壳的岩石，无论是松散沉积物还是坚硬的基岩，都有空隙。空隙的大小、多少、均匀程度和联通情况，决定着地下水的埋藏、分布和运动。

通常把岩石的空隙分为三类：松散沉积物颗粒之间的空隙称为孔隙；非可溶岩中的空隙称为裂隙；可溶岩产生的空隙小者称为溶隙，大者称为溶洞（图 5.1.2）。

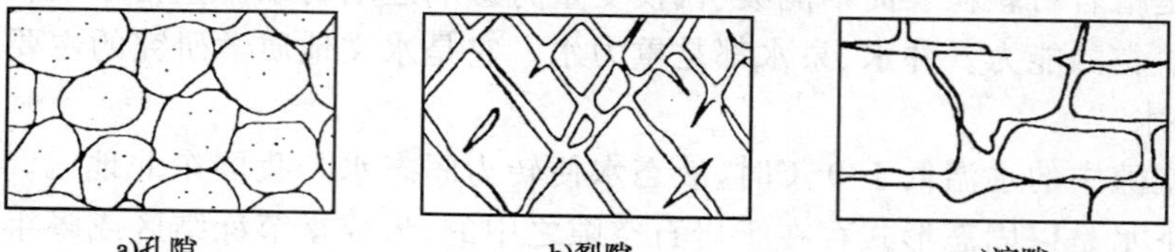

a)孔隙　b)裂隙　c)溶隙

图 5.1.2　岩石的空隙

岩石空隙的发育程度，可用空隙度这个度量指标来衡量。空隙度 p 等于岩石中的空隙体积 V_p 与岩石总体积 V（包括空隙在内）的比值，即

$$p=\frac{V_p}{V}\times 100\% \tag{5.1.1}$$

岩石的空隙度以小数或百分比表示。松散沉积物、非可溶岩和可溶岩的空隙度，又可分别称为空隙度、裂隙率及岩溶率。

（五）岩石中水的存在形式

在岩石的空隙中存在的水有气态水、液态水和固态水三种类型。其中液态水又可根据其受力情况分为结合水、毛细水和重力水。此外，还有一种存在于矿物结晶内部及其间的矿物结合水。

（1）气态水

存在于未饱和岩石空隙中的水蒸气称为气态水。气态水可以随空气的流动而移动。它本身也可以由水汽压力（或绝对温度）大的地方向水汽压力（或绝对温度）小的地方迁移。当水汽增多达到饱和时，或当气温降低到露点时，气态水便凝结成液态水，成为地下水的一种补给来源。

(2)结合水

结合水通常是指束缚于岩石颗粒表面、不能在重力影响下运动的水。水分子是偶极体,一端带正电荷,另一端带负电荷。由于静电引力作用,带有电荷的岩石颗粒表面,便能吸附水分子形成结合水。

依据吸附能力的强弱,结合水又有强结合水和弱结合水之分。紧靠岩石颗粒表面的水叫强结合水(又称吸着水)。这种水不能被植物吸收。结合水的外层叫做弱结合水(又称薄膜水)。一般情况下不能流动,但当施加的外力超过其抗剪强度时,最外层的水分子便发生流动。

(3)毛细水

毛细水是指在表面张力的作用下,沿着岩土细小空隙上升的水。毛细水可以从地下水面上升形成毛细水带,也可以脱离地下水面而独立存在,成为悬挂毛细水。毛细水同时受重力和毛细力作用,能传递静水压力,其上升高度与岩土空隙大小有关,见表5.1.1。毛细水可供植物吸收,也是引起土壤盐渍化的重要条件。

常见松散岩石的毛细高度

表5.1.1

岩石名称	典型孔隙半径/mm	毛细高度/cm	岩石名称	典型孔隙半径/mm	毛细高度/cm
粗砾	2.0	0.8	粉砂	0.01	150
粗砂	0.5	3.0	黏土	0.005	300
细砂	0.05	30.0			

(4)重力水

重力水是指岩石颗粒表面不能吸引、仅受重力影响运动的水。重力水能传递静水压力,并且有溶解盐类的能力。井水、泉水都是重力水。它是水文地质学研究的主要对象。

(5)固态水

当岩石空隙中的水温低于0℃时,液态水便转为固态水。我国东北地区、青藏高原等地就有部分地下水是以固态形式存在于岩石空隙之中的,形成季节冻结区或多年冻结区。

(六)岩石的水理性质

(1)容水性

容水性是指岩石能容纳一定水量的性能。容水性的度量指标为容水度,即

$$C=\frac{W}{V}\times 100\% \tag{5.1.2}$$

式中,C为岩石的容水度,以百分数表示;W为岩石中所容纳水的体积(m^3);V为岩石的总体积(m^3)。

(2)持水性

持水性是指饱水岩石在重力作用下释放出水时,由于分子力和表面张力的作用,能在其空隙中保持一定水量的性能。持水性的度量指标为持水度,即

$$S_r=\frac{W_r}{V}\times 100\% \tag{5.1.3}$$

式中,S_r为岩石的持水度,以百分数表示;W_r为在重力作用下保持在岩石空隙中水的体积(m^3);V为岩石的总体积(m^3)。

(3)给水性

给水性是指饱水岩石在重力作用下能自由排出一定水量的性能。给水性的度量指标为给水度,即

$$\mu=\frac{W_y}{V}\times 100\% \tag{5.1.4}$$

式中，μ 为岩石的给水度，以百分数表示；W_y 为在重力作用下饱水岩石排出的水体积（m^3）；V 为岩石的总体积（m^3）。

又因

$$W=W_r+W_y$$

所以

$$C=S_r+\mu$$

或

$$\mu=C-S_r \tag{5.1.5}$$

式(5.1.5)表明，给水度等于容水度减去持水度。基岩裂隙和溶洞中的地下水，因结合水及毛细水所占的比例非常小，岩石的给水度等于它们的容水度或空隙度。

给水度是水文地质计算中的重要参数。现将几种常见的松散岩石给水度列于表 5.1.2 中。

常见松散岩石的给水度　　表 5.1.2

岩石名称	给水度			岩石名称	给水度		
	最大	最小	平均		最大	最小	平均
黏土	5%	0	2%	粗砂	35%	20%	27%
粉砂	19%	3%	18%	细砾	35%	21%	25%
细砂	28%	10%	21%	中砾	26%	13%	23
中砂	32%	15%	26%	粗砾	26%	12%	22%

(七)透水性

透水性是指岩石允许水透过的性能。岩石透水性的度量指标为渗透系数。渗透系数越大，岩石的透水性越强。渗透系数也是水文地质计算中的重要参数。

(八)含水层与含水岩系

1.含水层和隔水层

可给出并透过相当数量水的岩层称含水层；不能给出或不透水的岩层称隔水层。含水层的形成，需要岩层具有蓄水的空间，存水的地质结构和充足的补给来源，三个条件缺一不可。

含水层与隔水层是相对而言的，其间并无截然的界限和绝对的定量指标。在生产实践中，在水源丰富的地区，只有供水能力强的岩层，才能作为含水层。而在缺水地区，某些岩层虽然只能提供较少的水量，也被当为含水层对待。又如黏土层，通常认为是隔水层，但一些发育有干缩裂隙的黏土层，亦可形成含水层。

2.含水段与含水岩系

松散沉积物的岩性单一又连续成层分布时，称含水层是合适的。但在含水极不均匀的裂隙或岩溶发育的基岩地区，如划分含水层或隔水层，则往往不能反映实际含水特征。这就需要根据裂隙、岩溶实际的含水状况划分出含水段。对于穿越不同成因、岩性、时代的含水的断裂破碎带，则可划分一含水带。同时，根据实际需要，可将几个地层时代和成因特征相同的含水层(其间可夹有弱透水层或隔水层)划为一含水岩组。如第四系松散沉积物的砂层，常夹有薄层黏土层，但其上下砂层之间存在水力联系，有统一的地下水位，化学成分亦相近，即可划为一个含水岩组(简称含水组)。

在开展地区性的大范围的水文地质研究和编图时，往往将几个水文地质条件相近的含水岩组划为一含水岩系。含水岩组之间可存在一些隔水层。如第四系含水岩系、基岩裂隙水含水岩系或岩溶水含水岩系等。

二、地下水的物理性质和化学性质

(一)地下水的物理性质

地下水的物理性质包括温度、颜色、透明度、气味、味道、密度、导电性和放射性等。

(1)颜色

地下水一般是无色的,但由于化学成分的含量不同,以及悬浮杂质的存在,而常常呈现出各种颜色(表5.1.3)。

地下水的颜色与水中存在物质的关系　表5.1.3

水中存在的物质	硬水	低铁	高铁	硫化氢	锰的化合物	腐殖酸盐
颜色	浅蓝	淡灰	锈色	翠绿	暗红	暗黄或灰黑

(2)透明度

常见的地下水多是透明的,但其中如含有一些固体和胶体悬浮物时,则地下水的透明度有所改变。为了测定透明度,可将水样倒入一高60 cm、带有放水嘴和刻度的玻璃管中,把管底放在1号铅字(专用铅字)的上面,打开放水嘴放水,一直到能清楚地看到管底的铅字为止,读出管底到水面的高度。根据这种观测方法可以把水的透明度划为四级(表5.1.4)。

地下水透明度分级　表5.1.4

分　级	野外鉴别特征
透明的	无悬浮物及胶体,60 cm水深可见3 mm的粗线
微浊的	有大量悬浮物,30～60 cm水深可见3 mm的粗线
浑浊的	有较多的悬浮物,半透明状,小于30 cm深可见3 mm的粗线
极浊的	有大量悬浮物或胶体,似乳状,水深很浅也不能清楚看见3 mm的粗线

(3)气味

一般地下水是无味的,当其中含有某种气体成分和有机物质时,产生一定的气味。如地下水中含有硫化氢气体时,则有臭鸡蛋味;有机物质会使地下水有鱼腥味。

(4)味道

地下水的味道取决于它的化学成分及溶解的气体(表5.1.5)。

地下水味道与所含物质的关系　表5.1.5

存在物质	氯化钠	硫酸钠	氯化镁及硫酸镁	大量有机质	铁盐	腐殖质	硫化氢与碳酸气同时存在	二氧化碳及适量重碳酸钙和重碳酸镁
味道	咸味	涩味	苦味	甜味	墨水味	沼泽味	酸味	可口

(5)水温

地下水水温,见表5.1.6。

地下水温度分类　表5.1.6

类别	非常冷的水	极冷的水	冷水	温水	热水	极热水	沸腾水
温度/℃	<0	0～4	4～20	20～37	37～42	42～100	>100

(二)地下水的化学性质

(1)化学成分

地下水中溶解的化学成分,常以离子、化合物、分子以及游离气体状态存在,地下水中常见的化学成分有以下几种:

离子成分中，阳离子有氢离子(H^+)、钾离子(K^+)、钠离子(Na^+)、镁离子(Mg^{2+})、钙离子(Ca^{2+})、铵离子(NH_4^+)、二价铁离子(Fe^{2+})、三价铁离子(Fe^{3+})、锰离子(Mn^{2+})等；阴离子有氢氧根(OH^-)、氯根(Cl^-)、硫酸根(SO_4^{2-})、亚硝酸根(NO_2^-)、硝酸根(NO_3^-)、重碳酸根(HCO_3^-)、碳酸根(CO_3^{2-})、硅酸根(SiO_3^{2-})及磷酸根(PO_4^{3-})等。

以未离解的化合物分子状态存在的有三氧化二铁(Fe_2O_3)、三氧化二铝(Al_2O_3)及硅酸(H_2SiO_3)等。

溶解的气体有二氧化碳(CO_2)、氧(O_2)、氮(N_2)、甲烷(CH_4)、硫化氢(H_2S)及氡(Rn)等。

上述组成中以Cl^-、SO_4^{2-}、HCO_3^-、Na^+、K^+、Mg^{2+}及Ca^{2+}分布最广。

(2)矿化度

地下水的矿化度也称总矿化度，是指地下水中所含盐分的总量，通常是指用110 ℃的温度将水烘干，所得的固体残余物的数量。地下水按矿化度的分类，见表5.1.7。

地下水按矿化度分类表 表5.1.7

水的类别	矿化度/($g \cdot L^{-1}$)	水的类别	矿化度/($g \cdot L^{-1}$)
淡水	<1	半咸水(中等矿化水)	3～10
微咸水(低矿化水)	1～3	咸水(高矿化水)	>10

(3)pH值

pH值用以表示水中氢离子浓度，地下水按pH值的分类，见表5.1.8。

地下水按pH值分类表 表5.1.8

水的类别	pH值	水的类别	pH值	水的类别	pH值
强酸性水	<5	中性水	7	强碱性水	>9
弱酸性水	5～7	弱碱性水	7～9		

(4)硬度

地下水的硬度可分为总硬度、暂时硬度和永久硬度。总硬度是指水中所含钙和镁的盐类的总含量，如$Ca(HCO_3)_2$、$Mg(HCO_3)_2$、$CaSO_4$、$MgSO_4$、$CaCl_2$、$MgCl_2$等。暂时硬度是指当水煮沸时，重碳酸盐分解破坏而析出的$CaCO_3$或$MgCO_3$的含量。而当水煮沸时，仍旧存在于水中的钙盐和镁盐(主要是硫酸盐和氯化物)的含量，称永久硬度。

总硬度为暂时硬度和永久硬度之和，一般是用"德国度"或每升毫克当量来表示。一个德国度相当于在1升水中含有10 mg的CaO或者含7.2 mg的MgO。1毫克当量硬度等于2.8德国度，或是等于20.04 mg/L的Ca^{2+}或12.16 mg/L的Mg^{2+}的质量浓度。

地下水按硬度的分类，见表5.1.9。

地下水按硬度分类表 表5.1.9

水的类别	德国度	毫克当量/L	水的类别	德国度	毫克当量/L
极软水	<4.2	<1.5	硬水	16.8～25.2	6～9
软水	4.2～8.4	1.5～3	极硬水	>25.2	>9
微硬水	8.4～16.8	3～6			

三、地下水的类型及特征

根据地下水的埋藏条件，可以把地下水划分为包气带水、潜水和承压水三类(图5.1.3)；根据含水层空隙性质的不同，可将地下水划分为孔隙水、裂隙水和岩溶水三类。

按这两种分类，可以组合成九种不同类型的地下水，见表 5.1.10。

包气带水的实际意义不大，潜水和承压水是地下水的基本类型。因此，下面主要阐述潜水和承压水。

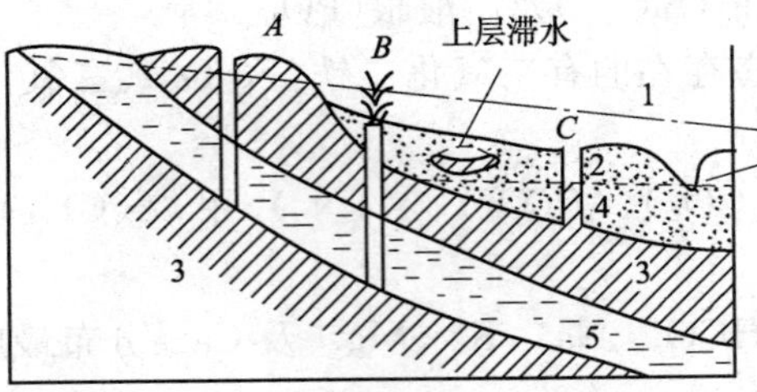

图 5.1.3 地下水埋藏示意

1-承压水位；2-潜水位；3-隔水层；4-含水层(潜水)；5-含水层(承压水)

A-承压水井；B-自流水井(承压水位高出地表)；C-潜水井

地 下 水 分 类 表 5.1.10

按埋藏条件分	按含水层性质分		
	孔隙水 松散堆积物孔隙中的水	裂隙水 基岩裂隙中的水	岩溶水 岩溶化空隙中的水
包气带水(地面以下，潜水位以上，未饱和的岩层中的水)	土壤水——土壤中悬浮未饱和的水；上层滞水——局部隔水层以上的饱和水	露出地表的裂隙岩石中季节性存在的水	垂直渗入带中的水
潜水(地面以下，第一个稳定不透水层以上具有自由表面的水)	各种松散堆积物中的水	基岩上部裂隙中的水，沉积岩层间裂隙水	裸露岩溶化岩层中的水
承压水(两个不透水层间承受水压力的水)	松散堆积物构成的承压盆地和承压斜地中的水	构造盆地、向斜及单斜岩层中的层状裂隙水	构造盆地、向斜及单斜岩层中的水

(一)潜水

(1)潜水特征

潜水是埋藏在地表以下第一个连续稳定的隔水层(不透水层)以上、具有自由水面的重力水。一般是存在于第四纪松散堆积物的孔隙中(孔隙潜水)及出露于地表的基岩裂隙和溶洞中(裂隙潜水和岩溶潜水)。

潜水的自由水面称为潜水面。潜水面上每一点的绝对(或相对)高程称为潜水位。潜水水面至地面的距离称为潜水的埋藏深度。由潜水面往下到隔水层顶板之间充满了重力水的岩层，称为潜水含水层，其间距离则为含水层的厚度(图 5.1.4)。

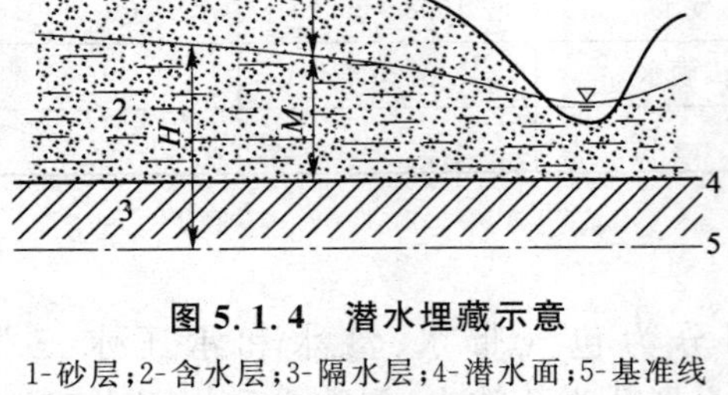

图 5.1.4 潜水埋藏示意

1-砂层；2-含水层；3-隔水层；4-潜水面；5-基准线

T-潜水埋藏深度；M-含水层厚度；H-潜水位

潜水的这种埋藏条件决定了潜水具有以下特征：

①潜水面以上，一般无稳定的隔水层，潜水通过包气带与地表相通，所以大气降水和地表水直接渗入而补给潜水，成为潜水的主要补给来源。在大多数情况下，潜水的分布区(即含水层分布的范围)与补给区(即补给潜水的地区)是一致的。而某些气象水文要素的变化能直接影响潜水的变化。

②潜水埋藏深度及含水层的厚度是经常变化的，而且有的还变化甚大，它们受气候、地形和地质条件的影响，其中以地形的影响最显著。在强烈切割的山区，潜水埋藏深度可以达几十米甚至更深，含水层厚度差异也很大。而在平原地区，潜水埋藏浅，通常为数米至十余米，有时可为零(即潜水出露地表，形成沼泽)，含水层厚度差异较小。潜水埋藏深度及含水层厚度不仅因地而异，就是同一地区，也随季节不同而有显著变化。如在雨季，潜水获得的补给量多，潜水面上升，含水层厚度随之加大，埋藏深度变小；而在枯水季节则相反。

③潜水具有自由表面，为无压水。在重力作用下，自水位较高处向水位较低的地方渗流，形成潜水径流。其流动的快慢取决于含水层的渗透性能和潜水的水力坡度。当潜水流向排泄区(冲沟、河谷等)时，其水位逐渐下降，形成倾向于排泄区的曲线形自由水面(图 5.1.4)。

自然界中，潜水面的形状也因地而异，它同样受到地形、地质和气象水文等自然因素的控制。潜水面的形状与地形有一定程度的一致性，一般地面坡度越大，潜水面的坡度也越大，但潜水坡度总是小于当地的地面坡度，形状比地形要平缓得多(图 5.1.5)。含水层的渗透性能和厚度的变化，会引起潜水坡度的改变。大气降水和蒸发可直接引起潜水面的上升和下降，从而改变其形状。某些情况下，地表水的变化也会改变潜水面的形状：当河水排泄潜水时，潜水面为倾向河流的斜面，但当高水位河水补给潜水时，则潜水面可以变成从河水倾向潜水的曲面(图 5.1.5)。

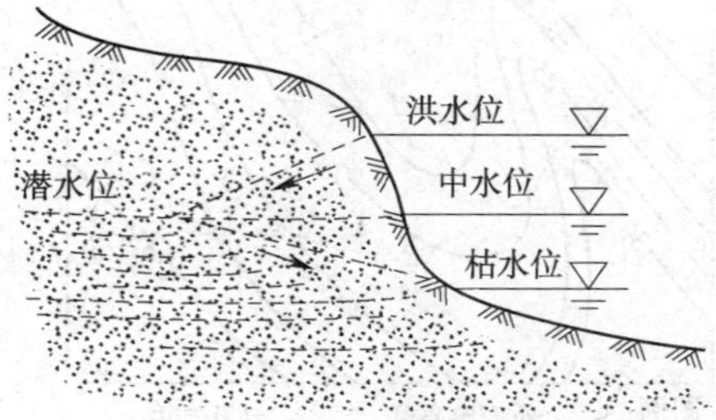

图 5.1.5 河水位变化与潜水面形状示意

④潜水的排泄(即含水层失去水量)主要有两种方式：一种是以泉的形式出露于地表或直接流入江河湖海中，这是潜水的一种主要排泄方式，称为水平方向的排泄；另一种是消耗于蒸发，为垂直方向的排泄。潜水的水平排泄和垂直排泄所引起的后果不同，前者是水分盐分的共同排泄，一般引起水量的差异；而后者由于只有水分排泄而不排泄水中的盐分，结果导致水量的消耗，又造成潜水的浓缩，因而发生潜水含盐量增大及土壤的盐渍化。

(2)潜水等水位线图

潜水面反映了潜水与地形、岩性和气象水文之间的关系，表现出潜水埋藏、运动和变化的基本特点。为能清晰地表示潜水面的形态，通常采用两种图示方法，并常以两者配合使用。一种是以剖面图表示，即在具有代表性的剖面线上，绘制水文地质剖面，其中既表示出水位，也表示出含水层的厚度、岩性及其变化，也就是在地质剖面图上画出潜水面剖面线的位置，形成水文地质剖面图。另一种是以平面图表示，即用潜水面的等高线图(图5.1.6)来表示水位标高(标在地形图上)，画出一系列水位相等的线。潜水面上各点的水位资料是在大致相同的时间，通过测定泉、井和按需要布置的钻孔、试坑等的潜水面标高来获得的。由于潜水位随季节发生变化，所以等水位线图上应该注明测定水位的时期。通过不同时期等水位图的对比，有助于了解潜水的动态，一般在一个地区应绘制潜水最高水位和最低水位时期的两张等水位线图。

根据潜水等水位线图，可以解决下列问题：

①潜水的流向。潜水是沿着潜水面坡度最大的方向流动的。因此，垂直于潜水等水位线从高水位指向低水位的方向，就是潜水的流向，如图 5.1.6 中箭头所示的方向。

②潜水面的坡度(潜水水力坡度)。确定了潜水流向之后，在流向上任取两点的水位高差，除以两点的实际距离，即得潜水面的坡度。

③潜水的埋藏深度。将地形等高线和潜水等高线绘制于同一张图上时，则等水位线与

地形等高线相交之点，二者高程之差即为该点的潜水埋藏深度。若所求地点的位置，不在等水位线与地形等高线之交点处，则可用内插法求出该点地面与潜水面的高程，潜水的埋藏深度即可求得。

④潜水与地表水的相互关系。在邻近地表水的地段编制潜水等水位线图，并测定地表水的水位标高，便可以确定潜水与地表水的相互补给关系，如图 5.1.7 所示。图 5.1.7a)为潜水补给河水；图 5.1.7b)为河水补给潜水；图 5.1.7c)则为右岸潜水补给河水，左岸河水补给潜水。

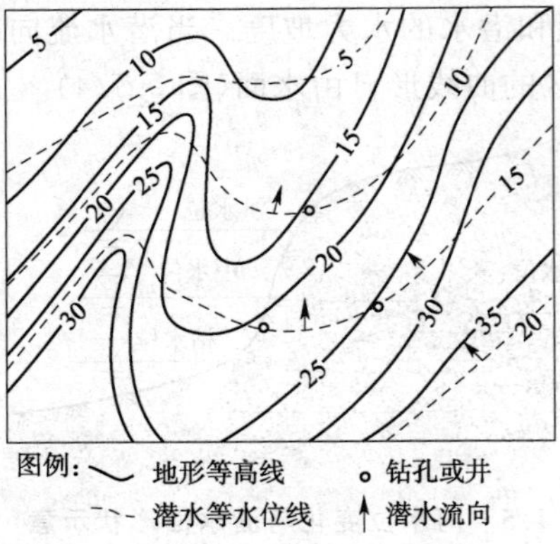

图 5.1.6　潜水等水位线

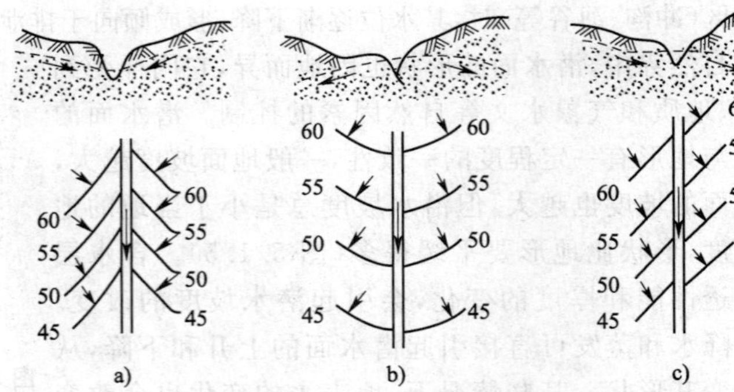

图 5.1.7　均质岩石中潜水与地表水（河水）的关系

⑤利用等水位线图合理地布设取水井和排水沟。为了最大限度地使潜水流入水井和排水沟，一般应沿等水位线布设水井和排水沟。如图 5.1.8 所示，图中 1、2、3 是水井，4、5 是排水沟。显然按 1、3 布设水井是合理的，而 1、2 是不合理的；同理按 5 布设排水沟是合理的，而 4 不合理。

(二)承压水

(1)承压水的概念与特征

承压水是充满在两个稳定不透水层或弱透水层间的含水层中承受水压力的地下水(图 5.1.9)。承压水多埋藏在第四纪以前岩层的孔隙中或层状裂隙中，第四纪堆积物中亦有孔隙承压水存在。

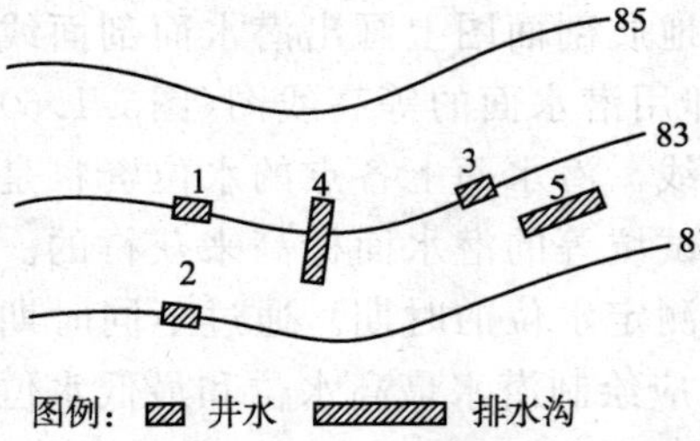

图 5.1.8　井水与排水沟布设示意

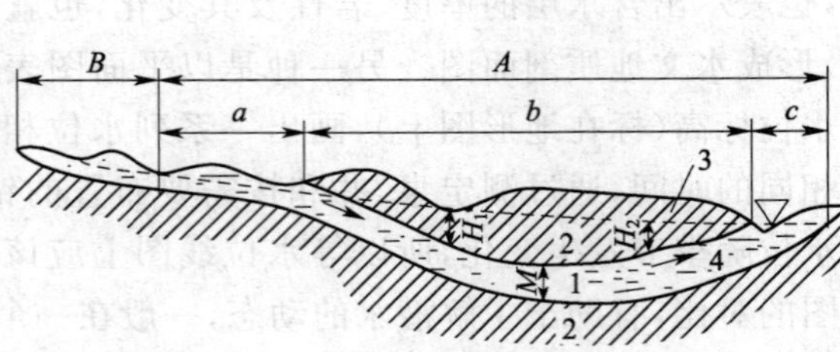

图 5.1.9　承压盆地剖面示意图

A-承压水分布区；a-补给区；b-承压区；c-排泄区；B-潜水分布区；H_1-正水头；H_2-负水头；M-承压水层厚度；1-含水层；2-隔水层；3-承压水位；4-承压水流向

当钻孔打穿上部隔水层至含水层时，地下水在静水压力的作用下，上升到含水层顶板以上某一高度，如图 5.1.9 中的 H_1 及 H_2，该高度叫做承压水位或承压水头。各承压水位的连线叫承压水位线(或水头线)。承压水位高出地表的叫正水头，低于地表的叫负水头。因此，在适宜的地形地质条件下，水可以溢出地面，甚至喷出，所以通常又称承压水为自流水（但并非所有承压水都能自流）。由于承压水具有这一特点，因而是良好的水源，在我国早已被广泛地开采利用了。早在2000多年以前，四川的自流井凿井取水煮盐，便是世界上最早发现和利用承压水（卤水）的记录。承压水的存在，有时也给地下工程、坝基稳定等造成很大的困难。所以，研究承压水具有重要意义。

从图5.1.10可以看出，承压水的埋藏条件是：上下均为隔水层，中间是含水层；水必须充满整个含水层；含水层露出地表吸收降水的补给部分，要比其承压区和泄水区的位置为高。具备上述条件，地下水即承受静水压力。如果水不充满整个含水层，则称为层间无压水。

上述承压水的埋藏条件决定了它的下述特征：

①承压水的分布区和补给区是不一致的；

②地下水面承受静水压力，非自由面；

③承压水的水位、水量、水质及水温等受气象水文因素季节变化的影响不显著；

④任一点的承压含水层的厚度稳定不变，不受降水季节变化的支配。

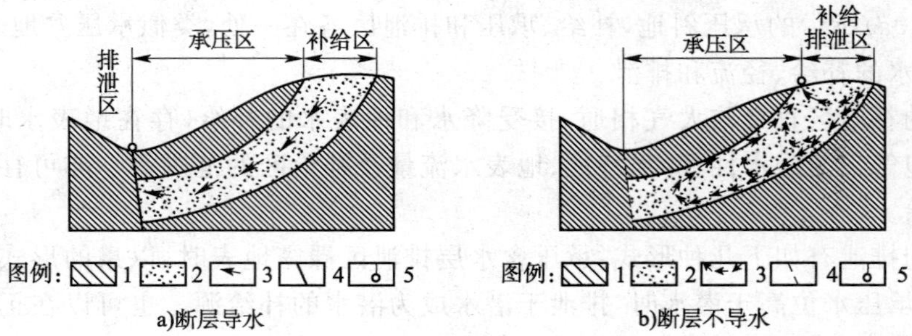

图5.1.10　断块构造形成的承压斜地

1-隔水层；2-含水层；3-地下水流向；4-断层；5-泉

（2）承压水的埋藏类型

综上所述可以看出，承压水的形成主要取决于地质构造。不同的地质构造决定了承压水埋藏类型的不同。这是承压水与潜水形成的主要区别。

在适当的地质构造条件下，无论孔隙水、裂隙水还是岩溶水，均能构成承压水。构成承压水的地质构造大体上可以分为两类，一类是盆地或向斜构造，另一类是单斜构造。这两类地质构造在不同的地质发展过程中，常被一系列的褶皱或断裂所复杂化。埋藏有承压水的向斜构造和构造盆地，称为承压（或自流）盆地；埋藏有承压水的单斜构造，称为承压（或自流）斜地。

①承压盆地。每个承压盆地都可以分成三个部分：补给区、承压区和排泄区（图5.1.9）。盆地周围含水层出露地表，露出位置较高者为补给区（图5.1.9中的a区），位置较低者为排泄区（图5.1.9中的c区），补给区与排泄区之间为承压区（图5.1.9中的b区）。在钻井时打穿上部隔水层，水即涌入井中，此高程（即上部隔水层底板高程）的水位叫做初见水位。当水上涌至含水层顶板以上某一高度稳定不变时，称为静止水位（即承压水位）；上部隔水层底板到下部隔水层顶板间的垂直距离，称为含水层厚度（M）。承压区含水层厚度是长期稳定的，而补给区含水层厚度则受水文气象因素影响而发生变化。

当有数个含水层存在时，各个含水层都有各自的承压水位。储水构造和地形一致的情况下称为正地形，此时，下层的承压水位高于上层的承压水位。储水构造和地形不一致的情况下称为负地形，其下层的承压水位则低于上层的承压水位。这一点可以帮助我们初步判断各含水层发生水力联系的补给情况。如果用钻孔或井将两个承压含水层贯通，那么，在负地形的情况下，可以由上面的含水层流到下面的含水层；在正地形的情况下，下面含水层中的水可以流入到上面的含水层。

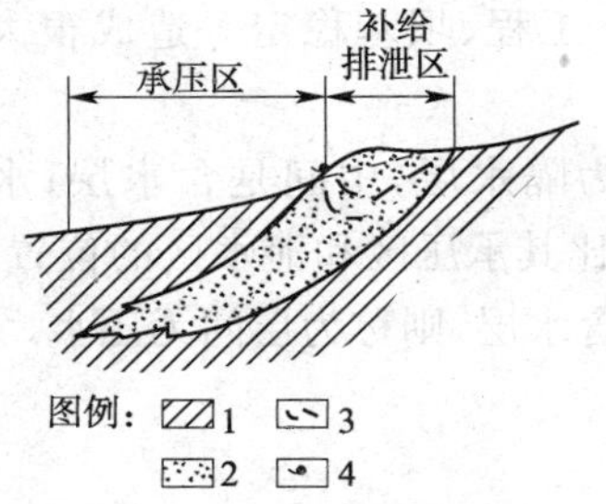

图 5.1.11　岩性变化形成的承压斜地

1-隔水层；2-含水层；3-地下水流向；4-泉

承压盆地的规模差异很大。四川盆地是典型的大型承压盆地。小型的一般只有几平方千米。

②承压斜地。如图 5.1.10、图 5.1.11 所示，由含水岩层和隔水岩层所组成的单斜构造，由于含水层岩性发生相变或尖灭，或者含水层被断层所切，均可形成承压斜地。

在图 5.1.10b)、图 5.1.11 所示的承压斜地内，补给区和排泄区是相邻近的，而承压区位于另一端，在含水层出露的地势低处有泉出现。此时，水自补给区流到排泄区并非必须经过承压区，这与上述的介绍显然有所不同。

图 5.1.10a)所示的承压斜地，补给、承压和排泄区各在一处，类似承压盆地。

(3)承压水的补给、径流和排泄

承压水的补给区直接与大气相通，接受降水和地表水的补给(存在地表水时)。补给的强弱决定于包气带的透水性、降水特征、地表水流量及补给区的范围等。亦可存在上下含水层之间的补给。

承压水的排泄有如下几种形式：承压含水层排泄区裸露地表时，以泉的形式排泄并可以补给地表水；承压水位高于潜水时，排泄于潜水成为潜水的补给源。也可以在正地形或负地形条件下，形成向上或向下的排泄。

承压水的径流条件决定于地形、含水层透水性、地质构造及补给区与排泄区的承压水位差。承压含水层的富水性则同承压含水层的分布范围、深度、厚度、空隙率、补给来源等因素密切相关。一般情况，分布广、埋藏浅、厚度大、空隙率高，水量就较丰富且稳定。

承压水径流条件的好坏、水交替强弱，决定了水质的优劣及其开发利用的价值。

(4)水压面特征

承压水位即承压水的水压面，简称水压面。它与潜水面不同，潜水面是一个实际存在的面。承压水面实际并不存在，故有人称是一个势面。水压面的深度不能反映承压水的埋藏深度。水压面的形状在剖面上是倾斜直线或曲线。

承压水面的表示方法，即是根据相近时间测定的各井孔的测压水位高程资料绘制的等水压线图(图 5.1.12)。即测压水位高程相同点的连线。等水压线形状与地形等高线形状无关。利用等水压线图可以确定承压水流向、水力坡度，如果等水压线图上绘有地形等高线和隔水顶板等高线时，则可确定承压水的埋藏深度和承压水头。根据这些数据可选择适宜的开采地段。

四、泉的类型与特征

(一)泉及其意义

地下水的天然露头，称为泉。无论上层滞水、潜水或自流水都可以在适宜的条件下涌出地表成为泉。可见，泉是地下水的一种重要排泄方式。它在山区分布比较普遍，而在平原地区却很少见到。

泉的实际意义很大，它可以作为生活用水，有些出水量大的泉还可以作为灌溉水源和动力资源。有些泉水含有特殊的化学成分，具有医疗作用，这便是矿泉（矿泉是富含矿物质的地下水在地表的露头）。

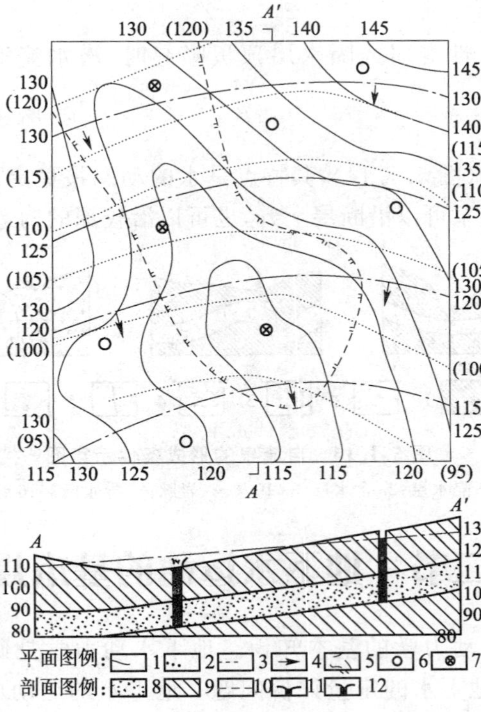

图 5.1.12　等水压线图（附含水层顶板等高线）

1-地形等高线；2-含水层顶板等高线；3-等测压水位线；4-地下水流向；5-承压水自溢区；6-钻孔；7-自喷钻孔；8-含水层；9-隔水层；10-测压水位线；11-承压不自流井；12-自流井

此外，对泉进行详细的调查研究，还可以判断有关水层的富水程度、地下水类型及其理化性质等。

（二）泉的类型

泉的分类标准尚在研究中，常见有两种分类方法。

1）根据泉水出露性质分类

（1）上升泉

上升泉受自流水补给。地下水在静水压力作用下，由下而上涌出地表。

（2）下降泉

下降泉受无压水补给（主要是潜水或上层滞水）。地下水在重力作用下，自上而下自由流出地表。

2）根据泉水补给来源分类

（1）上层滞水泉

上层滞水泉受上层滞水补给。泉的涌量、化学成分及水温变化很大，有时这种泉完全消失。

（2）潜水泉

潜水泉受潜水补给（图 5.1.13）。水量比较稳定，但涌水量、水温和化学成分仍有明显的季节变化。依其出露条件又可分为三类。

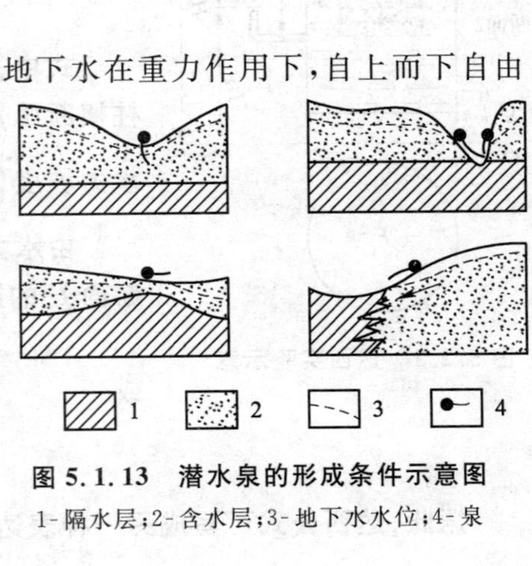

图 5.1.13　潜水泉的形成条件示意图

1-隔水层；2-含水层；3-地下水水位；4-泉

①侵蚀泉。由于河流切割含水层,潜水出露地表而形成的泉。

②接触泉。地形被切割至含水层下面的隔水层时,潜水在含水层与隔水层接触处流出地表面形成的泉。

③溢泉。在岩石透水性变弱或隔水层顶板隆起时,潜水流动受到阻碍溢出地面形成的泉。

(3)自流泉

自流泉受自流水补给(图 5.1.14),其特点是水的动态最稳定。自流泉又可分为自流盆地泉和自流斜地泉。自流泉可以沿断层上升,也可以沿较深的构造裂隙出露。

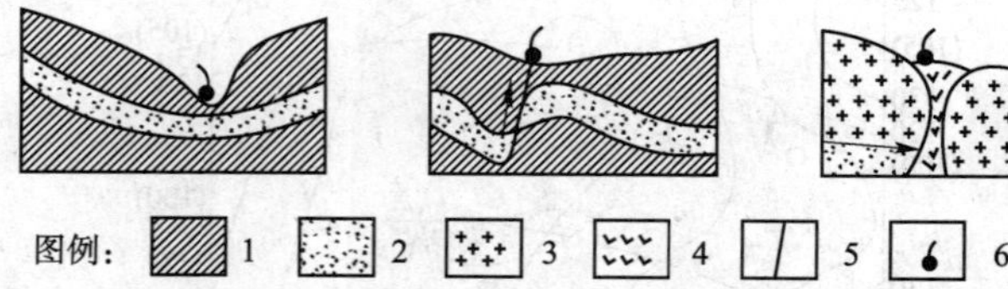

图 5.1.14　自流泉的形成条件示意图

1-隔水层;2-含水层;3-基岩;4-岩脉;5-导水断裂;6-泉

第二节　地下水运动的基本规律

本节主要讲述地下水动力学的基本知识。地下水动力学是研究地下水运动规律的科学,它的目的是解决有关地下水的定量评价问题。地下水的运动可分为在包气带和饱水带中的运动;也可按流态分为线性运动和非线性运动;按运动要素与时间的关系可分为稳定运动和非稳定运动等。本节重点讲述了饱水带中的重力水的运动规律。

一、重力水运动的基本规律

(一)达西定律及其适用范围

1)达西定律

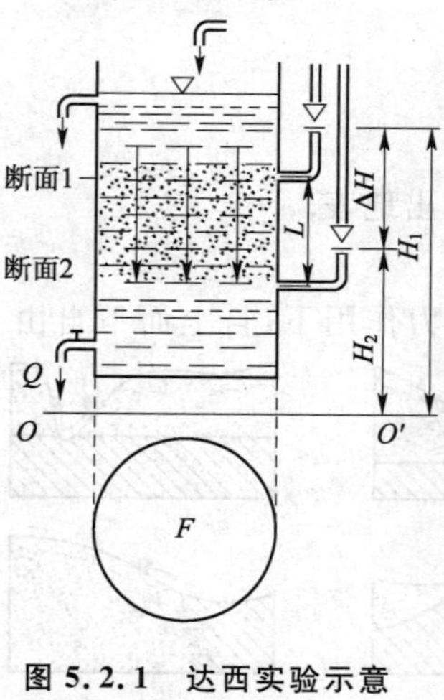

图 5.2.1　达西实验示意

法国水利学家达西(Henri Darcy)于 1852—1856 年通过在装满砂的圆筒中进行的大量试验(图 5.2.1)得到了重力水运动定律,称达西定律。其数学表达式为

$$Q=KF\frac{\Delta H}{L}=KFI \tag{5.2.1}$$

式中,Q 为渗透流量(出口处流量);F 为过水断面(相当于砂柱横断面);ΔH 为水头损失($\Delta H=H_1-H_2$);L 为渗透途径;I 为水力坡度$\left(\text{相当于}\frac{\Delta H}{L}\right)$;$K$ 为渗透系数。

由水力学可知,通过某一断面的流量 Q 等于流速 v 与过水断面 F 的乘积,即

$$Q=Fv$$

或

$$v=\frac{Q}{F}$$

据此,达西公式可写成另一种表达式

$$v=\frac{Q}{F}=KI \tag{5.2.2}$$

式中,v 为渗透流速;其他符号同前。

式(5.2.2)表明渗透流速 v 与水力坡度 I 的一次方成正比,故又称直线渗透定律。公式中各项的物理意义及公式的适用范围说明如下。

(1)渗透流速(v)

透水岩层是由固体部分和空隙部分组成的,而地下水只能在空隙中运动。地下水在空隙中运动的平均速度称为实际平均流速,简称实际流速,以 u 表示,即

$$u=\frac{Q}{F'} \tag{5.2.3}$$

式中,F' 为过水断面的空隙面积(m^2);Q 为该过水断面的流量(m^3/d)。

由于式(5.2.3)中的 F' 是空隙面积,使用不便,故引进渗透流速这一概念。渗透流速将水流视为通过整个过水断面(包括固体部分和空隙部分),而其流量不变。即

$$v=\frac{Q}{F} \tag{5.2.4}$$

式中,v 为渗透流速(m/d);F 为过水断面总面积(m^2);Q 为渗透流量(与通过 F' 断面的流量相等)(m^3/d)。

从式(5.2.4)可知,渗透流速是通过单位过水断面上的流量值,它不是地下水的实际流速,由于 $F'=nF$(n 为空隙率),比较式(5.2.3)和式(5.2.4)后得

$$Q=vF=uF'=unF$$

$$v=nu \tag{5.2.5}$$

由于空隙率总是小于 1 的,所以渗透流速小于实际流速(即 $u>v$)。

考虑到空隙率表面结合水的存在,渗透流速 v 与实际流速 u 的关系应为

$$v=\mu u \tag{5.2.6}$$

式中,μ 为给水度。对于大空隙岩石,给水度 μ 与空隙率 n 在数值上很接近。而细小空隙的岩石两者相差很多,故应用式(5.2.6)计算。

(2)水力坡度(I)

水力坡度为水流沿渗透途径的水头降落值与相应渗透途径长度的比值。自然界实际地下水流中,水力坡度往往沿流程而变化,渗流场中任一点的水力坡度可以表示为

$$I=\frac{dH}{dL} \tag{5.2.7}$$

于是达西公式便可写成

$$v=-K\frac{dH}{dL} \tag{5.2.8}$$

式中,水力坡度取负号,这是因为沿流程水头的增量为负值,为使渗透速度永为正值,故而取负号。

(3)渗透系数(K)

渗透系数是表示岩土透水性的指标,它是含水层重要的水文地质参数之一,一般情况下,是同岩石和渗透液体的物理性质有关的常数。根据达西定律,当水力坡度 $I=1$ 时,渗透系数在数值上等于渗透流速。由于水力坡度无量纲,故渗透系数具有速度量纲,即 K 的单位和 v 的单位相同,以 m/s 或 m/d 表示。松散岩石的渗透系数经验值,可参见表 5.2.1。渗透系数的测定也可用野外及室内试验方法获得。

不同岩性渗透系数 K 的经验值　　表 5.2.1

岩　性	渗透系数 K/(m/d)	岩　性	渗透系数 K/(m/d)
黏土	0.001～0.054	细砂	5～15
亚黏土	0.02～0.5	中砂	10～25
亚砂土	0.2～1.0	粗砂	25～50
粉砂	1～5	砂砾石	50～150
粉细砂	3～8	卵砾石	80～300

2)达西定律的适用范围

水在空隙介质中运动是否符合线性渗透定律,可用临界速度 v_k 判别。根据巴甫洛夫斯基的公式

$$v_k=\frac{1}{6.5}(0.75n+0.23)\frac{\upsilon \mathrm{Re}_k}{d_{10}} \quad (\mathrm{m/s}) \tag{5.2.9}$$

式中,n 为土的孔隙度,以小数表示;υ 为运动黏度(cm^2/s);d_{10} 为土的有效直径(cm);Re_k 为临界雷诺数,$\mathrm{Re}_k=50\sim60$。

当水温为 10 ℃时,式(5.2.9)可简化为

$$v_k=0.002(0.75n+0.23)\frac{\upsilon \mathrm{Re}_k}{d_{10}} \quad (\mathrm{m/s}) \tag{5.2.10}$$

例如当砂土的 $d_{10}=0.05$ cm,$n=0.4$ 时,取 $\mathrm{Re}_k=50$,则有

$$v_k=\left[0.002\times(0.75\times0.4+0.23)\times\frac{50}{0.05}\right]\mathrm{m/s}=1.06\ \mathrm{m/s}$$

若渗透系数 $K_{10}=300$ m/d,水力坡度 $I=0.005$,此时渗透速度为

$$v=KI=300\times0.005\ \mathrm{m/d}=1.5\ \mathrm{m/d}=1.74\times10^{-5}\ \mathrm{m/s}$$

$v<v_k$,故砂土中地下水运动服从线性渗透定律。

南京大学薛禹群编著的《地下水动力学》一书中,载明达西定律适用范围的雷诺数 $\mathrm{Re}\leqslant1\sim10$。

(二)非线性渗透定律

地下水在较大空隙中运动,其流速相当大时,水流呈紊流状态。此时渗透定律应以式(5.2.11)表达

$$v=K_m I^{1/2} \tag{5.2.11}$$

式中,K_m 为紊流运动时的渗透系数。

式(5.2.11)表明,紊流运动时,地下水的渗透速度与水力坡度的 1/2 次方成正比,故称非线性渗透定律。

当地下水运动呈混合流状态时,则符合式(5.2.12)

$$v=K_c I^{1/m} \tag{5.2.12}$$

式中,K_c 混合流运动时的渗透系数;m 介于 1、2 之间。

(三)潜水含水层中的二维流(均质含水层)

二维流都是非均匀流,非均匀流过水断面都是曲面(图 5.2.2)。一般天然渗流场中流线之间夹角都很小,通常都为缓变流。满足裘布依(Dupuit)假设条件下的缓变流,达西公式表达为裘布依微分方程式

$$q=-Kh\frac{dH}{dx} \tag{5.2.13}$$

式中，dH/dx 为水力坡度；q 为通过任一断面的单宽流量。

隔水底板水平时，取该底板为基准面，上游钻孔为坐标起点。按裘布依微分方程有

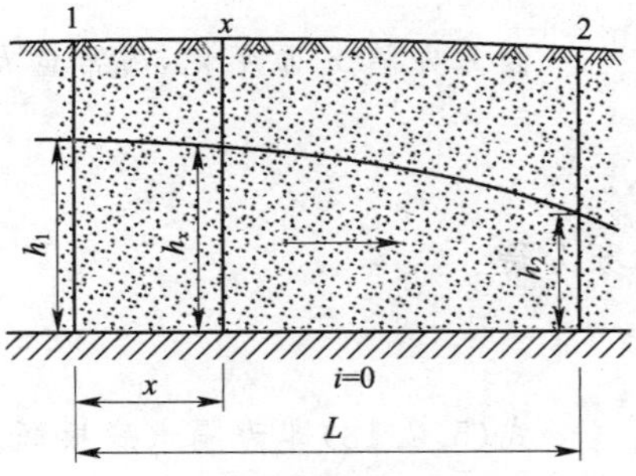

图 5.2.2　潜水二维流

$$q=-Kh\frac{dH}{dx}$$

取边界条件：$x=0, h=h_1; x=L, h=h_2$。

利用定积分解之得

$$q=K\frac{h_1^2-h_2^2}{2L} \tag{5.2.14}$$

式(5.2.14)即为均质岩层隔水底板水平条件下的潜水单宽流量方程，这就是著名的裘布依方程。

显然通过宽度为 B 的任一过水断面上流量为

$$Q=Bq=KB\frac{h_1^2-h_2^2}{2L} \tag{5.2.15}$$

利用裘布依公式不仅可以计算流量，还可以推导出潜水浸润曲线方程式，绘制浸润曲线。潜水水位线是实际存在的地下水面线，故称为浸润曲线。

为了求得浸润曲线方程，在上、下游断面间任取一断面，该断面距上游断面距离为 x，该断面的含水层厚度为 h。根据断面 1 和断面 x 条件可写出

$$q=K\frac{h_1^2-h_x^2}{2x} \tag{5.2.16}$$

因为稳定流任一过水断面流量都相等，q、K 为常量，将式(5.2.14)和式(5.2.15)共解，即可得下列浸润曲线方程

$$h_x=\sqrt{h_1^2-\frac{x}{L}(h_1^2-h_2^2)} \tag{5.2.17}$$

根据式(5.2.17)，已知 h_1、h_2、L，取不同的 x 值，可求得不同的 h_x 值，即得一条浸润曲线。从式(5.2.17)可知，它是一条抛物线。

当隔水底板倾斜时（图 5.2.3），可用卡明斯基近似公式求解。此时，水力坡度 $I=-dH/dx$，过水断面为 h，单宽流量为

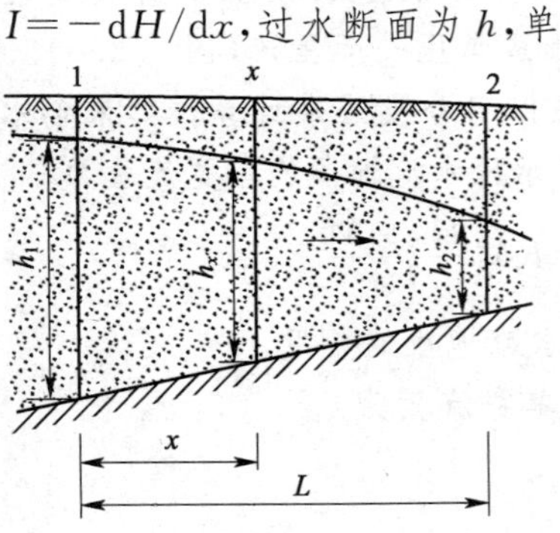

图 5.2.3　逆坡时潜水非均匀流

$$q=-Kh\frac{dH}{dx}$$

式中，H 为水头（水位）；h 为含水层厚度。

给定边界条件

$$x=0, H=H_1, h=h_1;$$

$$x=L, H=H_2, h=h_2。$$

分离变量，求定积分

$$-\int_{H_1}^{H_2}dH=\frac{q}{K}\int_0^L\frac{1}{h}dx$$

因为 h 随 x 而变化，用常量 $h_m=\frac{h_1+h_2}{2}$ 近似地代替，则

$$-\int_{H_1}^{H_2}\mathrm{d}H=\frac{q}{Kh_m}\int_0^L\frac{1}{h}\mathrm{d}x$$

积分得

$$q=K\frac{h_1+h_2}{2}\frac{H_1-H_2}{L} \tag{5.2.18}$$

式(5.2.18)即为隔水底板倾斜时的卡明斯基近似方程。

(四)承压水的非均匀流

卡明斯基近似方程可以推广应用于承压含水层厚度变化的承压水非均匀流的计算，如图 5.2.4 所示。其计算式为

$$q=K\frac{M_1+M_2}{2}\frac{H_1-H_2}{L} \tag{5.2.19}$$

式中，M_1、M_2 分别为上、下游断面处承压含水层厚度。区间的任意一断面含水层厚度若呈线性变化，即

$$M_x=M_1-\frac{M_1-M_2}{L}x$$

则上下游区间任一断面的水力坡度为

$$I=\frac{H_1-H_2}{x}=\frac{q}{KM_x} \tag{5.2.20}$$

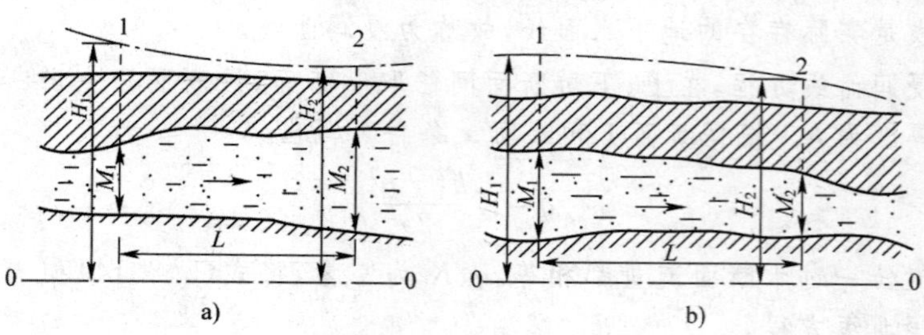

图 5.2.4　含水层厚度变化时的承压水

式(5.2.20)为含水层厚度呈线性变化时，承压水水头线方程。从该式可知，当 M 随水流方向逐渐变大时，I 逐渐变小，形成回水曲线；当 M 随水流方向逐渐变小时，I 逐渐变大，形成降水曲线。

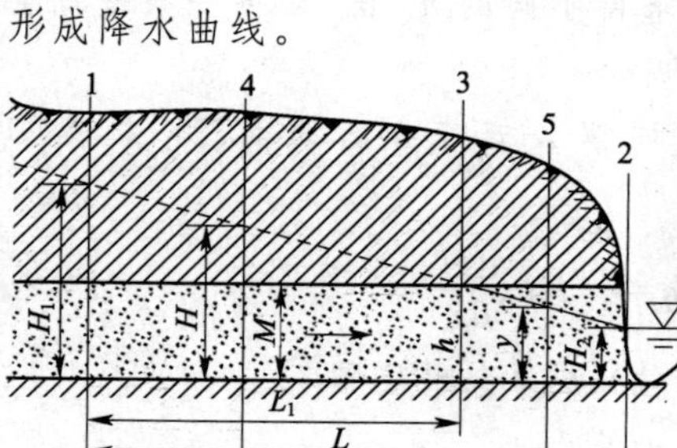

图 5.2.5　承压—无压流

在地下水坡度较大的地区，有时会出现上游是承压水、下游由于水头降至隔水顶板以下而转变为无压水的情况，从而形成承压—无压流(图 5.2.5)。

对于这种情况，可以用分段法来计算。如果含水层厚度不变的话，此时承压水流地段的单宽流量为

$$q=KM\frac{H_1-M}{L_1}$$

式中，L_1 为承压水流地段的长度。

无压水流地段的单宽流量为

$$q_2=K\frac{M^2-H_2^2}{2(L-L_1)}$$

根据水流连续性原理，$q_1=q_2=q$，则

$$KM\frac{H_1-M}{L_1}=K\frac{M^2-H_2^2}{2(L-L_1)}$$

由此得

$$L_1=\frac{2LM(H_1-M)}{M-(2H_1-M)-H_2^2}$$

把 L_1 代入上面两个流量公式中的任何一个，都可以求得承压—无压流的单宽流量公式为

$$q=K\frac{M(2H_1-M)-H_2^2}{2L} \tag{5.2.21}$$

各段降落曲线也可分别按承压水流公式和潜水流公式来计算。

(五)地下水向完整井的稳定运动

从井中抽水，井周围含水层中的水就会向井里流动，水井中水位和井周围处的水位必将下降。通常是水井中水位下降较大，离井越远水位下降越小，形成漏斗状的下降区，称为下降漏斗。就潜水井而言，降落漏斗在含水层内部扩展，即随着漏斗的扩展渗流，过水断面也在不断地发生变化。而承压水井的水位下降不低于含水层顶板，其降落漏斗不在含水层内部发展，即含水层不会被疏干，只能形成承压水头的下降区，就是说承压含水层随着漏斗的扩展，只发生水压的变化，其渗流过水断面是不变的。

由此可见，随着水井抽水过程中漏斗的扩展，其水力坡度和渗流速度在含水层的空间也将发生变化，尤其是随着抽水时间的延长，变化会更加明显，即水流处于非稳定状态。只有抽水延续时间足够长，且漏斗的扩展速度非常慢时，才可近似地认为水流处于稳定状态。在这种状况下，水井的出水量可运用稳定井流理论的计算方法来确定。

(1)潜水完整井出水量的计算

1863年法国水利学家裘布依为推导单井(完整井)出水量而建立了稳定井流模型，如图5.2.6所示。该模型假定水井位于一个四周均匀等深水体圆岛中心，即圆形定水头供水边界的含水层。并假定该圆岛为正圆，含水层均质、等厚，各向同性，水位与不透水层底板呈水平状。水井的半径为 r_0，供水边界距水井中心的距离即供水半径为 R。当水井按某一定流量 Q 抽水时，供水边界的水位保持不变，可保证无限供给定流量。井流服从达西线性渗透定律，并按轴对称井壁进水且无阻挡力地汇入井内。

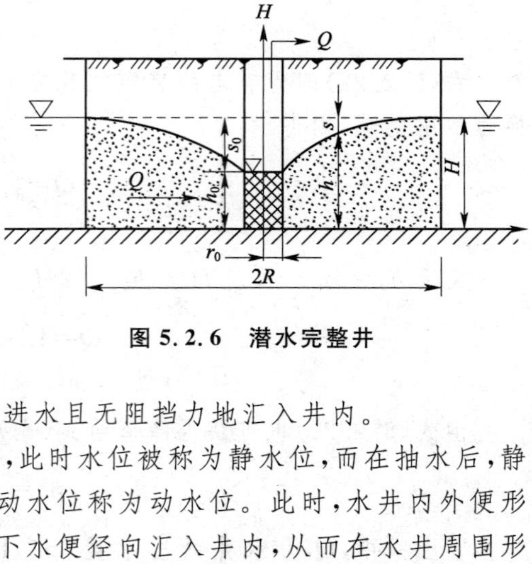

图 5.2.6 潜水完整井

水井在未抽水前，井中水位与井周围水位相同，此时水位被称为静水位，而在抽水后，静水位便被破坏而逐渐下降。把某一抽水时刻的运动水位称为动水位。此时，水井内外便形成水头差，在这种水头差的作用下，含水层中的地下水便径向汇入井内，从而在水井周围形成了以井轴为对称的降落漏斗。当降落漏斗扩展至供水边界时，抽水流量与边界供给流量相等，降落漏斗和井中动水位便保持不变，达到稳定状态。

潜水完整井抽水稳定后，其流线在平面上呈对称辐射状汇入井内。在剖面上为一簇曲线，最上部为降落漏斗的浸润面，其曲率达最大，也称为降落曲线，呈抛物线状；其下部的流线随深度加大曲率逐渐变缓，至不透水底板处，流线几乎与底板平行。在这种情况下，渗流速度便可能产生水平分量与垂直分量，但因一般垂直分量远小于水平分量(特别是在稳定井流情况下)，可忽略不计，于是便可把复杂的三维井流问题，近似地简化为二维井流来分析。

由以上分析可知，稳定井流运动特点可概括为以下两点：

①流向为汇向水井中心呈放射状的一簇曲线，等水位面为以水井为中心的同心圆柱面。等水位面和过水断面是一致的。

②通过距井轴不同距离的过水断面流量处处相等，都等于水井流量 Q，即

$$Q_1=Q_2=Q_3=\cdots=Q$$

由上述情况，按潜水完整井稳定流计算模型可推导出裘布依公式，如图 5.2.7 所示，取圆柱坐标系，沿底板取井径方向为 r 轴，井轴取为 H 轴，并假设渗流过水断面近似为同心圆柱面。

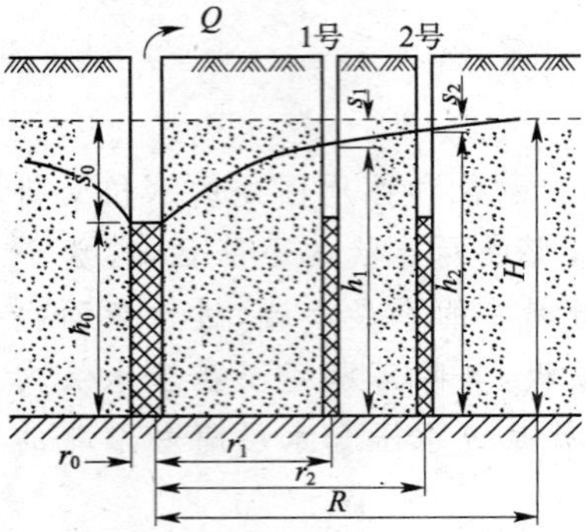

图 5.2.7 具有观测孔的潜水完整井

按达西定律有 $Q=2\pi rhK\dfrac{dh}{dr}$

根据连续定律有 $Q=Q_r=\text{const}$

则有 $$2h\mathrm{d}h=\frac{Q\mathrm{d}r}{\pi Kr}$$

积分得 $$h^2=\frac{Q}{\pi K}\ln r+c$$

当 $r\to R$ 时，$h\to H$，即

$$C=H^2-\frac{Q}{\pi K}\ln R$$

则有 $$Q=\pi K\frac{H^2-h^2}{\ln\dfrac{R}{r}}$$

当 $r\to r_0$ 时，$h\to h_0$，则有

$$Q=\pi K\frac{H^2-h_0^2}{\ln\dfrac{R}{r_0}} \tag{5.2.22}$$

式(5.2.22)即为著名的裘布依稳定井流潜水完整井出水量计算公式，如将自然对数转换为常用对数，则得

$$Q=1.364K\frac{H^2-h_0^2}{\lg\dfrac{R}{r_0}} \tag{5.2.23}$$

又因 $h_0=H-s_0$，则 $H^2-h_0^2=(2H-s_0)\times s_0$，则式(5.2.23)可改写为

$$Q=1.364K\frac{(2H-s_0)s_0}{\lg\dfrac{R}{r_0}} \tag{5.2.24}$$

由式(5.2.22)也可获得降落曲线(或浸润曲线)的表达式，为

$$h^2=H^2-\frac{Q}{\pi K}\ln\frac{R}{r} \tag{5.2.25}$$

以上式中，Q 为水井的出水量(m^3/h)或(m^3/d)；K 为含水层的渗透系数(m/h)或(m/d)；H 为含水层的厚度或供水的定水头高度(m)；s_0 为抽水井降深(m)；h_0 为井中水柱高度(m)；R 为井的供水半径(m)；r_0 为井的半径(m)。

为便于以后的研究，在这里引进势函数 φ 的概念，并令势函数(简称势)为

$$\varphi=\frac{1}{2}KH^2 \tag{5.2.26}$$

由达西定律得

$$Q=2\pi r\frac{\mathrm{d}\left(\dfrac{1}{2}KH^2\right)}{\mathrm{d}r} \tag{5.2.27}$$

对上式分离变量并积分(注意 Q 为常数),则求得

$$\varphi=\frac{Q}{2\pi}\ln r+C \tag{5.2.28}$$

当给定边界条件

$$\left.\begin{aligned} r\to R\text{ 时}, \quad & \varphi=\varphi_R=\frac{1}{2}KH^2 \\ r\to r_0\text{ 时}, \quad & \varphi=\varphi_0=\frac{1}{2}Kh_0^2 \end{aligned}\right\} \tag{5.2.29}$$

为确定积分常数 C 值,需用式(5.2.28)

$$\left.\begin{aligned} r\to R\text{ 时}, \quad & \varphi_R=\frac{Q}{2\pi}\ln R+C \\ r\to r_0\text{ 时}, \quad & \varphi_0=\frac{Q}{2\pi}\ln r_0+C \end{aligned}\right\} \tag{5.2.30}$$

两式相减,消去 C 值,则潜水完整井的井流公式为

$$Q=\frac{2\pi(\varphi_R-\varphi_0)}{\ln\dfrac{R}{r_0}}=\frac{\pi K(H^2-h_0^2)}{\ln\dfrac{R}{r_0}}=1.364K\,\frac{(2H-s_0)s_0}{\ln\dfrac{R}{r_0}} \tag{5.2.31}$$

在降落漏斗内,如果有一个或两个观测孔资料,此时根据相应的积分上下限可得一个观测井的流量公式

$$Q=1.364K\,\frac{h_1^2-h_0^2}{\lg\dfrac{r_1}{r_0}} \tag{5.2.32}$$

两个观测井的流量公式

$$Q=1.364K\,\frac{h_2^2-h_1^2}{\lg\dfrac{r_2}{r_1}} \tag{5.2.33}$$

式中,h_1、h_2 分别为1号、2号观测孔中的水位(m);r_1、r_2 为1号、2号观测孔距抽水井中心的水平距离(m)。

(2)承压完整井出水量的计算

具有圆形定水头供水边界的承压含水层,单井定流量井流方程的建立是基于下列条件的:

①含水层中水流运动符合达西定律。

②含水层均质、各向同性,等厚、圆形且水平埋藏。

③完整水井位于含水层中央,且定流量抽水。

④含水层的侧向为定水头供水边界。抽水前水头面是水平的,且无垂向补给。

对承压完整井,裘布依建立了与潜水完整井相类似的稳定井流模型,如图5.2.8所示。其计算公式为

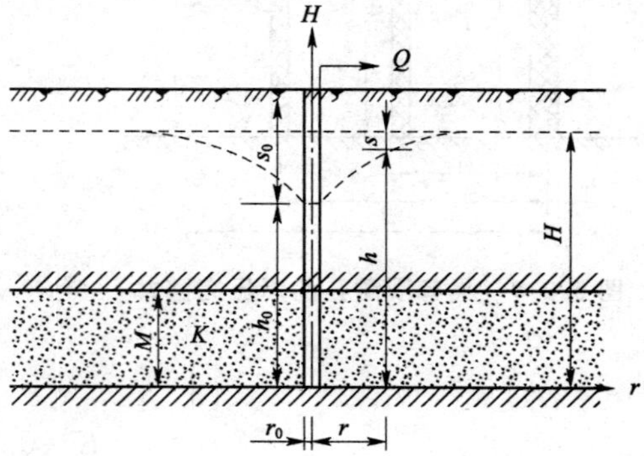

图5.2.8 承压完整井稳定井流

$$Q=2.73KM\,\frac{H-h_0}{\lg\dfrac{R}{r_0}} \tag{5.2.34}$$

又因 $H-h_0=s_0$,则

$$Q=2.73KM\frac{s_0}{\lg\frac{R}{r_0}} \tag{5.2.35}$$

式中，M 为承压含水层的厚度(m)；其余符号意义同前。

承压水面降落曲线的表达式为

$$h=H-\frac{Q}{2\pi KM}\ln\frac{R}{r} \tag{5.2.36}$$

和潜水完整井相仿，根据所假设的轴对称条件，承压水完整井仍用势函数表示，则 $\varphi=KMH$。因 $h=2\pi rMK\frac{dH}{dr}$，则有

$$Q=2\pi r\frac{d(KMH)}{dr}=2\pi r\frac{d\varphi}{dr} \tag{5.2.37}$$

对上式分离变量并积分仍得式(5.2.28)。

给定边界条件

$$\left.\begin{aligned} r\to R\ \text{时}, \quad & \varphi=\varphi_R=KMH \\ r\to r_0\ \text{时}, \quad & \varphi=\varphi_0=KMh_0 \end{aligned}\right\} \tag{5.2.38}$$

为确定积分常数 C 值，需用式(5.2.28)有，即

$r\to R$ 时，
$$\varphi_R=\frac{Q}{2\pi}\ln R+C$$

$r\to r_0$ 时，
$$\varphi_0=\frac{Q}{2\pi}\ln r_0+C$$

两式相减，消去 C 值，可得承压完整井的井流计算公式为

$$Q=\frac{2\pi(\varphi_R-\varphi_0)}{\ln\frac{R}{r_0}}=2.73K\frac{Ms_0}{\ln\frac{R}{r_0}} \tag{5.2.39}$$

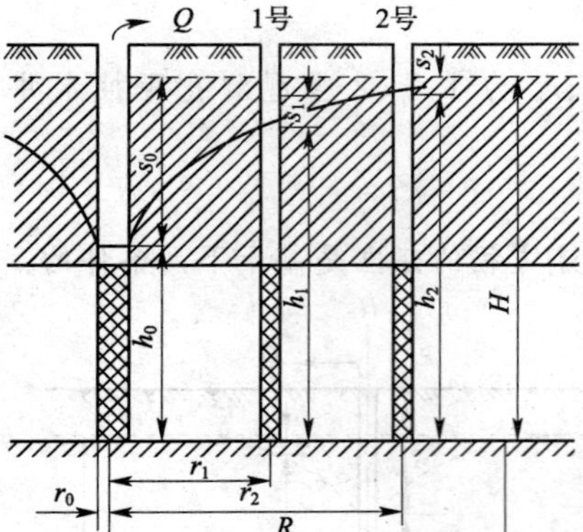

图 5.2.9 具有观测孔的承压完整井

同样，有一个观测孔或两个观测孔时(图5.2.9)，可分别得出下列井流量公式。

一个观测孔时

$$Q=\frac{2\pi Km(h_1-h_0)}{\ln\frac{r_1}{r_0}}=\frac{2\pi Km(s_0-s_1)}{\ln\frac{r_1}{r_0}} \tag{5.2.40}$$

两个观测孔时

$$Q=\frac{2\pi Km(h_2-h_1)}{\ln\frac{r_2}{r_1}}=\frac{2\pi Km(s_1-s_2)}{\ln\frac{r_2}{r_1}} \tag{5.2.41}$$

利用稳定流的抽水试验资料，把裘布依公式加以适当的变换，可求得含水层的渗透系数 K。

潜水完整井

$$K=0.732\frac{Q\lg\frac{R}{r_0}}{(2H-s_0)s_0} \tag{5.2.42}$$

承压水完整井

$$K=0.366\frac{Q\lg\frac{R}{r_0}}{Ms_0} \tag{5.2.43}$$

当有观测孔资料，利用裘布依公式也可求得供水半径 R。

潜水完整井

$$\lg R=\frac{s_1(2H-s_1)\lg r_2-s_2(2H-s_2)\lg r_1}{(s_1-s_2)(2H-s_1-s_2)} \tag{5.2.44}$$

承压水完整井

$$\lg R=\frac{s_1\lg r_1-s_2\lg r_2}{s_1-s_2} \tag{5.2.45}$$

当只有单孔抽水,可用下列经验公式进行计算。

潜水含水层用库萨金公式

$$R=2s\sqrt{HK} \tag{5.2.46}$$

承压含水层用集哈尔特公式

$$R=10s\sqrt{K} \tag{5.2.47}$$

式中,s为水位降深值(m);H为潜水含水层厚度(m);K为渗透系数(m/d)。

(六)地下水向非完整井的稳定运动

如果井孔的进水段(过滤器)未穿透全部含水层,而只穿切含水层的一部分厚度(图5.2.10),称非完整井。

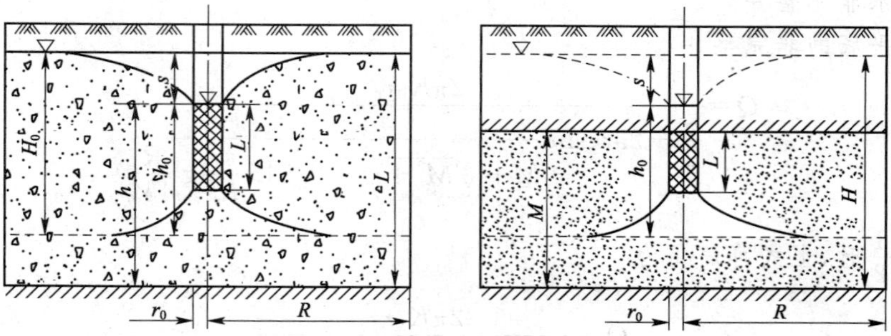

图5.2.10 非完整井示意

(1)井壁进水的非完整井

福熙·海默(Forch Heimer)通过试验,提出如下公式

潜水非完整井[图5.2.10a)]

$$Q_{非}=C_1Q_{完}=C_1\left[1.364K\frac{(2H-s)s}{\lg\frac{R}{r_0}}\right] \tag{5.2.48}$$

承压非完整井[图5.2.10b)]

$$Q_{非}=C_2Q_{完}=C_2\left[2.732K\frac{Ms}{\lg\frac{R}{r_0}}\right] \tag{5.2.49}$$

式中,$Q_{完}$为潜水、承压水完整井出水量;C_1、C_2为潜水、承压水非完整井出水量折减系数;其余符号含义同前。

$$C_1=\sqrt{\frac{L}{h}}\sqrt[4]{\frac{2h-L}{h}} \tag{5.2.50}$$

$$C_2=\sqrt{\frac{L}{M}}\sqrt[4]{\frac{2M-L}{M}} \tag{5.2.51}$$

以上两式中,L为水井过滤器伸入含水层的长度或井壁进水长度(m);h为潜水非完整井中动水位至隔水底板高度(m);M 为承压含水层厚度(m)。

上两式选用时应符合下述条件:

①潜水非完整井应符合:$H/(S+L)\leqslant 1.5\sim 2.0$;

②承压水非完整井应符合:$M/L\leqslant 1.5\sim 2.0$。

如超越上述限制条件,计算误差较大。

(2)井底进水的非完整井

巴布什金对有限厚度含水层得出了如下计算式。

①潜水非完整井

当$\dfrac{r_0}{m}\leqslant\dfrac{1}{2}$时[图 5.2.11a)],公式可简化为

$$Q=\frac{2\pi Ksr_0}{\dfrac{\pi}{2}+\dfrac{r_0}{m}\left(1+1.18\lg\dfrac{R}{4H}\right)} \tag{5.2.52}$$

式中,Q 为非完整井的出水量;K 为含水层的渗透系数;s 为井中抽水降深;r_0 为井半径;H 为潜水含水层厚度;m 为井底距透水层底板的距离;R 为供水半径。

②承压水非完整井

井底为平底的非完整井

$$Q=\frac{2\pi Ksr_0}{\dfrac{\pi}{2}+2\arcsin\dfrac{r_0}{M+\sqrt{M^2+r_0^2}+0.515\dfrac{r_0}{M}\lg\dfrac{R}{4M}}} \tag{5.2.53}$$

当$\dfrac{r_0}{M}\leqslant\dfrac{1}{2}$时,上式可简化为

$$Q=\frac{2\pi Ksr_0}{\dfrac{\pi}{2}+\dfrac{r_0}{M}\left(1+1.18\lg\dfrac{R}{4M}\right)} \tag{5.2.54}$$

半球形底非完整井[图 5.2.11b)]。

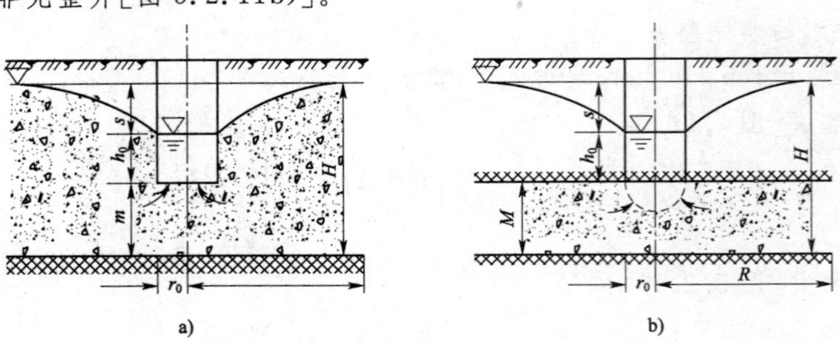

图 5.2.11 井底进水非完整井示意

$$Q=\frac{2\pi Ksr_0}{1+\dfrac{r_0}{M}\left(1+1.18\lg\dfrac{R}{4M}\right)} \tag{5.2.55}$$

当含水层很厚(大于 30 m)时,从井底进水的承压水非完整井出水量,可近似采用下式计算

$$Q=\frac{aKsr_0}{1-\dfrac{r_0}{R}} \tag{5.2.56}$$

式中,a 为井底形状系数,平底取 4,半球形取 2π。

如果井的半径与供水半径相比甚小时，即 $r_0/R \leqslant 1$ 时，则 r_0/R 可忽略不计，则上式可简化为

$$Q = aKsr_0 \tag{5.2.57}$$

式中，各符号意义同前。

据卡明斯基的意见，式(5.2.57)虽是在承压含水层条件下导出的，如果钻入含水层不深时，也可用来计算井底进水的潜水非完整井出水量，误差是允许的。

(七)干扰井出水量的计算

在给排水工程中，有时单井出水量不能满足需要，此时需在同一开采层中布置两眼或更多的井，井距小于影响半径的2倍；当井同时工作时，井与井之间则产生影响，这种影响称为干扰作用。干扰条件下工作的井称为井群或井组。干扰作用的具体表现是，在降深相同的情况下，每口井的出水量，小于一口井单独工作时的出水量，或者如保持每口干扰井出水量等于一口井单独工作时的出水量，则干扰井的水位降将大于一口井单独工作时的水位降。井灌区内的井群，多数都有干扰现象。在排水工程中，为加速地下水位的降落，往往需要规划干扰井群。干扰井出水量小于单独抽水时的出水量的原因，是由于干扰作用相互争夺水流，限制各井的取水范围，引起水位迅速下降，使地下水向各井运动的水力坡度减小的结果。

干扰井出水量计算方法较多，现就常用的水位削减法(水位叠加法)简介如下。

如图5.2.12所示的两个承压完整井，当1号井单独抽水时出水量为 Q，降深为 s_0，引起2号井水位降为 t；同样，2号井单独抽水时出水量也为 Q，降深为 s_0，引起1号井的水位降为 t，将 t 称为水位削减值。

如两井同时抽水，且 $s = s_0$，则单井的出水量便减小，$Q_{扰} < Q_{单}$ 时，则需加大降深，如单井的出水量与降深的关系曲线为线性，则抽水降深应增加 t，即 $s = s_0 + t_0$，则两井同时工作，单井出水量应为如下情况：

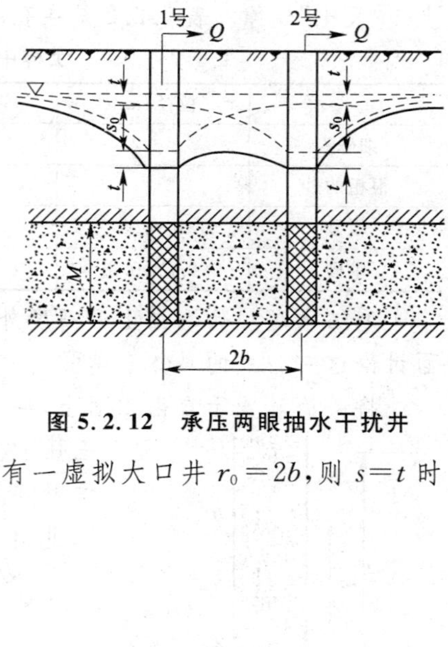

图5.2.12 承压两眼抽水干扰井

设1号井单独抽水时的出水量为

$$Q_{单} = 2.73KM \frac{s_0}{\lg \dfrac{R}{r_0}}$$

则

$$s_0 = \frac{Q_{单}}{2.73KM} \lg \frac{R}{r_0}$$

1号井单独抽水时，对2号的水位削减值为 t，可假设有一虚拟大口井 $r_0 = 2b$，则 $s = t$ 时的出水量为

$$Q_{虚} = 2.73K \frac{Mt}{\lg \dfrac{R}{2b}}$$

令 $Q_{单} = Q_{虚} = Q$，则有

$$t = \frac{Q}{2.73KM} \lg \frac{R}{2b}$$

已知：$s = s_0 + t$，可知

$$s = \frac{Q}{2.73KM} \lg \frac{R}{r_0} + \frac{Q}{2.73KM} \lg \frac{R}{2b}$$

则

$$Q = 2.73KM \frac{s}{\lg \dfrac{R^2}{2br_0}} \tag{5.2.58}$$

式中，Q 为两眼干扰井同时抽水时的单井出水量(m^3/h)；s 为同样条件下，单井的抽水降深(m)；$2b$ 为井间距(m)；其余符号意义同前。

同理，可求得潜水完整井两眼同时抽水时的单井出水量为

$$Q=21.364K\frac{(2H-s)s}{\lg\dfrac{R^2}{2br_0}} \tag{5.2.59}$$

若 $b=R/2$，式(5.2.58)、式(5.2.59)则变为非干扰条件下的裘布依涌水量方程，故式(5.2.58)、式(5.2.59)只适用于 $b\leqslant R/2$ 的情况。

二、包气带中地下水的运动

包气带水的运动规律是很复杂的，包气带岩石的透水性，实际上是个变量，渗透系数的大小与岩石含水率大小有关。本节主要讨论毛细带中水的运动。松散岩石及细微裂隙的基岩中的包气带，都有明显的毛细带存在。下面以多孔介质—松散岩石为例进行讨论。

松散岩石的孔隙系统，实际上是一个形状和大小都复杂多变的微管道系统。近似地可将其视为一个圆管系统，圆管直径可视为孔隙的平均直径 D_0。这样，松散岩石中毛细最大上升高度 H_k，按水力学的推导，可表示为 $H_k=0.03/D_0$。此式表明，毛细上升高度与毛管直径成反比关系：土的颗粒越小，则其间孔隙越小，毛细上升高度越高。但当土粒小到黏性土粒级时，孔隙中为结合水所充填，结合水有其特殊的物理性质，故黏性土的毛细上升高度，不符合上述“反比”规律。表 5.2.2 是在孔隙度相同(41%)的样品中观察毛细上升高度的资料。

土样中观察 72 d 后毛细上升高度(H_k)　　表 5.2.2

土　样	粒径/mm	H_k/cm	土　样	粒径/mm	H_k/cm
细砾石	5～2	2.5	细砂	0.2～0.1	42.8
很粗的砂	2～1	6.5	粉砂	0.1～0.05	105.5
粗砂	1～0.5	13.5	粉砂	0.05～0.02	200
中砂	0.5～0.2	24.6			(2 d 后仍在上升)

毛细水运动除毛细上升高度外，还有毛细上升速度，这种运动仍可用达西定律表示。下面讨论这一公式的具体表达式。

将一筒砂置于自由水面上，砂土中即可观察到水沿毛细孔隙上升的现象。设自由水面压强 P_A，毛细压强为 $-P_w$(取负值是因为毛细力作用与大气压力作用方向相反)，经 t 时间水由 A 上升到 B(图 5.2.13)，渗径为 L；此时 B 处土中的压强为 $P_C=P_A-P_w$。以自由水面为基准，有 $P_A=0$，则 $P_C=-P_w$，此式用水头表示为 $h_C=\dfrac{-P_w}{r}$，即 B 点水头为 $-h_C+L$，于是 AB 间平均水力坡度为

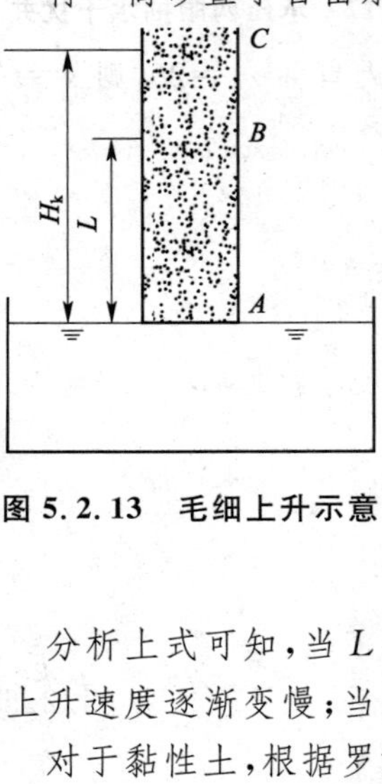

图 5.2.13　毛细上升示意

$$I_{AB}=\frac{0-(-h_C+L)}{L}=\frac{h_C-L}{L}$$

于是

$$v_{AB}=\frac{K(h_C-L)}{L} \tag{5.2.60}$$

分析上式可知，当 L 很小时，v 很大，故毛细上升速度快，随着毛细上升高度的加大，毛细上升速度逐渐变慢；当 $L=H_k$ 时，$h_C=H_k$，$v=0$ 时，毛细上升停止。

对于黏性土，根据罗戴公式有

$$v=K\left(\frac{h_C-L}{L}-I_0\right) \tag{5.2.61}$$

分析上式，若 $I=I_0$，则

$$v=K(I-I_0)=K\left(\frac{h_C-L}{L}-I_0\right)=0$$

这时 $L=H_k$，于是

$$I_0=\frac{h_C-H_k}{H_k}$$

即

$$H_k=\frac{h_C}{I+I_0} \tag{5.2.62}$$

由此可见，在黏性土中，最大毛细上升高度 H_k 与毛细压强水头 h_C 并不相等，$H_k<h_C$。颗粒越细，则孔隙越小，I_0 越大，H_k 越是比 h_C 小；颗粒越粗，则 I_0 越小，H_k 越是接近于 h_C；当 $I_0=0$ 时，$H_k=h_C$，即与砂土一致。一般黏性土，因为 I_0 较大，故 H_k 值仅有 1～2 m。

三、结合水运动规律

结合水是一种在力学性质上介于固体和液体之间的异常液体(可称为塑流体)，强结合水更接近于固态，极难流动，这里讨论的主要是弱结合水。结合水的流动仍然是黏滞力起主导作用，因而为层流形式。根据张忠胤教授的意见，结合水在运动时，渗透速度 v 与水力坡度 I 的关系，可用直角坐标系上通过原点的一条曲线表示(图 5.2.14)。这条曲线的任一段近于直线部分，可用 A·A·罗戴公式近似地表达：

$$v=K(I-I_0) \tag{5.2.63}$$

式中，I_0 为起始水力坡度。其含义是克服结合水的抗剪强度，使之发生流动所必须具有的水力坡度。

但上述说法是不够严格的。从图 5.2.14 可知，只要有水力坡度，结合水就会发生运动，只不过当水力坡度未超过起始水力坡度 I_0 时，结合水的渗透速度 v 非常微小(称为隐渗透)，只有通过精密测量才能觉察罢了。因此严格地说，起始水力坡度 I_0 乃结合水发生明显渗透时，用于克服其抗剪强度的那部分水力坡度。

图 5.2.14 $v=f(I)$曲线

在重力水的渗透场中，对于一定的岩石，水的物理性质一定时，渗透系数 K 是一个常数，在结合水的渗透场中，K 值不是定值，I_0 也不是定值，两者都随 I 的增大而增大。当 I 较小时，只有粒间孔隙的中心部分的水形成渗流，即有效的渗孔直径 d_0 很小，渗透性就很弱，K 很小；随着 I 的增大，有效渗孔直径 d_0 增大，K 亦随之增大；当渗流接近强结合水部分时，由于其抗剪强度大，I 再增大，d_0 也不会再有多大变化了，从而使 K、I_0 都趋于常数。这时用罗戴公式来分析问题才比较符合实际。事实上，罗戴公式只是曲线 $v=f(I)$ 上任一点的切线表达式，K 为切线的斜率，I_0 为切线与横坐标的交点。故只有当 $v=f(I)$ 曲线段渐变为直线后，K、I_0 才趋于常数。鉴于目前还没有确切的关系式来表达该曲线的关系，而一般情况下，利用 $v=K(I-I_0)$ 来说明结合水的运动比较方便，并且也能满足研究的精度要求。

四、二维渗流及流网

以上研究的是简单边界条件下的一维渗流,可用达西定律进行渗流计算。但实际工程中,如土坡、坝(路)基、闸基等的渗流问题,很少是一维渗流,而多为二维或三维的渗流。这时达西定律需用微分形式表达,然后根据边界条件进行求解。本节简要介绍二维渗流方程及流网。

(一)二维渗流方程

当渗流场中水头及流速等渗流要素不随时间改变时,这种渗流称为稳定渗流。现从稳定渗流场中任意点 A 处取一微单元体,面积为 $dx \cdot dz$,厚度为 $dy=1$,在 x 和 z 方向各有流速 v_x、v_z,如图 5.2.15 所示。

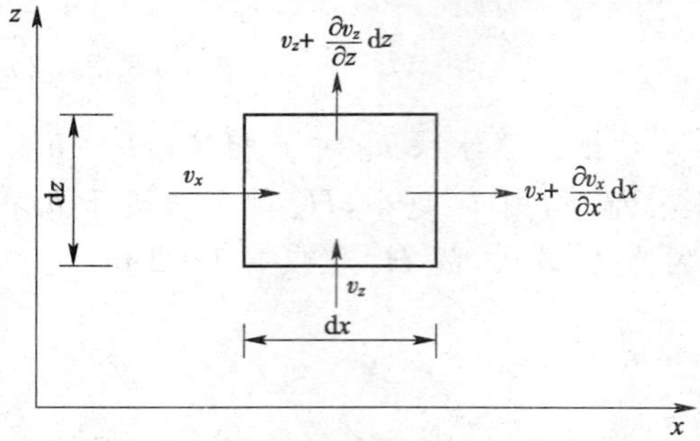

图 5.2.15 二维渗流的连续条件

单位时间流入这个微单元体的水量为 dq_e,则

$$dq_e = v_x dz \times 1 + v_z dx \times 1 \tag{5.2.64}$$

单位时间内流出这个微单元体的水量为 dq_o,则

$$dq_o = \left(v_x + \frac{\partial v_x}{\partial x}dx\right)dz \times 1 + \left(v_z + \frac{\partial v_z}{\partial z}dz\right)dx \times 1 \tag{5.2.65}$$

假定水体不可压缩,则根据水流连续原理,单位时间内流入和流出微单元体的水量应相等,即

$$dq_e = dq_o$$

从而得出

$$\frac{\partial v_x}{\partial x} + \frac{\partial v_z}{\partial z} = 0 \tag{5.2.66}$$

式(5.2.66)即为二维渗流连续方程。

再根据达西定律,对于各向异性土,

$$v_x = k_x i_x = k_x \frac{\partial h}{\partial x} \tag{5.2.67}$$

$$v_z = k_z i_z = k_z \frac{\partial h}{\partial z} \tag{5.2.68}$$

式中,k_x、k_z 为 x 和 z 方向的渗透系数;h 为测管水头。

将式(5.2.67)和式(5.2.68)代入式(5.2.66)可得

$$k_x \frac{\partial^2 h}{\partial x^2} + k_z \frac{\partial^2 h}{\partial z^2} = 0 \tag{5.2.69}$$

对于各向同性的均质土,$k_x = k_z$,则式(5.2.69)可表达为

$$\frac{\partial^2 h}{\partial x^2} + \frac{\partial^2 h}{\partial z^2} = 0 \tag{5.2.70}$$

式(5.2.70)即为著名的拉普拉斯(Laplace)方程,也是平面稳定渗流的基本方程式。通过求解一定边界条件下的拉普拉斯方程,即可求得该条件下的渗流场。

(二)流网特征与绘制

上述拉普拉斯方程表明,渗流场内任一点水头是其坐标的函数,知道了水头分布,即可

确定渗流场的其他特征。求解拉氏方程一般有四类方法,即数学解析法、数值解法、电模拟法、图解法。其中尤以图解法简便、快速,在工程中实用广泛。因此,这里简要介绍图解法。该法应用绘制流网的方法求解拉氏方程的近似解。

(1)流网的特征

流网是由流线和等势线所组成的曲线正交网格。在稳定渗流场中,流线表示水质点的流动路线,流线上任一点的切线方向就是流速度矢量的方向。等势线是渗流场中势能或水头的等值线。图 5.2.16 为板桩墙围堰的流网图。图中实线为流线,虚线为等势线。

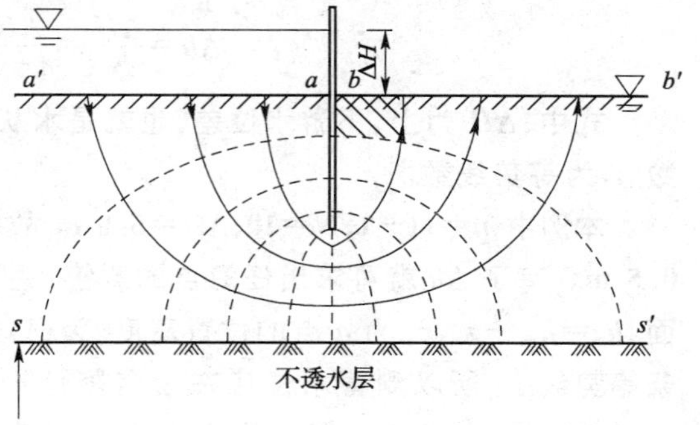

图 5.2.16　流网绘制

对于各向同性渗流介质,由水力学知识,流网具有下列特征:

①流线与等势线互相正交。

②流线与等势线构成的各个网格的长宽比为常数。当长宽比为 1 时,网格为曲线正方形,这也是最常见的一种流网。

③相邻等势线之间的水头损失相等。

④各个流槽的渗流量相等。

由这些特征可进一步知道,流网中等势线越密的部位,水力梯度越大,流线越密的部位流速越大。

(2)流网的绘制

如图 5.2.16 所示,流网绘制步骤如下:

①按一定比例绘出结构物和土层的剖面图。

②判定边界条件:图中 aa' 和 bb' 为等势线(透水面);acb 和 ss' 为流线(不透水面)。

③先试绘若干条流线(应相互平行,不交叉且是缓和曲线);流线应与进水面、出水面(等势线 aa' 和 bb')正交,并与不透水面(流线 ss')接近平行,不交叉。

④加绘等势线。须与流线正交,且每个渗流区的形状接近"方块"。

上述过程不可能一次就合适,经反复修改调整,直到满足上述条件为止。

流网绘出后,既可直观地获得渗流特性的总体轮廓,还可求得渗流场中各点的测管水头、水力梯度、渗透速度和渗流量。

(三)流网的应用

以图 5.2.17 为例,来说明流网的应用。

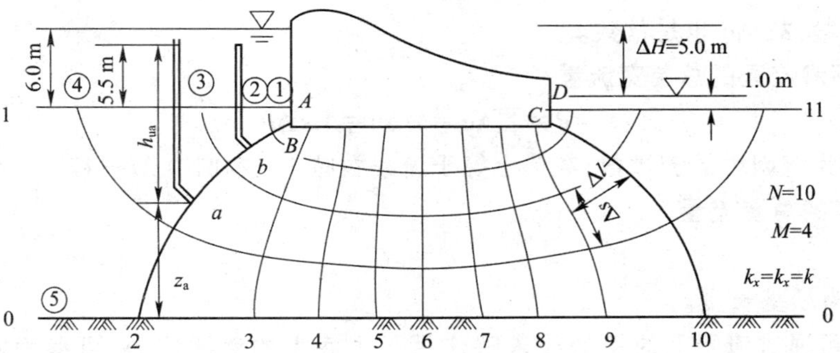

图 5.2.17　混凝土坝下流网

(1)测管水头

根据流网特征可知,任意两相邻等势线间的势能差相等,即水头损失相等,从而算出相邻两条等势线之间的水头损失 Δh,即

$$\Delta h=\frac{\Delta H}{N}=\frac{\Delta H}{n-1}\qquad (N=n-1) \tag{5.2.71}$$

式中,ΔH 为上、下游水位差,也就是水从上游渗到下游的总水头损失;N 为等势线间隔数;n 为等势线数。

本例中,$n=11-1$,$N=10$,$\Delta H=5.0$ m,故每一个等势线间隔所消耗的水头 $\Delta h=5$ m/10=0.5 m。有了 Δh 就可求出任意点的测管水头。例如求 a 点的测管水头 h_a,以 0-0 为基准面,$h_a=h_{ua}+z_a$,z_a 为 a 点的位置高度,为已知值,关键是求 h_{ua} 值的大小。由于 a 点位于第 2 条等势线上,所以测管水位应在上游降低一个 Δh,故其测管水位应在上游地表面以上的 (6.0-0.5)m=5.5 m 处。压力水头 h_{ua} 的高度可自图中按比例直接量出。

(2)孔隙水压力

如前所述,渗流场中各点的孔隙水压力,等于该点以上测压管中的水柱高度 h_u 乘以水的重度 γ_w,故 a 点的孔隙水压力为

$$u_a=h_{ua}\gamma_w \tag{5.2.72}$$

应当注意,图中所示 a、b 两点位于同一等势线上,其测管水头虽然相同,即 $h_a=h_b$,但其孔隙水压力却不同,$u_a\neq u_b$。

(3)水力坡降

流网中任意网格的平均水力坡降 $i=\frac{\Delta h}{\Delta l}$,$\Delta l$ 为该网格处流线的平均长度,可自图中量出。由此可知,流网中网格越密处,其水力坡降越大。故图 5.2.17 中,下游坝趾水流渗出地面处(图中 CD 段)的水力坡降最大。该处的坡降称为逸出坡降。

(4)渗透流速

各点的水力坡降已知后,渗透流速的大小可根据达西定律求出,即 $v=ki$,其方向为流线的切线方向。

(5)渗流量

流网中任意两相邻流线间的单宽流量 Δq 是相等的,因为

$$\Delta q=v\Delta A=ki\Delta s\times 1.0=k\frac{\Delta h}{\Delta l}\Delta s$$

当取 $\Delta l=\Delta s$ 时,

$$\Delta q=k\Delta h \tag{5.2.73}$$

由于 Δh 是常数,故 Δq 也是常数。

通过坝下渗流区的总单宽流量

$$q=\sum\Delta q=M\Delta q=Mk\Delta h \tag{5.2.74}$$

式中,M 为流网中的流槽数,数值上等于流线数减 1。本例中 $M=4$。

通过坝底的总渗流量

$$Q=qL \tag{5.2.75}$$

式中,L 为坝基长度。

此外,还可通过流网上的等势线求解作用于坝底上的渗透压力,可参考水工建筑物教材,此略。

【例 5.2.1】 图 5.2.18 为一板桩打入透水土层后形成的流网。已知透水土层深 18.0 m，渗透系数 $k=5\times10^{-4}$ mm/s，板桩打入土层表面以下 9.0 m，板桩前后水深如图中所示。试求：(1)图中所示 a、b、c、d、e 各点的孔隙水压力；(2)地基的单宽渗流量。

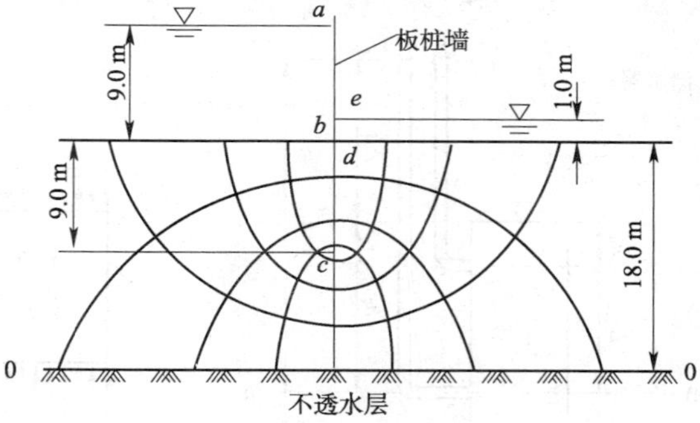

图 5.2.18 板装墙下的渗流图

【解】 (1)根据图 5.2.18 的流网可知，每一等势线间隔的水头降落 $\Delta h=(9-1)\text{m}/8=1.0$ m。列表计算 a、b、c、d、e 点的孔隙水压力如表 5.2.3($\gamma_w=9.8$ kN/m^3)。

(2)地基的单宽渗流量

$$q=\sum\Delta q=M\Delta q=M\Delta hk$$

现

$$M=4,\Delta h=1.0\ \text{m}$$

$$K=5\times10^{-4}\ \text{mm/s}=5\times10^{-7}\ \text{m/s}$$

代入得

$$q=4\times1\times5\times10^{-7}\ \text{m}^2/\text{s}=20\times10^{-7}\ \text{m}^2/\text{s}$$

计 算 表 表 5.2.3

位置	位置水头 z/m	测管水头 h/m	压力水头 h_u/m	孔隙水压力 u/(kN/m^2)
a	27.0	27.0	0	0
b	18.0	27.0	9.0	88.2
c	9.0	23.0	14.0	137.2
d	18.0	19.0	1.0	9.8
e	19.0	19.0	0	0

五、渗流力与渗流稳定性分析

(一)渗流力

地下水在土中流动时，由于受到土粒的阻力，而引起水头损失，从作用力与反作用力的原理可知，水流经过时必定对土颗粒施加了一种渗流作用力。为研究方便起见，单位体积土颗粒所受到的渗流作用力，我们称为渗流力或动水力。

图 5.2.19a)为一定水头试验装置，土样长度为 L，面积为 A_w，土样两端各安装一测压管，其测管水头相对 0—0 基准面分别为 h_1 与 h_2。当 $h_1=h_2$ 时，土中水处于静止状态，无渗流发生。若将左侧的连通储水器向上提升，使 $h_1>h_2$，则由于存在水头差，土中将产生向上的渗流。渗流必然对每个土颗粒有推动、摩擦、拖拽的作用力，这就是渗流力，用符号 J 表示。

为进一步研究渗流力的大小和性质，首先对图 5.2.19 所示土体进行受力分析。

在图中，可采用两种不同的隔离体取法，来进行受渗流的土柱受力情况分析。

方法一：取土一水为整体作为隔离体；

方法二:把土骨架和水分开取隔离体。

显然,不管哪种取法,其总效果是一样的。为简单起见,现考虑水柱隔离体情况,其上的作用力有[图 5.2.19b)]:

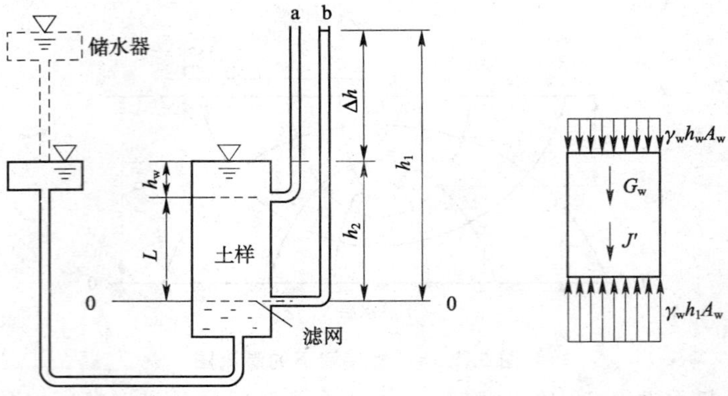

a)渗透破坏试验示意　　b)假想水柱隔离体

图 5.2.19　饱和土体中的渗流力计算

①孔隙水重力和土粒浮力的反力之和,后者应等于土粒同体积的水柱重力,故

$$G_w = V_v\gamma_w + V_s\gamma_v = V_s\gamma_v = LA_v\gamma_w$$

可见,G_w 即为 L 长度的水柱重力。

②水柱上下两端面的边界水压力 $\gamma_w h_w A_w$ 和 $\gamma_w h_1 A_w$。

③土柱内土粒对水流的阻力,其大小应与渗流力 J 相等,而方向相反。设单位土体内土粒给水流的阻力为 j',则总阻力 $J' = j'LA_w = J$,方向竖直向下。现考虑假想水柱隔离体的平衡条件,可得

$$\gamma_w h_w A_w + G_w + j'LA_w = \gamma_w h_1 A_w$$

$$j' = \frac{\gamma_w(h_1 - h_w - L)}{L} = \frac{\gamma_w \Delta h}{L} = \gamma_w i$$

故

$$j = j' = \gamma_w i \tag{5.2.76}$$

从式(5.2.76)可知,渗流力是一种体积力,量纲与 γ_w 相同,大小与水头梯度成正比,方向与水流方向一致。

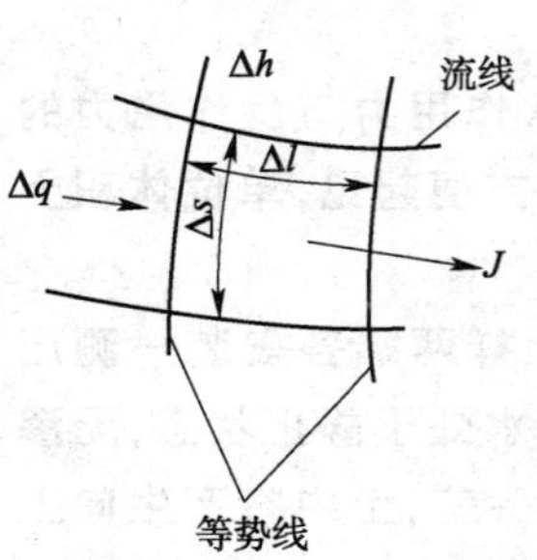

图 5.2.20　流网中的渗透力计算

对于二元渗流,当流网绘出后,即可方便地求出流网中任意网格上的渗流力及其作用方向。例如图 5.2.20 表示自流网中取出的一个网格,已知任两条等势线之间的水头降落为 Δh,则网格平均水力坡降 $i = \dfrac{\Delta h}{\Delta l}$,单位厚度上网格土体的体积 $V = \Delta s \Delta l \times 1$,则作用于该网格土体上的总渗透力为

$$J = jV = \gamma_w i \Delta s \Delta l \times 1 = \gamma_w \Delta h \Delta s$$

假定 J 作用于该网格的形心上,方向与流线平行。显然,流网中各处的渗流力在大小和方向上均不相同,在等势线越密的那些区域,水力坡降 i 大,因而渗透力 j 也大。例如,在图 5.2.17 的流网中,上游的 A-B 入渗处和下游 C-D 的逸出处,渗流力均较大,但两处渗流力对土体稳定性的影响却截然相反。在 A-B,由于渗流力方向与重力方向一致,故渗流力对土骨架起渗力压密

作用，对土体稳定有利；而在 C-D，渗流力方向与重力方向相反，渗流力对土体起浮托作用，对土体稳定十分不利，甚至当渗流力大到某一数值时，会使该处土体发生浮起和破坏，因此研究渗流逸出区域的渗流力或逸出坡降，对建筑物的安全有很大的意义。

(二)临界水头梯度

若将图 5.2.19 中左端的储水器不断上提，则 Δh 逐渐增大，从而作用在土体中的渗流力也逐渐增大，而方向与土体重力方向相反，当渗流力增大到某一数值(土的有效重度 γ')时，向上的渗流力克服了土体向下的重力，则土体发生浮起而处于悬浮状态失去稳定，土粒随水流动，这种现象称为流沙或流土。这时的水头梯度称为临界水头梯度，用符号 i_{cr} 表示。由流土概念和渗流力计算公式可得

$$i_{cr}=\frac{\gamma'}{\gamma_w}=\frac{\gamma_{sat}}{\gamma_w}-1 \tag{5.2.77}$$

式中，γ_{sat} 为土的饱和重度；γ_w 为水的重度。

土的有效重度 γ' 一般在 8～12 kN/m^3 之间，而水的重度 γ_w 一般取 10 kN/m^3，因此 i_{cr} 可近似地取 1。

【例 5.2.2】 某基坑在细砂层中开挖，经施工抽水，待水位稳定后，实测水位情况如图 5.2.21所示。据场地勘察报告提供：细砂层饱和重度 $\gamma_{sat}=18.7\ kN/m^3$，$k=4.5\times10^{-2}$ mm/s，试求渗透水流的平均速度 v 和渗流力 j，并判别是否会产生流沙现象。

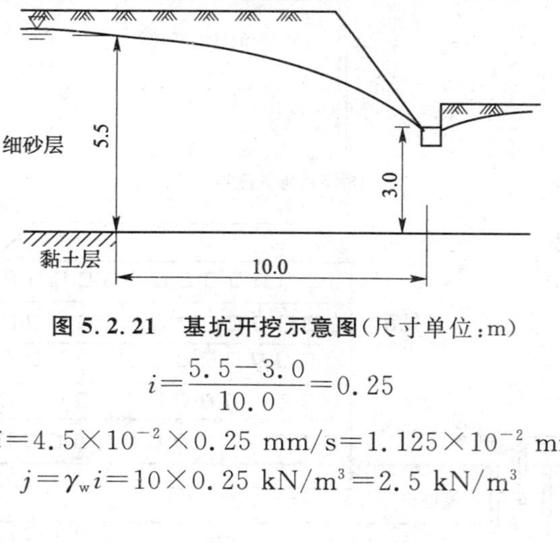

图 5.2.21 基坑开挖示意图(尺寸单位：m)

【解】

$$i=\frac{5.5-3.0}{10.0}=0.25$$

$$v=ki=4.5\times10^{-2}\times0.25\ mm/s=1.125\times10^{-2}\ mm/s$$

$$j=\gamma_w i=10\times0.25\ kN/m^3=2.5\ kN/m^3$$

细砂层的有效重度

$$\gamma'=\gamma_{sat}-\gamma_w=(18.7-10)kN/m^3=8.7\ kN/m^3$$

因

$$j<\gamma' \quad (2.5\ kN/m^3<8.7\ kN/m^3)$$

故不会因基坑抽水而产生流沙现象。

六、渗透破坏与控制

土工建筑物及地基由于渗流而出现的破坏或变形称为渗透破坏或渗透变形。渗流引起的渗透破坏问题主要有两大类：一是由于渗流力的作用，使土体颗粒流失或局部土体产生移动，导致土体变形失稳；二是由于渗流作用，使水压力或浮力发生变化，导致土体或结构失稳。前者主要表现为流沙和管涌，后者则表现为岸坡滑动或挡土墙等构筑物失稳。还有渗流对土坡稳定有影响。下面主要分析流沙和管涌这两种渗透形式。

(一)流沙或流土现象

在向上的渗透水流作用下，表层土局部范围内的土体或颗粒群同时发生悬浮、移动的现

象称为流土。任何类型的土，只要水力坡降达到一定的大小，都会发生流土或流沙破坏。

这种现象多发生在颗粒级配均匀的饱和细粉砂和粉土层中。它的发生一般是突发性的，对工程危害很大，如图 5.2.22 所示。

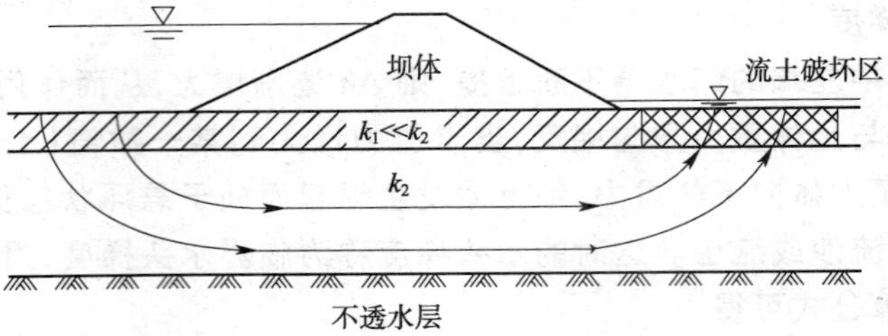

a)填埋下游流出处的流土破坏

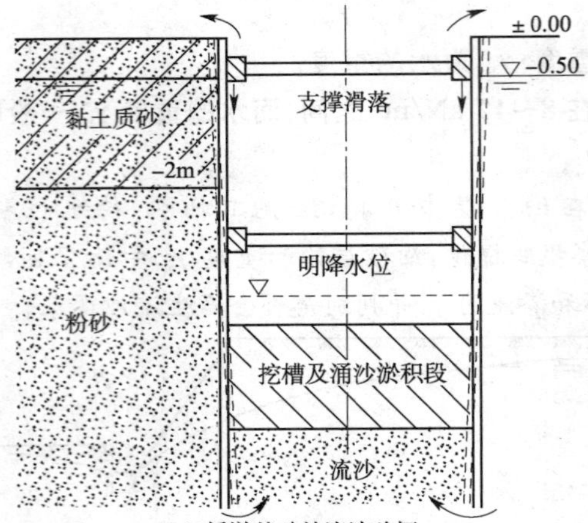

b)桥墩基础处流沙破坏

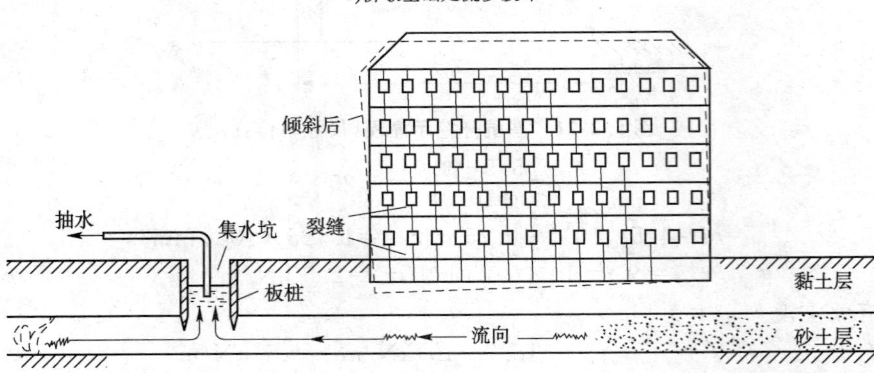

c)流沙涌向基流引起房屋不均匀下沉

图 5.2.22 流沙(土)现象引起破坏示例

图 5.2.22a)表示一座建筑在双层地基上的堤坝，地基表层为渗透系数较小的黏性土层，且较薄；下层为渗透性较大的无黏性土层，且 $k_1 \ll k_2$。当渗流经过双层地基时，水头将主要损失在上游水流渗入和下游水流渗出薄黏性土层的流程中，在砂层中的流程损失很小，因此造成下游逸出渗透坡降 i 较大。当 $i > i_{cr}$ 时就会在下游坝脚处出现表面隆起，裂缝开展，砂粒涌出，以至整块土体被渗透水流抬起的现象，这就是典型的流土破坏。图 5.2.22b)为一桥梁基础工程施工情况，倘若遇到易产生渗透破坏的地基土类，而施工降水时采用明降水位法的话，那么，在抽水机作用下，将产生自下而上的渗流力，当 $i > i_{cr}$ 时，发生流沙现象。

图 5.2.22c)为房屋附近不规则的抽水,引起流沙现象使房屋不均匀下沉而开裂。

(二)管涌现象和潜蚀作用

在渗透水流作用下,土中的细颗粒在粗颗粒形成的孔隙中移动,以至流失;随着土的孔隙不断扩大,渗透速度不断增加,较粗的颗粒也相继被水流逐渐带走,最终导致土体内形成贯通的渗流管道,如图 5.2.23 所示,造成土体塌陷,这种现象称为管涌。可见,管涌破坏一般有个时间发展过程,是一种渐进性质的破坏。

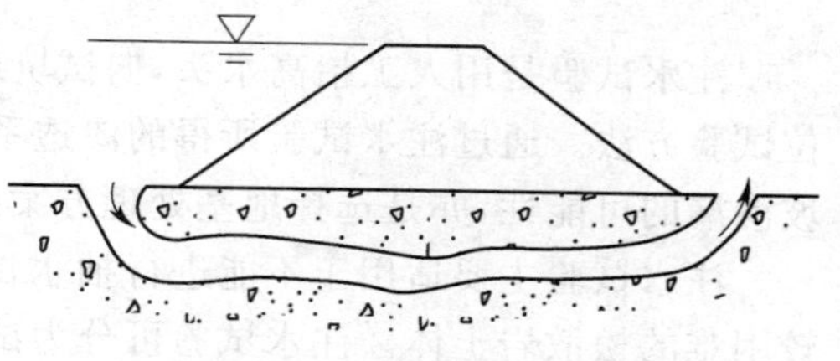

图 5.2.23 通过坝基的管涌

在自然界中,在一定条件下同样会发生上述渗透破坏作用,为了与人类工程活动所引起的管涌相区别,通常称之为潜蚀。潜蚀作用有机械的和化学的两种。机械潜蚀是指渗流的机械力将细土粒冲走而形成洞穴;化学潜蚀是指水流溶解了土中的易溶盐和胶结物使土变松散,细土粒被水冲走而形成洞穴,这两种作用往往是同时存在的。

土是否发生管涌,首先取决于土的性质。管涌多发生在砂性土中,其特征是颗粒大小差别较大,往往缺少某种粒径,孔隙直径大且相互连通。无黏性土产生管涌必须具备两个条件:

①几何条件:土中粗颗粒所构成的孔隙直径必须大于细颗粒的直径,这是必要条件,一般不均匀系数 C_u>10 的土才会发生管涌。

②水力条件:渗流力能够带动细颗粒在孔隙间滚动或移动是发生管涌的水力条件,可用管涌的水力梯度来表示。

但管涌临界水力梯度的计算至今尚未成熟。对于重大工程,应尽量由试验确定。

流沙和管涌在工程中可简单区别,流沙现象一般发生在土体表面渗流逸出处,不发生于土体内部,而管涌现象可以发生在渗流逸出处,也可能发生于土体内部。

(三)渗透破坏(变形)的防治措施

防治流土的关键在于控制逸出处的水力坡降,为了保证实际的逸出坡降不超过允许坡降,工程上可采取如下措施:

①上游做垂直防渗帷幕,如混凝土防渗墙,打钢板桩或灌浆帷幕等。根据实际需要,帷幕可完全切断地基的透水层,彻底解决地基土的渗透变形问题,也可不完全切断透水层,做成悬挂式,起延长渗流途径、降低下游逸出坡降的作用。

②上游做水平防渗铺盖,以延长渗流途径、降低下游逸出坡降。

③水利工程中,下游挖减压沟或打减压井,贯穿渗透性小的黏性土层,以降低作用在黏性土层底面的渗透压力。

④下游加透水盖重层,以防止土粒被渗透力所悬浮。

⑤土层加固处理,如冻结法。

这几种工程措施往往是联合使用的,具体的设计方法可参阅有关书籍。

防止管涌一般可从两方面采取措施:一方面改变水力条件,降低土层内部和渗流逸出处的渗透坡降,如上游做防渗铺盖或打板桩等;另一方面改变几何条件。在渗流逸出部位铺设层间关系满足要求的反滤层,是防止管涌破坏的有效措施。反滤层一般是 1~3 层级配较为均匀的砂子和砾石层,用以保护基土不让细颗粒带出,同时应具有较大的透水性,使渗流可以畅通。

第三节 注水试验

注水试验是用人工抬高水头，向试坑或钻孔内注水，来测定松散岩土体渗透性的一种原位试验方法。通过注水试验所得的渗透系数，用于预测基坑排水量、评价储水工程地基或边坡渗漏的可能性，亦是选择地基处理方案的主要参数。

注水试验主要适用于不能进行抽水试验和压水试验，取原状土试样进行室内试验又比较困难的松散岩土体。注水试验可分为试坑注水试验和钻孔注水试验两种。试坑注水试验主要适用于地下水位以上，且地下水位埋藏深度大于 5 m 的各类土层。钻孔注水试验则适用于各类土层和结构较松散、软弱的岩层，且不受水位和埋藏深度的影响。

一、试坑注水试验

试坑注水试验是向试坑底部一定面积内注水，并保持一定水头，以测定土层渗透性的原位试验。试验方法分为单环和双环法两种，对于毛细力作用不大的砂层、砂卵砾石层等，可采用单环注水法。对于毛细力作用较大的黏性土，宜采用双环注水法。

(一)单环注水法

(1)试验设备

单环注水设备，见表 5.3.1。

单环注水设备一览表

表 5.3.1

名称	规格	用途
铁环	高 20 cm，直径 25～50 cm	限定试验面积和试验水头
水箱	容积 1 m^3	储存试验用水
量桶	断面上下均一，面积不大于 5 000 cm^2，且有刻度清晰的水尺或玻璃管	观测注入水量
计时钟表	秒表	计量试验时间
供水管路及阀门		向试坑供水用

(2)试验步骤

①试坑开挖：在拟定的试坑位置，挖一个圆形或方形试坑至预定深度，在试坑底部一侧再挖一个注水试坑，深 15～20 cm，坑底应修平，并确保试验土层的结构不被扰动。

②铁环安装：在试坑内放入铁环，使其与试坑紧密接触，外部用黏土填实，确保四周不漏水，在环底铺 2～3 cm 厚的粒径 5～10 mm 的细砾作为缓冲层。

③流量观测及结束标准：将量桶放在试坑边，向铁环注水，使环内水头高度保持在10 cm，观测记录时间和注入水量。开始 5 次观测时间间隔为 5 min，以后每隔 30 min 测记一次，并绘制 Q-t 曲线(图 5.3.1)。当观测的注入流量与最后两小时的平均流量之差不大于 10%时，试验即可结束。在试验过程中，试验水头波动幅度不得大于0.5 cm，流量观测精度应达到 0.1 L。

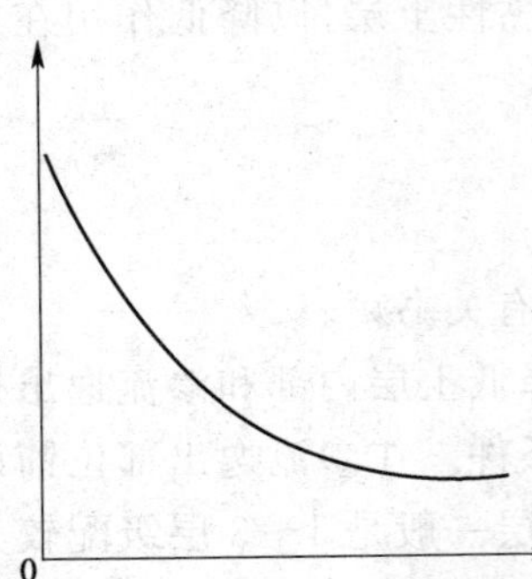

图 5.3.1 Q-t 曲线图

(3)资料整理

假定水的运动是层流，且水力比降等于 1，按式(5.3.1)计算土层的渗透系数：

$$k=\frac{Q}{F} \tag{5.3.1}$$

式中，k 为试验土层的渗透系数(cm/min)；Q 为注入流量(cm^3/min)；F 为铁环的面积(cm^2)。

(二)双环注水法

(1)试验设备(表 5.3.2)。

双环注水试验设备一览表 表 5.3.2

名 称	规 格	用 途
铁环	高 20 cm，直径分别为 25 cm 和 50 cm	限定试验面积和试验水头
水箱	容积 1 m^3	储存试验用水
流量瓶	容积 5L	量测注入水量
瓶架		固定流量瓶用
玻璃管	直径 1～2 cm	供水和通气用
计时钟表	秒表	计量注水时间

(2)试验步骤

①试坑开挖：同单环注水法。

②铁环安装：在拟定试验位置，将直径分别为 25 cm 和 50 cm 的两个铁环同心圆状压入坑底，深 5～8 cm，并确保试验土层的结构不被扰动。在内环及内、外环之间铺上厚2～3 cm 的粒径为 5～20 mm 的细砾作为缓冲层。

③装流量瓶：安装瓶架，将流量瓶装满清水，用带两个孔的胶塞塞住，孔中分别插入长短不等的两根玻璃管(管端切成斜口)，短的供水用，长的进气用，安装如图 5.3.2 所示。

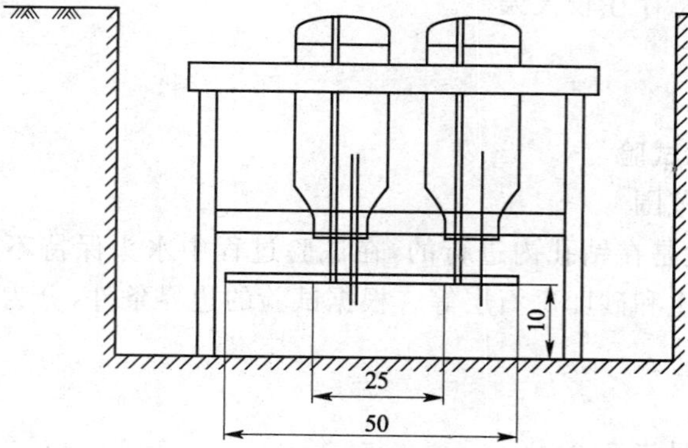

图 5.3.2 双环注水法安装示意图(尺寸单位：cm)

④流量观测及结束标准：用两个流量瓶同时向内环和内、外环之间注水，水深为10 cm。在整个试验过程中必须使内环和内、外环之间的水头保持一致。流量瓶通气孔的玻璃管口距坑底 10 cm，以保持试验水头不变，注入水量由瓶上刻度读出。观测内环的注入水量，开始 5 次观测时间为 5 min，以后为 30 min，并绘制 Q-t 曲线(图 5.3.3)。当测读的流量与最后 2 h 内的平均流量之差不大于 10 %时，即可结束试验。

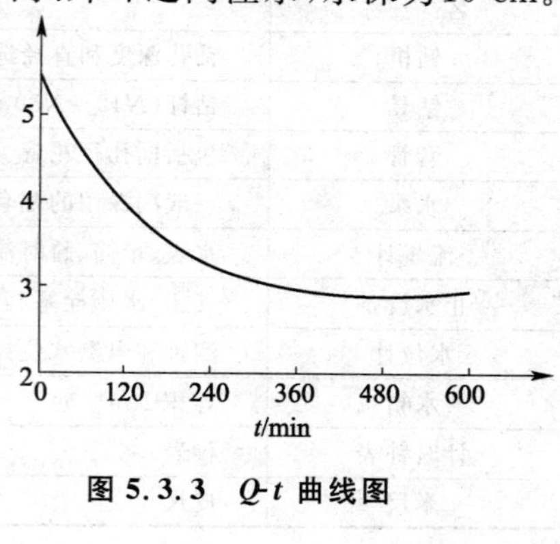

图 5.3.3 Q-t 曲线图

(3)资料整理

考虑黏性土、粉土的毛细力的影响，采用式

(5.3.2)计算渗透系数

$$K=\frac{Qz}{F(H+z+H_a)} \tag{5.3.2}$$

式中，K 为试验土层的渗透系数(cm/min)；Q 为内环的注入流量(cm^3/min)；F 为内环的底面积(cm^2)；H 为试验水头(cm)；z 为从试坑底算起的渗入深度(cm)；H_a 为试验土层的毛细压力值(cm)(换算成水柱压力，取毛细上升高度的50%计算，不同土层的取值参见表5.3.3)。

不同土层的毛细上升高度 表5.3.3

土层名称	毛细上升高度/cm	土层名称	毛细上升高度/cm
黏土	200	细砂	40
粉质黏土	160	中砂	20
粉土	80～120	粗砂	10
粉砂	60		

土层渗入深度的确定方法是，试验前在距试坑3～5 m处打一个比坑底深3～4 m的钻孔，并每隔20 cm取样测定其含水率。试验结束后，立即排出环内积水，在试坑中心打一个同样深度的钻孔，每隔20 cm取样测定其含水率，与试验前资料对比，以确定注水试验的渗入深度。

(三)试坑注水试验注意事项

单环注水法，渗流为三维流，它测得是土层的综合渗透系数。双环注水法由于在内环和内、外环之间同时注水，求得的渗透系数基本上反映土层的垂直渗透性。无论是单环注水法，还是双环注水法，都要求试验土层是均质，各向同性的；如果试验土层是互层状，或者中间存在夹层，则试验成果将存在较大误差。

二、钻孔注水试验

(一)钻孔常水头注水试验

(1)试验原理和适用范围

钻孔常水头注水试验是在钻孔内进行的，在试验过程中水头保持不变。它一般适用于渗透性比较大的粉土、砂土和砂卵砾石层等。根据试验的边界条件，分为孔底进水和孔壁与孔底同时进水两种。

(2)试验设备

钻孔注水试验设备，见表5.3.4。

钻孔注水试验设备一览表 表5.3.4

名称	规格	用途
钻机	钻孔深度和直径选用	造孔用
钻具	钻杆(N42～N50 mm)，钻具(N108～N46 mm)	造孔用
套管	包括同孔径花管	护壁用
水泵	一般勘探用的配套水泵即可	供水用
流量计	水表、量筒、瞬时流量计等	测量注入水量
止水设备	气压、水压栓塞、套管塞(黏土与套管结合)	试段隔离
水位计	测钟和电测水位计	测地下水位和注水水头
水箱	容积1 m^3	储存试验用水
计时钟表	秒表	计时用
米尺	皮尺	丈量用

(3)试验步骤

①造孔与试段隔离:用钻机造孔,预定深度下套管,如遇地下水位时,应采取清水钻进,孔底沉淀物不得大于 5 cm,同时要防止试验土层被扰动。钻至预定深度后,采用栓塞和套管进行试段隔离,确保套管下部与孔壁之间不漏水,以保证试验的准确性。对孔底进水的试段,用套管塞进行隔离,对孔壁和孔底同时进水的试段,除采用栓塞隔离试段外,还要根据试验土层种类,决定是否下入护壁花管,以防孔壁坍塌。

②流量观测及结束标准:试段隔离以后,用带流量计的注水管或量筒向试管内注入清水,试管中水位高出地下水位一定高度(或至孔口)并保持固定,测定试验水头值。保持试验水头不变,观测注入流量。开始先按 1 min 间隔测 5 次,5 min 间隔测 5 次,以后每隔 30 min 观测一次,并绘制 Q-t 曲线(图 5.3.1),直到最终的流量与最后两小时的平均流量之差不大于 10%时,即可结束试验。

(4)资料整理

假定试验土层是均质的,渗流为层流,根据常水头条件,由达西定律得出试验土层的渗透系数计算公式

$$K=\frac{Q}{AH} \tag{5.3.3}$$

式中,K 为试验土层的渗透系数(cm/min);Q 为注入流量(cm^3/min);H 为试验水头(cm);A 为形状系数,由钻孔和水流边界条件确定,按表 5.3.5 选用。

钻孔注水试验的形状系数值 表 5.3.5

试验条件	简图	形状系数值	备注
试段位于地下水位以下,钻孔套管下至孔底,孔底进水	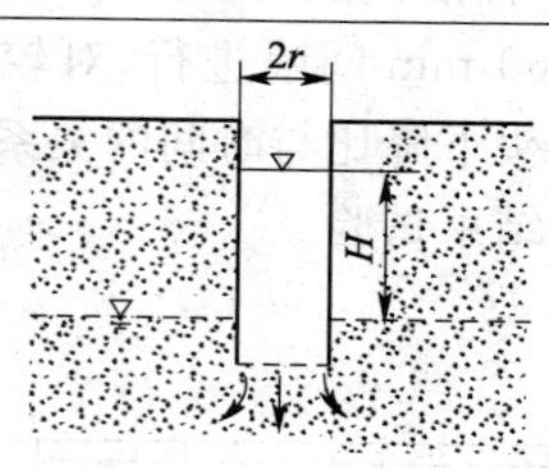	$A=5.5r$	
试段位于地下水位以下,钻孔套管下至孔底,孔底进水,试验土层顶板为不透水层	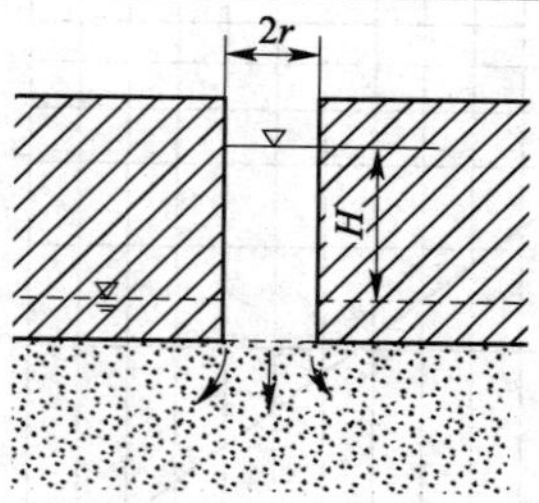	$A=4r$	
试段位于地下水位以下,孔内不下套管或部分下套管,试验段裸露或下花管,孔壁和孔底进水	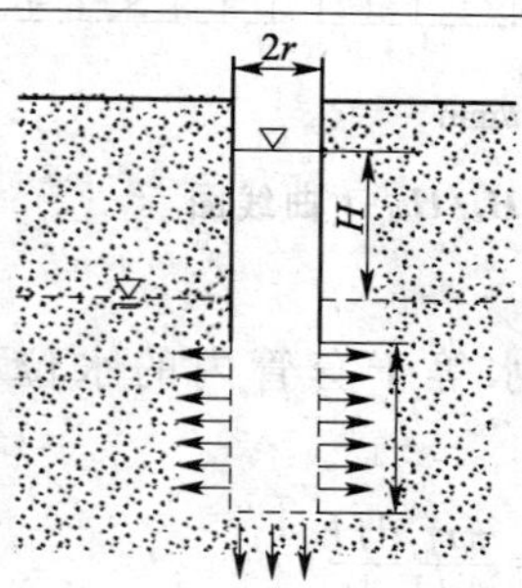	$A=\frac{2\pi l}{\ln\frac{ml}{r}}$	$\frac{ml}{r}>10$ $m=\sqrt{k_h/k_v}$ 式中,k_h、k_v 分别为试验土层的水平、垂直渗透系数;无资料时,m 值可根据土层情况估计

续上表

试验条件	简图	形状系数值	备注
试段位于地下水位以下，孔内不下套管或部分下套管，试验段裸露或下花管，孔壁和孔底进水，试验土层顶部为不透水层	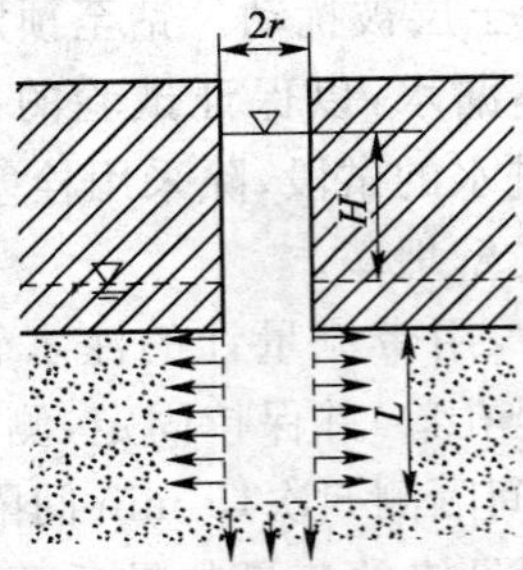	$A=\dfrac{2\pi l}{\ln\dfrac{ml}{r}}$	$\dfrac{ml}{r}>10$ $m=\sqrt{k_h/k_v}$ 式中，k_h、k_v 分别为试验土层的水平、垂直渗透系数；无资料时，m 值可根据土层情况估计

(二)饱和带钻孔降水头注水试验

(1)试验原理和适用范围

钻孔降水头与钻孔常水头试验的主要区别是：在试验过程中，试验水头逐渐下降，最后趋于零。根据套管内的试验水头下降速度与时间的关系，计算试验土层的渗透系数。它主要适用于渗透系数比较小的黏性土层，试验设备与钻孔常水头方法相同。

(2)试验步骤

①造孔与试段隔离：与钻孔常水头相同。

②流量观测及结束标准：试段隔离后，向套管内注入清水，使管中水位高出地下水位一定高度(或至套管顶部)后，停止供水，开始记录管内水位高度随时间的变化。量测管中水位下降速度，开始时间间隔为 1 min 观测 5 次，然后间隔为 5 min 观测 5 次，10 min间隔观测 3 次，最后根据水头下降速度，一般可按 30～60 min 间隔进行，对较强透水层，观测时间可适当缩短。在现场，采用半对数坐标纸绘制水头下降比与时间的关系曲线(图 5.3.4)。当水头比与时间关系呈直线时说明试验正确，即可结束试验。

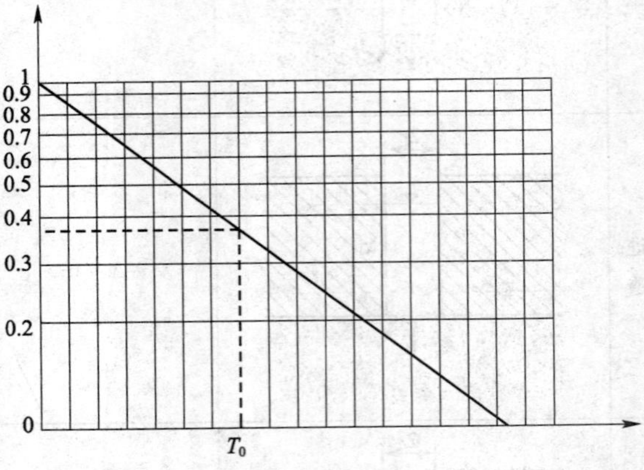

图 5.3.4 H_t/H_{t0}-t 曲线图

(3)资料整理

假定渗流符合达西定律，渗入土层的水等于套管内的水位下降后减少的水体积，由式(5.3.3)得

$$K=\frac{\pi r^2}{AH}\frac{dH}{dt} \tag{5.3.4}$$

根据注水试验的边界条件和套管中水位下降速度与延续时间的关系，由图 5.3.4 得出

降水头注水试验的渗透系数计算公式

$$K=\frac{\pi r^2}{A}\frac{\ln\frac{H_1}{H_2}}{t_2-t_1}\tag{5.3.5}$$

式中，H_1 为在时间 t_1 时的试验水头(cm)；H_2 为在时间 t_2 时的试验水头(cm)。

如在任意时间 t 时，套管水位和压力零线之间的差值为 H_t，则当 $t=0$ 时，$H_t=H_{t0}$；当 $t=T_0$ 时，$H_t=0$，由图 5.3.4 得

$$K=\frac{\pi r^2}{AT_0}\tag{5.3.6}$$

式中，T_0 为注水试验的滞后时间(min)。

式(5.3.5)和式(5.3.6)在 $\ln(H_1/H_2)=\ln(H_{t0}/H_t)=1$ 或 $H_t/H_{t0}=0.37$，$T=T_0=t_2-t_1$ 时的特定条件下完全相同。因此在降水头试验中，可以用与相对应的时间，近似的代替注水试验的滞后时间，代入式(5.3.6)计算渗透系数，这样可以大大缩短试验时间。滞后时间的图解如图 5.3.4 所示。降水头注水试验的形状系数和常水头注水试验相同(表 5.3.5)。

美国采用双栓塞隔离出中间的试段，进行降水头注水试验，试验安装如图 5.3.5 所示。流量观测方法和前述基本相同。采用下述公式计算土层的渗透系数

$$K=\frac{r^2\Delta H}{2LH\Delta t}\tag{5.3.7}$$

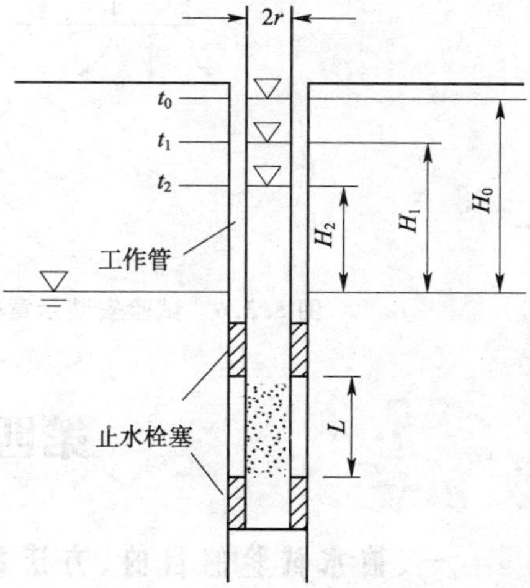

图 5.3.5 试验安装示意(一)

式中，K 为试段的渗透系数(cm/min)；r 为工作管内半径(cm)；L 为试段长度(cm)；Δt 为逐次水位测量之间的时间间隔(即 t_1-t_0，t_2-t_1 等)(min)；ΔH 为在 Δt 时间内的水头下降值(cm)；H 为在 Δt 时间后的试验水头值(cm)。

(三)包气带内钻孔降水头注水试验

当试段位于地下水位以上，在包气带内进行钻孔降水头注水试验时，其试验设备和试验方法与饱和带内钻孔降水头注水试验相同，但资料整理有所不同。

中国有色金属工业总公司、冶金部标准《注入试验规程》(YS 5214—2000)，考虑了包气带的饱和度和孔隙度，试验安装如图 5.3.6 所示。采用下述公式计算渗透系数

$$K=\frac{r\ln\frac{H_1}{H_2}}{4t_2\left[\frac{3(H_1-H_2)}{4S_r nr}+1\right]^{\frac{1}{3}}-t_1}\tag{5.3.8}$$

式中，K 为试验土层的平均有效渗透系数(cm/min)；r 为注水管内半径(cm)；t 为观测时间(min)；H_1 为当 $t=t_1$ 时的管内水柱高度(从孔底算起)(cm)；H_2 为当 $t=t_2$ 时的管内水柱高度(从孔底算起)(cm)；S_r 为试验土层的最终饱和度；n 为试验土层的孔隙度。

美国采用双栓塞隔离试段，如图 5.3.7 所示。试段的渗透系数采用修正的 Jarvis 公式计算

$$K=\frac{r_1^2}{2l\Delta t}\left[\frac{\operatorname{arsh}\frac{1}{r_e}}{2}\ln\left(\frac{2H_1-l}{2H_2-l}\right)-\ln\left(\frac{2H_1H_2-lH_2}{2H_1H_2-lH_1}\right)\right]\tag{5.3.9}$$

式中，K 为时段的平均渗透系数（cm/min）；l 为试段的长度（cm）；r_1 为工作管内半径（cm）；r_e 为试段的有效半径（cm）；Δt 为时间间隔（t_1-t_0，t_2-t_1）（min）；H 为试段底部到工作管中水面的水柱高度（在测量时间 t_0、t_1、t_2 时分别为 H_0、H_1、H_2）（cm）。

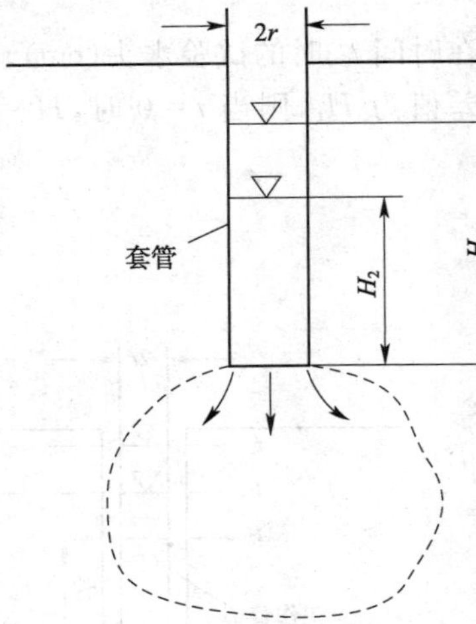

图 5.3.6　试验安装示意（二）

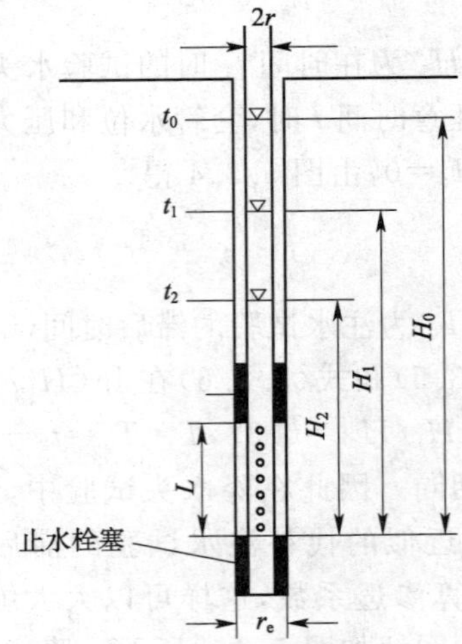

图 5.3.7　试验安装示意（三）

第四节　抽 水 试 验

一、抽水试验的目的、方法和要求

（一）抽水试验的目的

岩土工程勘察中抽水试验的目的，通常为查明建筑场地的地层渗透性和富水性，测定有关水文地质参数，为建筑设计提供水文地质资料。往往用单孔（或有一个观测孔）的稳定流抽水试验。

因为现场条件限制，也常在探井、钻孔或民井中，用水桶或抽筒进行简易抽水试验。

抽水试验方法，可按表 5.4.1 选用。

抽水试验方法和应用范围　　表 5.4.1

试 验 方 法	应 用 范 围
钻孔或探井简易抽水	粗略估算弱透水层的渗透系数
不带观测孔抽水	初步测定含水层的渗透性参数
带观测孔抽水	较准确测定含水层的各种参数

（二）抽水试验的方法和要求

（1）抽水孔：钻孔适宜半径 $r \geqslant 0.01M$（M 为含水层厚度）。或者利用适宜半径的工程地质钻孔。

抽水孔深度的确定与试验目的有关。若以试验段长度与含水层厚度两者关系而言，有完整孔与非完整孔两种情况。

（2）观测孔：观测孔的布置，决定于地下水的流向、坡度和含水层的均一性。一般布置在与地下水流向垂直的方向上，与抽水孔的距离以 1～2 倍含水层厚度为宜。孔深一般要求进入抽水孔试验段厚度之半。

(3)技术要求：

①水位下降(降深)：正式抽水试验一般进行三个降深，每次降深的差值宜大于 **1 m**。

②稳定延续时间和稳定标准：岩土工程勘察中稳定延续时间一般为 **8～24 h**。稳定延续时间是指某一降深下，相应的流量和动水位趋于稳定后的延续时间。

稳定标准：在稳定时间段内，涌水量波动值不超过正常流量的 **5%**，主孔水位波动值不超过水位降低值的 **1%**，观测孔水位波动值不超过 **2～3 cm**。若抽水孔、观测孔动水位与区域水位变化幅度趋于一致，则为稳定。

③静止水位观测：试验前对自然水位要进行观测。一般地区每小时测定一次，三次所测水位值相同，或 **4 h** 内水位差不超过 **2 cm** 者，即为静止水位。

④水温和气温的观测：一般每 **2～4 h** 同时观测水温和气温一次。

⑤恢复水位观测：一般地区在抽水试验结束后或中途因故停抽时，均应进行恢复水位观测；通常以(**1、3、5、10、15、30**) **min**…按顺序观测，直至完全恢复为止。观测精度要求同静止水位的观测。水位渐趋恢复后，观测时间间隔可适当延长。

⑥动水位和涌水量的观测：动水位和涌水量同时观测，主孔和观测孔同时观测。开泵后每 **5～10 min** 观测一次，然后视稳定趋势改为 **15 min** 或 **30 min** 观测一次。

(三)注意事项

(**1**)为测定水文地质参数(渗透系数、给水度等)的抽水试验，应在单一含水层中进行，并应采取措施，避免其他含水层的干扰。试验地点和层位应有代表性，地质条件应与计算分析方法一致。

(**2**)单孔抽水试验时，宜在主孔过滤器外设置水位观测管；不设置观测管时，应估计过滤器阻力的影响。

(**3**)承压水完整井抽水试验时，主孔降深不宜超过含水层顶板；超过顶板时，计算渗透系数应采用相应的公式。

(**4**)潜水完整井抽水试验时，主孔降深不宜过大，不得超过含水层厚度的 **1/3**。

(**5**)降落漏斗水平投影应近似圆形，对椭圆形漏斗宜同时在长轴方向和短轴方向上布置观测孔；对傍河抽水试验和有不透水边界的抽水实验，应选择适宜的公式计算。

(**6**)正规抽水试验宜三次降深，最大降深宜接近设计动水位。

(**7**)非完整井的抽水试验应采用相应的计算公式。

二、抽水试验资料整理

(一)现场整理

抽水试验进行过程中，需要在现场整理，编制有关曲线图表，指导并检查试验情况，为室内整理做好基础工作。其具体内容，见图 5.4.1～图 5.4.3。

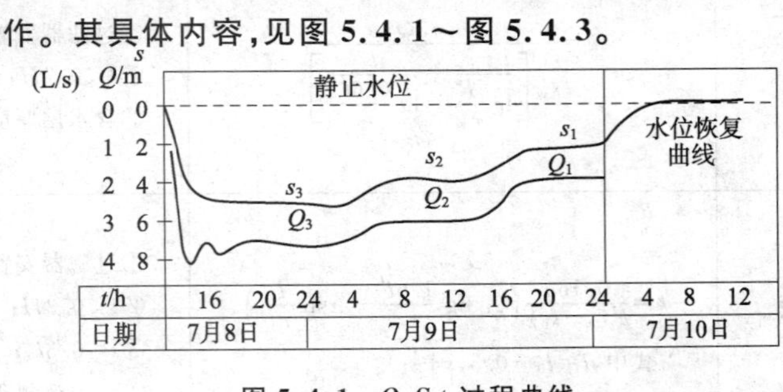

图 5.4.1 Q、S-t 过程曲线

注：有观测孔时，应绘制主孔与观测孔水位下降历时曲线。

图 5.4.2 和图 5.4.3 中，曲线Ⅰ代表含水层的渗透性、补给条件好，出水量大的抽水试验曲线；曲线Ⅱ代表含水层的渗透性、补给条件较好，出水量较大的抽水试验曲线；曲线Ⅲ代表含水层分布范围较小，含水层渗透性和地下水补给条件差的抽水试验曲线。

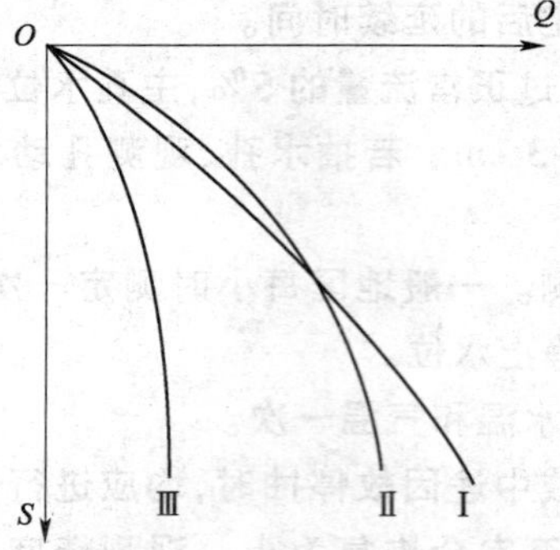

图 5.4.2　$Q=f(s)$ 曲线

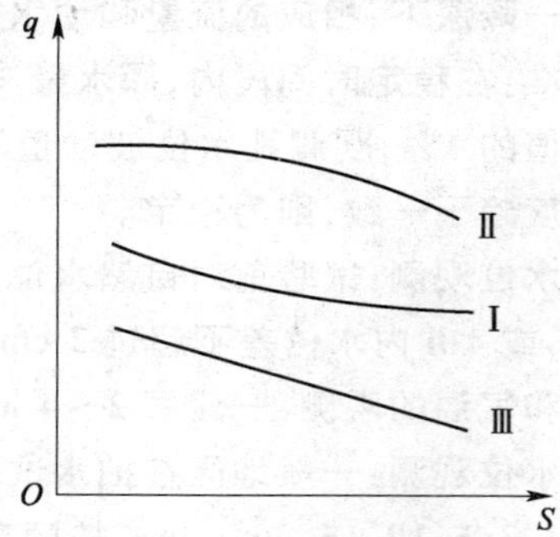

图 5.4.3　$q=f(s)$ 曲线

(二)室内整理

(1)绘制水文地质缩合图表，内容包括：

①试验地段平面图；

②水位，流量与时间过程曲线图；

③$Q=f(s)$，$q=f(s)$ 曲线图；

④水位恢复曲线(过程)图；

⑤主孔、观测孔结构图(包括工艺、技术措施说明)。

(2)计算岩土工程勘察所要求的水文地质参数。在选用计算公式时，应充分考虑适用条件。具体内容见本节水文地质参数计算的内容。

(3)编写抽水试验报告，其内容有：

①试验的目的、方法和要求；

②试验的成果和结论。

三、水文地质参数计算

1)渗透系数 k

渗透系数的计算公式，见表 5.4.2～表 5.4.4。

潜水非完整井(非淹没过滤器井壁进水)　　表 5.4.2

图　形	计 算 公 式	适 用 条 件
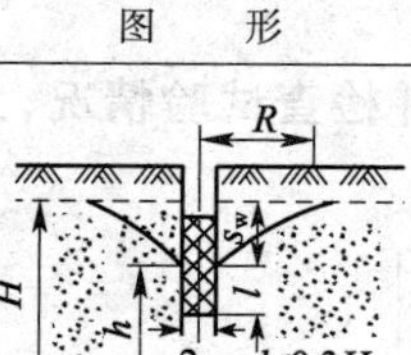	$k=\dfrac{0.73Q}{s_w\left[\dfrac{l+s_w}{\lg\dfrac{R}{r_w}}+\dfrac{l}{\lg\dfrac{0.66l}{r_w}}\right]}$	①过滤器安置在含水层上部； ②$l<0.3H$； ③含水层厚度很大
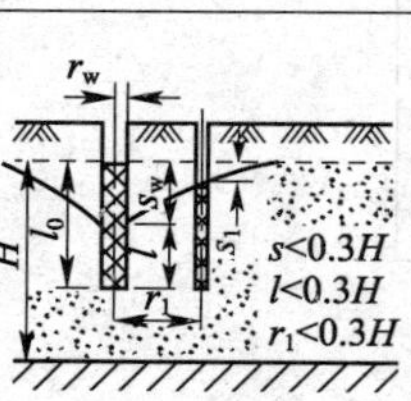	$k=\dfrac{0.16q}{l'(s-s_1)}\left(2.3\lg\dfrac{1.6l'}{r_w}-\text{arsh}\dfrac{l'}{r_1}\right)$ 式中，$l=l_0-0.5(s+s_1)$	①过滤器安置在含水层上部； ②$l<0.3H$； ③$s<0.3l_0$； ④一个观测孔 $r_1<0.3H$

续上表

图　　形	计算公式	适用条件
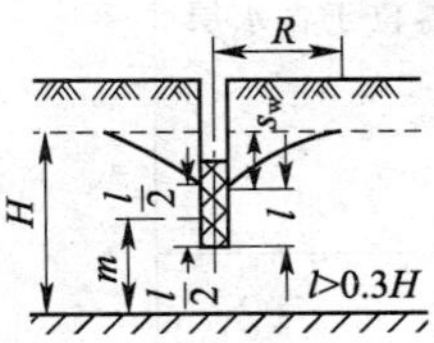	$k=\dfrac{0.73Q}{s_w\left[\dfrac{l+s_w}{\lg\dfrac{R}{r_w}}+\dfrac{2m}{\dfrac{1}{2\alpha}\left(2\lg\dfrac{4m}{r_w}-A\right)-\lg\dfrac{4m}{R}}\right]}$ 式中，m 为抽水时过滤器（进水部分）长度的中点至含水层底的距离；A 为取决于 $\alpha=\dfrac{l}{m}$	①过滤器安置在含水层上部； ②$l>0.3H$； ③单孔
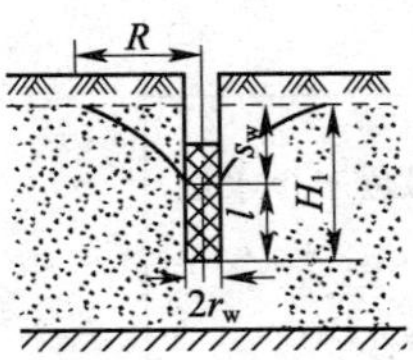	$k=\dfrac{0.366Q(\lg R-\lg r_w)}{H_1 s_w}$ 式中，H_1 为至过滤器底部的含水层深度	单孔
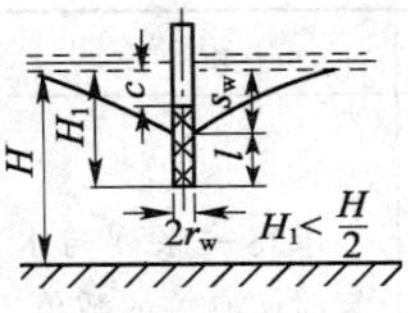	$k=\dfrac{0.366Q}{ls_w}\lg\dfrac{0.66l}{r_w}$	①河床下抽水； ②过滤器安置在含水层上部或中部； ③$c>\dfrac{l}{\ln\dfrac{l}{r_w}}$（一般 $c<2\sim3$ m）； ④$H_1<0.5H$

系数 A-α 曲线如图 5.4.4 所示。

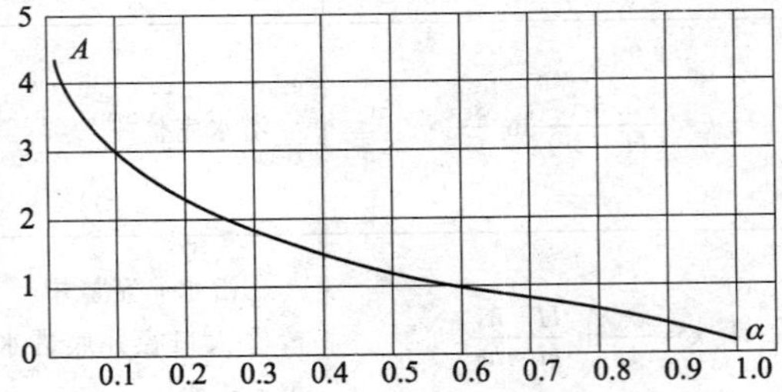

图 5.4.4　系数 A-α 曲线图

潜水非完整井（淹没过滤器井壁进水）　　表 5.4.3

图　　形	计算公式	适用条件	说明
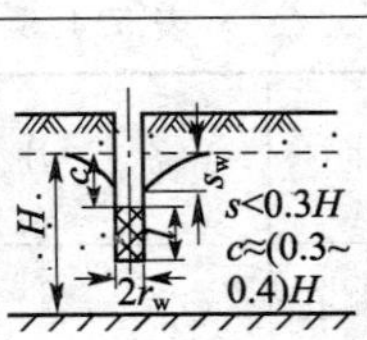	$k=\dfrac{0.336Q}{ls_w}\lg\dfrac{0.66l}{r_w}$	①过滤器安置在含水层中部； ②$l<0.3H$； ③$c\cong(0.3\sim0.4)H$； ④单孔	
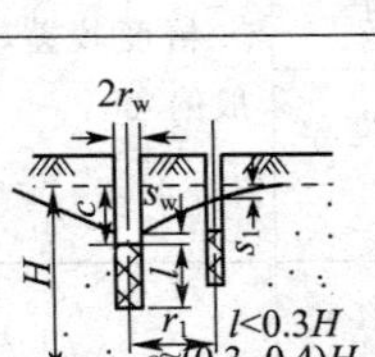	$k=\dfrac{0.16Q}{l(s_w-s_1)}\left(2.3\lg\dfrac{0.66l}{r_w}-\mathrm{arsh}\dfrac{l}{2r_1}\right)$	①②③条件同上； ④有一个观测孔	

续上表

图 形	计 算 公 式	适 用 条 件	说明
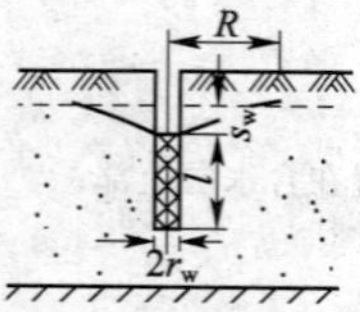	$k=\dfrac{0.336Q(\lg R-\lg r_w)}{(s_w+l)s}$	①过滤器位于含水层中部；②单孔	
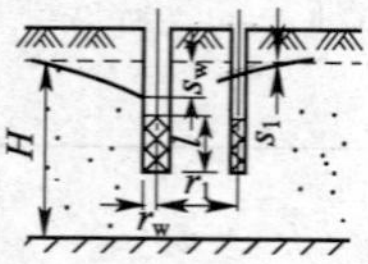	$k=\dfrac{0.336Q(\lg r_1-\lg r_w)}{(s_w-s_1)(s-s_1+l)}$	①条件同上；②一个观测孔	
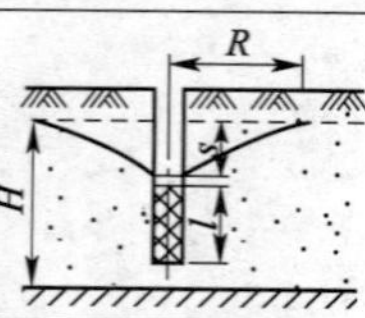	$k=\dfrac{0.73Q(\lg R-\lg r_w)}{s_w(H+l)}$	①过滤器位于含水层下部；②单孔	

根据水位恢复速度计算渗透系数 表 5.4.4

图 形	计 算 公 式	适 用 条 件	说 明
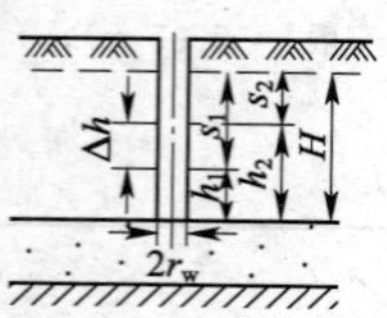	$k=\dfrac{1.57r_w(h_2-h_1)}{t(s_1+s_2)}$	①承压水层；②大口径平底井(或试坑)	求得一系列与水位恢复时间有关的数值 k 后，则可作 $k=f(t)$ 曲线。根据此曲线，可确定近于常数的渗透系数值，如下图 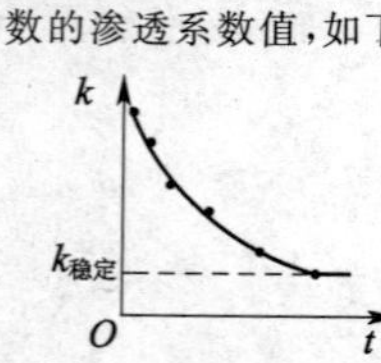 左列公式均作近似计算用
	$k=\dfrac{r_w(h_2-h_1)}{t(s_1+s_2)}$	①条件同上；②大口径半球状井底(试坑)	
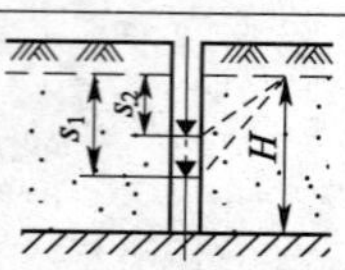	$k=\dfrac{3.5r_w^2}{(H+2r)t}\ln\dfrac{s_1}{s_2}$	潜水完整井	
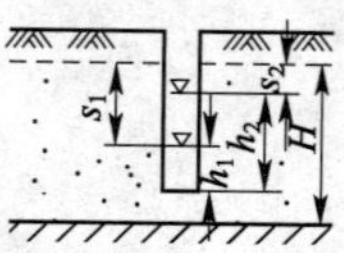	$k=\dfrac{\pi r_w}{4t}\ln\dfrac{H-h_1}{H-h_2}$	①潜水非完整井；②大口径井底进水井壁不进水	

2)影响半径 R

根据计算公式确定影响半径，目前大多数只能给出近似值。其常用公式见表 5.4.5。

影响半径(R)计算公式 表 5.4.5

计算公式：潜水	计算公式：承压水	适 用 条 件	备 注
$\lg R=\dfrac{s_w(2H-s_w)\lg r_1-s(2H-s_1)\lg r_w}{(s_w-s_1)(2H-s_w-s_1)}$	$\lg R=\dfrac{s_w\lg r_1-s_1\lg r_w}{s_w-s_1}$	有一个观测孔完整井抽水时	精度较差，一般偏大
$\lg R=\dfrac{1.336k(2H-s_w)s_w}{Q}+\lg r_w$	$\lg R=\dfrac{2.73kms_w}{Q}+\lg r_w$	无观测孔完整井抽水时	
$R=2d$		近地表水体单孔抽水时	

续上表

计算公式		适用条件	备注
潜水	承压水		
$R=2s\sqrt{Hk}$		计算松散含水层井群或基坑矿山巷道抽水初期的R值	对直径很大的井群和单井算出的R值过大;计算矿坑基坑R值偏小
	$R=10s\sqrt{k}$	计算承压水抽水初期的R值	得出的R值为概略值
$R=\sqrt{\frac{k}{W}(H^2-h_0^2)}$		计算泄水沟和排水渠的影响宽度	要考虑大气降水补给潜水最强时期的W值为依据
$R=1.73\sqrt{\frac{kHt}{\mu}}$		含水层没有补给时,确定排水渠的影响宽度	得出近似的影响宽度值
$R=H\sqrt{\frac{k}{2W}\left[1-\exp\left(-\frac{6W_t}{\mu H}\right)\right]}$		含水层有大气降水补供时;确定排水渠的影响宽度	
	$R=a\sqrt{at}$ $a=1.1-1.7$	确定承压含水层中狭长坑道的影响宽度	a为系数,取决于抽水状态

四、水文地质参数经验值

1)渗透系数k经验值

渗透系数k经验值,见表5.4.6和表5.4.7。

黄淮海平原地区渗透系数经验数值　　表5.4.6

岩　性	渗透系数/(m/d)	岩　性	渗透系数/(m/d)
砂卵石	80	粉细砂	5～8
砂砾石	45～50	粉砂	2～3
粗砂	20～30	砂质粉土	0.2
中粗砂	22	砂质粉土－粉质黏土	0.1
中砂	20	粉质黏土	0.02
中细砂	17	黏土	0.001
细砂	6～8		

注:此表系根据冀、豫、鲁、苏北、淮北、北京等省市平原地区部分野外试验资料综合。

砾石渗透系数　　表5.4.7

平均粒径d_{50}(mm,按重量)	35	21	14	10	5.8	3	2.9
不等粒系数$\eta=\frac{d_{60}}{p_{10}}$	2.7	2.0	2.0	6.3	5.9	2.5	2.7
渗透系数(cm/s,$t°=10$ ℃)	20.0	20.0	10.0	5.0	3.3	3.3	0.8

注:根据原五机部勘测公司野外试验资料。

2)给水度μ经验值

给水度μ经验值,如表5.4.8所示。

给水度经验值 表5.4.8

岩性	给水度	岩性	给水度
粉砂与黏土	0.1~0.15	粗砂及砾石砂	0.25~0.35
细砂与泥质砂	0.15~0.20	黏土胶结的砂岩	0.02~0.03
中砂	0.20~0.25	裂隙矿岩	0.008~0.1

3)影响半径R经验值

影响半径R经验值,如表5.4.9和表5.4.10所示。

影响半径经验值 表5.4.9

岩性	主要颗粒粒径/mm	影响半径/m	岩性	主要颗粒粒径/mm	影响半径/m
粉砂	0.05~0.1	25~50	极粗砂	1.0~2.0	400~500
细砂	0.1~0.25	50~100	小砾	2.0~3.0	500~600
中砂	0.25~0.5	100~200	中砾	3.0~5.0	600~1 500
粗砂	0.5~1.0	300~400	大砾	5.0~10.0	1 500~3 000

注:《水利水电工程地质手册》认为,粗砂,粒径0.5~2.0 mm时,R为100~150 m。

根据单位出水量,单位水位下降确定影响半径R经验值 表5.4.10

单位出水量/[L/(s·m)]	单位水位降低/[m/(L·s)]	影响半径R/m
>2	≤0.5	300~500
2~1	1~0.5	100~300
1~0.5	2~1	60~100
0.5~0.33	3~2	25~50
0.33~0.2	5~3	10~25
<0.2	>5	≤10

五、抽水试验的设备仪器

抽水试验的设备仪器,是根据抽水试验的目的、方法和精度来选择的。同时还要考虑所要研究的地下水流和含水层特征岩土工程勘察中稳定流抽水试验或简易抽水试验。其设备仪器如下:

(1)抽水设备:水桶,抽筒,水泵(离心泵,射流泵,潜水泵,深井泵),空压机(电动式空压机、柴油动力式空压机)。

(2)过滤器:砾石过滤器,缠丝(包网)过滤器,骨架过滤器。从材质上区分有混凝土过滤器,尼龙塑料类过滤器,铸铁过滤器,钢及不锈钢过滤器。

(3)水位计:测钟,电测水位计(浮漂式、灯显式、音响式、仪表式等),浮子式自动水位仪,测量水头用的套管架接水头测量仪,压力表(计)水头测量仪。

(4)流量计:三角堰,梯形堰,矩形堰,量桶,流量箱,缩径管流量计,孔板流量计。

(5)水温计:温度表,带温度表的测钟,热敏电阻测温仪、水温仪。

第五节 压水试验

一、压水试验的目的

岩土工程勘察中的压水试验,主要是为了探查天然岩(土)层的裂隙性和渗透性,获得单位吸水量等参数，为有关土建设计提供基础资料。

二、压水试验的方法和类型

(1)按试验段划分为分段压水试验、综合压水试验和全孔压水试验。

(2)按压力点，又称流量—压力关系点，划分为一点压水试验、三点压水试验和多点压水试验。

(3)按试验压力划分为低压压水试验和高压压水试验。

(4)按加压的动力源划分为水柱压水法、自流式压水法和机械法压水试验。参见示意图5.5.1～图5.5.3。

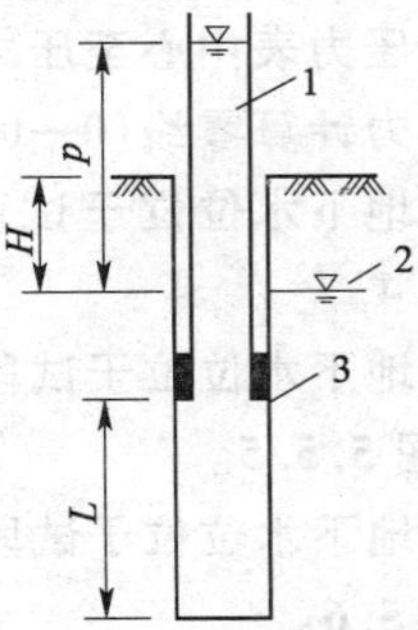

图5.5.1　水柱压水法布置示意图

1-水柱；2-静止水位；3-柱塞；p-压力；H-地下水进深；L-试水段长

三、压水试验的主要参数

(一)稳定流量，即压入耗水量Q

压水耗水量就是在一定的地质条件下和某一个确定压水作用下，压入水量呈稳定状态的流量。

稳定流量的确定：根据《水利水电工程钻孔压水试验规程》(SL 31—2003)规定，控制某一设计压力值呈稳定后，每隔1～2 min测读一次流量。当流量无持续增大趋势，且连续5次读数，其最大值与最小值之差小于最终值的10%，或最大值与最小值之差小于1 L/min，本阶段试验期可结束，取最终值作为压入耗水量Q。

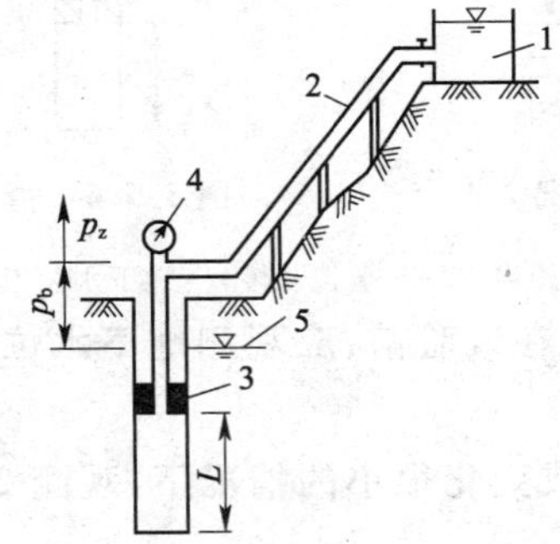

图5.5.2　自流式压水法布置示意图

1-量水箱；2-管路；3-栓塞；4-压力表；5-地下水位；p_z-水柱压水；p_b-压力表指示压力；L-试验段长

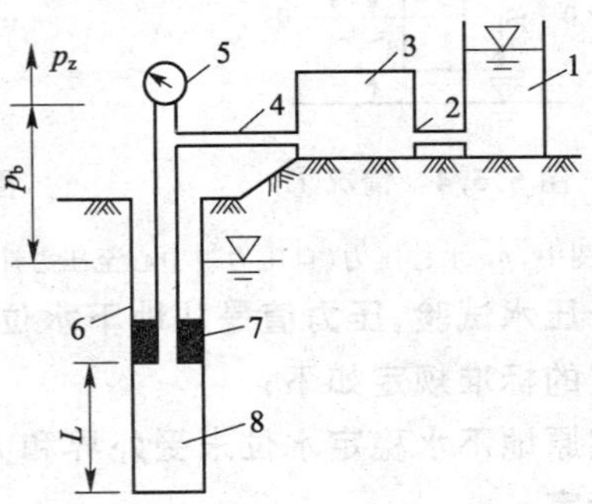

图5.5.3　机械压水法布置示意图

1-量水箱；2、4-管路；3-加压泵；5-压力表；6-试验孔；7-栓塞；8-试验段；p_z-水柱压力；p_b-压力表指示压力；L-试验段长

若进行简易压水试验，其稳定流量标准可低于上述标准。

(二)压力阶段和压力值

(1)压水试验应按三级压力、五个阶段[即$P_1-P_2-P_3-P_4(=P_2)-P_5(=P_1)$，$P_1<P_2<P_3$]。$P_1$、$P_2$、$P_3$三级压力宜分别为0.3 MPa、0.6 MPa和1 MPa。当试段埋深较浅时，宜适当降低试段压力。压水试验的总压力是指用于试段的实际平均压力。其单位习惯上均以水柱高度m计算，即1 m水柱压力=9.8 kPa，近似于1 N/cm²。

①当用安设在与试段连通的测压管上的压力计测压时，试段压力按式(5.5.1)计算

$$p=p_p+p_z \tag{5.5.1}$$

式中，p为试段压力(MPa)；p_p为压力计指示压力(MPa)；p_z为压力计中心至压力计算零线的水柱压力(MPa)。

②当用安设在进水管上的压力计测压时，试段压力按式(5.5.2)计算

$$p=p_{p}+p_{z}-p_{s} \tag{5.5.2}$$

式中，p_s 为管路压力损失(MPa)；其余符号同式(5.5.1)。

(2)压力计算零线(0—0) p_z 值。

自压力表中心至压力计算零线的铅直距离的水柱压力。因此应首先确定压力计算零线。压力计算零线(0—0)按以下三种情况确定：

①地下水位位于试验段以下时，以通过试段1/2处的水平线作为压力计算零线，见图5.5.4。

②地下水位位于试段之内时，以通过地下水位以上试段1/2处的水平线作为压力计算线，见图5.5.5。

③地下水位位于试段之上时，且试段在该含水层中，以地下水位线作为压力计算零线，见图5.5.6。

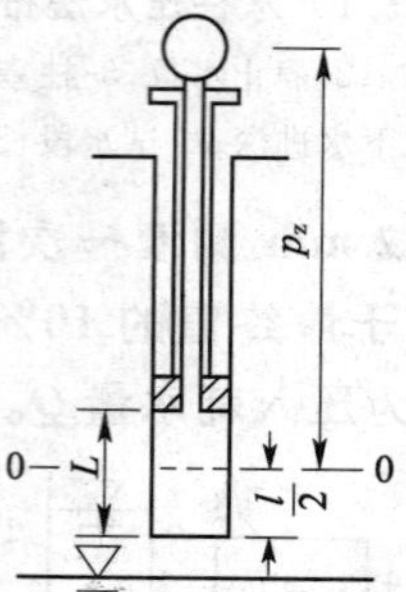

图5.5.4 情况①

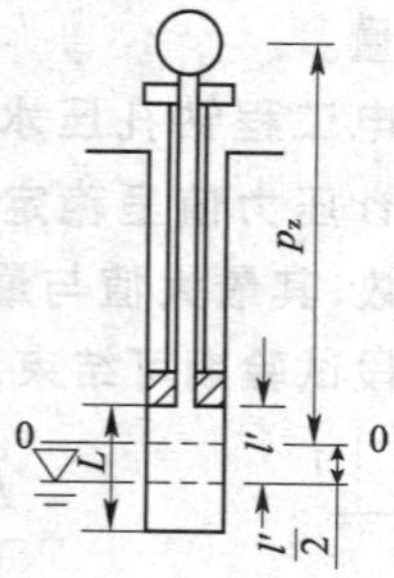

图5.5.5 情况②

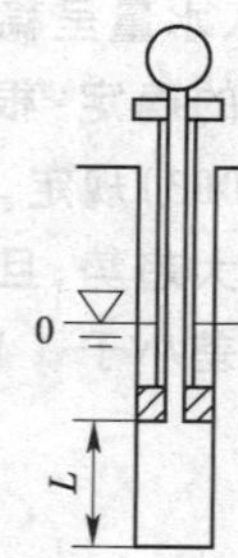

图5.5.6 情况③

注：以上三图中，p_z-水柱压力(自压力表中心至压力计算零线的铅直距离)；L-试验段长度；l'-地下水位以上试验段长度。

对于压水试验，压力值是从地下水位起算的，故在试验前，应观测地下水位。地下水位达到稳定的标准规定如下：

确定原地下水稳定水位未受外界和人为影响，或变化很小的情况下，观测2～3次地水位即可认定。

若地下水位发生了变化，应进行稳定水位观测。观测初期，观测水位的时距可稍短些，其后每隔10 min观测一次。当水位不再发生变化，或当水位连续三次读数，其变化速率小于1 cm/min时，即认为达到稳定，以最后一次测得的水位作为稳定水位。

钻孔动水位高于稳定水位的情况下，水位逐渐下降而趋于稳定，见图5.5.7。其稳定标准定为：$H_2-H_1\leqslant 10$ cm和$H_3-H_2\leqslant 10$ cm，水位下降速度小于1 cm/min。

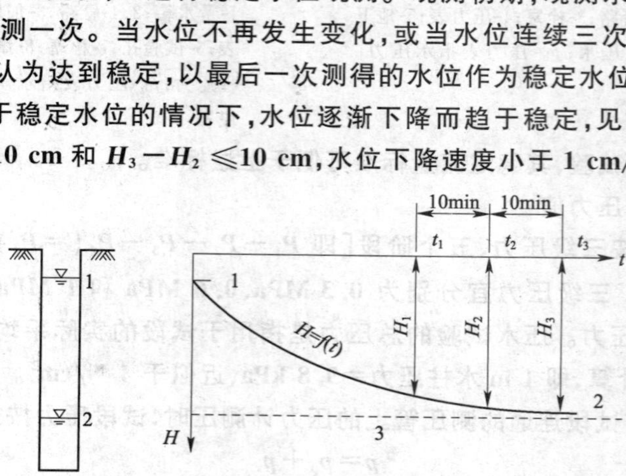

图5.5.7 水位下降历时曲线

1-初观测时的最高动水位；2-计算用的稳定水位；3-实际的稳定水位

钻孔动水位低于稳定水位的情况下，水位逐渐上升而趋于稳定，见图 5.5.8。其稳定标准定为：$H_1-H_2\leqslant 10$ cm 和 $H_2-H_3\leqslant 10$ cm，水位上升速度小于 1 cm/min。

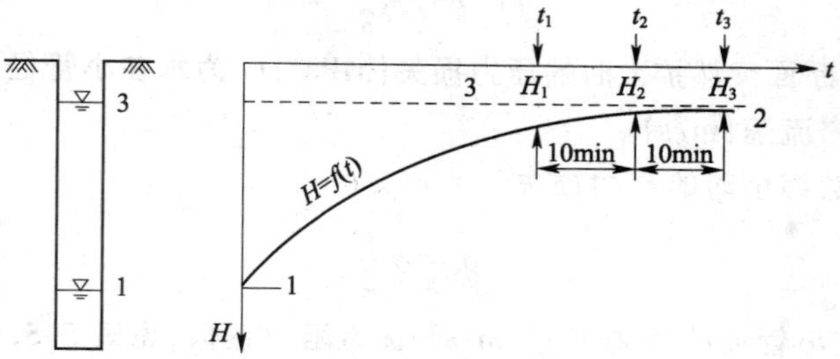

图 5.5.8　水位上升历时曲线

1-初观测时的最低水位；2-计算用的稳定水位；3-实际的稳定水位

(3)压力损耗值 p_s。

①当工作管内一致，且内壁粗糙度变化不大时，管路压力损失可用下式计算

$$p_s=\lambda\frac{L_p}{d}\frac{v^2}{2g} \tag{5.5.3}$$

式中，λ 为摩阻系数，$\lambda=2\times10^{-4}\sim4\times10^{-4}$ MPa/m；L_p 为工作管长度(m)；d 为工作管内径(m)；v 为管内流速(m/s)；g 为重力加速度，$g=9.8$ m/s²。

②当工作管内径不一致时，按《水利水电工程钻孔压水试验规程》(SL 31—2003)规定，管路压力损失应根据实测资料确定。

实测管路压力损失，按下列规定和过程进行：

a. 测定压力损失所用的钻杆和接头应与实际使用的规格一致。

b. 测试管路为两套，每套管路总长度不少于 40 m，第一套与第二套的长度相差不大于 0.2 m，但接头数相差 3 副以上。

c. 管路应平置于地面，末端高于首端，两端安装压力表，末端安装流量计；流量计后的出水口应抬高 1～2 m，实测两端压力表的高差。

d. 将不同流量的水输入管路，流量范围 10～100 L/min，测点不少于 15 个；管路两端的压力差即为该流量下的管路压力损失。

e. 每套管路的实测工作应进行 2 次，取其平均值。

f. 绘制两套管路的压力损失与流量关系曲线，量得各流量值相应的压力损失差 Δp_s(图 5.5.9)。

g. 各种流量下每副接头的压力损失采用下式计算

$$p_{sj}=\frac{\Delta p_s}{n} \tag{5.5.4}$$

式中，p_{sj} 为某流量下每副接头的压力损失(MPa)；Δp_s 为该流量下两套管路的压力损失差(MPa)；n 为两套管路接头数之差。

h. 从各种流量下的管路压力损失中减去接头的压力损失，计算出各种流量下每米钻杆的压力损失值。

i. 编制出各种流量下每米钻杆及每副接头的压力损失图或表。

③但对“突大”或“突小”两种情况，也可分别按式(5.5.5)和式(5.5.6)计算。

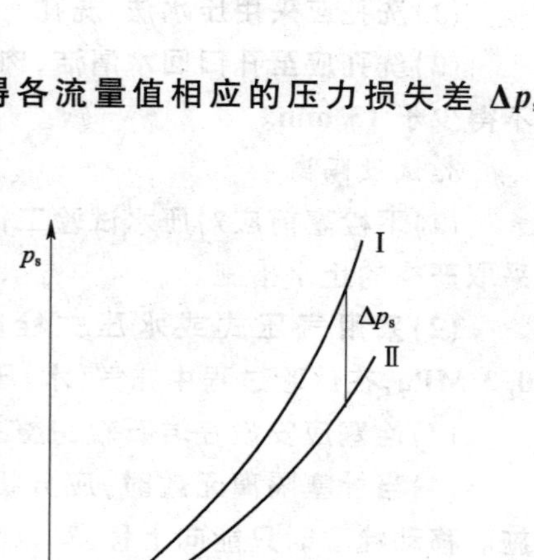

图 5.5.9　压力损失与流量关系曲线

a. 管径断面突然扩大时的压力损失

$$p_s=\frac{(v_1-v_2)^2}{2g} \tag{5.5.5}$$

式中，p_s 为管径断面突然扩大时的压力损失(MPa)；v_1 为水在小管径的管内流速(m/s)；v_2 为水在大管径的管内流速(m/s)。

b. 管径断面突然缩小时的压力损失

$$p_s=\alpha\frac{v_1^2}{2g} \tag{5.5.6}$$

式中，v_1 为水在小管径的管内流速(m/s)；α 为阻力系数，见表 5.5.1。

阻力系数

表 5.5.1

d_2/d_1	0.1	0.2	0.4	0.6	0.8
α	0.5	0.42	0.33	0.25	0.15

注：d_1 为大管内径，d_2 为小管内径。压力损失值的确定尚可查有关图表或试验确定。

压力点的选择：工程勘察钻孔一般仅做一个压力点的试验，压力值通常采用 30 N/cm²。

(4)试验段长度。

试验段按规程规定一般为 5 m。若岩芯完好(q <10 Lu)时，可适当加长试段，但不宜大于 10 m。对于透水性较强的构造破碎带、岩溶、砂卵石层等，可根据具体情况确定试验段长度。孔底岩芯若不超过 20 cm 者，可计入试验段长度。倾斜钻孔的试段，按实际倾斜长度计算。

四、钻孔压水试验现场试验

1. 试验程序

现场试验工作应包括洗孔、设置栓塞隔离试段、水位测量、仪表安装、压力和流量观测等步骤。试验开始时，应对各种设备、仪表的性能和工作状态进行检查，发现问题立即处理。

2. 洗孔

(1)洗孔应采用压水法，洗孔时钻具应下到孔底，流量应达到水泵的最大出水量。

(2)洗孔应至孔口回水清洁，肉眼观察无岩粉时方可结束。当孔口无回水时，洗孔时间不得少于 15 min。

3. 试段隔离

(1)下栓塞前应对压水试验工作管进行检查，不得有破裂、弯曲、堵塞等现象。接头处应采取严格的止水措施。

(2)采用气压式或水压式栓塞时，充气(水)压力应比量大试段压力 P_3 大 0.2～0.3 MPa，在试验过程中充气(水)压力应保持不变。

(3)栓塞应安设在岩石较完整的部位，定位应准确。

(4)当栓塞隔离无效时，应分析原因，采取移动栓塞、更换栓塞或灌制混凝土塞位等措施。移动栓塞时只能向上移，其范围不应超过上一次试验的塞位。

4. 水位观测

(1)下栓塞前应首先观测 1 次孔内水位，试段隔离后，再观测工作管内水位。

(2)工作管内水位观测应每隔 5 min 进行 1 次。当水位下降速度连续 2 次均小于 5 cm/min 时，观测工作即可结束，用最后的观测结果确定压力计算零线。

(3)在工作管内水位观测过程中如发现承压水时，应观测承压水位。当承压水位高出管时，应进行压力和漏水量观测。

5.压力和流量观测

(1)在向试段送水前，应打开排气阀，待排气阀连续出水后，再将其关闭。

(2)流量观测前应调整调节阀，使试段压力达到预定值并保持稳定。

(3)流量观测工作应每隔 1～2 min 进行 1 次。当流量无持续增大趋势，且 5 次流量读数中最大值与最小值之差小于最终值的 10%，或最大值与最小值之差小于 1 L/min 时，本阶段试验即可结束，取最终值作为计算值。

(4)将试段压力调整到新的预定值，重复上述试验过程，直到完成该试段的试验。

(5)在降压阶段，如出现水由岩体向孔内回流现象，应记录回流情况，待回流停止，流量达到规定的标准后方可结束本阶段试验。

(6)在试验过程中，应对附近受影响的泉水、井水、钻孔水位进行观测。

(7)在压水试验结束前，应检查原始记录是否齐全、正确，发现问题必须及时纠正。

五、压水试验成果整理

1.压水试验资料可靠性判断

一个压力点的压水试验成果，要依靠钻孔钻进和压水工艺质量来控制，只有上述质量可靠，才能有试验成果的可靠性。从以下工作程序中来保证成果的可靠性，即“试段清水钻进→冲孔→下卡栓塞→观测稳定水位→正式压水(控制 *P* 读取 *Q*)→正误判断→松塞提管”。

试验资料整理应包括校核原始记录、绘制 *P-Q* 曲线，确定 *P-Q* 曲线类型，计算试段透水率、渗透系数等。

(1)绘制 *P-Q* 曲线时，应采用统一比例尺，即纵坐标(*P* 轴)1 mm 代表 0.01 MPa，横坐标(*Q* 轴)1 mm 代表 1 L/min。曲线图上各点应标明序号，并依次用直线相连，升压阶段用实线，降压阶段用虚线。

(2)试段的 *P-Q* 曲线类型，应根据升压阶段 *P-Q* 曲线的形状，以及降压阶段 *P-Q* 曲线与升压阶段 *P-Q* 曲线之间的关系确定。P-Q 曲线类型及曲线特点，如表 5.5.2 所示。

P-Q 曲线类型及曲线特点　　　　表 5.5.2

类型名称	A 型(层流)	B 型(紊流)	C 型(扩张)	D 型(冲蚀)	E 型(充填)
P-Q 曲线	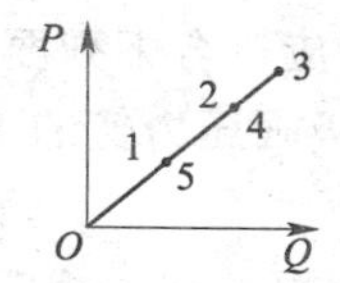	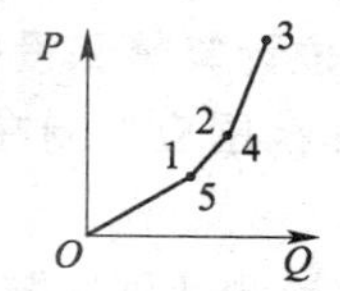	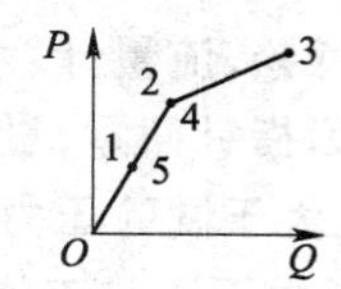	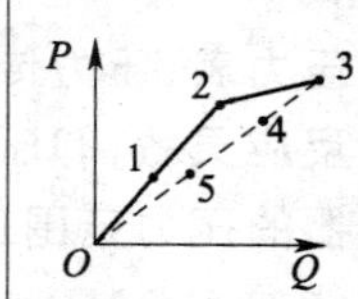	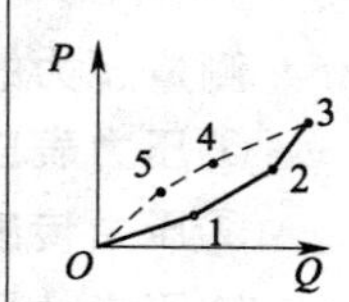
曲线特点	升压曲线为通过原点的直线，降压曲线与升压曲线基本重合	升压曲线凸向 *Q* 轴，降压曲线与升压曲线基本重合	升压曲线凸向 *P* 轴，降压曲线与升压曲线基本重合	升压曲线凸向 *P* 轴，降压曲线与升压曲线不重合，呈顺时针环状	升压曲线凸向 *Q* 轴，降压曲线与升压曲线不重合，呈逆时针环状

(3)当 *P-Q* 曲线中第 4 点与第 2 点、第 5 点与第 1 点的流量值绝对差不大于 1 L/min 或相对差不大于 5%时，可认为基本重合。

2. 压水试验成果应用及其计算

(1)透水率。

透水率是指当试段压力为 1 MPa 时每米试段的压入水流量(L/min)。试段透水率采用第三阶段的压力值(p_3)和流量值(Q_3)按式(5.5.7)计算。

$$q=\frac{Q_3}{Lp_3} \tag{5.5.7}$$

式中,q 为试段的透水率(Lu),取两位有效数字;L 为试段长度(m);Q_3 为第三阶段的计算流量(L/min);p_3 为第三阶段的试段压力(MPa)。

一个压力点试验求出的值,往往低于实际的值,对工程设计而言是偏于不安全的。

(2)渗透系数 k。

当试段位于地下水位以下,透水性较小($q<10$ Lu)、P-Q 曲线为 A(层流)型时,可按式(5.5.8)计算岩体渗透系数

$$k=\frac{Q}{2\pi HL}\ln\frac{L}{r_0} \tag{5.5.8}$$

式中,k 为岩体渗透系数(m/d);Q 为压入流量(m^3/d);H 为试验水头(m);r_0 为钻孔半径(m)。

当试段位于地下水位以下,透水性较小,P-Q 曲线为 B 型(紊流)时,可用第一阶段的压力 p_1(换算成水头值,以 m 计)和流量 Q_1 代入式(5.5.8)近似地计算渗透系数。

(3)透水率与岩石裂缝性的关系。

透水率的单位为吕荣(Lu),是在 1 MPa 压力时每米试段的压入水流量(L/m)。单位吸水量是在 0.01 MPa 压力时每米试段的压入水流量(L/m)。透水率与岩石裂隙系数,见 表 5.5.3。

单位吸水量与裂隙系数关系 表 5.5.3

透水率/Lu	裂隙系数	岩体评价
<0.1	<0.2	最完整
0.1~1	0.2~0.4	完整
1~10	0.4~0.6	节理较发育
10~50	0.6~0.8	节理裂隙发育
>50	>0.8	破碎岩体

六、压水试验设备及要求

测量压力的压力表、压力传感器、流量计、水位计等量测设备应符合下列要求:

①压力表应反应灵敏,卸压后指针回零,量测范围应控制在极限压力值的 1/3~3/4。

②压力传感器的压力范围应大于试验压力。

③流量计应能在 1.5 MPa 压力下正常工作,量测范围应与水泵的出力相匹配,并能测定正向和反向流量。

④宜使用能测量压力和流量的自动记录仪进行压水试验。

⑤水位计应灵敏可靠,不受孔壁附着水或孔内滴水的影响。水位计的导线应经常检测。

⑥试验用的仪表应专门保管,不应与钻进共用,并定期进行检定。

七、测量流量用具

常用测量流量用具,见表 5.5.4。

常用测量流量用具及流量表　　表 5.5.4

量具种类		公称通径/mm	最小流量/(L/min)	最大流量/(L/min)	说明
流量表		15	0.75	25	使用流量表时，所测流量应在相应规格流量的最大和最小流量之间。一般可在离心泵、深井泵抽水时使用，适用于流量大于 5 L/min，要求水中不含泥沙杂物，误差为±(2%～3%)
		20	1.25	42	
		25	1.50	55	
		32	2.00	83	
		40	3.70	167	
水箱（量桶）	圆箱（桶）	直径/mm	高度/mm	箱高 1cm 时容积/L	水箱（量筒）上安装水尺，最小刻度为 1 mm。使用时需备有秒表，记下充满水的时间，一般适用于流量小于 5 L/min，如体积放大，可以量测较大的流量
		10	50	0.079	
		20	50	0.316	
		30	60	0.707	
		40	60	1.256	
		50	70	1.963	
水箱（量桶）	方箱	底面积/cm^2	高度/mm	箱高 1cm 时容积/L	左侧列举的水箱尺寸，可根据需要选用，还可以采用中间值制作水箱。如：直径 15 cm、25 cm、35 cm、45 cm，底面积 15 cm×15 cm、25 cm×25 cm、35 cm×35 cm、45 cm×45 cm 等
		1 010	50	0.100	
		2 020	50	0.400	
		3 030	50	0.900	
		4 040	50	1.600	
		5 050	50	2.500	
堰（薄壁堰）	常用的有三角堰、梯形堰、矩形堰，堰箱长度和容积视堰箱大小而定				堰箱内装有刻度标尺，标尺零点与堰口最下端在同一水平线上，测量水量时，堰箱保持绝对水平

(1)堰的流量计算

①三角堰：堰板的设置，如图 5.5.10 所示。流量 Q(L/s)的计算公式为

$$Q=0.013\,43H^{2.47} \tag{5.5.9}$$

式中，H 为堰口零点以上水位高(cm)。

②梯形堰：堰板的设备，如图 5.5.11 所示。流量 Q(L/s)的计算公式如下

$$Q=0.018\,6BH^{\frac{3}{2}} \tag{5.5.10}$$

式中，B 为堰口底边宽(cm)；H 为堰口零点以上水位高(cm)。

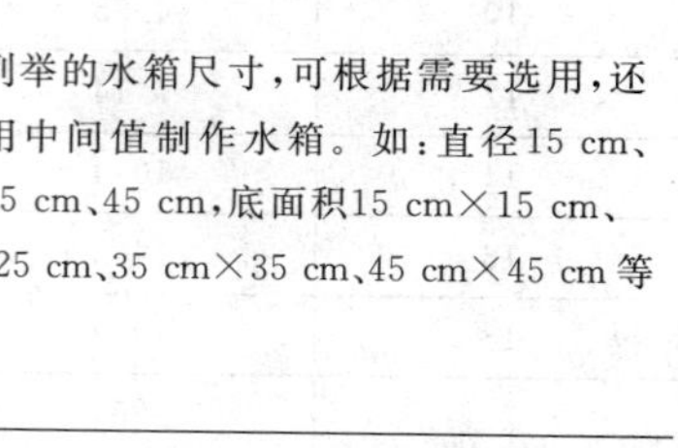

图 5.5.10　三角堰堰板示意

③矩形堰：堰板的设备，如图 5.5.12 所示。流量 Q(L/s)的计算公式如下

$$Q=0.018\,38(B-0.2H)H^{\frac{3}{2}} \tag{5.5.11}$$

式中，B 为堰口宽(cm)；H 为堰口零点以上水位高度(cm)。

④三角堰、梯形堰、矩形堰的流量表，见表 5.5.5。

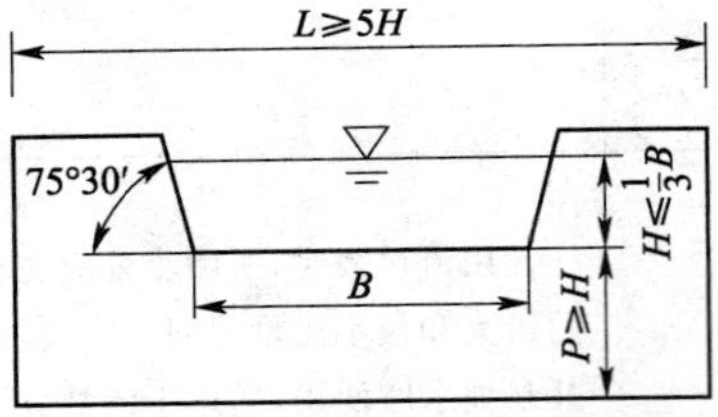

图 5.5.11 梯形堰堰板示意

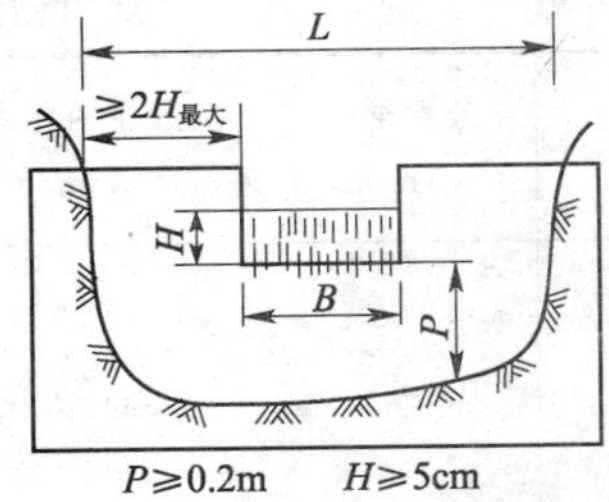

图 5.5.12 矩形堰堰板示意

三角堰、梯形堰、矩形堰流量表

表 5.5.5

堰水位 H/cm	三角堰 Q/(L/s)	梯形堰 Q/(L/s)			矩形堰 Q/(L/s)
		B=40 cm	B=60 cm	B=100 cm	B=100 cm
5	0.81	8.32	12.48	20.8	22
6	1.29	10.96	16.4	27.3	28
7	1.88	13.79	20.67	34.4	35
8	2.62	16.83	25.26	42.1	42
9	3.50	20.09	30.13	50.2	50
10	4.55	23.53	35.28	58.8	58
12	7.14	30.93	46.39	77.3	75
14	10.4	$H>\frac{1}{3}B$ 不符合公式条件	58.46	97.4	94
16	14.5		71.42	119	114
18	19.4		85.22	142	136
20	25		99.82	166	158
22	32		$H>\frac{1}{3}B$ 不符合公式条件	192	182
24	40			219	207
26	48			246	234
28	58			276	261
30	69			306	289

(2)孔板流量计

孔板流量计流量 Q(L/s)的计算，按下面的公式

$$Q=0.01251Ed^2\sqrt{\frac{H}{\rho_w}} \quad (水温 1\sim20\ ^\circ\mathrm{C}) \tag{5.5.12}$$

式中，Q 为水流流量(m^3/h)；H 为压力水头高度(mm)；ρ_w 为水的密度(t/m^3)；d 为孔板的孔眼直径(mm)；E 为流量系数，$E=0.606+1.25(d/D-0.41)^2$；D 为孔板流量计出水管直径(mm)。

第二篇

岩土工程设计的基本原则

考试大纲

(一)设计荷载

了解各类土木工程对设计荷载的规定及其在岩土工程中的选用原则。

(二)设计状态

了解岩土工程各种极限状态和工作状态的设计方法。

(三)安全度

了解各类土木工程的安全度控制方法;熟悉岩土工程的安全度准则。

第一节 岩土工程设计的基本技术要求和特点

一、基本技术要求

岩土工程设计应以最少的投资、最短的工期，保证设计使用年限内安全运行，并满足所有预定功能，即包括预定功能要求、安全性和耐久性要求、投资和工期的经济性要求等三个方面。

1.设计时应考虑的因素

设计时应考虑的因素包括设计使用年限内预定的功能、场地条件、岩土性质及其变异性、工程结构特点、施工环境，相邻工程的影响、施工技术条件；设计实施的可行性、当地主要材料资源和投资、工期。

2.注意场地条件，防治灾害

应充分搜集场地的地形、地质、水文、地下水条件等资料，作为设计的依据。场地可能发生的自然灾害，如暴雨、洪水、地震、滑坡、泥石流等；由于工程建设引起的灾害，如采空塌陷、抽水塌陷、边坡失稳、管涌、突水等，应在勘察、预测和评价的基础上，采取有效防治措施。

3.合理选用岩土参数

选用岩土参数时，应注意岩土体的非均质性、各向异性、时间和空间的变异性，参数测定方法、测定条件与工程原型之间的差异，以及由于工程建设而可能产生的变化等。

由于岩土参数是随机变量，故在划分工程地质单元的基础上，应进行统计分析，算出各项参数的平均值、标准差、变异系数，确定其标准值和设计值。在选定测试方法时，应注意其适用性。

4.定性分析与定量分析相结合

定性分析是岩土工程分析的首要步骤和定量分析的基础。对于下列问题一般只作定性分析：

①工程选址和场地适宜性评价；

②场地地质背景稳定性评价；

③岩土性质的直观鉴定。

定量分析可采用解析法、图解法或数值法，都应有足够的安全储备，以保证工程的可靠性。考虑安全储备时，可用定值法或概率法。

定性分析和定量分析，都应在详细分析资料的基础上，运用成熟的理论和类似工程的经验进行论证，并宜提出多个方案进行比较。

二、设计基础资料

岩土工程的设计基础资料，随具体工程的需要而异。

1.地形、水文、气象资料

①地形图和平面、高程控制；

②水位、流量、洪峰、淹没、冲淤等；

③气温、降水、暴雨、风暴潮、冻结深度等。

2.岩土工程勘察资料

①岩土的类型、年代、成因、产状、性质、分布等；

②岩土的工程特性指标及其变异性；

③构造断裂的分布、活动性和对工程的影响；

④不良地质作用包括岩溶、土洞、滑坡、危岩和崩塌、泥石流、活动沙丘等的类型、特征、动态和对工程的影响；

⑤人为地质作用包括采空、水库坍岸、抽水引起的地面沉降、塌陷、地裂缝等的类型、特征、动态及对工程的影响；

⑥地震设防烈度、设计地震动参数、建筑场地类别、地震液化；

⑦地下水的类型、水位、动态、地层渗透性、补给排泄条件；

⑧土与水对建筑材料的腐蚀性；

⑨特殊性岩土的测试与评价。

3.建筑结构资料

①工程安全等级、建筑面积、层数、高度、开挖深度、可能采用的基础形式等；

②结构类型、刚度、荷载和分布、加荷速率、对沉降和差异沉降的要求等；

③可能采用的挡土结构类型；

④和岩土工程有关的排水、抽水、排污等资料。

4.其他资料

①邻近工程设施及其与拟建工程关系；

②施工排水、排污条件，对振动、噪声等的限制；

③岩土工程勘察、设计、施工的地方经验，当地的地方建筑法规、标准、定额等资料；

④工程建设的计划进度，有关单位的分工和配合；

⑤当地的施工能力、材料和劳务价格。

三、岩土工程设计的特点

1.对自然条件的依赖性

岩土工程与自然界的关系极为密切，设计时必须全面考虑气象、水文、地质、地下条件及其动态变化，包括可能发生的自然灾害，以及由于兴建工程改变自然环境引起的灾害，必须特别重视调查研究，做好岩土工程勘察工作。

2.岩土性质的不确定性

岩土参数是随机变量，变异性大。而且，不同的测试方法会得到不同的测试值，差异往往相当大，相互间无确定的关系。故在进行岩土工程设计时，不仅要掌握岩土参数及其概率分布，而且要了解测试的方法和测试条件与工程原型条件之间的差别。

3.注重经验特别是地方经验

近代土力学与岩石力学的建立，为岩土工程的计算和分析提供了理论基础。但由于岩土性质的复杂多变，以及岩土与结构相互作用的复杂性，不得不做简化，以致预测和实际之间有时相差甚远。鉴于岩土工程计算的不完善，工程经验特别是地方经验，在岩土工程设计中应予高度重视。

4.原位测试、实体试验、原型观测的特殊地位

取试样进行室内试验仍是岩土测试的重要手段，但由于小块试样的代表性不足，取试样、运输、保存、试验过程中的扰乱，某些岩土无法取试样等问题而显出它的局限性，故原位测试在岩土工程勘察中被广泛应用。但是，原位测试一般因应力、应变条件复杂，影响因素多，以及实体工程差异大等的原因，难以进行理论分析。有些原位测试项目不直接得出设计

参数，甚至和设计参数没有物理概念上的联系，成果的应用带有很强的经验性和地区性。

为了避免尺寸效应的影响，有时某些工程要做实体试验，如足尺的平板载荷试验、桩载荷试验、锚杆抗拔试验等。只要这些试验有足够的代表性，可以作为岩土工程可靠的最终设计依据。

由于设计参数和计算方法的不精确性，原型观测对于检验岩土工程设计的合理性及监测施工的质量和安全，有特别重要的意义。

第二节 概念设计

一、概念设计的必要性

对岩土工程的概念设计，目前尚无统一的认识。狭义的概念设计可理解为框架设计；广义的概念设计，是指设计思想、设计主导理念。

一项设计的优劣成败，设计思想最为重要。岩土工程设计受诸多不确定因素的影响，单纯的计算一般是不可靠的。因此，虽然岩土力学理论取得了长足进展，计算方法和设计软件不断创新，但概念设计仍不可忽视。概念是一种思维方式，将认识过程中感受到的事物共同特征抽象出来，加以概括，就是概念。所以概念反映的不是事物的表面，不是事物的片面，而是事物的本质。概念设计要从总体上、本质上把握，对症下药，而不是单纯某一经验的应用，不是单纯的截面设计、承载力计算、变形计算之类，更不是简单的直观判断。概念设计时，必须对原理有深刻的理解，有丰富经验的总结，有灵活运作的能力，从主导理念上总揽全局，牢牢掌握影响工程成败的关键，并对实施效果有基本准确的估计，不犯概念性错误。概念创新设计则一定有总体上、本质上的创新。

二、安全和功能要求

岩土工程设计必须保证工程在使用期间的安全和满足预定功能要求，一般包括下列方面：

①在正常施工和正常使用条件下，能承受可能出现的各种作用。包括传至基础底面的结构荷载，边坡、基坑、地下工程的岩土压力，地下水的静水压力和动水压力；必要时还要考虑地震作用、风荷载、波浪作用等。必须保证在各种作用发生时，工程具有足够的安全度。

②在正常使用条件下具有良好的工作性能。例如：对于建筑物地基，变形（沉降、差异沉降、倾斜、局部倾斜）不得超过限值；对于基坑，变形不得危及邻近建筑物和市政设施的安全；对于基坑地下水的控制，应保证坑内适宜正常施工作业，确保相邻工程和周边环境不被破坏等。

③在正常维护条件下具有足够的耐久性。例如：对于长期缓慢沉降的地基，应考虑工程在整个使用年限内均能满足变形限制的要求；对于地下定的防水抗浮设计，应按使用期间可能出现的最高水位设计；对于垃圾填埋场，其防渗衬层的材料和结构，应保证使用年限内有效，不致老化、开裂、渗漏；对于基坑，如需度过雨季、冬季，应保证工程在雨季、冬季时的安全；对于邻近有重要工程的永久性边坡，设计使用年限不应低于受影响的相邻工程的使用年限。

④在偶然事件发生时或发生后，仍能保证必需的整体稳定性。例如：某些高边坡、围堰、垃圾填埋场等，在发生罕遇地震时，可能发生破坏，但不致因整体失稳而造成十分严重的后

果(人的生命、重大经济损失和社会影响)。

⑤在正常施工、使用和维护条件下,对环境的影响不超过限值。例如:施工噪声、强夯振动、挤土效应等对环境和邻近工程的影响;降低地下水位造成区域降落漏斗的影响;在已有建筑物侧旁开挖,使既有建筑物产生附加变形,甚至威胁其安全;垃圾填埋场污染物泄漏和运移造成环境污染。

三、设计条件的概化

概化是将复杂的具体事物,通过科学方法,取其本质,形成模型。模型不是实物,是实物的典型化,是分析和设计的基础。以地基设计为例,传至基础底面的压力不应大于地基的承载能力(包括强度和变形限值)。如果荷载和地基性能指标都是确定性的,岩土是均匀的,问题就很简单。但实际工程往往很复杂,首先是荷载,有永久荷载、可变荷载和偶然荷载,各种不同的荷载组合——基本组合、标准组合、准永久组合等,设计时选取其中最合理的组合,就是对荷载的概化。其次是地基,严格地说,地基都是不均匀的,岩土性质具有时空变异性,需用数理统计方法求出它们的代表值,将地基条件概化为地质模型。再次是如何考虑安全度,有容许应力法和极限状态法,有定值法和概率法,有安全系数和分项系数表达。此外,必要时为了便于分析,又需要对基础和上部结构的刚度进行概化处理。

将复杂的客观地质条件,准确地概化为便于分析的地质模型,是岩土工程概念设计的重要步骤。最简单的地质模型,是一张带有各层岩土特性指标和地下水位的综合柱状图或综合地质剖面图。如果条件差别较大,则应分区建立地质模型。岩体内存在极为复杂多变的破裂面,想要具体描述这些破裂面的分布和性状是不可能的。于是有了结构面的产状和分类、结构体的分类、岩体完整性的分类、岩体基本质量的分级、各种围岩的分级等,都是某种概化的地质模型。正确的概化应注意两方面:一是系统地占有原始数据,原始数据越丰富、越准确、越有代表性,概化效果越好,但付出的成本也越高;二是概化方法的科学性和实用性,要抓住事物的本质特性,针对影响工程安全和使用功能最关键的因素。

四、注意事项

1.技术方法的适用性和有效性

方案的适用还是不适用,有效还是无效,是首先应当考虑的。例如,由于软黏性土的透水性弱,孔隙水压力难以消散,因此不宜采用强夯法加固,也不宜采用密集的挤土桩。密集挤土桩的挤土效应造成断桩、歪桩、浮桩的事故屡有发生。挡土墙背后的填土一般采用无黏性土,不采用黏性土,不仅是由于黏性土的压实性不易控制,而且孔隙水容易积聚,从而增加土水压力。所谓有效性,是指该方法能达到预期的效果。例如:建造在比较软弱的地基土上,主楼与裙房连成一体的建筑,很难考虑采用天然地基或浅层地基处理。对变形要求严格的深基坑,如采用悬臂桩围护,可能因变形超限而收不到预期效果。某种方法的有效性如何,显而易见的可以通过直观经验判断;直观经验难以判断时,需通过验算作出结论。

2.施工的可操作性和质量的可控制性

优秀的设计要有优质的施工才能成为现实。当有多种工法可选时,应尽量选用施工简单、便于操作、施工单位熟悉的有经验的工法。设计得过于复杂,会降低施工的可操作性。岩土工程多为隐蔽工程,质量的控制和检验十分重要,挖孔桩的广泛应用,原因之一是质量易于控制。有的工法虽有明显的优势,但如质量不易控制,也只得放弃。例如粉喷桩曾被一些地方封杀，不许使用，就是由于质量不易控制。《建筑地基处理技术规范》(JGJ 79—2012)规定，必须配有计算部门确认的粉体计量装置和搅拌深度自动记录仪，就是为了解决粉喷桩质量的可控制性问题。

3.环境限制和负面影响

环境条件是岩土工程设计必须考虑的重要因素。环境条件越严，可选的方案越少。无论何种方案或工法，一般都是有优点，又有缺点，有其适用的一面，还可能有某些负面影响。例如：城市中不能采用噪声大的锤击式预制桩和沉管式灌注桩；泥浆污染城市，某些注浆材料污染地下水；有些施工方法影响人体健康；地下开挖和深基坑开挖时，大量抽排地下水，严重浪费宝贵的水资源，不符合可持续发展原则；降水漏斗使邻近工程产生附加沉降，等等。

4.基本资料的完整性和可靠性

岩土工程设计应有必备的基础资料。但实际上，不一定每个项目的基础资料都十分完整和理想，概念设计时应充分予以注意。例如，岩溶发育区地基条件十分复杂，除了威胁工程稳定的洞隙、土洞、塌陷外，基岩面高低不平，变化无常，虽一柱一孔，也不能完全将基岩面查得清清楚楚。这就要求在此基础上做的岩土工程设计留出必要的余地，以备施工勘察时根据具体情况补充必要的处理措施，对方案作必要的局部调整。

确定天然地基、复合地基、桩基的承载力是个很复杂的问题，载荷试验被认为是比较可靠的方法，但并非每个工程都能做到。有些工程仍需根据土性和经验进行设计。这时，设计的安全度就要作必要的调整。设计依据充分时，安全系数适当打紧一些，设计依据不够充分时，安全系数适当取大一些，这是确保工程安全应当遵循的法则。缺乏经验的特殊地质条件和特殊工程，设计时留出适当的余地也是必要的。

5.设计原理的科学性和设计软件的正确应用

设计原理、计算方法、控制数据，是岩土工程设计的三大要素。其中，设计原理是概念设计的核心。岩土工程设计所依据的科学原理有力学原理、地质演化的科学规律、岩土性质的基本概念、地下水的渗流规律、岩土与结构的共同作用等。违背科学原理进行的设计将犯概念性的错误。

在岩土工程设计中，计算方法和软件只是一种工具，为概念设计服务。必须与概念设计的思想结合起来，才能发挥作用。计算公式和计算模型也是一种概化，但只是单纯计算方法的概化。而概念设计针对的是某项具体工程的总体，计算模型的条件必须与具体工程条件一致才能应用。因此，设计者在应用公式或软件时，应对软件的数学模型和适用条件有正确的理解，了解这些假定条件与工程实际条件的符合程度，了解计算方法的局限性和可能产生的偏差，盲目套用可能犯概念性错误。

6.动态设计和应急措施

由于地质条件和岩土参数不易弄清，岩土工程设计常常不能一步到位，事先的定量计算只是一种估计，只有原型实测才最可靠。因此，需与信息化施工配合，进行动态设计。这种设计原则已在边坡设计、地基基础设计、基坑设计、堤坝设计、地下工程设计中广泛应用。

动态设计的基本方法是：根据已经掌握的数据估算一个预测目标，例如位移(正演)。施工过程中利用现场观测数据反演设计参数，再用反演所得的参数正演目标。如此反复，一次比一次更趋正确。在这个过程中，还可以通过施工勘察进行地质条件核查，调整设计方案和施工程序，保证工程安全和经济。

第三节 设计荷载与设计状态

一、荷载的类型

1. 荷载与作用

工程结构最重要的一项功能就是承受其使用过程中可能出现的各种作用，如房屋结构要承受自重、人群和家具重量，以及风和地震作用等；桥梁结构要承受车辆重力、车辆制动力、离心力与冲击力、水流压力等；隧道结构要承受水土压力、爆炸作用等。同时还应考虑能够引起结构内力、变形等效应的非直接作用因素，如地震、温度变化、基础不均匀沉降等。

通常将能使结构产生效应（结构或构件的内力、应力、位移、应变、裂缝等）的各种因素称为“作用”。施加在结构上的集中力或分布力属于直接作用，如图 1.3.1a）所示；不是作用力但同样能引起结构效应的因素称为“间接作用”，如图 1.3.1b）所示。只有直接作用才称为“荷载”。

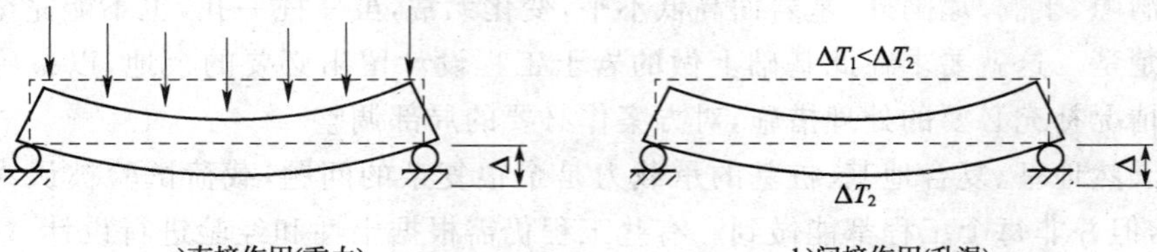

图 1.3.1 作用与效应

2. 作用分类

不同的作用对结构产生的效应，其性质和重要性是不同的。为便于工程结构设计，对结构承受的各种作用，可按下列原则分类。

（1）按随时间的变化分类

①永久作用：在结构设计基准期内，其值不随时间变化，或其变化与平均值相比可以忽略不计。例如，结构和固定设备的自重；也包括那些虽随时间变化但具有某个限值的单调变化的荷载，如土压力、预应力等；水位不变的水压力也按永久作用考虑。

②可变作用：在结构设计基准期内，其值随时间变化，且其变化与平均值相比不可以忽略不计。例如，人员设备重力、车辆重力、吊车荷载、风荷载、雪荷载、水位变化情况的水压力、温度变化等。

③偶然作用：在结构设计基准期内不一定出现，一旦出现，其值很大且持续时间很短。例如，地震、爆炸、撞击等。

（2）按随空间的变化分类

①固定作用：在结构上具有固定的空间位置分布。例如，结构自重、结构上的固定设备荷载等。

②自由作用：在结构上给定的范围内具有任意空间分布。例如，房屋中的人员、家具荷载、桥梁上的车辆荷载等。由于可动作用可以任意分布，结构设计时应考虑它在结构上引起最不利效应的分布情况。

（3）按结构的反映特点分类

①静态作用：对结构或结构构件不产生加速度或其加速度可以忽略不计。例如，结构自重、土压力、温度变化等。

②动态作用：对结构或结构构件产生不可忽略的加速度。例如，地震、风、冲击和爆炸

等。对于动态作用，必须考虑结构的动力效应，按动力学方法进行结构分析，或按动态作用转换成等效静态作用，再按静力学方法进行结构分析。

(4)按有无限值分类

①有界作用：具有不能被超越的且可确切或近似掌握的界限值。

②无界作用：没有明确界限值的作用。

工程结构荷载规范或设计规范对荷载分类时，通常采用考虑荷载随时间变异的分类，以便于根据荷载变化的情况，采取不同的荷载代表值。例如，可变作用的变异性比永久作用的变异性大，所以可变作用的相对取值(与其平均值之比)应比永久作用的相对取值大。另外，由于偶然作用出现的概率较小，结构考虑抵抗偶然作用的设计可靠度可以比不包括偶然作用组合情况下的可靠度低，也会影响到荷载取值的确定。

3.规范对荷载分类的规定

《建筑结构荷载规范》(GB 50009—2012)按随时间的变异分类规定了结构上荷载的分类。

结构上的荷载可分为下列三类：

①永久荷载，例如结构自重、土压力、预应力等。

②可变荷载，例如楼面活荷载、屋面活荷载和积灰荷载、吊车荷载、风荷载、雪荷载等。

③偶然荷载，例如爆炸力、撞击力等。

注：自重是指材料自身重量产生的荷载(重力)。

《铁路桥涵设计基本规范》(TB 10002.1—2005)按照荷载的性质和发生几率对荷载进行分类，经常作用的荷载称为“主力”，主力又分为恒载和活载；不是经常发生的，或其最大值发生几率较小的，为附加力；特殊荷载是暂时的或者属于灾害性的，发生的几率是极小的。其具体规定如下。

桥涵结构设计应根据结构的特性，按表1.3.1所列的荷载，就其可能的最不利组合情况进行计算。

桥涵荷载 表1.3.1

<table>
<tr><th colspan="2">荷载分类</th><th>荷载名称</th><th>荷载分类</th><th>荷载名称</th></tr>
<tr><td rowspan="2">主力</td><td>恒载</td><td>结构构件和附属设备自重；预加力；混凝土收缩和徐变的影响；土压力；静水压力和水浮力；基础变位的影响</td><td>附加力</td><td>制动力或牵引力；风力；流水压力；冰压力；温度变化的作用；冻胀力</td></tr>
<tr><td>活载</td><td>列车竖向静活载；公路活载(需要时考虑)；列车竖向动力作用；长钢轨纵向水平力(伸缩力和挠曲力)；离心力；横向摇摆力；活载土压力；人行道人行荷载</td><td>特殊荷载</td><td>列车脱轨荷载；船只或排筏的撞击力；汽车撞击力；施工临时荷载；地震力；长钢轨断轨力</td></tr>
</table>

注：1.如杆件的主要用途为承受某种附加力，则在计算此杆件时，该附加力应按主力考虑。

2.流水压力不与冰压力组合，两者也不与制动力或牵引力组合。

3.船只或排筏的撞击力、汽车撞击力和长钢轨断轨力，只计算其中的一种荷载与主力相组合，不与其他附加力组合。

4.列车脱轨荷载只与主力中恒载相组合，不与主力中活载和其他附加力组合。

5.地震力与其他荷载的组合见国家现行《铁路工程抗震设计规范》(GB 50111—2006)(2009年版)的规定。

6.长钢轨纵向力及其与制动力或牵引力等的组合，按《新建铁路桥上无缝线路设计暂行规定》(铁建设函[2003]205号)有关规定办理。

荷载的变异性关系到分析结构可靠度时概率模型的选择，还关系到荷载代表值及其效应组合形式的选择。相关规范对荷载分类和取值、组合等都作出了具体的规定，这里不能一一列举，仅举以上两例说明。

规范提供的荷载标准值，若属于强制性条款，则在设计中必须作为荷载最小值采用；若不属于强制性条款，则应由业主认可后采用，并在设计文件中注明。

二、荷载的代表值

任何荷载都具有不同性质的变异性。但在具体设计中，直接引用反映荷载变异性的各种统计参数，通过复杂的概率运算进行设计将是十分复杂的。因此，在设计时，除了采用能便于设计者使用的设计表达式外，还需要根据不同的设计要求，对荷载赋予一个规定的量值。设计中用以验算极限状态所采用的荷载量值，就称为"荷载代表值"，它可以是荷载的标准值或可变荷载的组合值、频遇值和准永久值。其中，荷载标准值是荷载的基本代表值，而其他代表值都可在标准值的基础上乘以相应的系数来表示。

1. 荷载标准值

荷载标准值是指设计基准期内可能出现的最大荷载值。由于荷载本身的随机性，因而使用期间的最大荷载也是随机变量，其统计参数和概率分布类型，可以观测数据为基础，运用参数估计和概率分布的假设检验方法确定。荷载标准值则可根据它在设计基准期内最大值概率分布的某个分位值来确定，如取其统计特征值（平均值、众值、中值等）或某个分位值（90％分位值或 95％分位值等）。

对于可变作用的标准值，有时可以通过平均重现期的规定来定义。

当对某种作用无法取得充分数据资料时，只能根据已有的工程实践经验，经分析判断后，协议一个公称值作为代表值。

结构或非承重构件的自重为永久荷载，由于其变异性不大，而且多为正态分布，一般以其分布的均值作为荷载标准值，即可按结构构件的设计尺寸与材料单位体积的自重平均值计算确定。对于自重变异较大的材料和构件（如现场制作的保温材料、混凝土薄壁构件等），自重的标准值应根据对结构的不利状态，取上限值或下限值。

楼面活荷载的标准值，当有足够资料并能对其统计分布作出合理估计时，则在设计基准期（50 年）最大值的分布上，根据协定的百分位取分位值作为这种楼面活荷载的标准值。不能取得充分资料时，则根据已有的工程实践经验，通过分析判断后，协定一个可能出现的最大值作为该类楼面活荷载的标准值。

确定雪荷载、风荷载的标准值，则是通过调查全国各气象台站的资料，经统计得出50 年一遇最大雪压，即重现期为 50 年的最大雪压，以此规定当地的基本雪压。同样，规定重现期为 50 年的最大风压，为当地的基本风压。

地震作用的代表值按传统都采用当地地区的基本烈度，根据大部分地区的统计资料，它相当于设计基准期为 50 年最大烈度 90％的分位值。如果采用重现期表示，基本烈度相当于重现期为 475 年地震烈度。我国规范将抗震设防划分三个水准，第一水准是众值烈度，俗称"小震"，它相当于 50 年最大烈度 36.8％的分位值，比基本烈度约低一度半；第二水准是基本烈度；第三水准是罕遇地震烈度，俗称"大震"，相当于 50 年最大烈度 97.5％的分位值，或重现期为 2000 年的地震烈度，当基本烈度 6 度时为 7 度强，7 度时为 8 度强，8 度时为9 度弱，9 度时为 9 度强。

2. 可变荷载组合值

当有两种或两种以上的可变荷载在结构上要求同时考虑时，由于所有可变荷载同时达到其单独出现时可能达到的最大值的概率极小，因此在结构按承载能力极限状态设计时，除主导荷载（产生最大效应的荷载）采用标准值为代表值外，其他伴随荷载均应采用相应于主导荷载出现时段内的最大量值，也即以小于其标准值的组合值为荷载代表值。可变荷载组合值是指使组合后的荷载效应在设计基准期内的超越概率，能与该荷载单独出现时的相应概率趋于一致的荷载值；或使组合后的结构具有统一规定的可靠指标的荷载值。

可变荷载组合值，应为可变荷载标准值乘以荷载组合值系数。

3. 可变荷载频遇值

荷载的标准值是在规定的设计基准期内最大荷载的意义上确定的，它没有反映荷载作为随机过程而具有随时间变异的特性。当结构按正常使用极限状态的要求进行设计时，例如要求控制房屋的变形、裂缝、局部损坏和引起不舒适的振动时，就应从不同的要求出发，来选择荷载的代表值。

当允许某些极限状态在一个较短的持续时间内被超过，或在总体上不长的时间内（如超过的总持续时间与设计基准期之比不大于 0.1）被超过，就可以采用相应的较小数值作为荷载的代表值。对可变荷载，在设计基准期内，其超越的总时间为规定的较小比率或超越频率为规定频率的荷载值，即称为“荷载的频遇值”。它相当于在结构上时而出现的较大荷载值，但总是小于荷载的标准值。

可变荷载频遇值应取可变荷载标准值乘以荷载频遇值系数。

4. 可变荷载准永久值

对可变荷载，在设计基准期内，其超越的总时间约为设计基准期一半的荷载值称为荷载的准永久值。它相当于可变荷载在整个变化过程中的中间值。对于在结构上经常作用的可变荷载，应以准永久值为代表值。

可变荷载准永久值应取可变荷载标准值乘以荷载准永久值系数。

5. 荷载代表值的选用

建筑结构设计时，对不同荷载应采用不同的代表值。《建筑结构荷载规范》(GB 50009—2012)规定：对永久荷载应采用标准值作为代表值。对可变荷载应根据设计要求采用标准值、组合值、频遇值或准永久值作为代表值。对偶然荷载应按建筑结构使用的特点确定其代表值。

在各种结构或地基基础设计规范中，规定了具体设计要求条件下荷载代表值的选取。

6. 荷载设计值

荷载代表值与荷载分项系数的乘积称为“荷载设计值”。

三、结构极限状态

（一）建筑结构极限状态

1. 结构功能要求

结构设计的目的就是要使结构建成后满足预定的功能要求。结构功能要求概括为下列三方面。

①安全性：承受在正常施工和使用时可能出现的各种作用；在偶然事件发生时和发生后，应能保持必要的整体稳定性，不致倒塌。

②适用性：建筑结构在正常使用时应能满足预定的使用功能要求，具有良好的工作性

能，其变形、裂缝等不超过规定的限值。

③耐久性：建筑结构在正常使用、正常维护下具有足够的耐久性能。

2. 结构可靠性

结构可靠性定义为结构在规定的时间内（即设计时假定的基准使用期），在规定的条件下（结构正常的设计、施工、使用和维护条件），完成预定功能（如强度、刚度、稳定性、抗裂性、耐久性等）的能力。结构的可靠性以结构可靠度或结构可靠度指标来度量。结构可靠度是指结构在规定的时间内，在规定的条件下，完成预定功能的概率。相反，同样条件下，不能完成预定功能的概率即为失效概率。

结构的工作状态可以用荷载效应 S（指荷载在结构或构件内引起的内力或位移等）和结构抗力 R（指抵抗破坏或变形的能力）的关系描述，令

$$Z=R-S \tag{1.3.1}$$

称 Z 为**功能函数**。显然，当：

$Z>0$ 或 $R>S$ 时，结构处于可靠状态；

$Z<0$ 或 $R<S$ 时，结构处于失效状态；

$Z=0$ 或 $R=S$ 时，结构处于极限状态。

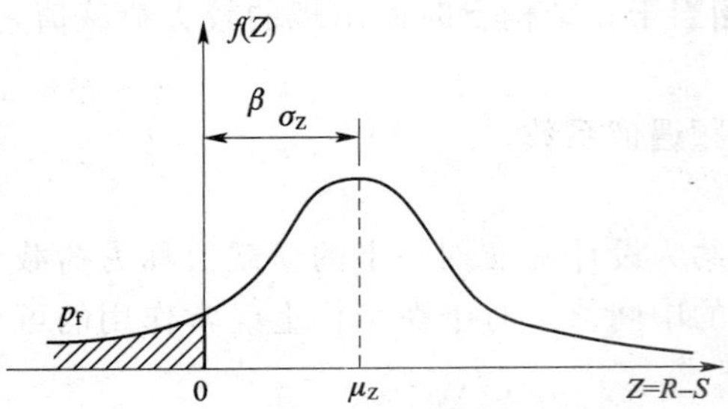

图 1.3.2　功能函数的概率分布

由于影响荷载效应和结构抗力的因素很多，各个因素又有许多不确定性，都是一些随机变量，R 和 S 自然也是随机变量。最简单的情况是假定 R 和 S 的概率分布为正态分布，则按概率理论，功能函数 Z 也是正态分布的随机变量，可用图 1.3.2 表示。图中 $f(Z)$ 为 Z 的概率密度函数，μ_Z 为 Z 的平均值，σ_Z 为 Z 的标准差，p_f 为曲线下的阴影面积与总面积之比，称为“失效概率”，β 值则称为“结构可靠性指标”。如果能对荷载效应和结构抗力进行概率分析，从而确定功能函数的平均值 μ_Z 和标准差 σ_Z，就可求得概率密度函数 $f(Z)$，从而计算 Z 的失效概率 p_f 和结构可靠性指标 β。

3. 结构极限状态

由于影响 R 和 S 的因素很多，且缺乏统计资料，当前直接用概率分析方法计算结构的可靠度还较困难，于是只能采用较为实用的极限状态设计方法。建筑物采用以概率理论为基础的概率极限状态设计方法进行设计。这种设计方法要求结构物必须满足如下两种极限状态的要求：

①承载能力极限状态。这类极限状态对应于结构或构件达到了最大承载能力，或产生了不适于继续承载的过大变形。这是结构的安全性功能要求，亦即荷载效应超过结构物最大限度的承载能力时，结构或构件即发生强度破坏，或者丧失稳定。

②正常使用极限状态。这类极限状态是对应于结构或构件达到了正常使用或者耐久性能的某项规定限值。这是结构物的使用功能要求，例如变形量超过某一限度，就会影响结构物的正常工作和建筑外观。

考虑可靠性的要求，进行极限分析时，荷载效应中应对荷载标准值乘以分项系数和组合系数作为设计值，在抗力中，应对强度的标准值乘以分项系数作为设计值。这些系数一般都是分别考虑了各个参数的离散性，根据概率统计得出的，所以这种极限状态设计是建立在概率理论基础上的极限状态设计。

（二）地基基础的极限状态

根据结构设计的功能要求和地基工作状态，地基设计时应考虑下列条件要求：

①在最不利荷载作用下，地基不出现失稳现象。

②在长期荷载作用下，地基变形不致造成承重结构的损害。

根据上述要求，地基基础极限状态也分为如下两种极限状态。

1.正常使用极限状态

正常使用极限状态是对应于地基变形或基础出现的裂缝达到规定的限值。由于土为大变形材料，当荷载增大时，地基变形相应增长，地基承载力也逐渐增大；又由于在建筑物的使用功能要求下，地基承载力常常还有潜力可挖，而变形已达到或超过按正常使用的限值。因此，根据上述要求，地基设计是以正常使用极限状态下变形要求，即变形设计为原则。这样，在基础底面确定时，地基承载力选取要求地基不出现长期塑性变形；同时，各类建筑可能出现的变形特征及变形量满足允许值要求。因而，基础底面确定和变形验算均按正常使用极限状态下相应的荷载组合进行。

2.承载能力极限状态

承载能力极限状态是对应于挡土墙、地基或土坡作为刚体失去平衡；基础在不利荷载作用下发生强度破坏。因而，挡土墙、地基或土坡稳定性验算应按承载力极限状态进行计算。根据荷载规范的要求，当荷载的效应对结构有利时，相应永久荷载的分项系数取1.0。

四、建筑结构极限状态设计方法及荷载组合

《建筑结构荷载规范》(GB 50009—2012)规定，建筑结构设计应根据使用过程中在结构上可能同时出现的荷载，按承载能力极限状态和正常使用极限状态分别进行荷载(效应)组合，并应取各自的最不利的效应组合进行设计。

（一）承载能力极限状态设计

建筑结构设计应根据使用过程中在结构上可能同时出现的荷载，按承载能力极限状态和正常使用极限状态分别进行荷载组合，并应取各自的最不利的组合进行设计。

对于承载能力极限状态，应按荷载的基础组合或偶然组合计算荷载组合的效应设计值，并应采用下列设计表达式进行设计

$$\gamma_0 S_d \leqslant R_d \tag{1.3.2}$$

式中，γ_0 为结构重要性系数，应按各有关建筑结构设计规范的规定采用；S_d 为荷载组合的效应设计值；R_d 为结构构件抗力的设计值，应按各有关建筑结构设计规范的规定确定。

荷载基本组合的效应设计值 S_d，应从下列荷载组合值中取用最不利的效应设计值确定：

(1)由可变荷载控制的效应设计值，应按下式进行计算

$$S_d=\sum_{j=1}^{m}\gamma_{G_j}S_{G_jk}+\gamma_{Q_1}\gamma_{L_1}S_{Q_1k}+\sum_{i=2}^{n}\gamma_{Q_i}\gamma_{L_i}\psi_{c_i}S_{Q_ik} \tag{1.3.3}$$

式中，γ_{G_j} 为第 j 个永久荷载的分项系数；γ_{Q_i} 为第 i 个可变荷载的分项系数，其中 γ_{Q_1} 为主导可变荷载 Q_1 的分项系数；γ_{L_i} 为第 i 个可变荷载考虑设计使用年限的调整系数，其中 γ_{L_1} 为主导可变荷载 Q_1 考虑设计使用年限的调整系数；S_{G_jk} 为按第 j 个永久荷载标准值 G_{jk} 计算的荷载效应值；S_{Q_ik} 为按第 i 个可变荷载标准值 Q_{ik} 计算的荷载效应值，其中 S_{Q_1k} 为诸可变荷载效应中起控制作用者；ψ_{c_i} 第 i 个可变荷载 Q_i 的组合值系数；m 为参与组合的永久荷载数；n 为参与组合的可变荷载数。

(2)由永久荷载控制的效应设计值，应按下式进行计算

$$S_d=\sum_{j=1}^{m}\gamma_{G_j}S_{G_jk}+\sum_{i=1}^{n}\gamma_{Q_i}\gamma_{L_i}\psi_{c_i}S_{Q_ik} \tag{1.3.4}$$

注:1. 基本组合中的效应设计值仅适用于荷载与荷载效应为线性的情况。

2. 当对 S_{Q_1k} 无法明显判断时,应轮次以各可变荷载效应作为 S_{Q_1k},并选取其中最不利的荷载组合的效应设计值。

基本组合的荷载分项系数,应按下列规定采用:

(1)永久荷载的分项系数应符合下列规定:

①当永久荷载效应对结构不利时,对由可变荷载效应控制的组合应取1.2,对由永久荷载效应控制的组合应取1.35;

②当永久荷载效应对结构有利时,不应大于1.0。

(2)可变荷载的分项系数应符合下列规定:

①对标准值大于4 kN/m² 的工业房屋楼面结构的活荷载,应取1.3;

②其他情况,应取1.4。

(3)对结构的倾覆、滑移或漂浮验算,荷载的分项系数应满足有关的建筑结构设计规范的规定。

可变荷载考虑设计使用年限的调整系数 γ_L 应按下列规定采用:

(1)楼面和屋面活荷载考虑设计使用年限的调整系数 γ_L 应按表1.3.2采用。

楼面和屋面活荷载考虑设计使用年限的调整系数 γ_L 表1.3.2

结构设计使用年限/年	5	50	100
γ_L	0.9	1.0	1.1

注:1. 当设计使用年限不为表中数值时,调整系数 γ_L 可按线性内插确定。

2. 对于荷载标准值可控制的活荷载,设计使用年限调整系数 γ_L 取1.0。

(2)对雪荷载和风荷载,应取重现期为设计使用年限,按《建筑结构荷载规范》(GB 50009—2012)第E.3.3条的规定确定基本雪压和基本风压,或按有关规范的规定采用。

荷载偶然组合的效应设计值 S_d 可按下列规定采用:

(1)用于承载能力极限状态计算的效应设计值,应按下式进行计算

$$S_d=\sum_{j=1}^{m}S_{G_jk}+S_{A_d}+\psi_{f_1}S_{Q_1k}+\sum_{i=2}^{n}\psi_{q_i}S_{Q_ik} \tag{1.3.5}$$

式中,S_{A_d} 为按偶然荷载标准值 A_d 计算的荷载效应值;ψ_{f_1} 为第1个可变荷载的频遇值系数;ψ_{q_i} 为第i个可变荷载的准永久值系数。

(2)用于偶然事件发生后受损结构整体稳固性验算的效应设计值,应按下式进行计算

$$S_d=\sum_{j=1}^{m}S_{G_jk}+\psi_{f_1}S_{Q_1k}+\sum_{i=2}^{n}\psi_{q_i}S_{Q_ik} \tag{1.3.6}$$

注:组合中的设计值仅适用于荷载与荷载效应为线性的情况。

(二)正常使用极限状态设计

对于正常使用极限状态,应根据不同的设计要求,采用荷载的标准组合、频遇组合或准永久组合,并应按下列设计表达式进行设计

$$S_d\leqslant C \tag{1.3.7}$$

式中,C为结构或结构构件达到正常使用要求的规定限值,例如变形、裂缝、振幅、加速度、应力等的限值,应按各有关建筑结构设计规范的规定采用。

荷载标准组合的效应设计值 S_d 应按下式进行计算

$$S_d=\sum_{j=1}^{m}S_{G_jk}+S_{Q_1k}+\sum_{i=2}^{n}\psi_{c_i}S_{Q_ik} \tag{1.3.8}$$

注：组合中的设计值仅适用于荷载与荷载效应为线性的情况。

荷载频遇组合的效应设计值 S_d 应按下式进行计算

$$S_d=\sum_{j=1}^{m}S_{G_j k}+\psi_{f_1}S_{Q_1 k}+\sum_{i=2}^{n}\psi_{q_i}S_{Q_i k} \tag{1.3.9}$$

注：组合中的设计值仅适用于荷载与荷载效应为线性的情况。

荷载准永久组合的效应设计值 S_d 应按下式进行计算

$$S_d=\sum_{j=1}^{m}S_{G_j k}+\sum_{i=1}^{n}\psi_{q_i}S_{Q_i k} \tag{1.3.10}$$

注：组合中的设计值仅适用于荷载与荷载效应为线性的情况。

五、公路桥梁工程设计的荷载组合

按照各种荷载特性及出现的几率不同，在设计计算时应考虑各种可能出现的荷载组合，一般有以下几种：

组合Ⅰ：由恒载中的一种或几种，与活载中的一种或几种（平板挂车或履带车除外）相组合。如该组合中不包括混凝土的收缩、徐变和水的浮力引起的影响力时，习惯上也称为“主要组合”。

组合Ⅱ：由恒载中的一种或几种，与活载中的一种或几种（平板挂车或履带车除外）及其他可变活载中的一种或几种相组合。

组合Ⅲ：由平板挂车或履带车与结构自重、预应力、土重和土侧压力中的一种或几种相组合。

组合Ⅳ：由活载（平板挂车或履带车除外）的一种或几种与恒载的一种或几种与偶然荷载中的船只或漂浮物的撞击力相组合。

组合Ⅴ：施工阶段验算荷载组合，包括可能出现的施工荷载和结构自重、脚手架、材料机具、人群、风力和拱桥单向推力等。

组合Ⅵ：由地震力与结构自重、预应力、土重和土侧压力中的一种或几种组合。

组合Ⅱ、Ⅲ、Ⅳ、Ⅴ、Ⅵ习惯上也称为“附加组合”。当组合Ⅰ包括混凝土收缩、徐变和水浮力引起的荷载效应时也称为“附加组合”。因为附加组合考虑的荷载出现的几率比主要组合小些，设计时不必要求过度的安全储备，因此，当按容许应力法计算时，设计规范在取安全系数时均比主要组合小些，地基的容许承载力均允许提高一定数值。在地基与基础的设计计算中，应分别在各种组合的荷载作用下进行各项验算，计算结果均应分别满足设计规定的要求。

为使设计比较合理，切合实际情况，在荷载组合时，有些荷载不需同时考虑，如：

①考虑汽车制动力时，不计支座摩阻力、流水压力、冰压力，考虑支座摩阻力时不计汽车制动力；

②考虑冰压力时，除不计汽车制动力外，还不计流水压力；同样，考虑流水压力时，也不计汽车制动力和冰压力；

③地震力、船只或漂浮物撞击力、施工荷载三者不同时考虑，地震力与恒载和可变荷载的组合方法各种抗震规范都有具体的规定。

为保证地基与基础满足在强度稳定性和变形方面的要求，应根据结构物所在地区的各种条件和结构特性，根据上述荷载组合方法，按其可能出现的最不利荷载组合情况进行验算。所谓“最不利荷载组合”，就是指组合起来的荷载，应产生相应的最大力学效能，例如用容许应力法设计时的最大应力、滑动稳定验算时的最小安全系数等。因此，不同的验算内容将由不同的荷载组合控制设计，应分别考虑。

此外，许多可变荷载的作用方向在水平投影上常可分解为纵桥向和横桥向，因此，一般需按两个方向进行地基与基础的计算，并考虑其最不利荷载组合，比较出最不利者来控制计算。桥梁的地基与基础大多数情况下为纵桥向控制设计，但对于有较大横桥向水平力（风力、船只撞击力和水压力等）作用时，也需要进行横桥向计算，可能为横桥向控制设计。

六、建筑地基基础设计基本要求

《建筑地基基础设计规范》(GB 50007—2011)对地基基础设计的基本要求，作为规范应严格执行。

地基基础设计应根据地基复杂程度、建筑物规模和功能特征，以及由于地基问题可能造成建筑物破坏或影响正常使用的程度，分为甲、乙、丙三个设计等级。设计时应根据具体情况，按表1.3.3选用。

地基基础设计等级　　表1.3.3

设计等级	建筑和地基类型
甲级	重要的工业与民用建筑物； 30层以上的高层建筑； 体型复杂、层数相差超过10层的高低层连成一体建筑物； 大面积的多层地下建筑物(如地下车库、商场、运动场等)； 对地基变形有特殊要求的建筑物； 复杂地质条件下的坡上建筑物(包括高边坡)； 对原有工程影响较大的新建建筑物； 场地和地基条件复杂的一般建筑物； 位于复杂地质条件及软土地区的2层及2层以上地下室的基坑工程； 开挖深度大于15 m的基坑工程； 周边环境条件复杂、环境保护要求高的基坑工程
乙级	除甲级、丙级以外的工业与民用建筑物； 除甲级、丙级以外的基坑工程
丙级	场地和地基条件简单、荷载分布均匀的7层及7层以下民用建筑及一般工业建筑；次要的轻型建筑物。 非软土地区且场地地质条件简单、基坑周边环境条件简单、环境保护要求不高且开挖深度小于5.0 m的基坑工程

根据建筑物地基基础设计等级及长期荷载作用下地基变形对上部结构的影响程度，地基基础设计应符合下列规定：

①所有建筑物的地基计算均应满足承载力计算的有关规定。

②设计等级为甲级、乙级的建筑物，均应按地基变形设计。

③设计等级为丙级的建筑物有下列情况之一时应作变形验算：

a. 地基承载力特征值小于130 kPa，且体型复杂的建筑；

b. 在基础上及其附近有地面堆载或相邻基础荷载差异较大，可能引起地基产生过大的不均匀沉降时；

c. 软弱地基上的建筑物存在偏心荷载时；

d. 相邻建筑距离近，可能发生倾斜时；

e. 地基内有厚度较大或厚薄不均的填土，其自重固结未完成时。

④对经常受水平荷载作用的高层建筑、高耸结构和挡土墙等，以及建造在斜坡上或边坡附近的建筑物和构筑物，还应验算其稳定性。

⑤基坑工程应进行稳定性验算。

⑥建筑地下室或地下构筑物存在上浮问题时，还应进行抗浮验算。

表 1.3.4 所列范围设计等级为丙级的建筑物可不作变形验算。

可不作地基变形验算的设计等级为丙级的建筑物范围　　表 1.3.4

<table>
<tr><td rowspan="2">地基主要受力层情况</td><td colspan="3">地基承载力特征值 f_{ak}/kPa</td><td>80≤ f_{ak}<100</td><td>100≤ f_{ak}<130</td><td>130≤ f_{ak}<160</td><td>160≤ f_{ak}<200</td><td>200≤ f_{ak}<300</td></tr>
<tr><td colspan="3">各土层坡度/(%)</td><td>≤5</td><td>≤10</td><td>≤10</td><td>≤10</td><td>≤10</td></tr>
<tr><td rowspan="8">建筑类型</td><td colspan="3">砌体承重结构、框架结构(层数)</td><td>≤5</td><td>≤5</td><td>≤6</td><td>≤6</td><td>≤7</td></tr>
<tr><td rowspan="4">单层排架结构(6 m柱距)</td><td rowspan="2">单跨</td><td>吊车额定起重量/t</td><td>10～15</td><td>15～20</td><td>20～30</td><td>30～50</td><td>50～100</td></tr>
<tr><td>厂房跨度/m</td><td>≤18</td><td>≤24</td><td>≤30</td><td>≤30</td><td>≤30</td></tr>
<tr><td rowspan="2">多跨</td><td>吊车额定起重量/t</td><td>5～10</td><td>10～15</td><td>15～20</td><td>20～30</td><td>30～75</td></tr>
<tr><td>厂房跨度/m</td><td>≤18</td><td>≤24</td><td>≤30</td><td>≤30</td><td>≤30</td></tr>
<tr><td colspan="2">烟囱</td><td>高度/m</td><td>≤40</td><td>≤50</td><td colspan="2">≤75</td><td>≤100</td></tr>
<tr><td colspan="2" rowspan="2">水塔</td><td>高度/m</td><td>≤20</td><td>≤30</td><td colspan="2">≤30</td><td>≤30</td></tr>
<tr><td>容积/m^3</td><td>50～100</td><td>100～200</td><td>200～300</td><td>300～500</td><td>500～1 000</td></tr>
</table>

注：1. 地基主要受力层是指条形基础底面下深度为 $3b$(b 为基础底面宽度)，独立基础下为 $1.5b$，且厚度均不小于 5 m 的范围(2 层以下一般的民用建筑除外)。

2. 地基主要受力层中如有承载力特征值小于 130 kPa 的土层，表中砌体承重结构的设计，应符合《建筑地基基础设计规范》(GB 50007—2011)第 7 章的有关要求。

3. 表中砌体承重结构和框架结构均指民用建筑，对于工业建筑可按厂房高度、荷载情况折合成与其相当的民用建筑层数。

4. 表中吊车额定起重量、烟囱高度和水塔容积的数值是指最大值。

地基基础设计前应进行岩土工程勘察，并应符合下列规定：

①岩土工程勘察报告应提供下列资料：

a. 有无影响建筑场地稳定性的不良地质作用，评价其危害程度。

b. 建筑物范围内的地层结构及其均匀性，各岩土层的物理力学性质指标，以及对建筑材料的腐蚀性。

c. 地下水埋藏情况、类型和水位变化幅度及规律，以及对建筑材料的腐蚀性。

d. 在抗震设防区应划分场地类别，并对饱和砂土和粉土进行液化判别。

e. 对可供采用的地基基础设计方案进行论证分析，提出经济合理、技术先进的设计方案建议；提供与设计要求相对应的地基承载力和变形计算参数，并对设计与施工应注意的问题提出建议。

f. 当工程需要时，还应提供：深基坑开挖的边坡稳定计算和支护设计所需的岩土技术参数，论证其对周边环境的影响；基坑施工降水的有关技术参数和地下水控制方法的建议；用于计算地下水浮力的设防水位。

②地基评价宜采用钻探取样、室内土工试验、触探，并结合其他原位测试方法进行。设计等级为甲级的建筑物应提供载荷试验指标、抗剪强度指标、变形参数指标和触探资料；设计等级为乙级的建筑物应提供抗剪强度指标、变形参数指标和触探资料；设计等级为丙级的建筑物应提供触探及必要的钻探和土工试验资料。

③建筑物地基均应进行施工验槽。当地基条件与原勘察报告不符时，应进行施工勘察。

地基基础设计时，所采用的作用效应与相应的抗力限值应符合下列规定：

①按地基承载力确定基础底面积和埋深或按单桩承载力确定桩数时，传至基础或承台底面上的作用效应应按正常使用极限状态下作用的标准组合；相应的抗力应采用地基承载力特征值或单桩承载力特征值。

②计算地基变形时，传至基础底面上的作用效应应按正常使用极限状态下作用的准永久组合，不应计入风荷载和地震作用；相应的限值应为地基变形允许值。

③计算挡土墙、地基或滑坡稳定，以及基础抗浮稳定时，作用效应应按承载能力极限状态下作用的基本组合，但其分项系数均为1.0。

④在确定基础或桩基承台高度、支挡结构截面、计算基础或支挡结构内力、确定配筋和验算材料强度时，上部结构传来的作用效应和相应的基底反力、挡土墙土压力和滑坡推力，应按承载能力极限状态下作用的基本组合，采用相应的分项系数；当需要验算基础裂缝宽度时，应按正常使用极限状态下作用的标准组合。

⑤基础设计安全等级、结构设计使用年限、结构重要性系数应按有关规范的规定采用，但结构重要性系数 γ_0 不应小于1.0。

地基基础设计时，作用组合的效应设计值应符合下列规定：

①正常使用极限状态下，标准组合的效应设计值 S_k 应按下式确定

$$S_k = S_{Gk} + S_{Q1k} + \psi_{c2} S_{Q2k} + \cdots + \psi_{cn} S_{Qnk} \quad (1.3.11)$$

式中，S_{Gk} 为永久作用标准值 G_k 的效应；S_{Qik} 为第 i 个可变作用标准值 Q_{ik} 出的效应；ψ_{ci} 第 i 个可变作用 Q_i 的组合值系数，按现行国家标准《建筑结构荷载规范》(GB 50009—2012)的规定取值。

②准永久组合的效应设计值 S_k 应按下式确定

$$S_k = S_{Gk} + \psi_{q1} S_{Q1k} + \psi_{q2} S_{Q2k} + \cdots + \psi_{qn} S_{Qnk} \quad (1.3.12)$$

式中，ψ_{qi} 为第 i 个可变作用的准永久值系数，按现行国家标准《建筑结构荷载规范》(GB 50009—2012)的规定取值。

③承载能力极限状态下，由可变作用控制的基本组合的效应设计值 S_d，应按下式确定

$$S_d = \gamma_G S_{Gk} + \gamma_{Q1} S_{Q1k} + \gamma_{Q2} \psi_{c2} S_{Q2k} + \cdots + \gamma_{Qn} \psi_{cn} S_{Qnk} \quad (1.3.13)$$

式中，γ_G 为永久作用的分项系数，按现行国家标准《建筑结构荷载规范》(GB 50009—2012)的规定取值；γ_{Qi} 为第 i 个可变作用的分项系数，按现行国家标准《建筑结构荷载规范》(GB 50009—2012)的规定取值。

④对由永久作用控制的基本组合，也可采用简化规则，基本组合的效应设计值 S_d 可按下式确定

$$S_d = 1.35 S_k \quad (1.3.14)$$

式中，S_k 为标准组合的作用效应设计值。

地基基础的设计使用年限不应小于建筑结构的设计使用年限。

第四节　设计安全度和可靠性

一、基本概念

岩土工程设计有容许应力法和极限状态法，还有定值法和概率法。无论采用哪一种，都

应有足够的安全储备，都应满足能承受正常施工和正常使用期间可能出现的各种作用。在正常使用期间，工程各部分具有良好的工作性能；在正常有维护下具有足够的耐久性；在发生偶然事件或局部失效时，仍能保持必需的整体稳定性等功能。

岩土工程的传统设计方法，是建立在经验基础上的容许应力法和定值法。随着设计理论和设计方法的进步，有转向以概率为基础的极限状态法的趋势，但目前还不够成熟。

下面是若干基本概念的解释。

①工程安全等级：根据工程破坏可能产生的后果(危及人员生命、造成经济损失、产生社会影响等)的严重性划分的等级。分为破坏后果很严重、破坏后果严重、破坏后果不严重三级。

②容许应力法：在正常使用条件下，比较荷载作用和岩土抗力，要求强度有一定储备，变形满足正常使用要求。荷载、抗力和安全度的取值都建立在经验的基础上。

③极限状态：整个工程或工程的一部分，超过某一特定的状态就不满足设计规定的功能要求，这一特定状态称为该功能的“极限状态”。各种极限状态都有明确的标志或限值。

④极限状态法：将岩土和有关结构置于极限状态进行分析，找到达到某种极限状态(承载能力、变形等)时岩土的抗力。

⑤定值法：将设计变量作为非随机变量，一般用安全系数表达，即在强度上根据经验打一折扣，作为安全储备。

$$K=\frac{R}{S}\geqslant[K] \tag{1.4.1}$$

式中，R、S、K、$[K]$分别为抗力、作用、安全系数、目标安全系数，都是经验的。

⑥概率法：将设计变量作为随机变量，对作用、抗力、安全度进行概率分析，按失效概率量度设计的可靠性，将安全储备建立在概率分析基础上。按水准的不同分为半概率法、近似概率法、全概率法。

⑦半概率法：

$$\overline{K}=\frac{\mu_R}{\mu_S}=\frac{\overline{R}}{\overline{S}} \tag{1.4.2}$$

式中，$\overline{R}$、$\overline{S}$为抗力和作用的平均值，$\overline{K}$为中心安全系数，这是简单的一阶矩法，进一步发展为标准安全系数法。

$$K_b=\frac{R_b}{S_b} \tag{1.4.3}$$

式中，R_b、S_b 分别由$\overline{R}$、$\overline{S}$加(减)若干倍的均方差得到，在一定程度上考虑了变异性。

⑧近似概率法：用可靠指标量度设计的安全度，《工程结构可靠性设计统一标准》(GB 50153—2008)采用此法。

⑨全概率法：对各种基本变量，如荷载、岩土参数、几何尺寸等，分别视为随机变量或用随机过程描述，用失效概率 P_f 直接量度安全性。

$$P_f=P(R\leqslant S)\leqslant[P_f] \tag{1.4.4}$$

式中，$[P_f]$为目标失效概率。

⑩可靠度：工程在规定时间内和规定条件下，具有预定功能的概率。可靠度设计是以概率理论为基础的极限状态设计方法。

⑪可靠指标：可靠度的量度指标。可靠指标 β 与失效概率 P_f 的关系是

$$[P_f]=\phi(-\beta) \tag{1.4.5}$$

式中，$\phi(-\beta)$为标准正态分布函数。

二、容许应力法和极限状态法

由容许应力法和极限状态法的定义可知，这是两种不同的设计方法。结构工程的设计已经采用极限状态法；岩土工程设计由于其特殊性，一般仍采用容许应力法。下面重点介绍极限状态准则。

极限状态分为两类：承载能力极限状态和正常使用极限状态。

1.承载能力极限状态

这种极限状态对应于结构或结构的一部分达到最大承载能力或不适于继续承载的变形。当工程出现下列情况之一时，即认为已超过了承载能力极限状态：

①整个工程或工程的一部分，作为刚体失去平衡（如倾覆）；

②岩土或结构材料超过强度极限而破坏，或过量变形而不能继续承受荷载；

③岩土或结构构件失去稳定，如构件压屈、地基失稳。

例如：地基发生整体性滑动、边坡失稳、挡土结构倾覆、隧道顶板垮落或边墙倾覆、流沙、管涌、潜蚀、塌陷、液化等。

2.正常使用极限状态

这种极限状态对应于工程达到正常使用或耐久性能的某种规定限值。出现下列情况之一时，可认为超过了正常使用极限状态。其中包括影响正常使用的外观变形、影响正常使用或耐久性的局部破坏、影响正常使用的振动、影响正常使用的其他特定状态、因地下渗漏而影响工程的正常使用等。

三、作用和岩土特性参数

岩土工程的作用，有静态的和动态的，一般按作用时间划分。

1.永久作用

永久作用在规定的设计使用期内一定出现，其值随时间的变化可以忽略。它包括岩土压力、结构自重、水位不变的静水压力等。永久作用一般以标准值作为它的代表值。

2.可变作用

可变作用在规定的作用期内，其值随时间而变化，且其变化与平均值相比不可忽略。它包括各种使用荷载、安装荷载、车辆荷载、风载、雪载、水位变化的水压力、波浪力、温度变化等。可变作用一般取频遇值或准永久值作为它的代表值。

3.偶然作用

偶然作用在设计考虑的时间内不一定出现，一旦出现，则其值很大且持续时间很短。它包括强烈地震、爆炸、龙卷风、撞击等。偶然作用的代表值由有关规范规定，或参照有关资料和工程经验综合分析确定。

岩土的各种物理力学特性指标，通过室内或原位测试确定。

在结构设计时，几何参数一般用随机变量概率模型描述。但在岩土工程设计中，由于它的变异性对计算结果的影响一般很小，可作为非随机变量处理。但有时不宜忽略，如钻孔灌注桩的直径，必要时可作为随机变量处理。

四、定值法和可靠度

定值法和可靠度是两种不同的设计方法。下面简要介绍可靠度。

1. 可靠度分析的基本概念

如只存在作用 S 和抗力 R 两个变量，且均为正态分布，则失效概率为 P_f 为

$$P_f=P\left[\frac{Z-\mu_Z}{\sigma_Z}<\frac{\mu_Z}{\sigma_Z}\right]=\phi\left(-\frac{\mu_Z}{\sigma_Z}\right) \tag{1.4.6}$$

式中，μ_Z、σ_Z 为 Z 的平均值和标准差。

可靠指标 β 为

$$\beta=\frac{\mu_Z}{\sigma_Z}=\frac{\mu_R-\mu_S}{\sqrt{\sigma_R^2-\sigma_S^2}} \tag{1.4.7}$$

式中，μ_R、μ_S、σ_R、σ_S 为作用 S 和抗力 R 的平均值和标准差；P_f 与 β 有一一对应关系，见表 1.4.1。

可靠指标与失效概率对应关系 表 1.4.1

β	1.0	1.5	2.0	2.5	3.0	3.5	4.0	4.5
P_f	1.59×10^{-1}	6.68×10^{-2}	2.28×10^{-2}	6.21×10^{-3}	1.36×10^{-3}	2.33×10^{-4}	3.17×10^{-5}	3.40×10^{-6}

房屋结构承载能力极限状态设计的目标，可靠指标和失效概率见表 1.4.2。

不同安全等级工程的可靠指标和失效概率 表 1.4.2

破坏类型		一 级	二 级	三 级
延性	β	3.7	3.2	2.7
	P_f	1.0×10^{-4}	6.8×10^{-4}	3.4×10^{-3}
脆性	β	4.2	3.7	3.2
	P_f	0.13×10^{-4}	1.0×10^{-4}	0.8×10^{-4}

脆性破坏是指破坏前无明显变形或其他预兆；延性破坏与此相反。

岩土工程的目标可靠指数，目前我国尚无系统资料，有待对我国现有工程的可靠度进行校准的基础上研究确定。

2. 岩土工程可靠度问题的特点

①岩土性质极为复杂多变，即使同一地层，也随位置而变。可靠度分析的精度在很大程度上依赖于岩土参数的精度。

②对于结构工程，失效验算是对构件截面进行的，计算模型比较简单，计算条件比较明确。但对于岩土工程，则是整体验算，构件可靠度和体系可靠度的概念模糊，涉及的是广义可靠度分析问题，困难较大。

③对于结构工程，截面和试样尺寸相差不大；但对于岩土工程，两者之间的尺寸差别非常大。要考虑的不是某一点的岩土工程的可靠性，而是一定范围内的平均特性。除了少数问题外，一般岩土工程的可靠性由岩土的空间平均性状控制。

④即使相当均质的岩土，各点的性质也不相同，据此，Vanmarche 发展了随机场理论。该理论假定，同一地层两点之间性质的差别随距离的增加而增大，把各点岩土的性质看成依赖于随位置而变化的随机变量，即空间分布随机场。岩土性质的相关性，随距离增加而减弱，大于某一距离就不相关了，这个距离称“相关距离”。相关距离对于同一地层为定值，不随不同的指标而变，对一般沉积土层，垂直相关距离为 0.2～2.0 m，水平相关距离为 20～50 m。由于考虑空间相关距离，对岩土性质的变异性应予折减，即乘以方差折减系数。所考虑的空间范围越大，折减也越多，经折减后岩土的变异性减小，从而算出的可靠度增大，与考虑岩土空间平均特性的计算结果比较，较为接近实际。

⑤岩土工程的可靠度,仍可用一次二阶矩法计算。但由于功能函数中各随机变量有时并非相互独立,需考虑其相关性,在计算时要做适当的处理。

由于以上原因,岩土工程可靠度还处于研究和探索阶段。在工程问题处理时,作用(荷载)和岩土特性参数一般按规范采用基于概率统计的代表值,如荷载效应的标准组合、准永久组合、基本组合等,岩土参数的平均值、标准值、特征值等,而安全度则采用基于定值法的安全系数。对于地基承载力,则直接用地基承载力特征值与荷载的标准组合比较。

五、安全系数和分项系数

定值法的安全度用一个总的安全系数 K 表示。概率法的安全度用失效概率 P_f 或可靠指标表示,建立在概率统计的基础上。但是,要求每一个工程都进行可靠度计算是不现实的,实际工程用分项系数表达。

分项系数表达可以建立在概率分析的基础上,也可建立在经验的基础上。无论概率还是经验,为了与以往的设计方法和设计规范相衔接,都要对新旧方法进行校准。

对于岩土工程设计,目前一般仍采用安全系数法,例如《建筑地基基础设计规范》(GB 50007—2011)对悬臂支护结构稳定性的分析采用下式

$$\frac{M_p}{M_a}=\frac{E_p b_p}{E_a b_a}\geqslant 1.3 \tag{1.4.8}$$

式中,E_p、b_p 分别为被动侧土压力的合力和合力对支护结构底端的力臂;E_a、b_a 分别为主动侧土压力的合力和合力对支护结构底端的力臂。

式(1.4.8)中的数值 1.3 即安全系数。其他计算(如滑坡推力计算、挡土墙稳定计算、基坑底隆起计算)也规定了相应的安全系数。但对于荷载和岩土参数,则按规范取相应的统计代表值。例如:在确定基础底面积时,传至基础的荷载效应取按正常使用极限状态下荷载效应的标准组合,相应的抗力取地基承载力特征值。在计算地基变形时,传至基础底面上的荷载效应取按正常使用极限状态下荷载效应的准永久组合,不计入风荷载和地震作用,相应的限值取地基变形允许值。在计算挡土墙土压力、地基或斜坡稳定和滑坡推力时,荷载效应取承载能力极限状态下荷载效应的基本组合,分项系数取 1.0。

第五节 实体试验、检验和监测、动态设计

一、实体试验

直接地或间接地以工程实体试验或工程原型监测为设计依据,是岩土工程的一个重要特点。单纯依靠理论计算的设计,通常认为是不可靠的。既无现成经验,又无实体试验为依据而设计的工程,总带有一定的试验性质。这是因为:岩土工程的影响因素复杂,数学公式或数学模型无不经过较大的简化;地质条件难以完全摸清,岩土参数不易准确量测,测试条件和工程原型之间的差别往往很大;模型试验是一种重要试验手段,但由于模型材料和尺寸效应问题,一般不宜作为直接设计的依据,而只作为研究某些规律的手段。

岩土工程设计以实体试验和原型监测为依据。

1.建立经验公式或用经验系数修正理论公式

①根据原型桩的载荷试验与土性资料分析对比,建立桩的端阻力和侧阻力的经验值。

②根据土的载荷试验与土性资料分析对比,建立地基承载力的经验值,载荷试验虽非实

体试验，但较接近工程原型，且偏于安全。

③根据建筑物沉降观测数据进行分析，与室内压缩试验资料对比，修正沉降计算公式。

2. 在现场进行实体试验，作为岩土工程设计的依据

①足尺基础静力载荷试验。

②桩的现场实体试验。

③现场堆载试验。

④现场试开挖。

⑤抽水试验，现场疏干排水试验。

⑥各种地基处理方法的现场试验。

⑦锚杆抗拔试验。

二、检验和监测

由于地质条件的复杂多变，岩土特性参数的不确定性，岩土工程的设计计算不可能精确，预测和实测之间或多或少存在差距。尤其是缺乏实际经验的工程，其后果往往难以准确预料。为了保证工程的安全，检验和监测是十分必要的。这不仅使工程的安全得到了保障，而且有利于积累科学数据、提高设计水平。

1. 检验方面

①天然地基的施工验槽。

②挖孔桩的孔内检验。

③工程桩的承载力检验和桩身质量检验。

④嵌岩桩的地质条件检验。

⑤各种地基处理的效果检验。

⑥边坡开挖和地下开挖的地质条件检验。

⑦锚杆、锚索的抗拔检验等。

2. 监测方面

①建筑物变形监测。

②边坡和基坑变形监测。

③地下开挖的应力和位移监测。

④支护结构的应力和位移监测。

⑤地下水位和孔隙水压力监测。

⑥振动监测等。

三、动态设计

岩土工程计算不可能精确有两方面的原因：一是计算公式或计算模型粗糙。有时表面看来似乎精细，但与实际情况出入较大。二是地质条件不易弄清，特别是不易一步弄清，有一个由粗到细、由浅入深的过程。岩土计算参数也不易准确选定。相比之下，后者更为重要。因此，岩土工程设计常常不能一步到位，需与信息化施工配合，进行动态设计。这个设计原则已在边坡设计、地基基础设计、基坑设计、堤坝设计和地下工程设计中广泛应用，也是岩土工程概念设计的重要组成。

动态设计的基本方法是：根据已经掌握的数据估计一个预测目标，例如位移（正演），施工过程中利用现场观测数据反演设计参数，再用反演所得的参数正演目标，如此反复，一次

比一次更趋正确。在这个过程中，还可通过施工勘察进行地质条件核查，调整设计方案和施工程序，保证工程安全和经济。例如：

①软土上堤坝、油罐等工程，在加载过程中监测地基土的位移和孔隙水压力的变化，根据观测数据调整加荷速率；

②在边坡和大型露天矿开挖过程中，监测岩土的应力和位移，根据监测数据调整施工程序和支护措施；

③在高层建筑主楼和裙房之间设置后浇带，根据沉降观测数据确定浇筑时间；

④在深基坑开挖或地下开挖过程中，监测岩土和结构的应力，变形和地下水情况，以便必要时采取补强或应急措施。

四、反分析

1.目的和意义

反分析是以工程原型为基础，以对工程原型的观测为手段，反求岩土参数的一种技术方法，其目的和意义是：

①和室内试验、原位测试一起，构成求取岩土参数的三种主要手段；

②通过反分析，查验设计的合理性；

③通过反分析，查明工程事故的技术原因；

④结合室内试验和原位测试，对岩土力学问题进行科学研究。

2.分析步骤

①检查和整理观测数据；

②建立数学模型，进行计算分析；

③将计算结果和设计时采用的参数进行比较，分析两者之间的差异及其原因。

3.注意事项

①反分析必须具备详细的勘察资料，包括地层和地下水的埋藏条件、岩土性质指标及其在施工过程的变化；

②反分析应尽量具备岩土体初始状态和应力历史的数据；

③施工和使用过程中的观测数据，是反分析的依据，应系统、全面、可靠，精度符合要求。

第三篇

浅　基　础

考试大纲

（一）浅基础方案选用与比较

了解各种类型浅基础的传力特点、构造特点和适用条件；掌握浅基础方案选用和方案比较的方法。

（二）地基承载力计算

熟悉不同结构对地基条件的要求；熟悉确定地基承载力的各种方法；掌握地基承载力深宽修正与软弱下卧层强度验算的方法。

（三）地基变形分析

了解各种建（构）筑物对变形控制的要求；掌握地基应力计算和沉降计算方法；了解地基、基础和上部结构的共同作用分析方法及其在工程中的应用。

（四）基础设计

了解各种类型浅基础的设计要求和设计步骤；熟悉基础埋置深度与基础底面积的确定原则；掌握基础底面压力分布的计算方法；熟悉各种类型浅基础的设计计算内容；掌握浅基础内力计算的方法。

（五）动力基础

了解动力基础的基本特点；了解天然地基动力参数的测定方法。

（六）不均匀沉降

了解建筑物的变形特征和不均匀沉降对建筑物的各种危害；了解产生不均匀沉降的原因；了解防止和控制不均匀沉降对建筑物损害的建筑措施和结构措施。

第一章　土的工程性质

第一节　概　　述

土是连续、坚固的岩石在风化作用下形成的大小悬殊的颗料，经过不同的搬运方式，在各种自然环境中生成的沉积物。地壳表层母岩经过风化、搬运后的矿物颗粒(有时还有有机质)堆积在一起，中间贯穿着孔隙。孔隙当中存在水和空气，如图 1.1.1所示。因此在天然状态下，土体一般由固相(固体颗粒)、液相(土中水)和气相(气体)三部分组成，简称为“三相体系”。土中固体颗粒的矿物成分各异，其土粒间的联结比较微弱，土料还可能与周围的水发生一系列复杂的物理、化学作用。因此，在外力作用下，土体并不显示一般固体的特性，土粒间的联结也并不像胶体那样易于相对位移，也不表现出一般液体的特性。因此，在研究土的工程性质时，既有别于固体力学，也有别于流体力学。

图 1.1.1　土的三相组成示意

在古典土力学中，研究土的各种工程性质时，首先注意到土粒的物理特性(例如土料的大小、形状等)、土的物理状态和土的三相比例关系。而在近代土力学中，还注意到土的三相在空间的分布、排列和土粒间的联结对土的性质的主要影响。

本章首先介绍土的三相组成和结构，然后介绍土的物理性质指标及其换算方法、无黏性土的密实度、黏性土的物理特性、土的动力特征。

第二节　土的三相组成及土的结构

一、土的固体颗粒(固相)

固体颗粒构成土的骨架，其大小和形状、矿物成分及其组成情况是决定土物理力学性质的重要因素。

(一)土的矿物成分

土的矿物成分主要取决于母岩的成分及其所经受的风化作用。不同的矿物成分对土的性质有着不同的影响。通常，粗大土粒的矿物成分往往保持母岩未风化的原生矿物，而细小土料主要是次生矿物等无机物质和土生成过程中混入的有机质，因此细粒土的矿物成分更为重要。

土的固体颗粒物质分为无机矿物颗粒和有机质。矿物颗粒的成分有两大类。

①原生矿物。即岩浆在冷凝过程中形成的矿物，如石英、长石、云母等。由它们构成的粗粒土，例如漂石、卵石、圆砾等，都是岩石的碎屑，其矿物成分与母岩相同。由于其颗粒大，比表面积小(单位体积内颗粒的总表面积)，与水的作用能力弱，其抗水性和抗风化作用都强，故工程性质比较稳定。若级配好，则土的密度大，强度高，压缩性低。

②次生矿物。原生矿物经化学变化作用后形成的新的矿物(例如黏土矿物)。它们颗粒细小,呈片状,是黏性土固相主要成分。由于其粒径非常小(小于 2 μm),具有很大的比表面积,与水的作用能力很强,能发生一系列复杂的物理、化学变化。例如一个棱边为1 cm的立方体,其体积为 1 cm^3,总表面积只有 6 cm^2,比表面积为 6 $cm^2/cm^3=6\ cm^{-1}$;若将1 cm^3立方体颗粒分割成棱边为 0.001 cm 的许多立方体颗粒,则其表面积可达 $6\times10^4\ cm^2$,比表面积可达 $6\times10^4\ cm^{-1}$。由此可见,由于土粒大小不同而造成的表面积数值上的巨大变化,必然导致土的性质的突变,这种结果是可以想象到的。另外,对土的工程性质影响较大的,还有土粒间各种相互作用力的影响,而粒间的相互作用力又与矿物颗粒本身的结晶结构特征有关,也就是说,与组成矿物的原子和分子的排列有关,与原子分子间的键力有关。

下面以三种主要黏土矿物为例,介绍其结构特征和基本的工程特性。

黏土矿物是一种复合的铝—硅酸盐晶体,颗粒成片状,是由硅片和铝片构成的晶胞叠成。硅片的基本单元是硅—氧四面体。它是由 1 个居中的硅离子和 4 个在角点的氧离子所构成,如图 1.2.1a)所示。由 6 个硅—氧四面体组成一个硅片,如图 1.2.1b)所示。硅片底面的氧离子被相邻两个硅离子所共有。简化图形见图 1.2.1c),梯形的底边表示氧原子面。铝片的基本单元则是铝－氢氧八面体,它是由 1 个铝离子和 6 个氢氧离子所构成的,如图 1.2.2所示。4 个八面体组成一个铝片。每个氢氧离子被相邻两个铝离子所共有,如图 1.2.2b)所示。简化图形见图 1.2.2c)。黏土矿物依硅片和铝片的组叠形式的不同,可以分为蒙脱石、伊利石和高岭石三种主要类型。

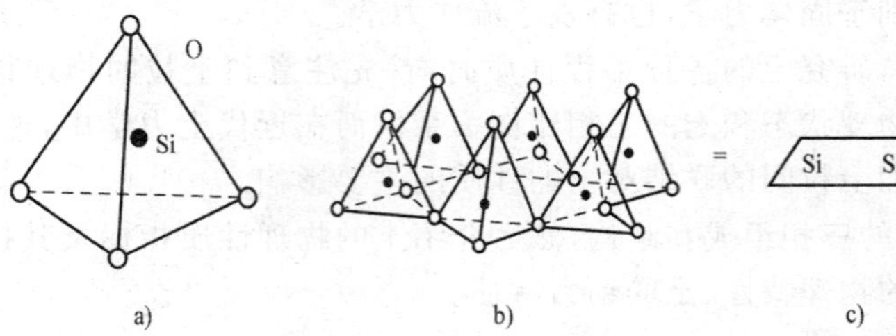

图 1.2.1　硅片的结构

●-氧离子(O^{2-});○-硅离子(Si^{4+})

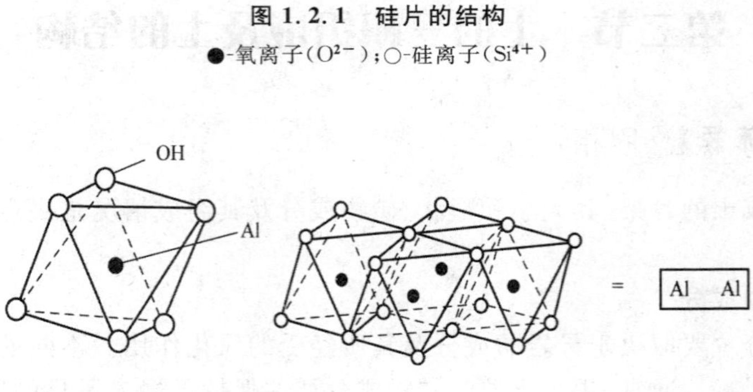

图 1.2.2　铝片的结构

○-OH^{1-});●-铝离子(Al^{3+})

①蒙脱石。它的结构示意图如图 1.2.3a)所示,可见其结构单元(晶胞)是由两层硅氧晶片之间夹一层铝氢氧晶片所组成的,称为 2∶1 型结构单位层或三层型晶胞。由于晶胞之间是 O^{2-} 对 O^{2-} 的联结,故其键力很弱,很容易被具有氢键的水分子楔入而分开;另外,夹在硅片内的 Al^{3+} 常为低价的其他离子(如 Mg^{2+})所替换,在晶胞之间出现多余的负电荷,它可以

吸附其他阳离子(如 Na^{1+}、Ca^{2+})来补偿。这种阳离子吸引极性水分子成为水化离子,充填于结构单位层之间,从而改变晶胞的距离,甚至达到完全分散到单晶胞为止。因此,当土中蒙脱石含量较大时,则该土可塑性和压缩性高,强度低,渗透性小,具有较大的吸水膨胀和脱水收缩的特性。

②伊利石。它的结构示意图如图 1.2.3b)所示,与蒙脱石一样,同属 2∶1 型结构单位层,晶胞之间同样键力较弱。但是,伊利石在构成时,部分硅片中的 Si^{4+} 被低价的 Al^{3+}、Fe^{3+} 等所取代,因而在相邻晶胞间将出现若干正一价阳离子(K^{1+}),以补偿晶胞中正电荷的不足。嵌入的 K^{1+} 离子增强了伊利石晶胞间的联结作用。所以伊利石晶胞结构优于蒙脱石。其膨胀性和收缩性都较蒙脱石小。

③高岭石。结构示意图如图 1.2.3c)所示,它是由一层硅氧晶片和一层铝氢氧晶片组成的晶胞,属于 1∶1 型结构单位层或两层型。高岭石矿物就是由若干重叠的晶胞构成的。这种晶胞一面露出氢氧基,另一面则露出氧原子。晶胞之间的联结是氧原子与氢氧基之间的氢键,它具有较强的联结力,因此晶胞之间的距离不易改变,水分子不能进入,晶胞活动性较小,使得高岭石的亲水性、膨胀性和收缩性均小于伊利石,更小于蒙脱石。

可见,土的矿物结晶结构的差异,从本质上决定了它的工程性质不同。

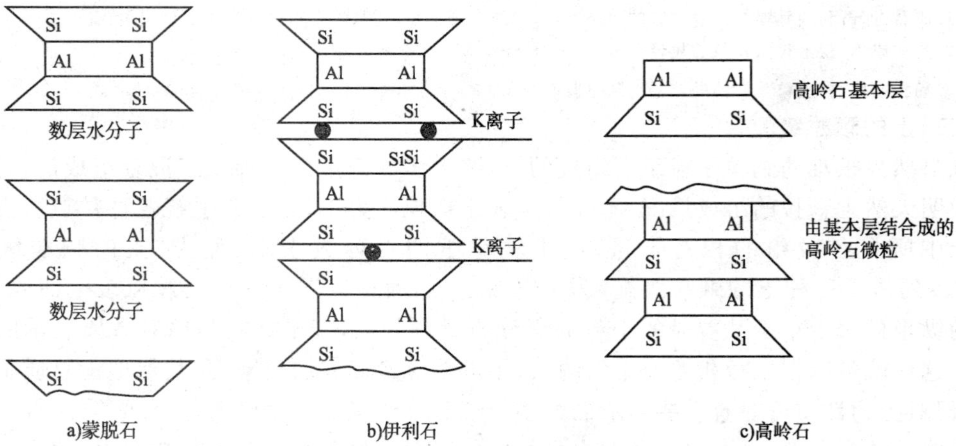

图 1.2.3 黏土矿物的晶格构造

(二)土料粒组

天然土体土粒大小变化悬殊,大的有几十厘米,小的只有千分之几毫米;形状也不一样,有块状、粒状、片状等。这与土的矿物成分有关,也与土料所经历的风化、搬运过程有关。

土粒的大小称为"粒度"。在工程中,粒度不同、矿物成分不同,土的工程性质也就不同。例如颗粒粗大的卵石、砾石和砂,大多数为浑圆和棱角状的石英颗粒,具有较大的透水性而无黏性;颗粒细小的黏粒,则属针状或片状的黏土矿物,具有黏滞性而透水性低。因此工程上常把大小、性质相近的土粒合并为一组,称为"粒组"。而划分粒组的分界尺寸称为"界限粒径"。对于粒组的划分方法,目前各个国家、各个部门并不统一。表 1.2.1 为一种常用的土粒粒组的划分方法。表中根据《土的工程分类标准》(GB/T 50145—2007),按新规定的界限粒径200 mm、60 mm、2 mm、0.075 mm 和 0.005 mm 的大小,将土粒粒组先粗分为巨粒、粗粒和细粒三个统称,再细分为六个粒组,即漂石(块石)、卵石(碎石)、砾粒、砂粒、粉粒和黏粒。

土粒粒组的划分 表 1.2.1

粒组统称	粒组名称		粒径范围/mm	一般特征
巨粒	漂石或块石颗粒		>200	透水性很大，无黏性，无毛细水
	卵石或碎石颗粒		200～60	
粗粒	圆砾或角砾颗粒	粗	60～20	透水性大，无黏性，毛细水上升高度不超过粒径大小
		中	20～5	
		细	5～2	
	砂粒	粗	2～0.5	易透水，当混入云母等杂质时透水性减小，而压缩性增加；无黏性，遇水不膨胀，干燥时松散；毛细水上升高度不大，随粒径变小而增大
		中	0.5～0.25	
		细	0.25～0.75	
细粒	粉粒		0.075～0.005	透水性小，湿时稍有黏性，遇水膨胀小，干时稍有收缩；毛细水上升高度较大、较快，极易出现冻胀现象
	黏粒		<0.005	透水性很小，湿时有黏性、可塑性，遇水膨胀大，干时收缩显著；毛细水上升高度大，但速度较慢

注：1. 漂石、卵石和圆砾颗粒均呈一定的磨圆状（圆形或亚圆形），块石、碎石和角砾颗粒均呈棱角状。

2. 粉粒或称“粉土粒”，粉粒的粒径上限 0.075 mm 相当于 200 号筛的孔径。

3. 黏粒或称“黏土粒”，黏粒的粒径上限也有以 0.002 mm 为标准的。

（三）土的颗粒级配

在自然界很难遇到单一粒组所组成的土，绝大多数都是由几种粒组混合组成的。因此，为了说明天然土颗粒的组成情况，不仅要了解土颗粒的大小，而且要了解各种颗粒所占的比例。土中所含各粒组的相对含量，以土粒总重的百分数表示，称为“土的颗粒级配”。表 1.2.2列举了三种土的颗粒级配，为了直观起见，通常以图 1.2.4 的颗粒级配曲线表示。曲线的纵坐标表示小于某粒径的土粒的累计质量百分数，横坐标则是用对数值表示的土的粒径。这样就可以把粒径相差上千倍的大、小颗粒含量都表示出来，尤其能把占总质量的比例小，但对土的性质可能有重要影响的微小土粒部分清楚地表达出来。

从曲线的形态上，可评定土颗粒大小的均匀程度。如曲线平缓表示粒径大小相差悬殊，颗粒不均匀，级配良好（图 1.2.4 曲线 B）；反之，则颗粒均匀，级配不良（图 1.2.4 曲线 A、C）。为了定量说明问题，工程中常用不均匀系数 C_u 和曲率系数 C_c 来反映土颗粒级配的不均匀程度。

$$C_u=\frac{d_{60}}{d_{10}} \tag{1.2.1}$$

$$C_c=\frac{{d_{30}}^2}{d_{10}\times d_{60}} \tag{1.2.2}$$

式中，d_{60} 为小于某粒径的土粒质量占土总质量 60％的粒径，称为“限定粒径”；d_{10} 为小于某粒径的土粒质量占土总质量 10％的粒径，称为“有效粒径”；d_{30} 为小于某粒径的土粒质量占土总质量 30％的粒径，称为“中值粒径”。

可见，不均匀系数 C_u 反映了大小不同粒组的分布情况，曲率系数 C_c 描述了级配曲线分布的整体形态，表示是否有某粒组缺失的情况。土的粒度成分见表 1.2.2。

工程上，土的级配是否良好，可按如下规定判断：

①对于级配连续的土：$C_u>5$，级配良好；反之，$C_u<5$，级配不良。

土的粒度成分(单位:%)　　表 1.2.2

土样编号	粒径/mm								
	10～2	2～0.05	0.05～0.005	<0.005	d_{60}	d_{10}	d_{30}	C_u	C_c
A	0	99	1	0	0.65	0.11	0.15	1.5	1.24
B	0	66	30	4	0.115	0.012	0.044	9.6	1.40
C	44	56	0	0	3.00	0.15	0.25	20	0.14

②对于级配不连续的土,级配曲线上呈台阶状(图 1.2.4 曲线 C),采用单一指标 C_u 难以全面有效地判断土的级配好坏,则需同时满足 $C_u>5$ 和 $C_c=1\sim3$ 两个条件时,才为级配良好,反之则级配不良。

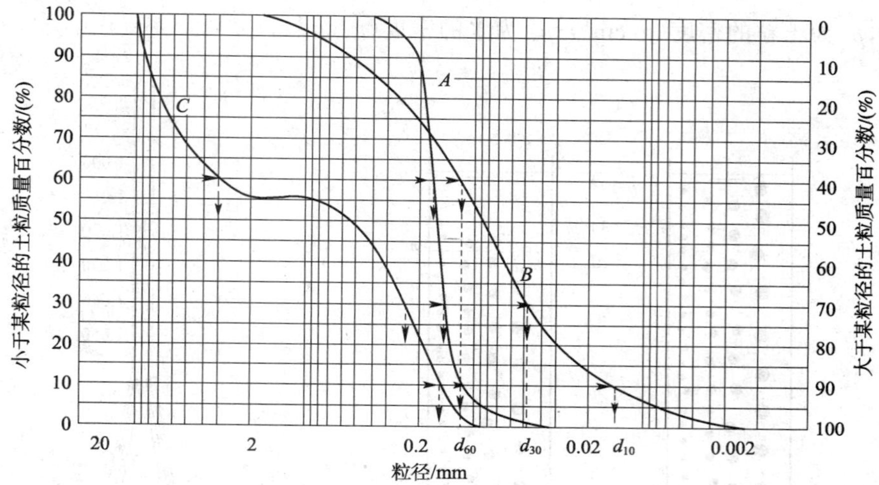

图 1.2.4　土的颗粒级配曲线

工程中用级配良好的土作为路堤、路坝的填土用料时,比较容易获得较大的密实度。

(四)颗粒分析试验

确定土中各个粒组相对含量的方法称为“土的颗粒分析试验”。对于粒径大于 0.075 mm 的粗粒土,可用筛分法;对于粒径小于 0.075 mm 的细粒土,则可用沉降分析法(水分法)。通常需上述两种方法联合使用。

①筛分法。用一套标准筛子(如孔径 60 mm、40 mm、20 mm、10 mm、5 mm、2 mm、1 mm、0.5 mm、0.25 mm、0.1 mm、0.075 mm),将风干且分散的有代表性的试样倒入标准筛内摇振,然后分别称出留在各筛子上的土重,并计算出各粒组的相对含量,即得土的颗粒级配。

②沉降分析法。该法具体有密度计法(也称“比重计法”)和移液管法(也称“吸管法”)。两法的理论基础都是依据斯托克斯(Stokes)定律,即球状的细颗粒在水中的下沉速度与颗粒直径的平方成正比,用公式表示为

$$d=1.126\sqrt{v} \tag{1.2.3}$$

值得提示的是:直径 d 以“mm”计。实际上土粒并不是圆球形颗粒,因此用斯托克斯公式求得的颗粒并不是实际土粒的尺寸,而是与实际土粒有相同沉降速度的理想球体的直径,称为“水力直径”。

具体的试验过程是:将过筛了的风干试样 m(g)盛入1 000 mL的量筒中,注入蒸馏水搅拌制成一定体积的均匀浓度的悬浮液,如图 1.2.5 所示。停止搅拌静置一段时间 t 后,根据式(1.2.3),在液面以下深度 L_i 以上的溶液中就不会有大于 d_i 的颗粒(图 1.2.5),如在 L_i

处考虑一小区段 m-n，则 m-n 内的悬浮液中只有等于或小于 d_i 的颗粒，而且等于或小于 d_i 颗粒的浓度与开始时均匀悬浮液中等于或小于 d_i 颗粒的浓度相等。其效果如同土样在孔径为 d_i 的筛子里一样。这样，任一时刻在任一 L_i 处悬浮液中 d_i 颗粒的浓度可用密度计法或移液管法测定。

a. 密度计法。乙种密度计的外形如图 1.2.6 所示，它的读数既表示浮泡中心处的悬浮液密度 ρ_i，又表示从悬浮液表面到浮泡中心处的沉降距离 L_i。速度 $v=L_i/t_i$；$d_i=1.126\times\sqrt{L_i/t_i}$。则在 L_i 深度处等于或小于 d_i 粒径的土粒质量 m_{si} 为

$$m_{si}=1\ 000\,\frac{\rho_i-\rho_w}{\rho_s-\rho_w}\rho_s \tag{1.2.4}$$

式中，ρ_s 为土粒的密度（g/cm³）；ρ_w 为水的密度（g/cm³）。

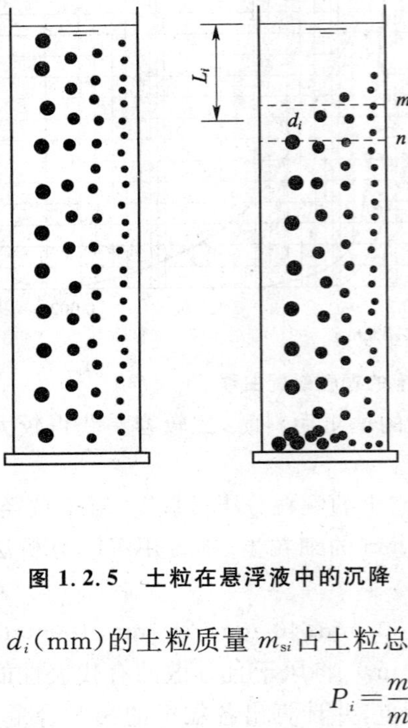

图 1.2.5　土粒在悬浮液中的沉降

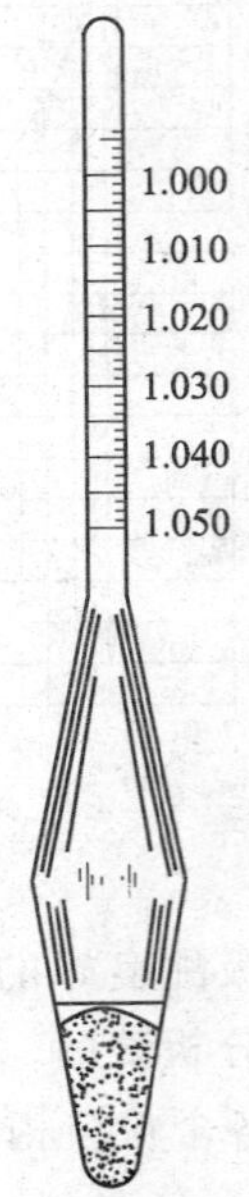

图 1.2.6　乙种密度计

那么，相应 d_i(mm)的土粒质量 m_{si} 占土粒总质量 m_s 的累计百分比 P_i（以%表示）为

$$P_i=\frac{m_{si}}{m_s}$$

因此，具体试验时，只要将悬浮液搅拌均匀后，放入密度计（比重计），隔不同的时间 t_i（1 min、2 min、5 min、15 min、30 min、60 min、240 min 和 1 440 min），测读密度计读数 ρ_i 及 L_i，就能求出相应于不同时间 t_i 的一系列 d_i 和 P_i 值。关于具体的试验操作及计算，将在试验规范中讲述。

b. 移液管法。按规定时间把土样吸出（通常在 100 mm 深度处吸出 10 mL 左右），然后烘干土样，记录留下来的土颗粒质量。

二、土中水和气

（一）土中水的存在形态

土中水按存在形态分为液态水、固态水和气态水。固态水又称“矿物内部结晶水”或“内部结合水”，是指存在于土粒矿物的晶体格架内部或是参与矿物构造的水。根据其对土的工

程性质的影响，可把矿物内部结合水当做土体矿物颗粒的一部分，这种水只有在比较高的温度（80～680 ℃）下，才能化为气态水而与颗粒分离。气态水是土中气的一部分。

土中液态水分为结合水和自由水两大类。结合水是指受电分子吸引力作用吸附于土粒表面的土中水，这种电分子吸引力高达几千到几万个大气压，使水分子和土粒表面牢固地黏结在一起。它又可细分为强结合水和弱结合水两种，强结合水紧靠土粒表面，其性质接近于固体，密度为 1.2～2.4 g/cm^3，冰点为－78 ℃，不能传递静水压力，具有极大的黏滞度、弹性和抗剪强度。黏土只含强结合水时，呈固体状态，磨碎后呈粉末状态；砂土的强结合水很少，仅含强结合水时呈散粒状。在强结合水外围的结合水膜称为“弱结合水”。弱结合水在强结合水以外、电场作用范围以内。它也受颗粒表面电荷所吸引而定向排列于颗粒四周，但电场作用力随远离颗粒而减弱。这层水不是接近于固态而是一种黏滞水膜。受力时能由水膜较厚处缓慢转移到水膜较薄处，也可以因电场引力从一个土粒的周围移到另一个颗粒的周围。也就是说，弱结合水膜能发生变形，但不因重力作用而流动。弱结合水的存在是黏性土在某一含水率范围内表现出可塑性的原因，土的冻胀也与弱结合水的性质有关。自由水是存在于土粒表面电场影响范围以外的土中水。它的性质与普通水一样，能够传递静水压力，冰点为 0 ℃，有溶解盐类的能力。自由水按所受作用力的不同，又可分为重力水和毛细水两种。重力水是存在于地下水位以下、土颗粒电分子引力范围以外的水，因为在本身重力作用下运动，故称为“重力水”。当存在水头差时，它将产生流动，对土颗粒有浮力作用。毛细水是受到水与空气交界面处表面张力的作用，存在于地下水位以上的透水层中的自由水。

土中水并非处于静止不变的状态，而是运动着的。土中水的运动原因很多，同时给工程带来很多问题。工程实践中的流沙、管涌、冻胀、渗透固结、渗流时的边坡稳定等问题，都与土中水的运动有关，具体详见本书有关章节。

（二）黏土颗粒与水的相互作用

黏土颗粒与水的相互作用对黏性土的性质有很大的影响。下面简要介绍一些基本概念。

（1）黏土颗粒表面的带电现象

列依斯（Ruess）早于 1807 年通过实验证明黏土颗粒是带电的。其实验时将两根带有电极的玻璃管插入一块潮湿的黏土块内。在玻璃管中撒一些洗净的砂，再加水至相同的高度，接通直流电后发现，在阳极管中，水自下而上地混浊起来，说明黏土颗粒在向阳极移动，与此同时，管中水位却逐渐下降；在阴极管中，水仍是极其清澈的，但水位在逐渐升高（图 1.2.7）。如在一块潮湿黏土块上直接插入两个直流电极，通电后会发现阳极周围的土逐渐变干，而阴极周围的土则逐渐变湿，也就是说黏土颗粒带有负电荷。我们把固体颗粒在直流电作用下向某一电极移动的现象称为“电泳”；而水分子向相反电极移动的现象称为“电渗”。工程中的电渗排水法，就是利用了黏土颗粒表面的带电现象。

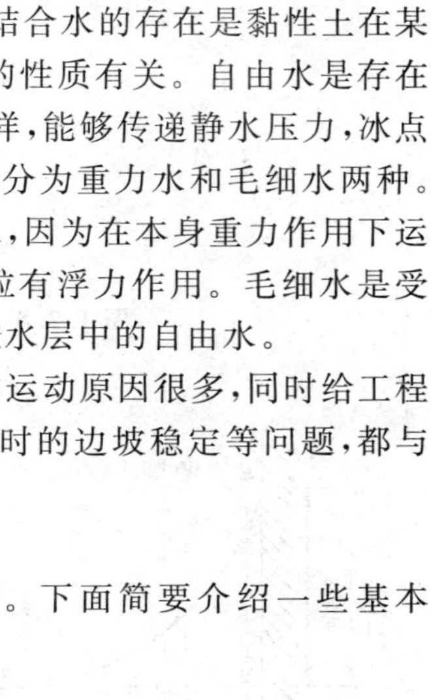

图 1.2.7　黏土颗粒表面的带电现象

（2）双电层与扩散层概念

由于黏土颗粒的表面带（负）电性，围绕土粒形成电场。在土粒电场范围内的水分子和水溶液中的阳离子（如 Na^+、Ca^{2+}、Al^{3+} 等）一起被吸附在土粒表面。因为水分子是极性分子（氢原子端显正电荷、氧原子端显负电荷），它被土粒表面电荷或水溶液中的离子电荷吸引而定向排列（图 1.2.8）。

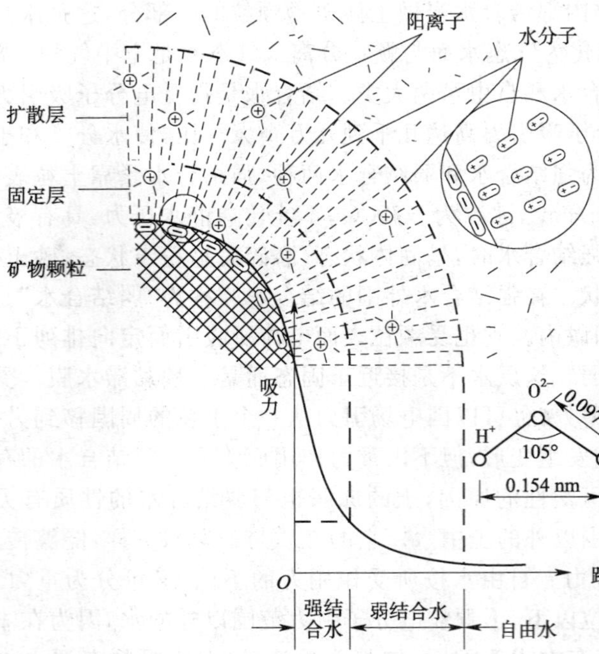

图 1.2.8　结合水分子定向排列及其所受电分子力变化的简图

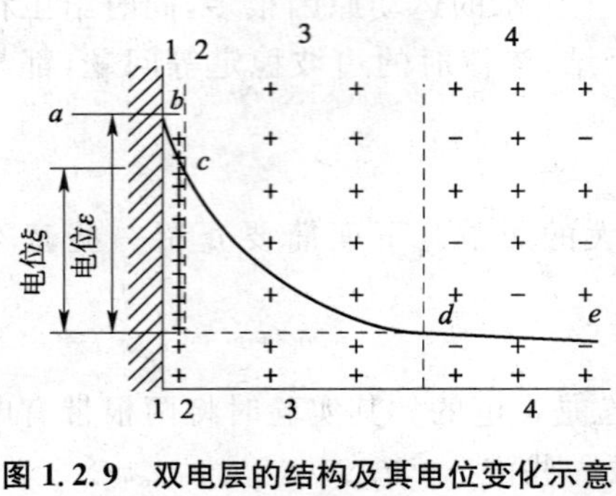

图 1.2.9　双电层的结构及其电位变化示意图

1-1 层为内层；2-2 层为固定层；3-3 层为扩散层；4-4层为自由液体；a、b-固体表面的电位；d、e-液体表面的电位；bcd 曲线-固体与液体界面上的电位差，界面上的电位称为"热力电位"，其值为 ε；cd 曲线—固定层与扩散层之间的电位差，固定层面上的电位称为"电动电位"其值为 ξ

土粒周围水溶液中的阳离子，一方面受到土粒所形成电场的静电引力作用，另一方面又受到布朗运动(热运动)的扩散力作用。这两种相反趋向作用的结果，使土粒周围的极性水分子和阳离子呈不均匀分布。在最靠近土粒表面处，静电引力最强，把水化离子和极性水分子牢固地吸附在颗粒表面上形成固定层。在固定层外围，静电引力比较小，因此水化离子和极性水分子的活动性比在固定层中大些，形成扩散层。固定层和扩散层中所含的阳离子与土粒表面的负电荷的电位相反，故称为"反离子"，固定层和扩散层又合称为"反离子层"。该反离子层与土粒表面负电荷一起构成双电层(图 1.2.9)。

固定层中的极性水分子形成的水膜是强结合水，而强结合水以外、扩散层内的水是弱结合水。由图 1.2.9 可见，弱结合水也受颗粒表面电荷所吸引而定向排列于颗粒四周，但电场作用力随远离颗粒而减弱。没有受颗粒电场引力作用的水是自由水。

(3)影响扩散层的因素

近代土质学中，还比较注重对扩散层厚度的研究。

图 1.2.8 中双电层的概念还可理解为：反离子层是外层，土粒表面负电荷是内层。黏粒带电荷量的多少，可以用电位的变化来描述，如图 1.2.9 所示。内层所具有的电位为热力电位 ε。热力电位的大小与土粒的矿物成分、分散度等因素有关。当这部分电位被强结合水(包括水化阳离子)平衡一部分后，在固定层界面上的电位变成 ξ 电位，电动电位继续吸引水分

子和水化阳离子，直到其对水的影响完全消失为止。

扩散层厚度首先取决于内层热力电位。当内层电位一定时，扩散层的厚度可随外界条件的变化而变化。特别是水溶液中水化离子的性质、浓度、离子交换的能力等。

①阳离子的原子价高，扩散层的厚度变薄。

②阳离子的浓度大，扩散层的厚度变薄。

③阳离子的直径大，扩散层的厚度变厚。

④阳离子的交换能力，一般高价离子的交换能力大于低价离子；同价离子中，半径小的交换能力小于半径大的。常见离子的交换能力顺序如下：

$$Fe^{3+} > Al^{3+} > H^{+} > Ba^{2+} > Ca^{2+} > Mg^{2+} > K^{+} > Li^{+} > Na^{+}$$

离子交换会改变土颗粒周围扩散层水膜的厚度。扩散层水膜的厚度对黏性土的工程性质有直接影响。水膜厚度大，土的塑性高，颗粒之间的距离相对也大，因此土体的膨胀性和收缩性大，土的压缩性也高，而强度相对降低。在工程实践中可利用这一机理来改良土质。如用三价及二价离子（Fe^{3+}、Al^{3+}、Ca^{2+}、Mg^{2+}等）处理黏土，使扩散层中高价离子的浓度增加，扩散层变薄，从而增加了土的强度与稳定性，减少了膨胀性。还有，在颗粒分析试验中，常在悬浮液中滴入一价的氨水或偏磷酸钠，使土粒的扩散层变厚，以达到分散团粒的目的。

表 1.2.3 所示为离子浓度和离子价变化时扩散层厚度的变化。

表面电荷一定时扩散层厚度的变化 表 1.2.3

离子浓度/(mol/m^3)	双电层厚度/10^{-10}m	
	一价离子	二价离子
1	1 000	500
1 000	100	50
100 000	10	5

(三)毛细水

毛细水是受到水与空气交界面处表面张力的作用，存在于地下水位以上的透水层中的自由水，如图 1.2.10 所示。土的毛细现象是指土中水在表面张力作用下，沿着细的孔隙向上及向其他方向移动的现象。分布在土粒内部间相互贯通的孔隙，可以看成是许多形状不一、直径互异、彼此连通的毛细管，如图 1.2.10所示。按物理学概念，在毛细管周壁，水膜与空气的分界处存在着表面张力 T。水膜表面张力 T 的作用方向与毛细管壁成夹角 α。由于表面张力的作用，毛细管内水被提升到自由水面以上高度 h_c 处。分析高度为 h_c 的水柱的静力平衡条件，因为毛细管内水面处即为大气压，若以大气压力为基准，则该处压力 $p_a=0$。故

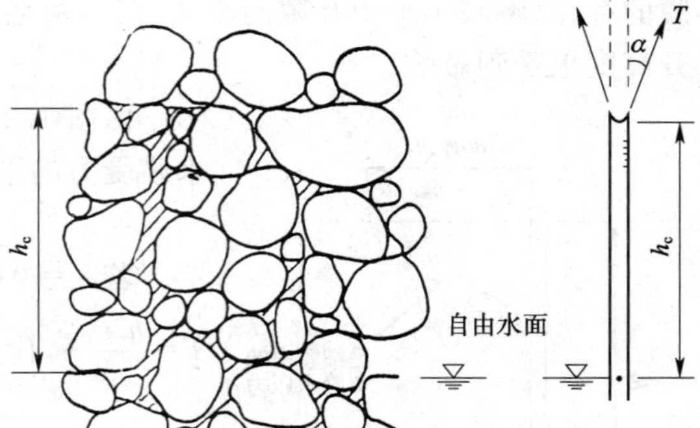

图 1.2.10　土中的毛细水升高

$$\pi r^2 h_c \gamma_w = 2\pi r T\cos\alpha \tag{1.2.5}$$

$$h_c = \frac{2T\cos\alpha}{r\gamma_w} = \frac{4T\cos\alpha}{d\gamma_w} \tag{1.2.6}$$

式(1.2.6)表明，毛细水上升高度 h_c 与毛细管直径 d(半径 r)成反比，毛细管直径 d 越细时毛细水上升高度越大。

在天然土层中毛细水的上升高度不能简单地直接引用式(1.2.6)计算，那样将得到难以置信的结果。例如，假定黏土颗粒为直径等于 0.000 5 cm 的圆球，那么这种假想土堆置起来的孔隙直径0.000 01 cm，表面张力 T 取 75.6×10^{-3}(N/m)(温度 0 ℃时)，代入式(1.2.6)中将得到毛细水上升高度 $h_c=300$ m，这在实际土层中是根本不可能的。特别是黏性土，由于土中水受土颗粒四周电场作用力所吸引，颗粒与水之间积极的物理化学作用，使得天然土层中的毛细现象比毛细管的情况要复杂得多。毛细水上升高度不能简单地由式(1.2.6)计算，而是通过实地调查、观测得到。对于无黏性土，也可根据当地经验、规范或文献中推荐的经验公式估算或经验表格查取。无黏性土毛细水上升高度的大致范围见表 1.2.4。

土中的毛细水上升高度 表 1.2.4

土 名 称	颗粒直径 d_{10}/mm	孔 隙 比	毛细水头/cm	
			毛细升高	饱和毛细水头
粗砾	0.82	0.27	5.4	5
砂砾	0.20	0.45	28.4	20
细砾	0.30	0.29	19.5	20
粉砾	0.06	0.45	106.0	68
粗砂	0.11	0.27	82	60
中砂	0.03	0.36	165.5	112
细砂	0.02	0.48～0.66	239.6	120
粉土	0.006	0.95～0.93	359.2	180

由表 1.2.4 可见，砾类(除粉砾外)与粗砂、毛细水上升高度很小，而粉细砂和粉土(包括粉质黏土)，则毛细水高度大，而且上升速度也快，即毛细现象严重；黏性土反而由于结合水膜的存在，将减小土中孔隙的有效直径，使毛细水在上升时受到很大阻力，故上升速度慢，上升高度也受到影响。

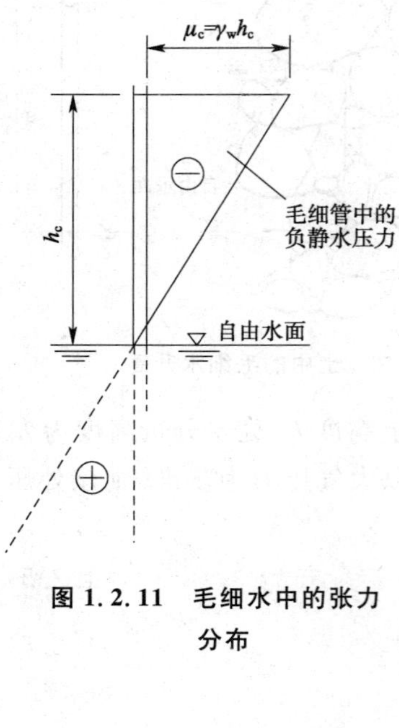

图 1.2.11 毛细水中的张力分布

由图 1.2.11，若弯液面处毛细水的压力为 μ_c，分析该处水膜受力的平衡条件。取铅直方向力的总和为零，则有

$$2T\pi r\cos\alpha+\mu_c\pi r^2=0 \tag{1.2.7}$$

若 $\alpha=0$(即认为是完全湿润的)，由式(1.2.6)可知，$T=\dfrac{h_c r\gamma_w}{2}$，代入上式得

$$\mu_c=\frac{-2T}{r}=-h_c\gamma_w \tag{1.2.8}$$

式(1.2.8)表明毛细区域内的水压力与一般静水压力的概念相同，它与水头高度 h_c 成正比，负号表示拉力。这样，自由水位上下的水压力分别如图 1.2.11 所示。自由水位以下为压力，自由水位以上，毛细区域为拉力。颗粒骨架承受水的反作用力，因此自由水位以上，毛细区域内，颗粒间受压力，称为"毛细压力"。毛细压力呈倒三角形分布，弯液面处最大，自由水面处为零。

毛细压力还可用图 1.2.12 来说明，图中两个土粒 A、B 的接触面上有一些毛细水，由于土粒表面的湿润作用，使毛细水形成弯液面。在水和空气分界面上产生的表面张力总是沿着弯液面切线方向作用的，它促使两个土颗粒互相靠拢，在土粒的接触面上产生了一个压力，这个压力为毛细压力 p_k，也称为"毛细黏聚力"。它随含水率的变化时有时无。如干燥的砂土是松散的，颗粒间没有黏结力；而在潮湿砂中有时可挖成直立的坑壁，短期内不会坍塌；但当砂土被水淹没时，表面张力消失，坑壁会倒塌。这就是毛细黏聚力的生成与消失所造成的现象。了解了毛细压力的特性后，在工程中可解决一些实际问题。而毛细现象，是引起路基冻害、地下室过分潮湿的主要原因之一，在工程中要引起高度重视。

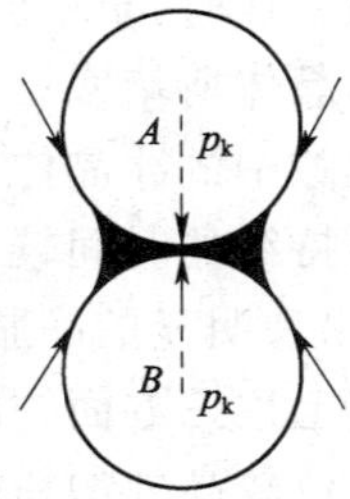

图 1.2.12　毛细压力示意

（四）土的冻胀

地面下一定深度的水温，随大气温度而改变。当大气负温传入土中时，土中的自由水首先冻结成冰晶体，随着气温的继续下降，弱结合水的最外层也开始冻结，使冰晶体逐渐扩大。这样使冰晶体周围土粒的结合水膜减薄，土粒就产生剩余的分子引力。另外，由于结合水膜的减薄，使得水膜中的离子浓度增加，产生了渗透压力（即当两种水溶液的浓度不同时，会在它们之间产生一种压力差，使浓度较小溶液中的水向浓度较大的溶液渗流）。在这两种引力作用下，下卧未冻结区水膜较厚处的弱结合水，被吸引到水膜较薄的冻结区，并参与冻结，使水晶体增大，而不平衡引力却继续存在。假使下卧未冻结区存在着水源（如地下水距冻结区很近）及适当的水源补给通道（即毛细通道），水能够源源不断地补充到冻结区来，那么，未冻结区的水分（包括弱结合水和自由水）就会不断地向冻结区迁移和积聚，使冰晶体不断扩大，在土层中形成冰夹层，土体随之发生隆起，即冻胀现象。这种冰晶体的不断增大，一直要到水的补给断绝后才停止。

当土层解冻时，土中积聚的冰晶体融化，土体随之下陷，即出现融陷现象。土的冻胀现象和融陷现象是季节性冻土的特性，亦即土的冻胀性。

可见，冻胀和融陷对工程都产生不利影响。特别是高寒地区，发生冻胀时，使路基隆起，柔性路面鼓包、开裂，刚性路面错缝或折断；修建在冻土上的建筑物，冻胀引起建筑物的开裂、倾斜甚至使轻型构筑物倒塌。而发生融陷后，路基土在车辆反复碾压下，轻者路面变得较软，重者路面翻浆，也会使房屋、桥梁、涵管发生大量下沉或不均匀下沉，引起建筑物的开裂破坏。

从上述土冻胀的机理分析中可以看到，土的冻胀现象是在一定条件下形成的。影响冻胀的因素有三个方面：

①土的因素。冻胀现象通常发生在细粒土中，特别是粉砂、粉土、粉质黏土和粉质亚砂土等，冻结时水分迁移积聚最为强烈，冻胀现象严重。这是因为这类土具有较显著的毛细现象，毛细水上升高度大，上升速度快，具有较通畅的水源补给通道，同时，这类土的颗粒较细，表面能大，土的矿物成分亲水性强，能持有较多结合水，从而能使大量结合水迁移和积聚。相反，黏土虽有较厚的结合水膜，但毛细孔隙很小，对水分迁移的阻力很大，没有通畅的水源补给通道，所以其冻胀性较上述土类为小。

砂砾等粗颗粒土，没有或具有很少量的结合水，孔隙中自由水冻结后，不会发生水分的迁移积聚，同时由于砂砾基本无毛细现象，因而不会发生冻胀。所以在工程实践中常在地基或路基中换填砾土，以防治冻胀。

②水的因素。前已指出，土层发生冻胀的原因是水分的迁移和积聚所致。因此，当冻结区附近地下水位较高，毛细水上升高度能够达到或接近冻结线，使冻结区能得到外部水的补给时，将发生比较强烈的冻胀破坏现象。这样，可以区分开敞型冻胀和封闭型冻胀两种冻胀

类型。前者是在冻结过程中有外来水源补给的；后者是冻结过程中没有外来水分补给的。开敞型冻胀往往在土层中形成很厚的冰夹层，产生强烈冻胀，而封闭型冻胀，土中冰夹层薄，冻胀量也小。

③温度的因素。当气温骤降且冷却强度很大时，土的冻结面迅速向下推移，即冻结速度很快。这时，土中弱结合水及毛细水还来不及向冻结区迁移就在原地冻结成冰，毛细通道也被冰晶体所堵塞。这时，水分的迁移和积聚不会发生，在土层中看不到冰夹层，只有散布于土孔隙中的冰晶体，这时形成的冻土一般无明显的冻胀。如气温缓慢下降，冷却强度小，但负温持续的时间较长，则能促使未冻结区水分不断地向冻结区迁移积聚，在土中形成冰夹层，出现明显的冻胀现象。

上述三方面的因素是土层发生冻胀的三个必要条件。其结论是：在持续负温作用下，地下水位较高处的粉砂、粉土、粉质黏土等土层常具有较大的冻胀危害。因此，我们可以根据影响冻胀的三个因素，采取相应的防治冻胀的工程措施。其主要措施是，将构筑物基础底面置于当地冻结深度（可查有关规范）以下，以防止冻害的影响。

（五）土中气

土中的气体存在于孔隙中未被水所占据的部位。在粗颗粒的沉积物中常见到与大气相连通的空气，它对土的工程性质影响不大。在细颗粒中则存在封闭气泡，在受到外力作用时，随着压力的增大，这种气泡可能压缩或溶解于水中；压力减小时，气泡会恢复原状或重新游离出来。使土在外力作用下的弹性变形增加，透水性降低，可见，封闭气体对土的工程性质影响较大。

土中气体的成分与大气成分比较，主要的区别在于 CO_2、O_2 及 N_2 的含量不同。一般土中气体中含有更多的 CO_2，较少的 O_2，较多的 N_2。土中气体与大气的交换越困难，两者的差别就越大。

含气体的土称为“非饱和土”，非饱和土的工程性质研究已形成土力学的一个新的分支。

三、土的结构和构造

土的结构是指土粒单元的大小、形状、相互排列及其联结关系等因素形成的综合特征。很多试验资料表明，同一种土，原状土样和重塑土样的力学性质有很大差别。也就是说，土的结构和构造对土的性质也有很大影响。土的结构一般分为单粒结构、蜂窝结构和絮凝结构三种基本类型。

单粒结构是由粗大土粒在水或空气中下沉而形成的。全部由砂粒及更粗土粒组成的土都具有单粒结构。因其颗粒较大，土粒间的分子吸引力相对很小，所以颗粒间几乎没有联结，湿砂地只可能使其具有微弱的毛细水联结。单粒结构可以是疏松的，也可以是紧密的[图 1.2.13a)]。呈紧密状单粒结构的土，由于其土粒排列紧密，在动、静荷载作用下均不会产生较大的沉降，所以强度较大，压缩性较小，是较为良好的天然地基。而具有疏松单粒结构的土，其骨架不稳定，当受到振动或其他外力作用时，土粒易于发生移动，土中孔隙减少，引起土体较大的变形，因此，这种土层如未经处理一般不宜作为建筑物的地基。

蜂窝结构是主要由粉粒（0.005～0.075 mm）组成的土的结构形式。据研究，粒径为 0.005～0.075 mm 的土粒在水中沉积时，基本上是以单个土粒下沉，当碰上已沉积的土粒时，由于它们之间的相互引力大于其重力，土粒就停留在最初的接触点上不再下沉，逐渐形成土粒链。土粒链组成弓架结构，形成具有很大蜂窝状的结构[图 1.2.13b)]。具有蜂窝结构的土有很大孔隙，但由于弓架作用和一定程度的粒间联结，使其可承担一般的水平静荷载。但当其承受较高水平荷载或动力荷载时，其结构将破坏，导致严重的地基沉降。

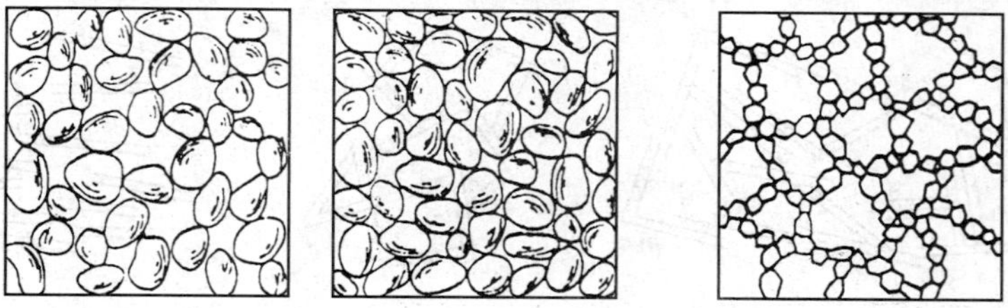

a)单粒结构　　　　b)蜂窝结构

图 1.2.13　土的结构

对于更为细小的黏粒（$d<0.005$ mm）或胶粒（$d<0.002$ mm），其重力作用很小，能够在水中长期悬浮，不因自重而下沉。这时，黏土颗粒与水的作用力和产生的粒间作用力就特别突出地显示出来。粒间作用力既有排斥力也有吸引力，且均随粒间的距离减小而增加，但增长的速率不尽相同。粒间排斥主要是两土粒靠近时，土粒反离子层间孔隙水的渗透压力产生的渗透斥力，该斥力的大小与双电层的厚度有关，随着水溶液的性质改变而发生明显的变化。相距一定距离的两土粒，粒间排斥力随着离子浓度、离子价数及温度的增加而减小。

粒间吸引力主要是指范德化力，随着粒间距离增加很快衰减，这种变化决定于土粒的大小、形状、矿物成分、表面电荷等因素，但与土中水溶液的性质几乎无关。粒间作用力的作用范围从几埃到几埃。

排斥力和吸引力是并存的，两者叠加情况见图 1.2.14。当总的吸引力大于排斥力时表现为净吸力，反之为净斥力。若以斥力为主，则土粒间凝聚受阻，土悬浮液则处于分散状态，我们称之为“胶溶状态”；反之，以引力为主，则产生凝聚，称为“胶凝状态”。

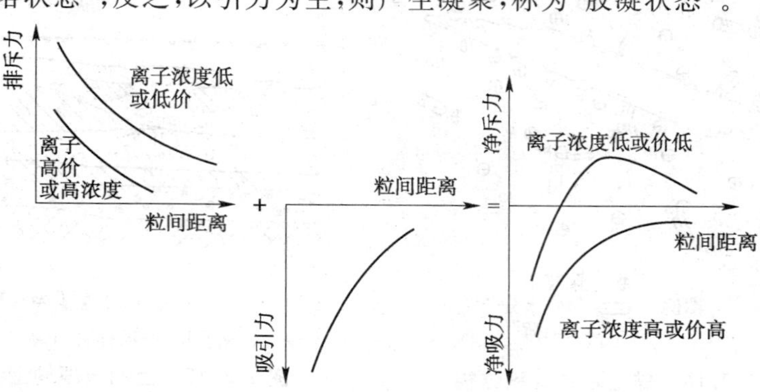

图 1.2.14　两土粒间的相互作用力

在高含盐量的水中沉积的黏性土，由于离子浓度的增加，反离子层减薄，渗透斥力降低。因此，在粒间较大的净吸力作用下，黏土颗粒容易絮凝成集合体下沉，形成盐液中的絮凝结构，如图 1.2.15a）所示。例如，混浊的河水流入海中，由于海水的高盐度，很容易絮凝沉积为淤泥。在无盐的溶液中，有时也有可能产生絮凝，这一方面是某些片状黏土颗粒由于破键（断裂的）作用，虽然晶片上带的是负电荷，但在边缘上局部存在正电荷（图 1.2.16）。这样，当一个黏粒的边（阳离子，正电荷）与另一黏粒的面（负电荷）接触时，即产生静电吸引力，也形成絮凝结构；另一方面布朗运动（随机运动）的悬浮颗粒在运动的过程中，可能形成边一面连接，絮凝成集合体后，在重力的作用下下沉，形成非盐溶液中的絮凝结构，如图 1.2.15b）所示。当土粒间表现为净斥力时，土粒将在分散状态下缓慢沉积，这时土粒是定向（或至少半定向)排列的,片状颗粒在一定程度上平行排列,形成所谓分散型结构,亦称“片堆结构”,如图 1.2.15c)所示。

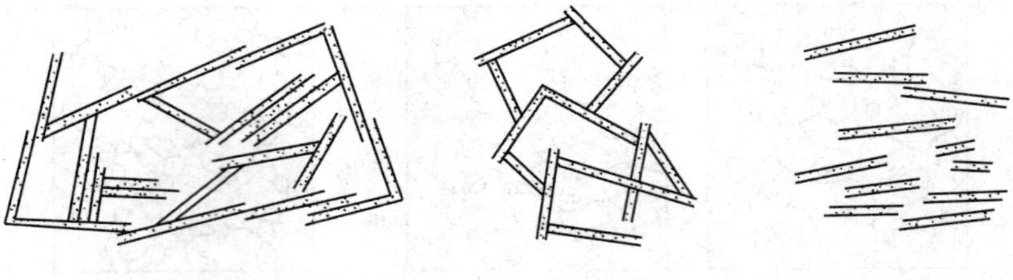

a)盐液中絮凝　　b)非盐液中絮凝　　c)分散

图 1.2.15　黏土颗粒沉积结构

絮凝沉积形成的土,在结构上是极不稳定的,随着溶液性质的改变或受到震荡后可重新分散。例如在很小的施工扰动下,土粒之间的连接脱落,造成结构破坏,强度迅速降低。但土粒之间的联结强度(结构强度)往往由于长期的压密和胶结作用而得到加强。可见,黏粒间接联结特征,是影响这一类土工程性质的主要因素之一。

在同一土层中的物质成分和颗粒大小等都相近的各部分之间的相互关系的特征称为“土的构造”。土的构造最主要特征就是成层性,即层理构造(图 1.2.17)。它是在土的形成过程中,由于不同阶段沉积的物质成分、颗粒大小或颜色的不同,沿竖向呈现的成层特征。土的构造的另一特征是土的裂隙性,如黄土的柱状裂隙。裂隙的存在大大降低土体的强度和稳定性,增大透水性,对工程不利。此外,也应注意到土中有无包裹物(如腐殖物、贝壳、结构体等)以及天然或人为的孔洞存在。这些构造特征造成土的不均匀性。

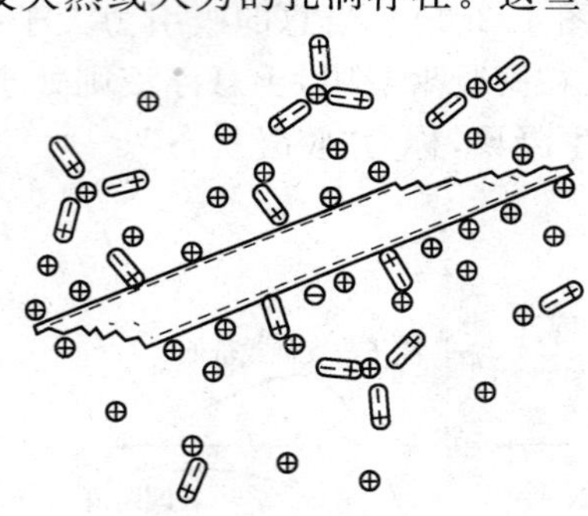

图例:⊕ 阳离子；⊖ 极性水分子；− 负电荷

图 1.2.16　黏土颗粒沉积结构

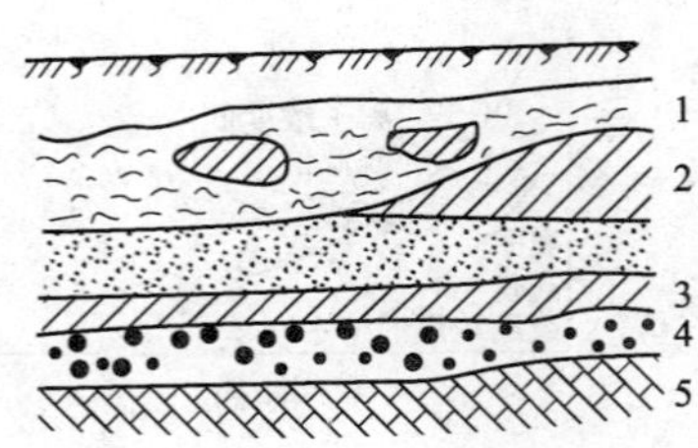

1-淤泥夹黏土透镜体;2-黏土尖灭层;3-砂土夹黏土层;4-砾石层;5-基岩

图 1.2.17　土的层理构造

第三节　土的物理性质指标

土的物理性质直接反映土的松密、软硬等物理状态,也间接反映土的工程性质。而土的松密和软硬程度主要取决于土的三相各自在数量上所占的比例。所以,要研究土的物理性质,就要分析土的三相比例关系,以其体积或质量上的相对比值,作为衡量土最基本的物理性质指标,并利用这些指标间接地评定土的工程性质。

一、指标的定义

为了导得三相比例指标和说明问题方便起见,可把土中本来交错分布的固体颗粒、水和气体三相分别集中起来,构成理想的三相关系图(图 1.3.1)。图中各符号意义如下:

V——土的体积；

V_a——土中气体所占的体积；

V_w——土中水所占的体积；

V_s——土中颗粒所占体积；

V_v——土中孔隙所占体积；

m——土的总质量；

m_w——土中水的质量；

m_s——土中颗粒的质量。

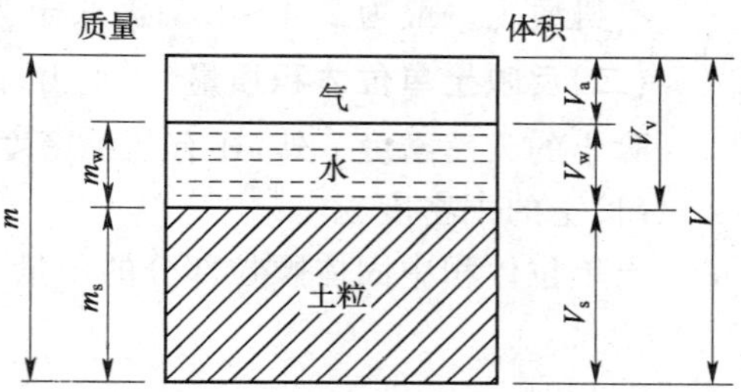

图 1.3.1　土的三相关系示意

气体的质量相对较小，可以忽略不计。

(一)三个基本试验指标

(1)土的天然密度 ρ

土单位体积的质量称为“土的密度”(单位为 g/cm^3 或 t/m^3)，即

$$\rho=\frac{m}{V} \tag{1.3.1}$$

天然状态下土的密度变化范围很大，一般为 $\rho=1.6\sim2.2\ g/cm^3$。

土的密度一般采用环刀法测定，用一个圆环刀(刀刃向下)放置于削平的原状土样面上，垂直边压边削至土样伸出环刀口为止，削去两端余土，使土样与环刀口面齐平，称出环刀内土质量，求得它与环刀容积之比值即为土的密度。

(2)土的含水率 w

土中水的质量与土粒质量之比(用百分数表示)称为“土的含水率”，即

$$w=\frac{m_w}{m_s}\times100\% \tag{1.3.2}$$

含水率是表示土湿度的一个重要指标。含水率越小，土越干；反之，土很湿或饱和。一般来说，同一类土，当其含水率增大时，则其强度就降低。土的含水率对黏性土、粉土的性质影响较大，对粉砂、细砂稍有影响，而对碎石土等没有影响。

土的含水率一般采用烘干法测定。即将天然土样的质量称出，然后置于电烘箱内，在温度 100～105 ℃烘至恒重，称得干土质量 m_s，湿土与干土质量之差即为土中水的质量 m_w，故可按式(1.3.2)，求得土的含水率。

(3)土粒相对密度(比重)d_s

土的固体颗粒质量与同体积 4 ℃时纯水的质量之比，称为“土粒相对密度”(或“比重”)，即

$$d_s=\frac{m_s}{V_s}\frac{1}{\rho_{w4}}=\frac{\rho_s}{\rho_{w4}} \tag{1.3.3}$$

式中，ρ_s 为土粒密度(g/cm^3)；ρ_{w4} 为纯水在 4 ℃时的密度(单位体积的质量)，等于 1 g/cm^3 或 1 t/m^3。

土粒相对密度可在实验室采用比重瓶法测定。将风干碾碎的土样注入比重瓶内，由排出同体积的水的质量原理测定土颗粒的体积 V_s。土料相对密度变化幅度不大，一般可参考表 1.3.1 取值。

土粒相对密度参考值　　　　表 1.3.1

土的名称	砂土	粉土	黏性土	
			粉质黏土	黏土
土粒相对密度	2.65～2.69	2.70～2.71	2.72～2.73	2.74～2.76

有机质土一般为 2.4～2.5；泥炭土为 1.5～1.8。

(二)反映土单位体积质量(或重力)的指标

除土的天然密度 ρ 外，还有几种密度：

(1)土的干密度 ρ_d

土单位体积中固体颗粒部分的质量，称为“土的干密度”，以 ρ_d 表示。其公式为

$$\rho_d = \frac{m_s}{V} \tag{1.3.4}$$

土的干密度一般为 1.3～1.8 t/m^3。工程上常用土的干密度来评价土的密实程度，以控制填土、高等级公路路基和坝基的施工质量。

(2)土的饱和密度 ρ_{sat}

土孔隙中充满水时的单位体积质量，称为“土的饱和密度”，以 ρ_{sat} 表示，即

$$\rho_{sat} = \frac{m_s + V_v \rho_w}{V} \tag{1.3.5}$$

式中，ρ_w 为水的密度，近似值 $\rho_w = 1\ g/cm^3$；土的饱和重度一般为 18～23 kN/m^3。

(3)土的有效密度(或浮密度)ρ'

在地下水位以下，单位体积中土粒的质量扣除同体积水的质量后，即为单位体积中土粒的有效质量，称为“土的有效密度”，以 ρ' 表示，即

$$\rho' = \frac{m_s - V_s \rho_w}{V} \tag{1.3.6}$$

在计算自重应力时，须采用土的重力密度，简称“重度”。土的湿重度 γ、干重度 γ_d、饱和重度 γ_{sat}、有效重度 γ'，分别按下列公式计算：$\gamma = \rho g$、$\gamma_d = \rho_d g$、$\gamma_{sat} = \rho_{sat} g$、$\gamma' = \rho' g$，式中 g 为重力加速度，各重度指标的单位为 kN/m^3。

(三)反映土的孔隙特征、含水程度的指标

(1)土的孔隙比 e

土中孔隙体积与土粒体积之比称为“土的孔隙比”，以 e 表示，即

$$e = \frac{V_v}{V_s} \tag{1.3.7}$$

(2)土的孔隙率 n

土中孔隙体积与总体积之比(用百分数表示)称为“土的孔隙率”。其计算公式为

$$n = \frac{V_v}{V} \times 100\% \tag{1.3.8}$$

土的孔隙比和孔隙率都是反映土体密实程度的重要物理性质指标。在一般情况下，e 和 n 越大，土越疏松；反之土越密实。一般来说，$e < 0.6$ 的土是密实的，土的压缩性小；$e > 1.0$ 的土是疏松的，压缩性高。

(3)土的饱和度 S_r

土中水的体积与孔隙体积之比称为“土的饱和度”，以百分率计，即

$$S_r = \frac{V_w}{V_v} \times 100\% \tag{1.3.9}$$

土的饱和度反映了土中孔隙被水充满的程度。如果 $S_r = 100\%$，表明土孔隙中充满水，土是完全饱和的；$S_r = 0$，则土是完全干燥的。通常可根据饱和度的大小，将细砂、粉砂等土划分为稍湿、很湿和饱和三种状态，如表 1.3.2 所示。

砂土湿度状态的划分 表 1.3.2

湿度	稍湿	很湿	饱和
饱和度 S_r/(%)	$S_r \leqslant 50$	$50 < S_r \leqslant 80$	$S_r > 80$

二、指标的换算

在推导换算指标时，常采用图 1.3.2 所示三相草图，即令 $V_s=1$，$\rho_{w4}=\rho_w$，则 $V_v=e$，$V=1+e$，再由式(1.3.3)和式(1.3.2)得 $m_s=d_s\rho_w$，$m_w=wd_s\rho_w$，$m=d_s(1+w)\rho_w$。则

$$\rho=\frac{m}{V}=\frac{d_s(1+w)\rho_w}{1+e}$$

$$\rho_d=\frac{m_s}{V}=\frac{d_s\rho_w}{1+e}=\frac{\rho}{1+w}$$

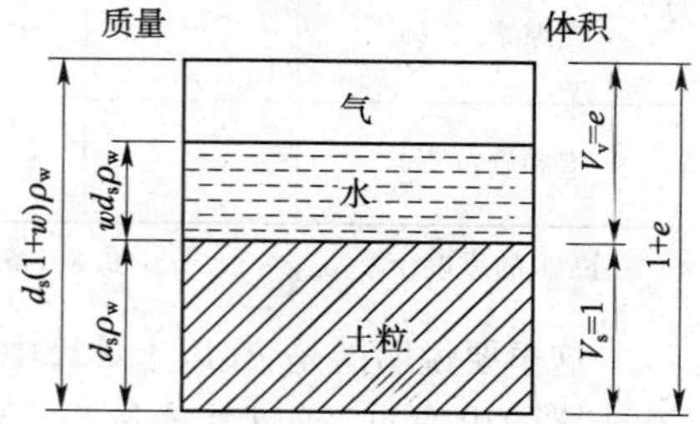

图 1.3.2 土的三相物理指标换算图

由上式

$$e=\frac{d_s\rho_w}{\rho_d}-1=\frac{d_s(1+w)\rho_w}{\rho}-1$$

$$\rho_{sat}=\frac{m_s+V_v\rho_w}{V}=\frac{(d_s+e)\rho_w}{1+e}$$

$$\rho'=\frac{m_s-V_s\rho_w}{V}=\frac{m_s-(V-V_v)\rho_w}{V}$$

$$=\frac{m_s+V_v\rho_w-V\rho_w}{V}=\rho_{sat}-\rho_w$$

或

$$\rho'=\frac{m_s-V_s\rho_w}{V}=\frac{(d_s-1)\rho_w}{1+e}$$

$$n=\frac{V_v}{V}=\frac{e}{1+e}$$

$$S_r=\frac{V_w}{V_v}=\frac{m_w}{V_v\rho_w}=\frac{wd_s}{e}$$

土的三相比例指标换算公式一并列于表 1.3.3。

土的三相比例指标换算公式 表 1.3.3

名　　称	符号	三相比例表达式	常用换算式	常见的数值范围
含水率/(%)	w	$w=\frac{m_w}{m_s}\times100\%$	$w=\frac{S_re}{d_s}=\frac{\rho}{\rho_d}-1$	20～60
土粒比重	d_s	$d_s=\frac{m_s}{V_s\rho_w}$	$d_s=\frac{S_re}{w}$	黏性土：2.72～2.75 粉土：2.70～2.71 砂土：2.65～2.69
密度/(g/cm³)	ρ	$\rho=\frac{m}{V}$	$\rho=\rho_d(1+w)$ $\rho=\frac{d_s(1+w)}{1+e}\rho_w$	1.6～2.0
干密度/(g/cm³)	ρ_d	$\rho_d=\frac{m_s}{V}$	$\rho_d=\frac{\rho}{1+w}=\frac{d_s\rho_w}{1+e}$	1.3～1.8
饱和密度/(g/cm³)	ρ_{sat}	$\rho_{sat}=\frac{m_s+V_v\rho_w}{V}$	$\rho_{sat}=\frac{d_s+e}{1+e}\rho_w$	1.8～2.3

续上表

名称	符号	三相比例表达式	常用换算式	常见的数值范围
有效密度/(g/cm^3)	ρ'	$\rho'=\dfrac{m_s-V_s\rho_w}{V}$	$\rho'=\rho_{sat}-\rho_w$ $\rho'=\dfrac{d_s-1}{1+e}\rho_w$	0.8～1.3
孔隙比	e	$e=\dfrac{V_v}{V_s}$	$e=\dfrac{d_s\rho_w}{\rho_d}-1$ $e=\dfrac{d_s(1+w)\rho_w}{\rho}-1$	黏性土和粉土:0.40～1.20 砂土:0.3～0.9
孔隙率/(%)	n	$n=\dfrac{V_v}{V}\times100\%$	$n=\dfrac{e}{1+e}=1-\dfrac{\rho_d}{d_s\rho_w}$	黏性土和粉土:30～60 砂土:25～45
饱和度/(%)	S_r	$S_r=\dfrac{V_w}{V_v}\times100\%$	$S_r=\dfrac{wd_s}{e}=\dfrac{w\rho_d}{n\rho_w}$	0～100

注:水的重度 $\gamma_w=\rho_w g=1t/m^3\times9.807m/s^2=9.807\times10^3(kg\cdot m/s^2)/m^3\approx10\ kN/m^3$。

这里要说明的是,在以上计算中,是以 $V_s=1$ 作为计算的出发点,其实以土的总体积 $V=1$ 作为计算的出发点,或以其他量为 1 都可以得出相同的结果。因为事实上,上述各个物理指标都是三相间量的相互比例关系,不是量的绝对值。因此,在换算时,可以根据具体情况决定采用某种方法。

【例 1.3.1】 一块原状土样,经试验测得土的天然密度 $\rho=1.67\ t/m^3$,含水率 $w=12.9\%$,土粒相对密度 $d_s=2.67$。求孔隙比 e、孔隙率 n 和饱和度 S_r。

【解】

(1)$e=\dfrac{d_s(1+w)\rho_w}{\rho}-1=\dfrac{2.67\times(1+0.129)}{1.67}-1=0.805$

(2)$n=\dfrac{e}{1+e}=\dfrac{0.805}{1+0.805}=44.6\%$

(3)$S_r=\dfrac{wd_s}{e}=\dfrac{0.129\times2.67}{0.805}=43\%$

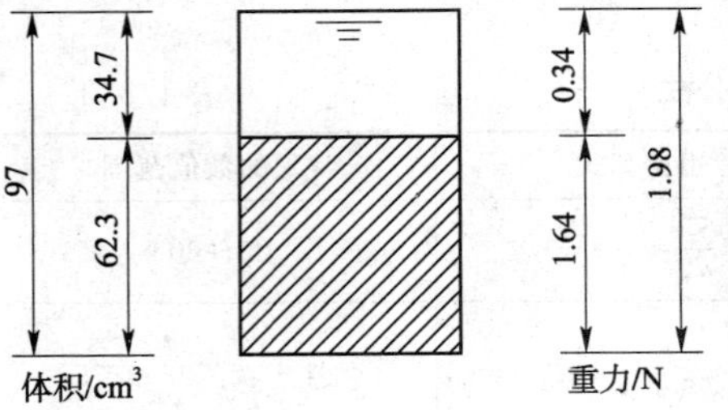

图 1.3.3 例 1.3.2 图

【例 1.3.2】 某饱和土体积为 97 cm^3,土的重力为 1.98 N,土烘干后重力为 1.64 N,求 w、e 及 γ_d。

【解】 饱和土体,指孔隙中全部被水充满,故三相图变成了两相图(图 1.3.3),已知土烘干后的重力也即土粒重力为 1.64 N,则水的重力为(1.98－1.64) N＝0.34 N。水的体积 $V_w=[0.34/(9.81\times10^{-3})]\ cm^3=34.7\ cm^3$,土粒体积 $V_s=(97-34.7)\ cm^3=62.3\ cm^3$,则:

$$w=\frac{0.34}{1.64}\times100\%=20.7\%$$

$$e=\frac{34.7}{62.3}=0.557$$

$$\gamma_d=\frac{1.64}{97}\ N/cm^3=16.9\times10^{-3}\ N/cm^3=16.9\ kN/m^3$$

第四节　无黏性土的密实度

影响砂、卵石等无黏性土工程性质的主要因素是密实度。若土颗粒排列紧密,其结构就稳定，压缩变形小，强度大，是良好的天然地基；反之，密实度小，呈疏松状态时，如饱和的粉细砂，其结构常处于不稳定状态，对工程不利。因此在工程中，对于无黏性土，要求达到一定的密实度。

判断无黏性土密实度最简便的方法是，用孔隙比 e 来描述，e 大，表示土中孔隙大，则土疏松。但由于颗粒的形状和级配对孔隙比有着极大的影响，而孔隙比 e 未能考虑级配的因素，因此在工程中常引入相对密实度的概念。

若将砂土处于最松散状态的 e 称为最大孔隙比 e_{max}，砂土处于最紧密状态时的 e 称为最小孔隙比 e_{min}。而当土粒粒径较均匀时，其 $e_{max}-e_{min}$ 差值较小，当土粒粒径不均匀时，其差值较大，因此利用砂土的最大最小孔隙比与所处状态的天然孔隙比 e 进行比较，能综合地反映土粒级配、土粒形状和结构等因素。该指标称为相对密实度 D_r，即

$$D_r=\frac{e_{max}-e}{e_{max}-e_{min}} \tag{1.4.1}$$

D_r 一般以百分数表示。显然，当 $D_r=0$，即 $e=e_{max}$ 时，表示砂土处于最疏松状态；$D_r=1$，即 $e=e_{min}$ 时，表示砂土处于最紧密状态。因此，根据 D_r 值可把砂土的密实度状态分为下列三种：

$0.67<D_r\leqslant 1$　　密实的

$0.33<D_r\leqslant 0.67$　　中密的

$0<D_r\leqslant 0.33$　　松散的

相对密实度试验适用于透水性良好的无黏性土，如纯砂、纯砾等。试验时，一般可采用松散器法测定最大孔隙比 e_{max}，采用振击法测定最小孔隙比 e_{min}。相对密实度对于土作为土工构筑物和地基的稳定性，特别是在抗震稳定性方面具有重要的意义。但由于天然状态砂土的孔隙比 e 值难以测定，尤其是位于地表下一定深度的砂层的测定更为困难，此外按规程方法，室内测定 e_{max} 和 e_{min} 时，人为误差也较大，因此，《建筑地基基础设计规范》(GB 50007—2011)采用标准贯入试验的锤击数 N 来评价砂类土的密实度，是一个行之有效的方法，根据 N 可将砂土分为松散、稍密、中密和密实四种密实度，其划分标准见表 1.4.1。

砂土密实度的划分　　表 1.4.1

砂土密实度	松散	稍密	中密	密实
N	$\leqslant 10$	$10<N\leqslant 15$	$15<N\leqslant 30$	>30

注：1. N 系标准贯入试验锤击数。

2. 当用静力触探探头阻力判定砂土的密实度时，可根据当地经验确定。

碎石可以根据野外鉴别方法划分为密实、中密、稍密、松散四种密实度状态。其划分标准见表1.4.2。

碎石土密实度野外鉴别方法　　表 1.4.2

密实度	骨架颗粒含量和排列	可挖性	可钻性
密实	骨架颗粒含量大于总重的 70%，呈交错排列，连续接触	锹镐挖掘困难；用撬棍方能松动；井壁一般较稳定	钻进极困难；冲击钻探时，钻杆、吊锤跳动剧烈；孔壁较稳定
中密	骨架颗粒含量等于总重的 60%～70%，呈交错排列，大部分接触	锹镐可挖掘；井壁有掉块现象，从井壁取出大颗粒处，能保持颗粒凹面形状	钻进较困难；冲击钻探时，钻杆、吊锤跳动不剧烈；孔壁有坍塌现象

续上表

密实度	骨架颗粒含量和排列	可挖性	可钻性
稍密	骨架颗粒含量等于总重的55%～60%，排列混乱，大部分不接触	锹可以挖掘；井壁易坍塌，从井壁取出大颗粒处，砂土立即坍落	钻进较容易；冲击钻探时，钻杆稍有跳动；孔壁易坍塌
松散	骨架颗粒含量小于总重的55%，排列十分混乱，绝大部分不接触	锹易挖掘，井壁极易坍塌	钻进很容易；冲击钻探时，钻杆无跳动；孔壁易坍塌

注：碎石土的密实度应按表列各项要求综合确定。

第五节　黏性土的物理特性

所谓黏性土，就是指具有可塑状态性质的土，它们在外力的作用下，可塑成任何形状而不发裂，当外力去掉后，仍可保持原形状不变。土的这种性质称为“可塑性”。含水率对黏性土的工程性质有着极大的影响。随着黏性土含水率的增大，土成泥浆，呈黏滞流动的液体。当施加剪力时，泥浆将连续变形，土的抗剪强度极低。当含水率逐渐降低到某一值时，土会显示出一定的抗剪强度，并具有可塑性。这些特征与液体完全不同，它表现为塑性体的特征。当含水率继续降低时，土能承受较大的剪切应力，在外力作用下不再具有塑性体特征，而呈现具有脆性的固体特征。

一、黏性土的界限含水率

黏性土从一种状态转变为另一种状态的分界含水率称为界限含水率。如图1.5.1所示，土由可塑状态变化到流动状态的界限含水率称为液限（或流限），用 w_L 表示；土由半固态变化到可塑状态的界限含水率称为塑限，用 w_p 表示；土由半固体状态不断蒸发水分，体积逐渐缩小，直到体积不再缩小时土的界限含水率称为缩限，用 w_s 表示。界限含水率首先由瑞典科学家阿特堡（Atterberg，1911）提出，故这些界限含水率又称为阿特堡界限。

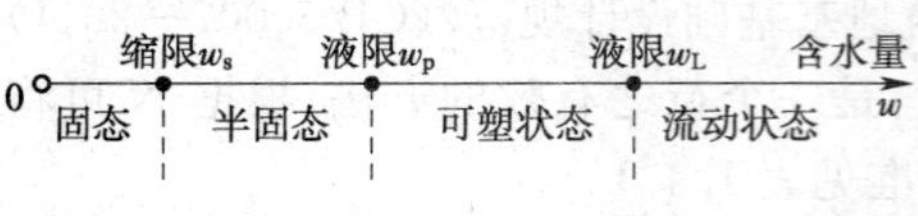

图1.5.1　黏性土的界限含水率

我国目前采用锥式液限仪（图1.5.2）来测定黏性土的液限。它是将调成浓糊状的试样装满盛土杯，刮平杯口面，使76 g重圆锥体（含有平衡球，锥角为30°）在自重作用下徐徐沉入试样，如经过15 s，深度恰好为10 mm时，该试样的含水率即为液限 w_L 值。

在欧美等国家大都采用碟式液限仪（图1.5.3）测定液限。它是将浓糊状试样装入碟内，刮平表面，用切槽器在图中划一条槽，槽底宽2 mm，然后将碟子抬高10 mm，自由下落撞击在硬橡皮垫板上。连续下落25次后，如土槽合拢长度刚好为13 mm，该试样的含水率就是液限。

塑限多用搓条法测定。把塑性状态的土重塑均匀后，用手掌在毛玻璃板上把土团搓成小土条，搓滚过程中，水分渐渐蒸发，若土条刚好搓至直径为3 mm时产生裂缝并开始断裂，此时土条的含水率即为塑限 w_p 值。

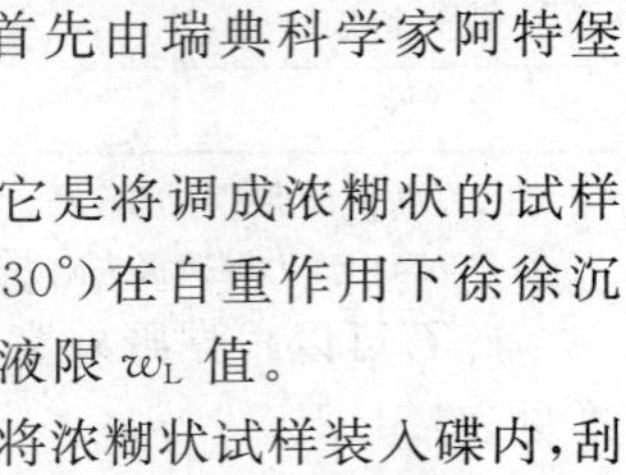

图1.5.2　锥式液限仪

由于上述方法采用人工操作，人为因素影响较大，测试成果不稳定，因此多年来许多单位都在探索一些新的方法，如液、塑限联合测定法。联合测定法是采用锥式液限仪以电磁放锥，利用光电方式测读锥入土中深度。试验时，一般对三个不同含水率的试样进行测试，在双对数坐标纸上作出各次锥入土深度及相应含水率的关系曲线(大量试验表明其接近于一直线，见图 1.5.4)，则对应于圆锥体入土深度为 10 mm 及 2 mm 时土样的含水率就分别为该土的液限和塑限。

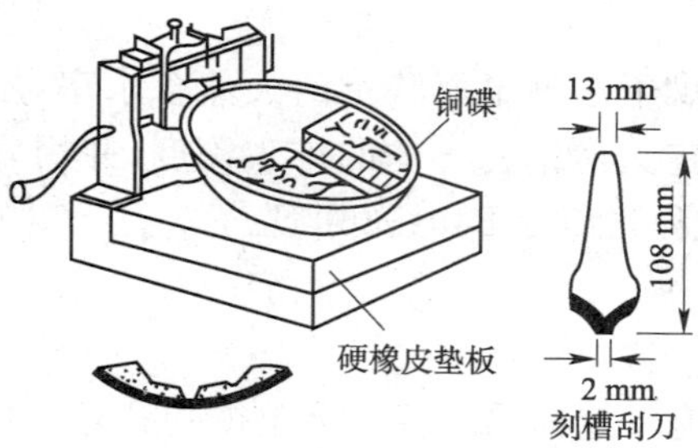

图 1.5.3　碟式液限仪

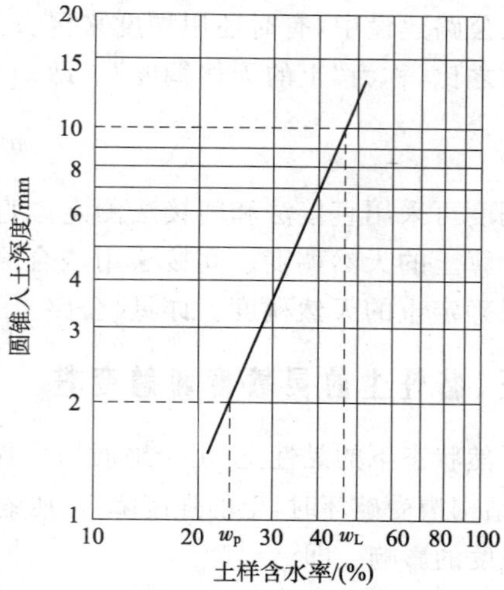

图 1.5.4　圆锥入土深度与含水率关系

二、黏性土的塑性指数和液性指数

液限与塑限之差值定义为塑性指数 I_p，即

$$I_p = w_L - w_p \tag{1.5.1}$$

塑性指数习惯上常用不带“%”的百分数表示。从式(1.5.1)可见，I_p 正好是土处于可塑状态的上限和下限含水率。I_p 越大，表明土的颗粒越细，比表面积越大，土的黏粒或亲水矿物(如蒙脱石)含量越高，土处在可塑状态的含水率变化范围就越大。也就是说塑性指数能综合地反映土的矿物成分和颗粒大小的影响，因此，塑性指数常作为工程上对黏性土进行分类的依据。

虽然土的天然含水率对黏性土的状态有很大影响，但对于不同的土，即使具有相同的含水率，如果它们的塑限、液限不同，则它们所处的状态也就不同。因此，还需要一个表征土的天然含水率与分界含水率之间相对关系的指标，这就是液性指数。即

$$I_L = \frac{w - w_p}{w_L - w_p} = \frac{w - w_p}{I_p} \tag{1.5.2}$$

液性指数一般用小数表示。由式(1.3.2)可见，当土的天然含水率 w 小于 w_p 时，I_L 小于 0，土体处于坚硬状态；当 w 大于 w_L 时，I_L 大于 1，土体处于流动状态；当 w 在 w_p 和 w_L 之间时，$I_L = 0 \sim 1$，土体处于可塑状态。因此可以利用 I_L 来表示黏性土所处的软硬状态。

《建筑地基基础设计规范》(GB 50007—2011)规定：黏性土根据液性指数可划分为坚硬、硬塑、可塑、软塑和流塑五种软硬状态。其划分标准见表 1.5.1。

黏性土的状态　　表 1.5.1

状态	坚硬	硬塑	可塑	软塑	流塑
液性指数	$I_L \leqslant 0$	$0 < I_L \leqslant 0.25$	$0.25 < I_L \leqslant 0.75$	$0.75 < I_L \leqslant 1.0$	$I_L > 1.0$

尚需注意，w_p 与 w_L 都是由扰动土样确定的指标，土的天然结构已被破坏，所以用 I_L 来

判断黏性土的软硬程度，没有考虑土原有结构的影响。在含水率相同时，原状土要比扰动土坚硬。因此，用上述标准判断扰动土的软硬状态是合适的，但对原状土则偏于保守。通常当原状土的天然含水率等于液限时，原状土并不处于流塑状态，但天然结构一经扰动，土即呈现出流动状态。

在公路建设中，有时还用稠度来区分黏性土的状态。土的液限与天然含水率之差和塑性指数之比，称为"土的天然稠度"。即

$$w_c=\frac{w_L-w}{I_p} \tag{1.5.3}$$

稠度可采用直接法和间接法测定。直接法按烘干法测定原状土的天然含水率，用稠度公式计算土的天然稠度。间接法用联合测定仪测定天然结构土体的锥入深度，并用联合测定结果确定土的天然稠度。详见《公路土工试验规程》(JTG E40—2007)。

三、黏性土的灵敏度和触变性

天然状态下的黏性土，由于地质历史作用常具有一定的结构性。当土体受到外力扰动作用，其结构遭受破坏时，土的强度降低，压缩性增高。工程上常用灵敏度 S_t 来衡量黏性土结构性对强度的影响。即

$$S_t=\frac{q_u}{q_u{}'} \tag{1.5.4}$$

式中，q_u、$q_u{}'$分别为原状土和重塑土试样的无侧限抗压强度。

根据灵敏度可将饱和黏性土分为低灵敏($1.0<S_t\leqslant2.0$)、中等灵敏($2.0<S_t\leqslant4.0$)和高灵敏($S_t>4.0$)三类。土的灵敏度越高，其结构性越强，受扰动后土的强度降低就越明显。因此，在基础工程施工中必须注意保护基槽，尽量减少对土结构的扰动。

与结构性相反的是土的触变性。饱和黏性土受到扰动后，结构产生破坏，土的强度降低。但当扰动停止后，土的强度随时间又会逐渐增长，这是土体中土颗粒、离子和水分子体系随时间而逐渐趋于新的平衡状态的缘故。也可以说土的结构逐步恢复而导致强度的恢复。黏性土结构遭到破坏，强度降低，但随时间发展土体强度恢复的胶体化学性质称为土的触变性。例如，打桩时会使周围土体的结构扰动，使黏性土的强度降低，而打桩停止后，土的强度会部分恢复，所以打桩时要"一气呵成"，才能进展顺利，提高工效，这就是受土的触变性影响的结果。

第六节　土的动力特征

在土木工程中，不论是土体的变形问题还是稳定问题，一般都认为荷载是静止的，不随时间而变化，称为静力问题。其实，土体也还经常会遇到天然振源和人工振源的动荷载的作用。前者如地震、波浪、风荷载等，后者如车辆荷载、爆破、打桩、强夯、机器基础振动等。土体在这些动荷载的作用下，强度和变形性质受到影响，可能造成土体破坏，但另一方面，也可利用动荷载进行地基处理，如强夯法、换填垫层法、振实法等。还可用其进行某些工程建设。

例如公路路堤、土坝及建筑场地的回填土等，以土作为建筑材料的工程。土体由于经过开挖、搬运及堆筑，原有结构遭到破坏，含水率发生变化，堆填时必然造成土体中留下很多孔隙，如不经人工压实，其均匀性差、抗剪强度低、压缩性大，水稳定性不良，往往难以满足工程的需要。因此，研究土在碾压，夯实和振动作用下的压实性是土工构筑物的重要课题。

地基土特别是饱和松散的粉细砂土在地震作用下，会表现出类似于液体性质而完全丧失承载力的现象，即振动液化现象，从而发生地表喷水冒砂、滑坡及地基失稳，最终导致建筑物或构筑物的破坏。如1976年唐山大地震时，液化区喷水高度达8 m，厂房沉降高达1 m，很多房屋结构、桥梁结构的破坏，道路路面的开裂，都是由于地基土的液化所引起的。

本节主要介绍土的压实性和振动液化问题，简介土的动力特征参数。

一、土的压实原理

上面提到，工程中广泛用到填土，如路基、堤坝、飞机跑道、平整场地修建建筑物，以及开挖基坑后回填土、吹填土等。这些填土都要经过压实，以减少其沉降量，降低其透水性，提高其强度。

实际工程中采用的压实方法很多，可归纳为碾压、夯实和振动三类。大量工程实践经验表明，对于过湿的黏性土进行碾压和夯实时会出现软弹现象，土体难以压实，对于很干的土进行碾压和夯实也不能把土充分压实；只有在适当的含水率范围内才能压实。在一定的压实功能下使土最容易压实，并能达到最大密实度时的含水率称为土的最优（或最佳）含水率，用 w_{op} 表示。与其相对应的干密度则称为最大干密度，以 ρ_{dmax} 表示。

土在外力作用下的压实原理，可以用结合水膜润滑理论及电化学性质来解释。一般认为，在黏性土中含水率较低、土较干时，由于土粒表面的结合水膜较薄，水处于强结合水状态，土粒间距小，粒间电作用力以引力占优势，土粒之间的摩擦力、黏结力都很大，所以土粒相对位移时阻力大，尽管有击实功能，但也还较难以克服这种阻力，因而压实效果差。随着土中含水率的增加，结合水膜增厚，土粒间距也逐渐增加，这时斥力增加，从而使土块变软，引力相对减小，压实功能比较容易克服粒间引力而使土粒相互位移，趋于密实，压实效果较好。表现为干密度增大，至最优含水率时，干密度达最大值。但当土中含水率继续增大时，虽然也能使粒间引力减少，但土中出现了自由水，而且水占据的体积越大，颗粒能够占据的相对体积就越小，击实时孔隙中过多的水分不易排出，同时也排不出气体，以封闭气泡的形式存在于土内，阻止了土粒的移动，击实仅能导致土粒更高程度的定向排列，而土体几乎不发生体积变化，所以干密度逐渐变小，击实效果反而下降。

由此可见，含水率不同，改变了土中颗粒间的作用力，并改变了土的结构与状态，从而在一定击实功能下，改变着击实效果。

砂和砂砾等粗粒土的压实性也与含水率有关，不过一般不进行室内击实试验，也不存在着一个最优含水率问题。一般在完全干燥或者充分洒水饱和的情况下容易压实到较大的干密度。潮湿状态下，由于毛细压力增加了粒间阻力，压实干密度显著降低。粗砂在含水率为4%～5%、中砂在含水率为7%左右时，压实干密度最小，如图1.6.1所示。所以，在压实砂砾时要充分洒水，使土料饱和。

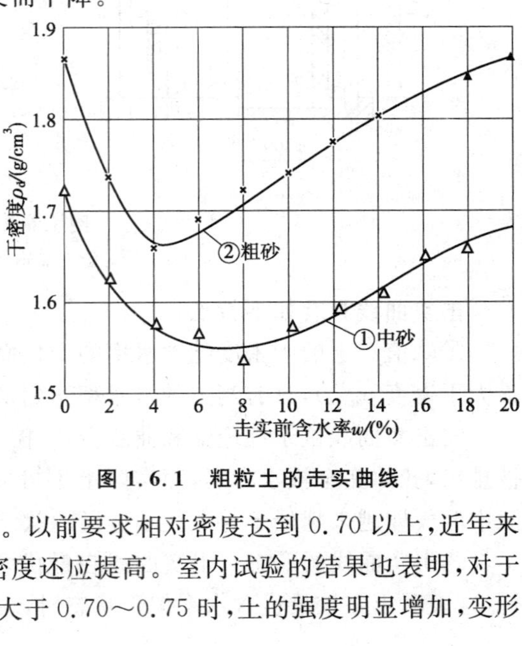

图 1.6.1 粗粒土的击实曲线

粗粒土的压实标准，一般用相对密度 D_r 控制。以前要求相对密度达到0.70以上，近年来根据地震震害资料的分析结果，认为高烈度相对密度还应提高。室内试验的结果也表明，对于饱和的粗粒土，在静力或动力的作用下，相对密度大于0.70～0.75时，土的强度明显增加，变形显著减小，可以认为相对密度 0.7～0.75 是力学性质的一个转折点。同时由于大功率的振动碾压机具的发展，提高碾压密实度成为可能。所以，我国现行的水工建筑物抗震设计规范规定，位于浸润线以上的粗粒土要求相对密度达到 0.7 以上，而浸润线以下的饱和土，相对密度则应达到0.75～0.85。这些标准对于有抗震要求的其他类型的填土，也可参照采用。

二、击实试验及其影响因素

(一)击实试验和击实曲线

在实验室进行土的击实试验，是研究土压实性的基本方法。试验分轻型和重型两种。轻型击实试验适用于粒径小于 5 mm 的黏性土，而重型击实试验适用于粒径不大于 20 mm 的土。击实试验所用的主要设备是击实仪，包括击实筒、击实锤及导筒等，不同规格的击实筒见图 1.6.2。击实筒用来盛装制备土样，击实锤用来对土样施以夯实力。试验时，将含水率 w 为一定值的扰动土样分层装入击实筒中，每铺一层(共 3～5 层)后均用击实锤按规定的落距和击数锤击土样，最后把被压实的土样充满击实筒。再由击实筒的体积和筒体与被压实土的总重计算出湿密度 ρ，同时测出含水率，并可由换算公式 $\rho_d=\dfrac{\rho}{1+w}$ 算出干密度 ρ_d。通常由一组几个(通常为 5 个)不同含水率的同一种土样分别按上述方法进行试验，得出几组 w—ρ_d 的试验数据，从而绘制一条曲线，如图 1.6.3 所示，称为“击实曲线”。详细试验方法和试验仪器见《土工试验方法标准》(GB/T 50123—1999)。

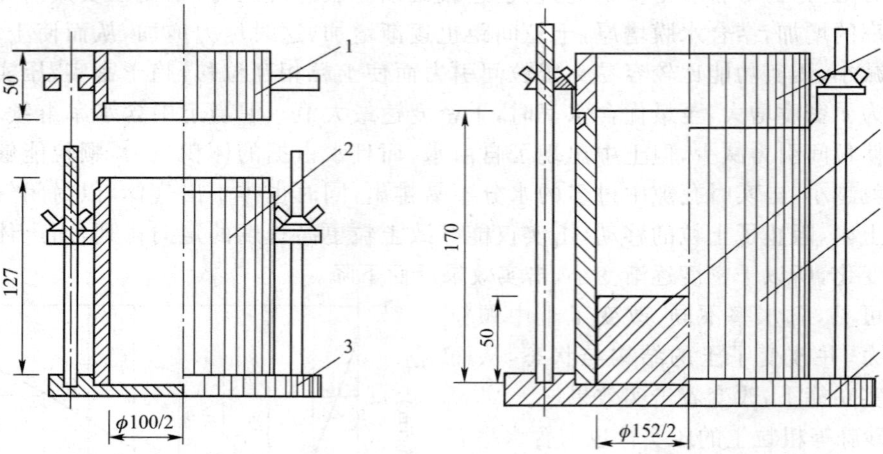

a)小击实筒　　b)大击实筒

图 1.6.2　击实筒示意

1-套筒；2-击实筒；3-底板；4-垫块

击实曲线具有如下特点：

①峰值。土的干密度随含水率的变化而变化，并在击实曲线上出现一个干密度峰值(即最大干密度 ρ_{dmax})，只有当土的含水率达到最优含水率时，才能得到这个峰值 ρ_{dmax}。

②击实曲线位于理论饱和曲线左边(图 1.6.3)。因为理论饱和曲线假定土中空气全部被排出，孔隙完全被水占据，而实际上不可能做到。因为当含水率大于最优含水率后，土孔隙中的气体越来越处于与大气不连通的状态，击实作用已不能将其排出土体。

③击实曲线的形态。击实曲线在最优含水率两侧左陡右缓，且大致与理论饱和曲线平行，这表明土在较最优含水率偏干状态时，含水率对土的密实度影响更为显著。

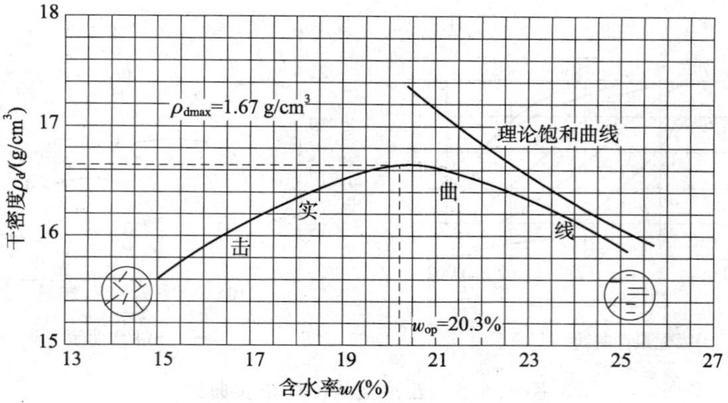

图 1.6.3 击实曲线

(二)影响击实效果的因素

影响击实效果的因素很多,但最重要的是含水率、击实功能和土的性质。

(1)含水率的影响

前已述及,对较干(含水率较小)的土进行夯实或碾压,不能使土充分压实;对较湿(含水率较大)的土进行夯实或碾压,同样也不能使土得到充分压实,此时土体还出现软弹现象,俗称"橡皮土";只有当含水率控制为某一适宜值(即最优含水率)时,土才能得到充分压实,得到土的最大干密度。

实践表明,当压实土达到最大干密度时,其强度并非最大。研究发现:在含水率小于最优含水率时,土的抗剪强度和模量均比最优含水率时高;但将其浸水饱和后,则强度损失很大。只有在最优含水率时浸水饱和后的强度损失最小,压实土的稳定性最好。

可见,含水率的影响是非常大的。

试验统计还证明:最优含水率 w_{op}与土的塑限 w_p 有关,大致为 $w_{op}=w_p+2$。土中黏土矿物含率越大,则最优含水率越大。

(2)击实功能的影响

夯击的击实功能与夯锤的质量、落高、夯击次数及被夯击的厚度等有关;碾压的压实功能则与碾压机具的质量、接触面积、碾压遍数及土层的厚度等有关。

对于同一土料,加大击实功能,能克服较大的粒间阻力,会使土的最大干密度增加,而最优含水率减小,如图1.6.4 所示。同时,当含水率较低时击数(能量)的影响较为显著。当含水率较高时,含水率与干密度的关系曲线趋近于饱和曲线,也就是说,这时靠加大击实功能来提高土的密实度是无效的。

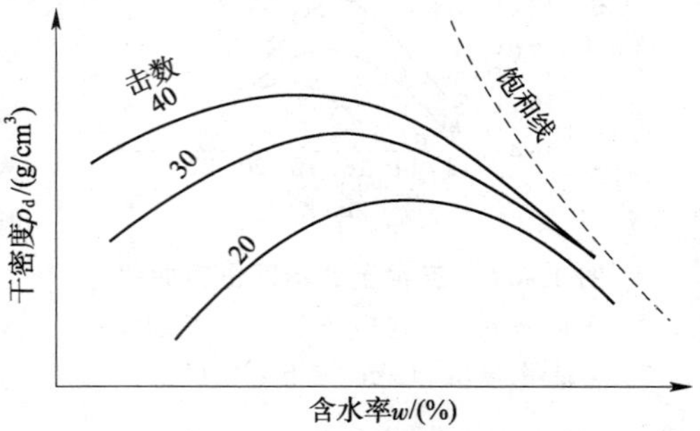

图 1.6.4 不同击数下的击实曲线

(3)土类的级配的影响

土颗粒的粗细、级配、矿物成分和添加的材料等因素对压实效果有影响。颗粒越粗,就越能在低含水率时获得最大干密度。图 1.6.5a)所示为 5 种不同粒径、级配的土料,在同一标准的击实试验中所得到的 5 条击实曲线见图 1.6.5b)。可见,含粗粒越多的土样的最大干密度越大,而最优含水率越小,即随着粗粒土增多,曲线形态不变,但朝左上方移动。

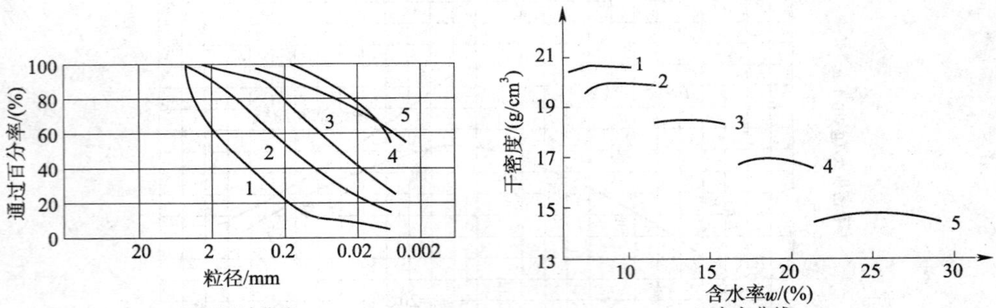

a)级配累计曲线　　　　b)击实曲线

图 1.6.5　五种土的不同击实曲线

土的级配对其压实性的影响也很大。级配良好的土，压实时细颗粒能填充到粗颗粒形成的孔隙中去，因而可以获得较高的干密度，反之，级配差的土料，颗粒级配越均匀，压实效果越差。对于黏性土，压实效果与其中的黏土矿物成分含量有关；添加木质素和铁基材料可改善土的压实效果。

砂性土也可用类似黏性土的方法进行试验。干砂在压力与振动作用下，容易密实；稍湿的砂土，因有毛细压力作用使砂土互相靠紧，阻止颗粒移动，击实效果不好；饱和砂土，毛细压力消失，击实效果良好。

(三)压实特性在现场填土中的应用

上述所揭示的土的压实特性是从室内击实试验中得到的，而现场碾压或夯实的情况与室内击实试验有差别。例如现场填筑时的碾压机械和击实试验的自由落锤的工作情况就不一样，前者大都是碾压而后者则是冲击。现场填筑中土在填方中的变形条件与击实试验时土在刚性击实筒中的也不一样，前者可产生一定的侧向变形，后者则完全受侧限。目前还未能从理论上找出二者的普遍规律。但为了把室内击实试验的结果用于设计与施工，有人曾经研究室内击实试验和现场碾压的关系。见图 1.6.6，它是以羊足碾不同碾压遍数的工地试验结果与室内击实试验结果的比较。从该图的大致比较说明，用室内击实试验来模拟工地压实是可靠的。

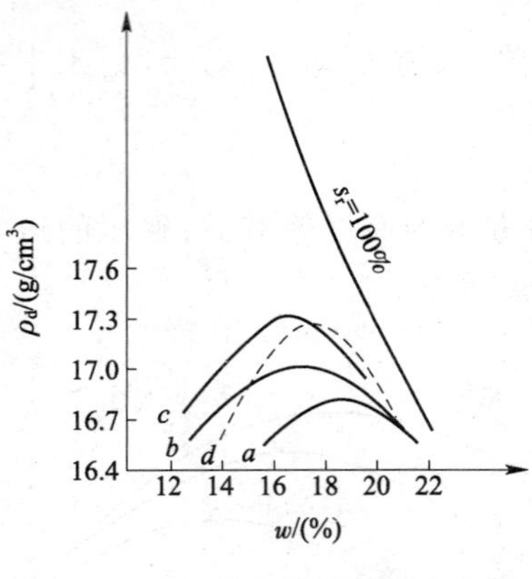

图 1.6.6　五种土的不同击实曲线

a-羊足碾，碾压 6 遍；*b*-羊足碾，碾压 12 遍；*c*-羊足碾，碾压 24 遍；*d*-普氏击实仪

在工程实践中，用土的压实度或压实系数来直接控制填方工程质量。压实系数用 λ 表示，它定义为工地压实时要求达到的干密度 ρ_d 与室内击实试验所得到的最大干密度 ρ_{dmax} 之比值，即

$$\lambda=\frac{\rho_d}{\rho_{dmax}} \tag{1.6.1}$$

可见，λ 值越接近 1，表示对压实质量的要求越高，这应用于主要受力层或者重要工程中。在高速公路的路基工程中，要求 $\lambda>0.95$，但是对于路基的下层或次要工程，λ 值可取得小一些。

在工地对压实度的检验，一般采用灌砂(水)法、湿度密度仪法或核子密度仪法来测定土的干密度和含水率。

【例 1.6.1】 某土料场土料为中液限黏质土，天然含水率 $w=21\%$，土粒相对密度 $d_s=2.70$。室内标准击实试验得到最大干密度 $\rho_{dmax}=1.85\ \text{g/cm}^3$。设计取压实系数 $\lambda=0.95$，并要求压实后土的饱和度 $S_r \leqslant 0.9$，问土料的天然含水率是否适用于填筑？碾压时土料应控制多大的含水率？

【解】 (1)求压实后土的孔隙比

填土干密度

$$\rho_d = \rho_{dmax}\lambda = 1.85 \times 0.95\ \mathrm{g/cm^3} = 1.76\ \mathrm{g/cm^3}$$

绘三相示意图见图 1.6.7，并设 $V_s = 1$，根据干密度 ρ_d 的定义，由三相图求得孔隙比 e 为

$$\frac{d_s}{1+e} = 1.76 \qquad e = 0.534$$

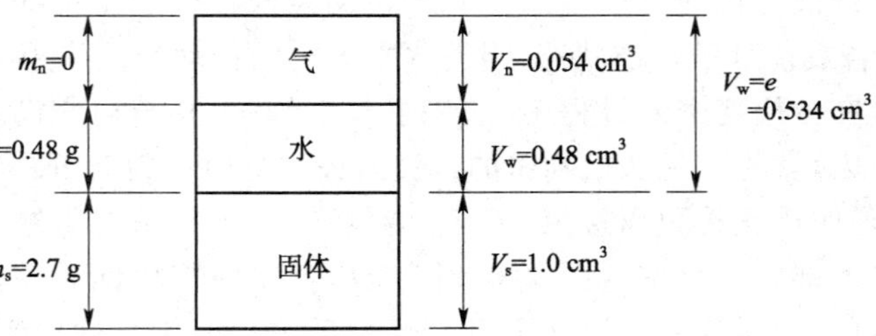

图 1.6.7 例 1.6.1 三相草图

(2)求碾压时的含水率

根据题意，按饱和度 $S_r = 0.9$ 控制含水率，则 $V_w = S_r V_v = 0.9 \times 0.534\ \mathrm{cm^3} = 0.48\ \mathrm{cm^3}$。因此，水的质量为

$$m_w = \rho_w V_w = 0.48\ \mathrm{g}$$

则含水率

$$w = \frac{m_w}{m_s} \times 100\% = \frac{0.48}{2.70} \times 100\% = 17.8\% < 21\%$$

即碾压时的含水率应控制在 18% 左右。料场含水率高 3% 以上，不适于直接填筑，应进行翻晒处理。

三、土的振动液化

土体液化是指饱和状态砂土或粉土在一定强度的动荷载作用下表现出类似液体性质而完全丧失承载力的现象。地震、波浪、车辆、机械振动、打桩以及爆破等都可能引起饱和砂土或粉土的液化。其中又以地震引起的大面积甚至深层的土体液化的危害性最大，它具有面广、危害重等特点，常能造成场地的整体性失稳。因此，近年来引起国内外工程界的普遍重视，成为工程抗震设计的主要内容之一。

(一)砂土液化造成灾害的宏观表现

①喷砂冒水。液化土层中出现相当高的孔隙水压力，会导致低洼的地方或土层缝隙处喷出砂、水混合物。喷出的砂粒可能破坏农田，淤塞渠道。喷砂冒水的范围往往很大，持续时间可达几小时甚至几天，水头可高达 2～3 m。

②震陷。液化时喷砂冒水带走了大量土粒，地基产生不均匀沉陷，使建筑物倾斜、开裂，甚至倒塌。例如 1964 年日本新潟地震时，有的建筑物结构本身并未损坏，却因地基液化而发生整体倾斜。又如 1976 年唐山地震时，天津某农场高 10 m 左右的砖砌水塔，因其西北角处地基喷砂冒水，水塔整体向西北倾斜了 6°。

③滑坡。在岸坡或坝坡中的饱和砂、粉土层，由于液化而丧失抗剪强度，使土坡失去稳

定，沿着液化层滑动，形成大面积滑坡。1971 年美国加州坝在地震中即发生上游坝坡大滑动。研究证明这是因为在地震振动即将结束时，在靠近坝底和黏土心墙上游面处广阔区域内砂土发生液化的缘故。1964 年美国阿拉斯加地震中，海岸的水下沼滑卷走了许多港口设施，并引起海岸涌浪，造成沿海地带的次生灾害。

④上浮。贮罐、管道等空腔埋置结构可能在周围土体液化时上浮，对于生命线工程来讲，这种上浮常常引起严重的后果。

(二)砂土液化的机理

地震时，在烈度比较高的地区常常发生喷砂冒水现象，这种现象就是地下砂层发生液化的宏观表现。砂土的液化机理可以用图 1.6.8 说明。假定砂土是一些均匀的圆球，排列如图 1.6.8a)所示。若震前处于松散状态，当受水平方向的振动荷载作用时，颗粒要挤密，最终形成紧密的排列。在由松变密的过程中，如果土是饱和的，孔隙内充满水，且孔隙水在振动的短时间内排不出去，就将出现从松到密的过渡阶段。这时颗粒离开原来位置，而又未落到新的稳定位置上，与四周颗粒脱离接触，处于悬浮状态。这种情况下颗粒的自重，连同作用在颗粒上的荷载将全部由水承担。图 1.6.8b)表示容器内装填饱和砂，并在砂中装一测压管。摇动容器，即可见测压管水位迅速上升。这种现象表明饱和砂中因振动出现超静孔隙水压力。根据有效应力原理，土的抗剪强度 τ_f 为

显然，孔隙水压力 u 增加，抗剪强度随之减小。如果振动强烈，孔隙水压力增长很快而又消散不了，则可能发展到 $u=\sigma$(总应力)，导致 $\tau_f=0$。这时，土颗粒完全悬浮于水中，成为黏滞流体，抗剪强度 τ_f 和抗剪刚度 G 几乎都等于零，土体处于流动状态，即砂土液化了。

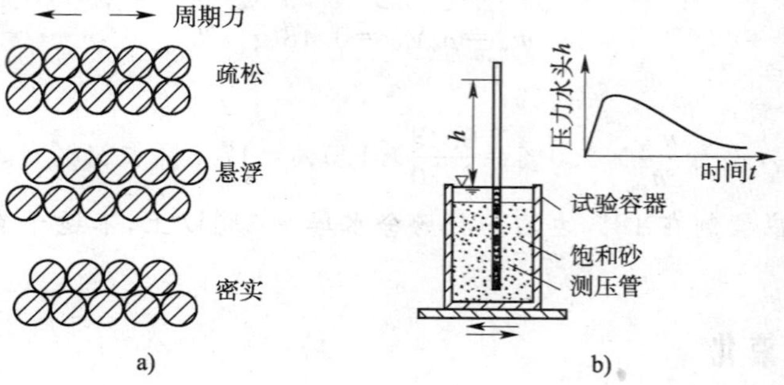

图 1.6.8　土的液化机理

$$\tau_f=(\sigma-u)\tan\varphi \tag{1.6.2}$$

若地基由几层土所组成，且较易液化的砂层被覆盖在不易液化的土层下面。地震时，往往地基内部的砂层首先发生液化，在砂层内产生很高的超静孔隙水压力，引起自下而上的渗流。当上覆土层中的渗流坡降大于临界坡降时，原来在振动中没有液化的土层，在渗透水流的作用下也处于悬浮状态，砂层及上覆土层中的颗粒随水流喷出地面，这种现象称为“渗流液化”。这种情况下，表征地基液化的喷水冒砂现象在地震过程中并未表现出来，而在地震结束后才出现，并且要持续相当长的时间，因为液化砂层内孔隙水压力通过渗流消散，需要一段相当长的时间。

所以，还可从振动时孔隙水压力的发展来解释砂土液化机理。

砂土在排水的条件下剪切时体积将发生膨胀或缩小现象，一般为“松砂剪缩、密砂剪胀”的规律。而在不排水条件下受力剪切，体积的变化趋势也表现为超静孔隙水压力的发展，其值可正可负。土受周期荷载作用，实际上是受反复的剪切作用，因此在不排水的条件下必然伴随着孔隙水压力的生成和发展。不过，与静应力作用有一点不同，就是不论是松砂或密

砂，每一次应力循环都要引起正值的孔隙水压力的增加，松砂增加得快，密砂增加得慢。最后发展到松砂中的孔隙水压力 $u=\sigma$ 时，流沙现象产生。

(三)影响土液化的主要因素

(1)土类

土类是一个重要的条件。黏性土具有黏聚力，即使孔隙水压力等于全部有效应力，抗剪强度也不会全部丧失，难以发生液化。砾石等粗粒土，由于透水性好，孔隙水压力易于消散，在周期荷载作用下，孔隙水压力亦不易积累增长，因而一般也不会产生液化。没有黏聚力或黏聚力相当小，处于地下水位以下的粉、细砂和粉土，渗透系数比较小，不足以在第二次荷载(例如地震时的剪切波)施加之前把孔隙水压力全部消散掉，才具有积累孔隙水压力并使强度完全丧失的内部条件。因此，土的粒径大小和级配是一个重要因素。试验及实测资料都表明：粉、细砂土和粉土比中、粗砂土容易液化；级配均匀的砂土比级配良好的砂土容易发生液化。有文献提出，平均粒径 $d_{50}=0.05\sim0.09$ mm 的粉细砂最易液化。而根据多处震害调查实例却发现，实际发生液化的土类范围更广一些。可以认为，在地震作用下发生液化的饱和土的平均粒径 d_{50} 一般小于 2 mm，黏粒含量一般低于 10%～15%，塑性指数 I_p 常在 8 以下。

(2)土的密度

松砂在振动中体积易于缩小，孔隙水压力上升快，故松砂比较容易液化。1964 年日本新潟地震表明，相对密实度 D_r 为 0.5 的地方普遍液化，而相对密度大于 0.7 的地方就没有液化。关于海城地震砂土液化的报告中亦提到，7 度的地震作用下，相对密度大于 0.5 的砂土不会液化；砂土相对密度大于 0.7 时，即使 8 度地震也不易发生液化。根据砂土液化的概念可知，往复剪切时，孔隙水压力增长的原因在于松砂的剪缩性(在剪切过程中，砂土体积缩小的性质)，而随着砂土密度的增大，其剪缩性会减弱，一旦砂土开始具有剪胀性的时候，剪切时内部便产生负的孔隙水压力，土体阻抗反而增大了，因而不可能发生液化。

(3)土的初始应力状态

在地震作用下，土中孔隙水压力等于固结压力是初始液化的必要条件。因此固结压力越大，则在其他条件相同时越不易发生液化。试验表明，对于同样条件的土样，发生液化所需的动应力将随着固结压力的增加而成正比例地增加。显然，土单元体的固结压力是随着它的埋藏深度和地下水位深度而直线增加的，然而，地震在土单元体中引起的动剪应力随深度的增加却不如固结压力的增加来得快。于是，土的埋藏深度和地下水位深度，即土的有效覆盖压力大小就成了直接影响土体液化可能性的因素。前述关于海城地震砂土液化的考察报告指出，有效覆盖压力小于 50 kPa 的地区，液化普遍且严重；有效覆盖压力介于 50～100 kPa 的地方，液化现象较轻；而未发生液化地段，有效覆盖压力大多大于 100 kPa。调查资料还表明，埋藏深度大于 20 m 时，甚至松砂也很少发生液化。

(4)往复应力强度与往复次数

图 1.6.9 是周期加荷单剪仪液化试验的典型结果。由图可见，对于给定的固结压力 σ_v 和不同相对密实度 D_r，就同一种土类而言，往复应力越小，则需越多的振动次数才可产生液化，反之，则在很少振动次数时，就可产生液化。现

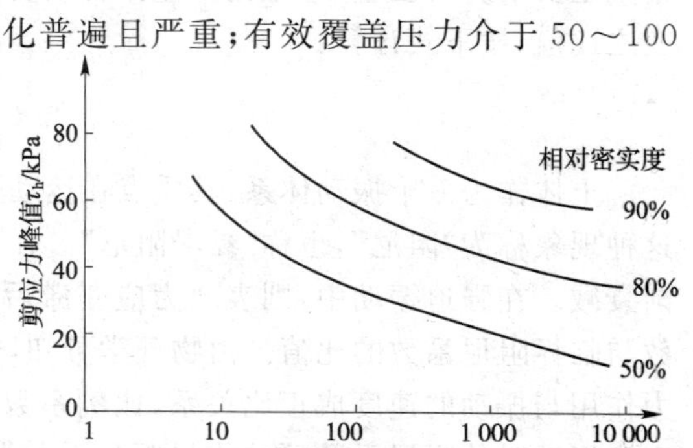

图 1.6.9 某砂样周期单剪试验的初始液化曲线

($\sigma_v=784.8$ kPa)

场的震害调查也证明了这一点。如 1964 年日本新潟地震时，记录到地面最大加速度为 $0.16\times10^{-2}\ m/s^2$，其余 22 次地震的地面加速度变化为 $0.005\sim0.12\times10^{-2}\ m/s^2$，但都没有发生液化。同年美国阿拉斯加地震时，安科雷奇滑坡是在地震发生后 90 s 才发生，这表明要持续足够的应力周期后，才发生液化和土体失去稳定性。

(四)土体液化判别及防治措施简介

自然界的土体，即使是饱和松散的砂土，在地震荷载作用下，都不一定发生土体液化，因为它与许多因素有关。所以还存在一个土体液化可能性的判断问题。

已有的方法主要是现场调查。例如我国 1976 年唐山大地震后，中国科学院及有关单位开展了大量的、卓有成效的现场调查工作。调查内容涉及场地地震震级、震中距或烈度、持续时间；场地土层剖面，主要是各埋藏土层的类别、埋深、厚度、重度和地下水位；影响土体抗液化能力的主要物理力学参数，特别是应用较多，简单方便的标准贯入试验锤击数等。归纳总结了经验判别公式：

$$N_{cr}=N_0[1+0.1(d_s-3)-0.1(d_w-2)]\sqrt{\frac{3}{\rho_c}} \tag{1.6.3}$$

式中，N_{cr}为液化判别标准贯入锤击数临界值；N_0 为液化判别标准贯入锤击数基准值，对应于烈度为 7、8、9 时，考虑近震则采用 6、10、16，考虑远震则采用 8、12(远震无 9 度)；d_s 为标准贯入锤击数 N 所对应的土层埋深(m)；d_w 为场地地下水位深度(m)；ρ_c 为土中黏粒含量百分数，小于 3 时采用 3。

当实测标准贯入锤击数 N 小于 N_{cr}时，相应的土层即应判为可能液化。多次地震调查资料都证明用式(1.6.3)进行判别的结果与宏观现象基本一致。

防止土体液化的措施，主要从加强基础和清除或减轻液化可能性两方面入手。前者可采取桩基等深基础，使桩穿过液化土层，桩端进入稳定土层中；后者有换土、加密、胶结及设置排水系统等地基处理方法。

四、土的动力特征参数简介

进行土体动力反应分析时，需要有土的动力特征参数。土的动力特征参数包括：动弹性模量和动剪切模量、阻尼比或衰减系数、动强度和液化周期剪应力，以及振动孔隙水压力增长规律等。其中动剪切模量和阻尼比是表征土的动力特征的两个主要参数，本节简要介绍这两个动力特征参数。

土的动剪切模量 G_d 是指产生单位动剪应变时所需要的动剪应力，即动剪应力与动剪应变之比值，按下式计算：

$$G_d=\frac{\tau_d}{\varepsilon_d} \tag{1.6.4}$$

土体作为一个振动体系，其质点在运动过程中由于黏滞摩擦作用而有一定的能量损失，这种现象称为“阻尼”，也称“黏滞阻尼”。在自由振动中，阻尼表现为质点的振幅随振次而逐渐衰减。在强迫振动中，则表现为应变滞后于应力而形成滞回圈。土的阻尼比是指阻尼系数与临界阻尼系数的比值。由物理学可知，非弹性体对振动波的传播有阻尼作用，这种阻尼力作用与振动的速度成正比关系，比例系数即为阻尼系数。使非弹性体产生振动过渡到不产生振动时的阻尼系数，称“临界阻尼系数”。阻尼比是衡量吸收振动能量的尺度。地基或土工建筑物振动时，阻尼有两类，一类是逸散阻尼，另一类是材料阻尼。前者是土体中积蓄的振动能以表面波或体波(包含剪切波和压缩波)向四周和向下方扩散而产生的，后者是由土粒间摩擦和孔隙中水与气体的黏滞性产生的。

土动力问题研究应变的范围很大，从精密设备基础振幅很小的振动到强烈地震或核爆炸的震害，剪应变从 10^{-6} 到 10^{-2}。在这样广阔的应变范围内，土动力计算中所用的特征参数，需用不同的测试方法来确定。对于动剪切模量和阻尼比，可用表 1.6.1 所列各种室内外试验方法测定。

动剪切模量和阻尼比的试验方法表 表 1.6.1

室内试验方法			原位测试方法		
试验方法	动剪切模量	阻尼比	试验方法	动剪切模量	阻尼比
超声波脉冲	√		折射法	√	
共振柱	√	√	反射法	√	
周期三轴剪		√	表面波速法	√	
周期单剪	√	√	钻孔波速法	√	
周期扭剪	√	√	动力旁压试验		√
			标准贯入试验	√	

土动力测试和其他土工试验一样，尽管原位测试可以得到代表实际土层性质的测试资料，但限于原位试验的条件和较大的试验费用，通常在原位只做小应变试验，而在实验室内则可以做从小应变到大应变的试验。

室内测定土的动力参数，主要仪器是室内振动三轴仪。它的种类很多，可按动荷载施加的方式分为气动式、液压式、电磁式等，也可按动荷载作用方向不同分为单向式和双向式。

我国应用较多的是电磁式单向激振振动三轴仪，其主机部分如图 1.6.10 所示，它主要由土样压力室、激振器和气垫三部分组成。土样压力室与静力三轴仪相似，是一个有机玻璃的圆筒，里面充入压缩空气和压力水以后，可对土样施加侧向静荷载。激振器包括激振线圈（动圈）、励磁线圈（定圈）及磁路，其作用是输入一定频率的电信号以后，能产生一个施加于土样的轴向动荷载。气垫由金属波纹管构成，通入压缩空气以后，可对土样施加轴向静荷载。下活塞、压力传感器、激振线圈和气垫顶部由传力轴联成一个刚性的活动整体，并由导向轮保证它做轴向运动。振动三轴仪除主机外，通常还有轴向动力控制装置、轴向和侧向静力控制系统、参数测读仪表系统三部分（图 1.6.10 中未表示）。

试验时，对圆柱形土样施加轴向周期压力，直接测量土样的应力和应变值，从而绘出应力应变曲线，如图 1.6.11 所示，称为滞回曲线。试验所得滞回曲线是在周期荷载作用下的结果，滞回圈两顶点的连线的斜率就是该应力水平下土的动弹性模量 E_d，而动剪切模量 G_d 则可由下式求出

$$G_d=\frac{E_d}{2(1+\mu)} \tag{1.6.5}$$

式中，μ 为土的泊松比。

土的阻尼比可由如图 1.6.11 所示的滞回圈按下式求得

$$\xi=\frac{\Delta F}{4\pi F} \tag{1.6.6}$$

式中，ΔF 为滞回圈包围的面积，表示加荷与卸荷的能量损失；F 为滞回圈顶点至原点的

连线与横坐标所形成的直角三角形的面积，表示加荷与卸荷的应变能。

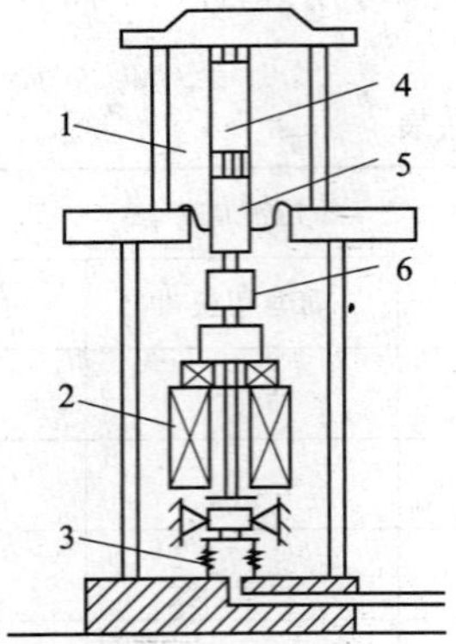

图 1.6.10　振动三轴仪主机示意

1-土样压力室；2-激振器；3-气垫；4-土样；5-土样活塞；6-压力传感器；7-压缩空气

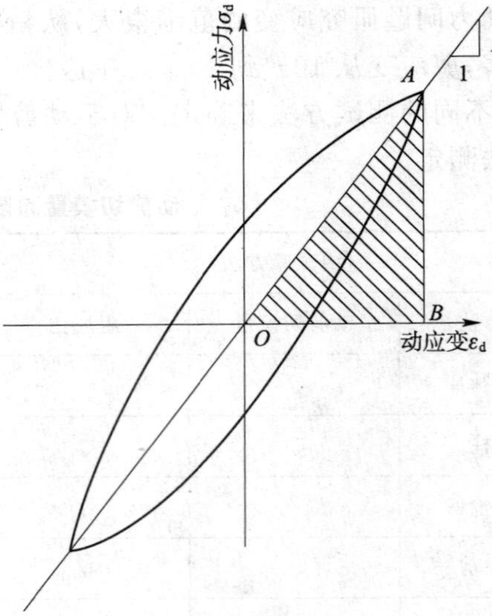

图 1.6.11　动应力与动应变关系曲线

动力试验表明土的动应力动应变具有强烈的非线性性质，滞回圈位置和形状随动应变幅值的大小而变化。一般而言，当动应变幅值小于 10^{-5} 量级时，参数 $E_d(G_d)$和 ξ 可视作常量，即作为线性变形体看待。随着动应变幅值的增大，土的模量逐步减小，阻尼比逐步加大。因此，为土体动力分析选用变形参数时，应考虑土的这种非线性特点，对应于动应变幅值的不同量级，选用不同的模量和阻尼比。

第二章　土中应力计算

第一节　土的自重应力

若将地基视为均质的半无限体，土体在自重作用下只能产生竖向变形，而无侧向位移及剪切变形存在。因此，在深度 z 处平面上，土体因自身重力产生的竖向应力 σ_{cz}（以下简称自重应力）就等于单位面积上土柱的重力 $\gamma z\times 1$，如图 2.1.1 所示。

一、均质土的自重应力

对于均质土（土的重度为常数），在地表以下深度 z 处自重应力应为

$$\sigma_{cz}=\gamma z \tag{2.1.1}$$

可见，自重应力 σ_{cz} 沿水平面均匀分布，且与 z 成正比，即随深度呈线性增加，如图 2.1.1 所示。

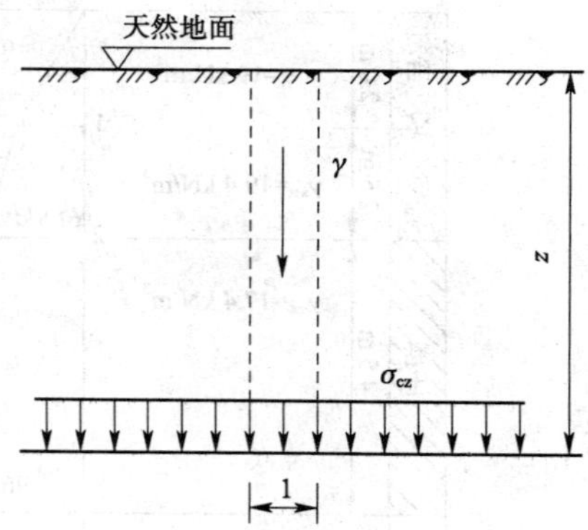

图 2.1.1　均质土中的竖向自重应力

地基土在重力作用下，除承受作用于水平面上的竖向自重应力外，在竖直面上还作用有水平的侧向自重应力。由于土柱体在重力作用下无侧向变形和剪切变形，可以证明，侧向自重应力 σ_{cx} 和 σ_{cy} 与 σ_{cz} 成正比，剪应力均为零，即

$$\sigma_{cx}=\sigma_{cy}=k_0\sigma_{cz}$$

$$\tau_{xy}=\tau_{yz}=\tau_{zx}=0$$

式中，比例系数 k_0 称为“土的侧压力系数”或“静止压力系数”。

二、成层土的自重应力

在一般情况下，天然地基往往由成层土所组成，设各土层的厚度为 h_i，重度为 γ_i，则深度 z 处土的自重应力可通过对各层土自重应力求和得到，即

$$\sigma_{cz}=\gamma_1 h_1+\gamma_2 h_2+\gamma_3 h_3+\cdots=\sum_{i=1}^{n}\gamma_i h_i \tag{2.1.2}$$

式中，n 为自天然地面至深度 z 处土的层数；h_i 为第 i 层土的厚度(m)；γ_i 为第 i 层土的天然重度，对地下水位以下的土层取有效重度 γ'(kN/m^3)。因为土受到水的浮力影响，其自重应力相应减少。但在地下水位以下，若埋藏有不透水层（例如岩层或只含结合水的坚硬黏土层），由于不透水层中不存在水的浮力，故层面及层面以下的自重应力应按上覆土层的水土总重计算。这样，紧靠上覆层与不透水层界面上下的自重应力有突变，使层面处具有两个自重应力值（图 2.1.2 点 3 处）。

【例 2.1.1】　试计算图 2.1.2 所示土层的自重应力及作用在基岩顶面的土自重应力和

静水压力之和，并绘制自重应力分布图。

【解】

$$\sigma_{cz1}=\gamma_1 h_1=19\times 2.0\ \text{kPa}=38\ \text{kPa}$$

$$\sigma_{cz2}=\gamma_1 h_1+\gamma_2' h_2=[38+(19.4-10)\times 2.5]\ \text{kPa}=61.5\ \text{kPa}$$

$$\sigma_{cz3}=\gamma_1 h_1+\gamma_2' h_2+\gamma_3' h_3=[61.5+(17.4-10)\times 4.5]\ \text{kPa}=96.6\ \text{kPa}$$

$$\sigma_w=\gamma_w(h_2+h_3)=10\times 7.0\ \text{kPa}=70\ \text{kPa}$$

作用在基岩顶面处土的自重应力为96.6 kPa，静水压力为70 kPa，总应力为(96.6+70) kPa=166.6 kPa。

还须注意：此处所讨论的自重应力是指土颗粒之间接触点传递的粒间应力，故又称为“有效自重应力”。一般土层形成地质年代较长，在自重作用下变形早已稳定，故自重应力不再引起建筑物基础沉降，但对于近期沉积或堆积的土层及地下水位升降等情况，尚应考虑自重应力作用下的变形，这是地下水位的变动引起土的重度改变的结果。如图2.1.3所示。在深基坑开挖中，需大量抽取地下水，以致地下水位大幅度下降，引起土的重度改变，因 $\gamma>\gamma'$，故自重应力增加，从而造成地表大面积下沉的严重结果。反之，若地下水位长期上升，如大量工业废水渗入地下的地区或在人工抬高蓄水水位地区，水位会引起地基承载力的减小、湿陷性土的陷塌现象等，必须引起注意。

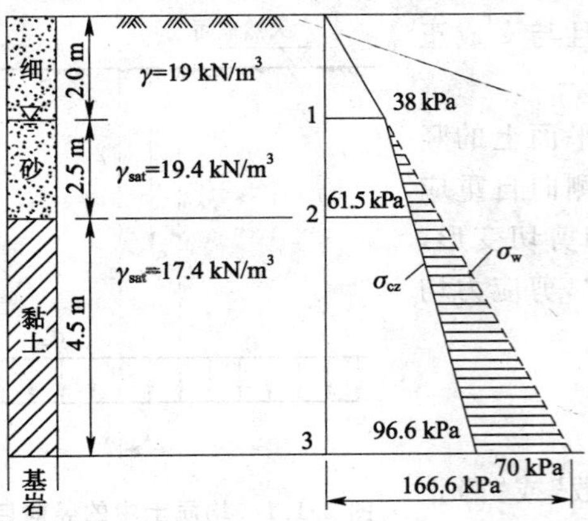

图 2.1.2 土的自重应力计算及其分布图

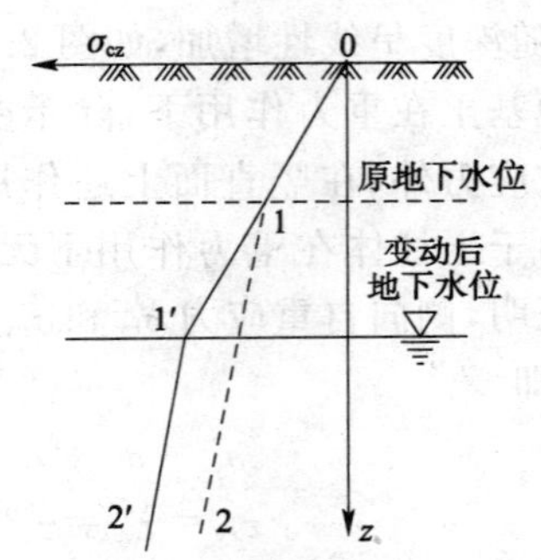

图 2.1.3 地下水位下降对土自重应力的影响

0、1、2—原来自重应力的分布；0、1′、2′—地下水位变动后自重应力的分布

第二节 基底压力

前已指出土中的附加应力是由于建筑物荷载等作用所引起的应力增量，而建筑物荷载是通过基础传给地基的，在基础底面与地基之间产生接触压力，通常称为“基底压力”。它既是基础作用于地基表面的力，也是地基对于基础的反作用力。为了计算上部荷载在地基土层中引起的附加应力，应首先研究基底压力的大小与分布情况。

一、基底压力分布

精确确定基底压力数值大小与分布形态，是一个很复杂的问题。因为基础与地基不是一种材料、一个整体，两者的刚度相差很大，变形不能协调。此外，它还与基础的刚度、平面形状、尺寸大小和埋置深度等有关，与作用在基础上的荷载性质、大小和分布情况及地基土的性质等众多因素有关。目前在弹性理论中主要是研究不同刚度的基础与弹性半空间表面间的接触压力分布问题。

柔性基础（如土坝、路基及油罐薄板）的刚度很小，好比放在地上的柔软薄膜，在垂直荷载作用下没有抵抗弯曲变形的能力，基础随着地基一起变形。因此，柔性基础接触压力分布与其上部荷载分布情况相同。在中心受压时，为均匀分布（图 2.2.1）。

刚性基础（如块式整体基础、素混凝土基础）本身刚度较大，受荷后基础不出现挠曲变形。由于地基与基础的变形必须协调一致，因此在调整基底沉降使之趋于均匀的同时，基底压力发生了转移。通常在中心荷载下，基底压力呈马鞍形分布，中间小而边缘大，如图 2.2.2a）所示；当基础上的荷载较大时，基础边缘由于应力很大，使土产生塑性变形，边缘应力不再增加，而使中央部分继续增大，基底压力重新分布而呈抛物线形，如图 2.2.2b）所示；若作用在基础上的荷载继续增大，接近于地基的破坏荷载时，应力图形又变成中部突出的钟形，如图 2.2.2c）所示。

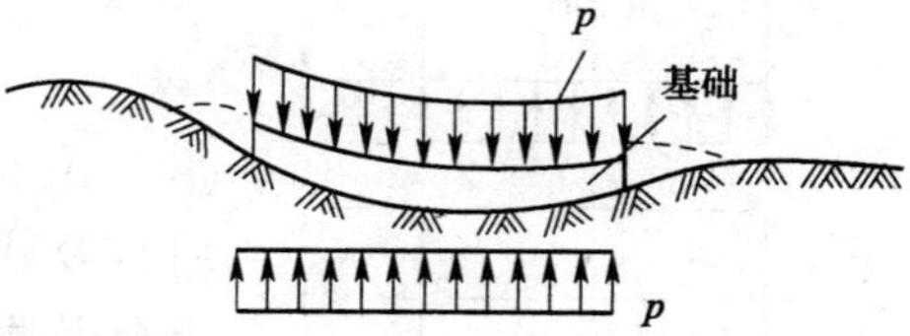

图 2.2.1　柔性基础基底压力分布

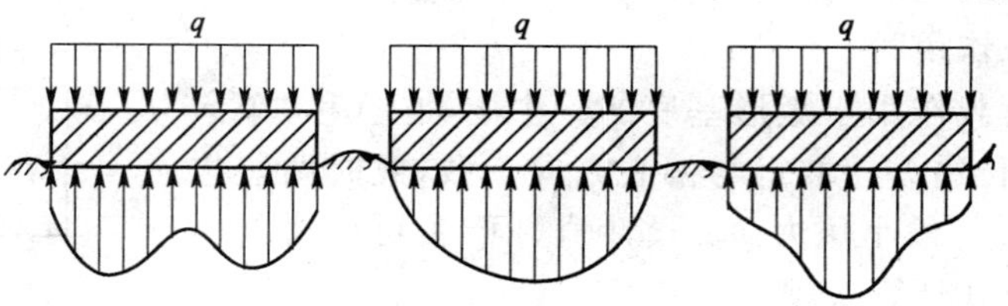

图 2.2.2　刚性基础基底压力分布

有限刚度基础底面的压力分布，可按基础的实际刚度及土的性质，用弹性地基上梁和板的方法计算，在本课程中不作介绍。

另外，通过于基础底面不同部位处预埋土压力盒测试，还可看到基础埋置深度与土的性质对基底压力分布形态的增加。当基础埋置一定深度时，由于基础周围土体约束，基础边缘土粒难以挤出，塑性区减小，边缘反力增加，使基础压力趋于均匀分布。当基础置于砂土时，基底边缘砂粒易于侧向挤出，塑性区减小，边缘迅速开展，反力趋于均匀分布。当基础置于砂土时，基底边缘砂粒易于侧向挤出，塑性区随荷载增加迅速开展，反力趋于抛物线形分布；而硬黏土上的基础，由于硬黏土具有较大的黏结力，基底边缘可以承担一定的压力，故反力呈马鞍形分布。

二、基底压力的简化计算

对于桥梁墩台基础及工业与民用建筑中的柱下单独基础、墙下条形基础等扩展基础，均可视为刚性基础。这些基础，因为受地基容（允）许承载力的限制，加上基础还有一定的埋置深度，其基底压力呈马鞍形分布，而且其发展趋向于均匀，故可近似简化为基底反力均匀分布。另外，根据弹性理论中圣维南原理可以证明，在基础底面下一定深度所引起的地基附加应力与基底荷载分布形态无关，而只与其合力的大小和作用点位置有关。由此，在工程应用中，对于具有一定刚度及尺寸较小的扩展基础，其基底压力近似当成直线分布，按材料力学公式进行简化计算。而对于较复杂的基础，如柱下条形基础、片筏基础和箱形基础，基底压力的细微变化，往往对基础内力和结构计算有明显的影响，因此一般需考虑上部结构和基础的刚度及地基土力学性质的影响，用验算弹性地基梁板的方法计算。

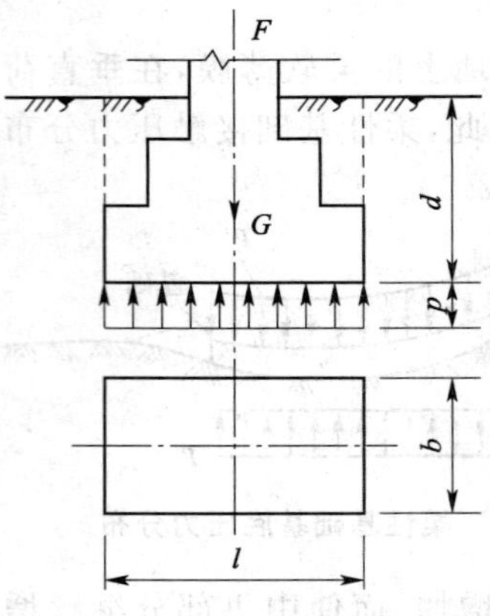

图 2.2.3 中心荷载下基底压力分布

下面介绍简化计算方法：

(一)中心荷载作用时

作用在基底上的荷载合力通过基底形心，基底压力假定为均匀分布(图 2.2.3)，平均压力设计值 p(kPa)可按下式计算

$$p=\frac{F+G}{A} \tag{2.2.1}$$

式中，F 为基础上的竖向力设计值(kN)；G 为基础自重设计值及其上回填土重标准值总和(kN)($G=\gamma_G Ad$，其中 γ_G 为基础及回填土之平均重度，一般取 20 kN/m^3，地下水位以下部分应扣除 10 kN/m^3 的浮力)；d 为基础埋深(m)，一般从室外设计地面或室内外平均设计地面算起；A 为基底面积(m^2)，矩形基础 $A=lb$，l 和 b 分别为矩形基底的长度和宽度(m)。对于条形基础，可沿长度方向取 1 m 计算，则式(2.2.1)中 F、G 代表每延长米内的相应值(kN/m)。

(二)偏心荷载作用时

常见的偏心荷载作用于矩形基底的一个主轴上(称“单向偏心”)，可将基底长边方向取得与偏心方向一致，此时两短边边缘最大压力 p_{max} 与最小压力 p_{min} 设计值(kPa)，可按材料力学短柱偏心受压公式计算

$$p_{\min}^{\max}=\frac{F+G}{A}\pm\frac{M}{W}=\frac{F+G}{A}\left(1\pm\frac{6e}{l}\right) \tag{2.2.2}$$

式中，M 为作用在基底形心上的力矩设计值(kN·m)，$M=(F+G)e$，e 为荷载偏心矩；W 为基础底面的抵抗矩(m^3)，对矩形基础 $W=bl^2/6$。

从式(2.2.2)可知，按荷载偏心距 e 的大小，基底压力的分布可能出现下述三种情况(图 2.2.4)：

①当 $e<l/6$ 时，由式(2.2.2)知 $p_{min}>0$，基底压力呈梯形分布[图 2.2.4a)]；

②当 $e=l/6$ 时，$p_{min}=0$，基底压力呈三角形分布[图 2.2.4b)]；

③当 $e>l/6$ 时，$p_{min}<0$，也即产生拉应力[图 2.2.4c)]，由于基底与地基之间不能承受拉应力，此时产生拉应力部分的基底将与地基土局部脱开，致使基底压力重新分布，根据偏心荷载与基底反力平衡的条件，荷载合力 $F+G$ 应通过三角形反力分布图的形心[图 2.2.4c)]，由此可得

$$p_{max}=\frac{2(F+G)}{3b(l/2-e)} \tag{2.2.3}$$

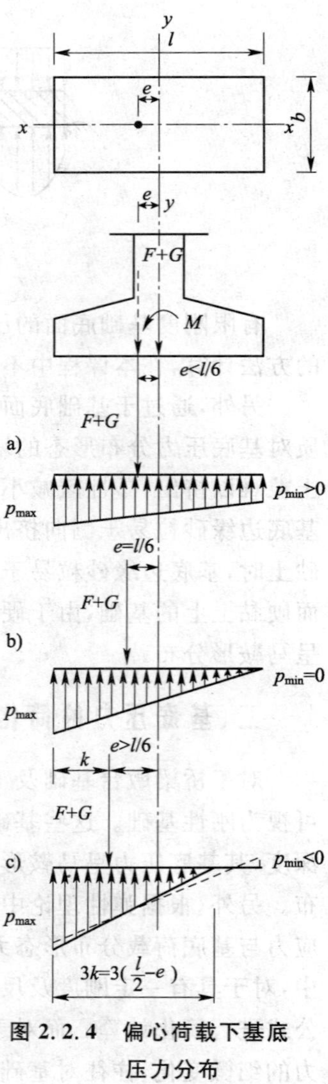

图 2.2.4 偏心荷载下基底压力分布

三、基底附加压力

综上所述，土的自重应力不引起地基变形，只有新增的建筑物荷载，即作用于地基表面的附加压力，才是使地基压缩变

形的主要原因。实际上，一般基础都埋置于地面下一定深度，该处原有自重应力因基坑开挖而卸除。因此，在计算由建筑物造成的基底附加压力时，应扣除基底标高处土中原有的（建筑前的）自重应力 σ_{cd} 后，才是基底平面处新增加于地基的基底附加压力（图 2.2.5），基底平均附加压力 p_0 值按下式计算

$$p_0 = p - \sigma_{cd} = p - \gamma_0 d \tag{2.2.4}$$

式中，σ_{cd} 为基底处土的自重应力标准值，$\sigma_{cd} = \gamma_0 d$；γ_0 为基底标高以上天然土层的加权平均重度，地基中地下水位以下取有效重度；d 为基础埋置深度（m），必须从天然地面算起，$d = h_1 + h_2 + h_3 + \cdots + h_n$。

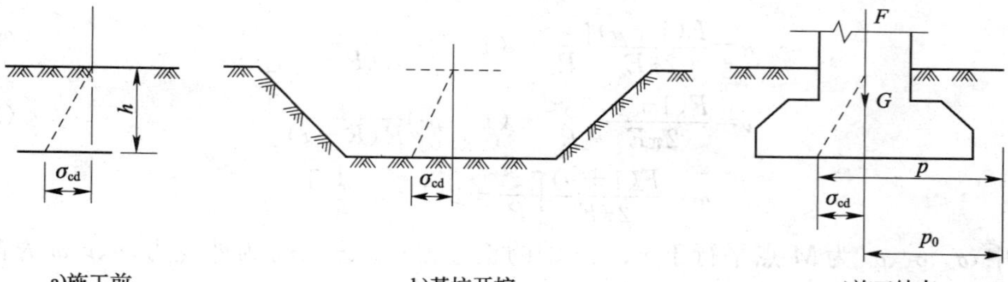

图 2.2.5　基底平均附加应力的计算

有了基底附加压力，即可把它作为作用在弹性半空间表面上的局部荷载，由此根据弹性力学计算地基中的附加应力（见本章第三节）。必须指出，实际上，基底附加压力一般作用在地表下一定深度（指浅基础的埋深）处，因此，假设它作用在半空间表面上，而运用弹性力学解答所得的结果只是近似值，不过，对于一般浅基础来说，这种假设所造成的误差可以忽略不计。

另外，当基坑的平面尺寸和深度较大时，坑底回弹是明显的，且基坑中点的回弹大于边缘点。在沉降计算中，为了适当考虑这种坑底的回弹和再压缩而增加沉降，改取 $p_0 = p - \alpha\sigma_{cd}$，式中 α 为 0～1 的系数。此外，式（2.2.4）尚应保证满足坑底土质不发生浸水膨胀的条件。

第三节　地基附加应力

地基中附加应力是由建筑物荷载引起的应力增加，目前采用的附加应力计算方法是根据弹性理论推导出来的。本节首先讨论在竖向集中力作用下地基附加应力计算，然后应用竖向集中力的解答，通过叠加原理或者积分的方法可以得到各种分布荷载作用下土中应力的计算公式。

一、竖向集中力下的地基附加应力

（一）单个竖向集中力作用

在半无限空间表面上作用一竖向集中力 F 时（图 2.3.1），半空间内任意点 $M(x,y,z)$ 的应力和位移的弹性力学解，是由法国的布辛奈斯克（J. Boussincsp，1885）首先提出的。他根据弹性理论导得的应力及位移表达式分别为：

$$\sigma_z = \frac{3F}{2\pi}\frac{z^3}{R^5} = \frac{3F}{2\pi R^2}\cos^3\theta \tag{2.3.1}$$

$$\sigma_x=\frac{3F}{2\pi}\left\{\frac{x^2z}{R^5}+\frac{1-2\mu}{3}\left[\frac{R^2-Rz-z^2}{R^3(R+z)}-\frac{x^2(2R+z)}{R^3(R+z)^2}\right]\right\} \tag{2.3.2}$$

$$\sigma_y=\frac{3F}{2\pi}\left\{\frac{y^2z}{R^5}+\frac{1-2\mu}{3}\left[\frac{R^2-Rz-z^2}{R^3(R+z)}-\frac{y^2(2R+z)}{R^3(R+z)^2}\right]\right\} \tag{2.3.3}$$

$$\tau_{xy}=\tau_{yx}=-\frac{3F}{2\pi}\left[\frac{xyz}{R^5}-\frac{1-2\mu}{3}\frac{xy(2R+z)}{R^3(R+z)^2}\right] \tag{2.3.4}$$

$$\tau_{yz}=\tau_{zy}=-\frac{3F}{2\pi}\frac{yz^2}{R^5}=-\frac{3Fy}{2\pi R^3}\cos^2\theta \tag{2.3.5}$$

$$\tau_{zx}=\tau_{xz}=-\frac{3F}{2\pi}\frac{xz^2}{R^5}=-\frac{3Fx}{2\pi R^3}\cos^2\theta \tag{2.3.6}$$

$$u=\frac{F(1+\mu)}{2\pi E}\left[\frac{xz}{R^3}-(1-2\mu)\frac{x}{R(R+z)}\right] \tag{2.3.7}$$

$$\nu=\frac{F(1+\mu)}{2\pi E}\left[\frac{yz}{R^3}-(1-2\mu)\frac{y}{R(R+z)}\right] \tag{2.3.8}$$

$$\omega=\frac{F(1+\mu)}{2\pi E}\left[\frac{z^2}{R^3}+2(1-\mu)\frac{1}{R}\right] \tag{2.3.9}$$

式中，σ_x、σ_y、σ_z 为 M 点平行于 x、y、z 轴的正应力；τ_{xy}、τ_{yz}、τ_{zx} 为剪应力；u、ν、ω 为 M 点沿 x、y、z 轴方向的位移；R 为集中作用点至 M 点的距离：

$$R=\sqrt{x^2+y^2+z^2}=\sqrt{r^2+z^2}=\frac{z}{\cos\theta}$$

θ 为 R 线与 z 轴的夹角；r 为集中力作用点与 M 点的水平距离；E 为土的弹性模量(或土力学中专用的地基变形模量 E_0)；μ 为土的泊松比。

在上述应力及位移计算公式中，若 $R=0$(集中力作用点)，则其结果将趋于无穷大，即地基土上已发生了塑性变形，按弹性理论解已不适用。因此所选择的计算点不应过于接近集中力的作用点。

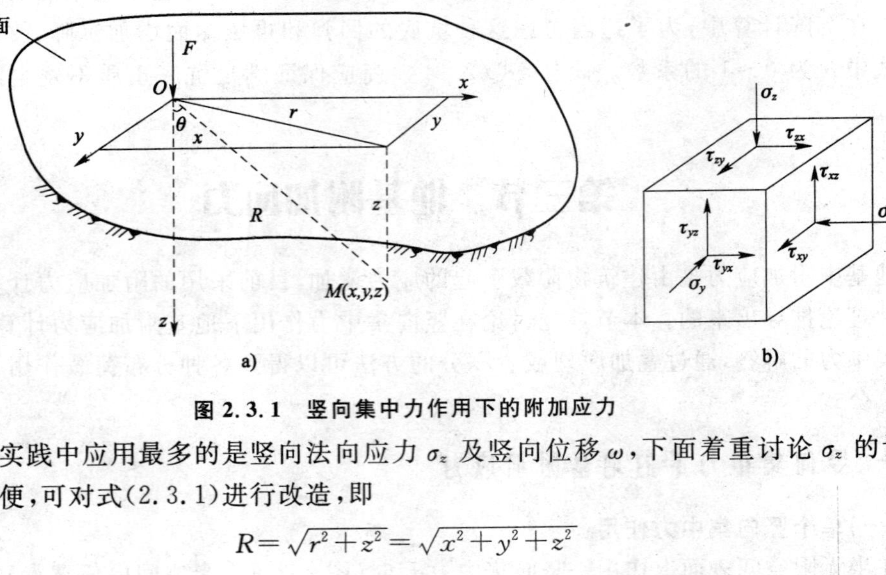

图 2.3.1 竖向集中力作用下的附加应力

在工程实践中应用最多的是竖向法向应力 σ_z 及竖向位移 ω，下面着重讨论 σ_z 的计算。为了应用方便，可对式(2.3.1)进行改造，即

$$R=\sqrt{r^2+z^2}=\sqrt{x^2+y^2+z^2}$$

则

$$\sigma_z=\frac{3F}{2\pi}\frac{z^3}{R^5}=\frac{3F}{2\pi}\frac{z^3}{(r^2+z^2)^{5/2}}=\frac{3F}{2\pi z^2}\frac{1}{[(r/z)^2+1]^{5/2}}=\alpha\frac{F}{z^2} \tag{2.3.10}$$

其中

$$\alpha=\frac{3}{2\pi}\frac{1}{[(r/z)^2+1]^{5/2}}$$

α 称为集中力作用下的地基竖向应力系数，是 r/z 的函数，由表 2.3.1 查取。

集中荷载作用地基竖向附加应力系数 α　　表 2.3.1

r/z	α	r/z	α	r/z	α	r/z	α	r/z	α
0.00	0.477 5	0.50	0.273 3	1.00	0.084 4	1.50	0.025 1	2.00	0.008 5
0.05	0.474 5	0.55	0.246 6	1.05	0.074 4	1.55	0.024 4	2.20	0.005 8
0.10	0.465 7	0.60	0.221 4	1.10	0.065 8	1.60	0.020 0	2.40	0.004 0
0.15	0.451 6	0.65	0.197 8	1.15	0.058 1	1.65	0.017 9	2.60	0.002 9
0.20	0.432 9	0.70	0.176 2	1.20	0.051 3	1.70	0.016 0	2.80	0.002 1
0.25	0.410 3	0.75	0.156 5	1.25	0.045 4	1.75	0.014 4	3.00	0.001 5
0.30	0.384 9	0.80	0.138 6	1.30	0.040 2	1.80	0.012 9	3.50	0.000 7
0.35	0.357 7	0.85	0.122 6	1.35	0.035 7	1.85	0.011 6	4.00	0.000 4
0.40	0.329 4	0.90	0.108 3	1.40	0.031 7	1.90	0.010 5	4.50	0.000 2
0.45	0.301 1	0.95	0.095 6	1.45	0.028 2	1.95	0.009 5	5.00	0.000 1

【例 2.3.1】 在地表面作用集中力 $F=200$ kN，计算地面下深度 $z=3$ m 处水平面上的附加应力 σ_z 分布，以及距 F 的作用点 $r=1$ m 处竖直面上的附加应力 σ_z 分布。

【解】 各点的附加应力 σ_z，可按式(2.3.10)计算，并列于表 2.3.2 和表 2.3.3 中，同时可绘出 σ_z 的分布图示(图 2.3.2)。

$z=3$ m 处水平面上附加应力 σ_z 计算　　表 2.3.2

r/m	0	1	2	3	4	5
r/z	0	0.33	0.67	1	1.33	1.67
α	0.478	0.369	0.189	0.084	0.038	0.017
σ_z/kPa	10.6	8.2	4.2	1.9	0.8	0.4

$r=1$ m 处竖直面上附加应力 σ_z 计算　　表 2.3.3

z/m	0	1	2	3	4	5	6
r/z	∞	1	0.5	0.33	0.25	0.20	0.17
α	0	0.084	0.273	0.369	0.410	0.433	0.444
σ_z/kPa	0	16.8	13.7	8.2	5.1	3.5	2.5

(二)多个集中力及不规则分布荷载作用

如图 2.3.3 所示，若半无限体表面(地面)有几个集中力作用时，则地基中任意点 M 处的附加应力 σ_z，可利用式(2.3.10)分别求出各集中力对该点引起的附加应力，然后进行叠加。即

$$\sigma_z=\alpha_1\frac{F_1}{z^2}+\alpha_2\frac{F_2}{z^2}+\cdots+\alpha_n\frac{F_n}{z^2}=\frac{1}{z^2}\sum_{i=1}^{n}\alpha_i F_i \tag{2.3.11}$$

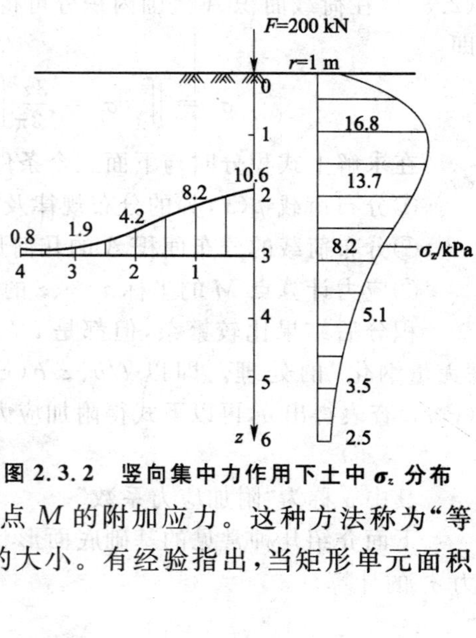

图 2.3.2　竖向集中力作用下土中 σ_z 分布

式(2.3.11)也适用于局部分布荷载，如图 2.3.4所示，若局部分布荷载的平面形状或分布规律不规则时，可将荷载截面(或基础底面)分成若干形状规则(如矩形)的面积单元，将每个单元上的分布荷载视为集中力，再以式(2.3.11)计算地基中某点 M 的附加应力。这种方法称为“等代荷载法”，该法的计算精度取决于划分的单元面积的大小。有经验指出，当矩形单元面积

的长边小于面积形心到计算点距离的 1/2、1/3 或 1/4 时，所算得的附加应力的误差一般不大于 6%、3%或 2%。

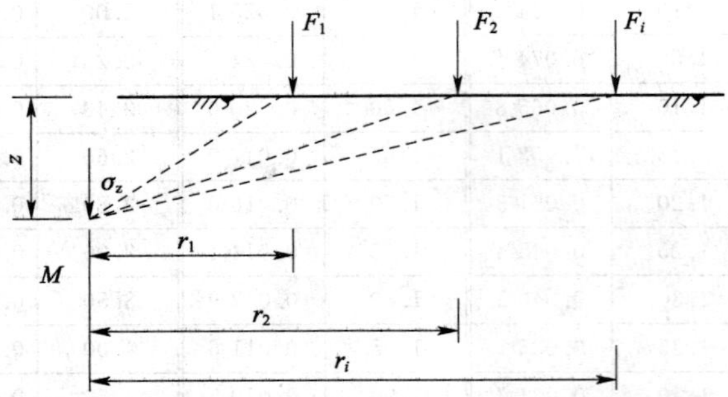

图 2.3.3　多个集中力作用下的附加应力

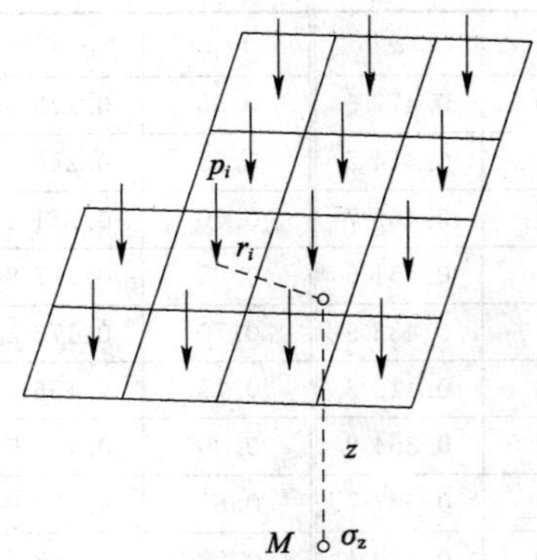

图 2.3.4　等代荷载法计算 σ_z

二、分布荷载下地基附加应力

在实践中荷载很少是以集中力的形式作用在地基土上的，而往往是通过基础分布在一定面积上。若基础底面的形状或基底下的荷载分布不规则时，可用等代荷载法求出地基中附加应力；反之，若基础底面的形状及分布荷载都有规律时，则可应用积分的方法求得地基土中的附加应力。

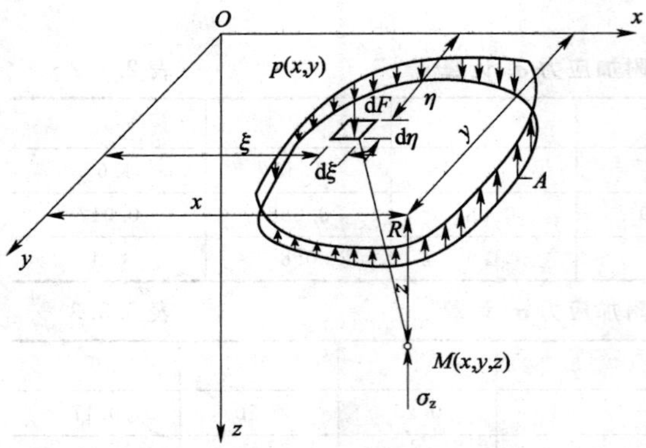

图 2.3.5　分荷载作用下土中应力计算

首先讨论一般情况：设半无限土体表面作用一分布荷载 $p(x,y)$，如图 2.3.5 所示，若求地基土中某点 $M(x,y,z)$ 的竖向应力 σ_z，可以先在荷载面积范围内取一微元面积 $dA=d\xi d\eta$，则作用在微元面积上的分布荷载可用集中力 $dF=p(x,y)d\xi d\eta$ 表示，用式(2.3.1)在荷载面积 A 范围内积分可得 σ_z。即

$$\sigma_z=\iint_A d\sigma_z=\frac{3z^3}{2\pi}\iint_A\frac{p(x,y)d\xi d\eta}{[(x-\xi)^2+(y-\eta)^2+z^2]^{5/2}} \tag{2.3.12}$$

在求解上式积分时与下面三个条件有关：

①分布荷载 $p(x,y)$ 的分布规律及其大小；

②分布荷载的分布面积 A 的几何形状及其大小；

③应力计算点 M 的坐标 x、y、z 的值。

积分后结果比较繁杂，但都是 l/b、$z/b(z/r_0)$ 等的函数。工程上为了应用方便，常采用"无量纲化"的处理。即以 l/b、$z/b(z/r_0)$ 编制一些表格。应用时，可直接根据 l/b、$z/b(z/r_0)$ 查表得出 α，再以下式得附加应力 σ_z，即

$$\sigma_z=\alpha p_0 \tag{2.3.13}$$

其中 α 称为"附加应力系数"。

下面介绍几种常见的基础底面形状及其在分布荷载(有规则)作用下，地基土中附加应力 σ_z 的计算。

(一)空间问题的附加应力计算

常见的空间问题有:均布矩形荷载、三角形分布的矩形荷载及均布的圆形荷载等。

(1)矩形面积均布荷载作用时土中竖向附加应力 σ_z 计算

如图 2.3.6 所示,设矩形荷载面的长度和宽度分别为 l 和 b,作用于地基上的竖向荷载为 p_0,若取所计算的角点为坐标原点,则 M 点的坐标为$(0,0,z)$,分布荷载 $p(x,y)=p_0$,以此代入式(2.3.12)积分可得矩形面积角点 O 下的附加应力 σ_z 为

$$\sigma_z=\alpha_c p_0$$

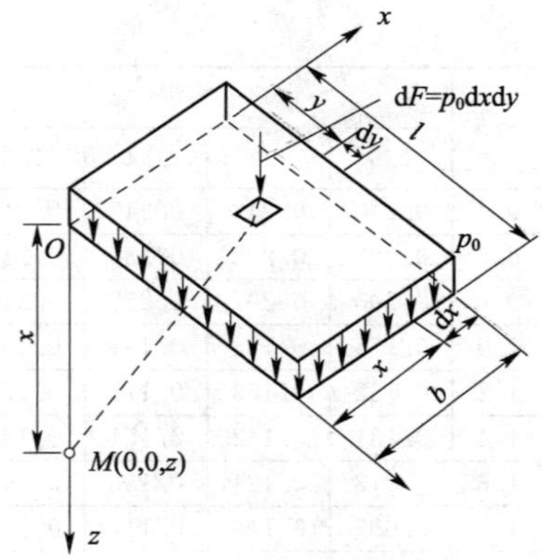

图 2.3.6　均布矩形荷载角点下的附加应力 σ_z

其中

$$\alpha_c=\frac{1}{2\pi}\left[\frac{lbz(l^2+b^2+2z^2)}{(l^2+z^2)(b^2+z^2)\sqrt{l^2+b^2+z^2}}+\arctan\frac{lb}{z\sqrt{l^2+b^2+z^2}}\right] \quad (2.3.14)$$

α_c 称为均布矩形荷载角点下的竖向附加应力系数,简称"角点应力系数",应用时可按 l/b 和 z/b 查表2.3.4得到。

当应力计算点 M 不位于角点下时,可利用式(2.3.14)以角点法求得。图 2.3.7 中列出计算点不位于角点下的四种情况(M'点表示 M 点在荷载作用面上的水平投影,并表示任意深度 z 处)。计算时,通过 M'点将荷载面积划分为若干个矩形面积,而 M'必须是划分出来的各个矩形的公共角点,然后再按式(2.3.14)计算每个矩形角点下的同一深度 z 处的附加应力 σ_z,并求其代数和。这种方法通常称为"角点法"。

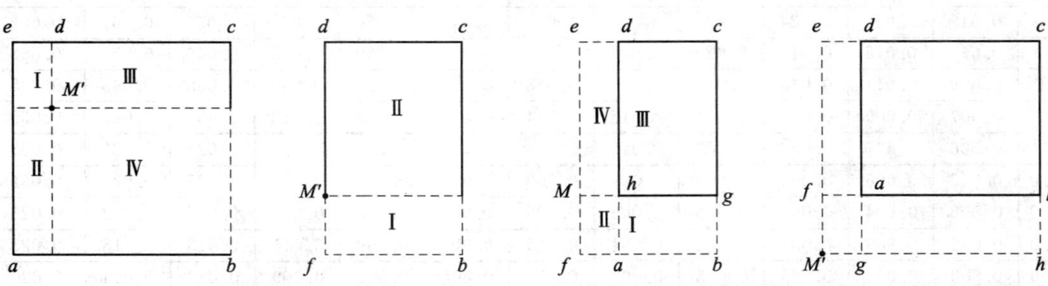

图 2.3.7　以角点法计算均布矩形荷载下的地基附加应力

均布的矩形荷载角点下的竖向附加应力系数　　表 2.3.4

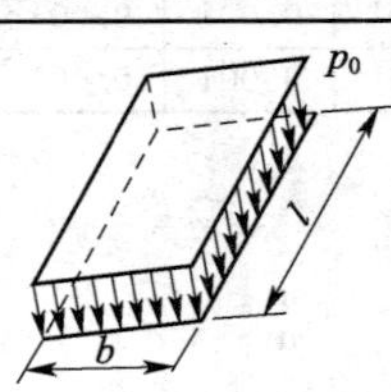

z/b	l/b											
	1.0	1.2	1.4	1.6	1.8	2.0	3.0	4.0	5.0	6.0	10.0	条形
0.0	0.250	0.250	0.250	0.250	0.250	0.250	0.250	0.250	0.250	0.250	0.250	0.250
0.2	0.249	0.249	0.249	0.249	0.249	0.249	0.249	0.249	0.249	0.249	0.249	0.249

续上表

z/b	l/b											
	1.0	1.2	1.4	1.6	1.8	2.0	3.0	4.0	5.0	6.0	10.0	条形
0.4	0.240	0.242	0.243	0.243	0.244	0.244	0.244	0.244	0.244	0.244	0.244	0.244
0.6	0.223	0.228	0.230	0.232	0.232	0.233	0.234	0.234	0.234	0.234	0.234	0.234
0.8	0.200	0.207	0.212	0.215	0.216	0.218	0.220	0.220	0.220	0.220	0.220	0.220
1.0	0.175	0.185	0.191	0.195	0.198	0.200	0.203	0.204	0.204	0.204	0.205	0.205
1.2	0.152	0.163	0.171	0.176	0.179	0.182	0.187	0.188	0.189	0.189	0.189	0.189
1.4	0.131	0.142	0.151	0.157	0.161	0.164	0.171	0.173	0.174	0.174	0.174	0.174
1.6	0.112	0.124	0.133	0.140	0.145	0.148	0.157	0.159	0.160	0.160	0.160	0.160
1.8	0.097	0.108	0.117	0.124	0.129	0.133	0.143	0.146	0.147	0.148	0.148	0.148
2.0	0.084	0.095	0.103	0.110	0.116	0.120	0.131	0.135	0.136	0.137	0.137	0.137
2.2	0.073	0.083	0.092	0.098	0.104	0.108	0.121	0.125	0.126	0.127	0.128	0.128
2.4	0.064	0.073	0.081	0.088	0.093	0.098	0.111	0.116	0.118	0.118	0.119	0.119
2.6	0.057	0.065	0.072	0.079	0.084	0.089	0.102	0.107	0.110	0.111	0.112	0.112
2.8	0.050	0.058	0.065	0.071	0.076	0.080	0.094	0.100	0.102	0.104	0.105	0.105
3.0	0.045	0.052	0.058	0.064	0.069	0.073	0.087	0.093	0.096	0.097	0.099	0.099
3.2	0.040	0.047	0.053	0.058	0.063	0.067	0.081	0.087	0.090	0.092	0.093	0.094
3.4	0.036	0.042	0.048	0.053	0.057	0.061	0.075	0.081	0.085	0.086	0.088	0.089
3.6	0.033	0.038	0.043	0.048	0.052	0.056	0.069	0.076	0.080	0.082	0.084	0.084
3.8	0.030	0.035	0.040	0.044	0.048	0.052	0.065	0.072	0.075	0.077	0.080	0.080
4.0	0.027	0.032	0.036	0.040	0.044	0.048	0.060	0.067	0.071	0.073	0.076	0.076
4.2	0.025	0.029	0.033	0.037	0.041	0.044	0.056	0.063	0.067	0.070	0.072	0.073
4.4	0.023	0.027	0.031	0.034	0.038	0.041	0.053	0.060	0.064	0.066	0.069	0.070
4.6	0.021	0.025	0.028	0.032	0.035	0.038	0.049	0.056	0.061	0.063	0.066	0.067
4.8	0.019	0.023	0.026	0.029	0.032	0.035	0.046	0.053	0.058	0.060	0.064	0.064
5.0	0.018	0.021	0.024	0.027	0.030	0.033	0.043	0.050	0.055	0.057	0.061	0.062
6.0	0.013	0.015	0.017	0.020	0.022	0.024	0.033	0.039	0.043	0.046	0.051	0.052
7.0	0.009	0.011	0.013	0.015	0.016	0.018	0.025	0.031	0.035	0.038	0.043	0.045
8.0	0.007	0.009	0.010	0.011	0.013	0.014	0.020	0.025	0.028	0.031	0.037	0.039
9.0	0.006	0.007	0.008	0.009	0.010	0.011	0.016	0.020	0.024	0.026	0.032	0.035
10.0	0.005	0.006	0.007	0.007	0.008	0.009	0.013	0.017	0.020	0.022	0.028	0.032
12.0	0.003	0.004	0.005	0.005	0.006	0.006	0.009	0.012	0.014	0.017	0.022	0.026
14.0	0.002	0.003	0.004	0.004	0.004	0.005	0.007	0.009	0.011	0.013	0.018	0.023
16.0	0.002	0.002	0.003	0.003	0.003	0.004	0.005	0.007	0.009	0.010	0.014	0.020
18.0	0.001	0.002	0.002	0.002	0.003	0.003	0.004	0.006	0.007	0.008	0.012	0.018
20.0	0.001	0.001	0.002	0.002	0.002	0.002	0.004	0.005	0.006	0.007	0.010	0.016
25.0	0.001	0.001	0.001	0.001	0.001	0.002	0.002	0.003	0.004	0.004	0.007	0.013
30.0	0.001	0.001	0.001	0.001	0.001	0.001	0.002	0.002	0.003	0.003	0.005	0.011
35.0	0.000	0.000	0.001	0.001	0.001	0.001	0.001	0.002	0.002	0.002	0.004	0.009
40.0	0.000	0.000	0.000	0.000	0.001	0.001	0.001	0.001	0.001	0.002	0.003	0.008

实用中有如下几种情况：

①M'点在荷载面内[图 2.3.7a)]

$$\sigma_z=(\alpha_{c\mathrm{I}}+\alpha_{c\mathrm{II}}+\alpha_{c\mathrm{III}}+\alpha_{c\mathrm{IV}})p_0$$

如果M'点位于受荷面中心，则$\alpha_{c\mathrm{I}}=\alpha_{c\mathrm{II}}=\alpha_{c\mathrm{III}}=\alpha_{c\mathrm{IV}}$，得$\sigma_z=4\alpha_{c\mathrm{I}}p_0$，此即为利用角点法求得的均布矩形荷载面中心下$\sigma_z$的解。此概念在下章地基沉降计算中也用到。当然，也可直接查中点应力系数表求解矩形荷载面中心下的σ_z(此处略)。

②M'点在荷载面边缘[图 2.3.7b)]

$$\sigma_z=(\alpha_{c\mathrm{I}}+\alpha_{c\mathrm{II}})p_0$$

③M'在荷截面边缘外侧[图 2.3.7c)]

此时荷载面 $abcd$ 可看成是由Ⅰ($M'fbg$)与Ⅱ($M'fah$)之差和Ⅲ($M'ecg$)与Ⅳ($M'edh$)之差合成的，则

$$\sigma_z=(\alpha_{c\text{Ⅰ}}-\alpha_{c\text{Ⅱ}}+\alpha_{c\text{Ⅲ}}-\alpha_{c\text{Ⅳ}})p_0$$

④M'点在荷载面角点外侧[图 2.3.7d)]

把荷载看成由Ⅰ($M'hce$)扣除Ⅱ($M'hbf$)和Ⅲ($M'gde$)而成，而Ⅳ($M'gaf$)被减去了两次，所以要“加上”。即

$$\sigma_z=(\alpha_{c\text{Ⅰ}}-\alpha_{c\text{Ⅱ}}-\alpha_{c\text{Ⅲ}}+\alpha_{c\text{Ⅳ}})p_0$$

应用角点法时尚需注意：要使角点 M' 位于所划分的每一个矩形的公共角点；划分矩形的总面积应等于原有的受荷面积；查表时，所有分块矩形都是长边为 l，短边为 b。

【例 2.3.2】 有一矩形底面基础 $b=4$ m，$l=6$ m，其上作用均布荷载 $p_0=100$ kPa，用角点法计算矩形基础外 k 点下深度 $z=6$ m 处 N 点竖向应力 σ_z 值。

【解】 如图 2.3.8 所示，将 k 点置于假设的矩形受荷面积的角点处，按角点法计算 N 点的附加应力。N 点的附加应力是由受荷面积($ajki$)与($iksd$)引起的附加应力之和，减去矩形受荷面积($bjkr$)与($rksc$)引起的附加应力，即

$$\sigma_z=\sigma_z(ajki)+\sigma_z(iksd)-\sigma_z(bjkr)-\sigma_z(rksc)$$

将其计算结果列于表 2.3.5。

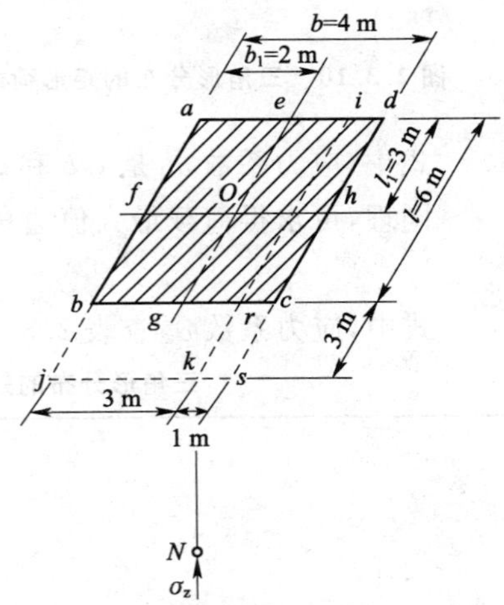

图 2.3.8 例 2.3.2 图

例 2.3.2 计算结果 表 2.3.5

荷载作用面积	l/b	z/b	α_c
$ajki$	9/3=3	6/3=2	0.131
$iksd$	9/1=9	6/1=6	0.051
$bjkr$	3/3=1	6/3=2	0.084
$rksc$	3/1=3	6/1=6	0.033

$$\sigma_z=100\times(0.131+0.051-0.084-0.033)\text{ kPa}=6.5\text{ kPa}$$

【例 2.3.3】 某相邻基础如图 2.3.9 所示，试计算甲基础中点 O 及角点 m 下、深度 $z=2$ m处的附加应力 σ_z。

【解】 ①中点 O 下，$z=2$ m 处地附加应力包括以下内容。

甲基础本身的影响：

矩形 $Oimd$ 共 4 块，$l/b=1$，$z/b=2$，$\alpha_c=0.084$。

乙基础的影响：

矩形$Okgd$-$Ojhd$ 共 2 块，

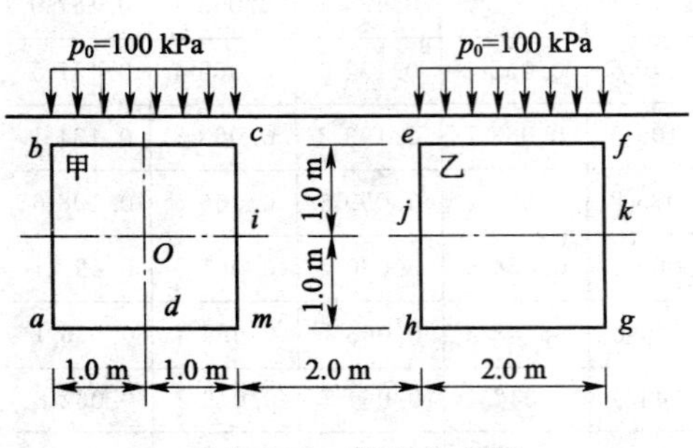

图 2.3.9 例 2.3.3 图

$Okgd$：$l/b=5$，$z/b=2$，$\alpha_c=0.136$

$Ojhd$：$l/b=3$，$z/b=2$，$\alpha_c=0.131$

$$\sigma_z=[4\times0.084+2\times(0.136-0.131)]\times100\text{ kPa}=34.6\text{ kPa}$$

②角点 m 下，$z=2$ m 处附加应力包括以下内容。

甲基础的影响：矩形 $mabc$：$l/b=1$，$z/b=1$，$\alpha_c=0.175$。

乙基础的影响：矩形 $mgfc$-$mhec$，$mgfc$：$l/b=2$，$z/b=1$，$\alpha_c=0.2$；而矩形 $mhec$ 与矩形 $mabc$ 完全一致，故

$$\sigma_z=(0.175+0.2-0.175)\times 100\ \text{kPa}=20\ \text{kPa}$$

(2)矩形面积上作用三角形分布荷载时，土中竖向附加应力 σ_z 计算

如图 2.3.10 所示，在矩形荷载面积上承受三角形分布的竖向荷载，其最大值为 p_0，对荷载为零的角点1下深度 z 处的 M 点坐标为$(0,0,z)$，且 $p(x,y)=(x/b)p_0$，由式(2.3.12)可求得相应的竖向应力 σ_z 为

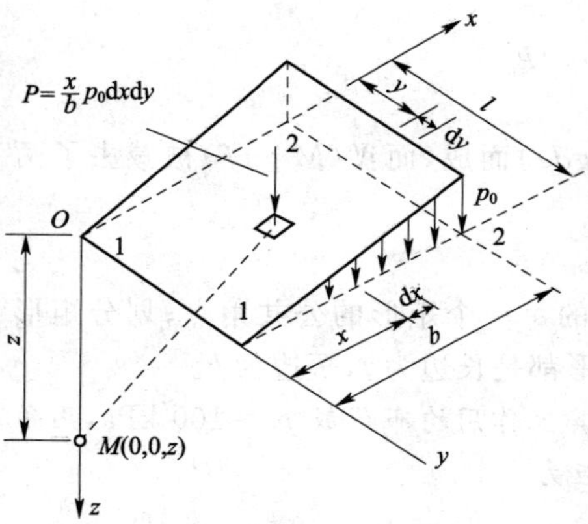

图 2.3.10 三角形分布的矩形荷载

$$\sigma_z=\frac{3z^3}{2\pi}p_0\int_0^l\int_0^b\frac{\frac{x}{b}\mathrm{d}x\mathrm{d}y}{(x^2+y^2+z^2)^{5/2}}=\alpha_{t1}p_0 \tag{2.3.15}$$

$$\alpha_{t1}=\frac{1}{2\pi b}\left[\frac{z}{\sqrt{b^2+l^2}}-\frac{z^3}{(b^2+z^2)\sqrt{b^2+l^2+z^2}}\right]$$

式中，应力系数 α_{t1} 是 l/b 和 z/b 的函数，可从表 2.3.6中查得。

同理，可求得荷载最大值边角点 2 下任一深度 z 处的竖向附加应力 σ_z 为

$$\sigma_z=(\alpha_c-\alpha_{t1})p_0=\alpha_{t2}p_0 \tag{2.3.16}$$

式中，应力系数 α_{t2} 查表 2.3.6。

三角形分布的矩形荷载角点下的竖向附加应力系数 α_{t1} 和 α_{t2}　　表 2.3.6

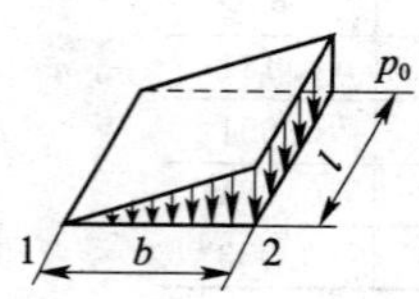

z/b	l/b									
	0.2		0.4		0.6		0.8		1.0	
	点									
	1	2	1	2	1	2	1	2	1	2
0.0	0.000 0	0.250 0	0.000 0	0.250 0	0.000 0	0.250 0	0.000 0	0.250 0	0.000 0	0.250 0
0.2	0.022 3	0.182 1	0.028 0	0.211 5	0.029 6	0.216 5	0.030 1	0.217 8	0.030 4	0.218 2
0.4	0.026 9	0.109 4	0.042 0	0.160 4	0.048 7	0.178 1	0.051 7	0.184 4	0.053 1	0.187 0
0.6	0.025 9	0.070 0	0.044 8	0.116 5	0.056 0	0.140 5	0.062 1	0.152 0	0.065 4	0.157 5
0.8	0.023 2	0.048 0	0.042 1	0.085 3	0.055 3	0.109 3	0.063 7	0.123 2	0.068 8	0.131 1
1.0	0.020 1	0.034 6	0.037 5	0.063 8	0.050 8	0.085 2	0.060 2	0.099 6	0.066 6	0.108 6
1.2	0.017 1	0.026 0	0.032 4	0.049 1	0.045 0	0.067 3	0.054 6	0.080 7	0.061 5	0.090 1
1.4	0.014 5	0.020 2	0.027 8	0.038 6	0.039 2	0.054 0	0.048 3	0.066 1	0.055 4	0.075 1
1.6	0.012 3	0.016 0	0.023 8	0.031 0	0.033 9	0.044 0	0.042 4	0.054 7	0.049 2	0.062 8
1.8	0.010 5	0.013 0	0.020 4	0.025 4	0.029 4	0.036 3	0.037 1	0.045 7	0.043 5	0.053 4

续上表

z/b	l/b 0.2		0.4		0.6		0.8		1.0	
	点 1	2	1	2	1	2	1	2	1	2
2.0	0.009 0	0.010 8	0.017 6	0.021 1	0.025 5	0.030 4	0.032 4	0.038 7	0.038 4	0.045 6
2.5	0.006 3	0.007 2	0.012 5	0.014 0	0.018 3	0.020 5	0.023 6	0.026 5	0.028 4	0.031 8
3.0	0.004 6	0.005 1	0.009 2	0.010 0	0.013 5	0.014 8	0.017 6	0.019 2	0.021 4	0.023 3
5.0	0.001 8	0.001 9	0.003 6	0.003 8	0.005 4	0.005 6	0.007 1	0.007 4	0.008 8	0.009 1
7.0	0.000 9	0.001 0	0.001 9	0.001 9	0.002 8	0.002 9	0.003 8	0.003 8	0.004 7	0.004 7
10.0	0.000 5	0.000 4	0.000 9	0.001 0	0.001 4	0.001 4	0.000 9	0.001 9	0.002 3	0.002 4

z/b	l/b 1.2		1.4		1.6		1.8		2.0	
	点 1	2	1	2	1	2	1	2	1	2
0.0	0.000 0	0.250 0	0.000 0	0.250 0	0.000 0	0.250 0	0.000 0	0.250 0	0.000 0	0.250 0
0.2	0.030 5	0.218 4	0.030 5	0.218 5	0.030 6	0.218 5	0.030 6	0.218 5	0.030 6	0.018 5
0.4	0.053 9	0.188 1	0.054 3	0.188 6	0.054 5	0.188 9	0.054 6	0.189 1	0.054 7	0.189 2
0.6	0.067 3	0.160 2	0.068 4	0.161 6	0.069 0	0.162 5	0.069 4	0.163 0	0.069 6	0.163 3
0.8	0.072 0	0.135 5	0.073 9	0.138 1	0.075 1	0.139 6	0.075 9	0.140 5	0.076 4	0.141 4
1.0	0.070 8	0.114 3	0.073 5	0.117 6	0.075 3	0.120 2	0.076 6	0.121 5	0.077 4	0.122 5
1.2	0.066 4	0.096 2	0.069 8	0.100 7	0.072 1	0.103 7	0.073 8	0.105 5	0.074 9	0.106 9
1.4	0.060 6	0.081 7	0.064 4	0.086 4	0.067 2	0.089 7	0.069 2	0.092 1	0.070 7	0.093 7
1.6	0.054 5	0.069 6	0.058 6	0.074 3	0.061 6	0.078 0	0.063 9	0.080 6	0.065 6	0.082 6
1.8	0.048 7	0.059 6	0.052 8	0.064 4	0.056 0	0.068 1	0.058 5	0.070 9	0.060 4	0.073 0
2.0	0.043 4	0.051 3	0.047 4	0.056 0	0.050 7	0.059 6	0.053 3	0.062 5	0.055 3	0.064 9
2.5	0.032 6	0.036 5	0.036 2	0.040 5	0.039 3	0.044 0	0.041 9	0.046 9	0.044 0	0.049 1
3.0	0.024 9	0.027 0	0.028 0	0.030 3	0.030 7	0.033 3	0.033 1	0.035 9	0.035 2	0.038 0
5.0	0.010 4	0.010 8	0.012 0	0.012 3	0.013 5	0.013 9	0.014 8	0.015 4	0.016 1	0.016 7
7.0	0.005 6	0.005 6	0.006 4	0.006 6	0.007 3	0.007 4	0.008 1	0.008 3	0.008 9	0.009 1
10.0	0.002 8	0.002 8	0.003 3	0.003 2	0.003 7	0.003 7	0.004 1	0.004 2	0.004 6	0.004 6

z/b	l/b 3.0		4.0		6.0		8.0		10.0	
	点 1	2	1	2	1	2	1	2	1	2
0.0	0.000 0	0.250 0	0.000 0	0.250 0	0.000 0	0.250 0	0.000 0	0.250 0	0.000 0	0.250 0
0.2	0.030 6	0.218 6	0.030 6	0.218 6	0.030 6	0.218 6	0.030 6	0.218 6	0.030 6	0.218 6
0.4	0.054 8	0.189 4	0.054 9	0.189 4	0.054 9	0.189 4	0.054 9	0.189 6	0.054 9	0.189 4
0.6	0.070 1	0.163 8	0.070 2	0.163 9	0.070 2	0.164 0	0.070 2	0.164 0	0.070 2	0.164 0
0.8	0.077 3	0.142 3	0.077 6	0.142 4	0.077 6	0.142 6	0.076 6	0.142 6	0.077 6	0.142 6
1.0	0.079 0	0.124 4	0.079 4	0.124 8	0.079 5	0.125 0	0.079 6	0.125 0	0.079 6	0.125 0
1.2	0.077 4	0.109 6	0.077 9	0.110 3	0.078 2	0.110 5	0.078 3	0.110 5	0.078 3	0.110 5
1.4	0.073 9	0.097 3	0.074 8	0.098 2	0.075 2	0.098 6	0.075 2	0.098 7	0.075 3	0.098 7
1.6	0.069 7	0.087 0	0.070 8	0.088 2	0.071 4	0.088 7	0.071 5	0.088 8	0.071 5	0.088 9

z/b	l/b									
	3.0		4.0		6.0		8.0		10.0	
	点									
	1	2	1	2	1	2	1	2	1	2
1.8	0.065 2	0.078 2	0.066 6	0.079 7	0.067 3	0.080 5	0.067 5	0.080 6	0.067 5	0.080 8
2.0	0.060 7	0.070 7	0.062 4	0.072 6	0.063 4	0.073 4	0.063 6	0.073 6	0.063 6	0.073 8
2.5	0.050 4	0.055 9	0.052 9	0.058 5	0.054 3	0.060 1	0.054 7	0.060 4	0.054 8	0.060 5
3.0	0.041 9	0.045 1	0.044 9	0.048 2	0.046 9	0.050 4	0.047 4	0.050 9	0.047 6	0.051 1
5.0	0.021 4	0.022 1	0.024 8	0.025 6	0.028 3	0.029 0	0.029 6	0.030 3	0.030 1	0.030 9
7.0	0.012 4	0.012 6	0.015 2	0.015 4	0.018 6	0.019 0	0.020 4	0.020 7	0.021 2	0.021 6
10.0	0.006 6	0.006 6	0.008 4	0.008 3	0.011 1	0.011 1	0.012 8	0.013 0	0.013 9	0.014 1

(3)圆形面积上作用均布荷载时，土中竖向附加应力 σ_z 计算

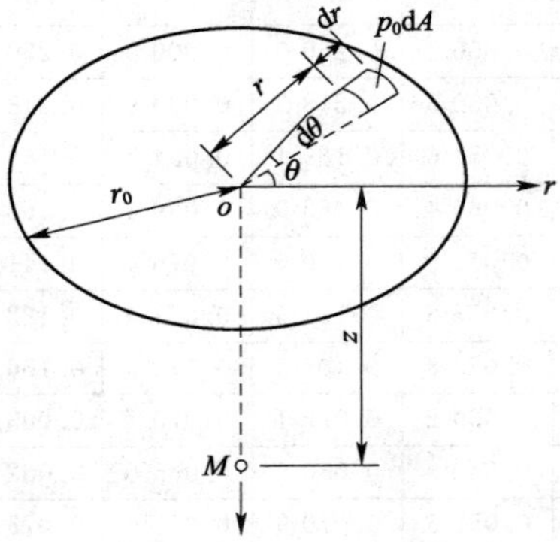

图 2.3.11 均布圆形荷载中点下的 σ_z

在图 2.3.11，圆形面积上作用均布荷载 p_0 时，宜采用极坐标求解。这时，$dA=rdrd\theta$，$dF=p_0rdrd\theta$，代入式(2.3.12)，并通过坐标变换得

$$\sigma_z=\int_0^{r_0}\int_0^{2\pi}\frac{3p_0rz^2\,drd\theta}{2\pi(r^2+z^2)^{5/2}}$$

$$=p_0\left[1-\left(\frac{z^3}{z^2+r_0^2}\right)^{3/2}\right]=p_0\left[1-\frac{1}{\left(\frac{1}{z^2/r_0^2}+1\right)^{3/2}}\right]$$

$$\sigma_z=\alpha_0p_0 \tag{2.3.17}$$

式中，α_0 为均布圆形荷载中心点下的附加应力系数，按 z/r_0 查表2.3.7 可得。

同理可得均布圆形荷载周边的附加应力为

$$\sigma_z=\alpha_rp_0 \tag{2.3.18}$$

式中，α_r 为均布圆形荷载周边的附加应力系数，按 z/r_0 查表 2.3.7 可得。

均布圆形荷载中心点及圆周边下的附加应力系数 α_0、α_r 表 2.3.7

z/r_0	系数		z/r_0	系数		z/r_0	系数	
	α_0	α_r		α_0	α_r		α_0	α_r
0.0	1.000	0.500	1.0	0.646	0.332	2.0	0.285	0.196
0.1	0.999	0.494	1.1	0.595	0.316	2.1	0.264	0.186
0.2	0.993	0.467	1.2	0.547	0.300	2.2	0.246	0.176
0.3	0.976	0.451	1.3	0.502	0.285	2.3	0.229	0.167
0.4	0.949	0.435	1.4	0.461	0.270	2.4	0.213	0.159
0.5	0.911	0.417	1.5	0.424	0.256	2.5	0.200	0.151
0.6	0.864	0.400	1.6	0.390	0.243	2.6	0.187	0.144
0.7	0.811	0.383	1.7	0.360	0.230	2.7	0.175	0.137
0.8	0.756	0.366	1.8	0.332	0.218	2.8	0.165	0.130
0.9	0.701	0.349	1.9	0.307	0.207	2.9	0.155	0.124

续上表

z/r_0	系数		z/r_0	系数		z/r_0	系数	
	α_0	α_r		α_0	α_r		α_0	α_r
3.0	0.146	0.118	3.6	0.106	0.090	4.4	0.073	0.065
3.1	0.138	0.113	3.7	0.101	0.086	4.6	0.067	0.060
3.2	0.130	0.108	3.8	0.096	0.083	4.8	0.062	0.056
3.3	0.124	0.103	3.9	0.091	0.079	5.0	0.057	0.052
3.4	0.117	0.098	4.0	0.087	0.076	6.0	0.040	0.038
3.5	0.111	0.094	4.2	0.079	0.070	10.0	0.015	0.014

(二)平面问题的附加应力

若在无限弹性体表面作用无限长条形的分布荷载，荷载在宽度方向的分布是任意的，但在长度方向的分布规律则是相同的，如图 2.3.12 所示。在计算土中任一点 M 的应力时，只与该点的平面坐标(x,z)有关，而与荷载长度方向 y 轴坐标无关，这种情况属于平面应变问题。在实际工作中，条形荷载不可能无限长，但当荷载面积的长度比 $l/b \geqslant 10$ 时，计算的附加应力 σ_z 与按 $l/b=\infty$时的解已极为接近。因此，实践中常把墙基、路基、坝基、挡土墙基础等视为平面问题计算。

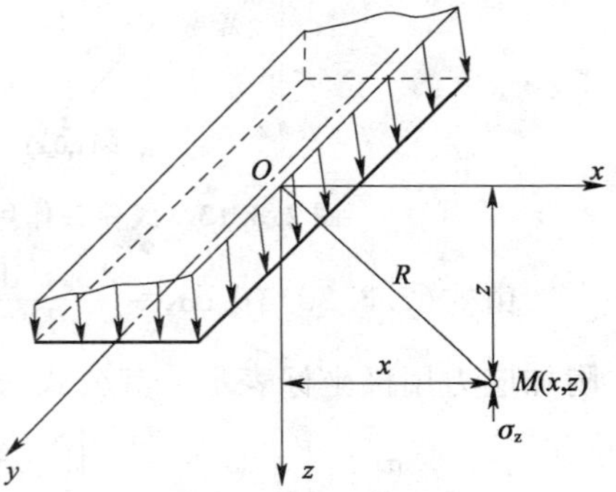

图 2.3.12　无限长条分布荷载

(1)线荷载

在地基土表面作用无限分布、宽度极微小的均布线荷载，以 $\overline{p}$(kN/m)表示。如图 2.3.13所示，竖向线荷载作用在 y 轴上，沿 y 轴取一微小元素(微段)$\mathrm{d}y$，其上作用荷载 $\overline{p}\mathrm{d}y$，把它看作集中力 $\mathrm{d}F=\overline{p}\mathrm{d}y$，然后利用式(2.3.1)得

$$\mathrm{d}\sigma_z=\frac{3z^3\overline{p}\mathrm{d}y}{2\pi R^5}$$

对上式进行积分得

$$\sigma_z=\int_{-\infty}^{+\infty}\mathrm{d}\sigma_z=\frac{3\overline{p}z^3}{2\pi}\int_{-\infty}^{+\infty}\frac{\mathrm{d}y}{R^5}=\frac{2\overline{p}z^3}{\pi R_1^4}=\frac{2\overline{p}}{\pi z}\cos^4\beta \tag{2.3.19}$$

从图 2.3.13 可知，$\cos\beta=z/R_1$，$\sin\beta=x/R_1$，$R_1=(x^2+z^2)^{1/2}$，则

$$\sigma_z=\frac{2\overline{p}}{\pi z}\cos^4\beta=\frac{2\overline{p}}{\pi z}\ \frac{z^4}{(x^2+z^2)^2}=\frac{2\overline{p}z^3}{\pi(x^2+z^2)^2} \tag{2.3.20}$$

同理可得

$$\sigma_x=\frac{2\overline{p}}{\pi z}\cos^2\beta\sin^2\beta=\frac{2\overline{p}}{\pi z}\cos^3\beta\sin\beta=\frac{2\overline{p}z^3x}{\pi z\,R_1^4}=\frac{2\overline{p}z^2x}{\pi(x^2+z^2)^2} \tag{2.3.21}$$

$$\tau_{xz}=\tau_{zx}=\frac{2\overline{p}}{\pi z}\cos^3\beta\sin\beta=\frac{2\overline{p}}{\pi z}\ \frac{z^3x}{R_1^4}=\frac{2\overline{p}z^2x}{\pi(x^2+z^2)^2} \tag{2.3.22}$$

由于线荷载沿 y 轴均匀分布且无限延伸，因此与 y 轴垂直的任何平面上的应力状态完全相同。根据弹性力学原理可得

$$\tau_{xy}=\tau_{yx}=\tau_{yz}=\tau_{zy}=0 \tag{2.3.23}$$

$$\sigma_y=\mu(\sigma_z+\sigma_x) \tag{2.3.24}$$

上式在弹性理论中称为“费拉曼(Flamant)解”。

(2)均布条形荷载

在实际工程中，经常遇到的是有限宽度的条形荷载，如图 2.3.14 所示，则均布的条形荷载 p_0 沿 x 轴上某微分段 $\mathrm{d}x$ 上的荷载可以用线荷载 $\bar{p}$ 代替，并由 OM 线与 x 轴线的夹角 β，得

$$\bar{p}=p_0\mathrm{d}x=\frac{p_0R_1}{\cos\beta}\mathrm{d}\beta$$

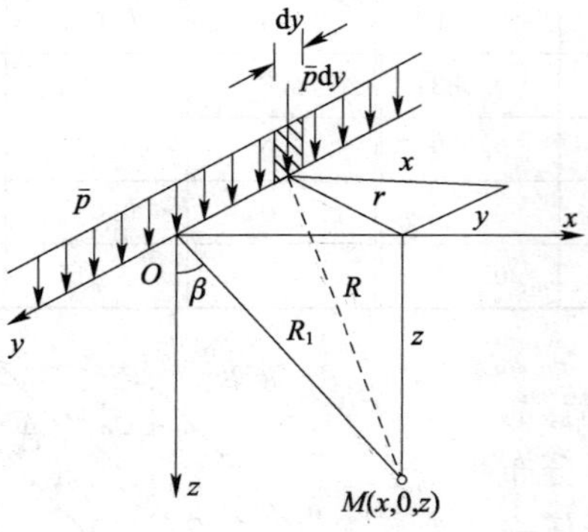

图 2.3.13　线荷载作用

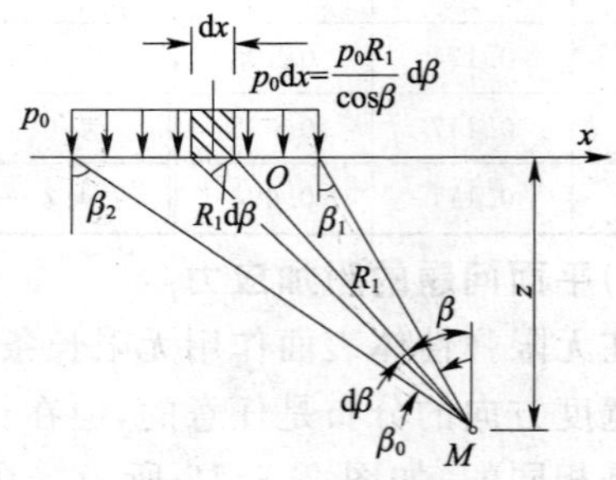

图 2.3.14　均布条形荷载

由式(2.3.20)有：$\mathrm{d}\sigma_z=\frac{2p_0z^3\mathrm{d}x}{\pi R_1^4}=\frac{2p_0R_1^3\cos^3\beta R_1\mathrm{d}\beta}{\pi R_1^4\cos\beta}=\frac{2p_0}{\pi}\cos^2\beta\mathrm{d}\beta$，则地基中任意点$M$处的附加应力用极坐标表示。其公式为

$$\sigma_z=\int_{\beta_1}^{\beta_2}\mathrm{d}\sigma_z=\frac{2p_0}{\pi}\int_{\beta_1}^{\beta_2}\cos^2\beta\mathrm{d}\beta=\frac{p_0}{\pi}[\sin\beta_2\cos\beta_2-\sin\beta_1\cos\beta_1+(\beta_2-\beta_1)] \quad (2.3.25)$$

同理得

$$\sigma_x=\frac{p_0}{\pi}[-\sin(\beta_2+\beta_1)\cos(\beta_2+\beta_1)+(\beta_2-\beta_1)] \quad (2.3.26)$$

$$\tau_{zx}=\tau_{xz}=\frac{p_0}{\pi}(\sin^2\beta_2-\sin^2\beta_1) \quad (2.3.27)$$

各式当中，M 点位于荷载分布宽度两端点竖直线之间时，β_1 取负值，反之取正值。

将式(2.3.25)、式(2.3.26)和式(2.3.27)代入材料力学主应力公式，可得 M 点的大主应力 σ_1 和小主应力 σ_3 的表达式为

$$\begin{matrix}\sigma_1\\\sigma_3\end{matrix}=\frac{\sigma_z+\sigma_x}{2}\pm\sqrt{\left(\frac{\sigma_z-\sigma_x}{2}\right)^2+\tau_{xz}{}^2}=\frac{p_0}{\pi}[(\beta_2+\beta_1)\pm\sin(\beta_2-\beta_1)] \quad (2.3.28)$$

设 β_0 为 M 点与条形荷载两端连线的夹角，且 $\beta_0=\beta_2+\beta_1$（当 M 点在荷载宽度范围内时 $\beta_0=\beta_2+\beta_1$），于是上式变为

$$\begin{matrix}\sigma_1\\\sigma_3\end{matrix}=\frac{p_0}{\pi}(\beta_0\pm\sin\beta_0) \quad (2.3.29)$$

σ_1 的作用方向与 β_0 角的平分线一致。式(2.3.29)主要为研究地基承载力的平面问题时提供的地基附加应力公式。

为了计算方便，还可以将上述 σ_z、σ_x 和 τ_{xz} 三个公式，改用直角坐标表示。此时，取条形荷载的中点为坐标原点，则 $M(x,z)$点的三个附加应力分量如下

$$\sigma_z=\frac{p_0}{\pi}\left[\arctan\frac{1-2n}{2m}+\arctan\frac{1+2n}{2m}-\frac{4m(4n^2-4m^2\times1)}{(4n^2+4m^2-1)^2+16m^2}\right]=\alpha_{sz}p_0 \quad (2.3.30)$$

$$\sigma_x=\frac{p_0}{\pi}\left[\arctan\frac{1-2n}{m}+\arctan\frac{1+2n}{2m}+\frac{4m(4n^2-4m^2\times1)}{(4n^2+4m^2-1)^2+16m^2}\right]=\alpha_{sx}p_0 \quad (2.3.31)$$

$$\tau_{xz}=\tau_{zx}=\frac{p_0}{\pi}\frac{32m^2n}{(4n^2+4m^2-1)^2+16m^2}=\alpha_{sxz}p_0 \quad (2.3.32)$$

以上式中 α_{sz}、α_{sx} 和 α_{sxz} 分别为均布条形荷载下相应的三个附加应力系数，都是 $m=z/b$ 和 $n=x/b$ 的函数，可由表 2.3.8 查得。

均布条形荷载下的附加应力系数 表 2.3.8

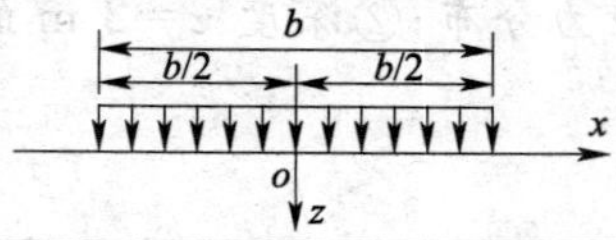

z/b	x/b 0.00			0.25			0.50			1.00			1.50			2.00		
	α_{sz}	α_{sx}	α_{sxz}	α_{sz}	α_{sx}	α_{sxz}	α_{sz}	α_{sx}	α_{sxz}	α_{sz}	α_{sx}	α_{sxz}	α_{sz}	α_{sx}	α_{sxz}	α_{sz}	α_{sx}	α_{sxz}
0.00	1.00	1.00	0	1.00	1.00	0	0.50	0.50	0.32	0	0	0	0	0	0	0	0	0
0.25	1.96	0.45	0	0.90	0.39	0.13	0.50	0.35	0.30	0.02	0.17	0.05	0.00	0.07	0.01	0	0.04	0
0.50	0.82	0.18	0	0.74	0.19	0.16	0.48	0.23	0.26	0.08	0.21	0.13	0.02	0.12	0.04	0	0.07	0.02
0.75	0.67	0.08	0	0.61	0.10	0.13	0.45	0.14	0.20	0.15	0.22	0.16	0.04	0.14	0.07	0.02	0.10	0.04
1.00	0.55	0.04	0	0.51	0.05	0.10	0.41	0.09	0.16	0.19	0.15	0.16	0.07	0.14	0.10	0.03	0.13	0.05
1.25	0.46	0.02	0	0.44	0.03	0.07	0.37	0.06	0.12	0.20	0.11	0.14	0.10	0.12	0.10	0.04	0.11	0.07
1.50	0.40	0.01	0	0.38	0.02	0.06	0.33	0.04	0.10	0.21	0.08	0.13	0.11	0.10	0.10	0.06	0.10	0.07
1.75	0.35		0	0.34	0.01	0.04	0.30	0.03	0.08	0.21	0.06	0.11	0.13	0.09	0.10	0.07	0.09	0.08
2.00	0.31		0	0.31		0.03	0.28	0.02	0.06	0.20	0.05	0.10	0.14	0.07	0.10	0.08	0.08	0.08
3.00	0.21		0	0.21		0.02	0.20	0.01	0.03	0.17	0.02	0.06	0.13	0.03	0.07	0.10	0.04	0.07
4.00	0.16		0	0.16		0.01	0.15		0.02	0.14	0.01	0.03	0.12	0.02	0.05	0.10	0.03	0.05
5.00	0.13		0	0.13			0.12			0.12			0.11			0.09		
6.00	0.11		0	0.10			0.10			0.10			0.10					

利用以上有关各式可绘出 σ_z、σ_x 和 τ_{xz} 等值线图（图 2.3.15）。

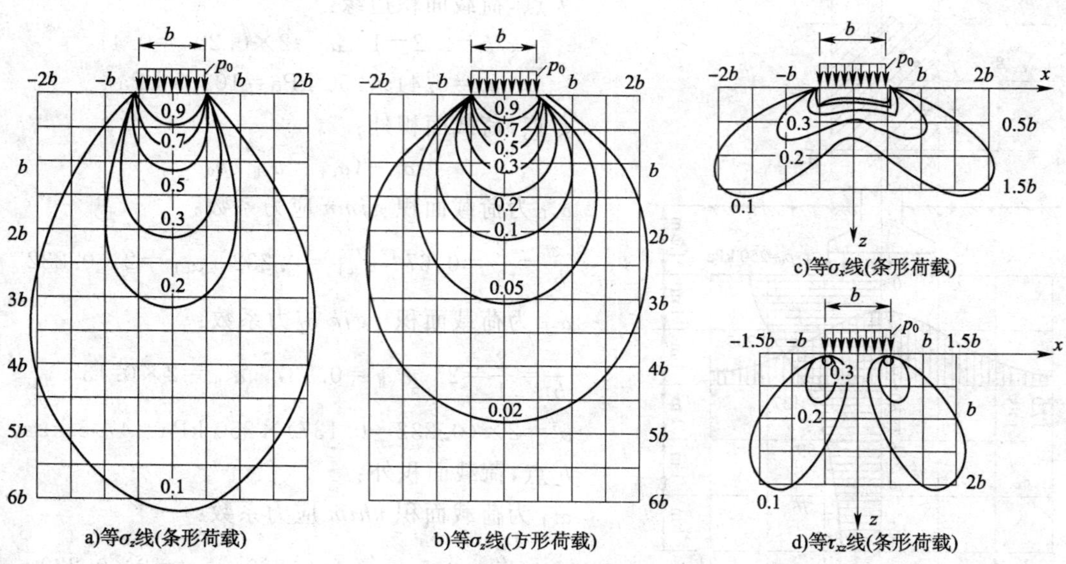

a)等σ_z线(条形荷载) b)等σ_z线(方形荷载) c)等σ_x线(条形荷载) d)等τ_{xz}线(条形荷载)

图 2.3.15 地基附加应力等值线

等值线图是同一应力的相同数值点的边线（类似地形等高线），由图 2.3.15 的 a）及 b）可见，方形荷载所引起的 σ_z，其作用影响深度要比条形荷载小得多，例如方形荷载中心下 $z=2b$ 处，$\sigma_z=0.1p_0$，而在条形荷载下的 $\sigma_z=0.1p_0$ 等值线则约在中心下 $z=6\ b$ 处。这是由于在 p_0 及宽度相同的条件下，均布条形荷载面积比均布方形荷载的大、在相邻荷载作用下应力产生叠加的结果。由条形荷载的 σ_x 和 τ_{xz} 的等值线图可见，σ_x 的影响范围较浅，所以在基础下地基土的侧向变形主要发生于浅层；而 τ_{xz} 的最大值出现于荷载面积的边缘，所以位于基础边缘下的土容易发生剪切破坏。

【例 2.3.4】 某条形基础如图 2.3.16 所示，作用于基底的平均附加应力为 250 kPa，试计算：①基底 0 点下的地基附加应力分布；②深度 $z=2$ m 的水平面上的附加应力分布。并分析其变化规律。

【解】 可用两种方法来解。

方法一：利用角点法、前面空间问题的表 2.3.4 进行列表计算。

计算结果见表 2.3.9。

例 2.3.4 计算结果 1 表 2.3.9

计算面	项目					
	点号	z/m	l/b	z/b	α_c	$\sigma_z=\alpha_c p_0$/kPa
竖面	0	0	条形	0	4×0.250	250.0
	a	1		1	4×0.205	205.0
	b	2		2	4×0.137	137.0
	c	3		3	4×0.099	99.0
	d	4		4	4×0.076	76.0
	e	5		5	4×0.062	62.0
水平面	f	2	条形	见下	0.41	102.5
	g	2			0.19	47.5
	h	2			0.068	17.0

说明如下。

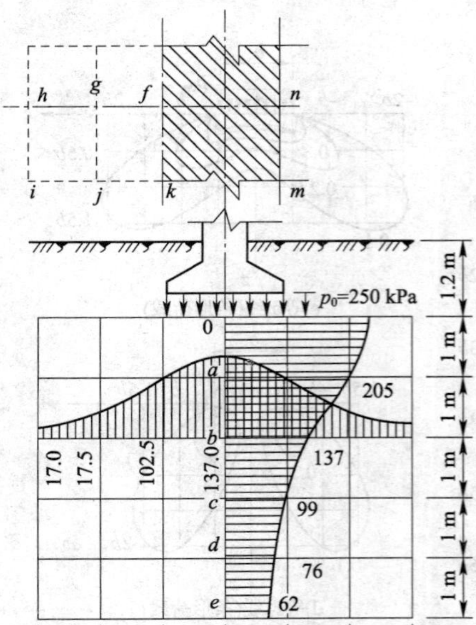

图 2.3.16 例 2.3.4 附图

f 点，荷载面积边缘：

$$z/b=2/2=1 \quad \alpha_c=2\times0.205=0.41$$

$$\sigma_z=0.41\times250\ \text{kPa}=102.5\ \text{kPa}$$

g 点，荷载面积外：

$$\sigma_z=(\alpha_{c\text{I}}-\alpha_{c\text{II}})p_0$$

$\alpha_{c\text{I}}$ 为荷载面积 $gjmn$ 应力系数：

$$\frac{z}{b}=\frac{2}{3}=0.67 \quad \alpha'_{c\text{I}}=0.232 \quad \alpha_{c\text{I}}=2\times0.232$$

$\alpha_{c\text{II}}$ 为荷载面积 $fgjk$ 应力系数：

$$\frac{z}{b}=\frac{2}{1}=2 \quad \alpha'_{c\text{II}}=0.137 \quad \alpha_{c\text{II}}=2\times0.137$$

$$\sigma_z=2\times(0.232-0.137)\times250\ \text{kPa}=47.5\ \text{kPa}$$

h 点，荷载面积外：

$\alpha_{c\text{I}}$ 为荷载面积 $nhim$ 应力系数：

$$\frac{z}{b}=\frac{2}{4}=0.5 \quad \alpha'_{c\text{I}}=0.239 \quad \alpha_{c\text{I}}=2\times0.239$$

$\alpha_{c\text{II}}$ 为荷载面积 $fhik$ 应力系数：

$$\frac{z}{b}=\frac{2}{2}=1 \quad \alpha'_{c\text{II}}=0.205 \quad \alpha_{c\text{II}}=2\times0.205$$

$$\sigma_z=2\times(0.239-0.205)\times250\ \text{kPa}=17\ \text{kPa}$$

方法二：直接利用表 2.3.8 计算，结果见表 2.3.10。

例 2.3.4 计算结果 2　　表 2.3.10

点　号	z/m	x/m	x/b	z/b	α_{sz}	σ_z
0	0	0	0	0	1.000	250.0
a	1	0	0	0.5	0.820	205.0
b	2	0	0	1	0.548	137.0
c	3	0	0	1.5	0.396	99.0
d	4	0	0	2.0	0.304	76.0
e	5	0	0	2.5	0.248	62.0
f	2	1	0.5	1	0.410	102.5
g	2	2	1	1	0.190	47.5
h	2	3	1.5	1	0.068	17.0

由分布图可得均布矩形荷载下地基附加应力的分布规律如下：

①附加应力 σ_z 自基底起算，随深度呈曲线衰减。

②σ_z 具有一定的扩散性。它不仅分布在基底范围内，而且分布在基底荷载面积以外相当大的范围之下。

③基底下任意深度水平面上的 σ_z，在基底中轴线上最大，随距中轴线距离越远而越小。

三、非均质和各向异性地基中的附加应力

在前面，我们把地基土看作均质和各向同性的线性变形体，然后按弹性力学解答计算附加应力，其实，地基土并非所假设的那样，有的是由不同压缩性土层组成的成层的地基；有的是同一土层的压缩性随深度增加而减小（这种现象在砂土中尤其显著）；有的土层竖直方向和水平方向的性质不同，这些影响附加应力的分布。此时应该考虑地基不均匀和各向异性对附加应力计算的影响。

（一）双层地基

(1)上软下硬土层

在山区，通常基岩埋藏较浅，其表层为可压缩的土层，呈现上软下硬的情况（图 2.3.17）。

此时，土层中的附加应力值比均质土时（图中虚线）有所增大，即存在所谓应力集中现象。岩层埋藏越浅，应力集中的影响越显著，当可压缩土层的厚度小于或等于荷载面积宽度的一半时，荷载面积下的 σ_z 几乎不扩散，即可认为中点下的 σ_z 不随深度变化，这个概念较重要，在下章中将要应用。

可见，应力集中与荷载面的宽度 b、压缩土层厚度 h 及界面的摩擦力有关，叶戈洛夫（EropoB，K. E）给出了竖向均布条形荷载下，上软下硬土层沿荷载面中轴线上各点的附加应力计算公式为

$$\sigma_z = \alpha_D p_0 \tag{2.3.33}$$

式中，α_D 为附加应力系数，查表 2.3.11。

(2)上硬下软土层

当土层出现上硬下软情况时，则往往出现应力扩散现象（图 2.3.17）。在荷载中心竖直上也如此，见图 2.3.18。σ_z 随深度的增加迅速减小，曲线 1 表示均质地基情况；曲线 2 为上软下硬情况，σ_z 产生应力集中现象；曲线 3 为上硬下软情况，σ_z 产生应力扩散现象。

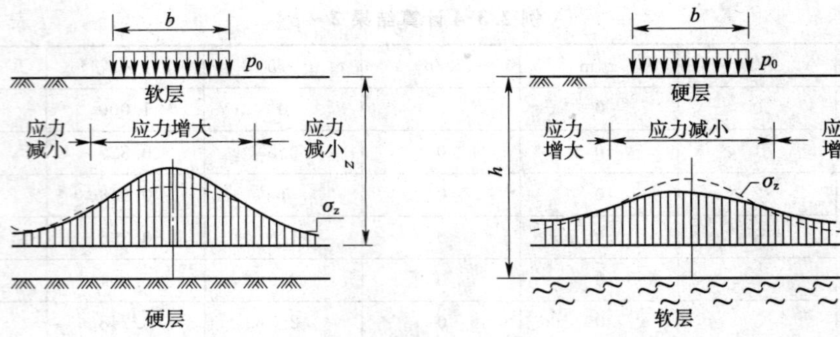

a)应力集中现象　　b)应力扩散现象

图 2.3.17　非均质地基对附加应力的影响

（虚线表示均质地基中水平面上的附加应力分布）

在坚硬的上层与软弱下卧层中引起的应力扩散现象，随上层土厚度的增大而更加显著，它还与双层地基的变形模量 E_0、泊松比 μ 有关，即随下列参数 f 的增加而显著。

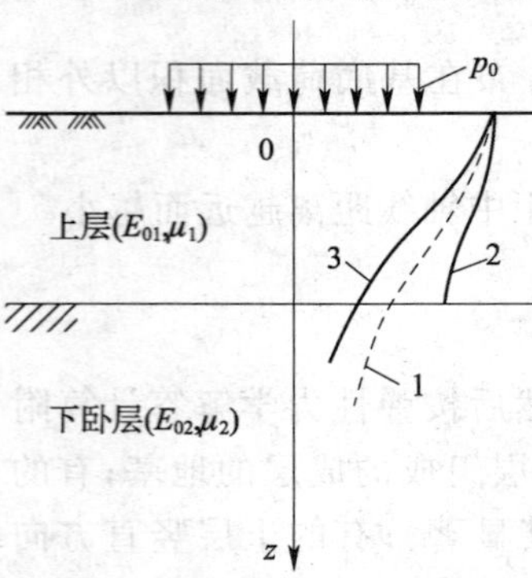

图 2.3.18　双层地基竖向应力分布的比较

附加应力系数 α_D　　　　表 2.3.11

z/h	下卧硬层的埋藏深度		
	$h=0.5b$	$h=b$	$h=2.5b$
0	1.000	1.00	1.00
0.2	1.009	0.99	0.87
0.4	1.020	0.92	0.57
0.6	1.024	0.84	0.44
0.8	1.023	0.78	0.37
1.0	1.022	0.76	0.36

$$f=\frac{E_{01}}{E_{02}}\frac{1-\mu_2^2}{1-\mu_1^2} \tag{2.3.34}$$

为了计算简便，叶戈洛夫引出了不计上下界面摩擦力时，竖向均布条形荷载下，界面上 M 点的附加应力计算公式为

$$\sigma_z=\alpha_E p_0 \tag{2.3.35}$$

式中，α_E 为附加应力系数，见表 2.3.12。

附加应力系数 α_E　　　　表 2.3.12

$b/2h$	$f=1$	$f=2$	$f=10$	$f=15$
0	1.00	1.00	1.00	1.00
0.5	1.02	0.95	0.87	0.82
1.0	0.90	0.69	0.58	0.52
2.0	0.60	0.41	0.33	0.29
3.33	0.39	0.36	0.20	0.18
5.0	0.27	0.17	0.16	0.12

注：h 为上层土的厚度；f 见式(2.3.34)。

(二)变形模量随深度增大的地基

在地基中，土的变形模量 E_0 常随地基深度增大而增大。这种现象在砂土中尤其显著，这是由土体在沉积过程中的受力条件所决定的，与通常假定的均质地基(E_0 值不随深度变化)相比较，沿荷载中心线下，前者的地基附加应力 σ_z 将产生应力集中。这种现象从实验和理论上都得到了证实。

对于一个集中力作用下地基附加应力 σ_z 的计算，可采用弗罗利克(Frohich)等建议的半经验公式[即对式(2.3.1)进行修正]

$$\sigma_z=\frac{vF}{2\pi R^2}\cos^v\theta \tag{2.3.36}$$

式中，v 为应力集中因素，对黏土或完全弹性体，$v=3$[符合式(2.3.1)]；对硬土，$v=6$(较密实的)；对砂土与黏土之间的土质，$v=3\sim6$。

(三)各向异性地基

在工程实践中常见的薄交互层地基就是典型的各向异性地基，天然沉积形成的水平薄交互层地基，其水平向变形模量 E_{oh} 常大于竖向变形模量 E_{ov}，考虑到由于土的这种层状构造特性与通常假定的均质各向同性地基有差别，沃尔夫(Wolf,1935)假定地基竖直和水平方向的泊松比相同，但变形模量不同的条件下，导得均布线荷载下各向异性地基的附加应力 σ_z' 为

$$\sigma_z'=\frac{\sigma_z}{m} \tag{2.3.37}$$

其中

$$m=\sqrt{\frac{E_{oh}}{E_{ov}}}$$

式中，E_{oh}、E_{ov} 分别为土层水平和竖直方向的弹性模量；σ_z 为线荷载下，均质地基的附加应力，由式(2.3.19)求得。

因此，当非均质地基的 $E_{oh}>E_{ov}$ 时，地基中将出现应力扩散现象；而当 $E_{oh}<E_{ov}$ 时，则出现应力集中现象。

第四节　有效应力原理

在土中某点截取一水平截面，其面积为 A，截面上作用应力 σ 如图 2.4.1 所示，它是由上面的土体的重力、静水压力及外荷载 p 所产生的应力，称为“总应力”。这一应力一部分是由土颗粒间的接触面承担，称为“有效应力”；另一部分是由土体孔隙内的水及气体承受，称为“孔隙应力”(也称“孔隙压力”)。

考虑图 2.4.1 所示的土体平衡条件，沿 a-a 截面取脱离体，a-a 截面是沿着土颗粒间接触面截取的曲线状截面，在此截面上土颗粒接触面间的作用法向应力为 σ_s，各土颗粒间接触的面积之和为 A_s，孔隙内的水压力为 u_w，气体压力为 u_a，其相应的面积为 A_w 及 A_a。由此可建立平衡条件。其公式为：

$$\sigma A=\sigma_s A_s+u_w A_w+u_a A_a$$

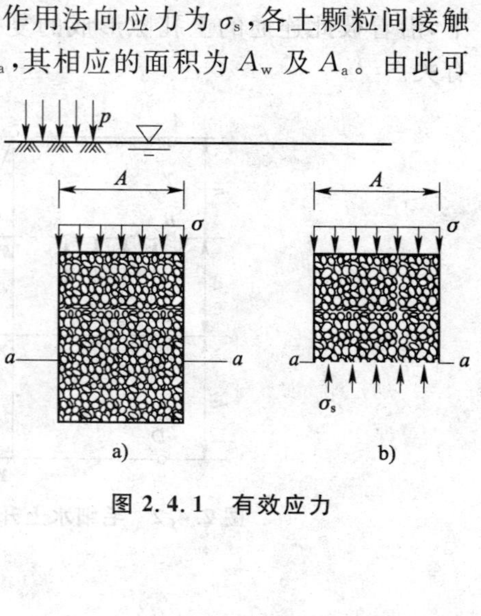

图 2.4.1　有效应力

对于饱和土，上式中的 u_a、A_a 均等于零，则此式可写成

$$\sigma A=\sigma_s A_s+u_w A_w=\sigma_s A_s+u_w(A-A_s)$$

或

$$\sigma=\frac{\sigma_s A_s}{A}+u_w\left(1-\frac{A_s}{A}\right)$$

由于颗粒间的接触面积 A_s 是很小的，毕肖普及伊尔定(Bishop and Eldin,1950)根据粒状土的试验工作认为 A_s/A 一般小于 0.03。因此，上式中第二项

内的 A_s/A 可略去不计，但第一项中因为土颗粒间的接触应力 σ_s 很大，故不能略去。此时上式可写为

$$\sigma=\frac{\sigma_s A_s}{A}+u_w$$

式中第一项实际上是土颗粒间的接触应力在截面积上的平均应力，称为“有效应力”，通常用 σ'表示，并把孔隙水压力 u_w 用 u 表示。于是上式变为

$$\sigma=\sigma'+u \tag{2.4.1}$$

式(2.4.1)说明，饱和土中的应力（总应力）为有效应力和孔隙水压力之和，或者说有效应力 σ'等于总应力 σ 减去孔隙水压力 u。在工程实践中，直接测定有效应力 σ'很困难，通常是在已知总应力 σ 和测定了孔隙水压力 u 后，利用下式反求 σ'。

$$\sigma'=\sigma-u \tag{2.4.2}$$

式(2.4.2)也称“饱和土的有效应力原理”。

该式首先是由太沙基提出来的。他从试验中观察到土的变形及强度性状与有效应力密切相关，只有通过颗粒接触点传递的应力，才能引起土的变形和影响土的强度，而土中任意点的孔隙水压力对各个方向作用是相等的，因此它只能使土颗粒产生压缩（由于土颗粒本身的压缩量是很微小的，在土力学中可不考虑），而不能使土颗粒产生位移。土颗粒间的有效应力作用，则会引起土颗粒的位移，使孔隙体积改变，土体发生压缩变形。同时有效应力的大小也影响着土的抗剪强度，这是土力学有别于其他力学（如固体力学）的重要原理之一。

对于部分饱和土，同理可导得有效应力公式为

$$\sigma'=\sigma-u_a+\chi(u_a-u_w) \tag{2.4.3}$$

这个公式是毕肖普等(1961)提出的，式中 $\chi=\frac{A_w}{A}$，是由试验确定的参数。一般认为有效应力原理能正确地用于饱和土，对部分饱和土，由于水、气界面上的表面张力和弯液面的存在，问题较复杂，尚存在一些问题有待深入研究。具体内容见有关专著。

作为有效应力原理的应用实例，以下介绍毛细水上升时及土中渗流时有效应力的计算。

一、毛细水上升时土中有效自重应力的计算

设地基土层如图 2.4.2 所示。在深度 h_1 的 B 线下的土已完全饱和，但地下水的自由表面（潜水面）却在其下的 C 线处。这是由于 C 线下的地下水在空气一水界面的表面张力作用下，沿着彼此连通的土孔隙形成的复杂毛细网络上升所致。毛细水上升高度 h_c 与土的类别有关。

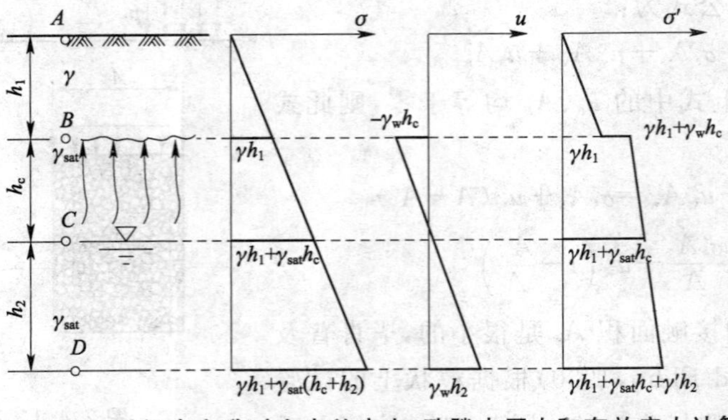

图 2.4.2　毛细水上升时土中总应力、孔隙水压力和有效应力计算

为了求有效自重应力，按照有效应力原理，应先计算总应力 σ（这里也就是自重应力）。此时，对 B 线以下的土，应以饱和重度计算，分布如图 2.4.2 所示。竖向有效自重应力为总应力与孔隙水压力之差，具体计算见表 2.4.1。

毛细水上升时总应力、孔隙水压力和有效应力计算 表 2.4.1

计算点		总应力 σ	孔隙水压力 u	有效应力 σ'
A		0	0	0
B	B 点上	γh_1	0	γh_1
	B 点下		$-\gamma_w h_c$	$\gamma h_1+\gamma_w h_c$
C		$\gamma h_1+\gamma_{sat} h_c$	0	$\gamma h_1+\gamma_{sat} h_c$
D		$\gamma h_1+\gamma_{sat}(h_c+h_2)$	$\gamma_w h_2$	$\gamma h_1+\gamma_{sat} h_c+\gamma' h_2$

在毛细水上升区，由于表面张力的作用使孔隙水压力为负值，即 $u=-\gamma_w h_c$（因为静水压力值以大气压力为基准，所以紧靠 B 线下的孔隙水压力为负值），而使有效应力增加，在地下水位以下，由于水对土颗粒的浮力作用，使土的有效应力减少。

二、土中水渗流时（一维渗流）有效应力计算

已经讨论过当土中渗流时，土中水将对土颗粒作用动水力，这就必然影响土中有效应力分布。现通过图 2.4.3 所示三种情况，以说明土中水渗流时对有效应力分布的影响。

在图 2.4.3a）中水静止不动，也即土中 a、b 两点的水头相等；图 2.3.4b）表示土中 a、b 两点有水头差 h，水自上向下渗流；图 2.4.3c）表示土中 a、b 两点的水头差也是 h，但水自下向上渗流。现按上述三种情况计算土中总应力 σ、孔隙水压力 u 及有效应力 σ' 值，列于表 2.4.2，并绘出分布图示于图 2.4.3。

土中渗流时总应力 σ、孔隙水压力 u 和有效应力 σ' 的计算 表 2.4.2

渗流情况	计算点	总应力	孔隙水压力 u	有效应力 σ'
a）水静止时	a	γh_1	0	γh_1
	b	$\gamma h_1+\gamma_{sat} h_2$	$\gamma_w h_2$	$\gamma h_1+(\gamma_{sat}-\gamma_w)h_2$
b）水自上向下渗流	a	γh_1	0	γh_1
	b	$\gamma h_1+\gamma_{sat} h_2$	$\gamma_w(h_2-h)$	$\gamma h_1+(\gamma_{sat}-\gamma_w)h_2+\gamma_w h$
c）水自下向上渗流	a	γh_1	0	γh_1
	b	$\gamma h_1+\gamma_{sat} h_2$	$\gamma_w(h_2+h)$	$\gamma h_1+(\gamma_{sat}-\gamma_w)h_2-\gamma_w h$

从表 2.4.2 和图 2.4.3 的计算结果可见，三种不同情况水渗流时土中的总应力 σ 的分布是相同的，土中水的渗流不影响总应力值。水渗流时土中产生动水力，致使土中有效应力及孔隙水压力发生变化。土中水自上向下渗流时，动水力方向与土的重力方向一致，于是有效应力增加，而孔隙水压力相应减少。反之，土中水自下向上流时，导致土中有效应力减少，孔隙水压力相应增加。

【例 2.4.1】 有一 10 m 厚饱和黏土层，其下为砂土，如图 2.4.4 所示。砂土层中有承压水，已知其水头高出 A 点 6 m。现要在黏土层中开挖基坑，试求基坑开挖的最大深度 H。

【解】 若基坑开挖深度达到 H 后坑底土将隆起失稳，考虑此时 A 点的稳定条件。

A 点的总应力

$\sigma_A=\gamma_{sat}(10-H)=18.9\times(10-H)$

A 点的孔隙水压力

$u_A = \gamma_w h = 9.81 \times 6\ \text{kPa} = 58.86\ \text{kPa}$

若 A 点隆起，则其有效应力 $\sigma'_A = 0$，即

$\sigma_A{}' = \sigma_A - u_A = 18.9 \times (10 - H) - 58.86 = 0$

解得　$H = 6.9\ \text{m}$

故当基坑开挖深度超过 6.9 m 后，坑底土将隆起破坏。

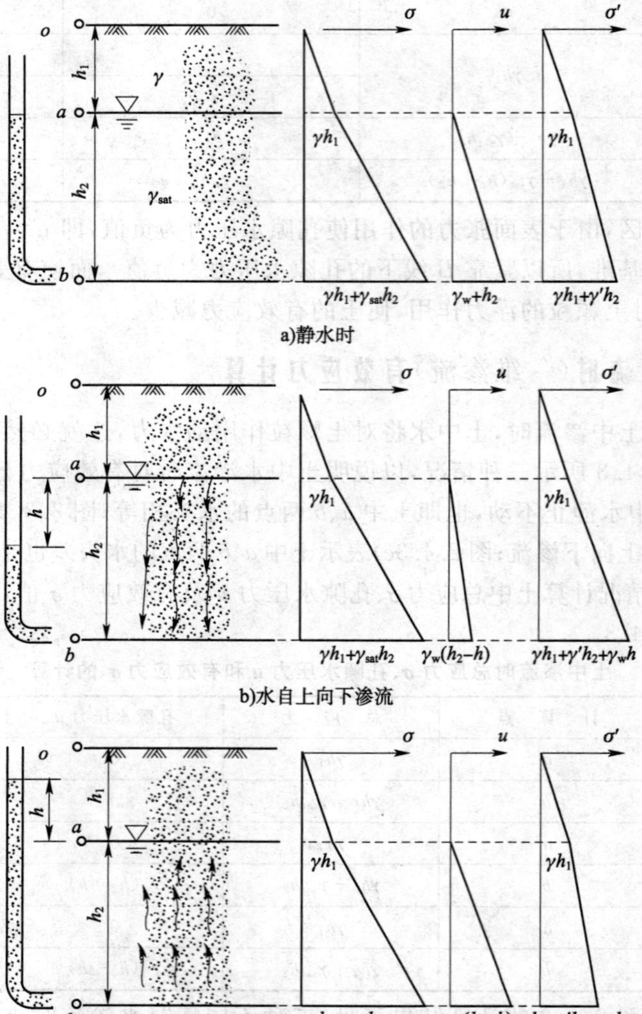

图 2.4.3　土中水渗流时的总应力、孔隙水压力和有效应力分布

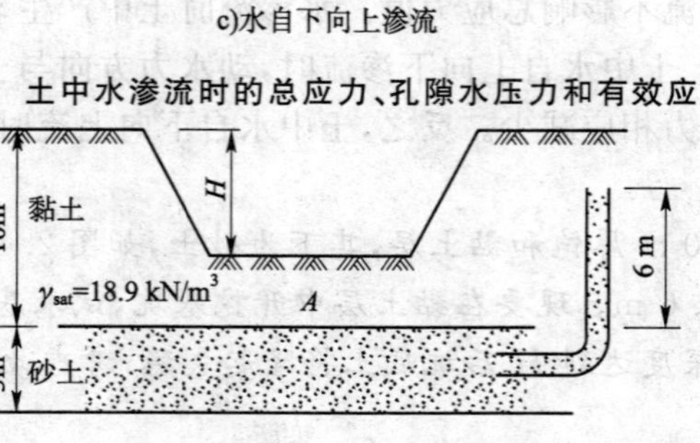

图 2.4.4　例 2.4.1 图

第三章　土的变形性质及地基沉降计算

第一节　土的压缩性

一、基本概念

土在压力作用下体积变小的特性称为土的压缩性。土的压缩通常由三部分组成：固体土颗粒被压缩；土中水及封闭气体被压缩；水和气体从孔隙中被挤出。试验研究表明：固体颗粒和水的压缩量是微不足道的，在一般压力作用下，固体颗粒和水的压缩量与土的总压缩量之比非常微小，完全可以忽略不计。所以土的压缩可以只看成是土中水和气体从孔隙中被挤出，与此同时，土颗粒相应发生移动，重新排列，靠拢挤紧，从而土孔隙体积减小。对于只有两相的饱和土来说，则主要是孔隙水的挤出。

土的压缩变形的快慢与土的渗透性有关。在荷载作用下，透水性较大的饱和无黏性土，其压缩过程短，建筑物施工完毕时，可认为其压缩变形已基本完成；而透水性小的饱和黏性土，其压缩过程所需时间长，十几年甚至几十年压缩变形才稳定。如意大利的比萨斜塔，始建于公元 1173 年，至今地基土仍继续变形，成为世界瞩目的地基处理大难题。土体在外力作用下，压缩随时间增长的过程，称为土的固结，对于饱和黏性土来说，土的固结问题非常重要。

研究土的压缩性大小及其特征的室内试验方法称为压缩试验，室内试验简单方便，费用较低；了解地基土变形状况的现场测试，称为载荷试验。

二、压缩试验及压缩性指标

本节内容参看第一篇岩土工程勘察　第三章室内试验　第二节室内土工试验　三、土的变形试验　（二）固结试验和压缩试验中的内容。

三、土的载荷试验及变形模量

本节内容参看第一篇岩土工程勘察　第四章原位测试　第一节载荷试验　一、平板载荷试验中的相关内容。

四、旁压试验及旁压模量

旁压试验又称横压试验，也是一种原位测试的方法。旁压仪由旁压器、量测与输送系统、加压系统三部分组成，如图 3.1.1 所示。旁压器设有上、中、下三个腔，中腔称为工作腔，上、下腔称为保护腔，它保护工作腔的变形基本符合平面应变状态（理论按平面问题考虑），腔体外部用一块弹性膜（橡皮膜）包起来，弹性膜受到压力作用后产生膨胀，挤压孔周围的土；而这个压力一般是通过液压（水压）来传递的，所以旁压仪配置有蓄水管、气管、量测管及压力表、稳压罐、调压筒等。

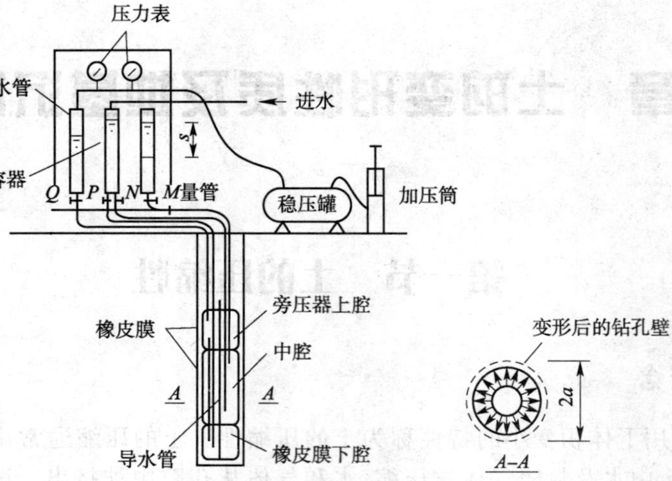

图 3.1.1　旁压仪示意图

试验在钻孔内进行(有的是预先钻孔,有的是自行钻孔),将旁压器置于孔内以后,用液压迫使旁压器的工作腔不断扩大,对孔壁土体施加压力(横压),迫使孔周围的土变形外挤(图 3.1.1),直至破坏,量测所加的压力 p 的大小和旁压器测量腔的体积 V 的变化(图 3.1.2),再换算为土的应力—应变关系,从而获得地基土强度和变形模量等参数。

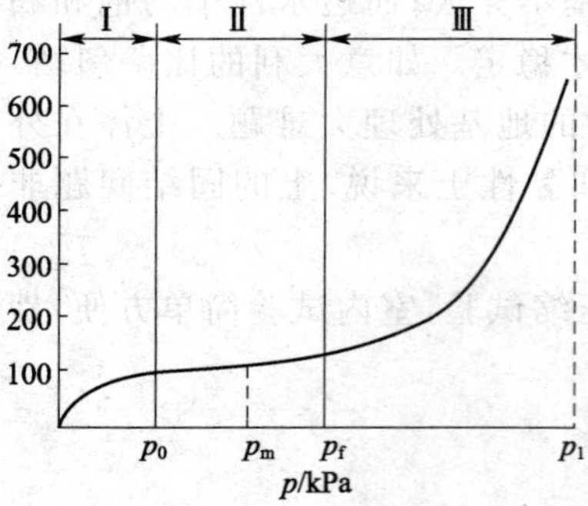

图 3.1.2　旁压试验 *p*-*V* 曲线

该法适于原位测试黏性土、粉土、砂土、软质岩石和风化岩石。它比浅层静载荷试验耗资少,简单轻便,而且能进行深层土的原位测试,深度可达 20m 以上。

旁压试验的成果为 p-V 曲线(图 3.1.2),该曲线可划分为三个阶段,Ⅰ阶段为初级阶段,为橡皮膜膨胀与孔壁初步接触阶段。若完全紧贴时的压力用 p_0 表示,则 p_0 相当于原位总的水平压力;Ⅱ阶段称为似弹性阶段,这时压力与体积变化量大致成直线关系,表示土尚处于弹性状态,压力 p_f 为开始屈服的压力,称为临塑压力;Ⅲ阶段为塑性阶段,随着压力增大,土内局部环状区域产生塑性变形,表现为体积变化量 V 迅速增加,最后达到极限压力 p_l。

根据曲线第Ⅱ阶段的坡度($\Delta p/\Delta V$),可得到土的旁压模量 E_M,其值与土的变形模量 E_0 相近。对于线弹性的各向同性土体,E_M(kPa)可按下式计算

$$E_M = 2(1+\mu)(V+V_m)\frac{\Delta p}{\Delta V} \tag{3.1.1}$$

式中,V 为旁压器测量腔(中腔)初始固有体积(cm^3);V_m 为旁压曲线直线段头尾中间的平均扩展体积(cm^3);$\Delta p/\Delta V$ 为旁压曲线直线段的斜率(kPa/cm^3)。

影响旁压试验的因素很多,其中最重要的是钻孔对周围土壁的扰动。为了减少这种影响,后来又发展了自钻式旁压仪,它是在旁压器尖端装一旋转的切削器而成的。使用时先用钻机钻到接近预定试验深度,然后将旁压仪放至孔底,一边自行钻孔入土,一边将切削下来的土用水冲成泥浆,从导水管送到地面,到达预定深度后,即可进行加压试验。自钻式旁压仪已用于砂土和许多黏性土中,效果较好。

五、文克勒地基模型(即基床系数法,又称“文克勒法”)

基本假定:地基上任一点所受的压力强度 P 与该点的地基沉降 s 成正比,关系式如下

$$P=ks \tag{3.1.2}$$

式中,比例常数 k 称为基床反力系数(简称“基床系数”)(单位:MN/m^3)。

根据这个假定,既然地面上某点的沉降与作用于别处的压力无关,所以,实质上就是把地基看成无数分割开的小土柱组成的体系[图 3.1.3a)],或者,进一步用一根根弹簧代替土柱,则地基是由许多互不相连的弹簧所组成[图 3.1.3b)]。这就是著名的文克勒地基模型。由式(3.1.2)可知,文克勒模型的基底反力图与基础的竖向位移图是相似的。如果基础是刚性的,则基底反力图按线性分布[图 3.1.3c)],这就是基底反力简化计算方法所依据的计算图式。

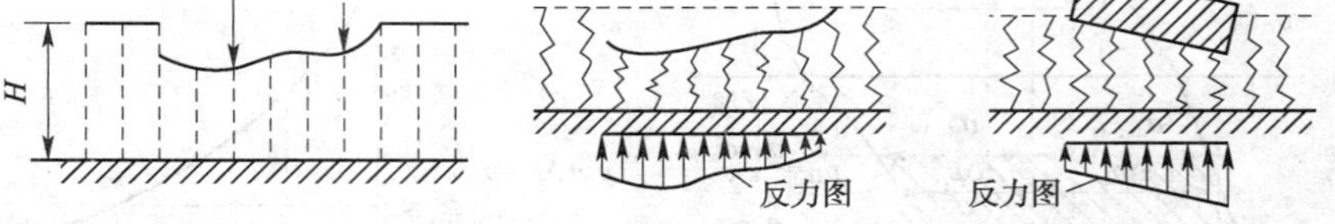

a)侧面无摩阻力的土桩体系　b)弹簧模型　c)文克勒地基上的刚性基础

图 3.1.3　文克勒地基模型

按照文克勒模型,地基沉降只发生在基底范围以内,这与实际情况不符。其原因在于忽略了地基中的剪应力,而正是由于剪应力的存在,地基中的附加应力 σ_z 才能向旁边扩散分布,使基底以外的地表发生沉降。为了弥补这个缺陷,有人曾经在文克勒模型的基础上做了改进,例如:考虑相邻小土桩之间存在摩阻力的弗拉索夫(Впасов)模型,以及在弹簧上加一张拉紧的无伸缩性的薄膜组成的菲洛宁柯-鲍罗基契(Филоненко-Боролиу)模型等。

适用条件:抗剪强度很低的半液态土(如淤泥、软黏土等)地基或塑性区相对较大土层上的柔性基础,采用该方法比较合适。此外,厚度不超过梁或板的短边宽度之半的薄压缩层地基(如薄的破碎岩层)上的柔性基础也适于该方法。

第二节　地基最终沉降量计算

地基最终沉降量计算是指地基土在建筑荷载作用下达到压缩稳定时地基表面的沉降量。本节主要介绍国内常用的几种沉降计算方法:分层总和法、《建筑地基基础设计规范》(GB 50007—2011)推荐的方法和弹性力学公式。

一、分层总和法

分层总和法假定地基土为直线变形体,在外荷载作用下的变形只发生在有限厚度的范围内(即压缩层),将压缩层厚度内的地基土分层,分别求出各分层的应力,然后用土的应力—应变关系式求出各分层的变形量,再总和起来作为地基的最终沉降量。

分层总和法假设:

①计算土中应力时,地基土是均质、各向同性的半无限体;

②地基土在压缩变形时不允许侧向膨胀,计算时采用完全侧限条件下的压缩性指标;

③采用基底中心点下的附加应力计算地基的变形量。

(一)计算原理

如图 3.2.1 所示，若在基底中心下取一截面为 A 的小土柱，土柱上作用有自重应力和附加应力。假定第 i 层土柱有 p_{1i}（相当于自重应力）作用，压缩稳定后的孔隙比为 e_{1i}，土柱高度为 h_i；当压力增大至 p_{2i}（相当于自重应力与附加应力之和）时，压缩稳定后的孔隙比为 e_{2i}。按前式(3.1.1)可求得该土柱的压缩变形量。其公式为

$$\Delta s_i=\frac{e_{1i}-e_{2i}}{1+e_{1i}}h_i \tag{3.2.1}$$

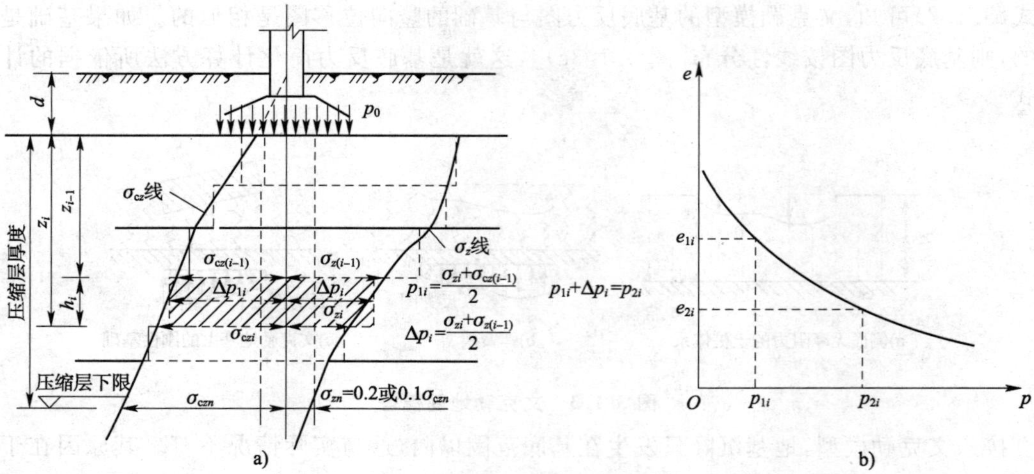

图 3.2.1　地基最终沉降量计算的分层总和法

求得各土层的变形后，叠加可得到地基最终沉降量 s 为

$$s=\sum_{i=1}^{n}\Delta s_i=\sum_{i=1}^{n}\frac{e_{1i}-e_{2i}}{1+e_{1i}}h_i \tag{3.2.2}$$

根据压缩系数 a 的定义及 $E_s=\frac{1+e_1}{a}$ 关系，上式还可变为

$$s=\sum_{i=1}^{n}\frac{a_i}{1+e_{1i}}(p_{2i}-p_{1i})h_i=\sum_{i=1}^{n}\frac{\bar{\sigma}_{zi}}{E_{si}}h_i \tag{3.2.3}$$

式中，n 为地基沉降计算深度范围内的土层数；p_{1i} 为作用在第 i 层土上的平均自重应力 $\bar{\sigma}_{czi}$(kPa)；p_{2i} 为作用在第 i 层土上的平均自重应力 $\bar{\sigma}_{czi}$ 与平均附加应力之和 $\bar{\sigma}_{zi}$(kPa)；a_i 为第 i 层土的压缩系数(kPa^{-1})；E_{si} 为第 i 层土的压缩模量(kPa 或 MPa)；h_i 为第 i 层土的厚度(m)。

式(3.2.3)为分层总和法的又一计算公式。

(二)计算步骤

①分层。将基底以下土分为若干薄层，分层原则：厚度 $h_i\leqslant0.4b$(b 为基础宽度)；天然土层面及地下水位处都应作为薄层的分界面。

②计算基底中心点下各分层面上土的自重应力 σ_{czi} 和附加应力 σ_{zi}，并绘制自重应力和附加应力分布曲线(图 3.2.1)。

③确定地基沉降计算深度 z_n，按 $\sigma_{zn}/\sigma_{czn}\leqslant0.2$(对软土$\leqslant0.1$)确定。

④计算各分层土的平均自重应力 $\bar{\sigma}_{czi}=[\sigma_{cz(i-1)}+\sigma_{czi}]/2$ 和平均附加应力 $\bar{\sigma}_{zi}=[\sigma_{z(i-1)}+\sigma_{zi}]/2$。

⑤令 $p_{1i}=\bar{\sigma}_{czi}$，$p_{2i}=\bar{\sigma}_{czi}+\bar{\sigma}_{zi}$，从该土层的压缩曲线中由 p_{1i} 及 p_{2i} 查出相应的 e_{1i} 和 e_{2i}[图

3.2.1b)]。

⑥按式(3.2.1)计算每一分层土的变形量 Δs_i。

⑦按式(3.2.2)计算沉降计算深度范围内地基的总变形量即为地基的最终沉降量。

【例 3.2.1】 柱荷载 $F=851.2$ kN,基础埋深 $d=0.8$ m,基础底面尺寸 $l\times b=8$ m×2 m,地基土层如图 3.2.2 及表 3.2.1 所示,试用分层总和法计算基础沉降量。

土的物理力学指标 表 3.2.1

土层	指标										
	土层厚/m	重度 γ/(kN/m³)	土粒相对密度 d_s	含水率 w/(%)	孔隙比 e	塑性指数 I_p	压缩系数 a_{1-2}/(×10⁻²/kPa)	不同压力下的孔隙比 压力 p/(×10²kPa)			
								0.5	1.0	2.0	3.0
褐黄色粉质黏土	2.20	18.3	2.73	33.0	0.942	16.2	0.048	0.889	0.855	0.807	0.773
灰色淤泥质土	5.80	17.9	2.72	37.6	1.045	10.5	0.043	0.925	0.891	0.848	0.823
灰色淤泥	未钻穿	17.6	2.74	42.1	1.175	19.3	0.082	—	—	—	—

【解】

(1)地基分层

每层厚度按 $h_i\leqslant 0.4b=0.8$ m,但地下水位处、土层分界面处单独划分,分层进入第(Ⅱ)土层时,若第③分层取 $h_3=1$ m,则此层底面距基底的距离恰好等于 2.4 m,为基础宽度 b 的 1.2 倍,这样可以在计算附加应力时减少做查表内插的工作。从第④分层开始便可按 $h_i=0.4b=0.8$ m 继续划分下去,至第(Ⅱ)土层(淤泥质土)之底面为止(图 3.2.2)。

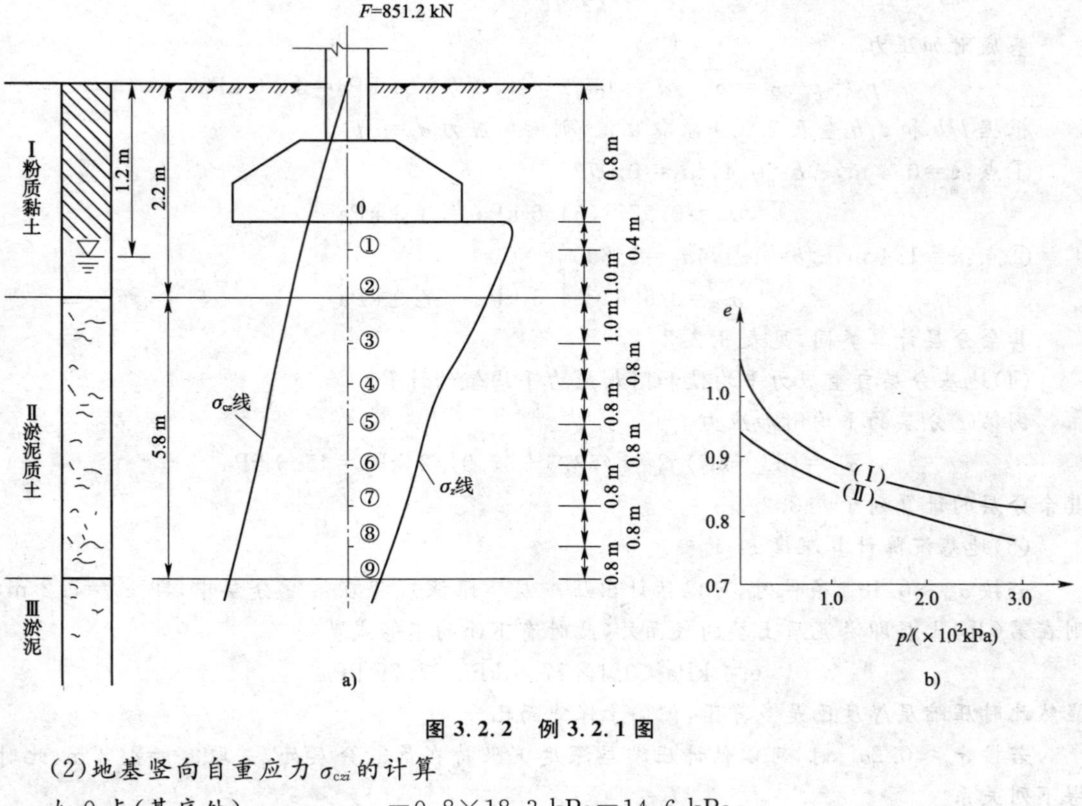

图 3.2.2 例 3.2.1 图

(2)地基竖向自重应力 σ_{czi} 的计算

如 0 点(基底处) $\sigma_{cz0}=0.8\times 18.3\ \text{kPa}=14.6\ \text{kPa}$

①点　　　　　　　$\sigma_{cz1}=(14.6+18.3\times0.4)\ \text{kPa}=22.0\ \text{kPa}$

②点　　　　　　　$\sigma_{cz2}=(22.0+8.5\times1)\ \text{kPa}=30.5\ \text{kPa}$

其他各点计算结果见表3.2.2。

用分层总和法计算地基最终沉降量　　　　表3.2.2

分层点编号	深度 z/m	分层厚度 h_i/m	自重应力 σ_{czi}/kPa	深宽比 z/b	应力系数 α_i	附加应力 σ_{zi}/kPa	平均自重应力 $\overline{\sigma}_{czi}$/kPa	平均附加应力 $\overline{\sigma}_{zi}$/kPa	$\overline{\sigma}_{czi}+\overline{\sigma}_{zi}$ /kPa	孔隙比 e_{1i}	孔隙比 e_{2i}	分层沉降量 Δs_i/cm
0	0		14.6	0	1.000	54.6						
①	0.4	0.4	22.0	0.2	0.977	53.3	18.3	53.8	72.1	0.923	0.873	1.15
②	1.4	1.0	30.5	0.7	0.695	37.9	26.3	45.6	71.9	0.913	0.874	2.04
③	2.4	1.0	38.7	1.2	0.462	25.1	34.6	31.5	66.1	0.960	0.913	2.40
④	3.2	0.8	45.2	1.6	0.348	18.9	42.0	22.0	64.0	0.942	0.915	1.12
⑤	4.0	0.8	51.7	2.0	0.270	14.7	48.5	16.8	65.3	0.926	0.914	0.54
⑥	4.8	0.8	58.2	2.4	0.216	11.7	54.9	13.2	68.1	0.921	0.912	0.38
⑦	5.6	0.8	64.6	2.8	0.173	9.4	61.4	10.6	72.0	0.916	0.909	0.29
⑧	6.4	0.8	71.1	3.2	0.142	7.7	67.9	8.6	76.5	0.912	0.906	0.25
⑨	7.2	0.8	77.9	3.6	0.117	6.4	74.5	7.05	81.5	0.907	0.902	0.21

(3)地基竖向附加应力σ_{zi}的计算

基底平均压力

$$p=\frac{F+G}{A}=\frac{851.2+2\times8\times0.8\times20}{2\times8}\ \text{kPa}=69.2\ \text{kPa}$$

基底附加压力

$$p_0=p-\sigma_c=p-\gamma d=(69.2-18.3\times0.8)\ \text{kPa}=54.6\ \text{kPa}$$

根据l/b和z/b查表2.3.4求取a值，则附加应力$\sigma_z=\alpha p_0$。

①点：$z=0.4\ \text{m}, z/b=0.4, 4a_1=0.977$

$$\sigma_{z1}=0.977\times54.6\ \text{kPa}=53.3\ \text{kPa}$$

②点：$z=1.4\ \text{m}, z/b=1.4, 4a_2=0.695$

$$\sigma_{z2}=0.695\times54.6\ \text{kPa}=37.9\ \text{kPa}$$

其余分层计算类同，见表3.2.2。

(4)地基分层自重应力平均值和附加应力平均值的计算

例第②分层的平均附加应力

$$\overline{\sigma}_{z2}=(\sigma_{z1}+\sigma_{z2})/2=[(53.3+37.9)/2]\text{kPa}=45.6\ \text{kPa}$$

其余分层的计算列于表3.2.2。

(5)地基沉降计算深度z_n的确定

若按$\sigma_{zn}\approx0.1\sigma_{czn}$条件时，可以估计出压缩层下限深度将在第⑨分层中，即$z_n=7.2\ \text{m}$，则在第(Ⅱ)土层即淤泥质土层的底面处，此时有下面的不等式：

$$6.4\ \text{kPa}<0.1\times77.9\ \text{kPa}=7.79\ \text{kPa}$$

显然此时压缩层厚度已是多算了，但偏于保守而已。

若按$\sigma_{zn}\approx0.2\sigma_{czn}$时，可以估计压缩层深度下限将在第⑥分层处，若取$z_n=4.8\ \text{m}$，此时得下列关系

$$11.77\ \text{kPa}\approx0.2\times58.2\ \text{kPa}=11.64\ \text{kPa}$$

符合要求。

(6)地基各分层沉降量的计算

先从对应土层的压缩曲线上查出相应于某一分层 i 的平均自重应力($\bar{\sigma}_{czi}=p_{1i}$)以及平均附加应力与平均自重应力之和($\bar{\sigma}_{czi}+\bar{\sigma}_{zi}=p_{2i}$)的孔隙比 e_{1i} 和 e_{2i},代入式(3.2.1)计算该分层 i 的变形量 Δs_i:

$$\Delta s_i=\frac{e_{1i}-e_{2i}}{1+e_{1i}}h_i$$

例如第②分层(即 $i=2$),$h_{(2)}=100$ cm。

$\bar{\sigma}_{cz2}=26.3$ kPa,从压缩曲线(Ⅰ)上查得 $e_{1(2)}=0.913$;

$\bar{\sigma}_{cz2}+\bar{\sigma}_{z2}=71.9$ kPa,从同一压缩曲线上查得 $e_{2(2)}=0.874$,则

$$\Delta s_2=\frac{0.913-0.874}{1+0.913}\times 100\ \text{cm}=2.04\ \text{cm}$$

其余计算结果见表 3.2.2,此处略。

除用式(3.2.1)计算 Δs_i 外,还可用式(3.2.3)的关系计算 Δs_i。例如,对于上述第②分层数据可得:

$$a_i=a_2=\frac{e_{1(2)}-e_{2(2)}}{\bar{\sigma}_{z2}}=\frac{0.913-0.874}{45.6}\ \text{kPa}^{-1}=0.084\times 10^{-2}\ \text{kPa}^{-1}$$

$$\Delta s_2=\frac{a_i}{1+e_{1i}}\sigma_{zi}h_i=\frac{0.084\times 10^{-2}\times 45.6\times 100}{1+0.913}\ \text{cm}=2.04\ \text{cm}$$

若用 a_{1-2} 计算时,根据表 3.2.1 得

$$\Delta s_2=\frac{0.048\times 10^{-2}\times 45.6\times 100}{1+0.855}\ \text{cm}=1.20\ \text{cm}$$

可见,用不同条件下得到的压缩系数作参数代入计算 Δs_i 时,计算结果差别很大。

(7)计算基础中点总沉降量 s

将压缩层范围内各分层土的变形量 Δs_i 总加起来,便得基础的总的最终沉降量 s,即公式

$$s=\sum_{i=1}^{n}\Delta s_i$$

在本例中,以 $z_n=7.2$ m 考虑,共有分层数 $n=9$,所以从表 3.2.2 数据可得

$$s=\sum_{i=1}^{n}\Delta s_i$$

$$=(1.15+2.04+2.40+1.12+0.54+0.38+0.29+0.25+0.21)\ \text{cm}=8.38\ \text{cm}$$

若 $z_n=4.8$ m,$n=6$,则得

$$s=\sum_{i=1}^{n}\Delta s_i=7.63\ \text{cm}$$

二、《建筑地基基础设计规范》方法

《建筑地基基础设计规范》(GB 50007—2011)提出的地基沉降计算方法,是一种简化了的分层总和法,其引入了平均附加应力系数的概念,并在总结大量实践经验的前提下,重新规定了地基沉降计算深度的标准和地基沉降计算经验系数。

(一)计算原理

设地基土层均质、压缩模量 E_s 不随深度变化,根据式(3.2.3)有

$$s'=\sum_{i=1}^{n}\frac{\bar{\sigma}_{zi}}{E_{si}}h_i$$

式中，$\sigma_{zi}h_i$ 为第 i 层土附加应力曲线所包围的面积（图 3.2.3 中阴影部分），用符号 A_{3456} 表示。

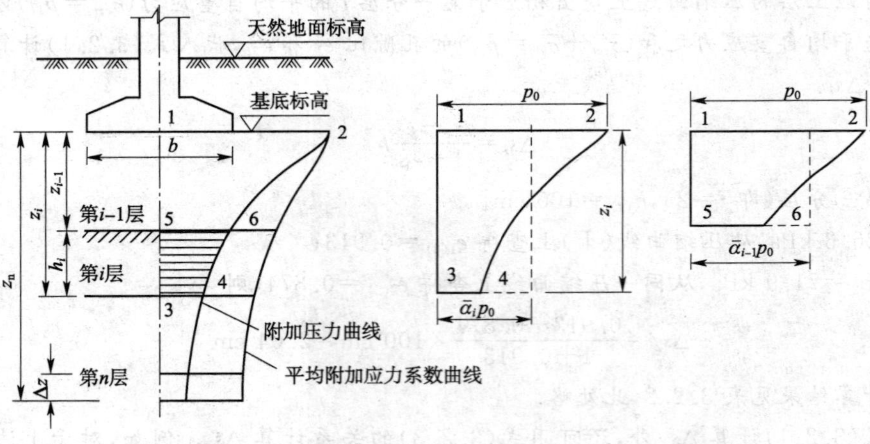

图 3.2.3 采用平均附加应力系数 $\bar{\alpha}_i$ 计算沉降量的分层示意图

由图 3.2.3 得：
$$A_{3456}=A_{1234}-A_{1256}$$

而应力面积
$$A=\int_0^z \sigma_z \mathrm{d}z = p_0\int_0^z \alpha \mathrm{d}z$$

为便于计算，引入平均附加应力系数 $\bar{\alpha}$（如图 3.2.3 所示）。其公式为

$$A_{1234}=\bar{\alpha}_i p_0 z_i$$

即
$$\bar{\alpha}_i=\frac{A_{1234}}{p_0 z_i}$$

$$A_{1256}=\bar{\alpha}_{i-1} p_0 z_{i-1}$$

即
$$\bar{\alpha}_{i-1}=\frac{A_{1256}}{p_0 z_{i-1}}$$

$$s'=\sum_{i=1}^{n}\frac{A_i}{E_{si}}=\sum_{i=1}^{n}\frac{p_0}{E_{si}}(\bar{\alpha}_i z_i-\bar{\alpha}_{i-1}z_{i-1}) \tag{3.2.4}$$

式中，$p_0 z\bar{\alpha}$ 为深度 z 范围内竖向附加应力面积 A 的等代值；$\bar{\alpha}$ 为深度 z 范围内平均附加应力系数，$\bar{\alpha}=\dfrac{A}{p_0 z}=\dfrac{1}{z}\int_0^z \alpha \mathrm{d}z$。

（二）沉降计算经验系数和沉降计算

由于 s' 推导时作了近似假定，而且对那些复杂因素也难以综合反映，因此将其计算结果与大量沉降观测资料结果比较发现：低压缩性地基土，s' 计算值偏大；反之，高压缩性地基土，s' 计算值偏小。为此，应引入经验系数 ψ_s，对式（3.2.4）进行修正，即

$$s=\psi_s s'=\psi_s\sum_{i=1}^{n}\frac{p_0}{E_{si}}(\bar{\alpha}_i z_i-\bar{\alpha}_{i-1}z_{i-1}) \tag{3.2.5}$$

式中，s 为地基最终沉降量（mm）；ψ_s 为沉降计算经验系数，根据地区沉降观测资料和经验确定，无地区经验时，也可按表 3.2.3 取用；n 为地基沉降计算深度范围内所划分的土层数；p_0 为对应于荷载效应准永久组合时的基础底面处的附加压力（kPa）；E_{si} 为基础底面下第 i 层土的压缩模量，应取土的自重压力至土的自重压力与附加压力之和的压力段计算；z_i、z_{i-1} 为基础底面至第 i 层和第 $i-1$ 层土底面的距离（m）；$\bar{\alpha}_i$、$\bar{\alpha}_{i-1}$ 为基础底面至第 i 层和第 $i-1$ 层土底面范围内的平均附加应力系数，矩形基础可按表3.2.4查用，条形基础可取 $l/b=10$

查，l 与 b 分别为基础的长边和短边。

沉降计算经验系数 ψ_s　　表 3.2.3

基底附加压力	$\overline{E}_s$/MPa				
	2.5	4.0	7.0	15.0	20.0
$p_0 \geqslant f_{ak}$	1.4	1.3	1.0	0.4	0.2
$p_0 \leqslant 0.75 f_{ak}$	1.1	1.0	0.7	0.4	0.2

注：1. f_{ak} 是地基承载力特征值。

2. $\overline{E}_s$ 是沉降计算深度范围内压缩模量的当量值。

$$\overline{E}_s = \frac{\sum A_i}{\sum \frac{A_i}{E_{si}}}$$

式中，$A_i = p_0(z_i \overline{\alpha}_i - z_{i-1}\overline{\alpha}_{i-1})$。

均布的矩形荷载角点下的平均竖向附加应力系数 $\overline{\alpha}$　　表 3.2.4

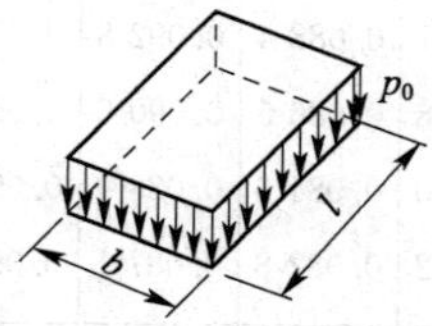

z/b	l/b 1.0	1.2	1.4	1.6	1.8	2.0	2.4	2.8	3.2	3.6	4.0	5.0	10.0
0.0	0.250 0	0.250 0	0.250 0	0.250 0	0.250 0	0.250 0	0.250 0	0.250 0	0.250 0	0.250 0	0.250 0	0.250 0	0.250 0
0.2	0.249 6	0.249 7	0.249 7	0.249 8	0.249 8	0.249 8	0.249 8	0.249 8	0.249 8	0.249 8	0.249 8	0.249 8	0.249 8
0.4	0.247 4	0.247 9	0.248 1	0.248 3	0.248 3	0.248 4	0.248 5	0.248 5	0.248 5	0.248 5	0.248 5	0.248 5	0.248 5
0.6	0.243 3	0.243 7	0.244 4	0.244 8	0.245 1	0.245 2	0.245 4	0.245 5	0.245 5	0.245 5	0.245 5	0.245 5	0.245 6
0.8	0.234 6	0.237 2	0.238 7	0.239 5	0.240 0	0.240 3	0.240 7	0.240 8	0.240 9	0.240 9	0.241 0	0.241 0	0.241 0
1.0	0.225 2	0.229 1	0.231 3	0.232 6	0.233 5	0.234 0	0.234 6	0.234 9	0.235 1	0.235 2	0.235 2	0.235 3	0.235 3
1.2	0.214 9	0.219 9	0.222 9	0.224 8	0.226 0	0.226 8	0.227 8	0.228 2	0.228 5	0.228 6	0.228 7	0.228 8	0.228 9
1.4	0.204 3	0.210 2	0.214 0	0.216 4	0.219 0	0.219 1	0.220 4	0.221 1	0.221 5	0.221 7	0.221 8	0.222 0	0.222 1
1.6	0.193 9	0.200 6	0.204 9	0.207 9	0.209 9	0.211 3	0.213 0	0.213 8	0.214 3	0.214 6	0.214 8	0.215 0	0.215 2
1.8	0.184 0	0.191 2	0.196 0	0.199 4	0.201 8	0.203 4	0.205 5	0.206 6	0.207 3	0.207 7	0.207 9	0.208 2	0.208 4
2.0	0.174 6	0.182 2	0.187 5	0.191 2	0.193 8	0.195 8	0.198 2	0.199 6	0.200 4	0.200 9	0.201 2	0.201 5	0.201 8
2.2	0.165 9	0.173 7	0.179 3	0.183 3	0.186 2	0.188 3	0.191 1	0.192 7	0.193 7	0.194 3	0.194 7	0.195 2	0.195 5
2.4	0.157 8	0.165 7	0.171 5	0.175 7	0.178 9	0.181 2	0.184 3	0.186 2	0.187 3	0.188 0	0.188 5	0.189 0	0.189 5
2.6	0.150 3	0.158 3	0.164 2	0.168 6	0.171 9	0.174 5	0.177 9	0.177 9	0.181 2	0.182 0	0.182 5	0.183 2	0.183 8
2.8	0.143 3	0.151 4	0.157 4	0.161 9	0.165 4	0.168 0	0.171 7	0.173 9	0.175 3	0.176 3	0.176 9	0.177 7	0.178 4
3.0	0.136 9	0.144 9	0.151 0	0.155 6	0.159 2	0.161 9	0.165 8	0.168 2	0.169 8	0.170 8	0.171 5	0.172 5	0.173 3
3.2	0.131 0	0.139 0	0.145 0	0.149 7	0.153 3	0.156 2	0.160 2	0.162 8	0.164 5	0.165 7	0.166 4	0.167 5	0.168 5
3.4	0.125 6	0.133 4	0.139 4	0.144 1	0.147 8	0.150 8	0.155 0	0.157 7	0.159 5	0.160 7	0.161 6	0.162 8	0.163 9
3.6	0.120 5	0.128 2	0.134 2	0.138 9	0.142 7	0.145 6	0.150 0	0.152 8	0.154 8	0.156 1	0.157 0	0.158 3	0.159 5
3.8	0.115 8	0.123 4	0.129 3	0.134 0	0.137 8	0.140 8	0.145 2	0.148 2	0.150 2	0.151 6	0.152 6	0.154 1	0.155 4
4.0	0.111 4	0.118 9	0.124 8	0.129 4	0.133 2	0.136 2	0.140 8	0.143 8	0.145 9	0.147 4	0.148 5	0.150 0	0.151 6
4.2	0.107 3	0.114 7	0.120 5	0.125 1	0.128 9	0.131 9	0.136 5	0.139 6	0.141 8	0.143 4	0.144 5	0.146 2	0.147 9
4.4	0.103 5	0.110 7	0.116 4	0.121 0	0.124 8	0.127 9	0.132 5	0.135 7	0.137 9	0.139 6	0.140 7	0.142 5	0.144 4
4.6	0.100 0	0.107 0	0.112 7	0.117 2	0.120 9	0.124 0	0.128 7	0.131 9	0.134 2	0.135 9	0.137 1	0.139 0	0.141 0
4.8	0.096 7	0.103 6	0.109 1	0.113 6	0.117 3	0.120 4	0.125 0	0.128 3	0.130 7	0.132 4	0.133 7	0.135 7	0.137 9

续上表

z/b	l/b 1.0	1.2	1.4	1.6	1.8	2.0	2.4	2.8	3.2	3.6	4.0	5.0	10.0
5.0	0.093 5	0.100 3	0.105 7	0.110 2	0.113 9	0.116 9	0.121 6	0.124 9	0.127 3	0.129 1	0.130 4	0.132 5	0.134 8
5.2	0.090 6	0.097 2	0.102 6	0.107 0	0.110 6	0.113 6	0.118 3	0.121 7	0.124 1	0.125 9	0.127 3	0.129 5	0.132 0
5.4	0.087 8	0.094 3	0.099 6	0.103 9	0.107 5	0.110 5	0.115 2	0.118 6	0.121 1	0.122 9	0.124 3	0.126 5	0.129 2
5.6	0.085 2	0.091 6	0.096 8	0.101 0	0.104 6	0.107 6	0.112 2	0.115 6	0.118 1	0.120 0	0.121 5	0.123 8	0.126 6
5.8	0.082 8	0.089 0	0.094 1	0.098 3	0.101 8	0.104 7	0.109 4	0.112 8	0.115 2	0.117 2	0.118 7	0.121 1	0.124 0
6.0	0.080 5	0.086 6	0.091 6	0.095 7	0.099 1	0.102 1	0.106 7	0.110 1	0.112 6	0.114 6	0.116 1	0.118 5	0.121 6
6.2	0.078 3	0.084 2	0.089 1	0.093 2	0.096 6	0.099 5	0.104 1	0.107 5	0.110 1	0.112 0	0.113 6	0.116 1	0.119 3
6.4	0.074 2	0.082	0.086 9	0.090 9	0.094 2	0.097 1	0.101 6	0.105 0	0.170 6	0.109 6	0.111 1	0.113 7	0.117 1
6.6	0.074 2	0.079 9	0.084 7	0.088 6	0.091 9	0.094 8	0.099 3	0.102 7	0.105 3	0.107 3	0.108 8	0.111 4	0.114 9
6.8	0.072 3	0.077 9	0.082 6	0.086 5	0.080 9	0.092 6	0.097 0	0.100 4	0.103 0	0.105 0	0.106 6	0.109 2	0.112 9
7.0	0.070 5	0.076 1	0.080 6	0.084 4	0.087 7	0.090 4	0.094 9	0.098 2	0.100 8	0.102 8	0.104 4	0.107 1	0.110 9
7.2	0.068 8	0.074 2	0.078 7	0.082 5	0.085 7	0.088 4	0.092 8	0.096 2	0.098 7	0.100 8	0.102 3	0.105 1	0.109 0
7.4	0.067 2	0.072 5	0.076 9	0.080 6	0.083 8	0.086 5	0.090 8	0.094 2	0.096 7	0.098 8	0.100 4	0.103 1	0.107 1
7.6	0.065 6	0.070 9	0.075 2	0.078 9	0.082 0	0.084 6	0.088 9	0.092 2	0.094 8	0.096 8	0.098 4	0.101 2	0.105 4
7.8	0.064 2	0.069 3	0.073 6	0.077 1	0.080 2	0.082 8	0.087 1	0.090 4	0.092 9	0.095 0	0.096 6	0.099 4	0.103 6
8.0	0.062 7	0.067 8	0.072 0	0.075 5	0.078 5	0.081 1	0.085 3	0.088 6	0.091 2	0.093 2	0.094 8	0.097 6	0.102 0
8.2	0.061 4	0.066 3	0.070 5	0.073 9	0.076 9	0.079 5	0.083 7	0.086 9	0.089 4	0.091 4	0.093 1	0.095 9	0.100 4
8.4	0.060 1	0.064 9	0.069 0	0.072 4	0.075 4	0.077 9	0.082 0	0.085 2	0.087 8	0.089 8	0.091 4	0.094 3	0.098 8
8.6	0.058 8	0.063 6	0.067 6	0.071 0	0.073 9	0.076 4	0.080 5	0.083 6	0.086 2	0.088 2	0.089 8	0.092 7	0.097 3
8.8	0.057 6	0.062 3	0.066 3	0.069 6	0.072 4	0.074 9	0.079 0	0.082 1	0.084 6	0.086 6	0.088 2	0.091 2	0.095 9
9.2	0.055 4	0.059 9	0.063 7	0.067 0	0.069 7	0.072 1	0.076 1	0.079 2	0.081 7	0.083 7	0.085 3	0.088 2	0.093 1
9.6	0.053 3	0.057 7	0.061 4	0.064 5	0.067 2	0.069 6	0.073 4	0.076 5	0.078 9	0.080 9	0.082 5	0.085 5	0.090 5
10.0	0.051 4	0.055 6	0.059 2	0.062 2	0.064 9	0.067 2	0.071 0	0.073 9	0.076 3	0.078 3	0.079 9	0.082 9	0.088 0
10.4	0.049 6	0.053 7	0.057 2	0.060 1	0.062 7	0.064 9	0.068 6	0.071 6	0.073 9	0.075 9	0.077 5	0.080 4	0.085 7
10.8	0.047 9	0.051 9	0.055 3	0.058 1	0.060 6	0.062 8	0.066 4	0.069 3	0.071 7	0.073 6	0.075 1	0.078 1	0.083 4
11.2	0.046 3	0.050 2	0.053 5	0.056 3	0.058 7	0.060 9	0.064 4	0.067 2	0.069 5	0.071 4	0.073 0	0.075 9	0.081 3
11.6	0.044 8	0.048 6	0.051 8	0.054 5	0.056 9	0.059 0	0.062 5	0.065 2	0.067 5	0.069 4	0.070 9	0.073 8	0.079 3
12.0	0.043 5	0.047 1	0.050 2	0.052 9	0.055 2	0.057 3	0.060 6	0.063 4	0.065 6	0.067 4	0.069 0	0.071 9	0.077 4
12.8	0.040 9	0.044 4	0.047 4	0.049 9	0.052 1	0.054 1	0.057 3	0.059 9	0.062 1	0.063 9	0.065 4	0.068 2	0.073 9
13.6	0.038 7	0.042 0	0.044 8	0.047 2	0.049 3	0.051 2	0.054 3	0.056 8	0.058 9	0.060 7	0.062 1	0.064 9	0.070 7
14.4	0.036 7	0.039 8	0.042 5	0.044 8	0.046 8	0.048 6	0.051 6	0.054 0	0.056 1	0.057 7	0.059 2	0.061 9	0.067 7
15.2	0.034 9	0.037 9	0.040 4	0.042 6	0.044 6	0.046 3	0.049 2	0.051 5	0.053 5	0.055 1	0.056 5	0.059 2	0.065 0
16.0	0.033 2	0.036 1	0.038 5	0.040 7	0.042 5	0.044 2	0.046 9	0.049 2	0.051 1	0.052 7	0.054 0	0.056 7	0.062 5
18.0	0.029 7	0.032 3	0.034 5	0.036 4	0.038 1	0.039 6	0.042 2	0.044 2	0.046 0	0.047 5	0.048 7	0.051 2	0.057 0
20.0	0.026 9	0.029 2	0.031 2	0.033 0	0.034 5	0.035 9	0.038 3	0.040 2	0.041 8	0.043 2	0.044 4	0.046 8	0.052 4

还需注意，表 3.2.4 给出的是均布矩形荷载角点下的平均竖向附加应力系数，故非角点下的平均附加应力系数 $\bar{\alpha}$ 需采用角点法计算，其方法同土中应力计算。

(三)地基沉降计算深度 z_n

地基沉降计算深度 z_n，可通过试算确定，即要求满足

$$\Delta s'_n \leqslant 0.025\sum_{i=1}^{n}\Delta s'_i \tag{3.2.6}$$

式中，$\Delta s'_i$ 为在计算深度 z_n 范围内，第 i 层土的计算沉降值(mm)；$\Delta s'_n$ 为在计算深度 z_n 处向上取厚度为 Δz(见图 3.2.3)土层的计算沉降值(mm)，Δz 按表3.2.5确定。

计算厚度 Δz 表 表 3.2.5

基底宽度 b/m	$\leqslant 2$	$2<b\leqslant 4$	$4<b\leqslant 8$	$8<b\leqslant 15$	$15<b\leqslant 30$	>30
Δz/m	0.3	0.6	0.8	1.0	1.2	1.5

按式(3.2.6)计算确定的 z_n 下仍有软弱土层时，在相同压力条件下，变形会增大，故尚应继续往下计算，直至软弱土层中所取规定厚度 Δz 的计算沉降量满足式(3.2.6)为止。

当无相邻荷载影响，基础宽度在 1～30 m 范围内时，基础中点的地基沉降计算深度 z_n 也可按下式估算

$$z_n = b(2.5 - 0.4\ln b) \tag{3.2.7}$$

式中，b 为基础宽度(m)；$\ln b$ 为 b 的自然对数。

此外，当沉降计算深度范围内存在基岩时，z_n 可取至基岩表面为止。当存在较厚的坚硬黏性土层，其孔隙比小于 0.5、压缩模量大于 50 MPa，或存在较厚的密实砂卵石层，其压缩模量大于 80 MPa 时，z_n 可取至该层土表面。

【例 3.2.2】 柱荷载 F=1 190 kN，基础埋深 d=1.5 m，基础底面尺寸为 4 m×2 m，地基土层如图 3.2.4 所示，试用规范方法求该基础的最终沉降量。

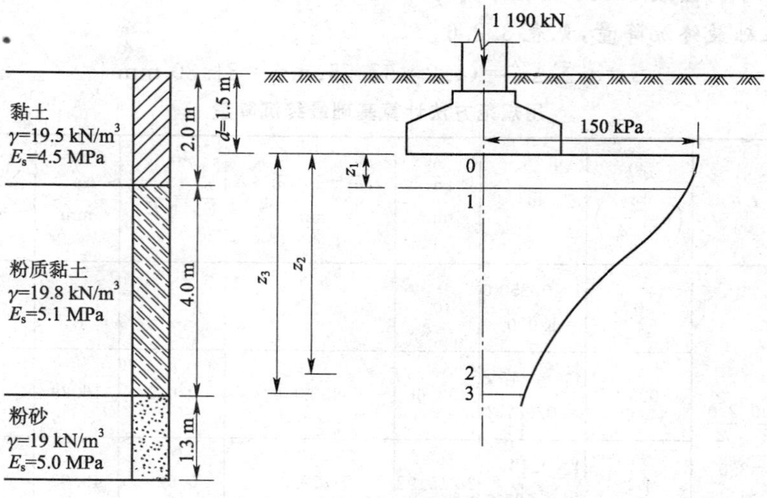

图 3.2.4 例 3.2.2 示意图

【解】

(1)求基底压力和基底附加压力

$$p=\frac{F+G}{A}=\frac{1\ 190+20\times4\times2\times1.5}{4\times2}\text{kPa}=178.75\ \text{kPa}\approx179\ \text{kPa}$$

基础底面处土的自重应力

$$\sigma_{cz}=\gamma d=(19.5\times1.5)\ \text{kPa}=29.25\ \text{kPa}\approx29\ \text{kPa}$$

则基底附加压力

$$p_0=p-\sigma_{cz}=(179-29)\ \text{kPa}=150\ \text{kPa}=0.15\ \text{MPa}$$

(2)确定沉降计算深度 z_n

因为不存在相邻荷载的影响，故可按式(3.2.7)估算。

$$z_n = b(2.5-0.4\ \ln b) = [2\times(2.5-0.4\times\ln 2)]\text{m} = 4.445\ \text{m} \approx 4.5\ \text{m}$$

按该深度，沉降量计算至粉质黏土层底面。

(3)沉降计算，见表 3.2.6

①求 $\bar{\alpha}$。

使用表 3.2.4 时，因为它是角点下平均附加应力系数，而所需计算的则为基础中点下的沉降量，因此查表时要应用角点法，即将基础分为 4 块相同的小面积，查表时按 $\frac{l/2}{b/2}=l/b$、$\frac{z}{b/2}$查，查得的平均附加应力系数应乘以 4。

②z_n 校核。

根据规范规定，先由表 3.2.5 定下 $\Delta z=0.3$ m，计算出 $\Delta s_n'=1.51$ mm，并除以 $\sum_{i=1}^{n}\Delta s_i'$ (67.76mm)，得 0.022 6≤0.025，表明所取 $z_n=4.5$ m 符合要求。

(4)确定沉降经验系数 ψ_s

①计算 $\bar{E}_s$ 值。

$$\bar{E}_s=\frac{\sum A_i}{\sum(A_i/E_{si})}=\frac{p_0\sum(z_i\bar{\alpha}_i-z_{i-1}\bar{\alpha}_{i-1})}{p_0\sum[(z_i\bar{\alpha}_i-z_{i-1}\bar{\alpha}_{i-1})/E_{si}]}=\frac{493.60+1722.32+52.08}{\frac{493.60}{4.5}+\frac{1722.32}{5.1}+\frac{52.08}{5.1}}\ \text{MPa}=5\ \text{MPa}$$

②ψ_s 值确定。

假设 $p_0=f_{ak}$，按表 3.2.3 插值求得 $\psi_s=1.2$。

③计算基础最终沉降量，见表 3.2.6。

$$s=\psi_s\sum\Delta s_i'=(1.2\times 67.75)\text{mm}=81.30\ \text{mm}$$

用规范方法计算基础最终沉降量 表 3.2.6

点号	z_i/m	l/b	z/b $\left(b=\frac{2.0}{2}\right)$	$\bar{\alpha}_i$	$z_i\bar{\alpha}_i$/mm	$z_i\bar{\alpha}_i-z_{i-1}\bar{\alpha}_{i-1}$/mm	$\frac{p_0}{E_{si}}=\frac{0.15}{E_{si}}$	$\Delta s_i'$/mm	$\sum\Delta s_i'$/mm	$\frac{\Delta s_n'}{\sum\Delta s_i'}\leqslant 0.025$
0	0		0	4×0.250 0 =1.000	0					
1	0.50	$\frac{4.0}{2}/\frac{2.0}{2}$ =2.0	0.50	4×0.246 8 =0.987 2	493.60	493.60	0.033	16.29		
2	4.20		4.2	4×0.131 9 =0.527 6	2 215.92	1 722.32	0.029	49.95		
3	4.0		4.5	4×0.126 0 =0.504 0	2 268.00	52.08	0.029	1.51	67.75	0.022 6

(四)地基回弹变形量计算

当建筑物地下室基础埋置较深时，地基土的回弹变形量可按下式进行计算

$$s_c=\psi_c\sum_{i=1}^{n}\frac{p_c}{E_{ci}}(z_i\bar{\alpha}_i-z_{i-1}\bar{\alpha}_{i-1}) \quad (3.2.8)$$

式中，s_c 为地基的回弹变形量(mm)；ψ_c 为回弹量计算的经验系数，无地区经验时可取 1.0；p_c 为基坑底面以上土的自重压力(kPa)，地下水位以下应扣除浮力；E_{ci} 为土的回弹模量(kPa)，按现行国家标准《土工试验方法标准》(GB/T 50123—1999)中土的固结试验回弹曲线的不同应力段计算。

回弹再压缩变形量计算可采用再加荷的压力小于卸荷土的自重压力段内再压缩变形线性分布的假定按下式进行计算

$$s'_c=\begin{cases} r'_0 s_c \dfrac{p}{p_c R'_0} & p<R'_0 p_c \\ s_c\left[r'_0+\dfrac{r'_{R'=1.0}-r'_0}{1-R'_0}\left(\dfrac{p}{p_c}-R'_0\right)\right] & R'_0 p_c\leqslant p\leqslant p_c \end{cases} \tag{3.2.9}$$

式中，s'_c 为地基土回弹再压缩变形量(mm)；s_c 为地基的回弹变形量(mm)；r'_0 为临界再压缩比率，相应于再压缩比率与再加荷比关系曲线上两段线性交点对应的再压缩比率，由土的固结回弹再压缩试验确定；R'_0 为临界再加荷比，相应在再压缩比率与再加荷比关系曲线上两段线性交点对应的再加荷比，由土的固结回弹再压缩试验确定；$r'_{R'=1.0}$ 为对应于再加荷比 $R'=1.0$ 时的再压缩比率，由土的固结回弹再压缩试验确定，其值等于回弹再压缩变形增大系数；p 为再加荷的基底压力(kPa)。

在同一整体大面积基础上建有多栋高层和低层建筑，宜考虑上部结构、基础与地基的共同作用进行变形计算。

第三节　应力历史对地基沉降的影响

一、天然土层应力历史

应力历史是指土在形成的地质年代中经受应力变化的情况。黏性土在形成及存在过程中所受的地质作用和应力变化不同，所产生的压密过程及固结状态亦不同。根据土的先(前)期固结压力 p_c(天然土层在历史上所承受过的最大固结压力)与现有土层自重应力 $p_1=\gamma z$ 之比，称为“超固结比”(OCR)，可把天然土层划分为三种固结状态。

①超固结状态[图 3.3.1a)]。天然土层在地质历史上受到过的固结压力 p_c 大于目前的上覆压力 p_1，即 OCR>1。其可能由于地面上升或河流冲刷将其上部的一部分土体剥蚀掉，或古冰川下的土层曾经受过冰荷载(荷载强度为 p_c)的压缩，后由于气候转暖、冰川融化致使上覆压力减小等。

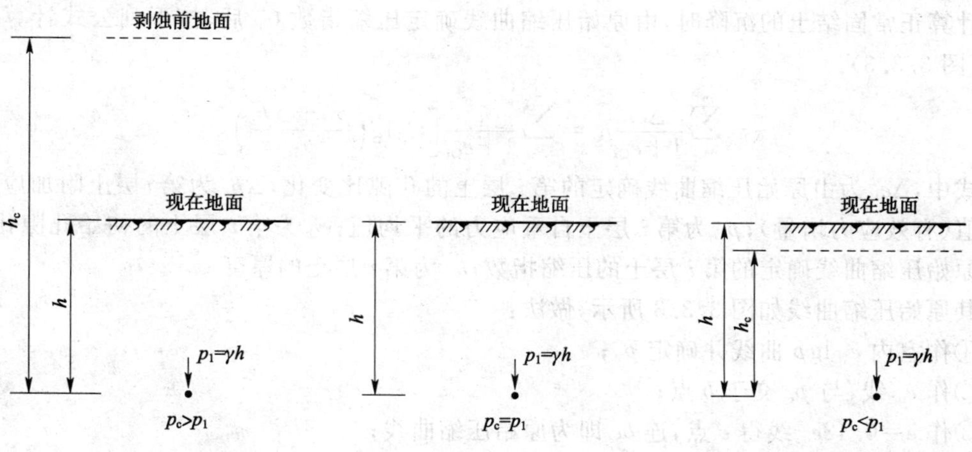

图 3.3.1　沉积土层按先期固结压力 p_c 分类

②正常固结状态。指的是土层在历史上最大固结压力作用下压缩稳定，但沉积后土层厚度无大变化，以后也没有受到过其他荷载的继续作用的情况。即 $p_c=p_1=\gamma z$，OCR=1，如图 3.3.1b)所示。

③欠固结状态。如图 3.3.1c)所示，土层逐渐沉积到现在地面，但没达到固结稳定状态，如新近沉积黏性土、人工填土等。由于沉积后经历年代时间不久，其自重固结作用尚未完成，将来固结完成后的地表如图中虚线。因此 p_c（这里 $p_c=\gamma h_c$，h_c 代表固结完成后地面下的计算深度）还小于现有土的自重应力 p_1，故称为"欠固结土层"。

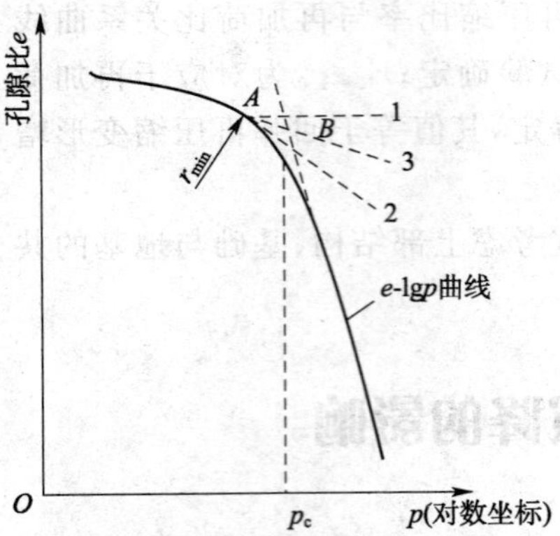

图 3.3.2　确定先期固结压力 p_c 的卡萨格兰德法

二、先期固结压力 p_c 的确定

确定 p_c 的方法很多，应用最广的方法是卡萨格兰德(A. Cassngrandc，1936)建议的经验作图法，作图步骤如下(图 3.3.2)：

①从 e-lg$p$ 曲线上找出曲率半径最小的一点 A，过 A 点作水平线 $A1$ 和切线 $A2$；

②作∠$1A2$ 的平分线 $A3$，与 e-lg$p$ 曲线中直线段的延长线相交于 B 点；

③B 点所对应的有效应力就是先期固结压力 p_c。

显见，该法仅适用于 e-lg$p$ 曲线曲率变化明显的土层，否则 r_{min} 难以确定。此外，e-lg$p$ 曲线的曲率随 e 轴坐标比例的变化而改变，而目前尚无统一的坐标比例，且人为因素影响大，所得 p_c 值不一定可靠。因此确定 p_c 时，一般还应结合场地的地形、地貌等形成历史的调查资料加以判断。

三、考虑应力历史影响的地基最终沉降计算

为了考虑应力历史对地基沉降的影响，只要在地基沉降计算通常采用的分层总和法中，将土的压缩性指标改从原始压缩曲线(e-lg$p$ 曲线)确定就可以了。

(一)正常固结土($p_1=p_c$)

计算正常固结土的沉降时，由原始压缩曲线确定压缩指数 C_c 后，按下列公式计算最终沉降(图 3.3.3)：

$$s=\sum_{i=1}^{n}\frac{\Delta e_i}{1+e_{Qi}}h_i=\sum_{i=1}^{n}\frac{h_i}{1+e_{Qi}}\left[C_{ci}\lg\left(\frac{p_{1i}+\Delta p_i}{p_{1i}}\right)\right] \tag{3.3.1}$$

式中，Δe_i 为由原始压缩曲线确定的第 i 层土的孔隙比变化；Δp_i 为第 i 层土附加应力的平均值(有效应力增量)；p_{1i} 为第 i 层土自重应力的平均值；e_{Qi} 为第 i 层土的初始孔隙比；C_{ci} 为从原始压缩曲线确定的第 i 层土的压缩指数；h_i 为第 i 层土的厚度。

其原始压缩曲线如图 3.3.3 所示，做法：

①作室内 e-lg$p$ 曲线并确定 p_c；

②作 e_0 线，与 p_c 交于 b 点；

③作 $e=0.42e_0$ 线得 c 点，连 bc 即为原始压缩曲线；

④由 bc 线斜率得压缩指数 C_c。

(二)超固结土($p_1<p_c$)

计算超固结土的沉降时，由原始压缩曲线和原始再压缩曲线分别确定土的压缩指数 C_c

和回弹指数 C_e。

如图 3.3.4 所示原始压缩曲线作法：

①作 e-lg$p$ 和 p_c 线；

②作回弹—再压缩曲线(从 p_i 卸荷至 p_1)；

③作 e_0 线与 p_1 交于 b_1 点；

④作 $b_1b /\!/ fg$，由 fg 线斜率得回弹指数 C_e；

⑤作 $e=0.42e_0$ 线得 c；

⑥连 bc 线即为原始压缩曲线，其直线段斜率为压缩指数 C_c。

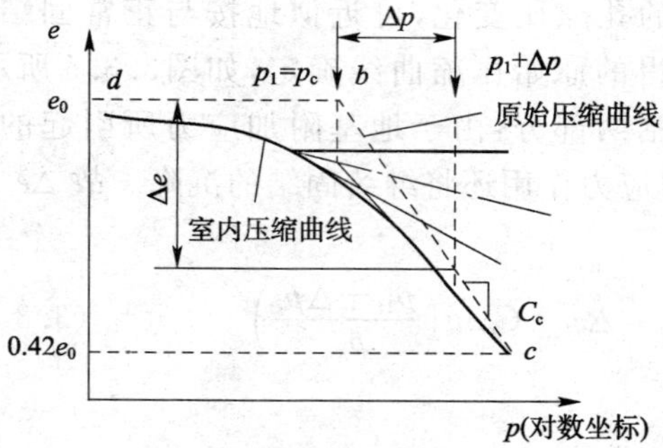

图 3.3.3 正常固结土的孔隙比变化

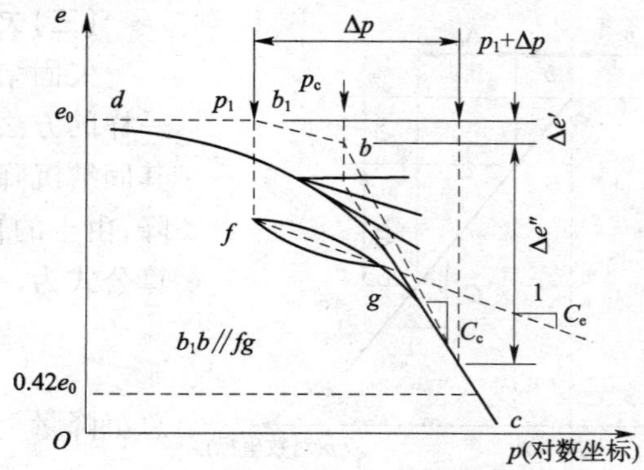

图 3.3.4 超固结土的孔隙比变化

计算时根据超固结的程度，分下列两种情况进行沉降计算。

①如果某分层土的有效应力增量 $\Delta p>(p_c-p_1)$ 时(图 3.3.4)，则分层土的孔隙比将先沿着原始再压缩曲线 b_1b 段减少 $\Delta e'$，然后沿着原始压缩曲线 bc 段减少 $\Delta e''$，即相应于应力增量的 Δp 的孔隙比变化 Δe 应等于这两部分之和。其中，第一部分(相应的有效应力由现有的土自重应力 p_1 增大到先期固结压力 p_c)的孔隙比变化 $\Delta e'$ 为

$$\Delta e'=C_e\lg\left(\frac{p_c}{p_1}\right) \tag{3.3.2}$$

式中，C_e 为回弹指数，其值等于原始再压缩曲线的斜率。

第二部分相应的有效应力由 p_c 增大到 $(p_1+\Delta p)$ 时，则该分层土的孔隙比变化 $\Delta e''$ 为

$$\Delta e''=C_c\lg\left(\frac{p_1+\Delta p}{p_c}\right) \tag{3.3.3}$$

式中，C_c 为压缩指数，其值等于原始压缩曲线的斜率。

总的孔隙比变化 Δe 为

$$\begin{aligned}\Delta e&=\Delta e'+\Delta e''\\&=C_e\lg\left(\frac{p_c}{p_1}\right)+C_c\lg\left(\frac{p_1+\Delta p}{p_c}\right)\end{aligned}$$

因此，对于 $\Delta p>(p_c-p_1)$ 的各分层总沉降量 s_n 为：

$$s_n=\sum_{i=1}^{n}\frac{h_i}{1+e_{0i}}\left[C_{ei}\lg\left(\frac{p_{ci}}{p_{1i}}\right)+C_{ci}\lg\left(\frac{p_{1i}+\Delta p_i}{p_{ci}}\right)\right] \tag{3.3.4}$$

式中，n 为分层计算沉降时，压缩土层中有效应力增加 $\Delta p>(p_c-p_1)$ 的分层数；C_{ei}、C_{ci} 为第 i 层土的回弹指数和压缩指数；p_{ci} 为第 i 层土的先期固结压力；其余符号意义同前。

②如果分层土的有效应力增量 Δp 不大于 (p_c-p_1)，则分层土的孔隙比 Δe 只沿着再压缩曲线 b_1b 发生(图 3.3.4)，其大小为：

$$\Delta e = C_e \lg\left(\frac{p_1 + \Delta p}{p_1}\right) \tag{3.3.5}$$

因此，对于 $\Delta p \leqslant (p_c - p_1)$ 的各分层总沉降量 s_m 为：

$$s_m = \sum_{i=1}^{m} \frac{h_i}{1 + e_{Qi}} \left[C_{ei} \lg\left(\frac{p_{1i} + \Delta p_i}{p_{1i}}\right) \right] \tag{3.3.6}$$

式中，m 为分层计算沉降时，压缩土层中具有 $\Delta p \leqslant (p_c - p_1)$ 的分层数。

总沉降 s 为上述两部分之和，即

$$s = s_n + s_m \tag{3.3.7}$$

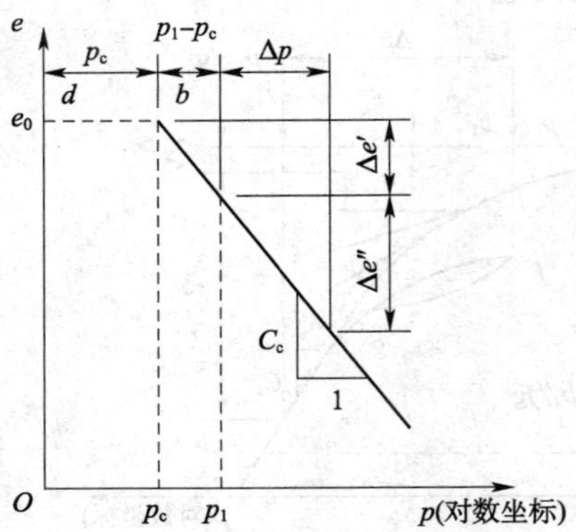

图 3.3.5　欠固结土的孔隙比变化

（三）欠固结土（$p_1 > p_c$）

欠固结土的孔隙比变化，可近似地按与正常固结土一样的方法求得的原始压缩曲线确定，如图3.3.5所示，其固结沉降包括两部分：由于地基附加应力所引起的沉降；由土的自重应力作用还将继续固结的沉降。故 Δe_i 计算公式为

$$\Delta e_i = C_{ci} \lg\left(\frac{p_{1i} + \Delta p_i}{p_{ci}}\right) \tag{3.3.8}$$

总沉降量

$$s = \sum_{i=1}^{n} \frac{h_i}{1 + e_{Qi}} \left[C_{ci} \lg\left(\frac{p_{1i} + \Delta p_i}{p_{ci}}\right) \right] \tag{3.3.9}$$

式中，p_{ci} 为第 i 层土的实际有效压力，小于土的自重压力 p_{1i}。

可见，若按正常固结土层计算欠固结土的沉降，所得结果可能远小于实际观测的沉降量。

第四节　地基变形与时间的关系

在工程实际中，往往需要了解建筑物在施工期间或以后某一时间的基础沉降量，以便控制施工速度或考虑建筑物正常使用的安全措施（如考虑建筑物各有关部分之间的预留净空或连接方法等）。采用堆载预压等方法处理地基时，也需要考虑地基变形与时间的关系。

碎石土和砂土的透水性好，其变形所经历的时间很短，可以认为在外荷载施加完毕（如建筑物竣工）时，其变形已稳定；对于黏性土，完成固结所需时间就比较长，在厚层的饱和软黏土中，其固结变形需要经过几年甚至几十年时间才能完成。所以，下面只讨论饱和土的变形与时间关系。

一、饱和土的渗透固结

前文已指出，饱和黏土在压力作用下，孔隙水将随时间的迁延而逐渐被排出，同时孔隙体积也随之缩小，这一过程称为饱和土的渗透固结。渗透固结所需时间的长短与土的渗透性和土层厚度有关，土的渗透性越小、土层越厚，孔隙水被挤出所需的时间就越长。

饱和土的渗透固结，可借助如图 3.4.1 所示的弹簧—活塞模型来说明。在一个盛满水的圆筒中，装一个带有弹簧的活塞，弹簧表示土的颗粒骨架，圆筒内的水表示土中的自由水，带孔的活塞则表征土的透水性。由于模型中只有固、液两相介质，则对于外力 σ_z 的作用只能是水与弹簧两者来共同承担。设其中的弹簧承担的压力为有效应力 σ'，圆筒中的水承担

的压力为孔隙水压力 u，按照静力平衡条件，应有

$$\sigma_z=\sigma'+u \tag{3.4.1}$$

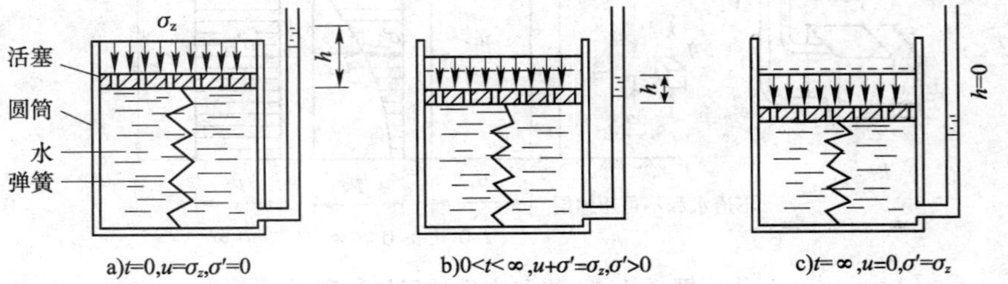

图 3.4.1　饱和土的渗透固结模型

很明显，上式的物理意义是土的孔隙水压力 u 与有效应力 σ' 对外力 σ_z 的分担作用，它与时间有关。

①当 $t=0$ 时，即活塞顶面骤然受到压力 σ_z 作用的瞬间，水来不及排出[图 3.4.1a)]，弹簧没有变形和受力，附加应力 σ_z 全部由水来承担，即 $u=\sigma_z$，$\sigma'=0$。

②当 $t>0$ 时，随着荷载作用时间的迁延，水受到压力后开始从活塞排水孔中排出，活塞下降，弹簧开始承受压力 σ'，并逐渐增长；而相应地 u 则逐渐减小。总之，$u+\sigma'=\sigma_z$，而 $u<\sigma_z$，$\sigma'>0$。

③当 $t\to\infty$ 时（代表"最终"时间），水从排水孔中充分排出，孔隙水压力完全消散（$h=0$），活塞最终下降到 σ_z 全部由弹簧承担，饱和土的渗透固结完成。即

$$\sigma_z=\sigma',u=0$$

可见，饱和土的渗透固结也就是孔隙水压力逐渐消散和有效应力相应增长的过程。

二、太沙基一维固结理论

为了求得饱和土层在渗透固结过程中某一时间的变形，通常采用太沙基提出的一维固结理论进行计算。其适用条件为荷载面积远大于压缩土层的厚度，地基中孔隙水主要沿竖向渗流。对于堤坝及其地基，孔隙水主要沿两个方向渗流，属于二维固结问题；对于高层建筑，则应考虑三维固结问题。

（一）一维固结微分方程

设厚度为 H 的饱和黏土层（图 3.4.2），顶面是透水层，底面是不透水和不可压缩层，假设该饱和土层在自重应力作用下的固结已经完成，现在顶面受到一次骤然施加的无限均布荷载 p_0 作用。由于土层厚度远小于荷载面积，故土中附加应力图形将近似地取作矩形分布，即附加应力不随深度而变化。但是孔隙压力 u（另一方面也是有效应力 σ'）却是坐标 z 和时间 t 的函数。即 σ' 和 u 分别写为 $\sigma'_{z,t}$ 和 $u_{z,t}$。

为了便于分析固结过程，作如下假设：

①土中水的渗流只沿竖向发生，而且渗流服从达西定律，土的渗透系数 k 为常数；

②相对于土的孔隙，土颗粒和土中水都是不可压缩的，因此土的变形仅是孔隙体积压缩的结果，而土的压缩服从式（3.2.3）和式（3.2.4）所表达的压缩定律；

③土是完全饱和的，土的体积压缩量同土孔隙中排出的水量相等，而且压缩变形速率取决于土中水的渗流速率。

现从饱和土层顶面下深度 z 处取一微单元体 $1\times1\times dz$ 来考虑。

（1）单元体的渗流条件

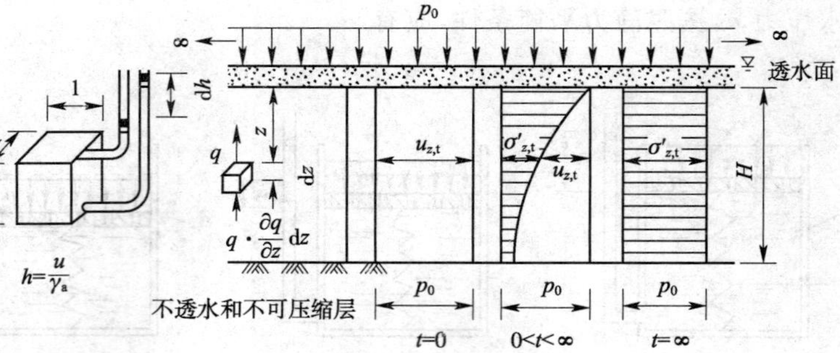

图 3.4.2　饱和土层的固结过程

由于渗流自下而上进行，设在外荷载施加后某时刻 t 流入单元体的水量为 $\left(q+\frac{\partial q}{\partial z}\mathrm{d}z\right)\mathrm{d}t$，流出单元体的水量为 $q\mathrm{d}t$，所以在 $\mathrm{d}t$ 时间内，流经该单元体的水量变化为

$$\left(q+\frac{\partial q}{\partial z}\mathrm{d}z\right)\mathrm{d}t-q\mathrm{d}t=\frac{\partial q}{\partial z}\mathrm{d}z\mathrm{d}t \tag{3.4.2}$$

根据达西定律，可得单元体过水面积 $A=1\times1$ 的流量 q 为

$$q=\nu A=ki=k\frac{\partial h}{\partial z}=\frac{k}{\gamma_w}\frac{\partial u}{\partial z} \tag{3.4.3}$$

代入式(3.4.2)得

$$\frac{\partial q}{\partial z}\mathrm{d}z\mathrm{d}t=\frac{k}{\gamma_w}\frac{\partial^2 u}{\partial z^2}\mathrm{d}z\mathrm{d}t \tag{3.4.4}$$

(2)单元体的变形条件

在 $\mathrm{d}t$ 时间内，单元体孔隙体积 V_v 随时间的变化率(减小)为

$$\frac{\partial V_v}{\partial t}\mathrm{d}t=\frac{\partial}{\partial t}\left(\frac{e}{1+e}\right)\mathrm{d}z\mathrm{d}t=\frac{1}{1+e}\frac{\partial e}{\partial t}\mathrm{d}z\mathrm{d}t \tag{3.4.5}$$

考虑到微单元体土粒体积 $\frac{1}{1+e}\times1\times1\times\mathrm{d}z$ 为不变的常数，因而

$$\mathrm{d}e=-a\mathrm{d}p=-a\mathrm{d}\sigma'$$

$$\frac{\partial e}{\partial t}=-a\frac{\partial(p_0-u)}{\partial t}=a\frac{\partial u}{\partial t} \tag{3.4.6}$$

将式(3.4.6)代入式(3.4.5)有

$$\frac{\partial V_v}{\partial t}\mathrm{d}t=\frac{a}{1+e}\frac{\partial u}{\partial t}\mathrm{d}z\mathrm{d}t \tag{3.4.7}$$

(3)单元体的渗流连续条件

根据连续条件，在 $\mathrm{d}t$ 时间内，该单元体内排出的水量(水量的变化)应等于单元体孔隙的压缩量(孔隙的变化率)，即

$$\frac{\partial q}{\partial z}\mathrm{d}z\mathrm{d}t=\frac{\partial V_v}{\partial t}\mathrm{d}t$$

$$\frac{k}{\gamma_w}\frac{\partial^2 u}{\partial z^2}\mathrm{d}z\mathrm{d}t=\frac{a}{1+e}\frac{\partial u}{\partial t}\mathrm{d}z\mathrm{d}t$$

令

$$C_v=\frac{k(1+e)}{a\gamma_w} \tag{3.4.8}$$

得

$$C_v \frac{\partial^2 u}{\partial z^2}=\frac{\partial u}{\partial t} \tag{3.4.9}$$

式中，C_v 为土的竖向固结系数(下标 v 表示是竖向渗流的固结)，由室内固结(压缩)试验确定，详见土工试验操作规程；k、a、e 为分别为渗透系数、压缩系数和土的初始孔隙比。

式(3.4.9)即为饱和土的一维固结微分方程。一般可用分离变量法求解，解的形式可以用富里哀级数表示。现根据图 3.4.2 的初始条件(开始固结时的附加应力分布情况)和边界条件(可压缩土层顶、底面的排水条件)有：

当 $t=0$ 和 $0\leqslant z\leqslant H$ 时，$u=\sigma_a=p_0$；

$0<t<\infty$ 和 $z=0$(透水面)时，$u=0$；

$0<t<\infty$ 和 $z=H$(不透水面)时，$\frac{\partial u}{\partial z}=0$；

$t=\infty$ 和 $0\leqslant z\leqslant H$ 时，$u=0$。

根据以上初始条件和边界条件，采用分离变量法可求得式(3.4.9)的特解

$$u_{z,t}=\frac{4}{\pi}\sigma_z\sum_{m=1}^{\infty}\frac{1}{m}\sin\left(\frac{m\pi z}{2H}\right)e^{\frac{m^2\pi^2}{4}T_v} \tag{3.4.10}$$

式中，$u_{z,t}$ 为深度 z 处某一时刻 t 的孔隙水压力；m 为正奇整数(1,3,5,…)；e 为自然对数的底；H 为压缩土层最远的排水距离，当土层为单面排水时，H 取土层的厚度；双面排水、水由土层中心分别向上、下两个方向排出，此时 H 应取土层厚度之半；T_v 为竖向固结时间因数，无因次。

①单面排水，H 取土层厚度：

$$T_v=\frac{C_v t}{H^2} \tag{3.4.11}$$

②双面排水，H 取土层厚度的一半：

$$T_v=\frac{4C_v t}{H^2} \tag{3.4.12}$$

式中，t 为时间。

(二)固结度

为求出地基土任意时刻 t 的固结沉降量，还需了解固结度的概念。地基在任一时间 t 的固结沉降量 s_{ct}，与其最终沉降量 s_c 之比称为固结度。

即

$$U_t=\frac{s_{ct}}{s_c} \tag{3.4.13}$$

或

$$s_{ct}=U_t s_c$$

式中，s_c 可参照分层总和法计算，而 s_{ct} 则取决于土中的有效应力值，所以

$$U_t=\frac{\frac{a}{1+e}\int_0^H \sigma'_{z,t}\,dz}{\frac{a}{1+e}\int_0^H \sigma_z\,dz}=\frac{\int_0^H \sigma_z\,dz-\int_0^H u_{z,t}\,dz}{\int_0^H \sigma_z\,dz}=1-\frac{\int_0^H u_{z,t}\,dz}{\int_0^H \sigma_z\,dz} \tag{3.4.14}$$

式(3.4.14)适用于任意 σ_z 分布和地基排水条件的情况，它表明土层的固结度也就是土中孔隙水压力向有效应力转化过程的完成程度。显然，固结度随固结过程逐渐增大，由 $t=0$ 时为零而增至 $t=\infty$ 时为 1.0。

将式(3.4.10)代入式(3.4.14)积分可得

$$U_t = 1 - \frac{8}{\pi^2}\sum_{m=1}^{\infty}\frac{1}{m^2}e^{-\frac{m^2\pi^2}{4}T_v} \tag{3.4.15}$$

或

$$U_t = 1 - \frac{8}{\pi^2}\left(e^{-\frac{\pi^2}{4}T_v} + \frac{1}{9}e^{-9\left(\frac{\pi^2}{4}\right)T_v} + \cdots\right)$$

式(3.4.15)为一收敛很快的级数，当 $U_t > 30\%$ 时可近似地取其中第一项，即

$$U_t = 1 - \frac{8}{\pi^2}e^{-\frac{\pi^2}{4}T_v} \tag{3.4.16}$$

显见，固结度 U_t 是时间因数 T_v 的函数，为了便于实用，可按式(3.4.14)绘制各种不同附加应力分布和排水条件下的 U_t 与 T_v 的关系曲线，如图 3.4.3 所示。

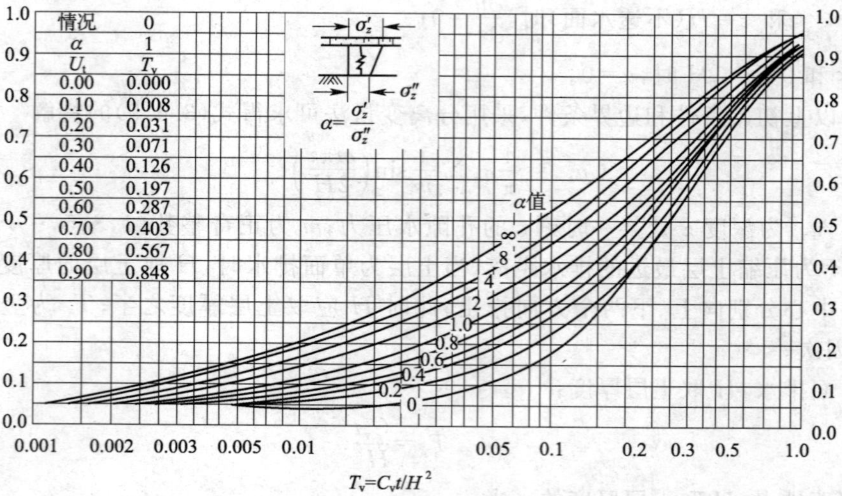

图 3.4.3　固结度 U_t 与时间因数 T_v 的关系曲线

对于起始超静水压力沿土层深度为线性变化的情况，如图 3.4.4 中情况 1 和情况 3，同理可根据此时的边界条件，解微分方程(3.4.9)，并积分得各自固结度 U_0；而对于情况 2、情况 4 的固结度，可利用情况 0、1、3 的 U_t-T_v 关系式推算，具体过程略。其中，需引入系数 α，其定义为 $\alpha = \frac{\sigma'_z}{\sigma''_z}$，$\sigma'_z$ 表示排水面应力，σ''_z 表示不透水面应力。

实际工程中，作用于饱和土层中的起始超静水压力（另一方面也是有效应力 σ'）分布情况比较复杂，但实用上可以足够准确地把实际上可能遇到的起始超静水压力近似地分为下面五种情况处理(图 3.4.4)。

情况 0：$\alpha=1$，应力图形为矩形。适用于土层已在自重应力作用下固结，基础底面积较大而压缩层较薄的情况。

情况 1：$\alpha=0$，应力图形为三角形。这相当于大面积新填土层（饱和时）由于本土层自重应力引起的固结；或者土层由于地下水大幅度下降，在地下水变化范围内，自重应力随深度增加的情况。

情况 2：$\alpha<1$，适用于土层在自重应力作用下尚未固结，又在其上修建建筑物基础的情况。

情况 3：$\alpha=\infty$，基底面积小，土层厚，土层底面附加应力已接近 0 的情况。

情况 4：$\alpha>1$，土层厚度 $h_s > b/2$（b 为基础宽度），附加应力随深度增加而减少，但深度 h_s 处的附加应力大于 0。

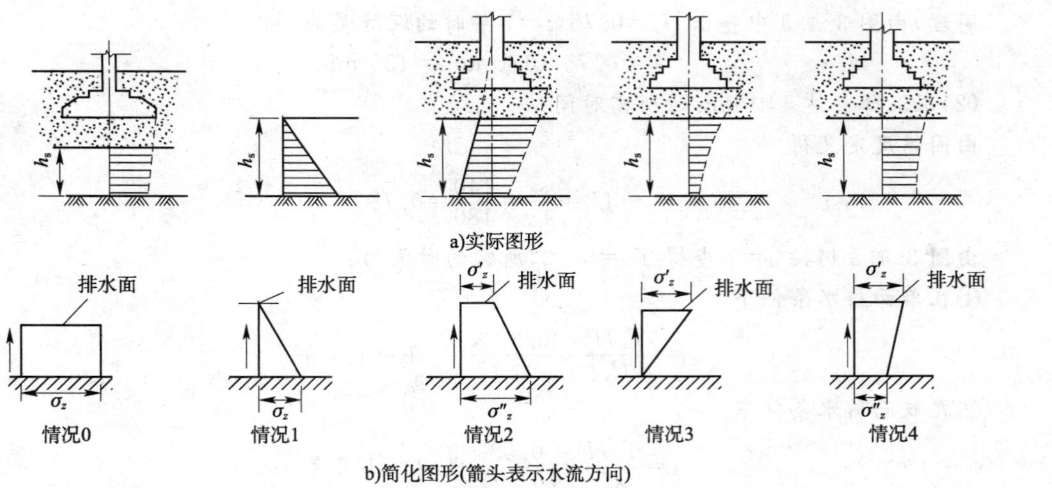

图 3.4.4　固结土层中的起始压应力分布(单面排水)

以上情况都系单面排水,若是双面排水,则不管附加应力分布如何,只要是线性分布,均按情况 0 计算,但在时间因数的式子中用 $H/2$ 代替 H 即可。

由此,地基固结过程中任意时刻的沉降量可按下列步骤求得:

①计算地基附加应力沿深度的分布;

②计算地基最终沉降量;

③计算土层的竖向固结系数、时间因数;

④求解地基固结过程中某一时刻 t 的沉降量,或沉降量达到某已知数值时所需的时间。

【例 3.4.1】 某饱和黏土层的厚度为 10 m,在大面积(20 m×20 m)荷载 $p_0=120$ kPa 作用下,土层的初始孔隙比 $e=1.0$,压缩系数 $a=0.3\ \text{MPa}^{-1}$,渗透系数 $k=18$ mm/年。按黏土层在单面或双面排水条件下分别求:(1)加荷一年时的沉降量;(2)沉降量达 140 mm 所需的时间。

【解】 (1)求 $t=1$ 年时沉降量

大面积荷载,黏土层中附加应力沿深度均匀分布,即 $\sigma_z=p_0=120$ kPa。

黏土层最终沉降量

$$s=\frac{a}{1+e}\sigma_z H=\left(\frac{3\times10^{-4}}{1+2}\times120\times10^3\times10\right)\text{mm}=180\ \text{mm}$$

竖向固结系数

$$C_v=\frac{k(1+e)}{a\gamma_w}=\frac{1.8\times10^{-2}\times(1+1)}{3\times10^{-4}\times10}\ \text{m}^2/\text{年}=12\ \text{m}^2/\text{年}$$

①对于单面排水,时间因数

$$T_v=\frac{C_v t}{H^2}=\frac{12\times1}{10^2}=0.12$$

由图 3.4.4 中的情况 0,查图 3.4.3 中曲线 $\alpha=1$,得相应的固结度 $U_t=40\%$;那么 $t=1$ 年时的沉降量为

$$s_t=0.4\times180\ \text{mm}=72\ \text{mm}$$

②如果是双面排水,时间因数

$$T_v=\frac{C_v t}{H^2}=\frac{12\times1}{5^2}=0.48$$

同理，由图 3.4.3 中查出 $U_t=0.75$，$t=1$ 年时的沉降量为

$$s_t=0.75\times180\ \text{mm}=135\ \text{mm}$$

(2)求沉降量达 140 mm 时所需时间

由固结度定义得

$$U_t=\frac{s_t}{s_\infty}=\frac{140}{180}=0.78$$

由图 3.4.3 仍按 $\alpha=1$ 查得 $T_v=0.53$，所需的时间为：

①在单面排水条件下

$$t=\frac{T_vH^2}{C_v}=\frac{0.53\times10^2}{12}\text{年}=4.4\ \text{年}$$

②在双面排水条件下

$$t=\frac{T_vH^2}{C_z}=\frac{0.53\times5^2}{12}\text{年}=1.2\ \text{年}$$

可见，达同一固结度时，双面排水比单面排水所需时间短得多。

三、实测沉降—时间关系的经验公式

由于分析沉降与时间关系的固结理论所做的假定，以及室内确定的土的物理力学性质与工程实际存在一定的差距，计算结果难以与实际情况相吻合。因此，仔细地分析、研究已获得的沉降观测资料，找出具有一定实用价值的变形规律，以便更准确地估算地基最终沉降量的大小及达此沉降量的相应时间，具有十分重要的意义。

在工程实际中，由实测的沉降与时间资料表明，饱和黏性土地基的实测关系大多数呈双曲线或对数曲线关系，如图 3.4.5 所示。用已有的资料可以确定这些曲线的参数及最终沉降量。

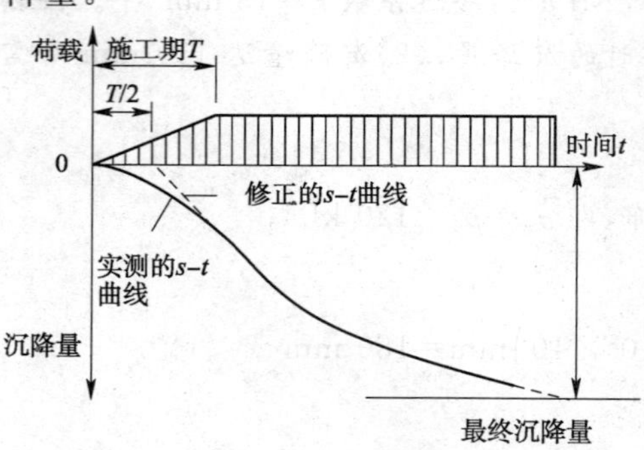

图 3.4.5 实测沉降与时间关系曲线

(1)双曲线公式

假定 s_t 沉降与时间 t 呈双曲线关系，即

$$s_t=\frac{t}{\alpha+t}s \tag{3.4.17}$$

式中，s 为待定的地基最终沉降量；s_t 为 t 时刻地基实测沉降量，根据修正曲线从施工期的一半算起(图3.4.5)；α 为待定的经验参数。

显见，在式(3.4.17)中若令 $y=t/s_t$，$a=1/s$，$b=\alpha a$，则 $y=at+b$ 为一线性方程，因此可根据实测验点，采用线性回归(最小二乘法)求得 a、b 值，再求出 α 和 s 值，即可推算任一时刻 t 时的沉降量 s_t。

(2)对数曲线公式

由式(3.4.16)可知，不同条件的固结度 U_t 可用一个普遍表达式概括为：

$$U_t=1-ae^{-bt} \tag{3.4.18}$$

或

$$s_{ct}=(1-ae^{-bt})s_c \tag{3.4.19}$$

式中，a 和 b 是两个参数，由式(3.4.16)可见 $a=\frac{8}{\pi^2}$ 为一常数，而 b 则是与时间因数 T_v、排水距离 H 等时间因数有关。若把 a 和 b 作为实测的变形与时间关系曲线中的参数，则其

值是待定的，另外，式(3.4.19)中还有最终沉降量 s_c 也要确定。

为此，我们利用实测的沉降—时间关系曲线，在后半段中任取三组对应的 s、t 值，代入式(3.4.19)，可建立三个联立方程，并可解得三个未知数 a、b 和 s_c。代回式(3.4.19)，即可推出任一时刻 t 时的沉降量 s_{ct}。也可采用最优原理定出参数 a、b 及 s_c，此不赘述。

第五节　地基沉降计算有关问题综述

本章已详细介绍了计算地基最终沉降量的分层总和法、规范法及考虑应力历史影响的方法。现综述有关问题如下。

一、最终沉降量方法讨论

综上地基最终沉降量各种计算方法中，以分层总和法较为方便实用，采用侧限条件下的压缩性指标，以有限压缩层(沉降计算深度)范围的分层(地基附加应力分布是非线性的)计算加以总和。对于中小型基础，通常取基底中心轴线下的地基附加应力进行计算，以弥补所采用的压缩性指标偏小的不足。对于基底形状简单、尺寸不大的民用建筑基础，根据经验给以一个合适的地基变形允许值(如12cm)也能解决地基变形问题。随着社会生产力的发展，作用荷载、基础尺寸不断加大，基础形式复杂多变，只计算基底中心点的沉降是不够的。规范修正公式运用了简化的平均附加应力系数(按实际应力分布图面积计算)、规定了合理的沉降计算深度、提出了关键的沉降计算经验系数，还有配套的各种建筑物基础变形特征的地基变形允许值，比较符合实际情况。

传统的和规范推荐的两种单向压缩分层总和法，就计算方法而言，前者按附加应力 σ_z 计算，后者则按附加应力图面积计算。如果所取的沉降计算深度(z_n)相同且未加经验修正，则两法的繁简程度一样。规范法的重要特点在于引入了沉降计算经验系数 ψ_s，以校正计算值对实测值的偏差。规范提供的 ψ_s 表，是以变形比法确定地基沉降计算深度后得到的沉降计算值 s' 作为制表的依据，所以，如将 ψ_s 的表值用于修正按应力比法确定 z_n(分层总和法的方法)的沉降计算值，也许未必合适。

弹性力学公式计算最终沉降量，由于是按均质线性变形半空间的假设，而实际地基的压缩厚度总是有限的，无黏性土地基的变形模量是随深度增大的，所以计算结果往往偏大；还有一个缺点是无法考虑相邻基础的影响。但是弹性力学公式可以计算刚性基础在短暂荷载作用下的相对倾斜及变形发展三部分中黏性土的瞬时沉降，计算时必须注意所取用的模量不是土的变形模量而是土的弹性模量。

考虑变形发展，由三部分组成而计算最终沉降量，即全面考虑地基变形发展过程中的三个分量，将瞬时沉降、固结沉降及次固结沉降分开来计算，然后叠加。固结沉降部分又考虑了不同应力历史生成的三类固结土(层)：正常固结土(层)、超固结土(层)及欠固结土(层)，分别采用各自不同的压缩性指标和计算各自不同的固结沉降。对于正常固结土的固结沉降与前面单向压缩分层总和法的总沉降，其计算结果是基本一致的，因为压缩性指标均由单向压缩固结试验的侧限条件下得到，不过这里指标取自 e-$\lg p$ 曲线，前面指标取自 e-p 曲线。

最后指出，不同应力历史生成的三种固结土(层)，其变形参数即压缩性指标及固结沉降量是不同的；同样应力历史对土的强度也有影响，三种固结土的(抗剪)强度指标(参数)也是不同的，可见土的变形和强度的性质是紧密地联系在一起的。此外，在加荷过程中土体内某点的应力状态的变化，对土的变形和强度也有影响。

二、地基沉降计算深度问题探讨

确定地基沉降计算深度的意义是:界定对地基沉降有影响的土层范围即压缩层厚度,保证沉降计算的精度要求。《建筑地基基础设计规范》(TJ 7—1974)首次提出以变形比法确定沉降计算深度 z_n,对不同基础宽度 b 统一取第 n 层规定厚度 $\Delta z_n=1$ m。而《建筑地基基础设计规范》(GBJ 7—1989)根据具有分层深标的 19 个载荷试验和 31 个工程实测资料统计分析得知:基础大小和压缩深度之间有着明显的规律性的关系,因而取 $\Delta z_n=0.3\times(1+lnb)$ 并制成表 3.2.5,以代替 TJ 7—1974 的规定,并延用至现行《建筑地基基础设计规范》(GB 50007—2011)。

试取沉降计算深度 z_n 处至其下实际上不可压缩地层层面为第 $n+1$ 层,则以该层的压缩量 Δz_{n+1} 与总沉降量 s_{n+1} 之比应不超过某一限值 ε,即以 $\Delta z_{n+1}/s_{n+1}\leqslant\varepsilon$,作为确定 z_n 的标准也许更加合理。但是,对大多数工程而言,会因此加大勘探取样深度和测试工作量,这就未必可行了。

传统的应力比法取比值 $R_c=\sigma_z/\sigma_{cz}\leqslant 20\%$ 或 10% 作为标准。为了说明其含义,不妨取 $p_1=\sigma_{cz}$,$\Delta p=\sigma_z$,代入式(3.3.1)中,则 z_n 处土的应变可表达为

$$\varepsilon_z=\frac{hC_c}{1+e_0}\lg(1+R_c)$$

如对中等压缩性土取 $C_c=0.25$,$e_0=0.8$,$R_c=20\%$;对高压缩性土取 $C_c=0.5$,$e_0=1.0$,$R_c=10\%$,代入上式,ε_z 则均为 0.01。由此可见,应力比法大致控制 z_n 以下土的压缩应变不超过 0.01。

为了进一步理解变形法的含义,这里采用第 n 层规定 Δz_n 范围内的平均应变 $(\Delta s'_n/\Delta z_n)$ 与地基沉降计算深度范围的平均应变 (s'_n/z_n) 之比——平均应变比 R_e 加以考查(令其中 $\Delta s'_n/s'_n=0.025$)。其公式为

$$R_e=\frac{\Delta s'_n/\Delta z_n}{s'_n/z_n}=\frac{z_n}{40\Delta z_n}$$

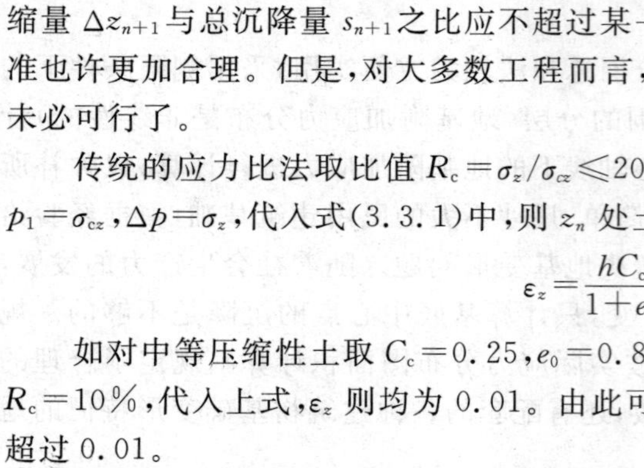

图 3.5.1 R_e-b 关系曲线

GBJ 7—1989 规范和现行规范 GB 50007—2011 规定,当无相邻荷载影响时,z_n 可按工程实测资料经统计分析而得的经验式(3.2.7)计算。现依次代入上式,并分别取 $\Delta z_n=1$m 和 $0.3(1+\ln b)$ 代入后,从而对 TJ 7—1974 及 GBJ 7—1989 等规范作出如图 3.5.1 所示曲线,从图中可见曲线交于 $b=10$ m、$R_e=0.4$ 处,而且不难得出,按 TJ 7—1974 规范的变形比法确定 z_n,会得到正如许多教科书指出的那样,即对大基础($b>10$ m),计算的沉降量偏小(R_e 偏大);对小基础($b<10$ m),计算的沉降量偏大(R_e 偏小);而随着 GBJ 7—1989 规范的修订和现行规范 GB 50007—2011 的实施,也确实使这种情况得到一定程度的改善。

三、地基最终沉降量的组成

在荷载作用下,黏性土地基沉降随时间的变化如图 3.5.2 所示,经历着三个不同的发展

阶段，或者说，总沉降量 s 由三部分组成，即

$$s=s_d+s_c+s_s \tag{3.5.1}$$

式中，s_d 为瞬时沉降(不排水沉降、畸变沉降)；s_c 为固结沉降(主固结沉降)；s_s 为次固结沉降。

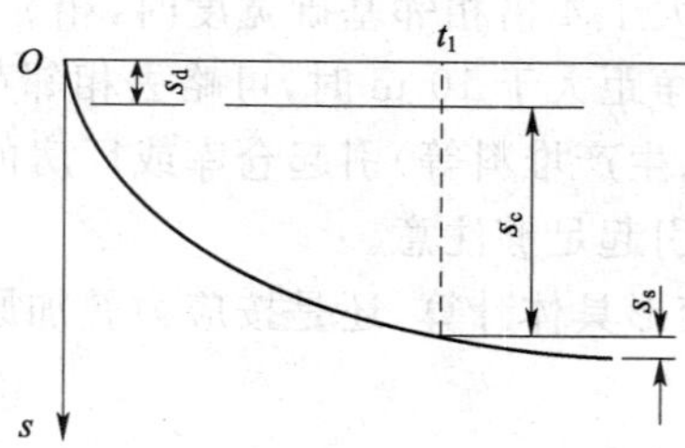

图 3.5.2 地基沉降的三个组成部分

瞬时沉降是指加荷瞬间土孔隙中水来不及排出，孔隙体积尚未变化，地基土在荷载作用下仅发生剪切变形时的地基沉降。黏性土地基的 s_d 可用弹性力学公式计算，即

$$s_d=\frac{(1-\mu^2)}{E}wbp_0 \tag{3.5.2}$$

式中，变形模量 E_0 应改用土的弹性模量 E，因为这一变形阶段体积变化为零，泊松比 $\mu=0.5$。弹性模量可通过室内三轴反复加卸载的不排水试验求得。也可近似采用 $E=(500\sim1\,000)c_u$ 估算，c_u 为不排水抗剪强度。

固结沉降是指在荷载作用下，随着土孔隙水分的逐渐挤出，孔隙体积相应减少，土体逐渐压密而产生的沉降，通常采用分层总和法计算。

次固结沉降是指土中孔隙水已经消散，有效应力增长基本不变之后仍随时间而缓慢增长所引起的沉降。其沉降值可由下式计算

$$s_s=\sum_{i=1}^{n}\frac{H_i}{1+e_{0i}}C_{\alpha i}\lg\frac{t}{t_1} \tag{3.5.3}$$

式中，$C_{\alpha i}$ 为第 i 分层土的次固结系数(半对数图上直线段的斜率，见图 3.5.3)，由试验确定；t 为所求次固结沉降的时间，$t>t_1$；t_1 为相当于主固结度为 100% 的时间，根据次固结曲线外推而得。

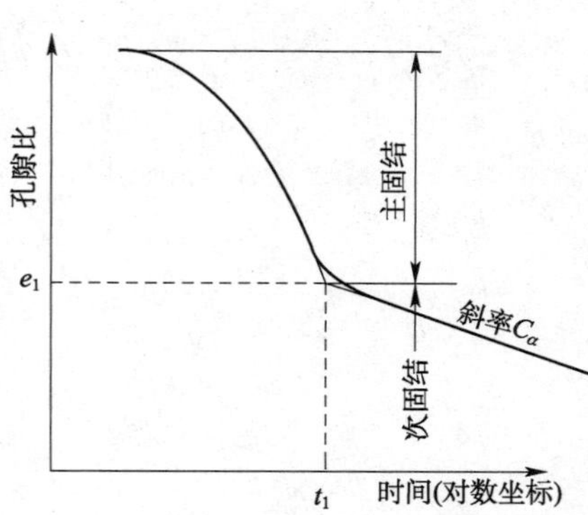

图 3.5.3 次压缩固结沉降计算时的孔隙比与时间关系曲线

根据许多室内和现场试验结果，C_α 值主要取决于土的天然含水率 w，近似计算时可取 $C_\alpha=0.018w$。

上述考虑不同变形阶段的沉降计算方法，对黏性土地基是合适的，特别是饱和软黏土，国外一些实测资料表明，应考虑瞬时变形。对含有较多有机质的黏土，次固结沉降历史较长，实际中只能进行近似计算。而对于砂性土地基，由于透水性好，固结完成快，瞬时沉降与固结沉降已分不开来，故不适合于用此方法估算。

四、相邻荷载的影响

由于地基中附加应力的扩散现象，相邻荷载将引起地基产生附加沉降。许多建筑物因没有充分估计相邻荷载的影响，而导致不均匀沉降，致使建筑物墙面开裂和结构破坏。相邻荷载对地基变形的影响在软土地基中尤为严重。影响附加沉降的因素包括有两基础间的距

离、荷载大小、地基土性质及施工时间的先后等，而以两基础间的距离为主要因素。一般距离越近，荷载越大，地基土越软弱，其影响越大。根据建筑经验，在估算建筑物的相邻荷载影响时，以下几点实践经验可供参考：

①单独基础，当基础间净距大于相邻基础宽度时，相邻荷载可按集中荷载计算；

②条形基础，当基础间净距大于 4 倍相邻基础宽度时，相邻荷载可按线荷载计算；

③一般情况下，相邻基础间净距大于 10 m 时，可略去相邻荷载影响；

④大面积地面荷载（如填土、生产堆料等）引起仓库或厂房的柱子倾斜、影响厂房和吊车的正常使用工程事例很多，必须引起足够注意。

考虑相邻荷载影响的地基变形具体计算，还是按应力叠加原理采用角点法计算。

第四章　土的抗剪强度

第一节　土的抗剪强度概述

土的抗剪强度是指土体抵抗剪切破坏的极限能力。当土体受到荷载作用后，土中各点将产生剪应力。若某点的剪应力达到其抗剪强度，在剪切面两侧的土体将产生相对位移而产生滑动破坏，该剪切面也称“滑动面”或“破坏面”。随着荷载的继续增加，土体中的剪应力达到抗剪强度的区域（也即塑性区）越来越大，最后各滑动面连成整体，土体将发生整体剪切破坏而丧失稳定性。

一、库仑公式

库仑（Coulomb）于 1776 年根据砂土剪切试验，提出砂土抗剪强度的表达式为

$$\tau_f = \sigma \tan\varphi \tag{4.1.1}$$

式中，τ_f 为土的抗剪强度（kPa）；σ 为作用在剪切面上的法向应力（kPa）；φ 为砂土的内摩擦角（°），干松砂的 φ 值近似于其自然休止角（干松砂在自然状态下所能维持的斜坡的最大坡角）。

后来又通过试验提出适合黏性土的抗剪强度表达式为

$$\tau_f = c + \sigma \tan\varphi \tag{4.1.2}$$

式中，c 为土的黏聚力（kPa）。

式（4.1.1）与式（4.1.2）一起统称为“库仑公式”，可分别用图 4.1.1a)、b）表示。从式（4.1.1）可看出，无黏性土（如砂土）的 $c=0$，因而式（4.1.1）是式（4.1.2）的一个特例，其抗剪强度与作用在剪切面上的法向应力成正比。当 $\sigma=0$ 时，$\tau_f=0$，这表明无黏性土的 τ_f 由剪切面上土粒间的摩阻力所形成。粒状的无黏性土的粒间摩阻力包括滑动摩擦和由粒间相互咬合所提供的附加阻力，其大小取决于土颗粒的粒度大小、颗粒级配、密实度和土粒表面的粗糙度等因素。而从式（4.1.2）可知，黏性土的 τ_f 包括摩阻力（$\sigma\tan\varphi$）和黏聚力（c）两个组成部分。黏聚力系土粒间的胶结作用和各种物理—化学键力作用的结果，其大小与土的矿物组成和压密程度有关。当 $\sigma=0$ 时，c 值即为抗剪强度线在纵坐标轴上的截距。

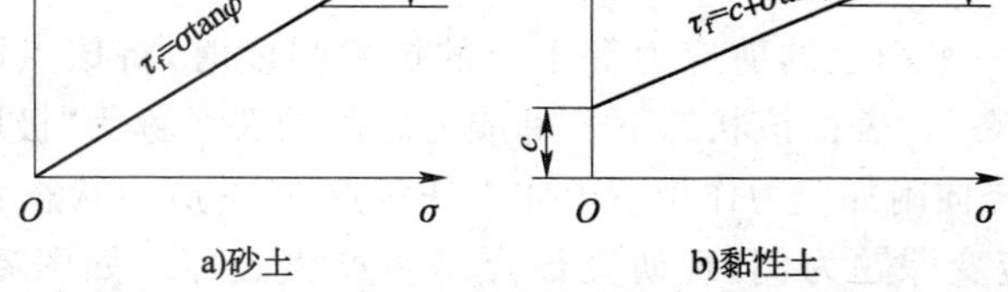

图 4.1.1　抗剪强度与法向应力之间的关系

库仑公式在研究土的抗剪强度与作用在剪切面上法向应力的关系时，未涉及土这种三相性、多孔性的分散颗粒集合体的最主要特征——有效应力问题。随着固结理论的发展，人们逐渐认识到土体内的剪应力仅能由土的骨架承担，土的抗剪强度并不简单取决于剪切面上的总法向应力，而取决于该面上的有效法向应力，土的抗剪强度应表示为剪切面上有效法向应力的函数。太沙基在 1925 年提出饱和土的有效应力概念，并用试验证明了有效应力 σ' 等于总应力 σ 与孔隙水压力 u 的差值。因此，对应于库仑公式，土的有效应力强度表达式可写为

$$\left.\begin{aligned}\tau_{\mathrm{f}} &= (\sigma-u)\tan\varphi' = \sigma'\tan\varphi' \\ \tau_{\mathrm{f}} &= c'+(\sigma-u)\tan\varphi' = c'+\sigma'\tan\varphi'\end{aligned}\right\} \tag{4.1.3}$$

式中，c'为土的有效黏聚力(kPa)；φ'为土的有效内摩擦角(°)；σ'为作用在剪切面上的有效法向应力(kPa)；u 为孔隙水压力(kPa)。

饱和土的渗透固结过程，实际上是孔隙水压力消散和有效应力增长的转移过程。因此，土的抗剪强度随着它的固结压密而不断增长。

由此可见，土的抗剪强度有两种表达方法。土的 c 和 φ 统称为“土的总应力强度指标”，直接应用这些指标所进行的土体稳定分析就称为“总应力法”；而 c'和 φ'统称为“土的有效应力强度指标”，应用这些指标所进行的土体稳定分析就称为“有效应力法”。由于有效法向应力才是影响粒间摩擦阻力的决定因素，因此有效应力法概念明确，为求得有效法向应力，需增加测求孔隙水压力工作量。但是，由于实际工程中的孔隙水压力很难准确计算和量测，因而有许多土工问题仍采用总应力的分析计算方法。所以，针对其难以准确反映孔隙水压力的存在对抗剪强度产生的影响，工程中往往选用最接近实际条件的试验方法取得总应力强度指标。

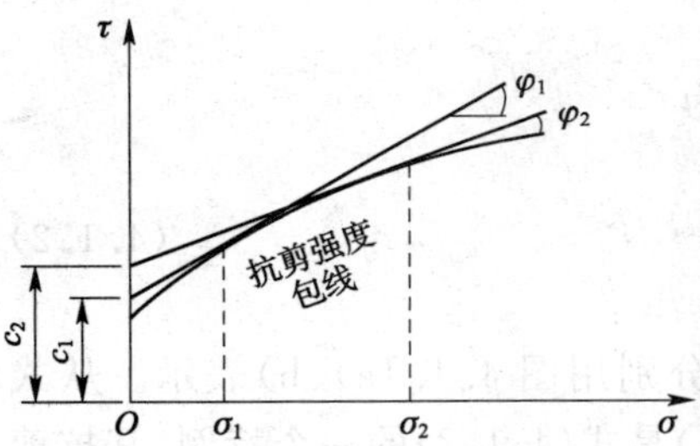

图 4.1.2 应力水平对强度指标的影响

土的 c 和 φ 应理解为只是表达 σ-τ_{f} 关系试验成果的两个数学参数，因为即使是同一种土，其 c 和 φ 也并非常数，它们均因试验方法和土样的试验条件(如固结和排水条件)等的不同而异；同时应指出，许多土类的抗剪强度线并非都呈直线状，而是随着应力水平有所变化。莫尔(Mohr)1910 年提出当法向应力范围较大时，抗剪强度线往往呈非线性性质的曲线形状。应力水平增高对强度指标的影响可由图 4.1.2 说明。由于土的 σ-τ_{f} 关系是曲线而非直线，其上各点的抗剪强度指标 c 和 φ 并非恒定值，而应由该点的切线性质决定。如图 4.1.2 所示，当剪切面的法向应力为 σ_1 时，其抗剪强度指标为 c_1、φ_1。当法向应力增大至 σ_2 时，其抗剪强度指标为 c_2、φ_2。二者的变化趋势是，c 随 σ 的增大而增加，φ 随 σ 的增大而减小，此时就不能用库仑公式来概括土的抗剪强度特性。通常把试验所得的不同形状的抗剪强度线统称为“抗剪强度包线”。

二、莫尔—库仑强度理论

当土体中某点任一平面上的剪应力等于土的抗剪强度时，将该点即濒于破坏的临界状态，称为“极限平衡状态”。表征该状态下各种应力之间的关系称为“极限平衡条件”。

可求得在自重和竖向附加应力作用下土体中任意点 M 的应力状态 σ_1 和 σ_3[图 4.1.3a)]。为简单起见，以平面应变课题为例，现研究该点是否产生破坏。如图 4.1.3b)所示，该点土单元体两个相互垂直的面上分别作用着最大主应力 σ_1 和最小主应力 σ_3。若忽略其自

身重力，则根据静力平衡条件，可求得任一截面 $m\text{-}n$ 上的法向应力 σ 和剪应力 τ 为

$$\left.\begin{aligned}\sigma &= \frac{1}{2}(\sigma_1+\sigma_3)+\frac{1}{2}(\sigma_1-\sigma_3)\cos 2\alpha \\ \tau &= \frac{1}{2}(\sigma_1-\sigma_3)\sin 2\alpha\end{aligned}\right\} \tag{4.1.4}$$

由材料力学应力状态分析可知，以上 σ、τ 与 σ_1、σ_3 的关系也可用莫尔应力圆表示［图 4.1.3c)］。其圆周上各点的坐标即表示该点在相应平面上的法向应力和剪应力。

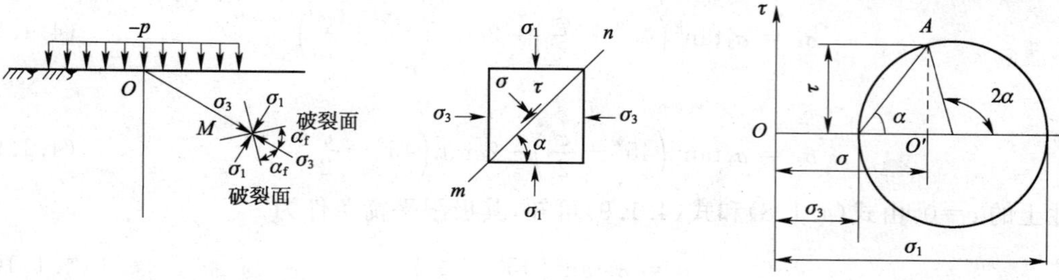

a)M点的应力　b)微单元体上的应力　c)莫尔圆

图 4.1.3　土体中任意点 M 的应力

为判别 M 点土是否破坏，可将该点的莫尔应力圆与土的抗剪强度包线 $\sigma\text{-}\tau_f$ 绘在同一坐标图上并做相对位置比较。如图 4.1.4 所示，它们之间的关系存在以下三种情况：

①M 点莫尔应力圆整体位于抗剪强度包线的下方（圆Ⅰ），莫尔应力圆与抗剪强度线相离，表明该点在任何平面上的剪应力均小于土所能发挥的抗剪强度，因而，该点未被剪破。

②M 点莫尔应力圆与抗剪强度包线相切（圆Ⅱ），说明在切点所代表的平面上，剪应力恰好等于土的抗剪强度，该点就处于极限平衡状态，莫尔应力圆亦称极限应力圆。由图中切点的位置还可确定 M 点破坏面的方向。连接切点与莫尔应力圆圆心，连线与横坐标之间的夹角为 $2\alpha_f$，根据莫尔圆原理，可知土体中 M 点的破坏面与大主应力 σ_1 作用面方向夹角为 α_f（图 4.1.5）。

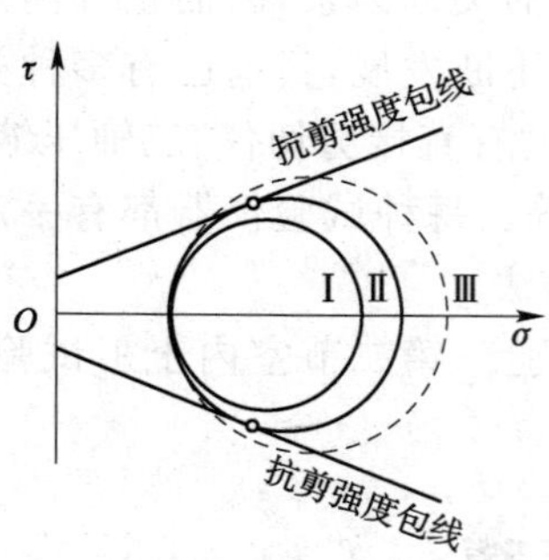

图 4.1.4　莫尔圆与抗剪强度包线的关系

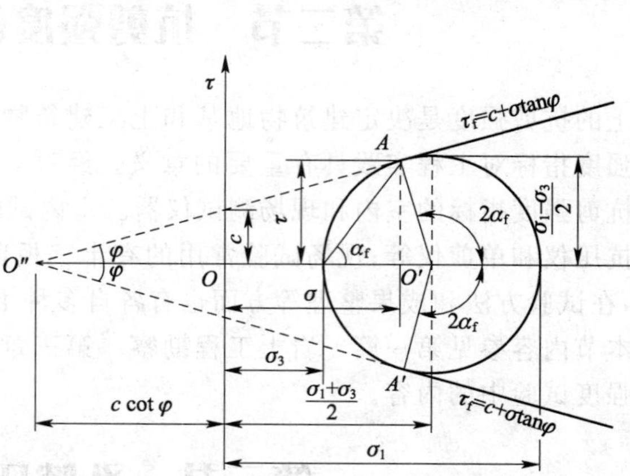

图 4.1.5　极限平衡状态时的莫尔圆与抗剪强度包线

③M 点莫尔应力圆与抗剪强度包线相割（圆Ⅲ），则 M 点早已破坏。实际上，圆Ⅲ所代表的应力状态是不可能存在的，因为 M 点破坏后，应力已超出弹性范畴。

土体处于极限平衡状态时，从图 4.1.5 中莫尔圆与抗剪强度包线的几何关系可推得黏性土的极限平衡条件为

$$\sin\varphi = \frac{O'A}{O''O'} = \frac{\sigma_1-\sigma_3}{\sigma_1+\sigma_3+2c\cot\varphi} \tag{4.1.5}$$

化简后可得

$$\sigma_1 = \sigma_3 \frac{1+\sin\varphi}{1-\sin\varphi} + 2c\frac{\cos\varphi}{1-\sin\varphi} \tag{4.1.6}$$

或

$$\sigma_3 = \sigma_1 \frac{1-\sin\varphi}{1+\sin\varphi} - 2c\frac{\cos\varphi}{1+\sin\varphi} \tag{4.1.7}$$

经三角函数关系转换后还可写为

$$\sigma_1 = \sigma_3 \tan^2\left(45^\circ + \frac{\varphi}{2}\right) + 2c\tan\left(45^\circ + \frac{\varphi}{2}\right) \tag{4.1.8}$$

或

$$\sigma_3 = \sigma_1 \tan^2\left(45^\circ - \frac{\varphi}{2}\right) - 2c\tan\left(45^\circ - \frac{\varphi}{2}\right) \tag{4.1.9}$$

无黏性土的 $c=0$，由式(4.1.8)和式(4.1.9)可知，其极限平衡条件为

$$\sigma_1 = \sigma_3 \tan^2\left(45^\circ + \frac{\varphi}{2}\right) \tag{4.1.10}$$

或

$$\sigma_3 = \sigma_1 \tan^2\left(45^\circ - \frac{\varphi}{2}\right) \tag{4.1.11}$$

由图 4.1.5 中几何关系，可得破坏面与大主应力作用面间的夹角 α_f 为

$$\alpha_f = \frac{1}{2} \times (90^\circ + \varphi) = 45^\circ + \frac{\varphi}{2} \tag{4.1.12}$$

在极限平衡状态时，由图 4.1.3a）中看出，通过 M 点将产生一对破裂面，它们均与大主应力作用面成 α_f 夹角，相应地在莫尔应力圆上横坐标上下对称地有两个破裂面 A 和 A'（图 4.1.5），而这一对破裂面之间在大主应力作用方向夹角为 $90^\circ - \varphi$。

第二节　抗剪强度的测定方法

土的抗剪强度是决定建筑物地基和土工建筑物稳定性的关键因素，因而正确测定土的抗剪强度指标对工程实践具有重要的意义。经过多年来的不断发展，目前已有多种类型测定土抗剪强度指标的室内和现场测试仪器。室内试验常用的有直接剪切仪、三轴压缩仪、无侧限抗压仪和单剪仪等；现场试验常用的有十字板剪切仪等。每种试验仪器都有一定的适用性，在试验方法和成果整理等方面也有各自多种不同的做法。

本节内容参见第一篇　岩土工程勘察　第三章室内实验　第二节室内土工试验　四、土的强度试验中的内容。

第三节　孔隙压力系数

一、孔隙压力系数 A 和 B

由前述可知，用有效应力法对饱和土体进行强度计算和稳定分析时，需估计外荷载作用下土体中产生的孔隙水压力。因三轴剪力仪能提供孔隙水压力量测装置，故可以用来研究土在三向应力条件下孔隙水压力与应力状态的关系。斯肯普顿(Skempton)1954 年根据三轴压缩试验的结果，首先提出孔隙压力系数的概念，并用以表示土中孔隙压力(饱和土体的

孔隙压力即孔隙水压力)的大小。

设图 4.3.1 中试样在各向均等的初始应力 σ_0 作用下已固结完毕，初始孔隙压力 $u_0=0$，以模拟试样的原始应力状态。若试样此时受到各向均等的周围压力 $\Delta\sigma_3$ 作用，孔隙压力的增量为 Δu_1，则试样体积要有变化。前文已指出，在工程常遇的压力作用下，土中固体土颗粒和水本身体积可视为不能压缩，故试样体积变化主要是孔隙空间的压缩所致。于是由孔隙压力的增量 Δu_1 所引起的孔隙体积变化 ΔV_v，它们之间的关系为

$$\frac{\Delta V_v}{V_v} = \frac{\Delta V_v}{nV} = C_v \Delta u_1 \tag{4.3.1}$$

式中，V_v 为试样中孔隙体积(m^3)；V 为试样体积(m^3)；n 为土的孔隙率；C_v 为孔隙的体积压缩系数(kPa^{-1})，为单位应力增量引起的孔隙体积应变。

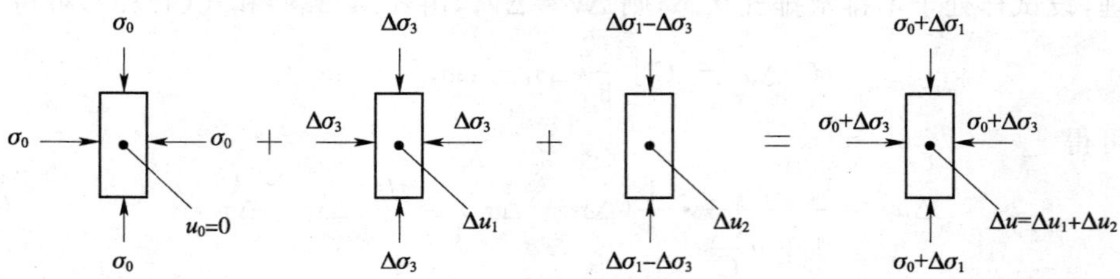

图 4.3.1　孔隙压力的变化

同时，有效应力增量 $\Delta\sigma_3-\Delta u_1$ 将引起土体骨架的压缩，故试样的体积应变为

$$\frac{\Delta V_v}{V} = C_s(\Delta\sigma_3 - \Delta u_1) \tag{4.3.2}$$

式中，C_s 为土骨架的体积压缩系数(kPa^{-1})，为单位应力增量引起的土骨架体积应变。

设试样处于不排水排气状态，则体积变化主要由土体孔隙中气相的压缩产生。土骨架的压缩量必与土的孔隙体积变化相等，即 $\Delta V=\Delta V_v$，由式(4.3.1)和式(4.3.2)可得

$$nC_v\Delta u_1 = C_s(\Delta\sigma_3 - \Delta u_1) \tag{4.3.3}$$

整理后可得

$$\Delta u_1 = \frac{1}{1+n\dfrac{C_v}{C_s}}\Delta\sigma_3 = B\Delta\sigma_3 \tag{4.3.4}$$

式中，$B=\dfrac{1}{1+n\dfrac{C_v}{C_s}}$为各向均等的周围压力作用下的孔隙压力系数。

对于饱和试样来说，孔隙完全被水充满，C_v 即为水的体积压缩系数。由于水几乎是不可压缩的，C_v 比之 C_s 几乎为零，所施加的 $\Delta\sigma_3$ 完全由孔隙水承担，土骨架不受外力作用，因而 B 可取为 1.0；对于非饱和试样，由于土中气体的压缩量较大，土骨架可承受部分外力的作用，故 $B<1.0$。

由试验表明，B 值随土的饱和度 S_r 而变化，其值介于 0～1 之间，如图 4.3.2 所示，土的 S_r 越小，B 值也越小。干土的孔隙全由气体充满，不产生孔隙水压力，所施加的 $\Delta\sigma_3$ 完全由土骨架承担，故$B=0$。

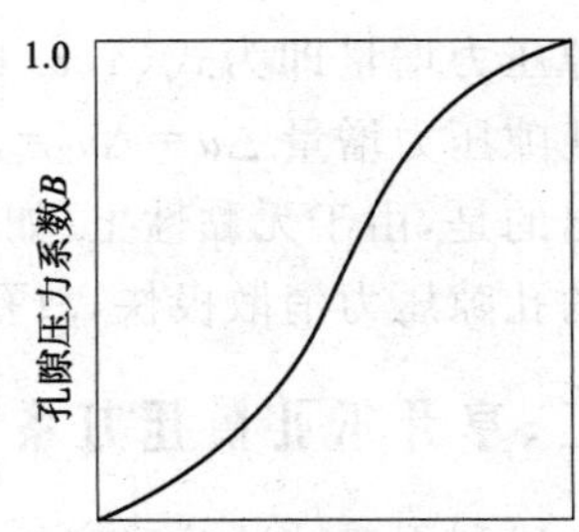

图 4.3.2　孔隙压力系数 B 与饱和度 S_r 的试验关系曲线

如果在试样上仅施加轴向偏应力增量 $\Delta\sigma=\Delta\sigma_1-\Delta\sigma_3$，则相应地会产生一孔隙压力增量

Δu_2，此时，试样的轴向有效应力增量为 $\Delta\sigma'=\Delta\sigma_1-\Delta\sigma_3-\Delta u_2$，而侧向有效应力增量为 Δu_2。与前同理，孔隙压力的增量 Δu_2 与孔隙体积变化 ΔV_v 之间的关系为

$$\frac{\Delta V_v}{V_v}=\frac{\Delta V_v}{nV}=C_v\Delta u_2 \tag{4.3.5}$$

设土骨架为理想的弹性材料，则土骨架的体积变化仅与有效平均正应力增量 $\Delta\sigma'_m$ 有关，而土体受到的有效平均正应力增量 $\Delta\sigma'_m$ 为

$$\Delta\sigma'_m=\Delta\sigma_m-\Delta u_2=\frac{1}{3}(\Delta\sigma_1-\Delta\sigma_3)-\Delta u_2 \tag{4.3.6}$$

故试样的体积应变为

$$\frac{\Delta V}{V}=C_s\left[\frac{1}{3}(\Delta\sigma_1-\Delta\sigma_3)-\Delta u_2\right] \tag{4.3.7}$$

同理，设试样处于不排水排气状态，则 $\Delta V=\Delta V_v$，由式(4.3.5)和式(4.3.7)可得

$$nC_v\Delta u_2=C_s\left[\frac{1}{3}(\Delta\sigma_1-\Delta\sigma_3)-\Delta u_2\right] \tag{4.3.8}$$

整理后可得

$$\Delta u_2=\frac{1}{1+n\dfrac{C_v}{C_s}}\cdot\frac{1}{3}(\Delta\sigma_1-\Delta\sigma_3)=\frac{B}{3}(\Delta\sigma_1-\Delta\sigma_3) \tag{4.3.9}$$

若试样同时受到上述各向均等压力增量 $\Delta\sigma_3$ 和轴向偏应力增量 $\Delta\sigma_1-\Delta\sigma_3$ 作用时，则由此产生的孔隙压力增量 Δu 为

$$\Delta u=\Delta u_1+\Delta u_2=B\left[\Delta\sigma_3+\frac{1}{3}(\Delta\sigma_1-\Delta\sigma_3)\right] \tag{4.3.10}$$

然而，实际上土并非理想的弹性材料，其体积变化不仅取决于平均正应力增量 $\Delta\sigma_m$，还与偏应力增量有关。因此，式中的系数 1/3 就不再适用，而应代之以另一孔隙压力系数 A。于是式(4.3.10)可改写为

$$\Delta u=B[\Delta\sigma_3+A(\Delta\sigma_1-\Delta\sigma_3)]=B\Delta\sigma_3+AB(\Delta\sigma_1-\Delta\sigma_3) \tag{4.3.11}$$

式中，A 为偏应力增量作用下的孔隙压力系数。三轴压缩试验实测结果表明，A 值随偏应力增量 $\Delta\sigma_1-\Delta\sigma_3$ 的变化而呈非线性变化。

对饱和试样，由于 $B=1.0$，于是式(4.3.11)可改写为

$$\Delta u=\Delta\sigma_3+A(\Delta\sigma_1-\Delta\sigma_3) \tag{4.3.12}$$

因而，若能得知土体中任一点的大、小主应力的变化和孔隙压力系数 A、B，就可以根据式(4.3.11)估算相应的孔隙压力。在不同固结和排水条件的三轴压缩试验中，如 UU 试验，其孔隙压力增量即为式(4.3.12)。而在 CU 试验中，因试样在 $\Delta\sigma_3$ 作用下固结稳定，$\Delta u_1=0$，故孔隙压力增量 $\Delta u=\Delta u_2=A(\Delta\sigma_1-\Delta\sigma_3)$。在 CD 试验中，因不产生孔隙压力，故 $\Delta u=0$。应指出的是，由于无黏性土（如砂土）的渗透系数较大，在荷载作用下孔隙水容易排出，无黏性土的孔隙压力消散极快，故孔隙压力系数 A 和 B 主要针对黏性土的强度研究具有意义。

二、亨开尔孔隙压力系数

上述利用三轴试验确定的孔隙压力系数 A 和 B，未考虑中主应力增量 $\Delta\sigma_2$ 的影响。亨开尔(Henkel)1960 年将孔隙压力增量 Δu 表示为八面体应力增量的函数，使上述孔隙压力表达式更具有普遍意义。对比式(4.3.11)，亨开尔公式可写为

$$\Delta u=\beta\Delta\sigma_{oct}+\alpha\Delta\tau_{oct} \tag{4.3.13}$$

第三篇 浅基础

式中，$\Delta\sigma_{oct}$为八面体正应力增量(kPa)，$\Delta\sigma_{oct}=\frac{1}{3}(\Delta\sigma_1+\Delta\sigma_2+\Delta\sigma_3)$；$\Delta\tau_{oct}$为八面体剪应力增量(kPa)，$\Delta\tau_{oct}=\frac{1}{3}\sqrt{(\Delta\sigma_1-\Delta\sigma_2)^2+(\Delta\sigma_2-\Delta\sigma_3)^2+(\Delta\sigma_3-\Delta\sigma_1)^2}$；$\alpha$、$\beta$为亨开尔孔隙压力系数，饱和土的$\beta=1.0$。

孔隙压力系数α与A之间互为联系。如在饱和土的三轴压缩试验中，将$\Delta\sigma_2=\Delta\sigma_3$条件代入式(4.3.13)可得：

$$\Delta u=\Delta\sigma_3+\frac{1}{3}(1+\sqrt{2}\alpha)(\Delta\sigma_1-\Delta\sigma_3) \tag{4.3.14}$$

比较式(4.3.12)和式(4.3.14)可知

$$A=\frac{1}{3}(1+\sqrt{2}\alpha) \tag{4.3.15}$$

因而，由式(4.3.15)可得

$$\alpha=\frac{\sqrt{2}}{2}(3A-1) \tag{4.3.16}$$

如果在饱和土的三轴压缩试验中进行孔隙压力的测定，求得孔隙压力系数A后，即可按式(4.3.16)求得α值。

第四节　土的抗剪强度指标

在土力学有关稳定性的计算分析工作中，抗剪强度指标是其中最重要的计算参数。能否正确选择土的抗剪强度指标，同样是关系到工程设计质量和成败的关键所在。土的抗剪强度指标千变万化，因此，只有对抗剪强度指标的性质和变化规律有一个清晰的概念，并对各种指标数值的范围有一个大致的了解，才能对实际问题作出正确的判断和选择。

在实际工程中，若能直接测定土体在剪切过程中的σ和u的变化(或用固结理论推估出来)，便可利用有效应力法定量地评价土的实际抗剪强度及其随土体固结的不断变化，采用有效应力强度指标去研究土体的稳定性，故应用有效应力法的关键在于求得孔隙水压力的分布。然而，往往受室内和现场试验设备条件所限，不可能对所有工程都采用有效应力法，况且在实践中许多情况下也难以取得孔隙水压力分布的实用解答，因而限制了有效应力法的广泛应用。因此，工程实践中较多的还是采用土的总应力强度指标，试验方法上尽可能地近似模拟现场土体在受剪时的固结和排水条件，而不必测定土在剪切过程中u的变化。

一、黏性土在不同固结和排水条件下的抗剪强度指标

目前，针对工程中可能出现的固结和排水实际情况，通常采用的做法是统一规定三种不同的标准试验方法，控制试样不同的固结和排水条件。须指出的是，只有三轴压缩试验才能严格控制试样固结和剪切过程中的排水条件，而直剪试验因限于仪器条件则只能近似模拟工程中可能出现的固结和排水情况。下面仅就上述两类剪切试验，对三种标准试验方法分别介绍。

(1)固结不排水剪(又称“固结快剪”，以符号CU表示)

用三轴压缩仪进行固结快剪试验时，打开排水阀，让试样在施加围压σ_3时排水固结，试

样的含水率将发生变化。待固结稳定后(至 $u_1=0$)关闭排水阀,在不排水条件下施加轴向附加压力 $\Delta\sigma$ 后,产生附加孔隙水压力 u_2。剪切过程中,试样的含水率保持不变。至剪破时,试样的孔隙水压力 $u=u_2$,破坏时的孔隙水压力完全由试样受剪引起。

用直剪仪进行固结快剪试验时,在施加垂直压力后,应使试样充分排水固结,再以较快的速度将试样剪破。尽量使试样在剪切过程中不再排水。

(2)不固结不排水剪(又称"快剪",以符号 UU 表示)

用三轴压缩仪进行快剪试验时,无论是施加围压 σ_3 还是轴向压力 σ_1,直至剪切破坏,均关闭排水阀。整个试验过程自始至终试样不能固结排水,故试样的含水率保持不变。试样在受剪前,周围压力 σ_3 会在土内引起初始孔隙水压力 u_1,施加轴向附加压力 $\Delta\sigma$ 后,便会产生一个附加孔隙水压力 u_2。至剪破时,试样的孔隙水压力 $u=u_1+u_2$。

用直剪仪进行快剪试验时,试样上、下两面可放不透水薄片。在施加垂直压力后,立即施加水平剪力,为使试样尽可能接近不排水条件,以较快的速度(如 3～5 min)将试样剪破。

(3)固结排水剪(又称"慢剪",以符号 CD 表示)

用三轴压缩仪进行慢剪试验时,整个试验过程中始终打开排水阀,不但要使试样在周围压力 σ_3 作用下充分排水固结(至 $u_1=0$),而且在剪切过程中也要让试样充分排水固结(不产生 u_2),因而,剪切速率应尽可能缓慢,直至试样剪破。

用直剪仪进行慢剪试验时,同样是应让剪切速率尽可能地缓慢,使试样在施加垂直压力下充分排水固结,并在剪切过程中充分排水。

以上三种三轴试验方法中,试样在固结和剪切过程中的孔隙水压力变化、剪破时的应力条件和所得到的强度指标如表 4.4.1 所示。

三种试验方法中的应力条件、孔隙水压力变化和强度指标 表 4.4.1

试验方法	孔隙水压力 u 的变化		剪破时的应力条件		强度指标
	剪前	剪切过程中	总应力	有效应力	
CU 试验	$u_1=0$	$u=u_2\neq0$ (不断变化)	$\sigma_{1f}=\sigma_3+\Delta\sigma$ $\sigma_{3f}=\sigma_3$	$\sigma'_{1f}=\sigma_3+\Delta\sigma-u_f$ $\sigma'_{3f}=\sigma_3-u_f$	c_{cu}、φ_{cu}
UU 试验	$u_1>0$	$u=u_1+u_2\neq0$ (不断变化)	$\sigma_{1f}=\sigma_3+\Delta\sigma$ $\sigma_{3f}=\sigma_3$	$\sigma'_{1f}=\sigma_3+\Delta\sigma-u_f$ $\sigma'_{3f}=\sigma_3-u_f$	c_u、φ_u
CD 试验	$u_1=0$	$u=u_2=0$ (任意时刻)	$\sigma_{1f}=\sigma_3+\Delta\sigma$ $\sigma_{3f}=\sigma_3$	$\sigma'_{1f}=\sigma_3+\Delta\sigma$ $\sigma'_{3f}=\sigma_3$	c_d、φ_d

(一)固结不排水剪强度指标

土在剪切过程中的性状和抗剪强度在一定程度上受到应力历史的影响。天然土层中的土体或多或少受到一定的上覆土压力作用而固结到某种程度。以三轴压缩试验为例,试验中常用各向等压的周围压力 σ_3 来代替和模拟历史上曾对试样所施加的先期固结压力。因此,凡试样所受到的周围压力 $\sigma_3<\sigma_c$,试样就处于超固结状态;反之,当 $\sigma_3\geqslant\sigma_c$,则试样就处于正常固结状态。两种不同固结状态的试样,在剪切试验中的孔隙水压力和体积变化规律完全不同,其抗剪强度特性亦各不一样。

为简单起见,针对饱和黏性土这一典型情况,研究土的强度规律时,仅考虑土在剪切过程中的孔隙水压力和体积的变化。

饱和黏性土的 CU 试验中,在不排水剪切条件下,试样体积始终保持不变。若控制 σ_3 不变($\Delta\sigma_3=0$)而不断增加 σ_1 直至试样剪破，其孔隙压力系数 B 始终为 1.0，而系数 A 则随着 $\Delta\sigma_1$ 的增加呈非线性变化。将 $\Delta\sigma_3=0$ 代入式(4.3.12)，可得

$$A=\frac{\Delta u}{\Delta\sigma_1}=\frac{\Delta u}{\sigma_1-\sigma_3} \tag{4.4.1}$$

试样剪破时，对式(4.4.1)中各物理量添加下脚标 f 表示，可得

$$A_f=\frac{\Delta u_f}{\Delta\sigma_{1f}}=\frac{\Delta u_f}{(\sigma_1-\sigma_3)_f} \tag{4.4.2}$$

从图 4.4.1 中看出，正常固结土的孔隙水压力 Δu 随 $\Delta\sigma_1$ 稳步上升，始终产生正的孔隙水压力，A 值始终大于零，且在试样剪破时 A_f 为最大。而超固结土在开始剪切时只出现微小的孔隙水压力正值(A 为正值)，随之孔隙水压力下降，并在一定的 $\Delta\sigma_1$ 作用下就趋于负值(A 亦为负值)，至试样剪破时 A_f 负值最大。

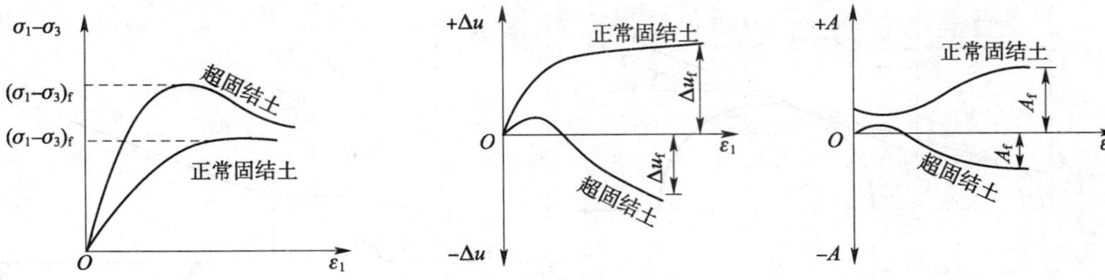

a)应力—应变关系　b)应变—孔压关系　c)应变—孔压系数A的关系

图 4.4.1　固结不排水剪试验的应力—应变关系、孔隙水压力和系数 A 的变化

表 4.4.2 为某些饱和黏性土类($B=1$)在破坏状态下的 A_f 值。从中可看出，A_f 值随其固结程度而变。超固结土的超固结比 OCR($=\sigma_c/\sigma_3$)越大，A_f 值越低。对强超固结土而言，A_f 值出现负值。土的剪胀作用越强，A_f 的负值越大。因此，根据 A_f 值的变化，可以评价土的固结状态。如果 $A_f>1.0$，原因或是由于在围压作用下土体未完全排水固结，以致残留有固结孔隙水压力；或是由于土体结构破坏后，原来存在于结构单元内微孔隙中的孔隙压力释放出来。

饱和黏性土破坏时的 A_f 值　　表 4.4.2

土　类	A_f	土　类	A_f
高灵敏度黏土	0.75～1.5	一般超固结黏土	0～0.25
正常固结黏土	0.5～1.0	强超固结黏土	−0.5～0
弱超固结黏土	0.25～0.5		

孔隙压力系数 A 对研究土的三维固结与沉降同样具有重要的意义。但须指出，在研究土体强度理论中所用破坏时的孔隙压力系数 A_f，在数值上不同于研究土变形课题中的系数 A，因为随着 $\Delta\sigma_1$ 的增大，Δu 值并不呈线性增长。

如果将某一组饱和黏土试样先在不同的周围压力 σ_3 下排水固结，然后再施加轴向偏应力做不排水剪切，可获得 CU 试验的抗剪强度包线。

图 4.4.2 中 BC 线为正常固结土的试验结果。若试样是从未固结过的土样(如泥浆状土)，则不排水强度显然为零，直线 BC 的延长段将通过原点。实际上，从天然土层取出的试样，总具有一定的先期固结压力(反映在图 4.4.2 中 B 点对应的横坐标 σ_c 处)。因此，若室内剪前固结围压 $\sigma_3<\sigma_c$，则属超固结土的不排水剪切，其强度要比正常固结土的强度大，强度包线为一条略平缓的曲线(图 4.4.2 中 AB 线)。由此可见，饱和黏土试样的 CU 试

验所得到的是一条曲折状的抗剪强度包线(图 4.4.2 中 ABC 线),前段为超固结状态,后段为正常固结状态。实用上一般不做如此复杂的分析,只要作多个极限应力圆的公切直线(图 4.4.2 中 AD 线),即可获得固结不排水剪的总应力强度包线和强度指标 c_{cu} 和 φ_{cu}。

应指出的是,CU 试验的总应力强度指标随试验方法具有一定的离散性。由图 4.4.3 可看出,如果试样的先期固结压力较高,以致试验中所施的周围压力 σ_3 都小于 σ_c,那么试验所得的极限应力圆切点都落在超固结段(图 4.4.3 中 $A''B''$ 线),由它推算的 c_{cu} 就较大,而 φ_{cu} 则并不一定大;反之,若试样原来所受的先期固结压力较低,各试样试验时所施的 σ_3 大都超过 σ_c,则试验所得圆切点都落在正常固结段上。于是由此推算的 c_{cu} 就会很小(图 4.4.3中 $A'B'$ 线),甚至接近于零,土呈现正常固结性质,而得到的 φ_{cu} 则较大。因此,往往需对原状试样进行室内固结试验,求得其先期固结压力,选择适当的周围压力 σ_3 后再进行 CU 试验。

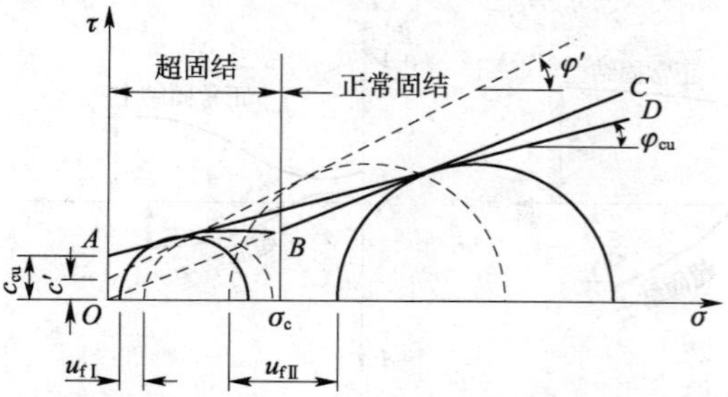

图 4.4.2 饱和黏性土的固结不排水试验结果

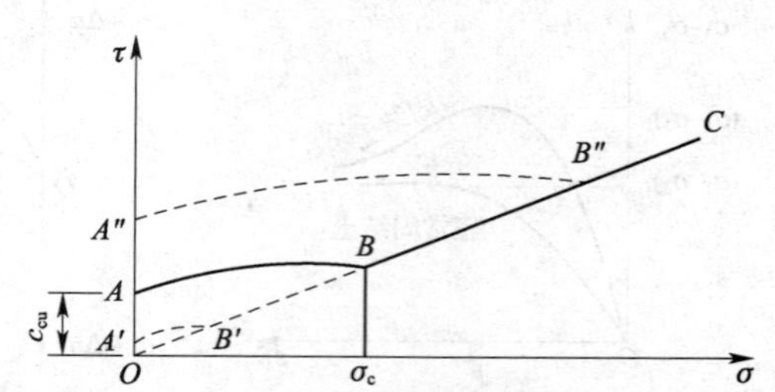

图 4.4.3 固结不排水试验结果

从三轴 CU 试验结果推求 c' 和 φ' 的方法可利用图 4.4.2 加以说明。根据表 4.4.1 中试样剪破时的应力关系,将 CU 试验所得的总应力条件下的极限应力圆(图中的各个实线圆),向左移动一个相应的 u_f 值的距离,而圆的直径保持不变,就可获得有效应力条件下的极限应力圆(图中的各个虚线圆)。按各虚线圆求其公切线,即为该土的有效应力强度包线,据之可确定 c' 和 φ'。

如前所述,正常固结土在不排水剪切试验中产生正的孔隙水压力,其有效应力圆在总应力圆的左边;而超固结土在不排水剪切试验中产生负的孔隙水压力,故有效应力圆在总应力圆的右边。CU 试验的有效应力强度指标与总应力强度指标相比,通常 $c'<c_{cu}$,$\varphi'>\varphi_{cu}$。

(二)不固结不排水剪强度指标

不固结不排水剪切试验中的"不固结"是指在三轴压力室内不再固结,而试样仍保持着原有的现场有效固结压力不变。图 4.4.4 中三个实线圆Ⅰ、Ⅱ、Ⅲ,分别表示三个试样在不同的 σ_3 作用下 UU 试验的极限总应力圆,虚线圆则表示极限有效应力圆。其中,圆Ⅰ的 $\sigma_3=0$,相当于无侧限抗压试验。试验结果表明,在含水率恒定条件下的 UU 试验,无论在多大的 σ_3 作用下,试样破坏时所得的极限偏应力 $(\sigma_1-\sigma_3)_f$ 恒为常数。图 4.4.4 中三个总应力圆直径相同,故抗剪强度包线为一条水平线。即

$$\left.\begin{aligned}\tau_f &= c_u = \frac{1}{2}(\sigma_1-\sigma_3)\\ \varphi_u &= 0\end{aligned}\right\} \tag{4.4.3}$$

式中,c_u 为土的不排水抗剪强度(kPa);φ_u 为土的不排水内摩擦角(°)。

试验中若分别量测试样破坏时的孔隙水压力 u_f,并按有效应力整理,三个试样只能得到同一个有效应力圆。由于试样总具有一定的现场固结压力,因此,对圆Ⅰ($\sigma_3=0$)来说,是在超固结状态下的剪切破坏,如前所述,会产生负的孔隙水压力,有效应力圆在总应力圆的右

边。上述试验现象可归结为，在不排水条件下，试样在试验过程中的含水率和体积均保持不变，改变 σ_3 数值只能引起孔隙水压力同等数值变化，试样受剪前的有效固结应力却不发生改变，因而抗剪强度也就始终不变。无论是超固结土还是正常固结土，其 UU 试验的抗剪强度包线均是一条水平线，即 $\varphi_u=0$。

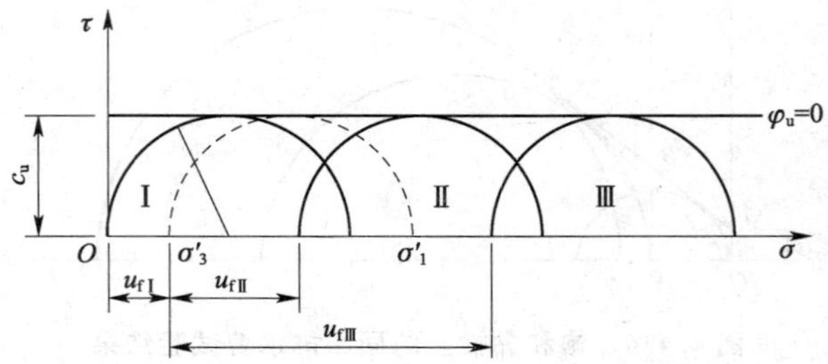

图 4.4.4　饱和黏性土的不固结不排水试验结果

从以上分析可知，c_u 值反映的正是试样原始有效固结压力作用所产生的强度。天然土层的有效固结压力是随埋藏深度增加的，所以 c_u 值也随所处的深度增加。均质的正常固结天然黏土层的 c_u 与其有效固结压力之比值基本保持为常数，故 c_u 值大致随有效固结压力呈线性增加。超固结土因其先期固结压力大于现场有效固结压力，它的 c_u 值比正常固结土大。

（三）固结排水剪强度指标

饱和黏性土的三轴压缩试验中，在排水剪切条件下，孔隙水压力始终为零，试样体积随 $\Delta\sigma_1$ 的增加而不断变化（图 4.4.5）。正常固结黏土的体积在剪切过程中不断减小（称为"剪缩"），而超固结黏土的体积在剪切过程中则是先减小，继而转向不断增加（称为"剪胀"）。如同前述，土体在不排水剪中孔隙水压力值的变化趋势，也可根据其在排水剪中的体积变化规律得到验证。如正常固结土在排水剪中有剪缩趋势，因而当它进行不排水剪时，由于孔隙水排不出来，剪缩趋势就转化为试样中的孔隙水压力不断增长；反之，超固结土在排水剪中不但不排出水分，反而因剪胀而有吸水的趋势，但它在不排水剪过程中却无法吸水，于是就产生负的孔隙水压力。

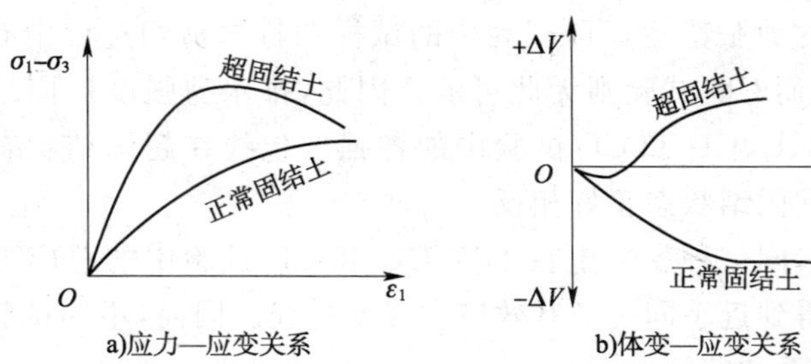

a)应力—应变关系　　b)体变—应变关系

图 4.4.5　CD 试验的应力—应变关系和体积变化

饱和黏性土试样的 CD 试验结果与 CU 试验类似（图 4.4.6）。但由于试样在固结和剪切的全过程中始终不产生孔隙水压力，其总应力指标应该等于有效应力强度指标，即 $c'=c_d$，$\varphi'=\varphi_d$。

如果将某种饱和软黏土的两组试样先在同一 $\sigma_3=\sigma_c$（先期固结压力）下排水固结，然后对一组中的若干试样施加新的围压 $\sigma_3(>\sigma_c)$，使各试样分别进行 UU、CU 和 CD 试验，并将试验结果综合表示在一张 σ-τ 坐标图上（图 4.4.7），则可看出三种试验结果之间的关系。很显然，正常固结土的 $\varphi_d > \varphi_{cu} > \varphi_u$，且 $\varphi_u = 0$。

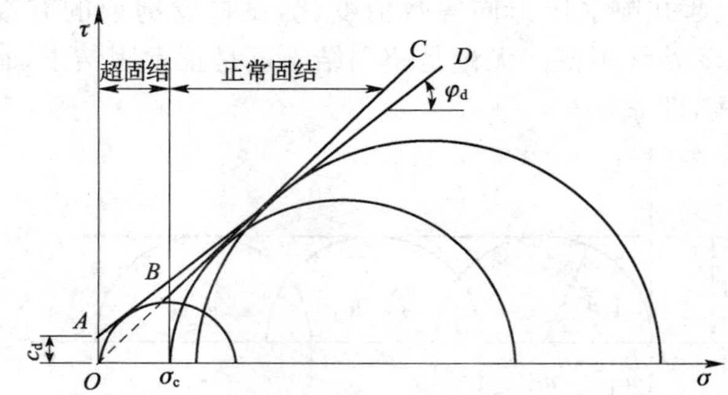

图 4.4.6　饱和黏性土的固结排水剪试验结果

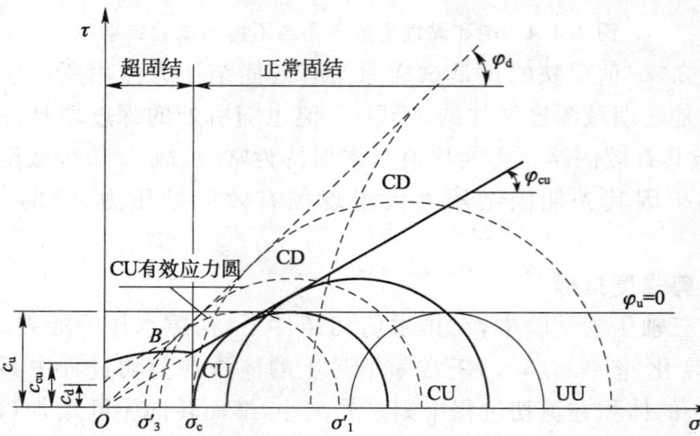

图 4.4.7　饱和黏性土的固结排水剪试验结果

如果若对另一组中若干试样的围压从 σ_c 减低至σ_3（$<\sigma_c$），同样进行上述三种试验，此时土具有超固结特征。超固结土在其卸载回弹过程中，UU 试验因不容许吸水，含水率保持不变，故其不固结不排水剪强度比固结不排水剪和排水剪强度都高。此外，拿 CU 和 CD 试验相比较，虽然二者在卸载回弹过程中产生的负孔隙水压力均会导致试样吸水软化（含水率增加）。但由于超固结土的剪胀特性，CD 试验中的试样在排水剪切过程中有可能进一步吸水软化，含水率还要增加，而 CU 试验则无此可能。因此，排水剪强度比固结不排水剪强度要低，这可从图 4.4.7 中 UU、CU 和 CD 试验中的各强度包线在超固结状态所处位置比较而知，其情形与右边的正常固结状态正好相反。

上述试验还可证明，同一种黏性土在 UU、CU 和 CD 试验中的总应力强度包线和强度指标各不相同，但都可得到近乎同一条有效应力强度包线。因而，不同试验方法下的有效应力强度存在着唯一性关系的特征。

直剪试验在上述三种方法中因受仪器条件限制，不能测定试样中孔隙水压力的变化，一般只能用总应力强度指标来表示其试验结果。

【例 4.4.1】　一饱和黏土试样在三轴压缩仪中进行固结不排水剪试验，施加的周围压力 $\sigma_3 = 200$ kPa，试样破坏时的轴向偏应力 $(\sigma_1 - \sigma_3)_f = 280$ kPa，测得孔隙水压力 $u_f = 180$ kPa，有效应力强度指标 $c' = 80$ kPa，$\varphi' = 24°$，试求破裂面上的法向应力和剪应力，以及该面与水平面的夹角 α_f。若该试样在同样周围压力下进行固结排水剪试验，问破坏时的大主应力值 $\sigma_1{}'$ 是多少？

【解】 据试验结果 $\sigma_1=(280+200)\text{kPa}=480\text{ kPa},\sigma_3=200\text{ kPa}$

由式(4.1.12) $$\alpha_f=45°+\frac{\varphi'}{2}=45°+\frac{24°}{2}=57°$$

由式(4.1.4)计算破裂面上的法向应力σ和剪应力τ

$$\sigma=\frac{1}{2}(\sigma_1+\sigma_3)+\frac{1}{2}(\sigma_1-\sigma_3)\cos2\alpha_f$$

$$=\left[\frac{1}{2}\times(480+200)+\frac{1}{2}\times(480-200)\times\cos114°\right]\text{kPa}=283\text{ kPa}$$

$$\tau=\frac{1}{2}(\sigma_1-\sigma_3)\sin2\alpha_f=\left[\frac{1}{2}\times(480-200)\times\sin114°\right]\text{kPa}=127\text{ kPa}$$

排水剪的孔隙水压力恒为零，故试样破坏时，$\sigma_3'=\sigma_3=200\text{ kPa}$。

由式(4.1.3)和式(4.1.4)计算破裂面上的抗剪强度和剪应力

$$\tau_f=c'+\sigma'\tan\varphi'=c'+\left(\frac{\sigma'_1+\sigma'_3}{2}+\frac{\sigma'_1-\sigma'_3}{2}\cos2\alpha_f\right)\tan\varphi'$$

$$=80+\left(\frac{\sigma'_1+200}{2}+\frac{\sigma'_1-200}{2}\cos114°\right)\tan24°$$

$$=0.132\sigma'_1+142.3$$

$$\tau=\frac{1}{2}(\sigma'_1-\sigma'_3)\sin2\alpha_f$$

$$=\frac{1}{2}(\sigma'_1-200)\sin114°$$

$$=0.457\sigma'_1-91.4$$

由破裂面上的剪应力等于抗剪强度

$$0.457\sigma'_1-91.4=0.132\sigma'_1+142.3$$

解之求σ'_1，得 $$\sigma'_1=719.1\text{ kPa}$$

此值亦可用莫尔圆作图法求得，用$\sigma'_3=200\text{ kPa}$和切于$c'=80\text{ kPa}$，$\varphi'=24°$的强度包线的条件，绘一莫尔圆即可量得$\sigma_1'=719.1\text{ kPa}$。

【例 4.4.2】 某无黏性土饱和试样进行排水剪试验，测得抗剪强度指标为$c_d=0$，$\varphi_d=31°$，如果对同一试样进行固结不排水剪试验，施加的周围压力$\sigma_3=200\text{ kPa}$，试样破坏时的轴向偏应力$(\sigma_1-\sigma_3)_f=180\text{ kPa}$。试求试样的不排水剪强度指标$\varphi_{cu}$和破坏时的孔隙水压力$u_f$和系数$A_f$。

【解】 据试验结果 $\sigma_{1f}=(180+200)\text{kPa}=380\text{ kPa},\sigma_{3f}=200\text{ kPa}$

排水剪的孔隙水压力恒为零，得$c'=c_d=0,\varphi'=\varphi_d=31°$，而无黏性土的$c_{cu}=0$。

由式(4.1.10) $$\tan^2\left(45°+\frac{\varphi_{cu}}{2}\right)=\frac{\sigma_1}{\sigma_3}=\frac{380}{200}=1.9$$

解之求φ_{cu}，得 $$\varphi_{cu}=18°$$

同理，由式(4.1.10) $$\frac{\sigma'_1}{\sigma'_3}=\tan^2\left(45°+\frac{\varphi'}{2}\right)=\tan^2\left(45°+\frac{31°}{2}\right)=3.124$$

得 $$\sigma'_1=3.124\sigma'_3$$

根据 $$(\sigma'_1-\sigma'_3)_f=(\sigma_1-\sigma_3)_f=180\text{kPa}$$

联立求解以上两式，可得有效大、小主应力分别为$\sigma'_{1f}=264.8\text{ kPa},\sigma'_{3f}=84.8\text{ kPa}$。

故破坏时的孔隙水压力

$$u_f=\sigma_{3f}-\sigma'_{3f}=(200-84.8)\text{ kPa}=115.2\text{ kPa}$$

由式(4.4.2),破坏时的孔隙压力系数

$$A_f = \frac{u_f}{(\sigma_1 - \sigma_3)_f} = \frac{115.2}{180} = 0.64$$

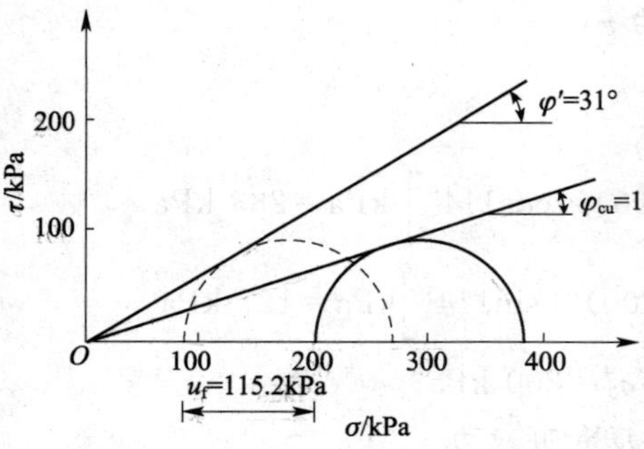

图 4.4.8　例 4.4.2 图解法

此题亦可用作图法求解。如图 4.4.8 所示,用 $\sigma_{1f}=380$ kPa 和 $\sigma_{3f}=200$ kPa 作莫尔极限应力圆。作过原点强度包线切于该圆,量得强度包线与水平夹角,即可得 $\varphi_{cu}=18°$。据 $c'=0$、$\varphi'=31°$ 作过原点有效应力强度包线,向左平移总极限应力圆与有效应力强度包线相切,即可从图中量得破坏时的孔隙水压力 $u_f=115.2$ kPa,并由此算得系数 $A_f=0.64$。

二、黏性土的残余强度指标

坚硬的超压密黏土的 τ-Δl 曲线可出现剪应力的峰值 τ_{fP},即为土的峰值抗剪强度。峰后强度随剪切位移增大而降低,称应变软化特征。当剪切位移较大时,其强度最终也逐渐降低至某一稳定值,这种终值强度称为残余强度 τ_{fr}(图 4.4.9)。残余强度的主要测定方法为,在直剪仪中进行反复剪切试验,以达到大应变的效果。

试验证明,黏性土的残余强度同峰值强度一样也符合库仑公式,即

$$\tau_{fr} = c_r + \sigma \tan\varphi_r \tag{4.4.4}$$

式中,τ_{fr} 为土的残余抗剪强度(kPa);σ 为作用在剪切面上的法向应力(kPa);c_r 为土的残余黏聚力(kPa);φ_r 为土的残余内摩擦角(°)。

如图 4.4.10 所示,残余强度包线在纵坐标上的截距 $c_r\approx 0$,残余内摩擦角 φ_r 略小于其峰值内摩擦角 φ。残余强度的降低主要表现为黏聚力的下降。

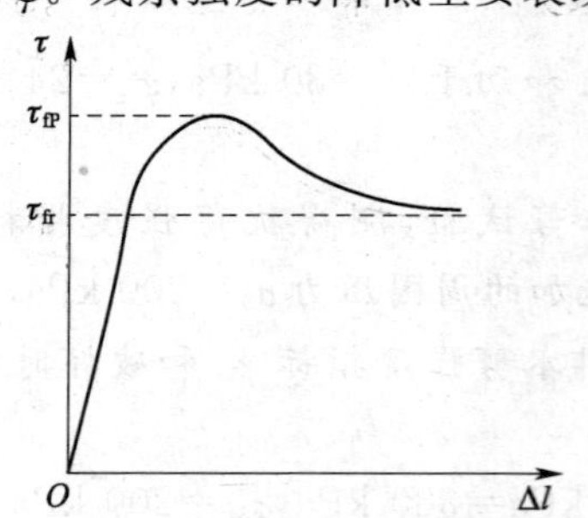

图 4.4.9　应变软化型剪应力—剪应变曲线

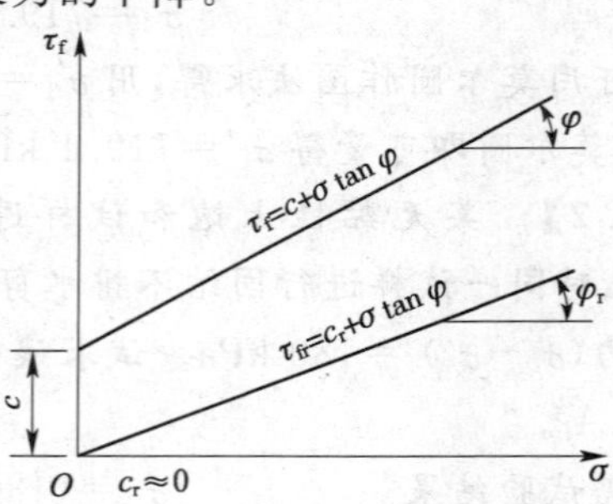

图 4.4.10　黏性土的峰值强度与残余强度包线

一些试验资料表明,从同一种土的重塑试样求得的残余强度与原状土样的残余强度基本相同,说明残余强度与土的结构性关系不大,而主要取决于土的矿物成分和有效法向应力的影响。一般情况下,以石英、长石含量为主的土类,其残余内摩擦角略大于 30°;以云母类矿物(如伊利石)含量为主的土类,其残余内摩擦角为 15°～26°;而以蒙脱石矿物含量为主的土类,其残余内摩擦角小于 10°。黏性土的残余强度现象可解释为,沿剪切面两侧非定向性排列的薄层微粒结构,随着剪应变的增加而逐渐转化为沿剪切方向定向性排列,因而,土的抗剪强度随之降低。

残余强度对研究天然黏性土土坡的长期稳定性问题,具有十分重要的实践意义。由于土坡沿滑动面剪应变的发展不是各处均衡的,往往在该面上某些点发生较大的剪应变,而在

其他地方剪应变发挥得还较小，造成沿滑动面上的剪应力分布亦不均匀，使得滑动面上各部分的抗剪强度不能同时达到峰值。若土体具有明显的残余强度特性，则在较大剪应变处土首先达到峰值强度，即破坏在这些点出现，但随着剪应变加大，这些点的强度又降至残余强度，从而带动滑动面其他各点也相继达到峰值强度后又降低至残余强度。可以推断，这种连锁反应造成土坡的破坏过程将是从某一点开始的，并逐渐蔓延到全面，形成所谓"渐近性破坏"现象。

三、无黏性土的抗剪强度指标

粒状的无黏性土的内摩擦角等于滑动摩擦和由土粒间相互咬合所提供的附加阻力。图 4.4.11 表示剪切时颗粒移动的理想化图像。当具有紧密结构的无黏性土沿破坏面滑动时，土粒 A 必须越过相邻的土粒 B，因而土体将发生膨胀，并消耗部分剪切力的功能来抵抗法向应力 σ 的作用[图 4.4.11a)]。若是很松的粒状土，土粒 A 滑过相邻土粒 B 时，便会落入孔隙之中，且会由法向应力 σ 而释放出功能来[图 4.4.11b)]。

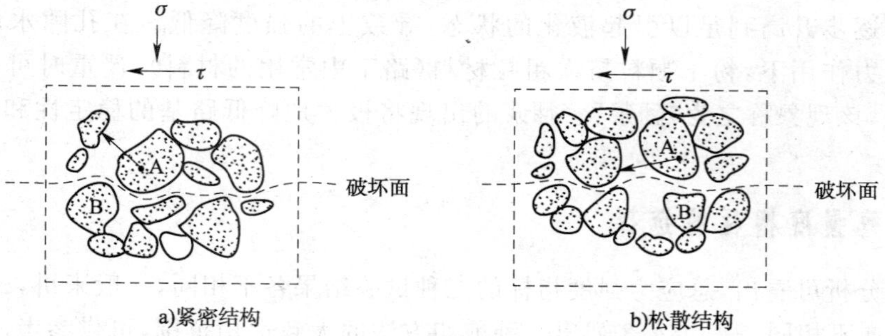

图 4.4.11　粒状土剪切时颗粒的位移

图 4.4.12 表示具有不同初始孔隙比的极松砂和紧密砂的排水直剪试验结果。密砂在受剪时体积膨胀，孔隙比变大。如前所述，剪胀作用将产生剪应力增加[图 4.4.12a)中阴影部分]，其剪切过程中的应力—应变关系类似于超固结土的现象，即有明显的峰值强度和变形较大时的终值强度(应变软化型)。松砂的应力—应变关系类似于正常固结土，其应力—应变关系无明显峰值强度(应变硬化型)，受剪时体积减小(剪缩)，孔隙比变小[图 4.4.12b)]。试验证明，对一定侧限压力下的同种砂土来说，紧密的和松散的砂土最终殊途同归，两者的强度最终趋于同一数值，而最终孔隙比也大致趋向于某一稳定值 e_{cr}(图 4.4.13)。该值称之为临界孔隙比，在这一孔隙比下，砂土在不排水条件下受荷至破坏时，其体积变化为零。

从以上分析可知，不同密度的饱和砂性土在剪切过程中，与饱和黏性土有着相似的规律。大致是松砂具有类似正常固结黏土的特征，中密的砂相当于轻微超固结黏土，而密砂的剪胀性比超固结黏土更显突出。如果松砂处于完全饱和状态，其初始孔隙比 $e_0>e_{cr}$，则当它受到剪应力作用时，必然会产生剪缩的趋势而使粒间孔隙水压力增高，砂土的有效应力降低，其强度也随之降低。因此，饱和松砂的不排水强度是十分低的。由于砂土具有较大的渗透性，排水固结性能较好，在大多数情况下，采用其排水剪强度指标 c_d、φ_d。而对砂土进行不排水剪切，对于研究砂土的静力学问题实际意义不大，但对研究饱和砂土受动荷载时的土动力学问题时则另当别论。试设想饱和松砂受到动荷载的作用(如地震作用)，由于动荷载作用的时间十分短促，相对来说，砂土中的孔隙水来不及排出(如大体积的松砂)。因此，在反复的动剪应力作用下，孔隙水压力就不断增加。若砂体中的有效应力降至零，则砂土就会发生流动。这种饱和砂土在动荷载作用下，其强度全部丧失而会像流体一样流动的现象称为砂土液化。因此,临界孔隙比对研究砂土液化具有重要的意义。

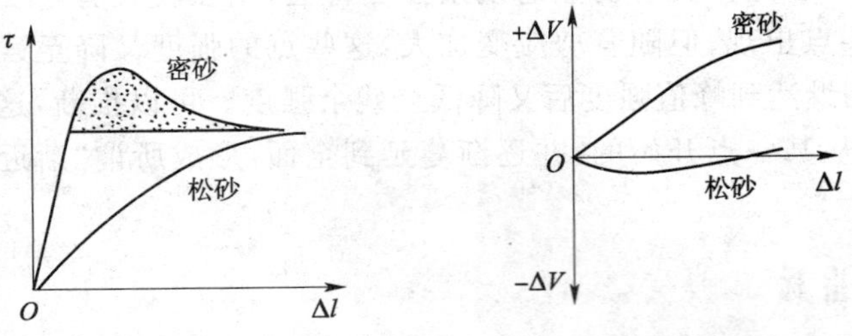

a)剪切位移—应力曲线　　b)剪切位移—体变曲线

图 4.4.12　砂土直剪试验时的剪切位移—应力关系和体变

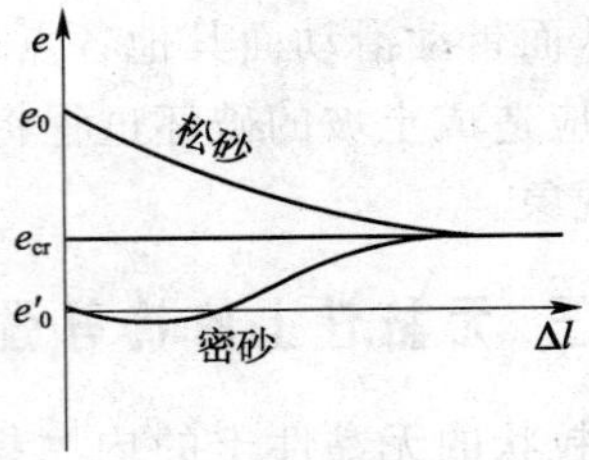

图 4.4.13　砂土的临界孔隙比

除砂土之外,含砂粒较多的低塑性黏土和粉土都有可能发生类似的液化现象。例如,当道路路基是饱和的强度不大的粉土时,在周期性交通荷载的反复作用下,地基土的孔隙水压力可能逐步升高到足以引起液化的状态,导致土的强度降低。在孔隙水压力骤增引起的渗透压力作用下,粉土颗粒挤入粗粒材料(路工中常用的材料),严重时可在粗粒材料的表面冒出,该现象称之为"翻浆"。翻浆的出现将极大地降低路基的稳定性和增加道路的变形。

四、抗剪强度指标的选择

从前面分析可看出,总应力强度指标的三种试验结果各不相同,一般来讲,$\varphi_u < \varphi_{cu} < \varphi_d$,所得的 c 值亦不相同。表 4.4.3 列出三种剪切方法的大致适用范围,可供参考。但应指出,总应力强度指标仅能考虑三种特定的固结情况,由于地基土的性质和实际加载情况十分复杂,地基在建筑物施工阶段和使用期间却经历了不同的固结状态,要准确估计地基土的固结度相当困难;此外,即使是在同一时间,地基中不同部位土体的固结程度亦不尽相同,但总应力法对整个土层均采用某一特定固结度的强度指标,这与实际情况相去甚远。因此,在确定总应力强度指标时还应结合工程经验。在工程设计的计算分析中,应尽可能采用有效应力强度指标的分析方法。

三种试验方法的适用范围　　表 4.4.3

试验方法	适用范围
UU 试验	地基为透水性差的饱和黏性土或排水不良,且建筑物施工速度快。常用于施工期的强度与稳定验算
CU 试验	建筑物竣工后较长时间,突遇荷载增大。如房屋加层、天然土坡上堆载等
CD 试验	地基的透水性较佳(如砂土等低塑性土)和排水条件良好(如黏土层中夹有砂层),而建筑物施工速度又较慢

如前所述,一种土的 c' 和 φ' 应该是常数,无论是用 UU、CU 或 CD 的试验结果,都可获得相同的 c' 和 φ' 值,它们不随试验方法而变。但实践上一般按 CU 试验,并同时测定 u 的方法来求 c' 和 φ'。究其原因,是因为做 UU 试验时,无论总应力 σ_1、σ_3 增加多少,σ_1'、σ_3' 均保持不变,就是说,无论做多少个不同围压 σ_3 的试验,所得出的有效极限应力圆只有一个,因而确定不了有效应力强度包线,也就得不出 c' 和 φ' 值;而做 CD 试验时,因试样中不产生 u,总应力即为有效应力,其总应力结果 c_d 和 φ_d 实际上就是 c' 和 φ'。但 CD 试验费时较长,故通常不用它来求土的 c' 和 φ'。但应指出,CU 试验在剪切过程中试样因不能排水而使体积保持

不变，但 CD 试验在排水剪切过程中试样的体积要发生变化，二者得出的 c'、φ' 和 c_d、φ_d 会有一些差别，一般 c_d、φ_d 略大于 c'、φ'，但实际上可忽略不计。

土的抗剪强度性质极其复杂，其抗剪强度指标也千变万化。如前所述，粒状的无黏性土的抗剪强度，取决于土的原始密度（即初始孔隙比）、有效法向应力、加荷条件和应力历史。实际上，其强度还受到如土的颗粒组成、沉积条件诸因素影响。饱和黏性土的强度性状比无黏性土更为复杂。除在前文中所描述的如黏性土的结构性、固结与排水条件、孔隙水压力、应力历史、应力应变状态、应力水平及应力路径等影响因素外，还包括如土的含水率、各向异性、加荷速率与受荷时间、动力特性和流变性质等影响因素。如紧密砂土的内摩擦角较大，强度也高；松砂的内摩擦角较小，其强度也较低。级配良好的土，由于粒间接触点多，比均匀土的咬合作用强，所以其内摩擦角比均匀土的大。又如，有棱角的砂要比圆粒砂更多咬合，故其内摩擦角也比较大，但对砾石而言，由于在高压力作用下的颗粒破碎作用，棱角对强度的影响相对较小。对黏性土来说，含水率增加时，土中水分在较大的土粒表面有润滑剂作用，使粒间摩阻力降低。对细小的黏粒，结合水膜变厚，降低了土的黏聚力，因而降低了土的抗剪强度。

此外，天然地层一般是水平层沉积，在垂直方向的自重应力作用下，形成各向异性应力（一般是垂直方向最大，水平方向最小），促成了土颗粒按有选择的方向排列，因而所形成的土体在不同方向具有不同的力学性质，使之具有各向异性的变形特性。因此，天然土层在沉积过程中和沉积以后形成的各向异性结构，影响了土的抗剪强度性状。如受荷时的加荷方向和沉积方向一致，就可产生较大的抗剪强度；反之，若加荷方向垂直于沉积方向，则抗剪强度最低。

由此可见，只有当室内试验的应力状态、应力水平和应力路径与实际工程的应力条件完全相同时，试验所得的强度指标才能符合实际，而这只能近似做到。因此，在选择某种土的抗剪强度指标 c 和 φ 时，必须同时指出土样的原始固结状态和所用的试验方法，才能正确判断这种指标的意义及如何用于计算分析。与此同时，应对所选的抗剪强度指标的性质和变化规律有一个清楚的认识，并对各种指标数值的范围有一个大致的了解，只有这样才能对实际问题作出正确的判断和选择。

第五节 应力路径

一、应力路径的基本概念

对某种土样采用不同的加荷方法使之剪破，试样中的应力状态变化各不相同。为了分析应力变化过程对土的抗剪强度的影响，可在应力坐标图中用应力点的移动轨迹来描述土体在加荷过程中的应力变化，这种应力点的轨迹就称为“应力路径”。

以三轴压缩试验为例，如保持 σ_3 不变而逐渐增大 σ_1，试样的应力变化过程可用一系列莫尔应力圆来表示。如为特定目的需要研究剪切面上的应力变化，由式(4.1.12)可知，该面与 σ_1 作用面之间的夹角为 $\alpha_f = 45° + \varphi/2$，由此可在每个应力圆上确定相应于破坏面上的应力特征点。然后，按应力变化过程顺序将这些点连接起来[图 4.5.1a)中 AM 线]，即为常规三轴压缩试验中剪切破坏面上的应力路径。A 点表示试样仅有周围压力 σ_3 作用，而尚未施加轴向压力的初始情况。M 点表示轴向压力已增至试样剪破，A 与 M 两点之间的各点则表示试验中的剪切过程。

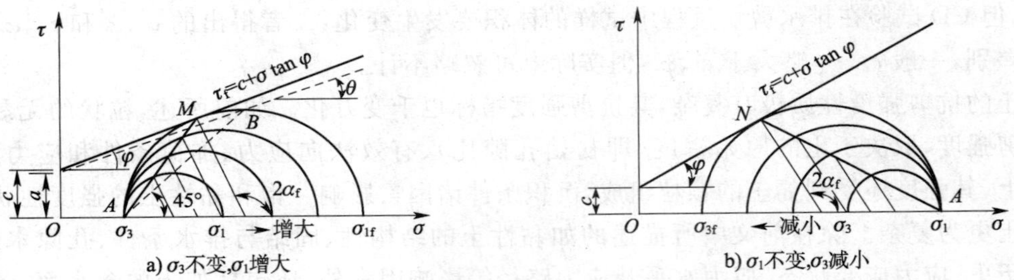

图 4.5.1　不同加荷方法的应力路径

三轴压缩试验的加荷方法不同，其应力路径也不同。如在试验中保持 σ_1 不变，而不断减小 σ_3，可获得剪切面上另一种应力路径[图 4.5.1b)中 AN 线]。虽然以上两种试验中的试样在轴向均代表大主应力 σ_1 的作用方向，且剪切面与 σ_1 作用面之间的夹角都为$\alpha_f=45°+\varphi/2$，但二者试样中的应力状态发展方向却不同。

二、三轴压缩试验中的总应力路径和有效应力路径

确定试样剪切破坏面上的应力须预知破坏面的方向，这些应力也不能直接明确地表示整个试样所处的应力状态。由于土中某点的莫尔应力圆的顶点(剪应力为最大)位置与莫尔圆的大小和位置具有一一对应的关系，也即顶点的坐标为已知时，该点的应力状态就随之确定下来了。因此，可将顶点的应力作为一个应力特征点来代表整个应力圆。同样按应力变化过程顺序将这些点连接起来[图 4.5.1a)中 AB 线]，即为常规三轴压缩试验中最大剪应力面上的应力路径。在 τ-σ 坐标图上，应力圆顶点的横坐标为$(\sigma_1+\sigma_3)/2$，纵坐标为$(\sigma_1-\sigma_3)/2$。若将 $q=(\sigma_1-\sigma_3)/2$、$p=(\sigma_1+\sigma_3)/2$ 作为纵、横坐标，并在 p-q 坐标图上，分别点绘常规三轴压缩试验过程中各个莫尔应力圆顶点的坐标值，各点的连线即为三轴试验在 p-q 坐标上的应力路径表达形式(图 4.5.2 中 AB 线)。在上述三轴压缩试验中，因 σ_3 维持不变，σ_1 不断增加，应力在 p-q 坐标图上纵、横坐标的变化量总是相等。因此，AB 是直线且必与横坐标成 45°夹角。为使图面整洁直观，常可省去诸多应力圆不画，而在应力路径线上以箭头指明应力状态的发展方向。

在常规三轴压缩试验中，图 4.5.2 中 AB 线表示的是试样总应力变化的轨迹，称为“总应力路径”。相应的有效应力变化轨迹可由有效应力路径来表示。有效应力圆的顶点坐标与相应的总应力圆顶点坐标之间的关系为

$$\left.\begin{aligned}p'&=\frac{1}{2}(\sigma_1{}'+\sigma_3{}')=\frac{1}{2}(\sigma_1+\sigma_3)-u=p-u\\q'&=\frac{1}{2}(\sigma_1{}'-\sigma_3{}')=\frac{1}{2}(\sigma_1-\sigma_3)=q\end{aligned}\right\}\tag{4.5.1}$$

从式(4.5.1)中可看出，有效应力路径的确定，取决于试样剪切时孔隙水压力的变化规律。与 τ-σ 坐标图相比，p-q 坐标图上可方便地阐明总应力路径和有效应力路径之间的对应关系。

根据式(4.5.1)的关系，将 AB 线上各总应力点的横坐标减去相应的孔隙水压力 u 的实测值，就可获得有效应力路径 AB'线。如前所述，由于试样在不排水剪切过程中的孔隙水压力随轴向偏应力的增加呈非线性变化，因此，有效应力路径 AB'是曲线。大量试验结果表明，当试样剪破时，无论是总应力路径还是有效应力路径，都将发生转折或趋于水平，因而，应力路径的转折点可作为试样剪破的标准。若 B、B'两点的坐标分别表示剪破时试样的总应力和有效应力状态，它们应分别落在以总应力和有效应力表示的极限应力圆顶点的连线 K_f 和 K'_f 上。设 K_f 和 $K_f{}'$线与纵坐标的截距分别为 a 和 a'，倾角为 θ 和 θ'，则 a、θ 与 c、φ，a'、θ'与 c'、

φ'之间的相互关系，可采取将 K_f、K'_f 线与强度包线绘制在同一 τ - σ 坐标图上，通过几何关系推求出来，也可由土的极限平衡理论推算而得。当试样剪破时，由式(4.5.1)可知

$$\frac{1}{2}(\sigma_1-\sigma_3)_f = c\cos\varphi + \frac{1}{2}(\sigma_1+\sigma_3)_f\sin\varphi \tag{4.5.2}$$

而由图 4.5.2 可知，K_f 线的表达式为

$$\frac{1}{2}(\sigma_1-\sigma_3)_f = a + \frac{1}{2}(\sigma_1+\sigma_3)_f\tan\theta \tag{4.5.3}$$

比较式(4.5.2)和式(4.5.3)可知，a、θ 与 c、φ 的关系为

$$\left.\begin{aligned}\sin\varphi &= \tan\theta \\ c &= \frac{a}{\cos\varphi}\end{aligned}\right\} \tag{4.5.4}$$

同理，由土的极限平衡理论可推得 a'、θ'与 c'、φ'之间的关系为

$$\left.\begin{aligned}\sin\varphi' &= \tan\theta' \\ c' &= \frac{a'}{\cos\varphi'}\end{aligned}\right\} \tag{4.5.5}$$

由前述可知，AB 和 AB'线之间的阴影区域，平行于横坐标轴方向的距离长短反映了试样在剪切过程中孔隙水压力大小的变化。对于正常固结黏土试样来说，由于在不排水剪的整个过程中，始终产生正的孔隙水压力，故有效应力路径 AB'在总应力路径 AB 的左边，至 B'点试样剪破，此时的孔隙水压力 u_f 达到最大值(B 与 B'之间的水平距离)。而超固结黏土试样在不排水剪切中的开始阶段可能产生少量的正孔隙水压力，以后逐渐转为负值。故如图 4.5.2 所示，有效应力路径 CD'开始在总应力路径 CD 的左边，随后转到右边，至 D'点试样剪破时，所产生负的孔隙水压力$-u_f$ 为 D 与 D'点之间的水平距离。

将具有相同的周围压力下固结(即 A 点下固结)的正常固结黏土试样，做 CU 和 CD 试验的应力路径比较。试样做排水剪时因孔隙水压力始终保持为零，其有效应力路径与总应力路径重合。故排水剪的有效应力路径将沿着图 4.5.3 中 AB 线继续向右上方延伸，直至交于 K'_f 线上 E 点方才剪破，很显然，对相同条件的正常固结黏土试样来说，排水剪强度比固结不排水剪强度要高。

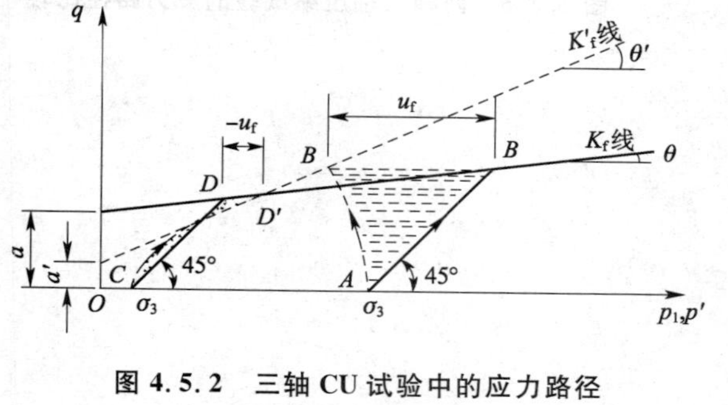

图 4.5.2　三轴 CU 试验中的应力路径

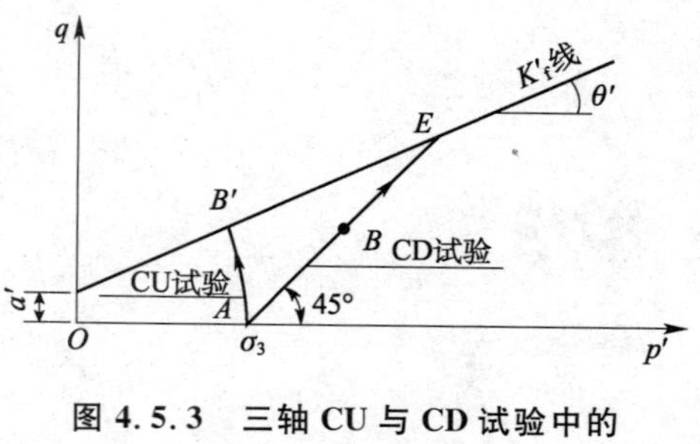

图 4.5.3　三轴 CU 与 CD 试验中的应力路径比较

三、土木工程中的应力路径问题简述

土木工程中，常见的应力路径仍是类似于三轴试验中保持 σ_3 不变而逐渐增大 σ_1 的应力路径。一个典型的应用实例是，有目的地控制这种应力路径的加荷情况，对合理解决软土地基的加固问题具有现实意义。

在实际工程施工中，如果对天然软黏土地基施加荷载的速率过快，地基在受荷过程中来

不及排水，有可能使地基在施工期间地基应力已达到土的不排水强度。由于土的不排水强度相对较低，导致地基所能承受的极限荷载很低。若施工中减缓加荷速率，或采用间歇式的分级加荷方式，就有可能使地基土得以充分固结排水而提高其抗剪强度，从而增大地基的承载力。这种控制加荷方式以提高地基承载力的原理，可用应力路径的方法加以说明。

设正常固结土地基中某点在加荷前的应力状态由图 4.5.4 中 a 点表示。假如荷载是一次施加的，该点的有效应力路径将沿曲线 ab 延伸(图中虚线所示)至 b' 点。若采用间歇加载方式，当迅速施加第一级荷载后，由于地基土来不及排水，该点在不排水条件下的有效应力路径就从 a 点向 b 点发展(剪切段)。在加载停歇的时间里，随着土的排水固结，该点的有效正应力不断增加，而剪应力却不发生变化。故此时的应力路径是一条水平线(固结段)，在排水固结完毕时抵达 c 点。如此循环下去，该点的应力路径就将沿着 $a \to b \to c \to d \to e \to f \to g \to h$ 各点曲折地延伸发展，最终抵达 h 点。显然，土在 h 点的强度比之 b' 点有了较大的增长。

土木工程地基中还存在着其他类型的应力路径。如基坑和边坡的开挖、挡土墙的主动土压力等的应力路径就属于三轴试验中保持 σ_1 不变而逐渐减小 σ_3 的情况。有试验表明，一些土类在该应力路径下的不排水试验中，当 σ_3 减至为零时，试样的轴向偏应力 $\sigma_1-\sigma_3$ 无趋近极限的势头，轴向应变 ε_1 也还未到达 15%。整理试验结果时，因各莫尔圆均相切于纵坐标，无法绘制总应力的强度包线。但有效应力路径已显示土样早已剪破，并与同等条件下的保持 σ_3 不变而逐渐增大 σ_1 情况的有效应力路径几乎一致(图 4.5.5 中 AB'线)。因而，仍可根据式(4.5.5)求得其有效应力强度指标 c'和 φ'，显然。不同总应力路径下的有效应力路径存在着唯一性关系。

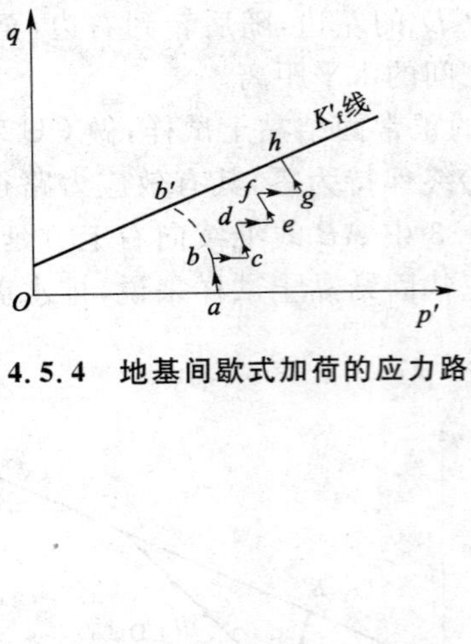

图 4.5.4　地基间歇式加荷的应力路径

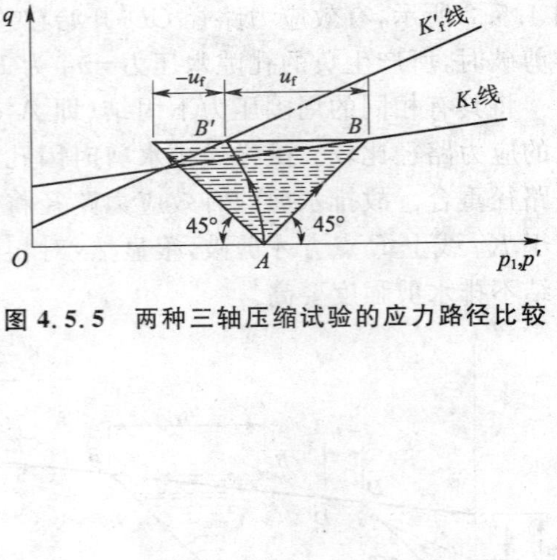

图 4.5.5　两种三轴压缩试验的应力路径比较

第五章　地基承载力

第一节　地基破坏形式及地基承载力

一、地基的破坏形式

试验研究表明，建筑地基在荷载作用下往往由于承载力不足而产生剪切破坏，其破坏形式可分为整体剪切破坏、局部剪切破坏及冲剪破坏三种。

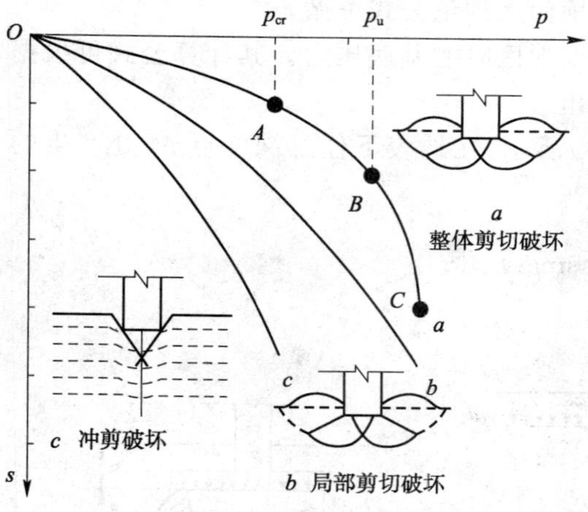

图 5.1.1　地基的破坏形式

整体剪切破坏的 p-s 曲线如图 5.1.1 中曲线 a 所示，地基变形的发展可分为三个阶段：当荷载较小时，基底压力 p 与沉降 s 基本上呈直线关系（OA 段），属线性变形阶段，相应于 A 点的荷载称临塑荷载，以 p_{cr} 表示；当荷载增加到某一数值时，基础边缘处土体开始发生剪切破坏，随着荷载的增加，剪切破坏区（或塑性变形区）逐渐扩大，土体开始向周围挤出，p-s 曲线不再保持为直线（AB 段），属弹塑性变形（或剪切）阶段，相应于 B 点的荷载称为极限荷载，以 p_u 表示；如果荷载继续增加，剪切破坏区不断扩大，最终在地基中形成一连续的滑动面，基础急剧下沉或向一侧倾斜，同时土体被挤出，基础四周地面隆起，地基发生整体剪切破坏，p-s 曲线陡直下降（BC 段），通常称完全破坏阶段。一般紧密的砂土、硬黏性土地基常属整体剪切破坏。

局部剪切破坏是介于整体剪切破坏和冲剪破坏之间的一种破坏形式。随着荷载的增加，剪切破坏区从基础边缘开始，发展到地基内部某一区域（b 中实线区域），但滑动面并不延伸到地面，基础四周地面虽有隆起迹象，但不会出现明显的倾斜和倒塌。相应的 p-s 曲线如图 5.1.1 中曲线 b 所示，拐点不甚明显，拐点后沉降增长率较前段大，但不像整体剪切破坏那样急剧增加。中等密实的砂土地基常发生局部剪切破坏。

图 5.1.1 中曲线 c 为冲剪破坏的情况。随着荷载的增加，基础下土层发生压缩变形，当荷载继续增加，基础四周土体发生竖向剪切破坏，基础“切入”土中，但地基中不出现明显的连续滑动面，基础四周地面不隆起，沉降随荷载的增加而加大，p-s 曲线无明显拐点。松砂及软土地基常发生冲剪破坏。

地基的剪切破坏形式与多种因素有关，目前尚无合理的理论作为统一的判别标准，表 5.1.1综合列出了条形基础在中心荷载下不同剪切破坏形式的各种特征，以供参考。

条形基础在中心荷载下地基破坏形式的特征　　　　表 5.1.1

破坏形式	地基中滑动面	p-s 曲线	基础四周地面	基础沉降	基础表现	控制指标	事故出现情况	适用条件		
								地基土	埋深	加荷速率
整体剪切	连续，至地面	有明显拐点	隆起	较小	倾斜	强度	突然倾倒	密实	小	缓慢
局部剪切	连续，地基内	拐点不易确定	有时稍有隆起	中等	可能倾斜	变形为主	较慢下沉时有倾倒	松散	中	快速或冲击荷载
冲剪	不连续	拐点无法确定	沿基础下陷	较大	仅有下沉	变形	缓慢下沉	软弱	大	快速或冲击荷载

注：表中埋深为基础的相对埋深，即基础埋深与基础宽度的比值。

二、地基承载力

地基承载力是指地基承受荷载的能力。地基承载力的确定主要有理论公式计算、现场原位试验和查规范表格等方法，本节主要介绍临塑荷载和临界荷载，其均在整体剪切破坏的条件下导得，对于局部剪切和冲剪破坏的情况，目前尚无理论公式可循。

临塑荷载是指地基土中将要而尚未出现塑性变形区时的基底压力。其计算公式可根据土中应力计算的弹性理论和土体极限平衡条件导出。

设地表作用一均布条形荷载 p_0，如图 5.1.2a)所示，在地表下任意深度点 M 处产生的大、小主应力可按式(2.3.29)求得

$$\left.\begin{matrix}\sigma_1\\ \sigma_3\end{matrix}\right\}=\frac{p_0}{\pi}(\beta_0\pm\sin\beta_0)$$

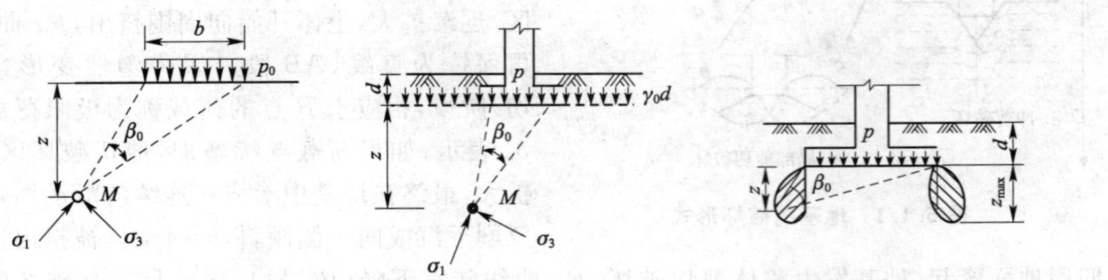

图 5.1.2　条形均布荷载作用下的地基主应力及塑性区

实际上一般基础都具有一定的埋置深度 d，如图 5.1.2b)所示，此时地基中某点 M 的应力除了由基底附加应力 $p_0(=p-\gamma_0 d)$ 产生以外，还有土的自重应力($\gamma_0 d+\gamma z$)。严格地说，M 点上土的自重应力在各向是不等的，因此上述两项在 M 点产生的应力在数值上不能叠加。为了简化起见，在下述荷载公式推导中，假定土的自重应力在各向相等。故地基中任意点的 σ_1 和 σ_3 可写为

$$\left.\begin{matrix}\sigma_1\\ \sigma_3\end{matrix}\right\}=\frac{p-\gamma_0 d}{\pi}(\beta_0\pm\sin\beta_0)+\gamma_0 d+\gamma z \tag{5.1.1}$$

当 M 点处于极限平衡状态时，该点的大、小主应力应满足极限平衡条件式(4.1.5)，将式(5.1.1)代入式(4.1.5)，整理可得塑性区的边界方程为

$$z=\frac{p-\gamma_0 d}{\pi\gamma}\left(\frac{\sin\beta_0}{\sin\varphi_0}-\beta_0\right)-\frac{c}{\gamma\tan\varphi}-\frac{\gamma_0}{\gamma}d \tag{5.1.2}$$

式(5.1.2)表示塑性区边界上任意一点的 z 与 β_0 之间的关系。如果 p、γ_0、γ、d、c 和 φ 已知，则根据式(5.1.2)可绘出塑性区的边界线如图 5.1.2c)所示。采用弹性理论计算，基础两边点的主应力最大，因此塑性区首先从基础两边点开始向深度发展。

塑性区发展的最大深度 $z_{\max}$，可由 $\frac{\mathrm{d}z}{\mathrm{d}\beta_0}=0$ 的条件求得，即

$$\frac{\mathrm{d}z}{\mathrm{d}\beta_0}=\frac{p-\gamma_0 d}{\pi\gamma}\left(\frac{\cos\beta_0}{\sin\varphi}-1\right)=0$$

则有

$$\cos\beta_0=\sin\varphi$$

即

$$\beta_0=\pi/2-\varphi \tag{5.1.3}$$

将 β_0 代入式(5.1.2)得塑性区发展最大深度 $z_{\max}$ 的表达式为

$$z_{\max}=\frac{p-\gamma_0 d}{\pi\gamma}\left[\cot\varphi-\left(\frac{\pi}{2}-\varphi\right)\right]-\frac{c}{\gamma\tan\varphi}-\frac{\gamma_0}{\gamma}d \tag{5.1.4}$$

由式(5.1.4)可见，当其他条件不变时，荷载 p 增大，塑性区就发展，该区的最大深度也随着增大。若 $z_{\max}=0$，则表示地基中将要出现但尚未出现塑性变形区，其相应的荷载即为临塑荷载 p_{cr}。因此，在式(5.1.4)中令 $z_{\max}=0$，可得临塑荷载的表达式为

$$p_{cr}=\frac{\pi(\gamma_0 d+c\cot\varphi)}{\cot\varphi+\varphi-\pi/2}+\gamma_0 d \tag{5.1.5}$$

式中，γ_0 为基底标高以上土的重度(kN/m^3)；φ 为地基土的内摩擦角(弧度)；其他符号意义同前。

工程实践表明，即使地基发生局部剪切破坏，地基中塑性区有所发展，只要塑性范围不超出某一限度，就不致影响建筑物的安全和正常使用，因此以 p_{cr} 作为地基土的承载力偏于保守。地基塑性区发展的容许承载力与建筑物类型、荷载性质及土的特性等因素有关，目前尚无一致意见。一般认为，在中心垂直荷载下，塑性区的最大发展深度 $z_{\max}$ 可控制在基础宽度的 1/4，相应的荷载用 $p_{1/4}$。因此，在式(5.1.4)中令 $z_{\max}=b/4$，可得 $p_{1/4}$ 的计算式为

$$p_{1/4}=\frac{\pi(\gamma_0 d+c\cot\varphi+\gamma b/4)}{\cot\varphi+\varphi-\pi/2}+\gamma_0 d \tag{5.1.6}$$

而对于偏心荷载作用的基础，一般可取 $z_{\max}=b/3$ 相应的荷载 $p_{1/3}$ 作为地基的承载力，即

$$p_{1/3}=\frac{\pi(\gamma_0 d+c\cot\varphi+\gamma b/3)}{\cot\varphi+\varphi-\pi/2}+\gamma_0 d \tag{5.1.7}$$

尚需指出，上述公式是在条形均布荷载作用下导出的，对于矩形和圆形基础，其结果偏于安全。此外，在公式的推导过程中采用了弹性力学的解答，对于已出现塑性区的塑性变形阶段，其推导是不够严格的。

【例 5.1.1】 某条形基础宽 5 m，基底埋深 1.2 m，地基土 $\gamma=18.0$ kN/m^3、$\varphi=22°$、$c=15.0$ kPa，试计算该地基的临塑荷载 p_{cr} 及 $p_{1/4}$。

【解】 ①由式(5.1.5)可求得临塑荷载 p_{cr} 为

$$p_{cr}=\left[\frac{\pi(18.0\times1.2+15.0\cot22°)}{\cot22°+22°\times\pi/180°-\pi/2}+18.0\times1.2\right]\text{kPa}=164.8\text{ kPa}$$

②由式(5.1.6)可求得 $p_{1/4}$ 为

$$p_{1/4}=\left[\frac{\pi(18.0\times1.2+15.0\cot22°+18.0\times5/4)}{\cot22°+22°\times\pi/180°-\pi/2}+18.0\times1.2\right]\text{kPa}=219.7\text{ kPa}$$

第二节　地基的极限承载力

地基的极限承载力 p_u 是地基承受基础荷载的极限压力。其求解方法一般有两种：①根据土的极限平衡理论和已知边界条件，计算出土中各点达到极限平衡时的应力及滑动方向，求得基底极限承载力；②通过基础模型试验，研究地基的滑动面形状并进行简化，根据滑动土体的静力平衡条件求得极限承载力。由于推导时的假定条件不同，所得极限承载力的计算公式也就不同，下面主要介绍几种常用的计算公式。

一、普朗德尔公式

普朗德尔(Prandtl,1920)根据塑性理论，导出了刚性冲模压入无质量的半无限刚塑性介质时的极限压应力公式。若应用于地基极限承载力课题，则相当于一无限长、底面光滑的条形荷载板置于无质量($\gamma=0$)的土表面上，当土体处于极限平衡状态时，塑性区的边界如图 5.2.1a)所示。由于基底光滑，Ⅰ区大主应力 σ_1 为垂直向，破裂面与水平面呈$(45°+\varphi/2)$角，称主动朗金区，Ⅲ区大主应力 σ_1 方向水平，破裂面与水平面呈$(45°-\varphi/2)$角，称被动朗金区；Ⅱ区的滑动线由对数螺线 bc 及辐射线 ab 和 ac 组成，且 $ab=r_0$，$ac=r_1$，bc 的方程为 $r=r_0\exp(\theta\tan\varphi)$。取脱离体 $obce$，根据作用在脱离体上力的平衡条件，不计基底以下地基土的重度(即 $\gamma=0$)，可求得极限承载力为

$$p_u=cN_c \tag{5.2.1}$$

其中

$$N_c=\cot\varphi\left[\tan^2\left(45°+\frac{\varphi}{2}\right)\exp(\pi\tan\varphi)-1\right] \tag{5.2.2}$$

式中，N_c 为承载力因数，是仅与 φ 有关的无量纲系数；c 为土的黏聚力。

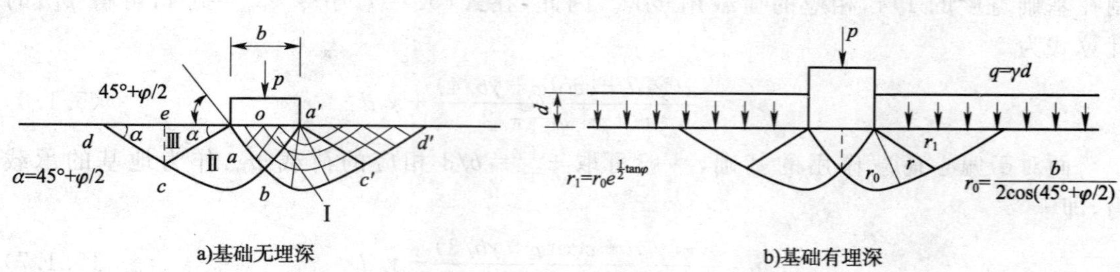

图 5.2.1　普朗德尔理论假设的滑动面

如果考虑到基础有一定的埋置深度 d[图 5.2.1b)]，将基底以上土重用均布超载 $q(=\gamma d)$代替，赖斯纳(Reissner,1924)导出了计入基础埋深后的极限承载力为

$$p_u=cN_c+qN_q \tag{5.2.3}$$

其中

$$N_q=\tan^2\left(45°+\frac{\varphi}{2}\right)\exp(\pi\tan\varphi) \tag{5.2.4}$$

$$N_c=(N_q-1)\cot\varphi \tag{5.2.5}$$

式中，N_q 是仅与 φ 有关的另一承载力因数。

显见，普朗德尔的极限承载力公式与基础宽度无关，这是由于公式推导过程中不计地基

土的重度所致，此外基底与土之间尚存在一定的摩擦力，因此普朗德尔公式只是一个近似公式。在普朗德尔和赖斯纳之后，不少学者在这方面继续进行了许多研究工作，如太沙基(1943)、泰勒(Taylor，1948)、梅耶霍夫(Mcyerhof，1951)、汉森(Hansen，1961)及魏西克(Vesic，1973)等。以下仅对太沙基公式及汉森公式作一简要介绍。

二、太沙基公式

太沙基假定基础底面是粗糙的，基底与土之间的摩阻力阻止了基底处剪切位移的发生，因此直接在基底以下的土不发生破坏而处于弹性平衡状态，根据Ⅰ区土楔体的静力平衡条件，可导得太沙基极限承载力计算公式为

$$p_u = cN_c + qN_q + \frac{1}{2}\gamma bN_\gamma \tag{5.2.6}$$

式中，q 为基底水平面以上基础两侧的超载(kPa)，$q=\gamma_0 d$；b、d 分别为基底的宽度和埋置深度(m)；N_c、N_q、N_γ 为无量纲承载力因数，仅与土的内摩擦角有关，可由图 5.2.2 中实线查得，N_q 及 N_c 值也可按式(5.2.4)和式(5.2.5)计算求得。

式(5.2.6)适用于条形荷载下的整体剪切破坏(坚硬黏土和密实砂土)情况。对于局部剪切破坏(软黏土和松砂)，太沙基建议采用经验方法调整抗剪强度指标 c 和 φ，即以 $c'=2c/3$，$\varphi'=\arctan(2\tan\varphi/3)$ 代替式(5.2.6)中的 c 和 φ。故式(5.2.6)变为

$$p_u = \frac{2}{3}cN_c' + qN_q' + \frac{1}{2}\gamma bN_\gamma' \tag{5.2.7}$$

式中，N_c'、N_q' 及 N_γ' 为相应于局部剪切破坏的承载力因数，可由 φ 查图 5.2.2 中的虚线或由 φ' 查图中实线而得；其余符号同前。

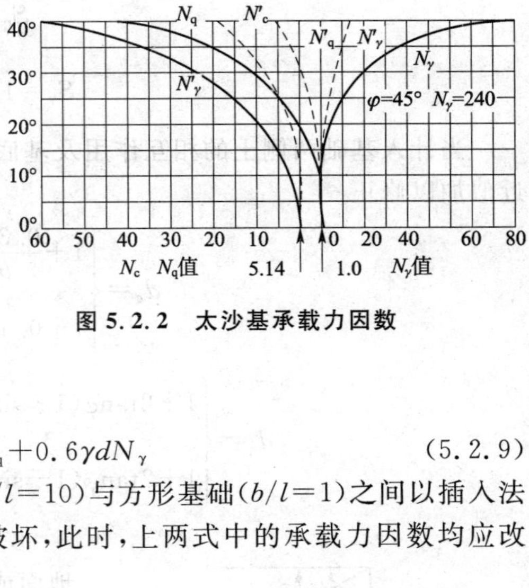

图 5.2.2 太沙基承载力因数

方形和圆形基础属于三维问题，因数学上的困难，至今尚未能导得其分析解，太沙基根据试验资料建议按以下公式计算：

方形基础(宽度为 b)

$$p_u = 1.2cN_c + \gamma_0 dN_q + 0.4\gamma bN_\gamma \tag{5.2.8}$$

圆形基础(直径为 d)

$$p_u = 1.2cN_c + \gamma_0 dN_q + 0.6\gamma dN_\gamma \tag{5.2.9}$$

对于矩形基础(bl)，可按 b/l 值在条形基础($b/l=10$)与方形基础($b/l=1$)之间以插入法求得。若地基为软黏土或松砂，将发生局部剪切破坏，此时，上两式中的承载力因数均应改用 N_c'、N_q' 及 N_γ' 值。

三、汉森公式

汉森公式是一个半经验公式，其适用范围较广，北欧各国应用颇多，如丹麦基础工程实用规范等。我国《港口工程地基规范》(JTS 147—1—2010)(见本教材下册第五篇地基处理)亦推荐使用该公式。

对于均质地基，基底完全光滑，在中心倾斜荷载作用下地基的竖向极限承载力可按下式计算

$$p_u = cN_cS_cd_ci_cg_cb_c + qN_qS_qd_qi_qg_qb_q + \frac{1}{2}\gamma bN_\gamma S_\gamma d_\gamma i_\gamma g_\gamma b_\gamma \tag{5.2.10}$$

式中，S_c、S_q、S_γ 为基础的形状系数；i_c、i_q、i_γ 为荷载倾斜系数；d_c、d_q、d_γ 为基础的深度系数；g_c、g_q、g_γ 为地面倾斜系数；b_c、b_q、b_γ 为基底倾斜系数；N_c、N_q、N_γ 为承载力系数，N_c、N_q 可由式(5.2.5)、式(5.2.4)计算，$N_\gamma=1.5(N_q-1)\tan\varphi$；其余符号意义同前。

汉森认为，极限承载力的大小与作用于基底上倾斜荷载的倾斜程度及大小有关。当满足 $H\leqslant C_aA+P\tan\delta$（$H$ 和 P 分别为倾斜荷载在基底上的水平及垂直分力；C_a 为基底与土之间的附着力；A 为基底面积；δ 为基底与土之间的摩擦角）时，荷载倾斜系数可按下式确定

$$i_c=\begin{cases}0.5-0.5\sqrt{1-\dfrac{H}{cA}}, & \varphi=0\\ i_q-\dfrac{1-i_q}{cN_c}, & \varphi>0\end{cases} \tag{5.2.11}$$

$$i_q=\left(1-\frac{0.5H}{P+cA\cot\varphi}\right)^s>0 \tag{5.2.12}$$

$$i_\gamma=\left(1-\frac{0.7H-\eta/450^\circ}{P+cA\cot\varphi}\right)^s>0 \tag{5.2.13}$$

式中，η 为倾斜基底与水平面的夹角(°)，见图 5.2.3。

基础的形状系数可由下列公式确定

$$S_c=1+\frac{0.2i_cb}{l} \tag{5.2.14}$$

$$S_q=1+\frac{i_qb}{l\sin}\varphi \tag{5.2.15}$$

$$S_\gamma=1-\frac{0.4i_\gamma b}{l}\geqslant 0.6 \tag{5.2.16}$$

当计入基础两侧土的相互作用及基底以上土的抗剪强度等因素时，可用下列深度系数近似加以修正

$$d_c=\begin{cases}1+\dfrac{0.35d}{b} & (d\leqslant b)\\ 1+0.4\arctan\dfrac{d}{b} & (d>b)\end{cases} \tag{5.2.17}$$

$$d_q=\begin{cases}1+2\tan\varphi(1-\sin\varphi)^2\dfrac{d}{b} & (d\leqslant b)\\ 1+2\tan\varphi(1-\sin\varphi)^2\arctan\dfrac{d}{b} & (d>b)\end{cases} \tag{5.2.18}$$

$$d_\gamma=1 \tag{5.2.19}$$

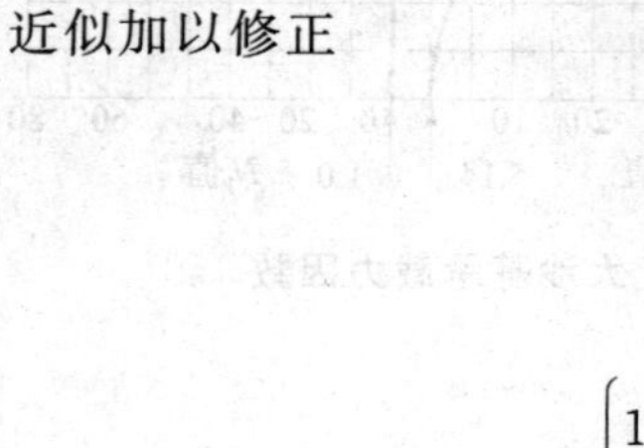

图 5.2.3 地面或基底倾斜情况

地面或基础底面本身倾斜，均对承载力产生影响。若地面与水平面的倾角 β(°)及基底与水平面的倾角 η(°)为正值(图 5.2.3)，且满足 $\eta+\beta\leqslant 90^\circ$ 时，两者的影响可按下式近似确定：

地面倾斜系数

$$g_c=1-\beta/147^\circ \tag{5.2.20}$$

$$g_q=g_\gamma=(1-0.5\tan\beta)^5 \tag{5.2.21}$$

基底倾斜系数

$$b_c=1-\eta/147^\circ \tag{5.2.22}$$

$$b_q = \exp(-2\eta\tan\varphi) \tag{5.2.23}$$

$$b_\gamma = \exp(-2.7\eta\tan\varphi) \tag{5.2.24}$$

四、地基承载力的安全度

由理论公式计算的极限承载力是在地基处于极限平衡时的承载力，为了保证建筑物的安全和正常使用，地基承载力设计值应以一定的安全度将极限承载力加以折减。安全系数 K 与上部结构的类型、荷载性质、地基土类，以及建筑物的预期寿命和破坏后果等因素有关，目前尚无统一的安全度准则可用于工程实践。一般认为安全系数可取 2 或 3，但不得小于 2。表 5.2.1 给出了汉森公式的安全系数参考值。

汉森公式安全系数　　表 5.2.1

土或荷载条件	安全系数 K
无黏性土	2
黏性土	3
瞬时荷载（风、地震及相当的活载）	2
静荷载或长时期的活荷载	2 或 3（视土样而定）

【例 5.2.1】 若例 5.1.1 的地基属于整体剪切破坏，试分别采用太沙基公式和汉森公式确定其承载力设计值，并与 $p_{1/4}$ 进行比较。

【解】 ①根据 $\varphi = 22°$，由图 5.2.2 查得太沙基承载力因数为：

$$N_c = 16.9, N_q = 7.8, N_\gamma = 6.9$$

由式(5.2.6)可得极限承载力为：

$$p_u = (16.9 \times 15.0 + 7.8 \times 18.0 \times 1.2 + 6.9 \times 18.0 \times 5/2)\ \text{kPa} = 732.5\ \text{kPa}$$

②由式(5.2.10)可得：$N_c = 16.9, N_q = 7.8, N_\gamma = 4.1$；垂直荷载 $i_c = i_q = i_\gamma = 1$；条形基础 $S_c = S_q = S_\gamma = 1$；又 $\beta = 0$ 和 $\eta = 0$，故有 $g_c = g_q = g_\gamma = b_c = b_q = b_\gamma = 1$；根据 $d/b = 0.24$，由式(5.2.17)～式(5.2.19)可得：

$$d_c = 1 + 0.35 \times 0.24 = 1.1$$

$$d_q = 1 + 2 \times \tan22° \times (1 - \sin22°)^2 \times 0.24 = 1.1$$

$$d_\gamma = 1$$

故

$$\begin{aligned} p_u &= (15.0 \times 16.9 \times 1 \times 1.1 \times 1 \times 1 \times 1 + 18.0 \times 1.2 \times 7.8 \times 1 \times 1.1 \times 1 \times 1 \times 1 + 18.0 \\ &\quad \times 5 \times 4.1 \times 1 \times 1 \times 1 \times 1 \times 1/2)\ \text{kPa} \\ &= 648.7\ \text{kPa} \end{aligned}$$

③若取安全系数 $K = 3$（黏性土），则可得承载力设计值 p_v 分别为：

太沙基公式　$p_v = (732.5/3)\text{kPa} = 244.2\ \text{kPa}$

汉森公式　$p_v = (648.7/3)\text{kPa} = 216.2\ \text{kPa}$

而　$p_{1/4} = 219.7\ \text{kPa}$

由上可见，对于该例题的地基，汉森公式计算的承载力设计值与 $p_{1/4}$ 比例一致，而太沙基公式计算的结果相差稍大。

五、影响地基承载力的因素

通过理论方法确定地基承载力的分析可知，地基承载力的大小受各种因素的影响，经总结如下：

①地基土性质指标：地基土的物理力学性质指标很多，对地基极限荷载有影响的主要是土的抗剪强度指标 φ、c 和密度指标 γ。土的内摩擦角 φ 值的大小，对地基极限荷载的影响最大。如 φ 越大，即 $\tan(45°+\varphi/2)$ 越大，则承载力系数 N_γ、N_c、N_q 都大；如地基土的黏聚力 c 较大，则极限荷载公式中的含 c 的一项将增大；不言而喻，凡地基土的 φ、c、γ 越大，则极限荷载 p_u 相应也越大。

②基础宽度：当基础设计宽度 b 加大时，地基极限荷载公式第一项增大，即 p_u 增大。但在饱和软土地基中，b 增大后对 p_u 几乎没有影响，这是因为饱和软土地基内摩擦角 $\varphi=0$，则承载力系数 $N_\gamma=0$，无论 b 增大多少，p_u 的第一项均为零。

③基础埋深：当基础埋深 d 加大时，则基础旁侧荷载 $q=\gamma_0 d$ 增大，即极限荷载公式第三项增加，因而 p_u 也增大。

④荷载作用方向：若荷载为倾斜荷载，偏离竖直方向的倾斜角度越大，则相应的倾斜系数 i_γ、i_c 与 i_q 就越小，因而极限荷载 p_u 也越小，反之则大；如荷载为竖直方向，即倾斜角为零，倾斜系数 $i_\gamma=i_c=i_q=1$，则极限荷载最大。

⑤荷载作用时间：若荷载作用的时间很短，如地震荷载，则极限荷载可以提高；如地基为高塑性黏土，呈可塑或软塑状态，在长时期荷载作用下，土产生蠕变，土的强度降低，即极限荷载降低。

第三节　原位测试地基的承载力

一、按载荷试验确定地基的承载力

测定地基承载力最可靠的方法是，在拟建场地进行载荷试验。载荷试验是工程地质勘察工作中的一项原位测试，分为浅层和深层平板载荷试验。深层平板载荷试验适用于深部土层及大直径桩桩端土层的承载力的测定。浅层平板载荷试验可适用于确定浅层地基承压板影响范围内土层承载力。

载荷试验测试的岩土力学性质，包括地基变形模量、地基承载力和黄土的湿陷性等。试验装置一般由加荷稳压装置、反力装置及观测装置三部分组成。加荷稳压装置包括承压板、立柱、加荷千斤顶及稳压器；反力装置包括地锚系统或堆重系统；观测装置包括百分表及固定支架等。

现行《建筑地基基础设计规范》(GB 50007—2011)规定，浅层平板载荷试验承压板的面积不应小于0.25 m^2，对软土不应小于 0.5 m^2(正方形边长为 0.707 m×0.707 m 或圆形直径为 0.798 m)。为模拟半空间地基表面的局部荷载，基坑宽度不应小于承压板宽度或直径的3倍；应保持试验土层的原状结构和天然湿度；宜在拟试压表面用粗砂或中砂找平，其厚度不超过 20 mm；加荷等级不应少于 8 级，最大加载量不应少于荷载设计值的 2 倍。

载荷试验的观测标准：

①每级加荷后，按间隔 10 min、10 min、10 min、15 min、15 mim，以后为每隔 0.5 h 读一次沉降，当在连续 2 h 内，每小时的沉降量小于 0.1 mm 时，则认为已趋稳定，可加下一级荷载。

②当出现下列情况之一时，即可终止加载：

a.承压板周围的土有明显的侧向挤出(砂土)或发生裂纹(黏性土或粉土)；

b.沉降 s 急骤增大，荷载—沉降(p-s)曲线出现陡降段；

c. 在某一荷载下，24 h 内沉降速率不能达到稳定标准；

d. $s/b \geqslant 0.06$（b 为承压板宽度或直径）。

满足终止加载前三种情况之一者，其对应的前一级荷载定为极限荷载。

根据各级荷载及其相应的稳定沉降的观测数值，即可采用适当比例尺绘制荷载 p 与稳定沉降 s 的关系曲线（p-s 曲线），必要时还可绘制各级荷载下的沉降与时间（s-t）的关系曲线。

承载力特征值的确定：

当 p-s 曲线有比较明显的起始直线段和陡降段，可得到极限荷载 p_u，如图 5.3.1a）所示。取图中的 p_1（比例界限荷载）作为承载力特征值。当 $p_u < 2p_1$ 时，取 $p_u/2$ 作为承载力特征值。

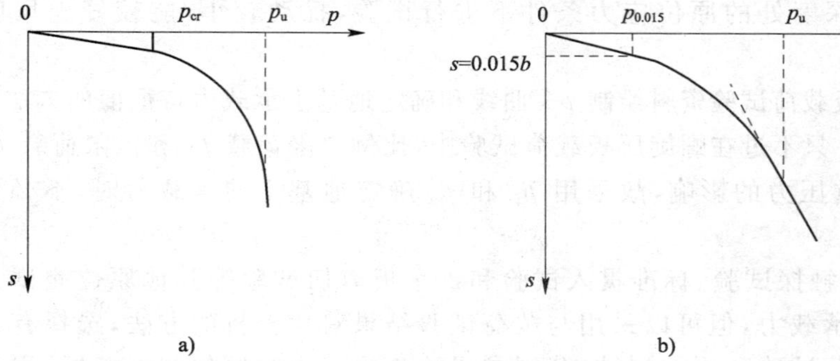

图 5.3.1　荷载—沉降（p-s）曲线

p-s 曲线无明显转折点，当压板面积为 0.25～0.50 m^2 时，规定取 $s=(0.01\sim0.015)b$ 所对应的压力作为承载力特征值，但其值不应大于最大加载量的一半。

对同一土层，试验点数不应少于 3 个，如所得试验值的极差不超过平均值的 30%，则取该平均值作为地基承载力特征值 f_{ak}，然后再考虑实际基础的宽度 b 和埋深 d，得到修正后的地基承载力特征值 f_a。

载荷板的尺寸一般比实际基础小，影响深度较小，试验只反映这个范围内土层的承载力。如果载荷板影响深度之下存在软弱下卧层，而该层又处于基础的主要受力层内，如图 5.3.2所示的情况，此时除非采用大尺寸载荷板做试验，否则意义不大。

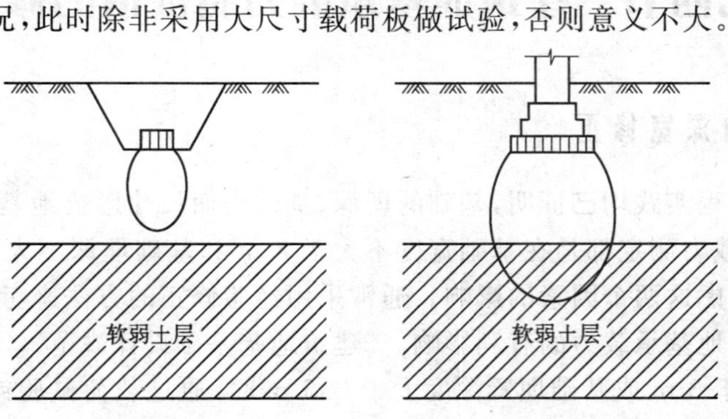

图 5.3.2　基础宽度对附加应力的影响

二、其他原位测试方法确定地基承载力

旁压试验又称横压试验，它的原理是通过旁压器，在竖直的孔内使旁压膜膨胀，并由该膜（或护套）将压力传给周围土体，使土体产生变形直至破坏，从而得到压力 p 与钻孔体积增

第五章　地基承载力

量 V（或径向位移）之间的关系曲线，称为 p-V 曲线（或 p-s 曲线），又称旁压曲线。

地基承载力的特征值可根据旁压曲线结合地区经验采用相应经验公式确定。旁压试验适合于黏性土、粉土、砂土、碎石土、残积土、极软岩和软岩等。

螺旋压板载荷试验是20世纪70年代初发展起来的一种原位测试技术。它是借助人力或机械力将螺旋板作为承压板旋入地下预定深度，用千斤顶通过传力杆向螺旋板施加压力，反力由螺旋地锚提供。施加的压力由位于螺旋板上端的电测传感器测定，同时量测承压板的沉降。

在某一深度的试验做完后，将螺旋板旋钻到下一个预定的试验深度，继续进行试验。螺旋压板载荷试验适用于一定深度处（特别是地下水位以下）的砂土、粉性土和黏性土层。它可以在不同深度处的原位应力条件下进行试验，扰动较小，能较好地反映地基土的性状。

由螺旋压板载荷试验资料绘制 p-s 曲线和确定地基土承载力特征值的方法与常规载荷试验基本相同。只不过在螺旋压板载荷试验中，比例界限荷载 p_1 和极限荷载 p_u 中均已包含了上覆土自重压力的影响，故采用 p_1 和 p_u 确定地基土的承载力时，不必再进行深度修正。

另外，静力触探试验、标准贯入试验和十字板剪切试验等其他原位测试方法虽不能直接测定地基承载力，但可以采用与载荷试验结果对比分析的方法，选择有代表性的土层同时进行载荷试验和原位测试，分别求得地基承载力和原位测试指标，积累一定数量的数据组，用回归统计的方法建立回归方程，间接地确定地基承载力。由于这些方法比较经济、简便、快速，能在较短的时间内获得大量承载力资料，因而在工程建设中得到大力推广。

我国幅员辽阔，土层分布的特点具有很强的地域性，各地区和各部门在使用各种测试仪器的过程中积累了很多地区性或行业性的经验，建立了许多地基承载力和原位测试指标之间的经验公式。因而，地基承载力的确定可结合当地或部门经验综合确定。

第四节 建筑地基承载力特征值的修正

一、承载力的深宽修正

理论分析和工程实践均已证明，基础的埋深、基础底面尺寸影响地基承载力。而上述原位测试中，地基承载力测定都是在基础宽度不大于3 m和基础埋深不大于0.5 m条件下进行的，因此，必须考虑这两个因素的影响。通常采用经验修正的方法来考虑实际基础的埋置深度和基础宽度对地基承载力的有利影响。《建筑地基基础设计规范》(GB 50007—2011)规定，当基础宽度大于3 m或基础埋置深度大于0.5 m时，通过载荷试验或其他原位测试、经验值等方法确定的地基承载力特征值，尚应按下式进行修正

$$f_a = f_{ak} + \eta_b \gamma (b-3) + \eta_d \gamma_m (d-0.5) \tag{5.4.1}$$

式中，f_a 为修正后的地基承载力特征值；f_{ak} 为地基承载力特征值，按前述方法确定；η_b、η_d 为基础宽度和埋深的地基承载力修正系数，按表5.4.1查取；γ 为基础底面以下土的重度，水位以下取浮重度；b 为基础底面宽度(m)，当基宽小于3 m时按3 m取值，大于6 m时按6 m取值；γ_m 为基础底面以上土加权平均重度，水位以下取浮重度；d 为基础埋置深度

(m)，一般自室外地面标高算起；在填方整平地区，可自填土地面标高算起，但填土在上部结构施工后完成时，应从天然地面标高算起；对于地下室，如采用箱形基础或筏基时，基础埋置深度自室外地面标高算起；当采用独立基础或条形基础时，应从室内地面标高算起。

承载力修正系数 表 5.4.1

土的类别		η_b	η_d
淤泥和淤泥质土		0	1.0
人工填土 e 或 I_L 大于等于 0.85 的黏性土		0	1.0
红黏土	含水比 $\alpha_w>0.8$	0	1.2
	含水比 $\alpha_w\leqslant 0.8$	0.15	1.4
大面积压实填土	压实系数大于 0.95、黏粒含量 $\rho_c\geqslant$ 10% 的粉土	0	1.5
	最大干密度大于 2 100 kg/m^3 的级配砂石	0	2.0
粉土	黏粒含量 $\rho_c\geqslant$10% 的粉土	0.3	1.5
	黏粒含量 $\rho_c<$10% 的粉土	0.5	2.0
e 和 I_L 小于 0.85 的黏性土		0.3	1.6
粉砂、细砂(不包括很湿与饱和时的稍密状态)		2.0	3.0
中砂、粗砂、砾砂和碎石土		3.0	4.4

注：1. 强风化和全风化的岩石，可参照所风化成的相应土类取值，其他状态下的岩石不修正。

2. 地基承载力特征值按深层平板载荷试验确定时，η_d 取 0。

3. 含水比是指土的天然含水率与液限的比值。

4. 大面积填土是指填土范围大于 2 倍基础宽度的填土。

【例 5.4.1】 某场地土层分布及各项物理力学指标如图 5.4.1 所示，若在该场地拟建基础：①柱下扩展基础，底面尺寸为 2.6 m×4.8 m，基础底面设置于粉质黏土层顶面；②高层箱形基础，底面尺寸为 12 m×45 m，基础埋深为 4.2 m。试确定这两种情况下持力层承载力修正特征值。

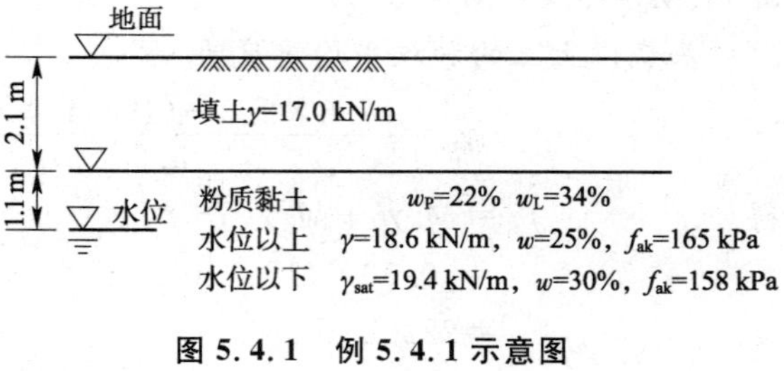

图 5.4.1 例 5.4.1 示意图

【解】 (1)柱下扩展基础

b=2.6 m<3 m，按 3 m 考虑，d=2.1 m。

粉质黏土层水位以上，则

$$I_L=\frac{w-w_p}{w_L-w_p}=\frac{25-22}{34-22}=0.25$$

$$e=\frac{d_s(1+w)\gamma_w}{\gamma}-1=\frac{2.71\times(1+0.25)\times 10}{18.6}-1=0.82$$

查表 2.5.2 得 $\eta_b=0.3$、$\eta_d=1.6$。

将各指标值代入式(5.4.1)中得

$$\begin{aligned}f_a&=f_{ak}+\eta_b\gamma(b-3)+\eta_d\gamma_m(d-0.5)\\&=165+0+1.6\times 17\times(2.1-0.5)\\&=211.2\ \text{kPa}\end{aligned}$$

(2)箱形基础

$b=6$ m，按 6 m 考虑，$d=4.2$ m。

基础底面位于水位以下，则

$$I_L=\frac{w-w_p}{w_L-w_p}=\frac{30-22}{34-22}=0.67$$

$$e=\frac{d_s(1+w)\gamma_w}{\gamma_{sat}}-1=\frac{2.71\times(1+0.30)\times10}{19.4}-1=0.82$$

查表 5.4.1 得 $\eta_b=0.3$、$\eta_d=1.6$。

水位以下浮重度为

$$\gamma'=\frac{d_s-1}{1+e}\gamma_w=\frac{(2.71-1)\times10^3}{1+0.82}\ \text{kN/m}^3=9.4\ \text{kN/m}^3$$

或
$$\gamma'=\gamma_{sat}-\gamma_w=9.4\ \text{kN/m}^3$$

基底以上土的加权平均重度为

$$\gamma_m=\frac{17\times2.1+18.6\times1.1+9.4\times1}{4.2}\ \text{kN/m}^3=15.6\ \text{kN/m}^3$$

将各指标代入式(5.4.1)中得

$$\begin{aligned}f_a&=[158+0.3\times9.4\times(6-3)+1.6\times15.6\times(4.2-0.5)]\ \text{kPa}\\&=258.8\ \text{kPa}\end{aligned}$$

【例 5.4.2】 某柱下扩展基础(2.2 m×3.0 m)，承受中心荷载作用，场地土为粉土，水位在地表以下 2.0 m，基础埋深 2.5 m，水位以上土的重度为 $\gamma=17.6\ \text{kN/m}^3$，水位以下饱和重度为 $\gamma_{sat}=18\ \text{kN/m}^3$。土的抗剪强度指标为内聚力 $c_k=14$ kPa，内摩擦角 $\varphi_k=21°$，试按规范推荐的理论公式确定地基承载力特征值。

【解】 由 $\varphi_k=21°$，查《建筑地基基础设计规范》(GB 50007—2011)并作内插，得 $M_b=0.56$、$M_d=3.25$、$M_c=5.85$。

基底以上土的加权平均重度为

$$\gamma_m=\frac{17.6\times2.0+(19-10)\times0.5}{2.5}\ \text{kN/m}^3=15.9\ \text{kN/m}^3$$

得
$$\begin{aligned}f_a&=M_b\gamma b+M_d\gamma_m d+M_c c_k\\&=[0.56\times(19-10)\times2.2+3.25\times15.9\times2.5+5.85\times14]\ \text{kPa}\\&=222.2\ \text{kPa}\end{aligned}$$

二、根据土的抗剪强度指标确定土的承载力特征值

当偏心距 e 不大于 0.033 倍基础底面宽度时，根据土的抗剪强度指标确定地基承载力特征值可按下式计算，并应满足变形要求

$$f_a=M_b\gamma b+M_d\gamma_m d+M_c c_k \tag{5.4.2}$$

式中，f_a 为由土的抗剪强度指标确定的地基承载力特征值(kPa)；M_b、M_d、M_c 为承载力系数，按表 5.4.2 确定；b 为基础底面宽度(m)，大于 6 m 时按 6 m 取值，对于砂土，小于 3 m 时按 3 m 取值；c_k 为基底下一倍短边宽度的深度范围内土的黏聚力标准值(kPa)。

承载力系数 M_b、M_d、M_c 表 5.4.2

土的内摩擦角标准值 φ_k/(°)	M_b	M_d	M_c
0	0	1.00	3.14
2	0.03	1.12	3.32

续上表

土的内摩擦角标准值 φ_k/(°)	M_b	M_d	M_c
4	0.06	1.25	3.51
6	0.10	1.39	3.71
8	0.14	1.55	3.93
10	0.18	1.73	4.17
12	0.23	1.94	4.42
14	0.29	2.17	4.69
16	0.36	2.43	5.00
18	0.43	2.72	5.31
20	0.51	3.06	5.66
22	0.61	3.44	6.04
24	0.80	3.87	6.45
26	1.10	4.37	6.90
28	1.40	4.93	7.40
30	1.90	5.59	7.95
32	2.60	6.35	8.55
34	3.40	7.21	9.22
36	4.20	8.25	9.97
38	5.00	9.44	10.80
40	5.80	10.84	11.73

注：φ_k 为基底下一倍短边宽度的深度范围内土的内摩擦角标准值(°)。

三、岩石地基承载力的确定

对于完整、较完整、较破碎的岩石地基承载力特征值，可按《建筑地基基础设计规范》(GB 50007—2011)附录 H 岩石地基载荷试验方法确定；对破碎、极破碎的岩石地基承载力特征值，可根据平板载荷试验确定。对完整、较完整和较破碎的岩石地基承载力特征值，也可根据室内饱和单轴抗压强度，按下式进行计算

$$f_a = \psi_r f_{rk} \tag{5.4.3}$$

式中，f_a 为岩石地基承载力特征值(kPa)；f_{rk} 为岩石饱和单轴抗压强度标准值(kPa)，可按《建筑地基基础设计规范》(GB 50007—2011)附录 J 确定；ψ_r 为折减系数，根据岩体完整程度，以及结构面的间距、宽度、产状和组合，由地方经验确定；无经验时，对完整岩体可取 0.5，对较完整岩体可取 0.2～0.5，对较破碎岩体可取 0.1～0.2。

注：1. 上述折减系数值未考虑施工因素及建筑物使用后风化作用的持续影响。

2. 对于黏土质岩，在确保施工期及使用期不致遭水浸泡时，也可采用天然湿度的试样，不进行饱和处理。

四、岩石饱和单轴抗压强度试验要点

试样可用钻孔的岩芯或坑、槽探中采取的岩块。

岩样尺寸一般为 ϕ50 mm×100 mm，数量不应少于 6 个，进行饱和处理。

在压力机上以 500～800 kPa/s 的加载速度加荷，直到试样破坏为止，记下最大加载，做

好试验前后的试样描述。

根据参加统计的一组试样的试验值计算其平均值、标准差、变异系数，取岩石饱和单轴抗压强度的标准值为

$$f_{rk} = \psi f_{rm} \tag{5.4.4}$$

$$\psi = 1 - \left(\frac{1.704}{\sqrt{n}} + \frac{4.678}{n^2}\right)\delta \tag{5.4.5}$$

式中，f_{rm}为岩石饱和单轴抗压强度平均值（kPa）；f_{rk}为岩石饱和单轴抗压强度标准值（kPa）；ψ为统计修正系数；n为试样个数；δ为变异系数。

第五节　公路桥涵地基承载力的确定

《公路桥涵地基与基础设计规范》（JTG D63—2007）规定：桥涵地基的容许承载力，可根据地质勘测、原位测试、野外载荷试验、邻近旧桥涵调查对比，以及既有的建筑经验和理论公式的计算综合分析确定。如缺乏上述数据时，可参照下述的方法确定。对地质和结构复杂的桥涵地基的容许承载力，应经现场载荷试验确定。

一、承载力基本容许值[f_{a0}]的确定

地基承载力的验算，应以修正后的地基承载力容许值[f_a]控制。该值是在地基原位测试或本规范给出的各类岩土承载力基本容许值[f_{a0}]的基础上，经修正而得的。

①地基承载力容许值应按以下原则确定。

a. 地基承载力基本容许值应首先考虑由载荷试验或其他原位测试取得，其值不应大于地基极限承载力的1/2。对中小桥、涵洞，当受现场条件限制，或载荷试验和原位测试确有困难时，也可按照下述查表法的有关规定采用。

b. 地基承载力基本容许值尚应根据基底埋深、基础宽度及地基土的类别进行修正。

c. 软土地基承载力容许值可按照相关规定确定。

d. 其他特殊性岩土地基承载力基本容许值可参照各地区经验或相应的标准确定。

②地基承载力基本容许值[f_{a0}]可根据岩土类别、状态及其物理力学特性指标按表5.5.1～表5.5.7选用。

a. 一般岩石地基可根据强度等级、节理，按表5.5.1确定承载力基本容许值[f_{a0}]。对于复杂的岩层（如溶洞、断层、软弱夹层、易溶岩石、软化岩石等），应按各项因素综合确定。

岩石地基承载力基本容许值[f_{a0}]　　表5.5.1

坚硬程度	节理发育程度		
	节理不发育	节理发育	节理很发育
	[f_{a0}]/kPa		
坚硬岩、软硬岩	>3 000	3 000～2 000	2 000～1 500
较软岩	3 000～1 500	1 500～1 000	1 000～800
软岩	1 200～1 000	1 000～800	800～500
极软岩	500～400	400～300	300～200

b. 碎石土地基可根据其类别和密实程度，按表5.5.2确定承载力基本容许值[f_{a0}]。

碎石土地基承载力基本容许值[f_{a0}]　　表 5.5.2

土　名	密实程度			
	密实	中密	稍密	松散
	[f_{a0}]/kPa			
卵石	1 200～1 000	1 000～650	650～500	500～300
碎石	1 000～800	800～550	550～400	400～200
圆砾	800～600	600～400	400～300	300～200
角砾	700～500	500～400	400～300	300～200

注：1. 由硬质岩组成，填充砂土者取高值；由软质岩组成，填充黏性土者取低值。

2. 半胶结的碎石土，可按密实的同类土的[f_{a0}]值提高 10%～30%。

3. 松散的碎石土在天然河床中很少遇见，需特别注意鉴定。

4. 漂石、块石的[f_{a0}]值，可参照卵石、碎石适当提高。

c. 砂土地基可根据土的密实度和水位情况，按表 5.5.3 确定承载力基本容许值[f_{a0}]。

砂土地基承载力基本容许值[f_{a0}]　　表 5.5.3

土名及水位情况		密实度			
		密实	中密	稍密	松散
		[f_{a0}]/kPa			
砾砂、粗砂	与湿度无关	550	430	370	200
中砂	与湿度无关	450	370	330	150
细砂	水上	350	270	230	100
	水下	300	210	190	—
粉砂	水上	300	210	190	—
	水下	200	110	90	—

d. 粉土地基可根据土的天然孔隙比 e 和天然含水率 w(%)，按表 5.5.4 确定承载力基本容许值[f_{a0}]。

粉土地基承载力基本容许值[f_{a0}]　　表 5.5.4

e	w/(%)					
	10	15	20	25	30	35
	[f_{a0}]/kPa					
0.5	400	380	355	—	—	—
0.6	300	290	280	270	—	—
0.7	250	235	225	215	205	—
0.8	200	190	180	170	165	—
0.9	160	150	145	140	130	125

e. 老黏性土地基可根据压缩模量 E_s，按表 5.5.5 确定承载力基本容许值[f_{a0}]。

老黏性土地基承载力基本容许值[f_{a0}]　　表 5.5.5

E_s/MPa	10	15	20	25	30	35	40
[f_{a0}]/kPa	380	430	470	510	550	580	620

注：当老黏性土 E_s<10 MPa 时，承载力基本容许值[f_{a0}]按一般黏性土(表 5.5.6)确定。

f. 一般黏性土可根据液性指数 I_L 和天然孔隙比 e，按表 5.5.6 确定地基承载力基本容许值[f_{a0}]。

一般黏性土地基承载力基本容许值$[f_{a0}]$ 表 5.5.6

e	I_L												
	0	0.1	0.2	0.3	0.4	0.5	0.6	0.7	0.8	0.9	1.0	1.1	1.2
	$[f_{a0}]$/kPa												
0.5	450	440	430	420	400	380	350	310	270	240	220	—	—
0.6	420	410	400	380	360	340	310	280	250	220	200	180	—
0.7	400	370	350	330	310	290	270	240	220	190	170	160	150
0.8	380	330	300	280	260	240	230	210	180	160	150	140	130
0.9	320	280	260	240	220	210	190	180	160	140	130	120	100
1.0	250	230	220	210	190	170	160	150	140	120	110	—	—
1.1	—	—	160	150	140	130	120	110	100	90	—	—	—

注：1. 土中含有粒径大于 2 mm 的颗粒质量超过总质量 30%以上者，$[f_{a0}]$可适当提高。

2. 当 $e<0.5$ 时，取 $e=0.5$；当 $I_L<0$ 时，取 $I_L=0$。此外，超过表列范围的一般黏性土，$[f_{a0}]=57.22E_s^{0.57}$。

g. 新近沉积黏性土地基可根据液性指数 I_L 和天然孔隙比 e，按表 5.5.7 确定承载力基本容许值$[f_{a0}]$。

新近沉积黏性土地基承载力基本容许值$[f_{a0}]$ 表 5.5.7

e	I_L		
	≤0.25	0.75	1.25
	$[f_{a0}]$/kPa		
≤0.8	140	120	100
0.9	130	110	90
1.0	120	100	80
1.1	110	90	—

二、修正后的地基承载力容许值$[f_a]$的确定

当基础位于水中不透水地层上时，$[f_a]$按平均常水位至一般冲刷线的水深每米再增大 10 kPa。

$$[f_a]=[f_{a0}]+k_1\gamma_1(b-2)+k_2\gamma_2(h-3) \tag{5.5.1}$$

式中，$[f_a]$为修正后的地基承载力容许值(kPa)；b 为基础底面的最小边宽(m)，当 $b<2$ m时，取 $b=2$ m，当 $b>10$ m 时，取 $b=10$ m；h 为基底埋置深度(m)，自天然地面起算，有水流冲刷时自一般冲刷线起算，当 $h<3$ m 时，取 $h=3$ m，当 $h/b>4$ 时，取 $h=4b$；k_1、k_2 为基底宽度、深度修正系数，根据基底持力层土的类别按表 5.5.8 确定；γ_1 为基底持力层土的天然重度(kN/m³)，若持力层在水面以下且为透水者，应取浮重度；γ_2 为基底以上土层的加权平均重度(kN/m³)，换算时若持力层在水面以下，且不透水时，不论基底以上土的透水性质如何，一律取饱和重度，当透水时，水中部分土层则应取浮重度。

地基土承载力宽度、深度修正系数 k_1、k_2 表 5.5.8

系数	土类																
	黏性土				粉土		砂土								碎石土		
	老黏性土	一般黏性土		新近沉积黏性土	—		粉砂		细砂		中砂		砾砂、粗砂		碎石、圆砾、角砾		卵石
		$I_L\geqslant0.5$	$I_L<0.5$		—	中密	密实	中密	密实	中密	密实	中密	密实	中密	密实	中密	密实
k_1	0	0	0	0	0	1.0	1.2	1.5	2.0	2.0	3.0	3.0	4.0	3.0	4.0	3.0	4.0
k_2	2.5	1.5	2.5	1.0	1.5	2.0	2.5	3.0	4.0	4.0	5.5	5.0	6.0	5.0	6.0	6.0	10.0

注：1. 对于稍密和松散状态的砂、碎石土，k_1、k_2 值可采用表列中密值的 50%。

2. 强风化和全风化的岩石，可参照所风化成的相应土类取值，其他状态下的岩石不修正。

三、软土地基承载力容许值$[f_a]$的确定

①软土地基承载力基本容许值$[f_{a0}]$应由载荷试验或其他原位测试取得。载荷试验和原位测试确有困难时，对于中小桥、涵洞基底未经处理的软土地基，承载力容许值$[f_a]$可采用以下两种方法确定。

a. 根据原状土天然含水率 w，按表 5.5.9 确定软土地基承载力基本容许值$[f_{a0}]$，然后按下式计算修正后的地基承载力容许值$[f_a]$

$$[f_a]=[f_{a0}]+\gamma_2 h \tag{5.5.2}$$

式中，γ_2、h 的意义同前。

软土地基承载力基本容许值$[f_{a0}]$　　表 5.5.9

天然含水率 w/(%)	36	40	45	50	55	65	75
$[f_{a0}]$/kPa	100	90	80	70	60	50	40

b. 根据原状土强度指标，确定软土地基承载力容许值$[f_a]$

$$[f_a]=\frac{5.14}{m}k_p C_u+\gamma_2 h \tag{5.5.3}$$

$$k_p=\left(1+0.2\frac{b}{l}\right)\left(1-\frac{0.4H}{blC_u}\right) \tag{5.5.4}$$

式中，m 为抗力修正系数，可视软土灵敏度及基础长宽比等因素选用 1.5～2.5；C_u 为地基土不排水抗剪强度标准值(kPa)；k_p 为系数；H 为由作用(标准值)引起的水平力(kN)；b 为基础宽度(m)，有偏心作用时，取 $b-2e_b$；l 为垂直于 b 边的基础长度(m)，有偏心作用时，取 $l-2e_l$；(e_b、e_l 为偏心作用在宽度和长度方向的偏心距)；γ_2、h 的意义同前。

②经排水固结方法处理的软土地基，其承载力基本容许值$[f_{a0}]$应通过载荷试验或其他原位测试方法确定；经复合地基方法处理的软土地基，其承载力基本容许值应通过载荷试验确定，然后按计算修正后的软土地基地基承载力容许值$[f_a]$确定。

四、地基承载力容许值$[f_a]$的确定

地基承载力容许值$[f_a]$应根据地基受荷阶段及受荷情况，乘以下列规定的抗力系数 γ_R。

1. 使用阶段

①当地基承受作用短期效应组合或作用效应偶然组合时，可取 $\gamma_R=1.25$；但对承载力容许值$[f_a]$小于 150 kPa 的地基，应取 $\gamma_R=1.0$。

②当地基承受的作用短期效应组合仅包括结构自重、预加力、土重、土侧压力、汽车和人群效应时，应取 $\gamma_R=1.0$。

③当基础建于经多年压实未遭破坏的旧桥基(岩石旧桥基除外)上时，不论地基承受的作用情况如何，抗力系数均可取 $\gamma_R=1.5$；对$[f_a]$小于 150 kPa 的地基，可取 $\gamma_R=1.25$。

④基础建于岩石旧桥基上，应取 $\gamma_R=1.0$。

2. 施工阶段

①地基在施工荷载作用下，可取 $\gamma_R=1.25$。

②当墩台施工期间承受单向推力时，可取 $\gamma_R=1.5$。

第六节　铁路桥涵地基承载力确定

铁路桥涵地基承载力按《铁路桥涵地基和基础设计规范》(TB 10002.5—2005)确定。

一、地基容许承载力

①地基容许承载力[σ]是指在保证地基稳定的条件下，桥梁和涵洞基础下地基单位面积上容许承受的力。地基的基本承载力 σ_0 是指基础宽度 $b\leqslant 2$ m、埋置深度 $h\leqslant 3$ 时的地基容许承载力，可按下面第②条中诸表确定，用原位测试方法确定时，可不受上述诸表限制；对重要桥梁或地质复杂桥梁，应采用载荷试验及原位测试方法等综合确定。当 $b>2$ m或 $h>3$ m 时，地基容许承载力可按下面第③条计算确定。软土地基容许承载力按下面第④条确定。

注：1. 基础宽度 b；对于矩形基础为短边宽度(m)；对于圆形或正多边形基础为 $\sqrt{F}$，F 为基础的底面积(m^2)。

2. 各类岩土地基基本承载力表中的数值允许内插。

3. 原位测试方法及成果的应用，可参照国家和原铁道部有关标准的规定。

②土和岩石地基的基本承载力 σ_0 可按表 5.6.1～表 5.6.10 确定。

岩石地基的基本承载力 σ_0(单位：kPa) 表 5.6.1

节理发育程度 / 节理间距/cm / 岩石类别	节理很发育	节理发育	节理不发育或较发育
	2～20	20～40	大于 40
硬质岩	1 500～2 000	2 000～3 000	大于 3 000
较软岩	800～1 000	1 000～1 500	1 500～3 000
软岩	500～800	700～1 000	900～1 200
极软岩	200～300	300～400	400～500

注：1. 对于溶洞、断层、软弱夹层、易溶岩的岩石等，应个别研究确定。

2. 裂隙张开或有泥质填充时，应取低值。

碎石类土地基的基本承载力 σ_0(单位：kPa) 表 5.6.2

密实程度 / 土名	松散	稍密	中密	密实
卵石土、粗圆砾土	300～500	500～650	650～1 000	1 000～1 200
碎石土、粗角砾土	200～400	400～550	550～800	800～1 000
细圆砾土	200～300	300～400	400～600	600～850
细角砾土	200～300	300～400	400～500	500～700

注：1. 半胶结的碎石类土可按密实的同类土的 σ_0 值，提高 10%～30%。

2. 由硬质岩块组成，充填砂类土者用高值；由软质岩块组成，充填黏性土者用低值。

3. 自然界中很少见松散的碎石类土，定为松散应慎重。

4. 漂石土、块石土的 σ_0 值，可参照卵石土、碎石土适当提高。

砂类土地基的基本承载力 σ_0(单位：kPa) 表 5.6.3

土名	密实程度 / 湿度	稍松	稍密	中密	密实
砾砂、粗砂	与湿度无关	200	370	430	550
中砂	与湿度无关	150	330	370	450
细砂	稍湿或潮湿	100	230	270	350
	饱和	—	190	210	300
粉砂	稍湿或潮湿	—	190	210	300
	饱和	—	90	110	200

粉土地基的基本承载力 σ_0（单位：kPa） 表 5.6.4

e \ w	10	15	20	25	30	35	40
0.5	400	380	(335)				
0.6	300	290	280	(270)			
0.7	250	235	225	215	(205)		
0.8	200	190	180	170	(165)		
0.9	160	150	145	140	130	(125)	
1.0	130	125	120	115	110	105	(100)

注：1. e 为天然孔隙比，w 为天然含水率，有括号者仅供内插。

2. 在湖、塘、沟、谷与河漫滩地段及新近沉积的粉土，应根据当地经验取值。

Q_4 冲、洪积黏性土地基的基本承载力 σ_0（单位：kPa） 表 5.6.5

孔隙比 e \ 液性指数 I_L	0	0.1	0.2	0.3	0.4	0.5	0.6	0.7	0.8	0.9	1.0	1.1	1.2
0.5	450	440	430	420	400	380	350	310	270	240	220	—	—
0.6	420	410	400	380	360	340	310	280	250	220	200	180	—
0.7	400	370	350	330	310	290	270	240	220	190	170	160	150
0.8	380	330	300	280	260	240	230	210	180	160	150	140	130
0.9	320	280	260	240	220	210	190	180	160	140	130	120	100
1.0	250	230	220	210	190	170	160	150	140	120	110	—	—
1.1	—	—	160	150	140	130	120	110	100	90	—	—	—

注：土中含有粒径大于 2 mm 的颗粒且按土重计占全重 30％以上时，σ_0 可酌予提高。

Q_3 及其以前冲、洪积黏性土地基的基本承载力 σ_0 表 5.6.6

压缩模量 E_s/MPa	10	15	20	25	30	35	40
σ_0/kPa	380	430	470	510	550	580	620

注：1. 压缩模量 $E_s=\dfrac{1+e_1}{a_{1\sim2}}$。式中，$e_1$ 为压力为 0.1 MPa 时土样的孔隙比；$a_{1\sim2}$ 为对应于 0.1～0.2 MPa 压力段的压缩系数（MPa^{-1}）。

2. 当 E_s＜10 MPa 时，其基本承载力 σ_0 按表 5.6.5 确定。

残积黏性土地基的基本承载力 σ_0 表 5.6.7

压缩模量 E_s/MPa	4	6	8	10	12	14	16	18	20
σ_0/kPa	190	220	250	270	290	310	320	330	340

注：本表适用于西南地区碳酸盐类岩层的残积红土，其他地区可参照使用。

新黄土（Q_4、Q_3）地基的基本承载力 σ_0（单位：kPa） 表 5.6.8

液限 w_L	孔隙比 e \ 天然含水率 w	5	10	15	20	25	30	35
24	0.7	—	230	190	150	110	—	—
	0.9	240	200	160	125	85	(50)	—
	1.1	210	170	130	100	60	(20)	—
	1.3	180	140	100	70	40	—	—

续上表

液限 w_L \ 孔隙比 e \ 天然含水率 w		5	10	15	20	25	30	35
28	0.7	280	260	230	190	150	110	—
	0.9	260	240	200	160	125	85	—
	1.1	240	210	170	140	100	60	—
	1.3	220	180	140	110	70	40	—
32	0.7	—	280	260	230	180	150	—
	0.9	—	260	240	200	150	125	—
	1.1	—	240	210	170	130	100	60
	1.3	—	220	180	140	100	70	40

注：1. 非饱和 Q_3 新黄土，当 $0.85<e<0.95$ 时，σ_0 值可提高 10%。

2. 本表不适用于坡积、崩积和人工堆积等黄土。

3. 括号内数值供内插用。

老黄土（Q_2、Q_1）地基的基本承载力 $\boldsymbol{\sigma_0}$（单位：kPa）　　表 5.6.9

w/w_L \ e	$e<0.7$	$0.7\leqslant e<0.8$	$0.8\leqslant e\leqslant 0.9$	$e>0.9$
<0.6	700	600	500	400
0.6～0.8	500	400	300	250
>0.8	400	300	250	200

注：1. w 为天然含水率，w_L 为液限含水率，e 为天然孔隙比。

2. 山东地区老黄土黏聚力小于 50 kPa，内摩擦角小于 25°，σ_0 应降低 20%左右。

多年冻土地基的基本承载力 $\boldsymbol{\sigma_0}$（单位：kPa）　　表 5.6.10

序号	土名 \ 基础底面的月平均最高土温/℃	−0.5	−1.0	−1.5	−2.0	−2.5	−3.5
1	块石土、卵石土、碎石土、粗圆砾土、粗角砾土	800	950	1 100	1 250	1 380	1 650
2	细圆砾土、细角砾土、砾砂、粗砂、中砂	600	750	900	1 050	1 180	1 450
3	细砂、粉砂	450	550	650	750	830	1 000
4	粉土	400	450	550	650	710	850
5	粉质黏土、黏土	350	400	450	500	560	700
6	饱冰冻土	250	300	350	400	450	550

注：1. 本表序号 1～5 类的地基基本承载力，适合于少冰冻土、多冰冻土，当序号 1～5 类的地基为富冰冻土时，表列数值应降低 20%。

2. 含土冰层的承载力应实测确定。

3. 基础置于饱冰冻土的土层上时，基础底面应敷设厚度不小于 0.20～0.30 m 的砂垫层。

③当基础的宽度 b 大于 2 m 或基础底面的埋置深度 h 大于 3 m，且 $h/b\leqslant 4$ 时，地基的容许承载力可按下式计算

$$[\sigma]=\sigma_0+k_1\gamma_1(b-2)+k_2\gamma_2(h-3) \tag{5.6.1}$$

式中，$[\sigma]$为地基的容许承载力（kPa）；σ_0 为地基的基本承载力（kPa）；b 为基础的短边宽度（m），见第①条的注①，大于 10 m 时，按 10 m 计算；h 为基础底面的埋置深度（m），对于受

水流冲刷的墩台，由一般冲刷线算起；不受水流冲刷者，由天然地面算起；位于挖方内，由开挖后地面算起；γ_1 为基底以下持力层土的天然重度(kN/m³)，如持力层在水面以下，且为透水者，应采用浮重。γ_2 为基底以上土的天然容重的平均值(kN/m³)；如持力层在水面以下，且为透水者，水中部分应采用浮重；如为不透水者，不论基底以上水中部分土的透水性质如何；应采用饱和容重；k_1、k_2 为宽度、深度修正系数，按持力层土确定，见表 5.6.11。

宽度、深度修正系数 表 5.6.11

土的类别 / 系数	黏性土				粉土	黄土		砂类土								碎石类土			
	Q_4 的冲、洪积土		Q_3 及其以前的冲、洪积土	残积土		新黄土	老黄土	粉砂		细砂		中砂		砾砂、粗砂		碎石、圆砾、角砾		卵石	
	$I_L<0.5$	$I_L\geqslant0.5$						稍、中密	密实	稍、中密	密实	稍、中密	密实	稍、中密	密实	稍、中密	密实	稍、中密	密实
k_1	0	0	0	0	0	0	0	1	1.2	1.5	2	2	3	3	4	3	4	3	4
k_2	2.5	1.5	2.5	1.5	1.5	1.5	1.5	2	2.5	3	4	4	5.5	5	6	5	6	6	10

注：1. 节理不发育或较发育的岩石不做宽深修正，节理发育或很发育的岩石，k_1、k_2 可按碎类石土的系数，但对已风化成砂、土状者，则按砂类土、黏性土的系数。

2. 稍松状态的砂类土和松散状态的碎石类土，k_1、k_2 值可采用表列稍、中密值的 50%。

3. 冻土的 $k_1=0$、$k_2=0$。

④软土地基的容许承载力，必须同时满足稳定和变形两方面的要求，可按下列方法确定，但应同时检算基础的沉降量，并符合有关规定

$$[\sigma]=5.14C_u\frac{1}{m'}+\gamma_2 h \qquad (5.6.2)$$

对于小桥和涵洞基础，也可由下式确定软土地基容许承载力

$$[\sigma]=\sigma_0+\gamma_2(h-3) \qquad (5.6.3)$$

式中，$[\sigma]$为地基容许承载力(kPa)；m'为安全系数，可视软土灵敏度及建筑物对变形的要求等因素选1.5～2.5；C_u 为不排水剪切强度(kPa)；γ_2 和 h 同第③条；σ_0 由表 5.6.12 确定。

软土地基的基本承载力 σ_0 表 5.6.12

天然含水率 w/(%)	36	40	45	50	55	65	75
σ_0/kPa	100	90	80	70	60	50	40

二、地基承载力的提高

①墩台建在水中，基底土为不透水层，常水位高出一般冲刷线每高 1 m，容许承载力可增加 10 kPa。

②主力加附加力时，地基容许承载力$[\sigma]$可提高 20%。主力加特殊荷载(地震力除外)时，地基容许承载力$[\sigma]$可按表 5.6.13 提高。

地基容许承载力的提高系数 表 5.6.13

地基情况	提高系数
基本承载力 $\sigma_0>500$ kPa 的岩石和土	1.4
150 kPa$<\sigma_0\leqslant500$ kPa 的岩石和土	1.3
100 kPa$<\sigma_0\leqslant150$ kPa 的土	1.2

③既有桥墩台的地基土因多年运营被压密，其基本承载力可予以提高，但提高值不应超过 25%。

第七节 港口工程地基承载力确定

港口工程地基承载力按《港口工程地基规范》(JTS 147-1—2010)确定。

一、一般规定

①基础形状为条形的地基承载力验算,可按平面问题考虑。

②基础形状为条形以外的其他形状时,可按下列原则简化为相当的矩形:

a.基础底面的重心不变;

b.两个主轴的方向不变;

c.面积相等;

d.长宽比接近。

③矩形基础的地基承载力验算,可将作用于基础的水平合力分解为平行于长边和短边的分力,分别按条形基础验算。

④地基承载力验算时,强度指标选取应符合下列规定。

a.持久状况宜采用直剪固结快剪强度指标。

b.对饱和软黏土,短暂状况宜用十字板抗剪强度指标,有经验时可采用直剪快剪强度指标。

c.对开挖区,宜采用卸荷条件下进行试验的抗剪强度指标。

⑤地基承载力验算时,对不计波浪力的建筑物,持久状况宜取极端低水位,短暂状况宜取设计低水位;对计入波浪力的建筑物,应取水位与波浪力作用的最不利组合。

二、作用于计算面上的应力

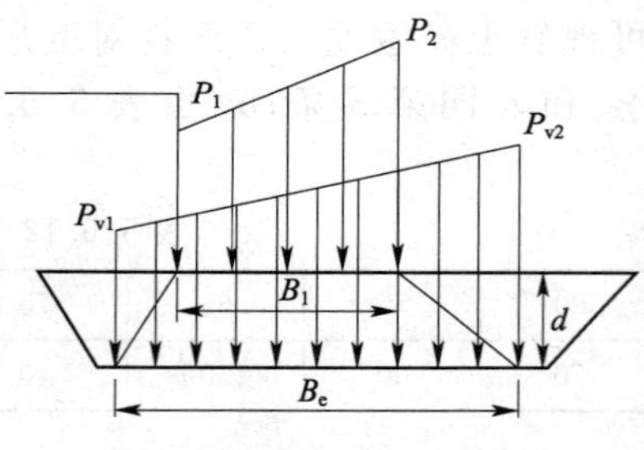

图 5.7.1 计算面应力示意图

①验算地基承载力时,无抛石基床的港口建筑物基础应以建筑物结构底面为计算面;有抛石基床的港口建筑物基础应以抛石基床底面为计算面(图 5.7.1)。抛石基床底面的计算宽度宜按下式计算

$$B_e = B_1 + 2d \tag{5.7.1}$$

式中,B_e 为计算面宽度(m);B_1 为建筑物底面即抛石基床顶面的实际受压宽度(m),按现行行业标准《重力式码头设计与施工规范》(JTS 167-2—2009)或《防波堤设计与施工规范》(JTS 154-1—2011)等有关规定确定;d 为抛石基床厚度(m)。

②计算面的竖向应力可按线性分布考虑,其后端、前端的竖向应力可按下式确定

$$p_{v1} = \frac{B_1}{B_e} p_1 + \gamma d \tag{5.7.2}$$

$$p_{v2} = \frac{B_1}{B_e} p_2 + \gamma d \tag{5.7.3}$$

式中,p_{v1} 为计算面后端竖向应力标准值(kPa);B_1 为建筑物底面即抛石基床顶面的实际受压宽度(m),按现行行业标准《重力式码头设计与施工规范》(JTS 167-2—2009)或《防波堤设计与施工规范》(JTS 154-1—2011)等有关规定确定;B_e 为计算面宽度(m);p_1、p_2 分别

为建筑物底面后踵、前趾竖向应力标准值(kPa),按现行行业标准《重力式码头设计与施工规范》(JTS 167-2—2009)或《防波堤设计与施工规范》(JTS 154-1—2011)等有关规定确定;γ 为抛石体的重度标准值(kN/m³),水下用浮重度;d 为抛石基床厚度(m);p_{v2} 为计算面前端竖向应力标准值(kPa)。

③计算面合力的倾斜率可按下式计算

$$\tan\delta=\frac{H_k}{V_k} \tag{5.7.4}$$

式中,δ 为作用于计算面上的合力方向与竖向的夹角(°);H_k 为作用于计算面以上的水平合力标准值(kN/m),对重力式码头,H_k 应包括基床厚度范围内的主动土压力,对直立式防波堤,可不计土压力;V_k 为作用于计算面上的竖向合力标准值(kN/m)。

三、地基承载力验算

①地基承载力应按极限状态验算,并应结合原位测试和实践经验综合确定。对非黏性土地基且安全等级为三级的建筑物,亦可按相关规定确定。

②地基承载力应按下述极限状态设计表达式验算

$$\gamma_0' V_d \leqslant \frac{1}{\gamma_R} F_k \tag{5.7.5}$$

式中,γ_0' 为重要性系数,安全等级为一级、二级、三级的建筑物分别取 1.1、1.0、1.0;V_d 为作用于计算面上竖向合力的设计值(kN/m);γ_R 为抗力分项系数;F_k 为计算面上地基承载力的竖向合力标准值(kN/m)。

③抗力分项系数应综合考虑强度指标的可靠性、结构安全等级和地基土情况等因素,其计算的最小值应符合表 5.7.1 的规定。

各种计算情况采用的抗剪强度指标　　表 5.7.1

设计状况	强度指标	抗力分项系数 γ_R	说　明
持久状况	直剪固结快剪	2.0~3.0	—
饱和软黏土地基短暂状况	十字板剪	1.5~2.0	有经验时可采用直剪快剪

注:1. 持久状况时,安全等级为一、二级的建筑物取较高值,安全等级为三级的建筑物取较低值,以黏性土为主的地基取较高值,以砂土为主的地基取较低值,基床较厚取高值。

2. 短暂状况时,由砂土和饱和软黏土组成的非均质地基取高值,以波浪力为主导可变作用时取较高值。

④作用于计算面上竖向合力的设计值 V_d 可按下式计算

$$V_d=\gamma_s V_k \tag{5.7.6}$$

式中,V_d 为作用于计算面上竖向合力的设计值(kN/m);γ_s 为作用综合分项系数,可取 1.0;V_k 为作用于计算面上竖向合力的标准值(kN/m)。

⑤地基承载力的竖向合力标准值可按下述方法计算:

a. 将计算宽度分成 M 个小区间$[b_{j-1}, b_j]$($j=1,2,\cdots,M$)(图 5.7.2)。

$$b_j=j\Delta B \qquad (j=0,1,2,\cdots,M) \tag{5.7.7}$$

式中,b_j 为小区间分点坐标(m),$b_0=0$;ΔB 为小区间宽度(m),$\Delta B=B_e/M$,B_e 为计算面宽度。

b. 地基承载力竖向合力标准值按下式计算

$$F_k=\sum_{j=1}^{M}\min\{p_{zj}, p_{vj}^*\}\Delta B \tag{5.7.8}$$

$$p_{vj}^*=K^* p_{vj} \tag{5.7.9}$$

第五章　地基承载力

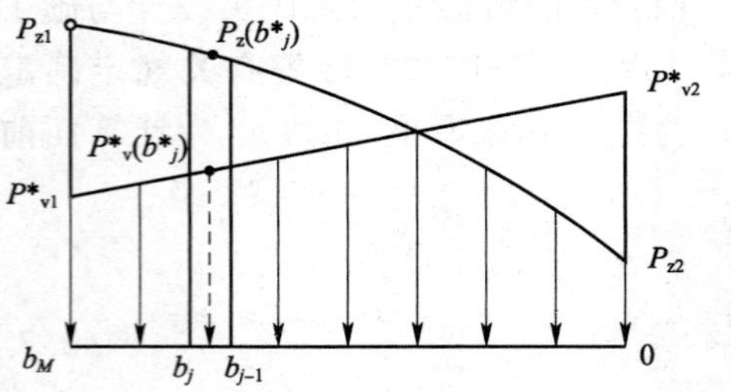

图 5.7.2 地基承载力的竖向合力计算示意图

$$K^* = P_z / V_d \tag{5.7.10}$$

$$P_z = \sum_{j=1}^{M} p_{zj} \Delta B \tag{5.7.11}$$

式中，F_k 为地基承载力的竖向合力标准值(kN/m)；p_{zj} 为$[b_{j-1}, b_j]$极限承载力竖向应力的平均值(kPa)；ΔB 为小区间宽度(m)，$\Delta B = B_e / M$，B_e 为计算面宽度；p_{vj} 为作用于$[b_{j-1}, b_j]$竖向应力的平均值(kPa)；P_z 为计算面上极限承载力竖向合力的标准值(kN/m)；V_d 为作用于计算面上竖向合力的设计值(kN/m)。

⑥均质土地基、均布边载的极限承载力竖向应力应对 $\varphi > 0$ 和 $\varphi = 0$ 分别计算，并应符合下列规定。

a. 当 $\varphi > 0$ 时，$[b_{j-1}, b_j]$极限承载力竖向应力的平均值宜按下式计算

$$p_{zj} = 0.5\gamma_k (b_j + b_{j-1}) N_\gamma + q_k N_q + c_k N_c \qquad (j = 1, 2, \cdots, M) \tag{5.7.12}$$

$$N_c = \frac{\exp\left[\left(\frac{\pi}{2} + 2\alpha - \varphi_k\right)\tan\varphi_k\right]\tan^2\left(45° + \frac{\varphi_k}{2}\right)\frac{1 + \sin\varphi_k \sin(2\alpha - \varphi_k)}{1 + \sin\varphi_k} - 1}{\tan\varphi_k} \tag{5.7.13}$$

$$N_q = N_c \tan\varphi_k + 1 \tag{5.7.14}$$

$$N_\gamma = f(\lambda, \tan\varphi_k, \tan\delta') \approx 1.25\{(N_q + 0.28 + \tan\delta')\tan[\varphi_k - 0.72\delta'(0.9455 + 0.55\tan\delta')]\} \left[1 + \frac{1}{\sqrt{1 + 0.8\tan\varphi_k - 0.7(1 - \tan\delta') + (\tan\varphi_k - \tan\delta')\lambda}}\right] \tag{5.7.15}$$

$$\tan\left(\alpha - \frac{\varphi_k}{2}\right) = \frac{\sqrt{1 - (\tan\delta' / \tan\varphi_k)^2} - \tan\delta'}{1 + \frac{\tan\delta'}{\sin\varphi_k}} \tag{5.7.16}$$

$$\tan\delta' = \frac{\gamma_h H_k}{V_k + B_e c_k / \tan\varphi_k} \tag{5.7.17}$$

$$\lambda = \frac{\gamma_k B_e}{c_k + q_k \tan\varphi_k} \tag{5.7.18}$$

式中，p_{zj} 为$[b_{j-1}, b_j]$极限承载力竖向应力的平均值(kPa)；γ_k 为计算面以下土的重度标准值(kN/m^3)，可取均值，水下用浮重度；b_j 为小区间分点坐标(m)，$b_0 = 0$；N_γ、N_q、N_c 为地基土处于极限状态下的承载力系数，可计算确定或按相关规定取值；q_k 为计算面以上边载的标准值(kPa)；c_k 为黏聚力标准值(kPa)；φ_k 为内摩擦角标准值(°)，可取均值；V_k 为作用于计算面上竖向合力的标准值(kN/m)；H_k 为作用于计算面以上的水平合力标准值(kN/m)；B_e 为计算面宽度(m)；γ_h 为水平抗力分项系数，取 1.3；α、δ'、λ 为计算参数。

b. 当 $\varphi = 0$ 时，计算面内$[b_{j-1}, b_j]$极限承载力竖向应力的平均值宜按下式计算

$$p_{zj} = q_k + c_{uk} N_s \qquad (j = 1, 2, \cdots, M) \tag{5.7.19}$$

$$N_s = 0.5(\pi + 2) + 2\tan^{-1}\sqrt{\frac{1 - \kappa}{1 + \kappa}} + \sqrt{1 - \kappa^2} \tag{5.7.20}$$

$$\kappa = \frac{\gamma_h H_k}{B_e c_{uk}} \tag{5.7.21}$$

式中，p_{zj} 为$[b_{j-1}, b_j]$极限承载力竖向应力的平均值(kPa)；q_k 为计算面以上边载的标准值(kPa)；N_s 为承载力系数；c_{uk} 为地基土的十字板抗剪强度标准值(kPa)，可取均值；B_e 为计

算面宽度(m)；H_k 为作用于计算面以上的水平合力标准值(kN/m)；γ_h 为水平抗力分项系数，取 1.3。

⑦受力层由多层土组成，各土层的抗剪强度指标相差不大且边载变化不大时，可采用加权平均的强度指标和重度，按第⑥条计算。受力层的最大深度可按下式计算

$$Z_{max}=B_e\exp(\varepsilon\tan\varphi_k)\sin\varepsilon\exp\left(-\frac{0.87\lambda^{0.75}}{4.8+\lambda^{0.75}}\right) \tag{5.7.22}$$

$$\varepsilon=\frac{\pi}{4}+\frac{\overline{\varphi_k}}{2}-\frac{\overline{\delta'}}{2}-\frac{1}{2}\sin^{-1}\left(\frac{\sin\delta'}{\sin\varphi_k}\right) \tag{5.7.23}$$

式中，Z_{max}为受力层的最大深度(m)，计算时先假定 Z_{max}，根据假定的 Z_{max}及各土层厚度计算加权平均 γ_k、c_k、φ_k，代入式(5.7.22)计算 Z_{max}，直至计算与假定的 Z_{max}基本相等为止；B_e 为计算面宽度(m)；φ_k 为内摩擦角标准值(°)，可取均值；δ'、λ 为计算参数，分别按式(5.7.17)、式(5.7.18)确定；$\overline{\varphi_k}$为内摩擦角标准值(弧度)；$\overline{\delta'}$为以弧度表示的δ'。

⑧非均质土地基计算面内$[b_{j-1},b_j]$极限承载力竖向应力可采用对数螺旋滑动面按条分法计算，计算图示见图 5.7.3，并应符合下列规定。

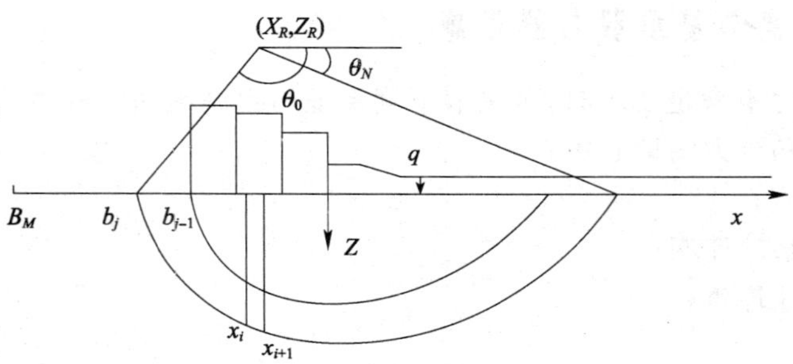

图 5.7.3　极限承载力竖向应力计算示意图

a. 采用固结快剪指标时，$[b_{j-1},b_j]$上的极限承载力竖向应力宜按下式计算

$$p_{zj}=\{\sum_i\{w_i(x_i^*-x_R)+c_{Fi}[(h_i^*-z_R)(x_i-x_{i-1})-(x_i^*-x_R)(h_i-h_{i-1})]\}+$$

$$\sum_{i=1}^{j-1}(b_i^*-x_R+z_R\tan\delta)p_{zi}\Delta B\}/(x_R-b_j^*-z_R\tan\delta)/\Delta B$$

$$(j=1,2,\cdots,M) \tag{5.7.24}$$

$$b_j^*=-0.5(b_{j-1}+b_j) \tag{5.7.25}$$

$$\left.\begin{aligned}x_i^*&=0.5(x_{i+1}+x_i)\\h_i^*&=0.5(h_{i+1}+h_i)\end{aligned}\right\}\quad i=0,1,2,\cdots \tag{5.7.26}$$

$$\left.\begin{aligned}x_i-x_R&=R_i\exp(-F_{\varphi i}\theta_i)\cos\theta_i\\h_i-z_R&=R_i\exp(-F_{\varphi i}\theta_i)\sin\theta_i\\R_{i+1}&=R_i\exp[(F_{\varphi i+1}-F_{\varphi i})\theta_i]\\\theta_i&=\theta_0-i\Delta\theta\end{aligned}\right\}\quad i=0,1,2,\cdots \tag{5.7.27}$$

$$R_0=\sqrt{(x_R+b_j)^2+z_R^2}\exp(F_{\varphi 0}\theta_0) \tag{5.7.28}$$

$$\tan\theta_0=\frac{z_R}{x_R+b_j} \tag{5.7.29}$$

$$\left.\begin{aligned} c_{Fi}&=\frac{c_{ki}}{1.09+0.06\tan\delta}\\ F_{\varphi i}&=\frac{\tan\varphi_{ki}}{1.05+0.06\tan\delta}\end{aligned}\right\}\qquad(5.7.30)$$

式中，p_{zj} 为$[b_{j-1},b_j]$极限承载力竖向应力的平均值(kPa)；w_i 为包括边载(q_i)在内的第 i 土条重力标准值(kN/m)；x_i^*、h_i^* 为第 i 土条滑动面上中点坐标值(m)；x_R、z_R 为使 p_{zj} 为极小值的对数螺旋面极点水平、垂直坐标值(m)；x_i、h_i 为第 i 土条滑动面上的坐标值(m)，$x_0=-b_j$，$h_0=0$；b_j 为小区间分点坐标(m)，由式(5.7.7)确定；θ_i 为滑动面上第 i、$i+1$ 土条分点和螺旋面极点的连线与水平线的夹角(图 5.7.3)，以(x_R、z_R)为极点的极坐标下极角；$\Delta\theta$ 为表征第 i 土条宽度的极角增量，可根据计算精度要求适当选取；c_{ki} 为第 i 土条滑动面上的黏聚力标准值(kPa)，可取均值；φ_{ki} 为第 i 土条滑动面上的内摩擦角标准值(°)，可取均值；δ 为作用于计算面上的合力方向与竖向的夹角(°)。

b. 采用不排水抗剪强度指标时，$[b_{j-1},b_j]$上的极限承载力竖向应力仍按本条第 a 款计算，但相应土体的强度指标应采用十字板抗剪强度或其他总强度标准取代。

四、保证与提高地基承载力的措施

①当地基承载力不满足要求时，可采取下列保证与提高地基承载力的措施：

a. 减小水平力和合力的偏心矩；

b. 增加基础宽度；

c. 增加边载或基础埋深；

d. 增加抛石基床厚度；

e. 加固地基。

②土基开挖时应减少扰动。对开挖暴露后承载力易降低的岩基，在开挖后应立即浇筑垫层或采取其他保护措施。施工中应适当控制回填加载速率。

第六章　浅基础设计

第一节　建筑地基基础设计基本要求

本节内容参看第二篇　岩土工程设计的基本原则　第三节　设计荷载与设计状态　六、建筑地基基础设计基本要求中的内容。

第二节　浅基础的定义与分类

一、浅基础的定义与设计步骤

地基与基础是建筑物的重要组成部分，建筑物的全部荷载都由它下面的地层来承担，受建筑物影响的那一部分地层称为地基，直接承受荷载的地层是持力层，持力层以下为下卧层。基础是位于建筑物墙、柱、底梁以下，经适当尺寸扩大后，将结构所承受的各种作用传递到地基上的结构组成部分。

基础按其埋置深度可分为浅基础和深基础。通常将基础的埋置深度小于基础的宽度，且只需采用正常的施工方法(如明挖施工)就可以建造起来的基础称为浅基础。浅基础设计按通常的方法验算地基承载力和地基沉降时，不考虑基础底面以上土的抗剪强度对地基承载力的作用，也不考虑基础侧面与土之间的摩擦阻力。深基础包括桩基、沉井基础和地下连续墙等，其设计方法与浅基础不同，主要利用基础将荷载向深部土层传递，设计时需要考虑基础侧壁的摩擦阻力对基础稳定性的有利作用，施工方法和施工机具较复杂。

如果地基中上部有良好土层，可以将基础直接做在天然土层上，这种地基称为“天然地基”。基础通过底面将荷载扩散到浅层地基而成为天然地基上的浅基础。当地基上部土层较软，不适宜作天然地基时，可采用地基处理方法，加固上部土层，提高其承载力、降低其压缩性。将基础建在这种经过人工处理的土层上，形成人工地基上的浅基础。

天然地基上浅基础设计内容与步骤：

(1)根据上部结构形式、荷载大小选择基础的结构形式、材料并进行平面布置；

(2)确定基础的埋置深度；

(3)确定地基承载力特征值；

(4)根据基础顶面荷载值和持力层地基承载力，初步计算基础底面尺寸；

(5)若地基持力层下部存在软弱土层，则需验算软弱下卧层的承载力；

(6)甲级、乙级建筑物及部分丙级建筑物应进行变形验算；

(7)基础剖面及结构设计；

(8)绘制施工图，编制施工技术说明书。

第(6)步以前如有不满足要求的情况，可对基础尺寸进行调整，如改变基础埋深或加大基础底面尺寸，直至满足要求为止。

二、浅基础的分类

(一)无筋扩展基础

无筋扩展基础通常由砖、石、素混凝土、灰土和三合土等材料建成。这些材料都具有较好的抗压性能,但抗拉、抗剪强度却不高,因此,设计时必须保证基础内的拉应力和剪应力不超过材料强度的设计值。通常通过对基础构造的限制来实现这一目标,即基础的外伸宽度与基础高度的比值(图 6.2.1)小于等于无筋扩展基础台阶宽高比的允许值。这样,基础的相对高度都比较大,几乎不发生挠曲变形,所以此类基础常称为刚性基础或刚性扩展(大)基础。基础形式有墙下条形基础和柱下独立基础。

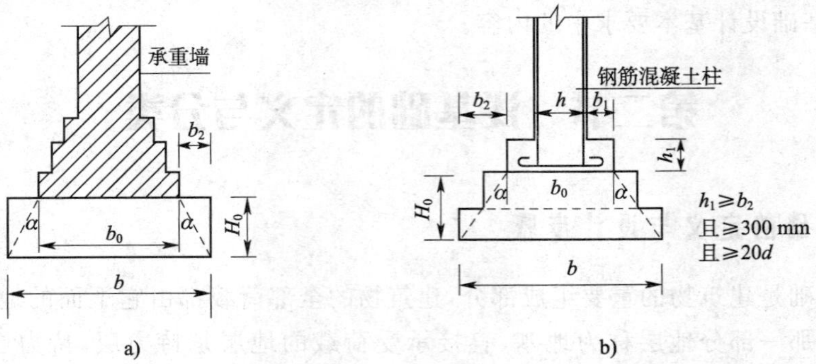

图 6.2.1　无筋扩展基础构造示意图

无筋扩展基础因材料特性不同,它们有不同的适用性。用砖、石和素混凝土砌筑的基础一般可用于 6 层及 6 层以下的民用建筑和砌体承重的厂房。在我国的华北和西北环境比较干燥的地区,灰土基础广泛用于 5 层及 5 层以下的民用房屋。在南方常用的三合土及四合土(水泥、石灰、砂、集料按 1∶1∶5∶10 或 1∶1∶6∶12 配比)基础,一般用于不超过 4 层的民用建筑。另外,由于刚性基础的稳定性好、施工简便、能承受较大的竖向荷载,只要地基能满足要求,石材及混凝土常是桥梁、涵洞和挡土墙等首选的基础材料。

(二)钢筋混凝土基础(柔性基础)

钢筋混凝土基础具有较强的抗弯、抗剪能力,适合于荷载力且有力矩荷载的情况或地下水位以下,常做成扩展基础、条形基础、筏形基础、箱形基础等形式。钢筋混凝土基础有很好的抗弯能力,能发挥钢筋的抗弯性能及混凝土抗压性能,适用范围十分广泛。

根据上部结构特点,荷载大小和地质条件不同,钢筋混凝土基础可构成如下结构形式。

1. 钢筋混凝土扩展基础

钢筋混凝土扩展基础一般指钢筋混凝土墙下条形基础和钢筋混凝土柱下独立基础。钢筋混凝土扩展基础的抗弯和抗剪性能良好,可在竖向荷载较大、地基承载力不高及承受水平力和力矩荷载等情况下使用。由于这类基础的高度不受台阶宽高比的限制,适合在需要“宽基浅埋”的场合下采用。例如当软土地基表层具有一定厚度的所谓“硬壳层”,并拟采用该层作为持力层,而采用无筋扩展基础构造高度受基础埋置深度限制时,可考虑采用这类基础形式。墙下扩展条形基础的构造如图 6.2.2 所示。如地基不均匀,为增强基础的整体性和抗弯能力,可以采用有肋的墙基础[图 6.2.2b)],肋部配置足够的纵向钢筋和箍筋。柱下独立基础的构造如图 6.2.3 所示,其中图 6.2.3a)、b)是现浇柱基础,图 6.2.3c)是预制柱基础。为避免地基土变形对墙体的影响或当建筑物较轻,作用在墙上的荷载不大,基础又需要做在较深的好土层上时,做条形基础不经济,可将墙体砌筑在基础梁上,采用墙下独立基础,如

第三篇　浅基础

图 6.2.4所示。

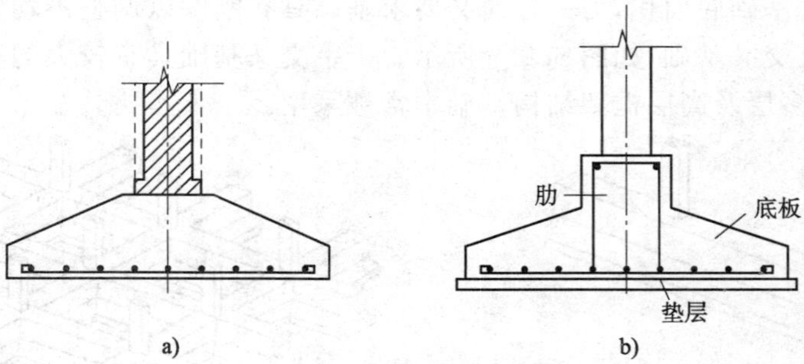

图 6.2.2　墙下扩展条形基础

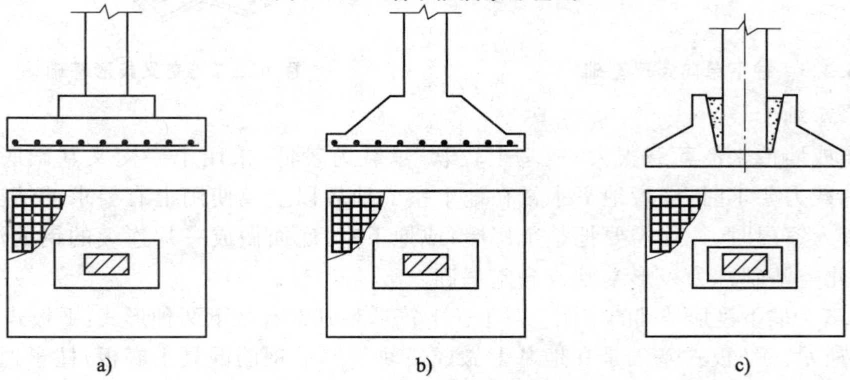

图 6.2.3　柱下独立基础

2.联合基础

联合基础指同列相邻二柱公共基础，即双柱联合基础。通常在二柱分别配置扩展基础时，因其中一柱靠近建筑界线，或因二柱间距较小，而出现基底面积不足或荷载偏心过大等情况时采用，有时用于调整相邻两柱的沉降差，或防止两者之间的相向倾斜等。双肢柱简支桥梁常采用双柱联合基础，如图 6.2.5 所示。

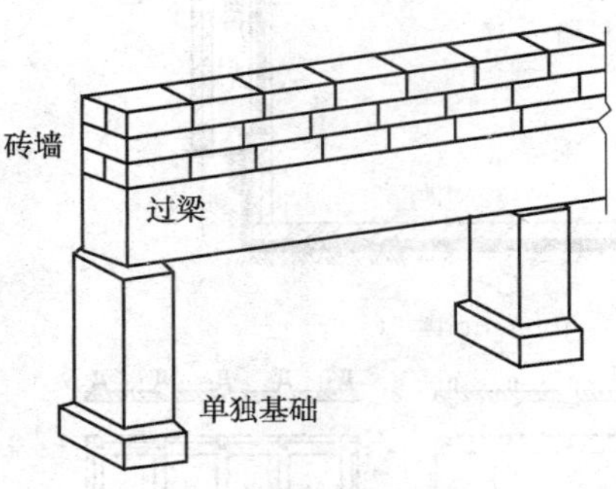

图 6.2.4　墙下独立基础

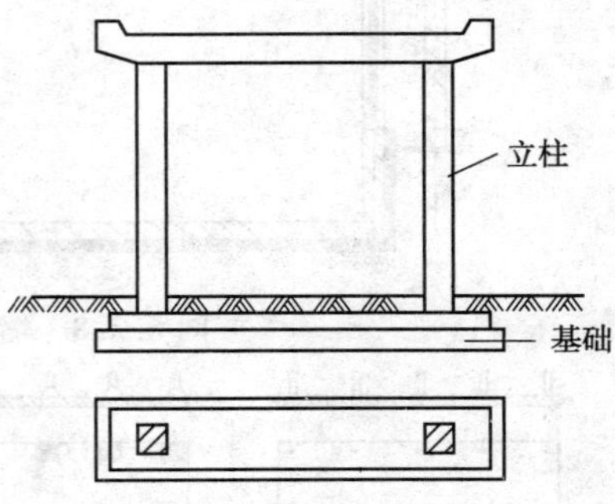

图 6.2.5　桥梁双肢柱联合基础

3.柱下条形基础和十字交叉基础

如果柱子的荷载较大而土层的承载力较低，若采用柱下独立基础，基底面积必然较大，或由于土的压缩性、柱荷载沿柱列方向分布不均匀而易引起不均匀沉降时，可将一个方向的单列柱基连成一条，构成柱下单向条形基础，其截面形式一般为倒 T 形，由肋梁和翼板组成，如图 6.2.6 所示。

如果柱网下的基础软弱，土的压缩性或柱荷载的分布沿两个柱列方向都很不均匀，一方面需要进一步扩大基础底面积，另一方面又要求基础具有刚度以调整不均匀沉降，可沿纵横柱列设置柱下十字交叉基础，如图 6.2.7 所示。十字交叉基础具有较大的整体刚度，在多层厂房、荷载较大的多层及高层框架结构基础中常被采用。

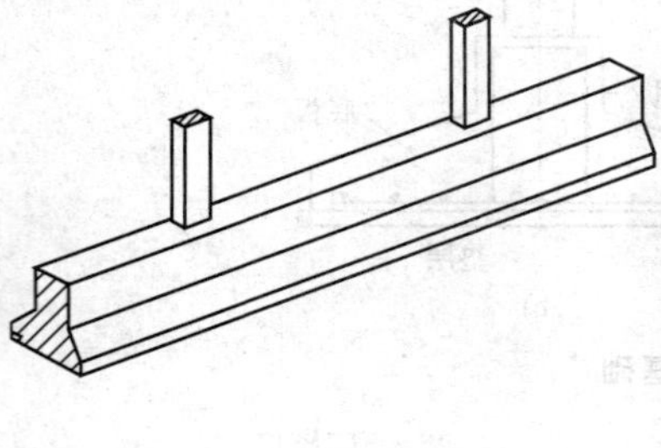

图 6.2.6　柱下单向条形基础

图 6.2.7　交叉条形基础

4. 筏形基础

当柱子或墙传来的荷载很大，地基土较软，承载力较低，采用十字交叉基础底面积不能满足地基承载力要求时，或者地下水常在地下室的地坪以上及使用上有要求的情况，为了防止地下水渗入室内时，往往需要把整个房屋（或地下室）底面做成一片连续的钢筋混凝土板，作为基础，此类基础称为筏形基础或满堂基础。

图 6.2.8 为墙下筏形基础的实例。对于柱下筏形基础常有如下两种形式：平板式和梁板式，如图 6.2.9 所示。平板式基础是在地基上做成一块等厚的钢筋混凝土底板，柱子通过柱脚支承在底板上，如图 6.2.9a）所示；当柱荷载较大时，可局部加大柱下板厚以防止板被冲切破坏，如图 6.2.9b）所示；当柱距较大，柱荷载相差较大时，板内将产生较大弯矩，宜采用梁板式基础，梁板式基础分下梁板式和上梁板式［图 6.2.9c）、d）］，下梁板式基础底板顶面平整，可作建筑物底层地面。

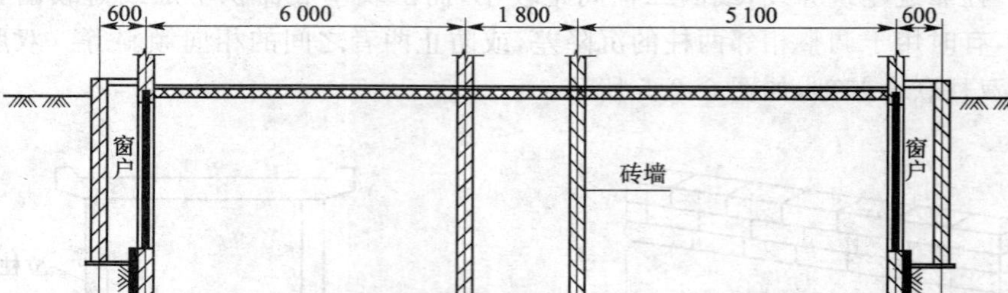

图 6.2.8　墙下筏形基础（尺寸单位：mm）

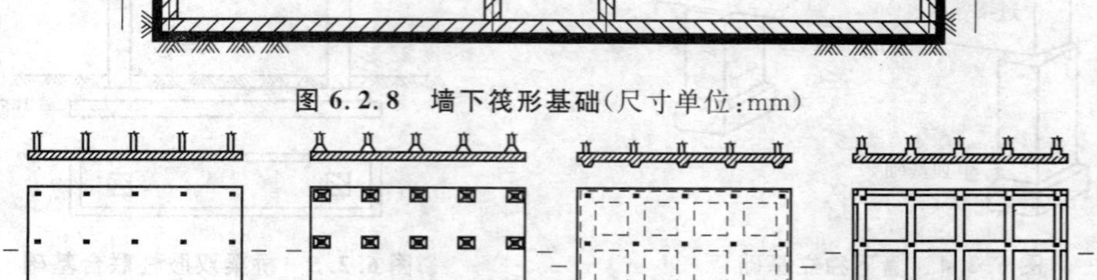

图 6.2.9　柱下筏形基础

筏形基础，特别是梁板式筏形基础整体刚度较大，能很好地调整不均匀沉降。对于有地下室的房屋、高层建筑或本身需要可靠防渗底板的结构物，是理想的基础形式。

5. 箱形基础

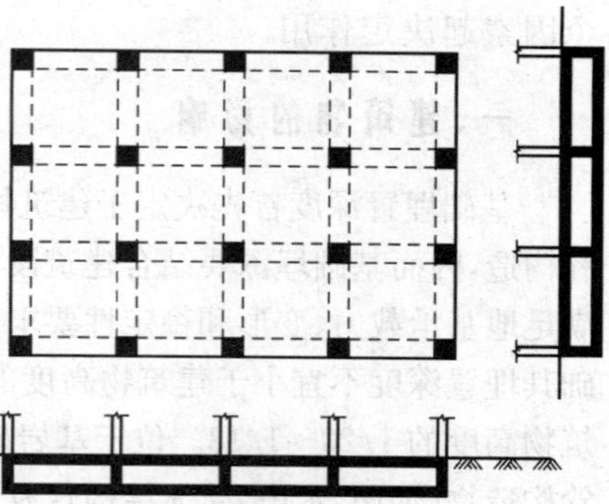

图 6.2.10　箱形基础

箱形基础是由钢筋混凝土顶板、底板、纵横隔墙构成的，有一定高度的整体性结构(图 6.2.10)。箱形基础具有较大的基础底面，较深的埋置深度和中空的结构形式，使开挖卸去的土抵偿了上部结构传来的部分荷载在地基中引起的附加应力(补偿效应)，所以，与一般实体基础(扩展基础和柱下条形基础)相比，它能显著提高地基稳定性、降低基础沉降量。

由顶、底板和纵、横墙形成的结构整体性，使箱基具有比筏形基础更大的空间刚度，用以抵抗地基或荷载分布不均匀引起的差异沉降和架越不太大的地下洞穴。此外，箱基的抗震性能较好。

箱基形成的地下室可以提供多种使用功能。冷藏库和高温炉体下的箱基的隔断热传导的作用可防地基土的冻胀和干缩；高层建筑的箱基可作为商店、库房、设备层和人防使用。

(三)基础方案的比较与选用

基础设计的第一步是选取适合于工程实际条件的基础类型。选取基础类型应根据各类基础的受力特点，适用条件，综合考虑上部结构的特点，地基土的工程地质条件和水文地质条件及施工的难易程度等因素，经比较优化，确定一种经济合理的基础形式。

选择基础方案应遵循“由简单到复杂”的原则，即在简单经济的基础形式不能满足要求的情况下，再寻求更为复杂合适的基础类型。只有在不能采用浅基础的情况下，才考虑运用桩基等深基础形式，避免浪费。选择基础方案可参考表 6.2.1 选取。

浅基础类型选择　　表 6.2.1

结构类型	岩土性质与荷载条件	基础类型
多层砖混结构	土质均匀，承载力高，无软弱下卧层或有均匀软弱下卧层，地下水位以上，荷载不大	刚性基础
	土质均匀性较差，持力层承载力较低，有软弱下卧层，基础需浅埋时	墙下钢筋混凝土条基或墙下交叉钢筋混凝土条基
	土质均匀性较差，承载力低，荷载较大，采用条基面积超过建筑投影面积 50%时	墙下筏板基础
无地下室框架结构	土质均匀，承载力较高，荷载相对较小，柱网分布均匀	柱下钢筋混凝土扩展基础
	土质均匀性较差，承载力较低，荷载较大，采用柱下钢筋混凝土扩展基础不能满足要求	柱下条基或交叉基础
	土质不均匀，承载力低，荷载大，柱网分布不均匀，采用柱下条基面积超过建筑投影面积50%时	柱下筏板基础
全剪力墙 10 层以上住宅结构	地基土质较好，荷载分布均匀	墙下钢筋混凝土条基
	当上述条件不能满足要求	墙下筏板基础或箱基
高层框架、剪力墙结构(有地下室)	可采用天然地基时	筏板基础或箱形基础

第三节　基础埋置深度的选择

基础埋置深度是指基础底面距地面的距离。在满足地基稳定和变形的条件下，基础应尽量浅埋。确定基础埋深时应综合考虑如下因素，但对一单项工程来说，往往只是其中一两个因素起决定作用。

一、建筑物的影响

基础埋置深度首先决定于建筑物的用途，有无地下室，设备基础和地下设施以及基础的形式和构造，因而基础埋深要结合建筑设计标高的要求确定；高层建筑筏形和箱形基础的埋置深度应满足地基承载力、变形和稳定性要求。在抗震设防区，除岩石地基外，天然地基上的箱形和筏形基础其埋置深度不宜小于建筑物高度的 1/15；桩箱或桩筏基础的埋置深度（不计桩长）不宜小于建筑物高度的 1/20～1/18。位于基岩地基上的高层建筑物基础埋置深度，还应满足抗滑要求。高耸构造物（烟囱、水塔、筒体结构），为了满足稳定性要求，基础要有足够埋深；对于承受上拔力的结构（如输电塔）基础，也要求有较大的埋深，以满足抗拔要求。

二、建筑物荷载的性质和大小影响

荷载较大的高层建筑和对不均匀沉降要求严格的建筑物，往往为减小沉降，而把基础埋置在较深的良好土层上，这样，基础埋置深度相应较大。此外，承受水平荷载较大的基础，应有足够大的埋深，以保证地基的稳定性。

三、工程地质条件和水文地质条件

直接支承基础的土层称为持力层，其下的各土层为下卧层。

当上层土的承载力高于下层土的承载力时宜取上层土作为持力层，特别是对于上层为“硬壳层”时，尽量做“宽基浅埋”。

对于上层土较软的地基土，视上层土厚度考虑是否挖除软土，将基础放于好土层中，或采用人工地基，或选择其他基础形式。

当土层分布明显不均匀，建筑物各部分荷载重差别较大时，同一建筑物可采用不同的埋深来调整不均匀沉降。对于持力层顶面倾斜的墙下条形基础可做成台阶状，见图 6.3.1。

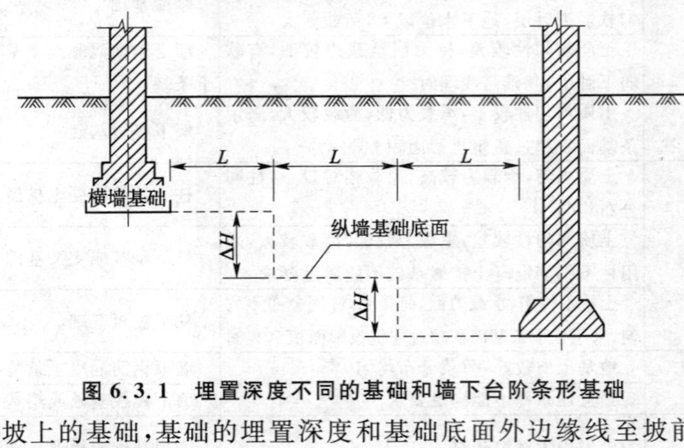

图 6.3.1　埋置深度不同的基础和墙下台阶条形基础

对修建于斜坡上的基础，基础的埋置深度和基础底面外边缘线至坡前缘的距离应满足一定要求，以保证土坡稳定。

有潜水存在时，底面应尽量埋置在潜水位以上。若基础底面必须埋置在水位以下时，除应考虑施工时的基坑排水、坑壁围护（地基土扰动）等问题，还应考虑地下水对混凝土的腐蚀性；地下室的防渗及地下水对基础底板的上浮作用。

对埋藏有承压含水层的地基，选择基础埋深时，应防止基底因挖土减压而隆起开裂（图 6.3.2）。必须控制基坑开挖深度，总覆盖压力与承压含水层顶部的静水压力宜满足下式

$$K(\gamma_1 z_1 + \gamma_2 z_2) > \gamma_w h$$

式中,K 为系数,一般取 1,对于宽基坑宜取 0.7;γ_1、γ_2 分别为各土层的重度,水位下取饱和重度。

不满足要求时应采取相应措施,以确保基坑安全。

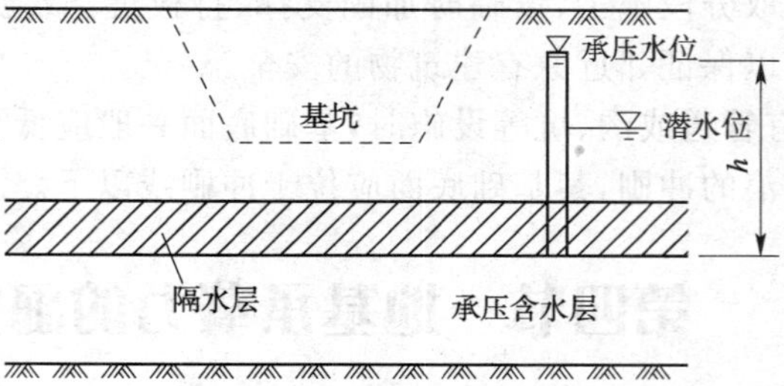

图 6.3.2　基坑下有承压水含水层

四、地基土冻胀和融陷的影响

季节性冻土是冬季冻结、天暖解冻的土层。土体中水冻结后,发生体积膨胀,而产生冻胀。位于冻胀区的基础在受到大于基底压力的冻胀力作用下,会被上抬,而冻土层解冻融解时,建筑物随之下沉。冻胀和融陷是不均匀的,往往造成建筑物的开裂损坏。因此,为避开冻胀区土层的影响,基础底宜设置在冻结线以下。《建筑地基基础设计规范》(GB 50007—2011)规定,基础的最小埋深为

$$d_{min} = z_d - h_{max} \tag{6.3.1}$$

式中,z_d 为设计冻深;h_{max} 为基底下允许残留冻土层最大厚度。

季节性冻土地区基础设计冻深由下式确定

$$z_d = z_0 \psi_{zs} \psi_{zw} \psi_{ze} \tag{6.3.2}$$

式中,z_0 为标准冻深,采用地表在平坦、裸露、城市之外的空旷场地中不少于 10 年实测最大冻深的平均值,见《建筑地基基础设计规范》(GB 50007—2011);ψ_{zs} 为土的类别对冻深的影响系数,见表6.3.1;ψ_{zw} 为土的冻胀性对冻深的影响系数,见表 6.3.2;ψ_{ze} 为环境对冻深的影响系数,见表 6.3.3。

土的类别对冻深的影响系数　　表 6.3.1

土的类别	黏性土	细砂、粉砂、粉土	中、粗、砾砂	碎石土
影响系数 ψ_{zs}	1.0	1.2	1.3	1.4

土的冻胀性对冻深的影响系数　　表 6.3.2

土的冻胀性	不冻胀	弱冻胀	冻胀	强冻胀	特强冻胀
影响系数 ψ_{zw}	1.00	0.95	0.90	0.85	0.80

环境对冻深的影响系数　　表 6.3.3

周围环境	村、镇、旷野	城市近郊	城市市区
影响系数 ψ_{ze}	1.00	0.95	0.90

对于冻胀土地基上的建筑物,还应采取相应的防冻害措施。

五、场地环境条件

气候变化或树木生长导致的地基土胀缩及除了生物活动有可能危害基础的安全,因而

基础底面应到达一定的深度，除岩石地基外，不宜小于0.5 m。为了保护基础，一般要求基础顶面低于设计地面至少0.1 m。

对靠近原有建筑物基础修建的新基础，其埋深不宜超过原有基础的底面，否则新、旧基础间应保留一定的净距，其值应根据原有基础荷载大小、基础形式和土质情况确定。不能满足上述要求时，应采取分段施工、设临时加固支撑、打板桩、做地下连续墙等施工措施，或加固原有建筑物地基，以保证邻近原有建筑物的安全。

如果基础邻近有管道或沟、坑等设施时，基础底面一般应低于这些设施的底面。临水建筑物，为防流水或波浪的冲刷，其基础底面应位于冲刷线以下。

第四节　地基承载力的确定

一、地基的破坏形式

载荷试验和模型试验成果分析说明地基破坏有三种不同类型，即整体剪切破坏、局部剪切破坏和冲切破坏（见图6.4.1）。

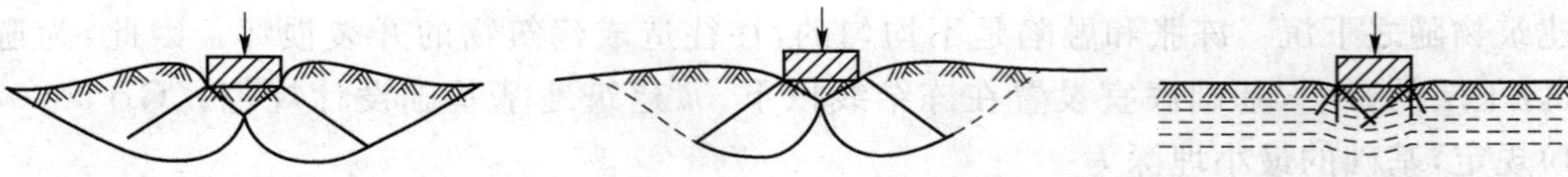

a)整体剪切破坏　　b)局部剪切破坏　　c)冲切破坏

图6.4.1　地基的破坏形式

1.整体剪切破坏

这种破坏类型的 p-s 曲线可明显地区分出地基变形破坏的三个阶段。当荷载较小时，基底压力 p 与沉降 s 基本成直线关系，如图6.4.2中(1)曲线的 oa 段，属于线性变形阶段。当荷载增加到某一数值时，在基础边缘的土体开始发生，随着荷载的增大，剪切破坏区逐渐扩大，压力与沉降曲线如图6.4.2曲线(1)的 ab 段，属于弹塑性变形阶段。当荷载继续增加时，剪切破坏区不断扩大，地基中最终形成连续滑移面，地基土发生整体剪切破坏，滑动面伸到地面，使基础两侧有明显的隆起现象，基础急剧下降、倾斜，致使建筑物发生破坏，压力与沉降曲线如图6.4.2(1)的 bc 段。

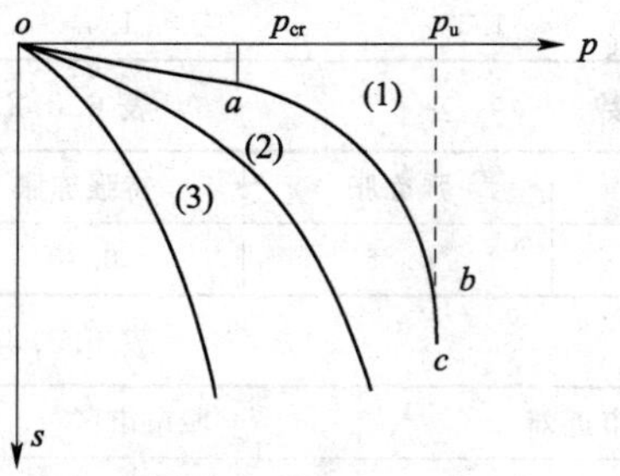

图6.4.2　载荷试验荷载—沉降 p-s 曲线

对于压缩性较小的密实砂土或坚硬黏土，一般易发生整体剪切破坏。对于承载力较低的，相对埋深小的基础下的地基，也可能发生这种破坏。正常固结的饱和黏性土，在所施加的荷载不会引起土体积的变化时，也将发生整体剪切破坏。

2.局部剪切破坏

这种破坏形式的 p-s 曲线光滑连续，没有明显的阶段分界点。地基中滑移面不完整，没有延伸到地面，地面可能有轻微隆起，但基础不会明显倾斜，基础沉降较大并随荷载增加而稳定下沉。对于松散砂土和松软的黏土，基础相对埋深较大的情况下会出现这种破坏形式。设计时往往以地基变形为主要控制因素。

3.冲切破坏

这种破坏又称为刺入式剪切破坏，其特点是地基不出现明显的连续滑动面，基础四周地面也不隆起，在 p-s 曲线上无明显的转折点。地基的破坏是由于基础下面软弱土变形而沿基础周边产生竖向剪切破坏，使基础下沉。破坏时地基沉降量很大，承载力相对较小。对于压缩性很大的松砂或软土，基础相对埋深较大的情况下会出现这种破坏类型。设计时，应以地基变形作为控制因素。

目前对于地基极限承载力（特别是扩展基础的地基极限承载力）的理论公式计算，仅限于在整体剪切破坏的条件下得到，因为这种破坏模式的概念明确，有完整连续的滑移面，荷载—沉降曲线有明显的转折点，易于求解。对于局部剪切破坏及冲切破坏模式，目前尚无理论公式可循，实用上是先按整体剪切破坏模式进行计算，再做某些修正，或利用原位试验等经验方法确定。

二、地基承载力的确定

该内容参见本篇第五章 地基承载力。

第五节　建筑基础底面尺寸的确定

一、不考虑地震作用的基础底面尺寸确定

1.基底压力计算

试验表明，基础底面接触压力的分布图形取决于下列诸因素：①地基与基础的相对刚度；②荷载的大小与分布；③基础埋置深度；④地基土的性质等。图 6.5.1 表示基底压力的不同分布形式。尽管基底压力分布沿基底为曲线变化，但为了简化计算，常将基底压力按直线分布计算。

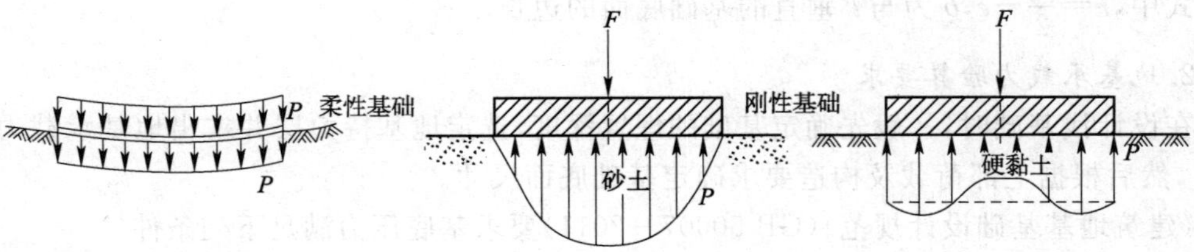

图 6.5.1　基底压力分布

(1)中心荷载作用

中心荷载作用下，基础通常对称布置，基底压力假定均匀分布[图 6.5.2a)]，按下式计算

$$p_k = \frac{F_K + G_K}{A} = \frac{F_K}{A} + \gamma_G d \tag{6.5.1}$$

式中，F_K 为相应于荷载效应标准组合时，上部结构传至基础顶面处的竖向力(kN)；G_K 为基础自重和基础台阶上土重(kN)；A 为基础底面面积(m^2)；γ_G 为基础和基础上土的平均重度，一般取 $\gamma_G = 20\ kN/m^3$；d 为基础埋深(m)。

(2)偏心荷载作用

当偏心荷载作用于基础底面的一个主轴上时[图 6.5.2b)]，基底的边缘最大压力按下式计算

$$p_{\min}^{\max}=\frac{F_K+G_K}{A}\pm\frac{M_K}{W}=\frac{F_K+G_K}{A}\left(1\pm\frac{6e}{l}\right) \tag{6.5.2}$$

$$e=\frac{M_K}{F_K+G_K} \tag{6.5.3}$$

式中，e 为偏心距(m)；M_K 为相应于荷载效应标准组合时作用于基础底面的力矩值(kN·m)；l 为偏心方向的边长(m)；W 为基础底面的抵抗矩。

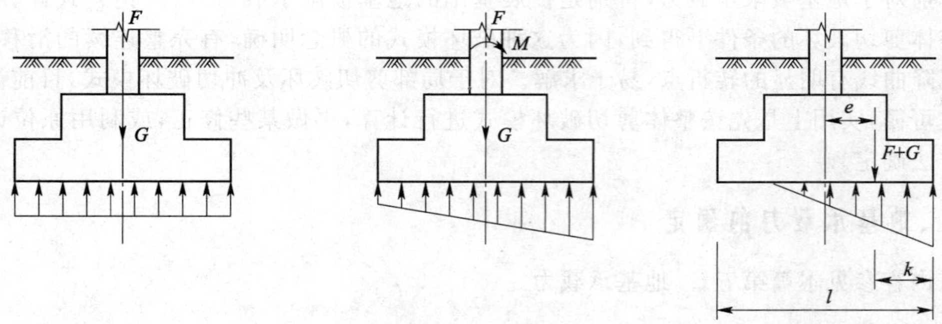

图 6.5.2　基底压力简化计算图

由式(6.5.2)可知，当 $e=0$ 时，$p_{max}=p_{min}=p$，基底压力呈均匀分布，即轴心受压情况；当 $0<e<l/6$ 时，呈梯形分布；当 $e=l/6$ 时，$p_{min}=0$，呈三角形分布；当 $e>l/6$ 时，$p_{min}<0$，由于基底与地基土之间不能承受拉力，式(6.5.2)不再适用，此时，基底与地基局部脱开，而使基底压力重新分布[图 6.5.2c)]。因此，根据荷载与基底反力合力相平衡的条件，荷载合力应通过三角形反力分布图的形心，由此可得基底边缘的最大压力为

$$p_{max}=\frac{2(F_K+G_K)}{3bk} \tag{6.5.4}$$

式中，$k=\frac{l}{2}-e$，b 为与 l 垂直的基础底面的边长。

2. 地基承载力验算要求

在设计浅基础时，一般先确定基础的埋置深度，选定地基持力层并求出地基承载力特征值 f_a，然后根据上部荷载及构造要求确定基础底面尺寸。

《建筑地基基础设计规范》(GB 50007—2011)要求基底压力满足下列条件

$$p_k\leqslant f_a \tag{6.5.5}$$

$$p_{kmax}\leqslant 1.2f_a \tag{6.5.6}$$

式中，p_k 为相应于荷载效应标准组合时的基底平均压力(kPa)；p_{kmax} 为相应于荷载效应标准组合时基底边缘最大压力值(kPa)；f_a 为修正后的地基持力层承载力特征值，可按第五节介绍的方法确定。

另外，为避免基础底面由于偏心过大而与地基土翘离，箱形基础还要求基底边缘最小压力值满足下式

$$p_{kmin}\geqslant 0$$

或

$$e=\frac{M_K}{F_K+G_K}\leqslant\frac{l}{6} \tag{6.5.7}$$

筏形基础要求

$$e \leqslant \frac{0.1W}{A} \tag{6.5.8}$$

3. 扩展基础底面尺寸确定

(1)中心荷载作用下基础底面尺寸确定

由式(6.5.5)持力层承载力的要求及基底压力式(6.5.1)可得

$$\frac{F_K}{A} + \gamma_G d \leqslant f_a$$

由此整理得

①矩形基础

$$A \geqslant \frac{F_K}{f_a - \gamma_G d} \tag{6.5.9}$$

②条形基础，沿基础长度的方向取单位长度进行计算，荷载也为单位长度上的荷载，则基础宽度

$$b \geqslant \frac{F_K}{f_a - \gamma_G d} \tag{6.5.10}$$

式(6.5.9)和式(6.5.10)中的地基承载力特征值，在基础底面未确定以前可先不考虑修正或只考虑深度修正，初步确定基底尺寸以后，若基底宽度大于 3 m 时，再将宽度修正项加上，重新确定承载力特征值，直至设计出最佳基础底面尺寸。

(2)偏心荷载作用下的基础底面尺寸确定

对于偏心荷载作用下的基础底面尺寸常采用试算法确定。计算方法如下：

①先按中心荷载作用条件，利用式(6.5.9)或式(6.5.10)初步估算基础底面尺寸；

②根据偏心程度，将基础底面积扩大 10%～40%，并以适当的比例确定矩形基础的长 l 和宽 b，一般取 $l/b=1\sim2$；

③计算基底最大压力，计算基底平均压力，并使其满足式(6.5.5)和式(6.5.6)的要求。

可能需经过几次试算，方可确定合适的基础底面尺寸。

若持力层下有相对软弱的下卧土层，还须对软弱下卧层进行强度验算。如果建筑物有变形验算要求，应进行变形验算。承受水平力较大的高层建筑和不利于稳定的地基上的结构还须进行稳定性验算。

二、地基基础抗震验算

下列建筑可不进行天然地基及基础的抗震承载力验算。

(1)《建筑抗震设计规范》(GB 50011—2010)规定可不进行上部结构抗震验算的建筑。

(2)地基主要受力层范围内不存在软弱黏性土层的下列建筑：

①一般的单层厂房和单层空旷房屋；

②砌体房屋；

③不超过 8 层且高度在 24 m 以下的一般民用框架和框架一抗震墙房屋；

④基础荷载与④项相当的多层框架厂房和多层混凝土抗震墙房屋。

注：软弱黏性土层指 7 度、8 度和 9 度时，地基承载力特征值分别小于 80 kPa、100 kPa 和120 kPa的土层。

天然地基基础抗震验算时，应采用地震作用效应标准组合，且地基抗震承载力应取地基承载力特征值乘以地基抗震承载力调整系数计算。

地基抗震承载力应按下式计算

$$f_{aE} = \xi_a f_a \tag{6.5.11}$$

式中，f_{aE} 为调整后的地基抗震承载力；ξ_a 为地基抗震承载力调整系数，应按表 6.5.1 采用；f_a 为深宽修正后的地基承载力特征值，应按现行国家标准《建筑地基基础设计规范》(GB 50007—2011)采用。

地基抗震承载力调整系数 表 6.5.1

岩土名称和性状	ξ_a
岩石，密实的碎石土，密实的砾、粗、中砂，$f_{ak}\geqslant 300$ kPa 的黏性土和粉土	1.5
中密、稍密的碎石土，中密和稍密的砾、粗、中砂，密实和中密的细、粉砂，150 kPa$\leqslant f_{ak}<$300 kPa 的黏性土和粉土，坚硬黄土	1.3
稍密的细、粉砂，100 kPa$\leqslant f_{ak}<$150 kPa 的黏性土和粉土，可塑黄土	1.1
淤泥，淤泥质土，松散的砂，杂填土，新近堆积黄土以及流塑黄土	1.0

验算天然地基地震作用下的竖向承载力时，按地震作用效应标准组合的基础底面平均压力和边缘最大压力应符合下列各式要求

$$p \leqslant f_{aE} \tag{6.5.12}$$

$$p_{max} \leqslant 1.2 f_{aE} \tag{6.5.13}$$

式中，p 为地震作用效应标准组合的基础底面平均压力；p_{max} 为地震作用效应标准组合的基础边缘的最大压力。

高宽比大于 4 的高层建筑，在地震作用下基础底面不宜出现脱离区(零应力区)；其他建筑，基础底面与地基土之间脱离区(零应力区)面积不应超过基础底面面积的 15%。

三、软弱下卧层承载力验算

当地基受力范围内持力层下存在承载力明显低于持力层承载力的高压缩性土，如一些软土地区，地表存在一层“硬壳层”，其下一般为很厚的软土层，其承载力明显低于上部“硬壳层”承载力。若以“硬壳层”为持力层，按持力层的承载力计算出基础底面尺寸后，还必须对软弱下卧层的承载力进行验算。要求作用在软弱下卧层顶面处的附加应力和自重应力之和不超过它顶面处的承载力特征值

$$p_z + p_{cz} \leqslant f_{az} \tag{6.5.14}$$

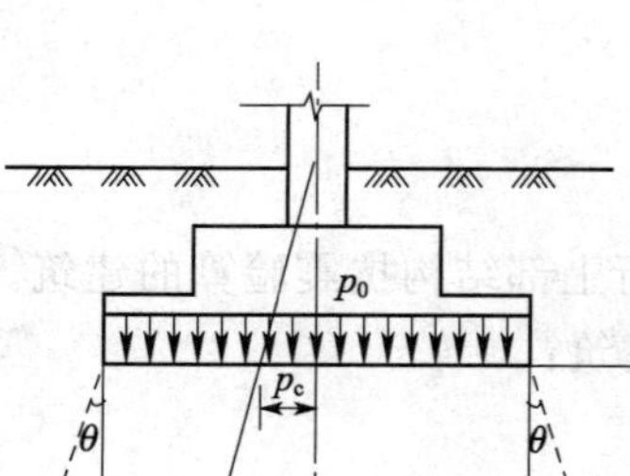

图 6.5.3 软弱下卧层顶面处的附加压力

式中，p_z 为相应于荷载效应标准组合时软弱下卧层顶面处的附加压力值(kPa)；p_{cz} 为软弱下卧层顶面处的自重压力值(kPa)；f_{az} 为软弱下卧层顶面处经深度修正后的地基承载力特征值(kPa)。

附加压力采用应力扩散简化方法计算。当持力层与下卧层的压缩模量比值 $E_{s1}/E_{s2}\geqslant 3$ 时，对于矩形或条形基础，可按压力扩散角的概念计算，如图 6.5.3所示。假设基底附加压力($p_{0k}=p_k-p_c$)按某一角度 θ 向下传递。根据基底扩散面积上的总附加压力相等的条件，可得软弱下卧层顶面处的附加压力。

(1)矩形基础

$$p_z = \frac{lb(p_k - p_c)}{(b+2z\tan\theta)(l+2z\tan\theta)} \tag{6.5.15}$$

(2)条形基础仅考虑宽度方向的扩散，并沿基础纵向取单位长度为计算单元，于是可得

$$p_z=\frac{b(p_k-p_c)}{b+2z\tan\theta} \tag{6.5.16}$$

式中，l、b 分别为矩形基础底面的长度和宽度(m)；p_c 为基础底面处土自重压力(kPa)；z 为基础底面到软弱下卧层顶的距离(m)；θ 为地基压力扩散线与垂直线的夹角，可按表 6.5.2 采用。

地基压力扩散角 θ 值 表 6.5.2

E_{s1}/E_{s2}	z/b	
	0.25	0.5
3	6°	23°
5	10°	25°
10	20°	30°

注：1. E_{s1} 为持力层压缩模量；E_{s2} 为下卧层压缩模量。

2. $z/b<0.25$ 时，取 $\theta=0°$，必要时，宜由试验确定；$z/b>0.50$ 时，θ 值不变。

第六节　地基基础的稳定性验算

根据《建筑地基基础设计规范》(GB 50007—2011)，地基稳定性可采用圆弧滑动面法进行验算。最危险的滑动面上诸力对滑动中心所产生的抗滑力矩与滑动力矩应符合下式要求

$$\frac{M_R}{M_S}\geqslant 1.2 \tag{6.6.1}$$

式中，M_S 为滑动力矩(kN·m)；M_R 为抗滑力矩(kN·m)。

位于稳定土坡坡顶上的建筑，应符合下列规定：

(1)对于条形基础或矩形基础，当垂直于坡顶边缘线的基础底面边长不大于 3 m 时，其基础底面外边缘线至坡顶的水平距离(图 6.6.1)应符合下式要求，且不得小于 2.5 m。

条形基础

$$a\geqslant 3.5b-\frac{d}{\tan\beta} \tag{6.6.2}$$

矩形基础

$$a\geqslant 2.5b-\frac{d}{\tan\beta} \tag{6.6.3}$$

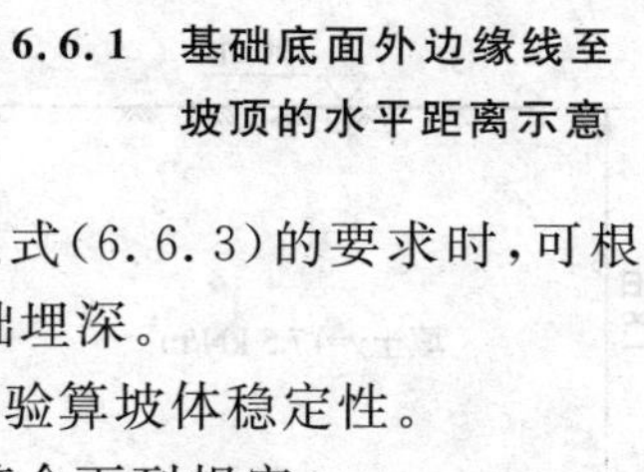

图 6.6.1　基础底面外边缘线至坡顶的水平距离示意

式中，a 为基础底面外边缘线至坡顶的水平距离(m)；b 为垂直于坡顶边缘线的基础底面边长(m)；d 为基础埋置深度(m)；β 为边坡坡角(°)。

(2)当基础底面外边缘线至顶的水平距离不满足式(6.6.2)、式(6.6.3)的要求时，可根据基底平均压力，按式(6.6.1)确定基础距坡顶边缘的距离和基础埋深。

(3)当边坡坡角大于 45°、坡高大于 8 m 时，还应按式(6.6.1)验算坡体稳定性。

建筑物基础存在浮力作用时，应进行抗浮稳定性验算，并应符合下列规定：

(1)对于简单的浮力作用情况，基础抗浮稳定性应符合下式要求

$$\frac{G_k}{N_{w,k}}\geqslant K_w \tag{6.6.4}$$

式中，G_k 为建筑物自重及压重之和(kN)；$N_{w,k}$为浮力作用值(kN)；K_w 为抗浮稳定安全系数，一般情况下可取 1.05。

(2)抗浮稳定性不满足设计要求时，可采用增加压重或设置抗浮构件等措施。在整体满足抗浮稳定性要求而局部不满足时，也可采用增加结构刚度的措施。

第七节　无筋扩展基础设计

刚性基础又称无筋扩展基础，可作墙下条形基础或柱下单独基础。其截面可做成台阶形式，有时也可做成梯形。确定截面尺寸，主要一点是满足刚性角要求，即基础的外伸宽度与基础高度的比值小于基础的允许宽高比(表 6.7.1)。同时还要保证经济合理，便于施工。

无筋扩展基础台阶宽高比的允许值　　表 6.7.1

基础材料	质量要求	台阶宽高比的允许值		
		$p_k \leqslant 100$	$100 < p_k \leqslant 200$	$200 < p_k \leqslant 300$
混凝土基础	C15 混凝土	1∶1.00	1∶1.00	1∶1.25
毛石混凝土基础	C15 混凝土	1∶1.00	1∶1.25	1∶1.50
砖基础	砖不低于 MU10,砂浆不低于 M5	1∶1.50	1∶1.50	1∶1.50
毛石基础	砂浆不低于 M 5	1∶1.25	1∶1.50	
灰土基础	体积比为 3∶7 或 2∶8 的灰土，其最小干密度：粉土 1.55 t/m³、粉质黏土 1.50 t/m³、黏土 1.45 t/m³	1∶1.25	1∶1.50	
三合土基础	体积比为 1∶2∶4～1∶3∶6(石灰∶砂∶集料)，每层约 220 mm，夯至 150 mm	1∶1.50	1∶2.00	

注：1. p_k 为作用的标准组合时基础底面处的平均压力值(kPa)。

2. 阶梯形毛石基础的每阶伸出宽度不宜大于 200 mm。

3. 当基础由不同材料叠合组成时，应对接触部分做抗压验算。

4. 混凝土基础单侧扩展范围内基础底面处的平均压力值超过 300 kPa 时，还应进行抗剪验算；对基底反力集中于立柱附近的岩石地基，应进行局部受压承载力验算。

在确定无筋扩展基础尺寸后，应根据台阶的允许宽高比确定基础的高度，即

$$b \leqslant b_0 + 2h[\tan\alpha] \tag{6.7.1}$$

或

$$h \geqslant \frac{b-b_0}{2[\tan\alpha]} \tag{6.7.2}$$

式中，h 为基础的高度。

若不满足上式时，可增加基础高度，或选择允许宽高比值较大的材料。如仍不满足，则需改用钢筋混凝土扩展基础。在同样荷载和基础尺寸的条件下，钢筋混凝土基础构造高度较小，适宜宽基浅埋的情况。

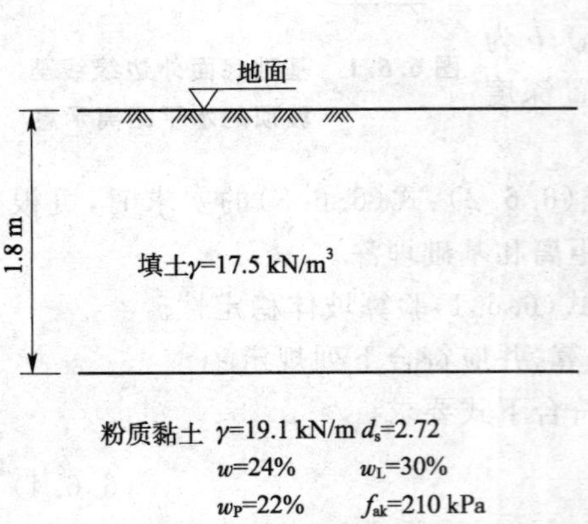

图 6.7.1　例 6.7.1 图

【例 6.7.1】　柱下无筋扩展基础设计(图 6.7.1)

某厂房柱断面 600 mm×400 mm。基础受竖向荷载标准值 F_K=780 kN，力矩标准值 M_K=120 kN·m，水平荷载标准值 H_K=40 kN，作用点位置在±0.000

第三篇　浅基础

处。地基土层剖面如图 6.7.1所示。基础埋置深度1.8 m，试设计柱下无筋扩展基础。

【解】

(1)持力层承载力特征值深度修正持力层为粉质黏土层

$$I_L=\frac{w-w_P}{w_L-w_P}=\frac{24-21}{30-21}=0.33$$

$$e=\frac{d_s(1+w)\gamma_w}{\gamma}-1$$

$$=\frac{2.72\times(1+0.24)\times10}{19}-1=0.775$$

查表得知 $\eta_b=0.3$、$\eta_d=1.6$，先考虑深度修正

$$f_a=f_{ak}+\eta_d\gamma_m(d-0.5)=[210+1.6\times17\times(1.8-0.5)]\ \text{kPa}=245\ \text{kPa}$$

(2)先按中心荷载作用计算

$$A_0=\frac{F_K}{f_a-\gamma_G d}=\frac{780}{245-20\times1.8}\ \text{m}^2=3.73\ \text{m}^2$$

扩大至 $A=1.3A_0=4.85\ \text{m}^2$

取 $l=1.5b$，则

$$b=\sqrt{\frac{A}{1.5}}=\sqrt{\frac{4.85}{1.5}}\ \text{m}=1.8\ \text{m}$$

$$l=2.7\ \text{m}$$

(3)地基承载力验算

基础宽度小于 3 m，不必再进行宽度修正。

基底压力平均值为

$$p_k=\frac{F_K}{lb}+\gamma_G d=\left[\frac{780}{2.7\times8}+20\times1.8\right]\text{kPa}=196\ \text{kPa}$$

基底压力最大值为

$$p_{kmin}^{kmax}=p_k\pm\frac{M_K}{W}=\left[196\pm\frac{(120+40\times1.8)\times6}{2.7^2\times1.8}\right]\text{kPa}=\frac{284}{108}\ \text{kPa}$$

$$1.2f_a=294\ \text{kPa}$$

(4) 基础剖面设计

由结果可知 $p_k<f_a$，$p_{kmax}<1.2f_a$，满足要求。

基础材料选用 C15 混凝土，查表 6.7.1 台阶宽高比允许值 1：1.0，则基础高度 $h=(l-l_0)/2=[(2.7-0.6)/2]\text{m}=1.05\ \text{m}$，做成 3 个台阶，长度方向每阶高、宽均为 350 mm，宽度方向取每阶宽 240 mm，则宽度 $b=(240\times6+400)\ \text{mm}=1\ 840\ \text{mm}$，基础剖面尺寸见图 6.7.2。

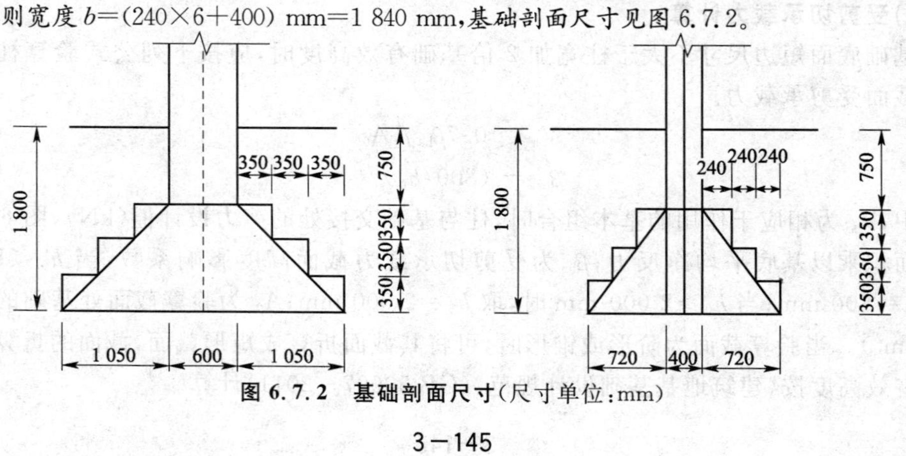

图 6.7.2 基础剖面尺寸(尺寸单位：mm)

第八节 扩展基础

扩展基础的计算应符合下列规定：

(1)对柱下独立基础，当冲切破坏锥体落在基础底面以内时，应验算柱与基础交接处及基础变阶处的受冲切承载力；

(2)对基础底面短边尺寸不大于柱宽加 2 倍基础有效高度的柱下独立基础及墙下条形基础，应验算柱(墙)与基础交接处的基础受剪切承载力；

(3)基础底板的配筋，应按抗弯计算确定；

(4)当基础的混凝土强度等级小于柱的混凝土强度等级时，还应验算柱下基础顶面的局部受压承载力。

一、柱下独立基础计算

(一)受冲切承载力计算

柱下独立基础的受冲切承载力应按下列公式验算

$$F_l \leqslant 0.7\beta_{hp} f_t a_m h_0 \tag{6.8.1}$$

$$a_m = \frac{a_t + a_b}{2} \tag{6.8.2}$$

$$F_l = p_j A_l \tag{6.8.3}$$

式中，β_{hp}为受冲切承载力截面高度影响系数，当 h 不大于 800 mm 时，β_{hp}取 1.0；当 h 不小于 2 000 mm 时，β_{hp}取 0.9，其间按线性内插法取用。f_t 为混凝土轴心抗拉强度设计值(kPa)。h_0 为基础冲切破坏锥体的有效高度(m)。a_m 为冲切破坏锥体最不利一侧计算长度(m)。a_t 为冲切破坏锥体最不利一侧斜截面的上边长(m)，当计算柱与基础交接处的受冲切承载力时，取柱宽；当计算基础变阶处的受冲切承载力时，取上阶宽。a_b 为冲切破坏锥体最不利一侧斜截面在基础底面积范围内的下边长(m)，当冲切破坏锥体的底面落在基础底面以内[图 6.8.1a)、b)]，计算柱与基础交接处的受冲切承载力时，取柱宽加 2 倍基础有效高度；当计算基础变阶处的受冲切承载力时，取上阶宽加 2 倍该处的基础有效高度。p_j 为扣除基础自重及其上土重后相应于作用的基本组合时的地基土单位面积净反力(kPa)，对偏心受压基础可取基础边缘处最大地基土单位面积净反力。A_l 为冲切验算时取用的部分基底面积(m^2)[图 6.8.1a)、b)中的阴影面积 $ABCDEF$]。F_l 为相应于作用的基本组合时作用在 A_l 上的地基土净反力设计值(kPa)。

(二)受剪切承载力计算

当基础底面短边尺寸不大于柱宽加 2 倍基础有效高度时，应按下列公式验算柱与基础交接处截面受剪承载力。

$$V_s \leqslant 0.7\beta_{hs} f_t A_0 \tag{6.8.4}$$

$$\beta_{hs} = (800/h_0)^{1/4} \tag{6.8.5}$$

式中，V_s 为相应于作用的基本组合时，柱与基础交接处的剪力设计值(kN)，图 6.8.2 中的阴影面积乘以基底平均净反力；β_{hs}为受剪切承载力截面高度影响系数，当 h_0＜800 mm 时，取 h_0＝800 mm；当 h_0＞2 000 mm 时，取 h_0＝2 000 mm；A_0 为验算截面处基础的有效截面面积(m^2)。当验算截面为阶形或锥形时，可将其截面折算成矩形截面，截面的折算宽度和截面的有效高度按《建筑地基基础设计规范》(GB 50007—2011)计算。

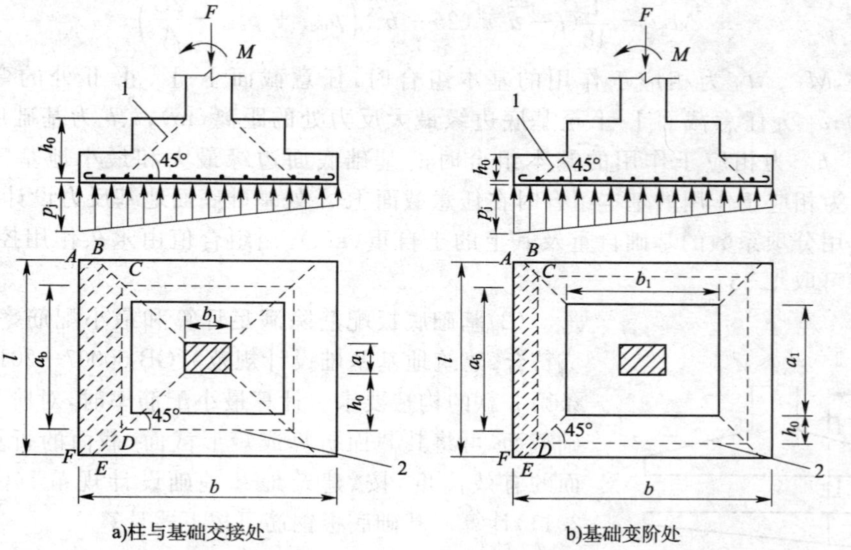

图 6.8.1　计算阶形基础的受冲切承载力截面位置

1-冲切破坏锥体最不利一侧的斜截面；2-冲切破坏锥体的底面线

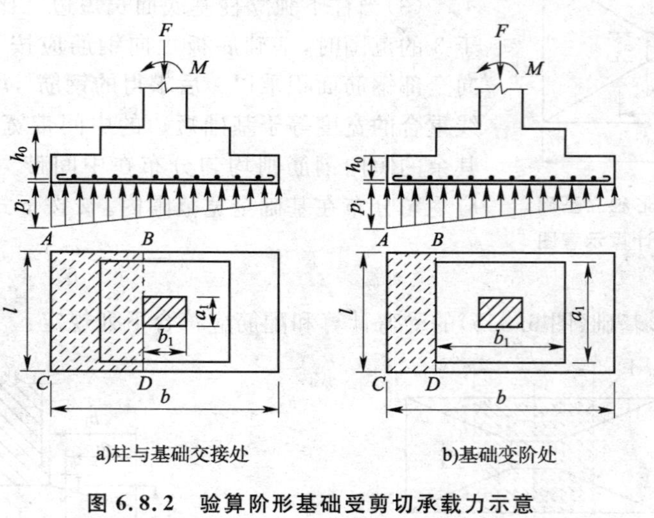

图 6.8.2　验算阶形基础受剪切承载力示意

二、墙下条形基础的计算

(一)柱与基础交接处受剪承载力验算

墙下条形基础底板应按式(6.8.4)验算墙与基础底板交接处截面受剪承载力，其中，A_0为验算截面处基础底板的单位长度垂直截面有效面积，V_s为墙与基础交接处由基底平均净反力产生的单位长度剪力设计值。

(二)抗弯计算

(1)在轴心荷载或单向偏心荷载作用下，当台阶的宽度比不大于2.5且偏心距不大于1/6基础宽度时，柱下矩形独立基础任意截面的底板弯矩可按下列简化方法进行计算(图6.8.3)

$$M_{\mathrm{I}}=\frac{1}{12}a_1^2\left[(2l+a')\left(p_{\max}+p-\frac{2G}{A}\right)+(p_{\max}-p)l\right] \tag{6.8.6}$$

$$M_{\text{Ⅱ}} = \frac{1}{48}(l-a')^2(2b+b')\left(p_{\max}+p_{\min}-\frac{2G}{A}\right) \tag{6.8.7}$$

式中，$M_{\text{Ⅰ}}$、$M_{\text{Ⅱ}}$ 为相应于作用的基本组合时，任意截面Ⅰ-Ⅰ、Ⅱ-Ⅱ处的弯矩设计值（kN·m）；a_1 为任意截面Ⅰ-Ⅰ至基底边缘最大反力处的距离（m）；l、b 为基础底面的边长（m）；$p_{\max}$、$p_{\min}$ 为相应于作用的基本组合时的基础底面边缘最大和最小地基反力设计值（kPa）；p 为相应于作用的基本组合时在任意截面Ⅰ-Ⅰ处基础底面地基反力设计值（kPa）；G 为考虑作用分项系数的基础自重及其上的土自重（kN），当组合值由永久作用控制时，作用分项系数可取 1.35。

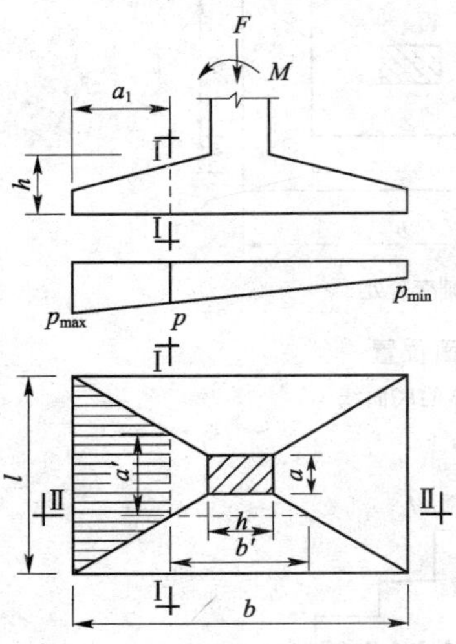

图 6.8.3　柱下矩形独立基础底板的计算示意图

（2）基础底板配筋除满足计算和最小配筋率要求外，还应符合《建筑地基基础设计规范》（GB 50007—2011）第 8.2.1 条第 3 款的构造要求。计算最小配筋率时，对阶形或锥形基础截面，可将其截面折算成矩形截面，截面的折算宽度和截面的有效高度，按《建筑地基基础设计规范》（GB 50007—2011）计算。基础底板钢筋可按下式计算

$$A_s = \frac{M}{0.9f_y h_0} \tag{6.8.8}$$

（3）当柱下独立柱基底面长短边之比 ω 在不小于 2、不大于 3 的范围时，基础底板短向钢筋应按下述方法布置：将短向全部钢筋面积乘以 λ 后求得的钢筋，均匀分布在与柱中心线重合的宽度等于基础短边的中间带宽范围内（图 6.8.4），其余的短向钢筋则均匀分布在中间带宽的两侧。长向配筋应均匀分布在基础全宽范围内。λ 按下式计算

$$\lambda = 1-\frac{\omega}{6} \tag{6.8.9}$$

（4）墙下条形基础（图 6.8.5）的受弯计算和配筋应符合下列规定：

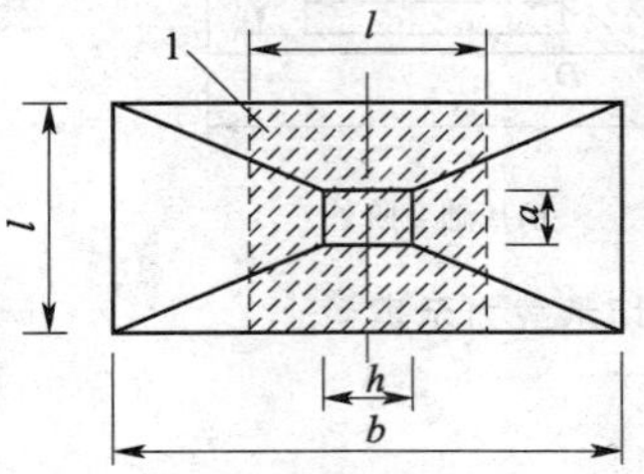

图 6.8.4　基础底板短向钢筋布置示意

1-λ 倍短向全部钢筋面积均匀配置在阴影范围内

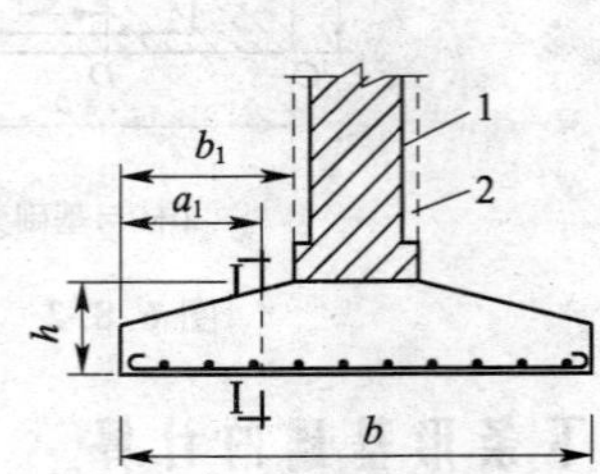

图 6.8.5　墙下条形基础的计算示意图

1-砖墙；2-混凝土墙

①任意截面每延长米宽度的弯矩，可按下式进行计算

$$M_{\text{Ⅰ}} = \frac{1}{6}a_1^2\left(2p_{\max}+p-\frac{3G}{A}\right) \tag{6.8.10}$$

②其最大弯矩截面的位置，应符合下列规定：

a. 当墙体材料为混凝土时，取 $a_1=b_1$；

b. 如为砖墙且放脚不大于 1/4 砖长时，取 $a_1=b_1+1/4$ 砖长。

③墙下条形基础底板每延长米宽度的配筋除满足计算和最小配筋率要求外，还应符合规范要求。

三、钢筋混凝土扩展基础构造要求

(一)一般规定

(1)锥形基础的边缘高度,不宜小于 200 mm;阶梯形基础的每阶高度,宜为 300～500 mm。

(2)垫层的厚度不宜小于 70 mm;垫层混凝土等级应为 C10。

(3)扩展基础底板受力钢筋的最小配筋率不宜小于 0.15%,底板受力钢筋的最小直径不宜小于 10 mm,间距不宜大于 200 mm,也不宜小于 100 mm。墙下钢筋混凝土条形基础纵向分布钢筋的直径不小于 8 mm;间距不大于 300 mm;每延长米分布钢筋的面积应不小于受力钢筋面积的 15%。当有垫层时钢筋保护层的厚度不宜小于 40 mm,无垫层时不小于 70 mm。

(4)混凝土强度等级不应低于 C20。

(5)柱下钢筋混凝土独立基础的边长和墙下钢筋混凝土条形基础的宽度大于或等于2.5 m 时,底板受力钢筋的长度可取边长或宽度的 0.9 倍,并宜交错布置[图 6.8.6a)]。

(6)钢筋混凝土条形基础底板在 T 形及“十”字形交接处,底板横向受力钢筋仅沿一个主要受力方向通长布置,另一方向的横向受力钢筋可布置到主要受力方向底板宽度 1/4 处[图 6.8.6b)],在拐角处底板横向受力钢筋应沿两个方向布置[图 6.8.6c)]。

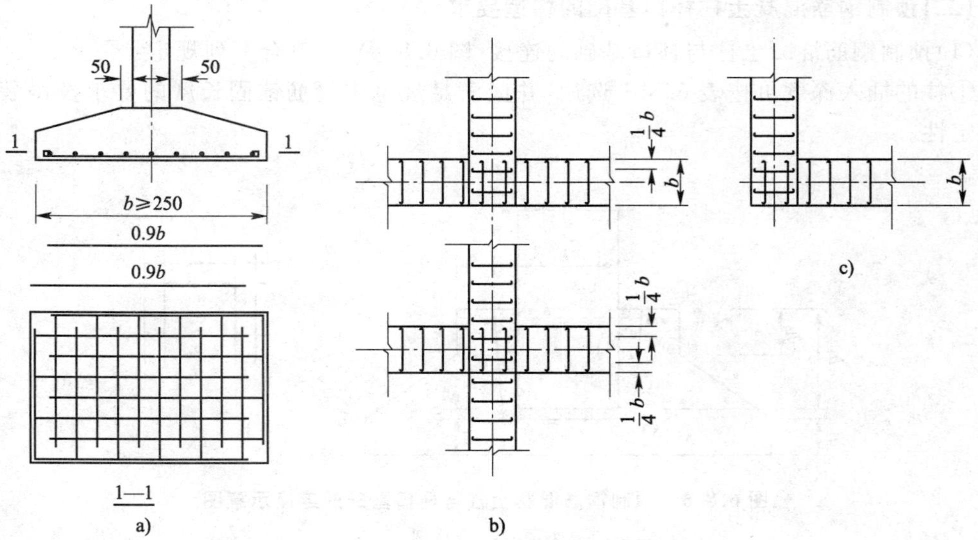

图 6.8.6　扩展基础底板受力钢筋布置示意图

钢筋混凝土柱和剪力墙纵向受力钢筋在基础内的锚固长度应符合下列规定:

(1)钢筋混凝土柱和剪力墙纵向受力钢筋在基础内的锚固长度(l_a)应根据现行国家标准《混凝土结构设计规范》(GB 50010—2010)有关规定确定;

(2)抗震设防烈度为 6 度、7 度、8 度和 9 度地区的建筑工程,纵向受力钢筋的抗震锚固长度(l_{aE})应按下列公式计算:

①一、二级抗震等级纵向受力钢筋的抗震锚固长度(l_{aE})应按下式计算

$$l_{aE} = 1.15l_a \tag{6.8.11}$$

第六章　浅基础设计

②三级抗震等级纵向受力钢筋的抗震锚固长度(l_{aE})应按下式计算

$$l_{aE}=1.05l_a \tag{6.8.12}$$

③四级抗震等级纵向受力钢筋的抗震锚固长度(l_{aE})应按下式计算

$$l_{aE}=l_a \tag{6.8.13}$$

式中,l_a 为纵向受拉钢筋的锚固长度(m)。

(3)当基础高度小于 l_a(l_{aE})时,纵向受力钢筋的锚固总长度除符合上述要求外,其最小直锚段的长度不应小于 $20d$,弯折段的长度不应小于 150 mm。

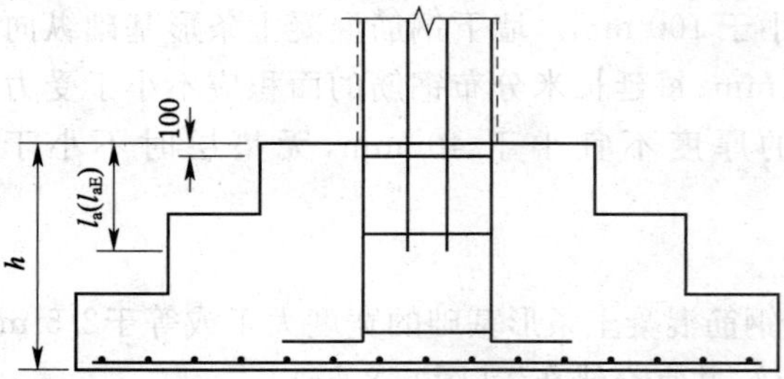

图 6.8.7 现浇柱的基础中插筋构造示意图

现浇柱的基础,其插筋的数量、直径及钢筋种类应与柱内纵向受力钢筋相同。插筋的锚固长度应满足规范的规定,插筋与柱的纵向受力钢筋的连接方法应符合现行国家标准《混凝土结构设计规范》(GB 50010—2010)的有关规定。插筋的下端宜做成直钩放在基础底板钢筋网上。当符合下列条件之一时,可仅将四角的插筋伸至底板钢筋网上,其余插筋锚固在基础顶面下 l_a 或 l_{aE} 处(图 6.8.7)。

柱为轴心受压或小偏心受压,基础高度不小于 1 200 mm。

柱为大偏心受压,基础高度不小于 1 400 mm。

(二)预制钢筋混凝土柱杯口基础的构造要求

(1)预制钢筋混凝土柱与杯口基础的连接(图 6.8.8),应符合下列规定:

①柱的插入深度可按表 6.8.1 选用,并应满足规范中钢筋锚固长度的要求及吊装时柱的稳定性。

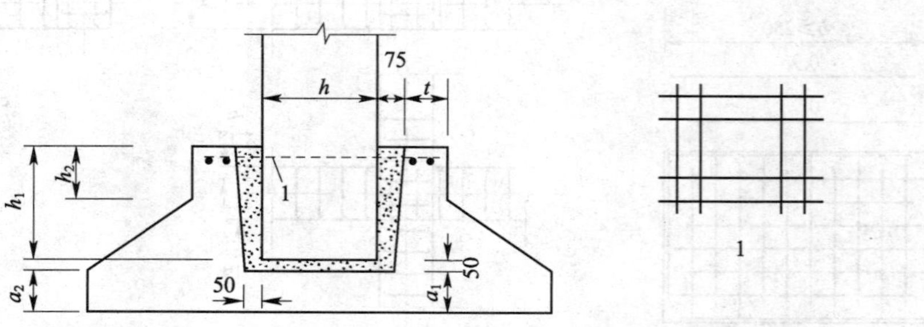

图 6.8.8 预制钢筋混凝土柱与杯口基础的连接示意图

$a_2 \geqslant a_1$;1-焊接网

柱的插入深度 h_1(单位:mm) 表 6.8.1

矩形或"工"字形柱				双肢柱
$h<500$	$500 \leqslant h<800$	$800 \leqslant h \leqslant 1\,000$	$h>1\,000$	
$h \sim 1.2h$	h	$0.9h$ 且≥800	$0.8h$ 且≥1 000	$(1/3 \sim 2/3)h_a$ $(1.5 \sim 1.8)h_b$

注:1. h 为柱截面长边尺寸;h_a 为双肢柱全截面长边尺寸;h_b 为双肢柱全截面短边尺寸。

2. 柱轴心受压或小偏心受压时,h_1 可适当减小;偏心距大于 $2h$ 时,h_1 应适当加大。

②基础的杯底厚度和杯壁厚度可按表 6.8.2 选用。

基础的杯底厚度和杯壁厚度(单位:mm)　　表 6.8.2

柱截面长边尺寸 h	杯底厚度 a_1	杯壁厚度 t
$h<500$	≥150	150～200
$500\leqslant h<800$	≥200	≥200
$800\leqslant h<1\,000$	≥200	≥300
$1\,000\leqslant h<1\,500$	≥250	≥350
$1\,500\leqslant h<2\,000$	≥300	≥400

注:1. 双肢柱的杯底厚度值可适当加大。

2. 当有基础梁时,基础梁下的杯壁厚度应满足其支承宽度的要求。

3. 柱子插入杯口部分的表面应凿毛,柱子与杯口之间的空隙,应用比基础凝土强度等级高一级的细石混凝土充填密实,当达到材料设计强度的 70%以上时,方可进行上部吊装。

③当柱为轴心受压或小偏心受压且 $t/h_2\geqslant0.65$ 时,或大偏心受压且 $t/h_2\geqslant0.75$ 时,杯壁可不配筋;当柱为轴心受压或小偏心受压且 $0.5\leqslant t/h_2<0.65$ 时,杯壁可按表 6.8.3 构造配筋;其他情况下,应按计算配筋。

杯壁构造配筋(单位:mm)　　表 6.8.3

柱截面长边尺寸	$h<1\,000$	$1\,000\leqslant h<1\,500$	$1\,500\leqslant h\leqslant2\,000$
钢筋直径	8～10	10～12	12～16

注:表中钢筋置于杯口顶部,每边两根(图 6.8.8)。

(2)预制钢筋混凝土柱(包括双肢柱)与高杯口基础的连接(图 6.8.9),除应符合前面的插入深度的规定外,还应符合下列规定:

①起重机的起重量不大于 750 kN,轨顶高程不大于 14 m,基本风压小于 0.5 kPa 的工业厂房,且基础短柱的高度不大于 5 m。

②起重机的起重量大于 750 kN,基本风压大于 0.5 kPa,应符合下式的规定

$$\frac{E_2J_2}{E_1J_1}\geqslant10 \tag{6.8.14}$$

式中,E_1 为预制钢筋混凝土柱的弹性模量(kPa);J_1 为预制钢筋混凝土柱对其截面短轴的惯性矩(m^4);E_2 为短柱的钢筋混凝土弹性模量(kPa);J_2 为短柱对其截面短轴的惯性矩(m^4)。

③当基础短柱的高度大于 5 m 时,应符合下式的规定

$$\frac{\Delta_2}{\Delta_1}\leqslant1.1 \tag{6.8.15}$$

式中,Δ_1 为单位水平力作用在以高杯口基础顶面为固定端的柱顶时,柱顶的水平位移(m);Δ_2 为单位水平力作用在以短柱底面为固定端的柱顶时,柱顶的水平位移(m)。

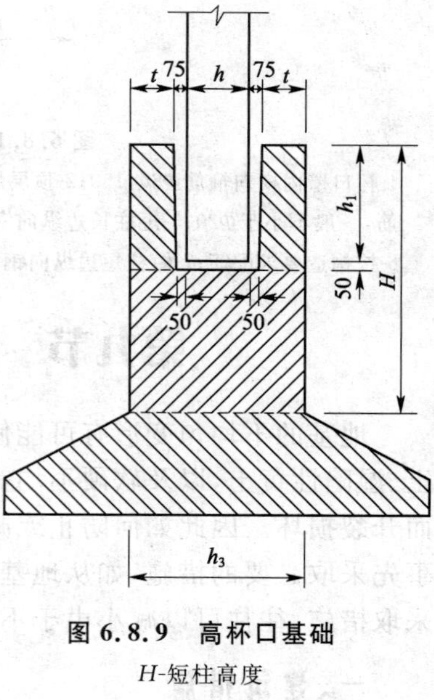

图 6.8.9　高杯口基础

H-短柱高度

④杯壁厚度应符合表 6.8.4 的规定。高杯口基础短柱的纵向钢筋,除满足计算要求外,在非地震区及抗震设防烈度低于 9 度地区,且满足①、②、③款的要求时,短柱四角纵向钢筋的直径不宜小于 20 mm,并延伸至基础底板的钢筋网上。短柱长边的纵向钢筋,当长边尺寸不大于 1 000 mm 时,其钢筋直径不应小于 12 mm,间距不应大于 300 mm;当长边尺寸大于 1 000 mm 时,其钢筋直径不应小于 16 mm,间距不应大于300 mm,每隔 1 m 左右伸下 1 根,

并做 150 mm 的直钩支承在基础底部的钢筋网上，其余钢筋锚固至基础底板顶面下 l_a 处（图 6.8.10）。短柱短边每隔 300 mm 应配置直径不小于 12 mm 的纵向钢筋，且每边的配筋率不少于 0.05%短柱的截面面积。短柱中杯口壁内横向箍筋不应小于ϕ8@150；短柱中其他部位的箍筋直径不应小于 8 mm，间距不应大于 300 mm；当抗震设防烈度为 8 度和 9 度时，箍筋直径不应小于 8 mm，间距不应大于 150 mm。

高杯口基础的杯壁厚度 t 表 6.8.4

h/mm	t/mm	h/mm	t/mm
$600<h\leqslant800$	$\geqslant250$	$1\,000<h\leqslant1\,400$	$\geqslant350$
$800<h\leqslant1\,000$	$\geqslant300$	$1\,400<h\leqslant1\,600$	$\geqslant400$

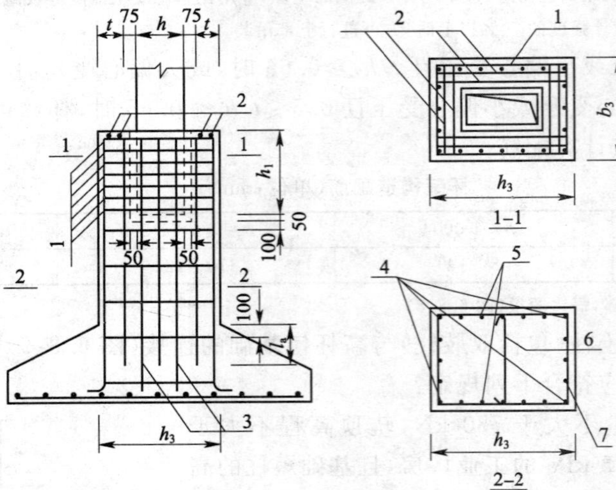

图 6.8.10 高杯口基础构造配筋（尺寸单位：mm）

1-杯口壁内横向箍筋ϕ8@150；2-顶层焊接钢筋网；3-插入基础底部的纵向钢筋，不应少于每米 1 根；4-短柱四角钢筋，一般不小于ϕ20；5-短柱长边纵向钢筋，当 $h_3\leqslant1\,000$ mm 时采用ϕ12@300，当 $h_3>1\,000$ mm 时采用ϕ16@300；6-按构造要求配筋；7-短柱短边纵向钢筋，每边不小于 $0.05\%b_3h_3$（不小于ϕ12@300）

第九节 减小不均匀沉降危害的措施

地基的不均匀变形有可能使建筑物损坏或影响其使用功能。特别是高压缩性土、膨胀土、湿陷性黄土，以及软硬不均等不良地基上的建筑物，如果考虑欠周，就更易因不均匀沉降而开裂损坏。因此如何防止或减轻不均匀沉降造成的损害，是设计中必须考虑的问题。若事先采取必要的措施，如从地基、基础、上部结构相互作用的观点，在建筑、结构或施工方面采取措施，往往可以减小由于不均匀沉降对结构产生的危害。

一、建筑措施

（一）建筑物的体型应力求简单

复杂的体型常常是削弱建筑物整体刚度和加剧不均匀沉降的重要因素。因此，地基条件不好时，在满足使用要求的条件下，应尽量采用简单的建筑体型，如长高比小的“一”字形建筑物。

平面形状复杂（如 L、T、Ⅱ、Ⅲ形等）的建筑物，纵、横单元交叉处基础密集，地基中附加应力互相重叠，必然出现比别处大的沉降。加之这类型建筑物的整体性差，各部分的刚度不对称，很容易遭受地基不均匀沉降的损害。

建筑物高低（或轻重）变化太大，地基各部分所受的荷载不同，也易出现过量的不均匀沉降。据调查，软土地基上紧接高差超过1层的砌体承重结构房屋，低者很容易开裂。因此，当地基软弱时，建筑物立面紧接高差尽可能不超过1层，或当高度差异或荷载差异较大时，可将两者隔开一定距离，当拉开距离后的两个单元必须连接时，应采取能自由沉降的连接构造。

(二)控制长高比及合理布置墙体

长高比大的砌体承重房屋，其整体刚度差，纵墙很容易因挠曲过度而开裂。根据调查认为，2层以上的砌体承重房屋，当预估的最大沉降量超过120 mm时，长高比不宜大于2.5；对于平面简单、内外墙贯通，横墙间隔较小的房屋，长高比的控制可适当放宽，但一般不大于3.0。不符合上述要求时，一般要设置沉降缝。

合理布置纵、横墙，是增强砌体承重结构房屋整体刚度的重要措施之一。一般房屋的纵向刚度较弱，故地基不均匀沉降的损害主要表现为纵墙的挠曲破坏。内、外纵墙的中断、转折，都会削弱建筑物的纵向刚度。地基不良时，应尽量使内、外纵墙都贯通。纵、横墙的联结形成了空间刚度，缩小横墙的间距，可有效地改善房屋的整体性，从而增强了调整不均匀沉降的能力。

(三)设置沉降缝

用沉降缝将建筑物(包括基础)分割为2个或多个独立的沉降单元，可有效地防止不均匀沉降发生。分割出的沉降单元，原则上要求满足体型简单、长高比小及地基比较均匀等条件。为此，沉降缝的位置通常选择在下列部件上：

(1)复杂建筑物平面转折部位；

(2)长高比过大的砌体承重结构或钢筋混凝土框架结构的适当部位；

(3)地基土的压缩性有显著变化处；

(4)建筑物的高度或荷载有很大差异处；

(5)建筑物结构或基础类型不同处；

(6)分期建造房屋的交界处。

沉降缝应有足够的宽度，以防止缝两侧的结构相向倾斜而互相挤压。缝内一般不得填塞，但寒冷地区为了防寒，可填塞松散材料。沉降缝的常用宽度为：2～3层房屋缝宽50～80 mm，4～5层房屋80～120 mm，5层以上应不小于120 mm。

(四)相邻建筑物基础间满足净距要求

由地基中附加应力分布规律可知：作用在地基上的荷载，会使土中的一定宽度和一定深度范围内产生附加应力，从而地基将发生变形。在此范围之外，荷载对相邻建筑物的影响可忽略。如果建筑物之间的距离太近，同期修建会相互影响，特别是建筑物轻重差别太大时，轻者受重者的影响；非同期修建，新建重型建筑物或高层建筑物会对原有建筑物产生影响，而使被影响建筑产生不均匀沉降而开裂。

相邻建筑物基础的净距按表6.9.1选用。由该表可见，决定相邻建筑物的净距的主要因素是建筑物的刚度(用长高比来衡量)及影响建筑的预估沉降量值。

相邻建筑物基础间的净距(单位：m)　　表6.9.1

影响建筑的预估沉降量 s/mm	被影响建筑的长高比	
	$2.0\leqslant\frac{L}{H_f}<3.0$	$3.0\leqslant\frac{L}{H_f}<5.0$
70～150	2～3	3～6
160～250	3～6	6～9
260～400	6～9	9～12
≥400	9～12	≥12

(五)调整建筑设计标高

建筑物的沉降会改变原有的设计标高，严重时将影响建筑物的使用功能。因而可能采取下列措施进行调整：

(1)根据预估的沉降量，适当提高室内地坪和地下设施的标高；

(2)将有联系的建筑物或设备中，沉降较大者的标高适当提高；

(3)建筑物与设备之间留有足够的净空；

(4)当有管道穿过建筑物时，应预留足够的尺寸的孔洞，或采用柔性管道接头等。

二、结构措施

(一)减轻建筑物的自重

在基底压力中，建筑物的自重占很大比例。据估计，工业建筑占50%左右；民用建筑占60%左右。因此，软土地基上的建筑物，常采用下列一些措施减轻自重，以减小沉降量。

(1)采用轻质材料，如各种空心砌块、多孔砖及其他轻质材料以减少墙重。

(2)选用轻型结构，如预应力钢筋混凝土结构、轻钢结构及各种轻型空间结构等。

(3)减少基础和回填的重量，可选用自重轻、回填少的基础形式；设置架空地板代替室内回填土。

(二)减少或调整基底附加压力

设置地下室或半地下室。利用挖出的土重去抵消(补偿)一部分甚至全部的建筑物重量，以达到减小沉降的目的。如果在建筑物的某一高重部分设置地下室(或半地下室)便可减少与较轻部分的沉降差。

改变基础底面尺寸，调整基底附加压力。对荷载较大建筑物可采用较大的基础底面积，减小基底附加压力，可以减小沉降量。对荷载不均匀或地基土压缩性不均匀建筑物可采用不同的基底附加压力来调整不均匀沉降。不过，应针对具体的情况，做到既有效又经济合理。

(三)设置圈梁

对于砌体承重结构，不均匀沉降的损害突出表现为墙体的开裂。因此实践中常在墙内设置圈梁来增强其承受挠曲变形的能力。这是防止出现开裂及阻止裂缝开展的一项有效措施。

圈梁的布置，在多层房屋的基础和顶层处宜各设置1道圈梁，其他各层可隔层设置，必要时可层层设置。单层工业厂房、仓库，可结合基础梁、联系梁、过梁等酌情设置。

圈梁应设置在外墙、内纵墙和主要内横墙上，并宜在平面内连成封闭系统。如在墙体转角及适当部位，设置现浇钢筋混凝土构造柱(用锚筋与墙体拉结)，与圈梁共同作用，可更有效地提高房屋的整体刚度。另外，墙体上开洞时，也宜在开洞部位配筋或采用构造柱和圈梁加强。

(四)采用连续基础

对于建筑体型复杂、荷载差异较大的框架结构，可采用箱基、桩基、筏基等加强基础整体刚度，减少不均匀沉降。

(五)采用非敏感性结构

排架、三铰拱(架)等铰结结构，支座发生相对位移时不会引起很大的附加应力，故可以避免不均匀沉降的损害。不过，这类结构形式通常只适用于单层的工业厂房、仓库和某些公共建筑。必须注意，即使采用了这些结构，严重的不均匀沉降对于屋盖系统、围护结构吊车梁及各种纵、横联系构件等还是有害的，因此，应考虑采取相应的防范措施，例如，避免用连续吊车梁及刚性屋面防水层，或墙内加设圈梁等。

三、施工措施

合理安排施工顺序对于高低、轻重悬殊的建筑部位或单体建筑，在施工进度和条件允许的情况下，一般应按照先重后轻、先高后低的顺序进行施工，或在高、重部位竣工并间歇一段时间后再修建轻、低部位。

带有地下室和群房的高层建筑，为减小高屋部位与群房间的不均匀沉降，施工时应采用后浇带断开，待高层部分主体结构完成时再连接成整体。如采用桩基，可根据沉降情况，在高层部分主体结构未全部完成时连接成整体。

在软土地基上开挖基坑时，要尽量不扰动土的原状结构，通常可在基坑底保留大约200 mm厚的原土层，待施工垫层时才临时挖除。如发现坑底软土已被扰动，可挖除扰动部分，用砂石回填处理。

在新建基础、建筑物侧边不宜堆放大量的建筑材料或弃土等重物，以免地面堆载引起建筑物产生附加沉降。

活载较大的建筑物，有条件时可先堆载预压；在使用初期应控制加载速率和加载范围，避免大量迅速、集中堆载。

注意打桩、降低地下水、基坑开挖对邻近建筑物可能产生的不利影响。

第十节 高层建筑筏形基础

一、筏形基础的一般要求

(1)筏形基础分为梁板式和平板式两种类型，其选型应根据地基土质、上部结构体系、柱距、荷载大小、使用要求及施工条件等因素确定。框架—核心筒结构和筒中筒结构宜采用平板式筏形基础。

(2)对四周与土层紧密接触带地下室外墙的整体式筏基和箱基，当地基持力层为非密实的土和岩石，场地类别为Ⅲ类和Ⅳ类，抗震设防烈度为 8 度和 9 度，结构基本自振周期处于特征周期的 1.2～5 倍范围时，按刚性地基假定计算的基底水平地震剪力、倾覆力矩可按设防烈度分别乘以 0.90 和 0.85 的折减系数。

(3)筏形基础的混凝土强度等级不应低于 C30，当有地下室时应采用防水混凝土。防水混凝土的抗渗等级应按表 6.10.1 选用。对重要建筑，宜采用自防水并设置架空排水层。

防水混凝土抗渗等级　　表 6.10.1

埋置深度 d/m	设计抗渗等级	埋置深度 d/m	设计抗渗等级
$d<10$	P6	$20\leqslant d<30$	P10
$10\leqslant d<20$	P8	$30\leqslant d$	P12

(4)采用筏形基础的地下室，钢筋混凝土外墙厚度不应小于 250 mm，内墙厚度不宜小于 200 mm。墙的截面设计除满足承载力要求外，还应考虑变形、抗裂及外墙防渗等要求。墙体内应设置双面钢筋，钢筋不宜采用光面圆钢筋，水平钢筋的直径不应小于 12 mm，竖向钢筋的直径不应小于 10 mm，间距不应大于 200 mm。

二、筏形基础底面尺寸的确定

筏形基础底面尺寸的确定应遵循天然地基上浅基础设计原则。在基础底面尺寸确定时,为了减小偏心弯矩作用,应尽可能使荷载合力重心与筏基底面形心相重合,在永久荷载与可变荷载准永久组合下,偏心距宜符合下式要求

$$e \leqslant 0.1\frac{W}{A} \tag{6.10.1}$$

式中,W 为与偏心距方向一致的基础底面边缘抵抗矩;A 为基础底面积。

基础底面尺寸除满足地基承载力条件外,对于有软弱下卧层的情况,还应满足软弱下卧层承载力要求。另外,有变形验算要求及稳定性验算要求时,还应进行相应验算。

三、筏形基础厚度确定

(一)梁板式筏基

梁板式筏基底板应计算正截面受弯承载力,其厚度还应满足受冲切承载力、受剪切承载力的要求。

梁板式筏基底板受冲切、受剪切承载力计算应符合下列规定:

(1)梁板式筏基底板受冲切承载力应按下式进行计算

$$F_l \leqslant 0.7\beta_{hp} f_t u_m h_0 \tag{6.10.2}$$

式中,F_l 为作用的基本组合时,图 6.10.1 中阴影部坠毁面积上的基底平均净反力设计值(kN);u_m 为距基础梁边 $h_0/2$ 处冲切临界截面的周长(m)(图 6.10.1)。

(2)当底板区格为矩形双向板时,底板受冲切所需的厚度 h_0 应按下式进行计算,其底板厚度与最大双向板格的短边净跨之比不应小于 1/14,且板厚不应小于 400 mm。

$$h_0 = \frac{(l_{n1}+l_{n2})-\sqrt{(l_{n1}+l_{n2})^2-\dfrac{4p_n l_{n1} l_{n2}}{p_n+0.7\beta_{hp} f_t}}}{4} \tag{6.10.3}$$

式中,l_{n1}、l_{n2} 为计算板格的短边和长边的净长度(m);p_n 为扣除底板及其上填土自重后,相应于作用的基本组合时的基底平均净反力设计值(kPa)。

(3)梁板式筏基双向底板斜截面受剪承载力应按下式进行计算

$$V_s \leqslant 0.7\beta_{hs} f_t (l_{n2}-2h_0)h_0 \tag{6.10.4}$$

式中,V_s 为距梁边缘 h_0 处,作用在图 6.10.2 中阴影部分面积上的基底平均净反力产生的剪力设计值(kN)。

(4)当底板板格为单向板时,其斜截面受剪承载力应按《建筑地基基础设计规范》(GB 50007—2011)第 8.2.10 条验算,其底板厚度不应小于 400 mm。

(二)平板式筏基

平板式筏基的板厚应满足受冲切承载力和受剪切承载力的要求。

平板式筏基柱下冲切验算应符合下列规定:

(1)平板式筏基柱下冲切验算时应考虑作用在冲切临界截面重心上的不平衡弯矩产生的附加剪力。对基础边柱和角柱冲切验算时,其冲切力应分别乘以 1.1 和 1.2 的增大系数。距柱边 $h_0/2$ 处冲切临界截面的最大剪应力 τ_{max} 应按下式进行计算(图 6.10.3)。板的最小厚度不应小于 500 mm。

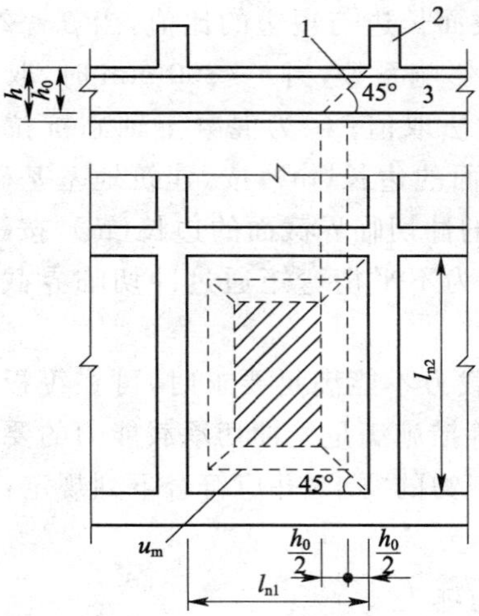

图 6.10.1　底板的冲切计算示意图

1-冲切破坏锥体的斜截面；2-梁；3-底板

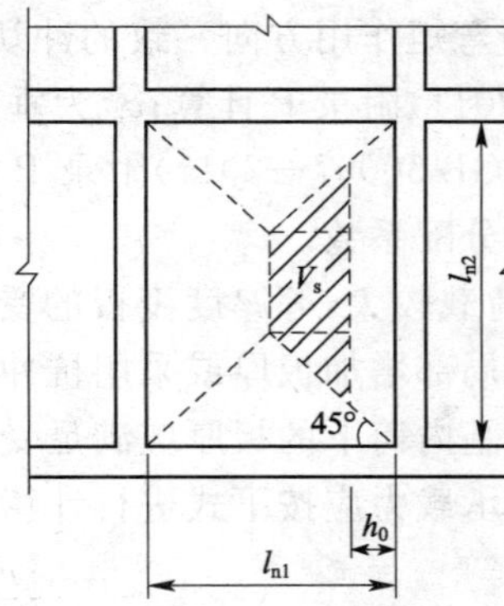

图 6.10.2　底板剪切计算示意图

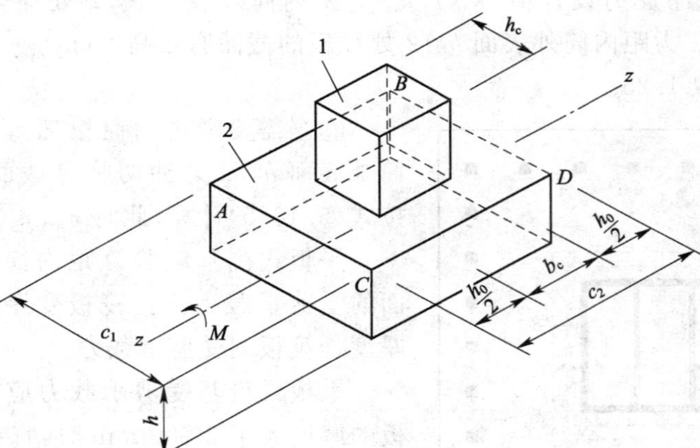

图 6.10.3　内柱冲切临界截面示意图

1-柱；2-筏板

$$\tau_{\max} = \frac{F_l}{u_m h_0} + \alpha_s \frac{M_{\text{unb}} c_{\text{AB}}}{I_s} \tag{6.10.5}$$

$$\tau_{\max} \leqslant 0.7 \times \left(0.4 + \frac{1.2}{\beta_s}\right)\beta_{\text{hp}} f_t \tag{6.10.6}$$

$$\alpha_s = 1 - \frac{1}{1 + \frac{2}{3}\sqrt{\frac{c_1}{c_2}}} \tag{6.10.7}$$

式中，F_l 为相应于作用的基本组合时的冲切力(kN)，对内柱，取轴力设计值减去筏板冲切破坏锥体内的基底净反力设计值；对边柱和角柱，取轴力设计值减去筏板冲切临界截面范围内的基底净反力设计值。u_m 为距柱边缘不小于 $h_0/2$ 处冲切临界截面的最小周长(m)，按《建筑地基基础设计规范》(GB 50007—2011)附录 P 计算；h_0 为筏板的有效高度(m)；M_{unb} 为作用在冲切临界截面重心上的不平衡弯矩设计值(kN・m)；c_{AB} 为沿弯矩作用方向，冲切临界截面重心至冲切临界截面最大剪应力点的距离(m)，按《建筑地基基础设计规范》(GB 50007—2011)附录 P 计算；I_s 为冲切临界截面对其重心的极惯性矩(m^4)，按《建筑地基基础设计规范》(GB 50007—2011)附录 P 计算；β_s 为柱截面长边与短边的比值，当 $\beta_s<2$ 时，β_s 取 2；当 $\beta_s>4$ 时，β_s 取 4；β_{hp} 为受冲切承载力截面高度影响系数，当 $h\leqslant 800$ mm 时，取 $\beta_{hp}=1.0$；当 $h\geqslant 2\ 000$ mm 时，取 $\beta_{hp}=0.9$，其间按线性内插法取值；f_t 为混凝土轴心抗拉强度设计值(kPa)；c_1 为与弯矩作用方向一致的冲切临界截面的边长(m)，按《建筑地基基础设计规范》(GB 50007—2011)附录 P 计算；c_2 为垂直于 c_1 的冲切临界截面的边长(m)，按《建筑地基基础设计规范》(GB 50007—2011)附录 P 计算；α_s 为不平衡弯矩通过冲切临界截面上的偏心剪力来传递的分配系数。

(2)当柱荷载较大，等厚度筏板的受冲切承载力不能满足要求时，可在筏板上面增设柱墩或在筏板下局部增加板厚或采用抗冲切钢筋等措施满足受冲切承载能力的要求。

平板式筏基内筒下的板厚应满足受冲切承载力的要求，并应符合下列规定：

①受冲切承载力应按下式进行计算

$$\frac{F_l}{u_m h_0}\leqslant\frac{0.7\beta_{hp}f_t}{\eta} \tag{6.10.8}$$

式中，F_l 为相应于作用的基本组合时，内筒所承受的轴力设计值减去内筒下筏板冲切破坏锥体内的基底净反力设计值(kN)；u_m 为距内筒外表面 $h_0/2$ 处冲切临界截面的周长(m)(图 6.10.4)；h_0 为距内筒外表面 $h_0/2$ 处筏板的截面有效高度(m)；η 为内筒冲切临界截面周长影响系数，取 1.25。

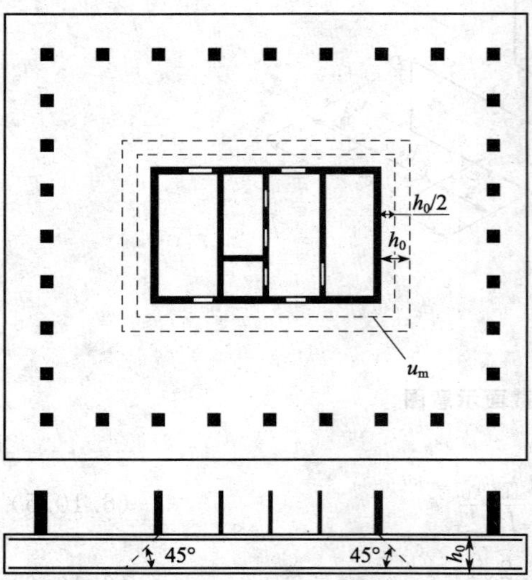

图 6.10.4　筏板受力筒冲切的临界截面位置

②当需要考虑内筒根部弯矩的影响时，距内筒外表面 $h_0/2$ 处冲切临界截面的最大剪应力可按式(6.10.5)计算，此时 $\tau_{max}\leqslant 0.7\beta_{hp}f_t/\eta$。

平板式筏基应验算距内筒和柱边缘 h_0 处截面的受剪承载力。当筏板变厚度时，还应验算变厚度处筏板的受剪承载力。

平板式筏基受剪承载力应按下式验算，当筏板的厚度大于 2 000 mm 时，宜在板厚中间部位设置直径不小于 12 mm、间距不大于 300 mm 的双向钢筋网。

$$V_s\leqslant 0.7\beta_{hs}f_t b_w h_0 \tag{6.10.9}$$

式中，V_s 为相应于作用的基本组合时，基底净反力平均值产生的距内筒或柱边缘 h_0 处筏板单位宽度的剪力设计值(kN)；b_w 为筏板计算截面单位宽度(m)；h_0 为距内筒或柱边缘 h_0 处筏板的截面有效高度(m)。

四、关于筏形基础的其他要求

筏形基础还应满足下列要求：

(1)地下室底层柱、剪力墙与梁板式筏基的基础梁连接的构造应符合下列规定：

①柱、墙的边缘至基础梁边缘的距离不应小于 50 mm，如图 6.10.5 所示；

②当交叉基础梁的宽度小于柱截面的边长时，交叉基础梁连接处应设置八字角，柱角与八字角之间的净距不宜小于 50 mm，如图 6.10.5a)所示；

③单向基础梁与柱的连接，可按图 6.10.5b)、c)采用；

④基础梁与剪力墙的连接，可按图 6.10.5d)采用。

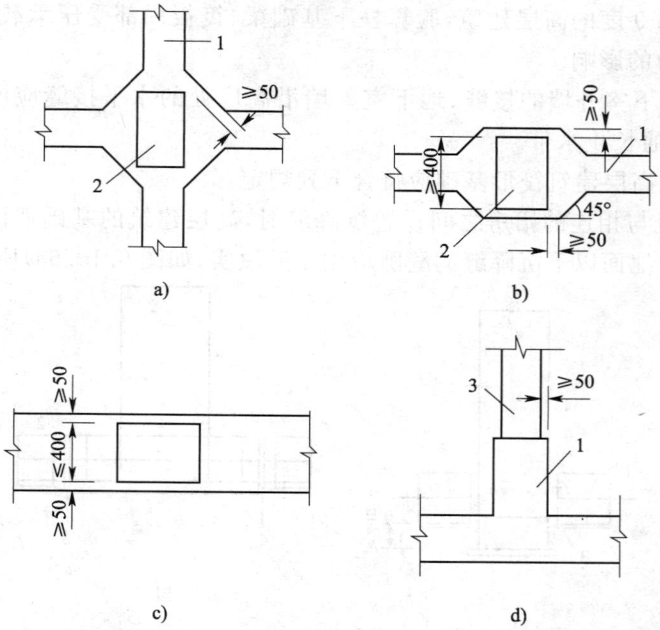

图 6.10.5　地下室底层柱或剪力墙与梁板式筏基的基础梁连接的构造要求

1-基础梁；2-柱；3-墙

(2)当地基土比较均匀，地基压缩层范围内无软弱土层或可液化土层，上部结构刚度较好，柱网和荷载较均匀，相邻柱荷载及柱间距的变化不超过 20%，且梁板式筏基梁的高跨比或平板式筏基板的厚跨比不小于 1/6 时，筏形基础可仅考虑局部弯曲作用。筏形基础的内力，可按基底反力直线分布进行计算，计算时基底反力应扣除底板自重及其上填土的自重。当不满足上述要求时，筏基内力可按弹性地基梁板方法进行分析计算。

(3)按基底反力直线分布计算的梁板式筏基，其基础梁的内力可按连续梁分析，边跨跨中弯距及第一内支座的弯矩值宜乘以 1.2 的系数。梁板式筏基的底板和基础梁的配筋除满足计算要求外，纵横方向的底部钢筋还应有不少于 1/3 贯通全跨，顶部钢筋按计算配筋全部连通，底板上下贯通钢筋的配筋率不应小于 0.15%。

(4)按基底反力直线分布计算的平板式筏基，可按柱下板带和跨中板带分别进行内力分析。柱下板带中，柱宽及其两侧各 0.5 倍板厚且不大于 1/4 板跨的有效宽度范围内，其钢筋配置量不应小于柱下板带钢筋数量的一半，且应能承受部分不平衡弯矩 $\alpha_m M_{unb}$。M_{unb} 为作用在冲切临界截面重心上的不平衡弯矩，α_m 应按下式进行计算。平板式筏基柱下板带和跨中板带的底部支座钢筋应有不少于 1/3 贯通全跨，顶部钢筋应按计算配筋全部连通，上下贯通钢筋的配筋率不应小于 0.15%。

$$\alpha_m = 1 - \alpha_s \tag{6.10.10}$$

式中，α_m 为不平衡弯矩通过弯曲来传递的分配系数；α_s 可按式(6.10.7)计算。

(5)对有抗震设防要求的结构，当地下一层结构顶板作为上部结构嵌固端时，嵌固端处的底层框架柱下端截面组合弯矩设计值应按现行国家标准《建筑抗震设计规范》(GB 50011—2010)的规定乘以与其抗震等级相对应的增大系数。当平板式筏形基础板作为上部结构的嵌固端、计算柱下板带截面组合弯矩设计值时，底层框架柱下端内力应考虑地震作用组合及相应的增大系数。

(6) 梁板式筏基基础梁和平板式筏基的顶面应满足底层柱下局部受压承载力的要求。对抗震设防烈度为 9 度的高层建筑，验算柱下基础梁、筏板局部受压承载力时，应计入竖向地震作用对柱轴力的影响。

(7) 筏板与地下室外墙的接缝、地下室外墙沿高度处的水平接缝应严格按施工缝要求施工，必要时可设通长止水带。

(8) 带裙房的高层建筑筏形基础应符合下列规定：

①当高层建筑与相连的裙房之间设置沉降缝时，高层建筑的基础埋深应大于裙房基础的埋深至少 2 m。地面以下沉降缝的缝隙应用粗砂填实，如图 6.10.6a)所示。

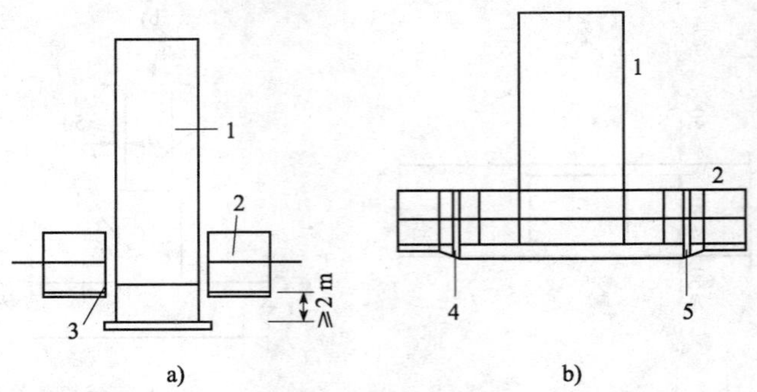

图 6.10.6　高层建筑与裙房间的沉降缝、后浇带处理示意

1-高层建筑；2-裙房及地下室；3-室外地坪以下用粗砂填实；4、5-后浇带

②当高层建筑与相连的裙房之间不设置沉降缝时，宜在裙房一侧设置用于控制沉降差的后浇带，当沉降实测值和计算确定的后期沉降差满足设计要求后，方可进行后浇带混凝土浇筑工作。当高层建筑基础面积满足地基承载力和变形要求时，后浇带宜设在与高层建筑相邻裙房的第一跨内。当需要满足高层建筑地基承载力、降低高层建筑沉降量、减小高层建筑与裙房间的沉降差而增大高层建筑基础面积时，后浇带可设在距主楼边柱的第二跨内，此时应满足以下条件：

a. 地基土质较均匀；

b. 裙房结构刚度较好，且基础以上的地下室和裙房结构层数不少于 2 层；

c. 后浇带一侧与主楼连接的裙房基础底板厚度与高层建筑的基础底板厚度相同，如图 6.10.6b)所示。

③当高层建筑与相连的裙房之间不设沉降缝和后浇带时，高层建筑及与其紧邻一跨裙房的筏板应采用相同厚度，裙房筏板的厚度宜从第二跨裙房开始逐渐变化，应同时满足主、裙楼基础整体性和基础板的变形要求；应进行地基变形和基础内力的验算，验算时应分析地基与结构间变形的相互影响，并采取有效措施防止产生有不利影响的差异沉降。

(9)在同一大面积整体筏形基础上建有多幢高层和低层建筑时，筏板厚度和配筋宜按上部结构、基础与地基土共同作用的基础变形和基底反力计算确定。

(10)带裙房的高层建筑下的整体筏形基础，其主楼下筏板的整体挠度值不宜大于 0.05%，主楼与相邻的裙房柱的差异沉降不应大于其跨度的 0.1%。

(11)采用大面积整体筏形基础时，与主楼连接的外扩地下室的角隅处的楼板板角，除配置两个垂直方向的上部钢筋外，还应布置斜向上部构造钢筋，钢筋直径不应小于 10 mm，间距不应大于 200 mm，该钢筋伸入板内的长度不宜小于 1/4 的短边跨度；与基础整体弯曲方向一致的垂直于外墙的楼板上部钢筋及主裙楼交界处的楼板上部钢筋，钢筋直径不应小于 10 mm，间距不应大于 200 mm，且钢筋的面积不应小于现行国家标准《混凝土结构设计规范》(GB 50010—2010)中受弯构件的最小配筋率,钢筋的锚固长度不应小于 $30d$。

(12)筏形基础地下室施工完毕后,应及时进行基坑回填。填土应按设计要求选料,回填时应先清除基坑中的杂物,在相对的两侧或四周同时回填并分层夯实,回填土的压实系数不应小于 0.94。

(13)采用筏形基础带地下室的高层和低层建筑,地下室四周外墙与土层紧密接触且土层为非松散填土、松散粉细砂土、软塑流塑黏性土,上部结构为框架、框剪或框架—核心筒结构,当地下一层结构顶板作为上部结构嵌固部位时,应符合下列规定:

①地下一层的结构侧向刚度不小于与其相连的上部结构底层楼层侧向刚度的 1.5 倍。

②地下一层结构顶板应采用梁板式楼盖,板厚不应小于 180 mm,其混凝土强度等级不宜小于 C30;楼面应采用双层双向配筋,且每层每个方向的配筋率不宜小于 0.25%。

③地下室外墙和内墙边缘的板面不应有大洞口,以保证将上部结构的地震作用或水平力传递到地下室抗侧力构件中。

④当地下室内、外墙与主体结构墙体之间的距离符合表 6.10.2 的要求时,该范围内的地下室内、外墙可计入地下一层的结构侧向刚度,但此范围内的侧向刚度不能重叠用于相邻建筑。当不符合上述要求时,建筑物的嵌固部位可设在筏形基础的顶面,此时宜考虑基侧土和基底土对地下室的抗力。

地下室墙与主体结构墙体之间的最大间距 d　　表 6.10.2

抗震设防烈度 7 度、8 度	抗震设防烈度 9 度
$d \leqslant 30$ m	$d \leqslant 20$ m

(14)地下室的抗震等级、构件的截面设计及抗震构造措施应符合现行国家标准《建筑抗震设计规范》(GB 50011—2010)的有关规定。剪力墙底部加强部位的高度应从地下室顶板算起;当结构嵌固在基础顶面时,剪力墙底部加强部位的范围还应延伸至基础顶面。

第四篇

深 基 础

考试大纲

(一)桩的类型、选型与布置

了解桩的类型及各类桩的适用条件;熟悉桩的设计选型应考虑的因素;掌握布桩设计原则。

(二)单桩竖向承载力

了解单桩在竖向荷载作用下的荷载传递和破坏机理;熟悉单桩竖向承载力的确定方法;掌握桩身承载力的验算方法。

(三)群桩的竖向承载力

了解竖向荷载作用下的群桩效应;掌握群桩竖向承载力计算方法。

(四)负摩阻力

了解负摩阻力的发生条件;掌握负摩阻力的确定方法。

(五)桩的抗拔承载力

了解抗拔桩基的适用条件;掌握单桩及群桩的抗拔承载力计算方法。

(六)桩基沉降计算

熟悉桩基沉降计算的基本假定和计算模式;掌握桩基沉降计算方法。

(七)桩基水平承载力和水平位移

了解桩基在水平荷载作用下的荷载传递和破坏机理;熟悉桩基水平承载力的确定方法;了解桩基在水平荷载作用下的位移计算方法。

(八)承台设计

熟悉承台形式的确定方法;掌握承台的受弯、受冲切和受剪承载力计算方法。

(九)桩基施工

了解灌注桩、预制桩和钢桩的主要施工方法及其适用条件;了解桩基施工中容易发生的问题及预防措施。

(十)沉井基础

了解沉井基础的应用条件;掌握沉井设计方法;了解沉井下沉施工方法和主要工序;了解沉井施工中常见的问题与处理方法。

第一章　桩的类型、选型与布置

第一节　桩的类型

一、按承载性状分类

单桩的荷载传递机理，简单而概念性地可如图 1.1.1 所示。桩在竖向荷载作用下，桩顶荷载由桩侧阻力和端阻力共同承受，而桩侧阻力、端阻力的大小和分担荷载比例，主要由桩侧、桩端地基土的物理力学性质，桩的尺寸和施工工艺所决定。《建筑桩基技术规范》(JGJ 94—2008)按竖向荷载下桩土相互作用特点，桩侧阻力与桩端阻力的发挥程度和分担荷载比，将桩分为摩擦型桩和端承型桩两大类和四个亚类，见表 1.1.1。

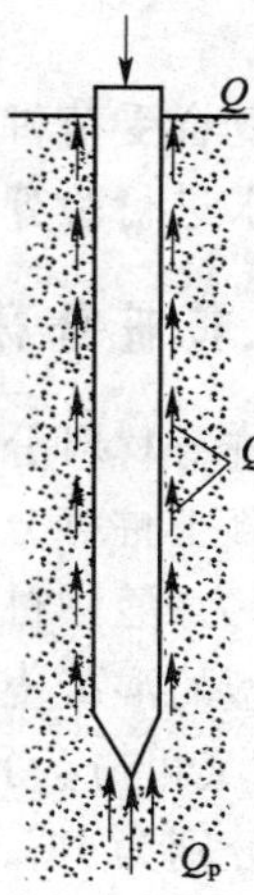

图 1.1.1　单桩的荷载传递

桩按荷载机理分类　　表 1.1.1

桩的类型	摩擦桩	端承摩擦桩	摩擦端承桩	端承桩
Q_{su}/Q_u	100%～95%	95%～50%	50%～5%	5%～0%
Q_{pu}/Q_u	0%～5%	5%～50%	50%～95%	95%～100%

注：Q_u为极限荷载；Q_{su}为桩侧极限阻力；Q_{pu}为桩端极限阻力。

(一)摩擦型桩

摩擦型桩是指在竖向极限荷载作用下，桩顶荷载全部或主要由桩侧阻力承受。根据桩侧阻力分担荷载的大小，摩擦型桩分为摩擦桩和端承摩擦桩两类。

在深厚的软弱土层中，无较硬的土层作为桩端持力层，或桩端持力层虽然较坚硬但桩的长径比 l/d 很大，传递到桩端的轴力很小，以至在极限荷载作用下，桩顶荷载绝大部分由桩侧阻力承受，桩端阻力很小、可忽略不计的桩，称为“摩擦桩”。

当桩的 l/d 不是很大，桩端持力层为较坚硬的黏性土、粉土和砂类土时，除桩侧阻力外，还有一定的桩端阻力。桩顶荷载由桩侧阻力和桩端阻力共同承担，但大部分由桩侧阻力承受的桩，称为“端承摩擦桩”。这类桩所占比例很大。

(二)端承型桩

端承型桩是指在竖向极限荷载作用下，桩顶荷载全部或主要由桩端阻力承受，桩侧阻力相对桩端阻力而言较小，或可忽略不计的桩。根据桩端阻力发挥的程度和分担荷载的比例，又可分为摩擦端承桩和端承桩两类。桩端进入中密以上的砂土、碎石类土或中、微风化岩层，桩顶极限荷载由桩侧阻力和桩端阻力共同承担，而主要由桩端阻力承受，称为“摩擦端承桩”。

当桩的 l/d 较小(一般小于 10)，桩身穿越软弱土层，桩端设置在密度砂层，碎石类土层中、微风化岩层中，桩顶荷载绝大部分由桩端阻力承受，桩侧阻力很小可忽略不计时，称为“端承桩”。

对于嵌岩桩，桩侧与桩端荷载分担比与孔底沉渣及进入基岩深度有关，桩的长径比 l/d 不是制约荷载分担比的唯一因素。

二、按桩的使用功能分类

按桩的使用功能分类是指桩在使用状态下，按桩的抗力性能和工作机理进行分类。不同使用功能的桩基，有不同的构造要求和不同的计算内容。

①竖向抗压桩：主要承受竖向下压荷载（简称“竖向荷载”）的桩，应进行竖向承载力计算，必要时，还需计算桩基沉降，验算软弱下卧层的承载力及负摩阻力产生的下拉荷载。

②竖向抗拔桩：主要承受竖向上拔荷载的桩，应进行桩身强度和抗裂计算及抗拔承载力验算。

③水平受荷桩：主要承受水平荷载的桩，应进行桩身强度和抗裂验算及水平承载力和位移验算。

④复合受荷桩：承受竖向、水平荷载均较大的桩，应按竖向抗压（或抗拔）桩及水平受荷桩的要求进行验算。

三、按桩身材料分类

按桩身材料分类包括混凝土桩和钢桩。

混凝土桩可分为灌注桩和预制桩两类。在现场采用机械或人工成孔，就地灌注混凝土成桩，称为“灌注桩”。灌注桩可在桩内设置钢筋笼，也可不配钢筋；预制桩是在工厂或现场预制成型的混凝土桩，有实心（或空心）方桩、管桩。为提高其抗裂性和节约钢材，可做成预应力桩（又可分为预应力混凝土管桩、预应力高强混凝土管桩和预应力混凝土薄壁管桩，三者代号分别为 PC 桩、PHC 桩和 PTC 桩）。为减小沉桩挤土效应可做成敞口预应力管桩。钢桩主要有钢管桩、H 型钢桩、使用量较小的钢轨桩和组合材料桩。组合材料桩，是指用两种材料组合的桩，例如钢管桩内填充混凝土，或上部为钢管桩下部为混凝土等形式的组合桩。

四、按成桩方法分类

按成桩方法分类包括非挤土桩：干作业法、泥浆护壁法、套管护壁法；部分挤土桩：部分挤土灌注桩、埋入式桩、打入式敞口桩；挤土桩：挤土灌注桩、挤土预制桩（打入或静压）。

大量工程实践表明，成桩挤土效应对桩的承载力、成桩质量控制及环境等有很大影响，因此，根据成桩方法和成桩过程的挤土效应，将桩分为非挤土桩、部分挤土桩和挤土桩三大类。

在饱和软土中设置挤土桩，如设计和施工不当，就会产生明显的挤土效应，导致未初凝土灌注桩桩身缩小乃至断裂，桩上涌和移位，地面隆起，从而降低桩的承载力；有时还会损坏邻边建筑物；桩基施工后，还可能因饱和软土中孔隙水压力消散，土层产生再固结沉降，使桩产生摩阻力，降低桩基承载力，增大桩基沉降。挤土桩若设计和施工得当，可收到良好的技术经济效果。在非饱和松散土中采用挤土桩，其承载力明显高于非挤土桩。因此，正确地选择成桩方法和工艺是桩基设计中的重要环节。

《公路桥涵地基与基础设计规范》(JTG D63—2007)指出，管桩适用于深水、有潮汐影响和岩面起伏不平的河床。管桩的直径较大，强度和稳定性都较高，适用于承载力要求较高的基础，适用于各种土层，施工时没有坍孔之患。

五、按桩径大小分类

按桩径大小分类:小桩,$d\leqslant250$ mm(d 为桩身设计直径);中等直径桩,250 mm$<d<$800 mm;大直径桩,$d\geqslant800$ mm。

小桩由于桩径小,施工机械、施工场地和施工方法一般较为简单,多用于基础加桩(树根桩或静压锚杆托换桩)和复合桩基础。

中等直径桩长期以来在工业与民用建筑物中大量使用,成桩的方法和工艺繁杂。

大直径桩近 20 年来发展较快,范围逐渐增多。因为桩径大且桩端还可扩大,因此,单桩桩载力较高。此类桩除大直径钢管桩外,多数为钻、冲、挖孔灌注桩,通常用于高重型建(构)筑物基础,并可实现柱下单桩的结构形式。因此,这决定了大直径桩施工质量的重要性。

第二节 桩型与工艺选择

一、桩型选择的基础原则

①因荷载制宜,即上部结构传递给基础的荷载大小是控制单桩承载力要求的主要因素。

②因土层制宜,即根据建筑物场地的工程地质条件、地下水位状况和桩端持力层深度来比较各种不同方案桩结构的承载力和技术经济指标,选择桩的类型。

③因机械制宜,即考虑本地区桩基施工单位现有的桩工机械设备;如确实需要从其他地区引进桩工机械时,则需考虑其经济合理性。

④因环境制宜,即考虑成桩过程中对环境的影响。例如打入式预制桩和打入式灌注桩的场合,就要考虑振动、噪声和油污对周围环境的影响;泥浆护壁钻孔桩和埋入式桩就要考虑泥水、泥土的处理,否则会对环境造成不良影响。

⑤因造价制宜,即采用的桩型,其造价应比较低廉。

⑥因工期制宜,当工期紧迫而环境又允许,可采用打入式预制桩,其施工速度快;如施工条件合适,也可采用人工挖孔桩,因该桩型施工作业面可增多,施工进程也较快。

总之,在选择桩型和工艺时,应对建筑物的特征(建筑结构类型、荷载性质、桩的使用功能和建筑物的安全等级等)、地形、工程地质条件(穿越土层、桩端持力层岩土特性)、水文地质条件(地下水类别、地下水位标高)、施工机械设备、施工环境、施工经验、各种桩施工法的特征、制桩材料供应条件、造价和工期等进行综合性研究分析后,并进行技术经济分析比较,最后选择经济合理、安全适用的桩型和成桩工艺。

需要引起注意的是:任何一种桩型都不是万能的,都有其适用范围,关键在于找到切入点,扬长避短;再好的桩型,只要施工中不注意质量或超过其适用范围,就会出现质量问题甚至造成重大事故及经济损失。

二、桩基几何尺寸的选择

(一)桩径与桩长

1. 确定桩长的参考标准

决定桩长应根据土层的竖向分布特征,选择地基土持力层(包括摩擦持力层和桩端持力层),对于按实体基础考虑的群桩,还应考虑桩端压缩层深度。

一般应选择较硬土层作为桩端持力层。桩端全断面进入持力层的深度，对于黏性土、粉土不宜小于 $2d$，砂土不宜小于 $1.5d$，碎石类土不宜小于 $1d$。当存在软弱下卧层时，桩基以下硬持力层厚度不宜小于 $4d$。

当硬持力层较厚且施工条件许可时，桩端全断面进入持力层的深度宜达到桩端阻力的临界深度。

强风化岩的力学性质一般与碎石类土相似，用它作为桩端持力层时，桩进入该层的深度不宜小于 $1d$。

岩溶地区的灌注桩基，当岩面较为平整且上覆土层较厚时，嵌入微风化或中等风化岩体的深度，宜采用 $0.2d$ 或不小于 0.2 m。嵌岩灌注桩周边嵌入完整和较完整的未风化、微风化、中风化硬质岩体的最小深度，不宜小于 0.5 m。

桩长的选择，应考虑在基础附近已埋入地下的建(构)筑物等。

群桩桩长的选择还要考虑土的扩散角，避免应力重叠。

承受水平荷载的桩，其入土长度应大于有效桩长，即对水平荷载发挥有效抗力的那部分长度。

对于挤土桩，尚应考虑贯穿硬夹层深度的可能性。

2.确定桩径的参考标准

首先应考虑各种桩成型的最小直径要求(不包括微型桩，即 JM 桩)。例如：打入式预制桩不小于 25 cm；干作业钻孔桩不小于 30 cm；泥浆护壁钻孔桩和冲孔桩不小于 50 cm；人工挖孔桩不小于 80 cm 等。

其次，要充分利用桩身材料强度来确定桩截面。例如，当作用在桩上的外力小于桩在土中的承载力时，一般应采用小截面桩。

下述情况，应扩大桩截面：①有较大的集中荷载和桩端在密实土中时；②当有较大的水平荷载或上拔荷载作用时；③为了穿过较厚的软弱土层而增大侧表面时；④长度不大时。

对于排架柱或框架柱下的桩基，当建筑场地埋藏有基岩、砂卵石等坚硬持力层时，可采用一柱一桩，以节省承台用料。但此时必须确保桩的施工质量。

3.选择长径比(l/d)的参考标准

对于摩擦桩和端承摩擦桩，由于其大部分桩身轴向压力通过桩侧摩阻力向下和向四周传布，使轴向压力随深度递减，事实上不存在桩身压屈失稳问题。因此，其长径比可不作限制，宜采用细长桩。对于摩擦端承桩和端承桩，在其桩端持力层强度低于桩身材料强度的情况下，一般宜优先考虑采用扩底灌注桩。

按不出现压屈失稳条件来确定桩的长径比，一般来说，仅当高承台桩露出地面的长度较大，或桩侧土为可液化土、超软土的情况下，才需考虑这一问题。对于一般土中的桩，其压屈临界荷载值很高，远大于由土体强度控制的极限承载力。因此，主要根据施工因素适当考虑桩身稳定问题，来确定最大长径比。

按施工垂直度偏差控制桩长径比，主要是考虑不至于出现桩端交会而降低桩端阻力。若考虑桩的设计最小中心距一般为 $2.5d$，桩的允许水平偏差为 $d/4$，垂直度允许偏差为 1%，由此可得保证相邻桩端不交会的条件是 $l/d \leqslant 60$。对于穿越可液化土、超软土、自重湿陷性黄土的端承摩擦桩，考虑其桩侧土的水平反力系数很低，此时 $l/d \leqslant 40$。

(二)桩的中心距

群桩基础中心距的确定需考虑许多因素。

1. 考虑挤土桩成桩过程的挤土效应

对于打入桩、压入桩、沉管灌注桩等挤土桩，其成桩过程的挤土效应，是确定这类桩最小中心距的主导因素。

对于沉管灌注桩，要考虑成桩过程中桩间土体不至于因桩距过小而发生过大的隆起，或对邻桩产生过大的侧向挤压力，而造成颈缩或断桩。对于饱和土中的预制桩，沉桩过程中会产生较大的超静水孔压，土体出现隆起和侧移，如果桩中心距过小，会对已入土的桩产生上拔力和水平推力，使其向上抬起和倾斜，导致桩端阻力降低，桩身拉断和折断；当预制桩接头焊接质量差，桩距过小，沉桩的挤土效应会造成接头拉断并脱离。粉土和砂土中的挤土桩，当桩距过小，由于挤土效应可能使沉桩阻力逐步增大，以致无法沉至设计标高，在地面上形成高低不等的“桩林”。为此对挤土的最小中心距应严加限制。

我国《建筑桩基技术规范》(JGJ 94—2008)规定的桩最小中心距见表 1.2.1。

基桩的最小中心距　　表 1.2.1

土类与成桩工艺		排数不少于 3 排且桩数不少于 9 根的摩擦型桩桩基	其他情况
非挤土灌注桩		$3.0d$	$3.0d$
部分挤土桩	非饱和土、饱和非黏性土	$3.5d$	$3.0d$
	饱和黏性土	$4.0d$	$3.5d$
挤土桩	非饱和土、饱和非黏性土	$4.0d$	$3.5d$
	饱和黏性土	$4.5d$	$4.0d$
钻、挖孔扩底桩		$2D$ 或 $D+2.0$ m（当 $D>2$ m 时）	$1.5D$ 或 $D+1.5$ m（当 $D>2$ m 时）
沉管夯扩、钻孔挤扩桩	非饱和土、饱和非黏性土	$2.2D$ 且 $4.0d$	$2.0D$ 且 $3.5d$
	饱和黏性土	$2.5D$ 且 $4.5d$	$2.2D$ 且 $4.0d$

注：1. d 为圆桩设计直径或方桩设计边长，D 为扩大端设计直径。

2. 当纵横向桩距不相等时，其最小中心距应满足“其他情况”一栏的规定。

3. 当为端承桩时，非挤土灌注桩的“其他情况”一栏可减小至 $2.5d$。

①基桩的最小中心距应符合表 1.2.1 的规定；当施工中采取减小挤土效应的可靠措施时，可根据当地经验适当减小。

②排列基桩时，宜使桩群承载力合力点与竖向永久荷载合力作用点重合，并使基桩受水平力和力矩较大方向有较大抗弯截面模量。

③对于桩箱基础、剪力墙结构桩筏(含平板和梁板式承台)基础，宜将桩布置于墙下。

④对于框架—核心筒结构桩筏基础应按荷载分布考虑相互影响，将桩相对集中布置于核心筒和桩下；外围框架柱宜采用复合桩基，有合适桩端持力层时，桩长宜减小。

⑤应选择较硬土层作为桩端持力层。桩端全断面进入持力层的深度，对于黏性土、粉土不宜小于 $2d$，砂土不宜小于 $1.5d$，碎石类土不宜小于 $1d$。当存在软弱下卧层时，桩端以下硬持力层厚度不宜小于 $3d$。

⑥对于嵌岩桩，嵌岩深度应综合荷载、上覆土层、基岩、桩径、桩长诸因素确定。对于嵌入倾斜的完整和较完整岩的全断面深度不宜小于 $0.4d$，且不小于 0.5 m；倾斜度大于 30%

的中风化岩，宜根据倾斜度及岩石完整性适当加大嵌岩深度。对于嵌入平整、完整的坚硬岩和较硬岩的深度不宜小于 $0.2d$，且不应小于 0.2 m。

2. 考虑群桩效应

一般来说，群桩由“整体破坏”转变为“刺入破坏”的桩距界限值，从承载能力和经济效果综合来后，可以认为是最优的设计桩距。对于软弱地基中的群桩基础，增大桩距和桩长，是提高单桩承载力取值的手段。

3. 考虑邻桩干扰效应

对于在黏性土、粉土和密砂中的摩擦桩和端承摩擦桩，要考虑不至于因桩距过小产生过大的邻桩干扰效应，而降低承载力。

4. 考虑确定的桩距

确定桩距时，应考虑承台分担荷载的作用。

第三节 桩的布置

桩的布置需符合标准要求。

①桩的最小中心距应符合表 1.2.1 的规定。

为了避免桩基施工可能引起的土的松弛效应和挤土效应对相邻基桩的不利影响，以及桩群效应对基桩承载力的不利影响，布桩时应该根据土类和成桩工艺及排列确定桩的最小中心距。一般情况下，穿越饱和软土的挤土桩，要求桩中心距最大，部分挤土桩或穿越非饱和土的挤土桩次之，非挤土桩最小；对于面积的桩群，桩的最小中心距宜适当加大。对于桩的排数为 1～2 排，桩数小于 9 根的其他情况的摩擦型桩基，桩的最小中心距可适当减小。

扩底灌注桩为保证桩侧阻力得到有效发挥且避免扩大端相串，除桩的最小中心距应符合表 1.2.1 中要求外，尚宜满足有关的规定。

经验证明，桩的合理布置对发挥桩的承载力，减少建筑物的沉降，特别是不均匀沉降是至关重要的。

②排列基桩时，宜使桩群承载力合力点与长期荷载重心重合，并使桩基受水平力和力矩较大方向有较大的截面模量。

③对于桩箱基础，宜将桩布置于墙下；对于带梁（肋）桩筏基础，宜将桩布置于梁（肋）下；对于大直径桩宜采用一柱一桩。

④同一结构单元宜避免采用不同类型的桩。

⑤桩端持力层深度的选择应符合本章第二节中二、（一）1. 的规定。

桩端持力层的选择原则和桩端进入持力层的最小深度，主要是考虑在各类持力层中成桩的可能性和尽量提高桩端阻力的要求。对于薄持力层，且桩端持力层有下卧软弱土层时，当桩端进入持力层过深，反而会降低桩的承载力。当硬持力层较厚且施工条件许可时，桩端进入持力层的深度宜尽可能达到该土层桩端阻力的临界深度。桩端阻力的临界深度是指桩端阻力随桩端进入持力层的深度增加而增大的一个界限深度值。当桩端进入持力层的深度超过该土层的临界深度后，桩端阻力则不再有显著增加或不再增加。因此，将桩端设置在土层的临界深度处，有利于充分发挥桩的承载力。砂与碎石类土的临界深度为 $(3\sim10)d$，随密度提高而增大；粉土、黏性土的临界深度为 $(2\sim6)d$，随土的孔隙比和液性指数的减小而增大。

第四节　我国现有的桩型体系

由于我国地域辽阔，各地自然地质条件差别极大，东西部地区经济发展水平很不平衡，施工技术水平也有很大差异，因此在桩基设计与施工上极为多元化，几乎所有的桩型都在使用。在有些地区已经否定的方法可能在别的地区还在使用，先进的现代化工艺设备和传统的比较陈旧的工艺设备并存，大直径桩与中小直径桩并存，预制桩与灌注桩并存，挤土桩与非挤土桩并存，锤击、振动与静压的沉桩方法并存，钻孔、冲孔与人工挖孔的成孔方法并存。在我国各种桩型几乎都可以有它适合的土质、环境和需求，都有其应有的价值与地位。桩型上的这种特点主要由两个原因造成的：一是经济上的考虑，二是技术发展的不同。要在全国推行一种或几种桩型是不可能的，因地制宜，从实际出发选择桩型是桩基设计的重要指导思想。

我国在各类工程中所应用的主要桩型如表 1.4.1 所示。

我国应用的主要桩型　　　　表 1.4.1

<table>
<tr><th>成桩方法</th><th>制桩材料</th><th colspan="2">桩身与桩尖形状</th><th colspan="2">施工工艺</th></tr>
<tr><td rowspan="7">预制桩</td><td rowspan="5">钢筋混凝土</td><td>方桩</td><td>传统桩尖
桩端型钢加强</td><td rowspan="2">现场浇筑
工厂预制</td><td rowspan="7">锤击沉桩
振动沉桩
静力压桩</td></tr>
<tr><td colspan="2">三角形桩</td></tr>
<tr><td>空心方桩</td><td rowspan="2">传统桩尖
平底</td><td rowspan="3">工厂预制</td></tr>
<tr><td>管桩</td></tr>
<tr><td>预应力管桩</td><td>尖底
平底</td></tr>
<tr><td rowspan="2">钢材</td><td>钢管桩</td><td>开口
闭口</td><td>工厂生产焊
接无缝钢管</td></tr>
<tr><td colspan="2">H 形钢桩</td><td>工厂生产</td></tr>
<tr><td rowspan="5">灌注桩</td><td rowspan="4">沉管
灌注桩</td><td colspan="3">直桩身—预制锥形桩尖</td><td rowspan="4"></td></tr>
<tr><td rowspan="3">扩　底</td><td colspan="2">内击式扩底</td></tr>
<tr><td colspan="2">无桩靴夯扩</td></tr>
<tr><td colspan="2">预制平底大头扩底</td></tr>
<tr><td>钻(冲、挖)
孔灌注桩</td><td colspan="2">直身桩
扩底桩
多分支承力盘桩
嵌岩桩</td><td>钻孔
冲孔
人工挖孔</td><td>压浆
不压浆</td></tr>
</table>

近年来，我国海洋石油平台、超高层建筑和大跨度桥梁的建造，对桩基的设计与施工提出了很高的要求，在这些工程建设中桩基工程得到了迅速的发展，我国主要桩型的实际应用范围见表 1.4.2。

我国主要桩型实际应用范围　　　　表 1.4.2

桩　型	适用建筑物层数	桥梁	码头	塔架	基坑围护/m	最大桩深/m	最大桩径/mm
钢管桩	23～90					83	1 300
预制混凝土桩	8～40				6～9	75	600
预应力管桩	8～40					40	1 300
钻(冲)孔桩	18～45				6～18	104	4 000
人工挖孔桩	18～52				3～14	53	4 000
沉管灌注桩	5～15				4～7	35	700

表 1.4.2 中的数字是我国实际应用的范围，但并不是最大的极限值，也不是最佳值。由于各地地质条件差别很大，在某一地方可以用的方案，并不说明在其他地方也一定可以采用，这需要具体分析。

《建筑桩基技术规范》(JGJ 94－2008)中推荐的桩型与成桩工艺选择。

桩型与成桩工艺应根据建筑结构类型、荷载性质、桩的使用功能、穿越土层、桩端持力层、地下水位、施工设备、施工环境、施工经验、制桩材料供应等条件选择，可按表 1.4.3 进行。

桩型与成桩工艺选择 表 1.4.3

桩类			桩径 桩身/mm	桩径 扩底端/mm	最大桩长/m	穿越土层 一般黏性土及其填土	穿越土层 淤泥和淤泥质土	穿越土层 粉土	穿越土层 砂土	穿越土层 碎石土	穿越土层 季节性冻土膨胀土	穿越土层 黄土 非自重湿陷性黄土	穿越土层 黄土 自重湿陷性黄土	穿越土层 中间有硬夹层	穿越土层 中间有砂夹层	穿越土层 中间有砾石夹层	桩端进入持力层 硬黏性土	桩端进入持力层 密实砂土	桩端进入持力层 碎石土	桩端进入持力层 软质岩石和风化岩石	地下水位 以上	地下水位 以下	对环境影响 振动和噪声	对环境影响 排浆	孔底有无挤密
非挤土成桩	干作业法	长螺旋钻孔灌注桩	300～800	—	28	○	×	○	△	×	○	○	△	×	△	×	○	○	△	△	○	×	无	无	无
		短螺旋钻孔灌注桩	300～800	—	20	○	×	○	△	×	○	○	×	×	△	×	○	○	×	×	○	×	无	无	无
		钻孔扩底灌注桩	300～600	800～1 200	30	○	×	○	×	×	○	○	△	×	△	×	○	○	△	△	○	×	无	无	无
		机动洛阳铲成孔灌注桩	300～500	—	20	○	×	△	×	×	○	○	△	△	×	△	○	○	×	×	○	×	无	无	无
		人工挖孔扩底灌注桩	800～2 000	1 600～3 000	30	○	×	△	△	△	○	○	○	○	△	△	○	△	△	○	○	△	无	无	无
	泥浆护壁法	潜水钻成孔灌注桩	500～800	—	50	○	○	○	△	×	△	△	×	×	△	×	○	○	△	×	○	○	无	有	无
		反循环钻成孔灌注桩	600～1 200	—	80	○	○	○	△	△	△	○	○	○	○	△	○	○	△	○	○	○	无	有	无
		正循环钻成孔灌注桩	600～1 200	—	80	○	○	○	△	△	△	○	○	○	○	△	○	○	△	○	○	○	无	有	无
		旋挖成孔灌注桩	600～1 200	—	60	○	△	○	△	△	△	○	○	○	△	△	○	○	○	○	○	○	无	有	无
		钻孔扩底灌注桩	600～1 200	1 000～1 600	30	○	○	○	△	△	△	○	○	○	○	△	○	△	△	△	○	○	无	有	无
	套管护壁	贝诺托灌注桩	800～1 600	—	50	○	○	○	○	○	△	○	△	○	○	○	○	○	○	○	○	○	无	无	无
		短螺旋钻孔灌注桩	300～800	—	20	○	○	○	○	×	△	○	△	△	△	△	○	○	△	△	○	○	无	无	无

续上表

桩类			桩径 桩身/mm	桩径 扩底端/mm	最大桩长/m	穿越土层 一般黏性土及其填土	穿越土层 淤泥和淤泥质土	穿越土层 粉土	穿越土层 砂土	穿越土层 碎石土	穿越土层 季节性冻土膨胀土	穿越土层 黄土 非自重湿陷性黄土	穿越土层 黄土 自重湿陷性黄土	穿越土层 中间有硬夹层	穿越土层 中间有砂夹层	穿越土层 中间有砾石夹层	桩端进入持力层 硬黏性土	桩端进入持力层 密实砂土	桩端进入持力层 碎石土	桩端进入持力层 软质岩石和风化岩石	地下水位 以上	地下水位 以下	对环境影响 振动和噪声	对环境影响 排浆	孔底有无挤密
部分挤土成桩	灌注桩	冲击成孔灌注桩	600～1 200	—	50	○	△	△	△	○	△	×	×	○	○	○	○	○	○	○	○	○	有	有	无
		长螺旋钻孔灌注桩	300～800	—	25	○	△	○	○	△	○	○	○	△	△	△	○	○	△	△	○	△	无	无	无
		钻孔挤扩多支盘桩	700～900	1 200～1 600	40	○	○	○	△	△	△	○	○	○	○	△	○	○	△	×	○	○	无	有	无
	预制桩	预钻孔打入式预制桩	500	—	50	○	○	○	△	×	○	○	○	○	○	△	○	○	△	△	○	○	有	无	有
		静压混凝土（预应力混凝土）敞口管桩	800	—	60	○	○	○	△	×	△	○	○	△	△	△	○	○	○	△	○	○	无	无	有
		H形钢桩	规格	—	80	○	○	○	○	○	△	△	△	○	○	○	○	○	○	○	○	○	有	无	无
		敞口钢管桩	600～900	—	80	○	○	○	○	△	△	○	○	○	○	○	○	○	○	○	○	○	有	无	有
挤土成桩	灌注桩	内夯沉管灌注桩	325，377	460～700	25	○	○	○	△	△	○	○	○	×	△	×	○	△	△	×	○	○	有	无	有
	预制桩	打入式混凝土预制桩、闭口钢管桩、混凝土管桩	500、500～1 000	—	60	○	○	○	△	△	△	○	○	○	○	△	○	○	△	△	○	○	有	无	有
		静压桩	1 000	—	60	○	○	△	△	△	△	○	△	△	△	×	○	○	△	×	○	○	无	无	有

注：表中符号○表示比较合适；△表示有可能采用；×表示不宜采用。

第五节　我国桩基工程发展的特点

我国桩基工程的实践和理论研究具有很高的水平，主要在于：①我国的地质条件极其多样，不同的地质条件，地基基础的工程问题不同，解决的方法和手段也不相同，给桩基工程的发展提供了非常大的空间；②我国建设的规模极其巨大，高层建筑、大桥、高耸塔架、海洋平台、地下铁道、高速公路等基础设施大量兴建，对基础工程提出了各种不同的要求，为桩基工程的发展提供了极其广阔的前景。

与国际上桩基工程的发展水平相比，我国桩基工程的发展具有非常明显的特点。

①发展的桩型多。新的施工工艺、新的桩型不断出现，经过工程实践的筛选，保留了许多具有经济效益和社会效益的新桩型和新的施工方法。

②现场模型试验和原位试验研究的规模大，测试项目齐全，涉及的领域广泛，在竖向承压桩方面积累的资料最丰富，在抗拔承载力、水平承载力方面也进行过颇有代表性的大型模型试验和原型试验，取得了宝贵的数据，在现场试验中还做了许多桩身内力、桩身变形的量测，为机理研究提供了大量的数据。

③单桩承载力确定方法的研究与推广应用广泛，如用静力触探预估单桩承载力的方法，用经验公式确定单桩承载力的桩侧摩阻力和桩端阻力的系数表等都已进入全国规范和部分地方规范。

④桩的模型试验和理论研究的深入将工程经验提高到新的设计方法和新的工法的水平，在理论和实践两方面都有不少的建树。在桩的荷载传递机理的研究、桩土共同作用的研究、群桩的变形计算与变形控制理论及计算方法等方面都取得了很多的成果。

第二章 单桩竖向承载力

第一节 单桩在竖向荷载作用下的荷载传递机理和破坏机理

单桩工作性能的研究是单桩承载力分析理论的基础。通过桩土相互作用分析，了解桩土间的传力途径和单桩承载力的构成及其发展过程，以及单桩的破坏机理等，对正确评价单桩承载力设计值具有一定的指导意义。

桩顶荷载一般包括轴向力、水平力和力矩。为简化起见，在研究桩的受力性能和计算桩的承载力时，往往对竖向受力情况单独进行研究。本节主要讨论竖向荷载下单桩的受力性能。

一、桩的荷载传递

在竖向荷载作用下，桩身材料将发生弹性压缩变形，桩与桩侧土体发生相对位移，因而桩侧土对桩身产生向上的桩侧摩阻力。如果桩侧摩阻力不足以抵抗竖向荷载，一部分竖向荷载将传递到桩底，桩底持力层也将产生压缩变形，故桩底土也会对桩端产生阻力。桩通过桩侧阻力和桩端阻力将荷载传递给土体。或者说，土对桩的支承力由桩侧阻力和桩端阻力两部分组成。

如图 2.1.1 所示，桩顶在竖向荷载 Q 的作用下，桩身任一深度 z 处横截面上所引起的轴力 N_z 将使该截面向下位移 δ_2，桩端下沉 δ_1，从而导致桩身侧面与桩周土之间相对滑移，其大小制约着土对桩侧向上作用的摩阻力 τ_z 的发挥程度。由深度 z 处桩段微元 dz 上力的平衡条件

$$N_z-\tau_z u_p dz-(N_z+dN_z)=0 \tag{2.1.1}$$

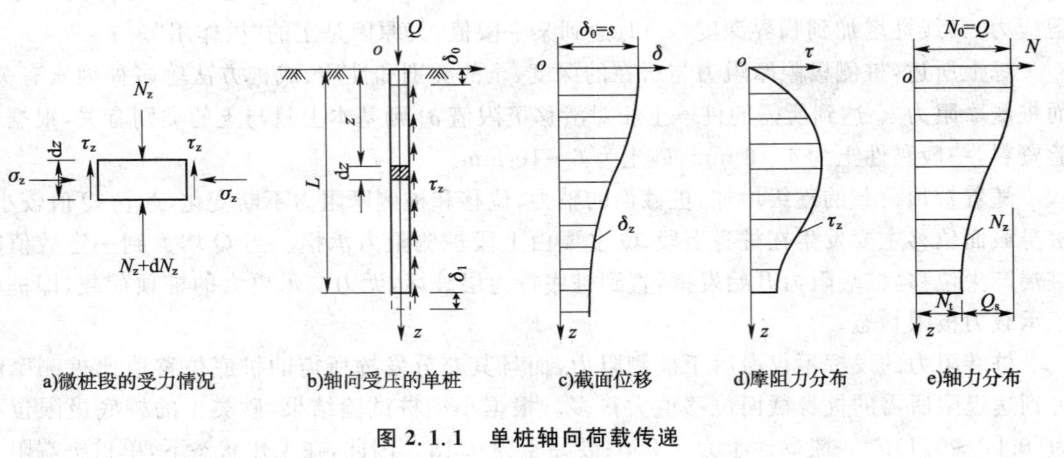

图 2.1.1 单桩轴向荷载传递

可得桩侧摩阻力 τ_z 与桩身轴力 N_z 的关系为

第二章 单桩竖向承载力

$$\tau_z = -\frac{1}{u_p}\frac{dN_z}{dz} \tag{2.1.2}$$

式中，τ_z 为桩侧单位面积上的荷载传递量；u_p 为桩的周长。

桩顶轴力等于桩顶竖向荷载，即 $N_0=Q$；桩端轴力 N_t 等于总桩端阻（$N_t=Q_p$），故桩侧总阻力 $Q_s=Q-Q_p$。

由于桩身截面位移 δ_z 应为桩顶位移 $\delta_0=s$ 与 z 深度范围内的桩身压缩量之差，其公式为

$$\delta_z = s - \frac{1}{A_pE_p}\int_0^z N_z dz \tag{2.1.3}$$

式中，A_p、E_p 分别为桩身横截面面积和弹性模量。

若取 $z=l$，则上式变为桩端位移（即桩的刚体位移）表达式。

单桩静载荷试验时，除了测定桩顶荷载 Q 作用下的桩顶沉降 s 外，若通过沿桩身若干截面预先埋设的应力量测元件（传感器），获得桩身轴力 N_z 分布图，则可利用式（2.1.2）和式（2.1.3）做出摩阻力 τ_z 和截面位移 δ_z 的分布图（图 2.1.1）。

二、桩侧摩阻力和桩端阻力

桩侧摩阻力 τ 是桩截面对桩周土相对位移 δ 的函数，如图 2.1.2 中曲线 OCD 所示，但通常可简化为折线 OAB。其极限值 τ_u 可用类似于土的抗剪强度的库仑公式表达

$$\tau_u = c_z + \sigma_x \tan\varphi_z \tag{2.1.4}$$

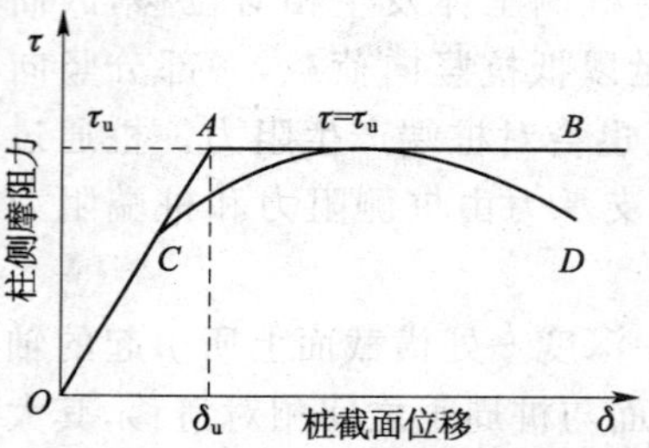

图 2.1.2　τ-δ 曲线

式中，c_z、φ_z 分别为桩侧表面与土之间的附着力和摩擦角；σ_x 为深度 z 处作用于桩侧表面的法向压力，它与桩侧土的竖向有效应力 σ_v' 成正比例，即

$$\sigma_x = K_s\sigma_v' \tag{2.1.5}$$

式中，K_s 为桩侧土的侧压力系数，对挤土桩 $K_0<K_s<K_p$；对非挤土桩，因桩孔中土被清除，而使 $k_a<K_s<K_0$。其中，k_a、K_0、K_p 分别为主动、静止和被动土压力系数。

由上可见，桩的侧阻随深度呈线性增大。但砂土中模型试验表明，当桩入土深度达某一临界值（为 5～10 倍桩径）后，侧阻就不再随深度增加。该现象称为侧阻的深度效应。维西克（Vesic，1967）认为：桩周竖向有效应力 δ_{vc}' 不一定等于覆盖应力，其线性增加到临界深度（z_c）时达到某一限值，其原因是土的“拱作用”。

综上所述，桩侧极限摩阻力与所在的深度、土的类别和性质、成桩方法等多种因素有关。而桩侧摩阻力 τ_u 达到所需的桩—土相对滑移极限值 δ_u 则基本上只与土的类别有关，根据试验资料，一般黏性土为 4～6 mm，砂土为 6～10 mm。

随着桩顶荷载的逐级增加，桩截面的轴力、位移和桩侧摩阻力不断变化，起初 Q 值较小，桩身截面位移主要发生在桩身上段，Q 主要由上段桩侧阻力承担。当 Q 增大到一定数值时桩端产生位移，桩端阻力开始发挥，直到桩底持力层破坏，无力支承更大的桩顶荷载，即桩处于承载力极限状态。

桩端阻力的发挥不仅滞后于桩侧阻力，而且其充分发挥所需的桩底位移值比桩侧摩阻力到达极限所需的桩身截面位移值大得多。根据小型桩试验结果，砂类土的桩底极限位移为（0.08～0.1）d，一般黏性土为 0.25d；硬黏土为 0.1d。因此，在工作状态下，单桩桩端阻力的安全储备一般大于桩侧阻力的安全储备。

模型和原型桩试验研究均表明，与侧阻的深度效应类似，当桩端入土深度小于某一临界深度时，极限端阻随深度线性增加，而大于该深度后则保持恒值不变。不同资料表明，侧阻与端阻的临界深度之比为 0.3～1.0。关于侧阻和端阻的深度效应问题有待进一步研究。

此外，桩长对荷载的传递也有着重要的影响。当桩长较大(例如 $l/d>25$)时，因桩身压缩变形大，桩端反力尚未发挥，桩顶位移已超过实用所要求的范围，此时传递到桩端的荷载极为微小。因此，很长的桩实际上总是摩擦桩，用扩大桩端直径来提高承载力是徒劳的。

三、单桩的破坏模式

单桩在轴向荷载作用下，其破坏模式主要取决于桩周土的抗剪强度、桩端支承情况、桩的尺寸及桩的类型等条件。图 2.1.3 给出了轴向荷载下可能的基桩破坏模式简图。

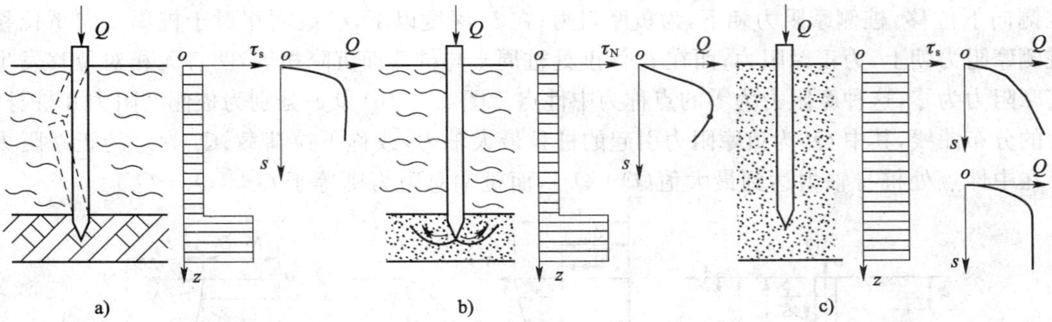

图 2.1.3 轴向荷载下基桩的破坏模式

(一)屈曲破坏

当桩底支承在坚硬的土层或岩层上，桩周土层极为软弱，桩身无约束或侧向抵抗力。桩在轴向荷载作用下，如同一细长压杆出现纵向挠曲破坏，荷载-沉降(Q-s)关系曲线为“急剧破坏”的陡降型，其沉降量很小，具有明确的破坏荷载[图 2.1.3a)]。桩的承载力取决于桩身的材料强度。如穿越深厚淤泥质土层中的小直径端承桩或嵌岩桩，细长的木桩等多属于此种破坏。

(二)整体剪切破坏

当具有足够强度的桩穿过抗剪强度较低的土层，达到强度较高的土层，且桩的长度不大时，桩在轴向荷载作用下，由于桩底上部土层不能阻止滑动土楔的形成，桩底土体形成滑动面而出现整体剪切破坏。此时桩的沉降量较小，桩侧摩阻力难以充分发挥，主要荷载由桩端阻力承受，Q-s 曲线也为陡降型，呈现明确的破坏荷载[图 2.1.3b)]。桩的承载力主要取决于桩端土的支承力。一般打入式短桩、钻扩短桩等均属于此种破坏。

(三)刺入破坏

当桩的入土深度较大或桩周土层抗剪强度较均匀时，桩在轴向荷载作用下将出现刺入破坏，如图2.1.3c)所示。此时桩顶荷载主要由桩侧摩阻力承受，桩端阻力极微，桩的沉降量较大。一般当桩周土质较欠弱时，Q-s 曲线为“渐进破坏”的缓变型，无明显拐点，极限荷载难以判断，桩的承载力主要由上部结构所能承受的极限沉降 s_u 确定；当桩周土的抗剪强度较高时，Q-s 曲线可能为陡降型，有明显拐点，桩的承载力主要取决于桩周土的强度。一般情况下的钻孔灌注桩多属于此种情况。

四、桩侧负摩阻力

桩土之间相对位移的方向决定了桩侧摩阻力的方向，当桩周土层相对于桩侧向下位移时，桩侧摩阻力方向向下，称为负摩阻力。通常，在下列情况下应考虑桩侧负摩阻力作用：

①在软土地区，大范围地下水位下降，使桩周土中有效应力增大，导致桩侧土层沉降；

②桩侧地面承受局部较大的长期荷载，或地面大面积堆载（包括填土）时；

③桩穿越较厚松散填土、自重湿陷性黄土、欠固结土层进入相对较硬土层时；

④冻土地区，由于温度升高而引起桩侧土的缺陷。

必须指出，引起桩侧负摩阻力的条件是，桩侧土体下沉必须大于桩的下沉。

要确定桩侧负摩阻力的大小，首先就得确定产生负摩阻力的深度及其强度大小。桩身负摩阻力并不一定发生于整个软弱压缩土层中，而是在桩周土相对于桩产生下沉的范围内，它与桩周土的压缩、固结、桩身压缩及桩底沉降等直接有关。图 2.1.4 给出了穿过软弱压缩土层而达到坚硬土层的竖向荷载桩的荷载传递情况。由图可见，在 l_u 深度内桩周土相对于桩侧向下位移，桩侧摩阻力朝下，为负摩阻力；在 l_u 深度以下，桩截面相对于桩周土向下位移，桩侧摩阻力朝上，为正摩阻力；而在 l_u 深度处桩周土与桩截面沉降相等，两者无相对位移发生，其摩阻力为零，这种摩阻力为零的点称为中性点。图 2.1.4b）和 c）分别为桩侧摩阻力和桩身轴力的分布曲线，其中 Q_n 为负摩阻力引起的桩身最大轴力，或称下拉荷载；Q_s 为总的正摩阻力。且在中性点处桩身轴力达到最大值（$Q+Q_n$），而桩端总阻力则等于 $Q+(Q_n-Q_s)$。

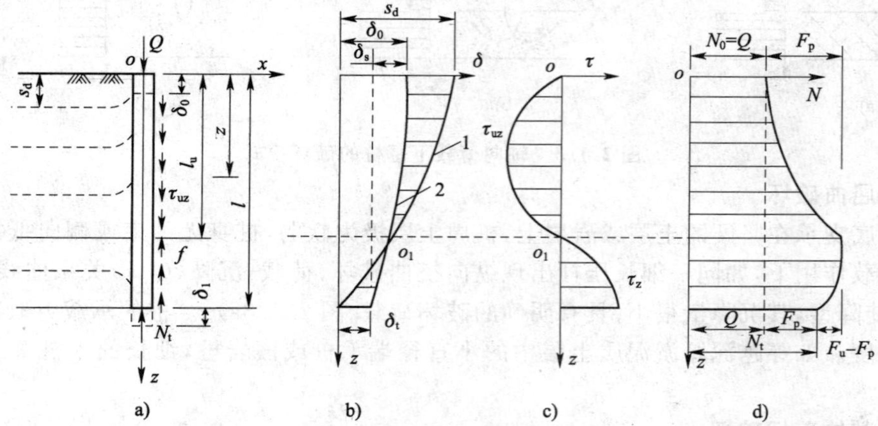

图 2.1.4　单桩在产生负摩阻力时的荷载传递

桩侧土层的固结随时间而变化，故土层的竖向位移和桩身截面位移都是时间的函数。因此，在桩顶荷载作用下，中性点位置、摩阻力及轴力等也都相应发生变化。当桩截面位移在桩顶荷载作用下稳定后，土层固结程度和速率是影响 Q_n 大小和分布的主要因素。固结程度高、地面沉降大，则中性点往下移；固结速率大，则 Q_n 增长快。但 Q_n 的增长需经过一定的时间才能达到极限值。在此过程中，桩身在 Q_n 作用下产生压缩，随着 Q_n 的产生和增大，桩端处轴力增加，沉降也相应增大，由此导致桩土相对位移减小，Q_n 降低而逐渐达到稳定状态。

第二节　单桩竖向静载荷试验

单桩竖向静载荷试验是确定单桩竖向承载力的最基本的一种方法。试验时对桩逐级施加竖向荷载，测定桩在各级荷载作用下不同时刻的桩顶位移，求得桩的荷载—位移—时间关系，用以分析确定单桩的极限承载力。单桩竖向静载荷试验不仅可以测定单桩在荷载作用下的桩顶变形性状曲线，还可以测定桩的轴向力随深度的变化，根据试验结果能进行单桩荷载传递的分析、单桩破坏机理的分析和单桩承载力的分析。工程试桩分为两种，一种是用以确定单桩承载力,另一种是校核设计用的单桩承载力。前者一般用于重大工程,在设计以前进行一种规格或若干种规格桩的载荷试验,以确定设计所用的单桩承载力。每一种规格的桩通常要做若干根,以了解场地单桩承载力的变异性,避免试桩数量过少的偶然性。由于试验时尚未进行设计,因此试验桩不可能用作工程桩。而后者常用于校核实际的单桩承载力是否满足设计的要求,设计采用的承载力通常用规范经验参数法、静力触探法估算。由于此时已进行了桩的设计,故常用工程桩作试桩,以节省费用,一般工程大多采用后者。但如试验结果与设计采用的承载力有较大的出入,处理就比较麻烦。如试验求得的单桩承载力远大于设计承载力就会造成浪费;如试验结果偏小,则必须进行补桩。

一、单桩竖向静载荷试验装置与试验方法

1. 试验装置

试验装置包括加荷系统与位移观测系统。

加荷系统主要有锚桩反力梁式与载荷平台式两类,如图 2.2.1 所示。锚桩反力梁式加荷系统通过反力梁将反力传给锚桩,反力梁装置所能提供的反力应不小于预估最大试验荷载的 1.2～1.5 倍。锚桩应尽可能利用工程桩以降低造价,锚桩数量不得少于 4 根,并应对试验过程中锚桩的上拔量进行监测。载荷平台式加荷系统由堆放在平台上的压重铁块平衡反力,压重应在试验开始前全部加上,压重不得少于预估最大试验荷载的 1.2 倍。加荷设备通常为配有稳压装置的液压千斤顶,试验前需对千斤顶进行标定,荷载可用放置于千斤顶上的量力环或应变式压力传感器测定。

位移观测系统的支架由基准桩和架于其上的基准架组成。基准桩必须远离试桩和锚桩,至少不小于 $4d$(桩径)或 2 m;基准梁必须具有足够的刚度,使之在自重和风力和地面振动作用下不产生明显的挠曲变形或振动。位移观测仪器通常采用具有足够灵敏度和精确度的长标距百分表或电感位移计,对于大直径桩应在其 2 个正交直径方向对称安置 4 个测读仪表,对于中等直径和小直径桩可采用 2 个或 3 个测读仪表。

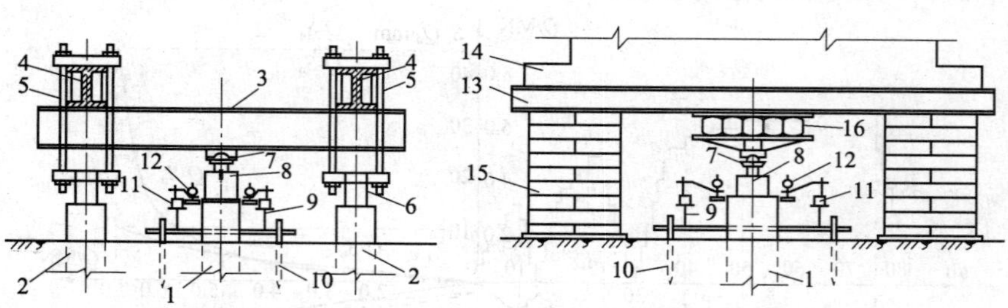

a)锚桩横梁反力装置　　b)压重平台反力装置

图 2.2.1　单桩静荷载试验的装置

1-试桩;2-锚桩;3-主梁;4-次梁;5-拉杆;6-锚筋;7-球座;8-千斤顶;9-基准梁;10-基准桩;11-磁性表座;12-位移计;13-载荷平台;14-压载;15-支墩;16-托梁

试桩、锚桩和基准桩之间的中心距离应符合表 2.2.1 的规定。

试桩、锚桩和基准桩之间的中心距离　　表 2.2.1

反力系统	试桩与锚桩 (或压重平台支墩边)	试桩与基准桩	基准桩与锚桩 (或压重平台支墩边)
锚桩横梁反力装置 压重平台反力装置	≥$4d$ 且≥2 m	≥$4d$ 且≥2 m	≥$4d$ 且≥2 m

注:d 为试桩或锚桩的设计直径,且取较大者(如试桩或锚桩为扩底桩时,试桩与锚桩的中心距不应小于 2 倍扩大端直径)。

2. 试验方法

单桩静荷载试验的试验方法包括加载分级、测读时间、沉降相对稳定标准和破坏标准，分述如下。

加载分级。每级加载为预估极限承载力的 1/15～1/10，第一级可按 2 倍分级荷载加载。

沉降观测测读时间。每级加载后间隔 5 min、10 min、15 min 各测读一次，以后每隔 15 min 测读一次，累计1 h后每隔 30 min 测计一次，每次测读值记入试验记录表。

沉降相对稳定标准。满足下列沉降相对稳定标准时可以施加下一级荷载：持力层为黏性土时，沉降速率不大于 0.1 mm/h；持力层为砂土时，沉降速率不大于 0.5 mm/h。按照这一稳定标准的试验称为慢速维持荷载法试验；快速维持荷载试验法则规定，每级荷载(维持不变)下观测沉降 1 h 即可施加下一级荷载。

破坏标准。当出现下列任何一种情况时，即认为试桩已达到破坏并可中止加载。

①桩发生急剧的、不停滞的下沉。

②该级荷载下的沉降大于其前一级沉降的 5 倍。

③该级沉降大于其前一级沉降的 2 倍，且在 24 h 内不能稳定。

④试桩的总沉降超过 100＋(L－40)，沉降以“mm”计；L 为桩长，以“m”计。

中止加载后进行卸载，每级卸载量为加载量的 2 倍。每级卸载后隔 15 min 测计一次残余沉降，读两次后，隔 30 min 再测读一次，即可卸下一级荷载，全部卸载后，隔 3～4 h 再测读一次。

二、成果资料的整理

常规试验可根据观测资料绘制如图 2.2.2 所示的试桩的荷载—沉降(Q-S)曲线、锚桩的上拔力—位移(N-Δ)曲线和试桩的沉降—时间(S-t)或(S-lg$t$)曲线等；若为循环载荷试验，还可绘制荷载—弹性沉降(Q-S_e)曲线和荷载-塑性沉降(Q-S_p)曲线。根据这些曲线可以确定单桩极限承载力和其他的参数。

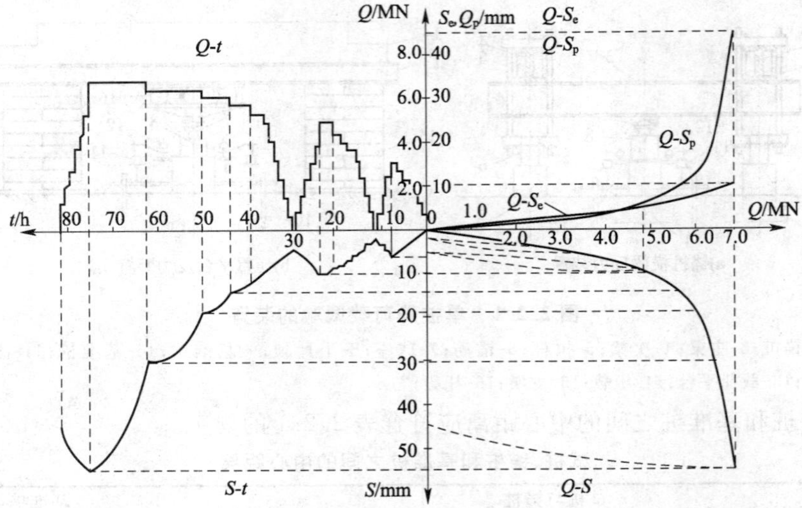

图 2.2.2　桩的静载荷试验成果

三、极限承载力的判定

极限承载力是单桩最大的承载能力，桩周地基土(包括桩的四周和桩端的地基土)对桩的支承是构成单桩承载力的主要因素，当桩周地基土不能承受过大荷载而破坏时，桩身便急剧下沉。出现桩周土破坏的前提条件：桩身结构强度必须是，传递如此大的轴力，如果桩身强度不足，则桩身必然先于地基土破坏，此时桩身可能发生折断或压曲破坏。上述两种可能的破坏都会在试桩曲线上表现出来，因此可以从单桩竖向承载力的静载荷试验曲线判定单桩的极限承载力。当桩顶荷载达到极限承载力时，不同情况的试验曲线具有不同的特征，可以采用下列不同的方法判定单桩的极限承载力。

(一)Q-S 曲线明显转折点法

对于具有明显转折点的 Q-S 曲线通常可划分为三段：基本上呈直线的初始段、曲率逐渐增大的曲线段和斜率很大（乃至竖直）的末段直线。三段曲线的分界点分别称为第一拐点与第二拐点。三段曲线反映了桩的承载性状变化的三个阶段：从加荷至第一拐点 A 为线性变形阶段，此时桩周土的变形处于弹性状态；第一拐点后，桩周土逐渐出现塑性变形，沉降速率开始逐渐增大，直至第二拐点 B，此为弹塑性变形阶段；在第二拐点以后，沉降急剧增大以至无法停止，标志桩已进入破坏阶段，可能是桩周土的塑性破坏，也可能是桩身强度破坏。不同的破坏机理，曲线的形态不同，桩身强度破坏时曲线呈脆性破坏特征，而桩周土的破坏可能是延性的。试桩曲线上的第一拐点所对应的荷载称为临界（屈服）荷载，记为 Q_l；第二拐点对应的荷载称为极限荷载，记为 Q_u。如图 2.2.3 所示。

(二)沉降速率法(S-lg$t$ 法)

当荷载较小时，各级荷载下的 S-lg$t$ 关系呈一条条平坦的直线；超过屈服荷载，S-lg$t$ 的斜率逐级增大；超过极限荷载后，S-lg$t$ 的斜率急剧增大，且随着时间而向下曲折，表明桩的沉降速率在随着时间而增加，这标志着桩已处于破坏状态。因此，斜率急剧增大且向下曲折的曲线所对应的荷载应为破坏荷载，其前一级荷载即为极限荷载。如图 2.2.4 中曲线 g 所对应的是破坏荷载，其前一级曲线 f 对应的即为极限荷载 Q_u。

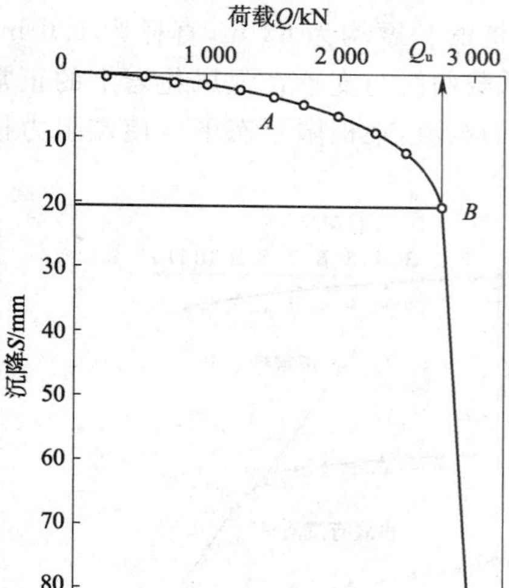

图 2.2.3 单桩荷载-沉降(Q-S)曲线

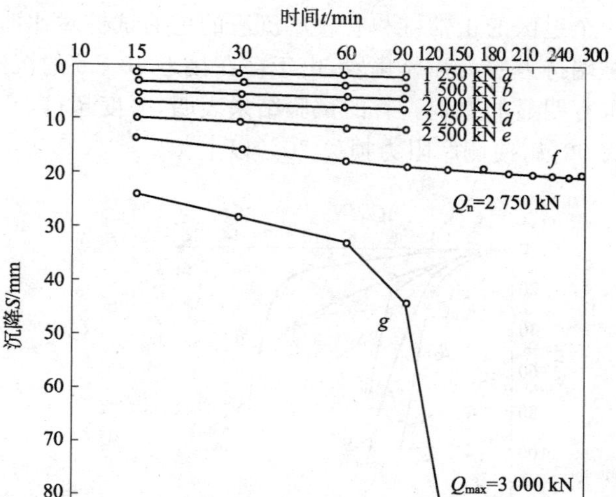

图 2.2.4 单桩 S-lg$t$ 曲线

(三)相对变形标准

当 Q-S 曲线没有明显转折点时，表明该桩的破坏模式属于刺入型。这一类试桩的极限荷载的判定通常参照变形标准。

四、单桩竖向静载荷试验结果异常情况的分析与处理

前面所讨论的对试验结果的分析都是针对正常的试验结果。但有时试验结果会出现一些异常的情况，需要加以综合的分析判断，才能正确地评价场地的单桩承载力。

异常情况一般是指在试验过程中，当试验荷载远小于试验的预计最大荷载时就出现破坏的迹象，在 Q-S 曲线上出现明显的陡降，或沉降速率不能满足稳定的要求：有时在同一场地的试桩中仅个别桩出现这种异常现象，有时可能许多桩都出现异常情况。

分析异常情况时需要掌握场地的工程地质条件和施工工艺及施工顺序，调阅有关施工记录和施工质量验收的文件，也需要查阅桩身材料的质量保证单。在调查研究的基础上，根据试桩的具体性状分析其原因，判断对工程质量的影响程度，从而提出处理的意见。

试验时出现异常情况的原因可能是多方面的，包括试验装备失灵、地层划分有误、选择桩端持力层不当、桩身材料强度不足，以及桩身质量问题等。

出现异常情况时，一般应首先检查试桩的设备是否处于正常工作的条件，加荷装置和荷载的量测仪表是否异常，是否与标定时的状态一致。在排除了试验装备问题以后，可以检查勘察报告的地层划分和持力层的选择是否有问题，如果没有发现问题，则进一步检查施工中可能产生的问题。

不同的桩型，不同的成桩方法，不同的施工流程，可能产生的异常是不同的，可以根据试桩时出现的现象判定。

图 2.2.5 中 S_3 和 S_4 是同一场地两根桩长为 80 m、桩径为 800 mm 的钻孔灌注桩，桩端持力层均为中密～密实的粉细砂，但试桩曲线却出现了十分明显的差异，S_3 号桩的承载力远小于 S_4 号桩。施工记录表明，S_3 号桩在施工过程中发生了钢筋笼落入钻孔的事故，因打捞钢筋笼，在钻孔完毕后 5 d 才浇灌混凝土，造成孔壁严重软化、塌孔，桩底沉渣过厚，这些因素都会影响侧摩阻力和端阻力的发挥，从而降低了单桩的承载性能。图 2.2.6 给出了另一个地区的正常桩和有较厚沉渣的桩的试桩对比曲线，桩的长度均为 62 m，直径为 1.0 m，桩端持力层为强风化岩，由于存在接近 40 cm 的沉渣，承载曲线与支承在强风化岩上的正常桩有明显的差别。有的试验结果表明，厚度超过 30 cm 的沉渣，在极限状态下可使端阻力损失 90%，使侧摩阻力损失 70%以上。

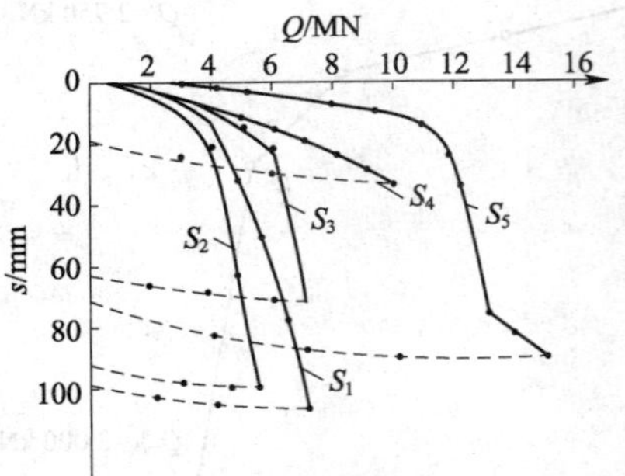

图 2.2.5　同一场地试桩曲线的异常

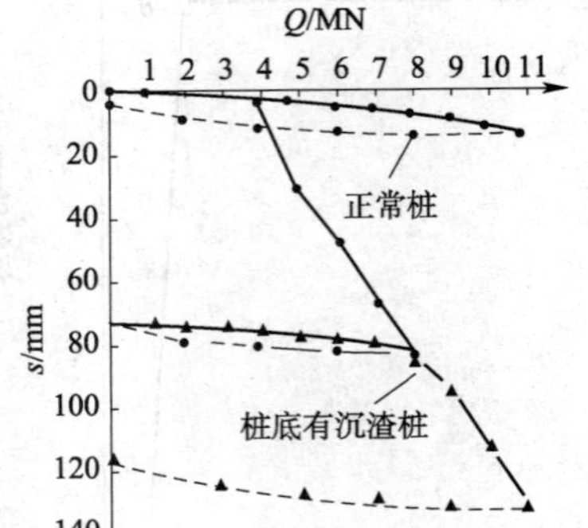

图 2.2.6　桩底沉渣对桩的承载性能的影响

用泥浆护壁的钻孔灌注桩施工时，泥浆沉淀于桩浆形成泥皮，如泥浆的密度过高，会形成很厚的泥皮，泥皮硬化不充分，影响侧摩阻力的发挥，就会使单桩承载力大幅度降低，图 2.2.7给出了不同泥皮厚度时桩侧摩阻力发挥的曲线。图中①号桩为反循环成孔，泥皮较薄的正常桩；②为正循环成孔，泥皮较厚的桩；③为正循环成孔，泥皮较厚且桩底存在较厚

沉渣的桩。

为了分析产生异常的原因，在出现陡降段或沉降速率不能稳定的情况，符合终止试验条件而停止试验时，在可能的条件下，用千斤顶继续补油使桩继续下沉，并量测其下沉量，其目的是检查是否因为沉渣或桩身断裂而导致承载力过低。如在下沉一定距离后沉降发展减慢，甚至出现可以继续加荷的情况。如图 2.2.5 中的 S_5 号桩是桩长 80 m，桩径 1.0 m 的钻孔灌注桩，在试验曲线上出现急剧沉降以后又能继续加载，出现了一个平缓的承载阶段。图 2.2.8a）是 51 m 长的钻孔灌注桩，成桩后 28 d 进行试桩，当荷载加至 4 200 kN时，桩顶沉降 70 mm，Q-s 曲线表现为陡降型，但在第 40 天进行第 2 次试桩时，由于沉渣已经压实，极限荷载达 7 800 kN，桩顶沉降仅 19 mm，Q-s 曲线表现为缓变型。图 2.2.8b）是预制桩的试桩曲线，桩的截面尺寸为 500 mm×500 mm，桩长为17.5 m，在荷载不大的情况下就出现急剧的沉降，但在继续加载时也出现了平缓段。预制桩出现这种现象的原因与钻孔灌注桩不同，是由于桩的接头可能已经脱开，压入了 60 mm，在将上段桩与下段桩接触以后，接头可以继续传递压力，下段桩的摩阻力与端阻力得到了发挥，承载能力就又有所提高。

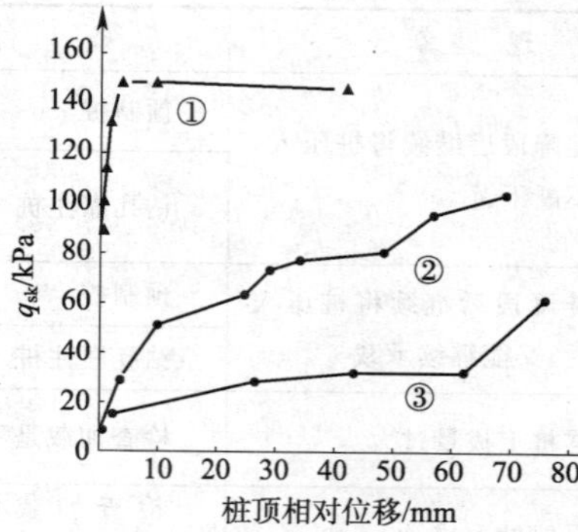

图 2.2.7　泥皮厚度对桩侧摩阻力发挥的影响

①-反循环成孔泥皮较薄的正常桩；②-正循环成孔泥皮较厚的桩；③-正循环成孔泥皮和沉渣都较厚的桩

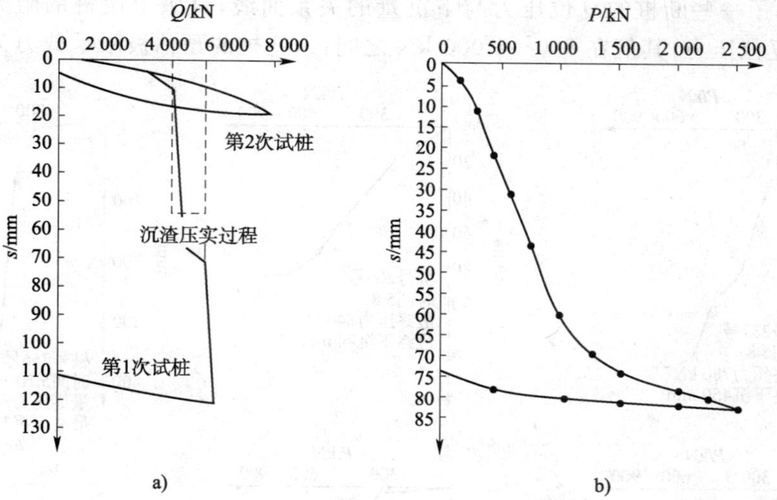

图 2.2.8　预制桩的异常曲线

表 2.2.2 给出了试桩异常情况的特征及其可能原因的分析。

试桩异常情况分析　　表 2.2.2

现　　象	条　　件	可能原因
仅个别桩出现沉降过大，或者承载力远低于预估值	地质条件复杂	可能是地层局部异常未探明
	地质条件正常	很可能是这根桩的施工有问题
成批的桩出现承载力远低于预估值	排除了试验装备的问题	比较可能是地层划分不当或承载力估计过高；或者由于成桩后的龄期或休止期不够，桩侧摩阻力没有得到足够的恢复；或者是施工中存在系统的问题

续上表

现　　象	条　　件	可能原因
出现陡降段后继续将桩压入，桩持续不断下沉	预制桩	桩刺入持力层，或者桩严重地断裂错位
	钻孔灌注桩	泥浆密度过大致使泥皮过厚，且沉渣过厚，地基对桩的支承能力不足
出现陡降段后继续将桩压入一段以后，又能继续承载	预制桩	接头的焊接可能被拉断、脱开
	钻孔灌注桩	桩身可能已经断裂，或沉渣较厚
个别锚桩上拔量过大	检查加载是否偏心	可能是锚桩拉断，或者个别地段土质松软
大部分锚桩上拔	检查加载量是否正确	抗拔摩阻力不够，锚桩数量少了

发现异常情况后要及时作出判断并提出处理措施。处理要对症下药，有的放矢，根据实际情况，在下列措施中选用：

①如判断为地质资料不充分，应进行补充勘察以获取必要的分析依据。

②如判断为个别桩的问题，则应再补做几组试桩，以增加试桩的代表性，对试桩结果提出合理的评价。

③如发现断桩，则需分析造成断桩的原因及其影响桩数的多少，据以分析对整个工程影响的严重程度，决定采取何种工程措施。

④如预制桩接头断开的桩数比较多，则需采取复打或复压的方法将拉开的接头复位。图 2.2.9给出了一些断桩的复位压力与下沉量的关系曲线，克服上段桩的阻力使上段桩下沉的力即为复位压力，其值在 800～1 000 kN 之间，这些桩的预估极限承载力为 1 500 kN。

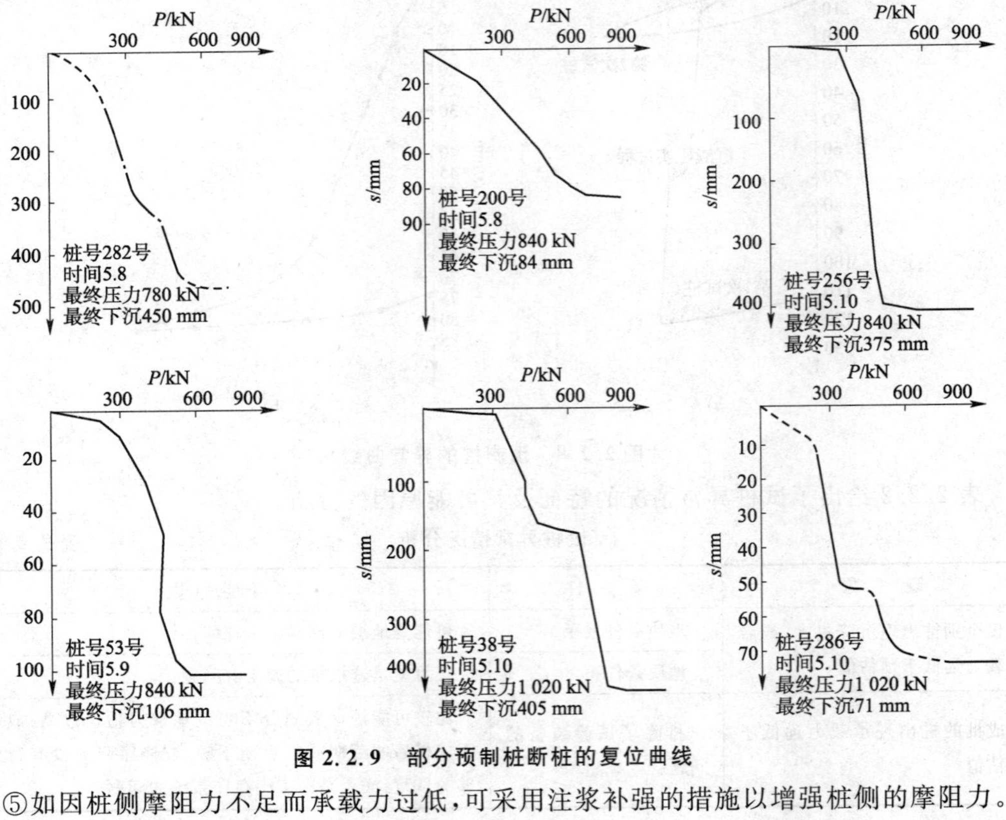

图 2.2.9　部分预制桩断桩的复位曲线

⑤如因桩侧摩阻力不足而承载力过低，可采用注浆补强的措施以增强桩侧的摩阻力。

⑥如为高灵敏度土,成桩时扰动的土体结构尚未恢复的原因,可在较长的休止期后再进行试桩,以获得较高的单桩承载力。

⑦对判断为个别原因引起的异常,可采取个别补桩,或者采取其他结构措施加强。

第三节 《建筑桩基技术规范》(JGJ 94—2008)关于单桩竖向承载力的有关规定

一、单桩竖向极限承载力

建筑桩基采用以概率理论为基础的极限状态设计法,以可靠指标度量桩基的可靠度,采用以分项系数表达的极限状态设计表达式进行计算。

桩基极限状态分为下列两类:承载能力极限状态和正常使用极限状态。

1. 承载能力极限状态

承载能力极限状态对应于桩基达到最大承载能力或整体失稳或发生不适于继续承载的变形。

桩基承载能力极限状态,以竖向受压桩基为例,由下述三种状态之一确定。

①桩基达到最大承载力,超出该最大承载力即发生破坏。就竖向受荷单桩而言,其荷载—沉降曲线大体表现为陡降型A和缓变型B两类(图2.3.1)。Q-s曲线是破坏模式与特征的宏观反映,陡降型属于“急进破坏”,缓变型属“渐进破坏”。前者破坏特征点明显,一旦荷载超过极限承载力,沉降便急剧增大,即发生破坏,只有减小荷载才能恢复继续承受荷载的能力。后者破坏特征点不明显,常常是通过多种分析方法判定其极限承载力。该极限承载力并非真正的最大承载力,因为继续增加荷载,沉降仍能趋于稳定,不过是塑性区开展范围扩大、塑性沉降量增加而已。对于大直径桩群桩基础尤其是低承台群桩,其荷载—沉降曲线变化更为平缓,渐进破坏特征更明显。由此可见,对于两类破坏形态的桩基,其承载力失效后果是不同的。

②桩基发生不适于继续承载的变形。如前所述,对于大部分大直径单桩基础、低承台群桩基础,其荷载—沉降呈缓变型,属渐进破坏,判定其极限承载力比较困难,还有任意性,且物理意义不甚明确。因此,为充分发挥其承载潜力,宜按结构物所有承受的最大变形s_u确定其极限承载力(如图2.3.1所示,取对应于s_u的荷载为极限承载Q_u)。该承载能力极限状态由不适于继续承载的变形所制约。在桩基规范附录C单桩竖向抗压静载试验有关极限承载力判定部分作了相应规定。

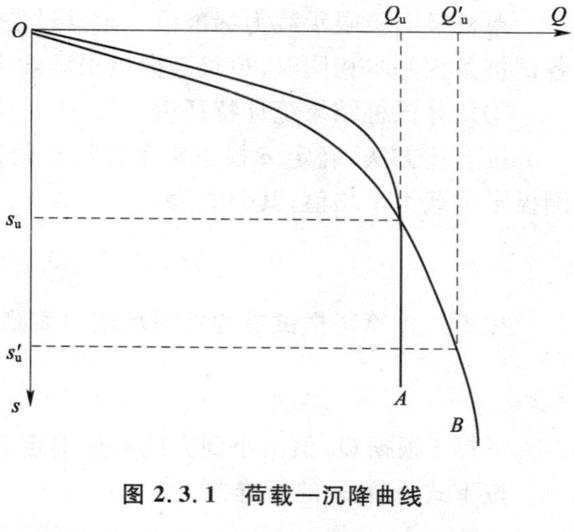

图2.3.1 荷载—沉降曲线

③桩基发生整体失稳。位于岸边、斜坡的桩基、浅埋桩基、存在软弱下卧层的桩基,在竖向荷载作用下,有发生整体失稳的可能。因此,其承载力极限状态除由上述两种状态之一制约外,尚应验算桩基的整体失稳。

对于承受水平荷载、上拔荷载的桩基,其承载能力极限状态同样由上述三种状态之一制约。

对于桩身和承台，其承载能力极限状态的具体含义包括受压、受拉、受弯、受剪、受冲切极限承载力。

2. 正常使用极限状态

正常使用极限状态对应于桩基达到建筑物正常使用所规定的变形限值或达到耐久性要求的某项限值。某项限值，具体指：

①桩基的变形。竖向荷载引起的沉降和水平荷载引起的水平变位，可能导致建筑物标高的过大变化，差异沉降和水平位移使建筑物倾斜过大、开裂、装修受损、设备不能正常运转、人们心理不能承受等，从而影响建筑物的正常使用功能。

②桩身和承台的耐久性。对处于腐蚀介质环境中的桩身和承台，要进行混凝土的抗裂验算和钢桩的耐腐蚀验算；对于使用上需限制混凝土裂缝宽度[按《混凝土结构设计规范》(GB 50010—2010)的规定]的桩基，应验算桩身和承台的裂缝宽度。这些验算的总目的是为了满足桩基的耐久性，保持建筑物的正常使用功能。

3. 根据静载试验结果确定单桩竖向极限承载力

详见本章第二节的相关内容。

4. 单桩竖向承载力标准值的确定

(1)单桩竖向极限承载力确定

单桩竖向极限承载力可按下列方法综合分析确定：

①根据沉降随荷载的变化特征确定极限承载力：对于陡降型 Q-s 曲线取该曲线发生明显陡降的起始点。

②根据沉降量确定极限承载力：对于缓变型 Q-s 曲线一般可取 $s=40\sim60$ mm 对应的荷载，对于大直径桩可取 $s=0.03\sim0.06D$(D 为桩端直径，大桩径取低值，小桩径取高值)所对应的荷载值；对于细长桩($l/d>80$)可取 $s=60\sim80$ mm 对应的荷载。

③根据沉降随时间的变化特征确定极限承载力：取 s-lg$t$ 曲线尾部出现明显向下弯曲的前一级荷载值。

(2)单桩竖向极限承载力标准值确定

单桩竖向极限承载力标准值应根据试桩位置、实际地质条件、施工情况等综合确定。当各试桩条件基本相同时，单桩竖向极限承载力标准值可按如下步骤与方法确定。

①计算试桩结果统计特征值。

按上述方法，确定 n 根正常条件试桩的极限承载力实测值 Q_{ui}；按下式计算 n 根试桩实测极限承载力平均值；其公式为

$$Q_{um}=\frac{1}{n}\sum_{i=1}^{n}Q_{ui} \tag{2.3.1}$$

按下式计算每根试桩的极限承载力实测值与平均值之比

$$\alpha_i=\frac{Q_{ui}}{Q_{um}} \tag{2.3.2}$$

下标 i 根据 Q_{ui} 值由小到大的顺序确定。

按下式计算 α_i 的标准差

$$S_n=\sqrt{\sum_{i=1}^{n}(\alpha_i-1)^2/(n-1)} \tag{2.3.3}$$

②确定单桩竖向极限承载力标准值 Q_{uk}。

当 $S_n\leqslant0.15$ 时，$Q_{uk}=Q_{um}$；

当 $S_n>0.15$ 时，$Q_{uk}=\lambda Q_{um}$。

③单桩竖向极限承载力标准值折减系数 λ，根据变量 α_i 的分布，按下列方法确定。

当试桩数 $n=2$ 时，按表 2.3.1 确定。

折减系数 $\lambda(n=2)$ 表 2.3.1

$\alpha_2-\alpha_1$	0.21	0.24	0.27	0.30	0.33	0.36	0.39	0.42	0.45	0.48	0.51
λ	1.00	0.99	0.97	0.96	0.94	0.93	0.91	0.90	0.88	0.87	0.85

当试桩数 $n=3$ 时，按表 2.3.2 确定。

折减系数 $\lambda(n=3)$ 表 2.3.2

α_2	$\alpha_3-\alpha_1$							
	0.30	0.33	0.36	0.39	0.42	0.45	0.48	0.51
0.84							0.93	0.92
0.92	0.99	0.98	0.98	0.97	0.96	0.95	0.94	0.93
1.00	1.00	0.99	0.98	0.97	0.96	0.95	0.93	0.92
1.08	0.98	0.97	0.95	0.94	0.93	0.91	0.90	0.88
1.16							0.86	0.84

当试桩数 $n\geqslant 4$ 时，按下式计算

$$A_0+A_1\lambda+A_2\lambda^2+A_3\lambda^3+A_4\lambda^4=0 \tag{2.3.4}$$

式中，$A_0=\sum_{i=1}^{n-m}\alpha_i^2+\frac{1}{m}(\sum_{i=1}^{n-m}\alpha_i)^2$；$A_1=-\frac{2n}{m}\sum_{i=1}^{n-m}\alpha_i$；$A_2=0.127-1.127n+\frac{n^2}{m}$；$A_3=0.147(n-1)$；$A_4=-0.042(n-1)$；取 $m=1,2,\cdots$ 满足上式的 λ 值即为所求。

二、《建筑桩基技术规范》(JGJ 94—2008)中关于单桩竖向极限承载力的规定

1. 一般规定

①设计采用的单桩竖向极限承载力标准值应符合下列规定：

a. 设计等级为甲级的建筑桩基，应通过单桩静载试验确定。

b. 设计等级为乙级的建筑桩基，当地质条件简单时，可参照地质条件相同的试桩资料，结合静力触探等原位测试和经验参数综合确定；其余均应通过单桩静载试验确定。

c. 设计等级为丙级的建筑桩基，可根据原位测试和经验参数确定。

②单桩竖向极限承载力标准值、极限侧阻力标准值和极限端阻力标准值应按下列规定确定：

a. 单桩竖向静载试验应按现行行业标准《建筑基桩检测技术规范》(JGJ 106—2014)执行。

b. 对于大直径端承型桩，也可通过深层平板（平板直径应与孔径一致）载荷试验确定极限端阻力。

c. 对于嵌岩桩，可通过直径为 0.3 m 岩基平板载荷试验确定极限端阻力标准值，也可通过直径为 0.3 m 嵌岩短墩载荷试验确定极限侧阻力标准值和极限端阻力标准值。

d. 桩的极限侧阻力标准值和极限端阻力标准值宜通过埋设桩身轴力测试元件由静载试验确定，并通过测试结果建立极限侧阻力标准值和极限端阻力标准值与土层物理指标、岩石饱和单轴抗压强度，以及与静力触探等土的原位测试指标间的经验关系，以经验参数法确定单桩竖向极限承载力。

2. 原位测试法

当根据单桥探头静力触探资料确定混凝土预制桩单桩竖向极限承载力标准值时，如无

当地经验，可按下式计算

$$Q_{uk}=Q_{sk}+Q_{pk}=u\sum q_{sik}l_i+\alpha p_{sk}A_p \tag{2.3.5}$$

当 $p_{sk1}\leqslant p_{sk2}$ 时

$$p_{sk}=\frac{1}{2}(p_{sk1}+\beta p_{sk2}) \tag{2.3.6}$$

当 $p_{sk1}>p_{sk2}$ 时

$$p_{sk}=p_{sk2} \tag{2.3.7}$$

式中，Q_{sk}、Q_{pk} 分别为总极限侧阻力标准值和总极限端阻力标准值；u 为桩身周长；q_{sik} 为用静力触探比贯入阻力值估算的桩周第 i 层土的极限侧阻力；l_i 为桩周第 i 层土的厚度；α 为桩端阻力修正系数，可按表 2.3.3 取值；p_{sk} 为桩端附近的静力触探比贯入阻力标准值（平均值）；A_p 为桩端面积；p_{sk1} 为桩端全截面以上 8 倍桩径范围内的比贯入阻力平均值；p_{sk2} 为桩端全截面以下 4 倍桩径范围内的比贯入阻力平均值，如桩端持力层为密实的砂土层，其比贯入阻力平均值超过 20 MPa 时，则需乘以表 2.3.4 中系数 C 予以折减后，再计算 p_{sk}；β 为折减系数，按表 2.3.5 选用。

注：1. q_{sik} 值应结合土工试验资料，依据土的类别、埋藏深度、排列次序，按图 2.3.2 折线取值；图 2.3.2 中，直线Ⓐ（线段 gh）适用于地表下 6 m 范围内的土层，折线Ⓑ（线段 $oabc$）适用于粉土及砂土土层以上（或无粉土及砂土土层地区）的黏性土，折线Ⓒ（线段 $odef$）适用于粉土及砂土土层以下的黏性土，折线Ⓓ（线段 oef）适用于粉土、粉砂、细砂及中砂。

2. p_{sk} 为桩端穿过的中密至密实砂土、粉土的比贯入阻力平均值；p_{sl} 为砂土、粉土的下卧软土层的比贯入阻力平均值。

3. 采用的单桥探头，圆锥底面积为 15 cm²，底部带 7 cm 高滑套，锥角为 60°。

4. 当桩端穿过粉土、粉砂、细砂及中砂层底面时，折线Ⓓ估算的 q_{sik} 值需乘以表 2.3.6 中系数 η_s 值。

桩端阻力修正系数 α 值 表 2.3.3

桩长/m	$l<15$	$15\leqslant l\leqslant 30$	$30<l\leqslant 60$
α	0.75	0.75～0.90	0.90

注：桩长 15 m$\leqslant l\leqslant$30 m，α 值按 l 值直线内插；l 为桩长（不包括桩尖高度）。

系　数 C 表 2.3.4

p_{sk}/MPa	20～30	35	>40
系数 C	5/6	2/3	1/2

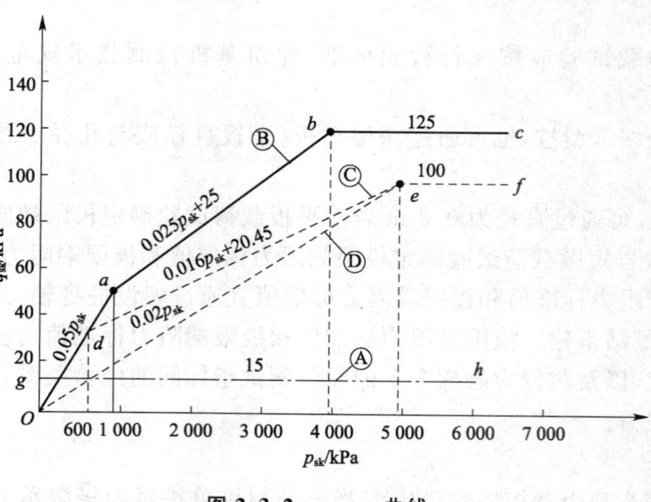

图 2.3.2　q_{sk}-p_{sk} 曲线

折 减 系 数 β　　表 2.3.5

p_{sk2}/p_{sk1}	≤5	7.5	12.5	≥15
β	1	5/6	2/3	1/2

注:表 2.3.4、表 2.3.5 可内插取值。

系 数 η_s 值　　表 2.3.6

p_{sk}/p_{sl}	≤5	7.5	≥10
η_s	1.00	0.50	0.33

当根据双桥探头静力触探资料确定混凝土预制桩单桩竖向极限承载力标准值时,对于黏性土、粉土和砂土,如无当地经验时可按下式计算

$$Q_{uk}=Q_{sk}+Q_{pk}=u\sum l_i\beta_i f_{si}+\alpha q_c A_p \tag{2.3.8}$$

式中,f_{si} 为第 i 层土的探头平均侧阻力(kPa);q_c 为桩端平面上、下探头阻力,取桩端平面以上 $4d$(d 为桩的直径或边长)范围内按土层厚度的探头阻力加权平均值(kPa),然后再与桩端平面以下 $1d$ 范围内的探头阻力进行平均;α 为桩端阻力修正系数,对于黏性土、粉土取 2/3,饱和砂土取 1/2;β_i 为第 i 层土桩侧阻力综合修正系数,黏性土、粉土为 $\beta_i=10.04(f_{si})^{-0.55}$,砂土为 $\beta_i=5.05(f_{si})^{-0.45}$。

注:双桥探头的圆锥底面积为 15 cm^2,锥角为 60°,摩擦套筒高 21.85 cm,侧面积为 300 cm^2。

3.经验参数法

当根据土的物理指标与承载力参数之间的经验关系确定单桩竖向极限承载力标准值时,宜按下式估算

$$Q_{uk}=Q_{sk}+Q_{pk}=u\sum q_{sik} l_i+q_{pk}A_p \tag{2.3.9}$$

式中,q_{sik} 为桩侧第 i 层土的极限侧阻力标准值,如无当地经验时,可按表 2.3.7 取值;q_{pk} 为极限端阻力标准值,如无当地经验时,可按表 2.3.8 取值。

桩的极限侧阻力标准值 q_{sik}(单位:kPa)　　表 2.3.7

土的名称	土的状态		混凝土预制桩	泥浆护壁钻(冲)孔桩	干作业钻孔桩
填土	—		22~30	20~28	20~28
淤泥	—		14~20	12~18	12~18
淤泥质土	—		22~30	20~28	20~28
黏性土	流塑	$I_L>1$	20~40	21~38	21~38
	软塑	$0.75<I_L\leq1$	40~55	38~53	38~53
	可塑	$0.50<I_L\leq0.75$	55~70	53~68	53~66
	硬可塑	$0.25<I_L\leq0.50$	70~86	68~84	66~82
	硬塑	$0<I_L\leq0.25$	86~98	84~96	82~94
	坚硬	$I_L\leq0$	98~105	96~102	94~104
红黏土	$0.7<a_w\leq1$		13~32	12~30	12~30
	$0.5<a_w\leq0.7$		32~74	30~70	30~70
粉土	稍密	$e>0.9$	26~46	24~42	24~42
	中密	$0.75\leq e\leq0.9$	46~66	42~62	42~62
	密实	$e<0.75$	66~88	62~82	62~82
粉细砂	稍密	$10<N\leq15$	24~48	22~46	22~46
	中密	$15<N\leq30$	48~66	46~64	46~64
	密实	$N>30$	66~88	64~86	64~86

续上表

土的名称	土的状态		混凝土预制桩	泥浆护壁钻（冲）孔桩	干作业钻孔桩
中砂	中密	$15<N\leqslant30$	54～74	53～72	53～72
	密实	$N>30$	74～95	72～94	72～94
粗砂	中密	$15<N\leqslant30$	74～95	74～95	76～98
	密实	$N>30$	95～116	95～116	98～120
砾砂	稍密	$5<N_{63.5}\leqslant15$	70～110	50～90	60～100
	中密（密实）		116～138	116～130	112～130
圆砾、角砾	中密、密实	$N_{63.5}>10$	160～200	135～150	135～150
碎石、卵石	中密、密实	$N_{63.5}>10$	200～300	140～170	150～170
全风化软质岩	—	$30<N\leqslant50$	100～120	80～100	80～100
全风化硬质岩	—	$30<N\leqslant50$	140～160	120～140	120～150
强风化软质岩	—	$N_{63.5}>10$	160～240	140～200	140～220
强风化硬质岩	—	$N_{63.5}>10$	220～300	160～240	160～260

注：1. 对于尚未完成自重固结的填土和以生活垃圾为主的杂填土，不计算其侧阻力。

2. a_w 为含水比，$a_w=w/w_L$，w 为土的天然含水率，w_L 为土的液限。

3. N 为标准贯入击数，$N_{63.5}$ 为重型圆锥动力触探击数。

4. 全风化、强风化软质岩和全风化、强风化硬质岩系指其母岩分别为 $f_{rk}\leqslant15$ MPa、$f_{rk}>30$ MPa 的岩石。

桩的极限端阻力标准值 q_{pk}（单位：kPa） 表 2.3.8

土名称	土的状态		混凝土预制桩桩长 l/m				泥浆护壁钻（冲）孔桩桩长 l/m				干作业钻孔桩桩长 l/m		
			$l\leqslant9$	$9<l\leqslant16$	$16<l\leqslant30$	$l>30$	$5\leqslant l<10$	$10\leqslant l<15$	$15\leqslant l<30$	$30\leqslant l$	$5\leqslant l<10$	$10\leqslant l<15$	$15\leqslant l$
黏性土	软塑	$0.75<I_L\leqslant1$	210～850	650～1 400	1 200～1 800	1 300～1 900	150～250	250～300	300～450	300～450	200～400	400～700	700～950
	可塑	$0.50<I_L\leqslant0.75$	850～1 700	1 400～2 200	1 900～2 800	2 300～3 600	350～450	450～600	600～750	750～800	500～700	800～1 100	1 000～1 600
	硬可塑	$0.25<I_L\leqslant0.50$	1 500～2 300	2 300～3 300	2 700～3 600	3 600～4 400	800～900	900～1 000	1 000～1 200	1 200～1 400	850～1 100	1 500～1 700	1 700～1 900
	硬塑	$0<I_L\leqslant0.25$	2 500～3 800	3 800～5 500	5 500～6 000	6 000～6 800	1 100～1 200	1 200～1 400	1 400～1 600	1 600～1 800	1 600～1 800	2 200～2 400	2 600～2 800
粉土	中密	$0.75\leqslant e\leqslant0.9$	950～1 700	1 400～2 100	1 900～2 700	2 500～3 400	300～500	500～650	650～750	750～850	800～1 200	1 200～1 400	1 400～1 600
	密实	$e<0.75$	1 500～2 600	2 100～3 000	2 700～3 600	3 600～4 400	650～900	750～950	900～1 100	1 100～1 200	1 200～1 700	1 400～1 900	1 600～2 100
粉砂	稍密	$10<N\leqslant15$	1 000～1 600	1 500～2 300	1 900～2 700	2 100～3 000	350～500	450～600	600～700	650～750	500～950	1 300～1 600	1 500～1 700
	中密、密实	$N>15$	1 400～2 200	2 100～3 000	3 000～4 500	3 800～5 500	600～750	750～900	900～1 100	1 100～1 200	900～1 000	1 700～1 900	1 700～1 900
细砂	中密、密实	$N>15$	2 500～4 00	3 600～5 000	4 400～6 000	5 300～7 000	650～850	900～1 200	1 200～1 500	1 500～1 800	1 200～1 600	2 000～2 400	2 400～2 700
中砂			4 000～6 000	5 500～7 000	6 500～8 000	7 500～9 000	850～1 050	1 100～1 500	1 500～1 900	1 900～2 100	1 800～2 400	2 800～3 800	3 600～4 400
粗砂			5 700～7 500	7 500～8 500	8 500～10 000	9 500～11 000	1 500～1 800	2 100～2 400	2 400～2 600	2 600～2 800	2 900～3 600	4 000～4 600	4 600～5 200

续上表

土名称	土的状态		桩型										
			混凝土预制桩桩长 l/m				泥浆护壁钻(冲)孔桩桩长 l/m				干作业钻孔桩桩长 l/m		
			$l\leqslant 9$	$9<l\leqslant 16$	$16<l\leqslant 30$	$l>30$	$5\leqslant l<10$	$10\leqslant l<15$	$15\leqslant l<30$	$30\leqslant l$	$5\leqslant l<10$	$10\leqslant l<15$	$15\leqslant l$
砾砂	中密、密实	$N>15$	6 000～9 500		9 000～10 500		1 400～2 000		2 000～3 200		3 500～5 000		
角砾、圆砾		$N_{63.5}>10$	7 000～10 000		9 500～11 500		1 800～2 200		2 200～3 600		4 000～5 500		
碎石、卵石		$N_{63.5}>10$	8 000～11 000		10 500～13 000		2 000～3 000		3 000～4 000		4 500～6 500		
全风化软质岩		$30<N\leqslant 50$	4 000～6 000				1 000～1 600				1 200～2 000		
全风化硬质岩		$30<N\leqslant 50$	5 000～8 000				1 200～2 000				1 400～2 400		
强风化软质岩		$N_{63.5}>10$	6 000～9 000				1 400～2 200				1 600～2 600		
强风化硬质岩		$N_{63.5}>10$	7 000～11 000				1 800～2 800				2 000～3 000		

注:1. 砂土和碎石类土中桩的极限端阻力取值,宜综合考虑土的密实度,桩端进入持力层的深径比 h_b/d,土越密实,h_b/d 越大,取值越高。

2. 预制桩的岩石极限端阻力指桩端支承于中、微风化基岩表面或进入强风化岩、软质岩一定深度条件下极限端阻力。

3. 全风化、强风化软质岩和全风化、强风化硬质岩指其母岩分别为 $f_{rk}\leqslant 15$ MPa、$f_{rk}>30$ MPa 的岩石。

根据土的物理指标与承载力参数之间的经验关系,确定大直径桩单桩极限承载力标准值时,可按下式计算

$$Q_{uk}=Q_{sk}+Q_{pk}=u\sum\psi_{si}q_{sik}l_i+\psi_p q_{pk}A_p \tag{2.3.10}$$

式中,q_{sik} 为桩侧第 i 层土极限侧阻力标准值,如无当地经验值时,可按表 2.3.7 取值,对于扩底桩变截面以上 $2d$ 长度范围不计侧阻力;q_{pk} 为桩径为 800 mm 的极限端阻力标准值,对于干作业挖孔(清底干净)可采用深层载荷板试验确定,当不能进行深层载荷板试验时,可按表 2.3.9 取值;ψ_{si}、ψ_p 分别为大直径桩侧阻力效应系数、端阻力尺寸效应系数,按表 2.3.10取值;u 为桩身周长,当人工挖孔桩桩周护壁为振捣密实的混凝土时,桩身周长可按护壁外直径计算。

干作业挖孔桩(清底干净,D=800 mm)极限端阻力标准值 q_{pk}(单位:kPa) 表 2.3.9

土名称	状态		
黏性土	$0.25<I_L\leqslant 0.75$	$0<I_L\leqslant 0.25$	$I_L\leqslant 0$
	800～1 800	1 800～2 400	2 400～3 000
粉土	—	$0.75\leqslant e\leqslant 0.9$	$e<0.75$
	—	1 000～1 500	1 500～2 000

土 名 称		状 态		
		稍密	中密	密实
砂土、碎石类土	粉砂	500～700	800～1 100	1 200～2 000
	细砂	700～1 100	1 200～1 800	2 000～2 500
	中砂	1 000～2 000	2 200～3 200	3 500～5 000
	粗砂	1 200～2 200	2 500～3 500	4 000～5 500
	砾砂	1 400～2 400	2 600～4 000	5 000～7 000
	圆砾、角砾	1 600～3 000	3 200～5 000	6 000～9 000
	卵石、碎石	2 000～3 000	3 300～5 000	7 000～11 000

注：1. 当桩进入持力层的深度 h_b 分别为 $h_b \leqslant D$、$D < h_b \leqslant 4D$、$h_b > 4D$ 时，q_{pk} 可相应取低、中、高值。

2. 砂土密实度可根据标贯击数判定，$N \leqslant 10$ 为松散，$10 < N \leqslant 15$ 为稍密，$15 < N \leqslant 30$ 为中密，$N > 30$ 为密实。

3. 当桩的长径比 $l/d \leqslant 8$ 时，q_{pk} 宜取较低值。

4. 当对沉降要求不严时，q_{pk} 可取高值。

大直径灌注桩侧阻力尺寸效应系数 ψ_{si}、端阻力尺寸效应系数 ψ_p 表 2.3.10

土 类 型	黏性土、粉土	砂土、碎石类土
ψ_{si}	$(0.8/d)^{1/5}$	$(0.8/d)^{1/3}$
ψ_p	$(0.8/D)^{1/4}$	$(0.8/D)^{1/3}$

注：当为等直径桩时，表中 $D=d$。

4. 钢管桩

当根据土的物理指标与承载力参数之间的经验关系确定钢管桩单桩竖向极限承载力标准值时，可按下列公式计算

$$Q_{uk}=Q_{sk}+Q_{pk}=u\sum q_{sik}l_i+\lambda_p q_{pk}A_p \tag{2.3.11}$$

当 $h_b/d < 5$ 时

$$\lambda_p=0.16h_b/d \tag{2.3.12}$$

当 $h_b/d \geqslant 5$ 时

$$\lambda_p=0.8 \tag{2.3.13}$$

式中，q_{sik}、q_{pk} 分别为按表 2.3.7、表 2.3.8 取与混凝土预制桩相同值；λ_p 为桩端土塞效应系数，对于闭口钢管桩 $\lambda_p=1$，对于敞口钢管桩按式(2.3.12)、式(2.3.13)取值；h_b 为桩端进入持力层深度；d 为钢管桩外径。

对于带隔板的半敞口钢管桩，应以等效直径 d_e 代替 d 确定 λ_p；$d_e=d/\sqrt{n}$；其中 n 为桩端隔板分割数(见图 2.3.3)。

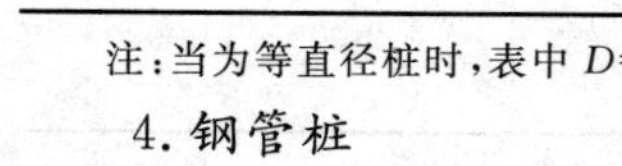

n=2　n=4　n=9

图 2.3.3 隔板分割数

闭口钢管桩的承载变形机理与混凝土预制桩是相同的。钢管桩表面性质与混凝土预制桩虽有所不同，但大量试验结果表明，两者的极限侧阻力是可视为相等的，因为除坚硬黏性土外，侧阻剪切破坏面是发生于靠近桩表面的土体中，而不是发生于桩土界面。因此，闭口钢管桩承载力的计算可采用与混凝土预制桩相同的模式和承载力参数。

敞口钢管桩的承载机理和承载力随有关因素的变化远比闭口钢管桩复杂。这是由于沉桩过程中，桩端土的一部分将进入管内形成"土塞"。土塞在沉桩过程受到管内壁摩阻力作

用而产生一定压缩。土塞的高度和闭塞效果随土性、管径、壁厚、桩入土深度和进入持力层的深度等诸多因素变化。桩端土的闭塞程度直接影响桩的承载力性状，称此为闭塞效应。管内土芯侧阻力的发挥性状不同于管外侧阻力。后者随桩顶受荷沉降自上而下逐步发挥，前者则只有当荷载传递到桩端沉降才开始由下而上逐渐发挥。土塞的模量越低，土塞的高度越大，全部充分发挥土塞侧阻所需沉降越大。

敞口钢管桩端阻的破坏以两种形式之一出现：①土塞沿管内向上挤出，或由于土塞的压缩量大且高度大，虽未全长向上挤出，但桩端土已大量拥入；②桩端地基土如同闭口桩一样破坏。对于第一种情况，桩端土处于未完全闭塞状态，其闭塞程度主要随桩进入持力层的深度增大而增大，随桩管内径增大而降低。对于第二种情况，桩端土处于完全闭塞状态，其端阻力发挥值与闭口桩相同。为简化计算，《建筑桩基技术规范》(JGJ 94—2008)规定以桩端闭塞效应系数 λ_p 表征极限端阻力的闭塞效应。闭塞效应系数 λ_p 根据桩端进入持力层的相对深度 h_b/d_s、桩外径 d_s 和 λ_s 确定。

敞口钢管桩沉桩过程一部分土进入管内形成土塞，一部分被挤向桩周，因此其挤土效应不同于闭口桩。桩侧阻力的性状受挤土效应影响，因而也受桩端闭塞情况的影响。对于敞口(开口)桩，由于挤土密度低，其侧阻 q_{su} 低于挤土密度大的桩。而挤土密度又随桩径增大而减小，故侧阻挤土效应系数 λ_s 也随敞口桩内径增大而减小。

对于带隔板的半敞口钢管桩，以等效直径 d_e 代替 d_s 确定 λ_s、λ_p，$d_e=d_s/\sqrt{n}$，其中 n 为桩端隔板分割数。

5.混凝土空心桩

当根据土的物理指标与承载力参数之间的经验关系，确定敞口预应力混凝土空心桩单桩竖向极限承载力标准值时，可按下式计算

$$Q_{uk}=Q_{sk}+Q_{pk}=u\sum q_{sik}l_i+q_{pk}(A_j+\lambda_p A_{pl}) \tag{2.3.14}$$

当 $h_b/d<5$ 时

$$\lambda_p=0.16h_b/d \tag{2.3.15}$$

当 $h_b/d\geqslant 5$ 时

$$\lambda_p=0.8 \tag{2.3.16}$$

式中，q_{sik}、q_{pk}分别为按表 2.3.7、表 2.3.8 取与混凝土预制桩相同值；A_j 为空心桩桩端净面积[管桩：$A_j=\pi/4(d^2-d_1^2)$，空心方桩：$A_j=b^2-\pi/4d_1^2$]；A_{pl}为空心桩敞口面积，$A_{pl}=\pi/4d_1^2$；λ_p 为桩端土塞效应系数；d、b 分别为空心桩外径、边长；d_1 为空心桩内径。

6.嵌岩桩

桩端置于完整、较完整基岩的嵌岩桩单桩竖向极限承载力，由桩周土总极限侧阻力和嵌岩段总极限阻力组成。当根据岩石单轴抗压强度确定单桩竖向极限承载力标准值时，可按下式计算

$$Q_{uk}=Q_{sk}+Q_{rk} \tag{2.3.17}$$

$$Q_{sk}=u\sum q_{sik}l_i \tag{2.3.18}$$

$$Q_{rk}=\zeta_r f_{rk}A_p \tag{2.3.19}$$

式中，Q_{sk}、Q_{rk}分别为土的总极限侧阻力标准值、嵌岩段总极限阻力标准值；q_{sik}为桩周第 i 土层的极限侧阻力，无当地经验时，可根据成桩工艺按表 2.3.7 取值；f_{rk}为岩石饱和单轴抗压强度标准值，黏土岩取天然湿度单轴抗压强度标准值；ζ_r为桩嵌岩段侧阻和端阻综合系数，与嵌岩深径比 h_r/d、岩石软硬程度和成桩工艺有关，可按表 2.3.11 采用；表中数值适用于泥浆护壁成桩，对于干作业成桩(清底干净)和泥浆护壁成桩后注浆，ζ_r应取表列数值的 1.2 倍。

桩嵌岩段侧阻和端阻综合系数 ζ_r 表 2.3.11

嵌岩深径比 h_r/d	0	0.5	1.0	2.0	3.0	4.0	5.0	6.0	7.0	8.0
极软岩、软岩	0.60	0.80	0.95	1.18	1.35	1.48	1.57	1.63	1.66	1.70
较硬岩、坚硬岩	0.45	0.65	0.81	0.90	1.00	1.04	—	—	—	—

注：1. 极软岩、软岩指 $f_{rk}\leqslant 15$ MPa，较硬岩、坚硬岩指 $f_{rk}>30$ MPa，介于二者之间可内插取值。

2. h_r 为桩身嵌岩深度，当岩面倾斜时，以坡下方嵌岩深度为准；当 h_r/d 为非表列值时，ζ_r 可内插取值。

7. 后注浆灌注桩

后注浆灌注桩的单桩极限承载力，应通过静载试验确定。在符合《建筑桩基技术规范》(JGJ 94－2008)第 6.7 节后注浆技术实施规定的条件下，其后注浆单桩极限承载力标准值可按下式估算

$$Q_{uk}=Q_{sk}+Q_{gsk}+Q_{gpk}=u\sum q_{sjk}l_j+u\sum\beta_{si}q_{sik}l_{gi}+\beta_p q_{pk}A_p \quad (2.3.20)$$

式中，Q_{sk} 为后注浆非竖向增强段的总极限侧阻力标准值；Q_{gsk} 为后注浆竖向增强段的总极限侧阻力标准值；Q_{gpk} 为后注浆总极限端阻力标准值；u 为桩身周长；l_j 为后注浆非竖向增强段第 j 层土厚度；l_{gi} 为后注浆竖向增强段内第 i 层土厚度：对于泥浆护壁成孔灌注桩，当为单一桩端后注浆时，竖向增强段为桩端以上 12 m；当为桩端、桩侧复式注浆时，竖向增强段为桩端以上 12 m 及各桩侧注浆断面以上 12 m，重叠部分应扣除；对于干作业灌注桩，竖向增强段为桩端以上、桩侧注浆断面上下各 6 m；q_{sik}、q_{sjk}、q_{pk} 分别为后注浆竖向增强段第 i 土层初始极限侧阻力标准值、非竖向增强段第 j 土层初始极限侧阻力标准值、初始极限端阻力标准值；根据"3. 经验参数法"规定，β_{si}、β_p 分别为后注浆侧阻力、端阻力增强系数，无当地经验时，可按表 2.3.12 取值；对于桩径大于 800 mm 的桩，应按表 2.3.10 进行侧阻和端阻尺寸效应修正。

后注浆侧阻力增强系数 β_{si}，端阻力增强系数 β_p 表 2.3.12

土层名称	淤泥 淤泥质土	黏性土 粉土	粉砂 细砂	中砂	粗砂 砾砂	砾石 卵石	全风化岩 强风化岩
β_{si}	1.2～1.3	1.4～1.8	1.6～2.0	1.7～2.1	2.0～2.5	2.4～3.0	1.4～1.8
β_p	—	2.2～2.5	2.4～2.8	2.6～3.0	3.0～3.5	3.2～4.0	2.0～2.4

注：干作业钻、挖孔桩，β_p 按表列值乘以小于 1.0 的折减系数。当桩端持力层为黏性土或粉土时，折减系数取 0.6；为砂土或碎石土时，取 0.8。

后注浆钢导管注浆后可替代等截面、等强度的纵向主筋。

8. 液化效应

对于桩身周围有液化土层的低承台桩基，当承台底面上、下分别有厚度不小于 1.5 m、1.0 m 的非液化土或非软弱土层时，可将液化土层极限侧阻力乘以土层液化影响折减系数，计算单桩极限承载力标准值。土层液化影响折减系数 ψ_l 可按表 2.3.13 确定。

土层液化影响折减系数 ψ_l 表 2.3.13

$\lambda_N=\dfrac{N}{N_{cr}}$	自地面算起的液化土层深度 d_L/m	ψ_l
$\lambda_N\leqslant 0.6$	$d_L\leqslant 10$	0
	$10<d_L\leqslant 20$	1/3
$0.6<\lambda_N\leqslant 0.8$	$d_L\leqslant 10$	1/3
	$10<d_L\leqslant 20$	2/3
$0.8<\lambda_N\leqslant 1.0$	$d_L\leqslant 10$	2/3
	$10<d_L\leqslant 20$	1.0

注：1. N 为饱和土标贯击数实测值，N_{cr} 为液化判别标贯击数临界值。

2. 对于挤土桩，当桩距不大于 $4d$，且桩的排数不少于 5 排、总桩数不少于 25 根时，土层液体影响折减系数可按表列值提高一档取值；桩间土标贯击数达到 N_{cr} 时，取 $\psi_l=1$。

当承台底面上、下非液化土层厚度小于以上规定时，土层液化影响折减系数 ψ_l 取 0。

第四节 《建筑地基基础设计规范》(GB 50007—2011) 关于单桩竖向承载力的有关规定

一、单桩竖向承载力

1.规范规定

《建筑地基基础设计规范》(GB 50007—2011)规定，按单桩承载力确定桩数时，传至基础或承台底面上的荷载效应应按正常使用极限状态下荷载效应的标准组合。相应的抗力应采用单桩承载力特征值。

《建筑地基基础设计规范》(GB 50007—2011)采用"特征值"一词，用以表示正常使用极限状态计算时采用单桩承载力的值，其含义即为在发挥正常使用功能时所允许采用的抗力设计值，以避免过去一律提"标准值"时所带来的混淆。特征值的确定可以是统计得出，也可以是传统经验值或某一物理量限定的值。

2.单桩承载力计算应符合下列表达式

轴心竖向力作用下

$$Q_k \leqslant R_a \tag{2.4.1}$$

偏心竖向力作用下，除满足式(2.4.1)外，还应满足下式要求

$$Q_{ik\,\max} \leqslant 1.2R_a \tag{2.4.2}$$

式中，R_a 为单桩竖向承载力特征值；Q_k 为相应于荷载效应标准组合轴心竖向力作用下任一面的竖向力；$Q_{ik\,\max}$ 为相应于荷载效应标准组合偏心竖向力作用下第 i 根桩的最大竖向力。

3.单桩竖向承载力特征值的确定应符合下列规定

①单桩竖向承载力特征值应通过单桩竖向静载荷试验确定。在同一条件下的试桩数量，不宜少于总桩数的 1%，且不应少于 3 根。单桩的静载荷试验，应按《建筑地基基础设计规范》(GB 50007—2011)进行。

当桩端持力层为密实砂卵石或其他承载力类似的土层时，对单桩承载力很高的大直径端承型桩，可采用深层平板载荷试验确定桩端土的承载力特征值，试验方法应按《建筑地基基础设计规范》(GB 50007—2011)的规定执行。

②地基基础设计等级为丙级的建筑物，可采用静力触探及标准贯入试验参数确定 R_a 值。

③初步设计时单桩竖向承载力特征值可按下式估算

$$R_a = q_{pa}A_p + u_p\sum q_{sia}l_i \tag{2.4.3}$$

式中，R_a 为单桩竖向承载力特征值；q_{pa}、q_{sia} 为桩端端阻力、桩侧阻力特征值，由当地静载荷试验结果统计分析算得；A_p 为桩底端横截面面积；u_p 为桩身周边长度；l_i 为第 i 层岩土的厚度。

当桩端嵌入完整及较完整的硬质岩中时，可按下式估算单桩竖向承载力特征值

$$R_a = q_{pa}A_p \tag{2.4.4}$$

式中，q_{pa} 为桩端岩石承载力特征值。

④嵌岩灌注桩桩端以下 3 倍桩径范围内应无软弱夹层、断裂破碎带和洞穴分布，并应在

桩底应力扩散范围内无岩体临空面。桩端岩石承载力特征值，当桩端无沉渣时，应根据岩石饱和单轴抗压强度标准值按《建筑地基基础设计规范》(GB 50007—2011)确定，或按《建筑地基基础设计规范》(GB 50007—2011)用岩基载荷试验确定。

二、单桩竖向静载荷试验要点

①单桩竖向静载荷试验的加载方式，应按慢速维持荷载法。

②加载反力装置宜采用锚桩，当采用堆载时应遵守以下规定：

a. 堆载加于地基的压应力不宜超过地基承载力特征值；

b. 堆载的限值可根据其对试桩和对基准桩的影响确定；

c. 堆载量大时，宜利用桩(可利用工程桩)作为堆载的支点；

d. 试验反力装置的最大抗拔或承重能力应满足试验加载的要求。

③试桩、锚桩(压重平台支座)和基准桩之间的中心距离应符合表 2.4.1 的规定。

试桩、锚桩和基准桩之间的中心距离　　表 2.4.1

反力系统	试桩与锚桩(或压重平台支座墩边)	试桩与基准桩	基准桩与锚桩(或压重平台支座墩边)
锚桩横梁反力装置 压重平台反力装置	≥4d 且 2.0 m	≥4d 且 2.0 m	≥4d 且 2.0 m

注：d 为试桩或锚桩的设计直径，取其较大者(如试桩或锚桩为扩底桩时，试桩与锚桩的中心距尚不应小于 2 倍扩大端直径)。

④开始试验的时间：预制桩在砂土中入土 7 d 后；黏性土不得少于 15 d；对于饱和软黏土不得少于 25 d。灌注桩应在桩身混凝土达到设计强度后才能进行。

⑤加荷分级不应小于 8 级，每级加载量宜为预估极限荷数的 1/10～1/8。

⑥测读桩沉降量的间隔时间：每级加载后，第 5 分钟、第 10 分钟、第 15 分钟时各测读一次，以后每隔 15 min 读一次，累计 1 h 后每隔半小时读一次。

⑦在每级荷载作用下，桩的沉降量连续两次在每小时内小于 0.1 mm 时可视为稳定。

⑧符合下列条件之一时可终止加载。

a. 当荷载—沉降(Q-s)曲线上有可判定极限承载力的陡降段，且桩顶点沉降量超过 40 mm。

b. $\frac{\Delta s_{n+1}}{\Delta s_n}\geqslant 2$，且经 24 h 尚未达到稳定。

c. 25 m 以上的非嵌岩桩，Q-s 曲线呈缓变型时，桩顶总沉降量大于 60～80 mm。

d. 在特殊条件下，可根据具体要求加载至桩顶总沉降量大于 100 mm。

需要指出的是 Δs_n 为第 n 级荷载的沉降增量；Δs_{n+1} 为第 $n+1$ 级荷载的沉降增量；桩底支承在坚硬岩(土)层上，桩的沉降量很小时，最大加载量不应小于设计荷载的 2 倍。

⑨卸载观测：每级卸载值为加载值的 2 倍。卸载后隔 15 min 测读一次，读两次后，隔半小时再读一次，即可卸下一级荷载。全部卸载后，隔 3～4 h 再测读一次。

⑩单桩竖向极限承载力应按下列方法确定。

a. 作荷载—沉降(Q-s)曲线和其他辅助分析所需的曲线。

b. 当陡降段明显时，取相应于陡降起点的荷载值。

c. 当出现《建筑地基基础设计规范》(GB 50007—2011)附录 Q. 0. 8 第二款的情况时，取前一级荷载值。

d. Q-s 曲线呈缓变型时，取桩顶总沉降量 s=40 mm 所对应的荷载值，当桩长大于40 m

时，宜考虑桩身的弹性压缩。

e. 按上述方法判断有困难时，可结合其他辅助分析方法综合判定。对桩基沉降有特殊要求者，应根据具体情况选取。

f. 参加统计的试桩，当满足其极差不超过平均值的30%时，可取其平均值为单桩竖向极限承载力。极差超过平均值的30%时，宜增加试桩数量并分析离差过大的原因，结合工程具体情况确定极限承载力。

注：对桩数为3根及3根以下的柱下桩台，取最小值。

g. 将单桩竖向极限承载力除以安全系数2，为单桩竖向承载力特征值 R_a。

三、桩身混凝土强度应满足桩的承载力设计要求

计算中应按桩的类型和成桩工艺的不同将混凝土的轴心抗压强度设计值乘以工作条件系数 ψ_c，桩身强度应符合下式要求

桩轴心受压时

$$Q \leqslant A_p f_c \psi_c \tag{2.4.5}$$

式中，f_c 为混凝土轴心抗压强度设计值，按现行《混凝土结构设计规范》(GB 50010—2010)取值；Q 为相应于荷载效应基本组合时的单桩竖向力设计值；A_p 为桩身横截面面积；ψ_c 为工作条件系数，预制桩取0.75，灌注桩取0.6～0.7(水下灌注桩或长桩时用低值)。

第五节 《公路桥涵地基与基础设计规范》(JTG D63—2007)关于单桩竖向承载力的有关规定

一、桩的计算

桩的计算，可按下列规定进行：

①承台底面以上的荷载假定全部由桩承受。

②桥台土压力可自填土前的原地面起算。

在软土和软弱地基土层较厚、持力层较好的地基中，桩基计算应考虑路基填土荷载或地下水位下降等因素所引起的负摩阻力的影响。

二、摩擦桩单桩轴向受压承载力容许值$[R_a]$的计算

摩擦桩单桩轴向受压承载力容许值$[R_a]$，可按下列公式计算。

1. 钻(挖)孔灌注桩的承载力容许值

$$[R_a]=\frac{1}{2}u\sum_{i=1}^{n}q_{ik}l_i+A_pq_r \tag{2.5.1}$$

$$q_r=m_0\lambda[[f_{a0}]+k_2\gamma_2(h-3)] \tag{2.5.2}$$

式中，$[R_a]$为单桩轴向受压承载力容许值(kN)，桩身自重与置换土重(当自重计入浮力时，置换土重也计处浮力)的差值作为荷载考虑；u 为桩身周长(m)；A_p 为桩端截面面积(m^2)，对于扩底桩，取扩底截面面积；n 为土的层数；l_i 为承台底面或局部冲刷线以下各土层的厚度(m)，扩孔部分不计；q_{ik}为与 l_i 对应的各土层与桩侧的摩阻力标准值(kPa)，宜采用单桩摩阻力试验确定，当无试验条件时按表2.5.1选用；q_r 为桩端处土的承载力容许值(kPa)，当持力层为砂土、碎石土时，若计算值超过下列值，宜按下列值采用：粉砂1 000 kPa，细砂

1 150 kPa，中砂、粗砂、砾砂 1 450 kPa，碎石土 2 750 kPa；$[f_{a0}]$为桩端处土的承载力基本容许值(kPa)，按《建筑桩基技术规范》(JGJ 94－2008)中第 3.3.3 条确定；h 为桩端的埋置深度(m)，对于有冲刷的桩基，埋深由一般冲刷线起算；对无冲刷的桩基，埋深由天然地面线或实际开挖后的地面线起算；h 的计算值不大于 40 m，当大于 40 m 时，按 40 m 计算；k_2 容许承载力随深度的修正系数，根据桩端处持力层土类按《建筑桩基技术规范》(JGJ 94－2008)中表 3.3.4 选用；γ_2 为桩端以上各土层的加权平均重度(kN/m³)，若持力层在水位以下且不透水时，不论桩端以上土层的透水性如何，一律取饱和重度；当持力层透水时，则水中部分土层取浮重度；λ 为修正系数，按表 2.5.2 选用；m_0 为清底系数，按表 2.5.3 选用。

钻孔桩桩侧土的摩阻力标准值 q_{ik} 表 2.5.1

土类		q_{ik}/kPa
中密炉渣、粉煤灰		40～60
黏性土	流塑 $I_L>1$	20～30
	软塑 $0.75<I_L\leqslant 1$	30～50
	可塑、硬塑 $0<I_L\leqslant 0.75$	50～80
	坚硬 $I_L\leqslant 0$	80～120
粉土	中密	30～55
	密实	55～80
粉砂、细砂	中密	35～55
	密实	55～70
中砂	中密	45～60
	密实	60～80
粗砂、砾砂	中密	60～90
	密实	90～140
圆砾、角砾	中密	120～150
	密实	150～180
碎石、卵石	中密	160～220
	密实	220～400
漂石、块石	—	400～600

注：挖孔桩的摩阻力标准值可参照本表采用。

修 正 系 数 λ 值 表 2.5.2

桩端土情况	l/d		
	4～20	20～25	>25
透水性土	0.70	0.70～0.85	0.85
不透水性土	0.65	0.65～0.72	0.72

2. 沉桩的承载力容许值

$$[R_a]=\frac{1}{2}(u\sum_{i=1}^{n}\alpha_i l_i q_{ik}+\alpha_r A_p q_{rk}) \tag{2.5.3}$$

式中，$[R_a]$为单桩轴向受压承载力容许值(kN)，桩身自重与置换土重(当自重计入浮力时，置换土重也计入浮力)的差值作为荷载考虑；u 为桩身周长(m)；n 为土的层数；l_i 为承台底面或局部冲刷线以下各土层的厚度(m);q_{ik}为与l_i对应的各土层与桩侧的摩阻力标准值(kPa),宜采用单桩摩阻力试验确定或通过静力触探试验测定,当无试验条件时按表2.5.4选用;q_{rk}为桩端处土的承载力标准值(kPa),宜采用单桩试验确定或通过静力触探试验测定,当无试验条件时按表2.5.5选用;α_i、α_r分别为振动沉桩对各土层桩侧摩阻力和桩端承载力的影响系数,按表2.5.6采用,对于锤击、静压沉桩其值均取为1.0。

清底系数 m_0 值 表2.5.3

t/d	0.3~0.1
m_0	0.7~1.0

注:1. t、d分别为桩端沉渣厚度和桩的直径。
2. $d\leqslant1.5$ m时,$t\leqslant300$ mm;$d>1.5$ m时,$t\leqslant500$ mm,且$0.1<t/d<0.3$。

沉桩桩侧土的摩阻力标准值 q_{ik} 表2.5.4

土类	状态	摩阻力标准值 q_{ik}/kPa
黏性土	$1\leqslant I_L\leqslant1.5$	15~30
	$0.75\leqslant I_L<1$	30~45
	$0.5\leqslant I_L<0.75$	45~60
	$0.25\leqslant I_L<0.5$	60~75
	$0\leqslant I_L\leqslant0.25$	75~85
	$I_L<0$	85~95
粉土	稍密	20~35
	中密	35~65
	密实	65~80
粉、细砂	稍密	20~35
	中密	35~65
	密实	65~80
中砂	中密	55~75
	密实	75~90
粗砂	中密	70~90
	密实	90~105

注:表中土的液性指数I_L,系按76 g平衡锥测定的数值。

沉桩桩端处土的承载力标准值 q_{rk} 表2.5.5

土类	状态	桩端承载力标准值 q_{rk}/kPa		
黏性土	$I_L\geqslant1$	1 000		
	$0.65<I_L<1$	1 600		
	$0.35\leqslant I_L<0.65$	2 200		
	$I_L>0.35$	3 000		
土类	状态	桩尖进入持力层的相对深度		
		$1>\frac{h_c}{d}$	$4>\frac{h_c}{d}\geqslant1$	$\frac{h_c}{d}\geqslant4$
粉土	中密	1 700	2 000	2 300
	密实	2 500	3 000	3 500
粉砂	中密	2 500	3 000	3 500
	密实	5 000	6 000	7 000

续上表

土类	状态	桩端承载力标准值 q_{rk}/kPa		
细砂	中密	3 000	3 500	4 000
	密实	5 500	6 500	7 500
中、粗砂	中密	3 500	4 000	4 500
	密实	6 000	7 000	8 000
圆砾石	中密	4 000	4 500	5 000
	密实	7 000	8 000	9 000

注：表中 h_c 为桩端进入持力层的深度（不包括桩靴）；d 为桩的直径或边长。

系数 α_i、α_r 值　　　表 2.5.6

桩径或边长 d/m	土类			
	黏土	粉质黏土	粉土	砂土
	系数 α_i、α_r			
$d \leqslant 0.8$	0.6	0.7	0.9	1.1
$0.8 < d \leqslant 2.0$	0.6	0.7	0.9	1.0
$d > 2.0$	0.5	0.6	0.7	0.9

当采用静力触探试验测定时，沉桩承载力容许值计算中的 q_{ik} 和 q_{rk} 取为

$$q_{ik} = \beta_i \bar{q}_i \tag{2.5.4}$$

$$q_{rk} = \beta_r \bar{q}_r \tag{2.5.5}$$

式中，$\bar{q}_i$ 为桩侧第 i 层土由静力触探测得的局部侧摩阻力的平均值（kPa），当 $\bar{q}_i$ 小于 5 kPa 时，采用 5 kPa；$\bar{q}_r$ 为桩端（不包括桩靴）标高以上和以下各 $4d$（d 为桩的直径或边长）范围内静力触探端阻的平均值（kPa）；若桩端标高以上 $4d$ 范围内端阻的平均值大于桩端标高以下 $4d$ 的端阻平均值时，则取桩端以下 $4d$ 范围内端阻的平均值；β_i、β_r 分别为侧摩阻和端阻的综合修正系数，其值按下面判别标准选用相应的计算公式；当土层的 $\bar{q}_r$ 大于 2 000 kPa，且 $\bar{q}_i/\bar{q}_r$ 小于或等于 0.014 时

$$\beta_i = 5.067(\bar{q}_i)^{-0.45}$$

$$\beta_r = 3.975(\bar{q}_r)^{-0.25}$$

如不满足上述 $\bar{q}_r$ 和 $\bar{q}_i/\bar{q}_r$ 条件时

$$\beta_i = 10.045(\bar{q}_i)^{-0.55}$$

$$\beta_r = 12.064(\bar{q}_r)^{-0.35}$$

上列综合修正系数计算公式不适合城市杂填土条件下的短桩；综合修正系数用于黄土地区时，应做试桩校核。

三、钻孔桩、沉桩的单桩轴向受压承载力容许值$[R_a]$的计算

支承在基岩上或嵌入基岩内的钻（挖）孔桩、沉桩的单桩轴向受压承载力容许值$[R_a]$，可按下式计算

$$[R_a] = c_1 A_p f_{rk} + u\sum_{i=1}^{m} c_{2i} h_i f_{rki} + \frac{1}{2}\zeta_s u \sum_{i=1}^{n} l_i q_{ik} \tag{2.5.6}$$

式中，$[R_a]$为单桩轴向受压承载力容许值（kN），桩身自重与置换土重（当自重计入浮力时，置换土重也计入浮力）的差值作为荷载考虑；c_1 为根据清孔情况、岩石破碎程度等因素而

定的端阻发挥系数，按表 2.5.7 采用；A_p 为桩端截面面积(m^2)，对于扩底桩，取扩底截面面积；f_{rk}为桩端岩石饱和单轴抗压强度标准值(kPa)，黏土质岩取天然湿度单轴抗压强度标准值，当 f_{rk}小于 2 MPa 时按摩擦桩计算(f_{rki}为第 i 层的 f_{rk}值)；c_{2i}为根据清孔情况、岩石破碎程度等因素而定的第 i 层岩层的侧阻发挥系数，按表 2.5.7 采用；u 为各土层或各岩层部分的桩身周长(m)；h_i 为桩嵌入各岩层部分的厚度(m)，不包括强风化层和全风化层；m 为岩层的层数，不包括强风化层和全风化层；ζ_s 为覆盖层土的侧阻力发挥系数(根据桩端 f_{rk}确定：当 2 MPa$\leqslant f_{rk}<$15 MPa 时，$\zeta_s=0.8$；当 15 MPa$\leqslant f_{rk}<$30 MPa 时，$\zeta_s=0.5$；当 $f_{rk}>$30 MPa 时，$\zeta_s=0.2$)；l_i 为各土层的厚度(m)；q_{ik}为桩侧第 i 层土的侧阻力标准值(kPa)，宜采用单桩摩阻力试验值，当无试验条件时，对于钻(挖)孔桩按本规范表 2.5.1 选用，对于沉桩按表 2.5.4选用；n 为土层的层数，强风化和全风化岩层按土层考虑。

系数 c_1、c_2 值 表 2.5.7

岩石层情况	c_1	c_2
完整、较完整	0.6	0.05
较破碎	0.5	0.04
破碎、极破碎	0.4	0.03

注：1. 当入岩深度小于或等于 0.5 m 时，c_1 乘以 0.75 的折减系数，$c_2=0$。

2. 对于钻孔桩，系数 c_1、c_2 值应降低 20%采用；桩端沉渣厚度 t 应满足以下要求：$d\leqslant1.5$ m 时，$t\leqslant50$ mm；$d>1.5$ m 时，$t\leqslant100$ mm。

3. 对于中风化层作为持力层的情况，c_1、c_2 应分别乘以 0.75 的折减系数。

四、桩基嵌入基岩中深度的计算

当河床岩层有冲刷时，桩基须嵌入基岩，嵌岩桩按桩底嵌固设计。其应嵌入基岩中的深度，可按下列公式计算

①圆形桩

$$h=\sqrt{\frac{M_H}{0.0655\beta f_{rk}d}} \tag{2.5.7}$$

②矩形桩

$$h=\sqrt{\frac{M_H}{0.0833\beta f_{rk}b}} \tag{2.5.8}$$

式中，h 为桩嵌入基岩中(不计强风化层和全风化层)的有效深度(m)，不应小于 0.5 m；M_H 为在基岩顶面处的弯矩(kN·m)；f_{rk}为岩石饱和单轴抗压强度标准值(kPa)，黏土质岩取天然湿度单轴抗压强度标准值；β 为系数，$\beta=0.5\sim1.0$，根据岩层侧面构造而定，节理发育的取小值，节理不发育的取大值；d 为桩身直径(m)；b 为垂直于弯矩作用平面桩的边长(m)。

五、后压浆单桩轴向受压承载力容许值的计算

桩端后压浆灌注桩单桩轴向受压承载力容许值，应通过静载试验确定。在符合本规范后压浆技术规定的条件下，后压浆单桩轴向受压承载力容许值可按下式计算

$$[R_a]=\frac{1}{2}u\sum_{i=1}^{n}\beta_{si}q_{ik}l_i+\beta_pA_pq_r \tag{2.5.9}$$

式中，$[R_a]$为桩端后压浆灌注桩的单桩轴向受压承载力容许值(kN)，桩身自重与置换土重(当自重计入浮力时，置换土重也计入浮力)的差值作为荷载考虑；β_{si}为第 i 层土的侧阻

力增强系数，可按表 2.5.8 取值(当在饱和土层中压浆时，仅对桩端以上 8.0～12.0 m 范围的桩侧阻力进行增强修正；当在非饱和土层中压浆时，仅对桩端以上 4.0～5.0 m 的桩侧阻力进行增强修正；对于非增强影响范围，$\beta_{si}=1$；β_p 为端阻力增强系数，可按表 2.5.8 取值)；其他符号同式(2.5.1)。

桩端后压浆侧阻力增强系数 β_s、端阻力增强系数 β_p 表 2.5.8

土层名称	黏性土、粉土	粉砂	细砂	中砂	粗砂	砾砂	碎石土
β_s	1.3～1.4	1.5～1.6	1.5～1.7	1.6～1.8	1.5～1.8	1.6～2.0	1.5～1.6
β_p	1.5～1.8	1.8～2.0	1.8～2.1	2.0～2.3	2.2～2.4	2.2～2.4	2.2～2.5

按以上方法计算的单桩轴向受压承载力容许值$[R_a]$，应根据桩的受荷阶段和受荷情况乘以表 2.5.9 规定的抗力系数。

单桩轴向受压承载力的抗力系数 表 2.5.9

受荷阶段	作用效应组合		抗力系数
使用阶段	短期效应组合	永久作用与可变作用组合	1.25
		结构自重、预加力、土重、土侧压力和汽车、人群组合	1.00
	作用效应偶然组合(不含地震作用)		1.25
施工阶段	施工荷载效应组合		1.25

六、摩擦桩单桩轴向受拉承载力容许值的计算

摩擦桩应根据桩承受作用的情况决定是否允许出现拉力。当桩的轴向力由结构自重、预加力、土重、土侧压力、汽车荷载和人群荷载短期效应组合所引起时，桩不允许受拉；当桩的轴向力由上述荷载并与其他作用组成的短期效应组合或荷载效应的偶然组合(地震作用除外)所引起时，则桩允许受拉。摩擦桩单桩轴向受拉承载力容许值按下式计算

$$[R_t]=0.3u\sum_{i=1}^{n}\alpha_i l_i q_{ik} \tag{2.5.10}$$

式中，$[R_t]$为单桩轴向受拉承载力容许值(kN)；u 为桩身周长(m)[对于等直径桩，$u=\pi d$；对于扩底桩，自桩端起算的长度$\sum l_i\leqslant 5d$ 时，取 $u=\pi D$，其余长度均取 $u=\pi D$(其中 D 为桩的扩底直径，d 为桩身直径)]；α_i 为振动沉桩对各土层桩侧摩阻力的影响系数(按表 2.5.6 采用，对于锤击、静压沉桩和钻孔桩，$\alpha_i=1$)。

计算作用于承台底面由外荷载引起的轴向力时，应扣除桩身自重值。

第六节 按《铁路桥涵地基和基础设计规范》(TB 10002.5—2005)确定单桩承载力

按岩土的阻力确定的单桩容许承载力可按下列各式计算。

1.摩擦桩轴向受压的容许承载力

①打入、震动下沉和桩尖爆扩桩的容许承载力

$$[P]=\frac{1}{2}(U\sum a_i f_i l_i+\lambda ARa) \tag{2.6.1}$$

式中，$[P]$为桩的容许承载力(kN)；U 为桩身截面周长(m)；l_i 为各土层厚度(m)；A 为桩底支承面积(m^2)；a_i、a 分别为震动沉桩对各土层桩周摩阻力和柱底承压力的影响系数

（表 2.6.1），对于打入桩其值为 1.0；λ 为系数（表 2.6.2）。

震动下沉桩系数 a_i、a　　表 2.6.1

桩径或边宽	砂类土	粉土	粉质黏土	黏土
$d\leqslant 0.8$ m	1.1	0.9	0.7	0.6
0.8 m$<d\leqslant 2.0$ m	1.0	0.9	0.7	0.6
$d>2.0$ m	0.9	0.7	0.6	0.5

系　数　λ　　表 2.6.2

D_p/d	桩尖爆扩体处土的种类			
	砂类土	粉土	粉质黏土 $I_L=0.5$	黏土 $I_L=0.5$
1.0	1.0	1.0	1.0	1.0
1.5	0.95	0.85	0.75	0.70
2.0	0.90	0.80	0.65	0.50
2.5	0.85	0.75	0.50	0.40
3.0	0.80	0.60	0.40	0.30

注：d 为桩身直径，D_p 为爆扩桩的爆扩体直径。

f_i 和 R 分别为桩周土的极限摩阻力（以 kPa 计）和桩尖土的极限承载力（以 kPa 计），可根据土的物理性质查表 2.6.3 和表 2.6.4 确定，或采用静力触探试验测定，此时

$$f_i=\beta_i\bar{f}_{si}\quad 和\quad R=\beta\bar{q}_c$$

式中，$\bar{f}_{si}$ 为桩侧第 i 层土经静力触探测得的平均侧摩阻力（kPa），当 $\bar{f}_{si}<5$ kPa 时，可采用 5 kPa；$\bar{q}_c$ 为桩尖（不包括桩靴）高程以上和以下各 $4d$（d 为桩的直径或边长）范围内静力触探平均端力 $\bar{q}_{c1}$ 和 $\bar{q}_{c2}$（均以 kPa 计）的平均值，但当 $\bar{q}_{c1}>\bar{q}_{c2}$ 时，则 $\bar{q}_c$ 取 $\bar{q}_{c2}$ 的值；β_i 和 β 分别为侧摩阻和端阻的综合修正系数，其值按下列判别标准选用相应的计算公式。

桩周土的极限摩阻力 f_i（单位：kPa）　　表 2.6.3

土　类	状　态	极限摩阻力 f_i
黏性土	$1\leqslant I_L<1.5$	15～30
	$0.75\leqslant I_L<1$	30～45
	$0.5\leqslant I_L<0.75$	45～60
	$0.25\leqslant I_L<0.5$	60～75
	$0\leqslant I_L<0.25$	75～85
	$I_L<0$	85～95
粉土	稍密	20～35
	中密	35～65
	密实	65～80
粉、细砂	稍松	20～35
	稍、中密	35～65
	密实	65～80
中砂	稍、中密	55～75
	密实	75～90
粗砂	稍、中密	70～90
	密实	90～105

桩尖土的极限承载力 **R**(单位:kPa)　　表 2.6.4

土类	状态	桩尖极限承载力		
黏性土	$1\leqslant I_L$	1 000		
	$0.65\leqslant I_L<1$	1 600		
	$0.35\leqslant I_L<0.65$	2 200		
	$I_L<0.35$	3 000		
土类	状态	桩尖进入持力层的相对深度		
		$\frac{h'}{d}<1$	$1\leqslant\frac{h'}{d}<4$	$4\leqslant\frac{h'}{d}$
粉土	中密	1 700	2 000	2 300
	密实	2 500	3 000	3 500
粉砂	中密	2 500	3 000	3 500
	密实	5 000	6 000	7 000
细砂	中密	3 000	3 500	4 000
	密实	5 500	6 500	7 500
中、粗砂	中密	3 500	4 000	4 500
	密实	6 000	7 000	8 000
圆砾土	中密	4 000	4 500	5 000
	密实	7 000	8 000	9 000

注:表中 h' 为桩尖进入持力层的深度(不包括桩靴),d 为桩的直径或边长。

当桩侧第 i 层土的 $\bar{q}_{ci}>2\ 000$ kPa,且 $\bar{f}_{si}/\bar{q}_{ci}\leqslant0.014$ 时(式中的 $\bar{f}_{si}$ 和 $\bar{q}_{ci}$ 均以kPa 计)。

$$\beta_i=5.067(\bar{f}_{si})^{-0.45}$$

当不满足上述 $\bar{q}_{ci}$ 和 $\bar{f}_{si}/\bar{q}_{ci}$ 条件时,则

$$\beta_i=10.045(\bar{f}_{si})^{-0.55}$$

当桩底土的 $\bar{q}_{c2}>2\ 000$ kPa,且 $\bar{f}_{s2}/\bar{q}_{c2}\leqslant0.014$ 时(式中的 $\bar{q}_{s2}$ 和 $\bar{q}_{c2}$ 均以 kPa 计)

$$\beta=3.975(\bar{q}_c)^{-0.25}$$

当不满足上述 $\bar{q}_{c2}$ 和 $\bar{f}_{s2}/\bar{q}_{c2}$ 条件时,则

$$\beta=12.064(\bar{q}_c)^{-0.35}$$

式中,$\bar{q}_{ci}$ 为相应于 $\bar{f}_{si}$ 土层中桩侧触探平均端阻;$\bar{f}_{s2}$ 为相应于 $\bar{q}_{c2}$ 土层中桩底触探平均侧阻。

上列综合修正系数计算公式不适用于以城市杂填土为主的短桩。综合修正系数用于黄土地区时,应做试桩校核。

②钻(挖)孔灌注桩的容许承载力

$$[P]=\frac{1}{2}U\sum f_il_i+m_0A[\sigma] \tag{2.6.2}$$

式中,$[P]$为桩的容许承载力(kN);U 为桩身截面周长(m),按成孔桩径计算,通常钻孔桩的成孔桩径按钻头类型分别比设计桩径(即钻头直径)增大下列数值:旋转锥为 30～50 mm,冲锥为 50～100 mm,冲抓锥为 100～150 mm;f_i 为各土层的极限摩阻力(kPa),按表 2.6.5 采用;l_i 为各土层的厚度(m);A 为桩底支承面积(m^2),按设计桩径计算;$[\sigma]$为桩底地基土的容许承载力(kPa),当 $h\leqslant4d$ 时,$[\sigma]=\sigma_0+k_2\gamma_2(h-3)$;当 $4d<h\leqslant10d$ 时,$[\sigma]=\sigma_0+k_2\gamma_2(4d-3)+k_2'\gamma_2(h-4d)$;当 $h>10d$ 时,$[\sigma]=\sigma_0+k_2\gamma_2(4d-3)+k_2'\gamma_2(6d)$,其中 d

为桩径或桩的宽度(m)；k_2 采用《建筑桩基技术规范》(JGJ 94－2008)表 4.1.3中的数值；k_2' 对于黏性土、粉土和黄土为 1.0；对于其他土，k_2' 为《建筑桩基技术规范》(JGJ 94－2008)表 4.1.3中的 k_2 值之半；σ_0、γ_2 和 h 的意义与《建筑桩基技术规范》(JGJ 94－2008)第 4.1.3 条相同；m_0 为桩底支承力折减系数，钻孔灌注桩桩底支承力折减系数可按表 2.6.6采用；挖孔灌注桩桩底支承力折减系数可根据具体情况确定，一般可取 $m_0=1.0$。

钻孔灌注桩桩周极限摩阻力 f_i(单位:kPa) 表 2.6.5

土的名称	土性状态	极限摩阻力
软土		12～22
黏性土	流塑	20～35
	软塑	35～55
	硬塑	55～75
粉土	中密	30～55
	密实	55～70
粉砂、细砂	中密	30～55
	密实	55～70
中砂	中密	45～70
	密实	70～90
粗砂、砾砂	中密	70～90
	密实	90～150
圆砾土、角砾土	中密	90～150
	密实	150～220
碎石土、卵石土	中密	150～220
	密实	220～420

注：1. 漂石土、块石土极限摩阻力可采用 400～600 kPa。

2. 孔灌注桩的极限摩阻力可参照本表采用。

钻孔灌注桩桩底支承力折减系数 m_0 表 2.6.6

土质及清底情况	m_0		
	$5d<h\leqslant10d$	$10d<h\leqslant25d$	$25d<h\leqslant50d$
土质较好，不易坍塌，清底良好	0.9～0.7	0.7～0.5	0.5～0.4
土质较差，易坍塌，清底稍差	0.7～0.5	0.5～0.4	0.4～0.3
土质差，难以清底	0.5～0.4	0.4～0.3	0.3～0.1

注：h 为地面线或局部冲刷线以下桩长，d 为桩的直径，均以 m 计。

2. 柱桩轴向受压的容许承载力

①支承于岩石层上的打入桩、震动下沉桩(包括管柱)的容许承载力

$$[P]=CRA \tag{2.6.3}$$

式中，$[P]$为桩的容许承载力(kN)；R 为岩石单轴抗压强度(kPa)；C 为系数，匀质无裂缝的岩石层采用 $C=0.45$，有严重裂缝的、风化的或易软化的岩石层采用 $C=0.30$；A 为桩底面积(m^2)。

②支承于岩石层上与嵌入岩石层内的钻(挖)孔灌注桩及管桩的容许承载力

$$[P]=R(C_1A+C_2Uh) \tag{2.6.4}$$

式中，$[P]$为桩及管柱的容许承载力(kN)；U 为嵌入岩石层内的桩和管柱的钻孔周长(m)；h 为自新鲜岩石面(平均高程)算起的嵌入深度(m)；C_1、C_2 为系数，根据岩石层破碎程度和清底情况决定，按表 2.6.7 采用；其余符号意义同前。

系 数 C_1、C_2　　表 2.6.7

岩石层和清底情况	C_1	C_2
良好	0.5	0.04
一般	0.4	0.03
较差	0.3	0.02

注：当 $h \leqslant 0.5$ m 时，C_1 应乘以 0.7，C_2 采取为 0。

3. 摩擦桩轴向受拉的容许承载力

摩擦桩轴向受拉的容许承载力按下式计算

$$[P'] = 0.30U\sum a_i l_i f_i \tag{2.6.5}$$

式中，$[P']$为摩擦桩轴向受拉的容许承载力(kN)；其余符号意义同前。

第四篇 深基础

第三章 群桩竖向承载力

第一节 基本概念

桩基础：由基桩和连接于桩顶的承台共同组成；由深入土层具有一定强度的长柱形构件(桩)或构件群与连接其顶的构件(承台)组成的深基础，共同承受上部结构物荷载。

低承台桩基：桩身全部埋于土中，承台底面与土体接触的桩基础。

高承台桩基：桩身上部露出地面，承台底面位于地面以上的桩基础。

单桩基础：单独一根桩(常为大直径桩)以承受和传递上部结构(通常为柱)荷载的独立基础。

群桩基础：由两根或多于两根基桩组成的桩基础。

基桩：群桩基础中的单桩。

复合桩基：由桩和承台底地基土共同承受荷载的桩基。

复合基桩：包含承台底土阻力的基桩。

在实际工程中，除少量大直径桩基础外，一般都是群桩基础。竖向荷载下的群桩基础，各桩的承载力发挥和沉降性状往往与相同情况下的单桩有显著差别；承台底产生的土反力也将分担部分荷载，因此，在设计时必须综合考虑群桩的工作特点，以确定群桩的承载能力。

一、群桩的工作特点

对于群桩基础，作用于承台上的荷载实际上是由桩和地基土共同承担的，由于承台、桩、地基土的相互作用情况不同，使桩端、桩侧阻力和地基土的阻力因桩基类型而异。

(一)端承型群桩基础

由于端承型桩基持力层坚硬，桩顶沉降较小，桩侧摩阻力不易发挥，桩顶荷载基本上通过桩身直接传到桩端处土层上。而桩端处承压面积很小，各桩端的压力彼此互不影响(图 3.1.1)，因此可近似认为端承型群桩基础中各基桩的工作性状与单桩基本一致；同时，由于桩的变形很小，桩间土基本不承受荷载，群桩基础的承载力就等于各单桩的承载力之和；群桩的沉降量也与单桩基本相同，即群桩效应关系数 $\eta=1$。

(二)摩擦型群桩基础

摩擦型群桩主要通过每根桩侧的摩擦阻力将上部荷载传递到桩周和桩端土层中。且一般假定桩侧摩阻力在土中引起的附加应力 σ_z 按某一角度，沿桩长向下扩散分布，至桩端平面处，压力分布如图3.1.2中阴影部分所示。当桩数少，桩中心距 s_a 较大时，例如 $s_a>6d$，桩端平面处各桩传来的压力互不重叠或重叠不多[图 3.1.2a)]，此时群桩中各桩的工作情况与单桩的一致，故群桩的承载力等于各单桩承载力之和。但当桩数较多，桩距较小时，例如常用桩距 $s_a=(3\sim4)d$ 时，桩端处地基中各桩传来的压力将相互重叠[图 3.1.2b)]。桩端处压力比单桩时大得多，桩端以下压缩土层的厚度也比单桩要深，此时群桩中各桩的工作状态与单桩的迥然不同，其承载力小于各单桩承载力之总和，沉降量则大于单桩的沉降量，即所谓群桩效应。显然，若限制群桩的沉降量与单桩沉降量相同，则群桩中每一根桩的平均承载力就比单桩时要低，即群桩效应系数 $\eta<1$。

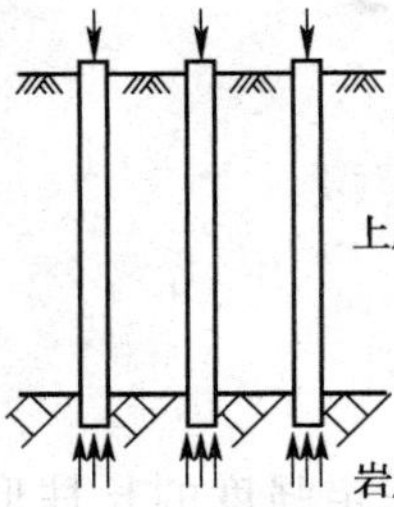

图 3.1.1　端承型群桩基础

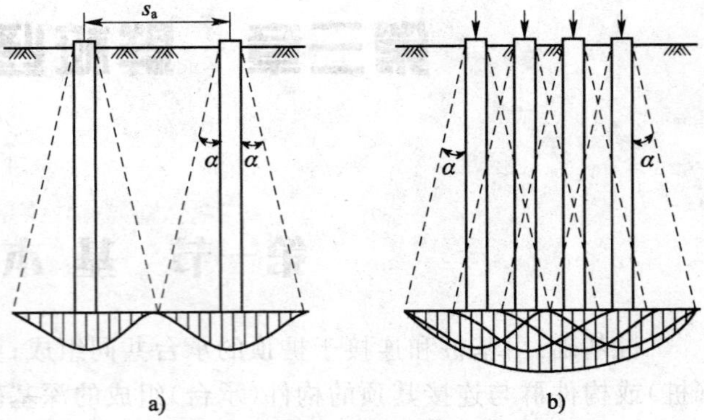

图 3.1.2　摩擦型群桩桩端平面上的压力分布

但是国内外大量工程实践和试验研究结果表明，采用单一的群桩效应系数不能正确反映群桩基础的工作状况，低估了群桩基础的承载能力。其原因是：群桩基础的沉降量只需满足建筑物桩基变形允许值的要求，无需按单桩的沉降量控制；群桩基础中的一根桩与单桩的工作条件不同，其极限承载力也不一样。由于群桩基础成桩时桩侧土体受挤密的程度高，潜在的侧阻大，桩间土的竖向变形量比单桩时大，故桩与土的相对位移减小，影响侧阻力的发挥。通常，砂土和粉土中的桩基，群桩效应使桩的侧阻力提高，而黏性土中的桩基，在常见桩距下，群桩效应往往使侧阻力降低。考虑群桩产应后，桩端平面处压应力增加较多，极限桩端阻力相应提高。因此，群桩基础中桩的极限承载力确定极为复杂，其与桩的间距、土质、桩数、桩径、入土深度及桩的类型和排列方式等因素有关。

目前工程上考虑群桩效应的方法有两种：一种是以概率极限设计为指导，通过实测资料的统计分析，对群桩内每根桩的侧阻力和端阻力分别乘以群桩效应系数，称群桩分项效应系数法；另一种是把承台、桩和桩间土视为一假想的实体基础，进行基础下地基承载力和变形验算，称实体基础法。

二、承台下土对荷载的分担作用

桩基在荷载作用下，由桩和承台底地基土共同承担荷载，构成复合桩基（图 3.1.3）。复合桩基中基桩的承载力含有承台底的土阻力，故称为复合基桩。承台底分担荷载的作用随桩群相对于基土向下位移幅度的加大而增强。为了保证台底与土保持接触而不脱开，并提供足够的土阻力，则桩端必须贯入持力层，促使群桩整体下沉。此外，桩身受荷压缩，产生桩—土相对滑移，也使底反力增加。

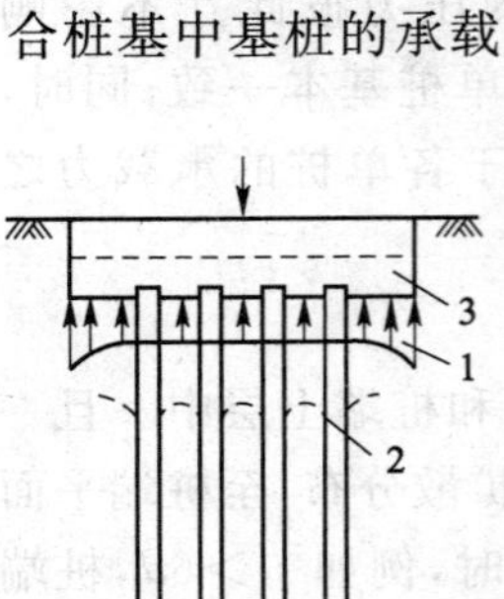

图 3.1.3　复合桩基

1-台底土反力；2-上层土位移；3-桩端贯入、桩基整体下沉

研究表明，承台底土反力比平板基础底面下的土反力要低（由于桩侧土因桩的竖向位移而发生剪切变形所致），其大小和分布形式，随桩顶荷载水平、桩径桩长比、台底和桩端土质、承台刚度和桩群的几何特征等因素而变化。通常，台底分担荷载的比例可从百分之十几直至百分之五十以上。

刚性承台底面土反力呈马鞍形分布（图 3.1.3）。若以桩群外围包络线为界，将台底面积分为内、外两区，则内区反力比外区小而且比较均匀，桩距增大时内、外区反力差明显降低。台底分担的荷载总值增加时，反力的塑性重分布不显著而保持反力图式基本不变。利用台底反力分布的上述特征，可以通过加大外区与内区的面积比来提高承台分担荷载的份额。

设计复合桩基时应注意：承台分担荷载是以桩基的整体下沉为前提的，故只有在桩基沉降不会危及建筑物的安全和正常使用，且台底不与软土直接接触时，才宜于开发利用承台底土反力的潜力。因此，在下列情况下，通常不能考虑承台的荷载分担效应：①承受经常出现的动力作用，如铁路桥梁桩基；②承台下存在可能产生负摩擦力的土层，如湿陷性黄土、欠固结土、新填土、高灵敏度软土和可液化土，或由于降水地基土固结而与承台脱开；③在饱和软土中沉入密集桩群，引起超静孔隙水压力和土体隆起，随着时间推移，桩间土逐渐固结下沉而与承台脱离等。

第二节　按《建筑桩基技术规范》(JGJ 94—2008)确定桩基承载力特征值

一、桩顶作用效应计算

对于一般建筑物和受水平力（包括力矩与水平剪力）较小的高层建筑群桩基础，应按下列公式计算柱、墙、核心筒群桩中基桩或复合基桩的桩顶作用效应。

①竖向力

a. 轴心竖向力作用下

$$N_k=\frac{F_k+G_k}{n} \tag{3.2.1}$$

b. 偏心竖向力作用下

$$N_{ik}=\frac{F_k+G_k}{n}\pm\frac{M_{xk}y_i}{\sum y_j^2}\pm\frac{M_{yk}x_i}{\sum x_j^2} \tag{3.2.2}$$

②水平力

$$H_{ik}=\frac{H_k}{n} \tag{3.2.3}$$

式中，F_k 为荷载效应标准组合下，作用于承台顶面的竖向力；G_k 为桩基承台和承台上土自重标准值，对稳定的地下水位以下部分应扣除水的浮力；N_k 为荷载效应标准组合轴心竖向力作用下，基桩或复合基桩的平均竖向力；N_{ik}为荷载效应标准组合偏心竖向力作用下，第 i 基桩或复合基桩的竖向力；M_{xk}、M_{yk}为荷载效应标准组合下，作用于承台底面，绕通过桩群形心的 x、y 主轴的力矩；x_i、x_j、y_i、y_j 分别为第 i、j 基桩或复合基桩至 y、x 轴的距离；H_k 为荷载效应标准组合下，作用于桩基承台底面的水平力；H_{ik}为荷载效应标准组合下，作用于第 i 基桩或复合基桩的水平力；n 为桩基中的桩数。

对于主要承受竖向荷载的抗震设防区低承台桩基，在同时满足下列条件时，桩顶作用效应计算可不考虑地震作用：

①按现行国家标准《建筑抗震设计规范》(GB 50011—2010)规定可不进行桩基抗震承载力验算的建筑物；

②建筑场地位于建筑抗震的有利地段。

属于下列情况之一的桩基，计算各基桩的作用效应、桩身内力和位移时，宜考虑承台（包

括地下墙体)与基桩协同工作和土的弹性抗力作用,其计算方法可按《建筑桩基技术规范》(JGJ 94—2008)附录C进行:

①位于8度和8度以上抗震设防区的建筑,当其桩基承台刚度较大或由于上部结构与承台协同作用能增强承台的刚度时;

②其他受较大水平力的桩基。

二、桩基竖向承载力计算

1. 桩基竖向承载力计算的要求

(1)荷载效应标准组合

轴心竖向力作用下

$$N_k \leqslant R \tag{3.2.4}$$

偏心竖向力作用下,除满足上式外,尚应满足下式的要求:

$$N_{kmax} \leqslant 1.2R \tag{3.2.5}$$

(2)地震作用效应和荷载效应标准组合

轴心竖向力作用下

$$N_{Ek} \leqslant 1.25R \tag{3.2.6}$$

偏心竖向力作用下,除满足上式外,尚应满足下式的要求:

$$N_{Ekmax} \leqslant 1.5R \tag{3.2.7}$$

式中,N_k 为荷载效应标准组合轴心竖向力作用下,基桩或复合基桩的平均竖向力;N_{kmax} 为荷载效应标准组合偏心竖向力作用下,桩顶最大竖向力;N_{Ek} 为地震作用效应和荷载效应标准组合下,基桩或复合基桩的平均竖向力;N_{Ekmax} 地震作用效应和荷载效应标准组合下,基桩或复合基桩的最大竖向力;R 为基桩或复合基桩竖向承载力特征值。

2. 单桩竖向承载力特征值 R_a

单桩竖向承载力特征值 R_a 应按下式确定

$$R_a = \frac{1}{K} Q_{uk} \tag{3.2.8}$$

式中,Q_{uk} 为单桩竖向极限承载力标准值;K 为安全系数,取 $K=2$。

3. 承台效应的复合基桩竖向承载力特征值

对于端承型桩基、桩数少于4根的摩擦型柱下独立桩基,或由于地层土性、使用条件等因素不宜考虑承台效应时,基桩竖向承载力特征值应取单桩竖向承载力特征值。

对于符合下列条件之一的摩擦型桩基,宜考虑承台效应确定其复合基桩的竖向承载力特征值:

①上部结构整体刚度较好、体型简单的建(构)筑物;

②对差异沉降适应性较强的排架结构和柔性构筑物;

③按变刚度调平原则设计的桩基刚度相对弱化区;

④软土地基的减沉复合疏桩基础。

考虑承台效应的复合基桩竖向承载力特征值可按下式确定。

a. 不考虑地震作用时

$$R = R_a + \eta_c f_{ak} A_c \tag{3.2.9}$$

b. 考虑地震作用时

$$R = R_a + \frac{\zeta_a}{1.25} \eta_c f_{ak} A_c \tag{3.2.10}$$

$$A_c=(A-nA_{ps})/n \tag{3.2.11}$$

式中，η_c 为承台效应系数，可按表 3.2.1 取值；f_{ak} 为承台下 1/2 承台宽度且不超过 5 m 深度范围内各层土的地基承载力特征值按厚度加权的平均值；A_c 为计算基桩所对应的承台底净面积；A_{ps} 为桩身截面面积；A 为承台计算域面积（对于柱下独立桩基，A 为承台总面积；对于桩筏基础，A 为柱、墙筏板的 1/2 跨距和悬臂边 2.5 倍筏板厚度所围成的面积）；桩集中布置于单片墙下的桩筏基础，取墙两边各 1/2 跨距围成的面积，按条形承台计算 η_c；ζ_a 为地基抗震承载力调整系数，应按现行国家标准《建筑抗震设计规范》（GB 50011—2010）采用。

承台效应系数 η_c 表 3.2.1

B_c/l	s_a/d				
	3	4	5	6	>6
≤0.4	0.06～0.08	0.14～0.17	0.22～0.26	0.32～0.38	0.50～0.80
0.4～0.8	0.08～0.10	0.17～0.20	0.26～0.30	0.38～0.44	
>0.8	0.10～0.12	0.20～0.22	0.30～0.34	0.44～0.50	
单排桩条形承台	0.15～0.18	0.25～0.30	0.38～0.45	0.50～0.60	

注：1. 表中 s_a/d 为桩中心距与桩径之比；B_c/l 为承台宽度与桩长之比。当计算基桩为非正方形排列时，$s_a=\sqrt{A/n}$，A 为承台计算域面积，n 为总桩数。

2. 对于桩布置于墙下的箱、筏承台，η_c 可按单排桩条形承台取值。

3. 对于单排桩条形承台，当承台宽度小于 1.5d 时，η_c 按非条形承台取值。

4. 对于采用后注浆灌注桩的承台，η_c 宜取低值。

5. 对于饱和黏性土中的挤土桩基、软土地基上的桩基承台，η_c 宜取低值的 0.8 倍。

当承台底为可液化土、湿陷性土、高灵敏度软土、欠固结土、新填土时，沉桩引起超孔隙水压力和土体隆起时，不考虑承台效应，取 $\eta_c=0$。

第三节 其他标准关于群桩竖向承载力的计算

1. 群桩竖向承载力计算表达式

(1)《建筑地基基础设计规范》（GB 50007—2011）

在正常使用极限状态下荷载效应标准组合，任一单桩应满足下列要求。

①无地震荷载组合。

轴心竖向力作用下，应满足

$$Q_k \leqslant R_a \tag{3.3.1}$$

偏心竖向力作用下，除满足式(3.3.1)外，还应满足

$$Q_{ik\,max} \leqslant 1.2R_a \tag{3.3.2}$$

式中，Q_k 为荷载效应标准组合轴心竖向力作用下，任一单桩的竖向力(kN)；$Q_{ik\,max}$ 为荷载效应标准组合偏心竖向力作用下，第 i 根桩的竖向力最大值(kN)；R_a 为单桩竖向承载力特征值(kN)。

②有地震荷载组合[《建筑抗震设计规范》（GB 50011—2010）]。

轴心竖向力作用下，应满足

$$Q_k \leqslant 1.25R_a \tag{3.3.3}$$

偏心竖向力作用下，除满足式(3.3.3)外，还应满足

$$Q_{ik\,max} \leqslant 1.5R_a \tag{3.3.4}$$

式中，Q_k 为荷载效应标准组合（包括地震作用的组合）轴心竖向力作用下，任一单桩的

竖向力(kN)；$Q_{ik\,max}$为荷载效应标准组合(包括地震作用的组合)偏心竖向力作用下，第 i 根桩的竖向力量大值(kN)；R_a 为单桩竖向承载力特征值(kN)。

(2)《公路桥涵地基与基础设计规范》(JTG D63—2007)

按允许应力法的设计原则，并假定承台底面以上的竖向荷载全部由基桩承受。单桩承载力应满足下列要求。

①无地震荷载组合。

基桩应满足

$$P \leqslant [P] \tag{3.3.5}$$

$$P_j \leqslant 1.25[P] \tag{3.3.6}$$

式中，P 为荷载组合Ⅰ作用时单桩的竖向力(kN)；P_j 为荷载组合Ⅱ、组合Ⅲ、组合Ⅳ、组合Ⅴ作用(包括地震荷载作用)时，(或荷载组合Ⅰ中包含有收缩、徐变、水浮力的作用效应)单桩的竖向力(kN)；$[P]$为单桩轴向受压允许承载力(kN)。

②有地震荷载组合[《公路桥梁抗震设计细则》(JTG/T B02-01—2008)]。

有地震荷载作用参与组合时，基桩应满足

$$P \leqslant [P] \tag{3.3.7}$$

$$P_j \leqslant 1.25[P] \tag{3.3.8}$$

式中，P 为荷载组合Ⅰ作用(包括地震荷载作用)时单桩的竖向力(kN)；P_j 为荷载组合Ⅱ、组合Ⅲ、组合Ⅳ、组合Ⅴ作用(包括地震荷载作用)时，(或荷载组合Ⅰ中包含有收缩、徐变、水浮力的作用效应)单桩的竖向力(kN)；$[P]$为单桩轴向受压允许承载力(kN)。

值得注意的是：单桩的竖向力除组合荷载外，还包括冲刷线以上桩身自重及冲刷线以下桩身自重的一半。

2. 基桩桩顶作用的竖向力

分别按不同规范计算。

(1)《建筑地基基础设计规范》(GB 50007—2011)

轴心竖向力作用下

$$Q_k = \frac{F_k + G_k}{n} \tag{3.3.9}$$

偏心竖向力作用下

$$Q_{ik} = \frac{F_k + G_k}{n} \pm \frac{M_{xk} y_i}{\sum y_i^2} \pm \frac{M_{yk} x_i}{\sum x_i^2} \tag{3.3.10}$$

式中，Q_k 为相应于荷载效应标准组合轴心竖向力作用下任一单桩的竖向力(kN)；Q_{ik}为相应于荷载效应标准组合偏心竖向力作用下第 i 根桩的竖向力(kN)；F_k 为相应于荷载效应标准组合时，作用于桩基承台顶面的竖向力(kN)；G_k 为桩基承台自重和承台上土自重标准值(kN)；对地下水位以下部分扣除水的浮力；M_{xk}、M_{yk}分别为相应于荷载效应标准组合作用下承台底面通过桩群形心的 x、y 轴的力矩(kN·m)；x_i、y_i 分别为桩 i 至桩群形心的 y、x 轴线的距离(m)；n 为桩基中的桩数。

$$Q_{ik\,max} = \max|Q_{ik}| \tag{3.3.11}$$

式中，$Q_{ik\,max}$为相应于荷载效应标准组合偏心竖向力作用下，本承台下所有桩的竖向力最大值(kN)。

(2)《公路桥涵地基与基础设计规范》(JTG D63—2007)

轴心竖向力作用

第四篇 深基础

$$P=\frac{F+G}{n} \tag{3.3.12}$$

偏心竖向力作用下

$$P_i=\frac{F+G}{n}\pm\frac{M_x y_i}{\sum y_i^2}\pm\frac{M_y x_i}{\sum x_i^2} \tag{3.3.13}$$

式中，P 为轴心竖向力作用下任一单桩的竖向力(kN)；P_i 为偏心竖向力作用下第 i 根桩的竖向力(kN)；F 为作用于承台顶面的竖向力(kN)；G 为桩基承台和承台上土自重(kN)；对地下水位以下部分扣除水的浮力；M_x、M_y 分别为作用于承台底面通过桩群形心的 x、y 轴的弯矩(kN·m)；x_i、y_i 分别为第 i 根基桩形心至 y、x 轴的距离(m)；n 桩基中的桩数。其公式为

$$P_{max}=\max|P_j| \tag{3.3.14}$$

式中，P_{max} 为偏心竖向力作用下，基桩竖向力的最大值(kN)。

3.群桩中任一基桩竖向承载力计算

①《建筑地基基础设计规范》(GB 50007—2011)只原则性地提出，桩基设计时，应结合地区经验考虑桩、土、承台的共同工作。

②《公路桥涵地基与基础设计规范》(JTG D63—2007)对群桩中的单桩竖向承载力不考虑群桩效应的影响。

4.群桩整体计算

①《建筑地基基础设计规范》(GB 50007—2011)对此没有具体要求。

②《公路桥涵地基与基础设计规范》(JTG D63—2007)第 4.3.9 条规定："摩擦桩群桩的桩尖平面内桩距小于 6 倍桩径时，桩群应作为整体基础验算桩尖平面处土的承载力，验算方法按附录七进行。"简化图见图 3.3.1～图 3.3.3。

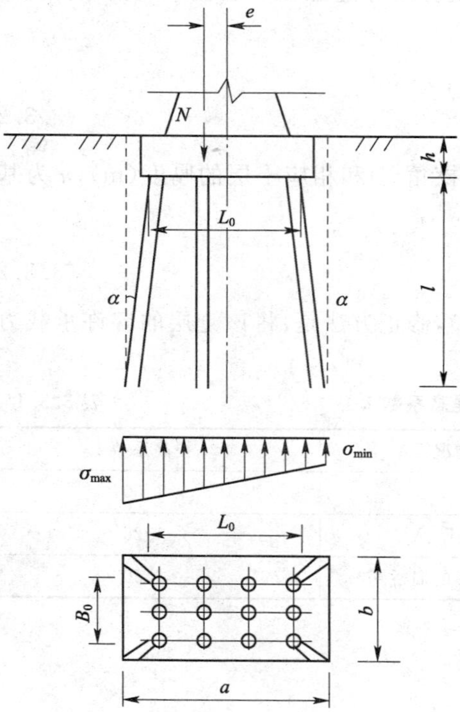

图 3.3.1　斜桩桩尖处基底压力计算图

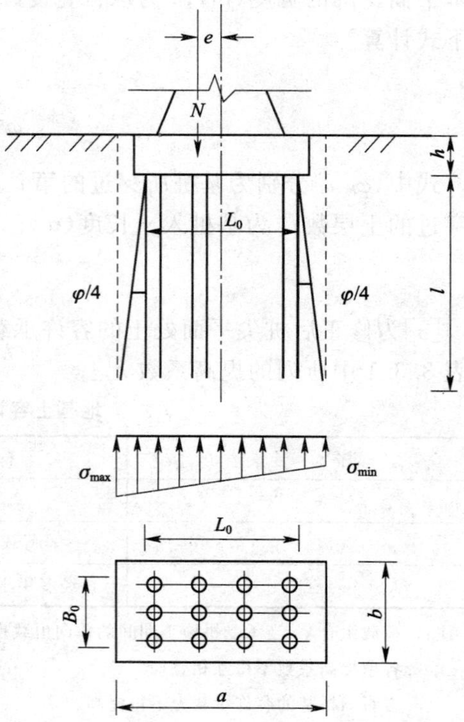

图 3.3.2　直桩桩尖处基底压力计算图(低桩承台)

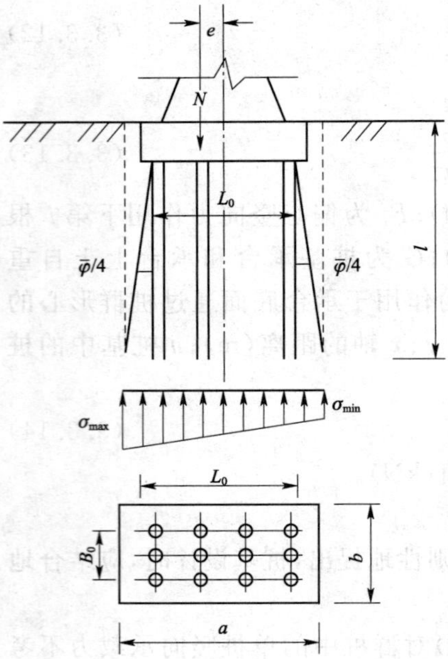

图 3.3.3　直桩桩尖处基底压力计算图
（高桩承台）

桩尖平面处最大压应力计算

$$\sigma_{max}=\overline{\gamma}l+\gamma h-\frac{BL\gamma h}{A}+\frac{N}{A}\left(1+\frac{eA}{W}\right)\leqslant[\sigma] \tag{3.3.15}$$

式中，σ_{max}为桩尖平面处的最大压应力（kPa）；$\overline{\gamma}$为承台底面至桩尖平面土的平均容重，包括桩的重力在内（kN/m^3）；γ为承台底面以上土的容重（kN/m^3）；N为作用于承台底面合力的垂直分力（kN）；e为作用于承台底面合力的垂直分力对桩尖平面处计算面积重心轴的偏心距（m）；A为假想的实体基础在桩尖平面处的计算面积（m^2）[$A=ab$，a为假想的实体基础在桩尖平面处计算面积的计算长度（m）；b为假想的实体基础在桩尖平面处计算面积的计算宽度（m）]。

其中a、b按下式计算：

对于斜桩桩基中斜桩的倾角$\alpha>\overline{\varphi}/4$

$$a=L_0+2l\tan\alpha \tag{3.3.16}$$

$$b=B_0+2l\tan\alpha \tag{3.3.17}$$

对于斜桩桩基中斜桩的倾角$\alpha\leqslant\overline{\varphi}/4$，或直桩桩基

$$a=L_0+2l\tan(\overline{\varphi}/4) \tag{3.3.18}$$

$$b=B_0+2l\tan(\overline{\varphi}/4) \tag{3.3.19}$$

式中，L_0为承台底面处桩基平面轮廓的长度（m）；a为承台长度（m）；B_0为承台底面处桩基平面轮廓的宽度（m）；b为承台宽度（m）；$\overline{\varphi}$为基桩所穿过土层的加权平均内摩擦角（°），按下式计算

$$\overline{\varphi}=\frac{\sum_{i=1}^{n}(\varphi_i l_i)}{l} \tag{3.3.20}$$

式中，φ_i、l_i分别为基桩所穿过的第i土层的内擦角（°）和相应土层的厚度（m）；n为基桩所穿过的土层数；l为基桩入土长度（m）。

$$l=\sum_{i=1}^{n}l_i \tag{3.3.21}$$

[σ]为修正后桩尖平面处土的容许承载力（kPa），修正方法是：将该土层的容许承载力乘以表 3.3.1 中所列的提高系数k。

地基土容许承载力提高系数 k　　表 3.3.1

序　号	荷数与使用情况	提高系数 k
一	荷载组合Ⅰ	1.00
二	荷载组合Ⅱ、Ⅲ、Ⅳ、Ⅴ	1.25
三	经多年压实未受破坏的旧桥基	1.50

注：1. 荷载组合Ⅴ，当承受拱施工期间的单向恒载推力时，$k=1.50$。

2. 各项提高系数不得互相叠加。

3. 岩石旧桥基的容许承载力不得提高。

4. 容许承载力小于 150 kPa 的地基，对于表列第二项情况，$k=1.00$，而对于表列第三项和注 1 情况，$k=1.25$。

5. 表中荷载组合Ⅰ如包括由混凝土收缩和徐变或水浮力引起的荷载效应，则与荷载组合Ⅱ相同对待。

对于地震荷载组合下，地基土的抗震容许承载力按下式计算

$$[\sigma_e]=K[\sigma] \tag{3.3.22}$$

式中，$[\sigma_e]$为地基土抗震容许承载力(kPa)；$[\sigma]$为地基土修正后的容许承载力(kPa)；K为地基土抗震容许承载力提高系数，按表 3.3.2 取用。

地基土抗震容许承载力提高系数 K　　表 3.3.2

地　基　土	K
岩石，密实的碎石土，密实的砾、粗、中砂、老黏性土，$[\sigma_0]\geqslant 300$ kPa 的一般黏性土	1.5
中密的碎石土，中密的砾、粗、中砂，200 kPa$\leqslant[\sigma_0]\leqslant 300$ kPa 的一般黏性土	1.3
密、中密的细砂、粉砂，100 kPa$\leqslant[\sigma_0]<200$ kPa 的一般黏性土	1.1
新近沉积的黏性土，软土，松散的砂，填土，$[\sigma_0]<100$ kPa 的一般黏性土	1.0

注：$[\sigma_0]$为地基土容许承载力；柱桩的抗震容许承载力提高系数可取 1.5；摩擦桩的抗震容许承载力提高系数，可根据地基土类别按表 3.3.2 取值。

第四章　特殊条件下基桩竖向承载力验算

第一节　考虑负摩阻力桩基竖向承载力计算

[《建筑桩基技术规范》(JGJ 94—2008)]

(一)产生负摩阻力的条件

当桩周的土体相对桩身有向下的位移时(桩周土层产生的沉降超过基桩的沉降),在桩周就产生负摩擦力。一般归纳为以下三类情况:

①桩周土在自重作用下固结沉降或浸水导致土体结构破坏强度降低而固结(湿陷);

②外界荷载作用导致桩周土固结沉降;

③因降水导致有效应力增大而固结。

(二)计算负摩阻力的条件

在实际计算过程中,具有下列条件之一,就考虑桩侧的负摩阻力:桩穿越较厚的松散填土、自重湿陷性土(黄土)、欠固结土层进入相对较硬土层时;桩周存在较弱土层,邻近桩侧地面承受局部较大的长期荷载,或地面大面积堆载(包括填土)时;由于降低地下水位,使桩周土中有效应力增大,并产生显著压缩沉降时。

1. 竖向承载力要求

负摩阻力对于桩基承载力和沉降的影响随侧阻力与端阻力分担荷载比、建筑物各桩基周围土层沉降的均匀性、建筑物对不均匀沉降的敏感程度而异。因此,对于考虑负摩阻力验算承载力和沉降也应有所区别。

①对于摩擦型桩基,当出现摩阻力对基桩施加下拉荷载时,由于持力层压缩性较大,随之引起沉降。桩基沉降一出现,土对桩的相对位移便减小,负摩阻力便降低,直至转化为零。因此,一般情况下对于摩擦型桩基,可近似视中性点(理论中性点为桩身与土层竖向位移相等的点)以上侧阻力为零,计算桩基承载力。

②对于端承型桩基,由于其桩端持力层较坚硬,受负摩阻力引起下拉荷载后不致产生沉降或沉降量较小,此时负摩阻力将长期作用于桩身中性点以上侧表面。因此,应计算中性点以上负摩阻力形成的下拉荷载 Q_n,并以下拉荷载作为外荷载的一部分验算其承载力。

③如上所述,负摩阻力作用必然加大桩基沉降。当建筑物各桩基周围土层的沉降均匀,且建筑物对不均匀沉降不敏感时,负摩阻力引起的沉降不致危害建筑物的正常使用,因此可不必验算沉降。但对于各桩基周围受到不均匀堆载、不均匀降水或土层自身不均时,将出现不均匀沉降,各桩基因负摩阻力产生的下拉荷载和沉降也会是不均匀的,因此需考虑负摩阻力验算桩基沉降。

2. 中性点深度 l_n 的计算

当桩穿越厚度为 l_0 的可压缩土层,桩端设置于较坚硬的持力层时,在桩的某一深度 l_n 以上,土的沉降大于桩的沉降,在该段桩长内,桩侧产生负摩阻力;l_n 深度以下的可压缩层内,土的沉降小于桩的沉降,土对桩产生正摩阻力,在 l_n 深度处,桩土相对位移为零,既没有负摩阻力，又没有正摩阻力，习惯上称该点为中心性。中性点截面桩身的轴力最大（图 4.1.1）。

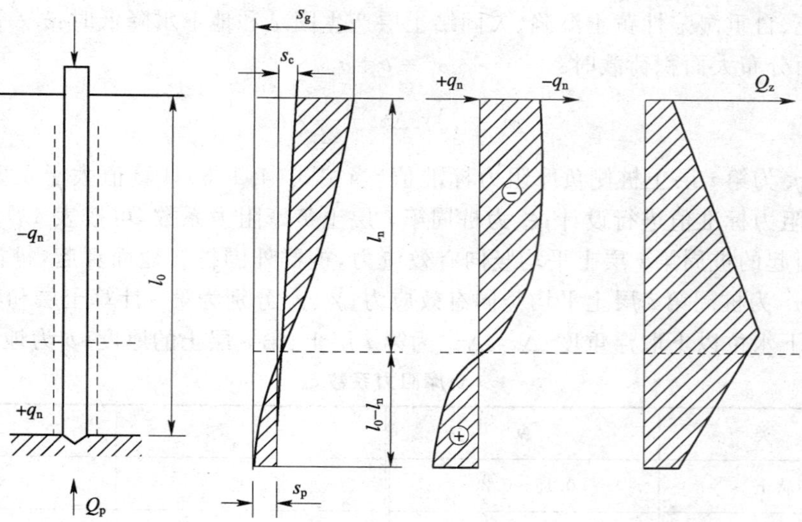

图 4.1.1　桩的负摩阻力中性点示意

s_g-地表沉降量；s_p-桩端沉降量；l_0-压缩土层厚度；

l_n-中性点深度；s_c-桩顶沉降量；Q_z-桩身轴向力

一般来说，中性点的位置，在初期多少是有变化的，它是随着桩的沉降增加而向上移动，当沉降趋于稳定，中性点也将稳定在某一固定的深度 l_n 处。

工程实测表明，在可压缩土层 l_0 的范围内，负摩阻力的作用长度，即中性点的稳定深度 l_n，是随桩端持力土层的强度和刚度的增大而增加的，一般其深度比 l_n/l_0 的经验值参见相关规定。

①符合下列条件之一的桩基，当桩周土层产生的沉降超过基桩的沉降时，在计算基桩承载力时应计入桩侧负摩阻力：

a. 桩穿越较厚松散填土、自重湿陷性黄土、欠固结土、液化土层进入相对较硬土层时；

b. 桩周存在软弱土层，邻近桩侧地面承受局部较大的长期荷载，或地面大面积堆载（包括填土）时；

c. 由于降低地下水位，使桩周土有效应力增大，并产生显著压缩沉降时。

②桩周土沉降可能引起桩侧负摩阻力时，应根据工程具体情况考虑负摩阻力对桩基承载力和沉降的影响；当缺乏可参照的工程经验时，可按下列规定验算。

a. 对于摩擦型基桩可取桩身计算中性点以上侧阻力为零，并可按下式验算基桩承载力

$$N_k \leqslant R_a \qquad (4.1.1)$$

b. 对于端承型基桩除应满足上式要求外，尚应考虑负摩阻力引起基桩的下拉荷载 Q_g^n，并可按下式验算基桩承载力

$$N_k + Q_g^n \leqslant R_a \qquad (4.1.2)$$

c. 当土层不均匀或建筑物对不均匀沉降较敏感时，还应将负摩阻力引起的下拉荷载计算附加荷载验算桩基沉降。

注：本条中基桩的竖向承载力特征值 R_a 只计中性点以下部分侧阻值及端阻值。

③桩侧负摩阻力及其引起的下拉荷载，当无实测资料时可按下列规定计算。

a. 中性点以上单桩桩周第 i 层土负摩阻力标准值，可按下列公式计算

$$q_{si}^{n}=\xi_{ni}\sigma_{i}' \tag{4.1.3}$$

当填土、自重湿陷性黄土湿陷、欠固结土层产生固结和地下水降低时：$\sigma_i'=\sigma_{\gamma i}'$

当地面分布大面积荷载时： $\sigma_i'=p+\sigma_{\gamma i}'$

$$\sigma_{\gamma i}'=\sum_{e=1}^{i-1}\gamma_e\Delta z_e+\frac{1}{2}\gamma_i\Delta z_i \tag{4.1.4}$$

式中，q_{si}^{n} 为第 i 层土桩侧负摩阻力标准值，当按式(4.1.3)计算值大于正摩阻力标准值时，取正摩阻力标准值进行设计；ξ_{ni} 为桩周第 i 层土负摩阻力系数，可按表 4.1.1 取值；$\sigma_{\gamma i}'$ 为由土自重引起的桩周第 i 层土平均竖向有效应力，桩群外围桩自地面算起，桩群内部桩自承台底算起；σ_i' 为桩周第 i 层土平均竖向有效应力；γ_i、γ_e 分别为第 i 计算土层和其上第 e 土层的重度，地下水位以下取浮重度；Δz_i、Δz_e 为第 i 层土、第 e 层土的厚度；p 为地面均布荷载。

负摩阻力系数 ξ_n 表 4.1.1

土　类	ξ_n	土　类	ξ_n
饱和软土	0.15～0.25	砂土	0.35～0.50
黏性土、粉土	0.25～0.40	自重湿陷性黄土	0.20～0.35

注：1. 在同一类土中，对于挤土桩，取表中较大值，对于非挤土桩，取表中较小值。

2. 填土按其组成取表中同类土的较大值。

b. 考虑群桩效应的基桩下拉荷载可按下式计算

$$Q_g^n=\eta_n u\sum_{i=1}^{n}q_{si}^{n}l_i \tag{4.1.5}$$

$$\eta_n=\frac{s_{ax}s_{ay}}{\pi d\left(\dfrac{q_s^n}{\gamma_m}+\dfrac{d}{4}\right)} \tag{4.1.6}$$

式中，n 为中性点以上土层数；l_i 为中性点以上第 i 土层的厚度；η_n 为负摩阻力群桩效应系数；s_{ax}、s_{ay} 分别为纵、横向桩的中心距；q_s^n 为中性点以上桩周土层厚度加权平均负摩阻力标准值；γ_m 为中性点以上桩周土层厚度加权平均重度(地下水位以下取浮重度)。

对于单桩基础或按式(4.1.6)计算的群桩效应系数 $\eta_n>1$ 时，取 $\eta_n=1$。

c. 中性点深度 l_n 应按桩周土层沉降与桩沉降相等的条件计算确定，也可参照表 4.1.2 确定。

中 性 点 深 度 l_n 表 4.1.2

持力层性质	黏性土、粉土	中密以上砂	砾石、卵石	基岩
中性点深度比 l_n/l_0	0.5～0.6	0.7～0.8	0.9	1.0

注：1. l_n、l_0 分别为自桩顶算起的中性点深度和桩周软弱土层下限深度。

2. 桩穿过自重湿陷性黄土层时，l_n 可按表列值增大 10%(持力层为基岩除外)。

3. 当桩周土层固结与桩基固结沉降同时完成时，取 $l_n=0$。

4. 当桩周土层计算沉降量小于 20 mm 时，l_n 应按表列值乘以 0.4～0.8 折减。

第二节　按《建筑桩基技术规范》(JGJ 94—2008)进行抗拔桩基承载力验算

承受拔力的桩基，应按下式同时验算群桩基础呈整体破坏和呈非整体破坏时基桩的抗

拔承载力

$$N_k \leqslant T_{gk}/2 + G_{gp} \tag{4.2.1}$$

$$N_k \leqslant T_{uk}/2 + G_p \tag{4.2.2}$$

式中，N_k 为按荷载效应标准组合计算的基桩拔力；T_{gk} 为群桩呈整体破坏时基桩的抗拔极限承载力标准值，可按相关规范确定；T_{uk} 为群桩呈非整体破坏时基桩的抗拔极限承载力标准值，可按相关规范确定；G_{gp} 为群桩基础所包围体积的桩土总自重除以总桩数，地下水位以下取浮重度；G_p 为基桩自重，地下水位以下取浮重度，对于扩底桩应按表 4.2.1 确定桩、土柱体周长，计算桩、土自重。

扩底桩破坏表面周长 u_i 表 4.2.1

自桩底起算的长度 l_i	$\leqslant(4\sim10)d$	$>(4\sim10)d$
u_i	πD	πd

注：l_i 对于软土取低值，对于卵石、砾石取高值；l_i 取值按内摩擦角增大而增加。

群桩基础及其基桩的抗拔极限承载力的确定应符合下列规定。

①对于设计等级为甲级和乙级建筑桩基，基桩的抗拔极限承载力应通过现场单桩上拔静载荷试验确定。单桩上拔静载荷试验及抗拔极限承载力标准值取值可按现行行业标准《建筑基桩检测技术规范》(JGJ 106—2014)进行。

②如无当地经验时，群桩基础及设计等级为丙级建筑桩基，基桩的抗拔极限承载力取值可按下列规定计算。

a. 群桩呈非整体破坏时，基桩的抗拔极限承载力标准值可按下式计算

$$T_{uk} = \sum \lambda_i q_{sik} u_i l_i \tag{4.2.3}$$

式中，T_{uk} 为基桩抗拔极限承载力标准值；u_i 为桩身周长，对于等直径桩取 $u=\pi d$；对于扩底桩按表 4.2.1 取值；q_{sik} 桩侧表面第 i 层土的抗压极限侧阻力标准值，可按相关规范取值；λ_i 为抗拔系数，可按表 4.2.2 取值。

抗拔系数 λ 表 4.2.2

土类	λ 值	土类	λ 值
砂土	0.50～0.70	黏性土、粉土	0.70～0.80

注：桩长 l 与桩径 d 之比小于 20 时，λ 取小值。

b. 群桩呈整体破坏时，基桩的抗拔极限承载力标准值可按下式计算

$$T_{gk} = \frac{1}{n} u_l \sum \lambda_i q_{sik} l_i \tag{4.2.4}$$

式中，u_l 为桩群外围周长。

③季节性冻土上轻型建筑的短桩基础，应按下式验算其抗冻拔稳定性

$$\eta_f q_f u z_0 \leqslant T_{gk}/2 + N_G + G_{gp} \tag{4.2.5}$$

$$\eta_f q_f u z_0 \leqslant T_{uk}/2 + N_G + G_p \tag{4.2.6}$$

式中，η_f 为冻深影响系数，按表 4.2.3 采用；q_f 为切向冻胀力，按表 4.2.4 采用；z_0 为季节性冻土的标准冻深；T_{gk} 为标准冻深线以下群桩呈整体破坏时基桩抗拔极限承载力标准值，可按相关规范确定；T_{uk} 为标准冻深线以下单桩抗拔极限承载力标准值，可按相关规范确定；N_G 为基桩承受的桩承台底面以上建筑物自重、承台及其上土重标准值。

冻深影响系数 η_f 值　　表 4.2.3

标准冻深/m	$z_0 \leqslant 2.0$	$2.0 < z_0 \leqslant 3.0$	$z_0 > 3.0$
η_f	1.0	0.9	0.8

切向冻胀力 q_f 值(单位:kPa)　　表 4.2.4

土　类	冻胀性分类			
	弱冻胀	冻胀	强冻胀	特强冻胀
黏性土、粉土	30～60	60～80	80～120	120～150
砂土、砾(碎)石(黏、粉粒含量>15%)	<10	20～30	40～80	90～200

注:1. 表面粗糙的灌注桩,表中数值应乘以系数 1.1～1.3。

2. 本表不适用于含盐量大于 5%的冻土。

④膨胀土上轻型建筑的短桩基础,应按下式验算群桩基础呈整体破坏和非整体破坏的抗拔稳定性

$$u\sum q_{ei}l_{ei} \leqslant T_{gk}/2 + N_G + G_{gp} \tag{4.2.7}$$

$$u\sum q_{ei}l_{ei} \leqslant T_{uk}/2 + N_G + G_p \tag{4.2.8}$$

式中,T_{gk} 为群桩呈整体破坏时,大气影响急剧层下稳定土层中基桩抗拔极限承载力标准值,可按相关规范计算;T_{uk} 为群桩呈非整体破坏时,大气影响急剧层下稳定土层中基桩抗拔极限承载力标准值,可按相关规范计算;q_{ei} 为大气影响急剧层中第 i 层土的极限胀切力,由现场浸水试验确定;l_{ei} 为大气影响急剧层中第 i 层土的厚度。

第三节　软弱下卧层验算

对于桩距不超过 $6d$ 的群桩基础,桩端持力层下存在承载力低于桩端持力层承载的 1/3 的软弱下卧层时,可按下式验算软弱下卧层的承载力(见图 4.3.1)。

$$\sigma_z + \gamma_m z \leqslant f_{az} \tag{4.3.1}$$

$$\sigma_z = \frac{(F_k + G_k) - 3/2(A_0 + B_0)\sum q_{sik} l_i}{(A_0 + 2t\tan\theta)(B_0 + 2t\tan\theta)} \tag{4.3.2}$$

式中,σ_z 为作用于软弱下卧层顶面的附加应力;γ_m 为软弱层顶面以上各土层重度(地下水位以下取浮重度)按厚度加权平均值;t 为硬持力层厚度;f_{az} 为软弱下卧层经深度 z 修正的地基承载力特征值;A_0、B_0 分别为桩群外缘矩形底面的长、短边边长;q_{sik} 为桩周第 i 层土的极限侧阻力标准值,无当地经验时,可根据成桩工艺按相关规范取值;θ 为桩端硬持力层压力扩散角,按表 4.3.1 取值。

桩端硬持力层压力扩散角 θ　　表 4.3.1

E_{s1}/E_{s2}	$t=0.25B_0$	$t \geqslant 0.50B_0$
1	4°	12°
3	6°	23°
5	10°	25°
10	20°	30°

注:1. E_{s1}、E_{s2} 为硬持力层、软弱下卧层的压缩模量。

2. 当 $t<0.25B_0$ 时,取 $\theta=0°$,必要时,宜通过试验确定;当 $0.25B_0<t<0.50B_0$ 时,可内插取值。

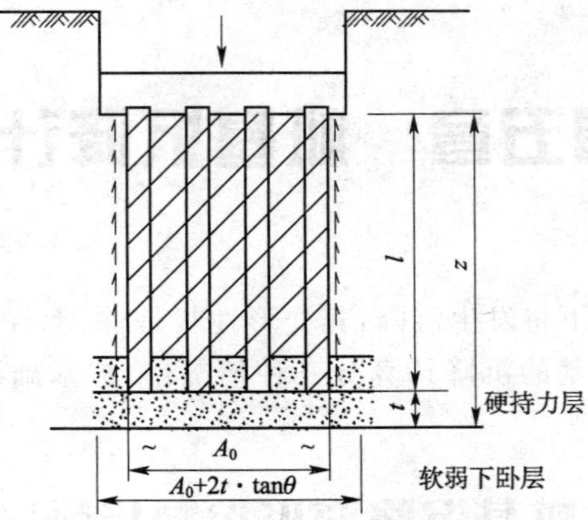

图 4.3.1 软弱下卧层承载力验算

第四节 其他标准关于特殊地质条件下桩基竖向承载力的规定

1.《建筑地基基础设计规范》(GB 50007—2011)

GB 50007—2011 规定:"应按有关规范的规定考虑特殊土对桩基的影响。应考虑岩溶等场地的特殊性,并在桩基设计中采取有效措施。抗震设防区的桩基按现行《建筑抗震设计规范》(GB 50011—2010)有关规定执行。""软土地区的桩基应考虑桩周土自重固结、蠕变、大面积堆载及施工中挤土对桩基的影响;在深厚软土中不宜采用大片密集有挤土效应的桩基。"

2.《公路桥涵地基与基础设计规范》(JTG D63—2007)

JTG D63—2007 规定:"在软土层较厚、持力层较好的地基中,桩基计算应考虑路基填土荷载或地下水位下降所引起的负摩阻力的影响。"

第五章 桩基沉降计算

桩基础在外荷载作用下将发生沉降，其变形性状是桩、承台、地基土之间相互影响的综合结果。一般情况下将桩基的沉降计算分三种情况：单桩基础沉降计算；多桩基础沉降计算；疏桩基础沉降计算。

第一节 桩基沉降变形控制指标［《建筑桩基技术规范》(JGJ 94—2008)］

①建筑桩基沉降变形计算值不应大于桩基沉降变形允许值。桩基沉降变形可用下列指标表示。

a. 沉降量。

b. 沉降差。

c. 整体倾斜：建筑物桩基础倾斜方向两端点的沉降差与其距离之比值。

d. 局部倾斜：墙下条形承台沿纵向某一长度范围内桩基础两点的沉降差与其距离之比值。

②计算桩基沉降变形时，桩基变形指标应按下列规定选用。

a. 由于土层厚度与性质不均匀、荷载差异、体形复杂、相互影响等因素引起的地基沉降变形，对于砌体承重结构应由局部倾斜控制。

b. 对于多层或高层建筑和高耸结构应由整体倾斜值控制。

c. 当其结构为框架、框架—剪力墙、框架—核心筒结构时，还应控制柱（墙）之间的差异沉降。

③建筑桩基沉降变形允许值，应按表 5.1.1 中的规定采用。

建筑桩基沉降变形允许值　　表 5.1.1

变形特征		允许值
砌体承重结构基础的局部倾斜		0.002
各类建筑相邻柱（墙）基的沉降差		
①框架、框架—剪力墙、框架—核心筒结构		$0.002l_0$
②砌体墙填充的边排性		$0.0007l_0$
③当基础不均匀沉降时不产生附加应力的结构		$0.005l_0$
单层排架结构（柱距为 6 m）桩基的沉降量/mm		120
桥式吊车轨面的倾斜（按不调整轨道考虑）		
纵向		0.004
横向		0.003
多层和高层建筑的整体倾斜	$H_g \leqslant 24$	0.004
	$24 < H_g \leqslant 60$	0.003
	$60 < H_g \leqslant 100$	0.0025
	$H_g > 100$	0.002

续上表

变形特征		允许值
高耸结构桩基的整体倾斜	$H_g \leqslant 20$	0.008
	$20 < H_g \leqslant 50$	0.006
	$50 < H_g \leqslant 100$	0.005
	$100 < H_g \leqslant 150$	0.004
	$150 < H_g \leqslant 200$	0.003
	$200 < H_g \leqslant 250$	0.002
高耸结构基础的沉降量/mm	$H_g \leqslant 100$	350
	$100 < H_g \leqslant 200$	250
	$200 < H_g \leqslant 250$	150
体型简单的剪力墙结构高层建筑桩基最大沉降量/mm	—	200

注：l_0 为相邻柱(墙)二测点间距离，H_g 为自室外地面算起的建筑物高度(m)。

④对于表 5.1.1 中未包括的建筑桩基沉降变形允许值，应根据上部结构对桩基沉降变形的适应能力和使用要求进行确定。

第二节　按《建筑桩基技术规范》(JGJ 94—2008)进行桩中心距不大于 6 倍桩径的桩基沉降计算

①对于桩中心距不大于 6 倍桩径的桩基，其最终沉降量计算可采用等效作用分层总和法。等效作用面位于桩端平面，等效作用面积为桩承台投影面积，等效作用附加压力近似取承台底平均附加压力。等效作用面以下的应力分布采用各向同性均质直线变形体理论。计算模式如图 5.2.1 所示，桩基任一点最终沉降量可用角点法按下式计算

$$s=\psi\psi_e s'=\psi\psi_e\sum_{j=1}^{m}p_{0j}\sum_{i=1}^{n}\frac{z_{ij}\bar{\alpha}_{ij}-z_{(i-1)j}\bar{\alpha}_{(i-1)j}}{E_{si}} \qquad (5.2.1)$$

式中，s 为桩基最终沉降量(mm)；s'为采用布辛奈斯克(Boussinesq)解，按实体深基础分层总和法计算出的桩基沉降量(mm)；ψ 为桩基沉降计算经验系数，当无当地可靠经验时，可按《建筑桩基技术规范》(JGJ 94－2008，以下简称《规范》)第 5.5.11条确定；ψ_e 为桩基等效沉降系数，可按《规范》第 5.5.9 条确定；m 为角点法计算点对应的矩形荷载分块数；p_{0j}为第 j 块矩形底面在荷载效应准永久组合下的附加压力(kPa)；n 为桩基沉降计算深度范围内所划分的土层数；E_{si}为等效作用面以下第 i 层土的压缩模量(MPa)，采用地基土在自重压力至自重压力加附加压力作用时的压缩模量；z_{ij}、$z_{(i-1)j}$ 分别为桩端平面第j 块荷载作用面至第 i 土层、第 $i-1$ 土层底面的距离(m)；$\bar{\alpha}_{ij}$、$\bar{\alpha}_{(i-1)j}$ 分别为桩端平面第 j 块荷载计算点至第 i 土层、第 $i-1$ 土层底面深度范围内平均附加应力系数，可按《规范》中的附录 D 选用。

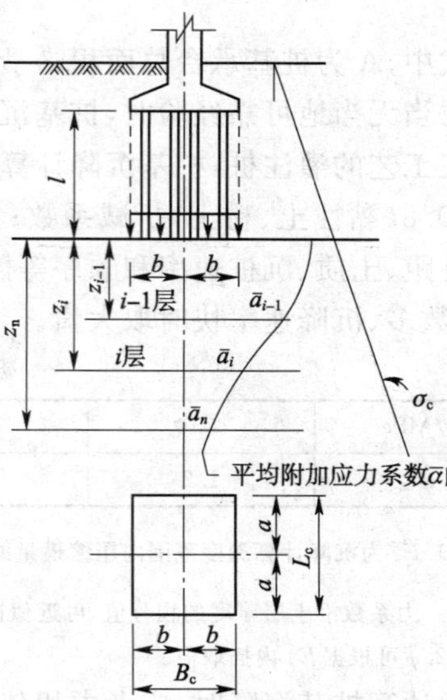

图 5.2.1　桩基沉降计算示意

②计算矩形桩基中点沉降时，桩基沉降量可按下式简化计算

$$s=\psi\psi_e s'=4\psi\psi_e p_0\sum_{i=1}^{n}\frac{z_i\bar{\alpha}_i-z_{i-1}\bar{\alpha}_{i-1}}{E_{si}} \tag{5.2.2}$$

式中，p_0 为在荷载效应准永久组合下承台底的平均附加压力；$\bar{\alpha}_i$、$\bar{\alpha}_{i-1}$ 分别为平均附加应力系数，根据矩形长宽比 a/b 及深宽比$\frac{z_i}{b}=\frac{2z_i}{B_c}$，$\frac{z_{i-1}}{b}=\frac{2z_{i-1}}{B_c}$，可按《规范》中的附录 D 选用。

③桩基沉降计算深度 z_n 应按应力比法确定，即计算深度处的附加应力 σ_z 与土的自重应力 σ_c 应符合下式要求

$$\sigma_z\leqslant 0.2\sigma_c \tag{5.2.3}$$

$$\sigma_z=\sum_{j=1}^{m}a_j p_{0j} \tag{5.2.4}$$

式中，a_j 为附加应力系数，可根据角点法划分的矩形长宽比和深度比按《规范》中的附录 D 选用。

④桩基等效沉降系数 ψ_e 可按下式简化计算

$$\psi_e=C_0+\frac{n_b-1}{C_1(n_b-1)+C_2} \tag{5.2.5}$$

$$n_b=\sqrt{\frac{nB_c}{L_c}} \tag{5.2.6}$$

式中，n_b 为矩形布桩时的短边布桩数，当布桩不规则时可按式(5.2.6)近似计算，$n_b>1$；$n_b=1$ 时，可按《规范》中的式(5.5.14)计算；C_0、C_1、C_2 为根据群桩矩径比 s_a/d、长径比 l/d 及基础长宽比 L_c/B_c，按《规范》中附录 E 确定；L_c、B_c、n 分别为矩形承台的长、宽和总桩数。

⑤当布桩不规则时，等效矩径比可按下式近似计算

a. 圆形桩

$$\frac{s_a}{d}=\frac{\sqrt{A}}{\sqrt{n}d} \tag{5.2.7}$$

b. 方形桩

$$\frac{s_a}{d}=\frac{0.886\sqrt{A}}{\sqrt{n}b} \tag{5.2.8}$$

式中，A 为桩基承台总面积；b 为方形桩截面边长。

⑥当无当地可靠经验时，桩基沉降计算经验系数 ψ 可按表 5.2.1 选用。对于采用后注浆施工工艺的灌注桩，桩基沉降计算经验系数应根据桩端持力土层类别，乘以 0.7(砂、砾、卵石)～0.8(黏性土、粉土)折减系数；饱和土中采用预制桩(不含复打、复压、打孔沉桩)时，应根据桩距、土质、沉桩速率和顺序等因素，乘以 1.3～1.8 挤土效应系数，土的渗透性低、桩距小、桩数多、沉降速率快时取大值。

桩基沉降计算经验系数 ψ　　表 5.2.1

$\bar{E}_s$/MPa	≤10	15	20	35	≥50
ψ	1.2	0.9	0.65	0.50	0.40

注：1. $\bar{E}_s$ 为沉降计算深度范围内压缩模量的当量值，可按下式计算：$\bar{E}_s=\sum A_i/\sum\frac{A_i}{E_{si}}$，式中 A_i 为第 i 层土附加压力系数沿土层厚度的积分值，可近似按分块面积计算。

2. ψ 可根据 $\bar{E}_s$ 内插取值。

⑦计算桩基沉降时，应考虑相邻基础的影响，采用叠加原理计算；桩基等效沉降系数可按独立基础计算。

⑧当桩基形状不规则时，可采用等效矩形面积计算桩基等效沉降系数，等效矩形的长宽比可根据承台实际尺寸和形状确定。

第三节 按《建筑桩基技术规范》(JGJ 94—2008)进行单桩、单排桩、疏桩基础沉降计算

对于单桩、单排桩、桩中心距大于 6 倍桩径的疏桩基础的沉降计算应符合下列规定。

①承台底地基土不分担荷载的桩基。桩端平面以下地基中由基桩引起的附加应力，按考虑桩径影响的明德林(Mindlin)解本规范附录 F 计算确定。将沉降计算点水平面影响范围内各基桩对应力计算点产生的附加应力叠加，采用单向压缩分层总和法计算土层的沉降，并计入桩身压缩 s_e。桩基的最终沉降量可按下式计算

$$s=\psi\sum_{i=1}^{n}\frac{\sigma_{zi}}{E_{si}}\Delta z_i+s_e \tag{5.3.1}$$

$$\sigma_{zi}=\sum_{j=1}^{m}\frac{Q_j}{l_j^2}[\alpha_j I_{p,ij}+(1-\alpha_j)I_{s,ij}] \tag{5.3.2}$$

$$s_e=\xi_e\frac{Q_j l_j}{E_c A_{ps}} \tag{5.3.3}$$

②承台底地基土分担荷载的复合桩基。将承台底土压力对地基中某点产生的附加应力按 Boussinesq 解本规范附录 D 计算，与基桩产生的附加应力叠加，采用与本条第 1 款相同方法计算沉降。其最终沉降量可按式计算

$$s=\psi\sum_{i=1}^{n}\frac{\sigma_{zi}+\sigma_{zci}}{E_{si}}\Delta z_i+s_e \tag{5.3.4}$$

$$\sigma_{zci}=\sum_{k=1}^{u}\alpha_{ki}p_{c,k} \tag{5.3.5}$$

以上式中，m 为以沉降计算点为圆心，0.6 倍桩长为半径的水平面影响范围内的基桩数；n 为沉降计算深度范围内土层的计算分层数，分层数应结合土层性质，分层厚度不应超过计算深度的 0.3 倍；σ_{zi} 为水平面影响范围内各基桩对应力计算点桩端平面以下第 i 层土 1/2 厚度处产生的附加竖向应力之和，应力计算点应取与沉降计算点最近的桩中心点；σ_{zci} 为承台压力对应力计算点桩端平面以下第 i 计算土层 1/2 厚度处产生的应力，可将承台板划分为 u 个矩形块，可按本规范附录 D 采用角点法计算；Δz_i 为第 i 计算土层厚度(m)；E_{si} 为第 i 计算土层的压缩模量(MPa)，采用土的自重压力至土的自重压力加附加压力作用时的压缩模量；Q_j 为第 j 桩在荷载效应准永久组合作用下(对于复合桩基应扣除承台底土分担荷载)，桩顶的附加荷载(kN)；当地下室埋深超过 5 m 时，取荷载效应准永久组合作用下的总荷载为考虑回弹再压缩的等代附加荷载；l_j 为第 j 桩桩长(m)；A_{ps} 为桩身截面面积；α_j 为第 j 桩总桩端阻力与桩顶荷载之比，近似取极限总端阻力与单桩极限承载力之比；$I_{p,ij}$、$I_{s,ij}$ 分别为第 j 桩的桩端阻力和桩侧阻力对计算轴线第 i 计算土层 1/2 厚度处的应力影响系数，可按本规范附录 F 确定；E_c 为桩身混凝土的弹性模量；$p_{c,k}$ 为第 k 块承台底均布压力，可按 $p_{c,k}=\eta_{c,k}f_{ak}$ 取值，其中 $\eta_{c,k}$ 为第 k 块承台底板的承台效应系数，按本规范表 5.2.5 确定；f_{ak} 为承台底地基承载力特征值；α_{ki} 为第 k 块承台底角点处，桩端平面以下第 i 计算土层 1/2 厚度处的附加应力系数，可按本规范附录 D 确定；s_e 为计算桩身压缩；ξ_e 为桩身压缩系数。

其中端承型桩，取 $\xi_e=1.0$；摩擦型桩，当 $l/d=30$ 时，取 $\xi_e=2/3$；当 $l/d\geqslant 50$ 时，取 $\xi_e=$

1/2;介于两者之间可线性插值;ψ 为沉降计算经验系数,无当地经验时,可取 1.0。

③对于单桩、单排桩、疏桩复合桩基础的最终沉降计算沉度 Z_n,可按应力比法确定,即 Z_n 处由桩引起的附加应力 σ_z、由承台上压力引起的附加应力 σ_{zc} 与土的自重应力 σ_c 应符合下式要求

$$\sigma_z+\sigma_{zc}=0.2\sigma_c \tag{5.3.6}$$

第四节 按《建筑桩基技术规范》(JGJ 94—2008)进行减沉复合疏桩基础沉降计算

①当软土地基上多层建筑,地基承载力基本满足要求(以底层平面面积计算)时,可设置穿过软土层进入相对较好土层的疏布摩擦型桩,由桩和桩间土共同分担荷载。该种减沉复合疏桩基础,可按下式确定承台面积和桩数

$$A_c=\xi\frac{F_k+G_k}{f_{ak}} \tag{5.4.1}$$

$$n\geqslant\frac{F_k+G_k-\eta_c f_{ak}A_c}{R_a} \tag{5.4.2}$$

式中,A_c 为桩基承台总净面积;f_{ak} 为承台底地基承载力特征值;ξ 为承台面积控制系数,$\xi\geqslant0.60$;n 为基桩数;η_c 为桩基承台效应系数,可按本规范表 5.2.5 取值。

②减沉复合疏桩基础中点沉降可按下式计算

$$s=\psi(s_s+s_{sp}) \tag{5.4.3}$$

$$s_s=4p_0\sum_{i=1}^{m}\frac{z_i\bar{\alpha}_i-z_{(i-1)}\bar{\alpha}_{(i-1)}}{E_{si}} \tag{5.4.4}$$

$$s_{sp}=280\frac{\bar{q}_{su}}{\bar{E}_s}\frac{d}{(s_a/d)^2} \tag{5.4.5}$$

$$p_0=\eta_p\frac{F-nR_a}{A_c} \tag{5.4.6}$$

式中,s 为桩基中心点沉降量;s_s 由承台底地基土附加压力作用下产生的中点沉降(图 5.4.1);s_{sp} 为由桩土相互作用产生的沉降;p_0 为按荷载效应准永久值组合计算的假想天然地基平均附加压力(kPa);E_{si} 为承台底以下第 i 层土的压缩模量,应取自重压力至自重压力与附加压力段的模量值;m 为地基沉降计算深度范围的土层数;沉降计算深度按 $\sigma_z=0.1\sigma_c$ 确定,σ_z 可按本规范第 5.5.8 条确定;$\bar{q}_{su}$、$\bar{E}_s$ 分别为桩身范围内按厚度加权的平均桩侧极限摩阻力、平均压缩模量;d 为桩身直径,当为方形桩时,$d=1.27b$(b 为方形桩截面边长);s_a/d 为等效矩径比,可按本规范第 5.5.10条执行;z_i、z_{i-1} 分别为承台底至第 i 层、第$i-1$层土底面的距离;$\bar{\alpha}_i$、$\bar{\alpha}_{i-1}$ 分别为承台底至第 i 层、第 $i-1$ 层土层底范围内的角点平均附加应力系数;根据承台等效面积的计算分块矩形长宽比 a/b 和深宽比 $z_i/b=2z_iB_c$,由本规范附录 D 确定,其中承台等效宽度 $B_c=B\sqrt{A_c}/L$,B、L 分别为建筑物基础外缘平面的宽度和长度;F 为荷载效应准永

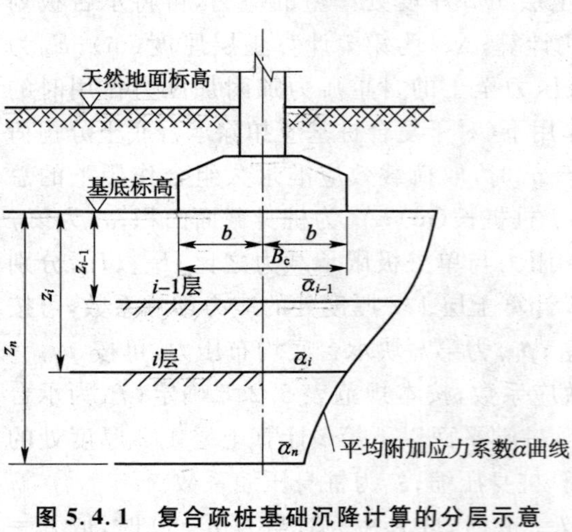

图 5.4.1 复合疏桩基础沉降计算的分层示意

久值组合下，作用于承台底的总附加荷载(kN)；η_p 为基桩刺入变形影响系数，按桩端持力层土质确定，砂土为1.0，粉土为1.15，黏性土为1.30；ψ 为沉降计算经验系数，无当地经验时，可取1.0。

第五节 其他标准中桩基础的沉降计算

(一)《建筑地基基础设计规范》(GB 50007—2011)

桩基最终沉降按单向压缩分层总和法计算。

假定地基内的应力分布满足各向同性均质线性变形体理论。具体计算分为两种：①实体深基础方法(适用于桩距不大于 $6d$，d 为桩径)；②其他方法，包括明德林应力公式方法。

1. 建筑物的地基变形允许值(表5.5.1)

建筑物的地基变形允许值 表5.5.1

变形特征	地基土类别	
	中、低压缩性土	高压缩性土
砌体承重结构基础的局部倾斜	0.002	0.003
工业与民用建筑相邻柱基的沉降差 ①框架结构 ②砌体墙填充的边排柱 ③当基础不均匀沉降时不产生附加应力的结构	 0.002l 0.000 7l 0.005l	 0.003l 0.001l 0.005
单层排架结构(柱距为6 m)柱基的沉降量/mm	(120)	200
桥式吊车轨面的倾斜(按不调整轨道考虑) 纵向 横向	 0.004 0.003	
多层和高层建筑的整体倾斜 $H_g \leqslant 24$ $24 < H_g \leqslant 60$ $60 < H_g \leqslant 100$ $H_g > 100$	 0.004 0.003 0.002 5 0.002	
体型简单的高层建筑基础的平均沉降量/mm	200	
高耸结构基础的倾斜 $H_g \leqslant 20$ $20 < H_g \leqslant 50$ $50 < H_g \leqslant 100$ $100 < H_g \leqslant 150$ $150 < H_g \leqslant 200$ $200 < H_g \leqslant 250$	 0.008 0.006 0.005 0.004 0.003 0.002	
高耸结构基础的沉降量/mm $H_g \leqslant 100$ $100 < H_g \leqslant 200$ $200 < H_g \leqslant 250$	 400 300 200	

注：1. 本表数值为建筑物地基实际最终变形允许值，有括号者仅适用于中压缩性土。

2. l 为相邻柱基的中心距离(mm)，H_g 为自室外地面起算的建筑物高度(m)。

3. 倾斜指基础倾斜方向两端点的沉降差与其距离的比值。

4. 局部倾斜指砌体承重结构沿纵向6～10 m内基础两点的沉降差与其距离的比值。

5. 对表中未包括的建筑物，其他地基变形允许值应根据上部结构对地基变形的适应能力和使用上的要求确定。

2. 实体深基础沉降计算方法

$$s=\psi_p\psi_s s'=\psi_p\psi_s\sum_{i=1}^{n}p_0\ \frac{z_i\overline{\alpha_i}-z_{i-1}\overline{\alpha_{i-1}}}{E_{si}} \tag{5.5.1}$$

式中，s 为桩基最终沉降量(mm)；s'为按分层总和法计算出的桩基沉降量(mm)；ψ_p 为桩基沉降计算经验系数(根据当地经验确定，如无当地可靠经验时，可按表 5.5.2 选用)；n 为桩基沉降计算深度范围内所划分的土层数；E_{si} 为等效作用底面以下第 i 层土的压缩模量(MPa)；z_i、z_{i-1} 分别为桩端底面至第 i 层土、第 $i-1$ 层土底面的距离(m)；$\overline{\alpha_i}$、$\overline{\alpha_{i-1}}$ 分别为桩端底面计算点至第 i 层土、第 $i-1$ 层土底面深度范围内平均附加应力系数，按《建筑地基基础设计规范》(GB 50007—2011)采用；p_0 为对应于荷载效应准永久组合时桩端底面处的附加压力(kPa)；ψ_s 为沉降计算经验系数，根据当地沉降观测资料和经验确定，无地区经验可按表 5.5.3选用。

实体深基础计算桩基沉降经验系数 ψ_p 表 5.5.2

$\overline{E_s}$/MPa	$\overline{E_s}<15$	$15\leqslant\overline{E_s}<30$	$30\leqslant\overline{E_s}<40$
ψ_p	0.5	0.4	0.3

注：本表仅适用按实体深基础计算桩基沉降；本表引自《建筑地基基础设计规范》(GB 50007—2011)。

沉降计算经验系数 ψ_s 表 5.5.3

基底附加压力 p_0/kPa	$\overline{E_s}$/MPa				
	2.5	4.0	7.0	15.0	20.0
$p_0\geqslant f_{ak}$	1.4	1.3	1.0	0.4	0.2
$p_0\geqslant 0.75f_{ak}$	1.1	1.0	0.7	0.4	0.2

注：1. 本表引自《建筑地基基础设计规范》(GB 50007—2011)。

2. 表中$\overline{E_s}$为变形计算深度范围内压缩模量的当量值，应按下式计算

$$\overline{E_s}=\frac{\sum A_i}{\sum\frac{A_i}{E_{si}}} \tag{5.5.2}$$

式中，A_i 为第 i 层土附加应力系数沿土层厚度的积分值(附加应力系数曲线围成的面积)。

p_0 的计算方法如下。

①按扩散角计算 p_0，见图 5.5.1a)。

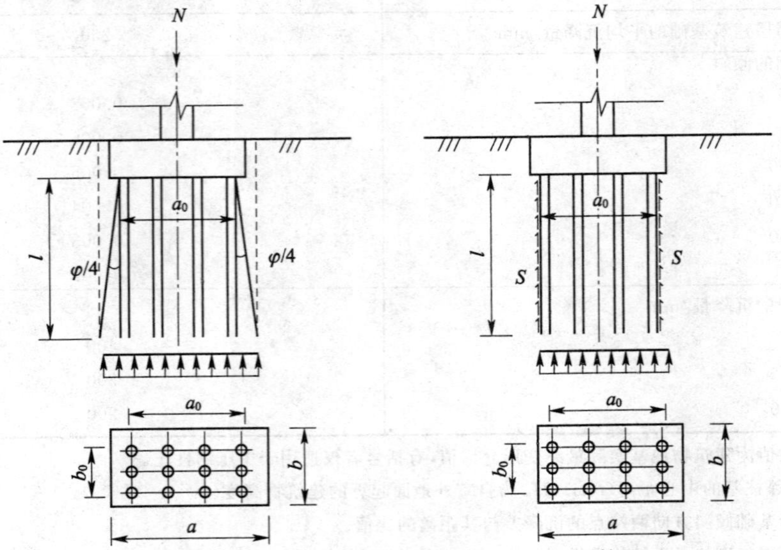

图 5.5.1 桩基础沉降计算简图

$$p_0=\frac{P_{01}ab}{[a_0+2l\tan(\overline{\varphi}/4)][b_0+2l\tan(\overline{\varphi}/4)]} \quad (5.5.3)$$

式中，a 为桩基承台底面的长度(m)；b 为桩基承台底面的宽度(m)；a_0 为桩基承台底面桩轮廓形成矩形的长度(m)；b_0 为桩基承台底面桩外轮廓形成矩形的宽度(m)；P_{01} 为对应于荷载效应准永久组合时桩承台底面处的附加压力(kPa)；l 为桩入土长度(m)；$\overline{\varphi}$ 为桩入土长度范围内，土层内摩擦角的加权平均值(°)。

$$\overline{\varphi}=\frac{\sum\varphi_i l_i}{l} \quad (5.5.4)$$

式中，φ_i、l_i 分别为桩入土长度范围内，第 i 土层内摩擦角(°)及厚度(m)。

②考虑桩侧摩阻力计算 p_0，见图 5.5.1b)。

$$p_0=\frac{P_{01}ab-S}{a_0b_0} \quad (5.5.5)$$

$$S=2(a_0+b_0)\sum_{i=1}^{n}q_{sia}l_i \quad (5.5.6)$$

式中，S 为基桩外轮廓形成矩形的全部摩阻力(kN)；q_{sia} 为桩入土长度范围内，第 i 土层桩侧壁摩阻力特征值(kPa)；其他符号同前。

3. 桩基沉降计算深度 z_n

z_n 满足下式

$$\Delta s'_n\leqslant 0.025\sum_{i=1}^{n}\Delta s'_i \quad (5.5.7)$$

式中，$\Delta s'_i$ 为在计算深度范围内，第 i 层土的计算变形值(mm)；$\Delta s'_n$ 为在由计算深度向上取厚度为 Δz 的土层计算变形值(mm)，Δz 按表 5.5.4 选取；n 为桩基沉降计算深度范围内所划分的土层数。

Δz 值　　表 5.5.4

b/m	$b\leqslant 2$	$2<b\leqslant 4$	$4<b\leqslant 8$	$b>8$
Δz/m	0.2	0.6	0.8	1.0

注：本表引自《建筑地基基础设计规范》(GB 50007—2011)；如计算深度下部仍有较软土层，应继续计算。

(二)《公路桥涵地基与基础设计规范》(JTG D63—2007)

《公路桥涵地基与基础设计规范》(JTG D63—2007)规定：当桩基为柱桩或在桩尖平面内桩的中距大于桩径(或边长)的 6 倍时，桩基的总沉降量可采用单桩静载试验的沉降量。

在其他情况下，对于外超静定桥梁的墩台，或建于不良地质处的外静定桥梁的墩台，将桩群视为实体基础，按《公路桥涵地基与基础设计规范》(JTG D63—2007)的规定计算桩群的沉降量。

墩台的沉降不得超过下列数值：

墩台均匀总沉降值(不包括施工中的沉降)$2\sqrt{L}$；

相邻墩台均匀总沉降差值(不包括施工中的沉降)$\sqrt{L}$；L 为相邻墩台间最小跨径长度(m)，跨径小于 25 m 时仍以 25 m 计算。

1. 沉降计算

按结构重力及土重采用(单向)分层总和法计算

$$S=m_s\sum_{i=1}^{n}\frac{\sigma_{zi}}{E_{si}}h_i \quad (5.5.8)$$

$$S=m_s\sum_{i=1}^{n}\frac{e_{1i}-e_{2i}}{1+e_{1i}}h_i \tag{5.5.9}$$

式中，S为桩基最终沉降量(cm)；σ_{zi}为第i层土顶面上底面附加应力的平均值(MPa)；h_i为第i层土的厚度(cm)，土的分层厚度不宜大于基础宽度(短边或直径)的0.4倍；n为地基压缩范围内所划分的土层数；m_s为沉降计算经验系数(按地区建筑经验确定，如缺乏资料时，可按表5.5.5取值)。E_{si}为第i层土的压缩模量(MPa)，其计算式为

$$E_{si}=\frac{1+e_{1i}}{a_i} \tag{5.5.10}$$

式中，a_i为第i层土受到平均自重应力(q_{zi})和平均最终应力($q_{zi}+\sigma_{zi}$)时的压缩系数(1/MPa)，其计算式为

$$a_i=\frac{e_{1i}-e_{2i}}{\sigma_{zi}} \tag{5.5.11}$$

式中，e_{1i}、e_{2i}分别为第i层土受到平均自重应力(q_{zi})和平均最终应力($q_{zi}+\sigma_{zi}$)压缩稳定时土的孔隙比；q_{zi}为第i层土受到平均自重应力(MPa)。

沉降计算经验系数 m_s 表5.5.5

压缩模量E_s/MPa	1.0～4.0	4.0～7.0	7.0～15.0	15.0～20.0	>20.0
m_s	1.8～1.1	1.1～0.8	0.8～0.4	0.4～0.2	0.2

注：1. E_s为地基压缩层范围内土的压缩模量(MPa)。当压缩层由多层土组成时，E_s可按厚度的加权平均值($\overline{E_s}$)采用。$\overline{E_s}=\dfrac{\sum E_s h_i}{\sum h_i}$，式中$h_i$为地基压缩层范围内第$i$层土的厚度(m)；$E_{si}$为第$i$层土的压缩模量(MPa)。

2. 表中E_s与m_s给出的区间值，采用时应对应取值。

3. 本表引自《公路桥涵地基与基础设计规范》(JTG D63—2007)。

2. 地基压缩层的计算深度z_n

z_n应满足下式的要求

$$\Delta s_n'=0.025\sum_{i=1}^{n}\Delta s_i' \tag{5.5.12}$$

式中，$\Delta s_i'$为在计算深度z_n处范围内，第i层土的计算压缩量(cm)；$\Delta s_n'$在深度z_n时，向上取计算层为1 m的(土层)压缩量(cm)；n为桩基沉降计算深度范围内所划分的土层数。

注：如计算深度下部有较软土层，还应继续计算。

第六章 桩基水平承载力

第一节 《建筑桩基技术规范》(JGJ 94—2008) 关于桩基水平承载力的有关规定

一、单桩水平静载试验方法及根据静载试验结果确定临界荷载和极限荷载

1.试验目的

采用接近于水平受力桩的实际工作条件的试验方法确定单桩的水平承载力和地基土的水平抗力系数或对工程桩的水平承载力进行检验和评价；当埋设有桩身应力测量元件时，可测定出桩身应力变化，并由此求得桩身弯矩分布。

2.试验设备与仪表装置(图 6.1.1)

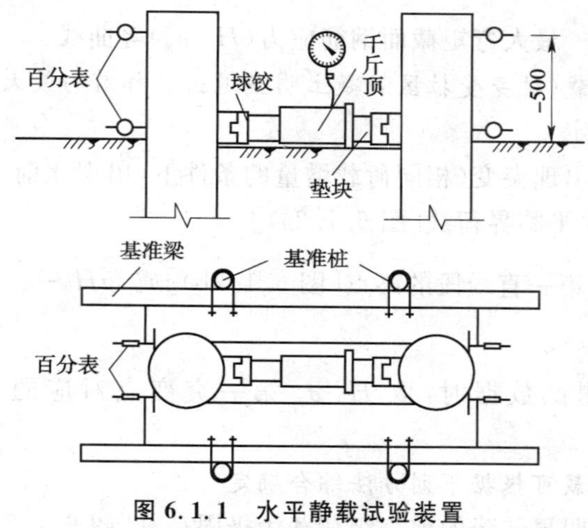

图 6.1.1 水平静载试验装置

①采用千斤顶施加水平力，水平力作用线应通过地面标高处(地面标高应与实际工程桩基承台底面标高一致)。在千斤顶与试桩接触处宜安置一球形铰座，以保证千斤顶作用力能水平通过桩身轴线。

②桩的水平位移宜采用大量程百分表测量。每一试桩在力的作用水平面上和在该平面以上 50 cm 左右各安装 1 只或 2 只百分表(下表测量桩身在地面处的水平位移，上表测量桩顶水平位移，根据两表位移差与两表距离的比值求得地面以上桩身的转角)。如果桩身露出地面较短，可只在力的作用水平面上安装百分表测量水平位移。

③固定百分表的基准桩宜打设在试桩侧面靠位移的反方向，与试桩的净距不少于 1 倍试桩直径。

④基准梁应两端固定安装在基准桩上，并要防止基准梁直接受阳光和风雨等影响。

3.试验加载方法

宜采用单向多循环加卸载法，对于个别受长期水平荷载的桩基也可采用慢速维持加载

法(稳定标准可参照竖向静载试验)进行试验。

4. 多循环加卸载试验法按下列规定进行加卸载和位移观测

①荷载分级:取预估水平极限承载力的1/15~1/10作为每级荷载的加载增量。根据桩径大小并适当考虑土层软硬,对于直径300~1 000 mm的桩,每级荷载增量可取2.5~20 kN。

②加载程序与位移观测:每级荷载施加后,恒载4 min测读水平位移,然后卸载至零,停2 min测读残余水平位移,至此完成一个加卸载循环,如此循环5次便完成一级荷载的试验观测。加载时间应尽量缩短,测量位移的间隔时间应严格准确,试验不得中途停歇。

③终止试验的条件:当桩身折断或水平位移超过30~40 mm(软土取40 mm)时,可终止试验。

5. 单桩水平静载试验报告内容和资料整理

①单桩水平静载试验概况。整理成表格形式,对成桩和试验过程发生的异常现象应作补充说明。

②单桩水平静载试验记录表。

③绘制有关试验成果曲线。一般应绘制水平力—时间—位移(H_0-t-x_0)、水平力—位移梯度$\left(H_0\text{-}\dfrac{\Delta x_0}{\Delta H_0}\right)$或水平力—位移双对数($\lg H_0$-$\lg x_0$)曲线,当测量桩身应力时,尚应绘制应力沿桩身分布和水平力—最大弯矩截面钢筋应力(H_0-σ_g)等曲线。

6. 单桩水平临界荷载(桩身受拉区混凝土明显退出工作前的最大荷载)

按下列方法综合确定:

①取H_0-t-x_0曲线出现突变(相同荷载增量的条件下,出现比前一级明显增大的位移增量)点的前一级荷载为水平临界荷载[图6.1.2a)]。

②取$H_0\text{-}\dfrac{\Delta x_0}{\Delta H_0}$曲线第一直线段的终点[图6.1.2b)]或$\lg H_0$-$\lg x_0$曲线拐点所对应的荷载为水平临界荷载。

③当有钢筋应力测试数据时,取H_0-σ_g第一突变点对应的荷载为水平临界荷载[图6.1.2c)]。

7. 单桩水平极限荷载可根据下列方法综合确定

①取H_0-t-x_0曲线明显陡降的前一级荷载为极限荷载[图6.1.2a)]。

②取$H_0\text{-}\dfrac{\Delta x_0}{\Delta H_0}$曲线第二直线段的终点对应的荷载为极限荷载[图6.1.2b)]。

③取桩身折断或钢筋应力达到流限的前一级荷载为极限荷载[图6.1.2c)]。

有条件时,可模拟实际荷载情况、进行桩顶同时施加轴向压力的水平静载试验。

8. 地基土水平抗力系数的比例系数

地基土水平抗力系数的比例系数m可根据试验结果按下式确定

$$m=\frac{\left(\dfrac{H_{cr}}{x_{cr}}\nu_x\right)^{5/3}}{b_0(EI)^{2/3}} \tag{6.1.1}$$

式中,m为地基土水平抗力系数的比例系数(MN/m^4),该数值为地面以下$2(d+1)$ m深度内各土层的综合值;H_{cr}为单桩水平临界荷载(kN);x_{cr}为单桩水平临界荷载对应的位移;ν_x为桩顶位移系数,可按表6.1.1采用(先假定m,试算α);b_0为桩身计算宽度(m)。

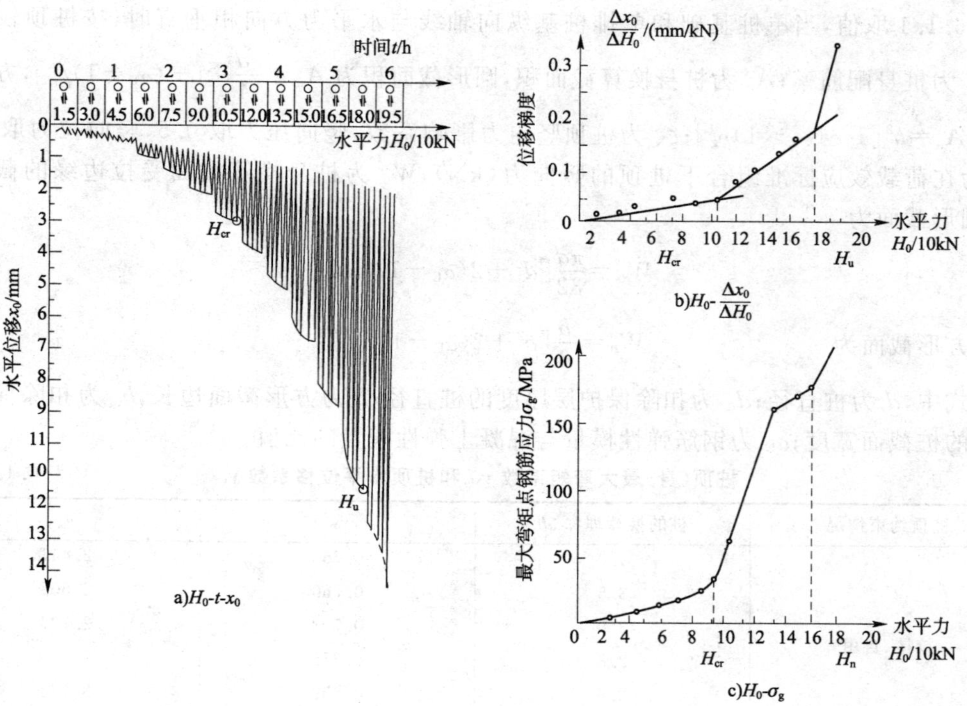

图 6.1.2 单桩水平静载试验成果曲线

二、单桩基础水平承载力

①受水平荷载的一般建筑物和水平荷载较小的高大建筑物，单桩基础和群桩中基桩应满足下式要求

$$H_{ik}\leqslant R_{h} \tag{6.1.2}$$

式中，H_{ik}为在荷载效应标准组合下，作用于基桩 i 桩顶处的水平力；R_h 为单桩基础或群桩中基桩的水平承载力特征值，对于单桩基础，可取单桩的水平承载力特征值 R_{ha}。

②单桩的水平承载力特征值的确定应符合下列规定：

a. 对于受水平荷载较大的设计等级为甲级、乙级的建筑桩基，单桩水平承载力特征值应通过单桩水平静载试验确定，试验方法可按现行行业标准《建筑基桩检测技术规范》(JGJ 106—2014)执行。

b. 对于钢筋混凝土预制桩、钢桩、桩身配筋率不小于 0.65% 的灌注桩，可根据静载试验结果取地面处水平位移为 10 mm(对于水平位移敏感的建筑物取水平位移 6 mm)所对应的荷载的 75% 为单桩水平承载力特征值。

c. 对于桩身配筋率小于 0.65% 的灌注桩，可取单桩水平静载试验的临界荷载的 75% 为单桩水平承载力特征值。

d. 当减少单桩水平静载试验资料时，可按下式估算桩身配筋率小于 0.65% 的灌注桩的单桩水平承载力特征值

$$R_{ha}=\frac{0.75\alpha\gamma_{m}f_{t}W_{0}}{\nu_{M}}(1.25+22\rho_{g})\left(1\pm\frac{\zeta_{N}N_{k}}{\gamma_{m}f_{t}A_{n}}\right) \tag{6.1.3}$$

式中，α 为桩的水平变形系数，按本规范相关条款确定；R_{ha} 为单桩水平承载力特征值，$\pm$ 号根据桩顶竖向力性质确定，压力取“+”，拉力取“−”；γ_m 为桩截面模量塑性系数，圆形截面 $\gamma_m=2$，矩形截面 $\gamma_m=1.75$；f_t 为桩身混凝土抗拉强度设计值；ν_M 为桩身最大弯矩系数，

按表 6.1.1 取值，当单桩基础和单排桩基纵向轴线与水平力方向相垂直时，按桩顶铰接考虑；ρ_g 为桩身配筋率；A_n 为桩身换算截面积，圆形截面积为 $A_n=\frac{\pi d^2}{4}[1+(\alpha_E-1)\rho_g]$，方形截面为 $A_n=b^2[1+(\alpha_E-1)\rho_g]$；$\zeta_N$ 为桩顶竖向力影响系数，竖向压力取 0.5，竖向拉力取 1.0；N_k 为在荷载效应标准组合下桩顶的竖向力(kN)；W_0 为桩身换算截面受拉边缘的截面模量，圆形截面为

$$W_0=\frac{\pi d}{32}[d^2+2(\alpha_E-1)\rho_g d_0^2]$$

方形截面为

$$W_0=\frac{b}{6}[b^2+2(\alpha_E-1)\rho_g b_0^2]$$

式中，d 为桩直径；d_0 为扣除保护层厚度的桩直径；b 为方形截面边长；b_0 为扣除保护层厚度的桩截面宽度；α_E 为钢筋弹性模量与混凝土弹性模量的比值。

桩顶(身)最大弯矩系数 ν_M 和桩顶水平位移系数 ν_x 表 6.1.1

桩顶约束情况	桩的换算埋深 αh	ν_M	ν_x
铰接、自由	4.0	0.768	2.441
	3.5	0.750	2.502
	3.0	0.703	2.727
	2.8	0.675	2.905
	2.6	0.639	3.163
	2.4	0.601	3.526
固接	4.0	0.926	0.940
	3.5	0.934	0.970
	3.0	0.967	1.028
	2.8	0.990	1.055
	2.6	1.018	1.079
	2.4	1.045	1.095

注：1. 铰接(自由)的 ν_M 系桩身的最大弯矩系数，固接的 ν_M 系桩顶的最大弯矩系数。

2. 当 $\alpha h>4$ 时取 $\alpha h=4.0$。

e. 对于混凝土护壁的挖孔桩，计算单桩水平承载力时，其设计桩径取护壁内直径。

f. 当桩的水平承载力由水平位移控制，且缺少单桩水平静载试验资料时，可按下式估算预制桩、钢桩、桩身配筋率不小于 0.65% 的灌注桩单桩水平承载力特征值

$$R_{ha}=0.75\frac{\alpha^3 EI}{\nu_x}\chi_{0a} \tag{6.1.4}$$

式中，EI 为桩身抗弯刚度，对于钢筋混凝土桩($EI=0.85E_cI_0$，其中 E_c 为混凝土弹性模量，I_0 为桩身换算截面惯性矩：圆形截面为 $I_0=W_0d_0/2$，矩形截面为 $I_0=W_0b_0/2$)；χ_{0a} 为桩顶允许水平位移；ν_x 为桩顶水平位移系数，按表 6.1.1 取值，取值方法同 ν_M。

g. 验算永久荷载控制的桩基的水平承载力时，应将上述 a～e 项方法确定的单桩水平承载力特征值乘以调整系数 0.80；验算地震作用桩基的水平承载力时，应将按上述 a～e 项方法确定的单桩水平承载力特征值乘以调整系数 1.25。

三、群桩基础水平承载力

①群桩基础(不含水平力垂直于单排桩基纵向轴线和力矩较大的情况)的基桩水平承载力特征值，应考虑由承台、桩群、土相互作用产生的群桩效应，可按下列公式确定

$$R_h=\eta_h R_{ha} \tag{6.1.5}$$

考虑地震作用且 $s_a/d\leqslant 6$ 时

$$\eta_h=\eta_i\eta_r+\eta_l \tag{6.1.6}$$

$$\eta_i=\frac{\left(\frac{s_a}{d}\right)^{0.015n_2+0.45}}{0.15n_1+0.10n_2+1.9} \tag{6.1.7}$$

$$\eta_l=\frac{m\chi_{0a}B_c'h_c^2}{2n_1n_2R_{ha}} \tag{6.1.8}$$

$$\chi_{0a}=\frac{R_{ha}\nu_x}{\alpha^3EI} \tag{6.1.9}$$

其他情况时

$$\eta_h=\eta_i\eta_r+\eta_l+\eta_b \tag{6.1.10}$$

$$\eta_b=\frac{\mu P_c}{n_1n_2R_h} \tag{6.1.11}$$

$$B_c'=B_c+1 \tag{6.1.12}$$

$$P_c=\eta_cf_{ak}(A-nA_{ps}) \tag{6.1.13}$$

式中，η_h 为群桩效应综合系数；η_i 为桩的相互影响效应系数；η_r 为桩顶约束效应系数（桩顶嵌入承台长度 50～100 mm 时），按表 6.1.2 取值；η_l 为承台侧向土水平抗力效应系数（承台外围回填土为松散状态时取 $\eta_l=0$）；η_b 为承台底摩阻效应系数；s_a/d 为沿水平荷载方向的距径比；n_1、n_2 分别为沿水平荷载方向与垂直水平荷载方向每排桩中的桩数；m 为承台侧向土水平抗力系数的比例系数，当无试验资料时可按本规范表 6.1.4 取值；χ_{0a} 为桩顶（承台）的水平位移允许值［当以位移控制时，可取 $\chi_{0a}=10$ mm（对水平位移敏感的结构物取 $\chi_{0a}=6$ mm）；当以桩身强度控制（低配筋率灌注桩）时，可近似按式（6.1.9）确定］；B_c' 为承台受侧向土抗力一边的计算宽度（m）；B_c 为承台宽度（m）；h_c 为承台高度（m）；μ 为承台底与地基土间的摩擦系数，可按表 6.1.3 取值；P_c 为承台底地基土分担的竖向总荷载标准值；η_c 为按本规范相关条款确定；A 为承台总面积；A_{ps} 为桩身截面面积。

桩顶约束效应系数 η_r 表 6.1.2

换算深度 αh	2.4	2.6	2.8	3.0	3.5	≥4.0
位移控制	2.58	2.34	2.20	2.13	2.07	2.05
强度控制	1.44	1.57	1.71	1.82	2.00	2.07

注：$\alpha=\sqrt[5]{\frac{mb_0}{EI}}$，$h$ 为桩的入土长度。

承台底与地基土间的摩擦系数 μ 表 6.1.3

土的类别		摩擦系数 μ
黏性土	可塑	0.25～0.30
	硬塑	0.30～0.35
	坚硬	0.35～0.45
粉土	密实、中密（稍湿）	0.30～0.40
中砂、粗砂、砾砂		0.40～0.50
碎石土		0.40～0.60
软岩、软质岩		0.40～0.60
表面粗糙的较硬岩、坚硬岩		0.65～0.75

②计算水平荷载较大和水平地震作用、风载作用的带地下室的高大建筑物桩基的水平位移时，可考虑地下室侧墙、承台、桩群、土共同作用，按《建筑桩基技术规范》(JGJ 94—2008)附录C的方法计算基桩内力和变位，与水平外力作用平面相垂直的单排桩基础可按《建筑桩基技术规范》(JGJ 94—2008)附录C中表C.0.3-1计算。

③桩的水平变形系数和地基水平抗力系数的比例系数 m 可按下列规定确定。

a. 桩的水平变形系数 $\alpha(1/m)$

$$\alpha=\sqrt[5]{\frac{mb_0}{EI}} \tag{6.1.14}$$

式中，m 为桩侧土水平抗力系数的比例系数；EI 为桩身抗弯刚度，按《建筑桩基技术规范》(JGJ 94—2008)第5.7.2条的规定计算；b_0 为桩身的计算宽度(m)。

圆形柱：当直径 $d\leqslant1$ m 时　　$b_0=0.9(1.5d+0.5)$

　　　　当直径 $d>1$ 时　　$b_0=0.9(d+1)$

方形柱：当边宽 $b\leqslant1$ m 时　　$b_0=1.5b+0.5$

　　　　当边宽 $b>1$ m 时　　$b_0=b+1$

b. 地基土水平抗力系数的比例系数 m，宜通过单桩水平静载试验确定，当无静载试验资料时，可按表6.1.4取值。

地基土水平抗力系数的比例系数 m 值　　表6.1.4

序号	地基土类别	预制桩、钢桩		灌注桩	
		m/(MN/m^4)	相应单桩在地面处水平位移/mm	m/(MN/m^4)	相应单桩在地面处水平位移/mm
1	淤泥；淤泥质土；饱和湿陷性黄土	2～4.5	10	2.5～6	6～12
2	流塑($I_L>1$)、软塑($0.75<I_L\leqslant1$)状黏性土；$e>0.9$ 粉土；松散粉细砂；松散、稍密填土	4.5～6.0	10	6～14	4～8
3	可塑($0.25<I_L\leqslant0.75$)状黏性土、湿陷性黄土；$e=0.75\sim0.9$ 粉土；中密填土；稍密细砂	6.0～10	10	14～35	3～6
4	硬塑($0<I_L\leqslant0.25$)、坚硬($I_L\leqslant0$)状黏性土、湿陷性黄土；$e<0.75$ 粉土；中密的中粗砂；密实老填土	10～22	10	35～100	2～5
5	中密、密实的砾砂、碎石类土	—	—	100～300	1.5～3

注：1. 当桩顶水平位移大于表列数值或灌注桩配筋率较高(≥0.65%)时，m 值应适当降低；当预制桩的水平向位移小于10 mm时，m 值可适当提高。

2. 当水平荷载为长期或经常出现的荷载时，应将表列数值乘以0.4降低采用。

3. 当地基为可液化土层时，应将表列数值乘以本规范表5.3.12中相应的系数 ψ_l。

第二节　《建筑地基基础设计规范》(GB 50007—2011) 关于桩基水平承载力的有关规定

国内外关于水平荷载下桩的理论分析方法有几十种，我国多采用线弹性地基反力法。

该法将土体视为弹性体，用梁的弯曲理论来求解桩的水平抗力 σ_x，并假设 σ_x 与桩的水平位移 x 成正比，且不计桩土之间的摩阻力及邻桩对水平抗力的影响，即

$$\sigma_x = k_h x \tag{6.2.1}$$

式中，k_h 为地基水平抗力系数，$k_h = hz^n$。

根据对 n 的假定不同，又可分为多种方法，采用较多的是图 6.2.1 中所示的几种方法，其分别如下。

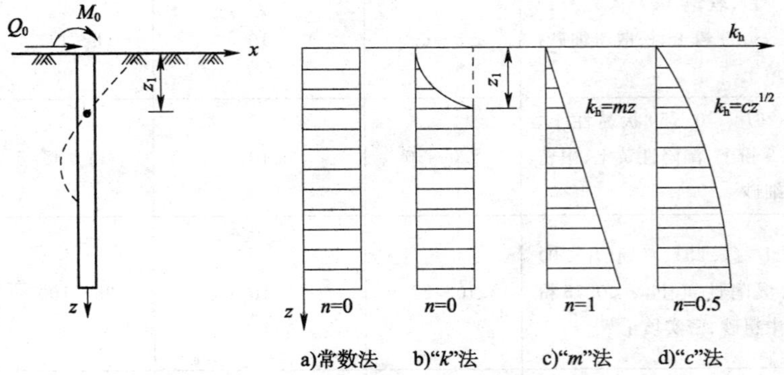

图 6.2.1　地基水平抗力系数的分布图式

①常数法：假定地基水平抗力系数沿深度均匀分布，即 $n=0$。该法为我国学者张有龄先生于 1937 年提出，在日本和美国应用较多。

②"k"法：假定地基水平抗力系数在第一弹性零点 t 以上按抛物线变化，以下保持为常数。该法由前苏联学者盖尔斯基于 1937 年提出，曾在我国广泛采用。

③"m"法：假定地基水平抗力系数随深度呈线性增加，即 $n=1$，该法始见于 1939 年，И. в. урбан 用于计算板桩墙，1962 年 К. С. Завриев 等人用于管柱计算，目前在我国应用最广。

④"c"法：假定地基水平抗力系数随深度呈抛物线增加，即 $n=0.5$。1964 年由日本久保浩一提出。在我国多用于公路部门。

实测资料表明，桩的水平位移较大时，"m"法计算结果较接近实际；当桩的水平位移较小时，"c"法比较接近实际。我国陕西省交通科研所在分析了若干桩基的实测结果后，认为地基系数随深度按0.1～0.6 次方增大。由于目前我国各规范均推荐使用"m"法，故下面仅简单介绍"m"法。

一、计算参数

单桩在水平荷载作用下所引起的桩周土的抗力不仅分布于荷载作用平面内，而且受桩截面形状的影响。计算时简化为平面受力，故取桩的截面计算宽度 b_1 为

$$b_1 = \begin{cases} k_f(d+1) & d>1\text{ m} \\ k_f(1.5d+0.5) & d\leqslant 1\text{ m} \end{cases} \tag{6.2.2}$$

式中，k_f 为曲桩的形状系数，方形截面桩 $k_f=1.0$，圆形截面桩 $k_f=0.9$；d 为桩的直径，方形截面时为桩的边长 b。

计算桩身抗变刚度 EI 时，对于钢筋混凝土桩，可取 $EI=0.85E_cI_0$，其中 E_c 为混凝土的弹性模量，I_0 为桩身换算截面惯性矩。

如无试验资料时，地基水平抗力系数的比例系数 m 值可参见表 6.2.1 选取。此外，若桩侧为多层土，可按主要影响深度 $h_m=2(d+1)$ 范围内的 m 值加权平均，具体可参见有关规范。

地基土横向抗力系数的比例系数 m 值 表 6.2.1

序号	地基土类别	预制桩、钢桩		灌 注 桩	
		m/(MN/m^4)	相应单桩在地面处水平位移/mm	m/(MN/m^4)	相应单桩在地面处水平位移/mm
1	淤泥,淤泥质土,饱和湿陷性黄土	2~4.5	10	2.5~6	6~12
2	流塑($I_L>1$)、软塑($0.75<I_L\leqslant1$)状黏性土、$c>0.9$ 粉土,松散粉细砂,松散、稍密填土	4.5~6.0	10	6~14	4~8
3	可塑($0.26I_L\leqslant0.75$)状黏性土、$e=0.7\sim0.9$ 粉土,湿陷性黄土、中密填土,稍密细砂	6.0~10	10	14~35	3~6
4	硬塑($0<I_L\leqslant0.25$)、坚硬($I_L\leqslant0$)状黏性土、湿陷性黄土,$e<0.75$ 粉土、中密的中粗砂、密实填土	10~22	10	35~100	2~5
5	中密、密实的砾砂、碎石类土	—	—	100~300	1.5~3

注:1. 当桩顶横向位移大于表列数值或灌注桩配筋率较高(≥0.65%)时,m 值应适当降低;当预制桩的横向位移小于 10 mm 时,m 值可适当提高。

2. 当横向荷载为长期或经常出现的荷载时,应将表列数值乘以 0.4 降低采用。

3. 当地基为可液化土层时,表列式中应乘以相应的土层液化折减系数。

二、单桩挠曲微分方程及解答

设单桩在桩顶竖向荷载 N_0,水平荷载 H_0,弯矩 M_0 和地基水平抗力 $p(z)=b_1\sigma_x$ 作用下产生挠曲,其弹性挠曲微分方程为

$$EI\frac{d^4x}{dz^4}+N_0\frac{d^2x}{dz^2}=-p(z) \tag{6.2.3}$$

通常,竖向荷载 N_0 的影响很小可忽略不计,并将式(6.2.1)代入,可得桩的挠曲微分方程式为

$$\frac{d^4x}{dz^4}+\alpha^5zx=0 \tag{6.2.4}$$

其中

$$\alpha=\sqrt[5]{\frac{mb_1}{EI}} \tag{6.2.5}$$

式中,α 为桩的水平变形系数(1/m)。

采用幂级数对式(6.2.4)求解可得沿桩最深度 z 处的内力及位移的简捷算法表达式为

$$\left.\begin{aligned}
&\text{位移} & x_z&=\frac{H_0}{\alpha^3EI}A_x+\frac{M_0}{\alpha^2EI}B_x\\
&\text{转角} & \varphi_z&=\frac{H_0}{\alpha^2EI}A_\varphi+\frac{M_0}{\alpha EI}B_\varphi\\
&\text{弯矩} & x_z&=\frac{H_0}{\alpha}A_M+M_0B_M\\
&\text{剪力} & V_z&=H_0A_Q+\alpha M_0B_Q
\end{aligned}\right\} \tag{6.2.6}$$

式中系数 A_x、B_x、A_φ、B_φ、A_M、B_M、A_Q、B_Q 均要查表 6.2.2 得到。按上式可作出单桩的水平抗力、内力、变位随深度的变化曲线，如图 6.2.2 所示，由此即可进行桩的设计与验算。

长桩的内力和变形计算系数 表 6.2.2

αz	A_x	B_x	A_φ	B_φ	A_M	B_M	A_Q	B_Q
0.0	2.440 7	1.621 0	−1.621 0	−1.750 6	0.000 0	1.000 0	1.000 0	0.000 0
0.1	2.278 7	1.450 9	−1.616 0	−1.650 7	0.099 6	0.099 7	0.988 3	−0.007 5
0.2	2.117 8	1.290 9	−1.601 2	−1.550 7	0.197 0	0.998 1	0.955 5	−0.028 0
0.3	1.958 8	1.140 8	−1.576 8	−1.451 1	0.290 1	0.993 8	0.904 7	−0.058 2
0.4	1.802 7	1.000 6	−1.543 3	−1.352 0	0.377 4	0.986 2	0.839 0	−0.095 5
0.5	1.650 4	0.870 4	−1.501 5	−1.253 9	0.457 5	0.974 6	0.761 5	−0.137 5
0.6	1.502 7	0.749 8	−1.460 1	−1.157 3	0.529 4	0.958 6	0.674 9	−0.181 9
0.7	1.360 2	0.638 9	−1.395 9	−1.062 4	0.592 3	0.938 2	0.582 0	−0.226 9
0.8	1.223 7	0.537 3	−1.334 0	−0.969 8	0.646 5	0.913 2	0.485 2	−0.270 9
0.9	1.093 6	0.444 8	−1.267 1	−0.879 9	0.689 3	0.884 1	0.386 9	−0.312 5
1.0	0.970 4	0.361 2	−1.196 5	−0.793 1	0.723 1	0.850 9	0.289 0	−0.350 6
1.1	0.854 4	0.286 1	−1.122 8	−0.709 8	0.747 1	0.814 1	0.193 9	−0.384 4
1.2	0.745 9	0.219 1	−1.047 3	−0.630 4	0.761 8	0.774 2	0.101 5	−0.413 4
1.3	0.645 0	0.159 9	−0.978 0	−0.555 1	0.767 6	0.731 6	0.014 8	−0.436 9
1.4	0.551 8	0.107 9	−0.894 1	−0.484 1	0.765 0	0.686 9	−0.065 9	−0.454 9
1.5	0.466 1	0.062 9	−0.818 0	−0.417 7	0.754 7	0.640 8	−0.139 5	−0.467 2
1.6	0.388 1	0.024 2	−0.743 4	−0.356 0	0.737 3	0.593 7	−0.205 6	−0.473 8
1.8	0.259 3	−0.035 7	−0.600 8	−0.246 7	0.684 9	0.498 9	−0.313 5	−0.471 0
2.0	0.147 0	−0.075 7	−0.470 6	−0.156 2	0.614 1	0.406 6	−0.388 4	−0.449 1
2.2	0.064 6	−0.099 4	−0.355 9	−0.083 7	0.531 6	0.320 3	−0.431 7	−0.411 8
2.6	−0.039 9	−0.111 4	−0.178 5	−0.014 2	0.354 6	0.175 5	−0.436 5	−0.307 3
3.0	−0.087 4	−0.094 7	−0.069 9	−0.063 0	0.193 1	0.076 0	−0.360 7	−0.190 5
3.5	−0.105 0	−0.057 0	−0.012 1	−0.082 9	0.050 8	0.013 5	−0.199 8	−0.016 7
4.0	−0.107 9	−0.014 9	−0.003 4	−0.085 1	0.000 1	0.000 1	0.000 0	−0.000 5

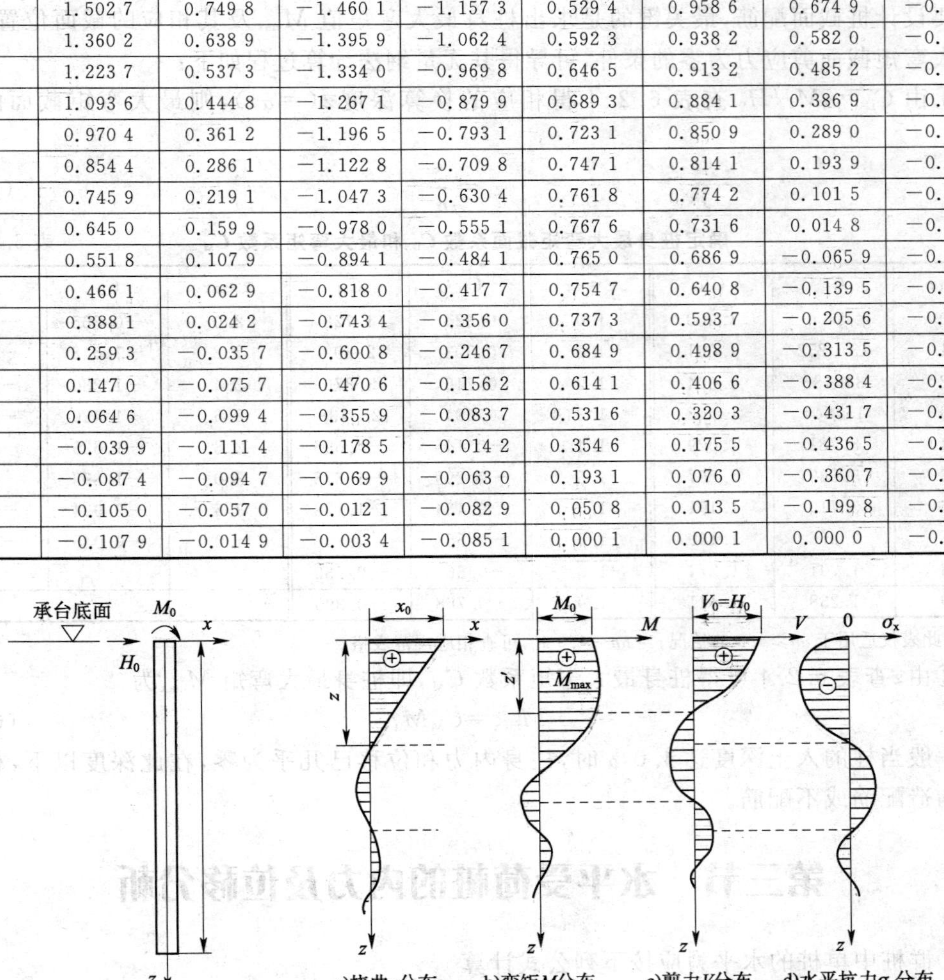

图 6.2.2 单桩内力与变位曲线

三、桩顶水平位移

桩顶水平位移是控制基桩水平承载力的主要因素，且桩的无量纲深度不同，桩端约束条件不同，其水平荷载下的工作性状也不同。表 6.2.3 给出了基桩不同无量纲深度及桩端约束条件下的位移系数 A_x 和 B_x，将其代入式(6.2.6)即可求出桩顶的水平位移。

各类桩的桩顶水平位移系数 表 6.2.3

αh	桩端置于土中		桩端嵌固在基岩中	
	A_x	B_x	A_x	B_x
2.4	3.526	2.327	2.240	1.584
2.6	3.163	2.048	2.330	1.586
2.8	2.905	1.869	2.371	1.593
3.0	2.727	1.758	2.385	1.586
3.5	2.502	1.641	2.389	1.584
≥4.0	2.441	1.621	2.401	1.600

四、桩身最大弯矩及其位置

要设计桩截面配筋，最关键的是求出桩身最大弯矩值 M_{max} 及其相应的截面位置 z_0，根据最大弯矩截面剪应力为零的条件，可导得其无量纲法计算过程如下：

①由 $C_D=\alpha M_0/H_0$ 查表 6.2.4 得相应的换算深度 $\bar{z}(=\alpha z)$，则最大弯矩截面的深度 z_0 为

$$z_0=\frac{\bar{z}}{\alpha} \tag{6.2.7}$$

确定桩身最大弯矩截面系数 C_D 和最大弯矩系数 C_M 表 6.2.4

$\bar{z}=\alpha z$	C_D	C_M	$\bar{z}=\alpha z$	C_D	C_M	$\bar{z}=\alpha z$	C_D	C_M
0.0	∞	1.000	1.0	0.824	1.728	2.0	−0.865	−0.304
0.1	131.252	1.001	1.1	0.503	2.299	2.2	−1.048	−0.187
0.2	34.186	1.004	1.2	0.246	3.876	2.4	−1.230	−0.118
0.3	15.544	1.012	1.3	0.034	23.438	2.6	−1.420	−0.074
0.4	8.781	1.029	1.4	−0.145	−4.596	2.8	−1.635	−0.045
0.5	5.539	1.057	1.5	−0.299	−1.876	3.0	−1.893	−0.026
0.6	3.710	1.101	1.6	−0.434	−1.128	3.5	−2.994	−0.003
0.7	2.566	1.169	1.7	−0.555	−0.740	4.0	−0.045	−0.011
0.8	1.791	1.274	1.8	−0.665	−0.530			
0.9	1.238	1.441	1.9	−0.768	−0.396			

注：此表仅适用于 $\alpha h\geqslant4.0$ 的情况；当 $\alpha h<4.0$ 时，可查相应规范表格。

②由 $\bar{z}$ 查表 6.2.4 可得桩身最大弯矩系数 C_M，即桩身最大弯矩 M_{max} 为

$$M_{max}=C_M M_0 \tag{6.2.8}$$

一般当柱的入土深度达 $4.0/\alpha$ 时，柱身内力和位移已几乎为零，在此深度以下，柱峰只需按构造配筋或不配筋。

第三节 水平受荷桩的内力及位移分析

①群桩中单桩的水平力应按下列公式计算

$$H_{ik}=\frac{H_k}{n} \tag{6.3.1}$$

式中，H_k 为相应于荷载效应标准组合时，作用于承台底面的水平力；H_{ik} 为相应于荷载效应标准组合时，作用于任一单桩的水平力；n 为桩基中的桩数。

②在水平荷载作用下，单桩承载力计算应符合下列表达式

$$H_{ik}\leqslant R_{Ha} \tag{6.3.2}$$

式中，R_{Ha} 为单桩水平承载力特征值。

③单桩水平承载力特征值取决于桩的材料强度、截面刚度、入土深度、土质条件、桩顶水平位移允许值和桩顶嵌固情况等因素，应通过现场水平载荷试验确定。必要时可进行带承台桩的载荷试验，试验宜采用慢速维持荷载法。

④当作用于桩基上的外力主要为水平力时，应根据使用要求对桩顶变位的限制，对桩基的水平承载力进行验算。当外力作用面的桩距较大时，桩基的水平承载力可视为各单桩的水平承载力的总和。当承台侧面的土未经扰动或回填密实时，应计算土抗力的作用。当水平推力较大时，宜设置斜桩。

⑤受水平荷载和弯矩较大的桩，配筋长度应通过计算确定。

第七章 承台设计计算

承台设计计算过程包括：根据承台上作用的荷载估算桩数，根据桩的数量确定承台的形式、承台抗弯计算、承台抗冲切计算、承台抗剪计算、局压验算、承台的构造及配筋要求等。

第一节 承台及布桩形式

1. 桩承台类型

桩基承台分为四种：即箱形承台、筏形承台、条形承台、独立承台（包括一柱一桩承台）。

总的要求：桩尽可能布置在直接传递荷载的构件处，如柱子、墙、梁下面。使传力途径最短，受力最合理。一般情况下，使群桩的形心与承台上荷载的重心重合为宜。

2. 桩数量估算

桩数量估算

$$n \geqslant (1.0 \sim 1.1)\gamma_0 \frac{N+G}{R} \tag{7.1.1}$$

$$n \geqslant (0.9 \sim 1.4)\gamma_0 \frac{N}{R} \tag{7.1.2}$$

式中，n 为预估桩数；γ_0 为建筑桩基重要性系数；建筑桩基安全等级为一、二、三时，γ_0 分别取 1.1、1.0、0.9；N 为作用桩基承台顶面的竖向力设计值(kN)；G 为桩基承台和承台上土自重设计值（自重荷载分项系数，当其效应对结构不利时取 1.2，有利时取 1.0）(kN)；对地下水位以下部分扣除水的浮力；R 为桩基中复合基桩或基桩的竖向承载力设计值(kN)。

3. 布桩形式

①箱形、筏形承台布桩。分均匀布桩及非均匀布桩。非均匀布桩宜将桩主要布置在柱下、墙下及梁下。

②条形承台布桩。分均匀布桩及非均匀布桩。均匀布桩一般分成 1～3（或更多）纵排；非均匀布桩宜将桩布置在墙及梁下。

③独立承台布桩。独立承台下的桩数常为 1～20 根。图 7.1.1～图 7.1.15 是常用的 1～16根桩独立承台桩布置图。

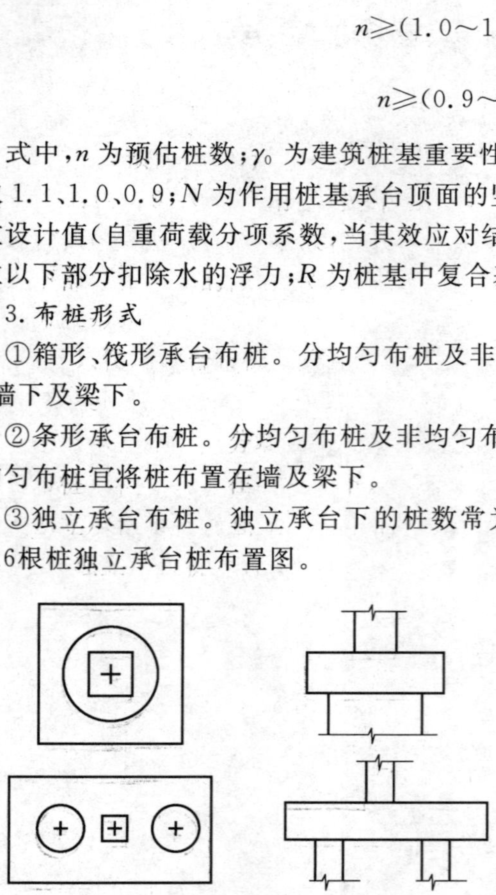

图 7.1.1 一桩、两桩布置

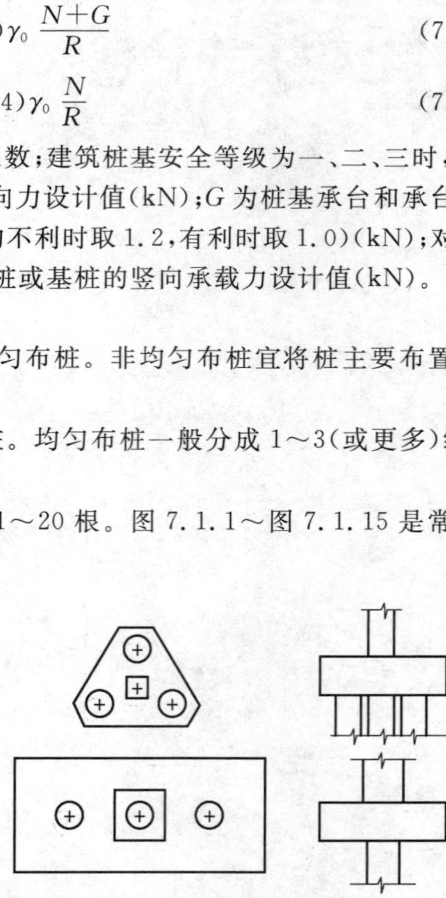

图 7.1.2 三桩布置

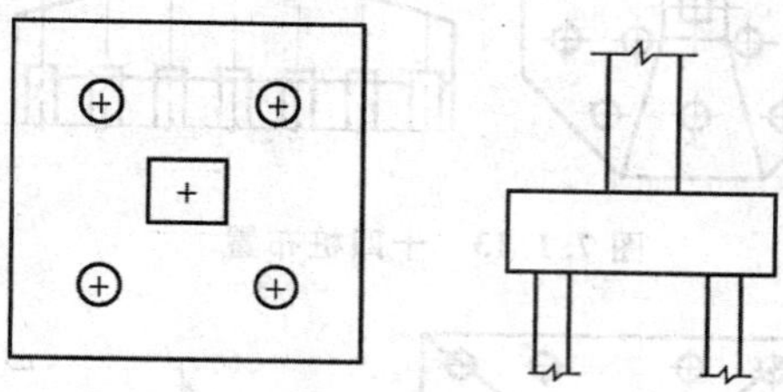

图 7.1.3　四桩布置

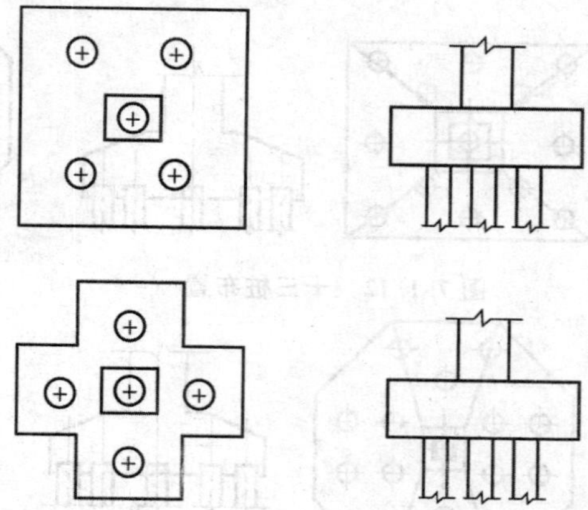

图 7.1.4　五桩布置

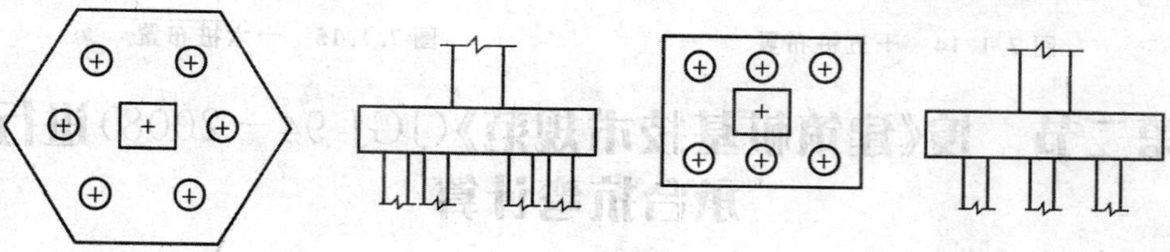

图 7.1.5　六桩布置

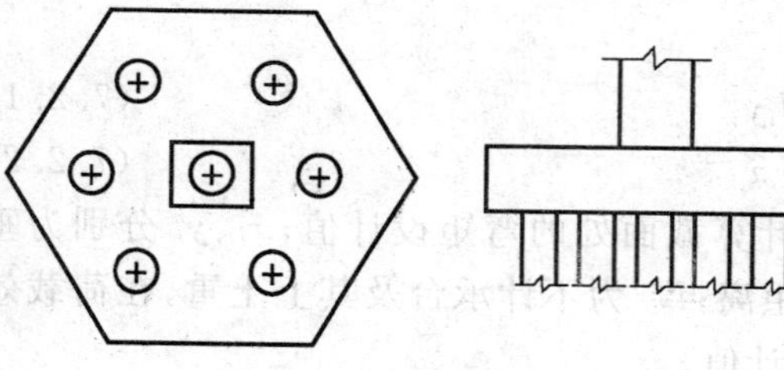

图 7.1.6　七桩布置

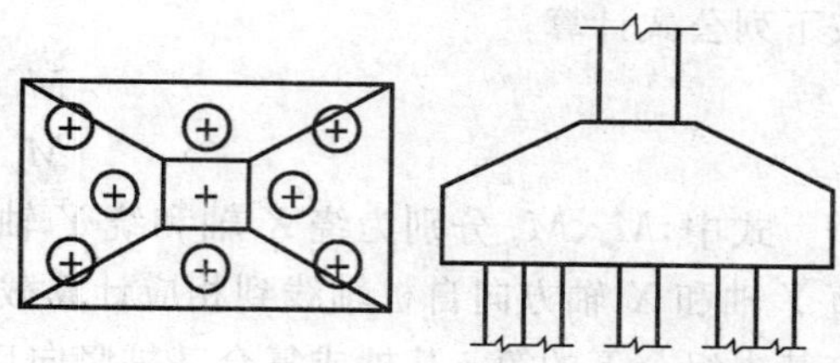

图 7.1.7　八桩布置

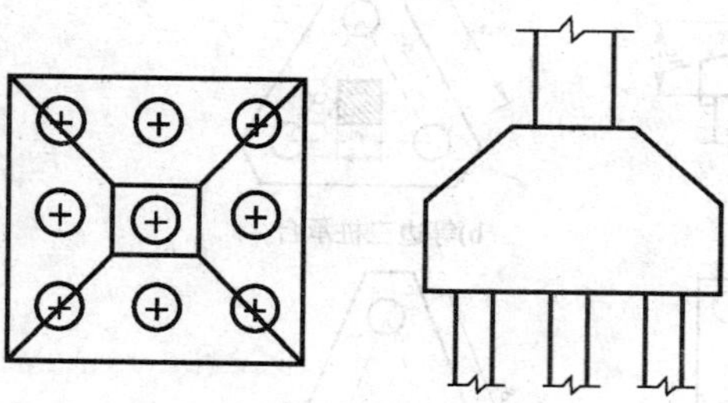

图 7.1.8　九桩布置

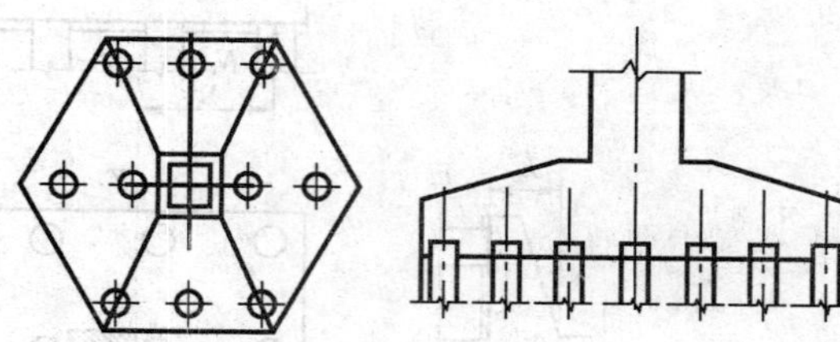

图 7.1.9　十桩布置

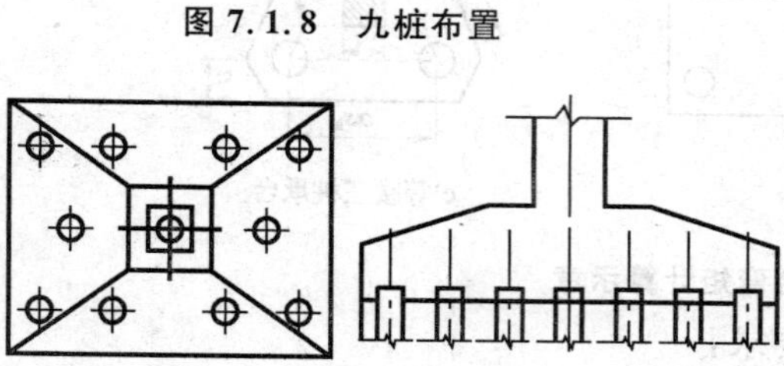

图 7.1.10　十一桩布置

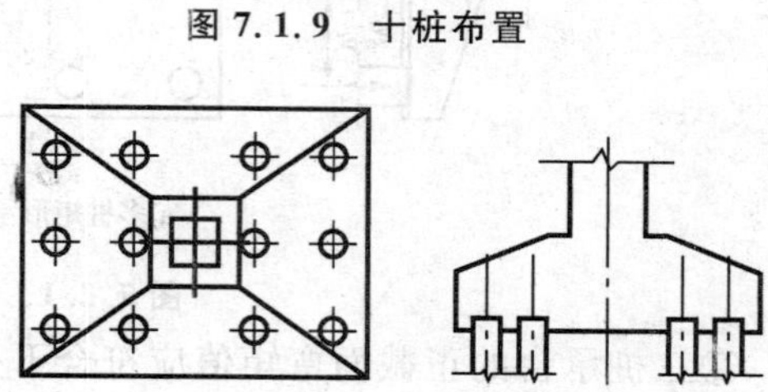

图 7.1.11　十二桩布置

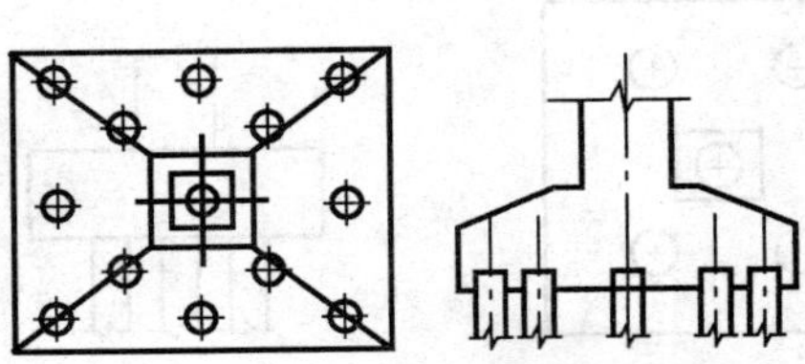

图 7.1.12　十三桩布置

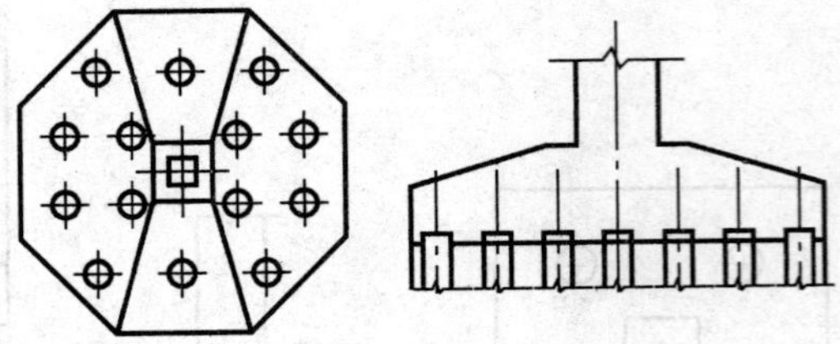

图 7.1.13　十四桩布置

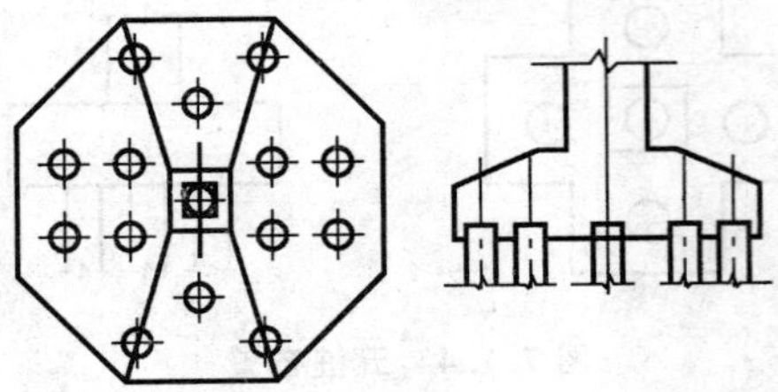

图 7.1.14　十五桩布置

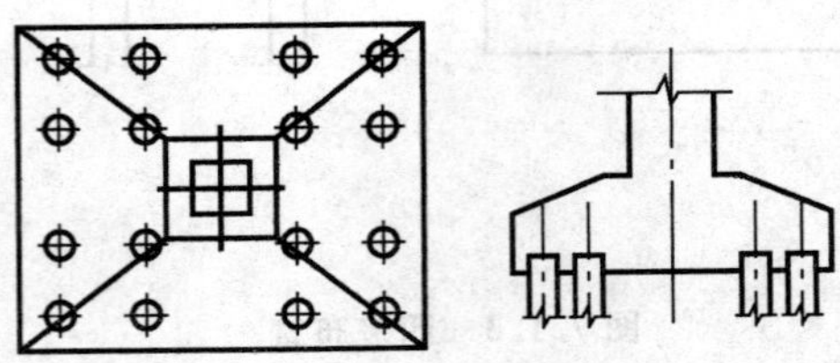

图 7.1.15　十六桩布置

第二节　按《建筑桩基技术规范》(JGJ 94—2008)进行承台抗弯计算

柱下独立桩基承台的正截面弯矩设计值可按下列规定计算。

①两桩条形承台和多桩矩形承台弯矩计算截面取在柱边和承台变阶处[图 7.2.1a)],可按下列公式计算

$$M_x=\sum N_i y_i \tag{7.2.1}$$

$$M_y=\sum N_i x_i \tag{7.2.2}$$

式中,M_x、M_y 分别为绕 X 轴和绕 Y 轴方向计算截面处的弯矩设计值;x_i、y_i 分别为垂直 Y 轴和 X 轴方向自桩轴线到相应计算截面的距离;N_i 为不计承台及其上土重,在荷载效应基本组合下的第 i 基桩或复合基桩竖向反力设计值。

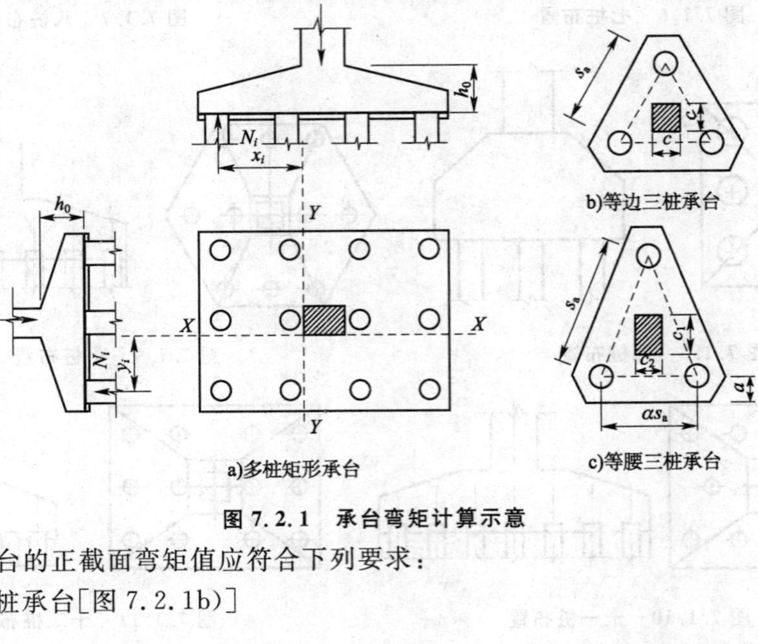

图 7.2.1　承台弯矩计算示意

②三桩承台的正截面弯矩值应符合下列要求:

a. 等边三桩承台[图 7.2.1b)]

$$M=\frac{N_{\max}}{3}\left(s_a-\frac{\sqrt{3}}{4}c\right) \tag{7.2.3}$$

式中，M 为通过承台形心至各边边缘正交截面范围内板带的弯矩设计值；$N_{\max}$ 为不计承台及其上土重，在荷载效应基本组合下三桩中最大基桩或复合基桩竖向反力设计值；s_a 为桩中心距；c 为方柱边长，圆柱时 $c=0.8d$（d 为圆柱直径）。

b. 等腰三桩承台［图 7.2.1c)］

$$M_1=\frac{N_{\max}}{3}\left(s_a-\frac{0.75}{\sqrt{4-\alpha^2}}c_1\right) \tag{7.2.4}$$

$$M_2=\frac{N_{\max}}{3}\left(\alpha s_a-\frac{0.75}{\sqrt{4-\alpha^2}}c_2\right) \tag{7.2.5}$$

式中，M_1、M_2 分别为通过承台形心至两腰边缘和底边边缘正交截面范围内板带的弯矩设计值；s_a 为长向桩中心距；α 为短向桩中心距与长向桩中心距之比，当 α 小于 0.5 时，应按变截面的两桩承台设计；c_1、c_2 分别为垂直于、平行于承台底边的柱截面边长。

③箱形承台和筏形承台的弯矩可按下列规定计算。

a. 箱形承台和筏形承台的弯矩宜考虑地基土层性质、基桩分布、承台和上部结构类型和刚度，按地基—桩—承台—上部结构共同作用原理分析计算。

b. 对于箱形承台，当桩端持力层为基岩、密实的碎石类土、砂土且深厚均匀时；或当上部结构为剪力墙；或当上部结构为框架－核心筒结构且按变刚度调平原则布桩时，箱形承台底板可仅按局部弯矩作用进行计算。

c. 对于筏形承台，当桩端持力层深厚坚硬、上部结构刚度较好，且柱荷载和柱间距的变化不超过 20%时；或当上部结构为框架－核心筒结构且按变刚度调平原则布桩时，可仅按局部弯矩作用进行计算。

④柱下条形承台梁的弯矩可按下列规定计算。

a. 可按弹性地基梁（地基计算模型应根据地基土层特性选取）进行分析计算。

b. 当桩端持力层深厚坚硬且桩柱轴线不重合时，可视桩为不动铰支座，按连续梁计算。

第三节　按《建筑桩基技术规范》（JGJ 94—2008）进行承台抗冲切计算

桩基承台厚度应满足柱（墙）对承台的冲切和基桩对承台的冲切承载力要求。

一、柱冲切计算

轴心竖向力作用下桩基承台受柱（墙）的冲切，可按下列规定计算。

①冲切破坏锥体应采用自柱（墙）边或承台变阶处至相应桩顶边缘连线所构成的锥体，锥体斜面与承台底面之夹角不应小于 45°（图 7.3.1）。

②受柱（墙）冲切承载力可按下列公式计算

$$F_l\leqslant\beta_{hp}\beta_0 u_m f_t h_0 \tag{7.3.1}$$

$$F_l=F-\sum Q_i \tag{7.3.2}$$

$$\beta_0=\frac{0.84}{\lambda+0.2} \tag{7.3.3}$$

式中，F_l 为不计承台及其上土重，在荷载效应基本组合下作用于冲切破坏锥体上的冲切力设计值；f_t 为承台混凝土抗拉强度设计值；β_{hp} 为承台受冲切承载力截面高度影响系数，当 $h \leqslant 800$ mm 时，β_{hp} 取 1.0，$h \geqslant 2\ 000$ mm 时，β_{hp} 取 0.9，其间按线性内插法取值；u_m 为承台冲切破坏锥体一半有效高度处的周长；h_0 为承台冲切破坏锥体的有效高度；β_0 为柱（墙）冲切系数；λ 为冲跨比，$\lambda = a_0/h_0$，a_0 为柱（墙）边或承台变阶处到桩边水平距离；当 $\lambda < 0.25$，取 $\lambda = 0.25$；当 $\lambda > 1.0$ 时，取 $\lambda = 1.0$；F 为不计承台及其上土重，在荷载效应基本组合作用下柱（墙）底的竖向荷载设计值；$\sum Q_i$ 为不计承台及其上土重，在荷载效应基本组合下冲切破坏锥体内各基桩或复合基桩的反力设计值之和。

③对于柱下矩形独立承台受柱冲切的承载力可按下列公式计算（图 7.3.1）

$$F_l \leqslant 2[\beta_{0x}(b_c + a_{0y}) + \beta_{0y}(h_c + a_{0x})]\beta_{hp} f_t h_0 \tag{7.3.4}$$

式中，β_{0x}、β_{0y} 为由式（7.3.3）求得，$\lambda_{0x} = a_{0x}/h_0$，$\lambda_{0y} = a_{0y}/h_0$；$\lambda_{0x}$、$\lambda_{0y}$ 均应满足 0.25～1.0 的要求；h_c、b_c 分别为 x、y 方向的柱截面的边长；a_{0x}、a_{0y} 分别为 x、y 方向柱边至最近桩边的水平距离。

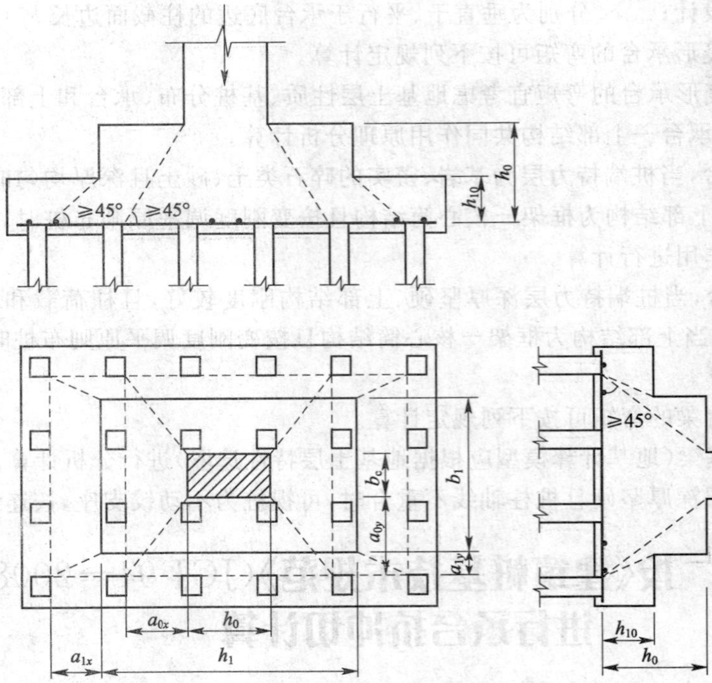

图 7.3.1 柱对承台的冲切计算示意

④对于柱下矩形独立阶形承台受上阶冲切的承载力可按下列公式计算（图 7.3.1）

$$F_l \leqslant 2[\beta_{1x}(b_1 + a_{1y}) + \beta_{1y}(h_1 + a_{1x})]\beta_{hp} f_t h_{10} \tag{7.3.5}$$

式中，β_{1x}、β_{1y} 为由式（7.3.3）求得，$\lambda_{1x} = a_{1x}/h_{10}$，$\lambda_{1y} = a_{1y}/h_{10}$；$\lambda_{1x}$、$\lambda_{1y}$ 均应满足 0.25～1.0 的要求；h_1、b_1 分别为 x、y 方向承台上阶的边长；a_{1x}、a_{1y} 分别为 x、y 方向承台上阶边至最近桩边的水平距离。

对于圆柱及圆桩，计算时应将其截面换算成方柱和方桩，即取换算柱截面边长 $b_c = 0.8d_c$（d_c 为圆柱直径），换算桩截面边长 $b_p = 0.8d$（d 为圆桩直径）。

对于柱下两桩承台，宜按深受弯构件（$l_0/h < 5.0$，$l_0 = 1.15l_n$，l_n 为两桩净距）计算受弯、受剪承载力，不需要进行受冲切承载力计算。

二、角冲切计算

对位于柱(墙)冲切破坏锥体以外的基桩，可按下列规定计算承台受基桩冲切的承载力。

①四桩以上(含四桩)承台受角桩冲切的承载力可按下列公式计算(图 7.3.2)

$$N_l \leqslant [\beta_{1x}(c_2 + a_{1y}/2) + \beta_{1y}(c_1 + a_{1x})/2]\beta_{hp} f_t h_0 \tag{7.3.6}$$

$$\beta_{1x} = \frac{0.56}{\lambda_{1x} + 0.2} \tag{7.3.7}$$

$$\beta_{1y} = \frac{0.56}{\lambda_{1y} + 0.2} \tag{7.3.8}$$

式中，N_l 为不计承台及其上土重，在荷载效应基本组合作用下角桩(含复合基桩)反力设计值；β_{1x}、β_{1y} 为角桩冲切系数；a_{1x}、a_{1y} 为从承台底角桩顶内边缘引 45°冲切线与承台顶面相交点至角桩内边缘的水平距离；当柱(墙)边或承台变阶处位于该 45°线以内时，则取由柱(墙)边或承台变阶处与桩内边缘连线为冲切锥体的锥线(图 7.3.2)；h_0 为承台外边缘的有效高度；λ_{1x}、λ_{1y} 为角桩冲跨比，$\lambda_{1x} = a_{1x}/h_0$，$\lambda_{1y} = a_{1y}/h_0$，其值均应满足 0.25～1.0 的要求。

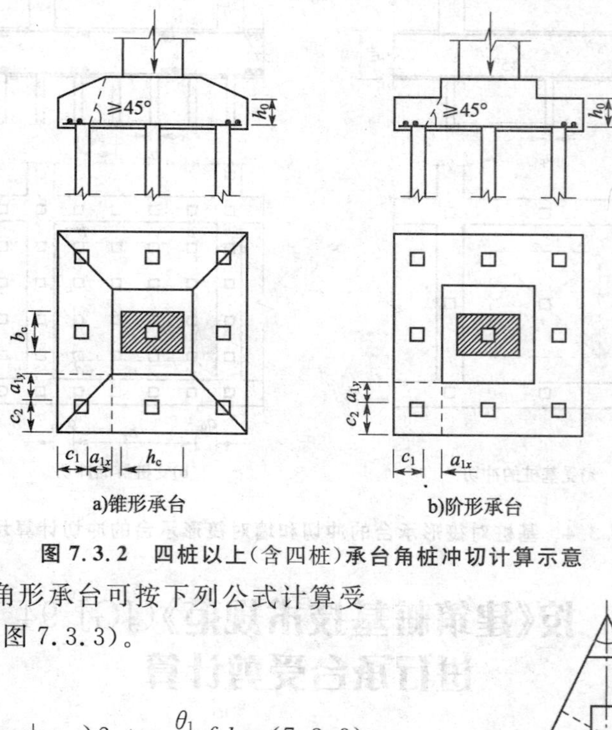

a)锥形承台　　b)阶形承台

图 7.3.2　四桩以上(含四桩)承台角桩冲切计算示意

②对于三桩三角形承台可按下列公式计算受角桩冲切的承载力(图 7.3.3)。

底部角桩

$$N_l \leqslant \beta_{11}(2c_1 + a_{11})\beta_{hp} \tan\frac{\theta_1}{2} f_t h_0 \tag{7.3.9}$$

$$\beta_{11} = \frac{0.56}{\lambda_{11} + 0.2} \tag{7.3.10}$$

顶部角桩：

$$N_l \leqslant \beta_{12}(2c_2 + a_{12})\beta_{hp} \tan\frac{\theta_2}{2} f_t h_0 \tag{7.3.11}$$

$$\beta_{12} = \frac{0.56}{\lambda_{12} + 0.2} \tag{7.3.12}$$

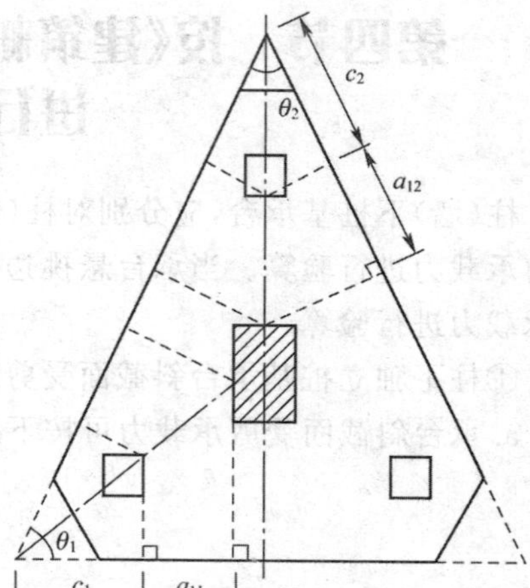

图 7.3.3　三桩三角形承台角桩冲切计算示意

式中，λ_{11}、λ_{12} 为角桩冲跨比，$\lambda_{11} = a_{11}/h_0$，$\lambda_{12} = a_{12}/h_0$，其值均应满足 0.25～1.0 的要求；$a_{11}$、

a_{12}为从承台底角桩顶内边缘引 45°冲切线与承台顶面相交点至角桩内边缘的水平距离；当柱(墙)边或承台变阶处位于该 45°线以内时，则取由柱(墙)边或承台变阶处与桩内边缘连线为冲切锥体的锥线。

③对于箱形、筏形承台，可按下列公式计算承台受内部基桩的冲切承载力。

a. 应按下式计算受基桩的冲切承载力，如图 7.3.4a)所示

$$N_l \leqslant 2.8(b_p + h_0)\beta_{hp} f_t h_0 \tag{7.3.13}$$

b. 应按下式计算受桩群的冲切承载力，如图 7.3.4 所示

$$\sum N_{li} \leqslant 2[\beta_{0x}(b_y + a_{0y}) + \beta_{0y}(b_x + a_{0x})]\beta_{hp} f_t h_0 \tag{7.3.14}$$

式中，β_{0x}、β_{0y}为由式(7.3.3)求得，其中 $\lambda_{0x}=a_{0x}/h_0$，$\lambda_{0y}=a_{0y}/h_0$，λ_{0x}、λ_{0y}均应满足 0.25～1.0 的要求；N_l、$\sum N_{li}$为不计承台和其上土重，在荷载效应基本组合下，基桩或复合基桩的净反力设计值、冲切锥体内各基桩或复合基桩反力设计值之和。

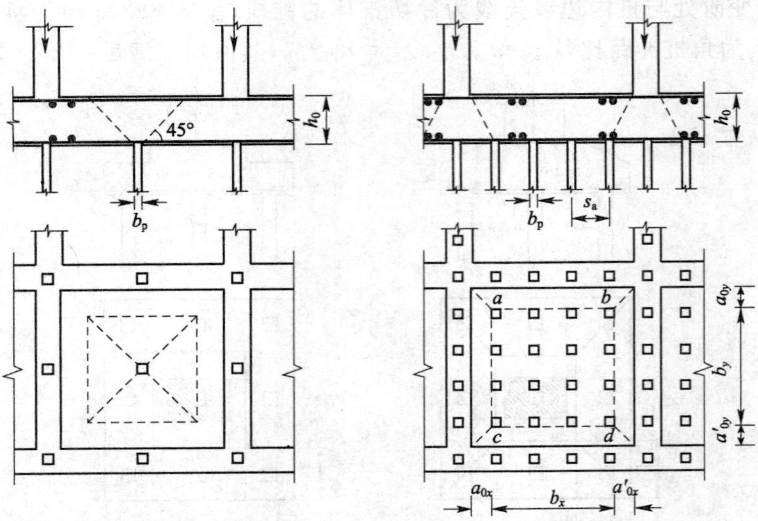

a)受基桩的冲切　　b)受桩群的冲切

图 7.3.4　基桩对筏形承台的冲切和墙对筏形承台的冲切计算示意

第四节　按《建筑桩基技术规范》(JGJ 94—2008)进行承台受剪计算

柱(墙)下桩基承台，应分别对柱(墙)边、变阶处和桩边连线形成的贯通承台的斜截面的受剪承载力进行验算。当承台悬挑边有多排基桩形成多个斜截面时，应对每个斜截面的受剪承载力进行验算。

①柱下独立桩基承台斜截面受剪承载力应按下列规定计算。

a. 承台斜截面受剪承载力可按下列公式计算(图 7.4.1)

$$V \leqslant \beta_{hs} \alpha f_t b_0 h_0 \tag{7.4.1}$$

$$\alpha = \frac{1.75}{\lambda + 1} \tag{7.4.2}$$

$$\beta_{hs} = \left(\frac{800}{h_0}\right)^{1/4} \tag{7.4.3}$$

式中，V 为不计承台及其上土自重，在荷载效应基本组合下，斜截面的最大剪力设计值；f_t 为混凝土轴心抗拉强度设计值；b_0 为承台计算截面处的计算宽度；h_0 为承台计算截面处的有效高度；α 为承台剪切系数；按式(7.4.2)确定；λ 为计算截面的剪跨比，$\lambda_x = a_x/h_0$，$\lambda_y = a_y/h_0$，此处，a_x、a_y 为柱边(墙边)或承台变阶处至 y、x 方向计算一排桩的桩边的水平距离，当 $\lambda < 0.25$ 时，取 $\lambda = 0.25$；当 $\lambda > 3$ 时，取 $\lambda = 3$；β_{hs} 为受剪切承载力截面高度影响系数；当 $h_0 < 800$ mm 时，取 $h_0 = 800$ mm；当 $h_0 > 2\,000$ mm 时，取 $h_0 = 2\,000$ mm；其间按线性内插法取值。

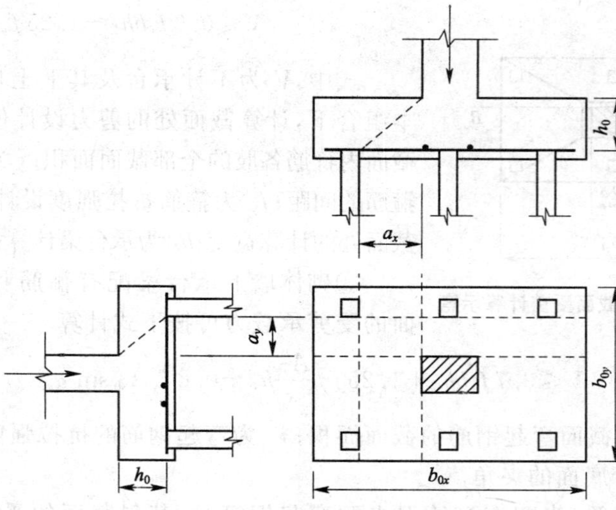

图 7.4.1　承台斜截面受剪计算示意

b. 对于阶梯形承台应分别在变阶处(A_1-A_1，B_1-B_1)和柱边处(A_2-A_2，B_2-B_2)进行斜截面受剪承载力计算(图 7.4.2)。

计算变阶处截面(A_1-A_1，B_1-B_1)的斜截面受剪承载力时，其截面有效高度均为 h_{10}，截面计算宽度分别为 b_{y1} 和 b_{x1}。

计算柱边截面(A_2-A_2，B_2-B_2)的斜截面受剪承载力时，其截面有效高度均为$h_{10}+h_{20}$，截面计算宽度分别为

对 A_2-A_2

$$b_{y0}=\frac{b_{y1}h_{10}+b_{y2}h_{20}}{h_{10}+h_{20}} \tag{7.4.4}$$

对 B_2-B_2

$$b_{x0}=\frac{b_{x1}h_{10}+b_{x2}h_{20}}{h_{10}+h_{20}} \tag{7.4.5}$$

c. 对于锥形承台应对变阶处和柱边处(A-A 和 B-B)两个截面进行受剪承载力计算(图 7.4.3)，截面有效高度均为 h_0，截面的计算宽度分别为

对 A-A

$$b_{y0}=\left[1-0.5\frac{h_{20}}{h_0}\left(1-\frac{b_{y2}}{b_{y1}}\right)\right]b_{y1} \tag{7.4.6}$$

对 B-B

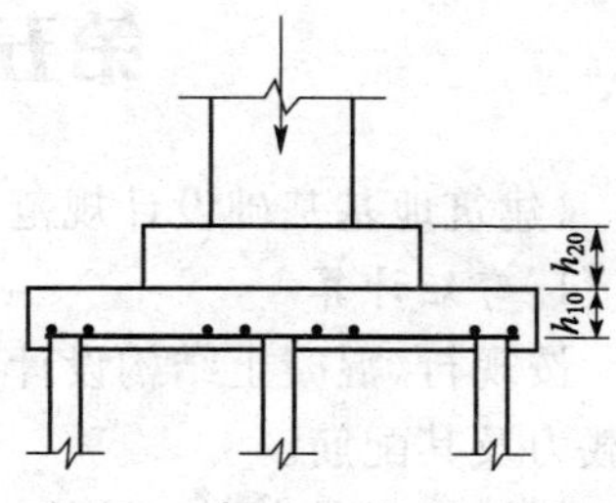

图 7.4.2　阶梯形承台斜截面受剪计算示意

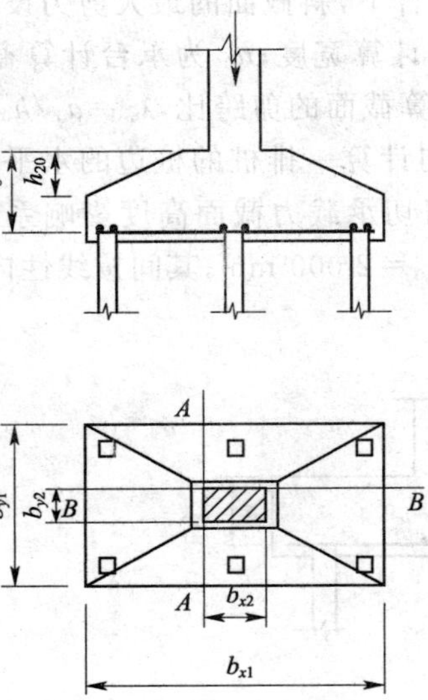

图 7.4.3　锥形承台斜截面受剪计算示意

$$b_{x0}=\left[1-0.5\frac{h_{20}}{h_0}\left(1-\frac{b_{x2}}{b_{x1}}\right)\right]b_{x1} \tag{7.4.7}$$

d.梁板式筏形承台的梁的受剪承载力可按现行国家标准《混凝土结构设计规范》(GB 50010—2010)计算。

②砌体墙下条形承台梁配有箍筋，但未配弯起钢筋时，斜截面的受剪承载力可按下式计算

$$V\leqslant 0.7f_t bh_0+1.25f_{yv}\frac{A_{sv}}{s}h_0 \tag{7.4.8}$$

式中，V 为不计承台及其上土自重，在荷载效应基本组合下，计算截面处的剪力设计值；A_{sv} 为配置在同一截面内箍筋各肢的全部截面面积；s 为沿计算斜截面方向箍筋的间距；f_{yv} 为箍筋抗拉强度设计值；b 为承台梁计算截面处的计算宽度；h_0 为承台梁计算截面处的有效高度。

③砌体墙下承台梁配有箍筋和弯起钢筋时，斜截面的受剪承载力可按下式计算

$$V\leqslant 0.7f_t bh_0+1.25f_y\frac{A_{sv}}{s}h_0+0.8f_y A_{sb}\sin\alpha_s \tag{7.4.9}$$

式中，A_{sb} 为同一截面弯起钢筋的截面面积；f_y 为弯起钢筋的抗拉强度设计值；α_s 为斜截面上弯起钢筋与承台底面的夹角。

④柱下条形承台梁，当配有箍筋但未配弯起钢筋时，其斜截面的受剪承载力可按下式计算

$$V\leqslant\frac{1.75}{\lambda+1}f_t bh_0+f_y\frac{A_{sv}}{s}h_0 \tag{7.4.10}$$

式中，λ 为计算截面的剪跨比，$\lambda=a/h_0$，a 为柱边至桩边的水平距离；当 $\lambda<1.5$ 时，取 $\lambda=1.5$；当 $\lambda>3$ 时，取 $\lambda=3$。

第五节　其他标准的承台计算

《建筑地基基础设计规范》(GB 50007—2011)的有关规定。

1.弯矩计算

按现行《混凝土结构设计规范》(GB 50010—2010)计算其抗弯承载力及其配筋。

多桩矩形承台弯矩计算，同第二节①。

三桩三角形承台弯矩计算。钢筋按三向板带均匀布置，最里面的3根钢筋围成的三角形应在柱截面范围内。

①等边三角形承台弯矩计算(图 7.5.1)。

计算式

$$M=\frac{N_{\max}}{3}\left(s-\frac{\sqrt{3}}{4}c\right) \tag{7.5.1}$$

式中，M 为由承台形心至承台边缘距离范围内板带的弯矩设计值(kN·m)；$N_{\max}$ 为扣除承台和其上填土自重后的三桩中相应

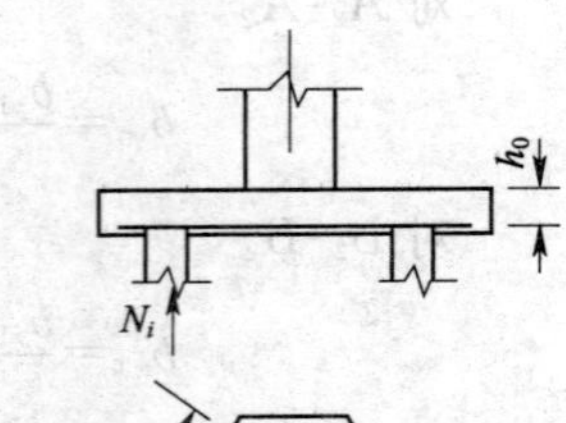

图 7.5.1　等边三角形承台弯矩计算简图

于荷载效应基本组合时的最大单桩竖向力设计值(kN)；s 为桩距(m)；c 为方桩边长(m)，圆柱时 $c=0.866d$(d 为圆柱直径)。

②等腰三角形承台弯矩计算(图 7.5.2)。

计算式为

$$M_1=\frac{N_{\max}}{3}\left(s-\frac{0.75}{\sqrt{4-\alpha^2}}c_1\right) \tag{7.5.2}$$

$$M_2=\frac{N_{\max}}{3}\left(s_1-\frac{0.75}{\sqrt{4-\alpha^2}}c_2\right) \tag{7.5.3}$$

式中，M_1、M_2 分别为由承台形心至承台两腰和底边的距离范围内板带的弯矩设计值(kN·m)；$N_{\max}$ 为扣除承台和其上填土自重后的三桩中相应于荷载效应基本组合时的最大单桩竖向力设计值(kN)；s、s_1 分别为承台的长向桩距、短向桩距(m)；c_1、c_2 分别为垂直于、平行于承台底边的桩截面边长(m)；α 为短向桩距与长向桩距之比，当 α 小于 0.5 时，应按变截面的两桩承台设计。

$$\alpha=\frac{s_1}{s} \tag{7.5.4}$$

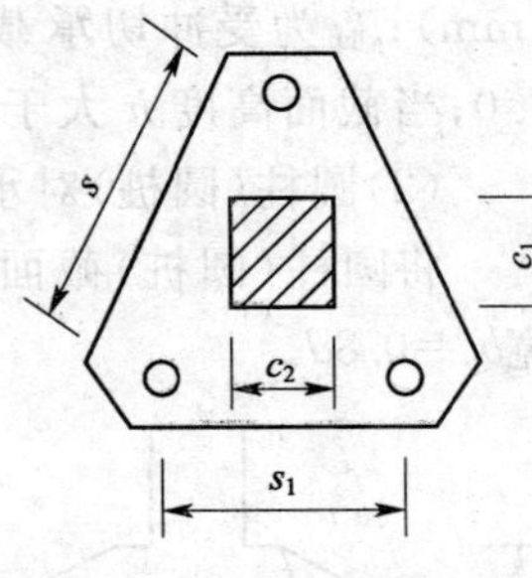

图 7.5.2 等腰三角形承台弯矩计算简图

2. 承台抗冲切计算

(1)柱下矩形独立承台受柱冲切的承载力计算

柱下矩形独立承台受柱冲切的承载力计算见图 7.5.3。

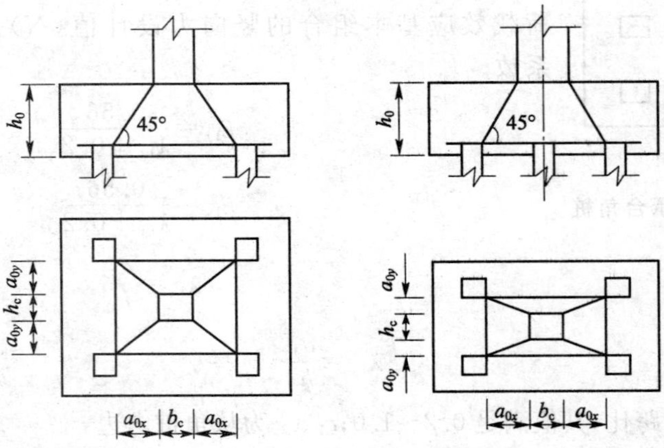

图 7.5.3 柱对承台冲切承载力的验算简图

计算公式

$$F_l\leqslant 2[\beta_{0x}(b_c+a_{0y})+\beta_{0y}(h_c+a_{0x})]\beta_{hp}f_t h_0 \tag{7.5.5}$$

$$F_l=F-\sum N_i \tag{7.5.6}$$

$$\beta_{0x}=\frac{0.84}{\lambda_{0x}+0.2}\qquad \beta_{0y}=\frac{0.84}{\lambda_{0y}+0.2} \tag{7.5.7}$$

式中，F_l 为扣除承台和其上填土自重，作用在冲切破坏锥体上相应于荷载效应基本组合的冲切力设计值(N)，冲切破坏锥体应采用自柱边或承台变阶处至相应桩顶边缘连线构成的锥体，锥体与承台底面的夹角不小于 45°；F 为柱根部轴力设计值(N)；$\sum N_i$ 为冲切破坏锥体范围内各桩的净反力设计值之和(N)；f_t 为承台混凝土抗拉强度设计值(N/mm^2)；β_{0x}、β_{0y}为冲切系数；λ_{0x}、λ_{0y}为冲跨比，其值满足 0.2～1.0。

$$\lambda_{0x}=\frac{a_{0x}}{h_0} \tag{7.5.8}$$

$$\lambda_{0y}=\frac{a_{0y}}{h_0} \tag{7.5.9}$$

a_{0x}、a_{0y}分别为桩边、承台变阶处到桩边的水平距离(mm)[当 $a_{0x}(a_{0y})<0.2h_0$ 时，取 $a_{0x}(a_{0y})=0.2h_0$；当 $a_{0x}(a_{0y})>h_0$ 时，取 $a_{0x}(a_{0y})=h_0$]；h_0 为承台冲切破坏锥体的有效高度(mm)；β_{hp}为受冲切承载力截面高度影响系数(当截面高度 h 不大于 800 mm 时，取 $\beta_{hp}=1.0$；当截面高度 h 大于或等于2 000 mm时，取 $\beta_{hp}=0.9$；其间按线性内插法取用)。

(2)圆柱(圆桩)对承台的冲切承载力计算

将圆柱(圆桩)截面换算成方柱(方桩)，换算后柱截面边宽$b_c=0.8d_c$，换算后桩截面边宽$b_p=0.8d$。

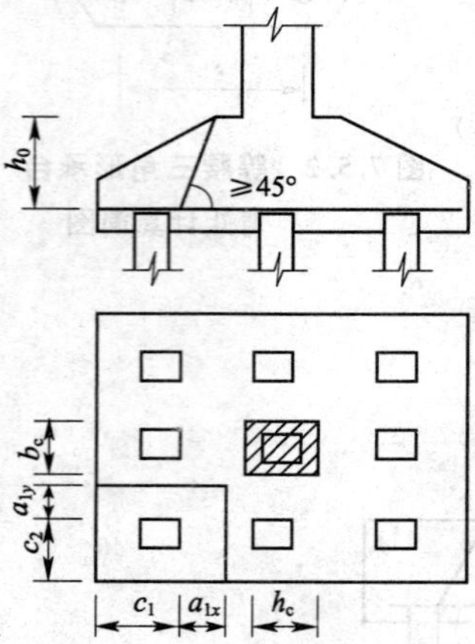

图 7.5.4 四桩以上承台角桩验算简图

(3)角桩对承台冲切的承载力验算

角桩对承台冲切的承载力验算见图 7.5.4。

①多桩矩形承台。

按下式计算

$$N_l\leqslant\left[\beta_{1x}\left(c_2+\frac{a_{1y}}{2}\right)+\beta_{1y}\left(c_1+\frac{a_{1x}}{2}\right)\right]\beta_{hp}f_t h_0 \tag{7.5.10}$$

式中，N_l 为扣除承台和其上填土自重后，角桩桩顶相应于荷载效应基本组合的竖向力设计值(N)；β_{1x}、β_{1y}为角桩冲切系数。

$$\beta_{1x}=\frac{0.56}{\lambda_{1x}+0.2} \tag{7.5.11}$$

$$\beta_{1y}=\frac{0.56}{\lambda_{1y}+0.2} \tag{7.5.12}$$

$$\lambda_{1x}=\frac{a_{1x}}{h_0} \tag{7.5.13}$$

$$\lambda_{1y}=\frac{a_{1y}}{h_0} \tag{7.5.14}$$

λ_{1x}、λ_{1y}为角桩冲跨比，其值满足 0.2～1.0；c_1、c_2 为从角桩内边缘至承台外边缘的距离(mm)；a_{1x}、a_{1y}为从承台底角桩内边缘引45°冲切线与承台顶面相交点至角桩内边缘的水平距离(mm)[当柱位于该45°线以内时，则取由柱边与桩内边缘连线为冲切锥体的锥线；当 $a_{1x}(a_{1y})<0.2h_0$时，取 $a_{1x}(a_{1y})=0.2h_0$；当 $a_{1x}(a_{1y})>h_0$ 时，取 $a_{1x}(a_{1y})=h_0$]；h_0 为承台外边缘的有效高度(mm)。

②三桩三角形承台(图 7.5.5)。

底部角桩

$$N_l\leqslant\beta_{11}(2c_1+a_{11})\tan\frac{\theta_1}{2}\beta_{hp}f_t h_0 \tag{7.5.15}$$

顶部角桩

$$N_l\leqslant\beta_{12}(2c_2+a_{12})\tan\frac{\theta_2}{2}\beta_{hp}f_t h_0 \tag{7.5.16}$$

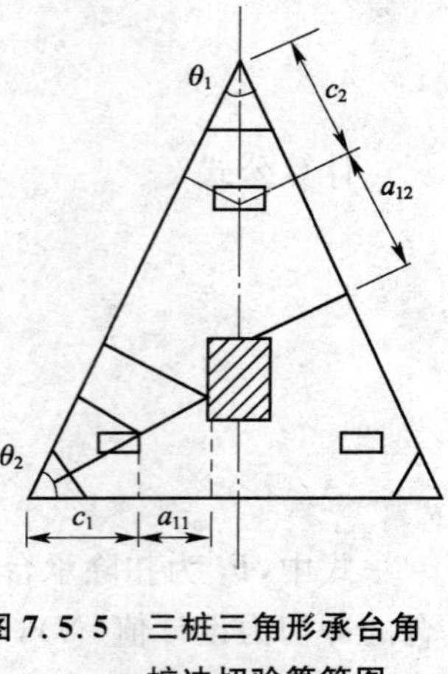

图 7.5.5 三桩三角形承台角桩冲切验算简图

式中，β_{11}、β_{12}为角桩冲切系数。

$$\beta_{11}=\frac{0.56}{\lambda_{11}+0.2} \tag{7.5.17}$$

$$\beta_{12}=\frac{0.56}{\lambda_{12}+0.2} \tag{7.5.18}$$

λ_{11}、λ_{12}为角桩冲跨比，其值满足 0.2～1.0。

$$\lambda_{11}=\frac{a_{11}}{h_0} \tag{7.5.19}$$

$$\lambda_{12}=\frac{a_{12}}{h_0} \tag{7.5.20}$$

a_{11}、a_{12}为从承台底角桩内边缘向相邻承台边引 45°冲切线与承台顶面相交点至角桩内边缘的水平距离(mm)［当柱位于该 45°线以内时，则取柱边与桩内边缘连线为冲切锥体的锥线；当 $a_{11}(a_{12})<0.2h_0$ 时，取 $a_{11}(a_{12})=0.2h_0$；当 $a_{11}(a_{12})>h_0$ 时，取 $a_{11}(a_{12})=h_0$］；h_0 为承台外边缘的有效高度(mm)；c_1、c_2 为从角桩内边缘至对应承台角端的距离(mm)。

第八章　桩基工程施工

桩基础是一种特殊的基础，其结构类型、传力特点与施工方法有着密切的关系，施工质量又直接影响桩基础的承载性状，因而研究基础的施工对于桩基础的设计也有重要的意义。

在这一章里主要讨论桩基施工的几个技术关键问题，例如灌注桩成孔机具的选用，泥浆护壁技术的应用，成孔质量的控制，钢筋笼的制作，水下混凝土的浇筑，预制桩的制作，沉桩方法及其对环境的影响，以及承台的施工等。

第一节　桩基工程施工的准备工作

在施工开始以前应根据设计图样、工程地质水文地质条件、地形地貌、施工设备条件等资料认真编制切实可行的施工方案，其内容应包括施工方法、需用机具、沉桩顺序和进度、施工平面布置、预制桩的制作、建筑材料和预制桩的运输与堆放、保证质量和安全技术措施、劳动组织，以及材料和水电供应计划等。

清除现场妨碍施工的高空和地下障碍物，如地下管线、旧有基础、地上电杆、电线、树木等。

整平施工范围内的场地，周围作好排水沟，修建现场临时道路。

对预制桩施工要设置防治措施，对灌注桩施工要设置泥浆池和防止泥浆污染环境的措施。

做好测量控制网、水准基点，按平面放线定位。

对于水上桩基础的施工，要考虑河流水位的可能变化(如潮汐、洪水)和地质条件，选用合适的水上施工作业平台方案，例如采用筑岛方法造成可以施工的水中陆地，也可采用钢平台加钢围堰的方法造成稳定的作业平台和安全可靠的浇筑承台的空间。

第二节　灌注桩施工

灌注桩又称为就地灌注桩，英文名称为 Cast in situ pile 或 Bored pile。按成孔方法可以分为机械成孔和人工挖孔两大类。

一、灌注桩的机械成孔方法

灌注桩的机械成孔方法分为泥浆护壁成孔灌注桩、干作业成孔灌注桩、套管成孔灌注桩和爆扩成孔灌注桩等四种，其适用范围见表 8.2.1。

成孔的控制深度按不同桩型采用不同标准控制。

对摩擦型桩，以设计桩长控制成孔深度；端承摩擦桩必须保证设计桩长及桩端进入持力层深度；当采用锤击沉管法成孔时，桩管入土深度控制以标高为主，贯入度控制为辅。

灌注桩成孔方法的适用范围　　表 8.2.1

序号	成孔方法		适用土类
1	泥浆护壁成孔	冲抓 冲击 回转钻	碎石土、砂土、黏性土及风化岩
		潜水钻	黏性土、淤泥、淤泥质土及砂土
2	干作业成孔	螺旋钻	地下水位以上的黏性土、砂土及人工填土
		钻孔扩底	地下水位以上的坚硬、硬塑的黏性土及中密以上砂土
		机动洛阳铲	地下水位以上的黏性土、黄土及人工填土
3	套管成孔	锤击振动	可塑、软塑、流塑的黏性土、稍密及松散的砂土
4	爆扩成孔		地下水位以上的黏性土、黄土、碎石土及风化岩

对端承型桩，当采用钻(冲)、挖掘成孔时，必须保证桩孔进入设计持力层的深度；当采用锤击沉管法成孔时，沉管深度控制以贯入度为主，设计持力层标高为辅。

成孔机具根据土质条件按表 8.2.2 的适用范围选用。

成孔机具的适用范围　　表 8.2.2

成孔机具	适用范围
潜水钻	黏性土、粉土、淤泥、淤泥质土、砂土、强风化岩、软质岩
回转钻(正、反循环)	碎石类土、砂土、黏性土、粉土、强风化岩、软质岩与硬质岩
冲抓钻	碎石类土、砂土、砂卵石、黏性土、粉土、强风化岩
冲击钻	适用于各类土层化岩、软质岩

灌注桩的平面位置和垂直度应按《建筑地基基础工程施工质量验收规范》(GB 50202—2002)规定的如表 8.2.3 所示的要求验收。

灌注桩的平面位置和垂直度的允许偏差　　表 8.2.3

成孔方法		桩径偏差/mm	垂直度允许偏差/(%)	桩位允许偏差/mm	
				1～3 根、单排桩基垂直于中心线方向和群桩基础的边桩	条形桩基沿中心线方向和群桩基础中间桩
泥浆护壁冲(钻)孔桩	$d \leqslant 1\,000$ mm	±50	<1	$d/6$ 且不大于 100	$d/4$ 且不大于 150
	$d > 1\,000$ mm	±50		$100+0.01H$	$150+0.01H$
锤击振动、振动冲击沉管	$d \leqslant 500$ mm	−20	<1	70	150
	$d > 500$ mm			100	150
螺旋钻、机动洛阳铲钻孔扩底		−20	<1	70	150
人工挖孔桩	混凝土护壁	+50	<0.5	50	150
	钢套管护壁	+50	<1	100	200

注：1. 桩径允许偏差的负值是指个别断面。

2. 采用复打、反插法施工的桩径允许偏差不受本表限制。

3. H 为施工现场地面标高与桩顶间的距离，d 为设计桩径。

二、钢筋笼的制作

《建筑地基基础工程施工质量验收规范》(GB 50202—2002)规定的钢筋笼制作的质量验收标准见表 8.2.4。主筋净距必须大于混凝土粗骨粒径 3 倍以上，粗骨料可选用卵石或碎石，其最大粒径对于沉管灌注桩不宜大于 50 mm，且不得大于钢筋间最小净距的 1/3；对于素混凝土桩，不得大于桩径的 1/4，且不宜大于 40 mm。

钢筋笼质量验收标准　　表 8.2.4

项　　目		允许偏差/mm	检查方法
钢筋材料质量检验①		满足设计要求	抽样送检
主筋间距①		±10	尺量
箍筋间距或螺旋筋螺距		±20	尺量
钢筋笼直径		±10	尺量
钢筋笼长度①		±100	尺量
主筋保护层	水下浇筑混凝土桩	50±10	尺量
	非水下浇筑混凝土桩	30±5	尺量
钢筋笼安装深度		±100	尺量

注：①项为主控项目。

三、泥浆护壁成孔灌注桩

(一)泥浆的制备和处理

除能自行造浆的土层外，均应制备泥浆。

泥浆制备应选用高塑性黏土或膨润土。拌制泥浆应根据施工机械、工艺和穿越的土层要求进行配合比设计，泥浆性能指标应符合表 8.2.5 的要求。

制备泥浆的性能指标　　表 8.2.5

项　次	项　目	性能指标	检验方法
1	密度	1.1～1.15 g/cm³	泥浆比重计
2	黏度	10～25 s	漏斗法
3	含砂率	＜6%	—
4	胶体率	＞95%	量杯法
5	失水量	＜30 mL/30 min	失水量仪
6	泥皮厚度	1～3 mm/30 min	失水量仪
7	静切力	1 min 20～30 mg/cm² 10 min 50～100 mg/cm²	静切力计
8	稳定性	＜0.03 g/cm²	—
9	pH	7～9	pH 试纸

(二)泥浆护壁的规定

采用泥浆护壁应按照下列规定操作。

①施工期间护筒内的泥浆面应高出地下水位 1.0 m 以上，在受水位涨落影响时，泥浆面应高出最高水位 1.5 m 以上，在水中桩基施工时，泥浆面应高出河流最高水位 1.5～2 m。

②在清孔过程中，应不断置换泥浆，直至浇筑水下混凝土。

③浇筑混凝土前，孔底 500 mm 以内的泥浆比重应小于 1.25，含砂率不大于 8%，黏度不大于28 Pa·s。

④在容易产生泥浆渗漏的土层中，应采取维持孔壁稳定的措施。

⑤废弃的泥浆、渣应按环境保护的有关规定处理。

(三)护筒的设置

在孔口设置的护筒是一项保证质量的重要施工措施,必须认真做好。

①护筒的作用是固定钻孔位置,保护孔口,提高孔内水位,防止地面水流入,增加孔内静水压力以维护孔壁稳定,并兼作钻进导向。

②护筒一般用4～8 mm钢板制成,水上桩基施工时应根据护筒长度增加钢钣的厚度,其内径应大于钻头直径,当用回转钻时,宜大于100 mm;当用冲击钻和潜水电钻时,宜大于200 mm,在护筒上部开设1～2个溢浆孔。

③护筒埋设深度根据土质和地下水位而定,在黏性土中不宜小于1.0 m,在砂土中不宜小于1.5 m,其高度尚应满足孔内泥浆面高度的要求。

④埋设护筒时,在桩位打入或挖坑埋入,一般宜高出地面300～400 mm,或高出地下水位1.5 m以上,使孔内泥浆面高于孔外水位或地面。在水上施工时,护筒顶面的标高应满足在施工最高水位时泥浆面高度要求,并使孔内水头经常稳定,以利护壁。

⑤护筒埋设应准确、稳定,护筒中心与桩位中心的偏差不得大于50 mm;护筒的垂直度,尤其是水上施工的长护筒,更为重要。

(四)正反循环钻孔法成孔

泥浆护壁钻孔灌注桩的成孔方法可分为冲击机成孔、冲抓锤成孔和潜水钻成孔。

1.冲击机成孔

通过卷扬机悬吊冲锤的冲击力把坚硬土或岩层破碎成孔,泥渣部分挤入孔壁,大部分用掏渣筒掏出。冲孔方法的优点是设备简单,操纵方便,适应范围较广,对于有孤石的砂卵石层、坚硬土层、岩层等均有效,对流沙层也能克服,而且孔壁比较坚硬,可以避免塌方。

2.冲抓锤成孔

松开卷筒刹车下落冲抓锤时,钻头张开抓片,自由下落,冲入土中,再开动卷扬机提起钻头,抓片闭合、抓土,钻头整体提升至地面卸土。

3.潜水钻成孔

潜水钻成孔排渣有正循环排渣法和反循环排渣法两种方法。

①正循环排渣法系用泥浆泵将泥浆水或清水向钻机中心送水管或钻机侧壁的分支管射向钻头,然后徐徐下放钻杆,破土钻进,泥浆带着碎渣从钻孔中反出地面,钻至设计标高后,停止钻头转动,泥浆泵继续运转排渣,直至泥浆比值降低至1.10～1.15,方可停泵提升钻头。

②反循环排渣法可分为压缩空气反循环法、泵举反循环法和泵吸反循环法,以前两种方法使用较多。反循环法利用一定静水压力保护孔壁,泥浆护壁成孔灌注桩施工常遇问题和处理方法见表8.2.6。

泥浆护壁成孔灌注桩施工常遇问题 表8.2.6

常遇问题	原因分析	预防措施与处理方法
坍孔壁(在冲孔过程中孔壁的土不同程度坍塌)	①提升、下落冲锤、掏渣筒和放钢筋笼时碰撞孔壁。 ②护筒周围未用黏土封紧密而漏水或埋置太浅。 ③未及时向孔内加清水或泥浆,孔内泥浆面低于孔外水位,或泥浆比重偏低。 ④遇流沙、淤泥、松散砂层而钻进太快	①提升或下落冲锤、掏渣筒和放钢筋笼时保持垂直上下。 ②用冲孔机时,开孔阶段保持低锤密击,造成坚固孔壁后再正常冲击。 ③清孔完毕立即浇筑混凝土时,如轻度坍孔可加大泥浆比重;如严重坍孔,用黏土、泥膏投入,待孔壁稳定后用低速重新钻进

续上表

常遇问题	原因分析	预防措施与处理方法
钻孔偏移倾斜（在成孔过程中中心孔位偏移或孔身倾斜）	①钻架不稳，钻杆导架不垂直，钻机磨损，部件松动。 ②土层软硬不均。 ③冲孔机成孔时未处理探头石或基岩倾斜等问题	①将桩架重新安装牢固，并对导架进行水平和垂直校正，检修钻孔设备。 ②如有探头石，宜用钻机钻透，用冲孔机时应低锤密击，把石击碎，基岩倾斜时，投入块石填平，用锤密打；倾斜过大时投入黏土石子，重新钻进，控制转速，慢速提升下降往复扫孔纠正
吊脚桩（孔底残留石渣过多；孔底涌进泥沙或坍壁泥土落在孔底）	①清孔后泥浆比重过小，孔壁坍塌或未浇筑混凝土。 ②清渣未净，残留石渣过多。 ③吊放钢筋笼、导管等物碰撞孔壁，使泥土坍落孔底	①做好清孔工作，达到要求时立即灌注混凝土。 ②注意泥浆浓度，使孔内水文经常高于孔外水位。 ③保护孔壁，不让重物碰撞
夹泥（在桩身混凝土内混进泥土或夹层）	灌注混凝土时，孔壁泥土坍下，落在混凝土内	①浇筑混凝土时，避免碰撞孔壁。 ②控制孔内水位高于孔外水位。 ③如泥土坍塌在桩内混凝土上时，应将泥土清除干净后，再继续浇筑混凝土
梅花孔（冲孔时孔形不圆，成梅花瓣状）	①冲孔机转向环失灵，冲锤不能自由转动。 ②泥浆太稠，阻力太大。 ③提锤太低，冲锤得不到转动时间，换不了方位	①经常检查吊环，保持灵活。 ②勤掏渣，适当降低泥浆稠度。 ③保持适当的提锤高度，必要时辅以人工转动
卡锤（冲孔时，冲锤在孔内卡住提不出来）	①冲锤在孔内遇到大的探头石（称“上卡”）。 ②冲锤磨损过甚，孔径成梅形，提锤时，锤的大径被孔的小径卡住（称“下卡”）。 ③石头落在孔内，夹在锤与孔壁之间	①上卡时，用一个半截冲锤冲打几下，使锤脱离卡点，掉落孔底，然后吊出。 ②下卡时，可用小钢轨焊成“T”字形钩，将锤一侧拉紧后吊起。 ③被石头卡住时，可用上法提出冲锤
流沙（冲孔时大量流沙涌塞桩底）	孔外水压力比孔内大，孔壁松散使大量流沙涌塞桩底	流沙严重时，可抛入碎砖石、黏土，用锤冲入流沙层，做成泥浆结块，使成坚厚孔壁，阻止流沙涌入
不进尺（钻进时，钻机不下落或进展极慢）	①钻头周围堆积土块。 ②钻头合金刀具安装角度不适当，刀具切土过浅，泥浆比重过大，钻头配重过轻	①加强排渣，降低泥浆比重。 ②重新安排刀具角度、形状、排列方向，加大配重

四、沉管灌注桩

沉管灌注桩也称为套管成孔灌注桩，这种方法采用振动、静压或锤击的办法将钢管沉入土层中，然后边浇筑混凝土边拔管而成，称为振动沉管灌注桩、静压沉管灌注桩锤击沉管灌注桩。

沉管灌注桩在成孔时有挤土作用，由于有钢管护壁，孔壁不会坍塌；但在灌注混凝土的同时拔起钢管，钢管和混凝土之间具有一定的摩擦力影响混凝土的成型，在钢管已拔出的部分土体挤向尚未结硬的混凝土；这些过程如处理不当，会影响桩身质量，造成工程事故。因此，施工时应注意下列问题：

①沉管时，应"密锤低击"，抽管时更应注意"密锤慢抽"或"密振慢抽"。抽管过急易将混凝土拉断，引起桩身质量事故。

②在持力层以上的土层如为饱和的黏性土或黏质粉土，由于桩周土的回挤，灌注混凝土时桩身可能发生严重缩颈，甚至出现断桩。

③沉管应连续进行，不宜停歇过久，以免摩阻力增大，导致下沉困难。如持力层以下有中密的粉细砂、砂质粉土等硬层，其厚度在 1 m 以上时，可能发生沉管时间过长或穿不过，这时管内就会涌进砂土，影响质量，桩机又易损坏。施工时采取预钻孔的方法，也可在桩周射水助沉。

④在桩端附近，将桩管上下翻插，使混凝土向四周挤压，但施工时应注意操作，防止泥浆混入桩内，造成夹泥桩。

⑤根据土质条件确定打桩程序是跳打还是连打。跳打法的打桩程序是打一根桩空出邻近一根进行，空出的桩须待已完成的邻桩混凝土达到设计强度的50%以后方可施工，以免被挤断，或者采用在混凝土终凝以前用连打方法打完一定范围内的桩。

⑥在地下水位以下的砂土层中施工时，应在钢管底部预落 0.1 m^3 砂浆或混凝土封底，以免砂、水涌进钢管影响施工质量。

⑦复打扩大桩时，应注意将钢管外壁上黏的淤泥清除干净，防止复打时带入桩内。

⑧沉管灌注桩施工时常遇问题和处理方法见表 8.2.7。

沉管灌注桩常遇问题和处理方法 表 8.2.7

常遇问题	原因分析	预防措施和处理方法
桩中部悬空有泥	①桩管径小。 ②混凝土骨料粒径过大。 ③拔管速度过快，复打时套管外壁泥浆未刮除干净	①严格控制混凝土坍落度不小于6～8 cm，骨料粒径不大于 30 mm。 ②拔管时密锤慢击，控制拔管速度不大于 1 m/min（淤泥中不大于0.8 mm/min）。 ③复打时将套管外壁泥土清除干净，混凝土桩探测发现有隔层时，采用复打法处理
断桩（裂缝呈水平或略有倾斜，一般均贯通全截面，常位于地面下1～3 m 深度处不同软硬土层交界处）	①桩心距过近，打桩时受水平力及抽管上拔力挤压断裂。 ②混凝土终凝不久，强度不足时受振动和外力扰动	①控制桩的中心距大于 3.5 倍桩的直径。 ②混凝土终凝不久，强度还低时，尽量避免振动和外力扰动。 ③有些土层可以采用跳打施工，以减轻对邻桩的挤压力
缩颈（部分桩径缩小，面积不符合要求）	①在饱和软黏土层中沉桩时，土受挤压扰动，产生孔隙水压力，套管拔出后，土挤向新浇筑的混凝土，使部分桩径缩小。 ②拔管过快，管内混凝土量少，和易性差，出管时混凝土的扩散性差。 ③桩的间距过小，相邻桩沉管挤压缩颈。 ④因上、下土层条件不同，混凝土的凝固时间也不同，在上下段界面处引起缩颈	①施工中控制拔管速度，采用"慢抽密振"或"慢抽密击"方法拔管。 ②管内混凝土必须略高于地面，保持有足够的自重压力，使混凝土出管扩散。 ③应派专人经常测定混凝土下落情况（可用浮标法测定），发现问题及时纠正，一般可用复打法或翻插法处理

续上表

常遇问题	原因分析	预防措施和处理方法
夹泥桩(混凝土内有泥夹层,截面积缩小,强度减弱,影响承载力)	①同缩颈的第①点。 ②施工过程中采用的翻插法不适用于饱和软黏土,不但效果不好,而且常出现夹泥现象,又上下抽插,也会影响邻桩质量	①拔管时要轻捶密击或密振,均匀慢抽:在通过特别软弱的土层时,可适当地停抽密击或停抽密振;但不要停得过久,以免混凝土堵塞管内。 ②在淤泥或淤泥质土层,抽管速度不宜超过0.8 mm/min
吊脚桩(桩底的混凝土隔空,或混进泥土隔空,或混进泥沙形成软弱底层)	①预制桩尖的混凝土质量差,强度不足,被锤冲破挤入管内,初拔管时振动不够,桩尖未压出来,拔至一定高度时,桩尖才落下来,但被硬土层卡住,不到底而形成吊脚桩。 ②预制混凝土桩尖被打破缩进桩管内,泥沙与水挤入管中,混凝土不能灌注至桩底。 ③桩尖活瓣因被土压住或黏住,抽管时活瓣不张开,至一定高度才张开,混凝土下落不密实,造成空隙	①严格检查混凝土的强度和规格,防止桩尖被压入桩管。 ②为防止活瓣不张开,可采用"密振慢抽"办法,开始拔管50 cm范围内,可将桩管翻插几下,然后再正常拔管。 ③沉管时用吊坨检查桩尖是否缩入管内,如发现有,应及时拔出纠正,或将孔用砂回填后重新沉管。 ④沉管时用吊坨检查活瓣是否张开,如抽管离脚而混凝土没有下落,应停止抽管,采用密振或密击的方法使混凝土落下

五、混凝土的灌注

灌柱桩的混凝土一般是在水下浇筑的,因此对混凝土配合比的要求、浇灌的方法等都有其特点。

(一)混凝土配合比的特点

混凝土的配合比除了满足设计强度要求外,还应考虑采用导管法在泥浆中浇灌混凝土的施工特点,和这种施工方法对混凝土强度的影响。混凝土的强度应比设计强度提高5 MPa,并要求混凝土的和易性好,流动度大且缓凝。水泥应采用32.5级或42.5级或普通水泥或矿渣水泥;石料宜用卵石,最大粒径不大于导管内径的1/6和钢筋最小间距的1/4,且不宜大于40 cm;使用碎石的粒径宜为0.5～20 cm;砂宜用中、粗砂;水灰比不大于0.6;单位水泥用量不大于370 kg/m^3;含砂率宜为40%～50%;混凝土的坍落度宜为18～20 cm,并有一定的流动保持率,坍落度降低至15 cm的时间不宜小于1 h,扩散度宜为34～38 cm。混凝土初凝时间应满足浇灌和间接施工工艺的要求,一般为3～4 h,如运输距离过远,一般宜在混凝土中掺加木钙减水剂,可减小水灰比,增大流动度,减少离析,防止导管堵塞,并延缓初凝时间,降低浇灌强度。

(二)导管法与初灌量计算

通常采用履带吊车起吊混凝土料斗,通过下料漏斗和导管在稀泥浆中浇灌混凝土。导管内径一般选用150～300 mm,用2～3 mm的厚钢板卷焊而成,每节长2～2.5 m,并配几节1～1.5 m的调节长度用的短管,接头处用橡胶垫圈密封防水,接头外部应光滑,使之在钢筋笼内移动时不会挂住钢筋。

开导管方法采用球胆或圆柱形隔水塞。在整个浇灌过程中,混凝土导管应埋入混凝土中2～4 m,最小埋入深度不得小于1.5 m,否则会把混凝土上升面附近的浮浆卷入混凝土内;也不能大于6 m,埋入太深将会影响混凝土的充分流动。导管随浇灌随提升,避免提升过快而造成混凝土脱空现象;提升过慢则会造成埋管而拔不出来。浇灌时,利用不停浇灌及导管出口混凝土的压力差,使混凝土不断从导管内挤出,混凝土面逐渐均匀上升,孔内的泥浆逐渐被混凝土置换而排出孔外，流入泥浆池内。

开导管时，料斗必须储存的混凝土量要经过计算确定，以保证完全排出导管内的泥浆，并使导管出口埋深在不小于 0.8 m 的流态混凝土中，防止泥浆卷入混凝土中。

开导管首批混凝土量可按下式计算

$$V=h_1\frac{\pi d^2}{4}+H_cA$$

式中，d 为导管直径(m)；H_c 为首批混凝土要求浇灌深度(m)；A 为钻孔的横截面(m^2)；h_1 为孔内混凝土达到 H_c 时，导管内混凝土柱与导管外水压平衡所需要的高度(m)。

$$h_1=\frac{H_W\gamma_W}{\gamma_c}$$

式中，H_W 为预计浇灌混凝土预面至钻孔口的高差(m)；γ_W 为孔内泥浆的重度，取 1.2 kN/m^3；γ_c 为混凝土拌和物的重度，取 2.4 kN/m^3。

在浇灌混凝土的最后阶段，导管内混凝土柱要求的高度 h_c 按下式计算

$$h_c=\frac{p+H_W\gamma_W}{\gamma_c}$$

式中，p 为超压力，在浇灌混凝土高度小于 4 m 时，不宜小于 80 kN/m^3；H_W 为漏斗顶高出水(或泥浆)面的高度(m)，$H_A=H_c-H_W$。

(三)混凝土浇灌

混凝土浇灌时要注意如下问题：

①混凝土浇灌要一气呵成，不得中断，并控制在 4～6 h 内浇完，以保证混凝土的均匀性。间歇时间一般应控制在 15 min 内，任何情况下不得超过 30 min。

②浇灌时要保持孔内混凝土面均匀上升，且保持上升速度不大于 2 m/h。浇灌速度一般为 30～35 m^3/h；导管提升速度应与混凝土的上升速度相适应，始终保持导管在混凝土中的插入深度不小于 1.5 m，也不能使混凝土溢出漏斗或流进孔内。

③在混凝土浇灌过程中，要随时用探锤测量混凝土面的实际标高(至少 3 处，取平均值)，计算混凝土上升高度，导管下口与混凝土的相对位置，统计混凝土浇灌量，及时做好记录。

④拌和好的混凝土应在 1.5 h 内浇筑完毕，夏季应在 1.0 h 内浇筑完毕，否则应掺加缓凝剂；混凝土浇灌到顶部 3 m 时，可在孔内放水适当稀释泥浆，或将导管埋深减为 1 m，或适当放慢浇灌速度，以减少混凝土排除泥浆的阻力。

⑤混凝土应浇灌到设计桩顶标高以上规定的高度时才能停止浇灌，以保证设计桩顶标高以下混凝土的质量。

(四)混凝土灌注桩质量检验标准

混凝土灌注桩的质量检验标准包括成孔质量、钢筋笼质量和整体质量 3 个方面，分阶段验收。《建筑地基基础工程施工质量验收规范》(GB 50202—2002)分别规定了验收标准，成孔质量验收标准见表 8.2.3，钢筋笼质量验收标准见表 8.2.4，整体质量验收标准见表 8.2.8。

混凝土灌注桩质量检验标准 表 8.2.8

检查项目	允许偏差或允许值		检查方法
	单位	数值	
沉渣厚度(支承桩)①	mm	<50	用沉渣仪或重锤测量
沉渣厚度(摩擦桩)①	mm	<150	

检查项目	允许偏差或允许值		检查方法
	单位	数值	
孔深	mm	−0 +300	只深不浅，用重锤测，或测钻杆、套管长度，嵌岩桩应确保进入设计要求的嵌岩深度
泥浆比重（黏土或砂性土中）		1.15～1.20	用比重计测，清孔后在距孔底 50 cm 处取样
泥浆面标高（高于地下水位）	m	0.5～1.0	目测
混凝土坍落度（水下灌注） （干施工）	mm mm	160～220 70～100	坍落度仪
导管插入混凝土中深度	m	2～4	测导管长度
套管拔管制度	m/min	0.8～1.2	目估
混凝土充盈关系	>1		检查每根桩的实际灌注量
桩顶标高	mm	+150 −50	水准仪，需扣除桩顶劣质混凝土 1.0～2.0 mm
混凝土强度[①]	满足设计要求		试块报告或钻芯取样送检
桩体完整性检验[①]	满足设计要求		低应变动测法检测
荷载试验[①]	满足设计要求		单桩静载试验

注：①项为主控项目。

六、特殊施工方法的灌注桩

为了提高灌注桩的桩身质量和承载能力，发展了各种特殊施工方法的灌注桩，如夯扩桩、嵌岩桩、压浆成桩和葫芦形桩等。这些特殊类型桩都采用特殊的施工机具和特殊的施工工艺，设计计算方法与一般桩也有差别。

（一）夯扩桩

夯扩桩是一种用锤夯击的方法扩大桩端截面的灌注桩，目的是为了提高桩的承载能力。成孔的方法根据当地地质条件和施工条件选择，可以采用钻孔、沉管或人工挖孔的方法，成孔后在孔中灌注一定量的混凝土，用重锤夯实至规定的高度使桩的端部扩大至规定的直径。

夯扩桩适用于下列条件：

①桩端持力层属于可塑－硬塑的粉质黏土、施工时不产生液化的粉土或砂土，且埋藏深度不大于 14 m，厚度不小于 4 m；

②桩基所承受的荷载主要是竖向力；

③建筑物属于二级或三级安全等级。

（二）嵌岩桩

在基岩地区，灌注桩穿过覆盖层嵌入基岩以获得稳定的桩端阻力，并具有良好的抗水平荷载的能力，与其他类型的桩相比，嵌岩桩具有如下的优点：

①嵌岩部分可以充分利用基岩的承载能力，单桩承载力高；

②以压缩性极低的基岩作为桩端持力层，建筑物的沉降很小；

③以嵌岩桩为基础的建筑物在地震过程中所产生的地震效应弱，抗震性能好。

嵌岩桩的嵌岩深度直接影响单桩承载力的大小，是设计时必须妥善处理的问题。确定嵌岩深度的方法，可根据是否取出岩样分为直接判断法和间接判断法。

直接判断法是将取出的岩芯或岩屑与勘察钻孔的标准岩芯进行比较，判断是否已经嵌入设计要求的风化岩石的类别；直接判断法又可分为根据岩芯采样验证确定和根据返出的屑确定的方法；由于钻孔灌注桩直径大，直接取芯困难，一般在钻进至预计基岩顶面标高时可提钻换小直径取芯钻头取芯采样；如果拟建场地基岩面起伏变化不大，可按总桩数的适当比例或按质检部门要求进行取芯验证；如果基岩面起伏大，且又是一柱一桩的重要基础时，没有对每桩布孔勘察的情况应每桩取芯验证。

(三)钻孔压浆成桩

钻孔压浆成桩是一种新的成桩工艺，成孔采用长臂螺旋钻机，钻孔至预定深度后在提钻时通过设置的钻头的喷嘴向孔内喷注水泥浆，至浆液达到没有塌孔危险的位置为止；起钻后在孔内放置钢筋笼，投放粒料至孔口，然后向孔内二次补浆，直至浆液达到孔口。这种工艺保留了长臂螺旋钻孔灌注桩的优点，又克服了它的不足，是一种无噪声、无振动、无泥浆护壁排污，又可以在流沙、塌孔等复杂地质条件下成桩的方法。其适用桩径为300～1 000 mm，深50 m左右。钻孔压浆成桩法具有下列特点：

①可以在复杂的水文地质工程地质条件下施工；

②无压浆护壁、无排污施工，有利于环境保护；

③重复高压灌浆形成了十分致密的桩体，对周围土层具有一定的加固作用，解决了断桩、缩径、夹泥等一般灌注桩的常见问题，提高了桩身质量和单桩承载力；

④提高了施工速度；

⑤造价降低 10%～15%。

(四)桩底灌浆工艺

由于泥浆护壁钻孔灌注桩施工时无挤土作用，桩侧摩阻力明显地小于预制桩；由于孔底沉渣无法排除干净，使桩端阻力不能充分地发挥。对于这种情况可以采取桩底灌浆的方法，能有助地提高单桩承载力。

在成孔灌注混凝土以前，先向孔底投放碎石，厚度约 0.5 m，其作用是在灌浆时作为浆液通道，结硬时和砂浆形成桩头；同时在投放重力的冲击下，将孔底沉积的软土翻起，以利于在灌注混凝土时排出孔外；在桩身混凝土强度达到75%后，即可实施灌浆。先注入清水冲洗管道并清除碎石间歇中的泥浆杂物，形成灌浆通道，待溢浆管冒水表明通道已经形成，即可注入浆液，随后溢浆管由冒混水逐渐变成冒泥浆，最后溢出新的泥浆时表明孔底沉渣已大部分被置换，即可停止灌浆。

表 8.2.9 给出了孔底灌浆与不灌浆的钻孔灌注桩单桩静载荷试验的结果，说明孔底灌浆对于提高单桩承载力具有非常明显的效果。试验桩的直径为 0.7 m，桩长 14.5 m，采用 C18 混凝土。

孔底灌浆效果对比试验结果　　表 8.2.9

桩号	孔桩处理情况	桩限承载力/kN					容许承载力判定	
		Q-s	$s$lg$Q$	s-lg$Q$	按 20 mm 下沉量	判定值	容许值	相应下沉量/mm
1	灌浆	168	161	161	161	161	80～84	3.77
2	未灌浆	84	70	77	77	77	35～42	2.7～4.19
3	灌浆	168	168	168	161	168	84～90	3.93

(五)人工挖孔灌注桩

大直径人工挖孔灌注桩(包括扩底桩)具有承载能力高，造价低廉等优点，适宜于在地层稳定、不易塌方,无地下水或含水较弱的地区采用。

1.挖掘成孔

人工挖孔桩成孔过程中,要根据桩身范围内体制情况,采用无支护开挖或有支护开挖。在开挖深度不大于 6 m 的硬黏性土中,可采用无支护的空壁开挖法;对于其他情况都应做好孔壁的支护,支护分为砖护壁、钢套筒护圈或混凝土护壁。

钢套筒护圈法适于深度不大于 8 m,孔径小于 1.2 m 的桩。护圈一般由 3 mm 厚度的钢板焊接,做成分段组合式,以便于施工时安装拆卸、下放或提升。

混凝土护壁适用于砂土层,每节高度以 1 m 为宜,在易坍塌的砂层中,每节高度宜减为 0.5 m。为便于浇筑混凝土和严密接茬,护壁可做成上厚下薄,护壁的平均厚度不宜小于 100 mm,两节护壁的搭接长度不得小于 50 mm,并用钢筋拉结。扩大端斜面应以竖向钢筋拉结。护壁模板用二至四块弧形钢板拼装而成。护壁用 C15 细石混凝土现场浇筑,坍落度不小于 150 mm。

2.浇筑混凝土

挖孔完毕并检查合格后应立即浇筑混凝土。有扩大端的先浇筑扩大端部分的混凝土,桩身混凝土应连续浇筑,分段振捣,每端高度不宜大于 1 m。浇筑时必须采用溜槽和串筒,不能直接从孔口倒入混凝土。

3.安全措施

人工挖孔桩成孔工作的劳动条件比较差,施工时必须采取严格的安全措施,以防止发生安全事故。包括以下几个方面:

①要了解孔内是否存在有害气体,深度超过 10 m 的孔应用通风设施,风量应大于 25 L/s;

②供施工人员上下的井道电葫芦、吊篮等应有自动卡紧保险装置,不得用单绳徒手蹬井帮上下,孔内必须设置应急软梯;

③随时检查提升设备的完好情况;

④暂时停止施工的孔口应加盖板并设护栏,挖出的土方应及时运走,不得堆放在孔口附近;

⑤严守用电规程,各孔用电必须分闸,孔内电线必须有防潮湿、防折断的保护措施。

4.不良地质条件下人工挖孔灌注桩的施工

人工挖孔灌注桩的施工受地质条件的制约很大,在不良地质条件下,如不采取必要的措施,不仅影响桩的质量,而且可能造成工程事故。下面主要讨论三种不良地质条件。

①涌水量较大时的混凝土护壁施工。当地下水位较高且土层透水性较好时,往往涌水量比较大,护壁隔水难以成功,造成施工困难,严重威胁桩孔安全,混凝土的浇筑质量明显下降。

单孔涌水量在每小时 1 t 以下时,对施工影响不大,在工作面上人工排水或潜水泵间断排水即可;当涌水量每小时超过 5 t 时,不宜采用人工挖孔灌注桩;对于涌水量每小时 1~5 t 的情况可采用抽水井集中降水法或钢管导水法施工。前者工期较长,造价较高,但降水后施工条件比较好,质量比较有保证,使用时应注意降水对邻近建筑物和市政设施的影响;后者在浇筑护壁混凝土时预埋导水钢管,将水引至吊桶中再用潜水泵将水抽走,此法比较简单,但水量不能太大。

②淤泥层较厚时混凝土护壁施工。淤泥层的厚度大小是能否进行人工挖孔灌注桩施工的控制因素,一般认为,当淤泥层的厚度超过一节护壁高度时便不能采用人工挖孔灌注桩。

当淤泥层的厚度较厚时，可以缩短护壁的高度，在护壁内增加箍筋和插筋以增加护壁的整体性，对于厚度在3 m以内的软塑至流塑的淤泥也可采用钢套筒护圈的方法。

③有较厚含水砂砾石层的施工。含水砂砾石层的渗透系数比较大，涌水量大，且易垮孔。一般认为含水砂砾石层的厚度超过2节护壁厚度时不宜采用人工挖孔灌注桩。

当工程量巨大，桩身混凝土灌注量在4 000 m^3 以上时，可采用抽水井大面积降低地下水位的方法，以降低水压力，减少坍孔的危险性。

第三节　预制桩施工

预制桩包括预制混凝土方桩、预应力混凝土管桩和钢桩，英文名词为Precast pile。预制桩的沉桩方法主要有锤击沉桩和静压沉桩。

一、混凝土预制桩的制作

1.预制桩的制作程序

现场布置→场地整平与处理→场地地坪混凝土浇筑→支模→绑扎钢筋、安装吊环→浇筑混凝土→养护至30%强度拆摸，再支上层模，涂刷隔离层→重叠生产浇筑第二层桩混凝土→养护至100%混凝土→起吊、运输、堆放→沉桩。

2.桩的制作

钢筋混凝土方桩可在工厂或施工现场预制。工厂预制利用成组拉模生产，用不小于桩截面高度的槽钢安装在一起组成。现场预制宜采用工具式木模或钢模板，支在坚实、平整的混凝土地坪上，用间隔重叠的方法生产，重叠层数不宜超过4层。

混凝土空心管桩采用成套钢管胎模在工厂用离心法生产。

预制桩制作允许偏差符合表8.3.1的规定。

预制桩制作允许偏差　　表8.3.1

桩　型	项　目	允许偏差/mm
钢筋混凝土实心桩	①横截面边长	±5
	②桩顶对角线之差	10
	③保护层厚度	±5
	④桩身弯曲矢高	不大于1‰桩长且不大于20
	⑤桩尖中心线	10
	⑥桩顶平面对桩中心线的倾斜	≤3
	⑦锚筋预留孔深	0～+20
	⑧浆锚预留孔位置	5
	⑨浆锚预留孔径	±5
	⑩锚筋孔的垂直度	≤1%
钢筋混凝土管桩	①直径	±5
	②管壁厚度	−5
	③轴心圆孔中心线对桩中心线	5
	④桩尖中心线	10
	⑤下节或上节桩的法兰对中心线的倾斜	2
	⑥中节桩两个法兰对桩中心线倾斜之和	3

3. 钢筋设置

桩内设纵向钢筋或预应力钢筋(丝)和横向钢箍,以承受桩在运输、起吊和沉桩过程中产生的弯曲应力和冲击应力。钢筋骨架的主筋连接宜用对焊或电弧焊,对于受拉钢筋,同一截面内的主筋接头数量不得超过50%。相邻两根主筋接头截面的距离应大于35倍主筋直径,并不小于50 mm。《建筑地基基础工程施工质量验收规范》(GB 50202—2002)规定预制桩钢筋骨架的施工质量符合表8.3.2的标准。

预制桩钢筋骨架的质量检验标准　　表8.3.2

项　　目	允许偏差或允许值/mm	检 查 方 法
主筋间距①	±5	尺量
桩尖中心线	10	尺量
箍筋间距或螺旋的螺距	±20	尺量
吊环沿纵轴线方向	±20	尺量
吊环垂直到纵轴线方向	±20	尺量
吊环露出桩表面的高度	±10	尺量
主筋距桩顶距离	±10	尺量
桩顶箍筋网片位置	±10	尺量
多节桩锚固箍筋长度(胶泥接桩用)	±10	尺量
多节桩锚固箍筋位置①(胶泥接桩用)	5	尺量
多节桩顶埋铁件①	±3	尺量
主筋保护层厚度①	±5	尺量

注:①项为主控项目。

二、混凝土预制桩的接桩

混凝土预制桩的接桩方法有焊接、法兰接及硫黄胶泥锚接三种。前面两种可用于各种土类,硫黄胶泥锚接适用于软土层,且对一级建筑桩基或承受拔力的桩宜慎重。

焊接接桩时,钢板宜用低碳钢,焊条宜选用E43;法兰接桩时,钢板和螺栓宜用低碳钢;硫黄胶泥锚接时,硫黄胶泥配合比应通过试验确定,其物理力学性能应符合表8.3.3的规定。

硫黄胶泥的主要物理力学性能指标　　表8.3.3

物理性能	①热变性:60 ℃内强度无明显变化;120 ℃变液态;140～145 ℃密度最大且和易性最好;170 ℃开始沸腾;超过180 ℃开始焦化,且遇明火即燃烧 ②密度:2.28～2.32 g/cm³ ③吸水率:0.12%～0.24% ④弹性模量:5×10⁵ kPa ⑤耐酸性:常温下能耐盐酸、硫酸、磷酸、40%以下的硝酸、25%以下的铬酸、中等浓度乳酸和醋酸
力学性能	①抗拉强度:4×10³ kPa ②抗压强度:4×10³ kPa ③握裹强度:与螺纹钢筋为1.1×10⁴ kPa;与螺纹孔混凝土为4×10³ kPa ④疲劳强度:对照混凝土的试验方法,当疲劳应力比值P为0.38时,疲劳修正系数r>0.8

为保证硫黄胶泥锚接桩质量，施工时应做到：

①锚筋应刷清并调直；

②锚筋孔内应有完好螺纹，无积水、杂物和油污；

③接桩时，接点的平面和锚筋孔内应灌满胶泥；

④灌注时间不得超过 2 min；

⑤灌注后的停歇时间应符合表 8.3.4 的规定；

⑥胶泥试块每班不得少于 1 组。

硫黄胶泥灌注后的停歇时间 表 8.3.4

项次	桩截面/mm	不同气温下的停歇时间/min									
		0～10 ℃		10～20 ℃		20～30 ℃		30～40 ℃		40～50 ℃	
		打桩	打桩	打桩	打桩	打桩	打桩	打桩	打桩	打桩	打桩
1	400×400	6	4	8	5	10	7	13	9	17	12
2	450×450	10	6	12	7	14	9	17	11	21	14
3	500×500	13	—	15	—	18	—	21	—	24	—

三、混凝土预制桩的沉桩

(一)锤击沉桩

桩锤的选用应考虑地质条件、桩型、布桩的密集程度、单桩竖向承载力和施工条件等因素，参考表 8.3.5 选择。

锤重选择表 表 8.3.5

锤型			柴油锤					
			20	25	35	45	60	72
锤的动力性能		冲击部分重/t	2.0	2.5	3.5	4.5	6.0	7.2
		总重/t	4.5	6.5	7.2	9.6	15.0	18.0
		冲击力/kN	2 000	2 000～2 500	2 500～4 000	4 000～5 000	5 000～7 000	7 000～10 000
		常用冲程/m	1.8～2.3					
桩的截面尺寸		预制方桩、预应力管桩的边长或直径/cm	25～35	35～40	40～45	45～40	50～55	55～60
		钢管桩直径/cm	φ40			φ60	φ90	φ90～φ100
持力层	黏性土、粉土	一般进入深度/m	1～2	1.5～2.5	2～3	2.5～3.5	3～4	3～5
		静力触探比贯入阻力 P_s 的平均值/MPa	3	4	5	>5	>5	>5
	砂土	一般进入深度/m	0.5～1	0.5～1.5	1～2	1.5～2.5	2～3	2.5～3.5
		标准贯入击数 N(未修正)	15～25	20～30	30～40	40～45	45～50	50
锤的常用控制贯入度/(cm/10 击)			2～3			3～5	4～8	
设计单桩极限承载力/kN			400～1 200	800～1 600	2 500～40 000	3 000～5 000	5 000～7 000	7 000～10 000

注：1. 本表仅用于选锤用。

2. 本表适用于 20～60 m 长钢筋混凝土预制桩及 40～60 m 长钢管桩，且桩尖进入硬土层有一定深度。

桩打入时应符合下列规定：

①桩帽或送桩帽与桩周围的间隙应为 5～10 mm；

②锤与桩帽，桩帽与桩之间应加设弹性衬垫，如硬木、麻袋、草垫等；

③桩锤、桩帽或送桩应和桩身在同一中心线上；

④桩插入时的垂直度偏差不得超过 0.5%；

⑤按标高控制的桩，桩顶标高的允许偏差为－50～＋100 mm；

⑥斜桩倾斜的偏差，不得大于倾斜角（指桩纵向中心线与铅垂线的夹角）正切值的 15%；

⑦桩位允许偏差应符合表 8.3.6 的规定。

预制桩（钢桩）位置的允许偏差 表 8.3.6

序号	项 目	允许偏差/mm
1	单排或双排桩条形基础： ①垂直于条形桩基纵轴方向； ②平行于条形桩基纵轴方向	 100＋0.01H 150＋0.01H
2	桩数为 1～3 根桩基中的桩	100
3	桩数为 4～16 根桩基中的桩	1/3 桩径或边长
4	桩数大于 16 根桩基中的桩： ①最外边的桩； ②中间桩	 1/3 桩径或 1/3 边长 1/2 桩径或 1/2 边长

注：由于降水、基坑开挖和送桩超过 2 m 等原因产生的位移偏差不在此表内。

钢筋混凝土预制桩锤击沉桩期的安全度问题。

钢筋混凝土预制桩在沉桩期间应满足强度和抗裂度的要求，特别对于高桩承台的预制桩，由于桩的自由长度比较大，还应考虑桩的压曲稳定性问题。在实际工程中，沉桩时的桩的断裂时有发生，有时还非常严重，表 8.3.7 给出了断裂桩的调查统计资料。

断裂桩的资料 表 8.3.7

工程名称	总桩数	纵身断裂	横向断裂	断裂桩数	断裂率/(%)
仪征化纤总厂码头	481	168	13	181	37.6
九四二四工程	106	13		13	12.3
高港磷矿码头	63	19		19	30.2
九五工程	692	52		52	7.5
澄西船厂	1 428	130	100	230	16.1
南通粮食码头	82		19	19	23.2
船山石灰石矿	30	29		29	96.7
南通姚港码头	70		13	13	18.6
合计	2 952	411	145	556	18.8

产生上述桩的断裂现象的主要原因是在下沉过程中进入密实砂层时，锤击次数过多，锤击能过大所致。

为了防止沉桩时桩的断裂，需要研究锤击沉桩时桩身的锤击应力，桩身配筋时应使桩身强度足以抵抗沉桩时的锤击应力。国内一些地区曾经做过桩的锤击应力的试验实测工作，实测的结果见表8.3.8。

预应力混凝土桩实测锤击应力值(单位:MPa)　　表 8.3.8

试验地点	沿桩身锤击拉应力最大值			沿桩身锤击压应力最大值		
	最大值	平均值	最小值	最大值	平均值	最小值
上海地区	13.64	11.00	7.79	15.43	12.80	10.92
天津二港	9.28	6.96	5.53	13.40	9.50	7.65
天津三港	7.20	6.00	4.90	20.00	15.80	11.70
浙江镇海	11.40	9.37	8.26	25.30	20.70	16.10

(二)静力压桩法沉桩

静力压桩法是以设备本身自重(包括配重)作反力,液压驱动,用静压力将桩压入地基土中的一种沉桩工艺。这种施工工艺具有无振动、无噪声、无污染、无冲击力和施工应力小等特点。有利于减小沉桩振动对邻近建筑物和精密设备的影响,避免对桩头的冲击损坏,降低用钢量。在沉桩过程中还可以测定沉桩阻力,为设计和施工提供参数,预估和验证单桩极限承载力,检验桩的工程质量。

近年来,由于大吨位压桩机的出现,提高了静力压桩法施工的适用范围,能将长桩压入砂层,可适用于对单桩极限承载力设计要求超过 5 000 kN 的超高层建筑。例如在上海地区,曾使用 800 t 压桩机,将 0.50 m×0.50 m×38.5 m 的预制方桩压进中密砂层(此层的静力触探比贯入阻力为 12.5 MPa)2.4 m,至设计标高时的压桩阻力为 4 778～5 868 kN,静载荷试验测定的单桩极限承载力为 6 750 kN。

由于静力压桩法的施工应力小,混凝土的强度等级可小于锤击法施工,钢筋用量少于锤击桩,因而静力压桩的综合造价低于锤击法沉桩。对于采用 0.45 m×0.45 m×36 m 的预制桩,桩数 1 000 根的一个工程,分析了两种方法钢筋用量对比(表 8.3.9),静力压桩的制桩费用比锤击法节省 116 万元,施工费节省 34 万元,总费用节省 150 万元,折合每立方米桩体节省造价 206 元。同时由于静力压桩施工无振动、无噪声,可以昼夜施工,施工速度为锤击沉桩的 1.5 倍,总工期可缩短 1/3。

钢 筋 用 量 对 比　　表 8.3.9

桩类	桩 的 型 号	主筋型号和用量	箍筋型号和用量	钢帽类型和用量
静力压桩	JZH b-245-1818 B	8ϕ18 50 kg	2ϕ 6 144 kg	乙帽 115 kg
锤击沉桩	JZH b-245-1818 C	8ϕ18 735 kg	2ϕ 8 256 kg	甲帽 143 kg

(三)钢筋混凝土桩的质量检测标准

《建筑地基基础工程施工质量验收规范》(GB 50202—2002)规定的钢筋混凝土预制桩质量验收标准见表 8.3.10。

钢筋混凝土桩的质量检验标准　　表 8.3.10

检 查 项 目	允许偏差或允许值		检 查 方 法
	单位	数值	
砂、石、水泥、钢材等原材料	符合设计要求		抽样送检
混凝土配合比及强度	符合设计要求		检查称量及查试块记录
成品桩外形	表面平静,颜色均匀,掉角深度小于 10 mm,蜂窝面积小于总面积的 0.5%		直观
成品桩裂缝(收缩裂缝或起吊、装运、堆放引起的裂缝)	深度小于 20 mm,宽度小于 0.25 mm,横向裂缝不超过边长的一半		裂缝测定仪,该项在地下水有侵蚀地区和锤击数超过500击的长桩不适用

续上表

检查项目	允许偏差或允许值		检查方法
	单位	数值	
成品桩尺寸	见表 8.2.9		
电焊接桩:焊缝质量			
电焊结束后停歇时间			
上、下节平面偏差	min	>1.0<1.0	秒表测定 尺量
节点歪曲矢高	mm	<1/1 000 *H*	尺量
硫黄胶泥浇筑时间	min	<2	秒表测定
接桩:浇筑后停歇时间	min	>7	秒表测定
桩顶偏差①	见表 8.3.6		尺量
桩顶标高	mm	±50	水准仪
贯入度	满足设计要求		尺量或查沉桩记录
低应变动测验①	满足设计要求		按规定的低应变试验法
荷载试验①	满足设计要求		

注:①表示主控项目。

四、钢桩的制作

钢桩(钢管桩、H 型钢桩及其他异型钢桩)的制作应符合下列要求:

①制作钢桩的材料应符合设计要求,并有出厂合格证和试验报告;

②现场制作钢桩应有平整的场地和防雨挡风的设施;

③钢桩的分段长度不宜大于 15 m;

④用于地下水有侵蚀性的地区或腐蚀性土层的钢桩应按设计要求做防腐处理;

⑤钢桩制作的允许偏差应满足表 8.3.11 的规定。

成品钢桩质量检验标准 表 8.3.11

检查项目		允许偏差或允许值		检查方法
		单位	数值	
外径或断面尺寸①	桩端部	±0.5%外径或边长		尺量
	桩身	±1%外径或边长		尺量
长度		mm	+10	尺量
矢高①		≤1/1 000 桩长		尺量
端部平整度			≤2(H 形桩≤1)	水平尺量
端部平面与桩中心线的倾斜值		mm	≤2	水平尺量
钢桩的方正度 *h* >300 <300		mm mm	$T+T'\leqslant 8$ $T+T'\leqslant 6$	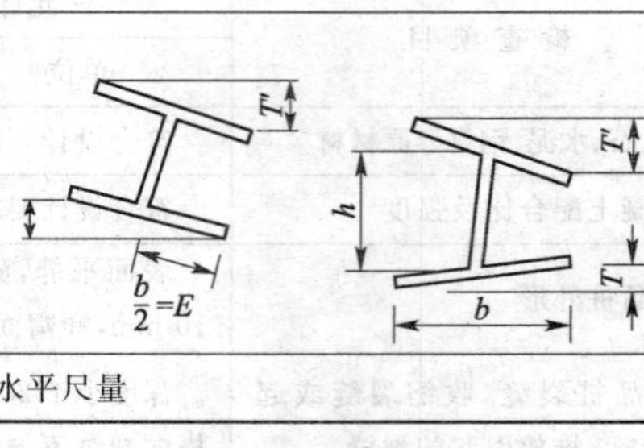
端部平面桩中心线的倾斜值		mm	≤2	水平尺量

注:①表示主控项目。

五、钢桩的焊接、运输与堆放

钢桩的焊接应符合下列规定：

①端部的浮锈、油污等必须清除并保持干燥，下端桩顶经锤击后的变形部分应割除；

②上下节桩焊接时应校正垂直度，对口的间隙为 2～3 mm；

③焊接应对称进行；

④焊接应用多层焊，钢管桩各层焊缝的接头应错开，焊渣应清除；

⑤H 型钢桩或其他异型薄壁钢桩的接桩处应加连接板，可按等强度设计；

⑥焊接质量应符合国家钢结构施工与验收规范和建筑钢结构焊接规程，每个接头除应符合表8.3.12规定的外观允许偏差外，还应按接头总数的 5%做超声检查或按 2%做 X 光片检查，在同一工程内，探伤检查不得少于 3 个接头。

钢桩的运输和堆存：

钢桩应按规格、材质分别堆放，堆放层数不宜太高；对钢管桩 ϕ 900 mm 直径的桩放置 3 层；ϕ 600 mm 直径的桩放置 4 层，ϕ 400 mm 直径的桩放置 5 层，对 H 型钢桩最多放置 6 层。

六、钢桩的沉桩

沉桩常遇问题的分析和处理见表 8.3.12。

沉桩常遇问题的分析和处理　　表 8.3.12

常遇问题	主要原因	防止措施和处理方法
桩头打坏	桩头强度低，配筋不当，保护层过厚，桩顶不平，锤与桩不垂直，有偏心；锤过轻，落锤过高，锤击过久，桩头所受冲击力不均匀；桩帽顶板变形过大，凹凸不平	加桩垫，垫平桩头，低锤慢击或垂直度纠正等措施
桩身扭转或位移	桩不对称，桩身不正直	可用棍撬，慢锤低击纠正，偏差不大可不处理
桩身倾斜或位移	桩尖不正，桩头不平，遇横向障碍物压边，土层有陡的倾斜角，桩端与桩身不在同一直线上，桩距太近，邻桩打桩时土体挤压	偏差过大应拔出移位再打，或作补桩；入土不深，偏差不大时，可用木架顶正，再慢锤打入纠正，障碍物不深时，可挖除回填后再打或作补桩处理
桩身破裂	桩质量不符合设计要求，遇硬土层时锤击过度	加钢夹箍用螺栓扭紧后焊固补强。如已符合贯入度要求，可不处理
桩涌起	软土中相邻桩沉桩挤土作用	将涌起最大的桩重新打入，经静载荷试验不合格时需复打或重打
桩急剧下沉	遇软土层、土洞，接头破裂或桩尖劈裂，桩身弯曲或有严重的横向裂缝，落锤过高，接桩不垂直	将桩拔起检查改正重打，或在靠近原柱位补桩处理，加强沉桩前的检查
桩不易沉入或达不到设计标高	遇地下障碍物、坚硬土夹层或砂夹层，停打时间过长，定错桩位	用钻机钻透硬土层或障碍物，或边射水边打入，根据地质条件正确选择桩长
桩身跳动，桩锤回弹	桩尖遇树根或坚硬土层，桩身过曲，接桩过长，落锤过高	采取措施穿过或避开障碍物，换桩重打，如入土不深，应拔起换位重打
接桩处松脱开裂	接桩处表面清理不干净，有杂质、油污，接桩铁件或法兰不平，有较大间隙，焊接不牢或螺栓拧不紧，硫黄胶泥配比不当，未按规定操纵	清理连接平面，校正铁件平面，焊接或螺栓拧紧后锤击检查是否合格，硫黄胶泥配比应进行试验检查

七、钢桩施工质量检验标准

钢桩施工前，应对进入现场的成品钢桩，电焊条作质量检验；施工中应检查钢桩的垂直度、沉入过程情况、电焊连接质量、电焊后的停歇时间、桩顶锤击后的完整状况。电焊质量除作常规检查外，应作 10％的焊缝探伤检查。施工结束后应作承载力检验，小应变完整性检验按需要确定。《建筑地基基础工程施工质量验收规范》(GB 50202—2002)规定的钢桩施工质量检验标准见表 8.3.13。

钢桩施工质量检验标准　　表 8.3.13

检查项目	允许偏差或允许值	检查方法
电焊质量	满足设计要求	查出厂质保书或抽样送检
电焊接桩焊缝： 上下节端部错口(外径≥700 mm) (外径＜700 mm) 焊缝咬边深度 焊缝加强层高度 焊缝加强层宽度 焊缝电焊质量外观 焊缝 X 光拍片检验	 ≤3 mm ≤2 mm ≤0.5 mm 2 mm 2 mm 无气孔，无焊瘤，无裂缝满足设计要求	尺量　焊缝检查仪 焊缝检查仪 焊缝检查仪 直观 焊缝拍片机
电焊结束后停歇时间①	＞1.0 min	秒表测定
节点弯曲矢高	＜1/1 000H	尺量(H 为两节桩长)
桩位偏差①	见表 8.3.6	尺量
桩顶标高	±50 mm	水准仪
贯入度	满足设计要求	尺量或沉桩记录
载荷试验①	满足设计要求	查试桩资料或参与试桩

注：①项为主控项目。

第四节　预应力混凝土管桩

预应力混凝土管桩是采用先张法预应力、掺加高效减水剂、高速离心蒸汽养护工艺的空心圆筒体细长的预制桩，包括预应力混凝土管桩(代号 PC)、预应力混凝土薄壁管桩(代号 PTC)和预应力高强混凝土管桩(代号 PHC)三大类。预应力混凝土管桩是指混凝土强度等级低于 C80，且不低于 C60 的桩；预应力高强混凝土管桩是指混凝土强度等级不低于 C80 的桩。

管桩的预应力施加于轴向钢筋，并由螺旋形钢箍与主筋点焊成钢筋笼。每一节桩两端的端板既是预应力钢筋的锚板，也是管节之间的连接板，端板外缘一周的坡口供接桩时焊接用，与端板相连的钢裙板既有保护桩头的作用，又有电焊接装时起散热的作用。

我国丰台桥梁厂于 20 世纪 60 年代率先生产混凝土离心管桩以来，混凝土管桩的生产和应用不断发展。尤其是 20 世纪 80 年代后期至 90 年代，先张法预应力混凝土管桩作为建设部全国重点推广应用的科技成果，在我国的广东、上海、宁波、连云港等地大量地应用于建筑、港口、道路、桥梁、电力等工程建设中，取得了明显的经济效益和社会效益。

预应力管桩的产品标准为国家标准《先张法预应力混凝土管桩》(GB 13476—2009)，广东省颁布了地方标准《锤击式预应力混凝土管桩基础技术规程》(DBJ/T 15—22—2008)，企业根据国家标准还制订了有关的企业标准。

一、管桩的特点与使用条件

管桩与预制方桩和钢桩相比较，具有下列明显的特点：

①与一般预制方桩比，管桩的混凝土强度高，因而其结构承载力高，抗锤击性能好。

②材料用量少，钢筋用量比一般方桩节省50%左右，混凝土用量节省30%左右，因而自重轻，又便于运输和施工。

③适应性强，桩长可根据不同工程的需要进行拼接；桩尖可以根据设计要求配置；对锤击、挖空、压入、水中和锤抓等不同的沉桩工艺都能适应。

④成本低，其价格仅为钢桩的1/3～1/2，使用成本也比钢柱低，且其结构刚度也优于钢桩。

⑤使用开口桩时挤土量比方桩小，且可贯入性好，施工速度快。

⑥结构定型化、工艺标准化、生产自动化、机械化，因而产品质量可靠，有利于商品化生产，有利于建筑工业化的发展。

预应力混凝土管桩适用于桩端持力层为较厚的强风化或全风化岩层，坚硬黏性土，密实碎石土、砂土、粉土层的场地。不适宜用于土层中含有较多的孤石、障碍物，或含有不适宜作为持力层且管桩又难以贯穿的坚硬夹层；在石灰岩地区，大多数基岩表面就是新鲜岩面，且存在溶洞、溶沟和溶槽等，其上覆土层一般不宜作为持力层，打桩过程中，管桩一接触岩面就容易出现桩身断裂或桩尖滑动。据统计，在石灰岩地区打桩，桩的破损率高达20%～50%，成桩倾斜超过规范允许值的桩数很多，而且单桩承载力比较低，所以石灰岩地区一般不宜采用管桩基础。

二、管桩的规格和技术性能

各企业生产的预应力混凝土管桩的规格和性能因其适用条件不同而有差异，表8.4.1、表8.4.2是不同规格的混凝土管桩的性能。从表8.4.1可见，PTC桩的壁厚仅为PC桩的60%左右，重量轻，节省材料，适用于抗震设防烈度小于7度的地区。比较表8.4.1中的PHC桩和PC桩可以看出，在相同型号的条件下，高强度预应力管桩的单桩承载力比PC桩高出40%以上，可以满足对单桩承载力有较高要求的工程需要。按有效预应力的大小，预应力管桩分为A、AB、B和C四种型号，随着有效预应力的增大，桩的抗裂弯矩相应提高。

预应力混凝土管桩的规格与技术性能　　表8.4.1

外径/mm	代号	壁厚/mm	型号	预应力配筋	混凝土有效预应力/MPa	抗裂弯矩/(kN·m)	极限弯矩/(kN·m)	极限承载力设计值/kN	极限承载力标准值/kN	计算重量/(kg/m)
400	PC	95	A	7φ9.0	3.79	52	77	600	2 500	236
			AB	7φ10.7	5.19	63	104			
	PTC	55		7φ7.1	4.01	35	35	900	1 500	155
500	PC	100	A	9φ9.0	3.77	99	148	2 100	3 300	326
			AB	9φ10.7	3.77	99	148			
	PHC	100	A	9φ9.0	5.25	121	200	2 800	4 800	326
			AB	9φ10.7	5.25	121	200			
	PTC	60		9φ7.1	3.71	55	90	1 260	2 100	215
600	PC	110	A	Z12φ9.0	3.88	164	246	2 900	4 500	440
			AB	12φ10.7	5.42	201	332			
	PHC	110	A	Z12φ9.0	3.88	164	246	3 800	6 500	440
			AB	12φ10.7	5.42	201	332			
	PTC	70		9φ9.0	4.2	100	180	1 860	3 100	303

预应力高强混凝土管桩的规格和技术性能　　表 8.4.2

外径/mm	型号	壁厚/mm	主筋			混凝土有效预压应力/MPa	极限开裂弯矩/(kN·m)	单位重量/(t/m)	主筋含钢率/(%)	结构承载力/kN	单节长度/m
			直径/mm	数量/根	D_p/mm						
400	B	97	9.2	10	297	5.10	73.5	0.240	0.69	1 650	9～11
500	A	100	9.2	10	416	3.90	103.0	0.327	0.51	2 300	9～12
	AB_1	110	9.2	15	416	5.50	123.6	0.350	0.67	2 450	9～12
	AB_2	125	9.2	15	416	4.61	123.6	0.383	0.61	2 700	9～12
600	A	100	9.2	12	510	3.75	166.7	0.408	0.49	2 900	10～15
	AB_1	110	9.2	18	510	4.79	200.0	0.440	0.64	3 100	10～15
	AB_2	120	9.2	18	510	4.51	200.0	0.499	0.70	3 450	10～15
	AB_3	130	11	15	510	5.24	200.0	0.499	0.70	3 450	10～15
	B	110	11	18	510	6.88	245.2	0.440	0.96	300	10～15
800	A	110	9.2	20	690	4.08	392.3	0.620	0.57	4 400	10～15
	AB	110	11	20	690	5.57	470.8	0.620	0.75	4 300	10～15
	B	110	11	30	690	7.94	539.4	0.620	1.13	4 150	10～15
	C	110	13	30	690	10.40	637.4	0.620	1.57	4 000	10～15
1 000	A	130	9.2	32	880	4.73	735.5	0.924	0.58	6 500	9～12
	AB	130	11	32	880	5.94	882.6	0.924	0.81	6 350	9～12
	B	130	13	32	880	7.90	1 029.7	0.924	1.13	6 200	9～12

注：1. 高压蒸养混凝土强度为 78.4 MPa。

2. 表中的 D_p 为主筋位置直径。

三、预应力混凝土管桩的构造要求与外观质量要求

预应力混凝土管桩的构造要求和外观质量要求分别见表 8.4.3、表 8.4.4。预应力混凝土管桩的桩尖有"十"字形桩尖、圆锥形桩尖和开口形桩尖三种不同的形式，其构造尺寸见图 8.4.1 和表 8.4.5～表 8.4.7。各种桩尖分别适用于不同的地质条件和设计要求。开口形桩尖穿越砂层的能力比较强，挤土效应比其他桩尖形式低，但价格较高，一般用于桩径较大，桩长较长且布桩较密的场地。"十"字形和圆锥形的桩尖均为封口桩尖，成桩后管桩内不进土，可通过低压照明用直观法检查成桩质量。圆锥形桩尖穿越砂层的能力也比较强，且加工容易，价格便宜，在我国广东地区，90％以上的管桩工程采用圆锥形桩尖。

预应力混凝土管桩的构造要求(单位：mm)　　表 8.4.3

外径	最小壁厚	螺旋筋				混凝土保护层	端头板		钢裙板		
		直径	桩端加密区		非加密区		板厚	坡口(高×宽)	板厚	高	外径
			间距	长度	间距						
300	70	3.4～4.0	40～50	1 200	100～110	≥25	16	4×10	≥1.5	≥140	299
400	90	≥4.5	40～50	1 500	100～110	≥25	18	4.5×11	≥1.5	≥140	399
500	100	≥5.0	40～50	1 500	100～110	≥25	18	4.5×11	≥1.5	≥140	499
550	100	≥5.0	40～50	1 500	100～110	≥25	20	4.5×11	≥1.5	≥140	549
600	105	≥5.0	40～50	1 500	100～110	≥25	20	(4.5～5)×(11～12)	≥1.5	≥140	599

预应力混凝土管桩外观质量要求 表 8.4.4

项目		质量要求
粘皮和麻面		局部粘皮和麻面累计面积不大于桩身总面积的 5%，其深度不得大于 10 mm；允许做有效的修补
桩身合缝漏浆		合缝漏浆深度小于主筋保护层厚度，每处漏浆长度不大于 300 mm，累计长度不大于管桩长度的 10%，或对称漏浆的搭接长度不大于 100 mm，允许做有效的修补
局部磕损		磕损深度不大于 10 mm，每处面积不大于 50 cm^2，允许做有效修补
内外表面露筋		不允许
表面裂缝		不允许出现环向或纵向裂缝，但龟裂、水纹及浮浆层裂纹不在此限
端面平整度		管桩端面混凝土及主筋头不得高出端板平面
断头、脱头		不允许。但当预应力主筋采用钢丝且其断丝数量不大于钢丝总数的 3%时，允许使用
钢裙板凹陷		凹陷深度不得大于 10 mm，每处面积不大于 50 cm^2
内表面混凝土脱落		不允许
桩接头及钢裙板与混凝土结合处	漏浆	漏浆深度小于主筋保护层厚度，漏浆长度不大于周长的 1/4，允许做有效修补
	空洞和蜂窝	不允许
其他		离心成型后废浆液应倒清

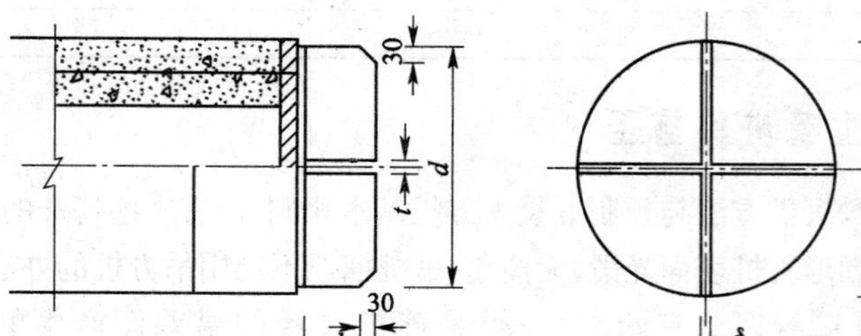

a)"十"字形桩尖

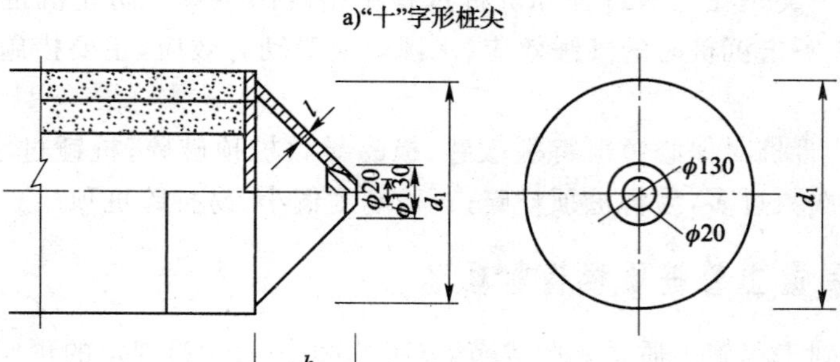

b)圆锥形桩尖

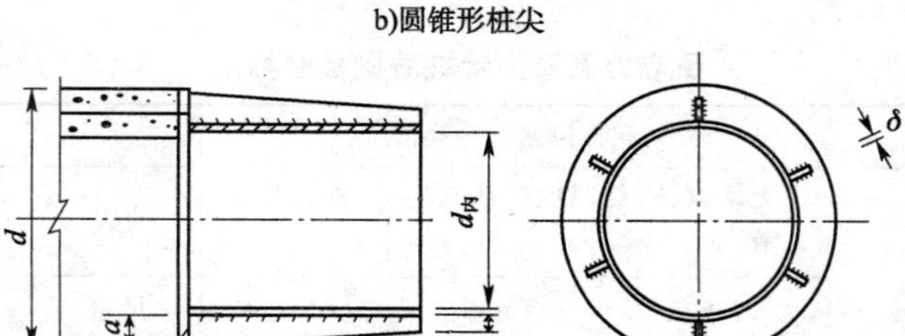

c)开口形桩尖

图 8.4.1 管桩桩尖构造图

"十"字形桩尖构造尺寸(单位:mm)　　表 8.4.5

桩　径	d_1	h	δ	t
300	270	≥100	≥18	≥10
400	368	≥110	≥18	≥10
500	468	≥125	≥19	≥12
550	518	≥125	≥19	≥12
600	568	≥125	≥19	≥12

圆锥形桩尖构造尺寸(单位:mm)　　表 8.4.6

桩　径	d_1	h	t
300	247	120	≥12
400	347	170	≥12
500	447	220	≥12
550	500	246	≥12
600	547	270	≥14

开口形桩尖构造尺寸(单位:mm)　　表 8.4.7

桩径	$d_{内}$	t	h	a	b	δ
500	300	≥10	400	60	40	16
550	350	≥12	400	60	40	16
600	400	≥12	400	60	40	16

四、预应力混凝土管桩的施工

预应力混凝土管桩的沉桩方法与预制混凝土方桩基本相同,但有一些特殊的问题需要注意:

①吊桩损坏。由于圆形管桩表面光滑,无棱角,吊桩捆抓不能用吊方桩的办法,必须注意防滑。

②桩身裂缝。管桩桩身裂缝有两类:一类是养护过程的温差而产生的小于 0.2 mm 的浅表温度裂缝;另一类是在运输过程和沉桩过程中出现的裂缝。防止沉桩过程中出现结构裂缝的要点是解决锤击沉桩时的气锤效应、水锤效应等动力效应,主要措施是使管桩内腔的空气与大气连通。

③桩身破碎。管桩对偏心锤击特别敏感,极易导致桩顶破碎;桩锤过小,锤击能量易集中在桩顶,且锤击次数过多,易将桩顶打碎;送桩刚度偏小,易打碎桩顶。

五、预应力混凝土管桩质量检验标准

《建筑地基基础工程施工质量验收规范》(GB 50202—2002)规定的预应力混凝土管桩的质量验收标准见表 8.4.8。

预应力混凝土管桩质量检验标准　　表 8.4.8

检 查 项 目	允许偏差与允许值	检 查 方 法
成品桩质量①:外观	无蜂窝、露筋、裂缝;色感均匀,桩顶处无孔隙	直观
桩径	±5 mm	尺量
管壁厚度	−5 mm	尺量
桩尖中心线	<2 mm	尺量
顶面平整度	10 mm	水平尺量
桩体弯曲	<1/1 000H	尺量(H 为桩长)

续上表

检查项目	允许偏差与允许值	检查方法
接桩：焊缝质量 电焊结束后停歇时间 上下节平面偏差 节点弯矩矢高	见表8.3.13 >1.0 min <10 mm <1/1 000H	 秒表测定 尺量 尺量（H为两节桩长）
桩位偏差①	见表8.3.5	尺量
桩顶标高	±50 mm	水准仪
贯入度①	满足设计要求	尺量或查沉桩记录
低应变整体性检验①	满足设计要求	按规定的低应变试验法
载荷试验①	满足设计要求	查试桩资料或参与试桩

注：①表示主控项目。

第五节　预制桩沉桩对环境的影响分析及防治措施

预制桩属于挤土桩，沉桩时土体中产生很高的孔隙水压力，土体发生侧向挤出和向上隆起，使周围建筑物和市政管线产生变形，严重时发生开裂、倾斜等事故，对预制桩事故应采取合理的施工方法和必要的防治措施，同时必须进行周围建筑物和市政管线的变形监测，以控制施工速度和改进施工方法。

一、沉桩对环境的影响

预制桩沉桩对环境会产生不利影响，主要有以下方面。

①沉桩的挤土效应使土体产生隆起和水平向的挤压，引起相邻建筑物和市政设施的不均匀变形以致损坏；挤土效应所引起的环境影响以混凝土预制方桩和闭口钢桩为最甚，开口钢桩和混凝土管桩次之；锤击沉桩和静压沉桩都有挤土的不良效应。

②锤击沉桩时的振动波对环境也有不良影响，使邻近建筑物产生剧烈的振动，门窗晃动，给居民带来不安全的恐惧感；会影响精密设备和精密仪器的工作精度，甚至损坏设备；振动主要是由锤击沉桩引起的，静压沉桩不会产生剧烈的振动影响。

③锤则沉桩时的噪声对环境的污染相当严重，波及范围相当广，对居民生活造成不良的影响。

二、沉桩对环境影响的分析与评价

1. 群桩施工的影响范围

根据某工程实测资料，单桩沉桩时，引起地面隆起和邻近桩上抬的影响范围如表8.5.1所示。

沉桩影响半径与桩长的关系　　表8.5.1

工程名称	影响半径 R/m	桩长 L/m	R/L	工程名称	影响半径 R/m	桩长 L/m	R/L
设计院综合楼	10.5	13.7	0.77	机械学校	15.0	25.0	0.60
白鹤二村	14.0	18.0	0.78	科技大厦	12.0	18.5	0.65
白鹤一村	14.0	18.0	0.78				

2. 桩顶上抬量

因相邻桩的沉桩而引起桩的上抬量是施工质量控制的一个重要指标，但目前尚无理论计算的方法。根据实测资料，可以用叠加的方法进行近似估算，其步骤如下：

①施工时观察沉桩引起相邻的上抬量，得到邻桩上抬量与施工桩距离的关系；

②按桩长和桩径确定单桩的影响半径；

③由桩位图确定对计算桩影响区内的桩数及其与计算桩间的距离；

④根据步骤①得到的上抬量与距离的关系确定计算桩引起各桩的上抬量；

⑤影响区内尚未施工的各桩的估算上抬量与实测上抬量的比较，由于施工时影响桩顶上抬量的因素很多，所提的估算方法能达到这种精度还是相当满意的(表 8.5.2)。

上抬量估算值与实测值的比较 表 8.5.2

工程名称	估算上抬量/mm	实测上抬量/mm	相对误差/(%)	工程名称	估算上抬量/mm	实测上抬量/mm	相对误差/(%)
设计院综合楼	317	244	29.9	机械学校	339	301	12.6
白鹤二村	136	129	5.4	科技大厦	237	242	2.1

3. 地面上抬量

沉桩时，周围土体上抬，从而引起相邻建筑物和市政管线的非静压变形。研究地面上抬量与施工速度的关系，有助于控制施工，避免发生工程事故。施工速度即一天的沉桩数量。沉桩的数量越多，土体的体积变化越大，地面上抬量也越多；施工桩位距控制点的距离越近，地面上抬量也越大。

根据实测数据可以绘制如图 8.5.1 所示的散点图，纵坐标为地面上抬量，横坐标为 V/L，V 为沉桩的体积，L 为沉桩区中心与控制点之间的距离。如已知沉桩区中心与控制点的距离和允许上抬量，由图可以求得每天允许的沉桩数量。

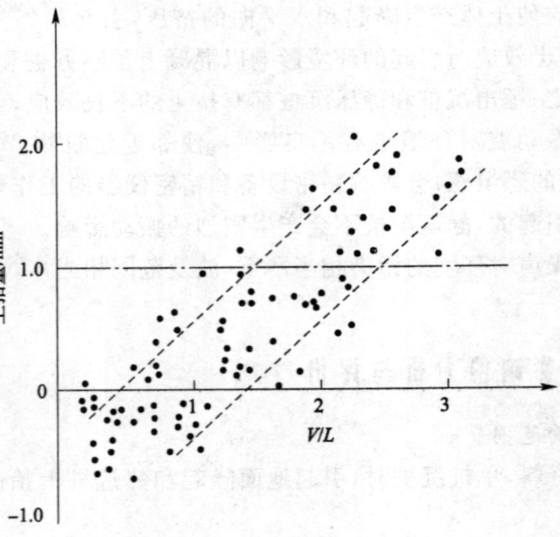

图 8.5.1 上抬量与 V/L 的散点

三、防治与控制措施

1. 制订合理的沉桩施工组织计划

合理安排沉桩顺序，控制沉桩速度是降低挤土效应、防止出现事故的主要措施。沉桩顺序因背离保护对象由近向远处沉桩，在场地空旷的条件下，宜采取先中央后四周、由里及外的顺序沉桩。每天的沉桩数量不宜过多，使挤土引起的孔隙水压力能有足够的时间消散，可以有效地减少挤土效应。

2. 布置监测系统

在沉桩影响范围内，应布置对被影响建筑物的监测。上海市地基基础设计规范规定了表 8.5.3 所示的沉桩影响的范围。

沉桩影响范围 表 8.5.3

被监测的建筑物类型	影响距离 L
陈旧的 3 层以下砌体结构房屋	$(1.0\sim1.5)l$
3～5 层砌体结构房屋、简易工房、砖砌人防、采用脆性材料的管道和接头	l
5 层以上采用浅基础的建筑物	$0.5l$

注：L 为保护对象至沉桩区近侧边缘的距离；l 为桩的入土深度。

3. 采取防护措施

为了防止沉桩的不利影响，可以采取下列的防护措施：

①设置竖向排水通道，如塑料排水板、袋装砂井等，以便及时排水，使孔隙水压力得以迅速消散。

②在桩位或沉桩区外钻取土，在桩位取土是预钻措施，以减少挤土量，减少挤土效应；在沉桩区外钻孔的目的是消除从沉桩区传向被保护建筑物的挤土压力。

③在地下管线附近设置防挤沟或隔振沟。

第九章　沉井基础及其他深基础

第一节　概　　述

一、沉井的作用及适用条件

沉井是一种利用人工或机械方法清除井内土石，并借助自重或添加压重等措施克服井壁摩阻力逐节下沉至设计标高，再浇筑混凝土封底并填塞井孔，成为建筑物的基础的井筒状构造物（图 9.1.1）。

沉井的特点是埋深较大，整体性强，稳定性好，具有较大的承载面积，能承受较大的垂直和水平荷载。此外，沉井既是基础，又是施工时的挡土和挡水围堰结构物，其施工工艺简便，技术稳妥可靠，无需特殊专业设备，并可做成补偿性基础，避免过大沉降，在深基础或地下结构中应用较为广泛，如桥梁墩台基础、地下泵房、水池、油库、矿用竖井，以及大型设备基础、高层和超高层建筑物基础等。但沉井基础施工工期较长，对粉砂、细砂类土在井内抽水时易发生流沙现象，造成沉井倾斜；沉井下沉过程中遇到的大孤石、树土或井底岩层表面倾斜过大，也将给施工带来一定的困难。

沉井最宜用于不太透水的土层，易于控制下沉方向。一般下列情况可考虑采用沉井基础：

①上部结构荷载较大，表层地基土承载力不足，而在一定深度下有较好的持力层，与其他基础方案相比较最为经济合理；

②虽土质较好但冲刷大的山区河流，或河中有较大卵石不便于桩基础施工；

③岩层表面较平坦且覆盖层较薄，但河水较深，采用扩大基础施工围堰有困难。

二、沉井的分类

（1）按施工方法分

根据不同的施工方法可将沉井分为一般沉井和浮运沉井。一般沉井指直接在基础设计的位置上制造，然后挖土，依靠井壁自重下沉（图 9.1.1）。若基础位于水中，则先人工筑岛，再在岛上筑井下沉。浮运沉井指先在岸边预制，再浮运就位下沉的沉井。通常在深水地区（如水深大于 10 m），或水流流速大，有通航要求，人工筑岛困难或不经济时采用。

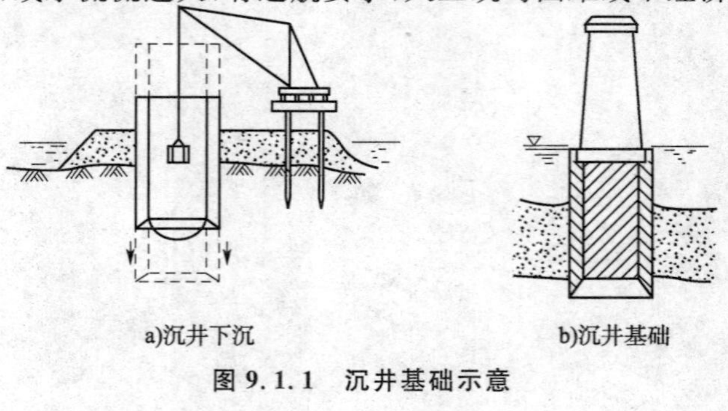

a)沉井下沉　　b)沉井基础

图 9.1.1　沉井基础示意

(2)按井壁材料分

根据不同的井壁材料可将沉井分为混凝土沉井、钢筋混凝土沉井、竹筋混凝土沉井和钢沉井。混凝土沉井因抗压强度高，对拉强度低，多做成圆形，且仅适用于下沉深度不大(4～7 m)的松软土层。钢筋混凝土沉井抗压抗拉强度高，下沉深度大，可做成重型或就地制造下沉的薄壁沉井，也可做成薄壁浮运沉井及钢丝网水泥沉井等，在工程中应用最广。沉井主要在下沉阶段过程中承受拉力，因此在盛产竹材的南方，也可采用耐久性差而抗拉力好的竹筋代替部分钢筋，做成竹筋混凝土沉井。钢沉井由钢材制作，强度高、质量轻、易于拼装、适于制造空心浮运沉井，但用钢量大，国内应用较少。此外，根据工程条件也可选用木沉井和砌石圬工沉井等。

(3)按平面形状分

根据沉井的平面形状可分为圆形、矩形和圆端形三种基本类型，按井孔的布置方式，又可分为单孔、双孔和多孔沉井(图 9.1.2)。

圆形沉井在下沉过程中易于控制方向，若采用抓泥斗挖土，可比其他沉井更能保证其刃脚均匀地支承在土层上；在侧压力作用下，井壁仅受轴向应力作用，即使侧压力分布不均匀，弯曲应力也不大，能充分利用混凝土抗压强度大的特点，多用于斜交桥或水流方向不定的桥墩基础。

矩形沉井制造方便，受力有利，能充分利用地基承载力。沉井四角一般为圆角，以减少井壁摩阻力和除土清孔的困难。在侧压力作用下，井壁受较大的挠曲力矩；且流水中阻水系数较大，冲刷较严重。

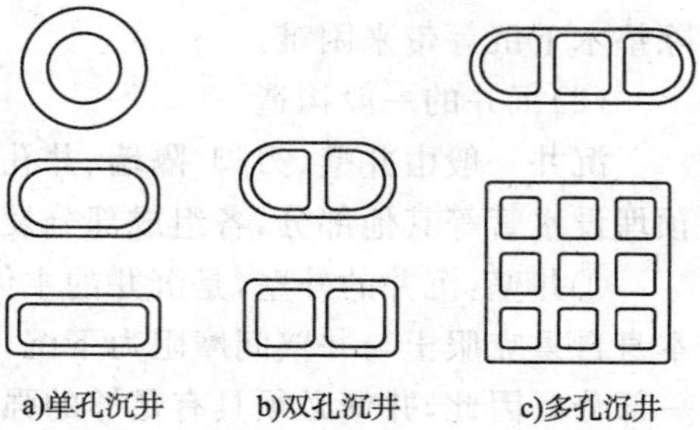

图 9.1.2　沉井的平面形状

圆端形沉井控制下沉、受力条件、阻水冲刷均较矩形者有利，但施工较为复杂。

对平面尺寸较大的沉井，可在沉井中设隔墙，构成双孔或多孔沉井，以改善井壁受力条件及均匀取土下沉。

(4)按剖面形状分

根据沉井的剖面形状可分为柱形、阶梯形和锥形沉井(图 9.1.3)。柱形沉井井壁受力较均衡，下沉过程中不易发生倾斜，接长简单，模板可重复利用，但井壁侧阻力较大，若土体密实、下沉深度较大时，易下部悬空，造成井壁拉裂。一般多用于入土不深或土质较松软的情况。阶梯形沉井和锥形沉井井壁侧阻力较小，抵抗侧压力性能较合理，但施工较复杂，模板消耗多，沉井下沉过程中易发生倾斜，多用于土质较密实、沉井下沉深度大、自重较小的情况。通常锥形沉井井壁坡度为 1/20～1/40，阶梯形井壁的台阶宽为 100～200 mm。

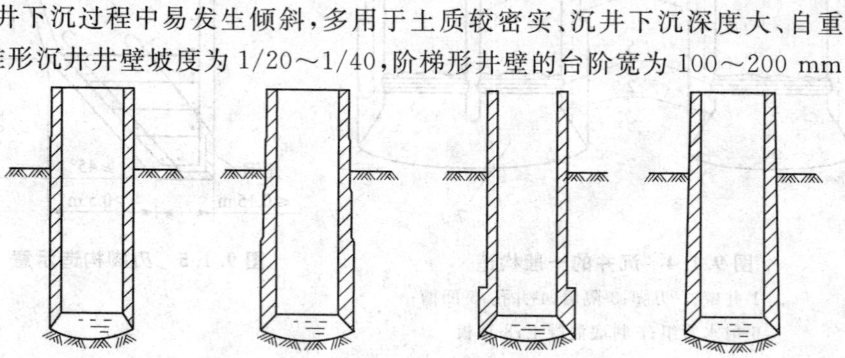

图 9.1.3　沉井的立面形状

三、沉井基础的构造

(1)沉井的轮廓尺寸

沉井的平面形状常取决于结构物底部的形状。为保证下沉的稳定性,沉井的截面长短边之比不宜大于3。若结构物的长宽比较接近,可采用方形或圆形沉井。沉井顶面尺寸为结构物底部尺寸加襟边宽度。襟边宽度宜不小于0.2 m,且不小于 $H/50$(H 为沉井全高),浮运沉井不小于0.4 m,如沉井顶面需设置围堰,其襟边宽度根据围堰构造还需加大。结构物边缘应尽可能支承于井壁或顶板支承面上,对井孔内不填充混凝土的空心沉井不允许结构物边缘全部置于井孔位置上。

沉井的入土深度应根据上部结构、水文地质条件及各土层的承载力等确定。若沉井入土深度较大应分节制造和下沉,每节高度不宜大于5 m;底节沉井在松软土层中下沉时,还应不大于0.8 B(B 为沉井宽度);若底节沉井过高,沉井过重,将给制模、筑岛时岛面处理、抽除垫木下沉等带来困难。

(2)沉井的一般构造

沉井一般由井壁、刃脚、隔墙、井孔、凹槽、封底和顶板等组成(图9.1.4)。有时井壁中还预埋设水管等其他部分,各组成部分发挥的作用如下。

①井壁:沉井的外壁,是沉井的主体部分,其作用是在沉井下没过程中挡土、挡水及利用本身自重克服土与井壁间摩阻力下沉,沉井施工完毕后,作为传递上部荷载的基础或基础的一部分。因此,井壁必须具有足够的强度和一定的厚度,并根据施工过程中的受力情况配置竖向及水平向钢筋。一般壁厚为0.80～1.50 m。最薄不宜小于0.4 m,混凝土强度等级不小于C15。

②刃脚:井壁下端形如楔状部分称为刃脚,其作用是利于沉井切土下沉。刃脚底面(踏面)宽度一般不大于150 mm,软土可适当放宽。若下沉深度大,土质较硬,刃脚底面应以型钢(角钢或槽钢)加强(图9.1.5),以防刃脚损坏。刃脚内侧斜面与水平面夹角宜大于45°,其高度视井壁厚度、便于抽除垫木而定,一般大于1.0 m,混凝土强度等级宜大于C20。

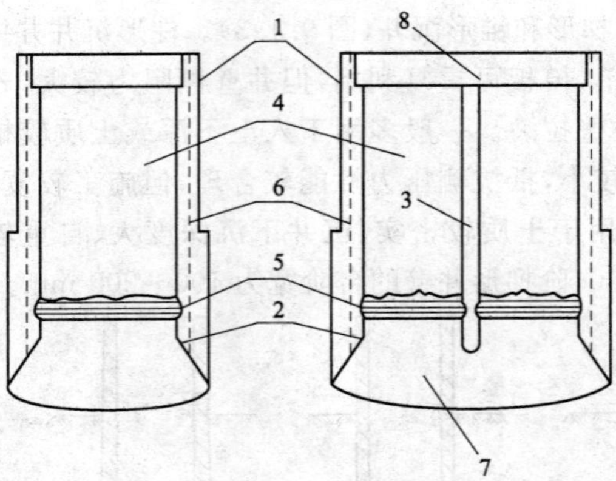

图9.1.4　沉井的一般构造

1-井壁;2-刃脚;3-隔墙;4-井孔;5-凹槽;6-射水管组;7-封底混凝土;8-顶板

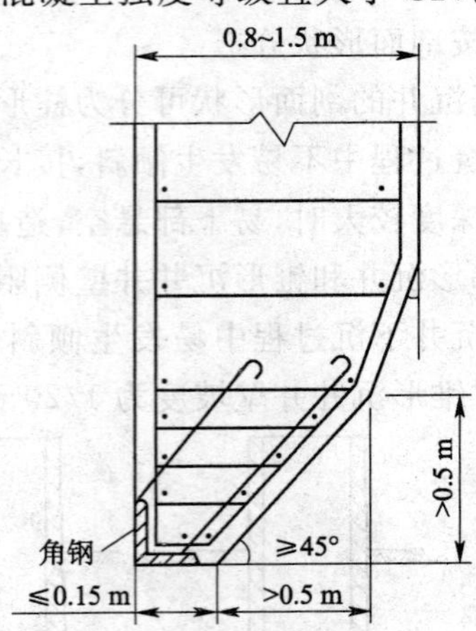

图9.1.5　刃脚构造示意

③隔墙:沉井的内壁,其作用是将沉井空腔分隔成多个井孔,便于控制挖土下沉,防止或纠正倾斜和偏移,并加强沉井的刚度,减小井壁挠曲应力。隔墙厚度一般小于井壁,为0.5～

1.0 m。隔墙底面应高出刃脚底面 0.5 m 以上，避免被土硌住而妨碍下沉。当人工挖土时，在隔墙下设置过人孔，以便工作人员在井孔间往来。

④井孔：挖土排土的工作场所和通道。其尺寸应满足施工要求，最小边长不宜小于3 m。井孔应对称布置，以便对称挖土，保证沉井下沉均匀。

⑤凹槽：位于刃脚内侧上方，沉井封底时利用井壁与封底混凝土的良好结合，使封底混凝土底面反力更好地传给井壁。凹槽高约 1.0 m，深度一般为 150～300 mm。

⑥射水管：若沉井下沉较深，土阻力较大而下沉困难，可在井壁中预埋设水管组。射水管应均匀布置，以便控制水压和水量，调整下沉方向。一般水压大于或等于 600 kPa，若使用泥浆润滑套施工，应有预埋的压射泥浆管路。

⑦封底：沉井达到设计标高进行清基后，应在刃脚踏面以上至凹槽处浇筑混凝土形成封底，以承受地基土和水的反力，防止地下水涌入井内。封底混凝土顶面应高出凹槽 0.5 m，其厚度可由应力验算决定，根据经验也可取不小于井孔最小边长的 1.5 倍。一般混凝土强度等级不小于 C15，井孔内的填充混凝土强度等级不小于 C10。

⑧顶板：沉井封底后，若条件允许，为节省圬工量，减轻基础自重，可做成空心沉井基础，或仅填以砂石。此时井顶须设置钢筋混凝土顶板，以承托上部结构的全部荷载。顶板厚度一般为 1.5～2.0 m，钢筋配置由计算确定。

(3)浮运沉井的构造

浮运沉井可分为不带气筒和带气筒两种。不带气筒的浮运沉井多用钢、木、钢丝网水泥等材料制作，薄壁空心。其构造简单、施工方便、节省钢材，适用于水不太深、流速不大、河床较平、冲刷较小的自然条件。为增加水中自浮能力，还可做成带临时性井底的浮运沉井，当浮运就位后，灌水下沉，同时接筑井壁，达河床后，再打开临时性井底，按一般沉井施工。若水深流急、沉井较大时，可采用带钢气筒的浮运沉井(图 9.1.6)，其主要由双壁的沉井底节、单壁钢壳、钢气筒等组成。双壁钢沉井底节为一可自浮于水中的壳体结构，底节以上井壁为单壁钢壳，用于防水和兼作接高时灌注沉井外圈混凝土的模板，钢气筒为沉井提供浮力，并可通过充放气调节沉井的上浮、下沉或校正偏斜，沉井达河床后，切除气筒即为取土井孔。

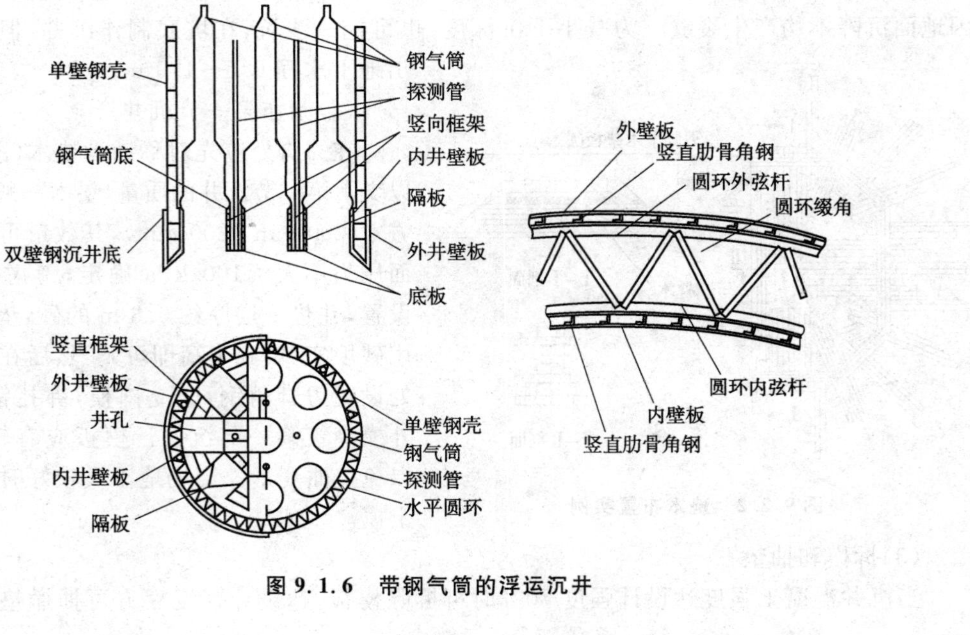

图 9.1.6　带钢气筒的浮运沉井

(4)组合式沉井

当采用低承台桩基施工困难，而采用沉井基础则岩层倾斜较大或地基土软硬不均且水深较大时，可采用沉井一桩基的组合式沉井基础。即先将沉井下沉至下标高，浇筑封底混凝土和承台，再在井内预留孔位钻孔灌注成桩。该沉井结构既可围水挡土，又可作为钻孔桩的护筒和桩基的承台。

第二节　沉井的施工

沉井基础施工通常有旱地施工、水中筑岛及浮运沉井三种方法。施工前应详细了解场地的地质、水文和气象资料，做好河流汛期、河床冲刷、通航及漂流物等的调查研究，应充分利用枯水季节，制订出详细的施工计划及必要的措施，确保施工安全。

一、旱地沉井施工

旱地沉井施工程序如图 9.2.1 所示，其一般工序如下。

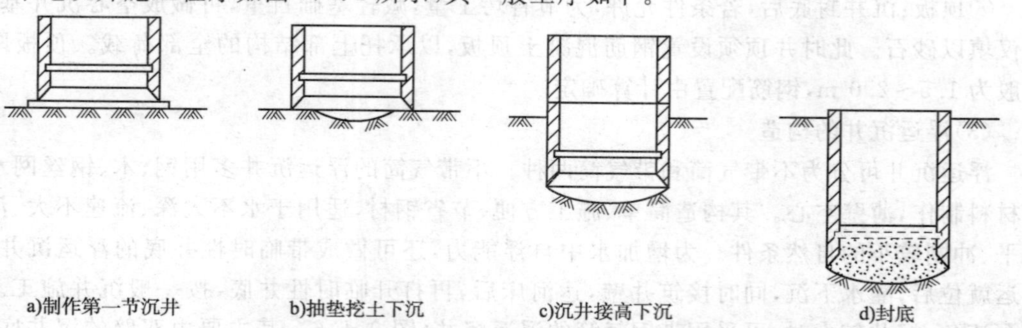

图 9.2.1　沉井施工顺序示意

(1)清整场地

要求施工场地平整干净。一般只需将地表杂物清净并整平，但若天然地面土质较差，尚应换土或在基坑处铺填不小于 0.5 m 厚夯实的砂或砂砾垫层，以防沉井在混凝土浇筑之初因地面沉降不均产生裂缝。为减小下沉深度，也可挖一浅坑，在坑底制作沉井，但坑底应高出地下水面 0.5～1.0 m。

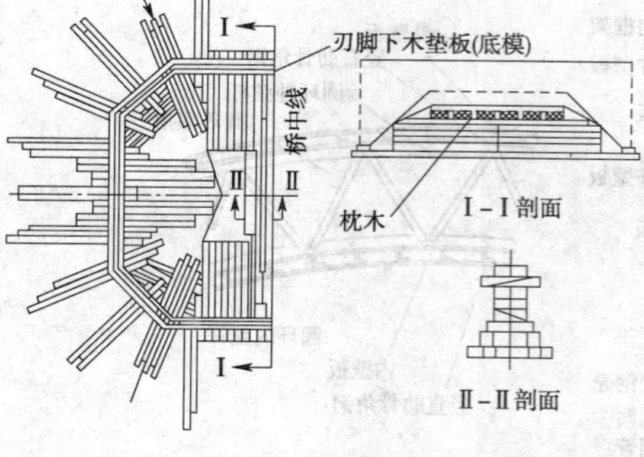

图 9.2.2　垫木布置实例

(2)制作第一节沉井

在刃脚处应先对称铺满垫木(图 9.2.2)，以支承第一节沉井的质量，垫木一般为枕木或方木(200 mm×200 mm)，其数量可按垫木底面压力不大于100 kPa 确定，考虑抽垫方便设置，并垫一层厚约 0.3 m 的砂，垫木间间隙用砂填实(填到半高即可)。然后在刃脚位置处设置刃脚角钢，竖立内模，绑扎钢筋，再立外模浇筑第一节沉井。模板应有较大刚度，以免挠曲变形。当场地土质较好时也可采用土模。

(3)拆模和抽垫

当沉井混凝土强度达设计强度 70%时可拆除模板，达设计强度后方可抽撤垫木。抽垫应分区、依次、对称、同步地将垫木向沉井外抽出。其顺序为：先内壁下，再短边，最后长边。长边下垫木隔一根抽一根，以固定垫木为中心，由远而近对称地抽，最后抽除固定垫木，并随抽随用砂土回填捣实，以免沉井开裂、移动或偏斜。

(4)除土下沉

沉井宜采用不排水除土下沉，在稳定的土层中，也可采用排水除土下沉。排水下沉常用人工除土，可使沉井均匀下沉和易于清除井内障碍物，但需有安全措施；不排水下沉多用空气吸泥机、抓土斗、水力吸石筒、水力吸泥机等除土。若遇黏土、胶结层，可采用高压射水辅助下沉。此外，正常情况下自沉井中间向刃脚处均匀对称除土，排水下沉时应严格控制设计支承点土的排除，并随时注意沉井正位，保持竖直下沉，无特殊情况不宜采用爆破施工。

(5)接高沉井

当第一节沉井下沉至一定深度(井顶露出地面 0.5 m 以上或露出水面 1.5 m 以上)时，停止挖土，接筑下节沉井。接筑前刃脚不得掏空，并应尽量纠正上节沉井的倾斜，凿毛顶面，立模，然后对称均匀地浇筑混凝土，待强度达设计要求后再拆模继续下沉。

(6)设置井顶防水围堰

沉井顶面低于地面或水面时，应在井顶接筑临时性防水围堰，围堰的平面尺寸略小于沉井，其下端与井顶上预埋锚杆相连。常见的围堰有土围堰、砖围堰和钢板桩围堰。若水深流急，围堰高度大于5.0 m时，宜采用钢板桩围堰。

(7)基底检验和处理

沉井达设计标高后，应对基底土质进行检验。若采用不排水下沉应进行水下检验，必要时可用钻机取样检验。当基底达设计要求后，还应对地基进行必要的处理。砂性土或黏性土地基，一般可在井底铺砾石或碎石至刃脚底面以上 200 mm；未风化岩石地基，应凿除风化岩层，若岩层倾斜，还应凿成阶梯形。要确保井底浮土、软土清除干净，封底混凝土、沉井与地基结合紧密。

(8)沉井封底

基底检验合格后应及时封底。若采用排水下沉，渗水量上升速度不大于 6 mm/min，可采用普通混凝土封底；否则宜用水下混凝土封底。若沉井面积大，可采用多导管先外后内、先低后高依次浇筑。封底一般为素混凝土，但必须与地基紧密结合，不得存在有害的夹层、夹缝。

(9)井孔填充和顶板浇筑

封底混凝土达设计强度后，排干井孔中水，填充井内圬工。如井孔中不填料或仅填砾石，则井顶应浇筑钢筋混凝土顶板，以支承上部结构，且应保持无水施工。然后砌筑井上构筑物，并随后拆除临时性的井顶围堰。井孔是否填充，应根据受力或稳定要求确定，在严寒地区，低于冻结线 0.25 m 以上部分，必须用混凝土或圬工填实。

二、水中沉井施工

(1)水中筑岛

若水深小于 3 m，流速不大于 1.5 m/s，可采用砂或砾石在水中筑岛[图 9.2.3a)]；若水深或流速加大，可围堤防护[图 9.2.3b)]；当水深再加大(通常小于 15 m)或流速更大时，宜采用钢板桩围堰筑岛[图 9.2.3c)]。岛面应高出最高施工水位 0.5m 以上，围堰距井壁外缘距离 $b \geqslant H\tan(45^\circ - \varphi/2)$，且 $\geqslant 2$ m(H 为筑岛高度，φ 为水中砂的内摩擦角)。其余施工方法与旱地沉井施工相同。

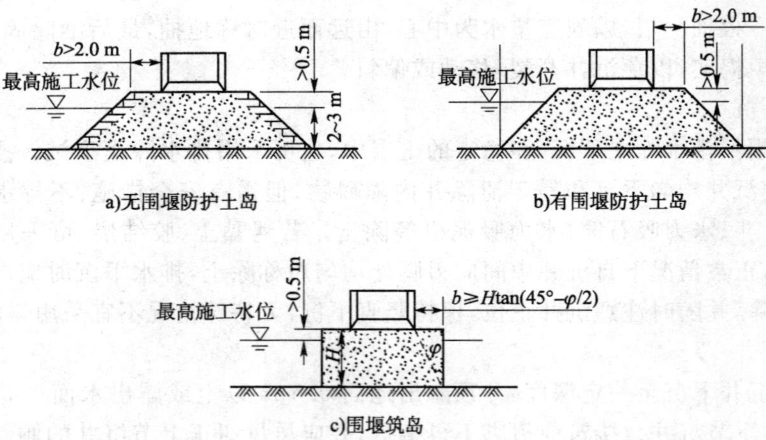

图 9.2.3　水中筑岛下沉沉井

(2)浮运沉井

若因水太深(如大于 10 m)而人工筑岛困难或不经济,可采用浮运法施工。即先在岸边将沉井做成空体结构,或采用其他措施(如带钢气筒等)使其浮于水上,再利用在岸边铺成的滑道滑入水中(图 9.2.4),然后用强索牵引至设计位置。在悬浮状态下,逐步将水或混凝土注入空体中,使沉井徐徐下沉至河底。若沉井较高,则分段制造,在悬浮状态下逐节接长下沉至河底,但整个过程应保证沉井本身稳定。当刃脚切入河床一定深度后,即可按一般沉井下沉方法施工。

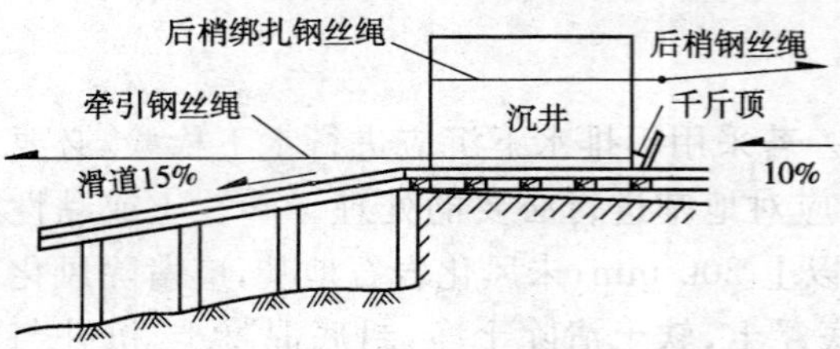

图 9.2.4　浮运沉井下示意

三、泥浆套和空气幕下沉沉井施工简介

当沉井深度很大,井侧土质较好时,井壁侧阻很大,采用增加井壁厚度或压重等办法受限时,通常可设置泥浆润滑套和空气幕来减小井壁的侧阻。

(1)泥浆套辅助下沉法

该法借助泥泵和输送管道将特制的泥浆压入沉井外壁与土层之间,在沉井外围形成一定厚度的泥浆层,将土与井壁隔开,并起润滑作用,从而大大降低沉井下沉中的侧阻力(可降至 3～5 kPa,一般黏性土为 25～50 kPa),减少井壁圬工数量,加速沉井下沉,并具有良好的稳定性,但不宜用于卵石、砾石土层。

泥浆通常由膨润土、水和碳酸钠分散剂配置而成,具有良好的固壁性、触变性和胶体稳定性。泥浆润滑套的构造主要包括射口挡板、地表围圈及压浆管。

射口挡板可用角钢或钢板弯制,固定于泥浆射出口处的井壁台阶上[图 9.2.5a)],其作用是防止压浆管射出的泥浆直冲土壁,防止局部坍落堵塞射浆口。地表围圈用木板或钢板制成,埋设于沉井周围。用于防止沉井下沉时土壁坍落,为沉井下沉过程中新造成的空隙补充泥浆,及调整各压浆管出浆的不均衡。其宽度与沉井台阶相同,高 1.5～2.0 m,顶面高出地面或岛面 0.5 m,圈顶面宜加盖。

压浆管可分为内管法(厚壁沉井)和外管法(薄壁沉井)两种[图 9.2.5b)],通常由ϕ38～

$\phi50$ 的钢管制成，沿井周边每 3～4 m 布置 1 根。

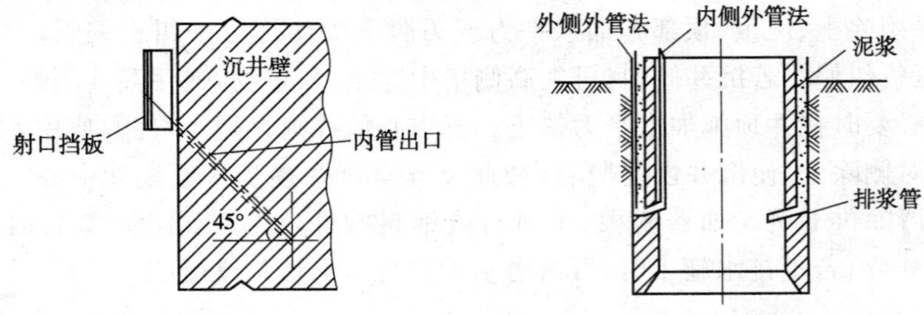

a)射口挡板　　b)外管法压浆管构造

图 9.2.5　射口挡板与压浆管构造

(2)空气幕辅助下沉法

用空气幕辅助下沉是一种减少井壁侧阻的有效方法。它通过向沿井壁四周预埋的气管中压入高压气流，气流沿喷气孔射出再沿沉井外壁上升，在沉井周围形成空气"帷幕"(即空气幕)，使井壁周围土松动或液化，摩阻力减小，促进沉井下沉。其适应于砂类土、粉质土和黏质土地层，对于卵石土、砾类土及风化岩等地层不宜使用。

如图 9.2.6 所示，空气幕沉井在构造上增加了一套压气系统，该系统由气斗、井壁中的气管、压缩空气机、储气筒及输气管等组成。

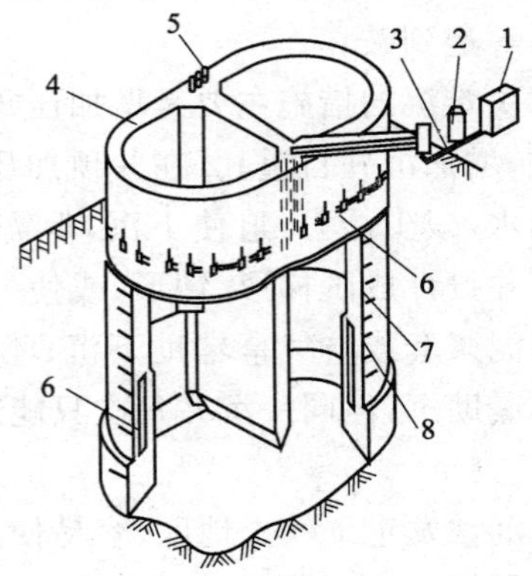

图 9.2.6　空气幕沉井压气系统构造

1-压缩空气机；2-储气筒；3-输气管路；4-沉井；5-竖管；6-水平喷气管；7-气斗；8-喷气孔

气斗是沉井外壁上凹槽及槽中的喷气孔，凹槽的作用是保护喷气孔，使喷出的高压气流有一扩散空间，然后再较均匀地沿井壁上升，形成气幕。气斗应布设简单、不易堵塞、便于喷气，目前多用棱锥形(150 mm×150 mm)，其数量根据每个气斗所作用的有效面积确定。喷气孔直径 1 mm，可按等距离分布，上下交错排列布置。

气管有不平喷气管和竖管两种，可采用内径 25 mm 的硬质聚氯乙烯管。水平管连接各层气斗，每 1/4 或 1/2 周设 1 根，以便纠偏；每根竖管连接 2 根水平管，并伸出井顶。

压缩空气机输出的压缩空气应先输入储气筒，再由地面输气管送至沉井，以防止压气时压力骤然降低而影响压气效果。

沉井下沉时，应先在井内除土，消除刃脚下土的抗力后再压气(但不得过分除土而不压气)，一般除土面低于刃脚 0.5～1.0 m 时就应压气下沉，压气时间一般不超过 5 min/次。压气顺序应先上后下，以形成沿沉井外壁上喷的气流。气压不应小于喷气孔最深处理论水压的 1.4～1.6 倍，并尽可能使用风压机的最大值。停气时应先停下部气斗，依次向上，并缓缓减压。不得将高压空气突然停止，造成瞬时负压，使喷气孔内吸入泥沙而被堵塞。

四、沉井下沉过程中遇到的问题及处理

(1)偏斜

沉井偏斜大多发生在下沉不深时。导致偏斜的主要原因有：①土层表面松软，或制作场地、河底高低不平，软硬不均；②刃脚制作质量差，井壁与刃脚中线不重合；③抽垫方法欠妥，回填不及时；④除土不均匀对称，下沉时有突沉和停沉现象；⑤刃脚遇障碍物顶住而未及时

发现，排土堆放不合理，或单侧受水流冲击掏空等导致沉井受力不对称。

通常可采用除土、压重、顶部施加水平力或刃脚下支垫等方法纠正偏斜，空气幕下沉也可采用单侧压气纠偏。若沉井倾斜，可在高侧集中除土，加重物，或用高压射水冲松土层，低侧回填砂石，必要时在井顶施加水平力扶正。若中心偏移则先除土，使井底中心向设计中心倾斜，然后在对侧除土，使沉井恢复竖直，如此反复至沉井逐步移近设计中心。当刃脚遇障碍物时，须先清除再下沉。如遇树根、大孤石或钢料铁件，可人工排除，必要时用少量炸药(少于 200 g)炸碎；若不排水施工时，可由潜水工进行水下切割或爆破。

(2)难沉

即沉井下沉过慢或停沉。其主要原因有：①开挖面深度不够，正面阻力大；②偏斜，或刃脚下遇障碍物或坚硬岩层和土层；③井壁侧阻大于沉井自重；④井壁无减阻措施或泥浆套、空气幕等遭到破坏。

解决难沉的措施主要是增加压重和减少井壁侧阻。增加压重的方法有：①提前接筑下节沉井，增加沉井自重；②在井顶加压沙袋、钢轨等重物迫使沉井下沉；③不排水下沉时，可井内抽水，减少浮力，迫使下沉，但需保证土体不发生流沙现象。减小井壁侧阻的方法有：①将沉井设计成阶梯形、钟形，或使外壁光滑；②井壁内埋设高压射水管组，射水辅助下沉；③利用泥浆套或空气幕辅助下沉；④增大开挖范围和深度。必要时还可采用 0.1～0.2 kg 炸药起爆助沉，但同一沉井每次只能起爆 1 次，且需适当控制爆振次数。

(3)突沉

突沉常发生于软土地区，容易使沉井产生较大的倾斜或超沉。引起突沉的主要原因是井壁侧阻较小，当刃脚下土被挖除时，沉井支承削弱，或排水过多、挖土太深、出现流塑等。防止突沉的措施一般是控制均匀挖土，在刃脚处挖土不宜过深，此外，在设计时可采用增大刃脚踏面宽度或增设底梁的措施提高刃脚阻力。

(4)流沙

在粉、细砂层中下沉沉井，易出现流沙现象，若不采取适当措施将造成沉井严重倾斜。产生流沙的主要原因是土中动水压力的水头梯度大于临界值。故防止流沙的措施有：①排水下沉发生流沙时可向井内灌水，采取不排水除土，减小水头梯度；②采用井点降水、深井降水和深井泵降水，降低井外水位，改变水头梯度方向使土层稳定，防止流沙发生。

第三节　沉井的设计与计算

沉井的设计计算需包括沉井作为整体深基础的计算和施工过程中的结构计算两大部分。

设计计算前必须掌握如下有关资料：①上部或下部结构尺寸要求，基础设计荷载；②水文和地质资料(如设计水位、施工水位、冲刷线或地下水位标高，土的物理力学性质，施工过程是否会遇障碍物等)；③拟采用的施工方法(排水或不排水下沉，筑岛或防水围堰的标高等)。

一、沉井作为整体深基础的计算

沉井作为整体深基础设计，主要是根据上部结构特点、荷载大小及水文和地质情况，结合沉井的构造要求及施工方法，拟定出沉井埋深、高度和分节及平面形状和尺寸，井孔大小及布置，井壁厚度和尺寸，封底混凝土和顶板厚度等，然后进行沉井基础的计算。

当沉井埋深较浅时可不考虑井侧土体横向抗力的影响，按浅基础计算；当埋深较大时，井侧土体的约束作用不可忽视，此时在验算地基应力、变形及沉井的稳定性时，应考虑井侧土体弹性抗力的影响，按刚性桩（$\alpha h<2.5$）计算内力和土抗力。

一般要求沉井基础下沉到坚实的土层或岩层上，其作为地下结构物，荷载较小，地基的强度和变形通常不会存在问题。作为整体深基础，一般要求地基强度应满足

$$F+G\leqslant R_j+R_f \tag{9.3.1}$$

式中，F 为沉井顶面处作用的荷载（kN）；G 为沉井的自重（kN）；R_j 为沉井底部地基土的总反力（kN）；R_f 为沉井侧面的总侧阻力（kN）。

沉井底部地基土的总反力 R_j 等于该处土的承载力特征值 f_a 与支承面积 A 的乘积，即

$$R_j=f_aA \tag{9.3.2}$$

可假定井壁侧阻沿深度呈梯形分布，距离地面 5 m 范围内按三角形分布，5 m 以下为常数（图9.3.1），故总侧阻力为

$$R_f=U(h-2.5)q \tag{9.3.3}$$

式中，U 为沉井的周长（m）；h 为沉井的入土深度（m）；q 为单位面积侧阻加权平均值，$q=\sum q_ih_i/\sum h_i$（kPa）；h_i 为各土层厚度（m）；q_i 为 i 土层井壁单位面积侧阻，根据实际资料或查表 9.3.1 选用。

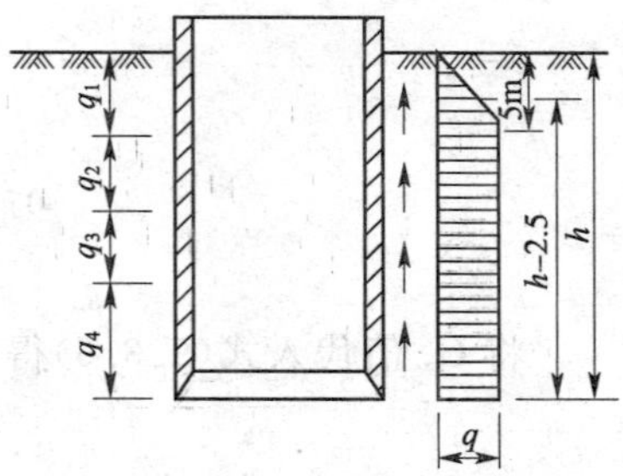

图 9.3.1 井侧摩阻力分布假定

考虑井侧土体弹性抗力时，通常可作如下基本假定：

①地基土为弹性变形介质，水平向地基系数随深度成正比例增加（即“m”法）；

②不考虑基础与土之间的黏着力和摩阻力；

③沉井刚度与土的刚度之比视为无限大，横向力作用下只能发生转动而无挠曲变形。

土与井壁侧阻经验值　　表 9.3.1

土的名称	土与井壁的侧阻力 q/kPa	土的名称	土与井壁的侧阻力 q/kPa
砂卵石	18～30	软塑及可塑黏性土、粉土	12～25
砂砾石	15～20	硬塑黏性土、粉土	25～50
砂土	12～25	泥浆套	3～5
流塑黏性土、粉土	10～12		

注：本表适用于深度不超过 30 m 的沉井。

根据基础底面的地质情况，可分为两种情况计算。

(1)非岩石地基（包括沉井立于风化岩层内和岩面上）

当沉井基础受到水平力 F_H 和偏心竖向力 $F_V(=F+G)$ 共同作用[图 9.3.2a)]时，可将其等效为距离底作用高度为 λ 的水平力 F_H[图 9.3.2b)]，即

$$\lambda=\frac{F_Ve+F_Hl}{F_H}=\frac{\sum M}{F_H} \tag{9.3.4}$$

式中，$\sum M$ 为对井底各力矩之和。

在水平力作用下，沉井将围绕位于地面下深度 z_0 处点 A 转动一 ω 角[图 9.3.2b)]，地面下深度 z 处沉井基础产生的水平位移 Δx 和土的横向抗力 σ_{zx} 分别为

$$\Delta x=(z_0-z)\tan\omega \tag{9.3.5}$$

$$\sigma_{zx}=\Delta x C_z=C_z(z_0-z)\tan\omega \tag{9.3.6}$$

式中，z_0 为转动中心 A 离地面的距离；C_z 为深度 z 处水平向的地基系数（kN/m^3），$C_z=mz$，其中 m 为地基土的比例系数（kN/m^4）。

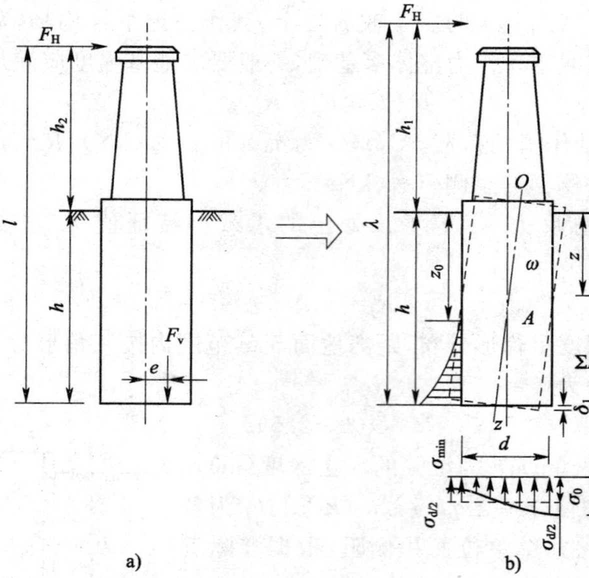

图 9.3.2　非岩石地基计算示意

将 C_z 值代入式（9.3.6）得

$$\sigma_{zx}=mz(z_0-z)\tan\omega \tag{9.3.7}$$

即井侧水平压应力沿深度为二次抛物线变化。若考虑到基础底面处竖向地基系数 C_0 不变，则基底压应力图形与基础竖向位移图相似。故

$$\sigma_{d/2}=C_0\delta_1=C_0\frac{d}{2}\tan\omega \tag{9.3.8}$$

式中，$C_0=m_0h$，且 $\geqslant 10m_0$；d 为基底宽底或直径；m_0 为基底处竖向地基比例系数（kN/m^4）。

上述各式中 z_0 和 ω 为两个未知数，根据图 9.3.2 可建立两个平衡方程式，即

$$\sum X=0\quad F_H-\int_0^h\sigma_{zx}b_1\mathrm{d}z=F_H-b_1m\tan\omega\int_0^h z(z_0-z)\mathrm{d}z=0 \tag{9.3.9}$$

$$\sum M=0\quad F_Hh_1+\int_0^h\sigma_{zx}b_1z\mathrm{d}z-\sigma_{d/2}W_0=0 \tag{9.3.10}$$

式中，b_1 为沉井的计算宽度按桩计算；W_0 为基底的截面模量。

联立求解可得

$$z_0=\frac{\beta b_1h_2(4\lambda-h)+6dW_0}{2\beta b_1h(3\lambda-h)} \tag{9.3.11}$$

$$\tan\omega=\frac{6F_H}{Amh} \tag{9.3.12}$$

其中，$A=\dfrac{\beta b_1h^3+18W_0d}{2\beta(3\lambda-h)}$，$\beta=\dfrac{C_h}{C_0}=\dfrac{mh}{m_0h}$，$\beta$ 为深度 h 处井侧水平地基系数与井底竖向地基系数的比值。

将此代入上述各式可得

井侧水平压应力为

$$\sigma_{zx}=\frac{6F_{\mathrm{H}}}{Ah}z(z_0-z) \tag{9.3.13}$$

基底边缘处压应力为

$$\sigma_{\min}^{\max}=\frac{F_{\mathrm{V}}}{A_0}\pm\frac{3F_{\mathrm{H}}d}{A\beta} \tag{9.3.14}$$

式中，A_0 为基底面积。

离地面或最大冲刷线以下深度 z 处基础截面上的弯矩(图 9.3.2)为

$$M_z=F_{\mathrm{H}}(\lambda-h+z)-\int_0^z\sigma_{zx}b_1(z-z_1)\mathrm{d}z_1=F_{\mathrm{H}}(\lambda-h+z)-\frac{F_{\mathrm{H}}b_1z^3}{2hA}(2z_0-z) \tag{9.3.15}$$

(2)岩石地基(基底嵌入基岩内)

基底嵌入基岩内，在水平力和竖直偏心荷载作用下，可假定基底不产生水平位移，其旋转中心 A 与基底中心重合，即 $z_0=h$(图 9.3.3)，但在基底嵌入处将存在一水平阻力 P，若该阻力对 A 点的力矩忽略不计，取弯矩平衡可导得转角 $\tan\omega$ 为

$$\tan\omega=\frac{F_{\mathrm{H}}}{mhD} \tag{9.3.16}$$

式中，$D=\dfrac{b_1\beta h^3+3Wd}{12\lambda\beta}$。

横向抗力

$$\sigma_{zx}=(h-z)z\frac{F_{\mathrm{H}}}{\mathrm{D_h}} \tag{9.3.17}$$

基底边缘处压应力

$$\sigma_{\min}^{\max}=\frac{F_{\mathrm{V}}}{\mathrm{A_0}}\pm\frac{F_{\mathrm{H}}d}{2\beta D} \tag{9.3.18}$$

由 $\sum x=0$ 可得嵌入处未知水平阻力 F_{R} 为

$$F_{\mathrm{R}}=\int_0^h b_1\sigma_{zx}\mathrm{d}z-F_{\mathrm{H}}=F_{\mathrm{H}}\left(\frac{b_1h_2}{6D}-1\right) \tag{9.3.19}$$

地面以下深度 z 处基础截面上的弯矩为

$$M_z=F_{\mathrm{H}}(\gamma-h+z)-\frac{b_1F_{\mathrm{H}}z^3}{12Dh}(2h-z) \tag{9.3.20}$$

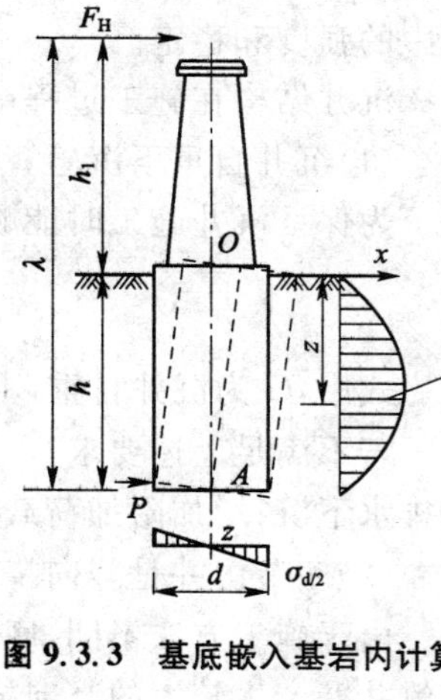

图 9.3.3 基底嵌入基岩内计算

尚需注意，当基础仅受偏心竖向力 F_{V} 作用时，$\lambda\to\infty$，上述分式均不能应用。此外，应以 $M=F_{\mathrm{V}}e$ 代替式(9.3.10)中的 $F_{\mathrm{H}}h_1$，同理可导得上述两种情况下相应的计算公式，此不赘述，可详见《公路桥涵地基与基础设计规范》(JTG D63—2007)。

(3)验算

①基底应力要求基底最大压应力不应超过沉井底面处土的承载力特征值 f_{ah}，即

$$\sigma_{\max}\leqslant f_{\mathrm{ah}} \tag{9.3.21}$$

②井侧水平压应力验算。要求井侧水平压应力 σ_{zx} 应小于沉井周围土的极限抗力$[\sigma_{zx}]$。计算时可认为沉井在外力作用下产生位移时，深度 z 处沉井一侧产生主动土压力 E_{a}，而另一侧受到被动土压力 E_{p} 作用，故井侧水平压应力应满足

$$\sigma_{zx}\leqslant[\sigma_{zx}]=E_{\mathrm{p}}-E_{\mathrm{a}} \tag{9.3.22}$$

由朗肯土压力理论可导得

$$\sigma_{zx} \leqslant \frac{4}{\cos\varphi}(\gamma z\tan\varphi + c) \tag{9.3.23}$$

式中，γ 为土的重度；φ、c 为分别为土的内摩擦角和黏聚力。

考虑到桥梁结构性质和荷载情况，且经验表明最大的横向抗力大致在 $z=h/3$ 和 $z=h$ 处，以此代入式(9.3.23)可得

$$\sigma \frac{h}{3}x \leqslant \eta_1\eta_2 \frac{4}{\cos\varphi}\left(\frac{\gamma h}{3}\tan\varphi + c\right) \tag{9.3.24}$$

$$\sigma_{hx} \leqslant \eta_1\eta_2 \frac{4}{\cos\varphi}(\gamma h\tan\varphi + c\sigma_{hx}) \tag{9.3.25}$$

式中，$\sigma \frac{h}{3}x$，σ_{hx} 相当于 $z=\frac{h}{3}$ 和 $z=h$ 深度处土的水平压应力；η_1 为取决于上部结构形式的系数，一般取 1，对于超静定推力拱桥可取 0.7；η_2 为考虑恒载产生的弯矩 M_g 对总弯矩 M 的影响系数，$\eta_2=1-0.8\frac{M_g}{M}$。

此外，根据需要还需验算结构顶部的水平位移和施工容许偏差的影响。

二、沉井施工过程中的结构强度计算

沉井受力随整个施工和营运过程的不同而不同。因此，必须掌握沉井在各个施工阶段中各自的最不利受力状态，进行相应的设计计算和必要的配筋，以保证井体结构在施工各阶段中的强度和稳定。

沉井结构在施工过程中主要需进行下列验算。

(1)沉井自重下沉验算

为保证沉井施工时能顺利下沉达设计标高，一般要求沉井下沉系数 K 满足

$$K=\frac{G}{R_f} \geqslant 1.15 \sim 1.25 \tag{9.3.26}$$

式中，G 为沉井自重，不排水下沉时应扣除浮力；R_f 为沉井侧面的总侧阻力。

若不满足上述要求，可加大井壁厚度或调整取土井尺寸；当不排水下沉达一定深度后改用排水下沉；增加附加荷载或射水助沉；或采取泥浆套或空气幕等措施。

(2)底节沉井是竖向挠曲验算

由于施工方法不同，底节沉井在抽垫及除土下沉过程中刃脚下支承亦不同，沉井自重将导致井壁产生较大的竖向挠曲应力，因此应根据不同的支承情况进行井壁的强度验算。若挠曲应力大于沉井材料纵向抗拉强度，应增加底节沉井高度或在井壁内设置水平向钢筋，防止沉井竖向开裂。其支承情况根据施工方法不同可按如下考虑。

①排水除土下沉：将沉井视为支承于四个固定支点上的梁，支点控制在最有利位置处，即支点和跨中所产生的弯矩大致相等。对矩形和圆端形沉井，若沉井长宽比大于 1.5，支点可设在长边[图 9.3.4a)]；圆形沉井的四个支点可布置在两相互垂直线上的端点处。

②不排水除土下沉：机械挖土时刃脚下支点很难控制，沉井下沉过程中可能出现最不利支承：矩形和圆端形沉井可能支承于四角[图 9.3.4b)]成为一简支梁，跨中弯矩最大，沉井下部竖向开裂；也可能因孤石等障碍物而支承于壁中[图 9.3.4c)]形成悬臂梁，支点处沉井顶部产生竖向开裂；圆形沉井则可能出现支承于直径上的两个支点。

若底节沉井隔墙跨度较大，还需验算隔墙的抗拉强度。其最不利受力情况是下部土已挖

空，上节沉井刚浇筑而未凝固，此时隔墙成为两端支承于井壁上的梁，承受两节沉井隔墙和模板等重力。若底节隔墙强度不够，可布置水平向钢筋，或在隔墙下夯填粗砂以承受荷载。

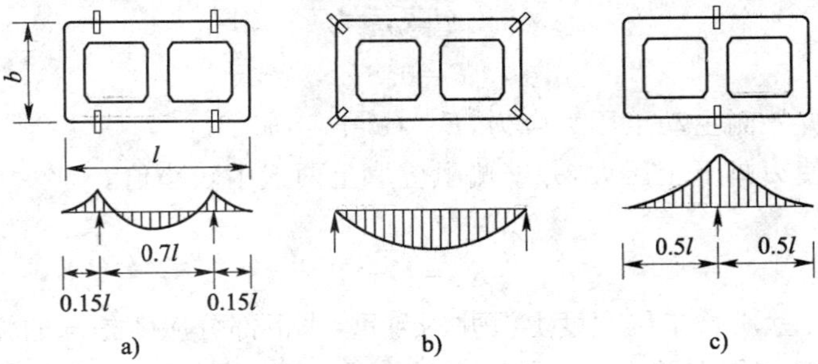

图 9.3.4　底节沉井支点布置示意

(3)沉井刃脚受力计算

沉井在下沉过程中刃脚受力较为复杂，为简化起见，一般可按竖向和水平向分别计算。竖向分析时，近似地将刃脚视为固定于刃脚根部井壁处的悬臂梁(图 9.3.5)，根据刃脚内外侧作用力的不同可能向外或向内挠曲；在水平面上则视为一封闭的框架(图 9.3.5)，在水、土压力作用下在水平面内发生弯曲变形。根据悬臂及水平框架两者的变位关系及其相应的假定分别可导得刃脚悬臂分配系数 α 和水平框架分配系数 β 为

$$\alpha=\frac{0.1L_1^4}{h_k^4+0.05L_1^4}\leqslant 1.0 \tag{9.3.27}$$

$$\beta=\frac{0.1h_k^4}{h_k^4+0.05L_2^4} \tag{9.3.28}$$

式中，L_1、L_2 为支承于隔墙间的井壁最大和最小计算跨度；h_k 为刃脚斜面部分的高度。

上述分配系数仅适用于内隔墙底面高出刃脚底不超过 0.5 m 的情况。否则 $\alpha=1.0$，刃脚不起水平框架作用，但需按构造配置水平钢筋，以承受一定的正、负弯矩。

外力经上述分配，即可将刃脚受力情况分别按竖、横两个方向计算。

①刃脚竖向受力分析。一般可取单位宽度井壁，将刃脚视为固定在井壁上的悬臂梁，分别按刃脚向内和向外挠曲两种最不利情况分析。

当沉井下沉过程中刃脚内侧切入土中深约1.0 m，并刚接筑完上节沉井，井顶露出地面或水面约一节沉井高度时处于最不利位置。此时，沉井因自重将导致刃脚斜面土体抵抗刃脚而向外挠曲(图9.3.5)，作用在刃脚高度范围内的外力有

外侧的土、水压力合力

$$p_{e+w}=\frac{p_{e_2+w_2}+p_{e_3+w_3}}{2}h_k \tag{9.3.29}$$

式中，$p_{e_2+w_2}$ 为作用于刃脚根部处的土、水压力强度之和，其公式为 $p_{e_2+w_2}=e_2+w_2$；$p_{e_2+w_3}$ 为刃脚底面处土、水压力强度之和，其公式为 $p_{e_3+w_3}=e_3+w_3$。

p_{e+w} 的作用点位置(离刃脚根部距离 y)为

$$y=\frac{h_k}{3}\frac{2p_{e_3+w_3}+p_{e_2+w_2}}{p_{e_3+w_3}+p_{e_2+w_2}}$$

地面下深度 h_y 处刃脚承受的土压力 e_y 可按朗肯土压力公式计算，水压力应根据施工情况和土质条件计算，为安全起见，一般规定式(9.3.29)计算所得刃

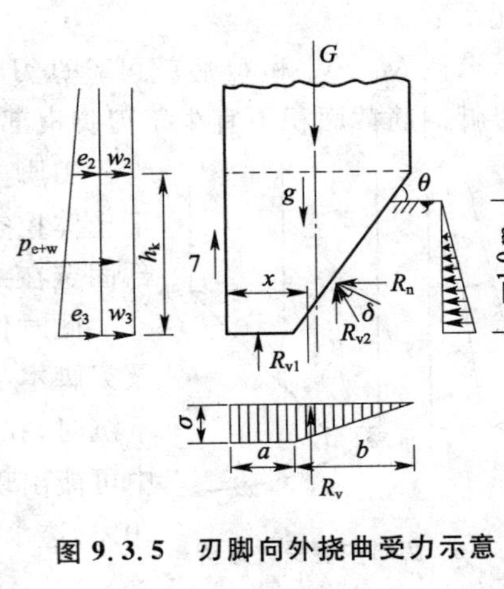

图 9.3.5　刃脚向外挠曲受力示意

脚外侧土、水压力合力不得大于静水压力的70%，否则按静水压力的70%计算。

刃脚外侧阻力

$$T=qh_k \tag{9.3.30}$$

$$T=0.5E \tag{9.3.31}$$

式中，E为刃脚外侧主动土压力合力，$E=(e_2+e_3)h_k/2$。

为偏于安全，使刃脚下土压大，井壁侧阻应取上两式中较小值。

土的竖向反力

$$R_V=G-T \tag{9.3.32}$$

式中，G为沿井壁周长单位宽度上沉井的自重，水下部分应考虑水的浮力。

若将R_V分解为作用在踏面下土的竖向反力R_{V1}和刃脚斜面下土的竖向反力R_{V2}，且假定R_{V1}为均布强度σ的合力，R_{V2}为三角形分布部分的合力(图9.3.5)，水平反力R_H亦呈三角形分布，则根据力的平衡条件可得

$$R_{V1}=\frac{2a}{2a+b}R_V \tag{9.3.33}$$

$$R_{V2}=\frac{b}{2a+b}R_V \tag{9.3.34}$$

$$R_H=R_{V2}\tan(\theta-\delta) \tag{9.3.35}$$

式中，a为刃脚踏面宽度；b为切入土中部分刃脚斜面的水平投影长度；θ为刃脚斜面的倾角；δ为土与刃脚斜面间的外摩擦角，一般可取$\delta=\varphi$。

刃脚单位宽度自重g

$$g=\frac{t+a}{2}h_k\gamma_k \tag{9.3.36}$$

式中，t为井壁厚度；γ_k为钢筋混凝土刃脚的重度，不排水施工时应扣除浮力。

求出上述各力的数值、方向及作用点后，根据图9.3.5几何关系可求得各力对刃脚根部中心轴的力臂，从而求得总弯矩M_0、竖向力N_0和剪力Q，即

$$M_0=M_{e+w}+M_T+M_{RV}+M_{RH}+M_g \tag{9.3.37}$$

$$N_0=R_V+T+g \tag{9.3.38}$$

$$Q=p_{e+w}+R_H \tag{9.3.39}$$

其中，M_{e+w}、M_T、M_{RV}、M_{RH}和M_g分别为土水压力合力p_{e+w}、刃脚底部外侧阻T、反力R_V，横向反力R_H和刃脚自重g等对刃脚根部中心轴的弯矩，且刃脚部分各水平力均应考虑分配系数α。

求得M_0、N_0和Q后就可验算刃脚根部应力，并计算出刃脚内侧所需竖向钢筋用量。一般刃脚钢筋截面积不宜少于刃脚根部截面积的0.1%，且竖向钢筋应伸入根部以上$0.5L_1$。

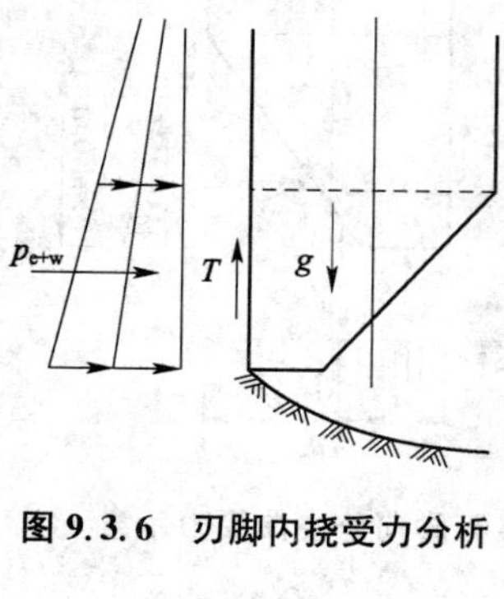

图9.3.6 刃脚内挠受力分析

刃脚向内挠曲时最不利位置是沉井已下沉至设计标高，刃脚下土体挖空而尚未浇筑封底混凝土(图9.3.6)，此时刃脚可按根部固定在井壁上的悬臂梁计算。

此时作用在刃脚上的力有：刃脚外侧土压力、水压力、侧阻力及刃脚本身的重力，其计算方法同前。但为偏于安全，当不排水下沉时，井壁外侧水压力以100%计算，井内取50%，也可按施工中可能出现的水头差计算；若排水下沉，不透水土取静水压力的70%，透水土按100%计算。

同样各水平外力应考虑分配系数 α。再由外力计算出对刃脚根部中心轴的弯矩、竖向力及剪力，并求出刃脚外壁钢筋用量，其配筋构造要求与向外挠曲相同。

②刃脚水平受力计算。

当沉井达设计标高，刃脚下土已挖空但未浇筑封底混凝土时，刃脚所受水平压力最大，处于最不利状态。此时可将刃脚视为水平框架（图 9.3.7），作用于刃脚上的外力与计算刃脚向内挠曲时一样，但所有水平力应乘以分配系数 β，以此求得水平框架的控制内力，再配置框架所需水平钢筋。

框架的内力可按一般结构力学方法计算，具体可根据不同沉井平面形式查阅有关文献。

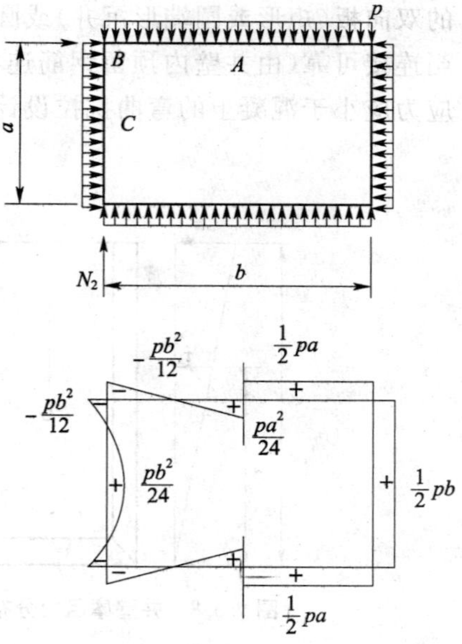

图 9.3.7　单孔矩形框架受力

(4)井壁受力计算

①井壁竖向拉应力验算：沉井下沉过程中，若上部井壁侧阻较大，当刃脚下土挖空时可能将沉井箍住，使井壁产生因自重引起的竖向拉应力。若假定作用于井壁的侧阻呈倒三角形分布（图 9.3.8），沉井自重为 G，入土深度为 h，则距刃脚底面 x 深处断面上的拉力 S_x 为

$$S_x=\frac{Gx}{h}-\frac{Gx^2}{h^2} \tag{9.3.40}$$

并可导得井壁内最大拉力 $S_{\max}$ 为

$$S_{\max}=\frac{G}{4} \tag{9.3.41}$$

其位置在 $x=h/2$ 的断面上。

若沉井很高，各节沉井接缝处混凝土的拉应力可由接缝钢筋承受，并按接缝钢筋所在位置发生的拉应力设置。钢筋的应力应小于 0.75 倍钢筋强度标准值，并须验算钢筋的锚固长度。而采用泥浆套下沉的沉井则不会因自重而产生拉应力。

②井壁横向受力计算：当沉井达设计标高，刃脚下土已挖空而未封底时井壁承受的水、土压力最大，此时应按水平框架分析内力，验算井壁材料强度，其计算方法与刃脚框架计算相同。

刃脚根部以上约井壁厚度高的一段井壁（图 9.3.9），除承受作用于该段的土、水压力外，还受有刃脚悬臂作用传来的水平剪力（即刃脚内挠时受到的水平外力乘以分配系数 α）。此外，还能验算每节沉井最下端处单位高度井壁作为水平框架的强度，并以此控制该节沉井的设计，但作用于井壁框架上的水平外力，仅土压力和水压力，且不需乘以分配系数 β。

采用泥浆套下沉的沉井，若台阶以上泥浆压力大于上述土、水压力之和，则井壁压力应按泥浆压力计算。

(5)混凝土封底和顶板计算

①封底混凝土计算：封底混凝土厚度取决于基底承受的反力，该竖向反力由封底后封底混凝土需承受的基底水和地基土的向上反力组成。封底混凝土厚度一般比较大，可按受弯和受剪计算确定。

按受弯计算时将封底混凝土视为支承在凹槽或隔墙底面和刃脚上的底板，按周边支承的双向板(矩形或圆端形沉井)或圆板(圆形沉井)计算,底板与井壁的连接一般按简支考虑,当连接可靠(由井壁内预留钢筋连接等)时,也可按弹性固定考虑。要求计算所得的弯曲拉应力应小于混凝土的弯曲抗拉设计强度,具体计算可参考有关设计手册。

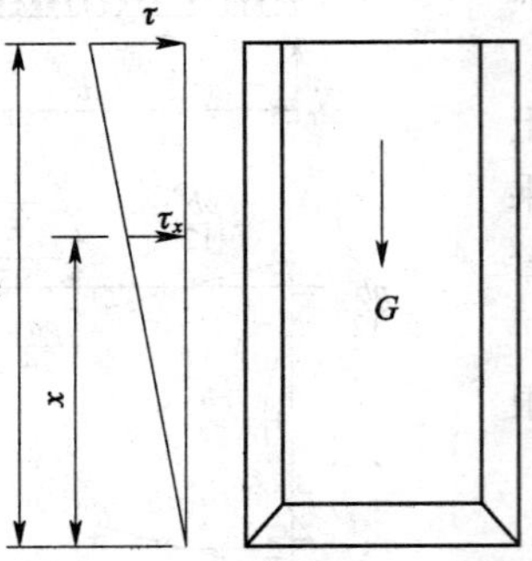

图 9.3.8　井壁摩阻力分布

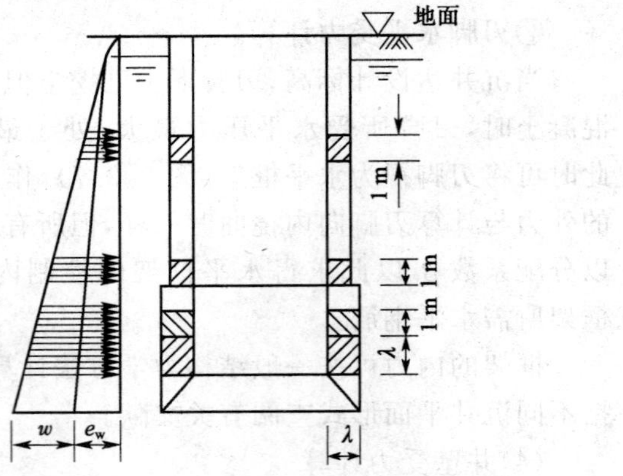

图 9.3.9　井壁框架受力示意

按受剪计算时需考虑封底混凝土承受基底反力后是否存在沿井孔周边剪断的可能性,若剪应力超过其抗剪强度则应加大封底混凝土的抗剪面积。

②钢筋混凝土顶板计算:空心或井孔内填以砾砂石的沉井,井顶必须浇筑钢筋混凝土顶板,用以支承上部结构荷载。顶板厚度一般预先拟定再进行配筋计算,计算时按承受最不利均布荷载的双向板考虑。

当上部结构平面全部位于井孔内时,还应验算顶板的剪应力和井壁支承压力;若部分支承于井壁上则不需进行顶板的剪力验算,但需进行井壁的压力验算。

三、浮运沉井计算要点

沉井在浮运过程中需有一定的吃水深度,使重心低而不易倾覆,保证浮运时稳定;同时还必须具有足够高的出水度,使沉井不会因风浪等而沉没。因此,除前述计算外,还应考虑沉井浮运过程中的受力情况,进行浮体稳定性和井壁露出水面高度等的验算。

(1)浮运沉井稳定性验算

将沉井视为一悬浮于水中的浮体,控制计算其浮心、重心及定倾半径,现以带临时性底板的浮运沉井为例进行稳定性验算如下:

①浮心位置计算:根据沉井质量等于沉井排开水的质量,则沉井吃水深 h_0(从底板算起,见图 9.3.10)为

$$h_0=\frac{V_0}{A_0} \tag{9.3.42}$$

式中,A_0 为沉井吃水截面积;V_0 为沉井底板以上部分的排水体积。

故浮心位置 O_1(以刃脚底面起算)为 h_3+Y_1,且

$$Y_1=\frac{M_1}{V}-h_3 \tag{9.3.43}$$

其中,M_1 为各排水体积(底板以上部分 V_0、刃脚 V_1、底板下隔墙 V_2)对刃脚底板的力矩(M_0、M_1、M_2)之和,即

$$M_1=M_0+M_1+M_2 \tag{9.3.44}$$

第四篇　深基础

其中，$M_0=V_0(h_1+h_0/2)$，$M_1=V_1\dfrac{h_1}{3}\dfrac{2t'+a}{t'+a}$，$M_2=V_2\left(\dfrac{h_4}{3}\dfrac{2t_1+a_1}{t_1+a_1}+h_3\right)$。

式中，h_1、h_2 为底板底面和顶面至刃脚踏面的距离；h_3 为隔墙底距刃脚踏面的距离；h_4 为底板下的隔墙高度；t_1、t' 为隔墙和底板下井壁的厚度；a_1、a 为隔墙底面和刃脚踏面的宽度。

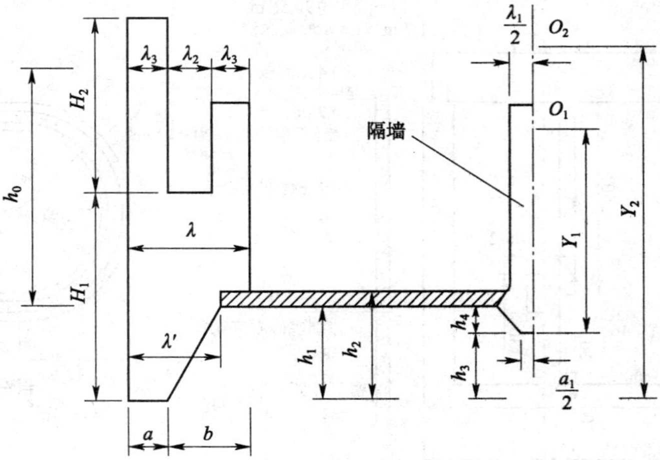

图 9.3.10　浮心位置计算示意

②重心位置计算。设重心位置 O_2 离刃脚底面的距离为 Y_2，则

$$Y_2=\frac{M_1}{V} \tag{9.3.45}$$

式中，M_1 为沉井各部分体积中心对刃脚底面距离的乘积，并假定沉井圬工单位重相同。

设重心与浮心的高差为 Y，则

$$Y=Y_2-(h_2+U_1) \tag{9.3.46}$$

③定倾半径验算：定倾半径 ρ 为定倾中心至浮心的距离，可由下式计算

$$\rho=\frac{I_{X-X}}{V_0} \tag{9.3.47}$$

式中，I_{X-X}为吃水截面积的惯性矩。

浮运沉井的稳定性应满足重心至浮心的距离小于定倾中心至浮心的距离，即

$$\rho>Y \tag{9.3.48}$$

(2)浮运沉井最小出水高度

沉井在浮运过程中因牵引力、风力等作用，不免产生一定的倾斜，故一般要求沉井顶高出水面以不小于 1.0 m 为宜，以保证沉井在托运过程中的安全。

由拖引力及风力等对浮心产生弯矩 M 而引起的沉井旋转角度 θ 为

$$\theta=\arctan\frac{M}{\gamma_w V(\rho-Y)}\leqslant 6° \tag{9.3.49}$$

式中，γ_w 为水中的重度，可取 10 kN/m³。

若假定由于弯矩作用使沉井没入水中的深度为计算值的 2 倍(考虑沉井倾斜边水面存在波浪，波峰高于无波水面)，可得沉井浮运时最小出水高度 h 为

$$h=H-h_0-h_1-d\tan\theta\geqslant f \tag{9.3.50}$$

式中，H 为浮运时沉井的高度；f 为浮运沉井发生最大倾斜时顶面露出水面的安全距离，其值为 1.0 m。

第四节　沉井基础算例

某公路桥墩基础，上部构造为等跨等截面悬链线双曲拱桥，下部构造为重力式墩及圆端形沉井基础，平面和剖面尺寸如图 9.4.1 所示，浮运法施工(浮运方法及浮运稳定性等验算从略)。

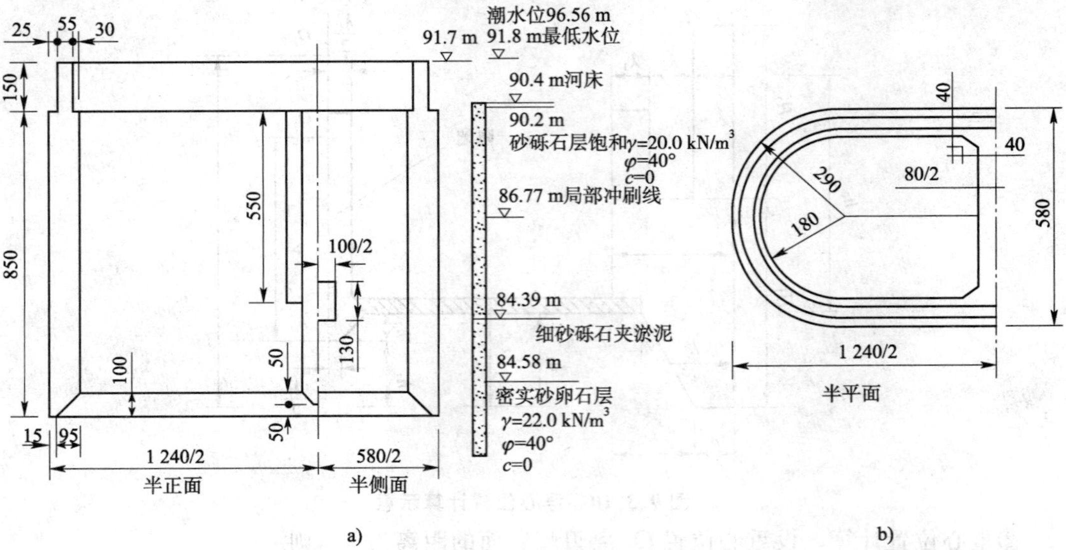

图 9.4.1　圆端形沉井计算实例(单位尺寸:mm)

一、设计资料

土质及水位情况如图 9.4.1 所示，传给沉井的恒载及活载分别见表 9.4.1 及表 9.4.2。

沉井混凝土等级为 C20，Q275 号钢筋。按《公路桥涵地基与基础设计规范》(JTG D63—2007)设计计算。

二、沉井高度及各部分尺寸

(1)沉井高度 H

按水文条件，最大冲刷深度 $h_m=(90.40-86.77)\ \text{m}=3.63\ \text{m}$，大、中桥基础埋深应不小于 2.0 m，故

$$H=[(91.7-90.4)+3.63+2.0]\ \text{m}=6.93\ \text{m}$$

但井底较近于细砂砾石夹淤泥层。

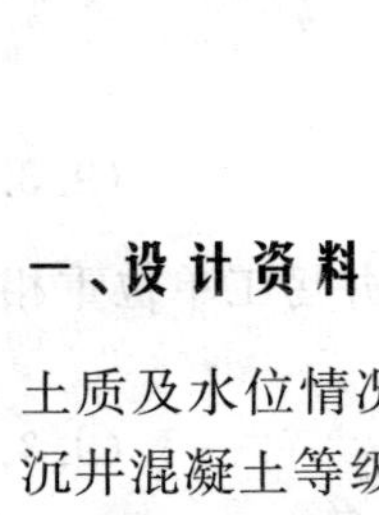

图　9.4.2

按土质条件，井底应进入密实的砂卵石层并考虑 2.0m 的安全厚度，则

$$H=(91.70-81.58)\ \text{m}=10.12\ \text{m}$$

按地基承载力，沉井底面位于密实的砂卵石层为宜。

据此，拟取沉井高度 $H=10$ m，井顶标高 91.700 m，井底标高 81.700m。因潮水位高，第一节沉井高度不宜太小，故取 8.5 m，第二节高 1.5 m，第一节井顶标高 90.200 m。

(2)沉井平面尺寸

与桥墩一致，采用圆端形沉井。圆端外半径 2.9 m，矩形长边6.6 m，宽 5.8 m，第一节井

壁厚 $t=1.1$ m，第二节厚 0.55 m。隔墙厚 $\delta=0.8$ m。其他尺寸如图 9.4.1 所示。

刃脚踏面宽度 $a=0.15$ m，刃脚高 $h_k=1.0$ m(图 9.4.2)，则侧倾角

$$\tan\theta=\frac{1.0}{1.1-0.15}=1.0526,\theta=46°28'>45°$$

三、荷载计算

沉井自重计算如表 9.4.1 所示，各力汇总于表 9.4.2。

沉井自重力计算汇总　　表 9.4.1

沉井部位	重度/(kN/m³)	体积/m³	重力/kN	形心至井壁外侧距离/m
刃脚	25.00	18.18	454.50	0.372
第一节沉井井壁	24.50	230.72	5 652.64	
底节沉井隔墙	24.50	24.22	593.39	
第二节沉井井壁	24.50	23.20	568.40	
钢筋混凝土盖板	24.50	62.36	1 527.82	
井孔填砂卵石	20.00	150.62	3 012.40	
封底混凝土	24.00	126.26	3 030.24	
沉井总重力			14 839.39	

各力汇总表　　表 9.4.2

力的名称	力值/kN	对沉井底面形心轴的力臂/m	弯矩/(kN·m)
二孔上部结构恒载及墩身 一孔活载(竖向力)	$P_1=25\ 691.00$ $P_k=650.00$	1.15	747.50
由制动力产生的竖向力 沉井自重力 沉井浮力	$P_T=32.40$ $G=14\ 839.39$ $G'=-6\ 355.23$	1.15	37.26
合计	$\sum P=34\ 857.62$		784.76
一孔活载(水平力)	$F_{Hg}=815.10$	18.806	−15 328.77
制动力	$F_{HT}=75.00$	18.806	−1 410.45
合计	$\sum F_H=890.10$		−167 39.22

注：1. 低水位时沉井浮力 $G'=(549.96+3.1416\times2.65^2\times1.5+6.6\times5.3\times1.5)\times10.00$ kN=6 355.23 kN。

2. 上表仅列了单孔荷载作用情况，双孔荷载时 $\sum M=-15\ 954.46$ kN·m。

四、基底应力验算

沉井井底埋深 $h=(86.77-81.70)$ m = 5.07 m，井宽 $d=5.8$ m，井底面积 $A_0=(3.1416\times2.9^2+6.6\times5.8)$ m² = 64.7 m²，井底抵抗矩 $W=\frac{\pi d^3}{32}+\frac{1}{6}a^2b=56.12$ m²；竖向荷载 $F_V=\sum P=34\ 857.62$ kN，水平荷载 $\sum F_H=890.10$ kN，弯矩 $\sum M=15\ 954.46$ kN·m。又 $h<10$ m，故取 $C_0=10$ m，即 $\beta=C_h/C_0=mh/(10\ m_0)=0.5$，$b_1=(1-0.4a/b)(b+1)=12.77$ m，$\lambda=M/h=17.92$ m，故

$$A=\frac{b_1\beta h^3+18dW}{2\beta(3\lambda-h)}=\frac{12.77\times0.5\times5.07^3+18\times5.8\times56.12}{2\times0.5\times(3\times17.92-5.07)}\ \mathrm{m^2}=137.42\ \mathrm{m^2}$$

$$\sigma_{\min}^{\max}=\frac{N}{A_0}\pm\frac{3Hd}{A\beta}=\left(\frac{34\,857.62}{64.70}\pm\frac{3\times890.10\times5.8}{137.42\times0.5}\right)\ \mathrm{kPa}=\begin{cases}764.71\\313.35\end{cases}\mathrm{kPa}$$

井底地基土为中等密实砂、卵石类土层，可取$[\sigma_0]=600\ \mathrm{kPa}$，$K_1=4$，$K_2=6$，土重度$\gamma_1=\gamma_2=12.00\ \mathrm{kN/m^2}$（考虑浮力后的近似值），并考虑附加组合，承载力提高25%，故基底土容许承载力为

$$\begin{aligned}[\sigma]&=1.25\times\{[\sigma_0]+K_1\gamma_1(b-2)+K_2\gamma_2(h-3)\}\\&=1.25\times\{600+4\times12.0\times(5.8-2)+6\times12.0\times(5.07-3)\}\ \mathrm{kPa}\\&=1\,164.30\ \mathrm{kPa}>764.7\ \mathrm{kPa}\end{aligned}$$

均满足要求。

五、横向抗力验算

将以上计算参数代入式(9.3.11)得井身转动中心A离地面的距离为

$$z_0=\frac{0.5\times12.77\times5.07^2\times(4\times17.92-5.07)+6\times5.8\times56.12}{2\times0.5\times12.77\times5.07\times(3\times17.92-5.07)}\ \mathrm{m}=4.09\ \mathrm{m}$$

根据式(9.3.13)可得基础侧向水平压应力为

$$\sigma_{\frac{h}{3}x}=\frac{6\times890.10}{137.42\times5.07}\times\frac{5.07}{3}\times\left(4.09-\frac{5.07}{3}\right)\ \mathrm{kPa}=31.06\ \mathrm{kPa}$$

$$\sigma_{hx}=\frac{6\times890.10\times5.07}{137.42\times5.07}\times(4.09-5.07)\ \mathrm{kPa}=-38.17\ \mathrm{kPa}$$

若取土体抗剪强度指标$\varphi=40°$，$c=0$；系数$\eta_1=0.7$，$\eta_2=1.0$（因$M_g=0$），则根据式(9.3.24)及式(9.3.25)可得土体极限横向抗力为

$$z=\frac{h}{3}\text{时，}\quad[\sigma_{zx}]=\left[0.7\times1.0\times\frac{4}{\cos40°}\times\left(\frac{12.00\times5.07}{3}\times\tan40°\right)\right]\mathrm{kPa}=62.21\ \mathrm{kPa}>\sigma_{\frac{h}{3}x}(31.06\ \mathrm{kPa})$$

$$z=h\text{ 时，}\quad[\sigma_{zx}]=\left[0.7\times1.0\times\frac{4}{\cos40°}\times\left(\frac{12.00\times5.07}{3}\times\tan40°\right)\right]\mathrm{kPa}=186.64\ \mathrm{kPa}>\sigma_{\frac{h}{3}x}(38.17\ \mathrm{kPa})$$

均满足要求，因此计算时可以考虑井侧土体弹性抗力。

六、沉井自重下沉验算

沉井自重　G＝刃脚重＋底节沉井重＋底节隔墙重＋顶节沉井重

$=(454.50+5\,652.64+593.39+568.40)\ \mathrm{kN}=7\,268.93\ \mathrm{kN}$

沉井浮力$G'=[(18.18+230.72+24.22+23.22)\times10.00]\mathrm{kN}=2\,963.40\ \mathrm{kN}$

土与井壁间平均单位侧阻强度

$$T_m=\frac{20.0\times1.9+12.0\times0.8+18.0\times6.0}{8.7}\ \mathrm{kN/m^2}=17.89\ \mathrm{kN/m^2}$$

总侧阻力

$$\begin{aligned}T&=\{[(\pi\times5.3+2\times6.6)\times0.2+(\pi\times5.8+2\times6.6)\times8.5]\times17.89\}\mathrm{kN}\\&=4\,883.26\ \mathrm{kN}\end{aligned}$$

排水下沉时$G>T$；不排水下沉时，预估井底围堰重（高出潮水位）600 kN，则

$$\frac{7\ 268.93+600-2\ 963.40}{4\ 883.26}=1.01,即\frac{G}{T}=1.01$$

沉井自重稍大于井侧阻力，可采取部分排水方法，也可采取加压重或其他措施。

七、刃脚受力验算

(1)刃脚向外挠曲

经试算分析，最不利位置为刃脚下沉到标高(90.4－8.7＋4.35) m＝86.05 m处，刃脚切入土中1 m，第二节沉井已接上，如图9.4.3所示，其悬臂作用分配系数为

$$\alpha=\frac{0.1L^4}{h_k^4+0.05L_1}=\frac{0.1\times 4.7^4}{1.0^4+0.05\times 4.7^4}=1.92>1.0$$

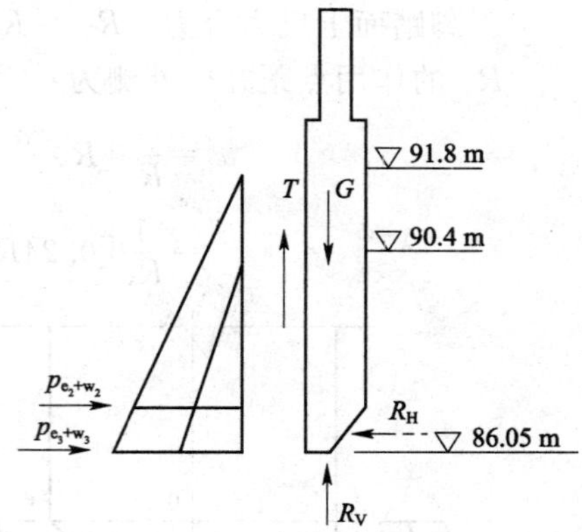

图 9.4.3

取 $\alpha=1.0$。刃脚侧土为砂卵石层，$\tau=18.00$ kPa，$\varphi=40°$，则

①作用于刃脚的力(按低水位取单位宽度计算)

$w_2=[(91.8-87.05)\times 10]$ kN/m＝47.50 kN/m

$w_3=[(91.8-86.05)\times 10]$ kN/m＝57.50 kN/m

$e_2=[12.0\times(90.4-87.05)\times \tan^2(45°-40°/2)]$ kN/m＝8.70 kN/m

$e_3=[12.0\times(90.4-86.05)\times \tan^2(45°-40°/2)]$ kN/m＝11.30 kN/m

若从安全考虑，刃脚外侧水压力取50%，则

$$p_{e_2+w_2}=(47.50\times 0.5+8.7)\ \text{kN/m}=32.45\ \text{kN/m}$$

$$p_{e_3+w_3}=(57.50\times 0.5+11.3)\ \text{kN/m}=40.05\ \text{kN/m}$$

$$p_{e+w}=\frac{1}{2}\times(p_{e_2+w_2}+p_{e_3+w_3})h_k=\left[\frac{1}{2}\times(32.45+40.05)\times 1.0\right]\text{kN}=36.25\ \text{kN}$$

若以静水压力的70%计算，则

$$0.70\gamma_w hh_k=(0.7\times 10.00\times 5.25\times 1)\text{kN}=36.75\ \text{kN}>p_{e+w}$$

故取 $p_{e+w}=36.25$ kN。

刃脚侧阻力　$T_1=0.5E=[0.5\times(8.7+11.3)/2\times 1\times 1]$kN＝5.00 kN

或

$$T_1=\tau h_k\times 1=18.00\ \text{kN}$$

因此取刃脚侧阻力为5.00 kN(取小值)。

单位宽沉井自重(不计沉井浮力和隔墙自重)

$$G_1=\left(\frac{0.15+1.10}{2}\times 1.0\times 1.0\times 25.0+7.5\times 1.1\times 1.0\times 24.5+0.825\times 24.5\right)\text{kN}$$

$$=237.96\ \text{kN}$$

刃脚踏面竖向反力为

$$R_V=\left(237.96-11.30\times\frac{1}{2}\times 4.35\times 0.5\right)\text{kN}=225.67\ \text{kN}$$

刃脚斜面横向力(取 $\delta_2=\varphi=40°$)

$$R_H=\frac{bR_V}{2a+b}\tan(\theta-\delta_2)=\left[\frac{225.67\times 0.95}{2\times 0.15+0.95}\times\tan(46°28'-40°)\right]\text{kN}=19.38\ \text{kN}$$

井壁自重 q 的作用点至刃脚根部中心轴距离为

$$x_1=\frac{\lambda^2+a\lambda-2a^2}{6(\lambda+a)}=\frac{(1.1)^2+0.15\times 1.1-2\times(0.15)^2}{6\times(1.1+0.15)}\ \text{m}=0.178\ \text{m}$$

刃脚踏面下反力合力 $R_{V1}=\frac{2a}{2a+b}R_V=\frac{0.15\times2}{0.15\times2+0.95}R_V=0.24\ R_V$

刃脚踏面上反力合力 $R_{V2}=R_V-0.24R_V=0.76\ R_V$

R_V 的作用点距井壁外侧为

$$x=\frac{1}{R_V}\left[R_{V1}\frac{a}{2}+R_{V2}\left(a+\frac{b}{3}\right)\right]$$

$$=\frac{1}{R_V}\left[0.24R_V\times\frac{0.15}{2}+0.76R_V\times\left(0.15+\frac{0.95}{3}\right)\right]=0.38$$

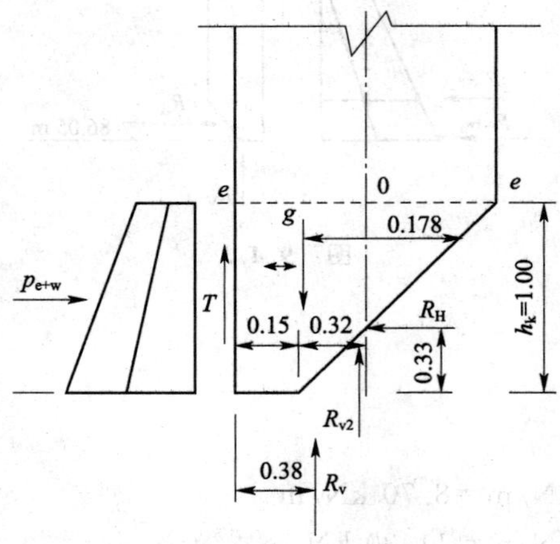

图 9.4.4 （尺寸单位：m）

②各力对刃脚根部界面中心的弯矩（图 9.4.4）

水平水压力及土压力引起的弯矩

$$M_{e+w}=\left(36.25\times\frac{1}{3}\times\frac{2\times40.05+32.45}{40.05+32.45}\times1.0\right)\text{kN}\cdot\text{m}$$

$$=18.73\ \text{kN}\cdot\text{m}$$

刃脚侧面摩阻力引起的弯矩

$$M_T=(5.00\times1.1/2)\ \text{kN}\cdot\text{m}=2.75\ \text{kN}\cdot\text{m}$$

反力 R_V 引起的弯矩

$$M_{R_V}=\left[225.67\times\left(\frac{1.1}{2}-0.38\right)\right]\ \text{kN}\cdot\text{m}=38.36\ \text{kN}\cdot\text{m}$$

刃脚斜面不平反力引起的弯矩

$$N_{R_H}=[19.38\times(1-0.33)]\ \text{kN}\cdot\text{m}=12.98\ \text{kN}\cdot\text{m}$$

刃脚自重引起的弯矩

$$M_g=[0.625\times1\times25.00\times0.178]\ \text{kN}\cdot\text{m}=2.78\ \text{kN}\cdot\text{m}$$

故总弯矩为

$$M_0=\sum M=(12.98+38.36+2.75-18.73-2.78)\ \text{kN}\cdot\text{m}=32.58\ \text{kN}\cdot\text{m}$$

③刃脚根部处的应力验算

刃脚根部轴力 $N_0=(225.67-0.625\times25.00)\ \text{kN}=210.04\ \text{kN}$，面积 $A=1.1\ \text{m}^2$，抵抗矩 $W=0.2\ \text{m}^3$，故

$$\sigma_h=\frac{N_0}{A}\pm\frac{M_0}{W}=\left(\frac{210.04}{1.1}\pm\frac{32.58}{0.2}\right)\ \text{kPa}=\begin{cases}353.58\\28.05\end{cases}\text{kPa}$$

因水平剪力较小，验算时未予考虑。压应力小于 $R_a^j/\gamma_m=14\,000/2.31=6\,060$ kPa，按受力条件不需设置钢筋，可按构造要求设置。

(2)刃脚向内挠曲（图 9.4.5）

①作用于刃脚的力

可求得作用于刃脚外侧的土、水压力（按潮水位计算）$\omega_2=138.60\ \text{kN/m}$，$\omega_3=148.60\ \text{kN/m}$，$e_2=20.10\ \text{kN/m}$，$e_3=22.60\ \text{kN/m}$，故总土、水压力为 $P=164.95$ kN。

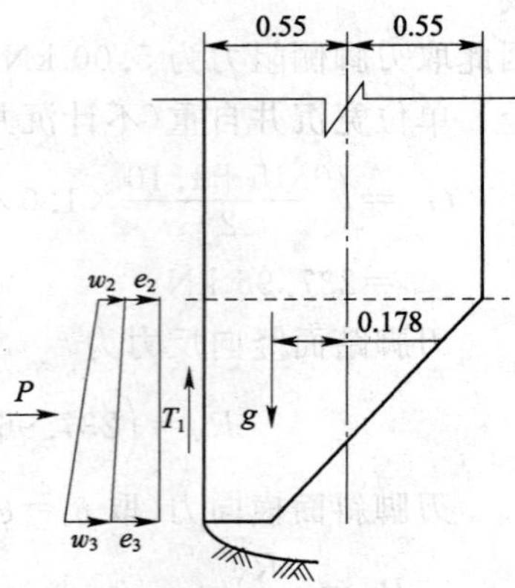

图 9.4.5 （尺寸单位：m）

p_{e+w}对刃脚根部形心轴的弯矩为

$$M_{e+w}=\left[164.95\times\frac{1}{3}\times\frac{2\times(148.60+22.60)+138.60+20.10}{148.50+22.60+138.60+20.10}\right]\text{kN}\cdot\text{m}$$

$$=83.52\ \text{kN}\cdot\text{m}$$

此时刃脚侧阻 $T_1=10.68$ kN（$\tau h_k=20.00\ \text{kN}>10.68\ \text{kN}$），其产生的弯矩为

$$M_T=(-10.68\times 0.55)\ \text{kN}\cdot\text{m}=-5.87\ \text{kN}\cdot\text{m}$$

刃脚自重 $g=(0.625\times 25.00)$ kN=15.63 kN,所产生的弯矩为

$$M_g=(15.63\times 0.178)\ \text{kN}\cdot\text{m}=2.78\ \text{kN}\cdot\text{m}$$

所有各力对刃脚根部的弯矩 M、轴向力 N 和剪力 Q 为

$$M=M_{e+w}+M_T+M_g=(83.52-5.87+2.78)\ \text{kN}\cdot\text{m}=80.43\ \text{kN}\cdot\text{m}$$

$$N=T_1-g=(10.68-15.63)\ \text{kN}=-4.95\ \text{kN}$$

$$Q=P=164.95\ \text{kN}$$

②刃脚根截面应力验算

弯曲应力

$$\sigma=\frac{N}{A}\pm\frac{M}{W}=\left(\frac{-4.95}{1.1}\pm\frac{80.43}{0.20}\right)\ \text{kPa}=\begin{cases}397.65\ \text{kPa}<606\ \text{kPa}\\-406.65\ \text{kPa}<[R_l^j/\gamma_m](2\ 500/2.31=1\ 082)\end{cases}$$

剪应力 $\sigma_j=\dfrac{164.95}{1.1}$ kPa=149.96 kPa<$[R_l^j/\gamma_m]$(3 300/2.31 kPa=1 428)

计算结果表明,刃脚外侧也仅需按构造要求配筋。

(3)刃脚框架计算

由于 $\alpha=1.0$,刃脚作为水平框架承受的水平力很小,故不需验算,可按构造布置钢筋。如需验算,则与井壁水平框架计算方法相同,此处略。

八、井壁受力验算

(1)沉井井壁竖向拉力验算

$$S_{max}=\frac{1}{4}(Q_1+Q_2+Q_2+Q_4)=1\ 817.23\ \text{kN(未考虑浮力)}$$

井壁受拉面积为

$$A_1=\left[\frac{3.141\ 6}{4}\times(5.8^2-3.6^2)+6.6\times 5.8-2.9\times 3.6\times 2\right]\ \text{m}^2=33.64\ \text{m}^2$$

混凝土所受到的拉应力为

$$\sigma_h=\frac{S_{max}}{A_1}=\frac{1\ 817.23}{33.64}\ \text{kPa}=54.02\ \text{kPa}<0.8R_e^b=(1\ 600\times 0.8)\ \text{kPa}=1\ 208\ \text{kPa}$$

井壁内可按构造布置竖向钢筋。实际上根据土质情况井壁不可能产生大的拉应力。

(2)井壁横向受力计算

沉井达设计标高时,刃脚根部以上一段井壁承受的外力最大,其承受有本身范围内的水平力和刃脚作为悬臂传来的剪力而处于最不利状态。

考虑潮水位时单位宽度井壁上的土压力(图 9.4.6)为

$w_1=127.60\ \text{kN/m}^2$,$w_2=138.60\ \text{kN/m}^2$,$w_3=148.60\ \text{kN/m}^2$

单位宽度井壁上的土压力为

$$e_1=17.19\ \text{kPa},e_2=20.10\ \text{kPa},e_3=22.60\ \text{kPa}$$

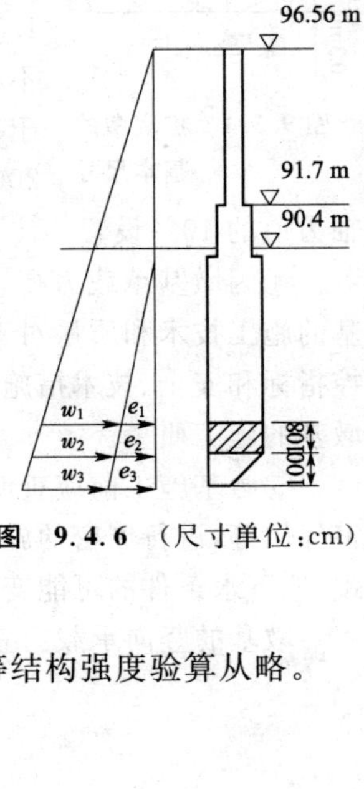

图 9.4.6 (尺寸单位:cm)

刃脚及刃脚根部以上 1.1 m 井壁范围的外力

$P=[0.5\times(17.19+22.60\times 1+127.60+148.6\times 1)\times 2.1]$ kN/m

=331.79 kN/m($a=1$)

沉井各部分所受内力、底节沉井竖向挠曲、封底混凝土及盖板等结构强度验算从略。

第五节　其他深基础简介

深基础种类很多，除桩基、沉井基础外，墩基、地下连续墙和沉箱等都属于深基础。其主要特点是需采用特殊的施工方法，解决基坑开挖、排水等问题，减小对邻近建筑物的影响。

一、墩基础

墩是一种利用机械或人工在地基中开挖成孔后灌注混凝土形成的长径比较小的大直径桩基础，由于其直径粗大如墩(一般直径 $d>1\,800$ mm)，故称为墩基础。

墩基础功能与桩相似，工程中多用扩底墩，墩底直径最大已达 7.5 m，深度一般为 20～40 m，最大可达 60～80 m。支承在硬土层中的墩基础，竖向承载力可达 10～40 MN；而支承于基岩上的扩底墩，竖向承载力可达 60～70 MN，且沉降量极小。

墩基能较好地适应复杂的地质条件，常用于高层建筑中柱基础。墩身可穿越浅部不良地基达到深部基岩或坚实土层，并可通过扩底工艺获得很高的单墩承载力。但其混凝土用量大，施工时有一定难度，故不宜用于荷载较小、地下水位较高、水量较大的小型工程及相当深度内无坚硬持力层的地区。

墩基设计时要详细掌握工程地质和水文地质资料，根据施工设备及技术条件，论证其经济合理和技术可行性，并综合考虑如下因素：

①墩基承载力高，原则上应采用一柱一墩。墩深一般不宜超过 30 m，扩底墩的中心距不宜小于 1.5 d_b(图 9.5.1)，d_b/d 宜$\leqslant$3.0，扩大斗斜面高宽比 h/b 不宜小于 1.5，具体数值应根据持力层土体稳定条件确定。

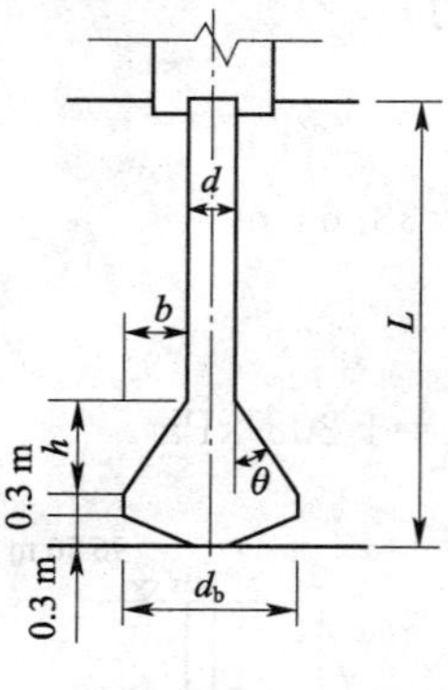

图 9.5.1　扩底墩的基本尺寸

②墩基持力层必须承载力较高且具有一定厚度，其厚度不得小于(1.5～2.0)d_b，并保证土层在扩底施工时具有足够的稳定性。墩底一般可做成锅底状，进入持力层深度不宜小于 0.5 m。当持力层为基岩时，应嵌入岩体一定深度，当岩面倾斜时宜做成台阶形，并进行稳定性验算，以防止滑动失稳。

③墩基的混凝土强度等级一般$\geqslant$C20，钢筋不小于 ϕ10 @ 200，最小配筋率当受压时应$\geqslant$0.2%，受弯时$\geqslant$0.4%。箍筋不小于ϕ10 @300，墩顶 1.5 m 范围内应加密至@100，并设置ϕ14 @200加劲筋。主筋保护层厚度不小于 35 mm，水下浇注混凝土时不小于50 mm。墩顶应嵌入承台不小于 100 mm，承台厚度大于或等于 300 mm，墩边至承台边的距离不小于 200 mm。此外，还宜在墩的双向设置拉梁，拉梁配筋可按所连接柱子轴力值的 10%设置。

④因墩基承载力高，多为一柱一墩，一旦发生质量问题，其后果严重且难以处理。故墩基的施工技术和质量对工程结果起主要作用，设计时必须明确规定施工和质检方案，提出监控指标和安全、技术措施，并预计到可能出现的不利变化及人为因素等造成的影响，以确保墩基的施工质量。

⑤墩基施工前应查明土层的渗透性，地下水的类型、流量及补给条件，地下土层中的有害气体等，进行周密的施工组织设计，并考虑施工过程中可能遇到的各种问题，如坍孔、缩颈、地下水条件的可能变化、施工时对周围建筑物和环境的影响等。

墩基的竖向承载力宜通过静载荷试验确定。扩底墩承载机理分析表明，墩基变形是其承载力的主要控制因素，综合国内外各有关规定，一般取墩顶沉降量 10～25 mm 所对应的压力作为墩基的竖向承载力。此外，也可根据地区经验，按类似于嵌岩桩的经验公式计算，但需考虑墩侧阻力和墩底面积的修正，具体计算方法可参见有关文献。

二、地下连续墙

地下连续墙是 20 世纪 50 年代由意大利米兰 ICOS 公司首先开发成功的一种新的支护形式。它是在泥浆护壁条件下，使用专门的成槽机械，在地面开挖一条狭长的深槽，然后在槽内设置钢筋笼，浇筑混凝土，逐步形成一道连续的地下钢筋混凝土连续墙。用以作为基坑开挖时防渗、截水、挡土、抗滑、防爆和对邻近建筑物基础的支护以及直接成为承受上部结构荷载的基础的一部分。

地下连续墙的优点是无需放坡，土方量小；全盘机械化施工，工效高，速度快，施工期短；混凝土浇筑无须支模和养护，成本低；可在沉井作业、板桩支护等方法难以实施的环境中进行无噪声、无振动施工；可穿过各种土层进入基岩，无须采取降低地下水的措施，因此可在密集建筑群中施工；尤其是用于 2 层以上地下室的建筑物，可配合“逆筑法”施工(从地面逐层而下修筑建筑物地下部分的一种施工技术)，而更显出其独特的作用。目前，地下连续墙已发展有后张预应力、预制装配和现浇预制等多种形式，其使用日益广泛。目前在泵房、桥台、地下室、箱基、地下车库、地铁车站、码头、高架道路基础、水处理设施，甚至深埋的下水道等，都有成功应用的实例。

地下连续墙的成墙深度由使用要求决定，大都在 50 m 以内，墙宽与墙体的深度和受力情况有关，目前常用 600 mm 和 800 mm 两种，特殊情况下也有 400 mm 的薄型和1 200 mm 的厚型地下连续墙。地下连续墙的施工工序如下：

①修筑导墙。沿设计轴线两侧开挖导沟，修筑钢筋混凝土(钢、木)导墙，以供成槽机械钻进导向、维护表土和保持泥浆稳定液面。导墙内壁面之间的净空应比地下连续墙设计厚度加宽 40～60 mm，埋深一般为1～2 m，墙厚 0.1～0.2 m。

②制备泥浆。泥浆以膨润土或细粒土在现场加水搅拌制成，用以平衡侧向地下水压力和土压力，泥浆压力使泥浆渗入土体孔隙，在墙壁表面形成一层组织致密、透水性很小的泥皮，保护槽壁稳定而不致坍塌，并起到携渣、防渗等作用。泥浆液面应保持高出地下水位 0.5～1.0 m，比重(1.05～1.10)应大于地下水的比重。其浓度、黏度、pH、含水率、泥皮厚度和胶体率等多项指标应严格控制并随时测定、调整，以保证其稳定性。

③成槽。成槽是地下连续墙施工中最主要的工序，对于不同土质条件和槽壁深度应采用不同的成槽机具开挖槽段。例如，大卵石或孤石等复杂地层可用冲击钻；切削一般土层，特别是软弱土，常用导板抓斗、铲斗或回转钻头抓铲。采用多头钻机开槽，每段槽孔长度可取 6～8 m，采用抓斗或冲击钻机成槽，每段长度可更大。墙体深度可达几十米。

④槽段的连接。地下连续墙各单元槽段之间靠接头连接。接头通常要满足受力和防渗要求，并施工简单。国内目前使用最多的接头形式是用接头管连接的非刚性接头。在单元槽段内土体被挖除后，在槽段的一端先吊放接头管，再吊入钢筋笼，浇筑混凝土，然后逐渐将接头管拔出，形成半圆形接头，如图 9.5.2 所示。

地下连续墙既是地下工程施工时的围扩结构，又是永久性建筑物的地下部分。因此，设计时应针对墙体施工和使用阶段的不同受力和支承条件下的内力进行简化计算；或采用能考虑土的非线性力学性状，以及墙与土的相互作用的计算模型，以有限单元法进行分析。

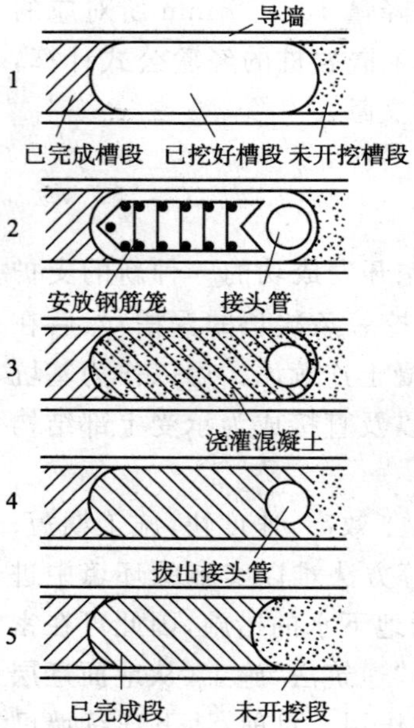

图 9.5.2 槽段的连接

三、基坑工程的概念及特点

建筑基坑是指为进行建筑物(包括构筑物)基础与地下室的施工所开挖的地面以下空间。为保证基坑施工、主体地下结构的安全和周围环境不受损害,需对基坑进行包括土体、降水和开挖在内的一系列勘察、设计、施工和检测等工作。这项综合性的工程就称为基坑工程。

基坑工程是一个综合性的岩土工程问题,既涉及土力学中典型的强度、稳定与变形问题,又涉及土与支护结构共同作用和工程、水文地质等问题,同时还与计算技术、测试技术、施工设备和技术等密切相关。因此,基坑工程具有以下特点:

①支护结构通常都是临时性的结构,一般情况下安全储备相对较小,风险性较大。

②由于场地的工程水文地质条件、岩土的工程性质和周边环境条件的差异性,基坑工程往往具有很强的地域性特征,因此,它的设计和施工,必须因地制宜,切忌生搬硬套。

③是一项综合性很强的系统工程。它不仅涉及结构、岩土、工程地质和环境等多门学科,而且勘察、设计、施工、检测等工作环环相扣,紧密相连。

④具有较强的时空效应。支护结构所受荷载(如土压力)及其产生的应力和变形在时间上和空间上具有较强的变异性,在软黏土和复杂体型基坑工程中尤为突出。

⑤对周边环境会产生较大影响。基坑开挖、降水势必引起周边场地土的应力和地下水位发生改变,使土体产生变形,对相邻建(构)筑物和地下管线等产生影响,严重者将危及它们的安全的正常使用。大量土方运输也将对交通和环境卫生产生影响。

四、基坑支护结构的类型及适用条件

基坑支护结构的基本类型及适用条件如下。

(1)放坡开挖和简易支护

放坡开挖是指选择合理的坡比进行开挖,适用于地基土质较好、开挖深度不大和施工现场有足够放坡场所的工程。放坡开挖施工简便、费用低,但挖土及回填土方量大。有时为了增加边坡稳定性和减少土方量,常采用简易支护(图 9.5.3)。

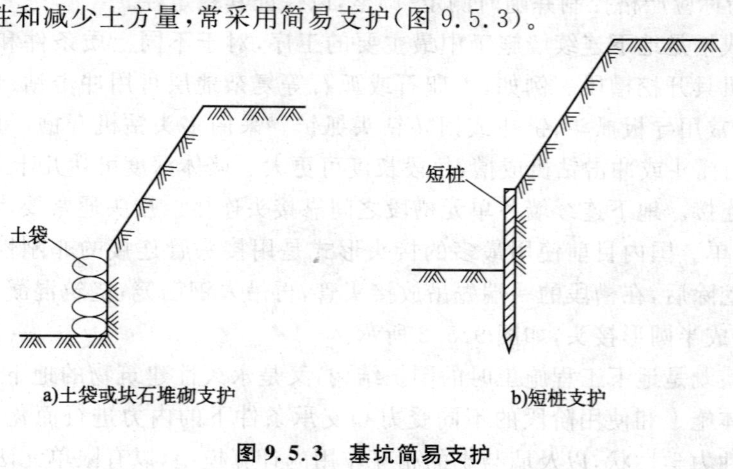

a)土袋或块石堆砌支护　　b)短桩支护

图 9.5.3 基坑简易支护

(2)悬臂式支护结构

广义上讲，一切设有支撑和锚杆的支护结构均可归属悬臂式支护结构，但这里仅指没有内撑和锚拉的板桩墙、排桩墙和地下连续墙支护结构。悬臂式支护结构依靠足够的入土深度和结构的抗弯能力来维持基坑壁的稳定和结构的安全。由于悬臂式支护结构上端的水平位移是开挖深度的五次方函数，所以它对开挖深度很敏感，容易产生较大的变形，只适用于土质较好、开挖深度较浅的基坑工程。

(3)水泥土桩墙支护结构

利用水泥作为固化剂，通过特制的深层搅拌机械在地层深部将水泥和软土强制拌和，让水泥和软土之间产生一系列的物理一化学反应，硬结成具有整体性、水稳定性和一定强度的水泥土桩。水泥土桩墙中的桩与桩或排与排之间可相互咬合紧密排列，也可按网格式排列。水泥土桩墙适合于淤泥、淤泥质土等软土。

2018 全国勘察设计注册工程师执业资格考试用书

Quanguo Zhuce Yantu Gongchengshi Zhuanye Kaoshi Peixun Jiaocai

全国注册岩土工程师专业考试培训教材

基本理论大全

于海峰　孙　超　主编

下册

人民交通出版社股份有限公司
China Communications Press Co.,Ltd.

内 容 提 要

本书是为配合全国注册土木工程师(岩土)执业资格考试编写的。本书的编写以考试大纲为依据,以现行规范为基础,结合编者多年来举办注册岩土工程师执业资格考试考前培训班的经验,采用了"从基础出发,内容全面,重点突出,侧重规范理解,兼顾工程实践,照顾相关专业考生,主要利于考前复习,注意指导实际工作"的编写原则。全书共分十一篇。

2018 年的修订情况为:①修订了 2017 版中的文字及印刷错误;②重新修订了第一篇第二章岩土工程勘察的部分内容;③修改了第二篇岩土工程设计的基本原则的部分内容;④改写了第六篇土工结构与边坡防护第二章土工结构及第三章边坡与支挡结构的部分内容。

本书包括岩土工程学的基础知识、专业基础知识和专业知识,既可作为参加全国注册土木工程师(岩土)执业资格考试考生的考前复习教材,也可作为土木工程师及大专院校相关专业师生的参考资料。

图书在版编目(CIP)数据

2018 全国注册岩土工程师专业考试培训教材 / 于海峰,孙超主编. —北京:人民交通出版社股份有限公司,2018.1

ISBN 978-7-114-14415-8

Ⅰ. ①2… Ⅱ. ①于… ②孙… Ⅲ. ①岩土工程—资格考试—自学参考资料 Ⅳ. ①TU4

中国版本图书馆 CIP 数据核字(2017)第 309457 号

书　　名:2018 全国注册岩土工程师专业考试培训教材
著 作 者:于海峰　孙　超
责任编辑:刘彩云　李　娜
出版发行:人民交通出版社股份有限公司
地　　址:(100011)北京市朝阳区安定门外外馆斜街 3 号
网　　址:http://www.ccpress.com.cn
销售电话:(010)59757973
总 经 销:人民交通出版社股份有限公司发行部
经　　销:各地新华书店
印　　刷:北京盈盛恒通印刷有限公司
开　　本:787×1092　1/16
印　　张:103.25
字　　数:2570 千
版　　次:2018 年 1 月　第 1 版
印　　次:2018 年 1 月　第 1 次印刷
书　　号:ISBN 978-7-114-14415-8
定　　价:188.00 元(含上、下两册)

全国注册岩土工程师专业考试培训教材

编委会名单

Preface 前言

全国注册土木(岩土)工程师执业资格考试,自2002年首次举办以来已经进行了十五次,历次考试均以"注册岩土工程师专业考试大纲"为基础,考试题的类型、题量经小幅调整后均已比较成熟。为了使广大参考的技术人员全面掌握大纲要求的知识点,并能够在较短时间内抓住重要知识点及考点,特编写本书。

本书共分十一篇,内容包括岩土工程勘察、岩土工程设计的基本原则、浅基础、深基础、地基处理、土工结构与边坡防护、基坑工程与地下工程、特殊条件下的岩土工程、地震工程、岩土工程检测与监测、工程经济与管理。根据先达注册岩土工程师培训教研组十余年的培训经验,本书在以往同类辅导教材的基础上重点增加了地质基础知识、专业基础知识及专业知识,如地质学基础知识、土工试验技术、原位测试技术、水文地质学基础知识、土力学与地基基础中的重要知识点、复合地基计算、土压力理论及计算、工程地震基础知识等。同时,此次本书再版也按新修订的2018年考试用各类规程、规范进行了修改,吸收了新版规范及相关的理论知识,是广大工程师们参加"专业考试"的理论宝库。

本书以最新修订的"注册岩土工程师专业考试大纲"为基础编写,内容全面,重点突出,覆盖了考试大纲中的绝大部分知识点及历年考试中经常出现的考点,能使广大考生达到"一书在手,别无他求"的效果。本书与《全国注册岩土工程师专业考试模拟训练题集及历年真题新解》配合使用,可取得较好的学习效果。

本次修订具体分工为:第一篇、第二篇由孙法德、杜兆成、佟德生修编;第三篇、第四篇由孙超、周璟宏、刘秀秀修编,第五篇由孟凡超、尹洪峰、杨云鸿、段邦鹏、贾彦奇(中国水利水电第十四工程局有限公司)修编,第六篇、第七篇由吕兆庆、孙有为修编,第八篇、第九篇由孙超、吴奭、邱道文、李成军(哈尔滨市勘察测绘院)修编,第十篇、第十一篇由于海峰编写。全书由于海峰、孙超统稿。

本书是注册岩土工程师专业考试考前复习的工具书,可作为全国注册岩土工程师专业考试考前辅导班的培训教材,也可作为考生的自学教材,还可供大专院校相关专业的师生及工程技术人员参考。

本书编写过程中得到了许多专家学者的支持和帮助,在此表示衷心的感谢。

因作者水平有限及编写时间仓促,书中难免存在诸多不足,恳请读者批评指正。

于海峰

2018年于长春

目　录

第五篇　地基处理

第六篇　土工结构与边坡防护

第七篇　基坑工程与地下工程

第八篇　特殊条件下的岩土工程

第九篇　地震工程

第十篇　岩土工程检测与监测

第十一篇　工程经济与管理

第五篇

地基处理

考试大纲

(一)地基处理方法

熟悉常用地基处理方法的机理、适用范围、施工工艺和质量检验方法。

(二)复合地基

熟悉复合地基的形成条件；掌握常用复合地基承载力和沉降计算方法。

(三)地基处理设计

了解各类软弱地基和不良地基的加固机理；熟悉地基处理方案的选用；掌握地基处理设计计算方法。

(四)土工合成材料

了解常用土工合成材料的性质及其工程应用。

(五)防渗处理

了解防渗处理技术及其工程应用。

(六)既有工程地基加固与基础托换

了解既有工程地基加固要求和加固程序；了解常用加固技术、应用范围及加固设计方法；了解既有工程基础托换的常用方法和适用范围；了解建筑物迁移的常用方法。

第一章 地基处理的基本规定

第一节 地基处理的概念、目的和意义

我国地域广阔，软弱地基类别多、分布广，当今国内土木工程建设规模大、发展快。尤其对于软弱地基，复合地基（指部分土体被增强或被置换，而形成的由地基土和增强体共同承担荷载的人工地基）是一种必不可少的地基处理方法，在当今的工程实践中往往能有效地解决所遇到的难题。复合地基较好地利用了天然地基土和增强体，两者共同承担建（构）筑物荷载的潜能，具有比较经济的特点，得到了学术界和工程界从事岩土工作的专家和学者的高度重视。

一、地基处理的概念

任何建筑物的荷载最终将传递到地基上，由于上部结构材料强度很高，而地基土强度很低，压缩性较大，因此通过设置一定结构形式和尺寸的基础才能解决这个矛盾。基础具有承上启下的作用，它一方面处于上部结构荷载及地基反力的共同作用下，承受由此产生的内力；基础底面的反力反过来又作为地基土的荷载，使地基产生应力和变形。基础设计时，除了需保证基础结构本身具有足够的刚度和强度外，同时还需选择合理的基础尺寸和布置方案，使地基的强度和沉降保持在规范允许的范围内。因此，基础设计又常被称为地基基础设计。凡是基础直接建在未经加固的天然土层上时，这种地基被称为天然地基。若天然地基很软弱，则需要事先经过人工处理后再建造基础，这种地基被称为人工地基。

地基处理工程的设计和施工质量直接关系到建筑物的安全，如处理不当，往往会发生工程事故，且事后补救大多比较困难，因此，对地基处理要求实行严格的质量控制和验收制度，以确保工程质量。

地基处理（Foundation Treatment）一般是指用于改善支承建筑物的地基（土或岩石）的承载能力或抗渗能力所采用的工程技术措施，主要分为基础工程措施和岩土加固措施。有的工程不改变地基的工程性质，而只采取基础工程措施；有的工程还同时对地基的土和岩石加固，以改善其工程性质。

随着国民经济的高速发展，不仅需要选择在地基条件良好的场地从事建设，而且有时也不得不在地质条件不良的地基上进行修建。另外，科学技术的日新月异也使结构物的荷载日益增大，对变形要求越来越严，原来一般可被评价为良好的地基，也可能在某种特定条件下非进行地基处理不可。因此，地基处理的重要地位也日益明显，已成为制约工程建设的主要因素。如何选择一种既满足工程要求，又节约投资的设计、施工和验算方法，已经刻不容缓地呈现在广大工程技术人员面前。

二、地基处理的目的和意义

软弱地基(Soft Foundation)就是指压缩层主要由淤泥、淤泥质土、冲填土、杂填土或其他高压缩性土层构成的地基。它是指基本上未经受过地形及地质变动,未受过荷载及地震动力等物理作用或土颗粒间的化学作用的软黏土、有机质土、饱和松砂土和淤泥质土等地层构成的地基。

软黏土(Soft Clag,又称软土)是指近代沉积的软弱土层。由于具有低强度、高压缩性和弱透水性,软黏土作为地基,常常成为棘手的工程地质问题。软黏土主要包括含水分的软弱黏土和淤泥土,其工程性质主要取决于颗粒组成、有机质含量、土的结构、孔隙比及天然含水率。软黏土地基的共同特性是:天然含水率高,最小为30%~40%,最高可达200%;孔隙比大,最小为0.8~1.2,最大达5;压缩系数大;渗透系数小,一般小于1×10^{6} cm/s;灵敏度高,在2~10之间,灵敏度高的软土,经扰动后强度便降低很多。

软弱地基的特点决定了在这种地基上建造工程,必须进行地基处理。地基处理的目的就是利用换填、夯实、挤密、排水、胶结、加筋和热学等方法对地基土进行加固,用以改良地基土的工程特性,主要包括以下方面。

1.提高地基土的抗剪强度

地基的剪切破坏和在土压力作用下的稳定性,取决于地基土的抗剪强度。因此。为了防止剪切破坏和减轻土压力,需要采取一定措施以增加地基土的抗剪强度。

2.减低地基的压缩性

主要是采用一定措施以提高地基土的压缩模量,以减少地基土的沉降。另外。防止侧向流动(塑性流动)产生持续的剪切变形,也是改善剪切特性的目的之一。

3.改善透水特性

由于地下水的运动会引起地基出现一些问题,为此,需要采取一定措施使地基土变成不透水层或减轻其水压力。

4.改善动力特性

地震时饱和松散粉细砂(包括一部分粉土)将会产生液化。因此,需要采取一定措施防止地基土液化,并改善其振动特性以提高地基的抗震特性。

5.改善特殊土的不良地基特性

主要是指消除或减少黄土的湿陷性和膨胀土的膨胀性等以及其他特殊土的不良地基特性。

软弱土地基经过处理,不用再建造深基础或设置桩基,防止了各类倒塌、下沉、倾斜等恶性事故的发生,确保了上部基础和建筑结构的使用安全和耐久性,具有巨大的技术和经济意义。

第二节 地基处理的方法分类及使用范围

近年来许多重要的工程和复杂的工业厂房在软弱土地基上兴建,工程实践的要求推动了软弱土地基处理技术的迅速发展,地基处理的途径越来越多,考虑问题的思路日益新颖,老的方法不断改进完善,新的方法不断涌现。根据地基处理方法的原理,基本上分为如表1.2.1所示的几类。

常用地基处理方法的原理、作用及适用范围　　表 1.2.1

分类	处 理 方 法	原理及作用	适 用 范 围
换土垫层法	机械碾压法	挖除浅层软弱土或不良土，分层碾压或夯实土，按回填的材料可分为砂垫层、碎石垫层、粉煤灰垫层、干渣垫层、灰土垫层、二灰土垫层和素土垫层等。可提高持力层的承载力，减少沉降量，消除或部分消除土的湿陷性和胀缩性，防止土的冻胀作用，以及改善土的抗液化性	常用于基坑面积宽大和开挖土方量较大的回填土方工程，一般适用于处理浅层软弱地基、湿陷性黄土地基、膨胀土地基、季节性冻土地基、素填土和杂填土地基
	重锤夯实法		一般适用于地下水位以上稍湿的黏性土、砂土、湿陷性黄土、杂填土以及分层填土地层
	平板振动法		适用于处理无黏性土或黏粒含量少和透水性好的杂填土地基
	强夯挤淤法	采用边强夯、边填碎石、边挤淤的方法，在地基中形成碎石墩体，以提高地基承载力和减小沉降	适用于厚度较小的淤泥和淤泥质土地基。应通过现场试验才能确定其适用性
深层密实法	强夯法	利用强大的夯击能，迫使深层土液化和动力固结而密实	适用于碎石土、砂土、素填土、杂填土、低饱和度的粉土与黏性土、湿陷性黄土，对淤泥质土经试验证明施工有效时方可使用
	挤密法（砂桩挤密法）（振动水冲法）（灰土、二灰或土桩挤密法）（石灰桩挤密法）	通过挤密或振动使深层土密实，并在振动挤密过程中，回填砂、砾石、灰土、土或石灰等形成砂桩、碎石桩、灰土桩、二灰土桩、土桩或石灰桩，与桩间土一起组成复合地基，从而提高地基承载力，减少沉降量，消除或部分消除土的湿陷性或液化性	砂桩挤密法和振动水冲法一般适用于杂填土和松散砂土，对软黏土地基经试验证明加固有效时方可使用灰土桩、二灰土桩、土桩挤密法一般适用于地下水位以上，深度为 5～10 m 的湿陷性黄土和人工填土
排水固结法	堆载预压法、真空预压法、降水预压法、电渗排水法	通过布置垂直排水井，改善地基的排水条件，以及采取加压、抽气、抽水和电渗等措施，加速地基土的固结和强度增长，提高地基土的稳定性，并使沉降提前完成	适用于处理厚度较大的饱和软黏土和冲填土地基，但需要有预压的荷载和时间的条件。对于厚的泥炭层，则要慎重对待
加筋法	加筋土、土锚、土钉		加筋土和土锚适用于人工填土的路堤和挡墙结构，土钉适用于土坡稳定
	土工聚合物	在人工填土的路堤或挡墙内，铺设土工聚合物、铜带、钢条、尼龙绳或玻璃纤维等作为拉筋，或在软弱土层上设置树根桩或碎石桩等，使这种人工复合土体可承受抗拉、抗压、抗剪和抗弯作用，以提高地基承载力、增加地基稳定性和减少沉降	适用于砂土、黏性土和软黏土
	树根桩		适用于各类土
	碎石桩		碎石桩（包括砂桩）适用于黏性土。对于软黏土，经试验证明施工有效时，方可采用

续上表

分类	处理方法	原理及作用	适用范围
热学法	热加固法	热加固法是通过渗入压缩的热空气和燃烧物，并依靠热传导，而将细颗粒土加热到适当温度(如温度在100℃以上)，则土的强度就会增加，压缩性随之降低	适用于非饱和黏性土、粉土和湿陷性黄土
	冻结法	冻结法是采用液体氮或二氧化碳膨胀的方法或采用普通的机械制冷设备与一个封闭式液压系统相连接，而使冷却液在里面流动，从而使软而湿的土进行冻结，以提高土的强度和降低土的压缩性	适用于各类土。对于临时性支承和地下水控制，特别在软黏土地质条件，开挖深度大于7～8 m以及低于地下水位的情况下，是一种普遍而有用的施工措施
化学加固法	灌浆法	通过注入水泥浆液或化学浆液的措施，使土粒胶结。用以改善土的性质，提高地基承载力，增加稳定性，减少沉降，防止渗漏	适用于处理岩基、砂土、粉土、淤泥质黏土、粉质黏土、黏土和一般填土层
	高压喷射注浆法	将带有特殊喷嘴的注浆管通过钻孔投入要处理的土层的预定深度，然后将浆液(常用水泥浆)以高压冲切土体，在喷射浆液的同时，以一定速度旋转、提升，即形成水泥圆柱体；若喷嘴提升不旋转，则形成墙状固化物可用以提高地基承载力，减少沉降，防止砂土液化、管涌和基坑隆起，建成防渗帷幕	适用于处理淤泥、淤泥质土、黏性土、粉土、黄土、砂土、人工填土和碎石土等地基，当土中含有较多的大粒径块石、坚硬黏性土、大量植物根茎或有过多的有机质，应根据现场试验结果确定其适用程度
	水泥土搅拌法	分湿法(亦称深层搅拌法)和干法(亦称粉体喷射搅拌法)两种，湿法是利用深层搅拌机将水泥浆与地基土在原位拌和；干法是利用喷粉机将水泥粉(或石灰粉)与地基土在原位拌和，搅拌后形成柱状水泥土体，可提高地基承载力，减少沉降量，防止渗漏，增加稳定性	适用于处理淤泥、淤泥质土、粉土和含水率高且地基承载力标准值不大于120 kPa的黏性土等地基。当用于处理泥炭土或地下水具有侵蚀性时，宜通过试验确定其适用程度

注：二灰为石灰和粉煤灰的拌和料。

表1.2.1中各种地基处理方法都有各自的特点和作用机理，在不同的土类中产生不同的加固效果和局限性，没有哪一种方法是万能的。具体的工程地质条件是千变万化的，工程对地基的要求也是不相同的，而且材料的来源、施工机具和施工条件也因工程地点的不同又有较大的差别。因此，对于每一工程必须进行综合考虑，通过几种可能采用的地基处理方案的比较，选择一种技术可靠、经济合理、施工可行的方案，既可以是单一的地基处理方法，也可以是多种地基处理方法综合处理。

第三节 地基处理方案的选择

各种地基处理方法的主要适用范围和加固效果如表1.3.1所示。

各种地基处理方法的主要适用范围和加固效果 表 1.3.1

按处理深浅分类	序号	处理方法	适用情况						加固效果				最大有效处理深度/m
			淤泥质土	人工填土	黏性土								
					饱和	非饱和	无黏性土	湿陷性黄土	降低压缩性	提高抗剪性	形成不透水层	改善动力特性	
浅层加固	1	换土垫层法	*	*	*	*		*	*	*		*	3
	2	机械碾压法		*		*	*	*	*	*			3
	3	平板振动法		*		*	*	*	*	*			1.5
	4	重锤夯实法		*		*	*	*	*	*			1.5
	5	土工聚合物法	*		*				*	*			
深层加固	6	强夯法		*		*	*	*	*	*		*	30
	7	砂桩挤密法	慎重	*	*	*	*		*	*		*	20
	8	振动水冲法	慎重	*	*	*	*		*	*		*	18
	9	灰土(土、二灰)桩挤密法		*		*		*	*	*		*	20
	10	石灰桩挤密法	*		*	*			*	*			20
	11	砂井(袋装砂井、塑料排水带)堆载预压法	*		*				*	*			15
	12	真空预压法	*		*				*	*			15
	13	降水预压法	*		*				*	*			30
	14	电渗排水法	*		*				*	*			20
	15	水泥灌浆法	*		*	*	*	*	*	*	*	*	20
	16	硅化法			*	*	*	*	*	*	*	*	20
	17	电动硅化法	*		*				*	*	*		
	18	高压喷射注浆法	*	*	*	*	*		*	*	*		20
	19	深层搅拌法	*		*	*			*	*	*		18
	20	粉体喷射搅拌法	*		*	*			*	*	*		13
	21	热加固法				*		*	*	*			15
	22	冻结法	*	*	*	*	*	*		*	*		

注:表中“*”表示适用或具有该种加固效果。

第四节 地基处理设计的总原则

建筑地基处理设计的核心问题是使建造在处理地基上的建筑物满足地基承载力、地基变形和稳定性要求。所谓“建筑地基”是指建筑物下的地基,区别于堆场地基、路基等,其地基主要受力层的承载力与上部结构和基础的荷载传递特性和刚度有关,其地基变形不仅与地基处理层有关,还与下卧层有关,处理地基的稳定性计算也需考虑地基处理层与其下卧层土的计算参数的不同。

处理后的地基应满足建筑物地基承载力、变形和稳定性要求，地基处理的设计还应符合下列规定：①经处理后的地基，当在受力层范围内仍存在软弱下卧层时，应进行软弱下卧层地基承载力验算；②按地基变形设计或应做变形验算且需进行地基处理的建筑物或构筑物，应对处理后的地基进行变形验算；③对建造在处理后的地基上受较大水平荷载或位于斜坡上的建筑物及构筑物，应进行地基稳定性验算。

换填垫层设计是按下卧土层的承载力要求确定换填厚度，不再存在软弱下卧层地基承载力验算问题。对压实、夯实、注浆加固地基及散体材料增强体复合地基等，应按处理后地基土压力扩散角，按现行国家标准《建筑地基基础设计规范》(GB 50007—2011)的方法验算。对有黏结强度的增强体复合地基，增强体设计时，桩端一般应选择好的持力层，一般工程并不存在软弱下卧层地基承载力验算问题。由于有黏结强度复合地基设计采用的增强体的强度、刚度变化范围较大，目前对复合地基的整体破坏模式及有软弱下卧层时的破坏机理尚未深入研究，《建筑地基处理技术规范》(JGJ 79—2012)尚未给出具有黏结强度的增强体复合地基软弱下卧层地基承载力验算的计算表达式。

有些学者按照有黏结强度增强体复合地基的荷载传递特性，为解决有黏结强度的增强体复合地基的桩端持力层选择问题，提出按实体深基础法验算软弱下卧层地基承载力，这对于增强体刚度及强度较大的条件是合理的。首先，地基的软弱下卧层地基承载力验算应归结为地基承载力设计的概念上，即地基承载力的选取以不使地基中出现较大塑性变形为原则，同时还要考虑在此条件下各类建筑可能出现的变形特征及变形量，所以应按埋深修正后软弱下卧层的地基承载力特征值作为评价标准；其次，基底附加压力的荷载传递应符合桩土荷载传递特性。根据数值分析的结果，材料刚度和强度较大的增强体复合地基，传递到增强体桩端地基土的附加应力扩散角在 $\varphi/3 \sim \varphi/4$ 之间，通过工程算例说明，取 $\varphi/4$ 作为刚性桩复合地基的附加应力扩散角进行工程校核偏于安全。

第五节　处理地基承载力的基础埋深修正

处理后地基的承载力深、宽修正问题在旧规范《建筑地基处理技术规范》(JGJ 79—2002)中已有明确规定，即当按地基承载力确定基础底面积及埋深而需要对本规范确定的地基承载力特征值进行修正时，基础宽度的地基承载力修正系数应取零，基础埋深的地基承载力修正系数应取1.0。近十年的使用情况良好。但这样修正太过安全，特别是采用刚性桩复合地基，发生处理地基深度修正后的承载力小于天然地基深、宽修正后的承载力的情况。工程中遇到此类问题，我们可以认为当天然承载力验算可以满足工程设计要求时，该工程不存在承载力设计不满足的情况，设置的复合地基增强体是为满足变形要求的地基处理设计。当天然地基承载力满足设计要求但沉降过大时，采用减少沉降量而设置桩基础设计的情形也与此类似。

天然地基承载力的深、宽修正是在弹性半无限空间地基表面确定的地基承载力，当增加基础埋深或加大基础宽度时，可对采用的地基承载力进行修正，是在浅基础极限承载力理论基础上，根据载荷板试验结果和工程验证的基础上确定的深、宽修正系数。处理后的地基承载力的深、宽修正应在满足承载力修正的理论基础上进行。复合地基一般仅在基础下或较少的基础外处理面积设置增强体，在竖向荷载作用下产生较小的侧向挤出，难以形成整体被动区抗力，并不满足浅基础极限承载力理论的边界条件。因此按基础埋深的地基承载力修正系数取1.0的验算结果，对于工程设计是安全的结果。

压实填土地基，如果处理的面积足够大，填土的施工质量严格控制，可以满足承载力修正的条件。对这种处理地基规定：基础宽度的地基承载力修正系数应取零；基础埋深的地基承载力修正系数，对于压实系数大于 0.95、黏粒含量 $\rho_c \geqslant 10\%$ 的粉土，可取 1.5；对于干密度大于 2.1 t /m^3 的级配砂石，可取 2.0。

预压处理地基、强夯处理地基，处理的面积可以足够大，但其地基的特点是存在土的密实程度表面高、下部低的情况，地基承载力的空间分布，也存在表面高、下部低的情况。这种地基在表面确定的承载力，基础埋深增加后，存在地基承载力降低的情况，不宜进行承载力按土性的埋深修正，仅考虑埋深竖向荷载的作用，可采用 1.0 的埋深修正系数。采用 1.0 的埋深修正系数时，还应充分注意此时的地基承载力取值应是该埋深标高处的试验结果。基础宽度的地基承载力修正数值较小，不应考虑。

复合地基的情况更复杂一些。首先，复合地基承载力的确定应是在设计的基础标高上进行，不论复合地基增强体施工是在地面进行，再开挖至设计标高，还是先开挖接近设计标高，再进行增强体施工，这种检测结果除去载荷板尺寸大小的影响，已包含弹性半无限空间地基土卸荷再加荷的有利影响，即已存在部分埋深对承载力提高的因素。当载荷板尺寸足够大，接近实际基础尺寸时，应该及时考虑基础埋深的地基承载力。

第六节　处理地基的整体稳定性分析

处理后的地基需进行整体稳定性分析包括以下几种情况：①受较大水平荷载或位于斜坡上的建筑物及构筑物；②由于不同施工段基础底标高差异较大，采用临时支挡支护；③已建使用的建筑物周边进行深基坑施工等。

预压地基、压实填土地基、强夯处理地基、注浆加固地基等处理地基的整体稳定性分析方法可按天然地基同样的方法，并应采用地基处理后的土性参数。考虑处理后的地基土工程性质与天然地基土工程性质的差异，稳定安全系数的最低要求从 1.2 提高到 1.3。各种稳定分析方法对同一工程、同样土性参数，得到的稳定安全系数不同，这是工程界一致的认识。规范规定的最低稳定安全系数是针对瑞典圆弧滑动法分析的，采用其他稳定分析方法时最低稳定安全系数的要求应相应提高。

建造在复合地基上的建筑物稳定性分析方法，对砂桩、碎石桩复合地基，可将砂桩、碎石桩材料的抗剪强度指标按面积置换率折算为复合土的抗剪强度指标进行计算分析，国内外均有工程应用的实例；但对于有黏结强度增强体复合地基，其稳定计算方法有不同的认识，工程应用中出现直接把有黏结强度增强体材料的抗剪强度指标按砂桩、碎石桩复合地基同样的计算方法处理，以致得到的稳定安全系数偏高，看似满足设计要求，而工程出现塌方事故的情况。国内学术界对这个问题进行了热烈的讨论，得到了许多一致的认识。首先对失稳机理的认识，可认为是：由于增强体没有钢筋等韧性材料，在滑动力的作用下，桩体受弯产生裂缝，以致桩体断裂，整体抗滑作用降低并逐渐发展，以致形成连续滑动面。对这样的破坏工况进行分析，目前国内也做过许多研究工作。

第七节　处理地基承载力的偏心荷载作用验算

在偏心荷载作用下，对于换填垫层、预压地基、压实地基、夯实地基、注浆加固等处理后地基可按《建筑地基基础设计规范》(GB 50007—2011)的要求进行验算，即满足：

当轴心荷载作用时

$$P_k \leqslant f'_a \tag{1.7.1}$$

当偏心荷载作用时

$$P_{kmax} \leqslant 1.2f'_a \tag{1.7.2}$$

式中，f'_a为处理后地基经深度修正后的承载力特征值。

复合地基偏心荷载作用的地基承载力验算，仍需要满足式(1.7.2)的要求。复合地基与天然地基验算偏心荷载作用的不同点在于基础底面的抵抗矩不同。传统的算法是按照增强体与地基土的应力比，将增强体处理面积换算成地基土的等效面积，按地基计算的方法计算桩土荷载分担，以及是否满足偏心荷载作用要求。如果复合地基增强体布置是均匀布置的，这种计算相对简单。但对于非均匀布桩的设计，采用这种方法就比较烦琐。所以，应推导出一般的表达式，便于设计人员操作。

有关有黏结强度增强体复合地基承载力偏心荷载作用的验算，目前规范还没有推荐具体算法，工程应用时应采用安全的控制方法。以下是按照规范有关地基承载力计算的取值原则，按照基底反力线性分布的假定，推导的有黏结强度增强体复合地基偏心荷载作用下桩、土荷载分担以及最大桩、土应力控制条件的建议。

①复合地基承载力

$$f_{spk} = \lambda m \frac{R_a}{A_p} + \beta(1-m) f_{sk} \tag{1.7.3}$$

式中，f_{sk}为处理后桩间土的承载力特征值。

②考虑深度修正后

$$\begin{aligned} f'_a &= \lambda m \frac{R_a}{A_p} + \beta(1-m) f_{sk} + \gamma_m (d-0.5) \\ &= \lambda m \frac{R_a}{A_p} + \left[\frac{\gamma_m (d-0.5)}{f_{sk}} + \beta(1-m)\right] f_{sk} \end{aligned} \tag{1.7.4}$$

③由于 R_a的确定原则采用现场静载荷的试验方法，试验时应在工程使用的条件下进行，所以不应再考虑深度修正对单桩承载力提高的影响。而对于地基土，由于埋深效应，可以考虑 $\gamma_m(d-0.5)$的自重压力的影响。

④以下的推导过程为未考虑深度修正的结果，考虑深度修正时，需将式(1.7.3)中 f_{sk}换算为

$$\frac{\dfrac{\gamma_m (d-0.5)}{f_{sk}} + \beta(1-m)}{\beta(1-m)} f_{sk} = \left[1 + \frac{\gamma_m (d-0.5)}{f_{sk}\beta(1-m)}\right] f_{sk} \tag{1.7.5}$$

第八节　多种地基处理方法综合使用的检验

工程中往往存在采用单一地基处理方法的结果不能完全满足工程设计要求的情况，而综合使用两种或多种地基处理方法进行地基处理。例如回填土场地，采用强夯处理回填土，由于下卧土层含水率高，采用的强夯能量不能太大；强夯处理后，再采用水泥粉煤灰碎石桩复合地基加固地基，提高其承载力，减少地基变形；再如开山填沟场地平整后，对填沟场地进行夯实处理，但建筑物坐落在老土和填土交接地基上，夯实地基检验满足承载力要求，为防止建筑物倾斜，再采用水泥粉煤灰碎石桩加固地基，使处理地基变形均匀，满足设计要求。在上述情况下，地基处理后的检验，不仅应检验强夯后地基土的强度，还应检验其竖向和水

平向的均匀性；对水泥粉煤灰碎石桩应检验其承载力和桩身完整性；对整体承载力不能仅采用夯实地基的承载力检验及水泥粉煤灰碎石桩的承载力检验结果判定，而应再进行大尺寸承压板载荷试验确定。而对于天然地基土采用水泥粉煤灰碎石桩复合地基加固，当采用的施工工艺对地基土的扰动很小，而地基土又是正常固结或超固结状态时，仅采用水泥粉煤灰碎石桩承载力检验结果结合天然地基土的承载力结合地区经验确定复合地基承载力也是安全的。

检验采用多种地基处理方法综合使用的地基处理工程，由于每一种方法处理后检验方法的局限性，不能代表整个处理效果的检验，地基处理工程完成后应进行整体处理效果的检验（例如进行大尺寸承压板载荷试验），其最小安全系数不应小于2.0。

第二章 换填垫层

换填垫层是将基础底面下一定范围内的软弱土层或不均匀土层挖出，换填其他性能稳定、无侵蚀性、强度较高的材料，并夯压密实形成垫层。换填垫层是一种浅层地基处理方法，通过垫层的应力扩散作用，满足地基承载力设计。

一、换填垫层的作用与适用范围

换填垫层适用于处理各类浅层软弱地基。所谓浅层，一般指处理深度不超过地面以下5 m，换填垫层一般换填厚度在3 m以内；所谓软弱地基，主要指由淤泥、淤泥质土、冲填土、杂填土或其他高压缩性土层构成的地基。

利用基坑开挖、分层换土回填并夯实，也可处理较深的软弱土层，但常因地下水位高而需要采取降水措施，或因开挖深度大而需要坑壁放坡，占地面积大、施工土方量大、弃土多，或需要基坑支护等，使处理费用增高、工期拖长。因而换填垫层法一般只用于处理深度不大的各类软弱土层。

当软弱土地基承载力、稳定性和变形不能满足建筑物（或结构物）的要求，而软弱土层的厚度又不是很大时，采用换填垫层法能取得较好的效果。对于轻型建筑，采用换填垫层处理局部软弱土时，由于建筑物基础底面的基底压力不大，通过垫层传递到下卧层的附加压力很小，一般也可取得较好的经济效益。但对于上部结构刚度较差、体形复杂、荷载较大的建筑，在软弱土层较深厚的情况下，采用换填垫层仅进行局部软弱土层处理时，虽然可提高持力层的承载力，但是由于传递到下卧层的附加压力较大，下卧软弱土层在荷载作用下的长期变形可能依然很大，地基仍可能产生较大的变形及不均匀变形，因此一般不可采用该方法进行地基处理。

换填垫层适用于淤泥、淤泥质土、湿陷性黄土、膨胀土、冲填土、杂填土地基。换填材料一般为砂石、粉质黏土、灰土、粉煤灰或矿渣等工业废渣等。垫层的主要作用有：

1. 提高地基承载力

由于将基底下的软弱土挖去换填为抗剪强度较高的材料，使持力层的承载力提高。当采用加筋垫层时，筋材可进一步提高垫层的承载力。

2. 减少地基沉降量

一般地基浅层部分的沉降量在总沉降量中所占的比例是比较大的。以条形基础为例，相当于基础宽度的深度范围内的沉降量约占总沉降量的50%。以低压缩性的材料置换软弱土层，就可以减少这部分土层的沉降量。同时由于垫层的应力扩散作用，使作用在垫层下的软弱土层上的附加压力减小，也减少了软弱下卧层的沉降量。另外，如果采用加筋垫层，可通过加筋的作用减少不均匀沉降。

3. 加速软土排水固结

采用砂或砂石等粗颗粒材料形成垫层时，由于这些垫层材料的透水性大，软弱土层受压后，垫层可作为良好的排水通道，使垫层下面的软弱土层中的孔隙水压力迅速消散，从而加速垫层下软弱土层的固结，加速其强度的提高，避免其发生塑性破坏。采用加筋土垫层时，土工合成材料如采用排水性好的筋材也可形成良好的排水通道，加速土层的排水固结，提高土体强度。

4. 防止地基土冻胀

由于粗颗粒垫层的材料孔隙大，可切断软弱土层中毛细水的上升管道，从而防止寒冷地区冬季土中结冰造成的冻胀。这时，垫层底面应满足当地冻结深度的要求。

5. 消除膨胀土的胀缩作用

膨胀土具有吸水膨胀、脱水收缩的特性。将基础底面下的膨胀土全部或部分换填为非水敏性材料的垫层，可消除膨胀土的胀缩作用，从而可避免膨胀土对建筑物的危害。

6. 消除湿陷性黄土的湿陷性

湿陷性黄土具有遇水下陷的特性。将基础底面下的湿陷性黄土全部或部分换填为非水敏性材料的垫层，可消除或部分消除湿陷性黄土的湿陷性，从而可避免湿陷性黄土对建筑物的危害。

二、换填垫层的设计

各种不同材料的垫层，虽然应力分布有所差异，但从试验结果和沉降观测资料分析，其承载力和沉降特点基本相同，所以各种材料的垫层都可近似地按砂垫层的计算方法计算。

垫层的设计不但要求满足建筑物对地基强度、稳定性和变形方面的要求，而且要符合耐久性要求和技术经济的合理性。

垫层设计的主要内容是确定垫层断面的合理厚度和宽度。对于垫层，既要求有足够的厚度来置换可能被剪切破坏的软弱土层，又要求有足够的宽度以防止垫层向两侧挤出。同时对于排水垫层，还要求垫层形成排水面，加速软弱土层的固结；对于防水垫层，则要求垫层形成防水面，起到隔水作用，防止下部水敏性土层遇水发生变形。

1. 砂和砂石垫层

(1)砂垫层厚度的确定

砂垫层的厚度通常根据软弱土层的情况确定需要换填的深度，对于浅层软弱土厚度不大的工程，应置换掉全部软弱土。对需换填的软弱土层，首先应根据垫层的承载力确定基础的宽度和基底压力，再根据垫层下卧层的承载力确定垫层的厚度，即作用在垫层底面处的总应力 p 不超过垫层底部软弱土层的地基承载力特征值(图 2.1.1)。

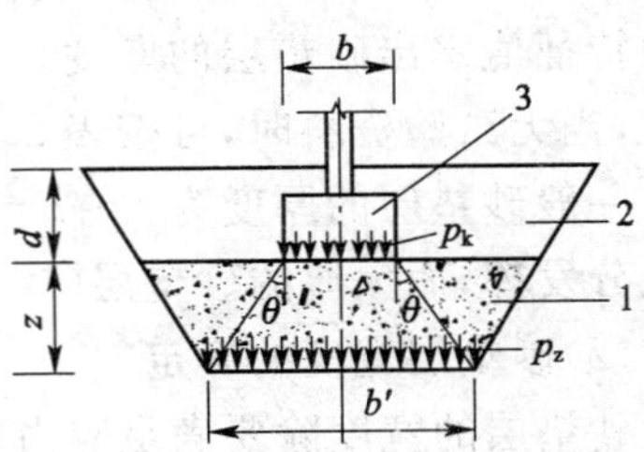

图 2.1.1　砂垫层应力分布示意图

1-垫层；2-回填土；3-基础

$$p = p_z + p_{cz} \leqslant f_{az} \tag{2.1.1}$$

式中，p 为垫层底面处的总压力值(kPa)；p_z 为相应于作用的标准组合时，垫层底面处的附加压力值(kPa)；p_{cz} 为垫层底面处土的自重压力值(kPa)；f_{az} 为垫层底面处经深度修正后的地基承载力特征值(kPa)。

下卧层顶面的附加压力值可以根据双层地基理论进行计算，但这种方法仅限于条形基础均布荷载的计算条件。也可以将双层地基视作均质地基，按均质连续各向同性半无限直线变形体的弹性理论计算。第一种方法计算比较复杂，第二种方法的假定又与实际双层地基的状态有一定误差。目前最常用的是应力扩散角法，该方法计算的垫层厚度虽比按弹性理论计算的结果略偏安全，但由于计算方法比较简便，易于理解又便于接受，故而在工程设计中得到了广泛的认可和使用。该方法垫层底面处的附加压力值 p_z 可按应力扩散角 θ 由下式进行简化计算。

①条形基础

$$p_z = \frac{b(p_k - p_c)}{b + 2z\tan\theta} \tag{2.1.2}$$

②矩形基础

$$p_z = \frac{bl(p_k - p_c)}{(b + 2z\tan\theta)(l + 2z\tan\theta)} \tag{2.1.3}$$

式中，b 为矩形基础或条形基础底面的宽度(m)；l 为矩形基础底面的长度(m)；p_k 为相应于作用的标准组合时，基础底面处的平均压力值(kPa)；p_c 为基础底面处土的自重压力值(kPa)；z 为基础底面下垫层的厚度(m)；θ 为垫层(材料)的压力扩散角(°)，宜通过试验确定，无试验资料时，可按表 2.1.1 采用。

土和砂石材料压力扩散角 θ 　　表 2.1.1

换填材料 / $\frac{z}{b}$	中砂、粗砂、砾砂、圆砾、角砾、石屑、卵石、碎石、矿渣	粉质黏土 粉煤灰	灰　土
0.25	20°	6°	28°
≥0.50	30°	23°	

注：1. 当 $\frac{z}{b}<0.25$ 时，除灰土取 $\theta=28°$ 外，其他材料均取 $\theta=0°$，必要时宜由试验确定。

2. 当 $0.25<\frac{z}{b}<0.5$ 时，θ 值可以内插。

3. 土工合成材料加筋垫层的压力扩散角宜由现场静载荷试验确定。

土夹石、砂夹石垫层的压力扩散角宜依据土与石、砂与石的配比，按静载荷试验结果确定，有经验时也可按地区经验选取。

设计时，先根据砂垫层的承载力特征值确定基础的宽度，再根据垫层底面软弱土层的承载力特征值定出砂垫层的厚度。砂垫层的承载力特征值一般要求通过现场原位静载荷试验确定，当无试验资料时，可按表 2.1.2 选用。

一般砂垫层的厚度为 1～2 m，过薄的砂垫层(<0.5 m)换填效果不显著，垫层的作用难以充分发挥，而太厚的砂垫层(>3 m)，施工可能有困难，经济上不合理。

(2)砂垫层宽度的确定

砂垫层的宽度除要满足应力扩散的要求外，还应考虑垫层侧面土的强度条件。当垫层四周侧面土质较软弱且垫层宽度不足时，垫层材料可能由于侧面土的强度不足或由于侧面土的较大变形而向侧面挤出，增大垫层的竖向变形，使基础沉降增大。当基础荷载较大，或对沉降要求较高，或垫层侧边土的承载力较差时，垫层宽度还应适当加大。

各种垫层的压实标准和承载力特征值 　　表 2.1.2

施工方法	换填材料类别	压实系数 λ_c	承载力特征值/kPa
碾压振密或夯实	碎石、卵石	≥0.97	200～300
	砂夹石(其中碎石、卵石占全重的 30%～50%)		200～250
	土夹石(其中碎石、卵石占全重的 30%～50%)		150～200
	中砂、粗砂、砾砂、角砾、圆砾		150～200
	石屑		120～150

续上表

施工方法	换填材料类别	压实系数 λ_c	承载力特征值/kPa
碾压振密或夯实	粉质黏土	≥0.95	130～180
	灰土		200～250
	粉煤灰		120～150

注：1. 压实系数 λ_c 为土的控制干密度 ρ_d 与最大干密度 ρ_{dmax} 的比值；土的最大干密度宜采用击实试验确定；碎石或卵石的最大干密度可取 2.1～2.2 t/m³。

2. 表中压实系数 λ_c 是使用轻型击实试验测定土的最大干密度 ρ_{dmax} 时给出的压实控制标准，采用重型击实试验时，对粉质黏土、灰土、粉煤灰压实标准应为压实系数 $\lambda_c \geqslant 0.93$，其他材料压实标准应为压实系数 $\lambda_c \geqslant 0.94$。

砂垫层的底宽 b' 可按应力扩散角 θ 从基础底面扩散到砂垫层底面的宽度确定，即

$$b' \geqslant b + 2z\tan\theta \tag{2.1.4}$$

应力扩散角 θ 按表 2.1.1 取值，当 $z/b < 0.25$ 时，按表 2.1.1 中 $z/b = 0.25$ 取值，当 $0.25 < z/b < 0.5$ 时，θ 值可以内插。

底宽确定后，再根据开挖基坑要求的坡度延伸至地面，即可得到砂垫层的设计断面，同时垫层顶面每边超出基础底边缘不应小于 300 mm(图 2.1.2)；整片垫层底面的宽度可根据施工的要求适当加宽。

(3)砂垫层的变形计算

我国软黏土分布地区的大量建筑物沉降观测及工程经验表明，采用换填垫层进行局部处理后，往往由于软弱下卧层的变形，建筑物地基仍将产生过大的沉降量及差异沉降量。因此，对于比较重要的建筑物应进行基础沉降的验算，以保证地基处理效果及建筑物的安全使用。垫层地基的变形由垫层自身变形和下卧层变形组成。砂垫层在满足上述的设计条件下，在施工期间垫层自身的压缩变形已基本完成，且量值很小，可以忽略垫层自身部分的变形值。垫层地基的变形可仅考虑其下卧层的变形。垫层下卧层的变形量可按现行国家标准《建筑地基基础设计规范》(GB 50007—2011)的规定进行计算。

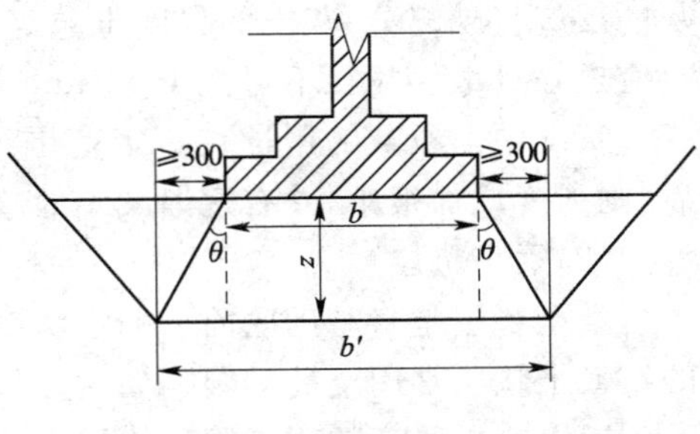

图 2.1.2　垫层宽度取值示意

(尺寸单位：mm)

对于垫层下存在软弱下卧层的建筑，在进行地基变形计算时应考虑邻近建筑物基础荷载对软弱下卧层顶面应力叠加的影响。当超出原地面标高的垫层或换填材料的重度高于天然土层的重度时，下卧层顶面承受换填材料本身的压力将超过原天然土层压力。如果超出较多，地基下卧层将产生较大的变形。如工程条件许可，宜尽早换填，以使由此引起的大部分地基变形在上部结构施工之前完成，并应考虑其附加荷载的不利影响。

(4)材料要求

砂、砂石垫层材料宜选用级配良好、质地坚硬的碎石、卵石、角砾、圆砾、砾砂、粗砂、中砂，也可采用采石场筛选碎石后的细粒废弃物，即石屑，以中、粗砂为好，可掺入一定数量的碎卵石，但要分布均匀，不含植物残体、垃圾等杂质；对具有排水要求的砂垫层宜控制含泥量不大于 3%；采用粉细砂或石粉作为换填材料时，应掺入不少于总质量 30%的碎石或卵石以改善材料的级配状况，在掺加碎石或卵石使其颗粒不均匀系数不小于 5 并拌和均匀后，方可用于铺填垫层。砂石的最大粒径不宜大于 50 mm，因为碎石过大会导致垫层本身的不均匀压缩。

对湿陷性黄土或膨胀土地基，不得选用砂、石等渗水材料垫层。

2. 灰土和素土垫层

(1)灰土垫层

灰土垫层是将基础底面下一定深度范围内的软弱土挖去，用一定体积比配合的灰土在最优含水率情况下分层夯实或压实而成。适用于处理1～4 m厚的软弱土层，特别是湿陷性黄土地基。

灰土垫层厚度和宽度的确定，计算方法同砂石垫层。灰土垫层的承载力特征值宜通过现场载荷试验确定；当无试验资料时，可查表2.1.2取值。

灰土垫层的原材料是消石灰和土。石灰是一种无机的(矿物的)胶结材料，它不但能在空气中硬化，而且还能更好地在水中硬化。灰土垫层中石灰宜选用新鲜的消石灰，石灰消解3～4 d并筛除生石灰块后使用，其最大粒径不得大于5 mm，储存期不超过3个月。消石灰的性质决定于其活性物质的含量，即CaO和MgO的含量百分率。CaO和MgO含量越高，则石灰的活性越大，胶结力越强。灰土垫层中选用的消石灰应符合Ⅲ级以上标准，通常灰土的最佳含灰率为CaO+MgO约达总量的8%。

灰土垫层中的土料宜选用粉质黏土，这是因为灰土中的土不仅作为填料，而且重要的是与消石灰发生化学作用，土中的黏粒(<0.005 mm)含量越多，其活性与胶结性越强，与消石灰的反应将越充分，灰土的强度也越高。土料不宜使用块状黏土，且不得含有松软杂质，土料应过筛且最大粒径不得大于15 mm。

灰土中消石灰的用量在一定范围内，其强度随灰量的增大而提高，但当超过一定限制后，则强度增加很小，并有逐渐减小的趋势。一般认为最佳灰土体积比是2∶8和3∶7。

(2)素土垫层

素土垫层是将基础底面下一定深度范围内的软弱土挖去，然后回填素土分层夯实而成的。素土垫层常用于处理湿陷性黄土和杂填土地基。

素土垫层厚度的确定同砂垫层。素土垫层宽度与垫层厚度有关，当垫层厚度小于2 m时，基础外沿至垫层边沿不小于厚度的1/3，且不小于300 mm；当垫层厚度大于2 m时，可适当加宽且不小于700 mm。整片素土垫层超出基础外缘的宽度不得小于1.5 m；当垫层厚度大于2 m时，宜适当加宽。

素土垫层中的土料一般以黏性土为主。土料中有机质含量不得超过5%，且不得含有冻土或膨胀土。当含有碎石时，其最大粒径不宜大于50 mm。用于湿陷性黄土或膨胀土地基的粉质黏土垫层，土料中不得夹有砖、瓦或石块等。黏土及粉土均难以夯压密实，故换填时均应避免将其作为换填材料，在不得已选用上述土料回填时，也应掺入不少于30%的砂石，且拌和均匀后方可使用。当采用粉质黏土大面积换填并使用大型机械夯压时，土料中的碎石粒径可稍大于50 mm，但不宜大于100 mm，否则将影响垫层的夯压效果。

3. 碎石和矿渣垫层

碎石和矿渣垫层因其垫层材料强度高，变形模量大，稳定性好，且垫层具有排水作用而在国内被广泛应用。

碎石和矿渣垫层的设计同砂垫层。

碎石垫层使用的碎石一般为5～40 mm的自然级配碎石，含泥量不大于5%。

矿渣垫层使用的矿渣是高炉冶炼生铁过程中所产生的固体废渣经自然冷却而形成的。根据工程条件宜选用分级矿渣、混合矿渣及原状矿渣等。矿渣的稳定性是其是否适用于作换填垫层材料的最主要性能指标，试验结果证明，当矿渣中CaO的含量小于45%及FeS与

MnS 的含量约为 1%时，矿渣不会产生硅酸盐分解和铁锰分解，排渣时不浇石灰水，矿渣也就不会产生石灰分解，则该类矿渣性能稳定，可用于换填。对中小型垫层可选用 8～40 mm 与 40～60 mm 的分级矿渣或 0～60 mm 的混合矿渣；较大面积换填时，矿渣最大粒径不宜大于 200 mm 或分层铺填厚度的 2/3，且有机质及含泥总量不得超过 5%。重矿渣的强度与其松散重度有关，垫层使用矿渣的松散重度不应小于 11 kN/m^3。垫层设计、施工前应对所选用的矿渣进行试验，作为建筑物垫层的矿渣应按照现行国家标准《建筑材料放射性核素限量》(GB 6566—2010)的有关规定作为安全使用的标准，确认性能稳定并满足腐蚀性和放射性安全性的要求。对易受酸、碱影响的基础或地下管网不得采用矿渣垫层。大量填筑矿渣时，经场地地下水和土壤环境的不良影响评价合格后方可使用。在有充分依据或成功经验时，可采用质地坚硬、性能稳定、透水性强、无腐蚀性和无放射性危害的其他工业废渣材料，但应经过现场试验证明其经济技术效果良好及施工措施完善。

为防止基坑表层软弱土发生局部破坏而使上部结构基础产生附加沉降，一般在碎石和矿渣垫层底部设置一层 10～30 mm 厚的砂垫层，砂料为中、粗砂。

4.粉煤灰垫层

粉煤灰是燃煤电厂的工业放弃物。因其具有良好的物理力学性能，满足工程设计要求而用于垫层材料。粉煤灰垫层设计计算同砂垫层。

粉煤灰可分为湿排灰和调湿灰。按其燃烧后形成玻璃体的粒径分析，应属粉土的范畴。但由于含有 CaO、SO_3 等成分，具有一定的活性，当与水作用时，因具有胶凝作用的火山灰反应，使粉煤灰垫层逐渐获得一定的强度与刚度，有效地改善了垫层地基的承载能力及减小变形的能力。不同于抗地震液化能力较低的粉土或粉砂，由于粉煤灰具有一定的胶凝作用，在压实系数大于 0.9 时，即可以抵抗 7 度地震液化。用于发电的燃煤常伴生有微量放射性同位素，因而粉煤灰亦有时有弱放射性。作为建筑物垫层的粉煤灰应以现行国家标准《建筑材料放射性核素限量》(GB 6566—2010)的有关规定作为安全使用的标准。粉煤灰含碱性物质，回填后碱性成分在地下水中溶出，使地下水具弱碱性，因此应考虑其对地下水的影响，并应对粉煤灰垫层中的金属构件、管网采取防腐措施。粉煤灰垫层上宜覆盖 0.3～0.5 m 厚的黏性土，以防干灰飞扬，同时，可减少碱性对植物生长的不利影响，有利环境绿化。粉煤灰垫层中采用掺加剂时，应通过试验确定其性能及适用条件。

5.加筋土垫层

土工合成材料(Geosynthetics)是近年来随着化学合成工业的发展而迅速发展起来的一种新型土工材料，主要有涤纶、尼龙、腈纶、丙纶等高分子化合物，根据工程的需要，加工成具有弹性、柔性、高抗拉强度、低延伸率、透水、隔水、反滤性、抗腐蚀性、抗老化性和耐久性的各种类型的产品，如土工格栅、土工格室、土工垫、土工带、土工网、土工膜、土工织物、塑料排水带及其他土工合成材料等。由于这些材料的优异性能及广泛的适用性，受到工程界的重视，被迅速推广应用于河岸、海岸护坡、堤坝、公路、铁路、港口、堆场、建筑、矿山、电力等领域的岩土工程中，取得了良好的工程效果和经济效益。

用于换填垫层的土工合成材料，其品种与性能及填料，应根据工程特性和地基土质条件，按照现行国家标准《土工合成材料应用技术规范》(GB 50290—2014)的要求，通过设计计算并进行现场试验后确定。土工合成材料在垫层中主要起加筋作用，以提高地基土的抗拉和抗剪强度、防止垫层被拉断裂和剪切破坏、保持垫层的完整性、提高垫层的抗弯刚度。因此利用土工合成材料加筋的垫层，有效地改变了天然地基的性状，增大了压力扩散角，降低了下卧天然地基表面的压力，约束了地基侧向变形，调整了地基不均匀变形，增大地基的稳定性，并提高了地基的承载力。由于土工合成材料的上述特点，将其用于软弱黏性土、泥炭、沼泽地区修建道路、堆场等处取得了较好的成效；同时，在部分建筑、构筑物的加筋垫层中应用，也取得了一定的效果。根据理论分析、室内试验及工程实测的结果证明，采用土工合成材料加筋垫层的作用机理为：①扩散应力，加筋垫层刚度较大，增大了压力扩散角，有利于上部荷载扩散，降低垫层底面压力；②调整不均匀沉降，由于加筋垫层的作用，加大了压缩层范围内地基的整体刚度，均匀传递到下卧土层上的压力，有利于调整基础的不均匀沉降；③增大地基稳定性，由于加筋垫层的约束，整体上限制了地基土的剪切、侧向挤出及隆起。

采用土工合成材料加筋垫层时，应根据工程荷载的特点、对变形、稳定性的要求和地基土的工程性质、地下水性质及土工合成材料的工作环境等，选择土工合成材料的类型、布置形式及填料品种，主要包括：①确定所需土工合成材料的类型、物理性质和主要的力学性质，如允许抗拉强度及相应的伸长率、耐久性与抗腐蚀性等；土工合成材料应采用抗拉强度较高、耐久性好、抗腐蚀的土工带、土工格栅、土工格室、土工垫或土工织物等土工合成材料。②确定土工合成材料在垫层中的布置形式、间距及端部的固定方式；③选择适用的填料与施工方法等。垫层填料宜用碎石、角砾、砾砂、粗砂、中砂等材料，且不宜含氯化钙、碳酸钠、硫化物等化学物质。当工程要求垫层具有排水功能时，垫层材料应具有良好的透水性。在软土地基上使用加筋垫层时，应保证建筑物稳定并满足允许变形的要求。此外，要保证土工合成材料在垫层中不被拉断和拔出失效。同时还要检验垫层地基土的强度和变形以确保满足设计的要求。最后通过静载荷试验确定垫层地基的承载能力。

土工合成材料的耐久性与老化问题，在工程界均有较多的关注。由于土工合成材料引入我国为时不久，目前未见在工程中老化而影响耐久性。英国已有近一百年的使用历史，效果较好。合成材料老化有三个主要因素：紫外线照射、60～80℃的高温或氧化。在岩土工程中，由于土工合成材料是埋在地下的土层中，上述三个因素的影响皆极微弱，故土工合成材料均能满足常规建筑工程中的耐久性需要。

在加筋土垫层中，主要由土工合成材料承受拉应力，所以要求选用高强度、低徐变性、延伸率适宜的材料，以保证垫层及下卧层土体的稳定性。在软弱土层采用土工合成材料加筋垫层，由合成材料承受上部荷载产生的应力远高于软弱土中的应力，因此一旦由于合成材料超过极限强度产生破坏，随之荷载转移而由软弱土承受全部外荷，势将大大超过软弱土的极限强度，而导致地基的整体破坏，进而地基的失稳将会引起上部建筑产生迅速与大量的沉降，并使建筑结构造成严重的破坏。因此用于加筋垫层中的土工合成材料必须留有足够的安全系数，而绝不能使其受力后的强度等参数处于临界状态。以免导致严重的后果。同时亦应充分考虑一旦因垫层结构的破坏对建筑安全的影响。

土工合成材料加筋垫层一般用于 z/b 较小的薄垫层，垫层厚度与宽度的确定同砂垫层设计。加筋土垫层所选用的土工合成材料应按下式进行材料强度验算。

$$T_p \leqslant T_a \tag{2.1.5}$$

式中，T_a 为土工合成材料在允许延伸率下的抗拉强度(kN/m)；T_p 为相应于作用的标准组合时，单位宽度的土工合成材料的最大拉力(kN/m)。

加筋土垫层的加筋体设置应符合下列规定：①一层加筋时，可设置在垫层的中部；②多层加筋时，首层筋材距垫层顶面的距离宜取 0.3 倍垫层厚度，筋材层间距宜取 0.3～0.5 倍的垫层厚度，且不应小于 200 mm；③加筋线密度宜为 0.15～0.35。无经验时，单层加筋宜取高值，多层加筋宜取低值。垫层的边缘应有足够的锚固长度。

对土工带加筋垫层，设置一层土工筋带时，θ宜取26°；设置两层及以上土工筋带时，θ宜取35°。

三、换填垫层的施工

1. 砂和砂石垫层

①砂和砂石垫层施工宜采用振动法，因为振动比碾压更能使粗颗粒材料密实，达到要求的密实度。但是，当下卧层为高灵敏度的软土，铺设第一层时不能采用振动能量大的机具，以免扰动下卧层。常用的振动法有平振、插振、水撼、夯实等，各种方法的施工参数见表2.1.3，没有当地施工经验时可参考。

砂和砂石层每层铺筑厚度及最佳施工含水率 表2.1.3

振捣方式	每层铺筑厚度(mm)	施工时最佳含水率/(%)	施工说明	备注
平振法	200～250	15～20	用平板式振动器往复振捣	不宜用于细砂垫层或含泥量较大的砂垫层
插振法	振动器插入深度	饱和	①用插入式振动器； ②插入间距根据机械振幅大小确定； ③不应插入下部黏土层； ④插入振捣器振动完毕后所留的孔洞，应用砂填实	
水撼法	250	饱和	①注水高度应超过每次的铺筑面； ②钢叉摇撼捣实，插入点间距100 mm； ③钢叉分四齿，齿的间距80 mm，长300 mm，木柄长90 mm，重40 N	湿陷性黄土、膨胀土地区不得使用
夯实法	150～200	8～12	①用木夯或机械夯； ②木夯重400 N落距400～500 mm； ③一夯压半夯，全面夯实	—
碾压法	250～350	8～12	60～100 kN压路机往复碾压	①适用于大面积砂垫层施工； ②不宜用于地下水位以下的垫层施工

注：在地下位以下垫层的最下层铺筑厚度可比上表增加50 mm。

上述施工方法要求在基坑内分层铺设垫层材料，逐层振动密实或压实以达到要求的密实度，分层厚度视振动力的大小而定，一般为15～20 cm。分层厚度可用样桩控制。施工时，应在下层的密实度检验合格后再进行上层的施工。人工级配的砂石垫层，应将砂石拌和均匀后再进行铺填密实。

②铺筑前应先进行验槽和清除浮土。坑(槽)壁必须稳定，防止塌土。如果基坑(槽)两侧附近有低于坑底标高的孔洞、沟、井和墓穴，应在铺筑垫层前加以填实。

③开挖基坑时，应避免坑底土层受扰动，可保留180～220 mm厚的土层暂不挖去，待铺填垫层前再由人工挖至设计标高。必须避免扰动垫层下的软弱土层，防止因扰动而使土的结构破坏、强度降低，致使在建筑物荷载作用下的显著附加沉降产生。同时，基坑开挖后应及时回填，不得暴露过久、践踏、受冻或浸水。

④砂、砂石垫层底面应尽量铺设在同一标高上。如果深度不同时，基坑底面应挖成踏步或斜坡搭接，各分层搭接位置应错开0.5～1.0 m距离；搭接处应振捣密实，施工应以先深后

浅的顺序进行。

⑤捣实砂石垫层时，应注意不要破坏基坑底面和侧面土的强度。对于基坑下灵敏度大的地基土，在铺设砂石垫层前宜先铺设一层15～20 cm厚的松砂，用木夯夯实，不得使用振捣器，以免破坏基底土的结构，然后进行垫层施工。

⑥水撼法施工时，每层须铺25 cm，铺砂厚度通过基槽两侧设置的样桩控制。砂层铺好后，灌水与砂面齐平，然后用钢叉插入砂中振摇十余次，使砂密实。如果砂已沉实，将钢叉拔出，在相距10 cm处再插入砂中摇撼，直至该层砂全部沉实，经检验合格后进行第二层的铺设。不合格时必须再次插入摇撼，直至达到要求的密度。重复上述过程，直至设计标高为止。

⑦采用细砂作为垫层材料时，应注意地下水的影响，且不宜使用平振法、振捣法和水撼法。

2.灰土和素土垫层

(1)灰土垫层

灰土垫层施工前必须验槽，如果发现基坑内有局部软弱土层时，应将软弱土挖出后用素土或灰土分层填实；如果发现基坑内有孔穴时，应先用素土或灰土分层填实。施工时，灰土要充分拌和均匀，并要控制好含水率，尽量在最优含水率下进行夯实或压实。现场含水量可控制在最优含水率 $w_{op}\pm2\%$ 的范围内；当采用振动碾压方法时，可适当放宽下限范围值，即控制在最优含水率 w_{op} 的 $-6\%\sim+2\%$ 偏差范围内。若土料湿度过大或过小，应分别予以晾晒、翻松、掺加吸水材料或洒水湿润，以调整土料的含水率。

垫层分层铺设的厚度由使用的夯实机具确定，无经验时可参考表2.1.4。每层灰土夯打的遍数根据设计要求的干密度通过现场试验确定。

灰土最大虚铺厚度 表2.1.4

夯实机具类型	重量/kN	虚铺厚度/mm	备注
石夯、木夯	0.4～0.8	200～250	人力送夯，落距400～500 mm，一夯压半夯
轻型夯实机械	—	200～250	蛙式打夯机，柴油打夯机
压路机	60～100	200～300	双轮

垫层分段施工时，上、下两层灰土的接缝距离不得小于500 mm，且不得在墙角柱基及承重窗间墙下接缝。接缝处的灰土必须夯实。

灰土垫层不得在水下施工。因此当基坑底位于地下水位以下时必须采取排水措施，保证灰土垫层在无水条件下施工，且夯实后的灰土在3 d内不得浸水。同时，灰土垫层铺筑完成后，应及时修建基础和回填基坑，或做临时遮盖，防止雨淋日晒。一旦遭受雨水浸泡，应将积水和松软灰土挖除并补填合格的灰土夯实。

(2)素土垫层

素土垫层材料一般为粉质黏土。为保证垫层的质量，必须在无水的基坑中回填，且夯(压)实施工时，土的含水率应接近最优含水率，现场可控制在最优含水率 $w_{op}\pm2\%$ 的范围内；当使用振动碾压时，可适当放宽下限范围值，即控制在最优含水率 w_{op} 的 $-6\%\sim+2\%$ 范围内。最优含水率可按现行国家标准《土工试验方法标准》(GB/T 50123—1999)(2007年版)中轻型击实试验确定。在缺乏试验资料时，也可近似取0.6倍液限值，或按照经验采用塑限 $w_p\pm2\%$ 范围内的值作为施工含水量的控制值。若土料湿度过大或过小，应分别予以晾晒、翻松、掺加吸水材料或洒水湿润，以调整土料的含水率。

素土垫层回填时应分层夯(压)实,每层的虚铺厚度见表 2.1.4。填土夯(压)实后应达到要求的压实系数 λ_c,可参见表 2.1.2 取值。

3.碎石和矿渣垫层

碎石和矿渣垫层施工时,将软弱土挖至设计深度后,一般应先设置一层中、粗砂砂垫层,经平板式振动器振实后,再分层铺设压实碎石或矿渣,或铺一层土工织物,并应防止基坑边坡塌土混入垫层中。压实方法一般为机械碾压法或平板振动法。机械碾压法适用于大面积施工,它是采用 60~120 kN 的压路机或拖拉机牵引 50 kN 的平碾对铺设厚度为 300 mm 的碎石或矿渣进行碾压。每层往复碾压 4 遍,且每次碾压均与前次碾压轮迹宽度重合一半。碾压时宜浇水湿润以利密实。平板振动法适用于小面积施工,它是用功率大于 1.5 kW、频率为 2 000 次/min 以上的平板振动器将铺设厚度为 200~250 mm 的碎石或矿渣层进行往复振捣。振捣时间不小于 60 s,振捣遍数由试验确定,一般为 3~4 遍,每遍要做到交叉、错开和重叠。施工时,按铺设面积大小,以总的振捣时间来控制碎石或矿渣捣实的质量。

4.粉煤灰垫层

粉煤灰垫层采用分层压实法施工。压实机具可使用平板振动器、蛙式打夯机、压路机或振动压路机等。机具选用应根据工程性质、设计要求和工程地质条件等确定。施工压实参数(最大干密度和最优含水率)可由室内轻型击实试验确定。压实系数根据工程性质、压实机具和地质条件等因素选定,一般可取 0.9~0.95。

每层粉煤灰的虚铺厚度和碾压遍数应通过现场小型试验确定。无经验时,可选用虚铺厚度为 200~300 mm,压实厚度为150~200 mm。小型工程可采用人工分层摊铺整平,用平板振动器或蛙式打夯机进行压实。施工时须一板压 1/2~1/3 板往复压实,由外向中间进行,直到达到设计要求的密实度。大中型工程可采用机械摊铺,整平后用履带式机具初压两遍,然后再用中、重型压路机碾压。施工时须一轮压 1/2~1/3 轮往复碾压,后轮必须超过两施工段的接缝。碾压遍数一般为 4~6 遍,直到达到设计要求的密实度。

粉煤灰垫层不应采用浸水饱和施工法,其施工含水率应控制在最优含水率 $w_{op}\pm4\%$的范围内。若压实时呈松散状,则应洒水湿润后再压实,洒水的水质不得含油,pH 为6~9;若出现"橡皮土"现象,应采取开槽、翻开晾晒或换灰等方法处理。施工时宜当天铺筑,当天压实。施工最低气温不得低于 0℃,以防粉煤灰含水冻胀。

每一层粉煤灰垫层验收合格后,应及时铺筑上层或采用封层,以防止干燥松散起尘污染环境,并禁止车辆在其上行驶通行。

5.加筋土垫层

加筋土垫层施工应符合下列要求:

①下铺地基土层顶面应平整。

②土工合成材料铺设顺序应先纵向、后横向,且应把土工合成材料张拉平整、绷紧,严禁有折皱。

③土工合成材料的连接宜采用搭接法、缝接法或胶接法,接缝强度不应低于原材料抗拉强度,端部应采用有效方法固定,防止筋材被拉出;对于土工加筋带端部可采用图 2.1.3 所示的胞腔式固定方法。

④应避免土工合成材料长时间暴晒或裸露,阳光暴晒时间不应大于 8 h。筋材铺好后,应尽快回填。同时在填土前应检查筋材是否有损伤,如孔洞、撕裂等情况,如有损伤应及时补救。对大面积筋材被破坏,应割除裂缝,另铺新材,并保证搭接质量满足抗拉要求;对于小裂缝、孔洞可缝补一块新材。

⑤填土要从中心向外侧对称进行，使筋材一直受拉，同时填铺厚度不得过高，防止局部下陷。在填土压实过程中，施工机械应沿单方向运行，不得回折，施工机械形成的车辙不得超过 70～80 mm。

⑥填土的质量要求同前。

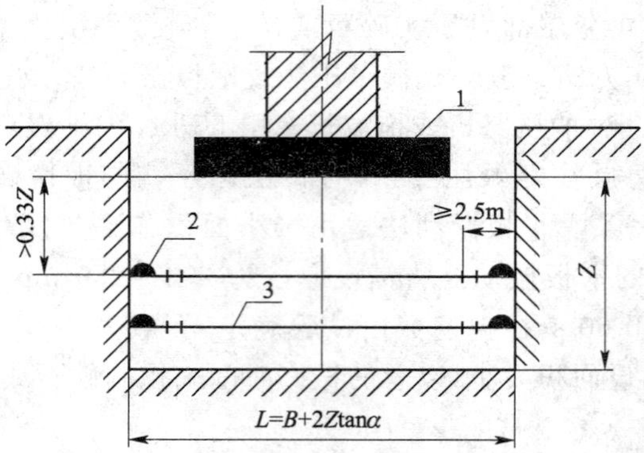

图 2.1.3　胞腔式固定方法

1-基地；2-胞腔式砂石袋；3-筋带；Z-加筋垫层厚度（m）

四、换填垫层的质量检验

垫层的质量检验必须分层进行，并应在每层的压实系数符合设计要求后铺填上层。对粉质黏土、灰土、砂石、粉煤灰垫层的施工质量可选用环刀取样、静力触探、轻型动力触探或标准贯入试验等方法进行检验。对碎石、矿渣垫层的施工质量可采用重型动力触探试验等进行检验，压实系数可采用灌砂法、灌水法或其他方法进行检验。

环刀取样法是将容积不小于 200 cm^3 的环刀压入垫层中取样，测定其干土密度（或压实系数），以达到设计要求的最小干密度（或压实系数）为合格。采用环刀法检验垫层的施工质量时，取样点应选择位于每层垫层厚度的 2/3 深度处。检验点数量，条型基础下垫层每 10～20 m 不应少于 1 个点，独立柱基、单个基础下垫层不应少于 1 个点，其他基础下垫层每 50～100 m^2 不应少于 1 个点。

当采用轻型动力触探或标准贯入试验等方法进行垫层质量检验时，必须首先通过现场试验，在达到设计要求压实系数的垫层试验区内，测得标准贯入深度或击数，然后再以此作为控制施工压实系数的标准，进行施工质量检验。每分层平面上检验点的间距不应大于 4 m。

竣工验收应采用静载荷试验检验垫层承载力，且每个单体工程不宜少于 3 个点；为保证静载荷试验的有效影响深度不小于换填垫层处理的厚度，静载荷试验压板的面积不应小于 1.0 m^2。对于大型工程应按单体工程的数量或工程划分的面积确定检验点数。在有充分试验依据时，也可采用标准贯入试验或静力触探试验进行检验。

加筋垫层中土工合成材料的质量应符合设计要求、外观无破损、无老化、无污染；土工合成材料应可张拉、无皱折、紧贴下承层，锚固端应锚固牢靠；上、下层土工合成材料搭接缝应交替错开，搭接强度应满足设计要求。

第三章 预压地基

第一节 概 述

我国沿海及内陆河流两岸和湖泊地区广泛分布着第四纪后期形成的海相、湖相及河相沉积的软黏土。这种土具有天然含水率大、压缩性高、强度低、透水性差且埋藏较深、分布不均匀等特点。由于高压缩性、低透水性、分布不均匀，在建筑物荷载作用下会产生相当大的沉降和沉降差，且沉降持续时间长，可能影响建筑物的正常使用。另外，由于低强度，地基承载力和稳定性往往不满足工程要求。因此，这种地基通常需要采取处理措施，排水固结法就是处理软黏土地基的有效方法之一。

排水固结法是对天然地基，或先在地基中设置砂井（袋装砂井或塑料排水带）等竖向排水体，然后利用建筑物自重分级加载；或是在建筑物建造前预先在场地加载预压，使土体中的孔隙水排出，提前完成固结沉降，同时逐步提高强度的一种软黏土地基加固方法。该法常用于解决软黏土地基的沉降和稳定问题，使地基沉降在加载预压期间基本或大部分完成，使建筑物在使用期间不致产生过大的沉降和沉降差。同时，该法可增加地基土的抗剪强度，提高地基的承载力和稳定性。

排水固结法由排水系统和加压系统两部分组成（图 3.1.1），排水系统主要用于改变地基原有的排水边界条件，缩短排水距离，增加孔隙水排出的通道。该系统一般由水平排水系统和竖向排水系统两部分组战。水平排水系统常用强透水性的砂垫层。竖向排水系统常采用砂井和塑料排水带。如软黏土层厚度不大，或软黏土层较厚但含有较多薄粉砂夹层且施工周期较长时，可仅在地面铺设一定厚度的排水砂垫层，然后加载，土层中的孔隙水竖向流入垫层而排出。当遇到深厚的、透水性很差的软黏土层时，可在地基中设置砂井或塑料排水带等竖向排水系统，地面设置砂垫层，构成排水系统。加压系统，即施加起固结作用的荷载，使土中的孔隙水产生压差而渗流使土固结。

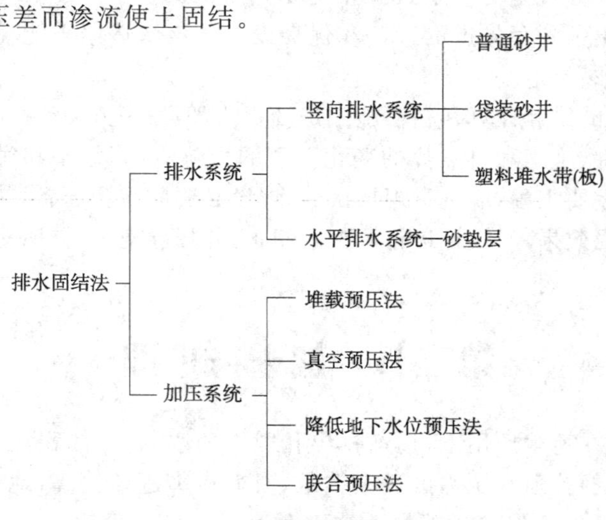

图 3.1.1 排水固结法的组成

排水系统是一种手段，若没有加压系统，孔隙中的水由于没有压力差就不会自然排出，地基也就得不到加固。如果只增加固结压力，不缩短土层的排水距离，则不能在预压期间尽快地完成设计所要求的沉降量，强度不能及时提高，加载也不能顺利进行，所以，上述两个系统是紧密联系的。

根据加压系统加压方式的不同，排水固结法可分为堆载预压法、真空预压法、降低地下水位预压法以及几种方法兼用的联合预压法。预压法适用于处理饱和软黏土地基时。经常将排水固结法和预压法联合使用，并称为排水固结预压法。排水固结法主要适用于加固公路铁路路堤、港口码头和堆场、机场跑道、围海造陆等工程中淤泥、淤泥质土、软黏土及其他软弱黏性土地基，受污染软黏土和强结构性软黏土地基加固工程不宜采用该法。其中，堆载预压法和真空预压法得到了较为广泛的应用。

排水固结法在软黏土地基处理中的应用已有近 60 年的历史，通过工程实践和专门的试验研究，已发展了较为实用的竖向排水井(简称竖井)地基设计计算理论，如瞬时加荷条件下固结度的计算，逐渐加荷条件下的固结度的计算，预估地基土抗剪强度的增长、沉降计算等。

排水固结法的施工工艺和技术随着该法的广泛使用而得到了发展。我国 1953 年首次将普通砂井堆载预压法用于加固船台地基，后因砂井用砂量大，打设设备笨重，相继于 1979 年、1981 年开发成功袋装砂井和塑料排水带。塑料排水带具有质量轻、便于加工、运输方便、施工设备简单、工效高、费用省、产品质量易于控制、对土层扰动小、适应地基变形等优点。当堆载填料不足时，可采用真空预压法或真空联合堆载预压法对软黏土地基进行加固。真空预压法首先由 W. Kjeuman 教授于 1952 年提出，之后在美国、日本等地开始应用。后因密封技术、抽真空装置及排水板打设技术等问题，该法没能得到推广应用。随着价廉质优密封膜的出现解决了密封技术问题后，真空预压技术再次得到了应用。我国于 20 世纪 50 年代后期开始真空预压相关的试验研究，但也因密封技术和抽真空装置等问题没能达到工程应用阶段。20 世纪 80 年代，中华人民共和国交通部第一航务工程局科研所、天津港湾工程研究所等单位先后对真空预压法的加固机理及可行性进行了现场试验及现场施工，申请了真空预压加固软黏土地基法专利，并研制成功了射流式真空泵抽气设备，很好地解决了气水分离等问题，从此真空预压应用在我国取得长足进展。真空联合堆载预压法是在真空预压法和堆载预压法基础上发展起来的软黏土地基的加固方法。我国从 1983 年开始真空联合堆载预压法的研究，并通过室内模型试验和现场大面积试验论证了真空和堆载的加固效果是可以叠加的，开发出了一套先进的工艺和优良设备。该法适用于能在加固区形成稳定负压边界条件的深厚软黏土地基。

排水固结法周密的设计计算和精心施工是必要的，但另一方面，由于受到理论发展水平的限制、复杂地质条件、施工和自然界的变化因素的影响，计算结果和实际不一致的情况经常发生。因此，对于重要工程，应进行现场试验，埋设必要的观测设备，按照一定的指标来控制加荷速率，评价加固效果，对设计进行调整和修正，并指导施工，同时观测资料为理论分析提供重要的依据。

第二节　加固机理

饱和黏性土地基在荷载作用下，逐渐排出孔隙中的水，孔隙体积慢慢减小，地基发生固结变形，同时，随着超静孔隙水压力的逐渐消散，有效应力逐渐提高，地基土强度逐渐增长。如图 3.2.1 所示，土样在天然状态下的固结压力为 σ'_0 时，孔隙比为 e_0，对应于 e-σ'_c 曲线上

的 a 点，施加附加压力 $\Delta\sigma'$ 至土体完全固结，变为 c 点，孔隙比为 e_1，减小 Δe，曲线 abc 称为压缩曲线。与此同时，抗剪强度与固结压力成比例地由 a 点提高到 c 点。所以土体受压固结时，一方面孔隙比减小产生压缩，另一方面抗剪强度也得到提高。

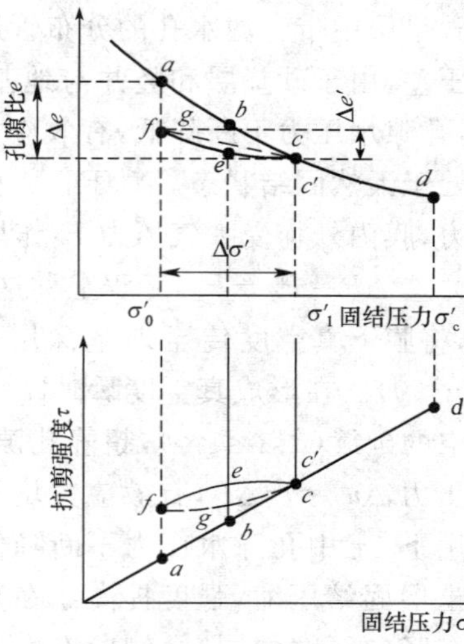

图 3.2.1　排水固结法的加固机理

如从 c 点卸除压力 $\Delta\sigma'$，则试样发生回弹，cef 为卸荷回弹曲线，如从 f 点再加压力 $\Delta\sigma'$，试样再次发生压缩，沿虚线变化到 c'，其相应的抗剪强度变化如图 3.2.1 所示。从再压缩曲线 fgc' 可清楚看出，固结压力同样从 σ'_0 增加 $\Delta\sigma'_0$，而孔隙比减小值为 $\Delta e'$，$\Delta e'$ 比 Δe 小得多。这说明如果在建筑场地预先施加一个与上部建筑物荷载相同的压力，使土层固结，即相当于压缩曲线从 a 点变化到 c 点，然后卸除荷载，相当于在回弹曲线上由 c 点变化到 f 点，再建造建筑物，即相当于再压缩曲线从 f 点变化到 c' 点，这样，建筑物荷载所引起的沉降即可大大减小。如果预压荷载大于建筑物荷载，即超载预压，则效果更好。经过超载预压，当土层的固结压力大于使用荷载下的固结压力时，原来的正常固结黏性土或欠固结黏性土将处于超固结状态，使土层在使用荷载下的变形大幅度减小。

一、堆载预压法的加固机理

堆载预压法是在建筑物建造之前，在建筑场地进行加载预压，使地基的固结沉降基本完成并提高地基土强度的方法。在荷载作用下，饱和黏性土的固结过程就是超静孔隙水压力消散和有效应力增加的过程。如地基内某点的总应力增量为 $\Delta\sigma$，有效应力增量为 $\Delta\sigma'$，孔隙水压力增量为 Δu，由有效应力原理，满足下式

$$\Delta\sigma' = \Delta\sigma - \Delta u \tag{3.2.1}$$

用填土等外加荷载对地基进行预压，是通过增加总应力 $\Delta\sigma$ 并使孔隙水压力 Δu 消散而增加有效应力的方法。堆载预压在地基中形成超静水压力的条件下的排水固结，称为正压固结。根据一维固结理论，在达到同一固结度时，软黏土层固结所需的时间与排水距离的平方成正比。软黏土层越厚，一维固结所需的时间越长。为了加速固结，最有效的方法是在天然土层中增加排水路径，缩短排水距离(图 3.2.2)。在天然地基中设置砂井或塑料排水带等竖向排水系统，这时土层中的孔隙水主要通过砂井和竖向(部分孔隙水)排出。砂井的作用就是缩短排水距离，缩短预压工程的预压期，在短期内能达到较好的固结效果，使沉降提前完成，同时加速地基土强度的增长，使地基承载力提高的速率始终大于施工荷载的速率，以保证地基的稳定性，这一点从理论和实践上都得到了证实。

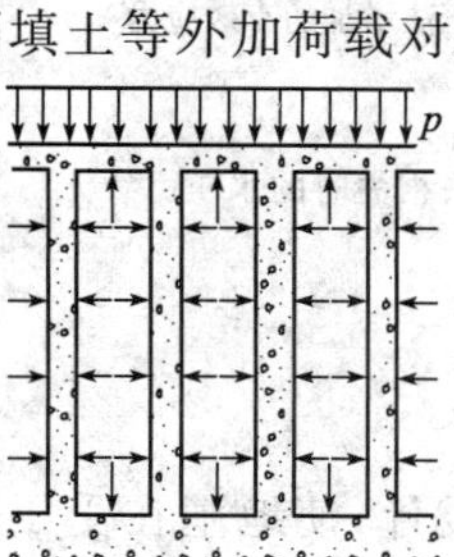

图 3.2.2　砂井地基的排水情况

二、真空预压法的加固机理

真空预压法是利用大气压力作为预压荷载的一种排水固结法，其加固机理如图 3.2.3 所示。它是在需要加固的软黏土地基表面铺设水平排水砂垫层，设置砂井或塑料排水带等竖向排水体，其上覆盖 2～3 层不透气的密封膜并沿四周埋入黏土中与大气隔绝，通过埋设

于砂垫层中带有滤水孔的分布管道，用真空装置抽取地基中的孔隙水和气，在膜内外形成大气压差，由于砂垫层和竖井与地基土界面存在这一压差，土体中的孔隙水发生向竖井的渗流，孔隙水压力不断降低，有效应力不断提高，从而使软黏土地基逐渐固结。在抽真空前，地基处于天然固结状态。对于正常固结黏土层，其总应力为土的自重应力，孔隙水压力为静水压力，膜内外均受大气压力 P_0 作用。抽气后，膜内压力逐渐降低至稳定压力 P_2，膜内外形成压力差 $\Delta P = P_0 - P_2$，工程上称这个压力差为真空度。真空度通过砂垫层和竖井作用于地基，将膜下真空度传至地基深层并形成深层负压源，在软黏土内形成负超静孔隙水压力（$\Delta u<0$）。在形成真空度瞬时（$t=0$），超静孔隙水压力 $\Delta u=0$，有效应力增量 $\Delta\sigma'=0$；随着抽真空的延续（$0<t<\infty$），超静孔隙水压力不断下降，有效应力不断增大；$t\to\infty$ 时，超静孔隙水压力 $\Delta u=-\Delta P$，有效应力增量 $\Delta\sigma'=\Delta P$。由此可见，在真空预压过程中，在真空负压作用下，土中孔隙水压力不断降低，有效应力不断提高，孔隙水向排水井和砂垫层渗流，软黏土层固结压缩，强度提高。在真空负压作用下，地基内有效应力增量是各向相等的，地基在竖向压缩的同时，侧向产生向内的收缩位移，地基在预压过程中不会发生失稳破坏。因此真空预压加固地基的过程是在总应力不变的条件下，孔隙水压力降低，有效应力增加的过程。

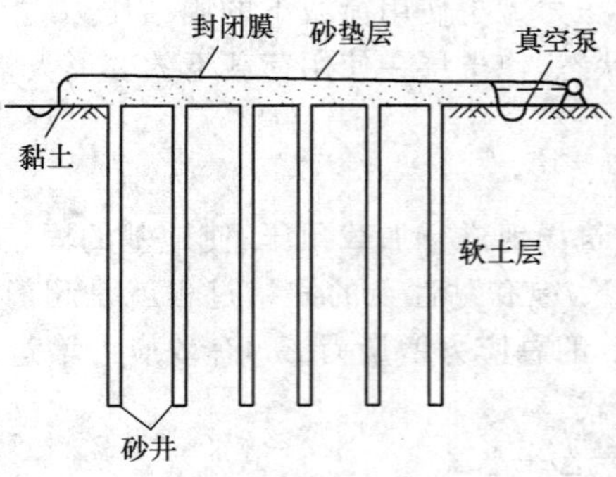

a)真空预压法

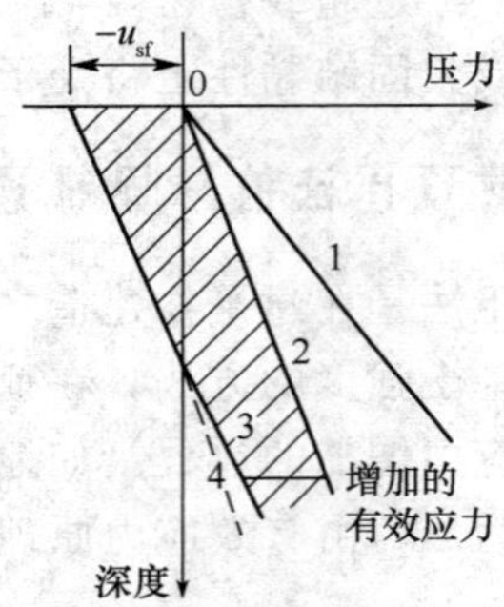

b)用真空预压法增加的有效应力

图 3.2.3 真空预压法的加固机理

1-总应力线；2-原来的水压线；3-降低后的水压线；4-不考虑排水井内水头损失时的水压力线

第三节 设计与计算

排水固结法的设计，实质上就是进行排水系统和加压系统的设计，使地基在受压过程中排水固结、强度增加，以满足逐渐加荷条件下地基稳定性的要求，并加速地基的固结沉降，缩短预压时间。设计之前应进行以下详细的勘探和土工试验以取得必要的设计资料。

①土层分布及成因。通过钻探了解土层的分布，查明土层在水平和竖直方向的变化；通过必要的钻孔连续取样及试验，确定土的种类与成层情况。

②固结试验。通过试验得到的固结压力 σ'_c 与孔隙比 e 的 e-σ'_c 或 e-$\lg\sigma'_c$ 关系曲线，得到土的先期固结压力；不同固结压力下土的竖向及水平向固结系数（包括一部分重塑土的固结系数）。

③土的抗剪强度指标及不排水强度沿深度的变化。

④砂井及砂垫层所用砂料的颗粒分布、渗透系数。

⑤塑料排水带在不同侧压力和弯曲条件下的通水量。

一、设计计算理论

1. 竖井固结度计算

固结度计算是竖井地基设计中一个很重要的内容。由各级荷载下不同时刻的固结度，就可以推算地基土强度的增长，从而进行各级荷载下地基的稳定性分析，确定相应的加载计划。已知固结度，就可以推算加荷预压期间地基的沉降量，以便确定预压时间。

受压土层的平均固结度包括竖向排水平均固结度和径向排水平均固结度，一般采用砂井固结理论计算，分是否考虑涂抹和井阻作用的理想井、非理想井两种情况计算。竖井地基的固结理论假设荷载是瞬时施加的，首先介绍瞬时加载条件下固结度的计算，然后根据实际加载过程进行修正计算。

1)瞬时加载下竖井固结度的计算

(1)理想井排水条件下固结度的计算

图 3.3.1 表示影响范围为 d_e，高度为 $2H$ 的黏性土层土柱体，中间是直径为 d_w 的竖井，黏土层上、下面为排水面，在一定压力作用下，土层中的固结渗流水沿径向和竖向流动。

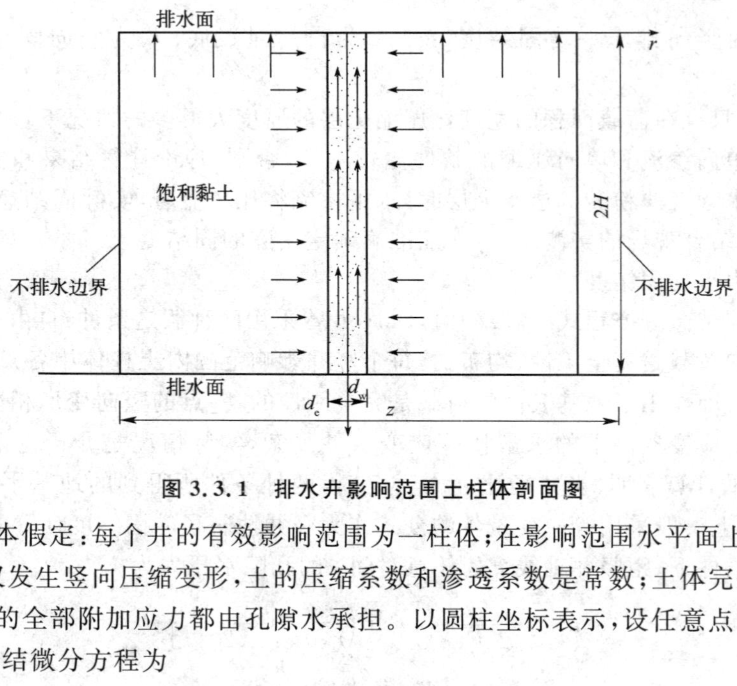

图 3.3.1 排水井影响范围土柱体剖面图

做如下基本假定：每个井的有效影响范围为一柱体；在影响范围水平面上施加瞬时的均布荷载；土体仅发生竖向压缩变形，土的压缩系数和渗透系数是常数；土体完全饱和，加荷瞬时荷载所引起的全部附加应力都由孔隙水承担。以圆柱坐标表示，设任意点(r,z)处孔隙水压力为 u，则固结微分方程为

$$\frac{\partial u}{\partial t}=C_v\left(\frac{\partial^2 u}{\partial r^2}+\frac{1}{r}\cdot\frac{\partial u}{\partial r}+\frac{\partial^2 u}{\partial z^2}\right) \tag{3.3.1}$$

当水平向渗透系数 k_h 和竖向渗透系数 k_v 不相等时，上式可改写成

$$\frac{\partial u}{\partial t}=C_v\frac{\partial^2 u}{\partial z^2}+C_h\left(\frac{\partial^2 u}{\partial r^2}+\frac{1}{r}\cdot\frac{\partial u}{\partial r}\right) \tag{3.3.2}$$

式中，t 为时间；C_v 为竖向固结系数；C_h 为径向固结系数(或称水平向固结系数)。

根据边界条件对式(3.3.1)求解是十分困难的。A. B. Newman(1931)和 N. Garrillo(1942)采用分离变量法求解，式(3.3.2)可分解为

$$\frac{\partial u}{\partial t}=C_v\frac{\partial^2 u_z}{\partial z^2} \tag{3.3.3}$$

$$\frac{\partial u_r}{\partial t}=C_h\left(\frac{\partial^2 u_r}{\partial r^2}+\frac{1}{r}\cdot\frac{\partial u_r}{\partial r}\right) \tag{3.3.4}$$

即分为竖向固结和径向固结两个微分方程。根据边界条件分别对式(3.3.3)和式(3.3.4)求解，计算竖向排水平均固结度和径向排水平均固结度，最后再求成竖向和径向排水联合作用时整个竖井影响范围内土柱体的平均固结度。

①竖向排水平均固结度。

对于土层为双面排水或土层中的附加压力均匀分布时，某一时间竖向固结度的计算公式为

$$\overline{U}_z=1-\frac{8}{\pi^2}\sum_{m=1,3,\cdots}^{m=\infty}\frac{1}{m^2}e^{-\frac{m^2\pi^2}{4}T_v} \tag{3.3.5}$$

$$T_v=\frac{C_v t}{H^2} \tag{3.3.6}$$

式中，m 为正奇整数；t 为固结时间(s)；H 为土层的竖向排水距离(cm)，双面排水时，H 为土层厚度的一半，单面排水时，H 为土层厚度。当 $\overline{U}_z>30\%$时，可采用下式计算。

$$\overline{U}_z=1-\frac{8}{\pi^2}e^{-\frac{\pi^2 T_v}{4}} \tag{3.3.7}$$

式中，$\overline{U}_z$ 为竖向排水平均固结度(%)；e 为自然对数底；T_v 为竖向固结时间因数，无因次。

严格来说，只有在荷载面积的宽度比压缩土层的厚度大得多的情况下，才和理论公式建立中所假设的单向渗流和单向压缩的条件比较一致，否则，理论计算结果和实际存在差距。如果软黏土层中含有薄粉砂等透水夹层时，水平渗流将比较显著，实际固结速率要比理论计算得快，因此应结合现场的实测结果，才能准确确定实际的固结度。

②径向排水平均固结度。

求解径向固结微分方程式(3.3.4)时，Barron 曾采用两种假定条件：自由应变，即假定作用于地基表面的荷载是完全柔性、均布的，每个竖井影响范围内土柱体中各点的竖向变形是自由的；等应变，即作用于地基表面的荷载是完全刚性的，各点的竖向变形相同，没有不均匀沉降产生。自由应变条件下的求解比等应变条件复杂，实际情况是介于这两种条件之间。Richart(1957)的计算表明，当井径比 n 大于 5 时，两种条件所得到的地基平均固结度很接近。因此，工程上一般采用等应变条件的公式作为竖井地基径向固结度计算的依据。

在等应变条件下，距竖井轴线 r 处任意时间 t 的孔隙水压力为

$$u_r=\frac{4u_{av}}{d_e^2 F(n)}\left[r_e^2\ln\left(\frac{r}{r_w}\right)-\frac{r^2-r_w^2}{2}\right] \tag{3.3.8}$$

$$u_{av}=u_i e^{\lambda} \tag{3.3.9}$$

$$\lambda=\frac{-8T_h}{F(n)} \tag{3.3.10}$$

$$T_h=\frac{C_h t}{d_e^2} \tag{3.3.11}$$

$$F(n)=\frac{n^2}{n^2-1}\ln(n)-\frac{3n^2-1}{4n^2} \tag{3.3.12}$$

$$n=\frac{d_e}{d_w} \tag{3.3.13}$$

等边三角形排列时

$$d_e=1.05l \tag{3.3.14}$$

正方形排列时

$$d_e = 1.128l \tag{3.3.15}$$

式中，d_e、r_e为竖井影响范围的直径和半径；d_w、r_w为竖井直径和半径；u_{av}为时间t时土层的孔隙水压力平均值；u_i为起始孔隙水压力平均值；n为井径比；l为排水井的间距。由式(3.3.9)和式(3.3.10)得

$$\ln\left(\frac{U_{av}}{u_i}\right) = -\frac{8}{F(n)}T_h \tag{3.3.16}$$

即

$$\ln(1-\overline{U}_r) = -\frac{8}{F(n)}T_h \tag{3.3.17}$$

或

$$\overline{U}_r = 1 - e^{-\frac{8}{F(n)}T_h} \tag{3.3.18}$$

只要知道了径向固结系数C_h、竖井直径d_w和间距l，利用式(3.3.11)、式(3.3.12)和式(3.3.18)就可以得到固结时间t时刻竖井地基的径向排水固结度。

③总平均固结度。

竖井地基总平均固结度$\overline{U}_{rz}$，是由竖向排水和径向排水所引起的。总平均固结度可由下式计算

$$\overline{U}_{rz} = 1-(1-\overline{U}_z)(1-\overline{U}_r) \tag{3.3.19}$$

式中，竖向排水平均固结度$\overline{U}_z$由式(3.3.7)计算，径向排水平均固结度$\overline{U}_r$由式(3.3.18)计算。在实际工程中，一般软黏土层的厚度比排水井的间距大得多，常忽略竖向固结。

(2)考虑涂抹和井阻影响的非理想井排水条件下固结度的计算

饱和软黏土层固结渗流水流向竖井，再通过竖井流向砂垫层而排出预压区。由于竖井对渗流的阻力，将影响土层的固结速率，这一现象称为井阻效应。此外，竖井施工时对周围土产生涂抹和扰动作用，扰动区土的渗透系数将减小。Hansbo(1981)得到了等应变条件下考虑井阻和涂抹作用的竖井地基固结理论解。即得出饱和软黏土地基深度z处的径向排水平均固结度的表达式。

$$\overline{U}_r = 1 - e^{-\frac{8T_h}{F}} \tag{3.3.20}$$

式中，F是一个综合参数，由三部分组成，表示为

$$F = F_n + F_s + F_r \tag{3.3.21}$$

式中，F_n反映了井径比n的影响。当井径比$n>15$时，F_n可简化为

$$F_n = \ln(n) - \frac{3}{4} \tag{3.3.22}$$

F_s反映了涂抹扰动的影响，按下式计算。

$$F_s = \left(\frac{k_h}{k_s}-1\right)\ln s \tag{3.3.23}$$

这里，

$$s = \frac{d_s}{d_w} \tag{3.3.24}$$

式中，k_h为天然土层的水平向渗透系数(cm/s)；k_s为涂抹区土的水平向渗透系数，可取1/5～1/3(cm/s)；s为涂抹区直径d_s与竖井直径d_w的比值，可取2.0～3.0，对于中等灵敏度黏性土取低值，对于高灵敏度黏性土取高值。

这里 F_r 反映了井阻的影响，可由下式计算。

$$F_{\mathrm{r}} = \frac{\pi^2 L^2}{4} \cdot \frac{k_{\mathrm{h}}}{q_{\mathrm{w}}} \tag{3.3.25}$$

$$q_{\mathrm{w}} = \frac{k_{\mathrm{w}} \pi d_{\mathrm{w}}^2}{4} \tag{3.3.26}$$

式中，L 为排水井贯穿受压土层的最大竖向排水距离(cm)；k_w 为竖井砂料的渗透系数，(cm/s)；q_w 为竖井纵向通水量，为单位水力梯度下单位时间的排水量(cm^3/s)。

综合以上排水条件平均固结度的计算公式，可看出它们在形式上有共同之处，曾国熙(1959)采用了一个普遍的表达式，即

$$\overline{U} = 1 - \alpha e^{-\beta} \tag{3.3.27}$$

不同排水条件下的参数 α、β 如表 3.3.1 所示。

不同排水条件下的参数 表 3.3.1

序号	条 件	平均固结度计算公式	α	β	备 注
1	竖向排水固结($\overline{U}_z > 30\%$)	$\overline{U}_z = 1 - \frac{8}{\pi^2} e^{-\frac{\pi^2 C_v}{4H^2} t}$	$\frac{8}{\pi^2}$	$\frac{\pi^2 C_v}{4H^2}$	Tezaghi 解
2	向内径向排水固结(理想井)	$\overline{U}_r = 1 - e^{-\frac{8}{F(n)} \frac{C_h}{d_e^2} t}$	1	$\frac{8C_h}{F(n) d_e^2}$	Barron 解
3	向内径向排水固结(考虑涂抹、井阻)	$\overline{U}_r = 1 - e^{-\frac{8}{F} \frac{C_h}{d_e^2} t}$	1	$\frac{8C_h}{F d_e^2}$	Hansbo 解
4	竖向和向内径向排水固结(砂井地基平均固结度)	$\overline{U}_{rz} = 1 - \frac{8}{\pi^2} e^{-\left[\frac{8}{F(n)} \frac{C_h}{d_e^2} + \frac{n^2 C_v}{4H^2}\right] t} = 1 - (1 - \overline{U}_r)(1 - \overline{U}_z)$	$\frac{8}{\pi^2}$	$\frac{8C_h}{F(n) d_e^2} + \frac{\pi^2 C}{4H^2}$	$F(n) = \frac{n^2}{n^2 - 1} \ln(n) - \frac{3n^2 - 1}{4n^2}$；$n = \frac{d_e}{d_w}$

2)逐级加载条件下地基固结度的计算

以上计算固结度的理论公式都是假设荷载是一次瞬时施加的。在实际工程中，荷载总是分级逐渐施加的，因而，根据上述理论方法求得的固结度与时间的关系或沉降与时间的关系都必须加以修正。对于逐级加载条件下地基的固结度计算，主要介绍改进的太沙基法和改进的高木俊介法两种修正方法。

(1)改进的太沙基法

对于分级加载的情况，太沙基修正方法做了如下基本假定：

①每一级荷载增量 ΔP_n 所引起的固结过程是单独进行的，与上一级或下一级荷载增量所引起的固结度完全无关。

②每级荷载在加载起止时间的中点一次瞬时加足。

③每级荷载 ΔP_n 加载起止时间 t_{n-1} 和 t_n 内任意时间 t 时的固结状态与 t 时相应的荷载增量瞬时作用下经过时间 $(t - t_{n-1})/2$ 的固结状态相同，时间 t 大于 t_n 时的固结状态与荷载 ΔP_n 在加载期间 $(t_n - t_{n-1})$ 的中点瞬时施加的情况一样。

④某一时间 t 时总平均固结度等于各级荷载增量作用下固结度的叠加。

对于两级等速加载的情况(图 3.3.2)，每级荷载单独作用下固结度与时间关系曲线为 C_1、C_2，根据上述假定按下式计算出修正后的总固结度与时间的关系曲线 C。

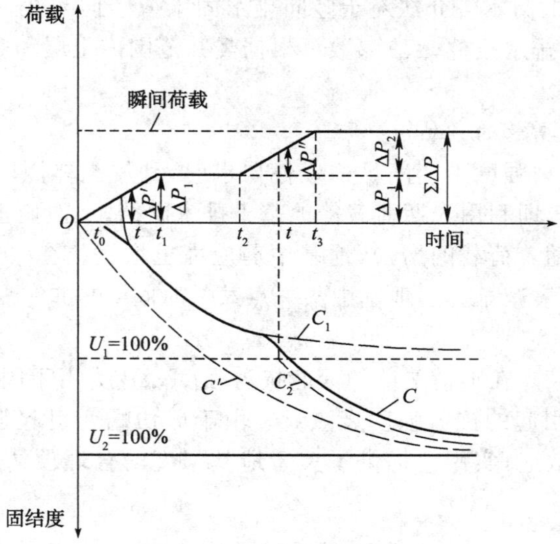

图 3.3.2 两级等速加载固结度修正法示意图

当 $t_0<t<t_1$ 时

$$\overline{U}'_t=\overline{U}'_{rz(t-\frac{t+t_0}{2})}\frac{\Delta P'}{\sum\Delta P} \tag{3.3.28}$$

当 $t_1<t<t_2$ 时

$$\overline{U}'_t=\overline{U}_{rz(t-\frac{t_1+t_0}{2})}\frac{\Delta P_1}{\sum\Delta P} \tag{3.3.29}$$

当 $t_2<t<t_3$ 时

$$\overline{U}_t=\overline{U}'_{rz(t-\frac{t_1+t_0}{2})}\frac{\Delta P_1}{\sum\Delta P}+\overline{U}_{rz(t-\frac{t+t_2}{2})}\frac{\Delta P''}{\sum\Delta P} \tag{3.3.30}$$

当 $t_3<t$ 时

$$\overline{U}'_t=\overline{U}_{rz(t-\frac{t_1+t_0}{2})}\frac{\Delta P_1}{\sum\Delta P}+\overline{U}_{rz(t-\frac{t_2+t_3}{2})}\frac{\Delta P_2}{\sum\Delta P} \tag{3.3.31}$$

对多级等速加荷，修正通式为

$$\overline{U}'_t=\sum_1^n\overline{U}_{rz(t-\frac{t_n+t_{n-1}}{2})}\frac{\Delta P_n}{\sum\Delta P} \tag{3.3.32}$$

式中，$\overline{U}'_t$ 为多级等速加载 t 时刻修正后的平均固结度；$\overline{U}_{rz}$ 为瞬时加载条件下的平均固结度；t_{n-1}、t_n 分别为每级等速加荷的起始和终止时间(从时间零点起算)，当计算某一级加荷期间 t 时刻的固结度时，则 t_n 改为 t；ΔP_n 为第 n 级荷载增量，如计算加荷过程中某一时刻 t 的固结度时，则用该时刻相对应的荷载增量。

(2)改进的高木俊介法

该法根据 Barron 理论，对高木俊介法做了改进，考虑了竖向排水条件，把径向和竖向排水两者联合起来，考虑变速加载情况，得到一级或多级等速加载条件下，固结时间 t 时对应总荷载的地基平均固结度，按下式计算

$$\overline{U}_t=\sum_{i=1}^{N}\frac{\dot{q}_i}{\sum\Delta P}\left[(T_i-T_{i-1})-\frac{\alpha}{\beta}e^{-\beta t}(e^{\beta T_i}-e^{\beta T_{i-1}})\right] \tag{3.3.33}$$

式中，$\dot{q}_i$ 为第 i 级荷载的加载速率(kPa/d)；T_{i-1}、T_i 分别为第 i 级荷载加载的起始和终止时间(从零点起算)(d)，当计算第 i 级荷载加载过程中某时间 t 时刻的固结度时，则 T_i 改

为 t；α、β 为参数。改进的高木俊介法对于竖向排水固结或竖向与径向排水联合作用的固结都可适用。对于不同的排水条件，α、β 参数可根据竖井范围内土层和竖井以下受压土层的排水条件按表 3.3.1 选用。

2. 地基土抗剪强度增长的预估

当地基土的天然抗剪强度不能满足稳定性要求时，利用土体因固结而增长的抗剪强度是解决问题的途径之一，即利用先期荷载使地基土排水固结，从而使土的抗剪强度提高以适应下一级荷载。同时，随着荷载的增加，地基中剪应力也增大。在一定条件下，由于剪切蠕动还有可能导致强度的衰减，因此，地基中某一点某一时间 t 的抗剪强度可表示为

$$\tau_{ft} = \tau_{f0} + \Delta\tau_{fc} - \Delta\tau_{fr} \tag{3.3.34}$$

式中，τ_{f0} 为地基中某点在加荷之前的天然抗剪强度；$\Delta\tau_{fc}$ 为由于固结而增长的抗剪强度；$\Delta\tau_{fr}$ 为由于剪切蠕动而引起的抗剪强度衰减量。由于剪切蠕变引起强度衰减部分 $\Delta\tau_{fr}$ 目前尚难计算，为了考虑其效应，实用上提供了关于地基强度的合理预估方法，把式(3.3.34)改写为

$$\tau_{ft} = \eta(\tau_{f0} + \Delta\tau_{fc}) \tag{3.3.35}$$

式中，η 为考虑剪切蠕变及其他因素对强度影响的折减系数。

目前常用的预估抗剪强度增长的方法主要有两种。

(1)有效应力法

正常固结饱和软黏土的抗剪强度可用下式表示

$$\tau_f = \sigma'\tan\varphi' \tag{3.3.36}$$

式中，φ' 为土的有效内摩擦角；σ' 为剪切面上的法向有效压应力。由于地基土固结而增长的强度为

$$\Delta\tau_{fc} = \Delta\sigma'\tan\varphi' = (\Delta\sigma - \Delta u)\tan\varphi' \tag{3.3.37}$$

式中，$\Delta\sigma$ 为给定点由外荷载引起的法向压应力增量；Δu 为相应点的孔隙水压力增量。式(3.3.37)可近似表示为

$$\Delta\tau_{fc} = \Delta\sigma U_t\tan\varphi' \tag{3.3.38}$$

式中，U_t 为给定时间给定点的固结度，可取土层的平均固结度。

将式(3.3.37)与式(3.3.38)分别代入式(3.3.35)，得

$$\tau_{ft} = \eta(\tau_{f0} + \Delta\sigma U_t\tan\varphi') \tag{3.3.39}$$

或

$$\tau_{ft} = \eta[\tau_{f0} + (\Delta\sigma - \Delta u)t\tan\varphi'] \tag{3.3.40}$$

(2)有效固结压力法

该法(赵令炜、沈珠江，1962)是采用只模拟压力作用下的排水固结过程，不模拟剪力作用下的附加压缩的方法。对于荷载面积相对于土层厚度比较大的排水固结预压工程，这样的模拟大致是合理的。土的强度变化可以通过剪切前的竖向有效固结压力 σ'_z 表示。对于正常固结饱和软黏土，其强度为

$$\tau_f = \sigma'_z\tan\varphi_{cu} \tag{3.3.41}$$

式中，φ_{cu} 为三轴固结不排水压缩试验得到的土的内摩擦角。由于固结而增长的强度可按下式计算

$$\Delta\tau_{fc} = \Delta\sigma'_z\tan\varphi_{cu} = \Delta\sigma_z U_t\tan\varphi_{cu} \tag{3.3.42}$$

这种方法计算较简便，而且也模拟了实际工程中的一般情况，在工程上已得到广泛的应用。

3.沉降计算

对于以沉降控制预压处理的工程，通过沉降计算可以估算预压期沉降的发展情况、预压时间、超载大小和卸载后所剩余的沉降量，以便调整排水系统和加压系统的设计；对于以稳定控制的工程，通过沉降计算，可以估算施工期间因地基沉降而增加的土石方量，预估工程完工后尚未完成的沉降量，以便确定预留高度。根据对黏性土地基变形发展的观察与分析，在外荷载作用下地基表面某时间的总沉降 s_t 由三部分组成，可表示为

$$s_t = s_d + s_c + s_s \tag{3.3.43}$$

式中，s_d为瞬时沉降；s_c为固结沉降（主固结沉降）；s_s为次固结沉降。

瞬时沉降是在荷载施工后立即发生的那部分沉降量，由剪切变形引起。Skempton 提出，由黏性土层初始不排水变形所引起的瞬时沉降可用弹性力学公式计算。固结沉降指在荷载作用下随着土中超孔隙水压力消散，有效应力增长而完成的那部分主要由于主固结而引起的沉降量。而次固结沉降是由土骨架在持续荷载下发生蠕变所引起的，次固结大小和土的性质有关。对于泥炭土、有机质土或高塑性黏土土层，次固结沉降占有很可观的部分，而其他土所占比例不大。在建筑物使用年限内，若次固结沉降经判断可以忽略，则最终总沉降 s_∞ 可按下式计算

$$s_\infty = s_d + s_c \tag{3.3.44}$$

软黏土地基的瞬时沉降 s_d 虽然可以按弹性理论公式计算，但由于弹性模量和泊松比不易准确测定，影响计算结果的精度。根据国内外一些建筑物实测沉降资料的分析结果，可以将式(3.3.44)改写为

$$s_\infty = \xi s_c \tag{3.3.45}$$

式中，ξ 为考虑地基剪切变形及其他影响因素的综合性经验系数，与地基土的变形特性、荷载条件、加荷速率等因素有关。对于正常固结或超弱固结土，通常取经验系数为 1.1～1.4。荷载较大、地基土较软弱时取较大值，否则取较小值。经验系数可以由下面两种方法得到：①s_c按公式计算，而 s_∞ 根据实测值推算；②从沉降时间关系曲线推算出最终沉降 s_∞ 和 s_d，再按式(3.3.44)与式(3.3.45)两式得到 s_c和 ξ 值。

固结沉降目前工程上通常采用单向压缩分层总和法计算，只有当荷载面积的宽度大于可压缩土层厚度或当可压缩土层位于两层较坚硬的土层之间时，单向压缩才可能发生，否则，应对沉降计算值进行修正，以考虑三向压缩的效应。黏性土按其成因（应力历史）的不同有超固结土、正常固结土和欠固结土之分，分别计算这三种不同固结状态黏性土在外加荷载下的固结沉降，应考虑应力历史对黏性土地基沉降的影响。因而固结沉降 s_c主要有单向压缩分层总和法和应力历史法两种计算方法。

(1)单向压缩分层总和法固结沉降计算

对于正常固结或弱超固结土地基，预压荷载下地基的固结沉降量按下式计算

$$s_c = \sum_{i=1}^{n} \frac{e_{0i} - e_{1i}}{1 + e_{0i}} h_i \tag{3.3.46}$$

式中，e_{0i}、e_{1i}分别为第 i 层中点的土自重应力、自重应力与附加应力之和相对应的孔隙比，可由室内固结试验曲线查得；h_i 为第 i 层土的厚度(m)，计算沉降时，取附加应力与土自重应力的比值为 0.1 的深度作为受压层的计算深度。

(2)应力历史法固结沉降计算

对于欠固结土地基，计算预压荷载下地基的固结沉降量时，要考虑应力历史的影响，按下式计算

$$s_c=\sum_{i=1}^{n}\frac{h_i}{1+e_{0i}}C_{ci}\lg\frac{(p_{1i}+\Delta p_i)}{p_{ci}} \tag{3.3.47}$$

式中，h_i为第i分层土的厚度(m)；e_{0i}为第i层土的初始孔隙比；C_{ci}为从原始压缩试验e-$\lg p$曲线确定的第i层土的压缩指数；p_{1i}为第i层土自重应力的平均值(kPa)，$p_{1i}=[\sigma_{ci}+\sigma_{c(i-1)}]/2$；$\Delta p_i$为第$i$层土附加应力的平均值(有效应力增量)(kPa)，$\Delta p_i=[\sigma_{zi}+\sigma_{z(i-1)}]/2$；$p_{ci}$为第$i$层土的实际有效应力(kPa)，小于土的自重应力$p_{1i}$。

对于超固结土地基，先根据原始压缩曲线和原始再压缩曲线分别确定土的压缩指数C_c和回弹指数C_e，计算地基的固结沉降量时，分以下两种情况。

如果某i分层土的有效应力增量Δp_i大于$(p_{ci}-p_{1i})$，各分层总和的固结沉降量为

$$s_c=\sum_{i=1}^{n}\frac{H_i}{1+e_{0i}}\left[C_{ei}\lg\frac{p_{ci}}{p_{1i}}+C_{ci}\lg\left(\frac{p_{1i}+\Delta p_i}{p_{ci}}\right)\right] \tag{3.3.48}$$

式中，n为分层计算沉降时，压缩土层中有效应力增量$\Delta p_i>(p_{ci}-p_{1i})$的分层数；$C_{ei}$、$C_{ci}$为第$i$层土的回弹指数和压缩指数；其他符号意义与前相同。

如果第i分层土的有效应力增量Δp_i不大于$(p_{ci}-p_{1i})$，各分层总和的固结沉降量为

$$s_c=\sum_{i=1}^{n}\frac{H_i}{1+e_{0i}}C_{ei}\lg\left(\frac{p_{1i}+\Delta p_i}{p_{1i}}\right) \tag{3.3.49}$$

式中，n为分层计算沉降时，压缩土层中具有$\Delta p_i\leqslant(p_{ci}-p_{1i})$的分层数。

首先根据式(3.3.46)～式(3.3.49)，计算预压荷载下地基的固结沉降s_c；然后根据式(3.3.45)，就可以得到地基的最终沉降总和s_∞。

二、竖井排水法

由于软黏土的孔隙本身非常小，孔隙中水的渗流是很费时的，因此当工程上遇到的黏土层厚度很大时，如不改变土层的排水边界条件，仅采用预压法，则黏土层固结十分缓慢，地基土的强度增长太慢而不能快速堆载，使预压时间延长，或者在一定时间内所需的超载过大而难以实施。这时可在地基内设置砂井等竖井，以缩短排水距离，加速土层的固结，这是因为固结时间与排水距离的平方成正比，并且多数土在水平向的渗透性比竖向好(含粉砂薄层的成层土，其水平向固结系数为竖向固结系数的2～5倍)。

和天然地基相比，采用竖井排水的地基由于排水固结，强度提高快，对减小由于剪切变形而产生的沉降是有利的。由于设置了竖井，主固结沉降可在较短时间内完成，使次固结沉降较早发生，通过超载预压可减小使用荷载下的次固结沉降。

竖井地基的设计工作包括选择竖井类型，确定竖井的直径与间距、深度及平面布置形式，计算竖井地基固结度。

1.竖井的类型

工程上采用的竖井有普通砂井、袋装砂井及塑料排水带等。普通砂井一般采用管端封闭的套管法、射水法及螺旋钻法施工。袋装砂井是一种预制的小直径砂井。袋子采用聚丙烯编织布，内灌满砂，制成细长砂袋，然后用闭口套管法成孔，放入砂袋，拔出套管即成袋装砂井。与普通砂井相比，袋装砂井具有用料省、施工简便、进度快、能适应地基变形等优点，但由于直径小，长径比大，井对渗流水的阻力(井阻)影响较大，为了减小井阻影响，要求砂料有更高的渗透系数，并适当增大袋装砂井的直径。塑料排水带是由纸带发展起来的一种竖井。由于纸带强度较低、耐久性差、透水性比砂低得多，且有因侧向土压力作用易变形等特点，纸带已逐步被塑料排水带所代替。与砂井相比，塑料排水带由于是工厂制作，具有质量

指标较稳定、质量轻、运输方便、连续性好、施工简单、效率高等优点。但由于施工时对周围土的扰动，塑料排水带的井阻影响依然存在。塑料排水带的品种多达数十种，基本上可以分为多孔单质结构型和复合结构型两大类。塑料排水带的主要性能指标包括纵向通水量、复合体抗拉强度、延伸率、滤膜抗拉强度、滤膜渗透系数、滤膜等效孔径等。

2. 竖井的直径和间距

砂井的直径和间距主要取决于黏性土层的固结特性和工期要求。为了加速土层的固结，缩小井径比增大砂井直径效果好得多，宜采用"细而密"的方案。另外，砂井直径还与施工方法有关。采用套管法施工时，砂井直径不宜过小，否则容易造成灌砂率不足、缩颈或砂井不连续等质量问题。常用的普通砂井直径为 30～50 cm。

砂井间距的选择不仅与土的固结特性有关，还与黏性土的灵敏度、上部荷载的大小和工期等有关。井距过小，施工时砂井周围土受到扰动，地基土强度降低，并增加一定数量的沉降，而且还会使土的固结系数降低。因此，一般情况下，如荷载大、土的固结系数小、工期较短时，可采用较小的砂井间距，反之，则采用较大的间距，设计时，可先假定井距，再计算地基固结度，若不能满足要求，则缩小井距或延长施工工期。

3. 竖井的深度

竖井深度的选择与土层分布、地基中附加应力大小、建筑物对地基变形和稳定性的要求及工期等因素有关。当软黏土层不厚时，排水井应贯穿黏土层；当黏土层较厚但间有砂层及透镜体时，排水井应尽可能打至砂层或透镜体；当黏土层很厚又无砂透水层时，可按建筑物对地基变形及稳定性的要求来确定。对于以沉降控制的预压工程，如受压层厚度不是很大（如小于 20 cm），则可打穿受压层以减小预压荷载或缩短预压时间；如受压层厚度很大，深度较大处土层的压缩量占总沉降的比例较小，竖向排水井也不一定打穿整个受压层。对于沉降要求很高的建筑物，如不允许建筑物使用期内产生主固结沉降，竖井应尽可能打穿受压土层，并采用超载预压的方法，使预压荷载下地基中的有效应力大于建筑物荷载下的总的附加应力。

4. 竖井的布置形式

排水井有两种平面布置形式：等边三角形和正方形。当排水井为正方形排列时，排水井的有效排水范围为正方形；而当排水井为等边三角形排列时，排水井的有效排水范围为正六边形。实际进行固结计算时，用上述多边形的边界条件求解很困难，Barron 建议将每个排水井的影响范围等效为一个等面积圆来求解，等效圆的直径与排水井间距的关系详见本节"三、预压法"。

竖井的布置范围一般要比建筑物基础范围稍大，这是因为在基础以外一定范围内，地基中仍然产生由于建筑物荷载而引起的压应力和剪应力。

5. 竖井地基固结度的计算

确定了竖井的类型、竖井的直径和间距，深度及竖井的布置形式与堆载预压加载计划后，就可以计算竖井地基固结度。同时，根据固结度与工期要求，调整竖井地基设计参数。

三、预压法

预压法即是在建筑物建造以前，在建筑场地进行加载预压，使地基的固结沉降基本完成和提高地基土强度的方法。对于在持续荷载下体积会发生很大的压缩且强度会增长的土，而又有足够时间进行压缩时，这种方法特别适用。为了加速压缩过程，可采用比建筑物重量大的超载进行预压。当预计的压缩时间过长时，可在地基中设置砂井、塑料排水带等竖向排水井以加速土层的固结，缩短预压时间。预压法已成功地应用于码头、堆场、道路、机场跑道、油罐、桥台等对沉降和稳定性要求比较高的建筑物地基。预压法的类型有堆载预压法、真空预压法、降水预压法、真空联合堆载预压法等。其中，堆载预压法、真空预压法及真空联合堆载预压法在处理软黏土地基的应用中最为广泛，下面主要介绍这三类方法的设计要点。

1.堆载预压法

堆载预压法是先在地基中设置砂井、塑料排水带等竖向排水系统，然后利用建(构)筑物本身荷载分级逐渐加载，或是在建造以前，在场地预先施加荷载，使土体中的孔隙水排出，土层逐渐固结，地基发生沉降，逐步提高地基强度的方法。

利用堆载预压法处理软黏土地基的设计主要包括以下内容。

(1)排水竖井

排水竖井的作用是加速地基固结。当软黏土层厚度不大或软黏土层含较多薄粉砂夹层，且固结速率能满足工期要求时，可不设置排水竖井。对于深厚的软黏土地基，应设塑料排水带或砂井等排水竖井。排水竖井的断面尺寸、排列方式、间距和深度可根据地基土的固结特性和预定时间内所要求达到的固结度，按下列经验初步估计，最后通过固结计算确定。

①井径。

著名学者 Hansbo 提出塑料排水带的当量换算直径 d_p(mm)可按下式计算

$$d_p=\frac{2(b+\delta)}{\pi} \tag{3.3.50}$$

式中，b 为塑料排水带的宽度(mm)；δ 为塑料排水带厚度(mm)。

②平面布置。

排水竖井有等边三角形和正方形两种平面布置形式，竖井的有效排水直径 d_e 与间距 l 的关系参见式(3.3.14)与式(3.3.15)。

③竖井间距。

竖井间距按井径比 n 选用($n=d_e/d_w$，d_w 为竖井直径，对塑料排水带取 $d_w=d_p$)。塑料排水带或袋装砂井的间距可按 $n=15\sim22.5$ 选用，普通大直径砂井的间距一般为砂井直径的 6～8 倍。袋装砂井的井距一般为 1.0～1.5 m，直径通常为 7～12 cm。我国常用的直径为 7 cm，日本常用的直径为 12 cm。常用的直径为 7 cm 的袋装砂井相当于井径比为 15～22.5(等边三角形布置)。

④竖井深度。

竖井深度设置详见本节“二、竖井排水法”。

⑤排水砂井砂料。

应选用中粗砂，其黏粒含量不应大于 3%。

(2)排水砂垫层

在竖井顶面应铺设一定厚度的排水砂垫层以连通竖井，引出从土层排入井中的渗流水。砂垫层应足够厚，具有良好的透水性，以减小对水流的阻力。砂垫层的厚度一般不小于 0.4 m。砂垫层砂料宜用中粗砂，黏粒含量不宜大于 3%，砂料中可混有少量粒径小于 50 mm的砾石。砂垫层的干密度应大于 1.5 g/cm^3，渗透系数宜大于 1×10^{-2} cm/s。当砂垫层面积较大时，应在砂垫层底部设置纵横向排水盲沟，使渗流水尽快排出预压区外。

(3)预压荷载

预压荷载的确定包括预压区范围、预压荷载大小、荷载分级与加载速率和预压时间等。

①预压区范围。

预压荷载顶面的范围应大于或等于建筑物基础外缘所包围的范围。

②预压荷载大小。

对于沉降有严格限制的建筑物，应采用超载预压法处理，超载量大小应根据预压时间内要求完成的变形量通过计算确定，并宜使预压荷载下受压土层各点的有效竖向应力大于建筑物荷载引起的相应点的附加应力。

③荷载分级与加载速率。

加载速率应根据地基土的强度确定。当天然地基土的强度满足预压荷载下地基的稳定性要求时，可一次性加载，否则应分级加载，待前期预压荷载下地基土的强度增长满足下一级荷载下地基的稳定性要求时，方可加载。

④预压时间。

对于主要以变形控制的建筑物，当排水竖井处理深度范围内和竖井底面以下受压土层，经预压所完成的竖向变形和平均固结度符合设计要求时，方可卸载；对于主要以地基承载力或抗滑稳定性控制的建筑物，当地基土经预压而增长的强度满足建筑物地基承载力或稳定性要求时，方可卸载。

(4)地基的固结度

按照《建筑地基处理技术规范》(JGJ 79—2012)规定，当不考虑涂抹与井阻影响时，一级或多级等速加载条件下，固结时间 t 对应总荷载的地基平均固结度按照式(3.3.33)计算；瞬时加载条件下，考虑涂抹和井阻影响时，竖井地基径向平均固结度按照式(3.3.20)～式(3.3.26)计算；在一级或多级等速加载条件下，考虑涂抹和井阻影响时，竖井穿透受压土层地基的平均固结度按照式(3.3.33)计算。对于排水竖井未穿透受压土层的地基，应分别计算竖井范围土层的平均固结度和竖井底面以下受压土层的平均固结度，通过预压使这两部分固结度和所完成的变形量满足设计要求。

(5)地基土的抗剪强度

计算预压荷载下饱和黏性土地基中某点的抗剪强度时，应考虑土体原有的固结状态，正常固结饱和黏性土某点某一时间的抗剪强度可按下式计算

$$\tau_{ft} = \tau_{f0} + \Delta\tau_{fc} \tag{3.3.51}$$

式中，τ_{ft} 为 t 时刻该点的抗剪强度(kPa)；τ_{f0} 为地基土的天然抗剪强度(kPa)；$\Delta\tau_{fc}$ 为由于固结而增长的抗剪强度，通过式(3.3.42)计算。

(6)沉降计算

预压荷载下软黏土地基的固结沉降量按照式(3.3.46)～式(3.3.49)，最终沉降量按照式(3.3.45)计算。

2.真空预压法

真空预压地基的固结是在负压条件下进行的，工程经验和室内试验及理论分析均表明，真空预压法加固软黏土地基同堆载预压法除侧向变形方向不同外，地基土体固结特性无明显差异，固结过程符合负压下的固结理论。因此，真空联合堆载预压加固中竖井间距、排列方式、深度的确定，土体固结沉降的计算，一般可采用与堆载预压基本相同的方法进行。采用真空预压法加固软黏土地基必须设置竖向排水体系，设计内容包括：①选择竖井断面尺寸，确定其间距、排列方式及深度；②预压区面积和分块大小，要求达到的膜下真空度和土层固结度；③真空预压下和建筑物荷载下的地基沉降计算，预压后地基土的强度增长计算。

(1)竖井

天津新港的现场试验表明，沉降大部分发生在上部竖井范围内，说明砂井的作用是很有限的。在透水性很小的软黏土中，真空预压必须和竖井相结合才能达到良好的加固效果。

排水井的间距、排列方式直接关系到地基的固结度和预压时间，其确定方法同堆载预压法，应根据土的性质、上部结构的要求和工期通过计算确定。当被处理软黏土层底以下有透水层时，砂井不应打穿软黏土层，并应留足够的厚度，以保证土体中的真空度。排水井尽量选用单孔截面大、排水阻力较小的塑料排水带。当采用袋装砂井时，尽量采用渗透系数大于 1×10^{-2} cm/s 的砂料作为排水材料，或采用较大直径的竖井。

(2)预压区面积和形状

真空预压效果与预压区面积大小及长宽比等有关。实测资料表明，预压面积越大，加固效果越明显。真空预压区边缘应大于建筑物基础轮廓线，每边增加量不得小于 3.0 m，每块预压区相互连接，形状应尽可能为正方形。

(3)膜内真空度

真空预压效果与密封膜内所能达到的真空度大小关系极大。根据国内一些工程的经验，当采用合理的施工工艺和设备，膜内真空度一般维持在 80 kPa(600 mmHg)以上，此值作为最低膜内设计真空度。一般铺设 2～3 层密封膜，密封膜四周通过密封沟埋入黏土层中，密封沟深度至少为 1.5 m 以上，必须穿透地表以下浅透水层。对于加固区周边或表层土存在良好的透水层或透气层，采用黏土泥浆与地表的粉砂层拌和(使黏粒含量达 15%)，以形成柔性密封墙将其封闭。

(4)真空设备的数量

真空预压所需抽真空设备的数量取决于加固面积的大小和形状、土层结构特点等，开始抽真空压力上升和稳定初期，根据加固总面积按每套设备可控面积为 1 000～1 500 m^2 确定总的抽真空设备数量，施工中压力稳定一段时间后逐步均匀减少抽真空设备，使停泵数不得大于总泵数的 1/3～1/2。

(5)排水管

真空预压中的排水管既起传递真空压力的作用，也起水平排水的作用，分主管和支管(滤管)两种。主管为直径 75 mm 或 90 mm 的硬 PVC 管，一般在加固区内沿纵向布置 1～2 条。支管为每隔 50 mm 钻一直径为 8～10 mm 的小孔，外包 250 g/m^2 土工布的直径为 50 mm 或 75 mm 硬 PVC 管，一般只在加固区内沿横向布置，间距一般为 6 m 左右。

(6)地基的平均固结度

竖井深度范围内加固土层的平均固结度应大于 80%，具体视工程加固要求而定，计算方法与堆载预压法相同。

(7)沉降计算

首先计算加固前建筑物荷载下天然地基的沉降量，然后计算真空预压期间所能完成的沉降量，两者之差即为预压后在建筑物使用荷载下可能发生的沉降。预压期间的固结沉降可根据设计要求达到固结度推算加固区所增加的平均有效应力，从 e-σ'_c 曲线上查出相应的孔隙比进行计算。地基最终沉降量的计算同堆载预压法，但由于真空预压周围土产生指向预压区的侧向变形，式(3.3.45)中的经验系数 ξ 可取 0.8～0.9。对于真空联合堆载预压以真空预压为主时，经验系数可取 0.9。关于经验系数，有待于在实际工程中积累更多的资料。

(8)地基土强度增长计算

利用真空预压法加固地基时，土体在等向应力增量下固结，强度提高，土体中不会产生因预压荷载而引起的剪应力增量。地基土的抗剪强度的计算同堆载预压法。根据已有资料(薛红波，1988)，地基中某点某一时间的实测十字板抗剪强度 τ_{ft} 与天然强度 τ_{f0} 及固结强度增量 $\Delta\tau_{fc}$ 之和的比值大于 1，其中，$\Delta\tau_{fc}$ 按有效固结压力法计算。

3. 真空联合堆载预压

真空预压法加固软黏土地基具有施工工期短、无需分级加载等优点，目前我国工程上真空预压可达到 80 kPa 左右的真空压力，对于一般工程已能满足设计要求，但对于荷载较大、承载力和沉降要求较高的建筑物地基，往往需要与其他方法联合使用。堆载预压法技术可靠且费用较为节省，但堆载需要分级施加，且工期较长。根据两种方法加固作用的可叠加性及互补性，可将两种方法联合应用从而形成真空联合堆载预压加固软黏土地基的方法。由于真空负压使土体产生向内收缩变形，可抵消因堆载引起的向外挤出变形，地基不会因填土速率过快而出现不稳定问题，比堆载预压更安全可靠。

真空联合堆载预压加固软黏土地基的设计要点如下。

①预压步骤。首先在加固场地进行真空预压，直到真空荷载下沉降变形速率缓慢。被加固土体具有一定的强度之后再在密封膜上堆载进行联合加固；也可以二者基本同步进行，即密封膜下真空度稳定在 80 kPa(600 mmHg)以上半个月后进行堆载预压，开始真空联合堆载预压。

②在真空单独预压阶段，排水通道、砂垫层的设计和要求与真空预压法相同；堆载阶段加载荷载分级及分级荷载加载速率、预压荷载大小及预压时间参考单独连行堆载预压的设计要求；地基沉降与固结度计算与堆载预压法的要求相同。

③采用真空联合堆载预压法应特别注意以下事宜。

a. 为了防止在堆载过程中损坏密封膜，应对密封膜进行保护，可在膜上下分别铺设一层无纺土工布或机织土工布，防止堆载过程刺破。

b. 真空预压压力稳定至设计要求 5～10 d 后开始堆载，采用填土方式加载时第一层填土的松铺厚度不宜小于 400 mm，不得强振碾压，再加上其下土质较软等原因，密实度要求不能过高，一般要求压实度为 0.88～0.90。

c. 施加每级荷载前，均应进行固结度、强度增长计算，满足要求后方可施加下一级荷载。

d. 当堆载中使用的荷载是水时，对在加固区四周的围堰做好密封和加固，避免溃堰发生。

第四节 施工工艺

应用排水固结法加固软黏土地基是一种改善软黏土自身特性，提高自身强度，且应用广泛的方法。该法通过改善软黏土地基排水条件、设定恒定荷载先行预压排水固结，使软黏土经过加固后满足设计要求。从工程施工角度来看，要保证排水固结法的加固效果，在施工过程中应做好以下两个环节：首先，按设计做好排水系统的施工，即铺设水平向排水系统与设置竖向排水系统；其次，严格控制施加预压荷载的施工，确保预压加固全过程地基的稳定性。这两个环节所用材料、施工工艺都必须符合技术要求，关系到加固软黏土地基的成败。

一、水平排水系统

水平排水系统一般采用通水性好的中粗砂垫层，若理想的砂料来源困难，也可因地制宜地选用符合要求的其他材料，或采用连通砂井的砂沟来代替整片砂垫层。对于堆载预压加固工程施工，砂垫层起着聚积各竖井所排出的水，再通过外排水工艺排出加固范围，与固结沉降同步排水，使堆载填料处于水面以上的作用；对于真空预压加固工程施工，排水砂垫层不仅起到聚水作用，更重要的是对真空预压荷载起着分布和传递作用，即将真空预压荷载通过排水砂垫层传递到软黏土地基加固的任何点、边、角，再通过排水砂垫层与竖井的连接点分布各竖井，并传递到设计加固深度。

1.排水垫层的厚度

排水垫层的厚度方面要满足从土层渗入垫层的渗流水能及时地排出，另一方面能起持力层的作用。根据需要和工程实践，其厚度按软黏土地基所处条件确定：

①对陆上一般软黏土地基，排水垫层的厚度一般为 300～500 mm。

②对于吹填或新近沉积的超软黏土，需采用刚度较大的荆笆或竹笆与砂垫层复合垫层，厚度根据承载力计算或有关规定确定。

③当表层为吹填砂类土时，可根据砂类土的性能确定排水砂垫层的结构和厚度。

④对于潮间带的软黏土地基加固工程，排水砂垫层的厚度根据表层软黏土的性能参照陆上规定确定，要做好垫层的封围。

⑤对于水下软黏土地基施工条件，砂垫层的厚度不小于 1 m。

2.排水垫层的施工

地基表层具有一定厚度的硬壳层，有一定的承载能力，能应用一般轻型运输机械时，一般采用机械分堆摊铺法铺设砂垫层，即先堆成若干砂堆，然后通过机械或人工摊平；当硬壳层承载力不足时，一般采用顺序推进摊铺法铺设砂垫层；当地基表层为新沉积或新吹填不久的超软黏土地基时，首先要改善地基表面的持力条件，使其能上施工人员和轻型运输工具后再铺设砂垫层。工程上常采用如下加强措施。

①软黏土地基表面铺荆笆。搭接处用铅丝绑扎，以承受垫层等荷载引起的拉力，搭接长度取决于地基土的性质，一般搭接长 200 mm。当采用两层荆笆时，应将搭接处错开，错开距离以搭缝之间间距的一半为宜。

②当软黏土地基稍好，可在软黏土地基表面铺设塑料编织网、尼龙编织网或土工合成材料，再铺设砂垫层。

对于超软黏土地基表面采取加强措施，但持力条件仍然很差，一般轻型机械上不去，在这种情况下，通常采用人工或轻便机械顺序推进铺设，常用的有以下四种。

①用人力手推车运砂铺设。

②用轻型小翻斗车铺垫层或由轻型汽车改装的专用运砂翻斗车。

③用轻型皮带输送机推进铺设。

④用小型水力泵输砂铺垫层。

无论采用何种施工方法，在排水垫层的施工工程中都应避免对软黏土表层的过大扰动和挤出隆起，以免造成砂垫层与软黏土混合或砂垫层被切断，影响垫层的连续性和整体排水效果。

二、竖向排水系统

根据国内外应用排水固结法加固软黏土地基的多年经验与技术发展，竖向排水系统先后应用过 200～500 mm 直径的普通砂井、70～120 mm 直径的袋装砂井、100 mm×4 mm 的塑料排水带。竖向排水井逐步经历了由粗到细、由散装到袋装、由天然材料的砂井到塑料排水带工厂化生产的发展过程，提高了加固效果，加快了施工进度，与竖井相适应的施工机械和施工工艺也都得到了相应的发展。

1.普通砂井

普通砂井施工工艺主要有套管法、水冲成孔法、螺旋钻成孔三种，一般采用套管法。选择工艺时主要考虑以下三个方面。

①保证砂井连续、密实,并且不出现缩颈现象。

②施工时应尽量减小对周围土的扰动。

③施工后砂井的长度、直径和间距应满足设计要求。

套管法是将带有活瓣管尖、或套有混凝土端靴的套管沉到预定深度,然后在管内灌砂、拔出套管形成砂井。根据沉管工艺的不同,套管法又分为静压沉管法、锤击沉管法、锤击与静压联合沉管法、振动沉管法等,通常采用后两种沉管方法。利用锤击与静压联合沉管法提管时,由于砂的拱作用及与管壁的摩阻力,易将管内砂柱带上来,使砂井断开或缩颈,影响砂井的排水效果。振动沉管法以振动锤为动力,将套管沉入到预定深度,灌砂后振动提管形成砂井。采用该法施工不仅避免了管内砂随管带上,保证砂井的连续性,同时可振密砂,砂井质量好。

水冲成孔法通过专用喷头,在水压力射流、冲击作用下成孔,经清孔再向孔内灌砂成形。该法对土质较好且均匀的黏性土地基是较适用的,但对土质较软的淤泥,因在成孔和灌砂过程中容易缩孔,很难保证砂井的直径和连续性。对于夹有粉砂薄层的软黏土地基,若压力控制不严,易在冲水成孔时出现串孔,对地基扰动较大,应引起注意。该法设备简单,对土的扰动相对较小,但在泥浆排放、塌孔、缩颈、串孔、灌砂等方面都还存在一定的问题。

螺旋钻成孔工艺以动力螺旋钻钻孔,属于钻法施工,提钻后孔内灌砂形成。此法适用于陆上工程、砂井长度在 10 m 以内、土质较好、不会出现缩颈和塌孔现象的软弱地基。此法在美国应用较广泛,该工艺所用设备简单而机动,成孔比较规整,但灌砂质量较难掌握,对很软弱的地基也不太适用。

以上普通砂井施工方法各有其自身的特点、适用范围和存在问题,应根据加固软黏土地基的特性和施工环境及本地区的经验,在确保砂井质量的前提下,选用合适的砂井施工工艺。

2. 袋装砂井

袋装砂井改进了普通砂井施工存在的问题,使竖向排水系统的设计和施工更加科学化,主要具有以下优点。

①保证了砂井的连续性。

②打设设备实现了轻型化,比较适合在软弱地基上施工。

③大大减少了用砂量。

④加快了施工进度,降低工程造价。

⑤缩短了排水距离。

袋装砂井的编织袋应具有良好的透水性,袋内砂不易漏失,袋子材料应有足够的抗拉强度,使其能承受袋内砂自重及弯曲所产生的拉力,要有一定的抗老化性能和耐环境水腐蚀的性能,同时又要便于加工制作、价格低廉。目前国内普遍采用的袋子材料是聚丙烯编织布。

国内外均有专用的袋装砂井施工设备,一般为导管式振动打设机械。按照行进方式的不同,较普遍采用的打设机械有轨道门架式、履带臂架式、步履臂架式、吊架导架式等。袋装砂井的施工顺序为立位、整理桩尖(有的是与导管相连的活瓣桩尖,有的是分离式的混凝土预制桩尖)、振动沉管、将砂袋放入导管、往管内灌水(减少砂袋与管壁的摩擦力)、振动拔管等。为确保质量,袋装砂井施工中应注意以下几个问题。

①定位要准确,砂井垂直度要好,这样就可以确保排水距离和理论计算一致。

②砂料含泥量要小,对于小断面的砂井尤为重要,因为直径小、长细比大的砂井的井阻

效应较为显著，一般含泥量要求小于3%。

③袋中砂宜用风干砂，不宜采用潮湿砂，以免袋内砂干燥后，体积减小，严重者易断层，造成袋装砂井缩短与排水垫层不搭接或缩颈、断颈等质量事故。

④利用聚丙烯编织袋施工时，应避免太阳光长时间直接照射。

⑤砂袋入口处的导管口应装设滚轮，避免砂袋被挂破漏砂。

⑥施工中要经常检查桩尖与导管口的密封情况，避免导管内进泥过多，将袋装砂井上带，以免影响加固深度。

3. 塑料排水带

塑料排水带是对袋装砂井排水阻力的改进。塑料排水带的特点是单孔过水断面大、排水畅通、排水阻力小、质量轻、强度高、耐久性好，是一种比较理想的竖向排水系统。

塑料排水带由芯板和滤膜组成，芯板是由聚丙烯和聚乙烯加工而成的两面有间隔沟槽的板体，滤膜由化纤材料无纺胶黏而成。土层中的固结渗流水通过滤膜渗入到芯板沟槽内，并通过沟槽沿深度向上排入砂垫层中，再汇集于真空分布管由射流泵抽出。滤膜要求渗透性好，与黏性土接触后，其渗透系数不低于中粗砂，排水沟槽输水畅通。此外，塑料排水带沟槽断面不因受土压力作用而大幅度减小，这是塑料排水带在水平力作用下保持正常排水作用至关重要的问题。因此，在选用塑料排水带时，应着重从带芯材料特性、滤膜质量、单孔排水截面大小、芯板与滤膜的相对变形等因素综合考虑。

塑料排水带的施工机械基本上可与袋装砂井打设机械公用，可用圆形导管或矩形导管。根据我国软黏土地基加固工程施工经验，以轻型门架型插板机为主体，其他机型只要软黏土地基承载能力满足施工机械要求可兼用。

塑料排水带打设施工工艺如下。

①将配备好的竖向排水带施工机械就位。

②定位：在排水砂垫层表面做好桩位标记。

③穿板：将竖向排水带经导管内穿出管靴，与桩尖连接后拉紧。使桩尖与管靴贴紧。

④沉管：将导管沉入桩位，校准导管垂直度后随绳下沉，后再开振动锤沉入设计深度。

⑤拔管：首先将导管内排水带放松，使其在导管内自然下垂，边振动边拔管，当塑料排水带与软黏土黏结锚固形成后，无可能上带时，停止振动静拔至地面。

⑥在砂垫层上预留200～300 mm剪断塑料排水带，并检查管靴内是否进入淤泥，而后再将排水带与桩尖连接、拉紧，移向下一桩位。

⑦重复步骤③～⑥。

塑料排水带施工过程中应注意以下几点。

①排水带滤膜在搬运、开包和打设过程中，应避免损坏，防止淤泥进入带芯堵塞输水孔，影响塑料排水带的排水效果。

②塑料排水带与桩尖连接要牢固，避免提管时脱开，将塑料排水带带出。

③桩尖平端与导管靴间配合要好，避免不平错缝使淤泥在打设过程中进入导管抱带，增大对塑料排水带的阻力，将塑料排水带带出，当塑料排水带带上1 m以上时应及时查找原因、采取措施并同时补打。

④定位沉管时宜拉绳下沉，避免导管弯曲影响径向距离。

⑤当塑料排水带需要接长连接时，应采用滤膜开口相对内插平搭接的连接方法，搭接长度应超过200 mm。

⑥塑料排水带打设后，首先清理干净排水砂垫层内塑料排水带周围的淤泥，使排水及真

空、传递压力连接通道畅通，同时认真检查塑料排水带导孔收缩恢复情况，凡未完全收缩恢复的必须用砂填满捣实，避免在施加真空预压荷载时成洞吸破密封膜，影响真空密封及真空预压荷载的施加。

⑦将塑料排水带板头埋入排水砂垫层中。

三、预压系统

排水固结法加固软黏土地基是由在地基内设置的水平与竖向排水系统和在地基表面施加的预压荷载来实现的。根据施工工艺的不同，施加的预压荷载一般分为两类：一类是在被加固软黏土地基表面施加实体荷载，称为堆载预压的预压荷载；二是在被加固软黏土地基范围内抽真空形成的大气压差，称为真空预压的预压荷载。

1. 堆载预压的预压荷载施加

堆载预压荷载是在被加固软黏上地基范围内，预先堆筑等于或大于设计荷载的实体材料。堆载预压填料一般以散料为主，如石料、砂、砖土等，采用分级施加，大面积施工时通常采用自卸汽车与推土机联合作业。对超软黏土地基的堆载预压.第一级荷载宜用轻型机械施工，当机械堆载施工工艺不能满足软黏土地基整体稳定性要求时可采用人工作业，必要时采取加固措施。

堆载预压法施工时应注意如下问题：

①单元堆载面积要足够大，以保证深层软黏土地基加固效果，堆载的顶面积不小于建筑物基底面积。当软黏土地基较深厚时，考虑荷载的边界作用应适当扩大堆载的底面积，以保证建筑物范围内的地基得到均匀加固。

②严格控制加荷速率，分级荷载大小要适宜，保证在各级荷载下地基的稳定，堆载时宜边堆边摊平，避免部分堆载过高而引起地基的局部破坏。

③对于超软黏土地基，首先应设计好持力垫层，对其分级荷载大小、施工工艺更要精心设计，避免对土的扰动和破坏。

④堆载预压荷载是根据堆载材料的特性计算的，当预压固结沉降较大时，堆载材料已浸入水位以下时，应增加堆料荷载以弥补堆载材料浸入水中的荷载损失。

2. 真空预压的预压荷载施加

真空预压荷载施加是在被加固软黏土地基表面和深度范围内完全密封抽真空特定条件下，在加固软黏土地基内外形成大气压差，以此作为预压荷载。在完成排水系统设计与施工后，为了保证地基在较短的时间内均匀的施加完预压荷载达到设计要求的加固效果，必须采用先进的抽真空设备和真空预压荷载施加工艺，即采用如下主要工艺流程：埋设真空分布滤管、真空密封系统施工、安装真空抽气设备与施加真空预压荷载等。

(1)真空分布滤管的布设

真空分布管埋于排水砂垫层中，埋深根据排水砂垫层厚度确定，一般设在排水砂垫层中部。当排水砂垫层较厚时，一般在滤水管上留有 100～200 mm 厚的砂覆盖层为宜，应防止尖锐物露出砂面刺穿密封膜。真空分布滤管作为泵与塑料排水带的连接点是在抽真空预压过程中不仅将各塑料排水带排入砂垫层内的水汇集于分布管抽出加固体外，更重要的是使真空预压荷载通过真空分布管均匀传递到排水砂垫层，再通过排水砂垫层与塑料排水带的连接点传递到每根排水带预定深度，所以真空分布管和已施工完成的排水系统，在真空预压排水固结法加固软黏土地基工程施工中起着排水和传递真空预压荷载的双重作用。

在施工中，滤管的排列形式、长度和间距，根据排水砂垫层材料的性质及施工特点确定。

一般情况下，当单元加固面积较大时，以采用封闭环行格状结构为宜，如遇有特殊的不规则地形时，则应因地制宜地进行真空分布管布设工艺设计。

(2)真空密封系统施工

真空密封是真空预压加固软黏土地基工程成功的关键。真空密封主要包括对加固软黏土地基周边及底部密封与表层密封。

表层密封是指在加固软黏土地基与大气层直接接触表面时，以塑料薄膜为主体的真空密封工艺和泵，观测设备由通过密封相关与被加固软黏土地基连接的密封件组成，应按真空密封要求严格施工。密封膜要求气密性好，抗老化能力强，韧性好，抗穿刺能力强，且来源容易，价格便宜，一般采用材料来源充足、气密性好的聚氯乙烯薄膜即可，如能采用抗老化、抗穿刺能力强的线性聚乙烯等专用薄膜更好。密封膜按技术要求采用3层密封结构，由于密封膜系大面积铺设，一般预压面积为500～5 000 m^2。加工这样大的面积，有可能出现局部热合不好，搭接不够或运输过程损坏等问题，影响膜的密封性，补铺一层，必须进行全面的仔细检查，发现问题及时弥补，然后再铺下一层。由于密封膜在阳光直接连续照射下，抗老化性能还存在一定问题，应避免在抽真空前各个环节下太阳光线的直接照射。为确保在真空预压全过程的密封性，一般采用2～3层膜，按先后顺序同时铺设。当真空预压面积超过5 000 m^2 时，由于密封膜整块热合，铺设难以保证密封膜的质量，铺设也很困难，此时可化整为零，分块热合、铺设，块与块相交处搭接最小距离为2～4 m，并交叉铺设，表层接缝处上设压膜埝。另外，密封膜施工时应注意以下问题。

①在确保真空密封膜本身密封质量的条件下，膜的四周通常采用挖治理密封工艺密封，密封膜的边缘埋入真空密封条件好的原状土层中，且埋入深度不小于1.5 m。

②严禁在密封膜周边10 m内设沟。

③选用密封效果好的通过密封膜的密封件。在真空预压排水固结加固软黏土地基工程施工中，尽量减少通过密封膜的连接点，真空射流泵的真空吸水口密封膜下真空压力观测点，可通过真空密封件实现全密封条件下的外连接、外测量，不会影响工程施工中的真空密封。监测系多次反复观测，应设计成基本密封条件下的连接，避免开敞型的观测连接点，以确保真空预压荷载的稳定性。

④膜周边密封辅助措施。由于被加固的软黏土地基多数为不均匀土，有的在加固范围内，还存在透水性较好的夹层，尽管在膜周边采取了上述措施，但仍在加固范围内存在不密封因素，应采取必要的辅助密封措施。国内外所采取的措施有封闭式板桩土墙加沟内复水及围埝内复水等。

(3)安装真空抽气设备

真空预压荷载施加是应用专用射流真空泵对处于密封状态下的被加固土体抽真空，使被加固土体内真空压力不断增加，大气压力随之减小，被加固土体内外大气压差不断增加，直到达到设计压力为止，即预压荷载达到满载，预压荷载在预压加固全过程中一直保持稳定且分布均匀。在施加预压荷载过程中，真空预压荷载施加系统是由真空泵、真空连接管、止回阀、截门与串膜装置连接形成。

①真空泵。我国一般采用射流真空泵。常用的射流真空泵由射流箱及离心泵或潜水泵组成，射流箱主要由射流器与循环水箱组成，离心泵与射流口连接形成高压，高速射流使真空泵形成很高的真空压力。通过真空口，真空管与被加固软黏土地基的出膜口连接，再通过密封膜以下的真空分布系统，使真空预压荷载传递到被加固软黏土地基的任何一点，在选择射流真空泵时，除真空效率高，连续运转性能好外，更重要的是在抽真空排水过程中，真空压

力损失小。

射流真空泵的设置可根据周边土层密封特性、加固面积及宽度、真空泵效率与工程经验综合确定。为缩短施加真空预压荷载时间，确保分布均匀和连续预压，以每个加固区设置两台泵为宜。当加固面积超过 2 000 m^2，且加固深度不大于 20 m 时，软黏土按每台射流真空泵承担 1 000 m^2 的加固面积；对于有较厚粉砂夹层结构土层及粉土，单泵承担面积可根据经验确定，其目的是抽真空后，真空压力上升快且稳定。在加固区内，所用射流真空泵在真空预压过程中是否同步运转视预压固结程度而定。一般在预压初期，因排水和排气量大，射流真空泵同时运转；在预压中后期，在确保真空预压荷载稳定的前提下，可间隔停一部分，但不影响布泵的均匀性，也可采取各泵交替运转的方法，但要严格控制真空预压荷载在工程施工期间一直保持大于设计荷载。

②真空连接管路。真空连接管路即加固区与射流真空泵间连接的管路，不仅向膜内传递真空压力，而且是排水的主要通道。因此，要求真空管路应具有满足总排水量需要的过水断面，能承受抽真空过程的径向压力。真空管路间的各连接点需严格进行密封处理，以保证真空度在管内传递不受损失，并使排水畅通。还要注意在高真空作用下，避免真空管内层脱胶堵塞孔道，做到及时发现并更换。

(4)真空预压荷载施加步骤

①安装出膜装置。真空密封膜是被加固土体与大气隔绝的有效措施，其加固为加压法兰结构，两块比法兰直径大 2 cm 的橡胶板夹住塑料密封膜，通过螺栓加压形成一组优良的密闭系统，每一个出膜就是一个通道，必须严格进行真空密封处理，使其满足高真空条件下的密封要求，必须设置射流真空泵出膜装置、膜下真空压力量测装置、监测传感元件出膜装置等。

②按设定的出膜装置，安装好射流真空泵、真空管、离心泵与射流泵连接管路，对该真空压力表及监测传感器的膜进行真空密封处理。

③接好泵、真空管及膜内真空压力传感器，并测记初读数。

④连接好真空管，采用连接管及排水管，并在射流箱内注满水。

⑤加固范围内按设计要求在密封膜上布设沉降观测点，在布设过程中对密封膜采取保护措施，压好底座，防止倾倒刺破密封膜。

⑥开动离心泵进行真空抽气，膜内真空压力逐渐提高，由于被加固的土层在预压初期排水量较大，并且砂垫层中空气体积大，因此，抽真空初期以排气为主，真空度提高较慢，随着砂垫层中空气排出及土层排水固结程度的提高，膜内真空度逐渐稳定在 80 kPa 以上，这个过程一般需要 3～10 d。当达到预定真空度以后，为节约能源，可根据经验采用自动控制的间隔抽真空措施。在抽真空过程中，特别是初期，由于砂垫层和持力垫层及土体中气体排出，体积增大，使射流箱内循环水减少，由于射流摩擦使水温升高，水的密度发生变化，直接影响射流真空泵的真空效果，所以应采取连续补水措施，在抽真空过程中保持水箱满，温度正常。

第五节　施工监测与效果检测

一、现场监测

采用排水固结法对软黏土地基处理施工时，为检验土体的加固处理效果是否达设计要求，确保土体在施工期与使用期的安全稳定性，同时有效控制施工进度，保证工程质量，需进行施工期监测。施工监测内容包括满足对加固范围内地基的固结度、垂直变形、侧向变形控制和加固效果进行实时监控。具体监测项目参考表 3.5.1。

监测项目 表 3.5.1

施工方法 / 监测项目	堆载预压	真空预压	真空联合堆载预压	备注
孔隙水压力	必选	推荐	必选	
膜内真空度	—	必选	必选	
竖向排水体内真空度	—	推荐	推荐	
土体真空度	—	必选	必选	
地面沉降	必选	必选	必选	
深层分层沉降	推荐	推荐	推荐	对工后沉降量有要求时必选
土体水平位移	必选	推荐	必选	附近有建筑物时必选
水位	必选	必选	必选	

1. 孔隙水压力监测

孔隙水压力监测的主要目的是检测施工期间地基土体在荷载作用下不同深度内的超静孔隙水压力的消长规律，及时了解土体的固结状态和强度增长情况，并通过孔压系数来控制施工速率。

孔隙水压力监测通常采用钢弦式测头，测量时用频率计来测读频率。对于精度和稳定性要求特别高的试验研究项目，可选用电阻式或陶瓷电容式测头。

孔隙水压力监测断面应优先布置在加固区内上部荷载较大、孔压增长较敏感的位置。垂直方向上应重点布置在可能失稳的深度范围：最不利圆弧滑动面以上，最低地下静水位以下，间隔深度 2～3 m 设置 1 个观测点；往下可视土层分布情况适当加大间距，直至接近主要压缩层底面。

测头埋设前应对透水石进行排气处理，并保证处理后直至安装到达设计测点位置期间始终不得脱水，以确保测头反应迅速、测量结果可靠。埋设时，应保证测头平面位置位于排水板平面布置的几何形心上。当土层较硬时，应钻孔至设计深度，将测头送至孔底，然后填入适量的中粗砂，并保证测头的透水石完全处于中粗砂的包围之中，最后用膨润土球对钻孔进行密封。封孔长度大于竖向排水通道的间距。当土层较软时，可钻孔至设计深度以上 500 mm，用专用器械将测头压送至设计深度，然后封孔。原则上应每个钻孔只埋设一个测头，并确保测头上部钻孔密封良好。钻孔的偏斜角度应不超过 1°。

加载期间，尤其是每级荷载施加完成前后，是地基可能出现失稳的危险期，应加大监测频率，一般应每天 1 次。出现孔隙水压力增长较快时，还应加大监测频率，甚至连续监测。一般在停止加载一周以后，地基稳定性逐渐转好，则可将监测频率减少至每 1～3 d 测 1 次。监测结果一般应将每一测点分别整编，形成孔压增量-荷载增量曲线和孔压-时间曲线，以确定二者的关系，判断地基稳定状况。

2. 真空度监测

真空度监测包括膜内真空度、竖向排水体内真空度和土体真空度三部分，以综合控制真空预压加固效果。

真空度监测装置包括测头、负压传输管和真空压力表。用于膜内真空度和竖向排水体内真空度监测的测头可将负压传输管端部裹以滤膜和透水(气)保护层简单制作而成。淤泥真空度测头则应选择性能稳定、埋设方便的定型产品，量表可选用直径为 100 mm、精度不低于1.6级的真空压力表。

(1)膜内真空度

测头一般应设置在排水砂垫层内。没有设置排水砂垫层时，可将测头设置在竖向排水体与抽气管的连接段，并置于排水体的外面。在抽气的开始阶段，膜内真空度每隔2 h测读1次，以便准确地测出真空压力的上升过程，并有利于检查密封情况。当真空压达到要求后，每4～6 h测读1次，并做好记录。

(2)竖向排水体内真空度

按预定的深度将测头布置在竖向排水体内。一般在同一竖向排水体内只安装1个测点，在不改变排水体工作性能的情况下，也可以将几个不同深度的测点置于同一竖向排水体内。测点间距以2～3 m为宜，竖向排水深度大时取大值，反之取小值。在抽气的开始阶段，竖向排水体真空度应每2 h测读1次；当真空压力达到要求后且变化较小时，每4～6 h测读1次，需要时可根据膜内真空度的变化情况，调整测读密度。

(3)土体真空度

在土体中设置真空度测头的方法与孔隙水压力测头的设置方法相同。在抽气的开始阶段，土体真空度应每2 h测读1次，当真空压力达到要求后，每4～6 h测读1次，必要时可根据膜内和竖向排水体真空度的变化情况，适当调整测读次数。根据真空度监测结果可整理成真空度一时间关系曲线。

3.地面沉降监测

地面沉降观测点的布置原则是：加固区为条形时，选择合适的断面并沿断面按照荷载特征点位置布置；加固区为矩形时，可均匀布置。接近原地面位置埋设地表沉降标，设立稳定的基准点，采用高精度水准仪测量测点的高程变化。施工初期，每天观测1次，稳定时2～3 d观测1次，计算出测点不同时间的沉降量，绘制沉降过程曲线。沉降观测的主要目的是掌握施工期地表沉降及沉降速率的发展规律，一方面用于评价填土加载的安全稳定性，控制加荷速率；另一方面通过实测数据的实时分析，推算地基的最终沉降量，计算地基的平均固结度，推算工后沉降以及确定合理的卸载时间。

4.深层分层沉降观测

钻孔将专用PVC管埋入预定位置，安置感应环于预定深度，并用特定装置保持与土的变形响应性，间隔深度2～3 m设置1个测点，用沉降仪测量感应环的深度，根据各感应环高程的变化，求得地基不同深度土层在荷载作用下的沉降量，进而确定地基内各土层之间的相对压缩量，确定地基的分层沉降和工后沉降。

土体深层分层沉降观测孔应优先布置在压缩土层比较厚、荷载比较大的位置，深度上应优先布置在地基土层的分界面上。一般应采用金属感应或电磁感应式沉降观测装置进行观测。观测时将测尺对准管口固定位置进行读数，每次测量应至少重复1次，且读数差不大于2 mm，否则应重新测量，直至满足要求。施工阶段应每1～2 d观测1次。

深层沉降观测的主要目的是，结合深层沉降观测数据，了解不同淤泥层位加固过程中的沉降发展时程线，从而了解各土层的压缩情况，判断有效加固深度，计算各深度淤泥层的固结度，分析预压加固效果。

5.水平位移监测

一般采用埋设测斜管进行深层水平位移监测。观测测斜管沿深度的倾斜角度，计算管体沿深度的分布位置。通过观测比较管体位置的变化，求得地基不同深度处土体的水平位移，对于工程等级较低或稳定性较好的辅助监测位置，也可在坡底位置设置边桩监测，边桩一般应设置在荷载坡脚外 1～3 m 处，用经纬仪或基准桩来监测地基的浅层位移。

测斜管应布置在潜在滑动面范围内的敏感位置。测斜管深度一般应进入底部硬土层内 2 m 以上。钻孔将测斜管埋设到预定位置后，应将测量方向对准潜在的水平位移主方向，然后在钻孔与测斜管之间填充与地基土性质相近的材料并使之密实，以确保测斜管对地基变形的完全响应。

利用测斜管观测时，按自下而上的顺序，每 1 m 为一个测点，同一方向的观测应正反各测 2 次或 3 次。每次读数力求准确，同一测点的误差不应超过 0.1 mm，并保证每次观测的测点在同一高程。加载施工期每 1～3 d 观测一次，荷载稳定期可适当减少监测密度。

根据水平位移监测结果整理出位移量和累计位移量沿深度的分布状况，绘制成位移分布曲线和水平位移历时曲线，进一步找出最大位移的深度位置，计算出位移速率。通过监测结果了解地基软弱土层在外荷载作用下的水平位移情况，根据位移速率和土体变形状况来指导施工，发现失稳迹象及时报警，确保地基的稳定安全。

6. 水位观测

在孔隙水压力观测孔附近，应配套布置地下水位观测装置，并与孔隙水压力对应观测，用以观测抽真空及堆载期间地下水位的变化情况，通过静水压力计算超静孔隙水压力。该装置的埋设位置应保证地下水位不受地基加固过程中所产生的超静孔隙水压力或负压的影响。在地下水位受潮水位影响的地区进行监测时，应在正式监测前进行全潮水位与测点响应的观测，建立各测点与潮水位的相关关系，监测中按此关系减去潮水位的影响。当测点对潮水位的响应无明显规律可循时，可规定在同一潮水位进行监测，以减少水位对监测结果的影响。确定与潮水位对应的监测时机，应综合考虑监测目标区的整体稳定性，特别是水位骤升或骤降所产生的边坡内外水位差对地基稳定的影响，选择在稳定性最差的时机进行监测。

二、效果检测

加固效果检测通过对加固前后土性变化、地基承载力的变化来检验地基的加固效果，主要检测项目包括以下几种。

1. 钻孔取样检测

对于塑料排水加固区，在加固前、后地基钻孔取样，并在试验室内进行物理力学性质试验，比较加固前后软黏土物理力学性质指标的变化，评价设计方案的加固效果，钻孔位置结合监测断面确定，每个监测断面应在中心位置取 1～3 孔进行现场取土试验，钻孔深度穿透压缩层并进入压缩层底部不少于1 m。为了减轻取土过程扰动的影响，一般采用薄壁取土器钻取原状土样。原状土样送实验室进行试验，包括各项物理性质试验、压缩试验、固结试验、三轴试验等，加固前后的土工试验资料可为各方案的加固效果分析提供客观依据。

2. 十字板剪切强度监测

在每个预压中心区域，对加固前、施工过程及加固后的地基进行十字板剪切试验，比较加固过程中软黏土强度指标的变化，分析评价设计方案的加固效果，试验位置应结合监测断面确定，每个监测断面应在中心位置取 1～3 孔进行现场试验，在软黏土中每间隔 1 m 试验一次，试验深度穿过软黏土层到达计算压缩层底部不少于 1 m。

3. 荷载板试验检测

对于塑料排水加固区，可以在加固前后对地基进行荷载板试验，比较加固前后地基承载力的变化，分析评价设计方案的加固效果，试验位置结合监测断面确定，每个监测断面应在中心位置取 1～3 孔进行现场试验。

第四章 压实地基和夯实地基

第一节 压实地基和夯实地基处理技术的进展

本章包括两部分内容:压实地基和夯实地基。其中,压实地基是《建筑地基处理技术规范》(JGJ 79—2012)新增加的内容,夯实地基部分增加了高能级强夯和强夯置换的相关参数,包括最新工程进展得到的一些经验。

近年来城市建设和城镇化发展迅速,人口规模和用地规模不断增长,开山填谷、炸山填海、围海造田、人造景观等大面积填土工程越来越多。据资料显示,全国每年填海造地面积约 350 km^2,东部沿海和中西部地区开山填谷的面积更大。例如广东省"十一五"期间的围海造地面积超过了 146 km^2,相当于 5.5 个澳门。天津仅滨海新区的填海造陆面积就达到了 200 多平方千米,山东省近年的填海造地面积超过 600 km^2。陕西省延安市提出了"上山建城"的城市发展新战略,总占地 70 多平方千米、平均填土厚度 38 m 的四个城市新区将在城市周边的丘陵地带开山填谷形成。

除了面积大,山区填土的厚度也屡创历史新高。目前我国填土厚度和填土边坡最大高度已经达到 110 多米。典型的工程如云南某县绿东新区削峰填谷项目(填方厚度 110 m,挖方和填方边坡高度达 105 m,填料以混碎石粉质黏土为主),四川省九寨黄龙机场工程的高填方地基(最大填方厚度 102 m,填料以含砾粉质黏土为主),云南省昆明新机场工程挖填方量近 3 亿 m^3,陕西某煤油气综合利用项目填土工程(黄土,最大填土厚度70 m)等。

大面积大厚度填方压实地基的工程实践成功案例很多,但工程事故也不少,不仅后果严重,带来很多环境问题因此应引起足够的重视。

需要说明的是,本章中的压实地基适用于处理大面积填土地基。浅层软弱地基及局部不均匀地基的换填处理应符合《建筑地基处理技术规范》(JGJ 79—2012)第四章换填垫层的有关规定。

第二节 压实地基

一、高填方大面积场地的压实

随着沿海地区和山区经济建设的发展,近十多年来,利用"填海造地""开山填谷"解决沿海地区和山区高速公路、石油石化仓储、住宅小区及民航机场工程等建设用地的项目日趋增多。由此带来了"填海造地""开山填谷"所形成的大面积、大土石方量、大挖方、高填方、极松散且不均匀的工程场地的地基处理问题,简称高填方工程的地基处理问题。

高填方工程的地基处理问题包括以下 8 个方面:

①截水与排水渗水导流问题;

②高填方工程原地面土基和软弱下卧层(或称基底)处理问题;

③填挖交界面的处理问题;

④填料搭配及分层填筑施工方法问题；

⑤高填方工程的分层填筑地基处理设计问题；

⑥挖方和填方高边坡加固系列问题；

⑦地基加固效果检测及评价方法问题；

⑧高填方的工后沉降量估算问题。

地基的填筑方法是高填方地基加固处理的关键工序，在填筑时，必须采用分层堆填，绝对禁止抛填。分层堆填的厚度可根据运输车辆的吨位取 1～1.5 m。大面积填方是选用压实方法还是夯实方法，要根据项目具体情况（填料类型、设备资源、工期要求等）进行经济技术对比后综合确定。

在强夯法出现以前，传统的填方压实地基多采用分层碾压、重夯的方法。重夯的处理厚度一般在 1～1.5 m，由于压实功能有限，目前已较少采用。

分层碾压法存在很多局限性：①对填料的粒径和级配控制要求很严格，爆破成本随之增高。②回填方法要求很高，交叉作业多，需精细化施工和管理。③压实基本上靠振密和挤密，即使是强度较低的泥岩、砂岩块石，也很难压碎。所以，分层碾压的填土材料必须有良好的级配，才能避免填土中形成架空结构，在当前厚大回填规模下采用传统的分层碾压方法很难保证夯实质量和处理要求。

另外，分层碾压的压实功能很小，不能满足大块石高填方地基的要求。地基土的最大干密度随着压实功能的增大而增大，尽管压实度指标可以定得很高，但其基准是在压实功能较低水平上制定的，故分层碾压的影响深度有限。分层厚度很薄，层与层之间是面接触，上、下层之间形不成嵌固和咬合，对高填方地基的稳定性也是不利的。

二、冲击压实

冲击压实技术是继静碾压、振动碾压之后的又一次重大技术革新，它是采用拖车牵引三边形或五边形双轮来产生集中的冲击能量达到压实土石料的目的。冲击压实在路基和大面积填筑中的应用越来越广，尤其在以不良土作为填料的路基压实中有突出的优点。冲击压实技术是一种利用非圆形、大功率、连续滚动的轮辗进行路面和路基冲击压实的技术。20 世纪 50 年代由南非 Aubrey Berrange 公司提出，但成为一种成熟的可供实用的非圆滚动冲击压实机，则是在 20 世纪 70、80 年代，20 世纪 90 年代开始向全球推广。1995 年南非蓝派公司将这种压实设备传入我国。冲击压实利用动力固结原理，冲击压路机对路基产生的强烈冲击波向地下深层传播，使原土体结构被破坏，土颗粒在强大的冲击挤压力下孔隙被压缩挤密，孔压力急剧上升，土体形成树状裂隙，使土体中原有的水分和空气逸出，形成二次沉降。地基的压缩性降低，压实度大大提高。

冲击式压路机和传统压路机特点：

①冲击式压路机生产效率是传统压路机的 4～5 倍。一般冲击式压路机行驶速度为 12～15 km/h，而传统压路机行驶速度为 1.5～2.5 km/h。这对于提高生产效率，缩短工期是十分重要的。

②冲击式压路机有效影响深度是传统压路机的 3～4 倍。振动压路机激振力通常为 500 kN，而冲击式压路机的冲击压力为 4 000 kN。采用冲击压实技术可直接冲击压实路基，压实影响深度 2 m，有效深度 1.5 m 左右，可大大提高填土进度。

③冲击式压路机对土基含水量要求较传统压路机范围大。传统压路机所要求含水率通常为最佳含水率的±2%，而冲击式压路机所要求含水率为最佳含水率的±5%，对于特别干

旱或特别潮湿地区土方施工，其施工的难易程度是完全不一样的。

④冲击式压路机对石方填料的压实，最大粒径控制是传统压路机的2～3倍。石方施工一般最大粒径要求为压实层厚的2/3左右，故最大粒径控制十分重要，否则无法压实。同时由于最大粒径要求的不同而必须采用二次爆破，故改小岩石粒径所增加的费用是相当明显的。

总之，冲击式压路机与传统压路机相比较，具有生产效率高、影响深度大、对填料含水率和最大粒径要求范围宽等优点，因此冲击式压路机在公路、城市道路、机场道路、大面积填土工程施工中，具有广泛的应用前景。因此《建筑地基处理技术规范》(JGJ 79—2012)增加了此部分内容的设计施工要点，详细要求可参照《公路冲击碾压技术应用指南》(人民交通出版社，2005)。除公路工程以外，我国还有多个机场工程如上海浦东机场、新疆且末机场、重庆万州机场、河北唐山机场、贵州兴义机场等也使用了冲击碾压法，并取得了良好的效果。

第三节　夯实地基

夯实地基是指反复将夯锤提到高处使其自由落下，给地基以冲击和振动能量，将地基土密实处理或置换形成密实墩体的地基，施工工法包括重锤夯实、强夯、强夯置换，近年发展起来的还有降水强夯法。夯实法处理地基如图4.3.1所示。

夯实法处理地基由于具有加固效果显著、适用土类广、设备简单、施工方便、节省劳力、施工期短、节约材料、施工文明和施工费用低等优点，我国自20世纪70年代引进后迅速在全国推广应用，目前已成为应用范围最为广泛的地基处理方法之一。大量工程实践证明，在适宜场地采用夯实法处理地基，可大幅提高地基承载力和压缩模量。

为了使该地基处理技术能够更好地解决工程建设中的地基处理问题，规范对该技术的适用范围、设计要点、施工方法及检测评价做了原则规定。

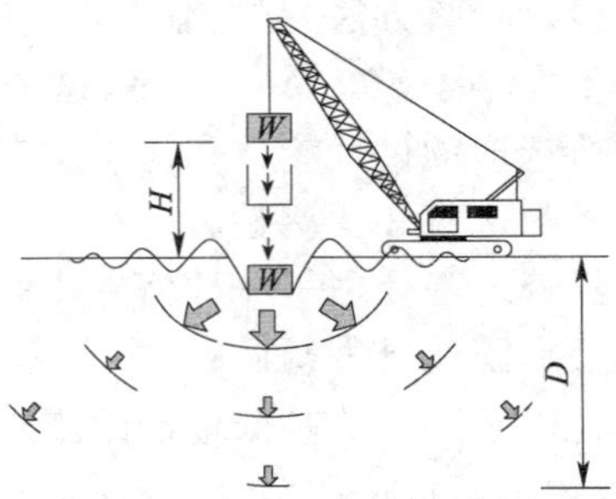

图4.3.1　夯实法处理地基示意图

W-锤重；H-落距；D-最大加固深度

一、强夯

1.强夯概念及其适用性

(1)强夯概念

强夯是反复将80～400 kN的锤(最重的达2 000 kN)起吊到8～25 m高处(最高的达40 m)，而后自由落下，其动能在土体中转化成很大的冲击波和高应力，从而提高地基强度和均匀性，降低压缩性，减少工后差异沉降，消除湿陷性，改善其抵抗振动液化能力等的一种地基处理方法。作为一种在加固原理、处理效果、适用范围和施工工艺异于传统夯击法的现代地基处理技术，其形成和应用始于L. Menard 1969年对法国南部Cannes附近Napoule海滨一采石场废土石围海造成的场地上。我国自1975年开始介绍与引进强夯技术，1978年开始在工程中使用至今，经历若干阶段的快速发展，强夯夯击能已由引进初期的1 000 kN·m提高到18 000 kN·m，处理深度从5 m提高到15 m左右；施工机械设备状况得到显著改善，国内专业施工企业联合高校科研力量、大型起重机生产厂家先后研发制造了多款专门用于强夯施工的机械设备，个别先进专用施工设备还实现远程遥控操作和不脱钩施工，施工效率和安全可靠性显著提高，大幅缩小了与国外先进水平的差距；应用领域从工业与民用建筑，扩展到港口码头、石油石化、机场、道路交通等行业，应用领域十分广阔。

(2)强夯主要优缺点

强夯是充分利用和发挥土层本身的作用，在没有其他建筑材料介入的基础上，通过施加夯击能，改变地基土的物理力学性质，使其满足设计要求。其突出优势是经济易行、节省材料。其次，在施工便捷、质量可控、施工周期等方面也有优势。强夯引起的振动对环境的影响，是该技术的显著缺点，制约该技术在建筑密集区的应用。

(3)强夯的适用范围

尽管强夯地基处理技术应用十分广泛，但并不是所有地基土都适于采用强夯法处理，规范对强夯的适用范围做了较为严格的限定，即强夯法适用于处理碎石土、砂土、低饱和度的粉土与黏性土、湿陷性黄土、素填土和杂填土等地基。工程实践证明，上述地基采用强夯法处理，只要强夯设计参数合理、施工工艺科学、检测评价方法适当，一般可取得显著效果；而对软土地基，处理效果一般不显著。

2.强夯地基处理设计基本要求

(1)设计方案

强夯地基处理设计方案应根据场地环境条件、地基土类别、建筑使用要求，进行技术、经济可行性分析，并与其他地基处理方案进行比选后确定。由于强夯地基目前仍没有一套成熟的设计计算方法，强夯施工前，应在施工现场有代表性的场地上进行试夯或试验性施工，面积不宜小于 400 m^2。但是，这种试夯和试验性施工，不应理解为适用性试验，主要是为了验证所选取的设计参数和施工工艺是否科学合理、试验结果是否满足设计要求，否则，应对相关参数进行必要调整。

强夯地基处理是一种信息化的施工过程，在每一阶段夯击结束后，即对这一阶段的施工状况及加固效果进行调查，并利用调查结果指导下一阶段的夯击，这种管理方法称为信息化施工管理。强夯地基处理借助施工过程中的信息反馈，即对各夯点的夯沉量、击数、夯坑深度、夯坑填料成分、含水率变化及夯坑周围地面变形情况等诸方面监测，并对夯后检测结果记录的分析，及时反复对强夯参数及施工工艺进行相应的修正与调整，才能满足强夯加固的技术要求，满足承载力特别是减少沉降量和变形均匀性的要求，从而取得较好的加固效果。

(2)处理目标

强夯地基处理设计应明确处理目标。这些目标包括地基承载力特征值、压缩模量或变形模量、有效加固深度、消除液化深度、消除湿陷深度，对回填土，一般还应明确干重度指标等。

(3)试夯或试验性施工工艺

强夯地基处理设计应根据本规范要求，详细说明试夯或试验性施工工艺要求。

(4)检测监测评价

强夯地基处理设计应明确监测检测评价方法。强夯地基处理检测和监测评价包括夯前、夯中、夯后，检测方法及检测工作量，应根据地基土的性质选取和确定。检测方法包括动力触探、标准贯入试验、静力触探、波速试验、室内土工试验等，目的是与夯后结果进行对比，客观评价强夯处理效果，为设计提供依据。

试夯过程中除必须进行单击夯沉量、累计夯沉量、周围隆起量等的监测外，必要时还应该进行孔隙水压力、振动加速度、水平位移等的监测。

夯后检测除应进行静载荷试验外，其他检测方法一般应与夯前检测方法相对应。检测工作量应满足规范要求。

(5)地下水的影响

地下水及土的天然含水率对强夯地基处理效果的影响十分显著。工程实践证明，强夯处理粗颗粒土地基，如果地下水位高，夯击过程中，夯坑积水，影响施工正常进行；强夯处理黏性土地基，如遇降雨，造成地基土天然含水率上升，处理效果变差；强夯处理砂土或湿陷性黄土地基，如果地基土天然含水率过低，将造成消除液化或湿陷深度不能满足设计要求。因此，强夯地基处理设计时，要考虑降低地下水位或采取增湿措施的必要性。

3. 强夯设计要点

强夯地基处理设计时，首先应根据设计有效处理深度和地基土性质选取适宜的夯击能，再根据夯击能的大小和地基土性质确定夯击数、夯击遍数、夯点间距、布点形式、各遍之间的间歇时间等参数。

(1)夯击能与有效加固深度

夯击能是夯锤重与落距的乘积，是影响强夯有效加固深度的主要因素，而强夯法的有效加固深度既是反映处理效果的重要参数，又是选择地基处理方案的重要依据。强夯法创始人梅那(Menard)曾提出下式来估算影响深度 H(m)

$$H \approx \sqrt{Mh} \tag{4.3.1}$$

式中，M 为夯锤质量(t)；h 为落距(m)。

国内外大量试验研究和工程实测资料表明，采用上述梅那公式估算有效加固深度将会得出偏大的结果。从梅那公式中可以看出，其影响深度仅与夯锤重和落距有关。而实际上影响有效加固深度的因素很多，除了夯锤重和落距以外，夯击次数、锤底单位压力、地基土性质、不同土层的厚度和埋藏顺序及地下水位等都与加固深度有着密切的关系。鉴于有效加固深度问题的复杂性以及目前尚无适用的计算式，所以《建筑地基处理技术规范》(JGJ 79—2012)规定有效加固深度应根据现场试夯或当地经验确定。

考虑到设计人员选择地基处理方法的需要，有必要提出有效加固深度的预估方法。由于梅那公式估算值较实测值为大，国内外相继发表了一些文章，建议对梅那公式进行修正，修正系数范围值为 0.34～0.80，根据不同土类选用不同修正系数。虽然经过修正的梅那公式与未修正的梅那公式相比较有了改进，但是大量工程实践表明，对于同一类土，采用不同能量夯击时，其修正系数并不相同。单击夯击能越大时，修正系数越小。对于同一类土，采用一个修正系数，并不能得到满意的结果。因此，规范不采用修正后的梅那公式，继续保持列表的形式。表 4.3.1 中将土类分成碎石土、砂土等粗颗粒土和粉土、黏性土、湿陷性黄土等细颗粒土两类，便于使用。

强夯的有效加固深度(单位：m)　　表 4.3.1

单击夯机能 E/(kN·m)	碎石土、砂土等粗颗粒土	粉土、粉质黏土、湿陷性黄土等细颗粒土
1 000	4.0～5.0	3.0～4.0
2 000	5.0～6.0	4.0～5.0
3 000	6.0～7.0	5.0～6.0
4 000	7.0～8.0	6.0～7.0
5 000	8.0～8.5	7.0～7.5
6 000	8.5～9.0	7.5～8.0
8 000	9.0～9.5	8.0～8.5
10 000	9.5～10.0	8.5～9.0
12 000	10.0～11.0	9.0～10.0

注：强夯法的有效加固深度应从最初起夯面算起；单击夯机能 E 大于 12 000 kN·m 时，强夯的有效加固深度应通过试验确定。

(2)夯击次数与停夯标准

夯击次数应通过现场试夯确定,常以夯坑的压缩量最大、夯坑周围隆起量最小为确定的原则。可从现场试夯得到的夯击次数和有效夯沉量关系曲线确定,有效夯沉量是指夯沉量与隆起量的差值,其与夯沉量的比值为有效夯实系数。通常有效夯实系数不宜小于0.75。但是,应该指出,精确测量有效夯沉量并不容易。规范同时规定的停夯标准是最后两击的平均夯沉量满足控制值,夯坑周围地面不发生过大的隆起,不能因夯坑过深而发生起锤困难的情况。因为隆起量太大,有效夯实系数变小,说明夯击效率降低,则夯击次数要适当减少,不能为了达到最后两击平均夯沉量控制值,而在夯坑周围出现太大隆起量、起夯困难、夯击效率低下的情况下继续夯击。

(3)夯击遍数

夯击遍数应根据地基土的性质确定。一般来说,由粗颗粒土组成的渗透性强的地基,夯击遍数可少些。反之,由细颗粒土组成的渗透性弱的地基,夯击遍数要求多些。根据我国工程实践,对于大多数工程采用夯击遍数2～3遍,最后再以低能量满夯2遍,一般均能取得较好的夯击效果。对于渗透性弱的细颗粒土地基,必要时夯击遍数可适当增加。必须指出,由于表层土是基础的主要持力层,如处理不好,将会增加建筑物的沉降和不均匀沉降。因此,必须重视满夯的夯实效果,除了采用2遍满夯、每遍2～3击外,还可采用轻锤或低落距锤多次夯击、锤印搭接等措施。

透水性弱的地基强夯时,一个夯点或一遍夯点因夯击产生的超孔隙水压力不能及时消散,引起夯坑周围隆起,影响夯击效果时,应暂停夯击,待超孔隙水压力消散满足设计要求后继续夯击,即夯击需要分次完成。

(4)夯点间距与布点方式

夯击点间距的确定,一般根据地基土的性质和要求处理的深度而定。规范规定,第一遍夯点间距一般取夯锤直径的2.5～3.5倍。对于细颗粒土,为便于超静孔隙水压力的消散,夯点间距不宜过小。当要求处理深度较大时、夯击能高时,第一遍的夯点间距更不宜过小,以免夯击时在浅层形成密实层而影响夯击能往深层传递。此外,若各夯点之间的距离太小,在夯击时上部土体易向侧向已夯成的夯坑中挤出,从而造成坑壁坍塌,夯锤歪斜或倾倒,而影响夯实效果。

夯击点布置是否合理与夯实效果有直接的关系。夯击点位置可根据基底平面形状进行布置。对于某些基础面积较大的建筑物或构筑物,为便于施工,可按等边三角形或正方形布置夯点;对于办公楼、住宅建筑等,可根据承重墙位置布置夯点,一般可采用等腰三角形布点,这样保证了横向承重墙及纵墙和横墙交接处墙基下均有夯击点;对于工业厂房来说也可按柱网来设置夯击点。

(5)超孔隙水压力消散与间歇时间

土中超静孔隙水压力的消散速率与土的类别、夯点间距等因素有关。由粗颗粒土组成的渗透性强的地基,夯击产生的超孔隙水压力瞬间即可消散,可连续夯击。而由细颗粒土组成的渗透性弱的地基,超孔隙水压力消散需要时间,即两遍夯击之间的间歇时间。所以间隔时间取决于超静孔隙水压力的消散时间。有条件时在试夯前埋设孔隙水压力传感器,通过试夯确定超静孔隙水压力的消散时间,从而决定两遍夯击之间的间隔时间。一般要求夯击所产生的超孔隙水压力消散达到70%以上的时间为间歇时间,渗透性差的黏性土地基间隔时间不应少于2～3周。

(6)处理范围

由于基础的应力扩散作用和抗震设防需要，强夯处理范围应大于建筑物基础范围，具体放大范围可根据建筑结构类型和重要性等因素考虑确定。对于一般建筑物，每边超出基础外缘的宽度宜为基底下设计处理深度的1/2～2/3，且不宜小于3 m。对可液化地基，根据现行国家标准《建筑抗震设计规范》(GB 50011—2010)的规定，扩大范围应超过基础底面下处理深度的1/2，且不应小于5 m；对湿陷性黄土地基，还应符合现行国家标准《湿陷性黄土地区建筑规范》(GB 50025—2004)有关规定。

4.强夯施工要点

(1)夯锤参数

夯锤参数包括锤重，锤形，锤底面积，排气孔的大小、位置、数量等。强夯锤质量应根据要求处理的深度和起重机的起重能力选择。我国至今采用的最大夯锤质量已超过60 t，常用的夯锤质量为10～60 t。夯锤底面形式是否合理，在一定程度上也会影响夯击效果。正方形锤具有制作简单的优点，但在使用时也存在一些缺点，主要是起吊时由于夯锤旋转，不能保证前后几次夯击的夯坑重合，故常出现锤角与夯坑侧壁相接触的现象，因而使一部分夯击能消耗在坑壁上，影响了夯击效果。根据工程实践，圆形锤或多边形锤不存在此缺点，效果较好。

锤底面积可按土的性质确定，锤底静接地压力值可取25～80 kPa，锤底静接地压力值。应与夯击能相匹配，单击夯击能高时取大值，单击夯击能低时取小值。对粗颗粒土和饱和度低的细颗粒土，锤底静接地压力取值大时，有利于提高有效加固深度；对于饱和细颗粒土宜取较小值。旧规范《建筑地基处理技术规范》(JGJ 79—2002)中曾规定强夯的夯锤静压力为10～40 kPa，最近几年，由于夯击能的提高，所使用夯锤质量最大有80 t的报道，60 t左右的夯锤比较常见，即按质量60 t、直径2.5 m计算，面积为5 m^2左右，锤底静接地压力达到120 kPa，已经达到规范规定的强夯置换静止压力。这种夯锤在粗颗粒地基中使用，效果良好，但在含水率较高的黏性土中施工，锤底静接地压力值偏大时，不易达到停夯标准，且容易出现过大的隆起现象，因此，针对此类地基，曾有公司专门制作了直径达3.6 m的夯锤，降低锤底静接地压力值，起到了一定效果。

为了提高夯击效果，锤底应对称设置不少于4个与其顶面贯通的排气孔，以利于夯锤着地时坑底空气迅速排出和起锤时减小坑底的吸力。排气孔的孔径一般为300～400 mm。

(2)设备现状

国外强夯施工设备以大吨位履带式起重机和强夯施工设计制造的。国内用于夯实法地基处理施工的起重机械以改装后的履带式起重机为主，施工时一般在臂杆端部设置"门"字形或三角形支架，提高起重能力和稳定性，降低起落夯锤时机架倾覆的安全事故发生的风险，实践证明，这是一种行之有效的办法。但同时也出现改装后的起重机实际起重量超过设备出厂额定最大起重量的情况，这种情况不利于施工安全，因此，应予以限制。

(3)施工过程控制

夯击过程中，当最后两击夯沉量尚未达到控制标准，地面无明显隆起，而因为夯坑过深出现起夯困难时，说明地基土的压缩性仍较高，还可以继续夯击。但由于夯锤与夯坑壁的摩擦阻力加大和锤底接触面出现负压的原因，继续夯击，需要频繁挖锤，施工效率降低，处理不当会引起安全事故。遇到此种情况时，应将夯坑回填后继续夯击，直至达到控制标准。

(4)土的天然含水率与地下水

当场地表土软弱或地下水位高的情况，宜采用人工降低地下水位，或在表层铺填一定厚度的松散性材料的做法。这样做的目的是在地表形成硬层，确保机械设备通行和施工，又可加大地下水和地表面的距离，防止夯击时夯坑积水。当砂土、湿陷性黄土的含水率低，夯击时，表层松散层较厚，形成的夯坑很浅，以致影响有效加固深度时，可采取表面洒水、钻孔注水等人工增湿措施。对回填地基，当可采用夯实法处理时，如果具备分层回填条件，应该选择采用分层回填方式进行回填，回填厚度尽可能控制在强夯法相应能级所对应的有效加固深度范围之内。

对大厚度非饱和土，强夯加固效果对土体含水率的变化是较为敏感的。强夯工艺和参数是通过试夯确定的，而这些试验都是在某一特定的含水率下进行的。由于强夯工程工期较长，因此地基土的含水率变化较大，会直接影响夯后地基土的效果。雨期施工，如果土体含水率过高，可能造成孔隙水难以排出，形成橡皮土现象；旱季强夯施工时，如果土体含水率过低，主夯夯坑浅，很难达到加固要求；同时，夯坑深度也会随土体含水率逐渐增高而越来越深。一些工程因雨季造成的地基表层局部含水率过高，结果导致夯实效果不佳。实践表明对湿陷性黄土地区强夯的最佳含水率为低于塑限1%～3%的含水率。因此，强夯施工要注意气候条件（如雨水、阳光等）和其他外来水对土体含水率的影响，加强对土体含水率的测试，及时修正强夯工艺与参数，并做好场地的防雨排水措施，如施工中辅以夯坑抽水、挖泥、晾晒、封闭夯坑等措施，将降雨所造成的不利影响减小到最低程度。

(5)振动监测

对振动有特殊要求的建筑物或精密仪器设备等，当强夯产生的振动和挤压有可能对其产生有害影响时，应采取隔振或防振措施。施工时，在作业区一定范围设置安全警戒，防止非作业人员、车辆误入作业区而受到伤害。

振动监测测点布置应根据监测目的和现场情况确定，一般可在振动强度较大区域内的建筑物基础或地面上布设观测点，并对其振动速度峰值和主振频率进行监测，具体控制标准及监测方法可参照现行国家标准《爆破安全规程》(GB 6722—2014)执行。对于居民区、工业集中区等受振动可能影响人居环境时可参照现行国家标准《城市区域环境振动标准》(GB 10070—1988)和《城市区域环境振动测量方法》(GB 10071—1988)要求执行。

(6)施工记录

施工过程中应有专人负责监测工作。首先，应检查夯锤质量和落距，因为若夯锤使用过久，往往因底面磨损而使质量减少，落距未达设计要求，也将影响单击夯击能；其次，夯点放线错误情况常有发生，因此，在每遍夯击前，均应对夯点放线进行认真复核；此外，在施工过程中还必须认真检查每个夯点的夯击次数，量测每击的夯沉量，检查每个夯点的夯击起止时间，防止出现少夯或漏夯，对强夯置换尚应检查置换墩长度。

由于强夯施工的特殊性，施工中所采用的各项参数和施工步骤是否符合设计要求，在施工结束后往往很难进行检查，所以要求在施工过程中对各项参数和施工情况进行详细记录。

(7)休止期

基础施工必须在休止期满后才能进行，对黏性土地基和新近人工填土地基，休止期更显重要。

5. 强夯检测要点

(1)检测方法

强夯处理后的地基竣工验收时，承载力的检验除了静载试验外，对细颗粒土尚应选择标准贯入试验、静力触探试验等原位检测方法和室内土工试验进行综合检测评价；对粗颗粒土尚应选择标准贯入试验、动力触探试验等原位检测方法进行综合检测评价。

夯实地基的质量检验包括施工过程中的质量监测及夯后地基的质量检验，其中前者尤为重要。所以必须认真检查施工过程中的各项测试数据和施工记录，若不符合设计要求时，应补夯或采取其他有效措施。强夯地基的检测强调前后对比与多种方法的综合判断评价。

(2)间隔时间

经强夯处理的地基，其强度是随着时间增长而逐步恢复和提高的，因此，竣工验收质量检验应在施工结束间隔一定时间后方能进行。其间隔时间可根据土的性质而定，即对于碎石土和砂土地基，间隔时间取 7～14 d，对于粉土和黏性土地基，间隔时间取 14～28 d。

(3)检测工作量

夯实地基静载荷试验和其他原位测试、室内土工试验检验点的数量，主要根据场地复杂程度和建筑物的重要性确定。考虑到场地土的不均匀性和测试方法可能出现的误差，规范规定了最少检验点数。对强夯地基，应考虑夯间土和夯击点土的差异。

国内夯实地基采用波速法检测，评价夯后地基土的均匀性，积累了许多工程资料。作为一种辅助检测评价手段，应进一步总结，与动力触探试验或标准贯入试验、静力触探试验等原位测试结果验证后使用。

二、强夯置换

1.概述

强夯置换法是采用在夯坑内回填块石、碎石等粗颗粒材料，用夯锤连续夯击形成强夯置换墩。一般用于淤泥、淤泥质黏性等软弱土层和黏性饱和粉土、粉砂地基处理。该处理工艺如果置换墩密实度不够或没有着底，将会增加建筑物的沉降和不均匀沉降。因此特别强调采用强夯置换法前，必须通过现场试验确定其适用性和处理效果。与强夯法相比，强夯置换处理方法用于软土，且能形成较大直径的一定长度的密实度较高的碎石墩，对减小工后变形较为有利，因此目前工程使用越来越广泛，强夯置换的能级也越来越高，国内最高的强夯置换能级已经达到 18 000 kN·m。

2.强夯法与强夯置换法的区别与联系

(1)规范术语

对强夯和强夯置换概念理解的不同，经常导致一些工程纠纷。工程界对强夯和强夯置换的区别、强夯置换墩的实际长度有些争议。

(2)强夯与强夯置换的区别

强夯和强夯置换的区别主要在于：①有无填料；②填料与原地基土有无变化；③静接地压力大小(是否不小于 80 kPa)；④是否形成墩体(比夯间土明显密实)。只有同时满足以上 4 个条件才算是强夯置换。

如填土地基，强夯施工过程中因夯坑太深时(影响施工效率和加固效果)，或提锤困难时(夯坑坍塌或有软土夹层吸锤)，可以或应该填料，这是强夯。强夯也可以填料，不是填料一次就是强夯置换了；也不是夯一锤填一次，可以是夯几锤填一次。对于采用柱锤强夯来说，满足接地静压力是很容易的，因为柱锤直径大多为 1.1～1.6 m；对于平锤，只有在锤重超过一定重量时可以满足锤底接地静压力要求，且同时满足其他三个条件后的平锤施工才是强夯置换。

需要说明的是强夯和强夯置换之间没有一条不可逾越的鸿沟，而是一个大工艺条件下针对不同地质条件不同设计要求的两个产品，强夯置换更加侧重于形成置换墩的一个工艺。在很多实际工程中我们不能简单地理解为强夯置换就是强夯用于加固饱和软黏土地基的方法。澄清概念的主要目的是为了保证强夯置换的加固效果，避免用一个“大扁锤”(静接地压力很小)来施工强夯置换,是很难形成“给力”的强夯置换墩,而是通过缩小锤底面积增加静压力来加强强夯置换的效果。随着目前工程界强夯能级的不断提高,18 000 kN·m的强夯和强夯置换已经有多个工程的经验,较大锤底面积的强夯置换工程也越来越多。而且工程实践表明,当能级超过 8 000 kN·m 后,适当增大锤底面积对增加置换墩长度有利。

3.强夯置换地基的承载力问题

强夯置换后的地基,表层和置换墩体的材料性质与原软黏土地基有较大差异,如何合理评价其承载力是工程中非常关心的问题。

正确理解《建筑地基处理技术规范》(JGJ 79—2012)第 6.3.5 条的第 11 款:

①软黏性土中强夯置换地基承载力特征值应通过现场单墩静载荷试验确定。

软黏土地基,表层没有填粗粒料,标高已经比较高(如果标高低,建议填些粗粒料在表层,便于施工),施工设备很难上去或易陷机、吸锤等,施工不安全。往往出现在吹填地基上建工业厂房的项目。此时,可采用路基板等辅助设备,但夯坑里建议填砂或碎石、山皮石等建筑垃圾粗粒料。施工时易出现隆起,夯点周边一般隆起量在 30～50 cm。必要时可以选择隔行跳打施工或者分次置换,形式的场地从宏观角度来看是“桩式置换”,置换墩实际上很难着底。

此时,强夯置换地基承担的荷载如果是通过一定厚度和刚度的地坪板传下来的,如工业地坪面荷载,那么要考虑适当加厚地坪钢筋混凝土板,确保冲切验算等满足要求。此时单墩承担荷载为其承担面积上的地坪板自重和板上荷载。单墩承载力特征值满足要求即可。如果是柱基或其他独立荷载等直接作用在墩体上,单墩承载力特征值要满足柱基等荷载直接作用的要求。如果是较大面积的设备等局部荷载,单墩承载力特征值要满足按基础面积分摊到每个墩上的要求。

②饱和粉土地基,当处理后墩间土能形成 2.0 m 以上厚度的硬层时,其承载力可通过现场单墩复合地基静载荷试验确定。

常规工程施工参数中,一、二遍施工后强夯置换点的间距一般在 3.5～6.3 m(第一遍主夯点间距 5～9 m)。对饱和粉土地基,当基础底标高以下的墩间土有 2.0 m 以上厚度的硬层时,若有荷载作用在墩间土上,会通过 2 m 左右的硬层把荷载扩散到周边临近的强夯置换墩上。其荷载传递机理即可以按复合地基的理论进行计算分析。因此,此时强夯置换地基的承载力可以按单墩复合地基进行静载试验确定,也即“整式置换”。此时,现场单墩复合地基静载荷试验确定的承载力就代表整个强夯置换地基的承载力。

当墩间土表层的硬层厚度小于 2 m 时,复合作用不明显,应按单墩荷载试验确定强夯置换地基承载力。当然,由单墩荷载试验确定的承载力不能代表强夯置换地基的承载力,要在静载试验报告里面讲清楚是单墩试验的结果,设计人员使用单墩承载力的时候按荷载作用形式和特点进行换算和分析。单墩的承载力很高,并不代表整个强夯置换地基的承载力很高。如果以单墩承载力特征值代替整个强夯置换地基的承载力就偏于不安全了。

实际工程中,强夯置换墩的承载力往往都非常高,很少有试验做出真正的承载力极限值,大多提出的承载力特征值都是按设计要求值的两倍加载得到满足设计要求的结论,很少是真正按照变形比确定的。但绝大部分强夯置换工程是需要按变形量进行控制的,所以对强夯置换地基,如何计算分析变形是一个难点,本次规范编制过程中在这方面做了一些工作。

4.强夯置换地基的变形计算问题

由于土性质变化的复杂性,采取原状土样的困难,边界条件及加荷情况与计算时所采取的简化情况有所差异，强夯置换地基的变形计算一直是个难题，计算结果往往与实测沉降有较大差别。经过大量强夯和强夯置换工程的沉降观测，积累了一定的经验。

(1)旧规范《建筑地基处理技术规范》(JGJ 79—2002)关于强夯置换地基计算的规定

确定软黏性土中强夯置换墩地基承载力特征值时，可只考虑墩体，不考虑墩间土的作用，其承载力应通过现场单墩载荷试验确定，对饱和粉土地基可按复合地基考虑，其承载力可通过现场单墩复合地基载荷试验确定。

强夯置换地基的变形计算应符合现行《建筑地基处理技术规范》(JGJ 79—2012)的规定。

振冲处理地基的变形计算应符合现行国家标准《建筑地基基础设计规范》(GB 50007—2011)有关规定。复合土层的压缩模量可按下式计算

$$E_{sp}=[1+m(n-1)]E_s$$

式中，E_{sp}为复合土层压缩模量(MPa)；E_s为桩间土压缩模量(MPa)，宜按当地经验取值，如无经验时，可取天然地基压缩模量。

公式中的桩土应力比，在无实测资料时，对黏性土可取2～4，对粉土和砂土可取1.5～3，原土强度低取大值，原土强度高取小值。

(2)现行《建筑地基处理技术规范》(JGJ 79—2012)关于强夯置换地基计算的规定

第6.3.5条　强夯置换法处理地基的设计应符合下列规定：

第11款　软黏性土中强夯置换地基承载力特征值应通过现场单墩静载荷试验确定；对饱和粉土地基，当处理后形成2.0 m以上厚度的硬层时，其承载力可通过现场单墩复合地基静载荷试验确定。

第12款　强夯置换地基的变形宜按单墩承受的荷载，采用单墩静载荷试验确定的变形模量计算加固区的地基变形，对墩下地基土的变形可按置换墩材料的压力扩散角计算传至墩下土层的附加应力，按现行国家标准《建筑地基基础设计规范》(GB 50007—2011)的有关规定计算确定；对饱和粉土地基，当处理后形成2.0 m以上厚度的硬层时，可按本规范第7.1.7条的规定计算确定。

第7.1.7条　复合地基变形计算应符合现行国家标准《建筑地基基础设计规范》(GB 50007—2011)的有关规定，复合地基变形计算深度必须大于复合土层的深度，在确定的计算深度下部仍有软弱土层时，应继续计算。复合土层的分层与天然地基相同，复合土层的压缩模量可按下式计算

$$E_{sp}=\zeta E_s$$

$$\zeta=\frac{f_{spk}}{f_{ak}}$$

式中，E_{sp}为复合土层的压缩模量(MPa)；E_s为天然地基的压缩模量(MPa)；f_{ak}为桩间土天然地基承载力特征值(kPa)。

第五章　复合地基

复合地基按其增强体的力学性质，可分为散体材料桩复合地基和有黏结材料桩复合地基。按需处理天然地基土的力学性质，可分为：天然地基为正常固结土地基，设置增强体提高其承载力，减少地基变形；地基土为松散填土、可液化土、湿陷性土等，采用挤密桩等处理工艺，消除或减少液化指数、湿陷性等，按复合地基进行承载力和变形计算；地基土为松散填土、可液化土、湿陷性土等，采用强夯、预压等方法密实，再与增强体形成复合地基。按其增强体材料，可分为：砂石桩复合地基、水泥搅拌桩复合地基、旋喷桩复合地基、土或灰土挤密桩复合地基、夯实水泥土桩复合地基、水泥粉煤灰碎石桩复合地基、柱锤冲扩桩复合地基等。无论从哪个角度来定义复合地基，都强调了复合地基的一个侧面，或强调其材料性质，或强调天然土性质，或强调增强体的荷载传递性质，但复合地基必须满足增强体和地基土共同承担荷载的基本要求。

第一节　一般规定

复合地基的一般规定应重点理解复合地基技术应用的地区适用性、复合地基的承载力设计、复合地基的变形计算、有黏结强度增强体的强度验算、增强体施工的桩位偏差控制。复合地基工程的验收检验等问题。

一、复合地基技术应用的地区适用性

由于复合地基技术应用地基土性质的广泛性，以及天然地基土成因、应力历史、地下水作用，其工程性质的地域性，复合地基技术的应用强调现场试验或试验性施工的重要性。在一个地区采用成熟的复合地基技术，在另一个地区使用时，由于地基土性质的差异，施工技术的差异，以及施工工艺控制的差异，可能引起处理效果的较大差异。因此，当某一复合地基技术在该地区应用时，一般应进行现场现场试验，测试其承载力和变形性质，桩土应力分担特性等，并确定施工技术的适用性及施工工艺控制标准；试点工程完成后应进行建筑物沉降观测，验证复合地基效果，完成在本地区大面积推广应用的前期工作。严禁将某一工程的“经验”直接在另一地区大面积推广。例如长螺旋压灌成桩工艺在沉积年代久的地层施工，由于土层结构好，土的变形小，大部分土体处于正常固结或超固结状态，施工形成的水泥粉煤灰碎石桩质量好，验收时均可达到完好桩或基本完好桩标准，但这个工艺在固结时间短的土层施工或灵敏度高的土层施工，长螺旋钻的提拔与压灌配合不好，很容易形成地面下沉，混凝土打不开灌注阀门的情况，引起质量事故。

这里可以说一下关于复合地基设计对场地岩土工程勘察报告的分析和设计参数选取的问题。如果复合地基的试验是在正常固结或超固结状态的地基土中进行的，与在欠固结状态经处理后的地基土中进行的，复合地基的设计参数大不相同。而目前的岩土工程勘察报告对地基土的成因、应力历史的描述和试验太少，对设计人员不能提供正确的认识，也是目前工程应用时有失误的原因之一。

二、复合地基工程的验收检验

复合地基强调由地基土和增强体共同承担荷载，对于地基土为欠固结土、膨胀土、湿陷性黄土、可液化土等特殊土，必须选用适当的增强体和施工工艺，消除欠固结性、膨胀性、湿陷性、液化性等，才能形成复合地基。所以复合地基工程的验收检验应包括：复合地基承载力；增强体施工质量、桩身完整性和强度，单桩承载力等；地基土消除欠固结性、膨胀性、湿陷性、液化性等；桩位偏差等。

复合地基承载力的确定方法，一般采用复合地基静载荷试验的方法。桩体强度较高的增强体，可以将荷载传递到桩端土层。当桩长较长时，由于静载荷试验的荷载板宽度较小，不能全面反映复合地基的承载特性。因此单纯采用单桩复合地基静载荷试验的结果确定复合地基承载力特征值，可能由于试验的载荷板面积或由于褥垫层厚度对复合地基静载荷试验结果产生影响。对有黏结强度增强体复合地基的增强体进行单桩静载荷试验，保证增强体质量和承载力，是保证复合地基满足建筑物地基承载力要求的必要条件。

地基土消除欠固结性、湿陷性、液化性等的检验结果判断，目前沿用弹性半无限地基的研究成果，对形成复合地基后的判别标准需再研究。但采用弹性半无限地基的研究成果应是安全的评价结果。

三、复合地基的承载力设计

复合地基承载力的计算表达式对不同的增强体和地基土情况，大致可分为两种：散体材料桩复合地基和有黏结强度增强体复合地基。对散体材料桩复合地基计算时，桩土应力比 n 应按试验取值或按地区经验取值。但应指出，由于地基土的固结条件不同，在长期荷载作用下的桩土应力比与试验条件时的结果有一定差异，设计时应充分考虑。对有黏结强度增强体复合地基，根据试验结果增加了增强体单桩承载力发挥系数和桩间土承载力发挥系数，其基本依据是：在复合地基静载荷试验中取 s/b 或 s/d 等于 0.01 确定复合地基承载力时，地基土和单桩承载力发挥系数的试验结果。一般情况下，复合地基设计有褥垫层时，地基土承载力的发挥是比较充分的。

应该指出，复合地基承载力设计时取得的设计参数可靠性对设计的安全度有很大影响。当有充分试验资料作依据时，可直接按试验的综合分析结果进行设计。对刚度较大的增强体，在复合地基静载荷试验取 s/b 或 s/d 等于 0.01 确定复合地基承载力以及增强体单桩静载荷试验确定单桩承载力特征值的情况下，增强体单桩承载力发挥系数为 0.7～0.9，而地基土承载力发挥系数为 1.0～1.1。对于工程设计的大部分情况，采用初步设计的估算值进行施工，并要求施工结束后达到设计要求，设计人员的地区工程经验非常重要。首先，复合地基承载力设计中增强体单桩承载力发挥和桩间土承载力发挥与桩、土相对刚度有关，相同褥垫层厚度的变形条件下，相对刚度差值越大，刚度大的增强体在加荷初始发挥较小，后期发挥较大；其次，由于采用勘察报告提供的参数，其对单桩承载力和天然地基承载力在相同变形条件下的富余程度不同，使得复合地基工作时增强体单桩承载力发挥和桩间土承载力发挥存在不同的情况，当提供的单桩承载力和天然地基承载力存在较大的富余值，增强体单桩承载力发挥系数和桩间土承载力发挥系数均可达到 1.0，复合地基静载荷试验检验结果也能满足设计要求。同时复合地基静载荷试验是短期荷载作用，应考虑长期荷载作用的影响。总之复合地基设计要根据工程的具体情况，采用相对安全的设计。初步设计时，增强体单桩承载力发挥系数和桩间土承载力发挥系数的取值范围在 0.8～1.0 之间，增强体单桩承载力发挥系数取高值时桩间土承载力发挥系数应取低值，反之，增强体单桩承载力发挥系数取低值时桩间土承载力发挥系数应取高值。所以，没有充分的地区经验时应通过试验确定设计参数。

桩端端阻力发挥系数 α_p 与增强体的荷载传递性质、增强体长度及桩土相对刚度密切相关。桩长过长影响桩端承载力发挥时应取较低值；水泥土搅拌桩其荷载传递受搅拌土的性质影响应取 0.4～0.6；其他情况可取 1.0。

四、复合地基的变形计算

复合地基沉降计算目前仍以经验方法为主。本次修订综合各种复合地基的工程经验，提出以分层总和法为基础的计算方法。各地可根据地区土的工程特性、工法试验结果及工程经验，采用适宜的方法，以积累工程经验。

由于采用复合地基的建筑物沉降观测资料较少，一直沿用天然地基的沉降计算经验系数。各地使用对复合土层模量较低时符合性较好，对于承载力提高幅度较大的刚性桩复合地基个别工程出现计算值小于实测值的现象。现行国家标准《建筑地基基础设计规范》(GB 50007—2011)修订组通过对收集到的全国 31 个 CFG 桩复合地基工程沉降观测资料分析，得出地基的沉降计算经验系数与沉降计算深度范围内压缩模量当量值的关系。本次修订对于当量模量大于 15 MPa 的沉降计算经验系数进行了调整。CFG 桩复合地基工程沉降计算经验系数与当量模量的关系见图 5.1.1。

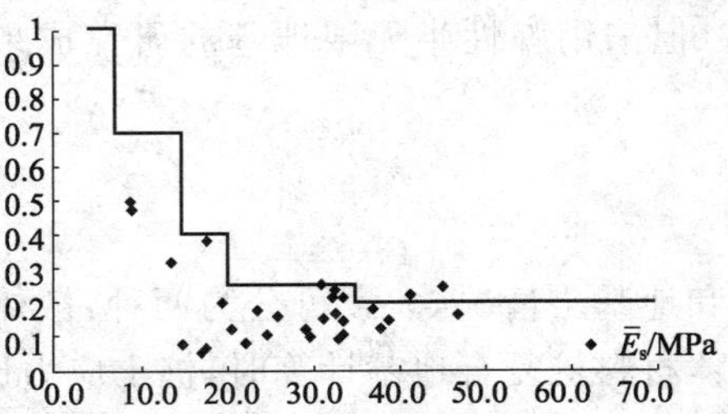

图 5.1.1 沉降计算经验系数当量模量的关系

五、有黏结强度增强体的强度验算

复合地基增强体的强度是保证复合地基工作的必要条件，必须保证其安全度。在有关标准材料的可靠度设计理论基础上，适当提高了增强体材料强度的设计要求。

按照混凝土强度的可靠性设计理论，我国规范规定混凝土的立方强度与轴心抗压强度设计值之间应有下列关系：

棱柱强度与立方强度之比值 a_{c1} 对普通混凝土为 0.76，对高强混凝土则大于 0.76。混凝土规范对 C50 及以下取 $a_{c1}=0.76$，对 C80 取 $a_{c1}=0.82$，中间按线性规律变化；对 C40 以上混凝土考虑脆性折减系数 a_{c2}，对 C40 取 $a_{c2}=1.0$，对 C80 取 $a_{c2}=0.87$，中间按线性规律变化。

考虑到结构中混凝土强度与试件混凝土强度之间的差异，根据以往的经验，并结合试验数据分析，以及参考其他国家的有关规定，对试件混凝土强度修正系数取为 0.88。

混凝土规范的轴心抗压强度标准值与设计值分别按下式计算：

$$f_{ck}=0.88a_{c1}a_{c2}f_{cu,k} \tag{5.1.1}$$

$$f_c=\frac{f_{ck}}{\gamma_c}=\frac{f_{ck}}{1.4} \tag{5.1.2}$$

综合上述结果，可知混凝土材料的立方强度与轴心抗压强度设计值换算，之间应有 2.09 的系数关系。根据构件的分项安全系数设计方法，荷载分项安全系数应取 1.35，复合地基增强体最大受力控制为 1.2 倍单桩承载力特征值，再考虑施工条件、养护条件、桩体脆性破坏性质等，本次修订按增强体立方强度(其他材料复合地基增强体强度均借鉴混凝土强度表达方法)表达的材料强度安全系数提高到4.0。

对具有胶结强度的复合地基增强体强度应按建筑物基础底面作用在增强体上的压力进行验算，当复合地基承载力验算需要进行基础埋深的深度修正时，增强体桩身强度验算应按基底压力验算。本次修订给出了验算条件。

六、增强体施工的桩位偏差控制

复合地基的桩土应力比较小时，增强体施工的桩位偏差对基础受力分析结果的影响也较小。但对于提高地基承载力幅度较大的复合地基增强体的施工桩位偏差，可能对基础受力分析结果影响较大。所以，对增强体施工的桩位偏差应加以控制。《建筑地基处理技术规范》(JGJ 79—2012)提出了偏差的控制标准，确保基础设计的安全性。

第二节　振冲碎石桩和沉管砂石桩复合地基

一、概述

1937年德国工程师Steuerman发明振冲法加固砂土地基，20世纪50年代末、60年代初用碎石填料加固黏性土地基。我国于1977年引进振冲法，80年代开始，不同的施工工艺相继产生，如沉管法、锤击法、干振法、袋装碎石桩法、强夯置换法等，它们的施工工艺不同于振冲法，但均沿用碎石桩或砂石桩的名称。

碎(砂)石桩复合地基的增强体为散体材料，要依靠桩间土的约束力来传递垂直荷载，其受力机理和破坏机理不同于有黏结强度增强体。碎(砂)石桩施工方法工程上应用较多的是振冲碎石桩法和沉管砂石桩法，两种工艺施工的碎(砂)石桩其加固原理、受力和破坏机理、承载力计算等类似或相同，因此，《建筑地基处理技术规范》(JGJ 79—2012)将振冲碎石桩和沉管砂石桩合为一节。

振冲碎石桩、沉管砂石桩复合地基适用于挤密处理松散砂土、粉土、粉质黏土、素填土、杂填土等地基以及用于处理可液化地基。

国内外的实际工程经验证明，不管是采用振冲碎石桩，还是沉管砂石桩，其处理砂土及填土地基时的挤密、振密效果都比较显著，已在工程上得到广泛应用。

对于振冲碎石桩和沉管砂石桩处理饱和黏性土地基，不少工程处理后承载力达不到设计要求，后期沉降量也很大。鉴于目前复合地基增强体类型很多，有些专家建议限制其在饱和黏性土地基中使用。考虑到以往在饱和黏性土地基工程实践中也有一定数量的成功案例，且在交通、港口、石油等行业对沉降要求相对较低的工程应用也较多。因此，《建筑地基处理技术规范》(JGJ 79—2012)对在建筑工程使用振冲碎石桩、沉管砂石桩复合地基的范围进行了限定，要求对不排水抗剪强度不小于20 kPa的饱和黏性土应在施工前通过现场试验确定其适用性。

振冲碎石桩和沉管砂石桩用于处理软土地基，国内外也有较多的工程实例。但由于软黏土含水量高、透水性差，碎(砂)石桩很难发挥挤密效用，其主要作用是通过置换与黏性土形成复合地基，同时形成排水通道加速软土的排水固结。碎(砂)石桩单桩承载力大小主要取决于桩周土的侧限压力。由于软黏土抗剪强度低，且在成桩过程中桩周土体产生的超孔隙水压力不能迅速消散，天然结构受到扰动将导致其抗剪强度进一步降低，造成桩周土对碎

(砂)石桩产生的侧限压力较小,碎(砂)石桩的单桩承载力较低,如置换率不高,其提高承载力的幅度较小,很难获得可靠的处理效果。此外,如不经过预压,处理后地基仍将发生较大的沉降,对沉降要求严格的建筑结构难以满足允许的沉降要求。所以,用碎(砂)石桩处理饱和软黏土地基,应按建筑结构的具体条件区别对待,宜通过现场试验后再确定是否采用,且对变形控制要求不严的工程才可采用碎(砂)石桩置换处理。

选择采用碎(砂)石桩,还需考虑下列因素:

①挤土效应问题。若选择碎(砂)石桩施工为挤土工艺,需考虑对邻近建筑物、地下管线、道路等周边环境产生的不利影响。

②振动、噪声及泥浆污染问题。随着社会不断进步,对文明施工的要求越来越高,当在城区或居民区施工时,振动及噪声污染会对施工现场周围居民正常生活产生不良影响,导致扰民使施工无法正常进行,故许多地区规定不能在居民区采用振动沉管打桩机施工。振冲法施工会产生大量泥浆问题,对现场泥浆排放、处理、运输均需满足文明工工的要求。

③难以穿透较厚砂层问题。在设计桩长范围内,若存在较厚的砂层,采用振动沉管桩机施工时会造成难以穿透砂层,达不到设计桩长问题。设计时需考虑砂层厚度对施工产生的不利影响。

④原土承载力和承载力提高幅度问题。碎(砂)石桩加固效果与原土承载力密切相关,工程上对碎(砂)石桩有"松土振密,密土振松"的说法。当原土结构松散、挤密效果好时,承载力提高幅度较大,处理效果较明显;若原土承载力已经很高,就不适合采用碎(砂)石桩进行处理了,因为处理后承载力提高幅度很小甚至没有提高。

二、加固原理

1.振冲法

振冲法对于不同的土质,作用机理不同。对于可挤密的土,如砂土、粉土,挤密作用大于置换作用,采用振冲法加固砂土、粉土的方法称为振冲密实法。对于挤密效果不显著的黏性土,置换作用大于挤密作用,在黏性土中采用振冲法称为振冲置换法。

①振冲密实法加固砂土地基。一方面依靠振冲器的强力振动使饱和砂层发生液化,砂颗粒重新排列,孔隙减少,另一方面依靠振冲器的水平振动力,在施工过程中通过填料使砂层挤压加密。砂层经填料造桩挤密后,桩间土的承载能力有很大的提高,密实的桩体的承载能力要比桩间砂层大,桩和桩间砂层构成复合地基,使地基承载力提高,变形减少,并可消除松散砂层的液化。在中、粗砂层中振冲,由于周围砂料能自行塌入孔内,也可以采用不加填料进行原地振冲加密的方法。这种方法适用于较纯净的中、粗砂层,施工简便,加密效果好。

②振冲置换法加固黏性土地基。按照一定间距和分布在黏性土层上打设碎石桩体构成复合地基,在竖向荷载作用下,由于桩体的压缩模量远比桩间土大,通过基础传给复合地基的外加压力随着桩土变形会逐渐集中到桩上,从而使桩间土分担的压力相应减少。与原地基相比,复合地基承载力有所提高,压缩性也有所降低。对于黏性土特别是软黏性土,在制桩过程中,由于振动、挤压、扰动等因素的影响,破坏了原土的结构强度,地基土中出现较大的孔隙水压力,从而使原土强度降低。但在施工完成后,由于碎石桩桩体渗透性好,孔隙水压力向桩体转移消散,土体有效应力增大,强度提高,随着时间的推移,原地基土结构强度有一定程度的恢复。工程试验资料表明,对于软黏土在制桩后土体强度可降低10%～30%,但经过一段时间的休置,桩间土强度会恢复到原来值。碎石桩在黏性土中的挤密作用可忽略不计,置换作用远大于挤密作用。

2.振动沉管法

振动沉管法用于处理松散砂土、粉土及塑性指数不高的非饱和黏性土地基，其挤密、振密效果较好，不仅可以提高地基承载力，减少地基变形，而且可以消除砂土由于振动或地震引起的液化。振动沉管法用于处理饱和黏性土，主要是置换作用，可以提高地基承载力减少沉降，同时，碎(砂)石桩还起排水通道作用，能够加速地基土的固结。

(1)挤密作用

采用振动法或锤击法在砂土、粉土中沉入桩管时，由于施工为挤土工艺，桩管将地基中等于桩管体积的砂土挤向桩管周围的土层，对其周围产生了很大的横向挤压力，使桩周土体孔隙比减少，密度增加。

(2)振密作用

沉管挤密砂石桩在施工时，桩管振动能量以波的形式在地基土中传播，引起地基土的振动，产生挤密作用。桩管振动造成其周边一定范围内砂土液化和结构的破坏，随着孔隙水压力的消散，砂土颗粒重新进行排列、固结，从而使土由松散状态变为密实状态。

(3)消除液化影响作用

砂石桩在成孔和挤密桩体过程中，桩周土在水平和垂直振动力作用下产生径向和竖向位移，使桩周土体密实度增加；同时，土体在往复振动作用下局部可产生液化，液化后的土体在上覆压力、填料挤压力、振动力作用下，土颗粒重新排列成密实状态，从而提高了桩间土的抗剪强度和抗液化能力。另外，复合地基中砂石桩桩体强度远大于桩间土强度，在地震剪应力作用下，应力向桩体集中，减少了桩间土的剪应力，砂石桩体具有减少地震作用的效果。

(4)置换作用

沉管砂石桩对黏性土的置换作用是将桩管位置的工程性能较差的土排挤至四周，用密实的砂石桩桩体取代了与桩体体积相同的软弱土，砂石桩与桩间土共同构成复合地基。由于砂石桩的强度和抗变形性能优于其桩周土，形成的复合地基承载力比原天然地基承载力大，沉降量也比天然地基小，从而提高了地基的整体稳定性和抗破坏能力。

(5)排水作用

砂石桩设置后，在黏性土中形成良好的排水通道，缩短了水平向排水距离，改善了软黏土的排水条件，加快地基的排水速率，可提高软黏土的物理为学性能，使桩间土与砂石桩能够更有效地协调工作，从而提高了地基承载性能和抗变形能力。

三、设计计算

1.设计原则

1)加固范围

振冲碎石桩、沉管砂石桩处理地基要超出基础一定宽度，这是基于基础的压力向基础外扩散。另外，考虑到基础下最外边的 2～3 排桩挤密效果较差，宜在基础外缘扩大 1～3 排桩。对重要的建筑及要求荷载较大的情况应加宽多些。振冲碎石桩、沉管砂石桩法用于处理液化地基，原则上必须确保建筑物的安全使用，在基础外缘扩大宽度不应小于基底下可液化土层厚度的 1/2，且不应小于 5 m。

2)桩位布置

对大面积满堂处理和独立基础，可采用三角形、正方形、矩形布桩；对条形基础，布置在基础内的桩可沿基础轴线布桩；对于圆形或环形基础还可采用放射状布置。

对大面积挤密处理，用等边三角形布置比正方形和其他布置形式可以得到更好的挤密效果。

3)桩径

桩径可根据地基土质情况、成桩方式和成桩设备等因素确定,桩的平均直径可按每根桩所用填料量计算。

对采用振冲法成孔的碎石桩,桩径与振冲器的功率和地基土条件有关,一般振冲器功率大、地基土松散时,成桩直径大,砂石桩直径可按每根桩所用填料量计算。桩径宜为800~1 200 mm。

对采用振动沉管法成桩,直径的大小取决于施工设备桩管的大小和地基土的条件。对饱和黏性土宜采用较大的桩径。目前,国内使用碎石桩直径一般为 300~800 mm。小直径桩管挤密质量较均匀,但施工效率低;大直径桩管需要较大的机械能力,工效高,采用过大的桩径,一根桩要承担的挤密面积大,通过一个孔要填入的砂石料多,不易使桩周土挤密均匀。沉管法施工时,设计成桩直径与套管直径比不宜大于 1.5,主要考虑振动挤压时如扩径较大,会对地基土产生较大扰动,不利于保证成桩质量。

4)桩间距

振冲碎石桩、沉管砂石桩的间距应根据复合地基承载力和变形要求,以及对原地基土要达到的挤密要求通过现场试验确定。

桩间距应符合下列规定:

①振冲碎石桩的间距应根据上部结构荷载大小和场地土层情况,并结合所采用的振冲器功率大小综合考虑。30 kW 振冲器布桩间距可采用 1.3~2.0 m;55 kW 振冲器布桩间距可采用 1.4~2.5 m;75 kW 振冲器布桩间距可采用 1.5~3.0 m。不加填料振冲挤密孔距可为 2~3 m。

②沉管砂石桩的桩间距,不宜大于桩孔直径的 4.5 倍;初步设计时,对松散粉土和砂土地基,以消除液化为目的,桩间距可根据挤密后要求达到的孔隙比通过计算确定。

5)桩长

振冲碎石桩、沉管砂石桩的长度,主要取决于需加固的软土层厚度,并根据地基的稳定和变形要求通过计算确定,可液化地基还需考虑抗液化要求。

(1)根据软土层厚度或相对硬层埋深确定

①当软土层厚度不大时,桩长宜超过整个松软土层,达到相对硬层,可按相对硬层埋深确定;

②当软土层厚度较大,相对硬土层埋深较深时,应按建筑物地基变形允许值通过计算确定,同时,应验算软弱下卧层地基承载力满足设计要求。

(2)根据地基的稳定要求确定

对按稳定性控制的工程,桩长应不小于最危险滑动面以下 2.0 m 的深度,其长度可通过复合地基稳定计算确定。

(3)根据可液化层厚度确定

对可液化的砂层,为保证处理效果,碎石桩桩长应穿透液化层,达到液化深度的下限,且加固后桩间土标准贯入锤击数不宜小于其液化判别标准贯入锤击数临界值,即采取完全消除地基液化沉陷措施。

如可液化层过深,碎石桩桩长不穿透液化层,采取部分消除地基液化沉陷措施,桩长的确定应按现行国家标准《建筑抗震设计规范》(GB 50011—2010)有关规定确定。

(4)有效桩长

振冲碎石桩、沉管砂石桩桩体材料为散体,没有黏结强度,依靠桩周土的约束形成桩体,桩体传递竖向荷载能力与桩周土的约束能力密切相关，桩周土的围压越大，桩体传递竖向荷载能力越强。从受力机理分析，碎(砂)石桩加载后首先在桩头部分产生侧向压胀变形，深度范围约为4倍桩径。碎(砂)石桩的设计长度应大于主要受荷深度，碎(砂)石桩桩径一般小于1 m，因此碎(砂)石桩长度不宜小于4 m。室内试验和工程实践均表明，当碎(砂)石桩桩长达到某一限值时，再增加桩长对提高地基承载力减少变形并不明显，即碎(砂)石桩复合地基存在着有效桩长。设计时，桩长超过有效桩长，对提高复合地基承载力并没有多大意义，此时应考虑采用其他地基处理方法或多种处理方法综合使用。

6)材料

振冲桩桩体材料可采用含泥量不大于5%的碎石、卵石、矿渣或其他性能稳定的硬质材料，不宜使用风化易碎的石料。对30 kW振冲器，填料粒径宜为20～80 mm；对55 kW振冲器，填料粒径宜为30～100 mm；对75 kW振冲器，填料粒径宜为40～150 mm。

振动沉管桩桩体材料可用碎石、卵石、角砾、圆砾、砾砂、粗砂、中砂或石屑等硬质材料，含泥量不得大于5%，最大粒径不宜大于50 mm。

7)垫层

振冲碎石桩、沉管砂石桩桩身材料是没有黏结强度的散体材料，由于施工的影响，施工后的表层土需挖除或密实处理，然后再铺设垫层，垫层与碎(砂)石桩桩顶贯通，起水平排水作用，有利于施工后土层加快固结。垫层厚度为300～500 mm，垫层材料宜用中砂、粗砂、级配砂石和碎石等，最大粒径不宜大于30 mm，垫层铺设后需压实，可分层进行，夯填度(夯实后的垫层厚度与虚铺厚度的比值)不得大于0.9。

2.设计计算

碎(砂)石桩复合地基主要用于解决下列工程问题：以提高地基承载力、减少变形为主要目的的工程；以消除或部分消除砂土液化为目的的工程；以提高地基整体稳定性为主要目的的工程。

1)碎(砂)石桩复合地基承载力和变形计算

(1)碎(砂)石桩复合地基承载力

应按建筑物地基基础设计等级和场地复杂程度及碎(砂)石桩复合地基在本地区使用的成熟程度，在场地有代表性的区域进行相应的现场试验，来确定碎(砂)石桩复合地基承载力。试验可根据需要采取复合地基静载荷试验或采用增强体静载荷试验结果和其周边土的承载力特征值结合经验确定。初步设计时可按下式估算复合地基的承载力

$$f_{spk}=[1+m(n-1)]f_{sk} \tag{5.2.1}$$

式中，f_{spk}为复合地基承载力特征值(kPa)；f_{sk}为处理后桩间土承载力特征值(kPa)，可按地区经验确定；无试验资料时，除灵敏度较高的土外，可取天然地基承载力特征值；n为复合地基桩土应力比，可按地区经验确定；m为复合地基置换率。

公式参数取值说明：

①复合地基桩土应力比n。

碎(砂)石桩复合地基桩土应力比n，与原地基土强度、荷载水平、置换率及桩间距、桩长、桩体密实度等一系列影响因素有关，宜采用实测值确定，如无实测资料时，对于黏性土可取2.0～4.0，对于砂土、粉土可取1.5～3.0。桩土应力比的取值，砂土和粉土小于黏性土，这主要由于砂土和粉土与黏性土相比较，在碎(砂)石桩成桩后，桩间土挤密效果好，土体强度高，且桩体还将加速土体的排水固结，土体承担的荷载大，桩土应力比小。

桩土应力比与原土强度密切相关，桩周土的压缩模量和强度直接影响碎(砂)石桩的刚

度和强度，当其他条件相同时，若桩周土体强度低，则桩土相对刚度较大，应力将向桩体集中，故桩土应力比较大；若桩周土强度高，则桩土相对刚度较小，桩的应力集中现象不明显，故桩土应力比较小。因此，在桩土应力比取值范围内，原土强度低时取大值，原土强度高时取小值。

②复合地基置换率 m。

根据桩间距可按下式计算复合地基置换率

$$m=\frac{d^2}{d_e^2} \tag{5.2.2}$$

式中，d 为桩身平均直径(m)；d_e为一根桩分担的处理地基面积的等效圆直径(m)；等边三角形布桩 $d_e=1.05S$，正方形布桩 $d_e=1.13S$，矩形布桩 $d_e=1.13\sqrt{S_1S_2}$；S、S_1、S_2分别为桩间距、纵向桩间距和横向桩间距。

(砂)石桩复合地基置换率 m 通常取 10%～40%，置换率的确定除满足设计承载力计算要求外，还必须考虑施工的可行性。当采用振冲法施工时，其成孔过程是部分排土，成桩过程是挤土；而振动沉管施工是挤土工艺，因此，当桩间距过小，设计的置换率太高时，会造成成桩施工难度加大，有时即使能成桩但挤土效应造成桩径变细，置换率也达不到设计要求。

③处理后桩间土承载力特征值 f_{sk}。

对砂土和粉土采用碎(砂)石桩复合地基，由于成桩过程对桩间土的振密或挤密，使桩间土承载力比天然地基承载力有较大幅度的提高，为此可用桩间土承载力提高系数 α 来表达。$f_{sk}=\alpha f_{ak}$，桩间土承载力提高系数与原土天然地基承载力相关，天然地基承载力低时桩间土承载力提高系数大。对于松散粉土、砂土，在初步设计估算复合地基承载力时，当没有当地经验时，桩间土承载力提高系数可取 1.2～1.5，原土强度低取大值，原土强度高取小值。

初步设计估算复合地基承载力时，对于黏性土无试验资料时，可取天然地基承载力特征值；对于灵敏度较高的土宜根据当地经验或试验资料确定。

(2)碎(砂)石桩复合地基变形计算

碎(砂)石桩复合地基变形计算采用分层总和法，应符合现行国家标准《建筑地基基础设计规范》(GB 50007—2011)的有关规定，地基变形计算深度应大于复合土层的深度。碎(砂)石桩加固区复合土层的分层与天然地基相同，各复合土层的压缩模量等于该层天然地基压缩模量的 ζ 倍，ζ 值可按下式确定

$$\zeta=\frac{f_{spk}}{f_{ak}}=[1+m(n-1)]\alpha \tag{5.2.3}$$

式(5.2.3)中桩土应力比 n 在无实测资料时，对于黏性土可取 2.0～4.0，对于砂土、粉土可取 1.5～3.0。承载力提高系数 α 在无实测资料时，对于黏性土可取 1.0，对于砂土、粉土可取 1.2～1.5。

由于碎(砂)石桩向深层传递荷载的能力有限，当桩长较大时，复合地基的地基变形计算，不宜全桩长加固土层压缩模量采用统一的放大系数。在桩长 $12d$ 范围内，加固土层压缩模量的提高按式(5.2.3)取值，桩长超过 $12d$ 以上的加固土层压缩模量的提高对于砂土、粉土宜按挤密后桩间土的模量取值；对于黏性土不宜考虑挤密效果，但有经验时可按排水固结后经检验的桩间土的模量取值。

复合地基的变形计算经验系数 ψ_s 可根据地区沉降观测资料统计值确定，无经验取值

时，可采用表 5.2.1 的数值。

复合地基变形计算经验系数 ψ_s　　表 5.2.1

$\overline{E}_s$/MPa	4.0	7.0	15.0	20.0	35.0
ψ_s	1.0	0.7	0.4	0.25	0.2

注：$\overline{E}_s$ 为变形计算深度范围内压缩模量的当量值，应按下式计算

$$\overline{E}_s=\frac{\sum_{i=1}^{n}A_i+\sum_{j=1}^{m}A_j}{\sum_{i=1}^{n}\frac{A_i}{E_{spi}}+\sum_{j=1}^{m}\frac{A_j}{E_{sj}}} \tag{5.2.4}$$

式中，A_i 为加固土层第 i 层土附加应力系数沿土层厚度的积分值；A_j 为加固土层下第 j 层土附加应力系数沿土层厚度的积分值。

2)用于消除砂性土液化的设计计算

(1)桩间距计算

碎(砂)石桩处理松砂地基的效果受地层、土质、施工机械、施工方法、填砂石的性质和数量、碎(砂)石桩排列和间距等多种因素的综合影响，较为复杂。国内外虽已有不少实践，并曾进行了一些试验研究，积累了一些资料和经验，但是有关设计参数如桩距、灌砂石量及施工质量的控制等仍须通过施工前的现场试验才能确定。

对松散粉土和砂土可液化地基采用碎(砂)石桩处理方案，桩间距是关键的设计参数，若桩间距过大，则难以保证消除地基液化，达不到处理效果；若桩间距过小，又会造成不必要的浪费，且施工困难。根据经验，振动沉管成桩法采用桩距一般可控制在 3～4.5 倍桩径之内。合理的桩径取决于具体的机械能力和地层土质条件。当合理的桩距和桩的排列布置确定后，一根桩所承担的处理范围即可确定。土层密度的增加靠其孔隙的减小，把原土层的密度提高到要求的密度，孔隙要减小的数量可通过计算得出。这样可以设想只要灌入的砂石料能把需要减小的孔隙都充填起来，那么土层的密度也就能够达到预期的数值。据此，设碎(砂)石桩的布置如图 5.2.1 所示，假定地层挤密是均匀的，同时挤密前后土的固体颗粒体积不变，成桩过程也没有隆起和下沉现象，则可推导出桩距计算公式如下

当正方形布置时

处理前体积

$$V_0=S^2\times 1=V_s(1+e_0) \tag{5.2.5}$$

处理后体积

$$V_1=V_s(1+e_1)=V_0-A_p \tag{5.2.6}$$

处理前后孔隙比的变化见图 5.2.2。从式(5.2.5)和式(5.2.6)可求得

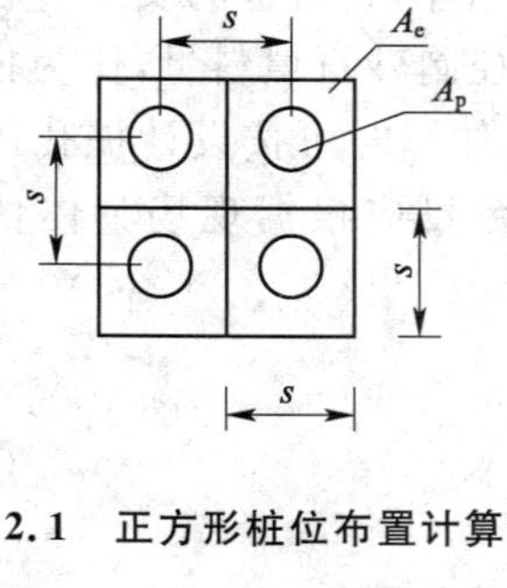

图 5.2.1　正方形桩位布置计算桩距

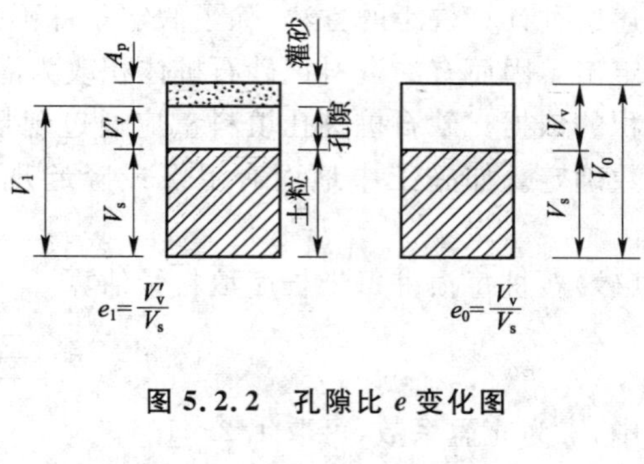

图 5.2.2　孔隙比 e 变化图

$$\frac{V_1}{V_0}=\frac{1+e_1}{1+e_0}=\frac{V_0-A_p}{V_0}$$

故

$$A_p = \frac{e_0 - e_1}{1 + e_0} V_0 = \frac{e_0 - e_1}{1 + e_v} S^2 \tag{5.2.7}$$

式中，S 为碎（砂）石桩间距（m）；e_0 为地基处理前的孔隙比，可按原状土样试验确定，也可根据动力或静力触探等对比试验确定；e_1 为地基挤密后要求达到的孔隙比；A_e 为一根碎（砂）石桩所分担的加固面积（m^2）；A_p 为单位深度灌碎（砂）石量（m^3）；V_0 为面积为 A 的原砂土地基单位深度的体积（m^3）。

设桩径为 d，$A_p = \frac{\pi}{4} d^2$，得

当正方形布置时

$$S = 0.89d\sqrt{\frac{1 + e_0}{e_0 - e_1}} \tag{5.2.8}$$

当等边三角形布置时

$$S = 0.95d\sqrt{\frac{1 + e_0}{e_0 - e_1}} \tag{5.2.9}$$

对粉土和砂土地基，桩间距计算公式推导是假设施工后和施工前地面标高没有变化。实际上，很多工程采用振动沉管法施工，施工时对地基有振密和挤密双重作用，而且地面下沉，施工后地面平均下沉量可达 100～300 mm。因此，当采用振动沉管法施工砂石桩时，桩距可适当增大，修正系数 ξ 建议取 1.1～1.2，则式（5.2.8）和式（5.2.9）可表达为：

正方形布置

$$S = 0.89\xi d\sqrt{\frac{1 + e_0}{e_0 - e_1}} \tag{5.2.10}$$

等边三角形布置

$$S = 0.95\xi d\sqrt{\frac{1 + e_0}{e_0 - e_1}} \tag{5.2.11}$$

地基挤密要求达到的密实度是从满足建筑结构地基的承载力、变形或防止液化的需要而定的。地基挤密后要求达到的孔隙比 e_1 可按下式求得

$$e_1 = e_{max} - D_{r1}(e_{max} - e_{min}) \tag{5.2.12}$$

式中，e_{max}、e_{min} 为砂土的最大、最小孔隙比，可按现行国家标准《土工试验方法》（GB/T 50123—1999）的有关规定确定；D_{r1} 为地基挤密后要求砂土达到的相对密实度，可取 0.70～0.85。

上述这种计算桩距的方法，除了假定条件不完全符合实际外，砂石桩的实际直径也较难准确地定出。因而有的资料把砂石桩体积改为灌砂石量，即控制砂石填料量，作为控制桩径和桩体积的依据。砂石桩桩孔填料量应通过现场试验确定，估算时可按设计桩孔体积乘以充盈系数确定。如施工中地面有下沉或隆起现象，则填料数量应根据现场具体情况进行调整。

碎（砂）石桩每根桩每米长度填料量估算

$$q = \eta \frac{e_0 - e_1}{1 + e_0} A \tag{5.2.13}$$

式中，η 为充盈系数，可取 1.2～1.4。

（2）消除液化处理的计算

对可液化的砂土和粉土地基，挤密加固后地基的相对密实度应大于液化临界时所对应

的密实度。根据《建筑抗震设计规范》(GB 50011—2010)规定，应采用标准贯入试验判别法判别地面下 20 m 范围内土的液化，但对规定可不进行天然地基及基础的抗震承载力验算的各类建筑，可只判别地面下 15 m 范围内土的液化。

液化土层加固后的标准贯入试验击数 $N_{63.5}$ 应大于由下式计算的液化判别标准贯入锤击数临界值 N_{cr}

$$N_{cr} = N_0\beta[\ln(0.6d_s + 1.5) - 0.1d_w]\sqrt{3/\rho_c} \tag{5.2.14}$$

式中，N_0 为液化判别标准贯入锤击数基准值，可按表 5.2.2 采用；d_s 为饱和土标准贯入点深度(m)；d_w 为地下水位(m)；ρ_c 为黏粒含量百分率，当小于 3 或为砂土时，应采用 3；β 为调整系数，设计地震第一组取 0.80，第二组取 0.95，第三组取 1.05。

液化判别标准贯入锤击数基准值 N_0 表 5.2.2

设计基本地震加速度(g)	0.10	0.15	0.20	0.30	0.40
液化判别标准贯入锤击数基准值	7	10	12	16	19

需要说明的是，碎(砂)石加固后的可液化地基，在地震时，地震剪应力是由碎(砂)石桩和桩间土共同承担的，并且碎(砂)石桩的剪切刚度大于同面积的桩间土的剪切刚度，地震剪应力会在桩身发生应力集中现象，也就意味着在同样地震烈度条件下桩间土所承受的剪应力会较未经碎(砂)石桩加固的地基大大减少。此外，碎(砂)石桩桩体还加速了地震引起的超静孔隙水压力的消散，使液化的可能性大为降低。因此，采用天然地基抗液化判别式计算所得到的液化判别标准贯入锤击数临界值 N_{cr} 显然是偏于安全的。

(3)设计时注意的几个问题

①碎(砂)石桩施工时，在表层 1～2 m 范围内，由于周围土所受约束小，有时达不到设计的挤密效果，因而需采用其他表层压实的方法进行再处理。

②对于黏粒含量大于 20%的砂性土，因为会影响挤密效果，所以，对碎(砂)石桩加固后的地基强度、液化处理效果必须另行评价。

③采用振动沉管法施工的碎(砂)石桩，当场地松散砂层厚度较大时，由于挤土效应及振密作用，会出现振动沉管穿不透砂层达不到设计深度的问题。选择施工设备及工艺时需考虑这一因素。

3)稳定计算

碎(砂)石桩用于改善天然地基整体稳定性时，可利用复合地基的抗剪特性，再使用圆弧滑动法进行计算。

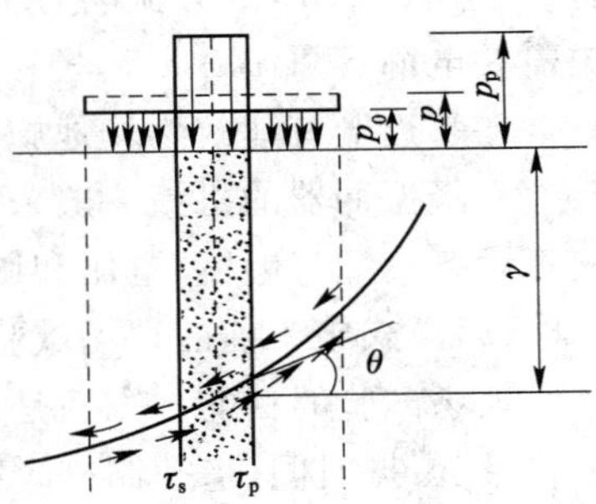

图 5.2.3 复合地基抗剪

如图 5.2.3 所示，假定在复合地基某深度处剪切面与水平面的夹角为 θ，如果考虑碎(砂)石桩和桩间土都发挥抗剪强度，则可按平面面积加权分担的计算方法计算复合地基的抗剪强度 τ_{sp}

$$\tau_{sp} = (1+m)c + m(\mu_p p + \gamma_p z)\tan\varphi_p\cos^2\theta \tag{5.2.15}$$

式中，c 为桩间土的黏聚力(kPa)；z 为桩顶至滑弧上计算点的垂直距离(m)；γ_p 为碎(砂)石料的重度(kN/m^3)；φ_p 为碎(砂)石料的内摩擦角(°)；μ_p 为应力集中系数，$\mu_p = \dfrac{n}{1+(n-1)m}$；$m$ 为面积置换率。

如不考虑荷载产生的固结对桩间土强度的提高，则可采用天然地基黏聚力 c_0，如考虑作用于桩间土上的荷载 $p_s = \mu_s p$ 产生的固结对桩间土强度的提高，则可计算提高后的黏聚力

$$c = c_0 + \mu_s p U \tan\varphi_{cu} \tag{5.2.16}$$

式中，μ_s 为应力降低系数，$\mu_s = \dfrac{1}{1+(n-1)m}$；$U$ 为固结度；φ_{cu} 为桩间土固结不排水剪内摩擦角(°)。

四、施工方法

1.振冲法

振冲法又称振动水冲法，是以起重机吊起振冲器，启动潜水电机带动偏心块，使振动器产生高频振动，同时启动水泵，通过喷嘴喷射高压水流，在边振边冲的共同作用下，将振动器沉到土中的预定深度，经清孔后，从地面向孔内逐段填入碎石，使其在振动作用下被挤密实，达到要求的密实度后即可提升振动器，如此反复直至地面，在地基中形成一个大直径的密实桩体，与原地基构成复合地基，达到提高地基承载力、减少沉降量、增加地基稳定性、提高抗地震液化能力的目的的地基处理方法。

在中粗砂地基中使用振冲法时可不另外加料，而是利用大功率振冲器的振动力，使松散砂振挤密实，达到处理效果。这一方法特别适合用于人工回填或吹填的大片砂层。

(1)振冲设备选择

振冲器是振冲法施工中的关键机具，选用振冲器要考虑设计荷载的大小、工期、工地电源容量、设计桩长及地基土天然强度的高低等因素。目前，国内振冲器定型产品主要技术指标可根据设计要求、地质条件和现场情况进行选用，75 kW 及以下的振冲器为常规振冲器，市场应用较多；100 kW 以上振冲器为大功率振冲器，主要应用于穿透硬质土层或处理深度有较高要求的工程。施工前应在现场进行试验，以确定水压、振密电流和留振时间等各种施工参数。

30 kW 功率的振冲器每台机组约需电源容量 75 kW，其制成的碎石桩径约为 0.8 m，桩长不宜超过 8 m，因其振动力小，桩长超过 8 m 时加密效果明显降低；75 kW 振冲器每台机组需要电源容量 100 kW，桩径可达 0.9～1.5 m，振冲深度可达 20 m。

在邻近既有建筑物场地施工时，为减小振动对建筑物的影响，宜用功率较小的振冲器。

升降振冲器的机械一般采用起重机、汽车吊、自行井架式专用吊机或其他合适的设备，施工设备应配有电流、电压和留振时间自动信号仪表。

(2)正式施工前的现场试验

现场试验的目的一方面是确定正式施工时采用的施工参数，如振冲孔间距、密实电流、填料量、留振时间、造孔制桩时间等；另一方面是摸清处理效果，为加固设计提供可靠依据。因此，规范要求对大型的、重要的或场地地层复杂的工程，在正式施工前应通过现场试验确定其设计施工参数和处理效果。

(3)振冲施工步骤

振冲施工可按下列步骤进行：

①清理平整施工场地，布置桩位。

②施工机具就位，使振冲器对准桩位。

③启动供水泵和振冲器，水压宜为 200～600 kPa，水量宜为 200～400 L/min，将振冲器徐徐沉入土中，造孔速度宜为 0.5～2.0 m/min，直至达到设计深度。记录振冲器经各深度的水压、电流和留振时间。

④造孔后边提升振冲器，边冲水直至孔口，再放至孔底，重复 2～3 次扩大孔径，并使孔

内泥浆变稀，开始填料制桩。

⑤大功率振冲器投料可不提出孔口，小功率振冲器下料困难时，可将振冲器提出孔口填料，每次填料厚度不宜大于 500 mm。将振冲器沉入填料中进行振密制桩，当电流达到规定的密实电流值和规定的留振时间后，将振冲器提升 300～500 mm。

⑥重复以上步骤，自下而上逐段制作桩体直至孔口，记录各段深度的填料量、最终电流值和留振时间。

⑦关闭振冲器和水泵。

(4)振冲施工质量控制

要保证振冲桩的质量，必须控制好密实电流、填料量和留振时间三个方面。

要控制加料振密过程中的密实电流。在成桩时，注意不能把振冲器刚接触填料的一瞬间的电流值作为密实电流。瞬时电流值有时可高达 100 A 以上，但只要把振冲器停住不下降，电流值立即变小。可见瞬时电流并不真正反映填料的密实程度。只有让振冲器在固定深度上振动一定时间(称为留振时间)，而电流稳定在某一数值，这一稳定电流才能代表填料的密实程度。要求稳定电流值超过规定的密实电流值，该段桩体才算制作完毕。使用 30 kW振冲器密实电流一般为 45～55 A；55 kW 振冲器密实电流一般为 75～85 A；75 kW 振冲器密实电流为 80～95 A。为保证施工质量，电源电压低于 350 V 则应停止施工。

要控制好填料量。施工中加填料不宜过猛，原则上要“少吃多餐”，即要勤加料，但每批不宜加得太多。值得注意的是在制作最深处桩体时，为达到规定密实电流所需的填料远比制作其他部分桩体多。有时这段桩体的填料量可占整根桩总填料量的 1/4～1/3。这是因为最初阶段加的料有相当一部分从孔口向孔底下落过程中被粘留在某些深度的孔壁上，只有少量能落到孔底。另一个原因是如果控制不当，压力水有可能造成超深，从而使孔底填料量剧增。第三个原因是孔底遇到了事先不知的局部软弱土层，这也能使填料数量超过正常用量。

(5)振冲施工顺序

对砂土、粉土以挤密为主的振冲碎石桩施工时，宜由外侧向中间推进；对黏性土地基，碎石桩主要起置换作用，为了保证设计的置换率，宜从中间向外围或隔排施工；在既有建(构)筑物邻近施工时，为了减少对邻近既有建(构)筑物的影响，应背离建(构)筑物方向进行。

(6)施工保护土层预留和垫层铺设

为了保证桩顶部的密实，振冲前应在桩顶高程以上预留一定厚度的土层。一般 30 kW 振冲器应留 0.7～1.0 m，75 kW 应留 1.0～1.5 m。当基槽不深时可振冲后开挖。桩体施工完毕后，将顶部预留的松散桩体挖除，铺设 500 mm 垫层并压实。

2.沉管砂石桩法

沉管砂石桩施工可采用振动沉管、锤击沉管或冲击成孔等成桩法。当用于消除砂土及粉土液化时，宜用振动沉管成桩法。

1)正式施工前的现场试验

不同的施工机具及施工工艺用于处理不同的地层会有不同的处理效果。常遇到设计与实际情况不符或者处理质量不能达到设计要求的情况，因此施工前应进行成桩工艺和成桩挤密试验。通过现场成桩试验检验设计要求和确定施工工艺及施工控制要求，包括穿透砂层能力、填砂石量、提升高度、挤压时间等。为了满足试验及检测要求，试验桩的数量应不少于 7～9 个。正三角形布置至少要 7 个(即中间 1 个，周围 6 个)；正方形布置至少要9 个(3 排 3 列，每排每列各 3 个)。如发现问题，则应及时会同设计人员调整设计或改进施工方法，当成桩质量不能满足设计要求时，应在调整施工参数后重新进行试验或设计。

2)施工工艺及质量控制要点

(1)振动沉管成桩法

振动沉管法施工，成桩步骤如下：

①移动桩机及导向架，把桩管及桩尖对准桩位；

②启动振动锤，把桩管下到预定的深度；

③向桩管内投入规定数量的砂石料(根据施工试验的经验，为了提高施工效率，装砂石也可在桩管下到便于装料的位置时进行)；

④把桩管提升一定的高度(下砂石顺利时提升高度不超过 1～2 m)，提升时桩尖自动打开，桩管内的砂石料流入孔内；

⑤降落桩管，利用振动及桩尖的挤压作用使砂石密实；

⑥重复④、⑤两工序，桩管上下运动，砂石料不断补充，砂石桩不断增高；

⑦桩管提至地面，砂石桩完成。

施工中应选用能顺利出料和有效挤压桩孔内砂石料的桩尖结构。当采用活瓣桩靴时，对砂土和粉土地基宜选用尖锥型，对黏性土地基宜选用平底型；一次性桩尖可采用混凝土锥形桩尖。

振动沉管成桩法施工，应根据沉管和挤密情况，控制填砂石量、提升高度和速度、挤压次数和留振时间、电机的工作电流等；其中，施工中电机工作电流的变化反映挤密程度及效率。电流达到一定不变值，继续挤压将不会产生挤密效能。一般情况下，桩管每提高100 cm，下压 30 cm，然后留振 10～20 s。

施工中不可能及时进行效果检测，因此，按成桩过程的各项参数对施工进行控制是重要的环节，必须予以重视，有关记录是质量检验的重要资料。

(2)锤击沉管成桩法

锤击沉管法施工有单管法和双管法两种，但由于单管法难以发挥挤密作用，故一般宜用双管法。

双管法的施工成桩过程如下：

①将内外管安放在预定的桩位上，将用作桩塞的砂石投入外管底部；

②以内管作锤冲击砂石塞，靠摩擦力将外管打入预定深度；

③固定外管将砂石塞压入土中；

④提内管并向外管内投入砂石料；

⑤边提外管边用内管将管内砂石冲出挤压土层；

⑥重复④、⑤步骤；

⑦待外管拔出地面，砂石桩完成。

此法的优点是砂石的压入量可随意调节，施工灵活。锤击法挤密应根据锤击能量，控制分段的填砂石量和成桩的长度，用贯入度和填料量两项指标双重控制成桩的直径和密实度。对于以提高地基承载力为主要目的的非液化土层，以贯入度控制为主，填料量控制为辅；对于以消除砂土和粉土液化为主要目的的液化土层，以填料量控制为主，贯入度控制为辅。填料量和贯入度可通过试桩确定。

3)填料量的控制及表层处理

砂石桩桩孔内材料填料量，应通过现场试验确定。考虑到挤密砂石桩沿深度不会完全均匀，实践证明砂石桩施工挤密程度较高时地面要隆起，另外施工中还会有所损失等，因而实际设计灌砂石量要比计算砂石量增加一些。估算时，可按设计桩孔体积乘以充盈系数确定，充盈系数可取 1.2～1.4。

砂石桩施工完毕后，地面下沉与隆起与投料量有密切关系，当设计或施工投砂石量不足时地面会下沉；当投料过多时地面会隆起，同时表层 0.5～1.0 m 常呈松软状态。如遇到地面隆起过高也说明填砂石量不适当。实际观测资料证明，砂石在达到密实状态后进一步承受挤压又会变松，从而降低处理效果，遇到这种情况应注意适当减少填砂石量。

砂石桩桩顶部施工时，由于上覆压力较小，因而对桩体的约束力较小，桩顶形成一个松散层。砂石桩施工完毕后，应将表层的松散层挖除或夯压密实，随后铺设砂石垫层并压实，砂石垫层厚度为 300～500 mm。

4)砂石桩的施工顺序

对砂土地基以挤密为主的砂石桩施工时，应间隔(跳打)进行，并宜从外围或两侧向中间进行；

对黏性土地基，砂石桩主要起置换作用，为了保证设计的置换率，宜从中间向外围或隔排施工；

在既有建(构)筑物邻近施工时，为了减少邻近既有建(构)筑物的振动影响，应背离建(构)筑物方向进行。

五、质量检测

振冲碎石桩、沉管砂石桩施工后，由于在制桩过程中原状土的结构受到不同程度的扰动，强度会有所降低，饱和土地基在桩周围一定范围内，土的孔隙水压力上升。待休置一段时间后，孔隙水压力会消散，强度会逐渐恢复，恢复期的长短是根据土的性质而定的。原则上应待孔压消散后进行检验。黏性土孔隙水压力的消散需要的时间较长，砂土则很快。根据实际工程经验，对粉质黏土地基不宜少于 21 d，对粉土地基不宜少于 14 d，对砂土和杂填土地基不宜少于 7 d。

施工质量的检验，对桩体可采用重型动力触探试验；对桩间土可采用标准贯入、静力触探、动力触探或其他原位测试等方法；对消除液化的地基检验应采用标准贯入试验。桩间土质量的检测位置应在等边三角形或正方形的中心。检验深度不应小于处理地基深度，检测数量不应少于桩孔总数的 2%。

竣工验收时，地基承载力检验应采用复合地基静载荷试验，试验数量不应少于总桩数的 1%，且每个单体建筑不应少于 3 点。

需要特别说明的是静载荷试验需考虑垫层厚度对试验结果的影响。由于碎石桩复合地基垫层厚度一般为 300～500 mm，但考虑载荷板尺寸的应力扩散影响，试验时垫层厚度应取 100～150 mm。如采用设计的垫层厚度进行试验，试验承压板的宽度对独立基础和条形基础应采用基础的设计宽度，对大型基础试验有困难时应考虑承压板尺寸和垫层厚度对试验结果的影响。

第三节 水泥土搅拌桩复合地基

水泥土搅拌桩是利用水泥或水泥系材料为固化剂，通过特制的深层搅拌机械，在地基深处将原位土和固化剂(浆液或粉体)强制搅拌，形成水泥土增强体。由于固化剂和其他掺合料与土之间产生一系列物理化学反应，使增强体具有一定强度，桩周土得到部分改善，组成具有整体性、水稳性和一定强度的复合地基，也可做成连续的地下水泥土壁墙和水泥土块体以承受荷载或隔水。

一、发展概况

自1824年英国人阿斯琴首先制造出硅酸盐水泥并取得专利以来，利用水泥灌浆止水，利用水泥和土拌和作为道路基层已得到应用，但主要是进行土的浅层处理。

美国在第二次世界大战后研制成功一种就地搅拌桩(MIP)，即从不断回转的螺旋钻中空轴的端部向周围已被搅松的土中喷出水泥浆，经叶片的搅拌而形成水泥土桩，桩径0.3～0.4 m，长度10～12 m。1953年日本清水建设株式会社从美国引进这种方法，继而又开发出以螺旋钻机为基本施工机械的CSL法，MR-D法(以开发公司名称的首字母命名)。CSL法和MR-D都采用螺旋钻杆上带有特殊形状的搅拌翼片，并通过钻杆供给水泥浆，与土进行强制搅拌。

以上采用喷射水泥浆的湿法工艺成桩的统称CDM法。

由CDM法派生的DLM工法、HCM工法、SMW工法、TRD工法等，均由日本首先研发。

日本的CDM法还开发了伸缩式和连结式可变搅拌轴，以降低机架高度，增加搅拌深度。其水上搅拌船搅拌深度达水面下70 m，海底下50 m，8头一次搅拌面积为6.91 m^2，每小时搅拌能力达90 m^3以上。

除日本外，美国、西欧、东南亚地区也广泛采用了CDM法。苏联在1970年研究成功一种淤泥水泥土桩，用于港湾建设工程中。淤泥含水率高达100%～120%，但掺加10%～15%的水泥后，半年龄期强度可达3 MPa，较钢筋混凝土桩的造价低40%。

国内由原冶金部建筑研究总院和交通部水运规划设计院于1977年在塘沽新港开始进行机械考核和搅拌工艺试验。1980年初上海宝山钢铁总厂的三座卷管设备基础采用了深层搅拌处理软土地基，获得了成功。同年11月由原冶金部主持通过了“饱和软黏土深层搅拌加固技术”鉴定，开始了推广应用。同时开发了单轴粉浆两用机。

1980年初天津市机械施工公司与交通部一航局科研所等单位合作，利用日本进口螺旋钻孔机，改装制成单搅拌轴、叶片输浆型深层搅拌机(GZB-600型，后来又开发了600型双轴叶片喷浆搅拌机)。之后，浙江大学和浙江临海市一建公司机械施工处共同研究成功DSJ-Ⅱ型单头深层搅拌机，最大加固深度20～22 m，桩径400～700 mm，单轴搅拌机可适用于喷浆(CMD法)、喷粉(DJM法)。

粉体喷射搅拌法(DJM)最早由瑞典人Kjeld Paus于1967年提出，1971年成功采用喷射石灰粉加固15 m厚软土。作为日本建设省综合开发计划中有关“地基加固新技术开发”的一部分，以建设省土木研究所(施工技术研究室)和日本建设机械化协会(建设机械化研究所)为中心，在1977年至1979年开发了专项技术，由于开发了在土中分离加固材料与空气及排出空气的技术，使工法达到了实用化，DJM法采用了压缩空气连续通过钻杆向土中喷射水泥粉的技术。

搅拌机有单轴和双轴，标准搅拌直径1 000 mm，深度达33 m。

1983年铁道部第四勘测设计院开始进行粉体喷射(石灰粉)搅拌法的试验研究，1984年在广东省云浮硫铁矿铁路专用线盖板箱涵软土地基加固工程中应用。使用的深层搅拌机是原铁道部第四勘测设计院和上海探矿机械厂共同开发的单头GPP-5型桩机，桩径500 mm，桩长8 m。经过几年的实践和改进，上海探矿机械厂、原铁道部武汉工程机械研究所等厂家纷纷生产了步履式单头粉喷搅拌机GPP型和PH型等，桩长可达14～20 m，桩径500 mm。

原铁道部第四设计院与空军雷达学院共同开发的 GS-1 型气固两相粉体流量计，使计量监控有了发展。这些粉喷机目前多数采用水泥粉喷射，喷射生石灰粉者很少。

原铁道部科学研究院 1988 年研制成功 DDG-2 型工程钻机，配以泥浆泵和粉喷机等可以进行浅层水泥浆搅拌和粉喷搅拌，加固深度为 6 m，成孔直径为 200 mm，可做 60°的斜搅，主要用于整治路基及道床病害。

20 世纪 80 年代日本在 CDM 工法的基础上开发了一种 SMW 工法，采用三轴搅拌机在施工水泥土地下连续墙的过程可实现套孔搅拌，保证了水泥土墙的止水效果，是目前基坑工程止水帷幕常用的有效方法。在基坑支护被动区软土加固中，也常用三轴搅拌机进行施工。在连续的水泥搅拌墙中插入型钢，形成抵抗土压力同时兼作止水帷幕的水泥土型钢挡墙，称为 SMW 工法，上海市已形成地方标准，住建部也颁布了行业标准。

近几年我国又从日本引进了 TRD 工法，该工法类似地下连续墙双轮铣的形式，可施工水泥土地下连续墙，墙厚达 0.7～1.0 m，成墙深度可达 60 m。

二、应用范围

深层搅拌水泥土桩问世以来，发展迅速，大量用于各种建筑物的地基加固、稳定边坡、防止液化、减少沉降等。

CDM 法在日本及其他发达国家还广泛用于海上工程，如海底盾构稳定掘进、人工岛海底地基加固，桥墩基础地基加固、岸壁码头地基加固、护岸及防波堤地基的加固等。由于日本国的特殊环境，其海上工程的投入相当巨大，也促进了 CDM 工法的迅速发展。

国外的深层搅拌机械采用了高新技术，动力功率大，穿透能力强，实现了施工监控的自动化，确保了施工质量，目前尚未见到失败的工程例证。其工程应用中，置换率高达40%～80%，状体设计强度取值一般不超 0.6 kPa。

20 世纪 70～80 年代，我国的水泥土搅拌桩广泛应用于多层建筑的软基处理、基坑支护重力式挡墙、基坑止水帷幕或被动区加固、路基软基加固、堆载场地加固等领域，少数高层建筑也采用过水泥土搅拌桩复合地基。由于我国研发的搅拌机械为轻型机械，功率较小、穿透能力不足，规范规定仅适用于 $f_{ak}=140$ kPa 以下的软土，应用范围受到限制，同时也出现了不少质量事故。20 世纪 90 年代水泥土搅拌桩已淡出建筑物地基处理，但在路基、堆载场地软基加固及基坑工程中还在广泛使用。总结我国建筑地基处理采用水泥土搅拌桩复合地基的工程经验，我国的施工机械性能较差，对于较深土层的搅拌及喷浆效果差，采用的置换率也较低。近年来国产的施工设备性能有了较大改进，提高了水泥土搅拌桩的成桩质量。本次修订，增加了用于建筑工程水泥土搅拌桩施工设备配备的泥浆泵工作压力不应小于 5.0 MPa，干法施工的送粉压力不应小于 0.5 MPa 的技术要求。

21 世纪初 SMW 工法在我国发展迅速，除了在基坑支护结构支护中大量应用外，还采用三轴搅拌机械施工止水帷幕，效果良好。三一重工等厂家生产的国产单轴、三轴搅拌机已接近国际先进水平。其显著的特点是加固深度大、穿透能力强、效率高，加固深度已达 35 m，拓宽了应用范围，不再局限于软土中，在中密粉细砂、中密粉土、稍密中细砂中均可应用。因此规范取消了不能用于承载力特征值高于 140 kPa 土中的限制。

三、水泥土桩的增强机理

水泥土桩是水泥或水泥系固化材料与土混合形成的桩，由于土质的不同，其固化机理也有差别。用于砂性土时，水泥土的固化原理类同于建筑上常用的水泥砂浆，具有很高的强度，固化时间也相对较短。用于黏性土时，由于水泥掺量有限（7%～20%），且黏粒具有很大的比表面积并含有一定的活性物质，所以固化机理比较复杂，硬化速度也比较缓慢。

水泥土桩作成块体用来挡土隔水或直接用作建筑物的地基或基础等，主要考虑混合体本身的固化机理，作为复合地基处理时，还要涉及桩间土力学性质的变化。

1.水泥土的固化原理

1）水泥的水解和水化反应

水泥的主要成分有氧化硅、氧化钙、氧化铝，还有氧化铁、氧化硫等。这些氧化物分别组成不同的水泥矿物，有硅酸三钙、硅酸二钙、铝酸三钙、铁铝酸四钙、硫酸钙等。上述水泥矿物和水化合后，产生水解和水化反应，生成氢氧化钙、含水硅酸钙、含水铝酸钙及含水铁铝酸钙等化合物。

其主要反应通式归纳为

$$\text{水泥}+H_2O\rightarrow CSH+Ca(OH)_2 \tag{5.3.1}$$

$$\text{水泥}+H_2O\rightarrow CAH \tag{5.3.2}$$

上述水泥水化物 CSH、CAH 及 $Ca(OH)_2$ 生成后，能迅速溶于水，直至饱和。此时水分子虽然能继续深入水泥颗粒与水泥矿物产生反应，但新生物已不能再溶解，只能以细分散状态的胶体析出，上述反应称为水泥的水解水化反应。这些凝胶粒子有的自身硬化，形成水泥石骨架，有的则与其周围的具有一定活性的黏粒发生反应，这种反应即所谓的离子交换团粒化作用和凝硬反应。

2）离子交换团粒化作用

黏土作为一个多相散布系，与水结合时就表现出一般的胶体特征。土中含量最高的 SiO_2 遇水后，形成硅酸胶体微粒，其表面带有钠离子 Na^+ 或钾离子 K^+，它们能与水泥水化生成的 $Ca(OH)^2$ 中的钙离子 Ca^{2+} 进行当量吸附交换，使较小的土颗粒形成较大的团粒，从而使土的强度提高。

水泥水化物的凝胶粒子的比表面积比原来水泥颗粒大 1 000 倍左右，因而产生很大的表面能，有强烈的吸附活性，能使较大的土团粒进一步结合起来，形成水泥土的团粒结构，并封闭各土团之间的空隙，形成坚固的连结。从宏观上来看，可使水泥土的强度进一步提高。

3）凝硬反应

随着水泥水化反应的深入，溶液中析出大量的钙离子，当其数量超过上述离子交换的需要量后，则在碱性环境中，能使组成黏土矿物的二氧化硅、三氧化二铝的一部分或大部分与钙离子进行化学反应，生成不溶于水的稳定的结晶化合物。其反应通式为

$$Ca^{2+}+2(OH)^-+SiO_2\rightarrow CSH \tag{5.3.3}$$

$$Ca^{2+}+2(OH)^-+Al_2O_3\rightarrow CAH \tag{5.3.4}$$

根据电子显微镜扫描，X 射线衍射和差热分析得知，这些结晶物大致是属于铝酸钙水化物 CAH 系的 $4CaO\cdot Al_2O_3\cdot 13H_2O$、$3CaO\cdot Al_2O_3\cdot 6H_2O$、$CaO\cdot Al_2O_3\cdot 10H_2O$ 等；属于硅酸钙水化物 CSH 系的 $4CaO\cdot 5SiO_3\cdot 5H_2O$ 等，还有钙黄长石水化物 $2CaO\cdot Al_2O_3\cdot SiO_3\cdot 6H_2O$ 等。

这些新生的化合物在水中和空气中逐渐硬化，增大了水泥土强度，而且由于其结构致密，水分不易侵入，从而使水泥土具有足够的水稳性。

至于碳酸化反应，由于土中 CO_2 的含量很少，且反应缓慢，其固化效果可不予考虑。

4）水泥系固化剂的固化原理

以上为使用水泥的固化原理。如果使用水泥系固化材料，则因为水泥系固化材料中除

水泥外还加入了火山灰类材料或无机化合物(硫酸钙等),通过火山灰反应可以生成各种水化物,如硫酸铝酸钙、钙矾石、碳酸铝酸钙等,其分子式分别为 $3CaO \cdot Al_2O_3 \cdot CaSO_4 \cdot 12H_2O$,$3CaO \cdot Al_2O_3 \cdot 3CaSO_4 \cdot 32H_2O$,$3CaO \cdot Al_2O_3 \cdot CaCO_3 \cdot 11H_2O$。这些水化物有助于水泥土的强度增长。

2. 水泥土桩复合地基桩间土的性状

关于混合体以外土的性状有无改善的问题,经测试认为,虽然固化材料可以从混合体向周围渗透,但其反应缓慢,渗透范围有限,应用中不予考虑。因此,桩间土仍采用天然地基的力学指标。至于粉喷时水泥粉吸水所产生的影响,也忽略不计。

当水泥土桩作为复合地基中的竖向增强体时,由于水泥土桩界于柔性桩与刚性桩之间,在软土中主要呈现了桩体的作用,在正常置换率的情况下,桩分担了大部分荷载,桩通过侧阻力和端阻力将荷载传至深层土中,在桩和土共同承担荷载的过程中,土中高应力区增大,从而提高了地基的承载力,复合地基还具有垫层的扩散作用。

四、桩体材料

水泥土桩的桩体材料由固化材料、混合料和水所组成。固化材料以水泥为主,深层搅拌水泥土桩的混合料是原位土,而夯实水泥土桩的混合料可以是原位土(渣),也可以采用性能更好的土(渣),以满足加固要求和提高混合体强度及降低造价为主要目的,对桩体材料的选用至关重要。

(一)固化材料

1. 分类

水泥土桩的固化材料分为两大类,一类是水泥,一类是水泥系固化材料。这两种固化材料对砂性土混合体强度影响不大,但对黏性土特别是腐殖土则表现出不同的效果。

关于水泥系固化材料的解释,日本学者认为,水泥加火山灰质材料和无机化合物时称水泥系固化材料。火山灰质材料包括粉煤灰、高炉水淬矿渣、火山灰等。无机化合物包括硫酸钙、氯化钙等。

我国把水泥与废石膏和活性废渣按不同比例配制的各种固化剂统称为水泥系固化剂。从节约出发,强调采用工业废料。

2. 水泥系固化材料

水泥系固化材料主要用于采用水泥固化效果不好的特殊环境,例如腐殖土、孔隙水中 CaO、OH^- 浓度较小的土、需要抵抗硫酸盐腐蚀的工程等,也在为了满足工程使用或施工需要的情况下采用,比如促凝、缓凝、早强提高混合体强度等。这些外加剂种类繁多,适用的条件也不相同,工程中必须进行室内及现场试验,确定其效果及掺入量。

掺加粉煤灰可以提高混合体的强度,一般情况下,当掺入与水泥等量的粉煤灰后,强度均比不掺粉煤灰的提高 10%左右,同时还可消耗工业废料,增加社会效益。

水泥土桩中掺加粉煤灰的测试数据说明,在砂类土中掺加粉煤灰时,不论采用什么配方的水泥浆,也不论水泥土强度的高低,试件 28 d 以后的强度增长值均极为明显,3 个月的强度为 28 d 强度的 1.27～2.0 倍,半年的强度为 28 d 强度的 2.6～3.67 倍。但早期强度普遍偏低。

其他掺加剂如起减水作用的木质素磺酸钙(日本的 AE 木质磺酸钙同时具有减水和缓凝两种作用),对水泥土强度的影响不大,三乙醇胺可促凝早强等。为了实现施工中桩体的搭接,使用缓凝剂十分必要。

3. 水泥

水泥或水泥系固化料两类固化料中，水泥均为主固化剂。应针对具体情况选用不同种类、不同强度等级的水泥以满足技术经济指标的要求。针对某些软黏土地区地下水存在有大量的硫酸盐(如沿海盐水渗入地区)，硫酸盐与水泥发生反应，对混凝土具有结晶性侵蚀作用。为探讨水泥土桩在这类地区的适应性，对水泥土在硫酸盐介质中的稳定性进行了研究，共做 200 余组水泥土试块的抗硫酸盐侵蚀试验。使用各种水泥制作水泥土试块浸泡在浓度为 1.5%的硫酸钠溶液中，观察结果为：

用 32.5R 及 42.5R 矿渣水泥制作的各种水泥掺入比的试块在盐液中浸泡 28～50 d 全部开裂膨松、崩坏。

用 42.5R 大坝水泥和 42.5R 抗硫酸盐水泥制作的各种水泥掺入比的试块在盐液中浸泡 360 d 均未发现任何破坏现象。

选用合适的水泥掺入比、水泥品种，如抗硫酸盐水泥等，加入一定量的粉煤灰等外加剂，将有助于水泥的抗侵蚀性能。

鉴于研究的深度和广度的限制，我国建筑地基处理规范仅做了原则性说明，目前在水泥选用时应注意到，使用普通水泥拌制的水泥土受硫酸盐溶液侵蚀会出现结晶性的开裂、崩坏而丧失强度。如选用抗硫酸盐水泥，使水泥土中产生的结晶膨胀物质控制在一定数量范围内，则可大大提高水泥土的抗侵蚀性能。

选用水泥时还需考虑水泥的强度等级、种类能否适应水泥土桩体强度的要求，是否适用于场地的土质。

一般情况下，当水泥土桩体强度要求大于 1.0 MPa 时，宜选用强度等级 42.5R 以上的水泥，桩体强度小于 1.0 MPa 时可选用 32.5R 水泥。当需要水泥土体有较高的早期强度时，宜选用普通硅酸盐水泥。

不同种类和强度等级的水泥用于同一类土中，效果不同，同一种类和强度等级的水泥用于不同种类的土中，效果亦不同。

一般情况下，无论何种土质、何种水泥，水泥土强度均随水泥强度等级的提高而增大，但增大的规律有差别。

水泥种类应与土质相适应。在砂类土中，不同种类、同一强度等级的水泥的混合体强度变化不大。在黏性土中，情况比较复杂。

原核工业部第四勘察院与同济大学在同一种淤泥质粉质黏土($w=36.4\%$，$e=1.03$)中，选用同一的水泥掺入比(21%)，对 32.5R 矿渣水泥、32.5R 钢渣水泥、42.5R 普通硅酸盐水泥、52.5R 波兰特水泥做了对比试验，结果是 32.5R 矿渣水泥和钢渣水泥的水泥土无侧限抗压强度要大于后两者。其原因可能是水泥中的矿渣、钢渣和黏粒水化反应的缘故。

日本通常用普通硅酸盐水泥和高炉矿渣水泥(B 种)作固化材料。

有机质含量较多的土如淤泥等，用上述水泥加固效果不佳，日本生产了 10 余种特种水泥，可以改善加固效果。当使用特种水泥时，因受有机质土的物理化学性质的影响，其强度发展不同，所以应进行配合比试验以决定采用何种特种水泥及其掺入量。

4. 浆液和粉体

在浆液和粉体两种深层搅拌桩的对比中，常出现一些不同看法，现仅就浆液和粉体搅拌对水泥土力学性能某些方面的影响做介绍。

水泥加水后的浆液即为水泥浆，深层搅拌法中所用的水泥浆的水灰比大多采用 50%左右。软土本身又具有较高含水率，因此，除水泥固化时所必需的水分外，还会有多余的水分，水灰比增大，强度降低。所以，在满足施工要求的前提下，使用粉状水泥可望得到较高的强度，且可以加快固化进程。

但是，国内的粉喷机在搅拌黏性土时，由于叶片的构造影响，水泥土往往呈水平层状，其抗渗和抵抗水平力的性能及搅拌均匀度不如浆液搅拌。因此，用于挡土隔渗的工程，效果不理想。

（二）混合材料

混合材料是水泥土混合体的骨干材料，占水泥土总重的80%以上。

搅拌水泥土桩的混合材料主要是原位土，与混凝土的混合料不同，其不仅具有骨干和填充的作用，除砂类土外，还能与固化剂产生化学反应，使桩体固化。为提高桩体强度，只能改变固化剂种类或增加固化剂的掺入量。

当采用水泥系固化材料中火山灰质材料掺量很大时，这些火山灰质材料（如粉煤灰），一方面起固化材料作用，另一方面起充填材料的作用。

在施工工艺许可下，各种土均可作为混合材料，但其效果不同，具体情况在桩体无侧限抗压强度的讨论中加以阐述。

混合材料还包括土中水和水泥浆的拌和用水。水泥浆液拌和用水可以用淡水，也可以用海水。当水中含酸、碱、盐的浓度过大时，应经过试验确定能否采用。

（三）桩体的物理力学指标

水泥土桩桩体的力学指标，主要由无侧限抗压强度、变形模量、抗剪强度和抗拉强度四个指标来衡量其力学性能。另外，水泥土桩体的密度也是重要的物理指标。

水泥土桩应用于阻渗隔水，则要求其具有一定的抗渗性，并由混合体的渗透系数来衡量。

1.桩体的无侧限抗压强度

无侧限抗压强度与固化料的种类、掺合量、土质（混合料）、土中含水率、龄期、浆液水灰比、搅拌时间、土层的渗透性、施工工艺水平等因素有关。

（1）混合体材料种类的影响

试验证明砂性土混合料的水泥土强度高于黏性土混合料的水泥土强度，采用普硅水泥试验结果表明，在腐殖土中当水泥掺合量为200～400 kg/m³ 时，水泥土无侧限抗压强度仅为0.1～0.8 MPa。

（2）固化料掺合量的影响

粉喷工艺现场取样试验表明，当水泥固化料掺合量小于100 kg/m³时，黏性土基本不显示加固效果，砂类水泥土无侧限抗压强度不大于2 MPa。当水泥掺量大于100 kg/m³时，水泥土无侧限抗压强度大体呈线性增长。

当水泥掺量为250 kg/m³（约占混合料土重的15%）时，腐殖土水泥土28 d龄期无侧限抗压强度为0.2～0.7 MPa，淤泥及淤泥质土为0.3～1.0 MPa，一般黏性土为0.5～2.0 MPa、砂类土为1.5～4.0 MPa。

试验表明，拟加固土是砂性土时，固化材料的种类对强度的影响不大，但随掺合量的增加，强度则明显提高，且离散性小。黏性土中无侧限抗压强度离散性大。对于腐殖土，增加固化材料的掺合量，其强度提高不大，特别是普通波兰特水泥和B种高炉水泥（矿渣水泥），这种倾向比较明显。但是使用水泥系固化材料时，其强度和强度离散性均有明显改善，对于黏性土也有类似的效果。使用水泥系固化材料时，黏性土及腐殖土固化体强度随掺合量增加也有明显的增大。

表5.3.1为上海软黏性土的室内试验结果，③软黏为淤泥质粉质黏土，w＝38.5%，e＝

1.28，④软黏为淤泥质黏土 w＝50.6％，e＝1.46。

黏性土中水泥掺量与水泥土无侧限抗压强度关系　　表 5.3.1

试件 q_u 土层	原状土/kPa	不同水泥掺入比试件/kPa			
		7％	10％	15％	20％
③软黏	68.0	305.6	628.3	987.7	1 184.2
④软黏	47.0	291.4	484.1	746.9	853.5

以上试验可以看出，不论何种土质，水泥土的无侧限抗压强度均随固化料掺合量的增加而增大，只是效果不同，增大速率不等。固化料的掺合量与强度多数呈近似线性关系。

根据上述试验结果，规范规定增强体水泥掺量不应小于天然土质量的 12％，块状加固时不应小于加固天然土质的 7％，水泥土搅拌墙不少于 20％。

(3)无侧限抗压强度与龄期的关系

水泥浆液搅拌的试验资料表明，水泥土的强度随龄期的增长而增长。一般情况下，7 d 水泥土强度可达标准强度的 30％～50％；30 d 可达标准强度的 60％～75％；90 d 为180 d的 80％；而 180 d 以后，水泥土强度增加仍未终止。另外，根据电子显微镜的观察，水泥土的硬凝反应需要 3 个月才能完成。因此，选用龄期 3 个月的强度作为水泥土的标准强度。

经过归纳分析，中冶建筑研究总院提出的水泥土无侧限抗压强度与龄期的关系大体为

$$f_{cu7} = (0.47 \sim 0.63) f_{cu28}$$

$$f_{cu} = (0.62 \sim 0.80) f_{cu28}$$

$$f_{cu60} = (1.15 \sim 1.46) f_{cu28}$$

$$f_{cu90} = (1.43 \sim 1.80) f_{cu28}$$

上述数据可供应用中参考。

(4)土中含水率的影响

在固化剂种类和掺入量相同的情况下，浆液搅拌时，加固土的强度随土天然含水率的降低而增高。

由于土的种类及固化剂性质和掺量不同，土中含水率与水泥土强度的关系有些变化，有的试验表明，浆液搅拌当土样含水率在 50％～80％范围内变化时，含水率每降低 10％，水泥土强度可提高 30％左右。

对粉喷桩，土中含水率对水泥土强度的影响不同于浆液搅拌，当土中含水率过低时，水泥水化不充分，水泥土强度反而降低。

(5)拌和时间的影响

固化剂与土的拌和程度，对水泥土强度影响很大，因此，搅拌拌和是水泥土桩的关键工序。影响拌和程序的因素很多，如固化剂的供给方式，搅拌叶片的形状、数量和布置，搅拌时间的长短等。为此，曾进行过大量的试验，但仍未能定量地揭示这些影响因素与拌和效果间的关系。

少数试验定性地表示了拌和时间对加固土强度的影响。在拌和开始阶段(拌和时间 3 min以内)，水泥土强度增加很快，搅拌时间超过了 3 min 后，强度上升速度逐渐减缓，对粉状水泥，拌和时间超过一定时间后，强度不再增长。

(6)水泥强度等级的影响

试验表明水泥土的抗压强度随水泥强度的提高而增加，当水泥强度等级从 32.5 提高到 42.5 时，水泥土强度增大 20％～30％。

(7)土的渗透性的影响

要减少水泥土中的自由水，目前还没有人为的手段，只有通过蒸发和渗透两个途径。由于蒸发量很小，所以主要靠自由水向周围土中的渗透，在高压喷注水泥土桩的试验中，曾做过对比试验。结果是在渗透性好的土中的试样强度比另一组试样高出 46.8%。

上述试验只是定性地说明一些问题，同时应当考虑，在地下水以下，即使土的渗透性大，也不能排出水泥土中的自由水。因此，上述试验结果仅在地下水以上的土层是适用的。

(8)施工工艺的影响

水泥土桩体强度在其他条件相同时，还与施工工艺有密切关系。如同一种土中，固化剂掺入量相同，采用复搅的办法可明显提高桩体强度。

在含水率很小的松散填土中，搅拌时块状土不能破碎，造成桩体松散，采用注水后上下多次预搅，即可保证桩体强度。

在塑性指数大于 25 的黏性很大的黏土中，可能出现搅拌头上形成土团，随搅拌头转动，搅拌不均，复搅也不能奏效，只有改变搅拌头的形式才是有效途径。

当搅拌深度超过 15～18 m 后，在黏性较大的淤泥或其他黏性土中，固化料喷入产生困难，喷搅不均，影响桩体强度，加大压力改进搅拌头后可以奏效。

2.现场与室内无侧限抗压强度的关系

室内制样试验所得到的无侧限抗压强度 q_{ul} 与在现场取样试验得来的无侧限抗压强度 q_{uf}，由于水灰比和拌和养护条件不一样，其差异较大。据统计粉体喷搅 $q_{uf}=(1/3\sim1/5)q_{ul}$。如果固化料掺合量较少，又没有得到充分的搅拌，现场强度会出现很大的离散性。

日本曾进行了浆液搅拌现场水泥土无侧限抗压强度与室内无侧限抗压强度 q_{ul} 的对比试验，24 组对比试验中，有 17 组 q_{uf}/q_{ul} 的最小值在 1/5～1/2 之间，平均值多为 $q_{uf}/q_{ul}=1/4\sim1$。

日本 CDM 工法设计和施工手册中提出，设计标准强度最好是取现场实际加固体的无侧限抗压强度 q_{uf}。但是 q_{uf} 随取样位置的不同而有偏差，考虑这种偏差，设计标准强度 $q_{uc,k}$ 与现场强度的平均值 $\bar{q}_{uf}$ 之间可建立以下关系

$$q_{uc,k}=\gamma_1\bar{q}_{uf}$$

式中，γ_1 值，海上工程约为 2/3；陆地工程约为 1/2。

现场无侧限抗压强度 q_{uf} 与室内配制试验的无侧限抗压强度 q_{ul} 之间的关系为

$$q_{uf}=\eta\bar{q}_{ul}$$

式中，η 值，海上工程用大型机械时取 1，用小型机械时取 1/2；陆上工程取 1/2。设计标准强度 $q_{uc,k}=\gamma_1\eta\bar{q}_{ul}$。

即

$$q_{uc,k}=\left(\frac{1}{3}\sim\frac{2}{3}\right)\bar{q}_{ul}\qquad（海上工程）$$

$$q_{uc,k}=\frac{1}{4}\bar{q}_{ul}\qquad（陆上工程）$$

我国工程应用浆液搅拌强度折减系数为 0.25～0.33，粉体搅拌为 0.20～0.30，与日本的规定相近。因我国施工工艺落后于日本，折减系数严于日本海上工程的标准。

3.桩体的变形模量及压缩模量

影响桩体模量的因素很多，归根结底，是要明确模量与无侧限抗压强度的关系。日本的试验表明不论哪种土类和固化材料，水泥土体的变形模量 E_{50}（峰值应力的 50%所对应的割线模量）都有较大的变化幅度，大体情况为 $E_{50}=(50\sim120)q_u$，q_u 为试样的无侧限抗压强度。

水泥土桩的压缩系数为$(2.0\sim3.5)\times10^{-5}\ \text{kPa}^{-1}$，其相应的压缩模量为 $E_p=60\sim$

100 MPa，小于变形模量，这是因为无侧限抗压时桩体多呈脆性破坏，其变形较小。应用中可采用 $E_p=(100\sim120)f_{cu,k}$，$f_{cu,k}$ 为室内配制时的 90 d 龄期 70.7 mm 立方体无侧限抗压强度。

4. 桩体的抗剪强度

室内试验的抗剪强度 τ 与无侧限抗压强度 q_u 的关系如图 5.3.1 所示。无侧限抗压强度 q_u 在较低范围内（$q_u<0.8$ MPa），τ/q_u 的值大体上为 1/2，随着 q_u 的增大，该比值有变小的倾向。其总体规律为 $\tau=(1/2\sim1/3)q_u$。

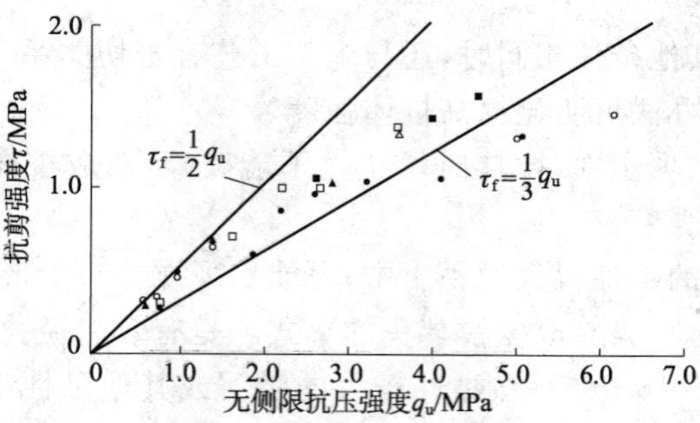

图 5.3.1 桩体的抗剪强度与无侧抗压强度

用高压三轴仪进行剪切试验表明，水泥土的抗剪强度随抗压强度的增加而提高。当 $q_u=500\sim4\,000$ kPa 时，其黏聚力 $c=100\sim1\,100$ kPa，内摩擦角变化在 20°～30°之间。水泥土在三轴剪切试验中受剪破坏时，试件有平整而清楚的剪切面，剪切面与最大主应力平面的夹角约为 60°。

在实用中考虑到桩体强度的离散性，其容许的抗剪强度一般采用 $0.15q_u$，安全系数大于 2。

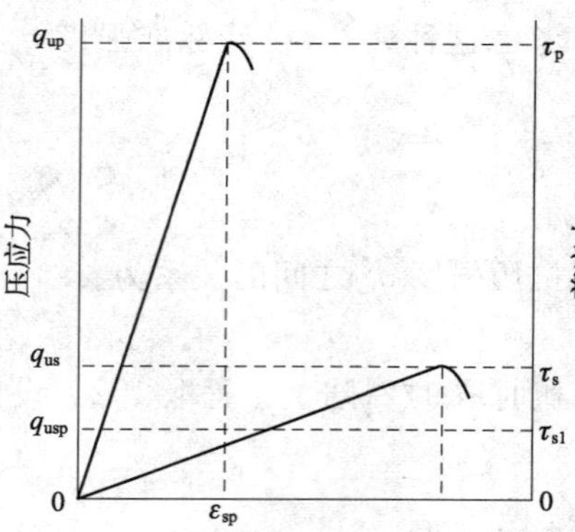

图 5.3.2 加固土和未加固土的应力—应变关系

当水泥土桩复合地基和承受水平力的格栅式结构需要计及未加固土的抗剪能力时，其计算原理见图 5.3.2。假定加固土的抗剪强度为 τ_p，置换率为 m，与加固土的破坏应变相对应的未加固土的抗剪强度为 τ_{si}。平均抗剪强度 $\overline{C}$ 可用下式表示

$$\overline{C}=m\tau_p+(1-m)\tau_{si} \tag{5.3.5}$$

式(5.3.5)仅在某些情况下采用，在多数情况下，加固土与未加固土的刚度相差太远，同时水泥土不允许产生大变形，此时，不能考虑未加固土对剪力的分担。在基坑支护工程中水泥土大多是抗弯破坏，不能盲目采用式(5.3.5)进行计算。

5. 桩体的抗拉强度

用劈裂法求得黏土的加固土抗拉强度 σ_t 与无侧限抗压强度 q_u 的关系，抗拉强度 $\sigma_t=(0.1\sim0.4)q_u$，随着 q_u 的增大，抗拉强度的增加速率有逐渐降低的趋向。

6. 桩体的重度

由于拌入土中的固化材料与孔隙中水的重度相差不大，搅拌中还产生部分土的挤出和隆起，且固化后固化材料本身存在孔隙，因此，在饱和软土中加固土体的重度与天然土的饱

和重度较接近，但在非饱和的大孔隙土中，固化体的重度将较天然土的重度增加量要大一些，参看表5.3.2。此外，固化料掺含量大时，固化土重度增加幅度也大。

水泥土重度表　　表5.3.2

土　类	原状土含水率	原状土重度/(kN/m³)	水泥土饱和重度/(kN/m³)	水泥土干燥重度/(kN/m³)
粉砂	饱和	15.0	18.8	17.4
黏砂土	饱和	18.0	19.8	17.5
黄土	15.5%	16.0	20.2	17.1
淤泥质砂黏土	饱和	17.5	17.5	12.4

7.桩体的力学性质的不均匀性

由于施工中喷搅不匀等因素的影响，一般桩底的强度及模量与中、上部均有差别。在粉喷桩施工中钻杆往往在桩中心留下一个孔洞，同时，由于喷射压力及离心力，水泥浆、粉向桩周集中，因此，在桩体的同一水平截面上，桩中心部位的桩体，力学性能不如周边附近的桩体，两者相差20%～30%。

8.水泥土桩桩体应力应变性状

水泥土桩的变形特征随强度不同而界于脆性体与弹塑性体之间。应特别强调指出的是，在土中类似弹性约束的桩体，其变形特征不同于室内试验的结果，在这方面的研究还有待深入。图5.3.3为室内试验求得的应力—应变曲线。水泥土受力开始阶段，应力与应变关系基本符合虎克定律。当外力达到极限状态的70%～80%时，应力应变不再保持线性关系。当外力达极限荷载时，对于强度大于2 MPa的水泥土，很快出现脆性破坏，此时轴向应变为0.8%～1.2%（图5.3.3中A_{20}、A_{25}），对于强度小于2 MPa的试件，则表现为塑性破坏（图5.3.3中A_5、A_{10}、A_{15}）。

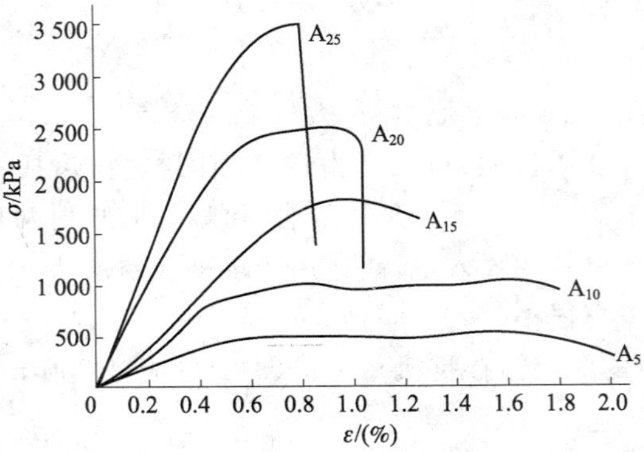

图5.3.3　水泥土的应力—应变关系

三轴不排水剪得到的水泥土应力-应变曲线中，在受力开始阶段，应力—应变曲线近似直线，当偏应力($\sigma_1-\sigma_3$)达到破坏时偏应力的60%～80%时，曲线开始弯曲。对同一强度的水泥土，不同围压下弯曲点对应的偏应力大致相同，且与水泥土无侧限抗压强度相接近。

注意到三轴试验中，试件破坏后均保持一定的残余强度，残余强度随围压的增加而加大。同时破坏时的应变也大于无侧限抗压时的应变值，较接近于水泥土桩在土中的工作状态。水泥土桩在土中类似弹性约束，特别是在大基础下，其应力-应变的关系及其变形特征与无侧限抗压试验差异很大。总的倾向是变形加大、模量减小。

9.水泥土的渗透系数

水泥土桩作为隔水帷幕,要求具有低渗透性。渗透试验采用变水头法,在南55型渗透仪上进行,试验结果见表5.3.3。

试验结果 表5.3.3

K_{10} 试件 / 土层	原状土/(cm/s)	不同水泥掺入比试件/(cm/s)			
		7%	10%	15%	20%
③软黏	5.16×10^{-5}	1.01×10^{-5}	7.25×10^{-6}	3.97×10^{-6}	8.92×10^{-7}
④软黏	2.53×10^{-6}	8.30×10^{-7}	4.83×10^{-7}	2.09×10^{-7}	1.17×10^{-7}

试验土样软黏③为淤泥质粉质黏土,$w=38.5\%$;软黏④为淤泥质黏土,$w=50.6\%$。

结果说明,水泥掺入量越大,其渗透系数越小,水泥土的渗透系数小于原状土。

水泥土的渗透系数与原状土性、水泥掺入量、搅拌均匀度、初始含水率等因素相关。一些资料提出水泥土的渗透系数在10^{-10}~10^{-7}cm/s之间。工程实践也说明水泥土具有较好的隔水性能。

10.水泥土的抗冻性能

将水泥土试件放置于自然负温下进行抗冻试验表明,其外观无显著变化,仅少数试块表面出现裂缝,有局部出现片状剥落及边角脱落,但深度及面积均不大,可见自然冰冻没有造成水泥土深部的结构破坏。

水泥土试块经长期冰冻后的强度与冰冻前强度相比,几乎没有增长。但恢复正温后其强度能继续提高,冻后正常养护90 d的强度与标准强度相差不多,抗冻系数达0.9以上。

一般情况下地温比较稳定,除高寒地区外,水泥土桩不会产生冻害。但冬期施工时,要注意浆液的防冻。

五、设计计算

1.技术特点

①混合料采用原位土,无须开采原材料,大量节约资源。

②针对拟加固土质和加固目的,可以自由选择加固材料,包括水泥粉、水泥浆、石膏、矿渣、粉煤灰、砂或碎石粉末等。如果事先加以混合,可以同时喷射两种以上的混合加固材料。

③可以自由选择加固材料的喷入量,能适用于多种土质。

④施工工艺振动和噪声很小。

⑤施工速度快,国产的深层搅拌桩机每台班(8 h)可成桩350 m左右。日本的深层搅拌船每小时可加固90 m^3以上。

⑥原位深层搅拌引起地基的隆起较小,对周围环境影响不大。

⑦国产粉喷机有一定的粉尘污染,采用水泥浆时亦有一些浆液污染。日本等国采用了封闭的输送供给系统,雨天也能施工,基本消除了环境污染。

⑧可以喷搅成圆柱状桩、壁墙状、格栅状、块体状的加固体,用于不同的目的。

2.技术措施及要点

①只在基础下布置水泥土桩,一般情况下不需设置围护桩。布置方式可为正方形、矩形、正三角形、格栅形、壁式等多种形式。

②目前深层搅拌水泥土的桩径多为500~700 mm,由于基础宽度的限制,常给布桩造成困难。解决这个矛盾的途径一是基础下设300~500 mm厚砂石垫层,拉开桩距;二是增加

桩长,减少桩数。实践证明,在深厚的软土地区采用上述措施是有效的。

复合地基中桩距不宜小于 $2d$。

③端承短桩宜采用大直径双轴搅拌桩,或做成壁状、格栅状、甚至块体。具体应视工程要求及地质条件确定。壁状、格栅状形式可以增大地基刚度,减少差异沉降,在建筑物或地基的薄弱环节处采用,效果较好。

④设计桩顶标高宜选在承载力较高的土层,充分发挥桩间土的承载力,且宜低于原地面以下 500 mm。

⑤根据具体情况,可长、短桩并用。

⑥注意基础角桩及长高比大于 3 的建筑物中部桩的加强。

⑦根据桩的受力情况,不同深度的喷料量可以变化,因桩体最大应力在桩顶下(3～5)d处,因此,在桩顶以下 2～3 m 向上可增加喷料量,或采用复搅工艺。停灰面应高于设计桩顶标高 500 mm 左右。

⑧桩端宜进入承载力相对较高的土层。

⑨复合地基承载力特征值不宜大于 200 kPa,一般情况下采用 120～180 kPa。单桩承载力特征值(ϕ500 mm)不宜大于 150 kN。

⑩固化料掺入比一般为土重的 15%左右。

3.水泥土搅拌桩复合地基承载力计算

由于水泥土搅拌桩身有一定强度,呈桩体效应,因此,复合地基承载力计算中按常规先计算单桩承载力,取单元面积的单桩承载力及天然土的承载力之和为复合地基承载力。需要说明的是,由于水泥土强度不高,单桩承载力由桩身强度控制,在软黏土中一根ϕ500 mm 搅拌桩,其单桩承载力特征值一般不超过 150 kN,由此限制了复合地基承载力。承载力较高的土层采用搅拌桩往往是不合理的。

复合地基承载力特征值应通过单桩或多桩复合地基静载荷试验确定,初步设计时可按下式计算

$$f_{\mathrm{spk}}=\lambda m\frac{R_{\mathrm{a}}}{A_{\mathrm{p}}}+\beta(1-m)f_{\mathrm{sk}} \tag{5.3.6}$$

式(5.3.6)中单桩承载力发挥系数取 1,桩间土承载力发挥系数的确定较复杂,《建筑地基处理技术规范》(JGJ 79—2012)中做了一些改动。当加固土层为淤泥、淤泥质土、流塑状软土或未经压实的填土时,考虑到上述土层固结程度差,桩间土难以发挥承载作用,所以β取 0.1～0.4,固结程度好或设褥垫时取高值;其他土层β可取 0.4～0.8。确定β值时还应考虑建筑物对沉降的要求及桩端持力层性质,当桩端持力层强度高或建筑物对沉降要求严格时,β应取低值。

单桩竖向承载力特征值可按下式估算

$$R_{\mathrm{a}}=u_{\mathrm{p}}\sum_{i=1}^{n}q_{si}l_{\mathrm{p}i}+\alpha_{\mathrm{p}}q_{\mathrm{p}}A_{\mathrm{p}} \tag{5.3.7}$$

式中,u_{p}为桩的周长(m);q_{si}为桩周第 i 层土的侧阻力特征值(kPa),可按地区经验确定;$l_{\mathrm{p}i}$为桩长范围内第 i 层土的厚度(m);α_{p}为桩端端阻力发挥系数,应按地区经验确定;q_{p}为桩端端阻力特征值(kPa),可按地区经验确定;对于水泥搅拌桩、旋喷桩应取未经修正的桩端地基承载力特征值。

4.水泥土搅拌桩复合地基变形计算

2002 版的地基处理技术规范将水泥土搅拌桩复合地基变形计算分为两部分,一部分为

加固深度范围内复合土层的压缩变形，利用材料力学的轴向压缩变形计算原理，轴向力呈三角形分布，变形模量取复合土层的变形模量进行计算；另一部分为桩端以下土层的变形，按分层总和法进行计算。褥垫层的变形忽略不计。

《建筑地基处理技术规范》(JGJ 79—2012)对沉降计算进行了简化，按统一的方法，将复合土层的压缩模量予以提高，提高系数近似等于复合地基承载力特征值与天然地基承载力特征值之比，然后按分层总和法进行复合地基变形计算。

这里特别指出，不论采用哪一种方法计算，其前提条件是水泥搅拌桩端必须进入较好土层。对于深厚淤泥、淤泥质等软土中的搅拌桩，当桩未能穿透软土而呈“悬浮”状态时，计算结果明显偏小，处于不安全状态。其原因为软土与桩身模量相差数百倍以上，桩土难以共同工作，单桩将向下刺入，群桩则呈实体基础的受力状态，桩端附加应力增加，与分层总和法的计算原理相悖，多项工程曾发生沉降过大的事故，因此在深厚淤泥、淤泥质土的“悬浮桩”应按桩基实体基础的计算方法计算沉降。

六、施工工艺

1.深层搅拌桩的施工工艺流程

深层搅拌桩的施工工艺流程如图 5.3.4 所示。

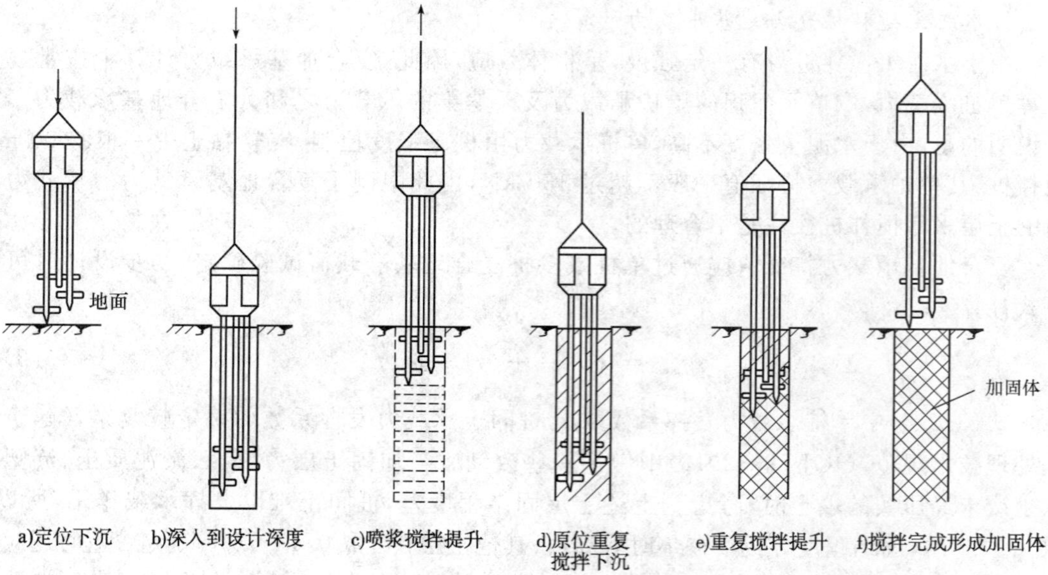

图 5.3.4 深层搅拌桩施工工艺流程

2.深层搅拌桩的施工程序

深层搅拌桩的施工程序：深层搅拌机定位→预搅下沉→制配水泥浆(或砂浆)→喷浆搅拌、提升→重复搅拌下沉→重复搅拌提升直至孔口→关闭搅拌机、清洗→移至下一根桩，重复以上工序。

3.施工中的技术要点

①场地应先整平，清除桩位处地上、地下一切障碍物(包括大块石、树根和生活垃圾等)，场地低洼处用黏性土料回填夯实，不得用杂填土回填。

②施工前应确定搅拌机械的灰浆泵输送量、灰浆输送管到达搅拌机喷浆口的时间和起吊设备提升速度等施工工艺参数，并根据设计要求通过试验确定搅拌桩的配合比。

③施工时，先将深层搅拌机用钢丝绳吊挂在起重机上，用输浆胶管将储料罐砂浆泵与深层搅拌机接通，启动电动机，搅拌机叶片相向而转，借设备自重，以 0.38～0.75 m/min 的速度沉至要求加固深度；再以 0.3～0.5 m/min 的均匀速度提起搅拌机，与此同时启动砂浆泵将砂浆从深层搅拌中心管不断压入土中，由搅拌叶片将水泥浆与深层处的软黏土搅拌，边搅拌边喷浆直到提至地面（近地面开挖部位可不喷浆，便于挖土），即完成一次搅拌过程。用同样的方法再一次重复搅拌下沉和搅拌喷浆上升操作，即完成一根柱状加固体，外形呈"8"字形，一根接一根搭接，相搭接宽度宜大于 100 mm，以增强其整体性，即成壁状加固体，几个壁状加固体连成一片，即成块状。

④施工中固化剂应严格按预定的配合比拌制，并应有防离析措施。起吊时应保证起吊设备的平整度和导向架的垂直度。成桩时要控制搅拌机的提升速度和次数，使其连续均匀，以控制注浆量，保证搅拌均匀，同时泵送必须连续。

⑤搅拌机预搅下沉时，不宜冲水；当遇到较硬土层下沉太慢时，方可适量冲水，但应考虑冲水成桩对桩身强度的影响。

⑥每天加固完毕，应用水清洗储料罐、砂浆泵、深层搅拌机及相应管道，以备再用。

七、施工质量及加固效果检验

日本将质量检测分为三个阶段的所谓调查：即确定设计条件的施工前调查；了解对环境影响的施工中调查；检验加固体质量和形状的施工后调查。由于其施工质量管理系统完善，监控手段先进，各种施工参数自动记录，随时调整，因此，其施工质量检验仅需对环境影响加以检验调查。我国的工艺水平较低，人为因素较多，施工中的质量检验必不可少。

1.施工质量

①搅拌桩的施工质量与前期准备工作的质量息息相关。主要为核实工程地质水文情况，桩体材料的质量检验，室内配合比试验，现场工艺试验，人的质量及工作质量的保证等。

②搅拌桩在施工中和竣工后都难以直观桩的质量，只能通过其他手段进行间接判断。在施工阶段以施工记录、强度试验（触探、取芯等）、开挖检验三项检验为主。

③施工记录应反映每根桩施工全过程的真实情况，应按照规范规定的内容填写，凡是需要了解的施工问题，几乎都能从施工记录上找到线索或答案。

通过对施工记录的上述检查，大致可以判断施工的总体质量。

④检查现场及室内试验设备是否符合标准，试验方法是否正确，强度换算有无问题，固化剂牌号、检验报告是否合乎要求等。

2.加固效果检验

(1)复合地基承载力检验

规范规定应采用静载荷试验的方法检验复合地基承载力，检验应在成桩 28 d 后进行，验收检测的数量不少于总桩数（多轴搅拌为缅数）的 1%，其中每单项工程复合地基静载荷试验的数量不应少于 3 台，其余可进行单桩静载荷试验；对重要的工程或对变形要求严格的工程宜进行多桩复合地基静载荷试验。实际上单桩静载荷试验更能反映加固质量，受桩间土滞后变形的影响较小，每项工程均应进行单桩静载荷试验，较为稳妥。《建筑地基处理技术规范》(JGJ 79—2012)特别补充了复合地基单桩静载荷试验的方法，可供使用。

(2)桩身质量及强度检验

搅拌桩身质量检测目前尚无成熟的方法，特别是对常用的直径 500 mm 粉喷桩遇到的困难更大，规范规定可用钻芯法、触探法等检验桩身质量，实践证明，钻芯过程中由于钻头冷却冲水，芯样很难保持原状，给判定工作带来困难。补救办法是必须采用双管单动取样器钻芯，可辅以挖开桩身取样检验桩身强度并观察桩身连续性。由于钻芯检测存在一定困难，规范规定仅在其他检测合格仅对桩身质量有怀疑时，进行钻芯检验。

对桩身质量的检验中，除桩身强度外，更重要的是桩身搅拌的均匀性和连续性，湖北省近期推行圆锥动力触探连续贯入检测被动区加固水泥土均匀性和连续性的方法，效果较好，今后还应建立动力触探击数与桩身强度关系曲线，便于推广。

采用单桩静载荷试验检验桩身质量时，往往有一个误区，认为单桩静载荷试验合格，桩身强度即可满足要求。规范要求桩身强度的安全系数大于4，而静载试验时加载量仅为单桩承载力特征值的2倍，考虑到群桩中各桩受力不均匀等不利因素，在静载试验中应加大加载量，检查桩头是否破坏。

第四节 旋喷桩复合地基

旋喷桩，是以高压旋转的喷嘴将水泥浆喷入土层与土体混合形成的水泥加固体，由旋喷桩和原地基土组成共同承担荷载的人工地基称为旋喷桩复合地基。旋喷桩工法施工占地少、振动小、噪声较低，但容易污染环境，成本相对较高，对于特殊的不易使喷出浆液凝固的土质不宜采用。

旋喷桩是20世纪70年代日本首先提出，在静压注浆的基础上，采用高压水射流切割技术而发展起来的。近年来，高压喷射注浆技术得到了很大的发展，利用超高压水泵(泵压大于50 MPa)和超高压水泥浆泵(水泥浆压力大于35 MPa)，辅以低压空气，大大提高了高压喷射注浆桩的处理能力。在软土中的切割直径可超过2.0 m，注浆体的强度可达5.0 MPa，有效加固深度可达60 m。

一、适用范围

①旋喷桩复合地基适用于处理淤泥、淤泥质土、黏性土(流塑、软塑和可塑)、粉土、砂土、黄土、素填土、碎石土等地基。由于高压喷射注浆使用的压力大，因而喷射流的能量大、速度快。当它连续和集中地作用在土体上，压应力和冲蚀等多种因素便在很小的区域内产生效应，对从粒径很小的细粒土到含有颗粒直径较大的卵石、碎石土，均有巨大的冲击和搅动作用，使注入的浆液和土拌和凝固为新的固结体。

②当对于硬黏性土中含有较多的大粒径块石，因喷射流可能受到阻挡或削弱，冲击破碎力急剧下降，切削范围小或影响处理效果；对于大量植物根茎、有较高含量的有机质软土，其处理效果取决于固结体的化学稳定性；鉴于上述几种土的组成复杂、差异悬殊，高压喷射注浆处理的效果差别较大，不能一概而论，故应根据现场试验结果确定其适用程度和技术参数。对于湿陷性黄土地基，因当前试验资料和施工实例较少，亦应预先进行现场试验。

③对基岩和碎石土中的卵石、块石、漂石呈骨架结构的地层，地下水流速过大和已涌水的地基防水工程，地下水具有侵蚀性，由于工艺、机具和瞬时速凝材料等方面的原因，应慎重使用，应通过现场试验确定。

二、基本规定

①旋喷桩复合地基的设计和施工，应因地制宜，综合考虑地基类型和性质、地下水条件、上部结构形式、荷载大小，场地环境、施工设备性能等因素，做到技术先进，经济合理，确保工

程质量。

②旋喷桩复合地基的施工,可根据工程需要、土质条件和机具设备条件,分别采用单管法、二管法和三管法,加固体形状可采用圆柱状、壁状和板状。由于上述 3 种喷射流的结构和喷射的介质不同,有效处理范围也不同,以三管法最大,双管法次之,单管法最小。

③在制订旋喷桩复合地基的施工方案时,应掌握场地的工程地质、水文地质和建筑结构设计资料等。对既有建筑还应搜集有关的历史和现状等资料、邻近建筑和地下埋设物等资料。主要是:岩土工程勘察(土层和基岩的性状,标准贯入击数,土的物理力学性质,地下水的埋藏条件、渗透性和水质成分等)资料;建筑物结构受力特性资料;施工现场和邻近建筑的四周环境资料;地下管道和其他埋设物资料以及类似土层条件下使用的工程经验等。

④旋喷桩复合地基的施工方案确定后,应结合工程情况进行现场试验、试验性施工或根据工程经验确定施工参数及工艺。

⑤旋喷桩复合地基的施工试验场地应选择在对整个工程有代表性地段,通过试验能够反映出旋喷桩地基处理工程所起到的加固效果。

三、工艺原理

旋喷桩施工是利用钻机把带有喷嘴的注浆管钻进土层的预定位置后,以高压设备使浆液或水、(空气)成为 20~40 MPa 的高压射流从喷嘴中喷射出来,冲切、扰动、破坏土体,同时钻杆以一定速度逐渐提升,将浆液与土粒强制搅拌混合,浆液凝固后,在土中形成一个圆柱状固结体(即旋喷桩),以达到加固地基或止水防渗的目的。

根据喷射方法的不同,喷射注浆可分为单管法、双管法和三管法。

单管法:单层喷射管,仅喷射水泥浆。

双管法:又称浆液气体喷射法,是用二重注浆管同时将高压水泥浆和空气两种介质喷射流横向喷射出,冲击破坏土体。在高压浆液和它外圈环绕气流的共同作用下,破坏土体的能量显著增大,最后在土中形成较大的固结体。

三管法:是一种浆液、水、气喷射法,使用分别输送水、气、浆液三种介质的三重注浆管,在以高压泵等高压发生装置产生高压水流的周围环绕一股圆筒状气流,进行高压水流喷射流和气流同轴喷射冲切土体,形成较大的空隙,再由泥浆泵将水泥浆注入被切割、破碎的地基中,喷嘴做旋转和提升运动,使水泥浆与土混合,在土中凝固,形成较大的固结体,其加固体直径可达 2 m。

喷射注浆的加固半径和许多因素有关,其中,包括喷射压力 P、提升速度 S、被加固土的抗剪强度 τ、喷嘴直径 d 和浆液稠度 B。加固范围与喷射压力 P、喷嘴直径 d 成正比,与提升速度 S、土的抗剪强度 τ 和浆液稠度 B 成反比。加固体强度与单位加固体中的水泥掺入量和土质有关。

旋喷桩的成桩机理包括以下 5 种作用:

①高压喷射流切割破坏土体作用。喷射流动压以脉冲形式冲击破坏土体,使土体出现空穴,土体裂隙扩张。

②混合搅拌作用。钻杆在旋转提升过程中,在射流后部形成空隙,在喷射压力下,迫使土粒向着与喷嘴移动方向相反的方向(即阻力小的方向)移动位置,与浆液搅拌混合形成新的结构。

③升扬置换作用(三管法)。高速水射流切割土体的同时,由于通入压缩气体而把一部分切下的土粒排出地上,土粒排出后所留空隙由水泥浆液补充。

④充填、渗透固结作用。高压水泥浆迅速充填冲开的沟槽和土粒的空隙,析水固结,还

可渗入砂层一定厚度而形成固结体。

⑤压密作用。高压喷射流在切割破碎土层过程中，在破碎部位边缘还有剩余压力，并对土层可产生一定压密作用，使旋喷桩体边缘部分的抗压强度高于中心部分。旋喷桩固结体情况如图 5.4.1 所示。

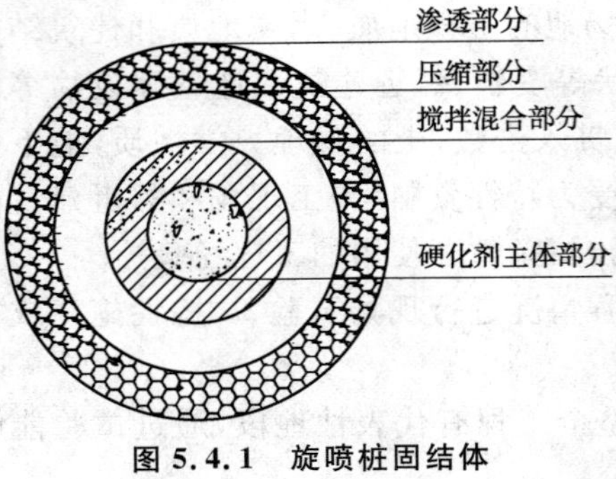

图 5.4.1 旋喷桩固结体

四、设计规定

①旋喷桩形成的加固体强度和直径，应通过现场试验确定。当无现场试验资料时，可参照相似土质条件的工程经验进行初步设计。旋喷桩直径的确定是一个复杂的问题，尤其是深部的直径，无法用准确的方法确定。因此，除了浅层可以用开挖的方法验证之外，只能用半经验的方法加以判断、确定。根据国内外的施工经验，初步设计时，其设计直径可参考表 5.4.1 选用。

旋喷桩的设计直径（单位：m） 表 5.4.1

土质＼方法		单管法	双管法	三管法
黏性土	$0<N<5$	0.5～0.8	0.8～1.2	1.2～1.8
	$6<N<10$	0.4～0.7	0.7～1.1	1.0～1.6
砂土	$0<N<10$	0.6～1.0	1.0～1.4	1.5～2.0
	$11<N<20$	0.5～0.9	0.9～1.3	1.2～1.8
	$21<N<30$	0.4～0.8	0.8～1.2	0.9～1.5

②旋喷桩复合地基承载力特征值和旋喷桩单桩竖向承载力特征值应通过现场静载荷试验确定。

旋喷桩复合地基承载力特征值可按下式估算

$$f_{spk}=\lambda m\frac{R_a}{A_p}+\beta(1-m)f_{sk} \tag{5.4.1}$$

式中，f_{spk}为复合地基承载力特征值(kPa)；f_{sk}为处理后桩间土承载力特征值(kPa)，应按地区经验确定；无试验资料时除灵敏度较高的土外可取天然地基承载力特征值；λ 为单桩承载力发挥系数，应按地区经验取值；m 为复合地基置换率，$m=d^2/d_e$；d 为桩身平均直径(m)，d_e为一根桩分担的处理地基面积的等效圆直径(m)；等边三角形布桩 $d_e=1.05S$，正方形布桩 $d_e=1.13S$，矩形布桩 $d_e=1.13\sqrt{S_1S_2}$；S、S_1、S_2 分别为桩间距、纵向桩间距和横向桩间距；R_a为单桩承载力特征值(kN)；A_p为桩的截面积(m^2)；β 为桩间土承载力发挥系数，应按地区经验取值。

旋喷桩单桩竖向承载力特征值可按下式估算

$$R_a=u_p\sum_{i=1}^{n}q_{si}l_{pi}+\alpha_p q_p A_p \tag{5.4.2}$$

式中，u_p为桩的周长(m)；q_{si}为桩周第 i 层土的侧阻力特征值(kPa)，应按地区经验确定；l_{pi}为桩长范围内第 i 层土的厚度(m)；α_p为桩端端阻力发挥系数，应按地区经验确定；q_p为桩端端阻力特征值(kPa)，对于水泥搅拌桩、旋喷桩应取未经修正的桩端地基土承载力特征值。

旋喷桩桩身强度应满足下式的要求

$$f_{cu} \geqslant 4\frac{\lambda R_a}{A_p} \tag{5.4.3}$$

当复合地基承载力验算进行基础埋深的深度修正时旋喷桩桩身强度还应满足下式的要求

$$f_{cu} \geqslant 4\frac{\lambda R_a}{A_p}\left[1+\frac{\gamma_m(d-0.5)}{f_{spa}}\right] \tag{5.4.4}$$

式中，f_{cu}为桩体试块（边长 150 mm 立方体）标准养护 28 d 的立方体抗压强度平均值（kPa），对水泥土应满足规范第 7.3.3 条的规定；γ_m为基础底面以上土的加权平均重度（kN/m^3），地下水位以下取浮重度；d 为基础埋置深度（m）；f_{spa}为深度修正后的复合地基承载力特征值（kPa）。

初步设计时，可分别按式(5.4.1)和式(5.4.2)估算，其桩身材料强度还应满足式(5.4.3)和式(5.4.4)的要求。

③旋喷桩复合地基的地基变形计算应符合的规定。

复合地基变形计算应符合现行国家标准《建筑地基基础设计规范》(GB 50007—2011)的有关规定，复合地基变形计算深度必须大于复合土层的深度，在确定的计算深度下部仍有软弱土层时应继续计算。复合土层的分层与天然地基相同，复合土层的压缩模量可按下式计算

$$E_{sp} = \zeta E_s \tag{5.4.5}$$

$$\zeta = \frac{f_{spk}}{f_{ak}} \tag{5.4.6}$$

式中，E_{sp}为复合土层的压缩模量（MPa）；E_s为天然地基的压缩模量（MPa）；f_{ak}为桩间土天然地基承载力特征值（kPa）。

复合地基的变形计算经验系数应根据地区沉降观测资料统计确定，无经验资料时可采用表 5.4.2 的数值。

复合地基变形计算经验系数 ψ_s　　表 5.4.2

$\overline{E}_s$/MPa	4.0	7.0	15.0	20.0	35.0
ψ_s	1.0	0.7	0.4	0.25	0.2

注：$\overline{E}_s$ 为变形计算深度范围内压缩模量的当量值，应按下式计算

$$\overline{E}_s = \frac{\sum_{i=1}^{n}A_i + \sum_{j=1}^{n}A_j}{\sum_{i=1}^{n}\frac{A_i}{E_{spi}} + \sum_{j=1}^{n}\frac{A_j}{E_{sj}}} \tag{5.4.7}$$

式中，A_i为加固土层第 i 层土附加应力系数沿土层厚度的积分值；A_j为加固土层下第 j 层土附加应力系数沿土层厚度的积分值。

④当旋喷桩处理范围以下存在软弱下卧层时，应按现行国家标准《建筑地基基础设计规范》(GB 50007—2011)的有关规定进行下卧层承载力验算。

⑤旋喷桩复合地基宜在基础和桩顶之间设置褥垫层。褥垫层厚度可取 150～300 mm，其材料可选用中砂、粗砂、级配砂石等，最大粒径不宜大于 20 mm。

⑥旋喷桩的平面布置可根据上部结构和基础特点确定。独立基础下的桩数不应少于 3 根。

五、施工规定

①施工前应根据现场环境和地下埋设物的位置等情况，复核旋喷桩的设计孔位。

②旋喷桩的施工工艺及参数应根据土质条件、加固要求通过试验或根据工程经验确定，并在施工中加以严格控制。水泥掺入量宜取5%～30%，建议一般土层15%，软土、松散砂土、粉土20%，杂填土25%～30%。单管法及双管法的高压水泥浆和三管法高压水的压力应大于20 MPa，流量大于30 L/min，气流压力宜大于0.7 MPa，提升速度可取0.1～0.2 m/min。表5.4.3列出建议的旋喷桩的施工参数，供参考。

旋喷桩的施工参数一览表 表5.4.3

旋喷施工方法			单管法	二管法	三管法
适用土质			砂土、黏性土、黄土、杂填土、小粒径砂砾		
浆液材料及配方			以水泥为主材，加入不同的外加剂后具有速凝、早强、抗腐蚀、防冻等特性，常用水灰比1∶1，也可适用化学材料		
旋喷桩	水	压力/MPa	—	—	25
		流量/(L/min)	—	—	80～120
		喷嘴孔径(个数)	—	—	2～3 mm(1～2)
	空气	压力/MPa	—	0.7	0.7
		流量/(m^3/min)	—	1～2	1～2
		喷嘴间隙(个数)	—	1～2 mm(1～2)	1～2 mm(1～2)
	浆液	压力/MPa	25	25	25
		流量/(L/min)	80～120	80～120	80～150
		喷嘴孔径(个数)	2～3 mm(2)	2～3 mm(1～2)	10～2 mm(1或2)
		灌浆管外径/mm	ϕ42或ϕ45	ϕ42，ϕ50，ϕ75	ϕ75或ϕ90
		提升速度/(cm/min)	20～25	10～30	5～20
		旋转速度/(r/min)	约20	10～30	5～20

③浆量计算。

浆量计算有两种方法，即体积法和喷量法，取大者作为设计喷射浆量。

体积法

$$Q=\frac{\pi D_e^2}{4}K_1h_1(1+\beta)+\frac{\pi D_0}{4}K_2h_2 \tag{5.4.8}$$

喷量法

$$Q=\frac{H}{V}q(1+\beta) \tag{5.4.9}$$

式中，Q为需要的喷浆量(m^3)；D_e为旋喷固结体直径(m)；D_0为注浆管直径(m)；K_1为填充率，0.75～0.9；h_1为旋喷长度(m)；K_2为未旋喷范围土的填充率，0.5～0.75；h_2为未旋喷长度(m)；β为损失系数，0.1～0.2；V为提升速度(m/min)；H为喷射长度(m)；q为单位喷浆量(m^3/min)。

根据计算所需的喷浆量和设计的水灰比即可确定水泥的使用数量。

④旋喷桩的主要材料为水泥，对于无特殊要求的工程宜采用强度等级为42.5R的普通硅酸盐水泥，根据需要可在水泥浆中分别加入适量的外加剂及掺合料，以改善水泥浆液的性能，如早强剂、悬浮剂等。所用外加剂或掺合剂的数量，应根据水泥土的特点通过室内配比试验或现场试验确定。当有足够实践经验时，亦可按经验确定。喷射注浆的材料还可选用化学浆液。因费用昂贵，只有少数工程应用。

⑤水泥浆液的水灰比应按工程要求确定。水泥浆液的水灰比越小，旋喷桩处理地基的强度越高。在工程中因注浆设备的原因，水灰比太小时，喷射有困难，故水灰比通常取0.8～1.2，生产实践中常用0.9。由于生产、运输和保存等原因，有些水泥厂的水泥成分不够稳定，质量波动较大，可导致高压喷射水泥浆液凝固时间过长，固结强度降低。因此，事先应对各批水泥进行检验，合格后才能使用。对拌制水泥浆的用水，只要符合混凝土拌和标准即可使用。

⑥喷射孔与高压注浆泵的距离不宜大于50 m。高压泵通过高压橡胶软管输送高压浆液至钻机上的注浆管，进行喷射注浆。若钻机和高压水泵的距离过远，势必要增加高压橡胶软管的长度，使高压喷射流的沿程损失增大，造成实际喷射压力降低的后果。因此，钻机与高压泵的距离不宜过远，在大面积场地施工时，为了减少沿程损失，则应搬动高压泵保持与钻机的距离。钻孔的位置与设计位置的偏差不得大于50 mm。垂直度偏差不大于1％。实际孔位、孔深和每个钻孔内的地下障碍物、洞穴、涌水、漏水及岩土工程勘察报告不符等情况均应详细记录。实际施工孔位与设计孔位偏差过大时，会影响加固效果。故规定孔位偏差值应小于50 mm，并且必须保持钻孔的垂直度。土层的结构和土质种类对加固质量关系更为密切，只有通过钻孔过程详细记录地质情况并了解地下情况后，施工时才能因地制宜及时调整工艺和变更喷射参数，达到处理效果良好的目的。

⑦当喷射注浆管贯入土中，喷嘴达到设计标高时，即可喷射注浆。在喷射注浆参数达到规定值后，随即按旋喷的工艺要求提升喷射管，由下而上旋转喷射注浆。喷射管分段提升的搭接长度不得小于100 mm。

⑧对需要局部扩大加固范围或提高强度的部位，可采用复喷措施。在不改变喷射参数的条件下，对同一标高的土层做重复喷射时，能加大有效加固范围和提高固结体强度。这是一种局部获得较大旋喷直径或定喷、摆喷范围的简易有效方法。复喷的方法根据工程要求决定。在实际工作中，旋喷桩通常在底部和顶部进行复喷，以增大承载力和确保处理质量。

⑨当喷射注浆过程中出现下列异常情况时，应查明原因并及时采取相应措施：

a.流量不变而压力突然下降时，应检查各部位的泄漏情况，必要时拔出注浆管，检查密封性能。

b.出现不冒浆或断续冒浆时，若系土质松软则视为正常现象，可适当进行复喷；若系附近有空洞、通道，则应不提升注浆管继续注浆直至冒浆为止，或拔出注浆管待浆液凝固后重新注浆。

c.压力稍有下降时，可能系注浆管被击穿或有孔洞，使喷射能力降低。此时应拔出注浆管进行检查。

d.压力陡增超过最高限值、流量为零、停机后压力仍不变动时，则可能系喷嘴堵塞。应拔管疏通喷嘴。

⑩高压喷射注浆完毕，应迅速拔出喷射管。为防止浆液凝固收缩影响桩顶高程，必要时可在原孔位采用冒浆回灌或第二次注浆等措施。当高压喷射注浆完毕后，或在喷射注浆过程中因故中断，短时间(不大于浆液初凝时间)内不能继续喷浆时，均应立即拔出注浆管清洗备用，以防浆液凝固后拔不出管来。为防止因浆液凝固收缩，产生加固地基与建筑基础不密贴或脱空现象，可采用超高喷射(旋喷处理地基的顶面超过建筑基础底面，其超高量大于收缩高度)、冒浆回灌或第二次注浆等措施。

⑪施工中应做好废泥浆处理，及时将废泥浆运出或在现场短期堆放后作土方运出。在城市施工中泥浆管理直接影响文明施工，必须在开工前做好规划，做到有计划地堆放或废浆及时排出现场，保持场地文明。

⑫施工中应严格按照施工参数和材料用量施工，用浆量和提升速度应采用自动记录装置，并如实做好各项施工记录。应在专门的记录表格上做好自检，如实记录施工的各项参数并详细描述喷射注浆时的各种现象，以便判断加固效果并为质量检验提供资料。

六、施工工艺流程

旋喷桩的施工工艺流程图如图 5.4.2 所示。

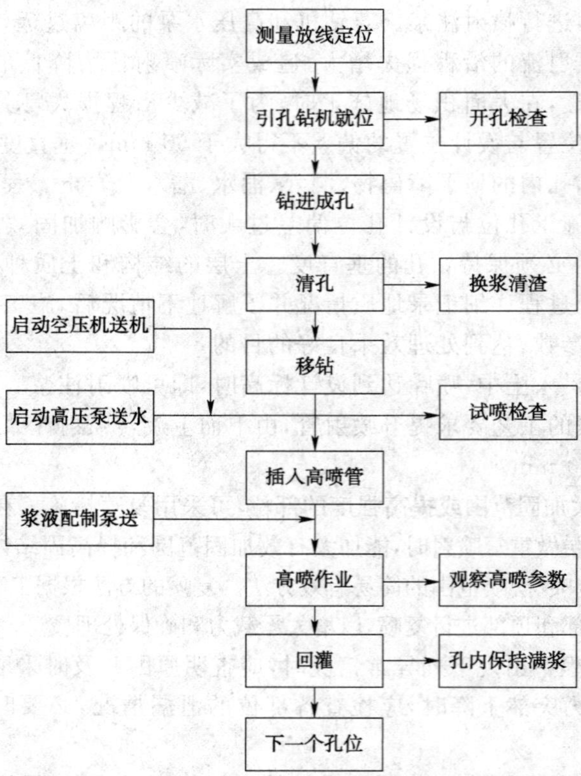

图 5.4.2 旋喷桩的施工工艺流程图

七、质量检验标准

①施工前应检查水泥、外掺剂等的质量，桩位、压力表、流量表的精度和灵敏度，高压喷射设备的性能等。

②施工中应检查施工参数(压力、水泥浆量、提升速度、旋转速度等)及施工程序。

③施工结束后，应检验桩体强度、平均直径、桩身中心位置、桩体质量及承载力等。桩体质量及承载力检验应在施工结束后 28 d 进行。

④旋喷桩复合地基质量检验标准应符合表 5.4.4 的规定。

旋喷桩复合地基质量检验标准　　表 5.4.4

项序		检查项目	偏差允许值	检查方法
主控项目	1	水泥及外掺剂	符合出厂要求	查看产品合格证书或抽样送检
	2	水泥用量	设计要求	查看流量表及水泥浆水灰比
	3	桩体强度或完整性检验	设计要求	按规定方法
	4	地基承载力	设计要求	按规定方法

续上表

项序		检 查 项 目	偏差允许值	检 查 方 法
一般项目	1	钻孔位置	≤50 mm	用钢尺量
	2	钻孔垂直度	≤1.0%	经纬仪测钻杆或实测
	3	孔深	±200 mm	用钢尺量
	4	注浆压力按规定参数指标	按设计参数指数	查看压力表
	5	桩体搭接	>200 mm	用钢尺量
	6	桩体直径	≤50 mm	开挖后用钢尺量
	7	桩身中心允许偏差	≤0.2D	开挖后桩顶下 500 mm 处用钢尺量，D 为桩径

八、质量检验方法

①旋喷桩可根据工程要求和当地经验采用开挖检查、钻孔取芯、标准贯入试验、动力触探、静载荷试验等方法进行检验；成桩质量检验点的数量不少于施工孔数的 2%，并不应少于 6 点。

②检验点应布置在下列部位：

a. 有代表性的桩位；

b. 施工中出现异常情况的部位；

c. 地基情况复杂，可能对高压喷射注浆质量产生影响的部位。

③检测深度应满足设计要求。

④承载力检验应在桩身强度应满足试验加载条件，并宜在成桩 28 d 后进行。竣工验收时，旋喷桩复合地基承载力检验应采用复合地基静载荷试验和单桩静载荷试验。检验数量不得少于总桩数的 1%，且每个单体工程复合地基静载荷试验的数量不得少于 3 点。

第五节 灰土挤密桩、土挤密桩复合地基

一、技术研究进展

灰土挤密桩、土挤密桩是利用沉管、爆扩、冲击或钻孔夯扩等方法，在地基土中挤压成桩孔，迫使桩孔内土体侧(横)向挤出，从而使桩周土得到加密，随后向桩孔内分层填入灰土或素土等填料夯实成桩。用灰土或素土分层夯实的桩体，作为增强体，与挤密的桩间土一起组成复合地基，共同承受基础的上部荷载。

湿陷性黄土地基的土桩挤密法由苏联阿别列夫教授 1934 年首创，其施工方法初期仅采用沉管法挤土成桩工艺，随后于 1948 年开始采用爆扩法挤土成桩工艺，自 1963 年开始广泛采用冲击法挤土成孔和成桩施工工艺。冲击法所用锥形冲击锤重为 0.6～3.7 t，冲锤直径为 0.34～0.43 m，冲击形成的桩孔直径为 0.5～0.6 m，然后用同一设备和冲锤分层夯填素土成桩，处理深度可达 20 m。

1965 年西安地区在土桩挤密法的基础上，成功试验了具有中国特色的灰土桩挤密法，并自 1972 年起逐步推广应用。40 年来，甘、陕、豫及华北等黄土地区都先后开展了灰土桩和土桩挤密地基的试验研究和推广应用，获得了丰富的试验资料和实践经验，同时取得了显著

的技术经济和社会效益。

随着工程机械化水平的发展和各地区工程建设的需要，桩孔填料不仅采用素土或灰土，也有利用工业废料做成二灰桩（石灰与粉煤灰）、灰渣桩（石灰与矿渣）等，上述桩体材料均具有一定的胶凝强度，与灰土性质相近，在挤密桩复合地基中，亦具有柔性桩的特征。在施工工艺方面，除以往常用的沉管法外，小型冲击成孔挤密法已成功用于既有建筑地基的加固处理；预钻孔后用重锤冲击夯扩成桩，用于含水率偏高的黄土地基也较为有效，这种工法是冲击成孔与成桩法的发展，可简称为“钻孔夯扩桩挤密法”。有关桩间挤密效果的规律、合理的检测方法，挤密地基的作用机理与技术效果等问题研究，也已取得较大进展。灰土桩挤密法已成功用于 60 m 以上高层建筑黄土地基的处理。

大量的试验研究资料和工程实践表明，灰土挤密桩、土挤密桩复合地基适用于处理地下水位以上的粉土、黏性土、素填土、杂填土和湿陷性黄土等地基。处理厚度宜为 3～15 m，若利用冲击法或钻孔夯扩桩挤密法施工，处理厚度可增大至 20 m 以上。

二、设计、施工、质量检验技术要求

1.概述

大量的试验研究资料和工程实践表明，灰土挤密桩、土挤密桩复合地基用于处理地下水位以上的粉土、黏性土、素填土、杂填土和湿陷性黄土等地基，不论是消除土的湿陷性还是提高承载力都是有效的。当以消除地基土的湿陷性为主要目的时，桩孔填料可选用素土；当以提高地基土的承载力为主要目的时，桩孔填料宜采用灰土。

关于灰土挤密桩、土挤密桩法处理的厚度，原规范规定“可处理地基的深度为 5～15 m”，修订后改为“处理厚度宜为 3～15 m”，厚度比深度合理确切，已有试验和工程经验证明桩长 2.5～4.5 m 的挤密桩，只要施工时有一定的预留覆土层，其技术经济效果是可靠的。鉴于换填垫层处理厚度超过 3 m 已不经济，又可能存在基坑开挖与支护的问题，对此，采用灰土挤密桩、土挤密桩复合地基处理不仅经济，也是可行的。基底下 3 m 内的素填土、杂填土，通常采用土（或灰土）垫层或强夯等方法处理。大于 15 m 的土层，由于成孔设备限制，一般采用其他方法处理，规定可处理地基的厚度为 3～15 m，基本上符合目前陕西、甘肃和山西等省的情况。

关于地基土的含水率、饱和度超过某一定量时，能否采用灰土挤密桩、土挤密桩复合地基处理，主要看能否成孔及工程要求而定，难以给予明确界定，故规范提出“应通过现场试验确定其适用性”。

2.灰土挤密桩、土挤密桩复合地基的设计要求

①灰土挤密桩、土挤密桩复合地基处理的面积（宽度）和厚度，原则上与现行《湿陷性黄土地区建筑规范》(GB 50025—2004)的有关规定一致。

②2002 版地基处理技术规范规定“桩孔直径宜为 300～450 mm”，2012 版修订为“桩孔直径宜为 300～600 mm”。这是根据我国湿陷性黄土地区的现有成孔设备和工程实践做出的修订。若桩径过小，桩的数量增多，施工烦琐费时；若桩径过大，不仅处理地基均匀性较差，同时容易使桩周上层土变松，或使桩边土因过分挤压产生超孔隙水压力而形成橡皮土。由此可见桩径过大或过小对桩间土的挤密效果与处理地基的综合效益都会产生不良影响，因此有必要作出明确规定。

桩孔之间的中心距离通常为桩孔直径的 2.0～3.0 倍。桩间距计算公式中主要参变量有桩间土的最大干密度 ρ_{dmax}，处理前天然地基土的平均干密度 $\bar{\rho}_d$。以往的浸水载荷试验结

果表明，只要桩间土的平均挤密系数达到一定要求，挤密地基即可消除其湿陷性，本次规范修订，桩间土的平均挤密系数规定不宜小于 0.93。

③灰土挤密桩复合地基中对填料灰土新增了具体规定，并为防止填入桩孔内的灰土吸水后产生膨胀，不得使用生石灰与土拌和，而应用消解后的石灰与黄土或其他黏性土拌和，石灰富含钙离子，与土混合后产生离子交换作用，在较短时间内便成为凝硬件材料，因此拌和后的灰土放置时间不可太长，并宜于当日使用完毕。

④由于桩体是用松散状态的灰土或素土经夯实而成的，桩体的夯实质量可用灰土或土的干密度表示，土的干密度大，说明夯实质量好，反之，则差。桩体的夯实质量一般通过测定全部深度内灰土或土的干密度确定，然后将其换算为平均压实系数进行评定。桩体土的干密度取样：自桩顶向下 0.5 m 起，每 1 m 不应少于 2 点(1 组)，即桩孔内距桩孔边缘50 mm处 1 点，桩孔中心(即 1/2)处 1 点，当桩长大于 6 m 时，全部深度内的取样点不应少于 12 点(6 组)，当桩长不足 6 m 时，全部深度内的取样点不应少于 10 点(5 组)。

桩体土的平均压实系数 $\bar{\lambda}_c$，是根据桩孔全部深度内的平均干密度与室内击实试验求得填料土在最优含水量状态下的最大干密度的比值，即 $\bar{\lambda}_c=\bar{\rho}_{d0}/\rho_{dmax}$，式中 $\bar{\rho}_{d0}$ 为桩孔全部深度内的填料，经分层夯实的平均干密度(t/m^3)；ρ_{dmax} 为桩孔内的填料，通过击实试验求得最优含水量状态下的最大干密度(t/m^3)。2002 版地基处理技术规范规定桩孔内填料的平均压实系数 $\bar{\lambda}_c$ 均不应小于 0.96，2012 版改为填料的平均压实系数 $\bar{\lambda}_c$ 均不应小于 0.97，与现行国家标准《湿陷性黄土地区建筑规范》(GB 50025—2004)的要求一致。工程实践表明，只要填料的含水率和夯锤锤重合适，是完全可以达到这个要求的。同时在挤密地基中的桩体，具有逐步向周边土层及向下传布荷载的作用，对桩体的强度和刚度应有一定的要求，故桩体填料的平均压实系数要求达到 0.97 外，尚应保证其中最小的压实系数不应低于 0.93，以免形成部分虚桩。

⑤桩孔回填夯实结束后，在桩顶标高以上应设置 300～600 mm 厚的垫层，一方面可使桩顶和桩间土找平，另一方面有利于改善应力扩散，调整桩土的应力比，并对减小桩身应力集中也有良好作用。大量工程实践表明，多种材料可作为垫层材料，《建筑地基处理技术规范》(JGJ 79—2012)扩展了垫层材料的选择范围。

⑥复合地基承载力特征值应通过现场复合地基载荷试验确定，或通过桩体的载荷试验结果和桩周土的承载力特征值根据经验确定。当初步设计采用《建筑地基处理技术规范》(JGJ 79—2012)式(7.1.5-1)估算时，桩间土承载力提高系数 α 可取 1.0。桩土应力比 n 应按试验或地区经验确定。初步估算时，桩土应力比 n 可取 4～8，原土强度低取大值，原土强度高取小值。

3.灰土挤密桩、土挤密桩复合地基的施工要求

①原有成孔方法包括沉管(锤击、振动)和冲击等方法，但都有一定的局限性，在城市建设和居民较集中的地区往往限制使用，如锤击沉管成孔，通常允许在新建场地使用，故选用上述方法时，应综合考虑设计要求、成孔设备或成孔方法、现场土质和对周围环境的影响等因素。《建筑地基处理技术规范》(JGJ 79—2012)根据施工机械的发展水平和现场施工现状与经验新增钻孔法成孔，钻孔夯扩挤密法的优点是施工噪声和振动影响较小。

②挤密桩施工时，在成孔或拔管过程中，对桩孔(或桩顶)上部土层有一定的松动作用，因此施工前应根据选用的成孔设备和施工方法，在基底标高以上预留一定厚度的松动土层，待成孔和桩孔回填夯实结束后，将其挖除或按设计规定进行处理。

③成孔和孔内回填夯实的施工顺序，习惯做法从外向里间隔 1～2 孔进行，但施工到中

间部位，桩孔往往打不下去或桩孔周围地面明显隆起，为此有的修改设计，增大桩孔之间的中心距离，这样很麻烦。为此对整片处理，宜从里(或中间)向外间隔 1～2 孔进行。对大型工程可采取分段施工，对局部处理，宜从外向里间隔 1～2 孔进行。局部处理的范围小，且多为独立基础及条形基础，从外向里对桩间土的挤密有好处，也不致出现类似整片处理或桩孔打不下去的情况。

桩孔的直径与成孔设备或成孔方法有关，成孔设备或成孔方法如已选定，桩孔直径基本上固定不变，桩孔深度按设计规定，桩孔垂直度偏差不宜大于 1%。为防止施工出现偏差或不按设计图施工，在施工过程中应加强监督。

④施工记录是验收的原始依据。必须强调施工记录的真实性和准确性，且不得任意涂改。为此应选择有一定业务素质的相关人员担任施工记录，这样才能确保做好施工记录。

⑤土料和灰土受雨水淋湿或冻结，容易出现"橡皮土"，且不易夯实。当雨期施工或冬期施工时，应采取防雨或防冻措施，保护填料不受雨水淋湿或冻结，以确保施工质量。

4. 灰土挤密桩、土挤密桩复合地基的质量检验要求

①《建筑地基处理技术规范》(JGJ 79—2012)新增桩孔质量检验，要求所有桩孔在成孔后及时进行检验并做出记录，检验合格或经处理后方可进行夯填施工。

②桩孔夯填质量检验，是灰土挤密桩、土挤密桩复合地基质量检验的主要项目。质检单位宜采用开挖探井取样法检测夯后桩长范围内灰土或土的平均压实系数 $\bar{\lambda}_c$。规范对抽样检验的数量作了规定。由于挖探井取土样对桩体和桩间土均有一定程度的扰动及破坏，因此选点应具有代表性，并保证检验数据的可靠性。根据现场试验结果的统计数据，实测的灰土桩复合地基桩土应力比达到 6.6～15.6，而土桩复合地基的桩土应力比仅为 1.3～2.4。说明灰土桩的增强体作用明显，土桩的增强体作用很小。若灰土桩的含灰比达不到要求，将影响复合地基的承载力和承载性状。当检测的灰土桩的压实系数多数大于 1.0，或对施工中的灰土质量有疑问时，应进行含灰比的检测。

③桩间土挤密质量的检验是灰土挤密桩、土挤密桩复合地基质量检验的一项主要内容，以往的浸水载荷试验结果表明，只要桩间土的平均挤密系数达到一定要求，挤密地基即可消除其湿陷性，挤密施工后应取样检测处理深度内桩间土的平均挤密系数 $\bar{\eta}_c$，抽样检验的数量按规范规定实施。

④取样结束后，其探井应分层回填夯实，压实系数不应小于 0.93。

⑤关于检测灰土挤密桩、土挤密桩复合地基承载力载荷试验的时间，规范规定应在成桩后 14～28 d，主要考虑桩体强度的恢复与发展需要一定的时间。

⑥灰土挤密桩、土挤密桩复合地基竣工验收时，承载力检验应采用复合地基静载荷试验，以确定复合地基承载力特征值。若桩间土挤密效果、桩体质量检验不合格或存在问题较多，以及对消除湿陷性的重要工程与地基受水浸湿可能性大的建筑物尚还进行现场浸水载荷试验，判定处理后地基消除湿陷性的效果。

第六节　夯实水泥土桩复合地基

一、技术发展概况

夯实水泥土桩复合地基技术，是在旧城区危房改造工程的地基处理中，由于场地条件有时不具备动力电源和充足的水源供应，或者由于场地施工条件复杂，不具备大型设备进出场条件，场地土层在某些情况下不能适合搅拌水泥土的施工。为了满足这些情况下的房屋地基处理的需要，急需开发一种工效高、无噪声、无污染的地基处理方法，满足旧城区危房改造工程的需要。中国建筑科学研究院地基基础研究所针对这类工程的需要，1993 年开始研究开发了夯实水泥土桩复合地基工法，取得了很好的社会效益和经济效益。

夯实水泥土桩是将水泥和土搅和在孔内夯实成桩，夯实水泥土桩和搅拌水泥土桩的主要区别在于：

①搅拌水泥土桩桩体强度与现场的含水率、土的类型密切相关，搅拌后桩体密度增加很少，桩体强度主要取决于水泥的胶结作用，且由于土的分层性质，桩体强度沿深度是不均匀的，局部软弱夹层处的强度较低，影响荷载向深层传递。

夯实水泥土桩水泥和土在孔外拌和、均匀性好，场地土岩性变化对桩体强度影响不大，桩体强度以水泥的胶结作用为主，桩体密度的增加也是构成桩体强度的重要夯实水泥土桩的现场强度和相同水泥掺量的室内试样强度，在夯实密度相同条件下是相同的。

②由于成桩是将孔外拌和均匀的水泥土混合料回填孔内并强力夯实，桩体强度与天然土体强度相比有一个很大的增量，这一增量既有水泥的胶结强度，又有水泥土密度增加产生的密实强度，而搅拌水泥土的密度比较天然土的密度增加有限。

基于以上的主要差异，相同水泥掺量的夯实水泥土桩的桩体强度为搅拌水泥土桩的2～10 倍，由于桩体强度较高，可以将荷载通过桩体转至下卧较好土层。由夯实水泥土桩形成的复合地基均匀性好，地基强度提高幅值较大。工程实践证明，夯实水泥土桩复合地基可以满足多层及小高层房屋地基的使用要求，同时具有施工速度快、无环境污染、造价低、质量容易控制等特点。夯实水泥土桩复合地基工法在工程实践中使用以来，立即被广大设计人员、建设单位等接受。据初步统计，每年在北京、河北等地的工程应用已达近千万平方米，使用情况良好。

夯实水泥土桩复合地基工法的技术发展主要体现在施工技术及施工设备自动化，保证桩体成桩质量等方面。早期该工法主要采用人工洛阳铲成孔，人工夯实成桩，质量控制难度大，质量监督人员劳动强度大；采用机械成孔、机械夯实后，不仅保证了桩体质量，工效也大大提高。

二、加固机理

①夯实水泥土桩复合地基是由夯实水泥土桩、桩间土和散体材料构成的柔性褥垫层组成。

由于夯实水泥土桩桩体模量相对较高，褥垫层的设置是必须的，也是复合地基不可缺少的一部分。工程使用中复合地基面积置换率一般为 0.1～0.2，褥垫层厚度根据上部结构荷载要求一般取 100～300 mm。

②夯实水泥土桩桩体模量比天然地基土模量大得多，所以夯实水泥土桩复合地基在承受竖向荷载时，由于刚度较大的桩体存在，可以将荷载通过桩体传递到下卧较好土层，因而在多种场地条件下形成的夯实水泥土桩复合地基具有良好的承载性能。

在保证桩体强度情况下，夯实水泥土桩可将荷载向深层土传递，所以夯实水泥土桩复合地基验算时一般仅将夯实水泥土桩布置在基础平面范围内 ，基础平面范围外的护桩对竖向荷载传递并无大的帮助

③变形特征。

夯实水泥土桩复合地基的变形应该包括褥垫层的压缩变形、夯实水泥土桩在褥垫层的

刺入变形、夯实水泥土桩加固体的变形、夯实水泥土桩向桩端土刺入变形、桩端土层的压缩变形。这些变形量的逐一计算，有些还不能解决。为了解决工程问题，我们将夯实水泥土桩复合地基的变形分为三个组成部分——褥垫层的压缩变形、加固土体的变形及下卧土层的压缩变形。

褥垫层的压缩变形与褥垫层的厚度及压实度有关，且该部分压缩变形是有限的，以压实系数 $\lambda \geqslant 0.93$ 为其施工控制标准，该部分变形的最大量为 $H_c(1-\lambda_c)$，一般褥垫层厚度为100～300 mm，则最大变形量为7～21 mm，同时由于该部分变形随着上部结构荷载的增加均匀完成，一般不对上部结构产生不均匀变形和附加应力。

加固土层的变形，若已知桩、土应力比及桩的侧阻力分布，可以由桩体的压缩量计算得到。该桩土应力比为 n，总荷载为 p，夯实水泥土桩的面积置率为 m，则桩、土分别承担的荷载为

$$\delta_p = \frac{mn}{1+m(n-1)} \cdot p \tag{5.6.1}$$

$$\delta_s = \frac{1-m}{1+m(n-1)} \cdot p \tag{5.6.2}$$

设 a_s 为桩侧阻力与桩承受总荷载的比例，桩体材料模量为 E_p。对于由 N 根桩组成的复合地基，当侧阻力沿桩侧均匀分布时加固土体的压缩量为

$$s = \frac{mn}{1+m(n-1)} \cdot \frac{p}{N \cdot E_p} \cdot \frac{1}{2} \cdot a_s \tag{5.6.3}$$

下卧土层变形量可由桩间土承受的荷载在下卧土体引起的附加应力及桩端阻力在下卧土体引起的附加应力，按分层总和法计算。

上述夯实水泥土桩复合地基的变形计算是在某些假定下的理论分析结果，工程应用中需测定若干计算参数，例如桩、土应力比，桩体压缩模量 E_p，褥垫层的压实系数 λ_c，桩的侧阻力及端阻力分配系数 a_s 等，这给变形计算带来不确定性及不可操作性。规范根据载荷试验类比的方法得到按复合土体模量采用规范的方法计算加固土体变形及下卧土体变形，便于操作，并与工程实测有较好吻合，是一种简便易行的计算方法。

④地基承载力计算。

复合地基承载力是由桩间土和增强体(桩)共同组成的。目前复合地基承载力计算公式比较多，但比较普遍的有两种：其一是由天然地基承载力和单桩承桩力，考虑它们与复合地基的桩间土和复合地基中桩承载力的差异及受力特性，进行组合叠加；其二是将复合地基承载力用天然地基承载力扩大一个倍数来表示。

必须指出，复合地基承载力不是天然地基承载力和单桩承载力的简单叠加。需要对如下的一些因素予以考虑：

a. 施工时对桩间土是否产生扰动或挤密，桩间土承载力有无降低或提高；

b. 复合地基中桩承载力能力的大小与桩距有关；

c. 桩和桩间土承载力的发挥与变形有关，变形小时，桩和桩间土承载力的发挥都不充分；

d. 复合地基桩间土承载力的发挥与褥垫层厚度有关。

综合考虑以上情况，结合工程实践经验的总结，夯实水泥土桩复合地基承载力可用下面的公式进行计算

$$f_{spk} = \lambda m \frac{R_a}{A_p} + \beta(1-m) f_{sk} \tag{5.6.4}$$

式中，λ 为单桩承载力发挥系数，可按地区经验取值；R_a 为单桩承载力特征值(kN)；A_p 为

桩的截面积(m^2);β为桩间土承载力发挥系数,可按地区经验取值,对施工工艺不扰动土层可取1.0;f_{sk}为处理后桩间土承载力特征值(kPa),可按地区经验确定;无试验资料时,除灵敏度较高的土外,可取天然地基承载力特征值。

单桩承载力特征值R_a可按下面二式计算,取其较小者

$$R_a = \eta R_{28} A_p \tag{5.6.5}$$

$$R_a = \frac{U_p \sum q_{si} L_i + q_p A_p}{k} \tag{5.6.6}$$

式中,η取0.25;R_{28}为桩体28 d立方体试块强度(15 cm×15 cm×15 cm);U_p为桩的周长;q_{si}为第i层土与土性和施工工艺有关的极限侧阻力;q_p为与土性和施工工艺有关的极限端阻力;L_i为第i层土厚度;k为安全系数,一般取2.0。

当用单桩静载试验求得单桩极限承载力R_u后,R_a可按下式计算

$$R_a = \frac{R_u}{k} \tag{5.6.7}$$

按上述公式进行复合地基承载力设计,当加固土体下存在软弱土层时,应对软弱下卧层承载力进行复核验算。

夯实水泥土桩复合地基应用的建筑地基埋深一般较浅,设计时复合地基承载力一般情况下不进行埋深修正。基础埋深大于0.5 m,可考虑深度修正,修正系数应取1.0。当进行地基承载力的埋深修正时,夯实水泥土桩桩体强度应按基底压力复核,进行桩体强度设计。

⑤变形计算。

目前,复合地基在荷载作用下应力场和位移场的实测资料还不多,就测试手段而言,测定复合地基位移场要比测定应力场容易些。有些学者试图以测定的位移场为基础,再通过测定桩间土表面应力、桩顶应力和桩的轴力沿桩长的变化,利用土本构关系的研究成果,用有限元计算应力场,将其计算结果与测定的土表面应力和桩顶应力进行比较,对计算结果不断进行修正,以期得到符合实际的复合地基应力场,为建立合理的复合地基沉降计算模式提供依据。

沉降计算理论和实践正处在不断发展之中,相比之下,复合地基沉降计算远不如承载力计算研究的更深入更成熟。尽管按变形控制进行复合地基设计更为合理,但由于沉降计算理论尚不成熟,在实际工作中用的还比较少。

在进行沉降计算时,一般以土为计算对象,荷载是桩间土表面应力σ_s和桩荷载p_p。通常又可将p_p用桩侧阻力p_{ps}和桩端阻力p_{pd}替代。这样,土体受到的荷载为三项,即p_{ps}、p_{pd}和σ_s,由它们产生的附加应力分布计算地基土的沉降。显然,这一思路是合理的,但还需进一步做工作。

目前比较统一的认识是,把总沉降量分为加固区的压缩变形s_1和下卧层的压缩变形s_2分别计算再求和。

下面建议的沉降计算方法,可称为"复合模量法"。

假定加固区的复合土体为与天然地基分层相同的若干层均质地基,不同的是压缩模量都相应扩大ξ倍。这样,加固区和下卧层均按分层总和法进行沉降计算。

当荷载p不大于复合地基承载力时,总沉降量s为

$$s = s_1 + s_2 = \psi\left(\sum_{i=1}^{n_1} \frac{\Delta p_i}{\zeta E_{si}} h_i + \sum_{i=n_1+1}^{n_2} \frac{\Delta p_i}{E_{si}} h_i\right) \tag{5.6.8}$$

式中,n_1为加固区的分层数;n_2为总的分层数;Δp_i为荷载p在第i层土产生的平均附加

应力；E_{si}为第 i 层土的压缩模量；h_i 为第 i 层分层厚度；ζ 为模量提高系数，经推导可知 $\zeta=f_{spk}/f_{ak}$；ψ 为沉降计算经验系数，参照《建筑地基基础设计规范》(GB 50007—2011)取值。

计算深度一定要大于加固区的深度，即必须计算到下卧层的某一深度。

三、夯实水泥土桩复合地基技术的适用范围

①夯实水泥土桩适应的土性范围很广，限于目前成孔工艺要求，多用于地下水埋藏较深的地基土，当有地下水时，适于渗透系数小于 10^{-5}cm/s 的黏性土地质条件。

当天然地基承载力值 $f_{ak}<80$ kPa 的填土地基，可考虑挤土成孔以利于桩间土承载力的提高和发挥。

②夯实水泥土的最大干密度接近于土料的最大干密度，夯实最佳含水率为 $w_{opt}\pm(1\%\sim2\%)$，此时夯实水泥土有最大强度。室内试验的结果表明，夯实水泥土的桩体强度与养护龄期、养护条件、夯实干密度、水泥品种等有关，夯实水泥土的桩体最大无侧限强度为 3.0～7.0 MPa。

③夯实水泥土强度随混合料成型干密度的不同而异，当压实系数(γ_d/γ_{dmax})为 0.9 时，其强度仅为最大干密度对应强度的一半。现场施工时，应根据土料性质、配比控制夯实干密度，压实系数应不小于 0.93。设计采用的桩体强度应满足《建筑地基处理技术规范》(JGJ 79—2012)式(7.1.6)的要求。

④夯实水泥土强度随龄期增长有一定提高。

⑤水泥土桩具有良好的抗冻性，成桩后冻结对桩体不产生较大的强度降低。

⑥桩体三轴应力-应变曲线与围压关系不大，其破坏时的应变约为 2%，无侧限抗压强度试验的破坏应变为 0.5%～1%，表现为脆性破坏性质。

⑦夯实水泥土桩复合地基中的褥垫层是复合地基的一部分，它具有保证桩土共同承担荷载，减少基础底面应力集中，调整桩、土垂直和水平荷载分担的作用。

⑧复合地基需确定桩长、桩径、桩距、褥垫厚度，以及材料和桩体强度。褥垫厚度一般取 100～300 mm，垫层材料多用粗砂、中砂等。桩体强度按 4 倍桩顶应力平均值设计。

⑨对于没有振密和挤密效应的地基宜采用排土法成孔，当选用排土法成孔时，一般用长螺旋钻和洛阳铲成孔，孔深大时宜采用机械成孔。

⑩对于有挤密和振密效应的地基，当需要提高桩间土承载力时，可用挤土法成孔。一般选用锤击式打桩机或振动打桩机，也可采用钻孔重型尖锤强夯法。

⑪可采用人工或机械夯实。孔浅时宜采用夹板锤式夯实机，孔深时宜采用吊锤式夯实机。机械夯实优于人工夯实，机械夯实机的夯锤重宜为 1.0～1.5 kN，提升高度宜取 0.8～1.1 m，随着夯锤重力增加，桩体的密度随之增加。工程实践证明，尖锤有明显的挤土效应。

四、夯实水泥土桩施工设备及施工工艺

1. 夯实水泥土桩施工工艺

夯实水泥土桩施工的程序分为：成孔、制备水泥土、夯填成桩三步。成桩示意图如图 5.6.1所示。

(1)成孔

根据成孔过程中取土与否，成孔可分为排土法成孔和挤土法成孔两种，排土成孔在成孔过程中对桩间土没有挤密，而挤土成孔则对桩间土有一定挤密和振密作用，对于处理地下水

位以上，有振密和挤密效应的土宜选用挤土成孔。而含水率超过 24%，呈流塑状，或含水率低于 14%，呈坚硬状态的地基，宜选用排土成孔。

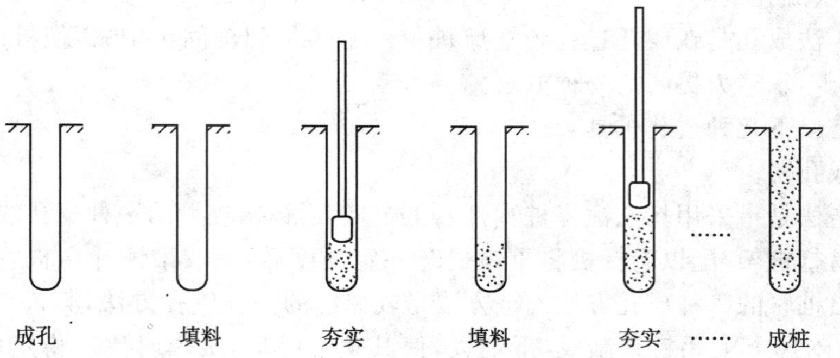

图 5.6.1 夯实水泥土桩成桩示意图

(2)制备水泥土

制备水泥土就是把水泥和土按一定配合比进行拌和。水泥一般采用 42.5R 普通硅酸盐或矿渣水泥，土料可就地取材，基坑(槽)挖出的粉细砂、粉土及粉质黏土均可用作水泥土的原料，淤泥、耕土、冻土、膨胀土及有机物含量超过 5%的土不得使用，土料应过 15 mm×15 mm 筛。

施工时，应将水泥土拌和均匀，控制含水率，如土料水分过多或不足时，应晾干或灌水润湿，一般可按经验在现场直接判断，其方法为手握成团，两指轻弹即碎，这时水泥土基本上接近最佳含水率。水泥土拌和可采用人工拌和或机械拌和，人工拌和不得少于 3 遍，机械拌和可用强制式混凝土搅拌机，搅拌时间不低于 2 min。拌和好的水泥土要及时用完，放置时间超过 2 h 则不宜使用。

(3)夯填成桩

桩孔夯填可用机械夯实，也可用人工夯实。机械夯机夯锤质量宜大于 100 kg，夯锤提升高度宜大于 900 mm。人工夯锤一般重 25 kg，提升高度不少于 900 mm，桩孔填料前，应清除孔底虚土并夯实，然后根据确定的分层回填厚度和夯击次数逐次填料夯实。

2. 夯实水泥土桩成孔机具

成孔是夯实水泥土桩加固地基的第一步，成孔机具的优劣直接影响着该工艺加固地基的质量和施工效率，如何选择或研制成孔机具，是该工艺重要的一环。目前常采用的成孔机有以下几种。

(1)排土法成孔机具

所谓排土法，是指在成孔过程中把土排出孔外的方法，该法没有挤土效应，多用于原土已经固结、没有湿陷性和振陷性的土。其成孔机具有以下几种。

①洛阳铲。

成孔时将洛阳铲刃口切入土中，然后摇动并用力拧转铲柄，将土剪断，拔出洛阳铲，铲内土柱被带出。利用孔口附近插入土中的退土钎(ϕ20～25 mm，L=0.8～1.2 m 的钢钎)将铲内土柱刮出。

人工洛阳铲成孔直径一般在 250～400 mm 之间，机动洛阳铲成孔直径可达 600 mm。洛阳铲成孔的特点是设备简单，不需要任何能源，无振动、无噪声，可靠近旧建筑物成孔，操作简单，工作面可以根据工程的需要扩展，特别适合中小型工程成孔。

②长螺旋钻孔机成孔。

长螺旋钻孔机是夯实水泥土桩的主要机种，该机能连续出土，效率高，成孔质量好，成孔深，颇受欢迎。该机适用于地下水以上的填土、黏性土、粉土，对于砂土其含水率要适中，太干的砂土和饱和砂土由于坍孔难以成孔。

(2)挤土法成孔机具

所谓挤土法成孔是在成孔过程中把原桩位的土体挤到桩间土中去，使桩间土干密度增加，孔隙比减少，承载力提高的一种方法。

此工艺有以下几种成孔机具：

①锤击成孔法。

所谓锤击法是指采用打桩锤将桩管打入土中，然后拔出桩管的一种成孔法。

采用简易打桩架，配以卷扬机将重锤提升一定高度后，下放吊锤冲击桩管入土，达到设计深度后拔出桩管的一种成孔方法。该方法是较原始的一种成孔方法，其特点是设备简单，锤重一般为 3～10 kN，用铸铁制成，下端大，使其重心降低，工作时比较稳定。这种方法适用于松散的填土、松散的黏性土和粉土，适用于桩较小和孔不太深的情况。

②振动沉管法成孔。

振动沉管法成孔是指采用振动打桩机将桩管打入土中，然后拔出管的成孔法。目前我国振动打桩机已系列化、定型化，可以根据地质情况、成孔直径和孔深选取振动打桩机，振动时土壤中所含的水分能减少桩管表面和土壤之间的摩擦，因此，当桩管在含水饱和砂土中，沉管阻力最小，在湿黏土中也较小，而在干砂和干硬的黏土中用振动法沉桩阻力很大。另外对于砂土和粉土在拔管时宜停振，否则桩孔易坍塌，但频繁的启动易损坏电机。

(3)干法振动器成孔法

利用干法振动成孔器成孔，是指采用制碎石桩的干振器成孔的方法。采用该法也宜停振拔管，否则易使桩孔坍塌，也存在易损坏电机的问题。

3. 夯实机械

夯实水泥土桩的夯实机可借用灰土和土桩夯实机，也可以根据实际情况进行研制或改制。目前我国夯实水泥土桩除人工夯实外主要有以下几种夯实机。

(1)吊锤式夯实机

吊锤式夯实机一般是采用胶轮或铁轮的行走机构，由电动机带动卷扬机，由卷扬机钢丝绳通过机架拖动夯锤进行工作。该类夯实机构造简单，行走方便，机架低，稳定，特别适用于深孔夯实。石家庄二建公司、化工部矿山规划设计院、河北省第三基础工程公司等单位都先后研制了该类型夯实机，并且通过工程实践，优选了机型。

(2)夹板锤式夯实机

夹板锤式夯实机，目前有利用装载机或翻斗车改制的，此种机型在场地内行走灵活，辅助时间短，效率高，但该类夯实机要占用一台装载机或翻斗机，因此造价较高；另一种是由河北省建筑科学研究院研制的走管式夯实机，该机效率高，造价低，是很有推广发展前途的一种机型。

(3)SH30 型地质钻改装式夯实机

SH30 型钻机原配动力为 7.5 kW，主卷扬机单绳提升能力为 15 kN，可以改成提升夯锤重 10 kN 以内的夯实机。其方法是在 SH30 型钻机支腿顶部用一槽钢做一横梁，其上安装一定滑轮，卷扬机上的钢丝绳通过滑轮起吊夯锤。在横梁前额焊上两个可穿 ϕ20 mm 螺栓的叶片，该螺栓在机前连接一根前后活动的支腿，起到支撑和固定夯机的作用。这样一个简易的夯实机就形成了。该机每 10 min 可以夯实一个长6.0 m的水泥土桩。

4.夯锤

夯实机的夯锤自重和形状对于夯实效果至关重要。工程经验证明夯锤一般1～1.5 kN为宜。但是对于产生挤土效应的锤重要大于2 kN,且下部为尖形,使其夯实时产生水平挤土力,使桩间土挤密,使湿陷性黄土湿陷性消失。平底锤一般不产生挤土效应。锤径孔径的比值称为锤孔比,一般锤孔比宜采用0.78～0.9。锤孔比越大,夯实效果越佳。

五、质量检验

施工过程中,对夯实水泥土桩的成桩质量,应及时进行抽样检验。抽样检验的数量应少于总桩数的2%。

对一般工程,可检查桩的干密度和施工记录。干密度的检验方法可在24 h内采用取样测定或采用轻型动力触探击数N_{10}与现场试验确定的干密度进行对比,以判断桩身质量。

夯实水泥土桩地基竣工验收时,承载力检验应采用单桩静载荷试验和复合地基载荷试验。对重要或大型工程,还应进行多桩复合地基载荷试验。

夯实水泥土桩地基承载力检验数量不应少于总桩数的1%,包括复合地基载荷试验和夯实水泥土桩单桩承载力检验,且每个单体工程复合地基载荷试验不应少于3点。

夯实水泥土配比强度试验应符合下列规定:

①试验采用的击实模和击锤,其尺寸应符合表5.6.1规定。

击实试验主要部件规格

表5.6.1

锤质量/kg	锤底直径/mm	落高/mm	击实试模/(mm×mm×mm)
4.5	51	457	150×150×150

②试样的制备应符合现行国家标准《土工试验方法标准》(GB/T 50123—1999)的有关规定。水泥和过筛土料应按土料最优含水率拌和均匀。

③击实试验步骤:在击实试模内壁均匀涂一薄层润滑油,称量一定量的试样,倒入试模内,分四层击实,每层击数由击实密度控制。每层高度相等,两层交界处的土面应刨毛。击实完成时,超出击实试模顶的试样用刮刀削平。称重并计算试样成型后的干密度。

④试块脱模时间为24 h,脱模后必须在标准养护条件下养护28 d,按标准试验方法做立方体强度试验。

第七节 水泥粉煤灰碎石桩复合地基

一、技术研究进展情况

水泥粉煤灰碎石桩是由水泥、粉煤灰、碎石、石屑或砂加水拌和形成的高黏结强度桩(简称CFG桩),需在基础和桩顶之间设置一定厚度的褥垫层,保证桩、土共同承担荷载形成复合地基。

水泥粉煤灰碎石桩与素混凝土桩、预制桩的区别仅在于桩体材料的构成不同,其单桩受力和变形特性没有什么区别。近些年来,随着在高层建筑地基处理中广泛应用,桩体材料组成和早期相比有所变化,主要由水泥、碎石、砂、粉煤灰和水组成,其中,粉煤灰为Ⅱ～Ⅲ级细灰,在桩体混合料中主要提高混合料的泵送性。

水泥粉煤灰碎石桩复合地基具有承载力提高幅度大、地基变形小等特点,并具有较大的适用范围。就基础形式而言,既可适用于条基、独立基础,也可适用于箱基、筏基;既有工业厂房,也有民用建筑。就土性而言,适用于处理黏性土、粉土、砂土和正常固结的素填土等地基。对淤泥质土应通过现场试验确定其适用性。

水泥粉煤灰碎石桩不仅用于承载力较低的土,对承载力较高(如承载力 $f_{ak}=200$ kPa)的地基,其变形不能满足设计要求,也可采用水泥粉煤灰碎石桩加固,以减少地基变形。

目前已积累的工程实例,用水泥粉煤灰碎石桩处理承载力要求较低的地基多用于多层住宅和工业厂房。比如南京浦镇车辆厂厂南生活区 24 幢 6 层住宅楼,原地基土承载力特征值为 60 kPa 的淤泥质土,经处理后复合地基承载力特征值达 240 kPa,基础形式为条基,建筑物最终沉降多在 4 cm 左右。

对一般黏性土、粉土或砂土,桩端具有好的持力层,经水泥粉煤灰碎石桩处理后可作为高层建筑地基,如北京华亭嘉园 35 层住宅楼,天然地基承载力特征值为 $f_{ak}=200$ kPa,采用水泥粉煤灰碎石桩处理后建筑物沉降在 5 cm 以内。成都 40 层、41 层,高度均为119.90 m,强风化泥岩的承载力特征值 $f_{ak}=320$ kPa,采用水泥粉煤灰碎石桩处理后,承载力和变形均满足设计和规范要求,并且经受住了汶川“5·12”大地震的考验。

CFG 桩与一般碎石桩之间的区别如表 5.7.1 所示。

碎石桩与 CFG 桩的对比 表 5.7.1

桩型 对比值	碎石桩	CFG 桩
单桩承载力	桩的承载力主要靠桩顶以下有限长度范围内桩周土的侧向约束。当桩长大于有效桩长时,增加桩长对承载力的提高作用不大。以置换率 10%计,桩承担荷载占总荷载的百分比为 15%~30%	桩的承载力主要来自全桩长的摩阻力及桩端承载力,桩越长则承载力越高。以置换率 10%计,桩承担的荷载占总荷载的百分比为 40%~75%
复合地基承载力	加固黏性土复合地基承载力的提高幅度较小,一般为 0.5~1 倍	承载力提高幅度有较大的可调性,可提高 4 倍或更高
变形	减少地基变形的幅度较小,总的变形量较大	增加桩长可有效地减少变形,总变形量小
三轴应力一应变曲线	应力一应变曲线不呈直线关系,增加围压,破坏主应力差增大	应力一应变曲线为直线关系,围压对应力一应变曲线曲线没有多大影响
适用范围	多层建筑地基	多层和高层建筑地基

二、加固机理

CFG 桩加固软弱地基的作用主要有:桩体作用、挤密作用和置换作用。

1. 桩体作用

在荷载作用下,CFG 桩的压缩性明显小于其周围软弱土。因此,基础传递给复合地基的附加应力随地基变形逐渐集中到桩体上,即出现了应力集中现象。CFG 桩属于刚性桩,它和桩间土共同作用,既具有复合地基的特点,也具有桩基的某些特征,在加固区范围内桩身的变形控制复合地基的变形,变形量很小。

另外,与由松散材料组成的碎石桩不同,CFG 桩桩身具有一定的黏结强度。在荷载作用下,CFG 桩桩身不会出现压胀变形,桩身的荷载通过桩周的摩阻力和桩端阻力传递到地基深处,使复合地基的承载力有较大幅度的提高,加固效果显著。而且,CFG 桩复合地基变形小，沉降稳定快。

2. 挤密作用

由于 CFG 桩采用振动沉管法施工，机械的振动和挤压作用使桩间土得以挤密。经加固处理后，地基土的物理学指标都有所提高，这也说明加固后的桩间土已挤密。

在碎石桩中掺加适量的石屑、粉煤灰和水泥，加水拌和形成一种黏结强度较高的桩体，使之具有刚性桩的某些性状，一般情况下不仅可以全桩长发挥桩的侧阻，当桩端落在好土层时也能很好地发挥端阻作用，从而表现出很强的刚性桩性状，复合地基的承载力得到较大提高。

3. 置换作用

CFG 桩具有一定的黏结强度，设计上一般按 C7～C15 混凝土强度设计。在上部荷载作用下，桩身压缩性明显比周围土体小。复合地基荷载试验结果表明，在荷载作用下首先是桩体受力，表现出比较明显的应力集中现象，其桩土应力可达到 10～30，甚至更高，这一点是其他散体材料桩无法比拟的，复合地基强度较高。

三、承载力计算

①复合地基增强体增加了泥浆护壁钻孔灌注素混凝土桩和钢筋混凝土预制桩。

②根据《建筑地基处理技术规范》(JGJ 79—2012)，初步设计时复合地基承载力按下式估算

$$f_{spk}=\lambda m\frac{R_a}{A_p}+\beta(1-m)f_{sk} \tag{5.7.1}$$

式中，λ 为单桩承载力发挥系数，宜按当地经验取值，无经验时可取 0.8～0.9，厚径比小时取大值；β 为桩间土承载力发挥系数，按当地经验取值，无经验时可取 0.9～1.0，厚径比大时取大值；f_{sk} 为处理后桩间土承载力特征值(kPa)，应按静载荷试验确定。无试验资料时对非挤土成桩工艺，可取天然地基承载力特征值；对挤土成桩工艺，一般黏性土可取天然地基承载力特征值；松散砂土、粉土可取天然地基承载力特征值的 1.2～1.5 倍，原土强度低的取大值。

水泥粉煤灰碎石桩厚径比定义为褥垫厚度和桩径之比，取 0.4～0.6 倍桩径时，桩和桩间土承载力均发挥得比较充分。

③与桩基不同，地基承载力可以做深度修正，基础两侧的超载越大(基础埋深越大)，深度修正的数量也越大，桩承受的竖向荷载也越大，设计的桩体强度应越高；考虑到施工检测增加了单桩静载试验，将桩身强度公式 $f_{cu}\geqslant 3R_a/A_p$ 修订为增强体桩身强度应满足下式的要求

$$f_{cu}\geqslant 4\frac{\lambda R_a}{A_p} \tag{5.7.2}$$

当复合地基承载力进行基础埋深的深度修正时，增强体桩身强度应满足下式的要求

$$f_{cu}\geqslant 4\frac{\lambda R_a}{A_p}\left[1+\frac{\gamma_m(d-0.5)}{f_{spa}}\right] \tag{5.7.3}$$

式中，f_{cu} 为桩体试块(边长 150 mm 立方体)标准养护 28 d 的立方体抗压强度平均值(kPa)；γ_m 为基础底面以上土的加权平均重度(kN/m^3)，地下水位以下取有效重度；d 为基础埋置深度(m)；f_{spa} 为深度修正后的复合地基承载力特征值(kPa)。

④增加了布桩要求，水泥粉煤灰碎石桩宜在基础范围内布桩，并可根据建筑物荷载分布、基础形式、地基土性状，合理确定布桩参数：

a. 对框架核心筒结构形式，核心筒和外框柱宜采用不同布桩参数，核心筒部位荷载水平高，宜强化核心筒荷载影响部位布桩，相对弱化外框柱荷载影响部位布桩；通常核心筒外扩

一个板厚范围，为防止筏板发生冲切破坏，需有足够的净反力，宜减小桩距或增大桩径，当桩端持力层较厚时最好加大桩长，提高复合地基承载力和复合土层模量。

b. 对相邻柱荷载水平相差较大的独立基础，可按非等承载力设计方法，柱荷载大的选用高承载力、柱荷载小的选用低承载力，每个独立基础承载力可以不同。即按变形控制确定桩长和桩距。

c. 筏板厚度与跨距之比小于 1/6 的平板式筏板基础、梁的高跨比大于 1/6 且板的厚跨比（筏板厚度与梁的中心距之比）小于 1/6 的梁板式基础，应在柱（平板式筏基）和梁（梁板式筏基）每边外扩 2.5 倍板厚的面积范围内布桩，并按有效布桩范围确定基底压力。

d. 对荷载水平不高的墙下条形基础可采用墙下单排布桩。

四、设计施工

1. 设计参数

CFG 桩复合地基有 5 个设计参数，分别是桩长、桩径、桩间距、褥垫层厚度、桩体强度。

(1)桩端持力层选择

水泥粉煤灰碎石桩应选择承载力和压缩模量相对较高的土层作为桩端持力层。水泥粉煤灰碎石桩具有较强的置换作用，其他参数相同，桩越长，桩的荷载分担比（桩承担的荷载占总荷载的百分比）越高。设计时须将桩端落在承载力和压缩模量相对高的土层上，这样可以很好地发挥桩的端阻力，也可避免场地岩性变化大可能造成建筑物沉降的不均匀。桩端持力层承载力和压缩模量越高，建筑物沉降稳定也越快。

(2)桩径

桩径与选用施工工艺有关，长螺旋钻中心压灌、干成孔和振动沉管成桩宜取 350～600 mm；泥浆护壁钻孔灌注素混凝土成桩宜取 600～800 mm；钢筋混凝土预制桩宜取300～600 mm。

表 5.7.2 给出了其他条件相同、不同桩径单方混合料提供的承载力值。可以看出，桩径越小桩的比表面积越大，单方混合料提供的承载力越高。若桩径太小施工质量不容易控制，桩体强度要求也越高。

其他条件相同、不同桩径单方混合料提供的承载力值 表 5.7.2

序号	桩径/m	桩长/m	桩数	单桩方量/m^3	总方量/m^3	总承载力/kN	单方混合料承载力/(kN/m^3)
①	2	10	1	31.4	31.4	3 454	110
②	1	10	4	7.85	31.4	5 338	170
③	0.5	10	16	1.96	31.4	9 106	290
④	0.4	10	25	1.26	31.4	10 990	350

注：计算时侧阻、端阻特征值分别为：$q_{sia}=30$ kPa、$q_{pa}=500$ kPa。

(3)桩间距

桩间距应根据设计要求的复合地基承载力、建筑物控制沉降量、土性、施工工艺等综合考虑确定。

从施工角度考虑，尽量选用较大的桩距，以防止新打桩对已打桩的不良影响。

就土的挤（振）密性而言，可将土分为：

①挤（振）密效果好的土，如松散粉细砂、粉土、人工填土等。

②可挤（振）密土，如不太密实的粉质黏土。

③不可挤(振)密土,如饱和软黏土或密实度很高的黏性土、砂土等。

就施工工艺而言,可分为两大类:

①对桩间土产生扰动或挤密的施工工艺,如振动沉管打桩机成孔制桩,属挤土成桩工艺。

②对桩间土不产生扰动或挤密的施工工艺,如对长螺旋钻灌注成桩,属非挤土(或部分挤土成桩工艺),对挤土成桩工艺和不可挤密土宜采用较大的桩距。

在满足承载力和变形要求的前提下,可以通过调整桩长来调整桩距,桩越长,桩间距可以越大。

采用长螺旋钻灌注成桩和振动沉管成桩工艺施工时,箱基、筏基和独立基础,桩距宜取3～5倍桩径;墙下条基单排布桩和选用挤土成桩施工工艺,桩距可适当加大,宜取3～6倍桩径。桩长范围内有饱和粉土、粉细砂、淤泥、淤泥质土层,为防止施工发生窜孔、缩颈、断桩,减少新打桩对已打桩的不良影响,宜采用较大桩长和桩距。

(4)褥垫层

桩顶和基础之间应设置褥垫层,褥垫层在复合地基中具有如下的作用:

①保证桩、土共同承担荷载,它是水泥粉煤灰碎石桩形成复合地基的重要条件。

②通过改变褥垫厚度,调整桩垂直荷载的分担,通常褥垫越薄桩承担的荷载占总荷载的百分比越高,反之亦然。

③减少基础底面的应力集中。

④调整桩、土水平荷载的分担,褥垫层越厚,土分担的水平荷载占总荷载的百分比越大,桩分担的水平荷载占总荷载的百分比越小。

⑤褥垫层的设置,可使桩间土承载力充分发挥,作用在桩间土表面的荷载,在桩侧的土单元体产生竖向和水平向附加应力,水平向附加应力作用在桩表面具有增大侧阻的作用,在桩端产生的竖向附加应力具有增大桩端阻的作用,对提高单桩承载力是有益的。此外,水平向附加应力增加桩的侧限,有助于提高桩身抗压的安全性。

褥垫厚度是影响桩土承载力发挥度的主要因素之一,通常用厚径比表示(褥垫厚度和桩径之比定义为厚径比)。基础刚度和桩径确定后,褥垫层厚桩承载力发挥少,褥垫层薄桩间土承载力发挥少。当荷载达到复合地基承载力时,定义桩顶受力与单桩承载力特征值之比为单桩承载力发挥系数λ;桩间土受力与桩间土承载力之比为桩间土承载力发挥系数β。试验表明,厚径比越小单桩承载力发挥系数越大,桩间土承载力发挥系数越小;厚径比越大单桩承载力发挥系数越小,桩间土承载力发挥系数越大。厚径比在0.4～0.6时,桩和桩间土承载力均发挥得比较充分。

因此褥垫层厚度宜取0.4～0.6倍桩径。褥垫材料宜用中砂、粗砂、级配砂石和碎石等。

2.CFG桩施工

水泥粉煤灰碎石桩的施工,应根据设计要求和现场地基土的性质、地下水埋深、场地周边是否有居民、有无对振动反应敏感的设备等多种因素选择施工工艺。这里给出了四种常用的施工工艺:

①长螺旋钻干成孔灌注成桩,适用于地下水位以上的黏性土、粉土、素填土、中等密实以上的砂土以及对噪声或泥浆污染要求严格的场地。

②长螺旋钻中心压灌灌注成桩,适用于黏性土、粉土、砂土;对含有卵石夹层场地,宜通过现场试验确定其适用性。北京某工程卵石粒径不大于60 mm,卵石层厚度不大于4 m,卵石含量不大于30%,采用长螺旋钻施工工艺取得了成功。目前城区施工对噪声或泥浆污染要求严格,可优先选用该工法。

对遇有深厚淤泥、淤泥质土时，需提供试验确定其适用性，由于长螺旋钻中心压灌灌注成桩工艺，混合料坍落度高，桩保持自身性状的能力低，常发生严重扩径、自身断裂、桩顶下陷等事故。

桩长范围有饱和粉土、粉细砂和淤泥、淤泥质土，当桩距较小时，新打桩钻进时长螺旋叶片对已打桩周边土剪切扰动，使土结构强度破坏，桩周土侧向约束力降低，处于流动状态的桩体侧向溢出、桩顶下沉，亦即发生所谓窜孔现象。施工时须对已打桩桩顶标高进行监控，发现已打桩桩顶下沉时，正在施工的桩提钻至窜孔土部位停止提钻继续压料，待已打桩混合料上升至桩顶时，在施桩继续泵料提钻至设计标高。为防止窜孔发生，除设计采用大桩长大桩距外，可采用隔桩跳打措施。

③振动沉管灌注成桩，适用于粉土、黏性土及素填土地基以及对振动和噪声污染要求不严格的场地。当遇有深厚淤泥、淤泥质土时，采用大桩距、低坍落度的混合料施工方案。若地基土是松散的饱和粉土、粉细砂，以消除液化和提高地基承载力为目的，此时应选择振动沉管打桩机施工；振动沉管灌注成桩属挤土成桩工艺，对桩间土具有挤(振)密效应。但振动沉管灌注成桩工艺难以穿透厚的硬土层、砂层和卵石层等。

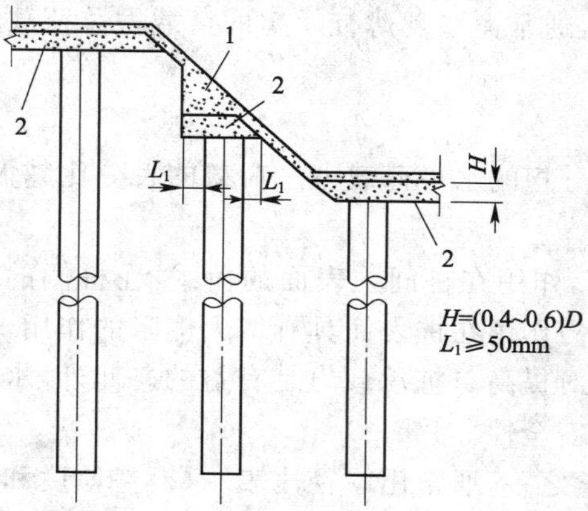

图 5.7.1　井坑斜面部位褥垫层做法示意图

1-素混凝土垫层；2-褥垫层

④泥浆护壁成孔灌注成桩，适用于地下水位以下的黏性土、粉土砂土、填土、碎石土及风化岩层。特别是遇有承压水时，泥浆可使孔内外水力平衡，避免发生渗流将水泥和细集料带走。

褥垫层材料可为粗砂、中砂、级配砂石或碎石，碎石粒径宜为 5～16 mm，不宜选用卵石。当基础底面桩间土含水率较大时，应避免采用动力夯实法，以防扰动桩间土。对基底土为较干燥的砂石时，虚铺后可适当洒水再行碾压或夯实。

电梯井和集水坑斜面部位的桩，桩顶须设置褥垫层，不得直接和基础的混凝土相连，防止桩顶承受较大水平荷载。工程中一般做法见图 5.7.1。

五、质量检验

在施工过程中，抽样做混合料试块，一般一个台班做一组(3 块)，试块尺寸为150 mm×150 mm×150 mm，并测定 28 d 抗压强度。

施工结束 28 d 后进行单桩复合地基载荷试验，抽检率为 2‰，且每个单体工程不应少于 3 点。并采用低应变动力试验，检测桩身完整性，低应变检测数量占桩数 10%。

CFG 桩施工的允许偏差、检验数量及检验方法如表 5.7.3 所示。

CFG 桩施工的允许偏差、检验数量及检验方法　　表 5.7.3

序号	检验项目	允许偏差	施工单位检验数量	检验方法
1	桩位(纵横向)	50 mm	按成桩总数的 10% 抽取检验，且每检验批不少于 5 根	经纬仪或钢尺丈量
2	桩体垂直度	1%		经纬仪或吊线测钻杆倾斜度
3	桩体有效直径	不小于设计值		开挖 0.5～1 m 深后，用钢尺丈量

第八节 柱锤冲扩桩复合地基

一、技术的发展概况

柱锤冲扩桩复合地基是采用起吊设备将细长柱锤提高到一定高度自由下落冲孔，然后分层填料分层冲扩夯实形成的增强体与桩间土形成的复合地基。

在1994年以前，该技术主要用于浅层松软土层（≤4 m），桩身填料主要是渣土或2∶8灰土，建筑物多为4～6层砖混住宅。主要在河北省沧州、衡水地区及山东、河南等地应用，加固机理以挤密为主。

20世纪90年代中期引进天津，多用于沟、坑、洼地、水塘等松软土层或杂填土等地基的处理。为解决坍孔及提高地基处理效果，对成孔工艺及桩身填料进行改进，开发出复打成孔及套管成孔新工艺。借鉴生石灰桩的加固机理，在桩身填料中加入生石灰[即《建筑地基处理技术规范》(JGJ 79—2012)中的碎砖三合土]，实践证明，加固效果良好，加之造价较低，因此被广泛使用。仅天津市华苑居住区就达40万m^2建筑面积。其加固机理主要是置换及生石灰的水化胶凝反应。

2000年以后，由于市场形势变化，柱锤冲扩桩在原有基础上开始向深、强方向发展。桩身填料除了渣土、碎砖三合土及灰土以外，也开始采用级配砂石、水泥土、干硬性水泥砂石料、低强度等级混凝土等。除建筑工程外，公路工程地基处理、堆场等也开始采用这一地基处理方法。

近几年来，柱锤冲扩桩应用领域进一步扩大。工程实践表明，柱锤冲扩挤密灰土（土）桩可用于湿陷性黄土地区。北京周边地区可采用柱锤冲扩挤密砂石桩消除砂土液化，效果良好。在山区不均匀地基处理中，柱锤冲扩桩法也得到了广泛应用。

柱锤冲扩设备的另一个用途，对于在建筑垃圾或生活垃圾等杂填土地基中进行桩基础施工并遭遇成孔困难时，柱锤冲扩设备可以预成孔或称为引孔，非常有效。

柱锤冲扩桩法一般用无导向柱锤冲孔，起吊柱锤设备一般为轮胎式起重机，柱锤一般质量1～8 t，长2～6 m。一般用于深度不大于6 m的浅层地基处理。近十年在机具、设备和填料等方面有很大发展，如下所述。

1. 柱锤

目前生产上采用的柱锤质量已由原来的1～8 t增加至10～15 t，处理深度也超过6 m。柱锤形式多样，尖锥形柱锤（形式可为尖锥形、截锥形或半圆形）更适用于较硬土层、有硬夹层或大块粗集料的地基土中，圆形凹底杆状柱锤一般在软土地基中使用。常用柱锤类型见表5.8.1。

常用柱锤类型 表5.8.1

序号	规格			锤底形状	锤底静压力/kPa
	直径/mm	长度/m	质量/t		
1	325	2～6	1.0～4.0	凹底或平底	120～480
2	377	2～6	1.5～5.0	凹底或平底	134～447
3	500	2～6	3.0～9.0	凹底或平底	153～459

柱锤可用钢材制作或用钢板作外壳，内部浇筑混凝土制成，也可用钢管作外壳，内部浇铸铁制成。为了适应不同工程的要求，钢制柱锤可制成装配式，由组合块和锤顶两部分组成，使用时用螺栓连成整体，调整组合块数(一般 0.5 t/块)，即可按工程需要组合成不同质量和长度的柱锤。

锤型选择应按土质软硬、处理深度及成桩直径经试成桩后加以确定。

2. 起吊机具

由于柱锤质量和落距的增加，起重机起吊能力随之不断增加。目前，生产上使用的起重设备除起重量较小的轮胎式起重机外，履带式起重机凭借重心低、稳定性好、行走方便、起重能力大等优点，现已广泛使用，其常用起重量为 15 t、20 t、25 t、30 t、50 t；此外，也可采用专用三角起重架或龙门架作为起重设备；为增加机械设备的起重能力和提升高度、防止自动脱钩落锤时臂杆回弹，也可采用加钢辅助人字桅杆或龙门架的方法。

3. 多功能柱锤冲扩桩机

由沧州某公司和河北工业大学联合研制的多功能冲扩桩机，如图 5.8.1 所示。整机为液压步履式(分为前置式及中置式)，可完成柱锤冲扩、沉管及螺旋钻取土等作业，配有长螺旋取土钻头及振动装置。

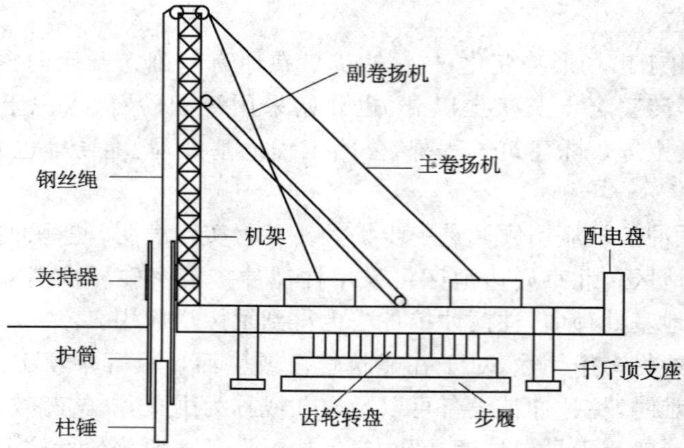

图 5.8.1 前置式多功能冲扩桩机示意图

冲孔过程中坍孔不严重时，可利用钢丝绳起吊柱锤完成冲孔及填料夯扩。必要时可利用护筒导向及孔口防护。在地下水位以下或冲孔过程中坍孔严重时，可采用跟管成孔，即一边用柱锤冲孔一边下压护筒(分液压抱压式及绳索式加压)，以防止孔壁坍塌。成桩时边提护筒边填料冲扩成桩。当遇到硬夹层或为防止冲孔产生挤土造成地面隆起时，也可换上螺旋钻头先引孔再冲扩成桩。

4. 桩身填料

随着改革开放的飞速发展，旧城改造拆除砖房的数量不断减少，柱锤冲扩桩的桩身填料发生了很大的变化，如级配砂石、矿渣、灰土、水泥土、土夹石或干硬性混凝土已成为常用桩身填料。北京周边地区采用柱锤冲扩挤密砂石桩，处理砂土液化，深度达 6～8 m。西北地区采用柱锤冲扩灰土桩挤密桩间土，消除黄土湿陷性，深度达 15～20 m。河北地区利用干硬性水泥砂石料及干硬性水泥土柱锤冲扩成桩也取得了成功，桩身直径可达 0.6 m，处理深度可达 10～20 m。表 5.8.2 为部分填料参考配比。

柱锤冲扩桩桩身填料配合比 表 5.8.2

填料	碎砖三合土	级配砂石	灰土	水泥混合土	水泥砂石料（或干硬性混凝土）	土夹石	二灰
配合比	生石灰：碎砖：黏性土＝1：2：4（体积比）	石子：砂＝1：(0.6～0.9)或土石屑(d<2 mm，不宜超过总重的50%，C_u>5)	消石灰：土＝1：(3～4)(体积比)	水泥：土＝1：(5～9)(体积比)	水泥：集料＝1：(5～10)(质量比)；集料＝砂：碎石＝1：(2～3)(质量比)；集料也可用土石屑	其中，碎石含量不小于50%(质量比)	生石灰：粉煤灰＝1：2～1.5：1(体积比)

注：根据柱锤冲扩桩受力特点，当桩身采用散体材料时，可在上部桩身改用黏结性材料或加入少量水泥。

河北省工程建设标准《柱锤冲扩水泥粒料桩复合地基技术规程》[DB13 (J) /T 115－2011]中，复合地基桩身填料采用干硬性水泥砂石料等黏结性材料，桩长可达10～20 m，单桩承载力为500～1 500 kN，复合地基承载力可达150～300 kPa。对于有黏结的桩身材料，施工顺序应注意以下几点：

①对密集桩群，一般采用横移退打，自中间向两个方向或向四周对称施工。

②当一侧毗邻建筑物时，由毗邻建筑物向另一个方向施打。

③为防止成孔及填料冲扩对邻桩的不利影响，可采用隔行跳打，并在施工中做好观测工作，如发现邻桩位移及桩顶上浮较大时，应调整设计施工参数。

需要说明的是，干硬性混凝土作为填料的一种，并没有在《建筑地基处理技术规范》(JGJ 79—2012)的条文中给出，主要考虑它是有黏结强度增强体的类型，只是用柱锤的施工工艺冲击成孔成桩，设计计算应按照相关规定执行。本节的设计计算是以散体桩增强体为主的。

二、加固机理

①冲孔时的侧向挤密：

对于非饱和的黏性土、松散粉土、砂土、填土，以及达到最优含水率的黏性土，挤密效果最佳。当土的含水率偏低，土呈坚硬状态时，有效挤密区减小；当含水率过高时，由于挤压引起超孔隙水应力，土难以挤密，提锤时，由于应力释放，易出现缩颈甚至坍孔。

②冲孔及填料夯击的孔内强力夯实。

③填料冲扩对桩间土的二次挤密作用及镶嵌作用。

一般散体材料挤密桩的桩间土挤密主要发生在成孔过程中的横向挤密。当被加固的地基土软硬不均时，在相同夯击能量及填料量情况下，成桩直径会有很大不同。土软部分成桩直径增大，且会有部分粗集料挤入桩间土，使桩身与桩间土镶嵌咬合、密切接触，共同受力。

三、设计、施工和检测

1. 设计

(1)处理范围和深度的调整

处理范围应大于基底面积：对一般地基，在基础外缘应扩大1～3排桩，且不应小于基底下处理土层厚度的1/2；对可液化地基，在基础外缘扩大的宽度，不应小于基底下可液化土层厚度的1/2，且不应小于5 m。柱锤冲扩桩处理地基深度不宜大于10 m。

(2)桩间距的调整

桩位布置宜为正方形和等边三角形,桩距宜为 1.2～2.5 m 或取桩径的 2～3 倍。

(3)褥垫层的要求

桩顶部应铺设 200～300 mm 厚砂石垫层,垫层的夯填度不应大于 0.9。对湿陷性黄土,垫层材料应选用灰土。

(4)桩间土 f_{sk} 确定

加固后桩间土承载力特征值 f_{sk} 应根据土质条件按当地经验取值或经现场对比试验确定;当天然地基承载力特征值 f_{sk} 小于 80 kPa 时,可取 $f_{sk}=(1.1\sim1.3)f_{ak}$;无经验地区也可依据桩间土动力触探击数平均值($\overline{N}_{10}$ 或 $\overline{N}_{63.5}$)参考表 5.8.3 确定。

桩间土 f_{sk} 确定 表 5.8.3

$\overline{N}_{10}$	8	10	15	20	30	40
f_{sk}/kPa	70	80	100	120	130	140
$\overline{N}_{63.5}$	2	3	4	5	6	7
f_{sk}/kPa	80	110	130	140	150	160

注:1. 计算 $\overline{N}_{10}$ 及 $\overline{N}_{63.5}$ 时,去掉 10%的极大值和极小值,当触探深度大于 6 m 时,$N_{63.5i}$(N_{10i})应乘以 0.9 折减系数。

2. 对于杂填土及淤泥质土,表中 f_{sk} 应乘以 0.9 折减系数。

2. 施工

①柱锤冲扩桩法宜用直径 300～500 mm、长度 2～6 m、质量 1～8 t 的柱状锤(柱锤)进行施工。

②起重机具可用起重机、步履式夯扩桩机或其他专用机具设备。

③柱锤冲扩桩复合地基施工可按下列步骤进行:

a. 清理平整施工场地,布置桩位。

b. 施工机具就位,使柱锤对准桩位。

c. 柱锤冲孔:根据土质及地下水情况可分别采用下述三种成孔方式:

(a)冲击成孔:将柱锤提升一定高度,自动脱钩下落冲击土层,如此反复冲击,接近设计成孔深度时,可在孔内填少量粗集料继续冲击,直到孔底被夯密实。

(b)填料冲击成孔:成孔时出现缩颈或坍孔时,可分次填入碎砖和生石灰块,边冲击边将填料计入孔壁及孔底,当孔底接近设计成孔深度时,夯入部分碎砖挤密桩端土。

(c)复打成孔:当坍孔严重难以成孔时,可提锤反复冲击至设计孔深,然后分次填入碎砖和生石灰块。待孔内生石灰吸水膨胀、桩间土性质有所改善后,再进行二次冲击复打成孔。

当采用上述方法仍难以成孔时,也可采用套管成孔,即用柱锤边冲孔边将套管压入土中,直至柱底设计标高。

d. 成桩:用标准料斗或运料车将拌和好的填料分层填入桩孔夯实。当采用套管成孔时,边分层填料夯实,边将套管拔出。锤的质量、锤长、落距、分层填料量、分层夯填度、夯击次数、总填料量等应根据试验或按当地经验确定。每个桩孔应夯填至桩顶设计标高以上至少 0.5 m,其上部桩孔宜用原槽土夯封。施工中应做好记录,并对发现的问题及时进行处理。

e. 施工机具移位,重复上述步骤进行下一根桩施工。

④成孔和填料夯实的施工顺序,宜间隔进行。

⑤基槽开挖后,应进行晾槽拍底或振动压路机碾压,随后铺设垫层并压实。

3. 检测

①施工过程中应随时检查施工记录及现场施工情况，并对照预定的施工工艺标准，对每根桩进行质量评定。对质量有怀疑的工程桩，应用重型动力触探进行自检。

②冲扩桩施工结束后 7～14 d 内，可对桩身及桩间土进行抽样检验，可采用重型动力触探或标贯进行，并对处理后桩身质量及复合地基承载力作出评价。检验点数可按冲扩桩总数的 2%计。每一单体工程桩身及桩间土总检验点数均不应少于 6 点。

③柱锤冲扩桩复合地基竣工验收时，承载力检验应采用复合地基载荷试验。

④检验数量为总桩数的 0.5%，且每一单体工程不应少于 3 点。荷载试验应在成桩14 d后进行。

⑤基槽开挖后，应检查桩位、桩径、桩数、桩顶密实度及槽底土质情况。如发现漏桩、桩位偏差过大、桩头及槽底土质松软等质量问题，应采取补救措施。

第九节　多桩型复合地基

一、多桩型复合地基的基本概念、作用机理与发展现状

1. 基本概念与作用机理

由两种或两种以上不同类型增强体或者同一类型增强体所采用的材料、工法不同，或同类增强体相同工法采用不同长度或不同直径与桩(增强体)间土组合形成的复合地基，可称之为多桩型复合地基。

常用的多桩型复合地基：

①用于处理可液化土或软黏土地基的碎石桩加 CFG 桩复合地基、碎石桩加水泥土桩复合地基、塑料排水板或砂井加水泥土搅拌桩复合地基。

②用于处理湿陷性黄土的灰土挤密桩加 CFG 桩复合地基，灰土桩加挤密 CFG 桩复合地基、灰土桩加预应力管桩复合地基。

③桩端位于不同持力层的长短桩复合地基，常用的有 CFG 长短桩复合地基、静压长短桩复合地基。

④不同直径灌注桩复合地基、静压管桩复合地基。

⑤用于处理工程事故的多桩型复合地基，常用的钢筋混凝土灌注桩与水泥土桩组合的复合地基，钢筋混凝土桩与 CFG 桩组合的复合地基。

多桩型复合地基上作用的荷载仍然由桩与桩间土共同承担，与单一桩型复合地基的区别在于各不同型桩之间刚度的差异，使得桩、土间分担的荷载强度不同，各型桩之间分担的荷载强度亦有区别。

以可液化地基或湿陷性地基为例说明加固机理：采用振冲碎石桩与 CFG 桩组合成多桩型复合地基，其中，振冲碎石桩不仅可以提高一定的地基承载力，减小沉降与不均匀沉降，而且能有效地消除或降低地基的液化或湿陷性，而 CFG 桩可以提供较大的地基承载力，以补偿地基承载力的不足。

2. 多桩型复合地基技术的发展

早期的复合地基一般为单一桩型(或增强体)的复合地基，所能解决的地基问题往往也比较单一。近年来，高层建筑的地基处理、特殊土地基问题、填土地基问题等，给地基处理提出了越来越多的要求。为充分利用和发挥桩体(增强体)对不同地基土的不同处理效果，结

合工程地质特点和地基处理需求，人们开始在复合地基中采用由两种或两种以上不同类型的桩（增强体）或同一种增强体，长度或直径不同的桩（增强体）与桩间土组成的复合地基，称为多桩型复合地基。

多桩型复合地基是近年来较为活跃的热点研究和应用课题之一，在国内使用已有近 20 年历史，如 1995 年施工完成的河南新闻大厦高压旋喷水泥土桩复合地基，设计桩径 600 mm，设计桩长分别为长桩 16 m，短桩 12 m，长桩用于处理软下卧层进入承载力较高的砂层。该楼主体 26 层，竣工后沉降量小于 30 mm。近年来多桩型复合地基呈现更多应用的发展趋势，表现在：

①已处理特殊土地基，如湿陷性、可液化为目标之一的多桩型复合地基得到较快发展。

②以静压桩为代表的小直径桩通过不同直径或不同桩长进行组合的多桩型复合地基，得到快速推广。

③用于处理工程事故为目的的多桩型复合地基，已成为桩基工程事故处理的重要手段之一。

二、多桩型复合地基的设计计算

基于多桩型复合地基的加固机理，目前以各增强体在复合地基中的置换率和桩间土的承载力在复合地基中的发挥情况进行计算，基本符合多桩型复合地基的作用机理，简便实用。

1. 多桩型复合地基承载力设计

基于地基土和各型桩的承载力特征值及其相应的置换率，并适当考虑各部分承载力在复合地基中的发挥情况，建立多桩型复合地基承载力特征值的计算方法。

多桩型复合地基承载力特征值应采用多桩复合地基静载荷试验确定，初步设计时可采用以下方式估算：

①由具有不同黏结强度的桩组合形成的多桩型复合地基

$$f_{spk}=m_1\frac{\lambda_1 R_{a1}}{A_{p1}}+m_2\frac{\lambda_2 R_{a2}}{A_{p2}}+\beta(1-m_1-m_2)f_{sk} \tag{5.9.1}$$

式中，m_1、m_2分别为桩 1、桩 2 的面积置换率；λ_1、λ_2 分别为桩 1、桩 2 单桩承载力发挥系数，应由单桩复合地基试验按等变形准则确定，有地区经验时也可按地区经验确定；R_{a1}、R_{a2} 分别为桩 1、桩 2 单桩承载力特征值（kN）；A_{p1}、A_{p2} 分别为桩 1、桩 2 的截面面积（m^2）；β 为桩间土承载力发挥系数，无经验时可取 0.9～1.0；f_{sk} 为处理后复合地基桩间土承载力特征值（kPa）。

②由具有黏结强度桩与散体材料桩组合形成的复合地基承载力特征值

$$f_{spk}=m_1\frac{\lambda_1 R_{a1}}{A_{p1}}+\beta[1-m_1+m_2(n-1)]f_{sk} \tag{5.9.2}$$

式中，β 为加固形成的复合地基桩间土承载力发挥系数；n 为加固后散体材料桩桩体应力与桩间土应力之比值；f_{sk} 为加固处理后桩间土承载力特征值（kPa）；m_1 为有黏结强度桩的面积置换率；m_2 为散体材料桩的面积置换率。

多桩型复合地基面积置换率应根据基础面积与该面积范围内实际的布桩数进行计算，当基础面积较大或条形基础较长时，也可以单元面积置换率替代。单元面积计算模型如图 5.9.1所示。

当按图 5.9.1a）布桩时，$m_1=\dfrac{A_{p1}}{2s_1 s_2}$，$m_2=\dfrac{A_{p2}}{2s_1 s_2}$；

当按图 5.9.1b）布桩且 $s_1=s_2$ 时，$m_1=\dfrac{A_{p1}}{s_1^2}$，$m_2=\dfrac{A_{p2}}{s_1^2}$。

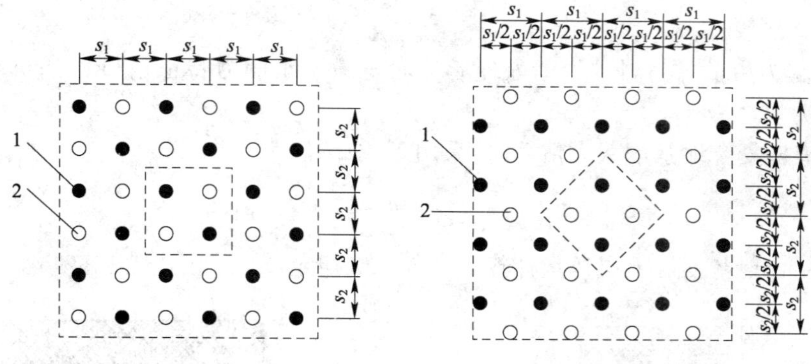

a)矩形布桩　　b)三角形布桩

图 5.9.1　多桩型复合地基单元面积计算模型

1-桩 1;2-桩 2

2.多桩型复合地基变形计算

多桩型复合地基沉降变形,可将复合地基的沉降以复合土层与下卧土层沉降分别计算后相加得到,其中复合土层的变形计算可能采用的方法有假想实体法、桩身压缩法、应力扩散法、有限元法等,下卧土层的沉降计算一般采用分层总和法。理论研究与实测表明,大多数复合地基的沉降变形计算的精度取决于下卧土层的变形计算精度,在沉降计算经验系数确定后,复合土层底部作用在天然地基顶面附加应力的计算取值是关键。该附加应力随上述复合地基沉降计算的方法不同而存在较大的差异,即使采用如应力扩散法的一种方法,也因应力扩散角的取值不同计算结果不同。对多桩型复合地基,复合土层变形及下卧土层顶面附加应力的计算将更加复杂。

多桩复合地基承载力特征值 f_{spk} 可由多桩复合地基静载荷试验确定,但由其中的一种桩处理形成的复合地基承载力特征值 f_{spk1} 的试验,对已施工完成的多桩型复合地基而言,具有一定的难度,有经验时可采用计算结果代替。

计算方法虽在理论假定上不完善,但计算简单,具有可操作性。

多桩型复合地基变形计算可按《建筑地基处理技术规范》(JGJ 79—2012)第 7.1.8 条规定确定,复合土层的压缩模量计算如下:

①有黏结强度增强体的长短桩复合加固区、短桩桩端至长桩桩端加固区土层压缩模量提高系数分别按下式计算

$$\zeta_1 = \frac{f_{spk}}{f_{ak}} \tag{5.9.3}$$

$$\zeta_2 = \frac{f_{spk1}}{f_{ak}} \tag{5.9.4}$$

式中,f_{spk1}、f_{spk} 分别为仅由长桩处理形成复合地基承载力特征值和长短桩复合地基承载力特征值(kPa);ζ_1、ζ_2 分别为长短桩复合地基加固土层压缩模量提高系数和仅由长桩处理形成复合地基加固土层压缩模量提高系数。

②对由有黏结强度的桩与散体材料桩组合形成的复合地基加固区土层压缩模量提高系数计算如下:

根据散体材料桩与桩间土承载力试验结果时,采用下式计算

$$\zeta_1 = \frac{f_{spk}}{f_{spk2}}[1 + m(n-1)]\alpha \tag{5.9.5}$$

$$\alpha = \frac{f_{sk}}{f_{ak}}$$

式中，f_{spk2} 为由散体材料桩加固处理后桩间土地基承载力特征值(kPa)；m 为散体材料桩的面积置换率。

根据多桩型复合地基承载力估算时，采用下式计算

$$\zeta_1 = \frac{f_{spk}}{f_{ak}} \tag{5.9.6}$$

多桩型复合地基复合土层模量计算如图 5.9.2 所示。

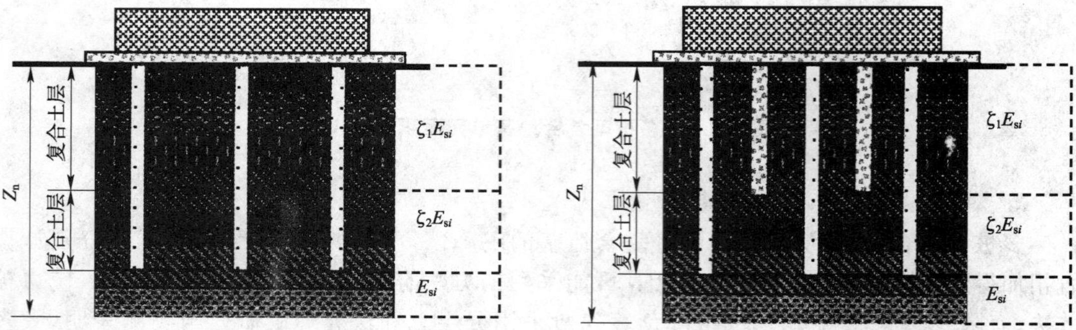

a)仅有长桩(或具有黏结材料增强体桩)的复合地基

b)短桩(或散体材料增强体)与长桩(或具有黏结材料增强体桩)共同处理的复合地基

图 5.9.2　多桩型复合地基复合土层模量计算

3. 多桩型复合地基承载力试验要求

多桩型复合地基的承载力试验应按以下要求进行：

①设计时，多桩复合地基的荷载板尺寸原则上应与计算单元的几何尺寸相等，当采用多桩复合地基试验确有困难、而有地区经验时，也可采用增强体单桩试验与桩间土静载荷试验结果结合经验确定。

②竣工验收时，多桩型复合地基承载力检验应采用多桩型复合地基静载荷试验和单桩静载荷试验，检验数量不得少于总桩数的 1%。

③多桩复合地基荷载板静载荷试验的数量对每一单体工程不得少于 3 点。

④增强体施工质量检验时，每一桩型的检验数量不应少于其桩数的 2%，对具有黏结强度的增强体的完整性检验数量不应少于其桩数的 10%。

4. 其他技术要求

①多桩型复合地基单桩承载力采用《建筑地基处理技术规范》(JGJ 79—2012)第 7.1.5 条规定估算时，对施工扰动敏感的土层，应考虑后施工桩对已施工桩的单桩承载力的折减。

②多桩型复合地基的布桩宜采用正方形或三角形间隔布置，刚性桩可仅在基础范围内布置，其他增强体桩位布置应满足液化土地基、湿陷性黄土地基对不同性质土处理范围的要求。

③关于垫层设置要求。

多桩型复合地基垫层设置，对刚性长短桩复合地基宜选择砂石垫层，垫层厚度宜取对复合地基承载力贡献较大增强体直径的 1/2；对刚性桩与其他材料增强体桩组合的复合地基，宜取刚性桩直径的 1/2；对未要求全部消除湿陷性的黄土，宜采用灰土垫层，其厚度宜为 300 mm。

根据近年来复合地基理论研究的成果，复合地基的垫层厚度与增强体直径、间距，桩间土承载力发挥度要求，复合地基变形控制严格程度等有关，褥垫层过厚会形成较深的负摩阻区，影响复合地基增强体承载力的发挥；褥垫层过薄不利于复合地基的水平受力，同时影响复合地基桩间土承载力的发挥。考虑垫层材料颗粒的可滑动性，厚度一般为增强体直径的1/2，并应具有良好级配。

第六章 注浆加固

第一节 注浆加固技术的应用与发展

注浆加固应包括静压注浆加固、水泥搅拌注浆加固和高压旋喷注浆加固等，它是一种常用的工程处理加固方法，广泛应用于城市地下工程、铁路、公路、水利、港口、矿山、建筑地基处理工程。水泥搅拌注浆加固和高压旋喷注浆加固已在第五章的有关内容规定了设计施工方法，本章内容仅针对静压注浆加固。静压注浆加固是将水泥浆或其他化学浆液注入地基土层中，增强土颗粒间的联结，使土体强度提高、变形减少、渗透性降低的地基处理方法。

注浆加固至今已有约200年历史，从其发展可分为四个阶段。

①原始黏土浆液阶段(1802—1857年)：注浆法出现于19世纪初，1802年法国土木工程师查理斯·贝尔格尼采用向地层挤压黏土浆液来修复被水流侵蚀了的挡潮闸的砾土地基，取得了巨大成功。而后用于建筑地基加固，相继传入英国、埃及。但其注入方法简单，浆液也简单。

②初级水泥浆液注浆阶段(1858—1919年)：随着硅酸盐水泥(1826年，英国)的出现，英国人基尼普尔1858年采用水泥注浆试验成功；正是在这时，英国研制出了压缩空气注浆泵，促进了水泥注浆法的发展。

③中级化学浆液注浆阶段(1920—1969年)：注浆技术的进一步发展和广泛应用，是在矿山竖井的建设中用于防止竖井开挖时地下水的渗入。1920年荷兰采矿工程师尤斯登首次采用水玻璃—氯化钙双液双系统二次压浆法，首次论证了化学注浆的可靠性，随后出现多种性质各异的化学浆液。这个阶段，相继产生了注浆理论和工艺，从1938年马格提出的球形扩散理论到柱状渗透理论，逐步形成渗透注浆、压密注浆、劈裂注浆、复合注浆等理论和工艺。注浆设备和检测仪器也不断更新。

④目前注浆技术发展(1969年—)：以20世纪60年代末出现高压喷射注浆技术为标志，使注浆结石体由散体到结构体，注浆材料向渗透性强、可注性好、无污染、固结体强度较高、凝胶时间易于控制、价格便宜和施工方便的超细水泥方向发展，逐步取代化学浆液，减少环境污染和工程造价。

我国的注浆技术研究起步较晚，20世纪50年代前所做工作甚少，20世纪50年代开始初步掌握注浆技术，1953年开始研究应用水玻璃作为注浆材料。随着水利水电工程建设的发展和我国的化学工业形成，除水泥、黏土等材料外，20世纪50年代末已形成了环氧树脂、甲基丙烯酸甲酯等注浆材料，20世纪60年代形成了丙烯酰胺注浆材料，20世纪70年代末形成了聚氨酯注浆材料。尤其是进入20世纪80年代后，根据不同的需要，各种材料在种类、性能上得到进一步的发展。除材料品种外，我国配套的施工技术、工艺、注浆机具和检测手段相应地获得了重大的发展。配套注浆的钻孔机具、高压注浆泵、高压耐磨阀门、高速搅拌机、止浆装置、自动记录仪、集中制浆系统等机具设备的出现，也为注浆技术的稳步发展创造了条件。在监测方面，从目测样品、压水试验等常规方法，发展到声波监测、变形检测、电子显微镜等多种宏观和微观的检测手段。注浆工艺技术上,以高压注浆为代表的整套注浆技术、水泥浓浆注浆技术、水泥浆液和化学浆液联合注浆技术等,为工程中复杂地基的防渗加固处理提供了条件。

近十年来,随着我国工程建设全面展开,注浆工艺和注浆设备不断更新,注浆加固在实际工程中应用范围广,如矿山巷道开挖和支护、地下工程开挖和支护、隧道开挖、水坝止水、建筑物纠倾工程、桩基后压浆工程中。注浆加固技术的应用见表 6.1.1。

注浆加固技术的应用　　表 6.1.1

工程类别	应用场所	目的
建筑工程	建筑物因地基土强度不足发生不均匀沉降 在基桩侧面和桩端	①改善土的力学性质,对地基进行加固或纠偏处理; ②提高桩周摩擦力和桩端抗压强度,或处理桩底沉渣过厚引起的质量问题
坝基工程	基础岩溶发育或受构造断裂破坏 帷幕压浆 重力坝灌浆	①提高岩土密实度、均匀性、弹性模量和承载力; ②切断渗流; ③提高坝基整体性、抗滑稳定性
地下工程	在建筑物基础下面挖地下铁道、地下隧道、涵洞、管线路等 洞室围岩	①防止地面沉降过大,限制地下水活动及制止土体位移; ②提高洞室稳定性,防渗
其他	边坡 桥基 路基等	维护边坡稳定,桥墩防护、处理路基病害等

注浆加固按照注浆机理可分为如下几类:

①充填注浆。用于坑道、隧道背面、构筑物基础下的大空洞及土体中大孔隙的回填注浆。其目的在于加固整个土层及改善土体的稳定性。这种注浆法主要是使用水泥浆、水泥黏土浆等粒状材料的混合浆液。一般情况下注浆压力较小,浆液不能充填细小孔隙,所以止水防渗效果较差。

②劈裂注浆和脉状注浆。劈裂注浆或脉状注浆是在较高的注浆压力下,把浆液注入渗透性小的土层中,浆液扩散呈脉状分布。不规则的脉状固结物和由于浆液压力而挤密的土体,以及不受注浆影响的土体构成的地基,可提高地基承载能力,其改善的程度则随脉状分布而不同。在浅层的水平浆脉,由于注入压力作用可使地面隆起,往往影响附近构筑物的稳定性。在建筑工程中使用较为广泛。

③基岩裂隙注浆。基岩中存在的裂隙使整个地层强度变弱或形成涌水通道,在这种裂隙中进行的注浆称为裂隙注浆。多用于以止水或加固为目的的岩石坝基防渗和加固,隧洞、竖井的开掘。

④渗透注浆。渗透注浆是使浆液渗透扩散到土粒间的孔隙中,凝固后达到土体加固和止水的目的。浆液性能、土体孔隙的大小、孔隙水、非均质性等方面对浆液渗透扩散有一定的影响,因而也就必将影响到注浆效果。

⑤界面注浆、接缝注浆和接触注浆。界面注浆、接缝注浆和接触注浆是指在层面或界面注浆,向成层土地基或结构界面进行注浆时,浆液首先进入层面或界面等弱面,形成片状的固结体,从而改善层面或界面的力学性能。

⑥混凝土裂缝注浆。受温度、所承受的荷载、基础的不均匀沉降及施工质量等的影响,所产生的混凝土裂缝和缺陷,往往可通过注浆进行加固和防渗处理,以恢复结构的整体性。

⑦挤密注浆。当使用高塑性浆液,地基又是细颗粒的软弱土时,注入地基中的浆液在压力作用下形成局部的高压区,对周围土体产生挤压力,在注浆点周围形成压力浆泡,使土体孔隙减小,密实度增加。挤密注浆主要靠挤压效应来加固土体。固结后的浆液混合物是个坚硬的压缩性很小的球状体。它可用来调整基础的不均匀沉降,进行基础托换处理,以及在大开挖或隧道开挖时对邻近土体进行加固。

在建筑地基处理中,注浆加固主要是采用水泥搅拌注浆加固和高压旋喷注浆加固形成复合地基来提高地基承载力,静压注浆加固由于注浆方向和注浆均匀性在实际操作中较难,处理后地基的检测难度也较大,因此在建筑地基处理工程中注浆加固目前主要作为一种辅助措施和既有建筑物加固措施,当其他地基处理方法难以实施时才予以考虑。注浆材料选用水泥浆液、硅化浆液、碱液等固化剂。

第二节　设计、施工和质量检测要求

一、注浆加固设计

(一)概述

注浆加固设计前应明确加固的对象、目的和任务要求,取得相应工程资料和岩土勘察资料。注浆加固设计是在注浆试验资料基础上,根据工程性质提出的具体要求进行。主要内容包括:

①注浆材料的选择,包括浆液类型、配比建议及浆液组成材料质量要求与制备工艺。

②注浆钻孔布置设计,包括注浆钻孔的位置、孔距、排距、成孔方法及成孔工艺参数等。

③施工方法的选择,主要有孔口封闭法、GIN 法、常规低压注浆法、双液注浆法。

④注浆参数设计,包括注浆压力、注浆段长度、注浆结束标准、单位注入量等。

⑤注浆技术要求,包括设备要求、材料性能要求、钻孔要求、浆液制备、注浆要求等。

⑥质量检测要求。

由于地质条件的复杂性,针对注浆加固目的,在注浆加固设计前应进行室内浆液配比试验和现场注浆试验。浆液配比的选择也应结合现场注浆试验,试验阶段可选择不同浆液配比。现场注浆试验包括注浆方案的可行性试验、注浆孔布置方式试验和注浆工艺试验三方面。可行性试验是当地基条件复杂,难以借助类似工程经验决定采用注浆方案的可行性时进行的试验。一般为保证注浆效果,还需通过试验寻求较少的注浆量、最佳注浆方法和最优注浆参数,即在可行性试验基础上进行注浆孔布置方式试验和注浆工艺试验。只有在经验丰富的地区可参考类似工程确定设计参数。

(二)注浆加固试验

注浆加固试验是一项较为细致的工作,常常需要对浆材和工艺反复试验调整;同时又受现场条件所限,需要适时、周密地作出安排。注浆试验一般在建筑物位置确定后的工程设计阶段进行。对重要的工程,或地层条件复杂,地基处理对工程有关键性影响时,在初设阶段即进行注浆试验。注浆加固试验的主要内容包括:

1. 注浆试验组数和试验场地选择的确定

一般情况下,不同地质单元、不同工艺参数的不同灌浆材料均须进行试验。重点工程特殊地段的注浆,应有专门试验。注浆试验场地选择首先应充分考虑其水文、工程地质条件的代表性。

2. 浆材性能试验

根据注浆对象选择所需的浆材。选用纯水泥浆液进行防渗和固结灌浆时，可直接按照水泥强度等级选择；当试验选用水泥砂浆、水泥水玻璃黏土浆、化学浆材进行注浆时，须进行浆材配比及物理力学性能试验。试验内容包括细度及颗粒级配、不同配合比及其流变参数、沉降稳定性、凝固时间、浆体密度、结石密度及强度、弹性模量等。根据浆材配比试验成果选择最为适宜灌浆对象的灌浆材料与配比。

3. 注浆试验参数设计

注浆试验参数包括钻孔布置形式，注浆孔径、排距、防渗固结注浆的深度、注浆压力、段长、结束标准、检查手段等。

①注浆试验孔的布置形式。注浆试验孔的布置形式应根据地质条件的复杂程度和注浆目的而定。地质条件简单、注浆加固要求较低时，可按单排布置；地质条件复杂和注浆加固、防渗要求较高时，可按双排布置；当地质条件极为复杂和注浆加固、防渗要求极高时，可布置三排或多排。质量检查孔根据需要，多布置在同一施工参数的两个或三个注浆孔之间，其多少结合试验选定的参数组数确定。

②注浆试验孔、排距和孔深的确定。注浆扩散半径是在一定工艺条件下，浆液在地层中扩散程度的数学统计的描述值，是确定排数、孔距和排距布置的重要参数。渗入性注浆按注浆扩散理论推导的扩散半径公式来估算；由于地层的不均匀性，浆液扩散往往是不规则的，注浆扩散半径难以准确计算。一般注浆扩散半径与地层渗透系数、孔隙大小、注浆压力、浆液的注入能力等因素有关。可通过调整注浆压力、浆液的注入能力和注浆时间来调整注浆扩散半径。

③注浆试验压力确定。地层容许注浆压力一般与地层的物理力学指标有关，与注浆孔段位置、埋深、注浆材料、工艺等也有一定的关系。一般情况下可参照类似工程的经验和有关经验公式初步拟定。

④浆材配合比。根据选定的浆材种类和室内配合比试验选择拟进行的浆材和适宜于注浆施工的 2～3 种配合比进行试验注浆。以便于浆材及配合比注浆效果对比，从而为施工确定经济适宜的浆材及配合比。

⑤注浆结束控制标准。注浆结束控制标准应按照注浆方法、注浆材料、选用的施工工艺和注浆加固的目的、重要性进行选择。

⑥注浆质量检查。可用开挖探槽、标准贯入试验、轻型动力触探试验、静力触探试验、射线检测、弹性波法、电阻率法、压水试验、室内试验、载荷试验等。

根据注浆试验结果，结合场地条件等综合因素，进行具体注浆加固设计，在建筑地基的局部加固处理中，加固材料的选择一般应根据地层的可注性及基础的承载要求而定，优先采用水泥为主的浆液，当地层的可注性不好时，可采用化学浆液，如硅化浆液、碱液等。

(三)水泥为主剂的浆液注浆加固设计

1. 注浆材料

水泥为主剂的浆液主要包括水泥浆、水泥砂浆和水泥水玻璃浆。水泥浆液是地基治理、基础加固工程中常用的一种胶结性好、结石强度高的注浆材料，一般施工要求水泥浆的初凝时间既能满足浆液设计的扩散要求，又不至于被地下水冲走；在砂土地基中，浆液的初凝时间宜为 5～20 min；在黏性土地基中，浆液的初凝时间宜为 1～2 h；对渗透系数大的地基还需尽可能缩短初、终凝时间。地层中有较大裂隙、溶洞，耗浆量很大或有地下水活动时，宜采用水泥砂浆，水泥砂浆由水灰比不大于 1.0 的水泥浆掺砂配成，与水泥浆相比有稳定性好、抗渗能力强和析水率低的优点，但流动性小，对设备要求较高。水泥水玻璃浆广泛用于地基、大坝、隧道、桥墩、矿井等建筑工程，其性能取决于水泥浆水灰比、水玻璃浓度和加入量、浆液养护条件。对有地下水流动的软弱地基，不应采用单液水泥浆液。

2.注浆钻孔布置

应根据处理对象和目的有针对性地进行布置，重点部位、一般部位应疏密有别，注浆孔间距应通过现场注浆试验确定，无试验资料时宜取1.0～2.0 m。

3.施工方法的选择

需结合建筑物等级标准、地质条件、地层的渗透性和可注性、注浆压力和加固标准、环境条件等因素综合确定。

4.注浆参数设计

注浆量、注浆压力和注浆有效范围，应通过现场注浆试验确定；在黏性土地基中，浆液注入率宜为15%～20%；注浆点上的覆盖土厚度应大于2 m；对劈裂注浆的注浆压力，在砂土中，宜为0.2～0.5 MPa；在黏性土中，宜为0.2～0.3 MPa。对压密注浆，当采用水泥砂浆浆液时，坍落度宜为25～75 mm，注浆压力宜为1.0～7.0 MPa。当采用水泥—水玻璃双液快凝浆液时，注浆压力不应大于1.0 MPa。

对填土地基，由于其各向异性，对注浆量和方向不好控制，采用多次注浆施工才能保证工程质量，间隔时间应按浆液的初凝试验结果确定，且不应大于4 h。

(四)硅化浆液注浆加固设计

1.浆液的选择和配制

①砂土、黏性土宜采用压力双液硅化注浆；渗透系数为0.1～2.0 m/d的地下水位以上的湿陷性黄土，可采用无压或压力单液硅化注浆；自重湿陷性黄土宜采用无压单液硅化注浆。

②防渗注浆加固用的水玻璃模数不宜小于2.2。用于地基加固的水玻璃模数宜为2.5～3.3，且不溶于水的杂质含量不应超过2%。

③双液硅化注浆用的氧化钙溶液中的杂质含量不得超过0.06%，悬浮颗粒含量不得超过1%，溶液的pH值不得小于5.5。

④单液硅化法应采用浓度为10%～15%的硅酸钠($Na_2O \cdot nSiO_2$)，并掺入2.5%氯化钠溶液。

加固湿陷性黄土的溶液用量，可按下式估算

$$Q = V\bar{n}d_{N1}\alpha \tag{6.2.1}$$

式中，Q为硅酸钠溶液的用量(m^3)；V为拟加固湿陷性黄土的体积(m^3)；$\bar{n}$为地基加固前土的平均孔隙率；d_{N1}为注浆时硅酸钠溶液的相对密度；α为溶液填充孔隙的系数，可取0.60～0.80。

⑤水玻璃(即硅酸钠溶液)的模数值。

水玻璃的模数值是二氧化硅与氧化钠(百分率)之比，水玻璃的模数值越大，意味着水玻璃中SiO_2的成分越多。因为硅化加固主要是由SiO_2对土的胶结作用，所以水玻璃模数值的大小直接影响着加固土的强度。试验研究表明，模数值$\frac{SiO_2\%}{Na_2O\%}=1$的纯偏硅酸钠溶液加固土的强度很小，完全不适合加固土的要求，模数值超过3.3以上时，随着模数值的增大，加固土的强度反而降低，说明SiO_2过多对土的强度也有不良影响，因此采用单液硅化法加固湿陷性黄土地基，水玻璃的模数值宜为2.5～3.3。

⑥当硅酸钠溶液浓度大于加固湿陷性黄土所要求的浓度时，应进行稀释，稀释加水量可按下式估算

$$Q' = \frac{d_N - d_{N1}}{d_{N1} - 1} \cdot q \tag{6.2.2}$$

式中，Q'为稀释硅酸钠溶液的加水量(t)；d_N为稀释前，硅酸钠溶液的相对密度；q为拟稀释硅酸钠溶液的质量(t)。

2. 注浆孔的布置

①注浆孔的排间距可取加固半径的1.5倍；注浆孔的间距可取加固半径的1.5～1.7倍；外侧注浆孔位超出基础底面宽度不得小于0.5 m；分层注浆时，加固层厚度可按注浆管带孔部分的长度上、下各0.25倍加固半径计算。

硅化注浆的加固半径应根据孔隙比、浆液黏度、凝固时间、灌浆速度、灌浆压力、灌浆量等试验确定。无试验资料时，对粗砂、中砂、细砂、粉砂、黄土可按表6.2.1确定。

硅化法注浆加固半径 表6.2.1

土的类型及加固方法	渗透系数/(m/d)	加固半径/m
粗砂、中砂、细砂(双液硅化法)	2～10	0.3～0.4
	10～20	0.4～0.6
	20～50	0.6～0.8
	50～80	0.8～1.0
粉砂(单液硅化法)	0.3～0.5	0.3～0.4
	0.5～1.0	0.4～0.6
	1.0～2.0	0.6～0.8
	2.0～5.0	0.8～1.0
黄土(单液硅化法)	0.1～0.3	0.3～0.4
	0.3～0.5	0.4～0.6
	0.5～1.0	0.6～0.8
	1.0～2.0	0.8～1.0

②采用单液硅化法加固湿陷性黄土地基，注浆孔的布置应符合下列要求：

a. 注浆孔间距：压力注浆宜为0.8～1.2 m，溶液自渗宜为0.4～0.6 m。

b. 对新建建(构)筑物和设备基础的地基，应在基础底面下按等边三角形满堂布孔，超出基础底面外缘的宽度，每边不得小于1.0 m。

c. 对既有建(构)筑物和设备基础的地基，应沿基础侧向布孔，每侧不宜少于2排。

d. 当基础底面宽度大于3 m时，除应在基础下每侧布置2排注浆孔外，必要时，可在基础两侧布置斜向基础底面中心以下的注浆孔或在其台阶上布置穿透基础的注浆孔。

3. 注浆工艺

单液硅化法加固湿陷性黄土地基的注浆工艺有两种：一是压力注浆，二是溶液自渗(无压)。压力注浆溶液的速度快，扩散范围大，注浆溶液过程中，溶液与土接触初期尚未产生化学反应，在自重湿陷性严重的场地，采用此法加固既有建筑物地基，附加沉降可达300 mm以上，对既有建筑物显然是不允许的，故规定，压力注浆可用于加固自重湿陷性场地上拟建的设备基础和构筑物的地基，也可用于加固非自重湿陷性黄土场地上既有建筑物和设备基础的地基。因为非自重湿陷性黄土有一定的湿陷起始压力，基底附加应力不大于湿陷起始压

力，或虽大于湿陷起始压力但数值不大时，不致出现附加沉降，并已为大量工程实践和试验研究资料所证明。

压力注浆需要采用加压设备(如空压机)和金属注浆管等，成本相对较高，其优点是加固范围较大，不只是可加固基础侧向，而且可加固既有建筑物基础底面以下的部分土层。

溶液自渗的速度慢，扩散范围小，溶液与土接触初期，对既有建筑物和设备基础的附加沉降很小(10～20 mm)，不超过建筑物地基的允许变形值。

此工艺是在20世纪80年代初发展起来的，在现场通过大量的试验研究，采用溶液自渗加固了大厚度自重湿陷性黄土场地上既有建筑物和设备基础的地基，控制了建筑物的不均匀沉降及裂缝继续发展，并恢复了建筑物的使用功能。

溶液自渗的注浆孔可用钻机或洛阳铲成孔，不需要用注浆管和加压等设备，成本相对较低，含水量不大于20%、饱和度不大于60%的地基土，采用溶液自渗较合适。

(五)碱液注浆加固设计

1. 浆液的选择和配制

碱液注浆加固适用于处理地下水位以上渗透系数为0.1～2.0 m/d的湿陷性黄土地基，对自重湿陷性黄土地基的适应性应通过试验确定。

当100 g干土中可溶性和交换性钙镁离子含量大于10 mg·eq时，可采用单液法，即只注浆氢氧化钠溶液加固；否则，应采用双液法，即需采用氢氧化钠溶液和氯化钙溶液交替注浆加固。

由于黄土中钙、镁离子含量一般都较高，故一般采用单液加固即可。有时为了提高碱液加固黄土的早期强度，也可适当注入一定量的氯化钙溶液。

2. 注浆孔的布置

当采用碱液加固既有建(构)筑物的地基时，注浆孔的平面布置，可沿条形基础两侧或单独基础周边各布置一排。当地基湿陷性较严重时，孔距宜为0.7～0.9 m；当地基湿陷较轻时，孔距宜为1.2～2.5 m。

3. 碱液加固地基的深度

碱液加固地基的深度应根据地基的湿陷类型、地基湿陷等级和湿陷性黄土层厚度，并结合建筑物类别与湿陷事故的严重程度等综合因素确定。加固深度宜为2～5 m。

①对非自重湿陷性黄土地基，加固深度可为基础宽度的1.5～2.0倍。

②对Ⅱ级自重湿陷性黄土地基，加固深度可为基础宽度的2.0～3.0倍。

4. 碱液加固土层的厚度

碱液加固土层的厚度h，可按下式估算

$$h = l + r \tag{6.2.3}$$

式中，l为注浆孔长度，从注液管底部到注浆孔底部的距离(m)；r为有效加固半径(m)。

碱液加固地基的半径r，宜通过现场试验确定。当碱液浓度和温度符合规范规定时，有效加固半径与碱液注浆量之间，可按下式估算

$$r = 0.6\sqrt{\frac{V}{nl \times 10^3}} \tag{6.2.4}$$

式中，V为每孔碱液注浆量(L)，试验前可根据加固要求达到的有效加固半径按式(6.2.4)进行估算；n为拟加固土的天然孔隙率；r为有效加固半径(m)，当无试验条件或工程量较小时，可取0.4～0.5 m。

5. 每孔碱液注浆量

每孔碱液注浆量可按下式估算

$$V = \alpha\beta\pi r^2(l + r)n \tag{6.2.5}$$

式中，α 为碱液充填系数，可取 0.6～0.8；β 为工作条件系数，考虑碱液流失影响，可取 1.1。

二、注浆施工要求

(一)概述

在注浆加固施工前，根据注浆试验资料和设计文件做好施工组织设计，主要包括工程概况、施工总布置、进度安排、注浆施工主要技术方案、设备配置、施工管理、技术质量保证措施等。

注浆加固施工一般包括以下步骤和内容：注浆孔的布置、钻孔和孔口管埋设、制备浆液、压浆、封孔。对于注浆加固地基，一般原则是从外围进行围堵截，内部进行填压，以获得良好的效果，就是先将注浆区围住，再在中间插孔注浆挤密，最后逐步压实。不同地层中所采用的注浆工艺和施工方法是有差异的，如在砂土和黏性土中的注浆工艺就有较大差别。为使浆液渗透均匀，注浆段不宜过长，对黏性土一般 0.8～1.0 m，无黏性土 0.6～0.8 m，其注浆次序可分为上行式、下行式或混合式。

(二)水泥为主剂的注浆施工

1. 基本要求

①施工场地应预先平整，并沿钻孔位置开挖沟槽和集水坑。

②注浆施工时，宜采用自动流量和压力记录仪，并应及时进行数据整理分析。

③注浆孔的孔径宜为 70～110 mm，垂直度偏差应小于 1%。

④封闭泥浆 7 d 后立方体试块(70.7 mm×70.7 mm×70.7 mm)的抗压强度应为0.3～0.5 MPa，浆液黏度应为 80～90 s。

⑤浆液宜用普通硅酸盐水泥。注浆时可部分掺用粉煤灰，掺入量可为水泥重量的 20%～50%。根据工程需要，可在浆液拌制时加入速凝剂、减水剂和防析水剂。

⑥注浆用水 pH 值不得小于 4。

⑦水泥浆的水灰比可取 0.6～2.0，常用的水灰比为 1.0。

⑧注浆的流量可取 7～10 L/min，对充填型注浆，流量不宜大于 20 L/min。

⑨当用花管注浆和带有活堵头的金属管注浆时，每次上拔或下钻高度宜为 0.5 m。

⑩浆体应经过搅拌机充分搅拌均匀后，方可压注，注浆过程中应不停缓慢搅拌，搅拌时间应小于浆液初凝时间。浆液在泵送前应经过筛网过滤。

⑪水温不得超过 30～35 ℃；盛浆桶和注浆管路在注浆体静止状态不得暴露于阳光下，以防止浆液凝固。在日平均温度低于 5 ℃或最低温度低于－3 ℃的条件下注浆时，应采取措施防止浆液冻结。

⑫应采用跳孔间隔注浆，且先外围后中间的注浆顺序。当地下水流速较大时，应从水头高的一端开始注浆。

⑬对渗透系数相同的土层，应先注浆封顶，后由下向上进行注浆，防止浆液上冒。如土层的渗透系数随深度而增大，则应自下向上注浆。对互层地层，先应对渗透性或孔隙率大的地层进行注浆。

⑭当既有建筑地基进行注浆加固时，应对既有建筑及其邻近建筑、地下管线和地面的沉

降、倾斜、位移和裂缝进行监测，并应采用多孔间隔注浆和缩短浆液凝固时间等措施，减少既有建筑基础因注浆而产生的附加沉降。

2.花管注浆法施工步骤

①钻机与注浆设备就位。

②钻孔或采用振动法将花管置入土层。

③当采用钻孔法时，应从钻杆内注入封闭泥浆，然后插入孔径为 50 mm 的金属花管。

④待封闭泥浆凝固后，移动花管自下向上或自上向下进行注浆。

3.压密注浆施工步骤

①钻机与注浆设备就位。

②钻孔或采用振动法将金属注浆管压入土层。

③当采用钻孔法时，应从钻杆内注入封闭泥浆，然后插入孔径为 50 mm 的金属注浆管。

④待封闭泥浆凝固后，捅去注浆管的活络堵头，提升注浆管自下而上或自上而下进行注浆。

4.在实际施工过程中常出现的现象

①冒浆：其原因有多种，主要有注浆压力大、注浆段位置埋深浅、有孔隙通道等，首先应查明原因，再采用控制性措施：如降低注浆压力，必要时采用自流式加压；提高浆液浓度或掺砂，加入速凝剂；限制注浆量，控制单位吸浆量不超过 30～40 L/min；堵塞冒浆部位，对严重冒浆部位先灌混凝土盖板，后注浆。

②串浆：主要由于横向裂隙发育或孔距小；可采用加大第 1 序孔的孔距；适当延长相邻两序孔间施工时间间隔；如串浆孔为待注孔，可同时并联注浆。

③绕塞返浆：主要有注浆段孔壁不完整、橡胶塞压缩量不足、上段注浆时裂隙未封闭或注浆后待凝时间不够、水泥强度过低等原因。实际注浆过程中严格按要求尽量增加等待时间。

另外还有漏浆、地面抬升、埋塞等现象，应根据工程具体条件制定工艺控制条件和保证措施。

(三)硅化浆液注浆施工

1.压力注浆的施工

①压力注浆的施工步骤除配溶液等准备工作外，主要分为打注浆管和注浆溶液。向土中打入注浆管和注浆溶液，应自基础底面标高起向下分层进行，先施工第一加固层，完成后再施工第二加固层，达到设计深度后，应将管拔出，清洗干净方可继续使用；在注浆溶液过程中，应注意观察溶液有无上冒(即冒出地面)现象，发现溶液上冒应立即停止注浆，分析原因，采取措施，堵塞溶液不出现上冒后，再继续注浆。打注浆管及连接胶皮管时，应精心施工，不得摇动注浆管，以免注浆管壁与土接触不严形成缝隙，此外，胶皮管与注浆管连接完毕后，还应将注浆管上部及其周围 0.5 m 厚的土层进行夯实，其干密度不得小于 1.60 g/cm^3。

②加固既有建筑物地基时，应采用先沿基础侧向外排、后内排的施工顺序，并间隔 1～3 孔进行打注浆管和注浆溶液。

③注浆溶液的压力值由小逐渐增大，最大压力不宜超过 200 kPa。

2.溶液自渗的施工

①溶液自渗的施工步骤除配溶液与压力注浆相同外，打注浆孔及注浆溶液与压力注浆有所不同，在基础侧向，将设计布置的注浆孔分批或全部打入或钻至设计深度；不需分层施工，可用钻机或洛阳铲成孔，采用打管成孔时，孔成后应将管拔出，孔径一般为 60～80 mm。

②将配好的硅酸钠溶液注满注浆孔，溶液面宜高出基础底面标高 0.50 m，使溶液自行渗入土中；硅酸钠溶液配好后，如不立即使用或停放一定时间后，溶液会产生沉淀现象，注浆时，应再将其搅拌均匀。

③在溶液自渗过程中，每隔 2～3 h 向孔内添加一次溶液，防止孔内溶液渗干。

3. 待溶液量全部注入土中后，注浆孔宜用体积比为 2∶8 灰土分层回填夯实

不论是压力注浆还是溶液自渗，计算溶液量全部注入土中后，加固土体中的注浆孔均宜用 2∶8 灰土分层回填夯实。

硅化注浆施工时对既有建筑物或设备基础进行沉降观测，可及时发现在注浆硅酸钠溶液过程中是否会引起附加沉降及附加沉降的大小，便于查明原因，停止注浆或采取其他处理措施。

(四)碱液注浆施工

1. 注浆孔施工

注浆孔可用洛阳铲、螺旋钻成孔或用带有尖端的钢管打入土中成孔，孔径宜为 60～100 mm，孔中应填入粒径为 20～40 mm 的石子到注液管下端标高处，再将内径 20 mm 的注液管插入孔中，管底以上 300 mm 高度内应填入粒径为 2～5 mm 的小石子，上部宜用体积比为 2∶8 灰土填入夯实。

注浆孔直径的大小主要与溶液的渗透量有关。如土质疏松，由于溶液渗透快，则孔径宜小。如孔径过大，在加固过程中，大量溶液将渗入注浆孔下部，形成上小下大的蒜头形加固体。如土的渗透性弱，而孔径较小，将使溶液渗入缓慢，注浆时间延长，溶液由于在输液管中停留时间长，热量散失，将使加固体早期强度偏低，影响加固效果。

2. 碱液配制

碱液可用固体烧碱或液体烧碱配制，每加固 1 m^3 黄土宜用氢氧化钠溶液 35～45 kg。碱液浓度不应低于 90 g/L；双液加固时，氯化钙溶液的浓度为 50～80 g/L。

固体烧碱质量一般均能满足加固要求，液体烧碱及氯化钙在使用前均应进行化学成分定量分析，以便确定稀释到设计浓度时所需的加水量。碱液浓度对加固土强度有一定影响，试验表明，当碱液浓度较低时加固强度增长不明显，较合理的碱液浓度宜为 90～100 g/L。

室内试验结果表明，在风干黄土中加入相当于干土质量 1.12%的氢氧化钠并拌和均匀制取试块，在常温下养护 28 d 或在 40～100℃ 高温下养护 2 h，然后浸水 20 h，测定其无侧限抗压强度可达 166～446 kPa。当拌和用的氢氧化钠含量低于干土质量 1.12%时，试块浸水后即崩解。考虑到碱液在实际注浆过程中不可能分布均匀，因此一般按干土质量 3%比例配料，湿陷性黄土干密度一般为 1 200～1 500 kg/m^3，故加固每 1 m^3 黄土需 NaOH 量为 35～45 kg。配溶液时，应先放水，而后徐徐放入碱块或浓碱液。溶液加碱量可按下式计算：

①采用固体烧碱配制每 1 m^3 浓度为 M 的碱液时，每 1 m^3 水中的加碱量为

$$G_s = \frac{1\,000\,M}{P} \tag{6.2.6}$$

式中，G_s 为每 1 m^3 碱液中投入的固体烧碱量(kg)；M 为配制碱液的浓度(g/L)，计算时将 g 化为 kg；P 为固体烧碱中 NaOH 含量的百分数(%)。

②采用液体烧碱配制每 1 m^3 浓度为 M 的碱液时，投入的液体烧碱体积 V_1 为

$$V_1 = 1\,000\frac{M}{d_N N} \tag{6.2.7}$$

加水量 V_2 为

$$V_2 = 1\,000\left(1-\frac{M}{d_N N}\right) \tag{6.2.8}$$

式中，V_1 为液体烧碱体积(L)；V_2 为加水的体积(L)；d_N 为液体烧碱的相对密度；N 为液体烧碱的质量分数。

由于固体烧碱中仍含有少量其他杂质成分，故配置碱液时应按纯 NaOH 含量来考虑。式(6.2.6)中忽略了由于固体烧碱投入后引起的溶液体积的少许变化。现将该式应用举例如下：

设固体烧碱中含纯 NaOH 为 85%，要求配置碱液浓度为 120 g/L，则配置每 1 m^3 碱液所需固体烧碱量为

$$G_s = 1\,000\frac{M}{P} = \left(1\,000\times\frac{0.12}{85\%}\right)\text{kg} = 141.2\ \text{kg}$$

采用液体烧碱配置每立方米浓度为 M 的碱液时，液体烧碱体积与所加水的体积之和为 1 000 L，在 1 000 L 溶液中，NaOH 溶质的量为 1 000M，一般化工厂生产的液体烧碱浓度以质量分数(即质量百分浓度)表示者居多，故施工中用比重计测出液体烧碱相对密度 d_N，并已知其质量分数为 N 后，则每升液体烧碱中 NaOH 溶质含量为 $G_s = d_N V_1 N$，故$V_1 = \frac{G_s}{d_N N} = \frac{1\,000M}{d_N N}$，相应水的体积为 $V_2 = 1\,000 - V_1 = 1\,000\left(1-\frac{M}{d_N N}\right)$。

举例如下：设液体烧碱的质量分数为 30%，相对密度为 1.328，配制浓度为 100 g/L 碱液时，每立方米溶液中所加的液体烧碱量为

$$V_1 = 1\,000\frac{M}{d_N N} = \left(1\,000\times\frac{0.1}{1.328\times 30\%}\right)\text{L} = 251\ \text{L}$$

3. 注浆要求

①将桶内碱液加热到 90°C 以上方能进行注浆，注浆过程中，桶内溶液温度不应低于 80℃；碱液注浆前加温主要是为了提高加固土体的早期强度。在常温下，加固强度增长很慢，加固 3 d 后强度才略有增长。温度超过 40℃以上时，反应过程可大大加快，连续加温2 h 即可获得较高强度。温度越高，强度越大。试验表明，在 40°C 条件下养护 2 h，比常温下养护 3 d 的强度提高 2.87 倍，比 28 d 常温养护提高 1.32 倍。因此，施工时应将溶液加热到沸腾。加热可用煤、炭、木柴、煤气或通入锅炉蒸汽，因地制宜。

②碱液加固施工，应合理安排注浆顺序和控制注浆速率。宜采用隔 1～2 孔注浆，分段施工，相邻两孔注浆的间隔时间不宜少于 3 d。同时注浆的两孔间距不应小于 3 m，注浆碱液的速度宜为 2～5 L/min。

③当采用双液加固时，应先注浆氢氧化钠溶液，待间隔 8～12 h 后，再注浆氯化钙溶液，氯化钙溶液用量宜为氢氧化钠溶液用量的 1/4～1/2。

采用 $CaCl_2$ 与 NaOH 的双液法加固地基时，两种溶液在土中相遇即反应生成 $Ca(OH)_2$ 与NaCl。前者将沉淀在土粒周围，起到胶结与填充的双重作用。由于黄土是钙、镁离子饱和土，故一般只采用单液法加固。但如要提高加固土强度，也可考虑用双液法。施工时如两种溶液先后采用同一容器，则在碱液注浆完成后应将容器中的残留碱液清洗干净，否则，后注入的 $CaCl_2$ 溶液将在容器中立即生成白色的 $Ca(OH)_2$ 沉淀物，从而使注液管堵塞，不利于溶液的渗入，为避免 $CaCl_2$ 溶液在土中置换过多的碱液中的钠离子，规定两种溶液间隔注浆时间不应少于 8～12 h，以便使先注入的碱液与被加固土体有较充分的反应时间。

施工中应注意安全操作，并备工作服、胶皮手套、风镜、围裙、鞋罩等。皮肤如沾上碱液，应立即用5%浓度的硼酸溶液冲洗。

三、质量检测要求

注浆施工结束后，应对注浆效果进行检查，以便验证其是否达到满足设计要求和地基处理要求，对地基改善一般需通过处理前后物理力学性质对比来进行，对有承载力要求的，必须通过载荷试验，检验数量对每个单体建筑不应少于3点。鉴于注浆加固地基的复杂性，加固地层的均匀性检测十分重要，宜采用多种方法相互验证，综合判断处理结果，同时还应满足建筑地基验收规范的要求。

通常的质量检测方法有：标准贯入试验、轻型动力触探试验、静力触探试验、射线检测、弹性波法、电阻率法、压水试验、室内试验、载荷试验等。

水泥为主剂的注浆加固质量检验应符合下列规定：

①注浆检验应在注浆结束28 d后进行。可选用标准贯入、轻型动力触探、静力触探或面波等方法进行加固地层均匀性检测。

②按加固土体深度范围每间隔1 m取样进行室内试验，测定土体压缩性、强度或渗透性。

③注浆检验点不应少于注浆孔数的2%～5%。检验点合格率小于80%时，应对不合格的注浆区实施重复注浆。

硅化注浆加固质量检验应符合下列规定：

①硅酸钠溶液注浆完毕，应在7～10 d后对加固的地基土进行检验。

②应采用动力触探或其他原位测试检验加固地基的均匀性。

③必要时，还应在加固土的全部深度内，每隔1 m取土样进行室内试验，测定其压缩性和湿陷性。

④检验数量不应少于注浆孔数的2%～5%。

碱液加固质量检验应符合下列规定：

①碱液加固施工应做好施工记录，检查碱液浓度及每孔注入量是否符合设计要求。

②开挖或钻孔取样，对加固土体进行无侧限抗压强度试验和水稳性试验。取样部位应在加固土体中部，试块数不少于3个，28 d龄期的无侧限抗压强度平均值不得低于设计值的90%。将试块浸泡在自来水中，无崩解。当需要查明加固土体的外形和整体性时，可对有代表性的加固土体进行开挖，量测其有效加固半径和加固深度。

③检验数量不应少于注浆孔数的2%～5%。

第七章 托换技术

第一节 概 述

在实际工程中，常常遇到建筑物倾斜和加层等问题。托换技术就是由于严重不均匀沉降所导致的建筑物倾斜、开裂而采取的地基基础处理、加固、改造、补强技术的总称。既有建(构)筑物地基加固与基础托换主要从三方面考虑。一是通过将原基础加宽，减小作用在地基土上的接触压力。虽然地基土强度和压缩性没有改变，但单位面积上荷载减小，地基土中附加应力水平减小，可使原地基满足建筑物对地基承载力和变形的要求。或者通过基础加深，虽未改变作用在地基土上的接触应力，但由于基础埋深加大，不仅使基础置入较深的好土层，而且可以加大埋深，地基承载力通过深度修正也有所增加。二是通过地基处理改良地基土体或改良部分地基土体，提高地基土体抗剪强度，改善压缩性，以满足建筑物对地基承载力和变形要求，常用如高压喷射注浆、压力注浆、化学加固、排水固结、压密、挤密等技术。三是在地基中设置墩基础或桩基础等竖向增强体，通过复合地基作用来满足建筑物对地基承载力和变形的要求，常用锚杆静压桩、树根桩或高压旋喷注浆桩等加固技术。有时也可将上述几种技术综合应用，效果很好。

既有建(构)筑物地基加固技术又称为托换技术，可分为下述五类(图 7.1.1)。

- 托换技术
  - 基础加宽托换技术
  - 坑式托换技术
  - 桩托换技术
    - 静压桩托换
      - 锚杆静压桩托换
      - 其他静压桩托换
    - 树根桩托换
    - 其他桩式托换
  - 地基加固技术
    - 灌浆加固技术
    - 旋喷桩加固技术
    - 其他基加固技术
  - 综合加固技术

图 7.1.1 托换技术的分类

①基础加宽托换技术：通过增加建筑物基础底面积，减小作用在地基上的接触压力，降低地基土中附加应力水平，减小沉降量或满足承载力要求。

②坑式托换技术：通过在原基础下设置墩式基础，使基础坐落在比较好的土层上，以满足承载力和变形要求。

③桩式托换技术：通过在原基础下设置桩，使新设置的桩承担或桩与地基共同承担上部结构荷载，达到提高承载力、减小沉降的目的。

④地基加固技术：通过地基处理改良原地基土体，或地基中部分土体，达到提高承载力、

减小沉降的目的。

⑤综合加固技术:综合应用上述两种或两种以上加固技术,达到提高承载力、减小沉降的目的。

第二节 既有建筑物地基加固设计

一、地基承载力计算

既有建筑地基基础加固或增加荷载时,地基承载力应符合以下要求。

①当轴心荷载作用时,应满足下式。

$$p \leqslant f_a \tag{7.2.1}$$

式中,p 为相应于荷载效应标准组合时,基础加固或增加荷载后基础底面处的平均压力值;f_a为修正后的地基承载力特征值。

对于需要加固的地基,应在加固后通过检测确定地基承载力特征值 f_{ak};对于增加荷载的地基,应在增加荷载前通过地基检验确定地基承载力特征值 f_{ak};对于沉降已经稳定的既有建筑直接增层地基,也可根据《既有建筑地基基础加固技术规范》(JGJ 123—2012)第 5.2 节有关规定确定地基承载力特征值 f_{ak}。对于以上地基承载力特征值 f_{ak},应按《建筑地基基础设计规范》(GB 50007—2011)规定确定修正后的地基承载力特征值 f_a。

②当偏心荷载作用时,还应满足下式。

$$p_{max} \leqslant 1.2 f_a \tag{7.2.2}$$

式中,p_{max}为相应于荷载效应标准组合时,基础加固或增加荷载后基础底面边缘最大压力值。

二、基础底面压力计算

①当轴心荷载作用时,基础加固或增加荷载后基础底面的压力,可按下式确定。

$$p = \frac{F+G}{A} \tag{7.2.3}$$

式中,F 为相应于荷载效应标准组合时,基础加固或增加荷载后上部结构传至基础顶面的竖向力值;G 为基础自重和基础上的土重,在地下水位以下部分应扣去浮力;A 为原有基础的底面积。

②当偏心荷载作用时,基础加固或增加荷载后基础底面的最大压力和最小压力值,可按下式确定。

$$p_{max} = \frac{F+G}{A} + \frac{M}{W} \tag{7.2.4}$$

$$p_{min} = \frac{F+G}{A} - \frac{M}{W} \tag{7.2.5}$$

式中,M 为相应于荷载效应标准组合时,基础加固或增加荷载后作用于基础底面的力矩值;W 为基础加固或增加荷载后基础底面的截面模量;p_{max} 为相应于荷载效应标准组合时,基础加固或增加荷载后基础底面边缘的最大压力值；p_{min}为相应于荷载效应标准组合时，基础加固或增加荷载后基础底面边缘的最小压力值。

此外，当地基受力层范围内有软弱下卧层时，应按《建筑地基基础设计规范》(GB 50007—2011)进行软弱下卧层地基承载力的验算。对于建造在斜坡上或毗邻深基坑的既有建筑，应验算地基稳定性。

当采用锚杆静压桩法、树根桩法和坑式静压桩法时，除应按《建筑地基基础设计规范》(GB 50007—2011)确定单桩承载力外，还涉及桩土荷载分担的问题。根据已有的试验研究，承台下土体一般能分担一些荷载，其分担比例涉及桩的布置、土层特性、荷载大小等因素，鉴于变形控制的要求，桩间土反力一般低于天然地基承载力特征值。但是，要确定桩土的荷载分担是困难的，一般采用经验方法控制，详见具体加固方法。

三、地基变形计算

既有建筑的地基变形计算，可根据既有建筑沉降稳定情况分为沉降已经稳定者和沉降尚未稳定者两种。对于沉降已经稳定的既有建筑，其基础最终沉降量 s 包括已完成的沉降量 s_0 和地基基础加固后或增加荷载后产生的基础沉降量 s_1。其中 s_1 是通过计算确定的。计算时采用的压缩模量，对于地基基础加固的情况和增加荷载的情况是有区别的：前者是采用地基基础加固后经检测得到的压缩模量，而后者是采用增加荷载前经检验得到的压缩模量。对于原建筑沉降尚未稳定的增加荷载的既有建筑，其基础最终沉降量 s 除了包括上述 s_0 和 s_1 外，还应包括原建筑荷载下尚未完成的基础沉降量 s_2。

因此，对地基基础进行加固或增加荷载的既有建筑，其基础最终沉降量可按下式确定。

$$s = s_0 + s_1 + s_2 \tag{7.2.6}$$

式中，s 为基础最终沉降量；s_0 为地基基础加固前或增加荷载前已完成的基础沉降量，可由沉降观测资料确定或根据当地经验估算；s_1 为地基基础加固后或增加荷载后产生的基础沉降量，当地基基础加固时，可采用地基基础加固后经检测得到的压缩模量通过计算确定，当增加荷载时，可采用增加荷载前经检验得到的压缩模量通过计算确定；s_2 为原建筑荷载下尚未完成的基础沉降量，可由沉降观测资料推算或根据当地经验估算，当原建筑荷载下基础沉降已经稳定时，此值应取 0。

以上基础沉降量的计算可按国家标准《建筑地基基础设计规范》(GB 50007—2011)的有关规定执行。既有建筑地基基础加固或增加荷载后的地基变形计算值，不得大于国家现行标准《建筑地基基础设计规范》(GB 50007—2011)规定的地基变形允许值。

建筑物基础加固分加大基础底面积法、加深基础法、基础加厚加固法等。其中加大基础底面积法又可分基础直接加宽、外增独立基础加大两种。

第三节　基础加宽托换

一、加大基础底面积法

通过基础加宽可以扩大基础底面积，有效降低基底接触压力。基础加宽对减小基底接触压力效果明显。基础加宽费用低，施工也方便，如果有条件应予以优先考虑。但有时基础加宽也会遇到困难，如周围场地是否允许基础加宽。另外，若基础埋置较深，则对周围影响较大，而且需要较大土方开挖量，影响加固费用；基础加宽还可能增加荷载作用影响深度。对于软黏土地基，应详细分析基础加宽对减小总沉降的效用。

加大基础底面积法，因施工简单、所需设备少，常被用于基础底面积太小而产生过大沉降或不均匀沉降事故的处理，以及采用直接法加层时对地基基础的补偿加固。加大基础底面积法适用于当既有建筑物的地基承载力或基础底面积尺寸不满足设计要求时的加固。可采用混凝土套或钢筋混凝土套加大基础底面积。

1. 加宽托换的分类

(1)基础直接加宽

基础直接加宽是挖开原基础两侧的填土后浇筑新基础的方法。这种方法的优点是能使新旧基础很好结合、共同变形。

按照基础加宽的形式，加宽托换主要有以下几种方式：

①当原条形基础承受中心荷载时，可双面加宽。

②对于单独柱基，可在基础底面四边扩大加固。

③原基础受偏心荷载或受相邻建(构)筑物基础条件限制时，沉降缝处的基础不影响建筑物正常使用时可用单面加宽基础方法。

④基础加宽有时也可将柔性基础改为刚性基础，条形基础扩大成片筏基础。

基础加宽应重视加宽部分与原有基础部分的连接。基础加宽对刚性基础和柔性基础都要进行计算。刚性基础应满足刚性角要求(图 7.3.1)，柔性基础应满足抗弯要求。钢筋锚杆有足够的锚固长度，有条件的情况下可将加固筋与原基础钢筋焊牢(图 7.3.2)。

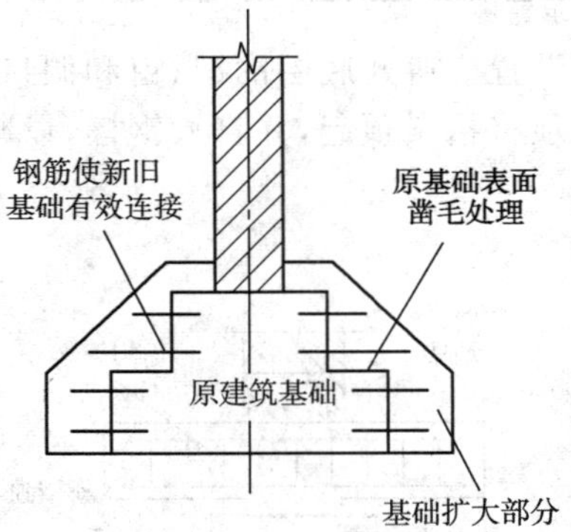

图 7.3.1　刚性基础扩大加固

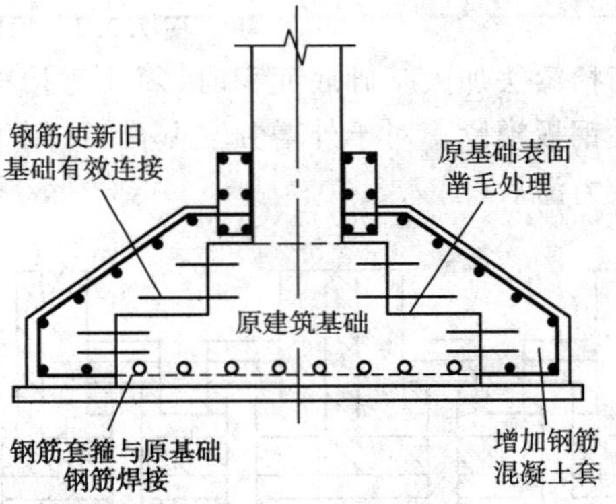

图 7.3.2　钢筋混凝土柱基础扩大加固

基础加宽时应注意以下几方面：

①为使新旧基础连接牢固，在灌注混凝土前应将原基础凿毛刷洗干净，再涂一层高强度水泥浆或混凝土界面剂，沿基础高度每隔一定距离设置锚固钢筋。当采用钢筋混凝土套加固时，加宽部分的主筋应与原基础内主筋相焊接；也可在墙脚或圈梁钻孔穿钢筋，再用环氧树脂填满，穿孔钢筋必须与加固筋焊紧。

②对于加套的混凝土或钢筋混凝土的加宽部分，其地基上铺设的垫料及其厚度应与原基础垫层的材料和厚度一致，使加套后的基础与原基础的基底标高和应力扩散条件相同、变形协调。

③对于加宽部分基础按长 1.5～2.0 m 划分成的若干单独区段，分别进行分批、分段、间

隔施工，绝不能在基础全长范围挖成连续的坑槽和使全长范围地基土暴露过大，以免导致地基土浸泡软化，使基础产生很大的不均匀沉降。

④为了不扰动原基础，新加基础的深度不宜超过原有基础，一般与原基础相同。

(2)外增独立基础加大

①抬梁法。抬梁法是在原基础两侧挖坑并做新基础，通过钢筋混凝土梁将墙体荷载部分转移到新做基础上的一种加大基底面积的方法。新加的抬墙梁应设置在原地基梁或圈梁的下部(图 7.3.3)。这种加固方法具有对原基础扰动少、设置数量较为灵活的特点。

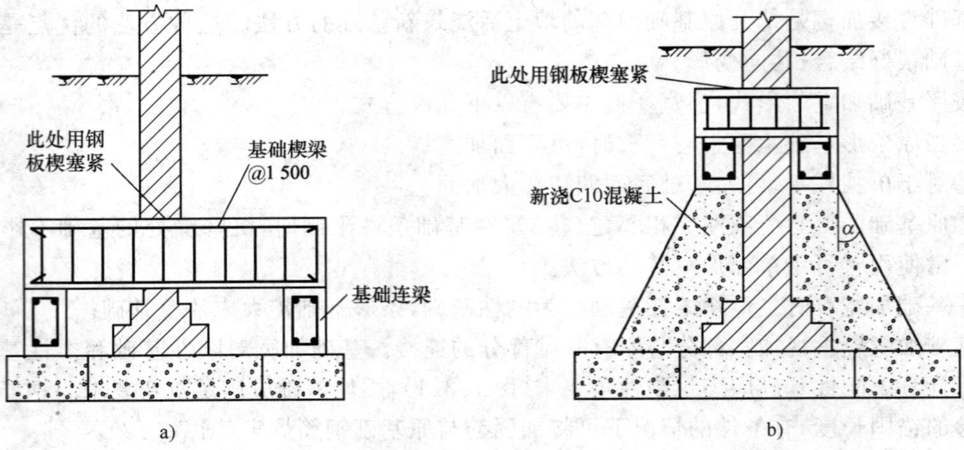

图 7.3.3 抬梁法示意图

采用抬梁法加大基础底面积时，须注意抬梁的设置应避开底层的门、窗和洞口；抬梁的顶部需要钢板揳紧。对于外增独立基础，可用千斤顶将抬梁顶起，并打入钢楔，以减少新增基础的应力滞后(图 7.3.4)。

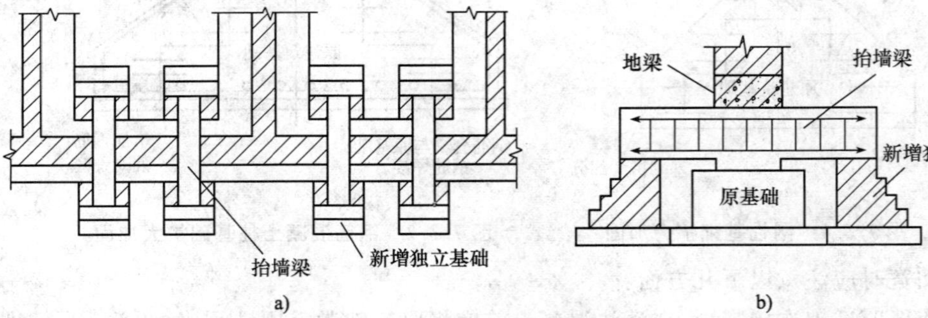

图 7.3.4 原基础两侧新增独立基础抬梁扩大基底面积

②斜撑法。利用斜撑法加大基础底面积，与上述抬梁法的不同之处在于，抬梁法改为撑法，新加的独立基础不是位于原基础两侧，而是位于原基础之间(图 7.3.5)。

2. 加大基础底面积的设计和施工

(1)加大基础底面积的设计

当基础承受偏心受压时，可采用不对称加宽；当承受中心受压时，可采用对称加宽；当采用混凝土套加固时，基础每边加宽的宽度应符合国家现行标准《建筑地基基础设计规范》

(GB 50007—2011)中有关刚性基础台阶宽高比允许值的规定。沿基础高度隔一定距离应设置锚固钢筋；当不宜采用混凝土套或钢筋混凝土套加大基础底面积时，可将原独立基础改成条形基础；将原条形基础改成十字交叉条形基础或筏型基础；将原筏型基础改成箱形基础。

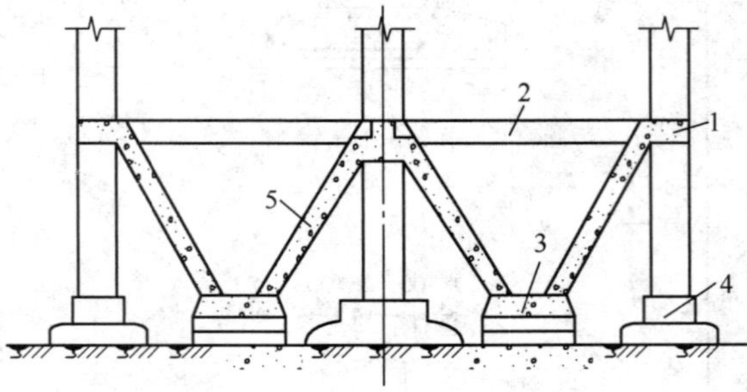

图 7.3.5 斜撑法加大基础底面积

1-沿墙周分布的整体圈梁或框架；2-楼板的整体区段；
3-由预制板做成的附加基础；4-原有基础；5-斜支柱

(2)加大基础底面积的施工

在灌注混凝土前应将原基础凿毛和刷洗干净后，铺一层高强度等级水泥浆或涂混凝土界面剂，以增加新老混凝土基础的黏结力。对于加宽部分，地基上应铺设厚度和材料均与原基础垫层相同的夯实垫层。当采用钢筋混凝土套加固时，加宽部分的主筋应与原基础内主筋相焊接。对条形基础加宽时，应按长度 1.5～2.0 m 划分成单独区段，分批、分段、间隔进行施工。

二、加深基础法

加深基础法适用于地基浅层、有较好的土层作为持力层且地下水位较低的情况。可将原基础埋置深度加深，使基础支承在较好的持力层上，以满足设计对地基承载力和变形的要求。当地下水位较高时，应采取相应的降水或排水措施。

基础加深的施工应按下列步骤进行：

①先在靠近既有建筑基础的一侧分批、分段、间隔开挖长约 1.2 m、宽约 0.9 m 的竖坑，对坑壁不能直立的砂土或软弱地基要进行坑壁支护，竖坑底面可比原基础底面深 1.5 m。

②在原基础底面下沿横向开挖与基础同宽、深度达到设计持力层的基坑。

③基础下的坑体应采用现浇混凝土灌注，并在原基础底面 80 mm 处停止灌注，待养护 1 d后再将掺入膨胀剂和速凝剂的干稠水泥浆填入基底空隙，再将铁锤敲击木条，并挤实所填砂浆。

三、加厚加固

这种加固方法是将原基础的肋加高、加宽，以减少基础底板的悬臂长度，降低悬臂弯矩，使原基础的刚度及承载力得到提高，尤其适合于旧房加层设计时的基础加固。图 7.3.6 所示为采用加厚方法对条形基础进行加固的示意图。

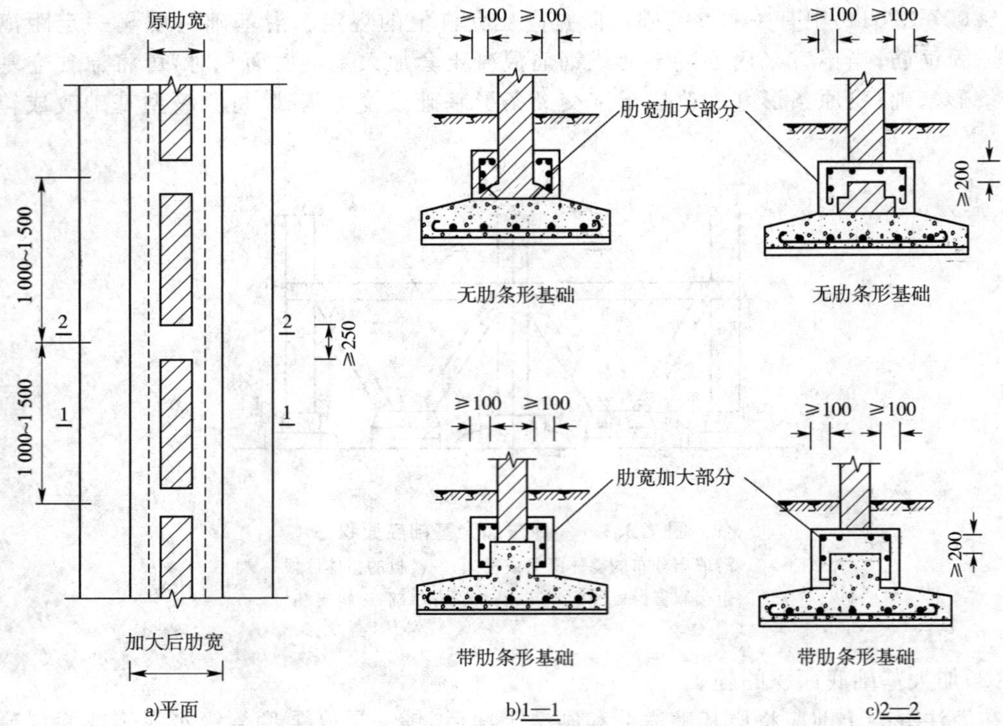

图 7.3.6 用加厚法提高基础的刚度和承载力(尺寸单位:mm)

第四节 坑式托换

坑式托换技术是通过在原基础下设置墩式基础，使基础坐落在较好的土层上，以满足承载力和变形要求。即直接在被托换建(构)筑物的基础下挖坑后浇筑混凝土的托换加固，也称为墩式托换。

一、适用范围及优、缺点

坑式托换适用于土层易于开挖，开挖后有较好持力层，地下水位较低或采取降低地下水位措施较为方便的情形，原有建筑物基础最好是条形基础。

其优点是费用低、施工简便，施工期间仍可使用建(构)筑物；缺点是工期较长，对被托换的建(构)筑物而言，将会产生一定的附加沉降。

二、设计要点

①采用间断式或连续式的混坑式托换要根据被托换加固结构的荷载和坑下地基土的承载力大小确定，在设计上优先考虑间断坑式托换，当间断墩的底面积不能对建(构)筑物荷载提供足够支承时，则可设置连续式基础(相当于基础加深技术)，施工时应首先设置间断墩以提供临时支承，再开挖间断墩间的土，将坑的侧板拆除，在坑内灌注混凝土，这样就形成了连续的混凝土墩或基础。

②坑式托换的坑井间距最好不小于坑井宽度的 3 倍。

③如基础墙为承重的砖砌体、钢筋混凝土基础梁，对于间断的墩式基础，该墙可以从一墩跨越到另一墩。如发现原有基础的结构件的强度不足以在间断墩间跨越，则有必要在坑

间设置过梁以支承基础，此时，在间断墩的坑边做一凹槽，作为钢筋混凝土梁、钢梁的支座，并在原来的基础底向下进行干填。

三、施工步骤

①在靠近被托换的基础侧面，人工开挖一个长 1.2 m、宽 0.9 m 的竖向导坑[图 7.4.1a)]，并挖到原有基础底面下 1.5 m 处。

②将导坑横向扩展到基础的正下方，并继续在基础下面开挖到所有要求的持力层标高。

③采用现浇混凝土浇筑开挖出来的基础下的挖坑体积[图 7.4.1b)]。在距原有基础底面 80 mm 处停止浇筑，养护一天后，再将掺入膨胀剂和速凝剂的干稠水泥砂浆填入基底空隙。

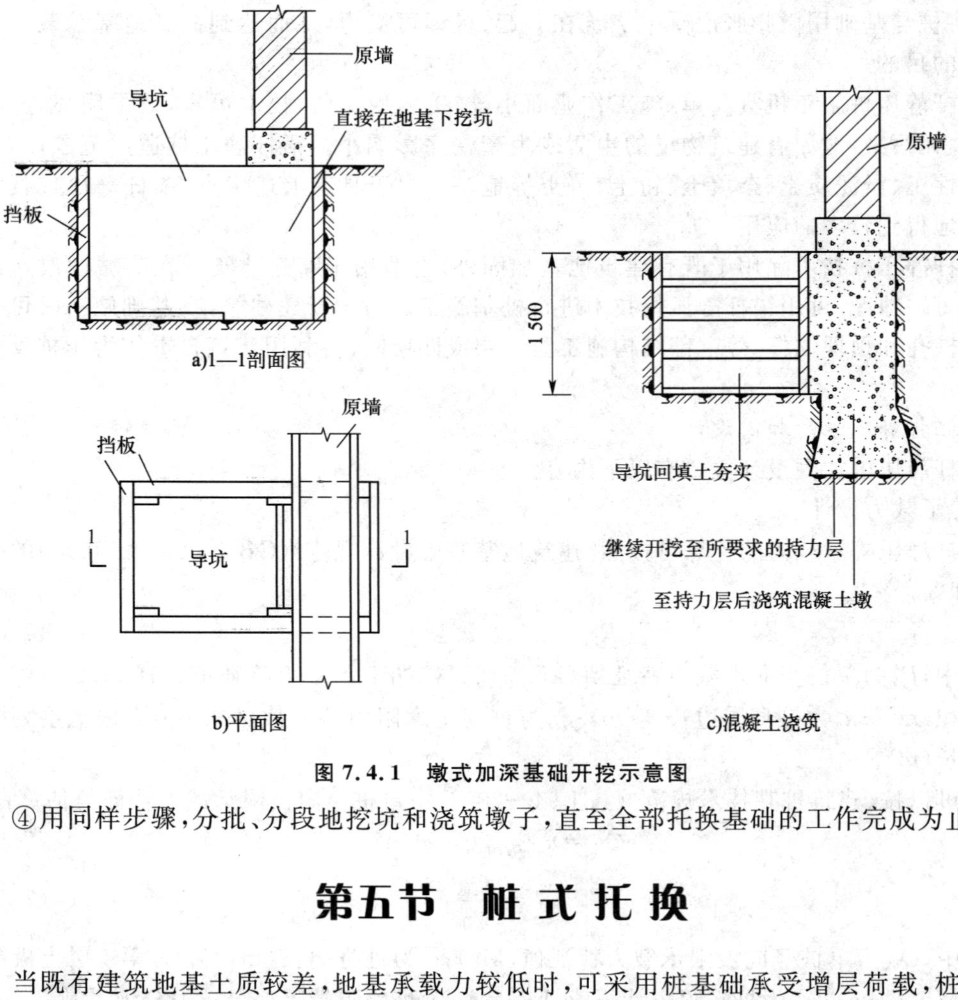

图 7.4.1 墩式加深基础开挖示意图

④用同样步骤，分批、分段地挖坑和浇筑墩子，直至全部托换基础的工作完成为止。

第五节 桩式托换

当既有建筑地基土质较差，地基承载力较低时，可采用桩基础承受增层荷载，桩基与加大的基础承台应有可靠连接，使其与原有基础共同协调受力，如图 7.5.1 所示；根据具体情况也可采用注浆加固既有建筑地基；当既有建筑为钢筋混凝土条形基础时，根据增层荷载需要，可采用锚杆静压桩或旋喷桩等方法加固；当既有建筑上部结构和基础整体性及刚度较好、持力层埋置较浅、地下水位较低、施工开挖对原结构不会产生附加下沉和开裂时，可采用在原基础下做抬梁、做墩式基础或做坑式静压桩加固。

常用的桩类型有锚杆静压桩、树根桩、坑式静压桩、预压桩和灌注桩等。

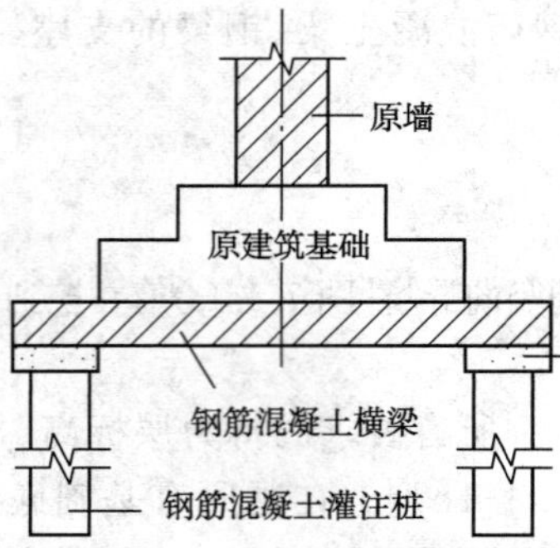

图 7.5.1 桩式托换

一、锚杆静压桩托换

1. 锚杆静压桩的定义及特点

锚杆静压桩是由锚杆和静力压桩两项技术巧妙结合而形成的一种桩基施工新工艺。在需加固的既有建筑基础上按设计开凿压桩孔和锚杆孔，用黏结剂固定好锚杆，然后安装压桩架，与建筑物基础连为一体，并利用既有建筑物自重作为反力，用千斤顶将预制桩段压入土中，桩段间用硫黄胶泥或焊接连接。当压桩力和压入深度达到设计要求后，将桩与基础用微膨胀混凝土浇筑在一起，桩即可受力，从而达到提高地基承载力和控制沉降的目的。

锚杆静压桩施工机具简单，施工作业面小，施工方便灵活，技术可靠，效果明显，施工时无振动、无污染，对原有建筑物里的生活或生产秩序影响小。锚杆静压桩适用范围广，可适用于黏性土、淤泥质土、杂填土、粉土、黄土等地基。由于具有上述优点，锚杆静压桩技术在我国各地得到较多的应用。

锚杆静压桩技术除用于既有建筑地基加固外，也适用于新建建筑。在旧城区改造或打桩设备短缺地区，可用锚杆静压桩技术进行桩基施工。对于新建建筑，在基础施工时可事先预留压桩孔和预埋锚杆，等上部结构施工至三层或四层时，再利用建筑自重作为压桩反力开始压桩。

2. 锚杆静压桩的加固设计

锚杆静压桩加固设计主要有以下内容。

(1)承载力设计

锚杆静压桩承载力的计算可按照《建筑地基基础设计规范》(GB 50007—2011)中的公式估算，即

$$R_k = q_p A_p + u_p \sum q_{si} l_i \tag{7.5.1}$$

式中，R_k为单桩竖向承载力特征值(kN)；q_p为桩端土承载力特征值(kPa)；A_p为桩身横截面面积(m^2)；u_p为桩身周边长度(m)；q_{si}为桩周土摩阻力特征值(kPa)；l_i为按土层划分的各段桩长(m)。

也可以按《建筑桩基技术规范》(JGJ 94—2008)中单桩竖向极限承载力特征值估算，即

$$Q_{uk} = u \sum q_{sik} l_i + q_{pk} A_p \tag{7.5.2}$$

$$R = \frac{Q_{uk}}{\gamma_{sp}} \tag{7.5.3}$$

式中，Q_{uk}为单桩竖向极限承载力特征值(kN)；u为桩身周长(m)；q_{sik}为第i层土极限侧阻力特征值(kPa)；q_{pk}为桩端阻力特征值(kPa)；γ_{sp}为桩侧阻端阻综合抗力分项系数。

终止压桩力与承载力有着本质的区别，根据建筑地基处理技术规范和既有建筑加固规程的有关规定，对于压入式桩，由于压桩过程是动摩擦，因而压桩力能满足设计要求的单桩承载力特征值的1.5倍，则定能满足静荷载试验时安全系数为2的要求。单桩承载力可按下式估算。

$$R_k = \frac{P_{ap}}{K} \tag{7.5.4}$$

式中，R_k为承载力特征值；P_{ap}为终止压桩力；K 为安全系数，取 1.5。

(2)桩及桩位布置设计

单桩与桩端长度的设计要根据加固要求和地基条件而定。

静压桩的设计数量是根据桩材强度及地基土的承载力，在确定托换桩的承载力特征值(R_k)后，按照下式计算所需桩数 n。

$$n=\frac{m(F+G)}{R_k} \tag{7.5.5}$$

式中，F 为上部结构传至基础顶面的竖向力设计值；G 为基础自重设计值加基础上的土重特征值；m 为基础底面积托换率，选值与托换的性质有关。

锚杆静压桩截面边长一般为 180～300 mm。混凝土强度不小于 C30 级。桩端长度根据施工净空条件确定，一般取 1.0～3.0 m。桩段的尺寸还应考虑接桩和搬运方便。单桩承载力取决于地基土层情况。锚杆静压桩可形成端承桩和摩擦桩。桩位布置应靠近墙体或柱子。设计桩数应由上部结构荷载及单桩竖向承载力通过计算确定；必须控制压桩力不得大于该加固部分的结构自重。压桩孔宜为上小下大的正方棱台状，其孔口每边宜比桩截面边长大 50～100 mm。

桩身材料可采用钢筋混凝土或钢材；对钢筋混凝土桩宜采用方形；桩内主筋应通过计算确定。当方桩截面边长为 200 mm 时，配筋不宜少于 4⌀10；当边长为 250 mm 时，配筋不宜少于 4⌀12；当边长为 300 mm 时，配筋不宜少于 4⌀16。桩身混凝土强度等级不应低于 C30 级。当桩身承受拉应力时，应采用焊接接头。其他情况可采用硫黄胶泥接头连接。当采用硫黄胶泥接头时，其桩节两端应设置焊接钢筋网片，一端应预埋插筋，另一端应预留插筋孔和吊装孔。当采用焊接接头时，桩节的两端均应设置预埋连接铁件。

桩位置宜靠近墙体或柱子，以利于荷载的传递。桩孔的成孔过程中往往要截断底板钢筋，桩孔尽量布置在弯矩较小处，并使凿孔时截断的钢筋最少。采用硫黄胶泥接桩还是焊接接桩取决于是否承受水平力或拉拔力，硫黄胶泥接桩抗水平力和抗拉拔力性能差。

(3)承台设计

原基础承台除应满足有关承载力要求外，还应符合下列规定：承台周边至边桩的净距不宜小于 200 mm；承台厚度不宜小于 350 mm；桩顶嵌入承台内长度应为 50～100 mm；当桩承受拉力或有特殊要求时，应在桩顶四角增设锚固筋，伸入承台内的锚固长度应满足钢筋锚固要求；压桩孔内应采用 C30 微膨胀早强混凝土浇筑密实；当原基础厚度小于350 mm时，封桩孔应用 2⌀16 钢筋交叉焊接于锚杆上，并应在浇筑压桩孔混凝土的同时，在桩孔顶面以上浇筑桩帽，厚度不得小于 150 mm。

(4)锚杆及锚固深度设计

锚杆根据压桩力设计。锚杆可用螺纹钢和光面钢筋制作，也可在端部墩粗或加焊钢筋，锚固深度一般取 10～12 倍锚杆直径，并不应小于 300 mm，锚杆露出承台顶面长度应满足压桩机具要求，一般不应小于 120 mm。当压桩力小于 400 kN 时，可采用 M24 锚杆；当压桩力为 400～500 kN 时，可采用 M27 锚杆；锚杆螺栓在锚杆孔内的黏结剂可采用环氧砂浆或硫黄胶泥；锚杆与压桩孔、周围结构及承台边缘的距离不应小于 200 mm。

采用锚杆静压桩加固应对原有基础进行抗冲切、抗弯和抗剪能力验算。

3.锚杆静压桩的施工

锚杆静压桩施工由于施工场地有限，具有特殊性，其施工流程如图 7.5.2 所示。

首先清除基础面上的覆土，并将地下水位降低至基础面以下，以保证作业面。按加固设计图放线定位。凿孔完成后，对锚杆孔应认真清渣，再采用树脂砂浆固定锚杆，养护后再安装压桩反力架。采用电动或手动千斤顶压桩。桩端长度根据反力架及施工环境确定。压桩过程中不能中途停顿过久。

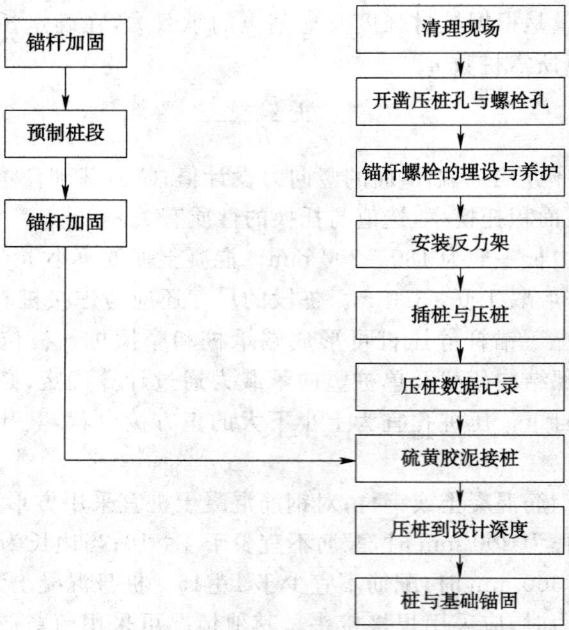

图 7.5.2　锚杆静压桩施工流程

接桩可采用硫黄胶泥，也可采用焊接，视设计要求确定。硫黄胶泥接桩成本低，接桩速度快，但抗水平力性能差。采用焊接接桩效果好，并可使桩具有较好的抗水平力性能，但成本较高。有时在桩上部采用焊接接桩；下部采用硫黄胶泥接桩，这样既可满足抵抗水平力的要求，又可节省投资。硫黄胶泥接桩和焊接接桩均应符合有关技术规程规定。

压桩至设计要求时，可进行封桩。压桩施工过程中应加强沉降监测，注意施工过程中产生的附加沉降。

二、预制桩托换

若既有建筑物的沉降未稳定或还在发展，但尚未丧失使用价值，可采用预制桩托换法对其基础地基进行加固补强，以阻止该建筑物的沉降、裂缝或倾斜继续发展，恢复其使用功能。托换法适用于钢筋混凝土基础或基础内设有地(或圈)梁的多层及单层建筑，对于淤泥、淤泥质土、黏性土、粉土和人工填土等，且地下水位较低的情况效果比较好。预制桩托换法是在已开挖的基础下托换坑内，利用建筑物上部结构自重作为支承反力，用千斤顶将预制好的钢管桩或钢筋混凝土桩段一一压入土中，逐段接成桩身的托换方法。

1. 预制桩托换的适用条件

预制桩托换法适用于淤泥、淤泥质土、黏性土、粉土和人工填土，且有埋深较浅的硬持力层。当地基土中含有较多大的块石、坚硬黏性土或密实的砂土夹层时，应根据现场试验确定其适用与否。

预制桩托换法与硅化、碱液或其他加固方法有所不同，主要是通过托换桩将原有基础的部分荷载传给较好的下部土层。桩位通常沿纵、横墙的基础交接处，承重墙基础的中间，独立基础的四角等部位布置，以减小基底压力，阻止建筑物沉降继续发展为主要目的。

2. 预制桩托换的设计

桩身可采用直径为 150～300 mm 的开口钢管或边长为 150～250 mm 的预制钢筋混凝土方桩，每节桩长可按既有建筑基础下坑的净空高度和千斤顶的行程确定。

桩的平面布置应根据既有建筑的墙体和基础形式及荷载大小确定。应避开门窗等墙体薄弱部位，设置在结构受力节点位置。

当既有建筑基础结构的强度不能满足压桩反力时，应在原基础的加固部位加设钢筋混凝土地梁或型钢梁，以加强基础结构的强度和刚度，确保工程安全。

3. 预制桩托换的施工

①施工时先在靠近被加固建筑物的一侧开挖 1.2 m×0.9 m 的竖坑，对坑壁不能直立的砂土或软弱土等地基应进行坑壁支护，再在基础梁、承台梁或直接在基础底面下开挖长 0.8 m×0.5 m 的基坑。

②压桩施工时，先在基坑内放入第一节桩，并在桩顶上安置千斤顶及测力传感器，再驱动千斤顶压桩，每压入下一节桩后，再接上一节桩。

对于钢管桩，其各节的连接处可采用套管接头。当钢管桩很长或土中有障碍物时，需采用焊接接头。整个焊口(包括套管接头)应为满焊。

对于预制钢筋混凝土方桩，桩尖可将主筋合龙焊在桩尖辅助钢筋上，在密实砂和碎石类土中，可在桩尖处包以钢板桩靴。桩与桩间接头可采用焊接或硫黄胶泥接头。

③桩位平面偏差不得大于±20 mm，桩节垂直度偏差应小于 1%的桩节长。

④桩尖应达到设计持力层深度，且压桩力达到国家标准《建筑地基基础设计规范》(GB 50007—2011)规定的单桩竖向承载力标准值的 1.5 倍，且持续时间不应少于 5 min。

⑤对于钢筋混凝土方桩，顶进至设计深度后即可取出千斤顶，再用 C30 微膨胀早强混凝土将桩与原基础浇筑成整体。当施加预应力封桩时，可采用型钢支架，而后浇筑混凝土。

对于钢管桩，应根据工程要求，在钢管内浇筑 C20 微膨胀早强混凝土，最后用 C30 混凝土将桩与原基础浇筑成整体。

封桩可根据要求采用预应力法或非预应力法施工。

4. 预制静压桩的质检

预制静压桩属于隐蔽工程，将其压入土中后，不便进行检验，桩的质量与砂、石、水泥、钢材等原材料及施工因素有关。施工验收，应侧重检验制桩的原材料化验检验结果，以及钢材、水泥出厂合格证，混凝土试块的试验报告和压桩记录等内容。最终压桩力与桩压入深度应符合设计要求，桩材试块强度应符合设计要求。

三、树根桩托换

树根桩是一种小直径(150～300 mm)钻孔灌注桩(图 7.5.3)，长度一般不超过30 m，可以是竖直桩，也可以是斜桩或形成网状结构如树根状，故称为树根桩。先利用钻机钻孔，待满足设计要求后，放入钢筋笼，再填入碎石或细石，用 1 MPa 的起始压力将水泥浆从孔底压入孔中直至从孔口泛出。根据已有经验有 50%以上的水泥浆压入周围土层，使桩面的摩阻力增大。

1. 树根桩法的适用范围和特点

树根桩主要运用于建筑物需要加层(或上部增加荷载)，地基和基础承载力不足时；由于地质勘察、设计和施工原因，建筑物建成后，发生不均匀沉降；由于市政工程，如地铁或隧道通过建筑物下面地基土层时，为防止建筑物的不均匀沉降；古建筑的地基基础加固；对岩石和土体边坡稳定加固等。树根桩法适用于淤泥、淤泥质土、黏性土、粉土、砂土、碎石土和人工填土等地基土。

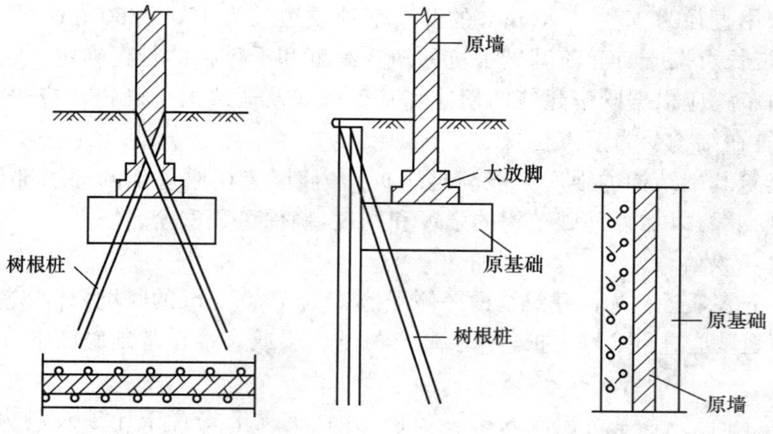

a)平面图　b)侧面托换　c)树根桩方向

图 7.5.3　树根桩托换条形基础

树根桩托换具有以下优点：所需施工场地较小，一般平面尺寸为 0.6 m×1.8 m，净空高度 2.2 m 就能施工；施工时噪声小，机具简单，振动小，对已损坏需托换的建筑物比较安全；所有操作都可在地面上进行，比较方便；压力灌浆使树根桩与地基土紧密结合，桩和承台联结成一整体；桩径很小，因而施工对承台和地基土几乎不产生扰动；可在各种类型的土中制作树根桩。施工时因桩孔很小，故而对墙身和地基土都不产生任何次应力，所以托换加固时对墙身无危险，也不扰动地基土和干扰建筑物。

2. 树根桩的作用机理

树根桩一般为摩擦桩，与地基土体共同承担荷载，组成刚性桩复合地基，对于网状树根桩，可视为修筑在土体中的三维结构，设计时以桩和土间的相互作用为基础，由桩和土组成复合土体的共同作用，将桩与土围起来的部分视为一个整体结构。

3. 树根桩加固地基设计计算内容

(1)树根桩桩身设计

树根桩的直径宜为 150～300 mm，桩长不宜超过 30 m，桩的布置可采用直桩型或网状结构斜桩型。

桩身混凝土强度等级应不小于 C20，钢筋笼外径宜小于设计桩径 40～60 mm。主筋不宜少于 3 根。对于软弱地基，主要承受竖向荷载时的钢筋长度不得小于 1/2 桩长；主要承受水平荷载时应全长配筋。

(2)树根桩的单桩承载力

单桩承载力可根据单桩载荷试验确定，还应考虑既有建筑的地基变形条件的限制和桩身材料的强度要求。如果采用理论计算，一般按摩擦桩设计。

$$R_{kd}=\frac{\sum q_i l_i u_p}{K} \tag{7.5.6}$$

式中，R_{kd}为单桩容许承载力(kN)；u_p为桩周长(m)；q_i为第 i 层土的极限摩阻力(kPa)；l_i为第 i 层土中的桩长(m)；K 为安全系数，一般可取 2。

(3)树根桩复合地基

树根桩一般为摩擦桩。采用树根桩加固地基时，桩与地基土共同承担上部荷载，与土形成复合地基。树根桩复合地基一般属于刚性桩复合地基。

(4)树根桩承受水平荷载

树根桩与土形成挡土结构,承受水平荷载。对树根桩挡土结构不仅要考虑整体稳定,还应验算树根桩复合土体内部强度和稳定性。

4. 树根桩的施工

小直径钻孔灌注桩也称为微型桩。小直径钻孔灌注桩可以竖向、斜向设置,网状布置如树根桩。

树根桩施工流程如图 7.5.4 所示。

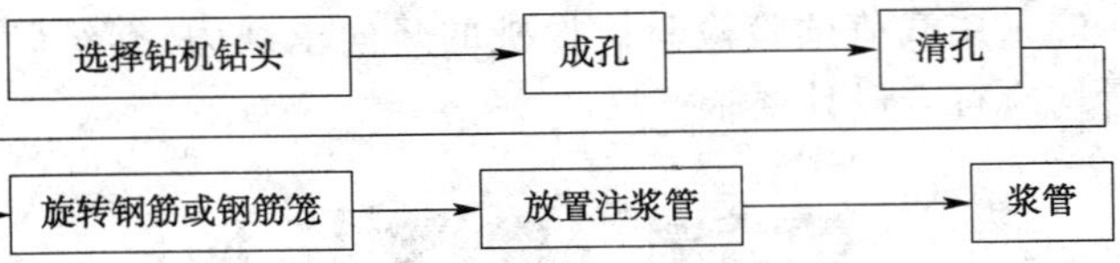

图 7.5.4 树根桩施工流程

(1)成孔

树根桩的成孔一般是采用小型钻机钻孔,采用水或泥浆作为循环冷却钻头和除渣手段。同时循环水在钻进过程中,水和泥土搅拌混合在一起变成泥浆状。有时为了提高树根桩的承载力,多采用正循环方法,当遇到较硬土层时,换上水力扩孔钻头,以达到扩孔目的。在饱和软黏土层钻进时,经常遇到流沙层,钻进时,进尺速度要慢,依靠岩心管在流沙层表面磨动旋转,加上孔内泥浆,使其孔壁表面形成泥皮,以达到护孔目的。当表土层松散时,用套管护孔,套管口一般高出地面 100 mm。钻至设计标高时,进行清孔,到溢出较清的水为止。

(2)放置钢筋或钢筋笼

钢筋笼根据设计荷载确定其含筋量,每段钢筋笼的长度可以视现场条件和机具的吊放能力而定,一般每节长 5~6 m,钢筋笼的接头采用绑扎或焊接均可,其搭接长度应符合规范要求。由于树根桩的直径均较小,故钢筋的混凝土保护层一般为 15~20 mm 厚,对于特殊要求另作处理。当分节吊放时,节间钢筋搭接焊缝长度双面焊不得小于 5 倍钢筋直径,单面焊不得小于 10 倍钢筋直径。

(3)放置压浆管

压浆管放在钢筋笼或钻孔中心位置,常采用直径为 20 mm 无缝钢管。注浆管应直插到孔底。需二次注浆的树根桩应插两根注浆管,施工时应缩短吊放和焊接时间。制作灌浆管时,当考虑拔出时,接头处采用外缩节,使外管壁光滑,容易从砂浆(或混凝土)中拔出。为防止泥浆进入管内,需在管底口用黑胶布或聚乙烯胶布封住,将管底口以上 1.0 m 范围做成花管形状,其孔眼直径为 8 mm,纵向间距为 100 mm,竖向四排,灌浆管一般放在钢筋笼内,一起放入到钻孔内。

(4)投入碎石

当采用碎石和细石填料(5~25 mm)时,填料应经过清洗,投入量不应小于计算桩孔体积的 0.9 倍,填灌时应同时用注浆管注水清孔。套管拔除后再补灌细石子,直到灌满。

(5)注浆

注浆时让水泥浆从钻孔底部逐渐向上升。采用分段注浆、分段提注浆管的方式。当采用一次注浆时,泵的最大工作压力不应低于 1.5 MPa。开始注浆时,需要 1 MPa 的起始压力,将浆液经注浆管从孔底压出,此时注浆压力宜为 0.1~0.3 MPa,使浆液逐渐上冒,直至浆液泛出孔口停止注浆。

当采用二次注浆时,泵的最大工作压力不应低于 4 MPa。待第一次注浆的浆液初凝时方可进行第二次注浆，浆液的初凝时间根据水泥品种和外加剂掺量确定，可控制在 45～60 min范围；第二次注浆压力宜为 2～4 MPa，二次注浆不宜采用水泥砂浆和细石混凝土。

注浆施工时应采用间隔施工、间歇施工或增加速凝剂掺量等措施，以防止出现相邻桩冒浆和串孔现象。树根桩施工中不应出现缩径和塌孔。拔管后应立即在桩顶填充碎石，并在1～2 m范围内补充注浆。

5. 树根桩质检

树根桩质量检验应符合下列规定：每 3～6 根桩应留一组试块，测定抗压强度，桩身强度应符合设计要求。应采用载荷试验检验树根桩的竖向承载力，有经验时也可采用动测法检验桩身质量。两者均应符合设计要求。

第六节 灌浆托换

灌浆法是指利用液压、气压或电化学原理，通过注浆管把浆液均匀地注入地层中，浆液以填充、渗透和挤密等方式侵入土颗粒间或岩石裂隙中的水分和空气所占据的空间，经一定时间后，浆液将原来松散的土粒或裂隙胶结成一个整体，形成一个结构新、强度大、防水性能好和化学稳定性良好的结石体，如图 7.6.1 所示。

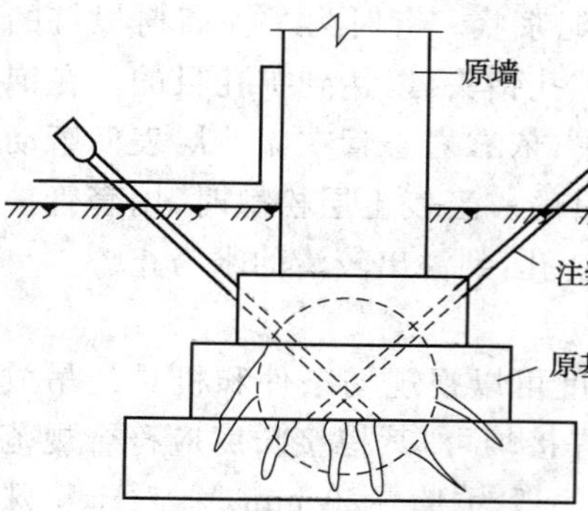

图 7.6.1 基础灌浆加固法

灌浆法在我国煤炭、冶金、水电、建筑、交通和铁道等部门都得到了广泛使用，并取得了良好的效果。

根据灌浆机理，灌浆法可分为下述几类。

一、渗透灌浆法

渗透灌浆法是指在压力作用下使浆液充填土的孔隙和岩石的裂隙，排挤出孔隙中存在的自由水和空气，而基本上不改变原状土体的结构和体积，所用灌浆压力相对较小。这类灌浆一般只适用于中砂以上的砂性土和有裂隙的岩石。

渗透灌浆法主要运用于砂土、粉土、黏性土或人工填土等地基加固，一般用于防渗堵漏，提高地基土的强度和变形模量，以及控制地层沉降等。

按注浆的材料进行分类时，浆液可分为颗粒状浆液（以水泥为主剂的浆液）和化学浆液两种，与颗粒状浆液相比，化学浆液的优点是能灌入较小的孔隙，稠度较小，能较好地控制凝固时间，但工艺复杂、成本高。

施工时先在基础中钻孔，孔径应比灌浆管直径（一般为 25 mm）大 2～3 mm，孔距取 1.0～3.5 m，孔数对于独立基础应不小于两个孔。灌浆压力为 0.2～0.6 MPa。灌浆有效半径为 0.6～1.2 m。

二、劈裂灌浆法

劈裂灌浆法是指在压力作用下，浆液克服地层的初始应力和抗拉强度，引起岩体或土体结构的破坏和扰动，沿垂直于最小主应力的平面发生劈裂，或原有的裂隙或孔隙张开，形成新的裂隙或孔隙，浆液的可灌性和扩散距离增大，而所用的灌浆压力相对较高。

三、高压喷射注浆

高压喷射注浆技术是化学灌浆结合高压射流切割技术发展起来的一种软黏土地基处理技术。当既有建(构)筑物地基承载力不足,或地基变形偏大,特别是产生过大不均匀沉降时,常采用高压喷射注浆法,在基础下设置旋喷混凝土,旋喷桩可直接设置在基础下,也可在基础边缘设置,使基础部分搁置在旋喷桩上。

高压喷射注浆法施工工序按图7.6.2进行。

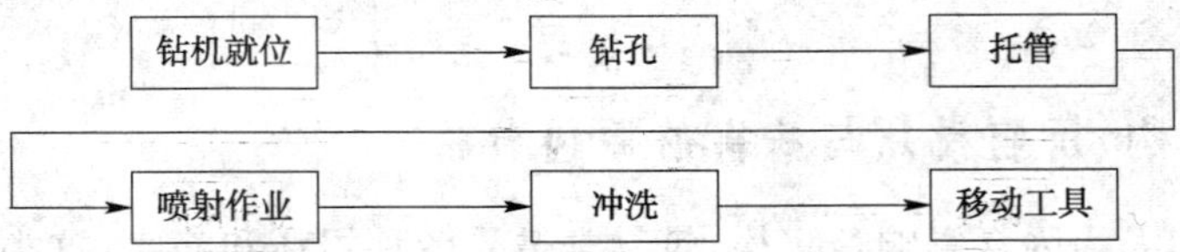

图7.6.2　高压喷射注浆施工工序图

高压喷射注浆用于处理淤泥、淤泥质土、流塑或软塑黏性土、粉土、砂土、人工填土和碎石土等地基,因此运用的地层较广;既可用于工程新建之前,又可用于竣工后既有建(构)筑物的托换工程。

施工时只需在土层中钻一个直径为50～90 mm的小孔,便可在土口喷射成直径为0.4～2.5 m的水泥土固结体。

在施工中可调整旋喷速度和提升速度,增减喷射压力或更换喷嘴孔径改变流量,根据工程设计需要,可控制固结体形状;浆液以水泥为主体,材料较普通。

四、挤密灌浆法

挤密灌浆法是指通过钻孔在土中灌入极浓的浆液,在注浆点使土体挤密,在注浆管端部附近形成浆泡。当浆泡的直径较小时,灌浆压力基本上沿钻孔的径向扩展。随着浆泡尺寸的逐渐增大,便产生较大的上抬力而使地面抬动。经研究证明,向外扩张的浆泡将在土体中引起复杂的径向和切向应力体系。紧靠浆泡处的土体将遭受严重破坏和剪切,并形成塑性变形区,在此区内土体的密度可能因扰动而减小;离浆泡较远的土则基本上发生弹性变形,土的密度有明显的增加。

浆泡的形状一般为球形或圆柱形。在均匀土中的浆泡形状相当规则,反之则很不规则。浆泡的最后尺寸取决于很多因素,如土的密度、湿度、力学性质、地表约束条件、灌浆压力和注浆速率等。实践证明,离浆泡界面0.3～2.0 m内的土体都能受到明显的加密。

挤密灌浆法常用于中砂地基,黏土地基中若有适宜的排水条件也可采用。如遇排水困难而可能在土体中引起高孔隙水压力时,就必须采用很低的注浆速率。挤密灌浆法可用于非饱和的土体,以调整不均匀沉降,以及在大开挖或隧道开挖时对邻近土进行加固。

五、电动化学灌浆法

电动化学灌浆法是在电渗排水和灌浆法的基础上发展起来的一种加固方法,是指在施工时将带孔的注浆管作为阳极,将滤水管作为阴极,将溶液由阳极压入土中,并通以直流电(两电极间电压梯度一般采用0.3～1.0 V/cm)。在电渗作用下,孔隙水由阳极流向阴极,促使通电区域中土的含水率降低,并形成渗浆通路,化学浆液也随之流入土的孔隙中,并在土中硬结。

如果地基土的渗透力 $k<1\times10^{-4}$ cm/s,由于孔隙很小,只靠静压力难于使浆液注入土

的孔隙中，此时需用电渗的作用使浆液注入土中。因而电动化学灌浆法就是在电渗排水和灌浆法的基础上发展起来的一种加固方法。但由于电渗排水作用可能会引起邻近既有建筑物基础的附加下沉，这一情况应予慎重注意。

第七节　建筑物纠偏

当建筑物沉降或沉降差过大，影响建筑物正常使用时，有时在进行地基加固后还需进行纠偏。

一、造成建（构）筑物损坏与病害的原因分析

由于受自然和人为因素影响，建（构）筑物常遭受各种损坏和病害，这类问题统称为建筑的病害（图 7.7.1），同时由于人们对既有建筑物提出了新的要求，如增层、移位、抬升或下降等，这类问题统称为既有建筑物的改造。上述两类问题都可以通过有效的技术手段得到圆满解决，并且往往可以节约大量资金，事半功倍。

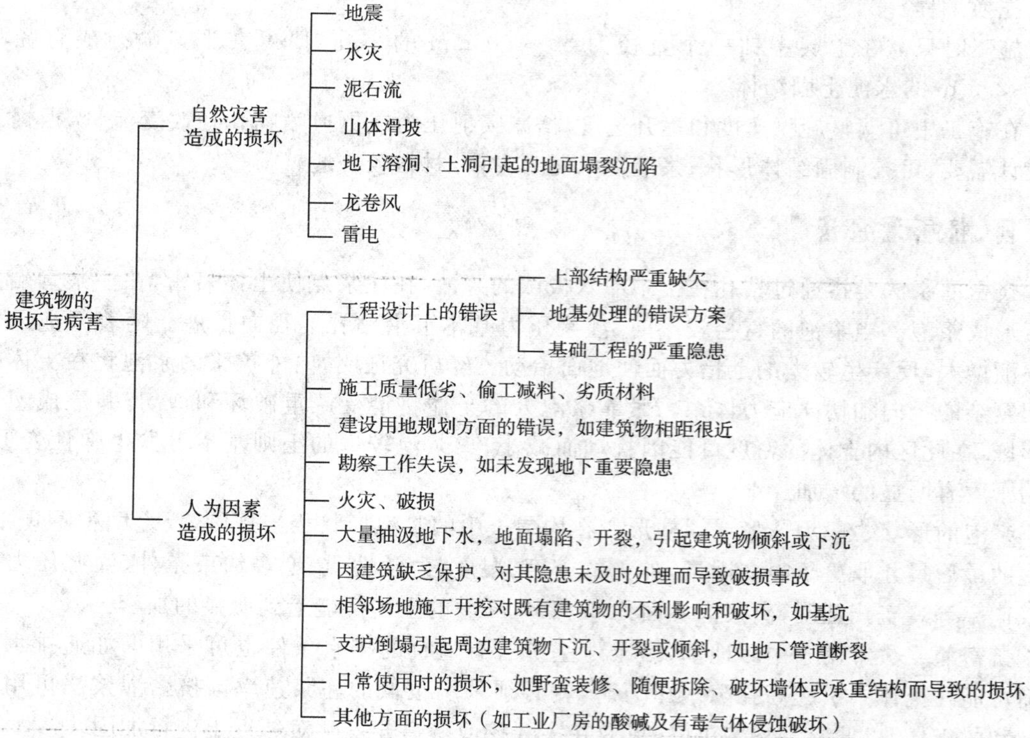

图 7.7.1　建筑物的损坏与病害分类

在人为影响方面，建筑的病害主要由场地勘察、设计、施工、使用和维护管理等方面的不当造成。

二、建筑物发生损裂、倾斜的原因分析

1. 设计工作的失误

许多设计人员对地基基础问题的重要性认识不足，常把复杂的地基问题简单化处理，据建设部 1993—1996 年的重大工程事故统计，由于设计工作失误导致建筑物发生质量事故的

约占事故总数的10%。

设计建筑物基础时，没有掌握地基土性，缺乏方案的认真比选、专家论证，采用的基础形式不当而发生事故；在深厚淤泥软黏土地基上，错误选用沉管灌注桩、沉管夯扩桩等基础形式，经常发生缩颈、离析、断桩和桩长达不到持力层等事故。在填土、软黏土或湿陷性黄土等厚薄不均地基上，采用条形或筏板等基础方案，导致建筑物倾斜。采用强夯处理地基时，由于夯击能量不足，影响深度达不到加固深度的要求，没有消除填土或黄土的湿陷性，如果建筑物在使用过程中地基浸水，必然造成建筑物下沉、倾斜或裂损。对于欠固结的填土、淤泥等软黏土地基，地面大量回填堆载，采用桩基方案时，如忽视负摩擦力的作用与计算，常发生布桩数量不足，导致桩基过量沉降、断桩等严重事故，使建筑物开裂或倾斜。

同一栋建筑物上选用两种以上基础形式或将基础置于刚度不同的地基土层上，易发生严重事故。对于软黏土地基，或建筑物形体复杂、高度变化较大时，必须按照变形与强度双控条件进行设计，以确保建筑物的整体均匀沉降。如只做强度验算，将会使建筑物发生不均匀或过量沉降。

考虑桩土共同工作时，桩间土分担的荷载比例过大，布桩数量较少，使房屋发生过量沉降或倾斜。预制桩桩基布桩过密，造成地面隆起，产生群桩效应等，桩打不下去，大量截桩，部分桩基的桩尖未达到持力层，使桩基发生不均匀沉降，建筑物倾斜或开裂。忽视相邻新老建筑物的基底应力的叠加效应，引起新的附加沉降或新老建筑物基底标高不一，又没有采取相关措施，引起建筑物倾斜或开裂。回填土地基，在填土时抛入大量块石、废弃的建筑物垃圾，形体大小不一，造成地基土的物质组成极不均匀，设计时没有进行处理，采用条基、筏板时，使局部应力集中，导致基础开裂或倾斜。

在进行既有建筑物的增层改造或扩建时，新建工程的基础压在原有建筑物的基础上，导致严重后果。在进行既有建筑物的增层改造时，对既有建筑物的地基承载力估计过高，取值不当。

在城市住宅区规划方面，将住宅区规划在欠固结的深厚淤泥等软黏土地基上，从而导致整个住宅区大面积沉陷，或部分建筑物倾斜、沉陷等。

2.施工方面的失误

①基础工程施工质量低劣：施工部门偷工减料，弄虚作假，随便减少配筋，降低混凝土强度等级，采用劣质钢材乃至缩小基础尺寸，减小基础埋深，基础施工放线不准确等。据统计，1993—1996年发生重大工程事故，由于施工的原因约占60%。

②地基处理方面的原因：目前地基处理手段多，这方面的问题也很多，如桩端未进到设计持力层、桩径未满足设计要求、强夯未达到有效的影响深度、振冲碎石桩未达到振密效果、检测手段不合理或未能正确反映实际情况等。

③地下开挖引起地面建筑物的裂损：城市由于修建地铁、地下街等地下建筑物，或者矿区开挖采矿、采煤巷道引发地面沉降，造成地面建筑物的下沉、开裂、倾斜等损害。

④相邻深基坑施工引起建筑物的损坏：在高层建筑基础工程施工中，由于深基坑的开挖、支护、降水、止水、监测等技术措施不当，造成支护结构倒塌或者过大变形，基坑大量漏水、涌土失稳，基坑周边地面塌陷，以及相邻建筑物基础工程的施工相互影响，都会对已建成或正在建造的相邻建筑物造成威胁与损坏，引发严重的事故。

3.工程勘察方面的失误

若勘测点布置过少，或只借鉴相邻建筑物的地质资料，对建筑场地没有进行认真勘察评价，提出的地质勘察报告不能真实反映场地条件，如岩溶土洞、墓穴等没有被发现，甚至旧的人防地下道也被忽视,使新建的建筑物发生严重下陷、倾斜或开裂,勘察资料不准确、结论不正确、建议不合理,给结构设计人员造成误导。

4.周围环境因素对建筑物造成的损害

这类损害主要是指周边的施工开挖、降水、振动等因素的影响。地下水位的自然升降也不容忽视,我国已有360多个城市严重缺水,由于大量超限开采、抽汲地下水,地下水位明显下降,或者由于修建水库等原因,引起地下水位上升,都会改变建筑物地基承载性状,可能引起建筑物的下沉或裂损。地下水具有侵蚀性质,或周边有对混凝土基础造成腐蚀物质时,使基础混凝土和钢筋严重锈蚀和剥蚀,造成基础严重开裂,引起建筑物损坏。

5.使用或管理不当对建筑物造成的损害

已建成的建筑物使用不当,如上下水管道破裂长期不修、地面长期积水不排泄、污水井堵塞、污水流入地基等,都可能使地基浸水湿陷。装修时随便拆除承重墙,致使承载结构裂损。各种病害发生后没有及时维修,造成建筑物开裂或倾斜破坏。

除上述人为因素以外,自然灾害如地震、山体滑坡、水灾、泥石流等造成地基液化、地基土被水掏空、基础滑移等,都会对建筑物造成严重损害。

三、裂损、倾斜建筑物治理方案的制订

制订建筑物正式纠偏扶正和加固方案时,应当充分掌握并具备以下各项条件:业主的要求和建筑物重要程度,实际倾斜和开裂情况,建筑物纠偏时是否有人居住,周围环境条件,地基土质和新补充的勘探资料,基础的损坏情况,原建筑物发生倾斜原因的分析结论,原建筑物检验鉴定结果及纠偏可行性的报告,经现场试验验证的纠偏技术的可行性,与纠偏工程有关各方的协议书等。

制订纠偏扶正和防复倾加固技术方案要在有经验的专家指导下,进行反复分析比选。承担纠偏工程的技术主管应当充分熟悉各种纠偏方法,并对其适用条件有正确判断。对于重要建筑物已确定的纠偏工程技术方案还应通过专家论证,充分听取各方面意见,不断改进充实完善,尽可能避免疏忽漏洞。在制订纠偏时,应按照建筑物的结构特征和高度条件,分别依据相关规范对其纠偏后允许残留值作出规定,以便确定纠偏工程的实施标准与计算工程量值,同时也是纠偏工程验收的技术标准。

纠偏工程技术方案设计文件应包括的内容如下:纠偏时采用的具体方法和技术内容;纠偏施工的详细步骤和要点,回倾速率及最大回倾值;对于整体结构刚度差的建筑物,纠偏前要对其原结构进行有针对性的加固设计,以防止在纠偏施工时发生破损甚至倒塌;观察点的布置及监测要求;施工安全及防护技术措施,工程报警装置;防复倾加固技术的施工方法;对相邻建筑物影响的防护技术及措施;质量检查及验收标准,稳定期间的继续观测计划及要求;竣工验收文件内容及要求。

四、建筑物纠偏的分类

建筑物纠偏的技术主要有两条途径(图7.7.2),一是将沉降小的部位促沉,使沉降均匀而将建筑物纠正,另一是将沉降大的部位顶升,将建筑物纠正。

建筑物纠偏的方法有两类:一类是通过加载来影响地基变形达到促沉纠斜的目的,另一类是通过掏土来调整地基土的变形达到纠偏的目的。有的直接在建筑物沉降较小的一侧基础下面掏土,有的在建筑物沉降较小的一侧的基础侧面地基中掏土。

顶升纠偏是采用千斤顶将倾斜建筑物顶起和用锚杆静压桩将建筑物提拉起的纠偏方

法。若建筑物提拉起后，其全部或部分被支承在增设的桩基或其他新加的基础上，则称为顶升托换法；若建筑物被顶起后，仅将其缝隙填塞，则称为顶升补偿法。

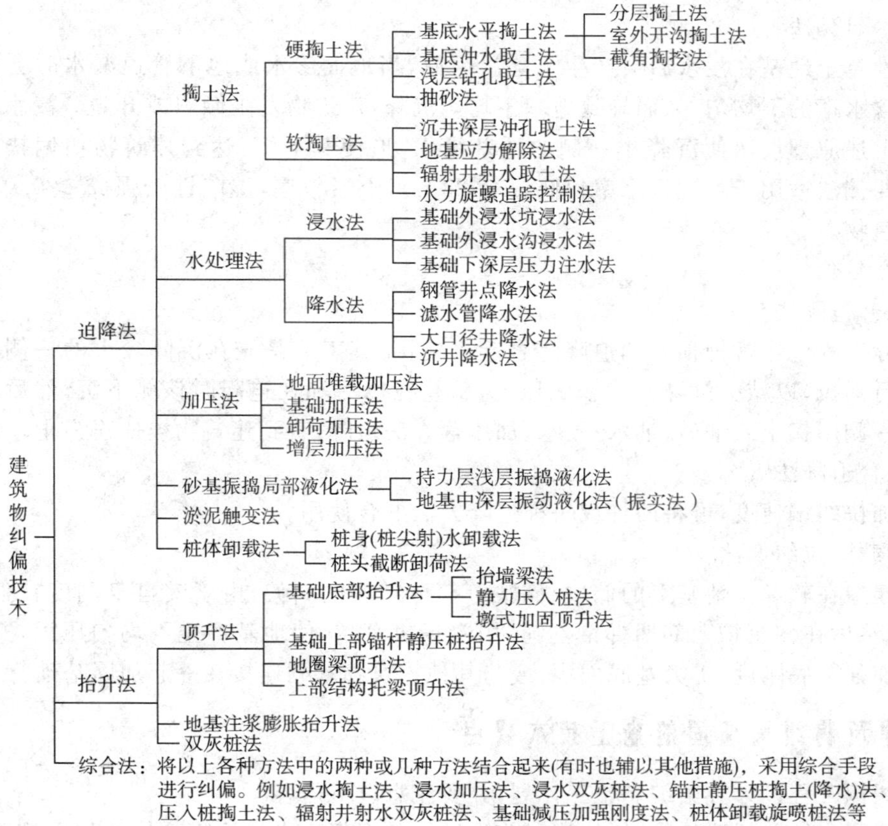

图 7.7.2 建筑物纠编技术的分类

迫降纠偏是对建筑物沉降较小一侧地基施加强制性沉降的措施，使其在短期内产生局部下沉，以扶正建筑物的一种纠偏方法。常用的迫降纠偏方法有掏土(抽砂)纠偏法、加压纠偏法、抽水纠偏法和浸水纠偏法。

1. 掏土(抽砂)纠偏法

掏土(抽砂)纠偏法是从沉降较小一侧的基础下掏土取砂，迫使其下沉的纠偏方法。这种方法所用设备少，纠偏速度快，费用低，因此是纠偏扶正的常用方法。掏土纠偏法一般常用于软黏土、淤泥质土、杂填土、湿陷性黄土等土质不好的地基；抽砂纠偏法适用于砂质地基和具有砂垫层的地基。

2. 加压纠偏法

加压纠偏法是通过堆放荷重或杠杆加压等措施迫使沉降小的一侧加速沉降，使建筑物纠偏扶正的方法。采用加压法纠偏，事先要查明基底压力的大小及压缩层范围内土的压缩性质，根据纠偏量的大小估算出地基所需的压缩值，然后结合地基土的压缩性，计算出完成上述压缩量所需的附加应力增量，即可得出应施加的压力。加压纠偏法适用于土质条件较差，承载力低的软黏土、填土、淤泥质土和饱和黄土地基上的建(构)筑物。

3. 抽水纠偏法

抽水纠偏法是依靠抽取土体中的水分，降低地下水位，缩小土体中的孔隙，加快土体压缩和固结，达到调整不均匀沉降的纠偏方法。它适用于建造在软黏土、淤泥质土、特软黏土等土层上且地下水位较高的建筑物，也适宜用于建造在泥碳土、有机质土和高压塑性土上的建筑物。

4.浸水纠偏法

湿陷性黄土地基在浸水后会产生下陷。因此，当地面渗水或地下管道漏水时会引起建筑物地基含水率的不均匀，从而导致地基不均匀沉降，建筑物发生倾斜或开裂。浸水纠偏法就是根据上述原理设法使沉降小一侧的地基浸水，迫使其下沉，达到建筑物纠偏扶正的目的。浸水纠偏法适用于处理含水率较低（$w<23\%$），土层较厚，湿陷性较强（$\delta_s>0.03$）的黄土地基建筑物。

5.综合纠偏

(1)顶升迫降法

在实际工程中经常把顶升和迫降综合起来使用，其工艺是先在沉降较大的一侧用锚杆静压桩进行提拉，以减少沉降差和基底压力，防止在以后和在迫降时该侧下沉；然后在沉降较小的另一侧用掏土或抽砂、抽水、浸水、加压等方法迫降，直到建筑物被扶正为止。

(2)混合迫降法

为了加快纠偏速度，可将两种或三种迫降方法混合使用。

(3)卸载牵拉纠偏法

对于建造在软黏土地基上的储罐、储池等筒体结构的纠偏，由于其自身刚度较强，可先将其卸载，然后在构筑物上部捆绑钢丝绳，用卷扬机牵拉，使地基产生不均匀压沉。待纠偏扶正后再加强基底刚度，扩大基底面积，或与其他构筑物基础连接在一起加固基础。

五、建筑物纠偏加固的施工技术要点

根据纠偏工程设计方案编制施工计划，并要注意以下内容。

对整体刚度较差的建筑物，纠偏施工前先进行破损部位或建筑物整体的加固施工，防止建筑物在施工时发生倒塌。同时要考虑建筑物地基在纠偏施工时可能产生的附加沉降，并估计纠偏后建筑物地基可能持续的变形（即滞后的回倾量），在纠偏施工时及施工后要加强现场观测，并采取有效的处理措施。对于纠偏后的复倾可能性，应根据防复倾加固设计，在纠偏施工前或施工后进行加固处理。

施工前要对相邻建筑物及地下设施进行一次检查或测量，要与对方协商或签订协议，采取必要的保护措施。纠偏扶正施工前要进行现场试验性施工。以便选定施工参数，验证纠偏扶正的设计方案可行性，进行必要的调整与补充，使其更加完善。

具体安排现场监测方式、监测点、监测内容和手段，布设回倾率的控制装置，以便通过监测，控制回倾速率，调整施工进度与施工方法，掌握纠偏复位结束的时机，预留滞后回倾量。密切观测建筑物裂缝变化情况，根据裂缝变化规律，调整纠偏速率或采用相应的辅助措施。

纠偏施工结束时应注意对建筑物房心土的回填、夯实、地坪做法，以及墙体裂缝处理等的施工质量，以利于增加建筑物整体刚度，以及抗倾覆、抗裂损的能力。

施工期间应严密监视相邻很近的建筑设施，经常检查其保护性措施的状况，严防出现问题。在纠偏施工期间，可能出现原来没有预想到的新情况、新问题，因此纠偏技术方案应根据现场条件的改变而及时修正调整，以便确保纠偏工程的成功。

纠偏施工竣工的文件应明确包括纠偏工程设计文件、施工中修改调整措施、施工日记、试验性施工小结、现场监测及裂缝变化记录、相邻建筑物及地下设施情况、工程鉴定和验收结论等，并作为纠偏建筑物的技术档案予以保存。

第八章　地基处理检验与监测

处理效果检验与施工监测是地基处理的重要环节。随着测试技术水平的不断提高，地基处理检验与监测方法的完善，以及测试结果的评价和应用经验逐渐丰富，在地基处理过程中发挥着越来越显著的作用。地基处理正逐步实现信息化施工，保证了施工的安全性和质量。此外，各种监测与检测成果提高了工程技术人员对各类地基处理方法的加固机理和规律的认识，为地基处理理论与设计计算方法的研究提供了丰富的第一手资料，有力地推动了地基处理技术的发展。

地基处理检测与监测涉及测量学、传感器原理与测试理论、土力学、地基处理、施工技术等多方面的知识，是一门综合性较强的应用技术。

第一节　地基处理检测与监测技术发展现状

在我国地基处理技术得到全面发展的同时，地基处理检测与监测技术也面临着一些新的形势和问题，主要表现在以下几个方面：

①新的地基处理方法，特别是多种加固方法联合处理技术不断出现，对监测和检测方法的选择和方案设计提出了更高的要求。对于超出规范规定的地基处理工程，设计人员须在对各种测试方法技术特点与适用性充分了解的基础上，灵活地根据地基处理方法和工程实际需要实施监测和检测。

②目前各种地基处理检测与监测手段日益成熟和丰富，但与之配套的测试结果分析与评价方法及标准还不够健全，导致某些测试成果的应用价值不高。比如预压地基一般都要求应进行地基竖向变形、分层沉降、孔隙水压力、地下水位等项目的监测，但在实际操作中，除地面沉降的观测结果外，其他监测项目的观测成果一般只用作规律性分析，对地基处理工程的效果评价与验收实际作用并不大。

③地基处理检测与监测尚未出台专门的技术标准。虽然现行地基处理规范均对监测和检测有所涉及，但是还不能完全满足工程实践需要，主要表现在测量与测试的技术等级与指标、精度要求等方面不够明确。实际工程中，测试设备和元件的安装与埋设、测试方法与标准和成果应用等，一般是参照其他行业监测或测试规范及个人经验，不同设计人员往往选用技术标准不同。总体上来说，地基处理监测与检测的标准化要落后于技术的发展。

④各类检测与监测现场作业的工作量较大，测试结果受现场测试人员的技术水平影响较为明显。地基处理监测与检测工作的特殊性，要求测试人员不仅具备相应的测试仪器和设备的操作知识与技能，还需要掌握一定的土力学与地基加固的理论，才能对测试结果与测试过程中的异常情况进行有效的判读和信息反馈。目前，一线测试人员在这方面的素质存在不足之处，影响了测试结果的准确性甚至是可靠性。

第二节 地基处理检验

地基处理工后检测(Post-construction Testing)是指采用一定的测试手段获得加固后地基土的密实度、强度、地基承载力及压缩性等指标的过程。地基处理工后检测的目的主要在于进行地基加固效果评价,以及为后续地基基础设计提供相应的参数。地基处理工后检测主要依靠室内土工试验和原位测试两类方法来直接获取加固后地基的各项物理力学指标。

室内土工试验(Soil Test)的实质是构造一个模型,这个模型应尽可能接近相应的理论或工程原型状态,尽量做到可有效地控制、改变和量测有关的试验条件和物理量,如排水条件、压力、位移等,使不同性质的岩土在试验中表现出不同的测定结果。

原位测试(In-situ Test),是在土体所处的位置,基本保持其原来的结构、湿度和应力状态,对土体进行的测试。与室内试验相比,原位测试最显著的特点是,基本在土体的天然应力(即原位应力)条件下进行的测试。

如表 8.2.1 所示,地基处理工后检测的方法种类较多,处理后地基的主要检测内容为承载力、处理后地基的施工质量和均匀性,以及复合地基增强体或微型桩的成桩质量等。承载力的检测方法包括复合地基静载荷试验、增强体单桩静载荷试验及处理后地基承载力静载荷试验;处理后地基的施工质量和均匀性的检测方法包括干密度检测、轻型动力触探试验、标准贯入试验、动力触探试验、静力触探试验、土工试验和十字板剪切试验等;复合地基增强体或微型桩成桩质量的检测方法包括桩身强度或干密度检测、静力触探试验、标准贯入试验、动力触探试验、低应变试验、钻芯法检测及探井取样法检测等。同一指标通常可以通过多种检测方法获得,但不同的检测方法的适用范围不同,并且都具有一定的优点和不足之处。因此,工后检测方案和方法应根据地基土的性质、地基处理方法和地区经验等条件,统一考虑和选取。

处理后地基的检测内容和检测方法选择 表 8.2.1

检测内容	承载力			处理后地基的施工质量和均匀性							复合地基增强体或微型桩的成桩质量						
检测方法 / 处理地基类型	复合地基静载荷试验	增强体单桩静载荷试验	处理后地基承载力静载荷试验	干密度	轻型动力触探	标准贯入	动力触探	静力触探	土工试验	十字板剪切试验	桩身强度或干密度	静力触探	标准贯入	动力触探	低应变试验	钻芯法	探井取样法
换填垫层			√	√	△	△	△	△									
预压地基			√					√	√	√							
压实地基			√	√		△	△	△									
强夯地基			√			√	√		√								
强夯置换地基			√			△	√	△	√								

续上表

检测内容 / 检测方法 / 处理地基类型		承载力			处理后地基的施工质量和均匀性						复合地基增强体或微型桩的成桩质量							
		复合地基静载荷试验	增强体单桩静载荷试验	处理后地基承载力静载荷试验	干密度	轻型动力触探	标准贯入	动力触探	静力触探	土工试验	十字板剪切试验	桩身强度或干密度	静力触探	标准贯入	动力触探	低应变试验	钻芯法	探井取样法
复合地基	振冲碎石桩	√		○			√	√	△					√	√			
复合地基	沉管砂石桩	√		○			√	√	△					√	√			
复合地基	水泥搅拌桩	√	√	○			△		△			√		△	√		○	○
复合地基	旋喷桩	√	√	○			△	△	△			√		△	√		○	○
复合地基	灰土挤密桩	√		○	√		△	△		√		√		△	△			○
复合地基	土挤密桩	√		○	√		△	△		√		√		△	△			○
复合地基	夯实水泥土桩	√	√	○		○	○	○	○	○		√	△				○	
复合地基	水泥粉煤灰碎石桩	√	√	○			○	○	○	○		√				√	○	
复合地基	柱锤冲扩桩	√		○			√	√		△				√	√			
复合地基	多桩型	√	√	○	√		√	√	△	√		√		√	√	√	○	
注浆加固				√		√	√	√	√	√								
微型桩加固			√	○			○	○	○			√				√	○	

注:1.处理后地基的施工质量包括预压地基的抗剪强度、夯实地基的夯间土质量、强夯置换地基墩体着底情况消除液化或消除湿陷性的处理效果、复合地基桩间土处理后的工程性质等。

2.处理后地基的施工质量和均匀性检验应涵盖整个地基处理面积和处理深度。

3.√为应测项目,是指该检验项目应该进行检验;△为可选测项目,是指该检验项目为应测项目在大面积检验使用的补充,应在对比试验结果基础上使用;○为该检验内容仅在其需要时进行的检验项目。

4.消除液化或消除湿陷性的处理效果、复合地基桩间土处理后的工程性质等检验仅在存在这种情况时进行。

5.应测项目、可选测项目及需要时进行的检验项目中两种或多种检验方法检验内容相同时,可根据地区经验选择其中一种方法。

地基处理的试验阶段、施工过程及竣工后,应进行地基处理效果检验。为设计提供依据的试验应在设计前进行。地基处理是一项隐蔽工程,施工时必须重视施工质量监测和质量检验方法。只有通过施工全过程的监督管理才能保证质量,及时发现问题和采取必要措施。当进行工程监理时,应阐明检验和监理的目的要求和相互配合验证的重要性。

施工质量和处理效果关系密切,但施工质量满足要求并不一定处理效果满足设计要求,处理效果除了与施工质量有关系外,还与设计方案的合理性、勘察资料的准确性及现场条件等因素有关,因此各种处理方法的质量检验将施工质量检验和竣工验收检验区分开,便于分析处理效果不满足要求的原因。

承担地基处理检验的工程技术人员必须正确掌握地基处理的目的、加固原理、技术要求和质量控制与标准等。施工单位在施工过程中应有专人担任质量控制和监测工作。保证施工质量的关键在于抓好施工组织和施工管理，并应将测试工作看成是地基处理的组成部分。有时还应制定监测控制标准和控制不良现象发生的措施。只有具备相应专业知识的检测人员才能对检测数据进行有针对性的分析，并作出合理的符合实际的效果评价。

各种地基处理方法中，碎(砂)石桩、水泥土搅拌桩、旋喷桩、土桩、灰土桩、夯实水泥土桩、水泥粉煤灰碎石桩、柱锤冲扩桩等增强体的加固处理后的地基，均按复合地基进行设计，处理后的地基由增强体和地基土共同承载，因此在进行静载荷试验时，应按复合地基静载荷试验进行处理效果检验，同时还应通过增强体单桩静载荷试验对增强体进行检验；换填、预压、压实、强夯、挤密、注浆等方法处理后的地基可以看作为改良后的均质地基或成层地基，因此宜按处理后地基的要求进行地基承载力、地基变形及均匀性检验；对微型桩、混凝土桩、强夯置换等处理方法主要依靠增强体提高地基性能，重点应控制桩体的施工质量，因此可通过单桩静载荷试验进行检验。

一、密实度检测

砂性土、碎石土及填土的密实度对其工程性质具有重要的影响，因而密实度是换填垫层、预压、压实、夯实、挤密地基及砂石桩复合地基等重要的质量控制与评价指标。密实度的检测方法主要有环刀法、灌砂法、灌水法、圆锥动力触探试验、标准贯入试验和静力触探试验等。其中，环刀法对于砂性土、碎石土取样质量不易保证或者难以取样；灌砂法、灌水法现场操作较为复杂。

原位测试方法具有测试方便、效率高、对地基破坏性小等特点，随着相关经验的不断积累应用越来越为广泛，测试结果可靠性增加。

1. 圆锥动力触探试验

圆锥动力触探试验(Dynamic Penetration Test，简称 DPT)是用一定质量的穿心锤，以一定的高度(称为落距)自由下落，将一定规格的圆锥形金属探头打入土中，根据探头贯入土中一定距离(可称为规定贯入量)所需的锤击数，判定土的力学特性。圆锥动力触探试验可分为轻型、重型和超重型三种类型，分别具有不同的规格和适用的岩土类型。

轻型动力触探试验适用于检验换填垫层地基沿深度方向的密实均匀性；对夯实水泥土桩可以用于检验桩身的密实度；由于轻型动力触探具有设备简单、轻便、操作方便等优点，特别适合注浆地基的处理效果检验。注浆加固带有不均匀性，比较适合采用能从宏观上反映的检测手段，例如采用地球物理检测方法等，但目前这些方法均存在难以定量和直接反映的特点。轻便触探的检测方法虽然也存在仅能反映调查孔一点加固效果的缺点，但因其简单实用而得到较多的应用。注浆施工和效果评定的经验性较强，在效果评定时要注重处理前后数据的对比，同时还要注意相似工程的类比，这样才能客观地综合评定注浆效果。由此可见，注浆工程的大量数据收集和分析是十分必要的。轻型动力触探的锤击数 N_{10} 是密实度的主要评价指标，可以根据 N_{10} 沿深度的变化及处理面积内不同点同一深度的 N_{10} 大小评价处理地基的均匀性。

重型和超重型圆锥动力触探试验适用于强夯、强夯置换、碎(砂)石桩、柱锤冲扩桩等粗颗粒地基或增强体施工质量检验。可以检验粗颗粒桩间土和增强体的密实度。重型和超重型圆锥动力触探的锤击数 $N_{63.5}$ 和 N_{120} 是碎石土密实度评价的主要指标。根据现行国家标准《岩土工程勘察规范》(GB 50021—2001)(2009 年版)的有关规定，可根据经过修正后的锤击数来判定碎石土的密实度。

2. 标准贯入试验

标准贯入试验（Standard Penetration Test，简称SPT）是用质量为63.5 kg的穿心锤，以76 cm的落距，将标准规格的贯入器，自钻孔底部预打15 cm，记录再打入30 cm的锤击数，判定土的力学特性。标准贯入试验适用于砂土、粉土和一般黏性土，不适用于粗颗粒的碎石土及软塑—流塑状态的软土。

标准贯入试验是常用的地基处理效果检测手段之一，适用于强夯法、换填垫层、预压地基、注浆地基、挤密地基等。主要针对复合地基桩间土的检验，以检验桩间土的挤密效果，对细颗粒增强体也可采用该法检验增强体的密实度和施工质量。标准贯入试验击数 N 是砂土密实度和液化判别的最主要判定指标，可根据现行国家标准《岩土工程勘察规范》(GB 50021—2001)(2009年版)的有关规定对地基密实度和液化性能进行评定。

3. 静力触探试验

静力触探试验(Static Cone Penetration Test，简称CPT)是用静力匀速将标准规格的金属探头压入土中，通过量测地基土对探头的贯入阻力，以测定土的力学性质。静力触探试验是地基处理检测中应用较为广泛的技术手段之一。

静力触探试验成果应用十分广泛，特别适用于预压地基和注浆地基的效果检验，也常用于检验桩间土的挤密效果，条件允许也可用于检验水泥土类桩的桩身质量。表8.2.2为采用静力触探试验检验注浆地基处理效果的工程实例。由于处理后的地基与天然地基存在差异，效果评定的经验性较强，在效果评定时要注重处理前后数据的对比，同时还要注意相似工程的类比，这样才能客观地综合评定处理效果。

注浆加固前后静力触探 p_s 值对比情况 表8.2.2

地名	岩土名称	加固前 p_s 值/MPa	加固后 p_s 值/MPa	提高倍数	备注
上海漕宝路	淤泥质粉质黏土	0.427	≥1	≥1.3	采用十字板调查，通过公式换算而得
上海万体馆	粉细砂夹薄层黏土	5	8	0.6	浆液充填率20%，调查时邻近在降水
上海漕宝路	粉细砂夹薄层黏土	0.35	≥1	≥1.85	浆液充填率小于20%
上海杨高路	淤泥质黏土、黏土	0.94～1.19	1.5	≥0.26	浆液充填率小于20%
上海河南中路	粉质黏土、淤泥质粉质黏土、淤泥质黏土	0.5～0.52	≥1.2	≥1.3	浆液充填率20%，水泥水玻璃双液注浆
上海中山公园	淤泥质黏土、黏土	0.49～0.62	1.5	≥1.42	浆液充填率23%，两次注浆
上海人民公园	淤泥质黏土	0.35	1.5	3.29	浆液充填率18%，水泥水玻璃双液注浆
宁波北仑	淤泥质黏土	0.274	0.64	1.3	浆液充填率20%

4. 填土压实质量控制

根据土的压实机理，填土在压实过程中存在最优含水率 w_{op} 和最大干密度 ρ_{dmax}，由《土工试验方法标准》(GB/T 50123—1999)中规定的标准击实试验确定。对于现场填土压实质量检验，一般以压实系数 λ_c（土的控制干密度 ρ_d 与最大干密度 ρ_{dmax} 之比）和施工含水率（最优含水率 $w_{op}\pm2\%$）为控制指标。

干密度试验适用于换填垫层和压实等地基的施工质量和均匀性检验，也适用于灰土挤密桩、土挤密桩和多桩型等复合地基的桩间土挤密效果检验及桩身质量检验。填土压实质量检测必须分层进行，在每层的压实系数符合设计要求后铺填上层土。采用环刀法检验垫层的施工质量时，取样点位于每层厚度的 2/3 深度处。检验点的数量，对于条形基础每10～20 m 不少于 1 个点；独立柱基、单个基础不应少于 1 个点；其他基础每 50～100 m^2 不应少于一个点。采用贯入仪或动力触探法检验垫层的施工质量时，每分层检验点的间距应小于 4 m。

二、地基土强度检测

地基土强度是评价地基稳定性及承载力的主要参数。采用预压法处理软土地基时，随着地基土超孔压消散，土体强度逐渐增长。通过室内或现场测试获得加固前后地基强度的变化，也可对地基处理的效果进行评价。地基土强度检测方法主要包括室内剪切试验与现场剪切试验两大类。

1. 室内土工试验

土的抗剪强度试验有多种方法，室内试验常用的有直接剪切试验、三轴剪切试验和无侧限抗压强度试验等。土的抗剪强度指标除了与土本身的特性，包括土的种类、性状及应力历史等因素有关外，还与试验方法与条件、破坏标准、土样质量等因素有关，以及受土的各向异性、应力历史、蠕变等的影响。

土的强度特性在实际工程问题的情况是千变万化的，用实验室的试验条件去模拟现场条件难以完整实现。因此，对于具体工程问题，现场剪切试验确定的强度指标往往更为合理、有效。

由于室内土工试验需在现场取样后进行，已改变了其应力环境和状态，因此试验结果往往很难与实际效果完全吻合，主要适用于预压地基、强夯地基和挤密型复合地基中桩间土的检验。通过室内试验获得加固前后地基力学性质的变化，对地基处理的效果进行评价。

2. 十字板剪切试验

十字板剪切试验（Vane Shear Test，简称 VST）是将一定规格的十字板头插入土中预定的试验深度，在地面施加扭转力矩使十字板头绕轴杆旋转，最后将土体剪切破坏。通过测定土体抵抗扭转的最大抵抗力矩，经换算得到土的抗剪强度值，称为土的十字板强度。十字板剪切试验主要用于测定饱和软黏性土（$\varphi\approx0$）的不排水抗剪强度和灵敏度。

十字板剪切试验适用于预压地基的施工质量和均匀性检验。预压地基一般在加固前后在相同位置分别进行十字板试验，可获得地基加固前后的强度变化和沿深度的分布。对于以抗滑稳定控制的重要工程，可在预压区内选择代表性地点预留孔位，在加载不同阶段进行十字板剪切试验和取土进行室内土工试验。

十字板剪切试验的检测点数量每个处理分区不少于 3 个，对于斜坡、堆载等按稳定性控制的场地，应增加检验点数量。

表 8.2.3 为真空—堆载联合预压处理前后地基的十字板试验检验结果。图 8.2.1 为某工程堆载前后地基的十字板试验检验结果。

加固前后十字板强度的变化 表 8.2.3

深度/m	土层名称	加固前/kPa ①	真空后/kPa ②	联合后/kPa ③	增率 $\frac{②-①}{①}$/(%)	增率 $\frac{③-①}{①}$/(%)
2.0～5.8	淤泥夹淤泥质粉质黏土	12	28	40	133	233
5.8～10.0	淤泥夹淤泥质粉质黏土	15	27	36	80	14
10.0～15.0	淤泥	23	28	33	22	43

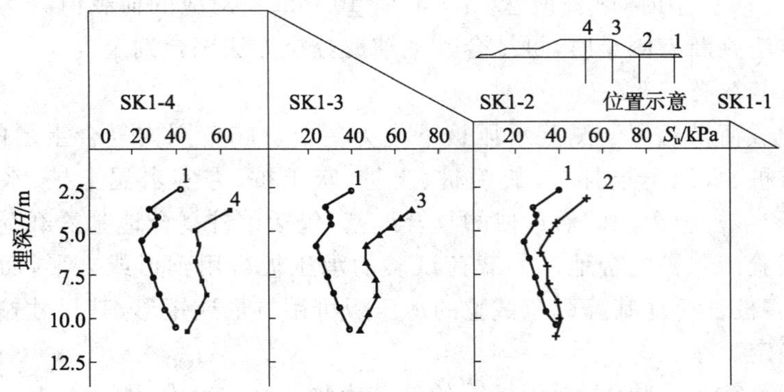

图 8.2.1 某工程堆载前后地基的十字板试验检验结果

三、承载力检测

地基承载力是地基处理工后检测的最重要指标之一，天然地基在加固后通常都需要检测其承载力。地基承载力的检测方法中，平板载荷试验是最常用和最直接的方法；地基承载力也可结合地区经验利用其他原位测试方法测试结果进行评价。

平板载荷试验(Plate Load Test，简称 PLT)是在一定面积的刚性承压板上向地基土逐级施加荷载，测定承压板下应力主要影响范围内天然或人工地基、单桩、复合地基的承载力和变形特性的原位测试方法。由于与建筑物基础工作条件相似，一般认为载荷试验确定的地基承载力相比其他测试方法更接近实际。在实际工程中，静载荷试验的检测点数量不应少于 3 个，各试验实测值的极差不超过其平均值的 30%时，取平均值作为该处理地基承载力的特征值；极差超过平均值的 30%时，应分析离差过大的原因，结合工程具体情况确定地基的承载力特征值，必要时增加试验数量。载荷板的受力面积对检验土层的厚度有较大的关系，处理地基的检验应采用能代表需检验加固土层性质的载荷板尺寸，否则应采用分层检验方法进行评价。

1.处理后地基承载力静载荷试验

处理地基静载荷试验是测定加固后地基的承载力和变形模量的最重要的方法，适用于换填垫层、预压地基、夯实地基、挤密地基、注浆加固法等。处理地基静载荷试验的技术要求和操作过程与常规的天然地基载荷试验基本相同。处理后地基的承载力特征值可按下列条件进行确定：

①当压力一沉降曲线上有比例界限时，取该比例界限所对应的荷载值。

②当极限荷载小于对应比例界限的荷载值的 2 倍时，取极限荷载值的一半。

③当不能按上述两款要求确定时，可取 $s/b=0.01$ 所对应的荷载，但其值不应大于最大加载量的一半。承压板的宽度或直径大于 2 m 时，按 2 m 计算。

2.复合地基增强体单桩静载荷试验

复合地基增强体单桩静载荷试验主要适用于复合地基、强夯置换法加固后形成的墩体等。

在复合地基增强体单桩静载荷试验中，单桩承载力特征值是将单桩极限承载力除以安全系数 2 得到，竖向抗压极限承载力一般按下列方法确定：

①作 Q-s 曲线和其他辅助分析所需的曲线。

②曲线陡降段明显时，取相应于陡降段起点的荷载值。

③当出现$\frac{\Delta s_{n+1}}{\Delta s_n}\geqslant 2$ 且经 24 h 沉降尚未稳定的情况时，取前一级荷载值。

④Q-s 曲线呈缓变型时，取桩顶总沉降量 $s=40$ mm 所对应的荷载值。

⑤按上述方法判断有困难时，可结合其他辅助分析方法综合判定。

3.复合地基静载荷试验

复合地基静载荷试验用于测定承压板下应力主要影响范围内复合土层的承载力，主要适用于碎(砂)石桩、水泥土搅拌桩、旋喷桩、土桩、灰土桩、夯实水泥土桩、水泥粉煤灰碎石桩、柱锤冲扩桩和多桩型等加固后形成的复合地基，包括单桩复合地基静载荷试验与多桩复合地基静载荷试验。单桩复合地基静载荷试验的承压板可用圆形或方形，面积为一根桩承担的处理面积；多桩复合地基静载荷试验的承压板可用方形或矩形，其尺寸按实际桩数所承担的处理面积确定。

在复合地基静载荷试验中，承压板上的荷载由增强体和土体共同承担。根据试验获得的 p-s 曲线确定复合地基承载力特征值是一个较为复杂的问题，涉及承压板一桩一土的相互作用、复合地基破坏模式、褥垫层的影响等。

当 p-s 曲线上极限荷载能确定时，而其值不小于对应比例界限的 2 倍时，复合地基承载力特征值可取比例界限；当其值小于对应比例界限的 2 倍时，可取极限荷载的一半。

在 p-s 曲线是平缓的光滑曲线的情况下，一般是根据相对变形值确定承载力特征值。

①对砂石桩、振冲桩和柱锤冲扩桩复合地基，可取 s/b 或 s/d 等于 0.01 所对应的压力。

②对灰土挤密桩、土挤密桩复合地基，可取 0.008 所对应的压力。

③对水泥粉煤灰碎石桩或夯实水泥土桩复合地基，以卵石、圆砾、密实粗中砂为主的地基，可取 s/b 或 s/d 等于 0.008 所对应的压力；对以黏性土、粉土为主的地基，可取 s/b 或 s/d 等于 0.01 所对应的压力。

④对水泥土搅拌桩或旋喷桩复合地基，可取 s/b 或 s/d 等于 0.006～0.008 所对应的压力，桩身强度大于 1.0 MPa 且桩身质量均匀时可取高值。

⑤对有经验的地区，可按当地经验确定相对变形值，但原地基土为高压缩性土层时相对变形值的最大值不应大于 0.015。

⑥复合地基荷载试验，当采用承压板边长或直径超过 2 m 的大承压板进行试验时，b 或 d 按 2 m 计。

⑦按相对变形值确定的承载力特征值不应大于最大加载压力的一半。

地基处理后表层往往形成一硬壳层，载荷板较小时结果的离散性较大，故本次明确规定地基处理静载荷试验的载荷板面积不应小于 1.0 m^2。对强夯地基或强夯置换地基，由于处理后地基往往在表层形成一硬壳层，强夯地基处理效果随深度增大逐渐变弱，强夯置换地基的置换墩面积往往较大，因此静载荷试验的压板面积不宜小于 2.0 m^2。

一般情况下载荷试验均在成桩后 28 d 时进行，而对于水泥土搅拌桩设计要求为 90 d，随着龄期的增长，桩身强度也随之增长，但其增强体和复合地基承载力对于龄期的换算关系完全不同于室内水泥土强度的换算关系。根据作者的经验及资料分析，认为 28 d 单桩承载力推算到 90 d 的单桩承载力，可以乘以 1.2～1.3 的系数，主要与单桩试验的破坏模式有关。28 d 单桩复合地基承载力推算到 90 d 的承载力，可以乘以 1.1 左右的系数，主要与桩土模量比等因素有关。

四、桩身质量检测

各种类型的桩被广泛地应用于地基加固工程中形成复合地基，能有效地提高地基承载力和减少沉降。桩身质量对地基处理的总体效果起着关键性的作用，因此，在施工结束后必须对其桩身完整性、强度、密实度或均匀性等桩身质量指标进行针对性的检测和评价。对于钢筋混凝土桩的完整性，低应变反射波法应用广泛且技术较为成熟；钻芯法与标准贯入试验等原位测试方法是水泥土搅拌桩桩身工后检测的常用手段；圆锥动力触探是碎石桩、砂石桩等散体材料桩密实度的常用评价方法。

1. 刚性桩桩身质量检测

地基处理中刚性桩大致可分为预制桩和灌注桩两大类，预制桩的贯入过程中和灌注桩的成桩阶段造成的桩身质量缺陷有如下几类：断裂、破碎、夹泥、缩径、扩径、空洞及混凝土离析等，造成单桩承载力降低，甚至出现废桩。

刚性桩桩身质量的检测可采用钻芯法、低应变反射波法等无损检测法。其中，低应变反射波法是目前比较实用和普及的桩身完整性检测方法，可用以地基处理中刚性桩至半刚性桩桩身完整性的普查。

对于微型桩、静压桩等具有黏结强度的增强体，桩身完整性检测中检测桩数一般不少于总桩数的10%，且不得少于10根，每根柱下承台的抽检桩数不应少于1根。

2. 水泥土搅拌桩桩身质量检测

水泥土搅拌桩在地基处理工程中应用较为广泛，其桩身施工质量检验可采用浅部开挖、钻孔取芯及原位测试等方法进行检测。

(1)浅部开挖

开挖浅部桩头部位可观察其成桩情况，比如成桩直径、搅拌均匀程度等。该法简单易行，可在施工过程中随时检查，及时发现问题，及时处理。

(2)轻型动力触探试验

可用轻型触探器中附带的勺钻，在水泥土桩桩身钻孔，取出水泥土桩芯，观察其颜色是否一致，是否存在水泥浆富集的结核或未被搅拌均匀的土团。也可用轻便触探击数判断桩身强度。

轻型动力触探应作为施工单位施工中的一种自检手段，以检验施工工艺和施工参数的正确性。同时在实际操作过程中也存在很难贯入及对设备损坏严重的缺陷。

(3)标准贯入试验

用这种方法可通过贯入阻抗，估算土的物理力学指标，检验不同龄期的桩体强度变化和均匀性，所需设备简单，操作方便。用锤击数估算桩体强度需积累足够的工程资料，在目前尚无规范可作为依据时，可借鉴同类工程，或采用 Terzaghi 和 Peck 的经验公式：

$$f_{cu}=\frac{1}{80}N \tag{8.2.1}$$

式中，f_{cu}为桩体无侧限抗压强度(MPa)；N为标准贯入试验的贯入击数。

(4)静力触探试验

静力触探可连续检查桩体长度内的强度变化。用比贯入阻力 p_s(MPa)估算桩体强度 f_{cu}(MPa)需有足够的工程试验资料，在目前积累资料尚不够的情况下，可借鉴同类工程经验或用下式估算桩体无侧限抗压强度：

$$f_{cu}=\frac{1}{10}p_s \tag{8.2.2}$$

水泥土搅拌桩制桩后用静力触探测试桩身强度沿深度的分布图，与原始地基的静力触探曲线相比较，可得桩身强度的增长幅度；并能测得断浆(粉)、少浆(粉)的位置和桩长。整根桩的质量情况将暴露无遗。

(5)钻芯检验

用钻孔方法连续取水泥土搅拌桩桩芯,可直观地检验桩体强度和搅拌的均匀性。取芯通常用 ϕ106 mm 岩芯管,取出后可当场检查桩芯的连续性、均匀性和硬度,并进行无侧限抗压强度试验。但由于桩的不均匀性,在取样过程中水泥土很易产生破碎,取出的试件做强度试验很难保证其真实性。使用本方法取桩芯时应有良好的取芯设备和技术,确保桩芯的完整性和原状强度。正常情况下,现场水泥土强度 $f_{cu,f}$与室内水泥土试块强度 $f_{cu,k}$是不同的,不能用室内水泥土试块强度指标直接作为现场水泥土强度的要求。由于影响因素诸多,到目前为止,两者之间的关系较为复杂,现场水泥土强度有低于室内水泥土试块强度的文献报道,也有高于室内水泥土试块强度的文献报道。一般情况下,现场水泥土强度 $f_{cu,f}$与室内水泥土试块强度 $f_{cu,f}$的关系为:$f_{cu,f}=(0.2\sim0.5)f_{cu,k}$。因此如何确定检验标准是关键。

(6)截取桩段做抗压强度试验

在桩体上部不同深度现场挖取 500 mm 桩段,上、下截面用水泥砂浆整平,装入压力架后用千斤顶加压,即可测得桩身抗压强度及桩身变形模量。这是值得推荐的检测方法,它可避免桩横断面方向强度不均匀的影响;测试数据直接可靠;可积累室内强度与现场强度之间关系的经验;试验设备简单易行。但该法的缺点是挖桩深度不能过大,一般为 1～2 m。

(7)静载荷试验

对承受垂直荷重的水泥土搅拌桩,静载荷试验是最可靠的质量检验方法。

一般搅拌桩的载荷试验均在成桩后 28 d 时进行,而设计要求均为 90 d,静载荷试验测得的单桩承载力是否应该进行龄期换算,或者如何根据 90 d 龄期的设计值确定检验标准是值得进一步研究的问题。可以肯定的是,其关系完全不同于室内水泥土强度的换算关系,主要与单桩试验的破坏模式有关,一般情况下 28 d 后单桩承载力会略有增长。

3.散体材料桩桩身质量检测

碎石桩、砂石桩等散体材料桩桩身施工质量检验,常用的方法为动力触探试验,具有成本低、见效快、施工简单等特点。根据不同深度处理的锤击数,可以判断各深度处桩身的密实程度和均匀性。桩身质量检验应在施工结束后,除砂土地基外,一般都应间隔一定时间进行质量检验,黏性土地基间隔时间可取 3～4 周,粉土地基可取 2～3 周。

第三节 地基处理工程监测

地基处理工程监测(Construction Monitoring)是指在地基处理施工阶段,采用仪器和设备对加固区及周边环境变形、应力场、地下水位,以及主要施工参数等实施的监控工作。概括起来,地基处理施工监测的目的主要为以下几点。

(1)施工安全性控制

地基在荷载连续快速作用下,特别是饱和软土地基上的工程,存在地基失稳的风险,一般是通过监测边坡或坡脚位置的变形控制加荷速率,保证施工过程的安全性。

(2)施工质量控制

采用真空预压法、降水预压法等处理软弱地基时,为了控制和保证施工质量,需要对一些关键施工参数进行监控,比如膜下及真空管内的真空压力、地下水位等。

(3)监控施工对周边环境的影响

地基处理施工会对周边环境造成一定影响,如地基加固影响范围内既有建(构)筑物倾斜与开裂、地下管线变形、施工振动与噪声污染等,必要时须采取针对性的监控措施,特别是在加固区周边有重要建(构)筑物或市政管线密集的情况下,并根据监测结果调整施工工况与进度,以减小对周边环境带来的不良影响。

(4)地基加固效果的评价

地基处理施工监测可获得加固过程中地基沉降、孔隙水压力等参数的变化情况,一方面可以实时了解和控制地基处理的施工进程;另一方面作为评价地基处理效果的指标。比如根据预压地基的沉降观测成果可推算地基最终沉降,进而可以获得实时的地基平均固结度和残余沉降,判断地基是否达到卸载标准和评价地基处理的效果。

地基处理的监测指标较多,相应的监测方法较为丰富。总结起来,地基处理施工过程中的监测主要包括以下几类:①加固区与周边环境的变形;②地基应力;③地下水位、真空压力、振动速度等特殊性监测项目。目前,常见的地基处理监测项目如表8.3.1所示。不同处理工法关注的施工参数和监测指标的侧重点不同,因此监测方法应根据施工工法、现场条件和工程实际需要灵活选用。

地基处理常用监测方法与成果应用　　表8.3.1

分类	监测项目	监测设备与元件	监测成果及其应用	适用范围
变形监测	地面变形	水准仪、水准尺、沉降板	获得变形－时间曲线、变形速率－时间曲线,计算地基平均固结度,推算地基最终变形和工后沉降,评价地基加固效果等	预压地基、夯实地基等
	深层变形	分层沉降管、磁环、分层沉降计	获得地基变形随深度的变化规律,评估深部土体的加固效果	预压地基等
	边桩	经纬仪、舰牌、边桩	监控地表土体,如路堤坡脚的水平位移,监控堆载过程中地基稳定性	堆载预压地基等
	测斜	测斜管、测斜仪	监控深部土体或灌注桩的深层水平位移	预压地基等
	建(构)筑物、管线等变形	水准仪、经纬仪、全站仪等	监控建(构)筑物、管线等沉降、水平位移、倾斜等,评价施工对周边环境的影响	预压地基法、夯实地基等
应力监测	土压力	土压力盒、频率仪	监控施工过程中地基土或结构构件表面的压力变化,如可确定桩土应力比	复合地基、预压地基等
	孔隙水压力	孔隙水压力计、频率仪	监控施工过程中超孔压的变化,可计算测量点处的固结度及地基平均固结度	预压地基、强夯地基等
	刚性桩桩身内力	钢筋计、混凝土应变计、频率仪等	获得刚性桩桩身的应力或应变,并计算轴力和弯矩,对刚性桩的安全性进行监测	多桩型、微型桩加固等
其他监测	地下水位	水位管、水位计	观察施工过程中地下水位变化情况	降水预压法、真空预压法等
	真空压力	真空表	真空预压法中,获得膜下和真空管内真空压力分布,以确定密封系统是否存在漏气现象	真空预压法
	振动速度	速度传感器等	监控强夯、冲击碾压等动力处理方法施工对周边的影响	强夯法、冲击碾压法等

地基处理监测贯穿于地基处理工程的设计、施工与验收,其实施的全过程包括以下几个阶段:

(1)监测方案设计

根据地基处理方法和工程实际需要进行监测方案的设计,设计内容包括:监测项目、测量方法及相应的仪器设备要求、监测点布置方案与技术要求、监测期与监测频率、各项测量技术指标、人员安排情况等。

(2)监测前期准备工作

前期准备工作是为后续观测作业的正常进行创造工作条件。根据监测方案完成测量基准点和监测点的布置、监测设备与元件的安装和埋设,以及初始值测量等工作。监测点的布置应不妨碍监测对象的正常工作,并应减少对施工作业的不利影响。在实际操作中,监测单位应与建设单位、施工单位等进行有效沟通,保证在大规模施工前获得各监测项目的初始值,一般取施工前至少连续3次稳定值的平均值作为测量的初始读数。

(3)现场测试与资料整理

按照监测方案中的监测频率完成现场测试工作,整理观测结果和提交监测报告。监测过程中出现异常情况时,及时分析原因和向建设单位与施工单位反馈信息,必要时适当加密监测频率,以便实时观测异常情况的变化趋势。每次现场测试工作完成后,撰写监测日志,必要时可采用拍照、录像等方法记录有关信息。

(4)监测成果总结与应用

按周(月)汇总与分析该时间段内的各项监测成果,编制、提交阶段性监测报告(监测周报、月报等),对地基处理的施工质量和加固效果进行评价,提出施工建议;根据监测成果,判断地基处理施工是否达到设计要求和满足卸载标准;工程竣工后,编制并提交监测总结报告。

一、加固区与周边环境变形监测

地基处理施工过程中变形监测的对象包括地面沉降和地表水平位移,深部土体的沉降与水平位移,以及施工对周边环境造成的影响。地面沉降和地表水平位移及建(构)筑物、管线的变形一般是采用光学仪器进行测量,测量仪器设备与精度等须满足《工程测量规范》(GB 50026－2007)、《建筑变形测量规范》(JGJ 8－2007)等规范中相应的技术要求。此外,测量的基准点一般至少为3个,布置在加固区影响范围以外,在监测期内定期联测,以确保基准点稳定、可靠。土体深层变形与深层水平位移为土体的内部变形,分别采用专门的仪器即分层沉降仪和测斜仪进行观测。

1.地面变形监测

地面变形是预压法、强夯法处理软弱地基施工过程中最重要的监测项目之一。地面变形一般是利用水准测量获得监测点的高程,两次高程测量结果之差即为该时间段内的地基发生的变形量。水准测量主要使用水准仪和水准尺等仪器设备,其精度应能满足监测方案中水准测量等级的要求,并具备相应的检定或校准证书,监测期内定期检查水准仪的i角。

预压地基的变形观测点一般是在处理分区均匀埋置沉降板,沉降板间距可取20～30 m,加固区中心及对称轴线等为重点监测区域。地面变形的监测期应包括整个施工期,在插板施工之前完成沉降板的布设和初始高程测量。地面变形监测的频率一般在加载初期每天测量一次,在中后期每2～4 d观测一次,出现异常情况时应适当加密。

地面变形观测结果的应用较为广泛。根据观测结果绘制的荷载-变形-时间曲线,可控制加荷速率、推算地基最终变形、计算地基固结度及工后沉降,判断地基处理是否达到卸载标准等。

2.地表水平位移监测

在堆载预压工程中,附加荷载大,施加速率快,地基存在失稳的风险。坡趾侧向位移是地基稳定性监控的一个重要指标,一般要求其位移速率不大于5 mm/d。

地表水平位移监测点一般由木桩或混凝土桩制成,沿加固区边线布置,主要采用经纬仪、舰牌等仪器设备观测施工过程中垂直边线方向的水平位移，其测量方法可采用视准线法、小角度法、前方交会法等。地表水平位移监测的频率一般在堆载施工阶段每天测量一次，出现异常情况时应适当加密。

地表水平位移速率是观测数据分析的重点，进一步可判断堆载期地基的稳定性和控制加荷速率。

3. 土体深层变形监测

土体深层变形是指加固区地基土在不同深度处的竖向变形，其监测目的主要是获得地基深部土体的竖向变形发展过程，观测结果反映了不同深度处地基土的加固效果。

土体深层变形量测系统包括分层沉降仪、分层沉降管、磁环等。在地基处理施工前埋设分层沉降管和安装磁环，分层沉降管包括多个测点，测点数量与软土层厚度和磁环间距有关。施工开始前测读各磁环的初始标高，地基处理施工过程中测得的标高与初始标高之差即为各磁环的累计沉降值。土体分层沉降的监测频率一般在加载初期 1～2 d 观测一次，中后期 3～5 d 观测一次。

根据观测数据，可绘制测孔内各磁环的变形一时间曲线，也就是不同深度处土体的变形一时间曲线，以及获得某时刻的地基变形沿深度的变化规律，进一步推算不同深度处土体的最终变形和某时刻的固结度，以及确定相邻两个磁环之间土体的压缩量和地基压缩层厚度。

4. 深层水平位移监测

深层水平位移是指不同深度处地基土在水平方向上的位移，其观测结果是分析施工的安全状态与对周边环境影响的重要参数。

深层水平位移的监测是预先在坡脚处埋入测斜管，采用测斜仪观测地基处理施工过程测斜管的变形，间接获得深部土体的水平位移，因此测斜管与钻孔之间孔隙应保证填充密实。此外，地基处理工程中测斜数据处理一般为管底起算，因此测斜管的埋置深度要求进入不动土层。

测斜资料整理主要包括计算各测试深度处的水平位移，绘制水平位移一深度曲线、水平位移一时间曲线，并分析最大累计位移量、水平位移速率等内容，评价地基的稳定性和控制加荷速率。

5. 周边环境变形监测

加固区影响范围内建(构)筑物及地上、地下各类管线的变形、扰度、裂缝等是评价地基处理施工对周边环境影响的主要监测项目。一般采用经纬仪、水准仪或其他专门仪器进行量测。建(构)筑物变形监测点应布置在外墙墙角、外墙中间部位的墙上或柱上、裂缝两侧及其他有代表性的部位，监测点间距视具体情况而定，一侧墙体的监测点不宜少于 3 点。管线监测点布置在管线的节点、转角点和变形曲率较大的部位，在无法埋设直接监测点的部位，可设置间接监测点，对于供水、煤气、暖气等压力管线应尽可能设置直接监测点。

二、地基应力监测

地基处理施工过程中，根据需要可采用传感器对地基的应力进行监测，包括土压力与孔隙水压力监测等。

根据有效应力原理，作用于饱和土体内某截面上总的正应力由孔隙水压力和有效应力两部分组成。在实际工程中，总应力和孔隙水压力可分别采用土压力盒和孔隙水压力计进行观测，理论上同一位置某方向上土压力盒读数与孔隙水压力计读数之差即为该方向上的有效应力。

土压力盒与孔隙水压力计按传感元件性质可分为电阻应变片式、振弦式等。振弦式传感器抗干扰能力强，防水性好，不受导线长度影响，稳定性较好，使用相对广泛。传感器在使用前应经过标定，量程应满足被测压力范围的要求，其上限可取最大设计压力的1.2～1.5倍，下限应能满足测试须达到的分辨率。

地基处理工程中土压力盒与孔隙水压力计一般采用钻孔法埋设，土压力盒还可用于量测土体与结构体间的接触压力，如桩顶应力等。土压力盒在埋设过程中，其受力面应与观测压力方向垂直，并均匀、密实地回填以细砂等填充料。孔隙水压力计埋设前应浸泡饱和，排除透水石中的气泡；当单个钻孔内埋设多个孔隙水压力计时，相邻探头的间隔不应小于1 m，并采用干的黏土球隔断上、下探头之间的水力联系。

地基处理工程中，土压力和孔隙水压力的观测成果应用较广，可用于固结计算、桩土应力比分析、稳定性分析等。根据现场测量结果可获得地基中某点的总应力、超孔压、有效应力的时程变化曲线，以及获得某时刻地基内部应力场的分布情况。此外，预压地基中孔隙水压力计的测量结果反映了地基的排水固结状态，可计算测量位置处土体的固结度和地基平均固结度。

三、其他监测项目

地基处理的施工监测除变形、应力等常规监测项目外，还应结合地基处理方法的特性对其他一些对象如地下水位、真空压力、振动速度等进行监测。

地下水位一般通过在钻孔内设置水位管，采用水位计进行量测。水位管滤管段以上须用黏土球封至孔口。对于真空预压地基的地下水位监测，早期采用敞口式水位管，现在多数已改为用密封膜密封水位管口，仅在测试时打开密封膜，测试完毕又立即密封复原。

采用真空预压法处理软土地基时，施工过程中需要对膜下及真空管内大气压力进行监控，以保证加固质量。真空压力的监测，一般是将加固区测点引出塑料软管接入真空表，可直接读出真空压力。

四、预压处理地基现场监测设计

(一)监测内容

预压加固地基属于隐蔽工程，施工中经常进行的质量检验和检测监测项目有：孔隙水压力观测、变形观测、边桩水平位移观测、真空度观测等。

1. 孔隙水压力观测

孔隙水压力现场观测时，可根据测点孔隙水压力－时间变化曲线，反算土的固结系数、推算该点不同时间的固结度，从而推算强度增长，并确定下一级施加荷载的大小，根据孔隙水压力和荷载的关系曲线可判断该点是否达到屈服状态，因而可用来控制加荷速率，避免加荷过快而造成地基破坏。

在堆载预压工程中，一般在场地中央、载物坡顶部处及载物坡脚处不同深度处设置孔隙水压力观测仪器，而真空预压工程则只需在场内设置若干个测孔。测孔中测点布置垂直距离为1～2 m，不同土层也应设置测点，测孔的深度应大于待加固地基的深度。

2. 变形观测

变形观测是最基本、最重要的观测项目之一。观测内容包括：荷载作用范围内地基的总变形，荷载外地面变形或隆起，深层变形及变形速率等。

利用实测变形资料可推算出最终变形量 s_∞ 和由于侧向变形而引起的瞬时变形量 s_d，从而可求得固结沉降量 s_c 及变形计算经验系数 ψ_s。另外，可根据变形资料计算地基的平均固结度解出 β 值，然后求出地基的平均固结系数。通过深层变形的观测资料可分析和研究土层的压缩性，确定变形计算中土层的压缩层深度。荷载外地面的变形资料可用以分析变形的影响范围，以确定对邻近建筑物的可能影响。

堆载预压工程的地面沉降标应沿场地对称轴线上设置，场地中心、坡顶、坡脚和场外 10 m 范围内均需设置地面沉降标，以掌握整个场地的变形情况和场地周围地面隆起情况。

真空预压工程地面沉降标应在场内有规律地设置，各沉降标之间距离一般为 20～30 m，边界内外适当加密。

深层变形一般用磁环或沉降观测仪在场地中心设置一个测孔，孔中测点位于各土层的顶部。

3. 水平位移观测

水平位移观测包括边桩水平位移和沿深度的水平位移两部分。它是控制堆载预压加荷速率的重要手段之一。

由于真空预压的水平位移指向加固场地，因而不会造成加固地基的破坏。

地表水平位移标一般由木桩或混凝土桩制成，布置在预压场地的对称轴线上于场地边线不同距离处，深层水平位移则由测斜仪测定，测孔中测点距离为 1～2 m。

4. 真空度观测

真空度观测分为真空管内真空度、膜下真空度和真空装置的工作状态。膜下真空度则能反映整个场地加载的大小和均匀程度。膜下真空度测头要求分布均匀，每个测头监控的预压面积为 1 000～2 000 m^2，抽真空期间一般要求真空管内真空度值大于 90 kPa，膜下真空度值大于 80 kPa。

现场观测的测试要求如表 8.3.2 所示。

动态观测的测试要求　　表 8.3.2

观测内容	观测目的	观测次数	备注
变形	推算固结程度 控制加荷速率	①4 次/日 ②2 次/日 ③1 次/日 ④4 次/年	①——加荷期间，加荷后一星期内观测次数 ②——加荷停止后第二个星期至一个月内观测次数 ③——加荷停止一个月后观测次数 ④——若软土层很厚，产生次固结情况
坡趾侧向位移	控制加荷速率	①,②1 次/日 ③1 次/2 日	
孔隙水压力	测定孔隙水压增长和消散情况	①8 次/昼夜 ②2 次/日 ③1 次/日	
地下水位	了解水位变化计算孔隙水压	1 次/日	

(二)加荷速率控制

1. 地基破坏前的变形特征

地基变形是判别地基破坏的重要指标。软土地基一旦接近破坏，其变形量就急剧增加，故根据变形量的大小可以大致判别破坏预兆。

在堆载情况下，地基破坏前有如下特征：

①堆载顶部和斜面出现微小裂缝。

②堆载中部附近的沉降量 s 急剧增加。

③堆载坡趾附近的水平位移 δ_H 向堆载外侧急剧增加。

④堆载坡趾附近地面隆起。

⑤停止堆载后，堆载坡趾的水平位移和坡趾附近地面的隆起继续增大，地基内孔隙水压力也继续上升。

2. 控制加荷速率的方法

加荷速率可通过理论计算。但在一般值况下，加荷速率可以在土中埋设仪器，通过现场测试控制。如果埋设仪器有困难，也可根据某些经验值加以判别。

1)现场测试

通过现场测试，判别地基破坏的具体方法有：

(1)根据沉降 s 和侧向位移 δ_H 判别

①利用 s 和 δ_H 关系，即同时测试堆载中部的沉降量 s 和堆载坡趾侧向位移 δ_H。日本富永和桥本指出：当 δ_H/s 值急剧增加时，意味着地基接近破坏(图 8.3.1)。当预压荷载较小时，s-δ_H 曲线应与 s 轴有个夹角 θ，测点在 E 线上移动。预压荷载接近破坏荷载时，δ_H 增加要比 s 增加显著，如图 8.3.1 中的Ⅰ、Ⅱ所示。

②尽管影响地基稳定的因素很复杂，条件不相同，但地基破坏时 s 和 δ_H/s 关系大致在一条曲线上，如图 8.3.2 中 $q/q_f=1.0$ 的曲线，该曲线称为破坏基准线。

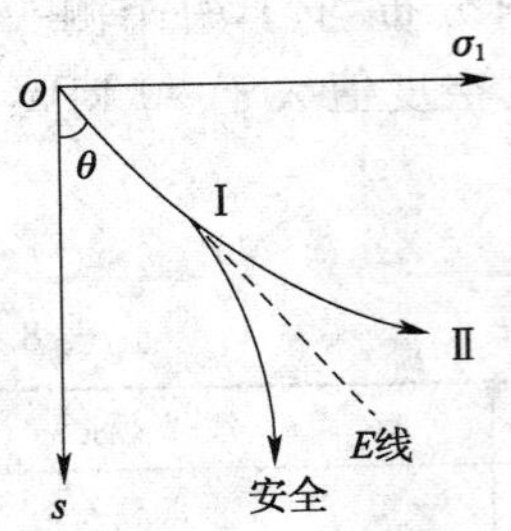

图 8.3.1　s 和 δ_H 关系曲线

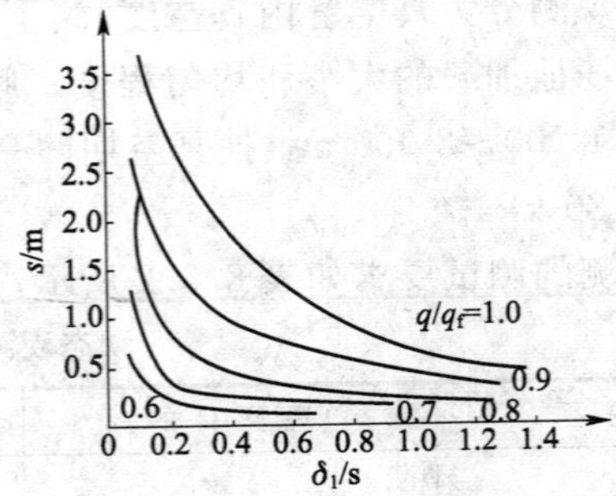

图 8.3.2　判别堆载安全图

q-任意时刻的荷载；q_f-地基土破坏时的荷载

将堆载过程中实测到的变形值绘制在 s-δ_H/s 图上，视其规律是接近还是远离破坏基准线，如接近破坏基准线，则表示接近破坏；远离则表示安全稳定。根据国外工程实例，堆载各位置上出现的裂缝，其 q/q_f 值大多为 0.8～0.9。

(2)根据侧向位移速率判别

该法是以堆载坡趾侧向位移速率 $\Delta\delta_H/\Delta t$ 不超过某极限值作为判别标准。$\Delta\delta_H/\Delta t$ 的极限值是随荷载大小、形状、土质等不同而变化的。日本栗原和一本在泥炭土上进行试验：当 $\Delta\delta_H/\Delta t$ 为 20 mm/d 时，在堆载顶面上就发生裂缝，所以将该值作为控制堆载速度的标准。

(3)根据侧向位移系数判别

图 8.3.3 是荷载 q(或堆高 h)、时间 t 和侧向位移 δ_H 的关系图。堆载按图中所示的分级进行。在某级荷载的 Δt 时间内，侧向位移增量为 $\Delta\delta_H$(Δt 取等间隔)，有一个 Δq 就有一个相应的 $\Delta\delta_H$ 值，就可绘制出 $\Delta q/\Delta\delta_H$-q(或 h)曲线(图 8.3.4)。

由图 8.3.4 可知，当 q(或 h)值较小时，$\Delta q/\Delta\delta_H$(或 $\Delta h/\Delta\delta_H$)值就较大。当 q 达到某值后，q 和 $\Delta q/\Delta\delta_H$ 成直线关系，将直线延长与横轴 q 相交，则该交点为极限荷载 q_f(或堆载极限高度 h_f)。$\Delta q/\Delta\delta_H$ 为侧向位移系数，它是表示地基稳定性的一个指标。

(4)根据土中孔隙水压力判别

图 8.3.5 为测定的孔隙水压力 u 和荷载 q 的曲线，1、2、3 三个测点的曲线有明显的转折点，对应于转折点荷载为 q_y：

①当 $q<q_y$ 时，地基土处在弹性阶段。

②当 $q=q_y$ 时，设置孔隙水压力计测头处的土发生塑性挤出。

③当 $q>q_y$ 时，塑性区扩大。

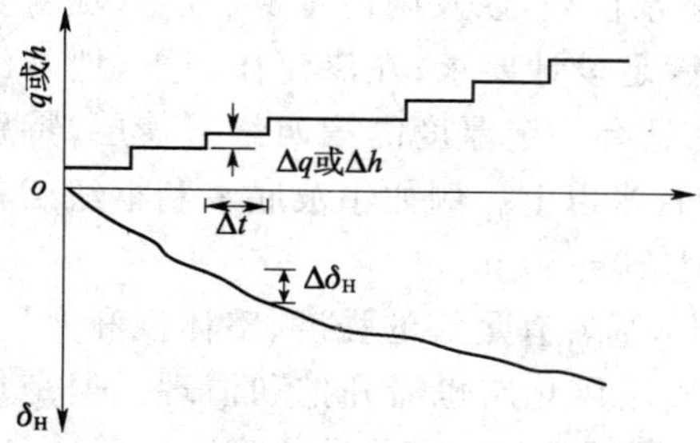

图 8.3.3 q、δ_H-t 关系曲线

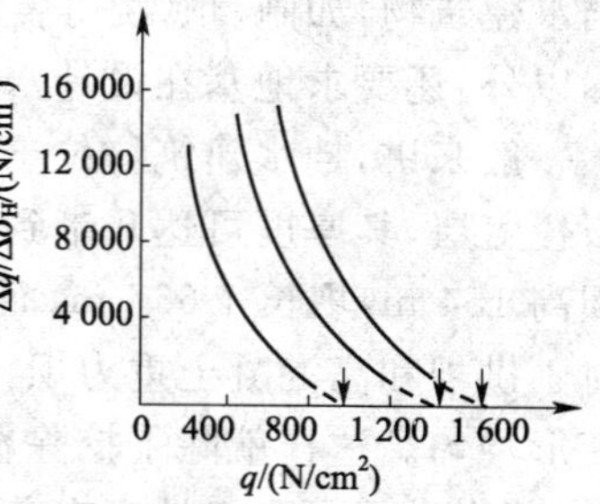

图 8.3.4 $\Delta q/\Delta\delta_H$-q 关系曲线

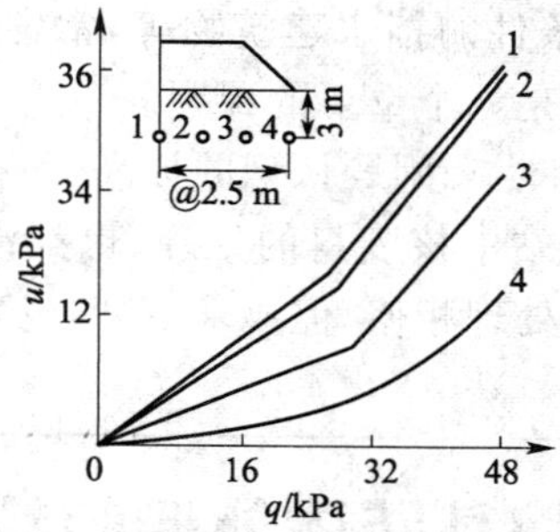

图 8.3.5 q-u 关系曲线

q_y 和极限荷载 q_f 间存在这样的关系：$q_f/q_y=1.6$。亦即在 q-u 图中，当出现直线的折点时，极限荷载(或极限高度)为该点荷载的 1.6 倍。

2)根据经验值判别

根据某些工程经验，加荷期间如超过下述三项指标时，地基有可能破坏：

①在堆载中心点处，埋设地面沉降观测点的地面沉降量每天超过 10 mm。

②堆载坡趾侧向位移(在坡趾埋设测斜管或打入边桩)每天超过 5 mm。

③孔隙水压力(在地基不同深度处埋设孔隙水压力计)超过预压荷载所产生应力的 50%～60%。

(三)卸荷标准

预压到某一程度后可卸载，卸载标准为：

①地面总沉降量大于预压荷载下最终计算沉降量的 90%。

②地基总固结度大于 90%。

③地面沉降速率小于 0.5～1.0 mm/d，沉降变化曲线趋于平缓。

④预压时间大于 90 d。

第九章 地基的防渗处理

挡水建筑物，如闸、坝、堤等需承受较大的上下游水位差，以及闸门本身、坝身、堤身要防止渗漏以外，还要求地基在设计水位差下的渗漏量满足设计要求；在渗流作用下，地基渗透稳定。一般来讲，挡水建筑物位于江河的河床上，总是有一定厚度的第四纪覆盖层，特别是砂砾石覆盖层，其厚度可达几米到几十米，甚至达到百米以上。例如小浪底水利枢纽工程的最大坝高 154 m，坝长 1 667 m，而砂砾石覆盖层厚达 70～80 m。

对于拱坝和高混凝土重力坝，要求建立在基岩上，基岩有足够的强度、整体性和变形小，并且变形均匀。这样就除了挖除覆盖层以外，对于表层风化层也需开挖和清理。但是尽管如此，在基岩中不可避免地存在节理、断裂、空洞等。因而常常也需要进行防渗处理。

对于水闸这样的低水头土工建筑物；堤防这样低水头，沿江河两岸线性布置的防护建筑物；土石坝这样可适应较差地质条件的挡水建筑物等，常常可直接修建在覆盖层上，尤其是砂砾石覆盖层。这样防渗处理就是一个重要的课题。

另一方面，随着人们对环境和生态问题认识的提高，各种垃圾填埋场、燃煤电厂储灰场、废水处理厂，以及工业废料、核电站中核废料的处理，也都涉及地基防渗处理问题。其原理及方法与挡水建筑物的地基防渗处理相似，但要求更高，也发展了一些特殊的地基防渗处理技术。

第一节 地基防渗处理的情况和目标

一、地基防渗处理的情况

在挡水建筑物的地基中，遇到下列情况时，应考虑进行地基防渗处理。

①深厚的砂砾石层。

②有断层、破碎带、透水性强的岩石。

③含有大量可溶盐类的岩石和土。

④喀斯特(岩溶)。

⑤矿区的井、洞、采空区。

对于存在有毒、有害物质，对地下水有较强污染的情况，则无论什么地基土均需按有关标准进行处理。

二、地基防渗处理的目标

1. 控制渗流量

华北某水库由于对深厚砾石层未进行有效的防渗处理，水库一直无法蓄水。后加做了垂直的地下防渗连续墙，才可正常蓄水。陕西羊毛湾水库由于地下有石灰岩溶洞，曾经计算，多年来下泄水量远远高于计算泄水量，大量来水从地下漏走，成为病库。堤坝的漏水除损失水资源外，并可引起下游地下水位提高，造成土地盐碱化。

2. 保证渗透稳定

土质地基在挡水建筑物的下游，常常会发生溢出水力坡降很高，使地基土发生流土和管涌，最终造成工程失事，引起重大事故。1998 年洪水时，长江堤防的险情 60%以上是地基土的管涌和流土。其中重大的溃口多数由地基的渗透破坏引起。防止渗透破坏的措施除上游的防渗以外，还有下游的排水、设置反滤和减压井等。

3. 防止地下水的污染

这一问题，近年来成为主要课题。其中垃圾填埋场的首要任务就是解决有害渗出液的渗漏问题。

第二节　岩石地基的防渗处理

以基岩作为坝基，一般首先应清除表面强风化层。对于高坝应开挖到新鲜或微风化基岩，对于中坝宜开挖到微风化或弱风化基岩。

一、溶洞、矿区井洞等

一般讲，在这类地区尽量避免修建大型挡水建筑物和水利工程。如果必须修建，则需十分谨慎。首先要仔细地调查岩溶发育情况和矿井、洞的分布，以及充填物情况、覆盖层厚度、地下情况等。根据以上情况，采用以下措施：

①大面积溶蚀，但尚未形成溶洞的情况，要做水平铺盖防渗。

②浅层溶洞及矿井洞可挖除其中破碎岩石及透水填充物，用混凝土堵塞。

③深层溶洞等可用灌浆法处理，或用混凝土防渗墙。

一般以上几种方法可综合应用。

二、基岩中的断层破碎带

岩基中的断层破碎带可做帷幕灌浆，在浅层挖除充填物和破碎岩石，回填混凝土或做混凝土塞。当断层带有泥质充填物时，既不吃浆又易为渗水所冲蚀，在国外往往用直径50～130 cm 的大口径钻孔连续成帷幕，其中填以混凝土或开挖竖井后回填混凝土。我国有些工程将断层带上的截水槽底加宽至通过断层带的水力坡降在 2.5 以下，以延长断层内可溶物质的溶滤年限，同时在断层带边缘及两侧岩石中进行水泥灌浆，这样大大减轻了断层处理的工作量。

三、有发育的节理和裂隙的透水岩石

大中型工程岩基防渗最常用的是灌浆帷幕，通常是在心墙或斜墙下面钻孔进行压力灌浆，形成帷幕，与坝体防渗设备连接起来；均质土坝的防渗帷幕一般设在离上游坝脚 1/3～1/2 坝底宽处。帷幕厚度由允许水力坡降确定，见表 9.2.1。

帷幕厚度　　表 9.2.1

帷幕厚度/m	<1	1～2	>2
允许水力坡降	10	18	25

帷幕顶部设置如图 9.2.1 所示的混凝土垫或钢筋混凝土齿墙，其尺寸应能满足接触渗径的要求。沿渗径的允许坡降，对于黏土防渗体用 5，对于黏质粉土防渗体则用 3。齿墙的高度在 1.5 m 以上，切入岩石的深度视基岩性质而定，基岩越差，切入越深，通常在 0.5 m 左

右。在近代许多高坝中，将整个心墙坐落在岩面上而取消了齿墙。应能保证岩面处理得良好，填土时细致夯实，使其与岩面紧密结合，这样做是合理的。但是对于裂隙发育和坑洼不齐的岩面，则应用混凝土垫，以免裂隙集中渗漏，冲刷防渗体底部。

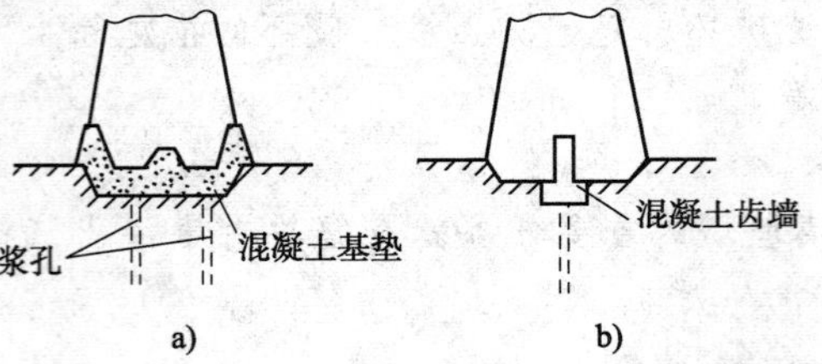

图 9.2.1 防渗体与地基的连接

四、土石坝与基岩间的连接

均质土坝与岩基连接时，如坝体为黏质粉土或黏土，应设置几道混凝土齿墙，其尺寸及道数以增加渗径 5%～10% 为限度，位置宜放在坝轴与上游坝踵间 1/3 坝底宽的地段中，如图 9.2.2a) 所示。均质土坝与不透水土基连接时，为防止接触冲刷，应在坝基开挖几道齿槽，回填坝体土料，齿槽深度不小于 1.0 m，齿槽条数应使沿结合面所增加的渗径为坝底总宽的 5%～10%，如图 9.2.2b) 所示。

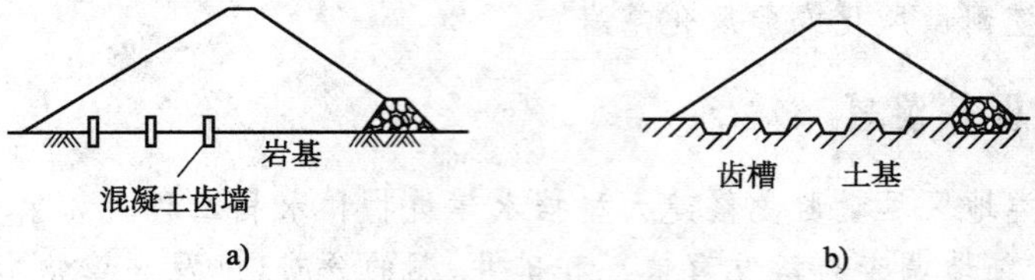

图 9.2.2 均质坝与岩基连接

土质心墙与斜墙和黏性土地基连接时，应采用齿槽，沿齿槽接触面的允许渗透坡降为 1.5～3。土质墙与斜墙和岩石地基连接时，应采用如图 9.2.1 所示的混凝土垫或钢筋混凝土齿墙。

第三节 砂砾石地基的防渗处理

砂砾石闸坝基必须解决渗流问题。其防渗措施的基本形式有垂直防渗(包括黏性土截水槽、垂直板桩、混凝土防渗墙、灌浆帷幕)和上游水平防渗铺盖。

垂直防渗设施能可靠而有效地截断坝基渗透水流，解决坝基渗流控制问题，在技术条件可行而又经济合理时，应优先采用。即使是未达到不透水层的悬挂式垂直防渗，也可有效地增加渗径，减少水力坡降。

砂砾石层深度在 10～15 m 时，宜采用明挖后回填黏土截水槽。砂砾石层深度在 60 m 以内时宜采用混凝土防渗墙或灌浆帷幕。砂砾石层很深时可以采用灌浆帷幕，或在深层采用灌浆帷幕、上层采用明挖回填黏土截水槽或混凝土防渗墙。砂砾石层深度不很大的临时性工程，可采用泥浆槽防渗墙。

一、黏性土截水槽

截水槽是控制砂砾石地基渗流最普通而稳妥可靠的措施，它是坝体防渗体向透水坝基中的延伸部分，其压实密度不小于坝体同类填土。这种措施在我国采用较广，官厅、大伙房、清河土坝都是应用截水槽的典型。

截水槽底宽根据回填土料的允许渗透坡降而定，回填黏土、粉质黏土时底宽不小于 $0.1H$，回填黏质粉土时底宽不小于 $0.2H$，这个尺寸不能满足接触渗径的要求，还应在槽底设置如图 9.2.1所示的混凝土垫或齿墙。截水槽的底宽视施工条件而定，当采用人工开挖时至少宽2～3 m；机械开挖时至少宽 6～8 m。

均质坝亦可采用截水槽，一般位于坝轴线下部或坝轴上游侧，用坝体同样的土料填筑，见图 9.3.1。

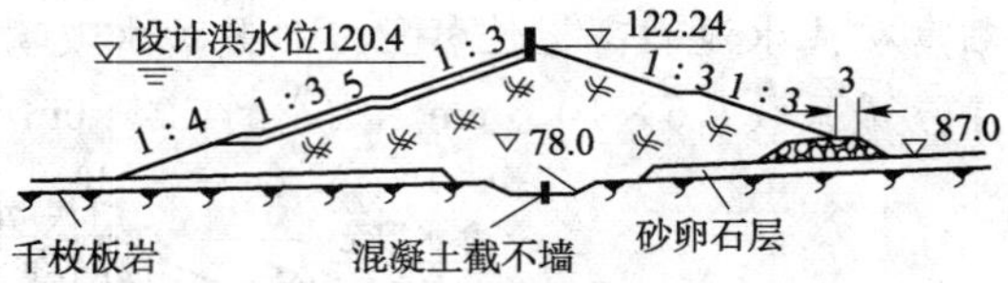

图 9.3.1 中国黑屋湾均质坝剖面

二、混凝土防渗墙

用机械在砂砾石地基中造孔或开槽，在孔槽中浇筑混凝土，最后连成一片整体的混凝土防渗墙。钻机钻进时要用泥浆固壁。为了使防渗墙具有较大柔性，在水泥中掺入15%～20%的黏土，使防渗墙能适应较大变形，不致发生裂缝。

防渗墙的厚度应根据防渗及强度要求决定。黏土混凝土的允许渗透坡降可达 50～80。防渗墙的受力条件比较复杂，地基反力决定于地层条件，较难确定，底部连接形式也不十分清楚，加以黏土混凝土是弹塑性材料，所以防渗墙的强度计算现尚无成熟的方法。目前已建的防渗墙厚度都在 0.6～0.9 m范围内。国内碧口土石坝的防渗墙厚度为1.3 m。防渗墙底部应嵌入半风化岩石 0.5～2 m。图 9.3.2 是密云水库白河土坝剖面，防渗墙用短铺盖与斜墙联结，防渗墙与土坝坝体施工可以互不干扰。

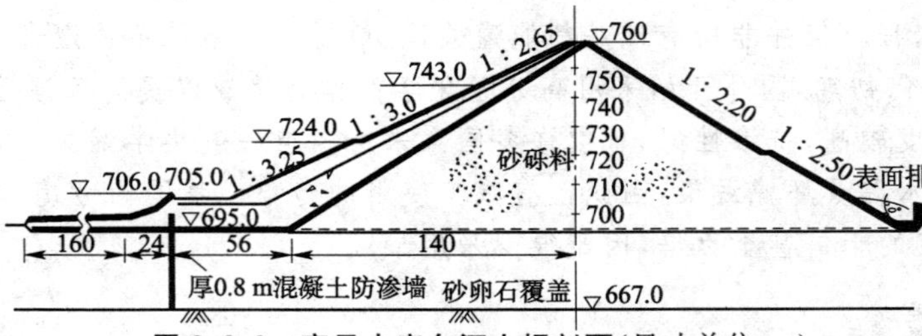

图 9.3.2 密云水库白河土坝剖面(尺寸单位:m)

三、板桩式防渗

在覆盖 15～20 m 之内的闸基下，可用钢板桩或钢筋混凝土板桩，采用打入法或高压水冲法插入。施工中要做好板桩间的榫槽连接；也要使上板桩与刚性闸底板柔性连接，避免应力集中。如图9.3.3所示。

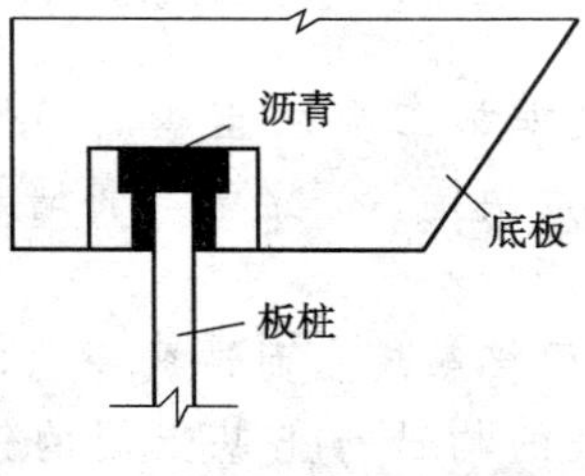

图 9.3.3 板桩与闸底板连接示意图

另一种为砂浆板桩防渗墙。施工时，将加厚的钢板桩打入透水层，在板桩上焊有灌浆管，然后边拔桩边灌浆，灌浆材料可为砂浆或水泥和膨润土浆。每灌完一根，再打第二根，相互搭接 10～15 m。

四、帷幕灌浆

砂砾石地基是否适于灌浆，要根据地基砂砾料的不均匀系数、渗透系数及可灌性指标 M 来确定。$M=\dfrac{D_{15}}{d_{85}}$，D_{15} 表示地基砂砾粒中有 15%比它小的颗粒直径，d_{85} 表示灌浆材料中有 85%比它小的颗粒直径。M 至少要等于 5 才能接受灌浆。一般 $M>15$ 时可灌注水泥浆；$M>10$ 时可灌注黏土水泥浆；$M>5$ 时可灌黏土浆。黏土颗粒很细，最易灌入，但黏土浆液耐久性差，抵抗管涌能力较低。

图 9.3.4 是法国谢尔庞松心墙土坝，修建在深 110 m 的冲积层上，采用 19 排钻孔灌浆，孔距 2.5～4.0 m，排距2～3 m，中间 4 排直达基岩，帷幕顶部厚 35 m，底部厚 15 m。采用高

细度矿渣水泥和高塑性黏土掺和另加水玻璃，灌浆压力随深度增加，最高达6～8 MPa，灌浆后渗透系数从5×10^{-2} cm/s减小到10^{-5} cm/s，防渗效果良好。

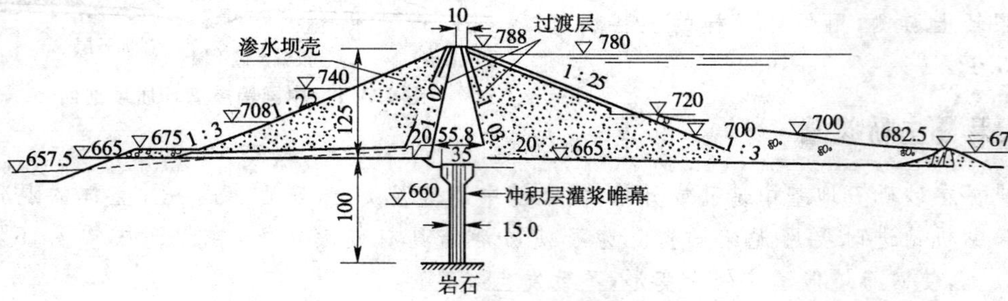

图 9.3.4　谢尔庞松心墙土坝(尺寸单位:m)

灌浆按照逐次加密钻孔方式进行。多排灌浆孔灌浆时必须先灌边排，后灌中排，以便形成外围帷幕，再灌中排时可提高灌浆压力。灌浆时压力应逐级增加，浆液应由稀到浓，逐渐调整。由于地基表层5～8 m，不易灌好，应将表层未胶结好的松散砂砾石挖除，做黏土截水墙与土心墙或斜墙连接。

灌浆帷幕的优点是深度可以较大，埃及的阿斯旺高土石坝灌浆帷幕深174 m，是世界上最深的坝基防渗工程。但并非所有地基都能灌浆，一般粉细砂地基不易灌进水泥黏土浆。

20世纪60年代初期，国外开始采用高分子化学剂作为浆液以提高可灌性。这些材料能灌入细小孔隙，强度较高，抗渗性好，曾被许多国家采用。但一般化学灌浆材料，除水玻璃外均有毒性，会引起水源及环境污染，因此已有减少使用的趋势。我国因考虑到化学灌浆造价高出水泥黏土灌浆的十倍甚至百倍，因此很少采用。

五、防渗铺盖

铺盖是斜墙或心墙向上游的延伸部分，用黏性土分层填筑压实，压实后渗透系数应小于10^{-5} cm/s，地基与铺盖渗透系数之比最好在1 000倍，至少在100倍以上。

铺盖不能完全截断渗流，但可增长渗径，降低渗透坡降，减少渗流量。铺盖的合理长度应根据允许渗流量及渗透稳定等条件，与排水设备配合起来，经计算决定，当铺盖长度超过一定限度时，防渗效果并不能显著增加，根据经验，如长度超过6～8倍水头，则防渗效果增长很慢。

铺盖应做成自上游向下游逐渐增厚。上游端部厚度，根据施工要求至少为0.5～1.0 m。铺盖的厚度由允许坡降决定，其数值按斜墙底部最小厚度决定。下游端与斜墙或心墙连接处应适当加厚，以免由于不均匀沉降造成裂缝。

填筑铺盖前必须清基，砂砾石地基应设置过渡层，以防铺盖因接触流土而造成穿孔。铺盖上应设保护层，以免蓄水前或放空水库时冻裂或晒裂。铺盖的构造与土基上闸的铺盖相似。

近年来，土工膜作为一种防渗材料已广泛应用在水库、渠道、储水池等工程中。它作为水平铺盖，施工简易，质量容易保证，不会因水位下降露出水面而产生干缩裂缝问题。但应注意接合部位的处理及土工膜本身的稳定问题。图9.3.5表示的是用土工膜作为铺盖的示意图。其中复合土工膜上、下为无纺土工织物，中间为0.5 mm土工膜。在汉江的王甫洲水利枢纽中，其主河床土石坝、谷成土石坝和老河道两岸围堤都采用了土工膜作为心墙、斜墙和水平铺盖的防渗材料，土工膜用量达到100万m^2。

在某些小型水库中，土工膜不仅用作坝前的水平铺盖，甚至作为整个库区的防渗层，大大减少水的渗漏损失。

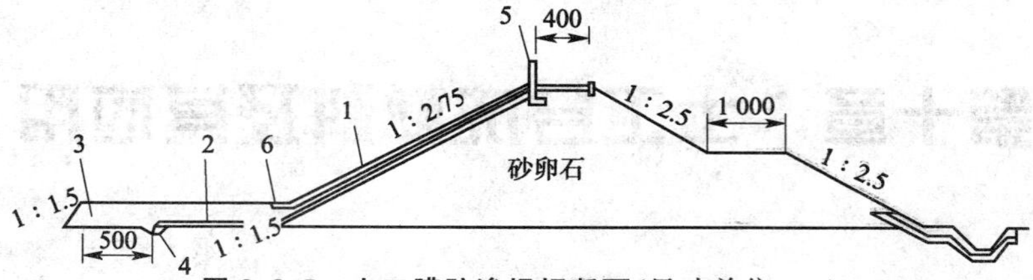

图 9.3.5　土工膜防渗堤坝断面(尺寸单位:cm)

1-坝面,从上到下分别为混凝土护坡 2 cm、砂卵石保护层 22 cm、中细砂垫层、复合土工膜(200 g/0.5 mm/200 g)、中细砂垫层 10 cm;2-水平铺盖:砂卵石保护层 22 cm、中细砂保护层、复合土工膜(200 g/0.5 mm);3-砂卵石保护层;4-铺盖首端混凝土基座;5-钢筋混凝土防浪墙;6-混凝土基座

第四节　环境工程中的地基防渗处理

有不少固体废料、废液及其他液体必须储存在地下或地面上结构物时,它们可能造成地下水的污染和有害、有毒物质在土壤中的扩散,因而对其地基进行防渗处理就十分重要。

固体废料包括生活垃圾、尾矿、粉煤灰(渣)等。液体储存包括化工废液、液体原料、油罐、油井等,它们都可能渗入地下而造成污染。

一般采用高密度聚乙烯膜(HDPE)、土工合成材料黏土垫(GCL)防渗。其中 GCL 是以无纺土工织物或土工膜为上、下支撑体,其间夹以膨润土或其他低渗透性材料,用针刺、缝合、化学胶结而成的复合防渗材料。

用土工合成材料防渗有良好的密闭性、化学稳定性和耐久性。图 9.4.1 为固体垃圾填埋场的典型构造。

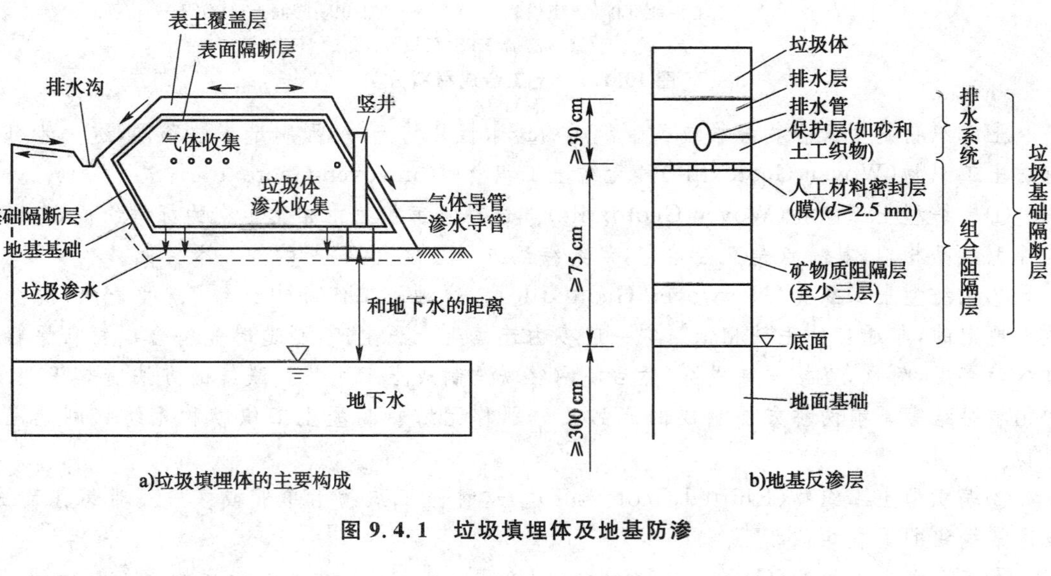

a)垃圾填埋体的主要构成　　b)地基反渗层

图 9.4.1　垃圾填埋体及地基防渗

第十章 土工合成材料及其应用

第一节 土工合成材料的类型、特性及其测试方法

一、材料分类

土工合成材料分类见图 10.1.1。

- 土工合成材料
  - 土工织物
    - 有纺
      - 机织(含编织)
      - 针织
    - 无纺
      - 针刺
      - 热黏
      - 化黏
  - 土工膜
  - 土工复合材料
    - 复合土工织物
    - 复合土工膜
    - 复合防、排水材料;排水带、排水管、其他
  - 土工特种材料
    - 土工格栅、土工网、土工带、土工格室、
    - 土工模袋、土工网垫、土工织物膨润土垫(GCL)
    - 聚丙乙烯(EPS)板块等

图 10.1.1 土工合成材料分类

土工织物是由聚合物纤维或条带制成的透水性片状产品,因制造方法不同,进一步分为有纺土工织物(Woven Geotexfile)和无纺土工织物(Nonwoven Geotextile)。

①有纺型土工织物(Woven Geotoxtile)。这种土工织物由相互正交的纤维织成,与通常的棉毛织品相似,其特点是孔径均匀,沿经纬线方向强度大,拉断的伸长率较低。

②无纺型土工织物(Nonwoven Geotoxtile)。这种土工织物中纤维(连续长丝)的排列是无规则的,与通常的毛毯相似。它一般多由连续生产线生产,制造时先将合成材料原料经过熔融挤压,喷丝,直接平铺成网,然后使网丝联结制成土工织物。联结的方法有热压、针刺和化学黏结等。前两种方法制成的产品又分别称无纺热黏型土工织物和无纺针刺型土工织物。

③编织型土工织物(Knitted Geotoxtile)。这种土工织物由单股或多股线带编织而成,与通常编织的毛衣相似。

④组合型土工织物(Composite Geotoxtile)。这是由前三类组合而成的土工织物。

⑤土工膜(Geomembranes)。在各种塑料、橡胶或土工纤维上喷涂防水材料而制成的各种不透水膜。

⑥土工垫(Geomat)。由粗硬的纤维丝黏接而成。

⑦土工格栅(Geogrid)。由聚乙烯或聚丙烯板通过单向或双向拉伸扩孔制成(图 10.1.2),孔格尺寸为 10~100 mm,孔格为圆形、椭圆形、方形或长方形。

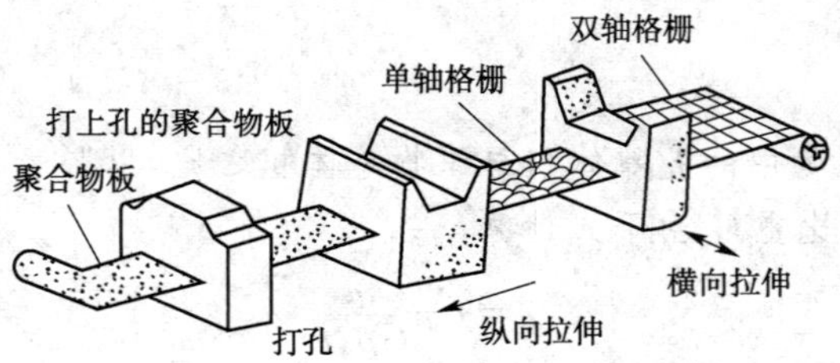

图 10.1.2　双轴格栅的加工程序

⑧土工网(Geomet)。土工网由挤出的 1～5 mm 塑料股线制成。

⑨土工塑料排水板。土工塑料排水板为一种复合型土工合成材料，由芯板和透水滤布两部分组成。滤布包裹在芯板外面，在其间形成纵向排水沟槽。

⑩土工复合材料。土工复合材料是由两种或两种以上土工产品组成的复合材料，如土工塑料排水带。

二、土工合成材料主要功能

土工合成材料产品的性能指标主要包括以下几个方面：

①产品形态：材质及制造方法、宽度、每卷的直径及质量。

②物理性质：单位面积质量、厚度、开孔尺寸及均匀性。

③力学性质：抗拉强度、断裂时伸长率、撕裂强度、穿透强度、顶破强度、疲劳强度、蠕变性及合成材料与土体间的摩擦系数等。

④水理性质：垂直向和水平向的透水性。

⑤耐久性：抗老化能力，抗化学、生物侵蚀性，抗磨性，抗温度、冻融及干湿变化性。

综合以上各种因素，可以得知土工合成材料的优点是：质地柔软，质量轻，整体连续性好，施工方便，抗拉强度高，耐腐蚀和抗微生物侵蚀性好，无纺型的当量直径小和反滤性能好。其缺点是：同其原材料一样，未经特殊处理，则土工合成材料抗紫外线能力低，但如果在其上覆盖黏性土或砂石等物，其强度的降低是不大的。另外，合成材料中以聚酯纤维和聚丙烯腈纤维耐紫外线辐射能力和耐自然老化性能为最好。由聚乙烯、聚丙烯原材料制成的土工合成材料，在受保护的条件下，其老化时间可达 50 年(聚酰胺为 10～20 年)，甚至可达更长年限(如 100 年)。

三、材料特性及测试方法

为反映土工合成材料产品规格、对比同类产品质地和为工程设计提供设计指标，皆需要进行材料性状指标的测试。材料的性状指标可以区分为两大类：一类是材料自身的，例如材料的厚度、单位面积质量和拉伸强度等，生产厂家应随产品一并提供；另一种是当材料与土共同工作时表现的特性，可称为相互作用指标，例如材料与土界面的摩擦系数等，这类数据应由设计单位在模拟现场条件下，通过试验取得。关于测试方法，无论国外、国内，大多数项目都大同小异，但至今并无统一标准。国际上较有权威性的有美国的 ASTM(美国材料与试验协会)和欧洲的 ISO(国际标准化组织)等测试标准。我国标准可参考原水利部发布的《土工合成材料测试规程》(SL 235—2012)。

(1)物理性试验(略)

(2)力学性试验(略)

(3)水力学性试验

①孔隙率:指土工织物中的孔隙体积与织物总体积之比,以%表示。根据织物的单位面积质量 m、厚度 t 和材料比重 G 由下式计算。

$$n=1-\frac{m}{G\rho_{w}t} \tag{10.1.1}$$

孔隙率的大小影响织物的渗透性和压缩性。

②开孔面积率(POA):指有纺土工织物平面的总开孔面积与织物总面积的比值,以%表示。试验是将光线透过试样,放大投影于屏幕进行量测,或借读数显微镜量测计算。一般产品的 POA=4%~8%,最大可达 30%以上。POA 大小影响织物的透水性和淤堵性。

③等效孔径(EOS):土工织物有不同大小的开孔,孔径尺寸以符号"O"表示,类似于土粒直径以 d 表示。等效孔径 O_e 表示织物的最大表现孔径(AOS),即它容许通过土粒的最大粒径。各国采用 O_e 的标准不同。中国一般用 $O_e=O_{95}$,即织物中有 95%的孔径比 O_{95} 为小。等效孔径 EOS 和表现孔径 AOS 含义相同,差别仅在于前者是以毫米表示孔径,而后者则是用等效孔径最接近的美国标准筛的筛号来表示。

④垂直渗透系数(k_v):指垂直于织物平面方向的渗透系数,以 cm/s 表示。测定方法类似于土工试验测土的渗透系数的方法。

由于透过织物的水流流态常是紊流,故设计中常改用透水率(Permittivity)φ 来表示。其公式如下,单位为 s^{-1}。

$$\varphi=\frac{k_v}{t}=\frac{q}{A\Delta h} \tag{10.1.2}$$

即在单位水头 Δh 作用下,流过单位面积的渗流量 q。透水率 φ 与织物厚度 t 相乘即得渗透系数 k_v。无纺土工织物渗透性变化:$\varphi=0.02\sim2.2\ s^{-1}$,$k_v=8\times10^{-4}\sim2.3\times10^{-1}$ cm/s。

k_v 是织物用作反滤或排水层时的重要设计指标。

⑤平面渗透系数 k_h:指水流沿织物平面流动时的渗透系数,以 cm/s 表示。方法与理论基础与 k_v 试验类似。

基于与 k_v 同样原因,设计中常改用指标导水率(Transmissivity)θ 来表示。其公式为

$$\theta=k_h t=\frac{ql}{\Delta hb} \quad (cm^2/s) \tag{10.1.3}$$

式中,l 是沿水流方向的试样长度;b 是试样宽度。可见导水率等于平面渗透系数 k_h 与织物厚度 t 的乘积。

以上 k_v 和 k_h 都因试样受压力(织物厚度变小)而改变,设计采用指标时应予以注意。

⑥梯度比 GR 是美国陆军工程师团建议的用于判别土工织物会不会被细土粒淤堵的一个指标,梯度比是两个梯度的比值(试验开始后 24 h 的稳定梯度)。

$$GR=\frac{i_{gs}}{i_s} \tag{10.1.4}$$

式中,i_{gs} 为水流通过土工织物及其上 25 mm 土料时的水力梯度;i_s 为水流通过厚 50 mm(即土工织物以上 25~75 mm)土的水力梯度。

工程师团建议,为防止淤堵,GR≤3。

当细粒土中粉粒含量不大,针刺土工织物和扁丝机织物一般可满足上述要求。

(4)耐久性和环境影响试验

耐久性和环境影响试验在于预测材料在长期应用和不同环境条件中工作的性状变化，这类试验包括抗老化性、蠕变性和材料对温度、湿度、化学剂和生物作用等的反应。

①抗老化性：土工合成材料受日光紫外线照射、温度、湿度和氧化作用等，其链节结构发生降解(高分子量聚合物变为低分子量聚合物)或交联(大分子与大分子相联)反应，性质出现恶化的现象为老化。

抗老化检验方法有自然法和人工法。前者是直接将试样长期暴露于日光，或长期置于土中和水中，观测其性状变化。后者则是将试样放在气候箱中，以氙灯光照等代替日照，使试样加速老化，人工法比自然法快得多。由试验结果可求老化系数的公式如下：

$$K=\frac{f}{f_0} \tag{10.1.5}$$

式中，f、f_0 分别为试样在老化后与老化前的某指标对应值(如拉伸强度、伸长率等)。

高分子聚合材料中，聚丙烯、聚酰胺老化最快；聚乙烯、聚氯乙烯次之；聚酯、聚丙烯腈最慢。浅色材料较深色的老化快，薄的比厚的快。

注意防护，在材料中掺入一定量防老化剂可以有效地减缓老化进程。防护措施是不让材料暴露于日照，或以 30 mm 以上的土层覆盖，或置于水下，或表面涂保护层。防老化剂常用的为炭黑、锌白等。现在已制成防老化土工合成材料，实践证明，在保护下，它们的寿命在25～30 年甚至更长。

②蠕变性：指材料在长期恒荷载下持续伸长的现象。高分子聚合物一般有明显的蠕变性。蠕变试验类似于宽条拉伸试验：使试样承受其拉伸强度某一百分率的荷载，测定伸长量随时间的增长过程，据此绘制不同荷载下的蠕变曲线(应变 ε—时间 t)，如图 10.1.3 所示，蠕变曲线可写成下列形式。

$$\varepsilon_t=\varepsilon_0+b\lg(10t) \tag{10.1.6}$$

式中，ε_t、ε_0 为时间 t 与开始时的应变量；b 为蠕变系数，由试验确定。

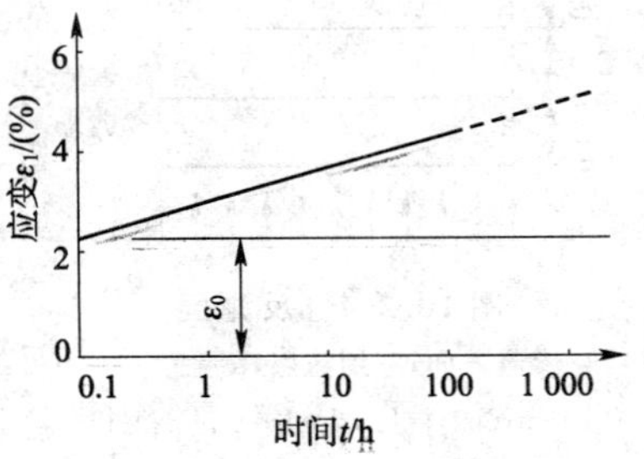

图 10.1.3　蠕变曲线

根据同一材料、同一恒温、不同荷载(即不同百分率的拉伸强度)下的蠕变曲线(试验历时 10 000 h)按达到同一应变(常定为 10%)所需的时间，采用对数坐标外延法，可以确定该材料的蠕变极限强度 T_{cr}。该强度可定义为：从应变角度而言，土工合成材料在恒温(一般定为 20℃)、长期恒荷载下，在使用寿命(一般定为 75～100 年)内，应变不超过 10%的长期拉伸强度。不同材料在具有相同的短期拉伸强度时，其 T_{CR} 可能相差很大。T_{CR} 是材料用于加筋时确定其容许拉伸强度的重要指标。

③其他试验：温度、湿度、化学剂和生物作用等对材料性状的影响可通过专门试验来测定，也是以类似的式(10.1.5)来评价其影响。

④材料的容许强度：土工合成材料用于加筋时，由于受到诸种环境因素的影响，其强度会有不同程度的下降。通常试验室测得的拉伸强度称为短期强度 T_{cL}，将其应用于设计时，按现行规范，需选用不同分项安全系数 F(折减系数)分别给予折减，而求得相应的容许强度 T_a。其公式为

$$T_a=\frac{1}{F_{iD}F_{CR}F_{CD}F_{BD}}T_{cL} \tag{10.1.7}$$

而

$$T_{CR}=\frac{1}{F_{CR}}T_{cL} \tag{10.1.8}$$

故又可表示为

$$T_a=\frac{1}{F_{iD}F_{CD}F_{BD}}T_{CR} \tag{10.1.9}$$

式中，F_{iD}、F_{CD}、F_{BD}分别为考虑施工损伤、化学作用和生物作用的折减系数。各系数值可由上述规范合理选用。但规范又建议，式(10.1.7)中分母的乘积为2.5～5.0。

另需指出，加筋土工程涉及两种不同的安全系数，一种是式(10.1.7)涉及的各分项系数，可称材料安全系数；另一种则是工程计算中得到的评价工程稳定性的系数，可称工程安全系数，其数值应由相应的工程设计规范规定。

第二节 土工合成材料用作反滤层

一、用途与机理

1.用途与机理的应用举例

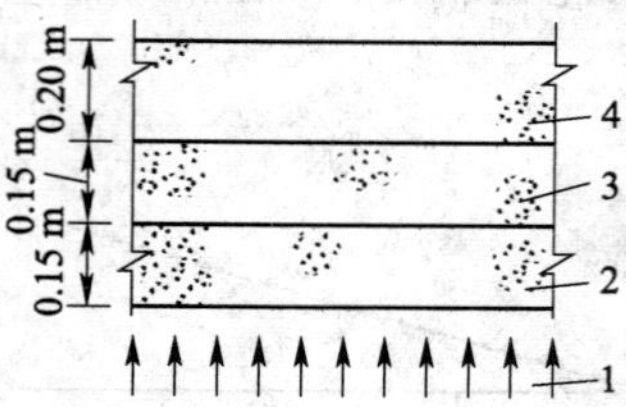

图 10.2.1 反滤层

1-渗流方向；2-细粒层，d=0.25～1 mm；3-中粒层，d=1～5 mm；4-粗粒层，d=5～20 mm

①反滤层。在土体中当水流从细粒土流出地面，或流向相邻的粗粒土时，为了防止细土粒被水流挟走，和便于水流自由畅泄不致引起明显的孔隙水压力，常常需要在细粒临空面处，或在粗、细粒土交界面处设置一层或多层由砂、砾透水料构成的反滤层，砂、砾料反滤层如图10.2.1所示。

②反滤层准则。反滤层材料应符合一定的级配要求，包括滤料粒径应粗，以保证水流畅泄；滤料粒径又应细，以防止细土粒被水流带走；在长期渗透作用下滤料不被细土粒堵塞。传统砂砾粒料的反滤准则如下：

$$\left.\begin{aligned}&\text{滤土要求}\qquad D_{15}/d_{85}\leqslant 4\sim 5\\&\text{排水要求}\qquad D_{15}/d_{15}\geqslant 4\sim 5\end{aligned}\right\} \tag{10.2.1}$$

式中，d_{15}、d_{85}为被保护土的粒径，小于该粒径的土质量分别占土的总质量的15%和85%；D_{15}为反滤料的粒径，小于该粒径质量占反滤料总质量的15%。

③土工合成材料反滤层。传统的砂砾料反滤层需要一定量的符合反滤准则的天然粒料，施工要求严格，当需要倾斜或垂直铺设，或在水下施工，实施相当困难，质量难以保证。利用无纺土工织物可以取代天然粒料。所用土工织物应根据被保护土的颗粒分布特征，按相应的反滤准则来选择。

④土工织物的反滤机理。土工织物截流土粒发挥反滤作用并不是直接依靠自身的多孔结构，实际上，当水流开始流过时，部分极细土粒仍然会流失，但由于土工织物起“触媒”作用，使在其邻近的未流失的较粗土粒自行架空，形成“天然级配滤层”。如果是双向流，例如河流岸坡受潮汐作用，坡内水位起落缓慢，在护坡土工织物附近，仍能形成天然滤层。相反，若水流往复周期甚短，例如当铁路路基和道砟之间铺设土工织物，而路基又位于或接近地下水位，当列车驶过时，就会出现这种流态，这时往往不形成上述滤层。

薄层无纺热黏型土工织物防淤堵性能较好。不连续级配的细砂和粉土最容易使织物堵塞，这时采用较反滤准则要求孔径略大的织物有利。遇到周期短的双向流，宜采用厚层土织物，并铺以薄层砂砾料。

2. 应用举例

土工织物用作反滤的实例很多，例如：地下暗沟包裹体；挡墙背与填料间的滤层，如图 10.2.2所示；挡水坝坝内排水及下游排水体；水井四周过滤器的外包材料；粉煤灰坝的反滤层，如图 10.2.3 所示。

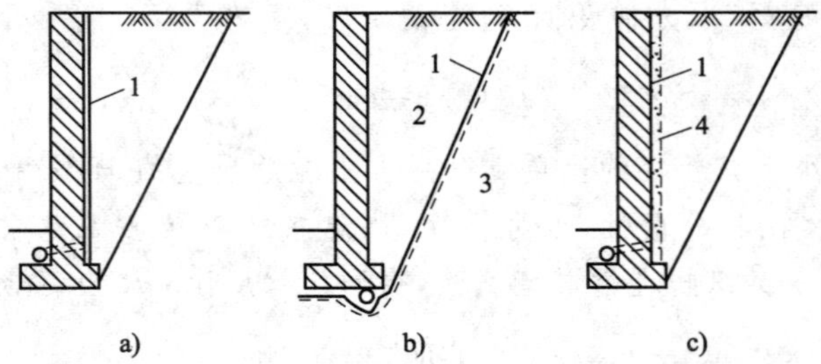

图 10.2.2 挡墙背土工织物排水

1-土工织物；2-回填土；3-天然土；4-砂

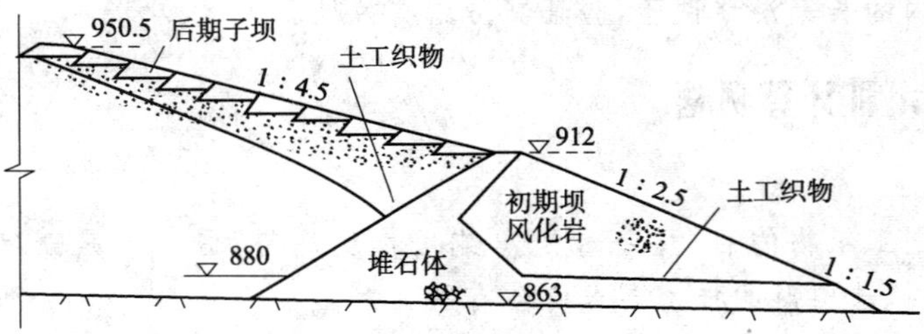

图 10.2.3 粉煤灰坝示意图(尺寸单位：cm)

二、反滤准则

反滤准则指材料用做反滤层时需要满足的条件，一般针对保土、透水和防堵三方面，由于建立准则时考虑的影响因素和水流条件等的不同，国内外现有多种准则，此处介绍我国国标《土工合成材料应用技术规范》(GB/T 50290—2014)规定如下：

①反滤材料的保土性应符合下式要求

$$O_{95} \leqslant Bd_{85} \qquad (10.2.2)$$

式中，O_{95}为土工织物的等效孔径(mm)；d_{85}为被保护土中小于该粒径的土粒质量占土粒总质量的 85%；B 为被保护土的类型、级配、织物品种和状态等有关的系数，应按表 10.2.1 的规定采用。当被保护土受动力水流作用时，B 值应通过试验确定。

系数 B 的取值 表 10.2.1

被保护土的细粒($d \leqslant 0.075$ mm)含量/(%)	土的不均匀系数或土工织物品种		B 值
≤50	$C_u \leqslant 2, C_u \geqslant 8$		1
	$2 < C_u \leqslant 4$		$0.5\ C_u$
	$4 < C_u < 8$		$8/C_u$
>50	有纺织物	$O_{95} \leqslant 0.3$ mm	1
	无纺织物		1.8

注：1. 只要被保护土中含有细粒($d \leqslant 0.075$ mm)，应采用通过 4.75 mm 筛孔的土料供选择土工织物之用。

2. C_u为不均匀系数，$C_u = d_{60}/d_{10}$，d_{60}、d_{10}为土中小于该粒径的土质量分别占土粒总质量的 60%和 10%(mm)。

②反滤材料的透水性应符合下式要求：

$$k_g \geqslant Ak_s \tag{10.2.3}$$

式中，A 为系数，按工程经验确定，不宜小于10，来水量大、水力梯度高时，应增大 A 值；k_g为土工织物的垂直渗透系数(cm/s)；k_s为被保护土的渗透系数(cm/s)。

③反滤材料的防堵性应符合下列要求：

a.被保护土级配良好、水力梯度低、流态稳定时，等效孔径应符合下式要求：

$$O_{95} \geqslant 3d_{15} \tag{10.2.4}$$

式中，d_{15}为土中小于该粒径的土质量分别占土粒总质量的15%(mm)。

b.被保护土易管涌、具分散性、水力梯度高、流态复杂、$k_s \geqslant 1.0\times10^{-5}$ cm/s 时，应以现场土料作试样和拟选土工织物进行淤堵试验，得到的梯度比 GR 应符合下式要求：

$$GR \leqslant 3 \tag{10.2.5}$$

c.对于大中型工程及被保护土的 $k_s < 1.0\times10^{-5}$ cm/s 的工程，应以拟用的土工织物和现场土料进行室内的长期淤堵试验，验证其防堵有效性。

三、反滤设计和计算例题

1.设计要点

①明确采用土工织物的目的：一种是单纯用作反滤料；另一种是兼有排水或隔离等要求。使用目的不同，选料时的技术要求将会有别。

②确定土与土工织物的有关指标：对于所涉及的土体，应测定它们的粒径分布特征，例如，特征粒径 d_{90}，d_{50}，d_{85}，…不均匀系数 C_u；还要测定其渗透系数 k_s 等。

对于有待选用的土工织物，测定其特征孔径和透水性指标，例如，特征孔径 O_{50}，O_{95}，…表现孔径AOS，以及织物的垂直渗透系数 k_{sg}和渗透率 φ 等。

③反滤准则和透水性校核：

a.如果土工织物仅要求其承担反滤作用，可按本节“二、反滤准则”，校核既有土工织物是否满足准则要求来确定采用何种织物。

b.如果尚有排水要求，则除满足反滤准则外，还需要检验织物的平面排水能力。即先按适当方式估算所需的排水量，由此计算要求的导水率 θ，将它们与织物既有导水率 θ_a 作比较，只有当 $\theta_a > \theta_r$ 并达到要求的安全系数，织物才是适用的。

c.对织物的强度要求。用作反滤的土工织物，虽然不要求其承担建筑物等外加荷载，但应能安全经受施工等应力。

根据我国经验，织物要求的拉伸强度可按表10.2.2取用。

对反滤排水用土工织物的强度要求　　表10.2.2

要求强度	选用织物质量 M/(g/m²)	纵向拉伸强度 T/(kN/m)	纵横强度比
一般	≥300	8	2/3～3/2
较高	≥400	10	2/3～3/2
更高	≥500	12	2/3～3/2

2.设计举例

【例 10.2.1】 为挡墙背建排水层选料。

一座以石笼垒成的挡土墙，高 2.5 m，其他尺寸见图 10.2.4。墙后填土是中密砂，其 $d_{50}=0.05$ mm，$d_{85}=0.35$ mm，$C_u=2.5$，相对密实度 $D_r=0.65$，渗透系数 $k_s=1$ cm/s。待选作墙后滤层的土工织物有3 种，见表 10.2.3，检验哪种织物可采用。

织物特征 表 10.2.3

织物类型	厚度/mm	表现孔径 AOS/mm	渗透系数/(cm/s)
A. 针刺无纺	1.524	0.149	3×10^{-1}
B. 单丝有纺	0.762	0.210	3.6×10^{-1}
C. 热黏无纺	0.381	0.149	2.08×10^{-2}

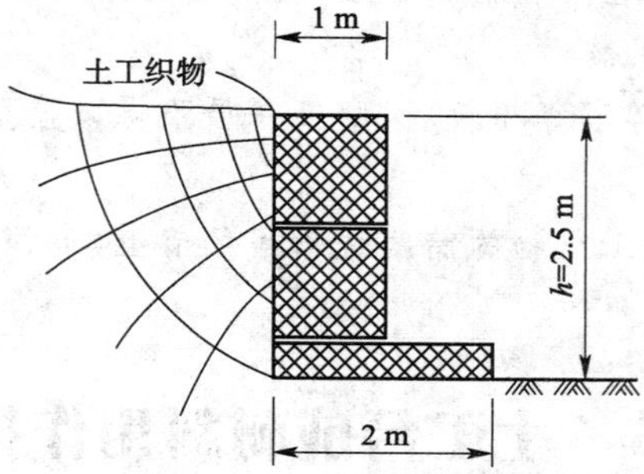

图 10.2.4 挡墙后排水层

【解】 要求织物有反滤与排水功能，故需分别校核。

①排水估算：根据图 10.2.4 给出的流网，即可按下式估算排水量 q：

$$q=k_g h\left(\frac{F}{N}\right) \tag{10.2.6}$$

式中，h 为作用水头差，本题中 $h=2.5$ m；F 为流槽数，本题中 $F=4$；N 为水头降落数，本题$N=5$。

故 $$q=\left[1\times\frac{1}{100}\times2.5\times\left(\frac{4}{5}\right)\right]\ \text{m}^3/(\text{s}\cdot\text{m})=0.02\ \text{m}^3/(\text{s}\cdot\text{m})$$

②要求的织物透水率：由式(10.1.2)

$$\varphi_r=\frac{q}{A\Delta h}=\frac{0.02}{(2.5\times1)\times2.5}\ \text{s}^{-1}=0.003\ 2\ \text{s}^{-1}$$

③现有织物透水率检验：

织物 A $$\varphi_a=\frac{k_g}{t}=\frac{3\times10^{-1}}{1.524\times0.1}\ \text{s}^{-1}=2\ \text{s}^{-1}$$

织物 B $$\varphi_a=\frac{3.6\times10^{-2}}{0.762\times0.1}\ \text{s}^{-1}\approx0.5\ \text{s}^{-1}$$

织物 C $$\varphi_a=\frac{2.03\times10^{-2}}{0.381\times0.1}\ \text{s}^{-1}\approx0.53\ \text{s}^{-1}$$

以上三种织物均为 $\varphi_a\gg\varphi_r$，故均可用。

④滤土准则检验：

被保护土 $d_{50}=0.05\ \text{mm}<0.075\ \text{mm}$，$C_u=2.5$

按该准则要求： $O_{95}\leqslant0.5d_{85}=(0.5\times0.35)\ \text{mm}=0.175\ \text{mm}$

对照表 10.2.5，可见仅有织物 A 和 C 的 O_{95}(=AOS)满足上述要求($\leqslant0.175$ mm)。

综合上述排水与滤土验算,对本工程只能采用织物A和C。

四、施工要点

①铺土工织物前应先平整土面,去除树根及带尖角杂物,以防止它们刺穿织物。

②土工织物是卷材,铺放时可借人力展开,尽量沿长度方向放置,以减少连接次数。

③材料连接有两种方式。如土层较坚实稳定,可以采用搭接,即一层直接放在另一层上。一般搭接宽度可为0.3 m;若土层较软,或在施工质量不易保证处,可加宽到0.5 m,如预计搭接段会有较大错位,亦可以缝接,缝接用轻型缝包机或手工法。缝接可以省料,接头强度提高,但增加了工序。

④施工时,要注意对土工织物的保护。土工织物长期外露和受日光照射,容易引起老化变质,故在铺完一层后应尽快在其上铺保护层,例如铺约30 cm厚的薄土层,既防止了日晒,又保护其不受机械破坏。

如果土工织物上直接放碎石等粗粒料,则第一层不得以重型机械压实,也是为保护织物不致被穿刺破坏。

⑤除施工阶段,就是在土工织物的储藏运输等环节上,也都要注意尽量不让它们外露受日照。

第三节　土工合成材料用作排水层

一、用途、机理和应用举例

1.用途和机理

岩土工程中要考虑排水的实例很多。排水大多为了以下各种目的:

①控制地下水位,或降低地下水位,或改变其流向。例如借助坝体内排水,降低浸润线,以提高坝体稳定性,或避免水流从下游坡出逸,防止坡面冲刷或管涌。严寒地区,降低地下水位,可限制毛细水上升高度而消除冻胀。

②减小地下水压力:降水后,作用于建筑物侧壁的水压力和基底的扬压力均有所减小,将有助于增进建筑物稳定性。

③消减土体中的超静水压力:加速地基土排水固结,减小建筑物后期沉降,并提高地基土强度。

传统的土体排水法,是在土体中铺带进水口的排水管,或在土体中适当位置铺设透水的砂砾石垫层等。但不管哪种形式,都要求既排出水量,又不允许土粒被水流带走。这种要求在某些场合,例如垂直排水层,或排水层要转折,都难以施工,或施工质量不易保证,应用土工合成材料却容易解决问题。

利用土工织物排水实际上发挥着它的多种功能:

排水:厚层土工织物在其自身平面内有较大的导水输水能力。即使在压力下压薄以后,其渗透系数也要比土大得多。如果来水量大,其自身排水能力不足,则可采用适当型号塑料排水带。

反滤:在利用其作排水时显然同时要求它具有保土作用。

隔离:织物可将粗、细粒土隔开,细粒不能进入粗粒土孔隙。

2.应用举例

针刺无纺织物在水利水电、建筑、地基处理等方面用作排水的实例甚多,举例如下:

①水利水电工程(图 10.3.1)。

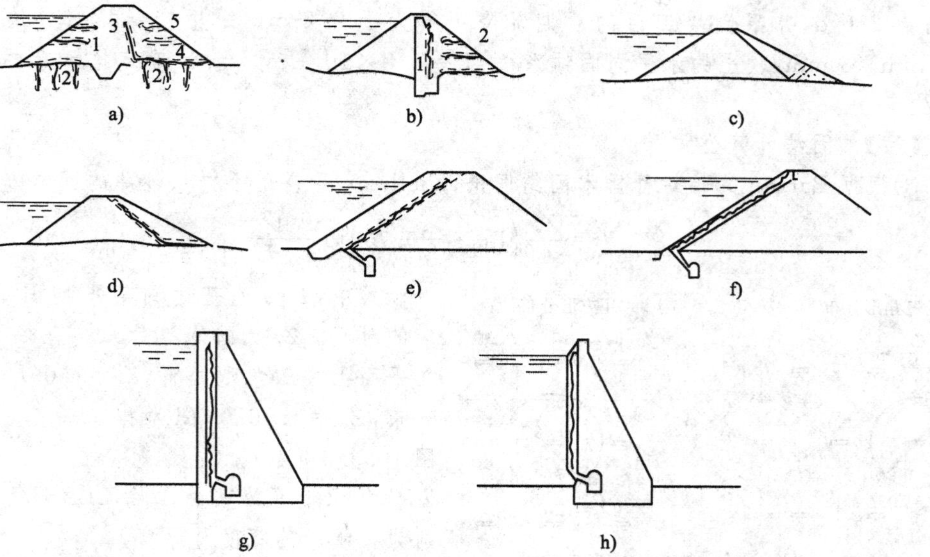

图 10.3.1 土石坝中利用土工织物排水举例

a)中 1-上游水平排水;2-上、下游垂直排水;3-烟囱式排水;4-下游排水垫层;5-下游水平排水;
b)中 1-防渗墙后排水;2-下游水平排水;
c)已建坝下游坡有散浸,坝体有险情,故需将下游坡培厚,在上部填土和下部堆石坡趾间铺排水织物;
d)、e)、f)均采用了带排水芯的组合土工织物塑料排水带,以加大泄量;
g)已建混凝土坝上游用混凝土贴面修理,新旧混凝土之间设组合土工织物供垂直排水;
h)混凝土坝面以土工膜防水,膜与混凝土间设土工网或厚针刺织物

②建筑工程:挡土墙背常设置厚层针刺织物排水;运动场地需要及时排除雨水积水(图 10.3.2);地基也常常要求排水,常采用地下暗沟或埋管。

③软土地基处理:软土地基处理的传统方法之一是设排水砂井。井径一般为 30～40 cm,用砂量大,施工复杂,砂井还易被软土挤断而失效。目前土工合成材料塑料排水带已有大量生产,可以取代砂井。排水带的宽度一般为 100 mm,厚 3～4 mm,每卷长约 200 m,工厂生产,质轻易运,施工方便,中国已在多处工程中应用。

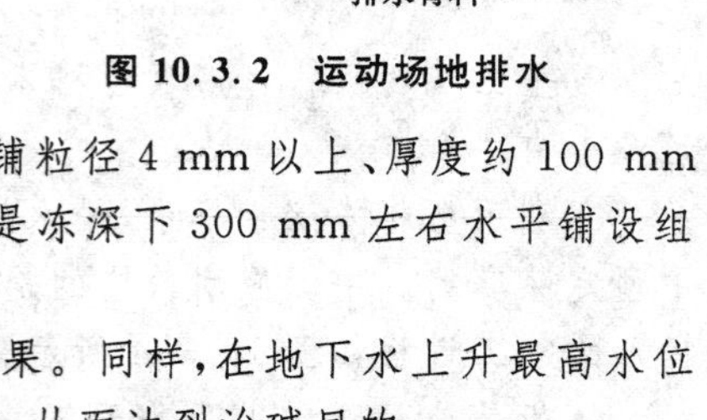

图 10.3.2 运动场地排水

④防冻防盐碱化措施:地基严重冻胀主要归因于地下水不断向冻区补给。传统防治方法是在冻结深度内铺粒径 4 mm 以上、厚度约 100 mm 的砾石层,以截断毛细水上升,另一种防冻胀的有效措施是冻深下 300 mm 左右水平铺设组合排水带取代砾石层。

干旱炎热地区土地盐碱化也是毛细水上升带来的后果。同样,在地下水上升最高水位以上约 100 mm 处铺组合排水板,可有效地消除毛细上升,从而达到治碱目的。

其他在屋顶花园、路基排水、隧洞衬砌和土地围垦中,都可以利用土工织物排水。

二、排水设计和计算例题

设计原则与用做反滤时相同。但更应注意织物的排水能力。

【例 10.3.1】 塑料排水带加速地基固结设计举例。

软土地基在建筑物荷载下的最终沉降量计算值为 1 m，需事先加以处理。但许可处理时间为 250 d，并限制竣工后的后期沉降不得大于 0.2 m。采用塑料排水带的截面积为 100 mm×3 mm，软土的水平向固结系数 $C_h=4.8\times10^{-8}\ m^2/s$。试确定排水带的最大水平间距。

【解】 固结计算公式。

①根据 Barron 的轴对称排水固结理论，Kjellman 导得用于排水砂井的固结方程如下：

$$T=\frac{Z_e^2}{8C_h}\left(\ln\frac{Z_e}{d_e}-0.75\right)\ln\frac{1}{1-U_a} \tag{10.3.1}$$

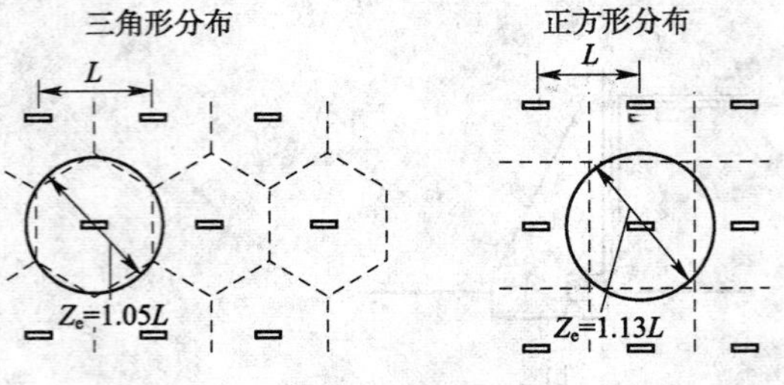

图 10.3.3 塑料排水带加固地基

式中，T 为地基达到某平均固结度 U_a 相应的时间。Z_e 为排水等效影响直径（当排水带在平面上按三角形分布，$Z_e=1.05L$；按正方形分布，$Z_e=1.13L$。L 为排水带布置间距，如图 10.3.3所示）。C_h 为地基土水平固结系数。d_e 为排水带等效直径，$d_e=2(B+t)/\pi$，B、t 分别为排水带的宽度与厚度。

②排水带等效直径

$$d_e=[2\times(100+3)/\pi]\ \text{mm}=66\ \text{mm}$$

③要求的地基平均固结度

$$U_a=\frac{1-0.2}{1}=0.8$$

④等效影响直径 Z_e：由固结理论公式[式(10.3.1)]反算。代入各已知值，有

$$250\times24\times60\times60=\frac{Z_e^2}{8\times4.8\times10^{-8}}\times\left(\ln\frac{Z_e}{66\times10^{-3}}-0.75\right)\times\ln\frac{1}{1-0.8}$$

解得 $Z_e=1.47$ m

⑤排水带要求间距

三角形布置 $$L=\frac{Z_e}{1.05}=\frac{1.47}{1.05}\ \text{m}=1.4\ \text{m}$$

正方形布置 $$L=\frac{Z_e}{1.13}=\frac{1.47}{1.13}\ \text{m}=1.3\ \text{m}$$

三、施工要点

①土工织物用作一般反滤排水材料时，施工注意事项可参考有关章节。

②利用塑料排水带排水，排水带是借插带机插入土层中预定深度的。中国应用最广的是门架式机和履带式机。插入的施工过程如图 10.3.4 所示。

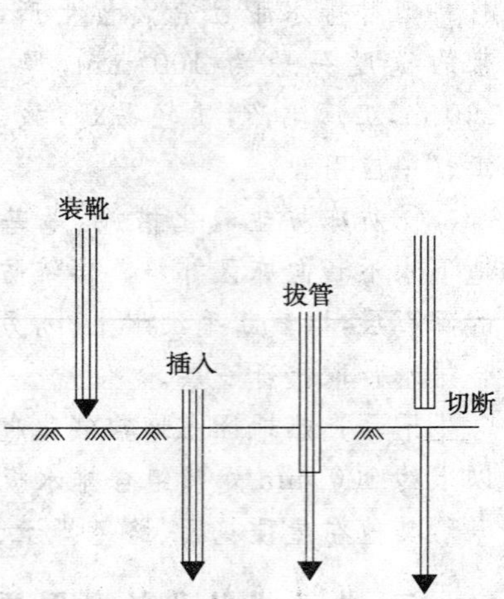

图 10.3.4 排水带施工程序

一般是地面硬层上预先开孔，放入活动锚靴，将排水带端部连在锚靴上，以导杆静压靴头入土，达预定深度，将排水带在地面处剪断，带与靴便都留在土中。如果还有与垂直带相连的水平板，则在设垂直带后整平地面，按板宽挖水平浅槽，埋入水平板，并使之与垂直带连接。带顶应铺砂砾排水垫层。

③地下塑料排水管有光滑管与皱纹管两种,后者抗压强度大,质量轻。管壁上有进水孔和狭槽,外包薄型无纺土工织物。埋设时利用开沟机或人工挖槽,挖到要求的深度和纵坡。分节埋管,回填土时要注意不得损坏外包的渗滤材料,管上30 cm内的填土特别要当心。

第四节 土工合成材料用作隔离层

一、隔离的作用和应用举例

1.隔离的作用

现在以图10.4.1为例来剖析无铺砌道路用土工织物隔离层实际可能发挥的作用:

①局部加筋。

②车辙中的真层碎石向下和向旁侧的后移受到约束。

③车辙间地基土向上和向两侧的位移受到限制。

④起承载膜作用,土工织物中拉力的垂直分量方向上,可减少有效荷载。

⑤织物与填料间的摩阻,限制了填料的侧向位移。

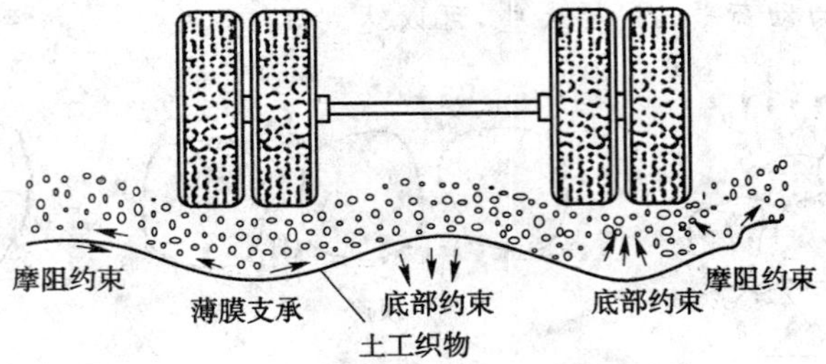

图10.4.1 土工织物对无铺砌道路的加筋作用

以上所举作用均属于有利的力学效应。如果土中有渗流,则织物还肩负滤土和排水功能。对于有动荷载的情况,例如火车运行时铁轨下的道砟和地基土,如没有土工织物当隔离层,长期受动力作用,粗粒料会陷入细粒土,同时细粒土受抽吸作用会钻入上覆粗粒料孔隙,使道砟的强度很快降低到土强度,如果有地下水存在,更会形成路基翻浆冒泥。铺上土工织物,不仅可减薄碎石层厚度,改善施工压实条件,而且也将大大减轻日后的维修任务。

2.应用举例

①铺设在无铺砌道路、有铺砌道路和机场跑道的软地基和路面基层之间,可减薄基层粗粒料要求的厚度,改善路面条件。

②布置在铁路道砟和土地基之间,防止路基翻浆冒泥,减轻养护工作量。

③在堤坝工程中,应用于坝体的土与卵砾石之间,及其与土地基之间。

④置于土坡面与下游粗粒料反压平台之间。

⑤铺地球场、体育场的地表下。

⑥铺在道路的新旧沥青路面之间,旨在防止反射裂缝的再产生。

⑦在沼泽地带,铺土工织物于地表,可改善施工条件。

⑧结合土工膜应用,铺在膜下,可保护膜不被其下的尖物刺破;当膜下集有气体(如土中有气体排出),它同时提供排气通道。

⑨随应用领域开拓,土工合成材料的聚苯乙烯(硬泡沫塑料)板被有效地用于结构物保温防冻,如在我国黑龙江省,已用于挡墙和填土之间和闸底板之下,明显地减轻或避免了冻胀危害。

在振源和结构物之间的地基中设土工合成材料隔振屏，可使振幅大大降低。

二、隔离应用对材料的要求

土工合成材料应用于隔离，多置于两种不同的固体材料之间。因而材料将会受到不同方式的应力，有可能产生相应的破坏，如顶破、刺破等。为此，应根据具体的工程条件，验算所选用材料抵抗上述某种或几种破坏的能力，或按可能出现的破坏，选用具有抗力的材料。

另外，材料的孔径应符合滤层的要求，尤其是在有水流的条件下。

1. 几种强度的验算

①顶破强度。当土工织物铺在碎石垫层和土地基之间，受到荷重后，可能出现图10.4.2所示情况，即如果垫层是圆滑卵石，可能因地基反力过大，使织物被顶破，另一种情况是块石带尖角，则尖角会将织物刺破。

$$p_t = 0.4F_s \frac{d_a}{d_t} p \tag{10.4.1}$$

式(10.4.1)是按顶破试验选用合适的土工织物的计算式，其中 d_t 为 Mullen 试验仪金属环的内径，在受静荷载时取反力 $p=\gamma h$(γ、h 分别为土工织物上面的填料重度和厚度)，这时 F_s 可采用 1.0；若为动荷载，F_s 要大些，可以达到 3。

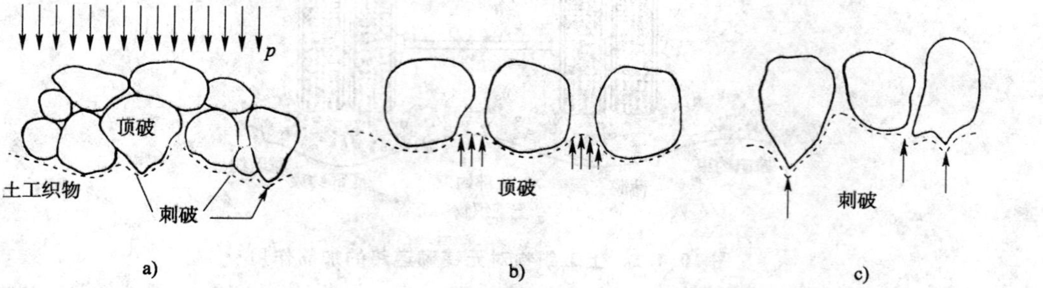

图 10.4.2 顶破与刺破

②刺破强度。石块尖角在土地基与土工织物接触处产生应力集中，最容易将织物刺破。刺破力与石块和织物接触点的多寡有关。接触点多，荷载分散，不易刺破。较小石块(例如 $d<100$ mm)往往接触点少，集中力大。估算刺破，常按单粒考虑，如图 10.4.3 所示，单粒粒径为 d，作用于织物的平均法向力为 p，则刺破点的集中力 p_p 为

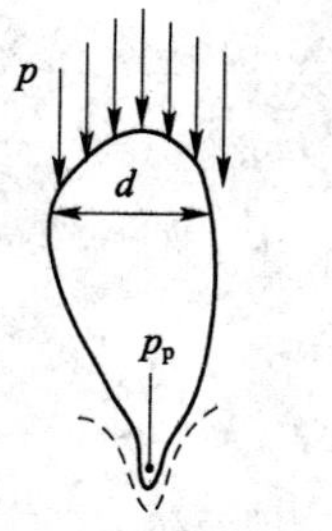

图 10.4.3 刺破强度

$$p_p = \frac{\pi}{4} d^2 p \approx p d^2 \tag{10.4.2}$$

如取安全系数为 F_s，则要求织物的刺破强度为

$$R_p = F_s p d^2 \tag{10.4.3}$$

式中的 F_s，对静荷载可采用 $F_s=1.5$；对动荷载，F_s 要大些，直至 $F_s=3$。事实上，织物抗穿刺能力还要看它们的结构的疏松程度和许可的伸长率。结构松、伸长率大的织物耐穿能力高。为此，针刺无纺织物抗力较高，而热黏无纺织物和机织有纺织物的抗穿刺力较低。当织物穿刺强度不足，补救办法之一是在粗料和织物之间铺一薄层较细的粒料，加以保护。

③握持强度。当两块相邻的石块卡住其下的土工织物，第三石块又力图楔入两块间孔隙时，就会出现类似握持试验的受力条件，如图 10.4.4 所示。Giroud 建议此时织物所受拉力 T_g 按下式估算

$$T_g = p b^2 f(\varepsilon) \tag{10.4.4}$$

式中，p为作用于织物的地基反力；b为石块间的孔隙宽度，近似取为石块平均粒径d_{50}；$f(\varepsilon)$为应变ε的函数。考虑一定安全系数后的具体取值如下：破坏应变$\varepsilon_f=25\%\sim125\%$的无纺织物，$f(\varepsilon)=0.55$；$f(\varepsilon)=0.6\sim0.7$；较硬针织物$\varepsilon_f=2\%\sim5\%$，如玻璃纤维品，$f(\varepsilon)=1\sim1.5$。

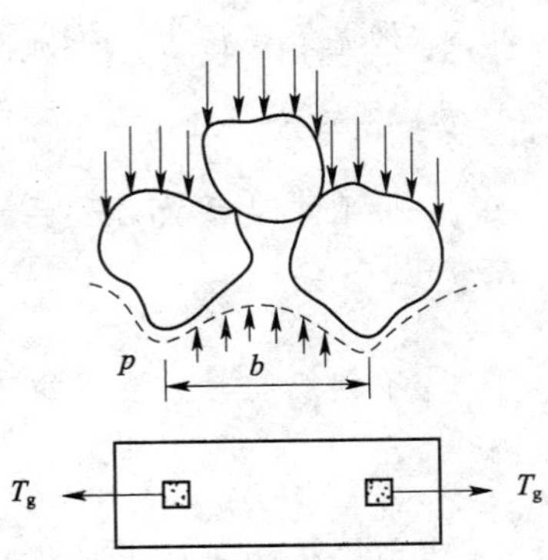

图 10.4.4 握持强度

故上述三种情况要求织物握持强度分别为：

$$\left.\begin{array}{ll}\text{无纺织物} & R_g\geqslant0.55pb^2\\ \text{有纺织物} & R_g\geqslant(0.6\sim0.7)pb^2\\ \text{玻璃纤维制品} & R_g\geqslant(1\sim1.5)pb^2\end{array}\right\}\quad(10.4.5)$$

2. 隔离准则

对静荷载或准静荷载（车辆慢速通过），可采用前述反滤准则。如果是动荷载，例如火车在轨道上行驶，应满足更严的要求，Giroud为此建议了下列准则：

$$\left.\begin{array}{ll}\text{当}C_u\leqslant18\text{时}, & O_{95}<d_{50}\\ \text{当}C_u>18\text{时}, & O_{95}<\dfrac{18}{C_u}d_{50}\end{array}\right\}\quad(10.4.6)$$

式中，C_u为细粒土的不均匀系数；d_{50}为细粒土的平均粒径。

根据中国铁路系统的试验与经验，在长期循环荷载下，如在土基上直接铺上土工织物，细土粒仍将不同程度地穿透织物。为使隔离有效，建议隔离层与砂层结合使用。土工织物上面的砂层厚10～15 cm，下面5～10 cm，要求砂中小于0.005 mm的含量不多于3%，且不含大于2 mm的颗粒。

三、工程设计

无铺砌道路指道路的面层不是用胶结材料（混凝土、沥青等）筑成。这类道路包括临时道路、施工道路等。通常的做法，是在路面铺上一定厚度的碎石层，使车辆的轮轴荷载经该层而扩散，达到地基土表面时的应力低于土的承载力。如果地基土较软，要求的碎石层厚度将较大。若在地基与碎石层之间铺一层土工织物，可减少所需的碎石厚度，明显节约。这种道路的设计方法有几种，以Giroud和Noiray建议的方法最著名，简述如下。

①轮压面积。如图10.4.5所示，车辆轴压力P通过两端轮胎传给路面，再通过碎石层扩散而及于地基面。轮胎接地面积为长×宽=$L\times B$，该尺寸与胎内压力p_t有关：

一般车辆$B=\sqrt{P/p_t}$；$L=0.707B$

宽胎或双轮车辆$B=\sqrt{1.414P/p_t}$；$L=0.5B$

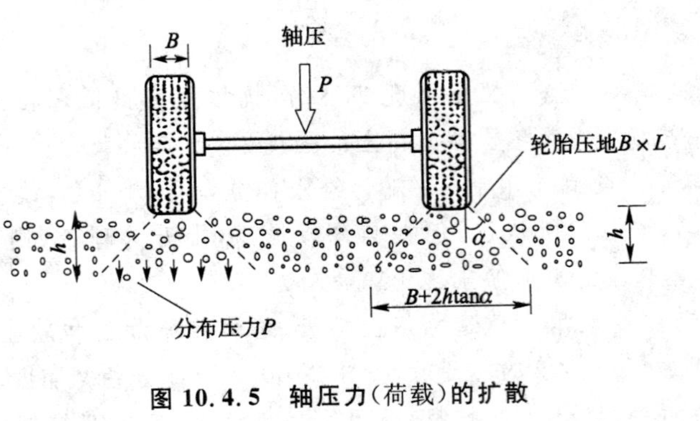

图 10.4.5 轴压力（荷载）的扩散

②地基表面压力。轮压传到地基面的压力 p

$$p=\frac{P}{2(B+2h\tan\alpha)(L+1.2h\tan\alpha)}$$

一般取扩散系数 $\tan\alpha=0.6$，则

$$p=\frac{P}{2(B+1.2h)(L+0.72h)} \tag{10.4.7}$$

③不铺织物时。要求的碎石层厚 h 无土工织物时，基土只能承受 $p=q_e$，故

$$\pi c_u=\frac{P}{2(B+1.2h)(L+0.72h)} \tag{10.4.8}$$

式中，πc_u 为土的弹性状态承载力，$\pi c_u=q_e$；c_u 为地基黏性土的不排水抗剪强度。

则上式反求得的 $h=h_0$ 为无织物时要求的厚度。

如交通量繁重，所需厚度 h_0'(m)由下式计算

$$h'_0=\frac{125\lg N-294(r-0.075)}{c_u^{0.63}} \tag{10.4.9}$$

式中，N 为标准轴压($P=80$ kN)时的轮行遍数；r 为车辙深度(m)；c_u 为基土不排水强度(N/m²)。

上式适用于 $N<10\,000$ 的情况。如果车辆不是标准轴压($P=80$ kN)，而是 P'，则其轮压数 N' 可通过下式转换为标准轴压的 N。

$$\frac{N}{N'}=\left(\frac{P'}{P}\right)^{6.2} \tag{10.4.10}$$

④铺织物后。要求的碎石层厚度 h_g 铺织物后，地基土的侧向位移受到约束，地基承载力提高到塑性破坏时的数值，即 $p=(\pi+2)c_u$，故有

$$(\pi+2)c_u=\frac{P}{2(B+1.2h_g)(L+1.2h_g)} \tag{10.4.11}$$

由此式反求得的 h_g，即铺织物后要求的碎石厚度。

⑤碎石厚度的节约 Δh：　　$\Delta h=h_0-h_g$

⑥材料强度验算。根据需要，按本节“二、隔离应用对材料的要求”之①和之②方法校核所用材料是否符合要求。

第五节　土工合成材料用于加筋土体

一、用途、机理和应用举例

1. 用途

土体是一种散粒体，其抗剪、拉压强度都不高，抗拉强度更低。在土体内按适当方式铺设土工加筋材料，形成加筋土，将显著提高土的强度，增大其承载力。土体的加筋效果，是因为加筋后，土的侧向变形受到了限制，等效于给土体施加了侧向力，故抗拒压强度明显提升所致。加筋概念虽早为人们所认识，但将其分析提高，上升为理论，则应归功于 20 世纪 60 年代法国工程师维德尔首创了加筋土理论。

加筋土技术当前主要应用于建造加筋土挡墙、路堤陡坡加筋和软土地基的加固。例如，如图 10.5.1 所示的加筋土挡墙的构造示意图，它由以下部分组成：①填土，墙的主体，分层压实，以透水性砂砾料最佳；②加筋材料，随填土层层铺放，要求其拉伸强度高、模量大、蠕变

性低；③墙面板，常为混凝土预制连续板或各种形状的模块，用于保护墙体和景观；④墙板基础，成为挖沟埋入预制块，或现场浇筑。

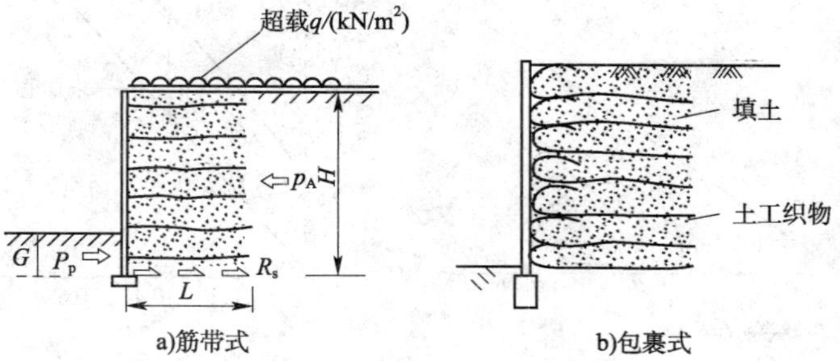

图 10.5.1 加筋土挡墙

早期的加筋材料为金属条带或预制混凝土板块，目前基本上已被土工合成材料所取代。我国自产土工格栅较晚，故最初采用的加筋材料为土工加筋带和有纺土工织物。随着土工格栅和经编格栅的大量问世，现在大多采用土工格栅和有纺织物了。

2. 加筋机理

将加筋材料铺放在土内的合适位置，土体强度将显著提高。

假设在水平地面以下 Z 深度处有一单元体 M，其大、小主应力为

$$\left.\begin{aligned}\sigma_1&=\gamma Z\\\sigma_3&=K_0\gamma Z=K_0\sigma_1\end{aligned}\right\}\tag{10.5.1}$$

式中，γ 为土重度；K_0 为土的静止侧压力系数。

M 点的应力状态可用应力圆表示，如图 10.5.2 所示的应力圆Ⅰ。如果由于某种原因（例如在其附近开挖）σ_3 减小，同时土体引起侧向膨胀，导致 M 达到极限平衡，则 M 点将发生破坏，此时的小主应力 $\sigma_3=K_a\sigma_1$（K_a 为主动土压力系数），其应力状态如图 10.5.2 所示的应力圆Ⅱ，该圆必在强度线相切，为了防止 M 点破坏，可以在该点处铺放水平向的加筋材料（如土工织物）。由于加筋材料与土接触界面上有摩阻力作用，将使 M 点的侧胀受到限制。若侧胀完全受阻，M 点的应力状态将回复到圆Ⅰ，否则必有 $K_a\sigma_1<\sigma_3<K_0\sigma_1$，终使应力圆脱离强度包线 S，而处于弹性状态。由此可见，加筋材料的作用乃在于减小土体侧胀，等效于施加了一个侧压力增量 $\Delta\sigma_3$。可以证明，$\Delta\sigma_3$ 将使破坏大主应力获得增量 $\Delta\sigma_1$，而

$$\frac{\Delta\sigma_1}{\sigma_1}=\frac{\Delta\sigma_3}{\sigma_3}\tag{10.5.2}$$

故土体加筋后的承载力 σ_1 将增大至 $\sigma_1+\Delta\sigma_1$。

室内无黏性土的三轴试验也可证明加筋效应。如以纯试样和在其水平放置土工织物的试样做试验，可以得到如图 10.5.3 所示结果。即在同一围压力 σ_3 下的 σ_1 均有增大。试验表明，两种试样的内摩擦角 φ 相差无几，但加筋后却获得了视凝聚力 c_a，此时有：

$$\sigma_1=\sigma_3K_p+2c_a\sqrt{K_p}\tag{10.5.3}$$

式中，K_p 为土的被动土压力系数，$K_p=\tan^2\left(45°+\frac{\varphi}{2}\right)$。进一步可证明 c_a 与织物强度成正比，与织物间距成反比。

二、加筋土结构的设计

加筋土结构的实用设计方法是岩土工程中广泛应用的极限平衡法。有限元方法可用于对比校核。

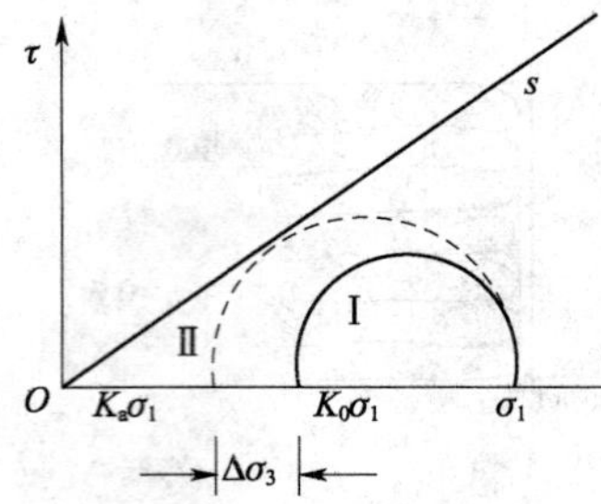

图 10.5.2 应力圆

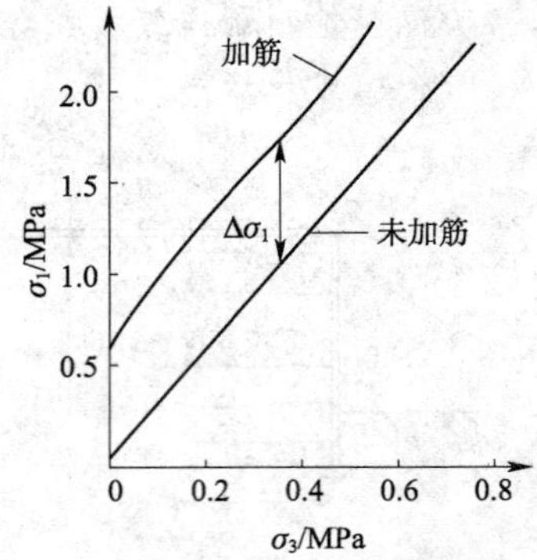

图 10.5.3 加筋作用

设计任务是依照工程目的与要求和现有条件，优选加筋材料，确定筋材的合理、经济的布置形式（铺设位置、间距和尺寸等），使材料与结构都符合规定的安全系数。应注意，加筋材料的容许强度应按第一节确定。

安全系数值可采用下列数值：

外部（整体）稳定校核：

抗平面滑动 $F_s \geqslant 1.5$

抗深层整体滑动 $F_s \geqslant 1.3$

抗倾覆深稳定 $F_s \geqslant 2$

地基承载力 $F_s \geqslant 2$

内部稳定校核：

筋材抗拉断 $F_s = \dfrac{T_a}{T} \geqslant 1$

筋材抗拔出 $F_s = 1.5 \sim 2.0$

1. 路堤陡坡

陡坡加筋的示意如图 10.5.4所示，即按要求的垂直间距将加筋材料分层水平面铺设在坡内。筋材长度与间距按计算确定，陡坡加筋的基本步骤如下：

①陡坡将使地基应力增大，故建陡坡的地基本身应稳定可靠。

②对步骤①尚未加筋的拟建陡坡做常规稳定分析，深到最小安全系数为 F_{su}，如果 F_{su} 小于陡坡要求的安全系数 F_{sr}，即 $F_{su} < F_{sr}$，表明陡坡需要加筋。

③将上述稳定分析各试算滑动圆弧中所有 $F_{su} \simeq F_{sr}$ 的圆弧绘在同一张图上，如图 10.5.4所示，则各圆弧的外包线，即为有待加筋的区域。

④对步骤②中所述的每个滑动圆弧，为使其安全系数 F_{su} 提高到要求值 F_{sr}，所需的总加筋力 T_s，按下式计算：

$$T_s = (F_{sr} - F_{su}) \frac{M_0}{D} \tag{10.5.4}$$

式中，M_0 为未加筋陡坡的滑动力矩；D 为 T_s 相对于滑动圆心的力臂，见图 10.5.5，假设加筋力的作用点于坡高的 1/3 处，即 $D = Y$。

⑤上述各滑动圆的 T_s 的最大值 T_{smax} 即为陡坡所需的总加筋力。

⑥将 T_{smax} 沿坡高分布：低坡（$H \geqslant 6$ m），均匀分配；高坡（$H > 6$ m），按二区或三区分配。

二区 底区 $T_s = \dfrac{3}{4} T_{smax}$

顶区 $T_s=\frac{1}{4}T_{smax}$

三区 底区 $T_s=\frac{1}{2}T_{smax}$

中区 $T_s=\frac{1}{3}T_{smax}$

顶区 $T_s=\frac{1}{6}T_{smax}$

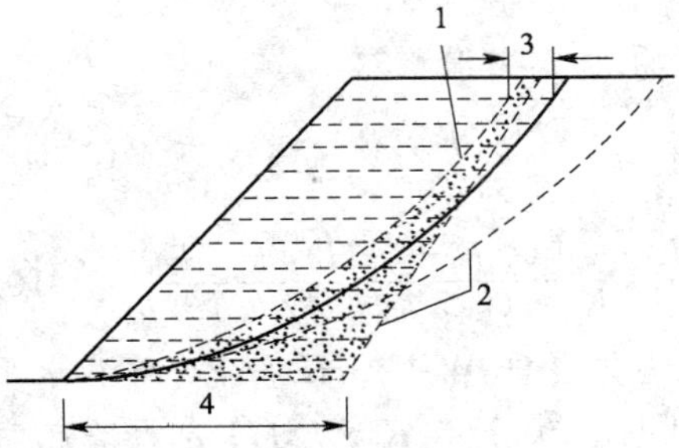

图 10.5.4 加筋土陡坡

1-由 T_{smax} 确定的临界面；2-由 $F_{su}=F_{sr}$ 确定的临界区；3-按拉拔要求大于 1 m；4-由抗滑稳定性决定

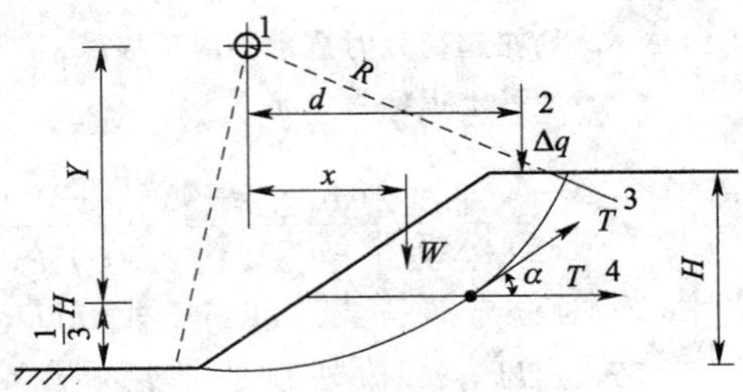

图 10.5.5 确定加筋力的滑弧计算

1-圆心；2-超载；3-延伸性筋材；4-非延伸性筋材

筋材的垂直间距一般采用 $S_v=0.4$ m，最大不超过 0.6 m，为提高坡缘压实质量，在上、下两主筋之间可增加辅筋，长度为 1.2～2.0 m，如图 10.5.6 所示。

⑦筋材要求的长度。每层筋材的长度应超出滑动圆弧（相应于 T_{smax} 的圆）之外，超出工度为锚固段 L_e。L_e 按下式计算

$$L_e=\frac{T_a F_s}{2f_p\alpha\sigma'_v} \tag{10.5.5}$$

式中，F_s 为抗拔安全系数；f_p 为抗拔摩擦系数（对有纺土工织物可采用 $\frac{2}{3}\tan\phi$，土工格栅采用 $0.8\tan\phi_s$，ϕ_s 为土的内摩擦角）；α 为衰减系数，土工织物可取 0.6；σ'_v 为筋材上的有效法向应力。

L_e 不得小于 1 m。

2.加筋土挡墙

加筋土挡墙构造示意如图 10.5.1 所示。图中筋带式墙指加筋材料为加筋带，故每层筋带系按一定水平间距铺放。包裹式加筋材料为土工格栅或有纺土工织物，皆是满堂铺放。加筋土挡墙设计包括加筋材料选择、筋材垂直间距（加筋带还有水平间距）和长度的确定以及其他细部构造，如地面和内部排水等。设计方法如下：

（1）稳定计算

包括外部（整体）稳定性和内部稳定性校核。前者类似于常规重力式挡墙校核内容，即抗水平滑动、抗深层圆弧滑动和地基压力（承载力）校核等，一般不做倾覆稳定校核。内部计算则是校核每层筋材的抗拉断和抗被拔出能力。

（2）初试断面

先根据要求的墙高 H（图 10.5.6）初定筋材长度 L，令 $\frac{L}{H}\simeq 0.7$；如墙顶填土为斜坡和墙

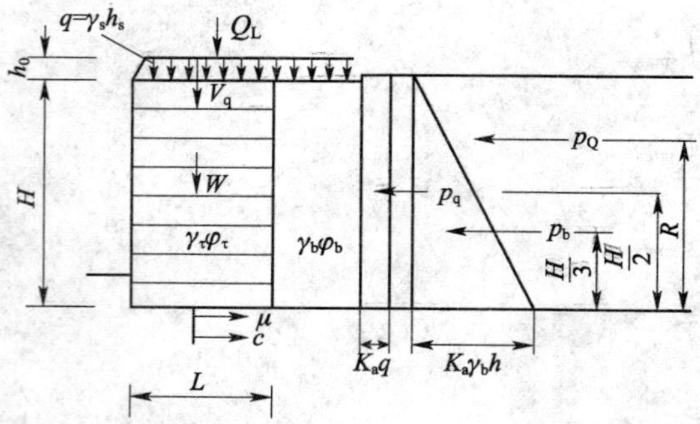

图 10.5.6 均布超荷载时抗水平滑移核算，地基土指标为 $\gamma_f\varphi_f$

顶有超荷载时，令 $\dfrac{L}{H}\simeq 0.8$，基础埋深最小0.5 m，一般为0.1H。

(3)外部稳定性核算

取墙后经加筋的复合土体作为整体，进行各项验算。作用于墙体的荷载除墙体自重、墙顶超荷载外，尚有墙背土压力等，作用如图 10.5.6所示。

①抗水平滑移。

a. 均布超荷载。抗滑安全系数按下式计算(图 10.5.6)：

$$F_s=\frac{\text{水平抗滑力总和}}{\text{水平滑动力}}=\frac{(V_q+W)\mu+cL}{p_b+p_q+p_q}=\frac{[(\gamma_s h_s+\gamma_\tau H)\mu+c]L}{K_a H(0.5\gamma_b H+\gamma_s h_s)+p_q}\tag{10.5.6}$$

式中，V_q 为分布超荷载总和，$V_q=\gamma_s h_s L$；W 为墙体自重，$W=\gamma_\tau HL$；p_b 为墙背水平地压力，$p_b=0.5K_a\gamma_b H^2$；p_q 为墙顶分布超荷载引起的土压力，$p_q=K_a\gamma_s h_s H$；μ 为墙底摩擦系数，取地基土、墙填土和墙填土与筋材之间的摩擦系数中的最小值；$K_a=\tan^2\left(45°-\dfrac{\varphi}{2}\right)$ p_q 为集中力超荷载引起的水平力；c 为地基土黏聚力，或地基土和筋材间的黏着力。

b. 墙后填土面为斜坡。如图 10.5.7 所示，抗滑安全系数按下式计算：

$$F_s=\frac{(Q_L+W)\mu+cL}{P_b}=\frac{[(\gamma_s h_2+2\gamma_\tau h_1)\mu+2c]L}{K_a\gamma_b H^2\cos\beta}\tag{10.5.7}$$

式中，$Q_L=\dfrac{1}{2}\gamma_s h_2 L$；$W=\gamma_\tau h_1 L$；$P_b=(0.5K_a\gamma_b H^2)\cos\beta$。

$$K_a=\cos\beta\left(\frac{\cos\beta-\sqrt{\cos^2\beta-\cos^2\varphi b}}{\cos\beta+\sqrt{\cos^2\beta-\cos^2\varphi b}}\right)\tag{10.5.8}$$

②抗深滑动。可能产生的深层滑动是墙体连同部分地基的位移，如图 10.5.8 所示的虚线或实线滑弧。核算方法可采用岩土工程中的圆弧滑动条分法。

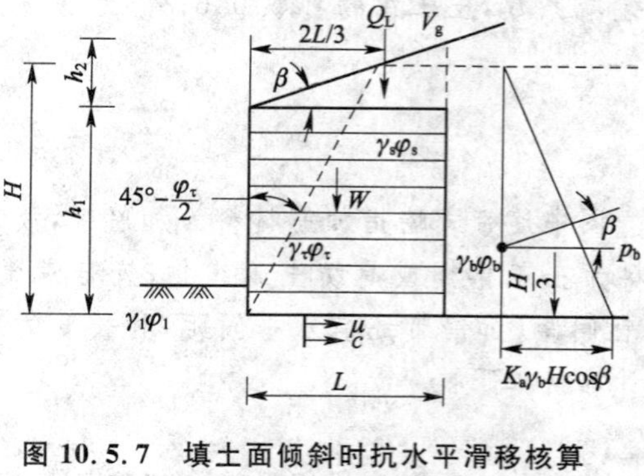

图 10.5.7 填土面倾斜时抗水平滑移核算

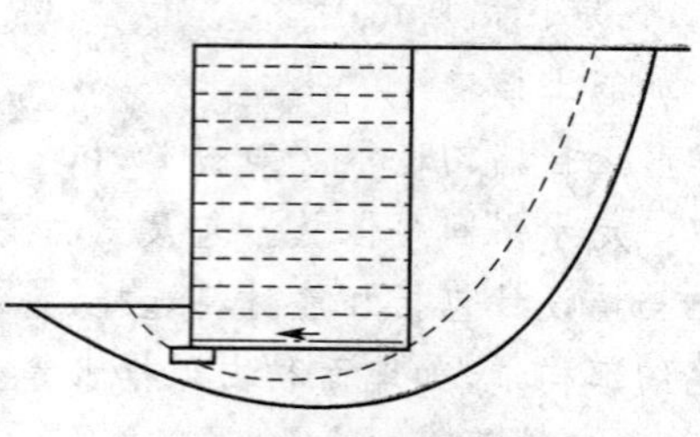

10.5.8 加筋土挡墙抗深层滑动核算

③地基承载力校核。

a. 均布超荷载，如图 10.5.9 所示。作用于墙底面的合力偏心距 e 按下式计算

$$e=\frac{\text{针对墙趾 }O\text{ 点的倾覆力矩之和}}{\text{竖直荷载之和}}=\frac{\sum M_o}{\sum V}=\frac{P_b\left(\dfrac{H}{3}\right)+P_q\left(\dfrac{H}{2}\right)+P_Q R}{W+V_q}$$

$$=\frac{K_{a}H^{2}(\gamma_{b}H+3\gamma_{s}h_{s})+bP_{Q}R}{6L(\gamma_{\tau}H+\gamma_{s}h_{s})} \tag{10.5.9}$$

要求

$$e\leqslant\frac{L}{b}$$

墙底最大竖向压力为

$$\sigma_{vmax}=\frac{V_{q}+W}{L-2e}=\frac{\gamma_{\tau}H+\gamma_{s}h_{s}}{1-\frac{2e}{L}} \tag{10.5.10}$$

要求

$$\sigma_{vmax}\leqslant q_{a}=\frac{q_{u}}{F_{s}} \tag{10.5.11}$$

式中，q_u、q_a 分别为地基极限与容许承载力。

b. 墙后填土面为斜坡，如图 10.5.10 所示。偏心距按下式计算

$$e=\frac{P_{b}\left(\frac{H}{3}\right)}{V_{q}+W}=\frac{H^{3}K_{a}\gamma_{b}\cos\beta}{(3\gamma_{s}h_{s}+6\gamma_{\tau}h_{1})L} \tag{10.5.12}$$

要求

$$e\leqslant\frac{L}{b}$$

墙底最大竖向压力

$$\sigma_{vmax}=\frac{V_{q}+W}{L-2e}=\frac{\frac{1}{2}\gamma_{s}h_{s}+\gamma_{\tau}h_{1}}{1-\frac{2e}{L}} \tag{10.5.13}$$

要求

$$\sigma_{vmax}\leqslant q=\frac{q_{a}}{F_{s}}$$

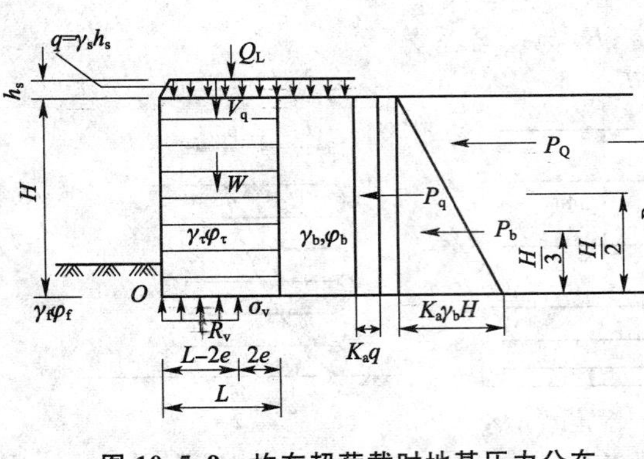

图 10.5.9 均布超荷载时地基压力分布

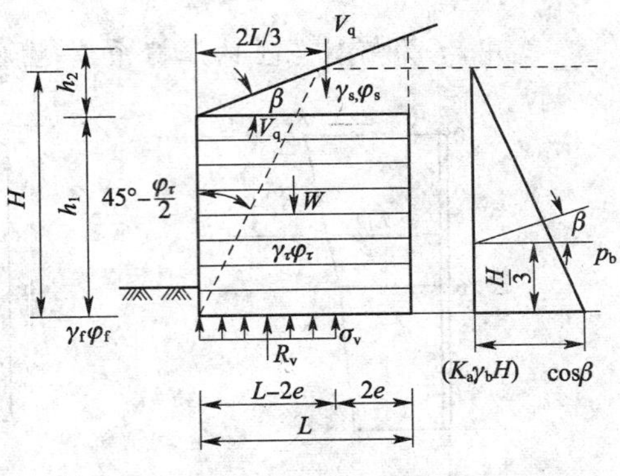

图 10.5.10 填土面倾斜时地基压力分布

④沉降量估算。按土力学中浅基础沉降计算方法估算。但迄今尚无容许沉降量和沉降差的标准。

(4)内部稳定性核算

核算包括两方面内容：筋材的强度核算和筋材的抗拔核算。

①筋材中的拉力。

筋材中的拉力来自墙背所受的水平土压力和水平荷载，故墙顶（假设墙顶填土面水平）以下 Z_i 深度处筋材（满堂铺设）所受的单位宽度拉力为 T_i 为

$$T_{i}=[(\sigma_{v}+\sum\Delta V\sigma_{v})K_{i}+\Delta\sigma_{h}]S_{v} \tag{10.5.14}$$

式中，σ_v 为 Z_i 深度处筋材所受上覆土层压力；$\sum\Delta\sigma_v$ 为超荷载的上述筋材上引起的竖向附加压力；$\Delta\sigma_h$ 为水平附加压力；S_v 为筋材的垂直间距；K_i 为 Z_i 深度处主动土压力系数。

主动土压力系数按采用筋材的刚度区分为两种情况：

a. 柔性筋材。一般指土工格栅、有纺土工织物。其公式为

$$K_i=K_a=\tan^2\left(45°-\frac{\varphi}{2}\right) \tag{10.5.15}$$

式中，φ 为填土的内摩擦角。

b. 刚性筋材。一般指经编格栅、高强复合加筋带等。土压力系数如图 10.5.11 所示。

$$K_i=\begin{cases}K_0-[(K_a-K_a)Z_i]/6 & (0<Z_i\leqslant 6\ \text{m})\\ K_a & (Z_i>6\ \text{m})\end{cases} \tag{10.5.16}$$

式中，K_0 为静止土压力系数。

K_0 按以下经验公式确定

$$K_0=1-\sin\varphi' \tag{10.5.17}$$

式中，φ' 为填土的有效内摩擦角。

②筋材的强度核算。任何深度处筋材所受拉力皆不得大于材料的容许抗拉强度，即应有

$$T_i\leqslant T_a \tag{10.5.18}$$

T_a 按式(10.1.7)确定。如式(10.5.18)得不到满足，应更换材料，或改变筋材间距。

③筋材抗拔核算。墙后填土中的潜在破坏面如图 10.5.12 所示。墙背至破坏面之间的筋材为主动段 L_a，越出破坏面外的为锚固段 L_e。墙体靠锚固段筋材与周围土的摩阻力维持其稳定。即要求筋材拉力不得超过该处锚固段的抗拔力，并有要求的安全系数，故有

$$T_i\leqslant 2(\sigma_z+\sum\Delta\sigma_v)L_e f\frac{1}{F_s} \tag{10.5.19}$$

式中，f 为筋材与土的摩擦系数，由试验测定；F_s 为安全系数。

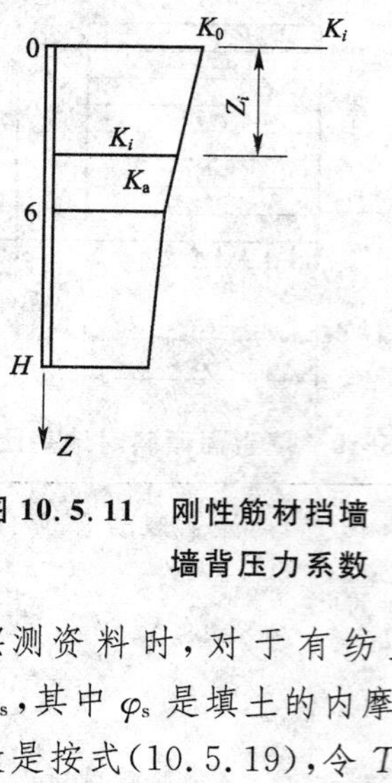

图 10.5.11　刚性筋材挡墙墙背压力系数

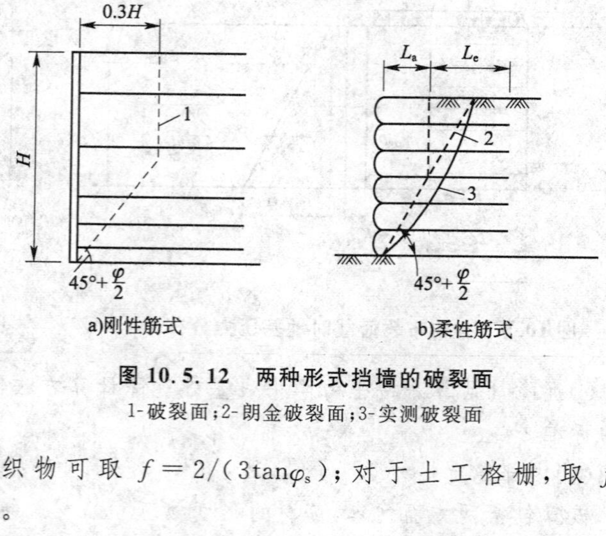

a)刚性筋式　b)柔性筋式

图 10.5.12　两种形式挡墙的破裂面

1-破裂面；2-朗金破裂面；3-实测破裂面

无实测资料时，对于有纺土工织物可取 $f=2/(3\tan\varphi_s)$；对于土工格栅，取 $f=0.8\tan\varphi_s$，其中 φ_s 是填土的内摩擦角。

一般是按式(10.5.19)，令 $T_i=T_a$，反求要求的筋材锚固长度 L_e。

④筋材长度。每层筋材总长度由三部分组成：a. 墙背至破坏面的主动段 L_a；b. 超越破坏面的锚固段 L_e；c. 筋材端部（紧挨墙背）的包裹长度 L_w，应为包裹层厚度与不小于1.2 m的转折长度之和，故总长度 L 由下式确定：

$$L=L_a+L_e+L_w \tag{10.5.20}$$

包裹长度 L_w 用于墙背处防土松散填料向外散失。除非土工格栅垂直间距小于40 cm，有纺织物和格栅筋材一般都应包裹，由于格栅开孔较大，往往还需要在包裹处内衬无纺土工织物。

为了施工方便，不同层的筋材常按要求的最大长度等长度铺设。如墙身较高，亦可分段采用不等长度，底部较短，顶部较长。

(5)排水设施

包括外部和内部排水。外部排水要求墙后填土面做好排水系统，将地面径流顺畅排走，尽量减少往填土内入渗。填土内主要排除地下水，可以用土工织物包裹粗粒料，形成排水暗沟，或采用适当的复合排水材料。坡内渗流既会产生渗流力，不利于土体稳定，又会削弱填土强度。

(6)施工要点

施工工序包括：设置面板基础，平整墙基，铺设筋材，填筑墙体和墙面施工等。

设置基础：常用预制混凝土基础，宽度不小于 30 cm，厚度不小于 20 cm，沿设计面板位置挖沟埋置，沟深不小于 60 cm，应防止地基受冻胀影响。预制钢筋混凝土面板的厚度一般为 12～15 cm。

平整墙基：清除墙体范围内地面的杂物，整平地面并压实。软土地基可能要换填，压实到要求密度，应略超出墙底范围。

铺设筋材：筋材强度主方向应垂直于墙面。土工织物相邻片搭接宽度至少为 15 cm；如地基沉降可能较大，相邻织物应预缝接。格栅筋材相邻片要扎紧。垂直于墙面方向，筋材应连续无缝。

填筑墙体：填料应尽量为透水粗粒土，借机械压实；在距墙面约 1 m 范围内，用蛙夯或轻型机械压实至要求密度，压实后一层厚度为 15～20 m，机械压实时，筋材上的覆盖土层厚至少为 20 cm。

墙面施工：按设计做好墙面板与筋材的连接；沿墙轴方向设上、下贯通的沉降缝，缝宽一般为 20～30 mm，缝内填弹性材料，缝间距 15～20 m；墙面设排水缝，间距约 5 m。设缝处墙背应铺无纺土工织物和薄层碎砾作为反滤。

第六节 土工合成材料用于防护

一、防护作用和应用举例

防护是以工程措施消除自然因素和人类活动对自然环境、各种建筑物与构筑物及土地的危害。常见的防护工程可举例如下：

江河湖海岸坡防止被水流冲刷。

土坡防止被雨淋破坏。

寒区防止土体冻胀造成建筑物破坏。

沥于路面防止开裂等。

有待防护的事例不胜枚举。以往曾采用过多种措施，收到过不同程度的效果，但也存在这样或那样的问题。例如传统的护岸沉排或梢枕、抛石等，因材料本身缺少反滤功能，经长年水流、潮汐和风浪冲刷，历时不长，岸坡仍会复遭冲刷坍陷；又如置换土料防冻，不仅需要大量砂砾料，增加工程费用，而且施工复杂。

由于土工合成材料类别与功能众多，适用领域不断开拓，许多工程问题几乎均可利用它们经济合理地解决。本节择要介绍一些用于防护的措施。

①用软体排护底护坡。

②用土工模袋护底护坡。

③用植被网护坡。

④用土工合成材料防治沥青路面开裂。

关于土工合成材料在防汛抢险、防冻、防震等方面的防护应用见有关文献。

二、工程设计与施工

1. 土工织物软体排

软体排是以有纺土工织物缝制成的大片排体。分为单片排和双片排，后者由两片织物叠合缝制。为加强排体，常在其纵横方向上固定多排尼龙绳或 PVC 绳。绳索兼可用于拖拉定位，如图 10.6.1 所示。

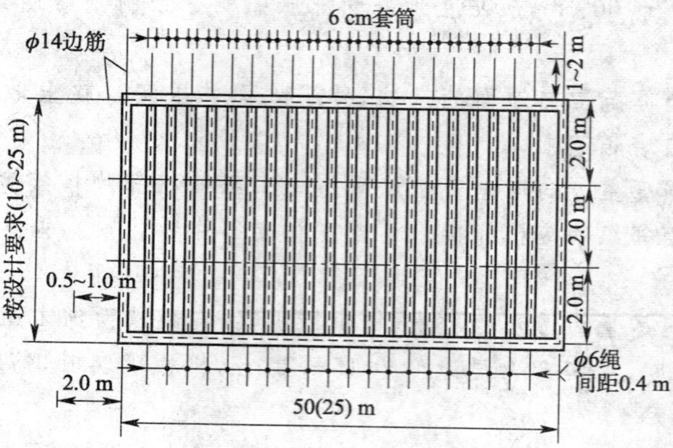

图 10.6.1 软体排结构示意图

(1)排体材料

排体常用单丝由纺土工织物制成，要求其有足够的拉伸强度和合适的孔径。施工沉放时，排体承受应力较大，单靠织物难以满足要求，多半要依赖固定在排上的网绳帮助。顺水流方向绳索间的间距可为 1.0 m 左右，沿坡面方向绳索要承受排体的下滑力，间距应密些，例如 50 cm，绳直径一般为4～6 mm。排周绳兼负固排的供牵拉定位之用，直径宜增大，应达 10 mm 或更粗。

(2)排体尺寸

沿水流方向的总排宽决定于要求防护的范围。单块排的宽度当然越大越好，这样接头少省料，施工速度快，但要求设备多，施工困难大。一般单块排宽以 30～50 m 为限。

沿坡面自上而下的尺寸为排长 L，排长可按下式估算：

$$L=\alpha_1\alpha_2L_1+L_2+L_3 \tag{10.6.1}$$

式中，L_1 为枯水位以下稳定坡长度；L_2 为考虑排前有可能被冲刷的预留长度；L_3 为枯水位以上的和与水下部分连接长度的总和；α_1 为褶皱系数，可取 1.1～1.3，河底不平整用大值；α_2 为收缩系数，可取1.05。

L_2 可按下式计算

$$L_2 = kH\sqrt{1+m^2} \tag{10.6.2}$$

式中，k 为安全系数，可取 $k=1.2$；H 为估水位时河道深泓线处水深；m 为水下冲刷稳定坡度，一般为 2～2.5。

(3)排体压重

排体的稳定性有赖于其上的压重，压重多为块石、混凝土块、土袋和土枕(充土的长袋)等，有的是将预制混凝土块系穿在排体边缘上，双片排常利用排体上缝制的纵横向套筒充以土料形成的土枕作为部分压重，再在其上散抛压重。

南京水利科学研究院的试验研究表明，当水流流速为 3.0 m/s 时，排上分布荷载为 1 kPa 即可防止其被冲动，对于较大和较小河流，可酌情将荷载乘以 1.2～0.8 的系数，注意，单体压块在自重下也应该保证稳定。

(4)排体稳定性验算

验算针对排体连同其上压重沿坡面的抗滑稳定性。稳定安全系数 F_s 按下式计算

$$F_s = \frac{\tan\varphi_{sg}}{\tan\alpha} \tag{10.6.3}$$

式中，φ_{sg} 为排底面与坡土的摩擦系数，由试验测定；α 为边坡坡角。

一般要求 $F_s \geqslant 1.2$。为确保排体稳定性，常将排体锚固在岸坡上。

(5)排体锚固

锚固是为了防止排体沿坡面下滑。锚固有多种方法，如坡顶打桩挂排法、土枕沟埋法、混凝土梁沟埋法等，可因地制宜采用，如图 10.6.2 所示是混凝土锚固法示意图。

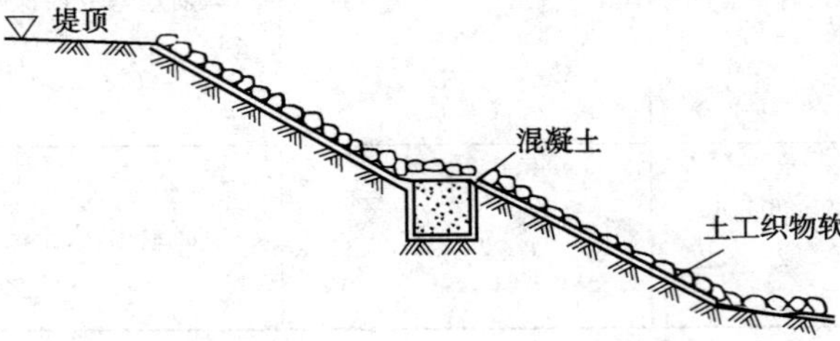

图 10.6.2 混凝土锚固法

(6)施工简述

施工沉排是将预制好的排体按设计意图准确地沉放到预定位置，并加上要求的压重。由于沉排区的地形、水流、气压和施工机具等条件千变万化，还没有规范的施工方法。需要因地制宜地合理确定。现有的沉排方法可归纳为浅滩沉放、深水沉放和寒区的冰上沉放等，浅滩作业常用于水域既浅又宽，且时现干滩，用人工操作即可；深水作业用于大江大河，常需要船只和浮排、浮筒等帮助；冰上沉排要求有一定的冰层厚度，以保证有一定承载力和选择合适的沉放期。

现举例说明其步骤：①在陆地上或退潮滩地上制作好排体；②排片上固定好绳网；③排体周边系好浮筒、浮标，一端固定于岸上，另一端利用水力或船只运到预定位置；④在对岸或船上拖拉定位绳使排体就位，慢慢放松排体，利用船只往它上面抛设石块或其他压载，待全部下沉稳定均匀，抛足要求的压载；⑤枯水位以上的排体部分，要注意给予覆盖，保护其不在长期日光照射下老化。

2. 土工模袋

土工模袋是以双层有纺土工织物缝制成的可有不同厚度平面袋状结构材料。在现场可往袋内充灌砂浆或混凝土，待多余水分排出凝结硬化后，形成高强度的抗侵蚀护面，因其代

替了浇筑混凝土要用的模板故而得名。

(1)模袋基本形式和主要用途

按使用功能,机织模袋基本形式如表 10.6.1 所示。

土工模袋基本类型及主要用途 表 10.6.1

类　型	厚度/mm	灌注材料	主要用途	示意图
过滤点型 (FP)型	6.5	砂浆	临时堤防工程	
	10 14 15 16.5		桥台坡面、灌排渠道、河道护坡和护底	
无过滤点型 (NF 型)	5 10 15	砂浆	水库护坡、蓄水池护坡和护底	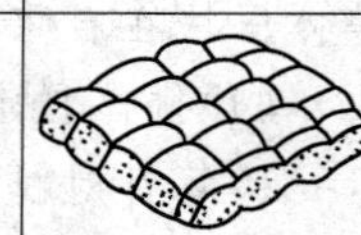
混凝土型 (CX 型)	15 20	粗骨料粒径 10～15 mm 以下的混凝土	防止侵蚀护岸、港湾码头防护	
	30 50 70	粗骨料粒径小于 25 mm的混凝土		
铰链块型 (RB 型)	10 15	砂浆	软弱地基坡面保护、河道护坡	
框格型 (NB 型)	空格　30×60 空格　22×22	砂浆	坡面绿化、水土保护	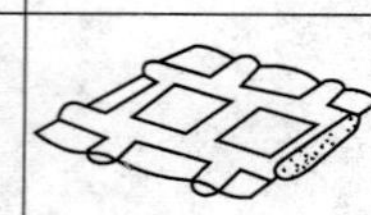

它们的特点如下:

①过滤点型(FP 型):两层织物在一定距离联系点处贴在一起,故有等间距的排水点,排除边坡渗水,有效增强边坡稳定性。充灌砂浆。模袋厚度靠袋内规则分布的尼龙绳长度控制。

②薄片过滤点型(NF 型):模袋除接缝处排水,其他地方无排水出口,用于无水位骤降和有防渗要求的坡面。充灌砂浆。

③厚无过滤点型(CX 型):形成厚重混凝土护面,充填细砾混凝土。用于重型防护,如海港、码头。

④铰链块型(RB 型):由许多独立方块组成,块与块间由高强尼龙绳联结,可相互转动和排水。充灌砂浆。适用于预计有较大不均匀沉降的坡面。

⑤框格型(NB 型):充填砂浆后形成框格,格子大小为 30 cm×60 cm、22 cm×22 cm。将未充填处的织物剪去可种植花草,美化环境。

各种类型模袋的主要用途见表 10.6.1。

(2)模袋护坡工程设计

①模袋选型。应根据护坡段土质、地下水状态、边坡及其高度和波浪作用等优选,可参考表 10.6.1。

一般河渠可考虑充砂浆的FP型与NF型；海岸和港湾码头的风浪作用大，应考虑较厚的混凝土CX型；需要排泄地下渗水的河渠护坡，应考虑有过滤点的FP型，如果采用无过滤点NF型和CX型，应在坡面另设排水孔；而预计坡面会发生较大不均匀沉降和河底会因水流冲刷等使坡面地形发生较大改变处，应考虑铰链块RB型模袋；需要植草绿化处，采用框架NB型模袋较合适。

②模袋厚度。模袋应有一定厚度以满足抗浮动和稳定性要求，寒区尚应防止模袋受水域冰推力往坡上滑移。我国已完成的模袋护坡已较多。航道护坡用模袋厚度常在15 cm左右，有的薄至10～12 cm；海堤模袋厚度应较大，常在20 cm以上，例如上海嘉定海堤用的达30 cm。厚模袋的充填料皆为混凝土。

③稳定分析。

坡面上模袋的稳定性取决于模袋自重和它与坡面间的摩阻力，见图10.6.3。抗滑安全系数 F_s 可按下式计算

$$F_s=\frac{L_3+L_2\cos\alpha}{L_2\sin\alpha}f_{sg} \tag{10.6.4}$$

式中，L_2、L_3 为长度，见图10.6.3；f_{sg} 为模袋底面与边坡土之间的摩擦系数，一般可取 $f_{sg}=0.5$。

式中的 F_s 应不小于1.5。

对于抗浮动和抗冰推验算，如有需要可参考有关文献。

④排水措施。模袋下的渗流对护坡稳定至关重要。如果采用的是无滤水点模袋，或为有滤水点模袋，但泄水能力不足，则为了排泄坡内渗水，需要按工程实际情况增设排水点，如图10.6.4所示。要求排水点的泄量按下式计算：

$$q=k_g iA \tag{10.6.5}$$

式中，q 为模袋单宽要求的泄量；k_g 为排水点滤布的渗透系数；i 为排水点处的渗流梯度；A 为单宽内排水孔面积。

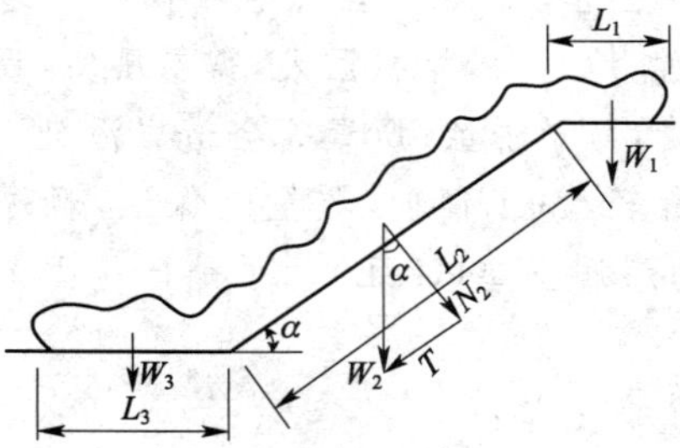

图10.6.3　模袋抗滑稳定分析示意图

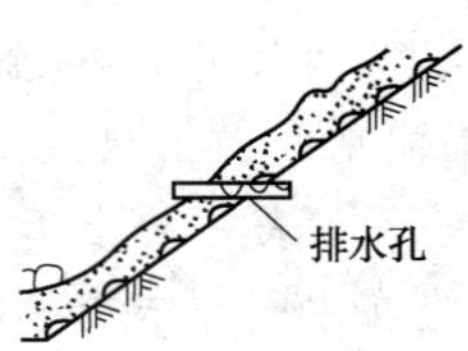

图10.6.4　模袋上设排水孔示意图

如果一个孔泄量不够，单宽内应设多个孔，要求提供的排水能力的安全系数不小于1.5。

⑤充填料的配合比。混凝土与砂浆均应有一定的流动度，以保证充填饱满密实；也要有适定的水压比、骨料级配与适量的附加剂，使具足够强度。应通过试验确定。

⑥抗滑措施。

可按具体条件，参考图10.6.5选用。

(3)模袋施工

模袋施工主要应注意下列事项：

①整平坡面，清除一切有损于模袋的杂物。

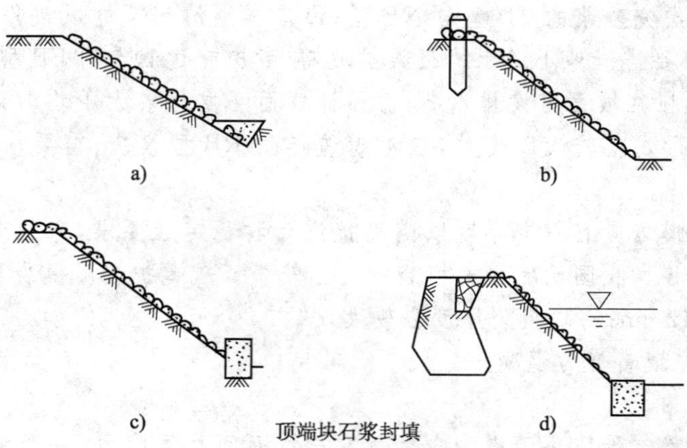

图 10.6.5 土工模袋抗滑措施举例

②有反滤要求的地区，坡面先铺一层无纺土工织物。

③层铺模袋，并将模袋预湿。

④充灌填料，用特制混凝土泵。充灌自下而上，由两侧向中间进行。充填 1 h 后插排水管，并回填上、下模袋固定沟。

⑤按一般现场浇筑混凝土养护 7 d，使其表面保持润湿。

第七节 土工合成材料用于防渗

一、防渗作用和应用举例

涉及防渗要求的工程事例屡见不鲜，包括水利工程、岩土工程、环保工程和水运工程等各个领域。传统的工程防渗材料是黏土、沥青和金属等。它们虽然也不同程度地满足防渗要求，但常常存在不同的缺点。譬如黏土常要从外地运入，体积巨大，需要压实，还容易因干缩或沉降引起裂缝，防渗效果下降；金属材料较贵，易于锈蚀；沥青等会造成污染。而土工合成材料的土工膜都能克服以上缺点，并且有质量轻，施工简便，质量有保证，料源丰富等特点，已经获得广泛应用。另一种土工合成材料的膨润土垫(GCL)几乎是已是固体废料场的主要防渗材料，并也在水利等结构中逐渐推广。

下列工程的防渗结构可考虑采用土工膜和膨润土垫：

①堤、坝防渗体。

②输水、引水渠道防渗。

③水池、水窖防渗。

④地下垂直防渗墙。

⑤隧洞与隧道防渗。

⑥储油库防渗。

⑦膨胀土、黄土等敏感性土防渗。

⑧地下结构防渗。

⑨固体废料及放射性材料掩埋防渗。

⑩沼气池等防气体扩散。

二、土工膜和膨润土垫材料

1. 土工膜的选择

目前广泛应用的土工膜的原材料有聚乙烯(PE)、高密度聚乙烯(HDPE)和聚氯乙烯(PVC)等种类，有单膜与复合膜。复合材料有纺织物和无纺织物，前者是为了加强，后者还有提高排水能力和表面摩擦作用。

选择应根据工程要求和具体条件。关于选择膜的材料，可着眼于以下几点：

①膜的力学性：土工膜的主要功能是隔水防渗，其强度并不重要，一般均符合要求，破坏应变也远高于岩土体许可的位移，它们的渗透系数通常低于 10^{-11} cm/s，甚至比黏土低千倍。由于 PVC 膜制造时添加塑化剂，与 PE 膜比较，其伸长率高，柔性大，与砂接触嵌入较深，故接触摩擦系数高，PE 膜要增加摩擦，需在膜面增加糙料或制成压痕。

②可连接性：PE 膜连接只能用热熔焊接，而 PVC 膜却可用黏结剂黏接，过分薄的膜热焊会烧坏，故只能采用 PVC 膜。

③单价：PVC 的比重为 1.39，PE 的才 0.94 左右，故在同样厚度时，PE 膜的单价要低一些。再从土工膜的类型来说，我国水利工程中采用无纺织物复合土工膜(一布一膜、二布一膜等)的较多，它比单膜的优点是：膜材受到保护，少受损伤；与土坡间的摩擦系数增大；万一膜有缺陷出现渗水现象，无纺织物起反滤排水作用。当然对一些小型工程，单膜价格较低，仍具有竞争力。对具体工程，上述分析可供优选膜材时参考。

2. 土工合成材料膨润土垫(GCL)

GCL 是两层土工合成材料(无纺织物或土工膜)之间包裹膨润土(多为钠基粉末)，再经针缝合成的复合材料，它们的单位面积质量在 5 kg/m^2 左右，厚度为 4～6 mm。将其铺放在需要防渗部位，浸水后体积膨胀，渗透系数一般可小到 10^{-9} cm/s，初步估算，其渗流率(单位面积通过的渗流量。这里假设渠道水深为 3 m)甚至比 1 m 厚的黏土层还小。

它与土工膜、压实黏土层比较，有其突出优点：柔性好；抗刺破能力强；抗冻融性佳；稍有破坏，自愈性强，不使防渗性降低；特别是施工时采用搭接，不像土工膜要焊接，湿地亦可施工。故有些场合，采用 GCL 比采用土工膜更为方便合理。

三、防渗工程的设计与施工

1. 土质堤坝防渗

(1)土工膜布置形式

土工膜在堤坝中常见铺设位置如图 10.7.1 所示。其中 a)为防渗斜墙；b)为用于较高堤坝设有马道的斜墙；c)为斜心墙；d)为直立心墙；e)为便于施工时土工膜随土石料填筑同时上升，将膜铺成“之”字形，两侧为保护性砂料。应根据工程的具体条件优选铺设位置。

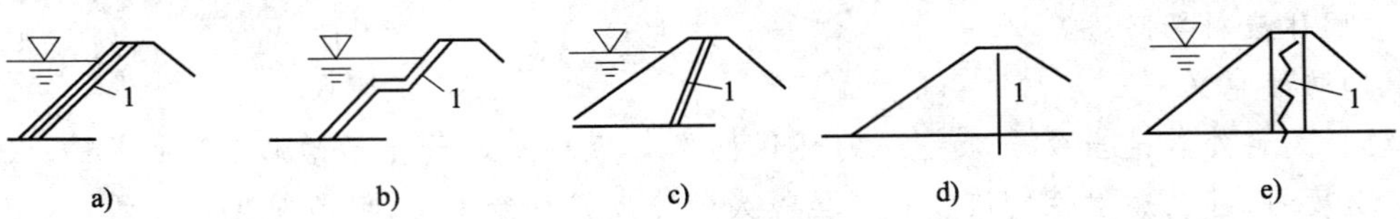

图 10.7.1 土工膜铺设方式

1-土工膜

(2)防渗结构

除非是低水头(例如挡水高度在 30 m 以下)情况，堤坝防渗用土工膜厚度不得小于

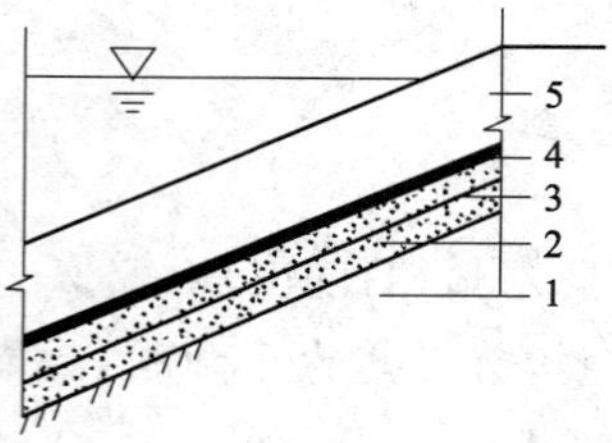

图 10.7.2 防渗面层结构

1-坝体；2-支持层；3-下垫层
4-土工膜；5-上垫层和防护层

0.5 mm，如此单薄的材料当然要求精心防护，为此强调防渗结构，如图 10.7.2 所示。图中，1 为堤坝坡；2 为支持层，使土工膜坐落在坚实可靠的基垫上；3 为下垫层，由均匀细透水料构成，它既保护上覆土工膜不被破坏，又提供排水、排气、消减膜下的孔隙压力；4 为土工膜；5 为上垫层和上覆的防护层、上垫层作用与下垫层的相同，而防护层则为混凝土板、砌石块等重物抗御外界水流、风浪袭击。

上面各结构层可根据具体情况而简化，例如，若所用的是无纺织物复合土工膜，织物又有一定厚度可满足排水，下垫层即可考虑免除；又如对碾压坚实的堤坝面，它们就可以当作支持层，而无需另设。

(3)设计要点

①稳定性验算。土工膜要求固定于堤坝坡面上(如在顶部埋设)，一般需验算防护连同上垫层沿土工膜下滑的可能性。

②膜排水能力估算。土工膜虽是相同不透水材料，由于产品本身不可避免地有缺陷(如有气孔)和施工焊接或黏接时的疏忽失误，仍会发生或多或少的渗漏。渗水泵不及时排走，会在膜下引起孔隙水压力，影响防渗结构的稳定性，为此要求膜后有充分的排水通道。如果采用的是无纺土工织物复合土工膜，应核算土工织物的排水能力，如果泄水能力不足，应考虑其他土工排水材料。关于膜后排水，目前尚无完善的估算方法。

(4)施工要点

①土工膜连接对防渗效果至关重要。施工时应注意下列事项：a. 应在干燥和温暖天气进行；b. 铺放应有余幅，以适应气温变化；c. 接缝尽量平行拉力方向；d. 施工人员应穿软底鞋，不得吸烟，防火；e. 发现破坏处立时修补。

②连接有热熔焊法与胶黏法。PE 膜只能热焊连接，应保证质量。应在现场进行试连接，如采用胶黏法，应确保其长期稳定性。

③连接应严格检查质量。目前热焊法一般用双条焊缝，双条缝之间的未焊空腔供充气检漏之用，胶黏缝常用真空罐检漏。

④防渗膜末端应与地基及结构物妥善连接以形成完整的封闭系统。

2. 垂直防渗墙

在地基中开出窄槽，将土工膜垂直埋入地基即可建成垂直防渗幕(墙)拦截来水。防渗墙常布置在堤坝顶上游附近，或从堤坝顶垂上下插入地层，有时亦可设置在施工现场或废料场周围截断地下水侵入或垃圾淋滤液外流入地下水，污染环境。限于施工条件，土膜垂直防渗墙的最大深度约为15 m，并要求透水地基中粒料直径超过 5 cm 的含量不超过 10%，少量大颗粒粒径不超过 15 cm 或开槽设备许可的尺寸。

3. 固体废料场防渗

(1)防渗意义

垃圾废料处置是当今全球关注的环保问题。废料来源于生活垃圾、工业废料、农业废料、矿山废料，甚至放射性物质废料。虽然大部分废料可能无毒，但即使生活垃圾，其中的洗涤剂、涂料等皆为有害物质。工、农业废料中的有害元素较多，例如 As、Pb 和 Hg 皆有剧毒，据估计，废料中约有 15%的有害成分。这些废料的处置目前大多用掩埋法，即利用天然坑凹或空旷地区堆积埋藏，若不精心予以封闭包裹，垃圾浸水形成的淋滤液流入地下水，对人畜安全均有莫大危害。

(2)垃圾场衬砌

防渗衬砌是覆盖在垃圾场地和四周坡面上的垫层，目的在于阻止场内长期形成的淋滤液流散于地下水，因为它会有垃圾中的各种有害成分。单层衬砌系统的断面示意如图10.7.3所示。防渗要求更严格时，应采用双层系统。从图中看出，⑤为防渗层。EPA建议用土工膜(大多为HDPE膜)，以防淋滤液下渗。为了更可靠地防渗，其下的⑤′为GCL补充防渗层。

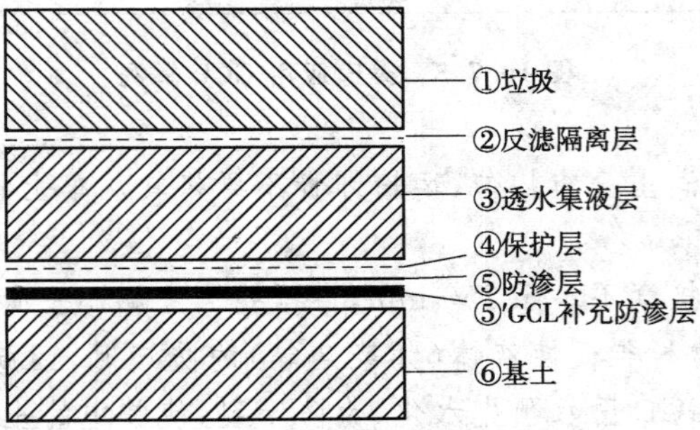

图10.7.3　单层衬砌系统(EPA，1993)

(3)顶盖系统

顶盖系统是垃圾场堆满后的封顶结构，其示意如图10.7.4所示。它的作用是尽量减少地面水及降水渗入垃圾形成淋滤液。图中的④即为防渗土工膜。其下厚60 cm的压实黏土与其构成复合防渗层。

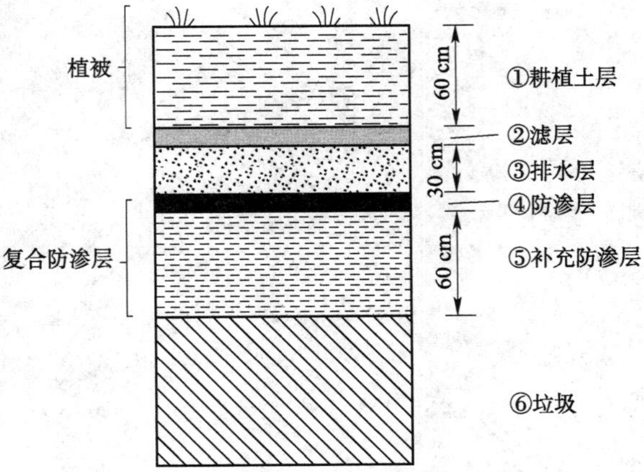

图10.7.4　顶盖系统

4.GCL用于水池与渠道防渗

(1)应用举例

马来西亚、新加坡、泰国等国曾用GCL作蓄水池、污水池的防渗材料。

德国将其用于渠道防渗，例如埃布期瓦德市的渠道。在距离某市中心约66 km处，为了提高航运能力采用了GCL防渗，渠道长约1 km，边坡1∶3，断面示意如图10.7.5所示。渠底以下为砂土与黏土，黏土分布变化大，一部分延及渠底表面，一部分向下伸至12 m深。砂密度随深度增大，而渠底3～6 m深度内的却很松。周边地下水位较渠水位低3 m多，为了防渗，工程采用了针刺GCL结合针刺砂垫的结构。后者是为了均化渠底浆砌块引起的应力，兼作压重之用。

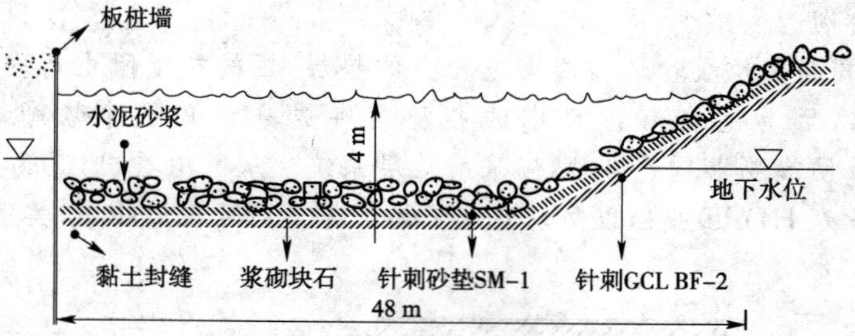

图 10.7.5 渠道应用 GCL 举例

(2)铺设注意要点

①为保持 GCL 内膨润土分布均匀,运输卸货不要将其从车上扔下,存放时要平放,不要直立。

②连接采用搭接,搭接宽不小于 250 mm,搭接处涂上膨润土膏(按水∶土=5∶1 调制)。

③当用于碳水化合物和非极性液体(如柴油等)的防渗时,因膨润土与其不发生水化作用,不起防渗作用,应将 GCL 用水预先水化,为防干裂,使其中的土形成不连续,也要求事先洒水。

④不允许重型车辆直接在 GCL 上行驶。

第六篇

土工结构与边坡防护

考试大纲

(一)土工结构

熟悉路堤和堤坝的设计原则及方法;熟悉土工结构的防护与加固措施;了解土工结构填料的选用及填筑方法;熟悉土工结构施工质量控制及监测检测方法;熟悉不同土质及不同条件下土工结构的设计要求及方法。

(二)边坡稳定性

了解影响边坡稳定的因素与边坡破坏的类型;掌握边坡的稳定分析方法;熟悉边坡安全坡率的确定方法。

(三)边坡防护

了解边坡防护的常用技术;熟悉不同防护结构的设计方法和施工要点;熟悉挡墙的结构形式、设计方法和施工要点;掌握边坡排水工程的设计方法和施工要点。

第一章　土坡稳定性分析

第一节　概　　述

土坡失稳产生的危害，国内外均有事例。它严重危害铁路、公路、运河、渠道的正常运行和房屋、堤坝、码头驿岸的安全，给国家财产和人民生命安全造成不可挽回的损失。因此，研究土坡的稳定性有重要的实际意义。

由长期自然地质应力作用形成的土坡称为天然土坡。人工挖方和填方形成的土坡，称为人工土坡，如在天然土体中开挖渠道、基坑、槽、路堑以及填筑路堤、坝等所形成的土坡。本章主要介绍人工土坡稳定性分析。

简单人工土坡的形态、各部分名称及可能滑动面形状如图 1.1.1、图 1.1.2 所示。

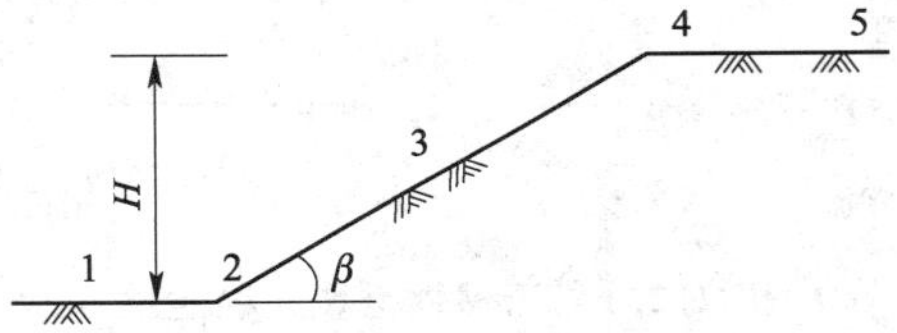

图 1.1.1　简单土坡各部分名称

H-坡高；β-坡角；1-坡底；2-坡脚；3-坡面；4-坡肩；5-坡顶

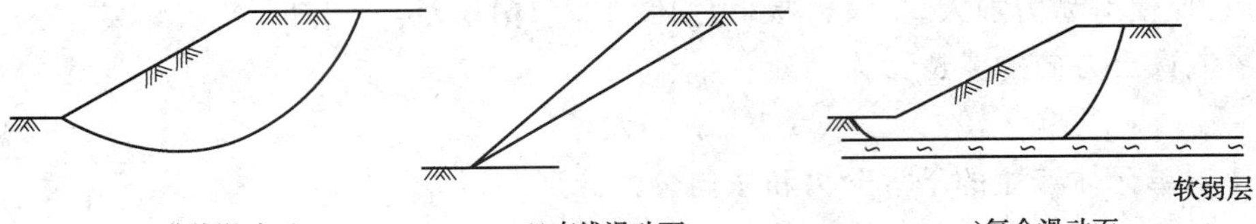

图 1.1.2　土坡滑动面形状

土坡滑动面形状，经实际调查表明，在均质的黏性土坡中滑动面空间上似圆柱面，剖面上呈曲线如图 1.1.2a)所示，在坡顶处近平垂直，接近坡脚处趋于水平；由砂、砾、卵石及风化砂砾组成的无黏性土坡中，滑动面空间上为一斜面，剖面上近于斜直线，见图 1.1.2b)；在土坡坡底夹有软层时，有可能出现曲线与直线组合的复合滑动面，见图 1.1.2c)。它们构成滑动分析的几何边界条件。

当土坡长度远大于宽度时，可简化成平面问题进行稳定性分析。

土坡稳定性分析一般要解决两个问题：一是计算已知土坡的稳定系数，判断土坡的稳定性；二是设计合理的人工土坡，即确定稳定土坡的坡高、坡角。

下面几节将就常用的土坡稳定分析法进行介绍。

第二节 无黏性土坡稳定性分析

一、干的无黏性土坡

处于不浸水的砂、砾、卵石组成的无黏性土坡，如果组成的粒组均匀，颗粒间无黏聚力，则只要坡面上颗粒能保持稳定，那么整个土坡便是稳定的。

图 1.2.1 为一均质无黏性土坡，坡角为 β。现自坡面上取一单元土体，分析其稳定性。设单元土体重为 W，由 W 引起顺坡向下的滑力 $T=W\sin\beta$，由 W 引起的对下滑单元体的阻力 $T_f=N\tan\varphi=W\cos\beta\tan\varphi$（式中 φ 为无黏性土的内摩擦角）。因此，无黏性土坡的稳定系数为

$$F_s=\frac{抗滑力(T_f)}{滑动力(T)}=\frac{W\cos\beta\tan\varphi}{W\sin\beta}=\frac{\tan\varphi}{\tan\beta} \tag{1.2.1}$$

由此可见，对于均质无黏性土坡，只要坡角 β 小于土的内摩擦角 φ，则无论土坡多高都是稳定的。$F_s=1$ 表明土坡处于极限状态，即土坡坡角等于土的内摩擦角。

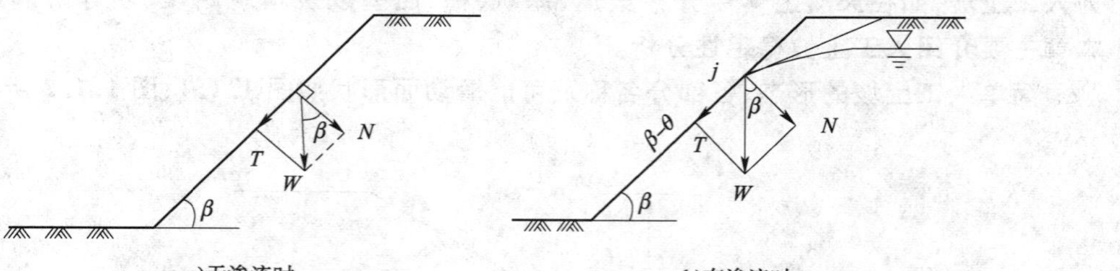

图 1.2.1 无黏性土坡的稳定性

二、有渗流作用的无黏性土坡

在饱水土中挖掘，或由于降雨或水位骤降，坡内土体不仅受重力作用，而且还受到渗透水流作用，促使滑动力加大、抗滑力减小，如图 1.2.1b)所示。

沿渗流逸出方向的渗透力为

$$J=i\gamma_w\times1 \tag{1.2.2}$$

由 J 对单元体产生的下滑分力和法向分力分别为

$$i\gamma_w\cos(\beta-\theta) 和 i\gamma_w\sin(\beta-\theta)$$

式中，i 为渗透水力坡度；γ_w 为水的重度；θ 为渗流方向与水平面夹角。

因土浸水，其重量应采用浮重度 γ' 进行计算。因此，有渗流作用的无黏性土坡稳定系数为

$$F_s=\frac{抗滑力}{滑动力}=\frac{[\gamma'\cos\beta-i\gamma_w\sin(\beta-\theta)]\tan\varphi}{\gamma'\sin\beta+i\gamma_w\cos(\beta-\theta)} \tag{1.2.3}$$

当渗流方向为顺坡时，$\theta=\beta$，$i=\sin\beta$，故其 F_s 为

$$F_s=\frac{\gamma'\cos\beta\tan\varphi}{\gamma'\sin\beta+\gamma_w\sin\beta}=\frac{\gamma'\tan\varphi}{(\gamma'+\gamma_w)\tan\beta} \tag{1.2.4}$$

式中，$\frac{\gamma'}{\gamma'+\gamma_w}\approx\frac{1}{2}$，说明渗流方向为顺坡时，无黏性土坡稳定系数与干坡相比，将降低

1/2。

当渗流方向为水平逸出坡面时，$\theta=0$，$i=\tan\beta$，则 F_s 表达式为

$$F_s=\frac{(\gamma'\cos\beta-\gamma_w\sin\beta\tan\beta)\tan\varphi}{\gamma'\sin\beta+\gamma_w\tan\beta\cos\beta}=\frac{(\gamma'-\gamma_w\tan^2\beta)\tan\varphi}{(\gamma'+\gamma_w)\tan\beta} \tag{1.2.5}$$

式中，$\frac{\gamma'-\gamma_w\tan^2\beta}{\gamma'+\gamma_w}<\frac{1}{2}$，说明与干坡相比 F_s 下降一半多。

上述分析说明，有渗流情况下无黏性土的土坡只有当坡角 $\beta\leqslant\varphi/2$ 时才能稳定。工程实践中应尽可能消除渗透水流的作用。

处于水下的土坡，其稳定坡角为无黏性土的水下内摩擦角 φ'。

第三节　黏性土坡稳定性分析

黏性土坡稳定性分析方法较多，其数值解从简单的圆弧法到对复杂土坡稳定分析的各类圆弧条分法和非圆弧滑动的普遍条分法都可获得。与此同时，很多学者为探索最危险滑动面位置和滑动规律，研制出评价土坡稳定的图解法。下面仅就几种主要方法作一介绍。

一、瑞典圆弧法

在均质黏性土坡中，滑动面的空间形状为一曲面，近似于圆柱面，剖面上为一圆弧，简称滑弧。图1.3.1即为一简单黏性土坡，$\widehat{AC}$为假定滑弧，O 点为滑弧圆心，其半径为 R。滑动土体 ABC 视为刚体，在自重 W 作用下，将绕圆心 O 沿$\widehat{AC}$转动下滑，其下滑力矩 $M_T=Wd$；而阻止下滑的抗滑力矩是整个滑面上总抗剪强度与转动半径 R 之积，即 $M_f=\tau_f\widehat{AC}R$。故假定滑动面上土坡的稳定系数为

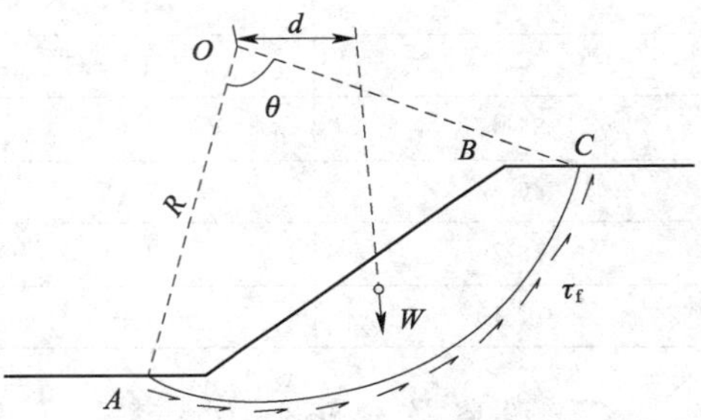

图 1.3.1　圆弧法的计算图式

$$F_s=\frac{M_f}{M_T}=\frac{\tau_f\widehat{AC}R}{Wd} \tag{1.3.1}$$

式中，τ_f 为滑动面上土的抗剪强度；$\widehat{AC}$为滑动面弧长；W 为滑动土体自重；d 为 W 对圆心 O 的力臂。

因圆弧滑动面是任意假定的，故所求的 F_s 不一定是最危险情况。要作多次滑弧位置的假定，求出相应的 F_s 值，取其最小值作为土坡稳定系数。如果该值大于允许的 F_s 值，即认为土坡是稳定的。

这个方法首先由瑞典的彼德森提出，故称为瑞典圆弧法。它通常适用于饱和($\varphi=0$)的黏性土坡，即上式中 $\tau_f=c$，故又称分析稳定的 $\varphi=0$ 法。费伦纽斯通过大量计算认为，对均质黏性土坡，当 $\varphi>0$ 时，其最危险滑动面通过坡脚；而当 $\varphi=0$ 时，其最危险滑动面也可能通过坡脚，这取决于土坡坡角和坡底下卧硬土层埋藏深度。若假定最危险滑动面通过坡脚，对 $\varphi=0$ 的土，其危险滑动面圆心位置可由图 1.3.2a)中 AO 和 BO 的交点确定，图中 β_1、β_2 值可根据坡角由表 1.3.1 查得。对 $\varphi>0$ 的土，最危险滑弧圆心位置如图 1.3.2b)所示，首先按 $\varphi=0$ 法确定 O 点，然后作 E 点，最危险滑动圆弧圆心位置即在 OE 连线的延长线上。在 OE 的延长线上取圆心 O_1，O_2，…分别算出相应的 F_{s1}，F_{s2}，…通过 O_1，O_2，…分别以垂直 OE 的不同大小线段代表 F_{s1}，F_{s2}，…连其端点，则曲线上最小的 F_s 值对应的 O_m 点就是最危

险滑弧圆心。但若土层较复杂，则 O_m 不一定是最危险滑弧圆心。为此，尚可过 O_m 作垂直于 OE 的线段，在该线段上再取几个点作圆心，分别求其相应的 F_s，用上述办法求得最小的 F_s 和相应最危险滑弧圆心，即为所求。

这样确定最危险滑弧圆心的方法，在下面介绍的瑞典条分法中也是适用的。

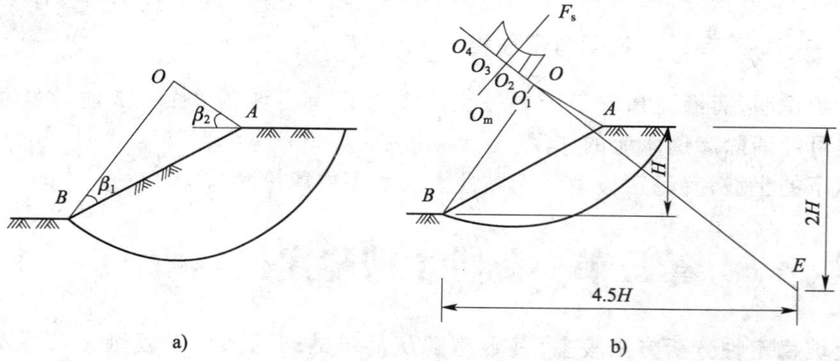

图 1.3.2　最危险滑动圆心位置的确定

β_1、β_2 的数值　　表 1.3.1

坡　角　β	坡度 1 : m(垂直 : 水平)	β_1	β_2
60°	1 : 0.58	29°	40°
45°	1 : 1.0	28°	37°
33°47′	1 : 1.5	26°	35°
26°34′	1 : 2.0	25°	35°
18°26′	1 : 3.0	25°	35°
11°19′	1 : 5.0	25°	37°

二、瑞典条分法

上述瑞典法是将滑体作为一个整体计算，对于外形稍复杂的土坡，滑体重心很难确定，而且当构成土坡为多层土且有某些外力(如渗透力、地震作用等)时，整个滑体受力情况复杂，滑面上土的强度也不均匀，用瑞典法计算就很困难。瑞典费伦纽斯等人在瑞典法基础上，将滑动土体分成若干土条，计算各土条在滑面上产生的滑动力和抗滑力，再根据各土条总的抗滑力矩和滑动力矩之比，求得稳定系数。与瑞典圆弧法一样，也需要假定几个可能滑动面，求出最危险滑动面和土坡稳定系数。该方法是目前国内、外广泛采用的方法之一。它假定各土条为一刚性不变形体，不考虑土条两侧面间的作用力。下面以一均质土坡为例说明其基本原理。

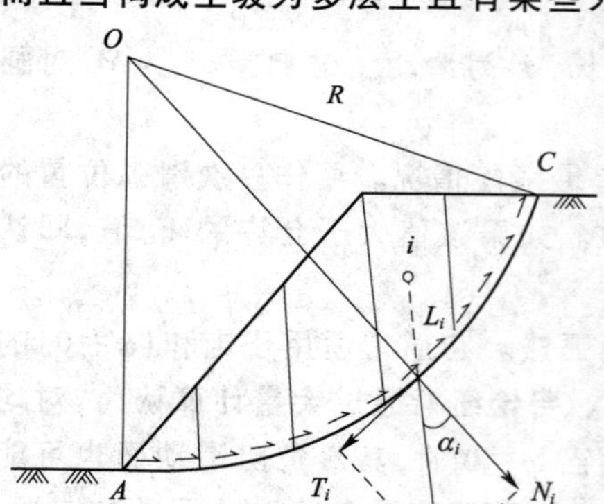

图 1.3.3　滑弧条分法分析

设一简单均质土坡如图 1.3.3 所示，取一假定滑弧圆心为 O，半径为 R，滑弧为 $\widehat{AC}$。将滑动土体沿铅直方向分成若干土条(常把土条分成 $R/10 \sim R/20$ 宽)，取其中第 i 条进行受力分析。

由于不考虑条间侧向作用力，则第 i 土条作用在滑弧面上的力有以下几点：

①由土条自重 W_i 在滑弧上引起的切向力为

$$T_i = W_i \sin\alpha_i = \gamma b_i h_i \sin\alpha_i$$

式中，γ、b_i、h_i 分别是第 i 土条的重度、土条宽度和平均高度；α_i 为土条底面中心的法线（过圆心）与过圆心 O 的铅直线间的夹角，α_i 在过圆心铅直线右侧取正值、左侧取负值。

②由土条自重 W_i 在滑弧面上引起的法向力所构成的抗滑阻力为

$$\tau_{fi} = N_i \tan\varphi = W_i \cos\alpha_i \tan\varphi = \gamma b_i h_i \cos\alpha_i \tan\varphi$$

③滑动时滑弧面上土黏聚力形成的抗滑力为

$$\tau_{ci} = c l_i$$

式中，c、l_i 分别为滑面上第 i 土条的黏聚力和弧长。

如果各土条绕圆心 O 的总抗滑力矩和总滑动力矩相等，说明滑体处于极限平衡状态，故稳定系数可取各土条总抗滑力矩与总滑动力矩之比，表达式为

$$F_s = \frac{[\sum c l_i + \sum(\gamma b_i h_i \cos\alpha_i \tan\varphi)]R}{(\sum \gamma b_i h_i \sin\alpha_i)R}$$

若各土条宽度相等，则

$$F_s = \frac{c\hat{L} + \gamma b \tan\varphi \sum h_i \cos\alpha_i}{\gamma b \sum h_i \sin\alpha_i} \tag{1.3.2}$$

若滑面经过的土层为多层非均质土，则稳定系数表达式为

$$F_s = \frac{\sum c_i l_i + \sum \gamma_i b_i h_i \cos\alpha_i \tan\varphi_i}{\sum \gamma_i b_i h_i \sin\alpha_i} \tag{1.3.3}$$

式(1.3.2)和式(1.3.3)中，$\hat{L}$ 为滑弧全长，$\hat{L} = \frac{\pi}{180}\theta R$（$\theta$ 为滑弧圆心角）；γ_i、c_i、φ_i 分别为第 i 土条的重度、黏聚力和内摩擦角；其余符号同前。

假定不同的滑弧，求出相应的 F_s 值，其中最小值为该土坡稳定系数。如它小于允许的 F_s 值（工程上 F_s 允许值为 1.05～1.5），则认为土坡不稳定，要重新修改边坡尺寸，并按上述方法重新试算土坡稳定性。

为减少试算的盲目性和工作量，对 φ 大于 3°～5°的土坡，多数情况下还可以按瑞典圆弧法中的 $\varphi > 0$ 办法，找出危险滑弧圆心并求稳定系数。

我国目前也经常将有效应力原理用于此法，分析土坡的稳定性。其计算公式为

$$F_s = \frac{\sum[c_i' L_i + (W_i \cos\alpha_i - u_i L_i)\tan\varphi_i']}{\sum W_i \sin\alpha_i} \tag{1.3.4}$$

式中，c_i'、φ_i' 为第 i 条土滑面上的有效黏聚力和有效内摩擦角；u_i 为作用于第 i 土条底面中点处的孔隙水压力。

【例 1.1.1】 一均质黏性土坡，坡高 20 m，坡比为 1∶2，土的黏聚力 c=15 kPa，内摩擦角 φ=18°，重度为 18.4 kN/m³，试用瑞典条分法求土坡稳定系数。

【解】

①按一定比例尺画出土坡剖面 ABC，见图 1.3.4。

②选择滑动圆心，作相应的滑动圆弧。土坡是均质土坡，故按坡比查表 1.3.1 得 β_1 = 25°，β_2 = 35°，作直线 AO、BO 交于 O 点，按图求 E 点，连 OE 并延长，在 EO 延长线上取一点 O_1 作首次试算滑弧圆心，通过坡脚 A 作滑动圆弧，并量得半径 R=40 m。

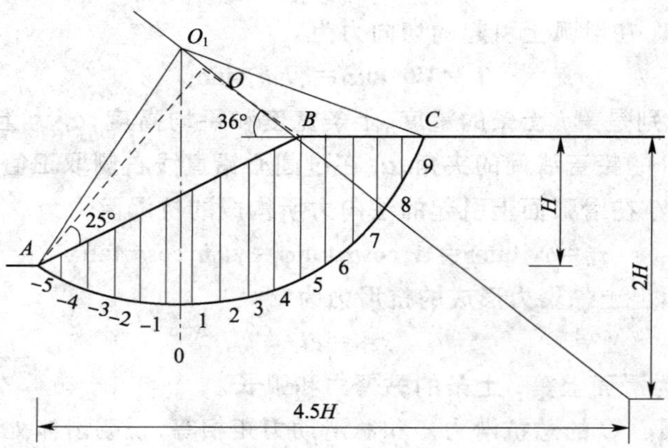

图 1.3.4

③对滑动土体进行分条编号。取 $b=0.1R=4$ m 作为各土条宽度，土条编号以铅垂线下开始作为 0，逆滑动方向为 1，2，3，…，9，顺滑动方向为 -1，-2，…，-5。

④量出各土条中心高度 h_i，并列表计算 $\sin\alpha_i$、$\cos\alpha_i$ 以及 $\sum h_i\sin\alpha_i$、$\sum h_i\cos\alpha_i$ 等(表 1.3.2)。应注意，两侧土条宽度不一定等于 b，形状不一定近似矩形，此时为计算方便，把它们变成面积相等、宽度为 b 的矩形，换算土条高度 $h'=b_ih_i/b$(b_i、h_i 分别为土条实际宽度和高度)，同时 $\sin\alpha_i$ 也应按实际宽度计算。如土条 9 的实际高度为 3 m、宽为 3.5 m，换算后土条高度 $h_9=3\times3.5/4$ m$=2.6$ m，$\sin\alpha_i=(8.5\times4+0.5\times3.5)/40=0.89$。

计算结果 表 1.3.2

土条编号	h_i/m	$\sin\alpha_i$	$\cos\alpha_i$	$h_i\sin\alpha_i$	$h_i\cos\alpha_i$
-5	1.9	-0.5	0.866	-0.95	1.64
-4	3.0	-0.4	0.916	-1.20	2.75
-3	9.5	-0.3	0.954	-2.85	9.06
-2	12.2	-0.2	0.980	-2.44	11.96
-1	15.0	-0.1	0.995	-1.50	14.93
0	17.0	0	1	0	17.00
1	19.0	0.1	0.995	1.90	18.91
2	20.2	0.2	0.980	4.04	19.79
3	21.2	0.3	0.954	6.36	20.22
4	21.8	0.4	0.916	8.72	19.97
5	20.8	0.5	0.866	10.40	18.43
6	18.0	0.6	0.800	10.80	14.40
7	14.8	0.7	0.715	10.36	10.58
8	10.0	0.8	0.600	8.00	6.00
9	2.6	0.8	0.436	2.31	1.13
	Σ			54.90	186.77

⑤量出滑弧圆心角 $\theta=98°$，总弧长 $\widehat{L}=\frac{\pi}{180}\theta R=68.4$ m(如考虑裂缝影响，弧长只能算到裂缝为止)。

⑥计算稳定系数 $F_s=\dfrac{c\widehat{L}+\gamma b\tan\varphi\sum h_i\cos\alpha_i}{\gamma b\sum h_i\sin\alpha_i}$

$$=\frac{15\times68.4+18.4\times4\times0.325\times186.77}{18.4\times4\times54.90}=1.36$$

⑦在 EO 线上重新选择 O_2,O_3,…重复上述计算,求出最小 F_s 值,即为土坡稳定系数。

三、毕肖普法

上述条分法从符合实际和解决问题的精度上来看是较圆弧法前进了一步,但求得的安全系数尚偏小(有人认为低于10%～20%)。20世纪40年代后,随着土力学理论的发展,很多学者对瑞典条分法的基本假定作了些修改和补充,提出了形式多样的条分法。这些方法总的特点是给予稳定系数新的含义,即为沿整个滑动面上抗剪强度与实际产生的剪应力之比,当 $F_s>1$ 时,抗剪强度仅用一部分;其二是考虑了各土条间侧向作用力。由于不同学者考虑的条间作用力数量、方向、作用点的位置各不相同,导出了不同的条分法公式。本小节重点介绍毕肖普法。

毕肖普提出的土坡稳定系数的含义是沿整个滑动面土的抗剪强度 τ_f 与实际产生剪应力 T 的比,即 $F_s=\tau_f/T$,并考虑了各土条侧面间存在着作用力。具体介绍如下:

如图1.3.5a)所示,假定滑动面是以 O 为圆心、R 为半径的圆弧,从中任取一土条 i 为分离体[图1.3.5b)],其分离体周边作用力有如下几方面:

①土条重 W_i 引起的切向力 T_i 和法向反力 N_i,并分别作用于其底面中心处;

②土条侧面作用法向力 E_i、E_{i+1} 和切向力 X_i、X_{i+1}。

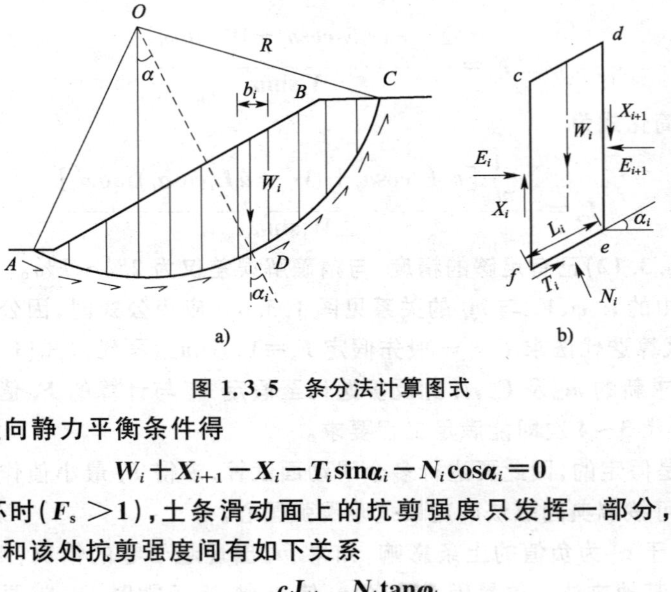

图1.3.5 条分法计算图式

由土条 i 的竖向静力平衡条件得

$$W_i+X_{i+1}-X_i-T_i\sin\alpha_i-N_i\cos\alpha_i=0 \tag{1.3.5}$$

当土坡未破坏时($F_s>1$),土条滑动面上的抗剪强度只发挥一部分,等于该处剪切力 T_i。显然 T_i 与 F_s 和该处抗剪强度间有如下关系

$$T_i=\frac{c_iL_i}{F_s}+\frac{N_i\tan\varphi_i}{F_s} \tag{1.3.6}$$

将式(1.3.6)代入式(1.3.5),就可以求得 N_i 的表达式

$$N_i=\left[W_i+(X_{i+1}-X_i)-\frac{c_iL_i}{F_s}\sin\alpha_i\right]\frac{1}{m_{ai}} \tag{1.3.7}$$

式中,$m_{ai}=\cos\alpha_i+\frac{\sin\alpha_i\tan\varphi_i}{F_s}$。

在极限平衡状态时,作用于各土条的力对滑动圆心的力矩之和应为零,此时各土条的 N 作用线都通过圆心,假定相邻土条间侧向作用力矩相互抵消,因此有

$$\sum W_i x_i - \sum T_i R = 0 \tag{1.3.8}$$

将式(1.3.6)、式(1.3.7)代入式(1.3.8)，且 $x_i = R\sin\alpha_i$，经整理后即得毕肖普求土坡稳定系数的普遍公式

$$F_s = \frac{\sum \frac{1}{m_{ai}}\{c_i L_i \cos\alpha_i + [W_i + (X_{i+1} - X_i)]\tan\varphi_i\}}{\sum W_i \sin\alpha_i} \tag{1.3.9}$$

或

$$F_s = \frac{\sum \frac{1}{m_{ai}}\{c_i b_i + [W_i + (X_{i+1} - X_i)]\tan\varphi_i\}}{\sum W_i \sin\alpha_i} \tag{1.3.10}$$

如果考虑孔隙水压力作用，每条土上的孔隙水压力 $u_i L_i$ 作用点同样假定通过土条底面中心点，则有效应力法表达式为

$$F_s = \frac{\sum \frac{1}{m_{ai}}\{c_i' L_i \cos\alpha_i + [W_i - u_i L_i \cos\alpha_i + (X_{i+1} - X_i)]\tan\varphi'\}}{\sum W_i \sin\alpha_i} \tag{1.3.11}$$

毕肖普普遍公式用起来十分繁杂，因为式中 $(X_{i+1} - X_i)$ 项是未知的，为求 F_s 则必须先估算 $(X_{i+1} - X_i)$，每试算迭代一次就要估算一次。毕肖普忽略了条间切向力，即 $(X_{i+1} - X_i) = 0$，这样就得到了国内外广泛使用的毕肖普简化式

$$F_s = \frac{\sum \frac{1}{m_{ai}}(c_i L_i \cos\alpha_i + W_i \tan\varphi_i)}{\sum W_i \sin\alpha_i} \tag{1.3.12a}$$

有效应力法简化式为

$$F_s = \frac{\sum \frac{1}{m_{ai}}[c' L_i \cos\alpha_i + (W_i - u_i L_i \cos\alpha_i)\tan\varphi']}{\sum W_i \sin\alpha_i} \tag{1.3.12b}$$

经证明，式(1.3.12)已有足够的精度，与精确解误差仅为2%～7%。

式(1.3.12)中的 α、φ、F_s 与 m_{ai} 的关系见图1.3.6。应用公式时，因公式右端 m_{ai} 中也含有 F_s，所以要用试算迭代法求 F_s。一般先假定 $F_s = 1$，求 m_{ai}，再代入式(1.3.12)求 F_s。若得 $F_s > 1$，则由此值求新的 m_{ai} 及 F_s，如此反复迭代至假定 F_s 与计算的 F_s 值相近为止。通常，方程收敛较快，迭代3～4次即能满足工程要求。

由于滑动面是假定的，因此要进行多个滑动面试算，求得 F_s 最小值作为土坡稳定系数。对 $\varphi > 0$ 的土，也可按瑞典圆弧法确定最危险滑弧圆心。

还应指出，对于 α_i 为负值的土条影响，如果 m_{ai} 出现趋于零的情况，则简化毕肖普法不能运用，而应改用其他方法。这是因为土条 α_i 使 m_{ai} 趋近于零时，N_i 就要无穷大，这显然不合理。外国一些学者认为其中一条土 $m_{ai} \leq 0.2$，求得 F_s 的误差就过大，应考虑选用其他方法或用毕肖普普遍公式。

四、折线形滑动面的土坡稳定性分析

山区一些土坡往往覆盖在起伏变化的基岩面上，土坡失稳多数沿着这些界面发生。对这种起伏不平的滑动面的土坡稳定性分析，国内常用不平衡推力传递法。它的基本原理和使用方法如下。

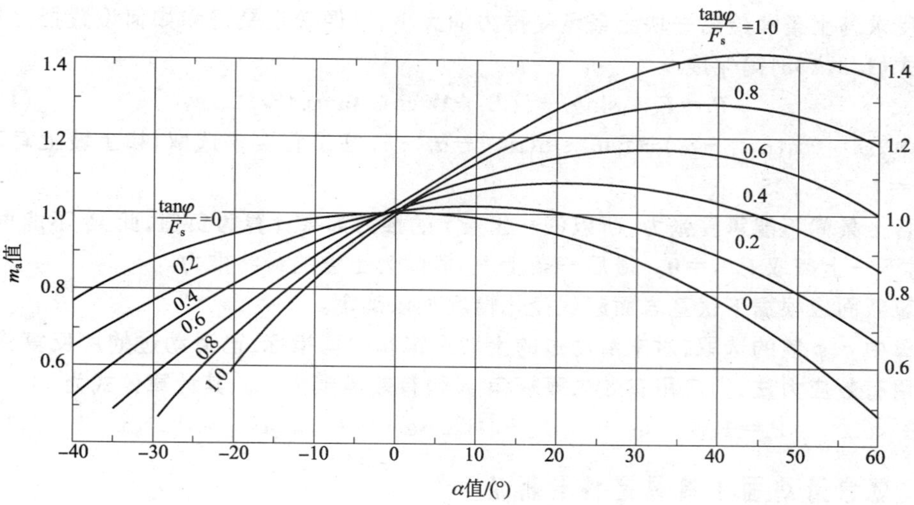

图 1.3.6　m_a 与 α、φ、F_s 的关系

如图 1.3.7a) 所示，沿各基岩面起伏转折点将土坡分成竖直土条，并假定各土条是刚性的，两土条间作用力的合力 P 的方向与上一土条底面平行。第 i 条土分离体受力如图 1.3.7b) 所示，取垂直和平行于土条底面方向的力的平衡条件有

$$N_i - W_i\cos\alpha_i - P_{i-1}\sin(\alpha_{i-1}-\alpha_i)=0$$

$$T_i + P_i - W_i\sin\alpha_i - P_{i-1}\cos(\alpha_{i-1}-\alpha_i)=0$$

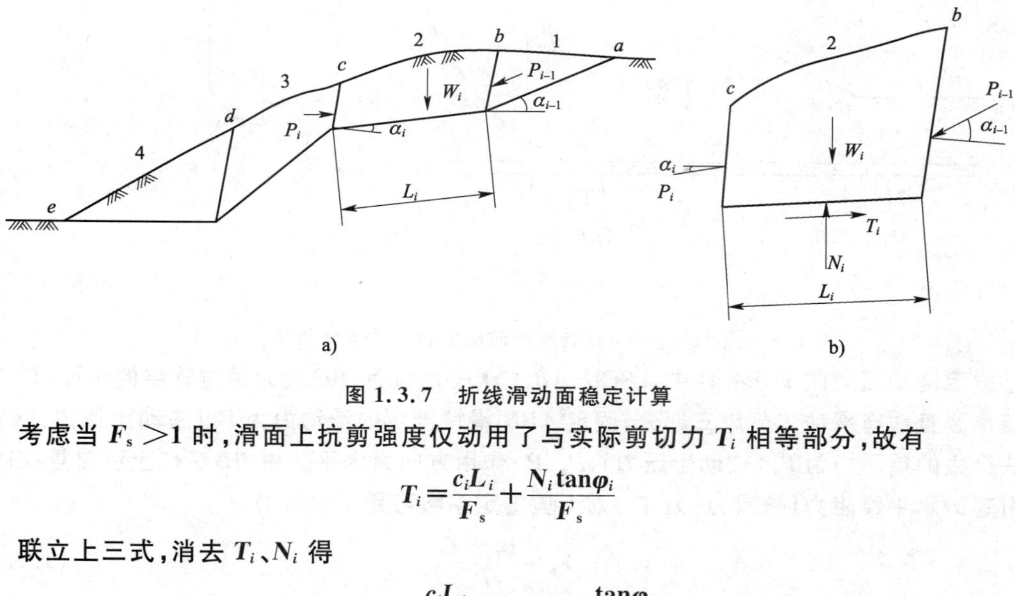

图 1.3.7　折线滑动面稳定计算

考虑当 $F_s>1$ 时，滑面上抗剪强度仅动用了与实际剪切力 T_i 相等部分，故有

$$T_i=\frac{c_iL_i}{F_s}+\frac{N_i\tan\varphi_i}{F_s}$$

联立上三式，消去 T_i、N_i 得

$$P_i=W_i\sin\alpha_i-\left(\frac{c_iL_i}{F_s}+W_i\cos\alpha_i\ \frac{\tan\varphi_i}{F_s}\right)+P_{i-1}\psi_i \tag{1.3.13a}$$

式中，$\psi_i=\cos(\alpha_{i-1}-\alpha_i)-\frac{\tan\varphi_i}{F_s}\sin(\alpha_{i-1}-\alpha_i)$，称为应力传递系数；$c_i$、$\varphi_i$、$L_i$ 分别为第 i 段滑动面上的黏聚力、内摩擦角和滑面长度；其他符号意义见图 1.3.7。

求土坡稳定系数是用试算法，首先假定一个 F_s，按式(1.3.13a)由上向下逐个推求 P_i，直至最后一条土的 P_n 接近零为止。否则要重新假定 F_s 并试算，满足 $P_n\approx0$ 的 F_s 即为所求。

我国铁道及工业与民用建筑工程单位，根据工程对稳定性的要求(一般是 $F_s=1.05\sim$

1.25)，反求各土条和最后一块土条承受推力的大小，以便确定是否和如何设置挡土结构物。通常将式(1.3.13a)简化成

$$P_i = F_s W_i \sin\alpha_i - (c_i L_i + W_i \cos\alpha_i \tan\varphi_i) + P_{i-1}\psi_i \quad (1.3.13b)$$

式中，$\psi_i = \cos(\alpha_{i-1} - \alpha_i) - \tan\varphi_i \sin(\alpha_{i-1} - \alpha_i)$；$F_s$ 按工程要求选取，如土坡上有建筑物，则取 $F_s = 1.2 \sim 1.25$。

因各土条间不能承受张力，所以任一土条 i 的推力如果计算为负值，此 P_i 不能再向下传递，而对下一土条取 $P_{i-1}=0$。最后一条土 P_n 值即为土坡的最终推力。

计算断面应根据下伏基岩面起伏变化情况加以确定。

计算中 c、φ 值的选取，对未滑动过的土坡用饱和快剪指标，已滑动过的用反复剪试验指标。如用有效应力法，则应用有效内摩擦角 φ' 和有效黏聚力 c'。其计算公式为

$$P_i = F_s W_i \sin\alpha_i - [c_i' L_i + (W_i \cos\alpha_i - u_i L_i)\tan\varphi'_i] + P_{i-1}\psi_i \quad (1.3.13c)$$

五、复合滑动面土坡稳定性分析法

当离土坡坡底不深处有软土夹层时，危险滑动面将不是一个完整的圆弧，而是受软层影响，滑动面将是以曲面和平面组合而成的复合面，如图 1.3.8 所示。这时就不能按一个连续圆弧滑面分析土坡稳定。其稳定性分析可按下式近似办法进行。

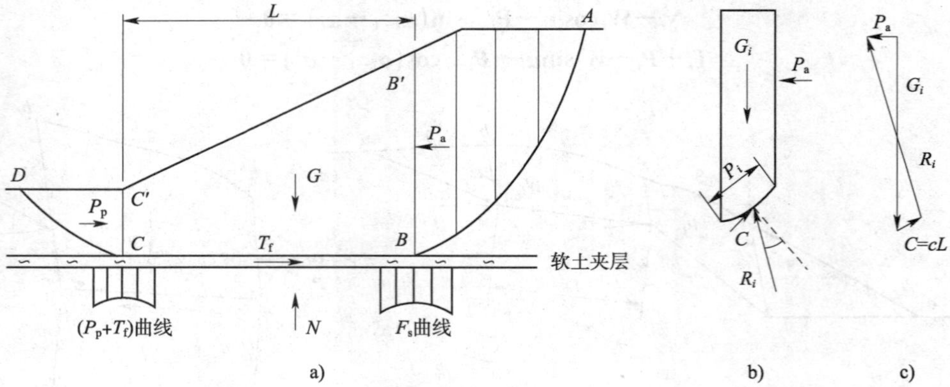

图 1.3.8　有软弱夹层时的复合滑动面分析法

假定滑动面为图 1.3.8a) 中 $ABCD$，AB、CD 段为弧面，BC 段为通过软层的平面，过 B、C 两点作竖直线将滑动体分成三部分，假定 ABB' 滑块产生的滑动力为 P_a(主动土压力)，CDC' 滑块产生的抗滑力为 P_p(被动土压力)，P_a、P_p 作用方向为水平。由 $BB'C'C$ 土块自重在软层中引起的水平摩阻力(抗滑力)为 T_f，则土坡稳定系数可用下式计算

$$F_s = \frac{P_p + T_f}{P_a} \quad (1.3.14)$$

其中，

$$T_f = G\tan\varphi + cL$$

式中，G 为土块 $BB'C'C$ 的重量；c、φ 分别为软层的黏聚力和内摩擦角；L 为 BC 段长度。

P_a 的求法，可将土块 ABB' 分成多个铅直条，用图 1.3.8c) 的多边形法求得每条土的 P_{ai}，那么 $P_a = \sum P_{ai}$。P_p 也可用同样的方法求得。P_a、P_p 也可按朗肯主动和被动土压力公式计算。

最危险滑弧位置用试算的方法确定。先确定 B 点，选多个 C 点位置，过这些点分别作圆弧，算出各圆弧的 $(P_p + T_f)$，并绘出 $(P_p + T_f)$ 与 C 点位置关系线[图 1.3.8a)]，再以相应

(P_p+T_f) 最小值的点 C 为固定点，变化 B 点位置，并过相应 B 点作圆弧，按式(1.3.14)计算相应的 F_s，绘出 F_s 与 B 点位置关系曲线，其最小的 F_s 即为土坡的稳定系数。

对一些较复杂的非圆弧滑动面的土坡稳定性分析，还可用简布普遍条分法、沙尔玛法等计算，请参阅有关专著。

第四节　土坡稳定分析中的图解法简介

前述土坡稳定性计算均需进行大量试算，工作量很大，为减少工作量，很多学者建议用简化图表法代替。洛巴索夫和泰勒根据圆弧法等原理对坡顶水平的简单均质土坡，通过大量计算绘成评价土坡稳定的简单实用图表。由于制作图表时进行了一些简化，故精度有所降低，但作为初步评价，仍不失为一种可取的方法。

一、洛巴索夫图表法

如图 1.4.1 所示是以坡角 β 为横坐标，以稳定因数 $N_s[N_s=c/(\gamma H)$，其中 c、γ、H 分别为土的黏聚力、重度和土坡高]为纵坐标，绘制成 β-N_s 关系曲线，据此可以求土坡极限坡角和坡高。

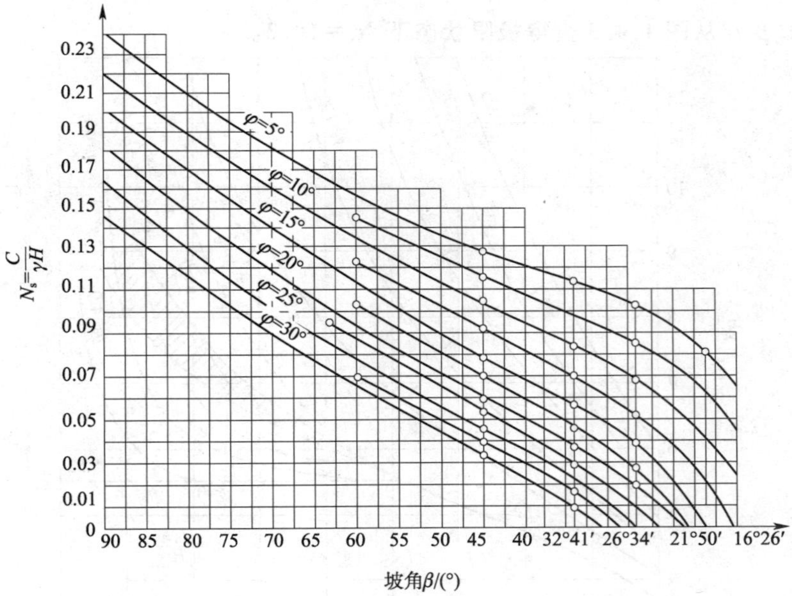

图 1.4.1　圆弧图表法 N_s-β-φ 关系曲线

图表是在 $F_s=1$ 的极限平衡条件下制成的。要得到一定稳定系数条件下稳定坡高或坡角，只需将已知 c、φ 值分别除以 F_s 作为计算值，代入 $N_s=c/(\gamma H)$ 计算，求得 N_s 值，再查图 1.4.1得坡角 β，也就是已知(选定)坡高为 H 时的稳定坡角。用 φ 计算值由已知 c、β(选定)查图 1.4.1得 N_s 值，再以式 $H=c/(\gamma N_s)$ 计算求得 H，则该 H 即为已知坡角 β 的稳定坡高。

二、泰勒图解法

泰勒对简单均质土坡和坡底下埋有硬层的土坡研究计算指出，可能滑动面位置与土的内摩擦角 φ、硬层埋深(以 $n_d=H'/H$ 表示，H' 为坡顶至硬层顶面距离，H 为坡高)及坡角 β 有关(图 1.4.2)。即 $\varphi>3^\circ\sim5^\circ$,$\beta>53^\circ$,滑动面经过坡脚(称坡脚圆),在此范围外则视 n_d 的大小或呈坡脚圆,或滑弧中心通过坡面中点(中点圆),或滑弧下缘出露在坡面的坡面圆。其中 $n_d>4$ 后,破坏滑弧都呈中点圆形式。同样地,它在极限状态下建立起稳定分析图表,即稳定因数 N_s(注意 $N_s=\gamma H/c$)与 n_d、β 关系(图1.4.3)。用它可以评价简单土坡稳定性和确定稳定坡高、坡角等。

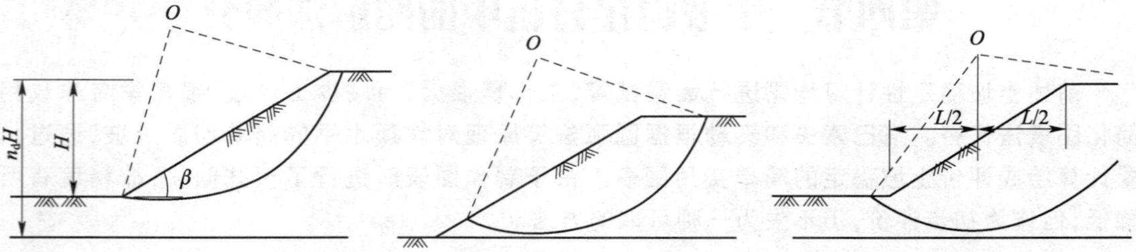

a)坡脚圆　　b)坡面圆　　c)中点圆

图 1.4.2　破裂面的类型

【例 1.4.1】　一简单土坡,坡高 10 m,坡角 60°,土的主要物理力学性质指标为 $\gamma=19\ \mathrm{kN/m^3}$,$c=31\ \mathrm{kPa}$,$\varphi=20^\circ$,试求该土坡稳定安全系数 F_s。

【解】

①用已知 β、φ 从图 1.4.3 查得极限状态下 $N_s=10.3$。

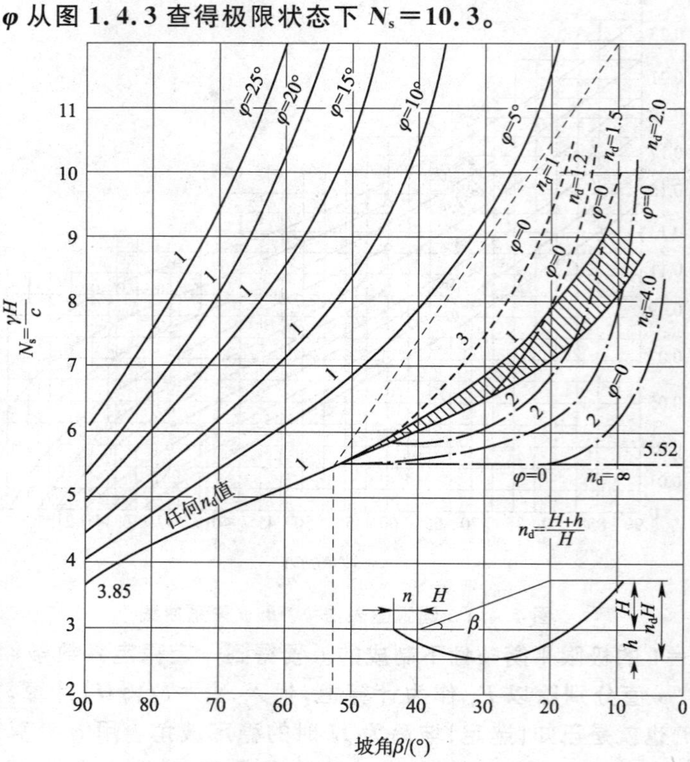

图 1.4.3　N_s-β-φ 关系曲线

1-滑弧为坡脚圆;2-滑弧为中点圆;3-滑弧为坡面圆

②据已知 γ、H 和 N_s 求极限状态下所需的黏聚力 c'。

$$c'=\frac{\gamma H}{N_s}=\frac{19\times10}{10.3}\ \mathrm{kPa}=18.4\ \mathrm{kPa}$$

③黏聚力本身具有的安全系数为

$$F_s=\frac{c}{c'}=\frac{31}{18.4}=1.68$$

此 F_s 值是仅对 c 而言，不是土坡整体安全系数。由于求 N_s、c' 是用 $\varphi=20°$，故对 $\tan\varphi$ 来说 $F_s=1$。由于土坡稳定系数可写成 $F_s=\frac{\tau_f}{\tau}=\frac{c+\sigma\tan\varphi}{\tau}$，如 $F_s>1$，实际存在的剪应力可写成 $\tau=\frac{c}{F_s}+\sigma\frac{\tan\varphi}{F_s}$，显然此式右端两项 F_s 相等时，F_s 值就是土坡稳定系数。

④通过迭代求土坡稳定系数。对 $\tan\varphi$ 先预估一个 F_s（可在 1.68～1 之间选），令 $F_s=1.68$，则 $\frac{\tan\varphi}{F_s}=\frac{\tan 20°}{1.68}=0.216$，相当于 $\varphi=12.5°$。

以 $\varphi=12.5°$ 查得 $N_s=7.8$，则

$$c=\frac{\gamma H}{N_s}=\frac{19\times 10}{7.8}\ \text{kPa}=24\ \text{kPa}$$

从而对 c 的安全系数为

$$F_s=\frac{31}{24}=1.27$$

对 $\tan\varphi$ 和 c 的 F_s 值分别为 1.68 和 1.27，两者差距较大，故还得从步骤④令 $F_s=1.27$ 重新迭代，多次迭代后即可求得对 $\tan\varphi$ 和 c 相同的 F_s 值，即为土坡的稳定系数。

第五节　工程地质比拟法和经验数据

工程地质比拟法又称工程比拟法，它也可用来简单评价土坡稳定性和稳定边坡坡度。其道理是通过对自然和人工土坡稳定性调查分析总结，得到一些宝贵经验和数据，在评价一些简单土坡稳定性时，根据土坡物质组成、结构构造、土的性质状态、土坡地段地貌水文地质条件以及工程条件等的相似性，参照已有经验和数据提出土坡稳定坡度或评价土坡稳定性。这种方法属于经验性方法，多数情况下会得到满意的判断，但有时因经验不足，对相似条件中的主次影响因素考虑不周等原因，得出错误性结论，或过高或过低估计土坡稳定性。因此，用这种方法一定要注意相似条件的论证，同时对条件复杂的情况则应配合力学计算分析。

表 1.5.1～表 1.5.4 是常见的均质土坡，在保证稳定的前提下的土坡允许平均坡度值（高宽比）。

土质边坡容许坡度值　　表 1.5.1

土的类别	密实度或黏性土状态	边坡高度	
		5 m 以下	5～10 m
碎石土	密实	1∶0.35～1∶0.50	1∶0.50～1∶0.75
	中密	1∶0.50～1∶0.75	1∶0.75～1∶1.00
	稍密	1∶0.75～1∶1.00	1∶1.00～1∶1.25
老黏性土	坚硬	1∶0.35～1∶0.50	1∶0.50～1∶0.75
	硬塑	1∶0.50～1∶1.75	1∶0.75～1∶1.00
一般黏性土	坚硬	1∶0.75～1∶1.00	1∶1.00～1∶1.25
	硬塑	1∶1.00～1∶1.25	1∶1.25～1∶1.50

注：1. 本表中碎石土充填物为坚硬或硬塑状态的黏性土。

2. 砂土或碎石的充填物为砂土时，其边坡容许坡度按自然休止角确定。

黄土土坡允许坡度值 表 1.5.2

年　代	开挖情况	边坡高度		
		5 m 以下	5～10 m	10～15 m
次生黄土 Q_4	锹挖容易	1∶0.50～1∶0.75	1∶0.75～1∶1.00	1∶1.00～1∶1.25
马兰黄土 Q_3	锹挖较容易	1∶0.30～1∶0.50	1∶0.50～1∶0.75	1∶0.75～1∶1.00
离石黄土 Q_2	用镐开挖	1∶0.20～1∶0.30	1∶0.30～1∶0.50	1∶0.50～1∶0.75
午城黄土 Q_1	镐挖困难	1∶0.10～1∶0.20	1∶0.20～1∶0.30	1∶0.80～1∶0.50

注:本表不适用于新近沉积黄土。

填土土坡允许坡度值 表 1.5.3

填土类别	压实系数 D	边坡高度	
		8 m 以下	8～15 m
碎石、卵石	0.94～0.97	1∶1.50～1∶1.25	1∶1.75～1∶1.50
砂夹石(其中碎石、卵石占全重 30%～50%)		1∶1.50～1∶1.25	1∶1.75～1∶1.50
土夹石(其中碎石、卵石占全重 30%～50%)		1∶1.50～1∶1.25	1∶2.00～1∶150
黏性土($8<I_P<14$)		1∶1.75～1∶1.50	1∶2.25～1.75

小于 5m 深基坑坑壁参考值 表 1.5.4

岩土名称	坑壁坡度		
	坑缘上无荷载	坑缘上有荷载	坑缘上有动荷载
砂、卵石、砾石	1∶0.75	1∶1	1∶1.25
亚黏土	1∶0.5	1∶0.67	1∶1.50
轻亚黏土	1∶0.33	1∶0.50	1∶0.75
黏土含砾石	1∶0.25	1∶0.33	1∶0.67
未风化的页岩	1∶0	1∶0.1	1∶0.25
完整坚硬岩石	1∶0	1∶0	1∶0

第六节　土坡稳定分析中的一些问题

一、坡顶开裂和超载的影响

1. 坡顶开裂

黏性土坡坡顶附近，常可能由于干缩或张力作用而出现一些竖向裂缝。其开裂的深度可用黏性土直立高度 $Z_0=2c/(\gamma\sqrt{K_a})$ 近似估算，如图 1.6.1 所示。由于坡顶开裂使滑弧长缩短了 CC' 段，此段抗滑力消失，且当缝内积水时，由于静水压力作用又增加了滑动力矩。因此除在土坡稳定计算时要考虑其影响外，工程上常在坡顶处铺一定厚度的砂土保护层和设置排水沟。

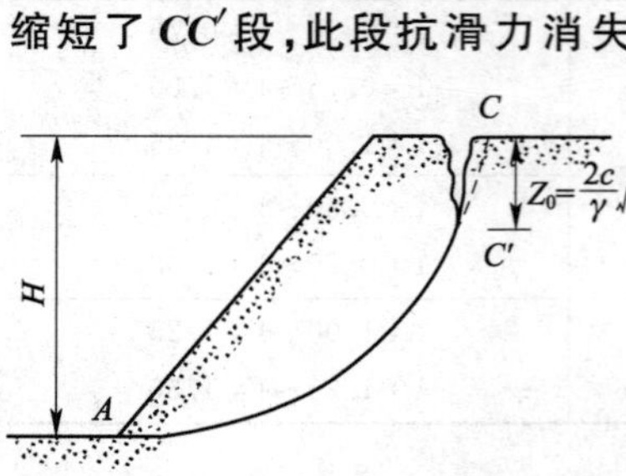

图 1.6.1　裂缝对土坡的影响

2. 超载影响

如果在坡顶上有超载，则应考虑超载的影响。如非均布荷载 q 作用于坡顶，则 F_s 公式中只要将各土条顶部的超载叠加在所在土条的重量中即可。如为均布超载，每条土重量增加的值是 qb_i。

二、渗流对黏性土坡稳定性的影响

水库、渠道蓄水，或库、渠水位骤降，或码头岸坡地下水位较高处于低潮时，以及基坑排水等，坝坡、码头岸边、渠道边坡和基坑坑壁都要因渗透水流作用而引起渗透力作用。进行土坡稳定分析时，要考虑其不利影响。下面仅介绍国内常用的代替法和有效应力法。

1. 代替法

渗透水流在土坡中经常以两种形式出现：一是坡内渗出，水流在坡脚或坡脚以下逸出；二是从坡面逸出，并在坡面外有一近似稳定水位，如图 1.6.2 所示。

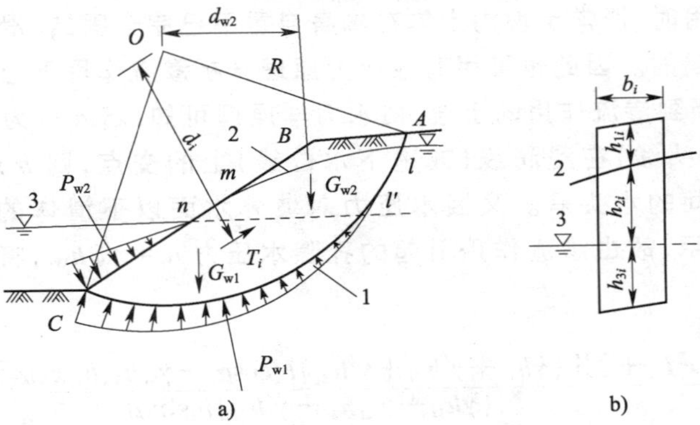

图 1.6.2　渗透边坡的求解方法

1-滑动面；2-浸润线；3-坡外水位

"代替法"就是用浸润线（坡内地下水位线）以下、坡外水位线以上所包围滑体内水重对滑动圆心力矩，代替渗透力对滑动圆心的力矩，其坡外水位线以下、滑体部分重量按静水浮力作用考虑。

以图 1.6.2 为例，浸润线以下、滑动面以上所包围的水体为分离体，则其上受力有：①滑动面上孔隙水压力 P_{Wi}，其每点及合力均指向圆心；②Cn 坡面上的静水压力，其合力为 P_{W2}；③nCl' 内水重 G_{W1}，方向竖直向下；④$lmnl'$ 范围内水重 G_{W2}，方向竖直向下；⑤土粒对渗透力的反作用力 T_i，至滑动圆心的力臂为 d_i。根据稳定渗流条件和分离体上的水作用力系的平衡条件，其中坡外水面以下滑面以上的 P_{W2}、G_{W1} 和在此范围内的 P_{W1} 值，相当于浸于静水中，三力平衡只考虑土在静水中的浮力即可。将剩余力对滑动圆心取力矩，由于 P_{W1} 作用方向通过圆心，力矩为零，故按平衡条件只有

$$T_1 d_1 = G_{W2} d_{W2}$$

因 T_i 与渗透力 J 大小相等方向相反，故渗透力对滑动圆心力矩可用位于浸润线以下、坡外水位以上滑弧范围内的水重对滑动圆心的力矩代替。

如不考虑渗透力对抗滑作用的影响，则渗透力矩又可用各土条中该范围水重对滑动圆心力矩之和表示，即 $G_{W2} d_{W2} = \sum \gamma_W h_{2i} b_i \sin\alpha_i R$。将此项加到土坡稳定系数方程中的滑动力矩中，即可得到考虑渗流作用时的土坡稳定系数表达式。因此，式（1.3.3）可写成

$$F_s = \frac{c\hat{L} + \sum(\gamma h_{1i} + \gamma' h_{2i} + \gamma' h_{3i}) b_i \cos\alpha_i \tan\varphi}{\sum(\gamma h_{1i} + \gamma' h_{2i} + \gamma' h_{3i}) b_i \sin\alpha_i + \sum \gamma_W h_{2i} b_i \sin\alpha_i}$$

$$= \frac{c\hat{L} + \sum(\gamma h_{1i} + \gamma' h_{2i} + \gamma' h_{3i}) b_i \cos\alpha_i \tan\varphi}{\sum(\gamma h_{1i} + \gamma_{sat} h_{2i} + \gamma' h_{3i}) b_i \sin\alpha_i} \tag{1.6.1}$$

式中，γ 为土的天然重度（浸润线以上部分）；γ_{sat} 为土的饱和重度；γ' 为土的浮重度；h_{1i}、

h_{2i}、h_{3i}分别表示于图1.6.2b)中；c、φ 值视长期渗流或骤然渗流分别取固结排水剪和固结不排水剪强度指标；其余符号意义同前。

从公式可看出，用代替法考虑渗透力对土坡稳定性的影响，除土坡水位线以下滑体重量按浮重度考虑外，仅在稳定系数公式中计算滑动力（分母项），将浸润线以下、坡外水位以上部分土体按饱和重度计算；而抗滑力（分子）将这部分土体重用浮重度计算。

由于在抗滑力中没有考虑渗透力的影响，所以是一种近似解，而且此法只适用于浸润线与滑面大致平行的情况。如果两者方向差别大时，则不宜用此法。

2. *有效应力法*

在考虑渗流作用时，通常土坡内土体在本身自重下已完全固结，滑动面上的超静孔隙水压力是由渗流引起的。因此也可用有效应力原理分析渗流作用下土坡的稳定问题。如图1.6.3所示是一受到渗流作用的土坡，由水力学原理可知，若 a 点为通过土条底面中心点 b 的等势线（等水头线）在浸润线（或地下水位线）上的交点，则 b 点处的孔隙水压力就等于 b 点与 a 点间的水头差。又因水压力对坡外水面以下滑体的影响，可用该部分土体的浮重度来表示，故由渗流作用引起的孔隙水压力 $u_i=\gamma_W h_{Wi}$，将其代入式（1.6.1）中，则

$$F_s=\frac{\sum c'L_i+\sum[(\gamma h_{1i}+\gamma' h_{2i}+\gamma' h_{3i})b_i\cos\alpha_i-\gamma_W h_{Wi}b_i\sec\alpha_i]\tan\varphi'}{\sum(\gamma h_{1i}+\gamma_{sat}h_{2i}+\gamma' h_{3i})b_i\sin\alpha_i} \tag{1.6.2}$$

式中，各符号意义同前。

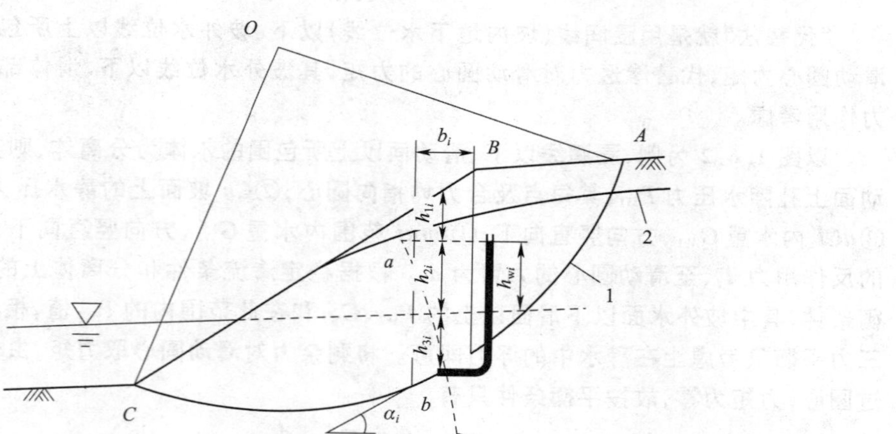

图1.6.3　稳定渗流作用时土坡稳定计算

1-滑动面；2-浸润线；3-坡外水位

对比式（1.6.1）和式（1.6.2）可看出，有效应力法在代替法的基础上，又考虑了渗流对强度的影响。

三、地震对土坡稳定的影响

地震活动地区分析土坡稳定时，要考虑地震力对土坡稳定的不利影响。其中以我国《水电工程水工建筑物抗震设计规范》（NB 35047—2015）所推荐的惯性力法最有代表性。它不仅考虑水平地震力的不利影响，而且给出地震烈度大于等于8度时，地震竖向惯性力的影响公式。同时考虑地震和渗流作用时的土坡稳定系数公式为

$$F_s=\frac{\sum\{c_iL_i+[(W_i\pm Q'_i)\cos\alpha_i-Q_i\sin\alpha_i-u_iL_i]\tan\varphi_i\}}{\sum[(W_i\pm Q'_i)\sin\alpha_i+\frac{M_{ci}}{R}]} \tag{1.6.3}$$

式中，W_i 为土条重量，浸润线以上用湿重度，浸润线与坡外水位之间用饱和重度，坡外水位以下用浮重度计算；Q'_i 为作用于土条重心处竖向地震惯性力，$Q'_i=K_VC_Z\psi_iW_i$，只考虑竖向力单独作用时，竖向地震系数 $K_V=2K_H/3$，如果同时计入水平向和竖向地震惯性力，还要乘以 0.5 的拟合系数，其方向可以向上（－）或向下（＋），以不利稳定方向为准；M_{ci} 为水平向地震惯性力 Q 对圆心的力矩；c_i、φ_i 分别为土体在地震作用下的黏聚力和内摩擦角；u_i 为土条底部中点处超静孔隙水压力（包括渗流和地震作用引起的超静孔隙水压力）；R 为滑弧半径；Q_i 为作用在土条重心处的水平地震惯性力，可用下式计算

$$Q_i=K_HC_Z\psi_iW_i$$

式中，K_H 为水平向地震系数，为地震时地面水平最大加速度的统计平均值与重力加速度的比值；设计烈度为 7、8、9 度时一般可分别取 0.1、0.2、0.4；C_Z 为综合影响系数，一般取 1/4；ψ_i 为土条重心处的地震加速度分布系数，与建筑物类别、高度有关，土坡可参照 ψ 沿土坝、堆石坝分布规律处理，其中坡底以下 ψ 可取为 1.0。

若用代替法，则可写成

$$F_s=\frac{\sum\{c_il_i+[(W_i'\pm Q_i')\cos\alpha_i-Q_i]\tan\varphi_i\}}{\sum[(W_i\pm Q'_i)\sin\alpha_i+\frac{M_{ci}}{R}]} \tag{1.6.4}$$

式中，W_i 为土条的有效重量，浸润线以下的均用浮重度计算；其余符号意义同前。

为简化计算，可以先不考虑地震作用，求出危险滑动圆心及滑动半径，再以所确定的弧核算地震时土坡的稳定性。这样做的误差不大，可以满足工程要求。另外，对于坡高的土坡，还可以将坡顶和坡底的地震加速度进行平均，以平均加速度作为统一地震加速度进行土坡稳定性分析。

四、土层组成、结构构造、应力历史等的影响

对自然土坡观察和大量挖方工程实践表明，土层组成、结构、构造、空间分布及土的应力应变关系等，不同程度地控制着挖方土坡的可能滑动面形状、位置、规模及其稳定程度。如均质非黏性土坡可能为直线形滑动面；黏性均质土坡可能为近于上陡下缓的圆弧形滑动面，且多出露于坡脚；各层性质差别大的土体则呈阶梯状；夹软层或底部有下卧硬层的情况前面已叙述；节理裂隙发育的老黄土，常常由节理裂隙的组合情况控制可能滑动面的产状；胀缩土多呈散粒剥落的缓坡……

因此，对挖方土坡用数理方法评价土坡稳定性时，一定要结合具体地质情况考虑方法的适用性。关键问题是根据具体情况合理地确定可能滑动面的形状、位置和选择恰当的参数及计算方法。

应当指出，对一般无裂隙的黏性土坡，按前述方法计算土坡稳定还是符合实际的（施工期和运营期分别用不排水剪和排水剪试验得到的参数作为计算值），$F_s>1$ 时一般不会发生土坡失稳问题。然而对超固结裂隙黏性土坡稳定分析，目前尚缺少经验。常发现超固结裂隙黏性土坡，按一般分析方法得出 $F_s>1$ 时，土坡不一定不失稳，如表 1.6.1 中几个超固结裂隙黏土土坡失稳例子。

硬裂隙黏土中的滑坡　　表 1.6.1

边坡类型	施工结束到破坏的时间	黏土特性			稳定系数	分析方法
		ω_L	ω_P	ω		
挖方	施工期	80～15	18～27	19～35	2.5	$\varphi_u=0$
挖方	5 d	95	30	33	1.8	$\varphi_u=0$
挖方	19 年	79	28	30	1.35	有效应力
挖方	29 年	78	29	29	1.6	有效应力
挖方	49 年	82	28	31	2.0	有效应力

前面曾介绍超固结土在剪切过程中随剪切变形增加，强度达到峰值后很快降低至残余强度，远大于正常固结土相应强度降低的幅度。剪切滑动带是由于不同步的渐进性破坏形成的，故评价土坡稳定性时用峰值强度过高，而用残余强度过低。表 **1.6.1** 中土体破坏的历时也说明了这种土坡渐进破坏的特点。

在超固结土中挖方，有时还会遇到对土坡稳定很不利的初始水平应力(地应力)，如伦敦超固结土，天然水平应力与垂直应力之比越接近地表越大，在 **33 m** 深度处和 **3 m** 处其比值分别为 **1.5** 和 **2.5**，地表附近水平初始应力接近于最大被动土压力值。所以在这类土分布区评价土坡稳定时，要有天然应力场的资料，并考虑其对土坡稳定性的影响。

五、抗剪强度指标的选用

越来越多的资料说明，土坡稳定分析中抗剪强度指标的选择，对分析的可靠性和精度的影响，往往比选择计算方法更重要。因此，结合工程实际的加荷情况、土的性质状态和排水条件等，模拟试验得出相应的抗剪强度指标是极为必要的。

如对一个人工土填筑的土坝，土料为弱透水性黏性土，筑坝速度又较快，分析施工末期土坝稳定时，就要考虑加荷速度快，孔隙水压力消散慢，应采用快剪和不排水剪的抗剪强度指标。而在坝体运营期间，对坝内水位骤降时的坝体进行稳定性分析时，相当于固结快剪、固结不排水剪的情况，故要用 C_{cq}、φ_{cq}、C_{cu}、φ_{cu}。

对已滑动过的土坡进行稳定性分析，常用反复剪所确定的 c、φ。

对超固结土，就要考虑土的应力应变特性，可参照工程经验给出低于峰值而高于残余强度的恰当值。

为考虑土坡长期稳定性及预测土坡某时刻的稳定性，有时还要用到蠕变强度指标。

同时，近代土力学中已指出，还要考虑处于滑动不同部位的应力条件是不一样的，应按相应的不同应力条件来设计试验方法，并求得强度指标。

六、安全系数的选定

在工程实践中为选定合适的安全系数，要考虑的因素很多，如荷载组合、建筑物重要类别、抗剪强度指标的试验条件、计算方法的选择，甚至工程部门不同，其规定也不相同。

一般若建筑物的重要性高，安全系数值应选择得偏大一些；计算中如已考虑了一些特殊荷载(如地震、非正常高水位等)时，由于这种荷载出现的概率小，所以选定的安全系数可适当偏低一些。如利用瑞典条分法，考虑总应力计算碾压土坝的土坡稳定性时，基本荷载组合的安全系数一般要求为 **1.15～1.3**，而特殊荷载组合的安全系数则为 **1～1.2** 即可。

港口则着重从抗剪强度试验方法和计算方法来选定合适的安全系数值，如表 1.6.2 所示。

港口工程边坡安全系数选定表

表 1.6.2

抗剪强度指标	安全系数	计算方法
固结快剪	1.1～1.3	圆弧条分总应力法
有效剪	1.3～1.5	简化毕肖普法
十字板剪切	1.1～1.3	圆弧条分总应力法
快剪	1.0～1.2	圆弧条分总应力法

注：校核施工期稳定性，安全系数可以取表中低值，但校核打桩前岸坡稳定性，宜取较高值。

要求工业与民用建筑的土坡稳定安全系数值为 1.05～1.25。

由于目前各工程部门对土坡稳定安全系数选定原则尚无统一标准，考虑角度也有不同，在选取安全系数值时，要注意选用指标、计算方法和安全系数值的配合，并根据工程的不同情况，结合当地已有的工程实践经验加以确定。

七、条分法小结

在介绍瑞典条分法和毕肖普法后，不妨再引申一下，了解各种条分法的异同点和现状。仍以图1.3.5 来说明。

条分法自 20 世纪 20 年代在瑞典发展起来后 80 多年来，尤其是 20 世纪 40 年代后有了不少改进。其关键是每个土条受力未知量数多于土条力和力矩的平衡方程数，是个超静定问题。使超静定问题变成静定问题，其处理办法不同，就出现了不同的条分法。如将土坡滑动部分分成 n 条土，其总未知量由下面几方面构成：

①每一土条底部有法向反力 N_i，计 n 个；

②两相邻土条分界面上的法向条间力 E_i，计$(n-1)$个；

③两相邻土条分界面上的切向条间力 X_i，计$(n-1)$个；

④每一土条法向力 N_i 和切向力 T_i 合力的作用点，计 n 个；

⑤两相邻土条间作用力 E_i 和 X_i 的合力作用点，计$(n-1)$个；

⑥安全系数，各土条相同，计有 1 个。

其中 T_i 可以通过 N_i 和 F_s 表示，故 n 个土条计有$(5n-2)$个未知量，但 n 个土条只有 $3n$ 个方程，把它变成静定问题除 $n=1$ 的瑞典圆弧法外，还需$(2n-2)$个方程。如果宽度分得很窄，认为 N_i 和 T_i 合力作用点近似作用在土条中点，这样又少了几个未知量，但还是剩下$(n-2)$个未知量的超静定问题。为消除未知量，进行了不同的假设，也就有不同的方法。概括起来主要有假定条间力的大小和方向（毕肖普法）；假定条间力作用点位置（简布法）；假定条间力合力作用方向（推力法）三种方法。

毕肖普法和瑞典条分法虽然能对静定问题求解，但由于假设不能全部满足力和力矩平衡条件，它们与精确解相比，瑞典法有 10%～20%、简化毕肖普法有 2%～7%的误差。误差使土坡稳定偏于安全。

后两种假设计算方法，理论上较严密完整，还可用于非圆弧滑动面分析计算，但计算步骤复杂，计算的迭代过程要借助于计算机完成，可参考有关书籍。

还应指出，土坡稳定分析用极限平衡理论时，认为滑面上强度都能同时发挥，同时达到极限状态，这在很多情况下与实际情况不符；另外将土条视为刚体，也不能真实反映土条的内力和反力，故绝不能把它用到应力应变分析中去。

第二章 土工结构

第一节 路基设计原则及计算方法

一、路基设计原则

路基是路面的基础，是道路工程的重要组成部分。路基与路面共同承受交通荷载的作用，应作为路面的支承结构物进行综合设计，它必须具有足够的强度、稳定性和耐久性。

路基设计应认真做好调查研究，贯彻因地制宜、就地取材的原则，执行有关环境保护的政策法规，并做好现场核对。路基设计应根据公路所在地区的自然因素与地质条件，设计完善的排水设施和防护工程，采取经济有效的病害防治措施；公路路基设计，一般宜移挖作填，当出现大量弃方或借方时，应配合农田水利建设和自然环境等进行综合设计。

研究路基重点工程设计方案时，应全面考虑自然因素与地质条件以及施工、养护、运营等因素。对高填、深挖路基与桥隧等构造物或分离式路基，应做方案比较，并在初步设计中通过技术经济比较，确定推荐方案。

山岭、重丘区的路基设计，应根据当地自然条件，特别是工程地质条件，选择适当的路基横断面形式和边坡坡度。在地形陡峻和不良地质地段，不宜破坏天然植被和山体平衡；在狭窄的河谷地段不宜侵占河床，可视具体情况设置其他结构物和防护工程；陡坡上的半填半挖路基，可根据地形、地质条件，采用护肩、砌石或挡土墙；当山坡高陡或稳定性差，不宜多挖时，可采用旱桥、悬出露台等构造物；在悬崖陡壁地段，如山体岩石整体性好，可采用半山洞。

沿河及受水浸淹路段的路基边缘标高，应高出路基设计洪水频率的设计水位加壅水高、波浪侵袭高，再加安全高度 0.5 m，并根据冲刷情况，设置必要的防护设施。沿河路基废方应妥善处理，以免造成河床堵塞、河流改道或冲毁沿线构造物、农田、房屋等不良后果。

水文及水文地质条件不良地段的路基设计最小填土高度不应小于路床处于干燥、中湿状态的临界高度；当路基设计标高受限制时，应对潮湿、过湿状态的路基进行处理，使土基回弹模量不小于路面设计规范规定的要求。

二、一般路基的设计

在正常的工程地质和水文地质条件下，填方高度或挖方深度不大(不超过设计规范允许的范围)的路基通常称为一般路基。一般路基可结合当地条件，直接参照现行规范规定或选用标准断面图进行设计，不必逐一论证和详细验算。

1. 路基结构和典型横断面图

路基结构如图 2.1.1 所示。路床指路面底面以下 80 cm 范围内的路基部分，承受由路面传来的荷载。路床分上路床(0～30 cm)和下路床(30～80 cm)两层。

路基断面形式，一般分为填方路基、挖方路基和半填半挖路基等，常见断面如图 2.1.2 所示。

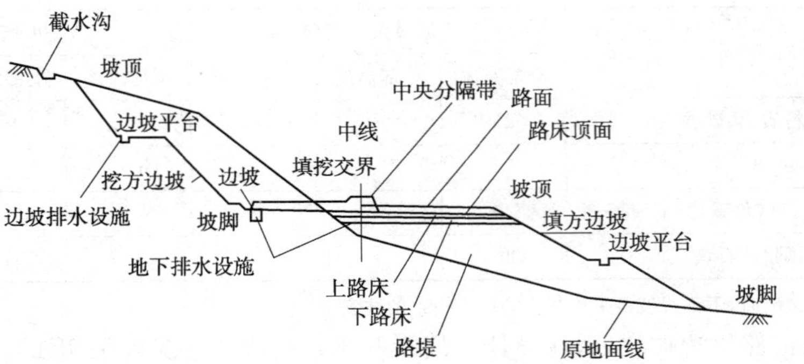

图 2.1.1 路基结构

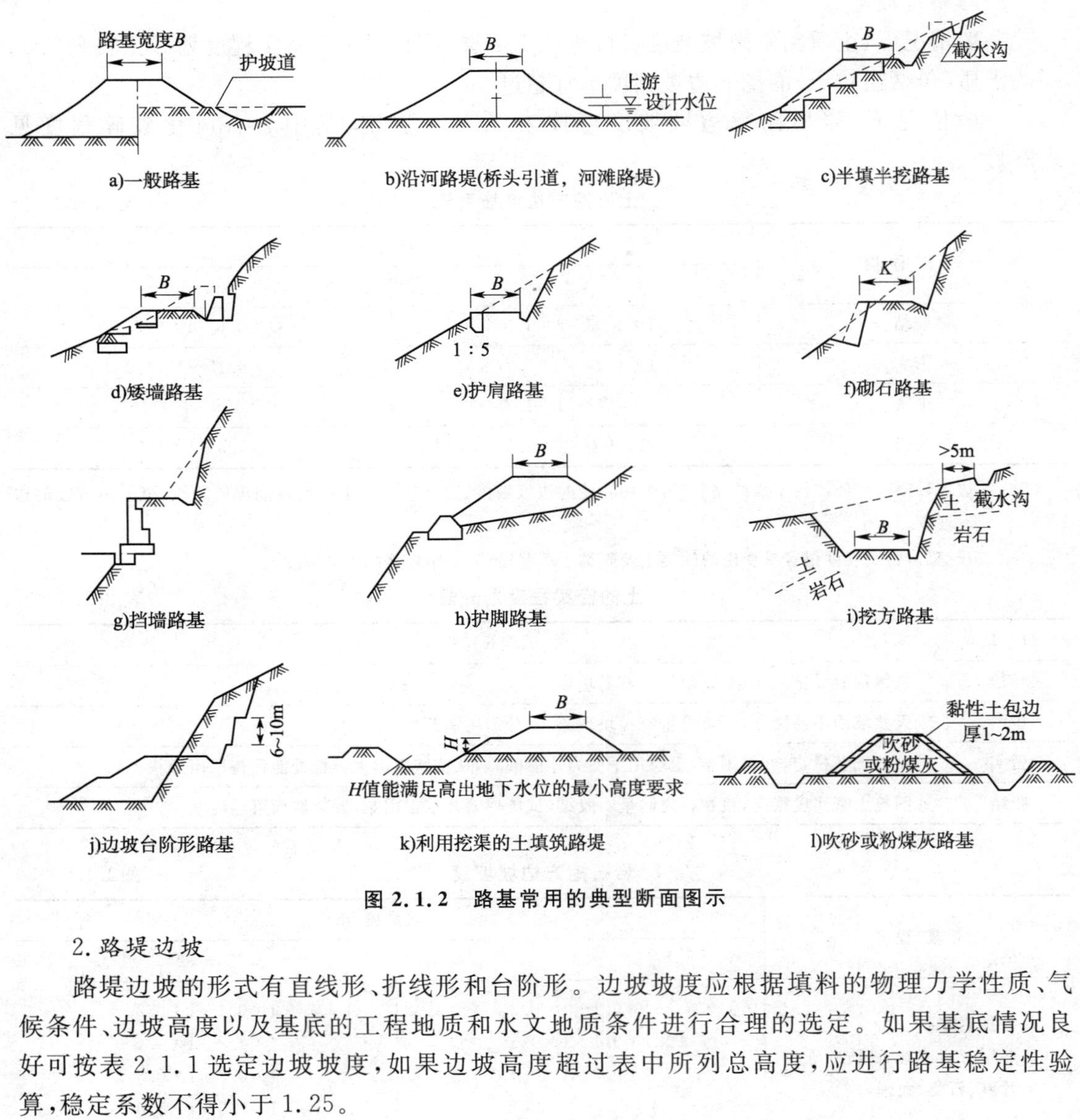

图 2.1.2 路基常用的典型断面图示

2.路堤边坡

路堤边坡的形式有直线形、折线形和台阶形。边坡坡度应根据填料的物理力学性质、气候条件、边坡高度以及基底的工程地质和水文地质条件进行合理的选定。如果基底情况良好可按表 2.1.1 选定边坡坡度，如果边坡高度超过表中所列总高度，应进行路基稳定性验算，稳定系数不得小于 1.25。

路堤边坡坡度 表 2.1.1

填料种类	边坡最大高度/m			边坡坡度		
	全部高度	上部高度	下部高度	全部坡度	上部坡度	下部坡度
黏性土、粉质土、砂类土	20	8	12		1∶1.5	1∶1.75
砂、砾	12			1∶1.5		
漂(块)石、卵石土、砾(角砾)类土、碎石土	20	12	8	—	1∶1.5	1∶1.75
不易风化的石块	20	8	12	—	1∶1.3	1∶1.5

注:采用台阶边坡时,下部边坡可采用与上部边坡一致的坡度。

受水浸淹的路堤边坡坡度,在设计水位以下部分视填料情况可采用1∶1.75～1∶2.0,在常水位以下部分可采用1∶2～1∶3。如用渗水性好的土填筑或设边坡防护时,可采用较陡边坡。

3.路堑边坡

一般情况下,土质路堑边坡坡度可按表2.1.2选定,其中土质密实程度划分见表2.1.3。一般土质(包括粗粒土)的挖方边坡高度不宜超过30 m。

一般情况下,岩质路堑边坡坡度可按表2.1.4选定,其中岩石风化破碎程度见表2.1.5。

土质挖方边坡坡度表 表 2.1.2

密实程度	边坡高度/m	
	<20	20～30
胶结	1∶1.03～1∶1.05	1∶0.5～1∶0.75
密实	1∶1.05～1∶0.75	1∶0.75～1∶1.0
中密	1∶0.75～1∶1.25	1∶1.0～1∶1.5
较松	1∶1.0～1∶1.5	1∶1.5～1∶1.75

注:1.边坡较矮或土质比较干燥的路段,可采用较陡的边坡坡度;边坡较高或土质比较潮湿的路段,可采用较缓的边坡坡度。

2.开挖后,密实程度很容易变松的砂类土及砾类土等路段,应采用较缓的边坡坡度。

土的密实程度划分表 表 2.1.3

分级	试坑开挖情况
较松	铁锹很容易铲入土中,试坑坑壁容易坍塌
中密	天然坡面不易陡立,试坑坑壁有掉块现象,部分需用镐开挖
密实	试坑坑壁稳定,开挖困难,土块用手使力才能破碎,从坑壁取出大颗粒处能保持凹面形状
胶结	细粒土密实度很高,粗颗粒之间呈弱胶结,试坑用镐开挖很困难,天然坡面可以陡立

岩石挖方边坡坡度 表 2.1.4

密实程度	边坡高度/m	
	<20	20～30
1.各种岩浆石 2.厚层灰岩或硅、钙质砂砾岩 3.片麻、石英、大理岩	1∶0.1～1∶0.2 1∶0.1～1∶0.3 1∶0.2～1∶0.4 1∶0.3～1∶0.75	1∶0.1～1∶0.2 1∶0.2～1∶0.4 1∶0.3～1∶0.5 1∶0.5～1∶1.0

续上表

密实程度	边坡高度/m	
	<20	20～30
1.各种岩浆石 2.厚层灰岩或硅、钙质砂砾岩 3.片麻、石英、大理岩	1∶0.1～1∶0.3 1∶0.2～1∶0.4 1∶0.3～1∶0.5 1∶0.5～1∶1.0	1∶0.2～1∶0.4 1∶0.3～1∶0.5 1∶0.7～1∶0.75 1∶0.75～1∶1.25
1.各种岩浆石 2.厚层灰岩或硅、钙质砂砾岩 3.片麻、石英、大理岩	1∶0.2～1∶0.4 1∶0.3～1∶0.5 1∶0.4～1∶0.6 1∶0.75～1∶1.25	1∶0.3～1∶0.5 1∶0.5～1∶0.75 1∶0.75～1∶1.25 1∶0～1∶1.5

岩石风化破碎程度分级 表 2.1.5

分级	外观特征				
	颜色	矿物成分	结构构造	破碎程度	强度
轻度	较新鲜	无变化	无变化	节理不多，基本上是整体，节理基本不开张	基本上不降低，用锤敲很容易回弹
中等	造岩矿物失去光泽色变暗	基本不变	无显著变化	开裂成 20～50 mm 的大块状，大多数节理张开较小	有减低，用锤敲声音仍较清脆
严重	显著改变	有次生矿物产生	不清晰	开裂成 5～20 cm 的碎石状，有时节理张开较多	有显著降低，用锤敲声音低沉
极重	变化极重	大部分已改变	只具外形，矿物间已失去结晶联系	节理极多，爆破以后多呈碎石土状，有时细粒部分已具塑性	极低，用锤敲时不易回弹

4.路基排水

路基排水系统是路基的重要组成部分，路基排水设施有地面排水和地下排水两种类型。

(1)地表排水

常用的路基地表排水设施有边沟、截水沟、排水沟、跌水与急流槽，在特殊路段还有倒虹吸管、渡槽、蒸发池等。

边沟：设置在挖方路基的路肩外侧或低路堤的坡脚外侧，用以汇集和排除路基范围内和流向路基的少量地面水。

截水沟：又称天沟，用以拦截并排除路基边坡外侧的地面径流，保证路堑和路堤坡脚不受流水冲刷。

排水沟：主要作用在于引水，将边沟、截水沟、取土坑、边坡和路基附近积水引至路基范围以外。

跌水与急流槽：在地形陡峻路段，由于排水沟渠纵坡较陡，水流流速快，冲刷力大，跌水和急流槽措施可减小水流流速、降低水流能量，防止其对沟渠地基的毁坏。

(2)地下排水

常用的路基地下排水设施有暗沟、渗沟和渗井，它们以渗流的方式汇集地下水，并引至路基范围外排放。由于地下排水设施埋置地下，不易维修，因此要求牢固耐用。

暗沟：又称盲沟，设置在地面以下，沟内填充透水好的粒状材料，引导水流。一般暗沟的排水能力不大，也不起渗水和汇水作用，不宜过长，沟底具有 1%～2%的纵坡。

渗沟:以渗透方式将地下水汇集于沟内,并通过渗沟将水引至指定地点。渗沟有三种构造形式:盲式渗沟、管式渗沟及洞式渗沟。

渗井:当地下存在多层含水层,而影响路基的上部含水层较薄,不易布置渗沟,可采用立式渗井,穿过透水层,将上层地下水引入对路基无影响的更深含水层中。

典型的盲沟、渗沟和渗井示意图如图 2.1.3 所示。

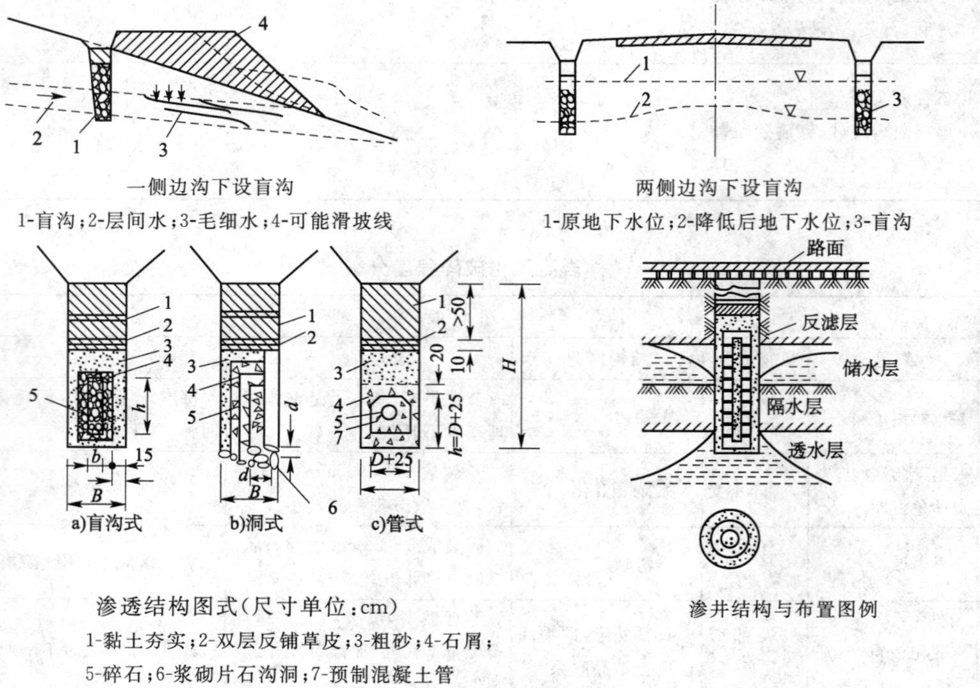

图 2.1.3 盲沟、渗沟和渗井示意

三、路基稳定性计算

路基(路堤和路堑)稳定性计算实质上均属边坡稳定性计算范畴,其计算原理将在下章"边坡与支挡结构"详细介绍。这里仅针对路基设计的需要和路基潜在的各种失稳类型,介绍相应的稳定性计算方法的要点。

1. 汽车荷载当量换算与多层土体的平均力学计算

与一般边坡不同,路基还要承受行车荷载,在稳定性分析时,需按最不利情况排列,将车的设计荷载换算成当量土柱高 h_0(即以相等压力的土层厚度来代替荷载)。

在验算稳定性时,如边坡由多层土体构成且潜在滑裂面近似为直线,可用加权平均法求土体总体的平均力学参数,然后视边坡为均质土体进行计算,平均力学参数计算如下

$$c=\frac{c_1h_1+c_2h_2+\cdots+c_nh_n}{h_1+h_2+\cdots+h_n}=\frac{\sum_{i=1}^{n}c_ih_i}{H} \tag{2.1.1}$$

$$\tan\varphi=\frac{h_1\tan\varphi_1+h_2\tan\varphi_2+\cdots+h_n\tan\varphi_n}{h_1+h_2+\cdots+h_n}=\frac{\sum_{i=1}^{n}h_i\tan\varphi_i}{H} \tag{2.1.2}$$

$$\gamma=\frac{\gamma_1h_1+\gamma_2h_2+\cdots+\gamma_nh_n}{h_1+h_2+\cdots+h_n}=\frac{\sum_{i=1}^{n}\gamma_ih_i}{H} \tag{2.1.3}$$

式中，c_i、φ_i、γ_i 为各土层的单位黏聚力、内摩擦角、重度；h 为各土层厚度；H 为土层总厚。

2. 高路堤稳定性计算

当路线跨越深沟或穿越地面物障，以及修筑高桥引道时，局部路段有可能采用高路堤方案。高路堤设计需要进行稳定性验算，最小稳定性系数一般不小于 1.25。

如路堤地基确认稳定，需验算堤身的稳定性。如路堤是由渗水材料（如砂、砾石、卵石、漂石、片石等）填筑，边坡滑裂面可近似为平面，按平面滑动法计算稳定性系数。如路堤全部或部分由黏性土填筑，应按圆弧法计算稳定性系数。圆弧法可选用瑞典法或简化毕肖普法。如地基强度有疑问，还须用圆弧法验算路堤与地基整体的稳定性。无论是平面滑动法还是圆弧法，均应搜索最危险滑动面位置，求出最小稳定性系数。高路堤边坡稳定性计算图式如图 2.1.4 所示。

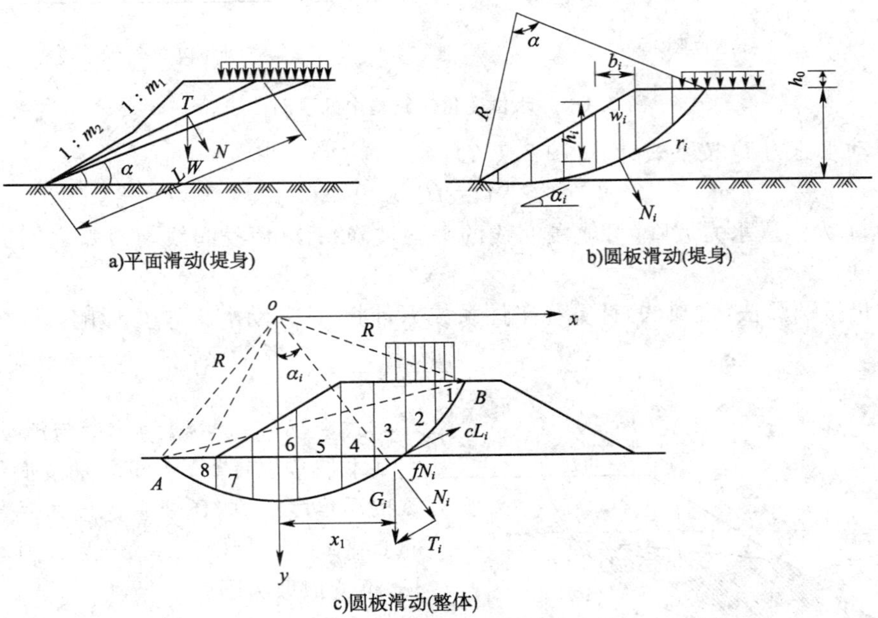

图 2.1.4　高路堤边坡稳定性计算图式

3. 陡路堤稳定性计算

当地面横坡陡于 1∶2.5 时，在验算堤身或地基稳定性同时，还要检验路堤沿基底接触面或基下的基岩面下滑的可能性。如果滑面为平面，则按平面滑动法计算稳定系数。如果滑面为折线，则按剩余推力法（即不平衡力传递法）计算稳定系数，或直接假定稳定系数为允许最小值（1.25），按剩余推力法计算最后剩余推力。如果剩余推力为正值，路堤即不稳定，需采取相应的稳定措施。陡路堤稳定性计算图式如图 2.1.5 所示。

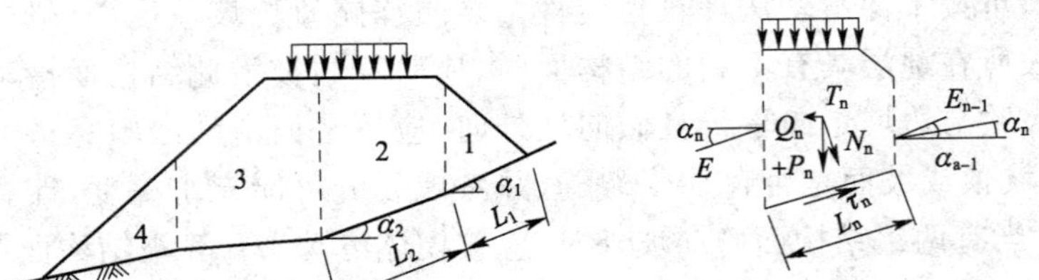

图 2.1.5　陡坡路堤计算图式（折线滑动面）

4.浸水路堤稳定计算

河滩与沿河路堤浸水后，路堤要受到水的浮力和渗透动水压力的作用。当水位骤然降落时，产生的渗透动水压力的方向指向堤外[图 2.1.6a)]，降低了路堤的稳定性。当路堤两侧水位不同时，水将由水位高的一侧向低的一侧渗透，也将产生动水压力[图 2.1.6b)]。同时，由于路堤填土在浸水饱和后，抗剪强度显著减弱，在稳定性计算时应予以考虑。

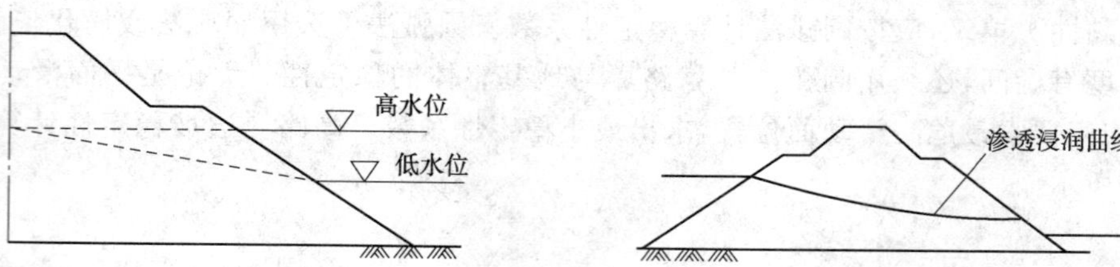

a)水位骤降　　b)同侧水位不一致

图 2.1.6　水位变化时路堤中的浸润曲线

渗透动水压力 D 按下式计算(图 2.1.7)

$$D=I\Omega_0\gamma_0 \tag{2.1.4}$$

式中，I 为渗透水力坡降(可取浸润线的平均坡降)；Ω_0 为浸润线与滑弧之间的面积；γ_0 为水的重度。

通常仍按圆弧法(瑞典法)计算稳定性系数 K，同时计入动水压力 D 影响，即

$$K=\frac{M_{抗滑}}{M_{滑动}+DS} \tag{2.1.5}$$

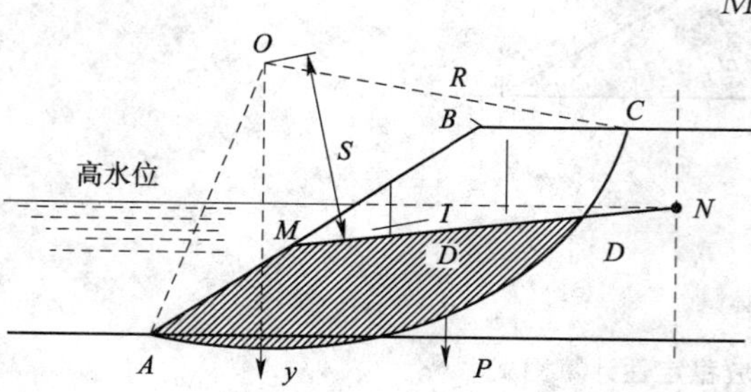

图 2.1.7　动水压力计算示意

式中，$M_{抗滑}$、$M_{滑动}$ 为抗滑与滑动力矩，它们基本按常规计算，不同的是浸润线以下土重按浮重度计算，还要考虑浸水后土料强度的变化；S 为动水压力；D 为对圆心的力臂长，可近似取为圆弧半径。

当黏性填料压实度很高几乎不透水时，或砂性填料透水性很强时，水位骤降引起的动水压力极小，可忽略不计。

5.路堑稳定计算

当挖方路基工程地质、水文地质条件不良或边坡较高时(特别是土质边坡高度超过 20 m、石质土按其胶结和密实程度和边坡高度超过 20～30 m、石质边坡高度超过 30 m)，应进行边坡稳定性验算。

土质深路堑边坡坡度可以采用力学验算方法确定。黏性土路堑，可按圆弧法计算稳定性；碎石土路堑，可按平面滑动法计算稳定性。岩质深路堑边坡坡度，一般按工程地质法确定。若路堑边坡所在地层具有不利的结构面时，应验算边坡沿此结构面滑动的可能。当一组结构面走向大致与边坡走向平行且倾向坡外时，应按平面滑动法验算边坡沿该结构面滑动的可能，核对坡顶或坡面是否存在张裂缝，并考虑裂缝可能充水深度，计算边坡稳定性系数(图 2.1.8)。当有两组结构面倾向坡外时，应按楔体滑动法计算被结构面切割的楔体稳定性系数(图 2.1.9)。

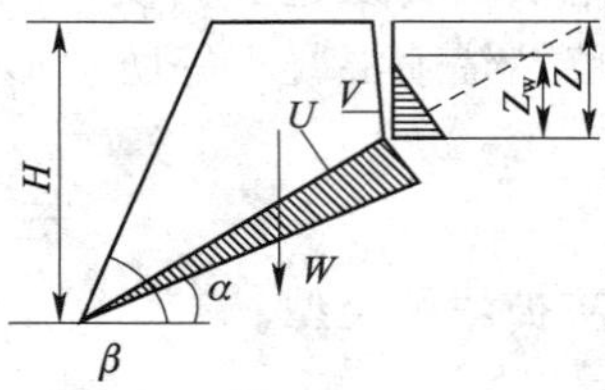

图 2.1.8　具有张节理和静水压力的边坡

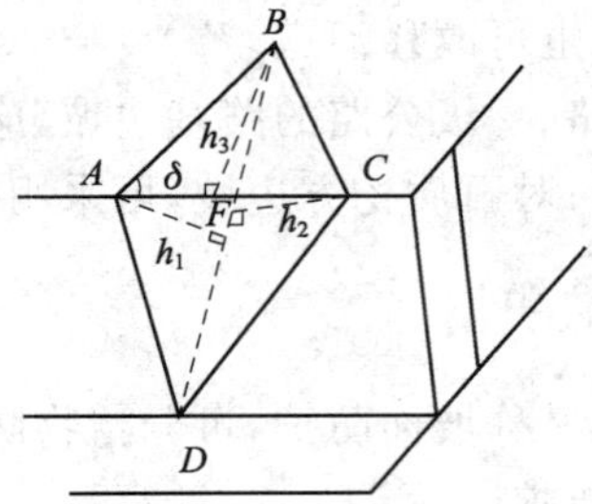

图 2.1.9　楔形体变形边坡示意

岩体结构面的强度比岩体本身要小得多，其值是计算岩质深路堑边坡稳定性的关键。在没有试验数据情况下，可参考表 2.1.6 和表 2.1.7 选定。

各类软弱面与抗剪强度有关的参数一般变化范围　　表 2.1.6

软弱面类型	摩擦角 φ	摩擦系数 f	单位黏聚力 c/kPa
各种泥化的软弱面、滑石片岩片理面、云母片岩片理面等	9°～20°	0.16～0.36	0～50
黏土岩层面、泥灰岩层面、凝灰岩层面、夹泥断层、页岩层面、炭质夹层、千枚岩片理面、绿泥石片岩片理面等	20°～30°	0.36～0.58	50～100
砂岩层面、石灰岩层面、部分页岩层面、构造节理等	30°～40°	0.58～0.84	50～100 有时至 400
各种坚硬岩体的构造节理、砾岩层面、部分砂岩层面、部分石灰岩层面等	40°～43.5° 有时至 49°	0.84～0.95 有时至 1.15	80～220 有时至 500

软弱夹层与抗剪强度有关的参考数值　　表 2.1.7

软弱夹层性质	f	c/kPa	软弱夹层性质	f	c/kPa
含阳起石的构造挤压破碎带	0.48	27	节理中充填 30%的黏土	1.0	100
黏土页岩夹层	0.40	15	节理中充填 40%的黏土	0.51	0
断层破裂带	0.35	0	碎石充填的节理	0.4～0.5	100～300
膨润土薄层充填的页岩状石灰岩	0.13	15	有黏土覆盖的节理	0.2～0.3	0～100
膨润土薄层	0.21～0.30	93～119	含角砾的泥岩	0.42	10

第二节　路基防护与加固

一、路基防护的一般原则

路基防护工程是防治路基病害、保证路基稳定、改善环境景观、保护生态平衡的重要设施。选用防护类型应根据公路等级、当地气候、水文、地形、地质条件及筑路材料分布情况确定，并与周围景观协调。路基防护包括边坡防护、冲刷防护、改移河道三大类型。

边坡防护工程应在稳定的边坡上设置。在适宜于植物生长的土质边坡上，应优先采用种草、铺草、植树等植物防护措施。岩体风化严重、节理发育、软质岩石、松散碎(砾)石土的挖方边坡以及受水流侵蚀、植物不易生长的填方边坡，可采用护面墙、砌石、砌混凝土块等工程防护措施。

沿河路基，在受水浸淹和冲刷的路段，可采用挡土墙、砌石护坡、石笼、抛石等直接防护措施。为改变水流方向，降低设防部位水流流速，可设置导治构造物，如丁坝、顺坝等间接防护措施，必要时也可改移河道。

对高速公路、一级公路的路基边坡，应根据不同地质情况及边坡高度，分别采取植物、框格、护坡等防护；对石质挖方边坡，可采用护坡、护面墙及锚喷混凝土等防护形式。

二、边坡防护

边坡防护，又称坡面防护，可分植物防护与工程防护两种类型。

(一)植物防护

植物防护包括种草、铺草皮、植树。

1. 种草

选用适当草种，宜采用易成活、生长快、根系发达、叶茎低矮或有匍匐茎的多年生草种。已扎根的种草防护边坡，可允许缓慢流水(0.4～0.6 m/s)的短时冲刷。经常或长期浸水的路堤边坡，不宜采用种草防护。

2. 铺草皮

适于需迅速绿化的土质边坡。草皮应选择根系发达、茎矮叶茂的耐旱草种，不宜采用喜水草种。沿河路堤边坡铺草皮防护可允许流速1.2～1.8 m/s的季节性水流冲刷。经常性浸水和受流冰影响的路堤边坡，不宜采用铺草皮防护。

3. 植树

植树应植在1∶1.5或更缓的边坡上，或在边坡以外的河岸及漫滩处。树种应选用迅速生长且根深枝密的低矮灌木类。

(二)工程防护

工程防护包括框格防护、封面(抹面、捶面、喷浆和喷射混凝土)、护面墙、干砌片石护坡、浆砌片(卵)石护坡、水泥混凝土预制块护坡、锚杆铁丝网喷浆或喷射混凝土护坡。

1. 框格防护

框格防护可采用混凝土、浆砌片(块)石、卵(砾)石等做骨架，框格内宜采用植物防护或其他辅助防护措施。土质或风化岩石边坡进行防护时，可采用预制混凝土砌块或栽砌卵石、干砌片石等做骨架；对较陡、深挖方边坡，宜采用现浇混凝土和浆砌片(块)做骨架。

2. 封面

封面包括抹面、捶面、喷浆、喷射混凝土等防护形式。抹面防护适用于易风化的软质岩石挖方边坡。捶面防护适用于易受雨水冲刷的土质边坡和易风化的岩石边坡。喷浆和喷射混凝土防护适用于易风化、裂隙和节理发育、坡面不平整的岩石挖方边坡。砂浆强度不应低于M10，厚5～10 cm；混凝土强度不应低于C15，厚10～15 cm。

3. 护面墙

护面墙适用于防护易风化或风化严重的软质岩石或较破碎岩石的挖方边坡以及坡面易受侵蚀的土质边坡。护面墙应采用浆砌片、块石结构，缺乏石料的地区，也可用现浇混凝土或预制混凝土结构，混凝土强度不应低于C15，砌筑用砂浆强度不应低于M5。寒冷地区不应低于M7.5。护面墙可分实体式、窗孔式、拱式等类型，应根据边坡地质条件合理选用。

4. 干砌片石护坡

适用于易受水流侵蚀的土质边坡、严重剥落的软质岩石边坡、周期性浸水及受水流冲刷较轻(流速小于2～4 m/s)的河岸或水库岸坡的坡面防护。干砌片石护坡一般分为单层铺砌和双层铺砌两种。单层或双层的上层厚0.25～0.35 m，双层的下层厚0.15～0.25 m。铺砌层下设碎石或砂砾垫层，厚0.1～0.15 m。

5. 浆砌片(卵)石护坡

适用于防护流速较大(3～6 m/s),波浪作用较强,有流冰、漂浮物等撞击的边坡。采用的砂浆强度不应低于M5。护坡厚度0.25～0.50 m,底面设厚0.10～0.15 m的碎石或砂砾垫层。

6. 水泥混凝土预制块护坡

适用于石料缺乏地区。预制块的混凝土强度不应低于C15,严寒地区不应低于C20,厚度不应小于20～30 cm。预制块底面下应设置碎石、砂砾垫层或土工织物。

7. 锚杆铁丝网喷浆或喷射混凝土护坡

适用于坡面为碎裂结构的硬岩或层状结构的不连续地层以及坡面岩石与基岩分开并有可能下滑的挖方边坡。锚杆应嵌入稳固基岩内,直径宜为16～32 mm,间距1.0～1.5 m,压力灌注1∶3的水泥砂浆。铁丝网宜采用直径2 mm的普通镀锌铁丝制成,网孔尺寸为20～25 cm。

三、冲刷防护

冲刷防护一般分为直接防护和间接防护两类。

(一)直接防护

直接防护包括植物、砌石、抛石、石笼、挡土墙等。

1. 抛石

抛石适用于经常浸水且水深较大的路基边坡或坡脚,以及挡土墙、护坡的基础防护(图2.2.1)。抛石石料块径应大于0.3 m,坡度不应陡于所抛石料浸水后的天然休止角,顶宽不应小于所用最小石料块径的两倍。大块石料缺乏的地区,也可用预制混凝土异型块作为抛投材料。

2. 石笼

石笼分为铁丝石笼(图2.2.2)和钢筋混凝土框架石笼。前者可容许流速4～5 m/s的水流冲刷;后者可用于急流滚石河段。石笼内石料要坚硬且未风化、浸水不崩解。石笼下用碎石、砾石、卵石垫平或铺设一层土工布,垫层厚度0.2～0.4 m。

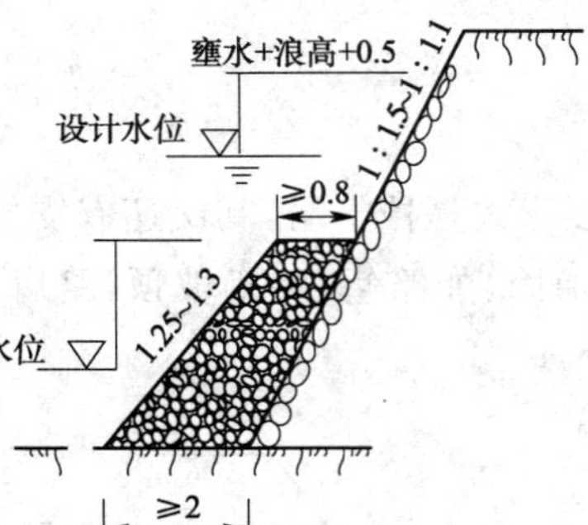

图 2.2.1 抛石防护(尺寸单位:m)

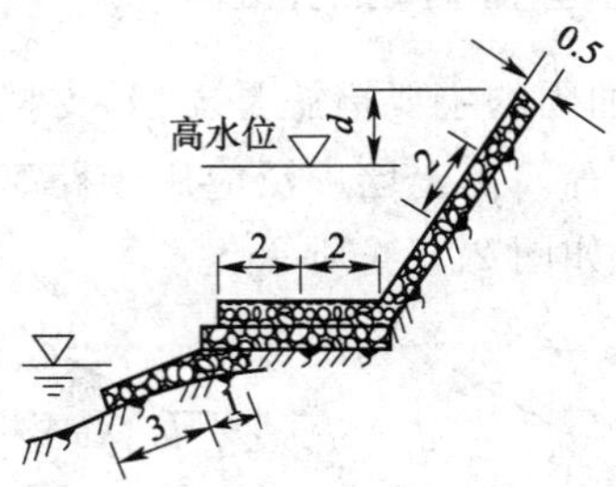

图 2.2.2 铁丝石笼防护(尺寸单位:m)

(二)间接防护

间接防护包括导治构造物以及改移河道,营造防护林带等。设置导治结构物可改变水流方向,消除和减缓水流对堤岸直接破坏。导治结构物主要是坝,按其与河道的相对位置,一般可分为丁坝、顺坝或格坝。

1. 丁坝

丁坝大致与堤岸垂直或斜交，适于宽浅变迁性河段，用以挑流或降低流速，减轻水流对河岸或路基的冲刷。丁坝可采用铁丝石笼或相互铰接的预制混凝土块等柔性结构物，也可用石砌或现浇混凝土等刚性结构物。

2. 顺坝

顺坝大致与堤岸平行，适用于河床断面较窄、基础地质条件较差的河岸或沿河路基防护，调整流水曲度和改善流态。顺坝一般采用石砌或混凝土结构。

3. 格坝

格坝在平面上成网格状，设于顺坝与堤岸之间，防止高水位时水流溢入冲刷坝内岸坡和坡脚，并促进格间的淤积。

丁坝、顺坝和格坝布置示意如图 2.2.3 所示。

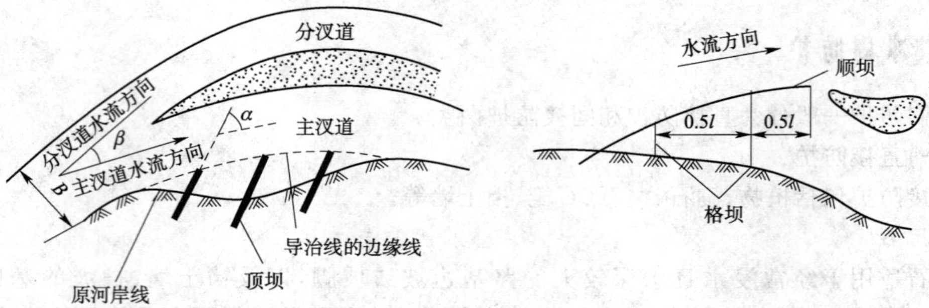

图 2.2.3 顶坝、顺坝和格坝布置示意

四、改移河道

沿河路基受水流冲刷严重，或防护工程艰巨，以及路线在短距离内多次跨越弯曲河道时可改移河道。但是，对主河槽改动频繁的变迁性河流或支流较多的河段不宜改河。改河起、终点的位置应顺应河势，设在河流较稳定的河段。在新河道进口处的原河道上应修筑拦水坝，以引水进入新河道；终点应与原河道顺接。

五、路基加固（挡土墙）

路基加固的主要措施是支挡，支挡结构的主要形式是挡土墙，其次还有支撑路堤坡脚的石垛、土堤等。挡土墙广泛应用于路基各个部位加固，如路堑、路堑坡顶、路肩、路堤坡脚及沿河路堤，如图 2.2.4 所示。

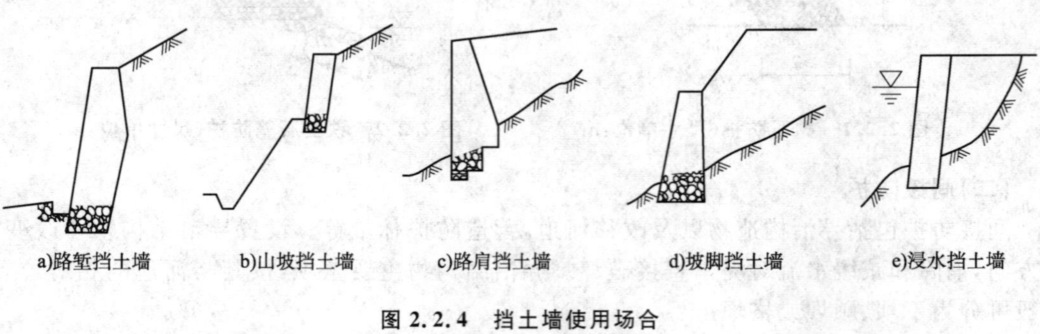

图 2.2.4 挡土墙使用场合

1. 挡土墙类型

按其结构特点，挡土墙可分为多种类型：(石砌)重力式、(石砌)衡重式、(混凝土)半重力式、(钢筋混凝土)悬臂式、(钢筋混凝土)扶壁式、柱板式、锚杆式、锚定板式、桩板式、垛式和加筋土式，如图 2.2.5 所示。

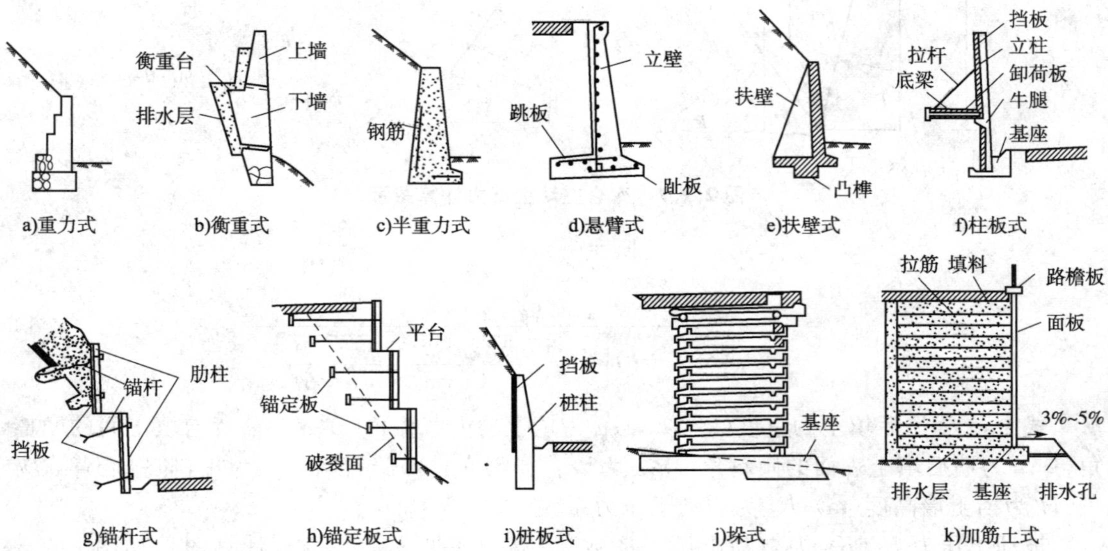

图 2.2.5 挡土墙类型

2. 挡土墙土压力计算

作用于挡土墙上的土压力有主动土压力、被动土压力和静止土压力三种类型，它们对应墙体变形的模式分别是墙体向土体外移动、墙体向土体内移动和墙体原位不动，参见图 2.2.6。

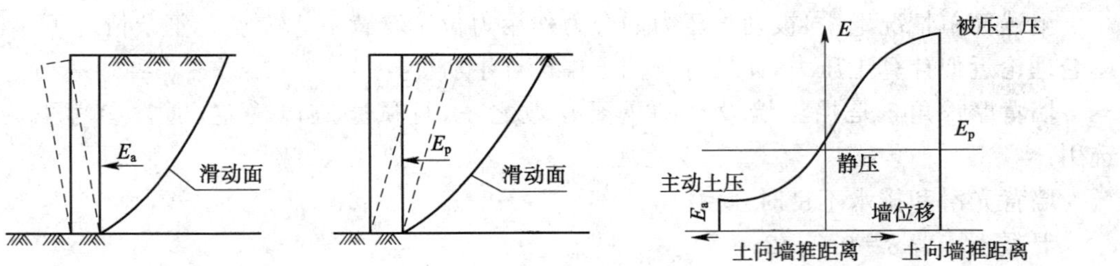

图 2.2.6 土压力类别

土压力计算方法有库仑理论和朗肯理论。在挡土墙设计中，广泛使用的是库仑理论。库仑理论要点是：假设墙体做充分刚性移动时，墙后土体形成平面滑裂面；滑裂面与墙体之间的土体达到极限平衡；根据力的平衡条件求出作用于墙体的土压力；滑裂面倾角大小使主动土压力达到最大、被动土压力达到最小。库仑土压力简单实用，但大量试验和严格理论分析表明，滑裂面不是平面。这种近似假设导致的主动土压力误差不大，当墙面摩擦角较大时，计算的被动土压力值比实际大，宜采用较大的安全储备。基于曲面滑裂面假设的土压力理论可克服库仑理论的缺点，限于篇幅，这里不作介绍。

墙背倾斜、填土均质无黏性、地表倾斜无超载情况下的库仑主动压力 E_a 计算公式见式(2.2.1)，其计算图示如图 2.2.7 所示。

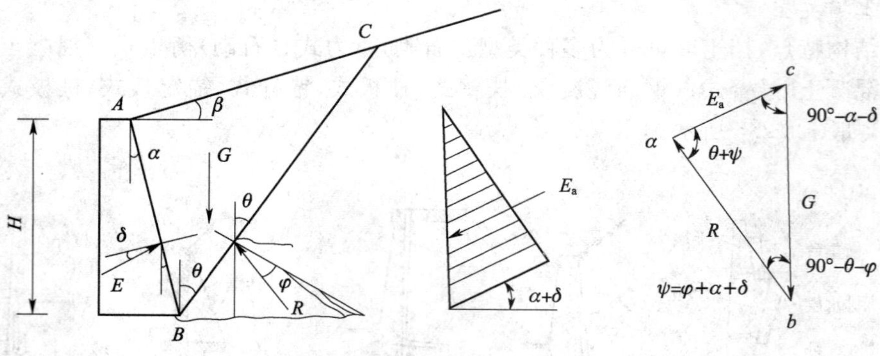

图 2.2.7 库仑主动土压力计算图示

$$E_a=\frac{1}{2}\gamma H^2 K_a$$

$$K_a=\frac{\cos^2(\varphi-\alpha)}{\cos^2\alpha\cos(\alpha+\delta)\left[1+\sqrt{\frac{\sin(\varphi+\delta)\sin(\varphi-\beta)}{\cos(\alpha+\delta)\cos(\alpha-\beta)}}\right]^2} \tag{2.2.1}$$

式中，γ 为墙后填土的重度（kN/m^3）；φ 为填土的内摩擦角（°）；δ 为墙背与填土间的摩擦角（°）；β 为墙后填土表面的倾斜角（°）；α 为墙背倾斜角（°），俯斜墙背 α 为正，仰斜墙背 α 为负；H 为挡土墙高度（m）；K_a 为主动土压力系数。

被动土压力 E_P（K_P 为被动土压力系数）计算公式见式（2.2.2），计算图示如图 2.2.7 所示。

$$E_P=\frac{1}{2}\gamma H^2 K_P \tag{2.2.2}$$

$$K_P=\frac{\cos^2(\varphi+\alpha)}{\cos^2\alpha\cos(\alpha-\delta)\left[1-\sqrt{\frac{\sin(\varphi+\delta)\sin(\varphi+\beta)}{\cos(\alpha-\delta)\cos(\alpha-\beta)}}\right]^2} \tag{2.2.3}$$

上述简单情况下主、被动土压力的合力作用力位于墙背下 1/3 点。复杂情况下，可应用库仑理论近似计算土压力，详见有关挡土墙设计手册。

墙背摩擦角 δ 是挡土墙设计的重要参数之一，且试验难以确定，通常参考下列数值选用：

墙背光滑和排水不良时 $\delta=0$；

混凝土墙背 $\delta=0\sim\varphi/2$；

一般情况和排水良好的石砌墙背 $\delta=\varphi/2\sim2\varphi/3$；

台阶形的石砌墙背和排水良好时 $\delta=2\varphi/3$。

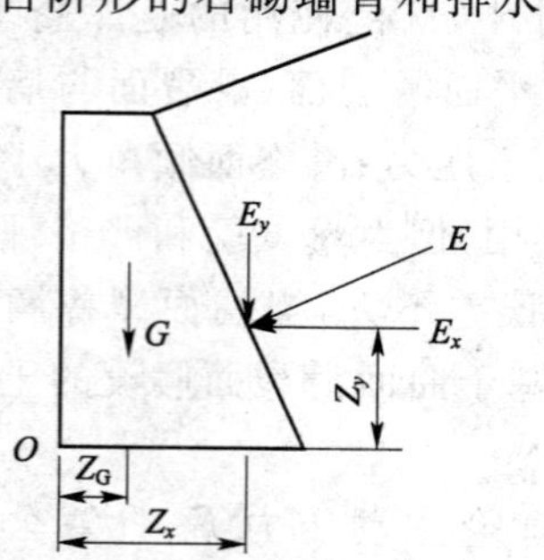

图 2.2.8 作用于挡土墙的力系

3. 挡土墙稳定性验算

为保证挡土墙墙身的稳定，需进行五个方面的验算，即滑动稳定验算、倾覆稳定验算、偏心距验算、承载力验算和整体稳定性验算。

作用于挡土墙的力系见图 2.2.8，图中的各符号意义分别是：G 为墙身自重；Z_G 为 G 对墙趾的力臂；E_x、E_y 为主动土压力的水平和垂直分量；Z_x、Z_y 为 E_y、E_x 对墙趾的力臂。

(1)滑动稳定验算

挡土墙沿基底滑动的稳定性系数 K_c 定义为抗滑力与滑动力之比，K_c 不得小于 1.3，即

$$K_c=\frac{(G+E_y)\mu}{E_x}\geqslant 1.3 \tag{2.2.4}$$

式中，μ 为基底摩擦系数，参见表 2.2.1 选取。

基底摩擦系数 μ 参考值 表 2.2.1

地基土分类	μ	地基土分类	μ
软塑黏土	0.25	碎石类土	0.5
硬塑黏土	0.3	软质岩石	0.4～0.6
亚砂土、亚黏土、半坚硬黏土	0.3～0.4	硬质岩石	0.6～0.7
砂类土	0.40		

(2)倾覆稳定验算

挡土墙绕趾倾覆的稳定性系数 K_0 定义为稳定力矩与倾覆力矩的比值，K_0 不得小于 1.5，即

$$K_0=\frac{GZ_G+E_yZ_x}{E_xZ_y}\geqslant 1.5 \tag{2.2.5}$$

(3)偏心距验算

$$e=\frac{B}{2}-\frac{GZ_G+E_yZ_x-E_xZ_y}{G+E_y}\leqslant\frac{B}{6}(\text{土质})\text{或}\frac{B}{4}(\text{岩质}) \tag{2.2.6}$$

(4)基底应力验算

基底最大应力 σ_i 与偏心距 e 的大小有关。

$$\sigma_1=\frac{G+E_y}{B}\left(1+\frac{6e}{B}\right)\qquad \text{当 } e\leqslant\frac{B}{6} \tag{2.2.7}$$

$$\sigma_1=\frac{2(G+E_y)}{1.5B-3e}\qquad \text{当 } e>\frac{B}{6} \tag{2.2.8}$$

要求基底最大应力 σ_1 不得大于地基的容许承载力[R]，即

$$\sigma_1\leqslant[R] \tag{2.2.9}$$

(5)整体稳定性验算

当基底土层软弱，还需验算挡墙及其后填土沿基底下土层整体滑动的稳定性系数，验算方法同边坡稳定性计算。

第三节 路基填料的选用及填筑标准

一、填料分类

理想的路基填料应该是强度高、水稳性好、压缩性小且便于压实，料源距填筑场地尽量近。按优劣程度排序，路基填料通常分成以下几类。

1.砾石、不易风化的石块

渗水性很强、水稳性好、强度高，且施工不受季节影响。石块空隙用小石块填密并压实后，路堤残余下沉量很小，行车荷载下塑性变形也小。此类土为最佳填料。

2.碎石土、卵石土、砾石土、粗砂、中砂

渗水性强、水稳性好、具有足够的强度。但黏性土含量过多时，水稳性能降低较多。此

类为良好填料。

3. 砂性土(低液限黏土,粉质低液限砂土)

因含一定量的粗颗粒,具有足够的强度与水稳性;同时含有一定量的细颗粒,能将粗颗粒黏结起来。此类土亦为良好填料。

4. 黏性土(中液限黏土和高液限黏土)

渗水性很差,干燥时坚硬不易挖掘,浸湿后强度急剧下降,变形大。此类土不是理想填料。在充分碾压和有良好排水设施情况下,可作路基填料。

5. 粉性土(粉质低液限黏土、粉土、粉质中液限黏土)

含有较多的粉土颗粒,干时稍有黏结性,但易被压碎,浸水时迅速被湿透,毛细水作用强烈,在季节性冰冻区,水分积聚现象严重,易造成冻胀翻浆,水饱和时又有振动液化的可能。此类土为最差填料。

6. 重黏土

渗水性极差,塑性指数和液限很高,干时坚硬难挖掘,湿时膨胀性和塑性很大。此类土不宜作路基填料。

二、填料的选用

填方路基宜选用级配较好的粗粒土作为填料。

砾(角砾)类土、砂类土应优先选作路床填料,土质较差的细粒土可填于路堤底部。用不同填料填筑路基时,应分层填筑,每一水平层均应采用同类填料。

泥炭、淤泥、冻土、强膨胀土及易溶盐超过允许限量的土,不得直接用于填筑路基。

冰冻地区上路床及浸水部分的路堤,不应直接采用粉质土填料。

强风化岩石及浸水后容易崩解的岩石,不宜作为浸水部分路堤填料。

细粒土作填料,当土的含水率超过最佳含水率两个百分点以上时,应采取晾晒或掺入石灰、固化材料等技术措施进行处理。

桥涵台背和挡土墙墙背填料,应优先选用内摩擦角值较大的砾(角砾)类土、砂类土填筑。

三、填筑标准

高速公路、一级公路路基填料最小强度和填料最大粒径应符合表 2.3.1 的规定,其他等级公路可参考采用。

路基填料最小强度和最大粒径要求 表 2.3.1

项目分类		中面底面以下深度/cm	填料最小强度(CBR)		填料最大粒径/cm
			高速公路、一级公路	其他等级公路	
填方路基	上路床	0～30	8%	6%	10
	下路床	30～80	5%	4%	10
	上路堤	80～150	4%	3%	15
	下路堤	150 以下	3%	2%	15
零填及路堑路床		0～30	8%	6%	10

注:1. 当路床填料 CBR 值达不到表列要求时,可采取掺石灰或其他稳定材料处理。

2. 其他公路铺筑高级路面时,应采用高速公路、一级公路的规定值。

3. 粗粒土(填石)填料的最大粒径,不应超过压实层厚度的 2/3。

4. CBR(加州承载比)是一种评定土基及路面材料承载能力的指标。承载能力以材料抵抗局部荷载压入变形的能力表征,并采用高质量标准碎石为标准,以它们的相对比值表示 CBR 值,可以通过室内和现场试验测定 CBR 值。

第四节　路基施工质量控制及监测

路基施工质量控制及监测主要是针对路基填筑施工过程中填料选择与压实。

一、路基施工质量控制

为了便于理解，先简要介绍土基压实机理与影响因素。

1. 土基压实机理和影响因素

土质路基在施工过程中需分层压实，使其达到一定的密实度，以提高路基的强度、稳定性以及抗形变和抗侵蚀冲刷能力。此外，经过压实的土基，透水性降低，毛细水上升高度减小，在季节性冰冻地区可防止冻胀与翻浆。路基顶面经压实后，可避免因水分干湿作用引起的自然沉陷和行车产生压密变形，保证了路面正常工作。

路基土通常是由土粒、水分和空气组成的三相体系。受压后，土粒空隙中大部分空气被挤出土体（少量溶于水中），土粒不断靠拢并重新排列成密实的结构，因而提高了土的强度。同时，由于土体空隙减小，降低了土渗透性，减小了毛细水的上升高度。

影响土压实性能的主要因素是含水率、土质和压实功，以下作一简单介绍。

（1）含水率

试验表明，土的压实特性与含水率有非常密切的关系。当压实功一定时，土的密实度随含水率的增加而增加，当含水率超过某个值即最佳含水率 ω_0 时，土的密实度随含水率的增加反而减小。在最佳含水率状态，土能获得最大的密实度 ρ_c。

另外，试验还表明，在最佳含水率处，饱水后土的强度降低不多，水稳性较好。因此，路基填料压实应尽量在接近最佳含水率状态下进行。如天然土偏离最佳含水率状态较多，应晾干或洒水，使其符合含水率要求，再分层填筑压实。

（2）土质

不同土质其最佳含水率与最大干密度是不同的。黏性较大的土，其最佳含水率 ω_0 较高，但最大干密度较低（$\rho_c<17\ kN/m^3$），因此压实性能较差。亚黏土和亚砂土的压实性能较好，$\rho_c>18\ kN/m^3$。砂土的颗粒粗，透水性好，水分易流失，不存在最佳含水率。

（3）压实功

同一种土的最佳含水率随压实功的增加而减小，最大干密度随压实功的增加而增加。原则上，可以通过增加压实功的方法（如加大落锤重量或高度，增加碾压次数），提高填土的密实度。但当压实功增加到一定程度时，土的密度增加不再显著了，用此种方法提高土的密实度就显得不经济了，此时应采用其他措施，如改良填料使土的密实度达到设计要求。

2. 路基土压实标准

路基土压实度按重型、轻型两种标准击实试验方法确定。重型标准的压实功相当于12～15 t压路机的碾压效果，轻型标准的压实功相当于6～8 t压路机的碾压效果，其最大密实度比重型标准小6%～12%，最佳含水率大2%～8%。

实际工程施工时，很难完全达到标准击实试验确定的最大干密度。不同等级、不同地区公路以及路基不同部位对压实的要求是不一样的。路基压实度 K 定义为实际施工达到的干密度与室内标准击实得到的最大干密度之百分比。表2.4.1和表2.4.2分别列出以重型和轻型击实方法为标准的路基压实度。

路基压实度(重型) 表 2.4.1

填挖类型		路面底面以下深度/cm	压实度	
			高速公路、一级公路	其他等级公路
填方路基	上路床	0～30	≥95%	≥93%
	下路床	30～80	≥95%	≥93%
	上路堤	80～150	≥93%	≥90%
	下路堤	150 以下	≥90%	≥90%
零填及路堑路床		0～30	≥95%	≥93%

路基压实度(轻型) 表 2.4.2

填挖类型		路面底面以下深度/cm	压实度	
			高速公路、一级公路	其他等级公路
填方路基	上路床	0～30		≥95%
	下路床	30～80	≥98%	≥95%
	上路堤	80～150	≥95%	≥90%
	下路堤	＞150	≥90%	≥90%
零填及路堑路床		0～30	—	≥95%

3.路基填筑施工质量控制

(1)基底

基底土密度、地面横坡缓于 1∶5 时，路堤可直接填筑在天然地面上。路堤基底为耕地或松土时，应先清除有机土、种植土，平整后按规定要求压实。一级公路和二级公路路堤基底的压实度(重型)不应小于 85%；当路堤填土高度小于路床厚度(80 cm)时，基底的压实度不宜小于路床的压实度标准；基底松散土层厚大于 30 cm 时，应翻挖再回填分层压实。

(2)路床

路床土质应均匀、密实、强度高。上路床压实度达不到规定要求时，必须采取晾晒、掺石灰等技术措施。挖方地段的路床为岩石或土基良好时，可直接作为路床，并应平整、碾压密实。地质条件不良或土质松散、渗水、湿软、强度低时，应采取防水、排水措施或掺石灰处理或换填渗水性土等措施，处理深度可视具体情况确定。

(3)土方路堤

土方路堤应分层填筑、分层压实。采用机械压实时，分层的最大松铺厚度，高速公路和一级公路不应超过 30 cm；其他公路，视具体情况试验确定，但最大不超过 50 cm。填筑至路床顶面最后一层的最小压实厚度，不应小于 8 cm。

(4)含水率控制

细粒土、砂类土和砾石土不论采用何种压实机械，均应在该种土的最佳含水率(10%)以内压实。用透水性不良的土填筑路堤时，应控制其含水率在最佳含水率±2%之内。当土的实际含水率不位于上述范围内时，应均匀加水或将土摊开、晾干，使其达到上述要求后方可进行压实。运输上路的土在摊平后，其含水率若接近于压实最佳含水率时，应迅速压实。

当需要进行人工加水时，达到压实最佳含水率所需要的加水量可按式(2.4.1)估算。

$$m=(\omega_0-\omega_s)\frac{Q}{1+\omega_s} \tag{2.4.1}$$

式中，m 为所需加水量；ω_s 为土原来的含水率；ω_0 为土的压实最佳含水率；Q 为需要加水的土的质量。

需要加的水宜在取土的前一天浇洒在取土坑内的表面，使其均匀渗透土中，也可将土运至路堤上后，用水车均匀、适量地浇洒在土中，并用拌和设备拌和均匀。

(5)碾压施工

碾压前应对填土层的松铺厚度、平整度和含水率进行检查，符合要求后方可进行碾压。

压实应根据现场压实试验提供的松铺厚度和控制压实遍数进行。若控制压实遍数超过10遍，应考虑减少填土层厚，经压实度检验合格后方可转入下道工序。不合格处应进行补压后再做检验，一直达到合格为止。

高速公路和一级公路路基填土压实宜采用振动压路机或35～50 t轮胎压路机进行。采用振动压路机碾压时，第一遍应不振动静压，然后先慢后快，由弱振到强振。

各种压路机的碾压行驶速度开始时宜用慢速，最大速度不宜超过4 km/h；碾压时直线段由两边向中间，小半径曲线段由内侧向外侧，纵向进退式进行。应达到无漏压、无死角，确保碾压均匀。

二、路基压实质量检测

①路基土的压实最佳含水率及最大干密度以及其他指标应在路基修筑半个月前，在取土地点取具有代表性的土样进行击实度试验确定。每种土至少应取一组土样试验。施工中如发现土质有变化，应及时补做全部土工试验。

②土质路基的压实度试验方法可采用灌砂法、环刀法、蜡封法、灌水法(水袋法)或核子密度湿度仪(简称核子仪)法。采用核子仪法时，应先进行标定和对比试验。

③每一压实层均应检验压实度，合格后方可填筑其上一层。否则应查明原因，采取措施进行补压。检验频率每2 000 m^2 检验8点，不足200 m^2 时，至少应检验2点，检验标准是每点都符合表2.4.1或表2.4.2规定。

④填石路堤的紧密程度在规定深度范围内，以通过12 t以上振动压路机进行压实试验，当压实层顶面稳定，不再下沉(无轮迹)时，可判为密实状态。

⑤土质路床顶面压实完成后，应进行弯沉检验。路床顶面的检测弯沉值在考虑季节影响之后应符合设计要求。当设计提供为路基回弹模量时，则应采用设计规范规定的换算公式，计算设计要求的弯沉值。

⑥对填石及土石路堤如设计规定需在路床顶面进行强度试验时，应按设计规定办理。

⑦土质路床顶面检验的压实度和弯沉值均应满足要求。如仅有一项满足要求时，应找出原因，予以处理。

第五节　特殊土质及特殊条件下路基设计方法

一、软土地区路基

软土包括饱水的软弱黏性土和淤泥，其特点是：天然含水率高、孔隙比大、压缩系数大、渗透系数小、强度低及灵敏度高。在软土地区筑路，易产生路堤失稳或沉降过大等问题。

1.设计原则

①为避免路基沉降危害，应首先考虑提前填筑路堤，在其充分沉降后再修筑构造物；如

同时施工，须设置达到持力层的基础，以防止过大的位移和沉降。

②高等级公路应严格控制在规定年限内的工后剩余沉降量。如难以达到要求，则应考虑设置桥头搭板、铺筑临时性路面、加强养护的分期修建方案。

③为保证路堤稳定或控制工后剩余沉降，均需采取相应的处理措施；必要时，在正式施工前，在现场修筑试验路，并对其稳定和沉降情况进行观测，以期选择适当的处理措施。

2.软土地基常用处理方法

①开挖换填法：利用人工或机械挖除软土，换填强度较高的黏性土或砂砾、碎石、卵石等，适用于软土层位于地表地段，换土深度不宜超过3 m。

②抛石挤淤：在液性指数较大的软土中，抛投片石将软土挤出，一般用于积水洼地、软土层厚度小于3 m的地段。

③爆破排淤法：将炸药放在软土中爆炸，利用爆炸时的张力作用，把淤泥扬弃，然后回填强度较高的渗水性土。

④反压护道法：在路堤的两侧或一侧设置反压护道，其高度宜为路堤的1/3～1/2；宽度应通过稳定性计算确定，且应满足路堤工后沉降要求。

⑤土工织物加固：在路堤底部设置强度高、变形较小、老化慢的土工织物，由于土工织物承受拉力，可增加抗滑力矩，提高了路堤的稳定性。

⑥路堤荷载压重法：以路堤荷载增加作用于地基上的总应力，加速固结沉降，同时提高地基强度。一般采用慢速加载法。经常与垂直排水法并用。

⑦砂垫层法：在路堤底部铺设较薄的砂垫层，使软土在路堤荷重作用下，逐渐排水固结，提高其强度。

⑧砂井排水法(袋装砂井排水法、塑料板排水法)：在软土地基中，钻孔并灌粗砂或中砂，利用路堤荷载作用，加速软土的排水固结。用袋装砂井代替普通大直径砂井时，称为袋装砂井排水法；也可直接将可排水的塑料板插入软基，同样起排水加固作用，此时称为塑料板排水法。

⑨石灰桩法：用生石灰在软土地基内形成桩柱，通过生石灰的消解和水化物的生成，以降低土中含水率，提高地基强度，减小沉降量；也可采用和砂井并用的石灰砂桩。

⑩其他方法：如真空预压法、降水预压法、电渗法、侧向约束法、搅拌桩法或两种以上方法的综合应用。

二、黄土地区路基

黄土是一种以粉粒为主、多孔隙、天然含水率小、呈黄红色、含钙质的黏质土。按沉积年代，黄土分为：新黄土、老黄土和红色黄土。黄土的湿陷性是在外荷载或自重作用下受水浸湿后产生的湿陷变形。老黄土无湿陷性，而新黄土具有湿陷性和强湿陷性。

黄土地区路基常见病害有路堑边坡剥落、冲刷、滑坍、流泥、路堤下沉、坡面冲刷滑坍。

1.设计原则

①查明黄土分布范围、厚度、成因类型、地层特征、地面水和地下水分布以及各层黄土的物理力学性质和湿陷性。

②线路通过冲沟时，应分析冲沟的成因，如其有发展趋势并危及路基稳定时，应采取排水及防护措施。对于高速公路、一级公路，线路宜远离沟头。

③对线路附近的黄土陷穴，应调查其位置、形状、发展趋势和形成陷穴的水源、水量，同时评价陷穴对路基的危害程度。

④黄土地区路基设计应特别注意加强排水，并应采取拦截、分散的处理原则。设置防冲

刷、防渗漏和有利于水土保持的综合排水设施及防护工程，在对水流进行早接远送迅速引离路基的同时，还必须重视进出水口的工程处理措施。

2. 填方路基

新黄土和老黄土均可作为路堤填料。老黄土黏粒含量较高，土粒不易打碎，湿度难以调节，不宜作路床填料。另外，老黄土透水性能差，遇水软化，强度迅速降低，应予重视。

黄土地区的填方边坡高度可略高于一般地区土质的填方路基。当边坡高度小于30 m，基底情况良好或经过处理时，可采用折线边坡(上陡下缓，每段坡度为1∶1.5、1∶1.75和1∶1.2)或阶梯形边坡(下段顶预留2.5 m宽的平台，相应坡度提高为1∶1.75)。当边坡高度大于30 m时，应进行特殊设计。

通过黄土冲沟时，二级或以下公路的填方路基，可视实际情况设置加筋土挡土墙，或采用坝式路堤跨越冲沟，并在坝端设涵洞泄水。

黄土地基应满足承载力要求，否则须采用预压、预先浸水或强夯等措施处理。路基、路面排水设施须完善，路面和路肩上的降水可采用散流或集中排除。

3. 挖方路基

高度小于等于20 m的黄土路堑边坡可按工程类比确定；高度超过20 m的路堑边坡需单独验算。黄土路基边坡不宜超过30 m，否则要与桥隧方案比较。

边坡坡脚设置碎落台，坡脚以上2～3 m高度范围内的坡面设置护面墙或护坡。挖方边坡坡顶外设置截水沟或挡水埝；有地下水时，采用必要措施截排地下水。

4. 防治措施

湿陷性黄土地段应加强路基排水。对陷穴进行必要的处理，处理方法有：开挖回填夯实、灌砂或灌浆。为防止产生新的黄土陷穴，对流向陷穴的地面水应采取拦截引排措施；对挖方坡顶上方的裂缝和积水洼地，应填平夯实，防止雨水下渗。高速或一级公路通过湿陷性黄土地区时，应以防渗漏、防湿陷病害产生为主；对已产生和可能产生湿陷的地基，采用灌水预先浸湿、石灰桩或重锤夯实等方法进行压密、加固处理。

三、膨胀土地区路基

膨胀土是指土中含有较多的黏粒及亲水性较强的蒙脱石或伊利石等黏土矿物成分，它具有遇水膨胀、失水收缩的特点，是一种特殊膨胀结构的黏质土。根据主要黏土矿物成分、小于0.005 mm黏粒含量、自由膨胀率及线总胀缩率，可将膨胀土分为强、中等和弱膨胀土。

膨胀土地区的路基的主要病害是：因土体不均匀胀缩，路基路面出现波浪变形；土基浸水后软化，在行车作用下溅浆冒泥；路堤沉陷，路肩纵裂、坍塌，坡面溜塌、坍滑，堤身或沿基底滑动；路堑坡面剥落、冲蚀、泥流、坍滑，易滑坡。

1. 设计原则

①膨胀土地区路基设计，应查明膨胀土分布范围、成因类型、土体的结构层次、地下水分布及埋藏条件和膨胀土的矿物成分、物理力学性质、膨胀特性等资料。

②综合考虑膨胀土类型、土体结构与工程特性、环境地质条件与风化深度等因素，确保路基的稳定，满足路用要求。

③路基设计应避免大填、大挖，以浅路堑、低路堤通过为宜。当路基填挖大、工程艰巨、稳定性差时，应与桥隧方案比较。

④膨胀土路基设计的关键是防水、保湿、防风化，因此要结合坡面防护、降低边坡高度、连续施工、及时封闭路床和坡面。

2.填方路基

高速公路及一、二级公路路堤(高度小于1 m)基底为强或中等膨胀土时,宜挖除地表30～60 m后换填非膨胀土,或将土翻松,掺石灰处理,并随即压实。强膨胀土不应作为路基填料;中等膨胀土可用于填三、四级公路路基,并及时碾压密实;高速公路及一、二级公路采用中等膨胀土作为路床填料时应改性处理后方可填筑,掺石灰或石灰、粉煤灰的最佳配比,以其掺灰后胀缩总率不超过0.7为宜。

膨胀土地区路堤可采用直线式(适用于用弱膨胀土填筑的低路堤)或折线式(一般上陡下缓,适用填土较高或用不同土质分层填筑的路堤)。采用中等或弱膨胀土填筑路堤时,当边坡高度小于6 m时,坡度可为1∶1.5～1∶1.75;当边坡高度在6～10 m之间时,坡度可为1∶1.75～1∶2.0。

3.挖方路基

在强膨胀土及中膨胀土地段,路床应超挖30～60 cm,用改性的膨胀土或非膨胀土,及时分层回填和压实。路堑边坡形式可采用直线式、折线式或阶梯式。

深路堑边坡坡度可根据工程类比法或稳定性验算法确定。在稳定性验算时,应考虑膨胀土变动强度衰减的特性,取土体沿滑动面饱和状态时的抗剪强度值,稳定安全系数可取1.2。

4.排水与防护

膨胀土路基边沟应较一般路基的边沟适当加宽加深;阶梯式边坡应在每级平台内侧设排水沟;挖方上侧应设截水沟,其位置距坡口不应小于5 m。强膨胀土及中等膨胀土路堑边坡应进行全封闭防护,可采用浆砌片石、浆砌混凝土预制块护坡或浆砌挡土墙。

四、多年冻土地区路基

凡是土温等于或低于0℃,且含有冰的土称为冻土,这种状态保持两年及两年以上者,称为多年冻土。多年冻土按其状态分为:坚硬冻土、塑性冻土和松散冻土。

多年冻土地区路基的常见病害有:含有大量冰的多年冻土因修筑路基而融解,引起路堑边坡坍塌、路基基底发生不均匀沉陷,或由于水分向路基上部集聚而引起冻胀、翻浆等现象;路基底的冰丘、冰锥往往会使路基鼓胀,引起路基、路面的开裂与变形,当它们融化后,路基又发生不均匀沉陷。

1.设计原则

①路线通过多年冻土地区,应查明沿线多年冻土的分布、类型、冻层上限、地面水及冻结层上水等情况。

②应尽量采用路堤形式,在饱冰冻土和含土冰层地段,应采用保护多年冻土的原则;在多年冻土融化后不致引起路基病害的路段或岩石地段,允许采用路堑形式,设计方法与一般路基相同。

③路基最小填土高度应满足路面竣工后,原多年冻土天然上限位置的变动,不致影响路面强度和稳定。

④排水设施应尽量远离路基坡脚,以防止水流及其渗流影响冻土上限的变化;否则,应采取适当的防护措施。

⑤路线应在冰锥、冻丘地段下侧通过,采用排除地下水的措施,将形成冰锥、冰丘的地下水引离,并在路基上侧一定距离处设置冻结沟、挡冰堤等设施。

⑥在冻土沼泽地段,路基应采用路堤形式。利用塔头草满铺做成隔温层,以防止冻土上

限下降。路堤填料应尽量选用渗水性土，当采用细粒土填筑路堤时，路堤底部应设置毛细水隔断层，以减少地下水向路堤上部集聚。

⑦在热融湖(塘)地段时，路基应采用路堤形式。路堤应尽量选用渗水性土填筑。当基底土质较湿软时，路基两侧宜设置反压护道。

2. 填方路基

填方路基应达到最小填土高度，以防止发生翻浆和冻胀，致使路堤发生过量沉陷。在采取保护多年冻土和限制多年冻土融化深度地段，还应满足防止热融沉陷及控制热融沉陷的要求。路堤基底为饱冰细粒土或含土冰层，且地下冰层不厚时，可将该层全部挖除，并用渗水性土回填压实，再填路基。当填方基底为饱冰细粒土或含土冰层，且地下冰层较厚时，可在边坡坡脚设置保温护道及护脚，并在填方基底设置保温层。保温设施可利用当地苔藓、草坡、塔头草、泥炭或黏质土等材料筑成。另外，路基填料应用保温性能好的土。

3. 挖方路基

当融冻细粒土层中天然含水率较高时，挖方边坡应放缓到1∶1.5～1∶2.0；用叠砌草皮或反扣塔头草铺砌坡面时，边坡可用1∶1.0～1∶1.5；土质比较干燥路段和岩石路段，挖方边坡坡度可按一般路基设计。饱冰冻土、含土冰层路堑、零填与低填浅挖地段，应根据保护原冻土上限不变的原则，换填所需厚度的透水性土。在地下冰较发育的路段，路基边沟应有防渗措施，路堑坡顶不应设置截水沟或排水沟，应修筑挡水埝。

五、盐渍土地区路基

地表1 m内易溶盐含量超过0.3%时即属盐渍土。盐渍土按含盐性不同分五类，即氯盐渍土、亚氯盐渍土、亚硫酸盐渍土、盐酸盐渍土和碳酸盐渍土；按盐渍化程度不同分为四类，即弱盐渍土、中盐渍土、强盐渍土和过盐渍土。

盐渍土路基的主要病害是：溶蚀、盐胀、冻胀和翻浆。

1. 设计原则

①盐渍土地区的路基设计应查明沿线不同类型盐渍土的分布范围、含盐特征及地下水、地面水等情况；根据盐渍土类型及盐渍化程度，研究和分析可能产生的路基病害，以及当地处理病害的经验，以便采取相应的处理措施。

②盐渍土地区路基应保证排水畅通，不致因积水使土中盐分发生不利的变化。

③在盐渍土地区修路宜以路堤通过，当受条件限制采用路堑时，应进行超挖并回填渗水性土。

2. 填方路基

盐渍土填方路基对高度有一定的要求。在地下水位高的盐渍土地区，路基高度不够时，可出现冻胀、翻浆、盐胀与再盐渍化问题。路基高出地下水位的最小高度应根据盐渍土类型、公路等级、路面要求，结合毛细水强烈上升高度、冻胀深度(或盐胀深度、蒸发深度)和安全高度三个因素确定，但不得低于以下规定。弱、中盐渍土：1.0～1.2 m(中、细砂)，1.3～1.7 m(砂类土)，1.8～2.3 m(黏质土)，2.1～2.5 m(粉质土)；强盐渍土：1.1～1.3 m(中、细砂)，1.4～1.8 m(砂类土)，2.0～2.5 m(黏质土)，2.3～2.8 m(粉质土)。

盐渍土作为路基填料的可能性，与所含易溶盐的性质和数量有关，还与当地气候、水文和水文地质条件有关。一般而言，弱盐渍土均可用，中盐渍土亦可用，但(亚)硫酸盐渍土部分可用，强盐渍土和过盐渍土大都不可用。碳酸盐渍土作为路基填料时，碳酸盐含量不应超过0.5%。

盐渍土路堤边坡坡度尽量放缓，可根据土类和盐渍化程度确定：弱、中盐渍土1∶1.5、强盐渍土1∶1.5～1.75(黏质土)或1∶1.5～1∶2(砂类土)。

盐渍土地区路基除地下水位特别高的情况外,宜采用设取土坑与护坡道的横断面形式。取土坑底部高出地下水位不应小于15 cm,坑底应设置2%～3%的横坡和不小于0.2%的纵坡,排水困难的地段应在取土坑外设挡水埝。护坡道宽度应大于2 m,并设置1%～2%向外倾斜的横坡。

3.防治措施

盐渍土路基可采用排除地面水、提高路基、换填渗水性土、铲除地表过盐渍土、设置毛细水隔断层等防治措施。隔断层宜采用渗水性粗粒料填筑,厚40～50 cm,其顶、底面应设反滤层;也可用沥青砂、防渗型土工织物等不透水材料修筑。高等级公路的路肩及边坡均应采用加固措施或加宽路基0.2～0.3 m。

硫酸盐渍土路段,为减轻盐胀,可对填筑路床的硫酸盐渍土进行化学处理,常用的化学掺加剂有 $CaCl_2$、$BaCl_2$ 等,掺加剂剂量根据试验确定。

六、其他特殊地段路基

1.滑坡地段路基

线路通过滑坡地段,应查明滑床性质及滑体附近的地形、地貌、地质构造、岩性、水文地质以及滑坡的成因、类型、滑坡特征和规模等。线路应尽量绕避规模较大、性质复杂的滑坡地段。当线路通过较易处理的中小型滑坡时,宜采用排、挡及改善滑带土的工程性质对滑坡进行综合治理,并力求根治。滑坡下缘的路基宜采用路堤形式,滑坡上缘的路基宜采用路堑形式,滑坡地段的路基应避免大填、大挖。

滑坡防治的主要措施有地面排水、地下排水(包括支撑渗沟、边坡渗沟、截水渗沟、暗沟、平孔、渗水隧洞)、减重与反压、支挡工程(包括抗滑片石垛、抗滑挡土墙、抗滑桩和锚杆)。

2.崩坍与岩堆地段路基

线路通过崩坍与岩堆地段,应调查该地段的地形、地貌、地质、水文、气象等资料,查明已经发生的崩坍与岩堆的类型、范围、成因及对公路的危害程度,作出建成公路后,崩坍与岩堆的发生或发展的预测与稳定评价。线路宜避绕可能发生崩坍的地段,如必须通过时,应避免高填、深挖并远离崩坍物堆积区。

针对崩坍的现状及原因,采用封面、清除、拦截、支护等措施进行综合治理,力求根治。线路一般不宜在岩堆中部通过。岩堆地段路基应采用低路堤或浅路堑。对稳定的岩堆,可不作特殊处治,按一般地区路基进行设计;对趋于稳定或发展的岩堆,应采取针对性措施进行防治;当路基出现挖方时,应设挡土墙封闭边坡,减小对岩堆的破坏。

在基岩破碎严重、落石经常发生的路段,宜采用拦石墙与落石槽等拦截构造物。崩坍量大且发生频繁地段,可采用明洞、棚洞等遮挡构造物。线路通过发展岩堆时,应尽量减小对坡面的开挖,开挖后的坡面应及时修建挡土墙并封闭坡面。线路通过岩堆上部,宜采用台口式路基;通过下部时,宜用填方路基通过岩堆;通过中部时,挖方边坡应设置挡土墙或石笼。路基可能与岩堆整体滑动时,宜设置抗滑挡土墙或抗滑桩并进行整体稳定性验算。

3.泥石流地区路基

泥石流地区的路基设计,应查明泥石流的类型、特征、规模、活动规律、泛滥边界、泥痕高度、流量、发展趋势和危害程度。泥石流地区的公路选线应采取避重就轻的原则,在无法避开时,应进行防治。跨越泥石流沟时,应首先考虑在流通区或河床稳定段设桥跨越,设计时应注意桥型的选择和基础的埋置深度。一般情况,涵洞易被泥石流堵塞,不宜采用。但在跨越小型稀性泥石流沟（固体物质含量10%～40%，泥石流重度13～16 kN/m^3）时，也可考虑涵洞。泥石流地区路基设计应全面考虑排导、拦截以及水土保持等各项措施，做好总体规划，采取综合防治。对构造物两端路基，应设置防护及排导等设施。对小型坡面泥石流，冲淤不大者，在四级公路标高受限制时可采用过水路面或清淤措施。

泥石流防治措施主要是：跨越（包括桥梁、涵洞、过水路面、隧道、渡槽）、排导、拦截（拦挡坝、格栅坝）与水土保持。

4.岩溶地区路基

线路通过岩溶地区，应对岩溶地貌、地质特征、岩溶发育程度、发展规律以及地面水、地下水的活动规律等进行调查。线路通过岩溶地区，应设法绕避；对中、小型岩溶，宜选其最窄、易于自治的地段通过。当线路附近出现溶洞、冒水洞、岩溶泉、暗河等岩溶地貌时，应查明其规模及其对路基的危害，以便采取相应的处理措施。对岩溶和岩溶水的处理措施一般有：导流、跨越、填塞和加固等。

对路基上方的岩溶泉或冒水洞，则宜设置涵洞将水排除。

对路堑边坡上的干溶洞，洞内可用片石填塞，洞口用干砌片石铺砌、砂浆勾缝或浆砌片石封闭。对位于路基基底或挡土墙基底的干溶洞，当洞口不大及深度较浅时，宜予回填夯实；当洞口较宽及深度较大时，应采用桥（涵）跨越；当干溶洞顶板太薄或岩层较破碎时，可炸除后回填，或设桥（涵）跨越。

为防止基底溶洞的坍塌及岩溶水的渗漏，宜根据溶洞的大小、深浅、岩层状况等因素，分别采用浆砌片石支墙（或支柱、石垛）、石盖板或钢筋混凝土盖板加固、拱涵或板涵跨越、黏土回填夯实或压浆加固等防治措施。

5.风沙地区路基

风沙地区的路基设计应查明当地气象（特别是主导风向和风速）、地形、地貌、植被、土质、水文地质、沙源及沙丘的移动规律、筑路材料（尤其是防护材料）和水源等资料。应调查当地的治沙经验，确定有利于风沙流顺畅通过的路基横断面形式及防止路基被风沙吹蚀和积沙掩埋的防护措施。在风沙比较严重的地区，应因地制宜在路基两侧建立完善的防沙体系。筑路应保护路基两侧地表原有植被和地表硬壳。风沙地区路基可不设置边沟等排水设施，如有必要可设宽浅形边沟。

6.雪害地段路基

线路通过积雪地段，应调查沿线气象、地形及地貌特点、冬季风力与风向及其频率和持续时间、年总降雪量、最大及平均积雪深度、冬季气温及冻融时间、风雪流的主导风向、风吹雪的类型及其危害程度等。可能发生雪崩地段，应尽量绕避，必须通过时，采用水平平台、导雪堤（墙）、土丘、防雪林带等设施；在雪崩严重地段，可采用防雪走廊、明洞、隧道等遮挡构造物。积雪地段，合理设计路基横断面形式，并宜采用填方，避免、少设路堑。必要时，可适当加宽路基。严重积雪地段，应采取绕避。线路走向与风雪流的主导方向交角不宜大于30°，并尽量并行。有条件路段，可考虑植物防治治理雪害。

主要防治措施有：防雪林、防雪栅、导风板、防雪堤（墙）、水平台阶、稳雪栅栏、土丘及楔、导雪堤、防雪走廊。

七、涎流冰地段路基

涎流冰是指由山坡或路堑边坡出露的地下水冻结的冰（山坡涎流冰），及由沿沟谷漫流的泉水和冰雪融水冻结的冰。线路通过涎流冰地段，应对当地地形、气象，涎流冰的水源、类型及规模、危害情况及当地防治经验等进行调查。在冰冻或高寒地区,线路应尽量设在干燥的阳坡上,并以路堤或浅挖方形式通过为宜。线路应避让涎流冰严重地段,当必须通过时,尽量不切割含水层或采取排、挡、截等防治措施进行处理。

主要防治措施有:桥涵(跨越涎流冰)、聚冰沟和挡冰堤、挡冰墙和聚冰坑以及地下排水措施。

第六节 土石坝设计原则及计算方法

一、土石坝类型

土石坝是指用土、石料等当地材料建成的坝。土石坝按坝高,分为低坝(30 m 以下)、中坝(30~70 m)和高坝(70 m 以上)。

土石坝按其施工方法,可分为碾压式土石坝、冲填式土石坝、水中填土坝和定向爆破堆石坝等。应用最为广泛的是碾压式土石坝。

按照土料配置的位置和防渗体所用材料种类的不同,碾压式土石坝又分为以下类型。

(1)均质坝

坝体基本上是由一种透水性较弱的黏性土(如壤土、砂壤土等)填筑而成,见图 2.6.1a)。

(2)分区坝

坝体由土质防渗及若干透水性不同的土料分区而成,具体有:心墙坝,见图 2.6.1b);斜心墙坝,见图 2.6.1c);斜墙坝,见图 2.6.1d);多种土质坝,见图 2.6.1e)和图 2.6.1f)。

(3)人工防渗材料坝

坝的防渗体由沥青混凝土、钢筋混凝土或其他人工材料组成。常见的有人工材料面板坝,见图 2.6.1g);人工材料心墙坝,见图 2.6.1h)。

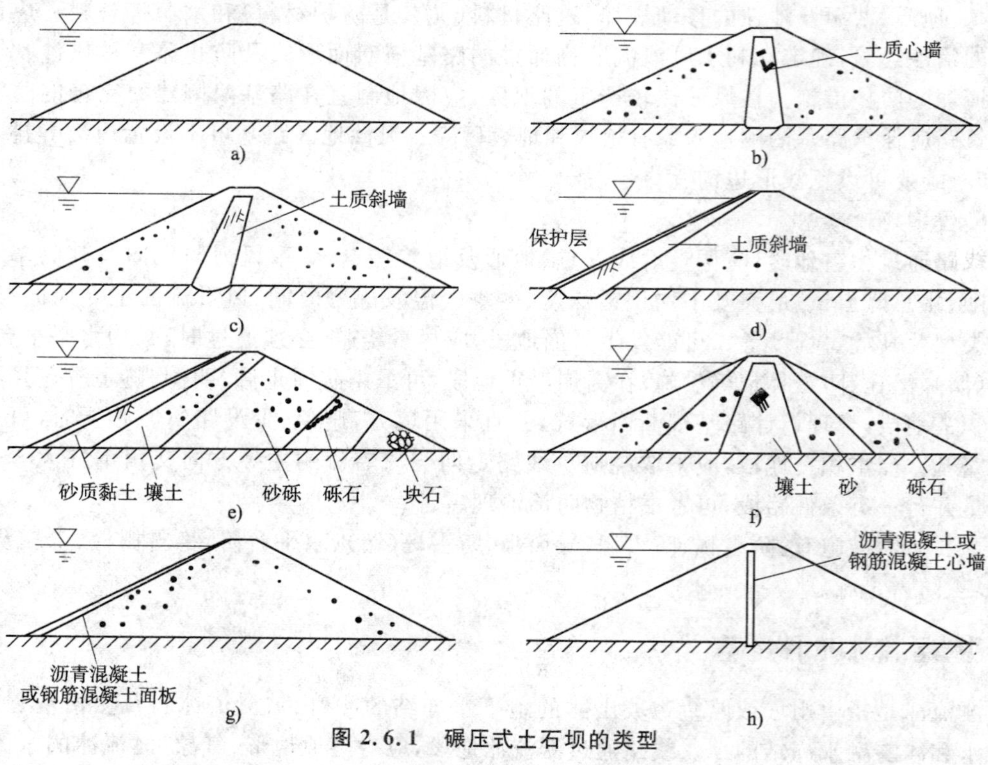

图 2.6.1 碾压式土石坝的类型

二、土石坝设计原则

土石坝在设计时，应考虑以下几个方面的要求。

1.稳定问题

土石坝边坡和坝基稳定是土石坝安全的基本保证。土石坝必须具有足够的断面，在水平水压力的作用下，不会发生沿坝基面的整体滑动。应合理选择土料，并根据土料的性质、荷载的条件，合理设计坝坡，保证边坡稳定可靠。

施工期、稳定渗流期、水库水位降落期以及地震时，作用在坝坡上的荷载和土石料的抗剪强度指标都发生变化，应分别进行核算以保持坝坡和坝基的稳定。

2.渗流问题

土石坝挡水后，在坝体内、坝基及两岸形成渗流。渗透压力减小了坝体土的有效应力，土体浸水后抗剪强度指标将有所减小，坝坡稳定性在渗流作用下将显著降低。渗流从坝坡、坝基或河岸逸出时，可能引起管涌、流土等渗透破坏。渗透流量过大时，也会影响到水库的蓄水量。

因此，土石坝设计时，必须设置良好的防渗和排水设施对渗流进行有效的控制。土石坝的防渗体及排水和反滤设施均需合理的布置和设计；加强坝体与地基、岸坡与其他建筑物的连接。

3.泄洪问题

泄洪建筑物必须具有足够的泄洪能力，坝顶在洪水位以上要有足够的安全超高，以防洪水漫顶，造成坝的失事。

4.冲刷问题

由于土石坝坝面抗冲能力低，上、下游坝坡应采取有效的防护措施，以防止风浪对坝面的冲击和淘刷，以及雨水的冲刷破坏作用。

5.沉降问题

坝体和坝基均会由于压缩可能产生沉降。沉降过大会造成坝顶高程不足而影响土坝的正常工作；过量不均匀沉降会引起坝体开裂，危及大坝安全。因此，施工时坝高应留有余地以抵消沉降。为防止不均匀沉降，要合理设计坝的结构形式，选择合适的筑坝材料；施工时土料压实达到设计标准。

三、土石坝渗流计算

1.渗流计算任务及方法

土石坝渗流计算的目的是为了确定经济可靠的坝型和合理的结构尺寸提供重要依据，其主要任务如下：

①确定坝体浸润线及其下游出逸点的位置，绘制坝体及地基内的等势线分布图或流网图，供坝体稳定核算、应力计算与排水设施选择之用。

②确定坝体与地基渗流量，以便估计水库渗漏损失和确定坝体排水设施的尺寸。

③确定坝坡出逸段与下游地基表面的出逸比降，以及不同土层之间的渗透比降，以判断该处的渗透稳定性。

④确定库水位降落时上游坝壳内自由水面的位置，估算由此产生的孔隙水压力，供上游坝坡稳定分析之用。

渗流计算的方法有水力学法（公式计算）、流网法、数值计算法和模拟试验法。对Ⅰ、Ⅱ级坝和高坝的初设阶段，Ⅲ级以下的坝的初设和施工详图阶段，一般都采用水力学法进行渗流计算并手绘流网图。对于坝体料区及坝基地质条件复杂的Ⅰ、Ⅱ级坝和高坝的初设阶段，以及Ⅰ、Ⅱ级坝和高坝的施工详图阶段，宜采用数值计算或模拟试验法。

渗流计算应考虑水库运行中出现的不利条件，一般需计算如下组合情况：

①上游正常高水位与下游相应的最低水位；

②上游设计洪水位与下游相应的最高水位；

③上游校核洪水位与下游相应的最高水位；

④库水位降落时对上游坝坡稳定最不利的情况。

2.水力学法计算土石坝的渗流

(1)水力学法基本要点

水力学法是求解稳定渗流的一种近似方法，可近似确定浸润线的位置，计算渗流流量、平均流速和坡降。水力学假定土体满足达西定律，过水断面上各点渗透坡降相同且等于断面的平均渗透坡降。

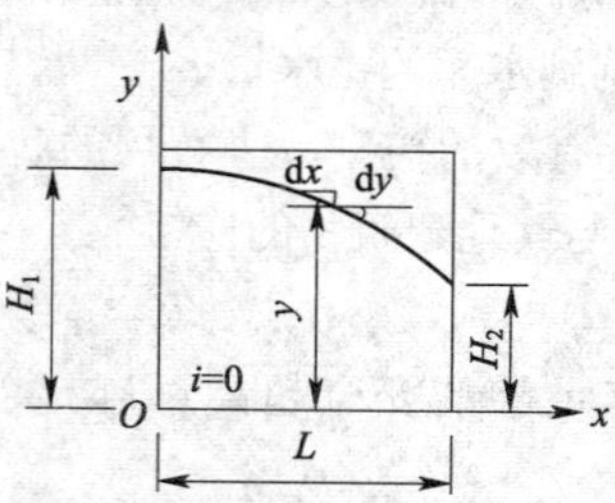

图 2.6.2 不透水地基上矩形土体渗流量计算简图

设不透水地基上的矩形土体(图 2.6.2)，其断面平均流速 v 和单宽流量 q 分别为

$$v=-k\frac{\mathrm{d}y}{\mathrm{d}x}$$

$$q=vy=-ky\frac{\mathrm{d}y}{\mathrm{d}x}$$

式中，k 为渗透系数。

将上式自上游断面至任意断面积分，得

$$y=\sqrt{H_1^2-\frac{2q}{k}x} \tag{2.6.1}$$

上式为浸润线方程，是二次抛物线。

令 $x=L$，$y=H_2$，便得矩形土体渗流量计算公式

$$q=\frac{k(H_1^2-H_2^2)}{2L} \tag{2.6.2}$$

式中，H_1、H_2 为上、下游水深；L 为渗透区长度。

上式也是各种形式的土石坝渗流量计算公式的基本形式。

(2)不透水地基上均质坝的渗流计算

①下游坝面无排水或设贴坡排水(图 2.6.3)。

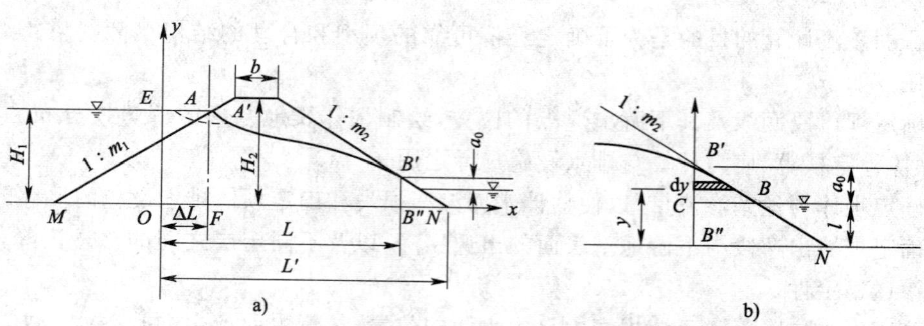

图 2.6.3 不设排水或有贴坡排水的均质坝渗流计算

计算时将土坝断面分为三段：上游三角形 AMF，中间 $AFB''B'$ 及下游三角形 $B'B''N$。根据渗流试验结果，上游三角形可用高为 H_1、长为 ΔL 的矩形代替。ΔL 近似计算如下

$$\Delta L=\frac{m_1}{1+2m_1}H_1 \tag{2.6.3}$$

式中，m_1 为上游坝坡系数。

于是，坝内渗流区域分成 $OEB'B''$ 和 $B'B''N$ 两段，按两段法计算。

通过上游段的渗流量为

$$q_1=k\,\frac{H_1^2-(a_0+t)^2}{2L} \tag{2.6.4}$$

式中，a_0 为浸润线出逸点在下游水面以上高度；t 为下游水深；其余符号意义见图2.6.3。

浸润线方程为

$$x=k\,\frac{H_1^2-y^2}{2q_1} \tag{2.6.5}$$

对于下游三角形 $B'B''N$，以下游水面为界，分为水上部分 $B'CB$ 和水下部分 $CB''NB$，将流线近似视为水平线，应用达西定律可得其渗流量

$$q_2=k\,\frac{a_0}{m_2}\left(1+\ln\frac{a_0+t}{a_0}\right) \tag{2.6.6}$$

根据渗流连续性条件，$q_1=q_2=q$，联立求解式(2.6.4)和式(2.6.6)，即可求得 q 和 a_0 值。进而由式(2.6.5)绘制浸润线。但对渗流进口部分浸润线要做适当修正：自 A 点引与坝坡 AM 正交的平滑曲线，曲线下端与计算求得的浸润线相切于 A' 点。

当下游坝坡有贴坡排水时，由于贴坡排水对坝身浸润线位置没有什么影响，计算方法与下流无排水相同。

②下游有褥垫排水(图 2.6.4)。

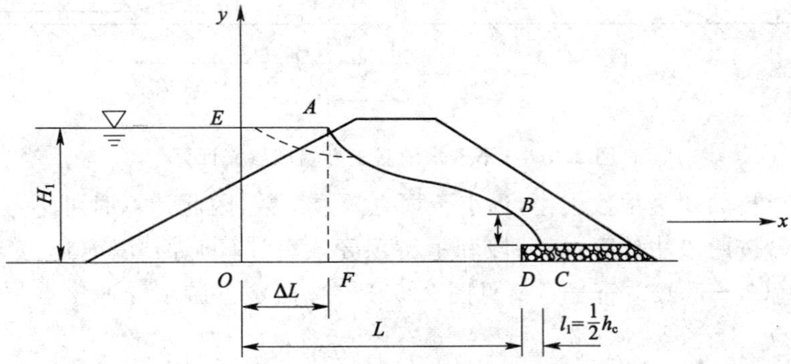

图 2.6.4　有褥垫排水的均质坝渗流计算

浸润线可近似由一通过 E 并以排水起点为焦点的抛物线表示。浸润线通过 $B(L,h_e)$、$C(L+h_e/2,0)$ 和 $E(0,H_1)$ 三点，得浸润线方程

$$L=\frac{y^2-h_e^2}{2h_e}+x \tag{2.6.7}$$

且

$$h_e=\sqrt{L^2+H_1^2}-L \tag{2.6.8}$$

由式(2.6.2)得单宽渗流量为

$$q=k\,\frac{H_1^2-H_e^2}{2L} \tag{2.6.9}$$

③下游有棱体排水(图 2.6.5)。

可将下游水面以上部分按下游无水情况处理,即

$$h_e=\sqrt{L^2+(H_1-t)^2}-L \tag{2.6.10}$$

$$q=\frac{k}{2L}[H_1^2-(h_e+t)^2] \tag{2.6.11}$$

浸润线仍按式(2.6.7)计算。

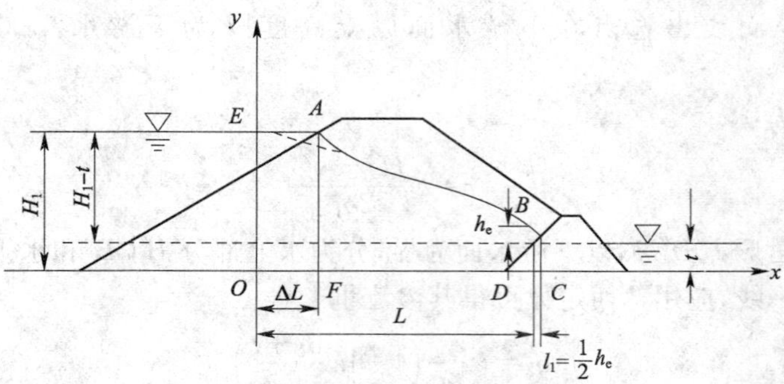

图 2.6.5 有棱体排水的均质坝渗流计算

(3)不透水地基上心墙坝的渗流计算(图 2.6.6)

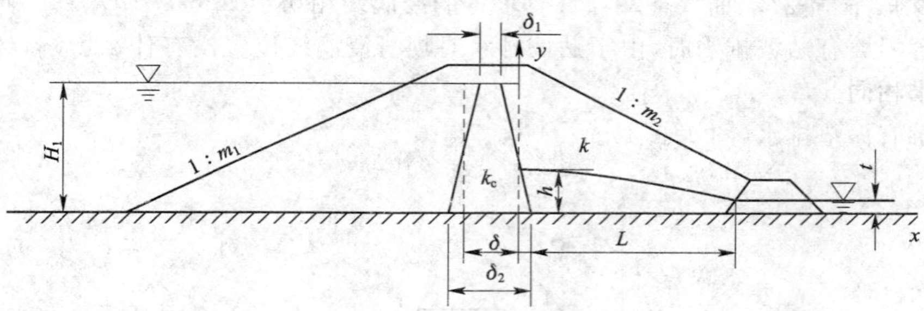

图 2.6.6 不透水地基上心墙坝渗流计算

一般心墙土料的渗透系数很小,远小于坝壳渗透系数,因此计算时可不考虑上游楔体降落水头的作用。按两段法计算:心墙段和下游坝壳段。计算时,心墙简化为等厚矩形断面,取平均厚度 $\delta=(\delta_1+\delta_2)/2$(符号意义见图 2.6.6),并假定下游坝壳逸出点位于下游水位与堆石内坡的交点。

心墙段的单宽流量为

$$q_1=\frac{k_c(H_1^2-h^2)}{2\delta} \tag{2.6.12}$$

式中,k_c 为心墙段的渗透系数。

下游坝壳的单宽流量为

$$q_2=\frac{k(h^2-t^2)}{2L} \tag{2.6.13}$$

由水流连续性条件 $q_1=q_2=q$,联立求解上二式得渗流量 q 和心墙浸润线高度 h。下游坝壳浸润线:

$$x=\frac{k(h^2-y^2)}{2q} \tag{2.6.14}$$

(4)有限深透水地基上均质坝的渗流计算(图 2.6.7)

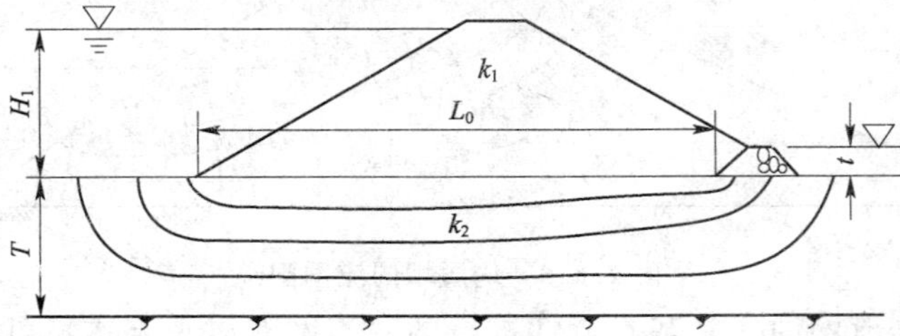

图 2.6.7 有限深透水地基上均质坝渗流计算

为简化计算,坝体内渗流仍可用上述方法确定渗流量和浸润线,而坝基渗流按有压渗流计算,它们之和为总流量。

对于均质坝,通过坝体与坝基的总单宽渗流量为

$$q=q_1+\frac{k_2(H_1-t)T}{L_0+0.88T} \tag{2.6.15}$$

式中,q_1 为坝体单宽渗流量,可按不透水地基上均质坝计算;k_2 为坝基渗透系数;其余符号意义见图 2.6.7。

(5)土坝总渗流量的计算

严格地说,任何土石坝渗流均属三维问题,为简化计算,仍按平面问题处理。将坝体按地形、地质变化及坝体防渗、排水的情况,沿坝轴线方向分为若干段,分别计算每个断面的单宽渗透量,然后按下式计算全坝的总渗流量:

$$Q=\frac{1}{2}[q_1l_1+(q_1+q_2)l_2+\cdots+(q_{n-1}+q_n)l_n+q_nl_{n+1}] \tag{2.6.16}$$

式中,$q_1,q_2,\cdots,q_n$ 为断面 1,2,…,n 的单宽渗流量;$l_1,l_2,\cdots,l_{n+1}$ 为相邻两断面之间的距离。

3.流网法基本要点

(1)渗流基本方程

由达西定律($v_x=-k_x\frac{\partial H}{\partial x}$;$v_y=-k_y\frac{\partial H}{\partial y}$)和连续条件($\frac{\partial v_x}{\partial x}+\frac{\partial v_y}{\partial y}=0$),得二维渗流方程

$$k_x\frac{\partial^2 H}{\partial x^2}+k_y\frac{\partial^2 H}{\partial y^2}=0 \tag{2.6.17}$$

式中,v_x、v_y 为水平和竖直向渗流流速(不是实际水流真正流速);k_x、k_y 为水平和竖直向渗透系数;H 为渗流场中某点的渗压水头,也称速度势函数(或水头函数)。

如渗流各向同性,渗流方程为

$$\frac{\partial^2 H}{\partial x^2}+\frac{\partial^2 H}{\partial y^2}=0 \tag{2.6.18}$$

其与速度势函数 ψ 同样满足上述拉普拉斯方程。

式(2.6.17)和式(2.6.18)为渗流场的主控方程,同时它必须满足一定的边界。严格的解析解是极有限的,目前数值解法比较成熟,如有限元法、边界元法或有限差分法。

(2)流网基本特性

流网法实际上是渗流方程的图解法,流网是等势线和流线组成的网格,等势线是水头函数 H 的等值线,即每一根等势线上的测压管水位都是齐平的;流线在数学上是流函数 ψ 的等值线,物理意义是水质点的运动路线(稳定渗流时)。图 2.6.8 为均质坝的典型流网图。

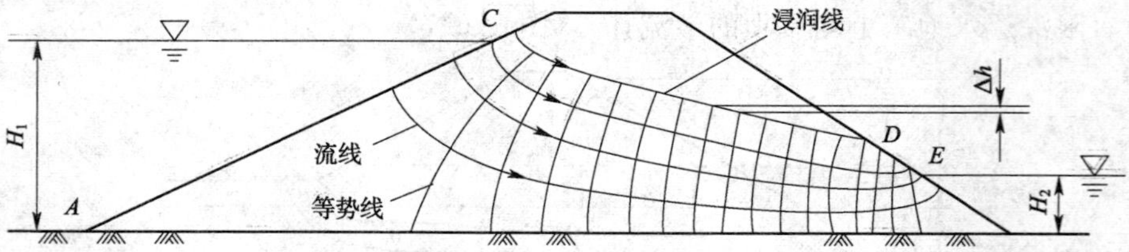

图 2.6.8　均质坝的流网图

流网绘制是根据流网的一些基本特性进行的。流网有以下基本特性，参见图 2.6.8 和图 2.6.9：

①等势线和流线互相正交。

②流网各网格的长宽比保持为常数时，则相邻等势线间的水头差相等，各相邻流线间通过的渗流量相等。通常取网格长宽比为 1，即流网为正方形网格。

③上、下游水位下的坝坡和库底均为等势线，总水头分别为上、下游库水位。

④坝下不透水层面为流线。

⑤浸润线为一流线，其水头等于线上各点的标高。

⑥渗流在下游坝坡上的逸出段与浸润线一样，各点水头随标高而变化。

⑦在两种渗透系数不同的土层交界面上，流线间的夹角关系符合下列公式

$$\frac{\tan\alpha_1}{\tan\alpha_2}=\frac{k_1}{k_2} \tag{2.6.19}$$

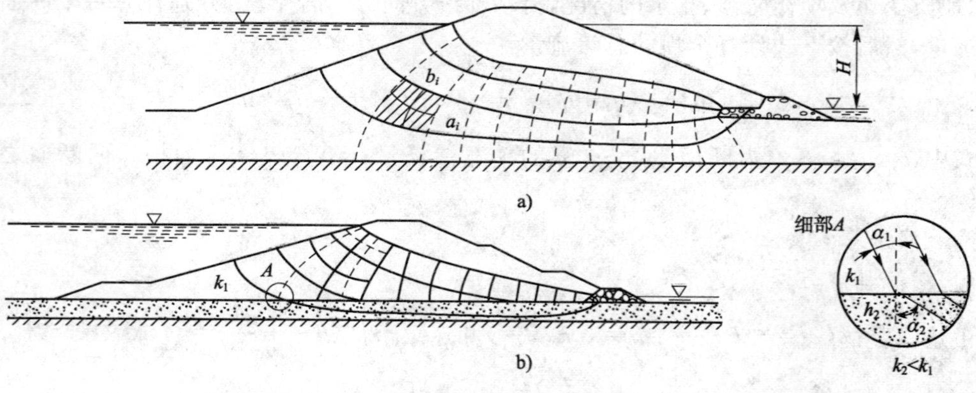

图 2.6.9　流网特性图

(3)渗流参数计算

图 2.6.9 上、下游的总水头差为 H，流网中有 $m+1$ 条等势线，相邻等势线水头差相同；$n+1$ 条流线，相邻流线间的渗流量相同；各网格流线和等势线的边长保持相同比例。某点所在网格 i 的流线和等势线的平均边长分别为 a_i 和 b_i（正方形网格，$a_i=b_i$），则该网格内渗流的平均水力坡降 J_i、平均流速 v_i 和通过全断面的单宽渗流量 q 分别为

$$J_i=\frac{H}{ma_i} \tag{2.6.20}$$

$$v_i=kJ_i=k\frac{H}{ma_i} \tag{2.6.21}$$

$$q=kH\frac{b_in}{a_im} \tag{2.6.22}$$

单位土的渗透力 f_i 为

$$f_i=\gamma J_i \tag{2.6.23}$$

(4)各向异性渗流介质中的流网

在土石坝工程中，通常坝体与坝基土体水平方向渗透系数 k_x 大于垂直向渗透系数 k_y，有时相差可达10倍以上。此时，应考虑渗流的各向异性，将式(2.6.17)进行变换

$$X=\frac{k_y}{\sqrt{K_xK_y}}x;Y=y \tag{2.6.24}$$

变换后的渗流方程为拉普拉斯方程

$$\frac{\partial^2 H}{\partial X^2}+\frac{\partial^2 H}{\partial Y^2}=0 \tag{2.6.25}$$

因此，在绘制流网时，先将水平尺寸按式(2.6.24)变换，然后在变换的剖面上按一般方法绘制流网，最后再将剖面及流网的水平尺寸乘以 $\sqrt{R_x/R_y}$，即可得实际剖面的流网。

四、土石坝渗透稳定计算

1.渗透变形的形式

土石坝及其地基中的渗流，在物理或化学作用下，造成土体颗粒流失，导致坝体或地基土发生局部破坏，这种现象称为渗透变形或渗透破坏。渗透变形有如下形式：

①管涌。在渗流作用下，无黏性土中的细颗粒从孔隙通道中的连续移动和带出。

②流土。在渗流作用下，土体同时浮动或流失；若为黏性土，则土体表面发生隆起、断裂和剥落。

③过渡型。在小的水力比降下有管涌但不发展，或有流土，但限于局部土体的表面。

④接触冲刷。渗流沿着两种不同土层的接触面流动时，沿层面带走颗粒。

⑤接触流失。渗流垂直于渗透系数相差较大的两相邻土层的接触面流动时，将渗透系数较小的土层中的细颗粒带入渗透系数较大的另一土层。

2.渗透变形形式的判别

一般黏性土只可能发生流土，非黏性土则可能发生管涌或流土。任何形式的渗透变形主要与土体的颗粒级配、细粒含量和密度等因素有关。

目前多以土体中的细颗粒含量 P_s 作为判别依据。对于级配连续的土，细颗粒粒径可取 d_s=1.0～2.0mm；对于级配不连续的缺乏中间颗粒的双峰土，可取级配曲线上断裂点所对应的粒径作为细颗粒粒径 d_s。一般认为：

$P_s>35\%$时，属流土型；$P_s<25\%$时，属管涌型；$25\%<P_s<35\%$时，属过渡型。

在相邻两层土体接触面有可能产生渗透变形。如果相邻两层土体的 d_{10} 比值小于10，且当两层土的不均匀系数 $\eta=d_{60}/d_{10}<10$，可认为不会产生接触面的渗透变形。

3.渗透破坏判别标准

土体在渗流作用下是否产生渗透破坏，主要取决于土体本身的抗渗强度。工程中以临界渗透坡降 J_c 作为渗透破坏的判别标准，当土体中的渗透坡降大于临界坡降时，将产生渗透破坏。J_c 值可通过室内或现场试验确定，也可用计算方法确定。

管涌的临界渗透坡降按下式计算

$$J_c=\frac{42d_3}{\sqrt{k/n^3}} \tag{2.6.26}$$

式中，d_3 为占总土3%的土粒粒径(mm)；k 为渗透系数(cm/s)；n 为土体孔隙率。

流土的临界渗透坡降采用太沙基公式计算

$$J_c=\left(\frac{\gamma_s}{\gamma_0}-1\right)(1-n) \tag{2.6.27}$$

式中，γ_s 为土粒重度；γ_0 为水的重度；n 为土体孔隙率。

管涌容许渗透坡降[J]，可根据建筑物级别和土壤的类型选用安全系数 2～3；流土允许渗透坡降[J]选用安全系数 1.5(黏性土)或 2.0～2.5(非黏性土)。

五、土石坝稳定计算

1. 土石坝滑裂面的形状

土石坝稳定计算的目的是保证土石坝在自重、各种情况的孔隙压力和外荷载的作用下，具有足够的稳定性，不致发生通过坝体或坝体和地基的整体剪切破坏。

计算坝坡稳定性时，需先估计滑裂面的形状，土石坝的滑裂面形状主要有三种形式：

①圆弧滑裂面。多发生在黏性土坝坡中，如图 2.6.10a)、b)所示。

②折线滑裂面。多发生在非黏性土坝坡中，如薄心墙坝、斜墙坝等，坝坡浸水时，折点一般在水面附近，如图 2.6.10c)、d)所示。

③复合滑裂面。滑裂面通过几种性质相差较大的土料，形状近似由直线和曲线组合，如厚黏土心墙坝，或坝基内有软弱夹层，如图 2.6.10e)、f)所示。

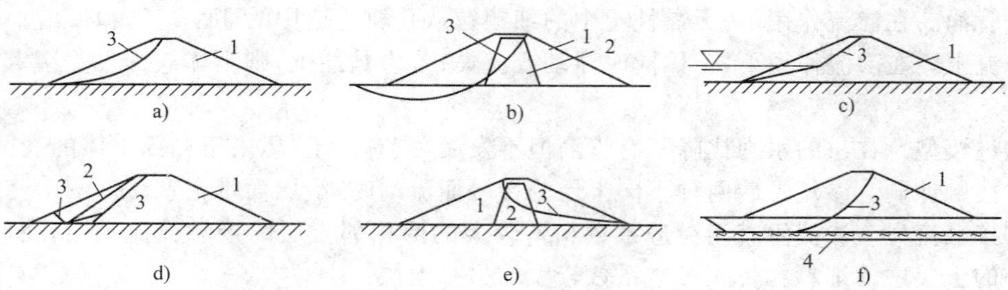

图 2.6.10　土石坝滑裂面形状

1-坝壳或坝体；2-防渗体；3-滑动面；4-软弱夹层

2. 土石坝荷载、计算工况与安全系数

(1)荷载

包括自重、渗透动水压力、孔隙水压力和地震惯性力等。

①自重。坝体浸润线以上部分按湿重度计算；浸润线以下部分，采用何种重度与所用计算方法有关，详见稳定性计算方法部分。

②渗透动水压力。作用于单元土体上的渗透力 $f_i=\gamma_0 J$（γ_0 为水的重度，J 为渗透坡降）。渗透动水压力的方向与渗流方向相同，对坝坡稳定不利。

③孔隙水压力。坝体内孔隙水压力分布对坝坡稳定性影响特别显著。

黏性填土在施工期产生起始孔隙压力，这个孔隙压力宜直接从三轴不排水剪试验中测定，根据剪切破坏时的孔隙压力 u_f 及大主总应力 σ_{1f}，确定孔隙压力系数 $\bar{B}=u_f/\sigma_{1f}$。

施工期黏性填土中孔隙压力有一定程度的消散，这种消散对坝体稳定性有利，但不易准确计算，一般是理论粗略估算与现场观测相结合。

稳定渗流期孔隙水压力直接根据流网或渗流场确定，如图 2.6.11 所示，等势线 aa' 上任意点 b 的孔隙水压力等于该点与等势线及浸润线交点 a' 的铅垂距离。

水位降落期上游坝壳内孔隙水压力，对于无黏性土可按流网确定，方法同上；对于黏性土，如假定饱和黏性填土的孔隙压力系数 $\bar{B}=1$，则坝体内某点 A 在水位降落到 B 点以下后的孔隙水压力近似估算为(图 2.6.12)

$$u=\gamma_0[h_1+h_2(1-n_e)-h']\tag{2.6.28}$$

式中，h_1 为 A 点上部黏性土的土柱高度；h_2 为 A 点上部强透水性土的土柱高度；n_e 为强透水性土的有效孔隙率；γ_0 为水的重度；h'为在稳定渗流期水流达 A 点的水头损失值。

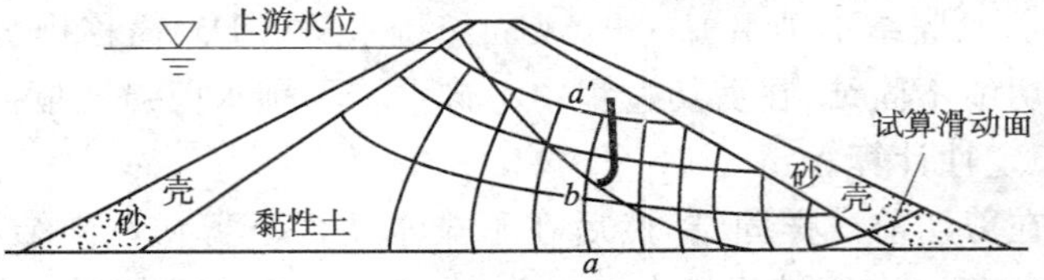

图 2.6.11　稳定渗流期的孔隙水压力

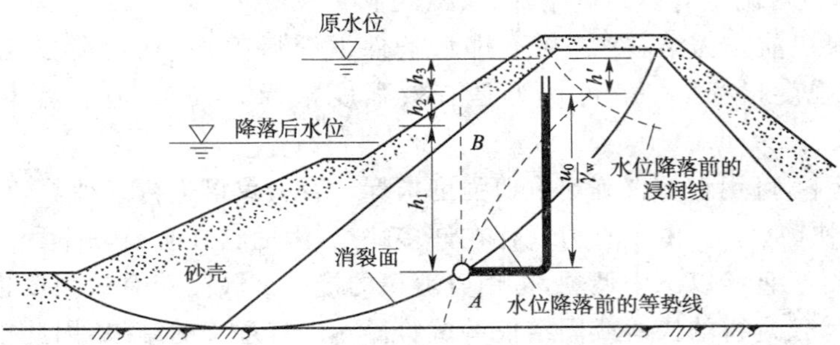

图 2.6.12　水位降落期黏性土的孔隙水压力

注意，对于重要工程宜通过实际观测水位降落期的孔隙水压力变化，作稳定性校核之用。

④地震作用。采用拟静力法，在计算时一般计入水平向(个别还计入竖向)地震惯性力。

(2)计算工况

土石坝从施工、建成、蓄水到泄水的各个时期，受到不同的荷载，土体也具有不同的抗剪强度，应分别验算其稳定性。具体有四个代表性计算工况：

①施工期上下游坝坡；

②稳定渗流期的下游坝坡；

③水库水位降落期的上游坝坡；

④正常运用遇地震的上、下游坝坡。

(3)安全系数规定

我国土石坝设计规范规定的坝坡抗滑稳定最小安全系数见表 2.6.1。表中的安全系数适用于计条块间作用力的稳定性计算方法，如简化毕肖普法、Morgenstem-Price 法；当采用不计条块间作用力的瑞典法时，最小安全系数值应比表 2.6.1 中的规定减小 8%，但对Ⅰ级坝正常运用条件安全系数应不小于 1.3。

土石坝坝坡抗滑稳定允许安全系数　　　表 2.6.1

工 程 等 级	1	2	3	4、5
正常运用条件	1.50	1.35	1.30	1.25
非常运用条件Ⅰ	1.30	1.25	1.20	1.15
非常运用条件Ⅱ	1.20	1.15	1.15	1.10

注：正常运用条件是指：①水库水位处于正常高水位(或设计洪水位)与死水位之间的各种水位下的稳定渗流期；②水库水位在上述范围内的经常性的正常降落；③抽水蓄能电站的水库水位的经常性变化和降落。

非常运用条件Ⅰ是指：①施工期；②校核洪水位下有可能形成稳定渗流的情况；③水库水位的非常降落，如自校核水位降落、降落至死水位以下、大流量快速泄空等；④正常运用条件遇地震。

非常运用条件Ⅱ是指：正常运用条件遇地震。

3. 抗剪强度指标

(1)抗剪强度测定

黏性土的抗剪强度指标应采用三轴仪测定。通常有三种试验方法,即不固结不排水剪(UU)(简称不排水剪)、固结不排水剪(CU)及固结排水剪(CD)(简称排水剪)。

不排水剪在剪切前不固结,在剪切过程中不排水。不排水剪强度指标 c_u、φ_u 为总应力强度,用于总应力法稳定性计算。

固结不排水剪在剪切前试样固结,然后在不排水条件下剪切。固结不排水剪强度指标 c_{cu}、φ_{cu},亦为总应力强度。在固结不排水剪试验中,可准确测定剪切时产生的孔隙水压力,因此固结不排水剪也可确定有效强度指标 c'、φ'。

排水剪在剪切前先固结,然后在不排水条件下缓慢剪切,任何阶段均不产生孔隙水压力,排水剪的强度指标 c_d、φ_d 可认为是有效强度指标 c'、φ'。但二者本质上还是有差别的。

在有些情况下,可用直剪仪确定抗剪强度指标。直剪仪可进行三种剪切试验:慢剪(S)、固结快剪(R)和快剪(Q)。由于直剪仪存在许多缺点,因而它在土石坝工程中是限制性使用的。规范规定,对于Ⅲ级以下中低坝,可用直剪仪的慢剪试验测定有效强度指标。对透水性很强的土,用直剪仪进行的快剪或固结快剪试验得不出有意义的结果,因此,规范规定,只对渗透系数小于 10^{-7} cm/s 或压缩系数小于 0.02 的土,才允许用直剪仪的快剪或固结快剪试验测定Ⅲ级以下中低坝的总强度指标。

无黏性土的透水性强,一般可通过三轴试验的排水剪或直剪试验的慢剪确定有效强度指标。在浸润线以下采用饱和土的抗剪强度,在浸润线以上则采用湿土的抗剪强度。水位降落期,稳定渗流浸润线以下,降落水位浸润线以上的土体,常偏保守地采用饱和土的抗剪强度指标。

(2)抗剪强度指标选择

表 2.6.2 列出土石坝各种工况土的抗剪强度指标的选择规定。

土的抗剪强度指标选择 表 2.6.2

<table>
<tr><th>计算工况</th><th>计算方法</th><th colspan="2">土的种类</th><th>使用仪器</th><th>试验方法</th><th>强度指标</th></tr>
<tr><td rowspan="8">施工期</td><td rowspan="6">有效应力法</td><td colspan="2" rowspan="2">无黏性土</td><td>直剪仪</td><td>S</td><td rowspan="6">c',φ'</td></tr>
<tr><td>三轴仪</td><td></td></tr>
<tr><td rowspan="4">黏性土</td><td rowspan="2">S_t<80%</td><td>直剪仪</td><td>S</td></tr>
<tr><td>三轴仪</td><td>UU*</td></tr>
<tr><td rowspan="2">S_t>80%</td><td>直剪仪</td><td>S</td></tr>
<tr><td>三轴仪</td><td>CU*</td></tr>
<tr><td rowspan="2">总应力法</td><td rowspan="2">黏性土</td><td>$k<10^{-7}$ cm/s</td><td>直剪仪</td><td>Q</td><td rowspan="2">c_u,φ_u</td></tr>
<tr><td>任意 k</td><td>三轴仪</td><td>UU</td></tr>
<tr><td rowspan="4">稳定渗流期和库水位降落期</td><td rowspan="4">有效应力法</td><td colspan="2" rowspan="2">无黏性土</td><td>直剪仪</td><td>S</td><td rowspan="4">c',φ'</td></tr>
<tr><td>三轴仪</td><td>CD</td></tr>
<tr><td colspan="2" rowspan="2">黏性土</td><td>直剪仪</td><td>S</td></tr>
<tr><td rowspan="2">三轴仪</td><td rowspan="2">CU*</td></tr>
<tr><td>库水位降落期</td><td>总应力法</td><td colspan="2">黏性土</td><td>c_{cu},ϕ_{cu}</td></tr>
</table>

注:1. S_t 为饱和度;k 为渗透数;c',φ'为有效强度指标;c_u,φ_u 为按不排水剪或快剪测定的总强度指标;c_{cu},φ_{cu} 为固结不排水剪测定的总强度指标;UU 为不排水剪;CU 为固结不排水剪;CD 为排水剪;S 为慢剪;Q 为快剪。

2. * 表示同时测定孔隙水压力。

4. 坝坡稳定性计算方法

土石坝稳定性计算方法主要有圆弧法(包括瑞典法和简化毕肖普法)、滑楔法(即折线滑动面法)和复合滑动面法。这些方法是基于极限平衡理论,下章对此将作较详细介绍,这里不作推导地列出有关安全系数 K 的计算公式。

(1)瑞典法

圆弧法计算时,需将滑体划分成若干个竖直条块,典型条块示意如图 2.6.13 a)、b)所示。瑞典法和简化毕肖普法用到的有关参数如下。

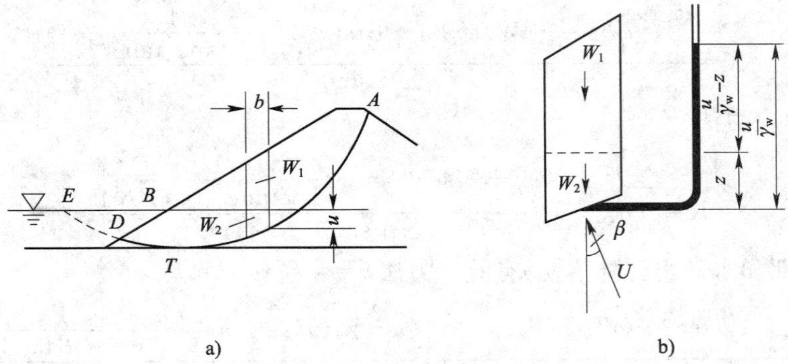

图 2.6.13 条块划分与条块参数

图中,b 为条块宽度;γ_w 为水的重度;z 为坝坡外水位高出条块底面中点的距离,只取正值;W_1 为在坝坡外水位以上的条块实重;W_2 为在坝坡外水位以下的条块浮重;$W_2+\gamma_w zb$ 为坝坡水位以下条块的实重;W 为条块实重,$W=W_1+W_2+\gamma_w zb$;u 为稳定渗流期或水库水位降落期坝体或地基中孔隙水压力;条块底面孔隙水压力合力 $U=ub\sec\beta$;当条底中点位于坝坡外水位以下,如该水位以下条重按浮重计入,则条块底面孔隙水压力的净合力为 $U=(u-\gamma_w z)b\sec\beta$;$u_i$ 为水库水位降落前坝体中的孔隙水压力;条块底面孔隙水压力合力 $U=u_i b\sec\beta$;β 为条块底面倾角;$\bar{B}$ 为孔隙水压力计算,用于施工期起始孔隙水压力计算;条块底面孔隙水压力合力 $U=W\bar{B}\sec\beta$。

施工期(有效应力法)

$$K=\frac{\sum[c'b\sec\beta+W\sec\beta(\cos^2\beta-\bar{B})\tan\varphi']}{\sum W\sin\beta} \tag{2.6.29}$$

施工期(总应力法)

$$K=\frac{\sum[c_u b\sec\beta+W\cos\beta\tan\varphi_u]}{\sum W\sin\beta} \tag{2.6.30}$$

稳定渗流期和水库水位降落期(有效应力法)

$$K=\frac{\sum\{c'b\sec\beta+[(W_1+W_2)\cos\beta-(u-\gamma_w z)b\sec\beta]\tan\varphi'\}}{\sum(W_1+W_2)\sin\beta} \tag{2.6.31}$$

水库水位降落期(总应力法)

$$K=\frac{\sum[c_{cu}b\sec\beta+(W\cos\beta-u_i b\sec\beta)\tan\varphi_{cu}]}{\sum W\sin\beta} \tag{2.6.32}$$

当坡外有水时,通常可用两种方法进行分析:

①把坡外的水看做是滑动土体的一部分,即把图 2.6.13 中滑动面 AD 延伸到坡外与坡水位相交于 E 点,研究滑动土体和水:$ATDEBA$ 的稳定性,水的抗剪强度取为零。当采用

总应力法时，常用此方法。

②水位以上的土块以实重计，而水位以下的土块以浮重计，这样就可不计坡外的水，但静水位以下部分滑动面上的孔隙水压力以 $u-\gamma_w z$ 代替。这种方法适用于有效应力法。

(2)简化毕肖普法

简化毕肖普法的安全系数表达式是隐式，需迭代求解。

施工期(有效应力法)

$$K=\frac{\sum\left\{\left[c'b\sec\beta+W\sec\beta(1-\bar{B}\tan\varphi')\right]\frac{1}{1+\tan\varphi'\tan\beta/K}\right\}}{\sum W\sin\beta} \tag{2.6.33}$$

施工期(总应力法)

$$K=\frac{\sum\left\{\left[c_u b\sec\beta+W\sec\beta\tan\varphi_u\right]\frac{1}{1+\tan\varphi'_u\tan\beta/K}\right\}}{\sum W\sin\beta} \tag{2.6.34}$$

稳定渗流期和水库水位降落期(有效应力法)

$$K=\frac{\sum\left\{\left[c'b\sec\beta+(W_1+W_2)\sec\beta-(u-\gamma_w z)b\sec\beta\tan\varphi'\right]\frac{1}{1+\tan\varphi'\tan\beta/K}\right\}}{\sum(W_1+W_2)\sin\beta} \tag{2.6.35}$$

水库水位降落期(总应力法)

$$K=\frac{\sum\left\{\left[c_{cu}b\sec\beta+(W\sec\beta-u_i b\sec\beta)\tan\varphi_{cu}\right]\frac{1}{1+\tan\varphi_{cu}\tan\beta/K}\right\}}{\sum W\sin\beta} \tag{2.6.36}$$

(3)滑楔法(折线滑动面法)

滑楔法是计算具有折线滑动面滑体的安全系数，通过假设各滑块间作用力方向，由各滑块水平和垂直方向力的平衡条件，建立滑块间力的传递计算格式(也可用图解法，见图 2.6.14)，通过迭代计算安全系数。滑楔法有两种：滑块间作用力方向水平；滑块间作用力平行于坡面，或平行于坡面和块底斜面的平均坡度。在允许安全系数规定方面，前种方法与瑞典法规定相同；后种方法与简化毕肖普法相同。

(4)复合滑动面法

当坝基内有软弱层时，潜在滑动面是圆弧与直线组合的复合滑动面。图 2.6.15 为复合滑动面计算图，复合滑动面安全系数定义为抗滑力与滑动力之比

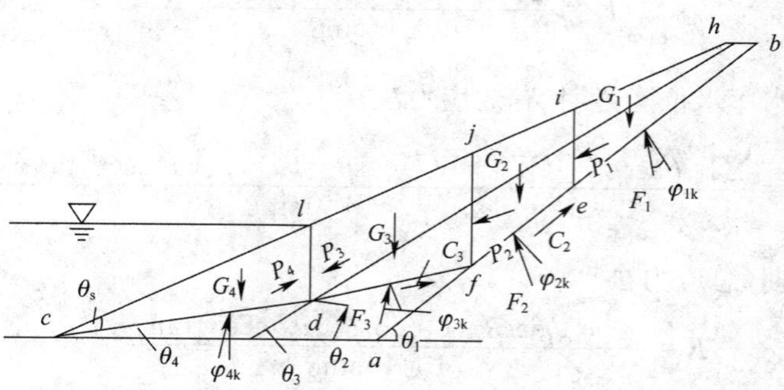

a)

图 2.6.14

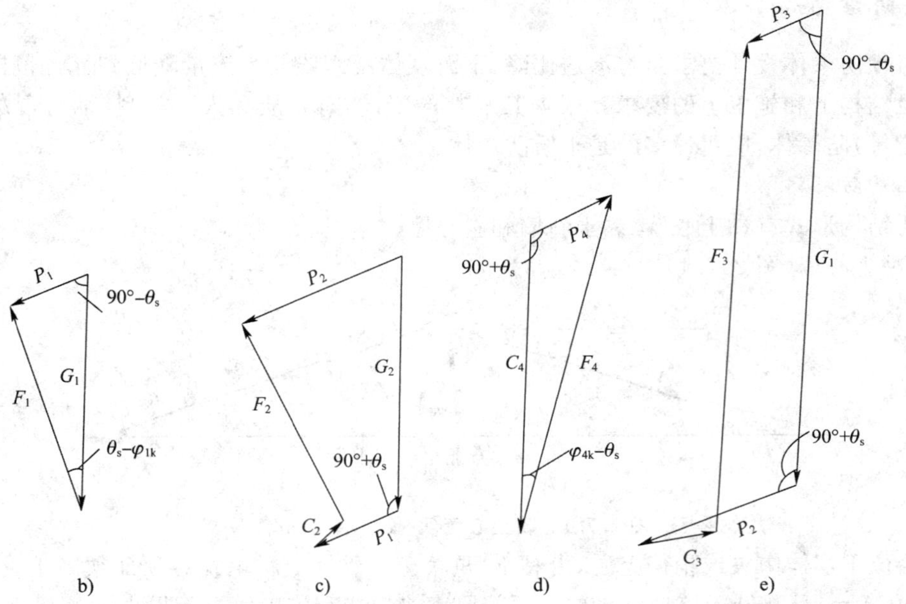

图 2.6.14　滑楔法的图解计算

$$K=\frac{G\tan\varphi+cl+F_n}{F_a} \tag{2.6.37}$$

式中,G 为中间滑体的自重;c、φ 为软弱层抗剪强度指标;F_a、F_n 可用条分法计算,也可近似按土压力公式计算。

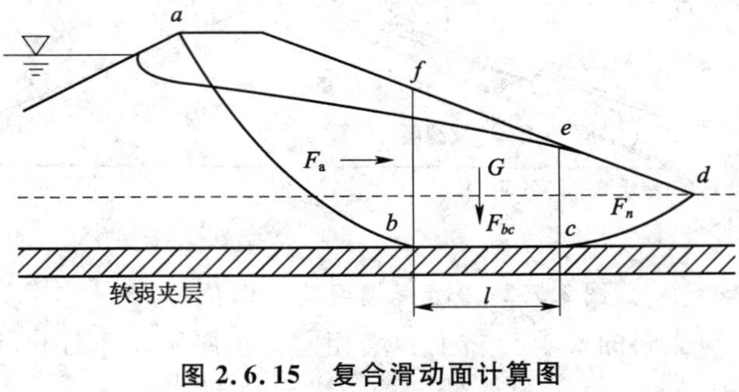

图 2.6.15　复合滑动面计算图

注意,复合滑动面法安全系数定义不是唯一的,也可定义为

$$K=\frac{F_n}{F_a-G\tan\varphi-cl} \quad 或 \quad K=\frac{G\tan\varphi+cl}{F_a-F_n} \tag{2.6.38}$$

第七节　土石坝防护与加固措施

土石坝防护与加固包括防渗、护坡、排水、反滤、裂缝控制、连接处理、坝基加固处理等。

土石坝的防护措施是通过土石坝构造设计实现的,这些构造包括防渗体,坝顶与上、下游护坡,反滤层及过渡层,坝体坝面排水设施等。下面简要介绍这些防护与加固措施。

一、防渗体

土石坝防渗体设计要求是将渗透比降、下游坝体浸润线及渗流量降低到允许范围以内,同时满足结构上和施工上的要求。根据其材料的不同,有土质和人工材料(沥青混凝土、钢筋混凝土等)防渗体,应用最多的是土质防渗体。

1.土质防渗体

主要结构形式有黏土心墙、黏土斜墙和斜心墙。

(1)黏土心墙(图 2.7.1)

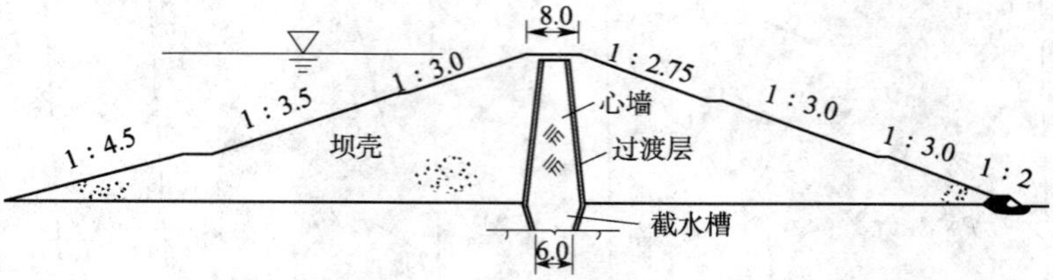

图 2.7.1　黏土心墙坝(尺寸单位:m)

心墙位于坝体中央或稍偏上游,由黏土、重壤土等黏性土料填筑。顶部须高于设计洪水位 0.3～0.6 m,且不低于校核洪水位。顶部厚度按构造和施工要求不得小于 3.0 m;底部厚度取决于土料的允许渗透坡降,不应小于 $H/4$(H 为作用水头)。

心墙顶部应设砂砾料保护层,其厚度应大于冰冻深度或干燥深度且不小于 1.0 m。心墙与上、下游坝体之间应设过渡层,并按反滤原则设计。

(2)黏土斜墙(图 2.7.2)

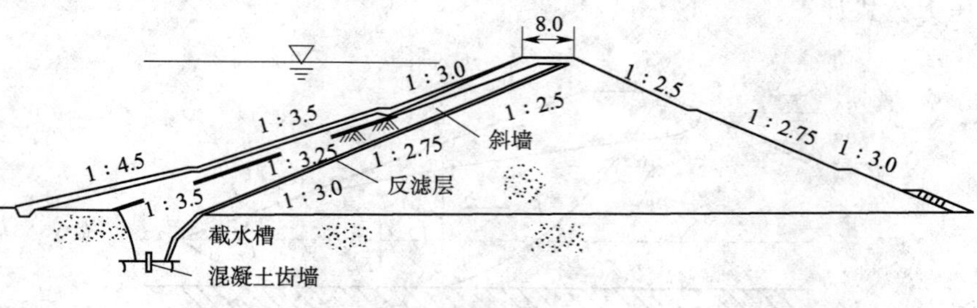

图 2.7.2　黏土斜墙坝(尺寸单位:m)

位于坝体上游面,对土料的要求与黏土心墙相同。顶厚不小于 3 m,底厚不宜小于 $H/5$。顶部高于设计洪水位 0.6～0.8 m,且不低于校核洪水位。

斜墙上游应设保护层,以防止冰冻和干裂,其厚度应大于冰冻和干裂深度,且不小于 1.0 m,一般取 0.5～2.5 m。斜墙下游与坝体之间按反滤层原则设计垫层。斜墙与保护层的坡度取决于稳定性计算结果,一般内坡不宜陡于 1∶2.0,外坡常在 1∶2.5 以上。

与黏土心墙相比,黏土斜墙的主要优点是坝体施工不受斜墙限制,可先行施工;缺点是防渗体与坝体工程量大,斜墙对坝体沉降较敏感,易产生纵向裂缝,抗震性能不如心墙坝。

(3)斜心墙

心墙略向上游倾斜,能较好克服一般心墙坝可能产生的拱效应和斜墙坝对坝体沉降较敏感等方面缺点,适合于高土石坝。斜心墙示意图见图 2.6.1c)。

2.人工材料防渗体

(1)沥青混凝土防渗体

沥青混凝土是由一定级配的碎石(或卵石)、砂、石粉和沥青按比例配合,经加热拌和而成的混合物。沥青混凝土具有较好的塑性和柔性，渗透系数为 $10^{-10} \sim 10^{-7}$ cm/s。作为防渗体，沥青混凝土具有较好的抗渗性、耐久性和适应变形的性能，产生裂缝时，有一定的自行愈合功能，且施工简单、造价低廉。

沥青混凝土防渗体有心墙和斜墙(面板)两种基本类型，见图 2.7.3。

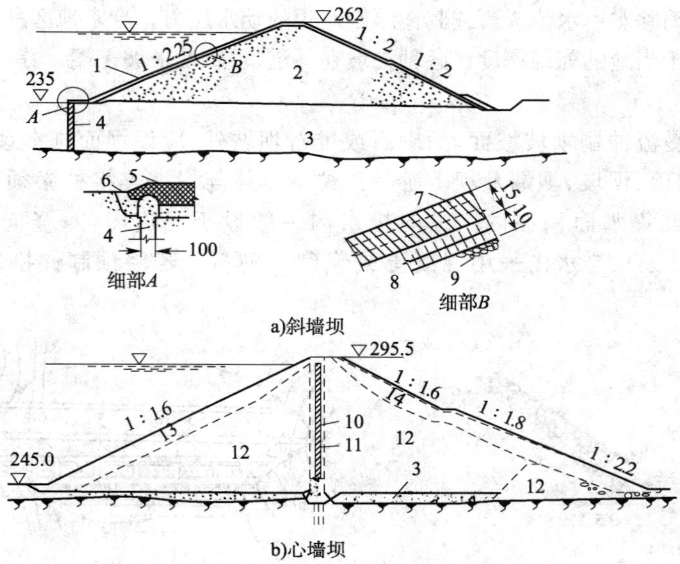

图 2.7.3　沥青混凝土斜墙和心墙坝(高程单位：m，尺寸单位：cm)

1-沥青混凝土斜墙；2-砂砾石坝体；3-砂砾河床；4-混凝土防渗墙；5-致密沥青混凝土；6-回填黏土；7-密实沥青混凝土防渗层；8-整平层；9-碎石垫层；10-沥青混凝土心墙；11-过渡区；12-堆石体；13-抛石护坡；14-砾石土

(2)钢筋混凝土防渗体。

钢筋混凝土斜墙铺设在堆石坝上游坡面的碎石或干砌垫层上。铺设方式有：整体式、分块式、滑动式、分层式等。

二、坝顶、护坡与坝面排水

1. 坝顶构造(图 2.7.4)

坝顶一般用密实的砂砾石或碎石、单层砌石护面，以防雨水冲刷。坝顶面向一侧或两侧倾斜，坡度 2%～3%。如有交通要求，应符合交通有关规定。如上游设置防浪墙，可用浆砌石或钢筋混凝土建造，其基础应与坝体中的防渗体紧密连接。

2. 护坡

土石坝上下游坡面均需设置护坡，其作用是：在上游面，防止风浪淘刷、冰层和漂浮物的损害、顺坝水流的冲刷等对坝坡的破坏；在下游面，防止雨水、大风、水下部位的风浪、冰层和水流作用、动物、冻胀干裂等因素的破坏。

上游护坡形式有砌石护坡、堆石护坡、混凝土或钢筋混凝土护坡、沥青混凝土护坡等(后两种护坡可与防渗体相结合)。上游护坡覆盖范围由坝顶起护至水库最低水位以下 1.5～2.5 m。下游护坡形式有砌石护坡、堆石或碎石护坡、草皮护坡等。下游护坡覆盖范围由坝顶护至排水棱体，无排水棱体时护至坝脚。

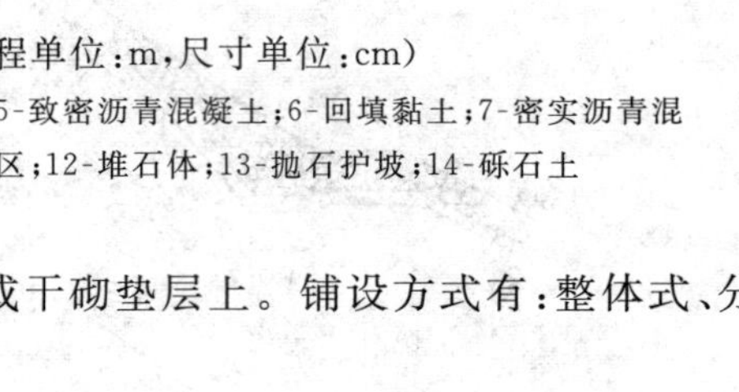

图 2.7.4　坝顶构造(尺寸单位：m)

堆石(抛石)、砌石护坡下应设置垫层(坝壳料与护坡连接已符合反滤要求除外),护坡石块的大小、级配和厚度应根据波浪压力大小及波浪要素参照规范通过计算确定;对波浪压力较大的坝段和坡面位置,可通过计算,采用与其他部位不同的护坡厚度,见图 2.7.5a)、b)。

图 2.7.5 为典型砌石和堆石护坡的结构尺寸。混凝土、钢筋混凝土、沥青混凝土和砌石护坡,应设置排水孔,以消除水库水位降落或其他原因产生的动水压力。严寒地区黏性土坝应设防冻垫层,其厚度不得小于当地的冻结深度。各种护坡在马道、坝脚及护坡末端,均需设置基座。

3. 坝面排水

为避免雨水漫流冲刷坝坡坡面,除砌石或堆石坝坡外,应设坝面排水系统,如图 2.7.5c) 所示,范围包括坝顶、坝坡、坝端及坝下游等部位。坝体与岸坡连接处必须设置排水沟,其集水面积应包括岸坡集水面积在内。纵向排水沟一般设于马道内侧;竖向排水沟一般每隔 50~100 m 设置一条。排水沟采用混凝土或浆砌石砌筑。若用预制件拼装时,务必使接缝牢固,成一整体。

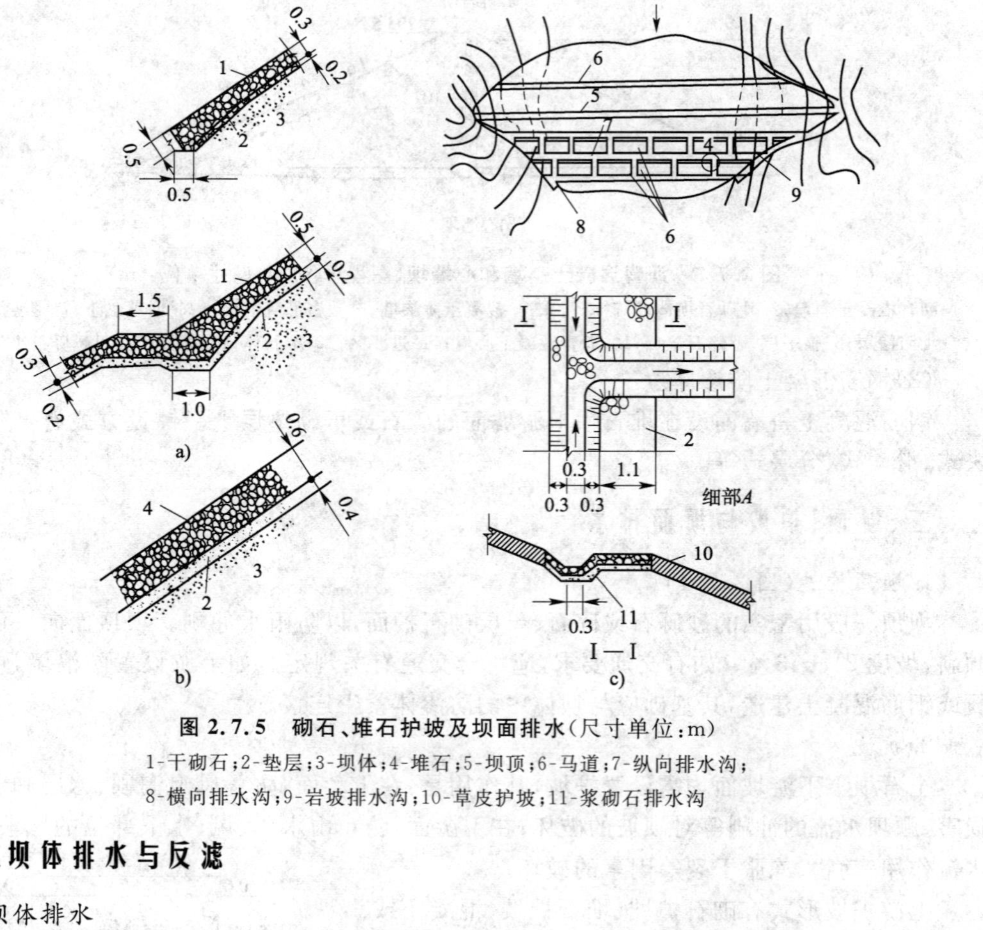

图 2.7.5 砌石、堆石护坡及坝面排水(尺寸单位:m)

1-干砌石;2-垫层;3-坝体;4-堆石;5-坝顶;6-马道;7-纵向排水沟;8-横向排水沟;9-岩坡排水沟;10-草皮护坡;11-浆砌石排水沟

三、坝体排水与反滤

1. 坝体排水

土石坝均应设置坝体排水设施,其作用是:防止渗流逸出处的渗透变形;降低坝体浸润线及孔隙水压力,改变渗流方向,增加坝体稳定;保护坝坡土,防止其冻胀破坏。坝体排水设施必须满足的要求有:有充分的排水能力,以保证自由地向下游排出全部渗水;按排水反滤原则设计,以保证坝体及地基土不发生渗透破坏;便于观测和检修。

坝体下游排水设施有棱体排水、贴坡排水、坝内排水(褥垫排水层、网状排水带、排水管、竖式排水体等)及综合型四种类型。

(1)棱体排水

又称滤水坝趾,它是在下游坝脚处用块石堆成的棱体,见图 2.7.6a)。棱体顶宽不小于 1.0 m,且顶面超出下游最高水位的高度不小于 0.5～1.0 m,同时应保证坝体浸润线距坝坡面的距离大于冰冻深度。棱体排水的优点是排水效果好,但体积大,用料多,检修较困难。

(2)贴坡排水

又称表面排水,它设在下游坝坡底部,由 1～2 层堆石筑成,见图 2.7.6b)。贴坡排水层的顶部应高于坝体浸润线的逸出点并高于下游最高水位 1.5～2.0 m,底脚处须设置排水沟或排水体。贴坡排水构造简单、用料省、施工方便、易于检修,但不能降低浸润线,且易因冰冻而失效。

(3)坝内排水

坝内排水包括褥垫排水层、网状排水带、排水管、竖式排水体等。

褥垫排水是沿坝基面平铺的由块石组成的水平排水层、外包反滤层,见图 2.7.6c)。褥垫排水的优点是,当下游无水时,能有效降低浸润线;主要缺点是对不均匀沉降的适应性差,易断裂,且难以检修。当下游水位高于排水层时,效果显著降低。

当渗流量大,可铺设排水管,称管式排水,见图 2.7.6d)。排水管的管壁上有孔或留有缝隙,以收集渗水。

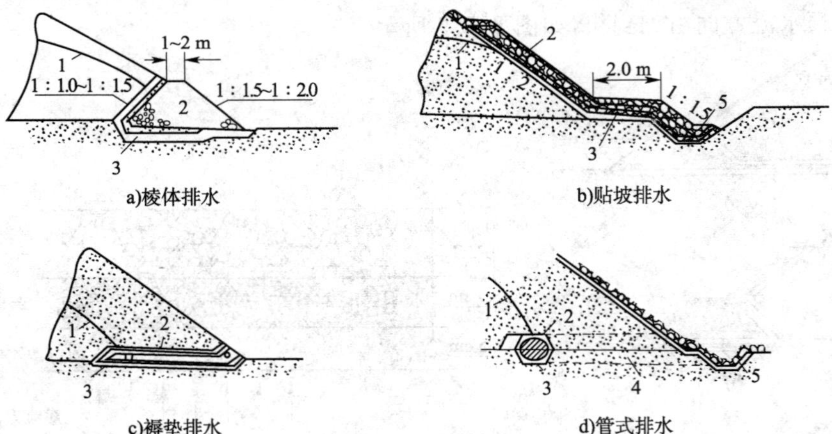

图 2.7.6　坝体排水形式

1-浸润线;2-各种形式排水;3-反滤层;4-横向排水带或排水管;5-排水沟

另外,为了更有效地降低坝体浸润线,在均质坝内还可设置竖式排水体,并与水平排水体相连,将渗水引出坝外,见图 2.7.7a)。为了加速弱透水材料填筑的均质坝和分区坝坝壳内孔隙水压力的消散,改变渗流方向,以增加坝的稳定,可在不同高度处设置坝内水平排水层,见图 2.7.7b)。

(4)综合排水

为发挥几种排水形式各自的优点,可将它们结合起来,形成综合式排水。例如,棱体排水与褥垫排水结合,见图 2.7.8a);棱体排水与贴坡排水结合,见图 2.7.8b);贴坡排水与褥垫排水结合,见图2.7.8c)。

2.反滤层及过渡层

反滤层是排水设施的主要组成部分,其作用是滤土排水,防止土工建筑物渗流逸出处遭受管涌或流土等渗透变形以及不同土层界面处的接触冲刷。对下游具有承压水的地层,还起压重作用。过渡层的作用是避免在刚度相差较大的两种土料之间产生急剧变化的变形和应力。反滤层起过渡层作用,但过渡层不一定能起反滤作用。在土质防渗体与坝壳或坝基透水层之间，以及渗流逸出处或进水处，均须设置反滤层。在防渗体与坝壳之间，根据需要可同时设置反滤层与过渡层。非均质坝的坝壳内的各土层之间，坝壳与透水坝基的接触区应尽量满足反滤原则。

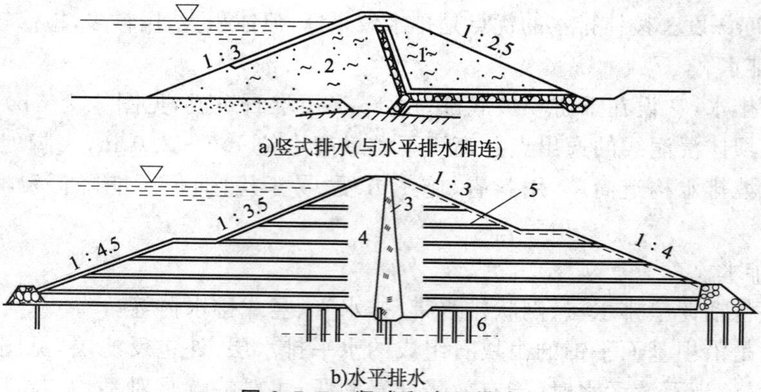

图 2.7.7 竖式和水平排水

1-竖式排水；2-砂壤土坝体；3-黏土心墙；4-黏性土坝体；5-砂卵石水平排水；6-黏性土坝基

反滤层材料有两种类型，即土质反滤料与土工织物反滤料，目前广泛使用前者。土反滤层一般由 2～4 层不同粒径的砂石料(抗风化砂、砾卵石或碎石)组成，层面大体与渗流方向正交，粒径顺水流方向由细到粗，如图 2.7.9 所示。

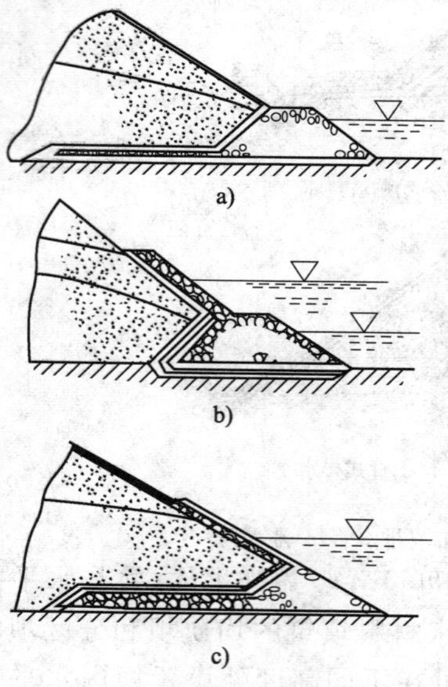

图 2.7.8 综合式排水

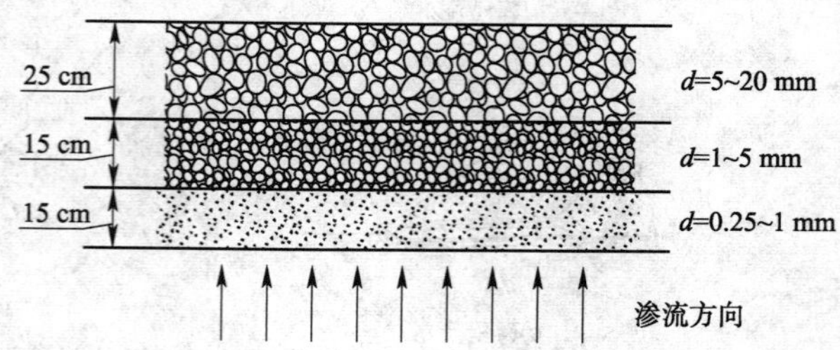

图 2.7.9 反滤层的构造

防渗体下游和渗流逸出的反滤层应满足如下要求：

①透水性大于被保护土，能通畅地排除渗透水流；

②使被保护土不发生渗透变形；

③不致被细粒土淤塞失效；

④在防渗体出现裂缝时，土颗粒不会被带出反滤层，能使裂缝自行愈合。

防渗体上游反滤层可适当放宽上述要求。

对于与被保护土相邻的第一层反滤料，规范建议按下述准则选用

$$D_{15}/d_{85} \leqslant 4\sim5;D_{15}/d_{15} \geqslant 5 \tag{2.7.1}$$

式中，D 代表反滤粒径；d 代表被保护土粒径。

选择第二层反滤料时，将第一层反滤料作为被保护土，采用上述相同的原则，如此类推。

四、裂缝控制

1. 裂缝的类型及成因

土石坝裂缝按其成因有变形裂缝、干缩或冻融裂缝、滑坡裂缝及水力裂缝等。

(1)变形裂缝(图 2.7.10)

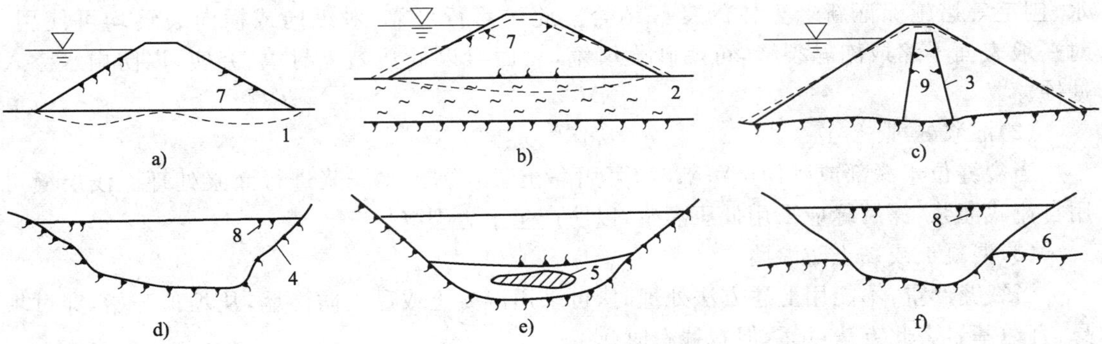

图 2.7.10 土石坝变形裂缝

1-湿陷性黄土坝基；2-高压缩性土坝基；3-压缩性大的黏土心墙；4-岩坡陡峻与变阶；5-坝基内含局部压缩性土层；6-两侧有湿陷性黄土；7-纵缝；8-横缝；9-水平缝

变形裂缝是由于坝的不均匀沉降而产生的裂缝。根据裂缝走向和位置，又分为以下几种。

①纵向裂缝：缝的走向与坝轴线平行，主要出现在坝顶，有时出现在坝坡或坝体内部，它是由于坝体或坝基各部位沿横向的不均匀沉降所引起。对于心墙坝，坝壳沉降速度比心墙快，在顶部出现拉力区而导致顶部纵缝。斜墙坝的坝壳土料上下部沉降不均，可使斜墙断裂，形成纵缝。在高压缩性地基上也易形成坝坡面和坝内部的纵向裂缝。

②横向裂缝：走向与坝轴线垂直，多出现于坝体与岸坡接头处、坝体与其他刚性建筑物或坝下埋管的连接处。横缝常贯穿防渗体，危害很大。

③水平裂缝：多发生在较薄心墙坝中。坝壳沉降速度快，较早达到稳定；而心墙沉降量大且稳定较慢，先稳定的坝壳会阻止心墙继续沉降，而形成心墙“拱效应”，使心墙中的竖向应力减小，甚至产生拉应力，从而产生内部水平裂缝。

(2)其他裂缝

其他裂缝包括黏土表面由于失水和冻融而产生的干缩和冻融裂缝、坝坡失稳前产生的滑坡裂缝和水压力引起的水力裂缝。

2. 裂缝防治措施

(1)设计方面

选择合适的河谷断面，尽量避开显著不对称的河谷，岸坡尽可能平顺。坝体，特别是防渗体应尽量避开明显的地质构造断裂带，确保防渗体与基岩连接良好。对不良地基进行必要的处理。合理设计土石坝的剖面和细部构造，选择适宜的筑坝土料和设计参数。

(2)施工方面

合理安排施工程序，尽可能均衡施工；合理组织料场，保证土料质量，加强压实质量控制，特别要严格控制土料的密实度、含水率和颗粒组成，防止漏压。注意整修岸坡与地基面，处理好各种结合面。在旱、冬、雨季施工要保护好防渗体的外露面，防止干裂、冻裂。

(3)运行方面

水库水位的突升、突降易导致坝的开裂。因此，运行中对库水位应合理控制。在施工和运行期，必须定期观测坝体变形、应力、渗透压力、渗流量等，及时处理已发现的裂缝。

3.裂缝处理

(1)挖除回填

将裂缝部位的土体挖除，回填以稍高于最优含水率的土料，严格分层夯实，并采用洒水、刨毛等措施保证新老土体的良好结合。此法易行可靠，对纵向或横向裂缝均可使用。对一般表面干缩或冻融裂缝，可用砂土填塞，表面再以低塑黏土封填、夯实，以防雨水渗入冲蚀。

(2)灌浆处理

当裂缝位于深部或延伸至深部时，可用黏土浆或黏土水泥浆进行灌浆处理。浅层缝可用自流式灌浆，深层缝应采用低压灌浆，以防产生水力裂缝。

(3)混凝土或黏土防渗墙

当裂缝严重，不能用上述方法处理时，可采用混凝土或黏土防渗墙，从坝顶开始，穿过坝身，直达基岩。此方法可靠，但费钱费时。

五、土石坝与坝基、岸坡及其他建筑物的连接

土坝与坝基、岸坡及其建筑物的接触面容易形成集中渗流，造成渗透破坏，也容易因处理不当而导致坝体产生裂缝，须慎重处理。

1.坝与坝基的连接

填筑前，先清基，将坝基范围杂草、乱石等清除。均质土坝与土基连接时，如地基与坝体土质相近，可清基后直接填土，否则，在结合面做接合槽，沿结合面增大的渗径等于坝底宽的5%～10%。与基岩连接时，可设几道混凝土齿墙。心墙坝和斜墙坝，须将防渗体与新鲜基岩或不透水层相接。

2.坝与岸坡的连接

为防止因不均匀沉陷而产生裂缝，岸坡应清理成缓变的坡面，不宜削成阶梯状。岸坡不太陡，坡度一般小于1∶0.75(岩坡)或1∶1.5(土坡)。坝体岸坡要紧密连接。心墙和斜墙在岸坡接合处要适当加宽，以延长渗径，心墙断面要扩大1/4～1/3，斜墙断面要扩大一倍以上。

3.土石坝与混凝土建筑物连接

此类连接处是薄弱环节，须注意填土质量，保证接触面紧密结合。土石坝与溢流重力坝的连接可采用翼墙式和插入式连接。

第八节　土石坝筑坝材料的选择及填筑标准

一、筑坝材料的选择

就地取材是土石坝设计的一项重要原则，一般土料(沼泽土、斑脱土、地表土及含有未完全分解有机质的土料除外)原则上均可作为碾压式土石坝的筑坝材料，或经处理后用于坝的不同部位。填筑坝的土石料应具有与其使用目的相适应的工程性质，并具有较好的长期稳

定性。

1. 防渗体土料

防渗土料在压实后，应具有足够的防渗性能和一定的抗剪强度，对高坝心墙土料还应具有低压缩性。

黏性土作防渗体土料须满足如下要求：

①渗透系数一般对于均质坝不大于 10^{-4} cm/s；对心墙或斜墙不大于 10^{-5} cm/s。

②水溶盐含量(易溶盐和中溶盐的总量，按重量计)不大于 3%；有机质含量(按重量计)对均质坝不大于 5%，对心墙或斜墙不大于 2%。

③有较好的塑性和渗透稳定性。一般黏粒(粒径小于 0.005 mm)含量为 15%～30%(或塑性指数 I_p 为 10～17)的中壤土、重壤土及黏粒含量为 30%～40%(或塑性指数 I_p 为 17～20)的黏土均较合适。

④浸水与失水时体积变化较小。

以下黏土应尽量避免作防渗体(除非作专门论证并处理)：塑性指数大于 20 和液限大于 40%的冲积黏土、浸水后膨胀软化较大的黏土、开挖压实困难的干硬黏土、分散性土和冻土。

用于填筑防渗体的砾石土，其粗粒(粒径大于 5 mm 的颗粒)含量一般不超过 50%，其最大粒径一般不超过 10～15 cm 或铺土厚度的 2/3，且不得发生粗料集中架空现象。

我国南方的残坡积红土或红土状土，具有稳固的团粒结构，虽然黏粒含量很高，天然重度低，天然含水率高，压实性差，但在较低填筑重度和较高填筑含水率下，仍具有较高强度，较低压缩性和较小的渗透性，耐水性和抗冲刷能力也较好，可用于填筑均质坝和分区坝的防渗体，但用于高坝时应做必要的论证。

湿陷性黄土或黄土状土可用于填筑均质坝和分区坝防渗体，但需具有适当的填筑含水率与压实密度，使土料的原状结构得到破坏，防止浸水后的湿陷和软化。

用膨胀土作为土石坝防渗土料时，应有足够的盖重层，制约其膨胀性。必要时，心墙顶部换用非膨胀性黏土或人工掺和料。

2. 坝壳土石料

土石坝的坝壳材料主要用于保持坝体的稳定，一般要求有较高的强度，下游坝壳水下部位及上游坝壳水位变动区宜有较高的透水性。

一般来说，级配良好的无黏性土(包括砂、砾石、卵石、漂石、碎石等)以及石料、石渣料，均可作为坝壳料，并根据其性质应用于坝壳的不同部位。通常认为不均匀系数 $\eta=d_{60}/d_{10}=30\sim100$ 时较易压实，$\eta<5\sim10$ 时压实性能较差。均匀中细砂及粉砂一般只能用于坝壳干燥区。

3. 排水设施与护坝用石料

用于排水设施及砌石护坡的石料，要求有良好的抗风化性能和抗冻性，有良好的抗水性，抗压强度不低于 50 kPa，软化系数不应小于 0.75～0.85，孔隙率不大于 3%。吸水率(按孔隙体积比计算)不大于 0.8 重度应大于 22 kN/m^3。除块石外，碎石、卵石也可应用，但不宜使用风化岩石。

4. 反滤料及过渡层土石料

反滤料及过渡层土石料须具有良好的级配，粒径小于 0.075 mm 的颗粒含量小于 5%，不应含有粒径小于 0.05 mm 的粉土和粒土颗粒；具有必要的透水性；质地致密坚硬，具有高度的抗水性和抗风化能力。反滤料应尽量利用天然砂砾料筛选，如缺乏天然砂砾料，也可采用人工砂或碎石料，但应选用抗水性和抗风化能力强的母岩轧制。

二、土石料填筑标准

为了提高填土的密实度和均匀性，使填土具有足够的抗剪强度和较低的压缩性，满足变形、渗流控制要求，必须对填土进行压实。根据安全和经济的要求，应选定合理的填筑标准。

在确定填筑标准时，应考虑诸多因素：坝的等级、坝高、坝型及坝的不同部位，土石料的压实特性，填土干重度，含水率与其力学性质的关系，特别是与压缩性、湿陷性、渗透性、抗剪强度及孔隙水压力的关系，气候及施工难易性等。

第六篇 土工结构与边坡防护

1. 黏性土料的填筑标准

黏性土的填筑密度以压实干重度为设计指标，并以压实度 P 表示压实程度。压实度 P 定义为设计填筑干重度 γ_d 与标准击实试验得到的最大干重度 γ_{dmax} 之比。

压实度 P 的要求：对Ⅰ、Ⅱ级坝和各种等级的高坝，应不低于98%～100%；对Ⅲ、Ⅳ、Ⅴ级坝(高坝除外)，应不低于96%～98%；地震区采用较大值。

对砾质黏性土，一般应以全料的大型击实试验结果，选定干重度。对粗粒含量在30%以下的砾质黏性土，也可用细料确定填筑干重度，并用理论公式计算不同粗粒含量的相应干重度，作为填筑时的控制标准。

黏性土的填筑含水率一般应控制在最优含水率附近，其值应根据土料性质、填筑部位、施工工艺等因素进行选择，其上、下限值偏离最优含水率不超过－2%～＋3%。

2. 无黏性土料的填筑标准

无黏性土料同样需要达到一定的压实标准，才能有足够的抗剪强度和抗压强度，以减少坝体变形，增加坝体稳定，防止砂料的液化。

无黏性土的压实性与含水率关系不大，主要与砂石料的级配和压实功能有关。压实程度用相对密度 D_r 表示

$$D_r=\frac{e_{max}-e}{e_{max}-e_{min}} \tag{2.8.1}$$

式中，e_{max}为砂土最大孔隙比；e_{min}为其最小孔隙比；e 为其设计孔隙比。

已知相对密度 D_r，还可换算成干重度 γ_d，作为施工控制指标

$$\gamma_d=\frac{\gamma_{dmax}\gamma_{dmin}}{(1-D_r)\gamma_{dmax}+D_r\gamma_{dmin}} \tag{2.8.2}$$

式中，γ_{dmax}、γ_{dmin}为砂土的最大和最小干重度，两者均可由试验确定。

对于砂砾料，可先筛除砾粒($d>5$ mm 的砾石)，再按砂土要求定出 D_r，然后由式(2.8.2)求出 γ_d，最后按下式求出不同含砾量时的填筑干重度 γ'_d，即

$$\gamma'_d=\frac{\gamma_d\gamma'_s}{\gamma_d p+(1+p)\gamma'_s}-A \tag{2.8.3}$$

式中，γ'_s 为大于5 mm 的粗颗粒的重度；γ_d 为小于5 mm 的粗颗粒(砂土)的干重度；p 为砂砾料中大于5 mm 的砾石含量，以小数计；A 为干重度降低值；当 $p<30\%$，$A=0$；当 $p>30\%$时，A 值根据已建工程经验或试验确定。

无黏性土的填筑压实标准要求：砂砾石的相对密度不应低于0.75，砂的相对密度不应低于0.70，反滤料宜为0.70。在地震区，浸润线以上不能低于0.7，浸润线以下按设计烈度大小确定，不得低于0.75～0.85。当无黏性土中粗粒含量小于50%时，应保证细粒(粒径小于

5 mm)的相对密度满足以上要求。

堆石料的压实程度与其最大粒径和颗粒级配有关,可由碾压试验确定,一般要求孔隙率不大于 20%～28%。

第九节　土石坝施工质量控制及监测

一、料场的质量检查和控制

各种坝料质量应以料场控制为主,必须是合格坝料才能运输上坝,不合格材料在料场处理合格后才能上坝,否则应废弃。应在料场设置质量控制部,按设计要求和规范规定进行料场质量控制,主要内容包括:

①是否在规定的料区内开采,是否将草皮、覆盖层等清除干净;

②坝料开采、加工方法是否符合规定;

③排水系统、防雨措施、负温下施工措施是否完善;

④坝料性质、级配、含水率(指黏性土、砾质土)是否符合设计要求。

各种坝料现场鉴别的指标与项目见表 2.9.1。现场鉴别方法以目测为主,取一定数量的代表样进行试验。反滤料铺筑前应取样检查,规定每 200～500 m^3 取一个样,检查颗料级配、含泥量及软弱颗粒含量。

各种坝料现场鉴别项目与指标　　表 2.9.1

坝料类别		鉴别项目与指标
防渗土料	黏性土	含水率、黏粒含量
	砾质土	允许最大粒径、砾石含量、含水率
反滤料		级配、含泥量、风化软弱颗粒含量
过渡料		级配、允许最大粒径、含泥量
坝壳砾质土		小于 5 mm 颗粒含量、含水率
坝壳砂砾石		级配、砾石含量、含泥量
堆石	硬岩	允许最大块径、小于 5 mm 颗粒含量、含泥量、软岩含量
	软岩	单轴抗压强度、小于 5 mm 颗粒含量、含泥量

当土料的含水率偏高时,一方面应改善料场的排水条件并采取防雨措施,另一方面需将含水率偏高的土料进行翻晒处理,或采取轮换掌子面的办法,使土料含水率降低到规定范围再开挖。如仍不能满足要求,可采用机械烘干法。当土料含水率偏低时,应考虑在料场加水,其方法是采用分块筑畦埂,灌水浸渍,轮换取土。地形高差大时,还可采用喷灌机喷洒。

二、坝体填筑质量控制

在坝体填筑作业中,应对铺土厚度、填土块度、含水率、干重度与压实层结合情况等进行检查控制。坝体压实质量应控制压实参数,并取样检测密度和含水率。坝体压实检查项目及取样次数见表 2.9.2。

坝体压实检查项目与次数　　表 2.9.2

坝料类别及部位			检查项目	取样(检测)次数
防渗体	黏性土	边角夯实部位	干密度、含水率	2～3 次/每层
		碾压面		1 次/100～200 m^3
		均质坝		1 次/200～500 m^3
	砾质土	边角夯实部位	干密度、含水率、大于 5 mm 砾石含量	2～3 次/层
		碾压面		1 次/200～500 m^3
反滤料			干密度、颗粒级配、含泥量	1 次/200～500 m^3,每层至少一次
过渡料			干密度、颗粒级配	1 次/500～1 000 m^3,每层至少一次
坝壳砂砾(卵)料			干密度、颗粒级配	1 次/500～10 000 m^3
坝壳砾质土			干密度、含水率、小于 5 mm 颗粒含量	1 次/3 000～6 000 m^3
堆石料(级配试验组数可比干密度试验适当减少)			干密度、颗粒级配	1 次/1 000～100 000 m^3

注:1. 黏性土现场密度检测,宜采用环刀法、表面型核子水分密度计法。

2. 砾质土现场密度检测,宜采用挖坑灌砂(灌水)法。

3. 土质不均匀的黏性土和砾质土的压实度检测宜用三点击实法。

4. 土料含水率检测方法有烘干法、核子水分密度计法、酒精燃烧法或红外线烘干法。

防渗体填筑时,经取样检查压实合格后,方可继续铺土填筑,否则要进行补压。对于防渗土料,干密度或压实度的合格率不小于 90%,不合格干密度或压实度不得低于设计干密度或压实度的 90%。反滤料和过渡料的填筑,还须严格控制颗粒级配,不合格的应返工。坝壳堆石料的填筑,以控制压实参数为主。对堆石料和砂砾料,所测定的干密度平均值应不小于设计值,标准差不大于 0.1 g/cm^3。

根据具体条件,对防渗体选定若干固定取样断面,沿坝高每 5～10 m 取代表性试样进行室内物理力学性质试验,作为复核设计及工程管理的依据。对坝壳料,也应取适当组数有代表性试验进行复核试验。

对坝面、坝基、削坡、坝肩接合部,与刚性建筑物连接处以及各种土料的过渡带进行检查。对土层层间结合处是否出现光面或剪力破坏认真检查。对反滤层铺填的厚度、是否混有杂物、填料的质量及颗粒级配等应全面检查。通过颗粒分析,查明反滤层的层间系数(D_{50}/d_{50})和每层的颗粒不均匀系数(D_{60}/d_{10})是否符合设计要求。如不符合,应重新筛选,重新铺填。对于堆石料,主要检查其质量、风化程度、石块的重量、尺寸、形状、级配、孔隙率、堆筑过程中有无离析架空现象发生等。

应及时整理质量检查记录,分别编号存档,编制数据库,既作为施工过程全面质量管理的依据,也作为坝体运行后进行长期观测和事故分析的佐证。

三、土石坝原型观测

土石坝须根据坝的等级、坝高、地形、地质、坝的结构形式等条件,设置必要的观测设备,进行系统的观测,并及时整理分析观测资料。一般性观测的目的是监视土石坝运用安全;根据施工期观测资料,控制施工或及时检验和修改设计。另外还有专门性观测,其目的是检验设计的正确性,为科学研究提供资料。

1. 观测项目

Ⅰ、Ⅱ级坝及高坝应设置下列一般性观测项目:

①坝面垂直、水平位移;

②坝基沉陷;

③坝体内部垂直位移；

④孔隙水压力或渗透压力，对渗透性较大的均质坝进行浸润线观测；

⑤渗透量、渗透水透明度和水质；

⑥绕坝渗流、岸坡地下水位；

⑦水库及坝前淤积；

⑧上下游水位；

⑨一般外表观测（如裂缝、坍陷、隆起、泉眼、翻砂冒水等）；

⑩岸坡稳定观测。

2. 观测次数

土石坝原型观测次数，应根据施工期、蓄水运用期以及特殊情况等条件分别安排。

①外部表面观察。原则上每月至少1～2次。暴雨前后对坝面裂缝应增加观察次数。

②坝体外部的垂直位移和水平位移。竣工后两三年内应每月进行一次，汛期根据水位上升情况增加次数。位移基本稳定后可适当减少测次，但每年不少于两次。

③坝体内的垂直位移观测。每装一节沉降管后，应对已埋设的各测点进行一次观测；停工期间应每隔10 d观测一次，竣工以后应每月进行一次。水平位移观测可参照进行。发现异常增加观测次数。

④孔隙水压力观测。施工中或竣工初期，1～2 d应观测一次，在上部填土或库水位有较大变化（如停工、水位骤降、坝体裂缝）时，应增加观测次数。

⑤浸润线水位观测。蓄水初期应每天观测一次，正常运用期可每10 d观测一次，上游水位上升速度较快或超过正常蓄水水位时，应适当增加观测次数。测压管管口高程，应每月进行一次水准测量，待坝体垂直位移基本稳定后，可每年校核3～5次。

第三章　边坡与支挡结构

第一节　边坡稳定性影响因素及边坡破坏的类型和特征

一、边坡稳定性影响因素

(一)岩土性质

边坡岩土的物理、力学、化学等性质是影响边坡(特别是土质边坡)稳定性的重要因素之一。这些性质包括:岩土成因类别、矿物成分、原生构造、物理力学性质、抗剪强度等。其中抗剪强度是控制边坡稳定的主要性质,其他性质是通过改变岩土的抗剪强度影响边坡的稳定性。

(二)岩土结构

岩体的结构面往往是影响岩质边坡稳定的控制因素。岩体结构面包括层理面、断层面、节理面、劈理面、不整合面、风化界面、自然卸荷裂隙等。岩体结构面性质包括产状、充填物质、粗糙度、胶结情况及延伸分布等。影响岩质边坡稳定的最不利结构面是顺坡向结构面,特别是软弱夹层,当两组结构面产状组合达到一定条件时,可形成滑动楔体。反倾层状岩体可能发生倾倒破坏,顺坡薄层状岩体可能发生溃层破坏。

岩体结构面将岩体切割成各种类型的结构体,通常分为四种类型:块状结构、层状结构、碎裂结构和散体结构。岩体边坡破坏形式及特征直接与结构体类型有关。

有些土质边坡如黄土或膨胀土边坡中含有裂隙,这些裂隙加剧渗水、风化和软化作用,在一定条件下还构成边坡滑裂面。

(三)风化作用

风化作用对有些土质边坡(如裂隙黏土边坡)的稳定性影响显著。这类土质边坡开挖时,尚非常稳定,但随着时间的推移,风化作用加剧,边坡出现渐近破坏,几年或几十年后可能发生滑坡。

风化作用对岩体边坡稳定影响是非常明显的,主要表现在:破坏岩体结构、降低岩石强度;产生或扩大裂隙,加剧软化、冻融作用;改变有些矿物成分等。岩体风化程度常划分为:全风化、强风化、弱风化、微风化和新鲜。

(四)水的作用

水的作用是影响边坡稳定的一个极为重要的因素,其影响主要表现在:

①增大了滑面上的孔隙水压力,相应减小了有效应力,降低了滑面上的抗剪力;

②软化岩土体,一定程度降低了岩土抗剪强度,如黄土、膨胀土、红黏土、泥岩或页岩等;

③增加了土体重量,相应加大了净滑动力,如坡脚浸水,又使抗滑部分土体重量减轻,减小了抗滑力;坡体后缘垂直张裂缝充水增加滑动推力;

④水的渗流作用产生不利于边坡稳定的动水压力,同时可能造成管涌、流土等渗透破坏;

⑤河岸、海岸或水库边坡，水流淘蚀、冲刷坡脚，波浪冲击岸坡；

⑥非饱和土浸水后吸力丧失，降低了土体抗剪强度；

⑦易溶矿物或软弱夹层，在地下水的溶滤作用下，造成化学管涌或机械潜蚀；

⑧寒冷地区，水结冰后产生冻胀，融化后则产生泥流等。

(五)地震作用

地震作用是边坡失稳的触发因素。地震惯性力(主要是水平向)增加边坡下滑力，大大降低边坡稳定性。在含水粉细砂、粉质壤土地区，地震易产生液化，使土中孔隙水压力增大，有效应力降低，造成边坡滑坍或过量变形；地震还可能使护坡结构物破坏和失效，如遇暴雨会引起后续滑坡。

(六)地形地貌

地形地貌与自然边坡稳定性有一定的关系。边坡潜在不稳定的地形地貌有：临空面多的山体；陡坡、陡崖、阶地前缘地带；易受水流冲刷和淘蚀的河流凹岸地带；易汇水的山间缓坡地段；泉水出露地段；山坡表面有裂缝地段等。

(七)植被作用

植被在很多方面有利于边坡稳定，例如，树木根系起加筋作用，提高边坡表土的抗剪强度；树木蒸腾作用和树叶拦截作用，减小或延缓雨水入渗，防止土体过度饱和或饱和时间过长等。但植被，特别是高大树木，有时对边坡稳定不利，例如，在风力作用下，树根上拔边坡土体，甚至拔出；树根生长和腐烂可增大地下孔隙，地表水易沿孔隙入渗等。

(八) 人类活动

人类活动对边坡稳定性不利影响是多方面的，例如：因筑路、采矿、建筑等而人工开挖边坡，人为加陡加高边坡，在开挖过程中，产生人工爆破震动；水库蓄水，岸坡增加浮托力，水位降落，产生超孔隙水压力；人工堆弃物，如排土场、堆石场，增加地基荷载或本身不稳定；植被破坏，加剧暴雨渗入，造成坡面流土，加速地表风化；工业或生活用水管道渗漏，造成边坡局部土体软化与孔隙水压力升高；交通或水电建设等引起古滑坡复活等。

二、边坡破坏的类型和特征

边坡破坏有很多形式，可从不同的角度将其归类。国内外有关边坡破坏的分类方法非常之多。表 3.1.1 为我国水电部门对边坡变形破坏主要类型与特征的划分。我国铁路部门按边坡物质成分，将边坡破坏即滑坡进行分类，并描述了各自特征，见表 3.1.2。

边坡变形破坏主要类型与特征 表 3.1.1

变形破坏类型		变形破坏特征
崩塌		边坡岩体附落或滚动
滑动	平面型	边坡岩体沿某一结构面滑动
	弧面型	散体结构、碎裂结构的岩质边坡或土坡沿弧形滑动面滑动
	楔形体	结构面组合的楔形体，沿滑动面交线方向滑动
蠕动	倾倒	反倾向层状结构的边坡，表面岩层逐渐向外弯曲、倾倒
	溃屈	顺倾向层状结构的边坡，岩层倾角与坡角大致相似，边坡下部岩层逐渐向上鼓起，产生层面拉裂和脱开
	侧向张裂	双层结构的边坡，下部软岩产生塑性变形或流动，使上部岩层发生扩展、移动张裂和下沉
流动		崩塌碎屑类堆积向坡脚流动，形成碎屑流

各种物质组成边坡破坏(滑坡)特征　　表 3.1.2

物质类别	破坏特征
黏性土	发生在黏性土(海湖相成因的黏土及河湖相对的膨胀土)中,多沿高塑性黏土(含沙粒)富水层、膨胀土富集层或基岩顶面以及裂隙面滑动
黄土	发生在各时期黄土层中,多群集出现,常见于高阶地边缘斜坡上
堆积土	发生在各种成因堆积层中,多沿基岩表面或堆积软弱面滑动
填土	发生在路堤或人工弃土堆中,多沿老地面或基底以下松软层滑动
破碎岩体	发生在构造破碎带或严重风化带形成的凸形山坡上,滑坡规模大
岩体	发生在岩体内,多沿层面或软弱结构面滑动

国际上普遍采用 Vames 斜坡运动分类法,此法将斜坡运动分为 6 大类:崩落(falls)、倾倒(topples)、滑动(slides)、侧向扩张(lateral spreads)、流动(flows)和复杂运动(complex movements)。滑动又分为旋转滑动(rotational slides)和平移滑动(translational slides)。每种运动类型均对应有 3 种物质成分:基岩、粗颗粒为主的土和细颗粒为主的土,因此最终斜坡运动分成 18 种亚类。

第二节　岩石边坡稳定性分析方法

一、概述

岩石边坡破坏形式主要是:滑动、倾倒、溃层和崩落。如图 3.2.1 所示为岩石边坡几种典型破坏模式。本章主要介绍岩石滑动破坏分析方法,然后简略介绍倾倒和溃层的分析方法。碎裂风化岩体边坡,呈圆弧或非圆弧状滑动,其稳定性分析方法与土坡相同。

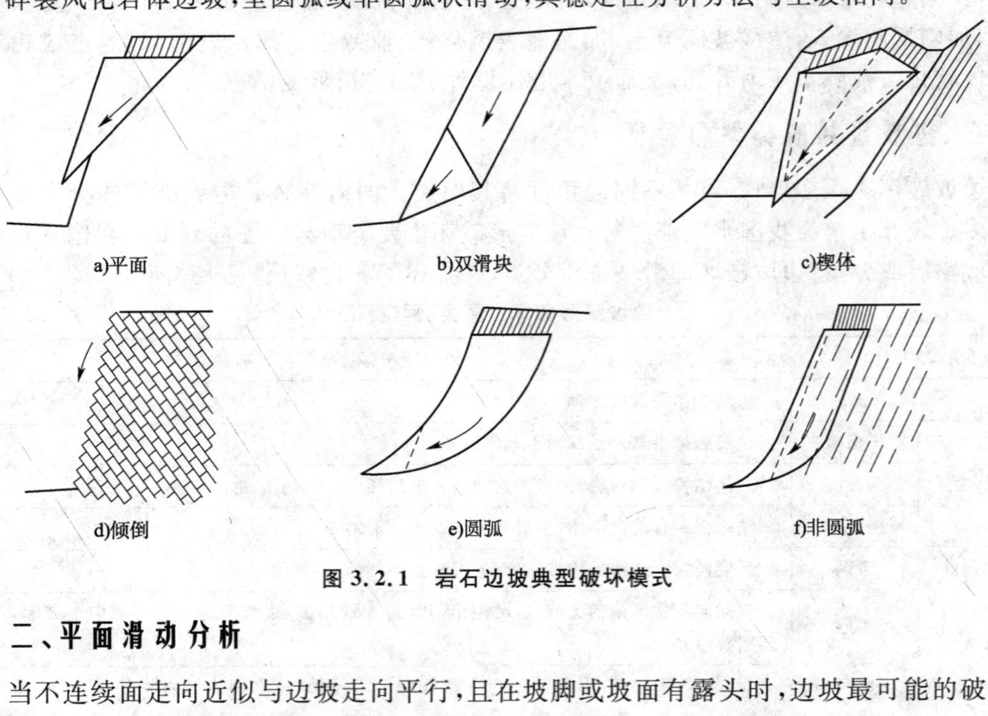

图 3.2.1　岩石边坡典型破坏模式

二、平面滑动分析

当不连续面走向近似与边坡走向平行,且在坡脚或坡面有露头时,边坡最可能的破坏形式是沿该不连续面滑动,如图 3.2.2 所示。

如图 3.2.2a)所示,滑面延伸至坡顶,作用于滑体上的力有重力 W、滑面法向反力 N、滑

面剪切力 S(下滑力)、外力 R,其他几何参数见图。由垂直和平行滑面方向的力平衡条件:

$$N=R\sin(\alpha+\beta)+W\cos\alpha, S=W\sin\alpha-R\cos(\alpha+\beta)$$

滑动安全系数为抗滑力与下滑力之比。

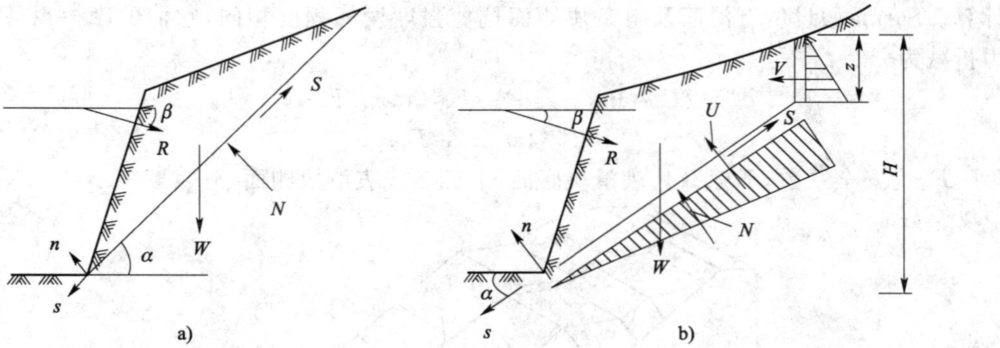

图 3.2.2　平面滑动

$$F_s=\frac{[W\cos\alpha+R\sin(\alpha+\beta)]\tan\varphi+cA}{W\sin\alpha-R\cos(\alpha+\beta)} \tag{3.2.1}$$

式中,A 为单位宽度的滑面面积,亦即滑面在剖面上的长度。

如图 3.2.2b)所示,滑面上缘近坡顶有垂直张裂缝,裂缝充水深度为 z,裂缝中水沿滑面下渗,其渗透压力假设是线性分布的。裂缝中水压力合力 $V=0.5\gamma_w z$;滑面上水压力合力 $U=0.5\gamma_w z(H-z)\csc\alpha$。滑体安全系数为

$$F_s=\frac{[W\cos\alpha-U-V\sin\alpha+R\sin(\alpha+\beta)]\tan\varphi+cA}{W\sin\alpha-R\cos(\alpha+\beta)+V\cos\alpha} \tag{3.2.2}$$

三、双滑块滑动分析

顺层岩石边坡破坏呈发生双滑块滑动模式,上滑块(主动块)沿顺坡层面滑动,下滑块(被动块)剪出岩体,两滑块分界面可能是一组陡倾节理,也可能是次生剪切面。双滑块滑动是多滑块滑动的特例,因此可用多滑块滑动分析法(见下节)计算安全系数。下面计算简单情况下双滑块滑动安全系数。

如图 3.2.3 所示,两条块界面为垂直节理,设滑面和条块界面抗剪强度(不计凝聚力)发挥程度相等,即摩擦系数按同一安全系数 F_s 折减。令 $\tan\varphi_i^m=\tan\varphi_i/F_s, i=1,2,3$。可分别根据主动块和被动块的力的平衡条件求出界面上推力:

$$R_3=W_1\frac{\sin(\beta_1-\varphi_1^m)}{\cos(\varphi_1^m+\varphi_3^m-\beta_1)}=W_2\frac{\sin(\varphi_2^m-\beta_2)}{\cos(\varphi_2^m+\varphi_3^m-\beta_2)} \tag{3.2.3}$$

一般由试算法解式(3.2.3)得安全系数。

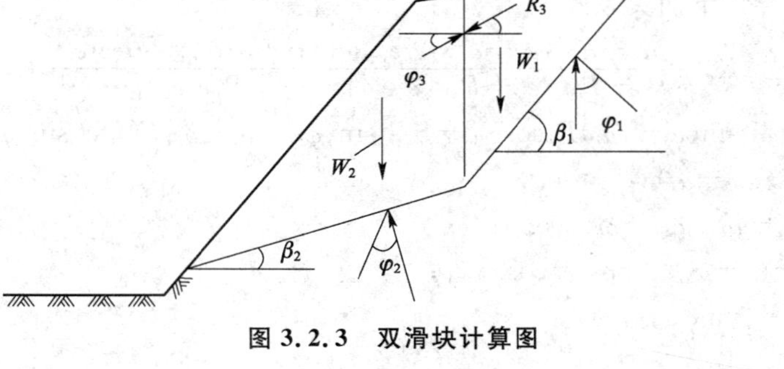

图 3.2.3　双滑块计算图

四、多滑块滑动分析（Sarma法）

由两个或两个以上滑块（斜条块）组成滑体（图 3.2.4）的滑动稳定性宜用Sarma 法分析计算。Sarma假设所有滑面及斜条块侧面抗剪强度发挥程度相同，它们的摩擦系数与凝聚力折减为

$$c_{Bi}/F_s,\tan\varphi_{Bi}/F_s;c_{Si}/F_s,\tan\varphi_{Si}/F_s;c_{Si+1}/F_s,$$
$$\tan\varphi_{Si+1}/F_s;$$

F_s 为安全系数，下标 B 代表滑块底面，下标 S 代表滑块侧面。

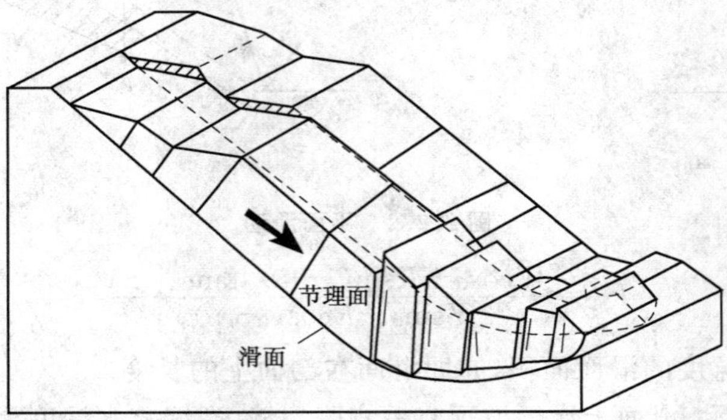

图 3.2.4　多滑块滑动示意

根据四边形滑块各角点坐标以下地下水位线与滑块侧面交点的坐标，如图 3.2.5 所示，很容易依次计算下列参数（忽略下标）：条块侧边长 d、条块底面水平宽 b、条块底面与水平方向夹角 α、条块侧面与垂直方向夹角 δ、条块底面端点水头 ZW、条块重量 W、条块底面水压力合力 U、条块侧面水压力合力 PW。

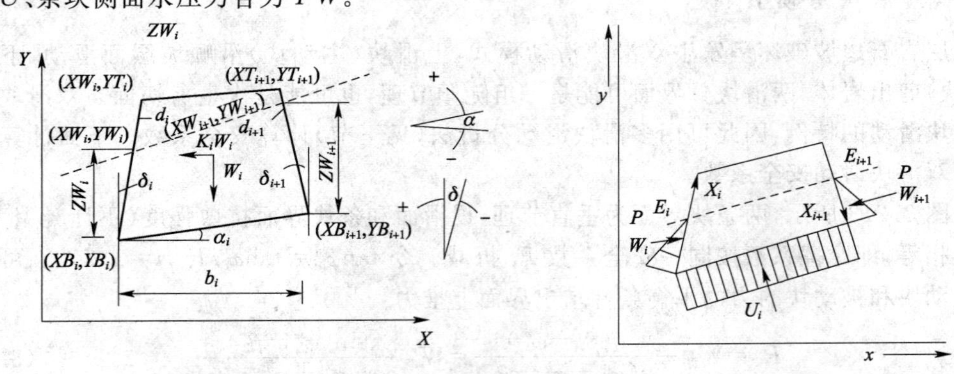

图 3.2.5　Sarma 法计算图

假设条块还作用一个水平方向振动力 K_cW，K_c 为水平向震动加速系数。根据各条块力的平衡，Sarma 推导出下面关系式：

$$K_c=\frac{a_n+a_{n-1}e_n+a_{a-2}e_ne_{n-1}+\cdots+a_ne_ne_{n-1}\cdots e_3e_2}{P_n+P_{n-1}e_n+P_{a-2}e_ne_{n-1}+\cdots+P_1e_ne_{n-1}\cdots e_3e_2}\tag{3.2.4}$$

式中，$a_i=Q_i[W\sin(\varphi_{Bi}-\alpha_i)R_i\cos\varphi_{Bi}+S_{i+1}\sin(\varphi_{Bi}-\alpha_i-\delta_{i+1})-S_i\sin(\varphi_{Bi}-\alpha_i-\delta_i)]$；

$P_i=Q_iW_i\cos(\varphi_{Bi}-\alpha_i)$；

$e_i=Q_i\cos(\varphi_{Bi}-\alpha_i+\varphi_{Si}-\delta_i)\sec\varphi_{Si}$；

$Q_i=\sec(\varphi_{Bi}-\alpha_i+\varphi_{Si+1}-\delta_{i+1})\cos\varphi_{Si+1}$；

$S_i=c_{Si}d_i-PW_i\tan\varphi_{Si}$；

$S_{i+1}=c_{Si+1}d_{i+1}-PW_{i+1}\tan\varphi_{Si+1}$；

$R_i=c_{Bi}b_i\sec\alpha_i-U_i\tan\varphi_{Bi}$。

如果按式(3.2.4)计算 K_c 不等于实际振动加速度系数(无振动时为零)，应重新选定安全系数 F_s，将条块底侧面强度指标进行折减，再次计算，直到满足要求为止。K_c 随 F_s 增加而单调减小，采用割线法可很快得到收敛的安全系数值。

五、楔体滑动分析

楔体滑动也是岩石边坡常见的破坏形式。当两组不连续面产状组合达到一定条件时，它们与坡顶和坡面组成的楔体沿两组不连续面交线滑动。楔体滑体稳定性分析常需借助赤平投影法，也可用矢量分法。前者直观简单，有利于分析方法的理解：后者数学式复杂但利于编程。

赤平投影法详细内容请参考虑有关教材，这里仅简略介绍，以便理解下面楔体分析。如图 3.2.6 所示，通过球心作一赤道平面 $WNES$。从极端 B 点发出射线(BS、BH、BN)与球面上任何一点的连线都在赤道平面上有一投影点，所以球面上任何点、线、面都可用赤平投影表示。投影可取上或下半球投影。

构造地质学中常用的投影网有吴氏网(图 3.2.7)和施密特网。吴氏网用纬线等分圆周 360 份，表示结构面的走向、倾向，经线等分半径为 90°，表示结构面倾角。施密特网为等面积投影网。空间的面在投影网上对应大圆弧，面的法线在投影网对应一个点(极点)。两组结构面相交，其投影网上两大圆弧的交点为交线的投影点，因此交线产状可随之求出。

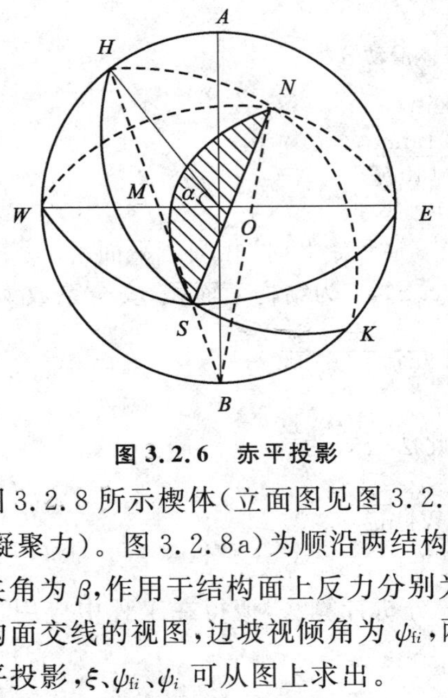

图 3.2.6 赤平投影

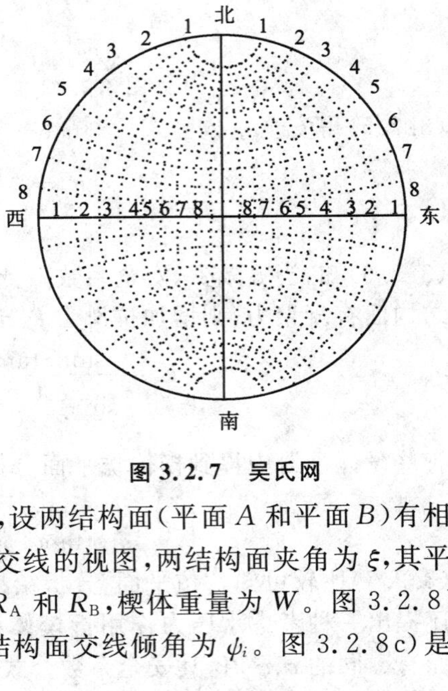

图 3.2.7 吴氏网

如图 3.2.8 所示楔体(立面图见图 3.2.1)，设两结构面(平面 A 和平面 B)有相同内摩擦角 φ(无凝聚力)。图 3.2.8a)为顺沿两结构面交线的视图，两结构面夹角为 ξ，其平分线与水平方向夹角为 β，作用于结构面上反力分别为 R_A 和 R_B，楔体重量为 W。图 3.2.8b)为垂直于两结构面交线的视图，边坡视倾角为 ψ_{fi}，两结构面交线倾角为 ψ_i。图 3.2.8c)是有关面与线的赤平投影，ξ、ψ_{fi}、ψ_i 可从图上求出。

楔体滑动安全系数定义为抗滑力与下滑力之比，而滑动方向沿结构面交线，因此

$$F_s=\frac{(R_A+R_B)\tan\varphi}{W\sin\psi_i} \tag{3.2.5}$$

根据垂直于交线的平面内力的平衡，有

$$R_A\sin(\beta-\frac{1}{2}\xi)=R_B\sin(\beta+\frac{1}{2}\xi)；R_A\cos(\beta-\frac{1}{2}\xi)-R_B\cos(\beta+\frac{1}{2}\xi)=W\cos\psi_i$$

于是

$$R_A + R_B = \frac{W\cos\psi_i \sin\beta}{\sin\dfrac{\xi}{2}}$$

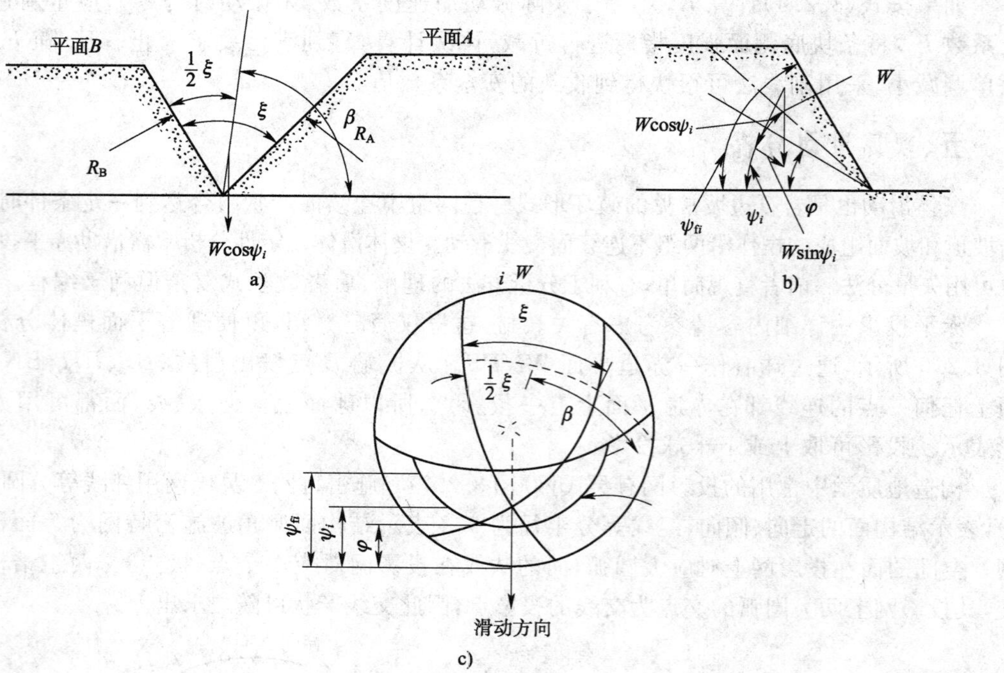

图 3.2.8　简单楔体滑动分析

由式(3.2.5)得安全系数公式

$$F_s = \frac{\sin\beta}{\sin\dfrac{\xi}{2}} \frac{\tan\varphi}{\tan\psi_i} \tag{3.2.6}$$

由式(3.2.6)知，当 β 减少，安全系数降低；当 β 逼近 $\xi/2$ 时，相当于平面滑动。

如果结构面有凝聚力，则增加抗滑力 $c_A S_A + c_B S_B$，S 为结构面面积，安全系数为

$$F_s = \frac{\sin\beta}{\sin\dfrac{\xi}{2}} \frac{\tan\varphi}{\tan\psi_i} + \frac{c_A S_A + c_B S_B}{W\sin\psi_i} \tag{3.2.7}$$

我国有些设计手册中提到楔体仿平面分析，此法公式为

$$F_s = \frac{\tan\varphi}{\tan\psi_i} + \frac{c_A S_A + c_B S_B}{W\sin\psi_i}$$

与式(3.2.7)比较可知，"仿平面"分析结果偏于保守。

霍克还提出一种考虑水压力作用折楔体稳定分析计算法，值得在工程中应用。此法允许两结构面有不同的 c、φ 值，其安全系数公式为

$$F_s = \frac{3}{\gamma_R H}(c_A X + c_B Y) + \left(A - \frac{\gamma_W}{2\gamma_R} X\right)\tan\varphi_A + \left(B - \frac{\gamma_W}{2\gamma_R} Y\right)\tan\varphi_B \tag{3.2.8}$$

γ_R 和 γ_W 分别为岩石和水的重度，H 为楔体总高度，孔隙水压力分布假定如图 3.2.9b)所示，X、Y、A 和 B 计算式如下：

$$X = \frac{\sin\theta_{24}}{\sin\theta_{45}\cos\theta_{2\cdot na}} \qquad Y = \frac{\sin\theta_{13}}{\sin\theta_{35}\cos\theta_{1\cdot nb}}$$

$$A = \frac{\cos\psi_a - \cos_b\cos\theta_{na-nb}}{\sin\psi_5\sin^2\theta_{an-ab}} \qquad B = \frac{\cos\psi_b - \cos_a\cos\theta_{na-nb}}{\sin\psi_5\sin^2\theta_{an-ab}}$$

如图 3.2.9，ψ_a 和 ψ_b 为平面 A 和 B 倾角，ψ_5 为交线 5 倾角，θ_{ij} 为交线 i 和交线 j 之间夹角，下标 na 和 nb 表示平面 A 和 B 的法线，它们可用赤平投影求解或空间解析几何求解。

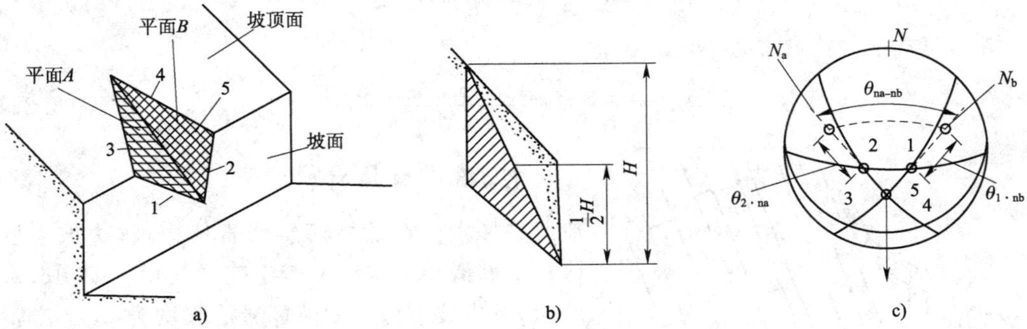

图 3.2.9 有水压力楔体滑动分析

六、倾倒破坏分析

倾倒破坏的模式很多，但能定量进行稳定性计算的较少，且不成熟。陡倾块状岩体沿台阶状节理面倾倒破坏可采用极限平衡法分析，如图 3.2.10 所示。

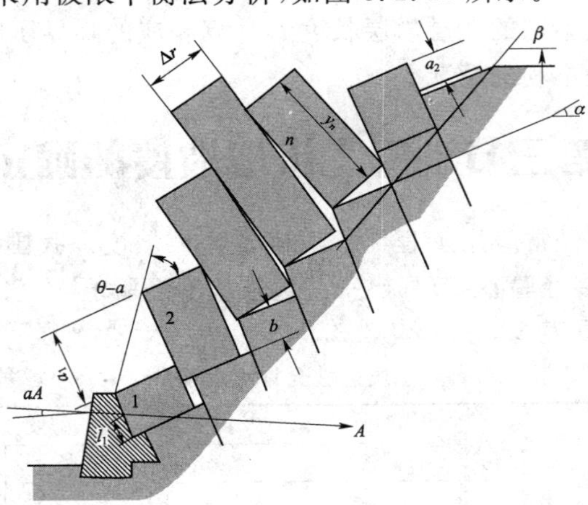

图 3.2.10 倾倒破坏分析

典型条块受力见图 3.2.11 a)。在极限平衡状态，条块有两种失稳可能：倾倒，见图 3.2.11b)；滑动，见图 3.2.11c)。按不平衡力传递法计算模式，从上到下，逐一计算条块间推力。每个条块分别按倾倒和滑动两种模式计算推力，最后取最大值。不断试取安全系数，以此折减强度指标，直至剩余推力等于零，或等于坡脚外力。

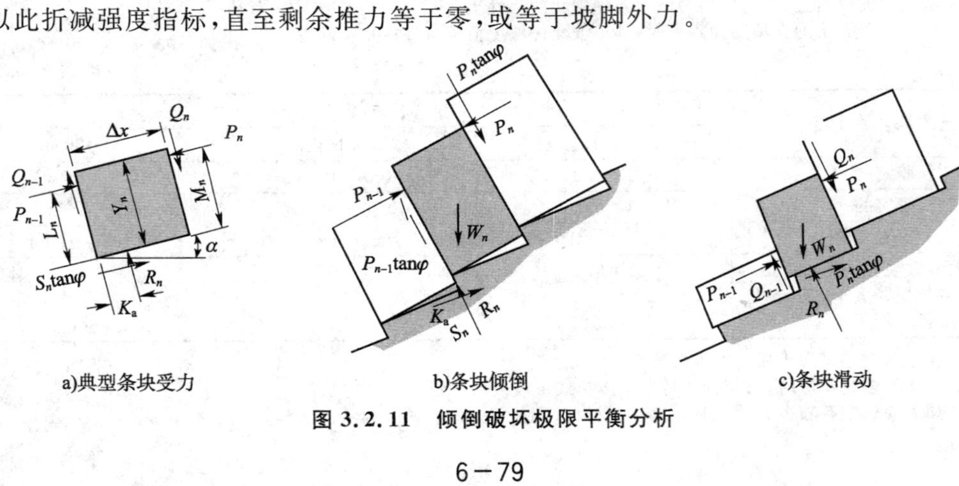

图 3.2.11 倾倒破坏极限平衡分析

倾倒模式推力传递方程

$$P_{n-1}=\frac{P_n(M_n-\Delta x\tan\varphi)+(W_n/2)(y_n\sin\alpha-\Delta x\cos\alpha)}{l_n} \tag{3.2.9}$$

滑动模式推力传递方程

$$P_{n-1}=P_n-\frac{W_n(\tan\varphi\cos\alpha-\sin\alpha)}{1-\tan^2\varphi} \tag{3.2.10}$$

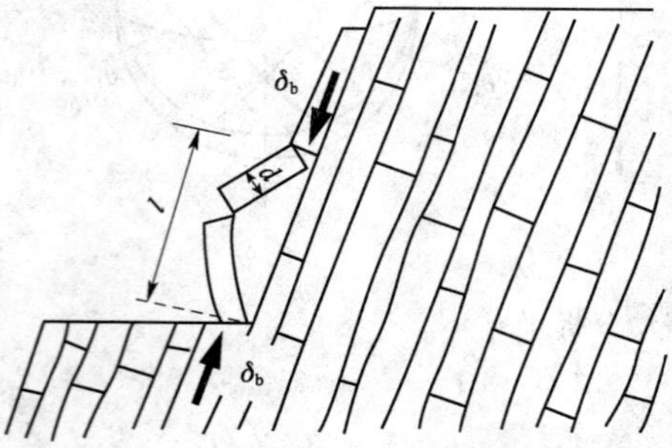

图 3.2.12 溃层破坏分析

七、溃层破坏分析

溃层破坏发生在顺坡薄层状岩体边坡，边坡表层岩体在上部滑动力推动下产生变形失稳。如图3.2.12所示，设边坡下部可能破坏岩层长度为 l，岩层厚 d，两端为铰支座。由材料力学中的欧拉公式，该段岩层发生溃层的临界压应力 σ_b 为

$$\sigma_b=\frac{\pi^2 E}{12(l/d)^2} \tag{3.2.11}$$

式中，E 为岩层弹性模量。

实际计算时，可假设不同的溃层岩层长度 l，计算相应的临界压应力为 σ_b，并与上部岩层下滑压应力比较，找到最不利的情况。

第三节 岩土边坡坡度的确定

在实际边坡设计中，经常应用工程类比法确定边坡坡度。我国许多建设部门在边坡设计治理过程中积累了很多经验，本节列出一些边坡坡度经验值，在没有试验资料进行稳定性计算时，可供参考应用，见表 3.3.1～表 3.3.5。

土质边坡允许坡度值 表 3.3.1

土的类别	密实度或黏土的状态	边坡高度	
		5 m以下	5～10 m
碎石土	密实	1：0.35～1：0.50	1：0.50～1：0.75
	中密	1：0.50～1：0.75	1：0.75～1：1.00
	稍密	1：0.75～1：1.00	1：1.00～1：1.25
老黏土	坚硬	1：0.35～1：1.50	1：0.50～1：0.75
	硬塑	1：0.50～1：0.75	1：0.75～1：1.00
一般的黏性土	坚硬	1：0.75～1：1.00	1：1.00～1：1.25
	硬塑	1：1.00～1：1.25	1：1.25～1：1.50

注：1. 本表中的碎石土，其充填物为坚硬或硬塑状的黏性土。
2. 砂土或碎石土的充填物为砂土时，其边坡允许坡度值按自然休止角确定。

碎石土边坡参考数值 表 3.3.2

土体综合密实度		边坡高度		
		10 m以内	20 m以内	20～30 m
胶结的		1：0.3	1：0.3～1：0.5	1：0.5
密实的		1：0.5	1：0.5～1：0.75	1：0.75～1：1
中等密实的		1：0.75～1：1	1：1	1：1.25～1：1.5
松散的	大多数块径大于 40 cm	1：0.5	1：0.75	1：0.75～1：1
	多数块径大于 25 cm	1：0.75	1：1	1：1～1：1.25
	块径一般小于 25 cm	1：1.25	1：1.5	1：1.5～1：1.75

注：1. 含土多时还需按土质边坡进行验算。
2. 含碎石多且松散时，可视具体情况挖成折线形坡或台阶形。
3. 如大块石中有较多黏性土时，边坡一般为 1：1～1：1.5。

砂砾石边坡参考数值 表 3.3.3

中细砂、砾卵石、碎石		细 砂		粉 细 砂	
坡高/m	坡度	坡高/m	坡度	坡高/m	坡度
0～10 10～20 20～30 30～40	1∶1.5 1∶1.75 1∶2.0 1∶2.25	0～10 6～18	1∶1.75 1∶2.0	0～6 6～12 12～18	1∶1.75 1∶2.0 1∶2.5

黄土路堑边坡坡度参考数值 表 3.3.4

工程分区	工 程 分 类		边 坡 高 度				
			≤6 m	6～12 m	12～20 m	20～30 m	30～40 m
Ⅰ东南地区	新黄土（马兰黄土）Q_{III}～Q_{IV}	坡积	1∶0.5	1∶0.5～1∶0.75	1∶0.75～1∶1.0		
		洪积、冲积	1∶0.2～1∶0.3	1∶0.3～1∶0.5	1∶0.5～1∶0.75	1∶0.75～1∶1.0	
	新黄土（马兰黄土）Q_{III}		1∶0.3～1∶0.4	1∶0.4～1∶0.6	1∶0.6～1∶0.75	1∶0.75～1∶1.0	1∶1.0～1∶1.25
	老黄土（离石黄土）Q_{II}		1∶0.1～1∶0.3	1∶0.2～1∶0.4	1∶0.3～1∶0.5	1∶0.5～1∶0.75	1∶0.75～1∶1.0
Ⅱ中部地区	新黄土（马兰黄土）Q_{III}～Q_{IV}	坡积	1∶0.5	1∶0.5～1∶0.75	1∶0.75～1∶1.0		
		洪积、冲积	1∶0.2～1∶0.3	1∶0.3～1∶0.5	1∶0.5～1∶0.75	1∶0.75～1∶1.0	
	新黄土（马兰黄土）Q_{III}		1∶0.3～1∶0.4	1∶0.4～1∶0.5	1∶0.5～1∶0.75	1∶0.75～1∶1.0	1∶1.0～1∶1.25
	老黄土（离石黄土）Q_{II}		1∶0.1～1∶0.3	1∶0.2～1∶0.4	1∶0.3～1∶0.5	1∶0.5～1∶0.75	1∶0.75～1∶1.0
	红色黄土（午城黄土）Q_{I}		1∶0.1～1∶0.2	1∶0.2～1∶0.3	1∶0.3～1∶0.4	1∶0.4～1∶0.6	1∶0.6～1∶0.75
Ⅲ西中地区	新黄土（马兰黄土）Q_{III}～Q_{IV}	坡积	1∶0.5～1∶0.75	1∶0.75～1∶1.0	1∶1.0～1∶1.25		
		洪积、冲积	1∶0.2～1∶0.4	1∶0.4～1∶0.6	1∶0.6～1∶0.75	1∶0.75～1∶1.0	
	新黄土（马兰黄土）Q_{III}		1∶0.4～1∶0.5	1∶0.5～1∶0.75	1∶0.75～1∶1.0	1∶1.0～1∶1.25	1∶1.25
	老黄土（离石黄土）Q_{II}		1∶0.1～1∶0.3	1∶0.2～1∶0.4	1∶0.3～1∶0.5	1∶0.5～1∶0.75	1∶0.75～1∶1.0
Ⅳ北部地区	新黄土（马兰黄土）Q_{III}～Q_{IV}	坡积	1∶0.5～1∶0.75	1∶0.75～1∶1.0	1∶1.0～1∶1.25		
		洪积、冲积	1∶0.2～1∶0.4	1∶0.4～1∶0.6	1∶0.6～1∶0.75	1∶0.75～1∶1.0	
	新黄土（马兰黄土）Q_{III}		1∶0.3～1∶0.5	1∶0.5～1∶0.6	1∶0.6～1∶0.75	1∶0.75～1∶1.0	1∶1.25
	老黄土（离石黄土上部）Q_{II}^{2}		1∶0.1～1∶0.3	1∶0.2～1∶0.4	1∶0.3～1∶0.5	1∶0.5～1∶0.75	1∶0.75～1∶1.0
	老黄土（离石黄土下部）Q_{II}^{1}		1∶0.1～1∶0.2	1∶0.2～1∶0.3	1∶0.3～1∶0.4	1∶0.4～1∶0.6	1∶0.6～1∶0.75

注：1. 本表所列数值是由公路科研、生产等单位的调查研究成果，并参照铁路、水利等有关部门的资料，经分析、汇总整理而成。

2. 当边坡高度 $H>20$ m 时，宜考虑进行力学验算。

3. 本表所提供的参考数值，是指一般均质土，并无不良水文地质及工程地质现象的坡度值。

岩石边坡坡度与高度参考数值 表 3.3.5

岩石种类及特征		岩石的风化程度	岩石的破碎程度	边坡坡度与高度值		
				高 15 m 以内	高 30 m 以内	高 40 m 以内
火成岩	侵入酸中性岩类,坚固的花岗岩,正长岩、闪长岩及其过渡型岩石,全结晶细粒至中粒单一或同时出现或无岩脉侵入	微风化至中等风化	节理很少,至节理较多	1:0.1~1:0.2	1:0.1~1:0.3	1:0.2~1:0.4
			节理发育	1:0.2~1:0.3	1:0.2~1:0.5	1:0.5~1:0.75
			节理极发育	1:0.3~1:0.5	1:0.5~1:0.75	
		强风化	节理很少,至节理较多	1:0.3	1:0.3~1:0.5	1:0.75~1:1
			节理发育	1:0.5	1:0.7	
			节理极发育	1:0.75	1:0.75~1:1	
	基性侵入岩类,单一或多种,同时出现,一次或多次侵入,辉长岩、辉岩、辉绿岩块状坚硬	微风化至中等风化	节理很少,至节理较多	1:0.2~1:0.3	1:0.3~1:0.5	1:0.5
			节理发育	1:0.3~1:0.5	1:0.5	1:0.5
			节理极发育	1:0.5	1:0.75	
		强风化	节理很少,至节理较多	1:0.3	1:0.5	1:0.75~1:1
			节理发育	1:0.5	1:0.75	
			节理极发育	1:0.75	1:1	
	喷出火山岩类,流纹岩、安山岩、玄武岩、凝灰岩	微风化至中等风化	节理很少,至节理较多	1:0.2~1:0.3	1:0.3~1:0.5	1:0.5
			节理发育	1:0.3~1:0.5	1:0.5~1:0.75	1:0.75
			节理极发育	1:0.5	1:0.75	
		强风化	节理很少,至节理较多	1:0.2~1:0.3	1:0.3~1:0.5	1:0.75~1:1
			节理发育	1:0.5	1:0.75	
			节理极发育	1:0.5	1:1	
	砂岩、砾岩、厚层块状钙铁硅质胶结,结构致密	微风化至中等风化	节理很少,至节理较多	1:0.1~1:0.2	1:0.2~1:0.3	1:0.3~1:0.5
			节理发育	1:0.2~1:0.4	1:0.3~1:0.5	1:0.5
			节理极发育	1:0.4~1:0.5	1:0.5	
		强风化	节理很少,至节理较多	1:0.3~1:0.4	1:0.5	1:0.75
			节理发育	1:0.4~1:0.5	1:0.75	
			节理极发育	1:0.5~1:0.75	1:0.75~1:1	
沉积岩	砂岩、砾岩、中薄层泥质、钙质胶结不完整,结构不密实	微风化至中等风化	节理很少,至节理较多	1:0.3~1:0.5	1:0.5	1:0.5~1:0.75
			节理发育	1:0.5	1:0.5~1:0.75	1:0.75~1:1.1
			节理极发育	1:0.5~1:0.75	1:0.75~1:1.1	
		强风化	节理很少,至节理较多	1:0.5	1:0.5~1:0.75	1:0.75~1:1
			节理发育	1:0.75	1:0.75~1:1	
			节理极发育	1:0.75~1:1	1:1.1~1:1.25	
	薄层砂岩、页岩、砾岩互层,或页岩含泥质、炭质及黄铁矿等有害矿物者	微风化至中等风化强风化	节理很少,至节理较多	1:0.5	1:0.5~1:0.75	1:0.75
			节理发育	1:0.5~1:0.75	1:0.75~1:1	1:1
			节理极发育	1:0.75~1:1	1:1~1:1.25	
			节理较多	1:0.5~1:0.75	1:0.75	1:1
			节理发育	1:0.75~1:1	1:1	
			节理极发育	1:1	1:1.25~1:1.5	
	中薄层砂质页岩或其与砂岩、砾岩的互层(无夹层者)	微风化至中等风化	节理较多	1:0.5	1:0.5~1:0.75	1:0.75
			节理发育	1:0.5~1:0.75	1:0.75	1:0.75~1:1
			节理极发育	1:0.75	1:0.75~1:1	
		强风化	节理较多	1:0.5~1:0.75	1:0.75	1:0.75~1:1
			节理发育	1:0.75~1:1	1:0.75~1:1	
			节理极发育	1:0.75	1:1~1:1.5	
	石灰岩厚层,块状致密坚硬	微风化至中等风化	节理很少,至节理较多	1:0.1~1:0.2	1:0.2~1:0.3	1:0.3~1:0.5
			节理发育	1:0.2~1:0.3	1:0.3~1:0.5	1:0.5~1:0.75
			节理极发育	1:0.3~1:0.5	1:0.5	
		强风化	节理很少,至节理较多	1:0.2~1:0.4	1:0.5	1:0.75
			节理发育	1:0.4~1:0.5	1:0.5~1:0.75	
			节理极发育	1:0.5~1:0.75	1:0.75~1:1	

续上表

岩石种类及特征		岩石的风化程度	岩石的破碎程度	边坡坡度与高度值		
				高 15 m 以内	高 30 m 以内	高 40 m 以内
沉积岩	白云岩、燧质、硅质、泥质、铁质石灰岩、磷灰岩或互层薄层，中层致密	微风化至中等风化	节理很少，至节理较多	1∶0.2～1∶0.3	1∶0.3～1∶0.4	1∶0.4～1∶0.5
			节理发育	1∶0.3～1∶0.4	1∶0.4～1∶0.6	1∶0.5～1∶0.75
			节理极发育	1∶0.4～1∶0.5	1∶0.6	
		强风化	节理很少，至节理较多	1∶0.3～1∶0.5	1∶0.5	1∶0.75
			节理发育	1∶0.5	1∶0.75	
			节理极发育	1∶0.75	1∶1	
	角砾岩及凝灰角砾岩胶结不完整	微风化至中等风化	节理较多	1∶0.34～1∶0.4	1∶0.4～1∶0.5	1∶0.5
			节理发育	1∶0.4～1∶0.5	1∶0.5～1∶0.75	1∶0.75～1∶1
			节理极发育	1∶0.5	1∶0.75	
		强风化	至节理较多	1∶0.5	1∶0.5～1∶0.75	1∶0.75～1∶1
			节理发育	1∶0.5～1∶0.75	1∶0.75～1∶1	
			节理极发育	1∶0.75～1∶1	1∶1～1∶1.25	
	各种中薄层、层状岩石单一或互层，夹黏土泥质页岩	微风化至中等风化	节理较多	1∶0.5	1∶0.75	
			节理发育	1∶0.5～1∶0.75	1∶0.75～1∶1	
			节理极发育	1∶0.75	1∶1～1∶1.5	
		强风化	节理较多	1∶0.75	1∶0.75～1∶1	
			节理发育	1∶0.75～1∶1	1∶1～1∶1.25	
			节理极发育	1∶1.1～1∶1.25	1∶1.25～1∶1.5	
变质岩	片麻岩、花岗片麻岩、磁铁片岩	微风化至中等风化	节理较多	1∶0.25～1∶0.3	1∶0.3～1∶0.5	1∶0.5
			节理发育	1∶0.3～1∶0.5	1∶0.5	1∶0.5～1∶0.75
			节理极发育	1∶0.5	1∶0.5～1∶0.75	
		强风化	节理较多	1∶0.3～1∶0.5	1∶0.5	1∶0.5～1∶0.75
			节理发育	1∶0.5	1∶0.5～1∶0.75	
			节理极发育	1∶0.75	1∶0.75～1∶1	
	变质砂砾岩、石英岩、石英片岩、硅质板岩、大理岩及其互层	微风化至中等风化	节理较多	1∶0.2～1∶0.3	1∶0.3～1∶0.5	1∶0.5
			节理发育	1∶0.3～1∶0.5	1∶0.5	1∶0.5～1∶0.75
			节理极发育	1∶0.5	1∶0.5～1∶0.75	
		强风化	节理较多	1∶0.3～1∶0.5	1∶0.5～1∶0.75	1∶0.75
			节理发育	1∶0.5	1∶0.75～1∶1	
			节理极发育	1∶0.5～1∶0.75	1∶1	
	千枚岩、云母	微风化至中等风化	节理较多	1∶0.5	1∶0.75	
			节理发育	1∶0.5～1∶0.75	1∶0.75～1∶1	
			节理极发育	1∶0.75～1∶1	1∶1	
		强风化	节理较多	1∶0.75	1∶1	
			节理发育	1∶0.75～1∶1	1∶1～1.25	
			节理极发育	1∶1～1∶1.25	1∶1.25～1∶1.5	

注：1. 构造破碎带或残积风化带的各种岩石，一般节理极发育，在边坡高度小于 20 m 时，一般可采用 1∶1～1∶1.5 的边坡，个别的可采用 1∶0.75 的边坡。

2. 边坡数值栏有空白者，相应岩石边坡高度加以限制，避免发生可能的变形。

第四节 边坡支护设计

当边坡的稳定性计算不能满足要求时，就需要采取工程措施来进行边坡加固。边坡加固的本质在于改变滑动体滑面上的平衡条件，提高抗滑能力。边坡加固形式可分为直接加固和间接加固，直接加固如挡墙、抗滑桩、锚杆、锚喷护面等，间接加固如削坡卸载、排水降压、地面防渗、麻面爆破等。

边坡支护结构常用形式见表 3.4.1。

边坡支护结构常用形式 表 3.4.1

结构类型	条件			
	边坡环境	边坡高度 H/m	边坡工程	说明
重力式挡墙	场地允许，坡顶无重要构筑物	土坡，$H \leqslant 8$；岩坡，$H \leqslant 10$	一、二、三级	土方开挖后边坡稳定性较差时不应采用
扶壁式挡墙	填方区	土坡 $H \leqslant 10$	一、二、三级	土质边坡
悬臂式支护		土层，$H \leqslant 8$；岩层，$H \leqslant 10$	一、二、三级	土层较差，或对挡墙变形要求较高时，不宜采用
板肋式或格构式锚杆挡墙支护		土坡，$H \leqslant 15$；岩坡，$H \leqslant 30$	一、二、三级	坡高较大或稳定性较差时宜采用逆作法施工。对挡墙变形有较高要求的土质边坡，宜采用预应力锚杆
排桩式锚杆挡墙支护	坡顶建(构)筑物需要保护，场地狭窄	土坡 $H \leqslant 15$；岩坡 $H \leqslant 30$	一、二级	严格按逆作法施工。对挡墙变形有较高要求的土质边坡，应采用预应力锚杆
岩石锚喷支护		Ⅰ类岩坡，$H \leqslant 30$； Ⅱ类岩坡，$H \leqslant 30$； Ⅲ类岩坡，$H < 15$	一、二、三级 二、三级 二、三级	
坡率法	坡顶无重要建(构)筑物，场地有放坡条件	土坡，$H \leqslant 10$；岩坡，$H \leqslant 25$	二、三级	不良地质段，地下水发育区，流塑状土时不应采用

一、重力式挡土墙

1. 重力式挡土墙的类型及使用条件

(1)挡土墙的用途

挡土墙是一种能够抵抗侧向土压力，用来支撑天然边坡或人工边坡，保持土体稳定的建筑物。它被广泛用于公路、铁路、水利及建筑等其他土建工程。

重力式挡土墙各部分名称如图 3.4.1a)所示。靠回填土(或山体)一侧为墙背，外露临空一侧为墙面(也称墙胸)，墙底与墙面交线为墙趾，墙底与墙背的交线为墙踵，墙背与垂线的交角为墙背倾角(α)。

以公路与铁路工程为例，挡土墙的用途可归纳如下：

①在路堑地段，若开挖后的路堑边坡不能自行稳定，可在坡脚处设置挡土墙，以支撑边坡，降低挖方边坡高度，减少挖方数量，避免山体失稳坍滑(图 3.4.1)；

②在地面横坡较陡，填筑路基难以稳定，或征地、拆迁费用高的填方路段，可在路肩或填方边坡的适当位置设置挡墙，以收缩路堤坡脚，减少填方数量[图 3.4.1b)]或减少拆迁和占地面积[图 3.4.1c)]，保证路堤稳定性；

③对于沿河路基，为避免沿河路基挤缩河床，防止水流冲刷路基，可在沿河一侧路基设置挡土墙[图 3.4.1d)]；

④在某些挖方路段，原地面有较厚的覆盖层或滑坡，可在路堑边坡上方设置挡土墙，防

止山坡覆盖层下滑[图 3.4.1e)]和抵抗滑坡[图 3.4.1f)]。

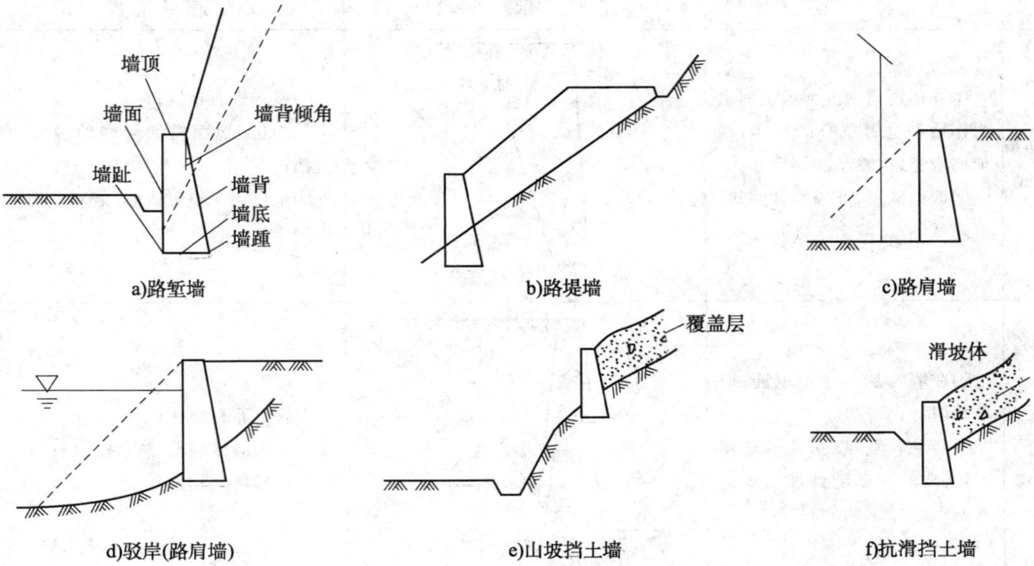

图 3.4.1　设置挡土墙的位置

注:图中虚线表示不设挡土墙时的路基边坡。

其他还有设置于隧道洞口的洞口挡墙和设置于桥头的桥头挡墙等。

在路基设计中,是否需要设置挡土墙,应通过与其他可能的技术方案进行技术、经济比较来确定。

(2)重力式挡土墙的类型

挡土墙按照墙的位置、材料、结构形式,可划分为以下几种类型。

①按照修筑挡土墙的材料,可分为:石砌挡土墙、砖砌挡土墙、混凝土挡土墙等类型。

②按照挡土墙的结构形式,可分为:重力式、衡重式、半重力式等,如表 3.4.2 所示。其中,重力式、衡重式多用石砌,半重力式用混凝土浇筑,视需要也可在受拉区加少量钢筋,以节省圬工。

(3)特点与使用条件

重力式和衡重式挡土墙的特点是构造简单,断面尺寸较大,墙身较重,墙背侧向土压力主要由墙身重力来平衡。由于墙身重,故对地基承载力要求亦较高。半重力式与重力式相似,但因其整体强度较高,故墙身断面和自重力相对较小。各种挡土墙的主要特点和适用范围见表 3.4.2。

各类重力式挡土墙主要特点与适用范围表　　表 3.4.2

类型	特　点	结构示意图	适用范围
石砌重力式	①依靠墙身自重力抵抗压力的作用; ②形式简单,取材容易,施工简易	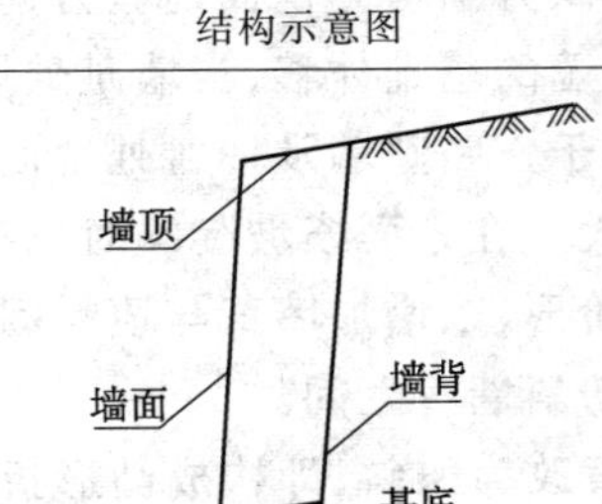	①盛产砂石地区; ②墙高在 6.0m 以下,地基良好,非地震区和沿河受水冲刷时,可采用干砌; ③其他情况宜用浆砌

续上表

类型	特　　点	结构示意图	适用范围
石砌衡重式	①利用衡重台上部填土的重力作用和全墙重心的后移，增加墙身稳定，减小断面尺寸； ②墙面陡直，下墙墙背仰斜，可降低墙高，减少基础开挖	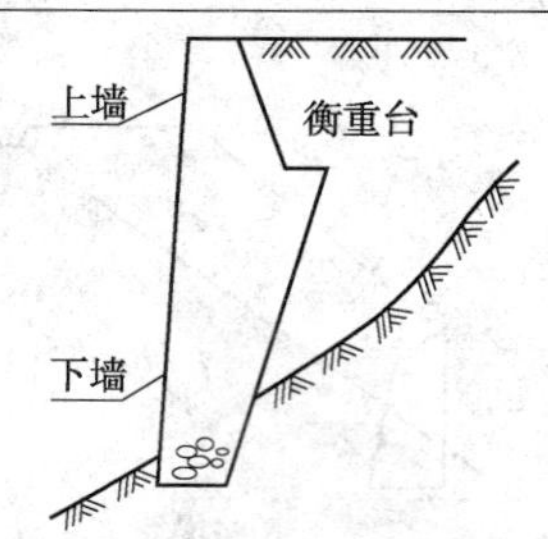	①盛产砂石地区； ②山区、地面横坡陡峻的填方边坡支挡； ③也可用于挖方边坡，兼有拦挡坠石作用
混凝土半重力式	①在墙背加入少量钢筋，以减薄墙身，节省圬工； ②墙趾较宽，以保证基础宽度，必要时在墙趾处加入少量钢筋	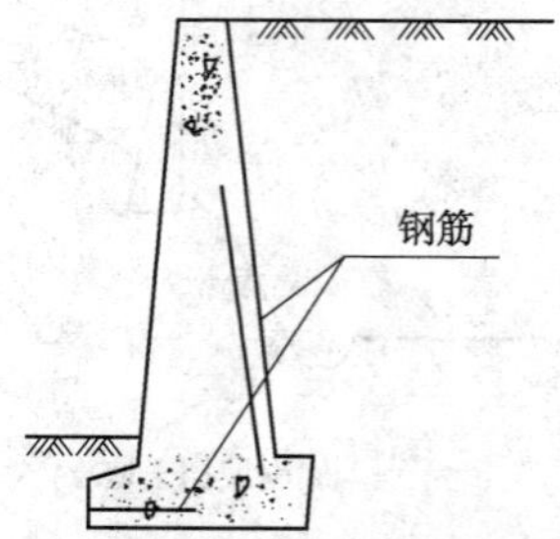	①缺乏石料地区； ②一般高度的填方边坡支挡； ③地基情况较差

2. 构造

重力式挡土墙一般由墙身、基础、排水设施和伸缩缝等几部分构成。

1)墙身

(1)墙身断面形式及其特点

根据墙背的倾斜方向，墙身断面形式可分为仰斜、垂直、俯斜、凸形折线式和衡重式几种，如图 3.4.2 所示。

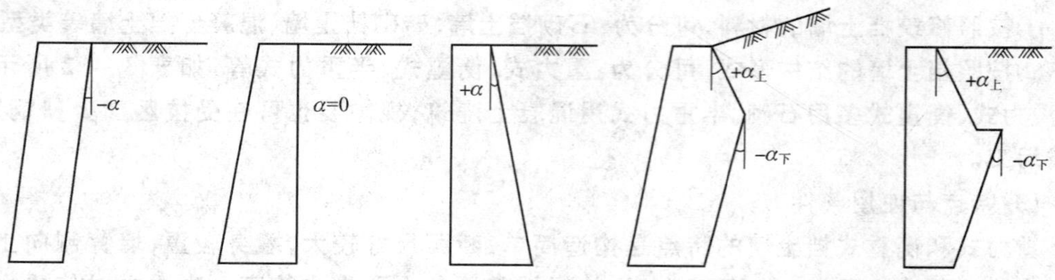

a)仰斜　b)垂直　c)俯斜　d)凸形折线式　e)衡重式

图 3.4.2　重力式挡土墙的断面形式

在其他条件相同时，仰斜墙背所承受的土压力比俯斜墙背小，故其墙身断面亦较俯斜墙背经济。同时，由于仰斜墙背的倾斜方向与开挖面边坡方向一致，故开挖量和回填量均比俯斜墙背小。然而，由于仰斜式挡土墙的基础外移，当墙趾处地面横坡较陡时，会使墙身增高，断面增大。因此，仰斜式挡墙适用于作路堑墙及墙趾处地面平坦的路堤墙或路肩墙。

俯斜墙背所承受的土压力较大。在地面横坡陡峻时，俯斜式挡土墙可用陡直的墙面，以减小墙高。俯斜墙背亦可做成台阶形，以增加墙背与填料间的摩阻力。

垂直墙背的特点介于仰斜和俯斜墙背之间。

若将仰斜式挡土墙的上部墙背改为俯斜，即构成凸形折线式。与仰斜式比较，其上部尺寸有所减少，故断面亦较节省；多用于路堑墙，也可用于路肩墙。

若在凸形折线式的上下墙之间增设一平台，并采用陡直墙面，即为衡重式断面。在其他条件相同时，衡重式的断面积比俯斜式小而比仰斜式大，但其基底应力较大，故对地基承载力要求相对较高。

(2)墙身断面尺寸

①墙背坡度。俯斜式墙背坡度一般为 1∶0.15～1∶0.4(即 $\alpha=+8°32'\sim+21°48'$)。仰斜式不宜缓于 1∶0.3(即 $\alpha\leqslant-16°42'$)，以免施工困难。衡重式的上墙背为 1∶0.25～1∶0.45(即 $\alpha_{上}=+14°02'\sim+24°14'$)，下墙背在 1∶0.25($\alpha_{下}=-14°02'$)左右，上下墙高比一般采用 2∶3。

②墙面。墙面一般为平面，其坡度除应与墙背坡度相协调外，还应密切结合墙趾处的地面横坡合理选择。地面横坡较陡时，为减小墙高，宜采用垂直墙面或仰斜 1∶0.05～1∶0.20，地面横坡较缓时，可放得更缓些，但不宜缓于 1∶0.40，以免过分增加墙高。

③墙顶。墙顶最小宽度，浆砌挡墙不宜小于 0.5 m，干砌不宜小于 0.6 m。浆砌路肩墙墙顶一般宜采用粗料石或低强度等级混凝土做成顶帽，顶帽厚约 0.4 m。如不做顶帽或为路堑墙或路堤墙，墙顶应以较大石砌筑，并用砂浆勾缝，或用 M5 砂浆抹平顶面，砂浆厚约 2 m。干砌挡墙墙顶 0.5 m 高度内，用 M2.5 砂浆砌筑，以增加墙身稳定性。

④护栏。为保证交通和行人安全，在地形险峻地段，或过高过长的路肩墙，需在墙顶设置护栏。

2)基础

在实际工程中，挡土墙的破坏在多数情况下，都是由于地基不良和基础处理不当引起的。因此，基础设计是挡土墙设计的重要内容，必须予以充分重视。

基础设计，包括选择基础类型和确定基础埋置深度两项主要内容。

(1)基础形式

大多数挡土墙都是直接砌筑在天然地基上的(图 3.4.3)。当地基承载力不足且墙趾处地形平坦时，为减小基底应力和增加抗倾覆稳定性，常采用扩大基础[图 3.4.3a)、b)]；当地面陡峻而地基为完整坚实的岩石时，为节省圬工和基础开挖数量，可采用切割台阶基础[图 3.4.3c)]；如局部地基软弱，挖基困难或需跨越沟涧时，可采用拱形基础[图 3.4.3d)]跨过。

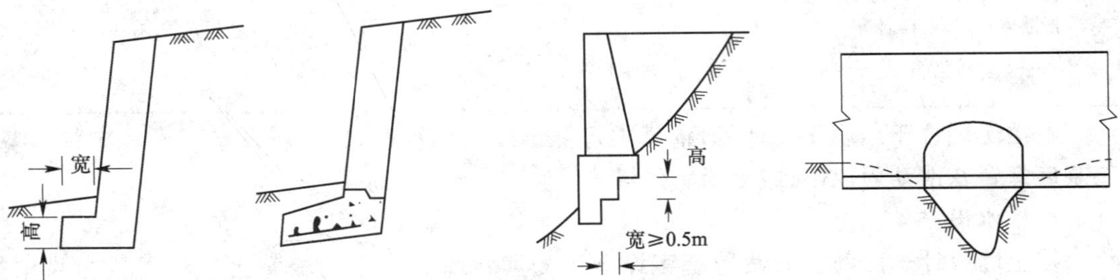

图 3.4.3 挡土墙的基础形式

扩大基础是将墙趾或墙踵部分加宽成台阶，也可同时将两侧加宽，以增大承压面积，减小基底应力。台阶的宽度视基底应力需要减小的程度和加宽后的合力偏心距大小而定，一般不宜小于 0.2 m。台阶高度按加宽部分的抗剪、抗弯和基础材料的扩散角(刚性角)要求确定。高宽比可采用 3∶2 或 2∶1。

当基底应力超出地基容许承载力过多时，基底需加宽的数值较大，台阶高度亦随之增加。为减小台阶的高度，基础可改为钢筋混凝土底板。底板高度根据剪应力和主拉应力的要求确定。

切割台阶基础，每一台阶的宽度需要根据地形和地质条件而定，高度比不宜大于 2∶1。最下一个台阶的底宽应满足偏心距的有关规定，一般不宜小于 1.5～2.0 m。其余台阶的宽度不宜小于 0.5 m，高度一般约为 1.0 m。

(2)基础埋置深度

为保证挡土墙稳定性，必须根据下列要求，将基础埋入地面以下适当深度。

①应保证基底土层的容许承载力大于基底可能出现的最大应力。不同深度的土层具有不同的承载力。基底应力分布因基础埋置深度不同而有所差异，埋入土中的基础，基底应力分布比置于地面的均匀。所以，将基础置于具有足够承载力的土层上，以避免地基产生剪切破坏，保证基础稳定。

②应保证基础不受冲刷。在墙前地基受冲刷地段，如未采取专门的防冲刷措施，应将基础埋到冲刷线以下，以免基底和墙趾前的土层被水淘蚀。

③在季节性冰冻地区，应将基础埋置到冰冻线以下，以防止地基因冻融而破坏。

对于上述要求，公路上的一般规定是：

①设置在土质地基上的挡墙，基底埋置深度一般应在天然地面以下至少 1.0 m；受水冲刷时，应在冲刷线以下至少 1.0 m；受冻胀影响时，应在冻结线以下不少于 0.25 m，当冻深超过 1.0 m 时，仍采用 1.25 m，但基底应夯填一定厚度的砂砾或碎石垫层，垫层底面亦应位于冻结线以下不少于 0.25 m。

②设置在石质地基上的挡土墙，应清除表面风化层，当风化层较厚难以全部清除时，可根据地基风化程度及其容许承载力，将基底埋入风化层中。基础嵌入岩层的深度，可参照表 3.4.3确定。墙趾前地面横坡较陡时，基底埋深必须满足墙趾前的安全襟边宽度 L，以防止地基剪切破坏。

挡墙基础嵌入岩石地基深度表　　表 3.4.3

岩层种类	基础埋深 h/m	襟边宽度 L/m	嵌入示意图
较完整的坚硬岩石	0.25	0.25～0.5	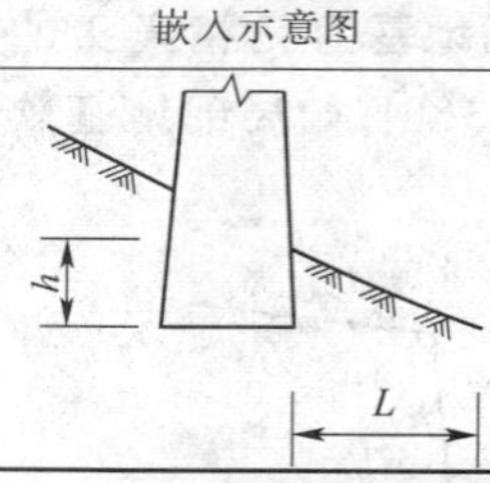
一般岩石(如砂页岩互层等)	0.6	0.6～1.5	
松散岩石(如千枚岩等)	1.0	1.0～2.0	
砂夹砾石	≥1.0	1.5～2.5	

在挡土墙位于地质不良地段，地基内可能出现滑动面时，应进行地基抗滑稳定性验算，将基底埋置在滑动面以下，或采用其他措施，防止挡土墙滑动。

3)排水设施

挡土墙设计一般都以天然地基容许承载力和自然状态下的墙背土体的土压力为依据的。如排水不良，地基和墙背土体将由于水分增加而改变原来的状态，导致地基承载力降低和土压力增加。同时，土体内水分过多时，将产生静水压力；在冰冻地区，还将产生冻胀压力；对黏性土，水分增加时将产生膨胀压力。显然，当附加的压力过大以致超出设计计算土压力，或地基承载力过分降低以致低于设计基底应力时，挡土墙的稳定性和强度难以保证。因此，设置有效排水设施对保证挡土墙稳定性和强度具有重要的意义。

挡土墙常用的排水设施可分为地面排水和墙身排水两部分。

地面排水主要是防止地表水渗入墙背土体或地基。主要措施包括：在墙后地面设置排水沟、夯实地表松土，必要时采取封闭处理；对路堑挡土墙趾前的边沟予以铺砌加固等。

墙身排水主要是为了迅速排除土内积水。其方法是在浆砌挡土墙墙身的适当高度处设置一排或数排泄水孔（图 3.4.4），泄水孔尺寸一般为 5 cm×10 cm、10 cm×10 cm、15 cm×20 cm的矩形孔，或直径为5～10 cm 的圆形孔。泄水孔间距一般为2～3 cm，干旱地区可适当增大，渗水量大时可适当加密。上下排泄水孔交错布置。为保证顺利泄水和避免墙外水流倒灌，泄水孔应向外侧倾斜，最下一排泄水孔出口应高出地面或边沟、排水沟及积水地区的常水位0.3 m。为防止水分渗入地基，最下一排的底部需铺设30 cm 厚的黏土隔水层。泄水孔的进水口附近应设置粗粒料反滤层，以免孔道阻塞。当墙背透水性差或可能发生冻胀时，应在最低一排泄水孔至墙顶以下 0.5 m 高度范围内铺设砂卵石排水层［图 3.4.4c)］。

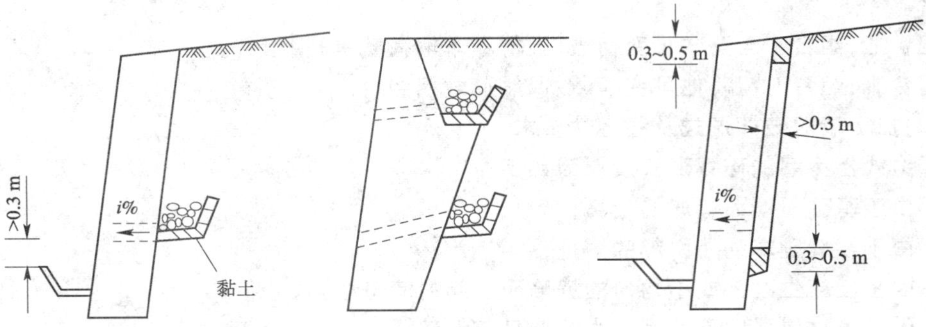

a) b) c)

图 3.4.4 挡墙排水孔及反滤层的构造

4)沉降缝与伸缩缝

为防止墙身因地基不均匀沉降而引起断裂，需根据地基地质条件和墙高、墙身断面变化情况，设置沉降缝。为防止墙身因圬工砌体硬化收缩，或温度变化所产生的温度应力引起开裂，需设置伸缩缝。

设计时，一般将沉降缝和伸缩缝合并设置，统称为伸缩缝。沿路线方向每隔 10～15 m 设一道，缝宽 2～3 cm，缝内可用胶泥填塞，但在渗水量大、填料容易流失或冻害严重地区，宜用沥青麻筋或涂以沥青的软木板等具有弹性的材料，沿内、外、顶三方填塞，填深不宜小于 15 cm。当墙背为填石且冻害不严重时，可不填缝。

干砌挡土墙，缝的两侧应选用平整石料砌筑，使其成垂直通缝。

3. 挡土墙稳定性、基底应力与强度验算

(1)作用在挡土墙的力系

作用在挡土墙上的力系，按其作用性质分为永久作用(主要力系)、可变作用(附加力系)和偶然作用(特殊力)。

永久作用(主要力系)是指经常作用于挡土墙的各种力，如图 3.4.5 所示，包括：

①挡土墙自重力 G(或者 W)及位于墙上的恒载；

②作用于墙上的主动土压力 E_a(包括作用在墙后填料破裂体上的荷载，简称超载)；

③基底的法向反力 N 及摩擦力 T；

④墙前土体的被动土压力 E_p；

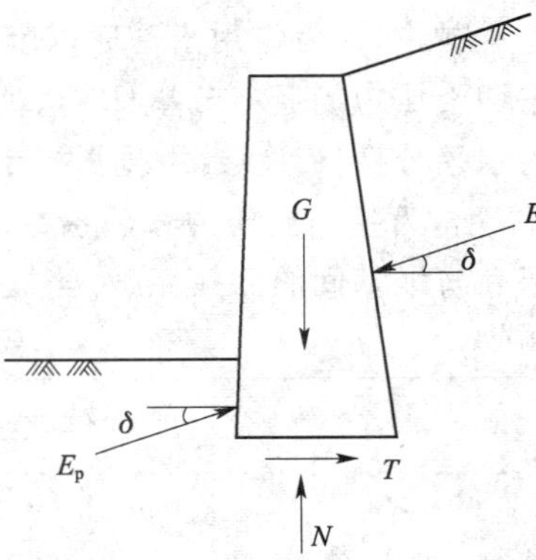

图 3.4.5 作用在挡土墙的主要力系

⑤浸水挡土墙常水位时的静水压力及浮力。

可变作用(附加力系)是季节性作用于挡土墙上的各种力,包括季节性洪水时的静水压力及浮力、动水压力、波浪冲击力、冰胀压力、冰压力等。

偶然作用(特殊力)是偶然出现的力,如地震作用、施工荷载及水流漂浮物的撞击力等。

在一般地区,挡土墙设计仅考虑主要力系的前四项,在浸水地区还应考虑附加力,而在地震地区应考虑地震作用对挡土墙的影响。各种力的取舍,应根据挡土墙所处的具体工作条件,按可能的最不利组合作为设计依据。

各种作用(荷载)的取舍,应根据挡土墙所处的具体工作条件,按最不利组合作为设计的依据。具体如下。

组合Ⅰ:挡土墙结构重力、墙顶上的有效永久荷载、填土重力、填土侧压力及其他永久荷载组合。

组合Ⅱ:组合Ⅰ与基本可变荷载(人群和车辆荷载等)相组合。

组合Ⅲ:组合Ⅱ与其他可变荷载、偶然荷载相组合。

(2)挡土墙的破坏形式及稳定性要求

重力式挡土墙的破坏形式及原因如下:

①由于基础滑动而造成的破坏;

②由于绕墙趾转动所引起的倾覆;

③因基础产生过大或不均匀的沉陷而引起的墙身倾斜;

④因墙身材料强度不足而产生的墙身剪切破坏;

⑤沿通过墙踵的某一滑动圆弧的浅层剪切破坏和沿基底下某一深度(如通过软土下卧层底面)的滑弧的深层剪切破坏。

为避免挡土墙发生上述破坏,保证其具有足够的整体稳定性和强度,设计挡土墙时,一般均应验算沿基底的滑动稳定性、绕墙趾转动的倾覆稳定性、基底应力和偏心距,以及墙身断面的强度,如地基有软弱下卧层存在,还需验算沿基底下某一可能的滑动面滑动的稳定性。

(3)挡土墙稳定性验算

①抗滑稳定性验算。

重力式挡土墙的滑动稳定方程为

$$[1.1G+\gamma_{Q1}(E_y+E_x\tan\alpha_0)-\gamma_{Q2}E_p\tan\alpha_0]\mu+(1.1G+\gamma_{Q1}E_y)\tan\alpha_0-\gamma_{Q1}E_x+\gamma_{Q2}E_p>0 \tag{3.4.1}$$

式中,G 为作用于基底以上的重力(kN),浸水挡土墙的浸水部分应计入浮力;E_y 为墙后主动土压力的竖向分量(kN);E_x 为墙后主动土压力的水平分量(kN);E_p 为墙前被动土压力的水平分量(kN),当为浸水挡土墙时,$E_p=0$;α_0 为基底倾斜角,(°),基底为水平时,$\alpha_0=0$;γ_{Q1}、γ_{Q2} 为主动土压力分项系数、墙前被动土压力分项系数,可按表 3.4.4 的规定选用;μ 为基底与地基间的摩擦系数,当缺乏可靠试验资料时,可按表 3.4.5 的规定选用。

承载能力极限状态作用(或荷载)分项系数　表 3.4.4

情况	荷载增大对挡土墙结构起有利作用时		荷载增大对挡土墙结构起不利作用时	
组合	Ⅰ,Ⅱ	Ⅲ	Ⅰ,Ⅱ	Ⅲ
垂直恒载 γ_G	0.90		1.20	

续上表

情况	荷载增大对挡土墙结构起有利作用时		荷载增大对挡土墙结构起不利作用时	
恒载或车辆荷载、人群荷载的主动土压力 γ_{Q1}	1.00	0.95	1.40	1.30
被动土压力 γ_{Q2}	0.30		0.50	
水浮力 γ_{Q3}	0.95		1.10	
静水压力 γ_{Q4}	0.95		1.05	
动水压力 γ_{Q5}	0.95		1.20	

基底与基底土间的摩擦系数 μ 表 3.4.5

地基土的分类	摩擦系数	地基土的分类	摩擦系数
软塑黏土	0.25	碎(卵)石类土	0.50
硬塑黏土	0.30	软质岩石	0.40～0.60
砂类土、黏砂土、半干硬黏土	0.30～0.40	硬质岩石	0.60～0.70
砂类土	0.40		

抗滑动稳定系数 K_c 按下式计算

$$K_c=\frac{[N+(E_x-E'_p)\tan\alpha_0]\mu+E'_p}{E_x-N\tan\alpha_0} \tag{3.4.2}$$

式中,N 为作用于基底上合力的竖向分力(kN),浸水挡土墙应计浸水部分的浮力;E'_p 为墙前被动土压力水平分量的 0.3 倍(kN)。

其余符合意义同前。

《建筑边坡工程技术规范》(GB 50330—2013)规定,重力式挡墙的抗滑移稳定性按式(3.4.3)验算

$$K_c=\frac{(G_n+E_{an})\mu}{E_{at}-G_t}\geqslant 1.3 \tag{3.4.3}$$

$$G_n=G\cos\alpha_0$$

$$G_t=G\sin\alpha_0$$

$$E_{at}=E_a\sin(\alpha-\alpha_0-\delta)$$

$$E_{an}=E_a\cos(\alpha-\alpha_0-\delta)$$

式中,G 为挡墙每延长米自重(kN/m);E_a 为挡墙墙背每延长米主动岩土压力合力(kN/m);α 为挡墙墙背倾角,(°);δ 为岩土对挡墙墙背摩擦角,(°),可参照表 3.4.6 选用。

其余符号意义同前。

岩土对挡墙墙背摩擦角 δ 表 3.4.6

挡土墙情况	摩擦角 δ	挡土墙情况	摩擦角 δ
墙背平滑,排水不良	$(0\sim0.33)\varphi$	墙背很粗糙,排水良好	$(0.50\sim0.67)\varphi$
墙背粗糙,排水良好	$(0.33\sim0.50)\varphi$	墙背与填土间不可能滑动	$(0.67\sim1.00)\varphi$

注:φ 为墙背后岩土的内摩擦角(°)。

《建筑边坡工程技术规范》(GB 50330—2013)规定,岩土对挡墙基底的摩擦系数 μ 宜由试验确定,也可按表 3.4.7 选用。

岩土对挡墙基底摩擦系数 μ　　表 3.4.7

岩土类别		摩擦系数
黏性土	可塑	0.20～0.25
	硬塑	0.25～0.30
	坚塑	0.30～0.40
粉土		0.25～0.30
中砂、粗砂、砾砂		0.35～0.45
碎石土		0.40～0.50
极软岩、软岩、较软岩		0.40～0.60
表面粗糙的坚硬岩、较硬岩		0.65～0.75

②抗倾覆稳定性验算。

挡土墙的倾覆稳定方程为

$$0.8GZ_G+\gamma_{Q1}(E_yZ_x-E_xZ_y)+\gamma_{Q2}E_pZ_p>0 \tag{3.4.4}$$

式中，Z_G 为墙身重力、基础重力、基础上填土的重力及作用于墙顶的其他荷载的竖向力合力重心到墙趾的距离(m)；Z_x 为墙后主动土压力的竖向分量到墙趾的距离(m)；Z_y 为墙后主动土压力的水平分量到墙趾的距离(m)；Z_p 为墙后被动土压力的水平分量到墙趾的距离(m)。

其余符号意义同前。

抗倾覆稳定系数 K_0 按下式计算：

$$K_0=\frac{GZ_G+E_yZ_x+E'_pZ_p}{E_xZ_y} \tag{3.4.5}$$

式中，符号意义同前。

《建筑边坡工程技术规范》(GB 50330—2013)规定，重力式挡墙的抗倾覆稳定性按式(3.4.6)验算

$$K_0=\frac{Gx_0+E_{ax}x_f}{E_{ax}z_f}\geqslant 1.6 \tag{3.4.6}$$

$$E_{ax}=E_a\sin(\alpha-\delta)$$

$$E_{az}=E_a\cos(\alpha-\delta)$$

$$x_f=b-z\cot\alpha$$

$$z_f=z-b\tan\alpha_0$$

式中，z 为岩土压力作用点至墙踵的高度(m)；x_0 为挡墙重心至墙趾的水平距离(m)；b 为基底的水平投影宽度(m)。

$$e_0=\frac{M_d}{N_d} \tag{3.4.7}$$

式中，N_d 为作用于基底上的垂直力组合设计值(kN/m)；M_d 为作用于基底形心的弯矩组合设计值(MPa)。

计算挡土墙地基时，各类作用(或荷载)组合下，作用效应组合设计值计算式中的作用分项系数，除被动土压力分项系数 $\gamma_{Q2}=0.3$ 外，其余作用(或荷载)的分项系数规定均为 1。

基底压应力 σ 应按下列公式计算

$$|e|\leqslant\frac{B}{6}\text{时}, \sigma_{1,2}=\frac{N_d}{A}\left(1\pm\frac{6e}{B}\right) \tag{3.4.8}$$

位于岩石地基上的挡土墙

$$e>\frac{B}{6}\text{时},\sigma_1=\frac{2N_d}{3\alpha_1},\sigma_2=0 \tag{3.4.9}$$

$$\alpha_1=\frac{B}{2}-e_0 \tag{3.4.10}$$

式中，σ_1 为挡土墙趾部的压应力(kPa)；σ_2 为挡土墙踵部的压应力(kPa)；B 为基底宽度(m)，倾斜基底为其斜宽；A 为基础底面每延长米的面积(m^2)，矩形基础为基础宽度$B\times1$；其余符号意义同前。

设置于不良土质地基、表土下为倾斜基岩地基及斜坡上的挡土墙，应对挡土墙地基及填土的整体稳定性进行验算，其稳定系数应小于1.25。

合力偏心距 e 直接影响到基底应力的大小和性质(拉或压)。如偏心距过大，即使基底应力仍小于地基容许承载力，但由于基底应力分布的显著差异，亦可能引起基础产生不均匀沉陷，从而导致墙身过分倾斜。为此，应控制偏心距，使其满足要求。

二、预应力锚索加固

1. 概述

岩土锚固是岩土工程领域一个新的重要分支。由于它具有结构简单、施工安全、对坡体挠动小、对附近建筑物影响小、节省工程材料，并对坡体或加固建筑物的稳定可起到立竿见影的效果等优点，近年来得到了迅速发展和广泛应用。例如，在边坡、基坑、矿井、隧洞、地下工程，坝体、航道、水库、机场及抗倾、抗浮结构等工程建设中获得推广应用。

国外早在20世纪20年代就开始将岩土锚固技术应用于矿山和水利建设中。至20世纪60～80年代，随着高强度低松弛钢绞线的应用和施工技术的发展，大吨位的预应力锚索广泛应用，单束锚索的承载达3 000 kN以上，最大的达16 500 kN。

我国1964年曾在安徽省梅山水库采用2 400～3 200 kN的预应力锚索加固坝基。20世纪80年代以来在道路、矿山、水利、城建等建设中，锚固技术得到了更迅速的发展。

从整体上来说，我国的锚固技术已达到世界先进水平，已开发出摩擦型锚索、支承型锚索、摩擦—支承复合型锚索、扩孔锚索和机械内锚头锚索等多种锚固形式，锚具有XM锚、QM锚、HM锚和OVM锚等系列，并大量应用于工程实践，取得了令人瞩目的成绩。据不完全统计，从1993年至1997年，我国在边坡治理、深基坑加固等领域，每年的锚索工程量达2 000～3 500 km，仅长江三峡水利枢纽工程船闸高边坡加固就用了104 000束锚索，锚固力由原来的500 kN发展到3 000～3 200 kN。重庆探矿机械厂、无锡探矿机械厂、宣化英格索兰工程机械有限公司及冶金部建筑研究总院分别开发出MD-50、QGJ-100型、MDJ-100型和YM160型岩锚钻机和新型钻具、扩孔钻具，价格低廉，基本能满足目前锚索施工要求。柳州建筑机械总厂和四平建筑机械厂生产的YCW和YCD张拉千斤顶、ZB4-500型高压油泵，上海英格索公司生产的VH_P系列空压机均性能良好；天津、江西新余生产的高强度低松弛的钢绞线强度达到了1 860 MPa，这一切都为我国锚固技术的提高创造了良好条件。而我国国民经济的快速增长，交通、能源、城市基础设计建设的快速发展又为锚固技术的推广提供了广阔的市场。

预应力锚固技术用在滑坡防治上在我国始于20世纪80年代初，先是加在抗滑桩上改变抗滑桩的受力状态，后来发展为用预应力锚索框架(格构锚固)治理滑坡，如山西太原至古胶二级公路K14滑坡的治理。更多的是用预应力锚索框架(地梁或锚墩)与抗滑桩结合治理滑坡，及加固高边坡以预防工程滑坡的发生。

用于稳定滑坡的预应力锚索是将锚索的锚固段设置在滑动面(或潜在滑动面)以下的稳定地层中，在地面通过反力装置(桩、框架、地梁或锚墩)将滑坡推力传入锚固段以稳定滑坡，所以预应力锚索的设计包括了锚索本身的设计和反力装置的设计两部分。

(1)锚索的类型

按荷载传递方式分：

①直孔摩擦型锚索(包括拉伸型锚索、压缩型锚索)；

②支承型锚索；

③摩擦一支承复合型锚索。

只有一种传力方式且自由段单一的锚索称为单一锚索，最常见的为摩擦型拉力锚索，这是目前使用最广的一种锚索。这种类型的锚索结构简单、施工方便。但受力状态传力机制不够合理，在锚固段的上部产生应力集中，沿锚固段长度摩阻应力分布不均匀，锚固段长度超过 **10 m** 后对提高锚固力已没有明显效果，不利于防锈蚀。所以近年来出现了单孔复合型锚索。凡是(一束锚索)有两种以上传力方式或由自由段不同的钢绞线组成的锚索称为单孔复合锚索。

单孔复合锚索类型有：

①拉力分散型锚索；

②压力分散型锚索；

③拉压混合型锚索；

④扩孔型锚索 $\begin{cases}\text{孔底扩大型锚索}\\ \text{糖葫芦形扩孔锚索}\end{cases}$；

⑤孔底膨胀锚索；

⑥孔底设机械内锚头的锚索。

复合锚固系统的优点是沿整个锚固段长度应力分布相对比较均匀，能充分发挥围岩(土)与锚索砂浆体之间的摩擦阻力、地层的承载力，从而可大幅度地提高锚索的锚固力。由于复合型锚索各单元体的自由段长度不一致，在张拉锁定时应进行补偿张拉，使得各单元体的钢绞线受力均匀，原则上对各根钢绞线施加的预应力值与其自由段长度成正比例关系。

(2)锚索的破坏形式

锚索破坏大致分下列七种形式：

①锚索砂浆体与围岩(土)之间的摩阻应力不够大，整束锚索体从锚索孔内被拔出。

②围岩(土)抗压强度不够或锚索砂浆体强度不够而导致锚索失败(扩孔型锚索、压力型锚索、孔底设机械内锚头的锚索)。

③水泥砂浆与钢绞线之间的握裹力不够，钢绞线从砂浆体中拔出。

④自由段钢绞线被拉断，原因有：锚索的自由段长度不足、材质不合格、材料安全系数 K 与荷载安全系数不匹配等。

⑤锚头夹片不合格导致钢绞线滑移或在锚头处将钢绞线卡断。

⑥产生柯因假定性破坏，锚索带着一坨呈 90° 角的围岩(土)体被拖出。

⑦群锚锚固段底部同时落在贯通裂隙面外侧，锚索受力后岩体沿裂隙面松动。

第⑥、⑦两种破坏形式出现的可能性很小，实际上至今国内外也尚无一例这种破坏形式发生，因此无需进行检算，不控制设计。

水泥砂浆体对钢绞线的握裹力远大于钢绞线的极限承载力和砂浆体与围岩(土)之间的

摩阻力，所以第 3 种破坏形式也不会出现，不控制设计，不需要检算；第 4、5 两种破坏形式是设计失误和锚具质量低劣所致。所以对于单一拉力型锚索，只需检算第 1 种，锚索砂浆体与围岩（土）之间的摩阻应力控制设计；对于复合型锚索，应同时检算第 1、2 两种。

2. 预应力锚索的设计

①准确地探明滑坡滑动面的位置并计算滑坡推力。这是锚索设计中最基本，也是最重要的一项工作。只有滑动面的形状和深度、滑坡推力大小确定得准确，锚索设计才有了可靠的基础。

②根据工程地质和水文地质资料、岩土的力学性质、滑面倾角、深度，作出初步设计和概算，选择适宜的施工工艺，同时做现场抗拔力试验和成孔试验。

③根据试验的结果，做施工图设计。

a. 计算锚索根数 N 按下式计算

$$N=\frac{KE_{总}}{P_n\tan\mu+P_t}=\frac{KE_{总}}{P_{抗}\sin\alpha\tan\mu+P_{抗}\cos\alpha} \tag{3.4.11}$$

式中，$P_{抗}$ 为单根锚索的抗拔力，通过现场试验取得（图 3.4.6）；P_n 为 $P_{抗}$ 沿滑动面法线方向的分力；P_t 为 $P_{抗}$ 与滑坡滑动方向相反的分力；μ 为滑面的内摩擦角；α 为锚索与滑面的夹角；$E_{总}$ 为滑坡的总下滑力；K 为安全系数，规定一般情况下不小于 2.0。要注意，材料安全系数应与荷载安全系数一致。由于在计算滑坡推力 E 时，已引进了安全系数 $K_{滑}$，所以此处安全系数可适当降低，建议取 $K=2.0$，即取极限抗拔力的一半。

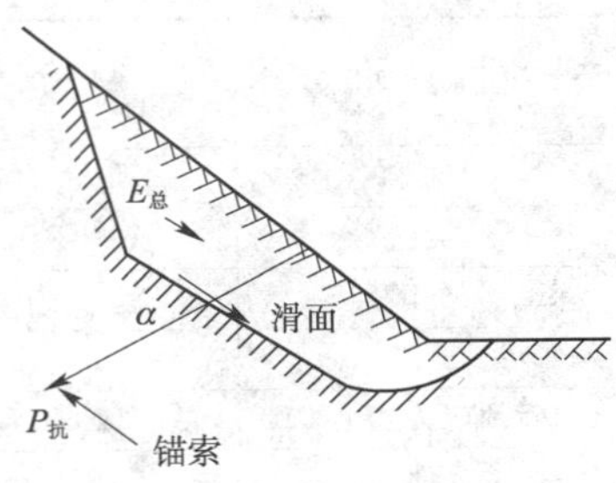

图 3.4.6　单根锚索示意图

b. 有效锚固段长度。

锚索的有效锚固段长度 $L_{效}$（即在滑动面以下的锚固深度）由现场抗拔力试验确定。

如果属于抢险工程，时间紧迫，来不及做现场抗拔力试验，可按下列公式计算

$$L_{效}=\frac{KP}{n\pi d\tau_1} \tag{3.4.12}$$

$$L_{效}=\frac{KP}{\pi D\tau_2} \tag{3.4.13}$$

式中，d 为单根钢绞线的直径；D 为锚索孔的直径；τ_1 为钢绞线与水泥砂浆之间的黏结力；τ_2 为水泥砂浆柱体与围岩之间的平均黏聚力；P 为单束锚索设计承载力。

将上两式比较，取较大者作为有效锚固段长度。如上所述，一般情况下都由 $\frac{KP}{\pi D\tau_2}$ 控制设计。应注意自由段长度不能小于 5 m。

τ_1 和 τ_2 受许多因素影响，国内外都缺乏可靠的试验资料，它们与围岩的力学性质、破碎程度、锚孔钻进方式、砂浆质量等多种因素有关，工程人员多根据经验和有关资料类比估计，并采用不同的安全系数来弥补其不足。

一般设计时，是按沿滑坡主滑方向单位宽度的滑坡推力 E_i 及锚索在垂直滑动方向的间距（如 3～4 m）来计算其在竖直方向的根（束）数。因滑坡在主轴附近推力大，数量需要多；两侧滑坡推力小，数量应该少些，或间距适当大一些。

④锚索与滑面夹角 α 的选择。

设单束锚索的设计承载力为 P，它所提供的抗滑力为

$$P_{抗滑}=P\sin\alpha\tan\mu+P\cos\alpha \tag{3.4.14}$$

当 $\alpha=\mu$ 时可取得最大抗滑力，但锚索过长，施钻困难、不经济，若 α 过大，虽然锚索的长

度减小了，但提供的抗滑力也大大减小了，同样不经济。这中间必然存在一个最优夹角 $\alpha_{优}$。一般取20°左右为宜。

⑤安全系数。

锚索的安全系数是对锚索的工作荷载或锚索轴向拉力设计值而言的，也就是说，设计时所规定的锚索极限状态时的承载力(锚索轴向拉力极限值)应当是锚索的工作荷载与安全系数的乘积。

适宜的安全系数一般是考虑锚索结构设计中的不确定因素和危险程度，如地层岩性、地下水或周边环境的变化、灌浆与杆体材料质量的不稳定性、锚索群中个别锚索承载力下降或失效所附加给周边锚索的工作荷载增量等。多数国家锚索规范中，锚索安全系数值取决于锚索的工作年限和破坏后所产生的危害程度。鉴于锚索的安全系数是锚索工程可靠性的基本保证，因而世界各国的锚索规范均对此作了明确规定，见表3.4.8。

岩土锚索的安全系数

表3.4.8

国家和地区	规　范	出版年代	安全系数	
			临时锚杆(索)	永久锚杆(索)
瑞士	SIA 191	1977/95		1.8、2.0
美国	PTI-Recom	1979/95		2.0*
英国	BS 8081			2.0
英国	DD 81	1982	1.4、1.6、2.0	2.0
国际预应力协会 FIP	Recom	1982		2.0
苏联	Recom	1982		2.0
日本	JSFD 1-77	1977/92	1.5	2.5
中国	CECCS 22：90	1990	1.4、1.6、1.8	1.8、2.0、2.2
中国	GBJ 80—86		1.4、1.6、1.8	1.8、2.0、2.2
中国香港	Model Speci	1984	1.6、1.6、1.8	2.0

注：* 美国规范规定对锚索预应力筋的安全系数是1.67(程良奎资料)。

必须十分慎重地对待锚索的安全系数。

a. 根据锚索的设计工作年限及破坏后可能造成的危害程度，严格按我国规范要求，采用相应的安全系数。

b. 在塑性指数大于17或地下水发育并有侵蚀性地层中安设永久性锚杆，其安全系数不得小于2.2。治理滑坡的永久性锚索，安全系数K应不小于2.0。

c. 为检验锚索是否满足安全系数的要求，应取工程锚索总数的5%做验收试验。验收试验的最大试验荷载，永久性锚索取拉力设计值的1.5倍，临时锚索取拉力设计值的1.2倍。锚索在最大试验荷载作用下，位移保持稳定，弹性位移应大于锚索自由段长度理论弹性伸长量的80%，小于自由段长度与1/2锚固段长度之和的理论弹性伸长量。

⑥锚索的防腐。

岩土锚固结构的使用寿命取决于锚杆(索)的耐久性。对寿命的最大威胁则来自腐蚀。锚索(杆)预应力筋腐蚀的主要危害是地层和地下水的侵蚀性质、锚杆防护系统的失效、双金属作用以及地层中存在着杂散电流。这些危害引起不同形态的腐蚀发生，如全面腐蚀、局部腐蚀和应力腐蚀。对预应力锚杆来说，除了由侵蚀介质引起的腐蚀外，高拉应力作用下的应力腐蚀及由此引起的破坏，将会直接引发钢丝和钢绞线的断裂。

国外已出现不少因腐蚀而导致锚杆破坏的实例。如法国朱克斯坝有几根承载力为1 300 kN的锚索预应力钢丝仅使用几个月就发生断裂。钢丝所用的应力为极限值的67%。

经多次试验后的结论是，处于高拉伸应力状态下的锈蚀是破坏的主要原因。英国泰晤士河畔的一个码头，由预应力锚杆背后拉的钢板桩工程，在使用 21 年后发生预应力筋断裂、钢板桩倾覆 30 m 的严重事故。经分析，其也是由于锚杆锈蚀而引起的。1986 年国际预应力协会(FIP)曾对 35 起锚杆因腐蚀导致锚杆断裂的实例进行了调查。其中永久锚杆占 69%，临时锚杆占 31%。断裂部位多半位于锚头附近及自由段长度处。

在国外由于锚索技术早已被广泛采用，小型锚索成型和防锈蚀处理，一般在工厂进行。锚索防锈蚀是延长锚索使用寿命，保证锚索正常发挥作用的重要措施。锚索防锈蚀的措施很多，但不管国内还是国外，用水泥砂浆均匀包裹钢绞线仍然是最基本的也是最有效的措施。因此，锚索正确成型下锚，使砂浆均匀包裹是非常重要的。用波形金属管套在钢绞线外面，只有在重要工程上，而且具有强烈侵蚀锚索的环境条件下才采用。

图 3.4.7 所示是目前国内常用的锚索结构图。

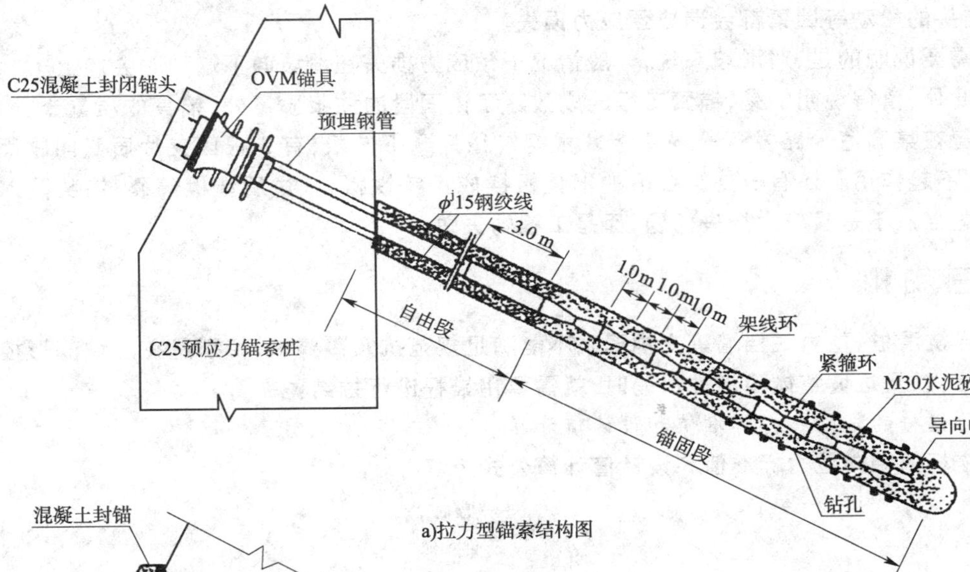

a)拉力型锚索结构图

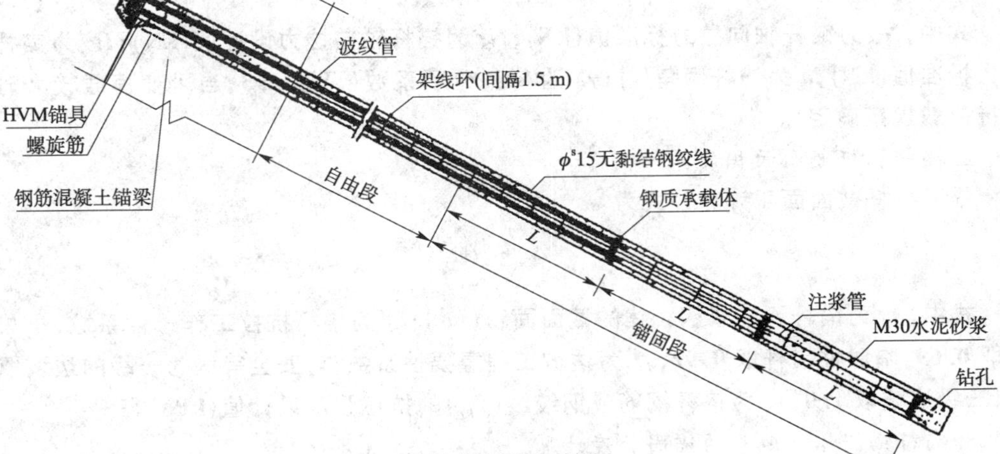

b)压力分数型锚索结构图

图 3.4.7　摩擦锚索结构图

⑦锚索预应力损失。

锚索预应力损失，一般由三部分组成：

a. 施加预应力时，在顶压工作锚夹片的过程中造成预应力损失，这是不可避免的。这部分预应力损失值，估计在5%左右。测出这部分预应力损失并不难，可根据在顶压锚具夹片的过程中高压油泵压力表的增加值算出预应力损失值。

b. 施加预应力锁定后，在千斤顶卸荷的过程中产生预应力损失，这也是不可避免的。锁定后由于千斤顶卸荷，在一个短暂的时间内，钢绞线失去了力的平衡，它势必带着夹片向孔内方向回缩，作加速运动，可能还有轻微的滑移。这一部分预应力损失可以通过量测锚具处锚索钢绞线的回缩长度及反力墩位移计算出来。

以上两部分预应力损失值的大小与锚具类型有关。有关资料认为，这两部分预应力损失为2%～3%，实际上可能在8%～10%。

c. 除了上述在锁定和千斤顶卸荷过程中造成的预应力损失外，地层的蠕变、钢绞线的松弛、锚头的松动等因素都会造成预应力损失。

需要说明的是，对滑坡来说，一般情况下预应力损失在滑坡向下蠕动时会加上。

此外，值得说明的是，锚索工程的成败除了锚固段的注浆质量外，锚具的质量十分重要。作者曾在某高速公路发现一锚头上8根钢绞线只剩下5根，有3根因夹片质量问题而缩入孔内，不起作用。还有一处锚头下的钢垫板换成了铸铁板，张拉后垫板碎裂，锚头陷入框架内。这当然不是预应力损失问题，而是工程的失败。

三、锚杆

当抗滑桩、重力式挡墙等支护形式不能满足规范抗倾覆要求，特别是在边坡变形控制要求严格，以及边坡整体稳定性很差时，就需要用锚杆进行拉结。

1. 锚杆的轴向拉力标准值和设计值计算

锚杆的轴向拉力标准值和设计值计算公式为

$$N_{ak}=\frac{H_{tk}}{\cos a} \tag{3.4.15}$$

$$N_a=\gamma_Q N_{ak} \tag{3.4.16}$$

式中，N_{ak}为锚杆轴向拉力标准值(kN)；N_a为锚杆轴向拉力设计值(kN)；H_{tk}为锚杆水平拉力标准值(kN)；a为锚杆倾角(°)；γ_Q为荷载分项系数(可取1.3；当可变荷载较大时应按现行荷载规范确定)。

2. 锚杆拉杆截面面积计算

锚杆拉杆截面面积计算公式为

$$A_s\geqslant\frac{\gamma_0 N_a}{\xi_2 f_y} \tag{3.4.17}$$

式中，A_s为锚杆钢筋或钢绞线的截面面积(m^2)；ξ_2为锚杆抗拉工作条件系数，永久性锚杆取0.69，临时性锚杆取0.92；γ_0为边坡工程重要性系数，对安全等级为一级的边坡取1.1，二、三级边坡取1.0；f_y为锚杆钢筋或钢绞线(f_{py})的抗拉强度设计值(kPa)。

3. 锚杆锚固体与地层的锚固长度计算

锚杆锚固体与地层的锚固长度计算公式为

$$l_a\geqslant\frac{N_{ak}}{\xi_1 f_{rb}\pi D} \tag{3.4.18}$$

式中，l_a 为锚杆锚固体与地层的锚固长度(m)；ξ_1 为锚固体与地层黏结工作条件系数，永久性锚杆取1.00，临时性锚杆取1.33；f_{rb}为锚固体与地层黏结强度特征值(kPa)，应通过试验确定，当无试验资料时参考表3.4.9和表3.4.10取值；D 为锚固体直径(m)。

岩石与锚固体黏结强度特征值　　表3.4.9

岩石类别	f_{rb}/kPa	岩石类别	f_{rb}/kPa
极软岩	135～180	较硬岩	550～900
软岩	180～380	坚硬岩	900～1300
较软岩	380～550		

注：1. 表中数据适用于注浆强度等级为M30。

2. 表中数据仅适用于初步设计，施工时应通过试验检验。

3. 表中岩石类别根据天然单轴抗压强度 f_r 划分：f_r<5 MPa为极软岩，5 MPa≤f_r<15 MPa为软岩，15 MPa≤f_r<30 MPa为较软岩，30 MPa≤f_r<60 MPa为较硬岩，f_r≥60 MPa为坚硬岩。

土体与锚固体黏结强度特征值　　表3.4.10

土层种类	土的状态	f_{rb}/kPa
黏性土	坚硬	32～40
	硬塑	25～32
	可塑	20～25
	软塑	15～20
砂土	松散	30～50
	稍密	50～70
	中密	70～105
	密实	105～140
碎石土	稍密	60～90
	中密	80～110
	密实	110～150

注：1. 表中数据适用于注浆强度等级为M30。

2. 表中数据仅适用于初步设计，施工时应通过试验检验。

4. 锚杆钢筋或钢绞线与砂浆锚固体间的锚固长度计算

锚杆钢筋或钢绞线与砂浆锚固体间的锚固长度计算公式为

$$l_a \geqslant \frac{\gamma_o N_a}{\xi_3 f_b n\pi d} \tag{3.4.19}$$

式中，l_a 为锚杆钢筋或钢绞线与砂浆锚固体间的锚固长度(m)；ξ_3 为钢筋或钢绞线与砂浆锚固体间的黏结工作条件系数，长久性锚杆取0.60，临时性锚杆取0.72；f_b 为钢筋或钢绞线与砂浆锚固体间的黏结强度特征值(MPa)，应通过试验确定，当无试验资料时参考表3.4.11取值；n 为锚杆钢筋或钢绞线根数(根)；d 为锚杆钢筋或钢绞线直径(m)。

钢筋、钢绞线与砂浆间的黏结强度特征值(单位：MPa)　　表3.4.11

锚杆拉杆类型	水泥浆或水泥砂浆强度等级		
	M25	M30	M35
螺纹钢筋	2.10	2.10	2.70
钢绞线、高强钢丝	2.75	2.95	3.40

注：1. 当采用两根钢筋点焊成束的做法时，黏结强度应乘折减系数0.85。

2. 当采用三根钢筋点焊成束的做法时，黏结强度应乘折减系数0.70。

3. 成束钢筋的根数不应超过三根，钢筋截面总面积不应超过锚孔面积的20%。

第六篇 土工结构与边坡防护

四、锚喷护面

本部分仅涉及岩质边坡的锚喷支护，对于土质边坡可参见基坑工程中土钉墙支护部分。对边坡工程锚喷护面设计，应充分掌握工程地质勘察资料，先判别整体稳定性，再根据不同的失稳破坏类型，采用不同的计算模型和加固形式。锚杆可以加强岩体的整体性，提高滑面上的法向压力，是一种主动积极的加固方法。护面可固结破碎岩体的表层，使其免受雨水、阳光和冰冻作用而遭受破坏，也可防止边坡表面松散岩石坍塌和滚落。

1. 岩石压力水平分力标准值计算

岩石侧压力可视为均匀分布，其水平分力标准值可按下式计算

$$e_{hk}=\frac{E_{hk}}{H} \tag{3.4.20}$$

式中，e_{hk}为岩石侧向压力水平分力标准值(kPa)；E_{hk}为岩石侧向压力合力水平分力标准值(kN/m)；H为边坡高度(m)。

2. 锚杆水平拉力标准值计算

锚杆水平拉力标准值计算公式为

$$H_{th}=e_{hk}S_{xj}S_{yj} \tag{3.4.21}$$

式中，H_{th}为锚杆所受水平拉力标准值(kN)；S_{xj}为锚杆的水平间距(m)；S_{yj}为锚杆的垂直间距(m)。

锚杆的具体设计按前述式(3.4.15)～式(3.4.18)各式进行计算。

3. 锚杆加固局部不稳定块体的设计计算

①加固受拉破坏的不稳定危岩块体，锚杆抗拉承载力满足下式要求

$$\xi_2 A_s f_y \geqslant \gamma_0 \gamma_Q G_0 \tag{3.4.22}$$

②加固受剪破坏的不稳定危岩块体，锚杆抗剪承载力满足下式要求

$$\xi_v A_s f_v+(G_2\tan\varphi_s+c_sA)\geqslant \gamma_0 \gamma_Q G_1 \tag{3.4.23}$$

式中，G_0为不稳定块体的自重(kN)；G_1、G_2为不稳定块体自重在平行和垂直于滑面方向的分力(kN)；A_s为锚杆钢筋的总截面面积(m^2)；f_y为锚杆钢筋抗拉强度设计值(kPa)；f_v为锚杆钢筋抗剪强度设计值(kPa)；c_s为滑移面的黏聚力(kPa)；φ_s为滑移面的内摩擦角(°)；A为滑移面面积(m^2)；γ_0为边坡工程重要性系数；γ_Q为荷载分项系数，可取1.30，当可变荷载较大时应按现行荷载规范确定；ξ_2为锚杆抗拉工作条件系数，永久性锚杆取0.69，临时性锚杆取0.92；ξ_v为锚杆抗剪工作条件系数，取0.60。

五、加筋土挡墙

1. 加筋条设计

抗拉安全系数

$$F=\frac{\sigma A_s}{K\gamma zSx} \tag{3.4.24}$$

式中，σ为加筋条允许拉应力(kPa)；A_s为加筋条断面积(m^2)；S为加筋条水平间距(m)；x为加筋条垂直间距(m)；γ为填土重度(kN/m^3)；z为加筋条埋深(m)；K为土的侧压力系数，取值一般在主动土压力与静止土压力系数之间。

2. 加筋条的黏着强度

$$F_s=\frac{2L'b\tan\delta}{KSx} \tag{3.4.25}$$

式中，L'为加筋条在“稳定”区内的长度；b 为加筋条宽度；δ 为最大摩擦角。

当 $Z<6$ m 时

$$\tan\delta=\tan\delta_0\left(1-\frac{Z}{6}\right)+\frac{Z}{6}\tan\varphi \tag{3.4.26}$$

对于光滑的加筋条，$\tan\delta_0=0.4$。

当 $Z>6$ m 时

对于光滑的加筋条，$\tan\delta=0.4$。

对于砂和条带间的摩擦系数，可参考表 3.4.12。

砂和条带间的摩擦系数（根据 Mcvellec 试验）　　表 3.4.12

砂的干密度/（t/m^3）	$\tan\varphi$（φ）	f（剪切盒）	f^*（最大时）	e/（%）（最大时）	f^*（残留时）	ε/（%）（残留时）
1.56	0.5(26°)	0.30	0.30	0.2	0.17	10.0
1.66	0.7(35°)	0.38	0.54	0.6	0.30	11.0
1.76	1.07(47°)	0.51	2.50	18.0	2.36	24.0

注：φ 为砂的内摩擦角；f 为由剪切盒试验得到的摩擦系数；f^* 为由拉拔试验得到的表现摩擦系数。

3. 加筋条长度

加筋土挡墙的潜在破坏面宽度可取 $0.3H$（H 为墙高），因而加筋条总长度为

$$L=0.3H+L'=0.3H+\frac{F_sKSx}{2b\tan\delta} \tag{3.4.27}$$

一般做法为，加筋条的长度在整个墙高的范围内并不变化。

六、边坡工程设计中应注意的问题

在边坡工程设计中，排水系统、伸缩缝设置、支护结构的防腐处理等均是非常重要的一环，往往决定工程的成败，因而应引起特别重视。

（一）排水系统

排水设施有泄水洞、排水孔、支撑渗沟、截水暗沟、渗沟、截水墙等。有地下水时墙背填土后将有静水压力作用在墙背上，孔隙水压力将增大土压力，若能采取有效措施消除或减小孔隙水压力，如设置泄水孔（在墙后做滤水层和排水盲沟）等，会使挡土墙的设计更为经济。在墙顶地面宜铺设防水层，不允许地表径流无节制地波动，边坡应进行绿化。当墙后有山坡时还应设置截水沟。

通过排除地表水和地下水，降低水压荷载提高边坡的抗滑力。经验表明，地下水位每降低 0.3 m，边坡安全系数可提高 1%。

墙后填土一般应选择透水性好的填料，当选用黏性土时，宜适当混以块石；在季节性冻土地区宜选择非冻胀性填料（如炉渣、碎石、粗砂等）。填土应分层夯实。

（二）伸缩缝

现浇混凝土锚杆挡墙、扶壁式挡墙的伸缩缝间距为 20～25 m，喷射混凝土面板沿边坡纵向设置竖向伸缩缝间距为 20～25 m。重力式挡墙的伸缩缝间距，对条石、块石挡墙应采用 20～25 m，对素混凝土挡墙采用 10～15 m。

（三）锚杆的防腐处理

①非预应力锚杆的自由段位于土层中时，可采用除锈、刷沥青船底漆、沥青玻纤布缠裹（其层数不少于 2 层）等措施。

②对于预应力锚杆，其自由段按上述措施处理后装入套管中，套管两端 100～200 mm

长度范围内用黄油充填，外绕扎工程胶布固定。

③对位于无腐蚀性岩土层内的锚杆，锚固段应除锈，砂浆保护层厚度应不小于 25 mm；对位于腐蚀性岩土层内的锚杆，锚固段和非锚固段应采取特殊的防腐处理措施。

④防腐处理后，非预应力锚杆的自由段外端应埋入钢筋混凝土构件内 50 mm 以上；对预应力锚杆，其锚头的锚具经除锈、涂防腐漆三度应采用钢筋网罩、现浇混凝土封闭，混凝土强度等级不低于 C30，厚度不小于 100 mm，混凝土保护层厚度不小于 50 mm。

⑤对于临时性锚杆，自由段可采用除锈后刷沥青防锈漆处理，外锚头可采用外涂防腐材料或外包混凝土处理。

七、边坡变形的控制

边坡变形控制应采取设计、施工及监测等综合措施，并根据当地工程经验采用类比法实施。

(一)对边坡变形控制的要求

①工程行为引发的边坡变形和地下水的变化不应造成坡顶建(构)筑物开裂及其基础沉降差超过允许值。

②支护结构基础置于土层地基时，地基变形不应造成邻近建(构)筑物开裂和影响其基础结构的正常使用。

③应考虑施工因素对支护结构变形的影响，变形产生的附加应力不得危及支护结构安全。

④对边坡变形有较高要求时，应根据边坡周边环境的重要性、对变形的适应能力和岩土性状等因素，按当地经验确定边坡支护结构的变形允许值。

(二)控制边坡变形的技术措施

①需控制变形的边坡工程，应采取预应力锚杆(索)等受力后变形量较小的支护结构形式。

②位于较软弱土质地基上的边坡工程，当支护结构地基变形不能满足设计要求时，应采取卸载、对地基和支护结构被动土压力区加固等处理措施。

③存在临空的外倾软弱结构面的岩质边坡和土质边坡，支护结构的基础必须置于软弱面以下稳定的地层内。

④当施工期边坡垂直变形较大时，应采用设置竖向支撑的支护结构方案。

⑤对造成边坡变形增大的张开型岩石裂隙和软弱层面，可采用注浆加固。

⑥边坡工程行为对相邻建(构)筑物可能引发较大变形或危害时，应加强监测，采取设计和施工措施，并应对建(构)筑物及其地基基础进行预加固处理。

⑦稳定性较差的边坡开挖方案应按不利工况进行边坡稳定和变形验算，必要时采取措施增强施工期间边坡稳定性。

⑧锚杆施工应避免对相邻建(构)筑物地基基础造成损害。当水钻成孔可能诱发边坡和周边环境变形过大时，应采用无水成孔法。

第五节　土质和岩石边坡破坏的防治措施

岩土边坡破坏防治措施主要有：减重、压坡、排水、锚固、支挡、加筋、固土、监测等，有时多种措施联合使用。

一、减重

减重就是将滑体上方土体部分清理，减轻滑动区的荷重，降低下滑力；或将较陡边坡削缓，增加边坡稳定性。减重是常用的简易边坡整治方法，适合一般方量不大的土质或岩质边坡。在设计和施工时，必须十分注意减重的位置，务必使其位于滑体上方，同时注意是否引起减重部位上方土体新的不稳定问题；必要时进行相应的稳定性计算，选择合理的减重方案。将边坡从上到下削缓对浅层滑体稳定有利，但对深层滑体稳定不一定有利，须小心验算。

二、压坡

压坡就是在坡脚回填土石方，增加滑体在坡脚处的重量，相应增大抗滑力。通常利用减重的土石方。压坡对提高深层滑动稳定性是有利的，采用透水性好的土石料（或设置反滤层）压坡更有利于提高边坡稳定性。如果地基性质较软，须注意压坡处地基在施工期的稳定性。减重、压坡通常联合使用，应试算多种土方减增方案，并进行经济合理性比较，然后选择较优者。

三、排水

排水是最为有效的边坡治理措施，而且始终有利于边坡稳定。排水措施分地表排水和地下排水两种类型。

（一）地表排水

地表排水就是拦截引离滑坡体以外的地表汇水，滑坡体表面降水也应尽快汇集引出。地表排水措施主要有：环形截水沟、树枝状排水系统、明沟、渗沟等。另外，为减少坡面水下渗，还采取平整夯实或植物防护工程。

（二）地下排水

地下排水能有效降低地下水位线，显著提高边坡稳定性。地下排水措施有：地下渗沟、盲洞、排水廊道、竖向排水孔、水平排水孔、渗井、减压井等。经常几种排水措施联合使用，如在排水廊道设备放射状排水孔、用水平孔将渗井集水与地表排水系统连接起来，形成自流。

四、锚固

用预应力锚杆或锚索对边坡体直接施加主动锚固力，提高边坡的稳定性。锚杆有时不加预应力，如边坡变形，锚杆受拉产生轴向锚固力。锚杆的锚固段应位于稳定的岩土体内，其长度应使所有潜在的不稳定滑体特别是深层滑体得到加固；锚杆自由段应有防锈保护；锚头设计应考虑后期锚固力施加。锚杆位置与倾角，须通过稳定性验算并结合场地条件、施工技术合理确定。对于破碎风化坡面，应同时考虑采用挂网喷浆处理。对岩石边坡上的不易清理的较大孤石，可用小型锚杆就地锁定。

五、支挡

支挡就是利用挡土墙或抗滑桩等承受滑体滑动推力。抗滑挡土墙所承受的土压力是滑推力，可用不平衡力传递法计算，根据推力大小确定挡墙断面尺寸。要验算滑体在挡墙顶部出口的可能性，以及沿挡墙底部深层滑动的可能。多级滑坡，可分级支挡。重型支挡结构体也起压坡作用。对于岩石边坡上方突出的陡悬危岩，可采用混凝土墙竖向支撑。

抗滑桩设于滑体内下方，穿过滑面一定深度，利于桩的抗弯抗剪能力承受滑坡推力。抗滑桩是迅速有效治理边坡的有效措施之一。

支挡工程常常与锚固联合使用，大大提高支挡结构的支撑能力。

有滚石危害地段，应设拦石网拦截。

六、加筋

将土工织物水平分层铺设在填土边坡内，或铺在堤坝底部，利用它与土体之间的摩擦力和自身抗拉强度，提高边坡稳定性；同时由于土工织物的抗变形能力强，能有效地改善滑面上的应力分布。土钉在土体内也起同样的加筋作用，由于施工便利、效果良好，目前已被广泛应用于边坡治理。还有一些加筋材料与混凝土块连接起来，用于高陡边坡加固。植物根系对土体也有加筋作用，有利于山坡残坡积层稳定。

七、固土

所谓固土是采用机械、物理、化学等方法改变土体的性质，提高土体抗剪强度。常用的方法有：化学灌浆、电渗加固、碎石桩、软弱面置换等。

八、监测

对于重要边坡工程，监测是必备的防治措施。监测的目的是了解边坡变形的性质和动态预测边坡变形发展趋向，为制定整治措施提供依据并检验措施的效果。

边坡监测的内容主要是变形，包括地表变形与深部变形。另外还有地下水、地表水监测，杆轴力监测。

地表变形监测的方法有：简易的裂缝张开度观测、地面倾斜仪观测、经纬仪与红外测距的精密观测。近年来，已开始采用GPS技术。

深部变形监测主要是采用钻孔测斜仪，利用监测数据可推断滑动面的位置。

第七篇

基坑工程与地下工程

考试大纲

(一)基坑工程

了解基坑工程的特点及支护方案的选用原则；掌握常用支护结构的设计和计算方法；了解基坑施工对环境的影响及应采取的技术措施。

(二)地下工程

了解影响洞室围岩稳定的主要因素；熟悉围岩分类及支护、加固的设计方法；熟悉新奥法的施工理念和技术要点；了解矿山法、掘进机法、盾构法的特点及适用条件；了解开挖前后岩土体应力应变测试方法及检测与监测；了解地下工程施工中常见的失稳类型及预报防护方法。

(三)地下水控制

熟悉地下水控制的各种措施的适用条件；掌握其设计方法；了解地下水控制的施工方法；了解地下水控制对环境的影响及其防治措施。

第一章　土压力的计算

第一节　概　　述

荷载的确定是工程结构计算的先决条件。地下工程结构上所承受的主要荷载有结构自重、地层压力、弹性抗力、地下水静水压力、车辆和设备重量和其他使用荷载。对于兼作上部建筑基础的地下结构，上部建筑传下来的垂直荷载也是必须考虑的主要荷载。另外还可能受到一些附加荷载，如灌浆压力、局部落石荷载（对岩石地下工程）、施工荷载、温度变化或混凝土收缩引起的温度应力和收缩应力；有时还需要考虑偶然发生的特殊荷载，如地震荷载或爆炸荷载。上述这些荷载中，有些荷载虽然对地下结构的设计和计算影响很大（如上部建筑自重），但计算方法比较简单明确；有些荷载（例如温度和收缩应力）虽然分析计算比较复杂，但对地下结构的安全并不起控制作用。而其中地层压力对大多数地下工程而言，是至关重要的荷载。一是因为地层压力往往成为地下结构设计计算的控制因素；二是因为地层压力分析计算的复杂和不确定性，使得岩土工程师对其不敢掉以轻心。在软土地区，地层压力即为土压力。作用于地下结构的土压力包括竖向土压力和水平土压力。

相比之下侧向水平土压力的计算，尤其受到工程师们的重视。多年来沿用的一些经典土压力理论是基于以下的工程实践认识：以挡土墙为例，作用在挡土墙墙背上的土压力可以分为静止土压力、主动土压力（往往简称“土压力”）和被动土压力（往往简称“土抗力”）三种，其中主动土压力值最小，被动土压力值最大，而静止土压力值则介于两者之间，它们与墙的位移关系如图 1.1.1 所示。

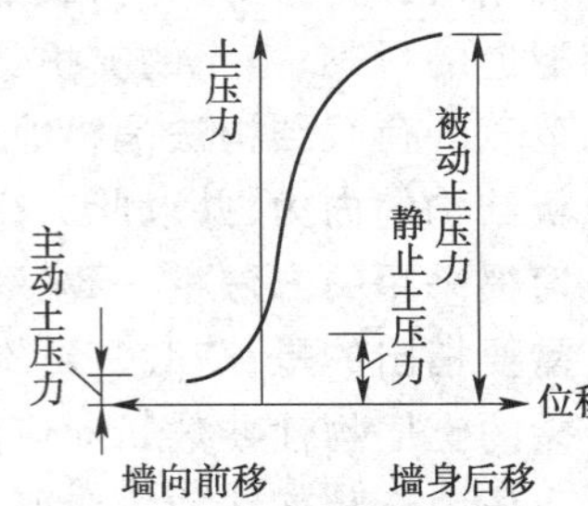

图 1.1.1　墙身位移与土压力关系

如果墙体的刚度很大，墙身不产生任何移动或转动，这时墙后土对墙背所产生的土压力称为静止土压力，其值可以根据弹性变形体无侧向变形理论或近似方法求得，土体内相应的应力状态称为弹性平衡状态。如刚性墙身受墙后土的作用绕墙背底部向外转动（图 1.1.2）或平行移动，作用墙背上的土压力从静止土压力值逐渐减小，直到土体内出现滑动面，滑动面以上的土体（滑动楔体）将沿着这一滑动面向下向前滑动。在这个滑动楔体即将发生滑动的一瞬间，作用在墙背上的土压力减小到最小值，称为主动土压力，而土体内相应的应力状态称为主动极限平衡状态。相反，如墙身受外力作用（如图 1.1.2 所示拱桥传给台上的推力）而挤压墙后的填土，则土压力从静止土压力值逐渐增大，直到土内出现滑动面，滑动楔体将沿着某一滑动面向上向后推出，发生破坏。在这一瞬间作用在墙背上的土压力增加到最大值，称为被动土压力，而土体内相应的应力状态称为被动极限平衡状态。所以，主动土压力和被动土压力是墙后填土处于两种不同极限平衡状态时作用在墙背上的两种土压力。

在引入一定的简化假定后，可以计算得到这两种极限平衡状态的土压力值。但对介于这两个极限平衡状态间的情况，若按经典土压力理论，仅用静力平衡条件还无法计算其相应的土压力值，因为这是一个超静定问题。

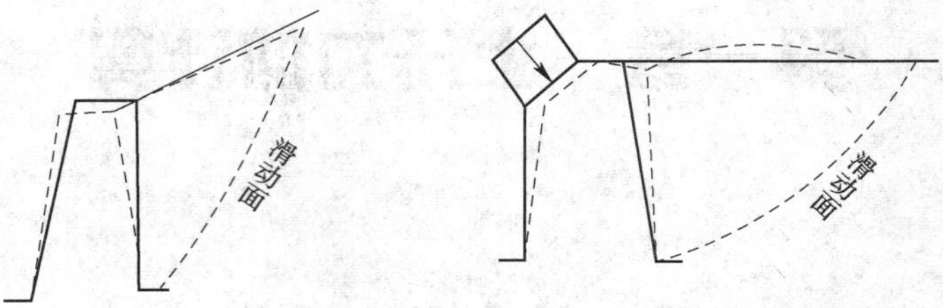

a)主动土压力　　　　b)被动土压力

图 1.1.2　土体极限平衡状态

土压力分析计算的困难和复杂还在于土体本身构成的复杂性。土体是由土骨架、孔隙水和气体三相组成，不同矿物成分、不同骨架结构及不同孔隙水成分的组合，使得不同地区的土体具有千差万别的物理力学性质。由于天然土体的不均匀性、各向异性、应力—应变关系的非线性及变形随时间变化的黏滞性，使得土体本身的性质就非常复杂。于是要研究土对地下结构的作用就更为困难。如要进一步考虑结构支护刚度大小、施工工艺、施工程序和地下水变动等影响土压力大小的许多因素，将使土压力计算更为复杂。因此土压力计算问题虽然是土木工程中一个古老的传统课题，但仍然为当今岩土工程中的一个难题，需要进一步研究。

地层压力（土压力）的计算方法又与工程结构设计的计算理论体系密切相关。现在工程界常用的库伦土压力理论和朗肯土压力理论是从属于荷载—结构法的理论体系。所谓的荷载—结构法，即为已知外荷载的前提下进行结构内力分析和截面计算的方法。这里的结构是指隧道的衬砌、挡土的支护结构等，而所谓的荷载主要为地层压力（土压力），当然还包括其他荷载。荷载结构法是将地层仅仅看作外荷载，在已知外荷载的前提下，用结构力学的方法分析结构的内力，并以此进行截面配筋或截面验算。显然这一计算方法与计算地面结构时所习惯采用的方法相一致。

需要指出的是：荷载—结构法中的荷载是不变的定值。以朗肯土压力理论为例，一旦计算所需的土层物性参数 c、φ 值给定，则算得的土压力值为定值。然而，实际作用于地下结构上的土压力还随着结构的变形条件、支护结构刚度、是否对支撑预加轴力、支护体系的空间影响等因素变化而变化。当地下结构刚度较大、变形较小，作用在它上面的土压力就大。相反，当地下结构刚度较小，或允许其有较大的变形，则受到的土压力值将会有所减少。另外，土压力值还会随环境变形而变化。例如土体中的含水率受施工影响变化时，土体的物性参数（c、φ 值等）也相应发生变化，使得土压力值也随之变化。总之，作用于地下结构上最主要的荷载—土压力是变化的、不确定的。用荷载—结构法的思想，把土压力看作与结构无关的不变荷载，这是一个近似的解法。

土压力的计算理论和计算方法还与计算手段密切相关。早年的结构计算受计算手段的限制，只能采用手算。对计算理论和所采用的计算公式要求简单易行，即使因简化而引起较大的误差，也在所不惜。库伦理论和朗肯理论至今仍然为使用最广泛、最实用的侧向土压力计算方法，受到岩土工程师们的青睐，其主要原因之一就是计算方便。

随着计算机技术的发展和计算手段的改进，矩阵位移法、有限元法等数值计算方法得到了长足的发展。地下工程的计算理论也从原先的荷载—结构法向前迈了一大步，进入到地层—结构法理论阶段。所谓的地层—结构法与荷载—结构法不同，不再把地层仅仅看作是荷载，而是把地层作为结构的一部分，地层自身也能承受一部分荷载。地下结构安全与否不仅取决于结构本身的强度和刚度，而且还与地下结构周围地层的稳定情况有关。作用于地下结构上的土层压力，与结构—地层之间的相对刚度有关。例如在岩石地区或者在黄土高原地区，开挖隧洞后即使不做衬砌，洞室也不一定会倒塌。如果施筑衬砌，作用于衬砌结构上的土层压力一定也是很小的，这说明土层本身具有自承能力。

在软土地区，虽然地层本身的承载作用不明显，但是随着地下结构变形的增大，作用的主动土压力也会变小，而被动土抗力会增大。也就是说荷载会随结构的变形而变化，计算时应该考虑荷载和变形之间的关系。例如用杆系有限元法计算深基坑支护结构时，其主动荷载是用经典土压力理论计算确定并作为已知条件输入，而被动土抗力是根据"土层弹簧"的变形大小来确定的。当采用连续介质有限元法分析地下结构受力情况时，则可以不必事先假定作用于结构上的水、土压力值，直接求出土层和结构之间相互作用力。而土层与结构之间的相互作用力，实际上就是作用于结构上的土压力，此土压力的大小取决于支护结构与地层之间的相对刚度，地层相对刚度越大，则主动土压力越小，而地层对结构的约束作用越大，即被动土抗力就越大。求算土层与结构之间的相互作用力实际上是解一个超静定问题，不仅要满足力的平衡条件，同时要满足变形协调条件。考虑变形协调条件的计算，用经典理论的手算方法是不能想象的，但用杆系有限元或连续介质有限元等数值方法则是轻而易举的事情。

一、挡土墙的形式及土压力

1.挡土墙的形式

挡土墙是土木建筑、水利水电、铁道交通等工程建设中广泛应用的一种结构物，例如房基侧面的挡墙、路基两旁的护墙、水工建筑物进出口处的翼墙和两侧的边墙、桥梁的桥台、河道两岸的护岸墙、港池的护墙、地下建筑物的边墙、边坡的挡墙等，均为挡土墙。

挡土墙的类型很多，根据其结构特点可分为：

①重力式挡土墙[图 1.1.3a)]；

②悬臂式挡土墙[图 1.1.3b)]；

③扶臂式挡土墙[图 1.1.3c)]；

④支撑墙[图 1.1.3d)]；

⑤板桩墙挡土墙和锚定板挡土墙[图 1.1.3e)]；

⑥加筋挡土墙[图 1.1.3f)]。

在上述挡土墙中，重力式挡土墙应用最广，是历史最长久的一种挡土墙。锚定板挡土墙和加筋土挡土墙，则是近几十年发展起来的一种新型挡土墙，也是一种比较节省材料的挡土结构。

根据墙体刚度的不同，挡土墙又可分为刚性挡土墙和柔性挡土墙两类。刚性挡土墙是指墙体本身刚度较大，在土压力作用下墙体基本不变形或变形很小的挡土墙，如用砖、石、混凝土、钢筋混凝土等材料建筑的重力式挡土墙、悬臂式挡土墙、扶臂式挡土墙等，在计算这种挡土墙上的土压力时，可以不考虑墙体变形对土压力及其分布的影响。柔性挡土墙是指墙体的刚度不大，在土压力作用下墙体本身会产生变形的挡土墙，如支撑墙、板桩墙、锚定板挡土墙等，在计算这类挡土墙上的土压力时，应考虑墙体变形的影响。

2.作用在挡土墙上的土压力

土压力是土力学中的一个重要课题，从 18 世纪开始就有许多学者对此进行了研究，提出了土压力的计算理论和计算方法，其中最著名的是 1773 年库仑(C. A. Coulomb)提出的土压理论和 1857 年朗肯(W. J. M. Rankine)提出的土压理论,这两个土压力理论得到了广泛的应用,至今也是工程建筑中进行土压力计算的基础。

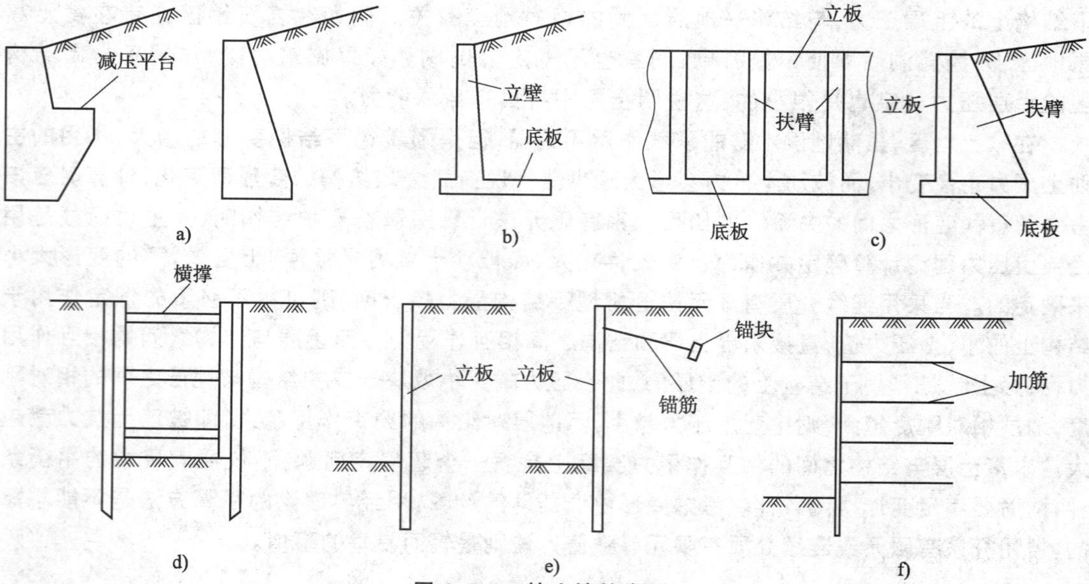

图 1.1.3 挡土墙的类型

作用在挡土墙上的土压力,其大小和分布与许多因素有关,例如:

①挡土墙的形式和墙体的刚度;

②挡土墙表面的倾斜度及其粗糙程度;

③挡土墙的变形和位移;

④填土的性质(如土的均匀性、土的物理力学性质);

⑤填土表面荷载的情况;

⑥地下水的情况。

挡土墙形式不同,作用在其上的土压力的大小和分布也不相同,库仑土压力理论和朗肯土压力理论主要适用于刚性挡土墙。柔性挡土墙由于受到墙体本身变形的影响,土压力及其分布与刚性挡土墙有很大区别。

填土的不均匀性不仅影响到墙面上土压力的大小,而且也影响到土压力沿墙面的分布。砂土的土压力较黏性土大,而填土的抗剪强度指标越大,土压力则越小。

填土表面作用荷载时,将在挡土墙墙面上产生一个附加的土压力。附加土压力的大小及其沿墙面的分布,与荷载的大小及其在填土表面的分布有直接关系。荷载大,附加土压力也大,荷载在填土表面分布不同,附加土压力在墙面上的分布也不同。

地下水将改变填土的物理力学性质,因而也影响到土压力的大小。通常,地下水位以下土的重度 γ、内摩擦角 φ 和凝聚力 c 将比地下水位以上的土小,因而对于同一种土,无地下水时的土压力将比有地下水时的土压力大,但有地下水时挡土墙墙面上将增加一个孔隙水压力,这种孔隙水压力,对于砂性填土,大致等于静水压力。

挡土墙的位移和变形与土压力的大小有直接关系。挡土墙的位移方式与墙的类型和用途有关,通常有以下四种方式:

①墙体下端固定,上端向外(内)侧转动,如图 1.1.4c)、d)所示。

②墙体上端固定,上端向外(内)侧转动,如图 1.1.4e)、f)所示。

③墙体向外侧平移,如图 1.1.4a)、b)所示。

④墙体上端向内(外)侧移动,下端向外(内)侧移动,如图 1.1.4g)所示。

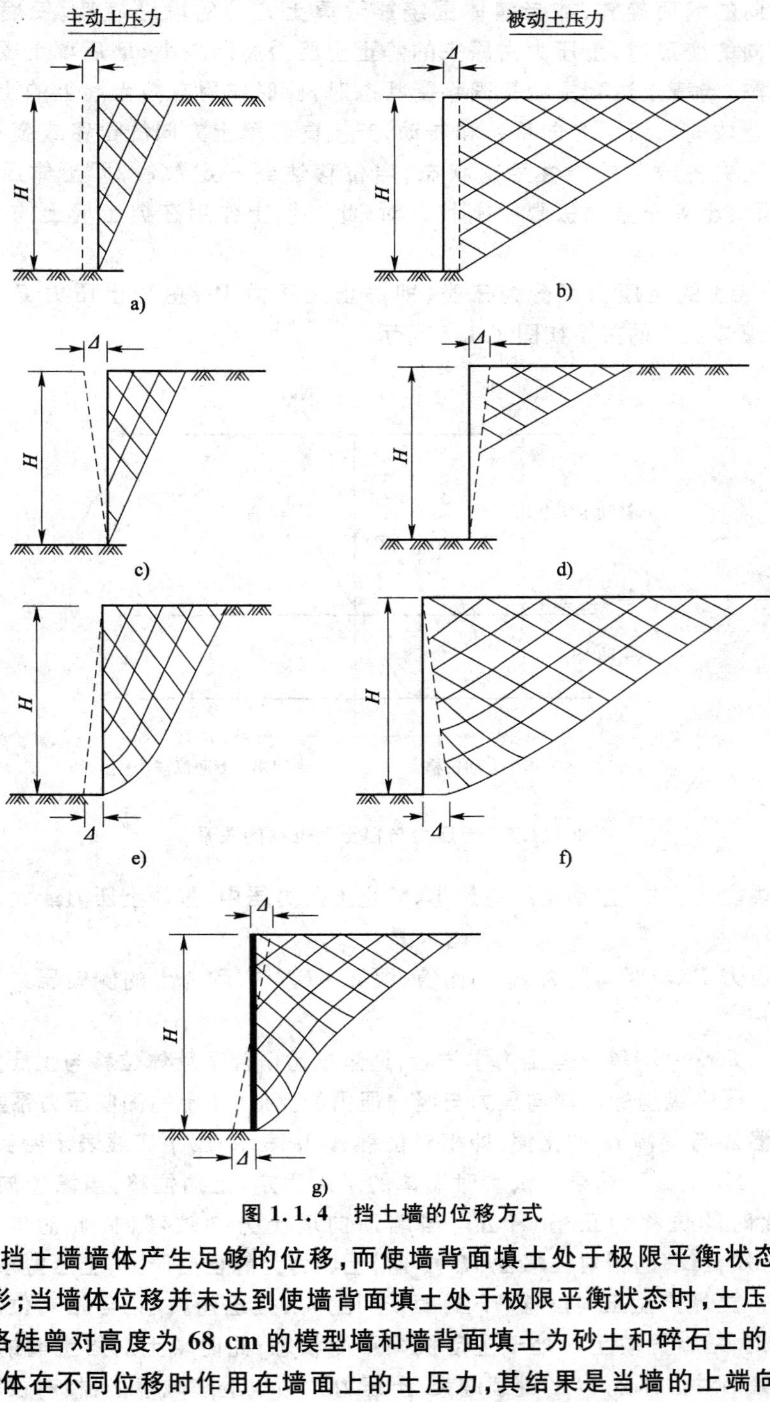

图 1.1.4　挡土墙的位移方式

通常,当挡土墙墙体产生足够的位移,而使墙背面填土处于极限平衡状态时,土压力的分布为三角形;当墙体位移并未达到使墙背面填土处于极限平衡状态时,土压力的分布为曲线形。杜勃洛娃曾对高度为 68 cm 的模型墙和墙背面填土为砂土和碎石土的情况进行了试验,实测得墙体在不同位移时作用在墙面上的土压力,其结果是当墙的上端向外侧移动,下端固定时,土压力的分布为三角形;而当墙体向外平移或墙的上端固定、下端向外侧位移时,作用在墙上的土压力均呈曲线形分布。

3. 土压力的种类

如前所述,作用在挡土墙上的土压力与墙体的位移和变形有关,当墙体静止不动,既不产生位移,也不产生变形时,挡土墙墙背面的填土处于弹性平衡状态,此时填土对挡土墙所产生的土压力称为静止土压力。若墙体向背离填土方向产生水平位移，或者墙体围绕靠近填土方向的墙顶旋转，或者墙体围绕靠近填土方向的墙踵旋转，使墙体产生背离（远离）填土方向的变形时，土压力由原来的静止土压力逐渐减小，墙后填土逐渐失去原来的弹性平衡状态，当填土达到主动极限平衡状态时，此时作用在挡土墙上的土压力称为主动土压力。若墙体向着填土方向平移和转动，产生向着填土方向的位移或变形，使墙背面填土逐渐压密而失去原来的弹性平衡状态，当位移达到一定数量，即土体压密到一定程度，而使墙背面填土处于被动极限平衡状态时，此时填土作用在挡土墙上的土压力，称为被动土压力。

因此，挡土墙上的土压力可分为三类，即静止土压力 P_0，主动土压力 P_a 和被动土压力 P_p。三者与墙体位移的关系如图 1.1.5 所示。

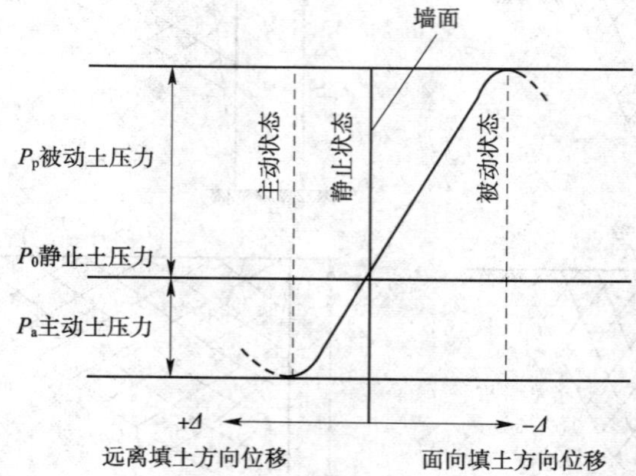

图 1.1.5　土压力与挡土墙位移的关系

在上述三类土压力中，主动土压力最小，静止土压力居中，被动土压力最大，即

$$P_a < P_0 < P_p \tag{1.1.1}$$

土中侧向压力 P_x 与竖向压力 P_z 的比值，即 $K=P_x/P_z$，称为土的侧向压力系数，也简称土压力系数。

太沙基（K. Terzaghi）等一些土力学学者，通过试验研究了墙体位移与土压力的关系，如图 1.1.6 所示。图中纵坐标以侧向压力与竖向压力的比值，即土的侧向压力系数 K 表示；横坐标以墙顶位移 Δ 与墙高 H 的比值，即相对位移 Δ/H 表示；图中实线表示密实砂土的试验结果，虚线表示松砂的试验结果。试验时墙体的下端固定，上端位移，当墙顶向远离填土的方向位移时，此时的位移为正值（$+\Delta$），当墙顶向填土方向位移时，此时的位移为负值（$-\Delta$）。由图可知，当墙的相对位移 $\Delta/H=0$ 时，土压力为静止土压力，土压力系数 K 大致在 0.2～0.6 之间。当墙产生正向位移（$+\Delta$）时，土压力系数迅速减小，当相对位移 Δ/H 达到 0.001～0.005 时，墙背面填土即处于主动极限平衡状态，此时填土对挡土墙的压力即为主动土压力。随着相对位移 Δ/H 的继续增大，土压力系数也继续减小，当相对位移 Δ/H 达到约 0.01，此时土压力系数最小。随后当相对位移 Δ/H 继续增大，土压力系数又开始缓慢地增大，而对于松砂，则土压力系数仅略有下降，但变化不大。当墙体产生负向位移（$-\Delta$）时，土压力系数迅速增大，当相对位移 Δ/H 达到 −0.01～0.05 时，墙背面的填土即进入被动极限平衡状态，此时填土作用在墙上的土压力为被动土压力。随着相对位移 $-\Delta/H$ 继续增大，土压力系数还将继续增大。

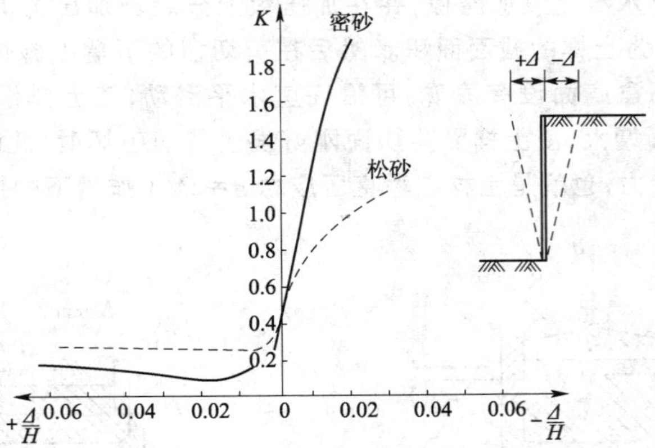

图 1.1.6　挡土墙的位移值与土压力的关系

根据一些试验资料的分析，产生主动土压力和被动土压力所需的相对位移 **Δ/H** 值如表 **1.1.1** 所示。

产生主动土压力和被动土压力所需的相对位移 **Δ/H** 值　　表 1.1.1

土的类别	土压力类别	墙体位移(变形)的方式	所需要的相对位移 Δ/H
砂土	主动土压力	墙体平行位移	0.001
	主动土压力	绕墙踵转动	0.001
	主动土压力	绕墙顶转动	0.02
	被动土压力	墙体平行位移	−0.05
	被动土压力	绕墙踵转动	>−0.1
	被动土压力	绕墙顶转动	−0.05
黏土	主动土压力	墙体平行移动	0.004
	主动土压力	绕墙踵转动	0.004

二、土的强度和土中一点的应力

1. 土的强度

土是由矿物颗粒所组成的，并由孔隙中的水和胶结物质联结在一起。土颗粒之间的联结强度远远小于颗粒本身的强度，因此土在力的作用下，土颗粒与土颗粒之间将会产生错动，引起一部分土体相对于另一部分土体的滑动。

土体的滑动是由于滑动面上的剪应力超过土的抗剪强度，因而产生剪切破坏所造成的，这就是土的破坏特征，也是土的强度特征。这也就是说土的破坏是剪切破坏，土的强度是指土抗剪切破坏的强度。所以土的抗剪强度是指土在抵抗剪切破坏时所能承受的极限剪应力。

在土中一点处，若某方向平面上所产生的剪应力 τ 等于土的抗剪强度 τ_f，即 $\tau=\tau_f$，则该点就处于破坏的临界状态；若该平面上的剪应力 τ 大于土的抗剪强度 τ_f，即 $\tau>\tau_f$，则该点就沿这一平面剪裂，而处于破坏状态；若该平面上的剪应力 τ 小于土的抗剪强度 τ_f，即 $\tau<\tau_f$，此时该点不可能沿这一平面产生剪切破坏，而处于稳定状态。随着作用力的增大，土中剪切破坏的点也随之增多，这些破坏点组成一个剪切破坏区，也称为塑性变形区。当土中剪切破坏区的范围扩大到边界面，而破坏区边界面上形成连续的滑动面时，土体就丧失整体稳定性，即破坏区将沿滑动面产生整体滑动。

土的抗剪强度可通过土的剪切试验来求得，图 **1.1.7** 所示为直接剪力仪，它是由剪切盒

（分上、下两部分）和底座所组成。试验时，将土样放置在剪切盒内，土样的顶面和底面各加一块透水石，在顶面透水石上设加压板，并在加压板上分级施加压力 P，使土样受到垂直压应力 $\sigma=P/A$，其中 A 为土样的截面面积。然后在剪切盒的下盒上施加水平推力 T，由于剪切盒的上盒固定，而下盒底面设有滚珠，可沿底座水平滑动，使土样沿上、下盒接触面处受剪，当水平推力 T 逐渐增大，使土样沿剪切面刚好发生剪切破坏时，此时土样所受的剪应力 $\tau=T/A$ 即为极限剪应力，也就是土样在垂直压应力 $\sigma=P/A$ 作用下的抗剪强度 τ_f。

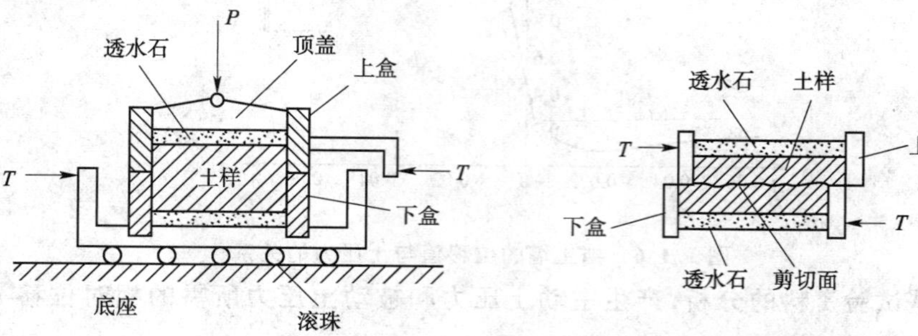

a)直接剪切仪　　b)剪切试验示意图

图 1.1.7　剪切试验

按上述方法分级施加垂直压力 P_1、P_2、P_3、P_4 4 个不同垂直压力，即使土样分别受到垂直压应力 σ_1、σ_2、σ_3、σ_4，并求得不同垂直压力作用下土样的极限剪应力 τ（即相应的抗剪强度 τ_{f1}、τ_{f2}、τ_{f3}、τ_{f4}），然后以土的抗剪强度为纵坐标，以垂直压应力 σ 为横坐标，将试验点标绘于图上，即可绘制成 τ_f-σ 关系线，如图 1.1.8 所示。在一般压力范围内，土的抗剪强度 τ_f 与垂直应力 σ 之间呈线性关系，即 τ_{f1}-σ 关系线为一条直线。对于砂土，该直线通过坐标原点，并与水平轴成 φ 角（φ 为土的内摩擦角）；对于黏性土，该直线仍与水平轴成 φ 角，但不通过原点，而与纵坐标轴相交，交点距坐标原点的纵坐标高度为 c，c 为土样的凝聚力。因此，由图 1.1.8 可得土的抗剪强度 τ_f 与垂直应力 α 的方程如下：

对于砂土

$$\tau_f=\sigma\tan\varphi \tag{1.1.2}$$

对于黏性土

$$\tau_f=\sigma\tan\varphi+c \tag{1.1.3}$$

式中，σ 为破坏面上的法向应力（kPa）；φ 为土的内摩擦角（°）；c 为土的凝聚力（kPa）。

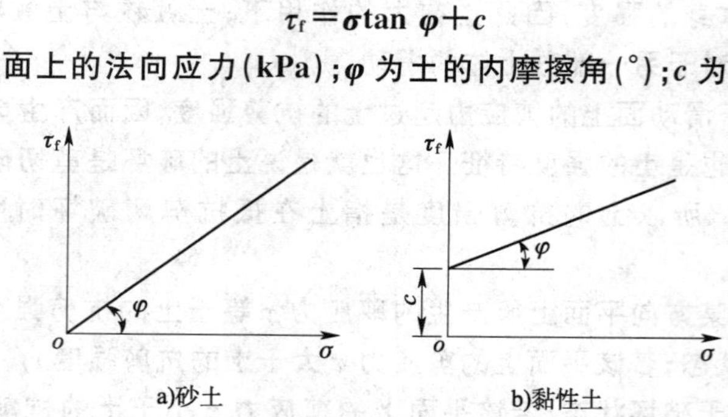

a)砂土　　b)黏性土

图 1.1.8　土的抗剪强度 τ_f 与垂直压应力 σ 的关系

式（1.1.2）和式（1.1.3）即为著名的库仑强度定律，这是库仑于 1773 年提出的，它表明土的抗剪强度由两部分组成，一部分是土的内摩擦力（即土颗粒之间的摩阻力），另一部分是土的凝聚力。φ 和 c 统称为土的抗剪强度指标。由于砂土不存在凝聚力，故砂土的抗剪强度仅为内摩擦力。但是砂土的内摩擦角较大，对于砾砂、粗砂、中砂，内摩擦角为 32°～40°；对于细砂和粉砂为 28°～36°。松砂的内摩擦角接近其自然休止角，饱和砂的内摩擦角则较同样密度的干砂小 1°～2°。黏土的内摩擦角 φ 和凝聚力 c 的变化较大，φ 值由软黏土的 0°变化到一般黏土的 25°，c 值则由 0.5 kPa 变化到 70 kPa。

由于砂土和黏土的 φ 值和 c 值的不同，所以当法向应力 σ 较小时，黏土的抗剪强度较砂土大；而当 σ 较大时，则砂土的抗剪强度较黏土大。如图 1.1.8 所示。

2. 土中一点处的应力状态

天然地基相对于建筑在其上的建筑物来说，可以认为是无限的，所以天然地基可以看作是以地基表面为分界面将无限空间一分为二的一个半无限体。如若半无限平面的表面无剪应力作用，则根据剪应力互等定律，该半无限体内任一水平上也无剪应力。而半无限体内的任意两个垂直平面都是对称的，并与水平面成正交，所以也无剪应力，而且两个垂直面上的应力是相同的。所以在半无限体中任意一点处，作用在 x 和 y 坐标轴方向的应力仅为正应力 σ_1 和 σ_3，如图 1.1.9a)所示。

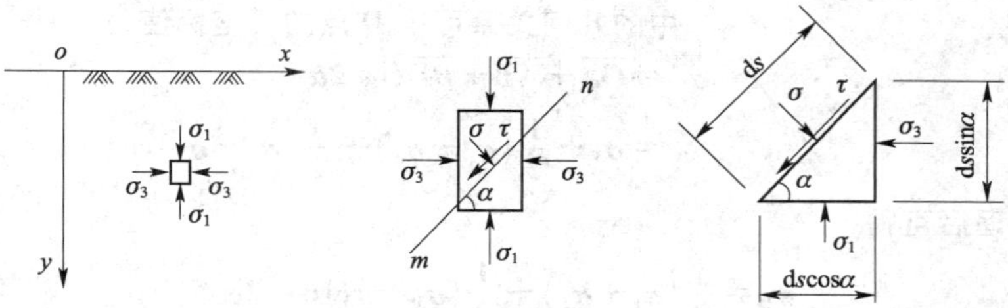

a)半无限土体中的一点　　b)微分土体上的作用力　　c)微分直角棱柱体上的应力

图 1.1.9　土中一点处的应力

如果从半无限体中取出一个单位宽度的微分土体，如图 1.1.9b)所示，作用在微分土体上、下水平面上的正应力均为 σ_1，作用在左、右两个竖直面上的正应力均为 σ_3，在这 4 个面上均无剪应力作用。若再用一个与水平面成 α 角的 m-n 平面从上述微分土体中切取一个直角棱柱体，如图 1.1.9c)所示，则作用在该直角棱柱体斜面上的应力有正应力 σ 和剪应力 τ，而作用在该棱柱体水平面上的应力仅有正应力 σ_1，作用在棱柱体竖直面上的应力仅有正应力 σ_3，该棱柱体在上述力的作用下处于平衡状态。若棱柱体的斜面(边)长度为 ds，则该棱柱体水平面的边长为 d$s$cos α，竖直面的边长为 d$s$sin α。

由图 1.1.9b)，根据静力平衡条件 $\sum x=0$ 可得

$$\sigma \mathrm{d}s\times 1\times \sin\alpha-\tau \mathrm{d}s\times 1\times \cos\alpha\times 1=0$$

即

$$\sigma\sin\alpha-\tau\cos\alpha-\sigma_3\sin\alpha=0 \tag{1.1.4}$$

根据静力平衡条件 $\sum y=0$ 可得

$$\sigma_1 \mathrm{d}s\times\cos\alpha\times 1-\sigma \mathrm{d}s\times 1\times\cos\alpha-\tau \mathrm{d}s\times 1\times\sin\alpha=0$$

即

$$\sigma_1\cos\alpha-\sigma\cos\alpha-\tau\sin\alpha=0 \tag{1.1.5}$$

将式(1.1.4)和式(1.1.5)联立求解，可得棱柱体斜面上作用的应力为

$$\left.\begin{aligned}\sigma&=\frac{1}{2}(\sigma_1+\sigma_3)+\frac{1}{2}(\sigma_1-\sigma_3)\cos 2\alpha\\ \tau&=\frac{1}{2}(\sigma_1-\sigma_3)\sin 2\alpha\end{aligned}\right\} \tag{1.1.6}$$

式(1.1.6)表示，在半无限体中任意一点上，若该点的水平面方向上作用正应力 $\boldsymbol{\sigma}_1$，竖直面方向上作用正应力 $\boldsymbol{\sigma}_3$，则在该点上与水平面成 $\boldsymbol{\alpha}$ 角的 m-n 平面方向上作用的正应力 $\boldsymbol{\sigma}$ 和剪应力 τ 与正应力 $\boldsymbol{\sigma}_1$ 和 $\boldsymbol{\sigma}_3$ 的关系。

3. 应力圆[莫尔(More)应力圆]

如果以正应力 $\boldsymbol{\sigma}$ 为横坐标，以剪应力 τ 为纵坐标，绘制直角坐标图，如图 1.1.10 所示。

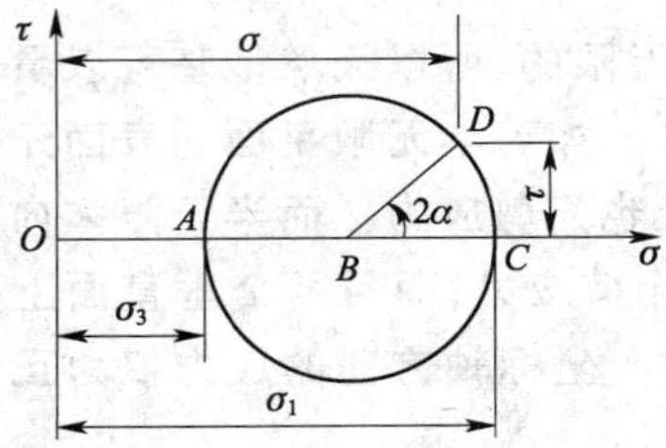

图 1.1.10　应力圆

在横坐标轴上，以坐标为 $\frac{1}{2}(\boldsymbol{\sigma}_1+\boldsymbol{\sigma}_3)$ 的点为圆心(即 B 点)，以 $\gamma=\frac{1}{2}(\boldsymbol{\sigma}_1-\boldsymbol{\sigma}_3)$ 为半径，可绘制成一个圆(图 1.1.10)，该圆与横坐标相交的两个点分别为 A 点和 C 点，A 点的横坐标值为 $\boldsymbol{\sigma}_3$，C 点的横坐标值为 $\boldsymbol{\sigma}_1$。

在这个圆上，若以水平半径 BC 为准，按逆时针方向旋转 2α 角，则可在该圆的圆周上得到一个点 D。由图 1.1.10 中的几何关系可得 D 点的横坐标值为

$$\begin{aligned}\boldsymbol{\sigma}_{\mathrm{D}} &=\overline{OA}+\overline{AB}+\overline{BD}\cos 2\alpha \\ &=\boldsymbol{\sigma}_3+\frac{1}{2}(\boldsymbol{\sigma}_1-\boldsymbol{\sigma}_3)+\frac{1}{2}(\boldsymbol{\sigma}_1-\boldsymbol{\sigma}_3)\cos 2\alpha\end{aligned}$$

将上式整理后可得

$$\boldsymbol{\sigma}_{\mathrm{D}}=\frac{1}{2}(\boldsymbol{\sigma}_1+\boldsymbol{\sigma}_3)+\frac{1}{2}(\boldsymbol{\sigma}_1-\boldsymbol{\sigma}_3)\cos 2\alpha \tag{1.1.7}$$

D 点的纵坐标值为

$$\tau_{\mathrm{D}}=\overline{BD}\sin 2\alpha=\frac{1}{2}(\boldsymbol{\sigma}_1-\boldsymbol{\sigma}_3)\sin 2\alpha \tag{1.1.8}$$

将式(1.1.7)和式(1.1.8)分别与式(1.1.6)中的两个式子相比较，可见

$$\boldsymbol{\sigma}_{\mathrm{D}}=\boldsymbol{\sigma}$$

$$\tau_{\mathrm{D}}=\tau$$

这一结果表示，土中一点处与水平面成 $\boldsymbol{\alpha}$ 角的任意方向平面上的应力 $\boldsymbol{\sigma}$ 和 τ，均相应于图 1.1.10 中圆上与水平坐标轴成 2α 角的一个点处的横坐标值和纵坐标值。也就是说，土中一点处任意方向平面上的应力，均可由图 1.1.10 所示的圆中相应点上求得；或者说图 1.1.10中圆上的任意一点，表示土中一点处相应方向平面上的应力，因此图 1.1.10 所表示的圆，称为应力圆，也称为莫尔(More)圆或莫尔应力圆，因为用应力圆来表示一点处任意方向平面上的应力是由莫尔(More)首先提出的。

三、土中应力的极限平衡条件

土中一点的应力状态通常可以用应力圆与库仑强度线之间的关系(位置)来说明：当应力圆位于库仑强度线的下方时，如图 1.1.11a)所示，说明该点任何方向平面上的剪应力 τ 均小于土的抗剪强度 τ_f(即 $\tau<\tau_f$)，该点的应力处于弹性状态，即该点处于稳定状态；当应力圆与库仑强度线(τ_f-$\boldsymbol{\sigma}$ 关系线)相切时，如图 1.1.11b)中的 D 点，说明该点在与水平面成 $\boldsymbol{\alpha}$ 夹角的平面(图 1.1.11 中的 AD 面)上的剪应力 τ 刚好达到土的抗剪强度 τ_f(即 $\tau=\tau_f$)，该点的应力处于极限平衡状态，该平面达到破坏状态，称为破裂面或滑动面，此时的应力圆称为极限应力圆；当库仑强度线成为应力圆的割线时，如图 1.1.11c)所示，说明该点在与水平面成夹角 $\boldsymbol{\alpha}_1$ 到 $\boldsymbol{\alpha}_2$ 的一系列平面[即图 1.1.11c)中从 AD_1 到 AD_2 平面之间的一系列平面]上，剪

应力 τ 均达到了土的抗剪强度 τ_f，该点已处于破坏状态。当然这只是一种理论上的情况，因为实际上只要该点某一平面上的应力达到极限平衡状态，该点即已处于破坏状态。

根据图 1.1.11b）所表示的极限应力圆与库仑强度线所构成的几何条件，可以建立土中一点处应力的极限平衡条件。

如将图 1.1.11b）中的库仑强度线延伸，并与水平轴相交于 E 点，则三角形 EBD 为一直角三角形，ED 线与 EB 线之间的夹角为 φ（土的内摩擦角），故由三角形 EBD 的几何关系可得：

$$\sin\varphi=\frac{\overline{BD}}{\overline{EB}}$$

由于 $\overline{BD}=\overline{BC}=\frac{1}{2}(\sigma_1-\sigma_3)$，$\overline{EB}=\overline{EO}+\overline{OB}=c\cot\varphi+\frac{1}{2}(\sigma_1+\sigma_3)$，故

$$\sin\varphi=\frac{\frac{1}{2}(\sigma_1-\sigma_3)}{\frac{1}{2}(\sigma_1+\sigma_3)+c\cot\varphi} \qquad (1.1.9)$$

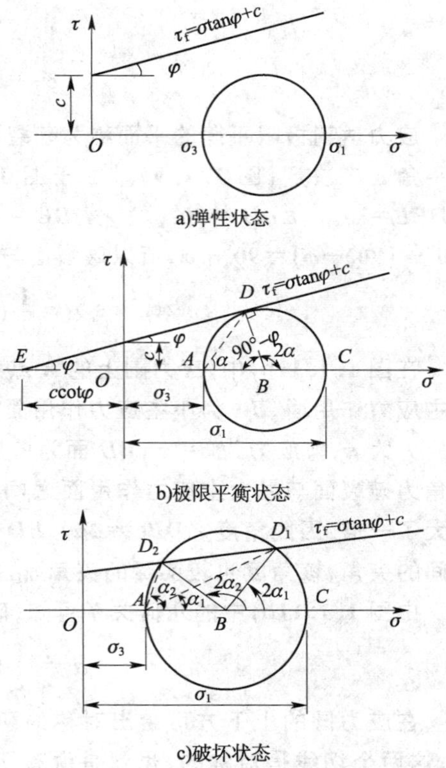

图 1.1.11　土中一点处的应力状态

或

$$\sin\varphi=\frac{\sigma_1-\sigma_3}{(\sigma_1+\sigma_3)+2\cot\varphi} \qquad (1.1.10)$$

式（1.1.10）也可写成

$$(\sigma_1+\sigma_3)\sin\varphi+2c\cot\varphi\sin\varphi=(\sigma_1-\sigma_3) \qquad (1.1.11)$$

式（1.1.11）经整理后可得

$$\sigma_1(1-\sin\varphi)=\sigma_3(1+\sin\varphi)+2c\cos\varphi$$

即

$$\sigma_1=\sigma_3\frac{1+\sin\varphi}{1-\sin\varphi}+2c\frac{\cos\varphi}{1-\sin\varphi} \qquad (1.1.12)$$

式（1.1.12）即为土中一点处应力的极限平衡条件。将式（1.1.12）经三角函数的变化后，可得土中一点处应力的极限平衡条件的简化表达式

$$\sigma_1=\sigma_3\tan^2\left(45°+\frac{\varphi}{2}\right)+2c\tan\left(45°+\frac{\varphi}{2}\right) \qquad (1.1.13)$$

或

$$\sigma_3=\sigma_1\tan^2\left(45°-\frac{\varphi}{2}\right)-2c\tan\left(45°-\frac{\varphi}{2}\right) \qquad (1.1.14)$$

式（1.1.13）和式（1.1.14）所表示的是黏性土中一点处应力的极限平衡条件，对于砂土，由于凝聚力 $c=0$，故砂土中应力的极限平衡条件变为

$$\sigma_1=\sigma_3\tan^2\left(45°+\frac{\varphi}{2}\right) \qquad (1.1.15)$$

或

$$\sigma_3=\sigma_1\tan^2\left(45°-\frac{\varphi}{2}\right) \tag{1.1.16}$$

应力达到极限平衡的平面称为破裂面或滑动面，它的方向由它与最大主应力 σ_1 作用面的平角 α 来决定（图 1.1.9）。由于图 1.1.11b）中的三角形 EBD 为一直角三角形，其中 $\angle DEB=\varphi$，$\angle EDB=90°$，故 $\angle DBE=90°-\varphi$，因此外角 $\angle DBC=2\alpha=180°-\angle DBE=180°-(90°-\varphi)=90°+\varphi$，所以破裂面与最大主应力作用面之间的夹角为

$$\alpha=\frac{1}{2}(90°+\varphi)=45°+\frac{\varphi}{2} \tag{1.1.17}$$

在图 1.1.11b）中，应力圆上的 A 点为小主应力 σ_3 的点，C 点为大主应力 σ_1 的点，BC 为大主应力作用面，BA 为小主应力作用面，D 点为与水平面成 α 角的平面上的应力点，该点的正应力为 σ，剪应力为 $\tau=\tau_f$，BD 面为剪应力达到抗剪强度的平面，故 BD 线与 BC 线之间的夹角为破裂面与最大主应力作用面之间的夹角，但由于在应力圆中该角度较实际的夹角 α 放大了一倍，因此角度 $\angle DBC=2\alpha$。BD 线与 BA 线之间的夹角为破裂面与小主应力作用面之间的夹角，该角度也较实际的夹角 α_1 放大了一倍，故角度 $\angle DBA=2\alpha_1$。

由图 1.1.11b）中的几何关系可知，破裂面与小主应力作用面之间的夹角为

$$\alpha_1=\frac{1}{2}(90°-\varphi)=45°-\frac{\varphi}{2} \tag{1.1.18}$$

在应力圆的上下方可绘出对称的两条库仑强度线，分别与应力圆圆周的上、下一点相切，这两个切线是对称的，也就是说有两个对称的 D 点，因此从 B 点分别对这两个 D 点作连线，可得对称的两个破裂面，这两个破裂面与大主应力 σ_1 的作用面 BC 之间的夹角均等于 2α，而这两个破裂面与小主应力 σ_3 的作用面 BA 之间的夹角均等于 $2\alpha_1$。所以，当土体处于极限平衡状态时，土体中存在两条连续而对称的破裂面（滑动面或滑裂面），它与大主应力作用面的夹角均等于 $\alpha=45°+\varphi/2$，与小主应力作用面的夹角均等于 $\alpha_1=45°-\varphi/2$。

第二节　静止土压力

一、静止土压力

对于修建在岩基或坚硬土基上的刚性挡土墙，或者修建在地下的刚度较大的结构物、墙体或挡土结构，在压力作用下产生的位移或变形很小，可以忽略，而视为不产生位移和变形，此时作用在挡土墙和挡土结构上的土压力，可以按静止土压力计算。

若挡土墙墙面竖直，而且光滑，墙背面填土面水平，当墙体静止不动，墙背面填土处于弹性平衡状态时，填土表面以下 z 深度处一点（图 1.2.1）处的竖直向的土压力 p_z 等于该点处土的自重压力（即土柱的重力），即

$$p_z=\gamma z \tag{1.2.1}$$

式中，p_z 为填土表面以下 z 深度处的竖直土压力强度（kPa）；z 为填土面以下计算点的深度（m）；γ 为填土的重度（kN/m³）。

该点处的静止土压力（侧向土压力）p_0 与竖向土压力 p_z 成正比，即

$$p_0\propto p_z$$

或

$$p_0=K_0p_z=K_0\gamma z \tag{1.2.2}$$

式中，p_0 为填土面以下 z 深度处的静止土压力强度(kPa)；K_0 为比例系数，即侧向土压力与竖向土压力的比值，称为静止土压力系数。

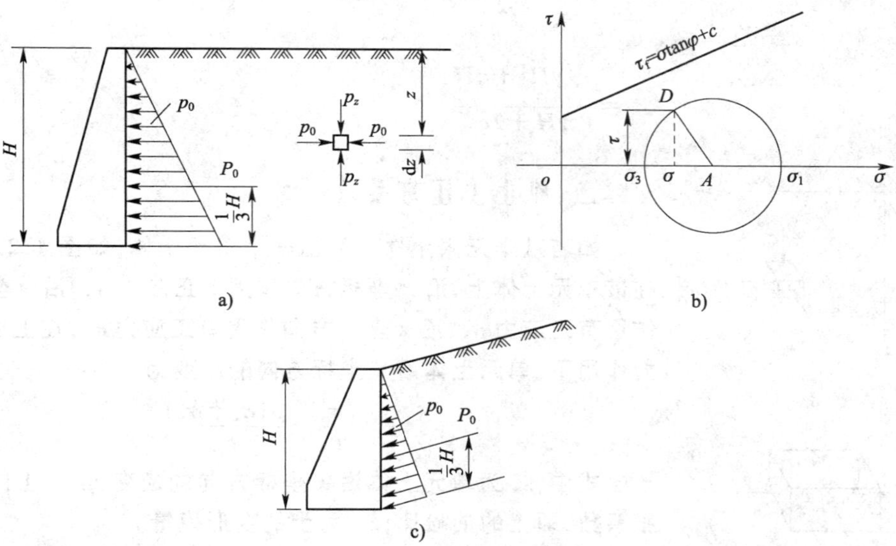

图 1.2.1　墙面竖直、填土面水平时的静止土压力

由于沿挡土墙高度上各点处侧向土压力与竖向土压力成比例关系，而竖向土压力又与计算点的深度 z 成比例关系，故静止土压力沿深度方向的分布是线性分布，即土压力的分布图形为一个三角形，在填土表面处为零，向下逐渐增大。当墙面竖直而光滑时，静止土压力的作用方向与墙面法线方向一致，如图 1.2.1 所示。

此时作用在单位长度挡土墙上的总静止土压力为

$$P_0=\frac{1}{2}K_0\gamma H^2 \tag{1.2.3}$$

式中，H 为填土与挡土墙顶齐平时挡土墙的高度(m)。

由于静止土压力沿墙高的分布图形为三角形，故总静止土压力 P_0 的作用点距墙踵高程处的高度为

$$y_0=\frac{1}{3}H \tag{1.2.4}$$

当填土表面作用均布荷载 q 时，图 1.2.2 填土表面以下 z 深度处的竖直土压力为

$$p_z=\gamma z+q \tag{1.2.5}$$

故此时作用在挡土墙上的侧向静止土压力强度为

$$p_0=K_0(\gamma z+q) \tag{1.2.6}$$

作用在单位墙长上的总静止土压力为

$$P_0=\frac{1}{2}K_0\gamma H^2+K_0qH \tag{1.2.7}$$

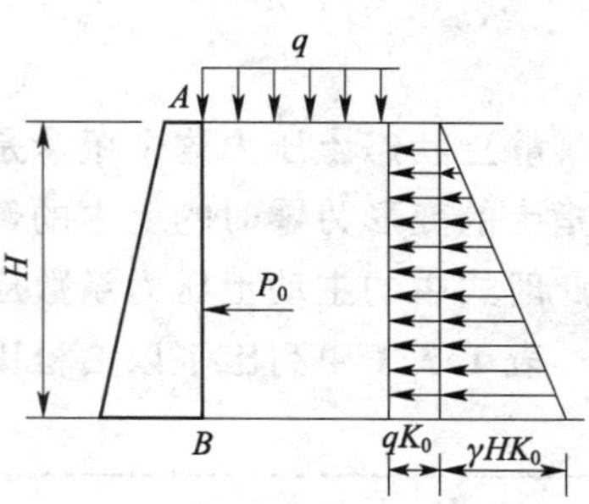

图 1.2.2　填土表面有均布荷载时静止土压力计算图

即此时的总静止土压力 P_0 由两部分组成，第一部分是由填土自重所产生的，它沿墙高的压力分布图形为三角形；第二部分是由填土面上的均布荷载 q 所产生，它沿墙高是均匀分布的，因此当填土表面作用均布荷载 q 时，总静止土压力 P_0 的作用点距墙踵高程的高度按下式计算

$$y_0=\frac{\frac{1}{2}K_0\gamma H^2\cdot\frac{1}{3}H+K_0qH\cdot\frac{1}{2}H}{\frac{1}{2}K_0\gamma H^2+K_0qH}$$

$$=\frac{\frac{1}{3}\gamma H^2+qH}{\gamma H+2q} \tag{1.2.8}$$

二、静止土压力系数

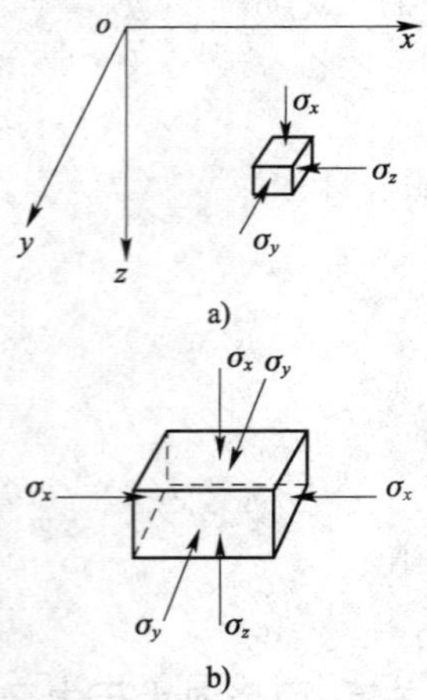

图 1.2.3 半无限土体中的一个单元土体

如若从半无限土体中取出一个单元土体，如图 1.2.3 所示，在该单元土体上，沿 x 坐标方向作用有正应力 $\boldsymbol{\sigma}_x$，沿 y 坐标方向作用有正应力 $\boldsymbol{\sigma}_y$，沿 z 坐标方向作用有正应力 $\boldsymbol{\sigma}_z$，在上述三个应力作用下，单元土体沿 x 坐标方向的应变为

$$\boldsymbol{\varepsilon}_x=\frac{\boldsymbol{\sigma}_x}{E_0}-\frac{\mu(\boldsymbol{\sigma}_z+\boldsymbol{\sigma}_y)}{E_0} \tag{1.2.9}$$

式中，$\boldsymbol{\varepsilon}_x$ 为单元土体沿 x 坐标方向的应变；μ 为土的侧向膨胀系数，即土的泊松比；E_0 为土的变形模量。

当单元土体的变形在侧向受到限制时，则侧向应变 $\boldsymbol{\varepsilon}_x=\boldsymbol{\varepsilon}_y=0$，故此时式(1.2.9)变为

$$\boldsymbol{\sigma}_x-\mu(\boldsymbol{\sigma}_z+\boldsymbol{\sigma}_y)=0$$

由于在半无限土体中 $\boldsymbol{\sigma}_x=\boldsymbol{\sigma}_y$，故上式又变为

$$\boldsymbol{\sigma}_x-\mu(\boldsymbol{\sigma}_z+\boldsymbol{\sigma}_x)=0$$

即

$$(1-\mu)\boldsymbol{\sigma}_x-\mu\boldsymbol{\sigma}_z=0$$

由此可得

$$\frac{\boldsymbol{\sigma}_x}{\boldsymbol{\sigma}_z}=\frac{\mu}{1-\mu}$$

其中，$\frac{\boldsymbol{\sigma}_x}{\boldsymbol{\sigma}_z}$为侧向应力与竖向应力之比，称为土的侧压力系数，也就是土的静止土压力系数，可用 K_0 表示，即

$$K_0=\frac{\boldsymbol{\sigma}_x}{\boldsymbol{\sigma}_z}=\frac{\mu}{1-\mu}$$

静止状态土压力这个概念是董那塔(Donatha)于 1891 年首次引用的，所谓静止土压力，是指土的变形为零时的土中的侧向应力。静止土压力可用主动土压力的计算公式来计算，但此时式中的主动土压力系数应用静止土压力系数来代替。

表 1.2.1 中列出了以泊松比 μ 为函数的静止土压力系数 K_0 值。

静止土压力系数 K_0 值　　表 1.2.1

μ	K_0	μ	K_0	μ	K_0
0.50	1.00	0.40	0.67	0.30	0.43
0.45	0.82	0.35	0.54	0.25	0.33

静止土压力系数常常较土在塑性状态时的侧压力系数值要大，所以在确定土的侧压力

系数时，首先要正确判定土的应力状态，否则就会造成较大的误差。

太沙基(K. Terzaghi)在1920～1925年首先对静止土压力系数进行了研究，其后许多学者也都进行了试验研究，并致力于静止土压力的试验量测。

还有一些学者根据其试验分析的结果，提出了确定静止土压力系数 K_0 值的计算公式，其中较著名的有下列公式。

罗威(P. W. Rowe)根据其研究，认为静止土压力系数可按下式确定

$$K_0=\tan^2\left(45°-\frac{\varphi'}{2}\right) \tag{1.2.10}$$

式中，φ'为土的有效应力内摩擦角。

实际上罗威建议确定的静止土压力的计算公式与主动土压力的计算公式是一致的。

一些学者提出了确定砂和黏土的静止土压力系数的计算公式。

$$K_0=\frac{1-\sin\varphi}{\cos\varphi}$$

式中，φ为土的总应力内摩擦角。

1944年雅克(J. Jaky)通过试验研究，得到侧压力系数的下列经验公式

$$K_0=1-\sin\varphi' \tag{1.2.11}$$

式中，φ'为土的有效应力内摩擦角。

根据某些试验资料表明，对于砂土，按式(1.2.11)计算得的静止土压力系数一般较实际值略为偏小。

作为 K_0 的近似估计值，也有人建议采用主动土压力系数 K_a 和被动土压力系数 K_p 的平均值，即

$$K_0=\frac{1}{2}(K_a+K_p) \tag{1.2.12}$$

其中

$$\left.\begin{aligned}K_a&=\tan^2\left(45°-\frac{\varphi}{2}\right)\\K_p&=\tan^2\left(45°+\frac{\varphi}{2}\right)\end{aligned}\right\} \tag{1.2.13}$$

式中，φ为土的内摩擦角。

国外许多学者都曾对静止土压力系数 K_0 进行过试验研究，但由于试验条件的不同，所得结果也各不相同，例如：

(1)太沙基(K. Terzaghi)的试验结果

密砂：$K_0=0.4\sim0.5$；

松砂：$K_0=0.45\sim0.5$；

黏性土：$K_0=0.60\sim0.75$。

(2)契波塔廖夫(Tschebotarioff)的试验结果

泥炭土：$K_0=0.24\sim0.37$(有机质含量高时 K_0 值小)。

(3)戴维威尔许(Daivid Welch)的试验结果

泥炭土：$K_0=0.4\sim0.65$。

第三节　按朗肯理论计算土压力

一、朗肯土压理论

朗肯土压理论是 1857 年英国人朗肯(W. J. M. Rankine)提出的,这一理论建立在土的极限平衡理论基础上,它的基本假定是:

①挡土墙墙面是竖直、光滑的;

②挡土墙后填土表面水平;

③墙体在压力作用下将产生足够的位移和变形,使填土处于极限平衡状态。

挡土墙墙背面填土中任意一点处的应力如图 1.3.1a)所示,作用在水平面上的竖直应力为 $\boldsymbol{\sigma}_z$,其值等于该点以上土柱的重量,即 $\boldsymbol{\sigma}_z=\gamma z$(其中 γ 为填土的重度,z 为该点距填土表面的深度);作用在竖直面上的水平正应力为 $\boldsymbol{\sigma}_x$。由于在该点的水平面上和竖直面上仅作用正应力 $\boldsymbol{\sigma}_z$ 和 $\boldsymbol{\sigma}_x$,均无剪应力作用,故该两平面为主平面,$\boldsymbol{\sigma}_z$ 和 $\boldsymbol{\sigma}_x$ 分别为作用在这两个平面上的主应力。

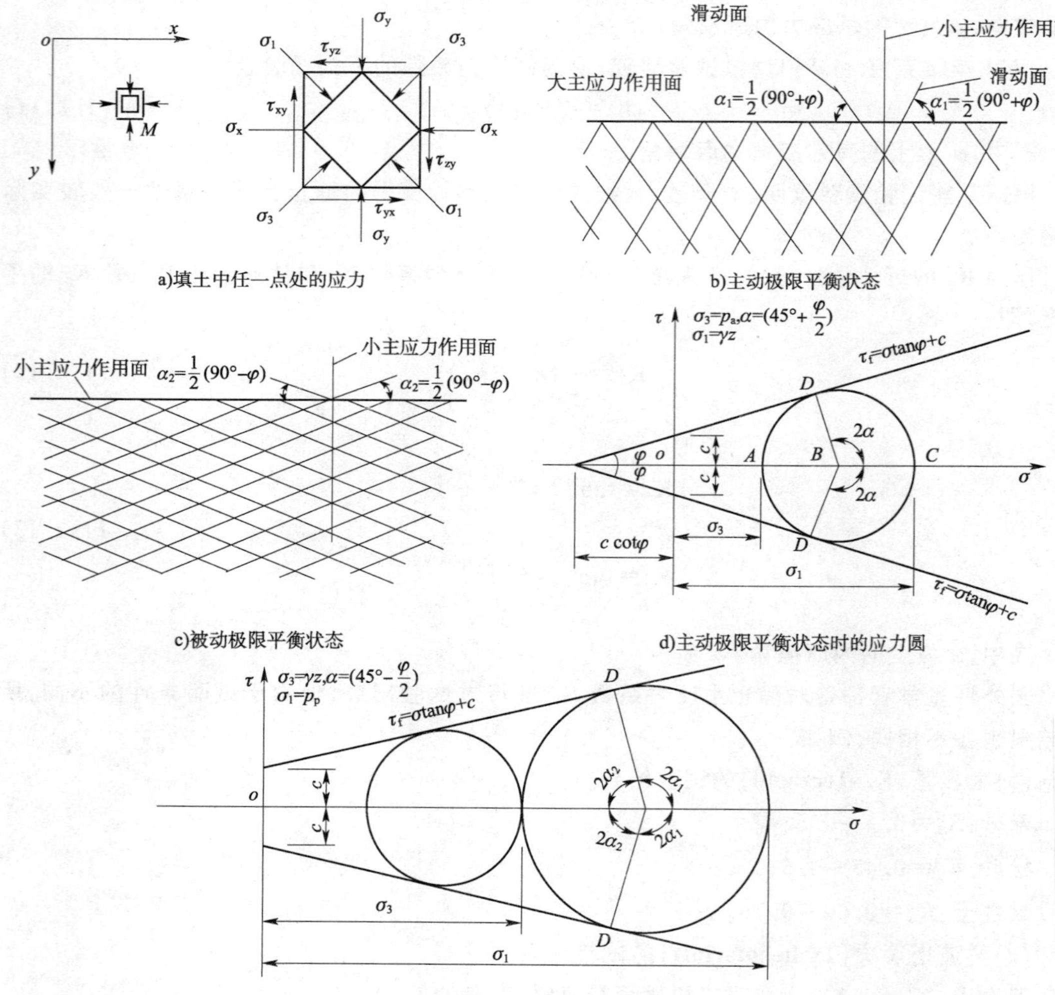

a)填土中任一点处的应力　b)主动极限平衡状态

c)被动极限平衡状态　d)主动极限平衡状态时的应力圆

e)被动极限平衡状态时的应力圆

图 1.3.1　朗肯土压理论计算图

当挡土墙墙体在外力和填土压力作用下产生背离（远离）填土方向的位移或变形，使填土处于主动极限平衡状态时，填土中任意一点处作用在水平面上的正应力 $\sigma_z=\gamma z=\sigma_1$ 为大主应力，作用在竖直面上的正应力 $\sigma_x=\sigma_3$ 为小主应力，因此可得如图 1.3.1d）所示的应力圆，此时作用在挡土墙上的土压力为水平向作用的小主应力 σ_3，即为主动土压力。当填土处于主动极限平衡状态时，土中任意一点处存在两个滑动面，这两个滑动面与大主应力 σ_1 的作用面之间的夹角 α_1 均等于 $45°+\varphi/2$，与小主应为 σ_3 的作用面之间的夹角 α_2 均等于 $45°-\varphi/2$，如图 1.3.1d）所示。因此，当墙背面填土处于主动极限平衡状态时，填土中形成两组连续而又对称的滑动面，如图 1.3.1b）所示，滑动面与水平面（大主应力作用面）之间的夹角 $45°+\frac{\varphi}{2}$，滑动面与竖直面之间的夹角为 $45°-\varphi/2$。

当挡土墙墙体在外力和填土压力作用下产生面向填土方向的位移或变形，使墙背面填土处于被动极限平衡状态时，填土中任意一点处作用在水平面上的正应力 $\sigma_z=\gamma z=\sigma_3$ 为小主应力，作用在竖直面上的正应力 $\sigma_x=\sigma_1$ 为大主应力，因此可以得到如图 1.3.1e）所示的应力圆，此时作用在挡土墙上的土压力为水平向作用的大主应力 σ_1，即为被动土压力。填土中任意一点处同样存在两个滑动面，这两个滑动面与大主应力 σ_1 作用面之间的夹角 $\alpha_1=45°+\varphi/2$，与小主应力 σ_3 作用面之间的夹角 $\alpha_2=45°-\varphi/2$，如图 1.3.1e）所示。因此，当挡土墙墙后填土处于被动极限平衡状态时，填土中形成两组连接而又对称的滑动面，如图 1.3.1c）所示。滑动面与水平面（小主应力 σ_3 的作用面）之间的夹角等于 $45°-\varphi/2$，与竖直平面（大主应力 σ_1 的作用面）之间的夹角等于 $45°+\varphi/2$。

二、无黏性土的主动土压力

1. 填土表面无荷载作用

如前所述，当挡土墙墙后填土处于主动极限平衡状态时，填土对挡土墙的土压力为主动土压力，用 P_a 表示。由本章第一节式（1.1.16）可知，此时土中应力的极限平衡条件为

$$\sigma_3=\sigma_1\tan^2\left(45°-\frac{\varphi}{2}\right)$$

式中，σ_3 为小主应力；σ_1 为大主应力；φ 为土的内摩擦角。

在主动极限平衡状态下，大主应力是作用在水平面上的正应力，故

$$\sigma_1=\gamma z \tag{1.3.1}$$

式中，γ 为填土的重度；z 为计算点在填土面以下的深度。

在主动极限平衡状态下，小主应力 σ_3 是作用在竖直面上的水平正应力，这也就是填土作用在挡土墙上的主动土压力，可用 p_a 表示。

将式（1.3.1）代入式（1.1.16），则得主动土压力为

$$p_a=\gamma z\tan^2\left(45°-\frac{\varphi}{2}\right) \tag{1.3.2}$$

式中，p_a 为作用在挡土墙上填土表面以下深度为 z 的一点处的主动土压力，即该点处的主动土压力强度（kPa）。

式（1.3.2）也可以简写为

$$p_a=\gamma zK_a \tag{1.3.3}$$

式中，K_a 为主动土压力系数，即

$$K_a=\tan^2\left(45°-\frac{\varphi}{2}\right) \tag{1.3.4}$$

由式(1.3.2)或式(1.3.3)可见,主动土压力自填土面以下随深度 z 成线性变化,即土压力自填土面以下沿挡土墙墙面呈三角形分布,如图 1.3.2 所示。作用在墙面高度 $\mathrm{d}z$ 上的主动土压力为

$$\mathrm{d}p_a = \gamma z K_a \mathrm{d}z \tag{1.3.5}$$

因此,作用在挡土墙每米长度上的总主动土压力为

$$P_a = \frac{1}{2}\gamma H^2 K_a$$

或

$$P_a = \frac{1}{2}\gamma H^2 \tan^2\left(45° - \frac{\varphi}{2}\right) \tag{1.3.6}$$

式中,P_a 为作用在挡土墙每米长度上的主动土压力(kN/m);H 为当填土表面与墙顶齐平时挡土墙的高度(m)。

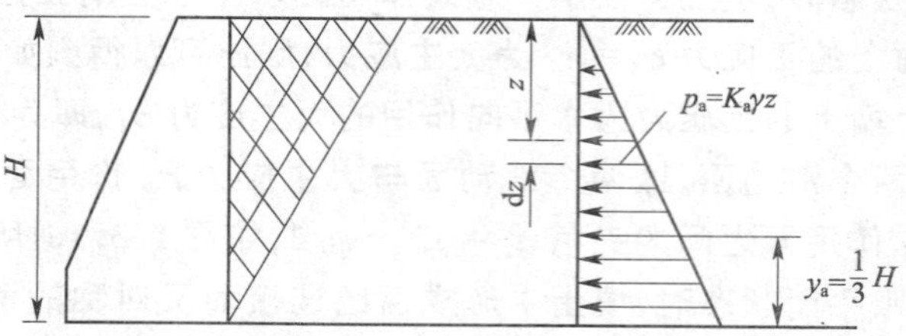

图 1.3.2　填土表面无荷载时主动土压力计算图

由于主动土压力沿墙高的分布是三角形分布,故总土压力 P_a 的作用点距墙踵高程处的高度 y_a 等于墙高的三分之一,即

$$y_a = \frac{1}{3}H \tag{1.3.7}$$

【例 1.3.1】　某挡土墙墙高 6 m,墙面竖直(墙面与竖直线之间的夹角 $\alpha=0$)、光滑(墙面与填土的摩擦角 $\delta=0$),墙后填土为无黏性土($c=0$),内摩擦角 $\varphi=30°$,填土重度 $\gamma=16.8$ kN/m³,填土表面水平(填土表面与水平面之间的夹角 $\beta=0$),计算填土面以下 $z=2$ m 深度处和墙底高程处的土压力强度,以及作用在挡土墙上的总主动土压力。

【解】

①根据 $\varphi=30°$,按式(1.3.4)计算主动土压力系数。

$$K_a = \tan^2\left(45° - \frac{\varphi}{2}\right) = \tan^2\left(45° - \frac{30°}{2}\right) = \tan^2 30° = 0.333\ 3$$

②根据 $\gamma=16.8$ kN/m³,$z=2$ m,$K_a=0.333\ 3$,按式(1.3.3)计算填土表面以下 $z=2.0$ m处挡土墙上的主动土压力强度。

$$p_{az} = \gamma z K_a = 16.8 \times 2 \times 0.333\ 3 = 11.198\ 9(\text{kPa})$$

③根据 $\gamma=16.8$ kN/m³、$H=6$ m、$K_a=0.333\ 3$,按式(1.3.3)计算挡土墙墙底高程处的主动土压力强度 p_{aH},此时式中的 z 用 H 代入,即

$$p_{aH} = \gamma H K_a = 16.8 \times 6.0 \times 0.333\ 3 = 33.60(\text{kPa})$$

④根据 $\gamma=16.8$ kN/m³、$H=6$ m、$K_a=0.333\ 3$,按式(1.3.5)计算作用在挡土墙上的总主动土压力。

$$P_a = \frac{1}{2}\gamma H^2 K_a = \frac{1}{2} \times 16.8 \times 6^2 \times 0.333\ 3 = 100.789\ 9(\text{kN/m})$$

⑤主动土压力沿墙高的分布是一个三角形,所以总主动土压力 P_a 在挡土墙上的作用点

距离墙踵高程处的高度等于墙高的三分之一，即

$$y_a=\frac{1}{3}H=\frac{1}{3}\times 6=2(\mathrm{m})$$

2. 填土表面以下深度 H_1 处有地下水

当挡土墙墙面光滑、竖直，填土表面水平，填土表面以下深度 H_1 处有地下水，如图 1.3.3所示。填土表面以下 H_1 深度范围内填土重度为自然重度 γ，内摩擦角为 φ；地下水位以下 H_2 深度范围内填土容重为浮重度（浸水重度）γ'，内摩擦角仍为 φ。

此时，在填土表面以下，地下水位以上任意深度 z 处的主动土压力强度仍按式(1.3.3)或式(1.3.2)计算，即

$$p_{az}=\gamma z K_a$$

或

$$p_{az}=\gamma z\tan^2\left(45°-\frac{\varphi}{2}\right)$$

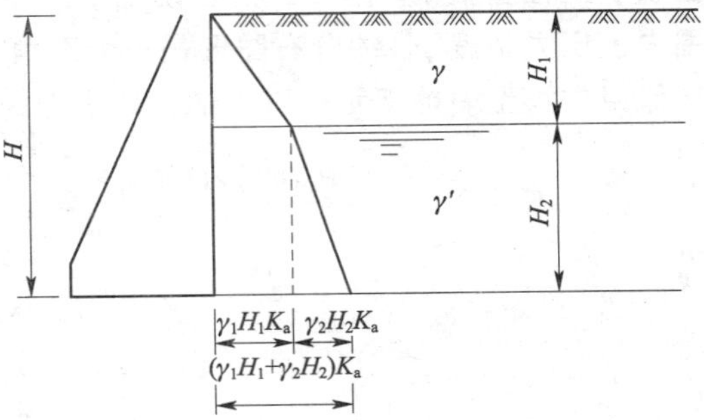

图 1.3.3　填土表面以下深度 H_1 处有地下水时主动土压力的计算图

在地下水面高程处填土的主动土压力强度 p_{aH_1} 可根据式(1.3.3)求得，即

$$p_{aH_1}=\gamma H_1 K_a \tag{1.3.8}$$

式中，H_1 为填土表面以下至地下水面的深度。

作用在地下水面以上这一部分墙面上的总主动土压力 P_{aH_1}，可根据式(1.3.5)求得，此时将式中的 H 用 H_1 代入即可，即

$$P_{aH_1}=\frac{1}{2}\gamma H_1^2 K_a \tag{1.3.9}$$

此土压力沿地下水位以上部分墙面的分布图形仍为一个三角形，填土表面处为零，地下水面高程处为 p_{aH_1}。

在地下水位以下深度为 z' 的任意点处的主动土压力强度 $p_{az'}$，仍可根据极限平衡条件[式(1.1.16)]求得，即

$$\sigma_3=\sigma_1\tan^2\left(45°-\frac{\varphi}{2}\right)$$

此时大主应力 σ_1 仍为作用在水平面上的正应力，即 $\sigma_1=\sigma_z$。

在地下水位以下深度为 z' 处，作用在水平面上的正应力为

$$\sigma_z=\gamma H_1+\gamma' z' \tag{1.3.10}$$

即 σ_z 由两部分组成，第一部分 γH_1 为地下水面以上部分土柱的重量，第二部分 $\gamma' z'$ 为地下水面以下部分土柱的重量。

此时小主应力 σ_3 即为作用在挡土墙上的主动土压力强度 $p_{az'}$，故将 $\sigma_3=p_{az'}$ 和式(1.3.10)代入式(1.1.16)，则得

$$p_{az'}=(\gamma H_1+\gamma' z')K_a \tag{1.3.11}$$

上式也可写成

$$p_{az'}=\gamma H_1 K_a+\gamma' z' K_a=p_{aH_1z'}+p'_{az'} \tag{1.3.12}$$

其中

$$p_{aH_1z'}=\gamma H_1 K_a \tag{1.3.13}$$

$$p'_{az'}=\gamma' z' K_a \tag{1.3.14}$$

当 $z'=H_2$ 时，得作用在墙踵高程处的主动土压力强度，即

$$p_{aH}=(\gamma H_1+\gamma' H_2)K_a=\gamma H_1 K_a+\gamma' H_2 K_a=p_{aH_1}+p_{aH_2} \tag{1.3.15}$$

其中

$$p_{aH_1}=\gamma H_1 K_a \tag{1.3.16}$$

$$p_{aH_2}=\gamma' H_2 K_a \tag{1.3.17}$$

由式(1.3.12)和式(1.3.15)可见，地下水位以上土柱重量 γH_1 在地下水位以下土层范围内所产生的主动土压力强度 $p_{aH_1z'}$，在该土层内各点处是相等的，都等于 $\gamma H_1 K_a$，所以地下水位以上土柱重量在地下水位以下土层范围内产生的主动土压力强度是均匀分布的。地下水位以下土柱重量 $\gamma' z'$ 所产生的主动土压力强度 $p'_{az'}$ 沿土层 H_2 的分布是线性分布，即在 H_2 范围内土压力强度 $p'_{az'}$ 的分布图形是一个三角形。

作用在挡土墙地下水位以下部分墙面上的总土压力 P_{aH}，即

$$P_{aH}=(\gamma H_1 H_2+\frac{1}{2}\gamma' H_2^2)K_a=P_{aH_1H_2}+P_{aH_2} \tag{1.3.18}$$

其中

$$P_{aH_1H_2}=\gamma H_1 H_2 K_a \tag{1.3.19}$$

$$P_{aH_2}=\frac{1}{2}\gamma' H_2^2 K_a \tag{1.3.20}$$

式中，$P_{aH_1H_2}$ 是地下水位以上土层自重在地下水位以下 H_2 深度范围内产生的总主动土压力；P_{aH_2} 是地下水位以下土层自重在 H_2 深度范围内产生的总主动土压力。前者的压力分布图形为矩形，后者的压力分布图形为三角形，如图 1.3.3 所示。压力作用方向与挡土墙墙面的法线一致。

所以作用在挡土墙每米墙长上的总土压力 P_a，等于作用在挡土墙地下水位以上部分的总压力 P_{aH_1} 和作用在地下水位以下部分的总压力 P_{aH} 之和，由式(1.3.9)和式(1.3.18)得

$$\begin{aligned}P_a&=P_{aH_1}+P_{aH}\\&=P_{aH_1}+P_{aH_1H_2}+P_{aH_2}\\&=\frac{1}{2}\gamma H_1^2 K_a+\gamma H_1 H_2 K_a+\frac{1}{2}\gamma' H_2^2 K_a\end{aligned} \tag{1.3.21}$$

或

$$P_a=\left(\frac{1}{2}\gamma H_1^2+\gamma H_1 H_2+\frac{1}{2}\gamma' H_2^2\right)K_a \tag{1.3.22}$$

由式(1.3.21)可见，当填土面以下有地下水时，作用在挡土墙上的主动土压力可分为三部分：地下水面以上为一个三角形，其面积为 $\frac{1}{2}\gamma H_1^2 K_a$；地下水位以下则由一个矩形（面积等于 $\gamma H_1 H_2 K_a$）和一个三角形（面积等于 $\frac{1}{2}\gamma' H_2^2 K_a$）所组成，如图 1.3.3 所示。

总主动土压力 P_a 在挡土墙上的作用点距离墙踵高程处的竖直距离（高度）y_a，可根据力矩平衡的原理求得，即作用在挡土墙上的三部分土压力 P_{aH_1}、$P_{aH_1H_2}$ 和 P_{aH_2} 对墙踵点的力矩之和，应等于作用在墙上的总土压力 P_a 对墙踵点的力矩，即

$$M_1+M_2+M_3=M \tag{1.3.23}$$

式中，M 为由总主动土压力 P_a 对墙踵点的力矩；M_1 为由主动土压力 P_{aH_1} 对墙踵点的力矩；M_2 为由主动土压力 $P_{aH_1H_2}$ 对墙踵点的力矩；M_3 为由主动土压力 P_{aH_2} 对墙踵点的力矩。

【例 1.3.2】 如例 1.3.1 所述的挡土墙，墙背面填土表面以下 2 m 处为地下水位，地下水位以上填土的重度 $\gamma=16.8\ \mathrm{kN/m^3}$，内摩擦角 $\varphi=30°$，地下水位以下填土的浮重度 $\gamma'=10.8\ \mathrm{kN/m^3}$，内摩擦角与地下水位以上填土的内摩擦角相同，即仍为 $\varphi=30°$，计算填土对挡土墙的主动土压力。

【解】

①根据式(1.3.4)计算主动土压力系数。

$$K_a=\tan^2\left(45°-\frac{\varphi}{2}\right)=\tan^2\left(45°-\frac{30°}{2}\right)=\tan^2 30°=0.333\ 3$$

②根据式(1.3.8)计算地下水面高程处的主动土压力强度。

$$p_{aH_1}=\gamma H_1 K_a=16.8\times2\times0.333\ 3=11.198\ 9(\mathrm{kPa})$$

③根据式(1.3.16)计算地下水面以上土层自重在挡土墙墙踵高程处产生的主动土压力强度。

$$p_{aH_1H_2}=\gamma H_1 K_a=16.8\times2\times0.333\ 3=11.198\ 9(\mathrm{kPa})$$

④根据式(1.3.17)计算地下水面以下土层自重在挡土墙墙踵高程处产生的主动土压力强度。

$$p_{aH_2}=\gamma' H_2 K_a=10.8\times(6-2)\times0.333\ 3=14.400\ 0(\mathrm{kPa})$$

⑤根据式(1.3.22)计算作用在挡土墙上的总主动土压力。

$$\begin{aligned}P_a&=\left(\frac{1}{2}\gamma H_1^2+\gamma H_1H_2+\frac{1}{2}\gamma' H_2^2\right)K_a\\&=\left[\frac{1}{2}\times16.8\times2^2+16.8\times2\times(6-2)+\frac{1}{2}\times10.8\times(6-2)^2\right]\times0.333\ 3\\&=82.658\ 4(\mathrm{kN/m})\end{aligned}$$

⑥计算总主动土压力 P_a 作用点距墙踵高程的高度。

$$\begin{aligned}y_a&=\frac{\gamma H_1^2\left(\frac{1}{3}H_1+H_2\right)+\gamma H_1H_2^2+\frac{1}{3}\gamma' H_2^3}{\gamma H_1^2+2\gamma H_1H_2+\gamma' H_2^2}\\&=\frac{16.8\times2^2\times\left[\frac{1}{3}\times2+(6-4)\right]+16.8\times2\times(6-2)^2+\frac{1}{3}\times10.8\times(6-2)^3}{16.8\times2^2+2\times16.8\times2\times(6-2)+10.8\times(6-2)^2}\\&=2.180\ 6(\mathrm{m})\end{aligned}$$

主动土压力沿墙高的分布图形如图 1.3.4 所示。

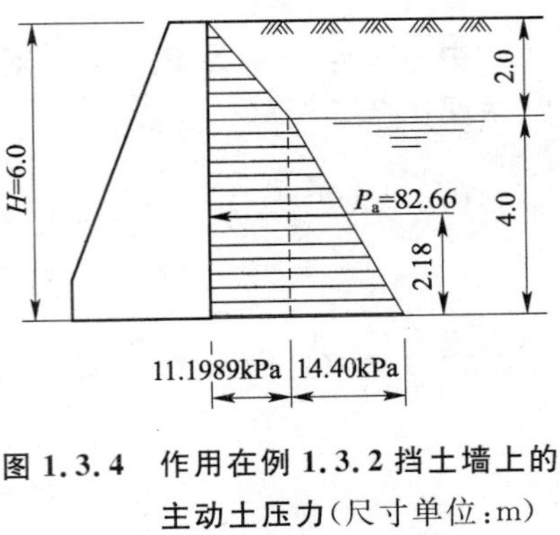

图 1.3.4 作用在例 1.3.2 挡土墙上的主动土压力(尺寸单位:m)

3. 填土表面作用均布荷载

当挡土墙墙背填土表面作用均布荷载 q 时，墙背填土表面以下深度为 z 的任意一点处，作用在墙面上的主动土压力强度 p_{az} 仍可按极限平衡条件来计算，此时 $\sigma_3=p_{az}$，$\sigma_1=q+\gamma z$，由式(1.1.16)可得

$$p_{az}=(q+\gamma z)K_a \qquad (1.3.24)$$

式中，p_{az}为填土表面以下深度为 z 处作用在挡土墙墙面上的主动土压力强度(kPa)；q 为作用在填土表面的均布荷载(kPa)；γ 为填土的重度($\mathrm{kN/m^3}$)；z 为计算点在填土表面以下的深度(m)；K_a 为主动土压力系数，按式(1.3.4)计算。

由式(1.3.24)可见，土压力强度由两部分组成，一部分是由均布荷载 q 所产生，等于 qK_a，它与计算点的深度 z 无关，因此这一部分土压力强度沿墙面的分布是矩形，如图 1.3.5

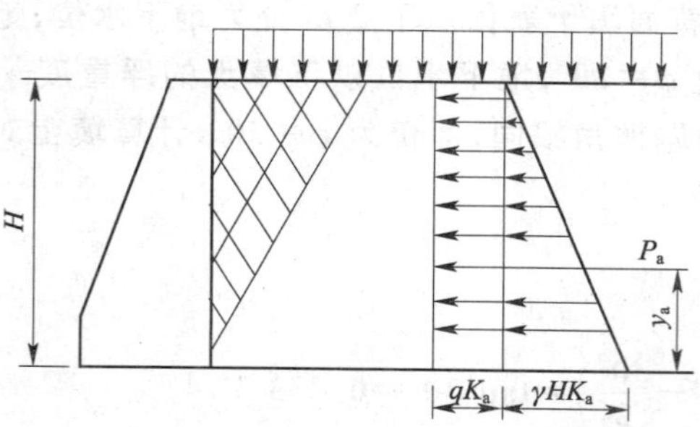

图 1.3.5　填土表面作用均布荷载时主动土压力的计算图

所示，从填土表面到墙底面高程处大小都是一样的；另一部分是由填土自重产生的，等于 $\gamma z K_a$，它与计算点的深度 z 成一次方的关系，因此它沿墙面的分布是线性分布，压力分布图形是一个三角形，如图 1.3.5所示。

作用在墙踵高程处的主动土压力强度 p_{aH} 可根据式(1.3.24)计算，令式中的 $z=H$ 即可，故

$$p_{aH}=qK_a+\gamma HK_a \tag{1.3.25}$$

式中，p_{aH} 为填土表面以下深度 H 处的土压力强度；H 为挡土墙的高度。

作用在每米长度挡土墙上的总主动土压力 P_a，即

$$P_a=(qH+\frac{1}{2}\gamma H^2)K_a \tag{1.3.26}$$

由式(1.3.26)可见，作用在挡土墙上的总主动土压力 P_a 由两部分组成，一部分是由均布荷载 q 所产生的主动土压力 P_{aq}，它沿挡土墙高度是均匀分布的，分布图形是一个矩形(图 1.3.5)，其面积等于 qHK_a，即

$$P_{aq}=qHK_a \tag{1.3.27}$$

另一部分是由填土自重所产生的主动土压力 P_{aH}，它沿挡土墙高度成线性分布，分布图形是一个三角形，其面积等于 $\frac{1}{2}\gamma H^2K_a$，即

$$P_{aH}=\frac{1}{2}\gamma H^2K_a \tag{1.3.28}$$

总主动土压力 P_a 的作用点距挡土墙墙踵高程点的高度 y_a，可根据以墙踵点为力矩中心点的力矩平衡方程求得，即主动土压力的各分力对墙踵点的力矩 $\sum M_i$，等于总主动土压力对墙踵点的力矩 M，即

$$P_a y_a=P_{aq}y_1+P_{aH}y_2$$

由此可得

$$y_a=\frac{P_{aq}y_1+P_{aH}y_2}{P_a} \tag{1.3.29}$$

式中，y_1、y_2 分别为 P_{aq} 和 P_{aH} 对墙踵点的力臂。

由图 1.3.5 可知

$$\left.\begin{aligned}y_1&=\frac{1}{2}H\\ y_2&=\frac{1}{3}H\end{aligned}\right\} \tag{1.3.30}$$

将式(1.3.30)代入式(1.3.29)可得

$$y_a=\frac{P_{aq}\cdot\frac{1}{2}H+P_{aH}\cdot\frac{1}{3}H}{P_a} \tag{1.3.31}$$

如将式(1.3.27)、式(1.3.28)和式(1.3.26)代入式(1.3.31)，则得

$$y_a=\frac{qHK_a\cdot\frac{1}{2}H+\frac{1}{2}\gamma H^2K_a\cdot\frac{1}{3}H}{\left(qH+\frac{1}{2}\gamma H^2\right)K_a}=\frac{qH+\frac{1}{3}\gamma H^2}{2q+\gamma H} \tag{1.3.32}$$

【例 1.3.3】 如例 1.3.1 的挡土墙，墙背面填土表面作用均布荷载 $q=15\ \text{kPa}$，填土的重度 $\gamma=16.5\ \text{kN/m}^3$，计算主动土压力。

【解】

①根据 $\varphi=30°$按式(1.3.4)计算主动土压力系数。

$$K_a=\tan^2\left(45°-\frac{\varphi}{2}\right)=\tan^2\left(45°-\frac{30°}{2}\right)=\tan^2 30°=0.333\ 3$$

②根据式(1.3.24)计算填土表面以下 $z=2\ \text{m}$ 处的主动土压力强度。

$$p_{az}=(q+\gamma z)K_a=(15+16.5\times2)\times0.333\ 3=15.998\ 4(\text{kPa})$$

③根据式(1.3.25)计算填土表面以下 H 深度处(墙底高程处)的主动土压力强度。

$$p_{aH}=(q+\gamma H)K_a=(15+16.5\times6)\times0.333\ 3=38.000\ 0(\text{kPa})$$

④根据式(1.3.26)计算作用在挡土墙上的总主动土压力。

$$P_a=\left(qH+\frac{1}{2}\gamma H^2\right)K_a=\left(15\times6+\frac{1}{2}\times16.5\times6^2\right)\times0.333\ 3=128.987\ 1(\text{kN/m})$$

⑤根据式(1.3.32)计算总主动土压力 p_a 的作用点距墙踵点高程的高度。

$$y_a=\frac{qH+\frac{1}{3}\gamma H^2}{2q+\gamma H}=\frac{15\times6+\frac{1}{3}\times16.5\times6^2}{2\times15+16.5\times6}=2.232\ 6(\text{m})$$

4. 双层土的主动土压力

若挡土墙墙背面填土为两层，如图 1.3.6 所示，上层填土的厚度为 H_1，其重度为 γ_1，内摩擦角为 φ_1；下层填土的厚度为 H_2，其重度为 γ_2，内摩擦角为 φ_2。

此时作用在上层填土表面以下深度为 z 处的主动土压力强度为

$$p_{az}=\gamma_1 zK_{a_1} \tag{1.3.33}$$

其中

$$K_{a_1}=\tan^2\left(45°-\frac{\varphi_1}{2}\right) \tag{1.3.34}$$

作用在上层填土底面高程处的主动土压力强度 p_{aH_1}，可根据式(1.3.33)求得，仅令其中的 $z=H_1$ 即得

$$p_{aH_1}=\gamma_1 H_1 K_{a_1} \tag{1.3.35}$$

上层填土作用在挡土墙墙面上的主动土压力为

$$P_{aH_1}=\frac{1}{2}\gamma_1 H_1^2 K_{a_1} \tag{1.3.36}$$

在下层填土表面处，主动土压力强度仍可按式(1.3.35)计算，但其中的主动土压力系数 K_a 应采用下层填土的主动土压力系数 K_{a_2}，即

$$K_{a_2}=\tan^2\left(45°-\frac{\varphi_2}{2}\right) \tag{1.3.37}$$

因此，作用在下层填土表面高程处的主动土压力强度为

$$p'_{aH_1}=\gamma_1 H_1 K_{a_2} \tag{1.3.38}$$

下层填土表面以下深度 z' 处的主动土压力强度为

$$p_{az'}=(\gamma_1 H_1+\gamma_2 z')K_{a_2} \tag{1.3.39}$$

下层填土底面高程处的主动土压力强度为

$$p_{aH}=(\gamma_1 H_1+\gamma_2 H_2)K_{a_2} \tag{1.3.40}$$

下层填土作用在挡土墙上的主动土压力为

$$P_{aH}=\left(\gamma_1 H_1 H_2+\frac{1}{2}\gamma_2 H_2^2\right)K_{a_2} \tag{1.3.41}$$

因此，作用在挡土墙上的总土压力 P_a 等于上层填土产生的主动土压力 P_{aH_1} 和下层填土产生的主动土压力 P_{aH}之和，即

$$P_a=P_{aH_1}+P_{aH}=\frac{1}{2}\gamma_1 H_1^2 K_{a_1}+\left(\gamma_1 H_1 H_2+\frac{1}{2}\gamma_2 H_2^2\right)K_{a_2} \tag{1.3.42}$$

总主动土压力 P_a 的作用点距离墙踵高程处的高度 y_a 可根据力矩平衡原理求得，即

$$y_a=\frac{P_{aH_1}y_1+P_{aH_1H_2}y_2+P_{aH_2}y_3}{P_a} \tag{1.3.43}$$

式中，y_1、y_2、y_3 分别为 P_{aH_1}、$P_{aH_1H_2}$ 和 P_{aH_2} 对墙踵点的力臂。

作用在挡土墙上的主动土压力的分布图形如图 1.3.6 所示，在上层填土范围内土压力分布图形为三角形，在下层填土范围内土压力分布图由两部分组成，即由上层填土自重产生的矩形和由下层填土自重产生的三角形。这一压力分布图形又可分为下列四种情况：

①当 $\gamma_1>\gamma_2$、$\varphi_1=\varphi_2$ 时，作用在挡土墙上的主动土压力分布图形如图 1.3.6b)所示。

②当 $\gamma_1<\gamma_2$、$\varphi_1=\varphi_2$ 时，作用在挡土墙上的主动土压力分布图形如图 1.3.6c)所示。

③当 $\gamma_1=\gamma_2$、$\varphi_1>\varphi_2$ 时，作用在挡土墙上的主动土压力分布图形如图 1.3.6d)所示。

④当 $\gamma_1=\gamma_2$、$\varphi_1<\varphi_2$ 时，作用在挡土墙上的主动土压力分布图形如图 1.3.6e)所示。

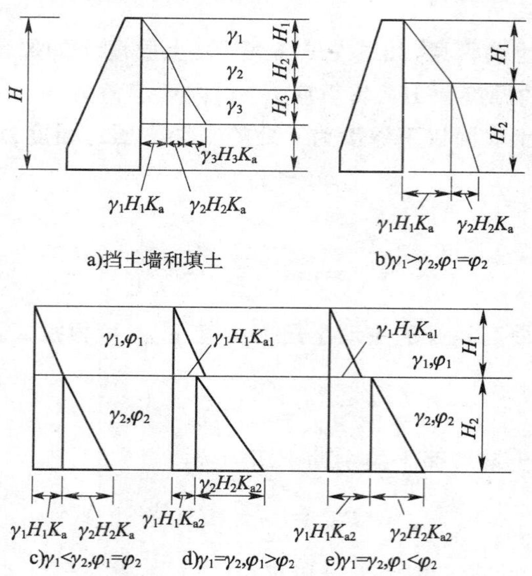

图 1.3.6 双层填土情况下的主动土压力分布图

【例 1.3.4】 某挡土墙墙高 $H=10$ m，墙面竖直、光滑，墙背面填土为双层无黏性土($c=0$)，上层填土的厚度 $H_1=4$ m，填土的重度 $\gamma_1=16.5$ kN/m³，内摩擦角 $\varphi_1=30°$；下层填土的厚度 $H_2=6$ m，填土的重度 $\gamma_2=17.5$ kN/m³，内摩擦角 $\varphi_2=36°$，计算作用在挡土墙上的主动土压力。

【解】

①计算填土的主动土压力系数。

a. 上层填土的主动土压力系数

$$K_{a_1}=\tan^2\left(45°-\frac{\varphi_1}{2}\right)=\tan^2\left(45°-\frac{30°}{2}\right)=\tan^2 30°=0.3333$$

b. 下层填土的主动土压力系数

$$K_{a_2}=\tan^2\left(45^\circ-\frac{\varphi_2}{2}\right)=\tan^2\left(45^\circ-\frac{36^\circ}{2}\right)=\tan^2 27^\circ=0.259\ 6$$

②计算上层填土与下层填土分界面高程处的主动土压力强度。

a. 在上层填土底面高程处

$$p_{aH_1}=\gamma_1 H_1 K_{a_1}=16.5\times4\times0.333\ 3=21.997\ 8(\text{kPa})$$

b. 在下层填土顶面高程处

$$p'_{aH_1}=\gamma_1 H_1 K_{a_2}=16.5\times4\times0.259\ 6=17.133\ 6(\text{kPa})$$

③计算下层填土自重在下层填土底面高程处产生的主动土压力强度。

$$p_{aH_2}=\gamma_2 H_2 K_{a_2}=17.5\times6\times0.259\ 6=27.258\ 0(\text{kPa})$$

④计算上层填土自重在下层填土底面高程处产生的主动土压力强度。

$$p_{aH_1}=\gamma_1 H_1 K_{a_2}=16.5\times4\times0.259\ 6=17.133\ 6(\text{kPa})$$

⑤根据式(1.3.36)计算上层填土产生的主动土压力。

$$P_{aH_1}=\frac{1}{2}\gamma_1 H_1^2 K_{a_1}=\frac{1}{2}\times16.5\times4^2\times0.333\ 3=43.995\ 6(\text{kN/m})$$

⑥根据式(1.3.41)计算下层填土产生的主动土压力。

$$P_{aH}=\left(\gamma_1 H_1 H_2+\frac{1}{2}\gamma_2 H_2^2\right)K_{a_2}=\left(16.5\times4\times6+\frac{1}{2}\times17.5\times6^2\right)\times0.259\ 6$$
$$=184.575\ 6(\text{kN/m})$$

⑦根据式(1.3.42)计算作用在挡土墙上的总主动土压力

$$P_a=P_{aH_1}+P_{aH}=43.995\ 6+184.575\ 6=228.571\ 2(\text{kN/m})$$

主要土压力沿墙高的分布图形如图 1.3.7 所示。

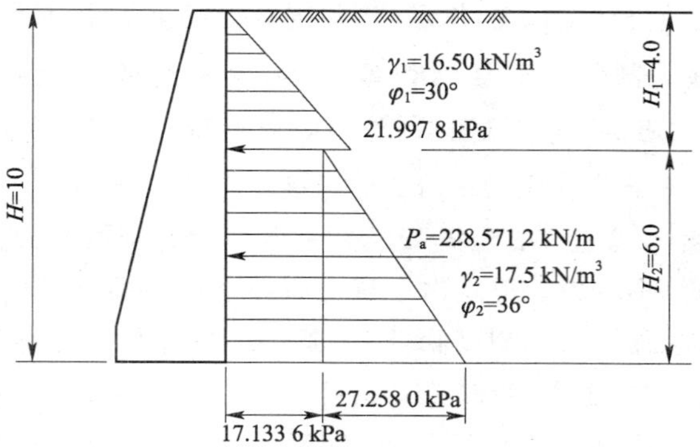

图 1.3.7　作用在例 1.3.4 挡土墙上的主动土压力(尺寸单位:m)

三、黏性土的主动土压力

1. 单层黏性土

当挡土墙墙背填土为黏性土,墙体在外力或填土作用下产生足够的位移或变形,使墙背面填土从弹性状态变为主动极限平衡状态时,填土中将出现两组连续而对称的滑动面(滑裂面、破裂面、破坏面),滑动面与大主应力作用面之间的夹角为 $\alpha=45^\circ+\varphi/2$,$\varphi$ 为填土的内摩擦角,如图 1.3.8a)所示。

此时填土中的大主应力为竖向正应力 σ_z,其值等于计算点以上土柱的重力,即

$$\sigma_z=\gamma z$$

式中,γ 为填土的重度;z 为计算点距填土表面的深度。

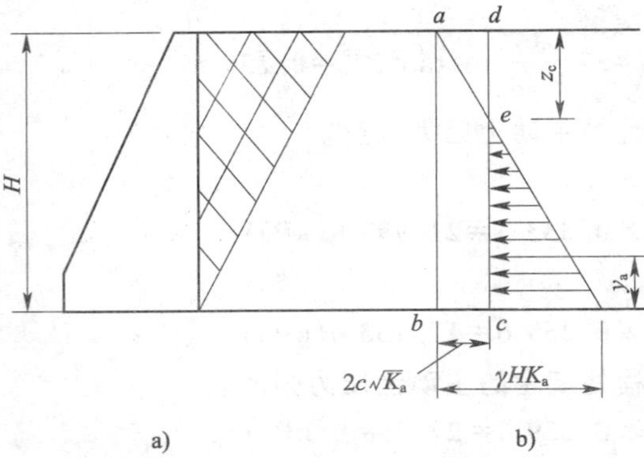

图 1.3.8　黏性土的滑动面和主动土压力

此时填土中的小主应力 σ_3 为水平正应力 σ_x，也说是填土的主动土压力 p_a。

根据土的极限平衡条件，对于黏性土，极限平衡条件为

$$\sigma_3=\sigma_1\tan^2\left(45°-\frac{\varphi}{2}\right)-2c\tan\left(45°-\frac{\varphi}{2}\right)$$
$$=\sigma_1 K_a-2c\sqrt{K_a} \tag{1.3.44}$$

式中，σ_1、σ_3 分别为填土中的最大主应力和最小主应力；c、φ 分别为填土的凝聚力和内摩擦角；K_a 为朗肯主动土压力系数，其值为

$$K_a=\tan^2\left(45°-\frac{\varphi}{2}\right) \tag{1.3.45}$$

将 $\sigma_1=\gamma z$ 和 $\sigma_3=p_{az}$ 代入式(1.3.44)，则得

$$p_{az}=\gamma zK_a-2c\sqrt{K_a} \tag{1.3.46}$$

由式(1.3.46)可见，对于黏性土，主动土压力由两部分组成，第一部分是由填土自重产生的主动土压力(压强)γzK_a，它沿墙高的分布是一个三角形，如图 1.3.8b)所示；第二部分是由填土的凝聚力 c 所产生的土压力(强度)$2c\sqrt{K_a}$，它沿墙高的分布是一个矩形，即沿墙高各点的大小均相等，如图 1.3.8b)所示。但是第一部分的土压力为压应力，作用方向指向墙面，令其为正；第二部分土压力为拉应力，其符号为负，其作用是减小作用在墙面上的压应力，这也就是说，由于土的凝聚力 c 的作用，作用在挡土墙上的主动土压力将减小。

在墙顶处，$z=0$，第一部分土压力 γzK_a 等于零，而第二部分土压力为 $2c\sqrt{K_a}$，故该点处的土压力将为负值，即为拉应力。自墙顶往下，z 值逐渐增大，故第一部分土压力也随着增大，在深度 $z=z_c$ 处，第一部分土压力 γz_cK_a 恰好等于第二部分压力 $2c\sqrt{K_a}$，该点处的实际土压力等于零。而在深度 z_c 以上，由于第二部分土压力均大于第一部分土压力，故深度 z_c 以上各点处，土压力将均为拉应力。但是由于填土与挡土墙之间不可能承受拉应力，即此时墙面与填土之间将因受拉而脱开，所以实际上在填土表面以下深度为 z_c 的范围内，挡土墙墙面上并不受力，既不受压力，也不存在拉力，实际的土压力为零，也就是图 1.3.8b)中三角形面积 aed(拉力)将等于零。所以第一部分土压力与第二部分土压力相互抵消的部分，实际上是图 1.3.8b)中梯形面积 $abce$。因此，对于黏性填土，作用在挡土墙上的实际土压力，为三角形面积 ecf，如图 1.3.8b)所示。

如前面所述，在填土表面以下深度为 z_c 处，第一部分土压力(强度)与第二部分土压力(强度)相等，故该点处的土压力(强度)p_{az_c} 等于零，所以由式(1.3.46)可得

$$0=\gamma z_cK_a-2c\sqrt{K_a}$$

由此可得土压力强度 $p_a=0$ 的这一点，距离填土表面的深度为

$$z_c=\frac{2c\sqrt{K_a}}{\gamma K_a}=\frac{2c}{\gamma\sqrt{K_a}} \tag{1.3.47}$$

式中，z_c 通常称为填土的开裂深度。

作用在墙底面高程处的主动土压力强度 p_{aH} 可根据式(1.3.46)求得，即

$$p_{aH}=\gamma HK_a-2c\sqrt{K_a} \tag{1.3.48}$$

或

$$p_{aH}=\gamma(H-z_c)K_a \tag{1.3.49}$$

作用在挡土墙上的总主动土压力，即

$$P_a=\frac{1}{2}\gamma(H^2-z_c^2)K_a-2c(H-z_c)\sqrt{K_a} \tag{1.3.50}$$

$$P_a=\frac{1}{2}\gamma(H-z_c)^2K_a \tag{1.3.51}$$

总主动土压力 P_a 沿墙高的分布为一个三角形，如图 1.3.8b)所示，故总主动土压力 P_a 的作用点距墙踵点的高度为

$$y_a=\frac{1}{3}(H-z_c) \tag{1.3.52}$$

【例 1.3.5】 某挡土墙墙高 $H=6$ m，墙面竖直、光滑，墙背面填土为壤土（亚黏土），填土的容重 $\gamma=17$ kN/m^3，凝聚力 $c=10$ kPa，内摩擦角 $\varphi=20°$，按朗肯土压理论计算作用在填土表面以下 $z=3$ m 处的主动土压力强度和作用在挡土墙上的总主动土压力。

【解】

①根据填土的内摩擦角 $\varphi=20°$，按式(1.3.45)计算填土的主动土压力系数。

$$K_a=\tan^2\left(45°-\frac{\varphi}{2}\right)=\tan^2\left(45°-\frac{20°}{2}\right)=\tan^2 35°=0.490\ 3$$

②根据 $K_a=0.490\ 3$，$\gamma=17$ kN/m^3，$c=10$ kPa，按式(1.3.47)计算填土的开裂深度。

$$z_c=\frac{2c}{\gamma\sqrt{K_a}}=\frac{2\times10}{17\times\sqrt{0.4903}}=1.680\ 2(\text{m})$$

③根据 $\gamma=17$ kN/m^3、$K_a=0.490\ 3$，$z_c=1.680\ 2$ m，计算作用在填土表面以下 $z=3$ m 处的主动土压力强度。

$$p_{az}=\gamma(z-z_c)K_a=17\times(3.0-1.680\ 2)=10.999\ 8(\text{kPa})$$

④根据 $\gamma=17.0$ kN/m^3，$H=6$ m，$z_c=1.680\ 2$ m，$K_a=0.490\ 3$，按式(1.3.51)计算作用在挡土墙上的总主动土压力。

$$P_a=\frac{1}{2}\gamma(H-z_c)^2K_a=\frac{1}{2}\times17\times(6-1.680\ 2)^2\times0.490\ 3=77.769\ 3(\text{kN/m})$$

⑤根据式(1.3.52)计算总主动土压力作用点距墙踵点的高度。

$$y_a=\frac{1}{3}(H-z_c)=\frac{1}{3}\times(6.0-1.680\ 2)=1.439\ 9(\text{m})$$

2.填土中有地下水的情况

当挡土墙土墙墙背面填土中有地下水（图 1.3.9），地下水面以上填土的厚度为 H_1，土的重度为 γ_1，内摩擦角为 φ_1，凝聚力为 c_1；地下水面以下填土的厚度为 H_2，土的重度为 γ_2，内摩擦角为 φ_2，凝聚力为 c_2。

此时地下水位以上填土凝聚力产生的主动土压力强度为 $2c_1\sqrt{K_{a_1}}$，沿高度 H_1 为均匀分布；地下水位以上填土自重产生的土压力强度为 $\gamma_1 zK_{a_1}$，z 为计算点距填土表面的深度，$K_{a_1}=\tan^2(45°-\varphi_1/2)$为地下水位以上填土的主动土压力系数，这一部分土压力沿深度 H_1 为三角形分布，如图 1.3.9所示。

此时在地下水面高程处，主动土压力强度有两个，即在土层 H_1 的底面高程处，主动土压力强度为

$$p_{\mathrm{aH_1}}=\gamma_1 H_1 K_{\mathrm{a_1}}-2c_1\sqrt{K_{\mathrm{a_1}}} \tag{1.3.53}$$

在土层 H_2 的顶面高程处，主动土压力强度为

$$p_{\mathrm{aH'}}=\gamma_1 H_1 K_{\mathrm{a_2}}-2c_2\sqrt{K_{\mathrm{a_2}}} \tag{1.3.54}$$

式中，$K_{\mathrm{a_2}}$ 为地下水位以下填土的主动土压力系数。

填土的开裂深度仍按式(1.3.47)计算($z_c<H_1$ 时)：

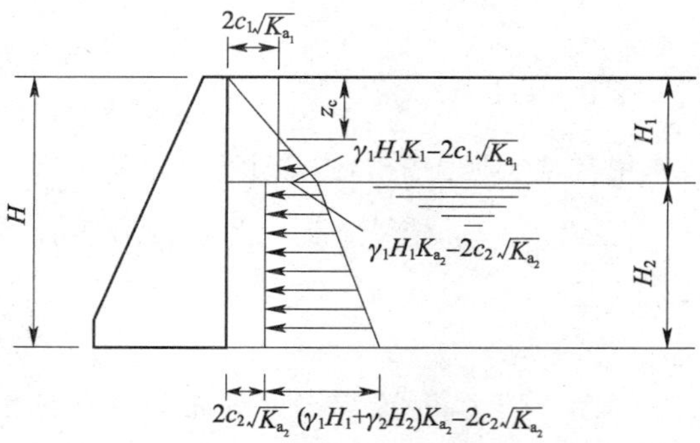

图 1.3.9　黏性填土有地下水时的主动土压力计算图

$$z_c=\frac{2c_1}{\gamma_1\sqrt{K_{\mathrm{a_1}}}} \tag{1.3.55}$$

作用在挡土墙墙踵高程处的主动土压力强度 p_{aH} 由三部分组成，即上层填土自重产生的土压力强度 $\gamma_1 H_1 K_{\mathrm{a_2}}$，下层填土自重产生的土压力强度 $\gamma_2 H_2 K_{\mathrm{a_2}}$ 和下层填土凝聚力产生的土压力强度 $2c_2\sqrt{K_{\mathrm{a_2}}}$，所以

$$p_{\mathrm{aH}}=\gamma_1 H_1 K_{\mathrm{a_2}}+\gamma_2 H_2 K_{\mathrm{a_2}}-2c_2\sqrt{K_{\mathrm{a_2}}} \tag{1.3.56}$$

上层填土(地下水面以上部分)产生的主动土压力为

$$P_{\mathrm{aH_1}}=\frac{1}{2}\gamma_1(H_1-z_c)^2K_{\mathrm{a_1}} \tag{1.3.57}$$

下层填土(地下水位以下部分)产生的主动土压力为 $P_{\mathrm{aH_1}}$ 由三部分组成：

(1)上层填土自重产生的主动土压力

$$P_{\mathrm{aH_1H_2}}=\gamma_1 H_1 H_2 K_{\mathrm{a_2}} \tag{1.3.58}$$

(2)下层填土自重产生的主动土压力

$$P_{\mathrm{aH_2}}=\frac{1}{2}\gamma_2 H_2^2 K_{\mathrm{a_2}} \tag{1.3.59}$$

(3)下层填土凝聚力产生的主动土压力(拉力)

$$P_{\mathrm{ac_2}}=2c_2 H_2\sqrt{K_{\mathrm{a_2}}} \tag{1.3.60}$$

因此

$$P_{\mathrm{aH}}=P_{\mathrm{aH_2}}+P_{\mathrm{aH_1H_2}}-P_{\mathrm{ac_2}}=\frac{1}{2}\gamma_2 H_2^2K_{\mathrm{a_2}}+\gamma_1 H_1 H_2 K_{\mathrm{a_2}}-2c_2 H_2\sqrt{K_{\mathrm{a_2}}} \tag{1.3.61}$$

所以，作用在挡土墙上的总主动土压力为

$$\begin{aligned}P_{\mathrm{a}}&=P_{\mathrm{aH_1}}+P_{\mathrm{aH}}=P_{\mathrm{aH_1}}+P_{\mathrm{aH_1H_2}}+P_{\mathrm{aH_2}}-P_{\mathrm{ac_2}}\\&=\frac{1}{2}\gamma_1(H_1-z_c)^2K_{\mathrm{a_1}}+\frac{1}{2}\gamma_2H_2^2K_{\mathrm{a_2}}+\gamma_1H_1H_2K_{\mathrm{a_2}}-2c_2H_2\sqrt{K_{\mathrm{a_2}}}\end{aligned} \tag{1.3.62}$$

总主动土压力作用点距墙踵点的高度为

$$y_{\mathrm{a}}=\frac{P_{\mathrm{aH_1}}\left[\frac{1}{3}(H_1-z_c)+H_2\right]+P_{\mathrm{aH_1H_2}}\cdot\frac{1}{2}H_2+P_{\mathrm{aH_2}}\cdot\frac{1}{3}H_2-P_{\mathrm{ac_2}}\cdot\frac{1}{2}H_2}{P_{\mathrm{a}}} \tag{1.3.63}$$

【例 1.3.6】　某挡土墙墙高 $H=8$ m，墙面光滑竖直，墙背面填土为黏性土，距地表面以下 $H_1=3$ m 处为地下水位，地下水面以下填土的高度 $H_2=8-3=5$(m)。地下水面以上填

土的重度 $\gamma_1=17\ \text{kN/m}^2$，内摩擦角 $\varphi_1=24°$，凝聚力 $c_1=10\ \text{kPa}$；地下水位以下填土的浮重度 $\gamma_2=10.5\ \text{kN/m}^3$，内摩擦角 $\varphi_2=24°$，凝聚力 $c_2=10\ \text{kPa}$，计算作用在挡土墙上的主动土压力。

【解】

①计算地下水面以上和以下两层填土的主动土压力系数，由于 $\varphi_1=\varphi_2=24°$，故

$$K_{a_1}=K_{a_2}=\tan^2\left(45°-\frac{\varphi_1}{2}\right)=\tan^2\left(45°-\frac{24°}{2}\right)=\tan^2 33°=0.4217$$

②计算填土的开裂深度 z_c，假定仅地下水面以上填土开裂，故

$$z_c=\frac{2c_1}{\gamma_1\sqrt{K_{a_1}}}=\frac{2\times 10}{17\times\sqrt{0.4217}}=1.8116(\text{m})$$

由于 $z_c=1.8116\ \text{m}<H_1=4\ \text{m}$，故填土开裂部分仅在地下水面以上填土中。

③计算地下水面以上填土在地下水面高程处的主动土压力强度。

$$p_{aH_1}=\gamma_1(H_1-z_0)K_{a_1}=17\times(3-1.8116)\times 0.4217=8.5197(\text{kPa})$$

由于地下水位以上和地下水位以下填土的 $\varphi(K_a)$ 和 c 均相等，所以地下水位以下部分填土土层顶部高程处的主动土压力强度 p'_{aH_1} 也等于 8.5197 kPa。

④计算地下水位以下部分填土底面高程处的主动土压力强度。

a. 地下水位以上部分填土自重产生的主动土压力强度

$$p_{aH_1H_2}=\gamma_1 H_1 K_{a_2}=17\times 3\times 0.4217=21.5067(\text{kPa})$$

b. 地下水位以下部分填土的凝聚力 c_2 产生的主动土压力强度（拉应力）

$$p_{ac_2}=2c_2\sqrt{K_{a_2}}=2\times 10\times\sqrt{0.4217}=12.9877(\text{kPa})$$

c. 地下水位以下部分填土的自重产生的主动土压力强度

$$p_{aH_2}=\gamma_2 H_2 K_{a_2}=10.5\times 5\times 0.4217=22.1393(\text{kPa})$$

⑤计算填土对挡土墙产生的主动土压力。

a. 地下水位以上填土产生的主动土压力（已扣除凝聚力产生的拉力）

$$P_{aH_1}=\frac{1}{2}\gamma_1(H_1-z_c)^2K_{a_1}=\frac{1}{2}\times 17\times(3-1.8116)^2\times 0.4217$$
$$=5.0623(\text{kN/m})$$

b. 地下水位以上部分填土自重产生的主动土压力

$$P_{aH_1H_2}=\gamma_1 H_1 H_2 K_{a_2}=17\times 3\times 5\times 0.4217=107.5335(\text{kN/m})$$

c. 地下水位以下部分填土的凝聚力产生的主动土压力

$$P_{ac_2}=2c_2H_2\sqrt{K_{a_2}}=2\times 10\times 5\times\sqrt{0.4217}=64.9385(\text{kN/m})$$

d. 地下水位以下部分填土自重产生的主动土压力

$$P_{aH_2}=\frac{1}{2}\gamma_2 H_2^2 K_{a_2}=\frac{1}{2}\times 10.5\times 5^2\times 0.4217=55.3481(\text{kN/m})$$

⑥计算填土对挡土墙产生的总主动土压力

$$P_a=P_{aH_1}+P_{aH_1H_2}-P_{ac_2}+P_{aH_2}$$
$$=5.0623+107.5335-64.9385+55.3481=103.0054(\text{kN/m})$$

⑦计算总主动土压力作用点距墙踵的高度

$$y_a=\frac{P_{aH_1}\left[\frac{1}{3}(H_1-z_c)+H_2\right]+P_{aH_1H_2}\frac{H_2}{2}-P_{ac_2}\frac{H_2}{2}+P_{aH_2}\frac{H_2}{3}}{P_a}$$

$$=\frac{5.0623\times\left[\frac{1}{3}\times(3-1.8116)+5\right]+107.5335\times\frac{5}{2}-64.9385\times\frac{5}{2}+55.3481\times\frac{5}{3}}{103.0054}$$

$=2.1946(\text{m})$

作用在挡土墙上的主动土压力的分布图形如图 1.3.10 所示。

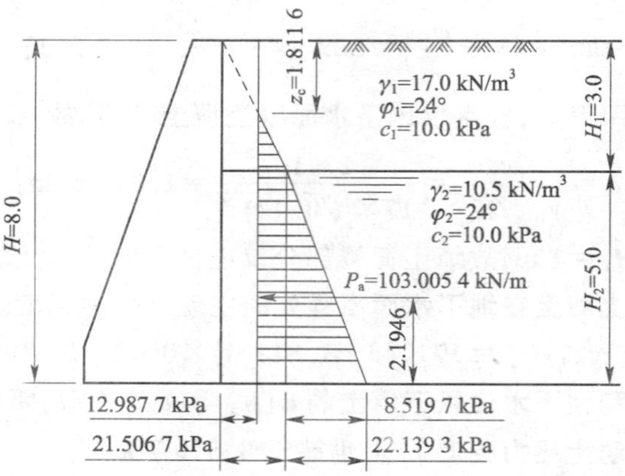

图 1.3.10　例 1.3.6 挡土墙上的主动土压力图形(尺寸单位:m)

3. 填土表面有均布荷载的情况

当填土表面作用有均布荷载 q 时(图 1.3.11),主动土压力的计算可分为下列两种情况来进行。

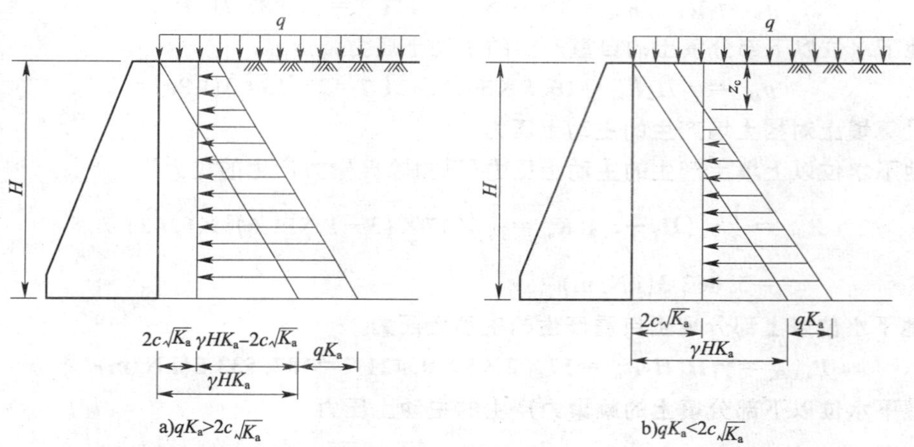

图 1.3.11　黏性土有均布荷载作用时的主动土压力图

(1)当 $qK_a>2c\sqrt{K_a}$ 时

此时由于均布荷载 q 所产生的土压力强度 qK_a 大于由于填土的凝聚力 c 所产生的土压力强度(拉应力)$2c\sqrt{K_a}$,所以填土并未出现开裂现象。因此在填土的表面高程处,主动土压力强度为

$$p_{ao}=qK_a-2c\sqrt{K_a} \tag{1.3.64}$$

在填土表面以下深度为 z 处,主动土压力强度为

$$p_{az}=qK_a+\gamma zK_a-2c\sqrt{K_a} \tag{1.3.65}$$

式中，γ 为填土的重度。

由式(1.3.65)可见均布荷载 q 所产生的土压力强度 qK_a 和由填土凝聚力 c 所产生的土压力强度 $2c\sqrt{K_a}$，均与计算点的深度 z 无关，故这两种土压力强度沿填土深度(沿墙高)为均匀分布(图 1.3.11)。

墙踵高程处的主动土压力强度为

$$p_{aH}=qK_a+\gamma HK_a-2c\sqrt{K_a} \tag{1.3.66}$$

式中，H 为挡土墙的高度。

由图 1.3.11 可见，由均布荷载 q 产生的土压力和由填土凝聚力 c 产生的土压力沿墙高为矩形分布，由填土自重产生的土压力沿墙高为三角形分布。

作用在挡土墙上的总主动土压力 P_a 等于土压力沿墙高的分布图形的面积，即

$$P_a=qHK_a+\frac{1}{2}\gamma H^2K_a-2cH\sqrt{K_a} \tag{1.3.67}$$

总主动土压力 P_a 作用点距墙踵的高度为

$$y_a=\frac{qHK_a\cdot\frac{1}{2}H+\frac{1}{2}\gamma H^2K_a\cdot\frac{1}{3}H-2cH\sqrt{K_a}\cdot\frac{1}{2}H}{qHK_a+\frac{1}{2}\gamma H^2K_a-2cH\sqrt{K_a}}$$

$$=\frac{qH+\frac{1}{3}\gamma H^2-\frac{2cH}{\sqrt{K_a}}}{2q+\gamma H-\frac{4c}{\sqrt{K_a}}} \tag{1.3.68}$$

(2)当 $qK_a<2c\sqrt{K_a}$ 时

由于均布荷载产生的土压力强度 qK_a 小于由填土的凝聚力 c 产生的土压力强度(拉应力)$2c\sqrt{K_a}$，故填土表面将开裂。若设 z_c 为填土的开裂深度，则在填土表面以下深度的 z_c 处，主动土压力强度恰好为零，即

$$qK_a+\gamma z_cK_a-2c\sqrt{K_a}=0 \tag{1.3.69}$$

式中，γz_cK_a 是由填土的土柱重量 γz_c 产生的土压力强度。

解式(1.3.69)，则可得填土的开裂深度为

$$z_c=\frac{2c}{\gamma\sqrt{K_a}}-\frac{q}{\gamma} \tag{1.3.70}$$

此时填土表面以下深度为 z 处的主动土压力强度为按下列公式计算：

①当 $z<z_c$ 时

该高程处的土压力强度 p_{az} 为零，即

$$p_{az}=0 \tag{1.3.71}$$

该高程以上各点处的主动土压力强度均为零。

②当 $z>z_c$ 时

$$p_{az}=qK_a+\gamma zK_a-2c\sqrt{K_a} \tag{1.3.72}$$

在挡土墙墙踵高程处的主动土压力强度为

$$p_{aH}=qK_a+\gamma HK_a-2c\sqrt{K_a} \tag{1.3.73}$$

此时作用在挡土墙上的总主动土压力为

$$P_a=qHK_a+\frac{1}{2}\gamma H^2K_a-2cH\sqrt{K_a}+\frac{2c^2}{\gamma} \tag{1.3.74}$$

或

$$P_a = q(H - z_c)K_a + \frac{1}{2}\gamma(H^2 - z_c^2)K_a - 2c(H - z_c)\sqrt{K_a} \tag{1.3.75}$$

或

$$P_a = \frac{1}{2}\gamma(H - z_c)^2 K_a \tag{1.3.76}$$

总主动土压力 P_a 作用点距墙踵的高度为

$$y_a = \frac{\frac{1}{2}\gamma(H - z_c)^2 K_a \cdot \frac{1}{3}(H - z_c)}{\frac{1}{2}\gamma(H - z_c)^2 K_a} = \frac{1}{3}(H - z_c) \tag{1.3.77}$$

【例 1.3.7】 某挡土墙墙高 $H=10$ m，墙面光滑竖直，墙背面填土为黏性土，填土表面水平，其上作用均布荷载 $q=30$ kPa，填土面以下有地下水，地下水面以上填土层的高度为 $H_1=4.0$ m，填土的重度 $\gamma_1=16.5$ kN/m^2，内摩擦角 $\varphi_1=26°$，凝聚力 $c_1=7$ kPa；地下水位以下填土层的高度 $H_2=6.0$ m，填土的重度（浮重度）$\gamma_2=10.0$ kN/m^3，内摩擦角 $\varphi_2=22°$，凝聚力 $c_2=15$ kPa，计算作用在挡土墙上的主动土压力（图 1.3.12）。

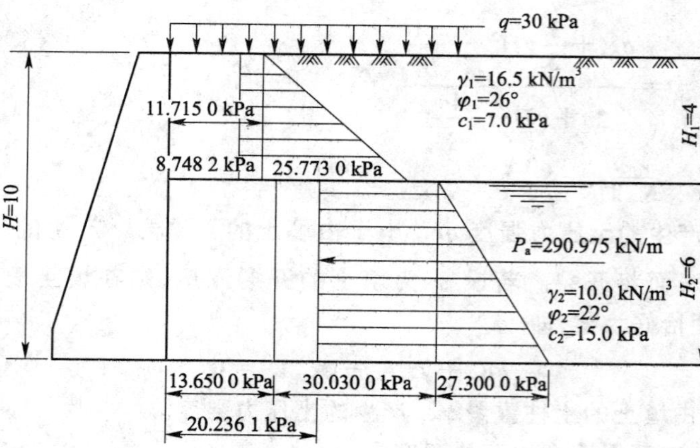

图 1.3.12 例 1.3.7 挡土墙的主动土压力图（尺寸单位：m）

【解】

①计算填土的主动土压力系数 K_a。

a. 地下水面以上

$$K_{a_1} = \tan^2\left(45° - \frac{\varphi_1}{2}\right) = \tan^2\left(45° - \frac{26°}{2}\right) = \tan^2 32° = 0.390\ 5$$

b. 地下水面以下

$$K_{a_2} = \tan^2\left(45° - \frac{\varphi_2}{2}\right) = \tan^2\left(45° - \frac{22°}{2}\right) = \tan^2 34° = 0.455\ 0$$

②计算均布荷载 q 和填土凝聚力 c_1 产生的主动土压力强度。

a. 均布荷载 $q=30$ kPa 产生的主动土压力强度为

$$p_{aq_1} = qK_{a_1} = 30 \times 0.390\ 5 = 11.715\ 0(\text{kPa})$$

b. 填土凝聚力 $c_1=7$ kPa 产生的主动土压力强度为

$$p_{ac_1} = 2c_1\sqrt{K_{a_1}} = 2 \times 7 \times \sqrt{0.390\ 5} = 8.748\ 2(\text{kPa})$$

c. 由于 $qK_{a_1}=11.7150\ \text{kPa}>2c_1\sqrt{K_{a_1}}=8.7482\ \text{kPa}$,故填土表面不会开裂。

③计算填土对挡土墙产生的主动土压力强度。

a. 地下水面以上填土层产生的主动土压力强度

填土的凝聚力 c_1 产生的主动土压力强度为

$$p_{ac_1}=2c_1\sqrt{K_{a_1}}=2\times7\times\sqrt{0.3905}=8.7482(\text{kPa})$$

均布荷载 q 产生的主动土压力强度为

$$p_{aq_1}=qK_{a_1}=30\times0.3905=11.7150(\text{kPa})$$

地下水面以上填土层自重在地下水面高程处产生的主动土压力强度为

$$p_{aH_1}=\gamma_1H_1K_{a_1}=16.5\times4.0\times0.3905=25.7730(\text{kPa})$$

因此,填土表面处的土压力强度为

$$p_{ao}=p_{aq_1}-p_{ac_1}=11.7150-8.7482=2.9668(\text{kPa})$$

地下水面高程处的主动土压力强度为

$$p_{a_1}=p_{aq_1}+p_{aH_1}-p_{ac_1}=11.7150+25.7730-8.7482=28.7398(\text{kPa})$$

b. 地下水面以下填土层产生的主动土压力强度

填土表面均布荷载产生的主动土压力强度为

$$p_{aq_2}=qK_{a_2}=30\times0.4550=13.6500(\text{KPa})$$

填土凝聚力 c_2 产生的主动土压力强度为

$$p_{ac_2}=2c_2\sqrt{K_{a_2}}=2\times15\times\sqrt{0.4550}=20.2361(\text{kPa})$$

地下水面以上填土自重沿墙高产生的主动土压力强度为

$$p_{aH_1H_2}=\gamma_1H_1K_{a_2}=16.5\times4.0\times0.4550=30.0303(\text{kPa})$$

地下水位以下填土自重在墙踵高程处产生的主动土压力强度为

$$p_{aH_2}=\gamma_2H_2K_{a_2}=10.0\times6.0\times0.4550=27.3000(\text{kPa})$$

因此,在地下水面高程处的主动土压力强度为

$$\begin{aligned}p'_{a_1}&=p_{aq_2}+p_{aH_1H_2}-p_{ac_2}=13.6500+30.0303-20.2361\\&=23.4439(\text{kPa})\end{aligned}$$

在墙踵高程处的主动土压力强度为

$$\begin{aligned}p_{aH}&=p_{aq_2}+p_{aH_1H_2}+p_{aH_2}-p_{ac_2}\\&=13.6500+30.0300+27.3000-20.2361=50.7439(\text{kPa})\end{aligned}$$

④计算填土对挡土墙产生的主动土压力

a. 均布荷载 q 在地下水位以上填土层内产生的主动土压力

$$P_{aq_1}=qH_2K_{a_1}=30\times4.0\times0.3905=46.8600(\text{kN/m})$$

b. 地下水位以上填土的凝聚力 c_1 产生的主动土压力

$$P_{ac_1}=2c_1H_1\sqrt{K_{a_1}}=2\times7\times4.0\times\sqrt{0.3905}=34.9944(\text{kN/m})$$

c. 地下水位以上填土自重在地下水位以上填土层内产生的主动土压力

$$P_{aH_1}=\frac{1}{2}\gamma_1H_1^2K_{a_1}=\frac{1}{2}\times16.5\times4^2\times0.3905=51.5460(\text{kN/m})$$

d. 均布荷载 q 在地下水面以下填土层内产生的主动土压力

$$P_{aq_2}=qH_2K_{a_2}=30\times6.0\times0.4550=81.9000(\text{kN/m})$$

e. 地下水位以下填土层的凝聚力 c_2 在地下水位以下填土层内产生的主动土压力

$$P_{ac_2}=2c_2H_2\sqrt{K_{a_2}}=2\times15\times6\times\sqrt{0.4550}=121.4166(\text{kN/m})$$

f. 地下水位以下填土的自重在地下水位以下填土层内产生的主动土压力

$$P_{aH_1H_2}=\gamma_1H_1H_2K_{a_2}=16.5\times4\times6\times0.4550=180.1800(\text{kN/m})$$

g. 地下水位以下填土自重产生的主动土压力

$$P_{aH_2}=\frac{1}{2}\gamma_2H_2^2K_{a_2}=\frac{1}{2}\times10.0\times6^2\times0.4550=81.9000(\text{kN/m})$$

⑤计算作用在挡土墙上的总主动土压力

$$\begin{aligned}P_a&=P_{aq_1}-P_{ac_1}+P_{aH_1}+P_{aq_2}-P_{ac_2}+P_{aH_1H_2}+P_{aH_2}\\&=46.8600-34.9944+51.5460+81.9000-121.4166+\\&\quad180.1800+81.9000\\&=290.9750(\text{kN/m})\end{aligned}$$

⑥计算总主动土压力 P_a 作用点距墙踵点的高度。

a. 计算各主动土压力对墙踵点的力臂值

$$y_1=y_2=\frac{1}{2}H_1+H_2=\frac{1}{2}\times4+6=8.0(\text{m})$$

$$y_3=\frac{1}{3}H_1+H_2=\frac{1}{3}\times4+6=7.3333(\text{m})$$

$$y_4=y_5=y_6=\frac{1}{2}H_2=\frac{1}{2}\times6=3(\text{m})$$

$$y_7=\frac{1}{3}H_2=\frac{1}{3}\times6=2(\text{m})$$

b. 计算总主动压力 P_a 的作用点距墙踵的高度

$$y_a=\frac{P_{aq_1}y_1-P_{ac_1}y_2+P_{aH_1}y_3+P_{aq_2}y_4-P_{ac_2}y_5+P_{aH_1H_2}y_6+P_{aH_2}y_7}{P_a}$$

$$=\frac{46.8600\times8-34.9944\times8+51.5460\times7.3333+81.900\times3-121.4166\times3+180.1800\times3+81.9000\times2}{290.9750}$$

$$=3.6385(\text{m})$$

四、无黏性土的被动土压力

1. 填土表面无荷载情况

当挡土墙在外力或填土的作用下产生向着填土方向的位移或变形，使墙背面填土失去弹性状态而逐渐进入被动极限平衡状态，此时填土中形成两组连续而对称的滑动面，滑动面与大主应力作用面的夹角 $\alpha=45°+\varphi/2$，滑动面与小主应力作用面的夹角 $\alpha_1=45°-\varphi/2$，如图 1.3.13a)所示。

当填土处于被动极限平衡状态时，水平方向的正应力 σ_x 为大主应力 σ_1，竖直方向的正应力 $\sigma_z=\gamma z$(其中 γ 为填土的重度，z 为计算点距填土表面的深度)为小主应力 σ_3，因此，根据土中应力的极限平衡条件[式(1.1.15)]，可得填土表面以下深度为 z 处的被动土压力为

$$p_p=\sigma_1=\sigma_3\tan^2\left(45°+\frac{\varphi}{2}\right)\tag{1.3.78}$$

式中，p_p 为填土表面以下深度为 z 处的被动土压力强度；σ_1、σ_3 分别为填土在被动极限平衡状态下的大主应力和小主应力；φ 为填土的内摩擦角。

由于

$$\sigma_3=\gamma z\tag{1.3.79}$$

式中，γ 为填土的重度；z 为填土表面以下计算点的深度。

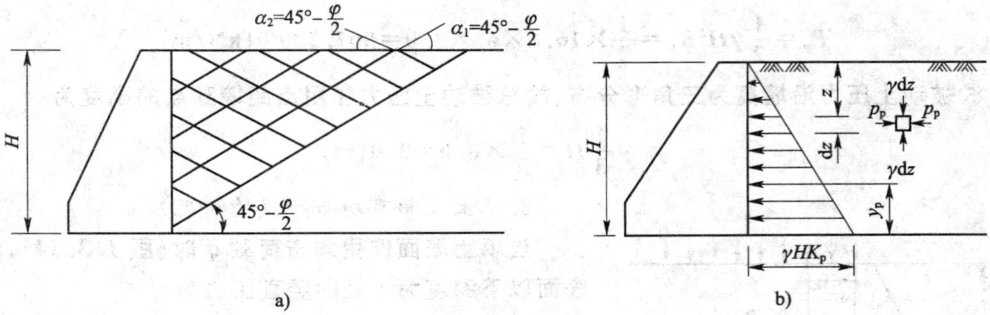

图 1.3.13　砂土的被动土压力

所以填土表面以下深度 z 处，作用在墙面上的被动土压力强度为

$$p_{pz}=\gamma z\tan^2\left(45°+\frac{\varphi}{2}\right)=\gamma zK_p \tag{1.3.80}$$

式中，K_p 为朗肯被动土压力系数，$K_p=\tan^2\left(45°+\frac{\varphi}{2}\right)$。

在挡土墙墙踵高程处，$z=H$，故该处的被动土压力强度为

$$p_{pH}=\gamma HK_p \tag{1.3.81}$$

式中，H 为挡土墙的高度。

作用在 1 m 长度挡土墙上的总被动土压力为：

$$P_p=\frac{1}{2}\gamma H^2K_p \tag{1.3.82}$$

式中，P_p 为作用在 1 m 长度挡土墙上的被动土压力。

由式(1.3.80)可见，被动土压力 p_p 与计算点在填土表面以下的深度 z 的一次方成正比，因此被动土压力强度沿挡土墙高度为线性分布(即直线分布)，所以被动土压力的分布图形为三角形，如图 1.3.13b)所示。

总被动土压力 P_p 的作用点距墙踵点的高度为

$$y_p=\frac{1}{3}H \tag{1.3.83}$$

【例 1.3.8】　某挡土墙墙高 $H=6$ m，墙面光滑竖直，墙背面填土为无黏性土，填土表面水平，填土的重度 $\gamma=16.8$ kN/m³，内摩擦角 $\varphi=30°$，计算作用在填土表面以下深度 $z=2$ m 处和墙踵高程处的被动土压力强度，以及作用在挡土墙上的总被动土压力。

【解】

①根据填土的内摩擦角 $\varphi=30°$，计算被动土压力系数。

$$K_p=\tan^2\left(45°+\frac{\varphi}{2}\right)=\tan^2\left(45°+\frac{30°}{2}\right)=\tan^2 60°=3.00$$

②根据被动土压力系数 $K_p=3.0$，按式(1.3.80)计算填土表面以下深度 $z=2.0$ m 处的被动土压力强度。

$$p_{pz}=\gamma zK_p=16.8\times2.0\times3.0=100.800\ 0(\text{kPa})$$

③根据被动土压力系数 $K_p=3.0$，墙高 $H=6.0$ m，按式(1.3.81)计算墙踵高程处的被动土压力强度。

$$p_{pH}=\gamma HK_p=16.8\times6.0\times3.0=302.400\ 0(\text{kPa})$$

④根据 $\gamma=16.8\ kN/m^3$，$H=6.0\ m$，$K_p=3.0$，按式(1.3.82)计算作用在挡土墙上的总被动土压力。

$$P_p=\frac{1}{2}\gamma H^2K_p=\frac{1}{2}\times16.8\times6^2\times3.0=907.2000(kN/m)$$

⑤被动土压力沿墙高为三角形分布，故总被动土压力作用点距墙踵点的高度为

$$y_p=\frac{1}{3}H=\frac{1}{3}\times6.0=2.0(m)$$

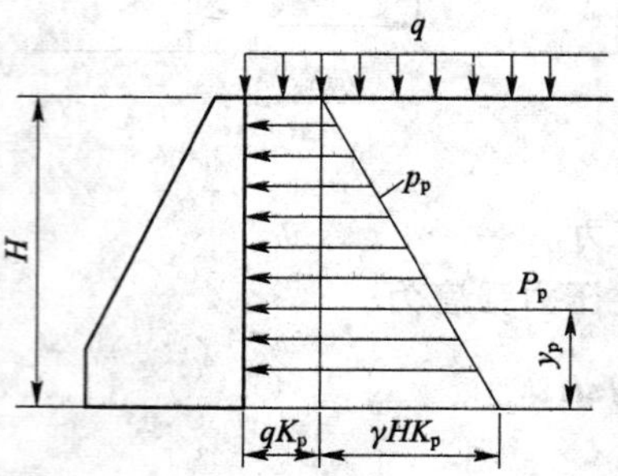

图 1.3.14　填土表面有均布荷载作用时的被动土压力

2. 填土表面有均布荷载的情况

当填土表面作用均布荷载 q 时(图 1.3.14)，填土表面以下深度为 z 处的竖直应力为

$$\sigma_z=q+\gamma z$$

在被动极限平衡状态下，竖直应力 σ_z 等于小主应力 σ_3，因此将上式代入式(1.3.78)，则得填土表面以下深度为 z 处的被动土压力强度为

$$p_p=\sigma_3\tan^2\left(45°+\frac{\varphi}{2}\right)=(q+\gamma z)\tan^2\left(45°+\frac{\varphi}{2}\right)$$

$$=(q+\gamma z)K_p \tag{1.3.84}$$

此时在挡土墙墙踵高程处的被动土压力强度为

$$p_{pH}=(q+\gamma H)K_p \tag{1.3.85}$$

由式(1.3.84)和式(1.3.85)可见，此时被动土压力由两部分组成，即由均布荷载 q 产生的被动土压力强度 qK_p，沿墙高为均匀分布，和由填土自重产生的被动土压力强度，沿墙高为三角形分布，如图 1.3.14 所示。

此时作用在挡土墙上的总被动土压力为

$$P_p=\left(qH+\frac{1}{2}\gamma H^2\right)K_p \tag{1.3.86}$$

总被动土压力 P_p 的作用点距墙踵点的高度为

$$y_p=\frac{qHK_p\cdot\frac{1}{2}H+\frac{1}{2}\gamma H^2K_p\cdot\frac{1}{3}H}{\left(qH+\frac{1}{2}\gamma H^2\right)K_p}=\frac{qH+\frac{1}{3}\gamma H^2}{2q+\gamma H} \tag{1.3.87}$$

【例 1.3.9】 如例 1.3.8 中的挡土墙，填土表面作用均布荷载 $q=15\ kPa$，填土重度 $\gamma=16.5\ kN/m^3$，计算作用在挡土墙上的被动土压力。

【解】

①根据内摩擦角 $\varphi=30°$ 计算被动土压力系数。

$$K_p=\tan^2\left(45°+\frac{\varphi}{2}\right)=\tan^2\left(45°+\frac{30°}{2}\right)=\tan^2 60°=3.0$$

②根据式(1.3.84)计算 $z=2.0$ m 处的被动土压力强度。

$$p_{pz}=(q+\gamma z)K_p=(15+16.5\times2.0)\times3.0=144.00(kPa)$$

③根据式(1.3.85)计算墙踵处的被动土压力强度。

$$p_{pH}=(q+\gamma H)K_p=(15+16.5\times6)\times3.0=342.00(kPa)$$

④根据式(1.3.86)计算作用在挡土墙上的总被动土压力。

$$P_p=\left(qH+\frac{1}{2}\gamma H^2\right)K_p=\left(15\times6.0+\frac{1}{2}\times16.5\times6^2\right)\times3.0=1\ 161.00(\text{kN/m})$$

⑤根据式(1.3.87)计算总被动土压力作用点距墙踵点的高度。

$$y_p=\frac{qH+\frac{1}{3}\gamma H^2}{2q+\gamma H}=\frac{15\times6+\frac{1}{3}\times16.5\times6^2}{2\times15+16.5\times6}=2.232\ 6(\text{m})$$

3.填土表面以下有地下水的情况

当填土表面以下有地下水，地下水面以上填土层的厚度为 H_1，填土的重度为 γ（填土的自然重度），内摩擦角为 φ_1；地下水面以下填土层的 H_2，填土的重度为 γ'（填土的浮重度），内摩擦角为 φ_2，如图 1.3.15 所示。

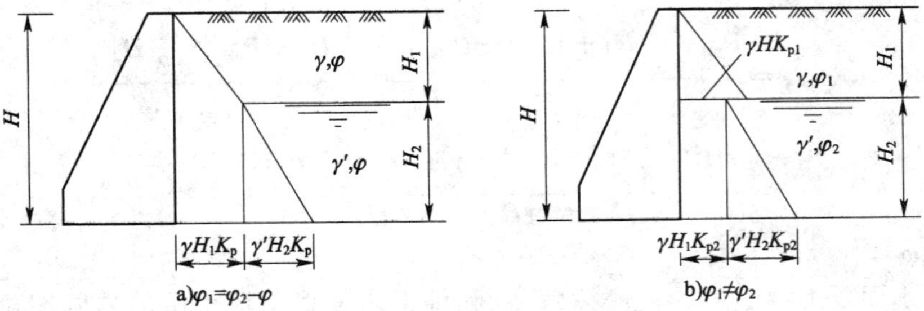

图 1.3.15　填土面以下有地下水时的被动土压力

此时挡土墙上的被动土压力可以分为 $\varphi_1=\varphi_2=\varphi$ 和 $\varphi_1\neq\varphi_2$ 两种情况来计算。

① $\varphi_1=\varphi_2=\varphi$ 时

当地下水面以上填土层和地下水面以下填土层的内摩擦角相等，即 $\varphi_1=\varphi_2=\varphi$ 时，在地下水面以上填土层中，距填土层表面以下深度 z 处的被动土压力强度 p_{pz} 根据式(1.3.80)为

$$p_{pz}=\gamma zK_p \tag{1.3.88}$$

式中，γ 为地下水面以上填土层的重度；K_p 为填土的被动土压力系数，即

$$K_p=\tan^2\left(45^\circ+\frac{\varphi}{2}\right) \tag{1.3.89}$$

式中，φ 为填土的内摩擦角。

在地下水面高程处，被动土压力强度为

$$p_{pH_1}=\gamma H_1K_p \tag{1.3.90}$$

式中，H_1 为地下水面以上填土层的厚度。

在地下水面以下深度为 z' 处，被动土压力强度为

$$p_{pz'}=\gamma H_1K_p+\gamma'z'K_p \tag{1.3.91}$$

由式(1.3.91)可见，在地下水面以下，被动土压力强度由两部分组成，其中 γH_1K_p 是由地下水面以上填土层的自重产生的被动土压力强度，沿高度 H_2（地下水面以下填土层的厚度）为均匀分布；而 $\gamma'z'K_p$ 是由地下水面以下土层在计算点以上的土柱自重（即 $\gamma'z'$）产生的被动土压力强度，它与 z' 的一次方成正比，所以这一部分的土压力强度沿高度 H_2 为三角形分布（即线性分布）。

在挡土墙墙踵处，$z'=H_2$，故该处的被动土压力强度为

$$p_{pH}=\gamma H_1K_p+\gamma'H_2K_p \tag{1.3.92}$$

此时作用在挡土墙上的总被动土压力 P_p 由三部分组成，即由地下水面以上填土层产生

的被动土压力 P_{pH_1}，由地下水面以上填土层自重在地下水面以下填土层内产生的被动土压力 $P_{pH_1H_2}$ 和由地下水面以下填土自重产生的被动土压力 P_{pH_2}，这三部分被动土压力分别为

$$\left.\begin{aligned} P_{pH_1}&=\frac{1}{2}\gamma H_1^2K_p\\ P_{pH_1H_2}&=\gamma H_1H_2K_p\\ P_{pH_2}&=\frac{1}{2}\gamma' H_2^2K_p \end{aligned}\right\} \tag{1.3.93}$$

所以总被动土压力为

$$P_p=P_{pH_1}+P_{pH_1H_2}+P_{pH_2}=\frac{1}{2}\gamma H_1^2K_p+\gamma H_1H_2K_p+\frac{1}{2}\gamma' H_2^2K_p \tag{1.3.94}$$

总被动土压力作用点距墙踵点的高度为

$$\begin{aligned} y_p&=\frac{P_{pH_1}\left(\frac{1}{3}H_1+H_2\right)+P_{pH_1H_2}\cdot\frac{1}{2}H_2+P_{pH_2}\cdot\frac{1}{3}H_2}{P_p}\\ &=\frac{\gamma H_1^2\left(\frac{1}{3}H_1+H_2\right)+\gamma H_1H_2^2+\frac{1}{3}\gamma' H_2^3}{\gamma H_1^2+2\gamma H_1H_2+\gamma' H_2^2} \end{aligned} \tag{1.3.95}$$

②$\varphi_1\neq\varphi_2$ 时

当地下水面以上填土层的内摩擦角 φ_1 和地下水面以下填土层的内摩擦角 φ_2 不相同时，被动土压力的计算方法与 $\varphi_1=\varphi_2$ 的情况相同，但被动土压力系数略有不同。

此时在地下水面以上填土层高度范围内，填土表面以下深度 z 处的被动土压力强度为

$$p_{pz}=\gamma zK_{p_1} \tag{1.3.96}$$

式中，K_{p_1} 为地下水位以上填土层的被动土压力系数，即

$$K_{p_1}=\tan^2\left(45°+\frac{\varphi_1}{2}\right) \tag{1.3.97}$$

在地下水面以下深度 z' 处的被动土压力强度为

$$p_{pz'}=\gamma H_1K_{p_2}+\gamma' z'K_{p_2} \tag{1.3.98}$$

式中，K_{p_2} 为地下水面以下填土层的被动土压力系数，即

$$K_{p_2}=\tan^2\left(45°+\frac{\varphi_2}{2}\right) \tag{1.3.99}$$

在地下水面高程处，被动土压力强度有两个不同的值，即在地下水面以上填土层底面高程处 $z=H_1$，根据式(1.3.96)可得该处的被动土压力强度为

$$p_{pH_1}=\gamma H_1K_{p_1} \tag{1.3.100}$$

在地下水面以下填土层的顶面高程处 $z'=0$，根据式(1.3.98)可得该处的被动土压力强度为

$$p'_{pH_1}=\gamma H_1K_{p_2} \tag{1.3.101}$$

在挡土墙墙踵高程处 $z'=H_2$，因此根据式(1.3.98)可得该处的被动土压力强度为

$$p_{pH}=\gamma H_1H_{p_2}+\gamma' H_2K_{p_2} \tag{1.3.102}$$

作用在挡土墙上的总被动土压力 P_p，仍由三部分组成，其值为

$$P_p=P_{pH_1}+P_{pH_1H_2}+P_{pH_2}=\frac{1}{2}\gamma H_1^2K_{p_1}+\gamma H_1H_2K_{p_2}+\frac{1}{2}\gamma' H_2^2K_{p_2} \tag{1.3.103}$$

总被动土压力 P_p 的作用点距墙踵点的高度仍可按式(1.3.95)计算：

$$y_p=\frac{P_{pH_1}\left(\frac{1}{3}H_1+H_2\right)+P_{pH_1H_2}\cdot\frac{1}{2}H_2+P_{pH_2}\cdot\frac{1}{3}H_2}{P_p}$$

$$=\frac{\gamma H_1^2 K_{p_1}\left(\frac{1}{3}H_1+H_2\right)+\gamma H_1 H_2^2 K_{p_2}+\frac{1}{3}\gamma' H_2^3 K_{p_2}}{\gamma H_1^2 K_{p_1}+2\gamma H_1 H_2 K_{p_2}+\gamma' H_2^2 K_{p_2}} \tag{1.3.104}$$

【例 1.3.10】 某挡土墙墙高 $H=6$ m，墙面光滑竖直，墙背面填土为无黏性土，地下水面以上填土层的厚度 $H_1=2.0$ m，填土的重度 $\gamma=16.5$ kN/m³；地下水面以下填土层的厚度 $H_2=4.0$ m，填土的重度（浮重度）$\gamma'=10.8$ kN/m³，地下水面以上填土层和地下水面以下填土层的内摩擦角相等，即 $\varphi_1=\varphi_2=\varphi=30°$，如图 1.3.16 所示，计算被动土压力。

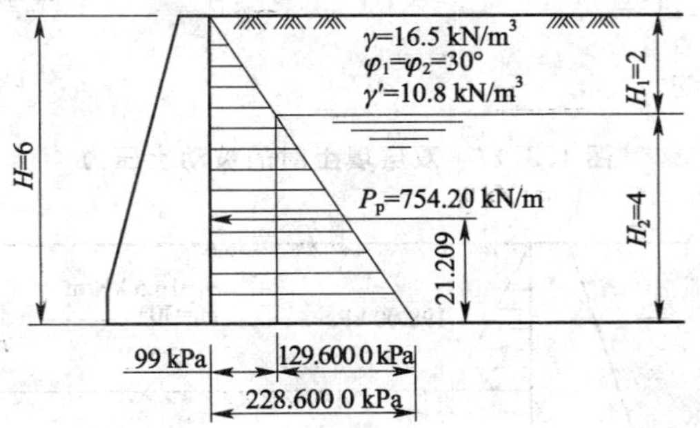

图 1.3.16 例 1.3.10 挡土墙的被动土压力（尺寸单位：m）

【解】

①计算被动土压力系数。

$$K_p=\tan^2\left(45°+\frac{\varphi}{2}\right)=\tan^2\left(45°+\frac{30°}{2}\right)=\tan^2 60°=3.00$$

②根据式（1.3.90）计算地下水面高程处的被动土压力强度。

$$p_{pH_1}=\gamma H_1 K_p=16.5\times2.0\times3.0=99.00(\text{kPa})$$

③根据式（1.3.92）计算挡土墙墙踵高程处的被动土压力强度。

$$p_{pH}=\gamma H_1 K_p+\gamma' H_2 K_p=16.5\times2.0\times3.0+10.8\times4.0\times3.0=228.600\ 0(\text{kPa})$$

④根据式（1.3.94）计算总被动土压力。

$$\begin{aligned}P_p&=\frac{1}{2}(\gamma H_1^2+2\gamma H_1 H_2+\gamma' H_2^2)K_p\\&=\frac{1}{2}\times(16.5\times2^2+2\times16.5\times2\times4+10.8\times4^2)\times3.0\\&=754.200\ 0(\text{kN/m})\end{aligned}$$

⑤根据式（1.3.95）计算总被动土压力作用点距墙踵点的高度。

$$y_p=\frac{\gamma H_1^2\left(\frac{1}{3}H_1+H_2\right)+\gamma H_1 H_2^2+\frac{1}{2}\gamma' H_2^3}{\gamma H_1^2+2\gamma H_1 H_2+\gamma' H_2^2}=\frac{16.5\times2^2\times\left(\frac{1}{3}\times2+4\right)+16.5\times2\times4^2+\frac{1}{3}\times10.8\times4^3}{16.5\times2^2+2\times16.5\times2\times4+10.8\times4^2}$$

$$=2.120\ 9(\text{m})$$

4. 双层填土的情况

当挡土墙墙背面填土为两层，上层填土厚度为 H_1，重度为 γ_1，内摩擦角为 φ_1；下层填土的厚度为 H_2，重度为 γ_2，内摩擦角为 φ_2，如图 1.3.17 所示。

此时被动土压力可按填土内有地下水的情况来进行计算。

【例 1.3.11】 某挡土墙墙背面填土为两层，上层填土厚度 $H_1=4$ m，填土的重度 $\gamma_1=16.5$ kN/m³，内摩擦角 $\varphi_1=30°$；下层填土厚度 $H_2=6$ m，填土的重度 $\gamma_2=17.5$ kN/m³，内摩擦角 $\varphi_2=36°$。挡土墙墙高 $H=10$ m，填土为无黏性土，填土表面水平，如图 1.3.18 所示。

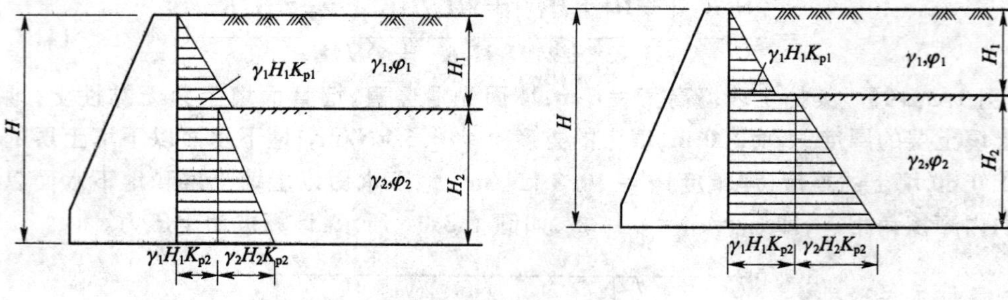

a)$\varphi_1>\varphi_2$　　　　b)$\varphi_1<\varphi_2$

图 1.3.17　双层填土时的被动土压力

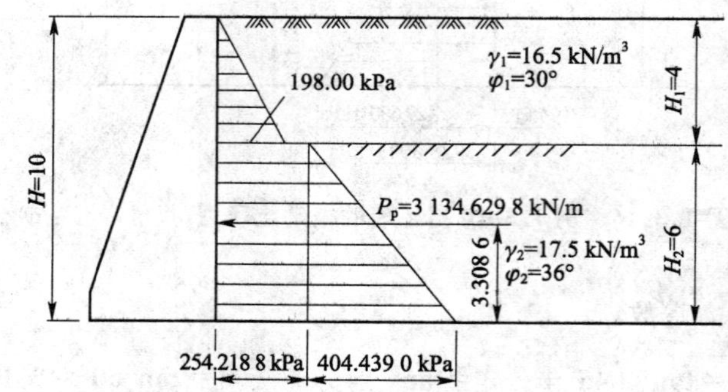

图 1.3.18　例 1.3.11 挡土墙的被动土压力(尺寸单位:m)

【解】

①计算上、下土层的被动土压力系数。

$$K_{p_1}=\tan^2\left(45°+\frac{30°}{2}\right)=\tan^2 60°=3.0$$

$$K_{p_2}=\tan^2\left(45°+\frac{36°}{2}\right)=\tan^2 63°=3.851\ 8$$

②计算填土层分界面高程处的被动土压力强度。

a. 在上层填土底面高程处

$$p_{pH_1}=\gamma_1 H_1 K_{p_1}=16.5\times4\times3.0=198.000\ 0(\text{kPa})$$

b. 在下层填土的顶面高程处

$$p'_{pH_1}=\gamma_1 H_1 K_{p_2}=16.5\times4\times3.851\ 8=254.218\ 8(\text{kPa})$$

③计算下层填土自重在墙踵高程处产生的被动土压力强度。

$$p'_{pH_2}=\gamma_2 H_2 K_{p_2}=17.0\times4\times3.851\ 8=404.439\ 0(\text{kPa})$$

④计算上层填土产生的被动土压力。

$$P_{pH_1}=\frac{1}{2}\gamma_1 H_1^2 K_{p_1}=\frac{1}{2}\times16.5\times4^2\times3.0=396.00(\text{kN/m})$$

⑤计算上层填土自重在下层填土内产生的被动土压力。

$$P_{pH_1H_2}=\gamma_1 H_1 H_2 K_{p_2}=16.5\times4\times6\times3.851\ 8=1\ 989.839\ 9(\text{kN/m})$$

⑥计算下层填土自重产生的被动土压力。

$$P_{pH_2}=\frac{1}{2}\gamma_2 H_2^2 K_{p_2}=\frac{1}{2}\times10.8\times6^2\times3.851\ 8=748.789\ 9(\text{kN/m})$$

⑦计算作用在挡土墙上的总被动土压力。

$$P_p = P_{pH_1} + P_{pH_1H_2} + P_{pH_2}$$
$$= 396.0000 + 1989.8399 + 748.7899 = 3134.6298(kN/m)$$

⑧计算总被动土压力的作用点距墙踵点的高度。

$$y_p = \frac{P_{pH_1}\left(\frac{1}{3}H_1 + H_2\right) + P_{pH_1H_2} \cdot \frac{1}{2}H_2 + P_{pH_2} \cdot \frac{1}{3}H_2}{P_p}$$
$$= \frac{396.00 \times \left(\frac{4}{3} + 6\right) + 1\,989.839\,9 \times \frac{6}{2} + 748.789\,9 \times \frac{6}{3}}{3\,134.629\,8}$$
$$= 3.308\,6(m)$$

被动土压力沿墙高的分布如图 1.3.18 所示。

五、黏性土的被动土压力

1. 填土表面无荷载情况

如前所述，当填土处于被动极限平衡状态时，水平方向的正应力为大主应力 σ_1，竖直方向的正应力 σ_3 为小主应力，同时填土中形成两组连续而对称的滑动面，滑动面与大主应力作用面之间的夹角为 $\alpha = 45° - \varphi/2$，如图 1.3.19 所示。

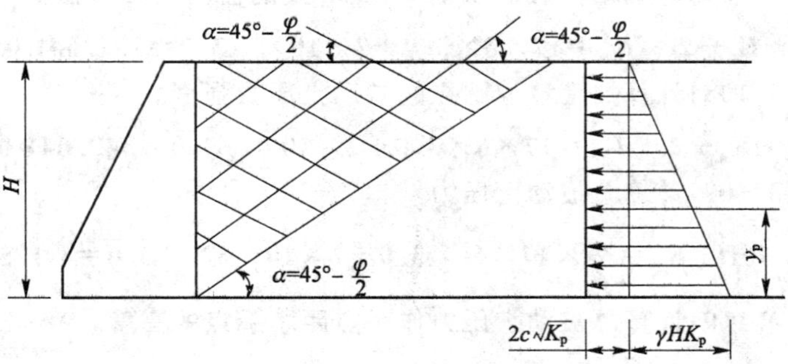

图 1.3.19　黏性土的被动土压力

此时根据土中应力的极限平衡条件[式(1.1.13)]可得

$$\sigma_1 = \sigma_3 \tan^2\left(45° + \frac{\varphi}{2}\right) + 2c\tan\left(45° + \frac{\varphi}{2}\right) = \sigma_3 K_p + 2c\sqrt{K_p} \tag{1.3.105}$$

式中，σ_1 为土中的大主应力；σ_3 为土中的小主应力；c 为土的凝聚力；φ 为土的内摩擦角；K_p 为土的被动土压力系数，即

$$K_p = \tan^2\left(45° + \frac{\varphi}{2}\right) \tag{1.3.106}$$

由于此时小主应力 σ_3 等于竖直应力 $\sigma_z = \gamma z$，大主应力 σ_1 等于水平应力 σ_x，即被动土压力 p_p，故式(1.3.105)又可写成

$$p_p = \gamma z K_p + 2c\sqrt{K_p} \tag{1.3.107}$$

式中，γ 为土的重度；z 为计算点在土表面以下的深度。

由式(1.3.107)可见，此时被动土压力强度由两部分组成，第一部分 $\gamma z K_p$ 是由土的自重所产生的被动土压力强度，它与计算点距土表面的深度 z 的一次方成正比，所以它沿深度成线性分布(即三角形分布)；第二部分 $2c\sqrt{K_p}$ 是由土的凝聚力 c 所产生的被动土压力强度，它

是一个与 z 无关的常量，故它沿深度成均匀分布(分布图形为矩形)，如图 1.3.19所示。

由式(1.3.107)可得挡土墙墙踵高程处的被动土压力强度为

$$p_{pH}=\gamma HK_p+2c\sqrt{K_p} \tag{1.3.108}$$

作用在挡土墙上的总被动土压力 P_p，即

$$P_p=\frac{1}{2}\gamma H^2K_p+2cH\sqrt{K_p} \tag{1.3.109}$$

总土压力作用点距墙踵点的高度为

$$y_p=\frac{\frac{1}{2}\gamma H^2K_p\cdot\frac{1}{3}H+2cH\sqrt{K_p}\cdot\frac{1}{2}H}{\frac{1}{2}\gamma H^2K_p+2cH\sqrt{K_p}}=\frac{\frac{1}{3}\gamma H^2+2cH/\sqrt{K_p}}{\gamma H+4c/\sqrt{K_p}} \tag{1.3.110}$$

【例 1.3.12】 某挡土墙墙高 $H=6$ m，墙面光滑竖直，墙背面填土为黏性土，填土表面水平，填土的容重 $\gamma=17$ kN/m³，凝聚力 $c=10$ kPa，内摩擦角 $\varphi=30°$，计算作用在挡土墙上的被动土压力。

【解】

①根据式(1.3.106)计算被动土压力系数。

$$K_p=\tan^2\left(45°+\frac{\varphi}{2}\right)=\tan^2\left(45°+\frac{30°}{2}\right)=\tan^2 60°=3.0$$

②根据式(1.3.107)计算填土表面以下 $z=3$ m 处的被动土压力强度

$$p_{pz}=\gamma zK_p+2c\sqrt{K_p}=17\times3\times3.0+2\times10\times\sqrt{3.0}=187.641\ 0(\text{kPa})$$

③根据式(1.3.108)计算挡土墙墙踵点的被动土压力强度。

$$p_{pH}=\gamma HK_p+2c\sqrt{K_p}=17\times6\times3.0+2\times10\times\sqrt{3.0}=340.641\ 0(\text{kPa})$$

④根据式(1.3.109)计算总被动土压力。

$$P_p=\frac{1}{2}\gamma H^2K_p+2cH\sqrt{K_p}=\frac{1}{2}\times17\times6^2\times3.0+2\times10\times6\times\sqrt{3.0}=1\ 125.846\ 1(\text{kN/m})$$

⑤根据式(1.3.110)计算总被动土压力作用点距墙踵点的高度。

$$y_p=\frac{\frac{1}{3}\gamma H^2+\frac{2cH}{\sqrt{K_p}}}{\gamma H+4c/\sqrt{K_p}}=\frac{\frac{1}{3}\times17\times6^2+2\times10\times\frac{6}{\sqrt{3.0}}}{17\times6+4\times\frac{10}{\sqrt{3.0}}}=2.184\ 6(\text{m})$$

2. 填土表面有均布荷载的情况

当挡土墙墙高为 H，墙面光滑竖直，墙背面填土为黏性土，填土表面水平，其上作用均布荷载 q(图 1.3.20)，填土的重度为 γ，凝聚力为 c 时，填土的被动土压力仍可按前面所述的方法来计算。

对于填土表面以下深度为 z 的一点，此时该点处的竖向应力 $\sigma_z=(q+\gamma z)=\sigma_3$，而水平应力 $\sigma_x=\sigma_1=p_p$，故由式(1.3.105)可得该点处的被动土压力强度为

$$p_{pz}=(q+\gamma z)K_p+2c\sqrt{K_p} \tag{1.3.111}$$

由式(1.3.111)可见，此时被动土压力由三部分组成，即均布荷载 q 产生的被动土压力强度 qK_p，填土自重产生的被动土压力强度 γzK_p 和凝聚力 c 产生的被动土压力强度 $2c\sqrt{K_p}$，其中 qK_p 和 $2c\sqrt{K_p}$ 为常量，与计算点深度 z 无关，故这两部分被动土压力强度沿填土深度为均匀分布(分布图形为矩形)，而 γzK_p 与计算点的深度 z 的一次方成正比，故这一部分被动土压力强度沿填土深度为线性分布(分布图形为三角形)。

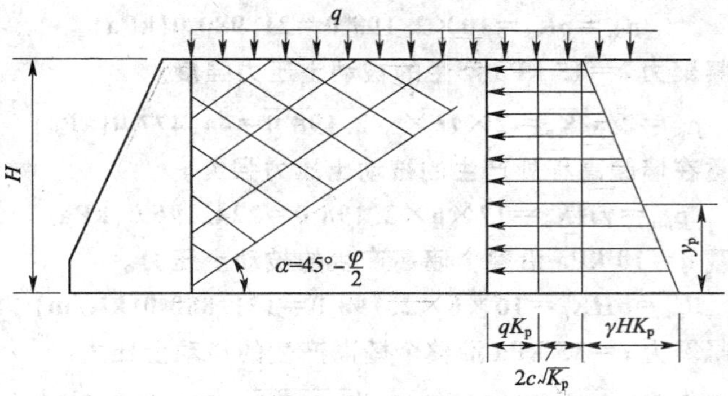

图 1.3.20 黏性填土表面有均布荷载时的被动土压力

根据式(1.3.111),当 $z=H$ 时,可得挡土墙墙踵点高程处的被动土压力强度为

$$p_{pH}=qK_p+\gamma HK_p+2c\sqrt{K_p} \tag{1.3.112}$$

作用在挡土墙上的总被动土压力为

$$P_p=qHK_p+\frac{1}{2}\gamma H^2K_p+2cH\sqrt{K_p} \tag{1.3.113}$$

总被动土压力作用点距挡土墙墙踵点的高度 y_p 可根据力矩平衡原理求得,即

$$y_p=\frac{qHK_p\cdot\frac{1}{2}H+\frac{1}{2}\gamma H^2K_p\cdot\frac{1}{3}H+2cH\sqrt{K_p}\cdot\frac{1}{2}H}{qHK_p+\frac{1}{2}\gamma H^2K_p+2cH\sqrt{K_p}}$$

$$=\frac{qH+\frac{1}{3}\gamma H^2+\frac{2cH}{\sqrt{K_p}}}{2q+\gamma H+\frac{4c}{\sqrt{K_p}}} \tag{1.3.114}$$

【例 1.3.13】 挡土墙墙高 $H=6$ m,墙面光滑竖直,墙背面填土为黏性土,填土表面水平,其上作用均布荷载 $q=10$ kPa,填土重度 $\gamma=17$ kN/m³,内摩擦角 $\varphi=22°$,凝聚力 $c=15$ kPa,如图 1.3.21 所示,计算作用在挡土墙上的被动土压力。

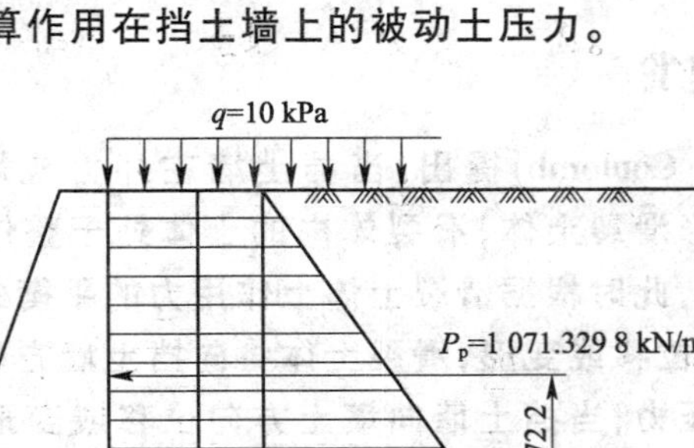

图 1.3.21 例 1.3.13 挡土墙的被动土压力(尺寸单位:m)

【解】

①按式(1.3.106)计算填土的被动土压力系数。

$$K_p=\tan^2\left(45°+\frac{\varphi}{2}\right)=\tan^2\left(45°+\frac{22°}{2}\right)=\tan^2 56°=2.198\ 0$$

②计算均布荷载 q 产生的被动土压力强度。

$$p_{pq}=qK_p=10\times2.1980=21.9800(\text{kPa})$$

③计算填土的凝聚力 $c=15$ kPa 产生的被动土压力强度。

$$p_{pc}=2c\sqrt{K_p}=2\times15\times\sqrt{2.1980}=44.4770(\text{kPa})$$

④计算填土自重在墙踵高程处产生的被动土压力强度。

$$p_{pH}=\gamma HK_p=17\times6\times2.1980=224.1960(\text{kPa})$$

⑤计算均布荷载 $q=10$ kPa 沿整个墙高产生的被动土压力。

$$P_{pq}=qHK_p=10\times6\times2.1980=131.8800(\text{kN/m})$$

⑥计算填土的凝聚力 $c=15$ kPa 沿整个墙高产生的被动土压力。

$$P_{pc}=2cH\sqrt{K_p}=2\times15\times6\times\sqrt{2.1980}=266.8618(\text{kN/m})$$

⑦计算填土自重对挡土墙产生的被动土压力。

$$P_{pH}=\frac{1}{2}\gamma H^2K_p=\frac{1}{2}\times17\times6^2\times2.1980=672.5880(\text{kN/m})$$

⑧计算作用在挡土墙上的总被动土压力。

$$P_p=P_{pq}+P_{pc}+P_{pH}=131.8800+266.8618+672.5880=1071.3298(\text{kN/m})$$

⑨计算总被动土压力 P_p 的作用点距墙踵点的高度。

$$y_p=\frac{P_{pq}\cdot\frac{1}{2}H+P_{pc}\cdot\frac{1}{2}H+P_{pH}\cdot\frac{1}{3}H}{P_p}$$

$$=\frac{131.8800\times\frac{6}{2}+266.8618\times\frac{6}{2}+672.5880\times\frac{6}{3}}{1071.3298}$$

$$=2.3722(\text{m})$$

作用在挡土墙上的被动土压力沿墙高的分布,如图 1.3.21 所示。

第四节　按库仑理论计算土压力

一、库仑土压力理论

1776 年库仑(C. A. Coulomb)提出,当挡土墙在外力或填土的作用下产生位移或变形,墙背面填土形成楔形滑裂土体,滑裂体内的土体处于整体极限平衡状态,滑裂体以外的土体仍处于弹性状态,此时根据滑裂土体上作用力的平衡条件,即可求得土压力。当挡土墙向背离填土的方向位移或变形,滑裂土体将向挡土墙方向滑动,此时滑裂土体对挡土墙的压力,称为主动土压力;当挡土墙向填土方向位移或变形,滑裂土体将沿滑动面向上被挤出,此时滑裂土体对挡土墙的压力,称为被动土压力。这就是著名的库仑土压力理论。

库仑土压力理论的基本假定是:

①墙背面填土为均质的无黏性散粒体;

②当墙体产生位移或变形后,墙背面填土中形成滑裂土体,滑裂土体被视为刚体;

③滑动面为一个通过墙踵的平面,滑动面上的摩擦力是均匀分布的;

④填土表面为水平面或倾斜面;

⑤挡土墙墙面为一平面,也是一个滑动面,填土与墙面之间存在摩擦力,摩擦力沿墙面

的分布是均匀的；

⑥土压力问题是一个二维问题（平面问题），可以取单位墙长来进行计算。

二、主动土压力

若有如图1.4.1所示的挡土墙，墙面与竖直线之间的夹角为 α，墙背面填土为一向上倾斜的平面，填土面与水平面之间的夹角为 β。当墙体产生背离填土方向的位移或变形，形成滑裂土体 ABD，滑裂土体的滑动面为 BD 平面，与水平面之间的夹角为 θ。此时滑动面以上的土体（即滑裂土体）处于极限平衡状态，滑动面以下的土体处于弹性状态，作用在滑裂土体 ABD 上的作用力有：楔形滑裂土体的自重 G，作用方向竖直向下；滑动面上的反力 R，作用在滑动面法线的下方，与该法线的夹角为 φ（填土的内摩擦角），如图1.4.1b）所示；挡土墙墙面的反力 P_a（即填土对挡土墙的主动土压力），作用在墙面法线的下方，与墙面法线成 δ 角（填土与墙面之间的摩擦角）。

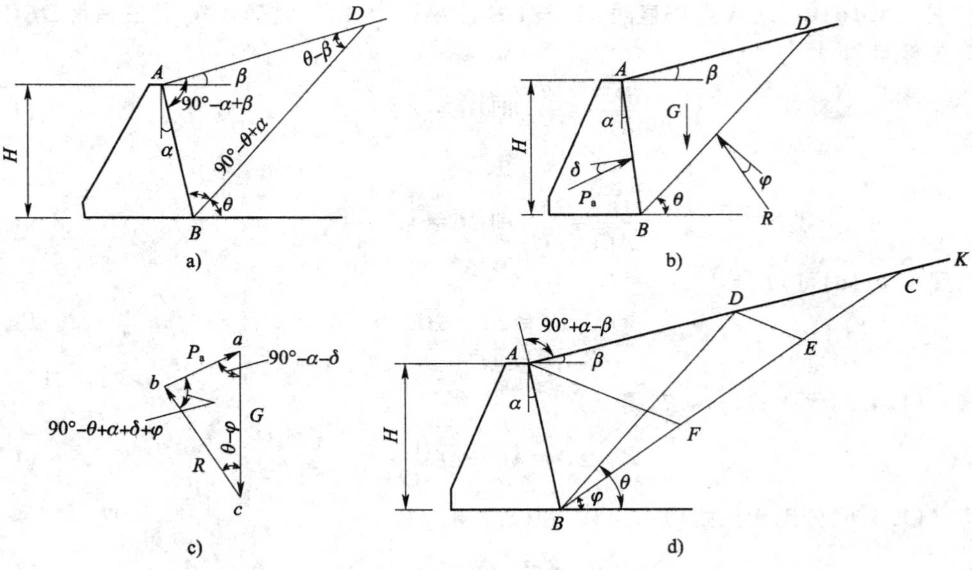

图1.4.1　库仑主动土压力计算图

由于滑裂土体在上述力的作用下处于平衡状态，故作用在滑裂土体上的力将形成一个闭合三角 abc，如图1.4.1c）所示。

若从挡土墙墙踵 B 点作直线 BC 与水平线成 φ 角，并与填土面 AK 线相交于 C 点，则 BD 线与 BC 线的夹角 $\angle DBC=\theta-\varphi$。然后再从 D 点作直线 DE 与直线 BC 线相交于 E 点，并使 $\angle BED=90°-\alpha-\delta$［图1.4.1d）］，因而在三角形 BDE 中，$\angle BDE=\gamma=90°-\theta+\alpha+\delta+\varphi$。

将图1.4.1d）中三角形 EDB 和图1.4.1c）中三角形 abc 相比较可知，三角形 EDB 和三角形 abc 是相似的。由这两个三角形相似的几何关系，可得

$$\frac{P_a}{G}=\frac{\overline{DE}}{\overline{BE}}$$

即

$$P_a=G\frac{\overline{DE}}{\overline{BE}} \tag{1.4.1}$$

第一章　土压力的计算

由图 1.4.1d）中可见，滑动楔体的重量 G 等于三角形 ABD 的面积（计算时取挡土墙的计算长度为一个单位长度）乘以填土的重度 γ，即

$$G=\gamma A$$

式中，A 为三角形 ABD 的面积。

由图 1.4.1d）中的几何关系可知，滑裂体 ABD 的面积为

$$A=\frac{1}{2}\overline{AB}\,\overline{AD}\sin(90°+\alpha-\beta)$$

所以滑动楔体的重量为

$$G=\gamma A=\frac{1}{2}\gamma\overline{AB}\,\overline{AD}\sin(90°+\alpha-\beta) \tag{1.4.2}$$

将式（1.4.2）代入式（1.4.1），则得滑裂体为 ABD 时的主动土压力为

$$P_a=\frac{1}{2}\gamma\frac{\overline{AB}\,\overline{AD}\,\overline{DE}\sin(90°+\alpha-\beta)}{\overline{BE}} \tag{1.4.3}$$

在图 1.4.1d）中，从 A 点作直线 AF 与 DE 线平行，则由三角形 AFC 与三角形 DEC 相似的几何条件可得

$$\frac{\overline{DE}}{\overline{AF}}=\frac{\overline{EC}}{\overline{FC}}，即\overline{DE}=\overline{AF}\frac{\overline{EC}}{\overline{FC}} \tag{1.4.4}$$

和

$$\frac{\overline{DC}}{\overline{AC}}=\frac{\overline{EC}}{\overline{FC}}，即\overline{DC}=\overline{AC}\frac{\overline{EC}}{\overline{FC}} \tag{1.4.5}$$

由图 1.4.1d）可知

$$\overline{EC}=\overline{BC}-\overline{BE} \tag{1.4.6}$$

$$\overline{AD}=\overline{AC}-\overline{DC} \tag{1.4.7}$$

将式（1.4.5）代入式（1.4.7）得

$$\overline{AD}=\overline{AC}-\overline{AC}\frac{\overline{EC}}{\overline{FC}} \tag{1.4.8}$$

将式（1.4.6）分别代入式（1.4.4）和式（1.4.8），得

$$\overline{DE}=\frac{\overline{AF}}{\overline{FC}}(\overline{BC}-\overline{BE}) \tag{1.4.9}$$

$$\overline{AD}=\overline{AC}\left(1-\frac{\overline{EC}}{\overline{FC}}\right)=\overline{AC}\left[1-\frac{(\overline{BC}-\overline{BE})}{\overline{FC}}\right] \tag{1.4.10}$$

将式（1.4.9）和式（1.4.10）代入式（1.4.3）得

$$P_a=\frac{1}{2}\gamma\sin(90°+\alpha-\beta)\frac{\overline{AB}\,\overline{AC}\,\overline{AF}\,(\overline{FC}-\overline{BC}+\overline{BE})(\overline{BC}-\overline{BE})}{\overline{FC}^2\,\overline{BE}} \tag{1.4.11}$$

由图 1.4.1a）可见，线段$\overline{AB}$、$\overline{AC}$、$\overline{BC}$、$\overline{AF}$和$\overline{FC}$均为常量，而线段$\overline{BE}$则随线段$\overline{BD}$（滑动面长度）的长度而变化，也就是随滑动面的倾角 θ 而变化。所以，由式（1.4.11）可知，主动土压力 P_a 随线段$\overline{BE}$而变化。

根据极值条件$\frac{dP_a}{d\,\overline{BE}}=0$，可得最大主动土压力的条件为

$$\overline{BE}^2=\overline{BC}\,\overline{BF} \tag{1.4.12}$$

由图 1.4.1d）可得下列关系：

$$\overline{BC}=\overline{AB}\frac{\sin(90°-\alpha+\beta)}{\sin(\varphi-\beta)}$$

$$\overline{AC}=\overline{AB}\frac{\sin(90°+\alpha-\varphi)}{\sin(\varphi-\beta)}$$

$$\overline{AF}=\overline{AB}\frac{\sin(90°+\alpha-\varphi)}{\sin(90°-\alpha-\delta)}$$

$$\overline{BF}=\overline{AB}\frac{\sin(\varphi+\delta)}{\sin(90°-\alpha-\delta)}$$

$$\overline{AB}=\frac{H}{\cos\alpha}$$

$$\overline{FC}=\overline{BC}-\overline{BF}$$

将以上关系和式(1.4.12)代入式(1.4.11),经整理后,可得主动土压力为

$$P_a=\frac{1}{2}\gamma H^2\frac{\cos^2(\varphi-\alpha)}{\cos^2\alpha\cos(\alpha+\delta)\left[1+\sqrt{\frac{\sin(\varphi+\delta)\sin(\varphi-\beta)}{\cos(\alpha+\delta)\cos(\alpha-\beta)}}\right]^2} \tag{1.4.13}$$

令

$$K_a=\frac{\cos^2(\varphi-\alpha)}{\cos^2\alpha\cos(\alpha+\delta)\left[1+\sqrt{\frac{\sin(\varphi+\delta)\sin(\varphi-\beta)}{\cos(\alpha+\delta)\cos(\alpha-\beta)}}\right]^2} \tag{1.4.14}$$

则式(1.4.13)可以简写为

$$P_a=\frac{1}{2}\gamma H^2K_a \tag{1.4.15}$$

式中,K_a 为库仑主动土压力系数,其值按式(1.4.14)计算。

主动土压力的水平分量为

$$P_{ab}=P_a\cos(\alpha+\delta)=\frac{1}{2}\gamma H^2K_{ah} \tag{1.4.16}$$

式中,K_{ah}为水平主动土压力系数,即

$$K_{ah}=K_a\cos(\alpha+\delta) \tag{1.4.17}$$

在按库仑土压力理论计算作用在挡土墙上的土压力时,填土与墙面的摩擦角 δ 的选用,不仅应考虑到墙面的粗糙程度,而且应考虑到墙面的倾斜情况,下列数据可作参考:

当墙面平滑、排水不良时

$$\delta=0\sim\frac{\varphi}{3}$$

当墙面粗糙、排水良好时

$$\delta=\frac{\varphi}{3}-\frac{\varphi}{2}$$

当墙面十分粗糙、排水良好时

$$\delta=\frac{\varphi}{3}-\frac{2}{3}\varphi$$

当竖直的混凝土墙面或砌体墙面时

$$\delta=\frac{\varphi}{3}\sim\frac{\varphi}{2}$$

当俯斜的混凝土墙面或砌体墙面时

$$\delta=\frac{\varphi}{3}$$

当仰斜的混凝土墙面或砌体墙面时

$$\delta=\frac{\varphi}{2}\sim\frac{2}{3}\varphi$$

当阶梯形墙面时

$$\delta=\frac{2}{3}\varphi$$

1. 当墙面倾斜、填土表面向上倾斜时($\alpha\neq0,\beta\neq0$)

当挡土墙墙面与竖直线之间夹角为 α,填土表面与水平面成 β(+)角,作用在挡土墙上的总主动土压力 P_a 可按式(1.4.15)计算,即

$$P_a=\frac{1}{2}\gamma H^2K_a$$

其中,主动土压力系数 K_a 按式(1.4.14)计算。

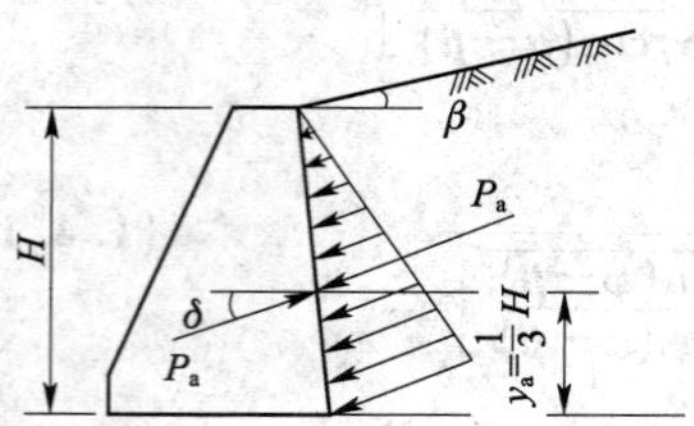

图 1.4.2 主动土压力沿墙高的分布

总主动土压力 P_a 作用于墙面法线的上方,与法线成 δ 角,如图 1.4.2 所示。主动土压力沿墙高呈三角形分布,填土表面处主动土压力强度为零,填土面以下(墙顶以下)深度为 z 处的主动土压力强度为

$$p_a=\gamma zK_a \tag{1.4.18}$$

式中,γ 为填土的重度;z 为计算点在填土表面以下的深度;K_a 为主动土压力系数,按式(1.4.14)计算。

各点处主动土压力强度的作用方向与该点处的法线成 δ 角(δ 为填土与墙面的摩擦角),并且作用在法线的上方,如图 1.4.2 所示。

由于主动土压力沿墙高呈三角形分布,故总主动土压力的作用点距墙踵点的高度为

$$y_a=\frac{1}{3}H \tag{1.4.19}$$

式中,H 为挡土墙的高度(当墙顶与填土表面齐平时)。

【例 1.4.1】 某挡土墙墙高 $H=6$ m,墙面与竖直线之间的夹角 $\alpha=15°$,墙背面填土为无黏性土,填土表面为一向上倾斜的斜坡面,与水平面的夹角 $\beta=+10°$,填土的重度 $\gamma=16.5$ kN/m³,内摩擦角 $\varphi=30°$,填土与墙面的摩擦角 $\delta=15°$,计算填土对挡土墙的主动土压力。

【解】

①根据 $\alpha=15°$、$\beta=10°$、$\delta=15°$和 $\varphi=30°$,按式(1.4.14)计算主动土压力系数。

$$\begin{aligned}K_a&=\frac{\cos^2(\varphi-\alpha)}{\cos^2\alpha\cos(\alpha+\delta)\left[1+\sqrt{\dfrac{\sin(\varphi+\delta)\sin(\varphi-\beta)}{\cos(\alpha+\delta)\cos(\alpha-\beta)}}\right]^2}\\&=\frac{\cos^2(30°-15°)}{\cos^2 15°\times\cos(15°+15°)\times\left[1+\sqrt{\dfrac{\sin(30°+15°)\times\sin(30°-10°)}{\cos(15°+15°)\times\cos(15°-10°)}}\right]^2}\\&=0.4836\end{aligned}$$

②根据式(1.4.15)计算填土对挡土墙产生的总主动土压力。

$$P_a=\frac{1}{2}\gamma H^2K_a=\frac{1}{2}\times16.5\times6^2\times0.4836=143.6292(\text{kN/m})$$

③总主动土压力作用点距墙踵点的高度为

$$y_a=\frac{1}{3}H=\frac{1}{3}\times6=2.0(\text{m})$$

主动土压力作用线与墙面法线成 $\delta=15°$角。

2. 当 $\alpha=0,\beta\neq0,\delta\neq0$ 时

当墙面竖直($\alpha=0$),墙背面填土表面为向上倾斜的斜坡面,与水平面的夹角为 β,填土与墙面的摩擦角为 δ,填土的内摩擦角为 φ 时,填土表面(墙顶)以下深度 z 处的主动土压力强度仍按式(1.4.18)计算,即

$$p_{az}=\gamma zK_a$$

此时式中的主动土压力系数按下式计算

$$K_a=\frac{\cos^2\varphi}{\cos\delta\left[1+\sqrt{\frac{\sin(\varphi+\delta)\sin(\varphi-\beta)}{\cos\delta\cos\beta}}\right]^2} \tag{1.4.20}$$

作用在挡土墙上的总主动土压力仍按式(1.4.15)计算,即

$$P_a=\frac{1}{2}\gamma H^2K_a$$

其中,主动土压力系数 K_a 按式(1.4.20)计算。

主动土压力沿墙高为三角形分布,故总主动土压力作用点距墙踵点的高度为

$$y_a=\frac{1}{3}H$$

主动土压力作用线与墙面法线成 δ 角,并作用在法线的上方。

【例 1.4.2】 同例 1.4.1 的挡土墙,但墙面竖直($\alpha=0$),其他资料与例 1.4.1 相同,计算填土对挡土墙产生的主动土压力。

【解】

①根据 $\beta=10°,\delta=15°,\varphi=30°$,按式(1.4.20)计算主动土压力系数。

$$K_a=\frac{\cos^2\varphi}{\cos\delta\left[1+\sqrt{\frac{\sin(\varphi+\delta)\sin(\varphi-\beta)}{\cos\delta\cos\beta}}\right]^2}$$

$$=\frac{\cos^2 30°}{\cos 15°\times\left[1+\sqrt{\frac{\sin(30°+15°)\times\sin(30°-10°)}{\cos 15°\times\cos 10°}}\right]^2}$$

$$=0.343\ 2$$

②根据 $\gamma=16.5\ \text{kN/m}^3$、$H=6\ \text{m}$、$K_a=0.343\ 2$,按式(1.4.15)计算填土对挡土墙的总主动土压力。

$$P_a=\frac{1}{2}\gamma H^2K_a=\frac{1}{2}\times16.5\times6^2\times0.343\ 2=101.930\ 4(\text{kN/m})$$

③总主动土压力作用点距墙踵点的高度为

$$y_a=\frac{1}{3}H=\frac{1}{3}\times6=2(\text{m})$$

土压力沿墙高呈三角形分布,压力作用线与墙面法线(此时为水平线)成 $\delta=15°$ 角,压力作用在法线的上方。

3. 当 $\alpha\neq0,\beta\neq0,\delta\neq0$ 时

当挡土墙墙面与竖直线之间的夹角为 α,墙背面填土水平($\beta=0$),内摩擦角为 φ,填土与墙面的摩擦角为 δ,如图 1.4.3 所示。

此时墙顶以下深度 z 处的主动土压力强度仍按式(1.4.18)计算,为

$$p_{az}=\gamma zK_a$$

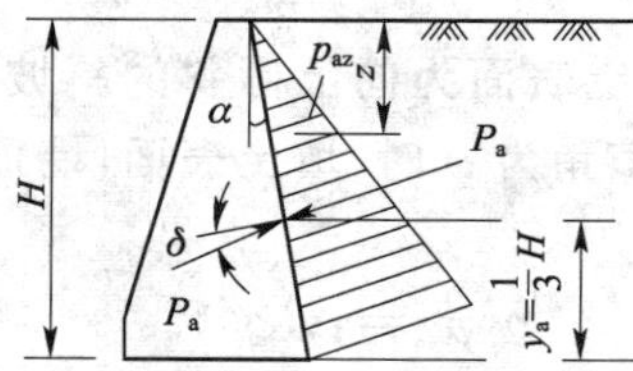

图 1.4.3 填土表面水平时的主动土压力计算图

此时式中的主动土压力系数 K_a 按下式计算

$$K_a=\frac{\cos^2(\varphi-\alpha)}{\cos^2\alpha\cos(\alpha+\delta)\left[1+\sqrt{\frac{\sin(\varphi+\delta)\sin\varphi}{\cos(\alpha+\delta)\cos\alpha}}\right]^2} \tag{1.4.21}$$

作用在挡土墙上的总主动土压力仍按式(1.4.15)计算,即

$$P_a=\frac{1}{2}\gamma H^2K_a$$

其中,主动土压力系数 K_a 按式(1.4.21)计算。

主动土压力沿墙高呈三角形分布,压力作用线与墙面法线成 δ 角,并作用在法线的上方。总主动土压力作用点距墙踵点的高度为

$$y_a=\frac{1}{3}H$$

【例 1.4.3】 同例 1.4.1 的挡土墙,但墙背面填土表面水平($\beta=0$),其他资料与例 1.4.1相同,计算填土对挡土墙的主动土压力。

【解】

①根据 $\alpha=15°$、$\delta=15°$、$\varphi=30°$,按式(1.4.21)计算主动土压力系数。

$$K_a=\frac{\cos^2(\varphi-\alpha)}{\cos^2\alpha\cos(\alpha+\delta)\left[1+\sqrt{\frac{\sin(\varphi+\delta)\sin\varphi}{\cos(\alpha+\delta)\cos\alpha}}\right]^2}$$

$$=\frac{\cos^3(30°-15°)}{\cos^2 15°\times\cos(15°+15°)\times\left[1+\sqrt{\frac{\sin(30°+15°)\times\sin 30°}{\cos(15°+15°)\times\cos 15°}}\right]^2}$$

$$=0.4241$$

②根据 $\gamma=16.5\ \mathrm{kN/m^3}$、$H=6\ \mathrm{m}$、$K_a=0.4241$,按式(1.4.15)计算填土对挡土墙产生的总主动土压力。

$$P_a=\frac{1}{2}\gamma H^2K_a=\frac{1}{2}\times16.5\times6^2\times0.4241=125.9577(\mathrm{kN/m})$$

③总主动土压力 P_a 的作用点距墙踵点的高度为

$$y_a=\frac{1}{3}H=\frac{1}{3}\times6=2(\mathrm{m})$$

主动土压力作用线与墙面法线成 $\delta=15°$角。

4. 当 $\alpha\neq0,\delta=0,\beta\neq0$ 时

当挡土墙墙面与竖直线之间的夹角为 α,填土表面倾斜,与水平面之间的夹角为 β,填土的内摩擦角为 φ,墙面光滑,填土与墙面的摩擦角 $\delta=0$ 时,墙顶以下深度 z 处的土压力强度为

$$p_{az}=\gamma zK_a$$

其中，主动土压力系数 K_a 按下式计算

$$K_a=\frac{\cos^2(\varphi-\alpha)}{\cos^3\alpha\left[1+\sqrt{\frac{\sin\varphi\sin(\varphi-\beta)}{\cos\alpha\cos(\alpha-\beta)}}\right]^2} \tag{1.4.22}$$

填土对挡土墙产生的总主动土压力为：

$$P_a=\frac{1}{2}\gamma H^2K_a$$

其中，主动土压力系数 K_a 按式(1.4.22)计算。

土压力沿墙高呈三角形分布，作用线与墙面正交，总主动土压力作用点距墙踵点的高度为

$$y_a=\frac{1}{3}H$$

【例 1.4.4】 挡土墙资料与例 1.4.1 相同，但填土与墙面的摩擦角 $\delta=0$，计算填土对挡土墙的主动土压力。

【解】

①根据 $\alpha=15°$、$\beta=10°$、$\varphi=30°$，按式(1.4.22)计算主动土压力系数。

$$\begin{aligned}K_a&=\frac{\cos^2(\varphi-\alpha)}{\cos^3\alpha\left[1+\sqrt{\frac{\sin\varphi\sin(\varphi-\beta)}{\cos\alpha\cos(\alpha-\beta)}}\right]^2}\\&=\frac{\cos^2(30°-15°)}{\cos^3 15°\times\left[1+\sqrt{\frac{\sin 30°\times\sin(30°-10°)}{\cos 15°\times\cos(15°-10°)}}\right]^2}\\&=0.5123\end{aligned}$$

②根据 $\gamma=16.5\ kN/m^3$、$H=6\ m$、$K_a=0.5123$，按式(1.4.15)计算总主动土压力。

$$P_a=\frac{1}{2}\gamma H^2K_a=\frac{1}{2}\times16.5\times6^2\times0.5123=152.1531(kN/m)$$

③计算总主动土压力作用点距墙踵点的高度。

$$y_a=\frac{1}{3}H=\frac{1}{3}\times6=2(m)$$

由于 $\delta=0$，故土压力作用线与挡土墙墙面正交。

5. 当 $\alpha=\beta=0,\delta\neq0$ 时

当挡土墙墙面竖直($\alpha=0$)，填土表面水平($\beta=0$)，填土的内摩擦角为 φ，填土与墙面的摩擦角为 δ，此时墙顶以下深度 z 处的土压力强度仍为

$$p_{az}=\gamma zK_a$$

其中，主动土压力系数 K_a 按下式计算

$$K_a=\frac{\cos^2\varphi}{\cos\delta\left[1+\sqrt{\frac{\sin(\varphi+\delta)\sin\varphi}{\cos\delta}}\right]^2} \tag{1.4.23}$$

作用在挡土墙上的总主动土压力为

$$P_a=\frac{1}{2}\gamma H^2K_a$$

其中，主动土压力系数 K_a 按式(1.4.23)计算。

总主动土压力作用点距墙踵点的高度为

$$y_a=\frac{1}{3}H$$

【例 1.4.5】 挡土墙墙高 $H=6$ m，墙面竖直($\alpha=0$)，填土为无黏性土，填土表面水平($\beta=0$)，填土的重度 $\gamma=16.5$ kN/m³，内摩擦角 $\varphi=30°$，填土与墙面的摩擦角 $\delta=15°$，计算主动土压力。

【解】

①根据 $\varphi=30°$、$\delta=15°$，按式(1.4.23)计算主动土压力系数。

$$K_a=\frac{\cos^2\varphi}{\cos\delta\left[1+\sqrt{\frac{\sin(\varphi+\delta)\sin\varphi}{\cos\delta}}\right]^2}$$

$$=\frac{\cos^2 30°}{\cos 15°\times\left[1+\sqrt{\frac{\sin(30°+15°)\times\sin 30°}{\cos 15°}}\right]^2}$$

$$=0.3014$$

②根据 $\gamma=16.5$ kN/m³、$H=6$ m、$K_a=0.3014$，计算总主动土压力。

$$P_a=\frac{1}{2}\gamma H^2K_a=\frac{1}{2}\times16.5\times6^2\times0.3014=89.5158(\text{kN/m})$$

主动土压力沿墙高呈三角形分布，土压力作用点距墙踵点高度为

$$y_a=\frac{1}{3}H=\frac{1}{3}\times6=2(\text{m})$$

6. 当 $\alpha=\delta=0,\beta\neq0$ 时

当挡土墙面竖直($\alpha=0$)，填土表面与水平面的夹角为 β，填土的内摩擦角为 φ，填土与墙面的摩擦角 $\delta=0$，此时墙顶以下深度 z 处的主动土压力强度仍按式(1.4.18)计算，但式中的主动土压力系数按下式计算

$$K_a=\frac{\cos^2\varphi}{\left[1+\sqrt{\frac{\sin\varphi\sin(\varphi-\beta)}{\cos\beta}}\right]^2}\tag{1.4.24}$$

此时总主动土压力为

$$P_a=\frac{1}{2}\gamma H^2K_a$$

其中，主动土压力系数 K_a 按式(1.4.24)计算。

土压力沿墙高呈三角形分布。

7. 当 $\alpha\neq0,\delta=\beta=0$ 时

当挡土墙墙高为 H，墙面光滑($\delta=0$)，墙面与竖直面之间的夹角为 α，墙背面填土为无黏性土，填土表面水平($\beta=0$)，内摩擦角为 φ，此时墙顶以下深度 z 处的主动土压力强度 p_{az} 可按式(1.4.18)计算，总主动土压力可按式(1.4.15)计算，但此时两式中的主动土压力系数 K_a，应按下式计算

$$K_a=\frac{\cos^2(\varphi-\alpha)}{\cos^2\alpha\left(1+\frac{\sin\varphi}{\cos\alpha}\right)^2}\tag{1.4.25}$$

【例 1.4.6】 资料同例 1.4.1，但 $\delta=\beta=0$，计算主动土压力。

【解】

①根据 $\alpha=15°$和 $\varphi=30°$，按式(1.4.25)计算主动土压力系数。

$$K_a=\frac{\cos^2(\varphi-\alpha)}{\cos^3\alpha\left(1+\frac{\sin\varphi}{\cos\alpha}\right)^2}=\frac{\cos^2(30°-15°)}{\cos^3 15°\times\left(1+\frac{\sin 30°}{\cos 15°}\right)^2}=0.449\ 5$$

②根据 $\gamma=16.5\ \mathrm{kN/m^3}$、$H=6$ m、$K_a=0.449\ 5$，按式(1.4.15)计算总主动土压力。

$$P_a=\frac{1}{2}\gamma H^2K_a=\frac{1}{2}\times16.5\times6^2\times0.449\ 5=133.501\ 5(\mathrm{kN/m})$$

③计算总主动土压力作用点距墙踵点的高度。

$$y_a=\frac{1}{3}H=\frac{1}{3}\times6=2(\mathrm{m})$$

主动土压力沿墙高为三角形分布，压力作用线与墙面法线一致。

8. 当 $\alpha=\delta=\beta=0$ 时

当挡土墙墙高为 H，墙面光滑竖直($\alpha=0,\delta=0$)，填土表面与水平面的夹角 $\beta=0$(即填土表面水平)，填土的内摩擦角为 φ，此时土压力强度 p_{az} 和总主动土压力 P_a 仍可分别按式(1.4.18)和式(1.4.15)计算，此时主动土压力沿墙高呈三角形分布，压力作用线水平。

但在计算主动土压力时，主动土压力系数 K_a 按下式计算

$$K_a=\frac{\cos^2\varphi}{(1+\sin\varphi)^2}=\tan^2\left(45°-\frac{\varphi}{2}\right)\tag{1.4.26}$$

【例 1.4.7】 某挡土墙墙高 $H=6$ m，墙面光滑竖直($\alpha=\delta=0$)，填土为无黏性土，填土表面水平($\beta=0$)，重度 $\gamma=16.5\ \mathrm{kN/m^3}$，内摩擦角 $\varphi=30°$，计算主动土压力。

【解】

①根据 $\varphi=30°$，按式(1.4.26)计算主动土压力系数。

$$K_a=\frac{\cos^2\varphi}{(1+\sin\varphi)^2}=\frac{\cos^2 30°}{(1+\sin 30°)^2}=0.333\ 3$$

②根据 $\varphi=16.5\ \mathrm{kN/m^3}$、$H=6$ m、$K_a=0.333\ 3$，按式(1.4.15)计算总主动土压力。

$$P_a=\frac{1}{2}\gamma H^2K_a=\frac{1}{2}\times16.5\times6^2\times0.333\ 3=98.990\ 1(\mathrm{kN/m})$$

此值与按朗肯土压理论计算结果完全一致。

③计算总主动土压力作用点距墙踵的高度。

$$y_a=\frac{1}{3}H=\frac{1}{3}\times6=2(\mathrm{m})$$

土压力沿墙高呈三角形分布，压力作用线与墙面法线(水平线)一致。

三、被动土压力

若有如图 1.4.4a)所示的挡土墙，墙面与竖直线之间的夹角为 α，墙面填土为一向上倾斜的斜平面，填土表面与水平面之间的夹角为 β，填土的重度为 γ，内摩擦角为 φ。当墙体产生向着填土方向的位移或变形的，形成向上挤出的滑裂体 ABD，滑裂体的滑动面为 BD 平面，与水平面之间的夹角为 θ。此时滑动面以上土体(即滑裂土体)处于被动极限平衡状态，滑动面以下的土体，仍处于弹性状态。

如图 1.4.4b)所示，此时作用在滑裂体 ABD 上的力有：滑裂土体 ABD 的重量 G，作用在滑裂楔体 ABD 的重心，作用方向垂直向下；滑动面上的反力 R，与滑动面的法线成 φ 角，作用在法线的上方；挡土墙墙面对滑裂体的反力 P_p(等于填土对挡土墙的被动土压力，但作用方向相反)，与墙面法线成 δ 角(填土与墙面的摩擦角)，作用在法线的上方。

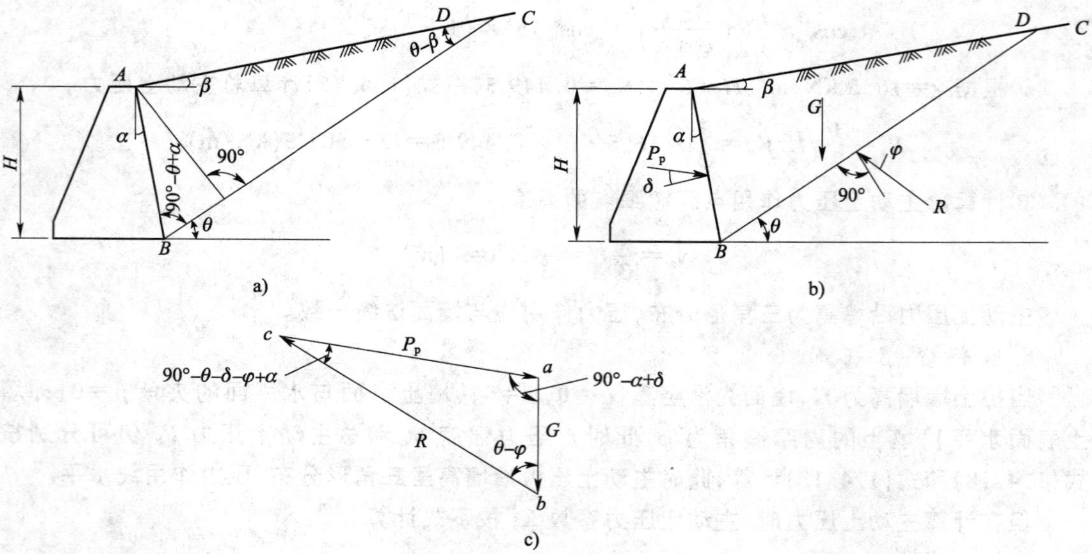

图 1.4.4 库仑被动土压力计算图

由于滑裂土体在上述力的作用下处于平衡状态，故作用在滑裂土体上的力将形成一个闭合三角形 abc，如图 1.4.4c)所示。

按照前面所述推导主动土压力计算公式的类似方法，可得作用在挡土墙上的被动土压力为

$$P_{\mathrm{p}}=\frac{1}{2}\gamma H^{2}K_{\mathrm{p}} \tag{1.4.27}$$

式中，K_{p} 为库仑被动土压力系数，其值为

$$K_{\mathrm{p}}=\frac{\cos^{2}(\varphi+\alpha)}{\cos^{2}\alpha\cos(\alpha-\delta)\left[1-\sqrt{\dfrac{\sin(\varphi+\delta)\sin(\varphi+\beta)}{\cos(\alpha-\delta)\cos(\alpha-\beta)}}\right]^{2}} \tag{1.4.28}$$

1. 当 $\alpha\neq0$、$\beta\neq0$ 和 $\delta\neq0$ 时

当挡土墙墙面倾斜，与竖直线成 α 角，填土表面向上倾斜，与水平面成 β(+)角，填土与墙面的摩擦角为 δ，填土的内摩擦角为 φ 时，作用在挡土墙上的总被动土压力 P_{p} 可按式(1.4.27)计算，即

$$P_{\mathrm{p}}=\frac{1}{2}\gamma H^{2}K_{\mathrm{p}}$$

其中，被动土压力系数 K_{p} 按式(1.4.28)计算。

总被动土压力的作用线与墙面法线成 φ 角，作用在法线的下方，如图 1.4.5 所示。

被动土压力沿墙高的分布图形为一个三角形，如图 1.4.5 所示，也就是说被动土压力沿墙高为线性分布，墙顶以下(当填土表面与墙顶齐平时)深度 z 处的被动土压力强度为

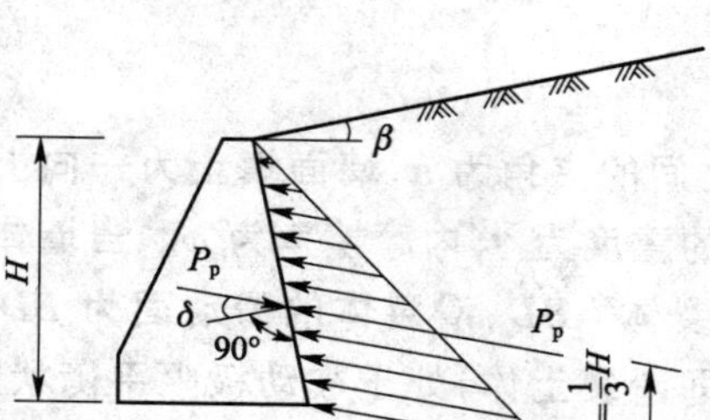

图 1.4.5 被动土压力沿墙高的分布

$$p_{\mathrm{pz}}=\gamma zK_{\mathrm{p}} \tag{1.4.29}$$

式中，γ 为填土的重度；z 为计算点在墙顶以下的深度；K_{p} 为填土的被动土压力系数，按

式(1.4.28)计算。

总被动土压力的作用点距墙踵点的高度为

$$y_p=\frac{1}{3}H \tag{1.4.30}$$

【例 1.4.8】 某挡土墙墙高 $H=6$ m,墙面倾斜,与竖直线之间的夹角 $\alpha=15°$,填土为无黏性土,填土表面为一向上倾斜的斜坡面,与水平面的夹角为 $\beta=+10°$,填土的重度为 $\gamma=16.5\ kN/m^3$,内摩擦角 $\varphi=30°$,填土与墙面的摩擦角 $\delta=15°$,计算填土对挡土墙的被动土压力。

【解】

①根据 $\alpha=15°$、$\delta=15°$、$\beta=10°$、$\varphi=30°$,按式(1.4.28)计算被动土压力系数。

$$K_p=\frac{\cos^2(\varphi+\alpha)}{\cos^2\alpha\cos(\alpha-\delta)\left[1-\sqrt{\dfrac{\sin(\varphi+\delta)\sin(\varphi+\beta)}{\cos(\alpha-\delta)\cos(\alpha-\beta)}}\right]^2}$$

$$=\frac{\cos^2(30°+15°)}{\cos^2 15°\times\cos(15°-15°)\times\left[1-\sqrt{\dfrac{\sin(30°+15°)\times\sin(30°+10°)}{\cos(15°-15°)\times\cos(15°-10°)}}\right]^2}$$

$$=5.0865$$

②根据 $\gamma=16.5\ kN/m^3$、$H=6$ m、$K_p=5.0865$,按式(1.4.27)计算总被动土压力。

$$P_p=\frac{1}{2}\gamma H^2K_p=\frac{1}{2}\times16.5\times6^2\times5.0865=1\,510.6905(kN/m)$$

③根据式(1.4.30)计算总被动土压力作用点距墙踵点的高度。

$$y_p=\frac{1}{3}H=\frac{1}{3}\times6=2(m)$$

被动土压力沿墙高呈三角形分布,压力作用线与墙面法线成 $\delta=15°$角,作用在法线的下方。

2. 当 $\alpha\neq0,\delta\neq0,\beta=0$ 时

当挡土墙墙面倾斜,与竖直线成 α 角,填土为无黏性土,填土表面水平($\beta=0$),内摩擦角为 φ,填土与墙面的摩擦角为 δ 时,作用在墙顶以下深度 z 处的被动土压力强度 p_{pz} 仍可按式(1.4.29)计算,即

$$p_{pz}=\gamma zK_p$$

式中,K_p 为被动土压力系数,按下式计算

$$K_p=\frac{\cos^2(\varphi+\alpha)}{\cos^2\alpha\cos(\alpha-\delta)\left[1-\sqrt{\dfrac{\sin(\varphi+\delta)\sin\varphi}{\cos(\alpha-\delta)\cos\alpha}}\right]^2} \tag{1.4.31}$$

此时作用在挡土墙上的总被动土压力仍可按式(1.4.27)计算,即

$$P_p=\frac{1}{2}\gamma H^2K_p$$

其中,被动土压力系数 K_p 按式(1.4.31)计算。

被动土压力沿墙高呈线性分布,分布图形为三角形,压力作用线与墙面法线成 δ 角,作用在法线的下方。

总被动土压力的作用点距墙踵点的高度为

$$y_p=\frac{1}{3}H$$

【例 1.4.9】 同例 1.4.8 的挡土墙,但墙背面填土水平($\beta=0$),其他资料与例 1.4.8 相

同,计算作用在挡土墙上的被动土压力。

【解】

①根据 $\alpha=15°$、$\delta=15°$、$\varphi=30°$,按式(1.4.31)计算被动土压力系数。

$$K_p=\frac{\cos^2(\varphi+\alpha)}{\cos^2\alpha\cos(\alpha-\delta)\left[1-\sqrt{\dfrac{\sin(\varphi+\delta)\sin\varphi}{\cos(\alpha-\delta)\cos\alpha}}\right]^2}$$

$$=\frac{\cos^2(30°+15°)}{\cos^2 15°\times\cos(15°-15°)\times\left[1-\sqrt{\dfrac{\sin(30°+15°)\times\sin 30°}{\cos(15°-15°)\times\cos 15°}}\right]^2}$$

$$=3.4341$$

②根据 $\gamma=16.5\ \mathrm{kN/m^3}$、$H=6\ \mathrm{m}$、$K_p=3.4341$,按式(1.4.27)计算总被动土压力。

$$P_p=\frac{1}{2}\gamma H^2K_p=\frac{1}{2}\times16.5\times6^2\times3.4341=1019.9277(\mathrm{kN/m})$$

③根据式(1.4.30)计算总被动土压力作用点距墙踵点的高度。

$$y_p=\frac{1}{3}H=\frac{1}{3}\times6=2(\mathrm{m})$$

3. 当 $\alpha=0,\delta\neq0,\beta\neq0$ 时

当挡土墙墙高为 H,墙面竖直($\alpha=0$),填土为无黏性土,填土表面为一向上倾斜的斜坡面,与水平面的夹角为 β,填土内摩擦角为 φ,填土与墙面的摩擦角为 δ 时,墙顶以下深度 z 处的被动土压力强度 p_{pz} 仍按式(1.4.29)计算,即

$$p_{pz}=\gamma zK_p$$

此时式中的被动土压力系数 K_p 按下式计算

$$K_p=\frac{\cos^2\varphi}{\cos\delta\left[1-\sqrt{\dfrac{\sin(\varphi+\delta)\sin(\varphi+\beta)}{\cos\delta\cos\beta}}\right]^2}\tag{1.4.32}$$

此时填土对挡土墙的总被动土压力 P_p 仍按式(1.4.27)计算

$$P_p=\frac{1}{2}\gamma H^2K_p$$

此时式中的被动土压力系数应按式(1.4.32)计算。

被动土压力沿墙高为线性分布,分布图形为三角形,总主动土压力作用点距墙踵点的高度为

$$y_p=\frac{1}{3}H$$

压力作用线与墙面法线成 δ 角,作用在法线的下方。

【例 1.4.10】 某挡土墙墙高 $H=6$ m,墙面竖直($\alpha=0$),其他资料与例 1.4.8 相同,计算被动土压力。

【解】

①根据 $\delta=15°$,$\beta=10°$,$\varphi=30°$,按式(1.4.32)计算被动土压力系数。

$$K_p=\frac{\cos^2\varphi}{\cos\delta\left[1-\sqrt{\dfrac{\sin(\varphi+\delta)\sin(\varphi+\beta)}{\cos\delta\cos\beta}}\right]^2}$$

$$=\frac{\cos^2 30°}{\cos 15°\times\left[1-\sqrt{\dfrac{\sin(30°+15°)\times\sin(30°+10°)}{\cos 15°\times\cos 10°}}\right]^2}$$

$$=8.1451$$

②根据 $\gamma=16.5\ \mathrm{kN/m^3}$, $H=6\ \mathrm{m}$, $K_p=8.1451$，按式(1.4.27)计算总被动土压力。

$$P_p=\frac{1}{2}\gamma H^2K_p=\frac{1}{2}\times16.5\times6^2\times8.1451=2419.0947(\mathrm{kN/m})$$

③总主动土压力作用点距墙踵点的高度为

$$y_p=\frac{1}{3}H=\frac{1}{3}\times6=2(\mathrm{m})$$

4. 当 $\alpha\neq0,\delta=0,\beta\neq0$ 时

当挡土墙墙面光滑时($\delta=0$)，被动土压力强度 p_{pz} 和总被动土压力 P_p 仍分别按式(1.4.29)和式(1.4.27)计算，但此时这两个公式中的被动土压力系数按下式计算

$$K_p=\frac{\cos^2(\varphi+\alpha)}{\cos^3\alpha\left[1-\sqrt{\dfrac{\sin\varphi\sin(\varphi+\beta)}{\cos\alpha\cos(\alpha-\beta)}}\right]^2}\tag{1.4.33}$$

【例 1.4.11】 同例 1.4.8 的挡土墙，但墙面光滑($\delta=0$)，其他资料与例 1.4.8 相同，计算被动土压力。

【解】

①根据 $\alpha=15^\circ,\beta=10^\circ,\varphi=30^\circ$，按式(1.4.33)计算被动土压力系数。

$$\begin{aligned}K_p&=\frac{\cos^2(\varphi+\alpha)}{\cos^3\alpha\left[1-\sqrt{\dfrac{\sin\varphi\sin(\varphi+\beta)}{\cos\alpha\cos(\alpha-\beta)}}\right]^2}\\&=\frac{\cos^2(30^\circ+15^\circ)}{\cos^3 15^\circ\times\left[1-\sqrt{\dfrac{\sin30^\circ\times\sin(30^\circ+10^\circ)}{\cos15^\circ\times\cos(15^\circ-10^\circ)}}\right]^2}\\&=3.0084\end{aligned}$$

②根据 $\gamma=16.5\ \mathrm{kN/m^3}$, $H=6\ \mathrm{m}$, $K_p=3.0084$，按式(1.4.27)计算总被动土压力 P_p，即

$$P_p=\frac{1}{2}\gamma H^2K_p=\frac{1}{2}\times16.5\times6^2\times3.0084=893.4948(\mathrm{kN/m})$$

③总被动土压力 P_p 的作用点距墙踵的高度为

$$y_p=\frac{1}{3}H=\frac{1}{3}\times6=2(\mathrm{m})$$

被动土压力沿墙高的分布图形为三角形，由于此时 $\delta=0$，故压力作用线的方向与墙面法线方向一致。

5. 当 $\alpha=\beta=0,\delta\neq0$ 时

当挡土墙面竖直($\alpha=0$)，填土表面水平($\beta=0$)时，距墙顶以下深度为 z 处的被动土压力强度 p_{pz} 和总被动土压力 P_p 仍分别按式(1.4.29)和式(1.4.27)计算，但式中的被动土压力系数 K_p 按下式计算

$$K_p=\frac{\cos^2\varphi}{\cos\delta\left[1-\sqrt{\dfrac{\sin(\varphi+\delta)\sin\varphi}{\cos\delta}}\right]^2}\tag{1.4.34}$$

【例 1.4.12】 同例 1.4.8 的挡土墙，但 $\alpha=\beta=0$，其他资料与例 1.4.8 相同，计算被动土压力。

【解】

①根据 $\delta=15^\circ,\varphi=30^\circ$，按式(1.4.34)计算被动土压力系数。

$$K_p=\frac{\cos^2\varphi}{\cos\delta\left[1-\sqrt{\frac{\sin(\varphi+\delta)\sin\varphi}{\cos\delta}}\right]^2}$$

$$=\frac{\cos^2 30^\circ}{\cos 15^\circ\times\left[1-\sqrt{\frac{\sin(30^\circ+15^\circ)\times\sin 30^\circ}{\cos 15^\circ}}\right]^2}=4.976\ 8$$

②根据 $\gamma=16.5\ \text{kN/m}^2$，$H=6\ \text{m}$，$K_a=4.976\ 8$，按式(1.4.27)计算总被动土压力。

$$P_p=\frac{1}{2}\gamma H^2K_a=\frac{1}{2}\times16.5\times6^2\times4.976\ 8=1\ 478.109\ 6(\text{kN/m})$$

6. 当 $\alpha\neq0$，$\delta=\beta=0$ 时

当挡土墙墙高为 H，墙面倾斜，与竖直线之间的夹角为 α，但墙面光滑($\delta=0$)，填土表面水平($\beta=0$)，填土的重度为 γ，内摩擦角为 φ，此时墙顶以下深度 z 处的被动土压力强度 p_{pz} 和总被动土压力 P_p 可分别按式(1.4.29)和(1.4.27)计算，但式中的被动土压力系数 K_a 按下式计算

$$K_a=\frac{\cos^2(\varphi+\alpha)}{\cos^3\alpha\left(1-\sqrt{\frac{\sin^2\varphi}{\cos^2\alpha}}\right)^2}=\frac{\cos^2(\varphi+\alpha)}{\cos^3\alpha\left(1-\frac{\sin\varphi}{\cos\alpha}\right)^2}\tag{1.4.35}$$

【例 1.4.13】 某挡土墙墙高 $H=6\ \text{m}$，墙面倾斜，与竖直线之间的夹角 $\alpha=15^\circ$，墙面光滑($\delta=0$)，填土为无黏性土，填土表面水平($\beta=0$)，填土重度 $\gamma=16.5\ \text{kN/m}^3$，内摩擦角 $\varphi=30^\circ$，计算被动土压力。

【解】

①根据 $\alpha=15^\circ$、$\varphi=30^\circ$，按式(1.4.35)计算被动土压力系数。

$$K_a=\frac{\cos^2(30^\circ+15^\circ)}{\cos^3 15^\circ\times\left(1-\frac{\sin 30^\circ}{\cos 15^\circ}\right)^2}=2.384\ 4$$

②根据 $\gamma=16.5\ \text{kN/m}^3$、$H=6\ \text{m}$、$K_p=2.384\ 4$，按式(1.4.27)计算总被动土压力。

$$P_p=\frac{1}{2}\gamma H^2K_p=\frac{1}{2}\times16.5\times6^2\times2.384\ 4=684.020\ 7(\text{kN/m})$$

7. 当 $\alpha=\beta=\delta=0$ 时

当挡土墙墙高为 H，墙面光滑竖直($\alpha=0$、$\delta=0$)，填土为无黏性土，表面水平($\beta=0$)，填土的容重为 γ，内摩擦角为 φ 时，墙顶以下深度 z 处的被动土压力强度 p_{pz} 和总被动土压力 P_p，仍可分别按式(1.4.29)和式(1.4.27)计算，但式中的被动土压力系数 K_p，应按下式计算

$$K_p=\frac{\cos^2\varphi}{(1-\sin\varphi)^2}\tag{1.4.36}$$

【例 1.4.14】 某挡土墙墙高 $H=6\ \text{m}$，墙面光滑竖直，填土为无黏性土，填土面水平，填土重度 $\gamma=16.5\ \text{kN/m}^3$，内摩擦角 $\varphi=30^\circ$，计算被动土压力。

【解】

根据 $\varphi=30^\circ$，按式(1.4.36)计算被动土压力系数。

$$K_a=\frac{\cos^2\varphi}{(1-\sin\varphi)^2}=\frac{\cos^2 30^\circ}{(1-\sin 30^\circ)^2}=3.00$$

根据 $\gamma=16.5\ \text{kN/m}^3$、$H=6\ \text{m}$、$K_p=3.00$，按式(1.4.27)计算总被动土压力

$$P_p=\frac{1}{2}\gamma H^2K_p=\frac{1}{2}\times16.5\times6^2\times3.00=891.00(\text{kN/m})$$

上述计算结果与按朗肯理论计算结果完全相同。

第五节　竖向土层压力

一、浅埋地下结构

在软土地层中当地下结构物采用明挖法施工，埋置深度较浅（顶盖离地表面距离较近时），称为浅埋地下结构。作用于浅埋地下结构物顶盖上的竖向土压力值，一般情况下采用土柱理论计算。即竖向土层压力随埋深呈正比例增加，它等于顶盖上土柱的全部重量，如图 1.5.1所示。按下式计算

$$q=\gamma H \tag{1.5.1}$$

当埋深相对于跨度增加到一定程度，且土层较硬时，工程经验和试验表明，结构上的竖向土压力比按土柱理论计算的结果为小，从而产生了考虑土柱两侧摩擦力和黏聚力的修正土柱理论（图 1.5.2）。

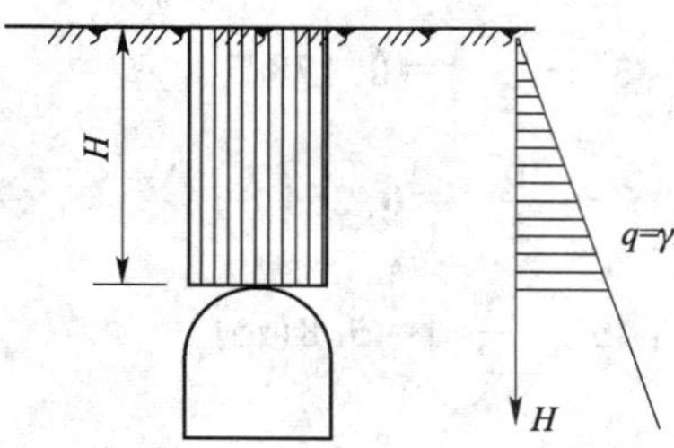

图 1.5.1　土柱理论

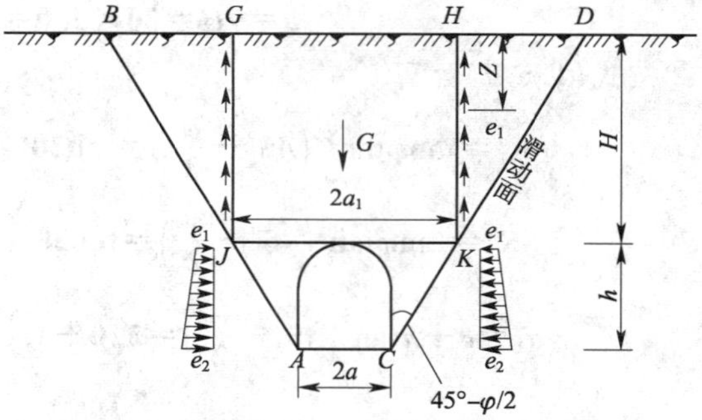

图 1.5.2　修正的土柱理论

地下结构洞室上覆土层垂直向下滑动时，土柱两侧产生两个滑动面 *AB* 和 *CD*，滑动面的起点在墙基，滑动面与垂直线的夹角为 $45°-\varphi/2$，在洞室上方的土柱为 *GJKH*。由此可认为，作用在结构上的垂直土层压力 *Q*（总压力），等于土柱 *GJKH* 的重量 *G* 减去两侧 *GJ*、*KH* 面上的夹制力 *T*，即

$$Q=G-2T \tag{1.5.2}$$

夹制力 *T* 为摩擦力和黏结力之和，作用在土柱侧面处任一点上的夹制应力为

$$t=c+e_z\tan\varphi \tag{1.5.3}$$

式中，e_z 为距地面深度 z 处一点上的侧压力，按朗肯公式得

$$e_z=\gamma z\tan^2\left(45°-\frac{\varphi}{2}\right)-2c\tan(45°-\varphi/2) \tag{1.5.4}$$

将式(1.5.3)积分可得到土柱侧面总的夹制力 *T* 为

$$T=\int_0^H t\mathrm{d}z=\frac{1}{2}\gamma H^2K_1+cH(1-2K_2) \tag{1.5.5}$$

$$K_1=\tan\varphi\tan^2\left(45°-\frac{\varphi}{2}\right)$$

$$K_2=\tan\varphi\tan\left(45°-\frac{\varphi}{2}\right)$$

于是，由式(1.5.2)可得到作用于地下结构上的竖向土压力的总值为

$$Q=G-2T=2a_1\gamma H-\gamma H^2K_1-2cH(1-2K_2) \tag{1.5.6}$$

若假定结构顶部的竖向土压力是均匀分布的,则垂直均布压力为

$$q=\gamma H\left[1-\frac{H}{2a_1}K_1-\frac{c}{a_1\gamma}(1-2K_2)\right] \tag{1.5.7}$$

式中,a_1 为土柱宽度之半(m),$a_1=a+h\tan\left(45^\circ-\frac{\varphi}{2}\right)$;$a$ 为地下结构外缘尺寸之半;h 为地下结构的高度。

当有地面荷载 q_1 时,则可将地面荷载换算成土层高度 $h'_0=\frac{q_1}{\gamma}$(γ 为上覆土层的平均重度),然后与上覆土层厚度 H 叠加起来,以($H+h'_0$)代替式(1.5.7)中的 H 计算。

【例 1.5.1】 已知如图 1.5.7 所示的拱形地下结构,高度 $h=4$ m,$H=5$ m,跨度之半 $a=3$ m,土体物性参数 $c=10$ kN/m²,$\varphi=20^\circ$,$\gamma=20$ kN/m³。

试求:作用于结构顶盖上的垂直均布压力 q。

【解】

①按式(1.5.1)计算

$$q=\gamma H=20\times5.0=100(\text{kN/m})$$

②按式(1.5.7)计算

$$K_1=\tan\varphi\tan^2\left(45^\circ-\frac{\varphi}{2}\right)=\tan20^\circ\times\tan^2\left(45^\circ-\frac{20^\circ}{2}\right)=0.178\,5$$

$$K_2=\tan\varphi\tan\left(45^\circ-\frac{\varphi}{2}\right)=\tan20^\circ\times\tan\left(45^\circ-\frac{20^\circ}{2}\right)=0.254\,8$$

$$a_1=a+h\tan\left(45^\circ-\frac{\varphi}{2}\right)=3.0+4.0\times\tan\left(45^\circ-\frac{20^\circ}{2}\right)=5.8(\text{m})$$

$$\begin{aligned}q&=\gamma H\left[1-\frac{H}{2a_1}K_1-\frac{c}{a_1\gamma}(1-2K_2)\right]\\&=20\times5\times\left[1-\frac{5}{2\times5.8}\times0.178\,5-\frac{10}{5.8\times20}(1-2\times0.254\,8)\right]\\&=88.1(\text{kN/m})\end{aligned}$$

由上述例题可以看出当考虑了土柱两侧摩擦力和黏聚力的影响后,作用于结构顶盖上的垂直土压力应能减小一些。而在实际工程中往往出于安全的考虑,目前仍普遍使用式(1.5.1)来计算竖向土压力。

二、深埋地下结构

1. 普氏压力拱理论

采用暗挖法施工,且埋置较深的地下建筑物称为深埋地下结构。在埋深较大,土质很好的情况下,地下洞室上方的土体形成一个承力的压力拱,可以将洞室上方土体自重的大部分卸载到周围的地层中去。在有些情况下,即使不作衬砌,地下洞室也不会坍塌。这样如果仍用土柱理论计算竖向土压力显然是不合理的。

深埋地下结构竖向土压力计算的经典理论为普氏压力拱理论,它是由前苏联学者普洛托雅可诺夫于 1909 年提出的。普氏理论假定土层为松散体,并认为在深埋情况下,洞室上方形成一个抛物线形压力拱。压力拱能够承受自身土体自重,而压力拱以下为一个塌落拱,塌落拱的土体重量就是作用在地下结构顶盖上的竖向地层压力(图 1.5.3)。其中塌落拱的高度为

$$h_0=\frac{a_1}{f_k} \tag{1.5.8}$$

$$a_1=a+h\tan\left(45°-\frac{\varphi}{2}\right) \tag{1.5.9}$$

竖向土层压力为塌落拱的自重，分为均布部分 q 和近似三角形部分 Δq。

$$q=\gamma h_0 \tag{1.5.10}$$

$$\Delta q=(h'+f')\gamma-\gamma h_0 \tag{1.5.11}$$

式中，a_1 为压力拱的半跨宽度(m)；a 为地下结构宽度之半(m)；h 为地下结构的高度(m)；f_k 为土层坚固系数；φ 为土层的内摩擦角；f' 为拱外缘高度；h' 为拱脚外边缘的压力拱高度，即 $h'=h_0\left(1-\frac{a^2}{a_1^2}\right)$。

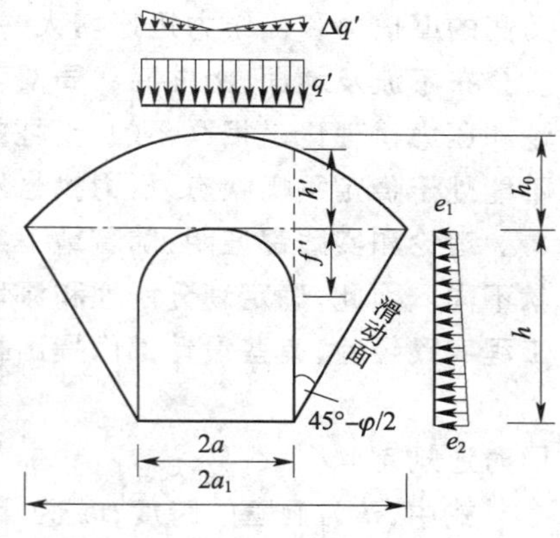

图 1.5.3　普氏压力拱理论计算简图

f_k 称为土层坚固系数，又称为普氏似摩擦系数，它反映了土层的坚硬程度。土层越好，f_k 值越大，塌落拱高度越小，相应的竖向土压力也越小。对于软土地层，土层坚固系数可按下式计算

$$f_k=\tan\varphi \tag{1.5.12}$$

2. 太沙基理论

太沙基(K. Terzaghi)于 1946 年提出了地层的垂直土压力计算公式。太沙基理论也是将地层看成松散体，但考虑的方法与普氏理论不同。它是从应力传递概念出发，考虑了洞室尺寸、埋深以及土体的 c、φ 对土层稳定性的影响，根据微分单元体的平衡和试验结果，推导出作用于地下结构上的垂直压力式(图 1.5.4)：

$$\sigma_B=\frac{a_1(\gamma-c/a_1)}{K\tan\varphi}(1-e^{-K\tan\varphi\cdot n})+qe^{-K\tan\varphi\cdot n} \tag{1.5.13}$$

式中，c 为土层黏聚力；φ 为土层内摩擦角；γ 为地层的重度；a_1 为地下结构上部土层塌落宽度之半；n 为地下结构的相对埋深，$n=H/a$；a 为地下结构的外缘尺寸宽度之半；K 为土层中水平应力 σ_N 与垂直应力 σ_B 之比，即 $K=\sigma_N/\sigma_B$；q 为地面附加荷载。

当地下结构埋置很深时，可认为 $n\to\infty$。且不考虑黏聚力 c 的影响，则式(1.5.13)可简化为下式，其基本形式与普氏[式(1.5.8)、式(1.5.10)]相似。

$$\sigma_B=\frac{a_1\gamma}{K\tan\varphi} \tag{1.5.14}$$

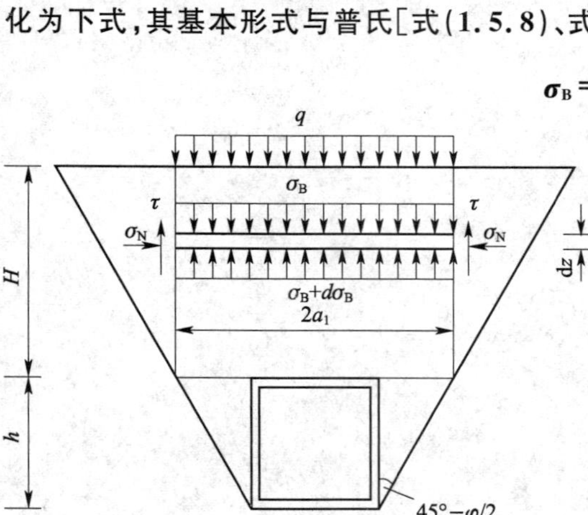

图 1.5.4　太沙基理论计算简图

三、浅埋和深埋的界限

从松散体理论分析浅埋和深埋的土层压力计算公式中，不难看出，产生土层压力的根本原因，在于两种不同的土体塌落：整体塌落或土柱底部局部塌落，从而建立浅埋、深埋两种土层压力的计算公式。当埋深较浅，土柱重量(作用力)大于土柱两侧的摩擦力和黏结力(反作用力)，地层不能形成拱作用，开挖地道所引起的应力重分布会波及地表面，这时土体塌落是整体的塌落；当埋深较大时，土柱

两侧的摩擦力和黏结力迅速增大，并大于土柱的重量，这时地层能形成拱作用，地层中应力重分布不波及地面，土柱底部局部变形或塌落便是土层压力的来源。由此不难看出，土柱理论和压力拱理论是相联系的，土柱的稳定是压力拱存在的必要条件。如果从整体来看土柱不能处于稳定平衡状态，压力拱当然也不可能形成。

理论和实践都证明：随着地下结构的埋置深度不同，土层压力的分布规律和数值大小也就不同。因此，确定划分浅埋和深埋的界限是十分必要的。根据地压测试和理论分析，结合工程实践经验，有些设计部门提出松散土层中浅埋和深埋的分界深度 H_{cr} 为

$$H_{cr}=(1.0\sim2.0)B$$

同时还规定

$$H_{cr}>(2.0\sim2.5)h_0$$

式中，B 为洞室的跨度；h_0 为塌落拱的高度。

第二章 基坑工程

第一节 概　　述

一、基坑开挖的分类、工作内容和程序

基坑工程根据基坑开挖深度、场地岩土工程条件、周边环境、施工与开挖方法，可以分为无支护（放坡）开挖与有支护开挖，如图 2.1.1 所示。

基坑开挖与支护工程的工作内容和程序如图 2.1.2 所示。

- 开挖方式及内容
  - 无支护开挖
    - 降水工程
    - 土方开挖
    - 地基加固及土坡护面
    - 监测
    - 环境保护
  - 有支护开挖
    - 围护结构
    - 支撑体系
    - 降水工程
    - 土方开挖
    - 地基加固
    - 监测
    - 环境保护

图 2.1.1　基坑开挖方式和内容

二、基坑工程基本要求

（一）基坑工程设计

基坑工程的极限状态分为两类：承载能力极限状态和正常使用极限状态。

支护结构设计时应采用下列极限状态：

（1）承载能力极限状态

①支护结构构件或连接因超过材料强度而破坏，或因过度变形而不适于继续承受荷载，或出现压屈、局部失稳；

②支护结构和土体整体滑动；

③坑底因隆起而丧失稳定；

④对支挡式结构，挡土构件因坑底土体丧失嵌固能力而推移或倾覆；

⑤对锚拉式支挡结构或土钉墙，锚杆或土钉因土体丧失锚固能力而拔动；

⑥对重力式水泥土墙，墙体倾覆或滑移；

⑦对重力式水泥土墙、支挡式结构，其持力土层因丧失承载能力而破坏；

⑧地下水渗流引起的土体渗透破坏。

（2）正常使用极限状态

①造成基坑周边建（构）筑物、地下管线、道路等损坏或影响其正常使用的支护结构位移；

②因地下水位下降、地下水渗流或施工因素而造成基坑周边建（构）筑物、地下管线、道路等损坏或影响其正常使用的土体变形；

③影响主体地下结构正常施工的支护结构位移；

④影响主体地下结构正常施工的地下水渗流。

支护结构、基坑周边建筑物和地面沉降、地下水控制的计算和验算应采用下列设计表达式：

（1）承载能力极限状态

①支护结构构件或连接因超过材料强度或过度变形的承载能力极限状态设计，应符合

下式要求

$$\gamma_0 S_d \leqslant R_d \tag{2.1.1}$$

式中，γ_0 为支护结构重要性系数，应按《建筑基坑支护技术规程》(JGJ 120—2012)第3.1.6条的规定采用；S_d 为作用基本组合的效应(轴力、弯矩等)设计值；R_d 为结构构件的抗力设计值。

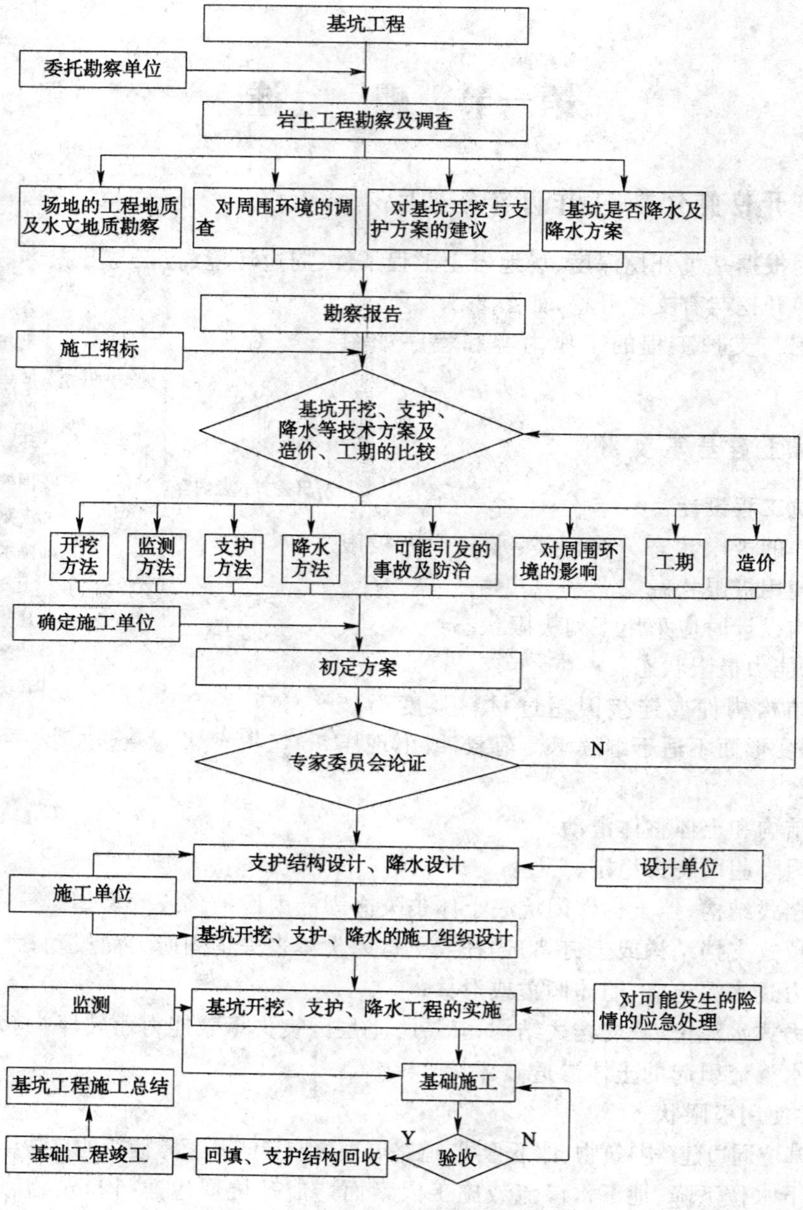

图 2.1.2　基坑工程的内容和程序

对临时性支护结构，作用基本组合的效应设计值应按下式确定

$$S_d = \gamma_F S_k \tag{2.1.2}$$

式中，γ_F 为作用基本组合的综合分项系数，应按《建筑基坑支护技术规程》(JGJ 120—2012)第 3.1.6 条的规定采用；S_k 为作用标准组合的效应。

②整体滑动、坑底隆起失稳、挡土构件嵌固段推移、锚杆与土钉拔动、支护结构倾覆与滑

移、土体渗透破坏等稳定性计算和验算，均应符合下式要求

$$\frac{R_k}{S_k} \geqslant K \tag{2.1.3}$$

式中，R_k 为抗滑力、抗滑力矩、抗倾覆力矩、锚杆和土钉的极限抗拔承载力等土的抗力标准值；S_k 为滑动力、滑动力矩、倾覆力矩、锚杆和土钉的拉力等作用标准值的效应；K 为安全系数。

(2)正常使用极限状态

由支护结构水平位移、基坑周边建筑物和地面沉降等控制的正常使用极限状态设计，应符合下式要求

$$S_d \leqslant C \tag{2.1.4}$$

式中，S_d 为作用标准组合的效应(位移、沉降等)设计值；C 为支护结构水平位移、基坑周边建筑物和地面沉降的限值。

支护结构构件按承载能力极限状态设计时，作用基本组合的综合分项系数不应小于1.25。对安全等级为一级、二级、三级的支护结构，其结构重要性系数分别不应小于 1.1、1.0、0.9。各类稳定性安全系数应按《建筑基坑支护技术规程》(JGJ 120—2012)各章的规定取值。

支护结构重要性系数与作用基本组合的效应设计值的乘积($\gamma_0 S_d$)可采用下列内力设计值表示：

弯矩设计值

$$M = \gamma_0 \gamma_F M_k \tag{2.1.5}$$

剪力设计值

$$V = \gamma_0 \gamma_F V_k \tag{2.1.6}$$

轴向力设计值

$$N = \gamma_0 \gamma_F N_k \tag{2.1.7}$$

式中，M 为弯矩设计值(kN·m)；M_k 为作用标准组合的弯矩值(kN·m)；V 为剪力设计值(kN)；V_k 为作用标准组合的剪力值(kN)；N 为轴向拉力设计值或轴向压力设计值(kN)；N_k 为作用标准组合的轴向拉力或轴向压力值(kN)。

(二)基坑安全等级和重要性系数

基坑工程按破坏后果的严重程度分为三个安全等级(表 2.1.1)。支护结构设计中根据不同的安全等级选用重要性系数(γ_0)：一级 $\gamma_0=1.10$；二级 $\gamma_0=1.00$；三级 $\gamma_0=0.90$。

由于各地岩土工程条件不同，在安全等级的具体划分上，如何准确界定不易掌握。行业标准《建筑基坑支护技术规程》(JGJ 120—2012)规定，基坑支护结构设计侧壁安全等级及重要性系数应按表 2.1.1 的规定选用。

基坑侧壁安全等级及重要性系数　　表 2.1.1

安全等级	破坏后果	γ_0
一级	支护结构破坏、土体失稳或过大变形对基坑周边环境及地下结构施工影响很严重	1.10
二级	支护结构破坏、土体失稳或过大变形对基坑周边环境及地下结构施工影响不严重	1.00
三级	支护结构破坏、土体失稳或过大变形对基坑周边环境及地下结构施工影响不严重	0.90

注：有特殊要求的建筑基坑侧壁安全等级可根据具体情况另行确定。

(三)设计前的准备工作

基坑工程设计之前,应取得下列资料:

①工程用地红线图、基础平面图和剖面图及地下工程的平面图和剖面图;

②场地的岩土工程勘察报告、水文地质勘察报告;

③基坑周边环境状况的资料;

④土建设计和施工对基坑支护结构的要求;

⑤有关深基坑施工条件的资料,如可供选择的施工技术、设备性能、类似条件或邻近地段的施工经验等。

(四)基坑工程设计的内容

基坑工程设计一般包括以下内容:

①支护体系的方案比较和选型;

②支护结构的强度和变形计算;

③基坑稳定性验算;

④围护墙的抗渗计算;

⑤地下水控制方案;

⑥挖土方案;

⑦监测方案与环境保护要求;

⑧应急措施。

三、支护结构的类型与适用条件

由于各地岩土工程条件、施工经验及其他条件的差异,对支护结构的类型及其适用条件要求也存在一定的差异。行业标准《建筑基坑支护技术规程》(JGJ 120—2012)规定,支护结构可根据基坑周边环境、开挖深度、工程地质与水文地质、施工作业设备和施工季节等条件,按表 2.1.2 选用支挡式结构、土钉墙、重力式水泥土墙、放坡等。

各类支护结构的条件　　表 2.1.2

<table>
<tr><th colspan="2" rowspan="2">结构类型</th><th colspan="3">适用条件</th></tr>
<tr><th>安全等级</th><th colspan="2">基坑深度、环境条件、土类和地下水条件</th></tr>
<tr><td rowspan="5">支挡式结构</td><td>锚拉式结构</td><td rowspan="5">一级
二级
三级</td><td>适用于较深的基坑</td><td rowspan="5">①排桩适用于可采用降水或截水帷幕的基坑;
②地下连续墙宜同时用作主体地下结构外墙,可同时用于截水;
③锚杆不宜用在软土层和高水位的碎石土、砂土层中;
④当邻近基坑有建筑物地下室、地下构筑物等,锚杆的有效锚固长度不足时,不应采用锚杆;
⑤当锚杆施工会造成基坑周边建(构)筑物的损害或违反城市地下空间规划等规定时,不应采用锚杆</td></tr>
<tr><td>支撑式结构</td><td>适用于较深的基坑</td></tr>
<tr><td>悬臂式结构</td><td>适用于较浅的基坑</td></tr>
<tr><td>双排桩</td><td>当锚拉式、支撑式和悬臂式结构不适用时,可考虑采用双排桩</td></tr>
<tr><td>支护结构与主体结构结合的逆作法</td><td>适用于基坑周边环境条件很复杂的深基坑</td></tr>
</table>

续上表

<table>
<tr><th colspan="2" rowspan="2">结构类型</th><th colspan="3">适用条件</th></tr>
<tr><th>安全等级</th><th colspan="2">基坑深度、环境条件、土类和地下水条件</th></tr>
<tr><td rowspan="4">土钉墙</td><td>单一土钉墙</td><td rowspan="4">二级
三级</td><td>适用于地下水位以上或降水的非软土基坑,且基坑深度不宜大于 12 m</td><td rowspan="4">当基坑潜在滑动面内有建筑物、重要地下管线时,不宜采用土钉墙</td></tr>
<tr><td>预应力锚杆复合土钉墙</td><td>适用于地下水位以上或降水的非软土基坑,且基坑深度不宜大于 15 m</td></tr>
<tr><td>水泥土桩复合土钉墙</td><td>用于非软土基坑时,基坑深度不宜大于 12 m;用于淤泥质土基坑时,基坑深度不宜大于 6 m;不宜用在高水位的碎石土、砂土层中</td></tr>
<tr><td>微型桩复合土钉墙</td><td>适用于地下水位以上或降水的基坑,用于非软土基坑时,基坑深度不宜大于 12 m;用于淤泥质土基坑时,基坑深度不宜大于 6 m</td></tr>
<tr><td colspan="2">重力式水泥土墙</td><td>二级
三级</td><td colspan="2">适用于淤泥质土、淤泥基坑,且基坑深度不宜大于 7 m</td></tr>
<tr><td colspan="2">放坡</td><td>三级</td><td colspan="2">①施工场地满足放坡条件;
②放坡与上述支护结构形式结合</td></tr>
</table>

注:1. 当基坑不同部位的周边环境条件、土层性状、基坑深度等不同时,可在不同部位分别采用不同的支护形式。

2. 支护结构可采用上、下部以不同结构类型组合的形式。

四、信息化施工法和监理

基坑工程应采用信息化施工法。设计、施工及管理人员应深入现场调查研究,了解施工过程,掌握监测信息,根据实际情况修改、补充、完善设计。事先对可能出现的险情进行预测,定出预警信息指标,作好应急的各种准备(组织、措施、人力、器材)。

基坑工程的整个施工过程均应在严格的监理之下进行。

第二节 基坑工程岩土工程勘察

一、勘察准备阶段

基坑工程勘察之前的工作主要是搜集相关资料,了解基坑工程的要求及设计意图,并依据这些资料结合相关规程、规范编制勘察纲要。具体应搜集的资料有:

①建筑物总平面布置图,其中应附有场地的地形和标高,拟建建筑物位置与建筑红线的关系,附近已有建筑物和各种管线位置等;

②基坑的平面尺寸、设计深度,拟建建筑物结构类型、基础形式;

③场地及其附近地区已有的勘察资料、建筑经验及周边环境条件等资料。

二、基坑工程岩土工程勘察应解决的主要问题

①查明场地的地层结构与成因类型、分布规律及其在水平和垂直方向的变化;尤其需查明软土和粉土夹层或交互层的分布与特征;

②提供各有关土层的物理力学性质指标及基坑支护设计施工所需的有关参数；

③查明地下水的类型、埋藏条件、水位及土层的渗流情况，提供基坑地下水治理设计所需的有关资料；

④查明基坑周边的建筑物、地下管线、道路、地下障碍的现状及地下空间可占用与否等环境条件资料。

三、勘察工作布置

基坑工程的岩土勘察应符合下列规定：

①勘探点范围应根据基坑开挖深度及场地的岩土工程条件确定；基坑外宜布置勘探点，其范围不宜小于基坑深度的 1 倍；当需要采用锚杆时，基坑外勘探点的范围不宜小于基坑深度的 2 倍；当基坑外无法布置勘探点时，应通过调查取得相关勘察资料并结合场地内的勘察资料进行综合分析。

②勘探点应沿基坑边布置，其间距宜取 15～25 m；当场地存在软弱土层、暗沟或岩溶等复杂地质条件时，应加密勘探点并查明其分布和工程特性。

③基坑周边勘探孔的深度不宜小于基坑深度的 2 倍；基坑面以下存在软弱土层或承压水含水层时，勘探孔深度应穿过软弱土层或承压水含水层。

④应按现行国家标准《岩土工程勘察规范》(GB 50021—2001)(2009 年版)的规定进行原位测试和室内试验，并提出各层土的物理性质指标和力学指标；对主要土层和厚度大于 3 m 的素填土，应按《建筑基坑支护技术规程》(JGJ 120—2012)第 3.1.14 条的规定进行抗剪强度试验并提出相应的抗剪强度指标。

⑤当有地下水时，应查明各含水层的埋深、厚度和分布，判断地下水类型、补给和排泄条件；有承压水时，应分层测量其水头高度。

⑥应对基坑开挖与支护结构使用期内地下水位的变化幅度进行分析。

⑦当基坑需要降水时，宜采用抽水试验测定各含水层的渗透系数与影响半径；勘察报告中应提出各含水层的渗透系数。

⑧当建筑地基勘察资料不能满足基坑支护设计与施工要求时，应进行补充勘察。

基坑支护设计前，应查明下列基坑周边环境条件：

①既有建筑物的结构类型、层数、位置、基础形式和尺寸、埋深、使用年限、用途等。

②各种既有地下管线、地下构筑物的类型、位置、尺寸、埋深等；对既有供水、污水、雨水等地下输水管线，尚应包括其使用状况及渗漏状况。

③道路的类型、位置、宽度，以及道路行驶情况、最大车辆荷载等。

④基坑开挖与支护结构使用期内施工材料、施工设备等临时荷载的要求。

⑤雨季时的场地周围地表水汇流和排泄条件。

四、室内试验项目

除了进行常规试验项目外，尚应进行以下试验：

①土的抗剪强度试验：对黏性土宜采用直剪和三轴剪(UU 法和 CU 法)试验；对砂土测定水上水下天然休止角。

②对于软土应测定土的灵敏度，对老黏性土应测定其膨胀性指标。

③必要时宜提供土的静止土压力系数。

五、水文地质勘察

场地水文地质勘察应达到以下要求：

①查明开挖范围内及邻近场地地下水含水层和隔水层的层位、埋深、厚度和分布情况（包括一些隔水层中的粉土、粉细砂夹层）；查明各含水层（包括上层滞水、潜水、承压水）的补给条件和水力联系。

②观测各含水层的水位及其变幅，尤其对易引起基坑管涌和突涌的承压水，对年变幅较大的地区要特别注意观测基坑开挖期间的水位。

③提供各含水层的渗透系数，其中砂土可直接通过抽水试验测定，并求得降水影响半径，黏性土可采用注水试验或室内渗透试验测定。

④需回灌压水的也应进行现场试验，并求得含水层回灌渗透系数，影响半径和单位回灌量及其变化规律。

六、环境勘察内容

①查明基坑影响范围内建（构）筑物的分布，结构类型、层数、基础类型、埋深、基础荷载大小及上部结构现状。

②查明基坑周边的各类地下设施，包括上下水、电缆、煤气、污水、雨水、热力等管线或管道及地下人防工程等的分布和现状。

③查明场地周围和邻近地区地表水汇流、排泄情况，地下水管渗漏情况及对基坑开挖的影响。

④查明基坑与四周道路的距离及车辆载重情况。

七、勘察报告内容

一般情况下的岩土工程勘察报告书中已包括了基坑工程勘察的内容，并有专门章节对基坑工程进行论述评价，这些章节应包括以下几方面内容：

①分析场地的地层结构和岩土的物理力学性质，提供支护结构设计与基坑稳定性计算所需的参数；

②基坑周边环境勘察调查结果；

③地下水控制设计所需的参数；

④对基坑支护设计与施工提出建议，包括推荐合理可行的支护方案与地下水治理方案，基坑施工开挖过程中应注意的问题，以及对施工监测工作的要求等。

第三节　基本计算

一、作用于支护结构的荷载

作用于支护结构的荷载主要有：土压力、水压力、影响区范围内建（构）筑物荷载、施工荷载（如汽车、吊车及场地堆载等）、温度影响和混凝土收缩引起的附加荷载。地震力一般情况下不予考虑，但若支护结构兼作为主体结构的一部分时则应予考虑。

二、水平荷载

计算作用在支护结构上的水平荷载时，应考虑下列因素：

①基坑内外土的自重(包括地下水);

②基坑周边既有和在建的建(构)筑物荷载;

③基坑周边施工材料和设备荷载;

④基坑周边道路车辆荷载;

⑤冻胀、温度变化及其他因素产生的作用。

作用在支护结构上的土压力应按下列规定确定:

①支护结构外侧的主动土压力强度标准值、支护结构内侧的被动土压力强度标准值宜按下列公式计算(图 2.3.1)。

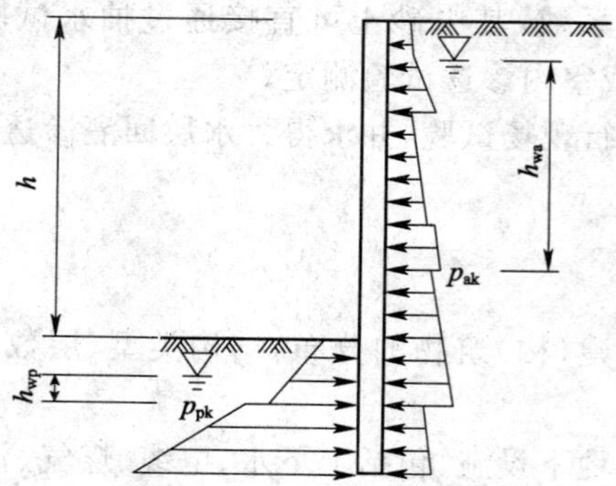

图 2.3.1 土压力计算

a. 对地下水位以上或水土合算的土层

$$p_{ak}=\sigma_{ak}K_{a,i}-2c_i\sqrt{K_{a,i}} \tag{2.3.1-1}$$

$$K_{a,i}=\tan^2\left(45°-\frac{\varphi_i}{2}\right) \tag{2.3.1-2}$$

$$p_{ak}=\sigma_{pk}K_{p,i}+2c_i\sqrt{K_{p,i}} \tag{2.3.1-3}$$

$$K_{p,i}=\tan^2\left(45°+\frac{\varphi_i}{2}\right) \tag{2.3.1-4}$$

式中,p_{ak}为支护结构外侧第 i 层土中计算点的主力土压力强度标准值(kPa);当 $p_{ak}<0$ 时,应取 $p_{ak}=0$。σ_{ak}、σ_{pk}分别为支护结构外侧、内侧计算点的土中竖向应力标准值(kPa),按《建筑基坑支护技术规程》(JGJ 120—2012)的规定计算。$K_{a,i}$、$K_{p,i}$分别为第 i 层土的主动土压力系数、被动土压力系数。c_i、φ_i 分别为第 i 层土的黏聚力(kPa)、内摩擦角(°)。p_{pk}为支护结构内侧第 i 层土中计算点的被动土压力强度标准值(kPa)。

b. 对于水土分算的土层

$$p_{ak}=(\sigma_{ak}-u_a)K_{a,i}-2c_i\sqrt{K_{a,i}}+u_a \tag{2.3.1-5}$$

$$p_{pk}=(\sigma_{pk}-u_p)K_{p,i}+2c_i\sqrt{K_{p,i}}+u_p \tag{2.3.1-6}$$

式中,u_a、u_p 分别为支护结构外侧、内侧计算点的水压力(kPa);对静止地下水,按式(2.3.2-1)的规定取值;当采用悬挂式截水帷幕时,应考虑地下水从帷幕底向基坑内的渗流对水压力的影响。

②在土压力影响范围内,存在相邻建筑物地下墙体等稳定界面时,可采用库仑土压力理论计算界面内有限滑动楔体产生的主动土压力,此时,同一土层的土压力可采用沿深度线性分布形式,支护结构与土之间的摩擦角宜取零。

③需要严格限制支护结构的水平位移时,支护结构外侧的土压力宜取静止土压力。

④有可靠经验时,可采用支护结构与土相互作用的方法计算土压力。

对成层土,土压力计算时的各土层计算厚度应符合下列规定:

①当土层厚度较均匀、层面坡度较平缓时，宜取邻近勘察孔的各土层厚度，或同一计算剖面内各土层厚度的平均值；

②当同一计算剖面内各勘察孔的土层厚度分布不均时，应取最不利勘察孔的各土层厚度；

③对复杂地层且距勘探孔较远时，应通过综合分析土层变化趋势后确定土层的计算厚度；

④当相邻土层的土性接近，且对土压力的影响可以忽略不计或有利时，可归并为同一计算土层。

静止地下水的水压力可按下列公式计算

$$u_a = \gamma_w h_{wa} \tag{2.3.2-1}$$

$$u_p = \gamma_w h_{wp} \tag{2.3.2-2}$$

式中，γ_w 为地下水重度(kN/m^3)，取 $\gamma_w = 10\ kN/m^3$。h_{wa} 为基坑外侧地下水位至主动土压力强度计算点的垂直距离(m)；对承压水，地下水位取测压管水位；当有多个含水层时，应取计算点所在含水层的地下水位。h_{wp} 为基坑内侧地下水位至被动土压力强度计算点的垂直距离(m)；对承压水，地下水位取测压管水位。

土中竖向应力标准值应按下式计算

$$\sigma_{ak} = \sigma_{ac} + \sum \Delta\sigma_{k,j} \tag{2.3.3-1}$$

$$\sigma_{pk} = \sigma_{pc} \tag{2.3.3-2}$$

式中，σ_{ac} 为支护结构外侧计算点，由土的自重产生的竖向总应力(kPa)；σ_{pc} 为支护结构内侧计算点，由土的自重产生的竖向总应力(kPa)；$\Delta\sigma_{k,j}$ 为支护结构外侧第 j 个附加荷载作用下计算点的土中附加竖向应力标准值(kPa)，应根据附加荷载类型计算。

均布附加荷载作用下的土中附加竖向应力标准值应按下式计算(图 2.3.2)

$$\Delta\sigma_k = q_0 \tag{2.3.4}$$

式中，q_0 为均布附加荷载标准值(kPa)。

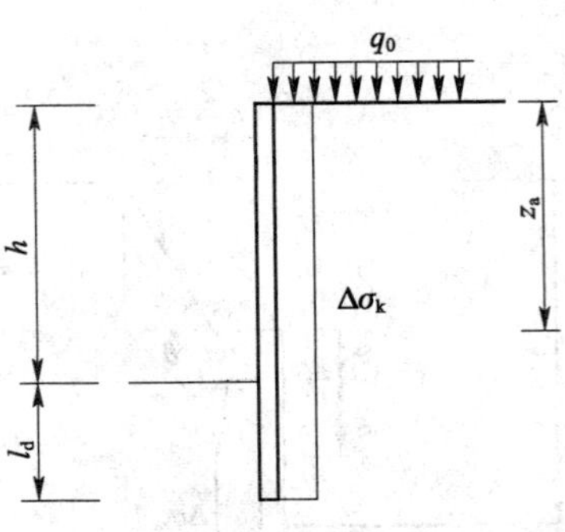

图 2.3.2 均布竖向附加荷载作用下的土中附加竖向应力计算

局部附加荷载作用下的土中附加竖向应力标准值可按下列规定计算：

①对条形基础下的附加荷载[图 2.3.3a)]。

当 $d + a/\tan\theta \leqslant z_a \leqslant d + (3a + b)/\tan\theta$ 时

$$\Delta\sigma_k = \frac{p_0 b}{b + 2a} \tag{2.3.5-1}$$

式中，p_0 为基础底面附加压力标准值(kPa)；d 为基础埋置深度(m)；b 为基础宽度(m)；a 为支护结构外边缘至基础的水平距离(m)；θ 为附加荷载的扩散角(°)，宜取 $\theta = 45°$；z_a 为支

第二章 基坑工程

护结构顶面至土中附加竖向应力计算点的竖向距离(m)。

当 $z_a < d + a/\tan\theta$ 或 $z_a > d + (3a+b)/\tan\theta$ 时,取 $\Delta\sigma_k = 0$。

②对矩形基础下的附加荷载[图 2.3.3a)]。

当 $d + a/\tan\theta \leqslant z_a \leqslant d + (3a+b)/\tan\theta$ 时

$$\Delta\sigma_k = \frac{p_0 bl}{(b+2a)(l+2a)} \tag{2.3.5-2}$$

式中,b 为与基坑边垂直方向上的基础尺寸(m);l 为与基坑边平行方向上的基础尺寸(m)。

当 $z_a < d + a/\tan\theta$ 或 $z_a > d + (3a+b)/\tan\theta$ 时,取 $\Delta\sigma_k = 0$。

③对作用在地面的条形、矩形附加荷载,按本条第①、②款计算土中附加竖向应力标准值 $\Delta\sigma_k$ 时,应取 $d=0$[图 2.3.3b)]。

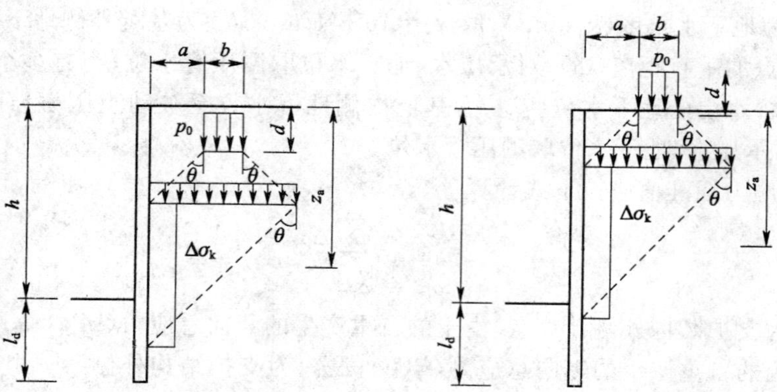

a)条形或矩形基础　　b)作用在地面的条形或矩形附加荷载

图 2.3.3　局部附加荷载作用下的土中附加竖向应力计算

当支护结构顶部低于地面,其上方采用放坡或土钉墙时,支护结构顶面以上土体对支护结构的作用宜按库仑土压力理论计算,也可将其视作附加荷载并按下列公式计算土中附加竖向应力标准值(图 2.3.4):

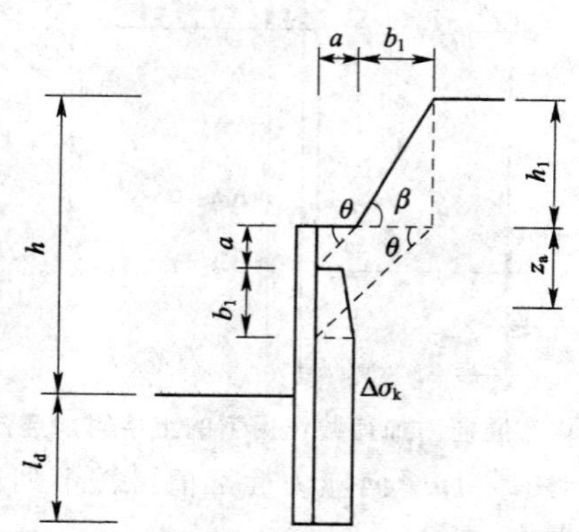

图 2.3.4　支护结构顶部以上采用放坡或土钉墙时土中附加竖向应力计算

①当 $a/\tan\theta \leqslant z_a \leqslant (a+b_1)/\tan\theta$ 时

$$\Delta\sigma_k = \frac{\gamma h_1}{b_1}(z_a - a) + \frac{E_{ak1}(a + b_1 - z_a)}{K_a b_1^2} \tag{2.3.6-1}$$

$$E_{ak1} = \frac{1}{2}\gamma h_1^2 K_a - 2ch_1\sqrt{K_a} + \frac{2c^2}{\gamma} \tag{2.3.6-2}$$

②当 $z_a > (a+b_1)/\tan\theta$ 时

$$\Delta\sigma_k = \gamma h_1 \tag{2.3.6-3}$$

③当 $z_a < a/\tan\theta$ 时

$$\Delta\sigma_k = 0 \tag{2.3.6-4}$$

式中，z_a 为支护结构顶面至土中附加竖向应力计算点的竖向距离(m)；a 为支护结构外边缘至放坡坡脚的水平距离(m)；b_1 为放坡坡面的水平尺寸(m)；θ 为扩散角(°)，宜取 $\theta=45°$；h_1 为地面至支护结构顶面的竖向距离(m)；γ 为支护结构顶面以上土的天然重度(kN/m^3)，对多层土取各层土按厚度加权的平均值；c 为支护结构顶面以上土的黏聚力(kPa)；K_a 为支护结构顶面以上土的主动土压力系数，对多层土取各层土按厚度加权的平均值；E_{ak1} 为支护结构顶面以上土体的自重所产生的单位宽度主动土压力标准值(kN/m)。

三、基坑稳定性

(一)支护结构入土深度的验算

悬臂式支挡结构的嵌固深度(l_d)应符合下式嵌固稳定性的要求(图 2.3.5)。

$$\frac{E_{pk}a_{p1}}{E_{ak}a_{a1}} \geqslant K_e \tag{2.3.7}$$

式中，K_e 为嵌固稳定安全系数；安全等级为一级、二级、三级的悬臂式支挡结构，K_e 分别不应小于 1.25、1.2、1.15。E_{ak}、E_{pk} 分别为基坑外侧主动土压力、基坑内侧被动土压力标准值(kN)。a_{a1}、a_{p1} 分别为基坑外侧主动土压力、基坑内侧被动土压力合力作用点至挡土构件底端的距离(m)。

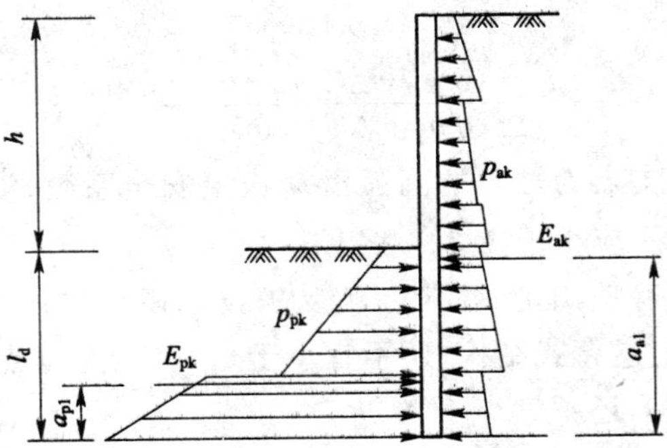

图 2.3.5　悬臂式结构嵌固稳定性验算

单层锚杆和单层支撑的支挡式结构的嵌固深度(l_d)应符合下式嵌固稳定性的要求(图 2.3.6)。

$$\frac{E_{pk}a_{p2}}{E_{ak}a_{a2}} \geqslant K_e \tag{2.3.8}$$

式中，K_e 为嵌固稳定安全系数；安全等级为一级、二级、三级的锚拉式支挡结构和支撑式支挡结构，K_e 分别不应小于 1.25、1.2、1.15。a_{a2}、a_{p2} 分别为基坑外侧主动土压力、基坑内侧被动土压力合力作用点至支点的距离(m)。

锚拉式支挡结构和支撑式支挡结构，当坑底以下为软土时，其嵌固深度应符合下列以最下层支点为轴心的圆弧滑动稳定性要求(图 2.3.7)。

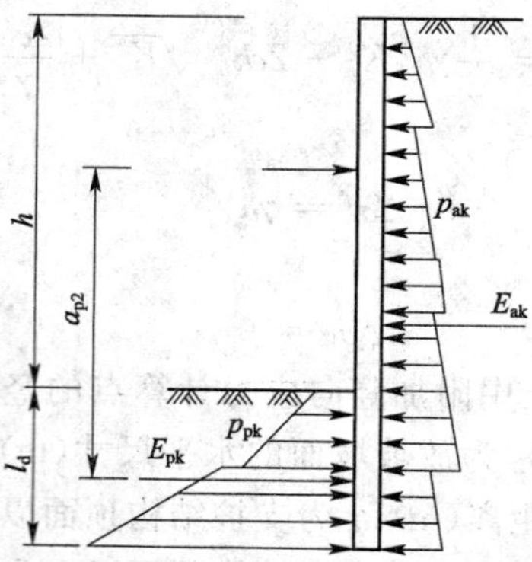

图 2.3.6 单支点锚拉式支档结构和支撑式支挡结构的嵌固稳定性验算

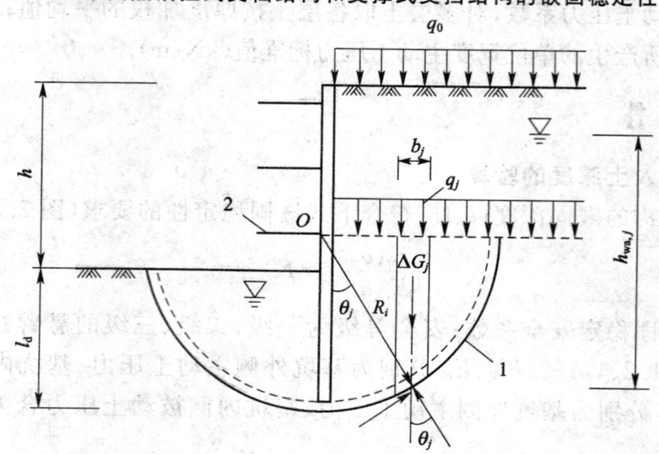

图 2.3.7 以最下层支点为轴心的圆弧滑动稳定性验算

1-任意圆弧滑动面;2-最下层支点

$$\frac{\sum[c_jl_j+(q_jb_j+\Delta G_j)\cos\theta_j\tan\varphi_j]}{\sum(q_jb_j+\Delta G_j)\sin\theta_j}\geqslant K_r \tag{2.3.9}$$

式中,K_r 为以最下层支点为轴心的圆弧滑动稳定安全系数;安全等级为一级、二级、三级的支挡式结构,K_r 分别不应小于 2.2、1.9、1.7。

挡土构件的嵌固深度除应满足《建筑基坑支护技术规程》(JGJ 120—2012)第 4.2.1 条至第 4.2.6 条的规定外,对悬臂式结构,还不宜小于 $0.8h$;对单支点支挡式结构,还不宜小于 $0.3h$;对多支点支挡式结构,还不宜小于 $0.2h$。

注:h 为基坑深度。

(二)基坑底抗隆起稳定性验算

支挡式结构的嵌固深度应符合下列坑底隆起稳定性要求:

①锚拉式支挡结构和支撑式支挡结构的嵌固深度应符合下列规定(图 2.3.8)。

$$\frac{\gamma_{m2}l_dN_q+cN_c}{\gamma_{m1}(h+l_d)+q_0}\geqslant K_b \tag{2.3.10-1}$$

$$N_q=\tan^2\left(45^\circ+\frac{\varphi}{2}\right)e^{\pi\tan\varphi} \tag{2.3.10-2}$$

$$N_c=\frac{N_q-1}{\tan\varphi} \tag{2.3.10-3}$$

式中,K_b 为抗隆起安全系数,安全等级为一级、二级、三级的支护结构,K_b 分别不应小于 1.8、1.6、1.4；γ_{m1}、γ_{m2} 分别为基坑外、基坑内挡土构件底面以上土的天然重度（kN/m^3），对多层土，取各层土按厚度加权的平均重度；l_d 为挡土构件的嵌固深度（m）；h 为基坑深度（m）；q_0 为地面均布荷载（kPa）；N_c、N_q 为承载力系数；c、φ 分别为挡土构件底面以下土的黏聚力（kPa）、内摩擦角（°）。

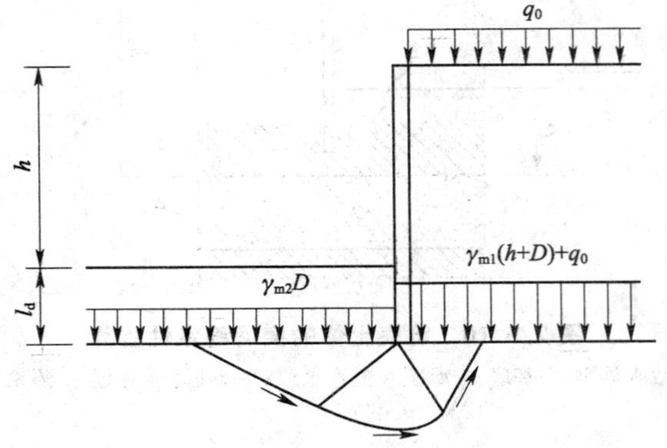

图 2.3.8 挡土构件底端平面下土的隆起稳定性验算

②当挡土构件底面以下有软弱下卧层时，坑底隆起稳定性的验算部位还应包括软弱下卧层。软弱下卧层的隆起稳定性可按式（2.3.10-1）验算，但式中 γ_{m1}、γ_{m2} 的取软弱下卧层顶面以上土的重度（图 2.3.9），l_d 应以 D 代替。

注：D 为基坑底面至软弱下卧层顶面的土层厚度（m）。

③悬臂式支挡结构可不进行隆起稳定性验算。

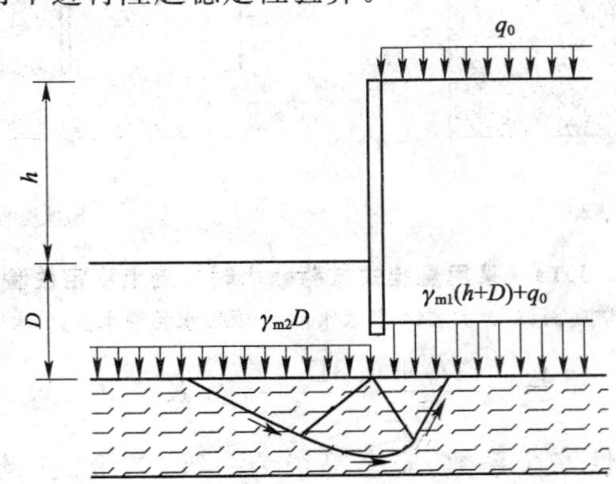

图 2.3.9 软弱下卧层的隆起稳定性验算

（三）基坑底抗渗透稳定性验算

坑底以下有水头高于坑底的承压水含水层，且未用截水帷幕隔断其基坑内外的水力联系时，承压水作用下的坑底突涌稳定性应符合下式规定（图 2.3.10）。

$$\frac{D\gamma}{h_w\gamma_w} \geqslant K_h \tag{2.3.11}$$

式中，K_h 为突涌稳定安全系数，不应小于 1.1；D 为承压水含水层顶面至坑底的土层厚度（m）；γ 为承压水含水层顶面至坑底土层的天然重度（kN/m^3），对多层土，取按土层厚度加权的平均天然重度；h_w 为承压水含水层顶面的压力水头高度（m）；γ_w 为水的重度（kN/m^3）。

悬挂式截水帷幕底端位于碎石土、砂土或粉土含水层时，对均质含水层，地下水渗流的流土稳定性应符合下式规定（图 2.3.11），对渗透系数不同的非均质含水层，宜采用数值方法进行渗透稳定性分析。

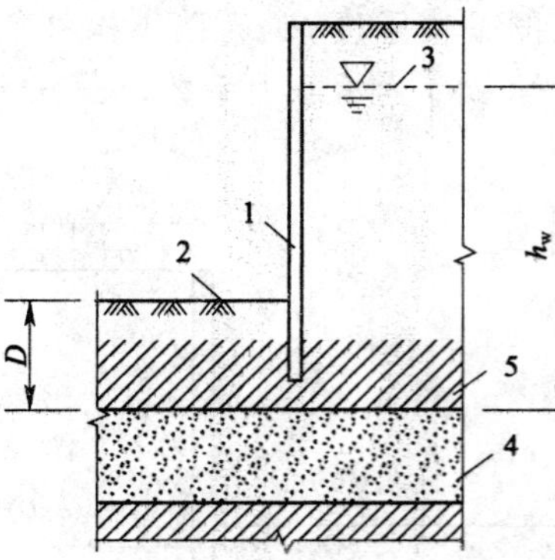

图 2.3.10　坑底土体的突涌稳定性验算

1-截水帷幕；2-基底；3-承压水测管水位；4-承压水含水层；5-隔水层

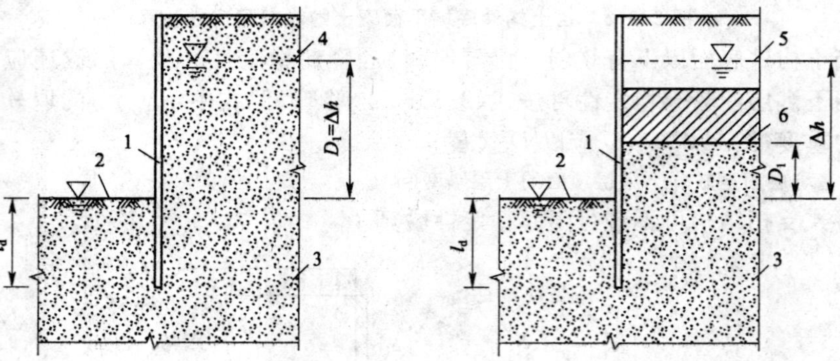

a)潜水　　b)承压水

图 2.3.11　采用悬挂式帷幕截水时的流土稳定性验算

1-截水帷幕；2-基坑底面；3-含水层；4-潜水水位；5-承压水测管水位；6-承压水含水层顶面

$$\frac{(2l_d+0.8D_1)\gamma'}{\Delta h\gamma_w}\geqslant K_f \tag{2.3.12}$$

式中，K_f 为流土稳定性安全系数，安全等级为一级、二级、三级的支护结构，K_f 分别不应小于 1.6、1.5、1.4；l_d 为截水帷幕在坑底以下的插入深度(m)；D_1 为潜水面或承压水含水层顶面至基坑底面的土层厚度(m)；γ'为土的浮重度(kN/m^3)；Δh 为基坑内外的水头差(m)；γ_w 为水的重度(kN/m^3)。

坑底以下为级配不连续的砂土、碎石土含水层时，应进行土的管涌可能性判别。

(四)基坑整体滑动稳定性计算

锚拉式、悬臂式支档结构和双排桩应按下列规定进行整体滑动稳定性验算：

①整体滑动稳定性可采用圆弧滑动条分法进行验算。

②采用圆弧滑动条分法时，其整体滑动稳定性应符合下列规定(图 2.3.12)

$$\min\{K_{s,1},K_{s,2},\cdots,K_{s,i},\cdots\}\geqslant K_s \tag{2.3.13-1}$$

$$K_{s,i}=\frac{\sum\{c_jl_j+[(q_jb_j+\Delta G_j)\cos\theta_j-u_jl_j]\tan\varphi_j\}+\sum R'_{k,k}[\cos(\theta_k+\alpha_k)+\psi_v]/s_{x,k}}{\sum(q_jb_j+\Delta G_j)\sin\theta_j} \tag{2.3.13-2}$$

式中，K_s 为圆弧滑动稳定安全系数；安全等级为一级、二级、三级的支挡式结构，K_s 分别不应小于 1.35、1.3、1.25。$K_{s,i}$ 为第 i 个圆弧滑动体的抗滑力矩与滑动力矩的比值；抗滑力矩与滑动力矩之比的最小值宜通过搜索不同圆心及半径的所有潜在滑动圆弧确定。c_j、φ_j 分别为第 j 土条滑弧面处土的黏聚力(kPa)、内摩角(°)。b_j 为第 j 土条的宽度(m)。θ_j 为第 j 土条滑弧面中点处的法线与垂直面的夹角(°)。l_j 为第 j 条的滑弧长度(m)，取 $l_j = b_j/\cos\theta_j$。q_j 为第 j 土条上的附加分布荷载标准值(kPa)。ΔG_j 为第 j 土条的自重(kN)，按天然重度计算。u_j 为第 j 土条滑弧面上的水压力(kPa)；采用落底式截水帷幕时，对地下水位以下的砂土、碎石土、砂质粉土，在基坑外侧，可取 $u_j = \gamma_w h_{wa,j}$，在基坑内侧，可取 $u_j = \gamma_w h_{wp,j}$；滑弧面在地下水位以上或对地下水位以下的黏性土，取 $u_j = 0$。γ_w 为地下水重度(kN/m³)。$h_{wa,j}$ 为基坑外侧第 j 土条滑弧面中点的压力水头(m)。$h_{wp,j}$ 为基坑内侧第 j 土条滑弧面中点的压力水头(m)。$R'_{k,k}$ 为第 k 层锚杆在滑动面以外的锚固段的极限抗拔承载力标准值与锚杆杆体受拉承载力标准值($f_{ptk}A_p$)的较小值(kN)；锚固段的极限抗拔承载力应按《建筑基坑支护技术规程》(JGJ 120—2012)的规定计算，但锚固段应取滑动面以外的长度；对悬臂式、双排桩支挡结构，不考虑 $\sum R'_{k,k}[\cos(\theta_k + \alpha_k) + \psi_v]/s_{x,k}$ 项。α_k 为第 k 层锚杆的倾角(°)。θ_k 为滑弧面在第 k 层锚杆处的法线与垂直面的夹角(°)。$s_{x,k}$ 为第 k 层锚杆的水平间距(m)。ψ_v 为计算系数，可按 $\psi_v = 0.5\sin(\theta_k + \alpha_k)\tan\varphi$ 取值。φ 为第 k 层锚杆与滑弧交点处土的内摩擦角(°)。

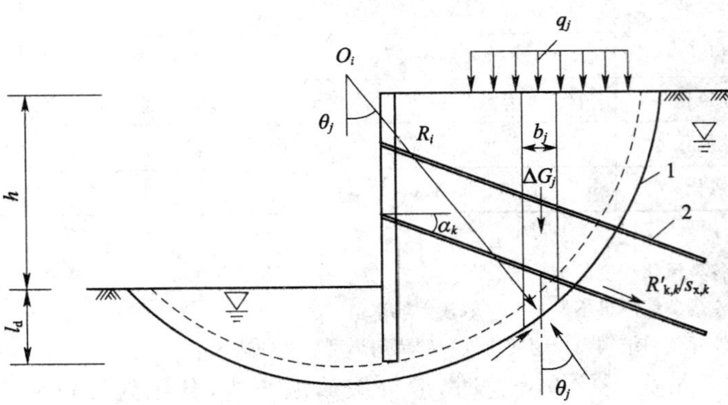

图 2.3.12　圆弧滑动条分法整体稳定性验算

1-任意圆弧滑动面；2-锚杆

③当挡土构件底端以下存在软弱下卧土层时，整体稳定性验算滑动面中应包括由圆弧与软弱土层层面组成的复合滑动面。

第四节　支护结构设计

一、放坡开挖、坡面保护与坡体加固

(一)放坡开挖

当场地地层条件、水文地质条件及周边环境条件许可时，基坑施工可采用放坡开挖的方法，符合表 2.4.1 和表 2.4.2 所列条件的边坡可视为“自稳边坡”。当有条件或必要时亦可采用圆弧滑动面法分析验算，进行调整。

土质边坡坡率允许值　　表 2.4.1

边坡土体类别	状　态	坡率允许值(高宽比)	
		坡高小于 5 m	坡高 5～10 m
碎石	密实	1 : 0.35～1 : 0.50	1 : 0.5～1 : 0.75
	中密	1 : 0.50～1 : 0.75	1 : 0.75～1 : 1.00
	稍密	1 : 0.75～1 : 1.00	1 : 1.00～1 : 1.25
黏性土	坚硬	1 : 0.75～1 : 1.00	1 : 1.00～1 : 1.25
	硬塑	1 : 1.00～1 : 1.25	1 : 1.25～1 : 1.50

注:1. 表中碎石土的充填物应为坚硬和硬塑状态的黏性土。

2. 对于砂土或充填物为砂土的碎石土，其边坡坡率允许值应按自然休止角确定。

3. 采用坡面保护措施或破坏后果不严重时可取较大坡率值。

岩质边坡坡率允许值　　表 2.4.2

边坡岩体类型	风化程度	坡率允许值(高宽比)		
		$H<8$ m	8 m$<H<$15 m	15 m$\leqslant H<$25 m
Ⅰ	微风化	1 : 0.00～1 : 0.10	1 : 0.10～1 : 0.15	1 : 0.15～1 : 0.25
	中等风化	1 : 0.10～1 : 0.15	1 : 0.15～1 : 0.25	1 : 0.25～1 : 0.35
Ⅱ	微风化	1 : 0.10～1 : 0.15	1 : 0.15～1 : 0.25	1 : 0.25～1 : 0.35
	中等风化	1 : 0.15～1 : 0.25	1 : 0.25～1 : 0.35	1 : 0.35～1 : 0.50
Ⅲ	微风化	1 : 0.25～1 : 0.35	1 : 0.35～1 : 0.50	
	中等风化	1 : 0.35～1 : 0.50	1 : 0.50～1 : 0.75	
Ⅳ	中等风化	1 : 0.50～1 : 0.75	1 : 0.75～1 : 1.00	
	强风化	1 : 0.75～1 : 1.00		

注:1. 表中 H 为边坡高度。

2. Ⅳ类强风化包括各类风化程度的极软岩。

3. 采取坡面保护措施或破坏后果不严重时可取较大坡率值。

4. 本表不适合于由外倾软弱结构面控制的边坡和倾倒崩塌型破坏的边坡。

当基坑深度超过 5 m 采用放坡开挖时，应分级放坡开挖，分级处设过渡平台，平台宽度一般为 1～1.5 m。岩质边坡的分级平台宽度一般不小于 0.5 m。

(二)坡面保护与坡体加固

对放坡坡面及坡顶一定宽度范围宜采用土工薄膜覆盖、砂(土)包反压、抹面、挂网(钢丝或铁丝网)喷浆等措施保护。对老黏性土边坡和软质岩石边坡坡面的保护必须及时进行，尽可能减少暴露时间，防止土体、岩体风化、软化。

对于经稳定性分析，不能自稳或稳定性稍差的边坡，应求出潜在滑动面及不平衡力，然后采取适当的补强加固措施，如土钉、螺旋锚等。

二、土钉墙

(一)稳定性验算

土钉墙应按下列规定对基坑开挖的各工况进行整体滑动稳定性验算：

①整体滑动稳定性可采用圆弧滑动条分法进行验算。

②采用圆弧滑动条分法时，其整体滑动稳定性应符合下列规定(图 2.4.1)

$$\min\{K_{s,1},K_{s,2},\cdots,K_{s,i},\cdots\}\geqslant K_s \tag{2.4.1-1}$$

$$K_{s,i}=\frac{\sum[c_jl_j+(q_jb_j+\Delta G_j)\cos\theta_j\tan\varphi_j]+\sum R'_{k,k}[\cos(\theta_k+\alpha_k)+\psi_v]/s_{x,k}}{\sum(q_jb_j+\Delta G_j)\sin\theta_j}$$

(2.4.1-2)

式中，K_s 为圆弧滑动稳定安全系数；安全等级为二级、三级的土钉墙，K_s 分别不应小于1.3、1.25。$K_{s,i}$为第 i 个圆弧滑动体的抗滑力矩与滑动力矩的比值，其最小值宜通过搜索不同圆心及半径的所有潜在滑动圆弧确定。c_j、φ_j 分别为第 j 土条滑弧面处土的黏聚力(kPa)、内摩擦角(°)。b_j 为第 j 土条的宽度(m)。θ_j 为第 j 土条滑弧面中点处的法线与垂直面的夹角(°)。l_j 为第 j 土条的滑弧长度(m)，取 $l_j=b_j/\cos\theta_j$。q_j 为第 j 土条上的附加分布荷载标准值(kPa)。ΔG_j 为第 j 土条的自重(kN)，按天然重度计算。$R'_{k,k}$为第 k 层土钉或锚杆在滑动面以外的锚固段的极限抗拔承载力标准值与杆体受拉承载力标准值($f_{yk}A_s$ 或 $f_{ptk}A_p$)的较小值(kN)；锚固段的极限抗拔承载力应按《建筑基坑支护技术规程》(JGJ 120—2012)的规定计算，但锚固段应取圆弧滑动面以外的长度。α_k 为第 k 层土钉或锚杆的倾角(°)。θ_k 为滑弧面在第 k 层土钉或锚杆处的法线与垂直面的夹角(°)。$s_{x,k}$ 为第 k 层土钉或锚杆的水平间距(m)。ψ_v 为计算系数，可取 $\psi_v=0.5\sin(\theta_k+\alpha_k)\tan\varphi$。$\varphi$ 为第 k 层土钉或锚杆与滑弧交点处土的内摩擦角(°)。

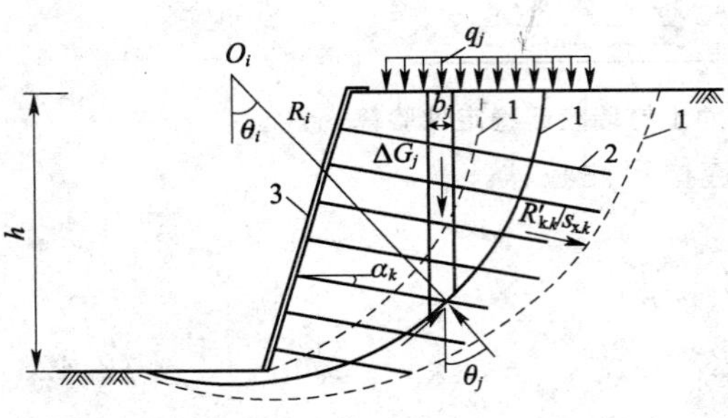

a)土钉墙在地下水位以上

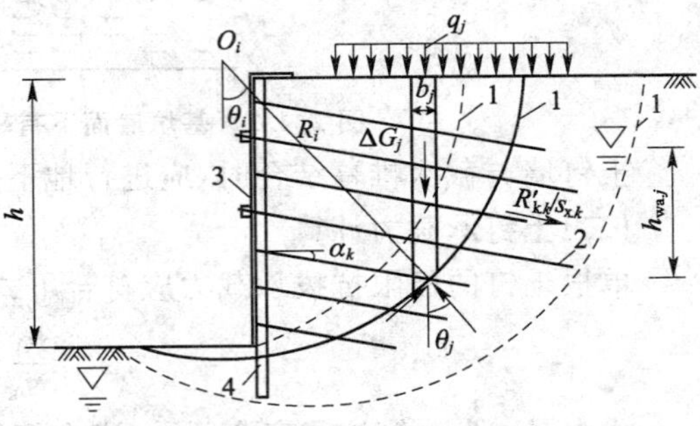

b)水泥土桩或微型桩复合土钉墙

图 2.4.1 土钉墙整体滑动稳定性验算

1-滑动面；2-土钉或锚杆；3-喷射混凝土面层；4-水泥土桩或微型桩

③水泥土桩复合土钉墙，在需要考虑地下水压力的作用时，其整体稳定性应按式(2.3.13-1)、式(2.3.13-2)验算，但 $R'_{k,k}$应按本条的规定取值。

④当基坑面以下存在软弱下卧土层时，整体稳定性验算滑动面中应包括由圆弧与软弱土层层面组成的复合滑动面。

⑤微型桩、水泥土桩复合土钉墙，滑弧穿过其嵌固段的土条可适当考虑桩的抗滑作用。

基坑底面下有软土层的土钉墙结构应进行坑底隆起稳定性验算，验算可采用下列公式(图 2.4.2)。

$$\frac{\gamma_{m2}DN_q+cN_c}{(q_1b_1+q_2b_2)/(b_1+b_2)}\geqslant K_b \tag{2.4.2-1}$$

$$N_q=\tan^2\left(45^\circ+\frac{\varphi}{2}\right)e^{\pi\tan\varphi} \tag{2.4.2-2}$$

$$N_c=\frac{N_q-1}{\tan\varphi} \tag{2.4.2-3}$$

$$q_1=0.5\gamma_{m1}h+\gamma_{m2}D \tag{2.4.2-4}$$

$$q_2=\gamma_{m1}h+\gamma_{m2}D+q_0 \tag{2.4.2-5}$$

式中，K_b 为抗隆起安全系数；安全等级为二级、三级的土钉墙，K_b 分别不应小于 1.6、1.4。q_0 为地面均布荷载(kPa)。γ_{m1} 为基坑底面以上土的天然重度(kN/m³)，对多层土取各层土按厚度加权的平均重度。h 为基坑深度(m)。γ_{m2} 为基坑底面至抗隆起计算平面之间土层的天然重度(kN/m³)，对多层土取各层土按厚度加权的平均重度。D 为基坑底面至抗隆起计算平面之间土层的厚度(m)；当抗隆起计算平面为基坑底平面时，取 $D=0$。N_c、N_q 为承载力系数。c、φ 分别为抗隆起计算平面以下土的黏聚力(kPa)、内摩擦角(°)。b_1 为土钉墙坡面的宽度(m)；当土钉墙坡面垂直时，取 $b_1=0$。b_2 为地面均布荷载的计算宽度(m)，可取$b_2=h$。

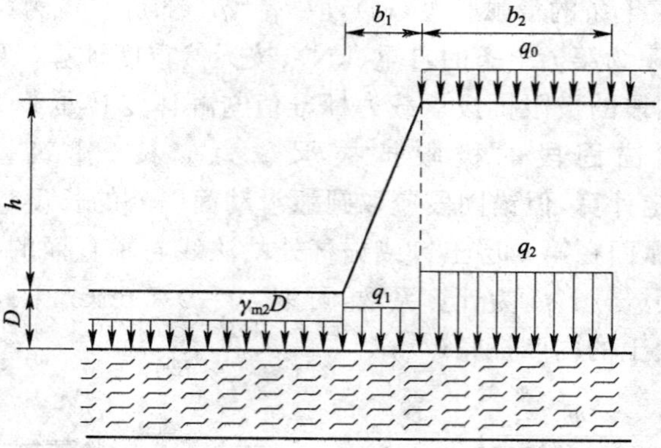

图 2.4.2　基坑底面下有软土层的土钉墙隆起稳定性验算

土钉墙与截水帷幕结合时，应进行地下水渗透稳定性验算。

(二)土钉承载力计算

单根土钉的极限抗拔承载力应符合下式规定

$$\frac{R_{k,j}}{N_{k,j}} \geqslant K_t \tag{2.4.3}$$

式中，K_t 为土钉抗拔安全系数，安全等级为二级、三级的土钉墙，K_t 分别不应小于 1.6、1.4；$N_{k,j}$ 为第 j 层土钉的轴向拉力标准值(kN)；$R_{k,j}$ 为第 j 层土钉的极限抗拔承载力标准值(kN)。

单根土钉的轴向拉力标准值可按下式计算

$$N_{k,j} = \frac{1}{\cos\alpha_j}\zeta\eta_j p_{ak,j} s_{x,j} s_{z,j} \tag{2.4.4}$$

式中，$N_{k,j}$ 为第 j 层土钉的轴向拉力标准值(kN)；α_j 为第 j 层土钉的倾角(°)；ζ 为墙面倾斜时的主动土压力折减系数；η_j 为第 j 层土钉轴向拉力调整系数；$p_{ak,j}$ 为第 j 层土钉处的主动土压力强度标准值(kRa)；$s_{x,j}$ 为土钉的水平间距(m)；$s_{z,j}$ 为土钉的垂直间距(m)。

坡面倾斜时的主动土压力折减系数可按下式计算

$$\zeta = \tan\frac{\beta-\varphi_m}{2}\left[\frac{1}{\tan\dfrac{\beta+\varphi_m}{2}} - \frac{1}{\tan\beta}\right] / \tan^2\left(45° - \frac{\varphi_m}{2}\right) \tag{2.4.5}$$

式中，β 为土钉墙坡面与水平面的夹角(°)；φ_m 为基坑底面以上各土层按厚度加权的等效内摩擦角平均值(°)。

土钉轴向拉力调整系数可按下列公式计算

$$\eta_j = \eta_a - (\eta_a - \eta_b)\frac{z_j}{h} \tag{2.4.6-1}$$

$$\eta_a = \frac{\sum(h-\eta_b z_j)\Delta E_{aj}}{\sum(h-z_j)\Delta E_{aj}} \tag{2.4.6-2}$$

式中，z_j 为第 j 层土钉至基坑顶面的垂直距离(m)；h 为基坑深度(m)；ΔE_{aj} 为作用在以 $s_{x,j}$、$s_{z,j}$ 为边长的面积内的主动土压力标准值(kN)；η_a 为计算系数；η_b 为经验系数，可取 0.6～1.0；n 为土钉层数。

单根土钉的极限抗拔承载力应按下列规定确定：

①单根土钉的极限抗拔承载力应通过抗拔试验确定，试验方法应符合《建筑基坑支护技术规程》(JGJ 120—2012)的规定。

②单根土钉的极限抗拔承载力标准值也可按下式估算，但应通过《建筑基坑支护技术规程》(JGJ 120—2012)规定的土钉抗拔试验进行验证。

$$R_{k,j}=\pi d_j \sum q_{sk,i} l_i \tag{2.4.7}$$

式中，d_j 为第 j 层土钉的锚固体直径(m)。对成孔注浆土钉，按成孔直径计算；对打入钢管土钉，按钢管直径计算。$q_{sk,i}$ 为第 j 层土钉与第 i 土层的极限黏结强度标准值(kPa)，应根据工程经验并结合表 2.4.3 取值。l_i 为第 j 层土钉滑动面以外的部分在第 i 土层中的长度(m)，直线滑动面与水平面的夹角取型$\frac{\beta+\varphi_m}{2}$，如图 2.4.3 所示。

③对安全等级为三级的土钉墙，可按式(2.4.7)确定单根土钉的极限抗拔承载力。

④当按本条第①款至第③款确定的土钉极限抗拔承载力标准值大于 $f_{yk}A_s$ 时，应取 $R_{k,j}=f_{yk}A_s$。

土钉的极限黏结强度标准值 表 2.4.3

土的名称	土的状态	q_{sk}/kPa	
		成孔注浆土钉	打入钢管土钉
素填土		15～30	20～35
淤泥质土		10～20	15～25
黏性土	$0.75<I_L\leqslant 1$	20～30	20～40
	$0.25<I_L\leqslant 0.75$	30～45	40～55
	$0<I_L\leqslant 0.25$	45～60	55～70
	$I_L\leqslant 0$	60～70	70～80
粉土		40～80	50～90
砂土	松散	35～50	50～65
	稍密	50～65	65～80
	中密	65～80	80～100
	密实	80～100	100～120

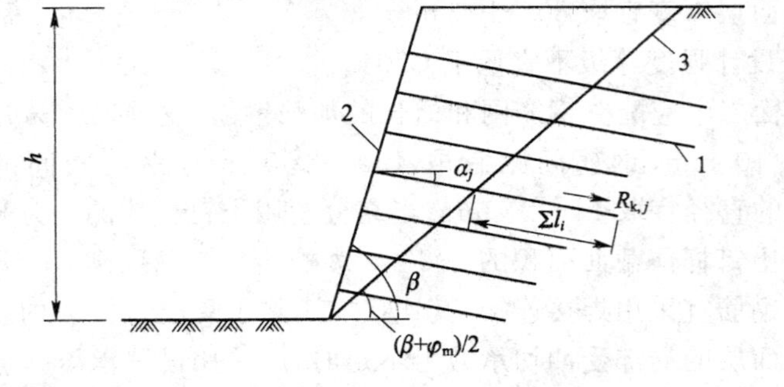

图 2.4.3 土钉抗拔承载力计算

1-土钉；2-喷射混凝土面层；3-滑动面

土钉杆体的受拉承载力应符合下式规定

$$N_j \leqslant f_y A_s \tag{2.4.8}$$

式中，N_j 为第 j 层土钉的轴向拉力设计值(kN)；f_y 为土钉杆体的抗拉强度设计值(kPa)；A_s 为土钉杆体的截面面积(m^2)。

(三)构造

①土钉墙、预应力锚杆复合土钉墙的坡比不宜大于 1：0.2；当基坑较深、土的抗剪强度较低时，宜取较小坡比。对砂土、碎石土、松散填土，确定土钉墙坡度时应考虑开挖时坡面的局部自稳能力。微型桩、水泥土桩复合土钉墙，应采用微型桩、水泥土桩与土钉墙面层贴合的垂直墙面。

注：土钉墙坡比指其墙面垂直高度与水平宽度的比值。

②土钉墙宜采用洛阳铲成孔的钢筋土钉。对易塌孔的松散或稍密的砂土、稍密的粉土、填土，或易缩径的软土，宜采用打入式钢管土钉。对洛阳铲成孔或钢管土钉打入困难的土层，宜采用机械成孔的钢筋土钉。

③土钉水平间距和竖向间距宜为 1～2 m；当基坑较深、土的抗剪强度较低时，土钉间距应取小值。土钉倾角宜为 5°～20°。土钉长度应按各层土钉受力均匀、各土钉拉力与相应土钉极限承载力的比值相近的原则确定。

④成孔注浆型钢筋土钉的构造应符合下列要求：

a. 成孔直径宜取 70～120 mm；

b. 土钉钢筋宜选用 HRB400、HRB500 钢筋，钢筋直径宜取 16～32 mm；

c. 应沿土钉全长设置对中定位支架，其间距宜取 1.5～2.5 m，土钉钢筋保护层厚度不宜小于 20 mm；

d. 土钉孔注浆材料可采用水泥浆或水泥砂浆，其强度不宜低于 20 MPa。

⑤钢管土钉的构造应符合下列要求：

a. 钢管的外径不宜小于 48 mm，壁厚不宜小于 3 mm；钢管的注浆孔应设置在钢管末端 $l/2 \sim 2l/3$ 范围内；每个注浆截面的注浆孔宜取 2 个，且应对称布置，注浆孔的孔径宜取 5～8 mm，注浆孔外应设置保护倒刺。

b. 钢管的连接采用焊接时，接头强度不应低于钢管强度；钢管焊接可采用数量不少于 3 根、直径不小于 16 mm 的钢筋沿截面均匀分布拼焊，双面焊接时钢筋长度不应小于钢管直径的 2 倍。

注：l 为钢管土钉的总长度。

⑥土钉墙高度不大于 12 m 时，喷射混凝土面层的构造应符合下列要求：

a. 喷射混凝土面层厚度宜取 80～100 mm。

b. 喷射混凝土设计强度等级不宜低于 C20。

c. 喷射混凝土面层中应配置钢筋网和通长的加强钢筋，钢筋网宜采用 HPB300 级钢筋，钢筋直径宜取 6～10 mm，钢筋间距宜取 150～250 mm；钢筋网间的搭接长度应大于 300 mm；加强钢筋的直径宜取 14～20 mm；当充分利用土钉杆体的抗拉强度时，加强钢筋的截面面积不应小于土钉杆体截面面积的 1/2。

⑦土钉与加强钢筋宜采用焊接连接，其连接应满足承受土钉拉力的要求；当在土钉拉力作用下喷射混凝土面层的局部受冲切承载力不足时，应采用设置承压钢板等加强措施。

⑧挡土钉墙后存在滞水时，应在含水层部位的墙面设置泄水孔或采取其他疏水措施。

⑨采用预应力锚杆复合土钉墙时，预应力锚杆应符合下列要求：

a. 宜采用钢绞线锚杆。

b. 用于减小地面变形时，锚杆宜布置在土钉墙的较上部位；用于增强面层抵抗土压力的作用时，锚杆应布置在土压力较大及墙背土层较软弱的部位。

c. 锚杆的拉力设计值不应大于土钉墙墙面的局部受压承载力。

d. 预应力锚杆应设置自由段，自由段长度应超过土钉墙坡体的潜在滑动面。

e. 锚杆与喷射混凝土面层之间应设置腰梁连接，腰梁可采用槽钢腰梁或混凝土腰梁，腰梁与喷射混凝土面层应紧密接触，腰梁规格应根据锚杆拉力设计值确定。

f. 除应符合上述规定外，锚杆的构造还应符合《建筑基坑支护技术规程》(JGJ 120—2012)第 4.7 节有关构造的规定。

⑩采用微型桩垂直复合土钉墙时，微型桩应符合下列要求：

a. 应根据微型桩施工工艺对土层特性和基坑周边环境条件的适用性选用微型钢管桩、型钢桩或灌注桩等桩型。

b. 采用微型桩时，宜同时采用预应力锚杆。

c. 微型桩的直径、规格应根据对复合墙面的强度要求确定。采用成孔后插入微型钢管桩、型钢桩的工艺时，成孔直径宜取 130～300 mm；对钢管，其直径宜取 48～250 mm；对工字钢，其型号宜取 I10～ I22。孔内应灌注水泥浆或水泥砂浆并充填密实。采用微型混凝土灌注桩时，其直径宜取 200～300 mm。

d. 微型桩的间距应满足土钉墙施工时桩间土的稳定性要求。

e. 微型桩伸入坑底的长度宜大于桩径的 5 倍，且不应小于 1 m。

f. 微型桩应与喷射混凝土面层贴合。

⑪采用水泥土桩复合土钉墙时，水泥土桩应符合下列要求：

a. 应根据水泥土桩施工工艺对土层特性和基坑周边环境条件的适用性选用搅拌桩、旋喷桩等桩型；

b. 水泥土桩伸入坑底的长度宜大于桩径的 2 倍，且不应小于 1 m；

c. 水泥土桩应与喷射混凝土面层贴合；

d. 桩身 28 d 无侧限抗压强度不宜小于 1 MPa；

e. 水泥土桩用作截水帷幕时，应符合《建筑基坑支护技术规程》(JGJ 120—2012)第 7.2 节对截水的要求。

(四)施工与检测

①土钉墙应按土钉层数分层设置土钉，喷射混凝土面层，开挖基坑。

②当有地下水时，对易产生流沙或塌孔的砂土、粉土、碎石土等土层，应通过试验确定土钉施工工艺及其参数。

③钢筋土钉的成孔应符合下列要求：

a. 土钉成孔范围内存在地下管线等设施时，应在查明其位置并避开后，再进行成孔作业；

b. 应根据土层的性状选用洛阳铲、螺旋钻、冲击钻、地质钻等成孔方法，采用的成孔方法应能保证孔壁的稳定性、减小对孔壁的扰动；

c. 当成孔遇不明障碍物时，应停止成孔作业，在查明障碍物的情况并采取针对性措施后方可继续成孔；

d. 对易塌孔的松散土层宜采用机械成孔工艺，成孔困难时，可采用注入水泥浆等方法进行护壁。

④钢筋土钉杆体的制作安装应符合下列要求：

a. 钢筋使用前，应调直并清除污锈。

b. 当钢筋需要连接时，宜采用搭接焊、帮条焊连接；焊接应采用双面焊，双面焊的搭接长度或帮条长度不应小于主筋直径的 5 倍，焊缝高度不应小于主筋直径的 0.3 倍。

c. 对中支架的截面尺寸应符合对土钉杆体保护层厚度的要求，对中支架可选用直径为 6～8 mm 的钢筋焊制。

d. 土钉成孔后应及时插入土钉杆体，遇塌孔、缩径时，应在处理后再插入土钉杆体。

⑤钢筋土钉的注浆应符合下列要求：

a. 注浆材料可选用水泥浆或水泥砂浆。水泥浆的水灰比宜取 0.5～0.55；水泥砂浆的水灰比宜取 0.4～0.45，同时，灰砂比宜取 0.5～1.0，拌和用砂宜选用中粗砂，按重量计的含泥量不得大于 3%。

b. 水泥浆或水泥砂浆应拌和均匀，一次拌和的水泥浆或水泥砂浆应在初凝前使用。

c. 注浆前应将孔内残留的虚土清除干净。

d. 注浆应采用将注浆管插至孔底、由孔底注浆的方式，且注浆管端部至孔底的距离不宜大于 200 mm；注浆及拔管时，注浆管出浆口应始终埋入注浆液面内，应在新鲜浆液从孔口溢出后停止注浆；注浆后，当浆液液面下降时，应进行补浆。

⑥打入式钢管土钉的施工应符合下列要求：

a. 钢管端部应制成尖锥状，钢管顶部宜设置防止施打变形的加强构造；

b. 注浆材料应采用水泥浆，水泥浆的水灰比宜取 0.5～0.6；

c. 注浆压力不宜小于 0.6 MPa，应在注浆至钢管周围出现返浆后停止注浆，当不出现返浆时，可采用间歇注浆的方法。

⑦喷射混凝土面层的施工应符合下列要求：

a. 细骨料宜选用中粗砂，含泥量应小于 3%；

b. 粗骨料宜选用粒径不大于 20 mm 的级配砾石；

c. 水泥与砂石的重量比宜取 1∶4～1∶4.5，砂率宜取 45%～55%，水灰比宜取 0.4～0.45；

d. 使用速凝剂等外加剂时，应通过试验确定外加剂掺量；

e. 喷射作业应分段依次进行，同一分段内应自下而上均匀喷射，一次喷射厚度宜为30～80 mm；

f. 喷射作业时，喷头应与土钉墙面保持垂直，其距离宜为 0.6～1.0 m；

g. 喷射混凝土终凝 2 h 后应及时喷水养护；

h. 钢筋与坡面的间隙应大于 20 mm；

i. 钢筋网可采用绑扎固定，钢筋连接宜采用搭接焊，焊缝长度不应小于钢筋直径的 10 倍；

j. 采用双层钢筋网时，第二层钢筋网应在第一层钢筋网被喷射混凝土覆盖后铺设。

⑧土钉墙的施工偏差应符合下列要求：

a. 土钉位置的允许偏差应为 100 mm；

b. 土钉倾角的允许偏差应为 3°；

c. 土钉杆体长度不应小于设计长度；

d. 钢筋网间距的允许偏差应为±30 mm；

e. 微型桩桩位的允许偏差应为 50 mm；

f. 微型桩垂直度的允许偏差应为0.5%。

⑨复合土钉墙中预应力锚杆的施工应符合《建筑基坑支护技术规程》(JGJ 120—2012)第4.8节的有关规定。微型桩的施工应符合现行行业标准《建筑桩基技术规范》(JGJ 94—2008)的有关规定。水泥土桩的施工应符合《建筑基坑支护技术规程》(JGJ 120—2012)第7.2节的有关规定。

⑩土钉墙的质量检测应符合下列规定:

a. 应对土钉的抗拔承载力进行检测,土钉检测数量不宜少于土钉总数的1%,且同一土层中的土钉检测数量不应少于3根;对安全等级为二级、三级的土钉墙,抗拔承载力检测值分别不应小于土钉轴向拉力标准值的1.3倍、1.2倍;检测土钉应采用随机抽样的方法选取;检测试验应在注浆固结体强度达到10 MPa或达到设计强度的70%后进行,应按《建筑基坑支护技术规程》(JGJ 120—2012)附录D的试验方法进行;当检测的土钉不合格时,应扩大检测数量。

b. 应进行土钉墙面层喷射混凝土的现场试块强度试验,每500 m^2 喷射混凝土面积的试验数量不应少于一组,每组试块不应少于3个。

c. 应对土钉墙的喷射混凝土面层厚度进行检测,每500 m^2 喷射混凝土面积的检测数量不应少于一组,每组的检测点不应少于3个;全部检测点的面层厚度平均值不应小于厚度设计值,最小厚度不应小于厚度设计值的80%。

d. 复合土钉墙中的预应力锚杆,应按《建筑基坑支护技术规程》(JGJ 120—2012)第4.8.8条的规定进行抗拔承载力检测。

e. 复合土钉墙中的水泥土搅拌桩或旋喷桩用作截水帷幕时,应按《建筑基坑支护技术规程》(JGJ 120—2012)第7.2.14条的规定进行质量检测。

三、重力式水泥土墙

(一)稳定性与承载力验算

重力式水泥土墙的滑移稳定性应符合下式规定(图2.4.4)

$$\frac{E_{pk}+(G-u_m B)\tan\varphi+cB}{E_{ak}}\geqslant K_{sl} \qquad (2.4.9)$$

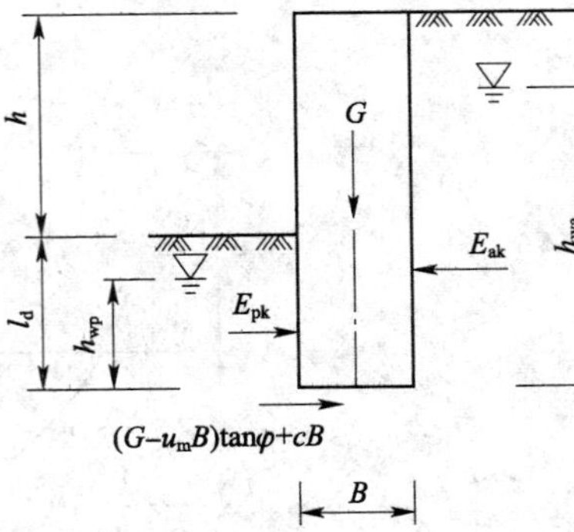

图2.4.4 滑移稳定性验算

式中,K_{sl}为抗滑移安全系数,其值不应小于1.2。E_{ak}、E_{pk}分别为水泥土墙上的主动土压力、被动土压力标准值(kN/m)。G为水泥土墙的自重(kN/m)。u_m为水泥土墙底面上的水压力(kPa)。水泥土墙底位于含水层时,可取$u_m=\gamma_w(h_{wa}+h_{wp})/2$;在地下水位以上时,取$u_m=0$。$c$、$\varphi$分别为水泥土墙底面下土层的黏聚力(kPa)、内摩擦角(°)。B为水泥土墙的底面宽度(m)。h_{wa}为基坑外侧水泥土墙底处的压力水头(m)。h_{wp}为基坑内侧水泥土墙底处的压力水头(m)。

重力式水泥土墙的倾覆稳定性应符合下式规定(图2.4.5)

$$\frac{E_{pk}a_p+(G-u_m B)a_G}{E_{ak}a_a}\geqslant K_{ov} \qquad (2.4.10)$$

式中,K_{ov}为抗倾覆安全系数,其值不应小于1.3;a_a为水泥土墙外侧主动土压力合力作用点至墙趾的竖向距离(m);a_p为水泥土墙内侧被动土压力合力作用点至墙趾的竖向距离(m);a_G为水泥土墙自重与墙底水压力合力作用点至墙趾的水平距离(m)。

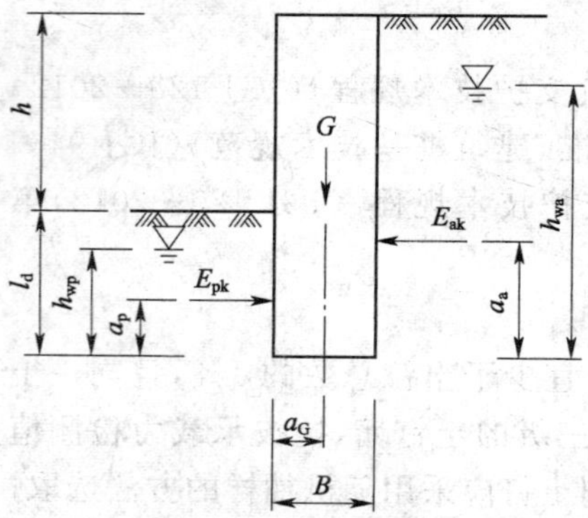

图 2.4.5　倾覆稳定性验算

重力式水泥土墙应按下列规定进行圆弧滑动稳定性验算：

①可采用圆弧滑动条分法进行验算。

②采用圆弧滑动条分法时，其稳定性应符合下列规定(图 2.4.6)

$$\min\{K_{s,1},K_{s,2},\cdots,K_{s,i},\cdots\}\geqslant K_s \tag{2.4.11-1}$$

$$K_{s,i}=\frac{\sum\{c_jl_j+[(q_jb_j+\Delta G_j)\cos\theta_j-u_jl_j]\tan\varphi_j\}}{\sum(q_jb_j+\Delta G_j)\sin\theta_j} \tag{2.4.11-2}$$

式中，K_s 为圆弧滑动稳定安全系数，其值不应小于1.3。$K_{s,i}$ 为第 i 个圆弧滑动体的抗滑力矩与滑动力矩的比值；抗滑力矩与滑动力矩之比的最小值宜通过搜索不同圆心及半径的所有潜在滑动圆弧确定。c_j、φ_j 分别为第 j 土条滑弧面处土的黏聚力(kPa)、内摩擦角(°)。b_j 为第j 土条的宽度(m)。θ_j 为第 j 土条滑弧面中点处的法线与垂直面的夹角(°)。l_j 为第 j 土条的滑弧长度(m)，取 $l_j=b_j/\cos\theta_j$。q_j 为第 j 土条上的附加分布荷载标准值(kPa)。ΔG_j 为第 j 土条的自重(kN)，按天然重度计算；分条时，水泥土墙可按土体考虑。u_j 为第 j 土条滑弧面上的孔隙水压力(kPa)。对地下水位以下的砂土、碎石土、砂质粉土，当地下水是静止的或渗流水力梯度可忽略不计时，在基坑外侧，可取 $u_j=\gamma_w h_{wa,j}$；在基坑内侧，可取 $u_j=\gamma_w h_{wp,j}$。滑弧面在地下水位以上或对地下水位以下的黏性土，取 $u_j=0$。γ_w 为地下水重度(kN/m³)。$h_{wa,j}$ 为基坑外侧第 j 土条滑弧面中点的压力水头(m)。$h_{wp,j}$ 为基坑内侧第 j 土条滑弧面中点的压力水头(m)。

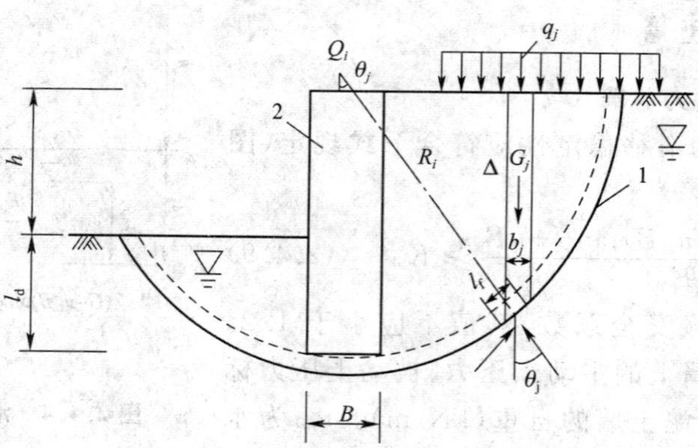

图 2.4.6　整体滑动稳定性验算

③当墙底以下存在软弱下卧土层时，稳定性验算的滑动面中应包括由圆弧与软弱土层层面组成的复合滑动面。

重力式水泥土墙，其嵌固深度应符合下列坑底隆起稳定性要求：

①隆起稳定性可按式(2.3.10-1)～式(2.3.10-3)验算，但式中 γ_{m1} 应取基坑外墙底面以上土的重度，γ_{m2} 应取基坑内墙底面以上土的重度，l_d 应取水泥土墙的嵌固深度，c、φ 应取水泥土墙底面以下土的黏聚力、内摩擦角；

②当重力式水泥土墙底面以下有软弱下卧层时，隆起稳定性验算的部位应包括软弱下卧层，此时，式(2.3.10-1)～式(2.3.10-3)中的 γ_{m1}、γ_{m2} 应取软弱下卧层顶面以上土的重度，

l_d 应以 D 代替。

注：D 为坑底至软弱下卧层顶面的土层厚度(m)。

重力式水泥土墙墙体的正截面应力应符合下列规定：

①拉应力

$$\frac{6M_i}{B^2}-\gamma_{cs}z\leqslant 0.15f_{cs} \tag{2.4.12-1}$$

②压应力

$$\gamma_0\gamma_F\gamma_{cs}z+\frac{6M_i}{B^2}\leqslant f_{cs} \tag{2.4.12-2}$$

③剪应力

$$\frac{E_{aki}-\mu G_i-E_{pki}}{B}\leqslant\frac{1}{6}f_{cs} \tag{2.4.12-3}$$

式中，M_i 为水泥土墙验算截面的弯矩设计值(kN·m/m)；B 为验算截面处水泥土墙的宽度(m)；γ_{cs} 为水泥土墙的重度(kN/m^3)；z 为验算截面至水泥土墙顶的垂直距离(m)；f_{cs} 为水泥土开挖龄期时的轴心抗压强度设计值(kPa)，应根据现场试验或工程经验确定；γ_F 为荷载综合分项系数；E_{aki}、E_{pki} 分别为验算截面以上的主动土压力标准值、被动土压力标准值(kN/m)，验算截面坑底以上时，取 $E_{pk,i}=0$；G_i 为验算截面以上的墙体自重(kN/m)；μ 为墙体材料的抗剪断系数，取 0.4～0.5。

重力式水泥土墙的正截面应力验算应包括下列部位：

①基坑面以下主动、被动土压力强度相等处；

②基坑底面处；

③水泥土墙的截面突变处。

当地下水位高于坑底时，应按《建筑基坑支护技术规程》(JGJ 120—2012)附录 C 的规定进行地下水渗透稳定性验算。

(二)构造

①重力式水泥土墙宜采用水泥土搅拌桩相互搭接成格栅状的结构形式，也可采用水泥土搅拌桩相互搭接成实体的结构形式。搅拌桩的施工工艺宜采用喷浆搅拌法。

②重力式水泥土墙的嵌固深度：对淤泥质土，不宜小于 $1.2h$；对淤泥，不宜小于 $1.3h$。重力式水泥土墙的宽度：对淤泥质土，不宜小于 $0.7h$；对淤泥，不宜小于 $0.8h$。

注：h 为基坑深度。

③重力式水泥土墙采用格栅形式时，格栅的面积置换率，对淤泥质土，不宜小于 0.7；对淤泥，不宜小于 0.8；对一般黏性土、砂土，不宜小于 0.6。格栅内侧的长宽比不宜大于 2。每个格栅内的土体面积应符合下式要求

$$A\leqslant\delta\frac{cu}{\gamma_m} \tag{2.4.13}$$

式中，A 为格栅内的土体面积(m^2)。δ 为计算系数。对黏性土，取 $\delta=0.5$；对砂土、粉土，取 $\delta=0.7$。c 为格栅内土的黏聚力(kPa)。u 为计算周长(m)，按图 2.4.7 计算。γ_m 为格栅内土的天然重度(kN/m^3)，对多层土，取水泥土墙深度范围内各层土按厚度加权的平均天然重度。

④水泥土搅拌桩的搭接宽度不宜小于 150 mm。

⑤水泥土墙兼作截水帷幕时，应符合《建筑基坑支护技术规程》(JGJ 120—2012)对截水的要求。

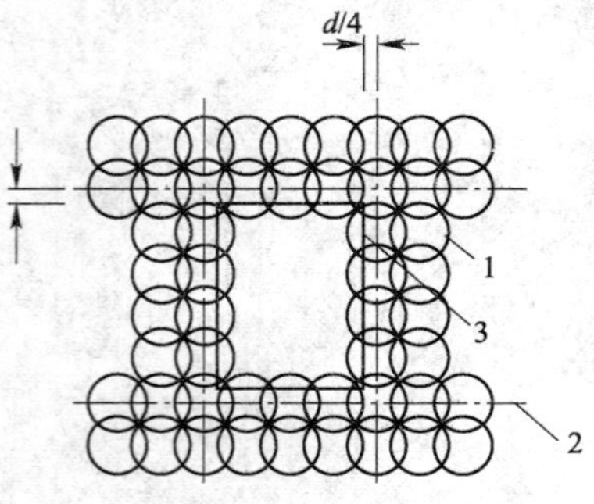

图 2.4.7 格栅式水泥土墙

1-水泥土桩;2-水泥土桩中心线;3-计算周长

⑥水泥土墙体的 28 d 无侧限抗压强度不宜小于 0.8 MPa。当需要增强墙体的抗拉性能时,可在水泥土桩内插入杆筋。杆筋可采用钢筋、钢管或毛竹。杆筋的插入深度宜大于基坑深度。杆筋应锚入面板内。

⑦水泥土墙顶面宜设置混凝土连接面板,面板厚度不宜小于 150 mm,混凝土强度等级不宜低于 C15。

(三)施工与检测

①水泥土搅拌桩的施工应符合现行行业标准《建筑地基处理技术规范》(JGJ 79—2012)的规定。

②重力式水泥土墙的质量检测应符合下列规定:

a. 应采取开挖方法检测水泥土搅拌桩的直径、搭接宽度、位置偏差;

b. 应采用钻芯法检测水泥土搅拌桩的单轴抗压强度、完整性、深度。单轴抗压强度试验的芯样直径不应小于 80 mm。检测桩数不应少于总桩数的 1%,且不应少于 6 根。

四、排桩支护结构

(一)排桩设计

①排桩的桩型与成桩工艺应符合下列要求:

a. 应根据土层的性质、地下水条件及基坑周边环境要求等选择混凝土灌注桩、型钢桩、钢管桩、钢板桩、型钢水泥土搅拌桩等桩型;

b. 当支护桩施工影响范围内存在对地基变形敏感、结构性能差的建筑物或地下管线时,不应采用挤土效应严重、易塌孔、易缩径或有较大振动的桩型和施工工艺;

c. 采用挖孔桩且成孔需要降水时,降水引起的地层变形应满足周边建筑物和地下管线的要求,否则应采取截水措施。

②混凝土支护桩的正截面和斜截面承载力应符合下列规定:

a. 沿周边均匀配置纵向钢筋的圆形截面支护桩,其正截面受弯承载力宜按《建筑基坑支护技术规程》(JGJ 120—2012)第 B. 0. 1 条的规定进行计算;

b. 沿受拉区和受压区周边局部均匀配置纵向钢筋的圆形截面支护桩,其正截面受弯承载力宜按《建筑基坑支护技术规程》(JGJ 120—2012)第 B. 0. 2 条~第 B. 0. 4 条的规定进行计算;

c. 圆形截面支护桩的斜截面承载力,可用截面宽度为 $1.76r$ 和截面有效高度为 $1.6r$ 的矩形截面代替圆形截面后,按现行国家标准《混凝土结构设计规范》(GB 50010—2010)对矩形截面斜截面承载力的规定进行计算,但其剪力设计值应按《建筑基坑支护技术规程》(JGJ 120—2012)第 3. 1. 7 条确定,计算所得的箍筋截面面积应作为支护桩圆形箍筋的截面面积;

注:r 为圆形截面半径。

d. 矩形截面支护桩的正截面受弯承载力和斜截面受剪承载力,应按现行国家标准《混凝土结构设计规范》(GB 50010—2010)的有关规定进行计算,但其弯矩设计值和剪力设计值应按《建筑基坑支护技术规程》(JGJ 120—2012)确定。

③型钢、钢管、钢板支护桩的受弯、受剪承载力应按现行国家标准《钢结构设计规范》(GB 50017—2003)的有关规定进行计算,但其弯矩设计值和剪力设计值应按《建筑基坑支护技术规程》(JGJ 120—2012)确定。

④采用混凝土灌注桩时，对悬臂式排桩，支护桩的桩径宜大于或等于 600 mm；对锚拉式排桩或支撑式排桩，支护桩的桩径不宜小于 400 mm；排桩的中心距不宜大于桩直径的2.0 倍。

⑤采用混凝土灌注桩时，支护桩的桩身混凝土强度等级、钢筋配置和混凝土保护层厚度应符合下列规定：

a. 桩身混凝土强度等级不宜低于 C25。

b. 纵向受力钢筋宜选用 HRB400、HRB500 钢筋。单桩的纵向受力钢筋不宜少于8 根，其净间距不应小于 60 mm；支护桩顶部设置钢筋混凝土构造冠梁时，纵向钢筋伸入冠梁的长度宜取冠梁厚度；冠梁按结构受力构件设置时，桩身纵向受力钢筋伸入冠梁的锚固长度应符合现行国家标准《混凝土结构设计规范》(GB 50010—2010)对钢筋锚固的有关规定；当不能满足锚固长度的要求时，其钢筋末端可采取机械锚固措施。

c. 箍筋可采用螺旋式箍筋。箍筋直径不应小于纵向受力钢筋最大直径的 1/4，且不应小于 6 mm；箍筋间距宜取 100～200 mm，且不应大于 400 mm 及桩的直径。

d. 沿桩身配置的加强箍筋应满足钢筋笼起吊安装要求，宜选用 HPB300、HRB400 钢筋，其间距宜取 1 000～2 000 mm。

e. 纵向受力钢筋的保护层厚度不应小于 35 mm；采用水下灌注混凝土工艺时，不应小于 50 mm。

f. 当采用沿截面周边非均匀配置纵向钢筋时，受压区的纵向钢筋根数不应少于 5 根；当施工方法不能保证钢筋的方向时，不应采用沿截面周边非均匀配置纵向钢筋的形式。

g. 当沿桩身分段配置纵向受力主筋时，纵向受力钢筋的搭接应符合现行国家标准《混凝土结构设计规范》(GB 50010—2010)的相关规定。

⑥支护桩顶部应设置混凝土冠梁。冠梁的宽度不宜小于桩径，高度不宜小于桩径的 0.6 倍。冠梁钢筋应符合现行国家标准《混凝土结构设计规范》(GB 50010—2010)对梁的构造配筋要求。冠梁用作支撑或锚杆的传力构件或按空间结构设计时，还应按受力构件进行截面设计。

⑦在有主体建筑地下管线的部位，冠梁宜低于地下管线。

⑧排桩桩间土应采取防护措施。桩间土防护措施宜采用内置钢筋网或钢丝网的喷射混凝土面层。喷射混凝土面层的厚度不宜小于 50 mm，混凝土强度等级不宜低于 C20，混凝土面层内配置的钢筋网的纵横向间距不宜大于 200 mm。钢筋网或钢丝网宜采用横向拉筋与两侧桩体连接，拉筋直径不宜小于 12 mm，拉筋锚固在桩内的长度不宜小于 100 mm 钢筋网宜采用桩间土内打入直径不小于 12 mm 的钢筋钉固定，钢筋钉打入桩间土中的长度不宜小于排桩净间距的 1.5 倍，且不应小于 500 mm。

⑨采用降水的基坑，在有可能出现渗水的部位应设置泄水管，泄水管应采取防止土颗粒流失的反滤措施。

⑩排桩采用素混凝土桩与钢筋混凝土桩间隔布置的钻孔咬合桩形式时，支护桩的桩径可取 800～1 500 mm，相邻桩咬合长度不宜小于 200 mm。素混凝土桩应采用塑性混凝土或强度等级不低于 C15 的超缓凝混凝土，其初凝时间宜控制在 40～70 h 之间，坍落度宜取 12～14mm。

(二)排桩施工与检测

①排桩的施工应符合现行行业标准《建筑桩基技术规范》(JGJ 94—2008)对相应桩型的有关规定。

②当排桩桩位邻近的既有建筑物、地下管线、地下构筑物对地基变形敏感时，应根据其位置、类型、材料特性、使用状况等相应采取下列控制地基变形的防护措施：

a. 宜采取间隔成桩的施工顺序；对混凝土灌注桩，应在混凝土终凝后，再进行相邻桩的成孔施工；

b. 对松散或稍密的砂土、稍密的粉土、软土等易坍塌或流动的软弱土层，对钻孔灌注桩宜采取改善泥浆性能等措施，对人工挖孔桩宜采取减小每节挖孔和护壁的长度，加固孔壁等措施；

c. 支护桩成孔过程出现流沙、涌泥、塌孔、缩径等异常情况时，应暂停成孔并及时采取有针对性的措施进行处理，防止继续塌孔；

d. 当成孔过程中遇到不明障碍物时，应查明其性质，且在不会危害既有建筑物、地下管线、地下构筑物的情况下方可继续施工。

③对混凝土灌注桩，其纵向受力钢筋的接头不宜设置在内力较大处。同一连接区段内，纵向受力钢筋的连接方式和连接接头面积百分率应符合现行国家标准《混凝土结构设计规范》(GB 50010—2010)对梁类构件的规定。

④混凝土灌注桩采用分段配置不同数量的纵向钢筋时，钢筋笼制作和安放时应采取控制非通长钢筋竖向定位的措施。

⑤混凝土灌注桩采用沿桩截面周边非均匀配置纵向受力钢筋时，应按设计的钢筋配置方向进行安放，其偏转角度不得大于10°。

⑥混凝土灌注桩设有预埋件时，应根据预埋件用途和受力特点的要求，控制其安装位置及方向。

⑦钻孔咬合桩的施工可采用液压钢套管全长护壁、机械冲抓成孔工艺，其施工应符合下列要求：

a. 桩顶应设置导墙，导墙宽度宜取3～4 m，导墙厚度宜取0.3～0.5 m。

b. 相邻咬合桩应按先施工素混凝土桩、后施工钢筋混凝土桩的顺序进行；钢筋混凝土桩应在素混凝土桩初凝前，通过成孔时切割部分素混凝土桩身形成与素混凝土桩的互相咬合，但应避免过早切割。

c. 钻机就位及吊设第一节钢套管时，应采用两个测斜仪贴附在套管外壁并用经纬仪复核套管垂直度，其垂直度允许偏差应为0.3%；液压套管应正反扭动加压下切；抓斗在套管内取土时，套管底部应始终位于抓土面下方，且抓土面与套管底的距离应大于1.0 m。

d. 孔内虚土和沉渣应清除干净，并用抓斗夯实孔底；灌注混凝土时，套管应随混凝土浇筑逐段提拔；套管应垂直提拔，阻力过大时应转动套管，同时缓慢提拔。

⑧除有特殊要求外，排桩的施工偏差应符合下列规定：

a. 桩位的允许偏差应为50 mm；

b. 桩垂直度的允许偏差应为0.5%；

c. 预埋件位置的允许偏差应为20 mm；

d. 桩的其他施工允许偏差应符合现行行业标准《建筑桩基技术规范》(JGJ 94—2008)的规定。

⑨冠梁施工时，应将桩顶浮浆、低强度混凝土及破碎部分清除。冠梁混凝土浇筑采用土模时，土面应修理整平。

⑩采用混凝土灌注桩时，其质量检测应符合下列规定：

a. 应采用低应变动测法检测桩身完整性，检测桩数不宜少于总桩数的20%，且不得少于

5 根；

b. 当根据低应变动测法判定的桩身完整性为Ⅲ类或Ⅳ类时，应采用钻芯法进行验证，并应扩大低应变动测法检测的数量。

五、地下连续墙

（一）地下连续墙设计

①地下连续墙的正截面受弯承载力、斜截面承载力应按现行国家标准《混凝土结构设计规范》（GB 50010—2010）的有关规定进行计算，但其弯矩、剪力设计值应按计算确定。

②地下连续墙的墙体厚度宜根据成槽机的规格，选取 600 mm、800 mm、1 000 mm 或1 200 mm。

③一字形槽段长度宜取 4～6 m。当成槽施工可能对周边环境产生不利影响或槽壁稳定性较差时，应取较小的槽段长度。必要时，宜采用搅拌桩对槽壁进行加固。

④地下连续墙的转角处或有特殊要求时，单元槽段的平面形状可采用 L 形、T 形等。

⑤地下连续墙的混凝土设计强度等级宜取 C30～C40。地下连续墙用于截水时，墙体混凝土抗渗等级不宜小于 P6。当地下连续墙同时作为主体地下结构构件时，墙体混凝土抗渗等级应满足现行国家标准《地下工程防水技术规范》（GB 50108—2008）等相关标准的要求。

⑥地下连续墙的纵向受力钢筋应沿墙身两侧均匀配置，可按内力大小沿墙体纵向分段配置，但通长配置的纵向钢筋不应小于总数的 50%；纵向受力钢筋宜选用 HRB400、HRB500 钢筋，直径不宜小于 16 mm，净间距不宜小于 75 mm；水平钢筋及构造钢筋宜选用 HPB300 或 HRB400 钢筋，直径不宜小于 12 mm，水平钢筋间距宜取 200～400 mm。冠梁按构造设置时，纵向钢筋伸入冠梁的长度宜取冠梁厚度。冠梁按结构受力构件设置时，墙身纵向受力钢筋伸入冠梁的锚固长度应符合现行国家标准《混凝土结构设计规范》（GB 50010—2010）对钢筋锚固的有关规定。当不能满足锚固长度的要求时，其钢筋末端可采取机械锚固措施。

⑦连续墙纵向受力钢筋的保护层厚度，在基坑内侧不宜小于 50 mm，在基坑外侧不宜小于 70 mm。

⑧钢筋笼端部与槽段接头之间、钢筋笼端部与相邻墙段混凝土面之间的间隙不应大于 150 mm，纵向钢筋下端 500 mm 长度范围内宜按 1∶10 的斜度向内收口。

⑨地下连续墙的槽段接头应按下列原则选用：

a. 地下连续墙宜采用圆形锁口管接头、波纹管接头、楔形接头、工字形钢接头或混凝土预制接头等柔性接头；

b. 当地下连续墙作为主体地下结构外墙，且需要形成整体墙体时，宜采用刚性接头；刚性接头可采用一字形或十字形穿孔钢板接头、钢筋承插式接头等；当采取地下连续墙顶设置通长冠梁、墙壁内侧槽段接缝位置设置结构壁柱、基础底板与地下连续墙刚性连接等措施时，也可采用柔性接头。

⑩地下连续墙墙顶应设置混凝土冠梁。冠梁宽度不宜小于墙厚，高度不宜小于墙厚的 0.6 倍。冠梁钢筋应符合现行国家标准《混凝土结构设计规范》（GB 50010—2010）对梁的构造配筋要求。冠梁用作支撑或锚杆的传力构件或按空间结构设计时，还应按受力构件进行截面设计。

（二）地下连续墙施工与检测

①地下连续墙的施工应根据地质条件的适应性等因素选择成槽设备。成槽施工前应进行成槽试验，并应通过试验确定施工工艺及施工参数。

②当地下连续墙邻近的既有建筑物、地下管线、地下构筑物对地基变形敏感时，地下连续墙的施工应采取有效措施控制槽壁变形。

③成槽施工前，应沿地下连续墙两侧设置导墙，导墙宜采用混凝土结构，且混凝土强度等级不宜低于C20。导墙底面不宜设置在新近填土上，且埋深不宜小于1.5 m。导墙的强度和稳定性应满足成槽设备和顶拔接头管施工的要求。

④成槽前，应根据地质条件进行护壁泥浆材料的试配及室内性能试验，泥浆配比应按试验确定。泥浆拌制后应贮放24 h，待泥浆材料充分水化后方可使用。成槽时，泥浆的供应及处理设备应满足泥浆使用量的要求，泥浆的性能应符合相关技术指标的要求。

⑤单元槽段宜采用间隔一个或多个槽段的跳幅施工顺序。每个单元槽段，挖槽分段不宜超过3个。成槽时，护壁泥浆液面应高于导墙底面500 mm。

⑥槽段接头应满足混凝土浇筑压力对其强度和刚度的要求。安放槽段接头时，应紧贴槽段垂直缓慢沉放至槽底。遇到阻碍时，槽段接头应在清除障碍后入槽。混凝土浇灌过程中应采取防止混凝土产生绕流的措施。

⑦地下连续墙有防渗要求时，应在吊放钢筋笼前，对槽段接头和相邻墙段混凝土面用刷槽器等方法进行清刷，清刷后的槽段接头和混凝土面不得夹泥。

⑧钢筋笼制作时，纵向受力钢筋的接头不宜设置在受力较大处。同一连接区段内，纵向受力钢筋的连接方式和连接接头面积百分率应符合现行国家标准《混凝土结构设计规范》(GB 50010—2010)对板类构件的规定。

⑨钢筋笼应设置定位垫块，垫块在垂直方向上的间距宜取3～5 m，在水平方向上宜每层设置2～3块。

⑩单元槽段的钢筋笼宜整体装配和沉放。需要分段装配时，宜采用焊接或机械连接，钢筋接头的位置宜选在受力较小处，并应符合现行国家标准《混凝土结构设计规范》(GB 50010—2010)对钢筋连接的有关规定。

⑪钢筋笼应根据吊装的要求，设置纵横向起吊桁架；桁架主筋宜采用HRB400级钢筋，钢筋直径不宜小于20 mm，且应满足吊装和沉放过程中钢筋笼的整体性及钢筋笼骨架不产生塑性变形的要求。钢筋连接点出现位移、松动或开焊时，钢筋笼不得入槽，应重新制作或修整完好。

⑫地下连续墙应采用导管法浇筑混凝土。导管拼接时，其接缝应密闭。混凝土浇筑时，导管内应预先设置隔水栓。

⑬槽段长度不大于6 m时，混凝土宜采用两根导管同时浇筑；槽段长度大于6 m时，混凝土宜采用三根导管同时浇筑。每根导管分担的浇筑面积应基本均等。钢筋笼就位后应及时浇筑混凝土。混凝土浇筑过程中，导管埋入混凝土面的深度宜在2.0～4.0 m之间，浇筑液面的上升速度不宜小于3 m/h。混凝土浇筑面宜高于地下连续墙设计顶面500 mm 。

⑭除有特殊要求外，地下连续墙的施工偏差应符合现行国家标准《建筑地基基础工程施工质量验收规范》(GB 50202—2002)的规定。

⑮冠梁的施工应符合《建筑基坑支护技术规程》(JGJ 120—2012)第4.4.9条的规定。

⑯地下连续墙的质量检测应符合下列规定：

a. 应进行槽壁垂直度检测，检测数量不得小于同条件下总槽段数的 20%，且不应少于 10 幅；当地下连续墙作为主体地下结构构件时，应对每个槽段进行槽壁垂直度检测。

b. 应进行槽底沉渣厚度检测；当地下连续墙作为主体地下结构构件时，应对每个槽段进行槽底沉渣厚度检测。

c. 应采用声波透射法对墙体混凝土质量进行检测，检测墙段数量不宜小于同条件下总墙段数的 20%，且不得少于 3 幅，每个检测墙段的预埋超声波管数不应少于 4 个，且宜布置在墙身截面的四边中点处。

d. 当根据声波透射法判定的墙身质量不合格时，应采用钻芯法进行验证。

e. 地下连续墙作为主体地下结构构件时，其质量检测还应符合相关标准的要求。

六、锚杆

(一)锚杆设计

锚杆的应用应符合下列规定：

①锚拉结构宜采用钢绞线锚杆；承载力要求较低时，也可采用钢筋锚杆；当环境保护不允许在支护结构使用功能完成后锚杆杆体滞留在地层内时，应采用可拆芯钢绞线锚杆。

②在易塌孔的松散或稍密的砂土、碎石土、粉土、填土层，高液性指数的饱和黏性土层，以及高水压力的各类土层中，钢绞线锚杆、钢筋锚杆宜采用套管护壁成孔工艺。

③锚杆注浆宜采用二次压力注浆工艺。

④锚杆锚固段不宜设置在淤泥、淤泥质土、泥炭、泥炭质土及松散填土层内。

⑤在复杂地质条件下，应通过现场试验确定锚杆的适用性。

锚杆的极限抗拔承载力应符合下式要求

$$\frac{R_k}{N_k} \geqslant K_t \tag{2.4.14}$$

式中，K_t 为锚杆抗拔安全系数，安全等级为一级、二级、三级的支护结构，K_t 分别不应小于 1.8、1.6、1.4；N_k 为锚杆轴向拉力标准值(kN)；R_k 为锚杆极限抗拔承载力标准值(kN)。

锚杆的轴向拉力标准值应按下式计算

$$N_k = \frac{F_h s}{b_a \cos\alpha} \tag{2.4.15}$$

式中，N_k 为锚杆轴向拉力标准值(kN)；F_h 为挡土构件计算宽度内的弹性支点水平反力(kN)，按《建筑基坑支护技术规程》(JGJ 120—2012)的规定确定；s 为锚杆水平间距(m)；b_a 为挡土结构计算宽度(m)；α 为锚杆倾角(°)。

锚杆极限抗拔承载力应按下列规定确定：

①锚杆极限抗拔承载力应通过抗拔试验确定，试验方法应符合《建筑基坑支护技术规程》(JGJ 120—2012)附录 A 的规定。

②锚杆极限抗拔承载力标准值也可按下式估算，但应通过《建筑基坑支护技术规程》(JGJ 120—2012)附录 A 规定的抗拔试验进行验证。

$$R_k = \pi d \sum q_{sk,i} l_i \tag{2.4.16}$$

式中，d 为锚杆的锚固体直径(m)；l_i 为锚杆的锚固段在第 i 土层中的长度(m)，锚固段长度为锚杆在理论直线滑动面以外的长度；$q_{sk,i}$ 为锚固体与第 i 土层的极限黏结强度标准值(kPa)，应根据工程经验并结合表 2.4.4 取值。

锚杆的极限黏结强度标准值 表 2.4.4

土的名称	土的状态或密实度	q_{sk}/kPa	
		一次常压注浆	二次压力注浆
填土		16～30	30～45
淤泥质土		16～20	20～30
黏性土	$I_L>1$	18～30	25～45
	$0.75<I_L\leqslant 1$	30～40	45～60
	$0.50<I_L\leqslant 0.75$	40～53	60～70
	$0.25<I_L\leqslant 0.50$	53～65	70～85
	$0<I_L\leqslant 0.25$	65～73	85～100
	$I_L\leqslant 0$	73～90	100～130
粉土	$e>0.90$	22～44	40～60
	$0.75\leqslant e\leqslant 0.90$	44～64	60～90
	$e<0.75$	64～100	80～130
粉细砂	稍密	22～42	40～70
	中密	42～63	75～110
	密实	63～85	90～130
中砂	稍密	54～74	70～100
	中密	74～90	100～130
	密实	90～120	130～170
粗砂	稍密	80～130	100～140
	中密	130～170	170～220
	密实	170～220	220～250
砾砂	中密、密实	190～260	240～290
风化岩	全风化	80～100	120～150
	强风化	150～200	200～260

注：1. 采用泥浆护壁成孔工艺时，应按表取低值后再根据具体情况适当折减。
2. 采用套管护壁成孔工艺时，可取表中的高值。
3. 采用扩孔工艺时，可在表中数值基础上适当提高。
4. 采用二次压力分段劈裂注浆工艺时，可在表中二次压力注浆数值基础上适当提高。
5. 当砂土中的细粒含量超过总质量的 30%时，表中数值应乘以 0.75。
6. 对有机质含量为 5%～10%的有机质土，应按表取值后适当折减。
7. 当锚杆锚固段长度大于 16 m 时，应对表中数值适当折减。

③当锚杆锚固段主要位于黏土层、淤泥质土层、填土层时，应考虑土的蠕变对锚杆预应力损失的影响，并应根据蠕变试验确定锚杆的极限抗拔承载力。锚杆的蠕变试验应符合《建筑基坑支护技术规程》(JGJ 120—2012)附录 A 的规定。

锚杆的非锚固段长度应按下式确定，且不应小于 5.0 m(图 2.4.8)。

$$l_f \geqslant \frac{(a_1+a_2-d\tan\alpha)\sin\left(45^\circ-\frac{\varphi_m}{2}\right)}{\sin\left(45^\circ+\frac{\varphi_m}{2}+\alpha\right)}+\frac{d}{\cos\alpha}+1.5 \tag{2.4.17}$$

式中，l_f 为锚杆非锚固段长度(m)；α 为锚杆倾角(°)；a_1 为锚杆的锚头中点至基坑底面的距离(m);a_2 为基坑底面至基坑外侧主动土压力强度与基坑内侧被动土压力强度等值点 O 的距离(m),对成层土,当存在多个等值点时,应按其中最深的等值点计算;d 为挡土构件的水平尺寸(m);φ_m 为 O 点以上各土层按厚度加权的等效内摩擦角(°)。

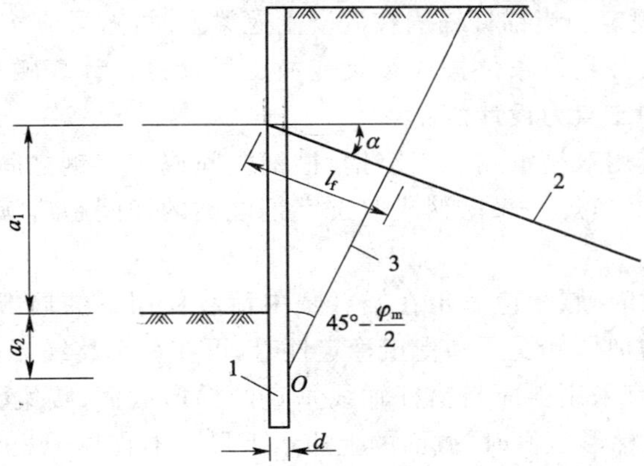

图 2.4.8 理论直线滑动面

1-挡土构件;2-锚杆;3-理论直线滑动面

锚杆杆体的受拉承载力应符合下式规定

$$N \leqslant f_{py}A_p \tag{2.4.18}$$

式中,N 为锚杆轴向拉力设计值(kN);f_{py} 为预应力筋抗拉强度设计值(kPa),当锚杆杆体采用普通钢筋时,取普通钢筋的抗拉强度设计值;A_p 为预应力筋的截面面积(m^2)。

锚杆锁定值宜取锚杆轴向拉力标准值的 0.75～0.9 倍。

锚杆的布置应符合下列规定:

①锚杆的水平间距不宜小于 1.5 m;对多层锚杆,其竖向间距不宜小于 2.0 m;当锚杆的间距小于 1.5 m 时,应根据群锚效应对锚杆抗拔承载力进行折减或改变相邻锚杆的倾角。

②锚杆锚固段的上覆土层厚度不宜小于 4.0 m。

③锚杆倾角宜取 15°～25°,不应大于 45°,不应小于 10°:锚杆的锚固段宜设置在强度较高的土层内。

④当锚杆上方存在天然地基的建筑物或地下构筑物时,宜避开易塌孔、变形的土层。

钢绞线锚杆、钢筋锚杆的构造应符合下列规定:

①锚杆成孔直径宜取 100～150 mm。

②锚杆自由段的长度不应小于 5 m,且应穿过潜在滑动面并进入稳定土层不小于 1.5 m;钢绞线、钢筋杆体在自由段应设置隔离套管。

③土层中的锚杆锚固段长度不宜小于 6 m。

④锚杆杆体的外露长度应满足腰梁、台座尺寸及张拉锁定的要求。

⑤锚杆杆体用钢绞线应符合现行国家标准《预应力混凝土用钢绞线》(GB/T 5224—2014)的有关规定。

⑥钢筋锚杆的杆体宜选用预应力螺纹钢筋,HRB400、HRB500 螺纹钢筋。

⑦应沿锚杆杆体全长设置定位支架;定位支架应能使相邻定位支架中点处锚杆杆体的注浆固结体保护层厚度不小于 10 mm,定位支架的间距宜根据锚杆杆体的组装刚度确定,对自由段宜取 1.5～2.0 m,对锚固段宜取 1.0～1.5 m;定位支架应能使各根钢绞线相互分离。

⑧锚具应符合现行国家标准《预应力筋用锚具、夹具和连接器》(GB/T 14370—2015)的规定。

⑨锚杆浆应采用水泥浆或水泥砂浆,注浆固结体强度不宜低于 20 MPa。

锚杆腰梁可采用型钢组合梁或混凝土梁。锚杆腰梁应按受弯构件设计。锚杆腰梁的正截面、斜截面承载力，对混凝土腰梁，应符合现行国家标准《混凝土结构设计规范》(GB 50010—2010)的规定；对型钢组合腰梁，应符合现行国家标准《钢结构设计规范》(GB 50017—2003)的规定。当锚杆锚固在混凝土冠梁上时，冠梁应按受弯构件设计。

锚杆腰梁应根据实际约束条件按连续梁或简支梁计算。计算腰梁内力时，腰梁的荷载应取结构分析时得出的支点力设计值。

型钢组合腰梁可选用双槽钢或双工字钢，槽钢之间或工字钢之间应用缀板焊接为整体构件，焊缝连接应采用贴角焊。双槽钢或双工字钢之间的净间距应满足锚杆杆体平直穿过的要求。

采用型钢组合腰梁时，腰梁应满足在锚杆集中荷载作用下的局部受压稳定与受扭稳定的构造要求。当需要增加局部受压和受扭稳定性时，可在型钢翼缘端口处配置加劲肋板。

混凝土腰梁、冠梁宜采用斜面与锚杆轴线垂直的梯形截面；腰梁、冠梁的混凝土强度等级不宜低于C25。采用梯形截面时，截面的上边水平尺寸不宜小于250 mm。

采用楔形钢垫块时，楔形钢垫块与挡土构件、腰梁的连接应满足受压稳定性和锚杆垂直分力作用下的受剪承载力要求。采用楔形现浇混凝土垫块时，混凝土垫块应满足抗压强度和锚杆垂直分力作用下的受剪承载力要求，且其强度等级不宜低于C25。

(二)锚杆施工与检测

当锚杆穿过的地层附近存在既有地下管线、地下构筑物时，应在调查或探明其位置、尺寸、走向、类型、使用状况等情况后再进行锚杆施工。

锚杆的成孔应符合下列规定：

①应根据土层性状和地下水条件选择套管护壁、干成孔或泥浆护壁成孔工艺，成孔工艺应满足孔壁稳定性要求；

②对松散和稍密的砂土、粉土，碎石土，填土，有机质土，以及高液性指数的饱和黏性土，宜采用套管护壁成孔工艺；

③在地下水位以下时，不宜采用干成孔工艺；

④在高塑性指数的饱和黏性土层成孔时，不宜采用泥浆护壁成孔工艺；

⑤当成孔过程中遇不明障碍物时，在查明其性质前不得钻进。

钢绞线锚杆和钢筋锚杆杆体的制作安装应符合下列规定：

①钢绞线锚杆杆体绑扎时，钢绞线应平行、间距均匀；杆体插入孔内时，应避免钢绞线在孔内弯曲或扭转。

②当锚杆杆体选用HRB400、HRB500钢筋时，其连接宜采用机械连接、双面搭接焊、双面帮条焊；采用双面焊时，焊缝长度不应小于杆体钢筋直径的5倍。

③杆体制作和安放时应除锈，除油污，避免杆体弯曲。

④采用套管护壁工艺成孔时，应在拔出套管前将杆体插入孔内；采用非套管护壁成孔时，杆体应匀速推送至孔内。

⑤成孔后应及时插入杆体及注浆。

钢绞线锚杆和钢筋锚杆的注浆应符合下列规定：

①注浆液采用水泥浆时，水灰比宜取0.5～0.55；采用水泥砂浆时，水灰比宜取0.4～0.45，灰砂比宜取0.5～1.0，拌和用砂宜选用中粗砂。

②水泥浆或水泥砂浆内可掺入提高注浆固结体早期强度或微膨胀的外加剂，其掺入量宜按室内试验确定。

③注浆管端部至孔底的距离不宜大于 200 mm；注浆及拔管过程中，注浆管口应始终埋入注浆液面内，应在水泥浆液从孔口溢出后停止注浆；注浆后浆液面下降时，应进行孔口补浆。

④采用二次压力注浆工艺时，注浆管应在锚杆末端 $l_a/4 \sim l_a/3$ 范围内设置注浆孔，孔间距宜取 500～800 mm，每个注浆截面的注浆孔宜取 2 个；二次压力注浆液宜采用水灰比为 0.5～0.55 的水泥浆；二次注浆管应固定在杆体上，注浆管的出浆口应有逆止构造；二次压力注浆应在水泥浆初凝后、终凝前进行，终止注浆的压力不应小于 1.5 MPa。

注：l_a 为锚杆的锚固段长度。

⑤采用二次压力分段劈裂注浆工艺时，注浆宜在固结体强度达到 5 MPa 后进行，注浆管的出浆孔宜沿锚固段全长设置，注浆应由内向外分段依次进行。

⑥基坑采用截水帷幕时，地下水位以下的锚杆注浆应采取孔口封堵措施。

⑦寒冷地区在冬期施工时，应对注浆液采取保温措施，浆液温度应保持在 5℃以上。

锚杆的施工偏差应符合下列要求：

①钻孔孔位的允许偏差应为 50 mm；

②钻孔倾角的允许偏差应为 3°；

③杆体长度不应小于设计长度；

④自由段的套管长度允许偏差应为±50 mm。

组合型钢锚杆腰梁、钢台座的施工应符合现行国家标准《钢结构工程施工质量验收规范》(GB 50205—2001)的有关规定；混凝土锚杆腰梁、混凝土台座的施工应符合现行国家标准《混凝土结构工程施工质量验收规范》(GB 50204—2002)(2010 年版)的有关规定。

预应力锚杆的张拉锁定应符合下列要求：

①当锚杆固结体的强度达到 15 MPa 或设计强度的 75％后，方可进行锚杆的张拉锁定。

②拉力型钢绞线锚杆宜采用钢绞线束整体张拉锁定的方法。

③锚杆锁定前，应按表 2.4.5 的检测值进行锚杆预张拉；锚杆张拉应平缓加载，加载速率不宜大于 0.1 N_k/min；在张拉值下的锚杆位移和压力表压力应能保持稳定，当锚头位移不稳定时，应判定此根锚杆不合格。

锚杆的抗拔承载力检测值　　表 2.4.5

支护结构的安全等级	抗拔承载力检测值与轴向拉力标准值的比值
一级	≥1.4
二级	≥1.3
三级	≥1.2

④锁定时的锚杆拉力应考虑锁定过程的预应力损失量；预应力损失量宜通过对锁定前、后锚杆拉力的测试确定；缺少测试数据时，锁定时的锚杆拉力可取锁定值的 1.1～1.15 倍。

⑤锚杆锁定应考虑相邻锚杆张拉锁定引起的预应力损失，当锚杆预应力损失严重时，应进行再次锁定；锚杆出现锚头松弛、脱落、锚具失效等情况时，应及时进行修复并对其进行再次锁定。

⑥当锚杆需要再次张拉锁定时，锚具外杆体长度和完好程度应满足张拉要求。

锚杆抗拔承载力的检测应符合下列规定：

①检测数量不应少于锚杆总数的 5％，且同一土层中的锚杆检测数量不应少于 3 根；

②检测试验应在锚固段注浆固结体强度达到 15 MPa 或达到设计强度的 75％后进行；

③检测锚杆应采用随机抽样的方法选取；

④抗拔承载力检测值应按表 2.4.5 确定；

⑤检测试验应按《建筑基坑支护技术规程》(JGJ 120—2012)附录 A 的验收试验方法进行；

⑥当检测的锚杆不合格时，应扩大检测数量。

七、内支撑

(一)内支撑结构设计

内支撑结构可选用钢支撑、混凝土支撑、钢与混凝土的混合支撑。

内支撑结构选型应符合下列原则：

①宜采用受力明确、连接可靠、施工方便的结构形式；

②宜采用对称平衡性、整体性强的结构形式；

③应与主体地下结构的结构形式、施工顺序协调，应便于主体结构施工；

④应利于基坑土方开挖和运输；

⑤需要时，可考虑内支撑结构作为施工平台。

内支撑结构应综合考虑基坑平面形状及尺寸、开挖深度、周边环境条件、主体结构形式等因素，选用有立柱或无立柱的下列内支撑形式：

①水平对撑或斜撑，可采用单杆、桁架、八字形支撑；

②正交或斜交的平面杆系支撑；

③环形杆系或环形板系支撑；

④竖向斜撑。

内支撑结构宜采用超静定结构。对个别次要构件失效会引起结构整体破坏的部位宜设置冗余约束。内支撑结构的设计应考虑地质和环境条件的复杂性、基坑开挖步序的偶然变化的影响。

内支撑结构分析应符合下列原则：

①水平对撑与水平斜撑，应按偏心受压构件进行计算；支撑的轴向压力应取支撑间距内挡土构件的支点力之和；腰梁或冠梁应按以支撑为支座的多跨连续梁计算，计算跨度可取相邻支撑点的中心距。

②矩形基坑的正交平面杆系支撑，可分解为纵横两个方向的结构单元，并分别按偏心受压构件进行计算。

③平面杆系支撑、环形杆系支撑，可按平面杆系结构采用平面有限元法进行计算；计算时应考虑基坑不同方向上的荷载不均匀性；建立的计算模型中，约束支座的设置应与支护结构实际位移状态相符，内支撑结构边界向基坑外位移处应设置弹性约束支座，向基坑内位移处不应设置支座，与边界平行方向应根据支护结构实际位移状态设置支座。

④内支撑结构应进行竖向荷载作用下的结构分析。设有立柱时，在竖向荷载作用下，内支撑结构宜按空间框架计算；当作用在内支撑结构上的竖向荷载较小时，内支撑结构的水平构件可按连续梁计算，计算跨度可取相邻立柱的中心距。

⑤竖向斜撑应按偏心受压杆件进行计算。

⑥当有可靠经验时，宜采用三维结构分析方法，对支撑、腰梁与冠梁、挡土构件进行整体分析。

内支撑结构分析时，应同时考虑下列作用：

①由挡土构件传至内支撑结构的水平荷载；

②支撑结构自重，当支撑作为施工平台时，还应考虑施工荷载；

③当温度改变引起的支撑结构内力不可忽略不计时，应考虑温度应力；

④当支撑立柱下沉或隆起量较大时，应考虑支撑立柱与挡土构件之间差异沉降产生的作用。

混凝土支撑构件及其连接的受压、受弯、受剪承载力计算应符合现行国家标准《混凝土结构设计规范》(GB 50010—2010)的规定；钢支撑结构构件及其连接的受压、受弯、受剪承载力及各类稳定性计算应符合现行国家标准《钢结构设计规范》(GB 50017—2003)的规定。支撑的承载力计算应考虑施工偏心误差的影响，偏心距取值不宜小于支撑计算长度的1/1 000，且对混凝土支撑不宜小于20 mm，对钢支撑不宜小于40 mm。

支撑构件的受压计算长度应按下列规定确定：

①水平支撑在竖向平面内的受压计算长度，不设置立柱时，应取支撑的实际长度；设置立柱时，应取相邻立柱的中心间距。

②水平支撑在水平平面内的受压计算长度，对无水平支撑杆件交汇的支撑，应取支撑的实际长度；对有水平支撑杆件交汇的支撑，应取与支撑相交的相邻水平支撑杆件的中心间距；当水平支撑杆件的交汇点不在同一水平面内时，水平平面内的受压计算长度宜取与支撑相交的相邻水平支撑杆件中心间距的1.5倍。

③对竖向斜撑，应按第①、②款的规定确定受压计算长度。

预加轴向压力的支撑，预加力值宜取支撑轴向压力标准值的0.5～0.8倍，且应与《建筑基坑支护技术规程》(JGJ 120—2012)第4.1.8条中的支撑预加轴向压力一致。

立柱的受压承载力可按下列规定计算：

①在竖向荷载作用下，内支撑结构按框架计算时，立柱应按偏心受压构件计算；内支撑结构的水平构件按连续梁计算时，立柱可按轴心受压构件计算；

②立柱的受压计算长度应按下列规定确定：

a.单层支撑的立柱、多层支撑底层立柱的受压计算长度应取底层支撑至基坑底面的净高度与立柱直径或边长的5倍之和；

b.相邻两层水平支撑间的立柱受压计算长度应取此两层水平支撑的中心间距。

③立柱的基础应满足抗压和抗拔的要求。

内支撑的平面布置应符合下列规定：

①内支撑的布置应满足主体结构的施工要求，宜避开地下主体结构的墙、柱。

②相邻支撑的水平间距应满足土方开挖的施工要求；采用机械挖土时，应满足挖土机械作业的空间要求，且不宜小于4 m。

③基坑形状有阳角时，阳角处的支撑应在两边同时设置。

④当采用环形支撑时，环梁宜采用圆形、椭圆形等封闭曲线形式，并应按使环梁弯矩、剪力最小的原则布置辐射支撑；环形支撑宜采用与腰梁或冠梁相切的布置形式。

⑤水平支撑与挡土构件之间应设置连接腰梁。当支撑设置在挡土构件顶部时，水平支撑应与冠梁连接；在腰梁或冠梁上支撑点的间距，对钢腰梁不宜大于4 m，对混凝土梁不宜大于9 m。

⑥当需要采用较大水平间距的支撑时，宜根据支撑冠梁、腰梁的受力和承载力要求，在支撑端部两侧设置八字斜撑杆与冠梁、腰梁连接，八字斜撑杆宜在主撑两侧对称布置，且斜撑杆的长度不宜大于9 m，斜撑杆与冠梁、腰梁之间的夹角宜取45°～60°。

⑦当设置支撑立柱时，临时立柱应避开主体结构的梁、柱及承重墙；对纵横双向交叉的支撑结构，立柱宜设置在支撑的交汇点处；对用作主体结构柱的立柱，立柱在基坑支护阶段的负荷不得超过主体结构的设计要求；立柱与支撑端部及立柱之间的间距应根据支撑构件的稳定要求和竖向荷载的大小确定，且对混凝土支撑不宜大于 15 m，对钢支撑不宜大于 20 m。

⑧当采用竖向斜撑时，应设置斜撑基础，且应考虑与主体结构底板施工的关系。

支撑的竖向布置应符合下列规定：

①支撑与挡土构件连接处不应出现拉力。

②支撑应避开主体地下结构底板和楼板的位置，并应满足主体地下结构施工对墙、柱钢筋连接长度的要求；当支撑下方的主体结构楼板在支撑拆除前施工时，支撑底面与下方主体结构楼板间的净距不宜小于 700 mm。

③支撑至坑底的净高不宜小于 3 m。

④采用多层水平支撑时，各层水平支撑宜布置在同一竖向平面内，层间净高不宜小于 3 m。

混凝土支撑的构造应符合下列规定：

①混凝土的强度等级不应低于 C25；

②支撑构件的截面高度不宜小于其竖向平面内计算长度的 1/20；腰梁的截面高度（水平尺寸）不宜小于其水平方向计算跨度的 1/10，截面宽度（竖向尺寸）不应小于支撑的截面高度；

③支撑构件的纵向钢筋直径不宜小于 16 mm，沿截面周边的间距不宜大于 200 mm；箍筋的直径不宜小于 8 mm，间距不宜大于 250 mm。

钢支撑的构造应符合下列规定：

①钢支撑构件可采用钢管、型钢及其组合截面。

②钢支撑受压杆件的长细比不应大于 150，受拉杆件长细比不应大于 200。

③钢支撑连接宜采用螺栓连接，必要时可采用焊接连接。

④当水平支撑与腰梁斜交时，腰梁上应设置牛腿或采用其他能够承受剪力的连接措施。

⑤采用竖向斜撑时，腰梁和支撑基础上应设置牛腿或采用其他能够承受剪力的连接措施；腰梁与挡土构件之间应采用能够承受剪力的连接措施；斜撑基础应满足竖向承载力和水平承载力要求。

立柱的构造应符合下列规定：

①立柱可采用钢格构、钢管、型钢或钢管混凝土等形式；

②当采用灌注桩作为立柱基础时，钢立柱锚入桩内的长度不宜小于立柱长边或直径的4 倍；

③立柱长细比不宜大于 25；

④立柱与水平支撑的连接可采用铰接；

⑤立柱穿过主体结构底板的部位，应有有效的止水措施。

混凝土支撑构件的构造，应符合现行国家标准《混凝土结构设计规范》(GB 50010—2010)的有关规定。钢支撑构件的构造，应符合现行国家标准《钢结构设计规范》(GB 50017—2003)的有关规定。

(二)内支撑结构施工与检测

内支撑结构的施工与拆除顺序，应与设计工况一致，必须遵循“先支撑、后开挖”的原则。

混凝土支撑的施工应符合现行国家标准《混凝土结构工程施工质量验收规范》

(GB 50204—2002)(2010 年版)的规定。

混凝土腰梁施工前应将排桩、地下连续墙等挡土构件的连接表面清理干净,混凝土腰梁应与挡土构件紧密接触,不得留有缝隙。

钢支撑的安装应符合现行国家标准《钢结构工程施工质量验收规范》(GB 50205—2001)的规定。

钢腰梁与排桩、地下连续墙等挡土构件间隙的宽度宜小于 100 mm,并应在钢腰梁安装定位后,用强度等级不低于 C30 的细石混凝土填充密实或采用其他可靠连接措施。

对预加轴向压力的钢支撑,施加预压力时应符合下列要求:

①对支撑施加压力的千斤顶应有可靠、准确的计量装置。

②千斤顶压力的合力点应与支撑轴线重合,千斤顶应在支撑轴线两侧对称、等距放置,且应同步施加压力。

③千斤顶的压力应分级施加,施加每级压力后应保持压力稳定 10 min 后方可施加下一级压力;预压力加至设计规定值后,应在压力稳定 10 min 后,方可按设计预压力值进行锁定。

④支撑施加压力过程中,当出现焊点开裂、局部压曲等异常情况时应卸除压力,在对支撑的薄弱处进行加固后,方可继续施加压力。

⑤当监测的支撑压力出现损失时,应再次施加预压力。

对钢支撑,当夏期施工产生较大温度应力时,应及时对支撑采取降温措施。当冬期施工降温产生的收缩使支撑端头出现空隙时,应及时用铁楔将空隙楔紧或采用其他可靠连接措施。

支撑拆除应在替换支撑的结构构件达到换撑要求的承载力后进行。当主体结构底板和楼板分块浇筑或设置后浇带时,应在分块部位或后浇带处设置可靠的传力构件。支撑的拆除应根据支撑材料、形式、尺寸等具体情况采用人工、机械和爆破等方法。

立柱的施工应符合下列要求:

①立柱桩混凝土的浇筑面宜高于设计桩顶 500 mm;

②采用钢立柱时,立柱周围的空隙应用碎石回填密实,并宜辅以注浆措施;

③立柱的定位和垂直度宜采用专门措施进行控制,对格构柱、H 型钢柱,还应同时控制转向偏差。

内支撑的施工偏差应符合下列要求:

①支撑标高的允许偏差应为 30 mm;

②支撑水平位置的允许偏差应为 30 mm;

③临时立柱平面位置的允许偏差应为 50 mm,垂直度的允许偏差应为 1/150。

第五节　基坑变形与防治措施

一、基坑变形控制与报警值

(一)基坑变形控制

根据基坑工程设计对正常使用极限状态的要求,基坑变形控制应从基坑正常施工需要对变形控制的要求和基坑周边环境对变形控制的要求两个方面考虑。

1.基坑正常施工需要对变形控制的要求

①围护体系向坑内位移不得影响地下室底板的平面尺寸和形状。

②围护体系向坑内位移不得影响工程桩的使用条件。

2.坑外周边环境控制要求

①基坑周边地面沉降不得影响相邻建筑物、构筑物的正常使用或差异沉降不大于允许值。

②基坑周边土体变位不得影响相邻各类管线的正常使用或变形曲率不大于允许值。

③当有共同沟、合流污水管道、地铁等重要设施存在时,土体位移不得造成结构开裂、发生渗漏或影响地铁正常运行。

(二)监测项目的报警值

确定监测项目的报警值(即监控值)非常重要,一般应根据支护结构计算时的设计(容许)值和周围环境情况,事先确定相应监测项目的报警值。如支护结构的位移变形或受力情况,周围环境的沉降位移在报警值允许范围以内,可以认为支护结构和周围环境是安全的,工程施工可照常进行,否则应调整施工组织设计,采取施工措施和相应的加固措施以确保基坑工程施工的安全。报警值的确定需要在安全和经济之间找到一个平衡,如报警值控制太严会给施工带来不便,施工技术措施要加强,经济投入要增加;反之如报警值控制太宽,会对支护结构和周围环境的安全带来威胁。一般情况下,每个报警值应由两个部分控制,即总允许变化量和单位时间内允许变化量。

1.报警值确定的原则

①根据支护结构设计计算,使报警值小于设计值。

②对需保护的地下管线等市政设施应满足保护对象的主管部门提出的要求。

③对需保护的建筑物应根据各类建筑物对变形的承受能力,确定控制标准。

④满足现行规范、规程的相应要求。

上海地区基坑变形的报警值与设计值如表2.5.1所示。表中列出了一、二级基坑的报警值与设计值。三级基坑可按二级基坑的标准控制,当环境条件许可时可适当放宽。

监控报警指标一般由累计变化量和变化速率两个量控制,累计变化量的报警指标不应超过设计限值。

根据上海地区的经验,三种等级基坑变形容许值如表2.5.2所示。

一、二级基坑变形的设计和监测的控制 表2.5.1

工程等级	墙顶位移/mm		墙体最大位移/mm		地面最大沉降/mm		变化速率/(mm/d)
	监控值	设计值	监控值	设计值	监控值	设计值	监控值
一级	30	50	50	80	30	50	≤2
二级	60	100	80	120	60	100	≤3

基坑变形容许值 表2.5.2

安全等级	环境条件	支护结构形式	墙顶水平位移/mm	墙体最大水平位移/mm	坑外地表最大沉降/mm
一级	基坑周边10 m范围内有地铁隧道、煤气总管、自来水总管,以及历史文物、近代优秀建筑等需要加以保护时	板式	1‰h_0	1.4‰h_0	1‰h_0
二级	基坑周边1倍开挖深度范围内有自来水干线、小口径煤气管、民宅、大型建筑或公共设施	板式	2‰h_0	3‰h_0	3‰h_0
三级	基坑周边1倍开挖深度范围内有小口径自来水管,普通建筑	板式	3‰h_0	5‰h_0	5‰h_0

注:h_0为基坑深度。

2. 报警值的确定

对于围护结构与地下管线等的报警值有如下的经验数值供参考：

①围护结构变形：如果只是为了确保基坑自身的安全，围护结构的最大水平位移可达80 mm，位移速率可达10 mm/d。当周围有需要保护的建筑与地下管线时，应根据保护对象的要求确定。

②煤气管道变形：沉降或水平位移不得超过10 mm；位移速率不超过2 mm/d。

③自来水管道的变形：沉降或水平位移不得超过30 mm；位移速度不超过5 mm/d。

④基坑外水位：坑内降水或基坑开挖引起的坑外地下水位下降不得超过1 000 mm；下降速率不得超过500 mm/d。

⑤立柱桩差异沉降：基坑开挖所引起的立柱桩隆起或沉降不得超过10 mm；变化速率不得超过2 mm/d。

⑥弯矩及轴力：根据设计确定，一般将报警值控制在80%的设计容许最大值内。

⑦对于测斜、围护结构纵深弯矩等光滑的变化曲线，若曲线上出现明显的折点变化，也应作出报警处理。

二、对基坑变形控制不利的因素

对基坑变形控制不利的因素归结起来有如下几个方面。

1. 工程地质和水文地质条件

①深厚的软土分布。

②饱和粉土、粉砂的存在。

③高地下水位。

④膨胀性岩土层分布。

⑤岩土质边坡的临空外倾软弱结构面存在。

2. 环境因素

①基坑边离已有建(构)筑物天然地基浅基础较近。

②基坑临近生命线工程或市区主干道。

③基坑边有煤气、上下水管通过。

3. 基坑开挖深度较大，形状不规则、阳角较多(略)

三、基坑变形控制的技术措施

基坑变形控制的技术措施有以下几种：

①支护体系的平面形状设置要合理，在阳角部位应采取加强措施。

②对变形控制严格的支护结构应采取预应力锚(撑)措施。

③位于深厚软弱土层中的基坑边坡，当变形控制无法满足设计要求时应采取坡顶卸荷和支护结构被动区土体加固的处理措施。

④对造成边坡变形增大的张开型岩石裂隙和软弱层面可采用注浆加固。

⑤基坑工程对相邻建(构)筑物可能引发较大变形或危害时，应加强监测，采取设计和施工措施，并应对建(构)筑物及其地基基础进行预加固处理。

⑥基坑边坡设计应按最不利工况进行边坡稳定和变形验算。

⑦基坑工程施工必须以缩短基坑暴露时间为原则，减少基坑的后期变形。

⑧基坑开挖施工及运行期间，严格控制基坑周边的超载，控制坡顶堆放物或其他荷载。

在载重车辆频繁通过的地段应铺设走道板或进行地基加固。

⑨基坑周边防止地表水渗入，当地面有裂缝出现时，必须及时用黏土或水泥砂浆封堵。

⑩采用分层有序开挖的基础，每层开挖厚度应遵循设计要求，不得超挖。

四、应急措施

①当基坑变形过大，或环境条件不允许等危险情况出现时，可采取下列措施：

a. 底板分块施工。

b. 增设斜支撑。

②基坑周边环境允许时，可采用墙后卸土。

③基坑周边环境不允许时，可在坑底脚被动区用草袋土、填砂或填土压重。

④当流沙严重、情况紧急时，可采用坑内充水。

第三章 地下工程

第一节 影响地下工程围岩稳定性的主要因素

(一)岩体完整性

岩体是否完整,岩体中各种节理、片理、断层等结构面的发育程度,对洞室稳定性影响极大。对此应着重考虑三方面问题:

①结构面的组数、密度和规模;

②结构面的产状、组合形态及其与洞壁的关系;

③结构面的强度。

(二)岩石强度

岩石强度主要取决于岩石的物质成分、组织结构、胶结程度和风化程度等。

(三)地下水

地下水的长期作用将降低岩石强度、软弱夹层强度,加速岩石风化,对软弱结构面起软化润滑作用,促使岩块坍塌,如遇膨胀性岩石,还会引起膨胀,增加围岩压力。地下水位很高,还有静水压力作用、渗流压力,对洞室稳定不利。

(四)工程因素

洞室的埋深、几何形状、跨度、高度,洞室立体组合关系及间距,施工方法,围岩暴露时间及衬砌类型等,对围岩应力的大小和性质影响很大。对深埋洞室必须考虑地应力的影响。

第二节 地下工程围岩稳定性评价方法

围岩的稳定分析方法包括:工程地质分析法、力学计算方法和数值分析方法。

(一)工程地质分析法

亦称工程地质类比法,主要是通过工程地质勘察,把本工程与工程地质条件、工程特点、施工方法类似的已建工程相比,对其稳定性进行评价。为了便于对比,一般均在大量实际资料的基础上,对围岩进行分类、评价。这是以定性评价为主的方法。现介绍以下几种。

(1)《黄土地下建筑技术条例》中的黄土围岩分类表(表 3.2.1)

(2)洞室围岩分类

①洞室围岩应根据岩体基本质量的定性特征和岩体基本质量指标 BQ 两者相结合,按表 3.2.2 确定其基本质量级别。

黄土围岩分类 表 3.2.1

特征			甲类黄土	乙类黄土	丙类黄土
工程地质特征	地貌		一般出露在沟底基岩两壁之上。沟壁陡峭，一般大于 45°～70°	一般出露在沟壁，有少量潜蚀溶洞，沟壁较陡，一般大于 30°～45°	一般出露地表，常见潜蚀溶洞，沟壁较缓
	地层层位		一般为老黄土下部(Q_2^1)	一般为老黄土上部(Q_2^2)	一般为新黄土(Q_3)
	构造		夹有数层至十多层古土壤，下部钙质结核密集成层，层位比较复杂，节理多	夹有数层古土壤，钙质结核不成层，层位稳定，节理较多	无层理，节理少
物理力学性质	含水率/(%)	一般	17～33	14～22	10～20
		平均	19	17	16
	干密度/(t/m³)	一般	1.50～1.66	1.43～1.53	1.16～1.36
		平均	1.58	1.48	1.26
	黏聚力/(kPa)	一般	58～104	35～78	21～27
		平均	87	56	24
	内摩擦角/(°)	一般	26.0～33.4	24.0～31.6	26.7～31.5
		平均	29.9	27.0	28.5
	无侧限抗压强度/(kPa)	一般	270～650	130～230	40～160
		平均	460	180	100
	湿陷性		无	轻微至无	一般至强烈
	比例界限/(kPa)		1 000～1 700	400～700	100～300
	变形模量/(MPa)		60～130	30～60	5～20
	侧压力系数		0.21～0.31	0.30～0.36	—
毛洞围岩的稳定情况			埋深不大于 10 m，毛跨不大于 4 m 时，毛洞稳定时间较长；毛跨为 6 m，进深小于 4 m 时，可暂时稳定	埋深不大于 10 m，毛跨不大于 3 m 时，毛洞稳定时间较长；毛跨为 6 m，进深小于 3 m 时，可暂时稳定	埋深不大于 10 m，毛跨不大于 2 m时，毛洞稳定时间较长；毛跨小于 4 m，进深小于 2 m 时，可暂时稳定

岩体基本质量分级 表 3.2.2

基本质量级别	岩体基本质量的定性特性	岩体基本质量指标 BQ
Ⅰ	坚硬岩，岩体完整	>550
Ⅱ	坚硬岩，岩体较完整； 较坚硬岩，岩体完整	550～451
Ⅲ	坚硬岩，岩体较破碎； 较坚硬岩或软硬岩互层，岩体较完整； 较软岩，岩体完整	450～351
Ⅳ	坚硬岩，岩体破碎； 较坚硬岩，岩体较破碎、破碎； 较软岩或软硬岩互层，且以软岩为主； 岩体较完整、较破碎； 软岩，岩体完整、较完整	350～251
Ⅴ	较软岩，岩体破碎； 软岩，岩体较破碎、破碎； 全部极软岩及全部极破碎岩	≤250

岩体基本质量指标值 BQ 应按表 3.2.3 所列公式计算。

BQ 计算公式 表 3.2.3

应用条件	计算公式
一般情况	$BQ=90+3R_c+250K_v$
$R_c>90K_v+30$ 时	$BQ=180+520K_v$
$K_v>0.04R_c+0.4$ 时	$BQ=190+13R_c$

②当地下洞室遇有下列情况之一时，应对岩体基本质量指标值 BQ 进行修正，并以修正后的[BQ]值按表 3.2.2 确定围岩质量级别。

a. 有地下水；

b. 围岩稳定性受软弱结构面影响，且由一组起控制作用；

c. 存在表 3.2.4 所列高初始应力现象。

高初始应力区岩体开挖时主要现象 表 3.2.4

应力情况	主要现象	$\frac{R_c}{\sigma_{max}}$
极高应力	①硬质岩：开挖过程中时有岩爆发生，有岩块弹出，洞壁岩体发生剥离，新生裂缝多，成洞性差；基坑有剥离现象，成形性差 ②软质岩：岩芯常有饼化现象，开挖过程中洞壁岩体有剥离，位移极为显著，甚至发生大位移，持续时间长，不易成洞；基坑发生显著隆起或剥离，不易成形	<4
高应力	①硬质岩：开挖过程中可能出现岩爆，洞壁岩体有剥离和掉块现象，新生裂缝较多，成洞性较差；基坑时有剥离现象，成形性一般尚好； ②软质岩：岩芯时有饼化现象，开挖过程中洞壁岩体位移显著，持续时间较长，成洞性差；基坑有隆起现象，成形性较差	4～7

注：σ_{max}为垂直洞轴线方向的最大初始应力。

③高初始应力地区岩体在开挖过程中出现的主要现象，可按表 3.2.4 的规定，判定其应力情况。

④修正后的岩体基本质量指标值[BQ]应按下式计算

$$[BQ]=BQ-100(K_1+K_2+K_3) \tag{3.2.1}$$

式中，K_1 为地下水影响修正系数，按表 3.2.5 确定；K_2 为主要软弱结构面产状影响修正系数，按表 3.2.6 确定；K_3 为初始应力状态影响修正系数，按表 3.2.7 确定。

地下水影响修正系数 K_1 表 3.2.5

地下水出水状态	BQ			
	>450	450～351	350～251	≤250
潮湿或点滴状出水	0	0.1	0.2～0.3	0.4～0.6
淋雨状或涌流状出水，水压≤0.1 MPa 或单位出水量≤10 L/(min·m)	0.1	0.2～0.3	0.4～0.6	0.7～0.9
淋雨状或涌流状出水，水压>0.1 MPa 或单位出水量>10 L/(min·m)	0.2	0.4～0.6	0.7～0.9	1.0

当无表 3.2.5、表 3.2.6、表 3.2.7 中所列的情况时，修正系数取零。[BQ]出现负值时，应按特殊情况处理。

⑤各级岩体自稳能力可按表 3.2.8 评估。当已确定级别的岩体的实际自稳能力低于表 3.2.8 相应的自稳能力时，应对围岩级别做相应的调整。

主要软弱结构面产状影响修正系数 K_2 表 3.2.6

结构面产状及其与洞轴线的组合关系	结构面走向与洞轴线夹角<30°,结构面倾角 30°~75°	结构面走向与洞轴线夹角>60°,结构面倾角>75°	其他组合
K_2	0.4~0.6	0~0.2	0.2~0.4

初始应力状态影响修正系数 K_3 表 3.2.7

初始应力状态	BQ				
	>550	550~451	450~351	350~251	≤250
极高应力区	1.0	1.0	1.0~1.5	1.0~1.5	1.0
高应力区	0.5	0.5	0.5	0.5~1.0	0.5~1.0

围岩自稳能力 表 3.2.8

岩体级别	自稳能力
Ⅰ	跨度≤20 m,可长期稳定,偶有掉块,无塌方
Ⅱ	跨度 10~20 m,可基本稳定,局部可发生掉块或小塌方; 跨度<10 m,可长期稳定,偶有掉块
Ⅲ	跨度 10~20 m,可稳定数日至 1 个月,可发生小至中塌方; 跨度 5~10 m,可稳定数月,可发生局部块体位移及小至中塌方; 跨度<5 m,可基本稳定
Ⅳ	跨度>5 m,一般无自稳能力,数日至数月内可发生松动变形、小塌方,进而发展为中至大塌方,埋深小时,以拱部松动破坏为主,埋深大时,有明显塑性流动变形和挤压破坏; 跨度≤5 m,可稳定数日至 1 个月
Ⅴ	无自稳能力

注:1. 小塌方:塌方高度<3 m,或塌方体积<30 m^3。

2. 中塌方:塌方高度 3~6 m,或塌方体积 30~100 m^3。

3. 大塌方:塌方高度>6 m,或塌方体积>100 m^3。

(3)公路隧道围岩分级

①隧道围岩分级的综合评判方法宜采用两步分级,并按以下顺序进行:

a. 根据岩石的坚硬程度和岩体完整程度两个基本因素的定性特征和定量的岩体基本质量指标 BQ,综合进行初步分级。

b. 对围岩进行详细定级时,应在岩体基本质量分级基础上考虑修正因素的影响,修正岩体基本质量指标值。

c. 按修正后的岩体基本质量指标[BQ],结合岩体的定性特征综合评判,确定围岩的详细分级。

②围岩分级中岩石坚硬程度、岩体完整程度两个基本因素的定性划分和定量指标及其对应关系应符合下列规定:

a. 岩石坚硬程度可按表 3.2.9 定性划分。

岩石坚硬程度的定性划分　　表 3.2.9

名称		定性鉴定	代表性岩石
硬质岩	坚硬岩	锤击声清脆，有回弹，震手，难击碎；浸水后大多无吸水反应	未风化～微风化的花岗岩、正长岩、闪长岩、辉绿岩、玄武岩、安山岩、片麻岩、石英片岩、硅质板岩、石英岩、硅质胶结的砾岩、石英砂岩、硅质石灰岩等
	较坚硬岩	锤击声较清脆，有轻微回弹，稍震手，较难击碎；浸水后有轻微吸水反应	①弱风化的坚硬岩； ②未风化～微风化的熔结凝灰岩、大理岩、板岩、白云岩、石灰岩、钙质胶结的砂页岩等
软质岩	较软岩	锤击声不清脆，无回弹，较易击碎；浸水后指甲可刻出印痕	①强风化的坚硬岩； ②弱风化的较坚硬岩； ③未风化～微风化的凝灰岩、千枚岩、砂质泥岩、泥灰岩、泥质砂岩、粉砂岩、页岩等
	软岩	锤击声哑，无回弹，有凹痕，易击碎；浸水后手可掰开	①强风化的坚硬岩； ②弱风化～强风化的较坚硬岩； ③弱风化的较软岩； ④未风化的泥岩等
	极软岩	锤击声哑，无回弹，有较深凹痕，手可捏碎；浸水后可捏成团	①全风化的各种岩石； ②各种半成岩

b. 岩石坚硬程度定量指标用岩石单轴饱和抗压强度 R_c 表达。R_c 一般采用实测值，若无实测值时，可采用实测的岩石点荷载强度指数 $I_{S(50)}$ 的换算值，即按下式计算

$$R_c = 22.82 I_{S(50)}^{0.75} \tag{3.2.2}$$

c. R_c 与岩石坚硬程度定性划分的关系可按表 3.2.10 确定。

R_c 与岩石坚硬程度定性划分的关系　　表 3.2.10

R_c/MPa	>60	60～30	30～15	15～5	<5
坚硬程度	坚硬岩	较坚硬岩	较软岩	软岩	极软岩

d. 岩体完整程度可按表 3.2.11 定性划分。

岩体完整程度的定性划分　　表 3.2.11

名称	结构面发育程度		主要结构面的结合程度	主要结构面类型	相应结构类型
	组数	平均间距/m			
完整	1～2	>1.0	好或一般	节理、裂隙、层面	整体状或巨厚层结构
较完整	1～2	>1.0	差	节理、裂隙、层面	块状或厚层状结构
	2～3	1.0～0.4	好或一般		块状结构
较破碎	2～3	1.0～0.4	差	节理、裂隙、层面、小断层	裂隙块状或中厚层结构
	>3	0.4～0.2	好		镶嵌碎裂结构
			一般		中、薄层状结构
破碎	>3	0.4～0.2	差	各种类型结构面	裂隙块状结构
		<0.2	一般或差		碎裂状结构
极破碎	无序		很差		散体状结构

注：平均间距指主要结构面(1～2 组)间距的平均值。

e. 岩体完整程度的定量指标用岩体完整性系数 K_v 表达。K_v 一般用弹性波探测值，若无探测值时，可用岩体体积节理数 J_v 按表 3.2.12 确定对应的 K_v 值。

J_v 与 K_v 对照表 表 3.2.12

J_v/(条/m^3)	<3	3～10	10～20	20～35	>35
K_v	>0.75	0.75～0.55	0.55～0.35	0.35～0.15	<0.15

f. K_v 与定性划分的岩体完整程度的对应关系可按表 3.2.13 确定。

K_v 与定性划分的岩体完整程度的对应关系 表 3.2.13

K_v	>0.75	0.75～0.55	0.55～0.35	0.35～0.15	<0.15
完整程度	完整	较完整	较破碎	破碎	极破碎

g. 岩体完整程度的定量指标 K_v、J_v 的测试和计算方法应符合下文附录 A 中的 A.0.1（本篇最后）的规定。

③围岩基本质量指标 BQ 应根据分级因素的定量指标 R_c 值和 K_v 值按下式计算

$$BQ=90+3R_c+250K_v \tag{3.2.3}$$

使用式(3.2.3)时应遵守下列限制条件：

a. 当 $R_c>90K_v+30$ 时，应以 $R_c=90K_v+30$ 和 K_v 代入计算 BQ 值；

b. 当 $K_v>0.04R_c+0.4$ 时，应以 $K_v=0.04R_c+0.4$ 和 R_c 代入计算 BQ 值。

④围岩详细定级时，如遇下列情况之一，应对岩体基本质量指标 BQ 进行修正：

a. 有地下水；

b. 围岩稳定性受软弱结构面影响，且由一组起控制作用；

c. 存在高初始应力。

围岩基本质量指标修正值[BQ]可按下式计算

$$[BQ]=BQ-100(K_1+K_2+K_3) \tag{3.2.4}$$

式中，[BQ]为围岩基本质量指标修正值；BQ 为围岩基本质量指标；K_1 为地下水影响修正系数；K_2 为主要软弱结构面产状影响修正系数；K_3 为初始应力状态影响修正系数。

K_1、K_2、K_3 值可分别按本篇后面附录 A 中表 A.0.2-1、表 A.0.2-2、表 A.0.2-3 确定。

围岩极高及高初始应力状态的评估，可按附录 A 中表 A.0.3 规定进行。

⑤可根据调查、勘探、试验等资料，岩石隧道的围岩定性特征，围岩基本质量指标 BQ，或修正的围岩质量指标[BQ]值，土体隧道中的土体类型、密实状态等定性特征，按表 3.2.14确定围岩级别。

公路隧道围岩分级 表 3.2.14

围岩级别	围岩或土体主要定性特征	围岩基本质量指标 BQ 或修正的围岩基本质量指标[BQ]
Ⅰ	坚硬岩，岩体完整，巨整体状或巨厚层状结构	>550
Ⅱ	坚硬岩，岩体较完整，块状或厚层状结构； 较坚硬岩，岩体完整，块状整体结构	550～451
Ⅲ	坚硬岩，岩体较破碎，巨块(石)碎(石)状镶嵌结构； 较坚硬岩或较软硬岩层，岩体较完整，块状体或中厚层结构	450～351
Ⅳ	坚硬岩，岩体破碎，碎裂结构； 较坚硬岩，岩体较破碎～破碎，镶嵌碎裂结构； 较软岩或较硬岩互层，且以软岩为主，岩体较完整～较破碎，中薄层状结构	350～251
	土体：①压密或成岩作用的黏性土及砂性土； ②黄土(Q_1、Q_2)； ③一般钙质、铁质胶结的碎石土、卵石土、大块石土	—

续上表

围岩级别	围岩或土体主要定性特征	围岩基本质量指标BQ或修正的围岩基本质量指标[BQ]
Ⅴ	较软岩,岩体破碎; 软岩,岩体较破碎~破碎; 极破碎各类岩体,碎、裂状,松散结构	≤250
	一般第四系的半干硬至硬塑的黏性土及稍湿至潮湿的碎石土,卵石土、圆砾、角砾土及黄土(Q_3、Q_4)。非黏性土呈松散结构,黏性土及黄土呈松软结构	—
Ⅵ	软塑状黏性土及潮湿、饱和粉细砂层、软土等	—

注:本表不适用于特殊条件的围岩分级,如膨胀性围岩、多年冻土等。

当根据岩体基本质量定性划分与[BQ]值确定的级别不一致时,应重新审查定性特征和定量指标计算参数的可靠性,并对它们重新观察、测试。

在工程可行性研究和初步勘测阶段,可采用定性划分的方法或工程类比的方法进行围岩级别划分。

⑥各级围岩的物理力学参数宜通过室内或现场试验获取,无试验数据和初步分级时,可按附录A中表A.0.4-1选用;岩体结构面抗剪断峰值强度参数可按附录A中表A.0.4-2选用。

⑦各级围岩的自稳能力宜根据围岩变形量测和理论计算分析来评定,也可按附录A中A.0.5作出大致的评判。

(4)《水利水电工程地质勘察规范》(GB 50487—2008)围岩工程地质分类

①围岩工程地质分类分为初步分类和详细分类。初步分类适用于规划阶段、可研阶段及深埋洞室施工之前的围岩工程地质分类,详细分类主要用于初步设计、招标和施工图设计阶段的围岩工程地质分类。根据分类结果,评价围岩的稳定性,并作为确定支护类型的依据,其标准应符合表3.2.15的规定。

围岩稳定性评价 表3.2.15

围岩类型	围岩稳定性评价	支护类型
Ⅰ	稳定。围岩可长期稳定,一般无不稳定块体	不支护或局部锚杆或喷薄层混凝土。大跨度时,喷混凝土,系统锚杆加钢筋网
Ⅱ	基本稳定。围岩整体稳定,不会产生塑性变形,局部可能产生掉块	
Ⅲ	局部稳定性差。围岩强度不足,局部会产生塑性变形,不支护可能产生塌方或变形破坏。完整的较软岩,可能暂时稳定	喷混凝土、系统锚杆加钢筋网。采用TBM掘进时,需及时支护。跨度大于20 m时,宜采用锚索或刚性支护
Ⅳ	不稳定。围岩自稳时间很短,规模较大的各种变形和破坏都可能发生	喷混凝土、系统锚杆加钢筋网,刚性支护,并浇筑混凝土衬砌。不适宜于开敞式TBM施工
Ⅴ	极不稳定。围岩不能自稳,变形破坏严重	

②围岩初步分类以岩石强度、岩体完整程度、岩体结构类型为基本依据,以岩层走向与洞轴线的关系、水文地质条件为辅助依据,并应符合表3.2.16的规定。

围岩初步分类 表 3.2.16

围岩类别	岩质类型	岩体完整程度	岩体结构类型	围岩分类说明
Ⅰ、Ⅱ	硬质岩	完整	整体或巨厚层状结构	坚硬岩定Ⅰ类,中硬岩定Ⅱ类
Ⅱ、Ⅲ		较完整	块状结构、次块状结构	坚硬岩定Ⅱ类,中硬岩定Ⅲ类,薄层状结构定Ⅲ类
Ⅱ、Ⅲ			厚层或中厚层状结构,层(片理)面结合牢固的薄层状结构	
Ⅲ、Ⅳ			互层状结构	洞轴线与岩层走向夹角小于30°时,定Ⅳ类
Ⅲ、Ⅳ		完整性差	薄层状结构	岩质均一且无软弱夹层时可定Ⅲ类
Ⅲ			镶嵌结构	—
Ⅳ、Ⅴ		较破碎	碎裂结构	有地下水活动时定Ⅴ类
Ⅴ		破碎	碎块或碎块屑散体结构	—
Ⅲ、Ⅳ	软质岩	完整	整体或巨厚层状结构	较软岩定Ⅲ类,软岩定Ⅳ类
Ⅳ、Ⅴ		较完整	块状或次块状结构	较软岩定Ⅳ类,软岩定Ⅴ类
			厚层、中厚层或互层状结构	
		完整性差	薄层状结构	较软岩无夹层时可定Ⅳ类
		较破碎	碎裂结构	较软岩可定Ⅳ类
		破碎	碎块或碎屑状散体结构	—

③岩质类型的确定,应符合表 3.2.17 的规定。

岩质类型划分 表 3.2.17

岩质类型	硬质岩		软质岩		
	坚硬岩	中硬岩	较软岩	较岩	极软岩
岩石饱和单轴抗压强度 R_b/MPa	$R_b>60$	$60\geqslant R_b>30$	$30\geqslant R_b>15$	$15\geqslant R_b>5$	$R_b\leqslant 5$

④岩体完整程度根据结构面组数、结构面间距确定,并应符合表 3.2.18 的规定。

岩体完整程度划分 表 3.2.18

间距/cm \ 组数	1~2	2~3	3~5	>5 或无序
>100	完整	完整	较完整	较完整
50~100	完整	较完整	较完整	差
30~50	较完整	较完整	差	较破碎
10~30	较完整	差	较破碎	破碎
<10	差	较破碎	破碎	破碎

⑤岩体结构类型划分应符合《水利水电工程地质勘察规范》(GB 50487—2008)附录 U 的规定。

⑥对深埋洞室，当可能发生岩爆或塑性变形时，围岩类别宜降低一级。

⑦围岩工程地质详细分类应以控制围岩稳定的岩石强度、岩体完整程度、结构面状态、地下水和主要结构面产状五项因素之和的总评分为基本判据，围岩强度应力比为限定判据，并应符合表3.2.19的规定。

地下洞室围岩详细分类　　表3.2.19

围岩类别	围岩总评分 T	围岩强度应力比 S
Ⅰ	>85	>4
Ⅱ	$85 \geqslant T > 65$	>4
Ⅲ	$65 \geqslant T > 45$	>2
Ⅳ	$45 \geqslant T > 25$	>2
Ⅴ	$T \leqslant 25$	—

注：Ⅱ、Ⅲ、Ⅳ类围岩，当围岩强度应力比小于本表规定时，围岩类别宜相应降低一级。

⑧围岩强度应力比 S 可根据下式求得

$$S=\frac{R_b K_v}{\sigma_m} \tag{3.2.5}$$

式中，R_b 为岩石饱和单轴抗压强度(MPa)；K_v 为岩体完整性系数；σ_m 为围岩的最大主应力(MPa)，当无实测资料时可以自重应力代替。

⑨围岩详细分类中五项因素的评分应符合下列规定：

a.岩石强度的评分应符合表3.2.20的规定。

岩石强度评分　　表3.2.20

岩质类型	硬质岩		软质岩	
	坚硬岩	中硬岩	较软岩	软岩
饱和单轴抗压强度 R_b/MPa	$R_b>60$	$60 \geqslant R_b > 30$	$30 \geqslant R_b > 15$	$R_b \leqslant 15$
岩石强度评分 A	30～20	20～10	10～5	5～0

注：1.岩石饱和单轴抗压强度大于100 MPa时，岩石强度的评分为30。

2.岩石饱和单轴抗压强度小于5 MPa时，岩石强度的评分为0。

b.岩体完整程度的评分应符合表3.2.21的规定。

岩体完整程度评分　　表3.2.21

岩体完整程度		完整	较完整	完整性差	较破碎	破碎
岩体完整性系数 K_v		$K_v>$ 0.75	$0.75 \geqslant K_v$ >0.55	$0.55 \geqslant K_v$ >0.35	$0.35 \geqslant K_v$ >0.15	$K_v \leqslant 0.15$
岩体完整性评分 B	硬质岩	40～30	30～22	22～14	14～6	<6
	软质岩	25～19	19～14	14～9	9～4	<4

注：1.当60 MPa$\geqslant R_b>$30 MPa，岩体完整程度与结构面状态评分之和大于65时，按65评分。

2.当30 MPa$\geqslant R_b>$15 MPa，岩体完整程度与结构面状态评分之和大于55时，按55评分。

3.当15 MPa$\geqslant R_b>$5 MPa，岩体完整程度与结构面状态评分之和大于40时，按40评分。

4.当 $R_b \leqslant$5 MPa时，岩体完整程度与结构面状态不参加评分。

c.结构面状态的评分应符合表3.2.22的规定。

结构面状态评分 表 3.2.22

宽度 W/mm		$W<0.5$		$0.5\leqslant W<5.0$									$W\geqslant5.0$		
结构面状态	充填物	—		无充填			岩屑			泥质			岩屑	泥质	无充填
	起伏粗糙状况	起伏粗糙	平直光滑	起伏粗糙	起伏光滑或平直粗糙	平直光滑	起伏粗糙	起伏光滑或平直粗糙	平直光滑	起伏粗糙	起伏光滑或平直粗糙	平直光滑	—	—	—
结构面状态评分 C	硬质岩	27	21	24	21	15	21	17	12	15	12	9	12	6	0～3
	较软岩	27	21	24	21	15	21	17	12	15	12	9	12	6	
	软岩	18	14	17	14	8	14	11	8	10	8	6	8	4	0～2

注：1. 结构面的延伸长度小于 3 m 时，硬质岩、较软岩的结构面状态评分另加 3 分，软岩加 2 分；结构面延伸长度大于 10 m时，硬质岩、较软岩减 3 分，软岩减 2 分。

2. 结构面状态最低分为 0。

d. 地下水状态的评分应符合表 3.2.23 的规定。

地 下 水 评 分 表 3.2.23

活动状态			渗水到滴水	线状流水	涌水
水量 Q/[L/(min·10 m洞长)]或压力水头 H/m			$Q\leqslant25$ 或 $H\leqslant10$	$25<Q\leqslant125$ 或 $10<H\leqslant100$	$Q>125$ 或 $H>100$
基本因素评分 T'	$T'>85$	地下水评分 D	0	0～−2	−2～−6
	$85\geqslant T'>65$		0～−2	−2～−6	−6～−10
	$65\geqslant T'>45$		−2～−6	−6～−10	−10～−14
	$45\geqslant T'>25$		−6～−10	−10～−14	−14～−18
	$T'\leqslant25$		−10～−14	−14～−18	−18～−20

注：1. 基本因素评分 T' 是前述岩石强度评分 A、岩体完整性评分 B 和结构面状态评分 C 的和。

2. 干燥状态取 0 分。

e. 主要结构面产状的评分应符合表 3.2.24 的规定。

主要结构面产状评分 表 3.2.24

结构面走向与洞轴线夹角 β		$90°\geqslant\beta\geqslant60°$				$60°>\beta\geqslant30°$				$\beta<30°$			
结构面倾角 α/(°)		$\alpha>70°$	$70°\geqslant\alpha>45°$	$45°\geqslant\alpha>20°$	$\alpha\leqslant20°$	$\alpha>70°$	$70°\geqslant\alpha>45°$	$45°\geqslant\alpha>20°$	$\alpha\leqslant20°$	$\alpha>70°$	$70°\geqslant\alpha>45°$	$45°\geqslant\alpha>20°$	$\alpha\leqslant20°$
结构面产状评分 E	洞顶	0	−2	−5	−10	−2	−5	−10	−12	−5	−10	−12	−12
	边墙	−2	−5	−2	0	−5	−10	−2	0	−10	−12	−5	0

注：按岩体完整程度分级为完整性差、较破碎和破碎的围岩不进行主要结构面产状评分的修正。

⑩对过沟段、极高地应力区(>30 MPa)、特殊岩土及喀斯特化岩体的地下洞室围岩稳定性,以及地下洞室施工期的临时支护措施需专门研究,对钙(泥)质弱胶结的干燥砂砾石、黄土等土质围岩的稳定性和支护措施需要开展针对性的评价研究。

⑪跨度大于 20 m 的地下洞室围岩的分类除采用本附录的分类外,还宜采用其他有关国家标准综合评定,对国际合作的工程还可采用国际通用的围岩分类进行对比使用。

(二)围岩压力计算

围岩压力是指围岩作用在支护(衬砌)上的压力,是确定衬砌设计荷载大小的依据。围岩压力计算有经验公式计算法与理论公式计算法。

1. 原铁道部经验公式

围岩垂直均布压力:

$$q=0.45\times 2s^{-1}\gamma\omega \tag{3.2.6}$$

式中,q 为围岩垂直均布压力(kPa)(见表 3.2.25);s 为围岩级别;γ 为围岩重度(kN/m^3),参见表 3.2.26;ω 为宽度影响系数(m),$\omega=1+I(B-5)$,其中 B 为坑道宽度(m);I 是以 $B=5$ m的围岩均布压力为准,B 每增减 1 m 时的围岩压力增减率。当 $B<5$ m 时,取 $I=0.2$;$B=5\sim15$ m 时,$I=0.1$;$B>15$ m 时,I 可采用 0.1 或<0.1。

值得指出的是:式(3.2.6)适用于 $H/B<1.7$(H 为坑道高度)、深埋隧道、不产生显著偏压力及膨胀压力的一般围岩、采用矿山法施工的隧道等条件。

围岩水平均布压力 表 3.2.25

围岩类别	Ⅳ~Ⅴ	Ⅵ	Ⅲ	Ⅱ	Ⅰ
水平均布压力 e	0	<0.15q	(0.15~0.30)q	(0.30~0.50)q	(0.5~1.0)q

注:本表 e 值适用条件同式(3.2.6)。

围岩的物理力学指标值应按试验资料确定,在无试验资料时可按表 3.2.26 取值。

围岩的物理力学参数 表 3.2.26

围岩类别	密度 ρ/(t/m^3)	弹性抗力系数 K/(MPa/m)	变形模量 E/GPa	泊松比 υ	内摩擦角 φ/(°)	黏聚力 c/MPa	计算内摩擦角 φ/(°)
Ⅰ	2.6~2.8	1 800~2 800	>33	<0.2	>60	>2.1	>78
Ⅱ	2.5~2.7	1 200~1 800	20~33	0.20~0.25	50~60	1.5~2.1	70~80
Ⅲ	2.3~2.5	500~1 200	6~20	0.25~0.30	39~50	0.7~1.5	60~70
Ⅳ	2.0~2.3	200~500	1.3~6	0.30~0.35	27~39	0.2~0.7	50~60
Ⅴ	1.7~2.0	100~200	1~2	0.35~0.45	20~27	0.05~0.2	40~50
Ⅵ	1.5~1.7	<100	<1	0.40~0.50	<22	<0.1	30~40

2. 用弹性理论计算围岩压力

①圆形、椭圆形及矩形深埋洞室周边切向应力 σ_t,可按下式计算

$$\sigma_t=Cp_0 \tag{3.2.7}$$

式中,C 为应力集中系数;p_0 为岩体的初始垂直应力(kPa)。

②当满足下式时,可认为围岩稳定,可不考虑围岩压力

$$\sigma_c\leqslant\frac{R_b}{F_s} \tag{3.2.8}$$

$$\sigma_t \leqslant \frac{R_t}{F_s}$$

式中，σ_c 为洞壁围岩切向压应力（kPa）；σ_t 为洞壁围岩切向拉应力（kPa）；R_b 为岩石饱和单轴抗压强度（kPa）；R_t 为岩石饱和抗拉强度（kPa）；F_s 为安全系数，一般取 2。

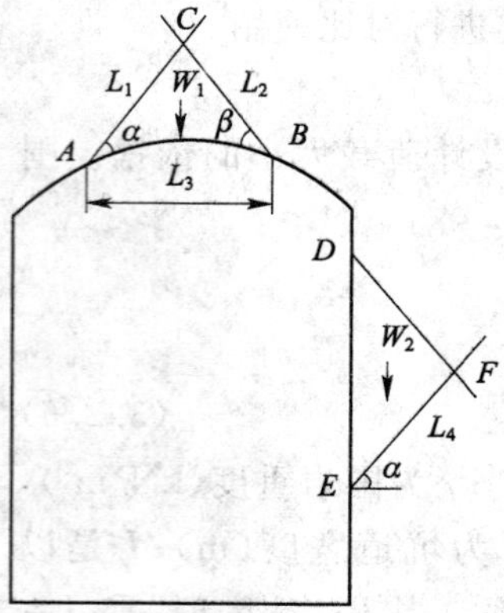

图 3.2.1　洞顶洞壁分离块体稳定性计算

3. *岩体洞室分离块体的稳定性计算*（图 3.2.1）

①洞壁块体的稳定性

$$F_s = \frac{W_2\cos\alpha\tan\varphi_1 + c_1 L_4}{W_2\sin\alpha} \tag{3.2.9}$$

式中，φ 为结构面 L_4 的内摩擦角（°）；c_1 为结构面 L_4 的黏聚力（kPa）；α 为结构面 L_4 的倾角（°）；W_2 为块体的重力（kN）。

②洞顶块体的稳定性

$$F_s = [2(c_1 L_1 + c_2 L_2)(\cos\alpha + \cos\beta)]\gamma L_3^2 \tag{3.2.10}$$

式中，c_1 为结构面 L_1 的黏聚力（kPa）；c_2 为结构面 L_2 的黏聚力（kPa）；α 为结构面 L_1 的倾角（°）；β 为结构面 L_2 的倾角（°）；γ 为岩体的重度（kN/m³）。

当 $F_s \geqslant 2$ 时，块体稳定；

当 $F_s < 2$ 时，块体不稳定。

4. *用弹塑性理论对破碎岩体中深埋洞室松动围岩压力的计算*

$$p = K_1 r\gamma - K_2 c_g \tag{3.2.11}$$

式中，p 为松动围岩压力（kPa）；γ 为岩石重度（kN/m³）；r 为洞室半径（m）；c_g 为岩石黏聚力（kPa）；K_1、K_2 为松动压力系数，由图 3.2.2、图 3.2.3 查得。

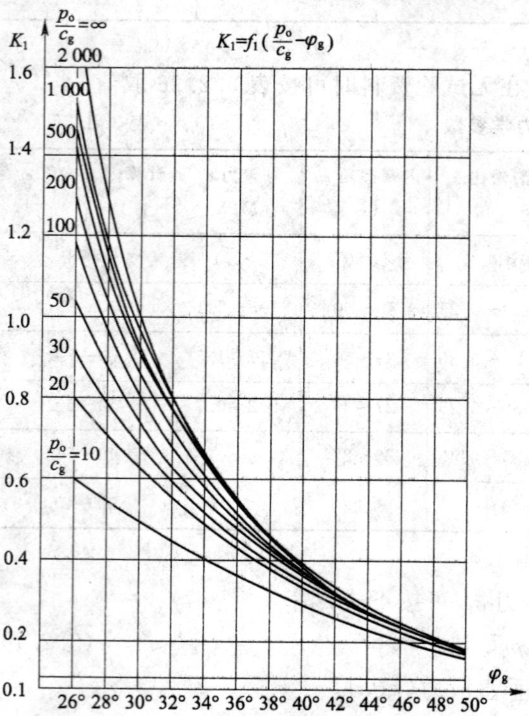

图 3.2.2　松动压力系数 K_1

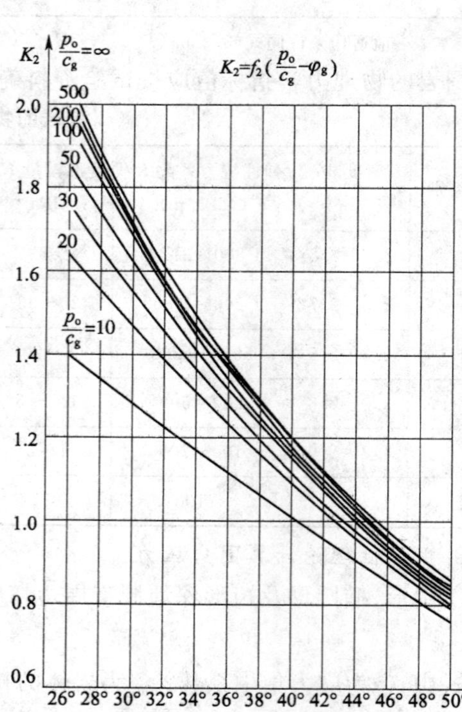

图 3.2.3　松动压力系数 K_2

式（3.2.11）和图 3.2.2 和图 3.2.3 中的 c_g、φ_g 是室内或现场试验得到的黏聚力和内摩擦角经折减后得到的值。折减方法如下：

①岩体裂隙中充泥较多、地下水丰富、施工爆破震动大、爆破裂隙多、衬砌不及时时，可按下式计算

$$c_g \approx 0$$

$$\tan\varphi_g = (0.70-0.67)\tan\varphi$$

②岩体裂隙呈闭合型、不夹泥、地下水不多、施工爆破震动小，能及时衬砌时，可按下式计算

$$c_g \approx (0.20 \sim 0.25)c$$

$$\tan\varphi_g = (0.67-0.80)\tan\varphi$$

5. 土体洞室松动土体压力计算

①对粉细砂、淤泥或新回填土中的浅埋洞室，可按下列公式计算

$$q_v = \gamma H \tag{3.2.12}$$

$$q_h = \frac{\gamma H}{2}(2H+h)\tan^2\left(45°-\frac{\varphi}{2}\right) \tag{3.2.13}$$

式中，q_v 为垂直均布土压力(kPa)；q_h 为水平均布土压力(kPa)；H 为洞室埋深(m)；h 为洞室高度(m)；φ 为土的内摩擦角(°)；γ 为土的重度(kN/m³)。

②对上覆土层性质较好的浅埋洞室，可按图 3.2.4和下列公式计算

$$q_v = \gamma H[1-(H/2b)K_1-(c/b_1\gamma)(1-2K_2)] \tag{3.2.14}$$

$$q_h = (\gamma H/2)(2H+h)\tan^2[45°-(\varphi/2)] \tag{3.2.15}$$

$$b_1 = b + h\tan[45°-(\varphi/2)] \tag{3.2.16}$$

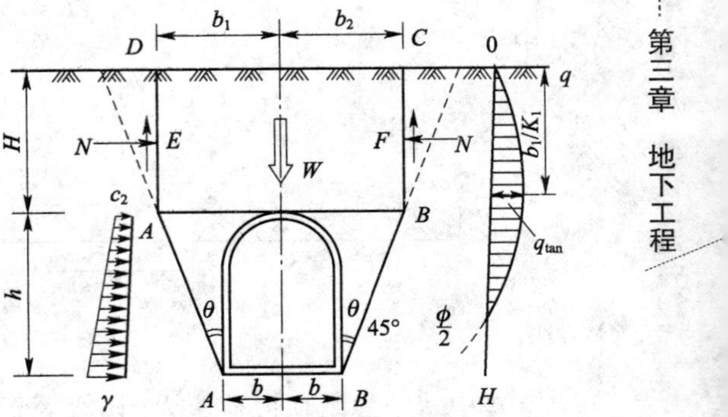

图 3.2.4 土质较好的浅埋洞室土压力计算示意

$$K_1 = \tan\varphi\tan^2[45°-(\varphi/2)] \tag{3.2.17}$$

$$K_2 = \tan\varphi\tan[45°-(\varphi/2)] \tag{3.2.18}$$

式中，c 为土的黏聚力(kPa)；b_1 为土柱宽度之半(m)；b 为洞室跨度之半(m)；K_1、K_2 为与土的内摩擦角有关的系数，按图 3.2.2 和图 3.2.3 取值。

③除饱和软黏土、淤泥粉和砂等软弱土外，深埋洞室的土体压力，也可按压力拱理论计算，计算时需对坚固系数进行修正。

④黄土洞室的土体压力，可按弹塑性理论公式计算，或按下列公式计算。

垂直均布荷载的估算公式

$$p_v = N\frac{b^2}{R'}\gamma K \tag{3.2.19}$$

水平均布荷载的经验公式

$$p_h = p_v\xi \tag{3.2.20}$$

式中，N 为分类系数(甲类黄土取 1.1，乙类黄土取 1.3，丙类黄土取 2.0)；$\frac{b}{R'}$为洞形系数(b 为毛洞半跨，R'为毛洞当量半径)，$R'=\sqrt{\frac{F}{\pi}}$；F 为毛洞断面面积；K 为松动系数，其公式为 $K=\left[1-\sin\varphi+\frac{p_0(1-\sin\varphi)}{c\cos\varphi}\right]^{\frac{1-\sin\varphi}{2\sin\varphi-1}}$；$\xi$ 为侧荷载系数(甲类黄土取 0.6～0.7，乙类黄土取

0.7～0.8，丙类黄土取 0.8～0.9）；γ 为洞顶上覆土层的平均重度。

注：式(3.2.19)及式(3.2.20)适用于 $0.7<\frac{H}{B}$(高跨比)<1.2、暗挖法施工时埋深小于 50 m、B(跨度)<9 m、不产生显著偏压的黄土洞室等条件。

6. 常士骠方法

①均质围岩。其公式为

$$p=\sigma K_1 \tag{3.2.21}$$

式中，p 为洞壁某点的山体压力(kPa)；σ 为洞壁某点的切向应力(kPa)；K_1 为极限状态下土体的侧压系数。

当内摩擦角为 φ 时

$$K_1=\tan^2\left(45°-\frac{\varphi}{2}\right)$$

当岩体具有黏聚力 c 时

$$p=\sigma K_1-2cK_1K_2 \tag{3.2.22}$$

其中

$$K_2=\tan\left(45°+\frac{\varphi}{2}\right)$$

②裂隙围岩。其公式为

$$P_i=\frac{P_0\left\{3+\frac{1}{1+2\frac{x}{r_i}\cos\alpha+\left(\frac{x}{r_i}\right)^2}-\frac{\sin(2\alpha'-\varphi_j)+\sin\varphi_j}{\sin(2\alpha'-\varphi_j)-\sin\varphi_j}\left[1-\frac{1}{1+2\frac{x}{r_i}\cos\alpha+\left(\frac{x}{r_i}\right)^2}\right]\right\}-\frac{2\cos\varphi_j}{\sin(2\alpha-\varphi_j)-\sin\varphi_j}-\frac{2\cos\varphi_j}{\sin(2\alpha'-\varphi_j)-\sin\varphi_j}}{1+\frac{\sin(2\alpha-\varphi_j)+\sin\varphi_j}{\sin(2\alpha-\varphi_j)-\sin\varphi_j}+\frac{1}{1+2\frac{x}{r_i}\cos\alpha+\left(\frac{x}{r_i}\right)^2}\left[1-\frac{\sin(2\alpha'-\varphi_j)+\sin\varphi_j}{\sin(2\alpha'-\varphi_j)-\sin\varphi_j}\right]} \tag{3.2.23}$$

式中，P_0 为洞顶覆盖压力(其值等于 $h\gamma$)(kPa)；P_i 为洞壁某点的围岩压力(kPa)；c 为围岩节理面黏聚力(kPa)；φ_j 为围岩节理面内摩擦角(°)；α 为节理面与洞室法线夹角或节理面法线与切向应力的夹角(°)；α' 为计算点处的径向与该组节理面夹角(°)；x/r_i 为节理隙跨比(半跨)(m)。

设连通好的两节理第一组与法线 OA 成 α 角，第二级与第一组夹角为 β，第一组节理间距为 d_2，第二组节理间距为 d_1，则

$$r=f_i\sqrt{1+1+\frac{2d_1\cos\alpha}{r_i\sin\beta}+\left(\frac{d_1}{r_i\sin\beta}\right)^2}=r_i\sqrt{1+\frac{2x_1}{r_i}\cos\alpha+\left(\frac{x_1}{r_i}\right)^2} \tag{3.2.24}$$

第三节　几类特殊洞室围岩稳定性评价的注意事项

(一)城市地下铁道的评价

1. 确定修建地下铁道的最佳地层

这是修建地铁要解决的首要问题，它与地质条件、施工方法、人防要求、经济费用、运行要求等多方面因素有关。在地质方面应选择围岩稳定性好、不含水、构造简单的地层，以达到安全稳定、经济合理、施工方便的目的。

2. 勘察工作

鉴于地铁线路的平面位置主要取决于城市干道走向等交通需要，故除少数要编制工程地质平面图供线路选择或反映复杂的地质条件(如滑坡等)外，主要是编制沿线的纵横工程地质剖面图，着重反映地层岩性及其物理力学性质和水文地质条件(包括含水构造、水位、水

质、流速、流向及其变化)。钻探点的间距,随地质复杂程度而定,按《城市轨道交通岩土工程勘察规范》(GB 50307—2012)的要求执行,在穿越河道、古河道、断层破碎带或人工活动遗迹区时,应加密钻孔间距,以查明局部的软弱地层分布。针对沿线的隧道围岩和路基的变化,要分析提出加固处理的方案和有关数据。

3. 施工现场的监测工作

由于地铁是在建筑密集的城市地下施工,故要密切注意对已有建筑的影响:

①明挖施工,要注意边坡稳定,采取可靠的临时护坡措施,以保证施工和防止因边坡位移影响邻近建筑物的安全。

②防止因施工降水引起附近建筑物不均匀沉降。

③防止因暗挖施工,引起地面不均匀沉降,影响附近建筑物安全。

④防止与城市地下的上下水、热力、电力、通信、煤气、雨水等各类管线和建筑物基础的相互干扰。

(二)水下隧道的评价

1. 水下隧道要考虑的特殊问题

①隧道位置的选择。要根据水下地形、地貌、地质构造的复杂情况确定隧道轴线位置,一般要尽量避开深水地带、地形地貌复杂地段和构造断裂带。

②要详细查明隧道位置的水文地质条件。水下隧道最核心的问题是防止渗漏水。它无法自然排水,如有漏水,其水源一般又直接来自江河湖海,水量之大可想而知。为此对水下隧道的水文地质条件必须彻底查清,了解隧道所在位置的地层渗透系数及其变化情况,水力梯度和水质成分。要把隧道置于渗透系数尽可能小的地层中,或使隧道顶部有较好的隔水层,隔断上部水的下渗。

2. 水下隧道的勘察特点

除本章第一节所述外,还要特别注意下列几点:

①要具备水下地形图。水底地形有时能反映某些地质构造或地貌特征,对正确勘探工作和分析评价十分重要。

②进行水上勘探。勘探手段除常规钻探外,还可采用一些声波勘探、地震勘探或磁法勘探,以查明水下地层的岩性、厚度、分布、主要物理力学指标和构造、破碎情况等。

③超前水平钻探(或坑探)。它主要用于大型工程的施工阶段,在水下隧道施工中,用来验证勘探资料,预报前方地质条件,防止塌方、漏水等事故发生。

(三)地下冷库的评价

地下冷库是埋置在地表下一定深度的岩土体中,并在周围形成一个相对稳定的低温场,用以冷藏物资的建筑工程。它的基本要求是围岩稳定,并易于保持恒定的低温状态。为达此目的,要考虑的问题有以下几点:

①地形位置:要选山形浑厚、地表切割破坏少无冲沟洼地的浑圆状山体。不受地表洪水、滑坡等不良地质作用的影响。

②水文地质条件:要选地下水尽量少的山体。地下水可软化岩石和结构面的强度,降低围岩稳定性,增加塌方、掉块数量。裂隙水的反复冻融,可加快围岩破坏,造成冻胀、开裂。地下水的运动、热对流,可带走大量冷量,浪费能源。地下水如渗入库内,冻结成冰,不但浪费冷量,还会影响冷库的储存、运行和管理,如水量大、温度低,还会使库存物品变质,冷藏失效。

冷库对地下水的处理原则,应以防为主,以排为辅。根据水的来源、流经途径、水文地质条件等，采取截、疏、堵的办法，减少地下水流入围岩，防止渗入库内。

③地质岩性：要选地质构造简单，岩性致密坚硬，节理不发育，地震烈度低的地区。

④埋置深度：要置于常温层中。因为太浅，易受地表气温日、季、年的周期变化的影响，冷库围岩不能形成稳定的冷冻层，库内温度不能保持稳定的低温。围岩在反复冻融作用下，加上裂隙水的反复冻融，使岩体强度明显降低，如距地表很近，还会因地表岩石温度与冷库温度相差太大，致使岩石胀缩性差别太大，导致围岩变形破坏。另外，也要避开地热带。

常温层的深度受自然地理、地形地貌、地质和水文地质条件的影响，我国一般在 10～35 m 之间，多为 12～25 m，沿海地区较浅，内陆地区较深，气温高且年温差大的地方深，阳坡比阴坡深。当地如无地温资料时，可在钻孔中测量不同深度的岩层温度，如温度略高于当地多年平均气温 2℃左右时，该深度即为常温层位置。

第四节　新奥法施工的原理和技术要点

(一)概述

以往人们都认为在地层中开挖隧道必然要引起围岩坍塌掉落，开挖的断面越大，坍塌的范围也越大。因此，传统的隧道结构设计方法是将围岩看成是必然要松弛塌落，而成为作用于支护结构上的荷载。传统的隧道施工方法则是将隧道断面分成为若干小块进行开挖，随挖随用钢材或木材支撑，然后，从上到下，或从下到上砌筑刚性衬砌。这也是与当时的机械设备、建筑材料、技术水平相一致的。

由于岩石锚杆、喷射混凝土的机械和岩石力学方面的进展，人们对开挖隧道过程中所出现的围岩变形、松弛、崩塌等现象有了深入的认识，为提出新的、经济的隧道施工方法创造了条件。1963 年，由奥地利学者 L. 拉布兹维奇教授命名为“新奥地利隧道施工法”(New Austria Tunnelling Method)，简称“新奥法”(NATM)正式出台。它是以控制爆破或机械开挖为主要掘进手段，以锚杆、喷射混凝土为主要支护方法，理论、量测和经验相结合的一种施工方法。同时，又是一系列指导隧道设计和施工的原则，其中包括：

①因为岩体是隧道结构体系中的主要承载单元，所以在施工中必须充分保护岩体，尽量减少对它的扰动，避免过度破坏岩体的强度。为此，施工中断面分块不宜过多，开挖应当采用光面爆破、预裂爆破或机械掘进。

②为了充分发挥岩体的承载能力，应允许并控制岩体的变形。一方面允许变形，使围岩中能形成承载环；另一方面又必须限制它，使岩体不致过度松弛而丧失或大大降低承载能力。为此，在施工中应采用能与围岩密贴、及时砌筑又能随时加强的柔性支护结构，例如，锚喷支护等。这样就能通过调整支护结构的强度、刚度和参与工作的时间(包括底拱闭合时间)来控制岩体变形。

③为了改善支护结构的受力性能，施工中应尽快使之闭合，而成为封闭的筒形结构。另外，隧道断面形状要尽可能地圆顺，以避免拐角处的应力集中。

④在施工的各个阶段，应进行现场量测监视，及时提出可靠的、数量足够的量测信息，如隧道周边的位移或收敛、接触应力等，并及时反馈用来指导施工和修改设计。

⑤为了敷设防水层，或为了承受由于锚杆锈蚀，围岩性质恶化、流变、膨胀所引起的后续荷载，采用复合式衬砌。

上述新奥法的基本原则可扼要地概括为“少扰动、早喷锚、勤量测、紧封闭”。

(二)新奥法设计

新奥法基本要点如下所述。

首先要说明的是:新奥法不单纯是一种施工方法,也不能认为锚喷支护就是新奥法。新奥法实质是一种现代先进的隧道设计与施工一体化方法。只有锚喷结构是按照规定的方法程序进行设计与施工一体化的,才能认为符合新奥法。

1.新奥法设计方法和阶段

新奥法设计应以工程类比法为主,并通过现场监控量测进行工程实际检验、确认和修正,必要时可辅以理论计算验算法确定支护参数的方法,进行工程和地下工程[如矿山、水利、水电、公(铁)路隧道、城市人防和其他地下工程等]的设计。

(1)工程类比法

工程类比设计法是当前锚喷支护结构设计中最广泛应用的方法。目前《岩土锚杆与喷射混凝土支护工程技术规范》(GB 50086—2015)仍然以工程类比设计法为主。

工程类比法主要是在编制围岩分类表的基础上,结合拟建工程的围岩等级与工程结构尺寸等条件,参照已建成类似地下工程的经验,直接确定锚喷支护参数与施工方法。此外,工程类比设计法通常要涉及水文地质、工程地质、地形和工程结构及施工方法等诸多方面的因素,并且工程类比法与设计者的工程实践经验关系很大,所以,要进行严格的工程类比较为困难。尽管如此,工程类比法仍然是主要的设计方法和具有重要实用意义的设计方法。

(2)现场监控量测法

此法又称"信息设计法",是新近发展起来的一种以现场量测为手段,以量测信息为确认和修正设计的依据,用来确定锚喷支护参数、支护时机、施工方法的设计方法。结合施工过程,它一边进行各种项目内容的量测,一边将量测的成果反馈到设计与施工中,使得支护结构的设计和施工更符合或更接近现场工程实际,也能够适应多变的地质条件和各种不同的施工手段,因而说现场监控量测法比工程类比法更为合理和更为实用可靠。这也是当前此法在软弱地层设计施工中迅速发展与应用的原因。

根据现场量测信息,分析判断围岩的动态的经验性很强,且受量测地段的选择、量测数据的处理、量测技术的水平、量测仪具的精度与质量、施工条件的变动等各种因素的影响,使得对围岩动态判断的准确程度难以把握和准确的评价,加之量测工作量大和耗资较多,对施工有一定干扰,使得其推广受到一些阻碍。

(3)理论计算验算法

理论计算验算设计法是在测定岩体和支护力学参数的前提下,根据围岩力学特征建立力学模型,通过计算确定支护参数的方法。

近年来,国内发展起来的利用施工期间位移量测数据反馈分析计算法,确定围岩力学参数和支护衬砌结构静力工作状态的位移收敛反馈法,就是现场监控量测设计法和理论计算验算设计法互相结合,它既较好地解决了岩体力学参数和地应力难取的问题,又进一步完善了现场监控量测设计法的反馈工作,但其初始参数的确定仍借助于工程类比法和工程设计经验。

2.新奥法设计阶段

(1)施工前预设计阶段

施工前预设计是在认真研究测定资料的基础上进行的。在这一阶段,一般很难完全详细地掌握实际的工程地质和水文地质资料,常常会有一定幅度的变动,故通过在施工中的地质调查和现场监控量测,确认和修正预设计是极其重要的。

(2)信息反馈修改设计阶段

如上所说，在施工前预设计阶段，一般很难全部详细了解实际的地质条件，必须在施工现场进行监控量测，确认和修正施工前预设计。因此，新奥法的设计必须要有信息反馈修正设计阶段，这是最终确定设计参数并据以实施的阶段。但是，对隧道工程施工组织和支护结构进行大规模的变更会造成工期和工程费用的变动，应尽量避免。因此，隧道工程定测阶段地质调查的内容和精度要求，必须满足施工前预设计的要求。施工前预设计，必须在认真研究勘测资料和地质调查成果的基础上进行。

3. 新奥法设计程序

新奥法设计程序，如图 3.4.1 所示。

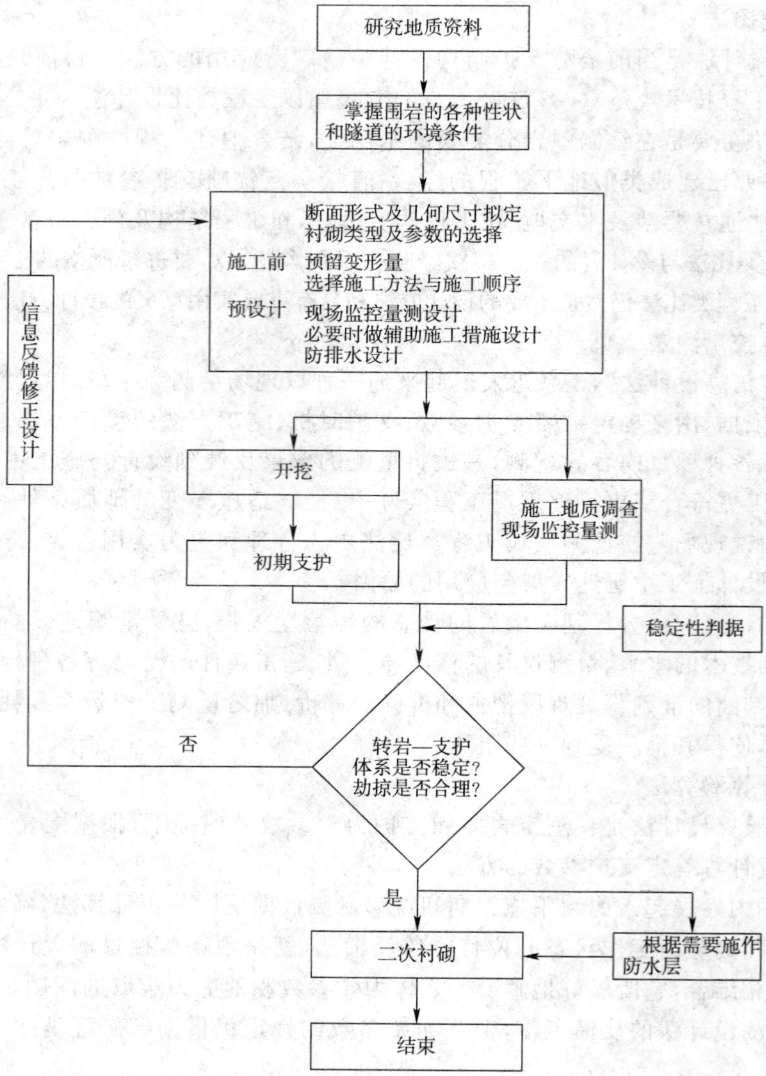

图 3.4.1　新奥法设计程序

注：在软弱破碎围岩地段、信息反馈修正设计常需进行多次。

4. 新奥法设计程序中有关基本概念

为了便于学习新奥法设计方法，在此分别介绍初期支护、二次支护、复合式衬砌及相关锚喷支护的基本概念。

1)喷射混凝土

它是利用高压空气，将掺有速凝剂的混凝土干拌混合料通过混凝土喷射机与高压水混合，经过喷枪嘴喷射到岩石表面上，迅速凝固后而成的。采用喷射混凝土作隧道衬砌，是隧道衬砌结构形式的一项重大改革。喷射混凝土不但可以用作临时支护，也可以作为隧道的永久衬砌，还可以用来加固路堑边坡及用作防水层等。从1942年起，世界各国便开始采用这种技术，我国在矿山、水利、地下工程和隧道工程中已推广该技术。

采用喷射混凝土作为隧道衬砌的优点包括：①施工速度快、支护及时安全；②衬砌质量好、强度高、密实度高、防水性能较好；③施工操作简单，衬砌工作量大为减少，省工、省时，可缩短工期；④不需要在衬砌体背后回填压浆，省料省钱，可降低工程造价。但尚应注意减少混凝土喷射的回弹量和降低喷射中的粉尘等问题。

2)锚喷衬砌(即锚喷支护)

它是喷射混凝土、锚杆、钢筋网等组合起来的支护形式。可以根据不同围岩的稳定状态，采用锚喷支护中的一种或几种结构的组合。用机械方法加固隧道围岩，分别设锚杆、张挂钢筋网，可提高喷射混凝土支护层的抗拉能力、抗裂性和耐抗震性。

工程实践证明，锚喷支护较传统的现浇混凝土衬砌优越。由于锚喷支护能及时支护，有效地控制围岩的变形，防止岩块坠落和产生坍塌，充分发挥围岩的自承能力，所以锚喷衬砌结构比模筑混凝土衬砌的受力作用和效果更好。锚喷支护的优点是，能大量节省混凝土、木料、劳动力，加快施工进度，工程造价一般可降低40%～50%，并有利于施工机械化和改善劳动条件等。

(1)锚喷支护的特点

锚喷支护是一种符合岩体力学原理的积极支护方法，具有良好的物理力学性能。锚喷支护较传统的构件支撑，无论在施工工艺还是作用效果上，都具有显著优势。其特点如下：

①及时性。锚喷支护能及时支护加固围岩，由于隧道开挖后不需要架设支架模板，喷射混凝土掺有速凝剂，施作迅速，能发挥早强性能，锚杆也可以最快速地紧跟开挖而施作，甚至可以利用锚杆进行超前支护。

②灵活性。锚喷支护由喷混凝土、锚杆、钢筋网等支护部件进行组合而成。它们既可单独使用，也可以组合使用；既可以用于局部加固，也可以用于整体加固；既可以一次完成支护，也可以分次完成支护，充分体现了"先柔后刚，按需提供"支护的灵活性。

③密贴性。喷射混凝土能使隧道周边的围岩全面地、紧密地黏结，可抵抗岩块之间沿节理的剪切和滑动，有效地发挥和利用岩块与混凝土间的镶嵌、咬合和自锁作用，从而提高岩体自身的强度、自承能力和整体性。

④整体性。锚杆长度可根据围岩的稳定状态和支护参数及衬砌组合形式设计计算确定；锚杆设置钻孔插入围岩一定深度，对围岩起约束作用，即依靠注入岩孔中的水泥砂浆将锚杆和岩壁固结起来，靠水泥砂浆或树脂的黏结对围岩起锚固作用，提高围岩与锚喷衬砌结构的整体性能；系统锚杆在围岩中形成一定厚度的锚固区，使锚固区内的岩体强度和整体性得到加强，提高围岩体自身的整体性及围岩与锚喷衬砌结构的整体性，应力分布状态得以改善，增强锚固区的稳定性、整体性及承载能力。此时，隧道围岩的稳定性，实质上就是锚固区的稳定性，以及围岩与锚喷衬砌结构的整体性和承载能力。

⑤柔性与延性。锚喷支护结构的柔性好，它可以较好地调节围岩变形，允许围岩产生适度而有限的变形，即在允许范围内的变形，有利于发挥围岩的自承能力，因为过度的变形则会导致坍塌。为此就要求支护既能允许适度的变形，又能限制过度变形，且自身不被破坏。

锚喷支护能很好地满足这一要求。这一方面是因为喷射混凝土工艺上的特点，使得它能与岩体密贴黏结，能喷得很薄而呈现柔性（尽管混凝土是脆性材料），而且这种柔性可以通过分层分次喷射混凝土和加钢纤维或钢筋网来进一步发挥；另一方面锚杆也有一定的延性，它可以允许围岩有适度的变形，甚至同被加固岩体一起作整体变形，而仍能继续承载而不失效。

⑥封闭性。喷射混凝土能封闭岩体的张性裂隙和节理，加固围岩结构面；这种全面而及时的封闭不仅阻止了洞内潮湿空气和水对围岩的侵蚀作用，防止了围岩表面的风化作用，并减少了膨胀性岩体的潮解软化和强度降低，而且能够及时有效地阻止围岩过度变形，促使围岩及早进入变形收敛状态。所以它能同围岩共同变形，构成一个共同工作的承载体系。

总之，锚喷支护技术不再把围岩仅仅视为荷载（松散压力），同时还把它视为承载结构的组成部分。锚喷支护结构承受荷载的性质，也变为承受围岩的变形压力。从岩体力学观点出发，进行支护设计和施工时，把隧道周围岩体和各种支护结构作为一个完整支护体系的支护理论和方法，称为"新奥法"（New Austrian Timbering Metnod，简写为 NATM）。

（2）新奥法的要点

①围岩体和支护视为统一的承载结构体系，岩体是主要的承载单元。

②允许隧道开挖后围岩产生局部有限的应力松弛，也允许作为承载环的支护结构有限制的变形。

③通过试验、监控量测决定围岩体和支护结构的承载—变形—时间特性。

④按"预计的"围岩局部应力松弛选择开挖方法和支护结构。

⑤在施工中，通过对支护的量测、监视、信息反馈，修改设计，决定支护措施或二次衬砌。

锚喷支护应配合光面爆破等控制爆破技术，使开挖断面轮廓平整、准确、便于锚喷成型，并减少混凝土喷射回弹量；减轻爆破对围岩的扰动破坏，维护围岩强度、稳定性和自承能力，使其受力良好。

（3）锚喷支护设计方法与步骤

①隧道工程地质（包括初测、定测、预报等）和水文地质情况，分析围岩的稳定条件，进行围岩分类。

②在围岩分类的基础上，用工程类比设计法选择支护类型及设计参数；对锚喷支护进行受力分析和结构验算，并提出施工要点、施工工序及施工注意事项。

③支护施工过程中，一要掌握好地质情况的多变和突变情况，二要在现场进行监控量测，及时根据信息反馈修改设计参数，变更支护施工工序等。

④支护完成后，监视隧道衬砌结构的稳定状况，对其长期稳定性能作出评价。必要时，可对支护结构变形和应力进行阶段性量测，包括施工阶段的现场监控量测。

⑤善于及时总结经验，改进支护设计与施工。重视掌握岩体变形、坍塌的规律，并在适当的时间，采用适当的办法，把支护做好。

另外应指出：先进的锚喷混凝土支护的使用是有一定前提条件的。有涌水及大面积淋水处，地层松软处混凝土就很难成型；膨胀性地层、不良地质围岩以及能造成衬砌腐蚀的地段，严寒地区有冻害的地段，对衬砌有特殊要求的隧道或地段不宜采用锚喷衬砌。

3）初期支护

隧道开挖后，除围岩完全能够自稳而不需要支护以外，在围岩稳定能力不足时，则须加以支护才能使其进入稳定状态，称为初期支护。初期支护是为了解决隧道在施工期间的稳定和安全而采取的工程措施，初期支护主要采用锚杆和喷射混凝土来支护围岩，它是现代隧道工程中最常也是最基本的支护形式和方法。初期支护施作后即成为永久性承载结构的一部分，它与围岩共同构成了永久的隧道工程结构承载体系。

4)二次衬砌

隧道开挖经初期支护施作后，考虑到隧道投入使用后的运营年限很长久，设计时一般要采用混凝土或钢筋混凝土内层衬砌，以保证隧道永久稳定、安全、美观，同时也是作为安全储备的一种工程措施。二次衬砌的施作，应在围岩和锚喷初期支护变形基本稳定后进行，其施工应在满足下列要求时进行：①各测试项目的位移速率明显收敛，围岩基本稳定；②已产生的各项位移已达到预计总位移量的80%～90%；③周边位移速率小于0.1～0.2 mm/d，或拱顶下沉速率小于0.07～0.15 mm/d。

若围岩变形较大，流变特性明显时，应加强初期支护并及早施作仰拱和二次衬砌。

5)复合式衬砌

初期支护加二次支护，构成复合式衬砌。复合式衬砌应符合下列规定。

①复合式衬砌设计，应综合考虑包括围岩在内的支护结构、断面形状和尺寸、开挖方法、施工顺序和断面的闭合时间等因素，为求充分发挥围岩所具有的自承能力。

②复合式衬砌由外层（即初期支护）和内层（即二次衬砌）复合而成，其外层为初期柔性支护，可采用喷射混凝土、锚杆、钢筋网、钢纤维、钢支撑等支护形式，单一或合理组合而成；内层为二次初砌，一般采用模筑混凝土衬砌。两衬砌层间宜采用防水夹层措施。

③确定开挖尺寸时，应预留必要的初期支护变形量，其量值根据围岩类别、工程地质与水文地质条件、支护刚度、施工方法等确定，并应进行现场监控量测校正。

计算复合式衬砌的初期支护，可采用弹塑性数值解法或近似解析法进行计算，量测修正。计算复合式衬砌时，初期支护应按主要承载结构计算。二次衬砌，在Ⅳ类及以上围岩可作为安全储备，按构造要求设计；在Ⅲ类及以下围岩，应按承载结构设计及用类比法和量测修正。

(三)新奥法施工

新奥法施工，按其开挖断面的大小及位置，基本上可分为：全断面法、台阶法、分部开挖法三大类及若干变化方案。

1.全断面法

按照隧道设计轮廓线一次爆破成型的施工方法称为“全断面法”。它的施工顺序是：①用钻孔台车钻眼，然后装药，连接导火线；②退出钻孔台车，引爆炸药，开挖出整个隧道断面；③排除危石，安设拱部锚杆和喷第一层混凝土；④用装渣机将石渣装入出渣车，运出洞外；⑤安设边墙锚杆和喷混凝土；⑥必要时可喷拱部第二层混凝土和隧道底部混凝土；⑦开始下一轮循环；⑧在初期支护变形稳定后，或按施工组织中规定日期灌注内层衬砌。

全断面法适用于Ⅳ～Ⅵ类或新规范的Ⅰ～Ⅲ级、岩质较完整的硬岩中。必须具备大型施工机械。隧道长度或施工区段长度不宜太短，否则采用大型机械化施工的经济性差。根据经验，这个长度不应小于1 km。

根据围岩稳定程度亦可以不设锚杆或设短锚杆。也可先出渣，然后再施作初期支护，但一般仍先施作拱部初期支护，以防止应力集中而造成的围岩松动剥落。

全断面法的优点是：工序少，相互干扰少，便于组织施工和管理；工作空间大，便于组织大型机械化施工，因此施工进度快。

采用全断面法应注意下列问题：摸清开挖面前方的地质情况，随时准备好应急措施（包括改变施工方法等），以确保施工安全；各种施工机械设备务求配套，以充分发挥机械设备的效率；加强各项辅助作业，尤其加强施工通风，保证工作面有足够新鲜空气；加强对施工人员

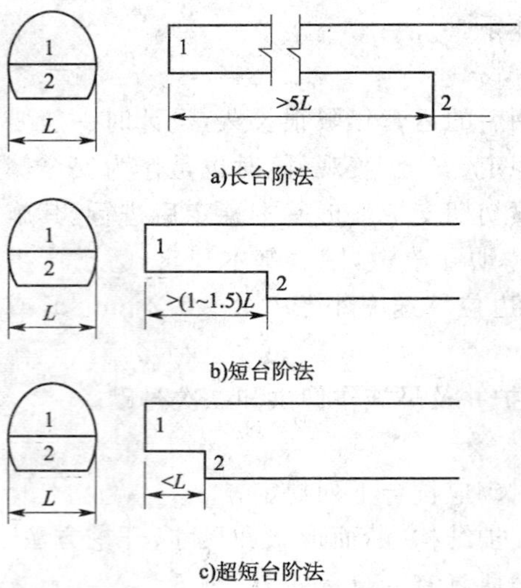

图 3.4.2　台阶法划分

的技术培训，实践证明，施工人员对新奥法基本原理的了解程度和技术熟练状况，直接关系到施工的效果。

2. 台阶法

台阶法中包括长台阶法、短台阶法和超短台阶法等三种，其划分一般是根据台阶长度来决定的，如图 3.4.2 所示。至于施工中究竟应采用何种台阶法，要根据两个条件来决定：初期支护形成闭合断面的时间要求，围岩越差，闭合时间要求越短；上断面施工所用的开挖、支护、出渣等机械设备对施工场地大小的要求。

在软弱围岩中应以前一条件为主，兼顾后者，确保施工安全。在围岩条件较好时，主要考虑是如何更好地发挥机械效率，保证施工的经济性，故只要考虑后一条件。现将各种台阶法叙述如下。

(1)长台阶法

这种方法是将断面分成上半断面和下半断面两部分进行开挖，上下断面相距较远，一般上台阶超前 50 m 以上或大于 5 倍洞跨。施工时上下都可配属同类机械进行平行作业，当机械不足时也可用一套机械设备交替作业，即在上半断面开挖一个进尺，然后再在下半断面开挖一个进尺。当隧道长度较短时，亦可先将上半断面全部挖通后，再进行下半断面施工，即为半断面法。

长台阶法的作业顺序如下所述。

①对于上半断面。用两臂钻孔台车钻眼、装药爆破，地层较软时亦可用挖掘机开挖。安设锚杆和钢筋网，必要时加设钢支撑、喷射混凝土。用推铲机将石碴推运到台阶下，再由装载机装入车内运至洞外。根据支护结构形成闭合断面的时间要求，必要时在开挖上半断面后，可建筑临时底拱，形成了半断面的临时闭合结构，然后在开挖下半断面时再将临时底拱挖掉。但从经济观点看，最好不这样做，而改用短台阶法。

②对于下半断面。用两臂钻孔台车钻眼、装药爆破，装渣直接运至洞外。安设边墙锚杆(必要时)和喷混凝土，用反铲挖掘机开挖水沟，喷底部混凝土。开挖下半断面时，其炮眼布置方式有两种：平行隧道轴线的水平眼；由上台阶向下钻进的竖直眼，又称"插眼"，如图 3.4.3所示。前一种方式的炮眼主要布置在设计断面轮廓线上，能有效地控制开挖断面。后一种方式的爆破效果较好，但爆破时石渣飞出较远，容易打坏机械设备。

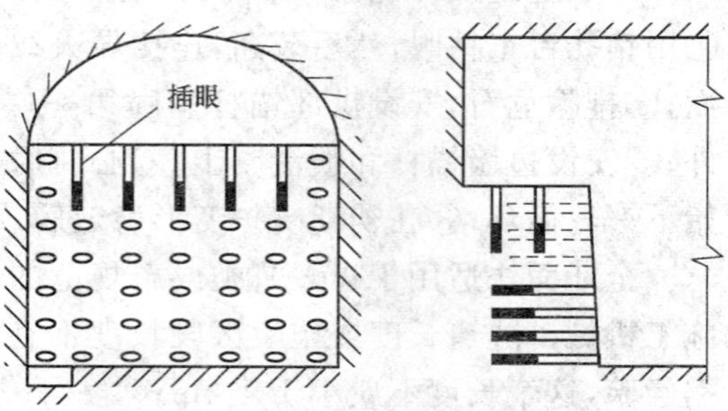

图 3.4.3　长台阶法下半断面作业

③待初期支护的变形稳定后，或根据施工组织所规定的日期敷设防水层(必要时)和建造内层衬砌。

长台阶法的纵向工序布置的机械配置如图 3.4.4 所示。

相对于全断面法来说，长台阶法一次开挖的断面和高度都比较小，只需配备中型钻孔台车即可施工，而且对维持开挖面的稳定也十分有利。所以，它的适用范围较全断面法广泛，凡是在全断面法中开挖面不能自稳，但围岩坚硬不用底拱封闭断面的情况，都可采用长台阶法。

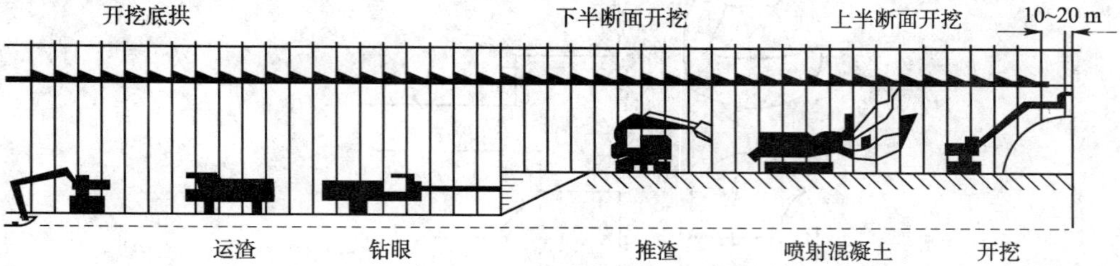

图 3.4.4　长台阶法纵向工序布置的机械配置

(2)短台阶法

这种方法也是分成上、下两个断面进行开挖，只是两个断面相距较近，一般上台阶长度小于 5 倍洞跨大于 1～1.5 倍洞跨，上、下断面采用平行作业。

短台阶法的作业顺序和长台阶相同。由于短台阶法可缩短支护结构闭合的时间，改善初期支护的受力条件，有利于控制隧道收敛速度和量值，所以适用范围很广，Ⅱ～Ⅵ类围岩都能采用，尤其适用于Ⅱ、Ⅲ类围岩，是新奥法施工中主要采用的方法之一。

短台阶法的缺点是上台阶出渣时对下半断面施工的干扰较大，不能全部平行作业。为解决这种干扰可采用长皮带机运输上台阶的石渣，或设置由上半断面过渡到下半断面的坡道，将上台阶的石渣直接装车运出。过渡坡道的位置可设在中间，亦可交替地设在两侧。过渡坡道法在断面较大的三车道隧道中尤为适用。

采用短台阶法时应注意下列问题：初期支护全断面闭合要在距开挖面 30 m 以内，或距开挖上半断面开始的 30 d 内完成。初期支护变形、下沉显著时，要提前闭合，要研究在保证施工机械正常工作的前提下台阶的最小长度。

(3)超短台阶法

这种方法也是分成上、下两部分，但上台阶仅超前 3～5 m，只能采用上下半断面交替作业。

由于超短台阶法初期支护全断面闭合时间更短，更有利于控制围岩变形。在城市隧道施工中，能更有效地控制地表沉陷。所以，超短台阶法适用于膨胀性围岩和土质围岩，要求及早闭合断面的场合。当然，也适用于机械化程度不高的各类围岩地段。

超短台阶法的缺点是上、下断面相距较近，机械设备集中，作业时相互干扰较大，生产效率较低，施工速度较慢。

采用超短台阶法施工时应注意以下问题：在软弱围岩中施工时，应特别注意开挖工作面的稳定，必要时可采用辅助施工措施，如向围岩中注浆或打入超前水平小钢管，对开挖面进行预加固或预支护。

最后还应指出，在所有台阶法施工中，开挖下半断面时要求做到以下几点：

①下半断面的开挖(又称“落底”)应在上半断面初期支护基本稳定后进行，或采用其他有效措施确保初期支护体系的稳定性；采用单侧落底或双侧交错落底，避免上部初期支护两侧同时悬空；视围岩状况严格控制落底长度，一般采用 1～3 m，且不得大于 6 m。

②下部边墙开挖后必须立即喷射混凝土，并按规定做初期支护。

③量测工作必须及时，以观察拱顶、拱脚和边墙中部位移值，当发现速率增大，应立即进行封闭底(仰)拱，或缩短进尺、加强支护、分割掌子面等工作。

3. 分部开挖法

分部开挖法可分为三种变化方案：台阶分部开挖法、单侧壁导坑法、双侧壁导坑法，见图 3.4.5。

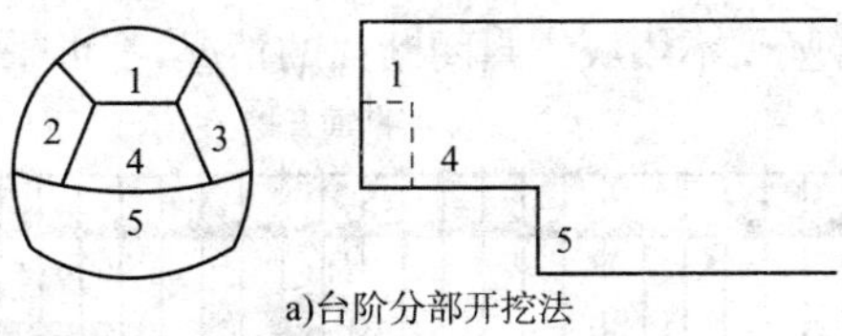

a)台阶分部开挖法

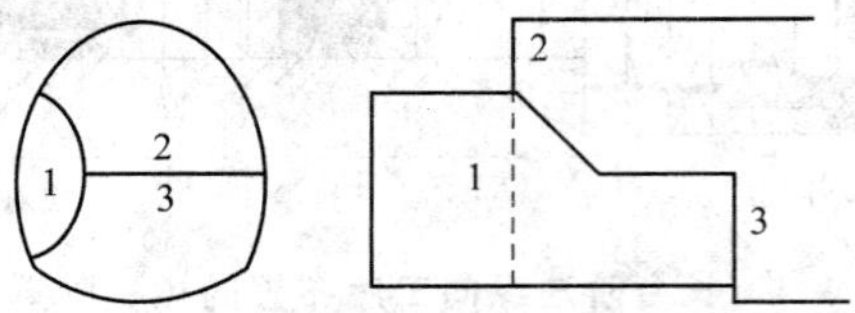

b)单侧壁导坑法

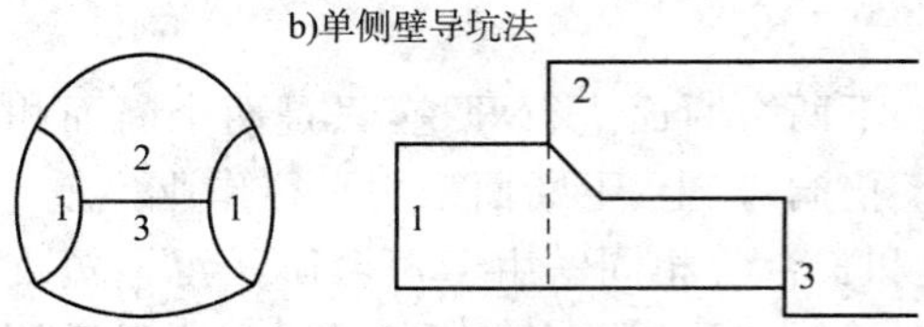

c)双侧壁导坑法

图 3.4.5　分部开挖法变化方案

(1)台阶分部开挖法

此方法又称“环形开挖留核心土法”，如图 3.4.5a)所示，一般将断面分成为环形拱部1、2、3、上部核心土 4、下部台阶 5 等三部分。根据断面的大小，环形拱部又可分成几块交替开挖。环形开挖进尺为 0.5～1.0 m，不宜过长。上部核心土和下台阶的距离，一般为 1 倍洞跨。台阶分部开挖法的施工作业顺序如下。

用人工或单臂掘进机开挖环形拱部。架立钢支撑、喷混凝土。在拱部初期支护保护下，用挖掘机或单臂掘进机开挖核心土和下台阶。随时接长钢支撑和喷混凝土、封底。根据初期支护变形情况或施工安排建造内层衬砌。

由于拱形开挖高度较小，或地层松软锚杆不易成型，所以施工中不设或少设锚杆。

在台阶分部开挖法中，因为上部留有核心土支挡着开挖面，而且能迅速及时地建造拱部初期支护，所以开挖工作面稳定性好。它和台阶法一样，核心土和下部开挖都是在拱部初期支护保护下进行的，施工安全性好，这种方法适用于一般土质或易坍塌的软弱围岩中。

台阶分部开挖法的主要优点是：与超短台阶法相比，台阶长度可以加长，减少上下台阶施工干扰；与下述的侧壁导坑法相比，施工机械化程度较高，施工速度可加快。

采用台阶分部开挖时应注意下列问题：虽然核心土增强了开挖面的稳定，但开挖中围岩要经受多次扰动，而且断面分块多，支护结构形成全断面封闭的时间长，这些都有可能使围岩变形增大。因此，它常要结合辅助施工措施对开挖工作面及其前方岩体进行预支护或预加固。

(2)单侧壁导坑法

这种方法一般是将断面分成三块：侧壁导坑 1、上台阶 2、下台阶 3。侧壁导坑尺寸应本着充分利用台阶的支撑作用，并考虑机械设备和施工条件而定。一般侧壁导坑宽度不宜超过 0.5 倍洞宽，高度以到起拱线为宜，这样，导坑可分二次开挖和支护，不需要架设工作平台，人工架立钢支撑也较方便。导坑与台阶的距离没有硬性规定，但一般应以导坑施工和台阶施工不产生干扰为原则，所以在短隧道中可先挖通导坑，而后再开挖台阶。上、下台阶的距离则视围岩情况参照短台阶法或超短台阶法拟定。

单侧壁导坑法的施工作业顺序如下：

①开挖侧壁导坑，并进行初期支护(锚杆加钢筋网，或锚杆加钢支撑，或钢支撑，喷射混凝土)，应尽快使导坑的初期支护闭合；

②开挖上台阶，进行拱部初期支护，使其一侧支承在导坑的初期支护上，另一侧支承在下台阶上；

③开挖下台阶，进行另一侧边墙的初期支护，并尽快建造底部初期支护，使全断面闭合；

④拆除导坑临空部分的初期支护；

⑤建造内层衬砌。

单侧壁导坑法是将断面横向分成三块或四块，每步开挖的宽度较小，而且封闭型的导坑初期支护承载能力大，所以，单侧壁导坑法适用于断面跨度大，地表沉陷难于控制的软弱松散围岩中。

(3)双侧壁导坑法（又称“眼镜工法”）

当隧道跨度很大，地表沉陷要求严格，围岩条件特别差，单侧壁导坑法难以控制围岩变形时，可采用双侧壁导坑法。现场实测表明，双侧壁导坑法所引起的地表沉陷仅为短台阶法的1/2左右。

这种方法一般是将断面分成四块：左右侧壁导坑1、上部核心土2、下台阶3。导坑尺寸拟定的原则同前，但宽度不宜超过断面最大跨度的1/3。左、右侧导坑错开的距离，应根据开挖一侧导坑所引起的围岩应力重分布的影响不致波及另一侧已成导坑的原则确定。

双侧壁导坑法施工作业顺序如下：

开挖一侧导坑，并及时地将其初期支护闭合。相隔适当距离后开挖另一侧导坑，并建造初期支护。开挖上部核心土，建造拱部初期支护，拱脚支承在两侧壁导坑的初期支护上。开挖下台阶，建造底部的初期支护，使初期支护全断面闭合。拆除导坑临空部分的初期支护。建造内层衬砌。

双侧壁导坑法虽然开挖断面分块多，扰动大，初期支护全断面闭合的时间长，但每个分块都是在开挖后立即各自闭合的，所以在施工中间变形几乎不发展。

双侧壁导坑法施工安全，但速度较慢，成本较高。

4.施工中容易发生的问题及其对策

新奥法施工的基本原则，是根据围岩性质允许产生适量的变形，但又不使围岩松动塌落。在设计、施工过程中，若对围岩性质判断不准或情况不明，或喷射混凝土、打锚杆、立钢支撑时间和方法有误，围岩松动就会超过预计。此时，应根据观察和量测结果找出原因，进行改正。但是，很多场合不能明确原因，因此只能针对所发生的现象采取措施。根据实践经验，将新奥法中经常出现的一些异常现象及应采取的措施列于表3.4.1中，其中A指进行比较简单的改变就可解决问题的措施，B指包括需要改变支护方法等比较大的变动才能解决问题的措施。当然，表中只列出大致的对策标准，优先用哪种措施，要视各个隧道的围岩条件、施工方法、变形状态综合判断。

施工中的异常现象及其处理措施 表3.4.1

	施工中的异常现象	措施A	措施B
开挖面及其附近	正面变得不稳定	①缩短一次掘进长度； ②开挖时保留核心土； ③向正面喷射混凝土； ④用插板或并排钢管打入地层进行预支护	①缩小开挖断面； ②在正面打锚杆； ③采取辅助施工措施对地层进行预加固
	开挖面顶部掉块增大	①缩短开挖时间及提前喷射混凝土； ②采用插板或并排钢管； ③缩短一次开挖长度； ④开挖面暂时分部施工	①加钢支撑； ②预加固地层

	施工中的异常现象	措施 A	措施 B
开挖面及其附近	开挖面出现涌水或者涌水量增大	①加速混凝土硬化(增加速凝剂等); ②喷射混凝土前做好排水; ③加挂网格密的钢筋网; ④设排水片	①采取排水方法(如排水钻孔、井点降水等); ②预加固围岩
	地基承载力不足,下沉增大	①注意开挖,不要损害地基围岩; ②加厚底脚处喷混凝土,增加支撑面积	①增加锚杆; ②缩短台阶长度,及早闭合支护环; ③用喷混凝土做临时底拱; ④预加固地层
	产生底鼓	及早喷射底拱混凝土	①在底拱处打锚杆; ②缩短台阶长度,及早闭合支护环
喷混凝土	喷混凝土层脱离甚至塌落	①开挖后尽快喷射混凝土; ②加钢筋网; ③解除涌水压力; ④加厚喷层	打锚杆或增加锚杆
	喷混凝土层中应力增大,产生裂缝和剪切破坏	①加钢筋网; ②在喷混凝土层中增设纵向伸缩缝	①增加锚杆(用比原来长的锚杆); ②加入钢支撑
锚杆	锚杆轴力增大,垫板松弛或锚杆断裂		①增强锚杆(加长); ②采用承载力大的锚杆; ③为增大锚杆的变形能力,在锚板垫板间夹入弹簧垫圈等
钢支撑	钢支撑中应力增大,产生屈服	松开接头处螺栓,凿开喷混凝土层,使之可自由伸缩	①增强锚杆; ②采用可伸缩的钢支撑,在喷混凝土层中设纵向伸缩缝
开挖	净空位移增大,位移速度变快	①缩短从开挖到支护的时间; ②提前打锚杆; ③缩短台阶、底拱一次开挖的长度; ④当喷混凝土开裂时,设纵向伸缩缝	①增强锚杆; ②缩短台阶长度,提前闭合支护环; ③在锚杆垫板间夹入弹簧垫圈等; ④采用超短台阶法,或在上半断面建造临时底拱

第五节　传统矿山法

在传统的矿山法中,历史上形成的变化方案很多,其中也包括:全断面法、台阶法、侧壁导坑法等。它与新奥法的根本区别,除了施工原则不同外,在具体作业上还有:传统的矿山法中不强调采用锚喷支护,而大量采用钢、木支撑;不强调要及早闭合支护环;很少采用复合式衬砌,而是大量采用刚度较大的单层衬砌,不进行施工量测等。由于施工机械的发展,以及传统矿山法明显不符合岩石力学的基本原理和不经济,已基本由新奥法所取代。只有在一些缺少大型机械的中、短隧道中,或不熟悉新奥法的施工单位,还采用传统的矿山法。这里只简单地叙述一、两种典型的,并具有中国特色的,现在仍可能采用的传统矿山法。

(一)漏斗棚架法

全称为下导坑漏斗棚架法,亦称下导坑先墙后拱法。它是硬岩层中修筑隧道的一种基本的传统方法,也是我国20世纪80年代前修筑铁路隧道采用得最广泛的方法之一。

此法的基本施工程序(图 3.5.1)是:首先开挖下导坑①,在下导坑开挖面后 30～50 m 处,开始架设漏斗棚架,然后在漏斗棚架上方开挖②、③部(“挑顶”)和④部(“扩大”)。它们的间距确定以互不干扰为原则,一般可采用 15～20 m。挑顶和扩大爆下的石碴直接堆放在棚架上,并通过漏斗口向下装入矿车内运出洞外。石碴装完后即可拆除棚架,开挖⑤(“刷帮”)和⑥边墙、水沟。此时整个隧道开挖完毕。在一定的安全距离(10～20 m)外灌注边墙Ⅶ和拱圈Ⅷ混凝土。最后铺底砌水沟。

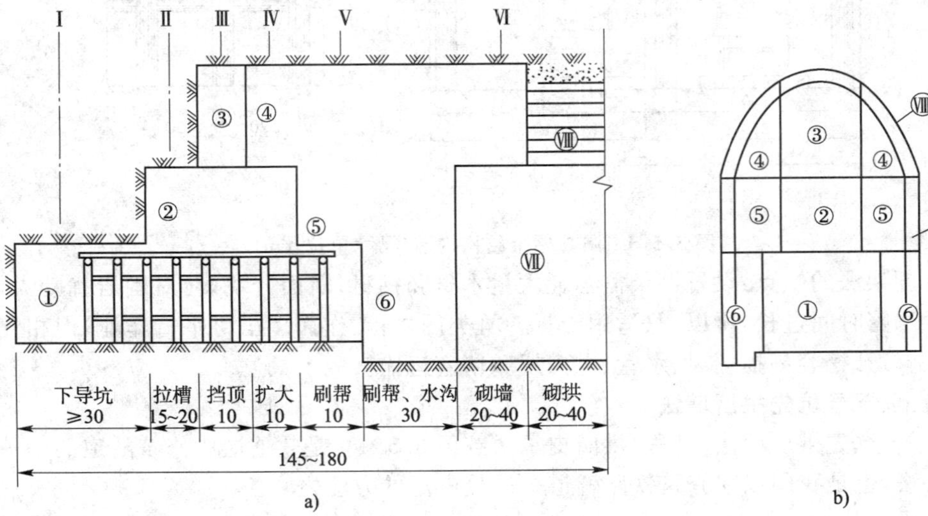

图 3.5.1　漏斗棚架法施工程序(尺寸单位:m)

下导坑的形状一般为梯形,坚硬围岩中也可用矩形。其宽度为 2.8～3.0 m(铺单运输线),或 3.8～4.4 m(铺双运输线),高度视装渣机装载高度而定,一般为 2.8～3.0 m(图 3.5.2)。在长隧道中为运输畅通多采用双线导坑。

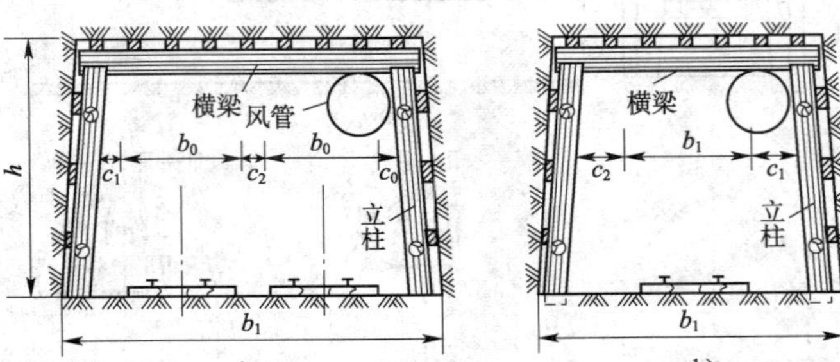

图 3.5.2　下导坑梯形结构

漏斗棚架的结构构造如图 3.5.3 所示。

采用漏斗棚架法施工时应注意如下问题:下导坑开挖是领先工序,它的开挖速度直接影响整个隧道的施工进度,因此,要千方百计予以保证;漏斗棚架是卸、装渣的关键结构,必须具有足够的强度和刚度以承受爆破时石渣的冲击作用;挑顶时如发现拱顶有坍塌的预兆,应立即用圆木支顶住。

漏斗棚架法施工的优点:便于人力、小型机具开挖;挑顶、扩大的石渣通过漏斗棚架装车,效率高,节省人力和机械,工作面多,可以安排较多的人力和机具进行平行作业,加快施工进度。

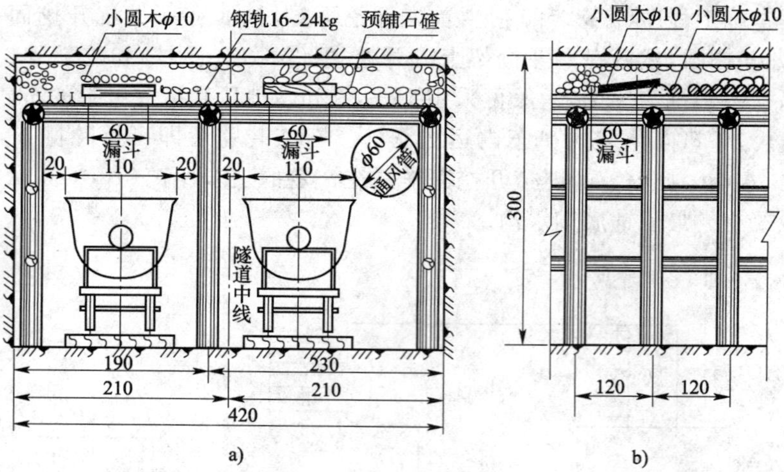

图 3.5.3　漏斗棚架结构构造(尺寸单位:cm)

漏斗棚架法的缺点:设置棚架需消耗大量木材和钢材;断面分块多,对围岩扰动大,而且拱顶围岩暴露时间过长,所以,只适用于Ⅳ～Ⅵ类围岩;工作面多虽可平行作业,但相互干扰大,尤其刷帮开挖容易损坏风、水管、电力线和堵塞运输。

(二)上、下导坑先拱后墙法

上、下导坑先拱后墙法,又称"拱圈支承法"(图 3.5.4),是软地层中修筑隧道的一种基本的传统方法,也是我国以往修筑铁路隧道采用最广泛的方法之一。

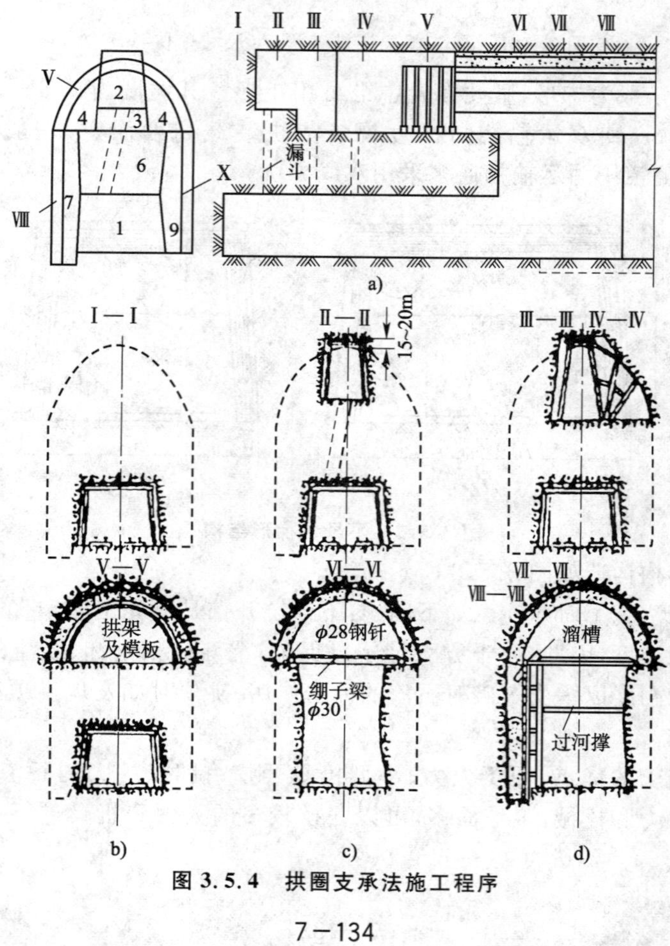

图 3.5.4　拱圈支承法施工程序

此法的基本施工程序(图 3.5.4)是,首先开挖下导坑①,并尽快架设木支撑。在下导坑开挖面后 30～50 m 处开挖上导坑②和架设木支撑。上、下导坑间开挖漏斗(见图 3.5.4)中虚线所示,以便于上部断面出渣。由上导坑向两侧开挖④(“扩大”),边开挖边架设扇形支撑。在扇形支撑之间立拱架模板,灌注拱圈混凝土 V,边灌注边顶替、拆除扇形支撑。开挖中层⑥(“落底”)。左、右错开,纵向跳跃开挖马口⑦,每个马口的纵向长度一般取拱圈灌注节长的一半。紧跟马口开挖后,立即架设边墙模板,由下而上灌注边墙混凝土Ⅷ。挖水沟、铺底。

采用上、下导坑先拱后墙法施工时应注意下列问题:开挖马口时要绝对避免拱圈两侧拱脚同时悬空;边墙灌注到顶部时要仔细地做好与拱脚的连接,保证衬砌的整体性。

与漏斗棚架法比起来,它有如下优点:拱部围岩暴露时间短,开挖马口、灌注边墙都是在拱圈保护下进行的,因此,施工安全,能适用于较软弱的Ⅱ、Ⅲ类围岩。其缺点是衬砌整体性差,开挖两个导坑成本高、速度慢。

第六节　盾构法及掘进机法设计与施工

(一)概述

盾构法是隧道暗挖施工法的一种。在地下铁道中采用盾构法施工始于 1874 年,当时为了在伦敦地下铁道东线的黏土和含水砂砾层修建内径为 3.12 m 的区间隧道,采用了气压盾构及向衬砌背后注浆的施工工艺。20 世纪 40 年代起,苏联采用直径为 6.0～9.5 m 的盾构先后用于莫斯科等城市修建地下铁道区间和车站隧道,将盾构法施工水平推进到一个新高度。20 世纪 60 年代以来,盾构法施工在日本得到迅速发展,在东京、大阪、名古屋、京都等城市的地下铁道施工中都广泛地被采用。为了克服在城区松软含水地层中盾构施工引起的地面沉降,以及钢筋混凝土管片的制造精度和防水问题,日本和德国等制成和研究了泥水加压式等新型盾构和相应的施工工艺、配套设备及各种新型衬砌和防水技术。

1989 年我国上海地下铁道一号线工程正式采用盾构法修建区间隧道,并于 1994 年投入运营。但应指出,早在 1963 年上海就已开始了 $\phi4.16$ m 的盾构隧道及 1968 年北京开始了 $\phi7.0$ m 盾构隧道的工程试验,并在钢筋混凝土管片制造、防水技术、挤压混凝土施工等方面取得了成功。广州地下铁道一号线区间隧道的盾构施工 1996 年 1 月正确开始,1997 年完工。

(二)盾构法及掘进机法设计

1.盾构类型及选择

1)盾构类型

根据开挖、工作面支护和防护方式,一般可将盾构分为:全面开放型、部分开放型、密封型以及全断面隧道掘进机(Tunnel Boring Machine,简称 TBM)四大类。严格来说,各种类型的盾构都可称为“隧道掘进机”,只是盾构和 TBM 的适用范围不同。

(1)全面开放型盾构

全面开放型盾构按其开挖土石的方法可分为 3 种:手掘式、半机械和机械式。

①手掘式盾构是最老式的盾构,但目前世界上仍有工程采用,根据不同的地质条件,工作面可全部敞开人工开挖,也可用安装在切口环内的开挖面支撑系统(包括开挖面支撑千斤顶和伸缩工作平台),分层开挖,随挖土随支撑。必要时可在切口环顶部设置活动前檐,作为顶部支撑。这种盾构便于观察地层和消除障碍,易于纠偏,简易价廉;但其劳动强度大,效率低,如遇正面坍方,易危及人身及工程安全。在含水地层中需辅以降水、气压或土壤加固。关于手掘式盾构构造,见图 3.6.1。

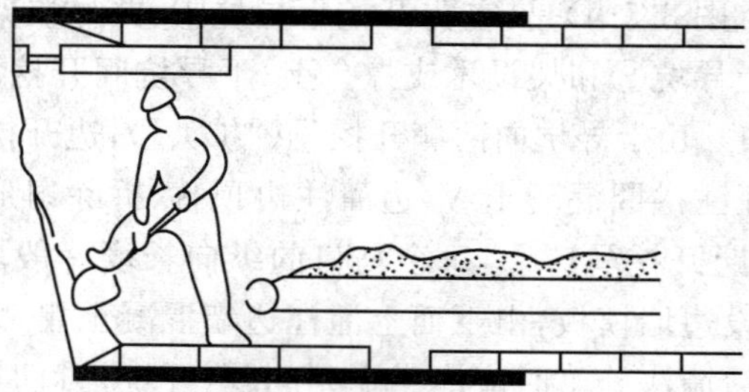

图 3.6.1　手掘盾构构造

②半机械式盾构是在手掘式盾构正面装上悬臂式挖土机而成的，见图 3.6.2。

③机械式盾构是在手掘式盾构的切口环部分装上与盾构直径相适应的大刀盘，以进行全断面开胸机械切削开挖，切削下的土石靠刀盘上的料斗装载，并卸到皮带输送机上，用矿车运出洞外，见图3.6.3。

半机械式和机械式盾构用于能够自稳，或采用其他辅助措施能够自稳的围岩。

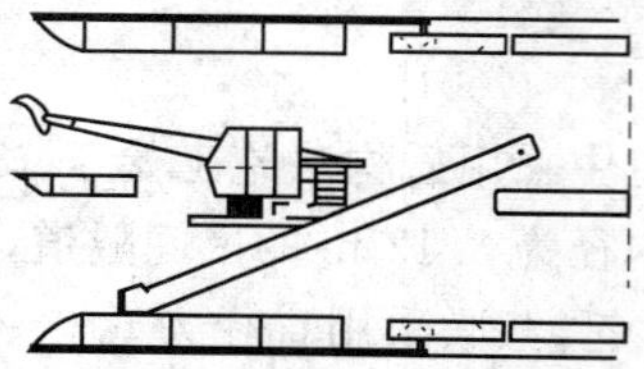

图 3.6.2　半机械式盾构构造

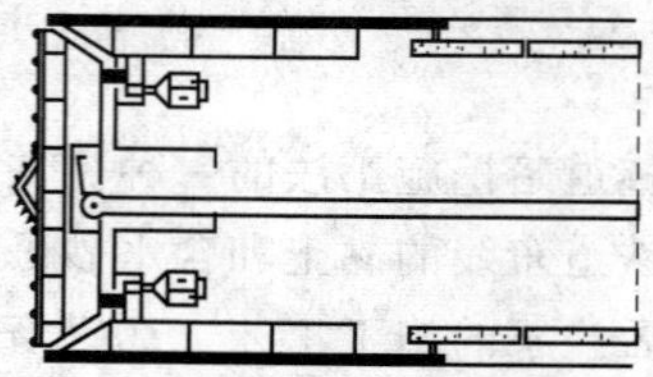

图 3.6.3　机械式盾构构造

(2)部分开放型盾构

部分开放型盾构又称"挤压式盾构"，它是在开放型盾构的切口环与支承环之间设置胸板，以支挡正面土体，但在胸板上有一些开口，当盾构向前推进时，需要排出的土体从开口处挤入盾构内，然后装车外运。这种盾构适用于软弱黏土层，且在推进过程中要引起较大的地面变形，见图 3.6.4。

(3)密封型盾构

根据支护工作面的原理和方法可将密封型盾构分为局部气压式、土压平衡式、泥水加压式和混合式等几种。

①局部气压式盾构。在机械式盾构支承环的前边装上隔板，使切口环成为一个密封舱，其中充满压缩空气，达到疏干和稳定开挖面土体的作用，见图 3.6.5。压缩空气的压力值可根据工作面上 1/3 点的地下静水压力确定。由于这种盾构是靠压缩空气对开挖面进行密封，故要求地层透水性小，渗透系数 K 小于 1×10^{-5} m/s，静水压力不大于 0.1 MPa。另外，这种盾构在密封舱、盾尾及管片接缝处易产生漏气，引起工作面土体坍塌，造成地面沉陷。

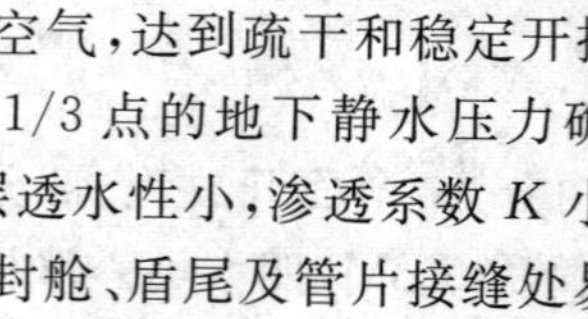

图 3.6.4　部分开放型盾构构造

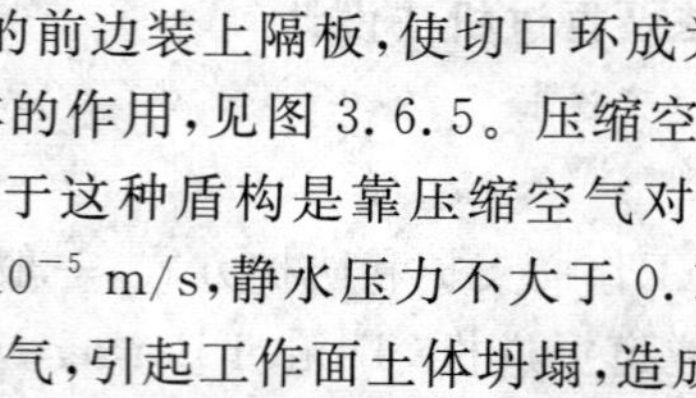

图 3.6.5　局部气压式盾构构造

②土压平衡式盾构。土压平衡式盾构又称"削土密封式盾构"或"泥土加压式盾构"。它的前端有一个全断面切削刀盘，在它后面有一个贮留切削土体的密封舱，在其中心处或下方装有长筒形的螺旋输送机，在密封舱和螺旋输送机，以及在盾壳四周装设有土压传感装置，根据需要还可装

设改善切削土体流动性的塑流化材料的注入设备，见图3.6.6。各装置的主要功能如下：

a.切削刀盘用于切削土体，同时将切削下来的土体搅拌混合，以改善切削土体的流动性。因此，在刀盘的正面装有切削刀具，其中齿形刀适用于软弱地层，盘形刀适用于坚硬地层。刀盘背面装有搅拌翼片。为了在曲线上施工，刀盘周边还装有齿形的超挖刀。根据围岩条件，切削刀盘可以是花板型的、辐条型的和砾石破碎型，见图3.6.7。是否需要采用花板型刀盘，应根据工作面的稳定性，以及在切削刀盘腔内进行维修和更换刀具时的安全性而定。采用花板型刀盘时，其面板上开口檐的宽度和数目应根据围岩条件(黏结力、障碍物)，以不妨碍土体的排出为原则而确定。根据盾构直径的大小，刀盘的主轴可以采用中空轴式、中间支承式和周边支承式，见图3.6.8。其中第一种构造简单，搅拌效果好，适用于中小直径盾构；中间支承式的强度和搅拌效果好，适用于大直径盾构；周边支承式强度高，消除砾石容易。

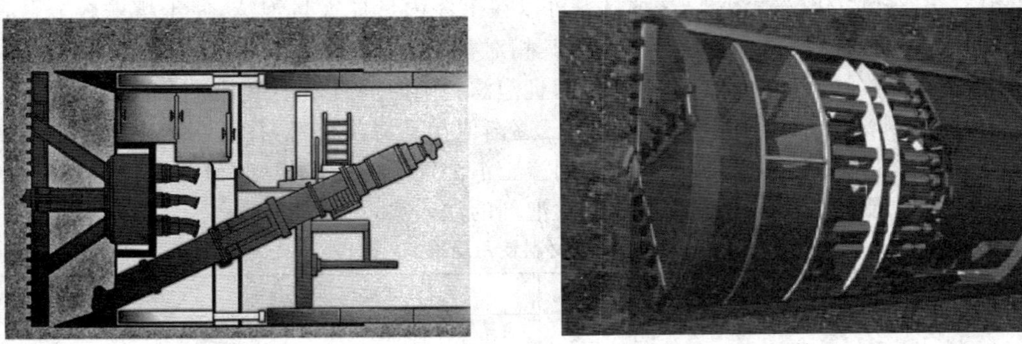

a)　　　　　　　　　　b)

图3.6.6　土压平衡式盾构构造

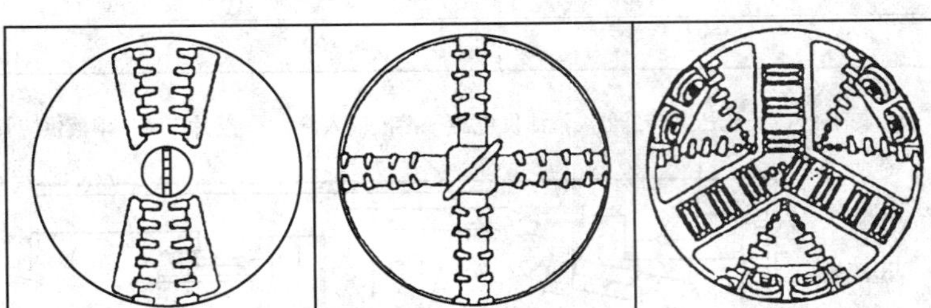

花板型　　　　辐条型　　　　砾石破碎型

图3.6.7　切削刀盘形式

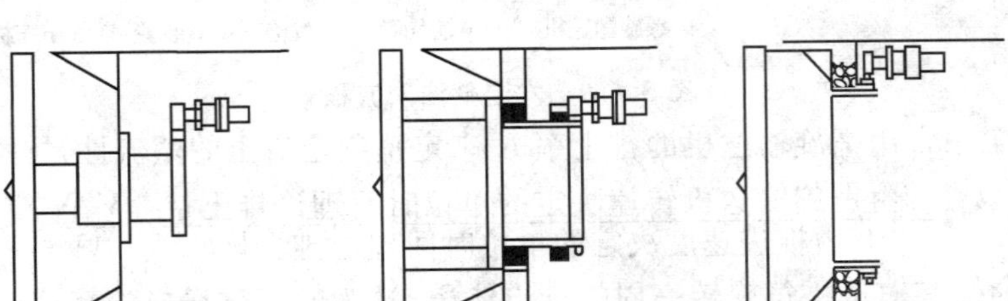

a)　　　　　　b)　　　　　　c)

图3.6.8　刀盘主轴形式

b.密封舱用于存贮被刀盘切削下来的土体，并加以搅拌，使其成为不透水的、具有适当流动性的塑流体，使其能及时充满密封舱和螺旋输送机的全部空间，对开挖面实行密封，以维持开挖面的稳定性，同时，也便于将其排出。

c. 螺旋输送机用来将密封舱内的塑流状土体排出盾构，并在排土过程中，利用螺旋叶片与土体间接的摩擦和土体阻塞所产生的压力损失，使螺旋输送机排土口的泥土压力降至一个大气压力，使其不发生喷漏现象。

d. 塑流化材料注入器用来向密封舱、刀盘和螺旋输送机内注入添加剂。因为当土体中的含砂量超过一定限度时，由于其内摩擦角大，流动性差，单靠刀盘的旋转搅动很难使这种土体达到足够的塑流性，一旦在密封舱内贮留，极易产生压密固结，无法对开挖面实行有效的密封和排土。此时，就需要向切削土体内注入一种促使其塑流化的添加剂，经刀盘混合和搅拌后能使固结土成为流动性好、不透水的塑流体。

关于塑流化添加剂的种类，以及注入口位置、直径、数目均需按围岩特性、机器构造、盾构直径等条件进行选择。目前常用的添加剂有两类：一类为泥浆材料，其使用规格见表 3.6.1；另一类为化学发泡剂，这种材料可以在土体内形成大量泡沫，使土壤颗粒分开，从而降低了土体的内摩擦角和渗透性。又因其相对密度小，搅拌负荷轻，容易将土体搅拌得均匀，从而提高土体的流动性和不透水性。而且泡沫会随时间自然消失，渣土即可还原到初始状态，不会对环境造成污染。因此，近年来已逐渐取代了泥浆材料，并已制定出决定泡沫量、发泡度（空气、溶液混合率）及是否需要采用渣土消泡剂等的技术规则，研制了化学发泡剂自动注入系统，以便按盾构的掘进速度控制发泡剂的注入量，见图 3.6.9。

泥浆材料使用规格　　表 3.6.1

土　质	浓度/质量比	使用量/(L/m^3)	成　分
砂	15%～30%	≤300	水、黏土、膨润土
砂砾	30%～50%	≤300	
白色砂质沉积层	20%～30%	≤200	
砂质粉土	5%～15%	≤100	

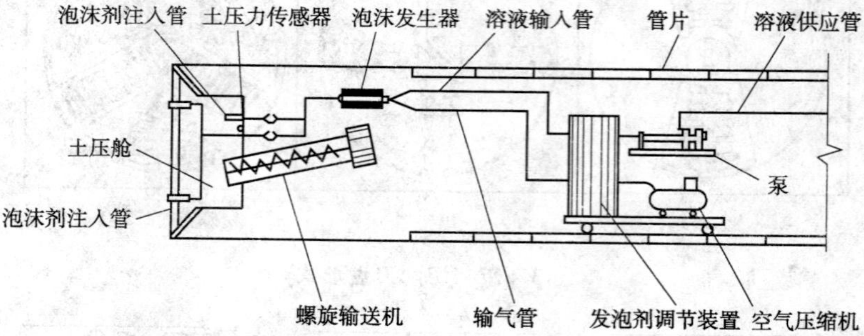

图 3.6.9　发泡剂注入流程

在实际施工中常用螺旋输送机的排土率 K 来定量判定渣土的塑流性，排土率 K 定义为

$$K=\frac{\text{由螺旋输送机转速决定的单位时间理论排土量}}{\text{由推进速度决定的单位时间理论排土量}}=\frac{V_s N}{AV} \tag{3.6.1}$$

式中，V_s 为螺旋输送机每旋转一周的排土体积；N 为螺旋输送机的转速；A 为切削断面积；V 为推进速度。

当渣土处于良好的塑流状态时，K 为 1.0 左右。若渣土处于干硬状态时，摩阻力增大并产生拱效应，螺旋输送机的效率将会明显下降，必须提高输送机的转速来维持密封舱的土压，K 值将大大地超过 1.0。对于柔软而富有流动性的渣土，只要用较低转速排土，甚至在排土口还会产生喷涌现象，K 值可以接近于零。

e. 土压传感器用于测量密封舱和螺旋输送机内的土压力，前者是判定开挖面是否稳定的依据，后者用来判断螺旋输送机的排土状态：喷涌、固结、阻塞等。

土压平衡式盾构维持开挖面稳定的原理是依靠密封舱内塑流状土体作用在开挖面上的压力 P（它包括泥土自重产生的土压力与盾构推进过程中盾构千斤顶的推力）和盾构前方地层的静止土压力与地下水压力 F 相平衡的方法，由图 3.6.10 可看出：螺旋输送机排土量大时，密封舱内土压力 P 就减小，当 $F>P$ 时，开挖面可能塌方而引起地面沉降；相反，排土量小时，P 值就加大，一旦 $F<P_{max}$，地面将会隆起。因此，要控制土压平衡式盾构在推进过程中开挖面的稳定，可以用两种方法来实现：其一是控制螺旋输送机排土量（调节其转速）；其二是用调节盾构千斤顶的推进速度和螺旋输送机转速，直接控制密封舱内的土压力 P，一般情况下，不使开挖面产生影响的渣土压力 P 的波动范围如下式所示。

$$主动土压力+地下水压力<P<被动土压力+地下水压力 \tag{3.6.2}$$

对于花板型刀盘，若刀盘面板开口率为 x，刀盘上和密封舱内的渣土压力分别为 P_1 和 P_2，则式(3.6.2)可改写为

$$主动土压力+地下水压力<P_1(1-x)+P_2x<被动土压力+地下水压力 \tag{3.6.3}$$

应该认为，直接控制土压的方法比较容易实现。从理论上讲，通过注入塑流化添加剂和强力搅拌能将各种土质改良成土压平衡式盾构工作所需的塑流体，故这种盾构能适用于各种围岩条件。但在含水的砂层或砾砂层，尤其在高水压的条件下，土压平衡式盾构在稳定开挖面土体、防止和减少地面沉降、避免土体移动和土体流失等方面都较难达到理想的控制。

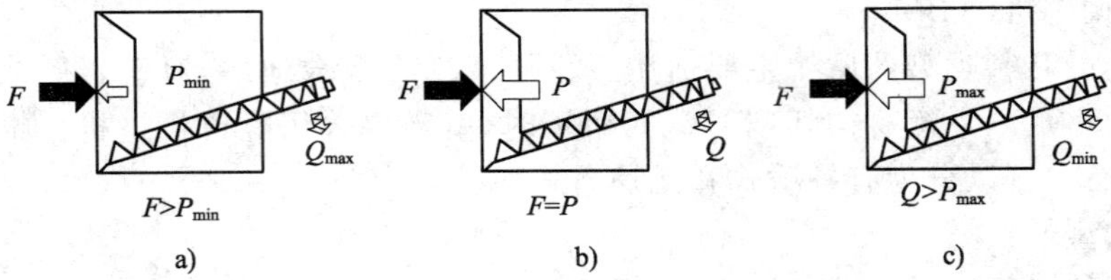

图 3.6.10 土压平衡式盾构维持开挖面稳定示意

③泥水加压式盾构。泥水加压式盾构的总体构造与土压平衡式盾构相似，仅支护开挖面方法和排碴方式有所不同。在泥水加压式盾构的密封舱内充满特殊配制的压力泥浆，刀盘（花板型）浸没在泥浆中工作。对开挖面支护，通常是由泥浆压力和刀盘面板共同承担，前者主要是在掘进中起支护作用，后者主要是在停止掘进时起支护作用。对于不透水的黏性土，泥浆压力应保持大于围岩主动土压力。对透水性大的砂性土，泥浆会渗入到土层内一定深度，并在很短时间内，于土层表面形成一层泥膜，有助于改善围岩的自承能力，并使泥浆压力能在全开挖面上发挥有效的支护作用。此时，泥浆压力一般以保持高于地下水压 0.2 MPa 为宜。而刀盘切削下的碴土在密封舱内与泥浆混合后，用排泥泵及管道输送至地面处理，处理后的泥浆再供泥泵和管道送回盾构重复使用，所以，在采用泥水加压式盾构时，还需配备一套泥浆处理系统。

泥水加压式盾构中所使用的泥浆为膨润土泥浆，在黏性土层中掘进时，还可用原土造浆以减少成本。膨润土泥浆的主要成分和地下连续墙施工中使用的相同，其物理力学特性：相对密度、黏性、沉降性、含砂率等应根据地层特性（粒度、硬度、渗透性等）及地下水状况（水位、所含离子种类与浓度等）而定。

为了增加排土效率和防止排泥口堵塞，在密封舱内可以设置螺旋搅拌器和砾石破碎装置，以及供工作人员进入开挖面（在泥浆排空情况下）排除障碍物的气闸。

④混合盾构(Mixshield)。混合盾构是近几年在欧洲发展起来的一种新型盾构。这种盾构本机可以构成一台泥水加压式盾构、气压式盾构或土压平衡式盾构，当地层条件变化时，盾构的机型可以随地层变化而相应改变调整。

⑤多圆盾构(Multi-Circular Face Shield)。多圆盾构是近年日本开发的新型盾构，其中的双圆盾构可以用来修建地铁区间隧道，一次开挖完成双线区间隧道，可以比两个单独的圆形隧道降低工程成本10%，减少开挖面积15%，见图3.6.11。三圆盾构既可用来修建地铁车站隧道，拆下中间盾构后又成为两个单独盾构，可以修建区间隧道。

a) b)

图3.6.11 双圆盾构

(4)隧道掘进机(TBM)

以上所述的几种类型的盾构主要适用于土层或土石混合地层，对于岩层或盾构与围岩之间的摩擦力不足以平衡盾构切削刀盘的扭矩时，就需要采用隧道掘进机。根据掘进机对围岩的支护方式，可以分为有护盾式和无护盾式两类。

2)盾构选型的根据

根据不同的工程地质、水文地质条件和施工环境与工期的要求，合理地选择盾构机类型，对保证施工质量，保护地面与地下建(构)筑物安全和加快施工进度是至关重要的。因为只有在施工中才能发现所选用的盾构是否适用，一种不适用的盾构将对工期和造价产生严重影响，但此时想更换已不可能了。

盾构选型的根据，按其重要性排列如下。

①工程地质与水文地质条件。

a.隧道沿线地层围岩分类、各类围岩的工程特性、不良地质现象和地层中含沼气状况；

b.地下水位，穿越透水层和含水砂砾透镜体的水压力、围岩的渗透系数及地层在动水压力作用下的流动性。

②地层的参数。

a.表示地层固有特性的参数：颗粒级配、最大土粒粒径、液限 w_L、塑限 w_P、塑性指数 I_P ($I_P=w_L-w_P$)；

b.表示地层状态的参数：含水量 w、饱和度 S_r、液性指数 I_L ($I_L=\frac{w-w_P}{I_P}$)、孔隙比 e、渗透系数 K、湿土重度 γ_c；

c.表示地层强度和变形特性的参数：不排水抗剪强度 S_u、黏结力 c、内摩擦角 φ、标准贯入度 N、压缩系数 a、压缩模量 E_s；对于岩层则有：无侧限抗压强度 σ_c、RQD值等。

③地面环境、地面和地下建(构)筑物对地面沉降的敏感度。

④隧道尺寸:长度、直径、永久衬砌的厚度。

⑤工期。

⑥造价。

⑦经验:承包商的经验、有无同类工程的经验。

3)盾构选型的方法

从上述盾构选型的根据来看项目很多,且相互联系,因此,很难找到一个简单的选型方法的程序,只能在综合分析比较的基础上,从技术角度来探讨最适宜的盾构型式,最终的选型取决于经济和企业的施工能力。

表 3.6.2 给出了控制地面沉降的不同要求和不同地质条件对盾构选型的大致参考意见,表 3.6.3 总结了各类盾构适用范围。由于隧道掘进机主要用于岩层,故表 3.6.2、表 3.6.3中未论及。

盾构选型地质参数 表 3.6.2

盾构类型		地质条件										
	土类别	黏性土					粉性土		砂性土			
	土名称	硬塑性黏土	可塑性黏土	软塑性黏土	流塑性黏土	淤泥	黏质粉土	砂质粉土	粉砂	细砂	中粗砂	砾石
	主要土壤系数 M	18~35	4~7	2~4	0~2	0	0~5	5~10	5~15	15~30	40~60	40~60
	主要土壤系数 K/(cm/s)	$<10^{-7}$	$<10^{-7}$	$<10^{-6}$	$<10^{-5}$	$<10^{-7}$	$<10^{-5}$	$<10^{-4}$	$<10^{-4}$	$<10^{-3}$	$<10^{-3}$	$<10^{-2}$
	主要土壤系数 W	20%~30%	30%~35%	35%~40%	40%~45%	>50%	<50%	<50%	<50%	<50%	<50%	<50%
手掘式盾构	辅助工法		A	A	A	A	A	A	A	B、C	B、C	B、C
	沉降程度	*S*	*S-M*	*M*	*M-L*	*L*	*M*	*M*	*M*	*M*	*M*	*M*
网格盾构	辅助工法		A	A	A	A	A					
	沉降程度		*S-M*	*S-M*	*M(M-L)*	*L*	*M*					
机械化盾构	辅助工法		A	A	A	A、B	A	A	A、B	B、C	B、C	B、C
	沉降程度	*S*	*S-M*	*M*	*L*	*L*	*M*	*M*	*M-L*	*L(M)*	*L(M)*	*M*
土压平衡盾构	辅助工法											
	沉降程度		*S*	*S*	*S*	*S-M*	*S-M*	*S-M*	*M-L*	*M*	*M*	*M*
泥水盾构	辅助工法									B	B	B
	沉降程度		*S*	*S*	*S*	*S(S-M)*	*S-M(S)*	*S*	*S*	*S*	*S*	*S*

注:1. 还有一种闭胸式盾构只适用于淤泥地质。

2. 沉降程度空白的方格表示不适用,如网格盾构不适用于粉砂地质。

3. 括号表示有地下水情况下的沉降程度。

4. 辅助方法:A 为气压法;B 为降低地下水位法;C 为加固法。

5. 沉降程度(盾构直径为 6 m,覆土厚 6 m 情况):L 为最大沉降量,大于 15 cm;M 为中等沉降量,3 cm<M<15 cm;S 为最小沉降量,小于 3 cm。

6. N 为标准贯入击数;K 为渗透系数;W 为含水率。

7. 本表取自陈庆国、沈焕生的"盾构、顶管掘进机选型辅助系统"。

表 3.6.3

各种盾构工法比较一览

类别	全面开放型				封闭型		
	人工挖掘式	半机械挖掘式	机械挖掘式	闭胸式	土压式		泥水加压式
					削土加压式	泥土加压式	
工法概要	靠人工开挖土砂,以皮带运输机等设备出渣,根据地层性质的不同安装有檐或千斤顶挡土机构,以稳定开挖面	采用机械进行大部分土砂的开挖和装运,以千斤顶挡土支撑等机构稳定开挖面,与人工挖掘式相比,对地层的稳定性要求高	盾构前部安装有切削刀头,用机械连续开挖土砂,切削刀面板亦起支撑开挖面的作用	开挖面密闭,在其上设有所谓的出土口,开挖时盾构的前部贯入土砂之中,土砂层塑性流动并从开口中排出	在切削密闭舱内充满开挖下来的土砂,以盾构的推进力对整个工作面加压,来抗衡开挖面上的压力,在保持开挖面稳定的同时,用螺旋输送机出渣	在切削密闭舱内注入混合添加材料、制泥原料土等,使其与切削土搅拌混合形成泥状土并将其填满密闭舱,用盾构推进力对工作面加压来抗衡开挖面上的土压在保持开挖面稳定的同时用螺旋输送机出渣	向切削密闭舱内循环填充泥浆用于抵抗开挖面的土压、水压,保持开挖面的稳定,开挖下来的土砂以泥浆的形式通过液体输送方式运出
开挖方式	人工	机械+人工	全断面切削刀盘	盾构挤压贯入	全断面切削刀盘	同左	同左
开挖面管理	设置挡土支撑机构稳定开挖面	部分靠支撑机构稳定开挖面	未设置挡土支撑机构	调节排土阻力速度及开口大小保持开挖面稳定	调节土舱内土压及排土量控制开挖面的稳定	调节土舱内泥土压力及排土量控制开挖面稳定	调节泥水的压力控制开挖面稳定
地层变化的适应性	可适应土质变化地层	土质变化时有可能不适应	不适应土质变化地层	一般只适用于砂、黏土未分选的冲积层	松砂、砂砾层较难适应	通过调节添加材料的浓度和用量适应不同地层	松砂、砂砾层较难适应
障碍物的处理	能目视开挖面,处理容易	同左	能目视开挖面,但处理稍难	同左	看不到开挖面,处理困难	同左	同左
盾构机的故障处理	故障少且容易处理	同左	发生故障时影响大	故障少且容易处理	发生故障时影响大	同左	同左
施工场地	一般	一般	一般	一般	一般	一般	大
作业环境	人工开挖,作业环境差	作业环境稍差	同左	无人工开挖,比较安全	人工作业少,环境良好	同左	同左
对周围环境影响	空压机噪声及渣土运输影响	同左	同左	同左	渣土运输影响	同左	泥浆处理设备噪声及振动、渣土运输、占地多
辅助措施	为保证开挖面稳定需降水、压力及地层改良等措施	同左	同左	为防止地表下沉需进行地层改良	为改善开挖性能对砂层进行改良	不需要辅助措施	易坍塌的细砂及砂砾层需进行改良
施工进度	进度慢且变化幅度小	介于手掘式与封闭型之间	如果土质适合,不变化,与封闭型接近	同左	快	同左	后方设备能力强则进度快,但设备故障影响大

2. 隧道衬砌结构类型与选择

盾构法修建的隧道衬砌有预制装配式衬砌、预制装配式衬砌和模注钢筋混凝土整体式衬砌相结合的双层衬砌及挤压混凝土整体式衬砌三大类。

(1)预制装配式衬砌

预制装配式衬砌是用工厂预制的构件(称为“管片”),在盾构尾部拼装而成的。管片种类按材料可分为钢筋混凝土、钢、铸铁,以及由几种材料组合而成的复合管片。

钢筋混凝土管片的耐压性和耐久性都比较好,目前已可生产抗压强度达 60 MPa,渗透系数小于 10^{-11} m/s 的管片,而且,这种管片刚度大,由其组成的衬砌防水性能有保证,所以,在用盾构法修建的各种隧道中都得到了广泛的应用。其缺点是质量大,抗拉强度较低,在脱模、运输、拼装过程中,容易将其角部碰坏。

钢管片的强度高,具有良好的焊接性,便于加工和维修,质量轻也便于施工。与混凝土管片相比,其刚度小、易变形,而且钢管片的抗锈性差,在不做二次衬砌时,必须有抗腐、抗锈措施。

铸铁管片强度高,防水和防锈蚀性能好,易加工,与钢管片相比,刚度亦较大,故在早期的地下铁道区间隧道中得到广泛的应用。

钢和铸铁管片价格较贵,现在除了在需要开口的衬砌环或预计将承受特殊荷载的地段采用外,一般都采用钢筋混凝土管片。

按管片螺栓手孔成型大小,可将管片分为箱型和平板型两类。箱型管片是指因手孔较大而呈肋板型结构,如图 3.6.12 所示。手孔较大不仅方便了接头螺栓的穿入和拧紧,而且也节省了材料,使单块管片重量减轻,便于运输和拼装。但因截面削弱较多,在盾构千斤顶推力作用下容易开裂,故只有强度较大的金属管片才采用箱型结构。当然,直径和厚度较大的钢筋混凝土管片也有采用箱型结构的。

在箱型管片中纵向加劲肋是传递千斤顶推力的关键部位,一般沿衬砌环向等距离布置,加劲肋的数量应大于盾构千斤顶的数,其形状应根据管片拼装和是否需要灌注二次衬砌的施工要求而定。

平板型管片是指因螺栓手孔较小或无手孔而呈曲板型结构的管片,如图 3.6.13 所示。由于管片截面削弱少或无削弱,故对盾构千斤顶推力具有较大的抵抗力,对通风的阻力也较小。无手孔的管片也称为“砌块”。现代的钢筋混凝土管片多采用平板型结构。

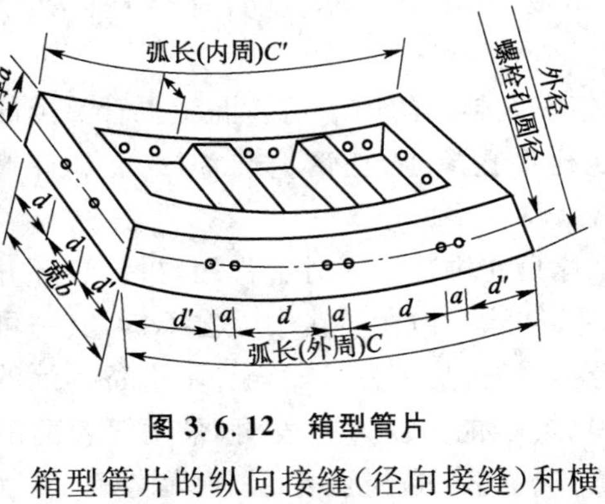

图 3.6.12 箱型管片

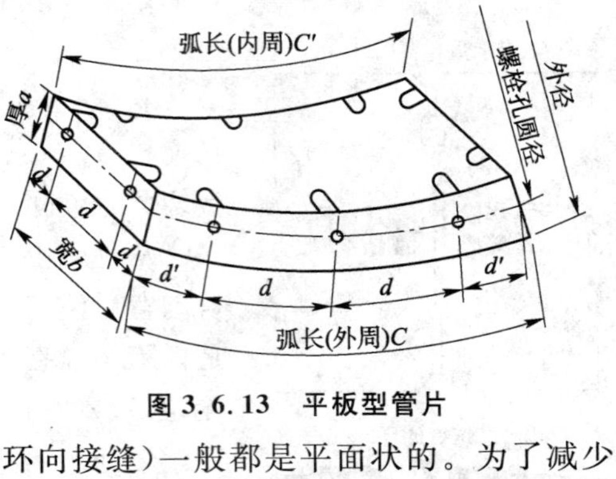

图 3.6.13 平板型管片

箱型管片的纵向接缝(径向接缝)和横向接缝(环向接缝)一般都是平面状的。为了减少管片的盾构千斤顶推力和横向荷载作用下的损伤,钢筋混凝土管片间的接触面通常比相应的接缝轮廓要小些。

平板型管片的接缝除可采用平面状外,为提高装配式衬砌纵向刚度和拼装精度,也有采

第三章 地下工程

用榫槽式接缝的，见图 3.6.14。当管片间的凸出和凹下部分相互吻合衔接时，靠榫槽即可将管片相互卡住。当衬砌中内力较大时，管片的径向接缝还可以做成圆柱状，使接缝处不产生或少产生弯矩，见图 3.6.15。

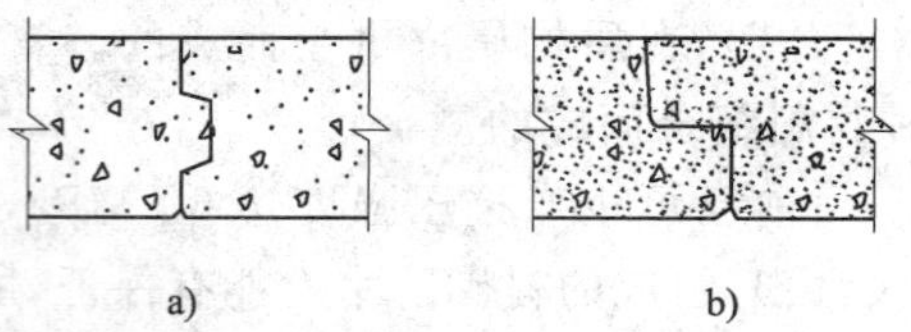

图 3.6.14　榫槽式接缝

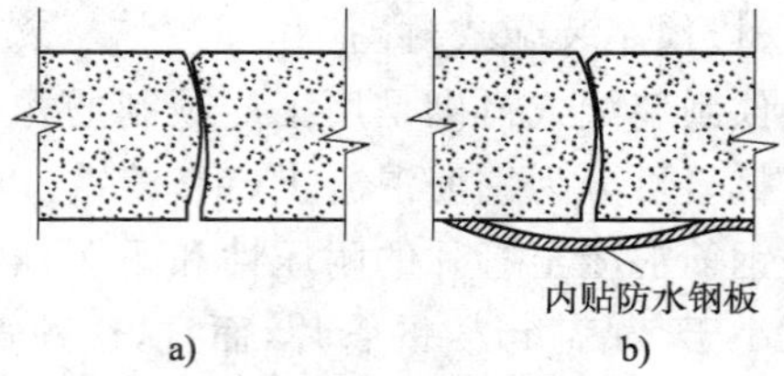

图 3.6.15　圆柱状接缝

衬砌环内管片之间及各衬砌环之间的连接方式，从其力学特性来看，可分为柔性连接和刚性连接，前者允许相邻管片间产生微小的转动和压缩，使衬砌环能按内力分布状态产生相应的变形，以改善衬砌环的受力状态。后者则通过增加连接螺栓的排数，力图在构造上使接缝处的刚度和管片本身相同。实践证明，刚性连接不仅拼装麻烦、造价高，而且会在衬砌环中产生较大的次应力，带来不良后果。因此，目前较为通用的是柔性连接，常用的有以下几种形式。

①单排螺栓连接。按螺栓形状又可分为弯螺栓连接、直螺栓连接和斜螺栓连接三种，见图 3.6.16。其中弯螺栓连接多用于钢筋混凝土管片平面形接缝上，由于它所需螺栓手孔小，截面削弱少，原以为接缝刚度可以增加，能承受较大的正负弯矩，但实践表明，弯螺栓连接容易变形，且拼装麻烦，用料又多，近年来有被其他螺栓连接方式取代的倾向。

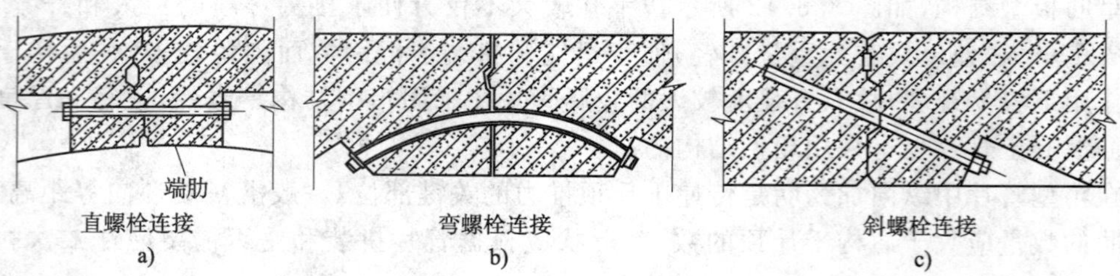

图 3.6.16　管片柔性连接形式

直螺栓连接是最常见的连接方式。设置单排直螺栓的位置，要考虑它与管片端肋的强度相匹配，即在端肋破坏前，螺栓应先屈服，同时又要考虑施工因素的影响。一般设在 $h/3$ 处，h 为管片厚度，且螺栓直径亦不应过小。

斜螺栓连接是近几年发展起来的用于钢筋混凝土管片上的一种连接方式，它所需的螺栓手孔最小，耗钢量最省，如能和榫槽式接缝联合使用，管片拼装就位亦很方便。

从理论上讲，连接螺栓只在拼装管片时起作用，拼装成环并向衬砌背后注浆后，即可将其卸除。但在实践中大多不拆，其一可能是拆除螺栓费工费时，得不偿失；其二为了安全。不准备拆除的螺栓，必须要有很高的抗腐、抗锈能力。试验表明，采用锌粉酪酸进行化学处理形成保护膜和氧化乙烯树脂涂层效果较好，可以有 100 年以上的保护效果(在海岸地带)。

②销钉连接。销钉连接可用于纵向接缝，亦可用于横向接缝。见图 3.6.17。所用的销钉可在管片预制时埋入，亦可在拼装时安

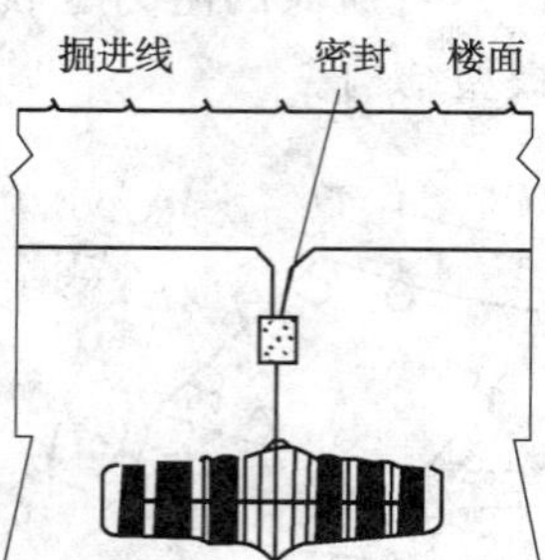

图 3.6.17　塑料销钉

装。销钉的作用除为了临时稳定管片，保证防水密封垫的压力外，在安装管片时还起导向作用，将相邻衬砌环连在一起。用销钉连接的管片形状简单，截面无削弱，建成的隧道内壁光滑平整。与螺栓连接相比既省力、省时，价格又低，连接效果也相当好。

销钉是埋在衬砌内的，不能回收，故通常都是用塑料制成的，见图3.6.17。

③无连接件。在稳定的不透水的地层中，圆形衬砌的径向接缝也可不用任何连接件连接。因管片沿隧道径向呈一楔形体，外缘宽内缘窄，在外部压力作用下，管片将相互挤紧，而形成一个稳定的结构。

关于装配式衬砌的防水问题，一直是盾构法施工中的重要课题。金属管片本身不透水，而且加工精度高，拼装后管片接缝非常密贴，几乎不透水，因此，仅需在隧道内壁用防水材料对接缝进行嵌填，并对螺栓孔和注浆孔进行防水处理。

目前，钢筋混凝土管片的制造精度和抗渗性已经大大提高，单块管片各部分尺寸误差均可达到±0.1 mm，但管片接缝的密贴程度尚不能保证不渗水，故对钢筋混凝土管片需采取特殊的防水措施。

(2)双层衬砌

为了防止隧道渗水和衬砌腐蚀，修正隧道施工误差，减少噪声和振动，以及作为内部装饰，可以在装配式衬砌内部再做一层整体式混凝土或钢筋混凝土内衬。根据需要还可以在装配式衬砌与内层之间敷设防水隔离层。双层衬砌主要用在含有腐蚀性地下水的地层中。例如，香港地下铁道区间隧道单层钢筋混凝土管片衬砌，因地下水中氯化物含量高达$16\,000\times10^{-6}$，在地下 26℃的高温和相对湿度达 90%以上的环境中，加上行车时间内干湿循环和列车活塞效应，引起衬砌渗漏处积聚大量盐分，出现严重腐蚀现象，导致混凝土保护层剥落，钢筋锈蚀，不得不进行大量修复和补强工作。但近年来，由于混凝土耐腐蚀性和管片防水性能的提高，采用双层衬砌的必要性已大为减少，但仍有一些国家(如日本)坚持使用双层衬砌。

(3)挤压混凝土整体式衬砌

挤压混凝土衬砌(Extrude Concrete Lining，简称 ECL)就是随着盾构向前掘进，用一套衬砌施工设备在盾尾同步灌注的混凝土或钢筋混凝土整体式衬砌，因其灌注后即承受盾构千斤顶推力的挤压作用，故有此称谓。

挤压混凝土衬砌可以是素混凝土的，也可以是钢筋混凝土的，但应用最多的是钢纤维混凝土的。表 3.6.4 是 20 世纪 80 年代以来几个应用 ECL 较为成功的实例。80 年代之前，前苏联莫斯科第比利斯地铁中均使用过 ECL。

国外 *ECL* 工法施工实例　　表 3.6.4

工程名称	盾构机直径/mm	岩　层	长度/m	施工时间	衬砌材料
汉堡下水道	3 600	砂土	1 169	1978—1979 年	钢纤维混凝土
法兰克福地铁	6 860	黏土	1 750	1980—1982 年	钢纤维混凝土
里昂地铁	6 500	砾岩	2 500	1984—1987 年	钢纤维混凝土
艾塞恩地铁	7 120	火山灰岩	3 400	1988 年	钢纤维混凝土
相模原市下水道工程	2 604	砂砾岩	347	1988 年 3—10 月	钢筋混凝土
横须贺某下水道工程	2 200	泥岩	41.4	1988 年	钢筋混凝土
信浓川第二水路	8 400	砂岩、石灰岩	3 100	1987—1989 年	素混凝土

挤压混凝土衬砌一次成型，内表面光滑，衬砌背后无空隙，故无需注浆，且对控制地层移

动有效。但因挤压混凝土衬砌需要较多的施工设备，其中包括混凝土成型用的框模、拼拆框模的系统、混凝土配制车、泵、阀、管等组成的混凝土配送系统，而且，混凝土制备、配送、钢筋架立等工艺较为复杂，在渗漏性较大的土层中要达到防水要求尚有困难。故挤压混凝土衬砌的应用尚不广泛。

3. 横截面内轮廓和结构尺寸拟定

(1)横截面内轮廓尺寸

采用盾构法修建地下铁道区间隧道时，无论是在直线上还是曲线上，均使用同一台盾构施工，中途无法更换。因此，其横截面的内轮廓尺寸全线是统一的，故除要根据建筑限界、施工误差、道床类型、预留变形等条件决定外，还要按线路的最小曲线半径进行验算，保障列车在最困难条件下也能安全通过。广州、上海地下铁道的圆形区间隧道内径为5.5 m，可以保证 3.0 m 的宽体车在 $R=300$ m、最大超高$h=120$ mm的曲线上安全通过。

(2)管片厚度

管片的厚度取决于围岩条件、覆盖层厚度、管片材料、隧道用途、施工工艺等条件。为了充分发挥围岩自身的承载能力，现代的隧道工程中都采用柔性衬砌，其厚度相对较薄。根据日本经验，单层的钢筋混凝土管片衬砌，管片厚度一般为衬砌环外径的 5.5%左右。上海地下铁道区间隧道钢筋混凝土管片厚度为 350 mm，广州地下铁道管片厚度为300 mm，为衬砌环外径的 5%～6%。

(3)管片宽度

管片宽度的选择对施工、造价的影响较大。当宽度较小时，虽然搬运、组装，在曲线上施工方便，但接缝增多，加大了隧道防水的难度，增加管片制作成本，而且不利于控制隧道纵向的不均匀沉降。管片宽度太大则施工不便，也会使盾尾长度增长而影响盾构的灵活性。因此，过去单线区间隧道管片的宽度控制在 700～1 000 mm 之间，但随着铰接盾构的出现，管片宽度有进一步提高的趋势，目前，控制在 1 000～1 400 mm 之间，例如，上海地下铁道区间隧道的管片宽度为 1 000 mm，广州地下铁道区间隧道采用铰接式盾构施工，故其管片宽度为 1 200 mm。

(4)衬砌环的分块

衬砌环的组成，一般有两种方式。一种是由若干标准管片(A)、两块相邻管片(B)和一块封顶管片(K)构成。另一种是由若干块 A 型管片、一块 B 型管片和一块 K 型构成，见图 3.6.18，相邻管片一端带坡面，封顶管片则两端或一端带坡面。从方便施工，提高衬砌环防水效果角度看，第一种方式较好。

封顶块的拼装形式有径向楔入和纵向插入两种。径向楔入时，封顶块的两个径向边必须呈内八字形或者至少是平行，受截后有向下滑动的趋势，受力不利。采用纵向插入时，封顶块不易向内滑动，受力较好，但在拼装封顶块时，需加长盾构千斤顶行程。封顶位置一般设在拱顶处，但也有设在 45°、135°甚至 180°(圆环底部)处的，视需要而定。

衬砌环的拼装形式有错缝和通缝两种，见图 3.6.19。错缝拼装可使接缝分布均匀，减少接缝及整个衬砌环的变形，整体刚度大，所以是一种较为普遍采用的拼装形式。但当如需要拆除管片修建旁通道处或某些特殊需要时，则衬砌环常采用通缝拼装形式，以便于结构处理。

由上述可知，从制作成本、防水、拼装速度等方面考虑，衬砌环分块数越少越好，但从运输和拼装方便而言，又希望分块数多些。在设计时应结合隧道所处的围岩条件、荷载情况、构造特点、计算模型(如按多铰柔性圆环考虑，分块数应多些，按弹性均质圆环考虑，分块数宜少)、运输能力、制作拼装方便等因素综合考虑决定。通常直径 $D \leqslant 6$ m 的地下铁道区间隧道,衬砌环以分 4～6 块为宜;$D>6$ m 时,可分为 6～8 块。上海、广州地铁都是分为 6 块。

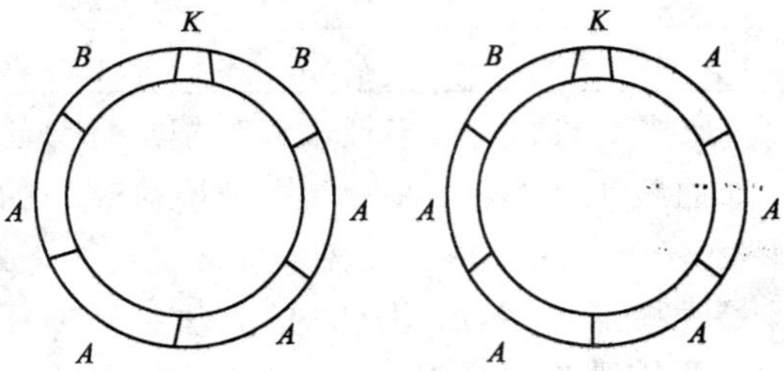

图 3.6.18　管片分块方法

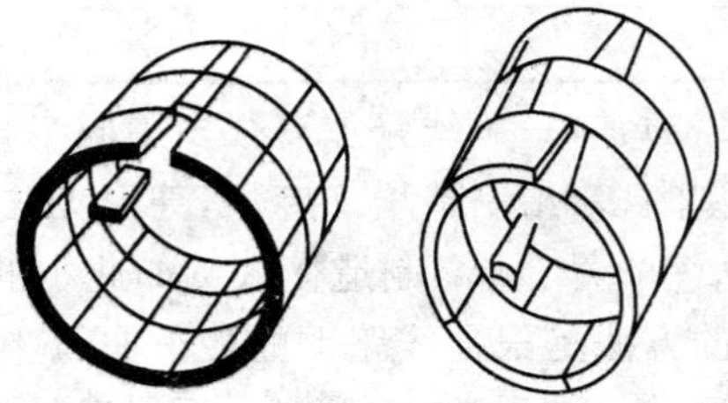

图 3.6.19　管片拼缝形式

4. 螺栓和注浆孔的配置

组装管片用的螺栓分为纵向连接螺栓和环向连接螺栓两种。在柔性连接中,纵、环向的连接螺栓通常都布置一排,螺栓孔的设置不得降低管片强度,并方便螺栓紧固作业。螺栓直径一般为 16～36 mm,螺栓孔直径必须大于螺栓直径 4～8 mm,见表 3.6.5。以销钉代替螺栓时,孔径的关系如表 3.6.6 所示。

螺栓直径与螺栓孔直径的关系(单位:mm)　　表 3.6.5

螺栓直径	27	30	33
螺栓孔直径	32～33	35～38	38～41

注:螺栓直径为螺纹的公称直径;螺栓孔直径为最狭部分的孔径。

销钉直径与销钉孔直径的关系(单位:mm)　　表 3.6.6

销钉直径	26	18	20	22	24	27	30	33	36
销钉孔直径	19	21～23	23～25	25～27	27～29	30～32	33～36	36～39	39～41

采用错缝拼装形式时,为了曲线地段施工方便,一般将纵向连接螺栓沿圆周等距离分置。

为了均匀地向衬砌背后进行回填注浆,管片上还应设置一个以上的注浆孔,注浆孔直径一般由所用的注浆材料决定,通常其内径为 50 mm 左右。如将注浆孔兼作起吊孔使用,则应根据作业安全性和是否便于施工确定其位置及孔径的大小。

在钢筋混凝土管片中一般都不另行设置起吊孔,而是将注浆孔或螺栓孔兼作起吊孔使用。

5. 盾构法施工时特殊地段的衬砌

在竖曲线和水平曲线地段上,需要在标准衬砌环之间插入一些楔形衬砌环,以保证隧道向所需的方向逐渐转折,见图 3.6.20。

楔形衬砌环的楔入量 Δ,即楔形衬砌环最大宽度与最小宽度之差,或楔入角 θ,即楔入量与衬砌外径 $D_{外}$ 之比,$\theta=\Delta/\theta_{外}$,除应根据曲线半径、衬砌外径、管片宽度和在曲线段使用楔形衬砌环所占的百分比确定外,还要按盾尾间隙量进行校核。实践中采用的楔入量和楔入角如表 3.6.7 所示,可供参考。

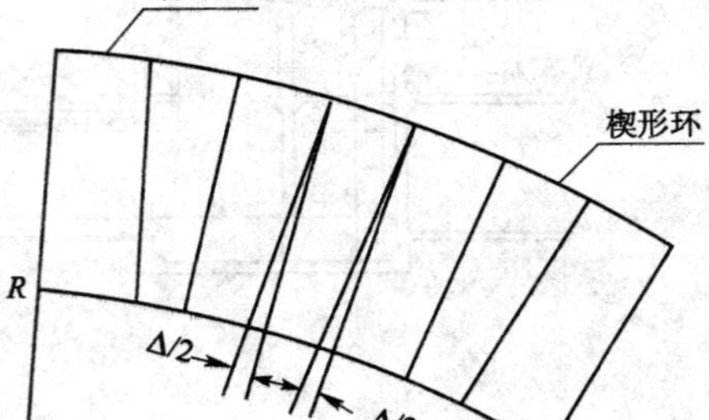

图 3.6.20　曲线段的管片衬砌

楔入量、楔入角　　表 3.6.7

衬砌环外径 $2R_0$	$2R_0<4$ m	4 m$\leqslant 2R_0<6$ m	6 m$\leqslant 2R_0<8$ m	8 m$\leqslant 2R_0<10$ m	10 m$\leqslant 2R_0<12$ m
楔入量/mm	15～45	20～50	25～60	30～70	32～80
楔入角	15′～60′	15′～45′	10′～35′	10′～30′	10′～25′

通常，一条线路上有很多不同半径的曲线，如按不同的曲线半径来设计楔形环势必造成类型太多，给制造增加麻烦，甚至无法制造。如曲线半径为 3 000 m 时，楔形衬砌环的楔入量 $\Delta=2.01$ mm，制造楔入量如此小的钢筋混凝土管片，精度不易控制，造价也高。因此，常用的方法是根据线路上的最小曲线半径设计一种楔形环，然后用优选的方法将标准环和楔形环进行排列组合，以拟合不同半径的曲线段，并使线路拟合误差，即隧道推进轴线与设计轴线的偏差，达到最小(≤10 mm)。

拟合曲线用的楔形衬砌环或楔形垫板也可用来修正蛇行。所谓蛇行即盾构在施工中，由于地质条件变化或操纵不当，使施工轴线或左或右地偏离轴线，其轨迹似蛇行的曲线。此时，就需要根据已成环的衬砌坐标和下续施工的设计轴线情况，在一段范围内采用楔形衬砌环或楔形垫板来修正线路位置，使线路偏差控制在允许范围内。

(三)盾构法施工

1.盾构法施工过程

盾构法施工的概貌如图 3.6.21 所示，其主要施工步骤为：

①在盾构法隧道的起始端和终端各建一个工作井；

②盾构在起始端工作井安装就位；

③依靠盾构千斤顶推力(作用在已拼装好的衬砌环和工作井后壁上)将盾构从起始工作井的墙壁开孔处推出；

④盾构在地层中沿着设计轴线推进，在推进的同时不断出土和安装衬砌管片；

⑤及时地向衬砌背后的空隙注浆，防止地层移动和固定衬砌环位置；

⑥盾构进入终端工作井并被拆除，如施工需要，也可穿越工作井再向前推进。

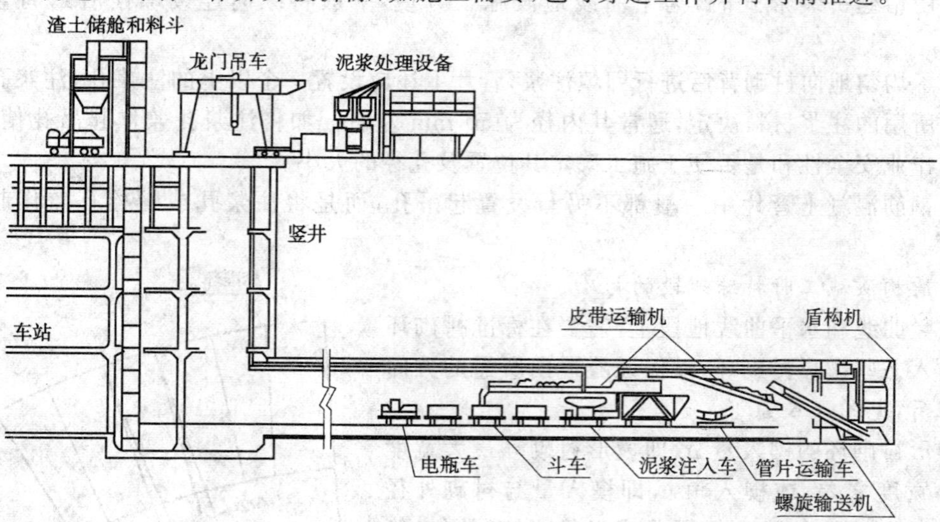

图 3.6.21　盾构法施工概貌

2.盾构法施工地面沉降处理、预测和防治

国内外实践表明，盾构施工多少都会扰动地层而引起地面沉降，即使采用目前先进的盾构技术，要完全消除地面沉降也是不太可能的。地面沉降量达到某种程度就会危及周围的地下管线和建筑物。因此，必须研究盾构施工时引起的地层移动，造成地面沉降的机理，要清楚地掌握沿线的地下管线和建筑物的构造、形式等，对地面沉降量和影响范围进行预测，在设计和施工中通过现场反馈资料，采取相应的防治对策和措施。

(1)地面沉降原因和预测

地面沉降的基本原因是盾构掘进时所引起的地层损失和隧道周围地层受到扰动或剪切破坏的再固结。地层损失引起的地面沉降，大都在施工期间呈现出来。而再固结引起的地面沉降，在砂性土中呈现较快，但在黏性土中则要延续较长时间。

地层损失是指盾构施工中实际开挖的土体体积与竣工隧道体积之差。竣工隧道体积包括衬砌外围包裹的注入浆体体积。地层损失率以占理论排土体积的百分比表示，即

$$V_l=\frac{V_L}{V}\times 100\% \tag{3.6.4}$$

式中，V_L 为盾构隧道单位的地层损失量(m^3/m)，取决于地层条件、隧道埋深、施工技术水平、盾构类型等诸多因素，目前尚难给出确定的解析式。根据统计，在采用适当技术和良好操作的正常施工条件下，$V_L=(-1.1\%\sim 11.0\%)V$。

周围土体为弥补地层损失，就要向隧道移动，因而引起地面沉降。引起地层损失的施工及其他因素是：开挖面土体移动，当盾构掘进时，若开挖面受到的支护力小于地层的原始应力，则开挖面土体向盾构内移动，引起地层损失和地面沉降。反之，当支护力大于原始应力时，则开挖面土体向上向前移动，引起负地层损失和地面隆起；盾构在暂停推进时，千斤顶可能漏油回缩引起盾构后退，而使开挖面坍塌，引起地层损失；盾尾后面的建筑间隙未能及时、有效地进行充填，从而使周围土体挤入建筑间隙，引起地层损失(在含水的不稳定地层中，这往往是引起地层损失的主要因素)；盾构在曲线推进和修正蛇行时的超挖和扰动所引起的地层损失；在土压力作用下，隧道变形或沉降也会引起地层损失；施工中盾构操作失误，而引起开挖面坍塌，或前方地质条件骤变，而使开挖面土体急剧流动或崩坍而造成不正常的地层损失等等。

隧道周围地层受到盾构掘进的扰动后，便在隧道周围形成超孔隙水压力(正值或负值)区，随着盾构离开，土体表面应力释放，超孔隙水压力逐渐消失，引起地层固结变形而带来的地面沉降。超孔隙水压力消失后，土体骨架还会因流变而引起次固结变形(沉降)，在孔隙比和灵敏度较大的软塑和流塑性黏土中，次固结沉降往往要持续几年以上，所占总沉降量比例达 35%以上。

地面沉降量及影响范围的预测可以分为设计阶段预测和施工阶段预测。

设计阶段的预测方法有连续介质力学的数值方法——有限元法和边界元法，根据实测数据的统计方法，其中较实用的有派克(Peck，1969)公式和一系列修正的派克公式，以及其他统计公式。其中派克横向分布公式为

$$S(x)=S_{max}\exp\left(-\frac{x^2}{2i^2}\right) \tag{3.6.5}$$

式中，$S(x)$为距隧道中线 x 处的地面沉降量(m)；S_{max} 为隧道中线处(即 $x=0$)的地面沉降量(m)；x 为距隧道中线的距离(m)；i 为沉降槽宽度系数，即沉陷曲线反弯点的横坐标(m)，派克并假定横向沉陷曲线为正态分布曲线。

在利用式(3.6.5)确定 x 点的地面沉降量时，必须知道 S_{max} 和 i 两个参数。当横向沉陷曲线为正态分布曲线时，S_{max} 和沉降槽体积 $V_{(s)}$ 有下列关系

$$S_{max}=\frac{V_{(s)}}{\sqrt{2\pi}i}=\frac{V_{(s)}}{2.5i} \tag{3.6.6}$$

Cording 和 Hansmire(1970)对紧密砂层做的统计分析，可以满意地认为横向沉降槽体积等于地层损失，即 $V_{(s)}=V_L$。

横向沉降槽宽度系数 i 取决于接近地表的地层的强度、隧道埋深和隧道半径。根据在均匀介质中的试验，可以从几何关系中近似地得出

$$i=K\left(\frac{Z}{2R}\right)^n \tag{3.6.7}$$

式中，Z 为隧道开挖面中心至地面的距离；R 为盾构外半径；K、n 为试验系数，$K=0.63\sim0.82$；$n=0.36\sim0.97$。

O'Reilly 和 New'(1982)根据英国盾构隧道的现场实测数据进行多元线性回归分析，发现沉降槽宽度系数 i 和隧道外半径无关，他们给出的关系式为

$$\left.\begin{aligned}&\text{黏性土：} && i=0.43Z+1.1\\ &\text{非黏性土：} && i=0.38Z-0.1\end{aligned}\right\} \tag{3.6.8}$$

派克纵向沉降分布(根据上海软土隧道情况修正)公式：

$$S(y)=\frac{V_{l1}}{\sqrt{2\pi}i}\left[\Phi\left(\frac{y-y_i}{i}\right)-\Phi\left(\frac{y-y_l}{i}\right)\right]+\frac{V_{l2}}{\sqrt{2\pi}i}\left[\Phi\left(\frac{y-y'_i}{i}\right)-\Phi\left(\frac{y-y'_l}{i}\right)\right] \tag{3.6.9}$$

式中，$S(y)$为地面沉降量(m)；y 为沉降点至坐标原点的距离(m)；y_i 为盾构推进起点处盾构开挖面至坐标原点的距离(m)；Φ 为正态分布函数；y_l 为盾构开挖面至坐标原点距离(m)，公式为

$$y'_i=y_i-l;y'_l=y_l-l$$

式中，l 为盾构长度。

周文波(1993)在潘杰梁(1989)工作的基础上，根据 120 余座已竣工的隧道的实测数据，用统计方法整理出横向最大沉降量的估算公式

$$\left.\begin{aligned}&\text{在砂砾土中} && S_{(\max)}=140.624\,2\left(\frac{Z}{2R}\right)^{-2.2574}\\ &\text{在砂性土中} && S_{(\max)}=1.032\exp\left(\frac{7.865\,5}{Z/2R}\right)\\ &\text{在黏性土中} && S_{(\max)}=29.080\,6-\frac{12.173}{\ln\left(\frac{Z}{2R}\right)}+7.422\,3\mathrm{OFS}^{1.155\,6}\end{aligned}\right\} \tag{3.6.10}$$

沉降影响范围估算公式

$$W=1.5RK\left(\frac{Z}{2R}\right)^n \tag{3.6.11}$$

式中，Z 为地面至开挖面中心距离(m)；R 为隧道外半径(m)；OFS 为简单超载系数，即稳定系数 N 值；K、n 为系数，见表 3.6.8。

系数 K、n 表 表 3.6.8

盾构类型	土质					
	砂砾土		砂性土		黏性土	
	K	n	K	n	K	n
气压式盾构	0.90	0.55	0.60	1.15	1.25	0.65
土压平衡式盾构	0.95	0.60	0.65	1.20	1.30	0.70
泥水加压式盾构	1.00	0.65	0.70	1.25	1.35	0.75

施工阶段的地面沉降大致发生在 5 个阶段：盾构到达前、盾构到达时、盾构通过后、管片

脱出盾尾时及长期变形。关于各个阶段地面沉降的预测，一般可结合前一施工阶段地面沉降的实测资料，进行反馈推求。

(2)地面沉降的防治措施

做好盾构掘进的施工管理，即对盾构施工参数优化是防治地面沉降的基本措施。具体来说就是：

①保持开挖面的稳定性。开挖面的稳定性可以用稳定系数 N 来定量描述，N 值定义为

$$N=\frac{\gamma H-P}{C_u}n \tag{3.6.12}$$

式中，H 为地面至开挖面中心的距离(m)；γ 为地层重度(kN/m^3)；P 为开挖面支护压力(kN/m^2)；C_u 为地层的不排水抗剪强度(kN/m^2)；$n=0.7\sim0.8$。

当 $N=1\sim2$ 时，地层损失率可控制在 1% 以下；$N=2\sim4$ 时，地层损失率可控制在 0.5%～11.0%；$N=4\sim6$ 时，地层损失量较大。

②及时、有效、足量地充填衬砌背后的建筑间隙，必要时还可通过在管片上的注浆孔进行二次加固注浆。浆液材料要严格控制其稠度、含水量和浆液中的黏粒含量，要根据盾构注入和拌浆设备的具体条件，优选浆液的材料和配比。同时要控制注浆压力，防止影响管片衬砌环的正常使用——开裂、渗水。

③严格控制盾构施工中的偏差量，盾构施工偏差增大，不但影响地下铁道线路、限界等使用要求，还会过多扰动地层而导致地面沉降量的增加。

第七节 岩土体应力、应变原位测试仪器设备及测试方法

监测元件是地下工程施工前或施工过程中直接埋设在地层及结构物中，用以监测其在施工阶段受力和变形的传感器，按照它们的工作原理，可分成钢弦式、电阻应变式、卡尔逊式、差动变压器式等多种，其各自特点详见表 3.7.1。目前地下工程中使用较多的是钢弦式和电阻应变片式元件。

四种常用元件系列 表 3.7.1

项次	比较项目	电阻片式	卡尔逊式	差动变压器式	钢弦式
1	原理	以自补电阻黏贴在弹性元件上，构成量测全桥或半桥	以钢丝张拉在弹性钢架上，构成测量半桥桥臂	一次线圈固定于仪器外壳，以二次线圈与弹性元件相连	钢丝张拉在钢架上，钢架与弹性元件相连，由线圈激振钢丝并接收信号
2	尺寸	可以制成小型	限于结构小型化难	限于结构小型化很难	限于结构小型不易
3	电路特点	阻抗 350 Ω 阻值误差为 1%，采用恒电流，长电缆无需修正	电阻 30 Ω 阻值 1.5% 长电缆需修正	阻抗 3 000 Ω 几乎无阻值误差	无阻抗误差，但导线的长度对测量有影响(超出 1 000 m 信号减弱)
4	直线性	良好	稍差	变位很小时不好	较差
5	长期稳定性	故障少，长期稳定	仪器绝缘电阻易降低观测稳定性差	故障发生的可能性大	故障发生的可能性不大

续上表

项次	比较项目	电阻片式	卡尔逊式	差动变压器式	钢弦式
6	敏感特性	反应灵敏	差	差	较好
7	温度特性	需电阻片温度补偿	需温度补偿	易受温度影响	易受温度影响
8	超载能力	很大	稍大	稍大	稍大
9	电线要求	较低	较高	需屏蔽线	最好有屏蔽线
10	导线干扰	外部干扰少	外部干扰少	外部干扰大引起误差	外部干扰较小
11	抗冲击性	很高	很差	较差	较好
12	系统自动化	较易且适合动测	较难不宜动测	较难且动态观测较难	较难且动测有一定问题
13	避雷性能	有专用避雷接头		变换器内有避雷装置	可在仪器内装
14	其他	用途范围广,使用较多,引入计算机技术后,使得测试和数据处理更精确和方便			由于计算机技术的应用,使得非线性问题解决,测试和数据处理简化

(一)工作原理

1. 钢弦式元件

钢弦式元件的传感器是利用钢弦的振动频率将物理量变为电量,再通过二次测量仪表(频率计)将频率的变化反映出来。其构造详见图 3.7.1。当两端固定在弹性支架上的钢弦在外力作用下产生变形时,其振动频率即发生变化。在传感器内有一块电磁铁,当激振发生器向线圈内通入脉冲电流时,钢弦振动。钢弦的振动又在电磁线圈内产生交变电动势。利用频率计就可测得此交变电动势,即钢弦的振动频率。根据预先标定的频率—应力曲线或频率—应变曲线即可换算出所需测定的压力值或变形值。由于频率信号不因传感器与接收仪器之间信号电缆的长度而变化,因而钢弦式元件十分适用于长距离遥测(国内电缆可长达 1 000 m,国外电缆可长达 1 500 m)。钢弦式元件还有稳定性、耐久性好的特点,能适应相对较差的监测环境,在目前工程实践中得到了广泛应用。

2. 电阻应变式元件

电阻应变式元件将采取了专门防潮措施的各类电阻应变片分别粘贴在弹性杆件的受拉、受压部分,见图 3.7.2,并将其感受的变形转换成电压信号输出,二次仪器接收到的元件输出电压与其感受的变形成正比。然后通过预先标定的应变—应力曲线,就可换算出所需测定的压力值。

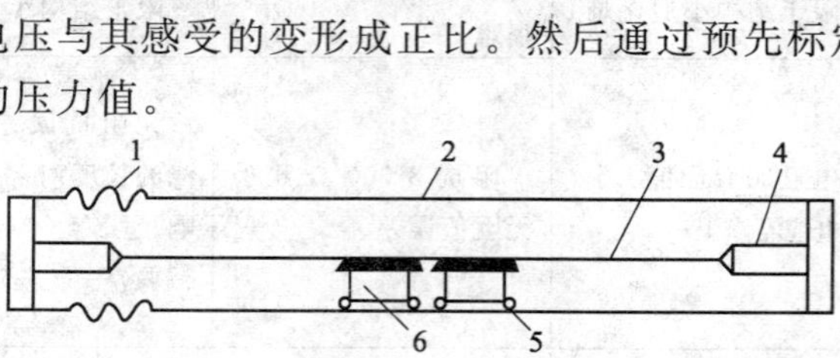

图 3.7.1 钢弦式元件

1-波纹管;2-外壳;3-钢弦;4-夹线器;5-引出线;6-电磁铁

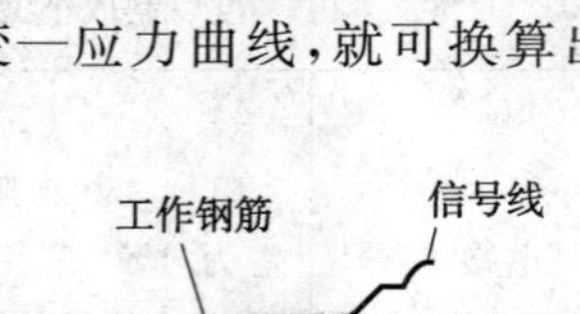

图 3.7.2 电阻应变式元件

在电阻应变式元件中,通常使用两种桥臂电阻,一种桥臂的阻值是 350 Ω,另一种是

120 Ω。电阻应变式元件具有灵敏度高、结构牢固、测量值受电缆电阻影响小，以及通过所使用的专用二次仪表可以消除电缆电阻对测量的影响等优点。

(二)常用监测元件

1. 钢筋计

钢筋计是串联于结构受力钢筋之中，用以测量钢筋应力变化的监测元件。根据其内部构造不同，钢筋计主要有钢弦式和电阻应变式，接收仪表分别为频率仪和电阻应变仪。

钢筋计与受力主筋一般通过连杆采用电焊的方式连接，容易产生电焊高温对传感器不影响及偏心问题。所以在实际操作时应保证钢筋计两端的连杆有长度足够的焊接段，并采取有效措施。有条件时应先将连杆与受力钢筋碰焊对接，再旋上应力计。为了方便现场的工作业，还可采用定位杆—连接螺母传感器装置，见图 3.7.3。首先将连接螺母与受力钢筋碰焊接，然后旋入定位杆，并将该钢筋按其位置绑扎在钢筋笼上，最后在下钢筋笼或浇捣混凝土前用钢筋计换下定位杆。如此作业可以有效地保证钢筋计的安装质量。

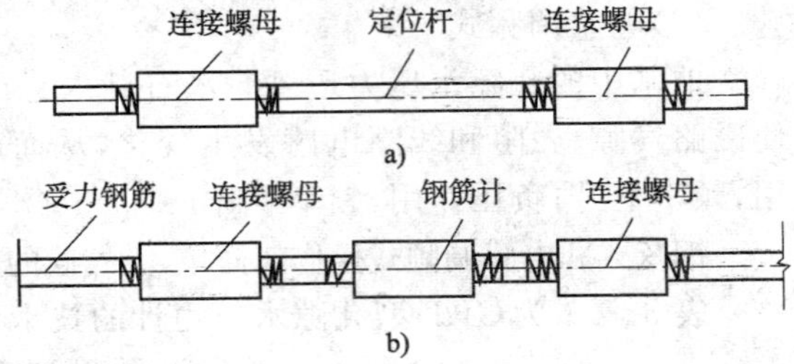

图 3.7.3　定位杆—连接螺母传感器装置

常用的钢筋计直径为 12～40 mm，可根据受力主筋的直径进行选用，主要技术指标是①量程 ϕ12 mm，…，ϕ40 mm(指被测钢筋直径)，最大压应力 100 MPa，最大拉应力 200 MPa；②分辨率不大于 0.2%$F \cdot S$；③不重复度不大于 0.5%$F \cdot S$；④滞后不大于 1%$F \cdot S$；⑤非直线度不大于2%$F \cdot S$；⑥综合误差不大于 2.5%$F \cdot S$；⑦温度补偿不大于± 0.5Hz/℃；⑧温度灵敏度不大于 0.5 ℃/Ω；⑨绝缘电阻不小于 250 MΩ；⑩工作温度为－10～50 ℃。

2. 土压力盒

土压力盒是置于土体与结构界面上或埋设在自由土中，用于测量土体对结构的土压力及环境地层中土压力变化测量元件。根据其内部结构不同，土压力盒有钢弦式、差动电阻式、电阻应变式等多种形式。土压力盒又有单膜和双膜两类。单膜式受接触介质的影响较大，而使用前的标定要与实际土体一致往往做不到，因而测试误差较大，一般仅用于测量界面土压力。目前采用较广的是双膜式，其对各种介质具有较强的适应性，因此多用于测量土体内部的土压力。

依据土压力盒的测量原理，结构材料和外形尺寸，使用时可根据实际用途、施工方式、量程大小进行选择。

表 3.7.2 为几种常用的土压力盒技术指标。

几种常用的土压力盒技术指标　　表 3.7.2

型　号	工作原理	量程/kPa	外形尺寸/mm	主要用途
JXY-2	钢弦式、单膜	0～6 000	114×28	结构边界土压力
GJZ	膜盒式接管＋钢弦	400～2 000	(200、300)×8	土中土压力
GJM	膜盒式接管—钢弦	400～2 000	200×20	接触面土压力
YIR-30	电阻应变式	200～3 000		地基土压力
YUB	差动电阻式固定膜	200～1 600		地基土压力
BTY	电感调频型单、双膜	50～5 000		边界、土中土压力

3.孔隙水压力计(渗压计)

孔隙水压力计是用于测量由于打桩、基坑开挖等作业扰动土体而引起的孔隙水压变化的测量元件。孔隙水压计由金属壳体和透水石组成,孔隙水渗入透水石作用于传感器上。根据其工作原理,可分为双管液压式、钢弦式和电感调频式三种。

(1)双管液压式(SKY型)

常用的为封闭双管液压式,地基中的孔隙水压力透过滤水石及导管至零位指标器,使水银管内水银面发生变化,用活塞调压筒调节压力,使水银面回到起始位置,所需压力值即为测读的孔隙水压力值。

双管液压式可较直观地得到孔隙水压力数值,但是操作繁琐,受气候的影响较大。

(2)钢弦式(GKD型)

地基中的孔隙水压力透过滤水石作用在变形膜上,引起固定在变形膜中心的钢弦因随膜变形而产生频率变化,通过线圈接收并输送到接收仪上测读,换算出孔隙水压力值。

(3)电感调频式

地基中的孔隙水压力透过滤水石进入感压腔作用于传感单元的弹性膜片上引起变形,使磁路气隙、磁阻和线圈电感发生变化,从而改变 *L-C* 振荡电路的输出信号频率。正压作用,频率上升;负压作用,频率下降。

钢弦式和电感调频式操作较简单,受气候的影响,并可与接收机联系,做自动连续观测。

表 3.7.3 为GKD型孔隙水压力计的技术参数。

GKD型孔隙水压力计技术参数 表 3.7.3

<table>
<tr><td colspan="2" rowspan="2">量程/kPa</td><td rowspan="2">250;400;600;800
1 000;1 600;2 000</td><td colspan="2">温漂(Hz10℃)(20℃±10℃)</td><td><±3</td></tr>
<tr><td colspan="2">工作温度</td><td>0~50℃</td></tr>
<tr><td colspan="2">精度/级</td><td>0.5~2.5</td><td colspan="2">防水密封性/(120%F·S)</td><td>6 h无渗漏</td></tr>
<tr><td colspan="2">零漂(恒温3个月)</td><td><±2Hz</td><td colspan="2">电缆长度/m</td><td>≤1 000</td></tr>
<tr><td rowspan="2">分辨率/
(%F·S)</td><td>600~2 000 kPa</td><td><±0.15</td><td rowspan="2">外形尺寸/
mm</td><td>GKD-A型
GKD-B型</td><td>φ60×390</td></tr>
<tr><td>250~400 kPa</td><td><±0.20</td><td>GKD-B型</td><td>φ40×275</td></tr>
</table>

4.轴力计

在地下工程中,轴力计主要用于测量钢支撑的轴力、基础对上部结构的反力及静压桩试验时的加载控制。轴力计的外壳是一个经过热处理的高强度钢筒。在筒的周边设有3~6个应变计,用来测读作用在钢筒上的荷载。这种轴力计可精确测出偏心荷载。如果把各应变计的读数相加后取平均值,即可得到轴力值。轴力计一般采用6芯(3个传感器)屏蔽电缆。根据测量原理不同,轴力计可分为钢弦式和电阻应变式,相应采用频率计和电阻应变仪进行测读。

表 3.7.4 为钢弦式轴力计的主要技术参数。

钢弦式轴力计主要技术参数 表 3.7.4

型　　号	承载力/kN	超　载　力	精　　度	工作温度	温度补偿
基康 4900	500~5 000	50%*F*·*S*	0.5%*F*·*S*	−40~75℃	—
FIJ 40	500~4 000	—	0.5%*F*·*S*	0~40℃	±0.5 Hz/℃

5.应变计

应变计是用于监测结构受荷载、温度变化而产生变形的监测元件。与应力计所不同的是,应变计中传感器的刚度要远远小于量测对象的刚度。与传统的电阻应变式相比较,钢弦式应变计的突出优点是，其输出的是频率信号可以长距离(电缆最大长度可达 1.5 km)传输而不会受电缆电阻、接触电阻或电缆受潮引起衰变，而且其精度、灵敏度高，长期稳定性好。根据应变计的布置方式，可分为表面应变计和埋入式应变计。

(1)表面应变计

表面应变计主要用于钢结构表面，也可用于混凝土表面。表面应变计由两块安装钢块、微振线圈和电缆组件及应变杆组成，其微振线圈可从应变杆上卸下，这样就增加了一个可变度，使得元件的安装、维护更为方便，并且可以调节测量范围(标距)。安装时使用一个定位托架，用电弧焊将两端的安装钢块焊在待测结构的表面。

表面应变计的特点在于安装快捷，可在测试开始前再行安装，避免前期施工造成的损坏，元件成活率高。

(2)埋入式应变计

埋入式应变计可在混凝土结构浇筑时，直接埋入其中，用于地下工程的长期应变测量。埋入式应变计的两端有两个不锈钢圆盘，圆盘之间用柔性的铝合金波纹管连接，中间放置一根张拉好的钢弦，将应变计埋入混凝土内，混凝土的变形(即应变)使两端圆盘相对移动，这样就改变了张力，用电磁线圈激振钢弦，通过量测钢弦的频率求得混凝土的变形。

埋入式应变计因完全埋在混凝土中，不受外界施工的影响，稳定性、耐久性好，使用寿命长。

表 3.7.5 为几种主要应变计的技术参数。

几种主要应变计技术参数　　表 3.7.5

型　号	连接方式	最大测量范围/$\mu\varepsilon$	灵敏度/$\mu\varepsilon$	工作温度/℃	元件长度/mm
VM-400	表面安装	3 000	0.3	−20～80	150
VK-4100	表面安装	3 000	0.5	−20～120	50.8
VCE-4200	埋入式	3 000	1.0	−20～80	153
VCE-4250	埋入式	5 000	0.5	−20～80	300

第八节　弹性波测试

弹性波测试是一项较为快速和简便的测试手段。近年来，国内外在应用弹性波测试技术研究岩体力学和工程地质方面发展很迅速。实践证明，弹性波测试与其他测试手段密切配合，并结合具体地质条件，有可能为综合评价岩体稳定性提供有用的资料。

(一)基本原理

在弹性介质内部作用一瞬间的力，则在介质内产生动应力与动应变，使作用点(震源)周围的质点产生位移，并以波动的形式向外传播，就形成了弹性波。

岩体虽非理想弹性介质，但是，如果作用力小和持续时间短，相应产生的质点位移量也非常微小，一般不超过其弹性变形范围，则可把岩体作为弹性介质来加以研究，不同的弹性介质，由于其物理力学性质不同而弹性波的传播特性也相应不同。用人工的方法对岩体激发弹性波，研究它在岩体中的传播特性，并根据其结果而判断岩体的特性和状态，这就是岩体弹性波测试的物理基础。按岩体中所激发的弹性振动的频率大小，弹性波测试可分为地震勘测(频率为几十至几百赫兹)，声波测试(频率为几千赫兹至 2 万赫兹左右)和超声波测试(频率超过 2 万赫兹)，下面主要是讨论岩体的声波测试。

在各向同性均匀并连续的弹性介质中，弹性波的传播速度取决于其介质密度与弹性常

数。因质点振动方向与波的传播方向一致或垂直，弹性波可分为纵波（P 波）和横波（S 波）。它们的传播速度分别以下式表示

$$
\left.\begin{aligned}
v_{\mathrm{p}} &= \sqrt{\frac{E_{\mathrm{d}}(1-\mu_{\mathrm{d}})}{\rho(1+\mu_{\mathrm{d}})(1-2\mu_{\mathrm{d}})}} \\
v_{\mathrm{s}} &= \sqrt{\frac{E_{\mathrm{d}}}{\rho}\,\frac{1}{2(1+\mu_{\mathrm{d}})}}
\end{aligned}\right\} \tag{3.8.1}
$$

式中，v_{p} 为纵波速度；v_{s} 为横波速度；E_{d} 为动弹性模量；μ_{d} 为动泊松比；ρ 为岩体的密度。

岩体由于岩类与岩性不同，而且存在各种不同类型的软弱结构，因此，岩体中的各种物理因素的改变，如岩性、密度、裂隙、软弱夹层、弹性模量及岩体应力等，都会引起弹性波传播特性（波速、波幅、频率等）的变化。不同岩性的岩体，弹性波速度不同，而相同岩性的岩体，弹性波速度及振幅的衰减与结构面的性质及发育程度有密切关系。一般来说，弹性波通过结构面时，一方面产生一定的力学效应，使结构面产生压缩密合、错动、摩擦等作用，引起波速变化与波能被吸收。另一方面又产生波动效应，即在结构面上产生弹性波的反射、折射、绕射等效应，使波的能量产生弥散现象。所以岩体中的结构面对弹性波的传播起着隔波与导波作用。岩体中结构面的有规律组合，形成岩体波动的非均匀性和各向异性，反之，根据弹性波在岩体中传播的各向异性和波能衰减特性，就可了解岩体中的结构面发育所导致岩体的各向异性。以波速来讲，垂直于结构面的波速小，平行于结构面的波速大。此外，弹性波的传播特性与岩体中的应力状态也有关，通过岩块试验得知，当波的传播方向平行压力方向时，波速随压力的增加而升高。但这种变化并不是线性关系，应力值低时，应力对波速的影响较显著；随着应力值的增大，波速增加率也逐渐降低（图 3.8.1），接近极限抗压强度时，由于微裂隙的发生，波速降低。这种波速随压力增长而增大的现象，可能与岩石孔隙或微孔隙的压密及加压过程中弹性模量的增长有关。

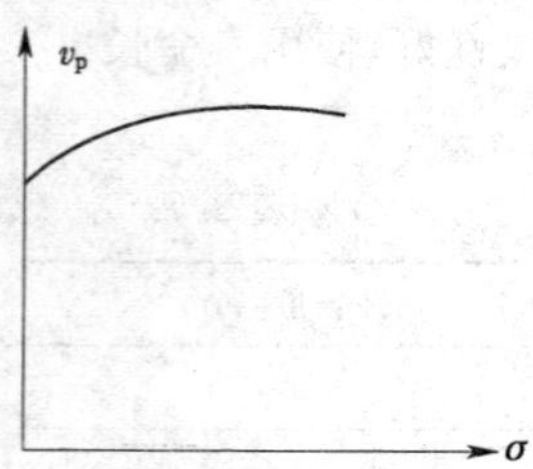

图 3.8.1　声波波速与岩石试件所受压力关系曲线

（二）主要测试仪器与测试方法

1. 主要仪器设备

（1）声波仪

声波仪是进行声波测试的主要仪器设备，它的主要部件是发射机与接收机。发射机根据使用要求，能向声波测试探头——换能器，输出一定频率的电脉冲，向探头输出能量。接收机则是将接收机探头所接收得到的微量信号，经过放大，并在示波管上反映出来。接收机不仅要求能够正确显示声波波形，而且要求能直接测得声波自发射探头发射后到达接收探头的时间间隔，以便计算波速，纵波与横波则主要依靠起始波到达的时间及其波形特性加以辨别。目前，国内主要声波仪为 SYC1-B 岩石参数测定仪及其改进型 SYC-2 岩石参数测定仪。

（2）换能器

换能器即声波测试探头。按其功能可分为发射换能器和接收换能器。这两种换能器的主要元件为压电陶瓷，它的主要功能是将声波仪所输出的电脉冲变为声波能或将声波能变为电信号输送至接收机。这两种换能器原则上能互换使用，但由于实用上对这种换能器的要求不同，发射换能器主要要求提高发射声波的效率。接收换能器主要要求提高接收声波

的灵敏度，所以这两种探头一般还是专职使用。换能器按其结构还可分为增压式、喇叭式和弯曲式等。增压式主要用于钻孔中，声波作径向发射或接收。喇叭式换能器主要用于室内小试件高频超声测试。还有一种探头主要用来发射或接收横波，目前仅用于室内小试件测试。随着声波测试技术的发展，声波探头还能组合形成复合探头，例如一发一收或一发二收等，在某些情况下使用更为方便。

(3)耦合剂与止水器

为了使换能器更好地发挥其功能，要求换能器与岩体能很好地耦合，一般在岩壁壁面上进行声波测验时，以黄油作为耦合剂而将换能器端面紧贴于岩面。在钻孔中则用水作为耦合剂，在洞室拱部进行测试时，须在测孔的孔口装置专用的止水设备——止水器，并不断向测孔内注水，以保证耦合良好。

2. 基本测试方法

目前，声波测试主要是测定声波在岩体中的传播速度 v_P 和 v_S。有条件时，还可以通过声波仪的示波管测定声波的振幅变化。为了求得波速，一般在岩面或岩体中打一定大小和深度的钻孔，将换能器置于预定的测点位置，通过声波仪即可获得声波在岩体中由发射换能器至接收换能器的时间间隔 t(图 3.8.2)。

图 3.8.3 为利用岩石参数测定仪所实测的声波波形之一例。由图可见，O 点为声波发射的起始信号，P 点为纵波的初始波信号，S 点为横波的初始波信号。由声波仪的时标或自动数码显示装置，就可获得 O-P，O-S 的时间间隔 t_P 和 t_S，则按下列公式就可分别计算纵波波速 v_P、横波波速 v_S

$$\left.\begin{aligned} v_P &= \frac{l}{t_P} \\ v_S &= \frac{l}{t_S} \end{aligned}\right\} \tag{3.8.2}$$

式中，l 为岩体中测点间距；t_P 为纵波传播时间；t_S 为横波传播时间。

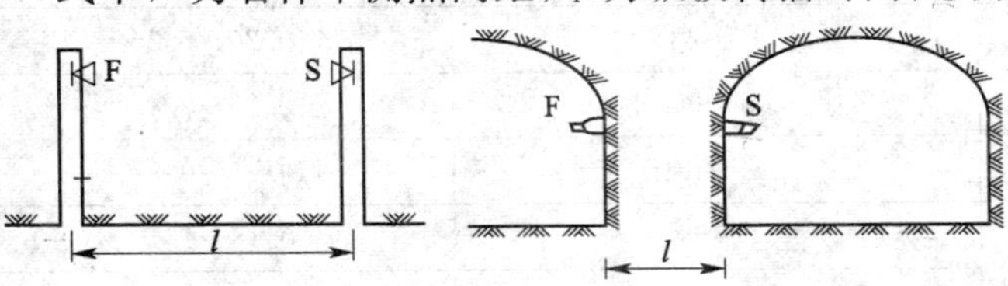

图 3.8.2　声波测试的布置

F-发射换能器；S-接收换能器

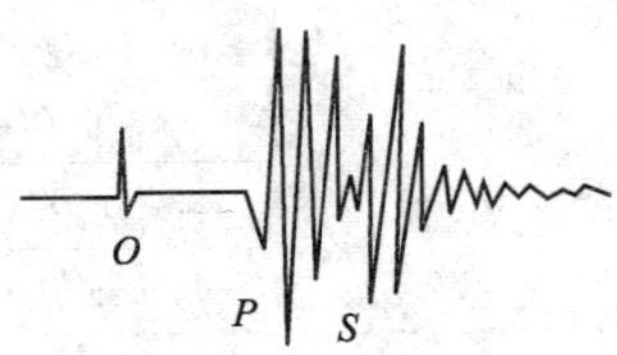

图 3.8.3　实测声波波形一例

(三)弹性波测试的应用

1. 岩体动弹性参数的测定

岩体的动弹性参数是岩体力学测试和分析的基本数据。可以由声波测试所测得的纵波和横波速度通过下列公式来确定所测部位的岩体动弹性模量 E_d 和动泊松比 μ_d。

动弹性模量

$$E_d = \frac{\rho v_S^2 (3v_P^2 - 4v_S^2)}{v_P^2 - v_S^2} \tag{3.8.3}$$

动泊松比

$$\mu_d = \frac{v_P^2 - 2v_S^2}{2(v_P^2 - v_S^2)} \tag{3.8.4}$$

当横波无法识别时，可用下式计算岩体的 E_d

$$E_d = v_P^2 \frac{\rho}{g} \frac{(1+\mu_d)(1-2\mu_d)}{(1-\mu_d)} \times 10^7 \tag{3.8.5}$$

由于上式要应用动泊松比 μ_d，而 μ_d 又算不出来，此时 μ_d 可按下列方法确定：

①可取岩芯相同、完整程度相近的岩体的泊松比 μ_d；

②当岩体较完整时，可用岩芯标本的 μ_d；

③由于 μ_d 数值对 E_d 影响不很大，所以当没有条件测得标本的 μ_d 时，可以按同一岩性的经验数据进行选用(表 3.8.1)。

各种岩体的动弹性模量 E_d 与泊松比 μ 表 3.8.1

成因	岩性	动弹性模量 $E_d/(10^4\text{MPa})$	泊松比 μ
火成岩	玄武岩	34～76	0.25～0.30
	安山岩	25～50	0.28～0.33
	花岗岩	30～70	0.25～0.30
	闪长岩	35～68	0.28～0.33
	玢岩	10～40	0.24～0.40
	流纹斑岩	5～25	0.25～0.35
变质岩	石英岩	50～70	0.22～0.27
	板岩	13～30	0.27～0.38
	大理石	14～67	0.28～0.35
	片岩	12～65	0.18～0.26
	片麻岩	22～35	0.20～0.29
	千枚岩	5～25	0.20～0.33
沉积岩	石灰岩	25～60	0.22～0.35
	泥灰岩	12～45	0.30～0.40
	砂岩	15～44	0.20～0.35
	页岩	0.5～15	0.17～0.45
	泥岩	2～40	0.15～0.37
	硅质灰岩	2～68	0.18～0.46
其他	混凝土	9～44	0.18～0.20

目前，我国各种建筑工程习惯于采用静力法试验数据，但是，要获得岩体的静弹性模量所进行的现场测试工作要花大量的人力和物力，且其数据代表性也不理想，而动弹性模量的获得则要简便得多，因此，搞清动弹性参数与静弹性参数之间的对比关系，就显得非常迫切，国内外都在这方面进行试验探讨。但由于各种因素影响，这方面的研究工作尚处于数据统计和对比阶段，目前只能提出一些经验公式，例如：

$$E_d \approx 5E_0 \tag{3.8.6}$$

$$E_0 \approx (0.1 \sim 0.14) E_d^{1.3 \sim 1.5} \tag{3.8.7}$$

2. 利用弹性波测试评价岩体强度

利用弹性波测试结果可用来评价岩体的强度，为进一步评价岩体稳定性提供重要参数。

首先按下式计算岩体的完整性系数 C_m(日本称为"龟裂系数")：

$$C_m = \left(\frac{V_m}{V_d}\right)^2$$

式中，V_m 为在岩体中测得的弹性波速度；V_d 为相同岩块所测得的弹性波速度。

按照 C_m 大小，可用来评价岩体完整程度，见表 3.8.2。

完整程度与完整性系数的关系　　表 3.8.2

完整程度	完整性好	完整性较好	完整性差
C_m	>0.75	0.75～0.45	<0.45

并且，根据 C_m 大小，可以用来计算岩体的准强度：

$$\left.\begin{aligned} R_{cm} &= C_m R_c \\ R_{tm} &= C_m R_t \end{aligned}\right\} \tag{3.8.8}$$

式中，R_{cm}、R_{tm}为岩体的准抗压强度和准抗拉强度；R_c、R_t为岩石的室内试件所测得的单轴抗压强度和抗拉强度。

岩体和岩石的强度，尚与弹性波速大小直接有关，一般来说，弹性波速大，则岩石强度也高。有人也推求这方面的相关关系，目前尚处于研究阶段。

3. 声波测井

声波测井，可以进一步查明地层层位、构造和破碎带情况、基岩风化程度和风化深度、各地层的物理力学参数等。

声波测井的布置示意图如图 3.8.4 所示。发射和接收换能器之间的净距离，应满足

$$\frac{l}{V_{p(水)}} > \frac{l + l_A + l_B}{V_{p(岩)}} \tag{3.8.9}$$

实践证明，声波测井对于钻孔剖面的分层精度较高。尤其是当岩芯很不完整，且取不上来时，更显出声波测井的优点，图 3.8.5 为某单位所测得的实例。

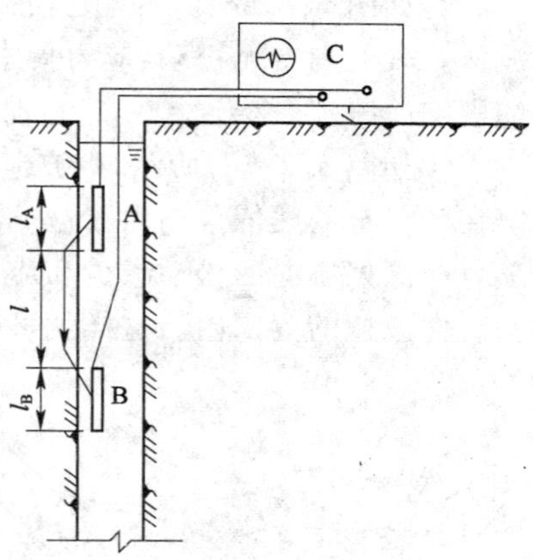

图 3.8.4　声波测井示意

A-发射换能器；B-接收换能器；C-声波仪

4. 围岩松动圈测定

洞室开挖后，围岩应力要进行重分布，根据不同的初始应力、洞室形状及岩体物理力学性质等，围岩将处于弹性应力状态或弹塑性应力状态。由于爆破而引起的岩体松动，或是由于岩体处于塑体状态，而引起围岩产生塑性松动和应力降低，都会在洞室四周形成一定厚度的松动圈。应用声波测定松动圈时，在洞室顶部及侧墙等不同部位，打一系列互相平行的成对钻孔，钻孔深度应超过松动圈厚度。用声波换能器测出两个钻孔之间岩体的不同深度的声波波速，或是用单孔法(一发一收或一发二收)测出沿孔深的波速，然后作出波速 v 随深度 D 的变化曲线，根据波速与岩性，围岩应力以及岩体完整性的关系，由声波曲线的变化规律来判断围岩松动圈的厚度。

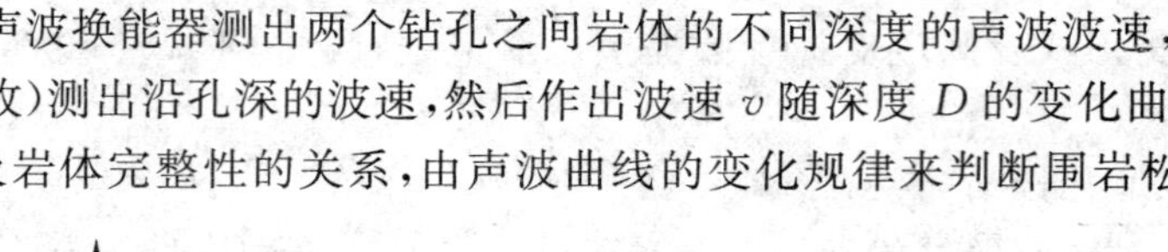

图 3.8.5　声波测试实例曲线

A-回填土及亚黏土；B-泥质及铝质页岩；C-完整石灰岩；D-较破碎的石灰岩

一般来说，完整的坚硬岩石波速很高。但在多裂隙的岩体中，由于有裂隙、夹层及断层等，将使波速大大降低，同时振幅也会明显降低。另一方面，岩体在受一定压力的条件下，由于节理裂隙压密，岩石微裂隙受压缩等原因，会使波速增高。因此，岩体的弹性波传播速度受裂隙发育而降低，以及在一定的应力条件下而升高，这就是应用波速曲线判断松动圈的物理基础。

根据以往的实测曲线，常见的声波波速曲线有如下四种类型(图 3.8.6)。

①如图 3.8.6a)所示，各测点波速均较高，在靠近洞壁段，波速超过了岩块或岩体的波速。表明该测段围岩无松动区，洞壁附近的波速升高是由于围岩处于弹性状态，洞壁周围应力集中而引起。

②如图 3.8.6b)所示，该波速曲线的变化与围岩处于弹塑性状态时的应力变化曲线颇为相似。由于最大波速也超过了初始应力情况下的波速，所以这种波速增高也只能由应力升高而引起。因此，由波速曲线的升降同样可划分出应力降低带、应力升高带和不受开挖影响的初始应力带。松动范围的厚度 t 就可由波速曲线的峰值而求得。

③如图 3.8.6c)所示，波速曲线从总体上看，波速基本一致且波速较高，接近岩块或岩体波速。表明围岩无松动，应力集中现象也不明显，岩体良好。局部的波速变化是由于结构面的影响。

④如图 3.8.6d)所示，声波速度在洞壁附近较低，而向深处逐渐升高，至某一深度后就稳定在某一定的数值范围内。这类曲线表明了洞壁附近围岩发生了松动，所受的应力也不大，随着向深处方向的松动减少和应力渐增，波速就逐渐上升，至一定深度后，波速就稳定在某一岩体波速的范围内。这样就可通过该曲线求得岩体松动的范围。

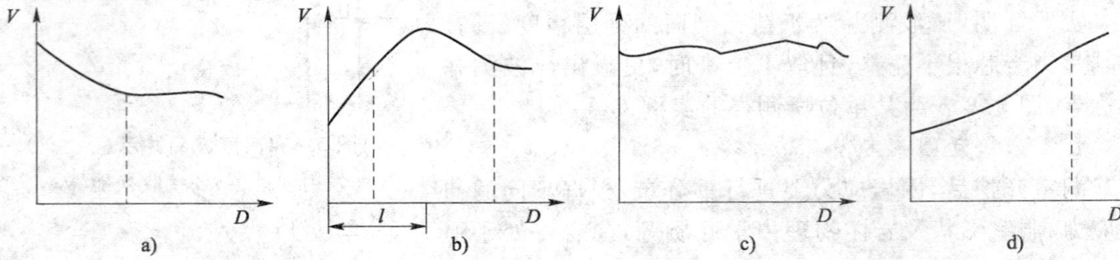

图 3.8.6　弹性波速曲线类型示意

围岩松动圈的测定工作是在洞室施工过程中进行的。该项工作若与施工和设计密切配合，可以为决定支护形式及确定支护参数提供可靠依据，因此，不少单位都采用了声波测定围岩松动圈的方法。

5.声波测试在其他方面的应用

①查明岩体中主要软弱结构面的位置和延伸方向对评价岩体稳定有很大意义。利用声波测试，根据波速或振幅的变化规律，可以达到目的。

如图 3.8.7 所示。若在 B 孔中发现了破碎带，欲知该结构面的具体深度和延伸方向，可在 B 孔两侧各打 A、C 两平行孔[图 3.8.7a)]，然后以 B 孔发射，A 孔在同一深度接收，观测声波穿过岩体时的振幅变化，可得到一条振幅随深度的变化曲线；同样，还可以由 B 孔发射，C 孔同步接收，也可以得到一条振幅变化曲线。由 A—B 曲线的振幅渐增及 B—C 曲线的振幅渐减，说明结构面的上部在 AB 侧，而下部在 BC 侧，因此结构面倾向 C 孔，并由两曲线交点而得知结构面在 B 孔中的具体位置[图 3.8.7b)]。

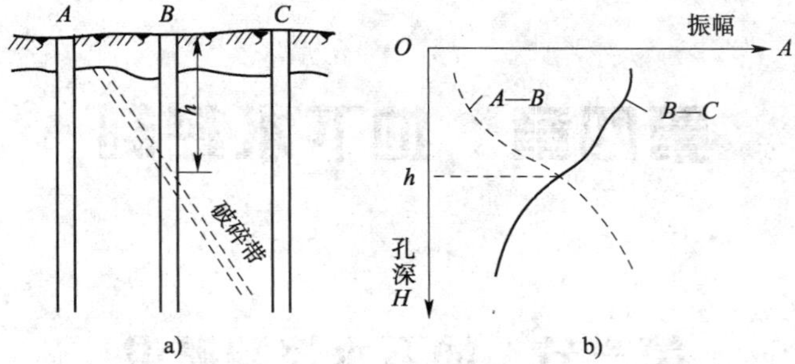

图 3.8.7　利用声波测定结构面位置及延伸方向

②测定张开裂隙的延伸深度。根据声波绕射原理,可以测定岩体中张开裂隙的延伸深度。

如图 3.8.8 所示,已知岩体表面有张开裂隙,并知其倾向和倾角 α。先在裂隙一侧由已知间距测得岩体波速 v_0。然后在裂隙两侧布置声波发射和接收探头,其间距为 l_0,测得声波在岩体中的时间点 s_1,由于声波不能通过张开裂隙,声波由发射点 s_1 到接收点 s_2 是在张开裂隙的闭合点而绕射的。所以由岩体波速 v_0 及时间 s 可以算得绕射的路程长度 l,$l=l_1+l_2$。由几何学原理可知,与某两定点的间距之和为常数的轨迹是个椭圆,而 s_1 和 s_2 为椭圆焦点(即图 3.8.8 椭圆上的每点与 s_1 及 s_2 距离之和均等于 l)。这样,可在作出椭圆之后,由张开裂隙的位置及倾角 α,按延伸方向作一直线,即可以得到该绕射点,即可求得张开裂隙的深度 h。为了检验其准确性,可以改变 s_1 和 s_2 的位置,作出另一椭圆而进行对比核定。必须注意,当裂隙中有充填物时,测出的数字可能偏小。

③岩体应力的监测利用声波大小和岩体中应力变化的关系,还可对岩体中的应力变化进行长期监测。例如:在洞室开挖作业面前沿钻孔进行声波监测,然后随着作业面向前推进,反复测定波速,会发现声波波速由于应力逐步调整而增长,说明了围岩中逐步形成了二次应力状态。又如在矿山采空区及高边坡的应力集中部位进行声波测定,就可根据声波波速、振幅和频率变化,为稳定性的预报工作提供数据。另外,在均质完整岩体中布置环形声波测试,根据声波变化,有可能求得主地应力的方向(图 3.8.9)。

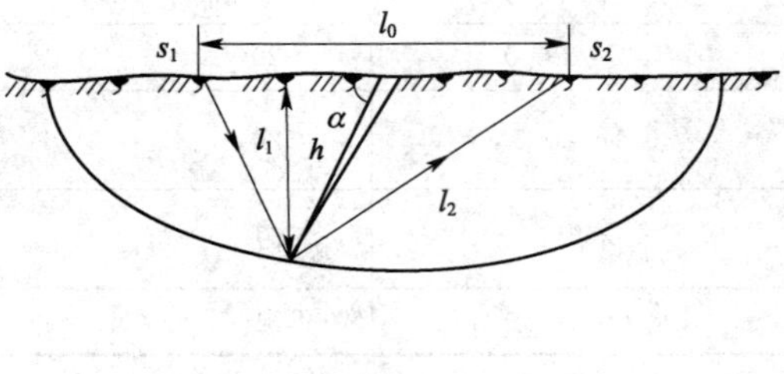

图 3.8.8　应用声波绕射原理测定张开裂隙的深度

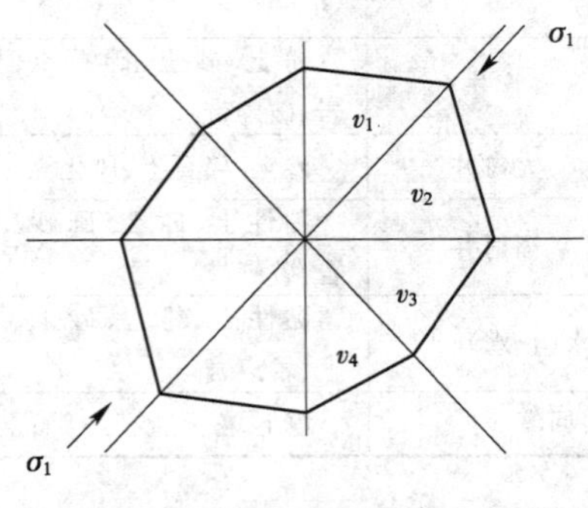

图 3.8.9　环形声波测试测定地主应力方向

第四章 地下水控制

第一节 地下水控制概论

基坑工程中的地下水控制的概念，简而言之，在基坑开挖和实施基础工程乃至完成建筑物(构筑物)结构施工中，采用集水明排、降水、截水和回灌等工程措施，控制地下水对基坑的渗透变形和渗透破坏，使地下水对环境影响控制在允许的范围内，避免造成破坏性后果，以确保基坑工程的稳定性和安全性。

地下水对基坑的渗透变形和渗透破坏主要是指由渗透压力造成流土(流沙)、管涌(潜蚀)和承压水的顶托力、潜水的浮托力造成的基坑突涌，以致使基坑边坡坍塌和基坑底板拱裂。

地下水控制方法及适用范围见表 4.1.1。

地下水控制方法及适用范围　　表 4.1.1

技术方法		适合地层	渗透系数/(m/d)	降水深度/m
工程降水	明排井(坑)	黏性土、砂土	<0.5	<2
	真空点井	黏性土、粉质黏土、砂土	0.1～20.0	单级小于 6，多级小于 20
	喷射点井	黏性土、粉质黏土、砂土	0.1～50.0	<20
	电渗点井	黏性土	<0.1	按井类型确定
	引渗井	黏性土、砂土	0.1～100.0	由下伏含水层的位置、导水性和水头条件确定
	管井	粉土、砂土、碎石土、可溶岩、破碎带	1.0～200.0	>5
	大口井	砂土、碎石土、风化壳	1.0～200.0	<20
	辐射井	黏性土、砂土、砾砂、可溶岩、破碎带	0.1～20.0	<20
截水(止水)		黏性土、粉土、砂土、碎石土、岩溶岩	不限	不限
回灌		填土、粉土、砂土、碎石土	0.1～200.0	不限

有关水文地质学基础知识，这里不重复讲述。地下水控制只介绍大家都很熟悉的属于地下水稳定流理论的部分。

第二节 降水工程的设计

(一)设计依据

采用国家标准和行业标准的规程规范，特别是强制性条文：①《建筑基坑支护技术规程》

(JGJ 120—2012)；②《建筑基坑工程技术规范》(YB 9258—1997)；③《建筑与市政降水工程技术规范》(JGJ/T 111—1998)；④《供水水文地质勘察规范》(GB 50027—2001)；⑤《供水管井技术规范》(GB 50296—2014)；⑥各地区规程规范。

强调要了解一下有关的强制性条文，并予以贯彻执行。

掌握建筑物和构筑物的基础工程和上部结构设计中对地下水控制的要求和规定，通过工程降水设计和施工予以实现。

了解与建筑方或总承包方签订的合同中对降水工程的技术方法、技术手段和工程质量约定的内容及条款，了解工程技术和质量与工程费用支付的关系，通过技术经济比较优化设计方案。

(二)设计条件

完成降水(排水)工程的设计，就得具备完成设计的条件，方可使降水工程设计做到周详，质量可靠、方案优化。这就要求获得基础工程有关的设计资料，了解设计意图，明确设计内容。具体的设计条件如下：

①建筑设计图主要有建筑总平面图，基础平、剖面图，地下结构平、剖面图，并了解基坑施工对降水深度不同的要求。

②岩土工程勘察报告，包括工程地质、水文地质勘察资料。

③场地用地红线及基坑环境条件。包括基坑四周的建(构)筑物、各种地下管道和电缆及道路等情况。

④通过现场踏勘，收集与降水工程设计有关资料及成功和失败的经验，了解现场施工条件，完成切实可行的方案设计。

(三) 降水方案设计

1. 方案的适宜性

充分了解基础工程和上部结构设计的意图，明确工程降水的范围和基坑降水的一般深度及最大深度，基坑支护类型和基坑环境条件，结合降水区的水文地质和工程地质条件分析，选定适用的工程降水技术方案。

2. 方案设计程序

(1)工程降水方案设计思路及程序

工程降水方案设计思路及程序，可比照土木工程设计一般程序。①确定范围和目标；②勘察查明场地的工程地质条件；③确定设计方案及方案对比；④建立分析模型计算方法和确定参数；⑤进行分析；⑥根据经济和施工可行性比选并确定最佳方案；⑦作出详细的设计；⑧施工检测。

土木工程的一般设计程序可以归纳为：①根据设计依据，明确设计条件，掌握设计范围、意图和内容；②查明和掌握建筑场地水文地质和工程地质条件，以及各种环境条件；③通过设计方案的适宜性选择和对比，初步确定设计方案框架；④建立分析计算模型及计算方法，确定各种设计参数，并完成初步设计方案；⑤根据经济、技术、环境条件和施工的可行性作出分析论证及方案对比，最后确定和完成最佳设计方案；⑥方案需含有施工、环境的试验、检测等内容。

(2)确定水文地质参数

基本明确设计方案后，进一步确定水文地质参数。

根据降水场地水文地质条件分析，确定水文地质参数。仅介绍常用的地下水稳定流理论的工程降水方案设计。稳定流理论计算的水文地质参数主要有：渗透系数 K，引用半径

R,给水度 μ。

上述参数的获得,除了重要的、复杂的降水工程,需进行专门的水文地质勘察和进行单孔或多孔的抽水试验来获得实际的水文地质参数之外,一般是用半理论半经验的计算公式,或直接用经验值,或用实验室试验得到的水文地质参数。

①渗透参数 K,参考值见表 4.2.1。

渗透系数参考值　　表 4.2.1

名称	黏土	粉质黏土	黏质粉土	粉土	粉砂	细砂	中砂	粗砂	砾卵石
渗透系数/(m/d)	<0.001	0.001～0.05	0.05～0.1	0.1～0.5	0.5～1	1～5	5～20	20～50	>50

对于多层含水层的降水(排水)或疏干,渗透系数 K 可采用平均渗透系数 K_{cp}:

垂直渗流

$$K_{cpy}=\frac{T_1+T_2+\cdots+T_n}{\frac{T_1}{K_1}+\frac{T_2}{K_2}+\cdots+\frac{T_n}{K_n}} \tag{4.2.1-1}$$

水平渗流

$$K_{cpx}=\frac{K_1T_1+K_2T_2+\cdots+K_nT_n}{T_1+T_2+\cdots+T_N} \tag{4.2.1-2}$$

式中,K、T 分别为各含水层的渗透系数和层厚。

②给水度 μ 的经验值见表 4.2.2。

给水度 μ 的经验值　　表 4.2.2

岩　石	给水度 μ	岩　石	给水度 μ
粉砂与黏土	0.1～0.15	粗砂及砾石砂	0.25～0.35
细砂与泥质砂	0.15～0.20	黏土胶结的砂岩	0.02～0.03
中砂	0.20～0.25	裂隙灰岩	0.008～0.1

给水度 μ 与渗透系数 K 之间的经验关系式　$\mu=0.117\sqrt[7]{K}$

③影响半径。

$$R=2S_w\sqrt{HK}\quad 适用于潜水 \tag{4.2.2-1}$$

$$R=10S_w\sqrt{K}\quad 适用于承压水 \tag{4.2.2-2}$$

式中,S_w 为降水井降深。

基坑降水可采用管井、真空井点、喷射井点等方法,并宜按表 4.2.3 的适用条件选用。

各种降水方法的适用条件　　表 4.2.3

方　法	土　类	渗透系数/(m/d)	降水深度/m
管井	粉土、砂土、碎石土	0.1～200.0	不限
真空井点	黏性土、粉土、砂土	0.005～20.0	单级井点<6 多级井点<20
喷射井点	黏性土、粉土、砂土	0.005～20.0	<20

降水后基坑内的水位应低于坑底 0.5 m。当主体结构有加深的电梯井、集水井时,坑底应按电梯井、集水井底面考虑或对其另行采取局部地下水控制措施。基坑采用截水结合坑外减压降水的地下水控制方法时,还应规定降水井水位的最大降深值和最小降深值。

降水井在平面布置上应沿基坑周边形成闭合状。当地下水流速较小时,降水井宜等间距布置；当地下水流速较大时，在地下水补给方向宜适当减小降水井间距。对宽度较小的狭长形基坑，降水井也可在基坑一侧布置。

基坑地下水位降深应符合下式规定

$$s_i \geqslant s_{\mathrm{d}} \tag{4.2.3}$$

式中，s_i 为基坑内任一点的地下水位降深(m)；s_{d} 为基坑地下水位的设计降深(m)。

当含水层为粉土、砂土或碎石土时，潜水完整井的地下水位降深可按下式计算（图 4.2.1-1、图 4.2.1-2）

$$s_i = H - \sqrt{H^2 - \sum_{j=1}^{n} \frac{q_j}{\pi k} \ln \frac{R}{r_{ij}}} \tag{4.2.4}$$

式中，s_i 为基坑内任一点的地下水位降深(m)，基坑内各点中最小的地下水位降深可取各个相邻降水井连线上地下水位降深的最小值，当各降水井的间距和降深相同时，可取任一相邻降水井连线中点的地下水位降深；H 为潜水含水层厚度(m)；q_j 为按干扰井群计算的第 j 口降水井的单井流量($\mathrm{m^3/d}$)；k 为含水层的渗透系数(m/d)；R 为影响半径(m)，应按现场抽水试验确定，缺少试验时，也可按式(4.2.6-1)、式(4.2.6-2)计算并结合当地工程经验确定；r_{ij} 为第 j 口井中心至地下水位降深计算点的距离(m)，当 $r_{ij} > R$ 时，应取 $r_{ij} = R$；n 为降水井数量。

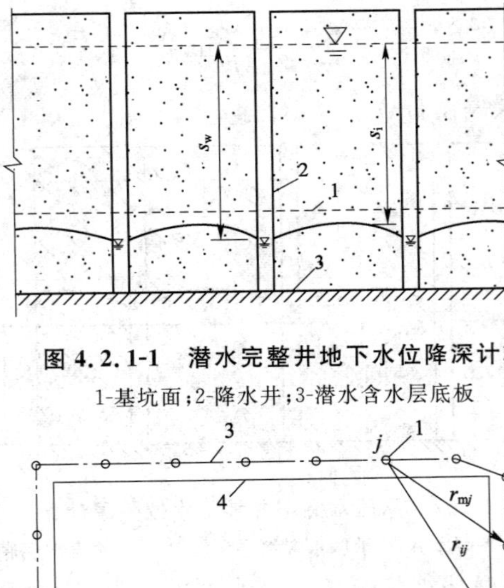

图 4.2.1-1　潜水完整井地下水位降深计算

1-基坑面；2-降水井；3-潜水含水层底板

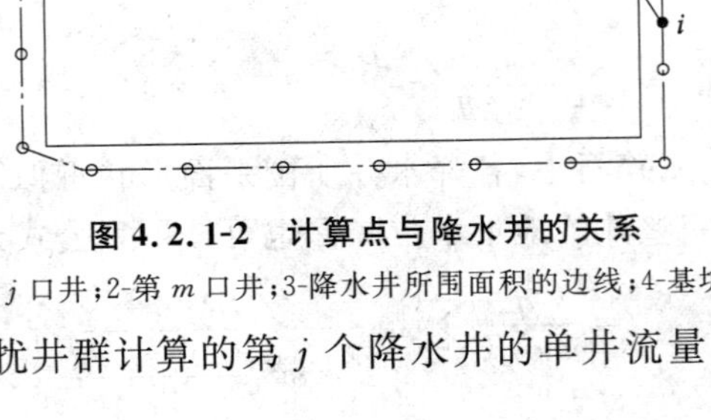

图 4.2.1-2　计算点与降水井的关系

1-第 j 口井；2-第 m 口井；3-降水井所围面积的边线；4-基坑边线

对潜水完整井，按干扰井群计算的第 j 个降水井的单井流量可通过求解下列 n 维线性方程组计算

$$s_{\mathrm{w},m} = H - \sqrt{H^2 - \sum_{j=1}^{n} \frac{q_j}{\pi k} \ln \frac{R}{r_{jm}}} \quad (m=1,2,\cdots,n) \tag{4.2.5}$$

式中，$s_{\mathrm{w},m}$ 为第 m 口井的井水位设计降深(m)。r_{jm} 为第 j 口井中心至第 m 口井中心的

距离(m),当 $j=m$ 时,应取降水井半径 r_w;当 $r_{jm}>R$ 时,应取 $r_{jm}=R$。

当含水层为粉土、砂土或碎石土,各降水井所围平面形状近似圆形或正方形且各降水井的间距、降深相同时,潜水完整井的地下水位降深也可按下列公式计算

$$s_i = H - \sqrt{H^2 - \frac{q}{\pi k}\sum_{j=1}^{n}\ln\frac{R}{2r_0\sin\frac{(2j-1)\pi}{2n}}} \tag{4.2.6-1}$$

$$q = \frac{\pi k(2H-s_w)s_w}{\ln\frac{R}{r_w}+\sum_{j=1}^{n-1}\ln\frac{R}{2r_0\sin\frac{j\pi}{n}}} \tag{4.2.6-2}$$

式中,q 为按干扰井群计算的降水井单井流量(m^3/d)。r_0 为井群的等效半径(m);井群的等效半径应按各降水井所围多边形与等效圆的周长相等确定,取 $r_0=u/(2\pi)$;当 $r_0>R/\{2\sin[(2j-1)\pi/2n]\}$ 时,式(4.2.6-1)中应取 $r_0=R/\{2\sin[(2j-1)\pi/2n]\}$;当 $r_0>R/[2\sin(j\pi/n)]$ 时,式(4.2.6-2)中应取 $r_0=R/[2\sin(j\pi/n)]$。j 为第 j 口降水井。s_w 为井水位的设计降深(m)。r_w 为降水井半径(m)。u 为各降水井所围多边形的周长(m)。

当含水层为粉土、砂土或碎石土时,承压完整井的地下水位降深可按下式计算(图 4.2.2)

$$s_i = \sum_{j=1}^{n}\frac{q_j}{2\pi Mk}\ln\frac{R}{r_{ij}} \tag{4.2.7}$$

式中,M 为承压水含水层厚度(m)。

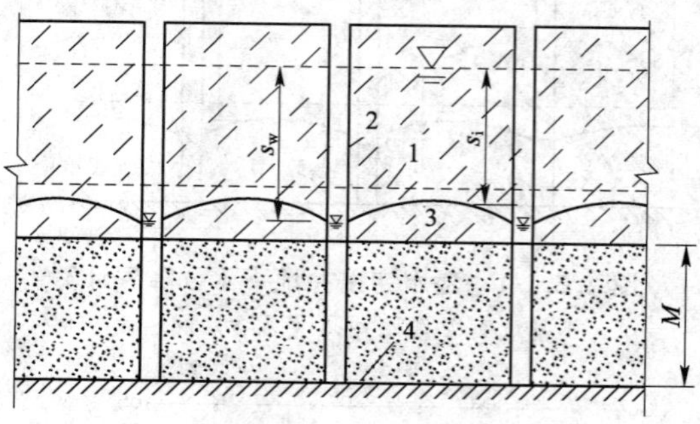

图 4.2.2 承压水完整井地下水位降深计算

1-基坑面;2-降水井;3-承压水含水层顶板;4-承压水含水层底板

对承压完整井,按干扰井群计算的第 j 个降水井的单井流量可通过求解下列 n 维线性方程组计算

$$s_{w,m} = \sum_{j=1}^{n}\frac{q_j}{2\pi Mk}\ln\frac{R}{r_{jm}} \quad (m=1,2,\cdots,n) \tag{4.2.8}$$

当含水层为粉土、砂土或碎石土,各降水井所围平面形状近似圆形或正方形且各降水井的间距、降深相同时,承压完整井的地下水位降深也可按下列公式计算

$$s_i = \frac{q}{2\pi Mk}\sum_{j=1}^{n}\ln\frac{R}{2r_0\sin\frac{(2j-1)\pi}{2n}} \tag{4.2.9-1}$$

$$q = \frac{2\pi Mks_w}{\ln\frac{R}{r_w}+\sum_{j=1}^{n-1}\ln\frac{R}{2r_0\sin\frac{j\pi}{n}}} \tag{4.2.9-2}$$

式中，r_0 为井群的等效半径(m)。井群的等效半径应按各降水井所围多边形与等效圆的周长相等确定，取 $r_0 = u/(2\pi)$；当 $r_0 > R/\{2\sin[(2j-1)\pi/2n]\}$ 时，式(4.2.9-1)中应取 $r_0 = R/\{2\sin[(2j-1)\pi/2n]\}$；当 $r_0 > R/[2\sin(j\pi/n)]$ 时，式(4.2.9-2)中应取 $r_0 = R/[2\sin(j\pi/n)]$。

含水层的影响半径宜通过试验确定。缺少试验时，可按下列公式计算并结合当地经验取值：

①潜水含水层

$$R = 2s_w\sqrt{kH} \tag{4.2.10-1}$$

②承压水含水层

$$R = 10s_w\sqrt{k} \tag{4.2.10-2}$$

式中，R 为影响半径(m)；s_w 为井水位降深(m)，当井水位降深小于 10 m 时，取 s_w=10 m；k 为含水层的渗透系数(m/d)；H 为潜水含水层厚度(m)。

当基坑降水影响范围内存在隔水边界、地表水体或水文地质条件变化较大时，可根据具体情况，对按式(4.2.4)～式(4.2.9)计算的单井流量和地下水位降深进行适当修正或采用非稳定流方法、数值法计算。

降水井间距和井水位设计降深，除应符合式(4.2.3)的要求外，还应根据单井流量和单井出水能力并结合当地经验确定。

真空井点降水的井间距宜取 0.8～2.0 m；喷射井点降水的井间距宜取 1.5～3.0 m；当真空井点、喷射井点的井口至设计降水水位的深度大于 6 m 时，可采用多级井点降水，多级井点上下级的高差宜取 4～5 m。

降水井的单井设计流量可按下式计算

$$q = 1.1\frac{Q}{n} \tag{4.2.11}$$

式中，q 为单井设计流量；Q 为基坑降水总涌水量(m^3/d)；n 为降水井数量。

降水井的单井出水能力应大于按式(4.2.11)计算的设计单井流量。当单井出水能力小于单井设计流量时，应增加井的数量、直径或深度。各类井的单井出水能力可按下列规定取值：

①真空井点出水能力可取 36～60 m^3/d。

②喷射井点出水能力可按表 4.2.4 取值。

喷射井点的出水能力 表 4.2.4

外管直径/mm	喷射管		工作水压力/MPa	工作水流量/(m^3/d)	设计单井出水流量/(m^3/d)	适用含水层渗透系数/(m/d)
	喷嘴直径/mm	混合室直径/mm				
38	7	14	0.6～0.8	112.8～163.2	100.8～138.2	0.1～5.0
68	7	14	0.6～0.8	110.4～148.8	103.2～138.2	0.1～5.0
100	10	20	0.6～0.8	230.4	259.2～388.8	5.0～10.0
162	19	40	0.6～0.8	720.0	600.0～720.0	10.0～20.0

③管井的单井出水能力可按下式计算

$$q_0 = 120\pi r_s l\sqrt[3]{k} \tag{4.2.12}$$

式中，q_0 为单井出水能力(m^3/d)；r_s 为过滤器半径(m)；l 为过滤器进水部分的长度(m)；k 为含水层渗透系数(m/d)。

含水层的渗透系数应按下列规定确定：

①宜按现场抽水试验确定；

②对粉土和黏性土，也可通过原状土样的室内渗透试验并结合经验确定；

③当缺少试验数据时，可根据土的其他物理指标按工程经验确定。

管井的构造应符合下列要求：

①管井的滤管可采用无砂混凝土滤管、钢筋笼、钢管或铸铁管。

②滤管内径应按满足单井设计流量要求而配置的水泵规格确定，宜大于水泵外径50 mm。滤管外径不宜小于200 mm。管井成孔直径应满足填充滤料的要求。

③井管与孔壁之间填充的滤料宜选用磨圆度好的硬质岩石成分的圆砾，不宜采用棱角形石渣料、风化料或其他黏质岩石成分的砾石。滤料规格宜满足下列要求：

a. 砂土含水层

$$D_{50} = 6d_{50} \sim 8d_{50} \tag{4.2.13-1}$$

式中，D_{50}为小于该粒径的填料质量占总填粒质量50%所对应的填料粒径(mm)；d_{50}为含水层中小于该粒径的土颗粒质量占总土颗粒质量50%所对应的土颗粒粒径(mm)。

b. $d_{20}<2$ mm的碎石土含水层

$$D_{50} = 6d_{20} \sim 8d_{20} \tag{4.2.13-2}$$

式中，d_{20}为含水层中小于该粒径的土颗粒质量占总土颗粒质量20%所对应的土颗粒粒径(mm)。

c. 对$d_{20}\geqslant 2$ mm的碎石土含水层，宜充填粒径为10～20 mm的滤料。

d. 滤料的不均匀系数应小于2。

④采用深井泵或深井潜水泵抽水时，水泵的出水量应根据单井出水能力确定，水泵的出水量应大于单井出水能力的1.2倍。

⑤井管的底部应设置沉砂段，井管沉砂段长度不宜小于3 m。

真空井点的构造应符合下列要求：

①井管宜采用金属管，管壁上渗水孔宜按梅花形布置，渗水孔直径宜取12～18 mm，渗水孔的孔隙率应大于15%，渗水段长度应大于1.0 m；管壁外应根据土层的粒径设置滤网。

②真空井管的直径应根据单井设计流量确定，井管直径宜取38～110 mm；井的成孔直径应满足填充滤料的要求，且不宜大于300 mm。

③孔壁与井管之间的滤料宜采用中粗砂，滤料上方应使用黏土封堵，封堵至地面的厚度应大于1 m。

喷射井点的构造应符合下列要求：

①喷射井点过滤器的构造应符合前面所述真空井点的构造要求中第①款的规定，喷射器混合室直径可取14 mm，喷嘴直径可取6.5 mm；

②井的成孔直径宜取400～600 mm，井孔应比滤管底部深1 m以上；

③孔壁与井管之间填充滤料的要求应符合前面所述真空井点的构造要求中第③款的规定；

④工作水泵可采用多级泵，水泵压力宜大于2 MPa。

管井的施工应符合下列要求：

①管井的成孔施工工艺应适合地层特点，对不易塌孔、缩颈的地层宜采用清水钻进；钻孔深度宜大于降水井设计深度0.3～0.5 m。

②采用泥浆护壁时，应在钻进到孔底后清除孔底沉渣并立即置入井管、注入清水，当泥浆相对密度不大于1.05时，方可投入滤料；遇塌孔时不得置入井管，滤料填充体积不应小于

计算量的 95%。

③填充滤料后，应及时洗井，洗井应直至过滤器及滤料滤水畅通，并应抽水检验井的滤水效果。

真空井点和喷射井点的施工应符合下列要求：

①真空井点和喷射井点的成孔工艺可选用清水或泥浆钻进、高压水套管冲击工艺（钻孔法、冲孔法或射水法），对不易塌孔、缩颈的地层也可选用长螺旋钻机成孔；成孔深度宜大于降水井设计深度 0.5～1.0 m。

②钻进到设计深度后，应注水冲洗钻孔、稀释孔内泥浆；滤料填充应密实均匀，滤料宜采用粒径为 0.4～0.6 mm 的纯净中粗砂。

③成井后应及时洗孔，并应抽水检验井的滤水效果；抽水系统不应漏水、漏气。

④抽水时的真空度应保持在 55 kPa 以上，且抽水不应间断。

抽水系统在使用期的维护应符合下列要求：

①降水期间应对井水位和抽水量进行监测，当基坑侧壁出现渗水时，应检查井的抽水效果，并采取有效措施；

②采用管井时，应对井口采取防护措施，井口宜高于地面 200 mm 以上，应防止物体坠入井内；

③冬季负温环境下，应对抽排水系统采取防冻措施。

抽水系统的使用期应满足主体结构的施工要求。当主体结构有抗浮要求时，停止降水的时间应满足主体结构施工期的抗浮要求。

当基坑降水引起的地层变形对基坑周边环境产生不利影响时，宜采用回灌方法减少地层变形量。回灌方法宜采用管井回灌，回灌应符合下列要求：

①回灌井应布置在降水井外侧，回灌井与降水井的距离不宜小于 6 m；回灌井的间距应根据回灌水量的要求和降水井的间距确定。

②回灌井宜进入稳定水面不小于 1 m，回灌井过滤器应置于渗透性强的土层中，且宜在透水层全长设置过滤器。

③回灌水量应根据水位观测孔中的水位变化进行控制和调节，回灌后的地下水位不应高于降水前的水位。采用回灌水箱时，箱内水位应根据回灌水量的要求确定。

④回灌用水应采用清水，宜用降水井抽水进行回灌；回灌水质应符合环境保护要求。

当基坑面积较大时，可在基坑内设置一定数量的疏干井。

基坑排水系统的输水能力应满足基坑降水的总涌水量要求。

第三节 集水明排工程设计

对坑底汇水、基坑周边地表汇水及降水井抽出的地下水，可采用明沟排水；对坑底渗出的地下水，可采用盲沟排水；当地下室底板与支护结构间不能设置明沟时，也可采用盲沟排水。

排水沟的截面应根据设计流量确定，排水沟的设计流量应符合下式规定

$$Q \leqslant \frac{V}{1.5} \tag{4.3.1}$$

式中，Q 为排水沟的设计流量（m^3/d）；V 为排水沟的排水能力（m^3/d）。

明沟和盲沟的坡度不宜小于 0.3%。采用明沟排水时，沟底应采取防渗措施。采用盲沟排出坑底渗出的地下水时，其构造、填充料及密实度应满足主体结构的要求。

沿排水沟宜每隔 30～50 m 设置一口集水井；集水井的净截面尺寸应根据排水流量确定。集水井应采取防渗措施。

基坑坡面渗水宜采用渗水部位插入导水管排出。导水管的间距、直径及长度应根据渗水量及渗水土层的特性确定。

采用管道排水时，排水管道的直径应根据排水量确定。排水管的坡度不宜小于 0.5%。排水管道材料可选用钢管、PVC 管。排水管道上宜设置清淤孔，清淤孔的间距不宜大于 10 m。

基坑排水设施与市政管网连接口之间应设置沉淀池。明沟、集水井、沉淀池使用时应排水畅通并应随时清理淤积物。

第四节 降水引起的地层变形计算

降水引起的地层压缩变形量可按下式计算

$$s = \psi_w \sum \frac{\Delta\sigma'_{zi}\Delta h_i}{E_{si}} \tag{4.4.1}$$

式中，s 为计算剖面的地层压缩变形量(m)；ψ_w 为降计算经验系数，应根据地区工程经验取值，无经验时，宜取 $\psi_w = 1$；$\Delta\sigma'_{zi}$ 为降水引起的地面下第 i 土层的平均附加有效应力(kPa)，对黏性土，应取降水结束时土的固结度下的附加有效应力；Δh_i 为第 i 层土的厚度(m)，土层的总计算厚度应按渗流分析或实际土层分布情况确定；E_{si} 为第 i 层土的压缩模量(kPa)，应取土的自重应力至自重应力与附加有效应力之和的压力段的压缩模量。

基坑外土中各点降水引起的附加有效应力宜按地下水稳定渗流分析方法计算；当符合非稳定渗流条件时，可按地下水非稳定渗流计算。附加有效应力也可根据式(4.2.4)、式(4.2.5)计算的地下水位降深，按下列公式计算(图 4.4.1)

①第 i 土层位于初始地下水位以上时

$$\Delta\sigma'_{zi} = 0 \tag{4.4.2-1}$$

②第 i 土层位于降水后水位与初始地下水位之间时

$$\Delta\sigma'_{zi} = \gamma_w z \tag{4.4.2-2}$$

③第 i 土层位于降水后水位以下时

$$\Delta\sigma'_{zi} = \lambda_i \gamma_w s_i \tag{4.4.2-3}$$

式中，γ_w 为水的重度(kN/m^3)；z 为第 i 层土中点至初始地下水位的垂直距离(m)；λ_i 为计算系数，应按地下水渗流分析确定，缺少分析数据时，也可根据当地工程经验取值；s_i 为计算剖面对应的地下水位降深(m)。

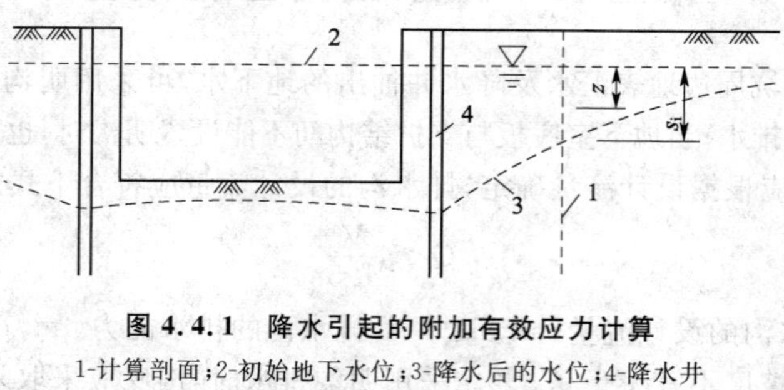

图 4.4.1 降水引起的附加有效应力计算

1-计算剖面；2-初始地下水位；3-降水后的水位；4-降水井

确定土的压缩模量时，应考虑土的超固结比对压缩模量的影响。

第五节　渗透变形问题分析

(一)渗透变形的力学机制

渗透变形是由浮力(或静水压力)和渗透力(或动水压力)的合力作用的结果。饱和土体中的压力水头差即动水压力形成渗透力,其作用方向与流线平行。静水压力产生浮力,使土体有效重量减轻,是一个消极的破坏力。动水压力产生的渗透力或渗流冲刷力,是一个积极的破坏力。两者的合力作用决定了渗透变形。而渗透力与渗透破坏成直接的比例关系。

单位体积土体所受的浮力为$(1-n)\gamma_w$,n为孔隙率,γ_w为水的重度。单位土体的有效重度为土体的实有重力减去所受的浮力,称为土体的潜重度或浮重度,并用γ'表示。则$\gamma'=\gamma_d-(1-n)\gamma_w$,式中$\gamma_d$为干重度。

单位体积土体沿渗流方向所受的渗透力为$\gamma_w J$,J为水力坡降,是一种体积力。渗透力和土体浮重γ'的合力R决定土体向上浮动稳定的指标,如果$R=0$,土体开始浮动而发生流土(流沙)现象。当动水压力和浮力超过一定限度,导致由渗透变形变为渗透破坏。一般可用渗透力$\gamma_w J$与土体浮重γ'二者的合力判别土的渗透变形趋势或渗透的稳定性。渗流出口处的土体在渗流作用下能导致冲刷、发生管涌或流土的渗透破坏,因此研究渗流出口附近的渗透力或出渗坡降对建筑物安全有很大意义。

(二)渗透破坏

①流土。饱和粉土、粉细砂、淤泥等地层,当沿渗流方向的渗透力大于或等于其浮重度时,就产生流土或流沙。或者沿渗透方向渗透力的水力坡降大于等于饱和粉土、砂土、淤泥的临界坡降就产生流土或流沙。流土的出现往往在基坑的坡脚或粉土、砂土含水层与隔水层的交界面上,形成基坑边坡失稳。

判别基坑坡脚或基坑四角的坡脚及其附近,土体是否处于"稳定"。一般用流土临界水力比降J_{cr}除以安全系数F_s($F_s=1.2\sim3.0$),得到允许水力比降$[J]$,与该处土体渗流作用下的实际水力比降J比较,若$J\leqslant[J]$,则不产生流土。

流土一般判别公式

$$J_{cr}=(G_s-1)(1-n) \tag{4.5.1}$$

式中,J_{cr}为流土的临界水力比降;G_s为土的颗粒密度与水的密度之比;n为土的孔隙度(%)。

②管涌。在颗粒粗细相差较大的地层中,由于水头差形成的,具有较大流速的地下水流中,将细颗粒带走的现象称为"管涌"或"潜蚀"。

基坑开挖过程中,边坡有渗漏水,或止水帷幕渗漏,易产生紊流,形成泥沙突涌,造成基坑坍塌,地面下沉。

判别基坑坡脚,或基坑四角的坡脚及其附近土体是否处于"稳定"。则用该处土体的实际水力坡降$J\leqslant J_{cr}/F_s$来判断。若$J\leqslant J_{cr}/F_s$成立,该土体不发生管涌。

管涌一般判别公式

$$J_{cr}=\frac{42d_3}{\sqrt{\frac{K}{n^3}}} \tag{4.5.2}$$

式中,J_{cr}为土的管涌临界水力比降;K为土的渗透系数(cm/s);d_3为相应于颗分曲线上含量为3%的粒径(cm);n为土的孔隙度(%)。

③由于基坑内外潜水压力差和潜水接受新的补给源，潜水浮托力，或承压水顶托力，超过了坑底上覆土重及抗剪强度，形成“沙沸”，甚至产生突涌，使坑底拱裂，造成基坑的不稳定，直接影响基础工程的安全。

土的渗透变形判别方法，可参阅《水利水电工程地质勘察规范》(GB 50487—2008)附录 M。

第六节 基坑涌水量计算

群井按大井简化时，均质含水层潜水完整井的基坑降水总涌水量可按下式计算(图 4.6.1)

$$Q = \pi k \frac{(2H - s_d)s_d}{\ln\left(1 + \frac{R}{r_0}\right)} \tag{4.6.1}$$

式中，Q 为基坑降水总涌水量(m^3/d)；k 为渗透系数(m/d)；H 为潜水含水层厚度(m)；s_d 为基坑地下水位的设计降深(m)；R 为降水影响半径(m)；r_0 为基坑等效半径(m)，可按 $r_0 = \sqrt{A/\pi}$ 计算；A 为基坑面积(m^2)。

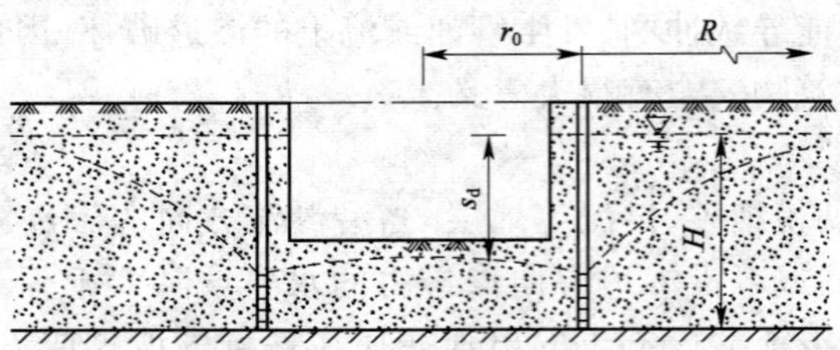

图 4.6.1 均质含水层潜水完整井的基坑涌水量计算

群井按大井简化时，均质含水层潜水非完整井的基坑降水总涌水量可按下式计算(图 4.6.2)

$$Q = \pi k \frac{H^2 - h^2}{\ln\left(1 + \frac{R}{r_0}\right) + \frac{h_m - l}{l}\ln\left(1 + 0.2\frac{h_m}{r_0}\right)} \tag{4.6.2}$$

$$h_m = \frac{H + h}{2} \tag{4.6.3}$$

式中，h 为降水后基坑内的水位高度(m)；l 为过滤器进水部分的长度(m)。

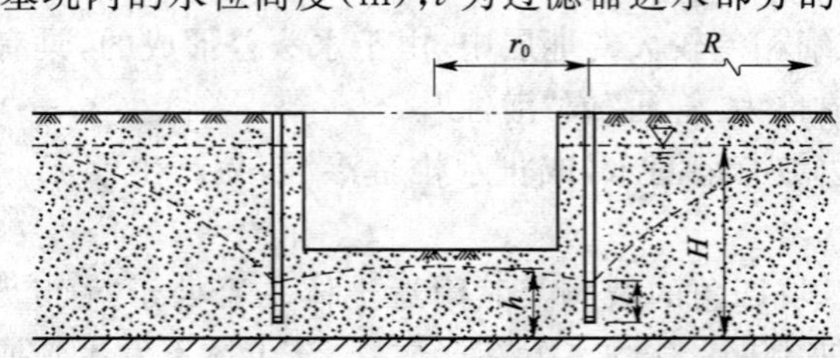

图 4.6.2 均质含水层潜水非完整井的基坑涌水量计算

群井按大井简化时，均质含水层承压水完整井的基坑降水总涌水量可按下式计算(图 4.6.3)

$$Q = 2\pi k \frac{Ms_d}{\ln\left(1 + \frac{R}{r_0}\right)} \tag{4.6.4}$$

式中，M 为承压水含水层厚度(m)。

群井按大井简化时，均质含水层承压水非完整井的基坑降水总涌水量可按下式计算(图 4.6.4)

$$Q = 2\pi k \frac{Ms_{\mathrm{d}}}{\ln\left(1+\frac{R}{r_0}\right)+\frac{M-l}{l}\ln\left(1+0.2\frac{M}{r_0}\right)} \tag{4.6.5}$$

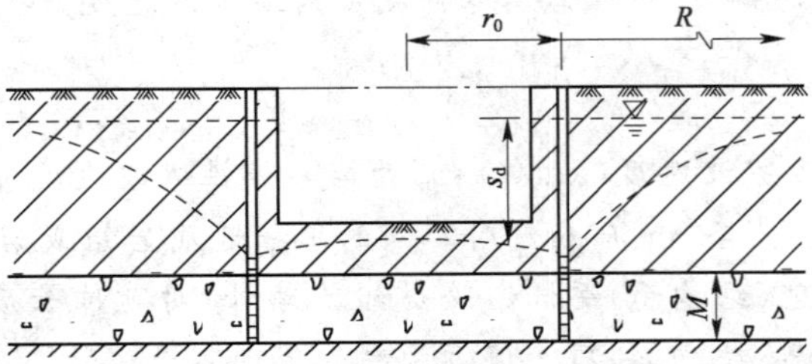

图 4.6.3　均质含水层承压水完整井的基坑涌水量计算

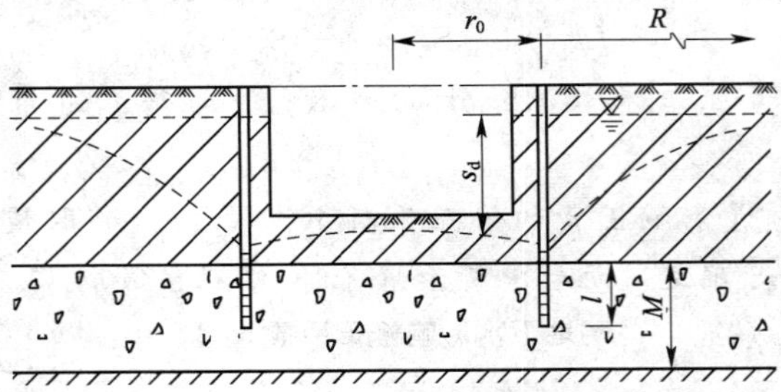

图 4.6.4　均质含水层承压水非完整井的基坑涌水量计算

群井按大井简化时，均质含水层承压水—潜水完整井的基坑降水总涌水量可按下式计算(图 4.6.5)

$$Q = \pi k \frac{(2H_0 - M)M - h^2}{\ln\left(1+\frac{R}{r_0}\right)} \tag{4.6.6}$$

式中，H_0 为承压水含水层的初始水头。

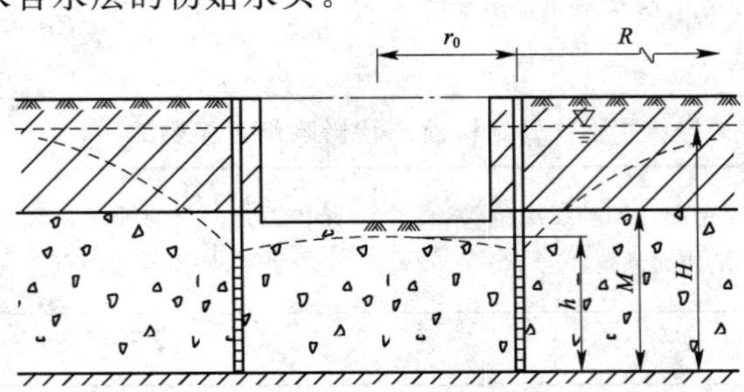

图 4.6.5　均质含水层承压水—潜水完整井的基坑降水总涌水量计算

附录 A　围岩分级有关规定

A.0.1　岩体完整程度的定量指标 K_v 和 J_v 值的测试和计算方法应符合以下规定：

①岩体完整性指标 K_v，应针对不同的工程地质岩组或岩性段，选择有代表性的点、段，测试岩体弹性纵波速度，并应在同一岩体取样测定岩石纵波速度。按下式计算：

$$K_v = \frac{v_{pm}}{{v_{pr}}^2} \tag{A.0.1-1}$$

式中，v_{pm} 为岩体弹性纵波速度(km/s)；v_{pr} 为岩石弹性纵波速度(km/s)。

②岩体体积节理数 J_v(条/m^3)，应针对不同的工程地质岩组或岩性段，选择有代表性的露头或开挖壁面进行节理(结构面)统计。除成组节理外，对延伸长度大于 1 m 的分散节理亦应予以统计。已为硅质、铁质、钙质充填再胶结的节理不予统计。

每一测点的统计面积不应小于 2 m×5 m，岩体 J_v 值应根据节理统计结果按下式计算

$$J_v = S_1 + S_2 + \cdots + S_n + S_k \tag{A.0.1-2}$$

式中，S_n 为第 n 组节理每米长测线上的条数；S_k 为每立方米岩体非成组节理条数(条/m^3)。

A.0.2　岩体基本质量影响因素的修正系数 K_1、K_2、K_3 的取值可分别按表 A.0.2-1、表 A.0.2-2 和表 A.0.2-3 确定。无表中所示情况时，修正系数取零。

地下水影响修正系数 K_1　　表 A.0.2-1

地下水出水状态 \ BQ	>450	450～351	350～251	<250
潮湿或点滴状出水	0	0.1	0.2～0.3	0.4～0.6
淋雨状或涌流状出水，水压<0.1 MPa 或单位出水量<10 L/(min·m)	0.1	0.2～0.3	0.4～0.6	0.7～0.9
淋雨状或涌流状出水，水压>0.1 MPa 或单位出水量>10 L/(min·m)	0.2	0.4～0.6	0.7～0.9	1.0

主要软弱结构面产状影响修正系数 K_2　　表 A.0.2-2

结构面产状及其与洞轴线的组合关系	结构面走向与洞轴线夹角<30°，结构面倾角 30°～75°	结构面走向与洞轴线夹角>60°，结构面倾角>75°	其他组合
K_2	0.4～0.6	0～0.2	0.2～0.4

初始应力状态影响修正系数 K_3　　表 A.0.2-3

初始应力状态 \ BQ	>550	550～451	450～351	350～251	<250
极高应力区	1.0	1.0	1.0～1.5	1.0～1.5	1.0
高应力区	0.5	0.5	0.5	0.5～1.0	0.5～1.0

A.0.3　根据岩体(围岩)钻探和开挖过程中出现的主要现象，如岩芯饼化或岩爆现象，可按表 A.0.3 评估围岩的应力情况。

高初始应力地区围岩在开挖过程中出现的主要现象　　表 A.0.3

应力情况	主要现象	R_c/σ_{max}
极高应力	①硬质岩:开挖过程中有岩爆发生,有岩块弹出,洞壁岩体发生剥离,新生裂缝多,成洞性差。 ②软质岩:岩芯常有饼化现象,开挖过程中洞壁岩体有剥离,位移极为显著,甚至发生大位移,持续时间长,不易成洞	<4
高应力	①硬质岩:开挖过程中可能出现岩爆,洞壁岩体有剥离和掉块现象,新生裂缝较多,成洞性差。 ②软质岩:岩芯时有饼化现象,开挖过程中洞壁岩体位移显著,持续时间较长,成洞性差	4~7

注:σ_{max}为垂直洞轴线方向的最大初始应力。

A.0.4　条级围岩的物理力学参数及结构面抗剪强度,应通过室内或现场试验获得。如无实测数据时,可按以下各款选取:

①各级围岩物理力学参数可按表 A.0.4-1 选用。

各级围岩的物理力学指标标准值　　表 A.0.4-1

围岩级别	重度 γ/(kN/m³)	弹性抗力系数 k/(MPa/m)	变形模量 E/GPa	泊松比 μ	内摩擦角 φ/(°)	黏聚力 c/MPa	计算摩擦角 φ_c/(°)
Ⅰ	26~28	1 800~2 800	>33	<0.2	>60	>2.1	>78
Ⅱ	25~27	1 200~1 800	20~33	0.2~0.25	50~60	1.5~2.1	70~78
Ⅲ	23~25	500~1 200	6~20	0.25~0.3	39~50	0.7~1.5	60~70
Ⅳ	20~23	200~500	1.3~6	0.3~0.35	27~39	0.2~0.7	50~60
Ⅴ	17~20	100~200	1~2	0.35~0.45	20~27	0.05~0.2	40~50
Ⅵ	15~17	<100	<1	0.4~0.5	<20	<0.2	30~40

注:1.本表数值不包括黄土地层。
2.选用计算摩擦角时,不再计内摩擦角和黏聚力。

②岩体结构面抗剪断峰值强度参数可按表 A.0.4-2 选用。

岩体结构面抗剪断峰值强度　　表 A.0.4-2

序号	两侧岩体的坚硬程度及结构面的结合程度	内摩擦角 φ/(°)	黏聚力 c/MPa
1	坚硬岩,结合好	>37	>0.22
2	坚硬~较坚硬岩,结合一般; 较软岩,结合好	37~29	0.22~0.12
3	坚硬~较坚硬岩,结合差; 较软岩~软岩,结合一般	29~19	0.12~0.08
4	较坚硬~较软岩,结合差~结合很差; 软岩,结合差;软质岩的泥化面	19~13	0.08~0.05
5	较坚硬岩及全部软质岩,结合很差; 软质岩泥化层本身	<13	<0.05

A.0.5 各级围岩自稳能力可按表A.0.5作出判断。

隧道各级围岩自稳能力判断 表A.0.5

围岩级别	自稳能力
Ⅰ	跨度20 m,可长期稳定,偶有掉块,无塌方
Ⅱ	跨度10～20 m,可基本稳定,局部可发生掉块或小塌方; 跨度10 m,可长期稳定,偶有掉块
Ⅲ	跨度10～20 m,可稳定数日至1个月,可发生小至中型塌方; 跨度5～10 m,可稳定数月,可发生局部块体位移及小至中型塌方; 跨度5 m,可基本稳定
Ⅳ	跨度5 m,一般无自稳能力,数日至数月内可发生松动变形、小塌方,进而发展为中至大型塌方。埋深小时,以拱部松动破坏为主,埋深大时,有明显塑性流动变形和挤压破坏。 跨度小于5 m,可稳定数日至1个月
Ⅴ	无自稳能力,跨度5 m或更小时,可稳定数日
Ⅵ	无自稳能力

注:1. 小塌方:塌方高度<3 m,或塌方体积<30 m^3。

2. 中塌方:塌方高度3～6 m,或塌方体积30～100 m^3。

3. 大塌方:塌方高度>6 m,或塌方体积>100 m^3。

第八篇

特殊条件下的岩土工程

考试大纲

(一)特殊性岩土

熟悉软土、湿陷性土、膨胀性岩土、盐渍岩土、多年冻土、风化岩和残积土等特殊性岩土的基本特征、勘察要求、试验方法和分析评价；掌握特殊性岩土的工程设计计算及工程处理方法。

(二)岩溶与土洞

了解岩溶与土洞的发育条件和规律；了解岩溶的分类；了解岩溶与土洞的塌陷机理；掌握岩溶场地的勘察要求和评价方法；了解岩溶与土洞的处理方法。

(三)滑坡、危岩与崩塌

了解滑坡、危岩与崩塌的类型和形成条件；掌握治理滑坡、危岩与崩塌的勘察及稳定性验算方法；掌握治理滑坡、危岩与崩塌的设计、施工及动态监测方法。

(四)泥石流

了解泥石流的形成条件和分类；了解泥石流的计算方法；掌握泥石流的勘察和防治工程设计。

(五)采空区

了解采空区地表移动规律、特征及危害；了解采空区地表移动和变形的预测；掌握采空区的勘察评价原则和处理措施。

(六)地面沉降

了解地面沉降的危害及形成原因；了解地面沉降量的估算和预测方法；掌握地面沉降的评价方法；了解防止地面沉降的主要措施。

(七)废弃物处理场地

了解废弃物处理工程的特点；了解尾矿处理和垃圾填埋场地的岩土工程勘察设计要点和评价方法。

(八)地质灾害危险性评估

了解地质灾害危险性评估范围、内容和分级标准；掌握地质环境条件复杂程度分类、建设项目重要性分类及其内容；了解地质灾害调查的重点、内容和要求；熟悉地质灾害危险性评估方法及评估报告编制要求。

第一章 软　土

第一节 软土的成因类型和工程性质

一、软土的判别标准

软土是指天然孔隙比大于或等于1.0，且天然含水率大于液限的细粒土。包括淤泥、淤泥质土、泥炭、泥炭质土等，分类标准如表1.1.1所示。

软土的分类标准　　表1.1.1

土的名称	划分标准	备注
淤泥	$e \geqslant 1.5, I_L > 1$	e——天然孔隙比； I_L——液性指数； W_u——有机质含量
淤泥质土	$1.5 > e \geqslant 1.0, I_L > 1$	
泥炭	$W_u > 60\%$	
泥炭质土	$10\% < W_u \leqslant 60\%$	

二、软土的成因类型

(一)滨海沉积

在表层广泛分布一层由近代各种营力作用生成的厚为0～3 m、黄褐色黏性土的硬壳。下部淤泥多呈深灰色或灰绿色，间夹薄层粉砂，常含有贝壳和海生物残骸。

(1)滨海相

常与海浪、岸流和潮汐的水动力作用形成较粗的颗粒(粗、中、细砂)相掺杂，使其不均匀并且极疏松，增强了淤泥的透水性能，易于压缩固结。

(2)泻湖相

沉积成颗粒微细、孔隙比大、强度低、分布范围较宽阔，常形成滨海平原。在泻湖边缘，表层常有厚0.2～0.3 m的泥炭堆积。底部含有贝壳和生物残骸碎屑。

(3)溺谷相

孔隙比大、结构疏松、含水率高，有的甚于泻湖相。分布范围略窄，在其边缘表层也常有泥炭沉积。

(4)三角洲相

由于河流和海潮复杂的交替作用，而使淤泥与薄层砂交错沉积。受海流和波浪的破坏，分选程度差，结构不稳定，多交错成不规则的尖灭层或透镜体夹层，结构疏松，颗粒细小。如上海地区深厚的软土层中夹有无数的极薄的粉细砂层，为水平渗流提供了良好条件。

(二)湖泊沉积

湖泊沉积是近代淡水盆地和咸水盆地的沉积。其物质来源与周围岩性基本一致,在稳定的湖水期逐渐沉积而成。沉积物中夹有粉砂颗粒,呈现明显的层理。淤泥结构松软,呈暗灰、灰绿或暗黑色,表层硬层不规律,厚 0～4 m,时而有泥炭透镜体。淤泥厚度一般为10 m左右。最厚可达 25 m。

(三)河滩沉积

河滩沉积主要包括河漫滩相和牛轭湖相。成层情况较为复杂,成分不均匀,走向和厚度变化大,平面分布不规则。一般是软土常呈带状或透镜状,间与砂或泥炭互层,其厚度不大,一般小于 10 m。

(四)沼泽沉积

沼泽沉积分布在地下水、地表水排泄不畅的低洼地带,且蒸发量不大的情况下形成的一种沉积物,多伴以泥炭,常出露于地表。下部分布有淤泥层或底部与泥炭互层。

三、我国软土的分布

我国软土主要分布在沿海地区,如东海、黄海、渤海、南海等沿海地区,内陆平原及一些山间洼地亦有分布。我国软土的主要分布区域如表 1.1.2 所示。

我国软土主要分布区域 表 1.1.2

主要成因类型	主要分布区域
滨海沉积软土	天津塘沽、连云港、上海、舟山、杭州、宁波、温州、福州、厦门、泉州、漳州、广州
湖泊沉积软土	洞庭湖、洪泽湖、太湖、鄱阳湖四周、古云梦泽地区
河滩沉积软土	长江中下游、珠江下游、淮河平原、松辽平原
沼泽沉积软土	昆明滇池周边、贵州水城、盘县

我国东南沿海软土的分布厚度,广州湾—兴化湾一带一般为 5～20 m(汕头除外),兴化湾—温州湾南为 10～30 m,温州湾北—连云港一般大于 40 m。

山谷地区软土的分布规律甚为复杂,要鉴定场地是否有软土,可从以下几个方面进行分析。

①从沉积环境分析:在沟谷的开阔地段、山间洼地、支沟与主沟交汇地段、冲沟与河流汇合地段、河流两侧山洼地段、河流弯曲地段、河漫滩地段等处往往有软土分布。

在山区河流的中、上游地段,一般沉积粗颗粒物质,但应特别注意河流两侧支沟、冲沟的影响。当上述支沟或冲沟地段有形成软土的物质来源时,这些地段往往有软土分布,或在卵石层间夹有软土薄层或透镜体。

②从水文地质条件分析:在泉水出露处,特别是潜水溢出泉出露处,水草发育,土体长期浸水呈饱和状态,这些地段往往有软土分布;在潜水位较浅的黄土和粉质黏土地段,也可能有软土分布。

③从古地理环境分析:一些古河道、古湖沼、古渠道等分布地段,往往有软土分布。

④从地表特征分析:如有些地段地势低洼,排泄条件不良,地表易于积水,往往出现湿地、沼泽等积水地形,喜水植物(芦苇、蒲草等)发育。上述地段往往有软土分布。

⑤从人类活动分析：一些掩埋的粪池、牲畜棚圈、工厂及生活污水废池等地段，往往有软土分布。并由于渗透作用，在其周围也可能有软土分布。

人工蓄水构筑物（河渠、水库等）大量漏水（引起地下水位上升）的地段，也可能有软土分布。

四、软土的工程性质

①触变性：当原状土受到振动或扰动以后，由于土体结构遭破坏，强度会大幅度降低。触变性可用灵敏度 S_t 表示，软土的灵敏度一般在 3～4 之间，最大可达 8～9，故软土属于高灵敏度或极灵敏土。软土地基受振动荷载后，易产生侧向滑动、沉降或基础下土体挤出等现象。

②流变性：软土在长期荷载作用下，除产生排水固结引起的变形外，还会发生缓慢而长期的剪切变形。这对建筑物地基沉降有较大影响，对斜坡、堤岸、码头和地基稳定性不利。

③高压缩性：软土属于高压缩性土，压缩系数大。故软土地基上的建筑物沉降量大。

④低强度：软土不排水抗剪强度一般小于 20 kPa。软土地基的承载力很低，软土边坡的稳定性极差。

⑤低透水性：软土的含水率虽然很高，但透水性差，特别是垂直向透水性更差，垂直向渗透系数一般在 $i\times(10^{-8}\sim10^{-6})$ cm/s 之间，属微透水或不透水层。对地基排水固结不利，软土地基上建筑物沉降延续时间长，一般达数年以上。在加载初期，地基中常出现较高的孔隙水压力，影响地基强度。

⑥不均匀性：由于沉积环境的变化，土质均匀性差。例如，三角洲相、河漫滩相软土常夹有粉土或粉砂薄层，具有明显的微层理构造，水平向渗透性常好于垂直向渗透性。湖泊相、沼泽相软土常在淤泥或淤泥质土层中夹有厚度不等的泥炭或泥炭质土薄层或透镜体。作为建筑物地基易产生不均匀沉降。

五、软土的物理力学性质指标

我国各种成因类型和各地区软土的物理力学性质指标分别见表 1.1.3 和表 1.1.4。

各类软土的物理力学性质指标 表 1.1.3

成因类型	天然含水率 ω/(%)	重度 γ/(kN/m³)	天然孔隙比 e	抗剪强度		压缩系数 a_{1-2}/(MPa⁻¹)	灵敏度 S_t
				φ/(°)	c/kPa		
滨海沉积软土	40～100	15～18	1.0～2.3	1～7	2～20	1.2～3.5	2～7
湖泊沉积软土	30～60	15～19	0.8～1.8	0～10	5～30	0.8～3.0	4～8
河滩沉积软土	35～70	15～19	0.9～1.8	0～11	5～25	0.8～3.0	4～8
沼泽沉积软土	40～120	14～19	0.52～1.5	0	5～19	>0.5	2～10

第一章 软土

我国主要软土地区不同成因类型物理力学指标

表 1.1.4

成因类型	地区		土层埋深/m	含水率 ω/(%)	重度 γ/(kN/m³)	孔隙比 e	液限 ω_L/(%)	塑性指数 I_P	液性指数 I_L	有机质含量 W/(%)	压缩系数 a_{1-2}/(MPa⁻¹)	渗透系数 k/(cm/s)	固结快剪 ϕ/(°)	固结快剪 c/kPa	快剪 ϕ/(°)	快剪 c/kPa
泻湖相	温州		1～35	63	16.2	1.79	53	30	1.5	5～8	1.93		12	5	6	2
	宁波		2～12	56	17.0	1.58	46	19	1.23		2.50	3×10^{-8}				
			12～28	38	18.5	1.08	36	15	1.11		0.72	7×10^{-8}				
溺谷相	福州		3～19	68	15.0	1.87	54	29	2.4	8～14	2.05	8×10^{-8}	11	5		
			1～3,9～25	42	17.1	1.17	41	21	1.4		0.70	5×10^{-7}	16	10		
滨海相	天津		7～14	34	18.2	0.97	34	17	1.1		0.51	1×10^{-7}				
	塘沽		8～17	47	17.7	1.31	42	22		5～10	0.97	2×10^{-7}	4	17	2	13
			0～8,17～24	39	8.1	1.07	34	15			0.65					
	新港		1,9	79	15.5	2.05	67	36	1.33	5～10	1.23		2	13		
			>18	58	16.5	1.66		26	1.09		0.88					
	舟山		2～14	45	17.5	1.32	37	18			1.10	7×10^{-6}				
			17～32	36	18.0	1.03	34	14			0.65	3×10^{-7}				
	连云港			20～29	40～61	18.2～16.5	1.04～1.63				0.90～1.50		12～8	16～13		
三角洲相	上海		6～7	50	17.2	1.37	43	20	1.16		1.24	6×10^{-7}	15	5	6	16
			1.5～6,>20	37	17.9	1.05	34	13	1.05		0.72	2×10^{-8}	18	6	11	14
	杭州		3～9	47	17.3	1.34	41	19			1.30		14	6		
			9～19	35	18.4	1.02	33	15			1.17					
	广州		0.5～10	73	16.0	1.82	46	19			1.18	3×10^{-8}				
沼泽相	昆明			68	16.2	1.56	60	18			0.90		12	22		
				42	18.5	0.95	34	12			0.40		19	15		
	贵州	水城		91	14.7	2.30	77	34	1.47	17.1	2.14		2	4		
				71	15.7	1.80	72	32	1.01		1.18		3	6		
		盘县		83	14.7	2.16	75	32	1.32	19.7	2.25		2	9		
河漫滩相	南京长江河谷			40～50	18.0～17.2	0.93～1.32	35～44	17～20	1.01～1.6		0.50～0.80		4～10	2～18		
	苏北界首			48	17.4	1.31	39	16	1.56		1.09		5	11		
	水域			81	14.9	2.00	78	32	1.09	17.3	1.44					
				49	16.7	1.32	52	22	0.59	10.9	1.07					
洪积堆积相	水城			78	15.4	2.05	74	33	1.16	17.9	1.44		10	11		
				61	15.5	1.64	61	28	1.0	9.6	1.20		12	16		
	盘县			75	15.4	1.89	69	26	1.19	15.0	1.72		18	5	4	13
				65	15.1	1.81	78	36	0.88	15.6			15	15	4	22

第二节　软土地基勘察

一、勘察基本要求

勘察阶段可分为初步勘察和详细勘察，必要时应进行施工勘察。对大型厂址、重要工程尚应进行可行性研究勘察。但对简单场地、建筑经验成熟地区或位置已确定的工程，勘察阶段可适当简化，可仅进行详细勘察。

当建筑场地工程地质条件复杂，软土在平面上有显著差异时，应根据场地的稳定性和工程地质条件的差异，进行工程地质分区或分段。

勘探工作必须根据工程特性、场地工程地质条件、地层性质，选择合适的勘察方法。除钻探取样外，对软土厚度较大或夹有粉土、砂土时，可采用静力触探试验、标准贯入试验。对饱和流塑黏性土应采用十字板剪切试验、旁压试验、螺旋板载荷试验、扁铲侧胀试验。

采取土试样应采用薄壁取土器。取样时应避免扰动、涌土等；运输、储存、制备过程中均应防止试样的扰动。

对重要的建筑物和有特殊要求的软土地基，或对周围环境有影响的场地，在施工和使用过程中，应根据工程建设的需要，进行必要的监测。

二、勘察工作重点

软土地基勘察应着重查明和分析以下内容：

①软土的成因类型、埋藏条件、分布规律、层理特征，水平与垂直向的均匀性、渗透性，地表硬壳层的分布与厚度，下伏硬土层或基岩的埋藏条件、分布特征和起伏变化情况；

②软土的固结历史，强度和变形特征随应力水平的变化规律，以及结构破坏对强度和变形的影响程度；

③微地貌形态和暗浜、暗塘、墓穴、填土、古河道的分布范围和埋藏深度；

④地下水情况及其对基础施工的影响，基坑开挖、回填、支护、工程降水、打桩和沉井等对软土的应力状态、强度和压缩性的影响；

⑤地震区产生震陷的可能性及对震陷量的估算和分析。

三、勘察工作量的布置

1. 勘探孔间距

应根据工程性质、场地类别、勘察阶段确定。一般情况下可按表1.2.1确定。对深基础开挖工程，勘察范围应大于开挖边界线以外2倍开挖深度。对重大设备基础应单独布孔。对高耸构筑物勘探点的布置应符合有关要求。对桩基工程应按《工程地质手册》(第四版)第八篇第二章的要求布置勘探点。

勘探孔间距(单位:m)　　表1.2.1

场地类型	初勘阶段	详勘阶段		
		一级建筑物	二级建筑物	三级建筑物
简单场地	150～200	30～50	40～60	50～70
中等复杂场地	75～150	15～30	25～40	35～50
复杂场地	50～100	<15	<25	<35

第一章　软土

2. 勘探孔深度

初步勘察的勘察孔深度应根据建筑物等级和勘探孔种类，按表 1.2.2 和表 1.2.3 确定。

初步勘察勘探孔深度（单位：m）　　表 1.2.2

工程等级	勘探孔种类	
	一般性勘探孔	控制性勘探孔
一级建筑物	>30	>50
二级建筑物	>20	>30
三级建筑物	>10	>15

详细勘察勘探孔深度　　表 1.2.3

基础形式	基础宽度/m				
	1	2	3	4	5
条形基础	8	12	14		
单独基础		8	11	13	14

当预定深度范围内遇基岩或坚硬土层，除部分控制性勘探孔应钻入基岩或坚硬土层适当深度外，其他勘探孔达到基岩即可。

对箱形基础和筏板基础，控制性勘探孔的深度应超过地基变形计算深度。地基变形计算深度，对中、低压缩性土可取附加压力等于上覆土层有效自重压力 20%的深度；对高压缩性土层可取附加压力等于上覆土层有效自重应力 10%的深度。

对桩基础，应钻至桩可能最大入土深度以下不少于 3 m。控制性勘探孔应钻至软土层之下稳定坚实土层一定深度。

对大面积堆载场地，勘探孔深度一般为堆土高度，若需验算沉降，则由地基变形计算深度确定。

当需进行地基整体稳定性验算时，控制性勘探孔应根据具体条件满足验算要求。

四、试验要求

(一)室内试验

①软土常规固结试验的加荷等级应根据软土的土性特征、自重压力和建筑物荷重确定，一般第一级荷重宜为 25 kPa 或 50 kPa，最后一级荷重一般不超过 400 kPa。

②应根据工程对变形计算的不同要求，测定软土的压缩性指标(压缩系数、压缩模量、先期固结压力、压缩指数、回弹指数和固结系数)，可分别采用常规固结试验、高压固结试验等方法确定。

③对厚层高压缩性软土层，应测定次固结系数，用以计算由于次固结作用产生的沉降及其历时关系。

④软土的抗剪强度指标宜采用三轴剪切试验确定。三轴剪切试验方法应与工程要求一致。对土体可能发生大应变的工程，应测定残余抗剪强度。对饱和软土，应对试样在有效自重压力下预固结后再进行试验。

⑤软土的无侧限抗压强度试验应采用Ⅰ级土试样，并同时测定其灵敏度。

⑥有特殊要求时，应对软土进行蠕变试验，测定土的长期强度；当研究土对动荷载的反应时，可进行动扭剪试验、动单剪试验或动三轴试验。

⑦有机质含量宜采用重铬酸钾容量法测定。

(二)原位测试

软土的原位测试宜采用静力触探试验、旁压试验、十字板剪切试验、扁铲侧胀试验、载荷试验和螺旋板载荷试验。

①采用载荷试验确定地基承载力时，首级荷重应从试坑底面以上土的自重开始。承载力特征值宜按 $p_{0.02}$ 标准取值。为了解深部土层的承载特性时，可采用螺旋板载荷试验。

②十字板剪切试验，可测定不固结不排水条件下的抗剪强度、土的残余抗剪强度，并计算灵敏度。

③扁铲侧胀试验，可测定软土的弹性模量、静止土压力系数、水平基床系数，可判定土层名称和状态。

④宜采用注水试验，测定软土的渗透系数。

第三节　软土地基评价

一、场地稳定性评价

在建筑场地内，如遇下列情况之一时，应评价地基的稳定性：

①当建筑物离池塘、河岸、海岸等边坡较近时，应分析评价软土侧向塑性挤出或滑移的危险。

②当地基土受力范围内，软土下卧层为基岩或硬土层且其表面倾斜时，应分析判定软土沿此倾斜面产生滑移或不均匀变形的可能性。

③当地基土层中含有浅层沼气，应分析判定沼气的逸出对地基稳定性和变形的影响。

④当软土层之下分布有承压含水层时，应分析判定承压水水头对软土地基稳定性和变形的影响。

⑤当建筑场地位于强地震区时，应分析评价场地和地基的地震效应。

二、拟建场地和持力层的选择

①当场地有暗浜（塘）等不利因素存在时，建筑物的布置应尽量避开这些不利地段，如无法避开时，则必须进行地基处理。

②软土地区的地表一般分布有厚度不大的硬壳层，对于采用天然地基的轻型建筑应充分加以利用，选择硬壳层作为地基持力层，基础宜尽量浅埋。

③软土不宜作为桩基持力层，应选择软土层以下的硬土层或砂层作为桩基持力层。

④当地基主要受力层范围内，有薄砂层或软土与砂土互层时，应分析判定其对地基变形和承载力的影响。

三、地基承载力的确定

（一）软土地基承载力确定

软土地基承载力在不考虑变形的前提下，可根据室内试验、原位测试和当地经验，按下列方法综合确定：

①根据三轴不固结不排水剪切试验指标按《建筑地基基础设计规范》(GB 50007—2011)中的地基承载力计算式（已考虑基础的深度和宽度）计算。

②利用静力触探或其他原位测试资料与载荷试验或其他相应土性的直接试验结果建立的地区性相关公式计算确定。例如上海地区淤泥质土静探比贯入阻力 p_s 和锥尖阻力 q_c 与承载力特征值（未经深宽修正）之间经验关系如下式

$$f_{ak}=29+0.063p_s \tag{1.3.1}$$

第一章　软土

$$f_{ak}=29+0.072q_c \quad (1.3.2)$$

式中,f_{ak}为未经深宽修正的地基承载力特征值(kPa);p_s为比贯入阻力平均值(kPa),大于 800 kPa 时取 800 kPa;q_c为锥尖阻力平均值(kPa),大于 700 kPa 时取 700 kPa。

③利用物理性指标与承载力之间建立的对应关系确定。例如,沿海地区淤泥和淤泥质土承载力与天然含水率之间的对应关系。

④在已有建筑经验的地区,可以用工程地质类比法确定。

(二)上硬下软双层土地基承载力确定

当为上硬下软的双层土地基时,应进行软弱下卧层强度验算。

(三)软土地基承载力特征值

软土地基承载力实质上是由变形控制的,必须在满足建筑物变形要求的前提下,由设计人员按基础的实际尺寸、埋深和建筑物的地基变形允许值最终确定地基承载力特征值。

四、地基变形评价

软土地基沉降计算可采用分层总和法或应力历史法,并应根据当地经验进行修正。必要时,应考虑软土的次固结效应。

当建筑物相邻高低层荷载相差较大时,应分析其变形差异和相互影响,当地面有大面积堆载时,应分析对相邻建筑物的不利影响。

五、地下水与施工

软土地区有关地下水及基坑开挖方面的评价内容如下:

①地下水对基础材料的腐蚀性评价。

②地下水对箱基、筏基或其他地下结构物在地下水水位变化幅度范围内发生上浮的可能性。

③由于施工降水或大量抽取地下水引起地下水水位下降后,发生地面沉降的可能性及其对工程和周围环境的影响。

④基坑开挖过程中,引起潜蚀、流沙、涌土、坑底隆起及坑侧土体位移的可能性,以及其对施工安全和周围环境可能造成的影响。当基坑下部存在承压含水层时,应评价承压水水头对基坑稳定性的影响。

六、地基处理

(一)对暗浜、暗塘、墓穴、古河道的处理

①当范围不大时,一般采用基础加深或换垫处理;

②当宽度不大时,一般采用基础梁跨越处理;

③当范围较大时,一般采用短桩处理。

(二)对表层或浅层不均匀地基及软土的处理

①对不均匀地基常采用机械碾压法或夯实法;

②对软层常采用垫层法。

(三)对厚层软土处理

①采用堆载预压法或真空预压法,或在地基土层中埋置砂井、袋装砂井或塑料排水板与预压相结合的方法;

②采用复合地基,包括砂桩、碎石桩、灰土桩、旋喷桩和小断面的预制桩等;

③采用桩基,穿透软土层以达到增大承载力和减小沉降量的目的。

第二章 湿陷性土

第一节 黄土的成因、时代和分布

一、黄土的一般特征

我国黄土一般具有以下特征，当缺少其中一项或几项特征的称为黄土状土。

①颜色以黄色、褐黄色为主，有时呈灰黄色；

②颗粒组成以粉粒（粒径 0.05～0.005 mm）为主，含量一般在 60%以上，粒径大于 0.25 mm的甚为少见；

③有肉眼可见的大孔，孔隙比一般在 1.0 左右；

④富含碳酸盐类，垂直节理发育。

二、黄土的地层划分和野外性状

我国黄土的堆积时代包括整个第四纪。黄土地层的划分列于表 2.1.1，黄土的野外性状列于表 2.1.2。

黄土地层的划分　　表 2.1.1

年代		黄土名称		成因		湿陷性
全新世 Q_4	近期 Q_4^2	新黄土	新近堆积黄土	次生黄土	以水成为主	强湿陷性
	早期 Q_4^1		黄土状土			一般具湿陷性
晚更新世 Q_3			马兰黄土	原生黄土	以风成为主	
中更新世 Q_2		老黄土	离石黄土			上部部分土层具湿陷性
早更新世 Q_1			午城黄土			不具湿陷性

注：1. 测定黄土湿陷性的试验压力为 200～300 kPa。

2. 深层离石黄土（Q_2）在大压力（超过 300 kPa）作用下有时会呈现湿陷性。

三、我国湿陷性黄土的分布和工程地质分区

（一）黄土分布的气候特征

我国黄土主要分布在北纬 33°～47°之间。在此区域内，一般气候干燥，降雨量少，蒸发量大，属于干旱、半干旱气候类型。黄土分布地区年平均降雨量为 250～600 mm。年平均降雨量小于 250 mm 的地区，黄土很少出现，主要为沙漠和戈壁。年平均降雨量大于 750 mm 的地区，也基本上没有黄土。

黄土的野外性状 表 2.1.2

黄土名称	颜色	特征及包含物	古土壤	沉积环境	挖掘情况
Q_4^2 新近堆积黄土	浅褐至深褐色，或黄至黄褐色	土质松散不均，多虫孔和植物根孔，有粉末状或条纹状碳酸盐结晶，含少量小砾石或钙质结核，有时有砖瓦碎块或朽木等	无	河漫滩低级阶地，山间洼地的表面，黄土塬、峁的坡脚，洪积扇或山前坡积地带，老河道及填塞的沟槽洼地的上部	锹挖很容易，进度较快
Q_4^1 黄土状土	褐黄至黄褐色	具有大孔、虫孔和植物根孔，含少量小的钙质结核或小砾石。有时有人类活动遗物，土质较均匀	底部有深褐色黑垆土	河流阶地的上部	锹挖容易，但进度稍慢
Q_3 马兰黄土	浅黄、褐黄或黄褐色	土质均匀、大孔发育，具垂直节理，有虫孔及植物根孔，有少量小的钙质结核，呈零星分布	底部有一层古土壤，作为与 Q_2 黄土的分界	河流阶地和黄土塬、梁、峁的上部，以及黄土高原与河谷平原的过渡地带	锹、镐挖掘不困难
Q_2 离石黄土	深黄、棕黄或黄褐色	土质较密实，有少量大孔。古土壤层下部钙质结核含量增多，粒径可达5～20 cm，常成层分布成为钙质结核层	夹有多层古土壤层，称"红三条"或"红五条"，甚至更多	河流高阶地和黄土塬、梁、峁的黄土主体	锹、镐挖掘困难
Q_1 午城黄土	淡红或棕红色	土质密实，无大孔，柱状节理发育，钙质结核含量较 Q_2 黄土少	古土壤层不多	第四纪早期沉积，底部与第三纪红黏土或砂砾层接触	锹、镐挖掘很困难

(二)我国湿陷性黄土的工程地质分区

我国湿陷性黄土的工程地质分区见表 2.1.3。

我国湿陷性黄土的工程地质分区 表 2.1.3

分区	亚区	地貌	黄土层厚度/m	湿陷性黄土层厚度/m	地下水埋藏深度/m	工程地质特征
陇西地区 Ⅰ		低阶地	4～25	3～16	4～18	自重湿陷性黄土分布很广，湿陷性黄土层厚度通常大于 10 m，地基湿陷等级多为Ⅲ～Ⅳ级，湿陷性敏感
		高阶地	15～100	8～35	20～80	
陇东—陕北—晋西地区 Ⅱ		低阶地	3～30	4～11	4～14	自重湿陷性黄土分布广泛，湿陷性黄土层厚度通常大于 10 m，地基湿陷等级一般为Ⅲ～Ⅳ级，湿陷性较敏感
		高阶地	50～150	10～15	40～60	

分区	亚区	地貌	黄土层厚度/m	湿陷性黄土层厚度/m	地下水埋藏深度/m	工程地质特征
关中地区 Ⅲ		低阶地	5～20	4～10	6～18	低阶地属非自重湿陷性黄土，高阶地和黄土塬多属自重湿陷性黄土，湿陷性黄土层厚度：在渭北高原一般大于10 m，在渭河流域两岸多为4～10 m，秦岭北麓地带有的小于4 m。地基湿陷等级一般为Ⅱ～Ⅲ级，自重湿陷性黄土层一般埋藏较深，湿陷发生较迟缓
		高阶地	50～100	6～23	14～40	
山西地区 Ⅳ	汾河流域区 Ⅳ$_1$	低阶地	8～15	2～10	4～8	低阶地属非自重湿陷性黄土，高阶地(包括山麓堆积)多属自重湿陷性黄土。湿陷性黄土层厚度多为5～10 m，个别地段小于5 m或大于10 m，地基湿陷等级一般为Ⅱ～Ⅲ级。在低阶地新近堆积黄土(Q_4^2)分布较普遍，土的结构松散，压缩性高
		高阶地	30～100	5～20	50～60	
	晋东南区 Ⅳ$_2$		30～53	2～12	4～7	
河南地区 Ⅴ			6～25	4～8	5～25	一般为非自重湿陷性黄土。湿陷性黄土层厚度一般为5 m，土的结构较密实，压缩性较低。该区浅部分布新近堆积黄土，压缩性较高
冀鲁地区 Ⅵ	河北区 Ⅵ$_1$		3～30	2～6	5～12	一般为非自重湿陷性黄土，湿陷性黄土层厚度一般小于5 m，局部地段为5～10 m，地基湿陷等级一般为Ⅱ级，土的结构较密实，压缩性低，在黄土边缘地带及鲁山北麓的局部地段，湿陷性黄土层薄，含水率高，湿陷系数小，地基湿陷等级为Ⅰ级或不具湿陷性
	山东区 Ⅵ$_2$		3～20	2～6	5～8	
北部边缘地区 Ⅶ	宁—陕区 Ⅶ$_1$		5～30	1～10	5～25	为非自重湿陷性黄土，湿陷性黄土层厚度一般小于5 m，地基湿陷等级一般为Ⅰ～Ⅱ级，土的压缩性低，土中含砂量较多，湿陷性黄土分布不连续
	河西走廊区 Ⅶ$_2$		5～10	2～5	5～10	
	内蒙中部—辽西区 Ⅶ$_3$	低阶地	5～15	5～11	5～10	靠近山西、陕西的黄土地区，一般为非自重湿陷性黄土，地基湿陷等级一般为Ⅰ级，湿陷性黄土层厚度一般为5～10 m。低阶地新近堆积黄土(Q_4^2)分布较广，土的结构松散，压缩性较高，高阶地土的结构较密实，压缩性较低
		高阶地	10～20	8～15	12	
	Ⅶ$_4$		5～35	1.2～16	5～30	多属自重湿陷性黄土，湿陷性黄土层厚一般为5～10 m，地基湿陷等级为Ⅱ～Ⅲ级，压缩性较高，局部地段含水率较大，部分地区黄土含砂量大
新疆地区 Ⅷ			3～30	2～10	1～20	一般为非自重湿陷性黄土场地，地基湿陷等级为Ⅰ～Ⅱ级，局部为Ⅲ级，湿陷性黄土层厚度一般小于8 m，天然含水率较低，黄土层厚度和湿陷性变化大。主要分布于沙漠边缘，冲、洪积扇中上部，河流阶地和山麓斜坡，北疆呈连续条状分布，南疆呈零星分布

第二节　黄土的基本性质

一、湿陷性黄土的物理性质

①颗粒组成：我国一些主要湿陷性黄土地区黄土的颗粒组成见表 2.2.1。

湿陷性黄土的颗粒组成

表 2.2.1

地　区	粒径/mm		
	砂粒(>0.05)	粉粒(0.05~0.005)	黏粒(<0.005)
陇西	20%~29%	58%~72%	8%~14%
陕北	16%~27%	59%~74%	12%~22%
关中	11%~25%	52%~64%	19%~24%
山西	17%~25%	55%~65%	18%~20%
豫西	11%~18%	53%~66%	19%~26%
总体	11%~29%	52%~74%	8%~26%

②孔隙比：变化在 0.85~1.24 之间，大多数在 1.0~1.1 之间。孔隙比是影响黄土湿陷性的主要指标之一。西安地区的黄土当 $e<0.9$，兰州地区的黄土当 $e<0.86$，一般不具湿陷性或湿陷性很弱。

③天然含水量：黄土的天然含水率与湿陷性关系密切。三门峡地区的黄土当 $w>23\%$、西安地区的黄土当 $w>24\%$、兰州地区的黄土当 $w>25\%$时，一般就不具湿陷性。

④饱和度：饱和度越小，黄土的湿陷系数越大。西安地区当 $S_r>70\%$时，只有 3%左右的黄土具轻微湿陷性；当 $S_r>75\%$时，黄土已不具湿陷性。

⑤液限：是决定黄土性质的另一个重要指标。当 $w_L>30\%$时，黄土的湿陷性一般较弱。

二、湿陷性黄土的力学性质

(一)黄土的结构性与欠压密性

1. 结构性

湿陷性黄土在一定条件下具有保持土的原始基本单元结构形式不被破坏的能力。这是由于黄土在沉积过程中的物理化学因素促使颗粒相互接触处产生了固化联结键，这种固化联结键构成土骨架具有一定的结构强度，使得湿陷性黄土的应力应变关系和强度特性表现出与其他土类明显不同的特点。湿陷性黄土在其结构强度未被破坏或软化的压力范围内，表现出压缩性低、强度高等特性。但当结构性一旦遭受破坏时，其力学性质将呈现屈服、软化、湿陷等性状。

2. 欠压密性

湿陷性黄土由于特殊的地质环境条件，沉积过程一般比较缓慢，在此漫长过程中，上覆压力增长速率始终比颗粒间固化键强度的增长速率要缓慢得多，使得黄土颗粒间保持着比较疏松的高孔隙度结构而未在上覆荷重作用下被固结压密，处在欠压密状态。

在低含水率情况下，黄土的结构性可以表现为较高的视先期固结压力，而使得超固结比 OCR 值常大于 1，一般可能达到 2~3。这种现象完全不同于表征土层应力历史和压密状态的超固结。湿陷性黄土实质上是欠压密土，而由于土的结构性所表现出来的超固结称为视超固结。

(二)黄土的压缩性与抗剪强度

1. 压缩性

湿陷性黄土的压缩系数一般介于 0.1～1.0 MPa^{-1}之间。

湿陷性黄土的压缩模量一般在 2.0～20.0 MPa 之间，在结构强度被破坏之后，压缩模量一般随作用压力的增大而增大。

实际试验结果表明，湿陷性黄土通过载荷试验结果按弹性理论公式算出的变形模量 E_0 比由压缩试验得出的压缩模量大得多，两者的比值在 2～5 之间。

由于黄土结构的复杂性和影响压缩变形的因素较多，所以黄土的压缩性与其物理性质(如孔隙比等)之间没有很明显的对应关系。

2. 抗剪强度

黄土的抗剪强度除与土的颗粒组成、矿物成分、黏粒和可溶盐含量等有关外，主要取决于土的含水率和密实程度(用干密度或孔隙比表示)。

(1)含水率的影响

当黄土的含水率低于塑限时，水分变化对强度的影响较大，直剪仪中用慢剪法得出的试验结果表明，对于塑限为 18.2%～20.7%的黄土，当含水率由 7.8%增加到 18.2%时，内摩擦角和黏聚力都降低了 1/4 左右；当含水率超过塑限时，抗剪强度降低幅度相对较小；而超过饱和含水率后，抗剪强度变化不大。

(2)干密度的影响

当土的含水率相同时，土的干密度越大，则抗剪强度就越高，见表 2.2.2。

黄土在不同干密度不同含水量的抗剪强度指标 表 2.2.2

ρ_d/(t/m³)	w/(%)	φ	c/kPa
1.25～1.27	3.9	39°20′	70
	8.6	33°50′	52
	14.5	31°20′	32
	19.2	30°10′	21
	23.8	26°20′	6
	27.9	26°	2
1.36～1.38	6.1	36°50′	80
	9.5	35°	65
	12.8	31°20′	46
	15.1	29°	35
	20.6	28°20′	20
	25.4	26°30′	10
	26.5	25°20′	5
1.42～1.44	7.0	34°10′	96
	12.1	28°50′	58
	15.8	28°30′	46
	18.3	29°20′	40
	21.0	27°	26
	23.3	26°30′	20
	25.6	25°50′	10

续上表

ρ_d/(t/m³)	w/(%)	φ	c/kPa
1.48～1.50	7.8	37°10′	157
	10.0	33°	120
	14.4	28°20′	80
	18.5	26°30′	52
	24.4	26°	20
1.53～1.55	14.3	36°10′	132
	17.7	34°30′	100
	21.6	31°20′	70
	23.9	26°10′	42
	25.6	25°40′	31
	26.8	25°10′	26

(3)结构强度的影响

由于结构强度的影响，非饱和黄土的抗剪强度可以用两段直线来表达

$$\tau=\begin{cases}\sigma\tan\varphi_1+c\\ \sigma\tan\varphi_1+c+(\sigma-\sigma_c)\tan\varphi_2\end{cases}\tag{2.2.1}$$

式中，τ 为非饱和黄土的极限抗剪强度(kPa)；σ 为作用在剪切面上的法向应力(kPa)；φ_1、φ_2 分别为结构强度破坏前和破坏后的内摩擦角(°)；σ_c 为前后两段直线转折点处相当于结构强度的法向应力(kPa)；c 为黏聚力(kPa)。

(4)非饱和土的强度特性

在一般情况下，黄土的孔隙中既有水又有空气，属于非饱和土。由于要考虑净应力和吸力的影响，所以它的力学特性要比饱和土复杂得多，人们把饱和土的有效应力原理推广到对非饱和土强度的研究。其中最著名的有 Bishop(1960)提出的有效应力强度公式

$$\tau=c'+[(\sigma-u_a)+x(u_a-u_w)]\tan\varphi'\tag{2.2.2}$$

式中，c'、φ'为有效应力抗剪强度指标；σ 为法向应力；u_a 为孔隙气压力；u_w 为孔隙水压力；$(\sigma-u_a)$为净应力；(u_a-u_w)为吸力；x 为有效应力参数，对于饱和土 $x=1$，对于干土 $x=0$，对于一般非饱和土，$0<x<1$。

Fredlund(1993)提出用双变量表示非饱和土强度的公式为

$$\tau=c'+[(\sigma-u_a)\tan\varphi'+(u_a-u_w)]\tan\varphi^b\tag{2.2.3}$$

式中，φ^b 为当其他因素为定值时，抗剪强度 τ 值与吸力(u_a-u_w)关系直线斜率的反正切角；其余符号意义同上。

确定非饱和土的抗剪强度时，关键问题是通过试验测定非饱和土在不同密度和湿度(或饱和度)情况下的孔隙气压力 u_a 和孔隙水压力 u_w，吸力 $s=u_a-u_w$ 是土的密度和湿度(或饱和度)，以及应力状态的函数，测定的设备和技术比较复杂。

三、黄土的物理力学性质指标

(一)不同地质年代黄土的物理力学性质

不同地质年代黄土的物理力学性质(表 2.2.3)。

不同地质年代黄土的物理力学性质　　表 2.2.3

地质年代	物理性质		力学性质			
	干密度 ρ_d	孔隙比 e	压缩性	渗透性	抗剪强度	湿陷特性
Q_4	小	大	高	强	低	强
Q_3	较小	较大	较高	较强	较低	较强
Q_2	较大	较小	较低	较弱	较高	弱
Q_1	大	小	低	弱	高	无

(二)不同地区湿陷性黄土的物理力学性质指标

不同地区湿陷性黄土的物理力学性质指标(表 2.2.4)。

不同地区湿陷性黄土的物理力学性质指标　　表 2.2.4

工程地质分区	亚区	地貌	物理力学性质指标							
			含水率 w/(%)	天然密度 ρ/(g/cm³)	液限 w_L/(%)	塑性指数 I_p	孔隙比 e	压缩系数 a/(MPa⁻¹)	湿陷系数 δ_s	自重湿陷系数 δ_{zs}
陇西地区 Ⅰ		低阶地	6~25	1.20~1.80	21~30	4~12	0.70~1.20	0.10~0.90	0.020~0.200	0.010~0.200
		高阶地	3~20	1.20~1.80	21~30	5~12	0.80~1.30	0.10~0.70	0.020~0.220	0.010~0.200
陇东—陕北—晋西地区 Ⅱ		低阶地	10~24	1.40~1.70	20~30	7~13	0.97~1.18	0.26~0.67	0.019~0.079	0.005~0.041
		高阶地	9~22	1.40~1.60	26~31	8~12	0.80~1.20	0.17~0.63	0.023~0.088	0.006~0.048
关中地区 Ⅲ		低阶地	14~28	1.50~1.80	22~32	9~12	0.94~1.13	0.24~0.64	0.029~0.076	0.003~0.039
		高阶地	11~21	1.40~1.70	27~32	10~13	0.95~1.21	0.17~0.63	0.030~0.080	0.005~0.042
山西地区 Ⅳ	汾河流域区 $Ⅳ_1$	低阶地	9~19	1.50~1.70	25~29	8~12	0.94~1.10	0.24~0.87	0.030~0.070	
		高阶地	11~18	1.50~1.60	27~31	10~13	0.97~1.18	0.17~0.62	0.027~0.089	0.007~0.040
	晋东南区 $Ⅳ_2$		18~23	1.50~1.80	27~33	10~13	0.85~1.02	0.29~1.00	0.030~0.07	
河南地区 Ⅴ			16~21	1.60~1.80	26~32	10~13	0.86~1.07	0.18~0.33	0.023~0.045	
冀鲁地区 Ⅵ	河北区 $Ⅵ_1$		14~18	1.60~1.70	25~29	9~13	0.85~1.00	0.18~0.60	0.024~0.048	
	山东区 $Ⅵ_2$		15~23	1.60~1.70	28~31	10~13	0.85~0.90	0.19~0.51	0.020~0.041	
北部边缘地区 Ⅶ	宁—陕区 $Ⅶ_1$		7~13	1.40~1.60	22~27	7~10	1.02~1.14	0.22~0.57	0.032~0.059	
	河西走廊区 $Ⅶ_2$		14~18	1.60~1.70	23~32	8~12		0.17~0.36	0.029~0.050	
	内蒙中部—辽西区 $Ⅶ_3$	低阶地	6~20	1.50~1.70	19~27	8~10	0.87~1.05	0.11~0.77	0.026~0.048	0.040
		高阶地	12~18	1.50~1.90		9~11	0.85~0.99	0.10~0.40	0.020~0.041	0.069
	$Ⅶ_4$		6~24	1.40~1.56	26~28	8~9.50	0.581~1.313	0.12~1.77	0.015~0.116	0.015~0.052
新疆地区 Ⅷ			3~27	1.30~2.00	19~34	6~18	0.69~1.30	0.10~1.05	0.015~0.199	

我国湿陷性黄土在地域分布上具有以下的总体规律：由西北向东南，黄土的密度(ρ)、含水率(w)和强度都是由小变大，而渗透性(k)、压缩性(a_{1-2})和湿陷性(δ_s)都是由大变小，颗粒组成由粗变细，黏粒含量由少变多，易溶盐由多变少。

(三)个别地区或城市黄土的物理力学性质指标

个别地区或城市黄土的物理力学性质指标(表2.2.5、表2.2.6)。

黄河中游地区黄土的物理力学性质指标 表2.2.5

性质指标	变化范围	平均值
孔隙比 e	0.67～1.13	0.92
孔隙率 n/(%)	40.1～53.1	47.8
含水率 w/(%)	10.7～23.4	18.0
干密度 ρ_d/(t/m^3)	1.10～1.68	1.45
液限 w_L/(%)	25.4～32.1	28.7
塑限 w_p/(%)	15.4～20.5	18.5
塑性指数 I_p/(%)	8.2～14.0	11.7
液性指数 I_L		<0.1
压缩系数 a_{1-2}/(MPa^{-1})	0.02～0.90	0.43
渗透系数 k_{10}/(cm/s)	4.8×10^{-4}～5.8×10^{-5}	1.5×10^{-4}
黏聚力 c/kPa	21～76	45.0
内摩擦角 φ/(°)	20.6～33.6	27.0

我国西部四个城市湿陷性黄土的性质指标 表2.2.6

性质指标		兰州	太原	西安	洛阳
年降雨量/mm		330	500	600	650
相对湿度/(%)		60	60	65	71
颗粒组成/(%)	>0.05 mm	20～29	17～25	11～25	11～18
	0.05～0.005 mm	58～72	55～65	52～64	53～66
	<0.005 mm	8～15	18～20	19～25	19～26
天然密度 ρ/(t/m^3)		1.33～1.69	1.45～1.72	1.50～1.67	1.60～1.80
含水率 w/(%)		9.2～18.0	11.0～20.0	15.0～22.0	16.0～24.0
饱和度 S_r/(%)		27～40	25～46	48～60	50～60
孔隙比 e		0.9～1.0	0.9～1.2	0.8～1.1	0.8～1.1
液限 w_L/(%)		23.0～28.5	25.0～31.0	26.0～31.0	26.0～32.0
塑性指数 I_p		8～11	9.5～11	9.5～12	10～13
湿陷土层厚度/m		5～20	2～15	5～12	4～8
湿陷系数 δ_s		0.03～0.11	0.03～0.07	0.03～0.08	0.02～0.05
湿陷起始压力 p_{sh}/kPa		25～50	50	80～100	100～120
湿陷等级		Ⅲ～Ⅳ	Ⅱ	Ⅱ～Ⅲ	Ⅰ～Ⅱ
湿陷性质		强烈	中等	中等	弱

第三节 黄土的湿陷性评价

一、基本概念

(一)黄土的湿陷性

1. 湿陷变形

湿陷性黄土在一定压力作用下,下沉稳定后浸水饱和所产生的附加下沉量。

湿陷变形是在充分浸水饱和情况下产生的,它的大小除了与土本身密度和结构性有关外,主要取决于土的初始含水率和浸水饱和时的作用压力。

2. 初始含水率 w_0(%)

湿陷性黄土在进行湿陷性试验时浸水增湿前的含水率。初始含水率 w_0 较低的湿陷性黄土,其湿陷变形相对较大。

3. 湿陷系数 δ_s

单位厚度的土样所产生的湿陷变形,以小数表示。湿陷系数 δ_s 是判定黄土湿陷性的定量指标,由室内压缩试验测定(图 2.3.1)。

$$\delta_s=\frac{h_p-h_p'}{h_0} \tag{2.3.1}$$

式中,h_p 为保持天然湿度和结构的试样,加至一定压力时,下沉稳定后的高度(mm);h_p'为上述加压稳定后的试样,在浸水(饱和)作用下,附加下沉稳定后的高度(mm);h_0 为试样的原始高度(mm)。

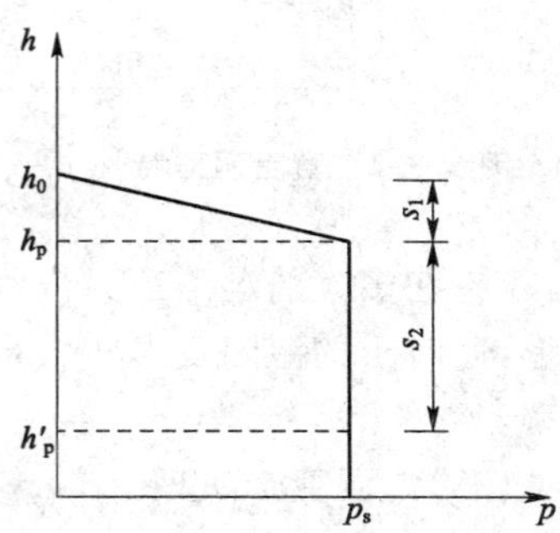

图 2.3.1 湿陷系数测定

h-土样高度;p-作用压力;s_1-加荷变形;s_2-湿陷变形

4. 湿陷压力 p_{sh}(kPa)

产生湿陷变形时所作用的压力。

《湿陷性黄土地区建筑规范》(GB 50025—2004)规定,测定湿陷系数的试验压力,应自基础底面(如基底标高不确定时,自地面下1.5 m)算起,10 m 以内的土层应采用 200 kPa,10 m以下至非湿陷性土层顶面,应采用其上覆土的饱和自重压力(当大于 300 kPa 时,仍采用 300 kPa)。当基底压力大于 300 kPa 时,宜采用实际压力。对压缩性较高的新近沉积黄土,基底下 5 m 以内的土层用 100~150 kPa 压力,5~10 m 和 10 m 以下至非湿陷性黄土层顶面,应分别用 200 kPa 和上覆土的饱和自重压力。

(二)黄土的湿陷特性曲线

1. p_s-δ_s 曲线

以湿陷压力 p_s 为横坐标,相应的湿陷系数 δ_s 为纵坐标,绘制得出不同湿陷压力作用的湿陷系数曲线,即黄土的湿陷特性 p_s-δ_s 曲线(图 2.3.2)。

p_s-δ_s 曲线可根据室内压缩试验(一般可用单线法或经过修正的双线法)结果绘制。

2. 峰值湿陷系数 δ_{sm}

p_s-δ_s 曲线上呈现最大的湿陷系数峰值。

3. 峰值湿陷压力 p_{sm}(kPa)

p_s-δ_s 曲线上与峰值湿陷系数相应的湿陷压力。

峰值湿陷系数和峰值湿陷压力一般随着土的初始含水率增大而降低。

4. 湿陷起始压力 p_{sh}(kPa)

湿陷性黄土的湿陷系数达到 0.015 时的最小湿陷压力。湿陷起始压力随着土的初始含水率的增大而增大。

当湿陷压力小于湿陷起始压力时,相应的湿陷系数将达不到 0.015,在非自重湿陷性黄土场地上,当地基内各土层的湿陷起始压力大于其附加压力与上覆土的饱和自重压力之和时,各类建筑可按非湿陷性黄土地基设计。

5. 湿陷终止压力 p_{sf}(kPa)

湿陷性黄土的湿陷系数等于或大于 0.015 的最大湿陷压力。

湿陷终止压力随着土的初始含水率的增大而减小。当湿陷压力大于湿陷终止压力时,相应的湿陷系数将减小至 0.015 以下。

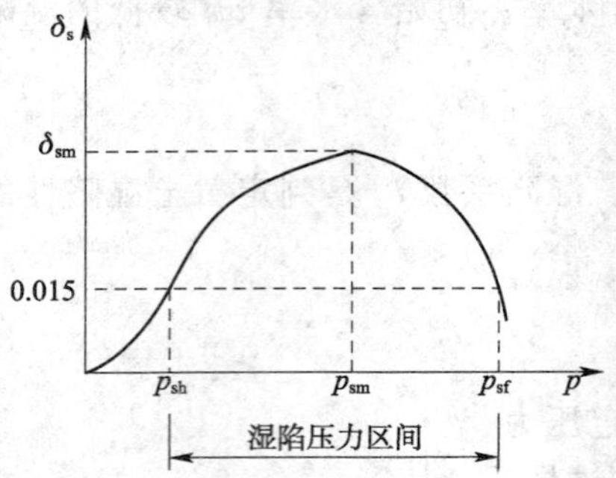

图 2.3.2　黄土湿陷特性 p_s-δ_s 曲线

6. 湿陷压力区间

只有当湿陷压力超过湿陷起始压力而又不大于湿陷终止压力时浸水饱和,才能产生相当于湿陷系数 δ_s 等于或大于 0.015 的湿陷变形。这个压力区段称为湿陷压力区间,其幅度随着土的初始含水率增大而缩减。

湿陷起始压力、湿陷终止压力和湿陷压力区间都可以从 p_s-δ_s 曲线上得到,见图 2.3.2。

7. 湿陷极限含水率 ω_{ul}(%)

湿陷性黄土的初始含水率达到或超过某一极值时,不论在多大的湿陷压力作用下,都不会产生相当于湿陷系数 δ_s 等于或大于 0.015 的湿陷变形,此时土的湿陷变形将大部或全部转化为压缩变形,这个含水率极值称为湿陷极限含水率。

(三)增湿变形机理

1. 增湿变形

黄土在某一压力作用下,下沉稳定后由于湿度增大(不一定充分饱和)而产生的附加下沉量。

湿陷变形是充分浸水饱和时增湿变形的特殊情况。增湿变形包含了黄土在压力作用下由于增湿而产生的全部变形性状,它的定义域要比湿陷变形广泛得多。

2. 增湿含水率 w_s(%)

黄土在增湿后所达到的含水率。

增湿含水率以初始含水率 w_0 为初值而以饱和含水率 w_{sat} 为最大值。

3. 增湿变形系数 δ_s'

单位厚度的土样所产生的增湿变形,以小数表示。

增湿变形系数的大小与黄土增湿前的初始含水率 w_0、增湿时的作用压力 p_s' 和增湿含水率 w_s 有关。

4. 增湿起始压力 p_{sh}'(kPa)

黄土从 w_0 增湿到 w_s 产生的增湿变形系数 δ_s' 达到 0.015 时所需要的最小作用压力。

非饱和增湿时，增湿起始压力大于湿陷起始压力；如果充分增湿达到饱和，增湿起始压力就等于湿陷起始压力。

增湿起始压力 p_{sh}'(kPa)随土的初始含水率 w_0 的增加而增大。

5. 增湿起始含水率 w_{sh}(%)

初始含水率为 w_0 的湿陷黄土在给定压力 p_s' 作用下增湿变形系数 δ_s' 达到 0.015 时的最小增湿含水率。增湿起始含水率 w_{sh} 大于初始含水率 w_0 而以饱和含水率 w_{sat} 为最大值，并随作用压力的降低而增大。

(四)力与水的作用次序

1. 预湿法和后湿法

预湿法试验先从初始含水率 w_0 等荷增湿(包括无荷增湿)到增湿含水率 w_s(假定体积不变)，再加荷至一定压力，产生固结变形。

后湿法试验先从初始含水率 w_0 保湿加荷至一定压力，下沉稳定后在此压力作用下等荷增湿至给定的增湿含水率 w_s，产生增湿变形。

湿陷性试验一般采用后湿法。

2. 单线法和双线法

湿陷性试验的单线法是在同一取土点同一深度处至少取 5 个环刀试样，各个试样在天然湿度下分别加荷至不同压力，下沉稳定后浸水饱和分别得到不同压力的湿陷系数，也就是 5 个试样分别进行 5 次不同湿陷压力作用下的后湿法试验。

湿陷性试验的双线法是在同一取土点同一深度处取 2 个环刀试样，其中一个试样进行给定湿陷压力作用下的后湿法试验，另一个试样在第一级压力作用下下沉稳定后，进行预湿法试验直至加荷到与第 1 个试样相同的最后一级压力。

3. 次序效应

预湿法和后湿法虽然含水率的起点和终点是相同的，但就其含水率的变化过程来说，预湿法时水参与的作用要比后湿法时水的作用大得多，在三轴试验中，由于预湿饱和含水率大，对泊松比 ν 的影响较大，所以预湿法的变形要大一些，单双线法的结果差值较大。但在有侧限的压缩试验中，由于限制了侧向变形，致使单双线法的结果大致相同。

实测资料表明，在压力较小时，浸水的先后次序对湿陷性黄土的沉降变形影响不大，但压力较大时，预湿法的变形要大些。

二、黄土湿陷性评价

(一)湿陷性的判定

当湿陷系数 $\delta_s<0.015$ 时，应定为非湿陷性黄土；当湿陷系数 $\delta_s\geq0.015$时，应定为湿陷性黄土。

以湿陷系数是否大于或等于 0.015 作为判定黄土湿陷性的界限值，是根据我国黄土地区的工程实践经验确定的。

(二)湿陷程度

湿陷性黄土的湿陷程度，可根据湿陷系数 δ_s 值的大小分为下列三种：

①当 $0.015\leq\delta_s\leq0.03$ 时，湿陷性轻微；

②当 $0.03<\delta_s\leq0.07$ 时，湿陷性中等；

③当 $\delta_s>0.07$ 时，湿陷性强烈。

(三)场地湿陷类型

1. 自重湿陷系数 δ_{zs}

单位厚度的土样在该试样深度处上覆土层饱和自重压力作用下所产生的湿陷变形，以小数表示，并按下式计算

$$\delta_{zs}=\frac{h_z-h_z'}{h_0} \tag{2.3.2}$$

式中，h_z 为保持天然湿度和结构的试样，加压至该试样上覆土的饱和自重压力时，下沉稳定后的高度(mm)；h_z'为上述加压稳定后的试样，在浸水(饱和)作用下，附加下沉稳定后的高度(mm)；h_0 为试样的原始高度(mm)。

自重湿陷系数主要用于计算自重湿陷量，它本身并不作为判定黄土湿陷性的定量指标。

测定自重湿陷系数 δ_{zs}应符合下列要求。

①上覆土的饱和自重压力应自天然地面(当有挖、填方时，应自整平后的地面)算起。

②饱和自重压力按下式计算

$$p_{sz}=g\sum_{i=1}^{n}\rho_{si}h_i \tag{2.3.3}$$

式中，p_{sz}为该试样深度处上覆土饱和自重压力(kPa)；g 为重力加速度，$g=9.81\text{m/s}^2$；n 为该深度范围内土的分层数；ρ_{si}为第 i 层土的饱和密度(t/m³)；h_i 为第 i 层土的厚度(m)。

土的饱和密度 ρ_{si}可按下式计算

$$\rho_{si}=\frac{\rho_{oi}}{1+0.01w_{oi}}\left[1-\frac{0.01S_r}{d_{si}}\right]+0.01S_r\rho_w \tag{2.3.4}$$

式中，ρ_{oi}为第 i 层土的天然密度(t/m³)；w_{oi}为第 i 层土的天然含水率(%)；d_{si}为第 i 层土的相对密度(比重)；S_r 为土在浸水饱和后的饱和度(%)；ρ_w 为水的密度，$\rho_w=1.0$(t/m³)。

如果将黄土的 G_s 取值 2.71，将 S_r 取值 85%，则式(2.3.4)可简化写成

$$\rho_{si}=\alpha_i\rho_{oi}+0.85 \tag{2.3.5}$$

$$\alpha_i=\frac{0.686}{1+0.01\omega_{oi}} \tag{2.3.6}$$

式中，α_i 为第 i 层土的饱和密度修正系数，与天然含水率有关。

在实际工作中，可将式(2.3.5)列成表 2.3.1。如果在测定黄土天然密度的同时，能估计该土样的天然含水率，就能从式(2.3.5)或表 2.3.1 得出相当于饱和度为 85%时的饱和密度。

2. 自重湿陷量

(1)实测自重湿陷量

实测自重湿陷量 Δ_{zs}'(mm)根据现场试坑浸水试验确定，并符合下列要求。

①试坑宜挖成圆(方)形，其直径(边长)不应小于湿陷性黄土层的厚度，且不应小于 10 m，试坑深度宜为 0.5 m，最深不应大于 0.8 m，坑底宜铺 100 mm 厚的砂、砾石。

②在坑底中部及其他部位，应对称设置观测自重湿陷的深标点，设置深度及数量宜按各湿陷土层顶面深度及分层数确定。

在试坑底部，由中心向坑边以不少于 3 个方向，放射状均匀设置观测自重湿陷的浅标点。

在试坑外沿浅标点方向 10～20 m 范围内设置地面观测标点，观测精度为±0.10 mm。

③试坑内的水头高度，应保持在 200～300 mm，在浸水过程中，应观测湿陷量、耗水量、浸湿范围和地面裂缝。湿陷稳定后，可停止浸水，其稳定标准为最后 5 d 的平均湿陷量小于

1 mm/d。

④试坑停止浸水后，应继续观测不少于 10 d，且连续 5 d 的平均湿陷量不大于1 mm/d。

⑤设置观测标点前，可在坑底打一定数量及深度的渗水孔，孔内应填满砂砾。

黄土的饱和密度

表2.3.1

ρ_0 \ ω_0	8	10	12	14	16	18	20	22	24	26	28	30
α	0.635	0.624	0.613	0.602	0.592	0.582	0.572	0.563	0.553	0.545	0.536	0.528
1.15	1.58	1.57										
1.20	1.61	1.60	1.59	1.57	1.56				$e_0>1.6$			
1.25	1.64	1.63	1.62	1.60	1.59	1.58	1.57					
1.30	1.68	1.66	1.65	1.63	1.62	1.61	1.59	1.58	1.57	1.56		
1.35	1.71	1.69	1.68	1.66	1.65	1.64	1.62	1.61	1.60	1.59	1.57	
1.40	1.74	1.72	1.71	1.69	1.68	1.66	1.65	1.64	1.63	1.61	1.60	1.59
1.45	1.77	1.76	1.74	1.72	1.71	1.69	1.68	1.67	1.65	1.64	1.63	1.62
1.50	1.80	1.79	1.77	1.75	1.74	1.72	1.71	1.69	1.68	1.67	1.65	1.64
1.55	1.84	1.82	1.80	1.78	1.77	1.75	1.74	1.72	1.71	1.69	1.68	1.67
1.60	1.87	1.85	1.83	1.81	1.80	1.78	1.77	1.75	1.74	1.72	1.71	1.70
1.65	1.90	1.88	1.86	1.84	1.83	1.81	1.79	1.78	1.76	1.75	1.74	1.72
1.70	1.93	1.91	1.89	1.87	1.86	1.84	1.82	1.81		1.78	1.76	1.76
1.75	1.96	1.94	1.92	1.90	1.89	1.87	1.85	1.83	1.82	1.80	1.79	1.77
1.80	1.99	1.97	1.95	1.93	1.92	1.90	1.88	1.86	1.85	1.83	1.82	1.80
1.85		2.00	1.98	1.96	1.95	1.93	1.91	1.89	1.87	1.86		
1.90			2.01	1.90	1.97	1.96	1.94	1.92	1.90		$e_0>85\%$	
1.95		$e_0<0.6$			2.00	1.98	1.97					

注：1. e_0 天然孔隙比。

2. 当饱和密度误差要求不超过 0.02 t/m³ 限值时，表中Ⅰ、Ⅱ、Ⅲ、Ⅳ各区对于天然含水率的估计误差分别要求不超过 3%、2.5%、2.0%和 0.18%。

(2)自重湿陷量计算

自重湿陷量 Δ_{zs}(mm)应按下式计算

$$\Delta_{zs}=\beta_0\sum_{i=1}^{n}\delta_{zsi}h_i \tag{2.3.7}$$

式中，δ_{zsi} 为第 i 层土的自重湿陷系数；h_i 为第 i 层土的厚度(mm)；β_0 为因地区土质而异的修正系数，在缺乏实测资料时，可按下列规定取值：陇西地区取 1.50；陇东—陕北—晋西地区取 1.20；关中地区取0.90；其他地区取 0.50。

自重湿陷量的计算值 Δ_{zs} 应自天然地面(当挖、填方的厚度和面积较大时，应自设计地面)算起，至其下全部湿陷性土层的底面止，其中自重湿陷系数 δ_{zs} 值小于 0.015 的土层不累计。

3. 场地湿陷类型的判定

①当自重湿陷量的实测值 Δ'_{zs} 或计算值 Δ_{zs} 小于或等于 70 mm 时，应定为非自重湿陷性黄土场地；

②当自重湿陷量的实测值 Δ'_{zs} 或计算值 Δ_{zs} 大于 70 mm 时，应定为自重湿陷性黄土场地。

(四)地基湿陷等级

1. 湿陷量的计算值 Δ_s(mm)

①湿陷量的计算值 Δ_s 应按下式计算

$$\Delta_s = \sum_{i=1}^{n} \beta \delta_{si} h_i \tag{2.3.8}$$

式中,δ_{si} 为第 i 层土的湿陷系数;h_i 为第 i 层土的厚度(mm);β 为考虑基底下地基土受水浸湿可能性和侧向挤出等因素的修正系数,在缺乏实测资料时,可按下列规定取值:基底下0~5 m深度内,取 β=1.5;基底下5~10 m深度内,取 β=1.0;基底下10 m以下至非湿陷性黄土层顶面,在自重湿陷性黄土场地,可取工程所在地区的 β_0 值。

②湿陷量 Δ_s 的计算深度应自基础底面(如基底标高不确定时,自地面下1.50 m)算起。在非自重湿陷性黄土场地,累计至基底下10 m(或地基主要压缩层)深度止;在自重湿陷性黄土场地,累计至非湿陷性土层顶面止。其中湿陷系数 δ_s(10 m以下为 δ_{zs})小于0.015的土不累计。

2. 地基湿陷等级

湿陷性黄土地基的湿陷等级,应根据湿陷量的计算值和自重湿陷量的计算值等因素按表2.3.2判定。

湿陷性黄土地基的湿陷等级 表2.3.2

<table>
<tr><td rowspan="4">Δ_s/mm</td><td colspan="3">湿陷类型</td></tr>
<tr><td>非自重湿陷性场地</td><td colspan="2">自重湿陷性场地</td></tr>
<tr><td colspan="3">Δ_{zs}/mm</td></tr>
<tr><td>$\Delta_{zs} \leqslant 70$</td><td>$70 < \Delta_{zs} \leqslant 350$</td><td>$\Delta_{zs} > 350$</td></tr>
<tr><td>$\Delta_s \leqslant 300$</td><td>Ⅰ(轻微)</td><td>Ⅱ(中等)</td><td></td></tr>
<tr><td>$300 < \Delta_s \leqslant 700$</td><td rowspan="2">Ⅱ(中等)</td><td>Ⅱ(中等)或Ⅲ(严重)</td><td>Ⅲ(严重)</td></tr>
<tr><td>$\Delta_s > 700$</td><td>Ⅲ(严重)</td><td>Ⅳ(很严重)</td></tr>
</table>

注:当湿陷量的计算值 Δ_s>600 mm,自重湿陷量的计算值 Δ_{zs}>300 mm时,可判定为Ⅲ级,其他情况可判为Ⅱ级。

(五)湿陷起始压力

湿陷性黄土的湿陷起始压力 p_{sh} 值,可按下列方法确定:

①当按现场载荷试验结果确定时,应在 p-s_s(压力与浸水下沉量)曲线上,取其转折点所对应的压力作为湿陷起始压力值,当曲线上的转折点不明显时,可取浸水下沉量(s_s)与承压板直径(d)或宽度(b)之比值等于0.017所对应的压力作为湿陷起始压力值;

②当按室内压缩试验结果确定时,在 P-δ_s 曲线上宜取 δ_s=0.015所对应的压力作为湿陷起始压力值。

第四节 黄土地基的承载力

一、影响黄土地基承载力的主要因素

影响黄土地基承载力的因素主要为黄土的堆积年代、含水率(或饱和度)、密度(孔隙比或干密度)、粒度(黏粒含量、液限或塑性指数)和碳酸盐含量等,其中最主要的因素对黄土地基承载力的影响的一般规律如表2.4.1所示。

对黄土地基承载力影响的一般规律　　表 2.4.1

因　素	对承载力的影响
堆积年代越早	越高
含水率(或饱和度)增加	降低
孔隙比增大(或干密度减小)	降低
液限(或黏粒含量、塑性指数)增大	增高

二、黄土地基承载力的确定方法

(一)确定承载力的基本原则

黄土地基承载力特征值,应保证地基在稳定的条件下,使建筑物的沉降量不超过允许值。

黄土地基承载力特征值,可根据静载荷试验或其他原位测试、公式计算,并结合工程实践经验综合确定。

(二)按载荷试验

当压力变形曲线有明显拐点时,黄土地基承载力特征值取压力—变形曲线线性变形段内规定的变形所对应的压力值,其最大值为比例界限值。

当压力—变形曲线上的拐点不明显时,黄土地基承载力特征值,可取 $s/b=0.015$ 所对应的压力值,但其值不应大于最大加载压力的一半。

当压力—变形曲线比较平缓,比例界限值较小(50~150 kPa),相应的沉降量也很小($s/b<0.01$),在比例界限荷载与极限荷载之间需经历较长的局部剪切破坏阶段,可按变形和强度双控制的方法确定黄土地基承载力特征值,满足条件为:①$s/b\leqslant0.02$;②取值小于极限荷载或最大加载压力的一半。

(三)按理论公式计算(略)

(四)按原位测试确定(略)

(五)根据黄土的物理性质指标的经验方法

黄土地基承载力基本值可根据土的液限 ω_L、孔隙比 e 和含水率 ω 的平均值或建议值可按表 2.4.2 确定。

Q_3、Q_4^1 湿陷性黄土承载力基本值 f_0(单位:kPa)　　表 2.4.2

ω_L/(%)	ω/(%)				
	≤13	16	19	22	25
22	180	170	150	130	110
25	190	180	160	140	120
28	210	190	170	150	130
31	230	210	190	170	150
34	250	230	210	190	170
37		250	230	210	190

注:对天然含水率小于塑限含水率的土,可按塑限含水率确定土的承载力。

三、黄土地基承载力的宽度、深度修正

当基础宽度大于 3 m 或埋置深度大于 1.5 m 时,地基承载力特征值应按下式修正

$$f_a = f_{ak} + \eta_b \gamma (b-3) + \eta_d \gamma_m (d-1.50) \quad (2.4.1)$$

式中，f_a 为修正后的地基承载力特征值(kPa)；f_{ak}为相应于 b=3m 和 d=1.5 m 的地基承载力特征值(kPa)；η_b、η_d 分别为基础宽度和基础埋深的地基承载力修正系数，可按基底下土的类别由表 2.4.3 查得；γ 为基础底面以下土的重度(kN/m^3)，地下水位以下取有效重度；γ_m 为基础底面以上土的加权平均重度(kN/m^3)，地下水位以下取有效重度；b 为基础底面宽度(m)，当基础宽度小于 3 m 或大于 6 m 时，可分别按 3 m 或 6 m 计算；d 为基础埋置深度(m)，一般可自室外地面高程算起，当为填方时，可自填土地面高程算起，但填方在上部结构施工后完成时，应自天然地面高程算起；对于地下室，如采用箱形基础或筏形基础时，基础埋置深度可自室外地面高程算起；在其他情况下，应自室内地面高程算起。

基础宽度和埋置深度的黄土地基承载力修正系数 表 2.4.3

土的类别	有关物理指标	承载力修正系数	
		η_b	η_d
Q_3、Q_4^1 湿陷性黄土	$\omega \leqslant 24\%$	0.20	1.25
	$\omega > 24\%$	0	1.10
饱和黄土*	e 及 I_L 都小于 0.85	0.20	1.25
	e 或 I_L 大于 0.85	0	1.10
	e 及 I_L 都不小于 1.00	0	1.00
Q_4^2 新近堆积黄土		0	1.00

注：* 只适用于 $I_P > 10$ 的饱和黄土。

四、湿陷性黄土场地的桩基承载力

(一)对桩端土层的要求

在湿陷性黄土场地采用桩基础，桩端必须穿透湿陷性黄土层，并应符合下列要求：

①在非自重湿陷性黄土场地，桩端应支承在压缩性较低的非湿陷性土层中；

②在自重湿陷性黄土场地，桩端应支承在可靠的土(或岩)层中。

(二)单桩竖向承载力特征值的确定

在湿陷性黄土层厚度等于或大于 10 m 的场地，对于采用桩基础的甲类建筑和乙类中的重要建筑，其单桩竖向承载力特征值应按规范规定的试验要点，在现场通过单桩竖向承载力静载荷浸水试验测定的结果确定。

对于采用桩基础的其他建筑，当单桩竖向承载力静载荷试验不进行浸水时，其单桩竖向承载力特征值，可按有关经验公式和下列规定估算：

①在非自重湿陷性黄土场地，当自重湿陷量的计算值小于 50 mm 时，单桩竖向承载力应计入湿陷性土层内的桩长按饱和状态下的正侧阻力，当自重湿陷量的计算值等于或大于 50 mm 时，可不计入湿陷性土层内的桩长按饱和状态下的正侧阻力，饱和状态下土的液性指数，可按下式计算

$$I_L = \frac{\frac{S_r e}{d_s} - w_p}{w_L - w_p} \quad (2.4.2)$$

式中，I_L 为土的液性指数；S_r 为土的饱和度，可取 0.85；e 为土的天然孔隙比；d_s 为土粒相对密度(比重)；w_L、w_p 分别为土的液限和塑限含水率，以小数计。

②在自重湿陷性黄土场地，除不计湿陷性土层内的桩长按饱和状态下的正侧阻力外，尚应扣除桩侧的负摩擦力。桩侧负摩擦力应根据现场试验确定，有困难时可按表 2.4.4 中的数值估算。

桩侧平均负摩擦力(单位:kPa)　　表 2.4.4

自重湿陷量的计算值/mm	钻、挖孔灌注桩	预 制 桩
70～200	10	15
>200	15	20

为提高桩基的竖向承载力，在自重湿陷性黄土场地。可采取减小桩侧负摩擦力的措施。

第五节　黄土地基的变形

一、黄土地基的变形性质

湿陷性黄土地基变形包括压缩变形和湿陷变形。

湿陷性黄土在荷载作用下产生压缩变形，其大小取决于荷载的大小和土的压缩性。在天然湿度和天然结构情况下，一般近似线性变形。湿陷性黄土在外荷不变的条件下，由于浸水使土的结构连续被破坏(或软化)产生湿陷变形，其大小取决于浸水的作用压力和土的湿陷性，属于一种特殊的塑性变形。

湿陷性黄土在增湿时(含水率增大)，其湿陷性降低，而压缩性增高。当达到饱和后，在荷载作用下土的湿陷性退化而全部转化为压缩性。

二、黄土地基的压缩变形计算

(一)按《建筑地基基础设计规范》(GB 50007—2011)公式计算

计算时，黄土地基的沉降计算经验系数 ψ_s 可按表 2.5.1 确定。

黄土地基沉降计算经验系数 ψ_s　　表 2.5.1

压缩模量当量值 $\overline{E}_s$/MPa	3.0	5.0	7.5	10.0	12.5	15.0	17.5	20.0
ψ_s	1.8	1.22	0.82	0.62	0.50	0.40	0.35	0.30

(二)按地基固结沉降公式计算

在一定程度上考虑了黄土的结构强度，按正常固结、超固结和欠固结三种情况分别用不同公式进行计算。

第六节　黄土的动力特性

一、黄土动力特性的一般规律

黄土具有较强的结构特性，对湿度变化特别敏感，湿度状态变化与动静载荷先后次序，对黄土的动力特性有较大影响，见表 2.6.1。

湿度状态变化对黄土动力特性的影响　　表 2.6.1

动力特性	黄土按湿度状态划分		
	干型黄土 $w<w_s$	湿型黄土 $w_s<w<w_L$	饱和黄土 $w>w_L$
本构关系	直线型	双曲线型	双曲线型
破坏应变范围的动模量	一般接近常数	随应变增大而降低	由于饱和黄土具有高湿度、低密度和弱结构强度的性质，动力作用下会产生较大的动变形，高的动孔压会出现类似砂土的液化现象
动强度	由抗拉强度控制	由抗剪强度控制	
破坏类型	脆性破坏	塑性压剪破坏	
固结应力比的影响	不大	视其能否引起黄土结构强度的破坏而不同	
振密变形	很小	受起始静应力的影响，并随动应力的增大而增大	

注：w_s 为缩限含水率；w_L 为液限含水率。

二、黄土的振陷

(一)振陷的定义

土在动荷作用下的残余变形称为振陷。它与土性条件(干密度、孔隙比、含水率及结构特征)、静荷条件(静应力大小、固结应力比、应力历史、应力路径)及动荷条件(动应力大小、振次、频率、作用方向)等有关，其中动应力、含水率、振次及固结应力比为主要的影响因素。

(二)振陷的基本概念

1. 振陷系数 δ_d

单位厚度的土样所产生的振陷变形，以小数表示。

振陷系数 δ_d 是判定黄土振陷性的定量指标，由现场动载荷试验或室内动三轴试验测定。

2. 振陷变形曲线

以动应力 σ_d 为横坐标，以振陷系数 δ_d 为纵坐标的 δ_d-σ_d 曲线称为振陷变形曲线，δ_d-σ_d 曲线与土性条件、静荷条件及动荷条件等有关。

干型黄土($w<w_s$)结构性较强，在中小动应力作用下，结构未破坏，振陷变形很小，振陷变形曲线近似直线变化。

湿型黄土($w_s<w<w_L$)及饱和黄土($w>w_L$)的振陷变形曲线可近似用下列双曲线关系描述，见下式

$$\delta_d = \frac{A(w,N)\sigma_d}{1-B(w)\sigma_d} \tag{2.6.1}$$

式中，A、B 为试验系数，A 值随含水率 w 及振次 N 变化，B 值随含水率变化。

3. 振陷临界动应力

当动应力在较低范围增大时，残余变形增长很小。只有当动应力超过某一界限时残余变形的增长率才有明显增大，这一界限动力应力值可定义为振陷的临界动应力 σ_{dcr}，它与试样的起始状态(土性条件及静应力条件)有关。一定密度和静力条件下的黄土，其临界动应力与土的含水率有关。

振陷临界动应力一般以 δ_d-σ_d 曲线上曲率半径最小处所对应的动应力确定，亦可按照实际工程要求的允许振陷变形确定。

当作用动应力小于临界动应力时，可不考虑黄土的振陷。

4. 振陷系数与湿陷系数的关系

黄土的振陷系数 δ_d 与湿陷系数 δ_s 之间可建立以下相关关系式，见下式

$$\delta_s = \frac{C_{mo} - D_{mo}\delta_s}{A_{mo} + B_{mo}\delta_s} \tag{2.6.2}$$

式中，A_{mo}、B_{mo}、C_{mo}、D_{mo} 为与动应力有关的试验系数。

一般情况下，振陷系数随着湿陷系数的增大而减小。

(三)黄土振陷量的估算

黄土地基受地震荷载作用时的振陷量 Δ_d 可用分层总和法进行估算，见下式

$$\Delta_d = \sum_{i=1}^{n} \alpha_i \delta_{di} h_i \tag{2.6.3}$$

式中，Δ_d 为黄土地基震陷量(mm)；δ_{di} 为第 i 层土的振陷系数；h_i 为第 i 层土的厚度(mm)；α_i 为考虑用动三轴试验模拟实际地震作用的修正系数，在缺乏经验时也可用下式算得

$$\alpha_i = \frac{1}{2}(1 - \mu_{di}) \tag{2.6.4}$$

式中，μ_{di} 为第 i 层土的动泊松比。

第七节　新近堆积黄土

一、新近堆积黄土的分布和野外特征

新近堆积黄土 Q_4^2 有坡积、洪积、风积、冲积和重力堆积(滑坡堆积、崩塌堆积)等成因，但以混合沉积为多，主要分布在黄土塬、梁、峁的坡脚和斜坡后缘，冲沟两侧及沟口处的洪积扇和山前坡积地带，河道拐弯处的内侧，河漫滩及低级阶地，山间或黄土梁、峁之间凹地的表部，平原上被淹埋的沼洼地。

新近堆积黄土以几十年到百余年内形成的土质最差，结构疏松，锹挖甚易，土的颜色杂乱，灰黄、褐黄、黄褐、棕红等色相杂或相间，大孔排列紊乱，常混有颜色不一的土块，多虫孔和植物根孔，在裂隙或孔壁上常有钙质粉末或菌丝状白色条纹存在，常含有机质、斑状或条状氧化铁，有的混砂、砾或岩石碎屑，有的混碎砖陶瓷碎片或朽木等人类活动的遗物。

新近堆积黄土的厚度由 1～2 m 到 7～10 m，厚度变化大，随地形起伏而异。水平和垂直方向上的岩性变化大，土质非常不均匀。

二、新近堆积黄土的物理力学性质

(一)一般规律

①具有略高于一般湿陷性黄土的含水率；

②大都具有高压缩性，其压缩系数峰值多在 0～150 kPa 压力段出现；

③液限多在 30%以下；

④在同一场地新近堆积黄土的湿陷性与承载力有差别。

(二)物理力学性质指标

部分地区新近堆积黄土的物理力学性质指标见表 2.7.1。

部分地区新近堆积黄土物理力学指标 表 2.7.1

地区	含水率 w/(%)	天然密度 ρ/(t/m³)	孔隙比 e	液限 w_L/(%)	塑性指数 I_p	压缩系数 a_{1-2}/(MPa⁻¹)	湿陷系数 δ_s	湿陷起始压力 p_{sh}/kPa	黏聚力 c/kPa	内摩擦角 φ/(°)	比例界限 P_0/kPa
西宁南川	21.6	1.73	0.92	31.1	11.5	0.43			14	19.8	75～100
陇西	20.5	1.89	0.80	27.0	11.0	0.63	0.026				60～75
武山	17.9	1.61	0.98	23.7	7.3	0.62	0.050		16	27.2	105
甘谷	20.8	1.54	1.13	24.9		1.32					70～90
天水市区	21.1		0.99	28.5		0.60					
天水吴家寺	23.2	1.79	0.86	27.8	9.5	0.68	0.01～0.06				
天水社棠	20.0	1.50	1.16	28.6	11.0	1.10	0.009				
定西	15.1	1.37	1.30	28.6		0.80					
宁夏	19.8	1.50	1.14	29.8		0.82					
陕西富平	21.0	1.78	0.85	26.4	8.9	0.43	0.029				120～130
陕西高店	20.7	1.81	0.81		9.7	0.62	0.019		37	22.9	75～100
宝鸡南	19.1	1.74	0.84	29.5	12.7	0.74	0.030	67～100	29	28.0	50～110
宝鸡	20.0	1.62	1.01	29.0	11.5	0.68	0.076	75	13	13.0	85
陕西耀县	21.0	1.64	1.02	26.4	11.5	1.10	0.041	66	18	22.2	50～75
太原	28.8	1.85	0.913	39.4	16.3	0.49					
侯马	21.4	1.66	1.00	28.8	10.8	0.90	0.032	54	22	20.5	50～100
郑州	6.8～31.0	1.56～1.99	0.734～0.950	23.5～28.2	7.6～10.4	0.16～0.86				17.8～28.4	42～150
洛阳	18～24	1.73	0.75～0.95	25～32	8.0～12.0	0.30～0.80	0.01～0.06	75	10～33		
邯郸	25.5		0.903	30.8	11.6	1.035					105

三、新近堆积黄土的判定

当现场鉴别不明确时，可按下列试验指标判定新近堆积黄土。

在 50～150 kPa 压力段的压缩变形较大，小压力下具有高压缩性。

利用判别式判定，见下式

$$R = -68.45e + 10.98a - 7.16\gamma + 1.18w \tag{2.7.1}$$

式中，e 为土的孔隙比；a 为压缩系数(MPa⁻¹)，宜取 50～150 kPa 或 0～100 kPa 压力下的大值；w 为土的天然含水率(%)；γ 为土的天然重度(kN/m³)。

$$R_0 = -154.80$$

当 $R > R_0$ 时，可将该土判定为新近堆积(Q_4^2)黄土。

四、新近堆积黄土的地基承载力

新近堆积黄土的地基承载力除用现场载荷试验确定外，在经过必要的验证后，也可利用原位测试或土性指标建立的经验关系确定。

①用静力触探比贯入阻力 p_s 确定河谷低级阶地的新近堆积黄土的地基承载力，见表2.7.2。

新近堆积黄土 Q_4^2 地基承载力基本值 f_0(一) 表 2.7.2

比贯入阻力 p_s/MPa	0.3	0.7	1.1	1.5	1.9	2.3	2.8	3.2	3.6
承载力基本值 f_0/kPa	55	75	92	108	124	140	161	178	194

②根据轻型动力触探锤击数 N_{10} 确定新近堆积黄土的地基承载力，见表 2.7.3。

新近堆积黄土 Q_4^2 地基承载力基本值 f_0(二)　　表 2.7.3

轻型动力触探击数 N_{10}	7	11	15	19	23	27
承载力基本值 f_0/kPa	80	90	100	110	120	135

③根据土的物理力学指标确定新近堆积黄土地基承载力，见表 2.7.4。

新近堆积黄土 Q_4^2 地基承载力基本值 f_0(三)　　表 2.7.4

a/(MPa^{-1})	ω/ω_L					
	0.4	0.5	0.6	0.7	0.8	0.9
0.2	148	143	138	133	128	123
0.4	136	132	126	122	116	112
0.6	125	120	115	110	105	100
0.8	115	110	105	100	95	90
1.0		100	95	90	85	80
1.2			85	80	75	70
1.4				70	65	60

注：压缩系数 a 值可取 50～150 kPa 或 100～200 MPa 压力段的最大值。

第八节　饱 和 黄 土

一、两类饱和黄土

饱和黄土是饱和度大于 80%、湿陷性已退化了的黄土。

饱和黄土根据其浸湿后的应力历史分为两类：一类是湿陷性黄土浸湿后，未经过湿陷压密作用，称为未压密饱和黄土；另一类是黄土早期受水浸湿已经过湿陷压密作用，称为已压密饱和黄土。两类饱和黄土的工程性能有很大差异，见表 2.8.1。

两类饱和黄土的工程性能对比　　表 2.8.1

饱和黄土分类	浸水时间	上覆压力	大孔结构	含水率	状态	地基承载力	压缩性	失水减湿后的湿陷性	工程性能评价
Ⅰ未压密	相对较短	较小	基本未破坏	较高	软塑流塑	很低	高	可恢复	较差
Ⅱ已压密	相对较长	较大	已破坏	较低	可塑	一般	中等	不可恢复	一般

二、饱和黄土的物理力学性质指标

两类饱和黄土的物理力学性质指标比较见表 2.8.2、表 2.8.3。

两类饱和黄土物理力学性质指标统计(一)　　表 2.8.2

土　类	取样场地	w/(%)	ρ/(t/m³)	ρ_d/(t/m³)	S_r/(%)	e	w_L/(%)	I_L
Ⅰ未压密饱和黄土	西安交大三村	35.3	1.80	1.33	92	1.042	31.5	1.30
	陕西博物馆	31.7	1.81	1.38	89	0.981	32.3	0.96
Ⅱ已压密饱和黄土	陕西电视中心	25.4	1.96	1.56	91	0.746	33.2	0.45
	经委能源中心	28.4	1.89	1.47	91	0.849	32.6	0.69
	西工大科研楼	24.2	1.86	1.50	91	0.817	30.1	0.49

两类饱和黄土物理力学性质指标统计(二)　　表 2.8.3

土　类	取样场地	a_{1-2}/(MPa^{-1})	E_s/MPa	压缩指数 C_c	抗剪强度		f_0/kPa
					c/kPa	φ/(°)	
Ⅰ未压密饱和黄土	西安交大三村	0.77	2.7	0.321	8	20.1	80
	陕西博物馆	0.67	3.8	0.340	20	20.3	100
Ⅱ已压密饱和黄土	陕西电视中心	0.20	13.7	0.227	29	25.2	220
	经委能源中心	0.27	8.2	0.244	12	20.7	170
	西工大科研楼	0.23	8.0	0.176			200

三、饱和黄土的地基承载力

饱和黄土的地基承载力宜采用载荷试验、公式计算及其他原位测试等方法综合确定。一般建筑物饱和黄土的地基承载力可按表 2.8.4 确定。

饱和黄土地基承载力基本值 f_0(单位:kPa)　　表 2.8.4

a_{1-2}/(MPa^{-1})	ω/ω_L				
	0.8	0.9	1.0	1.1	1.2
0.1	186	180			
0.2	175	170	165		
0.3	160	155	150	145	
0.4	145	140	135	130	125
0.5	130	125	120	115	110
0.6	118	115	110	105	100
0.7	106	100	95	90	85
0.8		90	85	80	75
0.9			75	70	65
1.0					55

注:当黄土的饱和度 S_r=70%~80%时,亦可参照此表。

第九节　黄土地基的勘察

一、对勘察工作的要求

(一)黄土地区岩土工程勘察应查明的内容

①黄土地层的时代、成因。

②湿陷性黄土层的厚度。

③湿陷系数和自重湿陷系数随深度的变化。

④场地湿陷类型和地基湿陷等级及其平面分布。

⑤湿陷起始压力随深度的变化。

⑥地下水位升降变化的可能性的变化趋势。

⑦其他工程地质条件。

岩土工程勘察应结合建筑物的特点和设计要求，对场地、地基做出评价，对地基处理措施提出建议。

(二)勘探工作量的布置

1. 初步勘察

①勘探线应按地貌单元纵横方向布置，在微地貌变化较大的地段予以加密，在平缓地段可按网格布置。初步勘察勘探点的间距，宜按表2.9.1确定。

②取土和原位测试勘探点，应按地貌单元和控制性地段布置，其数量不得少于全部勘探点的1/2，其中应包括一定数量的探井。

③勘探点的深度，应根据湿陷性黄土层的厚度和地基主要压缩层的预估深度确定，控制性勘探点中应有一定数量的取土勘探点穿透湿陷性黄土层。

2. 详细勘察

①勘探点的布置应根据建筑物平面和建筑物类别以及工程地质条件的复杂程度等因素确定，勘探点的间距宜按表2.9.1确定。

勘探点的间距(单位:m)　　表2.9.1

场地类别	勘察阶段和建筑类别				
	初步勘察	详细勘察			
		甲	乙	丙	丁
简单场地	120～200	30～40	40～50	50～80	80～100
中等复杂场地	80～120	20～30	30～40	40～50	50～80
复杂场地	50～80	10～20	20～30	30～40	40～50

注:1. 场地的复杂程度可分为如下几类。

①简单场地:地形平缓，地貌、地层简单，场地湿陷类型单一，地基湿陷等级变化不大；

②中等复杂场地:地形起伏较大，地貌、地层较复杂，不良地质现象局部发育，场地湿陷类型、地基湿陷等级变化较复杂；

③复杂场地:地形起伏很大，地貌、地层复杂，不良地质现象广泛发育，场地湿陷类型、地基湿陷等级分布复杂，地下水位变化显著。

2. 建筑类别按《湿陷性黄土地区建筑规范》(GB 50025—2004)有关规定划分。

②在单独的甲、乙类建筑场地内，勘探点不应少于4个。

③采取不扰动土样和原位测试的勘探点不得少于全部勘探点的2/3；其中采取不扰动土样的勘探点不宜少于1/2，其中应包括一定数量的探井。

④勘探点的深度，应大于地基主要压缩层的深度，并穿透湿陷性土层，对非自重湿陷性黄土场地，自基础底面算起的勘探点深度应大于10 m，对自重湿陷性黄土场地，陇西—陇东—陕北—晋西地区，应大于15 m，其他地区应大于10 m。

对甲、乙类建筑物，应有一定数量的取样勘探点穿透湿陷性土层。

(三)湿陷性评价的季节性影响

在特定的条件下，季节性降水或定期灌溉等会影响黄土的湿陷性评价。雨季取样试验确定的湿陷等级和承载力会偏低，而在旱季确定的湿陷等级和承载力又可能偏高。这些因素，在勘察和评价时应根据具体情况加以考虑。

二、钻孔内取不扰动土试样的操作要点

在湿陷性黄土地区进行勘察时，为了正确评价黄土地基的湿陷程度，在钻孔中采取不扰

动土试样，必须严格掌握钻进操作方法和取样方法，使用适合的取土器。

①钻进方法：一般宜采用回转钻进，在含水率适中（16%＜w＜24%）及有经验时，亦可使用冲击钻进。

回转钻进时应使用螺纹钻头，并应控制每次进尺的深度，严格掌握"一米三钻"的操作顺序，即取样间隔 1 m 时，第一钻进尺 0.5～0.6 m，第二钻清孔进尺 0.2～0.3 m，第三钻取土样。当间距大于 1 m 时，其下部 1 m 深度内仍按上述方法操作。

清孔时应不加压或少加压慢速钻进，最好使用薄壁取土器压入清孔，一次压入或击入 12～15 cm，严禁多次压入或击入。不得使用小钻头钻进，大钻头清孔。

冲击钻进时，应使用专用的薄壁钻头（直径不小于 140 mm，壁厚不大于 3 mm，刃口角度不大于10°～12°），并严格执行"一米三钻"的操作程序。

②取样压入法：取样前，将取土器轻轻吊起放至孔内预定取土深度处，然后以匀速压入，中途不得停顿，钻杆要保持垂直和不摇摆，压入深度以超过取土器盛土段 3～5 cm 为宜。

击入法：要一击完成，不得进行二次锤击。

③取土器：薄壁取土器规格见表 2.9.2。

薄壁取土器设计规格　　表 2.9.2

外径/mm	刃口内径/mm	放置内衬后内径/mm	盛土筒长/mm	盛土筒厚/mm	余(废)土筒长/mm	面积比/(%)	切削刀刃角度/(°)
≥129	120	122	150～200	2.0～2.5	200	＜15	12

三、钻探取样时需注意的事项

①钻进时，严禁向钻孔内加水。

②卸土过程不得用榔头敲打取土器，土样从取土器推出时，要防止土筒回弹崩裂土样。

③要经常检查钻头和取土器是否完好，检查取出的土样是否受压受损、碎裂等。

④注意与探井取样进行对比。

⑤勘察报告应注明钻进、取样方法和取土器规格，并应评价土样质量。

四、室内试验要求

采用室内压缩试验测定黄土的湿陷系数 δ_s、自重湿陷系数 δ_{zs} 和湿陷起始压力 p_{sh}，均应符合下列要求。

①土样的质量等级应为Ⅰ级不扰动土样。

②环刀面积不应小于 5 000 mm^2，使用前应将环刀洗净风干，透水石应烘干冷却。

③加荷前，应将环刀试样保持天然湿度。

④试样浸水宜用蒸馏水。

⑤试样浸水前和浸水后的稳定标准，应为每小时的下沉量不大于 0.01 mm。

第十节　湿陷性黄土地基处理原则

一、基本原则

防止或减小建筑物地基浸水湿陷的设计措施，可分为地基处理措施、防水措施和结构措施三种。

应采用以地基处理为主的综合治理方法、防水措施和结构措施一般用于地基不处理或用于消除地基部分湿陷量的建筑，以弥补地基处理的不足。

二、地基处理措施

①消除地基的全部湿陷量，或采用桩基础穿透全部湿陷性土层，或将基础设置在非湿陷性土层上，常用于甲类建筑。

②消除地基的部分湿陷量，如采用复合地基，换土垫层、强夯等，主要用于乙、丙类建筑。

③丁类建筑，地基可不处理。

三、防水措施

①基本防水措施。在建筑物布置、场地排水、屋内排水、地面防水、散水、排水沟、管道敷设、管道材料和接口管方面，应采取措施防止雨水或生产、生活用水的渗漏。

②检漏防水措施。在基本防水措施的基础上，对防护范围内的地下管道，应增设检漏管沟和检漏井。

③严格防水措施。在检漏防水措施的基础上，应提高防水地面、排水沟、检漏管沟和检漏井等设施的材料标准，如增设可靠的防水层、采用钢筋混凝土排水沟等。

四、结构措施

减小或调整建筑物的不均匀沉降，或使结构适应地基的变形。

五、建筑物沉降观测

在施工和使用期间，对甲类建筑和乙类中的重要建筑应进行沉降观测，并应在设计文件中注明沉降观测点的位置和观测要求。

观测点设置后，应立即观测一次。对多、高层建筑，每完工一层观测一次，竣工时再观测一次，以后每年至少观测一次，至沉降稳定为止。

第十一节　其他湿陷性土

除常见的湿陷性黄土外，在我国干旱和半干旱地区，特别是在山前洪、坡积扇(裙)地带常遇到湿陷性碎石土、湿陷性砂土等。这种土在一定压力下浸水也常呈现强烈的湿陷性。这类湿陷性土在评价方面尚不能完全沿用我国现行《湿陷性黄土地区建筑规范》(GB 50025—2004)的有关规定，可称之为非黄土的湿陷性土。

一、湿陷性评价

(一)湿陷性判定

当不能取试样做室内湿陷性试验时，应采用现场载荷试验确定湿陷性。在 200 kPa 压力下浸水载荷试验的附加湿陷量与承压板宽度之比等于或大于 0.023 的土，应判为湿陷性土。

(二)湿陷程度

湿陷性土湿陷程度的划分应按表 2.11.1 来判定。

湿陷性土的湿陷程度分类　　表 2.11.1

湿陷程度	试验条件 附加湿陷量 ΔF_s/cm	
	承压板面积 0.50 m²	承压板面积 0.25 m²
轻微	$1.6<\Delta F_s\leqslant 3.2$	$1.1<\Delta F_s\leqslant 2.3$
中等	$3.2<\Delta F_s\leqslant 7.4$	$2.3<\Delta F_s\leqslant 5.3$
强烈	$\Delta F_s>7.4$	$\Delta F_s>5.3$

注：对能用取土器取得不扰动试样并进行室内试验的湿陷性粉砂，其试验方法和评定标准按现行国家标准《湿陷性黄土地区建筑规范》(GB 50025—2004)执行。

(三)总湿陷量 Δs

湿陷性土地基受水浸湿至下沉稳定为止的总湿陷量 Δs(cm)，应按下式计算

$$\Delta s=\sum_{i=1}^{n}\beta\Delta F_{si}h_i \tag{2.11.1}$$

式中，ΔF_{si} 为第 i 层土浸水载荷试验的附加湿陷量(cm)；h_i 为第 i 层土的厚度(cm)，从基础底面(初步勘察时自地面下 1.5m)算起，$\Delta F_{si}/b<0.023$ 的土层厚度不计入；β 为修正系数(cm^{-1})，承压板面积为0.50 m² 时，$\beta=0.014$；承压板面积为 0.25 m² 时，$\beta=0.020$。

(四)湿陷等级

湿陷性土地基的湿陷等级应按表 2.11.2 判定。

湿陷性土地基的湿陷等级　　表 2.11.2

总湿陷量 Δs/cm	湿陷土层总厚度/m	湿陷等级
$5<\Delta s\leqslant 30$	>3	Ⅰ
	≤3	Ⅱ
$30<\Delta s\leqslant 60$	>3	Ⅱ
	≤3	Ⅲ
$\Delta s>60$	>3	Ⅲ
	≤3	Ⅳ

二、湿陷性土场地勘察

湿陷性土场地勘察，除应遵守规范的一般规定外，尚应符合下列要求：

①勘探点的间距应按规范的一般规定取小值。对湿陷性土分布极不均匀的场地应加密勘探点。

②控制性勘探孔深度应穿透湿陷性土层。

③应查明湿陷性土的年代、成因、分布和其中的夹层、包含物、胶结物的成分和性质。

④湿陷性碎石土和砂土，宜采用动力触探试验或标准贯入试验确定力学特性。

⑤不扰动土试样应在探井中采取。

⑥不扰动土试样除测定一般物理力学性质外，尚应做土的湿陷性和湿化试验。

⑦对不能取得不扰动土试样的湿陷性土，应在探井中采用大体积法测定密度和含水率。

⑧对于厚度超过 2 m 的湿陷性土，应在不同深度处分别进行浸水载荷试验，且应不受相邻试验的浸水影响。

三、湿陷性土的岩土工程评价

①对湿陷性土应划分湿陷程度和地基湿陷等级。

②湿陷性土的地基承载力宜采用载荷试验或其他原位测试确定。

③对湿陷性土边坡，当浸水因素可能引起湿陷性土本身或其与下伏地层接触面的强度降低时，应进行稳定性评价。

第三章 膨胀岩土

第一节 膨胀岩土的判别及类型

一、膨胀岩土的定义

膨胀土应是土中黏粒成分主要由亲水性矿物组成，同时具有显著的吸水膨胀和失水收缩两种变形特性的黏性土。它的主要特征是：

①粒度组成中黏粒（粒径小于 0.002 mm）含量大于 30%。

②黏土矿物成分中，伊利石、蒙脱石等强亲水性矿物占主导地位。

③土体湿度增高时，体积膨胀并形成膨胀压力；土体干燥失水时，体积收缩并形成收缩裂缝。

④膨胀、收缩变形可随环境变化往复发生，导致土的强度衰减。

⑤属液限大于 40%的高塑性土。

具有上述②、③、④项特征的黏土类岩石称膨胀岩。

《膨胀土地区建筑技术规范》（GB 50112—2013）对膨胀土的上述定义是根据多年来对膨胀土固有的特性研究及在工程中的意义得出的。它包括三个内容：①控制膨胀土胀缩势能大小的物质成分主要是土中伊利石、蒙脱石的含量、离子交换量以及粒径小于0.002 mm的黏粒含量。这些物质成分本身具有亲水特性，是膨胀土具有较大的胀缩变形的物质基础。②除了亲水性外，物质本身的结构构造是很重要的，从电镜试验证明，膨胀土的微观结构属于面—面叠聚体，它比团粒结构有更大的吸水膨胀和失水收缩的能力。③任何黏性土都具有膨胀收缩性，问题在于这种特性对房屋安全的影响程度。只有胀缩性能达到足以危害建筑物安全使用，需要特殊处理时，才能按膨胀土地基进行设计、施工和维护。规范是根据未经处理的一层砖混结构房屋的极限变形幅度 15 mm 作为划分标准，当计算建筑物地基土的胀缩变形量超过这个标准即应按规范所属各条进行设计、施工和维护。

规范规定膨胀土同时具有膨胀和收缩两种变形特性，即吸水膨胀和失水收缩，再吸水再膨胀和再失水再收缩的胀缩变形可逆性。

二、膨胀岩土的工程地质特征

（一）野外特征

1. 地貌特征

多分布在二级及二级以上的阶地和山前丘陵地区，个别分布在一级阶地上，呈垄岗一丘陵和浅而宽的沟谷，地形坡度平缓，一般坡度小于 12°，无明显的自然陡坎。在流水冲刷作用下的水沟、水渠，常易崩塌、滑动而淤塞。

2. 结构特征

膨胀土多呈坚硬—硬塑状态，结构致密，呈菱形土块者常具有胀膨性，菱形土块越小，胀膨性越强。土内分布有裂隙，斜交剪切裂隙越发育，胀缩性越严重。

膨胀土多为细腻的胶体颗粒组成，断口光滑，土内常包含钙质结核和铁锰结核，呈零星分布，有时也富集成层。

3. 地表特征

分布在沟谷头部、库岸和路堑边坡上的膨胀土常易出现浅层滑坡，新开挖的路堑边坡，旱季常出现剥落，雨季则出现表面滑塌。膨胀土分布地区还有一个特点，即在旱季常出现地裂缝，长可达数十米至近百米，深数米，雨季闭合。

4. 地下水特征

膨胀土地区多为上层滞水或裂隙水，无统一水位，随着季节水位变化，常引起地基的不均匀膨胀变形。

(二)膨胀土的物理力学性质指标特征

我国有关地区膨胀土的物理力学性质指标列于表 3.1.1。

膨胀土的物理力学性质指标 表 3.1.1

地区	天然含水率 ω/(%)	重度 γ/(kN/m³)	孔隙比 e	液限 ω_L/(%)	塑性指数 I_p/(%)	液性指数 I_L	黏粒含量小于 2 μm/(%)	自由膨胀率 δ_{ef}/(%)	膨胀率 δ_{ep}/(%)	膨胀力 p_e/kPa	线缩率 δ_e/(%)
云南鸡街	24	20.2	0.68	50	25	<0	48	79	5.01	103	2.97
广西宁明	27.4	19.3	0.79	55	28.9	0.07	53	68		175	6.44
广西田阳	21.5	20.2	0.64	47.5	23.9	0.09	45			98	2.73
云南蒙自	39.4	17.8	1.15	73	34	0.03	42	81	9.55	50	8.20
云南文山	37.3	17.7	1.13	57	27	0.29	45	52		62	9.50
云南建水	32.5	18.3	0.99	59	29	0.06	50	52		40	7.0
河北邯郸	23.0	20.2	0.67	50.8	26.7	0.05	31	80	3.01	56	4.48
河南平顶山	20.8	20.3	0.61	50.0	26.4	<0	30	62		137	
湖北襄樊	22.4	20.0	0.65	55.2	24.3	<0	32	112		30	
山东临沂	34.8	18.2	1.05	55.2	29.2	0.33		61		7	
广西南宁伞厂	35.0	18.6	0.98	62.2	33.2	0.15	61	56	2.6	34	3.8
安徽合肥工大	23.4	20.1	0.68	46.5	23.2	0.09	30	64		59	
江苏六合马集	22.1	20.6	0.62	41.3	19.8	0.05		65		85	
江苏南京卫岗	21.7	20.4	0.63	42.4	21.2	0.07	24.5				
四川成都川师	21.8	20.2	0.64	43.8	22.2	0.05	40	61	2.19	33	3.5
四川成都龙潭寺	23.3	19.9	0.61	42.8	20.9	0.01	38	90		39	5.9
湖北枝江	22.0	20.1	0.66	44.8	20.5	0.03	31	51		94	
湖北荆门	17.9	20.7	0.56	43.9	24.2	0.02	30	64		56	2.14
湖北郧县	20.6	20.1	0.63	47.4	22.3	<0		53	4.43	26	4.31
陕西安康	20.4	20.2	0.62	50.8	20.3	0	25.8	57	2.07	37	3.47
陕西汉中	22.2	20.1	0.68	42.8	21.3	0.10	24.3	58	1.66	27	5.8
山东泰安临沂	22.3	19.6	0.71	40.2	20.2	0.12		65	0.09	14	

续上表

地区	天然含水率 ω/(%)	重度 γ/(kN/m³)	孔隙比 e	液限 ω_L/(%)	塑性指数 I_p/(%)	液性指数 I_L	黏粒含量小于 2 μm/(%)	自由膨胀率 δ_{ef}/(%)	膨胀率 δ_{ep}/(%)	膨胀力 p_e/kPa	线缩率 δ_e/(%)
广西金光农场	40	17.8	1.15	80	14	0.02	63	30	0.65	10	3.5
广西桂林奇峰镇	37	18.2	1.13	79	13	<0		24		47	2.4
贵州贵阳	52.7	16.8	1.57	90	46	0.13	54.5	33.3	0.76	14.7	9.38
广西武宣	36	18.3	0.99	68	26	<0	30	25	0.42	9	1.5
广西来宾县城	29	18.5	0.89	58	30	0.04	67	44		43	1.3
广西贵县	32	19.2	0.91	67	25	<0	42	50		190	1.5
广西武鸣	27	18.5	0.90	72	15	<0		46			
山东泗水泉林	32.5	18.4	0.98	60	32	0.18					1.7

注:本表所列数值均为平均值。

(三)膨胀土胀缩变形的主要因素

膨胀土的矿物成分主要是次生黏土矿物—蒙脱石(微晶高岭土)和伊利石(水云母),具有较高的亲水性,当失水时土体即收缩,甚至出现干裂,遇水即膨胀隆起。因此,土中含有上述黏土矿物的多少直接决定膨胀性的大小。几种矿物的活动性能列于表 3.1.2。

几种矿物的活动性能　　表 3.1.2

矿物名称	活动性	矿物名称	活动性
蒙脱石钠	7.2	白云母	0.23
蒙脱石钙	1.5	方解石	0.18
伊利石	0.9	石英	0
高岭石	0.33～0.46		

膨胀土的化学成分则以 SiO_2、Al_2O_3 和 Fe_2O_3 为主,黏土粒的硅铝分子比 $\frac{SiO_2}{Al_2O_3+Fe_2O_3}$ 的比值越小,胀缩量就小,反之则大。

黏土矿物中,水分不仅与晶胞离子相结合,而且还与颗粒表面上的交换阳离子相结合。这些离子随与其结合的水分子进入土中,使土发生膨胀,因此离子交换量越大,土的胀缩性就越大。

黏粒含量越高,比表面积大,吸水能力越强,胀缩变形就大。

土的密度大,孔隙比就小,反之则孔隙比大,前者浸水膨胀强烈,失水收缩小,后者浸水膨胀小、失水收缩大。

膨胀土含水率变化,易产生胀缩变形,当初始含水率与胀后含水率越接近、土的膨胀就小,收缩的可能性和收缩值就大;如两者差值越大,土膨胀可能性及膨胀值就大,收缩就越小。

膨胀土的微观结构与其膨胀性关系密切,一般膨胀土的微观结构属于面—面叠聚体,膨胀土微结构单元体集聚体中叠聚体越多其膨胀就越大。

三、膨胀岩土的工程地质分类

根据资料分析国内外膨胀土的成因多数属残、坡积型,其生成一是由基性火成岩或中酸性火成岩风化而成,二是与不同时代的黏土岩、泥岩、页岩的风化密切相关。洪积、冲积或其他成因的膨胀土也有,但其物质来源主要与上述条件有密切联系。掌握这一规律对现场初步判别膨胀土具有实际意义。国外著名膨胀土的成因类型见表 3.1.3。我国膨胀土按成因和性质等分成四类,见表 3.1.4。

国外著名膨胀土的成因类型 表 3.1.3

国家	当地名称	成因	母岩性质
印度	黑棉土	残积	玄武岩
加纳	阿克拉黏土	残、坡积	页岩
委内瑞拉		残积	页岩
加拿大	渥太华黏土	残积	海相沉积
美国		残积	页岩、黏土岩

我国膨胀土的工程地质类型 表 3.1.4

类型		岩性	孔隙比 e	液限 ω_L/(%)	自由膨胀率 δ_{ef}/(%)	膨胀力 δ_{ep}/kPa	线缩率 δ_e/(%)	分布地区
Ⅰ(湖相)		黏土、黏土岩,灰白、灰绿色为主,灰黄、褐色次之	0.54～0.84	40～59	40～90	70～310	0.7～5.8	平顶山、邯郸、宁明、个旧、鸡街、襄樊、蒙自、曲靖、昭通
		黏土,灰色及灰黄色	0.92～1.29	58～80	56～100	30～150	4.1～13.2	
		粉质黏土、泥质粉细砂、泥灰岩,灰黄色	0.59～0.89	31～48	35～50	20～134	0.2～6.0	郧县、荆门、枝江、安康、汉中、临沂、成都、合肥、南宁
Ⅱ(河相)		黏土,褐黄、灰褐色	0.58～0.89	38～54	40～77	53～204	1.8～8.2	
		粉质黏土,褐黄、灰白色	0.53～0.81	30～40	35～53	40～100	1.0～3.6	
Ⅲ(滨海相)		黏土,灰白、灰黄色,层理发育,有垂向裂隙,含砂	0.65～1.30	42～56	40～52	10～67	1.6～4.8	湛江、海口
		粉质黏土,灰色、灰白色	0.62～1.41	32～39	22～34	0～22	2.4～6.4	
Ⅳ(残积土)	Ⅳ-1(碳酸岩石地区)	下部黏土,褐黄、棕黄色	0.87～1.35	51～86	30～75	14～100	1.2～7.3	贵县、柳州、来宾
		上部黏土,棕红、褐色等色	0.82～1.34	47～72	25～49	13～60	1.1～3.8	昆明、砚山
	Ⅳ-2(老第三系地区)	黏土、黏土岩、页岩、泥岩,灰、棕红、褐色	0.50～0.75	35～49	42～66	25～40	1.1～5.0	开远、广州、中宁盐池、哈密
		粉质黏土、泥质砂岩及粉质页岩等	0.42～0.74	24～37	35～43	13～180	0.6～6.3	
	Ⅳ-3(火山灰地区)	黏土,褐红夹黄、灰黑色	0.81～1.00	51～58	81～126		2.0～4.0	儋县

膨胀岩可以参照表 3.1.5 分为典型的膨胀性软岩和一般的膨胀性软岩。

膨胀岩的分类

表 3.1.5

指　标	典型的膨胀性软岩	一般的膨胀性软岩	指　标	典型的膨胀性软岩	一般的膨胀性软岩
蒙脱石含量/(%)	≥50	≥10	体膨胀量/(%)	≥3	≥2
单轴抗压强度/MPa	≤5	>5,≤30	自由膨胀率/(%)	≥30	≥25
软化系数	≤0.5	<0.6	围岩强度比	≤1	≤2
膨胀压力/MPa	≥0.15	≥0.10	小于 2 μm 的黏土含量/(%)	>30	>15

四、膨胀岩土的判别

膨胀岩土的判别，目前尚无统一的指标。国内外不同的研究者对膨胀岩土的判定标准和方法也不同，大多采用综合判别法。

(一)膨胀土的判别

我国《岩土工程勘察规范》(GB 50021—2001)(2009 年版)规定，具有下列特征的土可初判为膨胀土：

①多分布在二级或二级以上阶地、山前丘陵和盆地边缘；

②地形平缓、无明显自然陡坎；

③常见浅层滑坡、地裂，新开挖的路堑、边坡、基槽易发生坍塌；

④裂缝发育，方向不规则，常有光滑面和擦痕，裂缝中常充填灰白、灰绿色黏土；

⑤干时坚硬，遇水软化，自然条件下呈坚硬或硬塑状态；

⑥自由膨胀率一般大于 40%；

⑦未经处理的建筑物成群破坏，低层较多层严重，刚性结构较柔性结构严重；

⑧建筑物开裂多发生在旱季，裂缝宽度随季节变化。

我国《膨胀土地区建筑技术规范》(GB 50112—2013)规定，具有四种工程地质特征的场地，且自由膨胀率大于或等于 40%的土，应判为膨胀土。包括裂隙发育，常有光滑面和擦痕，有的裂隙中充填着灰白、灰绿色黏土。在自然条件下呈坚硬或硬塑状态；多出露于二级或二级以上阶地、山前和盆地边缘丘陵地带，地形平缓，无明显的陡坎；常见浅层塑性滑坡、地裂、新开挖坑(槽)壁易发生坍塌等；建筑物裂缝随气候变化而张开和闭合，呈倒“八”字形或 X 形裂隙。

(二)膨胀岩的判别

①多见于黏土岩、页岩、泥质砂岩；伊利石含量大于 20%。

②具有本节前述(一)中的第②至第⑤项的特征。

第二节　膨胀土地基上建筑物的变形

一、膨胀引起建筑物变形的条件

使膨胀土产生胀缩，造成建筑物变形的条件如表 3.2.1 所示。

胀缩使建筑物变形的条件

表 3.2.1

条　件	易使建筑物变形的条件	不易使建筑物变形的条件
建筑物本身条件	①单层平房，荷载较小； ②基础埋置较浅； ③建筑群较分散； ④刚度较弱的部位	①多层房屋，荷载较大； ②基础埋置较深； ③建筑群比较集中； ④刚度较好的部位

续上表

条　件	易使建筑物变形的条件	不易使建筑物变形的条件
气候条件	①日照通风条件好； ②温差幅度大； ③气候特变年份	①日照通风条件差； ②温差幅度小； ③气候正常年份
地基条件	①挖方； ②地层分布不均匀； ③地下水位低	①填方； ②地层分布均匀； ③地下水位高
地形地物条件	①附近有树木； ②草地、耕地浇水； ③高爽地段； ④陡坎斜坡	①附近有水塘、水田； ②低洼地段； ③平坦地形
生产设施条件	①干湿设施差别大； ②高温车间； ③湿润车间	

二、建筑物变形的特征

膨胀土地基受季节性气候影响产生胀缩变形，使建筑物上下反复升降，造成开裂破坏，一般情况下建筑物变形有下列特征：

①建筑物建成后三五年才出现裂缝，甚至一二十年才开裂，也有少数未竣工就开裂。房屋开裂往往是地区性成群出现，特别是气候强烈变化之后（如长期干旱等）更是如此。开裂以低层民用建筑较为严重。裂缝随季节性气候变化而变化（因土层含水率随季节性变化），旱时张开，雨时闭合。

②在相似地质条件下，同一地区的建筑物，其变形幅度是随基底压力和基础埋深的增加而减少。同一建筑物外墙的升降幅度一般大于内墙，且以角端最为敏感。

③建筑物裂缝具有特殊性。

a. 角端斜向裂缝：常表现为山墙上的对称或不对称的倒八字形裂缝，上宽下窄，伴随有一定的水平位移或转动，如图 3.2.1a)、b)所示。

b. 纵墙水平裂缝：一般在窗台下和勒脚下出现较多，同时伴有墙体外倾、外鼓、基础外转和内外墙脱开，以及内横墙出现倒八字裂缝或竖向裂缝，如图 3.2.1c)所示。

c. 竖向裂缝：一般出现在墙的中部，上宽下窄。

d. 独立砖柱的水平断裂，并伴随水平位移和转动，如图 3.2.1d)所示。

e. 地坪隆起，多出现纵长裂缝，有时出现网络状裂缝。

f. 当地裂通过房屋时，在地裂处墙上产生竖向或斜向裂缝。

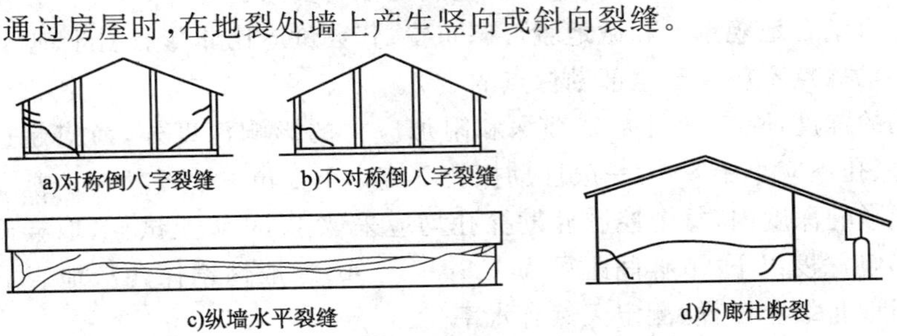

图 3.2.1　建筑物裂缝特征

另外，膨胀土边坡很不稳定，易产生浅层滑坡，引起房屋和构筑物开裂破坏，设计施工时应先治坡后治基，防止滑坡发生。

④加速建筑物的变形的某些特殊条件如下所述。

a. 特殊气候(例如大旱和久旱后频雨)下的建筑物的变形幅度大于常年气候下的变形幅度,而且常造成建筑物的损坏。

b. 临近坡肩和处于冲沟尾部的建筑物,由于差异变形大,容易产生开裂和损坏。

c. 当建筑内、外有局部水源补给时,往往增大胀缩差异变形。

d. 炎热或较干旱地区(如云南、广西的一些地区)建筑物周围的阔叶树(特别是常年不落叶的桉树),对建筑物的胀缩变形影响很大,尤其是旱季能造成较大的不利影响。

e. 丘岗地带地质条件十分复杂,兼之膨胀土土体中裂隙发育,除胀缩变形外,在邻近临空面地段还有可能出现局部剪切变形,表现为轻型房屋的长期下沉、错落及产生浅层滑移等现象。

第三节　膨胀岩土地区的勘察

一、工程地质测绘和调查

膨胀岩土地区工程地质测绘和调查宜采用 1∶1 000～1∶2 000 比例尺,应着重研究下列内容。

①研究微地貌、地形形态及其演变特征,划分地貌单元,查明天然斜坡是否有胀缩剥落现象。

②查明场地内岩土膨胀造成的滑坡、地裂、小冲沟等的分布。

③查明膨胀岩土的成因、年代、竖向和横向分布规律及岩土体膨胀性的各向异性程度。

④查明膨胀岩节理、裂隙构造及其空间分布规律。

⑤调查地表水排泄、积聚情况;地下水的类型、水位及其变化幅度;土层中含水率的变化规律。

⑥搜集历年降雨量、蒸发量、气温、地温等气象资料。

⑦调查当地建筑物的结构类型、基础形式和埋深,建筑物的损坏部位,破裂机制、破裂的发生发展过程及胀缩活动带的空间展布规律。

⑧调查当地天然及人工植被的分布,浇灌方法。

二、勘察方法及工作量

勘察方法及工作量根据勘察阶段决定,应满足如下要求:

①勘探点宜结合地貌单元和微地貌形态布置;其数量应比非膨胀岩土地区适当增加,其中采取试样的勘探点不应少于全部勘探点的 1/2。

②勘探孔的深度,除应满足基础埋深和附加应力的影响深度外,尚应超过大气影响深度;控制性勘探孔不应小于 8 m,一般性勘探孔不应小于 5 m。

③在大气影响深度内,每个控制性勘探孔均应采取Ⅰ、Ⅱ级土试样,取样间距不应大于 1 m,在大气影响深度以下,取样间距可为 1.5～2.0 m;一般性勘探孔从地表下 1 m 开始至 5 m深度内,可取Ⅲ级土试样,测定天然含水率。

④膨胀岩土应测定自由膨胀率、收缩系数及膨胀压力。对膨胀土需测定 50 kPa 压力下的膨胀率,对膨胀岩尚应测定黏粒、蒙脱石或伊利石含量、体膨胀量及无侧限抗压强度。为确定膨胀岩土的承载力、膨胀压力,还可进行浸水载荷试验、剪切试验和旁压试验等。

三、室内试验

对膨胀岩土除一般物理力学性质指标试验外，尚应进行工程特性指标试验。

1. 自由膨胀率(δ_{ef})

人工制备的烘干土，在水中增加的体积与原体积的比。按下式计算

$$\delta_{ef}=\frac{V_w-V_0}{V_0} \tag{3.3.1}$$

式中，V_w 为土样在水中膨胀稳定后的体积(mL)；V_0 为土样原有体积(mL)。

自由膨胀率可用来定性地判别膨胀土及其膨胀潜势。

2. 膨胀率(δ_{ep})

在一定压力下(当压力为零时则为 δ_{epo})，浸水膨胀稳定后，试样增加的高度与原高度的比。按下式计算

$$\delta_{ep}=\frac{h_w-h_0}{h_0} \tag{3.3.2}$$

式中，h_w 为土样浸水膨胀稳定后的高度(mm)；h_0 为土样的原始高度(mm)。

膨胀率可用来评价地基的胀缩等级，计算膨胀土地基的变形量及测定膨胀力。

3. 收缩系数(λ_s)

不扰动土试样在直线收缩阶段，含水率减少1%时的竖向线缩率。按下式计算

$$\lambda_s=\frac{\Delta\delta_s}{\Delta_w} \tag{3.3.3}$$

式中，Δ_w 为收缩过程中直线变化阶段两点含水率之差(%)；$\Delta\delta_s$ 为收缩过程中与两点含水率之差对应的竖向线缩率之差(%)。

收缩系数可用来评价地基的胀缩等级，计算膨胀土地基的变形量。

①竖向线缩率(δ_e)：不扰动土试样的垂直收缩变形与原始高度的比值(%)。按下式计算

$$\delta_e=\frac{z-z_0}{h_0} \tag{3.3.4}$$

式中，z 为百分表某次读数(mm)；z_0 为百分表初始读数(mm)；h_0 为试样原始高度(mm)。

②土的收缩曲线：以线缩率为纵坐标，含水率为横坐标，绘制含水率 ω 与相应的 δ_s 的关系曲线。曲线可分为直线收缩阶段、过渡阶段、微收缩阶段。利用曲线的直线收缩阶段可以计算收缩系数 λ_s，见图 3.3.1。

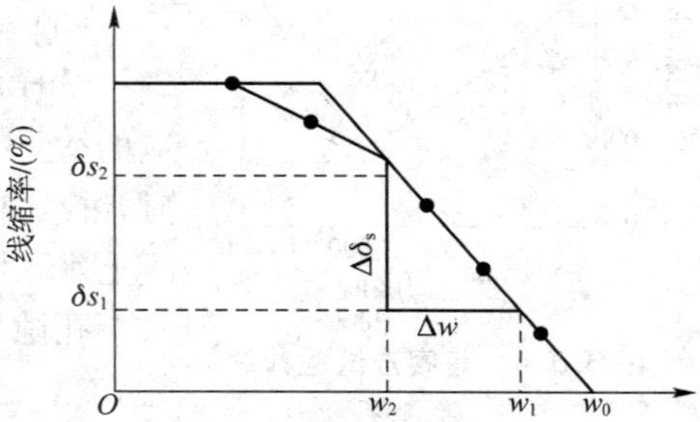

图 3.3.1 收缩曲线

4. 膨胀力(p_e)

不扰动土试样在体积不变时，由于浸水膨胀产生的最大应力。

膨胀力可用来衡量土的膨胀势和考虑地基的承载能力。膨胀力的测量方法如下：

(1)压缩膨胀法

对不扰动土试样按常规压缩试验方法分级加压，最大压力要稍大于预估的膨胀力。试样在最大压力下压缩下沉稳定后，向容器内自下而上注水，使水面超过试样顶面。待试样浸水膨胀稳定后，按加荷等级分级退荷。测记每级退荷后试样的膨胀变形，计算各级压力下的膨胀率

$$\delta_{sep}=\frac{Z_p+Z_e-Z_0}{h_0} \tag{3.3.5}$$

式中，Z_p 为在一定压力作用下试样浸水膨胀稳定后百分表的读数(mm)；Z_e 为在一定压力作用下，压缩仪退荷回弹的校正值(mm)；Z_0 为试样压力为零时百分表的初读数(mm)；h_0 为试样加荷前的原始高度(mm)。

试样退荷至零，求出各级压力下的膨胀率。以各级压力的膨胀率为纵坐标，压力为横坐标，绘制膨胀率与压力的关系曲线，该曲线与横坐标的交点即为试样的膨胀压力(图 3.3.2)。

(2)自由膨胀法

不扰动土试样预加 8 kPa 接触压力，向容器浸水，待土试样浸水膨胀稳定后，向试样逐级加荷，当加荷出现明显的极限压力点时，可按加荷的同样等级卸荷，观测回弹变形。取孔隙比压力曲线上对应于天然孔隙比的压力为自由膨胀法的膨胀压力(图 3.3.3)。

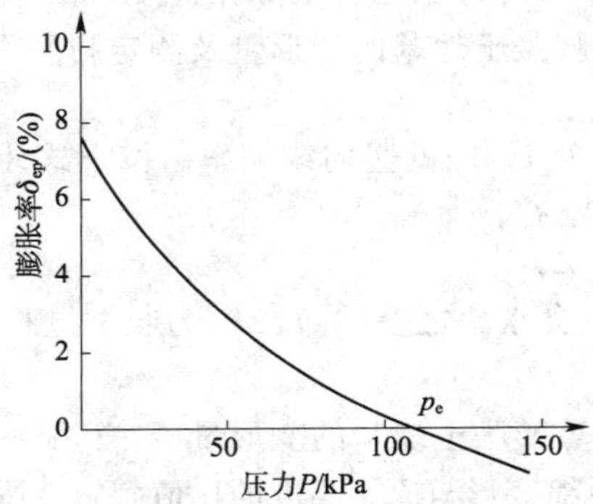

图 3.3.2 膨胀率-压力曲线

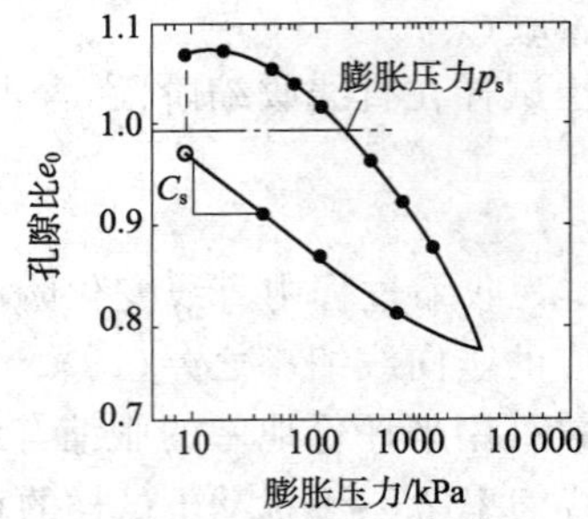

图 3.3.3 自由膨胀法试验曲线

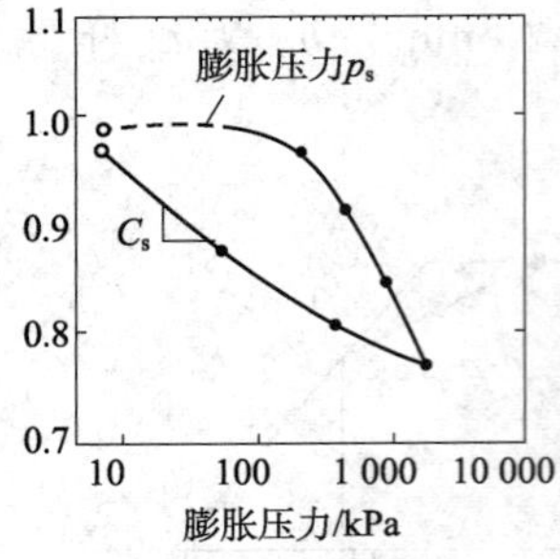

图 3.3.4 等容法试验曲线

孔隙比与压力曲线的回弹值的斜率即为自由膨胀法的膨胀指数 C_{SF}。

(3)等容法

试样浸水后密切观测，当有膨胀变形发生时，即施加一相应的荷重，以消除膨胀变形。当加荷至土试样表现为无膨胀时，继续加荷直至土试样产生较大压缩变形。孔隙比—压力曲线上水平线的对应值即为膨胀压力(图 3.3.4)。

孔隙比—压力曲线回弹支的斜率即为等容法的膨胀指数 C_{SO}。

四、野外测试

1.现场浸水载荷试验

本试验用以确定地基土的承载力和浸水时的膨胀变形量。

①试验场地应选在有代表性的地段，试坑和设备的布置应符合图 3.3.5 的要求。

②承压板面积不应小于 0.5 m^2。

③在承压板附近应设置一组深度为 0、1b、2b、3b(b 为压板宽度或直径)和等于当地大气

影响深度的分层测标，或采用一孔多层测标方法，以观测各层土的膨胀变形量。

④采用钻孔或砂沟双面浸水，深度不应小于当地的大气影响深度或 $4b$。

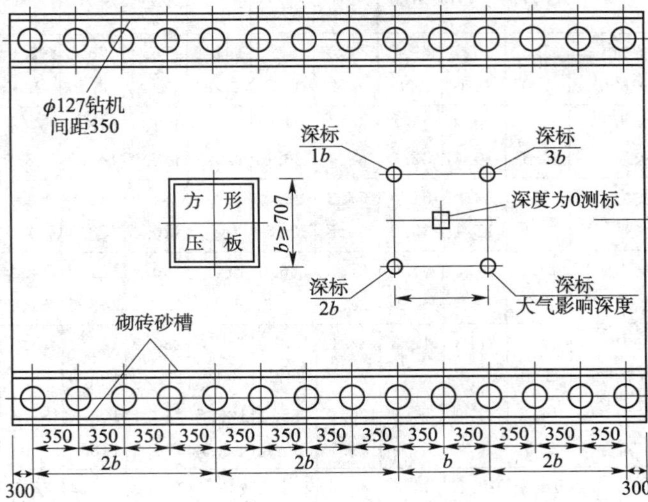

3.3.5 现场浸水载荷试验试坑及设备布置示意(尺寸单位:mm)

⑤采用重物分级加荷和高精度水准仪观测变形。

⑥应分级加荷至设计荷载。每级荷载施加后，应按 0.5 h、1 h 各观测沉降一次，以后可每隔 1 h 或更长一些时间观测一次，直至沉降达到相对稳定后再加下一级荷载。

⑦连续 2 h 的沉降量不大于 0.1 mm/h 时，即可认为沉降稳定。

⑧当施加最后一级荷载沉降达到稳定后，可在砂沟内浸水，浸水水面不应超过承压板底面。浸水期间应每 3 d 或 3 d 以上时间观测一次膨胀变形。膨胀变形相对稳定后的标准为连续两个观测周期内，其变形量不大于 0.1 mm/3 d。浸水时间不应少于两周。

⑨浸水膨胀变形达到相对稳定后，应停止浸水并按⑥、⑦两项要求继续加荷直至破坏。

⑩试验前和试验后应分层取不扰动土试样在室内进行物理力学试验和膨胀试验。

⑪绘制各级荷载下的变形和压力曲线(图 3.3.6)，以及分层测标变形与时间关系曲线，以确定土的承载力和可能的膨胀量。

⑫取破坏荷载的 1/2 作为地基土承载力的特征值。在特殊情况下，可按地基设计要求的变形值在 p-s 曲线上选取所对应的荷载作为地基承载力的特征值。

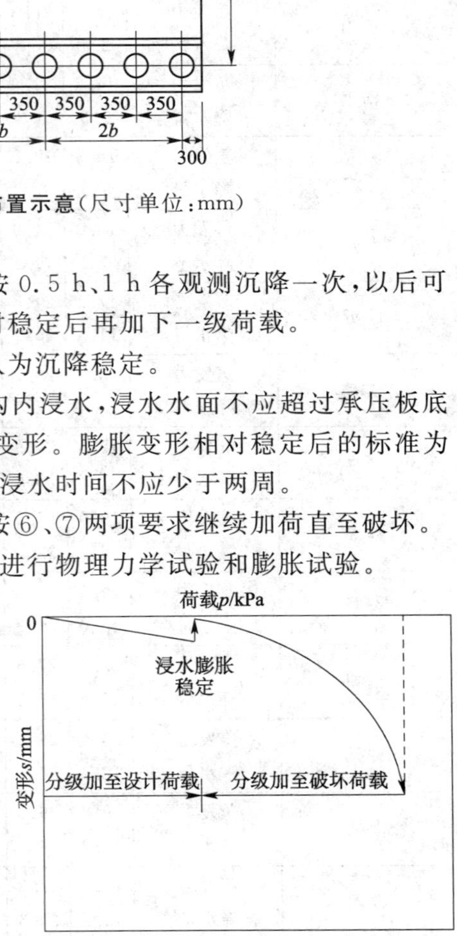

图 3.3.6 现场浸水载荷试验 p-s 关系曲线示意

2. 膨胀土湿度系数 ψ_w 的测定

膨胀土湿度系数是指在自然条件下，地表下 1 m 处土层含水率可能达到的最小值与其塑限值之比。

膨胀土湿度系数应根据当地 10 年以上的土的含水率变化及有关气象资料统计求出。无此资料时，可按下式计算

$$\psi_w = 1.152 - 0.726\alpha - 0.00107C \tag{3.3.6}$$

式中，α 为当年 9 月至次年 2 月的蒸发力之和与全年蒸发力之比值，部分地区的蒸发力及降水量值列于表 3.3.1；C 为全年中干燥度(即蒸发力与降水量之比值)大于 1.00 的月份的蒸发力与降水量差值之总和(mm)。

中国部分地区的蒸发力及降水量(单位:mm) 表 3.3.1

站 名	项 目	1月	2月	3月	4月	5月	6月	7月	8月	9月	10月	11月	12月
吐鲁番	蒸发力	5.6	16.7	59.2	102.8	167.0	191.2	196.4	173.8	93.9	43.8	42.7	3.5
	降水量	1.0	0.1	1.8	0.4	0.7	3.8	2.0	3.5	0.9	0.4	1.7	1.1
汉中	蒸发力	14.2	20.6	43.6	60.3	94.1	114.8	121.5	118.1	57.4	39.0	17.6	11.9
	降水量	7.5	10.7	32.2	68.1	86.6	110.2	158.0	141.7	146.9	80.3	38.0	9.3
安康	蒸发力	18.5	27.0	51.0	67.3	98.3	122.8	132.6	131.9	67.2	43.9	20.6	16.3
	降水量	4.4	11.1	33.2	80.8	88.5	78.6	120.7	118.7	133.7	70.2	32.8	7.0
通县	蒸发力	15.6	21.5	51.0	87.3	136.9	144.0	130.5	111.2	74.4	44.6	20.1	12.3
	降水量	2.7	7.7	9.2	22.7	35.6	70.6	197.1	243.5	64.0	21.0	7.8	1.6
唐山	蒸发力	14.3	20.3	49.8	83.0	138.8	140.8	126.2	112.4	75.5	45.5	20.4	19.1
	降水量	2.1	6.2	6.5	27.2	24.3	64.4	224.8	196.5	46.2	22.5	6.9	4.0
衡水	蒸发力	14.2	21.9	56.0	96.7	155.2	168.5	143.1	124.6	81.4	52.3	21.2	12.2
	降水量	3.3	5.3	7.8	39.7	17.1	45.5	164.6	118.4	37.4	24.1	17.3	3.3
泰安	蒸发力	16.8	24.9	56.8	85.6	132.5	148.1	133.8	123.6	78.5	54.6	23.8	14.2
	降水量	5.5	8.7	16.5	36.8	42.4	87.4	228.8	163.2	70.7	32.2	26.4	8.1
兖州	蒸发力	16.0	24.9	58.2	87.7	137.9	158.5	140.3	129.5	81.0	56.6	24.8	14.7
	降水量	8.2	11.2	20.4	42.1	40.0	90.4	237.1	156.7	60.8	30.0	27.0	11.3
临沂	蒸发力	17.2	24.3	53.1	78.9	123.7	137.2	123.3	123.7	77.5	56.2	25.6	15.5
	降水量	11.5	15.1	24.4	52.1	48.2	111.1	284.8	183.1	160.4	33.7	32.3	13.3
文登	蒸发力	13.2	20.2	47.7	71.5	120.4	121.1	110.4	112.3	73.4	48.0	21.4	12.0
	降水量	15.7	12.5	22.4	44.3	43.3	82.4	234.1	194.3	107.9	36.0	35.3	16.3
南京	蒸发力	19.5	24.9	50.1	70.5	103.5	120.6	140.0	139.1	80.7	59.0	27.3	17.8
	降水量	31.8	53.0	78.7	98.7	97.3	139.9	182.0	121.0	100.9	44.3	53.2	21.2
蚌埠	蒸发力	19.0	25.9	52.0	74.4	114.3	136.9	137.2	136.0	79.1	57.8	28.2	18.5
	降水量	26.6	32.6	60.8	62.5	74.3	106.8	205.8	153.7	87.0	28.2	40.3	22.0
合肥	蒸发力	19.0	25.6	51.3	71.7	111.5	131.9	150.0	146.3	80.8	59.2	27.9	18.5
	降水量	33.6	50.2	75.4	106.1	105.9	96.3	181.5	114.1	80.0	43.2	52.5	31.5
巢湖	蒸发力	22.8	27.6	54.2	72.6	111.3	134.8	159.7	149.9	84.2	64.7	31.2	21.6
	降水量	27.4	45.5	73.7	111.1	110.2	89.0	158.1	98.9	76.6	40.1	59.6	26.1
许昌	蒸发力	20.6	26.8	33.0	75.7	122.3	153.0	140.7	125.2	76.8	54.6	27.5	19.0
	降水量	13.0	15.0	19.8	53.0	53.8	70.4	185.7	156.4	72.2	39.9	37.9	10.7
南阳	蒸发力	19.2	29.9	53.3	74.4	113.8	144.8	137.6	132.6	78.8	55.6	26.5	18.6
	降水量	14.2	16.1	36.2	69.9	66.0	84.0	196.8	163.1	93.8	47.3	31.5	10.2
郧阳	蒸发力	17.5	23.3	46.5	65.7	105.3	131.0	135.7	127.0	69.4	49.0	23.3	16.2
	降水量	14.5	20.3	43.7	84.1	74.8	74.7	145.2	134.6	109.7	61.7	38.9	12.3
钟祥	蒸发力	23.4	29.1	52.2	70.5	108.6	131.2	151.3	146.2	89.9	62.5	31.9	21.7
	降水量	26.4	30.3	55.9	99.4	119.5	136.5	184.6	114.0	73.7	53.1	47.2	22.8
江陵	蒸发力	20.1	24.8	45.6	61.7	96.5	120.2	146.8	136.9	82.3	54.4	27.0	18.8
荆州	降水量	30.0	40.7	77.1	132.7	160.2	165.9	177.6	124.6	70.0	74.0	53.5	31.2
全州	蒸发力	29.1	27.9	47.1	59.4	90.6	105.8	151.5	137.7	98.6	68.5	35.7	27.5
	降水量	55.0	89.0	131.9	250.1	231.0	198.9	110.6	130.8	48.3	69.9	86.0	58.6
桂林	蒸发力	32.5	31.2	47.7	61.6	91.5	106.7	138.4	133.5	106.9	78.5	42.9	33.5
	降水量	55.6	76.1	134.0	279.7	318.4	315.8	224.2	166.9	65.2	97.3	83.2	56.6

续上表

站名	项目	1月	2月	3月	4月	5月	6月	7月	8月	9月	10月	11月	12月
百色	蒸发力	37.1	41.2	70.1	68.0	125.5	117.9	134.1	128.8	96.8	68.3	40.0	26.4
	降水量	19.9	17.3	31.1	66.1	168.7	195.7	170.3	189.3	109.4	81.3	39.6	17.7
田东	蒸发力	31.6	36.9	67.6	90.5	123.1	122.0	138.5	132.8	101.1	73.9	47.2	35.5
	降水量	19.9	17.3	31.1	66.1	168.7	213.5	153.7	211.2	134.5	67.3	37.2	22.4
贵县	蒸发力	41.6	36.7	52.7	67.6	110.6	109.2	135.0	133.1	111.4	91.2	52.1	42.1
	降水量	33.3	48.4	63.2	144.0	183.6	302.5	221.4	244.9	101.4	66.6	38.0	27.4
南宁	蒸发力	25.1	33.4	51.2	71.3	116.0	115.7	136.3	130.5	101.9	81.7	46.1	35.3
	降水量	40.2	41.8	63.0	84.1	183.3	241.8	179.9	203.6	110.1	67.0	43.3	25.1
上思	蒸发力	45.0	34.7	54.9	74.3	123.0	108.5	127.2	119.0	91.4	73.4	42.5	34.6
	降水量	23.4	26.0	23.1	62.4	126.7	144.3	201.0	235.6	141.7	74.1	40.4	18.0
来宾	蒸发力	36.0	34.2	51.3	76.4	107.5	112.6	140.9	135.7	107.0	79.9	43.4	34.2
	降水量	28.8	52.7	67.2	116.9	192.8	296.1	195.9	209.0	68.5	78.3	57.3	36.3
韶关（曲江）	蒸发力	32.2	31.8	51.4	65.0	103.4	111.4	155.6	141.2	109.9	79.5	44.4	32.3
	降水量	52.4	83.2	149.7	226.2	239.9	264.1	127.6	138.4	90.8	57.3	49.3	43.5
广州	蒸发力	40.1	35.9	53.1	66.2	105.4	109.2	137.5	131.1	99.5	88.4	54.5	41.8
	降水量	39.3	62.5	91.3	158.2	266.7	299.2	220.0	225.5	204.0	52.2	42.0	19.7
湛江	蒸发力	43.0	37.1	55.9	26.9	123.8	122.3	144.9	132.0	105.1	97.8	58.9	46.2
	降水量	25.2	38.7	63.5	40.6	163.3	209.2	163.5	251.2	254.4	90.9	44.7	19.5
绵阳	蒸发力	16.8	21.4	43.8	61.2	92.8	97.0	109.4	104.0	56.7	38.2	21.9	15.2
	降水量	6.1	10.9	20.2	54.5	83.5	162.0	244.0	224.6	143.5	43.9	19.7	6.1
成都	蒸发力	17.5	21.4	43.6	59.7	91.0	94.3	107.7	102.1	56.0	37.5	21.7	15.7
	降水量	5.1	11.3	21.8	51.3	88.3	119.8	229.4	365.5	113.7	48.0	16.5	6.4
昭通	蒸发力	23.4	31.4	66.1	83.0	97.7	81.9	101.9	92.8	61.7	40.1	27.2	21.2
	降水量	5.6	6.6	12.6	26.6	74.3	144.1	162.0	124.4	101.2	62.2	15.2	7.0
元谋	蒸发力	57.1	70.5	122.3	144.7	171.5	130.7	127.1	120.0	94.4	74.7	52.6	45.8
	降水量	3.4	4.9	2.5	10.1	39.5	113.7	146.2	122.4	76.5	75.5	12.6	6.9
昆明	蒸发力	35.6	47.2	85.1	103.4	122.6	91.9	90.2	90.3	67.6	53.0	36.9	30.1
	降水量	10.0	9.9	13.6	19.7	78.5	182.0	216.5	195.1	123.0	94.9	33.6	16.0
开远	蒸发力	44.4	56.9	99.6	116.7	140.2	105.4	107.5	100.8	81.6	66.5	44.2	39.2
	降水量	14.2	14.2	25.9	40.9	75.7	131.8	166.6	135.1	83.2	55.2	33.2	20.0
元江	蒸发力	54.2	69.4	114.3	123.3	148.7	118.8	121.2	116.9	95.3	76.4	52.2	44.8
	降水量	12.5	14.1	17.2	41.9	80.3	142.6	132.1	133.3	72.4	74.1	37.1	26.9
文山	蒸发力	36.1	45.8	84.3	104.4	120.8	94.5	99.3	93.6	70.5	59.5	40.4	34.3
	降水量	13.7	12.4	24.5	61.6	103.9	154.0	194.6	175.0	103.6	64.9	31.1	23.0
蒙自	蒸发力	40.4	58.4	100.8	117.6	134.5	102.2	102.6	97.7	78.7	66.0	47.8	41.3
	降水量	12.9	16.4	26.2	45.9	90.1	131.8	150.8	150.5	81.1	52.8	27.7	19.8
贵阳	蒸发力	21.0	25.0	51.8	70.3	90.9	92.7	116.9	110.1	74.4	46.7	28.1	21.1
	降水量	19.7	21.8	33.2	108.3	191.8	213.2	178.9	142.0	82.6	89.2	55.9	25.7

3. 大气影响深度 d_a 及大气影响急剧层深度

大气影响深度是自然气候作用下，由降水、蒸发、地温等因素引起土的升降变形的有效深度。

大气影响急剧层深度系指大气影响特别显著的深度。

大气影响深度和大气影响急剧层深度用各气候区土的深层变形观测或含水率观测和地

温观测资料确定。无资料时可按表 3.3.2 采用。

大气影响急剧层深度可按表 3.3.2 中的大气影响深度乘以 0.45 采用。

大气影响深度(单位:m)　　表 3.3.2

土的湿度系数 ψ_w	大气影响深度 d_a	土的湿度系数 ψ_w	大气影响深度 d_a
0.6	5.0	0.8	3.5
0.7	4.0	0.9	3.0

第四节　膨胀土的地基评价

一、膨胀土场地的分类

按场地的地形地貌条件,可将膨胀土建筑场地分为两类:

平坦场地:地形坡度小于 5°;地形坡度大于 5°小于 14°,且距坡肩水平距离大于 10 m 的坡顶地带。

坡地场地:地形坡度大于或等于 5°,地形坡度小于 5°,但同一座建筑物范围内局部地形高差大于 1 m。

二、膨胀潜势

膨胀土的膨胀潜势可按其自由膨胀率分为三类(表 3.4.1)。

三、膨胀土地基的胀缩等级

根据地基的膨胀、收缩变形对低层砖混房层的影响程度,地基土的膨胀等级可按分级变形量分为三级(表 3.4.2)。

膨胀土的膨胀潜势　　表 3.4.1

自由膨胀率/(%)	膨胀潜势
$40 \leqslant \delta_{ef} < 65$	弱
$65 \leqslant \delta_{ef} < 90$	中
$\delta_{ef} \geqslant 90$	强

膨胀土地基的胀缩等级　　表 3.4.2

分级变形量/mm	级别
$15 \leqslant s_c < 35$	Ⅰ
$35 \leqslant s_c < 70$	Ⅱ
$s_c \geqslant 70$	Ⅲ

由于各地区的膨胀土的特征不同,性质各有差异,有的地区对本地区的膨胀土有深入的研究,因此,膨胀土的分级,亦可按地区经验划分。

四、膨胀土地基的变形量

1. 膨胀土地基的计算变形量的要求

$$S_j \leqslant [S_j] \tag{3.4.1}$$

式中,S_j 为天然地基或人工地基及采取其他处理措施后的地基变形量计算值(mm);$[S_j]$为建筑物的地基容许变形值(mm),可按表 3.4.3 采用。

2. 膨胀土地基变形量的取值的规定

①膨胀变形量应取基础某点的最大膨胀上升量;

②收缩变形量应取基础某点的最大收缩下沉量;

③胀缩变形量应取基础某点的最大膨胀上升量与最大收缩下沉量之和;

④变形差应取相邻两基础的变形量之差;

⑤局部倾斜应取砖混承重结构沿纵墙 6～10 m 内基础两点的变形量之差与其距离的比值。

建筑物的地基容许变形值　　表 3.4.3

结构类型	相对变形		变形量/mm
	种类	数量	
砖混结构	局部倾斜	0.001	15
房屋三到四开间及四角有构造柱或配筋砖混承重结构	局部倾斜	0.001 5	30
工业与民用建筑相邻桩基 (1)框架结构无填充墙； (2)框架结构有填充填； (3)当基础不均匀升降时不产生附加应力的结构	 变形差 变形差 变形差	 0.001l 0.000 5l 0.003l	 30 20 40

注：l 为相邻桩基的中心距离(m)。

3. 膨胀土地基变形的计算

膨胀土地基变形计算可按以下三种情况进行，见图 3.4.1。

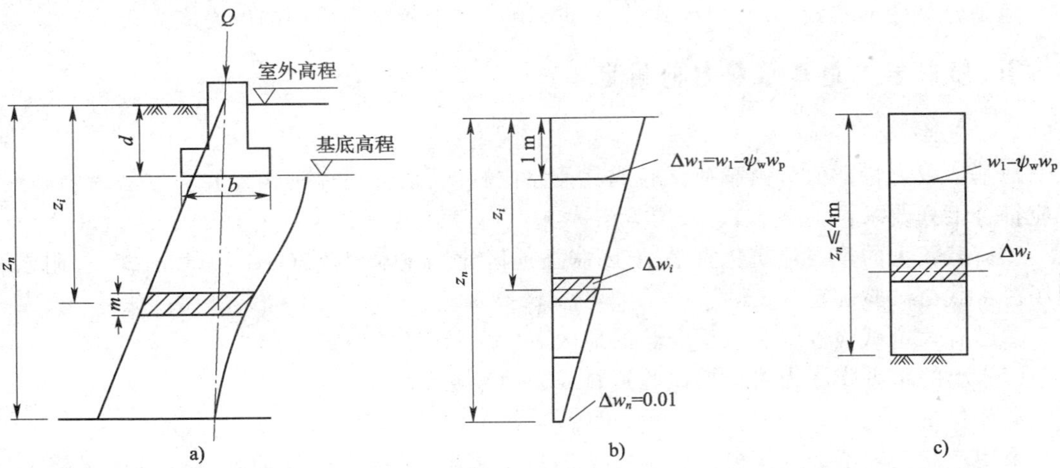

图 3.4.1　地基土变形计算示意

①当离地表 1 m 处地基土的天然含水率等于或接近最小值时或地面有覆盖且无蒸发可能性，以及建筑物在使用期间，经常有水浸湿地基，可按下式计算膨胀变形量

$$s_e=\psi_e\sum_{i=1}^{n}\delta_{epi}h_i \tag{3.4.2}$$

式中，s_e 为地基土的膨胀变形量(mm)；ψ_e 为计算膨胀变形量的经验系数，宜根据当地经验确定，无经验时，3 层及 3 层以下建筑物，可采用 0.6；δ_{epi} 为基础底面下第 i 层土在该土的平均自重压力与平均附加压力之和作用下的膨胀率，由室内试验确定；h_i 为第 i 层土的计算厚度(mm)；n 为自基础底面至计算深度内所划分的土层数，计算深度应根据大气影响深度确定；有浸水可能时，可按浸水影响深度确定。

②当离地表 1m 处地基土的天然含水率大于 1.2 倍塑限含水率时，或直接受高温作用的地基，可按下式计算收缩变形量

$$S_s=\psi_s\sum_{i=1}^{n}\lambda_{si}\Delta\omega_i h_i \tag{3.4.3}$$

式中，S_s 为地基土的收缩变形量(mm)；ψ_s 为计算收缩变形量的经验系数，宜根据当地

经验确定，无经验时，3 层及 3 层以下建筑物可采用 0.8；λ_{si} 为第 i 层土的收缩系数，应由室内试验确定；$\Delta\omega_i$ 为地基土收缩过程中，第 i 层土可能发生的含水率变化的平均值(以小数计)。在计算深度内，各土层的含水率变化值，应按下式计算

$$\Delta\omega_i=\Delta\omega_1-(\Delta\omega_1-0.01)\frac{z_i-1}{z_n-1} \tag{3.4.4}$$

$$\Delta\omega_1=\omega_1-\psi_w\omega_p \tag{3.4.5}$$

式中，ω_1、ω_p 为地表下 1 m 处土的天然含水率和塑限含水率(小数)；ψ_w 为土的湿度系数；z_i 为第 i 层土的深度(m)；z_n 为计算深度，可取大气影响深度(m)，在地表下 4 m 土层深度内存在不透水基岩时，可假定含水率变化值为常数(图 3.4.1)，在计算深度内有稳定地下水位时，可计算至水位以上 3 m。

③在其他情况下，可按下式计算地基土的胀缩变形量

$$s=\psi\sum_{i=1}^{n}(\delta_{epi}+\lambda_{si}\Delta\omega_i)h_i \tag{3.4.6}$$

式中，s 为地基土胀缩变形量(mm)；ψ 为计算胀缩变形量的经验系数，可取 0.7。

地基分级变形按式(3.4.1)～式(3.4.6)计算，式中膨胀率采用的压力应为 50 kPa。

五、膨胀岩土地基承载力的确定

1.规范法

地基承载力特征值可由载荷试验或其他原位测试、结合工程实践经验等方法综合确定，并应符合下列要求：

①荷载较大的重要建筑物宜采用《膨胀土地区建筑技术规范》(GB 50112—2013)附录 C 现场浸水载荷试验确定；

②已有大量试验资料和工程经验的地区，可按当地经验确定。

膨胀土的水平膨胀力可根据试验资料或当地经验确定。

2.计算法

采用饱和三轴不排水快剪试验确定土的抗剪强度，再根据建筑地基基础设计规范或岩土工程勘察规范的有关规定计算地基土的承载力。

3.经验法

对已有建筑经验的地区，可根据成功的建筑经验或地区经验值确定地基土的承载力。

对于一般工程，可参考表 3.4.4确定地基土的承载力。

地基承载力 f_k(单位：kPa)　　表 3.4.4

含水比 α_w	孔隙比 e		
	0.6	0.9	1.1
<0.5	350	280	200
0.5～0.6	300	220	170
0.6～0.7	250	200	150

注：1.含水比为天然含水率与液限的比值。

2.此表适用于基坑开挖时土的天然含水率等于或小于勘察时的天然含水率。

3.使用此表时应结合建筑物的容许变形值考虑。

中国建筑科学研究院《中国膨胀土地基承载力的选用》一文的方法：

①将膨胀土按其承载力作工程地质分类如表 3.4.5 所示。

第八篇　特殊条件下的岩土工程

②列出膨胀土基本承载力 f_0 与含水率 ω、旁压试验值、标准贯入试验值和室内剪切试验值的关系表(表 3.4.6～表 3.4.9)。

中国膨胀土的工程地质分类　　表 3.4.5

类别	地质特征			物理性质									
	时代	成因	岩性	含水率/(%)		重度/(kN/m³)		孔隙比		液限/(%)		自由膨胀率/(%)	
				范围值	平均值	范围值	平均值	范围值	平均值	范围值	平均值	范围值	平均值
Ⅰ	N	湖积	以灰黄、灰白色黏土为主,其中夹有粉质黏土、粉土夹层或透镜体,裂隙很发育,且有滑动擦痕	15.0～28.0	11.0	19.2～21.6	20.6	0.42～0.85	0.62	31.0～51.0	45.0	49～76	59
Ⅱ	Q_1	与冰川有关的湖积	以杏黄、棕红、灰绿、灰白等杂色黏土为主,其中含砂量不同,夹有不连续的砂,砾的薄层,裂隙很发育,且有擦痕	13.4～24.5	18.3	19.8～21.7	20.7	0.41～0.69	0.54	32.1～62.6	44.6	41～125	77
Ⅲ	Q_2	湖积	以黄夹灰、黄夹灰白、黄夹紫红色黏土为主,其中含铁锰结核,有时富集成层或透镜体,裂隙发育,裂隙面上有灰白色黏土	30.0～42.0	37.0	17.6～19.0	18.2	0.96～1.25	1.11	67.0～88.0	79.0	54～124	85
Ⅳ	Q_3	冲洪积	以褐黄、棕黄色黏土为主,其中含有较多的铁锰结核和少量的钙质结核,裂隙较发育,裂隙面上有时有灰白色黏土	19.3～29.3	24.1	17.1～20.8	19.6	0.51～0.83	0.65	37.4～60.8	47.6	45～105	68
Ⅴ	Q	坡残积	以棕红色黏土为主,上部裂隙少,下部裂隙多,在上部有时含有小的岩石碎片	19.7～40.5	29.0	18.2～20.0	19.2	0.79～0.93	0.87	37.0～83.6	62.0	38～65	47

膨胀土承载力 f_0 与含水率 w 关系　　表 3.4.6

w/(%)		16	18	20	22	24	26	28	30	32	34	36	38	40	42
f_0/kPa	Ⅰ	600	530	450	380	300	230	150	70						
	Ⅱ	480	400	330	250	170	90								
	Ⅲ								310	270	240	200	170	130	90
	Ⅳ	410	360	310	260	210	150	110							
	Ⅴ				450	420	390	360	330	300	270	240	210	180	150

用旁压试验确定膨胀土承载力 f_0 表 3.4.7

P_f/kPa		100	150	200	250	300	350	400	450	500	550	600	650
f_0/kPa	Ⅰ	260	290	320	340	370	390	420	450	470	500	520	550
	Ⅱ	110	160	210	270	320	380	430					
	Ⅲ	—	100	180	260	330							
	Ⅳ	70	130	190	240								
	Ⅴ	150	240	250	290	340	390	440					

用标准贯入试验确定膨胀土承载力 f_0 表 3.4.8

N		4	6	8	10	12	14	16	18	20	22	24
f_0/kPa	Ⅰ	200	250	290	340	380	430	470	520	560	610	
	Ⅱ	120	150	170	200	230	260	290	310	340	370	400
	Ⅲ		130	230	320							
	Ⅳ		110	130	160	180	210	230				

用室内直剪试验确定膨胀土承载力 f_0 表 3.4.9

f_v/kPa		200	300	400	500	600	700	800	900	1 000	1 100	1 200
f_0/kPa	Ⅰ		100	140	180	220	270	310	350	400	400	480
	Ⅱ	160	230	300	360	430						
	Ⅲ	110	160	210	270							
	Ⅳ			120	130	140	150	160	170	180	190	220

注：f_v 为用直剪求得土的 c、φ 值后按《建筑地基基础设计规范》(GB 50007—2011))中地基承载力公式计算的。

③对于一般房屋和构筑物，当基础的宽度小于或等于 3 m，埋置深度为 1.0～1.5 m，可根据土的工程地质分类和天然含水率指标按表 3.4.6 查得承载力，再根据局部浸水的可能性引起含水率的增高值，再按表 3.4.6 进行调整，确定承载力特征值。

④对于重要的或结构特殊的房屋和构筑物及工程地质条件复杂的情况，土的承载力应用野外试验指标按表 3.4.7、表 3.4.8 确定。承载力确定后，再根据局部浸水的可能性引起含水率的增高值，再按表 3.4.6 进行调整，确定承载力特征值。

六、膨胀岩土地基的稳定性

位于坡地场地上的建筑物的地基稳定性，按下列几种情况验算。

①土质均匀且无节理面时按圆弧滑动法验算。

②岩土层较薄，层间存在软弱层时，取软弱层面为潜在滑动面进行验算。

③层状构造的膨胀岩土，如层面与坡面斜交且交角小于 45°时，验算层面的稳定性。

验算稳定性时，必须考虑建筑物和堆料荷载，抗剪强度应为土体沿潜在滑动面的抗剪强度，稳定安全系数可取 1.2。

第五节 膨胀岩土地区的工程措施

(一)场址选择

场址选择时应选具有排水通畅、坡度小于 14°并有可能采用分级低挡土墙治理、胀缩性较弱的地段；避开地形复杂、地裂、冲沟、浅层滑坡发育或可能发育、地下水位变化剧烈的地段。

（二）总平面设计

总平面设计时宜使用同一建筑物地基土的分级变形差不大于 35 mm，竖向设计宜保持自然地形，避免大挖大填；应考虑场地内排水系统的管道渗水或排泄不畅对建筑物升降变形的影响。

（三）坡地建筑

在坡地上建筑时要验算坡体的稳定性，考虑坡体的水平移动和坡体内土的含水率变化对建筑物的影响。

（四）斜坡滑动防治

对不稳定或可能产生滑动的斜坡必须采取可靠的防治滑坡措施，如设置支挡结构、排除地面及地下水、设置护坡等措施。

（五）基础埋置深度

当坡地坡角为 5°～14°，基础外边缘至坡肩的水平距离为 5～10 m 时，基础埋深（图 3.5.1）可按下式确定

$$d = 0.45d_a + (10 - l_p)\tan\beta + 0.30 \tag{3.5.1}$$

式中，d 为基础埋置深度（m）；d_a 为大气影响深度（m）；β 为设计斜坡坡角（°）；l_p 为基础外边缘至坡肩的水平距离（m）。

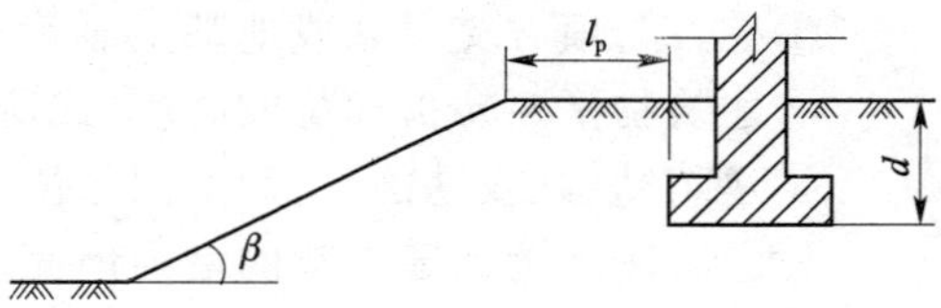

图 3.5.1 坡地上基础埋深计算示意

（六）地基处理

膨胀土地基处理可采用换土、砂石垫层、土性改良等方法，亦可采用桩基或墩基。

①换土可采用非膨胀性材料或灰土，换土厚度可通过变形计算确定。平坦场地上Ⅰ、Ⅱ级膨胀土的地基处理，宜采用砂石垫层，垫层厚度不应小于 300 mm，垫层宽度应大于基底宽度，两侧宜采用与垫层相同的材料回填，并做好防水处理。

②采用桩基础时，其深度应达到胀缩活动区以下，且不小于设计地面下 5 m。同时，对桩墩本身，宜采用非膨胀土作隔层。桩基设计应符合下列要求：

a. 桩尖应锚固在非膨胀土层或伸入大气影响急剧层以下的土层中，其伸入长度应满足下列条件。

按膨胀变形计算时，应符合下式要求

$$l_a \geqslant \frac{v_e - Q_k}{u_p \lambda q_{sa}} \tag{3.5.2}$$

按收缩变形计算时，应符合下式要求

$$l_a \geqslant \frac{Q_k - A_p q_{pa}}{u_p q_{sa}} \tag{3.5.3}$$

式中，l_a 为桩端进入大气影响急剧层以下或非膨胀土层中的长度（m）；v_e 为在大气影响急剧层内桩侧土的最大胀拔力标准值，应由当地经验或试验确定（kN）；Q_k 为应于荷载效应标准组合，最不利工况下作用于桩顶的竖向力，包括承台和承台上土的自重（kN）；u_p 为桩身周长（m）；λ 桩侧土的抗拔系数，应由试验或当地经验确定，当无此资料时，可按现行行业标准《建筑桩基技术规范》（JGJ 94—2008）的相关规定取值；A_p 为桩端截面积（m^2）；q_{pa} 为桩的端阻力特征值（kPa）；q_{sa} 为桩的侧阻力特征值（kPa）。

按胀缩变形计算时，计算长度应取式(3.5.2)和式(3.5.3)中的较大值，且不得小于4倍桩径及1倍扩大端的直径，最小长度应大于1.5 m。

$$Q_u = Q_2 + G_0 \tag{3.5.4}$$

式中，Q_u 为桩的总承载力；Q_2 为作用于桩基承台顶面上的竖向荷载(kN)；G_0 为承台和土的自重(kN)。

b. 当桩身承受胀切力时，应验算桩身抗拉强度，并采取通长配筋，最小配筋率应按受拉构件配置。

c. 桩承台梁下应留有空隙，其值应大于土层浸水后的最大膨胀量，且不小于100 mm承台梁两侧应采取措施，防止空隙堵塞。

d. 进行桩的胀切力浸水试验，浸水深度和试桩长度应取大气影响急剧层的深度，桩端脱空100 mm。

(七)宽散水

以宽散水为主要防治措施，散水宽度在Ⅰ级膨胀土地基上为2 m，在Ⅱ级膨胀土地基上为3 m时，建筑物基础埋深为1 m。

(八) 建筑体型

建筑体型力求简单，在下列情况下应设沉降缝：

①挖方与填方交界处或地基土显著不均匀处；

②建筑物平面转折部位或高度(或荷重)有显著差异部位；

③建筑结构(或基础)类型不同部位。

(九)膨胀土地区建筑物的室内地面设计

膨胀土地区建筑物的室内地面设计应根据使用要求分别对待，对Ⅲ级膨胀土地基和使用要求特别严格的地面，可采取地面配筋或地面架空等措施。

(十)建筑物应根据地基土胀缩等级取下列结构措施

①较均匀的弱膨胀土地基，可采用条基；基础埋深较大或条基底压力较小时，宜采用墩基。

②承重砌体结构可采用拉结较好的实心砖墙，不得采用空斗墙、砌块墙或无砂混凝土砌体，不宜采用砖拱结构、无砂大孔混凝土和无筋中型砌块等对变形敏感的结构，Ⅰ、Ⅱ级膨胀土地区，砂浆强度等级不宜低于M2.5。

③房屋顶层和基础顶部宜设置圈梁(地基梁可代替基础圈梁)，多层房屋的其他各层可隔层设置，必要时，也可层层设置。

④Ⅲ级膨胀土地基上的建筑物如不采取以基础埋深为主的措施时，尚可适当设置构造柱。

⑤外廊式房屋应采用悬挑结构。

(十一)道路路基

膨胀岩土作为道路路基时，一般情况下宜先采取石灰填层或石灰水处理以及其他措施，以消除膨胀性对路面的影响。

(十二)膨胀岩地区的地下工程

①开挖断面及导坑断面宜选用圆形，分部开挖时，各开挖断面形状应光滑，自立时间不能满足施工要求时，宜采用超前支护。

②全断面开挖、导坑及分部开挖时，应根据施工监控的收敛量和收敛率安设锚杆，分层喷射混凝土，必要时分层布筋，应使用各层适时形成封闭型支护，并考虑各断面之间的相互影响。开挖时适当预留收敛裕量。早期变形过大时，宜采用可伸缩支护。

③设置封闭型永久支护，设置时间由施工监控的收敛量及收敛率决定。

(十三)施工开挖

膨胀岩土场地上进行开挖工程时，应在达到设计开挖面前 1 m 距离处，采取严格防护措施，防止岩土体遭受长时间的曝晒、风干、浸湿或充水。

(十四)维护

应定期检查管线阻塞、漏水情况，挡土结构及建筑物的位移、变形、裂缝等。必要时应进行变形、地温、岩土的含水率和岩土压力的观测工作。

第四章　盐渍岩土

第一节　盐渍岩土的形成和类型

一、盐渍岩土的定义

盐渍岩土系指含有较多易溶盐类的岩土。对易溶盐含量大于0.3%，且具有溶陷、盐胀、腐蚀等特性的土称为盐渍土；对含有较多的石膏、芒硝、岩盐等硫酸盐或氯化物的岩层，则称为盐渍岩。

二、盐渍岩土的形成条件

盐渍岩是由含盐度较高的天然水体（如泻湖、盐湖、盐海等）通过蒸发作用产生的化学沉积所形成的岩石。

盐渍土是当地下水沿土层的毛细管升高至地表或接近地表，经蒸发作用水中盐分被析出并聚集于地表或地下土层中形成的。

①干旱半干旱地区：因蒸发量大，降水量小，毛细作用强，极利于盐分在地表聚集。

②内陆盆地：因地势低洼，周围封闭，排水不畅，地下水位高，利于水分蒸发盐分聚集。

③农田、渠道：农田洗盐、压盐，灌溉退水，渠道渗漏等，也会使土地盐渍化。

三、盐渍岩土的分布

（一）盐渍岩的分布

我国的盐渍岩主要分布在四川盆地、湘西、鄂西地区（中三叠纪），云南、江西（白垩纪），江汉盆地、衡阳盆地、南阳盆地、东濮盆地、洛阳盆地等（下第三纪）和山西（中奥陶纪）。

（二）盐渍土的分布

盐渍土主要分布在西北干旱地区的青海、新疆、甘肃、宁夏、内蒙古等地区；在华北平原、松辽平原、大同盆地和青藏高原的一些湖盆洼地也有分布。由于气候干燥，内陆湖泊较多，在盆地高山地区，多形成盐渍土。滨海地区，由于海水侵袭也常形成盐渍土。在平原地带，由于河床淤积或灌溉等原因也常使土地盐渍化，形成盐渍土。

盐渍土的厚度一般不大。平原和滨海地区，一般在地表向下2～4 m，其厚度与地下水的埋深、土的毛细作用上升高度和蒸发强度有关。内陆盆地盐渍土的厚度有的可达十几米，如柴达木盆地中盐湖区的盐渍土厚度达30 m以上。

绝大多数盐渍土分布地区，地表有一层白色盐霜或盐壳，厚数厘米至数十厘米。盐渍土中盐分的分布随季节、气候和水文地质条件而变化，在干旱季节地面蒸发量大，盐分向地表聚集，这时地表土层的含盐量可超过10%，随着深度的增加，含盐量逐渐减少。雨季地表盐分被地面水冲淋溶解，并随水渗入地下，表层含盐量减少，地表白色盐霜或盐壳甚至消失。因此，在盐渍土地区，经常发生盐类被淋溶和盐类聚集的周期性的发展过程。

四、盐渍岩土的分类

(一)盐渍岩的分类

盐渍岩可分为石膏、硬石膏岩、石盐岩和钾镁质岩三类。

(二)盐渍土的分类

1.按分布区域分

①滨海盐渍土:滨海一带受海水侵袭后,经过蒸发作用,水中盐分聚集于地表或地表下不深的土层中,即形成滨海盐渍土。滨海盐渍土中的盐类主要是氯化物,含盐量一般小于5%,盐中Cl^-/SO_4^{2-}比值大于内陆盐渍土;$Na^+/(Ca^{2+}+Mg^{2+})$的比值小于内陆盐渍土。滨海盐渍土主要分布在我国的渤海沿岸、江苏北部等地区。

②内陆盐渍土:易溶盐类随水流从高处带到洼地,经蒸发作用盐分聚集而成。一般因洼地周围地形坡度大、堆积物颗粒较粗,因此,盐渍化的发展,越向洼地中心越严重。这类盐渍土分布于我国的甘肃、青海、宁夏、新疆、内蒙古等地区。

③冲积平原盐渍土:主要由于河床淤积或兴修水利等,使地下水位局部升高,导致局部地区盐渍化。这类盐渍土分布于我国东北的松辽平原和山西、河南等地区。

2.按含盐类的性质分

按含盐类的性质可分为氯盐类($NaCl$、KCl、$CaCl_2$、$MgCl_2$)、硫酸盐类(Na_2SO_4、$MgSO_4$)和碳酸盐类(Na_2CO_3、$NaHCO_3$)三类。

盐渍土所含盐的性质,主要以土中所含阴离子的氯根(Cl^-)、硫酸根(SO_4^{2-})、碳酸根(CO_3^{2-})、重碳酸根(HCO_3^-)的含量(每100 g土中的毫摩尔数)的比值来表示,其分类见表4.1.1。

盐渍土按含盐化学成分分类　　表4.1.1

盐渍土名称	$c(Cl^-)/2c(SO_4^{2-})$	$\dfrac{2c(CO_3^{2-})+c(HCO_3^-)}{c(Cl^-)+2c(SO_4^{2-})}$
氯盐渍土	＞2	
亚氯盐渍土	2～1	
亚硫酸盐渍土	1～0.3	
硫酸盐渍土	＜0.3	
碱性盐渍土		＞0.3

3.按含盐量分

当土中含盐量超过一定值时,对土的工程性质就有一定影响,所以按含盐量(%)分类是对按含盐性质分类的补充,其分类见表4.1.2。

盐渍土按含盐量分类　　表4.1.2

盐渍土名称	平均含盐量/(%)		
	氯盐渍土及亚氯盐渍土	硫酸盐渍土及亚硫酸盐渍土	碱性盐渍土
弱盐渍土	0.5～1		
中盐渍土	1～5	0.5～2	0.5～1
强盐渍土	5～8	2～5	1～2
超盐渍土	＞8	＞5	＞2

第二节　盐渍岩土的工程性质

一、盐渍岩的工程性质

1. 整体性

盐渍岩是易溶和中溶的化学沉积岩。埋藏在地下深处呈整体结构，无裂隙、不透水，因此，它是固体核废料理想的储存场所。

2. 易溶性

盐渍岩一般具有强可溶性。在石膏—硬石膏岩分布地区，都有岩溶化现象发育。岩溶洞隙的形状、大小和分布与石膏、硬石膏的存在形状有关。成层分布的石膏、硬石膏，可能导致地面塌陷；而呈透镜体状或斑点状分布的石膏、硬石膏，则可能造成蜂窝状或鸡窝状溶蚀现象，而使地面或基础产生不均匀沉陷。

几种常见易溶和中溶盐类矿物的溶解度如表 4.2.1 所示。

易溶和中溶盐类矿物在水中的溶解度　　表 4.2.1

矿物名称	分子式	相对密度	溶解度
石膏	$CaSO_4 \cdot 2H_2O$	2.3～2.4	2.0
硬石膏	$CaSO_4$	2.9～3.0	2.1
芒硝	$Na_2SO_4 \cdot 10H_2O$	1.48	448.0
无水芒硝	Na_2SO_4	2.68	398(40℃)
钙芒硝	$Na_2SO_4 \cdot CaSO_4$	2.70～2.85	不一致
泻利盐	$MgSO_4 \cdot 7H_2O$	1.75	262
六水泻盐	$MgSO_4 \cdot 6H_2O$	1.76	308
石盐	NaCl	2.1～2.2	264
钾石盐	KCl	1.98	340

3. 膨胀性

硫酸盐类盐渍岩脱水后形成硬石膏（$CaSO_4$）、无水芒硝（Na_2SO_4）及钙芒硝（$Na_2SO_4 \cdot CaSO_4$）等，在水的作用下，具有吸水结晶膨胀性，导致地质体变形（如岩层形成肠状褶曲）、岩体变形（如隧道底鼓）或造成工程破坏。无水芒硝吸收 10 个结晶水后变成芒硝（$Na_2SO_4 \cdot 10H_2O$），体积增大 10 倍，膨胀压力可达 10 MPa。岩石的膨胀还将导致岩石强度和弹性模量降低。

4. 腐蚀性

腐蚀性是盐渍岩，尤其是硫酸盐类盐渍岩的固有特性。硫酸盐对混凝土的腐蚀性是进入水中的硫酸根（SO_4^{2-}），通过毛细力作用进入混凝土中与水泥中的钙离子（Ca^{2+}）结合，形成石膏（$CaSO_4 \cdot 2H_2O$），由于石膏体积膨胀而使混凝土造成结构破坏。或无水芒硝（Na_2SO_4）溶液进入混凝土后，芒硝（$CaSO_4 \cdot 10H_2O$）结晶膨胀，体积增大 10 倍，而使混凝土强烈腐蚀、破坏。

二、盐渍土的工程性质

(一)易溶盐的基本性质

影响盐渍土基本性质的主要因素是土中易溶盐的含量。土中易溶盐主要有氯盐类、硫酸盐类和碳酸盐类三种,其基本性质如表 4.2.2 所示。

易溶盐的基本性质　　表 4.2.2

盐类名称	基本性质
氯化物盐类 ($NaCl$、KCl、$CaCl_2$、$MgCl_2$)	①溶解度大。 ②有明显的吸湿性,如氯化钙的晶体能从空气中吸收超过本身重量 4～5 倍的水分,且吸湿水分蒸发缓慢。 ③从溶液中结晶时,体积不发生变化。 ④能使冰点显著下降
硫酸盐类 (Na_2SO_4、$MgSO_4$)	①没有吸湿性,但在结晶时有结合一定数量水分子的能力。 ②硫酸钠从溶液中沉淀重结晶时,结合 10 个水分子形成芒硝($Na_2SO_4 \cdot 10H_2O$),体积增大;在 32.4℃时芒硝放出水分,又成为无水芒硝(Na_2SO_4),体积减小;硫酸镁结晶时,结合 7 个水分子形成结晶水化合物($MgSO_4 \cdot 7H_2O$),体积也增大;在脱水时逐渐转化为无水分子的结晶水化物,体积随之减小。 ③硫酸钠在 32.4℃以下时溶解度随温度增加而增加,在 32.4℃时溶解度最大,在 32.4℃以上时溶解度下降
碳酸盐类 (Na_2CO_3、$NaHCO_3$)	①水溶液有很大的碱性反应。 ②能使黏土胶体颗粒发生最大的分散

(二)盐渍土的工程特性

1. 盐渍土的溶陷性

盐渍土中的可溶盐经水浸泡后溶解、流失,致使土体结构松散,在土的饱和自重压力下出现溶陷;有的盐渍土浸水后,需在一定压力作用下才会产生溶陷。盐渍土溶陷性的大小,与易溶盐的性质、含量、赋存状态和水的径流条件以及浸水时间的长短等有关。盐渍土按溶陷系数可分为两类:当溶陷系数 δ 小于 0.01 时,称为非溶陷性土;当溶陷系数 δ 等于或大于 0.01 时,称为溶陷性土。

2. 盐渍土的盐胀性

硫酸(亚硫酸)盐渍土中的无水芒硝(Na_2SO_4)的含量较多,无水芒硝(Na_2SO_4)在32.4℃以上时为无水晶体,体积较小;当温度下降至 32.4℃时,吸收 10 个水分子的结晶水,成为芒硝($Na_2SO_4 \cdot 10H_2O$)晶体,使体积增大,如此不断的循环反复作用,使土体变松。盐胀作用是盐渍土由于昼夜温差大引起的,多出现在地表下不太深的地方,一般约为0.3 m。碳酸盐渍土中含有大量吸附性阳离子,遇水时与胶体颗粒作用,在胶体颗粒和黏土颗粒周围形成结合水薄膜,减少了各颗粒间的黏聚力,使其互相分离,引起土体盐胀。资料证明,当土中的 Na_2CO_3 含量超过了 0.5%时,其盐胀量即显著增大。

3. 盐渍土的腐蚀性

盐渍土均具有腐蚀性。硫酸盐盐渍土具有较强的腐蚀性,当硫酸盐含量超过 1%时,对混凝土产生有害影响,对其他建筑材料,也有不同程度的腐蚀作用。氯盐渍土具有一定的腐蚀性，当氯盐含量大于4%时，对混凝土产生不良影响，对钢铁、木材、砖等建筑材料也具有不同程度的腐蚀性。碳酸盐渍土对各种建筑材料也具有不同程度的腐蚀性。腐蚀的程度，除与盐类的成分有关外，还与建筑结构所处的环境条件有关。

4. 盐渍土的吸湿性

氯盐渍土含有较多的一价钠离子，由于其水解半径大，水化胀力强，故在其周围形成较厚的水化薄膜。因此，使氯盐渍土具有较强的吸湿性和保水性。这种性质，使氯盐渍土在潮湿地区土体极易吸湿软化，强度降低；而在干旱地区，使土体容易压实。氯盐渍土吸湿的深度，一般只限于地表，深度约为10 cm。

5. 有害毛细作用

盐渍土有害毛细水上升能引起地基土的浸湿软化和造成次生盐渍土，并使地基土强度降低，产生盐胀、冻胀等不良作用。影响毛细水上升高度和上升速度的因素，主要有土的矿物成分、粒度成分、土颗粒的排列、孔隙的大小和水溶液的成分、浓度、温度等。

6. 盐渍土的起始冻结温度和冻结深度

盐渍土的起始冻结温度是指土中毛细水和重力水溶解土中盐分后形成的溶液开始冻结的温度。起始冻结温度随溶液浓度的增大而降低，且与盐的类型有关。根据原铁道部第一勘测设计院的试验资料，当水溶液浓度大于10%后，氯盐渍土的起始冻结温度比亚硫酸盐渍土低得多；当土中含盐量达到5%以上时，土的起始冻结温度下降到－20℃以下。

盐渍土的冻结深度，可以根据不同深度的地温资料和不同深度盐渍土中水溶液的起始冻结温度判定，也可以在现场直接测定。

(三)盐渍土含盐类型和含盐量对土的物理力学性质的影响

1. 对土的物理性质的影响

①氯盐渍土的含氯量越高，液限、塑限和塑性指数越低，可塑性越低。资料表明，氯盐渍土的液限要比非盐渍土低2%～3%，塑限小1%～2%。

②氯盐渍土由于氯盐晶粒充填了土颗粒间的空隙，一般能使土的孔隙比降低，土的密度、干密度提高。但硫酸盐渍土由于Na_2SO_4的含量较多，Na_2SO_4在32.4℃以上时为无水芒硝，体积较小；当温度下降到32.4℃时吸水后变成芒硝($Na_2SO_4 \cdot 10H_2O$)使体积变大；经反复作用后使土体变松，孔隙比增大，密度减小。

2. 对土的力学性质的影响

①盐渍土的含盐量对抗剪强度影响较大，当土中含有少量盐分、在一定含水量时，使黏聚力减小，内摩擦角降低；但当盐分增加到一定程度后，由于盐分结晶，使黏聚力和内摩擦角增大。所以，当盐渍土的含水量较低且含盐量较高时，土的抗剪强度就较高，反之则低。三轴试验表明，盐渍土土样的垂直应变达到5%的破坏标准和达到10%的破坏标准时的抗剪强度相差较大；10%破坏标准和抗剪强度要比5%破坏标准小20%左右。浸水对黏聚力影响较大，而对内摩擦角影响不大。

②由于盐渍土具有较高的结构强度，当压力小于结构强度时，盐渍土几乎不产生变形，但浸水后，盐类等胶结物软化或溶解，模量有显著降低，强度也随之降低。

③氯盐渍土的力学强度与总含盐量有关，总的趋势是总含盐量增大，强度随之增大。当总含盐量在10%范围内时，载荷试验比例界限(p_0)变化不大，超过10%后p_0有明显提高。原因是土中氯盐含量超过临界溶解含盐量时，以晶体状态析出，同时对土粒产生胶结作用，使土的强度提高。相反，氯盐含量小于临界溶解含盐量时，则以离子状态存在于土中，此时

对土的强度影响不太明显。

硫酸盐渍土的总含盐量对强度的影响与氯盐渍土相反，即盐渍土的强度随总含盐量增加而减小。原因是由于硫酸盐渍土具有盐胀性和膨胀性。资料表明，当总含盐量为1.0%～2.0%时，即对载荷试验比例界限(p_0)产生较明显的影响，且 p_0 随总含盐量的增加而很快降低；当总含盐量超过 2.5%时，其降低速度逐渐变慢；当总含盐量等于 12%时，可使 p_0 降低到非盐渍土的一半左右。

第三节　盐渍岩土的勘察

盐渍岩土地区的岩土工程勘察，除应满足一般地区勘察的要求外，尚应进行下列工作。

一、着重查明相关内容

①盐渍岩土的成因、分布范围和形成特点。

②含盐类型、化学成分、含盐量及其在岩土中的分布。

③溶蚀洞穴发育程度和分布。

④地下水的类型、埋藏条件、水质、水位及其季节变化。

⑤植物生长状况。

⑥含石膏为主的盐渍岩的水化深度，含芒硝较多的盐渍岩，在隧道通过地段的地温情况。

⑦搜集气象、水文和毛细水上升高度等资料。

⑧调查当地工程经验。

二、盐渍岩土的勘察测试工作

①勘探点的布置尚应满足查明盐渍岩土分布特征的要求。

②采取岩土试样宜在干旱季节进行；对用于测定含盐离子的扰动土试样的采取，宜符合表 4.3.1 的要求。

盐渍土扰动土试样取样要求　　表 4.3.1

勘察阶段	深度范围/m	取土试样间距/m	取样点占勘探点总数/(%)	勘察阶段	深度范围/m	取土试样间距/m	取样点占勘探点总数/(%)
初步勘察	<5	1.0	100	详勘阶段	<5	0.5	100
	5～10	2.0	50		5～10	1.0	50
	>10	3～5	20		>10	2～3	30

③根据盐渍岩土的岩性特征选用载荷试验等适宜的原位测试方法。对于溶陷性盐渍土尚应进行浸水载荷试验，以确定其溶陷性。对盐胀性盐渍土应进行长期观测和现场试验，以确定盐胀临界深度、有效盐胀厚度和总盐胀量。

④室内试验可根据工程需要对盐渍土进行化学成分分析和土的结构鉴定。对具有溶陷性和盐胀性的盐渍土应进行溶陷性和盐胀性试验。当需要求得有害毛细水上升高度值时，对砂土应测定最大分子吸水量，对黏性土应测定塑限含水量。

第四节 盐渍岩土的工程评价

一、盐渍岩土的岩土工程评价准则

①环境条件变化对盐渍岩土工程性能的影响：环境条件主要指地区的水文气象、地形地貌、场地积水、地下水位、管道渗漏和开挖地下洞室等，当这些条件改变后，对场地和地基会有较大影响，应对场地的适宜性和岩土工程条件进行评价。

②应考虑岩土的含盐类型、含盐量和主要含盐矿物对岩土工程性能的影响。

二、盐渍土评价的内容和方法

（一）盐渍土的分类

盐渍岩按主要含盐矿物成分可分为石膏盐渍岩、芒硝盐渍岩等。盐渍土根据其含盐化学成分和含盐量可按表 4.4.1 分类。

盐渍土按含盐化学成分分类　　表 4.4.1

盐渍土名称	$\frac{c(Cl^-)}{2c(SO_4^{2-})}$	$\frac{2c(CO_3^{2-})+c(HCO_3^-)}{c(Cl^-)+2c(SO_4^{2-})}$
氯盐渍土	>2	—
亚氯盐渍土	2～1	—
亚硫酸盐渍土	1～0.3	—
硫酸盐渍土	<0.3	—
碱性盐渍土	—	>0.3

注：表中 $c(Cl^-)$ 为氯离子在 100g 土中所含毫摩数，其他离子同。

盐渍土按含盐量分类　　表 4.4.2

盐渍土名称	平均含盐量/(%)		
	氯及亚氯盐	硫酸及亚硫酸盐	碱性岩
弱盐渍土	0.3～1.0	—	—
中盐渍土	1～5	0.3～2.0	0.3～1.0
强盐渍土	5～8	2～5	1～2
超盐渍土	>8	>5	>2

注：碱性岩一般指碳酸盐类。

（二）盐渍土的溶陷性评价

当溶陷系数(δ_{rx})大于或等于 0.01 时，应判定为溶陷性盐渍土。根据溶陷系数的大小可将盐渍土的溶陷程度分为下列三类：

①当 $0.01<\delta_{rx}\leqslant 0.03$ 时，溶陷性轻微；

②当 $0.03<\delta_{rx}\leqslant 0.05$ 时，溶陷性中等；

③当 $\delta_{rx}>0.05$ 时，溶陷性强；

盐渍土地基的总溶陷量(s_{rx})可按下式计算：

$$s_{rx}=\sum\delta_{rxi}h_i \qquad (i=1,\cdots,n)$$

式中，s_{rx} 为盐渍土地基的总溶陷量计算值(mm)；δ_{rxi} 为室内试验测定的第 i 层土的溶陷系数；h_i 为第 i 层土的厚度(mm)；n 为基础底面以下可能产生溶陷的土层层数。

盐渍土地基的溶陷等级分为三级。溶陷等级的确定应符合表 4.4.3 的规定。

盐渍土地基的溶陷等级 表 4.4.3

溶陷等级	总溶陷量 s_{rx}/mm	溶陷等级	总溶陷量 s_{rx}/mm
Ⅰ级 弱溶陷	$70<s_{rx}\leqslant 150$	Ⅲ级 强溶陷	$s_{rx}>400$
Ⅱ级 中溶陷	$150<s_{rx}\leqslant 400$		

(三)盐渍土的盐胀性评价

盐渍土的盐胀性可根据盐胀系数(δ_{yz})的大小和硫酸钠含量按表 4.4.4 进行分类。

盐渍土的盐胀性分类 表 4.4.4

指标盐胀性	非盐胀性	弱盐胀性	中盐胀性	强盐胀性
盐胀系数 δ_{yz}	$\Delta_{yz}\leqslant 0.01$	$0.01<\delta_{yz}\leqslant 0.02$	$0.02<\delta_{yz}\leqslant 0.04$	$\delta_{yz}>0.04$
硫酸钠含量 C_{ssn}(%)	$C_{ssn}\leqslant 0.5$	$0.5<C_{ssn}\leqslant 1.2$	$1.2<C_{ssn}\leqslant 2.0$	$C_{ssn}>2.0$

注:当盐胀系数和硫酸钠含量两个指标判断的盐胀性不一致时,应以硫酸钠含量为主。

盐渍土地基的总盐胀量可按下式计算:

$$s_{yz}=\sum_{i=1}^{n}\delta_{yzi}h_i \qquad (i=1,\cdots,n)$$

式中,s_{yz}为盐渍土地基的总盐胀量计算值(mm);δ_{yzi}为室内试验测定的第 i 层土的盐胀系数;h_i为第 i 层土的厚度(mm);n 为基础底面以下可能产生盐胀的土层层数。

盐渍土地基的盐胀等级分为三级。盐胀等级的确定应符合表 4.4.5 的规定。

盐渍土地基的盐胀等级 表 4.4.5

盐胀等级	总盐胀量 s_{yz}(mm)	盐胀等级	总盐胀量 s_{yz}(mm)
Ⅰ级 弱盐胀	$30<s_{rx}\leqslant 70$	Ⅲ级 强盐胀	$s_{rx}>150$
Ⅱ级 中盐胀	$70<s_{rx}\leqslant 150$		

(四)盐渍土的腐蚀性评价

水和土对砌体结构、水泥和石灰的腐蚀性评价应符合表 4.4.6～表 4.4.8 的规定。

地下水中盐离子含量及其腐蚀性 表 4.4.6

离子种类	埋置条件	指标范围	对砖、水泥、石灰的腐蚀
SO_4^{2-}/(mg/L)	全浸	>4 000	强
		>1 000,≤ 4 000	中
		>250,≤ 1 000	弱
		≤ 250	微
Cl^-/(mg/L)	干湿交替	>5 000	中
		>500,≤5 000	弱
		≤500	微
	全浸	>20 000	弱
		>5 000,≤20 000	弱
		>500,≤5 000	微
		≤ 500	微
NH_4^+/(mg/L)	全浸	>1 000	中
		>500,≤1 000	弱
		>100,≤500	微
		≤100	微

续上表

离子种类	埋置条件	指标范围	对砖、水泥、石灰的腐蚀
Mg^{2+}/(mg/L)	全浸	>4 000	强
		>2 000,≤ 4 000	中
		>1 000,≤ 2 000	弱
		≤ 1 000	微
总矿化度/(mg/L)	全浸	>50 000	强
		>20 000,≤ 50 000	中
		>10 000,≤ 20 000	弱
pH 值	全浸	≤ 4.0	强
		>4.0,≤ 5.0	中
		>5.0,≤ 6.5	弱
		>6.5	微
侵蚀性 CO_2/(mg/L)	全浸	>60	强
		>30,≤ 60	中
		≤ 30	弱

土中盐离子含量及其腐蚀性 表 4.4.7

离子种类	埋置条件	指标范围	对砖、水泥、石灰的腐蚀
SO_4^{2-}/(mg/kg)	干燥	>6 000	强
		>4 000,≤ 6 000	中
		>2 000,≤ 4 000	弱
		≤ 2 000	微
	潮湿	>4 000	强
		>2 000,≤ 4 000	中
		>400,≤ 2 000	弱
		≤ 400	微
Cl^-/(mg/kg)	干燥	>20 000	中
		>5 000,≤ 20 000	弱
		>2 000,≤ 5 000	微
		≤ 2 000	微
	潮湿	>7 500	中
		>1 000,≤ 75 000	弱
		>500,≤ 1 000	微
		≤ 500	微

土中盐离子含量及其腐蚀性 表 4.4.8

介质指标	离子种类	埋置条件	指标范围	对砖、水泥、石灰的腐蚀
土中总盐量/(mg/kg)	正负离子总和	有蒸发面	>10 000	强
			>5 000,≤ 10 000	中
			>3 000,≤ 5 000	弱
			≤ 3 000	微
		无蒸发面	>50 000	强
			>20 000,≤ 50 000	中
			>5 000,≤ 20 000	弱
			≤ 5 000	微

续上表

介质指标	离子种类	埋置条件	指标范围	对砖、水泥、石灰的腐蚀
水土酸碱度（pH值）			≤4.0	强
			>4.0，≤5.0	中
			>5.0，≤6.5	弱
			>6.5	微

注：1. 当氯盐和硫酸盐同时存在并作用于钢筋混凝土构件时，应以各项指标中腐蚀性最高的确定腐蚀等级。

2. 在强透水性地层中，腐蚀性可提高半级至一级；在弱透水性地层中，腐蚀性可降低半级至一级。

3. 基础或结构的干湿交替部位应提高防腐蚀等级。

4. 对天然含水率小于3%的土，可视为干燥土。

5. 腐蚀性评价中，以最高的腐蚀性等级确定腐蚀措施。

（五）盐渍岩土的承载力评价

盐渍岩土的承载力应采用载荷试验确定，试验方法可按《建筑地基基础设计规范》(GB 50007—2011)执行；对完整、较完整和较破碎的盐渍岩，可根据室内饱和单轴抗压强度按《建筑地基基础设计规范》(GB 50007—2011)规定的公式计算，但对折减系数宜取小值，并应考虑盐渍岩的水溶性影响。

盐渍土在干燥状态时，强度较高、承载力较大，但在浸水状态下，强度和承载力迅速降低，压缩性增大。土的含盐量越高，水对强度和承载力的影响越大。因此，盐渍土的承载力应采用载荷试验确定；对有浸水可能的地基，宜采用浸水载荷试验确定。有经验的地区也可采用静力触探、旁压试验等原位测试方法确定。表4.4.9是原铁道部第一勘测设计院提供的资料，可供参考。

静力触探比贯入阻力 p_s 与盐渍土承载力基本值 f_0 的关系 表4.4.9

土类															
粉土和粉质黏土	p_s	0.4	0.7	1.0	1.5	2.0	2.5	3.0	3.5	4.0	4.5	5.0	5.5	6.0	6.5
	f_0	50	70	90	110	130	150	160	180	190	200	220	230	240	250
粉细砂	p_s	3.0	3.5	4.0	4.5	5.0	6.0	6.5	7.0	8.0	9.0	10.0	11.0	12.0	14.0
	f_0	160	170	180	190	200	210	220	230	240	250	260	270	280	300
饱和粉细砂	p_s	0.5	1.0	1.5	2.0	2.5	3.0	3.5	4.0	4.5	5.0	5.5	6.0	7.0	8.0
	f_0	50	70	90	100	110	120	130	140	150	160	170	180	190	200

（六）盐渍岩土边坡的防护

盐渍岩边坡的坡度宜比非盐渍岩的软质岩石边坡适当放缓，对软弱夹层、破碎带和中等风化、强风化岩及盐渍土边坡应全部加以防护。

第五节　盐渍岩土的工程防护和地基处理

一、盐渍岩土工程的防护措施

①工程设置应尽可能避开盐渍岩主要分布地区，对盐渍岩中的蜂窝状溶蚀洞穴可采用抗硫酸盐水泥灌浆进行处理。

②应防止大气降水、地表水、工业和生活用水淹没或浸湿地基和附近场地。对湿润厂房地基应设置防渗层；各类建筑物基础均应采取防腐蚀措施。

③在盐渍岩中开挖地下洞室时，应保持岩石的干燥，施工中禁止用水。洞室开挖后应及时喷射混凝土进行封闭；在盐渍土地区，地基开挖后应及时进行基础施工，严禁施工用水渗

入地基内。

④对具有盐胀性或溶陷性的盐渍土地基应采用地基处理。当采用桩基础时，桩的埋入深度应大于盐胀性盐渍土的盐胀临界深度。

二、盐渍土的地基处理

盐渍土地基处理，应根据盐渍土的性质、含盐类型、含盐量等，针对盐渍土的不同性状，对盐渍土的溶陷性、盐胀性、腐蚀性，采用不同的地基处理方法。

(一)以溶陷性为主的盐渍土的地基处理

这类盐渍土的地基处理，主要是减小地基的溶陷性，可通过现场试验后，按表 4.5.1 选用不同方法。

盐渍土的地基处理方法　　表 4.5.1

处理方法	适用条件	注意事项
浸水预溶	厚度不大或渗透性较好的盐渍土	需经现场试验确定浸水时间和预溶深度
强夯	地下水位以下，孔隙比较大的低塑性土	需经现场试验，选择最佳夯击能量和夯击参数
浸水预溶＋强夯	厚度较大、渗透性较好的盐渍土，处理深度取决于预溶深度和夯击能量	需经试验选择最佳夯击能量和夯击参数
浸水预溶＋预压	土质条件同上，处理深度取决于预溶深度和预压深度	需经现场试验，检验压实效果
换土	溶陷性较大且厚度不大的盐渍土	宜用灰土或易夯实的非盐渍土回填
振冲	粉土和粉细砂层，地下水位较高	振冲所有的水应采用场地内地下水或卤水，切忌一般淡水
物理化学处理（盐化处理）	含盐量很高，土层较厚，其他方法难以处理，且地下水位较深	需经现场试验，检验处理效果

(二)盐胀性为主的盐渍土的地基处理

这类盐渍土的地基处理，主要是减小或消除盐渍土的盐胀性，可采用下列方法。

①换土垫层法：即使硫酸盐渍土层很厚，也无需全部挖除，只要将有效盐胀范围内的盐渍土挖除即可。

②设地面隔热层：地面设置隔热层，使盐渍土层的浓度变化减小，从而减小或完全消除盐胀，不破坏地坪。

③设变形缓冲层：即在地坪下设一层 20 cm 左右厚的大粒径卵石，使下面土层的盐胀变形得到缓冲。

④化学处理方法：即将氯盐渗入硫酸盐渍土中，抑制其盐胀，当 Cl^-/SO_4^{2-} 大于 6 时，效果显著，因硫酸钠在氯盐溶液中的溶解度随浓度增加而减小。

(三)以腐蚀性为主的盐渍土的防腐蚀措施

盐渍土的腐蚀，主要是盐溶液对建筑材料的侵入造成的，所以采取隔断盐溶液的侵入或增加建筑材料的密度等措施，可以防护减小盐渍土对建筑材料的腐蚀性。《工业建筑防腐蚀设计规范》(GB 50046—2008)提出的防护措施，可以参照使用。

①钢筋混凝土的混凝土强度等级不应低于 C20；毛石混凝土和素混凝土的强度等级不应低于 C15，预制钢筋混凝土桩的混凝土强度等级不宜低于 C35。

②混凝土的最大水灰比和最少水泥用量应符合表 4.5.2 的规定。

混凝土最大水灰比和最少水泥用量 表 4.5.2

项目	钢筋混凝土	预应力混凝土
最大水灰比	0.55	0.45
最少水泥用量/(kg/m³)	300	350

③对混凝土强度等级为 C25、C30、C35 的基础和桩基础，混凝土保护层不应小于 50 mm。

④对基础和桩基础的表面防护应符合表 4.5.3 的规定。

基础、桩基础的表面防护 表 4.5.3

腐蚀性等级	构件名称	防护要求
强腐蚀、中腐蚀	基础	底部设耐腐蚀垫层。表面涂冷底子油两遍，沥青胶泥两遍，或环氧沥青厚浆型涂料两遍
	桩基础	当 pH 值小于 4.5 时，桩宜采用涂料防护；当 SO_4^{2-} 腐蚀时，混凝土桩宜采用抗硫酸盐硅酸盐水泥或铝酸三钙含量不大于 5%的普通硅酸盐水泥制作，当无条件采用上述材料制作时，可采用表面涂料防护；当 Cl^- 腐蚀时混凝土桩宜掺入钢筋阻锈剂
弱腐蚀	基础	无须防护
	桩基础	无须防护

第五章 冻 土

第一节 冻土的定名和构造

一、冻土的定名

冻土是指具有负温或零温度并含有冰的土(岩)。

冻土应根据土的颗粒级配和液、塑限指标,按《土的工程分类标准》(GB/T 50145—2007)确定土类名称。

按冻土含冰特征,可定名为少冰冻土、多冰冻土、富冰冻土、饱冰冻土和含土冰层。

少冰冻土为肉眼看不见分凝冰的冻土;多冰冻土、富冰冻土和饱冰冻土为肉眼可看见分凝冰,但冰层厚度小于 2.5 cm 的冻土;冰层厚度大于 2.5 cm,其中含土时,为含土冰层,其中不含土时,应定名为纯冰层(ICE)。

二、冻土的构造与野外鉴别

冻土的构造可分为整体构造、层状构造和网状构造。野外鉴别可按表 5.1.1 进行。

冻土构造与野外鉴别　表 5.1.1

构造类别	冰的产状	岩性与地貌条件	冻结特征	融化特征
整体构造	晶粒状	①岩性多为细颗粒土,但砂砾石土冻结亦可产生此种构造。 ②一般分布在长草或幼树的阶地和缓坡地带以及其他地带。 ③土壤湿度:稍湿,$w < w_p$	①粗颗粒土冻结,结构较紧密,孔隙中有冰晶,可用放大镜观察到。 ②细颗粒土冻结,呈整体状。 ③冻结强度一般(中等),可用锤子击碎	①融化后原土结构不产生变化。 ②无渗水现象。 ③融化后,不产生融沉现象
层状构造	微层状(冰厚一般可达 1~5 mm)	①岩性以粉砂或黏性土为主。 ②多分布在冲—洪积扇及阶地其他地带,植被较茂密。 ③土壤湿度:潮湿,$w_P \leqslant w < w_P + 7$	①粗颗粒土冻结,孔隙被较多冰晶充填,偶尔可见薄冰层。 ②细颗粒土冻结,呈微层状构造,可见薄冰层或薄透镜体冰。 ③冻结强度很高,不易击碎	①融化后原土体积缩小现象不明显。 ②有少量水分渗出。 ③融化后,产生弱融沉现象
层状构造	层状(冰厚一般可达 5~10 mm)	①岩性以粉砂为主。 ②一般分布在阶地或塔头沼泽地带。 ③有一定的水源补给条件。 ④土壤湿度:很湿,$w_P + 7 \leqslant w < w_P + 15$	①粗颗粒土如砾石被冰分离,可见到较多冰透镜体。 ②细颗粒土冻结,可见到层状冰。 ③冻结强度高,极难击碎	①融化后土体积缩小。 ②有较多水分渗出。 ③融化后产生融沉现象

续上表

构造类别	冰的产状	岩性与地貌条件	冻结特征	融化特征
网状构造	网状(冰厚一般可达10～25 mm)	①岩性以细颗粒土为主。 ②一般分布在塔头沼泽与低洼地带。 ③土壤湿度:饱和,$w_P+15 \leqslant w < w_P+35$	①粗颗粒土冻结,有大量冰层或冰透镜体存在。 ②细颗粒土冻结,冻土互层。 ③冻结强度偏低,易击碎	①融化后土体积明显缩小,水土界限分明,并可成流动状态。 ②融化后产生融沉现象
	厚层网状(冰厚一般可达25 mm以上)	①岩性以细颗粒土为主。 ②分布在低洼积水地带,植被以塔头、苔藓、灌丛为主。 ③土壤湿度:超饱和,$w > w_P+35$	①以中厚层状构造为主。 ②冰体积大于土体积。 ③冻结强度很低,极易击碎	①融化后水土分离现象极其明显,并成流动体。 ②融化后产生融陷现象

注:w 为冻土总含水率(%);w_P 为冻土塑限含水率(%)。

第二节　冻土的分类

一、按冻结状态持续时间分类

按冻结状态持续时间,分为多年冻土、隔年冻土和季节冻土。

多年冻土:指持续冻结时间在2年或2年以上的土(岩)。季节冻土:地壳表层冬季冻结而在夏季又全部融化的土(岩)。隔年冻土:指冬季冻结,而翌年夏季并不融化的那部分冻土。

(一)多年冻土

1.按自然条件的不同分类

根据形成存在的自然条件不同,将多年冻土分为高纬度多年冻土和高海拔多年冻土。

①高纬度多年冻土主要分布在我国东北大小兴安岭地区,面积$(380 \sim 390) \times 10^3$ km²。

②高海拔多年冻土主要分布在青藏高原和喜马拉雅山、祁连山、天山和阿尔泰山、长白山等高山地区,面积$1\ 769 \times 10^3$ km²,其中青藏高原多年冻土面积$1\ 500 \times 10^3$ km²。

2.按水平分布分类

按水平分布分为大片多年冻土、岛状融区多年冻土和岛状多年冻土。

①大片多年冻土:在较大的地区内呈片状分布。

②岛状融区多年冻土:在冻土层中有岛状的不冻层分布。

③岛状多年冻土:呈岛状分布在不冻土区域内。

3.按垂直构造分类

按垂直构造分为衔接的多年冻土和不衔接的多年冻土。

①衔接的多年冻土:冻土层中没有不冻结的活动层,冻层上限与受季节性气候影响的季节性冻结层下限相衔接。

②不衔接的多年冻土:冻层上限与季节性冻结层下限不衔接,中间有一层不冻结层。

(二)季节冻土

我国季节冻土主要分布在长江流域以北、东北多年冻土南界以南和高海拔多年冻土下界以上的广大地区，面积514万平方千米，见《建筑地基基础设计规范》(GB 50007—2011)。

按季节冻土与下卧土层的关系，将季节冻土分为季节冻结层和季节融化层。

①季节冻结层：指每年寒季冻结，暖季融化，其年平均地湿大于0℃的地壳表层，其下卧层为融土层或不衔接的多年冻土层。分布在多年冻土区的融区地带。

②季节融化层：指每年寒季冻结，暖季融化，其年平均地温小于0℃的地壳表层，其下卧层为衔接的多年冻土层。分布在多年冻土区的大片多年冻土地带。

二、按冻土中的易溶盐含量或泥炭化程度分类

1. 盐渍化冻土

冻土中易溶盐含量超过表5.2.1中数值时，称为盐渍化冻土。

盐渍化冻土的盐渍度限界值　　表5.2.1

土类	含细粒土砂	粉土	粉质黏土	黏土
盐渍度 ζ/(%)	0.10	0.15	0.20	0.25

盐渍化冻土的盐渍度(ζ)可按下式计算

$$\zeta=\frac{m_g}{g_d}\times 100(\%) \tag{5.2.1}$$

式中，m_g 为冻土中含易溶盐的质量(g)；g_d 为土骨架质量(g)。

2. 泥炭化冻土

冻土中的泥炭化程度超过表5.2.2中的数值时，称为泥炭化冻土。

泥炭化冻土的泥炭化程度限界值　　表5.2.2

土类	粗颗粒土	黏性土
泥炭化程度 ζ/(%)	3	5

泥炭化冻土的泥炭化程度(ζ)，可按下式计算

$$\zeta=\frac{m_p}{g_d}\times 100(\%) \tag{5.2.2}$$

式中，m_p 为冻土中含植物残渣和泥炭的质量(g)；g_d 为土骨架质量(g)。

三、按冻土的体积压缩系数(m_v)或总含水量(ω)分类

①坚硬冻土：$m_v \leqslant 0.01\ \text{MPa}^{-1}$，土中未冻水含量很少，土粒由冰牢固胶结，土的强度高。坚硬冻土在荷载作用下，表现出脆性破坏和不可压缩性，与岩石相似。坚硬冻土的温度界限对分散度不高的黏性土为−1.5℃，对分散度很高的黏性土为−7～−5℃。

②塑性冻土：$m_v > 0.01\ \text{MPa}^{-1}$，虽被冰胶结但仍含有大量未冻结的水，具有塑性，在荷载作用下可以压缩，土的强度不高。当土的温度在零度以下至坚硬冻土温度的上限之间、饱和度 $s_r \leqslant 80\%$时，常呈塑性冻土。塑性冻土的负温值高于坚硬冻土。

③松散冻土：$w \leqslant 3\%$，由于土的含水率较小，土粒未被冰所胶结，仍呈冻前的松散状态，其力学性质与未冻土无多大差别。砂土和碎石土常呈松散冻土。

第三节　冻土的冻胀性和融沉性分级

一、季节冻土和季节融化层土的冻胀性分级

季节冻土和季节融化层土的冻胀性，根据土冻胀率 η 的大小，按表 5.3.1 划分为：不冻胀、弱冻胀、冻胀、强冻胀和特强冻胀五级。冻土层的平均冻胀率 η 按下式计算

$$\eta=\frac{\Delta_z}{Z_d}\times 100(\%) \tag{5.3.1}$$

式中，Δ_z 为地表冻胀量(mm)；Z_d 为设计冻深(mm)，$Z_d=h-\Delta_z$；h 为冻土层厚度(mm)。

季节冻土与季节融化层土的冻胀性分级　　表 5.3.1

<table>
<tr><th>土的名称</th><th>冻前天然含水率
$w/(\%)$</th><th>冻结期间地下水位距冻结面的最小距离
h_w/m</th><th>平均冻胀率
$\eta/(\%)$</th><th>冻胀等级</th><th>冻胀类别</th></tr>
<tr><td>碎(卵)石，砾、粗、中砂(粒径＜0.075 mm 含量≤15%)，细砂(粒径＜0.075 mm)含量≤10%</td><td>不考虑</td><td>不考虑</td><td>$\eta\leqslant1$</td><td>Ⅰ</td><td>不冻胀</td></tr>
<tr><td rowspan="6">碎(卵)石，砾、粗、中砂(粒径＜0.075 mm 含量＞15%)，细砂(粒径＜0.075 mm 含量＞10%)</td><td rowspan="2">$w\leqslant12$</td><td>＞1.0</td><td>$\eta\leqslant1$</td><td>Ⅰ</td><td>不冻胀</td></tr>
<tr><td>≤1.0</td><td rowspan="2">$1<\eta\leqslant3.5$</td><td rowspan="2">Ⅱ</td><td rowspan="2">弱冻胀</td></tr>
<tr><td rowspan="2">$12<w\leqslant18$</td><td>＞1.0</td></tr>
<tr><td>≤1.0</td><td rowspan="2">$3.5<\eta\leqslant6$</td><td rowspan="2">Ⅲ</td><td rowspan="2">冻胀</td></tr>
<tr><td rowspan="2">$w>18$</td><td>＞0.5</td></tr>
<tr><td>≤0.5</td><td>$6<\eta\leqslant12$</td><td>Ⅳ</td><td>强冻胀</td></tr>
<tr><td rowspan="7">粉砂</td><td rowspan="2">$w\leqslant14$</td><td>＞1.0</td><td>$\eta\leqslant1$</td><td>Ⅰ</td><td>不冻胀</td></tr>
<tr><td>≤1.0</td><td rowspan="2">$1<\eta\leqslant3.5$</td><td rowspan="2">Ⅱ</td><td rowspan="2">弱冻胀</td></tr>
<tr><td rowspan="2">$14<w\leqslant19$</td><td>＞1.0</td></tr>
<tr><td>≤1.0</td><td rowspan="2">$3.5<\eta\leqslant6$</td><td rowspan="2">Ⅲ</td><td rowspan="2">冻胀</td></tr>
<tr><td rowspan="2">$19<w\leqslant23$</td><td>＞1.0</td></tr>
<tr><td>≤1.0</td><td>$6<\eta\leqslant12$</td><td>Ⅳ</td><td>强冻胀</td></tr>
<tr><td>$w>23$</td><td>不考虑</td><td>$\eta>12$</td><td>Ⅴ</td><td>特强冻胀</td></tr>
<tr><td rowspan="9">粉土</td><td rowspan="2">$w\leqslant19$</td><td>＞1.5</td><td>$\eta\leqslant1$</td><td>Ⅰ</td><td>不冻胀</td></tr>
<tr><td>≤1.5</td><td rowspan="2">$1<\eta\leqslant3.5$</td><td rowspan="2">Ⅱ</td><td rowspan="2">弱冻胀</td></tr>
<tr><td rowspan="2">$19<w\leqslant22$</td><td>＞1.5</td></tr>
<tr><td>≤1.5</td><td rowspan="2">$3.5<\eta\leqslant6$</td><td rowspan="2">Ⅲ</td><td rowspan="2">冻胀</td></tr>
<tr><td rowspan="2">$22<w\leqslant26$</td><td>＞1.5</td></tr>
<tr><td>≤1.5</td><td rowspan="2">$6<\eta\leqslant12$</td><td rowspan="2">Ⅳ</td><td rowspan="2">强冻胀</td></tr>
<tr><td rowspan="2">$26<w\leqslant30$</td><td>＞1.5</td></tr>
<tr><td>≤1.5</td><td rowspan="2">$\eta>12$</td><td rowspan="2">Ⅴ</td><td rowspan="2">特强冻胀</td></tr>
<tr><td>$w>30$</td><td>不考虑</td></tr>
</table>

续上表

土的名称	冻前天然含水率 w/(%)	冻结期间地下水位距冻结面的最小距离 h_w/m	平均冻胀率 η/(%)	冻胀等级	冻胀类别
黏性土	$w \leqslant w_p+2$	>2.0	$\eta \leqslant 1$	Ⅰ	不冻胀
		≤2.0	$1<\eta \leqslant 3.5$	Ⅱ	弱冻胀
	$w_p+2<w \leqslant w_p+5$	>2.0			
		≤2.0	$3.5<\eta \leqslant 6$	Ⅲ	冻胀
	$w_p+5<w \leqslant w_p+9$	>2.0			
		≤2.0	$6<\eta \leqslant 12$	Ⅳ	强冻胀
	$w_p+9<w \leqslant w_p+15$	>2.0			
		≤2.0	$\eta>12$	Ⅴ	特强冻胀
	$w>w_p+15$	不考虑			

注：1. w_p 为塑限含水率(%)，w 为在冻层内冻前天然含水率的平均值。

2. 盐渍化冻土不在表列。

3. 塑性指数大于 22 时，冻胀性降低一级。

4. 小于 0.005 mm 的粒径含量大于 60%时，为不冻胀土。

5. 当填充物大于全部质量的 40%时，碎石土的冻胀性按填充物土的类别判定。

二、多年冻土的融沉性分级

多年冻土的融化下沉性，根据土的融化下沉系数 δ_0 的大小，按表 5.3.2 划分为：不融沉、弱融沉、融沉、强融沉和融陷五级。冻土层的平均融沉系数 δ_0 按下式计算

$$\delta_0=\frac{h_1-h_2}{h_1}=\frac{e_1-e_2}{1+e_1}\times 100(\%) \tag{5.3.2}$$

式中，h_1、e_1 分别为冻土试样融化前的高度(mm)和孔隙比；h_2、e_2 分别为冻土试样融化后的高度(mm)和孔隙比。

多年冻土的融沉性分级 表 5.3.2

土的名称	总含水率 w/(%)	平均融沉系数 δ_0	融沉等级	融沉类别	冻土类型
碎石土，砾砂、粗砂、中砂(粒径<0.075 mm)的颗粒含量不大于 15%	$w<10$	$\delta_0 \leqslant 1$	Ⅰ	不融沉	少冰冻土
	$w \geqslant 10$	$1<\delta_0 \leqslant 3$	Ⅱ	弱融沉	多冰冻土
碎石土，砾砂、粗砂、中砂(粒径<0.075 mm)的颗粒含量大于 15%	$w<12$	$\delta_0 \leqslant 1$	Ⅰ	不融沉	少冰冻土
	$12 \leqslant w<15$	$1<\delta_0 \leqslant 3$	Ⅱ	弱融沉	多冰冻土
	$15 \leqslant w<25$	$3<\delta_0 \leqslant 10$	Ⅲ	融沉	富冰冻土
	$w \geqslant 25$	$10<\delta_0 \leqslant 25$	Ⅳ	弱融沉	饱冰冻土
粉砂、细砂	$w<14$	$\delta_0 \leqslant 1$	Ⅰ	不融沉	少冰冻土
	$14 \leqslant w<18$	$1 \leqslant \delta_0 \leqslant 3$	Ⅱ	弱融沉	多冰冻土
	$18 \leqslant w<28$	$3<\delta_0 \leqslant 10$	Ⅲ	融沉	富冰冻土
	$w \geqslant 28$	$10<\delta_0 \leqslant 25$	Ⅳ	强融沉	饱冰冻土

续上表

土的名称	总含水率 w/(%)	平均融沉系数 δ_0	融沉等级	融沉类别	冻土类型
粉土	$w<17$	$\delta_0\leqslant1$	Ⅰ	不融沉	少冰冻土
	$17\leqslant w<21$	$1<\delta_0\leqslant3$	Ⅱ	弱融沉	多冰冻土
	$21\leqslant w<32$	$3<\delta_0\leqslant10$	Ⅲ	融沉	富冰冻土
	$w\geqslant32$	$10<\delta_0\leqslant25$	Ⅳ	强融沉	饱冰冻土
黏性土	$w<w_p$	$\delta_0\leqslant1$	Ⅰ	不融沉	少冰冻土
	$w_p\leqslant w<w_p+4$	$1<\delta_0\leqslant3$	Ⅱ	弱融沉	多冰冻土
	$w_p+4\leqslant w<w_p+15$	$3<\delta_0\leqslant10$	Ⅲ	融沉	富冰冻土
	$w_p+15\leqslant w<w_p+35$	$10<\delta_0\leqslant25$	Ⅳ	强融沉	饱冰冻土
含土冰层	$w\geqslant w_p+35$	$\delta_0>25$	Ⅴ	融陷	含土冰层

注:1.总含水率 w 包括冰和未冻水。

2.本表不包括盐渍化冻土、冻结泥炭化土、腐殖土、高塑性黏土。

第四节 冻土的物理力学及热学性质

一、冻土的物理性质

①冻土总含水率:是指冻土中所有冰和未冻水的总质量与冻土骨架质量之比。即天然温度的冻土试样,在105～110℃下烘至恒重时,失去的水的质量与干土的质量之比。

②冻土相对含冰量:指冰的质量与冻土中全部水的质量之比。

③冻土质量含冰量:指冻土中冰的质量与冻土中干土质量之比。

④冻土体积含冰量:指冻土中冰的体积与冻土总体积之比。

⑤冻土未冻水含量:在一定负温条件下,冻土中未冻水质量与干土质量之比。

二、冻土的力学性质

①融化下沉系数:冻土融化过程中,在自重作用下产生的相对融化下沉量。

②融化压缩系数:指冻土融化后,在单位荷重下产生的相对压缩变形量。

③冻胀率:指单位冻结深度的冻胀量。土的冻胀是土冻结过程中土体积增大的现象。土的冻胀性以冻胀率来衡量。

④冻胀力:指土的冻胀受到约束时产生的力。

a.法向冻胀力:地基土冻结时,随着土体的冻胀,作用于基础底面向上的抬起力,称为基础底面的法向冻胀,简称法向冻胀力。

b.切向冻胀力:平行向上作用于基础侧表面的抬起力,称为基础侧面的切向冻胀力,简称切向冻胀力。

⑤冻结力:土中水在负温下变成冰的同时,将土和基础胶结在一起,这种胶结力称为冻结力,亦称为基础与冻土间的冻结强度。

⑥冻土的抗剪强度:是指冻土在外力作用下,抵抗剪切滑动的极限强度。冻土的抗剪强度不仅与外压力大小有关,而且与土的负温度及荷载作用时间有密切关系。

三、冻土的热学性质

①比热容：是使单位质量的土温度升高1℃所需的热量。

②容积热容量：是指单位体积的土体温度变化1℃所吸收或释放的热量。

③导热系数：是表示冻土在温度梯度作用下传导热能能力的指标。当土层界面温差为1℃时，在单位时间内通过一单位面积、一单位厚度土层的热量，即为该土层的导热系数。单位为W/(m·K)，即瓦/(米开)。

④导温系数：冻土热惯性指标，表示土中某一点在相邻点湿度变化的作用下改变自身温度的能力。在数值上等于导热系数与容积热容量的比值。

第五节　冻土地基的勘察

冻土地基的岩土工程勘察应包括冻土的工程地质调查和测绘、勘探、取样、原位测试和室内试验、定位观测，以及冻土工程地质条件评价及其预报。

一、季节冻土地区的勘察

可按一般地区的勘察方法并参照多年冻土地区的勘察方法进行。但要查清并提供场地土的标准冻结深度。

二、多年冻土地区的勘察

(一)多年冻土地区勘察的主要内容

多年冻土勘察应根据多年冻土的设计原则、多年冻土的类型和特征进行，并应查明下列内容：

①多年冻土的分布范围及上限深度；

②多年冻土的类型、厚度、总含水量、构造特征、物理力学和热学性质；

③多年冻土层上水、层间水和层下水的赋存形式、相互关系及其对工程的影响；

④多年冻土的融沉性分级和季节融化层土的冻胀性分级；

⑤厚层地下冰、冰锥、冰丘、冻土沼泽、热融滑塌、热融湖塘、融冻泥流等不良地质作用的形态特征、形成条件、分布范围、发生发展规律及其对工程的危害程度。

(二)多年冻土地区的勘察

①勘探点的布置和勘探点的间距，除满足一般地区勘察要求外，尚应适当加密。

②勘探孔的深度应满足下列要求：

a. 对保持冻结状态设计的地基，不应小于基底以下2倍基础宽度，对桩基应超过桩端以下3～5 m；

b. 对逐渐融化状态和预先融化状态设计的地基，应符合非冻土地基的要求；

c. 无论何种设计原则，勘探孔的深度均宜超过多年冻土上限深度的1.5倍；

d. 在多年冻土的不稳定地带，应查明多年冻土下限深度；当地基为饱冰冻土或含土冰层时，应穿透该层。

③采取土试样和进行原位测试的勘探点数量及竖向间距，可按一般地区勘察要求进行。在季节融化层，取样的竖向间距，应适当加密。

④勘探测试还应满足下列要求：

a. 多年冻土地区钻探宜缩短施工时间，宜采用大口径低速钻进，终孔直径不宜小于108 mm，必要时可采用低温泥浆，并避免在钻孔周围造成人工融区或孔内冻结；

b. 应分层测定地下水位；

c. 保持冻结状态设计地段的钻孔，孔内测温工作结束后应及时回填；

d. 试样的采取、搬运、贮存、试验过程中应避免融化；

e. 试验项目除按常规要求外，尚应根据需要，进行总含水量、体积含冰量、相对含冰量、未冻水含量、冻结温度、导热系数、冻胀量、融化压缩等项目的试验，对盐渍化多年冻土和泥炭化多年冻土，尚应分别测定易溶盐含量和有机质含量；

f. 工程需要时，可建立地温观测点，进行地温观测；

g. 当需查明与冻土融化有关的不良地质作用时，调查工作宜在二月至五月份进行，而多年冻土上限深度的勘察时间宜在九、十月份。

第六节　冻土的地基评价

一、冻土地基承载力设计值

冻土地基承载力设计值，可根据建筑物安全等级，区别保持冻结地基或容许融化地基，结合当地经验用载荷试验或其他原位测试方法综合确定。不能进行原位试验确定时，可按冻结地基土的土质、物理力学指标查表 5.6.1 确定。

冻土承载力设计值(单位：kPa)　　表 5.6.1

土　名	地温/℃					
	−0.5	−1.0	−1.5	−2.0	−2.5	−3.0
碎石土	800	1 000	1 200	1 400	1 600	1 800
砾砂、粗砂	650	800	950	1 100	1 250	1 400
中砂、细砂、粉砂	500	650	800	950	1 100	1 250
黏土、粉质黏土、粉土	400	500	600	700	800	900
含土冰层	100	150	200	250	300	350

注：1. 冻土"极限承载力"按表中数值乘 2 取值。

2. 表中数值适用于多年冻土的融沉性Ⅰ、Ⅱ、Ⅲ类土。

3. 冻土含水量属于Ⅳ类时，黏性土取值乘以 0.8～0.6(含水量接近Ⅲ类土时取 0.8，接近Ⅴ类土时取 0.6，中间取中值)。碎石土和砂土取值乘以 0.6～0.4(含水量接近Ⅲ类土时取 0.6，接近Ⅴ类土时取 0.4，中间取中值)。

4. 含土冰层指包裹冰含量为 0.4～0.6。

5. 当含水率小于等于未冻水量时，按不冻土取值。

6. 表中温度是使用期间基础底面下的最高地温。

7. 本表不适用于盐渍化冻土，冻结泥炭化土。

二、冻土的地基评价

冻土作为建筑物地基，在冻结状态时，具有较高的强度和较低的压缩性或不具压缩性。但冻土融化后则承载力大为降低，压缩性急剧增高，使地基产生融沉；相反，在冻结过程中又产生冻胀，对地基均为不利。冻土的冻胀和融沉与土的颗粒大小及含水量有关，一般土颗粒越粗，含水量越小，土的冻胀和融沉性越小，反之则越大。

(一)季节冻土

季节冻土受季节性的影响,冬季冻结,夏季全部融化。因其周期性的冻结、融化,对地基的稳定性影响较大。应对季节冻土和季节融化层土的冻胀性进行分级。

(二)多年冻土

多年冻土常在地面上的一定深度,其上部接近地表部分,往往亦受季节性影响,冬冻夏融,此冬冻夏融的部分常称为季节融化层。因此,多年冻土地区常伴有季节性冻结现象。

根据多年冻土的融沉性分级对多年冻土进行评价。

Ⅰ类土:为不融沉土,除基岩之外为最好的地基土。一般建筑物可不考虑冻融问题。

Ⅱ类土:为弱融沉土,为多年冻土良好的地基土。融化下沉量不大,一般当基底最大融深控制在3.0 m之内时,建筑物均未遭受明显破坏。

Ⅲ类土:为融沉土,作为建筑物地基时,一般基底融沉不得大于1.0 m。因这类土不但有较大的融沉量和压缩量,而且冬天回冻时,有较大的冻胀量。应采取深基础、保温、防止基底融化等专门措施。

Ⅳ类土:为强融沉土,往往会造成建筑物的破坏。因此原则上不容许地基土发生融化,宜采用保持冻结的原则设计或采用桩基等。

Ⅴ类土:为融陷土,含大量的冰,不但不容许基底融化,还应考虑它的长期流变作用,需进行专门处理,如采用砂垫层等。

(三)建筑场地的选择

设计等级为甲级、乙级的建筑物宜避开饱冰冻土、含土冰层地段和冰锥、冰丘、热融湖、厚层地下冰,融区与多年冻土区之间的过渡带,宜选择坚硬岩层、少冰冻土和多冰冻土地段,以及地下水位或冻土层上水位低的地段和地形平缓的高地。

第七节 冻土地基的设计与防冻害措施

一、季节冻土地基的设计与防冻害措施

(一)季节冻土地基的设计

1.设计冻深

季节性冻土地基的设计冻深 z_d 应按下式计算

$$z_d = z_0 \varphi_{zs} \varphi_{zw} \varphi_{ze} \tag{5.7.1}$$

式中,z_d 为设计冻深(m)(若当地有多年实测资料,也可取 $z_d = h - \Delta_z$,h 和 Δ_z 分别为实测冻土层厚度和地表冻胀量);z_0 为标准冻深(m)(系采用在地表平坦、裸露、城市之外的空旷场地中不少于10年实测最大冻深的平均值;当无实测资料时,按《中国季节性冻土标准冻深线图》采用);φ_{zs} 为土的类别对冻深的影响系数,按表5.7.1采用;φ_{zw} 为土的冻胀性对冻深的影响系数,按表5.7.2采用;φ_{ze} 为环境对冻深的影响系数,按表5.7.3采用。

土的类别对冻深的影响系数　　表5.7.1

土的类别	影响系数 φ_{zs}	土的类别	影响系数 φ_{zs}
黏性土	1.00	中、粗、砾砂	1.30
细砂、粉砂、粉土	1.20	碎石土	1.40

土的冻胀性对冻深的影响系数 表 5.7.2

冻胀性	影响系数 φ_{zw}	冻胀性	影响系数 φ_{zw}
不冻胀	1.00	强冻胀	0.85
弱冻胀	0.95	特强冻胀	0.80
冻胀	0.90		

环境对冻深的影响系数 表 5.7.3

周围环境	影响系数 φ_{ze}	周围环境	影响系数 φ_{ze}
村、镇、旷野	1.00	城市市区	0.90
城市近郊	0.95		

注：环境影响系数，当城市市区人口为 20 万～25 万时，按城市近郊取值；当城市市区人口大于 50 万且小于或等于 100 万时，按城市市区取值；当城市市区人口超过 100 万时，按城市市区取值，5 km 以内的郊区按城市近郊取值。

2. 基础最小埋深

当建筑基础底面以下允许有一定厚度的冻土层，可用下式计算基础的最小埋深

$$d_{\min}=z_{d}-h_{\max} \tag{5.7.2}$$

式中，$h_{\max}$为基础底面下允许残留冻土层的最大厚度（m），按表 5.7.4 查取。当有充分依据时，基底下允许残留冻土层厚度也可根据当地经验确定。

建筑基底下允许残留冻土层最大厚度 $h_{\max}$（单位：m） 表 5.7.4

冻胀性	基础形式	采暖情况	基底平均压力/kPa						
			90	110	130	150	170	190	210
弱冻胀土	方形基础	采暖		0.94	0.99	1.04	1.11	1.145	1.20
		不采暖		0.78	0.84	0.91	0.97	1.04	1.10
	条形基础	采暖		>2.50	>2.50	>2.50	>2.50	>2.50	>2.50
		不采暖		2.20	2.50	>2.50	>2.50	>2.50	>2.50
冻胀土	方形基础	采暖		0.64	0.70	0.75	0.81	0.86	—
		不采暖		0.55	0.60	0.65	0.69	0.74	—
	条形基础	采暖		1.55	1.79	2.03	2.26	2.50	—
		不采暖		1.15	1.35	1.55	1.75	1.95	—
强冻胀土	方形基础	采暖		0.42	0.47	0.51	0.56	—	—
		不采暖		0.36	0.40	0.43	0.47	—	—
	条形基础	采暖		0.74	0.88	1.00	1.13	—	—
		不采暖		0.56	0.66	0.75	0.84	—	—
特强冻胀土	方形基础	采暖	0.30	0.34	0.38	0.41	—	—	—
		不采暖	0.24	0.27	0.31	0.34	—	—	—
	条形基础	采暖	0.43	0.52	0.61	0.70	—	—	—
		不采暖	0.33	0.40	0.47	0.53	—	—	—

注：1. 本表只计算法向冻胀力，如基侧存在切向冻胀力，应采取防切向力措施。

2. 本表不适用于宽度小于 0.6 m 的基础，矩形基础可取短边尺寸按方形基础计算。

3. 表中数据不适用于淤泥、淤泥质土和欠固结土。

4. 表中基底平均压力数值为永久荷载标准值乘以 0.9，可以内插。

（二）季节冻土地基的防冻害措施

在冻胀、强冻胀、特强冻胀地基上，应采用下列防冻害措施：

①对在地下水位以上的基础，基础侧面应回填非冻胀性的中砂或粗砂，其厚度不应小于 10 cm。对在地下水位以下的基础，可采用桩基础、自锚式基础（冻土层下有扩大板或扩底短

桩)或采取其他有效措施。

②宜选择地势高、地下水位低、地表排水良好的建筑场地。对低洼场地,宜在建筑四周向外1倍冻深距离范围内,使室外地坪至少高出自然地面300～500 mm。

③防止雨水、地表水、生产废水、生活污水浸入建筑地基,应设置排水设施。在山区应设截水沟或在建筑物下设置暗沟,以排走地表水和潜水流。

④在强冻胀性和特强冻胀性地基上,其基础结构应设置钢筋混凝土圈梁和基础梁,并控制上部建筑的长高比,增强房屋的整体刚度。

⑤当独立基础联系梁下或桩基础承台下有冻土时,应在梁或承台下留有相当于该土层冻胀量的空隙,以防止因土的冻胀将梁或承台拱裂。

⑥外门斗、室外台阶和散水坡等部位宜与主体结构断开,散水坡分段不宜超过1.5 m,坡度不宜小于3%,其下宜填入非冻胀性材料。

⑦对跨年度施工的建筑,入冬前应对地基采取相应的防护措施;按采暖设计的建筑物,当冬季不能正常采暖,也应对地基采取保温措施。

二、多年冻土地基的设计

将多年冻土用作建筑地基时,可采用下列三种状态之一进行设计。对一栋整体建筑物必须采用同一种设计状态;对同一建筑场地应遵循一个统一的设计状态。

(一)保持冻结状态的设计

多年冻土以冻结状态用作地基。在建筑物施工和使用期间,地基土始终保持冻结状态。存在下列情况之一时可采用:

①多年冻土的年平均地温低于−1.0℃的场地;

②持力层范围内的地基土处于坚硬冻结状态;

③最大融化深度范围内,存在融沉土、强融沉土、融陷性土及其夹层的地基;

④非采暖建筑或采暖温度偏低,占地面积不大的建筑物地基。

(二)逐渐融化状态的设计

多年冻土以逐渐融化状态用作地基。在建筑物施工和使用期间,地基土处于逐渐融化状态。存在下列情况之一时可采用:

①多年冻土的平均地温为−1.0～−0.5℃的场地;

②持力层范围内的地基土处于塑性冻结状态;

③在最大融化深度范围内,地基为不融沉性土和弱融沉性土;

④室温较高、占地面积较大的建筑,或热载体管道及给排水系统对冻层产生热影响的地基。

(三)预先融化状态的设计

多年冻土以预先融化状态用作地基。在建筑物施工之前,使地基融化至计算深度或全部融化。适用于下列之一的情况:

①多年冻土的年平均地温不低于−0.5℃的场地;

②持力层范围内地基土处于塑性冻结状态;

③在最大融化深度范围内,存在变形量为不允许的融沉土、强融沉土和融陷性土及其夹层的地基;

④室温较高、占地面积不大的建筑物地基。

第六章　风化岩和残积土

风化岩和残积土都是新鲜岩层在物理风化作用和化学风化作用下形成的物质，可统称为风化残留物。风化岩和残积土的主要区别，是岩石受到的风化程度不同，使其性状不同。风化岩是原岩受风化程度较轻，保存的原岩性质较多，而残积土则是原岩受到风化的程度极重，极少保持原岩的性质。风化岩基本上可以作为岩石看待，而残积土则完全成为土状物。两者的共同特点是均保持在其原岩所在的位置，没有受到搬运营力的水平搬运。

第一节　岩石的风化剖面

一、风化剖面的划分原则

从工程角度出发，对岩石风化后剖面的划分应注意以下几点。

①风化程度：岩石风化时常呈分带性，从地表到深处常可分为残积土、全风化、强风化、中等风化、微风化和未风化等风化程度不同的风化带。

②工程定名：相应于上列风化程度不同的带的物质，常相应地定名为残积土、全风化岩石、强风化岩石、中等风化岩石、微风化岩石和新鲜岩石。

③岩石风化程度，除按照有关规范规定的野外特征和定量指标划分外，也可根据当地的经验划分。

④泥岩和半成岩，可不进行风化程度划分。

二、《岩土工程勘察规范》(GB 50021—2001)(2009 年版)风化岩石的划分

(附录 A.0.3)(略)

三、深圳地区花岗岩的风化剖面

深圳地区花岗岩的风化剖面见表 6.1.1。

花岗岩风化剖面的划分　　表 6.1.1

层序	分解程度	野外特征	名　称	厚度/m
1	不分解	不具原岩结构，石英颗粒分布均匀，粗粒呈不规则状，呈网纹结构，含氧化铁结核	坡积土(红色)	2～5
2	完全分解	保留原岩结构，斜长石碱性长石均已风化成高岭土，石英颗粒基本保持原岩中的形态，含白云母碎片	残积土	15～10
3	高度分解	斜长石风化剧烈，正长石黑云母略有风化，颗粒间联结力减弱，岩块用手易折断，$N \geqslant 50$ 击	强风化花岗岩	5～15
4	中度分解	斜长石略有风化，正长石，黑云母风化轻微，岩石普遍改变颜色，岩块用手不易折断	中风化花岗岩	1～5

层序	分解程度	野外特征	名　称	厚度/m
5	微分解	岩块断口新鲜，岩石强度接近新鲜岩石，仅沿节理、裂隙面略有风化痕迹	微风化花岗岩	5～10
6	未分解	岩石新鲜且完整，节理、裂隙中充填矿物完全新鲜	新鲜花岗石	—

注："分解"相当于"风化"，"完全分解"相当于"全风化"，其余类推。

第二节　风化岩和残积土的勘察

一、勘察重点

(一)风化岩和残积土勘察应着重查明的内容

①母岩地质年代和岩石名称。

②按第一篇第一章第二节表 2.2.9 划分岩石的风化程度。

③岩脉和风化花岗岩中球状风化体(孤石)的分布。

④岩土的均匀性、破碎带和软弱夹层的分布。

⑤地下水赋存条件。

(二)风化岩与残积土勘察还应注意查明的内容

①不同风化程度风化带的埋深及带的厚度。

②风化的均匀性和连续性。

③有无侵入的岩体、岩脉、断裂构造及其破碎带和其他软弱夹层，其产状和厚度。

④囊状风化的分布深度及分布范围。

⑤残积土中风化残留体(如孤石、未风化成土状的岩脉、岩石构造带风化形成的软弱带等)的分布范围。

⑥各风化带中节理、裂隙的发育情况及其产状。

⑦风化带及残积土开挖暴露后的抗风化能力。

⑧残积土与风化岩是否具有膨胀性及湿陷性。

(三)花岗岩地区风化球(孤石)的判别

在花岗岩地区，花岗岩常见球状风化，风化球的存在使得土石分布不均匀，如将球体误判为基岩易产生不均匀沉降，因此风化球的判别无论对于勘察还是施工验槽、试桩均是极为重要的。深圳地区积累了一定的经验，值得借鉴。在该地区，风化球直径一般 1～3 m，最大可达 5 m，勘察时为控制风化球，控制孔需进入微风化带 5 m，一般孔进入微风化带3 m，重要工程进入微风化带的深度尚需增加。深圳地区风化球常见于强风化带上段和残积土层中，可以从以下几点判别。

①风化球仅有几厘米厚的风化层薄壳，无论是勘察还是施工掘进中，风化程度不同的风化岩层常有缺失，不符合由残积土—全风化—强风化—中等风化—微风化—未风化的风化规律；

②风化球内部一般无裂隙，桩孔底部也无裂隙面上常见的铁质浸染；

③风化球的岩质一般为斜长花岗岩；

④桩孔中验桩时一般总能见到弧面。

二、勘探

勘探点间距应取《岩土工程勘察规范》(GB 50021—2001)(2009 年版)中第 4 章规定的最小值,各勘察阶段的勘察点均应考虑到不同岩层和其中岩脉的产状及分布特点布置。

一般在初勘阶段,应有部分勘探点达到或深入微风化层,了解整个风化剖面。

除用钻探取样外,对残积土或强风化带应布置一些探井,直接观察其结构,岩土暴露后的变化情况(如干裂、湿化、软化等)。从探井中采取不扰动试样并利用探井作原位密度试验等。

宜在探井中用双重管、三重管采取试样,每一风化带不应少于 3 组。

在岩石中钻探时尽量测定 RQD 指标,并取样做点荷载试验。

三、原位测试

①对于风化岩和残积土宜采用原位测试与室内试验相结合的方法,原位测试可采用圆锥动力触探、标准贯入试验、波速测试和载荷试验。

②载荷试验:利用载荷试验求取风化岩土的承载力指标及变形指标,并将其结果与其他原位测试方法建立关系。载荷试验压板直径(或边长)应大于该带中最大颗粒的 5 倍。

③对强风化、中等风化和残积土(全风化),常可用圆锥动力触探、标准贯入试验及静力触探进行剖面划分。

④对含粗粒的残积土,应在现场进行原位测定其密度。

⑤对暴露后风化岩土的状态改变进行观察测试,例如利用微型贯入仪对其作定量测定等。

⑥为划分风化带,可采用波速测试,并与其他测试结果建立关系。

四、室内试验

风化岩和残积土的室内试验除按照《岩土工程勘察规范》(GB 50021—2001)(2009 年版)第 11 章中关于岩石和土室内试验的要求执行外,对相当于极软岩和极破碎的岩体,可按土工试验要求进行,对残积土,必要时应进行湿陷性和湿化试验。

对花岗岩残积土(或其他含粗粒的残积土)应增做细粒土(粒径小于 0.5 mm)部分的天然含水率 w_f、塑限 w_p、液限 w_L 试验,并计算塑性指数 I_P、液性指数 I_L。细粒土部分的天然含水量率、塑性指数 I_P、液性指数 I_L 可按下式计算。

$$w_f=\frac{w-w_A\times 0.01P_{0.5}}{1-0.01P_{0.5}} \tag{6.2.1}$$

$$I_P=w_L-w_p \tag{6.2.2}$$

$$I_L=\frac{w_f-w_p}{I_P} \tag{6.2.3}$$

式中,w_f 为花岗石残积土中细粒土的天然含水量(%);w 为花岗岩残积土(包括粗、细粒土)的天然含水量(%);w_A 为土中粒径大于 0.5 mm 颗粒吸着水的含水量(%),可取 5%;$P_{0.5}$ 为土中粒径大于0.5 mm 颗粒的含量(%);w_L 为土中粒径小于 0.5 mm 颗粒的液限含水量(%);w_p 为土中粒径小于 0.5 mm 颗粒的塑限含水量(%)。

风化岩土的一般物理力学性质试验应注意的问题,可参考相关资料。

对于风化岩,一般应进行风干状态下单轴极限抗压强度试验并测定其密度、相对密度、吸水率等。

第三节　风化岩和残积土的评价

一、风化岩和残积土岩土工程评价的要求

①对于厚层的强风化和全风化岩石，宜结合当地经验进一步划分为碎块状、碎屑状和土状；厚层残积土可进一步划分为硬塑残积土和可塑残积土，也可根据含砾或含砂量划分为黏性土、砂质黏性土和砾质黏性土。

②建在软硬互层或风化程度不同地基上的工程，应分析不均匀沉降对工程的影响。

③基坑开挖后应及时检验，对于易风化的岩类，应及时砌筑基础和采取其他措施，防止风化发展。

④对岩脉和球状风化体(孤石)，应分析评价其对地基(包括桩基)的影响，并提出相应的建议。

二、对风化岩和残积土评价时应考虑的因素

①岩层中软弱层和软硬互层的厚度、位置及其产状，对边坡稳定性、地基稳定性和均匀性的影响。

②球状风化作用在各风化带中残留的未风化球状体及岩脉的平面和垂直位置及其对地基均匀性的影响。

③岩层中断裂构造破碎带、囊状风化带的平面和垂直位置及其对地基均匀性的影响。

④残积土以及各风化岩层的厚度及其厚度的均匀性。

⑤残积土上部由于红土化所形成的硬壳层的厚度及厚度的均匀性，应优先考虑利用该层。

⑥风化岩残积土是否具有膨胀性和湿陷性。

三、花岗岩残积土与风化岩的划分准则

标准贯入试验击数 $N<30$ 为残积土，$30\leqslant N<50$ 为全风化岩，$N\geqslant 50$ 时为强风化岩，$N\geqslant 200$ 为中风化岩；也可根据当地经验划分。

四、边坡稳定性评价

当场地位于斜坡附近，不均匀风化岩体软硬互层，主要软弱结构面与坡向一致且夹角小于 45°时，就评价边坡的稳定性，评价方法参看本教材第八篇第四章。

五、地基承载性能评价

①对于没有建筑经验的风化岩和残积土地区的地基承载力和变形模量，应用载荷试验确定，有成熟地方经验时，对于地基基础设计等级为乙级、丙级的工程，可根据标准贯入试验等原位测试资料，结合当地经验综合确定。岩石地基载荷试验的方法可参看本教材第三篇第五章或《建筑地基基础设计规范》(GB 50007—2011)的内容。载荷试验的结果可与其他原位试验结果建立统计关系，对于不含或极少含粗粒的土，能够取得保持原状结构的土试样时，亦可与其物理力学性质指标建立关系。对于残积土不宜套用一般土的承载力表查取承载力。

②对于完整、较完整和较破碎的岩石地基承载力特征值，可根据室内饱和单轴抗压强度按下式确定

$$f_a=\psi_r f_{rk} \tag{6.3.1}$$

式中，f_a 为岩石地基承载力特征值；f_{rk} 为岩石的饱和单轴抗压强度标准值(kPa)(岩样尺寸一般为 ϕ50 mm×100 mm)；ψ_r 为折减系数(根据岩体完整程度及结构面的间距、宽度、产状并组合地区经验确定，无经验时，对完整岩体可取 0.5；对较完整岩体可取 0.2～0.5；对较破碎岩体可取 0.1～0.2)。

注：1. 上述折减系数值未考虑施工因素和建筑使用之后风化作用的继续。

2. 对于黏土质岩，在确保施工期和使用期不致遭水浸泡时，也可采用天然湿度的试样，不进行饱和处理。

对于破碎、极破碎的岩石地基承载力特征值，可根据平板载荷试验确定。当试验难以进行时，可按表 6.3.1 确定岩石地基承载力特征值。

破碎、极破碎岩石地基承载力特征值 表 6.3.1

岩石类别	风化程度		
	强风化	中等风化	微风化
硬质岩石	700～1 500	1 500～4 000	≥4 000
软质岩石	600～1 000	1 000～2 000	≥2 000

注：强风化岩石的标准贯入试验击数 N≥50。

③对于花岗岩残积土的承载力可按下列方法确定。

丙级建筑物花岗岩残积土的承载力基本值可按表 6.3.2 确定。表 6.3.2 中土的名称按土中大于2 mm 颗粒的含量划分，大于 2 mm 颗粒含量大于或等于 20%者定为砾质黏性土；小于 20%者定为砂质黏性土；不含者定为黏性土。甲、乙级建筑物应以载荷试验结果确定。

花岗岩残积土承载力基本值 f_0(单位：kPa) 表 6.3.2

土名称	N			
	4～10	10～15	15～20	20～30
	f_0			
砾质黏性土	(100)～250	250～300	300～350	350～(400)
砂质黏性土	(80)～200	200～250	250～300	300～(350)
黏性土	150～200	200～240	240～(270)	

注：1. 括号中的数值供内插用。

2. 标准贯入击数 N 系经杆长校正后的值，其值过高或过低时应专门研究。

3. 标准贯入试验使用自由落锤。

④如能准确地取得残积土的强度指标值和压缩性指标值时，其承载力亦可用计算方法确定。

⑤对于以物理风化作用为主形成的碎石土、砂土的承载力亦可参照一般碎石土及砂土的承载力予以确定。

⑥单桩的承载力：残积土和风化岩的单桩承载力应通过现场载荷试验确定。对于乙级、丙级建筑物，地基为花岗岩残积土和风化岩时，其确定单桩承载力的方法可按当地经验取值。

六、地基变形

①花岗岩和泥质软岩的残积土、全风化和强风化岩的变形模量 E_0 值，应按平板载荷试验确定，对乙级、丙级工程，当无试验条件时，可按标准贯入试验击数 N 按下式确定

$$E_0=\alpha N \tag{6.3.2}$$

式中，E_0 为变形模量（MPa）；α 为载荷试验与标准贯入试验对比得到的经验系数，见表 6.3.3；N 为实测标准贯入击数。

经验系数　　表 6.3.3

经验值	花岗岩		泥质软岩	
	N	α	N	α
残积土	$10<N\leqslant30$	2.3	$10<N\leqslant25$	2.0
全风化岩	$30<N\leqslant50$	2.5	$25<N\leqslant40$	2.3
强风化岩	$50<N\leqslant70$	3.0	$40<N\leqslant60$	2.5

对于甲级建筑物以式(6.3.2)确定 E_0 时，应用载荷试验予以验证。

②当建筑物地基为同一种风化程度的岩石组成时，一般可以不考虑地基的沉降和差异沉降问题。但同一建筑物的地基为风化程度相差两级的岩土组成时，应考虑不均匀沉降问题。

③对于用室内试验不能取得可靠变形性质资料的残积土和风化岩地基，在计算沉降和差异沉降时，应使用载荷试验或其他可靠方法求得的地基岩土的变形模量并采用适当方法进行计算。

④对于花岗岩残积土地基，可使用下述方法计算沉降。

a. 大基础地基变形计算。大基础（基础宽度 $b\geqslant10$ m）的地基最终变形 s（mm）可根据变形模量计算。

b. 中小型基础地基变形计算。中小型基础（$b<6$ m）地基的最终变形量，按分层总和法计算。

当地基中除花岗岩残积土外尚有其他类土时，应取得其他类土的变形模量后，亦可按分层总和法所列公式计算地基变形。

计算地基变形值时，地基压缩层深度算到附加压力等于土层自重压力的 20%处。

七、设计施工的准则和措施

①对具有膨胀性和湿陷性的残积土和风化岩在设计施工时应按膨胀土和湿陷性土的要求采取措施。

②在地基开挖过程中，应根据岩性风化程度确定稳定边坡角。

③在地下水位以下开挖深基坑时，应采取预先降水或支挡等防护措施。

④易风化的泥岩类，开挖深基坑后不宜暴露过久，应及时砌置基础或浇筑混凝土垫层。

⑤在岩溶地区应对石芽与沟槽间的残积土采取工程措施。

⑥对于较宽的侵入岩脉或脉岩应根据其岩性、风化程度和工程性质采取利用、换土或挖除等措施。

第七章　岩溶和土洞

岩溶(又称喀斯特)是可溶性岩石在水的溶蚀作用下,产生的各种地质作用、形态和现象的总称。可溶性岩石包括碳酸盐类岩石(石灰岩、白云岩等)、硫酸盐类岩石(石膏、芒硝等)和卤素类岩石(岩盐等)。在我国各类可溶性岩石中,碳酸盐类岩石的分布范围占有绝对优势,本章主要叙述碳酸盐类岩石中的岩溶问题。

第一节　岩溶发育的条件和规律

一、岩溶发育的条件

①具有可溶性的岩层。

②具有溶解能力(含 CO_2)和足够流量的水。

③具有地表水下渗、地下水流动的途径。

二、岩溶发育的规律

(一)岩溶与岩性的关系

岩石成分、分层条件和组织结构等直接影响岩溶的发育程度和速度,一般地说,硫酸盐类和卤素类岩层岩溶发展速度较快;碳酸盐类岩层则发育速度较慢。质纯层厚的岩层,岩溶发育强烈,且形态齐全,规模较大;含泥质或其他杂质的岩层,岩溶发育较弱。结晶颗粒粗大的岩石岩溶较为发育;结晶颗粒细小的岩石,岩溶发育较弱。

(二)岩溶与地质构造的关系

①节理裂隙:裂隙的发育程度和延伸方向通常决定了岩溶的发育程度和发展方向。在节理裂隙的交叉处或密集带,岩溶最易发育。

②断层:沿断裂带是岩溶显著发育地段,常分布有漏斗、竖井、落水洞及溶洞、暗河等。往往在正断层处岩溶较发育,逆断层处岩溶发育较弱。

③褶皱:褶皱轴部一般岩溶较发育。在单斜地层中,岩溶一般顺层面发育。在不对称褶曲中,陡的一翼岩溶较缓的一翼发育。

④岩层产状:倾斜或陡倾斜的岩层,一般岩溶发育较强烈;水平或缓倾斜的岩层,当上覆或下伏非可溶性岩层时,岩溶发育较弱。

⑤可溶性岩与非可溶性岩接触带或不整合面岩溶往往发育。

(三)岩溶与新构造运动的关系

地壳强烈上升地区,岩溶以垂直方向发育为主;地壳相对稳定地区,岩溶以水平方向发育为主;地壳下降地区,既有水平发育又有垂直发育,岩溶发育较为复杂。

(四)岩溶与地形的关系

地形陡峻、岩石裸露的斜坡上,岩溶多呈溶沟、溶槽、石芽等地表形态;地形平缓地带,岩溶多以漏斗、竖井、落水洞、塌陷洼地、溶洞等形态为主。

(五)地表水体同岩层产状关系对岩溶发育的影响

水体与层面反向或斜交时,岩溶易于发育;水体与层面顺向时,岩溶不易发育。

(六)岩溶与气候的关系

在大气降水丰富、气候潮湿地区,地下水能经常得到补给,水的来源充沛,岩溶易发育。

(七)岩溶发育的带状性和成层性

岩石的岩性、裂隙、断层和接触面等一般都有方向性,造成了岩溶发育的带状性。

可溶性岩层与非可溶性岩层互层、地壳强烈的升降运动、水文地质条件的改变等则往往造成岩溶分布的成层性。

第二节 岩溶勘察

拟建工程场地或其附近存在对工程安全有影响的岩溶时,应进行岩溶勘察。

一、各勘察阶段的要求

各勘察阶段的工作应符合下列要求。

(一)可行性研究勘察

应查明岩溶洞隙的发育条件,并对其危害程度和发展趋势作出判断。

(二)初步勘察

应查明岩溶洞隙的分布、发育程度和发育规律,并按场地的稳定性和适宜性进行分区。

(三)详细勘察

应查明拟建工程范围及有影响地段的各种岩溶洞隙的位置、规模、埋深,岩溶堆填物的性状和地下水特性,对地基基础的设计和岩溶的治理提出建议。

(四)施工勘察

应针对某一地段或尚待查明的专门问题进行补充勘察。当采用大直径嵌岩桩时,尚应进行专门的桩基勘察。

二、岩溶勘察的主要内容和方法

岩溶勘察宜采用工程地质测绘和调查、地球物理勘探和勘探取样等多种手段结合的方法进行。

(一)工程地质测绘和调查

除应满足现行规范、规程的一般要求外,应重点调查下列问题。

①岩溶洞隙的类型、形态、分布和发育规律。岩溶洞隙类型一般可分为下列两种。

a. 地表岩溶地貌:包括石芽、溶沟、溶槽、漏斗、竖井、落水洞、溶蚀洼地、溶蚀谷地、孤峰和峰林等。

b. 地下岩溶地貌:主要为溶洞和地下暗河。

②岩面起伏、形态和覆盖层厚度。

③地下水赋存条件、水位变化和运动规律。

④岩溶发育与地貌、地质构造、地层岩性、地下水的关系。

a. 地貌:岩溶发育与所处地貌部位、地貌发展史、水文网、相对高程的关系。

b. 地质构造:地质构造部位,断裂带的位置、规模、性质,主要节理裂隙的延伸方向,新构造运动的性质和特点。

c. 地层岩性：可溶性岩层和非可溶性岩层的分布和接触关系，可溶性岩层的成分、结构和溶解性，第四纪土层的成因类型和分布等。

d. 岩溶地下水的埋藏、补给、径流和排泄情况，水位动态变化及水力连通情况，场地受岩溶地下水淹没的可能性。

⑤当地治理岩溶的经验。

(二)地球物理勘探

1. 工作特点

地球物理勘探多用于可行性研究和初步勘察阶段。使用时应注意其适用条件，不宜以未加验证的物探成果直接作为施工图设计和地基处理的依据。应尽量采取多种方法相互印证、综合解释。

2. 工作量布置

物探测线、测点宜按先面后点、先疏后密、先地面后地下、先控制后一般的原则布置实施。测线一般应垂直于岩溶发育带。当发现或预计有可能存在危害工程的洞隙时，应加密测点。

3. 工作方法

根据多年来的工程经验，为满足不同的探测目的和要求，可采用下列物探方法：

①复合对称四极剖面法辅以联合剖面法、浅层地震法、钻孔间地震法等，主要用于探测岩溶洞隙的分布、位置及相关的地质构造、基岩面起伏等。

②无线电波透视法、波速测试法、探地雷达法、电测深配合电剖面法、电视测井法等，主要用于探测岩溶洞穴的位置、形状、大小及充填状况等。

③充电法、自然电场法可用于追索地下暗河河道位置、测定地下水流速和流向等。

④地下水位畸变分析法：在岩溶强烈发育地带，尤其在管状通道(暗河)处，地下水由于流动阻力小，将会形成坡降相对较平缓的"凹槽"；而在其他地段，将形成陡坡的"坡"。同时，其水位的稳定过程也有很大不同。在不同钻孔中，同时进行各钻孔的地下水位的连续观测工作，可以帮助分析、判断基岩中各地段的岩溶发育程度。

(三)勘探及取样

1. 勘探方法

①岩芯钻探和土层钻探：主要用于查明岩石或土层的成分、性质、结构、厚度、产状、地质构造，基岩面起伏和埋藏深度，溶洞顶板厚度，溶洞充填情况、充填物性质，地下溶洞、暗河的分布、形状、规模，地下水的埋深、性质、动态变化及水动力特征等。

钻探也用于验证工程地质测绘和物探成果对岩溶状况的判断及采取试样进行室内试验工作。

②小口径钻探，如取芯钻孔用于鉴定岩芯或土层；风镐钻孔可用于进行某些物探工作，如超声波探测。

③井探、槽探、洞探：当钻探方法难以准确查明地下情况或基岩浅埋且岩性是控制因素时，可采用井探、槽探，主要用于查明浅部岩溶洞隙的形态、规模和发育状况，断层分布、岩组分界等；对大型工程，必要时可采用洞探。

2. 勘探点的布置

(1)勘探点的间距

勘探线应沿建筑物轴线布置，勘探点间距不应大于《岩土工程勘察规范》(GB 50021—2001)(2009 年版)第 4 章的规定，一般应符合对复杂场地、复杂地基的要求。在下列地段，应进行重点勘察，并加密勘探点：

①地面塌陷、地表水消失的地段；

②地下水强烈活动的地段；

③可溶性岩层与非可溶性岩层接触的地段；

④基岩埋藏较浅且起伏较大的石芽发育地段；

⑤软弱土层分布不均的地段；

⑥物探成果异常或基础下有溶洞、暗河分布的地段；

⑦对于复杂场地，每个独立基础或重要设备基础处均应布置勘探点；

⑧对于柱一桩基础，宜每柱布置勘探点。

(2)勘探点的深度

勘探点深度应符合《岩土工程勘察规范》(GB 50021—2001)(2009 年版)第 4 章的规定，且应满足下列要求：

①当基础底面以下土层厚度不大于独立基础宽度的 3 倍或条形基础宽度的 6 倍、且具备形成土洞或其他地面变形条件时，应有部分或全部勘探点钻入基岩；

②当预定深度内有洞体存在，且可能影响地基稳定时，应钻入洞底基岩面下不少于2 m，必要时应圈定洞体范围；

③对重大建筑物基础应适当加深；

④对大直径嵌岩桩，勘探点应逐柱布置，勘探深度应不小于桩底面下 3 倍桩径并不小于 5 m，当相邻桩底的基岩面起伏较大时应适当加深；

⑤为验证物探异常带布置的勘探点，一般应钻入异常带以下适当深度，但总深度可不大于 30 m。

(四)测试、试验和观测

岩溶勘察的测试、试验和观测宜符合下列要求：

①追索隐伏洞隙的联系时，可进行连通试验。

②当评价洞隙稳定性时，可采取洞体顶板岩样和充填物土样做物理力学性质试验，必要时可进行现场顶板岩体的载荷试验。为了推断溶洞的形成和发育历史，尚可用热释光法测定钟乳石的绝对年龄，用 C^{14} 法测定洞中堆填物的绝对年龄。

第三节　岩溶地基稳定性评价和地基处理措施

在碳酸盐类岩石地区，当有溶洞、溶蚀裂隙、土洞等存在时，应考虑其对地基稳定性的影响。

一、地基稳定性评价

(一)岩溶对地基稳定性的影响

①在地基主要受力层范围内，若有溶洞、暗河等，在附加荷载或振动荷载作用下，溶洞顶板坍塌，使地基突然下沉。

②溶洞、溶槽、石芽、漏斗等岩溶形态造成基岩面起伏较大，或者有软土分布，使地基不均匀下沉。

③基础埋置在基岩上，其附近有溶沟、竖向溶蚀裂隙、落水洞等，有可能使基础下岩层沿倾向于上述临空面的软弱结构面产生滑动。

④基岩和上覆土层内，由于岩溶地区较复杂的水文地质条件，易产生新的岩土工程问

题，造成地基恶化。

(二)地基稳定性的定性评价

1. 不利地段的确认

当场地存在下列情况之一时，可判定为未经处理不宜作为地基的不利地段：

①浅层洞体或溶洞群，洞径大且不稳定的地段；

②埋藏有漏斗、槽谷等，并覆盖有软弱土体的地段；

③岩溶水排泄不畅，可能暂时淹没的地段。

2. 不考虑不利影响的判定

当地基属下列条件之一时，对二级和三级工程可不考虑岩溶稳定性的不利影响：

①基础底面以下土层厚度大于独立基础宽度的3倍或条形基础宽度的6倍，且不具备形成土洞或其他地面变形的条件。

②基础底面与洞体顶板间土层厚度虽小于①的规定，但符合下列条件之一时：

a. 洞隙或岩溶漏斗被密实的沉积物填满且无被水冲蚀的可能；

b. 洞体由基本质量等级为Ⅰ级或Ⅱ级的岩体组成，顶板岩石厚度大于或等于洞跨；

c. 洞体较小，基础底面尺寸大于洞的平面尺寸，并有足够的支承长度；

d. 宽度或直径小于1 m的竖向洞隙、落水洞近旁地段。

3. 洞体地基稳定性分析

当不符合上述可不考虑岩溶稳定性不利影响的条件时，应进行洞体地基稳定性分析，并符合下列规定：

①顶板不稳定，但洞内为密实堆积物充填且无流水活动时，可认为堆填物能受力，作为不均匀地基进行评价。

②当能取得计算参数时，可将洞体顶板视为结构自承重体系进行力学分析。

③有工程经验的地区，可按类比法进行稳定性评价。

④当基础近旁有洞隙和临空面时，应验算向临空面倾覆或沿裂面滑移的可能性。

⑤当地基为石膏、岩盐等易溶岩时，应考虑溶蚀继续作用的不利影响。

⑥对不稳定的岩溶洞隙可建议采取地基处理措施或桩基础。

⑦常用的地基稳定性评价方法，是一种经验比拟方法，仅适用于一般工程。其特点是，根据已查明的地质条件，结合基底荷载情况，对影响溶洞稳定性的各种因素进行分析比较，作出稳定性评价。各因素对地基稳定的有利与不利情况见表7.3.1。

岩溶地基稳定性评价 表7.3.1

评价因素	对地基稳定有利	对地基稳定不利
地质构造	无断裂、褶曲，裂隙不发育或胶结良好	有断裂、褶曲，裂隙发育，有2组以上张开裂隙切割岩体，呈干砌状
岩层产状	走向与洞轴线正交或斜交，倾角平缓	走向与洞轴线平行，倾角陡
岩性和层厚	厚层块状，纯质灰岩，强度高	薄层石灰岩、泥灰岩、白云质灰岩，有互层，岩体强度低
洞体形态及埋藏条件	埋藏深，覆盖层厚，洞体小(与基础尺寸比较)，溶洞呈竖井状或裂隙状，单体分布	埋藏浅，在基底附近，洞径大，呈扁平状，复体相连
顶板情况	顶板厚度与洞跨比值大，平板状，或呈拱状，有钙质胶结	顶板厚度与洞跨比值小，有切割的悬挂岩块，未胶结

续上表

评价因素	对地基稳定有利	对地基稳定不利
充填情况	为密实堆积物填满，且无被水冲蚀的可能性	未充填，半充填或水流冲蚀充填物
地下水	无地下水	有水流或间歇性水流
地震设防烈度	地震设防烈度小于7度	地震设防烈度等于或大于7度
建筑物荷重及重要性	建筑物荷重小，为一般建筑物	建筑物荷重大，为重要建筑物

(三)地基稳定性的定量评价

目前主要是采用按经验公式对溶洞顶板的稳定性进行验算。

1.溶洞顶板坍塌自行填塞洞体所需厚度的计算

①原理和方法：顶板坍塌后，塌落体积增大，当塌落至一定高度 H 时，溶洞空间自行填满，无需考虑对地基的影响。所需塌落高度 H 按下式计算

$$H=\frac{H_0}{K-1} \tag{7.3.1}$$

式中，H_0 为塌落前洞体最大高度(m)；K 为岩石松散(涨余)系数，石灰岩 K 取1.2，黏土 K 取1.05。

②适用范围：适用于顶板为中厚层、薄层，裂隙发育，易风化的岩层，顶板有坍塌可能的溶洞，或仅知洞体高度时。

2.根据抗弯、抗剪验算结果评价洞室顶板稳定性

①原理和方法：当顶板具有一定厚度，岩体抗弯强度大于弯矩、抗剪强度大于其所受的剪力时，洞室顶板稳定。满足这些条件的岩层最小厚度 H 计算如下。

顶板按梁板受力计算，受力弯矩接下式计算：

a.当顶板跨中有裂缝，顶板两端支座处岩石坚固完整时，按悬臂梁计算

$$M=\frac{1}{2}pl^2 \tag{7.3.2}$$

b.当裂隙位于支座处，而顶板较完整时，按简支梁计算

$$M=\frac{1}{8}pl^2 \tag{7.3.3}$$

c.当支座和顶板岩层均较完整时，按两端固定梁计算

$$M=\frac{1}{12}pl^2 \tag{7.3.4}$$

抗弯验算

$$\frac{6M}{bH^2}\leqslant\sigma \tag{7.3.5}$$

$$H\geqslant\sqrt{\frac{6M}{b\sigma}} \tag{7.3.6}$$

抗剪验算

$$\frac{4f_s}{H^2}\leqslant S \tag{7.3.7}$$

$$H\geqslant\sqrt{\frac{4f_s}{S}} \tag{7.3.8}$$

式中，M 为弯矩(kN·m)；p 为顶板所受总荷载(kN/m)，为顶板厚 H 的岩体自重、顶板上覆土体自重和顶板上附加荷载之和；l 为溶洞跨度(m)；σ 为岩体计算抗弯强度(石灰岩一般为允许抗压强度 1/8)(kPa)；f_s 为支座处的剪力(kN)；S 为岩体计算抗剪强度(石灰岩一般为允许抗压强度的1/12)(kPa)；b 为梁板的宽度(m)；H 为顶板岩层厚度(m)。

②适用范围：顶板岩层比较完整，强度较高，层厚，而且已知顶板厚度和裂隙切割情况。

3.顶板能抵抗受荷载剪切的厚度计算

按极限平衡条件的公式计算

$$T \geqslant P$$

$$T = HSL$$

$$H = \frac{T}{SL} \tag{7.3.9}$$

式中，P 为溶洞顶板所受总荷载(kN)；T 为溶洞顶板的总抗剪力(kN)；L 为溶洞平面的周长(m)；其余符号意义同前。

二、地基处理措施

对于影响地基稳定性的岩溶洞隙，应根据其位置、大小、埋深、围岩稳定性和水文地质条件等综合分析，因地制宜地采取下列处理措施。

(一)换填、镶补、嵌塞与跨盖等

对于洞口较小的洞隙，挖除其中的软弱充填物，回填碎石、块石、素混凝土或灰土等，以增强地基的强度和完整性。必要时可加跨盖。

(二)梁、板、拱等结构跨越

对于洞口较大的洞隙，若用这些跨越结构，应有可靠的支承面。梁式结构在岩石上的支承长度应大于梁高的 1.5 倍。也可辅以浆砌块石等堵塞措施。

(三)灌浆加固、清爆填塞

用于处理围岩不稳定、裂隙发育、风化破碎的岩体。

(四)洞底支撑或调整柱距

对于规模较大的洞隙，可采用这种方法。必要时可采用桩基。

(五)钻孔灌浆

对于基础下埋藏较深的洞隙，可通过钻孔向洞隙中灌注水泥砂浆、混凝土、沥青及硅液等，以堵填洞隙。

(六)设置"褥垫"

在压缩性不均匀的土岩组合地基上，凿去局部突出的基岩(如石芽或大块孤石)，在基础与岩石接触的部位设置"褥垫"(可采用炉渣、中砂、粗砂、土夹石等材料)，以调整地基的变形量。

(七)调整基础底面面积

对有平片状层间夹泥或整个基底岩体都受到较强烈的溶蚀时，可进行地基变形验算，必要时可适当调整基础底面面积，降低基底压力。

当基底蚀余石基分布不均匀时，可适当扩大基础底面面积，以防止地基不均匀沉降造成基础倾斜。

(八)地下水排导

对建筑物地基内或附近的地下水宜疏不宜堵。可采用排水管道、排水隧洞等进行疏导，以防止水流通道堵塞，造成场地和地基季节性淹没。

第四节 土 洞

土洞是指埋藏在岩溶地区可溶性岩层的上覆土层内的空洞。土洞继续发展，易形成地表塌陷。

当上覆有适宜被冲蚀的土体，其下有排泄、储存冲蚀物的通道和空间，地表水向下渗透或地下水位在岩土交界处附近作频繁升降运动时，由于水对土层的潜蚀作用，易产生土洞和塌陷。

一、土洞的成因分类和发育规律

(一)土洞的成因分类

①地表水形成的土洞：在地下水深埋于基岩面以下的岩溶发育地区，地表水沿上覆土层中的裂隙、生物孔洞、石芽边缘等通道渗入地下，对土体起着冲蚀、淘空作用，逐渐形成土洞。

②地下水形成的土洞：当地下水位在上覆土层与下伏基岩交界面处作频繁升降变化的地区，当水位上升到高于基岩面时，土体被水浸泡，便逐渐湿化、崩解、形成松软土带；当水位下降到低于基岩面时，水对松软土产生潜蚀、搬运作用，在岩土交界处易形成土洞。

(二)土洞的发育规律

1. 土洞与下伏基岩中岩溶发育的关系

土洞是岩溶作用的产物，它的发育同样受到控制岩溶发育的岩性、岩溶水和地质构造等因素的控制。土洞发育区通常是岩溶发育区。

2. 土洞与土质、土层厚度的关系

土洞多发育于黏性土中。黏性土中亲水、易湿化、崩解的土层、抗冲蚀力弱的松软土层易产生土洞；土层越厚，达到出现塌陷的时间越长。

3. 土洞与地下水的关系

由地下水形成的土洞大部分分布在高水位与平水位之间。在高水位以上和低水位以下，土洞少见。

(三)土洞的形成过程

由地下水形成的土洞，其形成过程如图 7.4.1 所示。

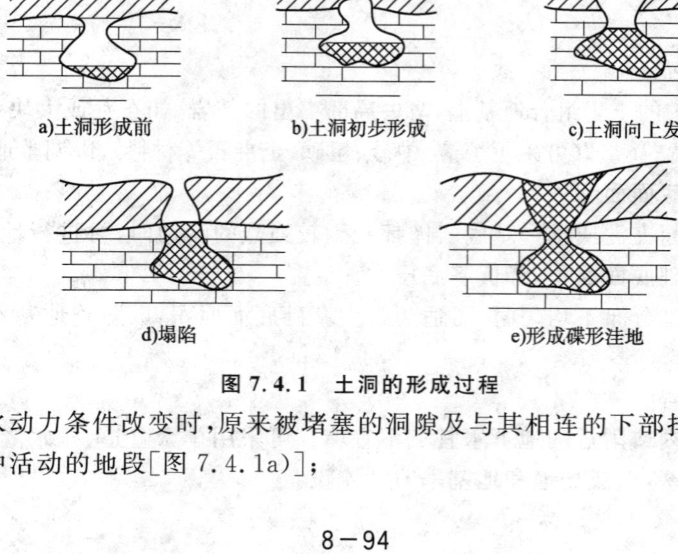

a)土洞形成前　b)土洞初步形成　c)土洞向上发展

d)塌陷　e)形成碟形洼地

图 7.4.1　土洞的形成过程

①当地下水动力条件改变时，原来被堵塞的洞隙及与其相连的下部排水通道疏通，重新成为地下水集中活动的地段[图 7.4.1a)]；

②地下水位上升，抗水性差的土强烈崩解，一部分顺喇叭口落入下部溶洞中，初步形成上覆土层中的土洞[图 7.4.1b)]；

③土颗粒沿岩溶洞隙继续被地下水带走，上覆土中空洞逐渐扩大，向上呈拱形发展[图 7.4.1c)]；

④土洞进一步扩大，向地表发展，顶板渐薄，当拱顶薄到不能支持上部土的重量时，便突然发生塌落[图 7.4.1d)]；

⑤坍塌后，地面成为地表径流汇集的场所，大量堆积物日益聚集，使底部逐渐接近碟形洼地[图 7.4.1e)]。其后杂草丛生，久而久之，地表夷平而无法辨认，土洞便暂时停止发展。

在土洞形成过程中，堆积在洞底的塌落土体有时不能被水带走，起堵塞通道的作用。若潜蚀大于堵塞，土洞将继续发展；反之，土洞将停止发展。因此，并不是所有的土洞都能发展到地表塌陷的。

二、土洞勘察

(一)土洞勘察的重点部位

岩溶发育地区的下列部位宜查明土洞和土洞群的位置：

①土层较薄、土中裂隙及其下岩体洞隙发育部位；

②岩面张开裂隙发育，石芽或外露的岩体与土体交接部位；

③两组构造裂隙交汇处和宽大裂隙带；

④隐伏溶沟、溶槽、漏斗等有上覆软弱土的负岩面地段；

⑤地下水强烈活动于岩土交界面的地段和大幅度人工降水地段；

⑥低洼地段和地表水体近旁。

(二)勘察的主要内容和方法

凡是岩溶地区有第四纪土层分布的地段，都要注意土洞发育的可能性。应通过勘察查明土洞的分布、位置、大小、埋深，土洞的成因和形成条件，与土洞发育有关的溶洞、溶沟、溶槽的分布，上覆土层的土性、厚度，地表水和地下水的分布和动态等。

土洞勘察的主要方法如下：

①物探：以电法勘探为主。用于查明土层厚度与洞径相近的潜埋个体土洞效果较好。

②原位测试：如静力触探、动力触探等，用于查明土洞和塌陷的位置、大小等。

③钎探：用于查明浅埋土洞的位置、大小。布点宜先疏后密，间距决定于土洞个体大小，一般可为1～2 m；对独立基础和设备基础，可按梅花形网格状布置；对条形基础可按轴线布置。钎探深度：当地基影响深度小于土层厚度时，至基底下 6～8 m，在此深度内遇基岩时可终止钎探。

④夯探：用一定质量夯锤沿基槽(坑)底夯击，对有空响回声的疑似土洞处，用钎探复查。可用于探查基底下 1～2 m 处浅埋的土洞。

⑤井探、槽探：可用于查明浅埋土洞的位置、大小，上覆土层的土性、厚度，相关的岩溶洞隙的分布，地下水的分布等。

⑥钻探：主要用于查明深埋土洞的位置、大小等。

钻探深度：对一般性钻孔，当基岩埋藏浅且上覆土层厚度小于 10 m 时，应钻至基岩面；当上覆土层厚度大于 10 m 时，钻孔深度可考虑为 8～15 m。对控制性钻孔，当最高、最低地下水位均在基岩中时，钻孔深度可为 30 m，遇基岩面可终止钻探；当基岩中岩溶较发育时，应按研究场地稳定性的需要确定钻孔深度，但深至岩溶水排泄基准面以下即可；当地下水位埋藏在土层中时，钻孔深度应至最低地下水位深度处。

⑦当需查明土的性状与土洞形成关系时，可进行土的湿化、胀缩、可溶性和剪切试验。

⑧当需查明地下水动力条件、潜蚀作用，地表水与地下水的联系，预测土洞和塌陷的发生、发展时，可进行水的流速、流向测定和水位、水质的长期观测。

三、地基稳定性评价和地基处理措施

(一)地基稳定性评价

①当场地存在下列情况之一时，可判定为未经处理不宜作为地基的不利地段：

a.埋藏的漏斗、槽谷等，并覆盖有软弱土体的地段；

b.土洞或塌陷成群发育地段；

c.岩溶水排泄不畅，可能暂时淹没的地段。

②有地下水强烈活动于岩土交界面的岩溶地区，应考虑由地下水作用所形成的土洞对建筑地基的影响，并预估地下水位在使用期间变化的可能性及其影响。总图布置前，勘察单位应提出场地土洞发育程度的分区资料。施工时，应沿基槽(坑)认真查明基础下土洞的分布位置。

(二)地基处理措施

由地表水形成的土洞或塌陷地段，应采取地表截流、防渗或堵漏等措施；对土洞应根据其埋深分别选用挖填、灌砂等方法处理。

由地下水形成的塌陷或浅埋土洞，应清除软土，抛填块石作反滤层，面层用黏土夯填；对深埋土洞，宜用砂、砾石或细石混凝土灌填。在上述处理的同时，尚应采用梁、板或拱跨越。对重要建筑物，可采用桩基处理。

第五节　人工降低地下水位引起的塌陷

人工降低地下水位引起的塌陷，主要是指矿坑疏干排水引起的塌陷和供水(抽水)引起的塌陷。

一、塌陷分布规律及其与水力作用的关系

(一)塌陷的分布规律

塌陷的分布受岩溶发育规律、发育程度的制约，同时，与地质构造、地形地貌、土层厚度等有关。

①塌陷多分布在断裂带及褶皱轴部；

②塌陷多分布在溶蚀洼地等地形低洼处；

③塌陷多分布在河床两侧；

④塌陷多分布在土层较薄且土颗粒较粗的地段。

(二)塌陷与水力作用的关系

①塌陷与水位降深的关系：水位降深小，地表塌陷坑数量少、规模小；当降深保持在基岩面以上且较稳定时，不易产生塌陷；降深增大，水动力条件急剧改变，水对土体潜蚀力增强，地表塌陷坑数量增多，规模增大。

②塌陷与降落漏斗的关系：塌陷区多处于降落漏斗之中，其范围小于降落漏斗区。塌陷坑数量和规模随远离降落漏斗中心而递减。

③塌陷与水力坡度、流速的关系：根据广东曲圹矿区资料，当水力坡度小于3%、流速小于0.000 5 m/s时，处于相对稳定状态；当水力坡度大于3%、流速大于0.000 5 m/s时，地面开始产生变形；当水力坡度大于5%、流速大于0.000 5 m/s时，地面产生塌陷。

④塌陷与径流方向的关系：主要径流方向上地下水来量丰富，水的流速大，地下水对土体的潜蚀作用强，故此方向上易产生塌陷。

二、塌陷区勘察

塌陷区勘察，其内容与岩溶和土洞区的勘察基本相同。

(一)塌陷区勘察的重点部位

塌陷区勘察应以下列易产生塌陷的不稳定地段为重点部位：

①浅层岩溶强烈发育地段，尤其是"开口"型溶洞地段；

②可溶岩顶面起伏较大的地段；

③断层破碎带及褶皱轴部；

④第四纪土层较薄，岩性为粉土、砂土及砂砾碎石地层的地段；

⑤地形低洼、常年积水地段；

⑥河床两侧地段；

⑦靠近抽、排水点和地下水主要径流方向上；

⑧古塌陷分布地段。

(二)主要勘察内容

塌陷区勘察内容除应包括土洞勘察的主要内容外，应重点调查场地及其附近有无已(拟)建人工降水工程，应着重了解降水的各项水文地质参数及随空间和时间的变化，预测地表塌陷的位置及其与水位降深、地下水流向、降落漏斗的关系等。

①地下水位高于基岩表面的岩溶地区，应考虑由人工降低地下水位引起土洞或地表塌陷的可能性。塌陷区的范围及方向可根据水文地质条件和抽水试验的观测结果综合分析确定。在塌陷范围内一般不允许采用天然地基。在已有建筑物附近抽水时，应考虑降水的影响。

②建筑场地应选择在地势较高的地段。

③建筑场地应选择在地下水最高水位低于基岩面的地段。

④建筑场地应与抽、排水点有一定距离，建筑物应布置在降落漏斗半径之外；若布置在降落漏斗半径以内，需控制地下水降深值，使动水位不低于上覆土层底部，或稳定在基岩面以下，即不使其在土层底部上下波动。

⑤建筑物一般应避开抽水点地下水主要的补给方向；但也应注意，当地下水呈脉状流(如可溶岩呈狭长条带状分布)时，下游亦可能产生塌陷。

(三)地基处理措施

对塌陷坑一般应进行回填处理，主要方法有：

①影响建筑设施或大量充水的塌陷坑，应视具体情况进行特殊处理，一般是清理至基岩，封住溶洞口，再填土石。

②不易积水地段的塌陷坑，当没有基岩出露时，采用黏土回填夯实，直至高出地面0.3～0.5 m；当有基岩出露并见溶洞口时，可先用大块石堵塞洞口，再用黏土压实。

③河床地段的塌陷坑，若数量少，亦可用上述方法回填；若数量多，应视具体情况考虑对河流采取局部改道的方法处理。

第八章　滑坡和崩塌

第一节　滑　　坡

一、滑坡及其产生条件

(一)滑坡的分类

滑坡根据其滑体的物质组成，形成原因及滑动形式等，可分为各种类型，其详细分类见表 8.1.1。

滑坡的分类　　表 8.1.1

划分依据	名称类别	特征说明
按滑坡物质组成成分分	堆积层滑坡	各种不同性质的堆积层(包括坡积、洪积和残积)，体内滑动，或沿基岩面的滑动。其中坡积层的滑动可能性较大
	黄土滑坡	不同时期的黄土层中的滑坡，并多群集出现，常见于高阶地前缘斜坡上，或黄土层沿下伏第三纪岩层滑动
	黏性土滑坡	黏性土本身变形滑动，或与其他土层的接触面或沿基岩接触面而滑动
	岩层(岩体)滑坡	软弱岩层组合物的滑坡，或沿同类基岩面，或沿不同岩层接触面及较完整的基岩面滑动
	破碎岩体滑坡	发生在构造破碎带或严重风化带形成的凸形山坡上，滑坡规模大
	填土滑坡	发生在路堤或人工弃土堆中，多沿老地面或基底以下松软层滑动
按滑动通过各岩层情况分 (图 8.1.1)	同类土滑坡	发生在层理不明显的均质黏性土或黄土中，滑动面均匀光滑
	顺层滑坡	沿岩层面或裂隙面滑动，或沿坡积体与基岩交界面及基岩间不整合面等滑动，大多分布在顺倾向的山坡上
	切层滑坡	滑动面与岩层面相切，常沿倾向山外的一组断裂面发生，滑坡床多呈折线状，多分布在逆倾向岩层的山坡上
按滑动体厚度分	浅层滑坡	滑坡体厚度在 6 m 以内
	中层滑坡	滑坡体厚度在 6～20 m
	深层滑坡	滑坡体厚度超过 20 m
按引起滑动的力学性质分 (图 8.1.2)	推移式滑坡	上部岩层滑动挤压下部产生变形，滑动速度较快，多呈楔形环谷外貌，滑体表面波状起伏，多见于有堆积物分布的斜坡地段
	牵引式滑坡	下部先滑使上部失去支撑而变形滑动。一般速度较慢，多呈上小下大的塔式外貌，横向张性裂隙发育，表面多呈阶梯状或陡坎状，常形成沼泽地

续上表

划分依据	名称类别	特征说明
按形成原因分	工程滑坡	由于施工开挖山体引起的滑坡，此类滑坡还可细分为： ①工程新滑坡：由于开挖山体所形成的滑坡； ②工程复活古滑坡：久已存在的滑坡，由于开挖山体引起重新活动的滑坡
	自然滑坡	由于自然地质作用产生的滑坡。按其发生相对时代早晚又可分为以下两种： ①老滑坡：坡体上有高大树木，残留部分环谷、断壁擦痕； ②新滑坡：外貌清晰，断壁新鲜
按发生后的活动性分	活滑坡	发生后仍在继续活动的滑坡。后壁及两侧有新鲜擦痕，体内有开裂、鼓起或前缘有挤出等变形迹象，其上偶有旧房遗址，幼小树木歪斜生长等
	死滑坡	发生后已停止发展，一般情况下不可能重新活动，坡体上植被茂盛，常有居民点
按滑体体积分	小型滑坡	$<5\ 000\ m^3$
	中型滑坡	$5\ 000 \sim 50\ 000\ m^3$
	大型滑坡	$50\ 000 \sim 100\ 000\ m^3$
	巨型滑坡	$>100\ 000\ m^3$

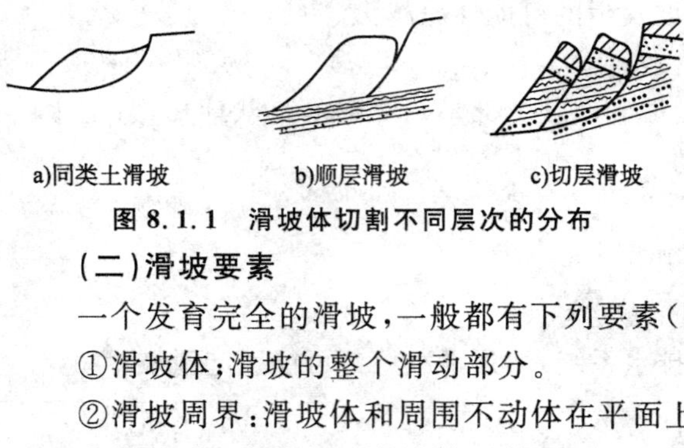

a)同类土滑坡　b)顺层滑坡　c)切层滑坡

图 8.1.1　滑坡体切割不同层次的分布

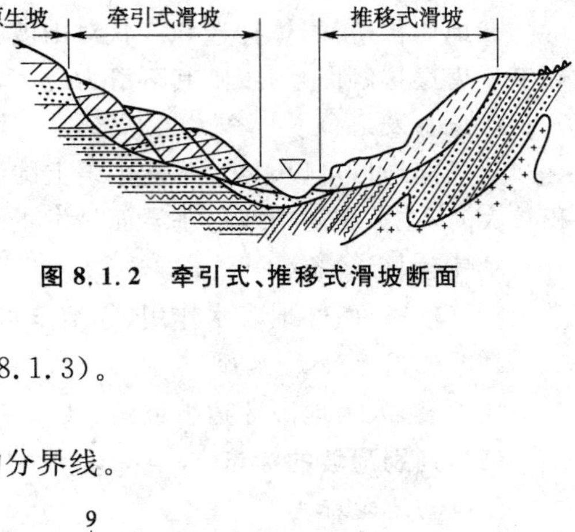

图 8.1.2　牵引式、推移式滑坡断面

(二)滑坡要素

一个发育完全的滑坡，一般都有下列要素(图 8.1.3)。

①滑坡体：滑坡的整个滑动部分。

②滑坡周界：滑坡体和周围不动体在平面上的分界线。

③滑坡壁(破裂壁)：滑坡体后缘和不动体脱开的暴露在外面的分界面。

④滑坡台阶和滑坡埂：由于各段土体滑动速度的差异，在滑坡体上面形成台阶状的错台称滑坡台阶。台阶如因旋转发生倾斜，使台阶边缘形成陡窄的长埂，称滑坡埂。

⑤滑动面和滑坡床：滑坡体沿不动体下滑的分界面称滑动面。滑动时依附的下伏不动体称滑坡床。

⑥滑动带：滑动面上部受滑动揉皱的地带(厚数厘米至数米)。

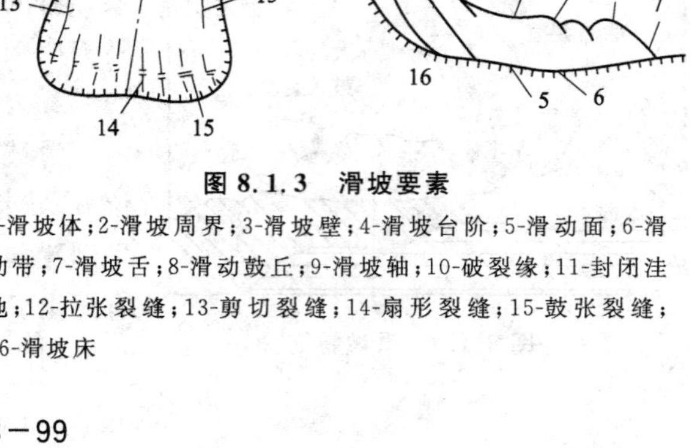

图 8.1.3　滑坡要素

1-滑坡体；2-滑坡周界；3-滑坡壁；4-滑坡台阶；5-滑动面；6-滑动带；7-滑坡舌；8-滑动鼓丘；9-滑坡轴；10-破裂缘；11-封闭洼地；12-拉张裂缝；13-剪切裂缝；14-扇形裂缝；15-鼓张裂缝；16-滑坡床

⑦滑坡舌(滑坡头):滑坡体的前缘形如舌状的部分。

⑧滑动鼓丘:滑坡体前缘因受阻力而隆起的小丘。

⑨滑坡轴(主滑线):滑坡体滑动速度最快的纵向线。它代表整个滑坡的滑动方向,一般位于推力最大、滑床凹槽最深(滑坡体最厚)的纵断面上。在平面上可为直线或曲线。

⑩破裂缘:滑坡体在坡顶开始破裂的地方。

⑪封闭洼地,滑动时滑坡体与滑坡壁间拉开成沟槽,当相邻土楔形成反坡地形时,即成四周高中间低的封闭洼地。

⑫滑坡裂缝:按受力状态分成下列四种。

a. 拉张裂缝:位于滑坡体上部,多呈弧形,与滑坡壁方向大致平行。通常将其最外一条(即滑坡周界的裂缝)称滑坡主裂缝。

b. 剪切裂缝:位于滑坡体中部的两侧,此裂缝的两侧常伴有羽毛状裂缝。

c. 鼓张裂缝:位于滑坡体下部,其方向垂直于滑动方向。

d. 扇形裂缝:位于滑坡体中下部,尤以滑舌部分为多,呈放射状。

⑬滑坡床:滑坡体下面没有滑动的岩土体称为滑坡床。

(三)滑坡形成的条件

1. 地质条件

①岩性:在岩土层中,必须具有受水构造、聚水条件和软弱面(该软弱面也是有隔水作用)等,才可能形成滑坡。

②地质构造:岩体构造和产状对山坡的稳定,滑动面的形成、发展影响很大,一般堆积层和下伏岩层接触面越陡,则其下滑力越大,滑坡发生的可能性也越大。

2. 地形及地貌

从局部地形可以看出,下陡中缓上陡的山坡和山坡上部呈马蹄形的环状地形,且汇水面积较大时,在坡积层中或沿基岩面易发生滑动。

3. 气候、径流条件

①气候条件;②地表水作用;③地下水作用等。

4. 其他因素

如地震,人为地破坏边坡坡角、破坏自然排水系统,坡顶堆载等都可能引起滑坡。

(四)判别滑坡的标志

1. 地物地貌标志

滑坡在斜坡上常造成环谷地貌(如圈椅、马蹄状地形),或使斜坡上出现异常台阶及斜坡坡脚侵占河床(如河床凹岩反而稍微突出或有残留的大孤石)等现象。滑坡体上常有鼻状凸丘或多级平台,其高程和特征与外围阶地不同。滑坡体两侧常形成沟谷,并有双沟同源现象。有的滑坡体上还有积水洼地、地面裂缝、醉汉林、马刀树和房屋倾斜、开裂等现象,如图 8.1.4 所示。

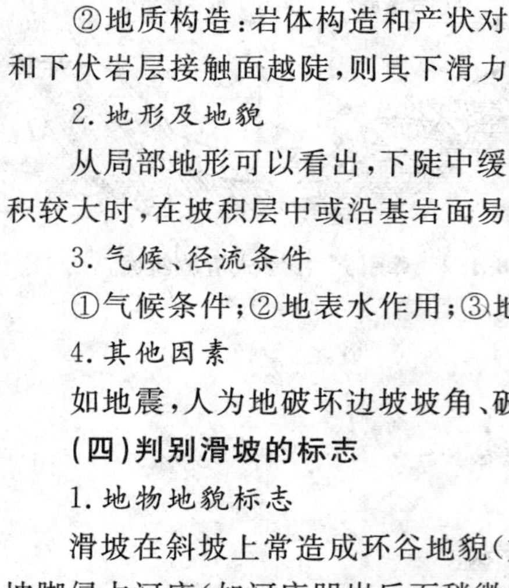

图 8.1.4 滑坡特征

2. 岩、土结构标志

滑坡范围内的岩、土常有扰动松脱现象。基岩层位、产状特征与外围不连续,有时局部地段新老地层呈倒置现象,常与断层混淆,其区别见表 8.1.2;常见有泥土、碎屑充填或未被充填的张性裂缝,普遍存在小型坍塌。

基岩滑坡与倾向坡脚的断层主要区别　　表 8.1.2

基岩滑坡	倾向坡脚的断层
滑坡改变岩体结构(层位、产状及断裂特征)范围不大	断层改变岩体结构范围大,一般顺走向延伸较远
滑坡床面上的岩体常具松动破坏迹象(折扭、张裂、充泥等)	断层上盘有时也可较下盘破碎,但常系由有规律的节理切割而成
滑坡床产状有起伏波折,其总体有向下凹的趋势	断层产状较稳定
滑坡塑性变形带的物质成分较杂,厚度变化大,所含砾石磨光性强,而挤碎性差	带构造岩特征与滑坡塑性变形带物质特征相反
滑坡擦痕方向与主滑方向一致,且只存在于黏性软塑带中或基岩表面一层,痕槽深浅及方向可随不同部位稍有变化	断层擦痕与坡向或滑坡体方向无关,且常深入基岩呈平行的多层状,痕槽深浅及方向性规律甚强

注:当滑坡借用断层面作滑坡床时,可根据下列特点判别:

1. 滑坡地貌特征。
2. 滑坡床一般只部分借用断层面,必须还有一部分与断层面分开。
3. 顺坡向的滑坡擦痕叠在断层原有擦痕之上。
4. 在滑坡范围内,滑坡位移改变断层两盘原有断距关系和岩体松动程度。

3. 水文地质标志

斜坡含水层的原有状况常被破坏,使滑坡体成为复杂的单独含水体。在滑动带前缘常有成排的泉水溢出。

4. 滑坡边界及滑坡床标志

滑坡后缘断壁上有顺坡擦痕,前缘土体常被挤出或呈舌状凸起;滑坡两侧常以沟谷或裂面为界;滑坡床常具有塑性变形带,其内多由黏性物质或黏粒夹磨光角砾组成;滑动面很光滑,其擦痕方向与滑动方向一致。

二、滑坡勘察

滑坡勘察应查明滑坡类型及要素、滑坡的范围、性质、地质背景及其危害程度,分析滑坡原因,判断稳定程度,预测发展趋势,提出防治对策、方案或整治设计的建议。

(一)测绘和调查

①范围:工程地质测绘与调查范围应包括滑坡区及其邻近地段,可根据滑坡规模选用1∶200～1∶1 000比例尺,用于整治设计时其比例尺为1∶200～1∶500。

②测绘和调查主要内容。

a. 搜集当地滑坡史,易滑地层分布、气象、工程地质图和地质构造图等资料。

b. 调查微地貌形态及其演变过程,详细圈定各滑坡要素;查明滑坡分布范围、滑带部位、滑痕指向、倾角,以及滑带的组成和岩土状态。

c. 调查滑带水和地下水的情况、泉水出露地点及流量,地表水体、湿地的分布、变迁及植被情况。

d. 调查滑坡内外已有建筑物、树木等的变形、位移、特点及其形成的时间和破坏过程。

e. 调查当地整治滑坡的过程和经验。

(二)勘探

①勘探的主要任务:查明滑坡体的范围、厚度、物质组成和滑动面(带)的个数、形状及各滑动带的物质组成;查明滑坡体内地下水含水层的层数、分布、来源、动态及各含水层间的水力联系等。

②勘探方法的选择：滑坡勘探工作应根据需要查明的问题的性质和要求选择适当的勘探方法。一般可参照表 8.1.3 选用。

滑坡勘探方法适用条件 表 8.1.3

勘探方法	适用条件及部位
井探、槽探	用于确定滑坡周界和滑坡壁、前缘的产状，有时也为现场大面积剪切试验的试坑
深井(竖斜)	用于观测滑坡体的变化，滑动带特征及采取不扰动土试样等。深井常布置在滑坡体中前部主轴附近。采用深井时，应结合滑坡的整治措施综合考虑
洞探	用于了解关键性的地质资料(滑坡的内部特征)，当滑坡体厚度大，地质条件复杂时采用。洞口常选在滑坡两侧沟壁或滑坡前缘，平洞常为排泄地下水整治工程措施的一部分，并兼作观测洞
电探	用于了解滑坡区含水层、富水带的分布和埋藏深度，了解下伏基岩起伏和岩性变化及与滑坡有关的断裂破碎带范围等
地震勘探	用于探测滑坡区基岩的埋深，滑动面位置、形状等
钻探	用于了解滑坡内部的构造，确定滑动面的范围、深度和数量，观测滑坡深部的滑动动态

③勘探点的布置原则。

勘探线和勘探点的布置应根据工程地质条件、地下水情况和滑坡形态确定。除沿主滑方向应布置勘探线外，在其两侧滑坡体外也应布置一定数量勘探线。勘探点间距不宜大于 40 m，在滑坡体转折处和预计采取工程措施的地段，也应布置勘探点。在滑床转折处，应设控制性勘探孔。勘探方法除钻探和触探外，应有一定数量的探井。对于规模较大的滑坡，宜布置物探工作。

a. 定性阶段：一般沿滑坡主滑断面布置勘探点(图 8.1.5)；对于大型复杂滑坡，还需在主滑断面两侧和垂直主滑断面的方向分别布置 1～2 条具有代表性的纵(或横)断面。一般情况下，断面中部滑动面(带)变化较小，勘探点间距可大些，断面两头变化较大，勘探点应适当加密。同时，还应考虑整治工程所需资料的收集。

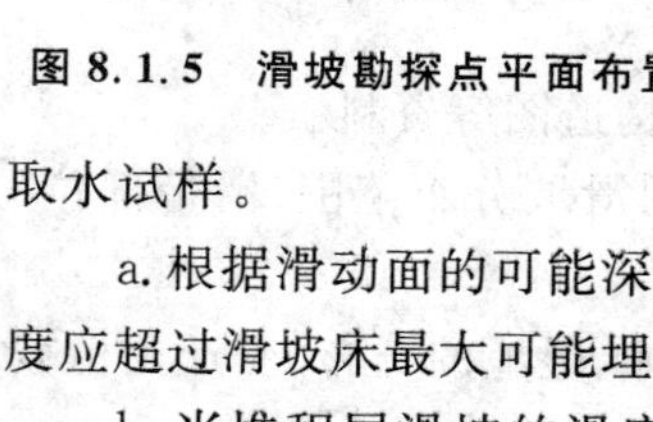

图 8.1.5 滑坡勘探点平面布置

b. 整治阶段：如以支挡为主，则应满足验算和设计支挡建筑物所需资料为准。补加验算剖面的数目应视滑动面(带)横向变化情况而定。如果考虑以排水疏干为主要措施，则应在排水构筑物(如排水隧洞检查井)的位置上增补少量勘探点。

④勘探孔深度的确定。

勘探孔的深度应穿过最下一层滑面，进入稳定地层，控制性勘探孔应深入稳定地层一定深度，满足滑坡治理需要。在滑坡体、滑动面(带)和稳定地层中应采取土试样，必要时尚应采取水试样。

a. 根据滑动面的可能深度确定，必要时可先在滑坡中、下部布置 1～2 个控制性深孔，其深度应超过滑坡床最大可能埋深 3～5 m。其他钻孔可钻至最下滑动面以下 1～3 m。

b. 当堆积层滑坡的滑床为基岩时，则钻入基岩的深度应大于堆积层中所见同类岩性最大孤石的直径，以能确定是基岩时终孔。

c. 若为向下作垂直疏干排水的勘探孔；应打穿下伏主要排水层，以了解其厚度、岩性和排水性能。在抗滑桩地段的勘探深度，则应按其预计锚固深度确定。

⑤钻进过程中注意事项。

a. 滑动面(带)的鉴定：滑带土的特点是潮湿饱水或含水量较高，比较松软，颜色和成分较杂，常具滑动形成的揉皱和微斜层理、镜面和擦痕；所含角砾、碎屑具有磨光现象，条状、片状碎石有错断的新鲜断口。同时还应鉴定滑带土的物质组成,并将该段岩芯晾干,用锤轻敲或用刀沿滑面剖开,测出滑面倾角和沿擦痕方向的视倾角,供确定滑动面时参考。

b.黄土滑坡的滑动面(带)往往不清楚,应特别注意黄土结构有无扰动现象及古土壤、卵石层产状的变化。这些往往是分析滑面位置的主要依据。

c.钻进过程中应注意钻进速度及感觉的变化,并量测缩孔、掉块、漏水,套管变形的部位,同时注意地下水位的观测。这些对确定滑动面(带)的意义很大。

(三)试验工作

①抽(提)水试验,测定滑坡体内含水层的涌水量和渗透系数;分层止水试验和连通试验,观测滑坡体各含水层的水位动态,地下水流速、流向及相互联系;进行水质分析,用滑坡体内、外水质对比和体内分层对比,判断水的补给来源和含水层数。

②除对滑坡体不同地层分别做天然含水率、密度试验外,更主要的是对软弱地层,特别是滑带土作物理力学性质试验。

③滑带土的抗剪强度直接影响滑坡稳定性验算和防治工程的设计,因此测定 c、φ 值应根据滑坡的性质,组成滑带土的岩性、结构和滑坡目前的运动状态,选择尽量符合实际情况的剪切试验(或测试)方法。试验工作尚应符合下列要求:

a.宜采用室内或野外滑面重合剪或滑带土作重塑土或原状土多次剪,求出多次剪和残余抗剪强度指标。

b.试验宜采用与滑动受力条件相类似的方法,用快剪、饱和快剪或固结快剪、饱和固结快剪。

c.为检验滑动面抗剪强度指标的代表性,可采用反演分析法,并应符合采用滑动后实测的主滑断面进行计算;合理选择稳定安全系数 K 值,对正在滑动的滑坡,可根据滑动速率选择略小于1的 K 值($0.95\leqslant K<1$),对处于暂时稳定的滑坡,可选择略大于1的 K 值($1<K\leqslant1.05$);宜根据抗剪强度(c、φ)值的试验结果及经验数据,先给定其中某一比较稳定值,反求另一值;应估计该滑坡达到的最不利情况的可能性等要求。

(四)滑坡的观测及预报

1.滑坡位移观测

(1)观测内容

滑坡位移观测的内容是:观测它平面位置和高程的变化,并根据观测结果,采用一定的比例绘制滑坡位移矢量图(图8.1.6)。

(2)观测方法

①简易观测:对于地表局部地段的观测可采用在滑坡裂缝两侧打桩[图8.1.7a)],或在构筑物(如挡土墙、浆砌片石沟等)裂缝上贴水泥砂浆片[图8.1.7b)],或在裂缝两侧设固定标尺[图8.1.7c)],或在滑坡前缘剪出带内刻槽[图8.1.7d)]和设标等简易方法,对滑坡进行观测。

②精密观测:对于地表整体位移的观测可采用如下精密的观测方法:

a.对范围不大,主轴位置明显的窄长滑坡可设置十字交叉网[图8.1.8a)]进行观测。

b.对范围不大,但地形开阔的滑坡可设置放射网[图8.1.8b)]进行观测。

c.对地形复杂的大型滑坡则设置任意方格网[图8.1.8c)]进行观测。

(3)位移观测在滑坡分析中的应用

①根据各观测桩移动或不移动,位移量和位移方向的不同,可确定滑坡的范围,或区分老滑坡上的局部移动,或从外貌上很像一个整体滑坡的滑坡群中区分出各单个滑坡。一般

在滑坡群内，各滑坡在边缘位置的观测桩，其位移方向是向各自的滑体偏移，且两滑体间的观测桩位移量较小（图 8.1.9）。

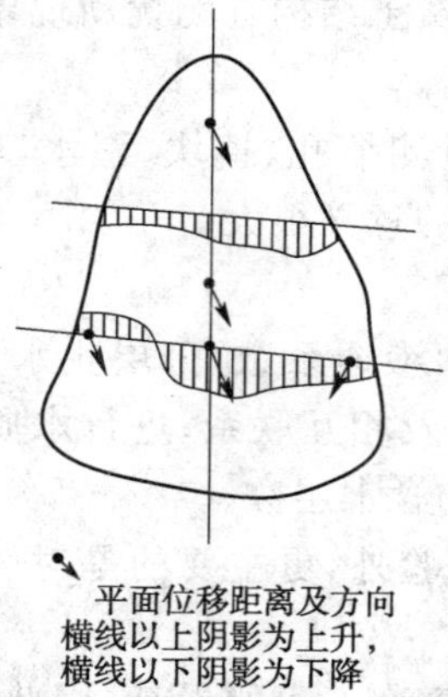

图 8.1.6　滑坡位移矢量图

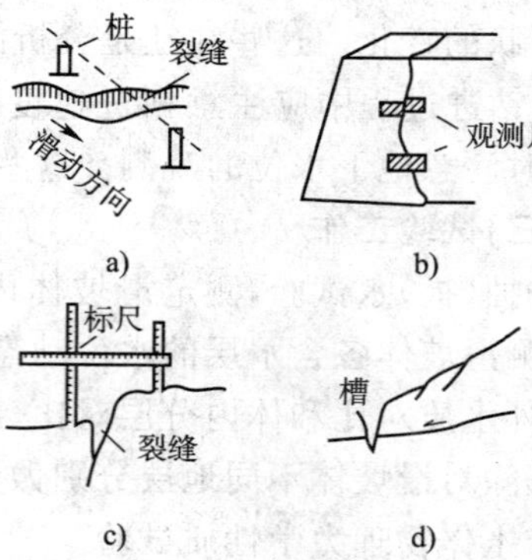

图 8.1.7　滑坡简易观测装置

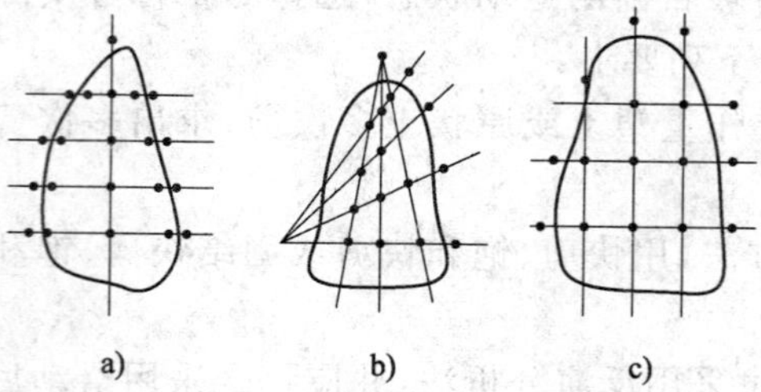

图 8.1.8　滑坡观测网布置

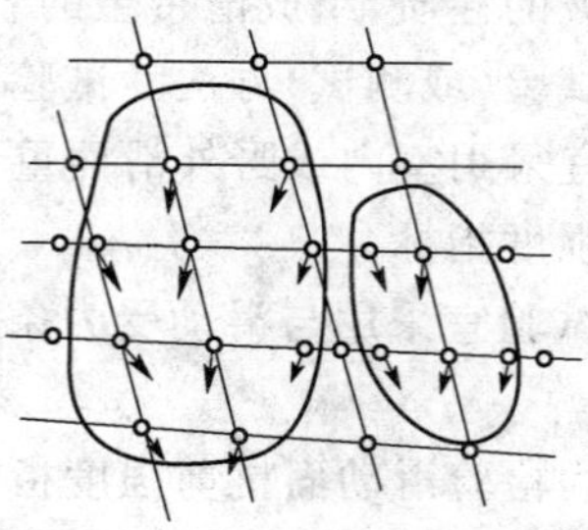

图 8.1.9　滑坡周界的划分

②根据绘制的滑坡位移矢量图可确定滑坡的主滑线。即从位移矢量图中找出每一横断面上位移量、下沉量最大的点，连接这些点的线即为所求的滑坡主滑线（图 8.1.9）。

③根据沿滑动方向断面上观测桩的平面位移量，按下式计算各观测桩间单位长度的平均相对拉伸（或压缩）值 ε（mm/m），从而分析出各段受力的性质（拉、压）和相对大小。

$$\varepsilon=\frac{\text{上、下两桩平面位移量差(mm)}}{\text{桩距(m)}}$$

ε 为正值时受压，为负值时则受拉。根据滑体受力状态的分析，对布置防治滑坡工程建筑是有实用价值的。为简便起见，可只对主轴断面进行计算分析，其结果可采用图示方法表示（图 8.1.10）。

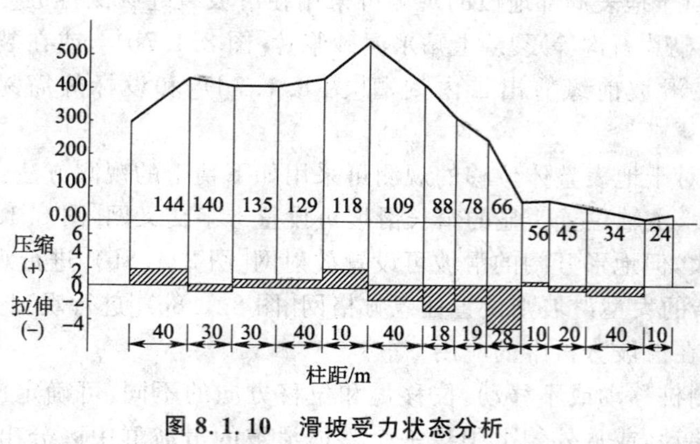

图 8.1.10　滑坡受力状态分析

④当滑坡只有一个滑动面时，观测桩位移合矢量与水平线的夹角(α)，常和其下相应部分滑面倾角相近，用这一现象可判断滑面的形式

$$\tan\alpha=\frac{\text{桩高程变动值}}{\text{桩水平位移值}}$$

当观测桩升高时，α 角表示滑床向上翘的角度，反之则 α 角表示滑床向下倾的角度。

2.其他观测

①滑坡带内的孔隙水压力及其消散、增长情况的观测。

②支挡结构上承受的压力及其消散，增长情况观测。

③滑坡体内外地下水位、水温、水质和流向的变化，以及地下水露头的流量和水温变化情况观测。

④其他仪器观测，如用倾斜仪、地声仪、地电仪、测震仪，伸缩计等对滑坡的活动现象进行观测。

3.滑坡活动的预报

对未经处理或处理十分困难且危害性大的滑坡，需对滑坡的滑动可能性作出预报。其内容主要为滑坡地点、滑动规模、滑动时间及可能的危害范围。滑动地点和时间的预报应研究下列问题：

①滑坡地点及规模的预报，应以研究区域地质、地形地貌、工程地质等资料，结合现场调查工作，分析降水、地下水、地震、人为活动等因素为依据；

②滑坡时间的预报应在地点预报的基础上，根据各项观测的结果，对滑坡要素的变化、地面或建筑物的变形、地面水体的漏失、地下水位及露头的变化情况及其他滑坡滑动的前兆现象进行分析判断后作出预报。

三、滑坡稳定性分析

(一)根据地貌特征分析

根据地貌特征可参照表 8.1.4 判断滑坡的稳定性。

根据地貌特征判断滑坡稳定性 表 8.1.4

滑坡要素	相对稳定	不稳定
滑坡体	坡度较缓，坡面较平整，草木丛生，土体密实，无松塌现象，两侧沟谷已下切深达基岩	坡度较陡，平均坡度角为30°左右，坡面高低不平，有陷落松塌现象，无高大直立树木，地表水泉、湿地发育
滑坡壁	滑坡壁较高，长满了草木，无擦痕	滑坡壁不高，草木少，有坍塌现象，有擦痕
滑坡平台	平台宽大，且已夷平	平台面积不大，有向下缓倾或后倾现象
滑坡前缘及滑坡舌	前缘斜坡较缓，坡上有河水冲刷过的痕迹，并堆积了漫滩阶地，河水已远离舌部，舌部坡脚有清晰泉水	前缘斜坡较陡，常处于河水冲刷之下，无漫滩阶地，有时有季节性泉水出露

另外，也可利用滑坡工程地质图，根据各阶地标高联结关系，滑坡位移量和与周围稳定地段在地物、地貌上的差异，以及滑坡变形历史等分析地貌发育历史过程和变形情况来推断发展趋势，判定滑坡整体和各局部的稳定程度。

(二)工程地质及水文地质条件对比

将滑坡地段的工程地质、水文地质条件与附近相似条件的稳定山坡进行对比，分析其差异性，从而判定其稳定性。

①下伏基岩呈凸形的，不易积水，较稳定；相反，呈勺形，且地表有反坡向地形时，易积水，不稳定。

②滑坡两侧及滑坡范围内同一沟谷的两侧，在滑动体与相邻稳定地段的地质断面中，详尽的对比描述各层的物质组成、组织结构、不同矿物含量和性质、风化程度和液性指数在不同位置上的分布等，借以判断山坡处于滑动的某一阶段及其稳定程度。

③分析滑动面的坡度、形状、与地下水的关系、软弱结构面的分布及其性质，以判定其稳定性及估计今后的发展趋势。

(三)滑动前的迹象及滑动因素的变化

分析滑动前的迹象，如裂缝、水泉复活、舌部鼓胀、隆起等，以及引起滑动的自然和人为因素(如切方、填土、冲刷等)，研究下滑力与抗滑力的对比及其变化，从而判定滑坡的稳定性。

(四)赤平投影法在斜坡稳定性分析中的应用

1.基本原理

赤平极射投影是表示物体几何要素(点、线、面)的角距关系的平面投影。赤平极射投影的作图包括两个步骤：

①作球面投影就是利用一个球体作为投影工具(称投影球)，将物体的几何要素从投影球中心投影到球面上去，得到球面投影。

②化球面投影为赤平投影。就是由球极向球面投影发出射线(叫极射)，它们与投影球的赤道平面(亦称赤平面)的交点就是赤平极射投影。

如图 8.1.11 所示，外圆为投影球，经过球心的平面与上半球球面的交线为圆弧 NAS，它就是该平面的球面投影，该面法线与球面的交点 Q 为法线的球面投影。自投影球下半球球级 D 向上半球球面投影 NAS 发出射线，这些射线与赤道平面 $ESWN$ 的交点构成圆弧 NBS。这圆弧就是 NAS 面的赤平极射投影。同样，由下半球球极向法线的球面投影 Q 发出的射线与赤平面的交点 P，即为该面法线的赤平极射投影(亦称 NAS 面的极点投影)。这里采用上半球作球面投影，下半球球极发出射线，是常用的方法。但是，也有相反的做法，取下半球投影，由上半球球极发出射线，不过所得的赤平极射投影处于相反的对称位置，必须注意区别。

由上所述，我们可了解到赤平极射投影有如下特征：

①空间中的一个平面，其赤平极射投影为一圆弧(图 8.1.11 中 NBS)，这条圆弧的弦 NS 表示该平面的走向，弧凹方向，即 BO 方向，为该面的倾向，线段 BO 的长短表示该面的倾角的大小，显然，BO 越长，倾角越小(图 8.1.11)。

②空间中直线的赤平极射投影(图 8.1.11 中的 AO)为一线段(图 8.1.11 中的 BO)，BO 所指方向为 AO 的倾向。同上所述，BO 的长短代表了该线的倾角。当 $\alpha=90°$ 时，$BO=0$，AO 的赤平极射投影为一个点(O)；$\alpha=0°$ 时，$BO=WO$，此表明赤平面的半径可以表示空间线段的倾角。

2.赤平极射投影的基本作图方法及读图

应用赤平极射投影表示空间上点、线、面的几何要素，包括根据已给出的赤平投影图，测读它们的产状，以及根据它们的空间方位和产状作出它们的赤平极射投影两个方面。

实际工作中，按赤平极射投影原理预先做好网格，使作图工作大为简化。图 8.1.12 是俄国人吴尔夫创立的“吴氏网”。该网的外圆表示投影球的赤平面，网格由经线和纬线构成。经线是南北走向、倾向东或西的一组不同倾角平面的投影；纬线是东西走向的铅直平面的投影。

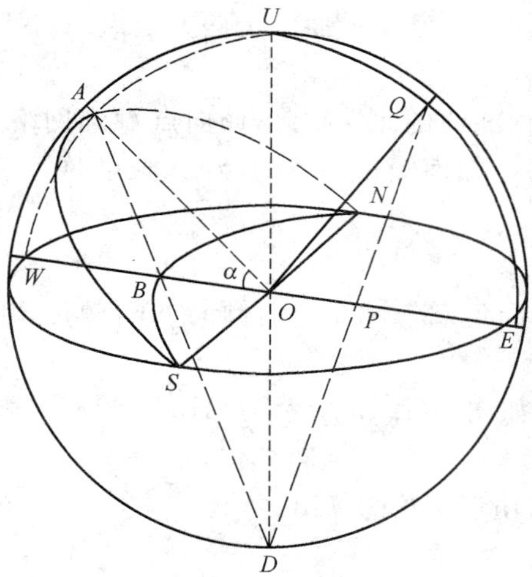

图 8.1.11　赤平极射投影立体示意图

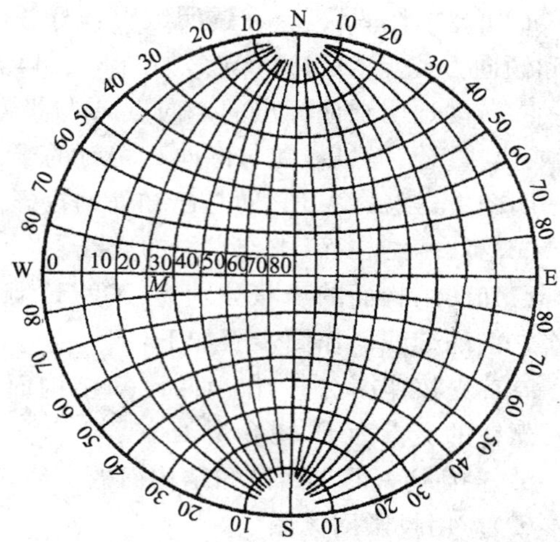

图 8.1.12　吴氏投影网

(1)基本作图法

①已知直线产状,求作投影。

已知一直线产状为倾向 N30°E,倾角 30°,求作投影。作图步骤如下:

a. 将透明纸覆于网络上,在透明纸上作一基圆,其直径等于吴氏网直径,O 为圆心,在基圆上标出 E、W、S、N 方位和方位角分度,这张带有基圆和方位的透明纸我们称为投影图,吴氏网称为投影网,如图 8.1.12 所示。

b. 在基圆上根据已知直线的倾向(N30°E)标出倾向点 A,转动投影图,使 AO 与投影网的东西线(注意区别投影图与投影图的 EW)重合,延长 AO,找到与已知直线的倾角(30°)一致的经线,将它与投影网的 EW 线的交点绘于投影图上,为 P 点。

c. 连接 PO,即为已知直线的投影。

②已知面的产状,求作投影。

已知一平面的产状为走向 N40°E,倾向 NW,倾角 30°,求作投影。作图步骤如下(图8.1.13、图 8.1.14)。

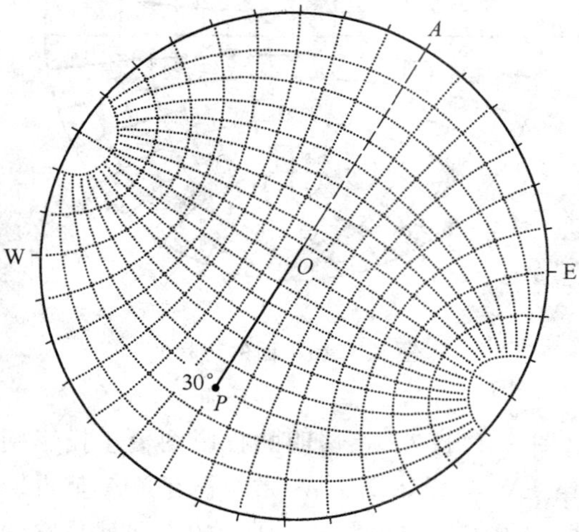

图 8.1.13　线的赤平投影

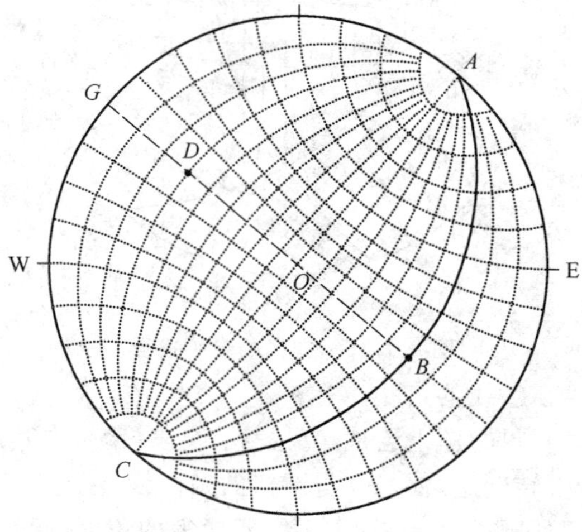

图 8.1.14　面的赤平投影

a. 如基本作图法①，在透明纸上作好投影图基圆，标出已知平面的走向方位点 A(N40°E)和倾向方位点 G(N310°W)，如图 8.1.14 所示。

b. 转动透明纸使标出的走向点 A 与投影网格上南北线的北端重合，倾向点 G 与网络上东(或西)重合。然后，在与倾向点相对的半部找出与已知面倾角一致的经线(倾角 30°)，描在透明图上，该弧(ABC)便是已知面的投影。

③已知两结构面，求作它们的交线。

已知两结构面的产状分别为：N20°E，倾向 NW，倾角 60°；N320°W，倾向 NE，倾角 40°。求作它们的交线。作图步骤如下：

a. 首先按作图法②，作出两已知结构面的投影，如图 8.1.15 所示为 ABC 及 DBF 弧。此两弧线的交点为 B(图 8.1.15)。

b. 连接 BO，即为两已知结构面的交线，其产状可由读图法②读出。

(2)应用投影网读图

对已经给出的投影图进行读图时，如果有透明的投影网即可将网格覆于图上进行判读。如果投影网不透明，则要将描在透明纸上的投影图覆于投影网上判读。总之，两者之一为透明的即可。

①面的产状。

投影图上绘就圆弧 ABC，为面的投影，求其产状(图 8.1.16)。为此，将透明的投影图覆于网格上，使圆心重合。转动投影图，直至 AB 与网格上的 NS(即网格的南北经线)重合。自圆弧的外侧点 D 向圆心方向读 DB 段所代表的角度，为该面的倾角。OG 方向(或是 BO 方向)为倾向，BO 为倾向线，AC 为走向。图 8.1.16 所示结构面的产状为走向 N40°E，倾向 SE，倾角 40°。

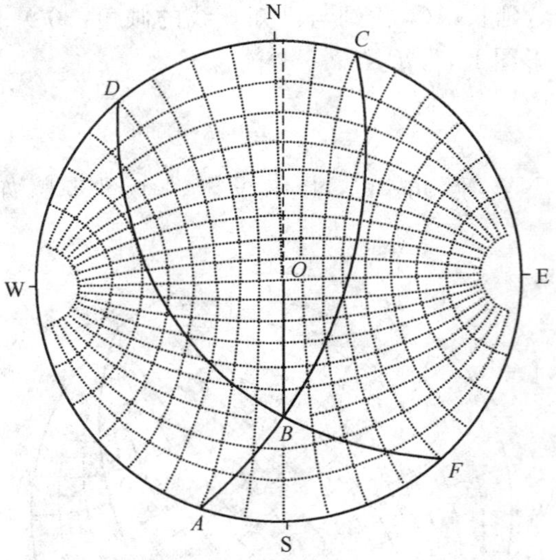

图 8.1.15　交线的赤平投影

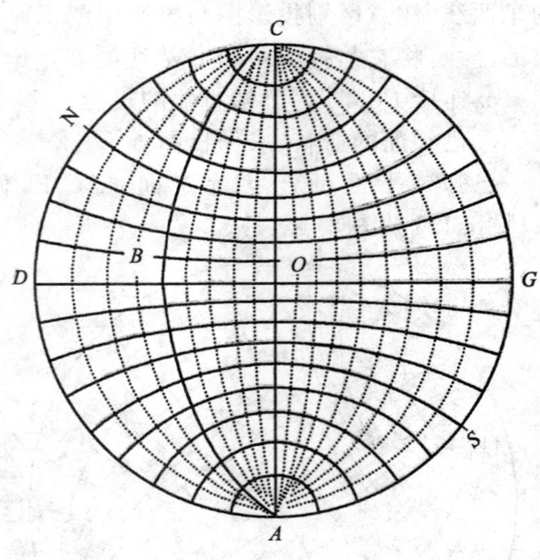

图 8.1.16　面的产状

②线的产状。

投影图上绘成 AO，表示线段投影，求其产状(图 8.1.17)。将透明的投影图覆于投影网上，转动之，使 AO 与网格的东西线(注意区别网络 EW 与投影图 EW)重合。延 OA 至投影网外圆得 B 点，读 BA 段所代表的角度，便是该线段的倾角。同时，AO 所指的方向就是它的倾向。图 8.1.17 所示的 AO 线段产状为 倾向 S150°E，倾角 30°。线段可以代表结构面法线、倾向线、结构面上擦痕、结构面交线、作用力方向等，所以正确读出线段产状也很重要。

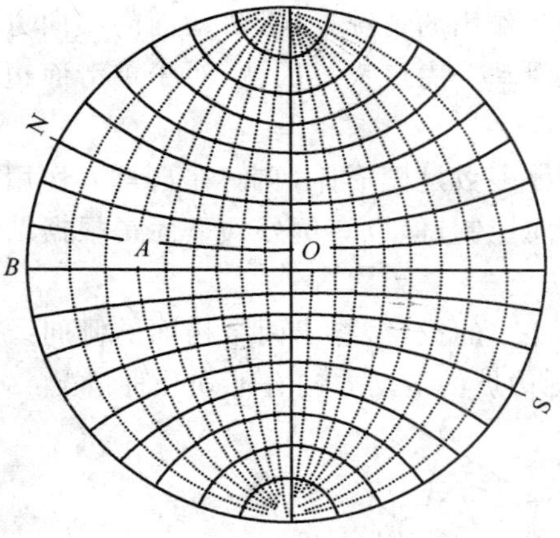

图 8.1.17　线的产状

3. 利用赤平投影图分析边坡的稳定性

(1)单一软弱面斜坡

可分以下几种情况：

①反(逆)向坡，软弱面倾向坡内，赤平投影表现为坡面与软弱面相对，如图 8.1.18a)所示。这种斜坡不易沿软弱面滑动，故一般是稳定的。

②顺向坡，但软弱面倾角 α 小于坡角 β，赤平投影为结构面和坡面在同一侧，但坡面投影弧在软弱面投影弧的内侧，如图 8.1.18b)所示。软弱面临空，边坡分离岩体易沿之滑动，故不稳定。

③顺向坡，但 α 大于 β，赤平投影表现为坡面弧位于软弱面弧外侧，如图 8.1.18c)所示。在这种情况下，滑动可能性较小。边坡比较稳定，但若有其他缓倾结构面配合，还是常常会发生破坏。

④斜交坡，其赤平投影图如图 8.1.18 中的 d)图(坡面与软弱面交角 $\gamma>40°$)和 e)图($\gamma<40°$)，这种边坡是比较稳定的，且 γ 角越大，其稳定性越高。

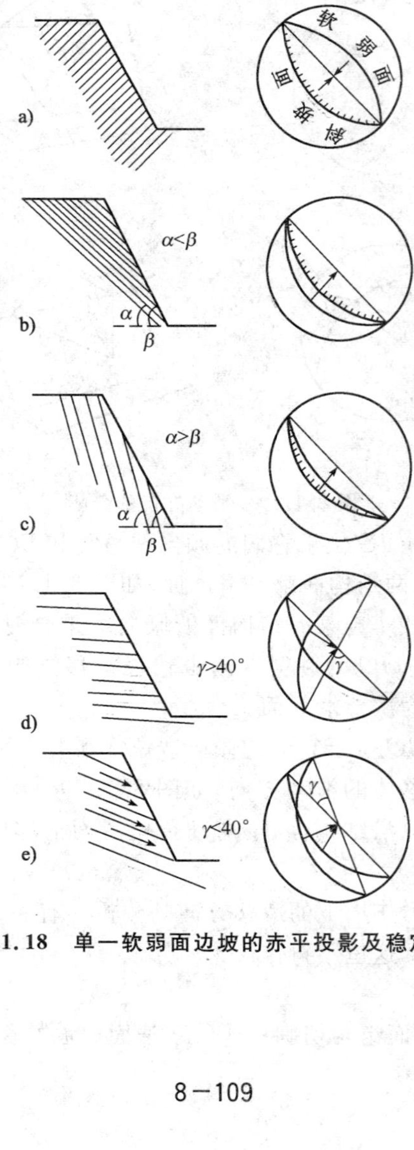

图 8.1.18　单一软弱面边坡的赤平投影及稳定情况

(2)两组软弱面边坡

①滑动方向的分析。

层状结构边坡或其他的单滑动面边坡，它们在纯自重作用的情况下，沿滑动面的倾向方向的滑移势能最大，即自重力在滑动面的倾向方向上的滑动分力最大。因此，对于单滑面边坡，滑动面的倾向方向就是它的滑移方向。

边坡受两个相交的结构面切割时，构成的可能滑移体多数是楔形体，它们在自重力作用下的滑移方向，一般由两个结构面的组合交线的倾斜方向控制，但也有例外。下面是根据结构面赤平极射投影判断这类边坡的滑移方向的一般方法。

在赤平极射投影图上，作出边坡面和两个结构面 J_1、J_2 的投影，绘出两结构面的倾向线 AO 和 BO，以及两结构面的组合交线 IO(图 8.1.19)，则边坡的滑动方向有下列几种情况：

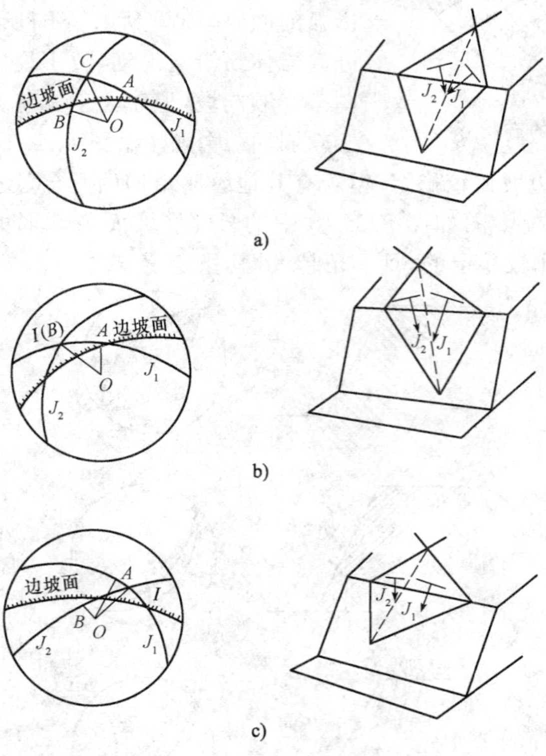

图 8.1.19 滑动方向的分析

a. 当两结构面的组合交线 IO 位于它们的倾向线 AO 和 BO 之间时，IO 的倾斜方向，即为滑移体的滑动方向。这时，两结构面都是滑动面，如图 8.1.19a)所示。

b. 当两结构面的组合交线 I 与某一结构面的倾向线重合时[如图 8.1.19b)所示，IO 与 J_2 结构面的倾向线 BO 重合]，IO 的倾斜方向也代表滑移体的滑动方向，但这时结构面 J_2 为主要滑动面，而结构面 J_1 为次要滑动面。

c. 两结构面的组合交线 IO 位于它们的倾向线 AO 和 BO 的一边时，则位于三者中间的那条倾向线的倾斜方向为滑移体的滑动方向，如图 8.1.19c)所示，结构面 J_1 的倾向线 AO 为滑动方向，这时，滑移体为只沿结构面 J_1 滑动单位滑面滑移体，结构面 J_2 在这里只起侧向切割面的作用。

以上是边坡岩体在自重力作用下的滑移方向的分析。有关边坡在多种外力作用下的滑移方向问题，可参考有关书籍，这里不再作讨论。

②滑动可能性的分析。

图 8.1.20 表示由两结构面组合切割构成的双滑面边坡的稳定条件的分析，可分为五种

情况。

a. 不稳定条件。如图 8.1.20a)所示，两结构面 J_1、J_2 的投影弧交点 I，位于开挖边坡面 S_c 与天然边坡面 S_a 投影弧之间。也就是两结构面的组合交线的倾角比开挖边坡面的倾角缓，而比天然边坡面的倾角陡，如果组合交线 IO 在边坡面和坡顶面上都有出露，则边坡处于不稳定状态。如图 8.1.20a)的剖面图所示，画斜线的阴影部分为可能不稳定体。但在某些结构面组合条件下，例如结构面的组合交线在坡顶面上的出露点距开挖边坡面很远，以致组合交线未在开挖边坡面上出露而插入坡下时，则属于较稳定条件。

b. 较不稳定条件。如图 8.1.20b)所示，两结构面 J_1、J_2 的投影弧交点 I，位于天然边坡面 S_c 的投影弧外侧。说明两结构面的组合交线虽然较开挖边坡面平缓，但它在坡顶面上没有出露点。因此，在坡顶面上没有纵向(边坡走向)切割面的情况下，边坡能处于稳定状态。如果存在纵向切割面，则边坡易产生滑动。

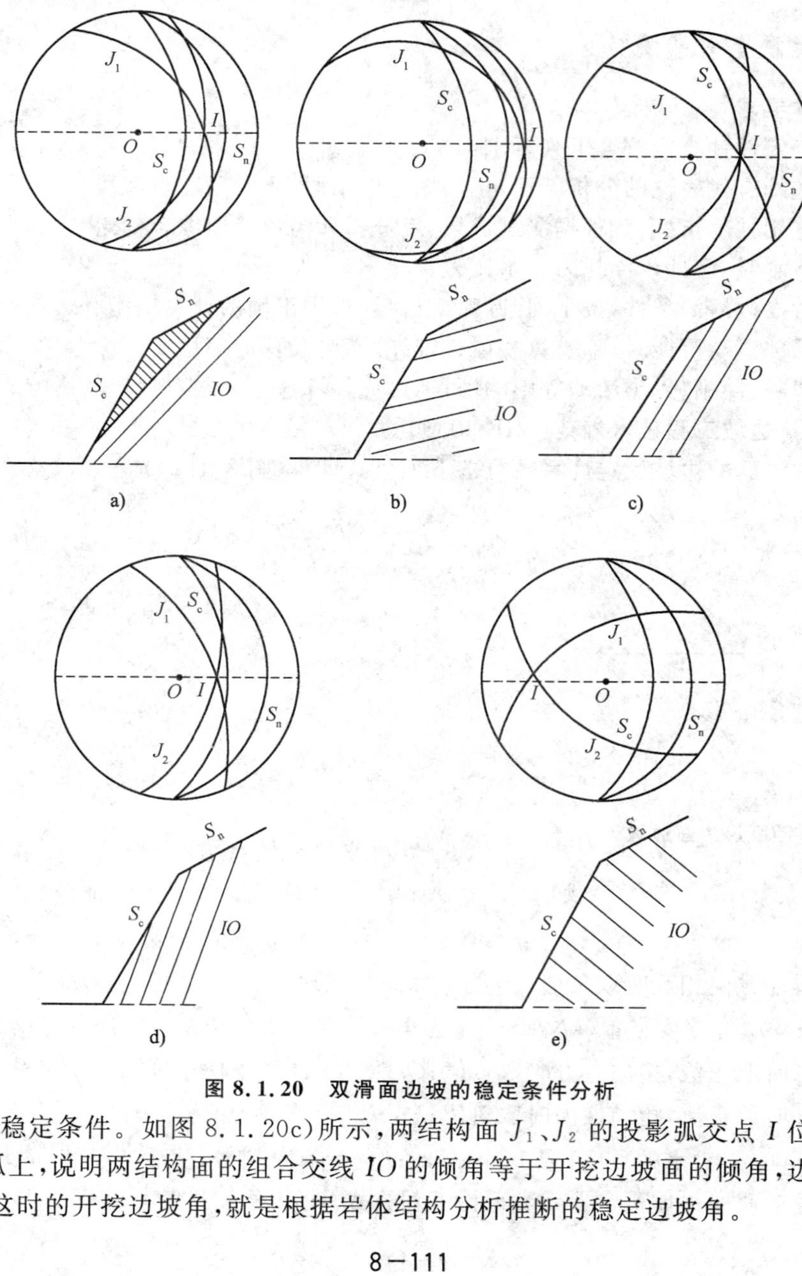

图 8.1.20 双滑面边坡的稳定条件分析

c. 基本稳定条件。如图 8.1.20c)所示，两结构面 J_1、J_2 的投影弧交点 I 位于开挖边坡 S_c 的投影弧上，说明两结构面的组合交线 IO 的倾角等于开挖边坡面的倾角，边坡处于基本稳定状态，这时的开挖边坡角，就是根据岩体结构分析推断的稳定边坡角。

d. 稳定条件。如图 8.1.20d)所示，两结构面 J_1、J_2 的投影弧的交点 I 位于开挖边坡面 S_c 的投影弧的内侧，因而两结构面组合交线 IO 的倾角比开挖边坡面的倾角陡，边坡处于更稳定状态。

e. 最稳定状态。如图 8.1.20e)所示，两结构面的 J_1、J_2 投影弧的交点 I 位于与开挖边坡面 S_c 的投影弧相对的半圆内，说明两结构面的组合交线 IO 倾向坡内，边坡处于最稳定状态。

为了明显起见，图 8.1.20 表示的是两结构面的组合交线的倾向方位与边坡面的倾向方位一致的特殊情况。实际上，在结构面的组合交线的倾向方位与边坡面的倾向方位不同时，边坡稳定条件的分析判断也与图 8.1.20 完全相同。也就是说，在绘有结构面和边坡面的赤平极射投影图上，可以根据结构面投影弧的交点的位置，作出边坡稳定状态的初步判断。这对于在多组结构面切割条件下，初步判断结构面的各种不同组合的稳定条件是十分方便的。

四、滑坡稳定性验算

(一)基本要求

滑坡的稳定性计算应符合下列要求：

①正确选择有代表性的分析断面，正确划分牵引段、主滑段和抗滑段。

②正确选用强度指标，宜根据测试成果、反分析和当地经验综合确定。

③有地下水时，应计入浮托力和水压力。

④根据滑面(滑带)条件，按平面、圆弧或折线，选用正确的计算模型。

⑤当有局部滑动可能时，除验算整体稳定外，尚应验算局部稳定。

⑥当有地震、冲刷、人类活动等影响因素时，应计算这些因素对稳定的影响。

(二)《建筑边坡工程技术规范》(GB 50330—2013)推荐的公式

①圆弧形滑面的边坡稳定性系数可按下列公式计算(图 8.1.21)

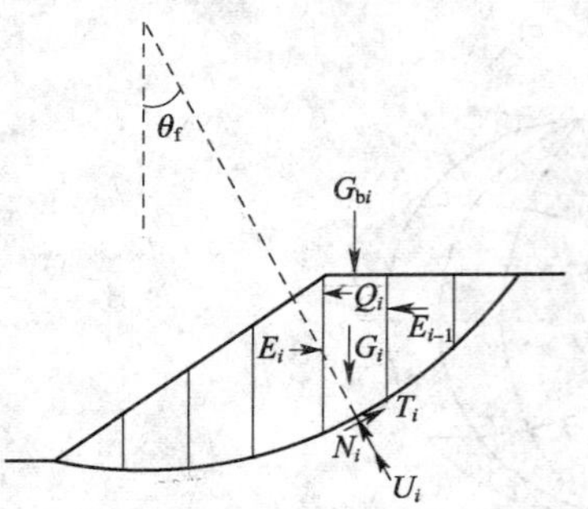

图 8.1.21　圆弧形滑面边坡计算示意图

$$F_s = \frac{\sum_{i=1}^{n} \frac{1}{m_{\theta i}}[c_i l_i \cos\theta_i + (G_i + G_{bi} - U_i \cos\theta_i)\tan\varphi_i]}{\sum_{i=1}^{n}[(G_i + G_{bi})\sin\theta_i + Q_i \cos\theta_i]} \tag{8.1.1}$$

$$m_{\theta i} = \cos\theta_i + \frac{\tan\varphi_i \sin\theta_i}{F_s} \tag{8.1.2}$$

$$U_i = \frac{1}{2}\gamma_w (h_{wi} + h_{w,i-1}) l_i \tag{8.1.3}$$

式中，F_s 为边坡稳定性系数；c_i 为第 i 计算条块滑面黏聚力(kPa)；φ_i 为第 i 计算条块滑面内摩擦角(°)；l_i 为第 i 计算条块滑面长度(m)；θ_i 为第 i 计算条块滑面倾角(°)，滑面倾向与滑动方向相同时取正值，滑面倾向与滑动方向相反时取负值；U_i 为第 i 计算条块滑面单位宽度总水压为(kN/m)；G_i 为第 i 计算条块单位宽度自重(kN/m)；G_{bi} 为第 i 计算条块单位宽度竖向附加荷载(kN/m)，方向指向下方时取正值，指向上方时取负值；Q_i 为第 i 计算条块单位宽度水平荷载(kN/m)，方向指向坡外时取正值，指向坡内时取负值；h_{wi}、$h_{w,i-1}$ 分别为第 i 及第 $i-1$ 计算条块滑面前端水头高度(m)；γ_w 为水的重度，取 10 kN/m^3；i 为计算条块号，从后方起编；n 为条块数量。

②平面滑动面的边坡稳定性系数可按下列公式计算(图 8.1.22)

$$F_s = \frac{R}{T} \tag{8.1.4}$$

$$R = [(G + G_b)\cos\theta - Q\sin\theta - V\sin\theta - U]\tan\varphi + cL \tag{8.1.5}$$

$$T = (G + G_b)\sin\theta + Q\cos\theta + V\cos\theta \tag{8.1.6}$$

$$V = \frac{1}{2}\gamma_w h_w^2 \tag{8.1.7}$$

$$U = \frac{1}{2}\gamma_w h_w L \tag{8.1.8}$$

式中，T 为滑体单位宽度重力及其他外力引起的下滑力(kN/m)；R 为滑体单位宽度重力及其他外力引起的抗滑力(kN/m)；c 为滑面的黏聚力(kPa)；φ 为滑面的内摩擦角(°)；L 为滑面长度(m)；G 为滑体单位宽度自重(kN/m)；G_b 为滑体单位宽度竖向附加荷载(kN/m)，方向指向下方时取正值，指向上方时取负值；θ 为滑面倾角(°)；U 为滑面单位宽度总水压力(kN/m)；V 为后缘陡倾裂隙面上的单位宽度总水压力(kN/m)；Q 为滑体单位宽度水平荷载(kN/m)，方向指向坡外时取正值，指向坡内时取负值；h_w 为后缘陡倾裂隙充水高度(m)，根据裂隙情况及汇水条件确定。

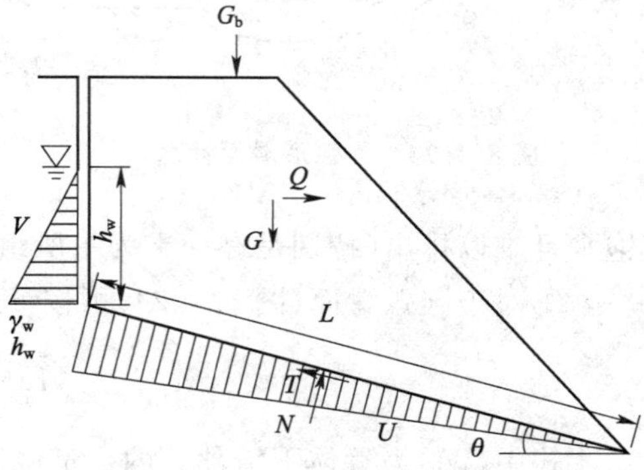

图 8.1.22　平面滑动面边坡计算简图

③折线形滑动面的边坡可采用传递系数法隐式解，边坡稳定性系数可按下列公式计算(图 8.1.23)

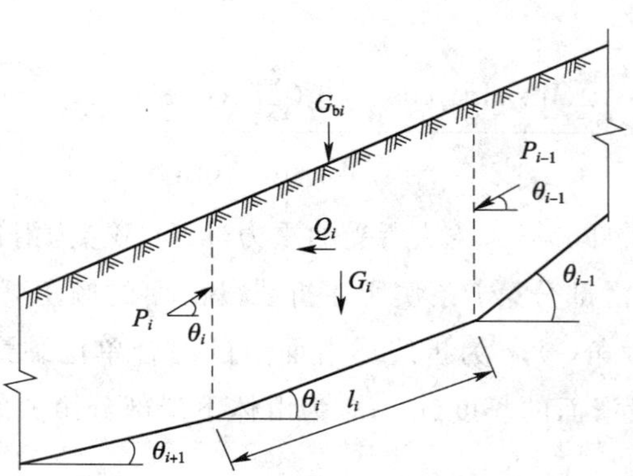

图 8.1.23　折线形滑动面边坡传递系数法计算简图

$$P_n = 0 \tag{8.1.9}$$

$$P_i = P_{i-1}\psi_{i-1} + T_i - R_i/F_s \tag{8.1.10}$$

$$\psi_{i-1} = \cos(\theta_{i-1} - \theta_i) - \sin(\theta_{i-1} - \theta_i)\tan\varphi_i/F_s \tag{8.1.11}$$

$$T_i = (G_i + G_{bi})\sin\theta_i + Q_i\cos\theta_i \tag{8.1.12}$$

$$R_i = c_i l_i + [(G_i + G_{bi})\cos\theta_i - Q_i\sin\theta_i - U_i]\tan\varphi_i \tag{8.1.13}$$

式中，P_n 为第 n 条块单位宽度剩余下滑力(kN/m)；P_i 为第 i 计算条块与第 $i+1$ 计算条块单位宽度剩余下滑力(kN/m)，当 $P_i<0(i<n)$时取 $P_i=0$；T_i 为第 i 计算条块单位宽度重力及其他外力引起的下滑力(kN/m)；R_i 为第 i 计算条块单位宽度重力及其他外力引起的抗滑力(kN/m)；ψ_{i-1}为第 $i-1$ 计算条块对第 i 计算条块的传递系数；其他符号同前。

注：在用折线形滑面计算滑坡推力时，应将式(8.1.10)和式(8.1.11)中的稳定系数 F_s 替换为安全系数

F_{st}，以此计算的 P_n，即为滑坡的推力。

(三)恢复山体极限平衡状态的核算

把滑坡恢复到刚滑动的瞬间，即认为滑坡正处于极限平衡($K_s=1$)状态，选择适当公式反求 $K_s=1$ 时滑带土的抗剪强度参数 c、φ 值，然后用反求得的 c 或 φ 值推求滑坡当前所处的状态(图 8.1.24中实线断面)的 K_s 值，从而判断当前滑坡的稳定程度。

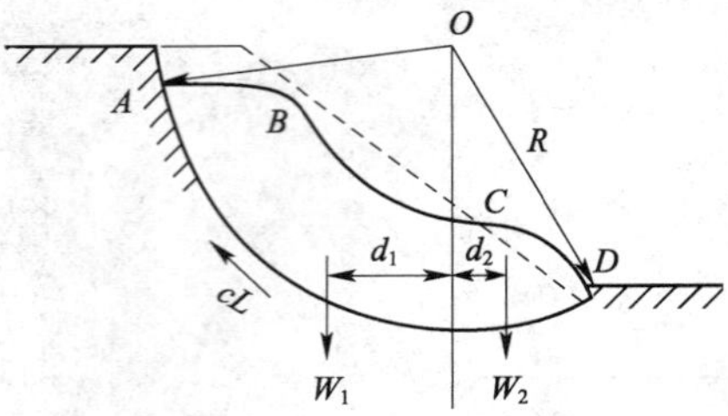

图 8.1.24　圆弧形滑面计算

根据滑动面形状和滑带土的组成成分不同又可分为三种方法。

1. 综合单位黏聚力(综合 c)法

综合单位黏聚力(综合 c)法适用于土质均一，滑带饱水且难以排出(特别是黏性土为主所组成的滑动带)的情况。

①对于圆弧滑面(图 8.1.24)可按下式计算

$$K_s=\frac{W_2 d_2+cLR}{W_1 d_1} \tag{8.1.14}$$

式中，W_1 为滑体下滑部分的重量(kN/m)；d_1 为 W_1 对于通过滑动圆弧中心的铅垂线的力臂(m)；W_2 为滑体阻滑部分的重量(kN/m)；d_2 为 W_2 对于通过滑动圆弧中心的铅垂线的力臂(m)；L 为滑动圆弧的全长(m)；R 为滑动圆弧的半径(m)；c 为滑动圆弧面上的综合单位黏聚力(kPa)。

②对于折线形滑动面(图 8.1.25)可根据滑动面的倾斜方向，将其分为下滑段和抗滑段，按下式计算

$$K=\frac{\sum_{j=1}^{n}W_{2j}\sin\alpha_j\cos\alpha_j+c\left(\sum_{i=1}^{m}l_i\cos\alpha_i+\sum_{j=1}^{n}l_j\cos\alpha_j\right)}{\sum_{i=1}^{m}W_{1i}\sin\alpha_i\cos\alpha_i} \tag{8.1.15}$$

式中，W_{1i} 为滑体下滑部分第 i 条块所受的重力(kN)；W_{2j} 为滑体阻滑部分第 j 条块所受的重力(kN)；α_i 为滑体下滑部分第 i 条块所在折线段滑面的倾角(°)；α_j 为滑体阻滑部分第 j 条块所在折线段滑面的倾角(°)；c 为折线形滑面上的综合单位黏聚力(kPa)；l_i 为滑体下滑部分第 i 条块所在折线段滑面的长度(m)；l_j 为滑体下滑部分第 j 条块所在折线段滑面的长度(m)。

2. 综合内摩擦角(综合 φ)法

综合内摩擦角(综合 φ)法适用于以粗粒岩屑或残积物为主的且在滑动中可排出滑带水的滑动带，即考虑 $c\approx 0$。这种情况的计算式为

$$K=\frac{\sum_{j=1}^{n}W_{2j}\sin\alpha_j\cos\alpha_j+\left(\sum_{i=1}^{m}W_{1i}\cos^2\alpha_i+\sum_{j=1}^{n}W_{2j}\cos^2\alpha_j\right)\tan\varphi+c\left(\sum_{i=1}^{m}l_i\cos\alpha_i+\sum_{j=1}^{n}l_j\cos\alpha_j\right)}{\sum_{i=1}^{m}W_{1i}\sin\alpha_i\cos\alpha_i} \tag{8.1.16}$$

3. c、φ 法

c、φ 法适用于以黏性土和岩屑碎粒组成的且二者含量相近的滑动带。这种情况可用当地两个不同断面的核算解联立方程式反求 c、φ，其计算式为

$$K=\frac{\sum_{j=1}^{n}W_{2j}\sin\alpha_j\cos\alpha_j+(\sum_{i=1}^{m}W_{1i}\cos^2\alpha_i+\sum_{j=1}^{n}W_{2j}\cos^2\alpha_j)\tan\varphi+c(\sum_{i=1}^{m}l_i\cos\alpha_i+\sum_{j=1}^{n}l_j\cos\alpha_j)}{\sum_{i=1}^{m}W_{1i}\sin\alpha_i\cos\alpha_i} \tag{8.1.17}$$

式中，φ 为滑动面上的综合内摩擦角(°)；其余符号意义同前。

(四)滑坡当前稳定程序的验算

1.滑体大致等厚，滑床为单一坡度的倾斜平面的层面滑坡

①当滑床相对隔水，滑体及滑带土湿度变化不大[图 8.1.25a)]时，可按下式计算

$$K=\frac{\gamma h\cos\alpha\tan\varphi+c\sec\alpha}{\gamma h\sin\alpha} \tag{8.1.18}$$

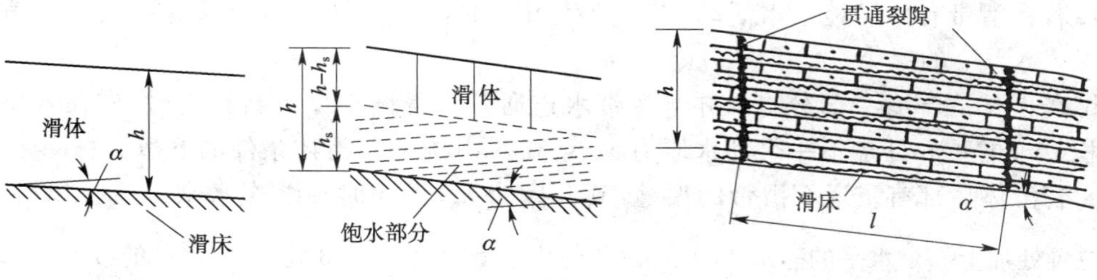

a)非饱水土层　b)部分饱水土层　c)软硬岩互层

图 8.1.25　滑体等厚、滑床为单一倾斜平面的层面滑坡

②当滑床相对隔水、滑体上裂隙贯通至滑带(雨季时滑体全部饱水)，需考虑水的浮力作用的情况可按下式计算

$$K=\frac{(\gamma_s-\gamma_w)h\cos\alpha\tan\varphi+c\sec\alpha}{(\gamma_s-\gamma_w)h\sin\alpha+\gamma_w h\sin\alpha}=\frac{(\gamma_s-\gamma_w)h\cos\alpha\tan\varphi+c\sec\alpha}{\gamma_s h\sin\alpha} \tag{8.1.19}$$

如果滑体只部分饱水[图 8.1.25b)]，且饱水厚度为 h_s 时，可按下式计算

$$K=\frac{|\gamma h+(\gamma_s-\gamma-\gamma_s)h_s|\cos\alpha\tan\varphi+c\sec\alpha}{|\gamma h+(\gamma_s-\gamma)h_s|\sin\alpha} \tag{8.1.20}$$

③当由软硬岩互层组成的斜坡沿某一软层滑动，滑体内有贯通裂隙[图 8.1.15c)]，暴雨时需要考虑裂隙充水的静水压力时，可按下式计算

$$K=\frac{\gamma_r h\cos\alpha\tan\varphi+c\sec\alpha}{\gamma_r h\sin\alpha+\frac{1}{2}\gamma_w h^2\eta} \tag{8.1.21}$$

如果裂隙未充水，在地震力作用下发生滑动时，可按下式计算

$$K=\frac{\gamma_r h\cos\alpha\tan\varphi+c\sec\alpha}{\gamma_r h\sin\alpha+F} \tag{8.1.22}$$

式中，γ 为滑动土体的天然重度(kN/m^3)；γ_s 为滑动土体饱水后的重度(kN/m^3)；γ_r 为滑动岩体的天然重度(kN/m^3)；γ_w 为水的重度(kN/m^3)；h 为滑动岩(土)体的垂直厚度(m)；c 为滑带岩、土的黏聚力(kPa)；φ 为滑带岩、土的内摩擦角(°)；α 为滑动面的倾斜角(°)；η 为滑动岩体的裂缝系数，即每米水平距离上的贯通裂隙系数，其值为 $1/l\cos\alpha$；F 为地震力(kN/m)，其值为 $F=a/g\gamma_r h$，其中，a 为地震加速度(m/s^2)，g 为重力加速度(取 $g=9.81\ m/s^2$)。

第八章　滑坡和崩塌

2. 滑体不等厚，滑床为折线形的滑坡

①当整个滑坡为均匀整体滑动时，可据折线段滑面的转折进行条分，然后计算。

②若整个滑坡情况复杂，各部分间为差异滑动，可在平面及横断面上按滑床形状分条，在剖面上顺滑动方向分级或分层，在每条、每级或每层上分块，判断各自的稳定性及相互间的影响。

对于在同一沟槽滑床上的几块滑体，则应自前至后逐块验算其本身的稳定性和每块向前滑动后的共同稳定性，对于多层滑坡，应验算各层滑坡的稳定，并考虑相邻上、下层滑动间的相互影响，判断其共同稳定性。

各单元的稳定性验算仍采用传递系数法计算，但应根据具体情况分析可能同时出现的其他力系，合理选择滑带各不同部分岩、土强度指标并估计到其可能的变化，力求符合实际。

③几个不利附加力的考虑。

a. 若在滑带有承压地下水活动（其压头为 H_0 时，H_0 从滑床向上算起），则应在滑体条块上加入 $\gamma_w H_0$ 的浮力。

b. 若滑体底部有一部分饱水并与滑带水连通且自滑坡出口不断渗出时，应在各条块饱水面积（A_i）的重心处加上一个动水压力 $\gamma_w A_i \sin\alpha_i$，其方向与滑体条件的下滑力相同。

c. 若滑体后部有贯通至滑带的裂缝，其深度为 h_i，滑动时裂缝充水来不及排出时，应在裂缝位置处加上一个水平的静水压力 $\frac{1}{2}\gamma_w h_i^2$，作用于滑面以上 $h_i/3$ 处，指向滑动的方向。

d. 在地震力作用下不致使滑体岩土结构遭到破坏的条件下，考虑地震力的作用时，可在每个滑体条块重心加上一个水平地震力，指向滑动方向。

e. 当滑坡濒临江河湖海、水库，受到水位升降影响时，应考虑水位上升时增加对滑坡的静水压力及地下水位抬高后滑坡头部浸湿部分的浮力，水位骤降时失去的静水压力及由于滑体内来不及排水而产生的动水压力和浮力等，应列入计算。

五、滑坡推力计算

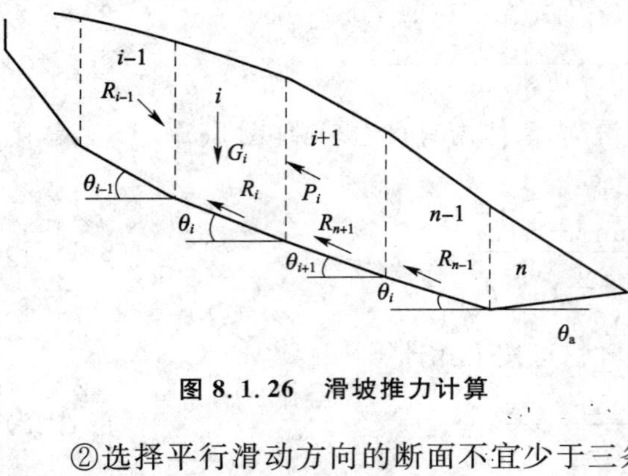

图 8.1.26 滑坡推力计算

滑坡推力计算可评价判定滑坡的稳定性和为设计抗滑工程提供定量指标数据。因此计算精度要求比分析滑体稳定性高。滑坡推力设计值计算（图 8.1.26）应符合下列规定：

①当滑体具有多层滑面时，应分别计算各滑动面的滑坡推力，取最大的推力作为设计控制值，并应使每层滑坡均满足稳定要求。

②选择平行滑动方向的断面不宜少于三条，其中一条应是主滑断面。

③滑坡推力可按传递系数法由下式计算

$$P_i = P_{i-1}\psi_{i-1} + \gamma_t T_i - R_i \tag{8.1.23}$$

式中，P_i、P_{i-1} 分别为第 i 块、第 $i-1$ 块滑体的剩余下滑力设计值（kN/m），当 P_i、P_{i-1} 为负值时取 0；γ_t 为滑坡推力安全系数，对工程滑坡取 1.25，对自然滑坡和工程古滑坡的滑动推力安全系数应按滑坡破坏后果严重性、稳定性状况整治的难度及荷载组合等因素综合考虑：对破坏后果很严重、难以处理的滑坡宜取 1.25，对较易处理的滑坡可取 1.20，对破坏后果严重的滑坡可取 1.15，对破坏后果不严重、难以处理的滑坡宜取 1.10，较易处理的滑坡可取 1.05，特殊荷载组合时，可根据现行有关标准和工程经验适当降低采用；T_i 为第 i 块滑体在滑动面切线上的反力(kN/m)；R_i 为第 i 块滑体滑动面上的抗滑力(kN/m)；其余符号意义同前。

当滑体条块上有特殊作用力作用时，应分别加入下滑力和抗滑力进行计算。若所得某条块的剩余下滑力为负值时，则说明该条块以上的滑体是稳定的，并考虑其对下一条块的推力为零。

六、滑坡防治原则和措施

(一)滑坡治理的原则

防治滑坡应当贯彻“早期发现，以防为主，防治结合”的原则；对滑坡的整治，应针对引起滑坡的主导因素进行，原则上应一次根治不留后患；对性质复杂、规模巨大，短期内不易查清或工程建设进度不允许完全查清后再整治的滑坡，应在保证建设工程安全的前提下，做出全面整治规划，采用分期治理的方法，使后期工程能获得必需的资料，又能争取到一定的建设时间，保证整个工程的安全和效益；对建设工程随时可能产生危害的滑坡，应先采用立即生效的工程措施，然后再做其他工程；一般情况下，对滑坡进行整治的时间，宜放在旱季为好。施工方法和程序应以避免造成滑坡产生新的滑动为原则。

(二)滑坡防治措施

1. 滑坡治理要点

滑坡治理应符合下列要求：

①防止地面水浸入滑坡体，宜填塞裂缝和消除坡体积水洼地，并采取排水天沟截水或在滑坡体上设置不透水的排水明沟或暗沟，以及种植蒸腾量大的树木等措施。

②对地下水丰富的滑坡体可采取在滑坡体外设截水盲沟和泄水隧洞或在滑坡体内设支撑盲沟和排水仰斜孔、排水隧洞等措施。

③当仅考虑滑坡对滑动前方工程的危害或只考虑滑坡的继续发展对工程的影响时，可按滑坡整体稳定极限状态进行设计。当需考虑滑坡体上工程的安全时，除考虑整个滑体的稳定性外，尚应考虑坡体变形或局部位移对滑坡整体稳定性和工程的影响。

④对于滑坡的主滑地段可采取挖方卸荷、拆除已有建筑物等减重辅助措施；对抗滑地段可采取堆方加重等辅助措施，对滑坡体有继续向其上方发展的可能时，应采取排水、支撑抗滑措施，并防止滑体松弛后减重失效。

⑤采取支撑盲沟、挡土墙、抗滑桩、抗滑锚杆、抗滑锚索(桩)等措施时，应对滑坡体越过支挡区或自抗滑构筑物基底破坏进行验算。

⑥可采用焙烧法、灌浆法等措施改善滑动带的土质。

2. 预防措施

①在斜坡地带进行房屋、公路、铁路建设前，必须首先做好工程勘察工作，查明有无滑坡存在，或滑坡的发育阶段。

②在斜坡地带进行挖方或填方时，必须事先查明坡体岩土条件，地面水排泄和地下水情况，做好边坡和排水工程设计，避免造成工程滑坡。

③施工前应做好施工组织设计，制定挖方的施工顺序，合理安排弃土的堆放场地，做好施工用水的排泄管理等。

④做好使用期间的管理和有危险的边坡监测。

⑤对于已查明为大型滑坡，或滑坡群，或近期正在活动的滑坡，一般情况下建设工程均宜加以避让。当必须进行建设时，应制定详细的防治对策，经技术经济论证对比后，慎重取舍建设场地。

3.整治方法

(1)清除滑坡体

对无向上及两侧发展可能的小型滑坡，可考虑将整个滑坡体挖除。

用某些导滑工程，将滑坡的滑动方向改变，使其不危害建设工程。

(2)治理地表水

在滑坡体周围作截水沟，使地表水不能进入滑坡体范围以内。

在滑坡范围内修筑各种排水沟，使地表水排出于滑坡体范围以外，但应注意沟渠的防渗，防止沟渠渗漏和溢流于沟外。

整平地表，填塞裂缝和夯实松动地面，筑隔渗层，减少地表水下渗并使其尽快汇入排水沟内，排出于滑坡体外。

(3)治理地下水

①治理滑体中的地下水：

a.加强滑坡范围以外的截水沟，切断其补给来源。

b.针对出露的泉水和湿地等，做排水沟或渗沟，将水引出滑坡体外。

c.滑坡体前缘，常因坡体内的地下水活动而松软、潮湿、引起坡体坍塌滑动，为此可做边坡渗沟疏干，或做小盲沟，兼起支撑和疏干作用。

d.整个坡面植树，加大蒸发量，保证坡面干燥。

②治理滑带附近的水：

a.拦截：要求所设排水构筑物的走向垂直于地下水的流向。根据地下水的埋藏深度、部位和土的密实程度而使用不同的排水构筑物，一般浅层地下水可以使用截水渗沟、盲沟；深层地下水则用盲洞、平孔等。

b.疏干、排除：一般在滑坡前缘附近做支撑盲沟疏导这部分滑动带的水，而在其他部位做排水构筑物排除滑动面上的地下水，后者通常多为盲洞(也叫泄水隧道)或平洞等。

c.降低地下水位：若滑动带上的水是由下向上承压补给时，多采用将补给水源排走的盲洞或平洞，将补给水源向下漏走的垂直排水等措施，使地下水位降低到滑动面以下。

③排除深层地下水：

a.长水平钻孔；

b.集水井。

④减重和反压。

a.上部减重：对推动式滑坡，在上部主滑地段减重，常起到根治滑坡的作用。对其他性质的滑坡，在主滑地段减重也能起到减小下滑力的作用，减重一般适用于滑坡床为上陡下缓、滑坡后壁及两侧有稳定的岩土体，不致因减重而引起滑坡向上和向两侧发展造成后患的情况。

b.下部反压：在滑坡的抗滑段和滑坡体外前缘堆填土石加重，如做成堤、坝等，能增大抗滑力而稳定滑坡。但必须注意只能在抗滑段加重反压，不能填于主滑地段。而且填方时，必须做好地下排水工程，不能因填土堵塞原有地下水出口，造成后患。

c.减重与反压相结合：对于某些滑坡可根据设计计算后，确定需减小的下滑力大小，同时在其上部进行部分减重和在下部反压。减重和反压后，应检算滑面从残存的滑体薄弱部位及反压体底面剪出的可能性。

(4)抗滑工程

①抗滑挡土墙:一般常采用重力式挡土墙。挡土墙一般设置于滑体的前缘,如滑坡为多级滑动,当总推力太大,在坡脚一级支挡工作量太大时,可分级支挡。

②抗滑桩:适用于深层滑坡和各类非塑性流滑坡,对缺乏石料的地区和处理正在活动的滑坡,更为适宜。

③锚杆挡墙:这是近 20 年来发展起来的新型支挡结构,它可以节约材料,成功地代替了庞大的圬工挡墙。锚杆挡墙由锚杆、肋柱和挡板 3 部分组成。滑坡推力作用在挡板上,由挡板将滑坡推力传于肋柱,再由肋柱传至锚杆上,最后通过锚杆传到滑动面以下的稳定地层中,靠锚杆的锚固力来维持整个结构的稳定性。

第二节 崩 塌

一、崩塌产生的条件

(一)地貌条件

崩塌多产生在陡峻的斜坡地段,一般坡度角大于 55°,高度大于 30 m,坡面多不平整,上陡下缓。

(二)岩性条件

坚硬岩层多组成高陡山坡,在节理裂隙发育,岩体破碎的情况下易产生崩塌。

(三)构造条件

当岩体中各种软弱结构面的组合位置处于下列最不利的情况时易发生崩塌:

①当岩层倾向山坡,倾角大于 45°而小于自然坡度时;

②当岩层发育有多组节理,且一组节理倾向山坡,倾角为 25°～65°时;

③当两组与山坡走向斜交的节理(X 形节理),组成倾向坡脚的楔形体时;

④当节理面呈弧形弯曲的光滑面或山坡上方不远处有断层破碎带存在时;

⑤在岩浆岩侵入接触带附近的破碎带或变质岩中片理片麻构造发育的地段,风化后形成软弱结构面,容易导致崩塌的产生。

(四)其他条件

此外,昼夜的温差、季节的温度变化,促使岩石风化,地表水的冲刷、溶解和软化裂隙充填物形成软弱面,或水的渗透增加静水压力,强烈地震及人类工程活动中的爆破,边坡开挖过高过陡,破坏了山体平衡,都会促使崩塌的发生。

二、崩塌勘察要点

拟建工程场地或其附近存在对工程安全有影响的危岩或崩塌时,应进行危岩和崩塌勘察。危岩和崩塌勘察宜在可行性研究或初步勘察阶段进行,应查明产生崩塌的条件及其规模、类型、范围,并对工程建设适宜性进行评价,提出防治方案的建议。

危岩和崩塌地区工程地质测绘的比例尺宜采用 1∶500～1∶1 000;崩塌方向主剖面的比例尺宜采用 1∶200。应查明下列内容:

①地形地貌及崩塌类型、规模、范围,崩塌体的大小和崩落方向;

②岩体基本质量等级、岩性特征和风化程度;

③地质构造，岩体结构类型，结构面的产状、组合关系、闭合程度、力学属性、延展及贯穿情况；

④气象（重点是大气降水）、水文、地震和地下水的活动；

⑤崩塌前的迹象和崩塌原因；

⑥当地防治崩塌的经验。

三、崩塌的工程分类

崩塌可根据其发生地层的物质成分分为黄土崩塌、黏性土崩塌、岩体崩塌。

崩塌按形成机理分类如表 8.2.1 所示。

崩塌按形成机理分类 表 8.2.1

类型	岩性	结构面	地貌	受力状态	起始运动形式
倾倒式崩塌	黄土、直立岩层	多为垂直节理、直立层面	峡谷、直立岸坡、悬崖	主要受倾覆力矩作用	倾倒
滑移式崩塌	多为软硬相间的岩层	有倾向临空面的结构面	陡坡通常大于55°	滑移面主要受剪切力	滑移
鼓胀式崩塌	黄土、黏土、坚硬岩层下有较厚软岩层	上部垂直节理，下部为近水平的结构面	陡坡	下部软岩受垂直挤压	鼓胀伴有下沉、滑移、倾斜
拉裂式崩塌	多见于软硬相间的岩层	多为风化裂隙和重力拉张裂隙	上部突出的悬崖	拉张	拉裂
错断式崩塌	坚硬岩层、黄土	垂直裂隙发育，通常无倾向临空面的结构面	大于45°的陡坡	自重引起的剪切力	错落

根据崩塌的特征、规模及其危害程度，将其分为三类。

①Ⅰ类山高坡陡，岩层软硬相间，风化严重，岩体结构面发育，松弛且组合关系复杂，形成大量破碎带和分离体，山体不稳定，破坏力强，难以处理。

②Ⅱ类介于Ⅰ类和Ⅲ类之间。

③Ⅲ类山体较平缓，岩层单一，风化程度轻微，岩体结构面密闭且不甚发育或组合关系简单，无破碎带和危险切割面，山体稳定，斜坡仅有个别危石，破坏力小，易于处理。

四、崩塌区的岩土工程评价

(一)岩土工程评价的原则

崩塌区岩土工程评价应根据山体地质构造格局、变形特征进行崩塌的工程分类，圈出可能崩塌的范围和危险区，对各类建筑物和线路工程的场地适宜性作出评价，并提出防治对策和方案。各类危岩和崩塌的岩土工程评价应符合下列规定：

①规模大，破坏后果很严重，难于治理的，不宜作为工程场地，线路工程应绕避。

②规模较大，破坏后果严重的，应对可能产生崩塌的危岩进行加固处理，线路工程应采取防护措施。

③规模小，破坏后果不严重的，可作为工程场地，但应对不稳定危岩采取治理措施。

(二)评价方法

工程地质类比法：对已有的崩塌或附近崩塌区及稳定区的山体形态，斜坡坡度，岩体构造，结构面分布、产状、闭合及填充情况进行调查对比，分析山体的稳定性，危岩的分布，判断产生崩塌落石的可能性及其破坏力。

力学分析法：在分析可能崩塌体及落石受力条件的基础上，用“块体平衡理论”计算其稳定性。计算时应考虑当地地震力、风力、爆破力、地面水和地下水冲刷力及冰冻力等的影响。

(1)基本假定

①在崩塌发展过程中，特别是在突然崩塌运动以前，把崩塌体视为整体。

②把崩塌体复杂的空间运动问题，简化成平面问题，即取单位宽度的崩塌体进行检算。

③崩塌体两侧与稳定岩体之间，以及各部分崩塌体之间，均无摩擦作用。

(2)各类崩塌体的稳定性验算

①倾倒式崩塌。

倾倒式崩塌的基本图式如图 8.2.1 所示，从图 8.2.1a)可以看出，不稳定岩体的上下各部分和稳定岩体之间均有裂隙分开，一旦发生倾倒，将以 A 点为转点发生转动。检算时应考虑各种附加力的最不利组合。在雨季张开的裂隙可能为暴雨充满，应考虑静水压力；Ⅶ度以上地震区，应考虑水平地震力作用。受力图式见图 8.2.1b)。如不考虑其他力，则崩塌体的抗倾覆稳定性系数 K 可按下式计算

$$K=\frac{Wa}{f\dfrac{h_0}{3}+F\dfrac{h}{2}}=\frac{Wa}{\dfrac{\gamma_w h_0^2}{2}\dfrac{h_0}{3}+F\dfrac{h}{2}}=\frac{6aW}{10h_0^3+3Fh} \tag{8.2.1}$$

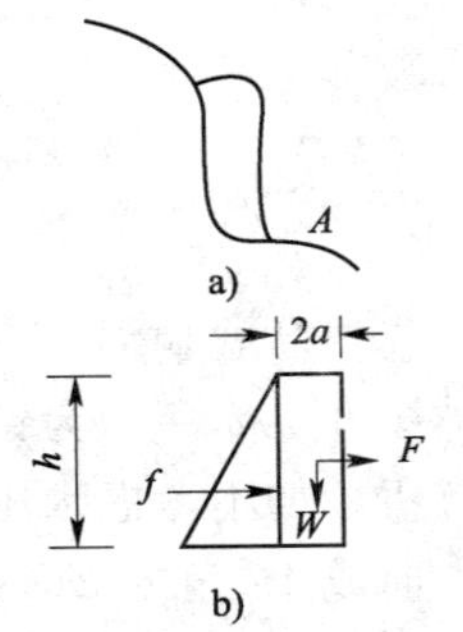

图 8.2.1　倾倒式崩塌

式中，f 为静水压力(kN)；h_0 为水位高，暴雨时等于岩体高(m)；h 为岩体高(m)；γ_w 为水的重度，取 10(kN/m^3)；W 为崩塌体重力(kN)；F 为水平地震力(kN)；a 为转点 A 至重力延长线的垂直距离，这里为崩塌体宽的 1/2(m)。

②滑移式崩塌。滑移式崩塌有平面、弧形面、楔形双滑面滑动三种。这类崩塌的关键在于起始的滑移是否形成。因此，可按抗滑稳定性验算。

③鼓胀式崩塌。这类崩塌体下有较厚的软弱岩层，常为断层破碎带、风化破碎岩体及黄土等。在水的作用下，这些软弱岩层先行软化。当上部岩体传来的压应力大于软弱岩层的无侧限抗压强度时，则软弱岩层被挤出，即发生鼓胀。上部岩体可能产生下沉、滑移或倾倒，直至发生突然崩塌，如图 8.2.2 所示。因此，鼓胀是这类崩塌的关键。所以稳定系数可以用下部软弱岩层的无侧限抗压强度(雨季用饱水抗压强度)与上部岩体在软岩顶面产生的压应力的比值来计算

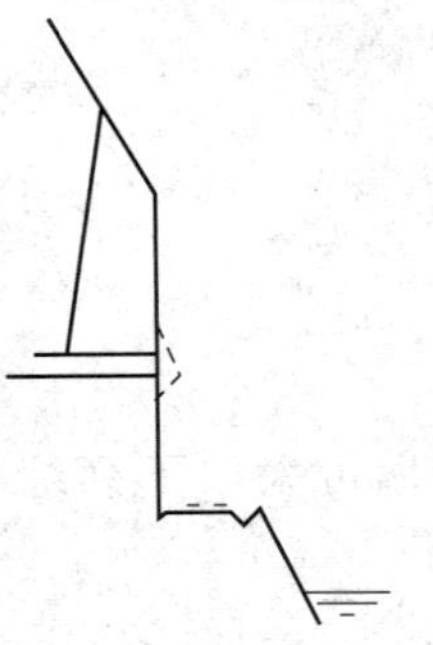
图 8.2.2　鼓胀式崩塌

$$k=\frac{R_{无}}{\dfrac{W}{A}}=\frac{AR_{无}}{W} \tag{8.2.2}$$

式中，W 为上部岩体质量；A 为上部岩体的底面积；$R_{无}$ 为下部软岩在天然状态下的(雨季为饱水的)无侧限抗压强度。

④拉裂式崩塌。

拉裂式崩塌的典型情况如图 8.2.3 所示。以悬臂梁形式突出的岩体，在 AC 面上承受最大的弯矩和剪力，岩层顶部受拉，底部受压，A 点附近拉应力最大。在长期重力和风化营力作用下，A 点附近的裂隙逐渐扩大，并向深处发展。拉应力将越来越集中在尚未裂开的部位，一旦拉应力超过岩石的抗拉强度时，上部悬出的岩体就会发生崩塌。这类崩塌的关键是最大弯矩截面 AC 上的拉应力能否超过岩石的抗拉强度。故可以用

拉应力与岩石的抗拉强度的比值进行稳定性检算。

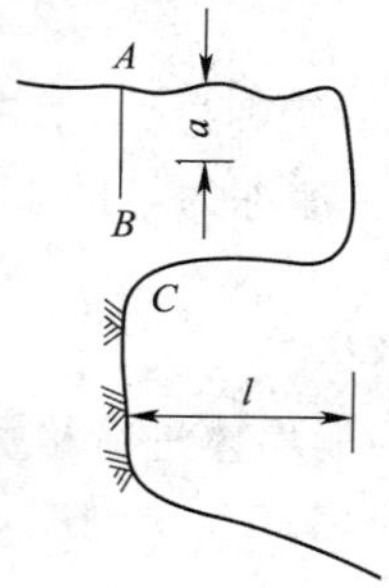

图 8.2.3 拉裂式崩塌

假如突出的岩体长度为 l，岩体等厚，厚度为 h，宽度为 1 m（取单位宽度），岩石重度为 γ。

当 AC 断面上尚未出现裂缝，则 A 点上的拉应力为

$$\sigma_{A拉}=\frac{My}{I} \tag{8.2.3}$$

式中，M 为 AC 面上的弯矩，$M=\frac{l^2}{2}\gamma h$；y 为 $h/2$；I 为 AC 截面的惯性矩。

稳定性系数 K 值可用岩石的允许抗拉强度与 A 点所受的拉应力比值求得

$$K=\frac{[\sigma_{拉}]}{[\sigma_{A拉}]}=\frac{h[\sigma_{拉}]}{3l^3\gamma} \tag{8.2.4}$$

如果 A 点处已有裂缝，裂缝深度为 a，裂缝最低点为 B，则 BC 截面上的惯性矩 $I=\frac{(h-a)^3}{12}$，$y=\frac{h-a}{2}$，弯矩 $M=\frac{l^2}{2}\gamma h$，则 B 点所受的拉应力为

$$\sigma_{B拉}=\frac{3l^3\gamma h}{(h-a)^2} \tag{8.2.5}$$

$$K=\frac{[\sigma_{拉}]}{[\sigma_{B拉}]}=\frac{(h-a)^2[\sigma_{B拉}]}{3l^2\gamma h} \tag{8.2.6}$$

⑤错断式崩塌。

图 8.2.4 所示为错断式崩塌的一种情况，取可能崩塌的岩体 $ABCD$ 来分析。如不考虑水压力、地震力等附加力，在岩体自重 W 作用下，与铅直方向成 45°角的 EC 方向上将产生最大剪应力。如 CD 高为 h，AD 宽为 a，岩体重度为 γ，则岩体 $AECD$ 质量 $W=a\left(h-\frac{a}{2}\right)\gamma$，在岩体横截面 FOG 上的法向应力为 $\left(h-\frac{a}{2}\right)\gamma$，所以，在 EC 面上的最大剪应力 $\tau_{最大}$ 为 $\frac{\gamma}{2}\left(h-\frac{a}{2}\right)$。故岩体的稳定系数 K 值可用岩石的允许抗剪强度 $[\tau]$ 与 $\tau_{最大}$ 的比值来计算

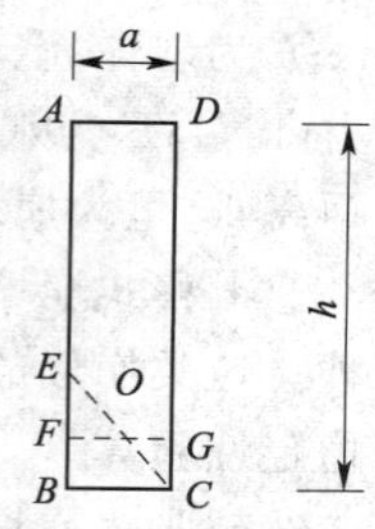

图 8.2.4 错断式崩塌

$$K=\frac{[\tau]}{[\tau_{最大}]}=\frac{4[\tau]}{\gamma(2h-a)} \tag{8.2.7}$$

五、崩塌的防治

崩塌的治理应以根治为原则，当不能清除或根治时，对中、小型崩塌可采取下列综合措施：

①遮挡：对小型崩塌，可修筑明洞、棚洞等遮挡建筑物使线路通过。

②对中、小型崩塌，当线路工程或建筑物与坡脚有足够距离时，可在坡脚或半坡设置落石平台或挡石墙、拦石网。

③支撑加固：对小型崩塌，在危岩的下部修筑支柱、支墙，亦可将易崩塌体用锚索、锚杆与斜坡稳定部分联固。

④镶补勾缝：对小型崩塌，对岩体中的空洞、裂缝用片石填补，混凝土灌注。

⑤护面：对易风化的软弱岩层，可用沥青、砂浆或浆砌片石护面。

⑥排水：设排水工程以拦截疏导斜坡地表水和地下水。

⑦刷坡：在危石突出的山嘴及岩层表面风化破碎不稳定的山坡地段，可刷缓山坡。

六、崩塌的观测和预报

为判定剥离体或危岩的稳定性，必要时应对张裂缝进行监测。对有较大危害的大型危岩，应结合监测结果，对可能发生崩塌的时间、规模、滚落方向、途径、危害范围等做出预报。观测和预报的方法可参考本章第一节中“滑坡的观测及预报”的有关内容。

第九章　泥　石　流

泥石流是山区特有的一种自然地质现象。它是由于降水(暴雨、融雪、冰川)而形成的一种夹带大量泥沙、石块等固体物质的特殊洪流。它暴发突然,历时短暂,来势凶猛,具有强大的破坏力。

典型的泥石流流域,从上游到下游一般可分为三个区,即泥石流的形成区、流通区和堆积区。

第一节　泥石流的形成条件和分类

一、泥石流的形成条件

(一)地形条件

①山高沟深,地势陡峻,沟床纵横坡度大,流域的形状便于水流的汇集。

②上游形成区的地形多为三面环山、一面出口的瓢状或漏斗状,地形比较开阔,周围山高坡陡,地形便于水和碎屑物质的集中。

③中游流通区的地形多为狭窄陡深的峡谷,沟床纵坡坡度大,使泥石流得以迅猛直泻。

④下游堆积区的地形多为开阔、平坦的山前平原或河谷阶地,便于碎屑物质的堆积。

(二)地质条件

1.地质构造

地质构造类型复杂、断裂褶皱发育、新构造运动强烈、地震烈度较高的地区,一般便于泥石流的形成。这类地区往往表层岩土破碎,滑坡、崩塌、错落等不良地质作用发育,为泥石流的形成提供了丰富的固体物质来源。

2.岩性

结构疏松软弱、易于风化、节理发育的岩层,或软硬相间成层的岩层,易遭受破坏,形成丰富的碎屑物质来源。

(三)水文气象条件

水能浸润、饱和山坡松散物质,使其摩阻力减小、滑动力增大;水流对松散物质的侧蚀、掏挖作用引起滑坡、崩塌等,增加了物质来源。

泥石流的形成与下列短时间内突然性的大量流水密切相关:

①强度较大的暴雨;

②冰川、积雪的强烈消融;

③冰川湖、高山湖、水库等的突然溃决。

(四)其他条件

如滥伐山林,造成山坡水土流失;开山采矿、采石弃渣堆石等,往往增加了大量物质来源。

上述条件概括起来为:

①陡峻的便于集水、集物的地形;

②有丰富的松散物质；

③短时间内有大量水的来源。

此三者缺一便不能形成泥石流。

二、泥石流的分类

(一)根据流域特征分类

1. 标准型泥石流流域

流域呈扇形，能明显地分出形成区、流通区和堆积区。沟床下切作用强烈，滑坡、崩塌等发育，松散物质多，主沟坡度大，地表径流集中，泥石流的规模和破坏力较大。

2. 河谷型泥石流流域

流域呈狭长形，形成区不明显，松散物质主要来自中游地段。泥石流沿沟谷有堆积也有冲刷、搬运，形成逐次搬运的“再生式泥石流”。

3. 山坡型泥石流流域

流域面积小，呈漏斗状，流通区不明显，形成区与堆积区直接相连，堆积作用迅速。由于汇水面积不大，水量一般不充沛，多形成重度大、规模小的泥石流。

(二)根据物质特征分类

1. 按物质组成分类

①泥流：以黏性土为主，混少量砂土、石块。黏度大、呈稠泥状。

②泥石流：由大量的黏性土和粒径不等的砂、石块组成。

③水石流：以大小不等的石块、砂为主，黏性土含量较少。

2. 按物质状态分类

①黏性泥石流：含大量黏性土的泥石流或泥流，黏性大，固体物质占40%～60%，最高达80%，水不是搬运介质而是组成物质，石块呈悬浮状态。

②稀性泥石流：水为主要成分，黏性土含量少，固体物质占10%～40%，有很大分散性，水是搬运介质，石块以滚动或跳跃方式向前推进。

(三)工程分类

根据《岩土工程勘察规范》(GB 50021—2001)(2009年版)附录C，按泥石流暴发频率划分为两类：Ⅰ高频率泥石流沟谷和Ⅱ低频率泥石流沟谷，再按破坏严重程度各分为三个亚类。具体内容见表9.1.1。

泥石流的工程分类和特征 表9.1.1

类别	泥石流特征	流域特征	亚类	严重程度	流域面积/km^2	固体物质一次冲出量/($\times10^4 m^3$)	流量/(m^3/s)	堆积区面积/km^2
Ⅰ高频率泥石流沟谷	基本上每年均有泥石流发生。固体物质主要来源于沟谷的滑坡、崩塌。暴发雨强小于2～4 mm/10 min。除岩性因素外，滑坡、崩塌严重的沟谷多发生黏性泥石流，规模大，反之多发生稀性泥石流，规模小	多位于强烈抬升区，岩层破碎，风化强烈，山体稳定性差。泥石流堆积新鲜，无植被或仅有稀疏草丛。黏性泥石流沟中、下游沟床坡度大于4%	$Ⅰ_1$	严重	>5	>5	>100	>1
			$Ⅰ_2$	中等	1～5	1～5	30～100	<1
			$Ⅰ_3$	轻微	<1	<1	<30	—

续上表

类别	泥石流特征	流域特征	亚类	严重程度	流域面积/km^2	固体物质一次冲出量/($\times10^4 m^3$)	流量/(m^3/s)	堆积区面积/km^2
Ⅱ 低频率泥石流沟谷	暴发周期一般在10年以上。固体物质主要来源于沟床,泥石流发生时"揭床"现象明显。暴雨时坡面产生的浅层滑坡往往是激发泥石流形成的重要因素。暴发雨强一般大于4 mm/10 min。规模一般较大,性质有黏有稀	山体稳定性相对较好,无大型活动性滑坡、崩塌。沟床和扇形地上巨砾遍布。植被较好,沟床内灌木丛密布,扇形地多已辟为农田。黏性泥石流沟中、下游沟床坡度小于4%	$Ⅱ_1$	严重	>10	>5	>100	>1
			$Ⅱ_2$	中等	1~10	1~5	30~100	<1
			$Ⅱ_3$	轻微	<1	<1	<30	—

注:1.表中流量对高频率泥石流沟指百年一遇流量;对低频率泥石流沟指历史最大流量。

2.泥石流的工程分类宜采用野外特征与定量指标相结合的原则,定量指标满足其中一项即可。

第二节　泥石流有关指标的测定和计算

一、密度的测定

(一)称量法

取泥石流物质加水调制,请当时目睹者鉴别,选取与当时泥石流体状态相近似的混合物测定其密度。

(二)体积比法

通过调查访问,估算当时泥石流体中固体物质和水的体积比,再按下式计算其密度

$$\rho_m = \frac{(d_s f + 1)\rho_w}{f + 1} \tag{9.2.1}$$

式中,ρ_m 为泥石流体密度(t/m^3),其值参见表9.2.1;ρ_w 为水的密度(t/m^3);d_s 为固体颗粒相对密度,一般取2.4~2.7;f 为固体物质体积和水的体积之比,以小数计。

泥石流体密度经验值　　表9.2.1

泥石流稠度	泥石流体密度/(t/m^3)	泥石流稠度	泥石流体密度/(t/m^3)
泥沙饱和的液体	1.1~1.2	黏性粥状	1.5~1.6
流动果汁状	1.3~1.4	夹石块黏性大的糨糊状	1.7~1.8

二、流速的计算

(一)稀性泥石流流速的计算

1.西北地区经验公式

$$v_m = \frac{1.53}{\alpha} R_m^{2/3} I^{3/8} \tag{9.2.2}$$

式中,v_m 为泥石流断面平均流速(m/s);R_m 为泥石流流体水力半径(m),可近似取其泥位深度;I 为泥石流流面纵坡比降(‰);α 为阻力系数,可直接从表9.2.2查取。

α 值与 ρ_m、G_s 值的关系 表 9.2.2

G_s	$\rho_m/(t/m^3)$													
	1.0	1.1	1.2	1.3	1.4	1.5	1.6	1.7	1.8	1.9	2.0	2.1	2.2	2.3
2.4	1.00	1.09	1.18	1.29	1.40	1.53	1.67	1.84	2.05	2.31	2.64	3.13	3.92	5.68
2.5	1.00	1.08	1.18	1.28	1.38	1.50	1.63	1.79	1.96	2.18	2.45	2.81	3.32	4.15
2.6	1.00	1.08	1.17	1.26	1.37	1.48	1.60	1.74	1.90	2.08	2.31	2.55	2.96	3.50
2.7	1.00	1.08	1.17	1.26	1.35	1.46	1.57	1.70	1.84	2.01	2.21	2.44	2.74	3.13

$$\alpha = \sqrt{\phi d_s + 1} \tag{9.2.3}$$

$$\phi = \frac{\rho_m - \rho_w}{\rho_s - \rho_m} \tag{9.2.4}$$

$$\rho_s = d_s \rho_w \tag{9.2.5}$$

式中，ϕ 为泥石流泥沙修正系数；ρ_m、ρ_w、ρ_s 分别为泥石流体密度、清水密度、泥石流中固体物质密度（t/m^3）。

2. 西南地区经验公式

$$v_m = \frac{1}{\alpha} \cdot \frac{1}{n} R_m^{2/3} I^{1/2} \tag{9.2.6}$$

式中，$\frac{1}{n}$ 为清水河槽糙率，可按表 9.2.3 中的 m_m 取值；其余符号意义同前。

泥石流粗糙系数 m_m 表 9.2.3

沟床特征	m_m		坡度
	极限值	平均值	
糙率最大的泥石流沟槽，沟槽中堆积有难以滚动的棱石或稍能滚动的大石块。沟槽被树木（树干、树枝及树根）严重阻塞，无水生植物，沟底呈阶梯式急剧降落	3.9～4.9	4.5	0.375～0.174
糙率较大的不平整泥石流沟槽，沟底无急剧突起，沟床内均堆积大小不等的石块，沟槽被树木所阻塞，沟槽内两侧有草本植物，沟床不平整，有洼坑，沟底呈阶梯式降落	4.5～7.9	5.5	0.199～0.067
较弱的泥石流沟槽，但有大的阻力。沟槽由滚动的砾石和卵石组成，沟槽常因稠密的灌木丛而被严重阻塞，沟槽凹凸不平，表面因大石块而突起	5.4～7.0	6.6	0.187～0.116
流域在山区中下游的泥石流沟槽，沟槽经过光滑的岩面；有时经过具有大小不一的阶梯跌水的沟床，在开阔河段有树枝、砂石停积阻塞，无水生植物	7.7～10.0	8.8	0.220～0.112
流域在山区或近山区的河槽，河槽经过砾石、卵石河床，由中小粒径与能完全滚动的物质所组成，河槽阻塞轻微，河岸有草本及木本植物，河底降落较均匀	9.8～17.5	12.9	0.090～0.022

注：据 П В Бакновский。

3. 北京地区经验公式

$$v_m = \frac{m_w}{\alpha} R_m^{2/3} I^{1/2} \tag{9.2.7}$$

式中，m_w 为河床外阻力系数，可由表 9.2.4 查取；其余符号意义同前。

河床外阻力系数 表 9.2.4

分类	河床特征	m_w	
		$I>0.015$	$I \leqslant 0.015$
1	河段顺直，河床平整，断面为矩形或抛物线形，由漂石、砂卵石或黄土质组成的河床；平均粒径为 0.01～0.08 m	7.5	40
2	河段较为顺直，由漂石、碎石组成的单式河床，大石块直径为 0.4～0.8 m，平均粒径为 0.4～0.2 m；或河段较弯曲不太平整的 1 类河床	6.0	32
3	河段较为顺直，由巨石、漂石、卵石组成的单式河床；大石块直径为 0.1～1.4 m，平均粒径为 0.1～0.4 m；或较为弯曲不太平整的 2 类河床	4.8	25
4	河段较为顺直，河槽不平整，由巨石、漂石组成的单式河床；河床大石块直径为 1.2～2.0 m，平均粒径 0.2～0.6 m；或较为弯曲不平整的 3 类河床	3.8	20
5	河段严重弯曲，断面很不规则，有树木、植被、巨石严重阻塞河床	2.4	12.5

（二）黏性泥石流流速的计算

$$v_m = \frac{1}{n_m} H_m^{2/3} I_m^{1/2} \tag{9.2.8}$$

式中，H_m 为计算断面的平均泥深(m)；I_m 为泥石流水力坡度(%)，一般可采用沟床纵坡比降；n_m 为沟床糙率，用内插法由表 9.2.5 查取。

黏性泥石流糙率 表 9.2.5

序号	泥石流体特征	沟床状况	糙率值	
			n_m	$1/n_m$
1	流体呈整体运动；石块粒径大小悬殊，一般为30～50 cm，2～5 m 粒径的石块约占20%；龙头由大石块组成，在弯道或河床展宽处易停积，后续流可超越而过，龙头流速小于龙身流速，堆积呈垄岗状	沟床极粗糙，沟内有巨石和夹带的树木堆积，多弯道和大跌水，沟内不能通行，人迹罕见，沟床流通段纵坡为100‰～150‰，阻力特征属高阻型	平均值，0.270； $H_m<2$ m 时，0.445	3.57 2.57
2	流体呈整体运动；石块较大，一般石块粒径 20～30 cm，含少量粒径 2～3 m 的大石块；流体搅拌较为均匀，龙头紊动强烈，有黑色烟雾及火花；龙头和龙身流速基本一致；停积后呈垄岗状堆积	沟床比较粗糙，凹凸不平，石块较多，有弯道、跌水；沟床流通段纵坡为 70‰～100‰，阻力特征属高阻型	$H_m<1.5$ m 时，0.033～0.050； 平均 0.040； $H_m>1.5$ m 时，0.050～0.100； 平均 0.067	20～30 25 10～20 15

续上表

序号	泥石流体特征	沟床状况	糙率值	
			n_m	$1/n_m$
3	流体搅拌十分均匀；石块粒径一般在10 cm左右，夹有个别2～3 m的大石块；龙头和龙身物质组成差别不大；在运动过程中龙头紊动十分强烈，浪花飞溅；停积后浆体与石块不分离，向四周扩散，呈叶片状	沟床较稳定，粒径10 cm左右；受洪水冲刷沟底不平而且粗糙，流水沟两侧较平顺，但干而粗糙；流通段沟底纵坡为55‰～70‰，阻力特征属中阻型或主阻型	0.1 m＜H_m＜0.5 m时，0.043； 0.5 m＜H_m＜2.0 m时，0.077； 2.0 m＜H_m＜4.0 m时；0.100	23 13 10
4	同3	泥石流铺床后原河床黏附一层泥浆体，使干而粗糙河床变得光滑平顺，利于泥石流体运动，阻力特征属低阻型	0.1 m＜H_m＜0.5 m时，0.022； 0.5 m＜H_m＜2.0 m时，0.033； 2.0 m＜H_m＜4.0 m时，0.050	46 26 20

(三)泥石流中石块运动速度计算方法

$$v_s = \alpha\sqrt{d_{max}} \tag{9.2.9}$$

式中，v_s为泥石流中大石块的移动速度(m/s)；d_{max}为泥石流堆积物中最大石块的直径(m)；α为参数，其值介于3.5～4.5之间，平均4.0。

三、流量的计算

(一)泥石流峰值流量计算

1.形态调查法

$$Q_m = F_m v_m \tag{9.2.10}$$

式中，Q_m为泥石流断面峰值流量(m^3/s)；F_m为泥石流过流断面面积(m^2)；v_m为泥石流断面平均流速(m/s)。

2.配方法

按泥石流体中水和固体物质的比例，用在一定设计标准下可能出现的洪水流量加上按比例所需的固体物质体积配合而成的泥石流流量，按下列公式计算

$$Q_m = Q_w(1+C) \tag{9.2.11}$$

式中，Q_m为设计泥石流流量(m^3/s)；Q_w为设计清水流量(m^3/s)；C为泥石流修正系数。

$$C = \frac{1-\alpha}{\alpha - w_m(1-\alpha)}$$

式中，w_m为泥石流补给区中固体物质的含水率，以小数计(可以实测，也可以由土壤含水率分析得到)；α为泥石流体中水的体积含量。

$$\alpha = \frac{G_m - \rho_m}{G_m - 1}$$

$$Q_m = Q_w(1+P) \tag{9.2.12}$$

式中，P为考虑到土壤含水率而引进的泥石流修正系数。

$$P=\frac{\rho_m-1}{\dfrac{G_m(1+w)}{G_m w+1}-\rho}$$

式中，w 为土的天然含水率。

此法适用于我国西北地区泥石流的流量计算。

$$Q_m=Q_w(1+\phi) \tag{9.2.13}$$

式中，ϕ 为泥石流修正系数。

$$\phi=\frac{\rho_m-1}{G_m-\rho_m}$$

3.雨洪修正法云南东川经验公式

$$Q_m=Q_w(1+\phi)D_m \tag{9.2.14}$$

式中，D_m 为泥石流堵塞系数，根据东川 7 年中 40 个观测资料验证，D_m 值在 1～3 之间，可按表 9.2.6 选用；其余符号意义同前。

泥石流堵塞系数 D_m 　　表 9.2.6

塞堵程度	最严重堵塞	较严重堵塞	一般堵塞	轻微堵塞
D_m	2.6～3.0	2.0～2.5	1.5～1.9	1.0～1.4

(二)一次泥石流过程总量计算

$$W_m=0.26TQ_m \tag{9.2.15}$$

式中，W_m 为通过断面的一次泥石流总量(m^3)；Q_m 为泥石流最大流量(m^3/s)；T 为泥石流历时(s)。

一次泥石流冲出的固体物质总量计算

$$W_s=C_mW_m=(\rho_m-\rho_w)W_m/(\rho_s-\rho_w) \tag{9.2.16}$$

式中，W_s 为通过断面的固体物质总量(m^3)；其余符号意义同前。

第三节　泥石流的勘察和防治

一、泥石流的勘察和评价

拟建工程场地或其附近有发生泥石流的条件并对工程安全有影响时，应进行专门的泥石流勘察。

泥石流勘察应在可行性研究或初步勘察阶段进行。应调查地形地貌、地质构造、地层岩性、水文气象等特点，分析判断场地及其上游沟谷是否具备产生泥石流的条件，预测泥石流的类型、规模、发育阶段、活动规律、危害程度等，对工程场地做出适宜性评价，提出防治方案的建议。

(一)工程地质测绘和调查

泥石流勘察应以工程地质测绘和调查为主。测绘范围应包括沟谷至分水岭的全部地段和可能受泥石流影响的地段。测绘比例尺，对全流域宜采用 1：50 000；对中、下游可采用 1：2 000～1：10 000。工程地质测绘和调查的方法、内容除应符合《岩土工程勘察规范》(GB 50021—2001)(2009 年版)第 8 章的一般要求外，应以下列与泥石流有关的内容为重点：

①冰雪融化和暴雨强度，一次最大降雨量，平均及最大流量，地下水活动等情况。

②地层岩性、地质构造、不良地质作用、松散堆积物的物质组成、分布和储量。

③地形地貌特征，包括沟谷的发育程度、切割情况、坡度、弯曲、粗糙程度，并划分泥石流的形成区、流通区和堆积区，圈绘整个沟谷的汇水面积。

④形成区的水源类型、水量、汇水条件、山坡坡度、岩层性质和风化程度；断裂、滑坡、崩塌、岩堆等不良地质作用的发育情况及可能形成泥石流的固体物质的分布范围、储量。

⑤流通区的沟床纵横坡度、跌水、急弯等特征；沟床两侧山坡坡度、稳定程度，沟床的冲淤变化和泥石流的痕迹。

⑥堆积区的堆积扇分布范围、表面形态、纵坡、植被、沟道变迁和冲淤情况；堆积物的物质、层次、厚度、一般粒径和最大粒径；判定堆积区的形成历史、堆积速度，估算一次最大堆积量。

⑦泥石流沟谷的历史，历次泥石流的发生时间、频数、规模、形成过程、暴发前的降雨情况和暴发后产生的灾害情况。

⑧开矿弃渣、修路切坡、砍伐森林、陡坡开荒和过度放牧等人类活动情况。

⑨当地防治泥石流的经验。

(二)泥石流沟的识别

能否产生泥石流可从形成泥石流的条件分析判断。已经发生过泥石流的流域，可从下列几种现象来识别：

①中游沟身常不对称，参差不齐，往往凹岸发生冲刷坍塌，凸岸堆积成延伸不长的"石堤"，或凸岸被刷，凹岸堆积，有明显的截弯取直现象。

②沟槽经常大段地被大量松散固体物质堵塞，构成跌水。

③沟道两侧地形变化处、各种地物上、基岩裂缝中，往往有泥石流残留物、擦痕、泥痕等。

④由于多次不同规模泥石流的下切淤积，沟谷中、下游常有多级阶地，在较宽阔地带常有垄岗状堆积物。

⑤下游堆积扇的轴部一般较凸起，稠度大的堆积物扇角小，呈丘状。

⑥堆积扇上沟槽不固定，扇体上杂乱分布着垄岗状、舌状、岛状堆积物。

⑦堆积的石块均具尖锐的棱角，粒径悬殊，无方向性，无明显的分选层次。

上述现象不是所有泥石流地区都具备的，调查时应多方面综合判定。

(三)勘探测试工作

当工程地质测绘不能满足设计要求或需要对泥石流采取防治措施时，应进行勘探测试，进一步查明泥石流堆积物的性质、结构、厚度、密度，固体物质含量、最大粒径，泥石流的流速、流量、冲出量和淤积量。这些指标是判定泥石流类型、规模、强度、频繁程度、危害程度的重要依据，同时也是工程设计的重要参数。

(四)泥石流地区工程建设适宜性评价

泥石流地区工程建设适宜性评价，一方面应考虑到泥石流的危害性，确保工程安全，不能轻率地将工程设在有泥石流影响的地段；另一方面也不能认为，凡属泥石流沟谷均不能兴建工程，而应根据泥石流的规模、危害程度等区别对待。

下面根据泥石流的工程分类(表 9.1.1)分别考虑工程建设的适宜性：

①I_1 类和 II_1 类泥石流沟谷不应作为工程场地，各类线路宜避开。

②I_2 类和 II_2 类泥石流沟谷不宜作为工程场地，当必须利用时，应采取治理措施；线路应避免直穿堆积扇，可在沟口设桥(墩)通过。

③I_3类和II_3类泥石流沟谷可利用其堆积区作为工程场地，但应避开沟口；线路可在堆积扇通过，可分段设桥和采取排洪、导流措施，不宜改沟、并沟。

④当上游大量弃渣或进行工程建设，改变了原有供排平衡条件时，应重新判定产生新的泥石流的可能性。

(五)泥石流岩土工程勘察报告

泥石流岩土工程勘察报告的内容除应符合《岩土工程勘察规范》(GB 50021—2001)(2009年版)一般要求外，应重点阐述下列问题：

①泥石流的地质背景和形成条件；

②形成区、流通区、堆积区的分布和特征，绘制专门工程地质图；

③划分泥石流类型，评价其对工程建设的适宜性；

④泥石流防治和监测的建议。

二、泥石流的防治

(一)预防措施

①水土保持，植树造林，种植草皮，退耕还林，以稳固土壤不受冲刷，不使流失。

②坡面治理：包括削坡、挡土、排水等，以防止或减少坡面岩土体和水参与泥石流的形成。

③坡道整治：包括固床工程，如拦沙坝、护坡脚、护底铺砌等；调控工程，如改变或改善流路、引水输沙、调控洪水等，以防止或减少沟底岩土体的破坏。

(二)治理措施

①拦截措施：在泥石流沟中修筑各种形式的拦渣坝，如拦沙坝、石笼坝、格栅坝及停淤场等，用以拦截或停积泥石流中的泥沙、石块等固体物质，减轻泥石流的动力作用。

②滞流措施：在泥石流沟中修筑各种位于拦渣坝下游的低矮拦挡坝(谷坊)，当泥石流漫过拦渣坝顶时，拦蓄泥沙、石块等固体物质，减小泥石流的规模；固定泥石流沟床，防止沟床下切和拦渣坝体坍塌、破坏；减缓纵坡坡度，减小泥石流流速。

③排导措施：在下游堆积区修筑排洪道、急流槽、导流堤等设施，以固定沟槽、约束水流、改善沟床平面等。

第十章 采 空 区

第一节 采空区的地表变形特征

一、采空区的定义

地下矿层被开采后形成的空间称为采空区。

采空区分为老采空区、现采空区和未来采空区。老采空区是指历史上已经开采过、现已停止开采的采空区；现采空区是指正在开采的采空区；未来采空区是指计划开采而尚未开采的采空区。

二、地表变形的特征

地下矿层被开采后，其上部岩层失去支撑，平衡条件被破坏，随之产生弯曲、塌落，以致发展到地表下沉变形，造成地表塌陷，形成凹地。随着采空区的不断扩大，凹地不断发展而成凹陷盆地，即地表移动盆地。

地表移动盆地的范围要比采空区面积大得多，其位置和形状与矿层的倾角大小有关。矿层倾角平缓时，地表移动盆地位于采空区的正上方，形状对称于采空区[图 10.1.1a)]；矿层倾角较大时，盆地在沿矿层走向方向仍对称于采空区，而沿倾向方向，移动盆地与采空区的关系是非对称的，并且随着倾角的增大，盆地中心越向倾向方向偏移[图 10.1.1b)]。

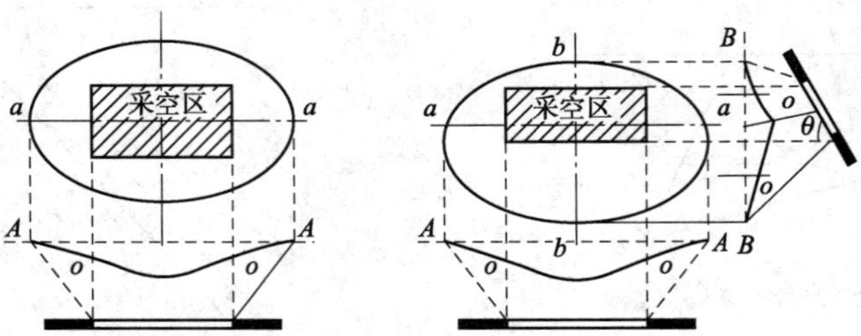

a)水平矿层　　b)倾斜矿层

图 10.1.1　地表移动盆地特征

当开采达到充分采动后，此时的地表移动盆地，称为最终移动盆地。最终移动盆地，根据地表变形特征和变形值的大小，自移动盆地中心向盆地边缘可分为三个区：中间区、内边缘区和外边缘区(图 10.1.2)。

①中间区：位于采空区的正上方，地表下沉均匀，但地表下沉值最大；地面平坦，一般不出现裂缝。

②内边缘区：位于采空区外侧上方，地表下沉不均匀，地面向盆地中心倾斜，呈凹形；产生压缩变形，地面一般不出现明显裂缝。

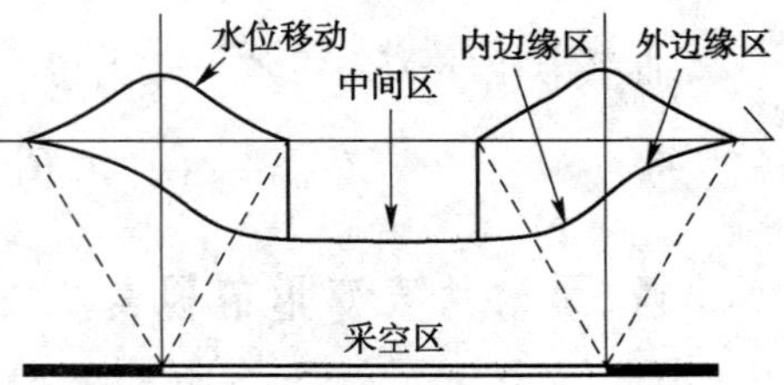

图 10.1.2　地表移动盆地分区

③外边缘区：位于采空区外侧矿层上方，地表下沉不均匀，地面向盆地中心倾斜，呈凸形；产生拉伸变形，当拉伸变形值超过一定数值后，地表产生张裂缝。

外边缘区的外围边界，即地表移动盆地的最外边界。

三、地表变形的分类

地表变形分为两种移动和三种变形。两种移动是垂直移动(下沉)和水平移动；三种变形是倾斜、曲率(弯曲)和水平变形(压缩变形和拉伸变形)。下面取一主断面来分析各类变形(图 10.1.3)。

设 A、B 为主断面上移动前的两点，A'、B' 为移动终止后的相应位置，l 为 A、B 两点间的距离，由图 10.1.3 可知

垂直移动
$$\Delta\eta=\eta_B-\eta_A \tag{10.1.1}$$

水平移动
$$\Delta\xi=\xi_A-\xi_B \tag{10.1.2}$$

倾斜
$$i=\frac{\Delta\eta}{l} \tag{10.1.3}$$

水平变形
$$\varepsilon=\frac{\Delta\xi}{l} \tag{10.1.4}$$

式中，$\Delta\eta$、$\Delta\xi$ 分别为垂直移动和水平移动(mm)；i 为倾斜(mm/m)；ξ_A、ξ_B 分别为 A、B 两点水平移动的分量(mm)；η_A、η_B 分别为 A、B 两点垂直移动的分量(mm)。

在图 10.1.4 中，设 A、B、C 为主断面上移动前的三点，$A'B'C'$ 为移动终止后的相应位置，由图可知

AB 段的倾斜 $i_{AB}=(\eta_A-\eta_B)/l_{AB}$ 相当于 A'、B' 中点 $1'$ 处的倾斜。

BC 段的倾斜 $i_{BC}=(\eta_B-\eta_C)/l_{BC}$ 相当于 B'、C' 中点 $2'$ 处的倾斜。

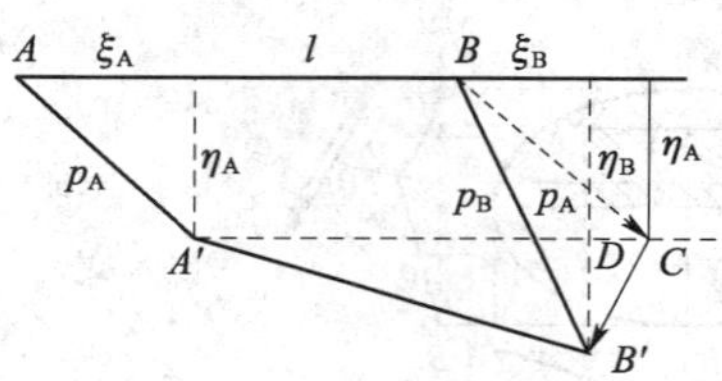

图 10.1.3 移动盆地变形分析

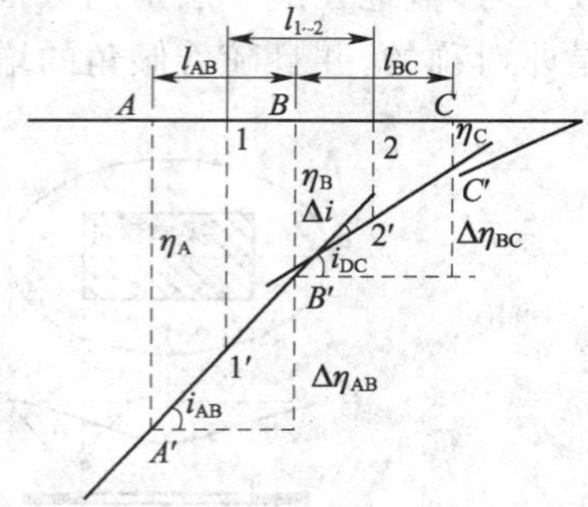

图 10.1.4 倾斜变形分析

$1'$、$2'$ 两处的倾斜差 Δi，除以 1、2 两点间的间距 $l_{1\sim2}$，即得平均的倾斜变化，并以此作为平均曲率(mm/m²)，则 B 点的曲率 K_B 为

$$K_B=\frac{i_{AB}-i_{BC}}{l_{1\sim2}}=\Delta i_{1\sim2} \tag{10.1.5}$$

曲率半径(m)R_B 可从下式求得

$$R_B=\frac{1\,000}{K_B}=\frac{1\,000 l_{1\sim2}}{\Delta i} \tag{10.1.6}$$

四、影响地表变形的因素

1. 矿层因素

①矿层埋深越大(即开采深度越大)，变形发展到地表所需的时间越长，地表变形值越

小，变形比较平缓均匀，但地表移动盆地的范围增大。

②矿层厚度大，采空的空间大，会促使地表的变形值增大。

③矿层倾角大时，使水平移动值增大，地表出现裂缝的可能性增大，地表移动盆地与采空区的位置更不对称。

2. 岩性因素

①上覆岩层强度高、分层厚度大时，产生地表变形所需采空面积要大，破坏过程时间长；厚度大的坚硬岩层，甚至长期不产生地表变形。强度低、分层薄的岩层，常产生较大的地表变形，且速度快，但变形均匀，地表一般不出现裂缝。脆性岩层地表易产生裂缝。

②厚度大、塑性大的软弱岩层，覆盖于硬脆的岩层上时，后者产生破坏会被前者缓冲或掩盖，使地表变形平缓；反之，上覆软弱岩层较薄，则地表变形会很快，并出现裂缝。岩层软硬相间，且倾角较陡时，接触处常出现层离现象。

③地表第四纪堆积物越厚，则地表变形值增大，但变形平缓均匀。

3. 构造因素

①岩层节理裂隙发育，会促进变形加快，增大变形范围，扩大地表裂缝区。

②断层会破坏地表移动的正常规律，改变地表移动盆地的位置和大小，断层带上的地表变形更加剧烈。

4. 地下水因素

地下水活动（特别是对抗水性弱的软弱岩层）会加快变形速度，扩大地表变形范围，增大地表变形值。

5. 开采条件因素

矿层开采和顶板处置的方法及采空区的大小、形状、工作面推进速度等，均影响着地表变形值、变形速度和变形的形式。

第二节 采空区的勘察

采空区的岩土工程勘察工作，主要是搜集资料、调查访问、变形分析和岩土工程评价。

一、搜集资料

①矿层的分布、层数、厚度、深度、埋藏特征和开采层的上覆岩层的岩性、构造等。

②矿层开采的范围、深度、厚度、时间、方法和顶板管理方法，采空区的塌落、密实程度、空隙和积水情况。

③地表变形特征和分布，包括地表陷坑、台阶、裂缝的位置、形状、大小、深度、延伸方向及其与地质构造、开采边界、工作面推进方向等的关系。

④地表移动盆地的特征，划分中间区、内边缘区和外边缘区，确定地表移动和变形的特征值。

⑤采空区附近的抽水和排水情况及其对采空区稳定的影响。

⑥搜集建筑物变形和防治措施的经验。

对以上搜集到的关于采空区的资料，必要时应用物探和钻探的方法予以验证。

二、地表移动和变形的预计

预计地表移动和变形时，根据我国的实际情况，可以选用典型曲线法、负指数函数法、概率积分法和数值法等。但无论采用哪种方法，都应具备相应的参数。未经实测资料充分验证的方法，在预计中不宜采用。地表移动和变形计算的常用方法为概率积分法。

(一)用概率积分法预计地表移动和变形值

概率积分法是以正态分布函数为影响函数，用积分式表示地表移动盆地的方法。下面介绍的是半无限开采(即充分采动)倾斜煤层($\alpha<15°$)地表移动盆地主断面的移动和变形值的概率积分法计算公式。其他方法请参见《建筑物、水体、铁路及主要井巷煤柱留设与压煤开采规程》。

1. 走向主断面上地表移动和变形值

下沉

$$W(x)=W_{cm}\int_0^{\infty}\frac{1}{r}e^{-\pi\frac{(\eta-x)^2}{r^2}}d\eta \tag{10.2.1}$$

倾斜

$$i(x)=\frac{W_{cm}}{r}e^{-\pi\frac{x^2}{r^2}} \tag{10.2.2}$$

曲率

$$K(x)=-\frac{2\pi W_{cm}}{r^2}\cdot\frac{x}{r}e^{-\pi\frac{x^2}{r^2}} \tag{10.2.3}$$

水平移动

$$U(x)=U_{cm}e^{-\pi\frac{x^2}{r^2}} \tag{10.2.4}$$

水平变形

$$\varepsilon(x)=-\frac{2\pi U_{cm}}{r}\cdot\frac{x}{r}e^{-\pi\frac{x^2}{r^2}} \tag{10.2.5}$$

式中，x 为计算点坐标(m)，坐标原点为计算边界(考虑拐点偏距)在地表的投影，坐标轴指向采空区方向为正，指向矿柱方向为负。

2. 走向主断面上地表移动和变形最大值及其位置

最大下沉值(mm)

$$W_{cm}=Mq\cos\alpha \qquad (\text{位置 } x=\infty) \tag{10.2.6}$$

最大倾斜值(mm/m)

$$i_{cm}=\frac{W_{cm}}{r} \qquad (\text{位置 } x=0) \tag{10.2.7}$$

最大曲率值(mm/m²)

$$K_{cm}=1.52\frac{W_{cm}}{r^2} \qquad (\text{位置 } x=\pm0.4r) \tag{10.2.8}$$

最大水平移动值(mm)

$$U_{cm}=bW_{cm} \qquad (\text{位置 } x=0) \tag{10.2.9}$$

最大水平变形值(mm/m)

$$\varepsilon_{cm}=1.52b\frac{W_{cm}}{r} \qquad (\text{位置 } x=\pm0.4r) \tag{10.2.10}$$

3. 倾向主断面上地表移动和变形值

倾向主断面的下沉、倾斜和曲率值的计算式与式(10.2.1)～式(10.2.3)基本相同，仅在计算倾斜主断面上山一侧的移动变形值时，以 y/r_2 代替 x/r；计算下山一侧的移动变形值时，以 y/r 代替 x/r。

倾向主断面的水平移动和水平变形值可采用下式计算

水平移动

$$U_{1,2}(y)=U_{cm}e^{-\pi\left(\frac{x}{r_{1,2}}\right)^2}\pm W(y)\cot\theta_0 \quad (10.2.11)$$

水平变形

$$\varepsilon_{1,2}(y)=-2\pi\frac{U_{cm}}{r_{1,2}}\cdot\frac{y}{r_{1,2}}e^{-\pi\left(\frac{y}{r_{1,2}}\right)^2}\pm i(y)\cot\theta_0 \quad (10.2.12)$$

式中，r_1 为倾斜主断面下山边界的主要影响半径(m)；r_2 为上山边界的主要影响半径(m)。$r_1=H_1/\tan\beta$，$r_2=H_2/\tan\beta$。

计算上山一侧的水平移动 $U_2(y)$ 和水平变形值 $\varepsilon_2(y)$ 时，式(10.2.11)、式(10.2.12)中对应的计算式右端第二项取负号，计算下山一侧的 $U_1(y)$ 和 $\varepsilon_1(y)$ 时，取正号。

倾向主断面 y 坐标原点为下计算边界(考虑拐点偏距)，按开采影响传播角 θ_0 作直线与地表的交点。

4. 倾向主断面上地表移动变形值最大值及其位置

倾向主断面上最大倾斜值和最大曲率值的计算式与走向主断面上最大值的计算式基本相同，仅计算倾向主断面上山一侧的移动和变形值时，以 y/r_2 代替 x/r，计算下山一侧的移动和变形值时，以 y/r_1 代替 x/r。最大水平移动值和最大水平变形值可采用电算方法求取。

(二)地表移动和变形值计算参数的概念和求取方法

1. 下沉系数 q

充分采动时，地表最大下沉值 W_{cm} 与煤层法线采厚 M 在垂直方向投影长度的比值称下沉系数，即

$$q=\frac{W_{cm}}{M\cos\alpha} \quad (10.2.13)$$

2. 水平移动系数 b

充分采动时，走向主断面上地表最大水平移动值 U_{cm} 与地表最大下沉值 W_{cm} 的比值称水平移动系数，即

$$b=\frac{U_{cm}}{W_{cm}} \quad (10.2.14)$$

3. 开采影响传播角 θ_0

充分采动时，为倾向主断面上地表最大下沉值 W_{cm} 与该点水平移动值 U_{wcm} 比值的反正切称开采影响传播角，即

$$\theta_0=\arctan\frac{W_{cm}}{U_{wcm}} \quad (10.2.15)$$

式中，U_{wcm} 为倾向断面上最大下沉值点处的水平移动值。

4. 主要影响角正切 $\tan\beta$

走向主断面上走向边界采深 H_Z 与其主要影响半径 r_z 之比，即

$$\tan\beta=\frac{H_Z}{r_z} \quad (10.2.16)$$

5. 拐点偏距 S

充分采动时，移动盆地主断面上下沉值为 $0.5W_{cm}$、最大倾斜和曲率为零的 3 个点的点位 $x(y)$ 的平均值 $x_0(y_0)$ 为拐点坐标。将 $x_0(y_0)$ 向煤层投影(走向断面按 90°、倾向断面按影响传播角投影)，其投影点至采空区边界的距离为拐点偏距。拐点偏距分下山边界拐点偏距 S_1、上山边界拐点偏距 S_2、走向左边界拐点偏距 S_3 和走向右边界拐点偏距 S_4。

各矿区下沉系数(q)、主要影响角正切($\tan\beta$)和拐点偏距(S)见表 10.2.1。

地表移动覆岩分类　　表 10.2.1

覆岩类型	参 数 值	矿区(矿)
坚硬岩石	$q=0.27\sim0.54$ $\tan\beta=1.20\sim1.91$ $S=(0.31\sim0.43)H$	鹤岗、北票(局部)、包头(局部)、鸡西(局部)、双鸭山(局部)、南桐(局部)、南票、通化
中硬岩石	$q=0.55\sim0.85$ $\tan\beta=1.92\sim2.40$ $S=(0.08\sim0.300)H$	南票、双鸭山、七台河、铁法、舒兰、蛟河、鸡西、平庄、沈阳、新汶、鹤壁、峰峰、包头、平顶山、羊场、淮南、阳泉、鹤岗(局部)、合山、辽源、开滦、徐州、阜新、北票、郑州、大屯、广旺、林东、枣庄、焦作、涟邵、淮北(局部)、南桐、田坝
软弱岩石	$q=0.86\sim1.00$ $\tan\beta=2.41\sim3.54$ $S=(0\sim0.07)H$	淮南(局部)、鹤岗(个别矿)、辽源(局部)、抚顺、开滦(局部)、徐州(局部)、北票(局部)、大屯(局部)、珲春、黄县、大雁、焦作(局部)、淮北、南桐(个别矿)

三、采空区场地的适宜性评价

采空区场地应根据地表移动特征、地表移动所处阶段和地表移动、变形值的大小等进行场地适宜性评价。《岩土工程勘察规范》(GB 50021—2001)(2009 年版)根据开采情况、地表移动盆地特征和地表变形值的大小,把采空区场地划分为不宜建筑的场地和相对稳定的场地,并应符合规定。

1. 不宜作为建筑场地地段

①在开采过程中可能出现非连续变形的地段;

②地表移动处于活跃阶段的地段;

③特厚矿层和倾角大于 55°的厚矿层露头地段;

④由于地表移动和变形可能引起边坡失稳和山崖崩塌的地段;

⑤地表倾斜大于 10 mm/m 或地表曲率大于 0.6 mm/m² 或地表水平变形大于6 mm/m 的地段。

2. 作为建筑场地时应评价其适宜性

①采空区采深采厚比小于 30 的地段;

②采深小、上覆岩层极坚硬,并采用非正规开采方法的地段;

③地表倾斜 3～10 mm/m 或地表曲率为 0.2～0.6 mm/m² 或地表水平变形为 2～6 mm/m的地段。

四、防止地表移动和建筑物变形的措施

(一)开采技术措施

1. 防止地表沉陷的措施

地表沉陷一般发生在采用不适当的开采方法或开采浅部矿层或开采急倾斜厚矿层时。为防止地表沉陷,可采取下列措施:

①开采浅部缓倾斜、倾斜的厚矿层时,应尽量采用分层开采方法,并适当减小第一、二分层的开采厚度。

②开采急倾斜矿层时,应尽量采用分层间歇开采方法,并要求顶板一次暴露面积不能过大。分层开采的间歇时间应在 3～4 个月以上。

③顶板岩层坚硬不易冒落时,应采取人工放顶。

④调查小窑采空区、废巷和岩溶等地质和开采资料,防止因疏干老窑积水和疏降岩溶含水层水位时,造成地表突然塌陷。

2. 减小地表沉陷的措施

可采用下列措施以减小地表下沉：

①充填开采法；

②条带状开采；

③分层开采。

3. 减小地表变形的措施

①合理布置工作面位置。布置工作面位置时，应尽量使建筑物处于有利位置。一般认为开采工作面推进方向与建筑物长轴方向垂直较为有利。

②协调开采。利用几个矿层或厚矿层分层开采时，在走向或倾向方向合理布置开采工作面，使开采一个工作面所产生的地表变形与另一个工作面所产生的变形相互抵消一部分，从而减少对建筑物的有害影响。

③干净开采。在开采保安矿柱时，采空区内不应残留矿柱，否则对地表将产生叠加影响，使变形增大。

④提高开采速度。工作面推进速度不同，所引起的地表变形值也不同。提高开采速度后，一般会使下沉速度增大，但动态变形有所减小。

4. 增大开采区宽度(略)

5. 在建筑物下留设保护矿柱(略)

(二)现有建筑物采取的结构措施

提高建筑物的刚度和整体性，增强其抗变形的能力，如设置钢筋混凝土圈梁、基础联系梁、钢筋混凝土锚固板、钢拉杆，堵砌门窗洞。

提高建筑物适应地表变形的能力，减少地表变形作用在建筑物上的附加应力，如设置变形缝、挖掘变形缓冲沟等。

(三)新建建筑物预防变形的措施

在采空区设计新建筑物时，应充分掌握地表移动和变形的规律，分析地表变形对建筑物的影响，选择有利的建筑场地，采取有效的建筑和结构措施，保证建筑物的正常使用功能。

①选择地表变形小、变形均匀的地段进行建筑，避开地表变形为Ⅳ级以上和裂缝、陷坑、台阶等分布地段。

②选择地基土层均一的场地，避免把基础置于软硬不一的地基土层上。当为岩石地基时，可在基槽内设置砂垫层，以缓冲建筑物变形。

③建筑物平面形状应力求简单、对称，以矩形为宜，高度尽量一致。建筑物或变形缝区段长度宜小于 20 m。

④应采用整体式基础，加强上部结构刚度，以保证建筑物具有足够的刚度和强度。

⑤在地表非连续变形区内，应在框架与柱子之间设置斜拉杆，基础设置滑动层等措施。在地表压缩变形区内，宜挖掘变形补偿沟。在地下管网接头处，可设置柔性接头，增设附加阀门等。

第三节　小窑采空区的勘察和评价

一、小窑采空区的地表特征

小窑一般是手工作业，开采范围小，开采深度浅，多在 50 m 深度以内，少数也可达200～

300 m，平面延伸 100～200 m，以巷道采掘为主，向两边开挖支巷道。一般分布无规律或呈网格状，有单层或 2～3 层重叠交错。巷道的高、宽，一般为 2～3 m，大多不支撑或临时支撑，任其自由垮落，因此，地表变形的特征是：

①由于采空范围窄小，地表不产生移动盆地，但因开采深度浅、顶板又任其垮落，故地表变形剧烈，大多产生较大的裂缝、台阶和陷坑。

②地表裂缝带常与开采工作面的前进方向平行，随工作面的推进，裂缝不断向前发展成相互平行的裂缝。裂缝一般上宽下窄，两边无显著高差出现。

二、小窑采空区的勘察工作

通过搜集资料、调查访问和物探、钻探等工作，查明下列内容：

①矿层的分布范围、开采和停采时间，开采深度、厚度和开采方法，主巷道的位置、大小和塌落、支撑、回填、充水情况等。

②地表陷坑、裂缝的位置、形状、大小、深度、延伸方向及其与采空区和地质构造的关系。

③采空区附近的抽水和排水情况及其对采空区的影响。

④小窑采空区的勘察，一般可分探空，用物探和钻探验证和查明采空区的分布情况；地基勘察，按复杂场地和复杂地基进行勘察工作，查明采空区的具体情况并进行岩土工程评价两步进行。

三、场地稳定性评价和处理措施

①地表裂缝和塌陷发育地段，属于不稳定地段，不适于建筑。在其附近进行建筑时，需有一定的安全距离。安全距离的大小视建筑物的性质而定。

②当建筑物已建在影响范围以内时，可按式(10.3.1)验算地基的稳定性。

设建筑物基底单位压力为 P_0，则作用在采空段顶板上的压力 Q 为

$$Q=G+BP_0-2f=\gamma H\left[B-H\tan\varphi\tan^2\left(45^\circ-\frac{\varphi}{2}\right)\right]+BP_0 \tag{10.3.1}$$

式中，G 为巷道单位长度顶板上岩层所受的总重力(kN/m)，$G=\gamma BH$；B 为巷道宽度(m)；f 为巷道单位长度侧壁的摩阻力(kN/m)；H 为巷道顶板的埋藏深度(m)；γ 为岩层的重度(kN/m^3)。

当 H 增大到某一深度，使顶板岩层恰好保持自然平衡(即 $Q=0$)，此时的 H 称为临界深度 H_0，则

$$H_0=\frac{B\gamma+\sqrt{B^2\gamma^2+4B\gamma P_0\tan\varphi\tan^2\left(45^\circ-\frac{\varphi}{2}\right)}}{2\gamma\tan\varphi\tan^2\left(45^\circ-\frac{\varphi}{2}\right)} \tag{10.3.2}$$

当 $H<H_0$ 时，地基不稳定；$H_0<H<1.5H_0$ 时，地基稳定性差；$H>1.5H_0$ 时，地基稳定。

③小窑采空区的处理措施有回填或压力灌浆，回填材料一般用毛石混凝土或粉煤灰等；加强建筑物基础和上部结构的刚度等。

第十一章 地面沉降

第一节 地面沉降规律、特点和危害

一、地面沉降的规律和特点

①发生地面沉降的原因主要由于抽吸地下水引起土层中水位或水压下降、土层颗粒间有效应力增大而导致地层压密的结果。据上海地区研究表明，大范围、密集高层建筑区也能使深部土层产生类似机理而导致地面沉降。本章内容未包括由于新构造运动或海平面上升等原因造成的地面绝对或相对下沉。

②发生或可能发生地面沉降的地域范围局限于存在厚层第四纪堆积物的平原、盆地、河口三角洲或滨海地带，往往发生在位于上述地貌类型的大城市或高度工业化地区（表 11.1.1）。

主要地面沉降地区概况

表 11.1.1

地　　区	压　密　层			最大沉降速率/（mm/年）	最大沉降量/m	沉降区域面积/km^2
	年代	成因	层底深度/m			
中国上海	Q_4	冲积相 滨海相	300	98	2.63	121
中国天津	Q_4	滨海相		262	2.16	135
中国台北	Q_4	冲积相、浅海相	240		1.90	235
中国太原	Q_4	冲积相		207	1.23	254
中国常州	Q_4	冲积相		90	0.22	200
中国湛江	Q_4	冲积相	200		0.11	140
墨西哥 墨西哥城	Q_4、Q_3	冲积相	50	420	9.0	225
日本东京	Q_4	冲积相 冲海相	400	270	4.6	2 420
日本大阪	Q_4	冲积相 湖积	400		2.88	630
日本新泻	Q_4	浅海相 海相	1 000		2.65	430
日本兵库	Q_4	冲积相 湖相	200		2.84	100
意大利 波河三角洲	Q_4	冲积相 潟湖相、浅海相	600		3.2	2 600
美国 圣克拉拉流域	Q_4	冲、积相 浅海相	330	220	4.1	650

注：表内数据为 1991 年统计资料。

③地面沉降发生的范围往往较大，且存在一处或多处沉降中心，沉降中心的位置和沉降量与地下水取水井的分布和取水量密切相关。

④地面沉降速率一般比较缓慢，常为每年数毫米或每年数厘米，也有少数地区达每年数十厘米的情况(表 11.1.1)。

⑤地面沉降一旦发生后，即使消除了产生地面沉降的原因，沉降了的地面也不可能完全复原。对含水层进行回灌后，也只能恢复因土层颗粒间有效应力变化而引起的弹性变形量部分。

二、地面沉降的危害

(一)对环境的影响

地面沉降区域内因地面绝对标高降低，引起潮水、江水倒灌，地面积水、受淹，排水设施、防汛设施不能保持原定功效。

(二)对工程的危害

引起桥墩下沉，桥下净空减小，影响通航标准；码头、仓库及堆场地坪下沉，影响正常使用；堤防工程失去原有功能；各类建筑物，特别是一些古老建筑常因地面沉降而造成排水困难，底层地坪低于室外地面的状况；城市地下管道坡度改变影响正常使用功能等。

第二节　地面沉降勘察

一、地面沉降勘察要求

(一)已发生地面沉降地区的勘察要求

应查明其原因和现状，并预测其发展趋势，提出控制和治理方案。

1. 地面沉降原因调查内容

①场地的地貌和微地貌。

②第四纪堆积物的年代、成因、厚度、埋藏条件和土性特征，硬土层和软弱压缩层的分布。

③地下水位以下可压缩层的固结状态和变形参数。

④含水层和隔水层的埋藏条件及承压性质，含水层的渗透系数、单位涌水量等水文地质参数。

⑤地下水的补给、径流、排泄条件，含水层间或地下水与地面水的水力联系。

⑥历年地下水位、水头的变化幅度和速率。

⑦历年地下水的开采量和回灌量，开采或回灌的层段。

⑧地下水位下降漏斗及回灌时地下水反漏斗的形成和发展过程。

2. 地面沉降现状调查内容

①按精密水准测量要求进行长期观测，并按不同的结构单元设置高程基准标、地面沉降标和分层沉降标。

②对地下水的水位升降，开采量和回灌量，化学成分，污染情况和孔隙水压力消散、增长情况进行观测。

③调查地面沉降对建、构筑物和环境的影响程度。

④绘制不同时间的地面沉降等值线图，并分析地面沉降中心与地下水位下降漏斗的关

系及地面回弹与地下水位反漏斗的关系。

⑤绘制以地面沉降为特征的工程地质分区图。

(二)尚未发生但可能发生地面沉降地区的勘察要求

在查明场地工程地质、水文地质条件的基础上，预测发生地面沉降的可能性，并对可能的沉降层位作出估计，对沉降量进行估算，提出预防和控制地面沉降的建议。

二、勘探测试孔的布设和主要技术要求

(一)勘探测试孔的布设

地面沉降区域较小时，可沿地面沉降区的长、短轴方向按“十”字形布置勘探测试孔；当地面沉降区域较大或尚未发生但可能发生地面沉降的区域，宜按网络状均匀布置勘探测试孔。孔距一般为1 000～3 000 m，重点地段适当加密。

(二)各类勘探测试孔孔径、孔深及主要技术要求(表11.2.1)

各类勘探测试孔孔径、孔深及主要技术要求 表11.2.1

类　别	孔径/mm	孔深要求	主要技术要求
抽水试验孔	400～550	达主要含水层底板	泥浆护壁钻进，每2 m取1个土样
工程地质孔	≥127	达沉降层底板，控制孔达基岩	全断面取芯，黏性土取芯率大于70%，粉土、砂土取芯率大于50%，每2 m取1个原状土样
孔隙水压力观测孔	≥127	达最深一个测头埋置位置	测头间距大于5 m，各测头间用黏土球止水
基岩标埋设孔	>150	达稳定基岩	见表11.2.2
分层标埋设孔	>150	达分层标埋设位置	

注：在可能情况下，不同类型孔可相互利用。

基岩标与分层标主要技术要求 表11.2.2

部件名称	基岩标		分层标		
	钢管式	钢索导正式	托盘式	套筒式	套筒插入式
保护管	ϕ89～146无缝钢管	ϕ203铸铁管或ϕ300水泥管	ϕ108钢管、下端高于孔底1.5 m左右		
标杆	ϕ42～73无缝钢管	ϕ42～50无缝钢管	ϕ42～50无缝钢管		
扶正方式	滚轮扶正器间距5～6 m	用平衡锤拉紧，ϕ1.0～1.5、19股碳素弹簧钢丝索	滚轮扶正器间距5～6 m		
标底形式	用水泥砂浆将标杆与新鲜基岩固定在一起	用水泥砂浆将标杆与新鲜基岩固定在一起	标杆装接于托盘上	标底加设保护套筒	爪形器插入土层
管内填充物	重柴油	清水	重柴油		

三、试验、观测内容及主要技术要求

试验、观测的主要内容，主要技术要求和试验成果见表11.2.3。

试验观测内容及主要技术要求　　表 11.2.3

试验、观测内容	主要技术要求	成果要求
室内土工试验	对原状土试样除进行常规物理力学性质试验外，对引起地面沉降的主要土层土试样进行高压固结试验，最大压力达 8～16 MPa 并模拟地下水位波动情况进行循环加荷固结试验	提供含水量、密度、比重、液塑限、抗剪强度、颗粒级配、压缩系数、压缩模量、固结系数、先期固结压力等
现场抽水试验	对主要含水层作分层抽水试验	提供渗透系数、导水系数、弹性储水系数等
水质分析	井泵抽水采样，丰水期、枯水期、回灌前及开采后各采取水样一次作水质分析	不同时期水质变化情况
地下水采灌量量测	对所有开采井、回灌井用水表计量采灌量，每月观测 1～3 次，精度±1 m^3	按单井、含水层、地区和时间进行统计
地下水位观测	沉降区与邻近区均匀布点用电测水位计或自记水位仪每 10～30 d 观测一次(水位变幅较大时，5 d 一次)，精度±0.03 m	绘制单孔地下水位历时曲线，年度水位等值线图等
孔隙水压力观测	孔隙水压力测头埋设在黏性土层中，与地下水位作同步观测	提供土层中各点孔隙水压力变化情况
地面沉降观测	在设地面沉降观测高程网，当年均沉降量为 1～10 mm 时，沉降观测点间距为 2 000～500 m，复测周期 5～0.5 年，当年均沉降量大于 10 mm 时，沉降观测点间距小于等于 500 m，复测周期 1～6 个月，一般按一等或二等水准测量要求进行观测，当沉降速率较大时，也可按三或四等水准测量要求进行观测	提供各水准点的沉降量，绘制沉降量等值线图，计算各沉降区的年平均沉降量

第三节　地面沉降预测和防治

一、预测地面沉降量的估算方法

1. 分层总和法

黏性土及粉土按下式计算

$$s_{\infty}=\frac{a}{1+e_0}\Delta pH \tag{11.3.1}$$

砂土按下式计算

$$s_{\infty}=\frac{1}{E}\Delta pH \tag{11.3.2}$$

式中，s_{∞} 为土层最终沉降量(cm)；a 为土层压缩系数(MPa^{-1})，计算回弹量时用回弹系数；e_0 为土层原始孔隙比；Δp 为水位变化施加于土层上的平均附加应力(MPa)；H 为计算土层厚度(cm)；E 为砂层弹性模量(MPa)，计算回弹量时用回弹模量。

地面沉降量等于各土层最终沉降量之和。

2. 单位变形量法

根据预测期前 3～4 年中的实测资料，按下列公式计算土层在某一特定时段内，含水层水头每变化 1m 时其相应的变形量，称为单位变形量。

$$I_s=\frac{\Delta S_s}{\Delta h_s} \tag{11.3.3}$$

$$I_c=\frac{\Delta S_c}{\Delta h_c} \tag{11.3.4}$$

式中，I_s、I_c 分别为水位升、降期的单位变形量（mm/m）；Δh_s、Δh_c 分别为某一时期内水位升、降幅度（m）；ΔS_s、ΔS_c 分别为相应于该水位变化幅度下的土层变形量（mm）。

为了反映地质条件和土层厚度与 I_s、I_c 参数之间的关系，将上述单位变形量除以土层的厚度 H，称为土层的比单位变形量，按下列公式计算

$$I'_s=\frac{I_s}{H}=\frac{\Delta S_s}{\Delta h_s H} \tag{11.3.5}$$

$$I'_c=\frac{I_c}{H}=\frac{\Delta S_c}{\Delta h_c H} \tag{11.3.6}$$

式中，I'_s、I'_c 分别为水位升、降期的比单位变形量（m^{-1}）。

在已知预测期的水位升、降幅度和土层厚度的情况下，土层预测沉降量按下列公式计算

$$S_s=I_s\Delta h=I'_s\Delta hH \tag{11.3.7}$$

$$S_c=I_c\Delta h=I'_c\Delta hH \tag{11.3.8}$$

式中，S_s、S_c 分别为水位上升或下降 Δh 时，厚度为 H 的土层预测的回弹量或沉降量（mm）。

3. 地面沉降发展趋势的预测

在水位升降已经稳定不变的情况下，土层变形量与时间的变化关系，可用下列公式计算

$$S_t=S_\infty U \tag{11.3.9}$$

$$U=1-\frac{8}{\pi^2}\left[e^{-N}+\frac{1}{9}e^{-9N}+\frac{1}{25}e^{-25N}+\cdots\right] \tag{11.3.10}$$

$$N=\frac{\pi^2 C_v}{4H^2}t \tag{11.3.11}$$

式中，S_t 为预测某时刻 t 月后地面沉降量（mm）；U 为固结度，以小数表示；t 为时间（月）；N 为时间因数；C_v 为固结系数（mm^2/月）；H 为土层的计算厚度，两面排水时取实际厚度的一半，单面排水时取全部厚度（mm）。

注：C_v 单位为 mm^2/月，试验室一般用 cm^2/s，换算关系为 $1\ cm^2/s=2.59\times10^8\ mm^2$/月；计算时，式(11.3.10)一般取第1项即可。

4. 地区性经验公式法

在积累地面沉降资料较多的地区可建立各种经验公式预测地面沉降量。例如地下水开采量与地面沉降量的相关公式，不同开采层位和开采量与地面沉降量的相关公式等。

二、地面沉降的防治

（一）已发生地面沉降的地区

①压缩地下水开采量，减少水位降深幅度。在地面沉降剧烈的情况下，应暂时停止开采地下水。

②向含水层进行人工回灌，回灌时要严格控制回灌水源的水质标准，以防止地下水被污染，并要根据地下水动态和地面沉降规律，制订合理的采灌方案。

③调整地下水开采层次，进行合理开采，适当开采更深层的地下水。

④在高层建筑密集区域内应严格控制建筑容积率。

⑤当地面沉降尚不能有效控制时，在新建或改建桥梁、道路、堤坝、排水设施等市政工程时，应考虑到使用期限内可能出现的地面沉降量。

(二)可能发生地面沉降的地区

①估算沉降量，并预测其发展趋势。

②结合水资源评价，研究确定对地下水的合理开采方案。

③在进行桥梁、道路、管道、堤坝、水井及各类房屋建筑等规划、设计时，预先对可能发生的地面沉降量作充分考虑。

第十二章 固体废弃物堆场

第一节 固体废弃物堆场的特点及主要岩土工程问题

一、固体废弃物堆场的特点

固体废弃物是指在生产建设、日常生活和其他活动中产生的污染环境的固态、半固态废弃物质。固体废弃物可分为工业固体废弃物、城市生活垃圾和危险废弃物。固态废弃物堆场是处置废弃物的处理工程。

固体废弃物堆场有山谷型、平地型和坑埋型，以山谷型为主。山谷型废弃物堆场的组成一般包括以下内容。

①堤坝：一般为土石坝，在坝内填埋废弃物。

②填埋场：即库区，用以填埋废弃物。有时需设置防渗帷幕，以防止渗出液流出库区。有时需设置截洪沟，用以防止洪水入库。

③封闭系统：对于封闭型填埋场，底部设有防渗衬层，顶部有封盖层，以阻断渗出液和气体对环境的污染。

④水和气的排出系统：包括渗出液集排系统、雨水集排系统、地下水集排系统和气体集排系统。采用井、管道、砂、土工布等构筑，将渗出液导入污水池。

⑤输送系统：对于水力输送的工业固体废弃物填埋场，一般需先筑初期坝，待废弃物超过初期坝高度时，用废渣材料加高坝，并有输送用的管道、隧道等。

⑥截污坝、污水池、污水处理厂等。

⑦监测系统：防渗衬层是固体废弃物堆场的关键设施。防渗衬层设在填埋场的底部，具有防止渗漏、防止扩散和吸附污染物的功能。应有足够的强度和适应变形的能力，在发生差异沉降、膨胀收缩和水流冲刷时不致失效。防渗衬层还应具有一定的抗腐蚀能力。

封闭型堆场顶部还有封盖层。其功能是防止雨水和地表水进入堆场和防止废气逸出，污染空气。封盖层应具有一定的强度和抗变形的能力，以适应差异沉降引起的拉应力。

二、固体废弃物堆场的主要岩土工程问题

1. 不良地质作用和地质灾害的勘察和防治

洪水、泥石流、滑坡、崩塌、岩溶、地震等不良地质作用和地质灾害，对废弃物堆场的威胁很大。对于山谷型固体废弃物堆场，最危险的地质灾害是洪水和泥石流。它们可以冲垮堤坝，淹没库区，破坏设施，甚至毁坏整个堆场。岩溶、土洞、塌陷等不仅影响堆场稳定，而且造成地下渗漏，污染下游环境。强烈地震不仅使堆场和堆积体产生动力反应，还可引起震陷、液化、滑坡、崩塌、泥石流等次生灾害，危害工程安全。

2. 堆场的稳定性评价和变形分析

固体废弃物堆场的稳定问题，包括堆场的整体稳定和坝体、坝基、坝肩和库区边坡的稳

定，以及废弃物堆积体的稳定。为了保证堆场的整体稳定，填埋场的地形坡度不能太陡。

坝体、坝基、坝肩和库区边坡的稳定分析方法与一般水利工程类似。废弃物堆积体的稳定有外部稳定和内部稳定。外部稳定包括边坡稳定和整体稳定，以及可使底部防渗衬层产生拉应力的水平拉伸变形。废弃物堆放过程中和堆放体本身的稳定是内部稳定问题。

固体废弃物堆场的变形，包括地基土的变形和废弃物堆积体的变形，可造成坝体的沉降、开裂、侧移，堆积体的沉降、侧移，防渗衬层的破坏和封盖层的开裂。

3.堆场的渗漏和污染物运移的预测

坝基、坝肩和库区的渗漏，不仅对稳定有一定影响，还会对水源、农业、生态环境造成污染。分析和评价污染物的运移规律，预测填埋场附近环境的变化是非常突出的岩土工程问题。污染物的运移规律可用弥散理论和水质模型进行研究分析。

4.似土废弃物和非土废弃物性能的研究

固体废弃物可分为似土废弃物和非土废弃物两类。尾矿、赤泥、灰渣等工业废弃物，主要成分为无机物，类似砂土、粉土或黏性土，可称为似土废弃物。未分选的垃圾，成分非常复杂，含有大量有机物、人工合成材料，与土的成分和性质差别很大，称为非土废弃物。

似土废弃物可以用土力学的原理和方法进行试验和研究。测定其颗粒组成、物理性质、强度参数、变形参数、渗透性质、动力性质，研究其应力应变关系，预估沉降，评价边坡稳定性。非土废弃物要取样进行试验一般困难较大，有时可通过对类似物质堆积体的观测，用反分析方法估值。某工程生活垃圾经测定，密度为1.1，总应力法的黏聚力为1.8 kPa，内摩擦角为26°，有效应力法的黏聚力为1.2 kPa，内摩擦角为36°。

三、固体废弃物堆场的岩土工程勘察

固体废弃物堆场的岩土工程勘察应分阶段进行，可分为可行性研究勘察、初步勘察和详细勘察三个阶段。

可行性研究勘察应主要采用踏勘调查，必要时辅以少量勘探工作，对拟选场地的稳定性和适宜性做出评价。

初步勘察应以工程地质测绘为主，辅以勘探、原位测试、室内试验，对拟建堆场的总平面布置、场地的稳定性、废弃物对环境的影响等进行初步评价，并提出建议。

详细勘察应用勘探、原位测试和室内试验等手段进行。地质条件复杂地段应进行工程地质测绘，获取工程设计所需的参数，提出设计施工和监测工作的建议，并对不稳定地段和环境影响进行评价，提出治理建议。

(1)固体废弃物堆场勘察前应搜集资料

①废弃物的成分、粒度、物理和化学性质、废弃物的日处理量、输送和排放方式；

②堆场(或填埋场)的总容量、有效容量和使用年限；

③山谷型堆场的流域面积、降水量、径流量、多年一遇洪峰流量；

④初期坝的坝长和坝顶标高，加高坝的最终坝顶标高；

⑤活动断裂和抗震设防烈度；

⑥邻近的水源地保护带、水源地开采情况和环境保护要求。

(2)固体废弃物堆场的岩土工程勘察应着重查明的内容

①地形地貌特征和水文气象条件；

②地质构造、地层岩性和不良地质作用；

③岩土的物理力学性质；

④水文地质条件、岩土和废弃物的渗透性；

⑤场地、地基和边坡的稳定性；

⑥污染物的运移规律，及其对水源和岩土的污染，对环境的影响；

⑦筑坝材料，防渗衬层和封盖层用黏土的产地、储量、性能指标和运输条件；

⑧地震设防烈度，场地、地基和堆积体的地震效应。

本章介绍处置城市生活垃圾的垃圾填埋场和处置工业废弃物的工业废渣堆场的岩土工程勘察和评价。危险废弃物处理场的勘察尚应满足有关规定。

第二节 垃圾填埋场

一、垃圾填埋场的规模和组成

垃圾填埋场的建设应根据城市的规模和特点，结合城市环境卫生规划，合理确定填埋场建设规模和项目构成。中、小城市宜进行区域性规划，集中建设填埋场。

填埋场的建设规模，应根据垃圾生产量，场址自然条件、地形地貌特征，服务年限及技术、经济合理性等因素综合考虑确定。填埋场建设规模分类和日处理能力分级宜符合表 12.2.1的规定。

垃圾填埋场建设规模和日处理能力分级　　表 12.2.1

分类或分级	总容量/万 m^3	日处理量/(t/d)	分类或分级	总容量/万 m^3	日处理量/(t/d)
Ⅰ	>1 200	>1 200	Ⅲ	<200～500	200～500
Ⅱ	500～1 200	500～1 200	Ⅳ	100～200	<200

填埋场建设项目由填埋场主体工程、配套工程和生产管理与生活服务设施等构成。具体包括下列内容：

①填埋场主体工程与设备：主要包括防渗工程，坝体工程，洪雨水及地下水导排系统，渗沥液收集、处理和排放系统，填埋物气体导出、收集处理或利用系统，计量和监测系统等。

②配套工程：主要包括进场道路(码头)、机械维修、供配电、给排水、消防、通信、化验等设施。

③生产管理与生活服务设施：主要包括办公、宿舍、食堂、浴室等设施。典型的卫生填埋场如图 12.2.1 所示。

二、垃圾填埋场的场址选择

(1)垃圾填埋场选址前资料搜集

垃圾填埋场的场址选择，应由建设、规划、环保、设计、国土管理、地质勘察等部门有关人员参加。选址前应搜集下列基础资料：

①城市用地规划，区域环境规划，场址周围人群活动分布与城区的关系；

②城市环境卫生规划和垃圾处理规划；

③地形、地貌和相关地形图；

④地质构造、地层岩性等工程地质资料；

⑤地下水类型、埋深、流向等水文地质资料及地下水的利用情况；

⑥夏季主导风向和风速；

⑦降水量、蒸发量等气象资料；

⑧周围水系流向和用水状况；

⑨洪水泛滥周期(年)；

⑩垃圾类型、性质和组成成分；

⑪填埋处理的垃圾总量和日处理量；

⑫土石料条件，包括取土石料的难易程度、远近和储量；

⑬交通运输和供水、供电条件。

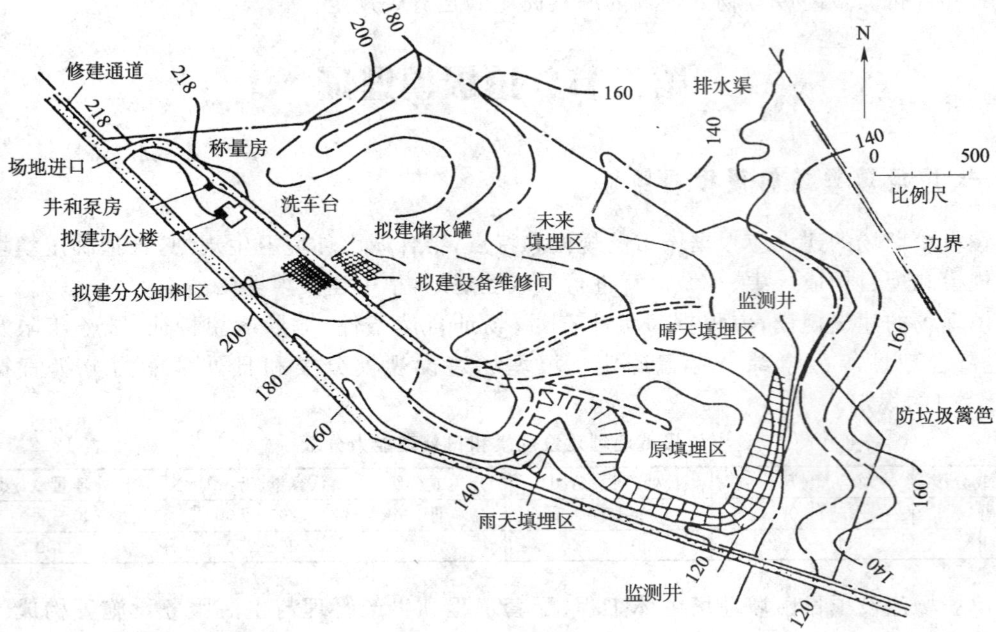

图 12.2.1 典型的垃圾填埋场

(2)垃圾填埋场选址要求

①填埋场场址的设置应符合当地城市建设总体规划的要求，符合当地城市区域环境总体规划要求，符合当地城市环境卫生事业发展规划的要求。

②填埋场对周围环境不应产生影响或对周围环境的影响不超过《生活垃圾填埋场污染控制标准》(GB 16889—2008)等规范的规定。

③填埋场应与当地的大气防护、水土资源保护、大自然保护和生态平衡要求相一致。

④填埋场场址的选择应重点考虑下列情况：a. 填埋场不应设置在地下水保护区及其补充水源地；b. 填埋场地基和周围地层应能保持长期的稳定或通过不太复杂的工程处理能够达到长期稳定；c. 填埋场场址不能位于有洪水危险、岩石塌方、滑坡和雪崩等不良地质作用发育的地段；d. 为了能长期防止垃圾填埋场排出的污染物影响周围环境，填埋场周围应有较好的天然屏障；e. 场址应有足够的填埋容积，一般至少要有 10 年的使用期限；f. 填埋场宜选在地下水贫乏地区。

⑤垃圾填埋场不应设置在下列地区：a. 地下水集中供水的水源地和补给区；b. 洪泛区；c. 淤泥区；d. 填埋区距居民居住区或人畜供水点 500 m 以内的地区；e. 填埋区直接与河流和湖泊相距 50 m 以内地区；f. 活动的坍塌地带、地下蕴矿区和岩溶发育区；g. 珍贵动植物保护区和国家自然保护区；h. 公园、风景、游览区、文物古迹区、考古学、历史学、生物学研究考察区；i. 军事要地、基地，军工基地和国家保密地区。

垃圾填埋场选址的影响因素如表 12.2.2 所示。

填埋场选址影响因素和指标 表 12.2.2

项目	名称	推荐性指标	排除性指标
地质条件	基岩埋深	＞15 m	＜9 m
	地层性质	页岩等非常细密均质透水性差的岩层	有裂隙的、破碎的碳酸岩层任何破碎的其他岩层
	地震	0～1 级地区(其他震级在 4 级以上应有防震、抗震措施)	3 级地区(其他震级在 4 级以上应有防震措施)
	地壳结构	距现有断裂大于 1 600 m	距现有断裂小于 1 600 m,在考古、古生物学方面的重工要意义地区
地形地貌条件	场址位置	高地、黏性盆地	湿地、洼地、洪泛区、漫滩
	地势	平地或平缓的坡地,平面作业法坡度以小于 10%为宜	石坑、砂坑、卵石坑、与陡坡相邻或冲沟,坡度大于 25%
	土壤层深度	＞100 cm	＜25 cm
	土壤层结构	淤泥、沃土、黄黏土渗透系数 $k<10^{-7}$ cm/s	经人工碾压,渗透系数 $k>10^{-7}$ cm/s
	土壤层排水	较通畅	很不通畅
水文地质条件	排水条件	易于排水的地段和干燥的地表	易受洪水泛滥受淹地段、洪泛平原
	地表水影响	离河岩距大于 1 000 m	湿地、河岸边的平地和 50 年一遇的洪水漫滩
	分隔距离	离湖泊、沼泽至少大于 1 000 m,与河流相距至少为 600 m	与任何流距离大于 50 m,至流域分水岭边界 8 km 以内
	地下水	地下水较深地区	地下水渗漏、喷泉、沼泽等
	覆盖层厚度	具有较深的基岩和不透水覆盖层厚度大于 2 m	＜2 m,$k>10^{-7}$ cm/s
	水流方向	流向场址	流离场址
	距水源距离	距自备饮水水源大于 800 m	＜800 m
气象条件	降雨量	蒸发量超过降雨量 10 cm	降雨量超过蒸发量地区应做处理
	暴雨量	发生率较低的地区	位于龙卷风和飓风经过的地区
	风力	具有较好的大气混合扩散作用下风向,白天人口不密集地区	空气流动不畅,在下风向 500 m 处是人口密集区
交通条件	距离公用设施	＞25 m	＜25 m
	距离国家主要公路	＞300 m	＜50 m
	距离飞机场	＞10 km	＜8 km
资源条件	土地利用	与现有农田相距大于 30 m	＜30 m
	黏土资源	丰富、较丰富	贫土、外运不经济
	人文环境条件、人口密集区位置	人口密集较低地区大于 500 m,离城市水源大于 10 km	与公园文化娱乐场所小于 500 m,距饮水井 800 m 以内距地表水取水口1 000 m以内
	生态条件	生态价值低,不具有多样性、独特性的生态地区	稀有、濒危物种保护区
	使用年限	＞10 年	≤8 年

(3)填埋场场址选择步骤

①场址初选。根据城市总体规划、区域地形、工程地质和水文地质资料确定多个候选场址。

②场址推荐。对候选场址进行踏勘，并通过对场地的地形、地貌、工程地质、水文地质、植被、水文、气象、交通运输、覆盖土源和人口分布等对比分析，征求当地政府意见，确定2个以上（含 2 个）的预选场址。

③场址确定。对预选场址进行技术、经济和环境的综合比较，提出首选方案，完成可行性研究报告（或选址报告），通过审查确定场址。

三、垃圾填埋场的主体工程

填埋场场底要结合实际地形、工程地质和水文地质条件采取适当的工程措施，以满足地基承载力和渗沥液导排的要求。

填埋场场底必须进行防渗处理，场址的自然条件符合现行国家标准《生活垃圾卫生填埋处理技术规范》（GB 50869—2013）时，即所选的填埋场场底土层渗透系数和厚度满足防渗要求，可采用天然防渗方式；不具备天然防渗条件的，应采用人工防渗措施即工程措施，如铺设高密度聚乙烯防渗膜等人工防渗材料等，以防止渗沥液对周围环境的影响。

垃圾填埋场的防渗主要有两种形式，即垂直防渗和水平防渗。

（一）垂直防渗

垂直防渗是对于填埋区地下有不透水层的填埋场而言的，指在这种填埋场的填埋区四周建垂直防渗幕墙，幕墙深入至不透水层，将填埋区内的地下水与填埋区外的地下水隔离开，防止场外地下水受到污染。对于山谷型填埋场，由于周边山峰的地下水不透水层较高，可以阻挡场内污水外流，因此垂直幕墙只需在山谷下游的谷口建设，幕墙与两边山峰相接，将整个山谷封闭，避免场内地下水外流。垂直防渗对于山谷型填埋场来说投资较省，但对于其他类型填埋场投资与水平人工防渗持平。因此垂直防渗主要用于山谷型填埋场，前提条件是山谷必须是独立的水文地质单元。垂直防渗的优点是投资少，缺点是防渗幕墙的效果不能保证。

（二）水平防渗

水平防渗是在填埋场的场底和侧边铺设人工防渗材料或天然防渗材料，以防填埋场内的污水渗入地下。人工防渗材料应具备以下特点：

①防渗透效率高、持续时间长；

②能承受最高浓度渗沥液的生物化学腐蚀；

③能承受施工、填埋操作和后续维护过程中不同的机械施工时的碾压力；

④具有较好的柔韧性，抗沉降能力强；

⑤不含有害物质，分解后也不产生污染物质；

⑥施工后能长时间保持良好的性能，不老化；

⑦具有抗风化、抗紫外线和温度变化的能力；

⑧具有阻燃和防火性能；

⑨可防植物根穿透和啮齿动物啃咬；

⑩易于检测、修补和扩展；

⑪施工简便，速度快；

⑫斜坡上放置稳定，稳定放置坡度可达 1：1.5；

⑬价格适中。

图 12.2.2 是目前广泛采用的 HDPE 复合防渗结构。

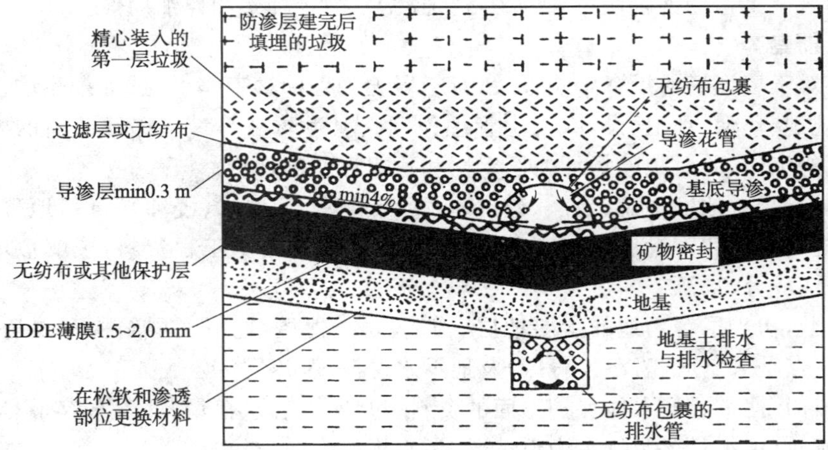

图 12.2.2 *HDPE* 复合防渗结构

填埋场底部应铺设渗沥液收集系统，包括导流层、导流盲沟、渗沥液收集管道、集水井等。盲沟或管道以不小于 2%的坡度坡向集水井。渗沥液收集系统必须能承受渗沥液的腐蚀，并应在封场后仍保持有效。有条件时应设有反冲洗设施。

收集的渗沥液在处理前应先进入污水调节池，调节池应有足够容量。污水调节池容量应按多年逐月平均降雨量产生的渗沥液量及渗沥液量处理规模确定。渗沥液处理应优先考虑排入城市污水处理厂进行处理，在不具备排入城市污水处理厂条件时，应建设相应的污水处理设施。

填埋场应设置独立的洪雨水及地下水导排系统。洪雨水导排系统应满足雨污分流、场外汇水和场内非作业区域的汇水直接排放的要求，尽量减少洪雨水侵入垃圾堆体，其排水能力应满足防洪标准的要求。地下水导排系统应做到将未被污染的地下水导出，减少地下水侵入垃圾堆体和对防渗层产生不良的顶托压力，其排水能力应与地下水产生量相匹配。

填埋场洪雨水导排系统的防洪标准应符合现行国家标准《防洪标准》(GB 50201—2014)和《城市防洪工程设计规范》(GB/T 50805—2012)的技术要求，不得低于该城市的防洪标准。填埋场洪雨水导排系统的防洪标准应符合表 12.2.3 的要求。

垃圾填埋场的防洪标准　　表 12.2.3

填埋场总容量/万 m^3	防洪标准(重现期/年)	
	设计	校核
＞500	50	100
200～500	20	50

四、垃圾填埋场的岩土工程勘察

垃圾填埋场的岩土工程勘察，除了按照一般的工程勘察的基本要求进行外，还应结合填埋场的工程特点、填埋场的建设规模及填埋场所处的地质环境特点进行。

填埋场的场区道路工程、配套工程、生产管理与生活服务设施的勘察工作可参照本书相应部分的内容或有关的现行规范。

填埋场的岩土工程勘察阶段可划分为:选址勘察,初步勘察和详细勘察。

(一)选址勘察

场址选择对于填埋场的投资影响很大,对于岩土工程勘察工作者,选址勘察的主要任务是配合建设、规划、环保、环卫、设计、国土管理、水利、卫生防疫等参与选址部门的人员做好以下几个方面的工作,并对拟建场址的稳定性和适宜性作出评价。

①搜集区域地质、地形地貌、地震、矿产水源、自然灾害(洪水、侵蚀)、自然地理、人文环境、城市整体规划条件和附近地区的工程地质、水文地质和岩土工程资料,了解拟填埋的垃圾的类型、性质、成分、来源。

②通过踏勘,初步了解场地的主要地层、构造、岩土性质,地下土层结构和渗透情况,不良地质作用(重点是采空区、岩溶发育区)及地下水位深度、流向等。

③调查了解并搜集天然水体保护方面的资料,包括:地表水存量、地下水存量、地表水流向、周围水系流向、用水状况及排水沟渠情况、污水排放去向。

选址勘察的主要工作方法以调查了解为主,但对工程地质与岩土条件较复杂,已有资料和踏勘尚不能满足主要的场地,应进行工程地质测绘和必要的勘探工作。

(二)初步勘察

初步勘察应密切结合初步设计,对选定的填埋场场址内的主体工程、配套工程及生产管理与生活服务设施等建筑或构筑物地段的稳定性作出评价,为确定填埋场建(构)筑物总平面布置,选择主要建(构)筑物的地基基础方案和不良地质作用的防治对策进行论证,选择防止污染周围环境的初步方案并初步获得相关参数。

1.初步勘察应进行下列工作

①搜集本项目的可行性研究报告、选址报告、场址地形图、工程地质、水文地质、环境地质、项目规模等文件资料。

②初步查明地层、构造、岩土性质、冻土地区标准冻结深度、不良地质作用的成因、分布及其对场地稳定性的影响程度和发展趋势。当场地条件较复杂,尚应进行工程地质、水文地质测绘和调查。其中对于地层的勘察工作应重点放在对地层渗透性的勘察方面。

③调查当地的水源地分布情况、供水量,地下水、地表水的历年资料和当地的地下水、地表水的管理制度,预测拟建场地未来的地下水、地表水变化趋势。

④对抗震设防烈度等于或大于 6 度的场地,应初步判定场地和地基的地震效应。

2.勘探线、点的布置

①勘探线应垂直地貌单元边界线、地质构造线及地层界线。

②勘探点一般按勘探线布置,在每个地貌单元和地貌交接部位均应布置勘探点,同时在微地貌单元和地层变化较大的地段应予以加密。

③在地形平坦地区,勘探点可按方格网布置。

④勘探线、点的间距可根据地形地貌条件、地层条件等因素考虑,勘探线间距为150～200 m,勘探点间距为 75～200 m。

3.勘探孔深度

勘探孔分为一般孔和控制孔。控制孔深度为 20～30 m,一般孔深度为 8～20 m。控制孔宜占勘探孔总数的 1/5～1/3,且每个地貌单元、水文地质单元均应有控制孔。当深度范围内遇见相对隔水层时,一般孔深度应加深至钻穿相对隔水层。

4.采取土、水试样和原位测试

①采取土试样和进行原位测试的孔、井在平面上应均匀布置，其数量一般占勘探孔总数的1/4～1/2。取土数量或原位测试的竖向间距，应按地层特性和土的均匀程度确定。各土层一般均需取样或取得测试数据。

②勘探深度范围内遇见地下水时应选取有代表性的水试样进行水质分析。对于黏性土需进行室内渗透试验，必要时进行抽水试验获得土层的渗透系数。

5.物探

初勘阶段可以运用物探方法，以提供拟建填埋场范围内的地下水分布和地基土层的资料。物探应与钻探方法配合使用，与钻探成果相比对才能提供较为准确的资料。

对于地下水位较高的拟建场地可根据需要进行地下水的监测，监测内容包括水位、水质和流向等。

勘探钻孔完成后应采用水泥黏土浆回填封闭钻孔。

(三)详细勘察

详细勘察应配合设计进行，对选定的填埋场场址内的主体工程、配套工程及生产管理与生活服务设施等建筑物或构筑物提出详细的工程地质资料和设计所需的岩土技术参数，对建筑物地基作出岩土工程分析评价，为基础设计、地基处理、不良地质作用的防治等具体方案做出论证、结论和建议并提供相应的参数。

1.详细勘察工作内容

①搜集本项目的初步设计方案、详细勘察要求、初步勘察报告等文件资料。

②查明拟建场地地貌特征、各建(构)筑物的地层、构造、岩土性质、不良地质作用的成因、分布及其对场地稳定性的影响程度和发展趋势。其中对于填埋场地层的勘察工作除应查明地基承载力和地基沉降计算参数外，还应重点放在对地层渗透性的勘察方面，并评价填埋场运营后地基的渗漏性及渗漏对地下水污染的可能性，同时提供防止渗漏的方案建议。

③查明勘察深度范围内场地地下水情况，流向、水力梯度和流速，包括长期和季节性的变化；查明含水层、隔水层的分布、厚度和埋藏深度；查明地下水位及其发展变化趋势；查明地下水的化学性质、腐蚀性物质；圈定地下水的保护区范围，查明暂时或长期降低地下水位及将来恢复地下水位对场地的影响；查明邻近地表水体的影响及其与地下水的关系；查明接受地下水补给河流的情况及洪水与潮汐的影响；查明有效降雨量，地面径流，渗漏率，地表蒸发及地下水补给情况。

④查明地基土和地下水的污染背景，调查当地消除土、水污染的经验。

⑤对抗震设防烈度等于或大于6度的场地，应判定场地和地基的地震效应。

2.勘探工作量布置

①工程地质、水文地质测绘。当选定的填埋场场地地质条件复杂时，可根据实际需要，进行工程地质、水文地质测绘工作。测绘范围应包括填埋区及其周围对填埋场场地稳定性有影响的地区。测绘比例尺可选用1∶200～1∶2 000，用于稳定性整治设计时其比例尺为1∶200～1∶500。

测绘工作除满足一般要求外，重点应注意调查不良地质作用及其成因和发展变化趋势，地表水和地下水的补给、排泄情况。

②勘探。对于填埋区勘探点一般按方格网布置，勘探点间距一般为30～60 m，在每个地貌单元和地貌交接部位均应布置勘探点，同时在微地貌单元和地层变化较大的地段应加密。控制性勘探孔深度应能满足稳定性评价和渗透性评价的需要，一般情况下控制性勘探

孔深度为预计填埋高(深)度的1.5倍，一般性勘探孔深度为预计填埋高(深)的1倍。控制性勘探为勘探点总数的1/4～1/3，在每条剖面线上少于2～3个控制性勘探点。勘探孔深度可根据现场勘探结果进行调整。

对于其他配套工程和生产管理与生活服务设施等建(构)筑物的勘探工作量布置可按有关规范的规定执行。勘探孔完成后应取采水泥黏土浆回填封闭钻孔。

③测试工作。采取土试样和进行原位测试的孔、井均匀布置，其数量一般占勘探孔总数的1/3～1/2。取土数量或原位测试的竖向间距，应按地层特征和土的均匀程度确定，对需要统计物理力学指标的主要地层，每层土取样数量不宜少于10个。

勘探深度范围内遇见地下水时应选取有代表性的水试样进行水质分析。对于填埋区黏性土除进行室内的渗透试验外，尚可根据地下水位和含水层的情况进行注水试验或抽水试验等，以获得土层的渗透系数。地下水流向、流速等的测定应选取合适的测试方法。

④监测。必要时，可采取适当的检测手段对地下水水位、水质、流向进行长期监测。

五、垃圾填埋场的岩土工程评价

垃圾填埋场的岩土工程评价应包括下列内容：

①洪水、泥石流、滑坡、崩塌、岩溶、地震等不良地质作用对工程的影响；

②工程场地的整体稳定性及废弃物堆积体的变形和稳定性；

③填埋场的渗漏及其影响；

④预测地下水位变化及其影响；

⑤污染物的运移规律及其对水源、农业、岩土和生态环境的影响。

为了减少渗沥液渗入地下污染地下水，垃圾填埋场的勘察工作中主要的内容这一就是对填埋地基的防渗性进行评价。

防渗分为自然防渗和人工防渗。自然防渗就是采取天然地层进行防渗，而人工防渗一般采用HDPE材料进行防渗处理。

自然防渗要求黏土类衬里的渗透系数不大于1.0×10^{-7} cm/s，场底及四壁衬里厚度不小于2 m，若采用改良土衬里则渗透系数和厚度指标应达到黏土类衬里的要求，并符合下列条件：液限不小于30%，塑性指数不小于15%，黏土粒径在0.002 mm以下成分不小于50%，黏土成分不小于25%。

当填埋场不具备黏土类衬里或改良衬里防渗要求时，宜采用自然和人工结合的防渗技术措施。

场地防渗结构宜采用单复合衬里防渗结构，当不能满足防渗性能时应采用双复合衬里防渗结构。地基应是具有承载能力的自然土层或经过碾压、夯实的稳定层，且不会因填埋垃圾的沉陷而使场底变形、断裂。国外有的标准规定地基抗剪强度不小于25 kPa，承载力不小于50 kPa。

六、垃圾填埋场的岩土工程勘察报告

垃圾填埋场的岩土工程勘察报告除了一般岩土工程勘察报告的基本内容外，尚应包括下列内容：

①强透水层及其层间联系；弱透水层和隔水层的厚度、埋藏深度、水平向连续性、渗透性、吸附能力。

②场地及其周围地下水的水动力特征和地下水的运动规律。

③按上述岩土工程评价的要求进行分析评价。

④提出保证稳定,减少变形,防止渗漏和保护环境措施的建议。

⑤提出对防渗和覆盖用黏土的评价和产地等的建议。

⑥提出有关稳定、变形、水位、渗漏和渗漏液化学监测工作的建议。

第三节　工业废渣堆场

一、工业废渣堆场的组成和规模

工业固体废弃物,又称工业废渣,包括矿山的废石、尾矿,冶炼石的炉渣,铝厂的赤泥,化工厂的废渣,火力发电厂的灰渣等。处置这些工业废渣的工程即工业废渣堆场。对矿山废石、冶炼石炉渣等粗粒废渣堆场,一般不进行岩土工程勘察。本章涉及的是细粒工业废渣堆场。

细粒工业废渣主要指尾矿和灰渣。可按其级配和塑性指数进行分类(表12.3.1)。

尾矿和灰渣的分类　　表12.3.1

类别	亚　类	分类标准
砂性废渣	尾砾砂	粒径大于2 mm的颗粒质量占总质量的25%~50%
	尾粗砂	粒径大于0.5 mm的颗粒质量超过总质量的50%
	尾中砂	粒径大于0.25 mm的颗粒质量超过总质量的50%
	尾细砂	粒径大于0.075 mm的颗粒质量超过总质量的50%
	尾粉砂	粒径大于0.075 mm的颗粒质量不超过总质量的50%
粉性废渣	尾粉土	粒径大于0.075 mm的颗粒质量不超过总质量的50%,且塑性指数不大于10
黏性废渣	尾粉质黏土	塑性指数大于10且小于或等于17
	尾黏土	塑性指数大于17

注:定名时应根据颗粒级配由大到小以最先符合者确定;赤泥可参照上表进行分类,并根据其胶结程度划分胶结、未胶结两类。

对于山谷型工业废渣堆场,一般由下列工程组成:

①初期坝,一般为土石坝,有的上游用砂石、土工布组成反滤层;

②堆场(堆填场),即库区,有的还设截洪沟,防止洪水入库;

③管道、排水井、隧洞等,用以输送尾矿、灰渣,排除地表水;

④截污坝、污水池、截水墙、防渗帷幕等,用以集中有害渗沥液,防止对周围环境的污染;

⑤加高坝,废弃物填堆超过初期坝后,用废渣材料加高坝体;

⑥污水处理、办公用房等建筑物;

⑦稳定、变形、渗漏、污染等的监测系统。

二、坝址和堆场(库区)的选择原则

(1)坝址选择原则

①坝址应选择在两岸岩体比较完整、地形比较对称、山体比较肥厚、河谷宽度比较适中或较狭窄的河流、沟谷地段,以达到坝轴线短、土石方工程量小、后期加高坝工程量小。即以最小的初期坝高度,获得较大库容的坝址,为最佳坝址。

②坝址应选择在岩性比较均一、强度比较高,风化层和覆盖层比较薄的地段,特别要注意避开有溶洞、滑坡和淤泥、软弱夹层透水性比较强的地段。

③坝址应选择在构造相对比较稳定的地段。要尽量避开工程处理难度比较大的断裂破碎带上。

④土石坝需要设置溢洪道。如果没有具备足够过水能力的洪溢道,一旦水流翻过坝顶,将冲刷甚至损坏坝体。因此在选择坝址时不能忽视对溢洪道位置的选择。

(2)堆场(库区)选择原则

①不占或少占耕地,不拆迁或少拆迁居民住宅。

②距选矿厂近,并尽可能采用自流输送尾矿或灰渣。

③有足够库容,当一个堆场不能满足要求时,可选择几个。每个堆场的使用年限不应少于5年。

④汇水面积小,如汇水面积较大时,坝址附近要有适宜开挖溢洪道的有利地形。

⑤坝址和堆场内工程地质条件好。

⑥处于厂区或大居民区的下游,最好位于主导风向的下风向。

⑦坝址附近有足够的筑坝材料。

工业废渣堆场的规模可分为大二型、中型、小一型和小二型,见表12.3.2。

工业废渣堆场等级　　表12.3.2

级别	库容/($\times10^8m^3$)	坝高/m	工程规模
一	二等库具备提高级别条件者		
二	>1.0	>100	大二型
三	1.0~0.1	100~60	中型
四	0.1~0.01	<60~30	小一型
五	<0.01	<30	小二型

注:1.库容指校核洪水位以下尾矿库容积。

2.坝高与库容分级指标分属不同级别时,以其中高的级别为准;级别差两级时,以高的级别降一级为准。

3.当有下列情况之一者,按上表确定的尾矿库等级可提高一级;当尾矿库失事时,将使下游的重要城镇、工矿企业和铁路干线遭受严重灾害者;下游有重点保护历史文物、古迹且拆迁不易者;当工程地质、水文地质条件特别复杂经地基处理后,尚认为不够彻底者(洪水标准不予提高)。

三、工业废渣堆场的岩土工程勘察

(一)初期坝和堆场(库区)勘察

初期坝和堆场(库区)勘察分可行性研究勘察、初步勘察和详细勘察。

1.可行性研究勘察

可行性研究勘察,应以搜集资料、研究已有成果为主要内容,有时也可进行现场踏勘,一般不进行勘察和试验工作,而以选定坝址、推荐坝型方案为主要目的。

2.初步勘察

(1)勘察要求

初步勘察应取得几个场地主要工程地质条件的对比资料,作为选定场地的依据。主要工程地质条件有:

①坝基的稳定性；

②坝基、坝肩和库区的渗漏性，以及渗漏对临近水源的污染和对农田的影响；

③筑坝材料的分布、质量和储量等。

(2)勘察工作

本阶段的勘察工作应以搜集研究已有资料和工程地质测绘为主。工程地质测绘应围绕坝基、坝肩和库区渗漏、绕坝渗漏、坝基稳定等问题进行工作。比例尺一般采用1∶5 000～1∶10 000。当地质条件简单时，可以踏勘代替工程地质测绘；当地质条件复杂，工程地质条件不能满足要求时，尚应进行必要的勘探、测试工作。

工程地质测绘的任务是查明：

①河谷的类型和地貌特征；

②地层岩性、地基土的抗水性、渗透性和可能造成坝体滑动的软弱土层的性质及其埋藏条件；

③地质构造类型、产状、展布规律，断裂破碎带的宽度、充填物的性质和胶结情况；

④地下水的类型和含水层的厚度、埋藏条件；

⑤滑坡、崩塌、泥石流等不良地质作用及其发育程度；

⑥岩溶、土洞的发育和分布情况，构造与岩溶的关系，特别是控制岩溶发育的构造带的渗透对场地的影响；

⑦最大库容范围内的库底的渗漏途径和透水层厚度。

3.详细勘察

详细勘察是在已选定的场地上进行。

(1)详细勘察的任务

①初期坝的坝基和坝肩的稳定性和渗漏性；

②库区的渗漏性及其对临近河流、水源、农田污染的程度；

③坝基、排洪管道等地段的地质岩性结构和土的物理力学性质，并确定地基土的承载力，判定地下水混凝土、铸铁管的腐蚀性。

(2)勘察工作

①工程地质测绘。

当地质条件复杂时，可根据实际需要，在坝址和库区存在渗漏的地段进行工程地质测绘。测绘比例尺，在库区不宜小于1∶5 000；在坝址区不宜小于1∶2 000，观测点按网状布置，其数量见表12.3.3。

工程地质测绘观察点的数量和间距　　表12.3.3

比　例　尺	观察点数量(1 km^2 范围内)	观察点间距/km
1∶2 000	50～100	0.14～0.08
1∶5 000	20～50	0.22～0.14

②坝址地段的勘察工作。

a.应沿坝轴线及其上、下游布置不少于3条勘探线，对坝基地质条件简单、地基性能好，且无潜在渗漏和管涌地层的四、五等库，可沿坝轴线布置一条勘探线。

b.勘探点间距宜为25～50 m，平地型堆场宜为50～100 m。

c. 控制性勘探点宜布置在坝轴线上，勘探孔深度应能满足分析稳定、变形和渗漏的要求，一般宜为初期坝高的 1～1.5 倍；一般性勘探孔深度宜为初期坝高的 0.6～1 倍。在预定深度范围内遇见基岩或分布稳定的弱渗透性岩土时，部分勘探孔仍应进入基岩中风化层外，其余勘探孔可减少深度。

d. 控制性勘探点宜为勘探点点数的 1/4～1/3，但每个地貌单元上应有控制性勘探点。

e. 与稳定、渗漏有关的地段应加密、加深勘探孔，或专门布置勘探工作。

③堆场(库区)的勘察工作。

a. 当堆场(库区)存在岩溶、断裂构造、裂隙发育带或其他强渗漏性地层时，应进行勘探和测试工作，勘探点的数量和勘探孔的深度以能查明上述地质条件为目的。

b. 当堆场(库区)存在滑坡、崩塌或其他不良地质作用，且可能影响堆场正常和有效运行时，应布置勘探和测试工作，其勘探点数量和勘探孔深度应能查明不良地质作用的规模和失稳条件。

④测试工作。

a. 对坝址区和堆场可采用标准贯入试验、静力触探试验、旁压试验，以确定地基土的物理力学性质指标。也可选取有代表性的不扰动试样进行室内试验。每个主要土层的原位测试或取土试样的数量不应少于 6 件(次)。若有软弱土层分布时，应有足够的试验数据。土试样的试验项目，除一般常规项目外，对黏性土应做抗剪强度和渗透性试验，对砂土应做抗剪强度、渗透、颗粒分析、相对密实度、休止角和毛细水上升高度试验。

b. 在钻探过程中，应进行水文地质观测，为判定地下水对混凝土和铸铁管的腐蚀性。应在不同的含水层中选取试样 1～2 件进行水质分析。

c. 为确定坝址区和堆场(库区)的渗漏性，应在强透水地层(砂层、卵石层、裂隙发育带、断裂破碎带)中进行抽水试验或注水试验、压水试验。

(二)加高坝的勘察

当废弃物堆填超过初期坝高度后，用废渣材料加高坝体，故称加高坝，又称废渣材料堆积坝。

1. 勘察要求

加高坝的勘察应着重查明下列内容。

①已有堆积体的成分、性质、颗粒组成、密实程度和堆积规律。尾矿和灰渣的分类见表 12.3.1。

②堆积材料的工程特性和化学性质。

③堆积体内浸润线位置及其变化规律。

④当渗漏较严重或因渗漏而污染环境时，应查明渗漏途径。

⑤初期坝的稳定性，继续堆积至设计高度时的适宜性和稳定性。

⑥加高坝在地震作用下的稳定性和废渣材料的地震液化可能性。

⑦加高坝运行过程中可能产生的环境影响。

2. 勘察工作布置原则

①勘探线应垂直坝轴线布置，勘探线的数量不宜少于 3 条。勘探线的一端从初期坝的下游、坝前约 30 m 处，另一端应达水边线。每条勘探线上不应少于 3 个控制性钻孔。

②应有不少于 2 条勘探线延伸到堆场内。

③勘探线和勘探点间距可参照表 12.3.4 确定。

勘探线和勘探点间距 表 12.3.4

堆场等级	勘探线间距/m		勘探点间距/m	
	坝体组成以粉性、黏性废渣为主	坝体组成以砂性废渣为主	坝址地段	堆场(库区)
一至三级	≤200	≤250	30～60 m,每条勘探线上不少于6 个孔	60～120 m,每条勘探线上不少于5 个孔
四至五级	≤100	≤150	20～50 m,每条勘测线上不少于5 个孔	40～80 m,每条勘探线上不少于3 个孔

注:1. 勘探线总数不应少于 3 条。

2. 重点勘探线上的勘探点间距取小值;一般勘探线上的勘探点间距在坝体部分取小值,在沉积部分取大值。

3. 当存在软弱夹层时,应加密勘探点,查明其分布,特别注意可能形成滑动面的各种夹层。

4. 当需查明初期坝材料的物理力学性质和地下水时,应在初期坝位置上有足够的勘探点。

④一般性勘探孔的深度应达到自然地面下 1～2 m。控制性勘探孔的深度一般可参照表 12.3.5确定。

控制性勘探孔深度(原自然地面下) 表 12.3.5

堆 场 等 级	勘探孔深度/m	
	加高坝	堆场(库区)
一至三级	15～20	5～8
四至五级	10～15	3～5

注:1. 勘探深度内遇到基岩时,一般达到基岩面即可。

2. 在强震区(地震设防烈度大于或等于 7 度),需进行动力反应分析时,每条勘探线上应有不少于 3 个勘探孔达到基岩或坚实地层(指 $N \geqslant 50$ 的地层)。

3. 当场地内有地质资料时,勘探孔深度可适当减少。当遇有岩溶等特殊问题时勘探孔深度不受表列数值限制。

3. 测试和实验

(1)原位测试

①标准贯入试验:所有钻孔均应进行标准贯入试验,判定尾矿砂的密实度及其产生液化的可能性,密实度判定标准如表 12.3.6 所示。

尾矿砂密度分类 表 12.3.6

密 实 度	标贯击数 N	密 实 度	标贯击数 N
松散	<4	密实	30～50
稍密	4～10	很密	>50
中密	10～30		

②波速测试:可测定剪切波和压缩波速,计算动力参数。

③十字板剪切试验:当尾矿泥厚度大于 0.5 m 时应采用十字板剪切试验测定其抗剪强度。

④渗透试验:在尾矿沉积滩上宜采用抽水试验(或注水试验、渗水试验)测定渗透系数等水文地质参数。

(2)室内试验

①物理力学性质试验。

a.对尾矿砂应进行颗粒分析、天然密度、含水率、比重、饱和度、孔隙比、相对密实度、抗剪强度、渗透系数、天然休止角的测定。

b.对尾矿土应进行天然密度、含水率、比重、饱和度、孔隙比、液限、塑限、塑性指数、液性指数、抗剪强度、渗透系数的测定。

②动力性质试验。当场地抗震设防烈度等于或大于 7 度时，应进行动力性质的测定。在堆积坝坝体上，应采取有代表性的尾矿砂样和尾矿土样（尾矿砂样不少于 2 种，尾矿土样不少于 1 种）进行动三轴试验。

③其他试验。当需要综合研究尾矿和灰渣等的性质时，可取样进行矿物成分、化学性质试验和镜下鉴定。

四、工业废渣堆场的岩土工程评价

工业废渣堆场的岩土工程评价包括场地稳定性，坝基、坝肩和库岩的稳定性，坝址和库区的渗漏及其对环境的影响，以及对建筑材料的评价。

（一）场地稳定性的评价

场地稳定性评价是指洪水、滑坡、崩塌、泥石流、岩溶、断裂等不良地质作用对工程的影响。此类不良地质作用造成的地质灾害对场地有严重威胁，甚至毁灭整个堆场。故应查明其类型、分布、规模、发育程度和危害程度等。

（二）坝基、坝肩和库区稳定性评价

1.坝基、坝肩抗滑稳定性分析

①详细查明主要滑动面的成因、产状、结构、物质组成、连续性和水理性质。

②根据结构面的组合关系，分析可能的滑动形式，确定滑动体的边界条件，正确选定抗剪强度指标。

③抗滑稳定性计算：稳定性分析方法与水利工程同，但应特别注意长期渗漏作用对坝基稳定性的影响。

2.坝基沉降分析

①对于一般的砂砾石坝基、岩石坝基和四、五级初期坝可不进行沉降分析。

②当坝基为较厚的可塑性土层、一至三级初期坝应进行坝基的沉降分析。

3.坝基渗漏稳定性分析

进行坝基的渗透稳定性验算，使坝基面的渗透水力坡降 i 小于表 12.3.7 的容许值。

坝基土的容许水力坡降值　　　表 12.3.7

土的渗透系数/(cm/s)	容许的 i 值	土的渗透系数/(cm/s)	容许的 i 值
≥0.5	0.1	0.025～0.005	0.2～0.5
0.5～0.025	0.1～0.2	≤0.05	≥0.5

坝址和库区的渗漏，不仅对坝的稳定影响很大，而且还会对水源、农业、生态环境产生影响，造成严重污染。因此应对坝址和库区渗漏和污染的可能性，以及污染物的性质、成分，污染程度等进行评价。

（三）加高坝的稳定性评价

加高坝坝坡稳定性计算方法宜采用普通圆弧法，当坝基或坝体内存在软弱土层时，可采用改良圆弧法。根据正常水位和洪水位的两种运行情况的不同荷载组合进行计算。在强震区进行稳定分析时，应考虑地震力的作用。加高坝位于强震区时，应评价坝基土和堆坝材料

的液化的可能性。

(四)筑坝材料的评价

筑坝用的砂石料数量很大,对工程造价有较大影响。因此,对材料的质量、储量、开采和运输条件等等应进行评价。

(五)岩土工程勘察报告

废渣堆场的岩土工程勘察报告除了一般报告的内容外,尚应包括下列内容:

①按上述岩土工程评价要求进行岩土工程分析评价,并提出防治措施的建议;

②对废渣加高坝,应分析评价现状和达到最终高度时的稳定性,提出堆积方式和应采取的措施的建议;

③提出边坡稳定、地下水位、库区渗漏等方面监测工作的建议。

第十三章　地质灾害危险性评估

地质灾害危险性评估是在查明各种致灾地质作用的性质、规模和承灾对象的社会经济属性(承灾对象的价值,可移动性等)的基础上,从致灾体稳定性、致灾体和承灾对象遭遇的概率上分析入手,对其潜在的危险性进行客观评估。

地质灾害是指包括自然因素或者人为活动引发的危害人民生命和财产安全的山体崩塌、滑坡、泥石流、地面塌陷、地裂缝、地面沉降等与地质作用有关的灾害。地质灾害易发区是指容易产生地质灾害的区域。地质灾害危险区是指可能发生地质灾害且将可能造成较多人员伤亡和严重经济损失的地区。地质灾害危害程度是指地质灾害造成的人员伤亡、经济损失和生态环境破坏的程度。

第一节　地质灾害危险性评估的基本要求、范围和级别

一、基本要求

①在地质灾害易发区内进行工程建设,必须在可行性研究阶段进行地质灾害危险性评估;在地质灾害易发区内进行城市总体规划、村庄和集镇规划时,必须对规划区进行地质灾害危险性评估。

②地质灾害危险性评估,必须对建设工程遭受地质灾害的可能性和该工程在建设中和建成后引发地质灾害的可能性做出评价,提出具体的预防和治理措施。

③地质灾害危险性评估的灾种主要包括:崩塌、滑坡、泥石流、地面塌陷(含岩溶塌陷和矿山采空塌陷)、地裂缝和地面沉降等。

④地质灾害危险性评估的主要内容是阐明工程建设区和规划区的地质环境条件的基本特征;对工程建设区和规划区各种地质灾害的危险性,进行现状评估、预测评估和综合评估;提出防治地质灾害的措施和建议,并做出建设场地适宜性评估的结论。

⑤地质灾害危险必须做评估工作,必须在充分搜集利用已有遥感影像、区域地质,矿产地质、水文地质、工程地质、环境地质和气象水文等资料的基础上,进行地面调查,必要时可适当进行物探、坑槽探和取样测试。

二、地质灾害危险性评估的范围

地质灾害危险性评估的范围,不能局限于建设用地和规划用地面积内,应根据建设和规划项目的特点、地质环境条件和地质灾害的种类确定,具体要求是:

①若危险性仅限于用地面积内,则按用地范围进行评估。

②崩塌、滑坡的评估范围应以第一斜坡带为限。

③泥石流必须以完整的沟道流域面积为评估范围。

④地面塌陷和地面沉降的评估范围应与初步推测的可能范围一致。

⑤地裂缝应与初步推测可能延展、影响范围一致。

⑥当建设工程和规划区位于强震区，工程场地内分布有可以产生明显错位或构造性地裂的全新活动断裂或发震断裂时，评估范围应包括邻近地区活动断裂的一些特殊构造部位(不同方向的活动断裂的交汇部位、活动断裂的拐弯段、强烈活动部位、端点及断裂上不平滑处等)。

⑦重要的线路工程建设项目，评估范围一般应以相对线路两侧扩展500～1 000 m为限。

⑧在已进行地质灾害危险性评估的城市规划区范围内进行工程建设，建设工程处于已划定为危险性大～中等的区段，还应按建设工程项目的重要性与工程特点进行建设工程地质灾害危险性评估。

⑨区域性工程项目的评估范围，应根据区域地质环境条件和工程类型确定。

三、地质灾害危险性评估分级和深度要求

(一)地质灾害危险性评估的分级

地质灾害危险性评估的分级，应根据地质环境条件复杂程度和建设项目的重要性划分为三级，见表13.1.1。在充分搜集分析已有资料的基础上，编制评估工作大纲，明确任务，确定评估范围和级别，拟定地质灾害调查内容和重点，工作部署和工作量，提出质量监控措施和成果等。

地质灾害危险性评估分级　　表13.1.1

项目重要性	复杂程度		
	复杂	中等	简单
重要建设项目	一级	一级	一级
较重要建设项目	一级	二级	三级
一般建设项目	二级	三级	三级

地质环境条件复杂程度分类见表13.1.2。

地质环境条件复杂程度分类　　表13.1.2

复　　杂	中　　等	简　　单
地质灾害发育强烈	地质灾害发育中等	地质灾害一般不发育
地表与地貌类型复杂	地形较简单，地貌类型单一	地形简单，地貌类型单一
地质构造复杂，岩性、岩相变化大，岩土体工程地质性质不良	地质构造较复杂，岩性、岩相不稳定，岩土体工程地质性质较差	地质构造简单，岩性单一，岩土体工程地质性质良好
工程地质、水文地质条件不良	工程地质、水文地质条件较差	工程地质、水文地质条件良好
破坏地质环境的人类工程活动强烈	破坏地质环境的人类工程活动较强烈	破坏地质环境的人类工程活动一般

注：每类条件中有一条符合条件者即划为该类型。

建设项目重要性分类见表13.1.3。

建设项目重要性分类　　表13.1.3

项目类型	项目类别
重要建设项目	开发区建设，城镇新区建设，放射性设施，军事设施，核电厂，二级及二级以上公路、铁路、机场，大型水利工程、电力工程、港口码头、矿山、集中供水水源地、工业建筑、民用建筑、垃圾处理场、水处理厂等
较重要建设项目	新建村庄，三级及三级以下公路，中型水利工程、电力工程、港口码头、矿山、集中供水水源地、工业建筑、民用建筑、垃圾处理场、水处理厂等
一般建设项目	小型水利工程、电力工程、港口码头、矿山、集中供水水源地、工业建筑、民用建筑、垃圾处理场、水处理厂等

(二)地质灾害危险性评估的深度要求

1. 一级评估

①应有充足的基础资料,进行充分论证。

②必须对评估区分布的各类地质灾害体的危险性和危害程度逐一进行现状评估。

③对建设场地和规划区范围内,工程建设可能引发或加剧的和本身可能遭受的各类地质灾害的可能性和危害程度分别进行预测评估。

④依据现状评估和预测评估结果,综合评估建设场地和规划区地质灾害危险性程度,分区段划分出危险性等级,说明各区段主要地质灾害种类和危害程度,对建设场地适宜性作出评估,并提出有效防治地质灾害的措施和建议。

2. 二级评估

①应有足够的基础资料,进行综合分析。

②必须对评估区域分布的各类地质灾害的危险性和危害程度逐一进行初步现状评估。

③对建设场地范围和规划区内,工程建设可能引发或加剧的和本身可能遭受的各类地质灾害的可能性和危害程度分别进行初步预测评估。

④在上述评估的基础上,综合评估其建设场地和规划区地质灾害危险性程度,分区段划分出危险性等级,说明各区段主要地质灾害种类和危害程度,对建设场地适宜性作出评估,并提出可行的防治地质灾害措施和建议。

3. 三级评估

三级评估应对必要的基础资料进行分析,参照一级评估要求的内容,作出概略评估。

第二节 地质灾害调查和地质环境条件分析

一、地质灾害调查的重点

地质灾害调查的重点应是评估区内不同类型灾种及其易发区段,并应包括下列内容:

①在相同地质环境条件下,存在不稳定的斜坡坡度、坡高、坡型,岩体破碎,土体松散,构造发育,工程设计挖方切坡路堑等工段,将是崩塌、滑坡的易发区段;

②经初步分析判断,凡符合泥石流形成基本条件的冲沟;

③依据区域岩溶发育程度、松散覆盖层厚度、地下水动力条件及动力因素的初步分析判断,圈定可能诱发岩溶塌陷的范围;

④在前人资料的基础上,圈出各类特殊岩土分布范围;

⑤对线路工程及区域性的工程项目,必须将地质灾害的易发区段和危险区段及危害严重的地质灾害点作为调查的重点。

二、地质灾害调查内容和要求

(一)崩塌调查

内容包括:

①崩塌区的地形地貌及崩塌类型、规模、范围,崩塌体的大小和崩落方向。

②崩塌区岩体的岩性特征、风化程度和水的活动情况。

③崩塌区的地质构造,岩体结构类型,结构面的产状、组合关系、闭合程度、力学属性、延展和贯穿情况,编绘崩塌区的地质构造图。

④气象(重点是大气降水)、水文和地震情况。

⑤崩塌前的迹象和崩塌原因,地貌、岩性、构造、地震、采矿、爆破、温差变化、水的活动等。

⑥当地防治崩塌的经验。

(二)滑坡调查

内容包括:

①搜集当地滑坡史、易滑地层分布、水文气象、工程地质图和地质构造图等资料,并调查分析山体地质构造。

②调查微地貌形态及其演变过程,圈定滑坡周界、滑坡壁、滑坡平台、滑坡舌、滑坡裂缝、滑坡鼓丘等;查明滑动带部位、滑痕指向、倾角,滑带的组成和岩土状态,裂缝的位置、方向、深度、宽度、产生时间、切割关系和力学属性;分析滑坡的主滑方向、滑坡的主滑段、抗滑段及其变化,分析滑动面的层数、深度和埋藏条件及其向上、向下发展的可能性。

③调查滑带水和地下水的情况,泉水出露地点及流量,地表水体、湿地分布及变迁情况。

④调查滑坡内外建筑物、树木等的变形、位移及其破坏的时间和过程。

⑤对滑坡的重点部位宜摄影和录像。

⑥调查当地整治滑坡的经验。

(三)泥石流的调查

调查范围应包括沟谷至分水岭的全部地段和可能受泥石流影响的地段,并应调查下列内容:

①冰雪融化和暴雨强度、前期降雨量、一次最大降雨量,平均及最大流量,地下水活动情况。

②地层岩性,地质构造,不良地质现象,松散堆积物的物质组成、分布和储量。

③沟谷的地形地貌特征,包括沟谷的发育程度、切割情况,坡度、弯曲、粗糙程度,并划分泥石流的形成区、流通区和堆积区,并圈绘整个沟谷的汇水面积。

④形成区的水源类型、水量、汇水条件,山坡坡度,岩层性质及风化程度;查明断裂、滑坡、崩塌、岩堆等不良地质现象的发育情况及可能形成泥石流固体物质的分布范围、储量。

⑤流通区的沟床纵横坡度、跌水、急湾等特征,查明沟床两侧山坡坡度、稳定程度,沟床的冲淤变化和泥石流的痕迹。

⑥堆积区的堆积扇分布范围,表面形态,纵坡,植被,沟道变迁和冲淤情况;查明堆积物的性质、层次、厚度,一般粒径及最大粒径及分布规律;判定堆积区的形成历史、堆积速度,估算一次最大堆积量。

⑦泥石流沟谷的历史,历次泥石流的发生时间、频数、规模、形成过程、暴发前的降雨情况和暴发后产生的灾害情况,并区分正常沟谷或低频率泥石流沟谷。

⑧开矿弃渣、修路切坡、砍伐森林、陡坡开荒及过度放牧等人类活动情况。

⑨当地防治泥石流的措施和经验。

(四)地面塌陷调查

地面塌陷包括岩溶塌陷和采空塌陷。宜以搜集资料、调查访问为主,分别查明下列内容:

(1)岩溶塌陷

①依据已有资料进行综合分析,掌握区内岩溶发育、分布规律及岩溶水环境条件。

②查明岩溶塌陷的成因、形态、规模、分布密度、土层厚度与下伏基岩岩溶特征。

③地表水、地下水动态及其与自然和人为因素的关系。

④划分出变形类型和土洞发育区段。

⑤调查岩溶塌陷对已有建筑物的破坏情况，圈定可能发生岩溶塌陷的区段。

(2)采空塌陷

①矿层的分布、层数、厚度、深度、埋藏特征和开采层的岩性、结构等。

②矿层开采的深度、厚度、时间、方法、顶板支撑及采空区的塌落、密实程度、空隙和积水等。

③地表变形特征和分布规律，包括地表陷坑、台阶，裂缝位置、形状、大小、深度、延伸方向及其与采空区、地质构造、开采边界、工作面推进方向等的关系。

④地表移动盆地的特征，划分中间区、内边缘区和外边缘区，确定地表移动和变形的特征值。

⑤采空区附近的抽、排水情况及对采空区稳定的影响。

⑥搜集建筑物变形及其处理措施的资料等。

(五)地裂缝调查

主要调查以下内容：

①单缝发育规模和特征以及群缝分布特征和分布范围；

②形成的地质环境条件(地形地貌、地层岩性、构造断裂等)；

③地裂缝的成因类型和诱发因素(地下水开采等)；

④发展趋势预测；

⑤现有防治措施和效果。

(六)地面沉降调查

主要调查由于常年抽吸地下水引起水位或水压下降而造成的地面沉降，不包括由于其他原因所造成的地面沉降。主要通过搜集资料、调查访问，查明地面沉降原因、现状和危害情况，着重查明下列问题。

①综合分析已有资料，查明第四纪沉积类型、地貌单元特征，特别要注意冲积、湖积和海相沉积的平原或盆地及古河道、洼地、河间地块等微地貌的分布；第四系岩性、厚度和埋藏条件，特别要查明压缩层的分布。

②查明第四系含水层的水文地质特征、埋藏条件及水力联系；搜集历年地下水动态、开采量、开采层位和区域地下水位等值线图等资料。

③根据已有地面测量资料和建筑物实测资料，同时结合水文地质资料进行综合分析，初步圈定地面沉降范围和判定累计沉降量，并对地面沉降范围内已有建筑物损坏情况进行调查。

(七)潜在不稳定斜坡调查

(1)调查内容

主要调查建筑场地范围内可能发生滑坡、崩塌等潜在隐患的陡坡地段。调查的内容包括：

①地层岩性、产状、断裂、节理、裂隙发育特征、软弱夹层岩性、产状、风化残坡积层岩性、厚度；

②斜坡坡度、坡向、地层倾向与斜坡坡向的组合关系；

③调查斜坡周围，特别是斜坡上部暴雨、地表水渗入或地下水对斜坡的影响，人为工程活动对斜坡的破坏情况等；

④对可能构成崩塌、滑坡的结构面的边界条件、坡体异常情况等进行调查分析，以此判断斜坡发生崩塌、滑坡、泥石流等地质灾害的危险性及可能的影响范围。

(2)可能失稳的确定

有下列情况之一者，应视为可能失稳的斜坡：

①各种类型的崩滑体；

②斜坡岩体中有倾向坡外，倾角小于坡角的结构面存在；

③斜坡被两组或两组以上结构面切割，形成不稳定棱体，其底棱线倾向坡外，且倾角小于斜坡直角；

④斜坡后缘已产生拉裂缝；

⑤顺坡向卸荷裂隙发育的高陡斜坡；

⑥岸边裂隙发育、表层岩体已发生蠕动或变形的斜坡；

⑦坡足或坡基存在缓倾的软弱层；

⑧位于库岸或河岸水位变动带，渠道沿线或地下水溢出带附近，工程建成后可能经常处于浸湿状态的软质岩石或第四系沉积物组成的斜坡；

⑨其他根据地貌、地质特征分析或用图解法初步判定为可能失稳的斜坡。

(八)其他灾种

根据现场实际情况，可增加调查灾种，并参照国家有关规范的要求进行。

三、地质环境条件分析

一切致灾地质作用都受地质环境因素综合作用的控制。地质环境条件分析是地质灾害危险性评估的基础。分析地质环境因素的特征与变化规律。地质环境因素主要包括如下内容。

①岩土体物性：岩土体类型、组分、结构、工程地质特征。

②地质构造：构造形态、分布、特征、组合形式和地壳稳定性。

③地形地貌：地貌形态、分布及地表特征。

④地下水特征：地下水类型，含水岩组分布，补给、径流和排泄条件，动态变化规律和水质、水量。

⑤地表水活动：径流规律、河床沟谷形态、纵坡、径流速度和流量等。

⑥地表植被：植被种类、覆盖率、退化状况等。

⑦气象：气温变化特征、降水时空分布规律与特征、蒸发和风暴等。

⑧人类工程—经济活动形式与规模。

分析研究各地质环境因素对评估区主要致灾地质作用形成、发育所起的作用和性质，从而划分出主导地质环境因素、从属地质环境因素和激发因素，为预测评估提供依据。

分析各地质环境因素各自的和相互作用的特点及主导因素的作用，以各种致灾地质作用分布实际资料为依据，划出各种致灾地质作用的易发区段，为确定评估重点区段提供依据。

综合地质环境条件各因素的复杂程度，对评估区地质环境条件的复杂程度做出总体和分区段划分。

各种致灾地质作用受控于所有地质环境因素不等量的作用。主导地质环境因素是致灾地质作用形成的关键；从属地质环境因素总是以主导地质环境因素的作用为前提或是通过主导地质环境因素发挥作用；激发因素是致灾地质作用孕育成熟的条件下，因其作用而导致灾害发生。因此，在预测评估过程中，应首先分析某些地质环境因素可能发生的变化而出现不稳定状态，评价地质灾害发展趋势。

有关区域地壳稳定性，高坝和高层建筑地基稳定性，隧道开挖过程中的工程地质问题和地下开挖过程中各种灾害（岩爆、突水、瓦斯突出等）问题，不作为地质灾害危险性评估的内容，可在地质环境条件中进行论述。

第三节　地质灾害危险性评估

一、地质灾害危险性分级

地质灾害危险性分级见表 13.3.1。

地质灾害危险性分级　　表 13.3.1

危险性分级	确定要素	
	地质灾害发育程度	地质灾害危害程度
危险性大	强发育	危害大
危险性中等	中等发育	危害中等
危险性小	弱发育	危害小

二、地质灾害危险性评估的内容

地质灾害危险性评估包括：地质灾害危险性现状评估、地质灾害危险性预测评估和地质灾害危险性综合评估。

（一）地质灾害危险性现状评估

基本查明评估区已发生的崩塌、滑坡、泥石流、地面塌陷（含岩溶塌陷和矿山采空塌陷）、地裂缝和地面沉降等灾害形成的地质环境条件、分布、类型、规模、变形活动特征，主要诱发因素与形成机制，对其稳定性进行初步评价，在此基础上对其危险性和对工程危害的范围、程度做出评估。

（二）地质灾害危险性预测评估

对工程建设场地和可能危及工程建设安全的邻近地区，可能引发或加剧的、工程本身可能遭受的地质灾害的危险性做出评估。

地质灾害的发生，是各种地质环境因素相互影响，不等量共同作用的结果。预测评估必须在对地质环境因素系统分析的基础上，判断降水或人类活动因素等激发下，某一个或一个以上的可调节的地质环境因素的变化，导致致灾体处于不稳定状态，预测评估地质灾害的范围、危险性和危害程度。

地质灾害危险性预测评估内容包括：

①对工程建设中和建成后可能引发或加剧崩塌、滑坡、泥石流、地面塌陷、地裂缝和不稳定的高陡边坡变形等的可能性、危险性和危害程度做出预测评估。

②对建设工程自身可能遭受已存在的崩塌、滑坡、泥石流、地面塌陷、地裂缝、地面沉降等危害隐患和潜在不稳定斜坡变形的可能性、危险性和危害程度做出预测评估。

③对各种地质灾害危险性预测评估可采用工程地质比拟法、成因历史分析法、层次分析法、数字统计法等定性、半定量的评估方法进行。

(三)地质灾害危险性综合评估

依据地质灾害危险性现状评估和预测评估结果,充分考虑评估区的地质环境条件的差异和潜在的地质灾害隐患点的分布、危险程度,确定判别区段危险性的量化指标,根据"区内相似,区际相异"的原则,采用定性、半定量分析法,进行工程建设区和规划区地质灾害危险性等级分区(段);并依据地质灾害危险性、防治难度和防治效益,对建设场地的适宜性做出评估,提出防治地质灾害的措施和建议。

①地质灾害危险性综合评估,危险性划分为危险性大、危险性中等和危险性小三级(表 13.3.1)。

②建设用地适宜性分类见表 13.3.2。

建设用地适宜性分级

表 13.3.2

级别	分级说明
适宜	地质环境简单,工程建设遭受地质灾害危害的可能性小,引发、加剧地质灾害的可能性小,危险性小,易于处理
基本适宜	不良地质现象较发育,地质构造、地层岩性变化较大,工程建设遭受地质灾害的可能性中等,引发、加剧地质灾害的可能性中等,危险性中等,但可采取措施予以处理
适宜性差	地质灾害发育强烈,地质构造复杂,软弱结构发育,工程建设遭受地质灾害的可能性大,引发、加剧地质灾害的可能性大,危险性大,防治难度大

③地质灾害危险性综合评估应根据各区(段)存在的和可能引发的灾种的多少、规模、稳定性和承灾对象的社会经济属性等综合判定。

④分区(段)评估结果,应列表说明各区(段)的工程地质条件、存在和可能诱发的地质灾害种类、规模、稳定状态、对建设项目危害情况并提出防治要求。

三、地质灾害危险性评估成果

国土资源部在《国土资源部关于加强地质灾害危险性评估工作的通知》(国土资发[2004]69 号)中,对地质灾害危险性评估的成果报告,提出具体要求。其中地质灾害危险性评估成果应包括:地质灾害危险性评估报告书或说明书,并附评估区地质灾害分布图、地质灾害危险性综合分区评估图和有关的照片、地质地貌剖面图等。

地质灾害危险性一、二级评估,要求提交地质灾害危险性评估报告书;三级评估应提交地质灾害危险性评估说明书。地质灾害危险性评估报告书的主要内容包括评估工作概述、地质环境条件、地质灾害危险性现状评估、地质灾害危险性预测评估、地质灾害危险性综合分区评估及防治措施等。

第九篇

地 震 工 程

考试大纲

(一)抗震设防的基本知识

了解国家标准《中国地震动参数区划图》(GB 18306—2015)的基本内容;了解建筑抗震设防的三个水准要求;熟悉抗震设计的基本参数;了解土动力参数的试验方法;了解影响地震地面运动的因素。

(二)地震作用与地震反应谱

了解设计地震反应谱;掌握地震设计加速度反应谱的主要参数的确定方法及其对勘察的要求。

(三)建筑场地的地段与类别划分

熟悉各类建筑场地地段的划分标准;掌握建筑场地类别划分的方法;了解建筑场地类别划分对抗震设计的影响。

(四)土的液化

了解土的液化机理及其对工程的危害;掌握液化判别方法;掌握液化指数的计算和液化等级的评价方法;熟悉抗液化措施的选用。

(五)地基基础的抗震验算

熟悉地基基础需要进行抗震验算的条件和方法。

(六)土石坝抗震设计

熟悉土石坝的抗震措施;掌握土石坝抗震稳定性计算的方法。

第一章　地震工程基本知识

第一节　基本名词

在工程勘察中常需了解的有关地震方面的基本名词如下(图 1.1.1)。

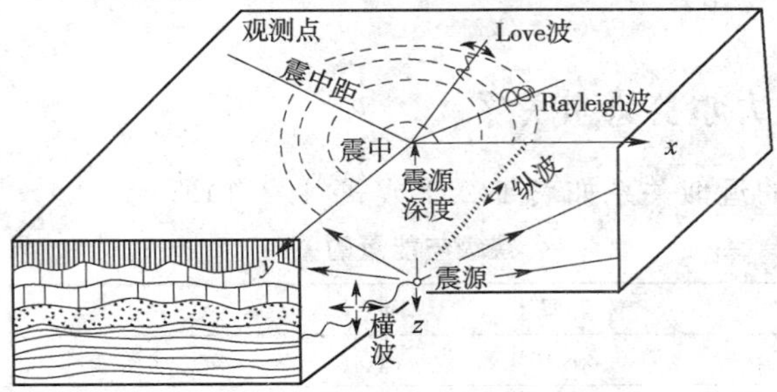

图 1.1.1　地震名词及地震波

①震源:地球内部发生地震的地方称为震源。

②震中:震源在地面上的投影位置称为震中。

③震中距:地面上任何一个地方或观测点(如地震台)到震中的直线距离,称为震中距。

④震中区:震中附近的地区称为震中区。强烈地震时,破坏最严重的地区,称为极震区。

⑤震源深度:从震中到震源的距离称为震源深度。

⑥地震波:地震引起的振动以波的形式从震源向各个方向传播,称为地震波。地震波根据波动位置和形式分为如下几类:

a. 体波。体波是一种通过地球体内传播的地震波。它又分为以下两种。

(a)纵波(P)。亦称压缩波,质点振动方向与波的前进方向(发射线)一致,靠介质的扩张与收缩而传递,其传播速度每秒 5～6 km,振动的摧毁力较小。

(b)横波(S)。亦称剪切波,质点振动方向垂直于波的传播方向,为各质点间发生的周期性的剪切振动,其传播速度每秒 3～4 km,振动摧毁力较强。

b. 面波(L)。沿地表面传播的地震波。面波的传播速度最小,每秒只有 3 km 多,但振幅大,故对地面的破坏最大,面波又分为 Rayleigh 波(R)和 Love 波(Q)。

(a)Rayleigh 波(R)。Rayleigh 波传播时,质点在波的传播方向和地表面法向组成的平面内作椭圆运动,而与该平面垂直的水平方向没有振动,即在地面上呈滚动形式(图 1.1.1)。

(b)Love 波(Q)。Love 波传播时,质点在与传播方向相垂直的水平方向运动,即地面水平运动或者在地面上呈蛇形运动形式(图 1.1.1)。

⑦地震震级:地震震级是表示地震本身强度大小的等级,它是地震震源释放出能量大小的一种量度。它的最初定义是:距震中 100 km 处用标准地震仪(周期 0.8 s,阻尼系数 0.8,放大倍数 2 800)实测最大水平地动位移的对数。例如:当测得的振幅为10 mm,即 10 000 μm 时,它的对数为 4,地震即定为 4 级。

⑧地震烈度:地震对地表和地表建筑物的影响和破坏的强烈程度,称为地震烈度。

a.基本烈度。指一个地区今后一定时期内,在一般场地条件下可能遭遇的最大地震烈度,即现行《中国地震烈度区划图》规定的地震烈度。

b.抗震设防烈度。按国家批准权限审定作为一个地区抗震设防依据的地震烈度,一般情况下取基本烈度。

⑨近震与远震:当某地区受地震影响来自震中烈度与该地区设防烈度相等或比它大1度的地震时,按近震考虑;当某地区所受地震影响可能来自震中烈度比该地区设防烈度大2度或2度以上的地震时,按远震考虑。

第二节　震级、烈度、震源间的关系

一、震级与能量大小的近似关系

震级与能量大小的近似关系如表1.2.1或式(1.2.1)所示。

震级与能量的关系　　表1.2.1

震级 M	能量 E/J	震级 M	能量 E/J
0	6.3×10^{4}	5	2×10^{12}
1	2×10^{6}	6	6.3×10^{13}
2	6.3×10^{7}	7	2×10^{15}
2.5	3.55×10^{8}	8	6.3×10^{16}
3	2×10^{9}	8.5	3.55×10^{17}
4	6.3×10^{10}	8.9	1.4×10^{18}

注:J(焦耳)为能量单位。

$$\lg E=4.8+1.5M \tag{1.2.1}$$

式中,E为能量(J);M为地震震级。

二、震级与震源断层长度的关系

震级与震源断层长度的关系如表1.2.2所示。

震级与震源断层长度关系　　表1.2.2

震级 M 与断层长度 L	提出者	备注
$M=0.98\lg L+0.75$	Tocher,1958	①由10个地震统计得出的公式; ②适用于6级以上的地震; ③L以cm为单位
$M=0.76\lg L+2.27$	饭田,1965	①由60个地震统计得出的公式; ②适用于6级以上的地震; ③L以cm为单位
$M=1.06\lg L+0.23$	Press,1967	①半经验半理论公式; ②L以cm为单位
$M=1.6\lg L-3.5$	Press,1967	①适用于6级以下的地震; ②L以cm为单位

续上表

震级 M 与断层长度 L	提出者	备注
$M=3.3+2.1\lg L$	中国科学院西北地震考察队，1965	①利用中国和中亚地震； ②适用于 6.5 级以上地震； ③L 以 km 为单位
$M=1.9\lg L-6.7$	Brune & wyss，1968	①适宜于 3～6 级地震； ②L 以 cm 为单位
$M=3.6+2\lg L$	щебаJIиH，1971	L 以 km 为单位
$M=3.3\lg Lz+2.7$	щебаJIиH，1971	Lz 为震源在铅直方向上的线度，以 km 为单位
$M=2.2\lg L+2.0$	щебаJIиH，1971	①L 以 km 为单位； ②这个公式的 L 是用余震面积长轴求得的
$M=3.3+1.7\lg L$	Whitman 等，1967	L 以 km 为单位
$M=3.8+2\lg L$	宇津德治	用余震面积求得

三、震级与震中烈度及震源深度的关系

震级根据震源深浅分别按下列各式及表 1.2.3 求得

$$M=0.58I_0+1.5 \tag{1.2.2}$$

$$M=\frac{2}{3}I_0+\frac{4}{5}\lg h-\frac{1}{2} \tag{1.2.3}$$

$$M=0.68I_0+1.39\lg h-1.40 \tag{1.2.4}$$

式中，I_0 为震中烈度（度）；h 为震源深度（km）；其余符号同前。

震级与震中烈度及震源深度的关系　　表 1.2.3

M	h/km				
	5	10	15	20	25
	I_0				
2	3.5	2.5	2	1.5	1
3	5	4	3.5	3	2.5
4	6.5	5.5	5	4.5	4
5	8	7	6.5	6	5.5
6	9.5	8.5	8	7.5	7
7	11	10	9.5	9	8.5
8	12	11.5	11	10.5	10

四、震级与烈度的关系

震级和烈度都是表示地震大小的量，但是两者有很大的不同。震级是表示地震所释放的能量的大小，因此，一个地震只有一个震级。而烈度表示的是地面及房屋等建筑物受地震破坏的程度，对同一个地震，不同的地区，烈度大小是不一样的。距离震源近，破坏就大，烈度就高；距离震源远，破坏就小，烈度就低。可以举个例子说明震级和烈度的不同：地震震级好比不同瓦数的日光灯，日光灯瓦数越高能量越大，而地震能量越大则震级越高；烈度好比

屋子里光亮的程度，对同一盏日光灯来说，各处距离日光灯的远近不同，受光的照射也不同，所以各地的烈度也不一样。

第三节　地震的分类

一、按成因分类

①构造地震。主要由地壳断裂构造运动所引起的地震，是最普遍和重要的一类地震，其影响较为强烈且范围广泛。

②火山地震。火山喷发时岩浆或气体对围岩的冲击引起的地震，其影响范围一般不大，且为数较少。

③陷落地震。由地壳陷落引起，多为石灰岩溶洞陷落造成，其数量少、影响小。

④人工诱发地震。由于水库蓄水或向地下大量灌水，使地下岩层负荷增大，如果地下有大断裂或构造破碎带存在，断层面浸水润滑加之水库荷载等共同作用，使断层复活而引起地震。

由于地下核爆炸或地下大爆破，巨大的爆破力量对地下产生强烈的冲击，促使地壳中构造应力的释放，从而诱发了地震。

人工诱发地震的特点是震中位置多发生在水库或爆炸点附近地区，小震多，震动次数多，震源深度较浅，最大的震级目前不超过 6.5 级。

二、按震源深度分类

地震按震源深度分类见表 1.3.1。

按震源深度分类　　表 1.3.1

名　　称	震源深度/km	名　　称	震源深度/km
浅源地震	0～70	深源地震	＞300
中源地震	70～300		

三、按震级大小分类

地震按震级大小分类见表 1.3.2。

按震级分类　　表 1.3.2

名　　称	震　级　M	名　　称	震　级　M
大地震	$M \geqslant 7$	微震	$3 > M \geqslant 1$
中地震或强震	$7 > M \geqslant 5$	超微震	$M < 1$
小地震或弱震	$5 > M \geqslant 3$		

第四节　地震烈度表

一、我国的地震烈度表

我国的地震烈度表如表 1.4.1 所示。

中国地震烈度表 表 1.4.1

地震烈度	人的感觉	房屋震害			其他震害现象	水平向地震动参数	
		类型	震害程度	平均震害指数		峰值加速度/(m/s²)	峰值速度/(m/s)
Ⅰ	无感	—	—	—	—	—	—
Ⅱ	室内个别静止中的人有感觉	—	—	—	—	—	—
Ⅲ	室内少数静止中的人有感觉	—	门窗轻微作响	—	悬挂物微动	—	—
Ⅳ	室内多数人、室外少数人有感觉,少数人梦中惊醒	—	门窗作响	—	悬挂物明显摆动,器皿作响	—	—
Ⅴ	室内绝大多数人、室外多数人有感觉,多数人梦中惊醒	—	门窗、屋顶、屋架颤动作响,灰土掉落,个别房屋墙体抹灰出现细微裂缝,个别屋顶烟囱掉砖	—	悬挂物大幅度晃动,不稳定器物摇动或翻倒	0.31 (0.22～0.44)	0.03 (0.02～0.04)
Ⅵ	多数人站立不稳,少数人惊逃户外	A	少数中等破坏,多数轻微破坏和/或基本完好	0.00～0.11	家具和物品移动;河岸和松软土出现裂缝,饱和砂层出现喷砂冒水;个别独立砖烟囱轻度裂缝	0.63 (0.45～0.89)	0.06 (0.05～0.09)
		B	个别中等破坏,少数轻微破坏,多数基本完好				
		C	个别轻微破坏,大多数基本完好	0.00～0.08			
Ⅶ	大多数人惊逃户外,骑自行车的人有感觉,行驶中的汽车驾乘人员有感觉	A	少数毁坏和/或严重破坏,多数中等和/或轻微破坏	0.09～0.31	物体从架子上掉落;河岸出现塌方,饱和砂层常见喷水冒砂,松软土地上地裂缝较多;大多数独立砖烟囱中等破坏	1.25 (0.90～1.77)	0.13 (0.10～0.18)
		B	少数中等破坏,多数轻微破坏和/或基本完好				
		C	少数中等和/或轻微破坏,多数基本完好	0.07～0.22			

续上表

地震烈度	人的感觉	房屋震害			其他震害现象	水平向地震动参数	
		类型	震害程度	平均震害指数		峰值加速度/(m/s^2)	峰值速度/(m/s)
Ⅷ	多数人摇晃颠簸，行走困难	A	少数毁坏，多数严重和/或中等破坏	0.29～0.51	干硬土上出现裂缝，饱和砂层绝大多数喷砂冒水；大多数独立砖烟囱严重破坏	2.50 (1.78～3.53)	0.25 (0.19～0.35)
		B	个别毁坏，少数严重破坏，多数中等和/或轻微破坏				
		C	少数严重和/或中等破坏，多数轻微破坏	0.20～0.40			
Ⅸ	行动的人摔倒	A	多数严重破坏或/和毁坏	0.49～0.71	干硬土上多处出现裂缝，可见基岩裂缝、错动，滑坡、塌方常见；独立砖烟囱多数倒塌	5.00 (3.54～7.07)	0.50 (0.36～0.71)
		B	少数毁坏，多数严重和/或中等破坏				
		C	少数毁坏和/或严重破坏，多数中等和/或轻微破坏	0.38～0.60			
Ⅹ	骑自行车的人会摔倒，处于不稳状态的人会摔离原地，有抛起感	A	绝大多数毁坏	0.69～0.91	山崩和地震断裂出现，基岩上拱桥破坏；大多数独立砖烟囱从根部破坏或倒塌	10.00 (7.08～14.14)	1.00 (0.72～1.41)
		B	大多数毁坏				
		C	多数毁坏和/或严重破坏	0.58～0.80			
Ⅺ	—	A	绝大多数毁坏	0.89～1.00	地震断裂延续很大；大量山崩滑坡	—	—
		B					
		C		0.78～1.00			
Ⅻ	—	A	几乎全部毁坏	1.00	地面剧烈变化，山河改观	—	—
		B					
		C					

注：1.表中给出的“峰值加速度”和“峰值速度”是参考值，括号内给出的是变动范围。

2.本表摘自《中国地震烈度表》(GB/T 17742—2008)。

二、我国地震烈度表与国外几种地震烈度表的对比

我国地震烈度表与国外几种地震烈度表的对比见表1.4.2。

几种地震烈度表的对比　　表 1.4.2

新的中国地震烈度表(2008)	美国修订的烈度表(MM 表)(1931)	苏联地球物理研究所烈度表(1952)	MSK－1964 烈度表*	欧洲烈度表(MCS 表)(1917)	欧洲 Rossi－Forel 烈度表(1873)	日本烈度表(JMA)(1952)
1	1	1	1	1	1	0
2	2	2	2	2	2	1
3	3	3	3	3	3	2
4	4	4	4	4	4	2～3
5	5	5	5	5	5～6	3
6	6	6	6	6	7	4
7	7	7	7	7	8	4～5
8	8	8	8	8	9	5
9	9	9	9	9	10	6
10	10	10	10	10	10	6
11	11	11	11	11	10	7
12	12	12	12	12	10	7

注：* 此表为国际地震和地震工程方面的有关组织于 1962—1964 年在已有烈度表基础上制定的一种烈度表，意图逐渐统一烈度标准。

绝对地震烈度表：目前的烈度表主要以宏观描述为主，缺少定量指标。把烈度的宏观标志和地面运动的物理量对应起来，给烈度以定量的标准，即为绝对地震烈度表。意大利 Cancani(1904 年)的绝对地震烈度表如表 1.4.3 所示。

绝对地震烈度　　表 1.4.3

烈　度	最大水平加速度/(cm/s^2)	烈　度	最大水平加速度/(cm/s^2)
1	＜0.25	7	10～25
2	0.25～0.5	8	25～50
3	0.5～1.0	9	50～100
4	1.0～2.5	10	100～250
5	2.4～5.0	11	250～500
6	5.0～10	12	500～1 000

第五节　我国地震区、带及基本烈度的分布

我国地震区、带的划分如表 1.5.1 所示。我国地震基本烈度 6 度及 6 度以上的主要地区分布如表 1.5.2 所示。

我国地震区、带划分　　表 1.5.1

地　震　区	地 震 亚 区	地　震　带	地震活动程度
台湾地震区	台湾东部地震亚区		强度大、频度高(西部较低)
	台湾西部地震亚区		
南海地震区			强度小、频度低

续上表

地　震　区	地震亚区	地　震　带	地震活动程度
华南地震区	东南沿海地震带	泉州—汕头地震带	中强地震活动，频度较低（东南沿海强度较大）
		邵武—河源地震带	
		广州—阳江地震带	
		灵山地震带	
		雷琼地震带	
	长江中、下游地震亚区	扬州—铜陵地震带	
		麻城—常德地震带	
	秦岭—大巴山地震亚区		
华北地震区	华北平原地震亚区	邢台—河间地震带	强度大、频度较高
		许昌—淮南地震带	
		营口—郯城地震带	
	山西地震亚区	怀来—西安地震带	
	阴山—燕山地震亚区	三河—滦县地震带	
		五原—呼和浩特地震带	
东北地震区			强度小、频度低
青藏高原南部地震区	滇西南地震亚区		强度大、频度高
	腾冲地震亚区		
	阿隆岗日地震亚区		
	察隅—墨脱地震亚区		
	雅鲁藏布江地震亚区		
青藏高原中部地震区	川滇地震亚区	下关—剑川地震带	强度大、频度高
		通海—石屏地震带	
		东川—嵩明地震带	
		马边—昭通地震带	
		冕宁—西昌地震带	
		炉霍—康定地震带	
	可可西里—三江地震亚区		
	西昆仑山地震亚区		
	托索湖地震亚区		
新疆中部地震区	北天山地震亚区		强度大、频度高
	南天山地震亚区	拜城—和静地震带	
		柯坪—喀什地震带	
青藏高原北部地震区	宁夏—龙门山地震亚区	龙门山地震带	强度大、频度较高
		松潘地震带	
		天水地震带	
		西海固地震带	
		民勤地震带	
		银川地震带	
	祁连山地震亚区	柴达木地震带	
		祁连地震带	
		河西走廊地震带	
	阿尔金山地震亚区		
新疆北部地震区	阿尔泰山地震亚区		强度大、频度高

我国地震基本烈度6度及6度以上的主要地区分布　　表1.5.2

烈度	地　区
≥10度	郯城、新沂、岷县、宕昌、贡觉、康定、甘孜、洱源、寻甸、冕宁、台东等
9度	巴里坤、平原、高唐、拉孜、松潘、炉霍、西昌、香河、通海、临汾、洪洞、赵城、霍县、邳县、宿迁、临沂、台中、台北、基隆等
8度	北京、天津、太原、西安、大同、兰州、包头、呼和浩特、旅大、唐山、银川、嘉峪关、临泽、高台、景泰、石嘴山、临河、永宁、灵武、应县、怀来、代县、原平、忻县、阳曲、灵石、怀柔、密云、顺义、通县、房山、大兴、宝坻、永清、滦县、丰润、滦南、禹城、益都、临朐、白城、营口、黄县、蓬莱、贡噶、林芝、玉树、茂汶、泸定*、石棉*、宁蒗、盐源、丽江、大理、楚雄、布施、蒙自、普洱、海口、琼山、定安、北川、天水、武山、临潼、渭南、华县、蓝田、华阴、潼关、永济、运城、韩城、芮城、灵宝、陕县、平陆、大荔、襄汾、安阳、汲、曹县、莒南、泗县、沂南、费县、岳阳、汕头、潮安、普宁、屏东、独山子*、廊坊等
7度	南京、合肥、广州、长沙、西宁、昆明*、乌鲁木齐*、石家庄、成都、沈阳、酒泉、张掖、古浪、阿图什、伊宁*、二连浩特、青铜峡、集宁、张家口、宣化、涿鹿、榆次、太谷、交城、平遥、汾阳、孝义、介休、昔阳、蓟县、昌黎、秦皇岛、静海、山海关、定县、正定、唐县、完县、保定、邢台、武安、邯郸、德州*、沧州、临清、夏津、齐河、茌平、锦州、锦县、朝阳、盘山、彰武、海城、鞍山、辽阳、抚顺、丹东、铁岭、开原、昌图、四平、长春、吉林、萝北、烟台、牟平、威海、临洮、马尔康、昭觉、泸西、安宁、富民、德昌、会理、武定、龙街、元谋、攀枝花*、拉萨*、湛江、镇宁、威宁、宜宾、自贡、陇县、平凉、宝鸡、眉县、凤翔、咸阳、户县、蒲城、商县、新绛、曲沃、侯马*、绛县、翼城、垣曲、济源、焦作、黎城、潞城、长治、壶关、涉县、磁县、亳县、菏泽、淮南、霍山、连云港*、莒县、日照、莱芜、新泰、蒙阴、枣庄*、沛县、徐州*、宿县、固镇、淮阴*、淮安、洪泽、扬州、泰州、镇江、丹阳、句容、黄冈、九江、常德、汉中、安康、高雄*、蚌埠*、喀什*、五原*、南投*、昭通*等
6度 (远震)	赤峰*、济宁*、青岛*、济南*、潍坊*、阳泉*、安丘*、本溪*、商丘*、盐城*、安西*、承德*、哈密*、库尔勒*、永昌*、武威*、托克逊*、吐鲁番*、滁县*、莆田*、景洪*、景谷*、雅安*、株洲*、湘潭*、益阳*、盐津*、招远*、泰安*等

注：有*记号的为远震，其余皆为近震。

第二章　地震作用、地震反应谱与场地

第一节　概　　述

地震损失及人员伤亡主要是由于建筑物和各类工程设施的破坏造成的。地震对建筑物的破坏作用是通过场地、地基和基础传递给上部结构的；同时，场地与地基在地震时又支承着上部结构，因此具有双重作用。任何一个建筑物、构筑物，都坐落和嵌固在建设场地的岩土地基上。研究工程在地震作用下的震害形态、破坏机理及抗震设计等问题，都离不开对场地和地基的研究，而研究场地和地基在地震作用下的反应及其对上部结构影响，正是场地抗震评价的重要任务。因此，场地与地基对建筑物等工程设施的抗震性能有着重要影响，开展建设场地的工程抗震评价是非常必要的。工程建设场地抗震评价(亦称建设场地抗震性能评价)，就是通过对地震地质、工程地质、地形地貌及岩土工程环境等场地条件的分析，研究场地条件对基础和上部结构的震害的影响，从而合理地选择有利建筑场地及地基或结构抗震措施，避免和减轻地震对建筑物或工程设施的破坏，人员伤亡及地震引起的直接和间接经济损失。

第二节　地震破坏作用与抗震设防

一、地震破坏作用

一次强烈地震后，有大量建筑物和构筑物等设施遭受破坏，其破坏形态多种多样，极其复杂，但是我们可以从破坏性质和工程对策的角度将其大体分为两种类型，即场地和地基的破坏作用和场地的震动作用。下面对两种破坏作用的性质、评价方法进行简要的讨论。

1.场地和地基的破坏作用

场地和地基的破坏作用一般是指造成建筑物和构筑物破坏的直接原因是由于场地和地基稳定性引起的，也就是说地震时首先是场地和地基破坏从而产生建筑物和构筑物破损并引起其他灾害。场地和地基破坏作用大致有以下几种类型。

(1)地面破裂

绝大部分破坏性地震的原因是沿着地壳内称为断层的某一薄弱面突然发生破裂错动。这种破裂错动有时可能直通到地球表面。当地面破裂穿过房屋、构筑物的地基或地下管线时就会直接造成严重破坏。因为这类破坏作用只能威胁恰巧位于地面破裂带上的结构物，解决的办法是划分出可能出现的地面破裂带，不在这一地带进行建设。根据经验，破裂带的宽度一般不超过0.5 km(走滑断层)或1～2 km(倾滑断层)。划分地面破裂带遇到的困难是如何确定未来地震的发震断层的位置。这些断层的位置在多数情况下完全不知道，或者只能很不准确地判断。不过，地面破裂虽然能造成严重后果但却是一种极为局部的现象。即使是大地震，遭受这种破坏的区域与强烈地震动造成的大范围破坏区相比也是非常小的。此外，地面破裂也常出现于软弱的覆盖土层中，这种破裂撕裂作用不像基岩那样强大，纵然也能通过地基变形开裂使结构物破坏，但程度往往比较轻。由于对发震断层破裂面的勘察研究是相当艰巨的工作，耗资也比较大，因此在判别地面破裂危险区段时应在所需费用和可能取得的实际效果方面加以综合考虑，尽量根据已掌握的地质构造和活断层资料加以分析判断，作出合理的决策选择。

(2)滑坡和崩塌

滑坡有巨大破坏力。不过，滑坡也常为非地震因素(如大雨、人工扰动等)所触发，或由地震与其他因素联合触发。就滑坡的破坏力而言，用加强结构抗御能力或采取措施对大片不稳定的斜坡进行加固往往需要很高的代价，有时甚至是不实际的。预防的办法仍然是划分出可能遭到滑坡袭击的区域并使地面建筑避开这一区域。在所有地震破坏作用中，大规模的崩塌及其引起的泥石流可能是最不可抗御的。一个典型例子是秘鲁 Huascaran 山由 1970 年 5 月 31 日地震触发的崩塌，从山上往下流动的土、石和冰雪混合物有 5×10^{7} m^{3}，行进速度达 55 m/s，流动距离约 15 km，完全覆盖了一个村镇，至少掩埋了18 000 人。不过，这种灾害仅在极少的地质和地形条件下才会形成。由于滑坡和崩塌现象常在同一地区可能受其他非地震因素(如暴雨)触发而重复发生，因此常常可以根据过去滑坡和崩塌的经验划分出危险区段。在滑坡崩塌研究中可以综合运用地质调查和遥感技术等手段加以分析和判断，因为应用航空摄影等方法从空中常常可以清楚地看出过去滑坡和崩塌的痕迹。

(3)地基失效

在地震时地基土的物理力学性质会发生变化，这可能导致地基失效，即地基土发生永久变形使地基沉降或丧失承载能力。地基失效可能造成建筑物地基破坏或其他问题，如公路、铁路桥梁破坏。它不仅造成经济损失，而且可能严重影响震后救灾。砂土液化和软土震陷是地基失效常见的形式。国内外震害经验告诉我们：在地震破坏的数以万计的建筑物中，因地基失效而导致上部结构破坏的比例很小。此外，地基失效主要造成经济损失，一般不造成严重的人员伤亡。例如，1964 年日本新泻地震时一栋 4 层钢筋混凝土公寓房屋因地基失效完全倾倒，但倾倒运动相当慢，屋内居民可以从倾倒房屋外墙走下来而无伤亡。场地选择和地基处理是减轻地基失效震害的有效方法。

2.场地的震动作用

场地的震动作用是指由于强烈地面运动引起地面设施振动而产生的破坏作用。强烈地震引起的结构破坏和倒塌是造成大量生命财产损失的最普遍和最主要的原因。根据国内外破坏性地震的调查资料估计，至少 95%以上的人员伤亡和建筑物破坏是直接由于地面震动造成的。此外，强烈的地面震动也是其他地震破坏作用如地基失效、滑坡等的外部条件。所以，影响范围广大的强烈地震动是所有地震破坏作用中最重要的。减轻它所产生的地震灾害的主要途径是合理地进行抗震减震设计和采取抗震减震措施。为此，需要确定工程场地的设计地震动参数。

从国内外多次地震引起的工程结构破坏来看，场地的震动作用大体有如下特点：

①近震与远震的震害有差异，破坏有选择性。有些地震动，特别是近震小震，由于高频振动强烈，常使较低矮的、刚性较大的房屋结构破坏严重；而对于远震大震，由于其低频

振动相对较强，常使较高或较柔的房屋结构破坏严重。这样的例子是很多的，如1959年至1985年的几次墨西哥强震，远在三四百公里以外的墨西哥市的破坏以软弱地基上高层楼房为主。

②在坚硬场地上的建筑物破坏通常是由地面震动作用造成的，软弱地基上建筑物的破坏原因则比较复杂。建筑物基础的水平和竖向位移、地基不均匀沉陷、因液化和强度骤然降低而引起的地基失效等往往是软弱地基上建筑物遭受破坏的主要原因，局部孤突场地上的房屋或发生地基滑动的房屋，震害也较重。

③若无地基失效，在覆盖层较厚的软弱场地上，高层房屋结构的震害较重；在坚硬场地上刚性房屋结构的震害较重。如1976年唐山大地震，坚硬场地上砖烟囱的震害随震中距增加而迅速衰减，但在软弱场地土上衰减得则很缓慢。

④破坏的累积效应。一系列大余震往往会加重震害。1976年唐山地震时位于8度的滦河公路桥虽然遭受破坏，但仍可通车，却在主震15 h后的一次7.1级余震中塌落过半，这便是破坏的累积效应所致。

⑤若强震地面运动持续时间长，破坏或倒塌有时可能会发生于强烈地震动的后期。

综上所述，地震破坏作用可以分两类，即场地和地基的破坏作用和场地的震动作用。前者是由于地基沉陷，地面失稳等导致结构开裂、倾斜（甚至倾倒）、下沉等原因使结构物遭受破坏。这类破坏数量相对较少，且有地区性，但修复和加固非常困难。为减轻这类灾害，有效的措施是通过各种方法消除不利因素（或者避开危险地段），主要不是依靠调整上部结构的地震作用。后者是地震作用效应超过结构材料允许强度或结构的变形能力而使结构遭受破坏，这种类型的震害是比较普遍的。为了减轻这类震害，应采用合理的结构布置和抗震措施，特别应根据地震环境和场地条件调整地震作用，即选择适宜的设计地震动参数进行设计。

二、抗震设防与抗震设防标准

我国是多地震国家之一，抗震设防工作早在第一个五年计划时期就开始了。当时，由于经济水平的关系，只对一些重点工程项目进行了抗震设防，地震烈度8度和8度以下的民用建筑均不设防。1966年邢台地震后，京津地区的部分工程项目也采取了抗震设防。全国的抗震设防工作是在1974年年底国家颁布第一部《工业与民用建筑抗震设计规范》（TJ 11—1978）之后才正式展开。之后各部门制订了相应的行业标准。根据《中国地震动参数区划图》（GB 18306—2015），全国许多大中城市位于抗震设防区，近年来我国发生的几次大地震的震害情况表明，采取了抗震设防措施的房屋，震害明显减轻，破坏严重的房屋一般均是没有采取抗震设防措施或抗震设防明显不满足要求的。因此，抗震设防对减轻地震灾害工作是非常有效的。

1.抗震设防的总原则

为工程结构在其服务期内（设计基准期内）确定一个抗御一定强度地震影响的设防标准，一般称为抗震设防标准。设防标准的选择是与预期防御目标相联系的。它不仅考虑地震的危险水平，更主要的是考虑工程的效用——重要性、功能和效益（减免灾害损失所发挥的社会效益、经济效益、生态环境效益等）及增加设防投资的承受能力。因而，抗震设防目标与抗震设防标准是在一定社会经济条件下的一种抉择性选择，它不仅受当前科学水平的局限，同时也为社会经济发展水平所制约。

抗震设计是抗震设防的重要组成部分，即在进行抗震设计时，一方面应通过抗震验算保证工程结构的强度和变形能力，另一方面还应通过采取各种抗震构造措施保证工程结构的整体性以保护其在地震时的安全。由于各类工程的重要性不同，抗震设计的要求也不同，现行的抗震设计规范，对此已均有明确的规定。以建筑工程为例，建筑物应根据其使用功能及其重要性分为特殊设防类（甲类）、重点设防类（乙类）、标准设防类（丙类）和适度设防类（丁类）四个抗震设防类别（表 2.2.1）。甲类建筑指使用上有特殊设施，涉及国家公共安全的重大建筑工程和地震时可能发生严重次生灾害等特别重大灾害后果，需要进行特殊设防的建筑；乙类建筑指地震时使用功能不能中断或需尽快恢复的生命线相关建筑；丙类建筑指除甲、乙、丁类以外按标准要求进行设防的建筑；丁类建筑指使用上人员稀少且震损不致产生次生灾害，允许在一定条件下适度降低要求的建筑。

建筑工程的抗震设防类别 表 2.2.1

抗震设防类别	定　　义
甲类	属于重大建筑工程和地震时可能发生严重次生灾害的建筑
乙类	属于地震时使用功能不能中断或需尽快恢复的建筑
丙类	属于除甲、乙、丁类以外的一般建筑
丁类	属于抗震次要建筑

各抗震设防类别建筑的抗震设防标准，应符合下列要求：

①标准设防类（丙类），应按本地区抗震设防烈度确定其抗震措施[①]和地震作用，当遭遇高于当地抗震设防烈度的预估罕遇地震影响时不致倒塌或发生危及生命安全的严重破坏的抗震设防目标。

②重点设防类（乙类），应按高于本地区抗震设防烈度一度的要求加强其抗震措施（包括抗震措施及抗震构造措施）；但抗震设防烈度为 9 度时应按比 9 度更高的要求采取抗震措施（同前）。地基基础的抗震措施，应符合有关规定[②]同时，应按本地区抗震设防烈度确定其地震作用。

对于划为重点设防类而规模很小（对规模的大小，应根据工程经验确定）的工业建筑[③]，当改用抗震性能较好的材料且符合抗震设计规范对结构体系的要求时，允许按标准设防类设防。

③特殊设防类（甲类），应按高于本地区抗震设防烈度一度的要求加强其抗震措施，但抗震设防烈度为 9 度时应按比 9 度更高的要求采取抗震措施（包括抗震措施及抗震构造措施）。同时，应按批准的地震安全性评价的结果且高于本地区抗震设防烈度的要求确定其地震作用。

④适度设防类（丁类），允许比本地区抗震设防烈度的要求适当降低其抗震措施，但抗震设防烈度为 6 度时不应降低。一般情况下，仍应按本地区抗震设防烈度确定其地震作用。

《建筑工程抗震设防分类标准》（GB 50223—2008）规定不同抗震设防类别的建筑，其地震作用和抗震措施应按表 2.2.2 的要求调整。

① 此处指一般情况，当属于《建筑抗震设计规范》（GB 50011—2010）第 3.3.3 条所列情况时，应按照规定调整相应的抗震设防标准，提高抗震构造措施。

② 对地基基础的抗震措施，规范有专门规定，一般情况下，可按本地区抗震设防烈度采取相应措施。

③ 本条规定适用于工业建筑，但对民用建筑中的附属建筑，当使用功能与工业建筑相当，尤其是使用上人员较少时，也可参考执行。

不同抗震设防类别建筑的抗震设防标准　　表 2.2.2

建筑类别	确定地震作用时的设防标准				确定抗震措施时的设防标准			
	6度	7度	8度	9度	6度	7度	8度	9度
甲类建筑	高于本地区设防烈度的要求，其值应按批准的地震安全性评价结果确定				7	8	9	9+
乙类建筑	6	7	8	9	7	8	9	9+
丙类建筑	6	7	8	9	6	7	8	9
丁类建筑	6	7	8	9	6	6	7	8

2.抗震设防目标和抗震设防标准

按《建筑抗震设计规范》(GB 50011—2010)进行抗震设计的建筑，其基本抗震设防目标是：当遭受低于本地区抗震设防烈度的多遇地震影响时，主体结构不受损坏或不需修理可继续使用；当遭受相当于本地区抗震设防烈度的设防地震影响时，可能发生损坏，但经一般性修理仍可继续使用；当遭受高于本地区抗震设防烈度的罕遇地震影响时，不致倒塌或发生危及生命的严重破坏。使用功能或其他方面有专门要求的建筑，当采用抗震性能化设计时，具有更具体或更高的抗震设防目标。

对抗震设防目标的理解：

①基本设防目标是所有进行抗震设计的建筑都必须实现的目标，可概括为“三水准的设防目标”。

第一水准：当建筑遭受低于本地区抗震设防烈度的多遇地震影响时，一般不受损坏或不需修理可继续使用。

第二水准：当建筑遭受相当于本地区抗震设防烈度的地震影响时，可能损坏，经一般修理或不需修理仍可继续使用。

第三水准：当建筑遭受本地区抗震设防烈度的预估的罕遇地震影响时，不致倒塌或发生危及生命的严重破坏。

三水准设防目标的通俗说法为：小震不坏、中震可修、大震不倒。三水准的地震作用及不同超越概率(或重现期)见表 2.2.3。

三水准的地震作用及不同超越概率(或重现期)　　表 2.2.3

水准及烈度	50年的超越概率	重现期/年	结构特性的描述
多遇地震(小震)：比设防烈度地震约低一度半	63.2%	50	建筑处于正常使用状态，结构可视为弹性体系，采用反应谱进行弹性分析
设防烈度地震(基本地震)	10%	475	结构进入非弹性工作阶段，但非弹性变形结构或结构体系的损坏控制在可修复的范围
罕遇地震(大震)：6度时为7度强，7度时为8度强，8度时为9度弱，9度时为9度强	2%～3%	1641～2475	结构有较大的非弹性变形，但应控制在规定的范围内，避免倒塌

②各水准的建筑性能要求如下。

“小震不坏”：要求建筑结构在多遇地震作用下满足承载力极限状态验算要求和建筑的弹性变形不超过规定的限值，即保障人们的生活、生产、经济和社会活动的正常进行。

“基本地震可修”：要求建筑结构具有相当的变形能力，不发生不可修复的脆性破坏，用结构的延性设计(满足规范的抗震措施和抗震构造措施)来实现,即保障人身安全和减小经济损失。

“大震不倒”:要求建筑具有足够的变形能力,其弹塑性变形不超过规定的限值,即避免倒塌,以保障人身安全。

③为实现“三水准的设防目标”而采取的“两阶段设计步骤”见表 2.2.4。

两阶段设计步骤的内容 表 2.2.4

阶　段	内　容
第一阶段设计:承载力验算	取第一水准(即多遇地震)的地震动参数,计算结构的弹性地震作用标准值和相应的地震作用效应,采用分项系数设计表达式进行结构构件的承载力抗震验算。通过概念设计和抗震构造措施来满足第三水准(即罕遇地震)的设防要求,适用于大多数结构(如规则结构及一般不规则结构)
第二阶段设计:弹塑性变形验算	对强烈地震时易倒塌的结构、有明显薄弱层的不规则结构(如特别不规则结构)及其他有特殊要求的建筑,应进行结构薄弱部位的弹塑性层间变形验算,并采取相应的抗震构造措施,实现第三水准(即罕遇地震)的设防要求

④对具有特殊要求(指使用要求或其他专门要求等)的建筑、特别不规则的建筑或超限建筑结构,采用性能化设计时,应具有比“三水准”更高的设防目标。

⑤《建筑抗震设计规范》(GB 50011—2010)的三水准设防目标,有明确的概率指标,是着眼于结构抗震安全性的性能目标。

3. 抗震设防标准的概率意义

《建筑抗震设计规范》(GB 50011—2010)规定的三个设防水准是具有一定的概率意义的,根据我国45个城镇的地震危险性分析结果,发现地震烈度符合上限为12度,下限为5度的极值Ⅲ型分布,概率密度函数曲线大体上见图 2.2.1。

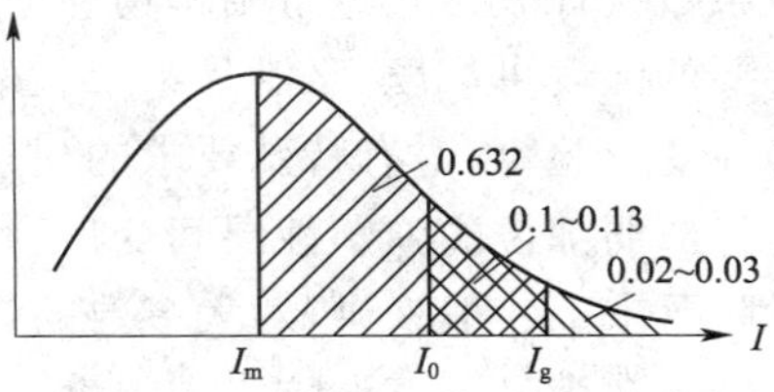

图 2.2.1　地震烈度概率密度示意

I_m-众值烈度,比 I_0 小 1.55 度;I_0-基本烈度;I_g-大震烈度

按照《建筑结构可靠度设计统一标准》(GB 50068—2001)规定,工业与民用建筑结构的设计基准期为50年,抗震设计采用的小震烈度为在50年内地震烈度概率密度曲线峰点的烈度,即发生频度最大的地震烈度,称为“众值烈度”。从地震烈度的重现期来看,众值烈度在50年内的超越概率为0.632。我国的有关规范将众值烈度作为工业与民用建筑抗震设计小震水准。

国际上常用超越概率为10%的地震动强度作为设计标准,我国的抗震规范也是这样规定的,称为“基本烈度”。对我国45个城镇的“基本烈度”与众值烈度差的平均值和标准值的统计结果表明,二者之差的平均值为1.55度,方差为0.168。所以,抗震设计规范中的“小震”烈度(众值烈度)平均比基本烈度约降低1.55度。我国1990年修订的烈度表所提供的烈度与加速度之间的关系为

$$a=10^{(I_{\lg 2}-0.01)} \tag{2.2.1}$$

式中,a 为地面加速度;I 为地震烈度。

由式(2.2.1)可以得到“小震”与“中震”时相应加速度的折减系数大体为0.35。地震的发生无论在时间、地点或强度方面,其随机性都是很大的。强烈的地震作用给人们的生命财产造成了严重损害,因此,在抗震设计中,对于在设计基准期内可能发生的意外大震也是有必要加以考虑的,虽然这种罕遇地震的超越概率一般不大于2%~3%。大震烈度比基本烈

度高出的数值在不同基本烈度时是不同的，表 2.2.5给出了不同基本烈度区罕遇地震加速度与该地众值烈度加速度的平均比值。

加速度平均比值　　表 2.2.5

区域	7 度区	8 度区	9 度区
“大震”与“小震”加速度比值	6.8	4.5	3.6

根据以上研究成果，《建筑抗震设计规范》(GB 50011—2010)中确定的三个设防水准的地震影响系数最大值 α_{max} 见表 2.2.6。

大震、中震、小震 α_{max} 值　　表 2.2.6

烈　度	超越概率	6 度	7 度	8 度	9 度
小震	63%	0.04	0.08(0.12)	0.16(0.24)	0.32
中震	10%	0.12	0.23	0.45	0.90
大震	2%～3%		0.50(0.72)	0.90(1.20)	1.40

注：括号中数值分别用于设计基本地震加速度为 0.15g 和 0.3g 的地区。

为实现上述三个水准的设防要求，《建筑抗震设计规范》(GB 50011—2010)采用二阶段设计。第一阶段是强度验算，取第一设防水准(小震)的设计地震动参数计算结构的弹性地震作用标准值和相应的地震作用效应，并保持同原规范相当的可靠度水平的基础上，采用分项系数设计表达式进行结构构件的截面承载力验算，这样，既满足了在第一设防水准下具有必要的强度可靠度，又满足第二设防水准(中震)的设防要求(损坏可修)。第二阶段设计弹塑性变形验算，对有特殊要求的建筑和地震时易倒塌的结构，除进行第一阶段设计外，还要进行薄弱部位的弹塑性层间变形验算和采取相应的构造措施，实现第三设防水准(大震)的设防要求。一般来讲，对大多数的结构，仅需进行第一阶段设计，而通过概念设计和抗震构造措施来满足第三设防水准的设计要求。

三、地震动参数区划及其应用

1. 中国地震动参数区划图的主要特点

地震区划图是根据一个地区的地震活动特性，按给定目的区划出来的地区内可能发生的地震动强弱程度的分布图。《中国地震动参数区划图》(GB 18306—2015)是根据《防震减灾法》提出的、为一般工程使用的抗震设防要求。《中国地震动参数区划图》(GB 18306—2015)是我国第五代地震动参数区划图，相较于第四代区划图有两大变化：一是取消了不设防地区，二是在附录中将地震动参数明确到乡镇。与 1990 年中国地震烈度区划图相比，它所采用的参数，从古老的、宏观定性的、非物理量的地震烈度，过渡到直接以地震动参数表示的、可以直接为工程抗震设计规范所使用的、可以定量的物理量。新的地震动参数区划图有 2 个独立的参数，即地震动加速度 A 和反应谱特征周期 T_g。地震区划图的参数从单一独立的地震烈度(或由此规定的地震动加速度)改变为两个相互独立的地震动参数的主要原因是工程抗震设计发展的要求。近十余年国内外地震工程界一致认为，不但应该考虑场地工程地质条件对设计地震反应谱的影响，还应同时考虑在同一地震烈度或地震动加速度下、近震和远震对设计地震反应谱的影响。1989 年的我国建筑抗震设计规范用一种简单的方法，在单一的地震烈度区划指标下，在地震区划图上粗略地区分地震的远近。后因地震科技的发展，地震区划图的方法从给定地震改变为概率地震之后，这种简单的方法就无法应用，因而在上一代区划图使用期间，地震的远近对反应谱的影响无法考虑；而采用双参数的地震动区划图之后，这一问题就迎刃而解了，用加速度 A 表示加速度反应谱平台的高低，用特征周期 T_g 表示平台右边的宽度。

2. 中国地震动区划图主要内容

《中国地震动参数区划图》(GB 18306—2015)采用的概率水平为50年超越概率10%，采用的比例尺为1∶4 000 000，主要内容可以概括为“两图、一表”。

①Ⅱ类场地50年超越概率为10%的峰值加速度区划图(见规范GB 18306中的图A1)。分区值为<0.05g、0.05g、0.10g、0.15g、0.20g、0.30g、≥0.40g。形式上相当于在烈度分区中增加了Ⅶ度半、Ⅷ度半两档。采取上述分区形式是为了更好地与《中国地震烈度区划图(1990)》相衔接，并能够较顺利地与各行业规范和抗震设计标准相衔接。这种分区方式能够满足面广量大的一般工业、民用建筑的需要。

②Ⅱ类场地阻尼比为0.05的加速度反应谱特征周期 T_g 分区图(见规范GB 18306中的图B1)。特征周期的定义是地震动峰速度 v 与峰值加速度 A 的比，即 $T_g=2\pi v/A$，其分区值取为0.30 s、0.35 s和0.40 s三档。考虑了地震环境或大小远近对反应谱形状的影响，用以取代过去抗震设计规范中关于近震、远震的规定。本次提出的分区图将会增强城市里大量涌现的十几层和更高层房屋的抗震水平。

“两图”分别为中国地震动峰值加速度区划图和中国地震动加速度反应谱特征周期区划图；“一表”为 T_g 值土层调整表，见表2.2.7。

不同场地土和反应谱分区的拐点周期 T_g 值(单位：s)　　表2.2.7

特征周期分区	场地类型划分			
	坚硬	中硬	中软	软弱
Ⅰ区	0.25	0.30	0.45	0.65
Ⅱ区	0.30	0.35	0.55	0.75
Ⅲ区	0.35	0.40	0.65	0.90

3. 中国地震动参数区划图的应用

为与新修订的中国地震动参数区划图(中国地震动峰值加速度区划图A1和中国地震动反应谱特征周期区划图B1)相匹配，同时考虑抗震设计中使用烈度概念的延续性，《建筑抗震设计规范》(GB 50011—2010)明确引入“设计基本地震加速度和设计特征周期”的概念。

设计基本地震加速度是根据原建设部1992年7月3日颁发的建标[1992]419号《关于统一抗震设计规范地面运动加速度设计取值的通知》而做出的。通知中有如下规定。

①术语名称：设计基本地震加速度值。

②定义：50年设计基准期超越概率10%的地震加速度的设计取值。

③取值：7度0.10g，8度0.20g，9度0.40g。

基于上述文件，建筑抗震设计规范规定抗震设防烈度与设计基本地震加速度取值的关系见表2.2.8。

抗震设防烈度与设计基本地震加速度对应关系　　表2.2.8

抗震设防烈度	6	7	8	9
设计基本地震加速度	0.05g	0.10(0.15)g	0.20(0.30)g	0.40g

表2.2.8所列的设计基本地震加速度与抗震设防烈度的对应关系即来源于上述文件。这个取值与《中国地震动参数区划图》(GB 18306—2015)图中A1“中国地震动峰值加速度区划图”所规定的“地震动峰值加速度”相当：即在0.10g 和0.20g 之间有

一个0.15g的区域，0.20g 和 0.40g 之间有一个 0.30g 的区域，在这两个区域内建筑的抗震设计要求，除另有具体规定外分别同 7 度和 8 度地区相当，在表 2.2.8 中用括号内数值表示。表 2.2.8 中还引入了与 6 度相当的设计基本地震加速度值 0.05g。

设计特征周期即设计所用的地震影响系数特征周期(T_g)，其取值根据设计近、远震和场地类别确定，我国绝大多数地区只考虑设计近震，需要考虑设计远震的地区很少(约占县级城镇的 8%)。本次修订将设计近震、远震改称设计地震分组，可更好地体现震级和震中距的影响，建筑工程的设计地震分为三组。在抗震设防决策上，为保持规范的延续性，设计地震的分组可在《中国地震动参数区划图》(GB 18306—2015)中图 B1"中国地震动反应谱特征周期区划图"基础上略作调整。

①区划图 B1 中 0.35 s 和 0.40 s 的区域作为设计地震第一组。

②区划图 B1 中 0.45 s 的区域，多数作为设计地震第二组。其中，借用 89 规范按烈度衰减等震线确定"设计远震"的规定，取加速度衰减影响的下列区域作为设计地震第三组：

a. 区划图 A1 中峰值加速度 0.2g 减至 0.05g 的影响区域和 0.3g 减至 0.1g 的影响区域。

b. 区划图 B1 中 0.4 s 且区划图 A1 中大于或等于 0.4g 的峰值加速度减至 0.2g 及以下的影响区域。

为便于设计单位使用，《建筑抗震设计规范》(GB 50011—2010)在附录 A 规定了县级及县级以上城镇(按民政部编 2001 行政区划简册，包括地级市的市辖区)的中心地区(如城关地区)的抗震设防烈度、设计基本地震加速度和所属的设计地震分组。

四、影响地震动特性的因素

强地震动时程十分复杂，在研究和应用中，常以幅值、频谱和持续时间作为表征其特性的基本因素，三者合称强地震动三要素。

1. 地震动特性及其主要影响因素

地震时地面发生水平和竖直方向的震动，被称为地震地面运动或地震动。在地震时，可以使用仪器记录下地面运动的各个方向的分量，称为地震动时程。服务于工程的强震仪目前主要记录加速度时程，记录速度时程和位移时程的仪器是比较少的。为了得到位移和速度时程，通常应用数值积分方法。到目前为止，全世界已获得了大约 9 000 条的强震加速度记录，它们可用于研究地震动的一些规律和特性。地震动时程是对地面运动最全面的描述，从典型强震记录中可以看到，虽然地面运动随时间变化极其复杂，但还是可以概括出以下一般性认识：

第一，地震动的加速度时程富于高频成分，位移时程则富于长周期成分，从平均趋势看，加速度过程平均周期短，位移时程平均周期长，速度时程居中。

第二，地震动的持续时间不等，一般为十几秒到 1 min、2 min。

第三，有些地震动只有少数几个突出的峰值，其他的次大值则小得多；也有一些地震动记录的峰值并不突出，大小差不多的值频繁出现。

第四，各个地震动的主周期长短不一。

由于地面运动时程复杂性，直接从地面运动时程找出统计规律十分困难，因此更多的研究集中在能在一定程度上体现地面运动时程特征的参数方面。为描述地震动的强度特征，一般用峰值加速度 a、速度 v、位移 d 来表述；为描述地震动频谱特性用加速度反应谱 Sa；为描述时程的长短采用持续时间，这些参数通常被称为地面运动的三个要素或三个主要特征。

一般来讲，影响地面运动的因素大体可归结为三个：震源特征、传播途径和场地条件。

对地震动参数有影响的震源因素有：震源处的应力条件、破裂尺寸、震源深度、破裂的传播(滑动特性)、方向性、辐射模式等。在通常情况下,震源的强度都用震级表示。

对地震动参数有影响的传播途径因素有:几何扩散、吸收、不均匀性(如侵入的岩体、地震波速的变化)、从体波向面波的相转换等。几何扩散或地震波从震源向外传播时波的减弱及吸收(即由于内部介质的阻尼造成的能量损失)现象是容易理解的,并且已经能用震源距给出定量的关系。其他因素要进行定量分析就很困难,目前在工程上描述传播途径对地震动参数影响一般采用以包含震级、距离和方位角等参数的衰减规律来表述。

影响地震动参数的局部场地条件可包括:地形、土层分布、波速结构及其非线性特性、土一结构相互作用等。在现有的实用方法中仅对土质层分布和特性在不同程度上作了一些考虑。

2. 影响地震动强度的各种因素

不论用什么强度(加速度 a、速度 v、位移 d)定义,震源、传播途径、场地条件这三类因素对强度都有重要影响。在工程应用中,震源最简单的描述是震级,震级对地震动强度的影响是非常明显的。表2.2.9是日本 Itajima 桥的两次强震加速度记录,从中可以看出同场地、同样震中距条件下震级加速度最大值的影响。假若其他条件不变,现有的研究结果表明,震级和地震强度 A 的关系可以表示为

$$\ln A = C_1 + C_2 M \tag{2.2.2}$$

式中,M 表示震级;C_1、C_2 为统计参数。

Itajima 桥的加速度记录 表 2.2.9

地震	日期	震级 M_L	震中距/km	地表最大加速度/gal		桥墩最大加速度/gal	
				纵向	横向	纵向	横向
Hyuganda	1968 年 4月1日	7.5	100	170	156	219	310
Hyuganda(余震)	1968 年 4月1日	6.3	100	35	42	39	66

距离对地震动强度的影响是明确的,地震动强度随着震源距增大而减小。图 2.2.2 是美国San Fernando 地震动加速度峰值和距离的实测数据,从中可以看出震中距对地震动强度的影响,即随着距离的增加,地震动加速度逐渐降低。

局部土质条件对 a、v、d 的影响在图 2.2.3～图 2.2.5 中得以反映,每张图上对两种最普通的场地土,即坚硬土场地和深厚土场地做出了鉴别,由图可以看出,加速度受局部土质条件的影响最小,而位移受局部土质的影响最大。对近场,地震动基岩的加速度峰值通常接近或大于软弱场地;而对远场,软弱场地上的加速度峰值通常大于基岩。

3. 影响频谱特性的各种因素

一般认为,地震的大小、距离和场地条件等因素都可能对反应谱有重要影响,粟林荣一等人(Kuribagashi,et al,1973)根据 44 条水平地震动记录,研究了震级、震中距和场地条件的影响,如图 2.2.6 所示,认为长周期范围内大震级和大震中距的情况下谱值较大。胡聿贤等(1982)对美国 27 个基岩台上的强震记录的反应谱进行了统计分析,发现基岩地震动反应谱与震级和距离有如下关系:①随距离的增加,加速度反应谱越来越变得比较平缓,但其最大值出现的周期无明显的变化;随距离的增加,加速度放大系数(DAF)在短周期部分变化较小,长周期部分则逐渐增加,周期越长则变化越明显(图 2.2.7)。②同一距离处,随震级的增加,加速度反应谱值在长周期部分比短周期部分增加得快些;当震级较大时,这种趋势更为明显,加速度反应谱的最大值出现的周期随震级的改变没有明显的变化。

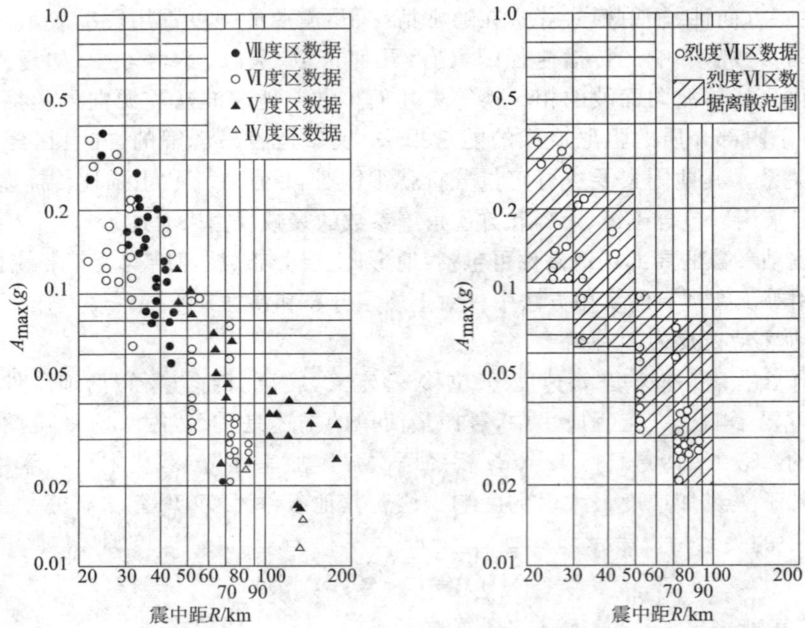

a) b)

图 2.2.2 San Fernando 地震地面加速度、烈度和距离的数据

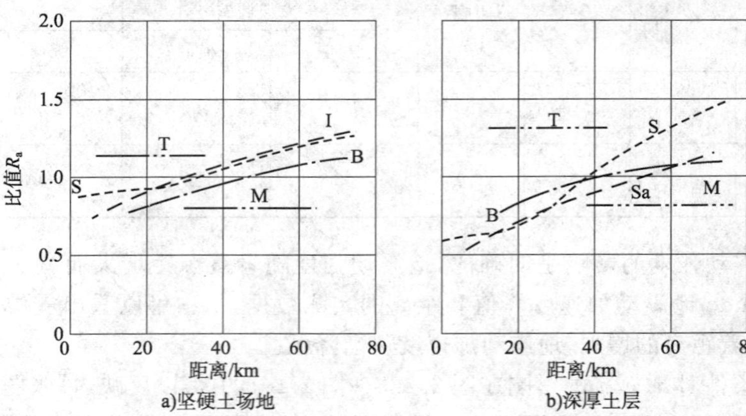

a)坚硬土场地 b)深厚土层

S:Seed(1976);T:Trifunac(1976);B:Boore(1978);I:Idriss(1978);M:McGuire(1978);Sa:Sadigh(1978)

图 2.2.3 $M=6.5$ 时,土质场地上的水平加速度峰值和基岩场地上的水平加速度峰值之比 R_a

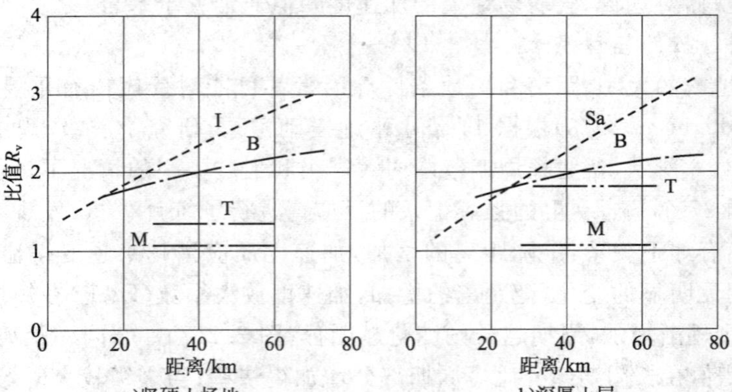

a)坚硬土场地 b)深厚土层

图 2.2.4 $M=6.5$ 时,土质场地上的水平速度峰值和基岩场地上的水平速度峰值之比 R_v

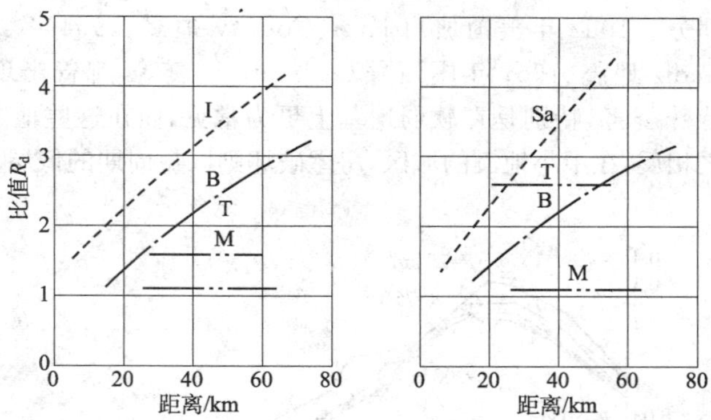

a)坚硬土场地　b)深厚土层

图 2.2.5　$M=6.5$ 时,土质场地上的水平位移峰值和基岩场地上的水平位移峰值之比 R_d

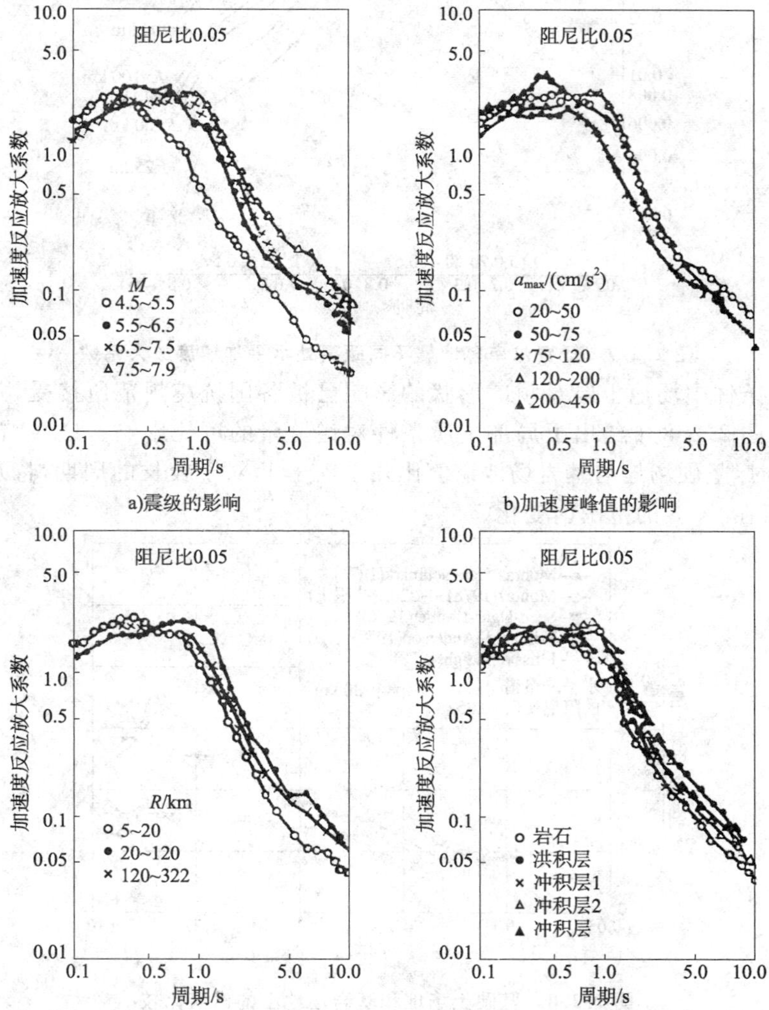

a)震级的影响　b)加速度峰值的影响

c)震中距的影响　d)场地土的影响

图 2.2.6　震级、距离与场地条件对反应谱的影响

从理论上讲,大地震的震源谱有更多的长周期的成分,而且从波传播理论知道,随距离加大,高频成分衰减快,谱的长周期部分会相对较大。因此,大震级距离远的地震动频谱的形状会加强长周期部分。1952 年美国加州 Kern County 地震、1954 年美国 Dixie Valley 地震、1970 年土耳其 Gediz 地震、1957 年墨西哥 Guerrero 地震等，都曾出现过大地震在远距离处对长周期结构的特殊震害，特别是在软弱地基上更为常见，而在这些地方自振周期短的低层房屋却损坏较轻，与之相反，在中小地震的城区，房屋破坏则以短周期的低层为主。

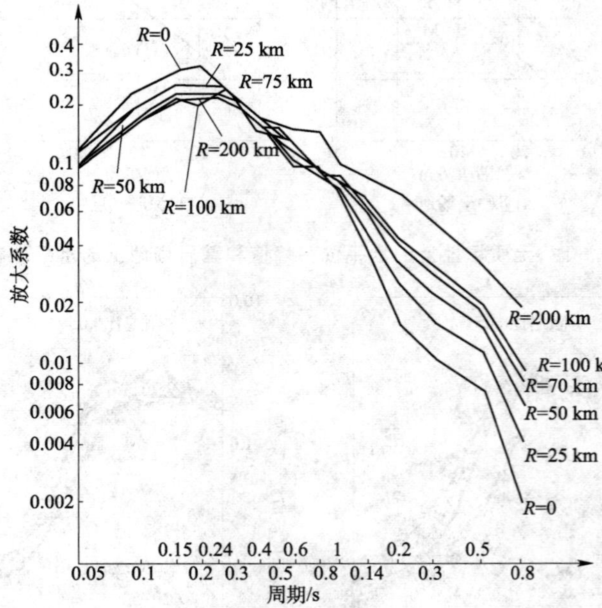

图 2.2.7 圣费尔南多地震不同距离处水平加速度放大系数

局部场地条件中场地土层对频谱形状的影响已被各国抗震规范所接受，并在许多规范中得以反映。图 2.2.8 中给出了局部土质条件对谱分量的可能影响。这些结果表明，当周期小于 0.5 s 时，坚硬场地与基岩场地谱值比几乎等于 1，对于较长的周期，特别是当周期大于 1 s 时，比值在 2～3 的范围内变化。

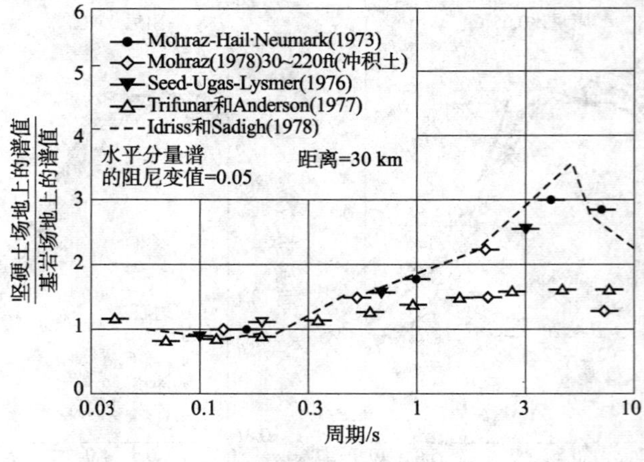

图 2.2.8 坚硬土场地和基岩场地上的谱值比较

4. 影响地震动持续时间的各种因素

强震观测记录表明，地面运动持续时间是震级、震源距、局部场地条件等因素的函数。在现有的描述持续时间计算公式中，主要考虑了震级(或震中烈度)及震中距的影响。一般来说，依赖于局部场地条件的地震动持续时间主要受土层中多次反射过程所控制，这种效应在从基岩传播到松软的沉积层时表现得更为明显。日本学者野元彦(Mhakurro)用不同厚度、不同波速的软土层在白噪声输入下的计算结果显示：地表层越松软，波速越低，持续时间就越长。对于同一烈度，软土场地上强震加速度持续时间比硬土场地上长 10～12 s，比一般地基上增长 5～6 s，不同场地的速度与位移的持续时间大体上也有同样的趋势。

局部地形对持续时间的影响表现在山体顶部的振动记录与山脚相比，不但振幅加大，而且持续时间也有增长的趋势，这可能与山体共振及地震波在山体内多次反射有关。

五、场地抗震性能评价对勘察的要求

在静力学的范畴内，地基的作用是作为建筑物的支承介质。因此在勘察工作中，应查明地基是否能满足强度与变形方面的要求。

在地震荷载作用下，基础下的土层，作为支承介质的同时，还要作为地震波的传播介质。因此，进行地震勘察时，除了要对地基在相应荷载作用下的强度和变形性状进行评价外，还要预测在波的传播过程中，场地土对地面运动和地面破坏作用的影响。

为解决上述问题，地震区的勘察工作，除应按国家的有关标准执行外，还应做好以下工作：

①收集和查阅有关地质和地震的文献资料及历史地震记录，通过卫星照片或航空照片的判识，了解区域地震地质背景。如基岩类型、年代、构造特点及断层分布情况，第四系地层的覆盖厚度、成因、年代等。在此基础上，结合本工作地区的基本烈度和设防烈度，布置勘察工作。

②查明工作场地有无潜在的不良地质条件，判定场地属于对建筑抗震有利、不利或危险的地段。

③按照基岩埋深和上覆土层波速测试结果判定场地土的类型和场地类别。遇到地形地貌比较复杂时，要通过专门研究，判定是否存在对建设很不利的地面震害效应。

④对于软弱土层，应通过实测结果验算地基土的抗震承载力，研究震陷的可能性。对存在饱和砂土和粉土的场地，进行液化判别，并确定液化等级，提出地基抗液化措施的建议。

⑤对场地的其他不利因素，如地基不均匀性，边坡的稳定性等，应通过勘察，取得必要的物理、力学参数，进行抗震稳定性评价。通过岩土工程师共同研究，在地基或上层结构部分采取适当的抗震措施。

⑥对于需要进行抗震设防区划或专门研究确立地震动参数的项目，还要进行下述工作。

a. 会同有关部门进行地震危险性及地震动参数衰减规律的分析。

b. 通过钻探和资料收集，了解场地及邻近范围的基岩埋深及起伏变化趋势，以便确定计算简图类型(一维、二维或三维)及地震波的输入深度。

c. 了解土层在水平和垂直方向上的分布规律，为计算模型的分割提供依据。

d. 进行室内、外动力试验，求得土的动模量和阻尼特性参数及其变化规律。试验方法及试验结果的表达方式应与计算模型的要求一致。

e. 了解地下水位的埋深及变化情况。地下水位的埋深不仅影响土的重度和某些动力特性，对最近发展的有效应力分析法来说，地下水位数据准确与否，对分析结果会有较大影响。

六、土动力特性的原位和室内测试方法

土的动力特性，一般可分为两类：一类是与土的抗震稳定性直接有关的参数，如动强度、液化特性、震陷性质等；另一类则是土作为地震波传播介质时表现出来的性质，具体地说，土的动力特征参数包括：动弹性模量或动剪切模量、阻尼比或衰减系数、动强度或液化周期剪

应力，以及振动孔隙水压力增长规律等。其中动剪切模量（dynamic shear modulus）和阻尼比（damping ratio）是表征土的动力特征的两个主要参数，本节中将简介这两个动力特征参数。

土的动剪切模量 G_d 是指产生单位动剪应变时所需要的动剪应力，即动剪应力 τ_d 与动剪应变 ε_d 之比值，按下式计算

$$G_d=\frac{\tau_d}{\varepsilon_d} \tag{2.2.3}$$

土体作为一个振动体系，其质点在运动过程中由于黏滞摩擦作用而有一定的能量损失，这种现象称为阻尼（damping），也称黏滞阻尼。在自由振动中，阻尼表现为质点的振幅随振次而逐渐衰减。在强迫振动中，则表现为应变滞后于应力而形成滞回圈。土的阻尼比 ζ 是指阻尼系数与临界阻尼系数的比值。由物理学可知，非弹性体对振动波的传播有阻尼作用，这种阻尼力作用与振动的速度成正比关系，比例系数即为阻尼系数（damping factor），使非弹性体产生振动过渡到不产生振动时的阻尼系数，称为临界阻尼系数。阻尼比是衡量吸收振动能量的尺度。地基或土工建筑物振动时，阻尼有两类，一类是逸散阻尼，另一类是材料阻尼。前者是土体中积蓄的振动能量以表面波或体波（包括剪切波和压缩波）向四周和下方扩散而产生的，后者是土粒间摩擦和孔隙中水与气体的黏滞性产生的。

1. 影响土的动模量与阻尼特性的主要因素

一般而言，影响土的动模量和阻尼特性的主要因素有以下几个方面。

①各类土的动模量和阻尼比均受动应变幅值的强烈影响。总的趋势是随着应变幅值的增大，动模量降低，阻尼比增高。

②很多研究都表明，各类土的动模量都随试样的平均约束应力的加大而增高。这种现象在野外的表现是，动模量随土层埋深的加大而增高。

③土的一些静的物理力学性质对动模量有某种影响。这些性质包括黏性土的压缩模量、孔隙比和饱和度，砂类土的相对密实度等。各类土的应力历史或超固结比对动力特性都有一定的影响。

④循环次数和强迫频率也可能对动模量产生某种影响。

一般地说，影响动模量的因素都会影响阻尼特性，使动模量降低的因素常常使阻尼常数提高，反之亦然。

2. 土的动力参数确定方法及其比较

土的动力参数可用室内试验或现场测试两种方法求得。前者系指首先在钻孔内取得试样，然后在室内用不同种类的仪器进行试验研究；后者则是在现场进行地表的或孔内的原位试验，通过适当的换算直接求出。常用的试验方法见表 2.2.10。

土动力测试方法　　表 2.2.10

原位试验	物探方法：检层法波速测试、跨孔法波速测试 表面振动方法 动力载荷试验	室内试验	循环三轴试验 循环直剪试验 循环扭剪试验 共振柱试验 振动台试验

在具体讨论原位和室内试验的方法之前，首先对两种方法的优缺点进行简单的比较。

①原位测试中，有较大的土体参与试验，因而试验结果较有代表性；在室内试验中，土样尺寸较小，如果在试样采取过程中掌握不当，有时对单个试样的试验结果难以体现整个土层的性质。

②原位测试对土体扰动较小，室内试验在取样、运输、贮存、制样过程中，对土样的扰动是不可避免的。试验时边界条件也很难与土的原位条件完全相符。

③原位测试几乎在所有的土类中都可进行，室内试验则限于取样技术和试件尺寸，对砂类土和碎石土的试验存在一定的缺陷或困难。

④在室内试验中，由于便于对应力、应变和孔隙水压力等试验参数进行控制，因而便于对某些专门性课题进行研究，在系列性的试验中，价格亦较便宜。原位测试则只能对土自然条件下进行研究。

⑤在土作为土工构造物的材料时，对其施工控制条件第一步只能在室内研究确定。

⑥一般来说，限于设备的能量输出能力，原位试验只能在小应变条件下进行；而在室内由于试样较小，可以研究在大应变振幅下的动力性能。

从以上的分析可以看出，两类试验各有其优点和缺点，在作用上不可相互代替的，这就是目前两类试验得以并存的主要原因。下面将对主要的试验方法进行简要的介绍。

土动力问题研究应变的范围很大，从精密设备基础振幅很小的振动到强烈地震或核爆炸的震害，剪应变从 10^{-6} 到 10^{-2}。在这样广阔的应变范围内，土动力计算中所用的特征参数，需用不同的测试方法来确定。对于动剪切模量和阻尼比，可用表 2.2.11 和表 2.2.12 所列各种室内外试验方法测定。

动剪切模量和阻尼比的室内试验方法 表 2.2.11

试验方法	动剪切模量	阻尼比	试验方法	动剪切模量	阻尼比
超声波脉冲	√		周期单剪	√	√
共振柱	√	√	周期扭剪	√	√
周期三轴剪		√			

动剪切模量和阻尼比的原位试验方法 表 2.2.12

试验方法	动剪切模量	阻尼比	试验方法	动剪切模量	阻尼比
折射法	√		钻冲波速法	√	
反射法	√		动力旁压试验		√
表面波法	√		标准贯入试验	√	

3. 土动力特性的原位测试方法

土动力特性的野外原位测试的主要方法可分为三类：物探方法、表面振动方法和动力载荷试验。这类方法的基本原理是：首先使振源发生低能量的波，当波在土层中传播时，或者量测其波速，或者量测频率或波长，然后用弹性公式计算动模量。下面重点介绍前两种方法。

(1)用孔内波速试验方法测动模量

采用这种方法必须先在预测部位钻孔，在孔下安装振源或拾振器，在已知振源和拾振器之间距离的情况下，测出初至剪切波到达的时间后即可用下式算出土的动剪切模量 G

$$G=\rho v_s^2 \tag{2.2.4}$$

式中，ρ 为土的质量密度；v_s 为剪切波(S 波)在土中的传播速度。

在孔内不同深度进行量测，可求出不同土层的剪切模量随深度的变化。

需要指出的是，即使是同一种土的动模量也不是一个常数。它们的值是与应变水平相对应的。孔内物探方法产生的动应变水平通常只有 $10^{-5}\%\sim10^{-3}\%$，这个应变量级比一般地震要小得多。因此，如果不加分析地将测试结果直接用于计算，将导致高估土的动模量，从而影响到计算得出的反应水平。但是由于波速模量是在对土扰动较小的情况下测得的小应变下的模量，它代表了模量随应变变化时的最高可能达到的数值，因此具有十分重要的意义。

孔内物探方法按照振源和拾振器(或称检波器)设置位置的不同可以分为三种(图 2.2.9)：

①跨孔法(Cross-hole Technique)。

②孔上检层法(单孔上传法 Up-hole Technique)。

③孔下检层法(单孔下传法 Down-hole Technique)。

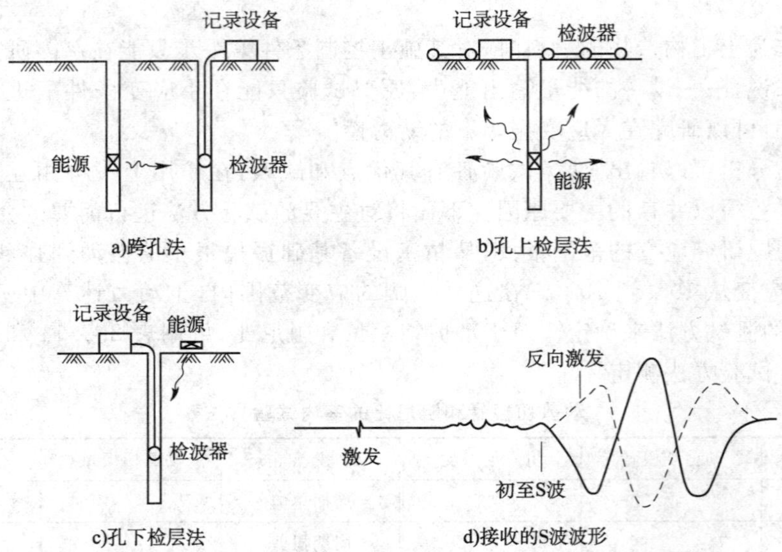

图 2.2.9 波速测量方法

上述②、③两种方法可合称为单孔法。以上三种方法的振源，都是用锤击产生的，在孔上激振时，就用手锤。较好的方法是在手锤上装设电子激发开关，可自动记录波的发出时间;在孔下激振，如方法①、②，需用特制孔底锤，目前已有用电火花或其他微型爆破代替孔底锤的，但应用尚不普遍。

为了求出 S 波速度，需要准确记录并算出 S 波的初至时间。在示波器上辨认初至 S 波的困难是激振时同时有压缩波(P 波)产生，P 波的振幅较小但传播较快，所以在记录仪器上首先看到的是 P 波。因为初至的 P 波比较好辨认，有人就直接用 P 波的传播速度计算动弹性模量，再用弹性公式换算出动剪切模量。

$$E=\rho v_P^2\frac{(1+\mu)(1-2\mu)}{1-\mu} \tag{2.2.5}$$

$$G=\frac{E}{2(1+\mu)} \tag{2.2.6}$$

式中，E 为动弹性模量;G 为动剪切模量;v_P 为压缩波(P 波)的传播速度;μ 为泊松比。

这样做的缺点是，在动态条件下的泊松比很难求得，模量值经过两次换算精度亦较差，更重要的是，在水下决不能用求 P 波速度的方法。因为水是 P 波的传导介质(不传导S波)，且 P 波在水中的传导速度比在土中要快，在此情况下测到的只能是水的波速，不能反映欲求土层的特性。因此，除非出于某种需要，我们并不推荐这种用 P 波速度换算剪切模量的方法。

在上述三种方法中，跨孔法较为可靠。因为波的传播途径比较明确，且往往只有单一土层参与试验过程。必须注意的是，因为限于激振能量和保证测到沿水平方向直接传导的 S

波，该法的两孔间距不能太大，通常在5～7 m的范围内，因此钻孔的倾斜可能造成较大的误差。建议在使用跨孔法时首先用孔内测斜仪量测钻孔的斜倾程度，以便精确地算出激振点和拾振点间的确切距离。

(2)用表面振动试验方法求动模量

表面振动试验法是在20世纪60年代中期由美国水道试验站(Waterways Experiment Station)提出来的。其试验原理和基本设备如图2.2.10所示。

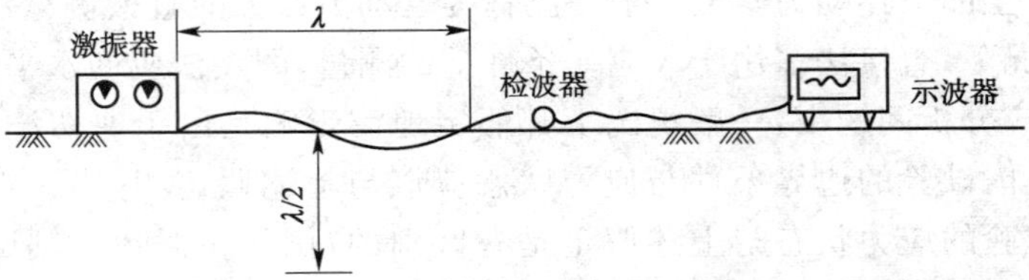

图2.2.10　表面振动测量法

这种方法使用可改变频率的激振器作为振源。在高频时，多使用电磁式激振器，可产生30～1 000 Hz的振动；当所需的激振频率小于30 Hz时，则使用机械式激振器。因为激振是在地表，所以从振源发出的是瑞利波(Rayleigh波或R波)。在激振频率已知的情况下，如果我们可用图2.2.12所示的方法测出R波的波长，便可用下式算出瑞利波的速度

$$v_R = \lambda f \tag{2.2.7}$$

式中，v_R为瑞利波的速度；λ、f分别表示波长和频率。

因为我们知道，瑞利波与剪切波的波速是非常接近的(在泊松比为0.5的土层中，二者完全相等)，对于任何实用目的而言，用v_R代替v_s都是可以的，因此有

$$v_s \approx v_R = \lambda f \tag{2.2.8}$$

这种在用表面振动试验得到剪切波波速的近似值后，再用式(2.2.4)计算动剪切模量便不成问题了。

4.动模量和阻尼特性的室内测试方法

在对各种试验逐一地详细讨论之前，先对几个与室内试验有关的问题进行简单的说明。

①首先，室内试验的试样，常常有两种方式得到：一种是从原位取得“原状”试样，在室内削制成仪器要求的尺寸，进行试验，这主要适用于黏性土的情况。近年来，也有用冻结等方法取得“原状”砂类土试样的，毕竟还是少数。另一种，主要是对颗粒状土，通常是利用扰动土样，即从原位取回材料后，按照原位的相对密实度，在室内重新制备成试样。这样，与土工静力试验基本上是一样的。对于前一类试样，值得注意的是：所谓“原状”试样，实际上必然要受到各种扰动，很难保持原状，任何扰动一般都会造成模量的降低和阻尼的增高。对试验结果进行评价时，必须考虑到这个因素。另一方面，对于颗粒状土，主要是砂类土，过去一直认为，只要在室内试验中控制的相对密实度与天然状态一致，即能得到符合实际的结果。不幸的是，最近Mitcheal等多人的研究先后说明，“砂类土结构的重要性不亚于黏性土”。就是说，在制样时仅考虑相对密实度而忽略了结构性，试验结果就可能有误差。但是砂类土的天然结构在室内几乎是无法复制的。对于这个问题，目前在技术水平上解决的方法是：尽量设法取得原状试样，或者在室内进行不同方法制样的对比试验，以了解在同样的相对密实度下结果差异的大小。当然，最后的办法，也是最重要的办法，还是工程技术人员建立在大量经验基础上的工程判断。这样说，并非低估室内试验的重要性，而是要避免那种拿到室内试验

数据就不加分析地带入公式的错误做法。在实际工作中，试验工作和计算工作往往由不同的人员进行，在业务领域上，互相了解和渗透是非常必要的。

对于上述两类试样来说，在振幅较小时求得的动力参数与原位试验的相应结果进行比较，是对室内试验成果进行判断和评价的重要依据。

②各类室内试验，从对模量和阻尼参数求值的方法来看，也可以分成两类：一类是在试验中量测试样的应力—应变关系，直接算出模量和阻尼数值；另一类是量测试样的共振频率，然后间接计算土的上述动力参数。前一类称为土动力参数的直接测试法，后者称为间接测试法。一般情况下，直接法多用于大应变条件下的测量，间接法应变水平较低。

③在地震反应分析问题中，一般情况下都假定地震影响是由于剪切波的竖直向上传播造成的。因此，室内试验的边界条件与应力状态应该与上述假定相一致。从下面的介绍中可以看出：某些试验的应力状态与上述假定是有区别的，例如在循环三轴试验中，我们只能先求出动弹性模量，再经换算得到剪切模量。对于这类问题，必须有一个清晰的概念。

动模量和阻尼特性的测试方法很多，限于篇幅，下面主要介绍循环三轴试验。

循环三轴试验与静力三轴试验有许多类似之处，所不同的是后者在一般情况下在轴向对试样施加的是单调增加的荷载，而前者施加的除静载外还有轴向循环荷载。这样的加载条件决定了循环三轴仪的压力室与普通的静力三轴仪基本上是一样的。循环荷载的加载机构可按其原理分为三类：气动式、液压式和电磁式。也有的仪器将前两种联合使用，可称为液压—气动式。试验的应力条件如图 2.2.11 所示。试验开始时，试样首先在静力条件下固结，固结完成后沿轴向施加动应力（或动应变）为常数周期循环荷载。荷载波形多用正弦波，加荷频率与地震波的主要频率分量相对应，如 2 Hz 左右。振动次数则由试验目的确定。

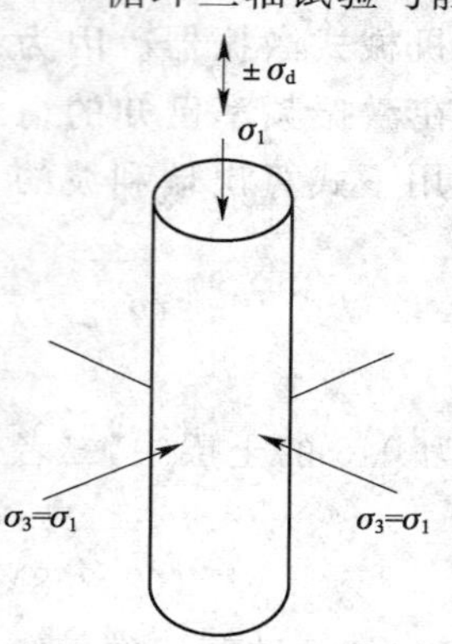

图 2.2.11　循环三轴试验的应力条件（轴向循环荷载）

循环三轴试验系用直接法测定土的动力参数。试验后分别量测动应力 σ_d 和弹性动应变 ε_d 幅值[图 2.2.12a)]，并由此算出该应变下的动杨氏模量 E_d 值

$$E_d=\frac{\sigma_d}{\varepsilon_d} \tag{2.2.9}$$

如果将加荷过程中某一次应力循环的动应力和动应变值按波形中对应的关系展画到 σ_d-ε_d 坐标系上，可以得到图 2.2.12 b) 所示的滞回圈。滞回圈所包围的面积表示振动一周的能量耗散。可以证明，试样的黏滞阻尼常数（即黏滞阻尼比）可由下式求得

$$\zeta=\frac{A_L}{4\pi A_T} \tag{2.2.10}$$

式中，A_L 为滞回圈包围的面积；A_T 为带影线的$\triangle MON$ 的面积。

用图中 OM 的斜率求出的动模量与式(2.2.9)算出的结果是一致的。

如果在试验中施加的动应力（或动应变）较大，会发现滞回圈所包围的面积也加大，并向 ε_d 轴倾斜。这说明在循环三轴试验中求出模量随动应变值增加而降低，同时阻尼常数有随动应变增加而提高的趋势。

一般来讲，循环三轴试验对所有土样都能适用，在研究工作和工程中应用都比较广泛。一般地说，试样制备和试验操作也比较简单，这是它的主要优点。这种试验方法的主要局限性是：

①它只能直接求出动杨氏模量 E_d，计算中需要的动剪切模量必须经过式(2.2.6)换算

得到。大家知道,式(2.2.6)只是在弹性范围内才是正确的,式中的泊松比 μ 又很难试验求出。这个换算过程有可能带来误差。

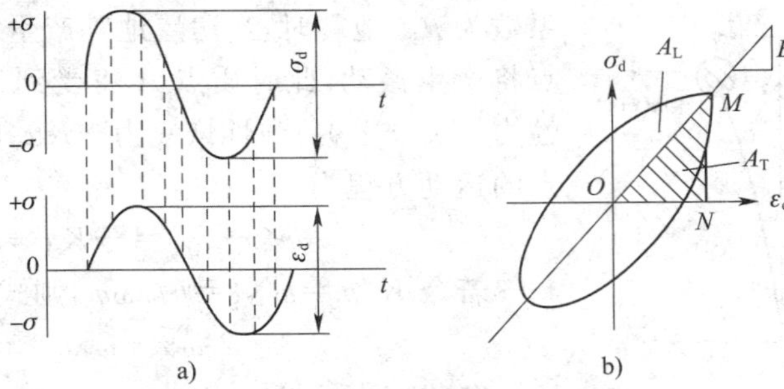

图 2.2.12　循环三轴试验结果

②试样在试验过程中经受的应力状态与土单元体在原位经历地震过程时的应力状态有较大的差别:土在原位状态,最大主应力基本上是在垂直方向上,在受到地震循环剪应力时也只在一个很小的角度上旋转;在室内,特别是在通常采用的等向固结条件下,中主应力和最小主应力在轴向压缩的半周内是相等的,而在轴向拉伸的半周内转换为最大主应力。在每次循环中,这种主应力方向的90°转向在原位状态中显然是不存在的。

③试样两端与试样帽之间的摩擦,使局部应力状态发生改变,有时甚至导致该部分的局部应力失效。为减少这种现象对试验结果的影响,必须采取适当措施减少试样两端的摩擦,并要适当增加试样的高度。一般认为,试样的高径比用2.5比较合适。

当然,要看到,上述局限性中有些是室内试验所共有的。指出这些缺陷并非意在降低这种试验的重要性。在我国的各个土动力试验室中,循环三轴试验是最普遍的一种。只要我们在试验操作和结果评价中,能够注意到上述缺陷的影响并适当加以克服或修正,仍然能够得出令人满意的结果。

5.土的模量与阻尼特性在土层地震反应分析中的应用

在实际场地设计地震动选择中,常需要进行土层的地震反应分析。所有的各种分析方法,都需要使用的土的剪切模量和阻尼比等参数。但现场实测的这些参数都是小应变下的结果,地震时,土层所受的剪应变非常大,即当剪应变增加时,土的剪切模量降低,阻尼比增大。为了在分析计算中考虑土的这种性质,一般情况采用前述动三轴试验结果,即剪切模量比,阻尼比随着剪应变变化曲线或数据,对小应变下的结果进行不断修正的方式来考虑实际地震中土的非线性特征。这也就是在土层反应分析中除需要现场测试剪切波速(剪切模量)外,还需要动三轴试验结合的剪切模量比、阻尼比与剪应变的试验结果的主要原因。

第三节　地震反应谱与场地分类

一、地震反应谱基本概念

反应谱是抗震设计的基础,关系到地面运动输入作用和设防标准。地震时地面运动过程可用强震观测仪的记录加以表示,它一般可分为6个分量,即2个水平、1个竖向、3个转动分量。目前的强震仪主要记录2个水平分量和1个竖向分量。一般结构的抗震设计主要考虑水平分量,因为建筑物地震时的破坏主要是由于水平分量引起的。这里讨论的地震反应谱主要是水平分量的谱。

图 2.3.1 为一具有单质点的结构简化图形。图中质点的质量为 m,弹簧刚度为 K,阻尼系数为 h。地震时,当房屋地基产生水平运动 $\ddot{y}(t)$ 时,质点将产生振动,此时质点 A 将受到如下三个力作用:惯性力 $-m(\ddot{x}+\ddot{y})$;弹性恢复力 $-Kx$;阻尼力 $-h\dot{x}$。其质点的运动方程为

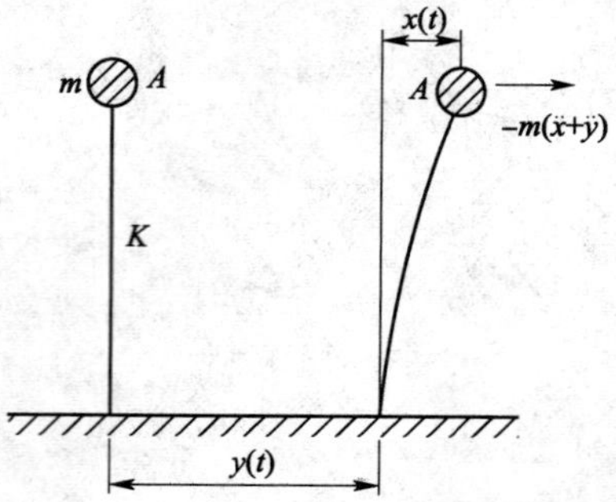

图 2.3.1 单质点体系的水平地震作用

$$m(\ddot{x}+\ddot{y})=-Kx-h\dot{x} \tag{2.3.1}$$

若令 $K/m=\omega^2$,$\xi=h/2\omega m$,则式(2.3.1)变为

$$\ddot{x}+2\xi\omega\dot{x}+\omega^2x=-\ddot{y} \tag{2.3.2}$$

解此方程可得

$$x=\frac{1}{\omega_h}\int_0^t \ddot{y}(\tau)e^{-\xi\omega(t-\tau)}\sin\omega_h(t-\tau)\mathrm{d}\tau \tag{2.3.3}$$

式中,ξ 为阻尼比。

式(2.3.3)表明,只要知道地震地面运动加速度时程 $\ddot{y}(t)$、结构本身的频率 ω_h、阻尼比 ξ,就可求出结构在地震作用下的弹性变形,即结构的反应。由式(2.3.3)可看出,x 是随时间而变化的函数,工程上一般并不需要求出整个地震过程中所有反应值,而只求出反应所能达到的最大绝对值。对单质点体系来说,相对位移、相对速度、绝对加速度反应最大值各自为

$$S_D(\xi,\omega_h)=|X|_{max}=\left|\frac{1}{\omega_h}\int_0^t \ddot{y}(\tau)e^{-\xi\omega(t-\tau)}\sin\omega_h(t-\tau)\mathrm{d}t\right|_{max} \tag{2.3.4}$$

$$\begin{aligned}S_V(\xi,\omega_h)&=|\dot{X}|_{max}\\&=\left|\int_0^t \ddot{y}(t)e^{-\xi\omega(t-\tau)}\left[\cos\omega_h(t-\tau)-\frac{\xi}{\sqrt{1-\xi^2}}\sin\omega_h(t-\tau)\mathrm{d}\tau\right]\right|_{max}\end{aligned} \tag{2.3.5}$$

$$S_A(\xi,\omega_h)=|\ddot{X}+\ddot{Y}|_{max}=|\omega(2\xi\dot{x}+\omega x)|_{max} \tag{2.3.6}$$

$$S_A(\xi,\omega_h)=\left|\omega_h\int_0^t \ddot{y}(\tau)e^{-\xi\omega(t-\tau)}\begin{bmatrix}\left(1-\dfrac{\xi^2}{\sqrt{1-\xi^2}}\right)\sin\omega_h(t-\tau)\\+\dfrac{2\xi}{\sqrt{1-\xi^2}}\cos\omega_h(t-\tau)\end{bmatrix}\mathrm{d}\tau\right|_{max} \tag{2.3.7}$$

由式(2.3.4)～式(2.3.7)可知,若给出地面运动加速度 $\ddot{y}(t)$,则 S_D、S_V、S_A 就是阻尼比 ξ 和有阻尼固有频率 ω_h 的函数,即 $S_D(\xi,\omega_h)$、$S_V(\xi,\omega_h)$、$S_A(\xi,\omega_h)$。

对于某一次地震,如果取一组具有同样阻尼不同频率的单质点系,分别代入式(2.3.4)～式(2.3.7)中,则可各自得到一组最大反应 S_A、S_V、S_D,将它们按频率的大小次序排列起来,所得到的 S_A、S_V、S_D 与频率关系曲线,分别称为绝对加速度反应谱、相对速度反应谱、相对位移反应谱,总称为地震反应谱,简称为加速度反应谱、速度反应谱、位移反应谱。

通常结构的阻尼比 ξ 与 1 相比是个很小的值,由于

$$\omega_h=\omega\sqrt{1-\xi^2} \tag{2.3.8}$$

故 $\omega_h\approx\omega$,为此式(2.3.4)～式(2.3.7)可变为

$$S_D=\frac{1}{\omega}\left|\int_0^t \ddot{y}(\tau)e^{-\xi\omega(t-\tau)}\sin\omega(t-\tau)\mathrm{d}\tau\right|_{max} \tag{2.3.9}$$

$$S_V=\left|\int_0^t \ddot{y}(\tau)e^{-\xi\omega(t-\tau)}\cos\omega(t-\tau)\mathrm{d}\tau\right|_{max} \tag{2.3.10}$$

$$S_A=\omega\left|\int_0^t \ddot{y}(\tau)e^{-\xi\omega(t-\tau)}\sin\omega(t-\tau)\mathrm{d}\tau\right|_{max} \tag{2.3.11}$$

若略去上式中的 sin 和 cos 的差别，则 S_A、S_V、S_D 之间近似地具有如下关系

$$S_A \approx \omega S_V \tag{2.3.12}$$

$$S_D \approx \frac{1}{\omega} S_V \tag{2.3.13}$$

将这样得到的 S_A、S_V、S_D 分别称为拟加速度反应谱、拟速度反应谱、拟位移反应谱。

不难看出，实际地震的反应谱是根据一次地震中强震仪记录的加速度记录计算得到的谱，也就是具有不同周期(频率的倒数)和一定阻尼的单质点结构在地震地面运动影响下最大反应与结构自振周期的关系曲线。不同阻尼的单质点结构在地震地面运动影响下的反应过程曲线和由此得到的反应谱已形象化地表示在图 2.3.2 中。在此图中自振周期不同的三个单质点结构的反应过程可以是位移、速度和加速度，由这些反应过程确定的反应谱曲线也就相应地成为位移、速度和加速度反应谱。

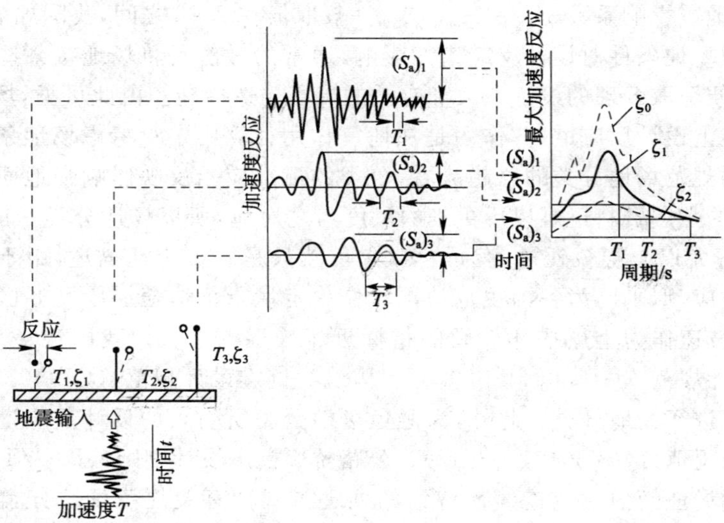

a)阻尼常数一定，固有周期不同的单质点系　b)反应波形　c)反应谱

图 2.3.2　地震反应谱形成过程说明

尽管目前已有相当多的强震记录，但是按不同地震动强度对加速度反应谱进行分类统计还比较困难。在这种情况下，为便于研究，通常单独对谱形状或放大倍数谱 $\beta(T)$ 进行分析，所谓谱形状即是以地面运动幅度最大值除各反应的最大值，对于加速度反应来说，这个结果可表示为

$$\beta(T) = \frac{(\ddot{x}+\ddot{y})_{\max}}{\ddot{y}_{\max}} = \frac{S_A(T)}{\ddot{y}_{\max}} \tag{2.3.14}$$

式中，β 为无量纲系数。

由于加速度反应谱是质点系的阻尼比 ζ 和周期 T 的函数，因此 β 也是 ζ 和 T 的函数。由式(2.3.14)的定义可看出，反应谱经标准化后与原有谱在形状上完全一致。从这一点来看，标准化的目的是为了突出谱的形状特征。

1959 年，美国人豪斯纳为了将已获得的强震记录用作抗震设计依据，提出了平均反应谱的概念。他将在美国西部所获得的 4 个强震记录[埃尔申屈(1934、1940)、奥林匹亚(1949)、德翰查皮(1952)]的 8 个水平分量反应谱，经标准化后进行简单的平均，给出一条线，称作平均反应谱。将平均反应谱加以平滑化后，应用于抗震设计中的谱称为标准反应谱。

二、设计反应谱与场地分类

抗震设计反应谱是根据大量实际地震记录分析得到的地震反应谱进行统计分析,并结合震害经验综合判断给出的。也就是说,设计反应谱不像实际地震反应谱那样具体反映1次地震动过程的频谱特性,而是从工程设计的角度,在总体上把握具有某一类特征的地震动特性。

我国大多数抗震规范中的设计反应谱(我国有关规范中称为地震影响系数)可用下式表述

$$\alpha(T)=\frac{S_{\mathrm{A}}(T)}{g}=\frac{a\beta(T)}{g}=k\beta(T) \tag{2.3.15}$$

式中,$\alpha(T)$为一般情况下由地震环境(地震烈度)和场地环境(场地类别)确定;k为地震系数,一般与地震烈度有关;$\beta(T)$一般与场地条件有关,常称为动力放大系数;a为地面加速度峰值;最大地震影响系数$\alpha_{\max}=k\beta_{\max}$,$\beta_{\max}$一般取值在2～3之间,我国规范一般取2.25。

为了考虑场地条件对设计反应谱的影响,通常的做法是将场地按某些指标和描述划分为若干类,以便采取合理的设计参数和有关的抗震构造措施。由此可见,场地分类的目的是确定不同场地上设计反应谱,其作用是在地震作用计算中定量考虑场地条件对设计参数的影响。从各国规范场地分类的总趋势看,分类的标准应当反映影响强地面运动特征的主要因素,但现有的强震资料还难以用更细的尺度与之对应,所以场地分类一般至多分为3类或4类,划分指标尤以土层软硬描述为最多,它虽然只是一种定性描述,由于其精度能与场地分类要求相适应,似乎已为各国规范认同。作为定量指标覆盖层厚度亦已被许多规范所接受,采用剪切波速作为土层描述软硬的指标近年来逐渐增多。我国近年来修订的规范,如《建筑抗震设计规范》(GB 50011—2010)、《构筑物抗震设计规范》(GB 50191—2012)等都采用了这类指标进行场地分类。此外,为避免场地分类所引入的设计反应谱跳跃式变化,《构筑物抗震设计规范》(GB 50191—2012)、《公路桥梁抗震设计细则》(JTG/T B02—01—2008)还采用了连续场地指数对应连续反应谱的处理方式。有关规范场地分类的具体做法可见下节。

自从地震反应谱的概念应用于抗震设计以来,对设计反应谱的标定大致经历了三个阶段。最初是对不同程度的地震区采用不同的地震系数(k)并采用同样的标准反应谱(β谱),如美国早期的统一规范、苏联1959地震区规范。而后随着研究的深入,采用按区划图对不同等级的地震区采取不同地震系数(k),并将标准化反应谱按场地类别进行分类可看作第二阶段。20世纪80年代以后,随着强震资料的迅速积累,开始注意到除场地条件外,震源和传播途径对设计反应谱有着不可忽视的影响,并纳入有关规范,如美国ATC-3规范,采用有效峰值加速度A_{a}和有效峰值速度A_{v}来考虑上述影响。我国《建筑抗震设计规范》(GB 50011—2010)采用设计地震分组来反映上述影响,可以看作进入第三阶段的代表。

三、设计反应谱确定的规范方法

众所周知,设计反应谱是工程结构抗震设计的重要参数之一,因此合理地确定设计反应谱对工程结构抗震设计有着至关重要的影响。由于要精确地测定设计地震动是一项难度很大的工作。因此,对于一般的工程(一般指乙、丙、丁类建筑)可以采用适应目前对地震影响的认识水平,并具有大量强震观测记录和震害经验为基础的抗震设计规范规定的途径确定设计地震动。我国抗震设计规范采用的设计地震动是通过对地震环境和场地环境的分析判断和分类方法来确定的。按照该途径确定设计地震动的要求,工程勘察单位至少应提供以下资料或参数：一是有关地震环境方面的资料，包括设计基本地震加速度和设计特征周期等；二是场地环境方面的资料，包括覆盖层厚度、剪切波速测试结果、土层钻孔资料等。

1.建筑抗震设计规范确定设计反应谱的方法

建筑抗震设计规范是通过场地分类、设防烈度与设计反应谱相联系，因此按该途径选择设计反应谱大体可按以下步骤进行。

(1)确定设计基本地震加速度和设计特征周期

抗震设防烈度应按国家规定的权限审批、颁发的文件(图件)确定，一般情况下可采用《中国地震动参数区划图》(GB 18306—2015)提供的基本烈度(或与设计基本地震加速度对应的烈度)；对做过抗震防灾规划的城市，可按批准的抗震设防区划(设防烈度或设计地震动参数)确定。

一般情况下，设防烈度及设计基本加速度和设计特征周期可根据场地在中国地震动参数区划图上的位置判断确定。但需考虑《建筑抗震设计规范》(GB 50011—2010)中附录A的有关规定。

(2)计算和确定等效剪切波速

一般情况下，土层的等效剪切波速，应按下列公式计算

$$v_{se}=\frac{d_0}{t} \tag{2.3.16}$$

$$t=\sum_{i=1}^{n}\frac{d_i}{v_{si}} \tag{2.3.17}$$

式中，v_{se}为土层等效剪切波速(m/s)；d_0为计算深度(m)，取覆盖层厚度和20 m二者的较小值；t为剪切波在地面至计算深度之间的传播时间；d_i为计算深度范围内第i土层的厚度(m)；v_{si}为计算深度范围内第i土层的剪切波速(m/s)；n为计算深度范围内土层的分层数。

对此规定的理解：

①等效剪切波速的物理意义很清晰，它代表的是覆盖层厚度内土层的平均剪切波速。以剪切波速在覆盖层厚度内的传播时间作为主要计算指标。

②对此规定的理解可见图2.3.3。

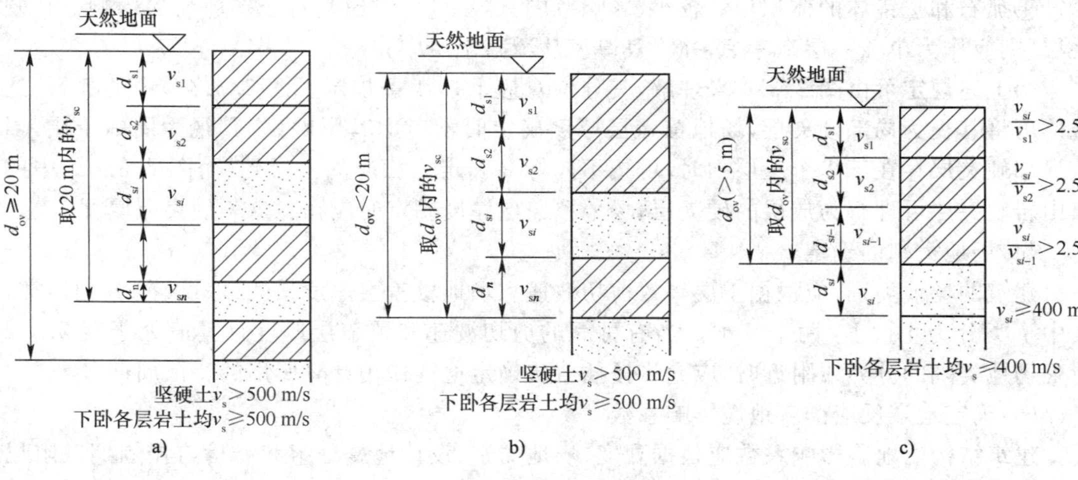

图2.3.3 对此规定的理解示意图

对丁类建筑及层数不超过 10 层且高度不超过 24 m 的丙类建筑，当无实测剪切波速时，可根据岩土名称和性状，按表 2.3.1 划分土的类型，再利用当地经验在表 2.3.1 的剪切波速范围内估计各土层的剪切波速。

土的类型划分和剪切波速范围　　表 2.3.1

土的类型	岩土名称和性状	土层剪切波速范围/(m/s)
岩石	坚硬、较硬且完整的岩石	$v_s>800$
坚硬土或软质岩石	破碎和较破碎的岩石或软和较软的岩石，密实的碎石土	$800\geqslant v_s>500$
中硬土	中密、稍密的碎石土，密实、中密的砾、粗、中砂，$f_{ak}>150$ 的黏性土和粉土，坚硬黄土	$500\geqslant v_s>250$
中软土	稍密的砾、粗、中砂，除松散外的细、粉砂，$f_{ak}\leqslant150$ 的黏性土和粉土，$f_{ak}>130$ 的填土，可塑新黄土	$250\geqslant v_s>150$
软弱土	淤泥和淤泥质土，松散的砂，新近沉积的黏性土和粉土，$f_{ak}\leqslant130$ 的填土，流塑黄土	$v_s\leqslant150$

注：f_{ak} 为由载荷试验等方式得到的地基承载力特征值(kPa)；v_s 为岩土剪切波速。

(3)建筑场地覆盖层厚度的确定

建筑场地覆盖层厚度的确定应符合下列要求：

①一般情况下，应按地面至剪切波速大于 500 m/s 且其下卧各层岩土的剪切波速均不大于 500 m/s 的土层顶面的距离确定。

②当地面 5 m 以下存在剪切波速大于其上部各土层剪切波速 2.5 倍的土层，且该层及其下卧各层岩土的剪切波均不小于 400 m/s 时，可按地面至该土层顶面的距离确定。

③剪切波速大于 500 m/s 的孤石、透镜体，应视同周围土层。

④土层的火山岩硬夹层，应视为刚体，其厚度应从覆盖土层中扣除。

对此规定的理解：

①孤石和透镜体的体积相对较小，影响范围有限，可不考虑其对土层剪切的影响，而“硬夹层”则应作为单独一层来考虑，并将其厚度从覆盖土层中扣除。

②上述规定可由图 2.3.4 来理解，其分别对应上述 4 条规定。图 2.3.4c) 中的孤石、透镜体可将其视为局部硬夹层，场地覆盖层厚度确定时不考虑其影响(将其视为周围土层，当该局部硬夹层存在于多个土层中时，可按不同标高确定为相应的土层)。而图 2.3.4d) 中的火山岩硬夹层可理解为成层的硬夹层，场地覆盖层厚度确定时应扣除这一硬夹层厚度。

(4)场地类别的确定

建筑的场地类别，应根据土层等效剪切波速和场地覆盖层厚度按表 2.3.2 划分为四类，其中Ⅰ类分为 I_0、I_1 两个亚类。当有可靠的剪切波速和覆盖层厚度且其值处于表 2.3.2 所列场地类别的分界线附近时，应允许按插值法确定地震作用计算所用的特征周期。

(5)确定地震反应谱或地震影响系数

建筑结构的地震影响系数应根据烈度、场地类别、设计地震分组和结构自振周期及阻尼比确定。其水平地震影响系数最大值应按表 2.3.3-1 采用；特征周期应根据场地类别和设计地震分组按表 2.3.3-2 采用，计算罕遇地震作用时，特征周期应增加 0.05 s。

注：周期大于 6.0 s 的建筑结构所采用的地震影响系数应专门研究。

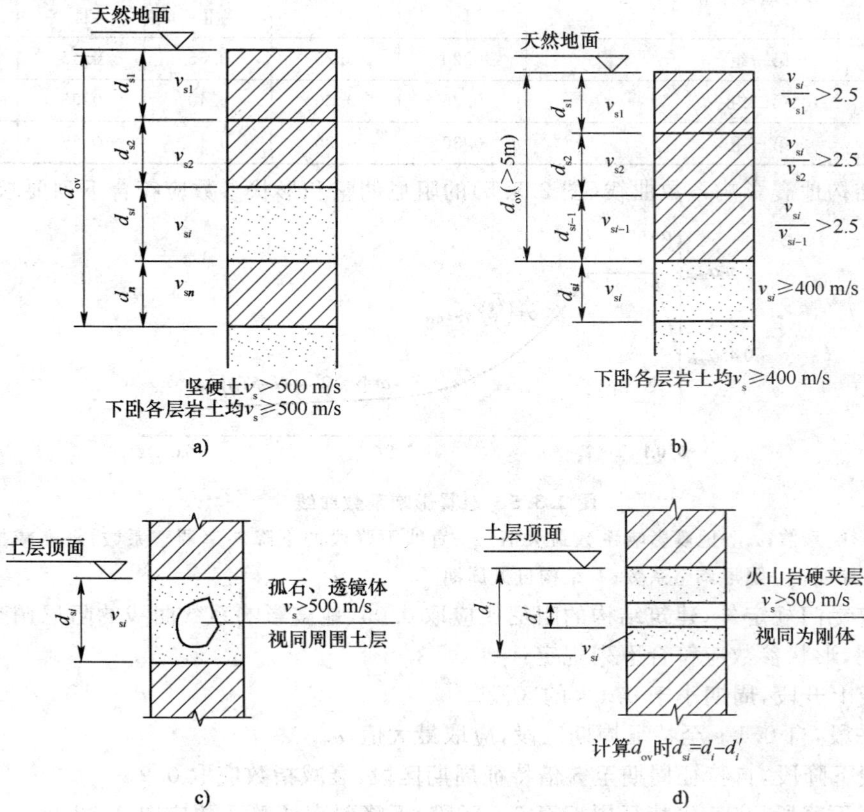

图 2.3.4　对此规定的理解示意图

各类建筑场地的覆盖层厚度(单位：m)　　表 2.3.2

岩石的剪切波速或土的等效剪切波速/(m/s)	场地类别				
	Ⅰ$_0$	Ⅰ$_1$	Ⅱ	Ⅲ	Ⅳ
v_s>800	0				
800≥v_s>500		0			
500≥v_{se}>250		<5	≥5		
250≥v_{se}>150		<3	3～50	>50	
v_{se}≤150		<3	3～15	15～80	>80

注：表中 v_s 系岩石的剪切波度。

水平地震影响系数最大值　　表 2.3.3-1

地 震 影 响	6 度	7 度	8 度	9 度
多遇地震	0.04	0.08(0.12)	0.16(0.24)	0.32
罕遇地震	0.28	0.50(0.72)	0.90(1.20)	1.40

注：括号中数值分别用于设计基本地震加速度为 0.15g 和 0.30g 的地区。

特征周期值(单位:s)　　表 2.3.3-2

设计地震分组	场地类别				
	I_0	I_1	Ⅱ	Ⅲ	Ⅳ
第一组	0.20	0.25	0.35	0.45	0.65
第二组	0.25	0.30	0.40	0.55	0.75
第三组	0.30	0.35	0.45	0.65	0.90

建筑结构地震影响系数曲线(图 2.3.5)的阻尼调整和形状参数应符合下列要求。

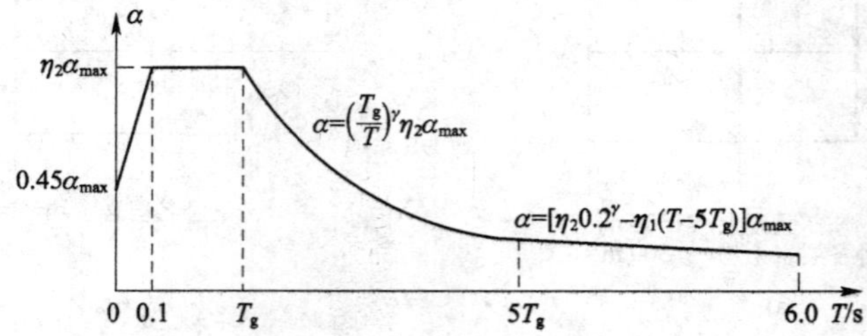

图 2.3.5　地震影响系数曲线

α-地震影响系数;α_{max}-地震影响系数最大值;η_1-直线下降段的下降斜率调整系数;γ-衰减指数;T_g-特征周期;η_2-阻尼调整系数;T-结构自振周期

①除有专门规定外,建筑结构的阻尼比应取 0.05,地震影响系数曲线的阻尼调整系数应按 1.0 采用,形状参数应符合下列规定:

a. 直线上升段,周期小于 0.1 s 的区段。

b. 水平段,自 0.1 s 至特征周期区段,应取最大值(α_{max})。

c. 曲线下降段,自特征周期至 5 倍特征周期区段,衰减指数应取 0.9。

d. 直线下降段,自 5 倍特征周期至 6 s 区段,下降斜率调整系数应取 0.02。

②当建筑结构的阻尼比按有关规定不等于 0.05 时,地震影响系数曲线的阻尼调整系数和形状参数应符合下列规定:

a. 曲线下降段的衰减指数应按下式确定

$$\gamma=0.9+\frac{0.05-\zeta}{0.3+6\zeta} \tag{2.3.18}$$

式中,γ 为曲线下降段的衰减指数;ζ 为阻尼比。

b. 直线下降段的下降斜率调整系数应按下式确定

$$\eta_1=0.02+\frac{0.05-\zeta}{4+32\zeta} \tag{2.3.19}$$

式中,η_1 为直线下降段的下降斜率调整系数,小于 0 时取 0。

c. 阻尼调整系数应按下式确定

$$\eta_2=1+\frac{0.05-\zeta}{0.08+1.6\zeta} \tag{2.3.20}$$

式中,η_2 为阻尼调整系数,当小于 0.55 时,应取 0.55。

对本条规定的理解:

弹性反应谱理论仍是现阶段抗震设计的最基本理论,规范所采用的设计反应谱以地震影响系数曲线的形式给出。

《建筑抗震设计规范》(GB 50011—2010)的地震影响系数的特点如下。

①同样烈度、同样场地条件的反应谱形状,随着震源机制、震级大小、震中距远近等的变

化，有较大的差别，影响因素很多。在继续保留烈度概念的基础上，用设计地震分组的特征周期 T_g予以反映。其中，Ⅰ、Ⅱ、Ⅲ类场地的特征周期值，2001 版抗震规范较 1989 版抗震规范的取值增大了 0.05 s；本条中，计算罕遇地震作用时，T_g值又增大 0.05 s。这些改进，适当提高了结构的抗震安全性，也比较符合近年来得到的大量地震加速度资料的统计结果。

②在结构自振周期 $T<0.1$ s 的范围内，各类场地的地震影响系数一律采取同样的斜线，使之符合 $T=0$ 时（刚体）动力不放大的规律；在 $T\geqslant T_g$时，设计反应谱在理论上存在两个下降段，即速度控制段和位移控制段，在加速度反应谱中，前者衰减指数为 1，后者衰减指数为 2。设计反应谱是用来预估建筑结构在其设计基准期内可能经受的地震作用，通常根据大量实际地震记录的反应谱进行统计并结合工程经验判断加以规定。为保持规范的延续性，地震影响系数在 $T\leqslant 5T_g$范围内与 2001 版抗震规范维持一致，各曲线的衰减指数为非整数；在 $T>5T_g$的范围为倾斜下降段，不同场地类别的最小值不同，较符合实际反应谱的统计规律。对于周期大于 6 s 的结构，地震影响系数仍专门研究。

③按二阶段设计要求，在截面承载力验算时的设计地震作用，取众值烈度下结构按完全弹性分析的数值，据此调整了本规范相应的地震影响系数最大值，其取值继续与按 1978 版抗震规范各结构影响系数 C 折减的平均值大致相当。在罕遇地震的变形验算时，按超越概率 2%～3%提供了对应的地震影响系数最大值。

④考虑到不同结构类型建筑的抗震设计需要，提供了不同阻尼比（0.02～0.30）地震影响系数曲线相对于标准的地震影响系数（阻尼比为 0.05）的修正方法。根据实际强震记录的统计分析结果，这种修正可分为两段进行：在反应谱平台段（$\alpha=\alpha_{max}$），修正幅度最大；在反映谱上升段（$T<T_g$）和下降段（$T>T_g$），修正幅度变小；在曲线两端（0 s 和 6 s），不同阻尼比下的 α 系数趋向接近。

决定地震影响系数的主要因素：

①烈度。

在其他条件相同的情况下，设防烈度越高，地震影响系数越大（图 2.3.6）。不同烈度的地震影响系数 α 之比就是地震影响系数最大值 α_{max}之比。如设防烈度 9 度（0.4g）与7 度（0.1g）的地震影响系数比值为 0.32/0.08＝4.0 倍。

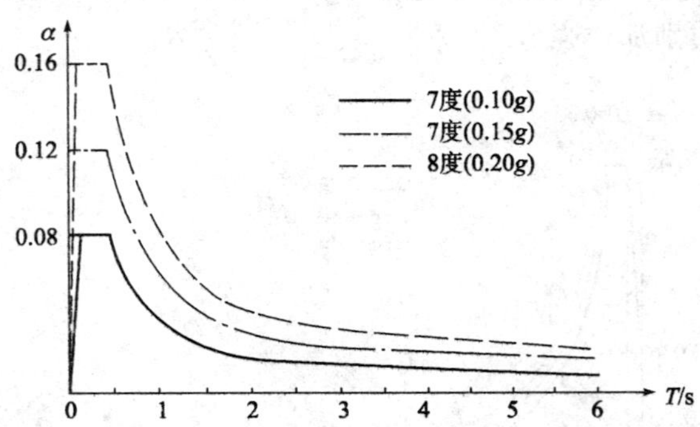

图 2.3.6　不同烈度时的地震影响系数曲线

②阻尼比。

结构的阻尼可以消耗和吸收地震能量。阻尼越大，地震影响系数越小。在其他条件相同的情况下，不同阻尼时的地震影响系数曲线见图 2.3.7。

③场地条件。

场地覆盖层越厚，土质越软，其地面加速度反应谱的峰值所对应的周期越长，当其他条

第二章　地震作用、地震反应谱与场地

件不变时，不同场地条件下的地震影响系数曲线见图 2.3.8。

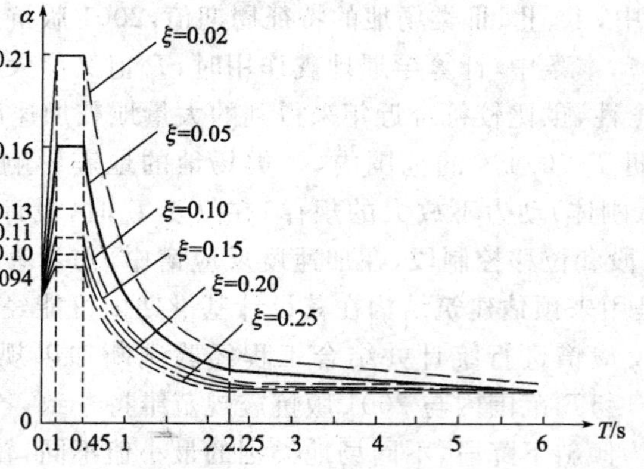

图 2.3.7　不同阻尼时的地震影响系数曲线(8 度、第一组)

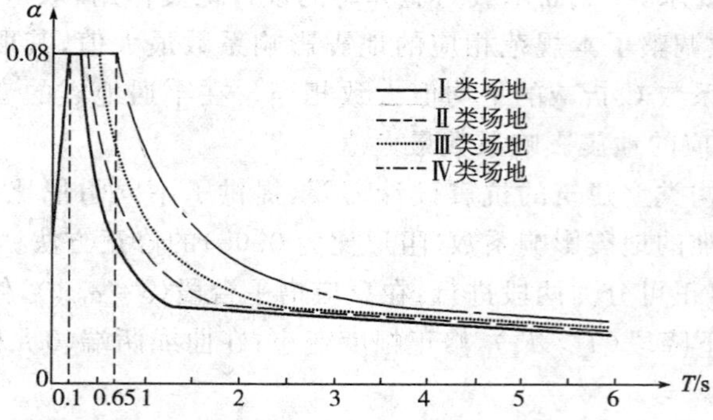

图 2.3.8　不同场地时的地震影响系数曲线

④设计地震分组。

设计地震分组主要反映震源远近的影响。离震中越远，地震波中长周期分量贡献越大，加速度反应谱的主要峰点越偏于较长周期。不同设计地震分组时的地震影响系数曲线见图 2.3.9。设计地震分组对加速度反应谱的影响与场地类别对加速度反应谱的影响类似，但影响程度没有场地类别那样强烈。

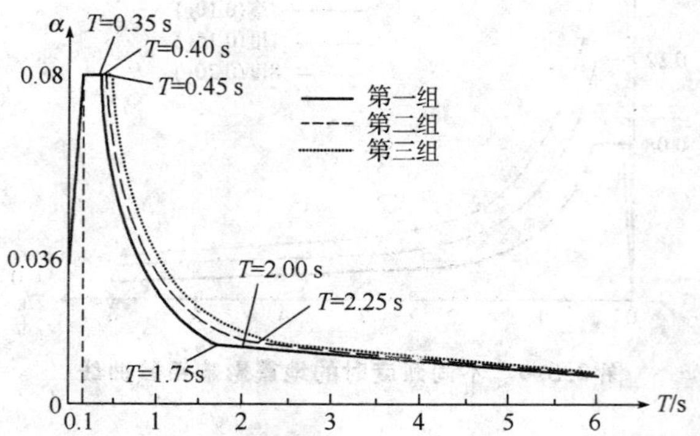

图 2.3.9　不同设计地震分组的地震影响系数曲线

【例 2.3.1】　按《建筑抗震设计规范》(GB 50011—2010)，求表 2.3.4 所示的广东省汕头市建筑工程(周期为1 s)，小震(截面验算)时的地震影响系数(设计反应谱值)。

【解】　根据《建筑抗震设计规范》(GB 50011—2010)的规定和工程提供的资料，按以下步骤计算。

①设防烈度与设计地震分组确定。

根据该工程的位置，查《中国地震动参数区划图》(GB 18306—2015)设计基本地震加速度为0.2g，相当设防烈度为8度，查《建筑抗震设计规范》(GB 50011—2010)附录A设计地震分组为第一组。

②等效剪切波速确定。

根据表2.3.4提供剪切波速钻孔，计算平均剪切波速。由于覆盖层度大于20 m，故计算深度可算至20 m处，其值为

$$v_{se}=\left[20\Big/\left(\frac{2.7}{160}+\frac{2.8}{160}+\frac{1.15}{160}+\frac{6.0}{210}+\frac{5.35}{280}+\frac{2}{380}\right)\right]\text{ m/s}=211.6\text{ m/s}$$

土层剪切波速关系表　　表2.3.4

序　号	层底深度/m	层厚/m	柱 状 图	v_s/(m/s)
1	2.70	2.70	杂填土	160
2	5.50	2.80	砂砾	160
3	6.65	1.15	黏土	160
4	12.65	6.00	粉土	210
5	18.00	5.35	黏土	280
6	30.7	12.7	砾砂	380
7	>30.7	—	砾岩	750

③覆盖层厚度确定。

根据规范覆盖层厚度确定标准该场地覆盖层厚度应为30.70 m。

④场地类别。

根据覆盖层厚度和场地类型查表可得该场地类别为Ⅱ类。

⑤设计反应谱值。

基于设防烈度8度，查表可得小震(众值烈度)$\alpha_{max}=0.16$，根据场地类别和设计地震分组，查表可知特征周期$T_g=0.35$ s，可求得周期$T=1.0$ s时小震的反应谱值为

$$\alpha=\left(\frac{T_g}{T}\right)^{0.9}\alpha_{max}=\left(\frac{0.35}{1.0}\right)^{0.9}\times0.16=0.062$$

2.构筑物抗震设计规范设计反应谱的确定方法

构筑物抗震设计规范是通过场地指数和设防烈度与设计反应谱联系的，其步骤如下。

(1)计算场地平均剪切模量

场地平均剪切模量G按下式计算

$$G=\frac{\sum_{i=1}^{n}h_i\gamma_i v_{si}^2}{g\sum_{i=1}^{n}h_i}\tag{2.3.21}$$

式中，γ_i为第i层土的密度；g为重力加速度。应注意的是，在按上式计算时，应考虑的深度范围以20 m为标准，当覆盖层厚度小于20 m时，可按实际覆盖层厚度考虑。

对于无实测剪切波速的丁类构筑物可按当地成熟的经验或下式确定

$$v_{si}=ah_{si}^{\delta}\tag{2.3.22}$$

式中，h_{si}为第i层土中点处的深度(m)；a为土层的剪切波速计算系数，可按表2.3.5采

用；δ 为土层的剪切波速计算指数，可按表 2.3.5 采用。

土层的剪切波速计算系数和计算指数　　表 2.3.5

土名和状态	计算系数和计算指数	土的名称			
		黏性土	粉、细砂	中、粗砂	砾、卵、碎石
固结较差的流塑、软塑黏性土，松散、稍密的砂土	a	70	90	80	—
	δ	0.300	0.243	0.280	—
软塑、可塑黏性土，中密或稍密砂、砾、卵、碎石土	a	100	120	120	170
	δ	0.300	0.243	0.280	0.243
硬塑、坚硬黏性土，密实的砂、砾、卵、碎石土	a	130	150	150	200
	δ	0.300	0.243	0.280	0.243

(2)计算场地指数

根据平均剪切模量和覆盖层厚度 d 按下式计算场地指数

$$\mu=\frac{\gamma_{\mathrm{G}}}{\mu_{\mathrm{G}}}+\frac{\gamma_{\mathrm{d}}}{\mu_{\mathrm{d}}} \tag{2.3.23}$$

$$\mu_{\mathrm{G}}=\begin{cases}1-\mathrm{e}^{-6.6(G-30)10^{-3}} & \\ 0 & (当\ G\leqslant 30\ \mathrm{MPa}\ 时)\end{cases} \tag{2.3.24}$$

$$\mu_{\mathrm{d}}=\begin{cases}\mathrm{e}^{0.5(d-5)^{2}10^{-3}} & \\ 0 & (当\ d>80\ \mathrm{m}\ 时)\end{cases} \tag{2.3.25}$$

式中，μ 为场地指数；γ_{G} 为场地土层刚度对地震效应影响的权系数，可采用 0.7；γ_{d} 为场地覆盖层厚度对地震效应影响的权系数，可采用 0.3；μ_{G} 为场地土层刚度指数；μ_{d} 为场地覆盖层厚度指数；G 为场地土层的平均剪切模量（MPa）；d 为场地覆盖层厚度（m），可采用地面至剪切模量大于 500 MPa 或剪切波速大于 500 m/s 的土层顶面的距离。

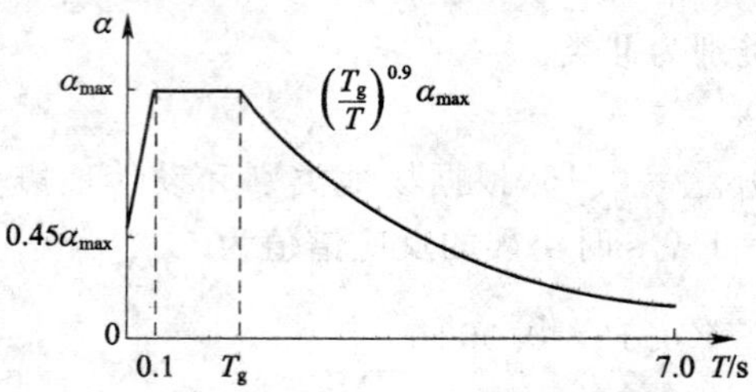

图 2.3.10　设计反应谱

(3)确定场地特征周期和反应谱

根据场地指数 μ 按下式确定场地特征周期

$$T_{\mathrm{g}}=0.65-0.45\mu^{0.4} \tag{2.3.26}$$

对应的设计反应谱按图 2.3.10 确定。表 2.3.6 给出不同设计阶段的 $\alpha_{\max}$ 取值。由图 2.3.10可见，构筑物抗震设计规范设计反应谱适用周期范围是 7 s，同时还给出不同阻尼对设计反应谱的修正系数。

$\alpha_{\max}$ 的取值　　表 2.3.6

设防水准	6	7	8	9
抗震设计水准 A	0.04	0.08	0.16	0.32
抗震设计水准 B	0.13	0.25	0.5	1.0
变形验算		0.5	0.9	1.40

采用该途径确定设计反应谱中需要场地分类时可按表 2.3.7 确定。

场地指数与场地分类对应关系　　表 2.3.7

场地指数	$1\geqslant\mu>0.8$	$0.8\geqslant\mu>0.35$	$0.35\geqslant\mu>0.05$	$0.05\geqslant\mu\geqslant 0$
场地分类	硬场地	中硬场地	中软场地	软场地

3. 公路工程抗震规范

《公路工程抗震规范》(JTG B02—2013)设计加速度反应谱确定步骤如下。

(1)确定场地类别

工程场地类别应根据场地土的剪切波速和场地覆盖土层厚度,按表 2.3.8 进行划分。

工程场地类别划分 表 2.3.8

平均剪切波速/(m/s)	场地类别			
	Ⅰ	Ⅱ	Ⅲ	Ⅳ
$v_{se}>500$	0	—	—	—
$500\geqslant v_{se}>250$	<5	⩾5	—	—
$250\geqslant v_{se}>140$	<3	⩾3,⩽50	>50	—
$v_{se}\leqslant 140$	<3	⩾3,⩽15	>15,⩽80	>80

注:表中数据为场地覆盖土层厚度(m)。

(2)确定设计加速反应谱值

阻尼比为 0.05 的水平设计加速度反应谱中,任意时点的水平设计加速度反应谱值 S(图 2.3.11)可由下式确定

$$S=\begin{cases}S_{max}(5.5T+0.45) & (T<0.1\ s)\\ S_{max} & (0.1\ s\leqslant T\leqslant T_g)\\ S_{max}(T_g/T) & (T>T_g)\end{cases} \tag{2.3.27}$$

式中,T_g 为特征周期(s);T 为结构自振周期(s);S_{max}为水平设计加速度反应谱最大值。

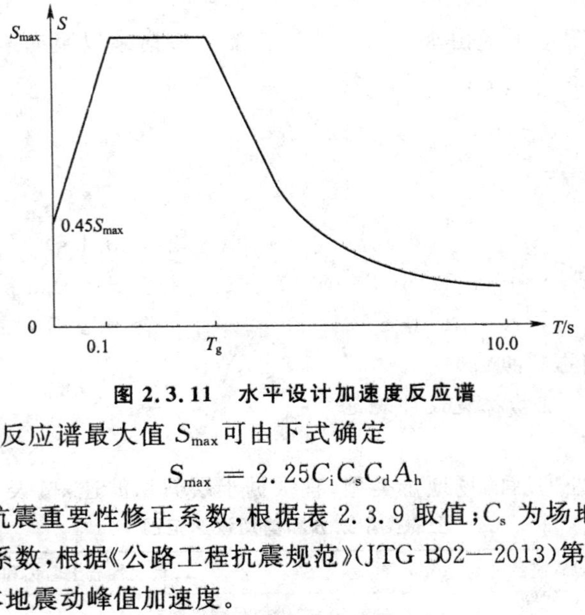

图 2.3.11 水平设计加速度反应谱

水平设计加速度反应谱最大值 S_{max}可由下式确定

$$S_{max}=2.25C_iC_sC_dA_h \tag{2.3.28}$$

式中,C_i 为桥梁抗震重要性修正系数,根据表 2.3.9 取值;C_s 为场地系数,根据表 2.3.10 取值;C_d 为阻尼调整系数,根据《公路工程抗震规范》(JTG B02—2013)第 5.2.4 条的规定确定;A_h 为水平向设计基本地震动峰值加速度。

桥梁抗震重要性修正系数 C_i 表 2.3.9

桥梁抗震设防类别	E1 地震作用	E2 地震作用
A类	1.0	1.7
B类	0.43(0.5)	1.3(1.7)
C类	0.34	1.0
D类	0.23	—

注:高速公路和一级公路上单跨跨径不超过 150 m 的大桥、特大桥,其抗震重要性修正系数取 B类括号内的值。

场 地 系 数 C_s　　表 2.3.10

场地类别	设计基本地震动峰值加速度					
	0.05g	0.10g	0.15g	0.20g	0.30g	≥0.40g
Ⅰ	1.2	1.0	0.9	0.9	0.9	0.9
Ⅱ	1.0	1.0	1.0	1.0	1.0	1.0
Ⅲ	1.1	1.3	1.2	1.2	1.0	1.0
Ⅳ	1.2	1.4	1.3	1.3	1.0	0.9

特征周期 T_g 应按桥梁所在位置，根据现行《中国地震动参数区划图》(GB 18306—2015)上的特征周期和相应的场地类别，按表 2.3.11 取值。

设计加速度反应谱特征周期调整表　　表 2.3.11

区划图上的特征周期/s	场地类别			
	Ⅰ	Ⅱ	Ⅲ	Ⅳ
0.35	0.25	0.35	0.45	0.65
0.40	0.30	0.40	0.55	0.75
0.45	0.35	0.45	0.65	0.90

结构的阻尼比 ξ 为 0.05 时，阻尼调整系数 C_d 应取 1.0；当结构的阻尼比不等于 0.05 时，阻尼调整系数 C_d 应按下式计算

$$C_d = 1 + \frac{0.05 - \xi}{0.06 + 1.7\xi} \geqslant 0.55 \tag{2.3.29}$$

竖向设计加速度反应谱应由水平向设计加速度反应谱乘以竖向/水平向谱比函数 R 确定。R 的取值应符合下列规定：

①对于基岩场地

$$R = 0.6 \tag{2.3.30}$$

②对于土层场地

$$R = \begin{cases} 1.0 & (T < 0.1\ \mathrm{s}) \\ 1.0 - 2.5(T - 0.1) & (0.1\ \mathrm{s} \leqslant T < 0.3\ \mathrm{s}) \\ 0.5 & (T \geqslant 0.3\ \mathrm{s}) \end{cases} \tag{2.3.31}$$

式中，T 为结构自振周期(s)。

4. 水电工程水工建筑物抗震设计规范

(1)场地类别确定

水工建筑物开挖处理后的场地土类型，宜根据土层剪切波速，按表 2.3.12 划分。

土的类型划分和剪切波速范围　　表 2.3.12

场地土的类型	剪切波速范围 v_s/(m/s)	代表性岩土名称和性状
硬岩	$v_s > 800$	坚硬、较硬且完整的岩石
软岩、坚硬场地土	$800 \geqslant v_s > 500$	破碎和较破碎或软、较软的岩石，密实的砂卵石
中硬场地土	$500 \geqslant v_s > 250$	中密、稍密的砂卵石，密实的粗砂、中砂，坚硬的粘土和粉土
中软场地土	$250 \geqslant v_s > 150$	稍密的砾、粗、中砂，细砂和粉砂，一般粘性土和粉土
软弱场地土	$v_s \leqslant 150$	淤泥、淤泥质土，松散的砂土，人工杂填土

表中 v_s 为土层剪切波速，如场地为多层土，则取建基面下覆盖各土层的等效剪切波速，按如下公式计算：

$$v_s=\frac{d_0}{\sum_{i=1}^{n}d_i/v_{si}}$$

式中，d_0 为覆盖层厚度(m)；d_i 为覆盖层第 i 土层的厚度(m)；v_{si} 为覆盖层第 i 土层的剪切波速(m/s)；n 为覆盖层的分层数。

场地类别应根据场地土类型和场地覆盖层厚度，按表 2.3.13 划分为 I_0、I_1、Ⅱ、Ⅲ、Ⅳ共五类。

场地类别的划分 表 2.3.13

<table>
<tr><th rowspan="2">场地土类型</th><th colspan="7">覆盖层厚度 d_0/(m)</th></tr>
<tr><th>0</th><th>$0<d_0\leqslant 3$</th><th>$3<d_0\leqslant 5$</th><th>$5<d_0\leqslant 15$</th><th>$15<d_0\leqslant 50$</th><th>$50<d_0\leqslant 80$</th><th>$d_0>80$</th></tr>
<tr><td>硬岩</td><td>I_0</td><td colspan="6">—</td></tr>
<tr><td>软岩、坚硬场地土</td><td>I_1</td><td colspan="6">—</td></tr>
<tr><td>中硬场地土</td><td colspan="3">I_1</td><td colspan="4">Ⅱ</td></tr>
<tr><td>中软场地土</td><td colspan="2">I_1</td><td colspan="3">Ⅱ</td><td colspan="2">Ⅲ</td></tr>
<tr><td>软弱场地土</td><td colspan="2">I_1</td><td colspan="2">Ⅱ</td><td colspan="2">Ⅲ</td><td>Ⅳ</td></tr>
</table>

(2)反应谱最大值的代表值 β_{max} 的确定

各类水工建筑物的标准设计反应谱最大值的代表值 β_{max} 应按表 2.3.14 的规定取值。

标准设计反应谱最大值的代表值 β_{max} 表 2.3.14

建筑物类型	土石坝	重力坝	拱坝	水闸、进水塔等其他建筑及边坡
β_{max}	1.60	2.00	2.50	2.25

标准设计反应谱下限值的代表值 β_{min} 应不小于设计反应谱最大值的代表值的 20%。

(3)确定场地特征周期

不同类别场地的标准设计反应谱的特征周期 T_g 可按照《中国地震动参数区划图》(GB 18306—2015)中场址所在区取值后，按表 2.3.15 进行调整。

场地标准设计地震动加速度反应谱特征周期调整表 表 2.3.15

Ⅱ类场地基本地震动加速度反应谱特征周期分区图	场地类别				
	I_0	I_1	Ⅱ	Ⅲ	Ⅳ
0.35s	0.20s	0.25s	0.35s	0.45s	0.65s
0.40s	0.25s	0.30s	0.40s	0.55s	0.75s
0.45s	0.30s	0.35s	0.45s	0.65s	0.90s

(4)标准设计反应谱

标准设计反应谱应按图 2.3.12 采用。

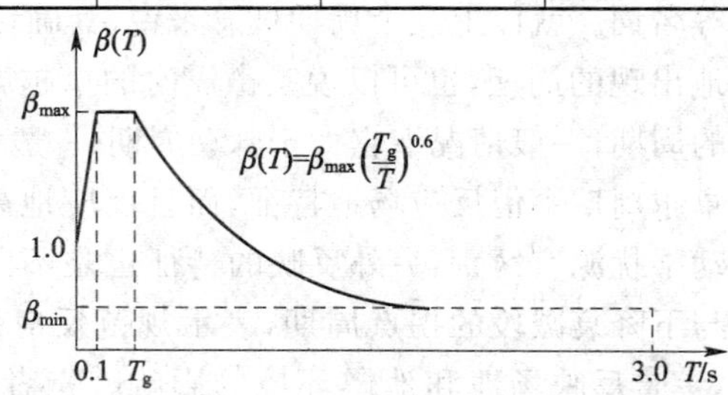

图 2.3.12 标准设计反应谱

四、有关场地问题的讨论

1. 场地和场地类别

场地，指大体上相当于厂区、居民点、自然村的区域范围内的建筑或构筑物所在地，在其范围内，影响反应谱特性的岩土性状和土层覆盖厚度大致相近。研究表明，场地覆盖层厚度和表层土的软硬是影响反应谱特性的重要因素，二者综合考虑可较全面、合理地划分场地类别。

场地类别系按场地土类型和场地覆盖层厚度对场地地震效应的一种划分，作为表征场地条件的指标。

2. 场地土和场地土类型

场地土，指场地范围内的地基土，在平面上大体相当于厂区、居民点和自然的区域范围，在剖面上按地面下 15 m 或 20 m 范围内土层平均特性进行划分。当场地覆盖层厚度小于 15 m 时，按覆盖土层的平均特性划分。

场地土类型系按土的刚度的一种划分，可根据常规勘察资料按平均剪切波速或参照一般土性描述进行划分。

3. 场地覆盖层厚度

从理论上讲，当下层波速比上层波速大得多时，下层当做基岩，这时从地表反射回来的地震波到达岩土界面时将向上反射，只有很小一部分能量向下透射，这个分界面的埋深就是所谓的覆盖层厚度或土层厚度。但是实际地层的刚度往往是逐渐变化的，如果要求岩土波速比很大时才能当作基岩，覆盖层厚度势必定得很大，有时甚至可能要达到岩浆层，这时一般工程是难以行得通的。另一方面，由于对建筑物破坏作用最大的主要是地震波中的中短周期成分，而深层介质对这些成分的影响并不很显著。基于这些考虑，许多规范中场地覆盖层厚度指地表面至剪切波速大于 500 m/s 坚硬土层顶面的距离。

4. 层状土剪切波速

地震引起的振动以波的形式从震源向各个方向传播，其中土中各点的振动方向与波的前进方向相垂直的波称为剪切波(或横波)，其波传播的速度称剪切波速，单位为 m/s。剪切波只能在固体里传播。

5. 场地的脉动周期

土的微小振动通常称脉动，其幅度往往以 μm 计，它产生的原因有多种，例如暴风、海浪、机器、交通工具和各种地面设施引起的振动等。然而地震工程所感兴趣的是与建筑物自振周期范围内相近的那些微动，通常指的是由地面设施、机器、运输工具所产生的脉动。日本人较早就曾发现，将放大倍率大于 1 000 倍的地震仪放置于地面上时，可记录到由各种振源产生，从四面八方传来的微动。经分析后，可看出其中有一些性质与地震工程中需要的地震动性质有密切关系的波群，通常被称为常时微动。将其进行频谱分析，与所给出的曲线峰点所对应的周期值，称为场地土的脉动周期或卓越周期。

6. 有关场地周期的一些问题

目前就场地的有关周期，经常出现场地脉动(卓越)周期、地震动卓越周期和反应谱特征周期等名词。就以上三个周期概念来说，其确切的含义是清楚的，场地脉动周期是在微小震动下场地出现的周期，也可以说是微震时的卓越周期；地震动卓越周期是在受到地震作用下场地出现的周期，一般情况下它大于脉动周期(一般为 1.2～2.0)。场地卓越周期反应场地特征，地震动卓越周期不但反应场地特征，而且反应地震特征(如近、远震则明显不同)。由此可见，二者震动干扰源有区别，另外反映的特征也是不同的。反应谱特征周期一般是指规范反应谱平台段与下降衰减段的拐点周期，表示规范反应谱值随周期变化的突变特征，是平均意义上的参数，综合反映场地和地震环境的影响。三者之间有一定关系，但概念不一样，在工程上不能等同。

7. 桩基是否改变场地类别划分问题

人们在震害调查中发现，下面打桩的建筑和构筑物其震害普遍比不打桩的同类工程轻。为此，在工程应用中，产生了如下一些问题：

①打桩是否可以改变场地类别的划分？如果不改变场地类别，那么为什么打了桩的建筑震害比不打桩的同类建筑轻？

②如果说建筑打少量桩不能改变场地类别的划分，那么打很密的桩是否可以改变类别？

③打桩费用要占总造价相当大的比例，但却不能改变场地类别的划分，那么打桩有什么用处？

④国外的一些规范曾采用桩基或基础下面的土进行场地类别判定，为什么我国规范不做这一考虑？

在规范制定过程中，曾对上述问题进行了一些讨论。由于试验数据、理论分析的结果都较少，因此无法提供很有说服力的结论。但持如下想法：

第一，我国的抗震规范所规定的反应谱特征周期 T_g 值相应要比国外同类规范小，为安全起见，不宜再找理由使其减小。

第二，打桩改变不了场地所在小区的地面振动效应。因此，一般来讲打桩不能改变场地类别。

基于宏观震害资料和对场地影响的认识，一般认为：

①打桩只是防止地基失效时建筑破坏的一种良好处理方法，显然与场地类别划分完全分属于场地地震效应处理的两个不同方面。

②由于地震时砂土或粉土液化往往易于使地基发生震陷，故打桩建筑震害轻的主要原因在于建筑不会因地基形变而产生附加震害。这一点也可从当桩尖未打到稳定土层上时，建筑震害重，或液化产生滑移时，建筑和桩都有较重的震害得到证实。

③这些年来，理论分析和强震观测的结果都表明，地基土与结构相互作用主要表现在两个方面，即地基运动的改变和结构动力特性的改变，而这些改变对场地的地震效应影响不大，因此即使考虑地基与结构相互作用影响，也并不能改变场地类别。

综上所述，在目前的科技水准条件下，打桩仍以不改变场地类别划分为好。

五、不同建筑场地各类地段的划分标准与评价准则

1. 场地选择的各类地段划分准则

根据目前的一些研究，影响建筑震害和地震动参数的场地因素很多，其中包括有局部地形、地质构造、地基土质等，影响的方式也各不相同。我国在编制 1964 年地震区建筑规范草案时，就曾提出地基土质条件对建筑抗震性能的影响应从如下几个方面考虑。

①避免在极不稳定的土壤上（如沼泽、流沙、新填土、悬岩绝壁、陡坡等）进行建设，对于建筑在高烈度区的重要建筑尤其要注意这一点，因为建造在不稳定土壤上的建筑物在强烈的地震中可能会造成难以抗御的震害。

②根据地基土质和结构的特点采取适宜的抗震措施，有些抗震性能不良的地基在本身或上部结构加固以后便能改善整体的抗震性能，例如软弱地基上采用筏型基础就可以大大提高整个结构的抗震性能。

③根据土质条件和地震烈度对地基承载力进行调整，并通过验算保证建筑物在地震时不致因地基失效而破坏。很明显，软弱和不稳定土壤的承载力，会因地震而丧失或减弱，而对坚硬土层，除非本身遭受破坏，承载力一般是不会削弱的。

④根据不同地基情况和不同结构特性采用不同的地震作用，这是在地基不致失效的前提下保证结构具有必要抗震强度的措施。

这样就形成了在抗震设计中如何考虑场地条件影响的综合处理方法。旧规范《建筑抗震设计规范》（GB 50011—2010）在认真总结国内震害经验的基础上，进一步充实了场地选择

的内容，并提出应该从抗震的角度区分和考虑建筑场地对抗震的有利与不利条件，尽量选择有利于抗震的建筑场地，同时按照不同的场地类别及结构物的动力特性，决定地震作用。对地基失效问题则应主要依靠地基处理的办法加以解决。

一般认为，对抗震有利的地段系指地震时地面无残余变形的坚硬土或开阔、平坦、密实、均匀的中硬土范围或地区；不利地段为可能产生明显变形或地基失效的某一范围或地区；危险地段指可能发生严重的地面残余变形的某一范围或地区。按照这样的考虑，抗震设计规范规定了地震区场地选择可按以下原则划分(表 2.3.16)。

有利、一般、不利和危险地段的划分　　表 2.3.16

地段类别	地质、地形、地貌
有利地段	稳定基岩，坚硬土，开阔、平坦、密实、均匀的中硬土等
一般地段	不属于有利、不利和危险的地段
不利地段	软弱土，液化土，条状突出的山嘴，高耸孤立的山丘，陡坡，陡坎，河岸和边坡的边缘，平面分布上成因、岩性、状态明显不均匀的土层(含故河道、疏松的断层破碎带、暗埋的塘浜沟谷和半填半挖地基)，高含水率的可塑黄土，地表存在结构性裂缝等
危险地段	地震时可能发生滑坡、崩塌、地陷、地裂、泥石流等，以及发震断裂带上可能发生地表位错的部位

在选择建筑场地时，应根据工程需要，掌握地震活动情况和工程地质的有关资料，做出综合评价，宜选择有利的地段，避开不利的地段，当无法避开时应采取适当的抗震措施；不应在危险地段建造甲、乙、丙类建筑。

历史地震震害表明，场地的抗震性能主要表现在两大方面：一是场地地震反应大小及其对场地内建(构)筑物所产生的宏观震害影响；二是场地本身在地震时表现出的残余变形、地表错位及场地条件的各种不良变化及其工程破坏影响。前者可通过对场地地面运动分析或场地类别划分予以考虑，后者通过表 2.3.15 的场地选择考虑对场地抗震性能的影响。

这里，有利地段的划分是建立在排除场地不利和危险因素基础上的，由一般坚硬土(如稳定岩石、密实的碎石土)及开阔、平坦、密实、均匀的中硬土(如中密、稍密的碎石土，密实的砾、中、粗砂和老黏性土)构成的场地均可划分为有利场地。

2. 抗震不利地段的若干说明

按照表 2.3.15 所示的划分标准，下面对抗震不利地段划分意义做简要说明。

(1)软弱土

软弱土通常指饱和松散的粉细砂和粉质土，软塑或流塑状态的淤泥和淤泥质土，松散的人工填土、冲填土和杂填土。由于饱和松散的粉细砂和粉质土所产生的震害较为普遍，因此，《建筑抗震设计规范》(GB 50011—2010)中将其单列为一种类型。

强度较低的淤泥质地基，地震时则可能产生较大的震陷，而造成建筑物破坏。

震陷是在地震动的作用下土体产生的附加沉陷，在地震作用下会产生震陷的土有：饱和软土、结构松散的黄土和填土等。此外，相对密实度低的地下水位以上的砂土和碎石类土也会发生震陷。

震陷的判别方法目前主要是经验法和室内试验法这两种方法，但都有不足之处，有待于进一步完善。

从经验出发，判别场地是否可能震陷，对软土利用其沉积年代、孔隙比，特别是灵敏度指标，并结合当地经验进行判别。

地下水位以上的砂土和碎石土，常可利用相对密实度进行初步判别，相对密实度低者产生震陷的可能性较大。

在填土地基中，充填土地基震害较重，这种类型的地基多为旧水坑和洼地，充填物多为疏浚河道的泥沙，多数地区潜水埋藏较浅，而使充填土完全处于饱和状态，因此地震时易产生附加变形，造成较重的震害。宏观震害现象表明，杂填土和素填土地基也会造成较重的震害。

(2)易液化土

有关砂土液化所造成的震害现象，主要有：液化后的地基沉陷，特别是不均匀沉陷引起地基基础和结构破坏，地裂而引起建筑物上部结构破坏，喷水冒砂引起上部建筑物的倾斜和设备被埋没，液化引起地面的移动和河边坡的崩塌等。

(3)条状突出的山嘴、高耸孤立的山丘、陡坡、陡坎

地震强震观测资料表明，这些地貌因素造成的孤突地形上的地面最大加速度较坡脚下高。历次地震证明，位于这些地带的建筑物震害指数与平地上同类地基相比要高很多。

(4)状态明显不均匀的土层

浅层岩土在平面上的成因、岩性、状态分布明显不均匀地段，通常易于因不均匀沉陷而发生较重震害，而一般的不均匀地基(地基的土层成因和岩性相同，但地基的不同部分土层的厚度或状态有差异)，则破坏较少。不均匀土层分布包括故河道、断层破碎带及暗埋的塘滨沟和半挖半填地基等。

(5)河岸和边坡边缘

宏观震害表明，在现代河道、河岸地段，往往易于出现喷水冒砂及地裂发育现象，边坡边缘则易出现土质松动、滑动现象，由此而可能造成建筑物较重的破坏。

另外，在黄土地区，黄土湿陷性的影响也不容忽视，尤其是Ⅳ级湿陷性黄土，可能由于地震作用引起不均匀沉陷变形，从而对于工程建设造成破坏。

3.场地危险地段的若干说明

(1)滑坡、崩塌、泥石流

地震时由于山体斜坡的失稳，往往易于产生滑坡、崩塌、泥石流、岩石散落等现象，从而造成人员伤亡和建筑物损坏。

(2)地表错位及发震断裂带

地震时的地裂缝现象通常可分为构造性和非构造性两种。构造性多出现在强震时宏观震中附近，并伴有错位现象。非构造性地裂多发生在河谷地区、河漫滩、低级阶地前缘地带、故河道河岸部分等地，一般易产生与河岸平行的地裂缝，土体则常常沿这些地裂缝向河心呈阶梯形下滑。

断裂对工程影响的评价，长期以来不同学科之间存在着不同看法。经过近些年地震区考察及不断地交流和研究，认为需要考虑断裂影响的主要是指发震断裂地震时与地下断裂构造直接相关的地表地裂位错带，也就是有些学者称为地震时经常断裂重新错动后直通地表的地裂位错带。建在这类位错带上的建筑破坏是不易用工程措施加以解决的，因此规范中划为危险地段应予避开。至于与发震断裂间接相关的受应力场控制所产生的地裂(如分支及次生地裂)，根据唐山地震时中震区地裂的实际探查及地面建筑破坏调查结果《唐山强震区地震工程地质研究》，1981，中国建筑科学研究院)，认为此类地裂带，对经过正规设计建造的工业与民用建筑影响不大，地裂缝遇到此类建筑不是中断就是绕其分布，仅对埋藏很浅的排污渠道及农村民房有一定影响，而且可以通过工程措施加以解决，并不是所有地裂均需考虑避开。

首先，从地震规模的角度看，蒋薄研究员的统计资料表明：中国内地地震断错形变——震级概率分布，可以明显地看出当 M 等于 6.5 级时有 95%的断裂不会出现地表地震断错形变，仅有个别地震才有可能出现。1989 年编制国家标准《岩土工程勘察规范》(GB 50021—1994)时，也曾对 13 个国家的历史地震资料做了统计分析，从分析结果可以明显地看出仅在

8 度或 8 度以上时才会出现地表地裂。新中国地震烈度地面地表现象一栏的描述中明确提出：当地震烈度 8 度或 8 度以上时地表才会出现明显的裂缝。因此，根据大量地震实例综合分析结果确定，在地震烈度为 8 度及 8 度以上时才需考虑地表位错对工程建筑影响是较为适宜的。

其次，从活动断裂时间在建筑工程中如何考虑上看：经过不断交流协商，工程中的发震断裂主要为可能产生 M 大于或等于 5 级以上的地震断裂这种看法取得了一致，岩土工程勘察规范也给出明确定义，但对活动断裂来讲有一个什么时间活动过，工程上才需考虑的问题。经过不断深入研究交流看法，在活动断裂时间下限方面已取得了一致意见，即对一般工业与民用建筑只考虑 1.0 万年（全新世）以来活动过的断裂，在此地质期以前活动过的断裂可不予考虑，对于核电、水电等工程则考虑 10 万年以来（晚更新世）活动过的断裂，晚更新世以前活动过的断裂亦不予考虑。另外，从隐伏发震断裂的评价方面看在基岩以上覆盖土层多厚，是什么土层，地面建筑就可不考虑下部断裂的错动影响。根据我国近年来地震宏观地表地裂考察，各学者看法不够一致。有人认为 30 m 厚土层就可以不考虑对地面建筑影响，有些学者认为是 50 m，还有人提出用基岩位错量大小来衡量，例如，土层厚度是基岩位错量的 25～30 倍以上就可以不考虑，等等。这一问题，新修编的建筑抗震设计规范修订过程曾专门进行大型离心机模拟断层错动下不同厚度和土性的位错量试验，结果最大断层错距为 1.0～3.0 m 和 4.0～4.5 m 时，上覆盖层破裂最大深度为 20 m 和30 m。考虑到 3 倍左右的安全系数，建议 8 度和 9 度时上覆盖层安全厚度界限考虑分别为 60 m 和 90 m。

基于上述认识和工程经验，建筑抗震设计规范在发震断裂评价和处理增加以下要求。

①对符合下列规定之一的情况，可忽略发震断裂错动对地面建筑的影响：

a. 抗震设防烈度小于 8 度；

b. 非全新世活动断裂；

c. 抗震设防烈度为 8 度和 9 度时，前第四纪基岩隐伏断裂的土层覆盖厚度分别大于 60 m、90 m。

②对不符合本条 1 款规定的情况，应避开主断裂带，其避让距离不宜小于表 2.3.17 中对发震断裂最小避让距离的规定。

发震断裂的最小避让距离(单位：m)　　表 2.3.17

烈　度	建筑抗震设防类别			
	甲	乙	丙	丁
8	专门研究	300	200	
9	专门研究	500	300	

六、场地选择应注意的问题

在确定城市和企业的土地利用、场地选择方案和进行工程建设时，应综合现有的调查资料和工程实践经验，注意如下一些问题：

①对于软弱土应进一步查明下部土层的构成，当有不同的软弱夹层，特别是有较厚低剪切波速的软弱土层时从地面振动效应角度看，可能对位于地表上短周期建筑的抗震有利。此外，对于大震级（一般来讲，M 大于或等于 7.0 级）远距离（通常 $R>80 \sim 100$ km）地震，位于厚冲积土上的高层建筑，注意考虑可能出现的较长周期的共振效应问题。

②对于条状突出的山脊应根据地形本身的形状、高度和地震动特征（预估情况）进行判断，对于那种从区域地形（指较大范围的地形）来说，例如峡谷底部，但从局部地形（指该地区

内的微地貌形态)来说,又处于山脊顶部的情况,因区域地形的特征长度比局部地形特征长度大得多,故一般更应重视局部地形。另外,孤立的山丘当其地形高差较小时,可不考虑其对建筑物的影响,当高差大于 50 m 以上且坡度较陡时,应考虑局部地形影响的效应。

关于局部地形条件的影响,从国内几次大地震的宏观调查资料来看,岩质地形与非岩质地形有所不同。云南通海地震的大量宏观调查表明,非岩质地形对烈度的影响比岩质地形的影响更为明显。如通海和东川的许多岩石地基上很陡的山坡,震害也未见有明显的加重。因此,对于岩石地基的陡坡、陡坎等,规范未列为不利的地段。但对于岩石地基的高度达数十米的条状突出的山脊和高耸孤立的山丘,由于鞭梢效应明显,振动有所加大,烈度仍有增高的趋势。所谓局部突出地形,主要是指山包、山梁和悬崖、陡坎等,情况比较复杂,对各种可能出现的情况的地震动参数的放大作用都做出具体的规定是很困难的。从宏观震害经验和地震反应分析结果所反映的总趋势,大致可以归纳为以下几点:a. 高突地形距离基准面的高度越大,高处的反应越强烈;b. 离陡坎和边坡顶部边缘的距离越大,反应相对减小;c. 从岩土构成方面看,在同样地形条件下,土质结构的反应比岩质结构大;d. 高突地形顶面越开阔,远离边缘的中心部位的反应是明显减小的;e. 边坡越陡,其顶部的放大效应相应加大。

基于以上变化趋势,以突出地形的高差 H,坡降角度的正切 H/L 及场址距突出地形边缘的相对距离 L_1/H 为参数,归纳出各种地形的地震力放大作用如下

$$\lambda=1+\xi\alpha$$

式中,λ 为局部突出地形顶部的地震影响系数的放大系数;α 为局部突出地形地震动参数的增大幅度,按表 2.3.18 采用;ξ 为附加调整系数,与建筑场地离突出台地边缘的距离 L_1 与相对高差 H 的比值有关。当 $L_1/H<2.5$ 时,ξ 可取为 1.0;当 $2.5\leqslant L_1/H<5$ 时,ξ 可取为0.6;当 $L_1/H\geqslant 5$ 时,ξ 可取为 0.3。L、L_1 均应按距离场地的最近点考虑。

局部突出地形的影响如图 2.3.13 所示。

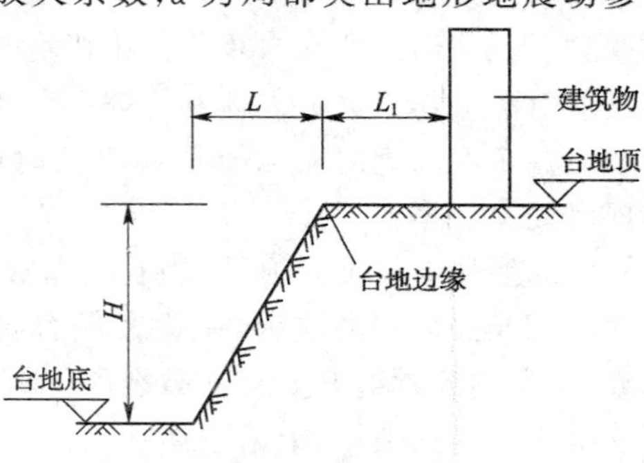

图 2.3.13　局部突出地形的影响

上述规定对各种地形,包括山包、山梁、悬崖、陡坡都可以应用。使用时将放大系数乘以地震影响系数最大值以考虑地形放大的影响,但该系数不宜大于 1.6。

③河谷地区、河漫滩、低级阶地前缘等地带,由于土质一般比较松软容易产生与河岸平行的裂缝,这些地带上的土体常沿平行河流方向向河心呈梯状下滑,其开裂下滑范围一般较难确定。进行建设时应选择稳定土体,尽量避开这些地带。此外,上流地区与下流地区相比也有差别,通常下流地区宽度较大。

局部突出地形地震影响系数的增大幅度　　表 2.3.18

突出地形的高度 H/m	非岩质地层	$H<5$	$5\leqslant H<15$	$15\leqslant H<25$	$H\geqslant 25$
	岩质地层	$H<20$	$20\leqslant H<40$	$40\leqslant H<60$	$H\geqslant 60$
局部突出台地边缘的侧向平均坡降(H/L)	$H/L<0.3$	0	0.1	0.2	0.3
	$0.3\leqslant H/L<0.6$	0.1	0.2	0.3	0.4
	$0.6\leqslant H/L<1.0$	0.2	0.3	0.4	0.5
	$H/L\geqslant 1.0$	0.3	0.4	0.5	0.6

④可液化土,应查明液化层厚、埋藏的深浅、地下水位的深度及表层覆盖非液化土层的厚度,进一步判明其危害程度。

⑤在岩溶地段常发育有溶洞。当这些洞穴在近地表处或洞顶埋深不大时，地震时可能使顶板破碎塌落形成陷坑。在层厚较大的黄土分布地区，地面以下也常有隐伏的洞穴，地震时由于洞顶黄土塌陷也易造成陷坑、陷穴。对这种可能情况，应作为特别的勘察内容，以判明其确切位置。

⑥采空区应判明其位于地下的位置，凡较深者，其上部仍可考虑建立低层建筑。对于距离地表较浅采空区则应避开；对具有较大规模的采空区尚应考虑可能出现的地震陷落对附近地区的影响。

⑦对于基岩地区，当需要建设重要建筑物时尚应查明岩石类别、岩石结构、风化程度和情况，各种类型破碎带的范围、破碎的状况、胶结的程度等情况。在岩溶分布区应在建设时探明地下是否有隐伏的洞穴及具体位置和埋深。

⑧强震时，滑坡与崩塌是山区常见的场地破坏现象。地震引起大滑坡在我国山区或丘陵地区是常见的。

地震引起的滑坡与滑坡体的形态，岩性和地质条件有关，而且在很大程度上取决于其岩土介质的具体强度。由层状岩石构成的倾斜面坡度，当岩层倾斜向外且倾角小于坡面角时，地震时可能沿坡面上出露的软弱夹层顺层产生滑动；由厚度较大的松散碎石土堆积物构成的斜坡，当坡面角较陡时，松散土层受震易产生滑动。特别当覆盖物与基岩的接触面为地下水浸润而变软时，滑动的危险性更大。在黄土地区由于沟谷深切，植被稀少，黄土大孔隙及垂直节理发育，不少地区黄土下面是第三纪黏性土层，常局部聚集地下水，使黄土底部浸泡变软，沿河谷两侧，在自重作用下尚有滑坡可能，地震发生滑坡的可能性更大。

对滑坡体应区分岩体和土体两种不同情况，然后结合当地的基本烈度进行判断，土质滑坡体在 7 度以上时就可能发生，9 度时规模可能会较大，岩质滑坡多在较高烈度区才可能出现滑动。

⑨崩塌与滑坡有显著区别，崩塌常发生在边坡过陡(一般坡度角大于 35°)，岩石节理、裂缝发育或强风化的地带，一般表现为崩塌体自然分离，且有倾倒、翻转、散堆于坡脚下的现象，每次崩落常离开原有的破裂面。从破坏机理上看，主要是由于斜坡下部在边缘部分的岩土结构先遭到破坏，上部岩体在失去承载力的情况下因自重或外力崩塌而产生下滑的现象，崩塌的规模与斜坡的岩性、地形条件、地震动强度等因素有关，从局部危石滚落到数十万方的巨大崩塌都有。由砾石或黄土构成的陡坡或陡崖，由于土体松散，地震时也常伴有崩塌现象，此外对于覆盖物厚度不大的陡坡，地震时也可能发生表层剥落现象。

崩塌常发生在边坡较陡的山区及高度较大的直立黄土沟崖斜坡地带，多出现在大山区，地震烈度较高(例如 9 度以上)时。

滑坡、崩塌可能影响区属抗震危险地段，但由于历史的原因，我国有许多大、中型企业建于沟谷、岩边或斜坡地带，讨论其地震影响时，应注意滑坡、崩塌危害并考虑相应的措施。

⑩对于填土应探明其类别，如冲填土和素填土等，如果回填时间较长、密度较好，其上可建较低的房屋。杂填土由于系垃圾回填而成，其特点是严重不均匀性，易于造成较大建筑的震害。

⑪与地形有关的地裂一般发生在河流、道路、陡坎的侧边及其延伸方向。与砂土液化有关的地裂常发生在喷砂冒水区，一般无明显的方向性，但发生于故河道、废河道的液化裂缝则大致与其走向一致，进行场地选择时，应区分以上这两种不同类型的地裂。

当然，由于城市或企业的所处地理位置和性质、水文地质条件的不同，影响场地抗震性能的因素也不尽相同，但在评价场地抗震稳定性时，尚应全面、细致和系统地考虑，其中包括各种减轻场地和地基震害的措施。

七、场地选择与划分的意义及对抗震设计的影响

人们常常看到在具有不同工程地质条件的场地上，建筑物在地震中的破坏程度是明显不同的。于是人们自然就想到既然在不同场地条件下建筑物所受的破坏作用是不同的，那么，选择对抗震有利的场地和避开不利的场地进行建设，就能大大地减轻地震灾害。另一方面，由于建设用地受到地震以外的许多因素的限制，除了极不利和有严重危险性的场地以外往往是不能排除其作为建设用场地的。这样就有必要按照场地、地基对建筑物所受地震破坏作用的强弱和特征进行分类，以便按照不同场地特点采取抗震措施。这就是地震区场地选择与分类的目的。

①较早详细地研究场地土对震害影响的是美国人伍德(Wood)，他对 1906 年大地震在旧金山市区内的震害进行了详细的现场调查，曾发现位于坚硬岩石、砂岩、基岩上薄覆盖层，砂和冲积层、人工填土以及沼泽上的建筑震害差异很大。其后，在 1923 年日本关东大地震时，人们调查了如下三种地基上房屋的震害：

a. 河流三角洲、淹没盆地、填筑咸水湖、泥质冲积层及回填土。

b. 沙丘、海滩、河漫滩及洪积火山岩层。

c. 坚硬的第三系地层，致密的砾岩及岩石。

结果发现震害程度有很大的差别，其中第 a 类场地上的木结构房屋震害要比第 c 类严重好几倍。从此以后，不同场地上建筑物震害程度的差异引起了更大的关注。

②20 世纪 60 年代初，周锡元在认真收集国内外宏观震害资料的基础上，总结出如下一些规律。

a. 如果不考虑建筑物的实际抗震性能，松软潮湿的土壤对于一般建筑物的抗震多数是不利的。

b. 在坚硬地基上建筑物的破坏通常都是由于地震荷载作用的结果，在软弱地基上建筑物破坏的原因则比较复杂。建筑物基础的竖向和水平位移，地基的不均匀沉陷，因液化和强度骤然降低而使土壤结构失去稳定性等往往也是软弱地基上建筑物遭受破坏的主要原因。

c. 柔性结构在软弱地基上容易遭到破坏，坚硬地基对抗震比较有利。软弱地基上的高柔结构在地震时(特别是当震中距较大时)可能遭受到共振的威胁。

d. 在不同土壤上刚性结构破坏的宏观调查结果常相矛盾，刚柔地基对刚性建筑的地震影响是有利还是不利尚难断言。

在这之后，仍有许多研究者对不同地震的宏观调查加以总结，结论纵然不尽相同，但从总体上讲，大致与上述规律接近。问题在于如何将这种宏观现象所提供的经验应用到工程上去。

③关于如何考虑场地条件对建筑物抗震性能的影响，较早的处理方法是采用苏联学者麦德维杰夫的烈度调整方法。麦氏根据宏观调查资料，发现在同一次地震作用下，相距很近的不同地基土壤上的烈度可以相差 2 度、3 度之多。据此，麦氏建议用调整烈度值的方式来处理场地影响，以一般中等强度的土壤为标准，基岩上的烈度可以降低 1 度，软弱地基上的烈度可以提高 1 度。苏联规范采用了这一建议，并规定调整的幅度为±1 度。

对场地影响的另一种处理方法出自日本规范和罗马尼亚规范，他们都对不同结构类型采用不同的地震力系数。日本规范由于考虑到软弱地基上柔性结构较刚性结构易受破坏而在坚硬地基上不易破坏的规律将地基分为 4 级，并根据不同地基等级和结构类型采用不同

的地震力系数。其目的是将软弱地基上刚性结构的地震力减小，柔性结构的地震力增大。罗马尼亚规范将地基分为 5 级，用意与日本规范相仿。

④我国在制定 1964 年《地震区建筑设计规范(草案)》时，研究人员在分析苏联和日本规范的有关规定时曾指出，麦德维杰夫以宏观调查资料为基础的小区域烈度划分方法抹杀了结构动力特性的影响，忽视了不同结构在相同地基上有不同反应的客观事实，应用这个方法，不问结构性能如何，笼统地提高或降低设计烈度，成倍增大或减少地震作用，必将导致不够经济或不够安全的设计。另一方面，像日本规范那样单纯分别按结构类型和不同地基土质条件调整地震力系数的方法也不够全面，因为地基的影响不是完全能通过侧向地震作用来反映的，例如软弱地基在地震时易于失效，提高地震作用只能增强上部结构的抗震强度，对于防止地基失效并无很大作用。为此认为，所谓场地地震影响是建筑场地的地质构造、地形、地基等工程地质条件对建筑物的综合影响，这些条件的影响各不相同，在规范中应该区别对待。为此决定，从抗震角度区分建筑场地对抗震有利和不利的条件，选择有利于抗震的场地，同时按照各类场地和结构物的特点，决定地震作用和抗震构造措施。对于地基失效问题则应采用地基处理的办法来解决。

宏观震害现象表明，自振周期较长的结构在软地基上震害重，自振周期较短的结构在硬地基上震害重。这表明，场地对频谱特性的影响是很重要的。基于这一认识，在制定《地震区建筑设计规范(草案)》时，我国学者率先就提出以强震观测结果所给出的 4 种场地反应谱作为设计依据的观点。近些年来，随着宏观震害资料的进一步累积，强震观测记录的大量获得，基于层状土模型的理论研究和分析，人们对场地条件的地震影响又有了进一步的认识。事实上，场地条件对震害的影响应包括两方面的意义，一是场地土对地震动的影响，二是不同场地上各类建筑物的震害差异。为了考虑场地的不同震害影响与地震反应，通常的做法是在总结以往经验的基础上将场地划分成若干类，然后对现有的强震记录按场地类别分类统计地面运动衰减规律和反应谱。这种做法在强震记录比较多的美国和日本是很普遍的。分类的标准应当反映强震地面运动特性和主要因素，但由于强震记录数量有限不可能分得很细。基于这一考虑，在近些年的抗震设计规范修订工作中，对场地类别进行了重新划分，力求反映场地的动力效应。

总之，有关场地条件影响的认识正在不断深入，如何将研究成果应用在工程上，是人们努力的目标之一。

第三章　土的液化和震陷

第一节　土的液化、软土震陷机理和震害

容易液化的土通常是一种没有或稍有黏性的散体。散体主要靠粒间的摩擦力维持本身的稳定和承受外力。这种摩擦力主要取决于粒间的法向压力。由砂粒组成的松散骨架，在剪力作用下，容易失稳，改变颗粒排列，并趋于密实。对砂土骨架来说，粒间压力是个起稳定作用的因素，而粒间剪力则相反。

水是一种液体，液体突出的力学特性是体积难于压缩，即能承受极大的法向压力，同时液体的形状易于改变(流动)，即几乎不承受剪力。

饱和砂层受到外力时，砂与水共同承担和传递，并按下式进行分配

$$\sigma=\sigma'+\mu \tag{3.1.1}$$

式中，σ 为由外力引起的总应力；σ' 为砂骨架中产生的应力，称为有效应力；μ 为水所承受的压力，称为孔隙水压力。

在地震之前，一般来说，外力(包括上层土的重力)全部由砂骨架所承担，水只承受其本身的压力，即静水压力。这时砂层是稳定的，即在一定的外力作用下，由砂粒滑移产生的塑性变形已经结束，而土的骨架保持相应的弹性压缩变形。但在地震过程中，在地震动引起的剪力反复作用下，砂粒产生滑移，改变排列状态。由于地震历时短暂和排水不畅，饱和砂土体积保持不变，应力势必由砂骨架转移到水，即引起孔隙水压力。在振动作用下孔隙水压力由两部分组成：一部分是由弹性变形引起的可恢复的孔隙水压力，称为波动孔隙水压力，另一部分是由塑性变形引起的不可恢复的孔隙水压力，称为残余孔隙水压力。在地震过程中，多次循环振动使残余孔隙水压力逐渐积累，有效应力相应降低，当残余孔隙水压力积累到一定程度，就会使砂层开始失稳。如果残余孔隙水压力进一步发展，结果全部应力由砂骨架转移到水，在平坦场地情况下，可能使式(3.1.1)中有效应力等于零($\sigma'=0$)，而孔隙水压力等于总应力($\mu=\sigma$)，这时便产生所谓的液化。在极端情况下，饱和砂层产生完全液化后，不仅全部外力由水来承担，而且砂本身的重力也会加到水上去，就是说砂和水浑然一体，形成了砂的悬液。在上部土层的压力作用下，这种砂的悬液可能从土层薄弱部位喷到地表，这就是所谓的喷砂冒水现象。地震引起的残余孔隙水压力总是要消散的，由于残余孔隙水压力的逐渐消散，砂层又逐渐恢复到稳定状态。在地震作用下，饱和砂层这种状态的改变，会引起土体和建筑物产生严重的破坏，砂土液化引起的破坏主要有 4 种形式：

①涌砂。涌出的砂掩盖田地，压死农作物，使沃土盐碱化、沙碛化，同时河床、渠底、边沟和井筒淤塞，给农业灌溉设施带来严重的损害。

②滑塌。这是砂土液化的最严重的后果之一，即使地势很平缓，也会使土层产生大规模的滑移，导致建于其上的建筑物破坏和地面裂缝。例如，1975 年海城地震时，正在施工中的田庄台辽河大桥，尽管岩土层坡度平缓，震后发现，两岸出现多条顺河向的大裂缝，桥墩都向河心倾斜，两端桥台间距缩短 251 cm。

③沉陷。这也是常见的由砂土液化引起的严重震害。1976 年唐山地震时，宁河县富庄，震前地势平坦，震后全村地面下沉，沉陷区边缘产生了大量环形裂缝，宽达 1～2 m；乐亭县姚圈村有处 5 间平房整体沉入地下，房顶低于地坪 60 cm；天津市新港望河楼建筑群，震后突然下沉 38 cm，倾斜度达 30%。

④浮起。在一些情况下，砂土液化会使某些构筑在地下的轻型结构物如罐体类结构浮出地面。1964 年日本新泻地震时，基底位于地下 5 m 的污水处理池，地震后却高出地面约 3 m。

软土震陷是仅次于液化的地基震害。唐山地震前，我国历次地震中即在坑、塘等软弱地基上发现过此类震害。但以唐山地震软土震陷最为典型和严重。唐山地震时天津市的塘沽、新港、大港一带(8 度、9 度)等沿海软土区普遍出现震陷问题，大量建筑产生了10～30 cm的震陷，引起工程界的严重关注。

国外对软土震陷的研究，开始于 20 世纪 60 年代后期，Seed 在研究土的动强度时就已提出，静载下已固结黏性土，在动载作用时又产生附加变形的问题，此后在研究土坝的地震变形问题时又多次涉及。国内主要是在 1976 年唐山地震后对此问题开展了一定规模的研究。但总的来说，国内外对软土震陷的研究成果远远不如砂土液化的多，对震陷原因、影响因素、震陷量的预测等方面均还未达到系统与完善的程度。

砂土液化和软土震陷及其引起的破坏具有很强的区域性，所以，它应作为岩土工程评价的一个重要内容。这就需要正确的判别在给定的条件下砂土液化和软土震陷能否发生。影响砂土液化和软土震陷的因素很多，进行判别需要大量的资料。因此，可以根据占有资料的类别和多少，先粗判后细判，逐步深入，以收到事半功倍之效。

第二节　液化判别与危害程度估计

在历次地震灾害调查中发现，在地基失效破坏中由砂土液化造成的结构破坏在数量上占有很大的比例，因此有关砂土液化的规定在各国抗震规范中均有所体现，处理与液化有关的地基失效问题一般是从判别液化可能性和危害程度及采取抗震对策两个方面来加以解决的。

1. 建筑抗震设计规范方法

对于一般工程项目砂土或粉土液化判别及危害程度估计可按如下步骤进行。

(1)初判

初判是以地质年代、黏粒含量、地下水位及上覆非液化土层厚度等作为判断条件。具体规定如下。

①地质年代为第四纪晚更新世(Q_3)及以前时 7 度、8 度可判为不液化。

②当粉土的黏粒(粒径小于 0.005 mm 的颗粒)含量百分率在 7 度、8 度和 9 度时分别大于 10%、13%和 16%，可判为不液化。

③采用天然地基的建筑，当上覆非液化土层厚度和地下水位深度符合下列条件之一时，可不考虑液化影响

$$d_u > d_0 + d_b - 2 \tag{3.2.1-1}$$

$$d_w > d_0 + d_b - 3 \tag{3.2.1-2}$$

$$d_u + d_w > 1.5d_0 + 2d_b - 4.5 \tag{3.2.1-3}$$

式中，d_w 为地下水位埋深(m)，宜按建筑使用期内年平均最高水位采用，也可按近期内

年最高水位采用；d_u 为上覆非液化土层厚度(m)，计算时宜将淤泥和淤泥质土层扣除；d_b 为基础埋置深度(m)，不超过 2 m 时采用 2 m；d_0 为液化土特征深度(m)，可按表 3.2.1 采用。

场地土液化与许多因素有关，因此需要根据多项指标综合分析判断土是否会发生液化。但当某项指标达到一定数值时，不论其他因素情况如何，土都不会发生液化，或发生液化也不会造成房屋震害，这个数值称为这个指标的界限值。因此，了解影响液化因素及其界限值是有实际意义的。

①土层的地质年代和组成。地质年代的新老表示土层沉积时间的长短。较老的沉积土经过长时间的固结作用和历次大地震的影响，除使土的密实程度增大外，还往往具有一定的胶结紧密结构。因此，地质年代越久的土层的固结度、密实度和结构性也就越好，抵抗液化能力就越强。反之，地质年代越新，则其抵抗液化能力就越差。宏观震害调查表明，在我国和国外的历次大地震中，尚未发现地质年代属于第四纪晚更新世(Q_3)或其以前的饱和土层发生液化的。

②土中黏粒含量。黏粒是指粒径不大于 0.005 mm 的土颗粒。理论分析和实践表明，当粉土内黏粒超过其一定限值时，粉土就不会液化。这是由于随着土中黏粒的增加，使土的黏聚力增大，从而抵抗液化能力增加的缘故。

③上覆盖非液化土层的厚度和地下水位的深度。上覆盖非液化土层的厚度是指地震时能抑制可液化土层喷水冒砂的厚度。构成覆盖层的非液化层除天然地层外，还包括堆积 5 年以上或地基承载力大于 100 kPa 的人工填土层。当覆盖层中夹有软土层，对抑制喷水冒砂作用很小，但其本身在地震中很可能发生软化现象时，该土层应从覆盖层中扣除。

地下水位高低是影响喷水冒砂的一个重要因素，实际震害调查表明，当砂土和粉土的地下水位不小于某界限之时，未发现土层发生液化现象。

④土的密实程度。砂土和粉土的密实程度是影响土层液化的一个重要因素。土层密实程度小，则孔隙比大，容易发生液化。

⑤土层埋深。理论分析和土工试验表明：侧压力越大，土层就越不易发生液化。侧压力大小反映土埋深的大小。现场调查资料表明：土层液化深度很少有超过 15 m 的，多数浅于 15 m，更多的浅于 10 m。

⑥地震烈度和地震持续时间。地震烈度越高的地区，地面运动强度越大，显然土层就越容易液化。一般在 6 度及其以下地区，很少看到液化现象。而在 7 度及其以上地区，则液化现象就相对普遍。

室内土的动力试验表明，土样振动的持续时间越长就越容易液化。因此，某地遭受到相同烈度的远震比近震更容易液化。因为前者对应的大震持续时间比后者对应的中等地震持续的时间要长。

初判的提法是根据 20 世纪 50 年代以来历次地震对液化与非液化场地的实际考察、测试分析结果得出来的。从地貌单元来讲，这些地震现场主要为河流冲洪积形成的地层，没有包括黄土分布区及其他沉积类型。如唐山地震震中区(路北区)为滦河二级阶地，地层年代为晚更新世(Q_3)地层，对地震烈度 10 度区考察，钻探测试表明，地下水位为 3～4 m，表层为 3 m 左右的黏性土，其下即为饱和砂层，在 10 度情况下没有发生液化，而在一级阶地及高河漫滩等地分布的地质年代较新的地层，地震烈度虽然只有 7 度和 8 度，却也发生了大面积液化，其他震区的河流冲积地层在地质年代较老的地层中也未发现液化实例。国外学者 T. L. Youd 和 Perkins 的研究结果表明：饱和松散的水力冲填土差不多总会液化，而且全新世的无黏性土沉积层对液化也是很敏感的。更新世沉积层发生液化的情况很罕见，前更新世沉积层发生液化则更是罕见。这些结论是根据1975年以前世界范围的地震液化资料给出的，并已被1978年日本的两次大地震和1977年罗马尼亚地震液化现象所证实。

对本条规定的理解：

①本条规定中的6度、7度、8度、9度均指本地区抗震设防烈度。

②“不液化”和“可不考虑液化影响”不同，可不考虑液化影响是有液化，但液化的影响足够小，小到在工程上可以忽略不计的程度。

③“浅埋的天然地基”可理解为基础埋深不超过5 m的天然地基。

④规范的上述规定可用表3.2.1来理解。

可判别为不液化的条件 表3.2.1

序号	本地区抗震设防烈度	可判别为不液化的条件	
1	6度	一般不考虑液化影响	
2	7度、8度	地质年代为第四纪晚更新世(Q_3)及以前	
3	7度	粉土的黏粒(粒径小于0.005 mm的颗粒)含量百分率≥10%	
4	8度	粉土的黏粒(粒径小于0.005 mm的颗粒)含量百分率≥13%	
5	9度	粉土的黏粒(粒径小于0.005 mm的颗粒)含量百分率≥16%	
6	7～9度	浅埋的天然地基的建筑，当上覆非液化土层厚度和地下水位深度符合右侧条件之一时，可不考虑液化影响	$d_u>(d_0+d_b-2)$
			$d_w>(d_0+d_b-3)$
			$(d_u+d_w)>(1.5d_0+2d_b-4.5)$

⑤对液化土的判别一般由岩土工程师完成并在勘察报告中予以明确。结构工程师的主要工作就是对勘察报告的再核查，避免液化判别不准确而引起结构设计的返工。

(2)复判

当初判存在有液化的可能时，需进行二次判别，具体做法是：当饱和砂土、粉土的初步判别认为需进一步进行液化判别时，应采用标准贯入试验判别法判别地面下20 m范围内土的液化；但对《建筑抗震设计规范》(GB 50011—2010)规定的可不进行天然地基及基础的抗震承载力验算的各类建筑，可只判别地面下15 m范围内土的液化。当饱和土标准贯入锤击数(未经杆长修正)小于或等于液化判别标准贯入锤击数临界值时，应判为液化土(表3.2.2)。当有成熟经验时，尚可采用其他判别方法。

液化土特征深度(单位：m) 表3.2.2

饱和土类别	7度	8度	9度
粉土	6	7	8
砂土	7	8	9

注：当区域的地下水位处于变动状态时，应按不利的情况考虑。

在地面下20 m深度范围内，液化判别标准贯入锤击数临界值可按下式计算

$$N_{cr}=N_0\beta[\ln(0.6d_s+1.5)-0.1d_w]\sqrt{\frac{3}{\rho_c}} \tag{3.2.2}$$

式中，N_{cr}为液化判别标准贯入锤击数临界值；N_0为液化判别标准贯入锤击数基准值，可按表3.2.3采用；d_s为饱和土标准贯入点深度(m)；d_w为地下水位(m)；ρ_c为黏粒含量百分率，当小于3或为砂土时，应采用3；β为调整系数，设计地震第一组取0.80，第二组取0.95，第三组取1.05。

液化判别标准贯入锤击数基准值 N_0 表 3.2.3

设计基本地震加速度	0.10g	0.15g	0.20g	0.30g	0.40g
液化判别标准贯入锤击数基准值	7	10	12	16	19

(3)场地液化等级判定

上面所述初判、细判都是针对土层柱状内一点而言，在一个土层柱状内可能存在多个液化点，如何确定一个土层柱状(对应于场地)总的液化水平是场地液化危害程度评价的关键，《建筑抗震设计规范》(GB 50011—2010)提供采用液化指数 I_{lE} 来表述液化程度的简化方法。

$$I_{lE}=\sum_{i=1}^{n}\left(1-\frac{N_i}{N_{cri}}\right)d_iW_i \tag{3.2.3}$$

式中，n 为判别深度内每一个钻孔标准贯入试验点总数；N_i、N_{cri} 分别为 i 点标准贯入锤击数的实测值和临界值，当实测值大于临界值时取临界值的数值；d_i 为第 i 点所代表的土层厚度(m)；ω_i 为第 i 层考虑单位土层厚度的层位影响权函数(m^{-1})。若判别深度为 15 m，当该层中点深度不大于 5 m 时应采用 10，等于 15 m 时采用零值，5～15 m 时应按线性内插法取值；若判别深度为 20 m，当该层中点深度不大于 5 m 时应采用 10，等于 20 m 时应取零值，5～20 m时应按线性内插法取值。

在计算出液化指数 I_{lE} 后，便可按表 3.2.4 确定其液化等级。

液化等级划分 表 3.2.4

液化等级	液化指数 I_{lE}(20m)	地面震害	建筑物震害
轻微	<6	地面无喷水冒砂(以下简称喷冒)，或仅有零星喷冒点	液化危害小，一般不致引起震害
中等	6～18	喷冒的可能性很大，从轻微到严重的喷冒均有，但多属中等喷冒	液化危害性较大，可造成不均匀沉降或开裂，有时地面不均匀沉降可达 20 cm
严重	>18	喷冒一般都很严重，地面变化很明显	液化危害大，一般可造成大于 20 cm 的不均匀沉降，高重心结构可能造成不容许的倾斜

注：括号内是判别深度为 20 m 时的液化指数。

(4)液化震陷

液化的危害主要来自震陷，特别是不均匀震陷。震陷量主要决定于土层的液化程度和上部结构的荷载。由于液化指数不能反映上部结构的荷载影响，因此有趋势直接采用震陷量来评价液化的危害程度。例如，对 4 层以下的民用建筑，当精细计算的平均震陷值 $S_E<$ 5 cm时，可不采取抗液化措施；当 $S_E=5$～15 cm 时，可优先考虑采取结构和基础的构造措施；当 $S_E>15$ cm 时，需要进行地基处理，基本消除液化震陷。在同样震陷量下，乙类建筑应该采取较丙类建筑更高的抗液化措施。

依据实测震陷、振动台试验和有限元法对一系列典型液化地基计算得出的震陷变化规律，发现震陷量取决于液化土的密度(或承载力)、基底压力、基底宽度、液化层地面和顶面的位置，以及地震震级等因素，曾提出估计砂土与粉土液化平均震陷量的经验方法如下

砂土

$$S_E=\frac{0.44}{B}\xi S_0(d_1^2-d_2^2)(0.01p)^{0.6}\left(\frac{1-D_r}{0.5}\right)^{1.5} \tag{3.2.4}$$

粉土

$$S_E=\frac{0.44}{B}\xi kS_0(d_1^2-d_2^2)(0.01p)^{0.6} \tag{3.2.5}$$

式中，S_E为液化震陷量平均值，液化层为多层时，先按各层次分别计算后再相加。B为基础宽度(m)。对住房等密集型基础取建筑平面宽度；当$B \leqslant 0.44d_1$时，取$B=0.44d_1$。S_0为经验系数，对第一组，7度、8度、9度分别取0.05、0.15、0.3。d_1为由地面算起的液化深度(m)，d_2为由地面算起的上覆非液化土层深度(m)，液化层为持力层时取$d_2=0$。P为宽度为B的基础底面地震作用效应标准组合的压力(kPa)。D_r为砂土相对密实度，%，可依据标准贯入锤击数N取$D_r=\left(\frac{N}{0.23\sigma'+16}\right)^{0.5}$。$k$为与粉土承载力有关的经验系数，当承载力特征值不大于80 kPa时，取0.30，当不小于300 kPa时取0.08，其余可内插取值。ξ为修正系数，直接位于基础下的非液化厚度满足《建筑抗震设计规范》(GB 50011—2010)第4.3.3条第3款对上覆非液化土层厚度d_u的要求，$\xi=0$；无非液化层，$\xi=1$；中间情况内插确定。

采用以上经验方法计算得到的震陷值，与日本的实测震陷基本符合，但与国内资料的符合程度较差，主要的原因可能是：国内资料中实测震陷值常常是相对值，如相对于车间某个柱子或相对于室外地面的震陷；地质剖面则往往是附近的，而不是针对所考察的基础的；有的震陷值(如天津上古林的场地)含有震前沉降及软土震陷；不明确沉降值是最大沉降或平均沉降。

鉴于震陷量的评价方法目前还不够成熟，因此本条只是给出了必要时可以根据液化震陷量的评价结果适当调整抗液化措施的原则规定。

2.公路工程抗震规范方法

①存在饱和砂土或粉土(不含黄土)的地基，应进行液化判别，确定其等级和程度。存在液化土层的地基，应根据公路工程构筑物的重要性和地基液化等级，采取相应措施。

②一般地基地面以下15 m，桩基和基础埋置深度大于5 m的天然地基地面以下20 m范围内有饱和砂土或饱和粉土(不含黄土)，符合下列条件之一时，可判定为不液化或不需考虑液化影响。

a.设计基本地震动峰值加速度为$0.10g(0.15g)$、$0.20g(0.30g)$，且地质年代为第四纪晚更新世(Q_3)及其以前的地区。

b.设计基本地震动峰值加速度为$0.10g(0.15g)$、$0.20g(0.30g)$和$0.40g$的地区，粉土中的黏粒(粒径小于0.005 mm的颗粒)含量分别不小于10%、13%、16%。

c.上覆非液化土层厚度或地下水埋藏深度符合下列条件之一

$$d_u > d_0 + d_b - 2 \tag{3.2.6}$$

$$d_w > d_0 + d_b - 3 \tag{3.2.7}$$

$$d_u + d_w > 1.5d_0 + 2d_b - 4.5 \tag{3.2.8}$$

式中，d_w为地下水位深度(m)，按设计基准期内年平均最高水位采用，也可按近期年最高水位采用；d_u为扣除淤泥和淤泥质土层厚度后的上覆非液化土层厚度(m)；d_b为基础埋置深度(m)，不超过2 m时应采用2 m；d_0为液化土特征深度(m)，可按表3.2.5采用。

液化土特征深度 d_0(单位:m)　　表3.2.5

饱和土类别	设计基本地震动峰值加速度		
	$0.10g(0.15g)$	$0.20g(0.30g)$	$0.40g$
粉土	6	7	8
砂土	7	8	9

③当不能判别为不液化或不需考虑液化影响，需进一步进行液化判别时，应采用标准贯入试验进行地面下15 m深度范围内土的液化判别；采用桩基或基础埋深大于5 m的基础时，还应进行地面下15～20 m范围内土的液化判别。当饱和土标准贯入锤击数(未经杆长

修正)小于液化判别标准贯入锤击数临界值 N_{cr}时,应判为液化土。有成熟经验时,也可采用其他判别方法。液化判别标准贯入锤击数临界值的计算,应符合下列规定:

a. 在地面下 15 m 深度范围内,液化判别标准贯入锤击数临界值可按下式计算

$$N_{cr} = N_0[0.9 + 0.1(d_s - d_w)]\sqrt{3/\rho_c} \tag{3.2.9}$$

b. 在地面下 15～20 m 范围内,液化判别标准贯入锤击数临界值可按下式计算

$$N_{cr} = N_0(2.4 - 0.1d_w)\sqrt{3/\rho_c} \tag{3.2.10}$$

式中,N_{cr}为修正的液化判别标准贯入锤击数临界值;N_0 为液化判别标准贯入锤击数基准值,应按表 3.2.6 采用;d_s 为饱和土标准贯入点深度(m);ρ_c 为黏粒含量百分率(%),当其小于 3 或为砂土时,应采用 3。

液化判别标准贯入锤击数基准值 N_0　　表 3.2.6

区划图上的特征周期/s	设计基本地震动峰值加速度		
	0.10g(0.15g)	0.20g(0.30g)	0.40g
0.35	6(8)	10(13)	16
0.40、0.45	8(10)	12(15)	18

注:1. 特征周期根据场地位置在现行《中国地震动参数区划图》(GB 18306—2015)上查取。

2. 括号内数值用于设计基本地震动峰值加速度为 0.15g 和 0.30g 的地区。

④存在液化土层的地基,应探明各液化土层的深度和厚度,计算每个钻孔的液化指数,按表 3.2.7 综合划分地基的液化等级。液化指数可按下式计算

$$I_{IE} = \sum_{i=1}^{n}(1 - \frac{N_i}{N_{cri}})d_i W_i \tag{3.2.11}$$

式中,I_{IE}为液化指数。n 为在判别深度范围内钻孔的标准贯入试验点总数。N_i 为第 i 点标准贯入锤击数的实测值,当实测值大于临界值时应取临界值的数值。N_{cri}为第 i 点标准贯入锤击数的临界值。d_i 为第 i 点所代表的土层厚度(m),可采用与该标准贯入试验点相邻的上、下两标准贯入试验点深度差的一半,但上界不高于地下水位深度,下界不深于液化深度。W_i 为第 i 土层单位土层厚度的层位影响权函数值(m^{-1}),若判别深度为 15 m,当该层中点深度不大于 5 m 时应取 10,等于 15 m 时取 0,5～15 m 按线性内插法取值;若判别深度为 20 m,当该层中点深度不大于 5 m 时取 10,等于 20 m 时取 0,5～20 m,按线性内插法取值。

地 基 液 化 等 级　　表 3.2.7

液化等级	轻微	中等	严重
判别深度为 15 m 的液化指数	$0 < I_{IE} \leqslant 5$	$5 < I_{IE} \leqslant 15$	$I_{IE} > 15$
判别深度为 20 m 的液化指数	$0 < I_{IE} \leqslant 6$	$6 < I_{IE} \leqslant 18$	$I_{IE} > 18$

3. 水工建筑物土的液化判别方法

水工建筑物土的液化判定工作可分初判和复判两个阶段。初判应排除不会发生液化的土层。对初判可能发生液化的土层,应进行复判。

(1)土的地震液化初判规定

①地层年代为第四纪晚更新世 Q_3 或以前,可判为不液化。

②土的粒径小于 5 mm 颗粒含量的质量百分率小于或等于 30%时,可判为不液化。

③对粒径小于 5 mm 颗粒含量质量百分率大于 30%的土,其中粒径小于 0.005 mm 的颗粒 ρ_c 含量质量百分率相应于地震动峰值加速度为 0.10g、0.15g、0.20g、0.30g、0.40g 分别不小于 16%、17%、18%、19%和 20%时,可判为不液化,当黏粒含量不满足上述要求时,

可通过试验确定。

④工程正常运用后，地下水位以上的非饱和土，可判为不液化。

⑤当土层的剪切波速大于下式计算的上限剪切波速时，可判为不液化。

$$V_{st}=291\sqrt{K_H Z r_d} \tag{3.2.12}$$

式中，V_{st}为上限剪切波速度(m/s)；K_H 为地面最大水平地震加速度系数；Z 为土层深度(m)；r_d 为深度折减系数。

⑥地震动峰值加速度可按地震动参数区划图查取。

⑦深度折减系数可按下列公式计算

$$\left.\begin{aligned}Z&=0\sim10\ \text{m}, r_d=1.0-0.01Z\\ Z&=10\sim20\ \text{m}, r_d=1.1-0.02Z\\ Z&=20\sim30\ \text{m}, r_d=0.9-0.01Z\end{aligned}\right\} \tag{3.2.13}$$

(2)土的地震液化复判

①标准贯入锤击数法的要点为：

a. 符合下式要求的土应判为液化土

$$N<N_{cr} \tag{3.2.14}$$

式中，N 为工程运用时，标准贯入点在当时地面以下 d(m)深度处的标准贯入锤击数；N_{cr}为液化判别标准贯入锤击数临界值。

b. 当标准贯入试验贯入点深度和地下水位在试验地面以下的深度，不同于工程正常运用时，实测标准贯入锤击数应按下式进行校正，并应以校正后的标准贯入锤击数 N 作为复判依据。

$$N=N'\left(\frac{d_s+0.9d_w+0.7}{d'_s+0.9d'_w+0.7}\right) \tag{3.2.15}$$

式中，N'为实测标准贯入锤击数；d_s 为工程正常运用时，标准贯入点在当时地面以下的深度(m)；d_w 为工程正常运用时，地下水位在当时地面以下的深度(m)，当地面淹没于水面以下时，d_w 取 0；d'_s 为标准贯入试验时，标准贯入点在当时地面以下的深度(m)；d'_w 为标准贯入试验时，地下水位在当时地面以下的深度(m)；若当时地面淹没于水面以下时，d'_w 取0。

校正后标准贯入锤击数和实测标准贯入锤击数均不进行钻杆长度校正。

c. 液化判别标准贯入锤击数临界值，应根据下式计算

$$N_{cr}=N_0[0.9+0.1(d_s-d_w)]\sqrt{\frac{3\%}{\rho_c}} \tag{3.2.16}$$

式中，ρ_c 为土的黏粒颗粒含量质量百分率(%)，当 $\rho_c<3\%$，ρ_c 取 3%；N_0 为液化判别标准贯入锤击数基准值；当标准贯入点在地面以下 5m 以内的深度时，d_s 应采用 5m 计算。

d. 液化判别标准贯入锤击数基准值 N_0，按表 3.2.8 取值。

液化判别标准贯入锤击数基准值 表 3.2.8

地震动峰值加速度	0.1g	0.15g	0.20g	0.30g	0.40g
近震	6	8	10	13	16
远震	8	10	12	15	18

e. 式(3.2.16)只适用于标准贯入点在地面以下 15 m 以内的深度，大于 15 m 的深度内有饱和砂或饱和少黏性土，需要进行液化判别时，可采用其他方法判定。

f. 当标准贯入点在地面以下 5 m 以内的深度时，应采用 5 m 计算。

第九篇 地震工程

g. 当建筑物所在地区的地震设防烈度比相应的震中烈度小 2 度或 2 度以上时定为远震，否则为近震。

h. 测定土的黏粒含量时应采用六偏磷酸钠做分散剂。

②相对密实度复判法的要点：当饱和无黏性土（包括砂和粒径大于 2 mm 的砂砾）的相对密实度不大于表 3.2.9 中的液化临界相对密实度时，可判为可能液化土。

饱和无黏性土的液化临界相对密实度　　表 3.2.9

地震动峰值加速度	0.05g	0.10g	0.20g	0.40g
液化临界相对密度 $(D_r)_{cr}$/(%)	65	70	75	85

③相对含水率或液性指数复判法的要点如下：

a. 当饱和少黏性土的相对含水率大于或等于 0.9 时，或液性指数大于或等于 0.75 时，可判为可能液化土。

b. 相对含水率应按下式计算

$$\omega_u = \frac{\omega_s}{\omega_L} \tag{3.2.17}$$

式中，ω_u 为相对含水率(%)；ω_s 为少黏性土的饱和含水率(%)；ω_L 为少黏性土的液限含水率(%)。

c. 液性指数应按下式计算

$$I_L = \frac{\omega_s - \omega_p}{\omega_L - \omega_p} \tag{3.2.18}$$

式中，I_L 为液性指数；ω_p 为少黏性土的塑限含水率(%)。

第三节　消除地基液化措施及选择

液化是造成地基失效震害的主要原因，要减轻这种危害，应根据地基液化等级和结构特点选择不同措施。目前常用的抗液化工程措施都是在总结大量震害经验基础上提出的。其一般原则是，除次要的建筑（如遇地震破坏，不易造成人员伤亡和较大经济损失的建筑物），永久性建筑不应将未经处理的液化土层作为天然地基的持力层。

1. 建筑抗震设计规范

《建筑抗震设计规范》(GB 50011—2010)的地基抗液化措施是综合考虑建筑物的重要性和地基液化等级，再结合具体情况确定的。当液化土层较平坦且均匀时，一般可按表 3.3.1 选用。

抗液化措施选择原则　　表 3.3.1

建筑类别	地基的液化等级		
	轻微	中等	严重
乙类	部分消除液化沉陷，或对地基和上部结构处理	全部消除液化沉陷，或部分消除液化沉陷且对基础和上部结构处理	全部消除液化沉陷
丙类	基础和上部结构处理，亦可不采取措施	基础和上部结构处理，或更高要求的措施	全部消除液化沉陷，或部分消除液化沉陷且对基础和上部结构处理
丁类	可不采取措施	可不采取措施	基础和上部结构处理，或其他经济的措施

①全部消除地基液化沉陷的措施，应符合下列要求：

a. 采用桩基时，桩端伸入液化深度以下稳定土层中的长度(不包括桩尖部分)，应按计算确定，且对碎石土，砾、粗、中砂，坚硬黏性土和密实粉土尚不应小于 0.8 m，对其他非岩石土尚不应小于 1.5 m。

b. 采用深基础时，基础底面埋入液化深度以下稳定土层中的深度，不应小于 0.5 m。

c. 采用加密法(如振冲、振动加密、砂桩挤密、强夯等)加固时，应处理至液化深度下界，且处理后土层的标准贯入锤击数的实测值，不宜小于相应的临界值。

d. 挖除全部液化土层或增加上部非液化土层的厚度。

e. 采用加密法或换土法处理时，在基础边缘以外的处理宽度，应超过基础底面下处理深度的 1/2 且不小于基础宽度的 1/5。

②部分消除地基液化沉陷的措施，应符合下列要求：

a. 处理深度应使处理后的地基液化指数减少，当判别深度为 15 m 时，其值不宜大于 4，当判别深度为 20 m 时，其值不宜大于 5，对于大面积筏基、箱基的中心区域，处理后的液化指数可以比上述规定降低 1，对独立基础与条形基础，尚不应小于基础底面下液化土特征深度和基础宽度的较大值。

b. 采用振冲法或挤密碎石桩处理的土层，处理后土层的标准贯入锤击数实测值不宜小于相应的临界值。

c. 基础边缘以外的处理宽度与全部清除地基液化沉陷时的要求相同。

d. 采取减小液化震陷的其他方法，如增厚上覆非液化土层的厚度和改善周边的排水条件等。

③减轻液化影响的基础和上部结构处理，可综合考虑采用下列各项措施：

a. 选择合适的基础埋置深度。

b. 调整基础底面积，减少基础偏心。

c. 加强基础的整体性和刚性，如采用箱基、筏基或钢筋混凝土交叉条形基础，加设基础圈梁、基础系梁等。

d. 减轻荷载，增强上部结构的整体刚度和均匀对称性，合理设置沉降缝，避免采用对不均匀沉降敏感的结构形式等。

e. 管道穿过建筑处应预留足够尺寸或采用柔性接头等。

2. 公路工程抗震规范

《公路工程抗震规范》(JTG B02—2013)相关规定如下。

①未经处理的液化土层不宜作为天然地基持力层。地基的抗液化措施应满足表 3.3.2 的要求。

②全部消除地基液化沉降的措施应符合下列要求：

a. 采用桩基时，应对液化土层的桩周摩阻力进行折减。桩尖持力层为碎石土、砾，粗、中砂，坚硬黏性土和密实粉土时，桩尖持力层厚度不应小于 1 倍桩径或 0.5 m；为其他非岩土时，桩尖持力层厚度不宜小于 3 倍桩径或 1.5 m。

b. 深基础基础底面应埋入液化深度以下的稳定土层中，埋入深度不应小于 1.0 m。

c. 采用振冲、振动加密、挤密碎石桩、砂桩、强夯等加密法对液化土层进行加固处理时，处理深度应达到液化深度下界，经处理的复合地基的标准贯入锤击数不应小于本规范第 4.3.3条规定的液化判别标准贯入锤击数临界值。

d. 采用换土法时，应用非液化土替换全部液化土层的土。

e.采用加密法或换土法处理时，基础边缘以外的处理宽度应超过基础底面以下处理深度的1/2，且不小于基础宽度的1/5。

地基抗液化措施要求 表3.3.2

构筑物	地基的液化等级		
	轻微	中等	严重
①高速公路、一级公路、二级公路上高度大于5 m的挡土墙； ②各级公路上的隧道工程； ③A、B类桥梁	应部分消除液化沉降，或对基础和上部结构采取减轻液化沉降影响的措施	宜全部消除液化沉降；也可部分消除液化沉降，并对基础和上部结构采取减轻液化沉降影响的措施	应全部消除液化沉降
①高速公路、一级公路、二级公路上高度不大于5 m的挡土墙； ②三级公路上的挡土墙； ③四级公路上高度大于5 m的挡土墙； ④高速公路和一级公路路基； ⑤C类桥梁	宜对基础和上部结构采取减轻液化沉降影响的措施；结构物自身抵抗液化沉降影响能力较强时，也可不采取措施	应对基础和上部结构采取减轻液化沉降影响的措施；结构物对液化沉降敏感时，应采取更高要求的措施	宜全部消除液化沉降；也可部分消除液化沉降，且对基础和上部结构采取减轻液化沉降影响的措施
①四级公路上高度不大于5 m的挡土墙； ②二级公路路基； ③D类桥梁	可不采取措施	可不采取措施	宜对基础和上部结构采取减轻液化沉降影响的措施，也可采取其他经济合理的措施

③部分消除地基液化沉降的措施应符合下列要求：

a.处理后地基的液化指数不应大于5。

b.加固后复合地基的标准贯入锤击数，不应小于本规范第4.3.3条规定的液化判别标准贯入锤击数临界值。

c.基础边缘以外的处理宽度，应符合本规范第4.3.6条第5款的规定。

④减轻液化对基础和上部结构影响，可综合采用下列各项措施：

a.选择合适的基础深度。

b.调整基础底面积，减小基础偏心。

c.加强基础整体性和刚度。

d.减轻荷载，增强上部结构的整体刚度和均匀对称性，避免采用对不均匀沉降敏感的结构形式等。

⑤液化等级为中等和严重的古河道、现代河滨、海滨，当存在液化侧向扩展或流滑可能时，在距常水位线100 m以内修建的抗震重点工程构筑物，应进行抗滑动验算，必要时应采取防止土体滑动措施。

3.水工建筑物抗震设计规范

水工建筑地基中的可液化土层，可根据工程的类型和具体情况，选择采用以下抗震措施：

①挖除可液化土层并用非液化土置换。

②振冲加密、重夯击实等人工加密的方法。

③填土压重。

④桩体穿过可液化土层进入非液化土层的桩基。

⑤混凝土连续墙或其他方法围封可液化地基。

第四节 消除软土震陷影响的措施

软土地基的震害主要是震陷,震陷大小将取决于土的物理力学性质和非地震时的受力状态与地震作用特征。由于可能掌握资料有限,大多数抗震规范对于软土震陷的规定均较为原则和简单。特别是缺少震陷量的估计实用方法。但在实际工程中,特别是在重要工程中震陷量估计和消除震陷影响也是很重要的。

1.考虑软土地基震陷影响的范围

为满足实用需要《构筑物抗震设计规范》(GB 50191—2012)给出了考虑软土地基震陷影响的判别标准,即在8度和9度情况下,地基范围内存在淤泥、淤泥质土质且地基静承载力标准值8度小于100 kPa、9度小于120 kPa时,除丁类构筑物或基础底面以下非软土层厚度符合表3.4.1规定的构筑物外,均应采取措施,消除软土地基震陷影响。

基础底面以下非软土层厚度　　表3.4.1

烈　度	基础底面以下非软土层厚度/m
8	≥b,且≥5
9	≥1.5b,且≥8

注:1.表中厚度系指直接位于基础底面以下的非软土层。

2.b为基础底面宽度(m)。

《建筑抗震设计规范》(GB 50011—2010)中的软弱黏性土层是指7度、8度和9度时,地基承载力标准值分别小于80、100、120 kPa的土层。

对于消除软土震陷的措施《建筑抗震设计规范》(GB 50011—2010)规定:地基主要受力层范围内存在软弱黏性土层时,应结合具体综合考虑,采用桩基、地基加固处理或参照有关抗液化的措施来消除软土震陷。

2.《构筑物抗震设计规范》(GB 50191—2012)消除软土震陷影响

①基本消除地基震陷措施,可采用桩基、深基础、加密或换土法等。

采用加密或换土法时,基础底面以下软土的处理深度应满足表3.3.2规定的非软土层厚度要求,每边外伸处理宽度不宜小于处理深度的1/3,且不宜小于2 m。

②部分消除地基震陷的措施,可采用加密或部分换土法等。

基础底面以下软土处理深度应满足表3.3.2规定的非软土层厚度的0.75倍,每边外伸处理宽度不宜小于处理深度的1/3,且不宜小于2 m。

③不具备地基处理条件时,可降低取用地基抗震承载力设计值。

④基础和上部结构措施。

可采用箱基、筏基和钢筋混凝土“十”字形基础等。

增强上部结构的整体刚度和均匀对称性,合理设置沉降缝,避免采用对不均匀震陷敏感的结构形式等。

另外,对于甲类构筑物或有特殊要求的构筑物,消除软土震陷的抗震措施应进行专门研究。

3.水工建筑物抗震规范对软弱黏土层的评价及处理对策

对于重要工程地基中的软弱黏土层,应进行专门的抗震试验研究和分析。一般情况下,地基中的软弱黏土层的评价可采用液性指数 $I_L \geqslant 0.75$；无侧限抗压强度 $q_u \leqslant 50$ kPa；标准贯入锤击数 $N_{63.5} \leqslant 4$；灵敏度 $S_t \geqslant 4$ 的标准。

对地基中的软弱黏土层，可根据建筑物的类型和具体情况，选择采用挖除或置换地基中的软弱黏土、预压加固、压重和砂井排水、桩基或复合地基等抗震措施。

总的来说，上面介绍过的部分消除液化地基抗震措施，例如砂桩排水预压等，也可作为软土地基的抗震措施。软土地基的抗震应该从上部结构（特别是基础）设计和地基处理的综合考虑着手，特别强调认真做好静力条件下的地基基础设计，因为这对提高软弱黏性土地基的抗震稳定性也是十分重要的。软弱黏性土地基属于地基规范中的软弱地基，本来就应该按照地基规范有关软弱地基的规定进行设计。但应认识到，充分满足静力设计要求的设计能够提高建筑物地基和基础的抗震能力，避免或减轻地基基础震害。

除上述规范规定外，根据震害经验软土地基的抗震措施还可以参照以下原则并根据具体情况灵活运用：

①采用桩基或地基加固处理。桩基比天然地基的震陷量要小得多。如唐山地震时天津化工厂的实测沉降资料表明，桩基为 10～20 mm，天然地基上钢筋混凝土条形基础为 100～300 mm，筏式基础大于 300 mm。

②选择合适的基础埋置深度。在软弱黏性土地基上修建普通的民用建筑时，大量打桩或加固地基常常是经费所不允许的。在这种情况下，有时也可根据地层构造，地基土性质和建筑物的具体情况选择合适的埋置深度。当软弱黏性土层有较好的上覆土层时，基础应尽量浅埋，且不宜将基础直接埋置在具有高灵敏度的软弱黏性土层上，此时应做适当的地基处理。有条件在整个建筑单元设置地下室或半地下室时，设置筏板基础或箱形基础具有增加基础整体刚度与减小基底压力的作用，对提高建筑物抗震能力与减轻震害有明显的好处，这已为国内外多次震害调查所证实。但较浅的筏板基础沉降量与震陷量均比较大，这一点亦应予以注意。

③减轻基础荷载、调整基础底面积和减小偏心，使建筑单元各部分基底压力尽量减小或比较均匀，以达到减小震陷与不均匀沉陷的目的。

④加强基础的整体性与刚度，如采用箱基、筏基或钢筋混凝土“十”字形基础，加设基础圈梁、基础系梁等。

⑤增加上部结构的整体刚度和均衡对称性，合理设置沉降缝，预留结构净空，避免采用对不均匀沉降敏感的结构形式等。

⑥室内外管道设置与连接应采取能适应不均匀沉陷的措施。

第四章 抗 震 验 算

第一节 可不进行地基基础抗震验算的范围

从我国多次强地震中遭受破坏的建筑来看，只有少数房屋是因为地基的原因而导致上部结构破坏的。而这类地基大多数是液化地基，易产生震陷的软土地基和严重不均匀地基，大量的一般性地基具有较好的抗震性能，极少发现因地基承载力不够而产生震害。基于这种情况，我国多数抗震设计规范对于量大面广的一般地基，地基和基础都不做抗震验算，而对于容易产生地基基础震害的液化地基，软土地基和严重不均匀地基，则规定了相应的抗震措施，以避免或减轻震害。

1. 可不进行天然地基及基础抗震承载力验算的建筑

在《建筑抗震设计规范》(GB 50011—2010)中规定，下列建筑可不进行天然地基及基础的抗震承载力验算。

①本规范规定可不进行上部结构抗震验算的建筑。

②地基主要受力层范围内不存在软弱黏性土层的下列建筑：

a. 一般的单层厂房和单层空旷房屋；

b. 砌体房屋；

c. 不超过 8 层且高度在 24 m 以下的一般民用框架和框架—抗震墙房屋；

d. 基础荷载与 c 项相当的多层框架厂房和多层混凝土抗震墙房屋。

注：软弱黏性土层指 7 度、8 度和 9 度时，地基承载力特征值分别小于 80 kPa、100 kPa 和 120 kPa 的土层。

地基基础的抗震设计采用纯经验的办法，对大多数未发生过震害的地基基础(注意只适用于天然地基)，规定其不验算的范围。

本条规定可按表 4.1.1 理解。

可不进行天然地基及基础抗震承载力验算的建筑　　表 4.1.1

序号	结构类型	具体内容	
1	单层结构	地基主要受力层范围内不存在软弱黏土层	一般的单层厂房和单层空旷房屋
2	砌体结构		全部
3	多层框架、框架—抗震墙及抗震墙结构		不超过 8 层且高度在 24 m 以下的一般民用框架和框架—抗震墙房屋
4			基础荷载与 3 项相当的多层框架厂房和多层混凝土抗震墙房屋
5	其他	《建筑抗震设计规范》(GB 50011—2010)规定的可不进行上部结构抗震验算的建筑	

2. 可不进行地基和基础承载力验算的天然地基上构筑物

《构筑物抗震设计规范》(GB 50191—2012)规定下列天然地基上构筑物，可不进行地基和基础承载力验算：

①6 度时的构筑物；

②7 度、8 度和 9 度时，地基静承载力标准值分别大于 80 kPa、100 kPa、120 kPa 且高度

不超过 25 m 的构筑物；

③规范规定可不进行上部结构抗震验算的构筑物。

第二节　可不进行桩基抗震验算的范围

地震震害经验表明，平时主要承受垂直荷载的桩基，无论在液化地基还是非液化地基上，其抗震效果一般都是比较好的。但以承受水平荷载和水平地震作用为主的高承台是例外。考虑到以上情况《建筑抗震设计规范》（GB 50011—2010）和《构筑物抗震设计规范》（GB 50191—2012）根据结构的特点分别列出了以下桩基不验算范围。

1. 范围一

《建筑抗震设计规范》（GB 50011—2010）对于承受竖向荷载为主的低承台桩基，当地面下无液化土层，且桩承台周围无淤泥、淤泥质土和地基土静承载力标准值不大于 100 kPa 的填土时，下列建筑可不进行桩基抗震承载力验算。

①7 度和 8 度时的下列建筑：

a. 一般的单层厂房和单层空旷房屋；

b. 不超过 8 层且高度在 24 m 以下的一般民用框架房屋；

c. 基础荷载与 b 项相当的多层框架厂房和多层混凝土抗震墙房屋。

②《建筑抗震设计规范》（GB 50011—2010）第 4.2.1 条第 1.3 款规定且采用桩基的建筑。

本条规定可用表 4.2.1 来理解。

可不进行桩基抗震承载力验算的建筑　　表 4.2.1

<table>
<tr><th>序号</th><th>基本条件</th><th colspan="2">结构类型</th><th>具体内容</th></tr>
<tr><td>1</td><td rowspan="4">以承受竖向荷载为主的低承台桩基，当地面下无液化土层，且桩基周围无淤泥、淤泥质土和地基承载力特征值不大于 100 kPa 的填土时</td><td>单层结构</td><td rowspan="3">7 度和 8 度时</td><td>一般的单层厂房和单层空旷房屋</td></tr>
<tr><td>2</td><td rowspan="2">框架结构及抗震墙结构</td><td>不超过 8 层且高度在 24 m以下的一般民用框架房屋</td></tr>
<tr><td>3</td><td>基础荷载与 2 项相当的多层框架厂房和多层混凝土抗震墙房屋</td></tr>
<tr><td>4</td><td colspan="3">《建筑抗震设计规范》（GB 50011—2010）规定的可不进行上部结构抗震验算的建筑</td></tr>
</table>

2. 范围二

《构筑物抗震设计规范》（GB 50191—2012）规定承受竖向荷载为主的低承台桩基，当同时符合下列条件时，可不进行桩基竖向抗震承载力和水平抗震承载力的验算：

①6～8 度时，符合不做天然地基验算规定的构筑物。

②桩端和桩身周围无液化土层。

③桩承台周围无液化土、淤泥、淤泥质土、松散砂土，且无地基静承载力标准值小于 130 kPa 的填土。

④构筑物不位于斜坡地段。

第三节　地基土抗震承载力设计值的确定

世界上大多数国家抗震规范在验算地基土的抗震强度时，抗震容许承载力都采用在静力设计承载力的基础上乘以一个系数的方法加以调整。考虑调整的出发点是:①地震是偶发事件,是特殊荷载,因而地基抗震承载力安全系数可比静载时降低;②地震是有限次数不等幅的随机荷载,其等效循环荷载不超过十几到几十次,而多数土在有限次数的动载下强度较静载下稍高。基于这两方面原因,新规范延续采用抗震承载力与静力容许承载力的比值作为地基土承载力调整系数,其值也可近似通过动静强度之比求得。

《建筑抗震设计规范》(GB 50011—2010)规定,在对天然地基基础抗震验算时,地基抗震承载力应按下式计算

$$f_{aE}=\zeta_a f_a \tag{4.3.1}$$

式中,f_{aE}为调整后的地基抗震承载力设计值;ζ_a 为地基抗震承载力调整系数,应按表 4.3.1采用;f_a 为深宽修正后的地基承载力特征值,应按现行国家标准《建筑地基基础设计规范》(GB 50007—2011)采用。

地基土抗震承载力调整系数 表 4.3.1

岩土名称和性状	ζ_a
岩石,密实的碎石土,密实的砾、粗、中砂,$f_{ak}\geqslant300$ 的黏性土和粉土	1.5
中密、稍密的碎石土,中密和稍密的砾、粗砂、中砂,密实和中密的细砂、粉砂,$150\leqslant f_{ak}<300$ 的黏性土和粉土,坚硬黄土	1.3
稍密的细砂、粉砂,$100\leqslant f_{ak}<150$ 的黏性土和粉土,可塑黄土	1.1
淤泥,淤泥质土,松散的砂,杂填土,新近沉积的黏性土和粉土,流塑黄土	1.0

《构筑物抗震设计规范》(GB 50191—2012)规定地基土抗震承载力计算和调整系数同《建筑抗震设计规范》(GB 50011—2010)。

《公路工程抗震规范》(JTG B02—2013)规定,天然地基抗震承载力可按下式计算

$$f_{aE} = Kf_a \tag{4.3.2}$$

式中,f_{aE}为调整后的地基抗震承载力容许值;K 为地基抗震容许承载力调整系数,按表 4.3.2采用;f_a为深宽修正后的地基承载力容许值,按现行的《公路桥涵地基与基础设计规范》(JTG D63—2007)的规定取值。

地基抗震容许承载力调整系数 K 表 4.3.2

岩土名称及性状	K
岩石,密实的碎石土,密实的砾、粗、中砂,$f_{a0}\geqslant300$ kPa 的黏性土和粉土	1.5
中密、稍密的碎石土,中密和稍密的砾、粗、中砂,密实和中密的细、粉砂,150 kPa$\leqslant f_{a0}<$300 kPa 的黏性土和粉土,坚硬黄土	1.3
稍密的细砂,粉砂,100 kPa$\leqslant f_{a0}<$150 kPa 的黏性土和粉土,可塑黄土	1.1
淤泥,淤泥质土,松散的砂,杂填土,新近堆积黄土,流塑黄土	1.0

注:f_{a0}为由荷载试验等方法得到的地基承载力基本容许值(kPa)。

第四节　天然地基地震作用下的承载力验算要求

地基和基础的抗震验算,一般采用"拟静力法"。此法假定地震作用如同静力,然后在这种条件下验算地基和基础的强度和稳定性。一般只考虑水平方向的地震作用,但有时也要计算竖直方向的地震作用。承载力的验算方法与静力状态下的相似,即计算的基底压力应

不超过容许承载力的设计值。因此，当需要验算天然地基竖向承载力时，应采用与荷载标准值相应的地震作用效应组合，《建筑抗震设计规范》(GB 50011—2010)和《构筑物抗震设计规范》(GB 50191—2012)规定，基础底面平均压力和边缘最大压力应符合下式要求

$$p \leqslant f_{aE} \tag{4.4.1}$$

$$p_{max} \leqslant 1.2 f_{aE} \tag{4.4.2}$$

式中，p 为基础底面平均压力(kPa)；p_{max} 为基础底面边缘最大压力(kPa)。

此外，由于地震时作用于基底上的荷载往往有偏心，基础抗倾覆的稳定性与作用于基底合力作用点的偏心情况有关系，所以规范对于荷载有偏心时，除基底平均压力和边缘最大压力分别不得超过容许承载力设计值和1.2倍的承载力设计值外，还应考虑容许的偏心距。在《建筑抗震设计规范》(GB 50011—2010)和《构筑物抗震设计规范》(GB 50191—2012)中分别规定验算天然地基的抗震承载力时，基础底面与地基之间的零应力区面积不应大于基础底面面积的15%和25%。

此外，《构筑物抗震设计规范》(GB 50191—2012)还规定8度和9度时在中软、软场地上，对水平荷载较大的结构和未设基础梁的柱间支撑部位的柱基等，应进行基础的地震抗滑验算。抗滑阻力可采用基础底面摩擦力与基础正侧面土的水平抗力之和；基础正侧面土的水平抗力，可采用被动土压力的1/3。

《公路工程抗震规范》(JTG B02—2013)规定：

①验算天然地基抗震承载力时，基础底面平均压应力应符合下列各式要求

$$p \leqslant f_{aE}$$

$$p_{max} \leqslant 1.2 f_{aE}$$

式中，p 为基础底面平均压应力；p_{max} 为基础底面边缘的最大压应力。

②液化土层及以上土层的地基承载力不应按该规范第4.2.2条规定提高。在计算液化土层以下地基承载力时，应计入液化土层及以上土层重力。

第五节　桩基在地震作用下的承载力验算要求

桩基抗震性能一般是比较好的，另外桩基抗震验算研究尚不充分，简单实用的验算方法还不多见。因此多数抗震设计规范对桩基验算条文较少，目前抗震设计规范对桩基抗震验算规定是根据震害经验和研究成果制定的。其要点如下所述。

1.单桩抗震承载力调整

单桩的抗震承载力如何确定，目前并未取得一致意见，主要原因是桩的实际震害资料或桩的动力原型试验较少。但由于地震是特殊荷载，建筑工程上桩基的上部结构震害又比天然地基轻，震后附加沉降只有几毫米。因而抗震验算时单桩的承载力可较静载时提高，这一点国内外的看法是一致的。日本采用静载时安全系数为3，抗震验算时提高了1倍，安全系数为1.5。我国各个抗震设计规范提高幅值相差较大，在0～50%之间。建筑抗震设计规范单桩竖向和水平向抗震承载力规定可比非抗震时提高25%。

2.低承台桩基抗震验算原则

①对于非液化土桩基抗震验算除考虑在地震下单桩承载力提高外，还应注意以下几点。

a.关于地下室外墙侧的被动土压力与桩共同承担地震水平力问题，我国这方面的情况比较混乱，大致有以下做法：假定由桩承担全部地震水平力；假定由地下室外的土承担全部水平力；由桩、土分担水平力(或由经验公式求出分担比，或用 m 法求土抗力或由有限元法计

算)。目前看来,桩完全不承担地震水平力的假定偏于不安全,因为从日本的资料来看,桩基的震害是相当多的,因此这种做法不宜采用;由桩承受全部地震力的假定又过于保守。因此,规范原则上可考虑承台正面填土与桩共同承担水平地震作用。

b.关于不计桩基承台底面与土的摩阻力作为抗地震水平力的组成部分问题:主要是因为这部分摩阻力不可靠;软弱黏性土有震陷问题,一般黏性土也可能因桩身摩擦力产生的桩间土的附加应力下的压缩使土与承台脱空;欠固结土有固结下沉问题;非液化的砂砾则有震密问题等。实践中不乏静载下桩台与土脱空的报道,地震情况下震后桩台与土脱空的报道也屡见不鲜。此外,计算摩阻力亦很困难,因为解答此问题须明确桩基在竖向荷载作用下的桩、土荷载分担比。出于上述考虑,为安全计,规定不应考虑承台与土的摩擦阻抗。

对于目前大力推广应用的疏桩基础,如果桩的设计承载力按桩极限荷载取用则可以考虑承台与土间的摩阻力。因为此时承台与土不会脱空,且桩、土的竖向荷载分担比也比较明确。

②对于液化土中的低承台桩基,且桩承台底面上、下分别有厚度不小于1.5 m、1.0 m的非液化土或非软弱土层时,可按下列两种情况分别进行抗震验算。

a.桩承受全部地震作用,桩承载力可按非液化桩基土规定的原则确定,但液化土层的桩周摩擦力、水平抗力,均宜乘以液化影响折减系数,其值按表4.5.1采用。

土层的液化影响折减系数 表4.5.1

标准贯入比 λ_N	深度/m	折减系数
$\lambda_N \leqslant 0.6$	$d_s \leqslant 10$	0
	$10 < d_s \leqslant 20$	1/3
$0.6 < \lambda_N \leqslant 0.8$	$d_s \leqslant 10$	1/3
	$10 < d_s \leqslant 20$	2/3
$0.8 < \lambda_N \leqslant 1$	$d_s \leqslant 10$	2/3
	$10 < d_s \leqslant 20$	1

注:λ_N为液化土层的标准贯入锤击数实测值与相应的临界值之比。

b.地震作用按水平地震影响系数最大值的10%采用,桩承载力仍可按非液化桩基规定的原则确定,但应扣除液化土层的桩周摩擦力和桩承台下2 m深度范围内非液化土层的桩周摩擦力。

③上述液化土中桩的抗震验算原则和方法主要考虑了以下情况。

a.不计承台旁的土抗力或地坪的分担作用是出于安全考虑,作为安全储备,因目前对液化土中桩的地震作用与土中液化进程的关系尚未弄清。

b.根据地震反应分析与振动台试验,地面加速度最大时刻出现在液化土的孔压比为小于1(常为0.5~0.6)时,此时土尚未充分液化,只是刚度比未液化时下降很多,因之建议对液化土的刚度作折减。折减系数的取值与构筑物抗震设计规范基本一致。

c.液化土中孔隙水压力的消散往往需要较长的时间。地震后土中孔压不会排泄消散完毕,往往于震后才出现喷砂冒水,这一过程通常持续几小时甚至一两天,其间常有沿桩与基础四周排水现象,这说明此时桩身摩阻力已大减,从而出现竖向承载力不足和缓慢的沉降,因此应按静力荷载组合校核桩身的强度与承载力。

3.桩基抗震验算步骤

在上述桩基验算原则下,桩基抗震步骤如下。

①首先取得作用于桩顶的荷载,亦即从基础顶面的水平地震力中减去承台侧面与地震

力前方的土抗力及基础底面土的摩擦力，得到作用于桩顶的水平荷载（但各个规范考虑土抗力与底面摩阻力的方法不尽相同，此点应注意）。

作用于桩顶的总竖向荷载与弯矩可自地震荷载组合的上部结构计算结果直接得到，并取用，但需将基础自重加入竖向荷载中。

②求出作用于各单桩顶的荷载，这一步与静载下的做法相同，可用同样的公式。

③求桩身的内力（剪力与弯矩）：与静载情况时一样，用 m 法求出桩身各深度处的弯矩与剪力。

④强度校核：如求出的桩上的轴力、弯矩或剪力大于桩的承载力或抗剪抗弯强度则不容许。

具体对桩顶，要求轴力平均值 $N \leqslant [N]_e$，轴力最大值 $N_{max} \leqslant 1.2[N]_e$，桩顶剪力 $Q \leqslant [Q]_e$。

上面的 $[N]_e$ 与 $[Q]_e$ 是单桩的抗震时的竖向承载力与水平承载力。

除上述验算原则外，还应对桩基的构造予以加强。因为桩基理论分析已经证明，地震作用下的桩基在软、硬土层交界面处最易受到剪、弯损害。阪神地震后许多桩基的实际考查也证实了这一点，但在采用 m 法的桩身内力计算方法中却无法反映，目前除考虑桩土相互作用的地震反应分析可以较好地反映桩身受力情况外，还没有简便实用的计算方法保证桩在地震作用下的安全，因此必须采取有效的构造措施，具体规定为液化土中桩的配筋范围，应自桩顶至液化深度以下符合全部消除液化沉陷所要求的距离，其纵向钢筋应与桩顶部相同，箍筋应加密。

第六节 土石坝抗震验算

土石坝与岩土的关系较为密切。堤与坝的差别一为沿河而设，一为拦河而设。它们的抗震验算方法类似，因而下面以土石坝为代表，简单介绍抗震验算的原则与方法，详细规定可见各行业的抗震规范。

1. 地震作用方向

一般只计算水平向顺河方向的地震作用，亦即正交于土石坝长轴方向的地震作用。

当地震烈度为 8 度、9 度时，对 1 级、2 级土石坝除应考虑水平方向的地震作用外，还应考虑铅直方向的地震作用。

2. 抗震验算方法的选择

土石坝的抗震计算方法主要有两类：一类是建立在有限元法基础上的动力分析方法，该法可得到坝体和坝基内动应力分布及地震引起的坝体变形，这类方法在美国是土石坝计算的主要方法，近年来国内高烈度的高土石坝也采用了这种方法计算；另一类是以瑞典圆弧法和简化毕肖普法为基础的拟静力法，该法在国内中小型土石坝应用广泛，积累了大量经验，具有一定可靠性。

基于上述情况《水电工程水工建筑物抗震设计规范》（NB 35047—2015）规定土石坝的抗震计算应以拟静力法为主。但设计烈度Ⅶ度且坝高 150m 以上，设计烈度Ⅷ、Ⅸ且坝高 70m 以上，覆盖层厚度超过 40m 或坝基中存在可液化土层时，在拟静力法分析的基础上，应同时进行有限元法对坝体和坝基进行动力分析。

3. 抗震验算的拟静力法

对均质坝、厚斜墙坝和厚心墙坝，可采用瑞典圆弧滑面条分法验算；对 1 级、2 级及70 m 以上的土石坝宜同时采用简化毕肖普法；对夹薄软黏土层的地基、属斜墙坝和薄心墙坝，可采用滑楔法计算。

由于坝体的高度较大，应考虑地震力沿高度的放大作用，如图 4.6.1 所示。图中 H 为坝高。坝底的地震作用若为 1.0 则坝顶的地震作用为其 α_m 倍。α_m 之值对应于 7 度、8 度、9 度时，分别取 3、2.5、2。地震作用沿高度的变化则如图 4.6.1 所示。

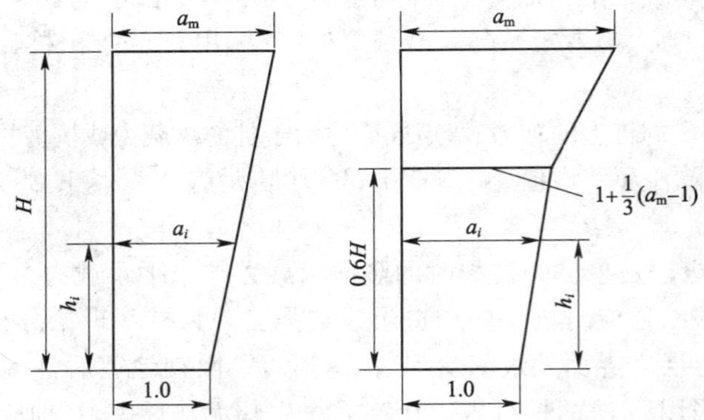

a)$H \leqslant 40$ m　　b)$H > 40$ m

图 4.6.1　土石坝体的动态分布系数

①对于较一般的土石坝采用瑞典圆弧法验算其抗震稳定性时，应满足下列关系式

$$\gamma_0 \psi S(\gamma_G G_k, \gamma_Q Q_k, \gamma_E E_k, a_k) \leqslant \frac{1}{\gamma_d} R\left(\frac{f_k}{\gamma_m}, a_k\right) \tag{4.6.1}$$

式中，γ_0 为结构重要性系数，应按 GB 50199—2013 的规定取值；ψ 为设计状况系数，可取0.85；S 为结构的作用效应函数；γ_G 为永久作用的分项系数；G_k 为永久作用的标准值；γ_Q 为可变作用的分项系数；Q_k 为可变作用的标准值；γ_E 为地震作用的分项系数，$\gamma_E = 1.0$；E_k 为地震作用的代表值；a_k 为几何参数的标准值；γ_d 为承载能力极限状态的结构系数；R 为结构的抗力函数；f_k 为材料性能的标准值；γ_m 为材料性能的分项系数。

事实上瑞典圆弧滑面条分法的计算方法与静力下的土坡分析一样，所不同的是在土条重心上的作用力多了地震力 F_h 与 F_v（图 4.6.2），这时只需在滑动力矩与抵抗力矩中增加 F_y 与 F_h 所形成的力矩即可。因此，式(4.6.1)中抗力代表值 R 与滑动力代表值 S 可按下式计算

$$S = \sum\left[(G_{E1} + G_{E2} \pm F_v)\sin\theta_t + M_h / r\right] \tag{4.6.2}$$

$$R = \sum\{cb\sec\theta_t + \left[(G_{E1} + G_{E2} \pm F_v)\cos\theta_t - F_h \sin\theta_t - (u - \gamma_w z) b\sec\theta_t\right]\tan\varphi\} \tag{4.6.3}$$

式中，r 为圆弧半径；b 为滑动体条块宽度；θ_t 为条块底面中点切线与水平线的夹角；z 为坝坡外水位高出条块底面中点的距离；u 为条块底面中点的孔隙水压力代表值；G_{E1} 为条块在坝坡外水位以上部分的实重标准值；G_{E2} 为条块在坝坡外水位以下部分的浮重标准值；F_h 为作用在条块重心处的水平向地震惯性力代表值，即条块实重标准值乘以条块重心处的 $a_h \xi \alpha_i / g$；F_v 为作用在条块重心处的竖向地震惯性力代表值，即条块实重标准值乘以条块重心处的 $a_h \xi \alpha_i / 3g$，其作用方向可向上（−）或向下（+），以不利于稳定的方向为准；M_h 为 F_h 对圆心的力矩；c、φ 为土石料在地震作用下的黏聚力和摩擦角。

对于 3、4、5 级土石坝也采用下述简化方法确定坝坡抗震稳定的抗力代表值

$$R = \sum\{cb\sec\theta_t + \left[(G_{E_3} + G_{E_4} \pm F_v)\cos\theta_t - F_h \sin\theta_t\right]\tan\varphi\} \tag{4.6.4}$$

式中，G_{E_3} 为条块在浸润线以上部分的实重标准值；G_{E_4} 为条块在浸润线以下部分的浮重标准值。

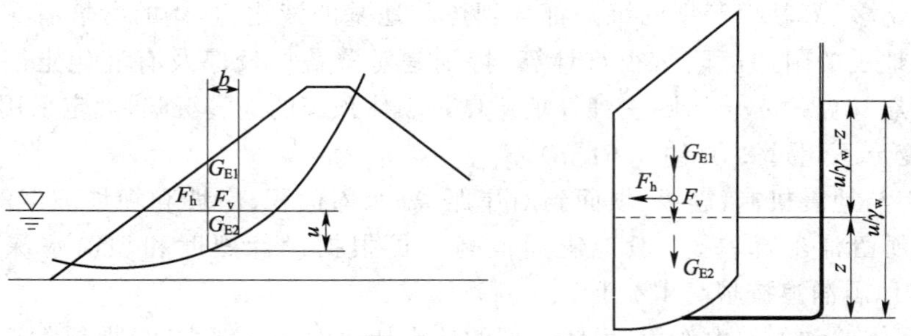

图 4.6.2　圆弧滑动条分计算示意

②对于重要的土石坝可采用简化的毕肖普法验算抗震稳定性，采用该法确定土石坝的坝坡稳定性安全系数 K 为

$$K=\frac{\sum\{[cb+(G_{E1}+G_{E2}\pm F_{v})\tan\varphi-(u-\gamma_{w}z)b\tan\varphi]\sec\theta_{t}/(1+\tan\varphi\tan\theta_{t}/K)\}}{\sum[(G_{E1}+G_{E2}\pm F_{v})\sin\theta_{t}+M_{h}/r]} \tag{4.6.5}$$

式中各符号的意义与瑞典圆弧法相同。

由于该式是一个求 K 的迭代计算公式，无法给出用显式表达的结构抗力 R 和结构系数 γ_d。故表 4.6.1 中对于不同的重要性系数 γ_0，给出了 γ_d 与 K 的换算关系，表中 γ_0 按《水利水电工程结构可靠性设计统一标准》(GB 50199—2013)的规定，对 1 级建筑物取 1.1，对 2 级、3 级建筑物取 1.0。

γ_d 与 γ_0、K 的关系　　表 4.6.1

K / γ_d / γ_0	1.25	1.20	1.15	1.10	1.05	1.00
1.1	1.34	1.28	1.23	1.18	1.12	—
1.0	—	—	1.35	1.29	1.23	1.18

对于需要进行有限元动力分析时应遵循《水电工程水工建筑物抗震设计规范》(NB 35047—2015)规定的原则进行。

第七节　土石坝抗震措施

①土石坝遭遇沿坝轴线方向的地震时，坝体压缩，两岸容易发生张力，致使防渗体产生裂缝，所以，在地震区建坝，坝轴线一般宜采用直线，或向上游弯曲，以便在蓄水期间发生地震时，减少两坝肩产生裂缝的几率。

②经震害调查，堆石坝比土坝震害率小，损害程度较低。日本宫城近海地震发生后，调查的 83 座有震害坝中，仅有一座是堆石坝。土坝中均质坝较分区坝震害重，均质坝体积大，浸润线高，尤其当高蓄水位坝体土料饱和时，震害较严重。所以在坝型选择时，应优先选用堆石坝，只有在当地有丰富的合适的土料而又缺乏石料的中小型工程中，才选用均质坝。为改善均质坝的抗震性能，宜设内部排水，如竖向排水或水平排水系统，以降低浸润线。

在地震时刚性心墙不能适应土坝的振动和变形，与周围填土的不同沉陷量容易产生裂缝，所以在高烈度区不宜建刚性心墙坝。

③从国内外的实例资料看，如果坝基与坝体质量良好，在地震烈度 7 度、8 度地区，地震引起的坝顶沉陷并不明显，一般不超过坝高的 1%。产生较大地震沉陷的西克尔、陡河、喀

什、下圣费尔南多、海勃根等坝的沉陷都与坝体和地基的液化、坝体的滑坡有关。由于产生的机理不同,地震的附加沉陷量很难计算,特别是对覆盖层较厚及有液化土层的情况。目前,美国采用纽马克(Newmark)法计算填筑良好坝体顶部的地震沉陷,规定采用此方法沿破坏面计算的变形不超过 2 ft(约 0.61 m)。

地震涌浪与地震机制、震级、坝面到对岸距离、水库面积、岸坡和坝坡坡度等因素有关。在设计时常预留涌浪超高,一般地震涌浪高度可根据设计烈度和坝前水深采用 0.5～1.5 m。日本地震涌浪按坝高 1%计算。

④由于坝体的动力放大作用,坝体上部的地震加速度较下部大,在坝顶附近地震加速度最大,因此在强地震区宜适当加宽坝顶,使坝顶受损后仍能保持坝的稳定。鉴于同样的原因可采用上部缓下部陡的断面。国内外强地震区的一些土石坝已采取了这一措施。

⑤震害调查表明,土石坝震害的主要表现是裂缝,在设计中要适当采取防止裂缝的措施。在强地震区要适当加厚防渗体和过渡层,以防止出现贯通性裂缝或减少裂缝所产生的渗透破坏。

土石坝坝顶是产生裂缝的主要部位。防渗体与岸坡基岩或其他混凝土刚性建筑物的连接部位,由于其刚度的差别,最容易在地震时产生裂缝。因此要特别注意这些部位防渗体的设计与施工。

⑥震害实践表明,土石料抗震性能的好坏直接影响土石坝震害的程度。国内近年来的几次大地震有大量土坝经受了 7 度至 10 度强震的考验,没有发生垮坝事故。但有一些坝,坝壳砂料和砂砾石料碾压不密实,在较低的烈度时,上游坝壳或保护层的水下部分反而发生滑坡事故。例如,渤海湾地震中,冶原、王屋、黄山三座宽心墙砂壳坝处于 6 度地震区,上游均发生滑坡;海城地震中,处于 7 度地震区的石门心墙坝,上游坝坡滑动;唐山地震中,处于 6 度地震区的密云水库白河主坝,上游斜墙保护层的砂砾料液化引起滑坡,滑坡方量约 15 万 m^3,而附近的潮河主坝和一些副坝均未发生问题。由此可见,提高土石坝抗震性能的重要措施之一就是选用抗震性能和渗透稳定性较好且级配良好的土石料筑坝,并对坝料压实。

均匀的中砂、细砂、粉砂和粉土不易压实,饱和后易于液化,抗冲刷性能差,不宜作为强震区的筑坝材料。如果当地只有此种材料,或采用其他材料不经济时,宜用在干燥区,坡面在一定范围内用大块石压重。

关于无黏性土的压实标准,美国陆军工程师兵团编制的 ENH 10—2—2300 中提出所有填料区相对密实度均不小于 80%,这个要求适用于排水层和反滤层,以及较大的透水材料区,但不适用于抛石护坡下的垫层。参考地基液化宏观调查资料及研究成果,为了防止液化,对无黏性土的压实标准应采用相对密实度控制的具体要求。

⑦坝下埋管在地震时发生裂缝的较多,严重的甚至将管壁裂穿,沿管壁漏水冲刷,危及坝的安全,甚至使土石坝毁坏。因此,对于 1、2 级土石坝,不宜在坝下埋设输水管。如限于条件必须在坝下埋管时,应将管道放置在岩基或坚硬的土层上,或将有压管建在坝下的廊道中。土基上一定要做管座,以减少地基的不均匀沉陷。坝下埋管宜用抗震性能好的现浇钢筋混凝土管或金属管。钢筋混凝土管分段,以 5～10 m 一段为宜,接头处要做好止水和反滤。在靠近管道的填土层采用纯黏土,并要仔细压实。此外,闸门宜设在进水口或防渗体的前端,使管道的大部分处于无压状态。

第十篇

岩土工程检测与监测

考试大纲

(一)岩土工程检测

了解岩土工程检测的要求；了解岩土工程检测的方法和适用条件；掌握检测数据分析与工程质量评价方法。

(二)岩土工程监测

了解岩土工程监测(包括地下水监测)的目的、内容和方法；掌握监测资料的整理和分析；了解监测数据在信息化施工中的应用。

第一节　概　　述

一、现场检验的目的与内容

(一)检验目的

现场检验是指在施工阶段根据施工直接或间接揭露的地质情况,对工程勘察成果与评价建议等进行的检查校核,一方面检查施工揭露的情况是否与勘察成果相符,另一方面校核结论和建议是否符合实际,当发现与勘察成果有出入时,应进行补充修正,对施工中出现的问题,应提出处理意见和措施建议,必要时,尚应进行施工阶段的勘察工作。现场检验还包括提供技术要求和施工质量的控制及检验。现场检验的目的,是使设计施工符合岩土工程实际条件,以确保工程质量,并总结勘察经验,提高勘察水平。

(二)检验内容

①基槽(坑)开挖后基槽(坑)的检验。

②地基改良与加固处理过程中及处理后对处理质量、方法、设备、材料及处理效果的检验。

③桩(墩)基础质量及承载能力的检验。

二、现场监测的目的与内容

(一)监测目的

现场监测是对自然或人为作用引起岩土性状、周围环境条件(包括工程地质条件、水文地质条件)及相邻结构、设施等发生变化进行的各种观测工作。现场监测的目的,是了解、掌握自然或人为作用的影响程度,监视其变化规律和发展趋势,以便及时采取相应的防治措施,反馈信息,积累经验。

(二)监测内容

现场监测的内容主要有:

①对岩土所受到的施工作用、各类荷载的大小,以及在这些荷载作用下岩土反应性状的检测。如土与结构物之间接触压力的量测,岩土体中的应力量测,岩土体表面及其内部变形与位移的监测。

②对建设或运营中结构物的监测,如对建筑物的沉降观测、基坑开挖中支护结构的监测。

③监测岩土工程在施工及运营过程中对周围环境条件的影响,包括基坑开挖和人工降水对邻近结构与设施的影响,施工造成的振动、噪声、污染等因素对环境的影响等方面的问题。

④地下水的监测,包括地下水的水位、水量、水质、水压、水温及流速、流向等在自然或人为因素影响下随时间或空间的变化规律的监测。

⑤不良地质作用和地质灾害的监测,如对岩溶与土洞、滑坡与崩塌、泥石流、采空区、地面沉降与地裂缝的监测,特殊土地基上建筑物与地基的监测,地震作用下建筑物地基的地震反应。

三、现场检验与监测方法

现场检验一般是采用现场直观检验,或配以简单可行的仪器测定,必要时可用较复杂的设备进行检测。现场监测一般是根据监测的内容不同，需采用专门的仪器或有关设备，甚至有的内容需用精密的、较为复杂的仪器设备。由于检验和监测的内容不同，具体方法亦不同，本章仅介绍常用的检验和监测方法。

第二节　基槽(坑)检验

一、基槽检验的一般要求

(一)基槽检验的任务

天然地基的基槽开挖后，均应经检验后方能进行基础施工，以防基底下隐藏与勘察报告不相符合的异常地质情况，给建筑物造成破坏留下隐患。基槽检验的任务如下：

①检验勘察报告中所提各项地质条件及结论建议是否正确，是否与基槽开挖后的地质情况相符合。

②根据挖槽后出现的异常地质情况，提出处理措施。

③解决勘察报告中未能解决的遗留问题。

(二)基槽检验的主要内容和步骤

①基槽开挖后首先由施工单位全面进行轻型动力触探试验，以了解基底土层的均匀性，基底浅部是否有软弱下卧层及基底下是否有古井、坑穴、古墓、菜窖等存在。轻型动力触探试验深度及间距在无特殊要求时，可按表 1.2.1 确定。

轻型动力触探试验点间距和测试深度　　表 1.2.1

基槽宽度/m	排 列 方 式	试验深度/m	试 验 间 距
<0.8	中心一排	1.2	1～1.5 m，视地层复杂情况定
0.8～2	两排错开	1.5	
>2	梅花形	12.1	

②核对基槽位置、平面尺寸和槽底标高是否与勘察时相同。

③审阅施工单位的轻型动力触探试验记录，试验异常点的分布地段及其分布规律，分析其异常的原因，必要时用其他勘探手段进行验证。

④逐段或按每个建筑物单元详细检查槽底土质是否与勘察报告中所建议的持力层相符，在城市中应特别注意基底有无杂填土及其分布情况，对于轻型动力触探试验异常部位应特别仔细查验，找到原因，同时核对地下水情况。

⑤基底为干硬或稍湿的黏性土层，验槽时可采用铁锹拍底检查古井、墓穴及虚土等。

⑥在进行直接观察时可用袖珍贯入仪作为辅助手段。

⑦填写验槽记录或检验报告。

(三)基槽检验的注意事项

①检查槽底土质时，应仔细观察刚开挖的、结构未被破坏的原状土，检验人员应亲自挖土观察，冬季时应注意槽底土是否有冰冻现象。

②为了保持土的天然状态，不容许基槽内积水，如发现积水，应立即掏除并检验淹没处土的湿度变化，湿度变化大时，应采取处理措施。

③审阅施工单位的轻型动力触探试验记录时，应详细了解轻型动力触探试验设备的规

格及试验情况，以便排除人为的异常现象。

④当基槽不深处有承压水层触探可造成冒水涌砂时或者持力层为砾石层或卵石层且其厚度符合设计要求时可不进行轻型动力触探试验。

二、基槽的防护处理

①在基槽内如采用较大型机械挖土时，应先挖至设计基底标高以上 30～50 cm，然后用人工挖掘方法挖至设计标高，以防地基土遭受破坏。

②如地基土湿度较大，则不得夯拍槽底，施工运料不应从槽顶将砖石等抛入槽内，应沿斜板滑下，以免扰动基槽地基土质。

③若槽底土被践踏而受到扰动时，基础施工前应将扰动部分清除至硬底为止，如不能完全清除或槽底位于地下水位以下土的湿度较大、土质较软时，应先铺一层砂石垫层，将浮土挤紧，然后再施工基础。

④干砂地基，在基础施工前应适当洒水夯实。

⑤基槽开挖后应防止水浸和土受冻。

三、基槽的局部处理措施

(1)墓坑、古井、菜窖及小型洞穴的处理

①将其中虚土全部挖除，然后按保持均匀沉降的原则进行回填，即采用与土压缩性近似的土回填，分层夯实至基底设计标高。如：天然土为砂土时，可用砂石回填，分层洒水夯实；天然土为密实的黏性土时，可用 3∶7 灰土回填；天然土为中等密实可塑的黏性土时，可用 2∶8 灰土回填。回填的坑、井侧壁在槽内部分，应先挖成 1∶2 的踏步与天然土衔接后再回填。

②坑井较深挖除全部虚土有困难时，可部分挖除，挖除的深度一般为坑井宽的 2 倍，当剩余的虚土为软土时，可先用块石夯实挤紧后再回填。

③坑井范围超出槽宽、槽壁仍为虚土时，槽壁部分应放坡。用砂石或黏性土回填时，坡度为 1∶1；用灰土回填时，为 1∶0.5；如用 3∶7 灰土基础刚度又较大时，可不放坡。

④对独立柱基，如坑井范围大于基槽的 1/2 时，应尽量挖除虚土将基底落实，但两相邻柱基的基底高差在黏性土中，不得大于相邻基底的净距；在砂土中不得大于相邻净距的 1/2。

⑤当挖除全部虚土有困难时，亦可采用加强基础刚度，或用梁板形式跨越，或改变基础类型，或采用桩基等进行处理。

(2)局部坚硬地基的处理

局部坚硬地基包括压实的路面、旧房基、老灰土、大石块及基岩等，其处理方法可将局部坚硬地段的上部挖除，然后填以与其余地段土层性质近似的较软弱的垫层，挖除厚度视其余地段地基土层性质而定，一般为 1 m 左右。根据上部结构情况，可再在垫层与天然土接触处的基础部分，适当加强刚度，避免不均匀沉降使基础断裂。

第三节 沉降观测

一、建筑沉降观测

建筑沉降观测的目的是测定建筑物地基的沉降量、沉降差及沉降速率并计算基础倾斜、局部倾斜、相对弯曲及构件倾斜。

1. 沉降观测的要求

下列工程应进行沉降观测：

①地基基础设计等级为甲级的建筑物；

②复合地基、不均匀地基或软弱地基上的乙级建筑物；

③加层、接建，邻近开挖、堆载等，使地基应力发生显著变化的工程；

④因抽水等原因，地下水位发生急剧变化的工程；

⑤其他有关规范规定需要做沉降观测的工程。

2. 基准点的布置和埋设

沉降观测通常采用几何水准法或液体静力水准法进行观测。基准点(固定水准点)的位置，应根据总平面图上建筑物的分布及工程地质条件而定，但必须保证基准点在整个观测期间坚固不移，具体布置如下：

①当设置基准点处有基岩出露时，可用水泥砂浆直接将基准点的金属支座嵌在基岩中。

②当设置基准点处为黏性土或砂土时，应采用深埋基准点。当表层土软弱而不深处有紧密土层时，可将金属管或钢筋混凝土桩打入或用钻孔埋入紧密土层中。深埋基准点需用钻孔埋入或在钻孔内灌注混凝土桩，将基准点的金属支座安在管或桩的上端中心部位，孔口地表砌砖盒，上加盖保护。

③基准点的数量在每一测区内不少于 2 个，区域面积较大或对多幢建筑物进行观测时，应适当增加，并使所有基准点构成水准网。

④基准点应布设在建筑物压力影响范围以外，一般距建筑物不少于 25 m，距高层建筑物不少于30 m，距有振动影响的建筑物则应更远，但一般不大于 100 m。

3. 沉降观测点的布置

沉降观测点的布置，以能全面反映建筑物地基变形特征并结合地质情况及建筑结构特点确定。点位宜选设在下列位置：

①建筑物的四角、大转角处及沿外墙每 10～15 m 处或每隔 2～3 根柱基上。

②高低层建筑物、新旧建筑物、纵横墙等交接处的两侧。

③建筑物裂缝和沉降缝两侧、基础埋深相差悬殊处、人工地基与天然地基接壤处、不同结构的分界处及填挖方分界处。

④宽度大于等于 15 m 或小于 15 m 而地质复杂以及膨胀土地区的建筑物，在承重内隔墙中部设内墙点，在室内地面中心及四周设地面点。

⑤邻近堆置重物处、受振动有显著影响的部位及基础下的暗浜(沟)处。

⑥框架结构建筑物的每个或部分柱基上或沿纵横轴线设点。

⑦片筏基础、箱形基础底板或接近基础的结构部分之四角处及其中部位置。

⑧重型设备基础和动力设备基础的四角、基础形式或埋深改变处以及地质条件变化处两侧。

⑨电视塔、烟囱、水塔、油罐、炼油塔、高炉高耸建筑物，沿周边在与基础轴线相交的对称位置上布点，点数不少于 4 个。

4. 沉降观测的标志的埋设

沉降观测的标志，可根据不同的建筑结构类型和建筑材料，采用墙(柱)标志、基础标志和隐蔽式标志(用于宾馆等高级建筑物)等形式。各类标志的立尺部位应加工成半球形或有明显的突出点，并涂上防腐剂。标志的埋设位置应避开如雨水管、窗台线、暖气片、暖水管、电气开关等有碍设标与观测的障碍物，并应视立尺需要离开墙(柱)面和地面一定距离。隐蔽式沉降观测点标志的形式，可按有关规程的规定执行。

5. 观测工作

①建筑物施工阶段的观测，应随施工进度及时进行。一般建筑，可在基础完工后或地下室砌完后开始观测，大型、高层建筑，可在基础垫层或基础底部完成后开始观测。观测次数与间隔时间应视地基与加荷情况而定。民用建筑可每加高1～5层观测一次；工业建筑可按不同施工阶段（如回填基坑、安装柱子和屋架、砌筑墙体、设备安装等）分别进行观测。如建筑物均匀增高，应至少在增加荷载的25％、50％、75％和100％时各测一次。施工过程中如暂时停工，在停工时及重新开工时应各观测一次。停工期间，可每隔2～3个月观测一次。

②建筑物使用阶段的观测次数，应视地基土类型和沉降速度大小而定。除有特殊要求者外，一般情况下，可在第一年观测3～4次，第二年观测2～3次，第三年后每年1次，直至稳定为止。观测期限一般不少于如下规定：砂土地基2年，膨胀土地基3年，黏土地基5年，软土地基10年。

③在观测过程中，如有基础附近地面荷载突然增减、基础四周大量积水、长时间连续降雨等情况，均应及时增加观测次数。当建筑物突然发生大量沉降、不均匀沉降或严重裂缝时，应立即进行逐日或几天一次的连续观测。

④沉降是否进入稳定阶段，应由沉降量与时间关系曲线判定。对重点观测和科研观测工程，若最后三个周期观测中每周期沉降量不大于$2\sqrt{2}$倍测量中误差，可认为已进入稳定阶段。一般观测工程，若沉降速率小于0.01～0.04 mm/d，可认为已进入稳定阶段，具体取值宜根据各地区地基土的压缩性确定。

⑤沉降观测点的施测精度，应按有关规程的规定确定。未包括在水准线路上的观测点，应以所选定的测站高差中误差作为精度要求施测。

6. 沉降观测点的观测方法和技术要求

沉降观测点观测方法和技术要求，除按有关规程的规定执行外，还应符合下列要求：

①对二级、三级观测点，除建筑物转角点、交接点、分界点等主要变形特征点外，可允许使用间视法进行观测，但视线长度不得大于相应等级规定的长度。

②观测时，仪器应避免安置在有空压机、搅拌机、卷扬机等振动影响的范围内，塔式起重机等施工机械附近也不宜设站。

③每次观测应记载施工进度、增加荷载量、仓库进货吨位、建筑物倾斜裂缝等各种影响沉降变化和异常的情况。

7. 资料整理

每周期观测后，应及时对观测资料进行整理，计算观测点的沉降量、沉降差以及本周期平均沉降量和沉降速率。如需要可按下列公式计算变形特征值：

①基础倾斜α

$$\alpha=\frac{s_i-s_j}{L} \tag{1.3.1}$$

式中，s_i为基础倾斜方向端点i的沉降量（mm）；s_j为基础倾斜方向端点j的沉降量（mm）；L为基础两端点(i,j)间的距离（mm）。

②基础局部倾斜α仍可按式（1.3.1）计算。此时取砌体承重结构沿纵墙6～10 m内基础上两观测点(i,j)的沉降量为s_i、s_j，两点(i,j)间的距离为L。

③基础相对弯曲f_c

$$f_c=\frac{2s_k-(s_i+s_j)}{L} \tag{1.3.2}$$

式中，s_k 为基础中点 k 的沉降量(mm)；L 为 i 与 j 点间的距离(mm)。

注：弯曲量以向上凸起为正，反之为负。

④柱基间吊车轨道等构件的倾斜，仍按式(1.3.1)计算。

8.提交成果

观测工作结束后，应提交下列成果：

①沉降观测成果表；

②沉降观测点位分布图及各周期沉降展开图；

③v-t-s(沉降速度、时间、沉降量)曲线图；

④p-t-s(荷载、时间、沉降量)曲线图(视需要提交)；

⑤建筑物等沉降曲线图；

⑥沉降观测分析报告。

二、基坑回弹观测

①基坑回弹观测，应测定深埋大型基础在基坑开挖后，由于卸除地基土自重而引起的基坑内外影响范围内相对于开挖前的回弹量。

②回弹观测点位的布置，应按基坑形状及地质条件以最少的点数能测出所需各纵横断面回弹量为原则进行。可利用回弹变形的近似对称特性，按下列要求布点：

a.在基坑的中央和距坑底边缘约1/4坑底宽度处以及其他变形特征位置，应设点。对方形、圆形基坑，可按单向对称布点；矩形基坑，可按纵横向布点；复合矩形基坑，可多向布点。地质情况复杂时，应适当增加点数。

b.基坑外的观测点，应在所选坑内方向线的延长线上距基坑深度1.5～2倍距离内布置。

c.所选点位遇到地下管道或其他构筑物时，可将观测点移至与之对应方向线的空位上。

d.在基坑外相对稳定且不受施工影响的地点，选设工作基点及为寻找标志用的定位点。

e.观测路线应组成起讫于工作基点的闭合或附合路线，使之具有检核条件。

③回弹标志应埋入基坑底面以下20～30 cm。埋设方法，根据开挖深度和地层土质情况，可采用钻孔法或探井法。标志形式，根据埋设与观测方法的不同，可采用辅助杆压入式、钻杆送入式或直埋式标志。回弹标志的埋设可按有关规定执行。

④回弹观测精度可按有关规程的规定以给定或预估的最大回弹量为变形允许值进行估算后确定。但最弱观测点相对邻近工作基点的高差中误差，不应大于±1.0 mm。

⑤回弹观测不应少于3次，具体安排是：第一次在基坑开挖之前，第二次在基坑挖好之后，第三次在浇灌基础混凝土之前。需要测定分段卸荷回弹时，应按分段卸荷时间增加观测次数。当基坑挖完至基础施工的间隔时间较长时，亦应适当增加观测次数。

⑥基坑开挖前的回弹观测，可采用几何水准测量配以铅垂钢尺读数的钢尺法；较浅基坑的观测，亦可采用几何水准测量配辅助杆垫高水准尺读数的辅助杆法。观测设备与作业，应符合下列要求：

a.钢尺在地面的一端，应用三脚架、滑轮和重锤牵拉；在孔内的一端，应配以能在读数时准确接触回弹标志头的装置。一般观测，可配挂磁锤；当基坑较深、地质条件复杂时，可用电磁探头装置观测；基坑较浅时，亦可用挂钩法，此时，标志顶端应加工成弯钩状。

b. 辅助杆宜用空心两头封口的金属管制成，顶部应加工成半球状，并于顶部侧面安置圆盒水准器，杆长以放入孔内后露出地面 20～40 cm 为宜。

c. 测前与测后应对钢尺和辅助杆的长度进行检定。长度检定中误差，不应大于回弹观测测站高差中误差的 1/2。

d. 每一测站的观测可按先后视水准点上标尺面、再前视孔内尺面的顺序进行，每组读数 3 次，以反复进行两组作为一测回。每站不应少于两测回，并同时测记孔内温度。观测结果应加入尺长和温度的改正。

⑦基坑开挖后的回弹观测，可先在坑底一角埋设一个临时工作点，使用与基坑开挖前相同的观测设备和方法，将高程传递至坑底的临时工作点上。然后，细心挖出各回弹观测点，按所需观测精度，用几何水准测量方法测出各观测点的标高。

⑧观测工作结束后，应提交下列成果：

a. 回弹观测点位平面布置图。

b. 回弹量纵、横断面图。

c. 回弹观测成果表。

三、地基土分层沉降观测

①分层沉降观测，应测定高层和大型建筑物地基内部各分层土的沉降量、沉降速率以及有效压缩层的厚度。

②分层沉降观测点，应在建筑物地基中心附近约为 2 m 见方或各点间距不大于 50 cm 的较小范围内，沿铅垂线方向上的各层土内布置。点位数量与深度，应根据分层土的分布情况确定，原则上每一土层设一点，最浅的点位应在基础底面下不小于 50 cm 处，最深的点位应在超过压缩层厚度处，或设在压缩性低的砾石或岩石层上。

③分层沉降观测标志的埋设应采用钻孔法。对于多孔分层观测，可采用测标式标志；对于单孔分层观测，可采用磁铁环式标志。

④分层沉降观测精度可按分层沉降观测点相对于邻近工作基点（水准点）的高差中误差不大于±1.0 mm 的要求设计确定。

⑤多孔分层沉降观测，可用水准仪测出测标顶部高程，并测定测标的长度，求算观测点的高程；单孔分层沉降观测，可用水准仪测出保护管口高程，并用探测头自上而下依次逐点测定管内各磁铁环至管顶距离，换算出相应各观测点的高程。

⑥分层沉降观测，应从基坑开挖后基础施工前开始，直至建筑物竣工后沉降稳定时为止。观测周期可参照建筑物沉降观测的规定确定。首次观测应至少在标志埋好 5 d 后进行。

⑦观测工作结束后，应提交下列成果：

a. 分层标点位置图；

b. 分层沉降观测成果表；

c. 各土层 p-t-s（荷载、沉降、深度）曲线图（视需要提交）。

四、建筑场地沉降观测

①建筑场地沉降观测，应分别测定建筑物相邻影响范围之内的相邻地基沉降与建筑物相邻影响范围之外的场地地面沉降。相邻地基沉降，系指由于毗邻高低层建筑荷载差异、新建高层建筑基坑开挖、基础施工中井点降水、基础大面积打桩等因素引起的相邻地基土应力重新分布而产生的附加沉降。场地地面沉降，系指由于长期降雨、下水道漏水、地下水位大

幅度变化、大量堆载和卸载、地裂缝、潜蚀、砂土液化以及采掘等原因引起的一定范围内的地面沉降。

②相邻地基沉降观测点，可选在建筑物纵横轴线或边线路延长线上，亦可选在通过建筑物重心的轴线延长线上。其点位间距应视基础类型、荷载大小及地质条件以能测出沉降的零点线为原则进行确定。点位可在以建筑物基础深度1.55～2倍距离为半径的范围内，由外墙附近向外由密到疏布设。场地地面沉降观测点，应在相邻地基沉降观测点布设线路之外的地面上均匀布点。具体可根据地质地形条件选用平行轴线方格网法、沿建筑物四角辐射网法或散点法布设。

③相邻地基沉降观测点标志，可分为用于监测安全的浅埋标与用于结合科研的深埋标两种。浅埋标可采用普通水准标石或用直径25 cm左右的水泥管现场浇灌，埋深1～2 m；深埋标可采用内管外加保护管的标石形式，埋深应与建筑物基础深度相适应，标石顶部须埋入地面下20～50 cm，并砌筑带盖的窨井加以保护。场地地面沉降观测点的标志与埋设，应根据观测要求确定，可采用浅埋标志。

④建筑场地沉降观测可采用几何水准测量方法进行。水准路线的布设、观测精度及其他技术要求均可参照建筑物沉降观测的有关规定执行。观测的周期，应根据不同任务要求、产生沉降的不同情况以及沉降速度等因素具体分析确定。对于基础施工相邻地基沉降观测，在基坑开挖中每天观测一次；混凝土底板浇完10 d以后，可每2～3 d观测一次，直至地下室顶板完工；此后可每周观测一次至回填土完工。场地沉降观测的周期，可参考建筑物沉降观测的有关规定确定。

⑤观测工作结束后，应提交下列成果：

a. 观测点平面布置图；

b. 观测成果表；

c. 相邻地基沉降的 *d-s*（距离、沉降）曲线图；

d. 场地地面等沉降曲线图。

第四节 位移观测

一、建筑物主体倾斜观测

①建筑物主体倾斜观测，应测定建筑物顶部相对于底部或各层间上层相对于下层的水平位移与高差，分别计算整体或分层的倾斜度、倾斜方向以及倾斜速率。对具有刚性建筑物的整体倾斜，亦可通过测量顶面或基础的相对沉降间接确定。

②主体倾斜观测点位的布设应符合下列要求。

a. 观测点应沿对应测站点的某主体竖直线，对整体倾斜按顶部、底部，对分层倾斜近分层部位、底部上下对应布设。

b. 当从建筑物外部观测时，测站点或工作基点的点位应选在与照准目标中心连线呈接近正交或呈等分角的方向线上距照准目标1.5～2倍目标高度的固定位置处；当利用建筑物内竖向通道观测时，可将通道底部中心点作为测站点。

c. 按纵横轴线或前方交会布设的测站点，每点应选设1～2个定向点。基线端点的选设应顾及其测距或丈量的要求。

③主体倾斜观测点位的标志设置，应符合下列要求。

a. 建筑物顶部和墙体上的观测点标志，可采用埋入式照准标志形式。有特殊要求时，应专门设计。

b. 不便埋设标志的塔形、圆形建筑物以及竖直构件，可以照准视线所发同高边缘认定的位置或用高度角控制的位置作为观测点位。

c. 位于地面的测站点和定向点，可根据不同的观测要求，采用带有强制对中设备的观测墩或混凝土标石。

d. 对于一次性倾斜观测项目，观测点标志可采用标记形式或直接利用符合位置与照准要求的建筑物特征部位；测站点可采用小标石或临时性标志。

④主体倾斜观测的精度，可根据有关规程的规定确定。

⑤主体倾斜观测可根据不同的观测条件与要求，选用适宜的方法。

a. 从建筑物或构件的外部观测时，宜选用下列经纬仪观测法。

(a)投点法。观测时，应在底部观测点位置安置量测设施（如水平读数尺等）。在每测站安置经纬仪投影时，应按正倒镜法以所测每对上下观测点标志间的水平位移分量，按矢量相加法求得水平位移值（倾斜量）和位移方向（倾斜方向）。

(b)测水平角法。对塔形、圆形建筑物或构件，每测站的观测，应以定向点作为零方向，以所测各观测点的方向值和至底部中心的距离，计算顶部中心相对底部中心的水平位移分量。对矩形建筑物，可在每测站直接观测顶部观测点与底部观测点之间的夹角或上层观测点与下层观测点之间的夹角，以所测角值与距离值计算整体的或分层的水平位移分量和位移方向。

(c)前方交会法。所选基线应与观测点组成最佳构形，交会角宜在 60°～120°之间。水平位移计算，可采用直接由两周期观测方向值之差解算坐标变化量的方向差交会法，亦可采用按每周期计算观测点坐标值，再以坐标差计算水平位移的方法。

b. 当利用建筑物或构件的顶部与底部之间一定竖向通视条件进行观测时，宜选用下列铅垂观测方法。

(a)吊垂球法。应在顶部或需要的高度处观测点位置上，直接或支出一点悬挂适当重量的垂球，在垂线下的底部固定读数设备（如毫米格网读数板），直接读取或量出上部观测点相对底部观测点的水平位移量和位移方向。

(b)激光铅直仪观测法。应在顶部适当位置安置接收靶，在其垂线下的地面或地板上安置激光铅直仪或激光经纬仪，按一定周期观测，在接收靶上直接读取或量出顶部的水平位移量和位移方向。作业中仪器应严格置平、对中。

(c)激光位移计自动测记法。位移计宜安置在建筑物底层或地下室地板上，接收装置可设在顶层或需要观测的楼层，激光通道可利用楼梯间梯井，测试室宜选在靠近顶部的楼层内。当位移计发射激光时，从测试室的光线示波器上可直接获取位移图像及有关参数，并自动记录成果。

(d)正锤线法。锤线宜选用直径 0.6～1.2 mm 的不锈钢丝，上端可锚固在通道顶部或需要高度处所设的支点上。稳定重锤的油箱中应装有黏性小、不冰冻的液体。观测时，由底部观测墩上安置的量测设备（如坐标仪、光学垂线仪、电感式垂线仪），按一定周期测出各测点的水平位移量。

c. 当按相对沉降间接确定建筑物整体倾斜时，可选用下列方法。

(a)倾斜仪测记法。采用的倾斜仪（如水管式倾斜仪、水平摆倾斜仪、气泡倾斜仪或电子倾斜仪）应具有连续读数、自动记录和数字传输的功能。监测建筑物上部层面倾斜时，仪器可安置在建筑物顶层或需要观测的楼层的楼板上；监测基础倾斜时，仪器可安置在基础面上，以所测楼层或基础面的水平角变化值反映和分析建筑物倾斜的变化程度。

(b)测定基础沉降差法。可按上节中建筑沉降观测的有关规定，在基础上选设观测点，采用水准测量方法，以所测各周期的基础沉降差换算求得建筑物整体倾斜度及倾斜方向。

d. 当建筑物立面上观测点数量较多或倾斜变形比较明显时，也可采用近景摄影测量方法。

⑥主体倾斜观测的周期，可视倾斜速率每1～3个月观测一次。如遇基础附近因大量堆载或卸载、场地降雨长期积水等而导致倾斜速度加快时，应及时增加观测次数。施工期间的观测周期，可根据要求参照上节中建筑沉降观测的规定确定。倾斜观测应避开强日照和风荷载影响大的时间段。

⑦倾斜观测工作结束后，应提交下列成果：

a. 倾斜观测点位布置图；

b. 观测成果表、成果图；

c. 主体倾斜曲线图；

d. 观测成果分析资料。

二、建筑物水平位移观测

①建筑物水平位移观测包括位于特殊性土地区的建筑物地基基础水平位移观测、受高层建筑基础施工影响的建筑物及工程设施水平位移观测以及挡土墙、大面积堆载等工程中所需的地基土深层侧向位移观测等，应测定在规定平面位置上随时间变化的位移量和位移速度。

②水平位移观测点位的选设应符合下列要求。

a. 观测点的位置，对建筑物应选在墙角、柱基及裂缝两边等处；地下管线应选在端点、转角点及必要的中间部位；护坡工程应按待测坡面成排布点；测定深层侧向位移的点位与数量，应按工程需要确定。

b. 控制点应根据观测点的分布，按有关规程的规定选设。

③水平位移观测点的标志、标石设置，应符合下列要求。

a. 建筑物上的观测点，可采用墙上或基础标志；土体上的观测点，可采用混凝土标志；地下管线的观测点，应采用窨井式标志。各种标志的形式及埋设，应根据点位条件和观测要求设计确定。

b. 控制点的标石、标志，应按有关规程的规定采用。对于如膨胀土等特殊性土地区的固定基点，亦可采用深埋钻孔桩标石，但须用套管桩与周围土体隔开。

④水平位移观测的精度可根据有关规程的规定经估算后确定。

⑤水平位移观测可根据需要与现场条件选用下列方法。

a. 测量地面观测点在特定方向的位移时，可选用下列几种基准线法。

(a)视准线法。包括小角法和活动觇牌法：小角法。基准线应按平行于待测的建筑物边线布置。角度观测的精度和测回数，应按要求的偏差值观测中误差估算确定；距离可按1/2 000的精度量测。活动觇牌法。基准线离开观测点的距离不应超过活动觇牌读数尺的读数范围。在基准线一端安置经纬仪或视准仪，瞄准安置在另一端的固定觇牌进行定向，待活动觇牌的照准标志正好移至方向线上时读数。每个观测点，应按确定的测回数进行往测与返测。

(b)激光准直法。点位布设与活动觇牌法的要求相同。根据测定偏差值的方法不同，可采用激光经纬仪准直法或衍射式激光准直系统。

激光经纬仪准直法。当要求具有 $10^{-5}\sim10^{-4}$ 量级准直精度时，可采用 DJ 2 型仪器配置氦—氖激光器的激光经纬仪及光电探测器或目测有机玻璃方格网板；当要求达 10^{-6} 量级精度时，可采用 DJ 1 型仪器配置高稳定性氦—氖激光器的激光经纬仪及高精度光电探测系统。

衍射式激光准直系统。用于较长距离（如 1 000 m 之内）的高精度准直，可采用三点式激光衍射准直系统或衍射频谱成像及投影成像激光准直系统。对短距离（如数十米）的高精度准直，可采用衍射式激光准直仪或连续成像衍射板准直仪。

激光仪器在使用前必须进行检校，使仪器射出的激光束轴线、发射系统轴线和望远镜照准轴三者重合（共轴），并使观测目标与最小激光斑重合（共焦）。

(c)测边角法。主要用于地下管线的观测。对主要观测点，可以该点为测站测出对应基准线端点的边长与角度，求得偏差值。对其他观测点，可选适宜的主要观测点为测站，测出对应其他观测点的距离和方向值，按坐标法求得偏差值。角度观测测回数与长度的丈量精度要求，应根据要求的偏差值观测中误差确定。

(d)采用基准线法测定绝对位移时，应在基准线两端各自向外的延长线上，埋设基准点或按检核方向线法埋设 4～5 个检核点。在观测成果的处理中，应计及根据基准点或稳定的检核点用视准线法观测基准线端点的偏差改正。

b. 测量观测点任意方向位移时，可视观测点的分布情况，采用前方交会法或方向差交会法、导线测量法或近景摄影测量等方法。单个建筑物亦可采用直接量测位移分量的方向线法，在建筑物纵、横轴线的相邻延长线上设置固定方向线，定期测出基础的纵向位移和横向位移。

c. 对于观测内容较多的大测区或观测点远离稳定地区的测区，宜采用三角、三边、边角测量与基准线法相结合的综合测量方法。

d. 测量土体内部侧向位移，可采用下列的测斜仪观测方法。

(a)测斜仪宜采用能在土层中连续进行多点测量的滑动式仪器。仪器包括测头、接收指示器、连接电缆和测斜导管等四部分。测头可选用伺服加速度计式或电阻应变计式；接收指示器应与测头配套；电缆应有距离标记，使用时在测头重力作用下不应有伸长现象；导管的模量既要与土体模量接近，又不致因土压力而压偏导管，导槽须具高成型精度。

(b)在观测点上埋设导管之前，应按预定埋设深度配好所需导管和钻孔。连接导槽时应对准导槽，使之保持在一直线上。管底使十字形槽口对准观测的水平位移方向。埋好管后，需停留一段时间，使导管与土体连为一整体。

(c)观测时，可由管底开始向上提升测头至待测位置，或测导槽全长每隔 500 mm（轮距）测读一次，测完后，将测头旋转 180°再测一次。两次观测位置（深度）应一致，合起来作为一测回。每周期观测可测两测回，每个测斜导管的初测值，应测四测回，观测成果均取中数值。

⑥水平位移观测的周期，对于不良地基土地区的观测，可与一并进行的沉降观测协调考虑确定；对于受基础施工影响的有关观测，应按施工进度的需要确定，可逐日或隔数日观测一次，直至施工结束；对于土体内部侧向位移观测，应视变形情况和工程进展而定。

⑦观测工作结束后，应提交下列成果。

a. 水平位移观测点位布置图；

b. 观测成果表；

c. 水平位移曲线图；

d. 地基土深层侧向位移图（视需要提交）；

e. 当基础的水平位移与沉降同时观测时，可选择典型剖面，绘制两者的关系曲线；

f. 观测成果分析资料。

三、建筑物裂缝观测

①裂缝观测应测定建筑物上的裂缝分布位置，裂缝的走向、长度、宽度及其变化程度。观测的裂缝数量视需要而定，主要的或变化大的裂缝应进行观测。

②对需要观测的裂缝应统一进行编号。每条裂缝至少应布设两组观测标志，一组在裂缝最宽处，另一组在裂缝末端。每组标志由裂缝两侧各一个标志组成。

③裂缝观测标志，应具有可供量测的明晰端面或中心。观测期较长时，可采用镶嵌或埋入墙面的金属标志、金属杆标志或楔形板标志；观测期较短或要求不高时可采用油漆平行线标志或用建筑胶粘贴的金属片标志。要求较高、需要测出裂缝纵横向变化值时，可采用坐标方格网板标志。使用专用仪器设备观测的标志，可按具体要求另行设计。

④对于数量不多，易于量测的裂缝，可视标志形式不同，用比例尺、小钢尺和游标卡尺等工具定期量出标志间距离求得裂缝变位值，或用方格网板定期读取"坐标差"计算裂缝变化值；对于较大面积且不便于人工量测的众多裂缝宜采用近景摄影测量方法；当需连续监测裂缝变化时，还可采用测缝计或传感器自动测记方法观测。

⑤裂缝观测的周期应视其裂缝变化速度而定。通常可半个月测一次，以后 1 个月左右测一次。当发现裂缝加大时，应增加观测次数，直至几天或逐日一次的连续观测。

⑥裂缝观测中，裂缝宽度数据应量取至 0.1 mm，每次观测应绘出裂缝的位置、形态和尺寸，注明日期，附必要的照片资料。

⑦观测结束后，应提交下列成果。

a. 裂缝分布位置图；

b. 裂缝观测成果表；

c. 观测成果分析说明资料；

d. 当同时观测建筑物裂缝和基础沉降时，可选择典型剖面绘制两者的关系曲线。

四、建筑场地滑坡观测

①建筑场地滑坡观测，应测定滑坡的周界、面积、滑动量、滑移方向、主滑线以及滑动速度，并视需要进行滑坡预报。

②滑坡观测点位的布设应符合下列要求。

a. 滑坡面上的观测点应均匀布设。滑动量较大和滑动速度较快的部位，应适当多布点。

b. 滑坡周界外稳定的部位和周界内比较稳定的部位，均应布设观测点。

c. 当需要选设测定滑坡深度的点位时，应注意到滑坡体上的局部滑动和可能具有的多层滑动面。

d. 控制网可按有关规程的规定布设，有条件时也可建立三维控制网，但各种控制点均应选设在滑坡体以外的稳定位置。

③滑坡观测点位的标石、标志及其埋设，应符合下列要求。

a. 土体上的观测点，可埋设预制混凝土标石。根据观测精度要求，顶部的标志可采用具有强制对中装置的活动标志或嵌入加工成半球状的钢筋标志。标石埋深不宜小于 1 m，在冻土地区，应埋至标准冻土线以下 0.5 m。标石顶部须露出地面 20～30 cm。

b. 岩体上的观测点，可采用砂浆现场浇筑的钢筋标志。凿孔深度不宜少于 10 cm，埋好后，标志顶部须露出岩体面约 5 cm。

c. 必要的临时性或过渡性观测点以及观测周期不长、次数不多的小型滑坡观测点，可埋设硬质大木桩，但顶部须安置照准标志，底部须埋至标准冻土线以下。

d. 控制点的标石、标志，应按有关规程的规定采用。对于建立三级平面控制网点的小测区，可采用混凝土标石或岩层标石。

④滑坡观测点的位移观测方法，可根据现场条件，按下列要求选用。

a. 当建筑物较多、地形复杂时，宜采用以三方向交会为主的测角前方交会法，交会角宜在 50°～110°之间，长短边不宜悬殊。也可采用测距交会法、测距导线法以及极坐标法。

b. 对视野开阔的场地，当面积不大时，可采用放射线观测网法，从两个测站点上按放射状布设交汇角在 30°～150°之间的若干条观测线，两条观测线的交点即为观测点。每次观测时，以解析法或图解法测出观测点偏离两测线交点的位移量。当场地面积较大时，采用任意方格网法，其布设与观测方法与放射线观测网相同，但需增加测站点与定向点。

c. 对带状滑坡，当通视较好时，可采用测线支距法，在与滑动轴线的垂直方向，布设若干条测线，沿测线选定测站点、定向点与观测点。每次观测时，按支距法测出观测点的位移量与位移方向。当滑坡体窄而长时，可采用十字交叉观测网法。

d. 对于抗滑墙（桩）和要求较高的单独测线，可选用本节建筑物水平位移观测中的各种基准线法。

e. 对于可能有较大滑动的滑坡，除采用测角前方交会等方法外，亦可采用多摄站近景摄影测量方法同时测定观测点的水平和垂直位移。

f. 滑坡体内测点的位移观测，可采用测斜仪观测方法，作业要求可按本节建筑物水平位移观测中有关规定执行。

⑤滑坡观测点的高程测量，可采用几何水准测量法，困难点位可采用三角高程测量法。各种观测路线，均应组成闭合或附合网形。

⑥滑坡观测点的施测精度，除有特殊要求另行确定外，高精度滑坡监测，可按二级精度指标施测，其他的可按三级精度指标施测。

⑦滑坡观测的周期，应视滑坡的活跃程度及季节变化等情况而定。在雨季每半月或一月测一次，干旱季节可每季度测一次。如发现滑速增快，或遇暴雨、地震、解冻等情况时，应及时增加观测次数。在发现有大滑动可能时，应立即缩短观测周期，必要时，每天观测一次或两次。

⑧滑坡预报应采用现场严密监视和资料综合分析相结合的方法进行。每次观测后，应及时整理绘制出各观测点的滑动曲线。当利用回归方程发现有异常观测值，或利用位移对数和时间关系曲线判断有拐点时，应在加强观测的同时，密切注意观察滑前征兆，并结合工程地质、水文地质、地震和气象等方面资料，全面分析，作出滑坡预报，及时报警以采取应急措施。

⑨观测工作结束后，应提交下列成果。

a. 滑坡观测系统点位布置图。

b. 观测成果表。

c. 观测点位移与沉降综合曲线图。

d. 观测成果分析资料。

e. 滑坡预报说明资料。

第五节　土中孔隙水压力观测

一、观测设备

目前观测土中孔隙水压力的设备，常用的有孔隙水压力计。孔隙水压力计的形式有三种，即液压式、气压式和电感式。

1. 液压式孔隙水压力计

分双管式和单管式两种，常用的为封闭双管式。它是由测头、传压导管和量测系统组成。其工作原理是：当测头埋入土体中，土体中孔隙水压力通过透水石及传压导管传至零位指示器，使水银面发生变化，用活塞调压筒调节压力，使水银面回到起始位置，此时压力表上所示的压力值，经计算后即得土体中孔隙水压力。计算公式为

$$u = p + \gamma_w h \tag{1.5.1}$$

式中，u 为土中孔隙水压力(kPa)；p 为压力表读数(kPa)；h 为测点至压力表基准面高度(m)；γ_w 为水的重度(kN/m^3)。

2. 气压式孔隙水压力计

目前常用的为气压平衡孔隙水压力计。其工作原理是：土中孔隙水压力通过透水石作用于薄膜上，薄膜向上变形与接触钮接触，于是电路接通，灯泡亮(或用电位计指示)，然后从进气口放入空气压回薄膜，使薄膜上的压力与土的孔隙水压力平衡，灯泡熄灭，此时压力表指示的压力乘以有关标定常数后，即为土中孔隙水压力。计算公式为

$$u = c + ap_a \tag{1.5.2}$$

式中，u 为土的孔隙水压力(kPa)；c、a 为压力表标定常数；p_a 为压力表读数(kPa)。

3. 电感式孔隙水压力计

电感式又分为钢弦式、电阻应变片式和差动电阻式三种。

①钢弦式。其工作原理是：土体中的孔隙水，通过装在测头上的透水石，传到压力薄膜上，压力薄膜受力产生挠曲变形，引起装在薄膜上的钢弦变形，随之引起振弦自振频率的改变，用频率计测定频率变化的大小，经过换算即可得孔隙水压力。换算公式为

$$u = k({f_0}^2 - f^2) \tag{1.5.3}$$

式中，u 为土的孔隙水压力(kPa)；k 为测头的灵敏度系数(kPa/Hz^2)；f_0 为测头零压时的频率(Hz)；f 为测头受压后的频率(Hz)。

②电阻应变片式。其工作原理是：土中孔隙水压力通过装在测头顶盖上的透水石，施加压力于贴有电阻应变片的压力传感器的弹性薄膜片上，薄膜片的变形引起贴在其上的箔式电阻应变片四个桥臂的电阻变化，用恒流供电的接收仪表，读出与孔隙水压力成正比的输出电压，用下式换算出作用在薄膜片上的孔隙水压力。

$$u = k(\varepsilon_i - \varepsilon_0) \tag{1.5.4}$$

式中，u 为土的孔隙水压力(kPa)；k 为测头的灵敏度系数(kPa/$\mu\varepsilon$)；ε_i 为受力后的测读数($\mu\varepsilon$)；ε_0 为未受力前的初读数($\mu\varepsilon$)。

③差动电阻式。主要由测头和指示器两部分组成。其工作原理与电阻应变片式基本相同，所不同的是，压力传感器不是电阻应变片，而是差动电阻。

二、埋设方法

1. 钻孔埋设法

在埋设地点用钻机成孔达到要求深度后，先向孔底填入部分干净砂，将测头放入孔内，再在测头周围填砂，然后用膨胀性黏土将钻孔全部封严即可。钻孔埋设法的缺点是：用钻机成孔后，土体原有孔隙水压力降低为零，同时测头周围填砂，不可能达到原有土的密度，势必影响孔隙水压力的量测精度。

2. 压入埋设法

若地基土质较软，可将测头缓缓压入土中的要求深度，或先成孔到要求深度以上 1 m 左右，再将测头压入，然后将钻孔用黏土全部严密封好即可。采用压入法埋设，土体的局部仍有扰动，引起的超孔隙水压力较大，也影响了需测的孔隙水压力值的精度。

3. 填土埋设法

用于填土工程中，在填土夯实过程中随时将测头埋入。

利用旁压试验或静力触探试验同时测定土的孔隙水压力。将孔隙水压力计，经过改装后，安装在旁压器的测头上或静力触探的触探头上，随旁压试验测头或静探的触探头一起埋入土体的要求深度，在进行旁压试验或静力触探试验的同时，测定相应深度土的孔隙水压力。

三、观测资料的整理和利用

1. 绘制孔隙水压力与荷载的关系曲线

以孔隙水压力为纵坐标，荷载为横坐标绘制孔隙水压力与荷载的关系曲线。根据曲线可判定施工期间土体中孔隙水压力的变化，以便控制施工加荷的大小。孔隙水压力开始一般随土体上部荷载的增加而逐渐增大，当荷载达到某一限度时，孔隙水压力突然增加，曲线上形成突变点，此时表明土体产生了剪切破坏，荷载已超过土体强度。

2. 绘制孔隙水压力随时间的变化曲线

以孔隙水压力为纵坐标，时间为横坐标绘制孔隙水压力与时间的关系曲线。根据曲线可控制加荷速率，并可反算土的固结系数，推算土体在加荷过程中不同时间的固结度。

第六节　深基坑工程监测

一、监测内容、对象与方法

深基坑工程各种监测的具体对象与方法详见表 1.6.1。各种监测技术工作必须符合有关专业的规范、规程的规定。

监测内容、对象与方法　　表 1.6.1

内　容	对　　象	方　　法
变形	地面、边坡、坑底土体、支护结构（桩、锚、内支撑、连续墙等）建（构）筑物、地下设施	目测巡检，对倾斜、开裂、鼓凸等迹象进行丈量、记录、绘制图形或摄影； 精密光学仪器、导线或收敛计测量水平和垂直位移，经纬仪投影测量倾斜； 埋设测斜管、分层沉降仪测量深层土体变形
应力	支护结构中的受力构件、土体内应力	预埋应力传感器、钢筋应力计、电阻应变片等测量元件； 埋设土压力盒或应力铲测压仪
地下水动态	地下水位、水压、抽（排）水量、含砂量	设置地下水观测孔； 埋设孔隙水压力计或钻孔测压仪； 对抽水流量、含砂量定期观测、记录

二、监测范围与监测项目的选择

(一)监测范围

深基坑工程监测的空间范围:水平方向应从在坑边缘向外 30～50 m 内的建(构)筑物、地下设施和土体包括基坑本身;垂直方向应从地表建(构)筑物到地下一定深度范围(基坑影响深度内)的土、水、地下设施、支护结构等。

(二)监测项目的选择

根据基坑的安全等级不同,监测的项目应有所区别,具体可参照表 1.6.2 选择。

监测项目的选择　　表 1.6.2

监测项目	工程安全等级		
	一级	二级	三级
边坡土体位移观测(用测量仪器)	△	△	△
边坡土体位移观测(用测斜仪)	△	□	□
支护结构位移观测(用测量仪器)	△	△	△
支护结构位移观测(用测斜仪)	△	□	□
边坡土体沉降观测	△	△	□
支护结构沉降观测	△	△	△
边坡土体内部沉降观测	□	×	×
相邻建(构)筑物变形观测	△	△	△
地下设施变形观测	△	△	□
支护结构受力状态监测	△	□	×
土体的土压力及孔隙水压力监测	□	□	×
地下水动态观测	深层降水时必须进行		

注:△—必须进行的项目;□—有条件宜进行的项目;×—可不进行的项目。

三、监测工作的要求

(一)对土体和支护结构的水平位移和沉降观测

土体、支护结构及建(构)筑物的变形(包括水平位移、沉降及倾斜)观测应按现行国家标准《工程测量规范》(GB 50026—2007)进行。用测量仪器进行水平位移观测时可采用视准线法、坐标网法等;沉降观测可采用闭合环或往返观测法;倾斜观测可采用投影及倾角计法。

对支护结构和边坡土体的水平位移监测和沉降观测可按下列要求进行:

①在基坑周边按一定间距布置水平位移及沉降观测点,数量不少于 8 个,间距不大于 20 m,在关键部位宜加密测点。

②观测基准点要求稳固,应设在开挖和降水影响范围以外,数量不少于 2 个。

③观测的基本精度要求,应根据观测对象的容许变形范围、变形速率、观测周期等多种因素综合分析确定,可分为高精度和中等精度两类,见表 1.6.3。

观测精度标准　表 1.6.3

项　目	高精度	中等精度
沉降观测	中误差＜0.2 mm	中误差＜0.5 mm
水准测量闭合差	＜±0.3$\sqrt{n}$/mm（n 为观测站数）	＜±0.8$\sqrt{n}$/mm（n 为观测站数）
位移观测	中误差＜2.0 mm	中误差＜5.0 mm

④工程有特殊要求时，应按要求进行观测。

⑤观测资料整理：

a. 每次沉降观测要求计算出各观测点的高程、累计沉降量、本次沉降量、沉降速率等；每次水平位移观测要求记录各个观测点的位移量、累计位移量、位移速率等。

b. 根据各个阶段观测成果绘制沉降（s）—时间（t）关系曲线图、水平位移（l）—时间（t）关系曲线图、沉降（s）—水平位移（l）、距离（a）关系曲线图。

(二)土体应力与孔隙水压力监测

土体应力与孔隙水压力可按下列要求监测：

①土压力可通过预埋压力盒或直接使用应力铲进行测试。

②孔隙水压力可通过钻孔或压入法埋设的孔隙水压力计监测，详见本篇第五节。

③观测成果以压力与时间、压力与荷载、压力与开挖深度等关系曲线表示。

(三)土体、桩体变形监测

①土体内部的位移可利用钻孔测斜仪进行观测。在钻孔中埋设测斜管时，应采用可靠方法密实地回填管周空隙，使测斜管能随土体一道位移。应将不同深度测得的挠度值绘制成整个剖面的挠度曲线，并参照水平位移测量结果提供推测的整个剖面位移曲线。

②支护桩的形变可通过埋设于桩体内的测斜管进行观测。观测点间距为 0.5～1 m，资料整理同上。

(四)内支撑及锚杆应力监测

内支撑和锚杆受力状况可通过在其端部安置应力传感器，或在侧面或钢筋上贴应变片或钢筋计进行监测。

(五)地下水动态监测

地下水动态监测包括地下水位、抽（排）水量、含砂量的定期观测，应及时提供地下水动态变化的各种图表。

(六)观测频率要求

1. 巡视和目测

基坑开挖施工期间，每天应有专人进行现场目测。目测可使用一般的度量衡器具对裂缝、塌陷、管涌、流土、渗漏等现象的发生、发展进行测定，作出详细记录。在深基坑工程开始之前，可对周围建（构）筑物的破坏情况摄影或作出标记，在工程进行过程中监视其变化情况。

2. 仪器监测

各项目监测的时间间隔应根据施工进程确定。

①各监测项目在基坑开挖前应测定初始数据，且不宜少于两次。

②开挖初期观测时间间隔不宜超过 5～7 d，开挖卸载急剧阶段不宜超过 3 d，当测试数据超过有关控制标准时应加密观测次数。当有危险事故征兆时应进行连续监测，并及时向有关部门提交监测成果。

③基坑开挖间歇期，观测间隔时间不宜超过 5～7 d，运行维护阶段观测时间间隔可为 10～15 d。

3. 险情监测

在基坑开挖施工过程中，若基坑突发异常情况，如严重的涌砂、冒水、支护结构或邻近建(构)筑物、地下管线严重变形等，应及时进行跟踪监测。

(七)信息传递

作为信息法施工对信息的要求，必须保证信息的准确性和及时性。

①准确性。信息法施工的信息必须是准确的，为此，应采取多种方法获取信息，以便互相验证，避免错误信息。

②及时性。信息具有时空性，信息法施工要求全体工程参与者都能及时了解基坑的动态；因此现场监测人员应及时分析各种监测资料，捕捉险情发生前的各种征兆信息，实现险情预报，同时明确规定信息的传递路径，确保相关人员和部门随时了解基坑的最新动态。

(八)监测方案

深基坑工程的监测工作应根据设计要求、基坑周边环境状况及开挖施工方案等在基坑开挖前制订方案。监测方案主要应包括下列内容。

①监测项目、监测方法与精度要求。

②各监测项目的实施细则，包括监测仪器、监测点的布置、观测周期、工序管理和记录制度等。

③信息反馈系统。

第七节　桩的动力检测

根据作用在桩顶上动荷载的能量是否使桩土之间产生一定位移，可以把桩的动力检测分为高应变和低应变两种方法。高应变法，作用在桩上的动荷载使桩克服土阻力产生贯入度后，桩侧土阻力和桩尖土强度能够得到一定的发挥，所以高应变法主要用于确定单桩承载力。低应变法，作用在桩上的动荷载远小于桩的使用荷载，不足以把桩打动，它是通过应力波在桩身内的传播和反射原理，对桩进行结构完整性评价。

动力测桩较之静载试验具有设备轻便、检测速度快和费用较低等优点，因而有可能适当增加测桩的抽样数量。

一、低应变的射波法

(一)基本原理

把桩视为一维弹性杆。当桩顶作用一脉冲力后，应力波将沿桩身传播，遇到波阻抗变化处将产生反射和透射。根据应力波反射波形特征可以判断桩身介质波阻抗的变化情况，从而判定桩身的完整性。

(二)仪器设备

传感器：可选用宽频带的速度传感器(灵敏度应优于 300 mV/cm/s)或加速度传感器(灵敏度应优于 100 mV/g)。

检测仪：包括 A/D 转换器和专门的分析软件。

激振设备：应有不同材质、不同重量之分，以改变激振的频谱和能量供选用。一般可采用手锤或力棒。

(三)检测方法

1. 桩头处理

①桩头应凿去浮浆,露出密实的混凝土。这一点非常重要,因为不密实的浮浆层,与下部正常混凝土黏结不良,会形成一个不连续的界面。敲击桩头产生的应力波在这一界面上多次反射,影响应力波向下传播,这种杂波幅值大,与正常信号叠加后,会掩盖桩下部的信息。

②激振点及传感器安装位置应凿成大小合适的平面,平面应平整并基本与桩身轴线垂直。

③激振点及传感器安装位置应远离钢筋笼的主筋,目的是减少外露主筋测试信号产生干扰。

2. 传感器安装及激振

①实心桩的激振点宜选择在桩头中心部位,传感器应粘贴在距桩中心约 $2/3R$(R 为桩身半径)处,因为敲击产生的应力波除向下传播外,也沿径向四周边传播,从周边反射回来的波与由圆心外散的波会发生叠加。理论和实践表明,$2/3R$ 处波的干扰最小。空心桩的激振点及传感器安装位置应选择在桩壁厚的 1/2 处且应在同一水平面上,与桩中心连线形成的夹角宜为 90°。

②桩径较大时,若桩身存在局部缺陷,则在不同测点(传感器安装位置)获得的速度波形有差异。因此,应视桩径大小,选择 2~4 个测点,测点按圆周均匀分布。一般桩径大于 0.8 m时,不少于 2 个测点;桩径大于 1.2 m时,不少于 3 个测点;桩径大于 2.0 m时,不少于 4 个测点。

③传感器的黏合剂可采用橡皮泥、黄油等,必要时可采用冲击钻打孔安装传感器。传感器应粘贴牢固,保证有足够的黏结强度。

3. 现场检测要点

①反射波法测桩时,应准备几种锤头和垫片,依据不同检测目的而选用。桩越长,应选择越软、越重、直径越大的锤;桩越短,应选择越硬、越轻、直径越小的锤。在检测同一根桩的过程中,为了测出桩底反射,应选择质量重、质地软的锤,而为了检测浅部缺陷,可选用较硬的锤。开始检测的头几根桩应多花一些时间进行试敲,设定信号采集参数、确定合适的激振源,对该场地桩的施工质量情况有了大概了解后,再大量敲击试验,可收到事半功倍的效果。

②敲击时应尽量使力垂直作用于桩头,有利于抑制质点横向振动;应避免二次冲击,防止后续波的干扰。一般使用较短锤柄的手锤或力棒敲击。短锤柄的手锤容易使作用力垂直于桩顶,但每一锤用力的大小不易掌握,造成波形重复性较差;使用力棒以一定高度自由下落,可使作用力垂直且均匀,得到的信号重复性较好,但容易出现二次冲击。

③桩基检测中经常会发现在入射脉冲首波后紧跟着一个反相很大的波形,称为反向过冲,可能是由于接收器未安装牢固或距锤击位置太近所致。因此要避免传感器安装不紧、安装位置距锤击点太近等人为因素,才能将真正由桩身缺陷导致的反冲辨别出来。

④现场测试时必须对各种可疑的桩身缺陷及时分析,反复检测,获得比较准确的第一手资料。一般要求获得 3 条重复性较好的测试曲线。大直径桩若存在局部缺陷,则在不同部位接收到的波形会有差异,应在现场弄清波形差异到底是测试造成还是由于局部缺陷引起。

(四)检测结果分析

1. 波速

反射波法检测桩身质量时,桩身混凝土的波速是一个重要的判断依据。在一维杆件的应力波理论中,应力波传播速度即相速度固定不变。即

$$c_h = \sqrt{\frac{E}{\rho}} \tag{1.7.1}$$

式中，c_h 为应力波传播的相速度(m/s)；E 为桩身混凝土弹性模量(MPa)；ρ 为桩身混凝土密度(kg/m^3)。

由于桩基检测只能近似满足一维应力波理论，实测速度与式(1.7.1)相比，有一定差别，一般受到下列因素的影响：

①桩身材料黏弹性作用。

②桩身几何尺寸。

③土体阻力。

④桩身应变幅度。

实际测量中，若已知桩身长度，可按下式计算波速

$$c=\frac{2L}{\Delta T} \tag{1.7.2}$$

式中，c 为纵波在桩身混凝土中的传播波速(m/s)；L 为测点下桩长(m)；ΔT 为速度波第一峰与桩底反射波峰间的时间差(s)。

计算的 c 值准确与否取决于波形曲线中桩底信号的正确判别、ΔT 的正确读取，以及现场提供的施工桩长的准确性。

2. 桩长及缺陷位置计算

桩长 L 按式(1.7.3)计算，缺陷距桩顶的距离按式(1.7.4)计算

$$L=\frac{c\Delta T}{2} \tag{1.7.3}$$

$$L'=\frac{c\Delta t}{2} \tag{1.7.4}$$

式中，L'为缺陷距桩顶的距离(m)；ΔT 为速度波第一峰与桩底反射波峰间的时间差(s)；其余符合意义同前。

波速 c 一般采用同一工地内多根已测完整桩桩身纵波速度的平均值 c_m。当桩长已知、桩底反射信号明确时，在地质条件、设计桩型、成桩工艺相同的基桩中，选取不少于 5 根完整桩的波速 c_i 按下式计算

$$c_m=\frac{1}{n}\sum_{i-1}^{n}c_i \tag{1.7.5}$$

$$c_i=\frac{2L}{\Delta T} \tag{1.7.6}$$

式中，c_m 为桩身波速的平均值(m/s)；c_i 为第 i 根受检桩的桩身波速值(m/s)，且$\frac{|C_i-C_m|}{C_m}\leqslant 5\%$；$n$ 为参加波速平均值计算的基桩数量($n\geqslant 5$)；其余符号意义同前。

3. 桩身完整性判断

桩身完整性类别应结合缺陷出现的深度、测试信号衰减特性以及设计桩型、成桩工艺、地质条件、施工情况，按表 1.7.1 所列实测时域或幅频信号特征进行综合分析判定。

桩身完整性判定　　表 1.7.1

类别	时域信号特征	幅频信号特征
Ⅰ	$2L/c$ 时刻前无缺陷反射波，有桩底反射波	桩底谐振峰排列基本等间距，其相邻频差 $\Delta f\approx c/2L$，轻微缺陷产生的谐振峰与桩底谐振峰之间的频差 $\Delta f'>c/2L$

续上表

类别	时域信号特征	幅频信号特征
Ⅱ	$2L/c$ 时刻前出现轻微缺陷反射波，有桩底反射波	桩底谐振峰排列基本等间距，其相邻频差 $\Delta f \approx c/2L$，轻微缺陷产生的谐振峰与桩底谐振峰之间的频差 $\Delta f' > c/2L$
Ⅲ	有明显缺陷反射波，其他特征介于Ⅱ类和Ⅳ类之间	
Ⅳ	$2L/c$ 时刻前出现严重缺陷反射波或周期性反射波，无桩底反射波；或因桩身浅部严重缺陷使波形呈现低频大振幅衰减振动，无桩底反射波	缺陷谐振峰排列基本等间距，相邻频差 $\Delta f' > c/2L$，无桩底谐振峰；或因桩身浅部严重缺陷只出现单一谐振峰，无桩底谐振峰

注：对同一场地、地质条件相近、桩型和成桩工艺相同的基桩，因桩端部分桩身阻抗与持力层阻抗相匹配导致实测信号无桩底反射波时，可按本场地同条件下有桩底反射波的其他桩实测信号判定桩身完整性类别。

4. 各类缺陷（或桩底）的波形特征

灌注桩、预制桩常见的几种缺陷和不同支承条件下桩底的反射波相位及波形特征列于表 1.7.2。由于激振条件、接收条件、桩身材料的不均匀性以及桩身存在多处缺陷等因素的影响，实际的波形更复杂。分析判断时必须在基本理论基础上，综合场地地质条件、桩型、施工记录和波形特征，反复对比求证。

反射波法桩基检测判别依据 表 1.7.2

类型	桩身缺陷及桩底支承情况	反射波相位特征	反射波波形特征	备注
灌注桩	断裂（夹层）	同相	多次反射，间隔时间相等，第一反射脉冲幅值较高，前沿比较陡峭，难见下部较大缺陷及桩底信号	
	缩颈	同相	反射波形比较规则；可能有多次反射，一般可见桩底信号	
	离析	同相	反射波形不规则，后续信号杂乱，波速偏小；一般可见以下部位较大缺陷及桩底信号	
	扩颈	反相	反射波形比较规则；可能有多次反射，一般可见桩底信号	
预制桩	裂缝、裂隙、碎裂	同相	一次或多次反射，能否看到桩底信号视缺陷严重程度	细小的不贯穿裂缝会漏判
	脱焊、虚焊等不良焊接	同相	在接头处出现同相反射波，严重时难见以下部位较大缺陷及桩底信号	适用于焊接接桩
桩底支承条件	摩擦桩	同相	在有效测试深度内桩底信号一般清晰	
	嵌岩桩	见右	会出现 3 种情形，桩底反射不清晰；反相；先反相后同相，尾部反射波形较复杂	反相反射有时是基岩面
	桩底沉渣过厚	同相	一般较清晰，注意与同场地的其他桩比较	适用于端承桩

各类缺陷和桩底产生的反射波，究其原因是由于桩身截面积（A）或材质（ρ、c）的差异引起的，但桩周土阻力对速度波形的影响也不容忽视。例如一根平放在地上的预制桩，速度波形曲线可以看到多次桩底反射信号，而当桩打入土中以后，由于桩周土阻力的影响，能看到的桩底反射次数将明显减少。

桩周土阻力对波形曲线的影响表现在以下三个方面：

①导致应力波迅速衰减，使有效测试深度减小。

②影响缺陷反射波幅值，造成利用幅值进行缺陷定量分析的误差增大。

③在软硬土层交界附近产生土阻力波，干扰桩身反射信号。例如，若桩周土某一段为较弱土层，而上、下层土质均较硬，则会产生类似缩颈的假缺陷信号，该位置桩身恰恰也容易出现质量问题，土阻力反射波与桩身缺陷反射波容易混淆，造成误判。与桩阻抗变化引起的突变信号相比，土阻力引起的反射信号一般是渐变的，可通过对同一场地、同一桩型的检测结果进行综合比较，并认真分析工程地质资料来区分。

二、低应变机械阻抗法

(一)基本原理

在频域中，动态力和由它产生的运动响应(位移、速度或加速度)之比称为机械阻抗 Z，机械阻抗的倒数称为机械导纳 Y。桩的动力测试通常用速度阻抗和速度导纳。若把桩土系统简化为质、弹、阻尼体系，那么它的阻抗和导纳可用阻尼、弹簧和质量三者集中参数元件的并联网络求得。桩—土系统的速度导纳与桩的质量、桩土阻尼和刚度以及外加动态力频率有关。速度、导纳频率变化曲线称为速度导纳曲线，速度导纳曲线含有与桩身质量有关的信息，它是判断桩身结构完整性的主要依据。

(二)仪器设备

1. 稳态激振法

稳态激振的优点是能量集中，试验精度高，所需试验设备比较简单，可以在现场试验过程中直接得到桩的导纳特性曲线。缺点是设备较为笨重，携带不方便。

稳态激振的试验装置主要有：电磁激振器，压电式力传感器，磁电式速度传感器或压电式加速度传感器，功率放大器，桩基检测仪和绘图仪等。

2. 瞬态激振法

瞬态激振法是用力锤敲击桩顶，给桩作用一脉冲力，脉冲力以应力波形式沿桩身传递，通过安装在桩顶的速度或加速度传感器量测响应信号，对信号进行传递函数分析，得到导纳曲线或时域波形。

瞬态激振机械阻抗法的试验装置比较简单，由力锤、检测仪、速度传感器或加速度传感器和绘图仪等组成。根据不同的桩型、桩长和土层情况、可以换用锤体重量和锤头材料，得到不同的力谱宽度，以达到最佳检测效果。

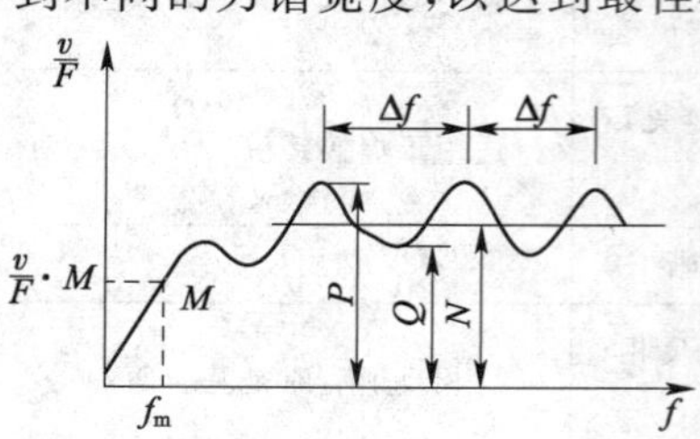

图 1.7.1　桩的典型速度导纳曲线

(三)检测结果分析

稳态激振和瞬态激振，虽然试验方法不同，但试验结果都可得到导纳随频率的变化曲线，如图 1.7.1 所示。瞬态激振法还可以得到力和响应的时域波形、力谱和响应谱、相干函数(表征噪声干扰消除程度)等曲线。通过对这些波形的分析和计算，可能得到以下参数：

1. 桩的测量长度 L_m

$$L_m = \frac{c_0}{2\Delta f} \tag{1.7.7}$$

式中，c_0 为整个工地上完整桩(桩长为已知)的波速平均值；Δf 为导纳曲线上相邻谐振波峰的频差。

2. 导纳的实测值 N_m

$$N_m = \sqrt{pQ} \tag{1.7.8}$$

式中，p、Q 为导纳曲线峰值和谷值。

3. 导纳的计算(理论)值 N_c

$$N_c = \frac{1}{\rho A c} \tag{1.7.9}$$

式中，ρ 为桩身的质量密度；A 为桩的横截面积；c 为桩身纵波速度。

4. 桩的动刚度 E_D

$$E_D = \frac{2\pi f_m}{|v/F|_m} \tag{1.7.10}$$

式中，f_m、$|v/F|_m$ 分别为导纳曲线初始段近似为直线部分任一点的频率和导纳值。

5. 已知完整桩的桩长 L，计算波速 c_0

$$c_0 = 2L\Delta f \tag{1.7.11}$$

有了以上参数可对桩身结构完整性进行判断，见表 1.7.3、表 1.7.4。

机械阻抗法桩身结构完整性判据(一) 表 1.7.3

<table>
<tr><th>测量桩长 L_m
施工桩长 L</th><th>实测导纳 N_m
计算导纳 N_C</th><th>动刚度 E_D</th><th>完整性</th></tr>
<tr><td rowspan="7">$L_m \approx L$</td><td rowspan="3">$N_m \approx N_C$</td><td>一般</td><td>完整桩</td></tr>
<tr><td>高</td><td>桩尖嵌固好的完整桩</td></tr>
<tr><td rowspan="2">低</td><td>桩尖嵌固差的完整桩</td></tr>
<tr><td>$N_m > N_C$</td><td>缩颈或低质混凝土</td></tr>
<tr><td>$N_m < N_C$</td><td>高</td><td>扩底桩</td></tr>
<tr><td></td><td>很高</td><td>扩颈</td></tr>
<tr><td>$N_m \gg N_C$</td><td>很低</td><td>断桩</td></tr>
<tr><td rowspan="2">多种 L_m</td><td>$N_m < N_C$</td><td>高</td><td>断面不规则(扩大)</td></tr>
<tr><td>$N_m > N_C$</td><td>低</td><td>断面不规则(缩小)</td></tr>
</table>

机械阻抗法桩身结构完整性判据(二) 表 1.7.4

<table>
<tr><th>导纳曲线形态</th><th colspan="2">实测导纳</th><th colspan="2">实测动刚度</th><th>测量桩长</th><th>实测桩身平均波速/(m/s)</th><th>结论</th></tr>
<tr><td rowspan="3">与典型导纳曲线接近</td><td colspan="2" rowspan="3">与理论导纳值接近</td><td>高于</td><td rowspan="3">工地动刚度平均值</td><td rowspan="5">与施工桩长接近</td><td rowspan="3">3 500～4 500</td><td>嵌面良好的完整性</td></tr>
<tr><td>接近</td><td>表面规则的完整性</td></tr>
<tr><td>低于</td><td>桩底可能有软层</td></tr>
<tr><td rowspan="2">呈调制状波形</td><td>高于</td><td rowspan="2">工地导纳平均值</td><td>低于</td><td rowspan="2">工地动刚度平均值</td><td><3 500</td><td>桩身局部离析，其位置可按主波的 Δf 估计</td></tr>
<tr><td>低于</td><td>高于</td><td>3 500～4 500</td><td>桩身断面局部扩大，其位置可按主波的 Δf 估计</td></tr>
<tr><td rowspan="2">与典型导纳曲线类似，但共振峰频率增 Δf 较大</td><td colspan="2">高于理论值很多</td><td>低于</td><td rowspan="2">工地动刚度平均值很多</td><td rowspan="2">小于施工桩长</td><td rowspan="3"></td><td>桩身断裂、有夹层</td></tr>
<tr><td colspan="2">低于工地导纳平均值很多</td><td>高于</td><td>桩身有较大鼓肚</td></tr>
<tr><td>不规则</td><td colspan="2">变化或较高</td><td colspan="2">低于工地动刚度平均值</td><td>无法由计算确定桩长</td><td>桩身不规则，有局部断裂或贫混凝土</td></tr>
</table>

注：理论导纳值即计算值。

三、高应变法

(一)基本原理

高应变动测就是在桩顶作用一个高能量荷载,使桩和桩周土之间产生相对位移,从而激发出桩侧土的阻力。通过离桩顶适当距离处安装的加速度传感器和应力传感器,获得桩的动力响应曲线,根据一定的假设条件,从获得的动力响应曲线中,可以确定或估计桩身的承载力、桩侧土阻力分布、桩身的完整性等。

(二)试验仪器和设备

1. 试验仪器

①传感器:检测桩身速度,常用的是压电式加速度计,最大加速度选用 5 000g。检测桩身应变,普遍采用特制的工具式应变传感器。

②检测仪器:目前使用的检测仪器,都是高集成度的数字式仪器。有两种基本结构:

具有计算机的全部功能,能够兼作计算机使用。其中有的厂家把信号采集部分和特制的计算机部分组合在一起,成为专用的仪器;多数厂家则利用现有的便携式计算机,外加该厂配制的信号采集单元。采集单元和便携机之间的联系,有的设计通过总线,有的则通过标准的串行口。

只具备简单的数字化功能,只能用来采集数据和完成简单的显示、存储和传输。

2. 锤击设备

打入桩一般可以使用打桩机,为了避免与打桩过程的矛盾,也可以使用专门的落锤设备。

灌注桩则一般必须另外配备锤击设备。落锤设备主要包括以下几个部件:锤体、导架和脱钩器。

常用的锤击设备一般采用自由落锤,依靠锤体本身的质量在一定的落高下所产生的动能获得试验所需的锤击力。锤体多数采用铸钢或铸铁,小型的锤也有在焊接的钢板箱体中填充混凝土的做法。落锤的体形多数为棱柱体,截面形状不限而高径(宽)比选择在 1.0～1.5。体形过扁时面积过大,不利于锤击时的对中和锤体落在桩顶上时的稳定。体形过高则容易倾覆。

锤体的提升通常要使用吊车。在不可能使用吊车的场合中,也可以使用卷扬机或电动葫芦。

(三)试验方法

检测截面选择在离开桩顶不远处,为了消除锤击偏心的影响,每种传感器都应成对配置。因此,标准的做法是一次安装四个传感器:其中包括力传感器和加速度计各两个。所有的传感器必须安装在桩身同一截面上,在桩身的一侧并排安装力传感器和加速度计各一个,然后在其对称面再安装另外一组,以保证两者的平均值能消除任何方向的偏心弯矩而真正代表桩身的轴向响应值。

在试验过程中,一般难以调节锤重。因此,试验必须事先根据试验所要求激发的承载力选择足够的锤重。规范规定,锤的重量应大于预估单桩极限承载力的 1.0%～1.5%。在现场,一般可在适当的范围内调节落高,以取得满意的试验结果。

对于混凝土桩的动力试验,还必须配置适当的桩垫。桩垫的作用有二:一是起缓冲作用,使锤击力的峰值不致过高,同时使锤击力的持续时间适当;二是有助于对中,并使桩顶的受力比较均匀。常用的桩垫材料是胶合板、干的软木板、特制的布垫或纸垫，在缺乏适当的材料时，还可使用潮湿的砂。橡胶类的材料在锤击下会产生较大的侧向膨胀，容易造成桩头的开裂，一般不宜使用。桩垫的厚度，必须适当，试验者可事先用波动方程的分析程序进行验算，也可根据经验大致选用，然后在现场根据实测数据的具体情况加以调整。桩垫的面积可以略小于桩顶，有利于锤击的对中。为了保证试验的顺利进行，试桩的桩头必须能够承受预期的动力作用，在其相应的部位，又应具备良好的表面以获得可靠的实测数据。一般说来，预制桩的桩头在承受锤击试验时应该没有问题，但是灌注桩的桩头却必须经过处理。

(四)测试成果及分析

高应变法测试桩的承载力就是根据安装在离桩顶适当位置的加速度和应力传感器获得的动力响应时域曲线，通过较为简单的土阻力模型假设，直接建立桩的承载力公式；或通过较为复杂的土阻力模型，借助于对实测曲线的拟合，从而确定土阻力分布和桩身承载力。

1. Case 法的近似假定和基本公式

Case 法采用了以下近似假定：

①桩身阻抗恒定，即除了截面不变外，桩身材质均匀且无明显缺陷。

②只考虑桩底的动阻力而忽略桩周的动阻力。

③应力波在传播过程中没有能量耗散和信号畸变。

④在所考虑的时段($t_1 \sim t_1 + 4L/c$)内桩侧各点的摩阻力不变。

在推导过程中做了不少简化，得出 Case 法的基本公式为

$$R = \frac{1}{2}[F_m(t_1) + F_m(t_2)] + \frac{1}{2}Z[V_m(t_1) - V_m(t_2)] \tag{1.7.12}$$

式中，R 为动力试桩时岩土对桩的总阻力；$F_m(t)$ 为实测曲线上相应于时间 t 的力；$V_m(t)$ 为实测曲线上相应于时间 t 的速度；Z 为桩身阻抗，对均质桩 $Z = MC/L = EA/C$；t_1 为某个选定的时刻；t_2 为应力波在桩身有效长度范围内来回传播一次所需要的时间，即

$t_2 = t_1 + 2L/c$；c 为应力波在桩内的传播速度；M、L 分别为桩重量和桩长；A、E 分别为桩的横截面积和弹性模量。

上式表示总阻力等于在时间间隔 $2L/c$ 处的两个力的平均与同一时间间隔内的惯性力之和，见图 1.7.2。

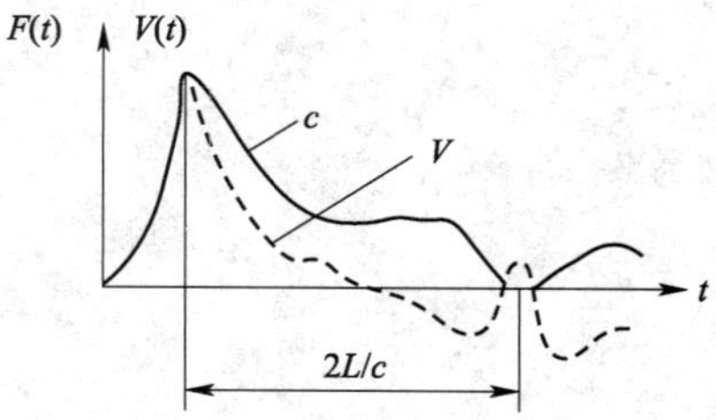

图 1.7.2　力和速度的实测波形

2. Case 法的实用算法

Case 法中的总阻力应包括静阻力 R_S 和动力 R_D 两部分。

$$R = R_S + R_D \tag{1.7.13}$$

静阻力就是所要求的桩静承载力，其应力—应变关系可假设为理想的弹塑性模型。

动力阻力 R_D 近似看成只和质点运动速度成比例的黏滞阻尼力。Case 法假定动阻力主要来自桩尖，并和速度成正比。其公式为

$$R_D = J_C Z V_{toe} \tag{1.7.14}$$

式中，V_{toe} 为桩尖的质点速度；J_C 为 Case 阻尼系数，可以通过静、动对比试桩结果确定。

J_C 的取值与土质有关，美国 PDI 公司建议按表 1.7.5 采用。

阻尼系数 J_C 的经验取值　　表 1.7.5

桩底土质	纯砂	粉砂	粉土	粉质黏土	黏土
J_C	0.1～0.15	0.15～0.25	0.25～0.4	0.4～0.7	0.7～1

为了求得桩的静承载力 R_S，需要将动力阻力 R_D 从总阻力 R 中扣除，经过换算可得

$$R_S = R - J_C(F_{toe} + ZV_{toe} - R) \tag{1.7.15}$$

式中，F_{toe}、ZV_{toe} 为桩顶的力和速度。

3. 实测曲线拟合法

实测曲线拟合分析的基本过程如下述。

①把实测的两根曲线之一(速度或力，也可以采用从两者计算得到的下行波)作为计算中的已知数，而把第二根曲线(速度或力，也可以采用从两者计算得到的上行波)作为检验计算结果的依据。

②对桩身阻抗、土阻力及其他所有桩土参量作出设定，换句话说，对桩身模型和土模型作出设定，假定桩和土都是已知的。

③进行一次波动计算求得第二根曲线的计算值。

④把这个计算值和实测值进行对比，即用第二根曲线的实测值来检验其计算值的正确性；对比包括两个基本方面：

a. 曲线的差别，即用一定的加权公式计算实测和计算曲线两者之间的差，其定量的指标称为拟合质量系数，用 MQ 表示；

b. 贯入度的差别。

⑤如果对比结果表明两者的差别不大，符合某个预先制订的标准，则认为关于桩和土的设定基本符合实际情况。那么，全部的设定值就是检测的结果。如果两者差别显著，达不到预定的标准，则认为设定值不符合实际，需要修改。

⑥重复上述步骤②～⑤，直到拟合结果达到要求为止。

第十一篇

工程经济与管理

考试大纲

（一）建设工程项目总投资

了解现行建设工程项目总投资的构成及其所包含的内容。

（二）建设工程程序与岩土工程技术经济分析

了解建设工程的管理程序；了解项目可行性研究的作用与内容；熟悉岩土工程勘察、设计及治理（施工）技术经济分析的主要内容和一般程序。

（三）岩土工程概预算及收费标准

了解岩土工程设计概算和施工图预算、岩土工程治理（施工）预算的作用；了解其编制依据、步骤、方法及特点；掌握岩土工程勘察、设计、监测、检测及监理的收费标准。

（四）岩土工程招标与投标

了解现行《中华人民共和国招标投标法》的主要内容；掌握投标报价的依据和基本方法；掌握岩土工程标书的编制。

（五）岩土工程合同

了解岩土工程勘察、工程物探、岩土工程设计、治理、监测、检测及监理合同的主要内容。

（六）岩土工程咨询和监理

了解岩土工程咨询和监理的内容、业务范围、基本特点和依据；熟悉主要工作目标和工作方法。

（七）有关工程勘察设计咨询业的主要行政法规

了解工程勘察设计咨询业法规体系的有关内容。

（八）现行 ISO 9000 族标准

了解现行 ISO 9000 族标准及其与国家标准的对应关系；熟悉八项质量管理原则的内容。

（九）建设工程项目管理

了解建设项目法人的职责；了解总承包工程管理的组织系统；了解项目管理的基本内容、组织原则和项目动态管理信息系统。

（十）注册土木工程师（岩土）的权利与义务

熟悉全国勘察设计行业从业公约和全国勘察设计行业职业道德准则；熟悉注册土木工程师（岩土）的权利和义务。

第一节 现行建设工程项目总投资构成及其包含的内容

(一)工程项目总投资构成

工程项目指在一个总体设计或初步设计范围内,由一个或若干个有内在联系的单项工程所组成,经济上实行统一核算,行政上有独立的组织形式,实行统一管理的建设工程总体。按不同的划分标准,工程项目可划分为不同的类型,如按在国民经济中的作用可分为生产性项目和非生产性项目;按土建造价比例可分为基本建设工程项目(简称建设项目)、设备更新和技术改造工程项目;按建设性质可分为新建、扩建、改建、迁建和恢复重建项目;按建设规模或总投资额基建项目可分为大、中、小型项目;更新改造项目分为限额以上、限额以下项目;按资金来源可分为内资、外资、合资项目等。

工程项目总投资有双重含义:一是指投资主体为获取预期收益,在选定的工程项目上投入所需全部资金的经济行为;二是指项目从筹建开始到项目全部建成投产为止,全过程所发生的费用的总和。生产性工程项目总投资包括固定资产投资和流动资产投资两部分,非生产性工程项目总投资只有固定资产投资,不含流动资产投资。工程造价是项目总投资中固定资产投资总额。

工程项目总投资构成包括固定资产投资和流动资产投资两部分,如图 1.1.1 所示。

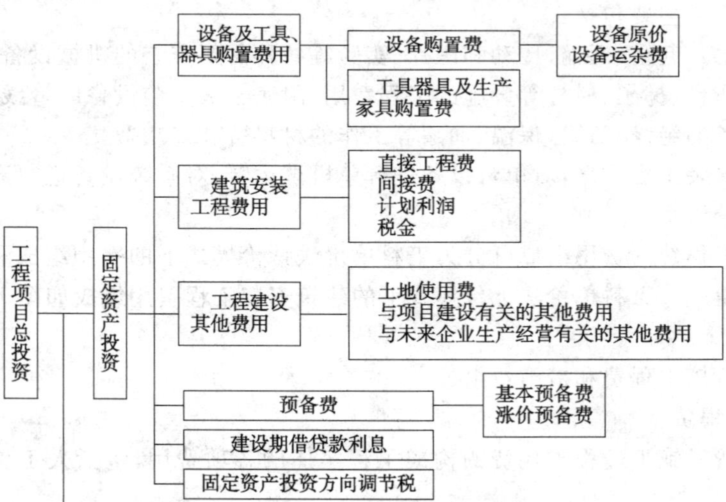

图 1.1.1 我国现行工程项目总投资构成示意

(二)固定资产投资的构成

固定资产指使用期限较长(一般超过 1 年),单位价值在规定标准以上,在生产过程中为多个生产周期服务,并保持原来物质形态的劳动资料和其他物质资料,包括建筑物、构筑物、机器设备、运输设备、工具器具等。不属于生产、经营主要设备的物品,单位价值在规定的限额(按目前规定为 2 000 元)以上,并且使用期限超过两年的,也应当作为固定资产。固定资产投资指用于购置、改建、扩建固定资产的投资,是一种投资主体为了特定的目的,以达到预期收益的资金垫付行为。

在我国，固定资产投资包括基本建设投资、更新改造投资、房地产开发投资和其他固定资产投资四个部分。基本建设投资是用于新建、改建、扩建和重建项目的资金投人行为，是形成固定资产的主要手段，在固定资产中占的比重最大；更新改造投资是在保证固定资产简单再生产的基础上，通过以科学技术改造原有技术以实现其内涵为主的，固定资产扩大化再生产的资金投入行为，是固定资产再生产的主要方式之一；房地产开发投资是房地产企业开发厂房、宾馆、写字楼、仓库和住宅等房屋设施和开发土地的资金投入行为；其他固定资产投资是按规定不纳入投资计划和利用专项资金进行基本建设和更新改造的资金投入行为，在固定资产投资中占的比重最小。

(三)建筑安装工程费用的构成

建筑工程费用主要包括；

①各类房屋建筑工程和列入房屋建筑工程预算的供水、供暖、卫生、通风、煤气等设备费用及其装饰、油饰的费用，列入建筑工程预算的各种管道、电力、电信和电缆电线的敷设工程的费用。

②设备基础、支柱、工作台、烟囱、水塔、水池、灰塔等建筑工程，以及各种炉窖的砌筑工程和金属结构工程的费用。

③为施工而进行的场地平整，工程和水文地质勘察，原有建筑和障碍物的拆除，以及施工临时用水、电、气、路和完工后的场地清理，环境绿化、美化等工作的费用。

④矿井开凿，井巷延伸，露天矿剥离，石油、天然气钻井，修建铁路、公路、桥梁、水库、堤坝、灌渠和防洪等工程的费用。

安装工程费用主要包括：

①生产、动力、起重、运输、传动和医疗、实验等各种需要安装的机械设备的装配费用，与设备相连的工作台、梯子、栏杆等设施的工程费用，附属于被安装设备的管线铺设工程费用，以及被安装设备的绝缘、防腐、保温、油漆等工作的材料费和安装费。

②为测定安装工程质量，对单台设备进行单机试运转，对系统设备进行系统联动无负荷试运转工作的调试费。

建筑安装工程费的费用组成可分为工料单价法计价模式下的费用组成和综合单价计价模式下的费用组成。工料单价法计价模式下的建筑安装工程费用组成如图 1.1.2 所示。

1. 直接费

直接费由直接工程费和措施费组成。

(1)直接工程费

直接工程费指施工过程中耗费的构成工程实体的各项费用，包括人工费、材料费、施工机械使用费，即

$$直接工程费=人工费+材料费+施工机械使用费$$

①人工费：指直接从事建筑安装工程施工的生产工人开支的各项费用，计算式如下：

$$人工费=\sum(工日消耗量\times日工资单价)$$

日工资单价由基本工资、工资性补贴、生产工人辅助工资、职工福利费、生产工人劳动保护费五项组成，可写成如下表达式

$$日工资单价(G)=\sum_{1}^{5}G_i$$

a. 基本工资：指发放给生产工人的基本工资。

$$基本工资(G_1)=\frac{生产工人平均月工资}{年平均每月法定工作日}$$

- 建筑安装工程费用
  - 直接费
    - 直接工程费
      - 1.人工费
      - 2.材料费
      - 3.施工机械
    - 措施费
      - 1.环境保护费
      - 2.文明施工费
      - 3.安全施工费
      - 4.临时设施费
      - 5.夜间施工费
      - 6.二次搬运费
      - 7.大型机械设备进出场及安拆费
      - 8.混凝土、钢筋混凝土模板及支架使用费
      - 9.脚手架使用费
      - 10.已完工程及设备保护使用费
      - 11.施工排水、降水费
  - 间接费
    - 规费
      - 1.工程排污费
      - 2.社会保障费
      - (1)养老保险费
      - (2)失业保险费
      - (3)医疗保险费
      - 3.住房公积金
      - 4.危险作业意外伤害保险
    - 企业管理费
      - 1.管理人员工资
      - 2.办公费
      - 3.差旅交通费
      - 4.固定资产使用
      - 5.工具用具使用费
      - 6.劳动保险费
      - 7.工会经费
      - 8.职工教育经费
      - 9.财产保险
      - 10.财务
      - 11.税金
      - 12.其他
  - 利润
  - 分部分项工程量清单项目费
  - 措施项目清单费
  - 其他项目清单费

图 1.1.2　工料单价法计价模式下的建筑安装工程费用组成

b.工资性补贴：指按规定标准发放的物价补贴，煤、燃气补贴，交通补贴，住房补贴，流动施工津贴等。

$$\text{工资性补贴}(G_2)=\frac{\sum\text{年发放标准}}{\text{全年日历日}-\text{法定假日}}+\frac{\sum\text{月发放标准}}{\text{年平均每月法定工作日}}+\text{每工作日发放标准}$$

c.生产工人辅助工资：指生产工人年有效施工天数以外非作业天数的工资，包括职工学习、培训期间的工资，调动工作、探亲、休假期间的工资，因气候影响的停工工资，女工哺乳期间的工资，病假在 6 个月以内的工资，以及产、婚、丧假期的工资。

$$生产工人辅助工资(G_3)=\frac{全年无效工作日\times(G_1+G_2)}{全年日历日-法定假日}$$

d.职工福利费:指按规定标准计提的职工福利费,计算式如下

$$职工福利费(G_4)=(G_1+G_2+G_3)\times福利费计提比例(\%)$$

e.生产工人劳动保护费:指按规定标准发放的劳动保护用品的购置费及修理费,徒工服装补贴,防暑降温费,在有碍身体健康环境中施工的保健费用等。

$$生产工人劳动保护费(G_5)=\frac{生产工人年平均支出劳动保护费}{全年日历日-法定假日}$$

②材料费:指施工过程中耗费的构成工程实体的原材料、辅助材料、构配件、零件、半成品的费用。构成材料费的基本要素是材料消耗量、材料基价和材料检测试验费。

a.材料消耗量。材料消耗量指在合理和节约使用材料的条件下,生产单位假定建筑安装产品(分部分项工程或结构构件)必须消耗的一定品种规格的原材料、辅助材料、构配件、零件、半成品等的数量标准。它包括材料的净用量和不可避免的损耗量。

b.材料基价:指材料在购买、运输、保管过程中形成的价格,其内容包括材料原价(或供应价)、材料运杂费、运输损耗费、采购及保管费等。

c.检验试验费:指对建筑材料、构件和建筑安装物进行一般鉴定、检查所发生的费用,包括自设试验室进行试验所耗用的材料和化学药品等费用。不包括新结构、新材料的试验费和建设单位对具有出厂合格证明的材料进行检验、对构件做破坏性试验及其他特殊要求检验试验的费用。

材料费计算公式如下

$$材料费=\sum(材料消耗量\times材料基价)+检验试验费$$

其中

$$材料基价=\{(供应价格+运杂费)\times[1+运输损耗率(\%)]\}\times[1+采购保管费率(\%)]$$

$$检验试验费=\sum(单位材料量检验试验费\times材料消耗量)$$

③施工机械使用费:指施工机械作业所发生的机械使用费,以及机械安拆费和场外运费。其计算式如下

$$施工机械使用费=\sum(施工机械台班消耗量\times机械台班单价)$$

a.施工机械台班消耗量:指在正常施工条件下,生产单位假定建筑安装产品(分部分项工程或结构构件)必须消耗的某类某种型号施工机械的台班数量。

b.施工机械台班消耗单价:由台班折旧费、台班大修理费、台班经常修理费、台班安拆费及场外运输费、台班人工费、台班燃料动力费、台班养路费及车船使用税共7项费用组成,即

$$台班单价=台班折旧费+台班大修理费+台班经常修理费+台班安拆费及场外运输费+台班人工费+台班燃料动力费+台班养路费及车船使用税$$

(a)折旧费:指施工机械在规定的使用年限内,陆续收回其原值及购置资金的时间价值。

(b)大修理费:指施工机械按规定的大修理间隔台班进行必要的大修理,以恢复其正常功能所需的费用。

(c)经常修理费:指施工机械除大修理以外的各级保养和临时故障排除所需的费用,包括为保障机械正常运转所需替换设备与随机配备工具附具的摊销和维护费用,机械运转中日常保养所需润滑与擦拭的材料费用及机械停滞期间的维护和保养费用等。

(d)安拆费及场外运费:安拆费指施工机械在现场进行安装与拆卸所需的人工、材料、机械和试运转费用,以及机械辅助设施的折旧、搭设、拆除等费用;场外运费指施工机械整体或

分体自停放地点运至施工现场或由一施工地点运至另一施工地点的运输、装卸、辅助材料及架线等费用。

(e)人工费：指机上司机(司炉)和其他操作人员的工作日人工费及上述人员在施工机械规定的年工作台班以外的人工费。

(f)燃料动力费：指施工机械在运转作业中所消耗的固体燃料(煤、木柴)、液体燃料(汽油、柴油)及水、电等。

(g)养路费及车船使用税：指施工机械按照国家规定和有关部门规定应缴纳的养路费、车船使用税、保险费及年检费等。

(2)措施费

措施费是指为完成工程项目施工，发生于该工程施工前和施工过程中非工程实体项目的费用。所谓非工程实体项目，是指其费用的发生和金额的大小与使用时间、施工方法或者两个以上工序相关，并且不形成最终的实体工程。措施费包括环境保护费，文明施工费，安全施工费，临时设施费，夜间施工费，二次搬运费，大型机械设备进出场及安拆费，混凝土、钢筋混凝土模板及支架费，脚手架费，已完工程及设备保护费，施工排水、降水费等。

①环境保护费：指施工现场为达到环保部门要求所需要的各项费用。

$$环境保护费=直接工程费\times环境保护费费率(\%)$$

$$环境保护费费率(\%)=\frac{本项费用年度平均支出}{全年建安产值\times直接工程费占总造价比例(\%)}$$

②文明施工费：指施工现场文明施工所需要的各项费用。

$$文明施工费=直接工程费\times文明施工费费率(\%)$$

$$文明施工费费率(\%)=\frac{本项费用年度平均支出}{全年建安产值\times直接工程费占总造价比例(\%)}$$

③安全施工费：指施工现场安全施工所需要的各项费用。

$$安全施工费=直接工程费\times安全施工费费率(\%)$$

$$安全施工费费率(\%)=\frac{本项费用年度平均支出}{全年建安产值\times直接工程费占总造价比例(\%)}$$

④临时设施费：指施工企业为进行建筑工程施工所必须搭设的生活和生产用的临时建筑物、构筑物和其他临时设施费用等。

临时设施包括：临时宿舍、文化福利及公用事业房屋与构筑物，仓库、办公室、加工厂，以及规定范围内道路、水、电、管线等临时设施和小型临时设施。

临时设施费用包括临时设施的搭设、维修、拆除费或摊销费。

临时设施费由以下三部分组成：

a. 周转使用临建(如活动房屋)；

b. 一次性使用临建(如简易建筑)；

c. 其他临时设施(如临时管线)。

⑤夜间施工费：指因夜间施工所发生的夜班补助费、夜间施工降效、夜间施工照明设备摊销及照明用电等费用。

$$夜间施工增加费=\left(1-\frac{合同工期}{定额工期}\right)\times\frac{直接工程费中的人工费合计}{平均日工资单价}\times每工日夜间施工费开支$$

⑥二次搬运费：指因施工场地狭小等特殊情况而发生的二次搬运费用。

$$二次搬运费=直接工程费\times二次搬运费费率(\%)$$

$$二次搬运费费率(\%)=\frac{年平均二次搬运费开支额}{全年建安产值\times直接工程费占总造价的比例(\%)}$$

⑦大型机械设备进出场及安拆费：指机械整体或分体自然停放场地运至施工现场或由一个施工地点运至另一个施工地点，所发生的机械进出场运输和转移费用，以及机械在施工现场进行安装、拆卸所需的人工费、材料费、机械费、试运转费和安装所需的辅助设施的费用。

$$大型机械进出场及安拆费=\frac{一次进出场及安拆费\times年平均安拆次数}{年工作台班}$$

⑧混凝土、钢筋混凝土模板及支架费：指混凝土施工过程中需要的各种钢模板、木模板、支架等的支、拆、运输费用，以及模板、支架的摊销（或租赁）费用。

a.模板及支架费＝模板摊销量×模板价格＋支、拆、运输费

摊销量＝一次使用量×(1＋施工损耗)×[1＋(周转次数－1)×补损率/周转次数－(1－补损率)×50%/周转次数]

b.租赁费＝模板使用量×使用日期×租赁价格＋支、拆、运输费

⑨脚手架费：指施工需要的各种脚手架搭、拆、运输费用及脚手架的摊销（或租赁）费用。

a.脚手架搭拆费＝脚手架摊销量×脚手架价格＋搭、拆、运输费

$$脚手架摊销量=\frac{单位一次使用量\times(1-残值率)}{耐用值/一次使用期}$$

b.租赁费＝脚手架每日租金×搭设周期＋搭、拆、运输费

⑩已完工程及设备保护费：指竣工验收前，对已完工程及设备进行保护所需费用。

已完工程及设备保护费＝成品保护所需机械费＋材料费＋人工费

⑪施工排水、降水费：是指为确保工程在正常条件下施工，采取各种排水、降水措施所发生的各种费用。

排水降水费＝∑排水降水机械台班费×排水降水周期＋排水降水使用材料费、人工费

值得指出，以上只列通用措施费项目的计算方法，各专业工程的专用措施费项目的计算方法由各地区或国务院有关专业主管部门的工程造价管理机构自行制定。

2.间接费

间接费是指虽不直接由施工的工艺过程所引起，但却与工程总体条件有关的，建筑安装企业为组织施工和进行经营管理，以及间接为建筑安装生产服务的各项费用。

间接费由规费、企业管理费组成。

(1)规费

规费是指政府和有关权力部门规定必须缴纳的费用（简称规费）。包括：

①工程排污费：指施工现场按规定缴纳的工程排污费。

②社会保障费。

a.养老保险费：指企业按规定标准为职工缴纳的基本养老保险费。

b.失业保险费：指企业按照国家规定标准为职工缴纳的失业保险费。

c.医疗保险费：指企业按照规定标准为职工缴纳的基本医疗保险费。

③住房公积金：指企业按规定标准为职工缴纳的住房公积金。

④危险作业意外伤害保险：是指按照《建筑法》规定，企业为从事危险作业的建筑安装施工人员支付的意外伤害保险费。

(2)企业管理费

企业管理费是指建筑安装企业组织施工生产和经营管理所需费用。包括：

①管理人员工资:指管理人员的基本工资、工资性补贴、职工福利费、劳动保护费等。

②办公费:指企业管理办公用的文具、纸张、账表、印刷、邮电、书报、会议、水电、烧水和集体取暖(包括现场临时宿舍取暖)用煤等费用。

③差旅交通费:指职工因公出差、调动工作的差旅费、住勤补助费,市内交通费和误餐补助费,职工探亲路费,劳动力招募费,职工离退休、退职一次性路费,工伤人员就医路费,工地转移费,以及管理部门使用的交通工具的油料、燃料、养路费及牌照费。

④固定资产使用费:指管理和试验部门及附属生产单位使用的属于固定资产的房屋、设备仪器等的折旧、大修、维修或租赁费。

⑤工具用具使用费:指管理使用的不属于固定资产的生产工具、器具、家具、交通工具和检验、试验、测绘、消防用具等的购置、维修和摊销费。

⑥劳动保险费:指由企业支付离退休职工的异地安家补助费、职工退职金、6个月以上的病假人员工资、职工死亡丧葬补助费、抚恤费、按规定支付给离休干部的各项经费。

⑦工会经费:指企业按职工工资总额计提的工会经费。

⑧职工教育经费:指企业为职工学习先进技术和提高文化水平,按职工工资总额计提的费用。

⑨财产保险费:指施工管理用财产、车辆保险。

⑩财务费:指企业为筹集资金而发生的各种费用。

⑪税金:指企业按规定缴纳的房产税、车船使用税、土地使用税、印花税等。

⑫其他:包括技术转让费、技术开发费、业务招待费、绿化费、广告费、公证费、法律顾问费、审计费、咨询费等。

3.利润

利润是指施工企业完成所承包工程获得的盈利。利润的计算方法按取费基数的不同分为以下三种。

①以直接费为计算基础。

$$利润=(直接费+间接费)\times 相应利润率(\%)$$

②以人工费和机械费合计为计算基础。

$$利润=人工费和机械费合计\times 相应利润率(\%)$$

③以人工费为计算基础。

$$利润=(直接工程费中人工费+措施费中人工费)\times 相应利润率(\%)$$

利润率的确定体现着一个企业的定价政策,利润率过高可能导致丧失一定的市场机会,过低可能增加企业面临的市场风险。企业应根据市场的竞争状况确定出合理的利润率。

4.税金

税金是指国家税法规定的应计入建筑安装工程造价内的营业税、城市维护建设税及教育费附加等。

税金计算公式

$$税金=(直接费+间接费+利润)\times 税率(\%)$$

税率随企业所在地点不同而不同,有如下三种情况:

①纳税地点在市区的企业。

$$税率(\%)=\frac{1}{1-3\%-(3\%\times 7\%)-(3\%\times 3\%)}-1$$

②纳税地点在县城、镇的企业。

$$税率(\%)=\frac{1}{1-3\%-(3\%\times5\%)-(3\%\times3\%)}-1$$

③纳税地点不在市区、县城、镇的企业。

$$税率(\%)=\frac{1}{1-3\%-(3\%\times1\%)-(3\%\times3\%)}-1$$

(四)设备及工具器具购置费用的构成

设备及工具器具购置费用，是指为工程项目购置或自制的达到固定资产标准的设备和新建、扩建工程项目配置的首批工具器具及生产家具所需的费用，设备及工具器具购置费由设备购置费和工具器具及生产家具购置费组成。

所谓固定资产标准，是指使用年限在 1 年以上，单位价值在国家或各主管部门规定的限额以上。例如，1992 年财政部规定，大、中、小型工业企业固定资产的限额标准分别为 2 000 元、1 500 元和 1 000 元以上，新建、扩建项目的新建车间购置或自制的全部设备、工具器具，不论是否达到固定资产标准，均计入设备、工具器具购置费中。

设备购置费包括设备原价或进口设备抵岸价和设备运杂费。

工具器具及生产家具购置费是指按照有关规定，为保证初期正常生产必须购置的没有达到固定资产标准的设备、仪器、工卡模具、器具、生产家具和备品备件等的费用。

(五)工程建设其他费用的构成

工程建设其他费用按其内容大体可分为三类。第一类为土地使用费，由于工程项目固定于一定地点与地面相连接，必须占用一定量的土地，也就必然要发生为获得建设用地而支付的费用；第二类是与项目建设有关的其地费用；第三类是与未来企业生产和经营活动有关的其他费用。

1. 土地使用费

土地使用费是指建设项目通过划拨或土地使用权出让方式取得土地使用权，所需土地征用及拆迁补偿费或土地使用权出让金。

(1)土地征用及迁移补偿费

①土地补偿费。土地补偿费是按照《土地管理法》第 47 条：征收土地的，按照被征收土地的原用途给予补偿。

征收耕地的补偿费用包括土地补偿费、安置补助费，以及地上附着物和青苗的补偿费。征收耕地的土地补偿费，为该耕地被征收前 3 年平均年产值的 6～10 倍。征收耕地的安置补助费，按照需要安置的农业人口数计算。需要安置的农业人口数，按照被征收的耕地数量除以征地前被征收单位平均每人占有耕地的数量计算。每一个需要安置的农业人口的安置补助费标准，为该耕地被征收前 3 年平均年产值的 4～6 倍。但是，每公顷($1\ hm^2=10\ 000\ m^2$)被征收耕地的安置补助费，最高不得超过被征收前 3 年平均年产值的 15 倍。

征收其他土地的土地补偿费和安置补助费标准，由省、自治区、直辖市参照征收耕地的土地补偿费和安置补助费的标准规定。

②地上附着物和青苗的补偿费。被征收土地上的附着物和青苗的补偿标准，由省、自治区、直辖市规定。征收城市郊区的菜地，用地单位应按照国家有关规定缴纳新菜地开发建设基金。

③安置补助费。依照本条第二款的规定支付土地补偿费和安置补助费，尚不能使需要安置的农民保持原有生活水平的，经省、自治区、直辖市人民政府批准，可以增加安置补助费。但是，土地补偿费和安置补助费的总和不得超过土地被征收前 3 年平均年产值的 30 倍。

国务院根据社会、经济发展水平，在特殊情况下，可以提高征收耕地的土地补偿费和安置补助费的标准。

④耕地占用税、土地管理费。耕地占用税是土地管理部门对土地使用者征收的一种税收，主要作用是合理利用土地资源，节约用地，保护农用耕地。

土地管理费主要作为征地工作中所发生的办公、会议、培训、宣传、差旅费、借用人员工资等必要的费用。

⑤征地拆迁费。征地拆迁费包括征用土地上房屋及附属构筑物、城市公共设施等的拆除、迁建补偿费，搬迁运输费，以及企业单位因搬迁造成的减产、停工损失补贴费、拆迁管理费等。

(2)土地使用权出让金

土地使用权出让金是指建设项目单位通过土地使用权出让方式，取得有期限的土地使用权，并按《城镇国有土地使用权出让和转让暂行条例》规定，支付土地使用权出让金。

2. 与建设项目有关的其他费用

(1)建设单位管理费

建设单位管理费是指建设项目从立项、筹建、建设、联合试运转、竣工验收交付使用和后评估等全过程管理所需的费用。其包括建设单位开办费和建设单位经费两部分。

①建设单位开办费。是指新建项目为保证筹建和建设工作正常进行所需要的办公设备、生活家具、用具、交通工具等购置费用。

②建设单位经费。包括:工作人员基本工资、工资性补贴、职工福利费、劳动保护费、劳动保险费、办公费、差旅交通费、工会经费、职工教育经费、固定资产使用费、工具(用具)使用费、技术图书资料费、生产人员招聘费、工程招标费、合同契约公证费、工程质量检测费、工程咨询费、法律顾问费、审计费、业务招待费、排污费、竣工验收费、后评估等费用。

(2)勘察设计费

勘察设计费指为本建设项目提供项目建议书、可行性研究报告、设计文件等所需勘察、设计等费用。其内容包括以下几项。

①编制项目建议书、可行性研究报告及投资估算、工程咨询、评价，以及为编制上述文件所进行的勘察、设计、研究试验等所需费用。

②委托勘察、设计单位进行初步设计、施工图设计、概(预)算编制等所需的费用。

③在规定范围内由建设单位自行完成的勘察、设计工作所需的费用。

(3)研究试验费

研究试验费是指为本建设项目提供或验证设计参数、数据资料等进行必要的研究试验，以及设计规定在施工中必须进行的试验、验证所需的费用。

(4)临时设施费

临时设施费是指项目施工建设期间建设单位所需临时设施的搭设、维修、摊销费用或租赁费用。

临时设施包括临时宿舍、文化福利及公用事业房屋与构筑物、仓库、办公室、加工厂，以及规定范围内的道路、水、电、管线等临时设施和小型临时设施。

(5)工程监理费

工程监理费是指委托工程监理单位对工程实施监理工作所需的费用。

(6)工程保险费

工程保险费是指建设项目在建设期间根据需要实施工程保险所需的费用。其包括建筑工程一切险、安装工程一切险和机器损坏保险等费用。

(7)供电贴费

供电贴费是指建设项目按照国家规定应支付的供电工程贴费、施工临时用电贴费,是解决电力建设资金不足的临时对策。供电贴费用于为增加或改善用户用电而必须新建、扩建和改善的电网建设及有关业务的支出,并由中国建设银行监督使用。

(8)施工机构迁移费

施工机构迁移费是指施工机构根据建设任务的需要,经有关部门决定成建制地由原驻地迁移到另一个地区的一次性搬迁费用。

施工机构迁移费包括:职工及随同家属的差旅费,调迁期间的工资,施工机械、设备、工具、用具和周转性材料的搬运费。

(9)引进技术和进口设备其他费

引进技术和进口设备其他费包括如下四方面内容:

①为引进技术和进口设备派出人员进行设计、联络、设备材料监检、培训等的差旅费、置装费、生活费用等。

②国外工程技术人员来华的差旅费、生活费和接待费用等。

③国外设计及技术资料费、专利和专有技术费、延期或分期付款利息。

④引进设备检验及商检费。

(10)财务费用

财务费用是指为筹措建设项目资金而发生的各项费用。其包括:建设期间投资贷款利息、企业债券发行费、国外借款手续费和承诺费、汇兑净损失费、金融机构手续费、其他财务费用等。

3.与未来企业生产经营有关的其他费用

(1)联合试运转费

联合试运转费是指新建企业或新增加生产工艺过程的扩建企业在竣工验收前,按照设计规定的工程质量标准,进行整个车间的负荷试运转发生的费用。费用内容包括试运转所需的原料、燃料、油料和动力的费用,机械使用费用,低值易耗品和其他物品的购置费用,以及施工单位参加联合试运转人员的工资等。

计算方法:试运转产品销售和其他收入减去试运转所发生的费用支出后,亏损部分计入联合试运转费,不包括应由设备安装工程费开支的单台设备调试费及无负荷联动试运转费用。

(2)生产准备费

生产准备费是指新建企业或新增生产能力的企业,为保证竣工交付使用进行必要的生产准备所发生的费用。

生产准备费包括生产职工培训费,生产单位提前进厂参加施工、设备安装、调试和熟悉工艺流程和设备性能等人员的工资、工资性补贴、职工福利费、差旅交通费、劳动保护费等。

(3)办公和生活家具购置费

办公和生活家具购置费是指为保证新建、改建、扩建项目初期正常生产、使用和管理所必须购置的办公和生活家具、用具的费用。改、扩建项目所需的办公和生活用具购置费,应低于新建项目。其范围包括办公室、会议室、资料档案室、阅览室、文娱室、食堂、浴室、理发室和单身宿舍等。这项费用按照设计定员人数乘以综合指标计算。

(六)预备费、建设期利息、固定资产投资方向调节税

1.预备费

预备费包括基本预备费和涨价预备费。

(1)基本预备费

基本预备费是指在初步设计及概算内难以预料的工程费用,内容包括:

①在批准的初步设计范围内,技术设计、施工图设计及施工过程中所增加的工程费用;设计变更、材料代用、局部地基处理等增加的费用。

②一般自然灾害造成的损失和预防自然灾害所采取的措施费用。实行工程保险的工程项目,该费用应适当降低。

③竣工验收时为鉴定工程质量对隐蔽工程进行必要的挖掘和修复费用。

(2)涨价预备费

涨价预备费是指建设项目在建设期间由于人工、材料、设备等价格变化引起工程造价变化的预测预留费用,也称价格变动不可预见费。内容包括:人工、设备、材料、施工机械的价差费,建筑安装工程费及工程建设其他费用调整,利率、汇率调整等增加的费用。

2.建设期贷款利息

建设期贷款利息包括向国内银行和其他非银行金融机构贷款、出口信贷、外国政府贷款、国际商业银行贷款及在境内外发行的债券等在建设期间内应偿还的借款利息。

3.固定资产投资方向调节税

固定资产投资方向调节税是指国家对在我国境内进行固定资产投资的单位和个人,就其固定资产投资的各种资金征收的一种税。该税自 1991 年起征收,至 2000 年 1 月 1 日起已暂停征收。

(七)流动资产投资的构成

流动资产指可以在 1 年内或者超过 1 年的一个营业周期内变现或者耗用的资产,包括货币资金(现金及各种存款)、短期投资(主要指有价证券)、应收及预付款项、存货等。货币资金指企业、单位在生产经营和业务活动中停留于货币形态的那一部分资金,包括现金、银行存款和其他货币资金(如外埠存款、银行汇票存款、银行本票存款、在途货币资金等)。短期投资指能够随时变现并且持有时间不准备超过 1 年的投资,可分为短期股票投资、短期债券投资和短期其他投资。应收及预付款项指企业在生产经营过程中所形成的应收未收的及预先支付的款项。存货指企业在生产经营过程中在 1 年或者超过 1 年的一个经营周期内将销售或者耗用而储存的各种资产。流动资产投资,又称经营性投资,是指企业采用购置或资产形态转化方式进行流动资产的再生产活动,为企业用于购买、储存劳动对象(原燃材料、电力等),以及占用在生产过程和流通过程的在产品、产成品等周转资金的投资,西方经济学通常称为增加存货投资。

流动资金是生产性工程项目建成后,为投入生产经营,用于购买原材料、燃料、支付职工工资等需要的资金,包括:①材料库存;②在制品、成品库存等定额流动资金;③一定数量的结算资金、发出商品及货币资金等非定额流动资金。企业流动资金可分为生产领域和流通领域的流动资金,生产领域的流动资金又称周转资金,包括储备资金和生产资金,流通领域的包括成品资金、结算资金及货币资金。

第二节　工程建设的基本程序与岩土工程各方面技术经济分析

(一)工程建设的基本程序

建设程序是指建设项目从投资意向、选择、评估、决策、设计、施工到竣工验收、投入生产及后评价整个过程的各个阶段及其先后次序。按照建设项目发展的内在联系和发展过程，建设程序分成若干阶段，这些发展阶段有严格的先后次序，不能任意颠倒、违反它的发展规律。按我国现行有关规定，大中型及限额以上建设项目的建设程序主要分为以下几个阶段，如图1.2.1所示：①项目建议书；②可行性研究报告；③初步设计；④施工准备；⑤建设实施和生产准备；⑥竣工验收；⑦后评价。小型和限额以下项目的建设程序可适当简化。习惯上把项目建议书、可行性研究报告、初步设计(扩大初步设计)阶段称为前期工作阶段。

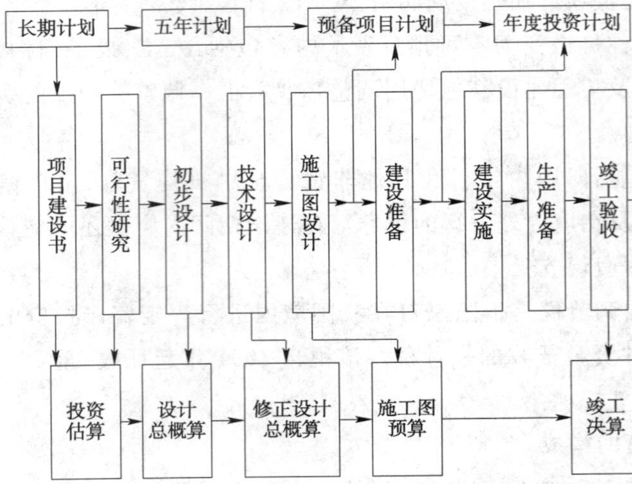

图 1.2.1　建设程序示意

1. 项目建议书

项目建议书是项目主管单位要求建设某一具体项目的建议文件，是基本建设程序中最初阶段的工作，是投资决策前对拟建项目的轮廓设想。项目建议书的主要作用是为了推荐一个拟进行建设的项目的初步说明，论述它建设的必要性、条件的可行性和获得的可能性，供基本建设管理部门选择并确定是否进行下一步工作。工程内容比较简单的小型项目可不编制项目建议书，直接进行可行性研究。

2. 可行性研究报告

项目建议书一经批准，即可着手进行可行性研究；可行性研究是在投资决策前，对建设项目进行全面技术经济论证的科学方法。可行性研究是项目前期工作的最重要的内容，它从项目建设和生产经营的全过程考察分析项目的可行性，其目的是回答项目是否必要建设，是否可能建设和如何进行建设的问题，其结论为投资者的最终决策提供直接的依据。因此，凡大中型项目以及国家有要求的项目，都要进行可行性研究，其他项目有条件的也要进行可行性研究。可行性研究报告是确定建设项目、编制设计文件和项目最终决策的重要依据，必须有相当的深度和准确性，其投资估算与初步设计概算的出入不得大于10%，否则将对项目要重新进行决策。承担可行性研究工作的单位必须是经过资格审定的规划、设计和工程咨询单位，要有承担相应项目的资质。

3. 设计工作

一般建设项目（包括工业、民用建筑、城市基础设施、水利工程、道路工程等）的设计过程划分为初步设计和施工图设计两个阶段。对技术复杂而又缺乏经验的项目，可根据不同行业的特点和需要，增加技术设计阶段。

①初步设计。可行性研究报告批准后，项目法人委托有相应资质的设计单位，根据可行性研究报告的要求所做的具体实施方案。初步设计的内容依项目的类型不同而有所变化，一般来说，它是项目的宏观设计，即项目的总体设计、布局设计，主要的工艺流程、设备的选型和安装设计，土建工程量及编制项目总概算。

②技术设计。又称扩大初步设计，是根据初步设计和更详细的调查研究资料编制的，可进一步解决初步设计中的重大技术问题，如工艺流程、建筑结构、设备选型及数量确定等，以使建设项目的设计更具体、更完善，技术经济指标更好。在技术设计阶段应在概算的基础上编制修正概算。

③施工图设计（详细设计）。根据批准的初步设计，绘制出正确、完整和尽可能详细的建筑、安装图纸，应完整地表现建筑物外形、内部空间分割、结构体系、构造状况以及建筑群的组成和周围环境的配合，具有详细的构造尺寸。施工图设计还包括各种运输、通信、管道系统、建设设备的设计。在施工图设计阶段编制施工图预算。

4. 施工准备

①预备项目。初步设计已批准的项目，可列为预备项目。国家的预备项目的计划，是对列入部门、地方编报的年度建设预备项目计划中的大中型和限额以上项目，经过从国家宏观经济政策、建设总规模、生产力总布局、资源优化配置、前期工作进展情况以及外部协作条件等方面进行综合平衡后安排和下达的。

②建设准备。开工前的准备主要工作内容包括：完成征地，拆迁和场地平整；完成施工用水、电、路、通信等工程；组织设备、材料订货；准备必要的施工图纸；组织招标投标（包括监理、施工、设备采购、设备安装等方面的招标投标）并择优选择施工单位，签订施工合同。

③报批开工报告。建设单位在工程建设项目已经批准，建设资金已经落实，各项准备工作就绪后，应当向当地建设行政主管部门或项目主管部门及其授权机构申请项目开工审批。

5. 建设实施

开工许可审批之后进行主体工程的建设实施，是建设项目付诸实施，形成工程实体和生产能力的决定性阶段。项目法人按照批准的建设文件，组织工程建设，保证项目建设目标的实现。施工单位编制施工预算，按施工顺序合理组织施工。

6. 生产或使用准备

生产准备是生产性施工项目投产前所要进行的一项重要工作。它是基本建设程序中的重要环节，是衔接基本建设和生产的桥梁，是建设阶段转入生产经营的必要条件。使用准备是生产性施工项目正式投入运营使用所要进行的工作。

7. 竣工验收阶段

所有建设项目按照批准的设计文件所规定的内容和施工图纸的要求全部建成，工业项目经负荷试运转和试生产考核能够生产合格产品，非工业项目符合设计要求，能够正常使用，都要及时组织验收。验收是投资成果转入生产或使用的标志。建设项目的验收根据项目的规模大小和复杂程度，可分为初步验收和竣工验收两个阶段进行。规模较大、较复杂的建设项目应先进行初验，然后进行全部建设项目的竣工验收。规模较小、较简单的项目，可以一次进行全部项目的竣工验收。验收主要有三方面的工作:①整理技术资料。各有关单位(包括设计、施工单位)应将技术资料进行系统整理,由建设单位分类立卷,交生产单位或使用单位统一保管。技术资料主要包括土建方面、安装方面及各种有关的文件、合同和试生产的情况报告等。②绘制竣工图纸。竣工图必须准确、完整、符合归档要求。③编制竣工决算。建设单位必须及时清理所有财产、物资和未花完或应收回的资金,编制工程竣工决算,分析预(概)算执行情况,考核投资效益,报规定的财政部门审查。

8.后评价阶段

建设项目后评价是工程项目竣工投产、生产运营一段时间后,再对项目的立项决策、设计施工、竣工投产、生产运营等全过程进行系统评价的一种技术经济活动。通过建设项目后评价以达到肯定成绩,总结经验,研究问题,吸取教训,提出建议,改进工作,不断提高项目决策水平和投资效果的目的。

(二)工程建设项目的可行性研究

1.可行性研究的概念

工程项目的可行性研究,是指根据国民经济发展规划及批准的项目建议书,项目承办单位委托有资格的设计机构或工程咨询单位,在建设项目决策前,通过对拟建项目有关的自然、社会、经济、技术等各方面信息进行调查、研究、分析,对各种可能的建设方案和技术方案进行比较论证,并对项目建成后的经济效益进行预测和评价的一种科学分析方法,由此考查项目投资建设的必要性,技术上的先进性和适用性,经济上的盈利性和合理性,建设的可能性和可行性,从而为投资决策提供科学的依据。可行性研究是选择工程项目、进行方案决策的重要前提,是投资建设程序的重要环节,在许多国家,进行可行性研究都是工程建设的先决条件。我国政府规定:所有新建、扩建大中型建设项目以及所有利用外资进行的基本建设项目都要进行可行性研究。一般来说,只有通过可行性研究,证实拟建项目建设条件可靠,技术先进适用,经济效益显著,企业家才可能决策投资建设,银行和财团才肯贷款,这个项目才能得以实施。

2.可行性研究的作用

可行性研究是投资前期工作的一个关键环节,也是后续工作的重要依据。其作用在于:①是建设项目投资决策的依据;②是向银行申请贷款或筹措资金的依据;③是作为环保部门审查建设项目对环境影响的依据;④是向项目建设所在政府和规划部门申请建设执照的依据;⑤是进行工程设计、施工准备及设备订货等建设前期工作的依据;⑥是与建设项目有关的各部门互订合同和协议的依据;⑦是工程建设的基础资料;⑧是设备研制和科研的资料;⑨是项目组织管理、机构设置、劳动定员、职工培训的依据;⑩是工程项目后评价的依据;⑪是国家各级计划部门编制固定资产投资计划的依据。

3.可行性研究的工作程序

可行性研究一般分为三个阶段,即机会研究、初步可行性研究、详细可行性研究。机会研究的主要任务是对投资项目或投资方向提出建议,并对各种设想的项目和投资机会做出鉴定,其目的是激发投资者的兴趣,寻找最佳的投资机会。对于不需要进行机会研究的项目如改建、扩建,则可以直接进入初步可行性研究。初步可行性研究主要是从投资方向的角度研究工程项目是否合理和可行,进一步判断机会研究是否正确,是否进行后续的可行性研究,确定课题中有哪些问题需要进行辅助的专题研究,从而做出是否投资的初步决定。我国为了简化程序,一般不进行初步可行性研究。详细可行性研究,就是对投资项目进行深入综合的技术经济论证的过程,也称最终可行性研究,或经济技术可行性研究,与初步可行性研究的内容大致相同，只是工作的深度及获得资料的精确度不同。在我国，可行性研究主要分两个阶段进行，第一阶段是项目建议书阶段，它基本上相当于机会研究和初步可行性研究，第二阶段即为详细可行性研究，通常所说的投资项目的可行性研究是指详细可行性研究。

可行性研究的工作程序可分为六个步骤：①筹划阶段。项目建议书批准后，建设单位即可委托设计单位或工程咨询机构对拟建项目进行可行性研究。双方签订合同，明确工作范围、目标意图、费用支付方法及合作方式，收集项目建议书、指示文件等基本资料。②调查研究。对项目的主要方面做深入的现场调查，全面收集基本资料，对各个方面分别评价，进行技术研究和经济环境研究。③优选方案。根据项目各方面的情况，综合研究设计出几种可行的方案进行比较、优化，选出最佳方案。④详细研究。对选出的方案更详细地进行编制，确定具体的范围，估算投资费用、经营费用和收益，做出项目的国民经济分析、财务评价，并进行风险分析。⑤编制可行性研究报告。⑥编制资金筹措计划。

4. 可行性研究的主要内容

①市场销售情况的研究。即研究项目的产品在市场上有没有销路，产品的价格是否有利可图，从而拟定项目的发展方向，建设规模和产品方案。②工程条件的研究。包括对资源储量、各种原料来源、建设地址的选择以及气象、水文、地质、自然条件、交通运输、水、电、动力资源、建筑材料、协作距离的合理半径、文化生活设施、“三废”处理等，进行综合性技术经济比较。③采用工艺技术的研究。即研究项目应该采取何种工艺技术和相应设备，才能保证技术上领先。④对劳动力资源、人员培训、生产和施工组织的研究，确定合理的建设进度和生产系统流程。⑤资金和成本的研究。包括工程项目造价计算、资金来源、利息率、预测成本和利润、计算利润率等。⑥技术经济效果的研究。对工程项目进行综合评价。⑦按2001年6月18日国家发展计划委员会令第9号，可行性研究报告中应增加有关招标的内容，包括建设项目的勘察、设计、施工、监理以及重要设备、材料等采购活动的具体招标范围、招标组织形式、招标方式等内容。按规定不招标的建设项目，在报告中要提出申请并说明原因。按计建设[1996]673号文件，有关单位在申报项目可行性研究报告时，须同时提出项目法人的组建方案。否则，其项目可行性研究报告不予审批。

(三)岩土工程勘察、设计技术方案经济分析的原则和内容

岩土工程勘察、设计方案技术经济分析就是对工程项目的岩土工程条件、设计方案进行技术经济综合分析和评价。

中华人民共和国成立以来，在工程建设中党和国家提出了两条行之有效的建筑指导方针：一条是“适用、经济，在可能条件下注意美观”的建筑方针；另一条是“坚固耐用、技术先进、经济合理”的工业建设方针，这是进行工程设计的根本准则，同时亦是设计方案技术经济分析的基本要求。

1. 工程勘察、设计方案技术经济分析的原则

①必须兼顾适用和经济的要求；②必须兼顾技术先进和经济合理的要求；③必须兼顾生产和生活、工业生产和农业生产以及远、近期结合的要求。

2. 工程勘察、设计方案技术经济分析的内容

①对工程勘察、设计技术方案进行经济性比较；②对工程勘察、设计技术方案进行经济性选择。

(四)岩土工程设计方案技术经济评价的原则、一般程序

1. 岩土工程设计方案技术经济评价的原则

按照工程项目经济效果评价原则，用一个或一组主要指标对岩土工程设计方案的功能、

适应性、造价、工期和人工、材料、机械等方面，进行定量与定性分析相结合的综合评价，从而择优确定技术经济效果好的岩土设计方案；常用的技术经济评价方法有：投资回收期法、净现值法、计算费用法和多因素评价优选法等。

2. 岩土工程设计方案技术经济评价的一般程序

①明确岩土工程设计方案技术经济评价的任务和范围，收集有关资料；②用一个或一组主要指标对岩土工程设计方案的功能、适应性、造价、工期和人工、材料、机械等方面，进行定量与定性分析相结合的综合评价；③方案的分析与选择。

(五)岩土工程治理(施工)技术经济分析的意义、主要内容和一般程序

1. 岩土工程施工技术经济分析的意义

施工的整个过程是按照事先编制的施工方案进行的。施工方案的技术经济分析是编制施工方案的重要环节和内容之一，是管理的一项重要工作。工期的长短，质量的好坏，材料的节约或浪费，人力能否合理安排使用，工程成本的高低，乃至企业的经营管理，都和施工方案优劣有极大关系，因此必须对工程项目的施工方案作技术经济分析。

2. 工程施工中技术经济分析的重点

①检验工程项目的投资效果；②提高工程项目的总体经济效果；③保证所选择的施工方案达到最佳经济效果，降低工程施工费用和工程项目的造价。

3. 工程施工中技术经济分析的主要内容

①关于施工工艺方案的技术经济分析；②关于施工组织方案的技术经济分析；③采用新材料、新结构的技术经济分析。

4. 工程施工技术经济分析的一般程序

①明确方案分析的任务和范围，即明确方案是群体工程的施工方案、单位工程的施工方案，还是工种工程的施工方案，同时收集有关资料；②拟订两个以上可行的备选方案，若评价新工艺、新技术方案时应以传统方案作为对比依据；③确定反映方案特征的技术经济指标体系；④指标的计算；⑤方案的分析、评价与选择。

第三节 岩土工程概预算

岩土工程是土木工程的重要组成部分，包括岩土工程勘察、岩土工程设计、岩土工程施工、岩土工程检测和岩土工程监理五个方面。其岩土工程产品的价值大小和建设工程一样是由生产该产品所消耗的社会必要劳动量决定的。而价格就是岩土工程产品价值的货币表现，由于岩土工程产品多是为特定的用途和指定的地点以及特定岩土工程条件下生产的，而每次产品的内容和规模不同，因此，劳动消耗量和价值量也不同，价格亦不一样。

国家和各省、市、自治区为了对建设工程产品的价格实行统一管理，统一制定了建设工程产品的计价程序和方法，并相应规定各种消耗(人工、材料、机械台班等)和费用标准。这种按统一的办法和标准来确定建设工程造价的程序，就形成了一整套建设工程概预算制度和相应的定额。

(一)岩土工程设计概算的编制步骤与方法

1. 岩土工程设计概算的作用和编制依据

(1)岩土工程设计概算的作用

①是制定工程计划和确定工程造价的依据；②是考虑设计方案的经济合理性和优选设计方案的依据；③是签订工程合同和实行工程项目投资大包干的依据；④是确定标底和投标

报价的依据。

(2)岩土工程设计概算的编制依据

①经批准的工程建设计划任务书;②岩土工程勘察资料;③设计图纸及其说明书;④概算定额、概算指标或综合预算定额;⑤各地区的设备及材料预算价格;⑥地区工资标准、有关取费标准和费用定额。

2.岩土工程设计概算的编制步骤和方法

(1)岩土工程设计概算的编制步骤

①做好编制设计概算前的各项准备工作:深入现场调查研究,掌握现场实际情况;根据有关图表资料,对工程作概括性的了解;拟定工程设计概算编制提纲;合理选用编制的各项依据、定额、取费标准等;②熟悉初步设计图纸及设计说明书,了解工程设计内容和意图,掌握施工条件和施工方法;③学习并掌握有关定额及取费标准;④按有关定额及文件规定计算工作量;⑤汇总工作量;⑥填写概算单价并计算直接费;⑦计算各项费用并汇总工程造价;⑧编写岩土工程设计概算编制说明。

(2)岩土工程设计概算的编制方法

设计概算是在初步设计阶段,按照设计要求和概算定额等有关文件规定,由设计部门编制,概略地计算工程造价及人工、材料和机械用量,其特点是编制方法要简单快速,精度要求不如预算书高,但必须保证其正确性,一般要求设计概算与施工图预算之差控制在5%以内。

岩土工程设计概算的编制方法有下列四种:①根据概算定额编制;②根据概算指标编制;③根据预算定额编制;④根据综合预算定额编制。

(二)岩土工程勘察工作量及收费计算方法

1.岩土工程勘察工作量

岩土工程勘察工作量包括以下内容:①勘探点定点测量工作量;②工程地质测绘工作量;③钻探(钻孔、探井、探槽、平洞)工作量;④取土(水)、石试样工作量;⑤现场原位测试工作量;⑥工程物探工作量;⑦室内试验工作量。

2.岩土工程勘察收费计算方法

(1)根据《工程勘察设计收费标准》(2002年修订本),分为通用工程勘察收费标准和专业工程勘察收费标准

①通用工程勘察收费标准适用于工程测量、岩土工程勘察、岩土工程设计与检测监测、水文地质勘察、工程水文气象勘察、工程物探、室内试验等工程勘察的收费。

②专业工程勘察收费标准分别适用于煤炭、水利水电、电力、长输管道、铁路、公路、通信、海洋工程等工程勘察的收费。专业工程勘察中的一些项目可以执行通用工程勘察收费标准。

③通用工程勘察收费采取实物工作量定额计费方法计算,由实物工作收费和技术工作收费两部分组成。专业工程勘察收费方法和标准,分别在煤炭、水利水电、电力、长输管道、铁路、公路、通信、海洋工程等章节中规定。

(2)通用工程勘察收费计算公式

①工程勘察收费:工程勘察收费基准价×(1±浮动幅度值);②工程勘察收费基准价:工程勘察实物工作收费+工程勘察技术工作收费;③工程勘察实物工作收费:工程勘察实物工作收费基价×实物工作量×附加调整系数;④工程勘察技术工作收费:工程勘察实物工作收费×技术工作收费比例。

(3)工程勘察收费基准价

工程勘察收费基准价是按照本收费标准计算出的工程勘察基准收费额，发包人和勘察人可以根据实际情况在规定的浮动幅度内协商确定工程勘察收费合同额。

(4)工程勘察实物工作收费基价

工程勘察实物工作收费基价是完成每单位工程勘察实物工作内容的基本价格。工程勘察实物工作收费基价在《工程勘察设计收费标准》(2002年修订本)中相关章节的实物工作收费基价表中查找确定。

(5)实物工作量

实物工作量由勘察人按照工程勘察规范、规程的规定和勘察作业实际情况在勘察纲要中提出，经发包人同意后，在工程勘察合同中约定。

(6)附加调整系数

附加调整系数是对工程勘察的自然条件、作业内容和复杂程度差异进行调整的系数。附加调整系数分别列于总则和各章节中。附加调整系数为两个或者两个以上的，附加调整系数不能连乘。将各附加调整系数相加，减去附加调整系数的个数，加上定值1，作为附加调整系数值。

勘察设计收费详细内容见国家发展计划委员会、建设部2002年1月7日发布的《工程勘察设计收费标准》(2002年修订本)。

(三)岩土工程设计与检测监测工作量及收费计算方法

1.岩土工程设计工作量及收费计算方法

(1)岩土工程设计工作量

根据工程性质和技术要求，进行现场踏勘，收集分析已有资料，调查周边建筑物及地下管线情况；编制岩土工程设计文件，绘制施工图，提出试验、检测和监测方案；配合施工，解决岩土工程施工中的设计问题。

(2)岩土工程设计收费计算方法

根据工程类别、建筑物与场地的复杂程度按岩土工程概算额查表得出岩土工程设计收费基价。

2.岩土工程检测监测工作量及收费计算方法

岩土工程检测监测工作分为岩土工程检测监测实物工作和岩土工程检测监测技术工作。

(1)岩土工程检测监测实物工作

根据检测监测项目类别和场地的复杂程度查表得出岩土工程检测监测收费基价。

(2)岩土工程检测监测技术工作

岩土工程检测监测技术工作收费＝岩土工程检测监测实物工作收费基价×22%。

(四)岩土工程咨询、监理收费计算方法

国家物价局、建设部于1992年颁布的《关于发布工程建设监理费有关规定的通知》，规定工程建设监理费是根据监理业务范围、深度和工程的性质、规模、难易程度以及工作条件等情况，按照下列方法计取：

①按所监理工程概(预)算的百分比计收(表1.3.1)；

②按照参与监理工作的年平均人数计算，3.5万～5万元/(人×年)；

③不宜按①、②两项办法计收的，由建设单位和监理单位按协商的其他办法计收；

④中外合资、合作、外商独资的建设工程，工程建设监理费由双方参照国际标准协商确定。

工程建设监理收费标准　表 1.3.1

序号	工程概(预)算 M/万元	设计阶段(含设计招标)监理取费 a	施工(含施工招标)及保修阶段监理取费 b
1	$M<500$	$0.20\%<a$	$2.50\%<b$
2	$500\leqslant M<1\ 000$	$0.15\%<a\leqslant 0.20\%$	$2.00\%<b\leqslant 2.50\%$
3	$1\ 000\leqslant M<5\ 000$	$0.10\%<a\leqslant 0.15\%$	$1.40\%<b\leqslant 2.00\%$
4	$5\ 000\leqslant M<10\ 000$	$0.08\%<a\leqslant 0.10\%$	$1.20\%<b\leqslant 1.40\%$
5	$10\ 000\leqslant M<50\ 000$	$0.05\%<a\leqslant 0.08\%$	$0.80\%<b\leqslant 1.20\%$
6	$50\ 000\leqslant M<100\ 000$	$0.03\%<a\leqslant 0.05\%$	$0.60\%<b\leqslant 0.80\%$
7	$100\ 000\leqslant M$	$a\leqslant 0.03\%$	$b\leqslant 0.60\%$

(五)岩土工程治理(施工)预算费用的组成

岩土工程治理(施工)预算费用由定额直接费、其他直接费、间接费、计划利润和税金等组成。

1.定额直接费

定额直接费是指为完成某一项工程而直接消耗在该工程中的费用,由人工费、材料费和施工机械使用费等组成。

(1)人工费

人工费指为直接从事现场施工的生产工人开支的各项费用。

①基本工资:是指发放生产工人的基本工资。

②工资性补贴:是指按规定标准发放的物价补贴、煤(气)、燃气补贴、交通补贴、流动施工津贴、地区津贴等。

③生产工人辅助工资:是指生产工人年有效施工天数外非作业天数的工资,包括职工学习、培训期间的工资,调动工资,女工哺乳期间的工资,病假在六个月以内的工资及资产、探亲、婚、丧假期的工资、因气候影响停工的工资等。

④职工福利费:指按规定标准计提的工资福利费。

⑤生产工人劳动保护费:是指按规定标准发放的劳动保护用品的购置及修理费,防暑降温费,在有碍身体健康环境中施工的保健费用等。

(2)材料费

材料费指直接为生产某一工程而耗用的主要材料、其他材料、构件、零件、成品及半成品的预算价格以及周转材料的摊销费。各种材料的预算价格由下列费用组成:①材料原价;②材料供销部门手续费;③包装费;④运输费是指材料自来源地运到工地仓库或指定堆放地点的装卸车费、运车费以及途耗;⑤采购及保管费。

(3)施工机械使用费

施工机械使用费指为完成某一工程而支付的施工机械使用费,通常是以台班为单位计算,故又称施工机械台班费,内容包括:①折旧费;②大修费;③维修费及定期检查费;④安拆费及场外运输费;⑤燃料动力费;⑥人工费;⑦运输机械养路费、车船使用税及保险费。

2.其他直接费

其他直接费是指预算定额规定以外,现场施工中发生的或其他一些特殊情况所需具有直接费性质的费用。它包括如下费用。

①夜间施工增加费：是指为确保工程工期，需要在夜间连续施工而发生的照明设施，夜餐补助、降低工效等费用。

②冬、雨期施工增加费：是指在冬期或雨期采取防冻、防雨措施所需要增加的费用。

③材料二次搬运费。

④仪器、仪表使用费：是指通信、电子等设备安装工程所需安装、测试仪器、仪器摊销及修理费用。

⑤生产工具用具使用费：是指施工生产所需不属于固定资产的生产工具及检验用具等的购置、摊销和维修费，以及支付给工人自备工具补贴费。

⑥检验试验费：是指对建筑材料、构件、成品及半成品、工程等进行一般鉴定、检查所发生的费用，包括自设试验室进行试验所耗用的材料和化学药品等费用，以及技术革新和研究试制试验费。

⑦特殊工种培训费。

⑧工程定位复测、工程点交、场地清理等费用。

⑨特殊地区施工增加费：是指铁路、公路、通信、输电和长距离输送管道等工程在原始森林、高原、沙漠等特殊地区施工增加的费用。

3. 间接费

间接费指组织和管理施工而产生的费用，它是服务于每个单独经济核算岩土工程施工单位在施工所有岩土工程的费用，而不是某一个工程的费用。其内容如下所述。

(1)施工管理费

①管理人员的基本工资，工资性补贴、按规定标准提的职工福利费及劳动保护费等。

②差旅交通费：是指企业职工因公出差、工作调动的差旅费、退职，住勤补助费，市内交通及误餐补助费，职工探亲路费，劳动力招募费，离退休退职职工一次路费及交通工具油料、燃料、牌照、养路费等。

③办公费：是指企业办公用文具、纸张、账表、印刷、邮电、书报、会议、水、电燃料、煤(气)等费用。

④固定资产折旧、修理费：是指企业属于固定资产的房屋、设备、仪器等折旧及维修费用。

⑤工具用具使用费：是指企业和现场管理使用不属于固定资产的工具、器具、家具、交通工具、检验、试验、消防等的购置、摊销及维修费用。

⑥工会经费：是指企业按职工工资总额 2%计提的工会经费。

⑦职工教育经费：是指企业为职工学习先进技术和提高文化水平按职工工资总额的1.5%计提的费用。

⑧劳动保险费：是指企业支付离退休职工的退休金(包括职工劳保统筹基金)，价格补贴，医药费，易地安家补助费，职工退职金，六个月以上的病假人员工资，职工死亡丧葬补助费，抚恤费，按规定支付给离休干部的各项经费及按规定标准计提的职工待业保险费。

⑨财务费用：是指企业为筹集资金而发生的各项费用，包括企业经营期间发生的短期贷款利息净支出，汇兑净损失，调剂外汇手续费，金融机构手续费，以及企业筹集资金发生的其他财务费用。

⑩保险费：是指企业财产保险，车辆、高空作业等保险费用。

⑪税金：是指企业按规定缴纳的房产税，车船使用税，土地使用税，印花税及土地使用费等。

⑫其他费用：包括技术转让费、技术开发费、业务招待费、排污费、绿化费、广告费、公证费、法律顾问费、审计费、咨询费、按规定支付工程造价（定额）管理部门的定额编制管理费、劳动定额管理部门的定额测定费以及按有关部门规定支付的上级管理费等。

(2)临时设施费

临时设施费指施工企业为进行工程施工所必需的生活和生产用的临时建筑物、构筑物和其他临时设施费用等。

4.计划利润

计划利润是指实行独立核算施工企业完成某一工程计划应计取的利润，依据不同投资来源或工程类别实施差别利润率。

5.税金

税金是指国家税法规定的应计人工程造价内的营业税、城市建设维护税和教育附加费等。

(六)岩土工程施工图预算的作用及编制依据、方法

1.施工图预算的作用

施工图预算，就是根据拟建工程已批准的施工图和已确定的施工方法（施工组织设计），按照国家或省市颁发的工程量计算规则，分部分项地把拟建工程各工程项目的工程量计算出来，在此基础上，逐项地套用相应的现行预算定额，以货币的形式确定其单位价值，累计其全部的定额直接费和其他直接费，再根据规定的各项费用的取费标准和计算程序，计算出工程所需的间接费用，最后综合计算出该项工程的造价和技术经济指标。另外根据分项工程量分析材料和人工用量，汇总出各种材料和用工总量。

施工图预算是确定工程费用的主要文件，它有以下作用：①是确定工程造价的依据；②是银行向施工单位拨款或贷款的依据；③是施工企业编制预算成本，进行企业内部经济核算的依据；④是编制施工进度计划和进行工程统计的依据；⑤是施工单位和建设单位进行工程结算的依据。

2.施工图预算编制的依据

①审批后的施工图纸及设计说明书；②由主管颁发的并适用于本地区的现行预算定额、单位估价或单位估价汇总表；③审批后的施工组织设计或施工方案；④各项费用取费定额；⑤现行地区材料预算价格表；⑥国家或主管部门颁发的有关文件；⑦工程合同或施工准备协议；⑧预算手册及其他有关手册。

3.施工图预算的编制方法

①熟悉施工图纸；②了解现场情况；③熟悉预算定额，确定预算项目划分；④计算工作量；⑤套用预算定额；⑥编制预算书。

(1)填写工程量计算表

(2)预算程序表

岩土工程预算程序可分为三种方式：

①按定额直接费和其他直接费为计费标准的预算程序；

②按人工费为计费基础的预算程序（包工包料）；

③按人工费为计费标准的预算程序（包工不包料）。

一般岩土工程治理（施工）多采用第一种方式。

(3)编制预算表

把已计算好的各分部分项工程量及计量单位、单价、定额编号，按照定额分部分项顺序整理后一并填写到表格内。按表1.3.2的计算程序计算各项费用。

预算费用计算程序　　表 1.3.2

序　号	费用名称	计算方法
(一)	工程直接费用	Ⓐ+Ⓑ+Ⓒ+Ⓓ+Ⓔ+Ⓕ
Ⓐ	定额直接费	按定额计算
Ⓑ	人工费调整	Ⓐ×调整系数
Ⓒ	流动施工津贴	定额工日×流动施工津贴费率
Ⓓ	材料价差	(信息价−定额价)×材料消耗量
Ⓔ	机械费调整	Ⓐ×调整系数
Ⓕ	其他直接费	[(Ⓐ+Ⓑ+Ⓒ+Ⓓ+Ⓔ+Ⓕ)]×其他直接费率
(二)	间接费	(一)×间接费率
(三)	计划利润	[(一)+(二)]×规定税率
(四)	税金	[(一)+(二)+(三)]×当地税率
(五)	单位工程造价	(一)+(二)+(三)+(四)

(七)岩土工程施工预算费用的编制

1.岩土工程施工预算

岩土工程施工预算是由施工单位编制的,作为企业内部预算用。其作用在于:①是制订施工作业计划和组织施工的依据;②确定材料备料、组织进场计划的依据;③安排各工种劳动力人数和进场计划的依据;④确定施工机械用量的依据;⑤签发施工任务单和限额领料单的依据;⑥确定承包标准、计算劳动报酬的依据;⑦施工企业考核经营水平的依据。

2.岩土工程施工预算编制的依据

①现行施工定额;②施工图纸及其说明书;③岩土工程勘察报告及场地有关图件资料;④工程施工组织设计;⑤岩土工程施工图预算及预算定额等。

3.岩土工程施工预算的内容

治理(施工)预算通常包括如下两大部分内容。

(1)编制说明

①工程名称、性质及工程地点;②施工期限;③对施工图审查的意见及建议;④套用的定额名称及要求,工程量计算规则;⑤施工技术及节约措施;⑥施工可能存在的问题及处理意见;⑦施工预算中未包括的内容。

(2)计算表格

①工程量计算表;②分项人工、材料及机械分析表;③单位工程人工汇总表;④单位工程材料、机械汇总表。

4.岩土工程施工预算编制的方法及步骤

(1)编制方法

①实物法;②实物定额法。

(2)编制步骤

与施工图预算编制步骤大致相同,但施工预算项目划分、工程量和工料计算更细一些,还要进行两种预算比较。

(八)岩土工程施工预算和施工图预算的差异和对比分析

1.岩工工程施工预算和施工图预算的差异

(1)编制目的不同

施工预算是施工企业内部为挖掘潜力,降低生产成本,考核施工承包效果,合理安排调配企业内部人力、财力和物力等目的而编制的，是施工企业管理工作的一项重要措施。

施工图预算是为确定工程造价，编制工程标书、签订工程承包合同等目的编制的，是构成工程预算成本的主要内容。

(2)编制作用不同

施工预算是施工企业编制人工、材料及机械台班使用计划，签发施工任务单及限额领料单，进行企业内部承包考核和计算工人劳动报酬的依据，主要用于施工企业内部管理。

施工图预算是确定工程造价及银行拨款、施工企业与建设单位签订工程承包合同及进行工程结算的依据。

(3)采用定额不同

施工预算是根据施工定额编制的。施工图预算是根据预算定额编制的。一般预算定额标准较施工定额标准高。

(4)编制内容不同

施工预算是以实物形式反映工程施工中人工、材料及机械台班的消耗量。

施工图预算主要以货币形式反映工程的定额直接费、其他直接费和间接费等费用组成的工程造价。

(5)计算方法规则不同

施工定额中规定的工程量计算规则与预算定额中的规定不一样，施工预算编制多采用实物法，即通过计算各分项工程的工程量，套用施工定额得出各分项工程的人工、材料及机械台班消耗量，相加即得出各分部或单位工程的汇总量。

施工图预算是先计算出各分项工程的工程量，再乘以预算定额单价，得出各分项工程定额直接费和其他直接费，而后汇总整个工程的定额直接费和其他直接费，最后按取费标准和程序计算出工程间接费等其他费用，得出工程造价。

2.施工预算与施工图预算对比分析

(1)施工预算与施工图预算对比分析的概念

施工预算与施工图预算对比分析是指在施工前，将影响成本的因素进行对比分析，预先找出节约或超支的原因，提出解决措施，是防止企业出现亏损的一种手段。

施工预算与施工图预算的对比分析以施工预算内容为准，主要对比工程量、用工数、材料和机械台班消耗量。

(2)施工预算与施工图预算的对比分析方法

①实物对比分析法就是将工程施工中所消耗的人工、材料和机械台班消耗的实物数量，根据工程规模大小和复杂程度，以分项工程、分部工程或单位工程为对象，逐一进行对比分析。

②金额对比分析法就是将施工预算中的人工、材料及机械台班消耗量，乘以施工定额中对应的单价得到施工预算的人工费、材料费、机械费和定额直接费与同项目施工图预算的人工费、材料费及定额直接费进行对比分析。

第四节　我国岩土工程招标与投标

凡各类工程建设项目的勘察、设计、监理等服务的采购，单项合同估算价在50万元以上的、或岩土施工单项合同估算价在200万元以上的、或项目总投资在3 000万元以上的，除某些按规定不宜招标的特殊工程外，均应实行招标。

岩土工程招标投标，应当坚持公开、公正、公平竞争的原则，以技术水平、管理水平、社会信誉和合理报价等情况开展竞争，不受地区、部门限制，择优评定承包单位。

(一)招标投标的主要方式

我国现行的招标投标方式主要有公开招标和邀请招标。公开招标是一种无限竞争性招标。由招标单位通过各种新闻渠道发布招标公告,在某一地区或全国范围内公开招标,凡符合规定条件的单位均可参加投标。邀请招标是一种有限竞争性招标。由招标单位向若干个有承包能力的企业发出招标通知,邀请其参加投标。

(二)招标投标程序

1.确定招标方式(略)

2.编发招标文件

招标文件主要内容:工程综合说明;技术图纸和技术资料;工程量清单;工程承包方式;技术质量要求;合同条款;投标、开标、评标、定标等活动的日程安排;投标书的编制要求及评标、定标原则及投标须知等。

3.投标资格审查

资格审查的主要内容包括企业等级,曾承担过同类工程项目的规格及完成情况,企业资信等级,企业法人情况,企业营业执照,资质证书,投标许可证书,企业技术水平,施工设备及人员情况等。

4.编制标底

标底由招标单位自行编制或委托经认定具有编制标底能力的咨询、监理单位编制。

(1)编制标底应遵循的原则

①根据设计图纸及有关资料、招标文件、参照国家规定的技术、经济标准定额及规范,确定工程量和编制标底;②标底价格应由成本、利润、税金组成,一般应控制在批准的总概算(或修正概算)及投资包干的限额内;③标底价格作为建设单位的期望计划价,应力求与市场的实际委托吻合,要有利于竞争和保证工程质量;④标底价格应考虑人工、材料机械台班等价格变动因素,还应包括施工不可预见费,包干费和措施费等;工程要求优良的,还应增加相应的费用;⑤一个工程只能编制一个标底。

(2)标底的主要内容

标底的主要内容包括工作量表;分部分项工程的单价;工程项目的直接费、间接费及利润;不可预见费用的估算;工程项目的总造价即标底总价;主要材料的需用量;工程项目的工期等。

5.组织投标单位踏勘现场,并对招标文件答疑(略)

6.开标、评标和定标并发出中标通知书(略)

7.建设单位与中标单位签订承发包合同(略)

(三)投标书的主要内容

①封面;②投标综合说明;③承包工程的方式;④工程总报价和价格组成的分析;⑤计划开工、竣工日期及工程总工期;⑥施工组织设计和质量保证措施;⑦要求建设单位提供的配合条件。

(四)投标报价的依据和基本原则

1.投标报价的主要依据

①招标文件(包括对技术、质量和工期的要求);②施工图纸、设计文件及说明、工程量清单等;③现行建设预算定额或概算定额、单位估价表及取费标准;④材料预算价格和材料预算价差;⑤施工组织设计或施工方案;⑥现场施工条件;⑦本企业施工组织管理水平及施工技术力量、设备装备能力等;⑧本企业过去同类工程施工成本数据;⑨影响报价的企业内部因素和市场信息。

2.投标报价的基本原则

①根据承包方式做到"内细算外粗报";②研究招标文件中双方经济责任;③充分利用现场勘

察资料；④选择经济合理的施工方案；⑤选择的报价计算方法要简明，数据资料要有依据。

（五）编制标书的方法步骤

①做好报价准备工作，熟悉招标文件、图纸、资料，了解施工现场的实际情况；②进行调查研究搞好施工方案设计；③计算或核实工程量；④分部分项工程单价分析；⑤施工管理费的计算；⑥确定其他间接费及利润；⑦决定投标报价。

（六）编制标书中的注意事项

①标书格式要规范，标书内容一定要符合招标文件的要求。②投标报价一定要切合企业实际。③做好标书内容的保密工作。④防止出现废标。当标书出现下列情况之一视为废标：a. 标书未密封；b. 未加盖本单位和法定代表人或法定代表人委托代理人的印鉴；c. 逾期送达；d. 未按招标文件规定的格式填写或内容不全或字迹模糊，辨认不清；e. 投标单位未参加开标会议。

第五节　工程建设监理与岩土工程监理

（一）工程建设监理的一般概念及其范围

1. 工程建设监理的一般概念

工程建设监理是指监理单位受业主（项目法人）的委托，以工程建设为对象，依据国家批准的工程项目建设文件、有关工程建设的法律、法规、技术标准和工程建设监理合同及其他相关的工程建设合同，综合运用法律、经济、行政和技术手段，对工程建设参与者的行为和他们的责权利，进行必要的协调、监督和管理，以保障工程井然有序，顺畅进行，达到工程建设的好、快、省和取得最大投资效益的目的。

监理单位与业主（项目法人）、第三方（承建商）之间关系。

①工程建设监理单位是以专业化社会化的形式，既接受业主（项目法人）的委托，按照国家规定的监理酬金标准收取监理费用，也根据合同和有关法律、法规代表业主对承建工程某个环节（方面）或整个项目在实施过程中的行为进行监督管理。

②工程建设监理单位在组织关系上是处于独立的地位，不受业主的支配，只是按合同和有关法律、法规行事；在处理业主和承建商之间的权益利害矛盾问题上，监理单位（监理机构）要不偏不倚地站在公正的立场上维护双方的正当权益。

③工程建设监理单位人员不仅要忠于职守，认真进行监理；同时要尽可能协助承建商解决有关问题。

④在工程项目建设管理中，工程建设项目的投资使用和工程中重大问题的决策由业主负责，有关项目（或某方面）的监理由该项目（或某方面）的总监理工程师负责，工程各环节（方面）的实施由有关方面的项目经理负责。

⑤工程建设监理单位在从事工程建设监理活动中，应当遵循守法、诚信、公正、科学的准则。

2. 工程建设监理的范围

①大、中型工程项目；②市政、公用工程项目；③政府投资兴建和开发建设的办公楼、社会发展事业项目和住宅工程项目；④外资、中外合资、国外贷款、赠款、捐款建设的工程项目；⑤国家规定必须实行监理的其他项目。

（二）岩土工程监理的基本概念及其业务范围

1. 岩土工程监理的基本概念

岩土工程监理指对解决和处理某个具体工程建设项目中涉及土和岩石的调查、研究、利用、整治或改造的各个环节（方面）参与者的行为和他们的责权利，依据有关的法律、法规和技术标准，综合运用法律、经济和技术的手段，按照业主（项目法人）委托的合同，进行必要的协调约束，保证岩土工程各环节（方面）行为有条不紊地快速进行，以取得优质的工程质量和最大的投资效益与良好的环境效益和社会效益。

2. 岩土工程监理的业务范围

属于工程建设监理范围的或对岩土工程监理有特殊需要的都应该是岩土工程监理的业务范围，参见表 1.5.1。

岩土工程监理的业务范围　　表 1.5.1

划分依据	分　类	工作内容或工作对象
按工作内容分	岩土工程勘察监理	主要是协助业主选择岩土工程勘察单位或勘察招标，商谈勘察合同，并监督勘察合同的实施；质量预控制；现场勘察工作质量和安全控制；勘察成果质量控制；工程进度控制；审核勘察费用结算；提交监理报告等
	岩土工程设计监理	主要是促使岩土工程设计工作保障工程的可靠性，提高其经济性，具体内容包括协助业主选择岩土工程设计单位或设计招标，商签岩土工程设计合同并监督设计合同的实施；复核设计方案和设计图纸的质量控制；设计进度控制；工程投资控制；审核工程费用预概算和设计费用结算；提交监理报告等
	岩土工程监测监理	主要协助业主提出并编制任务书，选择监测单位商签监测合同并监督合同的实施；质量预控制；监测进度控制，现场（或室内）监测工作质量或安全控制，审核确认监测成果报告和监测费用；提交监理报告等
	岩土工程施工监理	主要是协助业主选择岩土工程承建商（施工单位）或施工招标，商签施工合同并监督合同的实施；协助业主与承建商编写开工报告；审查并确认承建商的分包商资质条件；质量和安全预控制措施；施工准备控制；工程材料控制；施工过程控制；工程进度与投资控制；检查施工质量、验收、认签分部分项工程和各项隐蔽工程，签署每月工程进度支付报表；参与处理工程事故，监督事故处理方案的实施，检查其质量验收与认签；督促整理合同文件、施工技术档案资料，协助组织施工验收；审查确认工程施工费用结算；提交监理报告等
按工程对象分	房屋建筑岩土工程监理	一般工业与民用建筑，包括低层、多层、特别是高层、超高层及重大深的工业厂房岩土工程的勘察、设计、监测和施工的监理。从岩土工程施工角度看，主要包括桩基工程、基坑工程、基础工程和地基处理
	铁路岩土工程监理	主要包括一般路基工程、路堤工程、路堑工程、改河工程、大型改沟工程、河堤防护工程等的岩土工程各环节（方面）的监理
	地铁岩土工程监理	包括地下铁道的土木建筑，各种管线等的岩土工程各环节（方面）的监理
	公路岩土工程监理	主要包括一般路基工程、路堤工程、路堑工程、改河工程、大型改沟工程、河堤防护工程等的岩土工程各环节（方面）的监理
	机场岩土工程监理	主要是指场道工程（包括升降带、净空道、停机坪、滑行道等）以及有关工程的岩土工程各环节（方面）的监理
	矿山建井岩土工程监理	主要包括竖井、溜槽、溜井、斜井和平洞等的岩土工程各环节（方面）的监理

续上表

划分依据	分　类	工作内容或工作对象
按工程对象分	油气管道岩土工程监理	主要包括输油气管道线路工程(含跨越工程)、站场工程、配套工程等的岩土工程各环节(方面)的监理
	核电岩土工程监理	包括核反应堆、反应堆大厅、安全壳、总控制室、核燃料装卸库、核辅助厂房、安全进水结构、安全泵房、应急柴油发电机房、汽轮发电机房等的岩土工程各环节(方面)的监理
	电力岩土工程监理	包括主要生产建筑物(主要有主厂房、吸尘机房、除尘构筑物、烟囱、屋内卸煤装置、碎煤机室及转运站、封闭式运煤栈桥、运煤隧道、各种控制楼、室内配电装置楼等)、辅助厂房、构筑物和附属建筑物以及高压、超高压输电线路的岩土工程各环节(方面)的监理
	水利水电岩土工程监理	包括拦河坝、水工隧道、渠道、船闸、溢洪道、厂房、升压开关站以及其他附属建筑物等的岩土工程各环节(方面)的监理
	港口岩土工程监理	主要包括码头、船坞、驳岸、导堤、防波堤、引桥围堰、航道、港池等港口岩土工程各环节(方面)的监理
	船厂岩土工程监理	主要包括船台、滑道、船坞、升船帆等水工建筑物岩土工程各环节(方面)的监理
	填海岩土工程监理	为各种目的(围海造田、造陆,用于发展农工业和修建机场等)而填海的岩土工程各环节(方面)的监理
	地下工程监理	包括铁路隧道、公路隧道,水电站的输水、泄水隧洞、地下厂房、人民防空工程、水下地下通道等的岩土工程各环节(方面)的监理
	边坡与滑坡岩土工程监理	包括边坡或滑坡治理的岩土工程各环节(方面)的监理
	桥涵岩土工程监理	主要包括铁路、公路和市政道路的桥涵岩土工程各环节(方面)的监理
按岩土工程施工方法分	换(填)土处理施工监理	包括砂(砾砂、碎石)垫层、土(素土、灰土、二灰土)垫层、粉煤灰垫层、高炉干渣垫层等的施工监理
	土桩与灰土桩施工监理	包括土桩与灰土桩施工监理
	石灰桩施工监理	采用人工或机械成孔的石灰桩施工监理
	砂桩施工监理	采用振动或冲击成孔的砂桩施工监理
	干法碎石桩施工监理	包括干振管外投料法、干振带混凝土头管填料法和干振管内投料挤密法的干法碎石桩施工监理
	振动水冲桩施工监理	采用振动水冲法造孔的振冲碎石桩的施工监理
	深层搅拌桩施工监理	采用深层搅拌法加固软土地基的施工监理
	高压喷射注浆施工监理	包括旋喷注浆、定喷注浆和摆喷注浆三种方法的高压喷射注浆的施工监理
	灌浆施工监理	包括用气压、液压或电化学方法灌浆以加固地基、坝体及边坡、截水、堵漏、房屋纠偏、岩溶处理等施工监理
	预压排水固结法施工监理	采用预压排水固结法加固软土地基的施工监理

续上表

划分依据	分　类	工作内容或工作对象
按岩土工程施工方法分	强夯施工监理	采用强夯法加固碎石土、砂土、低饱和度的粉土与黏性土、湿陷性黄土、杂填土和素填土等地基的施工监理
	钻、冲孔灌注桩施工监理	采用钻或冲成孔的灌注桩施工监理
	挖孔灌注桩施工监理	采用挖孔方法的灌注桩的施工监理
	沉管灌注桩施工监理	采用静压、锤击或振动等方法沉管的灌注桩，用于加固一般黏性土与粉土、松砂、软土及填土等地基的施工监理
	废渣混凝土桩施工监理	采用振动沉管、钻探或人工等方法成孔的废渣混凝土桩的施工监理
	打入桩静压桩施工监理	采用打入或静压的方法使钢筋混凝土预制桩或钢桩进入地基中预定深度的施工监理
	沉井、沉箱施工监理	包括在工业与民用建筑工程和公路桥涵工程中采用的沉井、沉箱施工监理
	地下连续墙施工监理	采用抓斗式、冲击式、回转式或钻进式的成墙工艺的地下连续墙施工监理
	板桩墙施工监理	采用木桩、钢板桩或钢筋混凝土桩等的连续墙施工监理
	锚固施工监理	采用胶结型或机械型锚杆的锚固施工监理
	土钉施工监理	采用钻孔注浆型、打入型或射入型土钉的施工监理
	降水工程施工监理	采用井点降水或集水坑降水等方法的降水工程施工监理

(三)岩土工程监理与工程建设监理的关系

岩土工程监理是工程建设监理不可缺少的重要组成部分；同时，岩土工程监理也是岩土工程的一个不可缺少的重要组成部分。

(四)岩土工程监理和工程建设监理的主要工作目标和工作方法

1. 岩土工程监理和工程建设监理的主要工作目标

岩土工程监理与工程建设监理的主要工作目标基本相同。

①投资控制；②进度控制；③质量控制。

2. 岩土工程监理和工程建设监理的工作方法

(1)工程建设监理的一般工作方法

①编制工程建设监理规划；②按工程建设进度、分专业编制工程建设监理细则；③按照建设监理细则进行建设监理；④参与工程竣工验收，签署建设监理意见；⑤建设监理业务完成后，向业主(项目法人)提交工程建设监理档案资料。

(2)岩土工程监理的一般工作方法

岩土工程监理的一般工作方法与工程建设监理的基本相同，即：

①编制岩土工程监理规划；②按岩土工程某环节(或方面)进度、分专业编制岩土工程监理细则；③按照岩土工程监理细则进行岩土工程监理；④参与成果或工程竣工预验收，签署岩土工程监理意见；⑤岩土工程监理业务完成后，向业主(项目法人)提交岩土工程监理档案资料。

(五)岩土工程监理的基本特点

岩土工程监理主要有以下五个特点。

①隐蔽性。由于岩土工程监理的工程对象主要是地下隐蔽工程，因此，岩土工程监理更

要严密细致、方法得当。

②复杂性。由于岩土体，特别是土体是非均质各向异性的，特殊性岩土需要专门的工程勘察、设计和施工方法，因此，工程类型繁多，遇到的岩土工程问题可以有多种多样。

③风险性。由于岩土体的非均质性，特别是在复杂条件下场地条件的多变性，有时会严重影响岩土工程评价和监控的精度，给岩土工程监理带来风险。

④时效性。由于岩土工程的隐蔽性，在其各环节参与者行为进行的过程中，如不及时监控检测，过后一般就难以补救，因此，岩土工程监理有特别强的时效性。

⑤综合性。岩土工程监理是服务并指导工程建设的全过程；涉及的专业是多种多样的，如岩土工程、工程结构、工程施工、工程技术经济、工程物探、原位测试、工程测量、水文地质及环境工程地质等。因此，在组建岩土工程监理机构时，须根据任务的规模和复杂程度，配备具有所需专业特长的监理工程师和其他监理人员。

(六)岩土工程监理工作的基本原则

岩土工程监理工作的基本原则包括：①权责一致；②统一指挥；③严禁自监；④及时监控；⑤严字当头；⑥全局观点；⑦热情服务；⑧以理服人。

(七)岩土工程监理的对象和依据

1.岩土工程监理的对象

岩土工程监理的对象指具体工程项目(或某个方面)的岩土工程实施者，根据监理合同规定可以是一个或几个岩土工程勘察单位、岩土工程设计单位、岩土工程监测单位和岩土工程施工单位等。

2.岩土工程监理的依据

①法律：包括《合同法》《建筑法》《民事诉讼法》《民法通则》《承包合同条例》《环境保护法》等与工程建设活动有关的法律。

②法规：包括国务院制定的有关法规，国家有关主管部门制定的法规，交通运输部、水利部等行业的主管部门发布的有关文件，省、市、自治区等地区的主管部门制定的地方性法规等。

③工程技术标准：包括岩土工程勘察、岩土工程设计、岩土工程施工及工程验收等方面有关的规范、规程、标准等。

④勘察设计文件：按照规定的程序审定批准的岩土工程勘察设计文件及说明。

⑤依法签订的岩土工程勘察合同、岩土工程设计合同、岩土工程施工合同、岩土工程监测合同、岩土工程承包合同、岩土工程分包合同等。

⑥依法签订的岩土工程监理委托合同。

⑦各有关部委、地区的主管部门颁发的现行的有关岩土工程勘察、设计、施工、监测和监理工作定额与收费标准。

⑧各有关部委、地区的主管部门颁发的关于工程概算、预算定额与编制办法、工程投资估算指标、项目经济评价方法、项目建设工期定额、工程招标、投标管理办法。

⑨业主有关质量管理的规定和书面指令。

第六节 岩土工程合同

(一)《合同法》中建设工程合同部分的主要内容

《合同法》对建设工程合同作出了明确规定，现将其中的部分系数摘录如下：

第 269 条　建设工程合同是承包人进行工程建设,发包人支付价款的合同。建设工程合同包括工程勘察、设计、施工合同。

第 270 条　建设工程合同应采用书面形式。

第 271 条　建设工程的招标投标活动,应当依照有关法律的规定公开、公平、公正进行。

第 272 条　发包人可以与总承包人订立建设工程合同,也可以分别与勘察人、设计人、施工人订立勘察、设计、施工承包合同。发包人不得将应当由一个承包人完成的建设工程肢解成若干部分发包给几个承包人。总承包人或者勘察、设计、施工承包人经发包人同意,可以将自己承包的部分工作交由第三人完成。第三人就其完成的工作成果与总承包人或者勘察、设计、施工承包人向发包人承担连带责任。承包人不得将其承包的全部建设工程转包给第三人或者将其承包的全部建设工程肢解以后以分包的名义分别转包给第三人。禁止承包人将工程分包给不具备相应资质条件的单位。禁止分包单位将其承包的工程再分包。建设工程主体结构的施工必须由承包人自行完成。

第 273 条　国家重大建设工程合同,应当按照国家规定的程序和国家批准的投资计划、可行性研究报告等文件订立。

第 274 条　勘察、设计合同的内容包括提交有关基础资料和文件(包括概预算)的期限、质量要求、费用以及其他协作条件等条款。

第 275 条　施工合同的内容包括工程范围、建设工期、中间交工工程的开工和竣工时间、工程质量、工程造价、技术资料交付时间、材料和设备供应责任、拨款和结算、竣工验收、质量保修范围和质量保证期、双方相互协作等条款。

第 276 条　建设工程实行监理的,发包人应当与监理人采用书面形式订立委托监理合同。发包人与监理人的权利和义务以及法律责任,应当依照本法委托合同以及其他相关法律、行政法规的规定。

第 277 条　发包人在不妨碍承包人正常作业情况下,可以随时对作业进度、质量进行检查。

第 278 条　隐蔽工程在隐蔽以前,承包人应当通知发包人检查。发包人没有及时检查的,承包人可以顺延工程日期,并有权要求赔偿停工、窝工等损失。

第 279 条　建设工程竣工后,发包人应当根据施工图纸及说明书、国家颁发的施工验收规范和质量检验标准及时进行验收。验收合格的,发包人应当按照约定支付价款,并接收建设工程。建设工程竣工经验收合格后,方可交付使用;未经验收或者验收不合格的,不得交付使用。

第 280 条　勘察、设计的质量不符合要求或者未按照期限提交勘察、设计文件拖延工期,造成发包人损失的,勘察人、设计人应当继续完善勘察、设计,减收或者免收勘察、设计费并赔偿损失。

第 281 条　因施工人的原因致使建设工程质量不符合约定的,发包人有权要求施工人在合理期限内无偿修理或者返工、改建。经过修理或者返工、改建后,造成逾期交付的,施工人应当承担违约责任。

第 282 条　因承包人的原因致使建设工程在合理使用期限内造成人身和财产损害的,承包人应当承担损害赔偿责任。

第 283 条　发包人未按照约定的时间和要求提供原材料、设备、场地、资金、技术资料的,承包人可以顺延工程日期,并有权要求赔偿停工、窝工等损失。

第 284 条　因发包人的原因致使工程中途停建、缓建的,发包人应当采取措施弥补或者减少损失，赔偿承包人因此造成的停工、窝工、倒运、机械设备调迁、材料和构件积压等损失和实际费用。

第285条　因发包人变更计划，提供的资料不准确，或者未按照期限提供勘察、设计工作条件而造成勘察、设计的返工、停工或者修改设计，发包人应当按照勘察人、设计人实际消耗的工作量增付费用。

第286条　发包人未按照约定支付价款的，承包人可以催告发包人在合理期限内支付价款。发包人逾期不支付的，除按照建设工程的性质不宜折价、拍卖的以外，承包人可以与发包人协议将工程折价，也可以申请人民法院将该工程依法拍卖。建设工程的价款就该工程折价或者拍卖的价款优先受偿。

第287条　本章没有规定的，适用承揽合同的有关规定。

(二)与岩土工程有关的工程合同的种类

与岩土工程有关的工程合同有下列几种：

①建设(岩土)工程勘察合同；②建设(岩土)工程设计合同；③建设(岩土)工程施工(治理)合同；④(岩土)工程检测、监测合同；⑤工程建设监理合同或岩土工程监理合同。

(三)建设(岩土)工程勘察设计合同的主要内容

建设部和国家工商行政管理局于2000年3月1日发布了《建设工程勘察合同(示范文本)》(GF—2000—0203)，建设工程勘察合同适用于岩土工程勘察、水文地质勘察(含凿井)、工程测量、工程物探；建设工程勘察合同(二)适用于岩土工程设计、治理、监测。

勘察设计合同应具备以下主要条款：

①建设工程名称、规模、投资额、建设地点；

②委托方提供资料的内容、技术要求及期限；承包方勘察的范围、进度和质量；设计的阶段、进度、质量和设计文件份数；

③勘察、设计取费的依据，取费标准、费用总额及支付办法；

④委托方、承包方责任及违约责任。

(四)建设工程施工合同的主要内容

住房城乡建设部、国家工商行政管理总局制定了《建设工程施工合同(示范文本)》(GF—2013—0201)，《建设工程施工合同(示范文本)》由协议书、通用条款、专用条款三部分组成，并附有三个附件：承包人承揽工程项目一览表、发包人供应材料设备一览表、工程质量保修书。

协议书是《建设工程施工合同(示范文本)》的总纲性文件，它规定了合同当事人双方最主要的权利、义务，规定了组成合同的文件及合同当事人对履行合同义务的承诺，并且合同当事人在这份文件上签字盖章、具有很高的法律效力。协议书的内容包括：工程概况、合同工期、质量标准、签约合同价和合同价格形式、项目经理、合同文件构成、承诺、词语含义、签订时间、签订地点、补充协议、合同生效条件、合同份数。

通用条款对承包双方的权利、义务作出规定，除了双方协商一致对其中的某些条款作了修改、补充或取消，双方都必须履行。通用条款包括以下主要内容：①词语定义及合同文件；②双方一般权利和义务；③施工组织设计和工期；④质量与检验；⑤安全施工；⑥合同价款与支付；⑦材料设备供应；⑧工程变更；⑨竣工验收与结算；⑩违约、索赔和争议；⑪其他。

考虑到通用条款不能完全适用于各个具体工程，因此配之以专用条款对其作必要的修改和补充，使通用条款和专用条款成为双方统一意愿的体现。专用条款的条款号与通用条款相一致，但主要是空格，由当事人根据工程的具体情况予以明确。

《建设工程施工合同（示范文本）》的附件是对合同当事人的权利、义务的进一步明确，使施工合同当事人的有关工作更加明确，便于执行和管理。

（五）建设工程监理合同的主要内容

住房和城乡建设部、国家工商行政管理总局制定了《建设工程监理合同（示范文本）》（GF—2012—0202），合同文件包括协议书、通用条件、专用条件、附录 A 和附录 B 五个部分。

协议书是一个总的协议，是纲领性的法律文件。其中明确了当事人双方确定的委托监理工程的概况（工程名称、地点、工程规模、工程概算投资额或建筑安装工程费）；总监理工程师；委托人向监理人支付的监理报酬及各建设阶段的服务酬金；监理期限；合同签订的时间和地点。协议书是一份标准的格式文件，经当事人双方在有限的空格内填写具体规定的内容并签字盖章后，即发生法律效力。

建设工程监理合同的通用条件，其内容涵盖了合同中所用词语定义，监理人的义务，委托人的义务，违约责任，支付，合同生效、变更、暂停、解除与终止，争议解决，其他情况。它是建设监理合同的通用条件，适用于各类建设工程项目。监理委托人、监理人都应遵守。

由于通用条件适用于各种行业和专业项目的建设工程监理，因此其中的某些条款规定得比较笼统，需要在签订具体工程项目监理合同时，结合地域特点、专业特点和委托监理项目的工程特点，对通用条件中某些条款进行补充、修正。所谓“补充”是指通用条件中的条款明确规定，在该条款确定的原则下，专用条件的条款中进一步明确具体内容，使两个条件中相同序号的条款共同组成一条内容完备的条款。所谓“修改”是指通用条件中规定的程序方面的内容，如果双方认为不合适，可以协议修改。

为便于工程监理单位拓展服务范围和进一步细化合同义务，修订后的《建设工程监理合同（示范文本）》（GF—2012—0202）分别增加提出了附录 A 和附录 B 两项内容。附录 A 和附录 B 两项内容都是监理合同的重要组成部分。其中附录 A 列出了委托监理单位的相关服务范围和内容，由双方当事人协商确定，包括勘察阶段、设计阶段、保修阶段及其他（专业技术咨询、外部协调工作等）。并且在具体工作实践中监理单位也可结合自身条件服务水平将服务范围和内容延伸到项目定义、决策阶段，如项目建议书、可行性研究报告的编制工作等。附录 B 所列的委托单位派遣的人员和提供的房屋、资料、设备等内容是实施监理的必要条件，由合同双方当事人协商确定。

（六）履行合同的原则

①实际履行的原则，就是按照合同规定的“标的”履行。基本要求是不论以实际物为“标的”的合同，还是以工程项目和工作作为“标的”的合同，合同中规定什么必须交付什么，不能用其他的东西代替，也不允许用违约金或赔偿金的办法来代替合同的履行。这是我们社会主义国家履行经济合同的一项基本原则。在具体贯彻这项原则时，还必须灵活掌握，要从实际出发。遇有特殊情况，在客观上已经不可能履行时，或者由于某种情况的发生，实际履行会给对方或国家利益造成更大损失情况下，应允许支付违约金或赔偿金办法来代替实际履行，作为实际履行的补充，这叫做代替履行。

②全面履行的原则，双方当事人根据经济合同规定的“标的”的数量、质量、地点、价款、时间、履行方式，全面完成自己承担的义务，就叫全面履行。

《合同法》第 60 条规定，当事人应当按照约定全面履行自己的义务。当事人应当遵循诚实信用原则，根据合同的性质、目的和交易习惯履行通知、协助、保密等义务。因此，合同履行的原则有遵守约定原则和诚实信用的原则。

（七）违约责任

1.经济合同违约责任

①由于当事人某一方的过错，造成经济合同不能履行或者不能完全履行，由有过错的一方承担违约责任；如属双方的过错，根据实际情况，由双方分别承担各自应负的违约责任。对由于失职、渎职或者其他违法行为造成的重大事故或严重损失的直接责任者，应追究经济、行政责任直至刑事责任。

②由于上级领导机关或业务主管机关的过错，造成经济合同不能履行或者不能完全履行的，则上级领导机关或业务机关应承担违约责任，应先由违约方按规定向对方偿付违约金和赔偿金，再由应负责的上级领导机关或业务主管机关处理。

③当事人某一方由于不可抗拒的原因不能履行合同时，应及时向对方通报不能履行或需要延期履行、部分履行经济合同的理由，在取得有关主管机关的证明以后，允许延期履行、部分履行或者不履行，并根据情况全部免予承担违约责任。

④当事人一方违反经济合同时，应向对方支付违约金。如果由于违约已经给对方造成的损失超过违约金的，还应进行赔偿，补偿违约金不足的部分。对方要求继续履行合同的，应继续履行。

⑤违约金、赔偿金，企业应从企业基金、利润留成或盈亏包干分成中开支，不得计入成本；行政、事业单位从预算包干的节余经费中开支。

⑥违约金、赔偿金应在明确责任后 10 d 内偿付，否则按逾期付款处理。任何一方不得自行用扣发货物或扣款来充抵。

2.违反建筑安装工程承包合同承包方的责任

①工程质量不符合合同规定标准，发包方有权要求限期无偿修理或者返工、改建，经过修理或者返工、改建后，造成逾期交付的，承包方偿付逾期的违约金。

②工程交付时间不符合规定，按合同中违约责任条款的规定偿付逾期违约金。

3.发包方或委托方违反建筑安装工程承包合同的责任

①未按合同规定的时间和要求提供原材料、设备、场地、资金、技术资料等，除工程日期得以顺延外，还应偿付承包方因此造成停工、窝工的实际费用。

②由于变更计划，提供的资料不准确，或未按期提供必要的勘察、设计工作条件而造成勘察、设计的返工、停工或修改设计，按承包方实际消耗的工作量增付费用，因委托方责任而造成重大返工或重做设计，应另行增加费用。

③工程未验收发包方即提前使用，发现质量问题，自己承担责任。

④超过合同规定日期验收，按合同的违约责任条款的规定偿付逾期违约金，不按合同规定拨付工程款，按银行有关逾期付款办法或工程价款结算方法的有关规定自理。

4.岩土工程勘察、水文地质勘察、工程测量、工程物探合同违约责任

岩土工程勘察、水文地质勘察、工程测量、工程物探合同违约责任见《建设工程勘察合同（一）》（示范文本）第 6 条。

5.岩土工程设计、治理、监测合同违约责任

岩土工程设计、治理、监测合同违约责任见《建设工程勘察合同（二）》（示范文本）第 8 条。

(八)合同的管理和监督

合同管理是指各级业务主管部门和工商行政管理机关,通过经济的,行政的和法律的办法,对经济合同的全过程进行监督检查,这是一种具有法律性质的行政活动。

经济合同监督有以下三种形式:

①行政监督是指由各级业务主管部门和工商行政管理部门对合同的签订和履行情况进行监督检查,便于发现问题及时采取措施,予以排除,保证合同按期履行;

②银行监督又称业务监督,是指由与工程款项有业务关系的银行,通过信贷管理和结算管理的形式,对经济合同的订立和履行情况进行监督;

③企业内部监督是指企业内部职工有权对本单位所签订的经济合同履行进行监督,以维护自身的权利。企业内部职工发现有碍经济合同履行的情况,除能向有关部门反映之外,还可以提出解决问题的办法,使其经济合同按期全面履行。

第七节 有关工程勘察设计咨询业的主要行政法规

①《建筑法》——1997 年 11 月 1 日第八届全国人民代表大会常务委员会第二十八次会议通过,自 1998 年 3 月 1 日起施行,根据 2011 年 4 月 22 日第十一届全国人民代表大会常务委员会第 20 次会议《关于修改〈中华人民共和国建筑法〉的决定》修正。

②《建设工程质量管理条例》——2000 年 1 月 10 日国务院第 25 次常务会议通过,2000 年1月 30 日国务院令第 279 号发布执行。

③《建设工程勘察设计管理条例》——2000 年 9 月 20 日国务院第 31 次常务会议通过,2000 年 9 月 25 日国务院令第 293 号发布执行。

④《实施工程建设强制性标准监督规定》——2000 年 8 月 21 日经第 27 次部常务会议通过,2000 年 8 月 25 日发布施行。

⑤《工程勘察资质分级标准》。

⑥《合同法》。

⑦国家计划改革委员会《工程建设项目招标范围和规模标准规定》。

⑧国家计划改革委员会、建设部《工程勘察设计收费标准(2002 年修订本)》。

⑨《建设部关于进一步加强工程招标投标管理的规定》。

⑩《招标投标法》。

⑪建设部《勘察设计注册工程师管理规定》。

⑫建设部令第 141 号《建设工程质量检测管理办法》。

⑬国务院令第 394 号《地质灾害防治条例》。

⑭建市[2009]105 号《关于印发〈注册土木工程师(岩土)执业及管理工作暂行规定〉的通知》。

第八节 2000 版 ISO 9000 族标准

(一)几个基本概念

1. ISO

ISO是国际标准化组织(International Organization for Standardization)的简称,是世界

上最主要的非政府性国际标准化专门机构，和国际电工委员会(International Electrotechnical Commission，简称IEC)是当今世界上两个最大的国际标准化机构。IEC主要负责电工、电子领域的标准化活动，而ISO负责除电工、电子领域之外的所有其他领域的标准化活动。

ISO正式成立于1947年2月23日，前身是国际标准化协会国际联合会(ISA)，总部设在瑞士日内瓦。ISO的宗旨是:促进和协调全球范围内国际标准的制定活动及其他相关的国际标准化活动，建立国际间物流和服务的交换，出版国际标准，并促进这些标准的实施和应用，同时发展在知识、科学、技术、贸易和经济活动中与其他国际组织的合作;ISO的主要活动是制定国际标准，协调世界范围内的标准化工作，组织各成员国和各技术委员会进行情报交流，以及与其他国际组织合作，共同研究有关标准化问题。

ISO的成员是各国在标准化方面最具有广泛代表性的国家标准化机构。每个国家只能有一个机构可被接纳为正式成员团体。无成员团体的国家，其对标准化感兴趣的国家机构可以按其规定申请登记为无投票权的通信成员或注册成员。ISO目前有100多个成员。

2. ISO 9000

ISO于1979年成立了质量管理和质量保证技术委员会(ISO的第176个技术委员会，简称ISO/TC 176)，负责制定质量管理和质量保证标准。ISO的技术工作通过技术委员会(TC)和下设的分委会(SC)开展，其主要工作成果即为正式出版的国际标准:ISO标准、国际标准草案(DIS)等。

ISO于1986—1987年发布了6项国际标准，通称为ISO 9000系列标准。ISO/TC 176于1990年决定对标准分两阶段进行修订，第一阶段修改称之为“有限修改”，即在标准结构上不作大的改动，仅对标准的内容进行小范围的修改，由ISO发布了1994版的ISO 9000族标准。第二阶段修改是在总体结构和技术内容上做较大的全新修改，即2000版的ISO 9000族标准，ISO于2000年12月15日正式发布。ISO 9000不是指一个标准，而是一族标准的统称，1994年发布修订本时，ISO/TC 176提出了“ISO 9000族”是指“由ISO/TC 176制定的所有国际标准”。

3. GB/T 19000

1987年3月ISO 9000系列标准正式发布以后，原国家标准局成立了“全国质量保证标准化特别工作组”，并确定以等效采用为原则将ISO 9000系列标准转化成国家标准。1988年12月，我国正式发布了等效采用ISO 9000标准的GB/T 10300系列国家标准，并于1989年8月1日起在全国实施。1992年10月，国家技术监督局发布了国家标准GB/T 19000代替GB/T 10300，并于1993年1月实施，这套系列标准以等同方式采用了ISO 9000系列标准。1994年7月1日，ISO/IC 176委员会公布了对原87版的修订版和补充的ISO 9000族标准，我国等同采用该新标准，并发布了相应的GB/T 19000(94版)标准。

2000年12月28日，国家质量技术监督局将2000版ISO 9000等同采用为中国的国家标准。等同采用就是把ISO 9000系列标准的原文翻译过来直接作为国家标准，一般不作变动或稍作编辑性修改，等同采用的字母代号为idt或IDT，故GB/T 19000idtISO 9000是ISO 9000的译文，GB/T 19000实际上就是我国的ISO 9000系列标准。

4. 质量管理体系

指在质量方面指挥和控制组织的管理体系。质量指一组固有特性满足要求的程度。质量不仅是指产品质量，也可以是某项活动或过程的工作质量，还可以是质量管理体系运行的质量。质量管理指在质量方面指挥和控制组织的协调的活动。管理体系指建立方针和目标并实施这些目标的体系。质量管理体系首先要建立质量方针和质量目标，然后为实现这些质量目标确定相关的过程、活动和资源以建立一个管理体系，并对该管理体系实行管理。

5. 质量认证

I. ISO/IEC 指南 2—1991 中对"认证"的定义是："第三方依据程序对产品、过程或服务符合规定的要求给予书面证明"。2000 版 ISO 9000 族标准不是要将企业中的质量体系进行标准化，只是可供企业参考、选择、选用的任意性的质量体系模式及其要素：根据相应的标准和有关的技术规范对企业的某一产品或服务进行试验或检查，如果该产品符合这些标准或技术规范，则发给该企业有关该产品的认证合格证书，允许该产品出厂时使用合格证书，以证明该产品或服务符合相应的标准或技术规范，这种活动称之为"认证"。

质量认证按认证的对象分为产品质量认证和质量管理体系认证两类；产品质量认证是指依据产品标准和相应技术要求，经认证机构确认并通过颁发认证证书和认证标志来证明某一产品符合相应标准和相应技术要求的活动质量管理体系认证，是指对供方的质量管理体系进行的第三方评定和注册的活动，目的在于通过评定和事后监督来证明供方质量管理体系符合并满足需方对该体系规定的要求，对供方质量管理能力予以独立的证实。一般把产品质量认证和质量管理体系认证通称为"质量认证"，又叫"合格认证"。

(二) 2000 版 ISO 9000 族标准的基本内容

2000 版 ISO 9000 族标准由四部分组成：核心标准、其他标准、技术报告、相关手册，如表 1.8.1所示。

2000 版 ISO 9000 族标准文件结构　　表 1.8.1

核心标准	其他标准	技术报告	相关手册
ISO 9000：2000 ISO 9001：2000 ISO 9004：2000 ISO 19011：2002	ISO 10012：2003	ISO 10006 ISO 10007 ISO 100013 ISO/TR 10014 ISO 10015 ISO/TR 10017	《质量管理原则》 《选择和使用指南》 《小型组织实施指南》

1. ISO 9000：2000《质量管理体系一基础和术语》

此标准表述了 GB/T 19000 族标准中质量管理体系的基础，并确定了相关的术语。此标准适用于：

①通过实施质量管理体系寻求优势的组织；②对能满足其产品要求的供方寻求信任的组织；③产品的使用者；④就质量管理方面所使用的术语需要达成共识的人们（如供方、顾客、行政执法机构）；⑤评价组织的质量管理体系或依据 GB/T 19001 的要求审核其符合性的内容或外部人员和机构（如审核员、行政执法机构，认证机构）；⑥对组织质量管理体系提出建议或提供培训的内容或外部人员；⑦制定相关标准的人员。

2. ISO 9001：2000《质量管理体系一要求》

此标准为有下列需求的组织规定了质量管理体系要求：

①需要证实其有能力稳定地提供满足顾客和适用的法律法规要求的产品；

②通过体系的有效应用，包括体系持续改进的过程以及保证符合顾客与适用的法律法规要求，旨在增强顾客满意。

3. ISO 9004：2000《质量管理体系—业绩改进指南》

此标准提供了超出 GB/T 19001 要求的指南，以便考虑提高质量管理体系的有效性和效率，进而考虑开发改进组织业绩的潜能。与 GB/T 19001 相比，此标准将顾客满意和产品质量的目标扩展为包括相关方满意和组织的业绩。

此标准适用于组织的各个过程，因此，本标准所依据的质量管理原则也可在整个组织内应用。本标准强调实现持续改进，这可通过顾客和其他相关方的满意程度来测量。

此标准包括指南和建议，既不拟用于认证、法规或合同目的，也不是 GB/T 19001 的实施指南。

4. ISO 19011：2002《质量和或环境管理体系审核指南》

该标准提供了质量管理体系和环境管理体系审核的基本原则、审核方案的管理、审核的实施以及审核员资格要求等，旨在帮助组织优化其管理体系，加速质量和环境管理体系的融合，采取一次审核两种体系的方式为组织降低认证成本，减少对工作的影响。

5. ISO 10012：2003《测量管理体系》

该标准为每个组织提供一个"测量管理系统"模型，有助于该组织确保其测量设备和测量过程受控并有效，以实现产品质量和降低管理风险。该组织可通过实施 ISO 10012： 2003 标准来满足 ISO 9001：2000 和 ISO 14001：1996在测量和测量过程控制方面的要求。

（三）中国国家标准编号与 2000 版 ISO 9000 族标准的对应关系

GB 为中国国家标准缩写字头，T 为推荐性标准，2000 版 GB/T 19000 族国家标准与 ISO 9000 族标准的一一对应关系如表 1.8.2 所示。

中国国家标准编号与 2000 版 ISO 9000 的对应关系表 表 1.8.2

中国国家标准 GB/T 19000 族	2000 版 ISO 9000 族标准	中国国家标准 GB/T 19000 族	2000 版 ISO 9000 族标准
GB/T 19000—2000 GB/T 19001—2000 GB/T 19004—2000	ISO 9000：2000 ISO 9001：2000 ISO 9004：2000	GB/T 19011—2003	ISO 19011：2002 ISO 10012：2003

（四）实施 ISO 9000 族标准的意义

2000 版 ISO 9000 族标准总结了世界各国多年来标准化、质量管理、质量认证理论研究的成果和实践的经验，反映了当今世界科学技术和经济贸易的发展状况，具有通用性和指导性。它的发布为各种类型和规模的组织进一步提高其质量管理水平和市场竞争能力又一次提供了很好的学习机会和发展机遇。

1. 有利于全面提高组织的素质，提高整体管理水平

2000 版 ISO 9000 族标准鼓励组织在制定、实施质量管理时采用过程方法，管理体系提供了持续改进的框架，增加了顾客及其他方满意的机会，从而为有效提高组织的运作能力及整体素质提供了有效的方法。通过贯标与认证活动，可以引导组织树立"以满足顾客要求以经营宗旨，以产品质量为本，以竞争为手段，向市场要效益"的经营理念，使全体员工的质量意识与管理意识得到增强，促使组织的管理工作转向制度化、规范化、标准化，并建立起自我发现问题、自我改进、自我完善的机制，从而实施全面的科学管理。

2. 有利于提高质量管理水平，稳定并提高产品质量

产品即使完全按技术规范生产，当技术规范本身不完善或组织质量管理水平不健全时，也无法保证组织能够持续提供满足要求的产品。2000 版 ISO 9000 族标准对组织的质量管理与质量保证提出了最低要求，强调预防为主，建立了预防质量缺陷的机制，使影响产品质

量的技术、管理及人的因素始终处于受控状态,使组织能够对各个过程进行持续而有效地控制,从而稳定并提高了产品的质量。

3.有利于提高组织声誉,增强市场竞争力

组织按2000版ISO 9000族标准建立并实施了质量管理体系,一方面可以向市场证实自身有能力满足顾客的要求、提供合格的产品,另一方面产品的质量也确实能够得到稳定和提高,受到更多顾客的信任,这都可以为组织带来良好的声誉,增加了市场竞争力。

4.有利于国际贸易,消除技术壁垒

国际经济技术合作中,合作方必须在产品质量方面有共同的语言、统一的认识和共同遵守的规范,方能进行合作与交流。ISO 9000族标准已被作为相互认可的技术基础,国际范围内把获得该标准的认证纳入合格评定的程序之中,实施该标准已成为通向国际市场的"通行证"。许多国家为了保护自身的利益,设置了各种贸易壁垒,包括关税壁垒和非关税壁垒,而世界贸易组织成员国间排除了关税壁垒,只能设置技术壁垒,获得认证是清除技术壁垒的主要途径。

5.有利于建立现代化企业,与国际惯例接轨

建立现代企业制度就是要解决所有者和经营者的行为合理性问题,企业能够充分自主地支配其掌握的资源,独立地承担财产责任,保证资产的保值增值。在企业内部形成一种可监督的产权结构,以建立企业内部的利益平衡机制,在产权制度上要保证所有权能对经营权实行有效地约束,在这种机制下,人的行为规范和企业管理运行方式是处于一种严格的法制状态,不因个别人的行为变迁而发生变化。2000版ISO 9000族标准模式使企业质量工作科学化、规范化,顺应了这种客观要求,从企业的日常工作中来保证和促进现代企业制度的实施效果。现代化企业主要是指适应市场经济需要的公司法人制度,包括公司财产制度、责任制度、组织制度和管理制度,其中管理制度遵循"企业行为在很大程度上是市场行为"这一准则,强调与国际惯例接轨,而贯彻2000版ISO 9000族标准正是为了实现质量管理与质量保证工作的国际接轨。由第三方独立且公正的认证机构对企业实施质量体系认证,可以有效地避免不同顾客对企业能力的重复评定,不仅减轻了企业的负担,还有助于树立国内企业"按规则办事、尤其按国际规则办事"的形象,符合我国加入WTO的基本原则,为企业在国际经济技术合作的顺利进行营造了良好的环境。

6.有利于建立高品位的企业文化

现代企业的建立需要与之相适应的企业文化。企业文化是在现代企业管理基础上,以科学的管理思想和方法提出来的,2000版ISO 9000族标准及其所要求的人文环境,客观上形成了建立和发展现代企业文化的模式,有助于沟通企业内部的人际关系,使全员同呼吸共命运,从而形成良好的文化环境:

(五)八项质量管理原则

在ISO 9000:2000的"质量管理原则"前言中指出:"为了成功地领导和运作一个组织,需要采用一种系统和透明的方式进行管理。针对所有相关方的需求,实施并保持持续改进其业绩的管理体系,可使组织获得成功。质量管理是组织各项管理的内容之一。八项质量管理原则已经成为改进组织业绩的框架,其目的在于帮助组织达到持续成功"。

八项质量管理原则是2000版ISO 9000族标准的理论基础和指导思想,是质量管理实践经验和方法理念的总结,是质量管理的最基本、最通用的一般性规律,适用于所有类型的产品和组织,成为质量管理的理论基础。八项质量管理原则是组织的领导者有效实施质量管理工作必须遵循的原则。

1. 原则一：以顾客为关注焦点

组织依存于其顾客。因此，组织应理解顾客当前的和未来的需求，满足顾客要求并争取超越顾客期望。

任何组织均提供产品满足顾客的需求，如果没有顾客，组织将无法生存，顾客是每个组织存在的基础。现代市场经济的一个重要特征，就是绝大多数组织所面对的不是卖方市场，而是买方市场，顾客针对自身要求做出购买决策时，对组织的存在发展就有了决定性的意义。顾客之所以购买某种产品或服务，是基于自身的需要，组织要理解这种需要和期望，并针对这种理解和需要来开发、设计、提供产品和服务。因此，任何一个组织均应始终关注顾客，把顾客的要求放在第一位，将理解和满足顾客的要求作为首要的工作考虑来安排所有的活动。还要认识到市场是变化的，顾客是动态的，顾客的需求和期望也是不断发展的。因此，组织要及时地调整自己的经营策略和采取必要的措施，以适应市场的变化，持续地满足顾客不断发展的需求和期望，还应超越顾客的需求和期望，使自己的产品或服务处于领先的地位。

2. 原则二：领导作用

领导者确立组织统一的宗旨及方向。他们应当创造并保持使员工能充分参与实现组织目标的内部环境。

一个组织的领导者，即最高管理者，是“在最高层指挥和控制组织的一个人或一组人”，具有决策和领导一个组织的关键性作用。最高管理者的领导作用、承诺和积极参与，对建立并保持一个有效的和高效的质量管理体系并使所有相关方获益是必不可少的。领导作用的重要方面，即在于为组织发展确立方向、宗旨和战略规划，并对此在组织内进行统筹管理和协调，创造一个全体员工都能充分参与实现组织目标的内部氛围和环境。领导者应以既定目标为中心，将员工组织团结在一起，鼓舞和推动员工向既定目标努力前进。为此，领导者应赋予员工职责内的自主权，为其工作提供合适的资源，充分调动员工的积极性，发挥员工的主观能动性，鼓舞、激励员工的士气，增强员工的集体意识，提高员工的工作能力，使员工产生成就感和满足感。

3. 原则三：全员参与

各级人员都是组织之本，只有他们的充分参与，才能使他们的才干为组织带来收益。

全体员工是每个组织的基础。组织的质量管理是通过组织内各职能各层次人员参与实施的，不仅需要最高管理者的正确领导，还有赖于组织的全员参与，过程的有效性直接取决于各级人员的意识、能力和主动精神。为提高质量管理活动的有效性、确保产品质量能满足并超越顾客的需求和期望，就要重视对员工进行质量意识、职业道德、以顾客为关注焦点的意识和敬业精神的教育，激发员工的积极性和责任感。当每个人的积极性、主观能动性、创造性等都能得到充分发挥并能实现创新和持续改进时，组织将会获得最大的收益。以人为本是全员参与的基础和保证。

4. 原则四：过程方法

将相关的资源和活动作为过程进行管理，可以更高效地得到期望的结果。

任何利用资源并通过管理，将输入转化为输出的活动，均可视为过程；一个过程的输出可直接形成下一个或几个过程的输入。为使组织有效地运行，必须识别和管理众多相互关联的过程，系统地识别和管理组织所应用的过程，特别是这些过程之间的相互作用，就是“过程方法”。过程方法的目的是获得持续改进的动态循环，并使组织的总体业绩得到显著的提高。组织采用过程方法，是对每个过程考虑其具体的要求，使管理职责、资源管理、产品实现、测量分析的方式和改进活动都能相互有机地结合并做出恰当的考虑与安排，从而有效地使用资源、降低成本、缩短周期。在应用过程方法时，必须对每个过程，特别是关键过程的要素进行识别和管理。

5. 原则五：管理的系统方法

将相互关联的过程作为系统加以识别、理解和管理，有助于组织提高实现目标的有效性和效率。

“系统”指相互关联或相互作用的一组要素，质量管理体系的构成要素是过程。过程是相互关联和相互作用的，每个过程的结果都在不同程度上影响着最终产品的质量。要想对过程系统地实施控制，确保组织预定目标的实现，就需要建立质量管理体系，运用系统管理方法对各个过程实施控制。系统方法，即以系统地分析有关的数据、资料或客观事实开始，确定要达到的优化目标；然后通过系统工程，设计或策划为达到目标而应采取的各项措施和步骤，以及应配置的资源，形成一个完整的方案；最后在实施中通过系统管理而取得高效性和高效率。在质量管理中采用系统方法，就是要把质量管理体系作为一个大系统，对组织质量管理体系的各个过程加以识别、理解和管理，以达到实现质量方针和质量目标。

6. 原则六：持续改进

持续改进整体业绩应当是组织的一个永恒的目标。

持续改进是“增强满足要求的能力的循环活动”。事物是在不断发展变化的，都会经历一个从不完善到完善甚至更新改进的过程，人们对过程的结果的要求也在不断地提高，这就要求组织应适应外界环境的这种变化的要求，应不断改进其产品质量，提高质量管理体系及过程的有效性和效率，以满足顾客和其他相关方日益增长和不断变化的需求与期望，改过组织的整体业绩，只有坚持持续改进，组织才能不断进步，才能不断提高产品质量，保持较高的稳定的质量水平，在市场竞争中立于不败之地。最高管理者要对持续改进作出承诺，积极推动；全体员工也要积极参与持续改进的活动。持续改进是永无止境的，因此，坚持持续改进应成为每一个组织永恒的追求、永恒的目标、永恒的活动。

7. 原则七：基于事实的决策方法

有效决策建立在数据和信息分析基础上。

决策就是针对预定目标，在一定的约束条件下，从各个方案中选出最佳的一个付诸实施。成功的结果取决于活动实施之前的精心策划和正确的决策，决策是组织中各级领导的职责之一，在一定程度上可以认为是管理活动的核心，具有极为重要的地位和作用。有效的决策需要领导者用科学的态度，以充分占有和分析有关信息为基础，做出正确的决断。应充分重视统计分析技术在决策和质量管理中的作用，当输入的信息和数据足够且能准确地反映事物的真实性时，依照这一方法形成的决策方案应是可行或最佳的，是基于事实的有效的决策。

8. 原则八：互利的供方关系

组织与供方是相互依存的，互利的关系可增强双方创造价值的能力。

随着生产社会化的不断发展，社会分工越来越细，专业化程度越来越高，一个产品往往是多个组织分工协作的结果，任何一个组织部有供方或合作伙伴。供方向组织提供的产品对组织向顾客提供的产品产生着重要的影响，其高质量的产品为组织给顾客提供的高质量的最终产品提供保证，因此处理好与供方的关系，影响组织能否持续稳定地提供顾客满意的产品，还影响组织对市场的快速反应能力。而组织市场的扩大，则为供方增加了提供更多产品的机会，所以双方是相互依存的。良好的合作交流将使双方均增强创造价值的能力，优化成本和资源,对市场或顾客的要求做出快速的反应从而使双方受益。

(六)2000 版 ISO 9000 族标准与全面质量管理的关系

1. 全面质量管理的概念

全面质量管理简称 TQM(Total Quality Management),早期又称 TQC(Total Quality Control),1994 版 ISO 9000 标准中对全面质量管理的定义为:一个组织以质量为中心,以全员参与为基础,目的在于通过让顾客满意和本组织所有成员及社会受益而达到长期成功的管理途径。具体地说,TQM 就是企业的全体职工同心协力,把专业技术、经营管理、数理统计和思想教育结合起来,使产品质量产生、形成和实现全过程的所有保证和提高产品质量的活动构成一个有效的体系,从而经济的开发、研制、生产和销售用户满意的产品。我国质量管理专家总结实践经验,提出 TQM 的主要特点是"三全一多"。

①全过程的质量管理,包括了从市场调研、产品的设计开发、生产作业,到销售、服务等全部过程的质量管理。全面质量管理一是强调预防为主、不断改过的思想,二是强调为顾客服务的思想全面,即"下道工序即顾客"、"努力为下道工序服务"的思想。

②全员的质量管理,包括三方面内容:一是全员的质量教育和培训,二是制定各部门、各级人员的质量责任制,明确任务和职权,三是开展多种形式的群众性质量管理活动。

③全企业的质量管理。全企业的质量管理一是要求企业各管理层次都有明确的质量管理活动内容,二是必须将分散在企业各部门的质量职能充分发挥出来。

④多方法的质量管理,强调用数据说明,要求"程序科学、方法灵活、实事求是、讲求实效"。

2. 2000 版 ISO 9000 族标准与全面质量管理的比较

①二者的目的和作用相同。ISO 9000 族标准的目的是通过贯彻标准,使企业的质量体系有效运行,使其具有持续提供符合要求的产品的能力;TQM 的目的是使企业以质量为中心,通过让顾客满意、企业本身的所有成员受益,从而达到长期成功。二者都是行之有效的管理手段,在全世界范围内得到了广泛运用,是全世界的共同财富;可见二者目的和作用相同,都是为了企业加强质量管理、提高产品质量,使企业、顾客与社会达到长期受益。

②二者的理论基础、原则及要求基本相同。二者的理论均为质量管理学范畴。ISO 9000 族标准认为质量形成于产品寿命周期各阶段,单独一个阶段是形不成最终产品的,即产品质量形成于社会化大生产的全过程;TOM 认为"全过程"是把质量工作的重点由事后检验把关转移到以预防为主、为下道工序服务上,进行全过程质量管理。ISO 9000 族标准以八项质量管理原则为理论基础和指导思想。

③二者的工作方法基本一致,建立质量体系从质量方针和质量目标开始,然后落实到相关各部门和各相关人员上去实施,再进行质量审核,最后采取纠正和改进措施。

④二者最大的不同点是:ISO 9000 系列标准,是从顾客(用户)的立场建立的一种质量管理制度,仅包括与产品实物质量有关的质量活动.包容的质量活动面窄;TQM 是从企业出发站在制造者立场建立的一种质量管理制度,包括质量经营的全部内容,几乎涉及企业所有的经营活动,包容的质量活动面宽。

⑤ISO 9000 族标准的八项原则反映了 TQM 的基本思想和原则,但是,TQM 的原则还不仅限于此。原因在于,ISO 9000 族是世界性的通用标准,是 TQM 发展到一定阶段的产物,是一种相互协调的产物,因此它并不能代表质量管理的最高水平。企业在达到 ISO 9000 族标准的要求之后,还需要进一步的发展,这就需要更高的标准和更高的要求来指导企业的工作。

⑥二者参与人员的范围不同。ISO 9000 族标准的全员参与是指与质量有关的全体人

员，而 TQM 的全员参与指企业所有人员。

⑦虽然指全过程控制，但 ISO 9000 族标准更强调质量管理体系的文件化，而 TQM 更重视的是方法和统计分析工具。

⑧ISO 9000 族标准可进行国际通行的认证，而 TQM 则不能。

⑨ISO 9000 族标准是通用的标准，企业按规范化的要求去做，可比较、可检查、可操作，但是 TQM 较多地侧重于它的思想、原理和理论，实施时缺乏具体可依据的准则。

通过上面的分析可以看出，ISO 9000 族标准与 TQM 各有短长，并不矛盾，推行 ISO 9000 族标准不排斥 TOM 活动，也不是另搞一套，增加企业的负担。在贯彻 ISO 9000 系列标准和深化 TQM 中，两者应做到互补，巧妙结合，融成一体，以便取得事半功倍的作用。

第九节　建设工程项目管理

(一)建设项目法人的职责

1.以质量为中心强化建设项目全面管理

①建设单位加强项目的质量监控，确保工程质量达到国家标准。②加强建设项目总工期的管理，实现总进度目标。③加强投资管理，减少索赔，确保建设项目不超概算。

2.严格执行建设程序，搞好工程竣工验收

①严格执行建设程序。建设程序包括；项目建议书、可行性研究与决策咨询评估，初步设计、开工报告和竣工验收等工作环节。项目法人是执行建设程序的关键，凡不符合建设程序的建设项目均无法保证工程质量和使用功能。

②严格与认真做好建设项目竣工验收工作。《合同法》第 279 条规定：“建设工程竣工后，发包人应根据施工图纸及说明书、国家颁发的施工验收规范和质量检验标准及时进行验收”。这样就从法律上明确了工程质量验收的责任在发包方（即建设项目法人）。

③建设单位（项目法人）不应当提前使用未经验收的工程。《建筑法》第 61 条和《合同法》第 279 条规定：“建筑工程竣工经验收合格后，方可交付使用；未经验收或者验收不合格的，不得交付使用。”因此，发包人（项目法人）强行使用未经验收或验收不合格的工程，在发生工程质量问题时应由项目法人负责。

(二)建设项目法人应具有的业务技能

①项目法人应具有用系统工程管理建设项目的技能。随着科学技术的发展，建设项目的复杂性越大。因此，在建设项目实施过程中如何组织人力、物力和信息，也成为一个重要课题。由于系统工程的出现，它作为一种组织与管理技术已被引用到建设项目管理中来。在建设项目管理中运用系统工程的方法，为建设项目管理安排计划，选择最优实施方案而进行决策的方法，就是系统管理。我们可以将一个项目的建设看成一个“系统”，也就是要从系统方法论的整体观念上来认识、分析和解决项目建设管理，特别是工程质量管理中的问题。

②具有编制招标文件和评标、定标的技能。招标文件是由建设单位（项目法人）或接受委托的工程咨询公司编制并发布的纲领性和实施性文件，是向投标单位介绍工程情况和招标条件的文件，也是签订承包合同的基础文件。招标文件的内容要全面，文字要简明，概念要准确，逻辑要严密，表达要科学，层次要清楚。因为招标文件质量的好坏与招标工作的成败和项目建设期的系统管理好坏紧密相关。一份好的招标文件，可以充分调动投标单位的积极性，并能给招标投标双方签订合同、执行合同和保证工程质量共同完成建设项目创造良好的条件。

③具有签订符合国家有关规定的承包合同的技能。招标单位与中标单位在确定签订合同的有效日期内指派代表签订承、发包合同。合同内容应符合招标文件中的有关规定，并应与中标的标书一致。

④掌握和应用先进技术与施工工艺的技能：建设项目采用的技术装备和施工工艺，必须是当代的先进装备和工艺，而不是中间和落后的装备和工艺。建设项目采用的先进技术，应力争尽可能的立足国内，对引进的技术装备和工艺尽快地消化吸收，加速技术装备国产化和国内高新技术的发展：坚持技术进步，提高建设项目总体技术水平。

(三)总承包的组织系统

我国项目法施工发展的战略目标是：逐步建立以智力密集型的工程总承包公司(集团)为龙头，以劳务密集型专业化施工企业和农村建筑队为依托、全民与集体、总包与分包、前方与后方协作、互为补充、具有中国特色的工程建设项目管理组织系统。其中作为项目管理机构的总承包公司，可以对施工总承包，也可对一个建设项目从勘察、设计、物资供应、施工到试车交钥匙一体化总承包。而进行一体化总承包，有利于加强勘察、设计与施工各方之间的合作与支持；有利于施工图设计与施工组织设计的结合，促进施工单位与管理优势的发挥；有利于施工准备、材料订货提早进行.从而缩短工期；有利于降低工程造价等：建设单位也乐于找设计施工一体化承包的单位。一体化承包也叫交钥匙管理方式(或一揽子承包、全过程承包)，这种方式如图 1.9.1 所示。

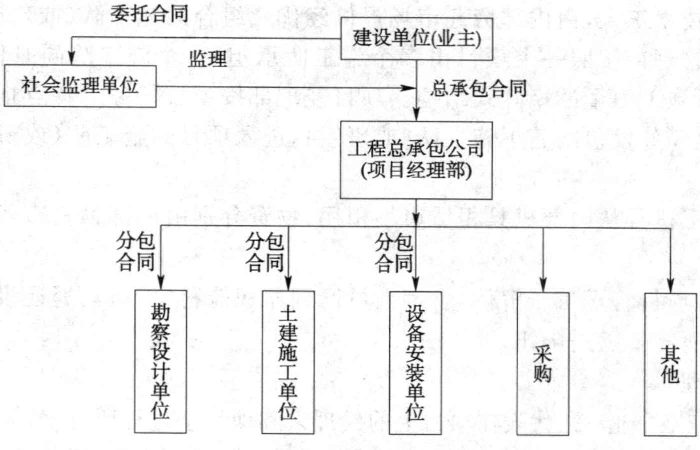

图 1.9.1　一体化承包组织系统图

(四)工程项目实施阶段项目管理的基本内容

建筑工程项目管理所讨论和研究的，只限于工程项目实施阶段的问题。此阶段的项目管理主要有以下方面：

①项目管理的组织。包括建设项目管理的组织系统；建筑企业项目管理组织结构；工程项目的施工组织设计等。②项目控制。包括工程项目的进度、质量、投资或成本控制。③项目管理内容。包括工程项目的计划、协调、材料、机械、劳动工资、财务、成本、技术、合同、质量等管理。④项目的信息管理：指工程项目的信息管理系统，用计算机辅助进行工程项目的进度、费用等控制，并处理各项业务。⑤项目的承包责任制。⑥项目的招标与投标。⑦项目的竣工验收与试生产。⑧项目的思想政治工作和民主管理机制，等等。

(五)项目经理部的基本构成

项目经理部通常由项目经理、项目工程师、施工技术员、质量安检员、料具员、计划员、核算员、办事员、政工员等组成。

项目经理部是以一个工程项目为对象，对工程项目从施工准备到竣工验收进行全过程管理，实现以工期、质量、成本、安全和文明施工五者统一的综合目标。

项目经理部也是项目经理领导下的工程管理的工作班子。一般应设置以下 5 个部门：

①经营核算部门：主要负责预算、合同、索赔、资金收支、成本核算、劳动配置及劳动分配等工作。

②工程技术部门：主要负责生产调度、文明施工、技术管理、施工组织设计、计划统计等工作。

③物资设备部门：主要负责材料的询价、采购、计划供应、管理、运输、工具管理、机械设备的租赁配套使用等工作。

④监控管理部门：主要负责工程质量、安全管理、消防保卫、环境保护等工作。

⑤测试计量部门：主要负责计量、测量、试验等工作。

矩阵式工程项目管理形式的具体做法是：公司承揽任务后，通过竞争招聘、公司委任或基层推荐等方式聘任项目经理对工程项目进行承包，项目经理在公司有关职能科室挑选聘任管理人员，组成项目经理部。

矩阵式的项目经理管理组织中既有职能系统的纵向联系，又有以项目为中心的横向联系。纵向：职能部门负责对所有项目的本专业人员负有组织调配、业务指导和管理考察的责任；横向：项目经理对参加本项目的各专业人员均负有领导责任，并按项目实施的要求把他们有效地组织协调到一起，为实现项目目标共同配合工作。

项目所需的技术工人，由内部劳务市场提供经优化组合的施工队（或班组），各施工队由劳动管理处统一管理。按照一个项目由多个施工队承担，一个施工队同时作用于多个项目的原则，构成项目施工力量的矩阵式结构。项目经理部按项目任务的特点把工程切块，经过择优竞争，把切块任务发包给若干施工队（或班组），进入项目的施工队（或班组）统一归项目经理指挥。

项目所需施工机具从内部机具租赁市场租用；物资分别由内部物资市场购买、自行采购或建设单位提供。

工程结束后，项目管理班子解体，管理人员回到原职能科室，机具返还设备机具处，施工队（或班组）则按所需要随进随出。

（六）项目经理

项目经理是施工企业法人代表在项目上的代理人和项目全过程所有工作的总负责人，处于对项目进行指挥和协调的核心位置，是决定工程项目成败的关键人物：因此，项目经理的知识结构、经验水平、管理水平、组织能力、领导艺术，都对工程项目管理的成败有决定性影响。

1. 项目经理应具备的条件

“千军易得，良将难求。”全面推行项目管理首先要选好项目经理。项目经理应具备以下条件：

①具有丰富的业务知识，包括工程技术知识、经营管理知识和法律知识等；②思维敏捷，具有处理复杂问题的应变能力；③实际经验丰富. 判断和决策能力强；④善于处理人际关系，具有较强的组织领导能力；⑤工作认真负责，坚持原则，秉公办事，作风正派，知人善用。

2. 项目经理的职责

项目经理的主要职责如下：

①确保项目目标实现，保证业主满意；②制定项目阶段性和项目总体控制计划；③组织精干的项目管理班子；④及时决策；⑤履行合同义务、监督合同执行、处理合同变更；⑥负责对外联系；⑦在项目进展过程中处理大量的协调工作；⑧主持与项目有关的各种会议，包括

工作例会;⑨贯彻工作标准、规章制度等。

3. 项目经理的授权

对项目经理要充分授权,不能出现管理者做不了现场的主。应授予项目经理 6 种权限:

①施工指挥权;②用人、用工选择权;③技术决策权;④工资奖金分配权和职工奖惩权;⑤一定数量的资金支配权;⑥设备、物资、材料的租赁、采购与控制权。

(七)项目动态管理信息系统与计算机应用

现代社会是信息社会,信息既是管理、组织、计划、决策的重要依据,又是生产经营过程中进行组织、控制的主要手段。因此,信息是组织中沟通联络的媒介,犹如一个组织的"神经网络系统",在管理中占据着重要的位置。

信息管理是一个比较复杂的管理过程,它包括信息搜集、信息加工、信息传输、信息存储、信息检索等内容,并且管理要求很高,既要准确迅速,又要经济适用。

工程项目建设过程具有信息量大、变化多、分布不均匀的特点,要顺利实现项目总目标,就必须形成一个有效的管理信息系统(Management Information System,简称 MIS),为项目管理层提供及时准确的决策依据。同时,项目管理的一个重要特征是动态管理,他要求整个公司的人、财、物、机等各种资源在各项目中动态平衡,优化配置,产生最佳的组合效益。因此,经营决策层必须随时掌握公司各种资源在空间、时间上的分布状况和变化程度,这就要求各类信息能及时准确地搜集、传递和处理。项目动态管理系统就是一个由人、计算机、通信设备等硬件和软件组成的,能进行信息搜集、传输加工、保存和使用的系统,围绕人、财、物、机等生产要素频繁流动过程,加强信息的搜集、处理、反馈、跟踪,对项目实行动态管理。

按照项目动态管理的要求,在企业的内部应设三级信息网络:公司一级决策层设信息中心,项目经理部(管理层)设信息站,施工队(作业层)设信息组,并利用计算机进行联网和远程通信,代替国内目前流行的单用户单项程序或集成软件,实现各项目、各部门资源共享,信息实时处理。

项目动态管理计算机信息系统是一个多用户的计算机网络,各项目经理部可以通过工作站以本地网络用户方式直接进网;也可以远程工作站用户方式入网;还可以单机方式供各项目经理部在现场使用,再通过软盘输送入网。子系统投入的各种数据入网后,可供各管理部门和公司决策层共享,各项目经理部也可在规定的访问级别上,访问网络上的有关共享数据库。

第十节 注册土木工程师(岩土)的权利和义务

(一)注册土木工程师(岩土)的权利和义务

按人事部及建设部文件《注册土木工程师(岩土)执业资格制度暂行规定》(人发[2002]35 号),注册土木工程师(岩土)的权利和义务为:

①注册土木工程师(岩土)有权以注册土木工程师(岩土)的名义从事规定的专业活动。

②在岩土工程勘察、设计、咨询及相关专业工作中形成的主要技术文件,应当由注册土木工程师(岩土)签字盖章后生效。

③任何单位和个人修改注册土木工程师(岩土)签字盖章的技术文件,须征得该注册土木工程师(岩土)的同意;因特殊情况不能征得签字盖章的注册土木工程师(岩土)同意的,可由其他注册土木工程师(岩土)签字盖章并承担责任。

④注册土木工程师(岩土)应当履行下列义务：

a. 遵守法律、法规和职业道德，维护社会公众利益；

b. 保证执业工作的质量，并在其负责的技术文件上签字盖章；

c. 保守在执业中知悉的商业技术秘密；

d. 不得同时受聘于二个及以上单位执业；

e. 不得准许他人以本人名义执业。

⑤注册土木工程师(岩土)应按规定接受继续教育，并作为再次注册的依据。

(二)全国勘察设计行业从业公约和职业道德准则

中国勘察设计协会文件《中国勘察设计协会关于公布〈全国勘察设计行业从业公约〉和〈全国勘察设计行业职业道德准则〉的通知》(中设协字[2002]第 24 号)公布了全国勘察设计行业从业公约和职业道德准则，如下：

1. 全国勘察设计行业从业公约

为了强化全国勘察设计行业的自律管理，维护行业秩序和合法权益，提高行业的整体素质和道德风尚，特制定本从业公约：

①坚持党的基本路线，努力实践"三个代表"，全面提高职工素质，为社会主义现代化建设服务。

②坚持依法执业，严格遵守党和国家有关工程建设和勘察设计的法规，认真执行各级政府主管部门颁布的工程建设标准规范，使勘察成果和设计文件达到最佳水平。

③坚持质量第一、精心勘察、精心设计，建立质量保证体系，严格审核，实行签章制度，保证勘察设计成果文件准确无误。

④坚持技术创新，提高装备水平，积极推广高新技术，保证勘察设计成果的合理性和先进性，努力赶上国际同行业的先进水平。

⑤坚持合法经营、平等竞争，自觉做到不压价竞争，不弄虚作假，不剽窃、抄袭和私自转让他人成果，坚决维护市场秩序。

⑥坚持以诚信为本，严格履行合同，讲求职业道德，维护信誉，加强信用建设。

⑦坚持服务宗旨，讲求服务质量，树立企业风尚和文化，与时俱进，健康发展。

⑧中国勘察设计协会和各部门、各地方同行业协会组织对本公约实行共同监管。对违规者，行业协会有权做出相应的处罚，并向社会公开或通报全行业；直至建议降低或取消从业资格等级证书。

2. 全国勘察设计行业职业道德准则

职业道德建设是社会主义精神文明建设的重要内容，在进行社会主义现代化建设的过程中，工程勘察设计执业人员肩负重大责任。为了不断提高执业人员执业道德水平和主人翁精神，特制定本准则：

①认真学习和实践"三个代表"，不断提高思想政治和知识文化水平，树立正确的人生观、价值观，勇于攀登高新科技领域，更好地为祖国建设服务；

②遵纪守法，自觉接受和服从管理，做到令行禁止，恪尽职守；

③树立高度责任感，精心勘察、精心设计、精心管理，保证质量，做到万无一失；

④敬业爱岗，无私奉献，一心为公，做好本职工作；

⑤解放思想，实事求是，敢于创新，热情服务，主动配合，发扬团结协作精神；

⑥从全局出发，抵制不正之风，恪守市场规则，自觉做到不强行介绍施工单位和指定厂商，不私自收取中介费、好处费，不无故拖延解答工程中碰到的问题，不得违反建设标准规

范，不剽窃、抄袭和侵犯他人知识产权；

⑦加强行为自律、廉洁执业，洁身做人，自觉维护行业和单位的名誉；

⑧中国勘察设计协会和各部门、各地方同行业协会组织，对本准则实行共同监管，对卓有贡献者，给予表彰，对违规者给予批评或全行业通报，直至建议延期或取消其执业考试资格，已经取得执业资格者暂停或取消其个人执业注册资格。

参考文献

[1] 中华人民共和国国家标准. GB 50021—2001 岩土工程勘察规范(2009 年版)[S]. 北京：中国建筑工业出版社，2009.

[2] 中华人民共和国行业推荐性标准. JGJ/T 87—2012 建筑工程地质勘探与取样技术规程[S]. 北京：中国建筑工业出版社，2011.

[3] 中华人民共和国国家标准. GB 50153—2008 工程结构可靠性设计统一标准[S]. 北京：中国建筑工业出版社，2009.

[4] 中华人民共和国国家推荐性标准. GB/T 50218—2014 工程岩体分级标准[S]. 北京：中国标准出版社，2015.

[5] 中华人民共和国国家推荐性标准. GB/T 50266—2013 工程岩体试验方法标准[S]. 北京：中国计划出版社，2013.

[6] 中华人民共和国国家推荐性标准. GB/T 50123—1999 土工试验方法标准[S]. 北京：中国计划出版社，1999.

[7] 中华人民共和国国家标准. GB 50009—2012 建筑结构荷载规范[S]. 北京：中国建筑工业出版社，2012.

[8] 中华人民共和国国家标准. GB 50007—2011 建筑地基基础设计规范[S]. 北京：中国建筑工业版社，2012.

[9] 中华人民共和国行业标准. JGJ 94—2008 建筑桩基技术规范[S]. 北京：中国建筑工业出版社，2008.

[10] 中华人民共和国国家标准. GB 50011—2010 建筑抗震设计规范[S]. 北京：中国建筑工业出版社，2010.

[11] 中华人民共和国行业标准. JGJ 79—2012 建筑地基处理技术规范[S]. 北京：中国建筑工业出版社，2013.

[12] 中华人民共和国国家标准. GB 50025—2004 湿陷性黄土地区建筑规范[S]. 北京：中国建筑工业出版社，2004.

[13] 中华人民共和国国家标准. GB 50112—2013 膨胀土地区建筑技术规范[S]. 北京：中国建筑工业出版社，2013.

[14] 中华人民共和国行业标准. JGJ 120—2012 建筑基坑支护技术规程[S]. 北京：中国建筑工业出版社，2012.

[15] 中华人民共和国行业标准. JTG B 02—2013 公路工程抗震规范[S]. 北京：人民交通出版社，2013.

[16] 中华人民共和国行业标准. JTG D 30—2004 公路路基设计规范[S]. 北京：人民交通出版社，2005.

[17] 中华人民共和国行业标准. JTG D 63—2007 公路桥涵地基与基础设计规范[S]. 北京：人民交通出版社，2007.

[18] 中华人民共和国行业标准. JTG C 20—2011 公路工程地质勘察规范[S]. 北京：人民交通出版社，2011.

[19] 中华人民共和国行业标准. TB 10012—2007 铁路工程地质勘察规范[S]. 北京:中国铁道出版社,2007.
[20] 中华人民共和国行业标准. TB 10001—2005 铁路路基设计规范[S]. 北京:中国铁道出版社,2005.
[21] 中华人民共和国行业标准. TB 10025—2006 铁路路基支挡结构设计规范[S]. 北京:中国铁道出版社,2006.
[22] 中华人民共和国行业标准. TB 10027—2012 铁路工程不良地质勘察规程[S]. 北京:中国铁道出版社,2012.
[23] 中华人民共和国行业标准. TB 10038—2012 铁路工程特殊岩土勘察规程[S]. 北京:中国铁道出版社,2012.
[24] 中华人民共和国行业标准. TB 10035—2006 铁路特殊路基设计规范[S]. 北京:中国铁道出版社,2006.
[25] 中华人民共和国行业标准. JTS 133—2013 水运工程岩土勘察规范[S]. 北京:人民交通出版社,2013.
[26] 中华人民共和国行业标准. JTS 147—2010 港口工程地基规范[S]. 北京:人民交通出版社,2010.
[27] 中华人民共和国行业推荐性标准. DL/T 5395—2007 碾压式土石坝设计规范[S]. 北京:中国电力出版社,2008.
[28] 中华人民共和国国家标准. GB 50487—2008 水利水电工程地质勘察规范[S]. 北京:中国计划出版社,2009.
[29] 中华人民共和国行业标准. NB 35047—2015 水电工程水工建筑物抗震设计规范[S]. 北京:中国电力出版社,2015.
[30] 中华人民共和国国家标准. GB 18306—2015 中国地震动参数区划图[S]. 北京:中国标准出版社,2016.
[31] 中华人民共和国国家标准. GB 50330—2013 建筑边坡工程技术规范[S]. 北京:中国建筑工业出版社,2013.
[32] 中华人民共和国行业标准. TB 10002.5—2005 铁路桥涵地基和基础设计规范[S]. 北京:中国铁道出版社,2005.
[33] 中华人民共和国国家标准. GB 50040—1996 动力机器基础设计规范[S]. 北京:中国计划出版社,1997.
[34] 中华人民共和国行业标准. JGJ 118—2011 冻土地区建筑地基基础设计规范[S]. 北京:中国建筑工业出版社,2012.
[35] 中华人民共和国国家标准. GB 50202—2002 建筑地基基础工程施工质量验收规范[S]. 北京:中国计划出版社,2002.
[36] 岩土工程手册编委会. 岩土工程手册[M]. 北京:中国建筑工业出版社,1994.
[37] 工程地质手册编委会. 工程地质手册[M]. 4 版. 北京:中国建筑工业出版社,2007.
[38] 地基处理手册编委会. 地基处理手册[M]. 2 版. 北京:中国建筑工业出版社,2000.
[39] 桩基工程手册编写委员会. 桩基工程手册[M]. 北京:中国建筑工业出版社,1995.
[40] 史佩栋. 实用桩基工程手册[M]. 北京:中国建筑工业出版社,1999.
[41] 铁路第一勘察设计院. 铁路工程设计技术手册(路基)[M]. 北京:中国铁道出版社,1995.

[42] 铁路第一勘察设计院. 铁路工程地质手册[M]. 北京:中国铁道出版社,1999.
[43] 林宗元. 岩土工程勘察设计手册[M]. 沈阳:辽宁科学技术出版社,1996.
[44] 林宗元. 岩土工程监理手册[M]. 沈阳:辽宁科学技术出版社,1996.
[45] 交通部第二公路勘察设计院. 公路设计手册(路基)[M]. 北京:人民交通出版社,1987.
[46] 高大钊. 土力学与基础工程[M]. 北京:中国建筑工业出版社,1998.
[47] 华南理工大学. 地基及基础[M]. 3 版. 北京:中国建筑工业出版社,1999.
[48] 高大钊. 地基基础设计与施工丛书[M]. 2 版. 北京:机械工业出版社,2002.
[49] 黄强. 注册岩土工程师专业考试复习教程[M]. 北京:中国建筑工业出版社,2002.
[50] 建设部执业资格注册中心. 全国注册土木工程师(岩土)执业资格考试辅导[M]. 北京:中国计划出版社,2002.
[51] 陈希哲. 土力学地基基础[M]. 3 版. 北京:清华大学出版社,1998.
[52] 杨小平. 土力学及地基基础[M]. 武汉:武汉大学出版社,2000.
[53] 周景星. 基础工程[M]. 北京:清华大学出版社,2001.
[54] 凌志平,易经武. 基础工程[M]. 北京:人民交通出版社,1997.
[55] 杨天林. 基础工程[M]. 北京:人民交通出版社,1999.
[56] 王广月. 地基基础工程[M]. 北京:人民交通出版社,2001.
[57] 李先钊. 基础工程[M]. 北京:中国铁道出版社,2000.
[58] 钱家欢,殷宗泽. 土工原理与计算[M]. 2 版. 北京:中国水利电力出版社,1996.
[59] 叶观宝,叶书麟. 地基处理与托换技术[M]. 2 版. 北京:中国建筑工业出版社,1994.
[60] 陈仲颐,叶书麟. 基础工程学[M]. 北京:中国建筑工业出版社,1990.
[61] 刘建航,侯学渊. 基坑工程手册[M]. 北京:中国建筑工业出版社,1997.
[62] 黄强. 深基坑支护工程设计技术[M]. 北京:中国建材工业出版社,1998.
[63] 洪疏康. 土质学与土力学[M]. 北京:人民交通出版社,1997.
[64] 陈仲颐,周景星,王洪瑾. 土力学[M]. 北京:清华大学出版社,1994.
[65] 徐志英. 岩石力学[M]. 北京:中国水利水电出版社,2001.
[66] 梁富权,刘毓栋. 路基路面工程[M]. 北京:人民交通出版社,1996.
[67] 王杰贤. 动力地基基础[M]. 北京:科学出版社,2001.
[68] 刘惠珊,张在明. 地震区场地及地基基础[M]. 北京:中国建筑工业出版社,1994.
[69] 赵树德. 工程地质与岩土工程[M]. 西安:西北大学出版社,1998.
[70] 高维华,王丽玫. 建筑地质学[M]. 西安:西安交通大学出版社,1993.
[71] 韩晓雷. 工程地质学原理[M]. 北京:机械工业出版社,2003.
[72] 赵树德. 土力学[M]. 北京:高等教育出版社,2001.
[73] 方左英. 路基工程[M]. 北京:人民交通出版社,1995.
[74] 钱鸿缙. 湿陷性黄土地基[M]. 北京:中国建筑工业出版社,1985.
[75] 孔宪立. 工程地质学[M]. 北京:中国建筑工业出版社,1997.
[76] 冯连昌,郑晏武. 中国湿陷性黄土[M]. 北京:中国铁道出版社,1982.
[77] 翟礼先. 中国湿陷性黄土区域建筑工程地质概要[M]. 北京:科学出版社,1983.
[78] 西南交通大学. 铁路工程地质[M]. 北京:中国铁道出版社,1980.
[79] 李永善. 西安地裂及渭河盆地活断层研究[M]. 北京:地震出版社,1992.
[80] 国务院. 建设工程质量管理条例[M]. 北京:中国建筑工业出版社,2000.
[81] 国务院. 建筑工程勘察设计管理条例[M]. 北京:中国计划出版社,2000.

[82] 国家发展和改革委员会.工程建设项目招标范围和规模标准规定[M].北京:中国法制出版社,2005.
[83] 国家发展和改革委员会,建设部.工程勘察设计收费标准(2002 年修订本)[M].北京:中国物价出版社,2002.
[84] 建设部,国家工商行政管理局.建设工程勘察合同文本[M].北京:中国建筑工业出版社,1996.
[85] 建设部.关于进一步加强工程招标投标管理的规定[M].北京:中国建筑工业出版社,2009.
[86] 建设部.实施工程建设强制性标准监督规定[M].北京:中国建筑工业出版社,2002.
[87] 杨秀美.工程技术经济学[M].成都:西南交通大学出版社,1993 年.
[88] 隆威,黄树华.岩土工程预决算指南[M].长沙:中南工业大学出版社,1996.
[89] 郑连庆.建筑工程经济与管理[M].广州:华南理工大学出版社,1997.
[90] 李欣.2000 版 ISO 9000 标准质量体系内部审核点培训教材[M].北京:中国计量出版社,2002.
[91] 王珊.岩土工程新技术实用全书[M].长春:银声音像出版社,2004.
[92] 杨英华.土力学[M].北京:地质出版社,1990.
[93] 顾慰慈.挡土墙土压力计算[M].北京:中国建材工业出版社,2005.
[94] 林宗元.岩土工程试验监测手册[M].北京:中国建筑工业出版社,2005.
[95] 林宗元.简明岩土工程勘察设计手册[M].北京:中国建筑工业出版社,2003.
[96] 中国土木工程协会.注册岩土工程师专业考试复习教程[M].北京:中国建筑工业出版社,2004.
[97] 高大钊.桩基础的设计方法与施工技术[M].北京:机械工业出版社,1999.
[98] 米祥友,徐前.注册岩土工程师专业考试辅导指南[M].北京:地震出版社,2003.
[99] 高永贵,韩晓雷.全国注册土木工程师(岩土)执业资格考试应试指导及复习题解[M].北京:中国建材工业出版社,2005.
[100] 赵明华.土力学与基础工程[M].武汉:武汉理工大学出版社,2003.
[101] 顾晓鲁.地基与基础[M].北京:中国建筑工业出版社,2003.
[102] 龚晓南.地基处理手册[M].北京:中国建筑工业出版社,2000.
[103] 林宗元.岩土工程治理手册[M].北京:中国建筑工业出版社,2005.
[104] 黄绍铭,高大钊.软土地基与地下工程[M].北京:中国建筑工业出版社,2005.
[105] 夏明耀,曾进伦.地下工程设计施工手册[M].北京:中国建筑工业出版社,1999.
[106] 刘国彬,王卫东.基坑工程手册[M].2 版.北京:中国建筑工业出版社,2009.
[107] 国家标准建筑抗震设计规范管理组.建筑抗震设计规范统一培训教材[M].北京:地震出版社,2010.
[108] 郑颖人.边坡与滑坡工程治理[M].北京:人民交通出版社,2007.
[109] 钱七虎.岩土工程师手册[M].北京:人民交通出版社,2010.
[110] 杨连生.水利水电工程地质[M].武汉:武汉大学出版社,2004.
[111] 滕延京.建筑地基处理技术规范理解与应用[M].北京:中国建筑工业出版社,2013.
[112] 刘起霞.地基处理[M].北京:北京大学出版社,2013.
[113] 武崇福.地基处理[M].北京:冶金工业出版社,2013.
[114] 张克恭,刘松玉.土力学[M].北京:中国建筑工业出版社,2010.

[115] 朱炳寅.建筑抗震设计规范应用与分析[M].北京:中国建筑工业出版社,2011.
[116] 李守巨.建筑抗震设计规范释义与应用[M].北京:化学工业出版社,2012.
[117] 刘薇,叶良,孙平平.工程造价与管理[M].北京:电子工业出版社,2014.
[118] 彭红涛.工程造价管理[M].北京:中国水利水电出版社,2012.

2018年注册岩土工程师专业考试培训班招生通知

(咨询电话　　孙老师:18543011906　　于老师:18686680857　　QQ群:77411503)

于海峰老师团队主讲的先达注册岩土工程师专业考试考前培训班,自2003年起,到2017年已经举办了十五届,深受广大考生的信任与欢迎。

于海峰老师团队对考试内容及考试命题理解深刻,对岩土工程方面的基础知识和基本理论掌握全面,有丰富的高校教学经验和注册考试培训经验,有在多个行业、多年从事实践工作的经历,出版了《全国注册岩土工程师专业考试培训教材》和《全国注册岩土工程师专业考试模拟训练题集及历年真题新解》(2017年之前由华中科技大学出版社出版至第10版,2018年由人民交通出版社出版至第2版),并且在自己开办的培训班上使用《注册岩土工程师专业考试辅导讲义》、《注册岩土工程师专业考试模拟冲刺试卷》等内部资料,为广大参考学员提供了较大的帮助,帮助学员能够扎实地掌握基础知识,准确地抓住考试重点,在考前快速地提高答题速度和准确率。

早些年是于海峰老师个人单独办培训班,近年来逐渐加入了孙老师、孟老师等四位大学教授、副教授(均较早通过了注册岩土工程师专业考试),大家分工明确,各负其责,形成了一支崭新的培训团队,齐心协力为学员提供优质、到位的培训服务。2003—2012年,历时十载,一直在长春举办面授班。从2013年开始应广大学员的强烈要求,把面授班"搬上网",让学员在家中即可享受到与面授班一样优质的考前辅导培训。

根据最新考试形势的变化,并基于十多年注册岩土工程师专业考试培训经验,特制订最新的"2018(第十六届)注册岩土工程师专业考试培训计划"。

培训班特点:

一、权威的复习资料

第一轮资料能让学员由浅入深迅速上手,第二轮资料能让学员有效地系统把握整个知识体系,最后一轮考前模拟押题试卷能让学员迅速掌握考试技巧,把握考试动态适应考试状态。

二、全面细致的辅导视频讲解

包括:各大重点规范,土力学基础工程等重要基本理论,历年专业知识及案例真题讲座,考前内部辅导讲义,考试经验技巧,考前模拟试卷的详细讲解。为学员提供全面透彻的辅导讲解。

三、高效的专题答疑指导

根据知识体系划分多个专题答疑群为学员做专题答疑;多位大学老师和于老师一同为学员做及时精准的答疑解惑,迅速提高学员的复习效率。

四、权威的培训辅导方案与考试预测

从2003年至今积累十余年的培训经验,以及对注册岩土工程师专业考试内容的把握和动态信息的掌握,为学员提供高效的培训方案和权威精准的考前预测。

于海峰注册岩土工程师培训中心

(网址:www. rgetc. cn)

2018年1月1日

2018年注册岩土工程师专业考试培训计划

根据目前考试形势和变化动态，并基于十五年岩土培训辅导经验，于海峰注册岩土工程师培训中心制订了“2018年(第十六届)注册岩土工程师专业考试培训计划”。

一、复习进程的三个阶段

从复习进程方面，培训分为三个阶段：两轮复习＋考前模拟冲刺！

(1)快速上手复习阶段；

(2)考点精讲系统强化—提高完善复习阶段；

(3)考前模拟冲刺阶段。

基本思路：通过第一阶段，让不会复习或者效率很低无从下手的学员迅速上手，在老师指导下掌握基本理论，学习重点规范，通过一定数量针对性的题目训练，具备解答基本考试题型的能力，打下坚实的理论基础，迅速完成第一轮复习，带着疑问和不足进入第二阶段；通过第二阶段内部考前辅导资料配合视频讲座(历年面授班的核心内容)完成考点精讲、内部辅导、专题答疑等环节，再次系统全面地复习一轮，使学员真正系统地熟练掌握、通透考点，复习效果进一步提升；之后进入第三阶段检验成果，通过考前模拟试卷训练来检验复习效果并及时发现问题查漏补缺，并通过模考训练和专题考试指导(辅导老师详解答题方法、技巧、注意事项、临场应对措施等宝贵考试实战经验)迅速适应考试，进入临考状态。使学员顺利发挥出自己平时系统扎实的复习水平，最终稳健赢得考试胜利！

第一阶段：快速上手复习阶段

2017年10月1日—2018年3月31日，学习内容如下：

1.规范学习(主要是重点规范的学习)

20本重点规范的目录和视频讲解见后面的视频讲课目录。

2.基础知识和基本理论的复习

主要参考由于海峰编写的《全国注册岩土工程师专业考试培训教材》(2018版)，配合相应的基本理论讲座视频进行复习。

3.考题练习

以于海峰编写的《全国注册岩土工程师专业考试模拟训练题集及历年真题新解》(2018版)中的题目为主进行练习，迅速理解规范及相关基本理论。本书中的题目主要分为两部分。

(1)基本题型练习：与各章节中大纲要求有关的练习题，共分十一章，题型有单选题、多选题、案例模拟题等。

(2)历年真题新解：2002—2017年共15套考试真题，答案均按新规范进行核对与修改，均有视频逐题讲解，应结合视频讲解进行练习。

第二阶段：考点精讲系统强化—提高完善复习阶段

该阶段原为“面授班集中讲解阶段”，应广大学员的强烈要求，改为网络“考点精讲辅导阶段”，可以在家直接收看视频，享受面授班同等待遇。

培训时间约为2018年4月1日—2018年7月30日。授课方式为：网络视频授课，学员可以加入于老师的2018年培训学员QQ群进行辅导答疑，有四位大学教授和于老师一起在QQ群进行实时辅导，使用的教材为于海峰编写的内部教材《2018注册岩土工程师专业考试辅导讲义》，该教材约有80个讲座，主要内容包括：

(1)考试大纲中包括的学科重要知识点；

(2)以往历年考试中涉及的重复性考点；

(3)以往历年考试中出现的重要题型；

(4)对 2018 年考试内容和题型的预测。

注:历年考试证明,于海峰编写的《辅导讲义》具有较高的贴题率,2017 年的考题中与《辅导讲义》相关的题目有 51 个,达到了 85%;2016 年的考题中与《辅导讲义》相关的题目有 49 个,达到了 82%;2014 年的考题中与《辅导讲义》相关的题目有 46 个,达到了 77%;2013 年的考题中与《辅导讲义》相关的题目有 45 个,超过了 75%,与 20 本重点规范相关的题目超过了 50 题。此前每年都能准确地预测 50 题以上(2008 年 55 题,2009 年 57 题,2010 年 54 题,2011 年 52 题)。经过修订的《辅导讲义》,会更加贴近考题。相信该讲义会给学员带来更加准确的指导。

第三阶段:考前模拟冲刺阶段

培训时间约为 2018 年 8 月 1 日—2018 年 9 月初(2018 年考试时间预计为 9 月 22 日、23 日两天)。考虑到考试形势的变化,以及考生平时会做题,但考试难发挥等问题推出该考前冲刺阶段内容。设置如何考试如何高效答题专题讲座;通过全真考试模拟(卷面形式、答题时间、考试后评分等完全仿真考试过程),让学员做到平时训练和考试一样,从而做到"考试就和平时一样"。此外,根据非重点规范的特点和考试形势的变化,把非重点规范应对策略讲座和法律法规讲座亦放在该阶段冲刺复习。

二、根据培训覆盖内容划分三个系列

1.规范规程法规系列

本培训涵盖了考试涉及的规范规程法规讲解(20 本重点规范精讲+非重点规范应对策略解读+18 本法律法规讲座)。规范规程是注册岩土工程师专业考试的依据、根本。规范规程就如同这场考试战役的武器,战士对武器必须精通、熟练。

一句话:通过该部分学习,帮助学员解决全部规范和法律法规问题。

2.考点知识点系列

基于对考试大纲的深入理解(并关注其变化),以及十余年的培训辅导经验,并根据考试变化动态,为学员凝练总结了知识点考点体系,通过考点精讲、原理讲授、习题解读、实时答疑等环节使学员达到熟练掌握的程度。知识点考点就如同这场考试战役的弹药,必须稳稳拿到手,备足。

一句话:通过该部分,帮助学员解决考点知识点问题。

3.考前模拟冲刺系列

通过各种专项训练使学员迅速适应考试。如:如何考试,如何答题等专题讲座;聘请阅卷专家给学员做如何标准作答,如何避免考试低级错误等专题讲座;通过四套模拟题自测和视频解答,学员可及时查漏补缺;再通过两次全真考试模拟(卷面形式、答题时间、考试后评分等完全仿真考试过程),学员可迅速适应考试,找出考试状态。适应考试就如同打仗摸清地形,做到知己知彼。

一句话:通过该部分,帮助学员解决考试动态的变化和适应考试问题。

精通规范+精通考点+精通考试。武器擦亮了+弹药备足了+地形摸清了=打一场漂亮的考试战役!

我们准备好了! 你,准备好了吗?

于海峰注册岩土工程师培训中心

(网址:www.rgetc.cn)

2018 年 1 月 1 日

2018 年培训收费标准、优惠政策及交费方法

（咨询电话　孙老师：18543011906　于老师：18686680857　QQ 群：77411503）

一、免费试听系列

(1)考试大纲讲座（免费）；

(2)专业考试科目、分值、时间分配及题型特点（免费）；

(3)专业考试参考书目讲座（免费）；

(4)2011 年专业考试真题讲解（免费）；

(5)《建筑地基处理技术规范》（第七章）（免费）；

(6)培训思路及发展规划等相关说明（免费）。

二、单项收费标准

(1)交费 1800 元：收看 20 个重点规范视频讲座（按照 2018 大纲要求更新，累计约 220 小时）。

——敢讲规范的注岩培训班，投入大量精力为学员逐条剖析解读规范的注岩培训班。规范是注岩考试的根本。

(2)交费 2000 元：收看 2002—2017 年"历年真题新解"视频讲座（逐个剖析讲解每一道真题，累计约 210 小时），收看土力学、基础工程等重要基本理论剖析精讲。

——市面上大部分版本的 2002—2009 年历年真题都来源于我们培训班长期积累并已经出版至 2018 版的《全国注册岩土工程师专业考试模拟训练题集及历年真题新解》，2010 年之后命题组才正式公开出版真题。

(3)交费 4000 元：收看考点精讲辅导阶段的"2018 内部辅导八十讲"视频讲解（累计约 170 小时），实时 QQ 群答疑，即原面授班内部培训的核心内容。

——从 2003 年至今十余年的培训经验积累，历史悠久的注岩培训班，靠老学员口碑相传招新学员。

(4)交费 2000 元：收看非重点规范备考应对策略讲座；法律法规讲座；如何标准作答、如何适应考试讲座；2018 考前全真模拟试卷。

——实时关注考试变化动态，为学员及时提供应对策略，让学员迅速适应注岩考试之变化；为学员提供系统、到位、有效的注岩培训。

三、组合优惠方案

组合一：视频(1)。优惠价格：1800 元。

组合二：视频(1)＋(2)。优惠价格：3500 元。

组合三：视频(1)＋(2)＋(3)。优惠价格：5800 元。

组合四：视频(2)＋(3)＋(4)。优惠价格：5800 元。

组合五：全科视频(1)＋(2)＋(3)＋(4)。优惠价格：6800 元。

每种组合的优惠力度，学员可自行计算。此外，如多名学员同时报名，另有优惠。

于海峰注册岩土工程师培训中心

（网址：www.rgetc.cn）

2018 年 1 月 1 日